Handbuch der Regelungstechnik

Unter Mitwirkung
zahlreicher Fachwissenschaftler
herausgegeben von

G. Bleisteiner
Karlsruhe

W. v. Mangoldt
Erlangen

Schriftleitung

H. Henning
München

R. Oetker
Karlsruhe

Mit 1238 Abbildungen

Springer-Verlag Berlin Heidelberg GmbH
1961

ISBN 978-3-642-52751-7 ISBN 978-3-642-52750-0 (eBook)
DOI 10.1007/978-3-642-52750-0

Ursprünglich erschienen bei Springer-Verlag OHG., Berlin/Göttingen/Heidelberg 1961
Softcover reprint of the hardcover 1st edition 1961

Vorwort

Das vorliegende Werk bietet eine zusammenfassende Darstellung der Regelungstechnik; es soll – wie sein Titel sagt – ein Handbuch sein, das jedem, der sich mit diesem Gebiet beschäftigt, helfend und wegweisend zur Seite steht. Es ist in seinen Hauptteilen den Grundlagen und den Anwendungen gewidmet, wobei die Regelungstechnik einzelner Objekte sowie vollständiger Betriebe systematisch behandelt wird. Zur Erweiterung und Vertiefung der Grundlagen dient der theoretische Teil.

Bei der Bearbeitung sind wir davon ausgegangen, daß die eigene Erfahrung eine lebendige und unmittelbare Quelle der Mitteilung ist. Dies hat dazu geführt, eine ungewöhnlich große Anzahl von Mitarbeitern an dem Werk zu beteiligen. Dem Leser wird dabei auffallen, daß die meisten dem Hause Siemens angehören. Das liegt im wesentlichen daran, daß hier seit geraumer Zeit die behandelten Gebiete umfassend bearbeitet werden, mit wenigen Ausnahmen, bei denen wir außenstehende Fachwissenschaftler gewinnen konnten. Der vielseitige Erfahrungsschatz des Hauses Siemens auf dem Gebiet der Regelung hat so in diesem Werk seinen Niederschlag gefunden. Um die Darstellung abzurunden, sind wir auch auf Methoden und Geräte anderer Firmen eingegangen, haben uns aber dabei im wesentlichen auf Deutschland beschränkt.

Zwei bedeutende Gebiete sind nicht behandelt worden, nämlich die Regelung kerntechnischer Anlagen und strahlgetriebener Flugkörper. In dem einen Gebiet sind unsere Erfahrungen noch zu jung, in dem anderen beschränken sie sich auf den bei Propeller-Triebwerken mit Kolbenmotoren erreichten früheren Stand. Auch eine geschlossene Darstellung der in jüngster Zeit einsetzenden Entwicklung zu Regelsystemen, die sich auf übergeordnete Betriebsbedingungen selbsttätig angleichen, erschien im gegenwärtigen Zeitpunkt noch verfrüht. Selbst in vielen der behandelten Gebiete ist die Technik in ständigem Fluß; auf die Wiedergabe manch interessanter Neuerung mußte verzichtet werden, um das Werk als Ganzes in seiner Fertigstellung nicht zu gefährden.

Eine wesentliche Aufgabe des Handbuches der Regelungstechnik soll es sein, darzulegen, wie neben guten Kenntnissen der Grundlagen ein sorgfältiges Studium der Regelobjekte und ihrer Arbeitsbedingungen zu brauchbaren Anlagen führt. Vielfach lassen sich dabei die Erfahrungen aus dem einen Gebiet mit großem Vorteil in ein anderes übertragen. Dies ist auch einer der Gründe gewesen, äußerlich sehr verschiedenartige Gebiete in einem Buch zusammenzufassen. Außerdem haben wir damit der sich anbahnenden Entwicklung Rechnung getragen, daß bisher noch voneinander unabhängig betrachtete Anlagen mehr und mehr zu geregelten Betriebseinheiten vereinigt werden.

Es war auch notwendig, Begriffe und Symbole zu vereinheitlichen, um dadurch die Darstellung allgemein verständlich zu halten. Um die Geschlossenheit der einzelnen Kapitel zu wahren, wurde bewußt in Kauf genommen, dieselbe Materie gelegentlich an verschiedenen Stellen, jedoch aus anderer Sicht, zu behandeln.

Die Quellenhinweise sollen dem Leser Unterlagen geben, in denen er sich noch eingehender über den Stoff unterrichten kann. Sie stellen jedoch keine vollständige Dokumentation dar.

Das Zustandekommen des Werkes verdanken wir dem verständnisvollen Eingehen der Verfasser auf die Notwendigkeit, nicht nur den Stoff zu liefern, sondern ihn auch so darzustellen, wie es der Zusammenhang und der allgemeine Stil in einem Handbuch verlangen.

Die umfangreichen, mit der Herausgabe und Schriftleitung verbundenen Arbeiten wurden durch das Interesse, das die Herren Dr. W. LEUKERT und Prof. Dr. L. MERZ dem Werk entgegenbrachten, wesentlich in ihrem Fortgang unterstützt; Herr Dr. J. SCHIELE hat bei diesen Arbeiten in besonderem Maße mitgewirkt und sie zum Abschluß gebracht. Wir danken außerdem den Herren F. LORENZ, W. HÖLIG, H. PREIKSCHAT und L. WIZENEZ für ihre Mitarbeit, vor allem für das Lesen der Korrekturen sowie die Vorbereitung der Bildunterlagen.

Dem Springer-Verlag gebührt Dank für die Berücksichtigung unserer nicht immer leicht erfüllbaren Wünsche und für die wohlgelungene Ausführung.

Im September 1960

Die Herausgeber und Schriftleiter

Mitarbeiterverzeichnis

Achenbach, Helmut, Siemens-Schuckertwerke AG, Erlangen (*Kapitel 32*).
Becker, Kurt, Siemens & Halske AG, Karlsruhe (*Kapitel 38*).
Bleisteiner, Georg, Siemens & Halske AG, Karlsruhe (*Kapitel 1*).
Bretthauer, Karlheinz, Dr., Siemens-Schuckertwerke AG, Erlangen (*Kapitel 41*).
Eichler, Fritz, Siemens & Halske AG, Karlsruhe (*Kapitel 12*).
Ernst, Hans, DEMAG Elektrometallurgie GmbH, Duisburg (*Kapitel 39*).
Ernst, Dietrich, Siemens-Schuckertwerke AG, Erlangen (*Kapitel 64*).
Ertel, Karl, Siemens-Schuckertwerke AG, Erlangen (*Kapitel 30*).
Folgmann, August, Siemens-Schuckertwerke AG, Mülheim/Ruhr (*Kapitel 19*).
Friedrich, Rudolf, Dr., Siemens-Schuckertwerke AG, Mülheim/Ruhr (*Kapitel 21*).
Funke, Kurt, Siemens-Schuckertwerke AG, Erlangen (*Kapitel 44, 45*).
Gnambs, Anton, Siemens & Halske AG, Karlsruhe (*Kapitel 35, 44, 45*).
Görk, Eugen, Dr., Siemens-Schuckertwerke AG, Erlangen (*Kapitel 14, 28*).
Grünwald, Erich, Dr., Siemens-Schuckertwerke AG, Erlangen (*Kapitel 58, 59, 60, 61*).
Haier, Ulrich, Dr., Siemens-Schuckertwerke AG, Nürnberg (*Kapitel 7, 27*).
Halle, Kurt, Siemens-Schuckertwerke AG, Erlangen (*Kapitel 30*).
Harz, Hermann, Dr., Siemens-Schuckertwerke AG, Berlin (*Kapitel 24*).
Henning, Hans, Dr., Siemens-Schuckertwerke AG, München (*Kapitel 2, 8, 10, 13, 23, 25, 31, 52, 64, 65*).

Hoch, Friedrich, Siemens-Schuckertwerke AG, Erlangen (*Kapitel 48*).
Hügel, Ferdinand, Siemens-Schuckertwerke AG, Erlangen (*Kapitel 36*).
Kafka, Wilhelm, Siemens-Schuckertwerke AG, Erlangen (*Kapitel 12*).
Kaltenecker, Adalbert, Siemens & Halske AG, Karlsruhe (*Kapitel 42*).
Kaltenecker, Horst, Dr., Siemens & Halske AG, Karlsruhe (*Kapitel 42*).
Katz, Heinrich, Siemens & Halske AG, Karlsruhe (*Kapitel 3, 5, 13*).
Keßler, Christoph, Siemens & Halske AG, Karlsruhe (*Kapitel 18*).
Keßler, Gerhart, Dr., Siemens-Schuckertwerke AG, Erlangen (*Kapitel 50*).
Klein, Gerald, Siemens-Schuckertwerke AG, München (*Kapitel 55*).
Kluge, Karl, Siemens & Halske AG, Karlsruhe (*Kapitel 12*).
Kosack, Hans-Joachim, Siemens-Schuckertwerke AG, Erlangen (*Kapitel 54*).
Kraus, Günther, Prof. Dr., Technische Hochschule Wien (*Kapitel 56*).
Kronmüller, Heinz, Dr., Siemens & Halske AG, Karlsruhe (*Kapitel 6*).
Liesegang, Wilhelm, Dr., Siemens & Halske AG, Karlsruhe (*Kapitel 37, 40, 44, 46*).
Lochmann, Gerhard, Siemens-Schuckertwerke AG, Erlangen (*Kapitel 36*).
Maier, Friedrich, Siemens-Schuckertwerke AG, Erlangen (*Kapitel 33*).
Mangoldt, Walter von, Dr., Dr. e. h., Siemens-Schuckertwerke AG, Erlangen (*Kapitel 1*).
Matuschka, Herbert, Dr., Siemens & Halske AG, Berlin (*Kapitel 4*).
Müller, Harald, Prof. Dr., Elektrowärme-Institut, Essen (*Kapitel 17*).
Oetker, Rudolf, Dr., Siemens & Halske AG, Karlsruhe (*Kapitel 2, 9, 11, 65*).
Oldenbourg, Rudolf, Dr., Oldenbourg-Verlag, München (*Kapitel 62, 63*).
Pontow, Werner, Dr., Siemens-Schuckertwerke AG, Erlangen (*Kapitel 16*).
Roth, Walter, Siemens-Schuckertwerke AG, Erlangen (*Kapitel 20*).
Rusam, Christian, Siemens-Schuckertwerke AG, Erlangen (*Kapitel 53*).
Sartorius, Hans, Dr., Siemens & Halske AG, Karlsruhe (*Kapitel 57*).
Scherer, Karl, Siemens & Halske AG, München (*Kapitel 56*).
Schnakig, Karl, Dr., Stadtwerke Nürnberg (*Kapitel 34*).
Schroeder, Günther, Siemens & Halske AG, Karlsruhe (*Kapitel 15*).
Stepken, Gerhard, Siemens-Schuckertwerke AG, Erlangen (*Kapitel 41*).
Tannhäuser, Rudolf, Siemens-Schuckertwerke AG, Erlangen (*Kapitel 51*).
Tschermak, Manfred, Siemens-Schuckertwerke AG, Erlangen (*Kapitel 26*).
Volk, Paul, Dr., Siemens-Schuckertwerke AG, Erlangen (*Kapitel 49*).
Voß, Hans (†), Siemens-Schuckertwerke AG, Mülheim/Ruhr (*Kapitel 19*).
Weidemann, Gerd, Technische Hochschule Karlsruhe (*Kapitel 22, 52*).
Weitbrecht, Wolfgang, Dr., Siemens-Schuckertwerke AG, Erlangen (*Kapitel 47*).
Wiedemann, Theo, Siemens Electrogeräte AG, Traunreut (*Kapitel 29*).
Winkler, Otto, Dr., Chemische Werke Hüls, Marl/Krs. Recklinghausen (*Kapitel 43*).

Inhaltsverzeichnis

Die Inhaltsübersichten zu den Kapiteln 2—64 sind am Anfang der einzelnen Kapitel zu finden

I. Einführung

II. Typische Regelungen für verschiedene Regelgrößen

III. Planung, Ausrüstung und Inbetriebsetzung

IV. Regelungstechnik einzelner Objekte

I. Einführung

1. Regelung gestern und heute

Von **G. Bleisteiner** und **W. von Mangoldt**

Die Regelung ist im Prinzip keine technische Erfindung, sondern ein Naturphänomen. Sie ist eine wesentliche Voraussetzung dafür, daß sich Leben entwickeln kann. Um sich die dazu notwendigen Bedingungen selbst zu schaffen, verfügen die Lebewesen über fühlende Organe, die das Einhalten der Lebensbedingungen überwachen und auf regulierende Organe einwirken, die jeder Störung der Lebensbedingungen entgegenarbeiten. Der so gebildete Wirkungskreis hält sie also selbsttätig aufrecht.

Dieses Prinzip läßt uns stehen, ohne umzufallen, es hält unsere Körpertemperatur konstant, ohne daß Kälte oder Hitze sie zu ändern vermögen. Wir begegnen diesem Prinzip überall in unserem Leben, wir finden es wieder beim Studium soziologischer und wirtschaftlicher Fragen.

Durch die Regelung ist es möglich, einen Zustand trotz äußerer Störungen selbsttätig aufrechtzuerhalten; ihr Wirkungssystem, der in sich geschlossene Kreis, kann aber selbst instabil werden, wenn die in ihm vorhandenen Verzögerungen kritische Werte annehmen. Diese beiden Tatsachen umschreiben Ziel und Problematik jeder Regelung, ganz gleich, ob sie sich im Bereich der belebten Natur oder in der Technik befindet.

Bild 1. Regler der Dampfmaschine von JAMES WATT, 1788 [1]

Die Geschichte der Regelungskunde, der Wissenschaft, die sich mit den Gesetzmäßigkeiten der Regelung beschäftigt, ist noch verhältnismäßig jung. Den ersten Regler im heutigen Sinne erfand JAMES WATT mit dem Fliehkraftregler der Dampfmaschine, die sonst durchgehen würde und mit ihm überhaupt erst betriebsfähig wurde (*Bild* 1). JAMES WATT war es auch, der sich erstmals Gedanken über das Zusammenwirken des Reglers mit dem zu regelnden Objekt, der sogenannten Regelstrecke im geschlossenen Regelkreis, machte. Eingehendere analytische Untersuchungen dieses Regelkreises führte CLERK MAXWELL durch, der damit als Begründer einer allgemeinen Regelungstheorie [2] angesehen werden darf. Weitergeführt wurde sie dann von STODOLA [3], HURWITZ [4] und vor allem von MAX TOLLE, der im Jahre 1905 das erste systematische Lehrbuch „Regelung der Kraftmaschinen" [5] schrieb. Es enthält neben der Darstellung der Dynamik der Kolbenkraftmaschinen die erste exakte mathematische Beschreibung regelungstechnischer Vorgänge. In dieser Epoche hat TOLLE auch den bahnbrechenden Gedanken der nachgebenden Rückführung verwirklicht. Zur selben Zeit schuf E. GÜTTINGER den Wälzsektorregler [6]. Diese Regelanordnungen haben ihre Bedeutung bis in die heutige Zeit behalten.

Ende der zwanziger Jahre erhielt die junge Wissenschaft der Regelungstechnik neue und – wie sich später zeigen sollte – besonders nachhaltige Impulse von ganz anderer Seite, nämlich von der elektrischen Nachrichtentechnik. Zwei Namen sind hier besonders zu nennen: K. KÜPFMÜLLER und H. NYQUIST. In einer grundlegenden Arbeit hat K. KÜPFMÜLLER 1928 die Gegenkopplung von Verstärkern und die dabei auftretenden Stabilitätsprobleme [7] eingehend behandelt und in ihnen ein fundamentales Prinzip der Regelung erkannt. Wenige Jahre später erscheint die bekannte Veröffentlichung „Regeneration Theory" von H. NYQUIST [8], in der das „NYQUIST-Kriterium" für Stabilitätsbetrachtungen aus dem Frequenzgang entwickelt wurde.

Gegen Ende der dreißiger Jahre setzte der für die Entwicklung der Regelungstechnik als selbständige technische Disziplin wichtige Zeitabschnitt der Systematisierung ein. Dies äußerte sich in zahlreichen Aufsätzen und den ersten Fachbüchern allgemeinen Charakters [9, 10, 11], in denen versucht wurde, das Prinzip von der gerätetechnischen Ausführung zu abstrahieren. Auch die ersten Sondervorlesungen in Deutschland über Regelungstechnik an den Technischen Hochschulen Stuttgart von A. LEONHARD und Berlin von H. SCHMIDT fallen in diese Epoche. Die erste geschlossene mathematische Darstellung der „Dynamik selbsttätiger Regelungen" bot 1944 das Buch von OLDENBOURG-SARTORIUS [12].

In den Nachkriegsjahren setzte besonders im Ausland eine verstärkte Forschung auf dem Gebiet der mathematischen Regelungskunde ein. Die Theorie der Regelung dehnte sich auf statistische Probleme, auf Abtast- und Relaisanordnungen sowie auf nichtlineare Systeme aus; sie wurde nun vorwiegend in den USA, in zunehmendem Maße auch in der Sowjetunion gepflegt. In Deutschland arbeitete man an der Vereinheitlichung der Begriffe und Bezeichnungen [13] und schuf mit dem Normblatt DIN 19226 [14] eine gemeinsame Sprache für die Regelungstechnik aller Anwendungsgebiete. Das „Kleine Handbuch technischer Regelvorgänge" von W. OPPELT [15] im Jahre 1954 gab eine zusammenfassende Darstellung des neueren Standes der Regelungstechnik. Der von LEONHARD in seinem Buch „Die selbsttätige Regelung" [16] eingeführte Blockschaltplan zur Darstellung von Regelvorgängen hat die funktionelle Betrachtungsweise sehr gefördert und die später eingeführte Behandlung von Regelaufgaben mit Analogie-Rechengeräten wesentlich erleichtert.

Die Ausweitung der Wissenschaft von der Regelungstechnik hatte zur Folge, daß sich in verschiedenen Ländern die Ingenieure zu besonderen regelungstechnischen Verbänden zusammenschlossen. So wurde in Deutschland im Jahre 1953 im Verein Deutscher Ingenieure (VDI) und im Verband Deutscher Elektrotechniker (VDE) die gemeinsame „VDI/VDE-Fachgruppe Regelungstechnik" gegründet. Als Dachorganisation bildete sich im Jahre 1956 die „International Federation of Automatic Control" (IFAC) mit dem Ziel, auf breiter Grundlage die Regelungskunde zu pflegen.

Die Technik der Regelgeräte eilte zunächst der Wissenschaft voraus. Schon 1886 baute WERNER VON SIEMENS ein als Spannungsregler [17] arbeitendes Gerät.

Er war aber damit seiner Zeit weit voraus; nach dem ersten Weltkrieg setzte die Entwicklung der Regelgeräte in größerem Umfange ein (*Bild* 2). Ihre Bauart wurde von den Konstruktionselementen beherrscht, mit denen es gelang, von einem Meßwerk aus eine beträchtliche Hilfsenergie zur Versorgung des Reglerausganges zu steuern, ohne das Meßwerk zu belasten.

Bild 2. Aufbau der Regeleinrichtungen für mehrere Wanderrostkessel. Kraftwerk Neuhof der Hamburgischen Elektrizitätswerke AG aus dem Jahre 1926

In hervorragender Weise erfüllt dies der hydraulische Strahlrohrregler [*18*]. Hydraulische Regler mit Steuerkolben führten sich bei Dampfturbinen und in der Luftfahrt ein. Ebenfalls bis in die heutige Zeit haben sich pneumatische Regler mit Düsen-Prallplatten-Abgriff erhalten. Sie werden besonders in explosionsgefährdeten Betrieben der chemischen und Erdölindustrie eingesetzt.

Zur impulsweisen Steuerung elektromotorisch angetriebener Stellglieder wurden Regler mit elektrischer Hilfsenergie entwickelt, wobei man, wie beim sogenannten Zeigerregler, das Meßwerk, z. B. eine Bourdon-Feder, mit Kontakten ausrüstete. Bei sehr kleinen Meßleistungen, wie sie etwa von Thermoelementen geliefert werden, erwies sich das periodische Abtasten eines Galvanometerzeigers als ein robustes System mit hoher Verstärkerwirkung. Die Vorzüge der Impulsregler und der Abtastregler haben sich in jüngster Zeit wieder erneut bestätigt.

Für die Steuerung der Erregung von elektrischen Maschinen führten sich mit Widerstandsstellern gekuppelte elektrohydraulische Regler [*19*] ein. Zugleich haben sich hierfür die mit Schaltkontakten arbeitenden Vibrationsregler [*20*] bewährt. Auch die auf dem Kohledruckprinzip beruhenden Regler gehören in diesen Zeitabschnitt. Der schon erwähnte Wälzkontaktregler hat sich ebenfalls bei der Erregungssteuerung ein wichtiges Anwendungsgebiet erobert. Mit den Elektronenröhren kamen neben den elektro-mechanischen Reglern auch elektronische auf, die sich in der Meßschaltung durch hohe Genauigkeit, vielseitige Aufschaltmöglichkeit und Trägheitslosigkeit auszeichnen. Dadurch konnte man hochwertige Regelungen für Mehrmotorenantriebe der industriellen Antriebstechnik entwickeln.

Der heutige Stand der Regelungstechnik ist nicht nur durch neue Bauelemente, sondern auch durch das Ineinandergreifen einer Vielzahl von Reglern in umfangreichen Energieversorgungsanlagen und Produktionsstätten gekennzeichnet.

Verbesserte magnetische Werkstoffe und Transistoren bieten die Möglichkeit, robuste und anpassungsfähige Regelverstärker zu bauen. Das Impulsprinzip kann nun weitgehend kontaktlos ausgeführt werden. Es stehen kontinuierlich arbeitende elektrische, elektropneumatische und elektrohydraulische Regler hoher Eingangsempfindlichkeit zur Verfügung.

An die Stelle der früheren Spezialregler sind universell einsetzbare Regelsysteme getreten, die den Forderungen der anwendenden Industrie nach Einheitsgeräten und Miniatur-Instrumentierung der Schaltwarten (*Bild* 3) gerecht werden. Ganz neue Perspektiven eröffnen sich dabei mit der weiteren Perfektionierung der Bauelemente, insbesondere auf dem Halbleitergebiet.

Die Regelungstechnik als Mittel der Automatisierung hat das Ziel, den Menschen von seiner Bedienertätigkeit zu befreien und die Wirtschaftlichkeit der Produktionsbetriebe zu steigern. Die Regeleinrichtungen übertreffen den Menschen an Vermögen der Sinneswahrnehmung, Unterscheidungsfähigkeit, Zuverlässigkeit, Unermüdlichkeit und Schnelligkeit. Sie befreien den sonst an die Bedienung des Objektes gebundenen Menschen von monotoner Tätigkeit und oft gefahrdrohender Umgebung. Gewisse technische Vorgänge können überhaupt nur mit Hilfe von Reglern in vorgeschriebener Weise in Betrieb gehalten werden, z. B. bei der Lenkung neuzeitlicher Flugzeuge, der Regelung beim Mehrfarben-Rotationsdruck oder bei Dampferzeugern.

Durch das Streben nach höchster Wirtschaftlichkeit werden die Anlagen größer, zugleich werden die Herstellungsverfahren komplizierter, denn die Ansprüche des Verbrauchers an die Qualität der Erzeugnisse steigen ständig. Diese weiteren Aufgaben lassen sich mit der Regelungstechnik erfüllen, so daß z. B. vom Chargenbetrieb zum Durchlaufverfahren übergegangen werden kann und sich die Anlagen bis an die Grenze ihrer Belastbarkeit ausnutzen lassen. Diese Tendenz findet man in allen Betrieben der Grundstoffindustrie, wie dem Walzwerk, den Anlagen der Energieversorgung ebenso wie den Riesenunternehmen der Rohölverarbeitung. Jede dieser Anlagen erfordert eine große Anzahl von Regelungen, um überhaupt einen einwandfreien Betrieb zu ermöglichen. Darüber hinaus ist aber die zentrale Überwachung und Führung des Betriebsablaufes eine weitere Forderung, die nur mit einem wohlabgestimmten Regelsystem zu erfüllen ist. Dabei werden an die einzelnen Geräte außerordentlich hohe Anforderungen hinsichtlich ihrer Funktion, Betriebssicherheit, Wartung und Kombinationsfähigkeit gestellt.

Das Netz von Regelungen muß aber stets durch ein ausgedehntes System von Steuer- und Signaleinrichtungen ergänzt werden, um die Sicherheit der Anlage zu gewährleisten. Dieses Zusammenwirken der drei Systeme – der Regelung, Steuerung und Signalisierung – kennzeichnet den heutigen Stand der Automatisierung.

Die Entwicklung der Automatisierung von Produktionsbetrieben ist keineswegs abgeschlossen. Schon heute zeichnet sich bereits der nächste Schritt ab: Die

Führung des Betriebsablaufs, die noch weitgehend durch den Menschen erfolgt, wird durch Regelsysteme besorgt, in denen auch Rechenmaschinen vorkommen. Dieser Schritt ist notwendig, da es jetzt schon dem Bedienungspersonal von Großanlagen kaum mehr möglich ist, die zahlreich und rasch anfallenden Informationen

Bild 3. Entwurf einer Meß- und Regelwarte in Miniatur-Instrumentierung [21]

sinnvoll zu verarbeiten und den Betrieb optimal zu führen. So werden die Anlagen, z. B. in elektrischen Energieverbundbetrieben und Großbetrieben der Grundstoffindustrie, zu geregelten Betriebseinheiten zusammengefaßt, indem man ihre Regelungen eng miteinander verknüpft und durch übergeordnete Regelsysteme führt. Meß-, Regel- und Steuersysteme sind so entwickelt, daß sie alle notwendigen Informationen und Eingriffsmöglichkeiten bieten; auch elektronische Rechner hierfür sind schon vorhanden.

Die wirtschaftliche Bedeutung der Regelungstechnik äußert sich zunächst in der Produktion selbst, indem die Qualität verbessert und Ausschuß verringert wird. Die Gestehungskosten der Anlagen vermindern sich, da sie besser ausnutzbar sind, die Betriebskosten sinken durch Einsparung von Betriebsmitteln und Personal, was sich besonders im Schichtbetrieb auswirkt.

Mit der Einführung der Regelungstechnik entstehen andererseits Aufwendungen durch die Regelgeräte selbst und gelegentlich auch durch die Notwendigkeit besserer Regelbarkeit der Anlagen. Die Höhe dieser Aufwendungen hängt von den geforderten Eigenschaften der Meß- und Regelanlagen ab, die den wirklichen Bedürfnissen angepaßt sein sollen. Die hochentwickelte Industrie der Meß- und Regelungstechnik kann im engen Zusammenwirken mit den Erbauern und Anwendern der Anlagen die vielseitigen Anforderungen erfüllen.

Quellenhinweise

[1] Nachbildung im Deutschen Museum, München.
[2] MAXWELL, J. C.: On governors. Proc. roy. Soc. Bd. 16 (1867/68) S. 270–283.
[3] STODOLA, A.: Über die Regulierung von Turbinen. Schweiz. Bau-Ztg. 22. Bd. (1893) S. 113–117, 23. Bd. (1894) S. 108–112 u. S. 115–117.
[4] HURWITZ, A.: Über die Bedingungen, unter welchen eine Gleichung nur Wurzeln mit negativen reellen Teilen besitzt. Math. Ann. 46. Bd. (1895) S. 273–284.
[5] TOLLE, M.: Regelung der Kraftmaschinen. Berlin: Springer 1905.
[6] COURVOISIER, G.: Fünfzig Jahre Brown-Boveri-Wälzsektorregler. BBC-Mitt. Bd. 44 (1957) S. 460–467.
[7] KÜPFMÜLLER, K.: Über die Dynamik der selbsttätigen Verstärkungsregler. Elektr. Nachrichtentechn. Bd. 5 (1928) S. 459–467.
[8] NYQUIST, H.: The regeneration theory. Bell System techn. J. Bd. 11 (1932) S. 126–147.
[9] WÜNSCH, G.: Regler für Druck und Menge. München und Berlin: Oldenbourg 1930.
[10] SCHMIDT, W.: Unmittelbare Regelung. Berlin: VDI-Verlag 1939.
[11] LEONHARD, A.: Die selbsttätige Regelung in der Elektrotechnik. Berlin: Springer 1940.
[12] OLDENBOURG, R. u. SARTORIUS, H.: Dynamik selbsttätiger Regelungen. München: R. Oldenbourg 1944.
[13] SCHMIDT, H.: Regelungstechnik. Begriffe und Benennungen. Berlin: VDI-Verlag 1944.
[14] DIN 19226 Regelungstechnik (Benennungen, Begriffe) Jan. 1954.
[15] OPPELT, W.: Kleines Handbuch technischer Regelvorgänge. Weinheim/Bergstraße: Verlag Chemie 1954.
[16] LEONHARD, A.: Die selbsttätige Regelung. Berlin/Göttingen/Heidelberg: Springer 1949.
[17] Siemens & Halske AG: DRP 40299 v. 3. 11. 1886.
[18] Askania-Werke AG, Berlin-Friedenau.
[19] Hagenuk, Neufeldt & Kuhncke GmbH, Kiel.
[20] Zum Beispiel TIRRILL-Regler der Allgemeinen Elektricitäts-Gesellschaft.
[21] Entwurf der Siemens & Halske AG und der Siemens-Schuckertwerke AG für die Schaltwarte des Kraftwerkes Spandau der BEWAG, Berlin.

2. Grundlagen der Regelungstechnik

Von **H. Henning** und **R. Oetker**

Inhaltsübersicht

A. Einführung

1. Aufgabe der Regelungstechnik

Das technische Zeitalter hat mit der Erschließung von Energiequellen in großem Ausmaß begonnen. Damit sich die bereitgestellte Energie nützlich auswirken kann, bedarf sie aber der Lenkung. Solange der Mensch noch seine eigenen Kräfte gebrauchte, und sich des Zusammenspiels mit Sinnen und Verstand in einem Wirkungsablauf nicht bewußt war, hatte er keine Vorstellung darüber, wie der Vorgang beim Lenken äußerer Energie mit technischen Mitteln zu bewerkstelligen sei.

Die Lenkung der Energie richtet sich stets auf ein Ziel. Dieses ist z. B. die Temperatur, die ein Heizkörper annimmt, wenn ihm mehr oder weniger Heißwasser zuströmt. Der Mensch, dessen Wohnraum erwärmt werden soll, erfaßt mit der einen Hand das Ventil und fühlt mit der anderen Hand die Temperatur des Heizkörpers (*Bild* 1a). Das Temperaturgefühl der Hand teilt ihm mit, wie heiß der Heizkörper ist. Er vergleicht diesen Eindruck mit seiner Vorstellung, wie heiß der Heizkörper sein soll, um je nach dem herrschenden Klima weder zu frieren noch zu schwitzen. Kommt er zu dem Ergebnis, der Heizkörper sei zu heiß oder zu kalt, dann dreht er an dem Ventil so lange, bis die nach seiner Meinung richtige Temperatur herrscht.

Es liegt also ein in sich geschlossener Wirkungskreis vor, in dem das Fühlen der Temperatur das Eingreifen am Ventil veranlaßt und die Ventilstellung selbst wieder die Temperatur beeinflußt. Der Heizkörper ist als technisches Gerät in den

Wirkungskreis eingeschaltet; seiner Gesetzmäßigkeit, d.h. dem Zusammenhang zwischen Ventilstellung und Temperatur, muß sich der den Wirkungskreis schließende Mensch unterordnen. Diese Gesetzmäßigkeit wird durch Erscheinungen gestört, wie das Quellen der Ventilpackungen, Druck- und Temperaturänderungen des zuströmenden Heißwassers und die Wärmeabgabe an den Raum. Der bedienende Mensch kann zwar durch seinen Wirkungsschluß diesen störenden Erscheinungen und ihrer teils unerwünschten Wirkung entgegenarbeiten. Er wird aber damit noch mehr an das technische Gerät gefesselt. Die Regelungstechnik hat die Aufgabe, die menschliche Mitwirkung durch technische Mittel zu ersetzen.

a) Selbst fühlen und eingreifen | b) Temperatur ablesen und selbst eingreifen | c) Gelegentlich den Sollwert verstellen | d) Von der Überwachung ganz befreit

Bild 1. Der Mensch und die Regelung

Eine bedeutende Erleichterung tritt bereits ein, wenn die Temperatur mit einem Meßgerät (Thermometer) sichtbar angezeigt wird (*Bild* 1b). Dabei übertrifft das Thermometer den Menschen bei weitem an Zuverlässigkeit der Temperaturempfindung; außerdem kann man als Vergleichsgröße für den Sollwert eine Marke an der Skale anbringen. Es braucht jetzt nur noch darauf geachtet zu werden, daß die Anzeige mit der Marke übereinstimmt. Im Falle einer Abweichung greift der Mensch mit dem Ventil ein. Auch diese an sich primitive Funktion kann einem technischen Gerät überantwortet werden (*Bild* 1c), in dem das anzeigende Meßgerät und die Sollwertmarke eingebaut sind. Beide können z.B mit sich gegenüberstehenden Kontakten versehen werden, die im Falle einer Abweichung schließen und einen Stellmotor am Ventil mit einer solchen Drehrichtung einschalten, daß die entstandene Temperaturabweichung wieder rückgängig gemacht wird.

Der Mensch hat sich nun ganz aus dem Wirkungskreis herausgelöst, die Lenkung der Energie geschieht allein mit technischen Mitteln und die Heizkörpertemperatur wird selbsttätig mit dem einstellbaren Sollwert in Übereinstimmung gebracht. Die Aufgabe der *Regelungstechnik* [1 bis 9] ist somit gelöst: Das an Stelle des Menschen getretene Gerät heißt *Regler*, die Heizkörpertemperatur wird zur *Regelgröße*, ihr *Sollwert* zur *Vergleichsgröße*, die motorisch herbeigeführte Ventilstellung steuert als *Stellgröße* über den Heizkörper als *Regelstrecke* die Temperatur. Bei Auftreten von *Störgrößen* vollzieht sich selbsttätig im Regelkreis ein *Regelvorgang*, der die Regelgröße laufend mit dem Sollwert in Übereinstimmung bringt.

Mit der Regelung der Heizkörpertemperatur ist die Aufgabe noch nicht vollständig gelöst. Um stets auch bei schwankendem Wärmebedarf die behagliche

Temperatur im Raum zu haben, muß man den Sollwert der Heizkörpertemperatur noch gelegentlich verstellen. Dies kann mit Hilfe eines Thermometers für die Raumtemperatur (*Bild* 1d) geschehen. Weicht die Raumtemperatur von dem Behaglichkeitswert ab, so wird die Vergleichsgröße am Regler als Maß für den Sollwert selbsttätig nachgeführt, bis die ihr folgende Heizkörpertemperatur sich auf den Wert eingestellt hat, der zur Aufrechterhaltung der behaglichen Raumtemperatur notwendig ist. Die Wirkung wird noch unterstützt, indem ein weiteres Thermometer, das die Außentemperatur mißt, den Regler für die Heizkörpertemperatur zusätzlich steuert. Sind die Wärmeübertragungsverhältnisse des Gebäudes bekannt und nach ihnen die Apparatur bemessen, so stellt sich auf diese Weise die Heizkörpertemperatur bereits nahezu richtig ein.

Mit Hilfe dieser Korrekturgrößen kann man die Vergleichsgröße derart führen, daß ohne jegliches menschliches Zutun stets die behagliche Raumtemperatur aufrecht erhalten wird.

2. Typische Beispiele von Regelungen

a) Einteilung

Ähnliche Regelaufgaben wie bei der Raumtemperatur kommen in fast allen Zweigen der Technik vor. Dabei sind zwei Arten zu unterscheiden:

Die Regelgröße muß einen zeitlich festen Wert einhalten; hierzu dient die *Festwertregelung*, bei der die Vergleichsgröße am Regler auf einen Sollwert fest eingestellt ist.

Die Regelgröße muß einer anderen mit der Zeit veränderlichen Größe folgen; hierzu dient die *Folgeregelung*, bei der die Vergleichsgröße am Regler als Führungsgröße wirkt.

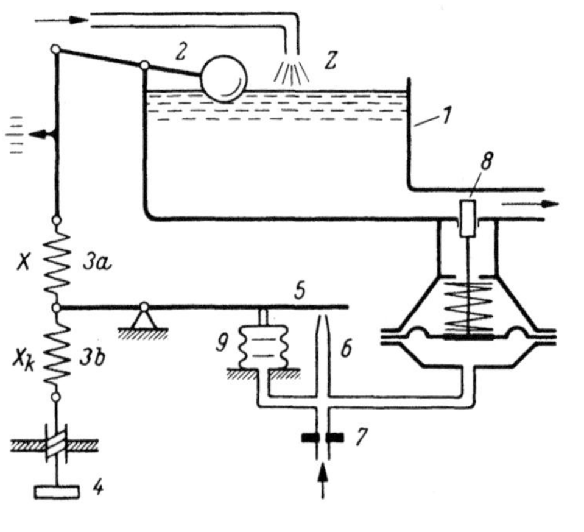

1 Behälter
2 Schwimmer
3 Federn (*a* und *b*)
4 Einstellschraube
5 Düsenplatte
6 Düse
7 Vordrossel
8 Abflußschieber
9 Faltenbelag
X Regelgröße (Flüssigkeitsstand)
X_k Vergleichsgröße (Sollwert)
Z Störgröße (Zufluß)

Bild 2. Regelung eines Flüssigkeitsstandes

b) Festwertregelung

Regelung eines Flüssigkeitsstandes (*Bild* 2). Um den Flüssigkeitsstand (Regelgröße X) in einem Behälter (*1*) auf einem vorgeschriebenen Wert trotz veränderlichen Zuflusses (Störgröße Z) zu halten, greift man den Stand mit einem Schwimmer (*2*) ab und verwandelt dessen Bewegung mit Hilfe einer Feder (*3a*) in eine verhältnisgleiche Kraft. Ihr wirkt als Vergleichsgröße die Kraft einer zweiten Feder (*3b*) entgegen, die von der Einstellschraube (*4*) auf eine dem Sollwert X_k entsprechende Kraft fest vorgespannt ist. Weicht die Regelgröße von dem eingestellten Sollwert ab, so nähert oder entfernt sich die Platte (*5*) vor der Düse (*6*), aus der Luft über eine Vordrossel (*7*) ausströmt. Dadurch steigt oder fällt der Düsendruck und mithin schließt oder öffnet der Abflußschieber (*8*). Der Faltenbalg (*9*) übt auf das Vergleichssystem eine der Stellgröße Y verhältnisgleiche Kraft aus; diese vergrößert den vom Schwimmer auszuführenden Hub, der notwendig ist, um das Düse-Prallplatten-System auszusteuern und den Abflußschieber über den ganzen Stellbereich zu bewegen.

Regelung der Spannung eines Gleichstromgenerators (*Bild* 3). Die zu regelnde Größe (die Regelgröße X) ist die Ankerspannung U_1. Größen, deren Änderung die Regelgröße in unerwünschter Weise beeinflussen (Störgrößen Z), sind z.B. der Belastungswiderstand R_b eines ohmschen Verbrauchers (*3*), das Widerstandsmoment M_w des Antriebes (*4*) mit Arbeitsmaschine oder die Drehzahl n der Antriebsturbine (*1*). Die Ankerspannung U_1 wird abgegriffen und einem Vergleicher (*5*) zugeführt, wo sie mit einer konstanten Vergleichsspannung U_2 (Sollwert X_k) verglichen wird. Die vom Vergleicher gebildete Differenzspannung U_3 (Regelabweichung X_a) reicht mit ihrer Energie meistens nicht aus, um die Erregerwicklung des Generators zu speisen; sie muß diesem über einen Regelverstärker (*6*) zugeführt werden. Die Ausgangsspannung U_4 dieses Regelverstärkers (die Stellgröße Y) beeinflußt die Erregung des Generators und damit auch die Ankerspannung U_1 in dem Sinne, daß diese wieder ihren vorgeschriebenen Festwert annimmt. Dem Regelverstärker muß Hilfsenergie (*7*) z.B. elektrisch, mechanisch oder hydraulisch zugeführt werden. Der Regelverstärker kann z.B. eine Erregermaschine oder ein Magnetverstärker sein.

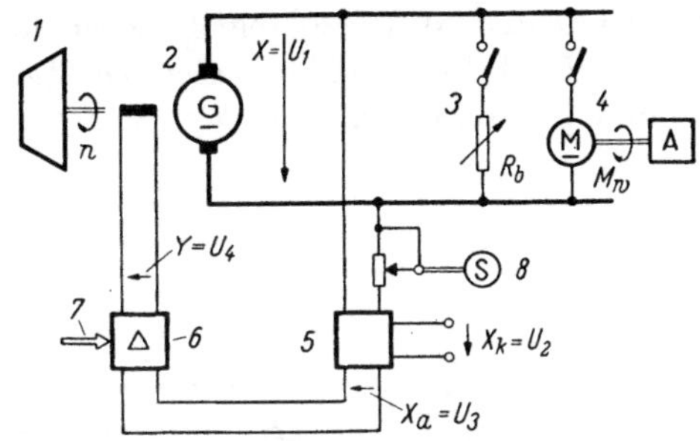

1 Antriebsturbine mit Drehzahl n
2 Gleichstromgenerator
3 Ohmscher Verbraucher mit Widerstand R_b
4 Antriebsmotor einer Arbeitsmaschine mit Widerstandsmoment M_w
5 Vergleicher
6 Regelverstärker
7 Hilfsenergie
8 Sollwerteinsteller
X Regelgröße (U_1)
X_k Vergleichsgröße (U_2)
X_a Regelabweichung (U_3)
Y Stellgröße (U_4)

Bild 3. Spannungsregelung eines Gleichstromgenerators

c) Folgeregelung

Regelung des Brennluftstroms nach dem Gasdurchsatz (*Bild* 4). Bei einem Ofen

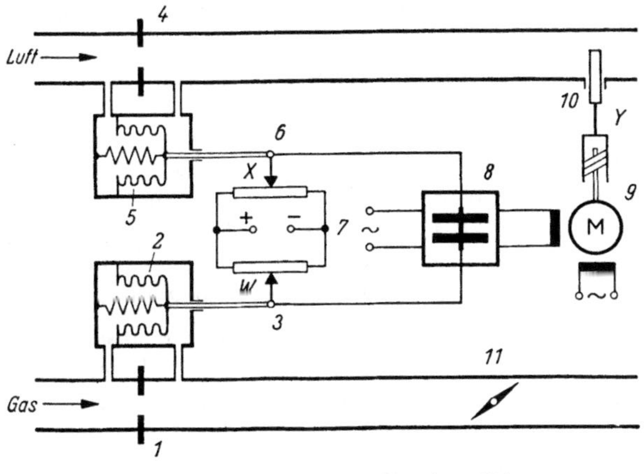

1 Meßblende (Gas)
2 Federgefesselter Balg (Gas)
3 Potentiometer
4 Meßblende (Luft)
5 Federgefesselter Balg (Luft)
6 Potentiometer
7 Vergleicher
8 Magnetverstärker
9 Stellantrieb
10 Luftschieber
11 Gasklappe
X Regelgröße (Luftzufuhr)
W Führungsgröße (Gaszufuhr)
Y Stellgröße (Öffnung)

Bild 4. Regelung des Brennluftstromes nach dem Gasdurchsatz

soll die Luftzufuhr nach dem veränderlichen Gasdurchsatz geregelt werden. Hierzu muß die Luftzufuhr der Gaszufuhr folgen. Um dies zu bewirken, mißt man den Gasstrom als Differenzdruck an einer Blende (*1*) und verwandelt ihn mit einem federgefesselten Balg (*2*) in eine verhältnisgleiche Bewegung des Abgriffs an einem Potentiometer (*3*). Die abgegriffene Spannung ist als Maß des Gasstroms die Führungsgröße W für den Luftregler. Die Luftzufuhr wird ebenso gemessen und eine Spannung gebildet, die als Maß des Luftstroms die Regelgröße X darstellt. Die

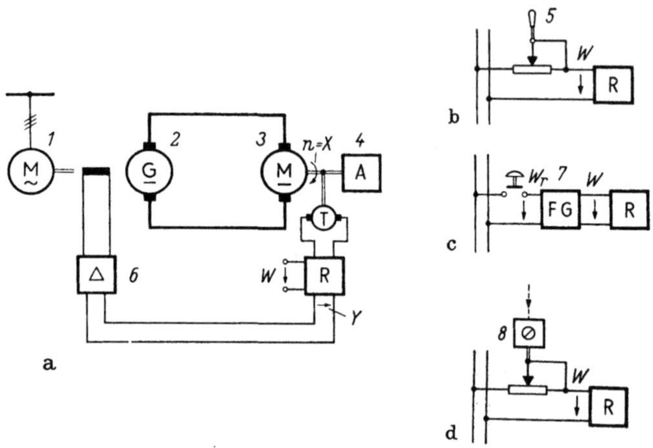

1 Antriebsmotor
2 Leonard-Generator
3 Leonard-Motor
4 Arbeitsmaschine
5 Handverstellung
6 Erregerverstärker
7 Führungsgeber
8 Meßumformer
X Regelgröße (Drehzahl n)
W Führungsgröße
W_r Richtgröße
Y Stellgröße

Bild 5. Drehzahlregelung eines Motors nach einem laufend veränderten Wert

a (Prinzipschaltplan b) Von Hand vorgegebene Führungsgröße c) Durch einen Führungsgeber nach Programm gebildete Führungsgröße d) Fremd vorgegebene Führungsgröße

beiden Meßeinrichtungen sind so abgestimmt, daß bei gleicher Abgriffstellung an den Potentiometern das erforderliche Mischungsverhältnis vorhanden ist. Weicht das Maß der Luftzufuhr (Regelgröße X) von dem Maß der Gaszufuhr (Führungsgröße W) ab, so wird die am Vergleicher (*7*) entstehende Differenzspannung über einen Magnetverstärker (*8*) dem elektromotorischen Stellantrieb (*9*) zugeführt, der dann den Luftschieber (*10*) in eine solche Öffnung (Stellgröße Y) bringt, daß die Abweichung verschwindet. Trotz Störgrößen, z. B. Vordruckänderung der Luft, folgt der so geregelte Luftstrom stets im vorgesehenen Verhältnis dem mit der Öffnung der Gasklappe (*11*) veränderlichen Gasstrom als Führungsgröße.

Regelung der Drehzahl eines Motors nach einem laufend verändertem Wert (*Bild* 5). In der Technik elektrischer Antriebe soll die Drehzahl von (meist in Leonard-Sätzen arbeitenden) Gleichstrommotoren sehr häufig einen vorgeschriebenen Verlauf bekommen. Man verlangt z. B. eine konstante Beschleunigung oder Verzögerung beim Hochfahren bzw. Stillsetzen oder, auf die Drehzahl bezogen, eine konstante Änderungsgeschwindigkeit der Drehzahl und zwischen dem Hochfahren und Stillsetzen eine konstante Drehzahl.

Dem Regler wird in solchen Fällen eine Führungsgröße W vorgegeben (*Bild* 5a). Dies kann von Hand geschehen (*Bild* 5b) oder man übergibt (*Bild* 5c), besonders bei schwierigen Programmen, die Bildung der Führungsgröße einem Gerät, dem Führungsgeber (*7*). Auf den Eingang dieses Gerätes wird jetzt nur noch eine einfache von Hand herstellbare Richtgröße W_r eingegeben.

Außer den programmgemäß arbeitenden Führungsgrößen können bei einem solchen Antrieb auch Führungsgrößen vorkommen, deren Verlauf nicht vorgeschrieben und auch nicht beeinflußbar (*Bild* 5d) ist. Es kann z.B. sein, daß die Drehzahl des geführten Motors sich der Drehzahl eines im Arbeitsprozeß vorhergehenden Antriebes anpassen soll und dieser Antrieb durch den Arbeitsvorgang unregelmäßigen, nicht vorher bestimmbaren, Störgrößen unterworfen ist.

Die Ausgangsgröße des Reglers (die Stellgröße Y) wirkt auf die Erregereinrichtung (*6*) des LEONARD-Generators (*2*). Dadurch wird die Ankerspannung beeinflußt, die dem Motor (*3*) und der Arbeitsmaschine die gewünschte Drehzahl verleiht.

3. Regeln und Steuern

a) Grundbegriff des Regelns

Die Regelanordnungen in den *Bildern* 2 bis 5 gehorchen denselben Grundgesetzen, obgleich sie aus verschiedenen technischen Gebieten gewählt wurden. Es lassen sich dafür auch dieselben Begriffe und Benennungen verwenden. In allen Fällen wird eine zu regelnde Größe (die Regelgröße) hergestellt und entgegen der Wirkung von Störgrößen aufrecht erhalten. Das Herstellen und Aufrechterhalten der Regelgröße geschieht fortlaufend durch den Regler auf Grund des Vergleiches des *Istwerts* der Regelgröße mit dem Wert einer vorgegebenen Größe, der *Vergleichsgröße*. Der Wert der Vergleichsgröße kann als Maß für den *Sollwert* der Regelgröße betrachtet werden. Aus diesem Grund ist es üblich, den Vergleich der Regelgröße mit der Vergleichsgröße auch *Istwert-Sollwert-Vergleich* zu nennen.

Bei der Festwertregelung ist die Vergleichsgröße auf einen zeitlich konstanten Wert eingestellt; ihn soll die Regelgröße annehmen. Bei der Folgeregelung ist die Vergleichsgröße zeitlich veränderlich und heißt dann Führungsgröße; ihr soll die Regelgröße folgen. Die auf Grund des Vergleiches vom Regler gelieferte Stellgröße greift fortlaufend in die Regelstrecke ein und lenkt dabei einen Energiefluß derart, daß die Regelgröße mit der Vergleichsgröße stets in Übereinstimmung bleibt.

Definition: Die Regelung (das Regeln) ist ein Vorgang, bei dem eine Größe, die *Regelgröße*, fortlaufend auf Grund ihres Vergleiches mit einer vorgegebenen Größe, der *Vergleichsgröße* selbsttätig hergestellt und aufrecht erhalten wird.

Hierdurch entsteht ein in sich geschlossener Wirkungsablauf. Der auf die Regelgröße einwirkende Vorgang wird selbst wieder von der Regelgröße beeinflußt.

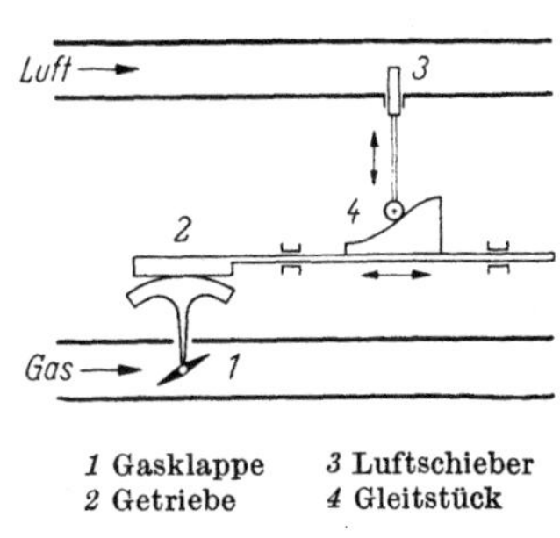

1 Gasklappe *3* Luftschieber
2 Getriebe *4* Gleitstück

Bild 6. Steuerung des Brennluftstromes nach dem Gasstrom

b) Das Steuern

Die den Beispielen in den *Bildern* 2 bis 5 zugrunde liegende Aufgabe kann auch durch andersartig aufgebaute Anordnungen gelöst werden.

Um die Luft dem Gas nachzuführen, kuppelt man (*Bild* 6) mit der Gasklappe (*1*), deren Stellung als Maß für den Gasdurchfluß gelten soll, über ein Getriebe (*2*) den Luftschieber (*3*). Das verbindende Gleitstück (*4*) hat eine solche Form, daß der Luftstrom bei jeder Lage im richtigen Verhältnis zum Gasstrom steht. Die einmal eingebauten Gesetzmäßigkeiten, z.B. die Form des Gleitstücks, treten an die Stelle des fortlaufenden Vergleiches der beeinflußten Größe (Luftstrom) mit der vorgegebenen Größe (Gasstrom). Die Stellung der Gasklappe *steuert* dabei die Stellung des Luftschiebers. Der hierdurch hergestellte Zusammenhang zwischen Gas- und Luftstrom drückt sich in der einmal eingebauten Gesetzmäßigkeit aus; er ist jedoch an einen gewissen Zustand der Störgrößen, z.B. Vor- und Gegendruck in den Rohrleitungen, gebunden. Die beeinflußte Größe, der Luftstrom, wird nur dann im richtigen Maße hergestellt und aufrecht erhalten, wenn die der eingebauten Gesetzmäßigkeit zugrunde liegenden Voraussetzungen, also ein bestimmter Zustand der Störgrößen, auch wirklich vorhanden sind.

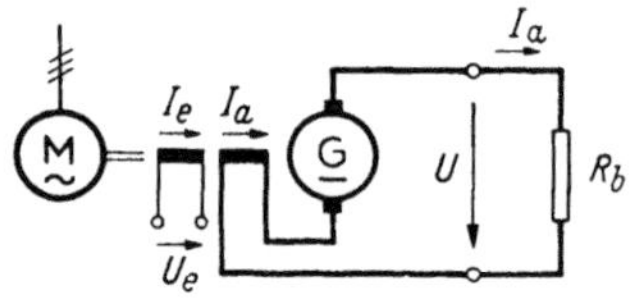

R_b Belastungswiderstand
U Klemmenspannung
I_a Ankerstrom
I_e Erregerstrom
U_e Erregerspannung

Bild 7. Steuerung eines Generators nach der Belastung

Um, wie in *Bild* 3, die Spannung eines Gleichstromgenerators bei Belastung möglichst konstant zu halten, kann man auch eine Schaltung nach *Bild* 7 wählen. Die Belastung des Generators ist durch einen Widerstand R_b gegeben. Da der Ankerwiderstand des Generators klein ist gegenüber dem Belastungswiderstand, kann man den Strom als Maß für den Belastungswiderstand ansehen und ihn an Stelle des Belastungswiderstandes als Störgröße auffassen. Der Belastungsstrom wird daher mit zur Erregung des Generators herangezogen und so aufgeschaltet, daß dem Spannungsabfall im Generatoranker entgegengewirkt wird. Der Laststrom *steuert* dabei die Klemmenspannung nach einer bestimmten eingebauten Gesetzmäßigkeit. Die Klemmenspannung wird nur dann in dem vorher bestimmten Maß aufrechterhalten, wenn die Voraussetzungen dieser Gesetzmäßigkeit sich nicht ändern (z.B. verschiedene Erwärmung der Wicklungen).

In der Anordnung nach *Bild* 7 wird die Spannung ohne Vergleich der Regelgröße mit einer Vergleichsgröße aufrechterhalten. Da man hierfür den Laststrom, also die Störgröße selbst, herangezogen hat, spricht man auch von einer *Störgrößenaufschaltung*.

Es ist auch oft gebräuchlich, eine Regelungsanordnung mit einer Störgrößenaufschaltung zu kombinieren. Die wesentlichen Merkmale sind dabei: schnelleres, aber ungenaueres Eingreifen der Störgrößenaufschaltung und genaueres, aber langsameres Eingreifen der Regelung.

In den eben dargestellten Beispielen ist der Begriff des Steuerns zunächst an der gleichen Aufgabenstellung erklärt wie bei der Regelung. Innerhalb einer Regelung treten Steuervorgänge aber auch als Elementarvorgänge auf. So steuert z.B. die Regelgröße über eine Regeleinrichtung die Stellgröße, wobei der Zusammenhang zwischen den Größen durch in das Gerät eingebaute Gesetzmäßigkeiten bestimmt ist; auch steuert die Stellgröße über das Regelobjekt die Regelgröße nach den im Regelobjekt vorhandenen Gesetzmäßigkeiten. Die Steuervorgänge schließen sich zum Regelvorgang, wenn die beeinflußte Größe nach Vergleich mit einer vorgegebenen Größe selbst zur beeinflussenden Größe wird. Bei einer Regelung steuert also die Regelgröße sich selbst.

Definition: Die Steuerung (das Steuern) ist der Vorgang in einem Gerät, bei dem eine Größe als Eingangsgröße eine andere Größe als Ausgangsgröße auf Grund der dem Gerät eigentümlichen Gesetzmäßigkeit beeinflußt.

Das Steuern ist als Vorgang allein zwischen Eingangsgröße und Ausgangsgröße eines Gerätes zu betrachten, gleichgültig, woher die Eingangsgröße kommt und wohin die Ausgangsgröße geht.

4. Regelkreis

a) Blockschaltplan

Verfolgt man in den gerätetechnisch sehr verschiedenen Anordnungen (*Bilder* 2 bis 5) den Regelvorgang, so stellt man fest, daß sich das Herstellen und Aufrechterhalten der Regelgröße in einem geschlossenen Wirkungsablauf, dem *Regelkreis*, vollzieht. In ihm sind Abschnitte vorhanden, in denen die Wirkungen nur in einer Richtung übertragen werden können: So wirkt z.B. der den Abfluß einstellende Schieber (*8*) in *Bild* 2 über den Behälter (*1*) auf die Höhe des Flüssigkeitsstandes und die Lage des Schwimmers (*2*), wogegen vom Schwimmer her über den Behälter die Stellung des Abflußschiebers nicht beeinflußt werden kann. Der von der Regelgröße bewegte Potentiometerabgriff (*6*) in *Bild* 4 ändert wohl den Eingangsstrom des Verstärkers, aber nicht umgekehrt. Im Regelkreis genügt bereits ein einziger solcher Abschnitt, um den Sinn der Wirkungsrichtung des Regelkreises festzulegen.

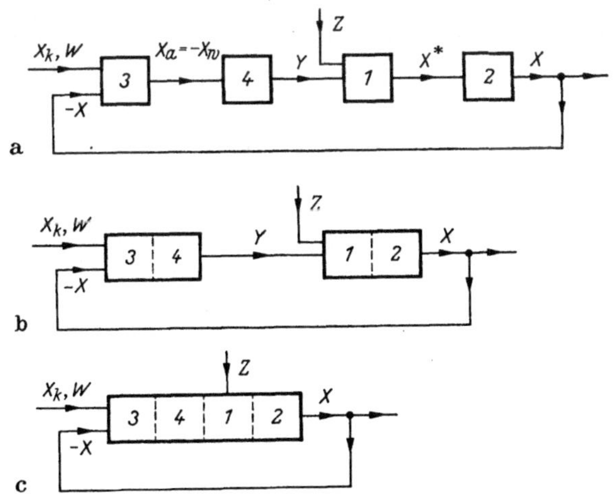

1 Regelobjekt
2 Meßeinrichtung
3 Vergleicher
4 Regelverstärker mit Stelleinrichtung
1 + *2* Regelstrecke
3 + *4* Regler
1 + *2* + *3* + *4* Regelanlage
X^* Regelgröße am Objekt

X Regelgröße am Vergleicher
X_k Feste Vergleichsgröße
W Veränderliche Vergleichsgröße (Führungsgröße)
X_w Regelabweichung ($X_w = X - X_k$)
X_a Regelabweichung am Regler ($X_a = X_k - X$)
Y Stellgröße
Z Störgröße

Bild 8. Darstellungsformen (a bis c) des Regelkreises im Blockschaltplan

Die in den ausgeführten Beispielen (*Bilder* 2 bis 5) dargestellten Geräte verschiedenartiger Ausführung lassen sich nach ihren im Regelkreis jeweils gleichen Funktionen in vier charakteristische Gruppen zusammenfassen (*Bild* 8):

Regelobjekt (*1*): An ihm greift die Stellgröße Y am *Stellort* ein, steuert einen Massen- oder Energiefluß und bewirkt dadurch eine Änderung der Regelgröße X^*. Es treten aber auch zusätzliche Einflüsse auf die Regelgröße durch Störgrößen Z auf.

Meßeinrichtung (*2*): Sie erfaßt die Regelgröße X^* am *Meßort* und formt sie in eine verarbeitbare Größe X um, z.B. in einen Weg, elektrischen Strom, Luftdruck.

Vergleicher (*3*): In ihm muß die Regelgröße X in derselben Größenart wie die Vergleichsgröße, dargestellt durch die Führungsgröße W oder den Sollwert X_k, wirken. Das sind z.B. Kräfte (*Bild* 2) oder elektrische Spannungen (*Bild* 4), deren Differenz, die Regelabweichung X_w, als Ausgangsgröße $X_a = -X_w$ gebildet wird.

Regelverstärker mit Stelleinrichtung (*4*): Diese Gruppe verarbeitet das Ergebnis des Vergleiches, die Regelabweichung, weiter, indem er diese verstärkt und sie modifiziert auf den Ausgang überträgt; an ihm entsteht so die Stellgröße Y, die in die Regelstrecke eingreift.

Der Regelvorgang vollzieht sich, in dem von mindestens einer der Gruppen festgelegten *Wirkungssinn*. Er darf nicht mit der Richtung des Massen- oder Energieflusses verwechselt werden; z. B. sind in dem Behälter (*Bild* 2) die Wirkungsrichtungen des Regelvorgangs und des Massenflusses einander entgegengesetzt.

Statt der Gerätegruppen sind in *Bild* 8 *Blöcke* (Kästchen) gezeichnet, die verbindenden Linien bedeuten *Signale*, z.B. Regelgröße X, Stellgröße Y. Die Darstellungsform des funktionellen Zusammenhanges der an dem geschlossenen Wirkungsablauf beteiligten Gerätegruppen stellt einen *Blockschaltplan* dar (z.B. *Bild* 8a). Der in sich geschlossene Wirkungsablauf vollzieht sich im *Regelkreis* über die Blöcke und ihre Signalverbindungen. Der für das *Regelobjekt* gezeichnete Block (*1*) wird vom Stellort und vom Meßort begrenzt. Die übrigen Blöcke bilden die *Regeleinrichtung*. Die gewählten Abgrenzungen der Blöcke in *Bild* 8a sind an sich willkürlich und für das Ergebnis ohne Einfluß, es müssen nur alle am Vorgang beteiligten Geräte erfaßt sein. An Stelle der Vierteilung des Regelkreises ist es auch üblich, den Blockschaltplan zweiteilig (*Bild 8*b) darzustellen. Die Meßeinrichtung wird mit dem Regelobjekt zur Regelstrecke vereinigt, und der Vergleicher bildet mit dem Regelverstärker den *Regler*. Zuweilen kann es auch zweckmäßig sein, alle Gerätegruppen in einem einzigen Block zusammenzufassen (*Bild* 8c).

b) Hauptgrößen

Die *Regelgröße* X ist die Größe, die geregelt, d.h. hergestellt und aufrechterhalten wird. Sie ist die Ausgangsgröße der Regelstrecke und zugleich Eingangsgröße der Regeleinrichtung. Die Regelgröße wird wertmäßig in derselben Größenart wie die *Vergleichsgröße* abgebildet. Ist die Vergleichsgröße zeitlich veränderlich, so heißt sie *Führungsgröße* W. Die Vergleichsgröße stellt das Maß für den *Sollwert* X_k der Regelgröße dar. Die Differenz zwischen der Regelgröße und der Vergleichsgröße heißt *Regelabweichung* $X_w = X - X_k$. Vom Vergleicher wird $X_a = -X_w$ geliefert und in der Stelleinrichtung des Reglers die *Stellgröße* Y gebildet. Diese wirkt so, daß im Sinne der Gegenkopplung eine entstandene Regelabweichung beseitigt wird.

Störgrößen Z sind Größen, die vorwiegend an der Regelstrecke wirken und deren Änderungen die Regelgröße in unerwünschter Weise beeinflussen. Es können aber auch an anderen Gliedern des Regelkreises Störgrößen auftreten, z.B. an der Hilfsenergie für die Regeleinrichtung. Die Regelung hat die Aufgabe, durch Stelleingriffe die Wirkung der Störgrößen möglichst vollständig zu kompensieren, ohne daß nennenswerte Regelabweichungen auftreten. Das Vorhandensein von Störgrößen ist meist der Anlaß, eine Regelung vorzunehmen.

Zuweilen ist die zu regelnde Größe der Messung schlecht zugänglich, dann wählt man eine besser erfaßbare andere Größe des Regelobjektes als *Ersatzregelgröße*, die zur ursprünglichen Größe in einem festlegbaren Zusammenhang steht. Die Ersatzregelgröße tritt im Regelkreis an die Stelle der Regelgröße; z.B. kann bei Sattdampf der Dampfdruck als Ersatzregelgröße für die Dampftemperatur eingeführt werden.

5. Regelvorgang

a) Auslösung

Sowohl Änderungen der Regelgröße als auch der Vergleichsgröße führen über den Vergleicher zu Änderungen der Regelabweichung und lösen im geschlossenen Regelkreis einen Regelvorgang aus. Der Regelvorgang ist beendet, wenn die Regelabweichung in ihrem zeitlichen Verlauf einen Beharrungswert angenommen hat, der innerhalb der erforderlichen Toleranz liegen soll.

An den Änderungen der Regelgröße sind zunächst die *Störgrößen* des Regelobjektes (*1*) in *Bild* 8a bis c beteiligt. Die *Führungsgröße* stellt selbst eine veränderliche Vergleichsgröße dar. Aber auch Teile der Regeleinrichtung können Anlaß zu Änderungen der Regelgröße sein. Ändern sich z.B. die Übertragungseigenschaften des Regelverstärkers oder der Stelleinrichtung (*4*), so wird nicht mehr die richtige Stellgröße gebildet; dies löst ebenfalls einen Regelvorgang aus, der die Stellgröße wieder auf ihren ursprünglichen Wert bringt. Ändern sich hingegen die Übertragungseigenschaften der Meßeinrichtung (*2*), so strebt nach Abklingen des ausgelösten Regelvorganges wohl der dem Vergleicher zugeführte Wert der Regelgröße X wieder seinem Beharrungswert zu, aber die Regelgröße X^* am Ausgang des Regelobjekts erfährt eine bleibende Abweichung.

Der bei einer Änderung der Vergleichsgröße ausgelöste Regelvorgang führt grundsätzlich zu einem neuen Wert der Regelgröße.

Auch das Einschalten oder Schließen eines Regelkreises bewirkt Regelvorgänge. Bei ihnen ist zu beachten, daß sich hierbei die Betriebszustände der Geräte und mithin die Übertragungseigenschaften in weiten Bereichen ändern können.

b) Verlauf

Der Verlauf des Regelvorganges hängt sowohl von der Art der Auslösung (Vergleichsgrößen- oder Störgrößenänderung) als auch vom Übertragungsverhalten der Geräte ab, über die sich der Wirkungsablauf im Regelkreis vollzieht (Regelobjekt, Meßeinrichtung, Vergleicher, Regelverstärker mit Stelleinrichtung). Es gehört zu den wichtigsten Aufgaben der Regelungstechnik, bei gegebenen Daten des Regelobjektes die Regelgeräte in ihrem Übertragungsverhalten so zu gestalten, daß der Regelvorgang einen gewünschten Verlauf nimmt.

Das *Bild* 9 zeigt verschiedene Möglichkeiten im Verhalten des Regelvorganges bei Vergleichsgrößensprung (*1* bis *5*) und bei Störgrößensprung (*6* bis *10*). Das Verhalten kann stabil (*1, 2, 6, 7*) oder instabil (*3, 4, 8, 9*) sein; instabile Regelvorgänge sind unbrauchbar. Stabilität und Instabilität des Regelvorganges haben ihre Ursache ausschließlich im Übertragungsverhalten der Geräte im Regelkreis. An der Stabilitätsgrenze (*5, 10*) können Dauerschwingungen auftreten.

Während eines aperiodischen (*1*, *6*) oder gedämpft schwingenden (*2*, *7*) Regelvorganges treten vorübergehende Regelabweichungen auf. Die *Überschwingweite* X_m ist die größte Regelabweichung nach einer Störgrößenänderung (*6*, *7*). Überpendelt

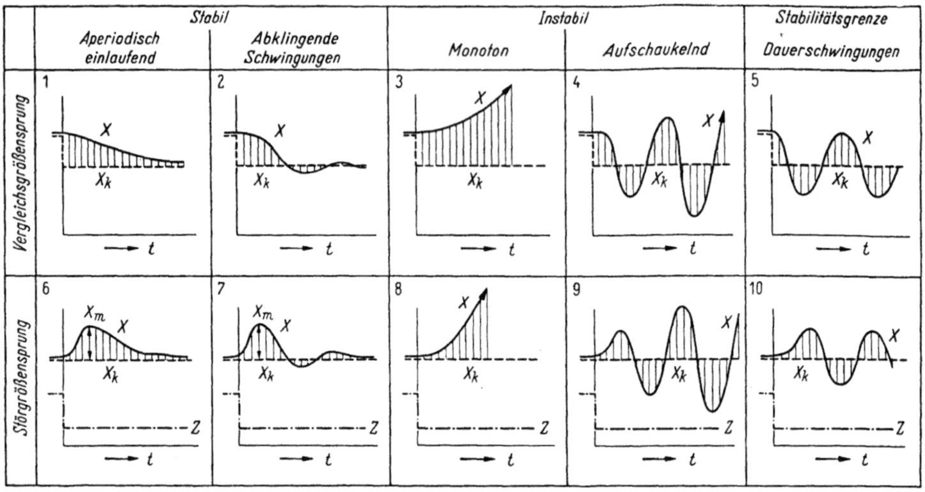

X Regelgröße Z Störgröße X_k Vergleichsgröße (Sollwert) X_m Überschwingweite

Bild 9. Verlauf des Regelvorganges

die Regelgröße ihren Beharrungswert, so nennt man die hierbei auftretende größte Regelabweichung *Pendelweite* (*2*, *7*). Die Überschwingweite und die Pendelweite hängen von Art sowie Betrag der Störgrößen- oder Vergleichsgrößenänderung und dem Übertragungsverhalten des Regelkreises ab. Die Zeit, innerhalb derer die Regelabweichung auf einen zulässigen Betrag abklingt, heißt *Regeldauer*.

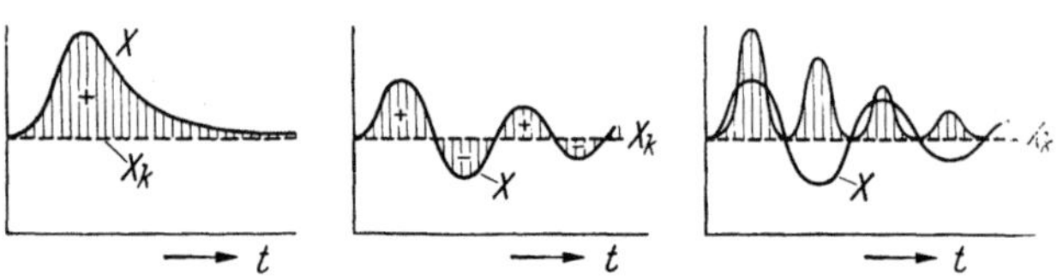

a) Lineare Regelfläche, aperiodisch abklingend

b) Lineare Regelfläche, periodisch abklingend

c) Quadratische Regelfläche, periodisch abklingend

X Regelgröße X_k Vergleichsgröße

Bild 10. Regelfläche

Die Überschwingweite wird vielfach zur Beurteilung von Regelvorgängen herangezogen; sie ist bei bestimmten Regelungen kritisch: z.B. bei Nachformmaschinen wird das Werkstück unbrauchbar und bei Autoklaven kann die Temperatur durchgehen. Aperiodische Regelvorgänge beurteilt man mit der *Regelfläche* (*Bild* 10a); sie soll möglichst klein sein, damit z.B. im Falle der Leistungsregelung die Fehlarbeit klein bleibt. Die *lineare Regelfläche* kann bei schwingend abklingenden Vorgängen (*Bild* 10b) als Mittelwert zwischen (+) und (−) sehr klein, aber für die Regelung durchaus unbrauchbar sein; z.B. würden bei der Temperaturregelung an Destillierkolonnen die Fraktionen verunreinigt werden. Die *quadratische Regelfläche* (*Bild* 10c) ist dann ein besserer Maßstab für die Güte der Regelung.

Die Regeldauer, d. h. die Zeit, innerhalb derer die Regelabweichung auf einen zulässigen Betrag abklingt, ist z. B. für die Lageregelung bei Peilgeräten wichtig.

c) Endzustand

Der Regelvorgang ist beendet, wenn die Regelgröße nach einer Sollwert- oder Störgrößenänderung wieder einen Beharrungszustand annimmt. Dabei kann, wie an den Beispielen von *Bild* 9 dargestellt, die Regelabweichung praktisch ganz bis

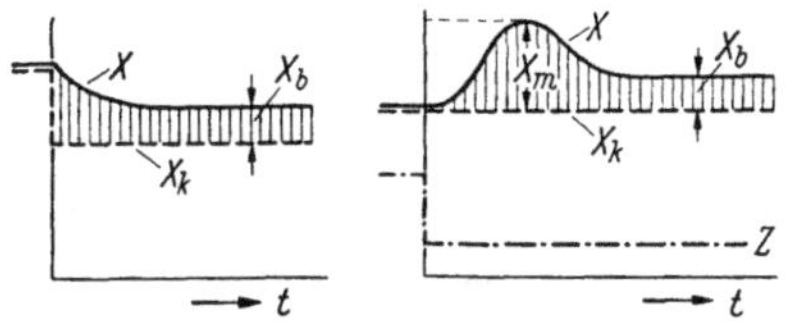

a) Bei Vergleichsgrößenänderung

b) Bei Störgrößenänderung

X Regelgröße
X_k Vergleichsgröße
X_b Bleibende Regelabweichung
X_m Überschwingweite

Bild 11. Bleibende Regelabweichung

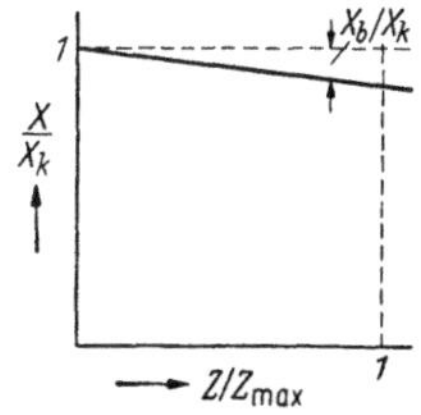

X Regelgröße
Z Störgröße
X_k Vergleichsgröße (Sollwert)
X_b Bleibende Regelabweichung

Bild 12. Regelkennlinie

auf Null abgeklungen sein. Je nach Art des Reglers ist es aber auch möglich, daß eine *bleibende Regelabweichung* X_b auftritt (*Bild* 11); sie wird von der Sollwert- oder Störgrößenänderung verursacht. Eine bleibende Regelabweichung kann außerdem durch Meß- und Eichfehler, Lose-, Reibungs-, Hysterese- und Nullpunktfehler gebildet werden.

Die Abhängigkeit der bleibenden Regelabweichung von einer Störgröße, z.B. der Last, wird durch die *Regelkennlinie* (*Bild* 12) dargestellt. Beim Parallelbetrieb von Kraftmaschinen mit Drehzahlregelung ist z. B. die Lastverteilung durch die Neigung der Regelkennlinie gegeben.

Die ohne Eingreifen des Reglers bei Auftreten einer Störgröße Z entstehende Regelgrößen-Abweichung X_z ist mit der bleibenden Regelabweichung X_b für denselben Störzustand durch den *Regelfaktor R* verknüpft:

$$X_b R = X_z$$

B. Grundlegende Darstellungsmethoden

1. Differentialgleichung und Übergangsfunktion

In den Regelkreisen gerätetechnisch stark verschiedenartiger Anlagen bilden sich die Regelvorgänge mit grundsätzlich gleichem Charakter aus. Dies setzt aber voraus, daß die verschiedene Gerätetechnik funktionell gleichartig auf den Regelvorgang einwirkt. Um zu einer Darstellung der für die Regelungstechnik wesentlichen Funktionseigenschaften zu gelangen, kann man zunächst nur vom physikalischen Verhalten der Geräte ausgehen. Dies soll an zwei gerätetechnisch verschiedenen Anordnungen untersucht werden, von denen bekannt ist, daß sie funktionell gleichartig wirken.

Als Beispiele (vgl. Tabelle 1) sind gewählt: eine Widerstand-Kondensator-Schaltung und ein Dämpfungskolben mit Feder. Der einen Anordnung wird bei span-

Tabelle 1. *Gerätetechnisch verschiedene jedoch funktionell gleiche Anordnungen*

	Widerstand-Kondensator	Dämpfungskolben-Feder
Gerätebild	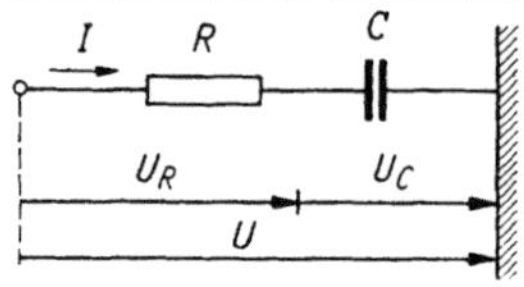	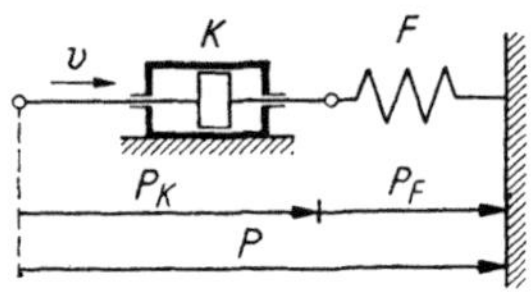
Bezeichnungen	U Spannung R Widerstand I Strom C Kapazität U_R Spannung am Widerstand U_C Spannung am Kondensator	P Kraft K Dämpfungskonstante v Geschwindigkeit P_K Kolbenkraft F Federkonstante (reziprok) P_F Federkraft
Gleichungen	$U = U_R + U_C$ $U_R = IR;\ U_C = \frac{1}{C}\int_0^t I\,\mathrm{d}t$ $U = RC\frac{\mathrm{d}U_C}{\mathrm{d}t} + U_C$	$P = P_K + P_F$ $P_K = vK;\ P_F = \frac{1}{F}\int_0^t v\,\mathrm{d}t$ $P = KF\frac{\mathrm{d}P_F}{\mathrm{d}t} + P_F$
Funktionsbild	*Zeitkonstante* $T_e = RC$ 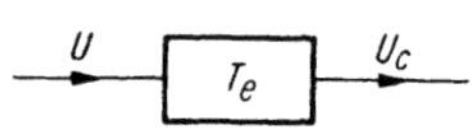 $U = T_e\frac{\mathrm{d}U_C}{\mathrm{d}t} + U_C$	*Zeitkonstante* $T_m = KF$ 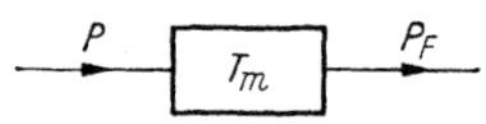 $P = T_m\frac{\mathrm{d}P_F}{\mathrm{d}t} + P_F$

nungslosem Kondensator eine Spannung U, der anderen Anordnung bei entspannter Feder die Kraft P aufgeschaltet. Beide Fälle sind in Tabelle 1 nebeneinander behandelt und führen zum gleichen funktionellen Verhalten. Es entsprechen sich:

	Widerstand-Kondensator	Dämpfungskolben-Feder	Allgemein
Eingangsgröße	Spannung U	Kraft P	X
Zeitkonstante	$RC = T_e$	$KF = T_m$	T
Ausgangsgröße	Kondensatorspannung U_C	Federkraft P_F	Y

Allgemein läßt sich das funktionelle Verhalten durch eine Differentialgleichung darstellen:

$$X = T\frac{\mathrm{d}Y}{\mathrm{d}t} + Y \tag{1}$$

Springt zur Zeit $t = 0$ die Eingangsgröße X von 0 auf X_s (s. *Bild* 13), so sei der Verlauf der sich hierbei ergebenden Ausgangsgröße:

$$Y = Y_f + Y_s \tag{2}$$

Es bedeutet Y_f die Lösung der homogenen Gleichung:

$$0 = T\frac{dY_f}{dt} + Y_f \tag{3}$$

mit dem Lösungsansatz: $Y_f = Y_0 e^{\lambda t}$, wobei Y_0 eine noch zu bestimmende Konstante bedeutet. In Gl. (3) eingesetzt wird:

$$0 = T\lambda Y_0 e^{\lambda t} + Y_0 e^{\lambda t}$$

Es muß also sein:

$$0 = T\lambda + 1 \quad \text{oder} \quad \lambda = -\frac{1}{T} \tag{4}$$

Der Anteil Y_s in Gl. (2) ist eine partikuläre Lösung für den stationären Zustand ($t = \infty$). Für $dY/dt = 0$ folgt aus Gl. (1), daß $X_s = Y_s$ ist. Mit Gl. (4) lautet die vollständige Lösung der Gl. (2):

$$Y = Y_0 e^{-\frac{t}{T}} + Y_s \tag{5}$$

Mit der Anfangsbedingung: $t = 0$ und $Y = 0$ folgt aus Gl. (5), daß $Y_0 = -Y_s$ ist. Für den zeitlichen Verlauf des Ausgangssignals ergibt sich (s. *Bild* 13):

$$Y = -Y_s e^{-\frac{t}{T}} + Y_s$$

oder

$$Y(t) = X_s\left(1 - e^{-\frac{t}{T}}\right) \tag{6}$$

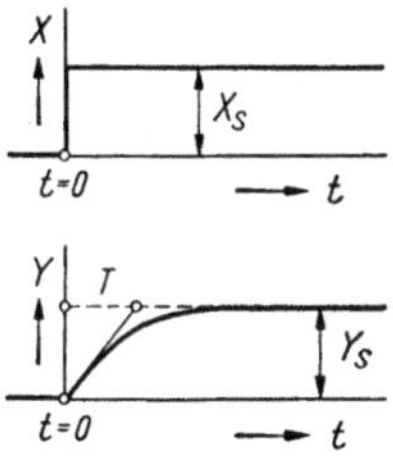

X Eingangsgröße
Y Ausgangsgröße
T Zeitkonstante

Bild 13. Sprungübergang der Geräteanordnungen nach Tabelle 1

Der Quotient $Y(t)/X_s$ heißt *Übergangsfunktion* [10] und ist nach Gl. (6) durch den Ausdruck $(1 - e^{-t/T})$ dargestellt. Der Verlauf $Y(t)$ des Ausgangssignals selbst wird *Sprungübergang* genannt.

Die Übergangsfunktion ist eine der Geräteanordnung eingeprägte Eigenschaft und beschreibt deren Übertragungsverhalten vollständig, ohne von den übertragenen Signalen selbst beeinflußt zu werden, vorausgesetzt, daß sich die Geräteordnung linear verhält. Es ist üblich, die Übergangsfunktion in das Blockbild einzutragen (s. *Bild* 14), das an die Stelle von Geräten (Beispiele der Tabelle 1) tritt.

Bild 14. Blockbild mit eingezeichneter Übergangsfunktion (zu Tabelle 1)

Sprungübergang und Übergangsfunktion werden identisch, wenn die Eingangsgröße um den Wert 1 springt (Einheitssprung). Allgemein kann man die Übergangsfunktion durch Lösung der für die Geräteanordnung gültigen Differentialgleichung oder experimentell durch Aufschalten des Einheitssprungs bestimmen.

2. Frequenzganggleichung und Ortskurve

Die Eingangsgröße X in der Differentialgleichung (1) kann jeden beliebigen Zeitverlauf haben, ohne daß sich das Übertragungsverhalten der Geräteanordnung auf die Ausgangsgröße Y ändert, lineare Eigenschaften vorausgesetzt. Von besonderer technischer Bedeutung ist aber der Verlauf in Form einer harmonischen Schwingung, also einer Sinuskurve. Diese entsteht für das Argument φ, indem man den mit dem Winkel φ gedrehten Radius des Einheitskreises (*Bild* 15) auf die Ordinatenachse projiziert und die so erhaltene Funktion $\sin\varphi$ abhängig von φ aufträgt. Die Funktion wiederholt sich, wenn das Argument φ das Intervall 0 bis 2π entsprechend einem Umlauf zurückgelegt hat (Periode 2π).

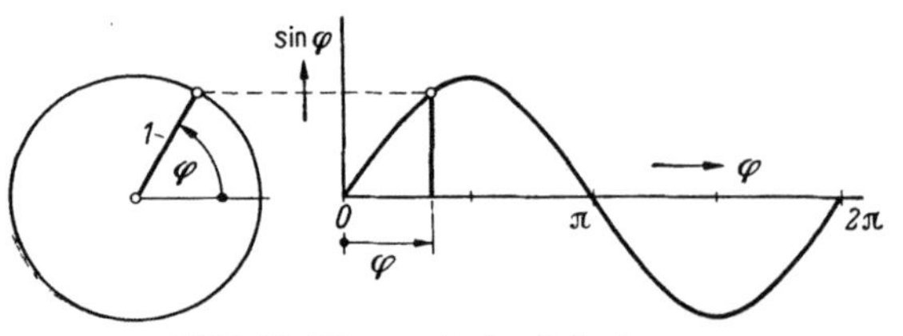

Bild 15. Harmonische Schwingung

In der GAUSS'schen Zahlenebene (*Bild* 16) läßt sich der den Einheitskreis beschreibende Radius aus der Zusammensetzung seiner Real- und seiner Imaginärkomponente nach einem Satz von EULER darstellen:

$$\cos\varphi + \mathrm{j}\sin\varphi = \mathrm{e}^{\mathrm{j}\varphi} \tag{7}$$

In dieser Ausdrucksform nimmt der Radius vom Betrag 1 die folgenden ausgezeichneten Lagen an:

$\varphi =$	0	$\pi/2$	π	$3\pi/2$	2π
$\mathrm{e}^{\mathrm{j}\varphi} =$	1	j	-1	$-\mathrm{j}$	1

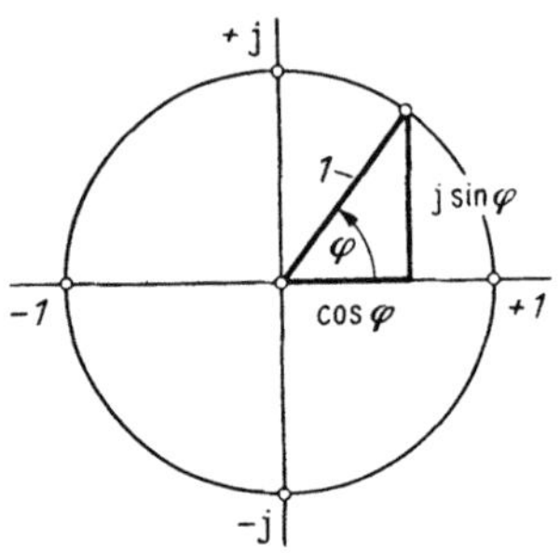

Bild 16. Einheitskreis in der GAUSS'schen Zahlenebene

Ist das Argument φ durch die Zeitfunktion $\varphi = \omega t$ (ω Kreisfrequenz) gegeben, so bedeutet dies, daß der Radius mit der Zeit wie der *Zeiger* einer Uhr umläuft, jedoch in entgegengesetztem Sinne. Für $\omega t = 2\pi$ oder $t = 2\pi/\omega$ ist ein Umlauf beendet; diese Zeit, nach der sich die Sinuskurve wiederholt (s. *Bild* 16), heißt Periodendauer

$$T_p = 2\pi/\omega$$

Die Eingangsgröße X mit dem zeitlichen Verlauf einer harmonischen Schwingung von der Kreisfrequenz ω läßt sich in Zeigerdarstellung $\vec{X}$ anschreiben, indem man dem Zeiger die Länge $\hat{X}$ gibt:

$$\vec{X} = \hat{X}\,\mathrm{e}^{\mathrm{j}\omega t} \tag{8}$$

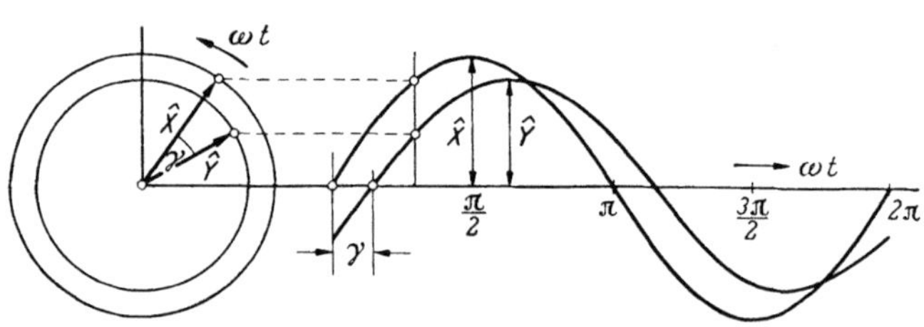

$\hat{X}$ Eingangsamplitude $\hat{Y}$ Ausgangsamplitude γ Phasenwinkel

Bild 17. Zeigerdarstellung periodischer Größen

Bei linearem Verhalten der Geräteanordnung ist dann die Ausgangsgröße ebenfalls eine harmonische Schwingung $\vec{Y}$ der Kreisfrequenz ω, jedoch mit anderer

Amplitude $\hat{Y}$ und der Phasenverschiebung γ gegenüber der Eingangsgröße $\vec{X}$ (*Bild* 17)

$$\vec{Y} = \hat{Y}\,\mathrm{e}^{\mathrm{j}(\omega t - \gamma)} \tag{9}$$

Die Differentialgleichung (1) des in Abschnitt B1 behandelten Übertragungsglieds gilt für beliebigen zeitlichen Verlauf, also auch für periodische Größen; sie wird von den Schwingungen nach Gl. (8) und (9) erfüllt:

$$\hat{X}\,\mathrm{e}^{\mathrm{j}\omega t} = T\,\mathrm{j}\,\omega \hat{Y}\,\mathrm{e}^{\mathrm{j}(\omega t - \gamma)} + \hat{Y}\,\mathrm{e}^{\mathrm{j}(\omega t - \gamma)}$$

oder:

$$\hat{X}\,\mathrm{e}^{\mathrm{j}\omega t} = (T\,\mathrm{j}\,\omega + 1)\,\hat{Y}\,\mathrm{e}^{\mathrm{j}(\omega t - \gamma)} \tag{10}$$

Mit der Abkürzung $\mathrm{j}\omega = p$ sowie Gl. (8) und (9) wird:

$$\vec{X} = (Tp + 1)\,\vec{Y}$$

Um die folgende Darstellung in der Schreibweise zu vereinfachen, wird die Kennzeichnung von komplexen Größen (Zeigern) durch einen Pfeil weggelassen, sofern keine Verwechslung möglich ist. Man kann also schreiben:

$$X = (Tp + 1)\,Y$$

oder

$$X\,F(p) = Y \tag{11}$$

Die Funktion

$$F(p) = \frac{1}{Tp + 1} \tag{12}$$

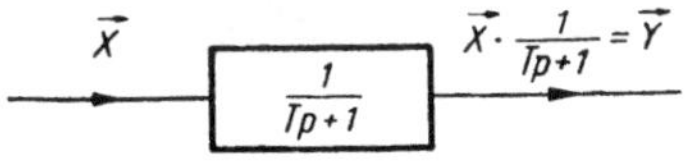

$\left.\begin{array}{l}\vec{X}\\ \vec{Y}\end{array}\right\}$ Symbole für periodische Größen als Zeiger
T Zeitkonstante
p Frequenzparameter

Bild 18. Blockbild mit eingetragenem Frequenzgang

mit der man den Zeiger der Eingangsgröße X multiplizieren muß, um den Zeiger der Ausgangsgröße Y zu erhalten, heißt *Frequenzgang*. Der Frequenzgang ist eine komplexe Funktion der Frequenz ω und beschreibt, wie die Übergangsfunktion, das Übertragungsverhalten vollständig. Man pflegt ihn, da er eine eingeprägte Eigenschaft der Geräteanordnung darstellt, in das Blockbild (*Bild* 18) einzutragen.

Der Frequenzgang F kann als Funktion der komplexen Frequenz $\mathrm{j}\omega = p$ in der GAUSS'schen Ebene dargestellt werden. Dazu bestimmt man seinen Realteil $\mathrm{Re}F$ und Imaginärteil $\mathrm{Im}F$:

$$\frac{1}{1 + \mathrm{j}\,\omega T} = \frac{1 - \mathrm{j}\,\omega T}{1 + \omega^2 T^2} \tag{13}$$

$$\mathrm{Re}F = \frac{1}{1 + \omega^2 T^2}\,; \quad \mathrm{Im}F = -\frac{\omega T}{1 + \omega^2 T^2} \tag{14}$$

Die Werte des Frequenzgangs sind (*Bild* 19) für

$$\omega = 0 \quad \mathrm{Re}F = +1 \quad \mathrm{Im}F = 0$$

$$\omega = \infty \quad \mathrm{Re}F = 0 \quad \mathrm{Im}F = 0$$

Für eine beliebige Frequenz ω findet man für den Winkel α:

$$\tan\alpha = \frac{\mathrm{Im}\,F}{\mathrm{Re}\,F}\,; \quad \tan\alpha = -\,\omega\,T \tag{15}$$

Der Betrag des Frequenzgangs ist:

$$|F| = \sqrt{(\mathrm{Im}\,F)^2 + (\mathrm{Re}\,F)^2} = \frac{1}{\sqrt{1 + \omega^2 T^2}} \qquad (16)$$

Das aus den Punkten $\omega = 0$ und $\omega = \infty$ sowie $\omega = \omega_1$ gebildete Dreieck ist rechtwinklig, da mit Gl. (15) gilt:

$$\cos\alpha = \frac{|F|}{1} = \frac{1}{\sqrt{1 + \tan^2\alpha}}$$

Der komplexe Funktionswert des Frequenzgangs beschreibt also nach dem Satz von THALES mit zunehmender Frequenz ω einen Halbkreis, der für $\omega = 0$ im Punkt $+1$ beginnt und für $\omega = \infty$ im Punkt 0 endet. Bei der Frequenz $\omega = 1/T$ wird der Punkt $\mathrm{Re}F = 1/2$, $\mathrm{Im}F = -1/2$ erreicht. Der im vorliegenden Beispiel als Halbkreis gefundene Verlauf des Funktionswertes für den Frequenzgang heißt *Ortskurve*. Sie wird im Sinne zunehmender Frequenzen ω durchlaufen; jeder Punkt der Ortskurve stellt den der Frequenz ω zugeordneten Funktionswert des Frequenzganges dar. Macht man den Zeiger der Eingangsgröße $X = 1 \cdot e^{j\omega t}$, so stellt nach Gl. (11) der Frequenzgang $F(p)$ zugleich den Zeiger der Ausgangsgröße Y dar, wobei $F(p) = Y$ und $\gamma = \alpha$ wird.

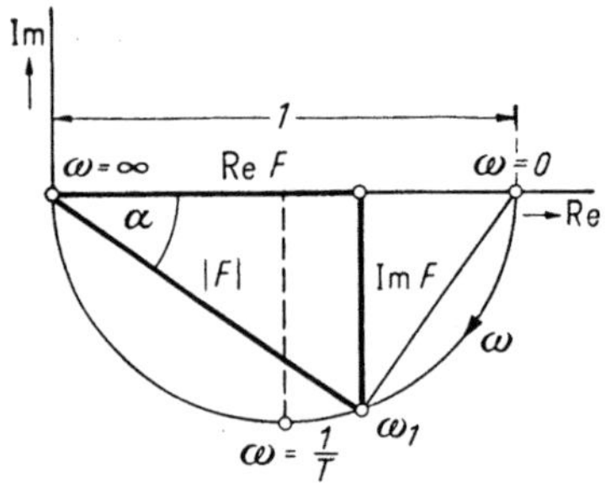

Re Reelle Achse
Im Imaginäre Achse
ReF Realteil des Frequenzganges
ImF Imaginärteil des Frequenzganges

Bild 19. Ortskurve des Frequenzganges

Für beliebige Gerätesysteme mit linearem Verhalten kann man, wie im vorstehenden Beispiel, aus der Differentialgleichung mit den Ansätzen der Gl. (8) und (9) den Frequenzgang ausrechnen; er läßt sich auch experimentell bestimmen, indem man die Eingangsgröße bei gleichbleibender Amplitude $\hat{X}$ in der Frequenz ω ändert und Phase γ sowie Amplitude $\hat{Y}$ der Ausgangsgröße mißt. Nach Gl. (11) ist:

$$\hat{X}\, e^{j\omega t} F = \hat{Y}\, e^{j(\omega t - \gamma)} \qquad (17)$$

$$F = \frac{\hat{Y}}{\hat{X}} e^{-j\gamma}; \quad |F| = \frac{\hat{Y}}{\hat{X}}; \quad \gamma = \sphericalangle \hat{Y}, \hat{X}$$

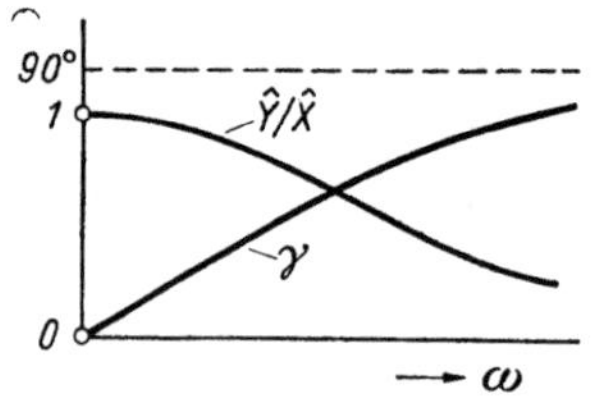

Bild 20. Amplituden- und Phasengang des Frequenzganges

Der Betrag $|F|$ und die Phase γ des Frequenzganges F sind Funktionen der Frequenz ω; sie werden experimentell als das Amplitudenverhältnis $\hat{Y}/\hat{X}$ (Amplitudengang) und als der Phasenwinkel zwischen $\hat{Y}$ und $\hat{X}$ (Phasengang) bestimmt. Man trägt Amplitudengang und Phasengang über der Frequenz auf; im vorliegenden Beispiel ergibt sich der im *Bild* 20 dargestellte Verlauf. Im BODE-*Diagramm* haben die Frequenz ω und das Amplitudenverhältnis $\hat{Y}/\hat{X}$ logarithmischen Maßstab.

3. Allgemeines über Normieren

Für eine Größe, z.B. die Spannung U, sei ein besonders wichtiger oder kennzeichnender Wert, die Nennspannung $U_n = 250$ V, festgelegt. Irgendein anderer

Wert der betrachteten Spannung sei $U = 200$ V. Bildet man das Verhältnis U/U_n, so ergibt sich der Zahlenwert 200 V/250 V = 0,8. Dabei ist die Spannung U auf ihren Nennwert U_n bezogen oder „normiert". In Erweiterung dieser Bezeichnungsweise kann man auch von „normierten Gleichungen" sprechen und für graphische Darstellungen auch „normierte Maßstäbe" benutzen. Normierte Größen werden auch „bezogene" Größen genannt. Die Begriffe „normieren", „normiert" und „Normierung" kennzeichnen ein Rechensystem und eine technische Arbeitsmethode, die es ermöglicht, die für die Aufgabe unwichtigen Einheiten-, Geräte- und Maschinenkonstanten aus der Rechnung zu eliminieren.

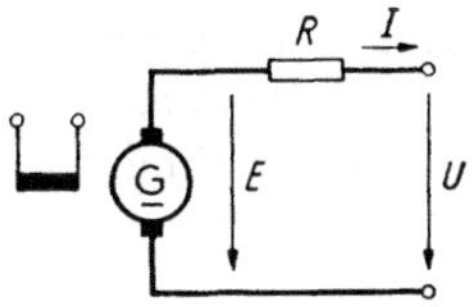

E Induzierte Spannung
U Klemmenspannung
R Ankerwiderstand
I Belastungsstrom

Bild 21
Gleichstromgenerator

Das Vorgehen beim Normieren wird am einfachen Beispiel gezeigt. Dazu diene ein Gleichstromgenerator (*Bild* 21), dessen Klemmenspannung U in Abhängigkeit vom Belastungsstrom I berechnet werden soll. Die Spannungsgleichung für den Ankerkreis lautet im stationären Zustand:

$$U = E - I R \tag{18}$$

(E induzierte Spannung, R Widerstand der Ankerwicklung)

Man bezieht nun z. B. die Spannungen U und E auf die Nennspannung U_n und den Strom I auf den Nennstrom I_n

$$\frac{U}{U_n} = \frac{E}{U_n} - \frac{I}{I_n} \cdot \frac{I_n R}{U_n} \tag{19}$$

Aus U_n und I_n kann ein zugeordneter Nennwiderstand R_n gebildet werden:

$$\frac{U_n}{I_n} = R_n \tag{20}$$

Damit sind alle drei Größen der Gl. (18) auf Nennwerte normiert, die einander zugeordnet sind:

$$\frac{U}{U_n} = \frac{E}{U_n} - \frac{I}{I_n} \cdot \frac{R}{R_n} \tag{21}$$

Führt man die Abkürzungen ein: $u = U/U_n$, $i = I/I_n$, $r = R/R_n$ und $e = E/U_n$, so ergibt sich als normierte Gleichung

$$u = e - i r \tag{22}$$

C. Regelkreisglieder

1. Gliederarten

a) Kennzeichen des Übertragungsverhaltens

Der Regelvorgang vollzieht sich über die Glieder des Regelkreises (s. *Bild* 8); jedes Glied ist mit seinem Übertragungsverhalten am Vorgang beteiligt. Die Regelkreisglieder werden durch Blocksymbole versinnbildlicht, die an die Stelle von Geräten treten. Die Zuordnung von Eingangssignal und Ausgangssignal jedes

Gliedes ergibt sich aus den physikalischen Eigenschaften des ihm entsprechenden Gerätes. Es ist für den Regelvorgang gleichgültig, wie man die einzelnen Bauelemente, aus denen die Geräte aufgebaut sind, unter Beibehaltung der wirkungsmäßigen Reihenfolge auf die Glieder verteilt.

Das Übertragungsverhalten eines Regelkreisgliedes bezieht sich jeweils auf die betrachtete Eingangsgröße und die betrachtete Ausgangsgröße; es charakterisiert

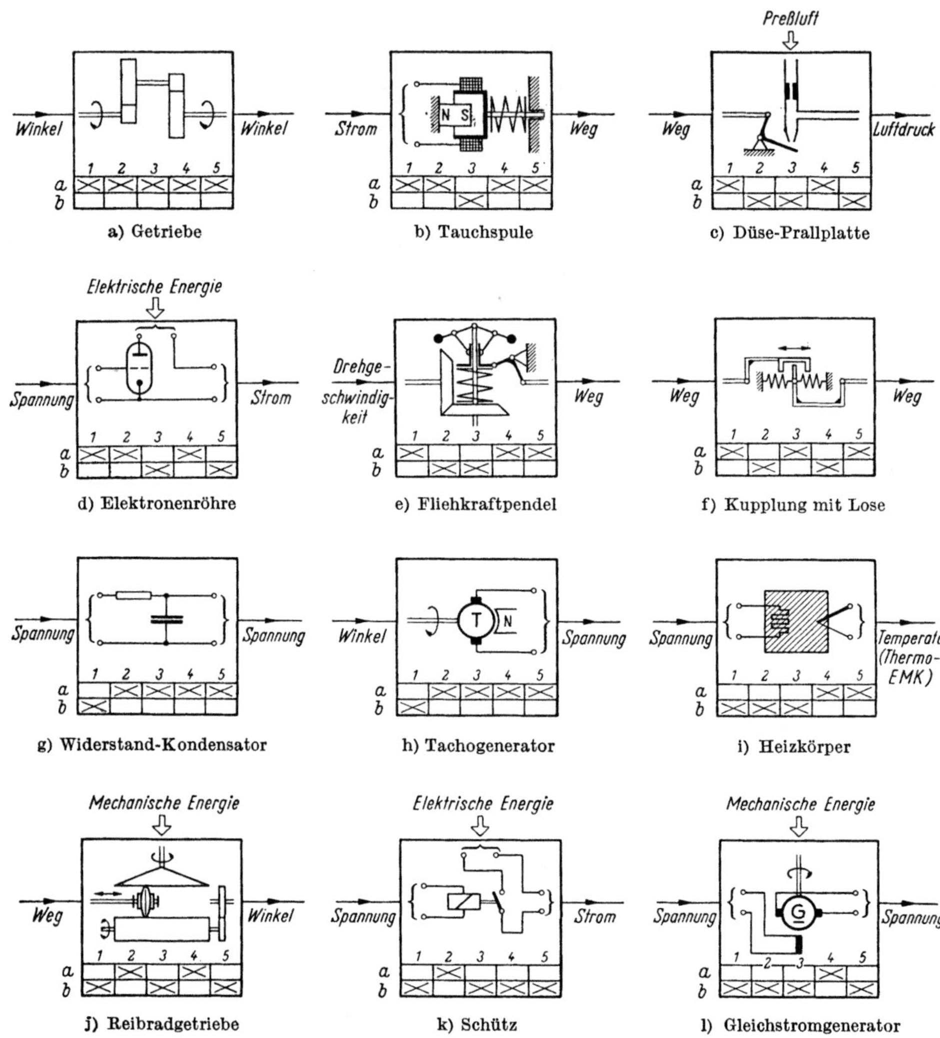

	1	2	3	4	5
a	zeitunabhängig	linear	umkehrbar	stetig	passiv
b	zeitabhängig	nicht linear	nicht umkehrbar	unstetig	aktiv

Bild 22. Kennzeichen des Übertragungsverhaltens von Regelkreisgliedern

die Art des Regelkreisgliedes, wobei die folgenden Fälle im Sinne der Regelungstechnik zu unterscheiden sind (Beispiele s. *Bild* 22).

Zeitverhalten. *Mit der Zeit unveränderliches Übertragungsverhalten.* Die Übertragungseigenschaften des Regelkreisgliedes ordnen dem Eingangssignal X ein bestimmtes Ausgangssignal Y zu. Der Quotient Ausgangssignal durch Eingangssignal hat in jedem Zeitpunkt denselben Wert. Hat auch in jedem Punkt innerhalb des Signalbereiches der Quotient Y/X denselben Wert, so sind Eingangs- und Ausgangssignal einander „proportional" zugeordnet. Man nennt ein solches Glied *Proportionalglied* und den Quotienten $Y/X = K_p$ *Proportionalitätsfaktor.*

Mit der Zeit veränderliches Übertragungsverhalten. Die Übertragungseigenschaften des Regelkreisgliedes stellen zwischen Eingangs- und Ausgangssignal eine zeitabhängige Beziehung her (Zeitfunktionsglied). Der Quotient Y/X hat einen mit der Zeit veränderlichen Wert.

Linearität. *Lineares Verhalten* liegt vor, wenn die additive Überlagerung mindestens zweier physikalisch realisierbarer Signalzustände, die durch einander zugeordnete Werte des Eingangssignals und des Ausgangssignals bestimmt sind, wieder einen neuen physikalisch realisierbaren Signalzustand ergibt. Es muß also das Superpositionsprinzip erfüllt sein.

Nichtlineares Verhalten. Die Übertragungseigenschaften des Regelkreisgliedes verbieten die Anwendung des Superpositionsprinzips. Unter den nichtlinearen Gliedern gibt es solche, die innerhalb bestimmter Signalbereiche linearisierbar sind und dann wie lineare Glieder behandelt werden dürfen.

Umkehrbarkeit. *Umkehrbar* ist das Übertragungsverhalten, wenn das Regelkreisglied von den Signalen auch in umgekehrter Richtung durchlaufen werden kann. Die Beziehungen zwischen Eingangssignal und Ausgangssignal in beiden Richtungen sind untereinander reziprok.

Nichtumkehrbares Übertragungsverhalten liegt vor, wenn das Regelkreisglied von den Signalen nur in *einer* Richtung durchlaufen werden kann.

In jedem Regelkreis muß mindestens ein nicht umkehrbares Glied vorhanden sein, das den Wirkungssinn des Regelkreises festlegt.

Stetigkeit. *Stetig* ist das Übertragungsverhalten, wenn zu jeder Änderung des Eingangssignals eine ununterbrochene Folge von Werten des Ausgangssignals gehört.

Unstetiges Übertragungsverhalten liegt vor, wenn bei einer stetigen Änderung des Eingangssignals das Ausgangssignal zwischen zwei Werten (Punkten) springt (Zweipunktverhalten).

b) Passive und aktive Glieder

Bei *passiven* Gliedern muß das Eingangssignal die Energie für das Ausgangssignal allein liefern; passive Glieder können umkehrbar oder nicht umkehrbar sein.

Bei *aktiven* Gliedern bezieht das Ausgangssignal seine Energie aus einer dem Glied zugeführten Fremdenergiequelle. Aktive Glieder sind grundsätzlich nicht umkehrbar.

Außer der Umkehrbarkeit können die unter Abschnitt C 1 a aufgeführten Kennzeichen des Übertragungsverhaltens sowohl bei passiven als auch bei aktiven Gliedern vorhanden sein (s. auch *Bild* 22).

2. Darstellung in Blockschaltplänen [11, 12]

a) Übertragungsglied und Blockbild

Die Arbeitsweise mit Blockschaltplänen ist als Methode für die Behandlung von Regelungsaufgaben besonders nützlich, weil sie das allgemein *Funktionelle* erfaßt und nicht an ein bestimmtes technisches Gebiet gebunden ist. Man betrachtet hierbei die Zuordnung physikalischer Größen und faßt die diese Größen miteinander verknüpfenden Geräte als ein in sich abgeschlossenes *physikalisches System* auf. Dabei kann es sich um ein einzelnes Gerät, Teile von Geräten oder die Zusammenfassung mehrerer Geräte handeln. Ein solches System wird *Übertragungsglied* genannt und als *Blockbild* dargestellt (*Bild* 23). Im einfachsten Fall ordnet ein solches Glied zwei physikalische Größen nach einer bestimmten Gesetzmäßigkeit einander zu. Die abhängige Größe wird von der unabhängigen Größe *gesteuert*. Die steuernde Größe an einem Übertragungsglied ist die Eingangsgröße X, die gesteuerte Größe die Ausgangsgröße Y. Alle steuernden oder gesteuerten Größen werden in der funktionellen Betrachtung auch *Signale* genannt.

X Eingangssignal
Y Ausgangssignal

Bild 23. Blockbild

Beispiele für Blockbilder. Es soll untersucht werden, wie sich eine bestimmte Betriebsgröße des Generators (*Bild* 24 a) verhält, z. B. die Ankerspannung U_a, wenn sich eine andere Betriebsgröße, z. B. der Belastungswiderstand R_b, verändert. Das läßt sich (*Bild* 24 b) durch eine *Wirkungslinie* mit einem Pfeil für den Widerstand R_b darstellen, die auf das Kästchen einwirkt und eine zweite Wirkungslinie mit einem Pfeil für U_a, die als Ergebnis von dem Kästchen wegführt. Das *Blockbild* soll in der gewählten Darstellung aussagen, daß man den Belastungswiderstand R_b als Eingangsgröße (Eingangssignal) auf das Blockbild wirken läßt und wissen will, welche Antwort man für die Ausgangsgröße U_a erhält, wenn sich der Widerstand ändert.

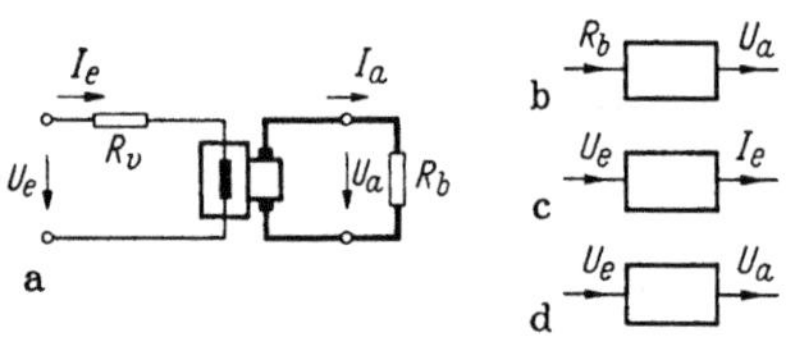

U_e Erregerspannung
I_e Erregerstrom
U_a Ankerspannung
I_a Ankerstrom
R_b Belastungswiderstand

Bild 24. Versinnbildlichung verschiedener physikalischer Systeme einer Geräteanordnung in Blockbildern

a) Geräteschaltbild b) bis d) Blockbilder

Es soll nun an demselben Gerät (*Bild* 24 a) das Verhalten anderer Größen, z. B. des Erregerstromes I_e als Ausgangssignal, bei einer Veränderung der Erregerspannung U_e als Eingangssignal betrachtet werden. Das im Blockbild (*Bild* 24 c) versinnbildlichte physikalische System innerhalb des Generators ist jetzt ein anderes als im vorigen Fall (*Bild* 24 b). Die Begriffe *Eingang* und *Ausgang* haben also nicht eine örtliche, sondern eine *funktionelle* Bedeutung. Ein weiteres Blockbild (*Bild* 24 d) ergibt sich, wenn man die Erregerspannung U_e ändert und die Ankerspannung U_a als Ausgangsgröße betrachtet.

Das Blockbild (s. *Bild* 23) sagt allgemein aus, daß eine Ausgangsgröße Y von einer Eingangsgröße X abhängt. Das Blockbild mit einem Eingangs- und einem Ausgangssignal versinnbildlicht also in dem Beispiel (*Bild* 24) ein bestimmtes physikalisches Teilsystem des Generators, aber immer nur jenes, auf welches das Eingangssignal wirkt und das betrachtete Ausgangssignal bildet.

Das Zusammenwirken mehrerer durch Blockbilder symbolisierter Systeme in einer Anlage oder einem Anlageteil wird als *Blockschaltplan* (s. *Bild* 8) dargestellt. In ihm sind mehrere Blockbilder zusammengeschaltet.

Unter einer ***Wirkungsbahn*** versteht man den Weg, den die Signale über die Systeme einer Anlage oder eines Anlageteiles durchlaufen. Die offenen Wirkungsbahnen nennt man Strecken, die geschlossenen Wirkungsbahnen nennt man Kreise.

b) Besondere Symbole

Auf den Zusammenhang zwischen der Ausgangsgröße Y und der Eingangsgröße X kann durch beliebige graphische, mathematische, physikalische, gerätetechnische Verknüpfungssymbole oder sonstige Kennzeichen innerhalb des Blockbildes hingewiesen werden (*Bild* 25).

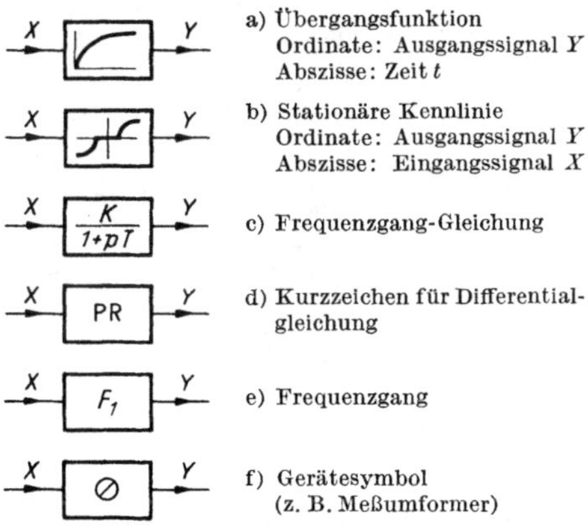

Bild 25. Hinweiszeichen bei Blockbildern

Diagramme im Blockbild. Die anschaulichste Form der Kennzeichnung ist die Angabe von Diagrammen. Man kommt hierbei im wesentlichen mit zwei grundsätzlichen Schaubildern aus: der Übergangsfunktion (*Bild* 25a) und dem stationären Kennlinien-Zusammenhang (*Bild* 25b) zwischen der Eingangs- und Ausgangsgröße. Der Kennlinien-Zusammenhang ist besonders dann wichtig, wenn in Regelkreisen Bauteile mit nichtlinearen Zusammenhängen zwischen Eingangs- und Ausgangsgröße vorkommen, z.B. Magnetisierungskennlinien von Maschinen, von Magnetverstärkern, Kennlinien von Steuerventilen.

Mathematische Hinweise. Statt Diagramme in das Blockbild einzutragen, können auch mathematische Hinweise angegeben werden, die im Wesen das gleiche aussagen wie die Diagramme, nur in einer anderen Form. Dazu gehören z.B.:

1. das Eintragen der Frequenzgang-Gleichung (*Bild* 25c),

2. das Eintragen von Buchstabenabkürzungen (*Bild* 25d) zum Kennzeichnen der Differentialgleichung. Es würde z. B. bedeuten: PR proportionales Verhalten mit Zeitverzug 1. Ordnung, also eine Differentialgleichung der Form $T\dot{Y} + Y = KX$.

3. Man kann sich auch damit begnügen, nur die Formelzeichen für den Frequenzgang (*Bild* 25e) einzutragen (z.B. F_1, F_2 oder F_a, F_b usw.).

Sonstige Hinweise. Es sind auch noch andere Kennzeichen üblich, die dem jeweiligen Bedürfnis entsprechen, z.B. das Zeichen für einen Verstärker oder einen Meßumformer (*Bild* 25f) oder sonst ein Gerätesymbol, oder man trägt in das Blockbild nur eine Zahl oder einen Buchstaben ein und gibt in einer Tabelle unter dieser Zahl oder dem Buchstaben die erforderlichen Hinweise an.

Zusammenhang zwischen mehreren Größen in einem Blockbild. Was bisher im Blockbild betrachtet wurde, waren bestimmte funktionelle Zusammenhänge von nur zwei Größen. Von hier ist es nur noch ein kleiner Schritt dazu, mathematische Operationen mit mehr als zwei Größen in die Blockbilder einzutragen, wobei dann auch mehr als zwei Wirkungslinien am Blockbild vorhanden sind. Zwei wichtige Operationen müssen dabei besonders hervorgehoben werden, weil sich dafür vereinfachte Symbole eingebürgert haben: die Addition und die Multiplikation. Hier werden zwei Größen (es können auch mehrere sein), die in ein Blockbild als Eingangsgrößen eintreten, zu einer dritten Größe als Ausgangsgröße verknüpft.

Addition. Wendet man zunächst die normale viereckige Blockbilddarstellung an, so kann man den Vorgang der Addition z. B. durch ein Summensymbol Σ kennzeichnen (*Bild* 26a). Es besagt, daß die Größe Y aus der Summe von X_1 und X_2 gebildet wird. Da diese Operation in der Regelungstechnik sehr häufig gebraucht wird, hat sich dafür ein Symbol in Form eines kleinen Kreises eingebürgert; die Summe (oder Differenz) der auf den Kreis zulaufenden Größen $X_1 \pm X_2$ ergibt die vom Kreis weglaufende Größe Y.

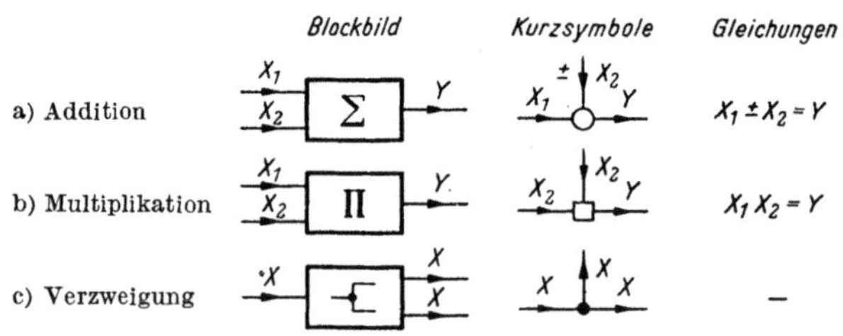

Bild 26. Besondere Symbole im Blockschaltplan

Multiplikation. Ähnlich wie bei der Addition ist es mit der Multiplikation zweier Größen. Das im Blockbild (*Bild* 26b) eingetragene Symbol Π gibt an, daß X_1 und X_2 zu multiplizieren sind und die Größe Y ergeben. Auch hierfür dient ein vereinfachtes Symbol; es hat die Form eines kleinen quadratischen Kästchens.

Verzweigungsstellen. Oft muß eine Größe mit ihrem vollen Anteil verzweigt und als gleiches Signal weitergegeben werden. Das vereinfachte Symbol für eine Verzweigungsstelle ist ein Punkt (*Bild* 26c). Die abgehenden Größen X sind gleich der auf den Punkt zulaufenden Größe X.

c) Rückwirkung

Beim Zusammenschalten von Übertragungsgliedern kann der Ausgang des vorhergehenden Gliedes durch den Eingang des folgenden Gliedes belastet werden. Ein Glied gilt dann als „belastet", wenn es in Verbindung mit dem Ausgangssignal Energie abgibt oder bei einer Änderung des Ausgangssignals Arbeit verrichtet. Ein im Stillstand befindlicher, abgebremster Motor gibt erst dann Arbeit ab, wenn sich seine Welle um einen Winkel als Ausgangssignal dreht.

Rückwirkung liegt dann vor, wenn das Übertragungsverhalten zwischen Eingangssignal und Ausgangssignal des belasteten Gliedes durch seine Belastung merklich beeinflußt wird. Das Glied ist dann *rückwirkungsbehaftet.*

Ein Übertragungsglied ist *rückwirkungsfrei*, wenn das Übertragungsverhalten zwischen Eingangssignal und Ausgangssignal durch die abgegebene Arbeit nicht beeinflußt wird.

Bei *passiven* Gliedern muß die am Ausgang abgegebene Arbeit allein am Eingang aufgebracht werden. Ändern sich hierbei die Übertragungseigenschaften nicht, so wird das Glied auch als starr bezeichnet.

Bei *aktiven* Gliedern liefert eine Hilfsenergiequelle die am Ausgang abgegebene Arbeit, während das Eingangssignal praktisch mit keiner Arbeit verknüpft ist. Aktive Glieder sind meistens rückwirkungsfrei.

Beim Zusammenschalten rückwirkungsbehafteter Glieder zu einem System darf also nicht das Übertragungsverhalten der einzelnen Glieder im unbelasteten Zustand eingesetzt werden.

d) Grundformen von Blockschaltplänen

Der Blockschaltplan stellt das Zusammenwirken mehrerer als Blockbilder versinnbildlichter Glieder dar. Es läßt sich in besonders einfacher Form beschreiben, wenn man für das Übertragungsverhalten der einzelnen Glieder deren Frequenzgänge einsetzt und die Regeln der sog. Blockalgebra anwendet. Für die Praxis

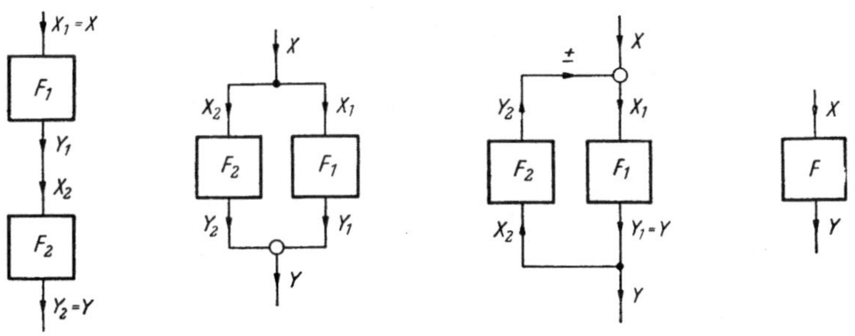

a) Reihenschaltung — b) Parallelschaltung — c) Rückkopplungsschaltung — d) Ersatz-Blockbild für die Schaltungen a bis c

a) Gesucht wird: $F = \dfrac{Y}{X}$

$X_2 = Y_1$

$Y_1 = F_1 X_1$

$Y_2 = F_2 Y_1$

$Y_2 = F_1 F_2 X_1$

$$\boxed{F = \frac{Y}{X} = F_1 F_2}$$

b) Gesucht wird: $F = \dfrac{Y}{X}$

$X_1 = X_2 = X$

$Y = Y_1 + Y_2$

$Y_1 = F_1 X_1$

$Y_2 = F_2 X_2$

$Y = F_1 X + F_2 X$

$$\boxed{F = \frac{Y}{X} = F_1 + F_2}$$

c) Gesucht wird: $F = \dfrac{Y}{X}$

$X_2 = Y_1 = Y$

$X_1 = X + Y_2$

$Y_1 = F_1 X_1$

$Y_2 = F_2 Y_1$

$Y_1 = F_1 X \pm F_1 Y_2$

$Y_1 = F_1 X \pm F_1 F_2 Y_1$

$Y_1 (1 \mp F_1 F_2) = F_1 X$

$$\boxed{F = \frac{Y}{X} = \frac{F_1}{1 \mp F_1 F_2}}$$

Bild 27. Grundformen von Blockschaltplänen

haben dabei die drei Grundoperationen der Reihenschaltung, Parallelschaltung und Rückkopplungsschaltung von Blockbildern besondere Bedeutung. Dabei ist vorausgesetzt, daß der Frequenzgang jedes einzelnen Gliedes sich beim Zusammenschalten der Glieder nicht verändert.

Reihenschaltung (*Bild* 27a). Schaltet man zwei Blockbilder mit den Frequenzgängen F_1 und F_2 hintereinander, so ist der Frequenzgang der hintereinander geschalteten Anordnung $F = F_1 F_2$ und $Y = F_1 F_2 X$ (X Eingangssignal, Y Ausgangssignal). Der Merksatz hierzu lautet also:

Der Frequenzgang hintereinandergeschalteter Glieder ist gleich dem Produkt der Frequenzgänge der Einzelglieder.

Parallelschaltung (*Bild* 27b). Bei der Parallelschaltung von zwei Gliedern mit den Frequenzgängen F_1 und F_2 ergibt sich der resultierende Frequenzgang $F = F_1 + F_2$ und $Y = (F_1 + F_2)X$. Der Merksatz hierzu lautet also:

Der Frequenzgang parallelgeschalteter Glieder ist gleich der Summe der Frequenzgänge der Einzelglieder.

Rückkopplungsschaltung (*Bild* 27c). Das Fundamentalgesetz der Regelungstechnik, nämlich das Rückkopplungsprinzip, wird in der einfachsten Form durch die Rückkopplungsschaltung von zwei Blockbildern mit den Frequenzgängen F_1 und F_2 dargestellt. Es ergibt sich der resultierende Frequenzgang $F = \frac{F_1}{1 \mp F_1 F_2}$ und $Y = X \frac{F_1}{1 \mp F_1 F_2}$. Dieses Ergebnis läßt sich in dem Satz zusammenfassen:

Der Frequenzgang einer einfachen Rückkopplungsschaltung ist gleich dem Frequenzgang F_1 des Hauptweges, geteilt durch 1, minus oder plus dem Produkt aus Frequenzgang F_1 des Hauptweges und dem Frequenzgang F_2 des Rückkopplungsweges.

Das Minuszeichen bedeutet Mitkopplung, das Pluszeichen Gegenkopplung.

Hat der Hauptweg eine so große Verstärkung, daß $F_1 F_2 \gg 1$ wird, dann ergibt sich der resultierende Frequenzgang F der Gegenkopplungsschaltung mit guter Näherung zu $F = 1/F_2$.

Bei sehr großer Verstärkung des Hauptgliedes ist der Frequenzgang der Gegenkopplungsschaltung gleich dem inversen Frequenzgang des Gegenkopplungsgliedes.

3. Formen des Übertragungsverhaltens

a) Allgemeines

Das Übertragungsverhalten zwischen dem Eingangssignal X und dem Ausgangssignal Y eines Regelkreisgliedes wird durch dessen bauliche Eigenschaften bestimmt. Elementare Beschreibungsformen sind die Differentialgleichung und die Frequenzganggleichung. Für die Übertragungseigenschaften sind Kennwerte maßgebend, die dem Übertragungsglied eigentümlich sind.

Man unterscheidet bei idealen, d. h. verzögerungsfreien Gliedern gewisse Grundformen des Übertragungsverhaltens, die auch in Kombinationen vorkommen können. Praktisch ausgeführte Glieder sind vielfach mit Verzögerungen erster und höherer Ordnung behaftet. Im folgenden wird eine Reihe typischer Glieder behandelt.

b) Grundformen

(1) *Glieder mit* P-*Verhalten*

Sonstige Kennzeichnungen: Glieder mit proportionalem Verhalten, P-Glieder, Glieder nullter Ordnung.

Übertragungsverhalten. Innerhalb begrenzter Bereiche der Eingangsgröße oder Ausgangsgröße ist jedem Wert der Eingangsgröße ein bestimmter Wert der Ausgangsgröße über einen Verknüpfungsfaktor, dem *Proportionalitätsfaktor*, zugeordnet (*Bild* 28).

Größengleichung: $$Y = K_p X \qquad (23)$$

Proportionalitätsfaktor (Index p, Hinweis auf proportionales Verhalten): $$K_p = \frac{Y}{X} \tag{24}$$

Dimension von K_p $$\mathrm{D}\,[K_p] = \frac{\mathrm{D}\,[Y]}{\mathrm{D}\,[X]} \tag{25}$$

Gl. (23) normiert: $$\frac{Y}{Y_0} = K_p \frac{X_0}{Y_0} \cdot \frac{X}{X_0} \tag{26}$$

Abkürzungen: $$Y/Y_0 = y \qquad X/X_0 = x \tag{27}$$

Verstärkungsfaktor: $$K_v = K_p \frac{X_0}{Y_0} \tag{28}$$

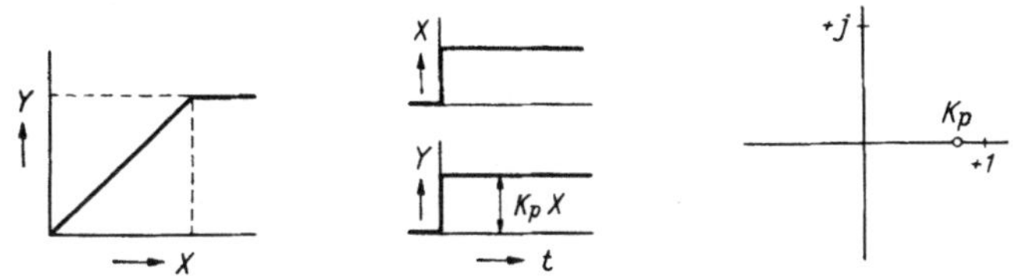

a) Kennlinie b) Sprungübergang c) Ortskurve des Frequenzganges

Bild 28. P-Glied

Sind die Bezugswerte X_0 und Y_0 einander zugeordnete Signale, also $Y_0 = K_p X_0$, so hat der Verstärkungsfaktor K_v den Wert 1.

Dimension von K_v: $$\mathrm{D}\,[K_v] = 1 \tag{29}$$

Neue Schreibweisen für die normierte Gl. (26): $$y = K_v\, x \tag{30}$$

Gl. (23) in komplexer Frequenzgangdarstellung: $$Y = K_p X \tag{31}$$

Frequenzgang: $$F = K_p \tag{32}$$

Der *Proportionalitätsfaktor* K_p ist eine dem Gerät eingeprägte feste Konstante.

Der *Verstärkungsfaktor* K_v ist gleich dem Proportionalitätsfaktor K_p, multipliziert mit dem Quotienten der Bezugswerte X_0/Y_0. Der Verstärkungsfaktor K_v ändert seinen Zahlenwert fallweise mit dem Verhältnis der frei wählbaren Bezugswerte Y_0 und X_0.

(2) *Glieder mit* I-*Verhalten*

Sonstige Kennzeichnungen: Glieder mit zeitintegralem Verhalten, I-Glieder.

Übertragungsverhalten. Innerhalb begrenzter Bereiche der Eingangs- oder Ausgangsgröße ist der Eingangsgröße eine bestimmte Änderungsgeschwindigkeit der Ausgangsgröße zugeordnet (*Bild* 29). Man kann auch sagen: In jedem Augenblick ist die Ausgangsgröße Y dem Zeitintegral der Eingangsgröße X über einen Verknüpfungsfaktor, dem *Integrationsfaktor* K_i, zugeordnet.

Größengleichung: $$Y = K_i \int_0^t X\,\mathrm{d}t + C_1 \tag{33}$$

Integrationsfaktor
(Index i, Hinweis auf integrales Verhalten): $K_i = \dfrac{Y - C_1}{\int_0^t X \, \mathrm{d}t}$ (34)

Dimension von K_i: $\mathrm{D}[K_i] = \dfrac{\mathrm{D}[Y]}{\mathrm{D}[X]} \cdot \dfrac{1}{\mathrm{s}}$ (35)

Gl. (33) normiert: $\dfrac{Y}{Y_0} = \left(K_i \dfrac{X_0}{Y_0}\right) \int_0^t \dfrac{X}{X_0} \, \mathrm{d}t + C_2$ (36)

Integrierzeit: $T_i = \dfrac{Y_0}{K_i X_0}$ (37)

Neue Schreibweise für die normierte Gl. (36): $y = \dfrac{1}{T_i} \int_0^t x \, \mathrm{d}t + C_3$ (38)

Lösung der Gl. (38) für $C_3 = 0$ und $x = \text{konst.}$: $y = \dfrac{1}{T_i} x t$ (39)

Gl. (33) in komplexer Frequenzgangdarstellung: $Y = \dfrac{K_i}{p} X$ (40)

Frequenzgang: $F = \dfrac{K_i}{p} = -\mathrm{j} \dfrac{K_i}{\omega}$ (41)

Der *Integrationsfaktor* K_i ist eine dem Gerät eingeprägte feste Konstante.

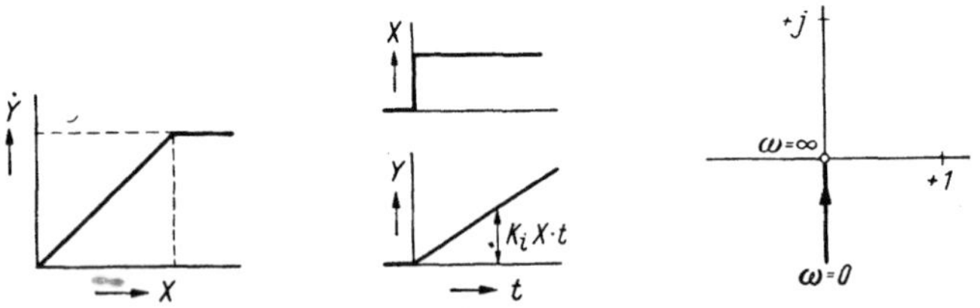

a) Kennlinie b) Sprungübergang c) Ortskurve des Frequenzganges

Bild 29. I-Glied

Die *Integrierzeit* T_i ist die Zeit, welche die normierte Ausgangsgröße y eines I-Gliedes benötigt, damit bei Änderung der normierten Eingangsgröße x um einen bestimmten Betrag sie sich um den gleichen Betrag ändern kann.

Da die Integrierzeit vom Verhältnis zweier frei wählbarer Bezugswerte (Y_0/X_0) abhängt, ist sie willkürlich veränderbar. Sie ist deshalb für den Vergleich der technischen Daten verschiedener Geräte nicht unmittelbar geeignet. Für I-Glieder ist es deshalb sinnvoll, eine spezielle Integrierzeit mit eindeutig festgelegten Bezugswerten zu definieren (s. z.B. Abschnitt E 3 b).

(3) *Glieder mit* D-*Verhalten*

Sonstige Kennzeichnungen: Glieder mit differenzierendem Verhalten, Vorhaltglieder, D-Glieder.

Übertragungsverhalten. In jedem Augenblick ist die Ausgangsgröße der Änderungsgeschwindigkeit der Eingangsgröße über einen Verknüpfungsfaktor, dem *Differentiationsfaktor*, zugeordnet (*Bild* 30).

Größengleichung: $$Y = K_d \frac{\mathrm{d}X}{\mathrm{d}t} \quad (42)$$

Differentiationsfaktor: $$K_d = \frac{Y}{\mathrm{d}X/\mathrm{d}t} \quad (43)$$

Dimension von K_d: $$\mathrm{D}[K_d] = \frac{\mathrm{D}[Y]}{\mathrm{D}[X]}\,\mathrm{s} \quad (44)$$

Gl. (42) normiert: $$\frac{Y}{Y_0} = K_d \frac{X_0}{Y_0} \cdot \frac{\mathrm{d}X/X_0}{\mathrm{d}t} \quad (45)$$

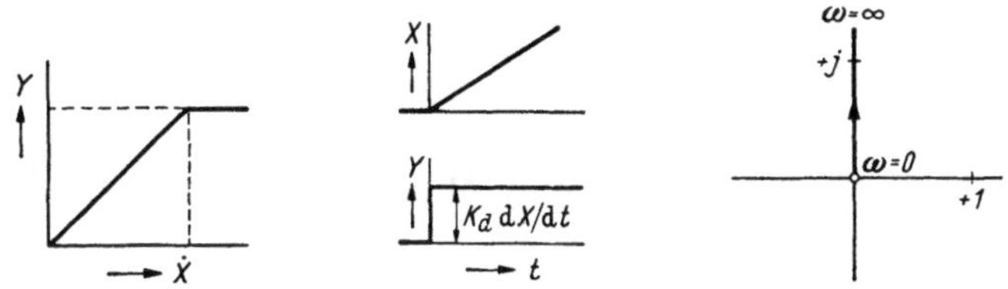

a) Kennlinie b) Anstiegsübergang c) Ortskurve des Frequenzganges

Bild 30. D-Glied

Differenzierzeit: $$T_d = K_d \frac{X_0}{Y_0} \quad (46)$$

Neue Schreibweise für die normierte Gl. (45): $y = T_d \dot{x}$ (47)

Lösung für $\dot{x} =$ konst. $$y = T_d \frac{x}{t} \quad (48)$$

Gl. (42) in komplexer Frequenzgangdarstellung: $Y = K_d p X$ (49)

Frequenzgang: $$F = K_d p = \mathrm{j}\,\omega K_d \quad (50)$$

Der *Differentiationsfaktor* K_d ist eine dem Gerät eingeprägte feste Konstante.

Die *Differenzierzeit* T_d ist die Zeit, in der sich die normierte Eingangsgröße x eines D-Gliedes mit konstanter Änderungsgeschwindigkeit ändern muß, um denselben Betrag zu erreichen, den die Ausgangsgröße y dabei hat.

Da die Differenzierzeit vom Verhältnis zweier frei wählbarer Bezugswerte X_0/Y_0 abhängt, ist sie willkürlich veränderbar.

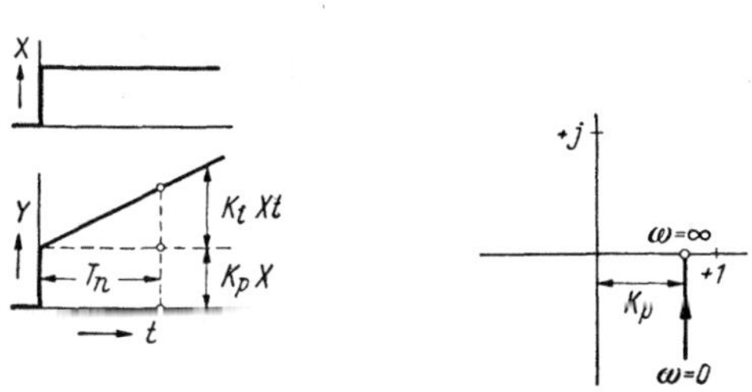

a) Sprungübergang b) Ortskurve des Frequenzganges

K_p Proportionalitätsfaktor
K_i Integrationsfaktor
T_n Nachstellzeit

Bild 31. PI-Glied

c) Typische Kombinationen der Grundformen

(1) *Glieder mit* PI-*Verhalten*

Sonstige Kennzeichnungen: Glieder mit proportional-integralem Verhalten, PI-Glieder.

Übertragungsverhalten. Bei einem PI-Glied überlagert sich das Verhalten eines P-Gliedes mit dem eines I-Gliedes (*Bild* 31).

Größengleichung: $$Y = K_p X + K_i \int_0^t X \,\mathrm{d}t + C_1 \tag{51}$$

K_p vor der Klammer: $$Y = K_p \left(X + \frac{1}{T_n} \int_0^t X \,\mathrm{d}t \right) + C_1 \tag{52}$$

Nachstellzeit: $$T_n = \frac{K_p}{K_i}\,; \quad T_n = K_p \frac{X_0}{Y_0} \cdot \frac{1}{K_i} \cdot \frac{Y_0}{X_0} = K_v T_i \tag{53}$$

Gl. (52) normiert: $$\frac{Y}{Y_0} = \frac{K_p X_0}{Y_0} \left(\frac{X}{X_0} + \frac{1}{T_n} \int_0^t \frac{X}{X_0} \,\mathrm{d}t \right) + C_2 \tag{54}$$

Neue Schreibweise für die normierte Gl. (54): $$y = K_v \left(x + \frac{1}{T_n} \int_0^t x \,\mathrm{d}t \right) + C_2 \tag{55}$$

Gl. (52) in komplexer Frequenzgangdarstellung: $$Y = K_p X + K_i \frac{X}{p} \tag{56}$$

Frequenzgang: $$F = K_p + \frac{K_i}{p} \qquad F = K_p \left(1 + \frac{1}{T_n p} \right) \tag{57}$$

Die *Nachstellzeit* T_n ist die Zeit, welche die Ausgangsgröße eines PI-Gliedes benötigt, damit sie sich um denjenigen Betrag zusätzlich auf Grund der Integralwirkung ändern kann, um den sie sich bereits auf Grund des proportionalen Anteiles geändert hat (*Bild* 31).

Die Nachstellzeit hängt, wie Gl. (53) zeigt, nur von den dem Gerät eingeprägten festen Konstanten K_p und K_i ab und ist somit eine von Bezugsgrößen unabhängige Gerätekonstante.

(2) *Glieder mit* PD-*Verhalten*

Sonstige Kennzeichnungen: Glieder mit proportional-differentialem Verhalten, PD-Glieder.

Übertragungsverhalten. Bei einem PD-Glied überlagert sich das Verhalten eines P-Gliedes mit dem eines D-Gliedes.

Größengleichung: $$Y = K_p X + K_d \dot{X} \tag{58}$$

K_p vor die Klammer: $$Y = K_p (X + T_v \dot{X}) \tag{59}$$

Vorhaltzeit: $$T_v = \frac{K_d}{K_p}\,; \quad T_v = K_d \frac{X_0}{Y_0} \cdot \frac{Y_0}{K_p X_0} = \frac{T_d}{K_v} \tag{60}$$

Gl. (59) normiert: $$\frac{Y}{Y_0} = \frac{K_p X_0}{Y_0} \left(\frac{X}{X_0} + T_v \frac{\dot{X}}{X_0} \right) \tag{61}$$

Neue Schreibweise für die normierte Gl. (61): $$y = K_v (x + T_v \dot{x}) \tag{62}$$

Gl. (58) in komplexer Frequenzgangdarstellung: $$Y = K_p X + K_d p X \tag{63}$$

Frequenzgang: $$F = K_p + K_d p \tag{64}$$

$$F = K_p (1 + T_v p) = K_p (1 + \mathrm{j}\, \omega T_v)$$

Die *Vorhaltzeit* T_v eines PD-Gliedes ist die Zeit, welche die Ausgangsgröße von Beginn einer mit konstanter Geschwindigkeit verlaufenden Änderung der Eingangsgröße an benötigt, damit sie sich auf Grund der Proportionalwirkung um den Betrag zusätzlich ändern kann, um den sie sich auf Grund der Vorhaltwirkung sofort geändert hat (*Bild* 32).

Die Vorhaltzeit T_v ist durch die eingeprägten Konstanten K_p und K_d gegeben und ein vom Bezugssystem unabhängiger Zeitwert des PD-Gliedes.

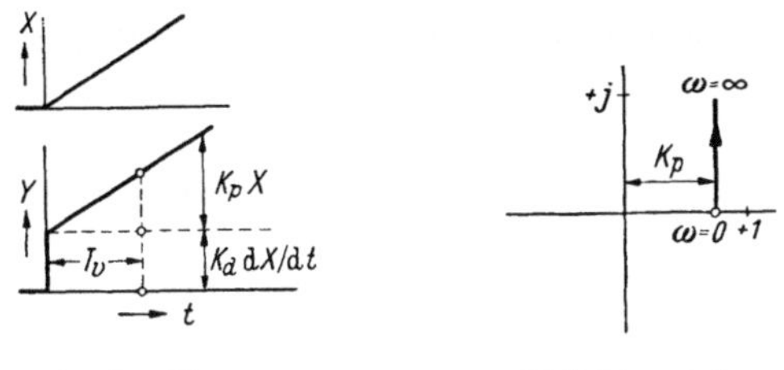

a) Anstiegsübergang b) Ortskurve des Frequenzganges

K_p Proportionalitätsfaktor
K_d Differentiationsfaktor
T_v Vorhaltzeit

Bild 32. PD-Glied

d) Übertragungsverhalten mit Verzögerung

(1) *Glieder mit* PR-*Verhalten*

Sonstige Kennzeichnungen: Glieder mit Ausgleich, Glieder mit einem Energiespeicher; Glieder mit Verzögerung 1. Ordnung; proportional verzögerte Glieder; PR-Glieder.

Übertragungsverhalten. P-Glieder sind praktisch meist mit fallweise vernachlässigbaren Verzögerungen behaftet. Sie übertragen dann zwar im Beharrungszustand proportional, der zeitliche Verlauf der Ausgangsgröße wird jedoch verformt. So entsteht beispielsweise bei einem Verzögerungsglied 1. Ordnung ein Sprungübergang in Form von einer e-Funktion mit der Zeitkonstante T (*Bild* 33).

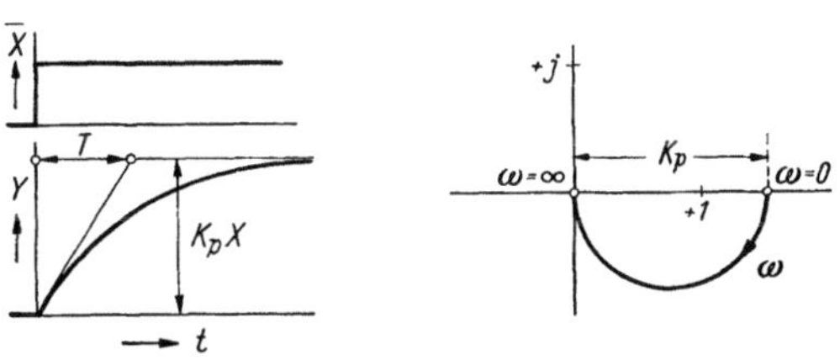

a) Sprungübergang b) Ortskurve des Frequenzganges

K_p Proportionalitätsfaktor
T Zeitkonstante

Bild 33. PR-Glied

Dasselbe Verhalten liegt auch in den Beispielen der Tabelle 1 vor und ist dort durch die Gl. (1) ausgedrückt. Das Ausgangssignal Y und das Eingangssignal X sind in den Beispielen von gleicher Dimension. Infolgedessen fehlt der die Dimensionen verknüpfende Proportionalitätsfaktor K_p, wie er in der Gl. (23) allgemein angesetzt ist.

Größengleichung: $$T\dot{Y} + Y = K_p X \tag{65}$$

Gl. (65) normiert: $$T\frac{\dot{Y}}{Y_0} + \frac{Y}{Y_0} = K_p \frac{X_0}{Y_0} \cdot \frac{X}{X_0} \tag{66}$$

Neue Schreibweise für Gl. (66): $$T\dot{y} + y = K_v x \tag{67}$$

Gl. (65) in komplexer Frequenzgangdarstellung: $$T p Y + Y = K_p X \tag{68}$$

Frequenzgang: $$F = \frac{K_p}{1 + T p} \tag{69}$$

(2) *Weitere Glieder mit Verzögerungsverhalten*

Ebenso wie beim P-Glied können bei allen anderen Gliedern sowohl in der Grundform (s. Abschnitt 3 b) als auch in deren Kombination (s. Abschnitt 3 c) Verzögerungen auftreten, z. B. IR-, PIR- usw. -Glied. Sie äußern sich in der Größengleichung durch das Hinzukommen von Ausdrücken, die zeitliche Ableitungen der Stellgröße aufweisen. Ihre Ordnung beschreibt zugleich die Ordnung der Verzögerung. Man spricht also von Verzögerungen 1. Ordnung (z. B. PR) und von Verzögerungen höherer Ordnung (z. B. PR_2).

D. Regelstrecke

1. Regelobjekt und Regelstrecke

Der in einem Regelobjekt herrschende Betriebszustand ist durch Betriebsgrößen gekennzeichnet (vgl. Tabelle 2), von denen eine oder mehrere *Regelgrößen* sind. Um den Einfluß anderer Betriebsgrößen auszugleichen, die als *Störgrößen* auf die Regelgrößen einwirken, wird mit einer weiteren Art von Betriebsgrößen, den *Stellgrößen*, in den Betriebszustand des Regelobjektes eingegriffen.

Tabelle 2. *Beispiele von Regelobjekten und von ihren Betriebsgrößen*

Regelobjekt	Betriebsgrößen
Dampferzeuger	Druck, Temperatur, Dampfabgabe, Brennstoffzufuhr
Elektrischer Generator	Klemmenspannung, Leistung, Frequenz, Erregerspannung
Elektromotor	Drehzahl, Drehmoment, Beschleunigung, Erregerspannung, Ankerspannung
Werkzeugmaschine	Stellung, Drehzahl, Geschwindigkeit, Schnittkraft, Werkstückdurchmesser
Siemens-Martin-Ofen	Temperatur, Brennstoff- und Luftzufuhr, Herdraumdruck, Beschickung, Klappenstellung
Destillationskolonne	Temperatur, Druck, Niveau, Durchfluß, Rohstoffzusammensetzung
Schwefelsäure-Herstellungsanlage	Temperatur, Leitfähigkeit, pH-Wert, Durchfluß, Wärmeverteilung, Gasanalyse
Flugzeug	Lage, Kurs, Geschwindigkeit, Luftströmung, Beladung, Ruderstellung

Im Wirkungssinn der Regelung ist die Stellgröße das Eingangssignal und die Regelgröße das Ausgangssignal eines in einem Blockbild abgrenzbaren Bereichs des Regelobjektes. Dieser Bereich, der sich nur auf die Regelung *einer* Größe bezieht, heißt *Regelstrecke*. Organe, an denen das Eingangssignal eingreift (z.B. Ventile, Klappen), kann man mit in die Regelstrecke einbeziehen. Zu ihr rechnen auch die Teile des Regelobjektes und der übrigen Anlage, deren Zustandsänderungen den Regelvorgang mit beeinflussen. So muß z.B. bei der Drehzahlregelung einer Wasserturbine nicht nur der angetriebene Generator, sondern auch das Netz und der Druckstollen mit zur Regelstrecke gerechnet werden.

Zum Unterschied gegenüber dem Regelobjekt, das einen *gerätetechnisch* begrenzten Teil der Anlage darstellt, hat also die Regelstrecke die *funktionelle* Bedeutung eines Übertragungsgliedes; auf Grund seiner Eigenschaften steuert die

Stellgröße als Eingangssignal die Regelgröße als Ausgangssignal (Stellverhalten). Für den Einfluß von Störgrößen können dieselben, oft aber auch andere Übertragungseigenschaften der Regelstrecke maßgebend sein (Störverhalten).

Die Regelstrecke kann als Übertragungsglied dieselben Formen des Übertragungsverhaltens haben, wie sie in Abschnitt C dargestellt sind (X und Y vertauscht). Es gibt also Strecken mit P-, I-, PI- usw. -Verhalten.

Die Eigenschaften einer Regelstrecke beziehen sich immer nur auf die Regelung *einer* Größe. Bei einem Regelobjekt mit mehreren Regelgrößen, z.B. Turbogenerator mit Spannungs- und Frequenzregelung, sind verschiedene Bereiche der Anlage für die zugehörigen Regelstrecken maßgebend; sie können, obgleich sie von demselben Regelobjekt gebildet werden, ganz unterschiedliche Übertragungseigenschaften haben, die auch zu einer gegenseitigen Beeinflussung der einzelnen Regelstrecken führen können (s. Kapitel 9).

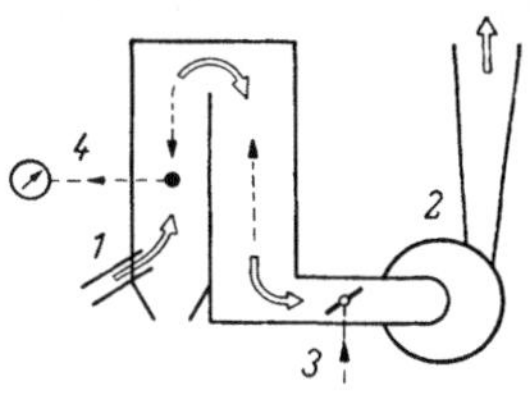

1 Brenner
2 Saugzug
3 Regelklappe
4 Druckmesser des Reglers

Bild 34. Druckregelung im Feuerraum eines Dampferzeugers (Energie- und Signal-Wirkungsrichtung sind entgegengesetzt)

Die Richtung des Energieflusses in einem Regelobjekt und die Richtung der Signalübertragung der von ihm gebildeten Regelstrecke sind Vorgänge zweier grundsätzlich unterschiedlicher Betrachtungsweisen. Bei der Druckregelung im Feuerraum eines Dampferzeugers (s. *Bild* 34) sind die beiden Richtungen sogar einander entgegengesetzt. Während der Rauchgasstrom von dem Brenner (*1*) zum Saugzug (*2*) geht, verläuft die Wirkung der von der Stellgröße des Feuerraumdruck-Reglers betätigten Klappe (*3*) entgegen dem Rauchgasstrom zum Druckmesser (*4*) im Feuerraum, der das Signal an den Regler weitergibt.

2. Störverhalten der Regelstrecke

Die *Störkennlinie* gibt den Zusammenhang zwischen einer Störgröße und der Regelgröße im Beharrungszustand der Regelstrecke. Für verschiedene Werte der Stellgröße können sich verschiedene Störkennlinien ergeben. Bei einer Wasserturbine ist über dem Belastungsmoment als Störgröße Z die Drehzahl als Regelgröße X aufgetragen, wobei der Öffnungsgrad als Stellgröße Y_1, Y_2.... den Parameter der Störkennlinienschar darstellt (*Bild* 35).

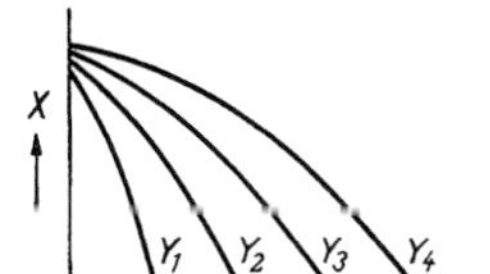

X Regelgröße (Drehzahl)
Z Störgröße (Drehmoment)
Y Stellgrößen (Öffnung)

Bild 35. Störkennlinien einer Wasserturbine

Faßt man die Regelstrecke als Übertragungsglied auf, mit der Störgröße als Eingangssignal und der Regelgröße als Ausgangssignal, so erhält man bei einer sprungförmigen Änderung der Störgröße die *Störübergangsfunktion*. Bei periodischer Änderung der Störgröße in Form einer harmonischen Schwingung gewinnt man als Verhältnis des Zeigers der Regelgröße zum Zeiger der Störgröße den *Störfrequenzgang*. Die Störübergangsfunktion und der Störfrequenzgang sind Beschreibungsformen des Störverhaltens der Regelstrecke, jeweils für einen betrachteten Wert der Stellgröße.

3. Stellverhalten der Regelstrecke

a) Stellkennlinie

Die *Stellkennlinie* gibt den Zusammenhang zwischen der Stellgröße und der Regelgröße im Beharrungszustand der Regelstrecke. Mit Berücksichtigung des Störgrößeneinflusses ergibt sich eine mehrfache Kennlinienschar. Jede einzelne Kennlinie beschreibt den Zusammenhang zwischen Stellgröße und Regelgröße für einen bestimmten Störzustand. Bei einem elektrischen Gleichstromgenerator ist die Stellgröße Y die Erregerspannung U_e, die Regelgröße X die Klemmenspannung U des Generators (*Bild* 36). Infolge der Eisensättigung sind die einzelnen Kennlinien mit zunehmendem Erregerstrom gekrümmt. Störgrößen sind der Ankerstrom I_a und die Drehzahl n. Für jede Drehzahl n_1, n_2... findet man je eine Kennlinienschar für verschiedene Ankerströme I_a.

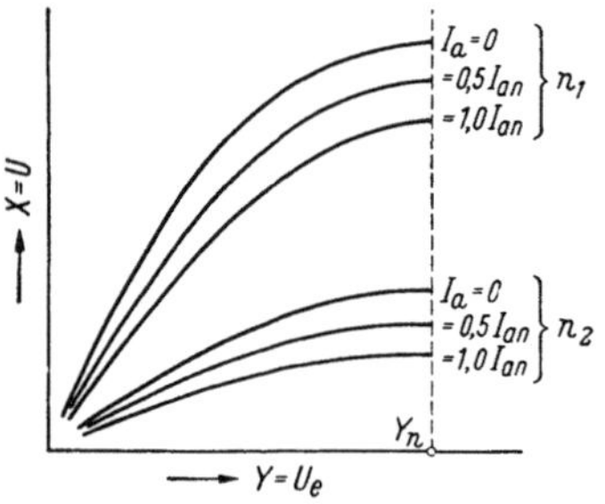

X Regelgröße (Klemmenspannung U)
Y Stellgröße (Erregerspannung U_e)
Y_n Nennwert der Stellgröße
I_a Ankerstrom
I_{an} Nennwert des Ankerstromes
n Drehzahlen

Bild 36. Stellkennlinien eines elektrischen Generators

Unbrauchbar sind Stellkennlinien (s. *Bild* 37), in denen Umkehrpunkte auftreten. Stabile Regelung ist dann nur in begrenzten Bereichen I oder II der Stellgröße möglich, dabei müßte man zudem ihren Wirkungssinn vertauschen. Es kann auch nur in solchen Bereichen der Stellkennlinie geregelt werden, die eine Neigung aufweisen. So ist z.B. bei X_{min} und bei X_{max} eine Regelung ausgeschlossen.

Bei Regelstrecken mit integralem Verhalten, z.B. bei der Trommel eines Hochdruckdampferzeugers (*Bild* 38a), in der der Wasserstand geregelt werden soll,

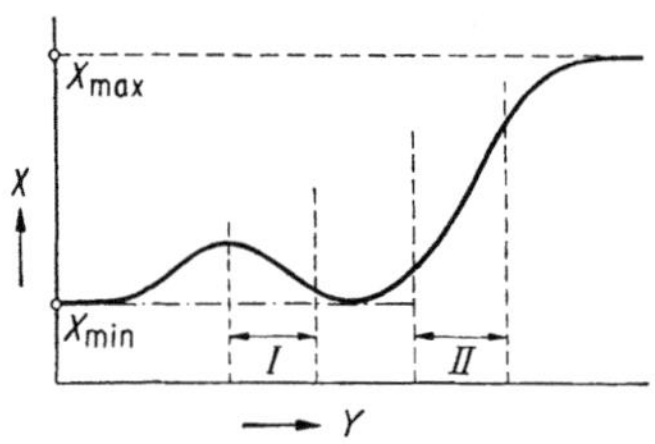

X Regelgröße
Y Stellgröße

Bild 37. Stellkennlinie mit nur teilweise brauchbaren Bereichen (z.B. I oder II)

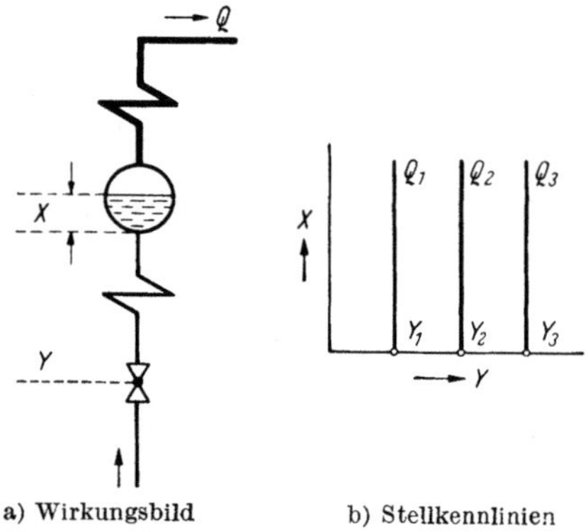

a) Wirkungsbild b) Stellkennlinien

X Regelgröße (Wasserstand)
Y Stellgröße (Öffnung des Speisewasserventils)
Q Dampfstrom

Bild 38. Trommel eines Hochdruckdampferzeugers

sind die Stellkennlinien eine Schar senkrechter Geraden (*Bild* 38b). Jedem Wert Q_1, Q_2,... des Dampfstromes als Störgröße sind Hubstellungen Y_1, Y_2,... des Speisewasserventiles als Stellgröße zugeordnet, mit denen jeder Wert des Wasserstands X als Regelgröße gehalten werden kann. Jedoch ist dies stabil nur mit bestimmten Reglern (s. Abschnitt F) möglich.

b) Stellübergangsfunktion und Kennwerte

Zur experimentellen Bestimmung der *Stellübergangsfunktion* ändert man bei unterbrochenem Regelkreis die Stellgröße Y z.B. sprungförmig (s. *Bild* 39) um den Betrag ΔY und betrachtet bei gleichbleibendem Störzustand den zeitlichen Verlauf der Regelgröße X (Übergangskurve). Zunächst sei lineares Verhalten im betrachteten Bereich der Regelstrecke angenommen. Dividiert man die so gewonnene Kurve durch ΔY, so wird die Stellübergangsfunktion erhalten.

Im allgemeinen Fall sind an der Übergangskurve die folgenden Kennwerte festlegbar:

Totzeit T_t. Es ist die Zeit, die vom Augenblick der Stellgrößenveränderung an vergeht, bis sich die Regelgröße merkbar zu ändern beginnt. Die Totzeit kann durch Transportvorgänge verursacht und in erheblichem Maße durch Unempfindlichkeit, z.B. infolge von Eigenreibung des verwendeten Meßgerätes für die Regelgröße, beeinflußt werden. Die Meßunempfindlichkeit führt, besonders dann, wenn die Übergangskurve der Regelstrecke mit einem sehr flachen Verlauf beginnt, zu großen Totzeiten.

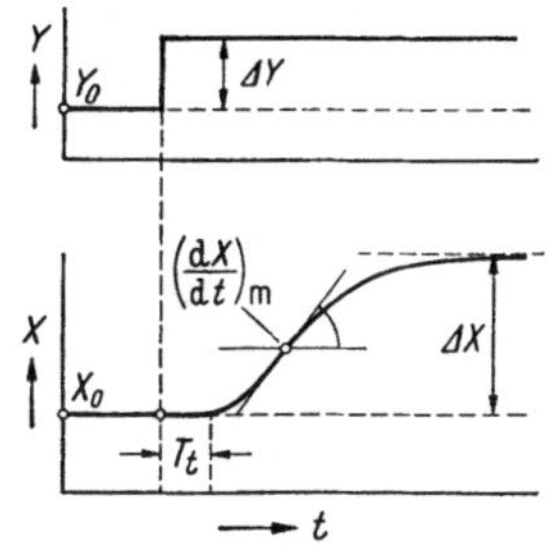

X Regelgröße
Y Stellgröße
T_t Totzeit

Bild 39. Beispiel für Stellübergang

Anlaufwert A. Die Übergangskurve (*Bild* 39) bei Änderung der Stellgröße um den Betrag ΔY hat in ihrem Verlauf einen Punkt größter Steilheit $(\mathrm{d}X/\mathrm{d}t)_m$. Wird die Stellgröße Y um den maximal möglichen Bereich, den Stellbereich Y_h, sprungförmig geändert, so gibt der Reziprokwert der dann auftretenden größten Steilheit $(\mathrm{d}X/\mathrm{d}t)_{mh}$ den Anlaufwert:

$$A = \frac{1}{\left(\frac{\mathrm{d}X}{\mathrm{d}t}\right)_{mh}} \tag{70}$$

Für den Fall, daß die Stellgröße nur um den Betrag ΔY geändert wird, findet man den Anlaufwert, lineares Verhalten der Regelstrecke vorausgesetzt, durch Umrechnung

$$A = \frac{1}{\left(\frac{\mathrm{d}X}{\mathrm{d}t}\right)_{m}} \cdot \frac{\Delta Y}{Y_h} \tag{71}$$

Dividiert man die größte Steilheit durch den Stellbereich, so erhält man den Integrationsfaktor $(K_i)_m = (\mathrm{d}X/\mathrm{d}t)_{mh} \cdot 1/Y_h$ für die Wendetangente an die Übergangskurve (gegenüber Gl. 33 sind X und Y zu vertauschen).

Ausgleichswert q. Nach Erreichen des Beharrungszustandes hat sich die Regelgröße um den Betrag ΔX geändert. Mit der Stellgrößenänderung ΔY findet man den Ausgleichswert:

$$q = \frac{\Delta Y}{\Delta X} \tag{72}$$

Der Ausgleichswert ist dem Reziprokwert des Proportionalitätsfaktors K_p in Gl. (24) identisch und wird zur besonderen Kennzeichnung von Regelstrecken verwendet. Regelstrecken mit Ausgleichswert $q = 0$ haben integrales Verhalten.

Anlaufzeit T_a. Unter Beibehaltung ihrer größten Steilheit würde die Übergangskurve ihren neuen Beharrungswert nach Gl. (71) und Gl. (72) in der Anlaufzeit $T_a = AY_h/q$ erreichen.

Zeitkonstante T. Bei Regelstrecken, die nur einen Speicher und nur ein Widerstandselement enthalten (Regelstrecke 1. Ordnung) nimmt die Stellübergangsfunktion die Form einer Exponentialfunktion an (s. *Bild* 40):

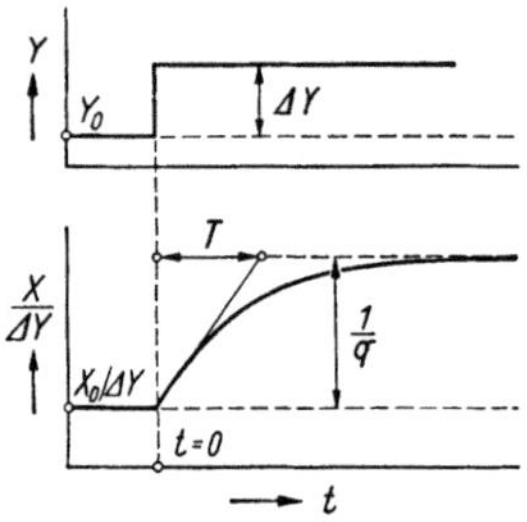

Bild 40. Stell-Übergangsfunktion einer Regelstrecke 1. Ordnung (e-Funktion)

$$\frac{X - X_0}{\Delta Y} = \frac{1 - e^{-\frac{t}{T}}}{q} \tag{73}$$

Sie stellt die Lösung der Differentialgleichung dar (s. Abschnitt C 3d):

$$T\dot{X} + X - X_0 = \frac{\Delta Y}{q} \tag{74}$$

Die steilste Stelle der Übergangsfunktion tritt hier zur Zeit $t = 0$ auf:

$$\left(\frac{\mathrm{d}\frac{X}{\Delta Y}}{\mathrm{d}t}\right)_m = \frac{1}{qT} \tag{75}$$

Hieraus folgt mit Gl. (71):

$$T = A\frac{Y_h}{q} \tag{76}$$

womit die Differentialgleichung für das Übertragungsverhalten lautet:

$$\Delta Y = q(X - X_0) + AY_h\frac{\mathrm{d}X}{\mathrm{d}t} \tag{77}$$

Infolge *nichtlinearer* Eigenschaften, z.B. Eisensättigung im Feld eines Generators, findet man aus der Übergangsfunktion unterschiedliche Kennwerte, wenn der Betrag des Stellgrößensprungs ΔY geändert oder wenn der Stellgrößensprung bei verschiedenen Ausgangswerten Y_0 der Stellgröße vorgenommen wird. Man kann dann die Regelstrecke nur für kleine Änderungen Y als linear ansehen und die dadurch definierten Kennwerte anwenden. Bei thermischen oder hystereseartigen Vorgängen in der Regelstrecke muß damit gerechnet werden, daß je nach Vorzeichen der Stellgrößenänderung verschiedene Kennwerte für Aufwärts- und Abwärtsgang der Regelgröße herauskommen.

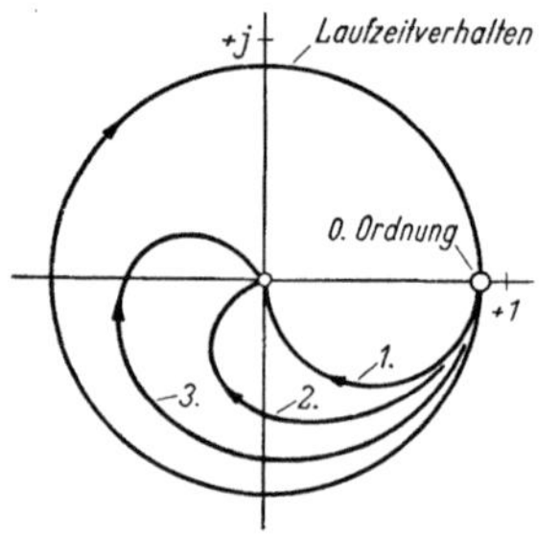

Bild 41. Ortskurven von Regelstrecken mit Ausgleich

c) Stellfrequenzgang

Die *Ordnung* einer Regelstrecke ist durch die Anzahl der Speicherelemente gegeben, die zwischen ihrem Eingang und ihrem Ausgang nacheinander durchlaufen werden. In der Form des Verlaufes der Übergangsfunktion kommt zwar die Anzahl der Speicherelemente zum Ausdruck, jedoch geben darüber die Kennwerte Totzeit, Anlaufwert und Ausgleichswert keinen vollständigen Aufschluß.

Die nach einer *Frequenzganguntersuchung* gezeichnete Ortskurve der Regelstrecke (*Bild* 41) läßt die Ordnung der Regelstrecke wesentlich besser erkennen.

Eine von Speicherelementen vollständig freie Regelstrecke, also bei P-Verhalten (Strecke nullter Ordnung), wird in der Ortskurvendarstellung durch einen Punkt auf der reellen Achse gekennzeichnet. Bei *einem* Speicher wird *ein* Quadrant (Strecke erster Ordnung), bei *zwei* Speichern werden *zwei* Quadranten usw. durchlaufen. Unendlich viele Speicher, die rückwirkungsfrei zusammen wirken, führen auf das reine Totzeitverhalten, wobei sich die Ortskurve als Kreis darstellt. Ein Beispiel ist die Förderbandwaage, bei der die Transportzeit die Totzeit verursacht; hier liegt reines *Laufzeitverhalten* vor.

Bei Strecken ohne Ausgleich, z. B. beim Wasserstand in einem Hochdruckbehälter, verläuft die Ortskurve wie bei einem I-Glied (s. Abschnitt C 3b) längs der negativ imaginären Achse (s. *Bild* 42). Tritt eine Verzögerung erster Ordnung hinzu, wie es bei der Kursregelstrecke eines Schiffes vorkommt, so liegt die Ortskurve ganz im negativen Quadranten.

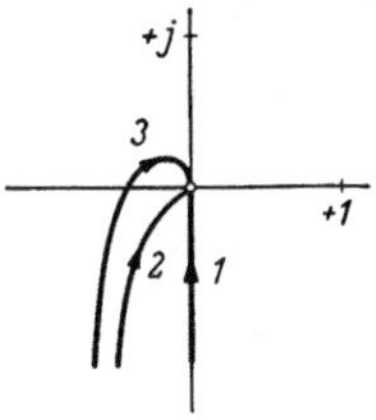

1 Ohne Verzögerung
2 Mit Verzögerung 1. Ordnung
3 Mit Verzögerung 2. Ordnung

Bild 42. Ortskurven von Regelstrecken ohne Ausgleich

d) Klassifizierung nach der Stellübergangsfunktion

Der allgemeine Fall der Stellübergangsfunktion (*Bild* 43) zeigt die drei Kennwerte Ausgleichswert q, Anlaufwert A, Totzeit T_t. Der Ausgleichswert beschreibt den Beharrungszustand, der Anlaufwert die Neigung der Tangente an der steilsten Stelle. Diese ist nach Gl. (71):

$$\frac{\mathrm{d}\left(\frac{X}{\Delta Y}\right)_m}{\mathrm{d}t} = \frac{1}{A Y_h} \tag{78}$$

Die Tangente schneidet eine Zeit T_t ab, die nicht genau der wahren Totzeit entspricht und *Ersatztotzeit* genannt wird. Verlängert man die Tangente nach unten, so bildet diese an der Zeitordinate $t = 0$ die Strecke $\mathrm{BC} = s_0$. Für diese findet man:

$$s_0 = \frac{T_t}{A Y_h} \tag{79}$$

Nach Abschnitt 3b folgt aus Gl. (78):

$$(K_i)_m = \frac{1}{A Y_h} \tag{80}$$

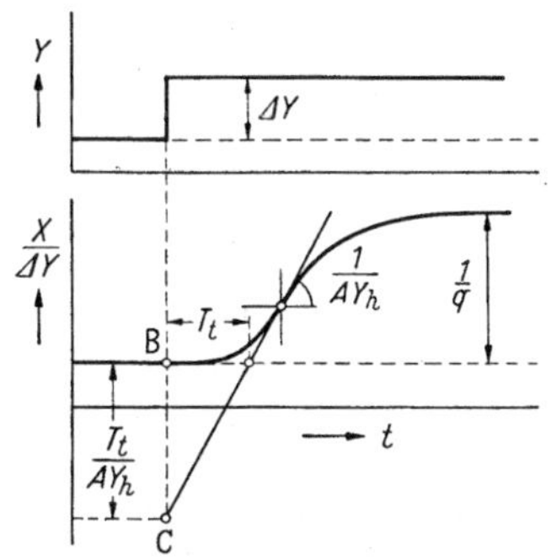

X Regelgröße Y_h Stellbereich
Y Stellgröße A Anlaufwert
q Ausgleichswert T_t Totzeit

Bild 43. Klassifizierung von Regelstrecken mit Totzeit nach der Übergangsfunktion

Mit zunehmender Länge dieser Strecke s_0 steigert sich der Schwierigkeitsgrad, den die Regelstrecke beim Regeln aufweist. Ein Stelleingriff äußert sich an der Regelgröße zunächst gar nicht, aber nach Ablauf der Totzeit dann in so starkem Maße, daß ein Überregeln unausbleiblich ist, wenn man die Stellgröße nicht bereits vorher zurücknimmt. Neben dem Ausgleichswert ist besonders der Quotient T_t/A sehr geeignet zu einer Klassifizierung der Regelstrecke (Tabelle 3), wovon besonders dann Gebrauch gemacht wird, wenn die Eigenschaftswerte der Regelstrecke nur experimentell zugänglich sind.

Es sei besonders vermerkt, daß auch bei *verzögerungsarmen* Strecken, wenn also Totzeit und Anlaufwert praktisch Null sind, der Quotient $T_t/A = 0/0$ leicht

Tabelle 3. *Klassifizierung von Regelstrecken nach der Stellübergangsfunktion*

	I	II	III	IV	V	VI	VII
Ausgleichswert Anlaufwert Totzeit	0 A 0	q A 0	q A T_t	0 A T_t	q A T_t	q 0 0	q 0 T_t
$\frac{T_t}{A}$	0	0	klein	klein	groß	0 bis ∞	∞
Beispiele von Regelstrecken	Stand im Hochdruckbehälter Weg eines hydraulischen Antriebs	Spannung von Gleichstromgeneratoren Drehzahl von Motoren Gasdruck in Behältern	Temperatur in Öfen Druck in Mehrspeichersystemen	Kurs eines Schiffes	Endtemperatur in Überhitzern pH-Wert in Mischbehältern	Strom im ohmschen Widerstand Durchfluß von Flüssigkeit	Durchsatz Förderbandwaage Konzentration in Beimischstrecken

sehr große Werte annehmen kann, wenn bei der Durchflußregelung von Flüssigkeiten kleine Totzeiten infolge pneumatischer Übertragungsleitungen entstehen. Umgekehrt erleichtert sich die Regelschwierigkeit ganz erheblich, wenn man einen kleinen Anlaufwert, z. B. durch Dämpfen des Meßwerks für den Durchfluß, künstlich einführt.

4. Beziehungen zwischen Stell- und Störverhalten

Die Regelgröße als Ausgangssignal der Regelstrecke unterliegt sowohl dem Einfluß der Stellgröße als auch der Wirkung von Störgrößen. Zur vollständigen Beschreibung des regelungstechnischen Verhaltens einer Regelstrecke sind Angaben über das Stell- und das Störverhalten notwendig. Als Störgrößen müssen alle auf die Regelstrecke wirkenden Größen betrachtet werden, welche die Regelgröße beeinflussen.

Die Stellgröße hat die Aufgabe, die Wirkung aller Störgrößen auszugleichen, so daß die Regelgröße ihre vorgeschriebenen Werte einhält. Dazu müssen die Einflüsse und Änderungsbereiche aller Störgrößen im *Beharrungszustand* bekannt sein.

Der Einfluß von Störgrößen kann sich auch in einer Änderung des Ausgleichswertes der Regelstrecke äußern. Um diesen Einfluß auszuschalten kann man die Stellkennlinien durch zusätzliche Maßnahmen derart verformen, daß der Ausgleichswert gleichbleibt oder einen anderen gewünschten Verlauf annimmt. Wirkt die Stellgröße als Hub eines den Zufluß steuernden Ventils auf die Regelstrecke ein, so läßt sich die Stellkennlinie durch die Gestaltung des Ventilkegels (s. Kapitel 12) derart verformen, daß sich der Ausgleichswert der Regelstrecke mit einer Störgröße nicht ändert.

Um das Regelverhalten vollständig beurteilen zu können, müssen auch Unterlagen über die *dynamische* Auswirkung einer Störgrößenänderung auf die Regelgröße, z. B. in Form einer *Störübergangsfunktion*, vorhanden sein. An ihre Stelle kann auch der *Störfrequenzgang* der Regelstrecke treten.

Stell- und Störverhalten einer Regelstrecke müssen streng voneinander getrennt betrachtet werden, wie dies am Beispiel einer besonderen Wasserversorgungsanlage (*Bild* 44) gezeigt werden soll. In dem Behälter (*1*) ist, um gleichbleibenden Versorgungsdruck zu gewährleisten, der Wasserstand die Regelgröße X. Der Behälter (*1*) wird über ein offenes Gerinne (*2*) aus dem Hochbehälter (*3*) gespeist. Stellgröße Y ist die Schieberöffnung am Hochbehälter; das Wasser benötigt jedoch die Laufzeit T_t, bis es im Behälter (*1*) ankommt. Störgröße Z ist der Verbrauch im Versorgungsnetz, schematisch durch die Öffnung eines Ventils dargestellt. Die *Störübergangsfunktion* (*Bild* 44b) zeigt im Falle plötzlich um den Betrag ΔZ zurückgegangenen Verbrauchs ein sofortiges Ansteigen des Wasserstands, während die *Stellübergangsfunktion* (*Bild* 44c) nach einer um den Betrag ΔY größeren Öffnung des Schiebers am Hochbehälter erst nach Ablauf der Totzeit T_t ein Ansteigen des Wasserstands erkennen läßt.

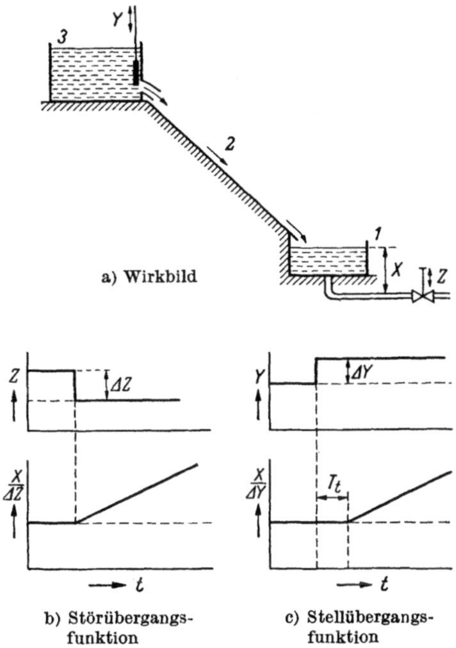

1 Behälter
2 Offenes Gerinne
3 Hochbehälter
X Regelgröße (Standhöhe oder Druck im Wassernetz)
Y Stellgröße
Z Störgröße (Wasserverbrauch)
T_t Totzeit

Bild 44. Stör- und Stellverhalten einer Wasserversorgungsanlage

E. Regler

1. Einteilung der Regler

Man kann die Regler nach sehr verschiedenen Gesichtspunkten einteilen und benennen, z. B. nach gerätetechnisch besonders hervortretenden Merkmalen, nach der Regelgröße, nach dem Übertragungsverhalten, nach der Aufgabenstellung oder auch anderen Kennzeichen (s. Tabelle 4).

Tabelle 4. *Gesichtspunkte für Benennungen der Regler*

Nr.	Einteilungskennzeichen	Beispiele für Benennungen
1	Nach der Art der Reglerkennlinie	Zweipunktregler Stetige Regler
2	Nach Regelgrößen	Elektrische Größen, z. B. Spannungsregler Mechanische Größen, z. B. Drehzahlregler Wärme- und verfahrenstechnische Größen, z. B. Temperaturregler

Tabelle 4. (Fortsetzung)

Nr.	Einteilungskennzeichen	Beispiele für Benennungen
3	Nach dem Übertragungsverhalten (s. Abschnitt C 3)	P-Regler PI-Regler PID-Regler
4	Nach Führungsgrößen oder sonstigen Funktionen bei der Regelung	Führungsregler Folgeregler Zeitplanregler
5	Nach der Art der Hilfsenergie	Elektrischer Regler Pneumatischer Regler Elektro-hydraulischer Regler Elektro-pneumatischer Regler
6	Nach einem konstruktiven Merkmal	Kontaktregler Fallbügelregler Wälz(sektor)regler Kohledruckregler Magnetverstärkerregler Schwenkspulregler Röhrenregler
7	Nach einem im Arbeitsprinzip besonders hervortretenden Merkmal	Impulsregler Vibrationsregler Schrittregler
8	Nach Namen (Erfinder, Hersteller)	TIRRILL-Regler THOMA-Regler N & K-Regler
9	Nach Warenzeichen	TELEPERM-Regler TRANSIDYN-Regler
10	Nach sonstigen Merkmalen	Großregler Hochleistungsregler Feinregler

Für die folgende Darstellung wurde die Einteilung nach der Art der *Reglerkennlinie* (Tabelle 4, Nr. 1) gewählt. Sie stellt den Zusammenhang zwischen Regelgröße X und Stellgröße Y im stationären Zustand des Reglers dar.

Die stetigen Regler selbst sind nach dem Übertragungsverhalten zwischen Eingangs- und Ausgangssignal (Tabelle 4, Nr. 3) eingeteilt, für das grundsätzlich dieselben Formen wie bei den in Abschnitt C3 behandelten Übertragungsgliedern möglich sind (z.B. P-, I-, PI- usw. Verhalten).

2. Zweipunktregler

Die Reglerkennlinie des Zweipunktreglers (*Bild* 45) hat nur *zwei* Werte (Punkte) $Y_{\max}$ und $Y_{\min}$ für die Stellgröße. Ist die Regelgröße X kleiner als der Sollwert X_k, so kann die Stellgröße nur den Wert (Punkt) $Y_{\max}$ annehmen, ist die Regelgröße größer als der Sollwert, so ist nur der Wert (Punkt) $Y_{\min}$ möglich. Sollwert des Zweipunktreglers ist der Wert der Regelgröße, bei dem die Stellgröße unstetig ihren Wert wechselt.

Ein Beispiel für einen häufig verwendeten Zweipunktregler ist der Ausdehnungsregler (s. Kapitel 13, *Bild* 25). Als temperaturempfindliches Organ dient eine Metallhülse (*4*) mit großer Wärmedehnung. Im Inneren dieser Hülse ist ein Stab (*5*) aus Invar angebracht, der bei Über- oder Unterschreiten der am Sollwerteinsteller (*9*) eingestellten Temperatur den Schalter (*14*) betätigt. Die Arbeitsweise dieser

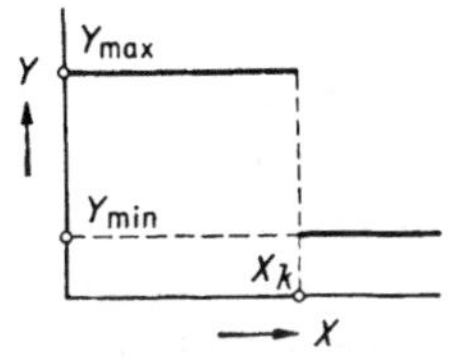

X Regelgröße Y Stellgröße
X_k Sollwert

Bild 45. Reglerkennlinie eines Zweipunktreglers

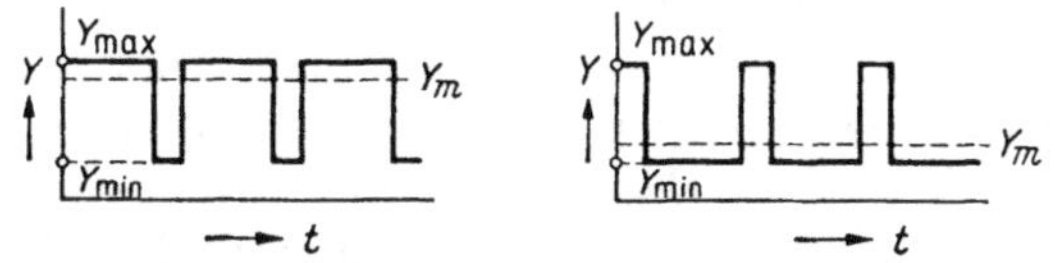

a) Bei hoher Last b) Bei tiefer Last

Bild 46. Zeitliches Verhalten des Zweipunktreglers

Reglerart (s. Kapitel 63) beruht auf einem dauernden Schalten zwischen den beiden Werten der Stellgröße (*Bild* 46) so, daß sich bei hoher Last (*Bild* 46a) ein höherer Mittelwert Y_m der Stellgröße als bei tiefer Last (*Bild* 46b) einstellt. Die Last ist beim Beispiel des Ausdehnungsreglers der von der Stellgröße zu deckende Wärmebedarf des Regelobjektes zur Einhaltung des Sollwertes, um den die Temperatur als Regelgröße dauernd, wenn auch nur geringfügig, schwanken muß.

3. Stetige Regler

a) Allgemeines

Bei einem stetigen Regler (*Bild* 47) ist die Stellgröße Y mit der Regelgröße X derart verknüpft, daß innerhalb eines festgelegten Bereiches die Stellgröße jeden Zwischenwert annehmen kann.

Stellbereich Y_h. Bei stetigen Reglern ist auf Grund der Bauweise (z. B. durch Anschläge oder Sättigung) die Stellgröße auf einen bestimmten Bereich, den Stellbereich, begrenzt. Nur innerhalb des Stellbereiches kann die Stellgröße jeden Wert annehmen.

Aussteuerbereich X_h. Auch für die Regelgröße können durch die Bauweise des Reglers (z. B. infolge Aussteuerung einer Elektronenröhre, eines Steuerkolbens oder beim Überschreiten eines Nennwertes) Begrenzungen auftreten. Der durch diese Begrenzungen festgelegte Bereich der Regelgröße heißt Aussteuerbereich.

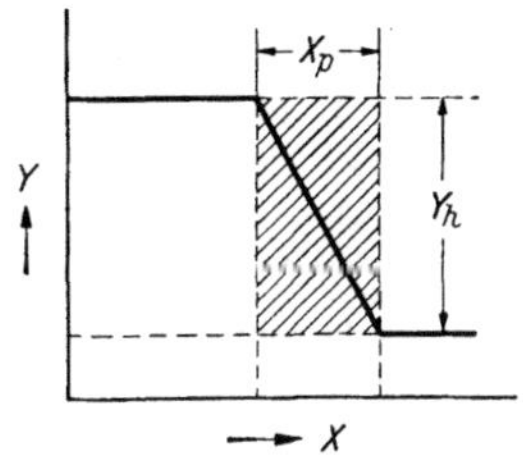

X Regelgröße
Y Stellgröße
X_p Proportionalbereich
Y_h Stellbereich

Bild 47. Reglerkennlinie eines stetigen Reglers

Der Zusammenhang zwischen der Stellgröße und der Regelgröße wird bei stetigen Reglern durch den *Verknüpfungsfaktor* beschrieben. Er ist nur innerhalb des durch den Stellbereich und Aussteuerbereich abgegrenzten Gebietes definiert.

Das Übertragungsverhalten zwischen der Regelgröße und der Stellgröße ist bei stetigen Reglern im Sinne des Abschnitts C3 nur dann festlegbar, wenn die Regelgröße innerhalb des Aussteuerbereiches und die Stellgröße innerhalb des Stellbereiches bleibt. Innerhalb dieser Bereiche stimmt das einem Regler eigentümliche Übertragungsverhalten mit dem für die Regelkreisglieder allgemein dargestellten Verhalten überein.

Die Stellgröße kann also proportionale, integrale oder differentiale Abhängigkeit von der Regelgröße haben. Sie kann aber auch Kombinationen dieser Abhängigkeiten aufweisen (s. Abschnitt C). Der Regler hat z. B. proportionales, integrales oder proportional-integrales Verhalten oder der Regler ist ein proportional, integral oder proportional-integral wirkender Regler (abgekürzt P-Regler, I-Regler, PI-Regler). Das tatsächliche Übertragungsverhalten ausgeführter Regler läßt sich durch das P-, I-, D-Verhalten idealisiert darstellen. Das so idealisierte Übertragungsverhalten der Regler wird im Prinzip durch die entsprechenden Gleichungen des Abschnitts C3 beschrieben, wobei als Eingangssignal die Regelabweichung und als Ausgangssignal die Stellgröße einzusetzen ist.

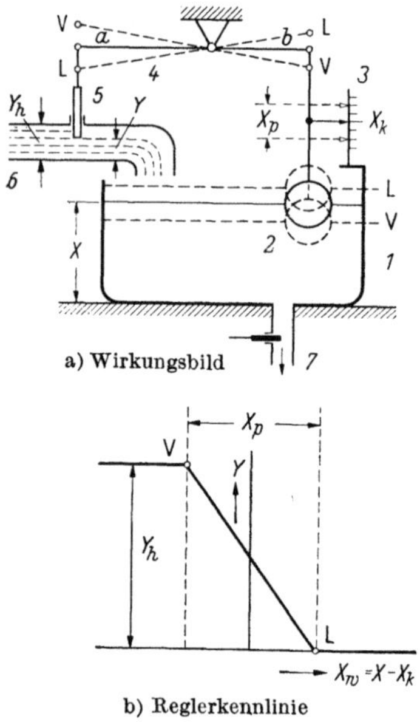

a) Wirkungsbild

b) Reglerkennlinie

1 Behälter
2 Schwimmer
3 Standanzeige
4 Gestänge
5 Zuflußschieber
6 Zuflußrohr
7 Abfluß
a, b Hebellängen
V Vollaststellung
L Leerlaufstellung
X Regelgröße
Y Stellgröße
X_p Proportionalbereich
Y_h Stellbereich
X_k Sollwert

Bild 48. Niveau-Regeleinrichtung

b) Hauptarten stetiger Regler

P-Regler. Bei einem P-Regler ist innerhalb des Stellbereiches und des Aussteuerbereiches jeder Änderung der Regelgröße X eine Änderung der Stellgröße Y proportional zugeordnet. Der Proportionalitätsfaktor K_p (s. Abschnitt C 3b) kann sich längs des Stellbereiches auch ändern, wenn der Zusammenhang zwischen Stellgröße und Regelabweichung nicht linear ist.

Im stationären Zustand ist der *Proportionalbereich* X_p (P-Bereich) der Bereich, um den sich die Regelgröße ändern muß, damit sich die Stellgröße über den Stellbereich Y_h ändert. Nach Gl. (23) ist

$$X_p = \frac{Y_h}{K_p} \qquad (81)$$

Beispiel. Zur Niveauregelung (*Bild* 48a) in einem Behälter (*1*) dient zur Messung der Regelgröße X (Flüssigkeitsstand) der Schwimmer (*2*) mit der Niveauanzeige (*3*). Durch ein Hebelgestänge (*4*) wird die Schwimmerlage auf den Zuflußschieber (*5*) übertragen, dessen Öffnung die Stellgröße Y ist. Es handelt sich um einen P-Regler, denn bei einer Abnahme des Abflusses (*7*) hebt sich der Schwimmer aus der Lage $X = X_k$ und schließt dabei im Grenzfall den Zufluß vollständig $Y = 0$ (Lage L). Es liegt dann eine Regelabweichung $X_w = X - X_k$ vor, der die Stellgrößenänderung (*Bild* 48b) auf Grund des Proportionalitätsfaktors $K_p = a/b$ verhältnisgleich ist (a, b Hebellänge). Nimmt der Abfluß (*7*) zu, so senkt sich der Schwimmer, bis er im Grenzfall den Zufluß ganz öffnet $Y = Y_h$ (Lage V). Zwischen dem Leerlauf (L) und der Vollast (V) ändert sich die Stellgröße um den Stellbereich Y_h, wobei sich die Regelgröße X um den Proportionalbereich X_p [s. Gl. (81)] ändern muß. Es treten also bleibende Abweichungen der Regelgröße vom Sollwert $X_w = X - X_k$ auf.

I-Regler. Bei einem I-Regler ist innerhalb des Stellbereiches und des Aussteuerbereiches jedem Wert der Regelabweichung eine bestimmte Änderungsgeschwindigkeit der Stellgröße zugeordnet. Der Wert der Stellgröße ist also dem Zeitintegral der Regelabweichung verhältnisgleich.

Die *Stellzeit* T_y ist die Zeit, die die Stellgröße benötigt, um den Stellbereich Y_h mit derjenigen Stellgeschwindigkeit $\dot{Y}_m$ zu durchlaufen, die sich an der oberen Grenze des Aussteuerbereiches ergibt. Es gilt also:

$$T_y = \frac{Y_h}{\dot{Y}_m} \tag{82}$$

Nach Gl. (33) ergibt sich, wenn man differenziert und für $X = X_h$ einsetzt:

$$\dot{Y}_m = K_i X_h \tag{83}$$

Führt man $\dot{Y}_m$ aus Gl. (83) in Gl. (82) ein, so wird

$$T_y = \frac{Y_h}{K_i X_h} \tag{84}$$

Die durch die Gl. (37) definierte Integrierzeit ist also mit der Stellzeit T_y identisch, wenn als Bezugsgrößen $X_0 = X_h$ und $Y_0 = Y_h$ gesetzt werden.

Beispiel. Zur Druckregelung (*Bild* 49a) in einem Behälter (*1*), dem aus einem Gaserzeuger (nicht gezeichnet) Gas zuströmt, wird die Regelgröße X (Druck) mit Hilfe eines Balgs (*2*), der durch die den Sollwert X_k darstellenden Feder (*3*) vorgespannt ist, gemessen. Der Steuerkolben (*4*), dem von der Pumpe (*5*) Drucköl zugeführt wird, bewegt sich mit der Regelabweichung X_w, die an der Skala (*6*) ablesbar ist. Stimmt die Regelgröße X mit dem Sollwert X_k überein ($X_w = X - X_k = 0$), so befindet sich der Steuerkolben (*4*) in seiner Mittenstellung (wie gezeichnet). Die Steuerschlitze, über die der Arbeitszylinder (*7*) verbunden ist, sind geschlossen, so daß die von ihm gelieferte Stellgröße Y und mithin der Schieber (*8*) die Stellgeschwindigkeit $\dot{Y} = 0$

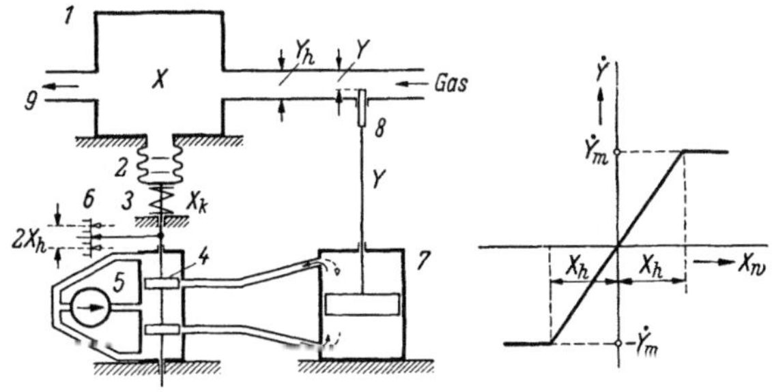

a) Wirkungsbild   b) Steuerkennlinie

1 Behälter
2 Balg
3 Meßfeder
4 Steuerkolben
5 Ölpumpe
6 Anzeige
7 Arbeitszylinder
8 Zuflußschieber
9 Entnahme

X Regelgröße
Y Stellgröße
Y_h Stellbereich
$\dot{Y}_m$ Maximale Stellgeschwindigkeit
X_w Regelabweichung
X_h Aussteuerbereich

Bild 49. Druck-Regeleinrichtung

haben. Sinkt die Entnahme (*9*) aus dem Behälter (*1*), so steigt der Druck X über den Sollwert X_k an und der Steuerkolben (*4*) wird nach unten ausgelenkt. Infolgedessen strömt Öl über den freigegebenen Steuerschlitz in den Arbeitszylinder (*7*) von unten ein, so daß der Zuflußschieber (*8*) schließt. Die Stellgeschwindigkeit $\dot{Y}$ hält so lange an, bis die Regelabweichung X_w auf Null abgeklungen ist und der Steuerkolben wieder seine Mittenlage erreicht.

Der Aussteuerbereich X_h ist durch die Breite der Steuerschlitze gegeben. Bis zu ihrer vollen Öffnung steigt die Stellgeschwindigkeit (*Bild* 49b) nach beiden Seiten bis auf ihren Höchstwert $\dot{Y}_m$ an. Mit seiner Höchstgeschwindigkeit $\dot{Y}_m$ benötigt der Stellschieber (*8*) die Stellzeit T_y, um den Stellbereich Y_h zurückzulegen.

PI-Regler. Bei einem PI-Regler ist innerhalb des Stellbereiches und des Aussteuerbereiches der Wert der Stellgröße der Regelabweichung und ihrem Zeitintegral verhältnisgleich. Das Übertragungsverhalten eines PI-Reglers ist identisch mit dem eines PI-Gliedes (s. Abschnitt C 3c).

Die *Nachstellzeit* T_n eines PI-Reglers ist die Zeit, welche die Stellgröße bei sprungförmiger Änderung der Regelabweichung benötigt, damit sie sich auf Grund der Integralwirkung um denselben Betrag ändern kann, um den sie sich infolge der Proportionalwirkung bereits geändert hat.

An der Reglerkennlinie eines PI-Reglers kann ein P-Bereich nur dann festgestellt werden, wenn sich die Nachstellzeit auf sehr große Werte einstellen läßt und innerhalb einer Zeit, die gegenüber der Nachstellzeit kurz ist, die Reglerkennlinie aufgenommen wird.

PD-Regler. Bei einem PD-Regler ist innerhalb des Stellbereiches und des Aussteuerbereiches der Wert der Stellgröße der Regelabweichung und ihrem zeitlichen Differentialquotienten verhältnisgleich (s. Abschnitt C 3c).

Die *Vorhaltzeit* T_v eines PD-Reglers ist die Zeit, welche die Stellgröße von Beginn einer mit konstanter Geschwindigkeit verlaufenden Änderung der Regelabweichung benötigt, damit sie sich auf Grund der Proportionalwirkung um den Betrag ändern kann, um den sie sich auf Grund einer Differentialwirkung sofort geändert hat.

Die Reglerkennlinie eines PD-Reglers stimmt mit der eines P-Reglers überein.

PID-Regler. Häufig werden PI- und PD-Regler kombiniert, um deren gute Eigenschaften miteinander zu verbinden. Dabei treten jedoch keine neuen Kennwerte auf.

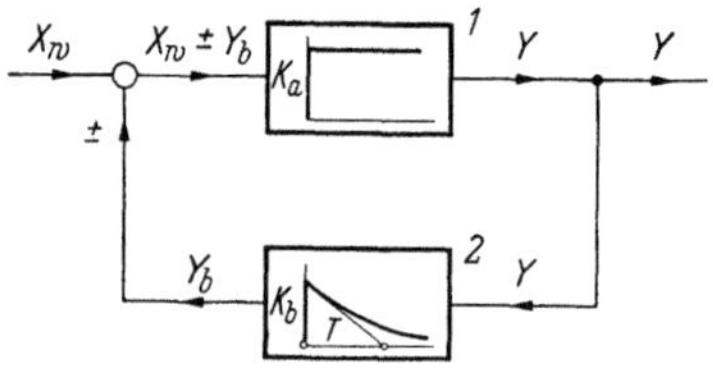

1 Proportional-Verstärker
2 Rückkopplungsglied (Nachgebeglied)
X_w Regelabweichung
Y Stellgröße
Y_b Ausgangsgröße des Rückführgliedes
K_a, K_b } Verknüpfungsfaktoren
T Zeitkonstante

Bild 50. Regler mit Rückführung (Blockschaltplan)

c) Regler mit Rückführung

Zahlreiche Regler sind in Rückkopplungsschaltung (s. *Bild* 50) aufgebaut, wobei sich das Übertragungsverhalten in besonders einfacher Weise verändern läßt. Zur Bildung der Stellgröße Y dient ein Verstärker (*1*) mit proportionalem Verhalten. Im Rückkopplungszweig wird über das Nachgebeglied (*2*) aus der Stellgröße Y das Signal Y_b gebildet und am Eingang des Verstärkers der

Regelabweichung X_w überlagert; eine solche Maßnahme heißt Rückführung. Für das Verstärkerglied gilt:

$$Y = K_a(X_w \pm Y_b) \tag{85}$$

(K_a Verknüpfungsfaktor, das Plus-Zeichen bedeutet Mitkopplung, das Minus-Zeichen Gegenkopplung.) Für das Nachgebeglied gilt:

$$T\dot{Y}_b + Y_b = K_b T\dot{Y} \tag{86}$$

(T Zeitkonstante, K_b Verknüpfungsfaktor.) Die sich aus den Gln. (85) und (86) ergebenden Übergangsfunktionen sind in *Bild* 50 in die Blocksymbole eingezeichnet. Die zugehörigen Frequenzgänge lauten beim Verstärkerglied:

$$F_a = K_a \tag{87}$$

Beim Nachgebeglied erhält man:

$$F_b = K_b \frac{Tp}{1 + Tp} \tag{88}$$

Der Frequenzgang der gesamten Rückkopplungsschaltung (s. Abschnitt C 2d) zwischen Regelabweichung X_w und Stellgröße Y ist:

$$F = \frac{F_a}{1 \mp F_a F_b} \tag{89}$$

Die Frequenzganggleichung

$$Y = F X_w \tag{90}$$

beschreibt das Übertragungsverhalten des Reglers, das noch näher untersucht werden soll.

Entscheidet man sich zunächst für die Gegenkopplung und setzt aus Gl. (87) sowie (88) in Gl. (89) ein, so wird mit der Abkürzung:

$$b = 1 + K_a K_b \tag{91}$$

$$F = K_a \frac{1 + Tp}{1 + bTp} \tag{92}$$

Im Fall der Mitkopplung ist $b = 1 - K_a K_b$.

Durch Hinzufügen und Abziehen von bTp im Zähler läßt sich der Frequenzgang (*92*) in die beiden Teilfrequenzgänge aufspalten:

$$F = K_a - \frac{K_a(b-1)}{b} \cdot \frac{bTp}{1 + bTp} \tag{93}$$

Dem ersten Bestandteil entspricht ein Sprungübergang mit dem Verknüpfungsfaktor K_a, dem zweiten Bestandteil ein Verhalten wie beim Nachgebeglied Gl. (88), jedoch mit der Zeitkonstante bT und dem Verknüpfungsfaktor $K_a(b-1)/b$.

Aus der Superposition der beiden Übergangsfunktionen (*Bild* 51) gewinnt man das Übertragungsverhalten des Reglers. Um seinen Typus festzustellen, wird aus dem Frequenzgang Gl. (92) die Differentialgleichung gebildet:

$$bT\dot{Y} + Y = K_a(T\dot{X}_w + X_w) \tag{94}$$

Grundsätzlich liegt also, wie aus den Gln. (59) und (65) hervorgeht, ein PDR-Regler vor mit dem Proportionalitätsfaktor $K_p = K_a$ und der Vorhaltzeit $T_v = T$ sowie der Verzögerungszeit bT. Der Charakter des Reglers erfährt aber entscheidende Veränderungen, wenn man den Wert von b ändert.

Für $b = 1$ entartet der Regler zum reinen P-Regler.

Für $b > 1$ gilt der in *Bild* 51 gezeichnete Verlauf.

Für $b \gg 1$ also auch $K_a K_b \gg 1$ kann man in Gl. (94) das Y wenigstens zu Beginn des Übergangs vernachlässigen. Gl. (94) formt sich dann nach Integration wie folgt um:

$$Y = \frac{K_a}{1 + K_a K_b}\left(X + \frac{1}{T}\int X\,\mathrm{d}t\right) \tag{95}$$

Es deutet sich also, wie auch *Bild* 51 zeigt, das Verhalten eines PI-Reglers an, das so lange gilt, wie sich die Übergangsfunktion der Anfangstangente anschmiegt.

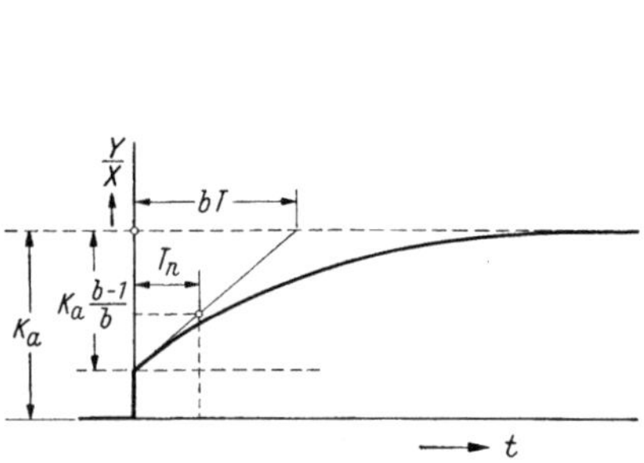

X Eingangssignal (Regelabweichung)
Y Ausgangssignal (Stellgröße)
T Zeitkonstante
T_n Nachstellzeit
K_a Verknüpfungsfaktor

Bild 51. Übergangsfunktion zur Schaltung Bild 50 mit $b > 1$

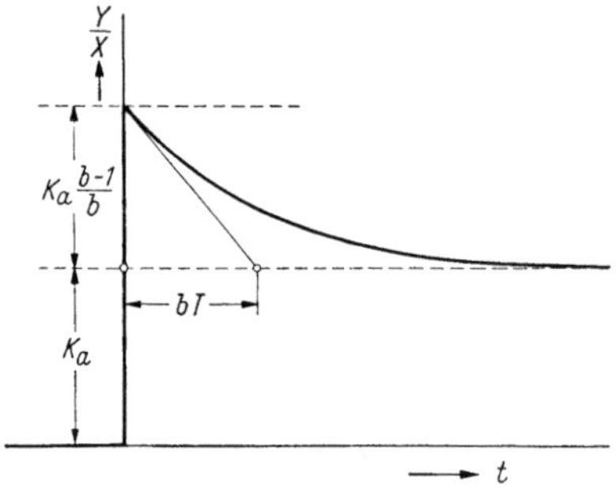

X Eingangssignal (Regelabweichung)
Y Ausgangssignal (Stellgröße)
T Zeitkonstante
K_a Verknüpfungsfaktor

Bild 52. Übergangsfunktion zur Schaltung Bild 50 mit $0 < b < 1$

Nach Gl. (52) und (95) ist mit $K_a K_b \gg 1$ der Proportionalitätsfaktor $K_p = 1/K_b$ und die Nachstellzeit $T_n = T$.

Für $0 < b < 1$ kehrt das Vorzeichen in Gl. (93) um, d.h., der Nachgebevorgang addiert sich zum Sprungübergang (*Bild* 52). Dieses Verhalten würde dem PDR-Regler entsprechen.

Für $b < 0$ folgt aus Gl. (93) ein Verlauf, der jedoch bei Reglern nicht vorkommt, aber als Übergangsfunktion z.B. bei Wasserturbinen bekannt ist (s. Kapitel 20).

4. Reglerkennlinie

Der Zusammenhang der Stellgröße Y und der Regelgröße X bei einem stetigen Regler wird im stationären Zustand entweder durch eine geneigte oder durch eine nicht geneigte *Reglerkennlinie* (*Bild* 53a) dargestellt. Bei der geneigten Kennlinie (*1*) ist innerhalb des Stellbereiches Y_h jedem Wert der Stellgröße Y eine durch den Proportionalbereich X_p bedingte Proportionalabweichung X_{pa} (P-*Abweichung*) zugeordnet.

Bei der nicht geneigten Kennlinie (*2*) kann die Stellgröße bei einem bestimmten Wert der Regelgröße jeden beliebigen Wert innerhalb des Stellbereiches annehmen, ohne daß eine P-Abweichung auftritt.

Die Neigung $\mathrm{d}X/\mathrm{d}Y$ wird vielfach *Statik der Reglerkennlinie* genannt (s. *Bild* 53a) und kann bei linearem Verlauf der Reglerkennlinie durch den Quotienten X_p/Y_h ausgedrückt werden. Die Statik ist der Kehrwert des Proportionalitätsfaktors K_p.

Bei ausgeführten Reglern kann der Zusammenhang zwischen Stellgröße und Regelgröße (s. *Bild* 53b) einen *Unempfindlichkeitsbereich* X_u aufweisen, innerhalb

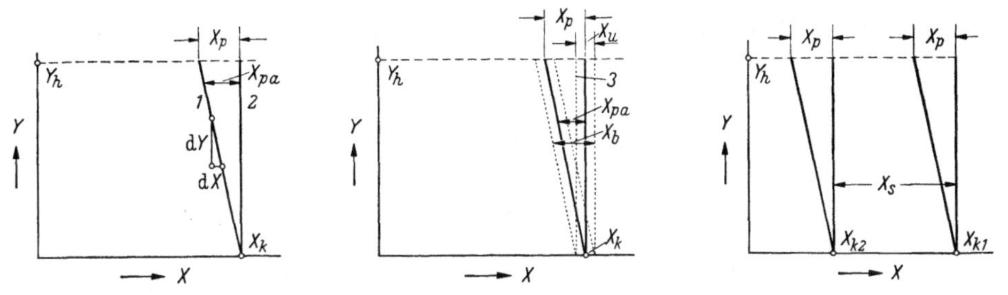

a) Kennzeichnung der Statik $\mathrm{d}X/\mathrm{d}Y$

b) Kennzeichnung des Unempfindlichkeitsbereiches X_u

c) Kennzeichnung des Sollwert-Einstellbereiches X_s

X	Regelgröße	X_k	Sollwert
Y	Stellgröße	X_b	Bleibende Regelabweichung
Y_h	Stellbereich	*1*	Geneigte Kennlinie
X_p	P-Bereich	*2*	Nicht geneigte Kennlinie
X_{pa}	P-Abweichung	*3*	Ansprechgrenzen

Bild 53. Reglerkennlinien

dessen Grenzen (den *Ansprechgrenzen*) der Regler auf Änderungen der Regelgröße nicht anspricht. Bei einem solchen Regler setzt sich die bleibende Regelabweichung aus der P-Abweichung X_{pa} und dem Unempfindlichkeitsbereich X_u zusammen.

Der Bereich, innerhalb dessen die Reglerkennlinie durch den Sollwerteinsteller verschoben werden kann, heißt *Sollwert-Einstellbereich* X_s (s. *Bild* 53c).

F. Synthese des Regelkreises

1. Auswahl des Reglertyps

a) Frequenzgang des aufgeschnittenen Regelkreises

Regelstrecke und Regler schließen sich zum Regelkreis, in dem die Stellgröße als Ausgangssignal des Reglers zugleich Eingangssignal der Regelstrecke und die Regelgröße als Ausgangssignal der Regelstrecke zugleich Eingangssignal des Reglers wird (*Bild* 54). Bleibt zunächst die Vergleichsgröße W am Vergleicher zeitlich konstant, so beeinflußt sich die Regelgröße X über die Reihenschaltung aus Regler und Regelstrecke allein selbst. Dies kann, aber muß nicht, zu einem stabilen Beharrungszustand führen.

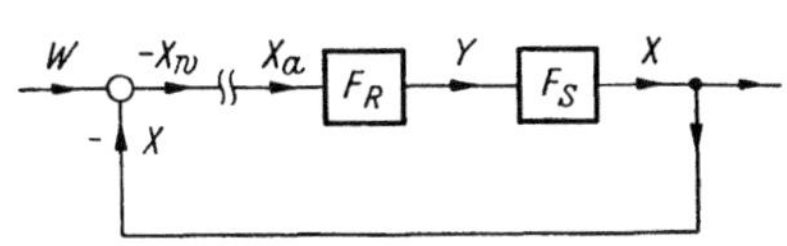

Bild 54. Aufgeschnittener Regelkreis

Die Synthese des Regelkreises hat zum Ziel, den Reglertyp so auszuwählen, daß ein stabiler Zustand erreicht wird. Ist das nicht der Fall, so können im Grenzfall der Instabilität Dauerschwingungen auftreten. Die Voraussetzungen hierzu sind gegeben, wenn nach Aufschneiden des Regelkreises (*Bild* 54) eine künstlich erzeugte Schwingung der Eingangsgröße X_a an der Reihenschaltung von Regler und Regelstrecke zu einer Schwingung der Ausgangsgröße $-X_w$ gleicher Phase und Amplitude bei irgendeiner Frequenz führt. Nach Schließen der Schnittstelle könnte sich dann diese Schwingung ohne weiteres Zutun auf die Dauer selbst aufrechterhalten.

Die Möglichkeit des Auftretens solcher Dauerschwingungen muß im aufgeschnittenen Zustand bei allen Frequenzen betrachtet werden. Die *Frequenzganggleichung* des *aufgeschnittenen Regelkreises* lautet:

$$F_0 = \frac{-X_w}{X_a} = F_R F_S \tag{96}$$

(X_a, X_w Zeiger der Ein- bzw. Ausgangsgröße; F_R, F_S Frequenzgang des Reglers bzw. der Regelstrecke.)

Der kritische Zustand $-X_w = X_a$ liegt vor, wenn das Produkt der Frequenzgänge von Regler und Regelstrecke, der Frequenzgang des aufgeschnittenen Regelkreises F_0 gleich 1 wird:

$$F_0 = F_R F_S = 1 \tag{97}$$

Der Betrag von F_0 für $\omega \to 0$ ist eine dimensionslose Zahl und ist als Verstärkung V des aufgeschnittenen Regelkreises oder kurz als *Kreisverstärkung* für den Regelfaktor $R = 1 + V$ maßgebend (s. Abschnitt A 5c).

b) Ortskurvenkriterium

Die synthetische Betrachtungsweise zielt darauf ab, von vorneherein Instabilitäten gar nicht auftreten zu lassen, d.h. den Regler zur gegebenen Regelstrecke bereits so auszuwählen, daß bei allen Frequenzen der kritische Zustand nach (Gl. 97) vermieden wird. Dies läßt sich anschaulich darstellen, indem man die Ortskurve des aufgeschnittenen Regelkreises zeichnet und deren Verlauf in bezug auf den kritischen Punkt +1 betrachtet. Man kann die Ortskurve des aufgeschnittenen Regelkreises berechnen, wenn das Übertragungsverhalten von Regler und Regelstrecke im einzelnen bekannt ist, oder auf rein graphische Weise erhalten, wenn die Frequenzgänge von Regelstrecke und Regler z.B. aus Messungen vorliegen.

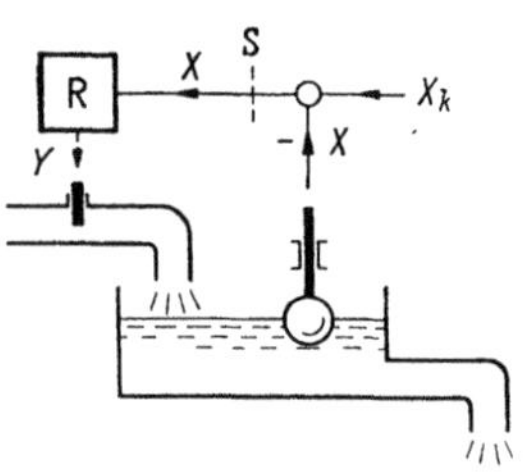

X Regelgröße
Y Stellgröße
X_k Vergleichsgröße
S Schnittstelle

Bild 55. Niveauregelung

Um das Verfahren im Vergleich mit der Rechnung zu erläutern, wird eine Niveau-Regelstrecke (*Bild* 55) in Verbindung mit einer Reihe idealisierter Regler betrachtet (Tabelle 5). Vernachlässigt man den Einfluß der Standhöhe auf die Ausflußgeschwindigkeit, so hat die Strecke reines I-Verhalten und es gilt nach Gl. (80):

$$X = \frac{1}{A Y_h} \int Y \, \mathrm{d}t \tag{98}$$

(X Standhöhe, A Anlaufwert, Y_h Stellbereich, Y Zuflußöffnung.) Der Frequenzgang der Regelstrecke lautet:

$$F_S = \frac{X}{Y}.$$

Mit Gl. (98) wird:

$$F_S = \frac{1}{A Y_h p} \tag{99}$$

Nun wird in Verbindung mit den in Betracht gezogenen Reglern aus der Streckengleichung (98) und der Reglergleichung (s. Tabelle 5) durch Eliminieren von Y die Differentialgleichung des geschlossenen Regelkreises gebildet. Durch Multi-

Tabelle 5. *Ortskurvenkriterium für das Beispiel einer Niveauregelung*

Regler-typ		Reglergleichungen	Regelkreis-gleichungen	Ortskurve (des aufgeschnittenen Regelkreises)
I	Differential-gleichung	$Y = -\frac{Y_h}{X_h T_y}\int X\,\mathrm{d}t$ (X_h Laufbereich, T_y Stellzeit)	$\ddot{X} + \frac{X}{A X_h T_y} = 0$	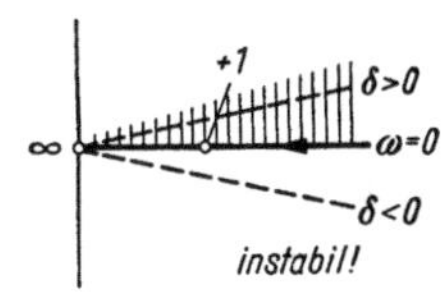
	Frequenz-gang-gleichung	$F_R = -\frac{Y_h}{X_h T_y p}$	$F_0 = \frac{1}{A X_h T_y \omega^2}$	
P	Differential-gleichung	$Y = -\frac{Y_h}{X_P} X$ (X_P Proportionalbereich)	$\dot{X} + \frac{X}{A X_P} = 0$	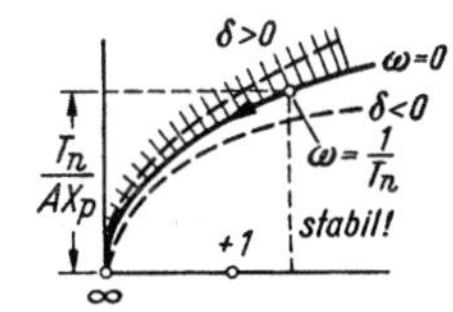
	Frequenz-gang-gleichung	$F_R = -\frac{Y_h}{X_P}$	$F_0 = \frac{\mathrm{j}}{A X_P \omega}$	
PI	Differential-gleichung	$Y = -\frac{Y_h}{X_P}\left(X + \frac{1}{T_n}\int X\,\mathrm{d}t\right)$	$\ddot{X} + \frac{\dot{X}}{A X_P} + \frac{X}{A X_P T_n} = 0$	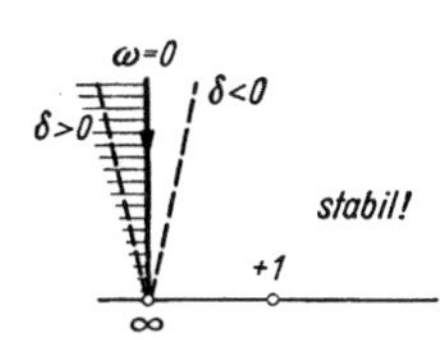
	Frequenz-gang-gleichung	$F_R = -\frac{Y_h}{X_P}\cdot\frac{1 + T_n p}{T_n p}$ (T_n Nachstellzeit)	$F_0 = \frac{\frac{1}{T_n \omega} + \mathrm{j}}{A X_P \omega}$	
IR	Differential-gleichung	$Y + T\dot{Y} = -\frac{Y_h}{X_h T_y}\int X\,\mathrm{d}t$ (T Verzögerungszeit)	$\dddot{X} + \frac{\ddot{X}}{T} + \frac{X}{A X_h T_y T} = 0$	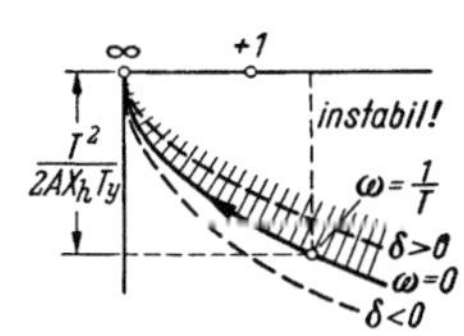
	Frequenz-gang-gleichung	$F_R = \frac{-\frac{Y_h}{X_h T_y}}{p(1 + T p)}$	$F_0 = \frac{1 - \mathrm{j}\omega T}{A X_h T_y \omega^2 (1 + \omega^2 T^2)}$	

plikation des Streckenfrequenzgangs Gl. (99) mit dem Reglerfrequenzgang findet man außerdem für $p = \mathrm{j}\omega$ den Frequenzgang des aufgeschnittenen Regelkreises, der als Ortskurve (ausgezogene Linie) gezeichnet wird. Da der als konstant angenommene Sollwert X_k hierzu keinen Beitrag liefert, ist $X_w = X$ gesetzt.

Am Beispiel des I-Reglers ist zu erkennen, daß der Differentialgleichung das Dämpfungsglied fehlt; es ist also mit Dauerschwingungen zu rechnen. Das gleiche Ergebnis zeigt auch die Ortskurve, da ihr der kritische Punkt $+1$ angehört.

Für die weitere Betrachtung ist es wichtig, auch Ortskurven des aufgeschnittenen Regelkreises zu zeichnen, wenn $p = \pm\delta + \mathrm{j}\omega$ gesetzt wird. Hierin bringt

$+\delta$ aufklingende, $-\delta$ abklingende Schwingungen zum Ausdruck. Im Falle des I-Reglers wird dann:

$$F_R F_S = -\frac{1}{A X_h T_y p^2} \tag{100}$$

wobei zu setzen ist:

$$\frac{1}{p^2} = \frac{1}{\omega^2\left(\frac{\delta^2}{\omega^2} \pm \mathrm{j}\,2\frac{\delta}{\omega} - 1\right)}$$

Für $\left|\frac{\delta}{\omega}\right| \ll 1$ wird:

$$\frac{1}{p^2} = -\frac{1 \pm \mathrm{j}\,2\frac{\delta}{\omega}}{\omega^2}$$

Man hat sich also die Ortskurve (s. Tabelle 5):

$$F_0 = \frac{1}{A X_h T_y \omega^2}$$

für kleines δ/ω, d.h. langsam auf- oder abklingender Schwingungen, durch weitere Ortskurven

$$F_{0\delta} = F_0\left(1 \pm \mathrm{j}\,2\frac{\delta}{\omega}\right) \tag{101}$$

begleitet zu denken (in Tabelle 5 gestrichelt gezeichnet). Die im Sinne zunehmender Frequenz rechts liegende Seite der Ortskurve F_0 in Gl. (100) für Dauerschwingungen ist durch aufklingende Schwingungen $\delta > 0$, die links liegende Seite durch abklingende Schwingungen $\delta < 0$ gekennzeichnet.

Liegt der kritische Punkt $+1$ links der Ortskurve, wie bei der Kombination der Standregelstrecke (s. Tabelle 5) mit einem P- oder einem PI-Regler, so ist mit einem stabilen Regelvorgang zu rechnen. Hingegen schaukelt sich der Regelkreis auf, wenn der kritische Punkt rechts liegt, wie das bei der Kombination der Standregelstrecke mit einem IR-Regler der Fall ist. Der I-Regler ergibt Dauerschwingungen an der Grenze zwischen Auf- und Abklingen.

Die Methode des Ortskurvenkriteriums ist allgemein geeignet, bei gegebenem Frequenzgang der Regelstrecke, der auch aus Versuchen vorliegen kann, den Regler so auszuwählen, daß wenigstens stabile Regelvorgänge sichergestellt sind. Man kann so schon bei der ersten Abschätzung Regler mit ungeeignetem dynamischen Grundverhalten ausscheiden.

c) Methode mit Differentialgleichung

Läßt sich die Regelaufgabe in Form einer Differentialgleichung anschreiben, wie das bei der Niveauregelung (vgl. Tabelle 5) auch ausgeführt ist, so sind ebenfalls Aussagen möglich, ob der Regelkreis mit dem gewählten Regler stabil arbeitet oder nicht. Hierüber geben die Koeffizienten der Differentialgleichung Aufschluß:

$$a_n \overset{(n)}{x} + a_{n-1} \overset{(n-1)}{x} + \cdots + a_2 \ddot{x} + a_1 \dot{x} + a_0 x = 0 \tag{102}$$

Der Regelvorgang ist stabil, wenn die folgenden Bedingungen erfüllt sind:

Alle Koeffizienten müssen vorhanden sein.
Kein Koeffizient darf negativ sein.
Zwischen den Koeffizienten müssen Beziehungen bestehen [13]
z.B. Diff.-Gl. 3. Ordnung $a_1 a_2 - a_0 a_3 > 0$
Diff.-Gl. 4. Ordnung $a_1(a_2 a_3 - a_1 a_4) - a_3^2 a_0 > 0$

d) Zuordnung von Regler und Regelstrecke

In der Praxis der Regelungstechnik in den verschiedenen Anwendungsgebieten haben sich für typische Arten von Regelstrecken (Tabelle 6) nur bestimmte Reglertypen als brauchbar erwiesen, während andere völlig ungeeignet sind. Für die

Tabelle 6. *Zuordnung von Strecke und Regler*

Übergangsfunktion der Strecke	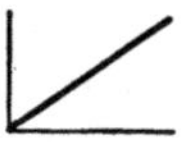		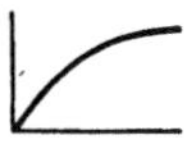		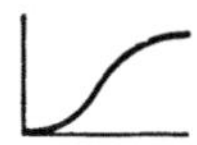	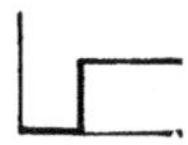
Regelgröße	Niveau	Durchfluß	Druck Spannung Drehzahl	Kurs Lage	Temperatur	Zuteilung (Förderband)
Reglertyp	P PI	I PI	P, I PI	P PD, PID	P PI; PID	I

richtige Reglerauswahl gibt die Tabelle 6 Hinweise. Bei Strecken mit Verzögerungen höherer Ordnung und bei Reglern mit Eigenverzögerung empfiehlt es sich jedoch, bei der Planung nach der beschriebenen Methode oder einer anderen, z. B. in Kapitel 58 beschriebenen, vorzugehen, um von vornherein eine falsche Reglerauswahl auszuschließen. Die Anwendbarkeit von I-Reglern ist an das Vorhandensein eines Ausgleichs bei der Regelstrecke gebunden. Hingegen sind P-Regler auf Ausgleich nicht angewiesen.

2. Anpassen der Reglerparameter

a) Experimentelle Einstellung

Ist der Reglertyp nach Abschnitt F 1 richtig ausgewählt, so läßt sich im Regelkreis durch Einstellen der Reglerparameter in allen Fällen stabiler Betrieb erzielen, vorausgesetzt, daß die Einstellbereiche genügend breit vorgesehen sind.

Der ziemlich universell anwendbare PI-Regler, dessen idealisierte Reglergleichung [(s. Gl. (52)]

$$Y = \frac{Y_h}{X_p}\left(X_w + \frac{1}{T_n}\int X_w \, \mathrm{d}t\right) \tag{103}$$

lautet, hat als Einstellparameter den Proportionalbereich X_p und die Nachstellzeit T_n. Der Regler ist in seinem Meßbereich mindestens für den Bereich der Regelgröße auszulegen, den die Stellgröße unter Berücksichtigung der Belastung an der Regelstrecke aussteuern kann. Es werden praktisch alle Anwendungen erfaßt, wenn (auf den Meßbereich bezogen) der Proportionalbereich X_p zwischen 0 und 300% einstellbar ist und die Nachstellzeit T_n zwischen 0 und 30 min verändert werden kann.

Beim experimentellen Abstimmen [*14*] des Reglers an der Regelstrecke stellt man zunächst den Proportionalbereich X_p auf den größten Wert und macht die Nachstellzeit $T_n = \infty$; der Regler hat dann nur P-Verhalten. Dann wird der Proportionalbereich so lange verkleinert, bis gerade eben Schwingungen einsetzen; anschließend stellt man ihn auf den doppelten Wert. Zuletzt bringt man die Nachstellzeit T_n etwa auf den Wert der Periodendauer der anfänglich beobachteten Schwingungen.

Der bei PID-Reglern mit der idealisierten Funktionsgleichung

$$Y = \frac{Y_h}{X_p}\left(X_w + \frac{1}{T_n}\int X_w \,\mathrm{d}t + T_v \dot{X}_w\right) \tag{104}$$

verfügbare dritte Parameter, die Vorhaltzeit T_v, läßt sich auch experimentell einstellen und führt, falls der D-Anteil im vorliegenden Problem überhaupt vorteilhaft ist, auf eine Verkleinerung des Proportionalbereiches und eine Verkürzung der Nachstellzeit. Dies wirkt sich in kleineren vorübergehenden Regelabweichungen und kürzerer Regelzeit aus. Die Vorhaltzeit soll etwa bis zum halben Betrag der Nachstellzeit justierbar sein. Dabei ist zu beachten, daß bei fast allen PID-Reglern die Einstellwerte der Reglerparameter infolge gegenseitiger Beeinflussung den tatsächlichen wirksamen Reglerparametern nicht eindeutig zugeordnet sind. Es empfiehlt sich, durch Rechnung oder Versuch wenigstens näherungsweise über das Ausmaß der gegenseitigen Beeinflussung Unterlagen zu verschaffen. Liegen Einstellwerte für den späteren Betrieb des Reglers fest, so ist die gegenseitige Beeinflussung nicht mehr von Belang.

Die empirische Methode der Reglerjustierung bietet nicht nur die Möglichkeit, den Regelvorgängen stabilen Charakter zu verleihen, sondern sich auch der Art ihrer hauptsächlichen Anregung anzupassen. Hierbei ist zu unterscheiden zwischen Vergleichsgrößen- und Störgrößenänderungen sowie den Abweichungen der Regelgröße, die erfaßt und die nicht erfaßt (sog. „Rauschen") werden sollen. Man hat bei der Reglereinstellung aber auch noch die Möglichkeit, z.B. die Überschwingweite, die lineare oder die quadratische Regelfläche, je nach dem vorliegenden praktischen Fall, als besonderes Merkmal mit heranzuziehen (eingehendere theoretische Betrachtungen hierzu in Kapitel 58).

b) Abschätzen der Reglerparameter

Universalregler, deren Parameter derart weite Bereiche bestreichen, daß alle Anwendungsfälle erfaßt werden können, lassen sich nur schlecht bauen. Es ist also erwünscht, wenigstens überschläglich, die Reglerparameter aus der zu behandelnden Aufgabe vorher abzuschätzen und einen Überblick der zu erwartenden Reglerergebnisse zu gewinnen. Lassen sich der Typ der Regelstrecke und der zu ihr gewählte Regler durch je eine Differentialgleichung charakterisieren, so kann man auch eine Differentialgleichung des Regelkreises nach Gl. (102) anschreiben. Ihre Koeffizienten werden je nach Struktur des Regelkreises aus Parametern der Regelstrecke und des Reglers gebildet.

Macht man nun Vorschriften für den späteren Verlauf der Regelvorgänge, z.B. über deren Dämpfung [*15, 16*] oder den Frequenzgang des geschlossenen Regelkreises [*17, 18*], so sind die Lösungen der Differentialgleichung (102) und die sie beschreibenden Wurzeln $r_1 \ldots r_n$ der charakteristischen Gleichung

$$a_n r^n + a_{n-1} r^{n-1} + \cdots + a_2 r^2 + a_1 r + a_0 = 0 \tag{105}$$

von vornherein festgelegt. Nach Vieta läßt sich mit den festgelegten Wurzeln die Gl. (105) auch schreiben:

$$(r - r_n)(r - r_{n-1}) \ldots (r - r_2)(r - r_1) = 0 \tag{106}$$

Durch Ausmultiplizieren findet man Ausdrücke für die Koeffizienten $a_n \dots a_0$, die aus den Wurzeln $r_n \dots r_1$ dargestellt und ebenfalls wertmäßig festgelegt sind.

Das vorgelegte Problem folgt den Vorschriften über den Regelungsablauf, wenn es gelingt, durch die noch frei wählbaren Reglerparameter die Koeffizienten $a_n \dots a_0$ des vorgelegten Problems mit den aus der Wurzelvorschrift berechneten Koeffizienten in Übereinstimmung zu bringen.

Zur Erläuterung des Verfahrens soll für die Kursregelung eines Fahrzeuges mit einem P-Regler der Proportionalbereich abgeschätzt werden, der notwendig ist, um dem Regelvorgang die sog. Oszillographendämpfung zu verleihen. Der einzustellende P-Bereich bedingt u.a. die bei Auftreten von Störmomenten zu erwartende Kursversetzung, was der Anlaß zum Einsatz eines höherwertigen Reglers sein kann.

Für die Übergangsfunktion des Kurses (Regelgröße X) nach sprungförmiger Änderung der Ruderlage (Stellgröße Y) sei als grobe Näherung der im *Bild* 56 dargestellte Verlauf angenommen. Er stellt die Lösung der das Verhalten der Regelstrecke unter Ausschluß von Störmomenten grob wiedergebenden Differentialgleichung dar (s. Abschnitt D 3b):

$$\dot{X} + \ddot{X} T_t = \frac{Y}{A Y_h} \tag{107}$$

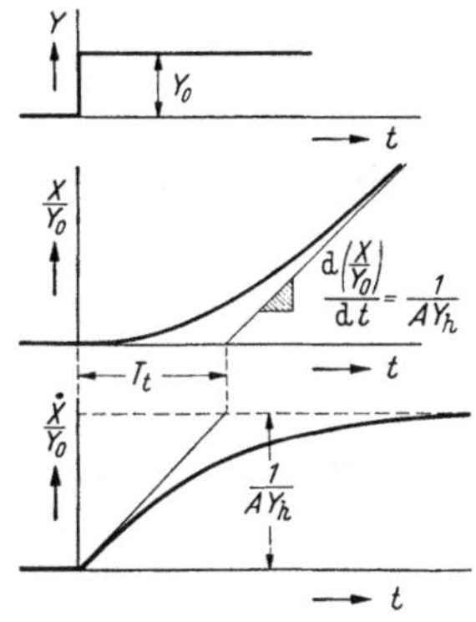

X Regelgröße (Kurs)
Y Stellgröße (Ruderlage)
Y_0 Stellgrößensprung
T_t Ersatztotzeit
A Anlaufwert
Y_h Stellbereich

Bild 56. Übergangsfunktion der Kurs-Regelstrecke eines Schiffes (Näherung)

(T_t Ersatztotzeit, A Anlaufwert, Y_h Stellbereich).

In Zusammenschaltung mit einem P-Regler (*Bild* 57) wird die Stellgröße [s. Gln. (23) und (81)]:

$$Y = \frac{Y_h}{X_p} (W - X) \tag{108}$$

(W Führungsgröße, X_p Proportionalbereich.)

Aus Gl. (107) und (108) findet man durch Elimination von Y für den „freien" Regelvorgang ($W = 0$):

$$\ddot{X} + \frac{1}{T_t} \dot{X} + \frac{1}{A X_p T_t} X = 0 \tag{109}$$

Der Vergleich mit Gl. (102) zeigt, daß die Koeffizienten $a_0 = 1/A X_P T_t$ und $a_1 = 1/T_t$ aus Parametern des Reglers und der Regelstrecke zusammengesetzt sind, wobei der Anlaufwert A und die Ersatztotzeit T_t von der Regelstrecke her festliegen, während der Proportionalbereich X_p noch frei wählbar ist.

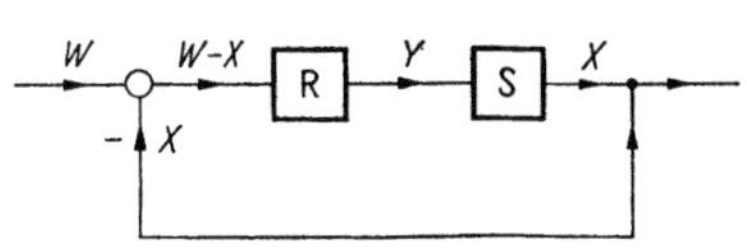

R Regler S Regelstrecke

Bild 57. Regelkreis mit Führungsgröße

Der Differentialgleichung (109) soll nun die Bedingung auferlegt werden, daß ihre Lösungen nur Schwingungsvorgänge mit dem Zustand der Oszillographendämpfung sind. Dies bedeutet, daß nur Wurzeln der Form

$$r_{1,2} = -\delta \pm \mathrm{j}\,\omega$$

(δ Dämpfungsexponent, ω Kreisfrequenz) vorkommen und $\omega = \delta$ ist, also

$$r_1 = -\delta + \mathrm{j}\,\delta \qquad r_2 = -\delta - \mathrm{j}\,\delta \tag{110}$$

Sie müssen der charakteristischen Gleichung [s. Gl. (105)] genügen:

$$r^2 + \frac{1}{T_t}\,r + \frac{1}{A X_p T_t} = 0 \tag{111}$$

Dies ist der Fall, wenn die aus der Wurzelvorschrift gebildete charakteristische Gleichung [s. Gl. (106)]

$$(r - r_1)(r - r_2) = 0$$

nach Einsetzen von r_1 und r_2 aus Gl. (110)

$$r^2 + 2\delta\,r + 2\delta^2 = 0 \tag{112}$$

in ihren Koeffizienten identisch mit Gl. (111) ist, also:

$$\frac{1}{T_t} = 2\delta \qquad \frac{1}{A X_p T_t} = 2\delta^2$$

Hieraus folgt:

$$\frac{1}{A X_p T_t} = \frac{1}{2\,T_t^2}$$

oder

$$X_p = 2\,\frac{T_t}{A} \tag{113}$$

Damit ist der Proportionalbereich festgelegt, man muß ihn nach der Vorschrift Gl. (113) einstellen, wenn der verlangte Dämpfungszustand bestehen soll. Der in Tabelle 3 zur Klassifizierung der Regelstrecken herangezogene Quotient T_t/A gibt in grober Näherung das Ausmaß des P-Bereiches und läßt bereits Aussagen zu, ob überhaupt ein P-Regler für das Problem in Betracht kommt. Bei der Regelung des Durchflusses von Flüssigkeiten ($A = 0$) kann bereits eine kleine Übertragungs-Totzeit zu sehr großen Proportionalbereichen führen und deswegen einem I-Regler den Vorzug geben (s. Tabelle 6).

Das Verfahren führt aber nur dann zum gewünschten Ergebnis, wenn die Anzahl der durch die Koeffizientenbeziehungen gegebenen Fesseln mit der Anzahl der durch die wählbaren Regelparameter verfügbaren Freiheiten übereinstimmt. Nur dann ist es möglich, jede gewünschte Art des Regelvorganges über den Regler zu erzwingen.

Vielfach genügt es für eine Abschätzung der Regelparameter, das Problem erheblich zu vereinfachen, indem man nur die Haupteigenschaften der Regelstrecke bei dem Verfahren der Wurzelvorschrift berücksichtigt. Wie in Abschnitt D ausgeführt, ist der Quotient T_t/A für die Regelbarkeit einer Strecke charakteristisch und bildet zugleich das Maß für den bei einem P-Regler einzustellenden Proportionalbereich.

Praktisch ausgeführte Regler haben aber nicht immer so viele wählbare Parameter, wie für das beschriebene Bestimmungsverfahren gebraucht werden, wenn man noch weitere Eigenschaften der Regelstrecke berücksichtigen will. Man muß sich dann mit einer *Optimierung* begnügen, indem man die Wurzelvorschriften variabel einführt und sie so verändert, daß ein bestmöglicher Dämpfungszustand, eine bestmögliche Regelfläche oder Überschwingweite herauskommt.

3. Regelverhalten

a) Führungs- und Störverhalten

Am geschlossenen Regelkreis kann man die Führungsgröße und die Störgrößen als Eingangssignale betrachten, die auf die Regelgröße als Ausgangssignal wirken. Die Übertragung dieser Eingangsgrößen auf die Regelgröße wird durch den gesamten Regelkreis bestimmt und beschreibt dessen Regelverhalten, das nach der Frequenzgang-Methode dargestellt werden soll.

Im Falle der *Führung* (s. *Bild* 57) ist als Eingangssignal nur die Führungsgröße W wirksam, wenn man den Störzustand als konstant ansieht und deswegen die Störgrößen nicht zu betrachten braucht. Das durch den Frequenzgang F_R beschriebene Übertragungsverhalten des Reglers (R) gilt in gleicher Weise für die Führungsgröße W und die Regelgröße X:

$$Y = (W - X) F_R \tag{114}$$

Die Stellgröße Y liefert über den Stellfrequenzgang F_S der Regelstrecke (S) wieder die Regelgröße:

$$X = Y F_S \tag{115}$$

Durch Einführen von Gl. (114) in Gl. (115) und mit $F_0 = F_R\, F_S$ (s. Abschnitt F1a) findet man:

$$X = (W - X) F_0$$

oder

$$X = W \frac{F_0}{1 + F_0} \tag{116}$$

Die Gl. (116) besagt, wie die Führungsgröße W auf die Regelgröße X übertragen wird. Hierfür ist der *Führungs-Frequenzgang des Regelkreises* $F_{Kw} = F_0/(1 + F_0)$ maßgebend. Man strebt an, daß die Regelgröße der Führungsgröße exakt folgt, d. h., F_{Kw} soll möglichst den Wert 1 annehmen. Dies ist der Fall, wenn der Frequenzgang des aufgeschnittenen Regelkreises F_0 die Bedingung $|F_0| \gg 1$ erfüllt. Dies kann durch große Werte sowohl des Reglerfrequenzganges F_R als auch des Stellfrequenzganges F_S erzielt werden, wobei aber die Beschränkungen nach Abschnitt F1 zu beachten sind. Praktisch kann man deswegen die Forderung $F_W = 1$ nur in einem begrenzten Frequenzbereich einhalten.

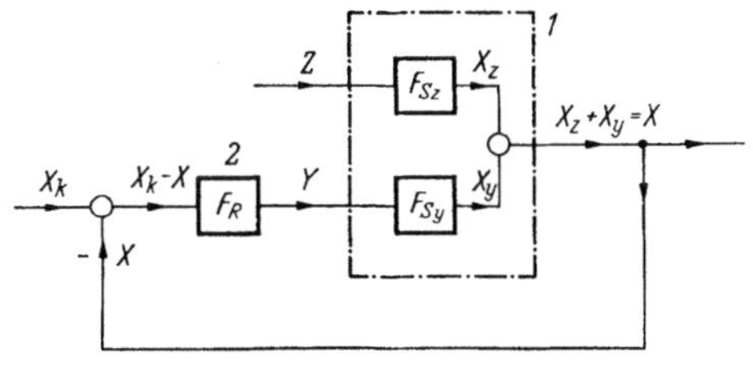

1 Regelstrecke
2 Regler
X Regelgröße
X_k Sollwert
X_z, X_y } Anteile der Regelgröße
Z Störgröße
Y Stellgröße
F_R Frequenzgang des Reglers
F_{Sz} Störfrequenzgang der Regelstrecke
F_{Sy} Stellfrequenzgang der Regelstrecke

Bild 58. Regelkreis mit Störgröße

Im Falle der *Störung* (s. *Bild* 58) ist als Eingangsgröße eine Störgröße Z an der Regelstrecke (*1*) wirksam. An die Stelle der Führungsgröße tritt der fest eingestellte Sollwert X_k; er liefert keinen Beitrag zu den Frequenzganggleichungen. Mit dem Frequenzgang F_R des Reglers (*2*) wird also:

$$Y = -X F_R \tag{117}$$

In der Regelstrecke (*1*) überlagern sich, lineares Verhalten vorausgesetzt, die Wirkungen der beiden Eingangsgrößen Y und Z. Das Übertragungsverhalten auf die Regelgröße kann sehr verschieden sein; dies kommt dadurch zum Ausdruck, daß die Übertragungswege der Regelstrecke in zwei Glieder mit dem Stellfrequenzgang F_{Sy} und dem Störfrequenzgang F_{Sz} aufgeteilt sind. Die Regelgröße erscheint dann als Summe des Stellanteiles X_y und des Störanteiles X_z:

$$X = X_y + X_z \tag{118}$$

wobei für die beiden Anteile gilt

$$X_y = Y F_{Sy} \tag{119}$$

$$X_z = Z F_{Sz} \tag{120}$$

Führt man Gl. (117) in Gl. (119) ein, so findet man mit $F_0 = F_R F_{Sy}$

$$X_y = -X F_0 \tag{121}$$

Durch Einführen aus Gl. (120) und Gl. (118) wird erhalten:

$$X = -X F_0 + Z F_{Sz}$$

oder

$$X = Z \frac{F_{Sz}}{1 + F_0} \tag{122}$$

Die Gl. (122) besagt, welchen Einfluß im geschlossenen Regelkreis die Störgröße Z auf die Regelgröße X hat. Er wird beschrieben durch den *Störfrequenzgang des Regelkreises* $F_{Kz} = F_{Sz}/(1 + F_0)$. Um möglichst gar keinen Einfluß der Störgröße auf die Regelgröße zu haben, sollte also F_{Kz} den Wert 0 annehmen. Man kann dies in begrenzten Frequenzbereichen entweder dadurch anstreben, daß $|F_0| \gg 1$ z.B. durch starke Aufschaltung des Reglers gemacht wird, oder indem man den Störfrequenzgang der Regelstrecke F_{Sz} verkleinert. Für den Frequenzgang F_0 des aufgeschnittenen Regelkreises gelten wieder die Beschränkungen nach Abschnitt F1.

Als besonders wirksam empfiehlt sich eine Verkleinerung des Störfrequenzganges F_{Sz} durch Maßnahmen an der Regelstrecke selbst. Dies erreicht man z.B. bei der Wasserversorgungsanlage (*Bild* 44), indem man die freie Oberfläche des Behälters (*1*) vergrößert. Die damit verbundene Verkleinerung des Stellfrequenzganges F_{Sy} kann durch stärkere Aufschaltung des Reglers bis an die zulässige Grenze von F_0 ausgeglichen werden.

Führungs- und Störfrequenzgang des Regelkreises beschreiben sein Regelverhalten vollständig. Es wird durch die Frequenzgänge der Regelstrecke und des Reglers bestimmt. Da für den Reglerfrequenzgang nur beschränkte Freizügigkeit herrscht, sind die Eigenschaften der Regelstrecke entscheidend am Regelergebnis beteiligt. Voraussagen über das Regelverhalten einer Anlage sind also nur möglich, wenn die Eigenschaften der Regelstrecke, also z.B. in der Form ihrer Stell- und Störfrequenzgänge, und die Führungs- sowie Störgrößenänderungen bekannt sind.

b) Stationärer Zustand

Der Zusammenhang zwischen der Regelgröße und einer Lastgröße (Störgröße) des Regelobjektes kann zu einer geneigten oder nicht geneigten Regelkennlinie führen (s. *Bild* 12). Die Neigung $\mathrm{d}X/\mathrm{d}Z$ heißt auch *Statik der Regelkennlinie.* Sie ist mit der Statik der Reglerkennlinie identisch, wenn die Last-(Stör-)Größe allein durch die Stellgröße bestimmt wird.

Durch Aufschalten von Korrekturgrößen, z. B. der Last, kann die Regelkennlinie sowohl in ihrer Neigung als auch in ihrer Lage verändert werden.

G. Besondere Regelungsarten

1. Allgemeine Kennzeichnungen

Regelsysteme mit *Einfachregelungen* haben eine oder mehrere voneinander unabhängige Regelgrößen. Wesentlich ist, daß man ein solches Regelsystem mit mehreren Regelgrößen in einzelne Regelungen aufteilen kann, ohne daß sich deren Eigenschaften ändern.

Regelsysteme mit *Mehrfachregelungen* haben mehrere Regelgrößen, die voneinander abhängig sind und die gleichzeitig oder nacheinander oder in bestimmten Beziehungen zueinander geregelt werden. Über die Arten von Mehrfachregelungen s. Abschnitt G4.

Nichtlineare Regelungen sind solche, bei denen Nichtlinearitäten die Anwendung des Superpositionsprinzipes verbieten (s. Kapitel 59). Sind Glieder mit Sättigungserscheinungen vorhanden, so können bei Betrachtung kleiner Amplituden die Regelungen linearisiert werden. Bei Gliedern mit Lose hängt deren Wirkung von der Lage im Regelkreis ab. In der Regelstrecke und im Vorverstärker können sie entdämpfend, in der Rückführung u. U. stabilisierend wirken. Glieder mit endlichen Ansprechgrenzen können dämpfend wirken.

Zweipunktregelung. Bei einer Zweipunktregelung (s. Kapitel 63) stellt sich die Stellgröße abwechselnd auf den einen oder anderen von zwei Werten (Punkten) ein. Diese Arbeitsweise hat zur Folge, daß auch der Wert der Regelgröße einem dauernden Wechsel unterliegt. In vielen Fällen kann aber die Auswirkung der so entstehenden Schwankung dadurch vermindert und meist praktisch ganz unterdrückt werden, daß zwischen den Meßort, wo die Pendelung für den Betrieb des Reglers nötig ist, und den Nutzbereich der zu regelnden Anlage, wo sie unerwünscht ist, ein Speicher geschaltet wird.

2. Regelungen mit Beeinflussung der Vergleichsgröße

Eine *Festwertregelung* liegt vor, wenn der Sollwert fest eingestellt ist. Der Sollwert der Regelgröße ist durch den Sollwerteinsteller verstellbar.

Bei einer *Folgeregelung* soll die Regelgröße einer veränderlichen Vergleichsgröße folgen.

3. Regelungen mit Steuereinflüssen

Handsteuerung wird ein Vorgang an einer Regelanlage genannt, wenn der Mensch die Regelung abschaltet und selbst zeitweise oder fortlaufend eingreift, um die Regelgröße zu beeinflussen. Es wird bei dieser Benennung bewußt darauf verzichtet, den Menschen dem technischen Regler gleichzusetzen und z. B. von einer Handregelung zu sprechen.

Regelung und Steuerung kombiniert. Wie schon in der Einführung (Abschnitt A) in den Grundzügen gezeigt wurde, kann die Aufgabe, eine physikalische Größe X

in vorgeschriebener Weise ablaufen zu lassen, durch eine Steuerung oder durch eine Regelung gelöst werden. Es sind aber auch Kombinationen beider Verfahren möglich.

Bei einer *Steuerung* ordnet man einer gewünschten Änderung der zu steuernden Größe eine entsprechende Änderung der Eingangsgröße der zu steuernden Anlage mit Hilfe einer Steuereinrichtung zu. So kann man z.B. die Temperatur (zu steuernde Größe) in einem Raum dadurch wunschgemäß beeinflussen, indem man die Ventilöffnung eines Heizkörpers (Eingangsgröße der zu steuernden Anlage) mit Hilfe eines von der Außentemperatur abhängigen Antriebes (Steuereinrichtung) verstellt.

Der unerwünschte Einfluß von Störgrößen auf die Zuordnung der Eingangsgröße und der zu steuernden Größe kann durch eine *zusätzliche* Steuerung in Form einer *Störgrößenaufschaltung* eliminiert werden. So könnte man bei obigem Beispiel das Absinken der Vorlauftemperatur (Störgröße) dadurch ausgleichen, indem man mit Hilfe einer zusätzlichen, von der Vorlauftemperatur abhängigen, Steuereinrichtung auf das Ventil einwirkt (Störgrößenaufschaltung).

Eine *Regelung* löst dagegen die gestellte Aufgabe durch Vergleich des Istwertes der Regelgröße mit dem für sie vorgeschriebenen Sollwert durch Bildung der Regelabweichung, die auf die Stellgröße der zu regelnden Anlage im Sinne des Verschwindens der Regelabweichung über den Regler einwirkt. Der dadurch – im Gegensatz zur Steuerung – entstehende geschlossene Wirkungskreis, der Regelkreis, hat den Vorzug, daß die Störgröße nicht genau bekannt sein muß. Weiterhin wird infolge der Messung der Regelgröße höchste Genauigkeit erzielt. Dagegen ist die Dynamik der Regelung schwieriger zu beherrschen als die der Steuerung.

Kombinationen von *Regelung und Steuerung* vereinigen die Vorteile beider Verfahren. Ein gleichzeitiges Arbeiten von Regelung und Steuerung ergibt sich bei der *Regelung mit Störgrößenaufschaltung*. Durch die Störgrößenaufschaltung werden wesentliche Störeinflüsse schnell weggesteuert, der Rest verschwindet infolge des Ausbaues der so abgeänderten Anlage zur genauen Regelung, wodurch hochwertige Dynamik bei hoher Genauigkeit erzielbar ist.

Kennliniensteuerung. Will man die Regelkennlinie einer Regelung in einer definierten Weise in ihrer Neigung (Statik) verändern oder parallel verschieben, so läßt sich das durch Aufschalten anderer Betriebsgrößen in den Meßkreis der Regeleinrichtung erreichen. Auf diese Weise wird die Kennlinie in ihrer Lage gesteuert.

Regelungen mit Korrekturgrößenaufschaltung. Wird in einer Regelung nach einer Ersatzregelgröße geregelt, welche die Regelgröße nicht genau abbildet, so kann mit der Aufschaltung einer oder mehrerer Korrekturgrößen das Regelergebnis im stationären Zustand verbessert werden.

4. Arten von Mehrfachregelungen

Bei *gekoppelten Regelungen* beeinflußt die Regelgröße eines Regelkreises die anderen Regelkreise zusätzlich als Störgröße. Die Regelvorgänge in den Regelkreisen sind miteinander gekoppelt (s. Kapitel 9).

Bei einer *Wechselregelung* wechseln sich verschiedene Betriebsgrößen, z. B. Drehzahl, Beschleunigung, Strom, desselben Regelobjektes als Regelgrößen ab oder es wechseln verschiedene Sollwerte derselben Betriebsgröße, z. B. der Leistung, einander ab. Wechselregelungen verwendet man, wenn z.B. verschiedene Größen im Regelkreis eine vorgegebene Schranke nicht überschreiten dürfen (s. Kapitel 10).

Bei einer *Verhältnisregelung* wird ein bestimmtes Verhältnis von zwei gleichartigen Betriebsgrößen desselben Regelobjektes geregelt, wobei diese Größen an verschiedenen Stellen des Regelobjektes gemessen werden.

Bei einer *Kennlinienregelung* wird ein durch eine Kennlinie festgelegter Zusammenhang von zwei Betriebsgrößen geregelt.

Bei *Parallelregelungen* sind die Regelgrößen von zwei oder mehreren Regelobjekten (z.B. Generatoren oder Motoren) parallel geschaltet. Solche Regelungen arbeiten im stationären Zustand nur dann stabil, wenn die Regelkennlinien der parallel arbeitenden Regelungen bis auf eine Kennlinie eine Neigung aufweisen.

Bei einer *Kaskadenregelung* werden zwei Betriebsgrößen eines Regelobjektes gleichzeitig derart geregelt, daß die Stellgröße des einen Reglers (Führungsregler) die Führungsgröße für den zweiten Regler (Folgeregler) bildet.

Eine *überlagerte Regelung* liegt vor, wenn schnell wirkende Regelungen für einzelne Objekte in ihren Sollwerten von einem langsam wirkenden Regler geführt werden, um die Einzelobjekte einer übergeordneten Regelaufgabe zu unterstellen.

5. Selbstoptimierende Regelung

Bei selbstoptimierenden Regelungen rechnet ein Rechenwerk aus den Betriebsgrößen einer Anlage für einzelne Regelgrößen fortlaufend diejenigen Vergleichsgrößen aus, die zu einem wirtschaftlich optimalen Betrieb der Gesamtanlage notwendig sind. Die so errechneten Vergleichsgrößen werden als Führungsgrößen den Folgereglern aufgeschaltet.

H. Quellenhinweise

[*1*] Eckman, D. P.: Automatic process control. New York: John Wiley & Sons 1958.

[*2*] Farrington, G. H.: Fundamentals of automatic control. London: Chapman & Hall Ltd. 1951.

[*3*] Oldenbourg, R. C. u. Sartorius, H.: Dynamik selbsttätiger Regelungen. 2. Aufl. München: R. Oldenbourg 1951.

[*4*] Oppelt, W.: Kleines Handbuch Technischer Regelvorgänge. 3. Aufl. Weinheim/Bergstraße: Verlag Chemie 1960.

[*5*] Schäfer, O.: Grundlagen der selbsttätigen Regelung. 2. Aufl. München: Franzis-Verlag 1957.

[*6*] DIN 19226: Regelungstechnik. Benennungen, Begriffe. Januar 1954.

[*7*] Solodownikow, W. W.: Grundlagen der selbsttätigen Regelung. (Orig. russ.) Dt. Bearbeit. H. Kindler, Bd. 1 u. 2. München u. Berlin: R. Oldenbourg u. VEB Verlag Technik 1959.

[*8*] Truxal, J. G.: Automatic feedback control system synthesis. New York: McGraw-Hill Book Co. 1955.

[*9*] Leonhard, A.: Die selbsttätige Regelung. Theoretische Grundlagen mit praktischen Beispielen. 2. Aufl. Berlin/Göttingen/Heidelberg: Springer 1957.

[*10*] Küpfmüller, K.: Einführung in die theoretische Elektrotechnik. 6. Aufl. Berlin/Göttingen/Heidelberg: Springer 1959. S. 435.

[*11*] Henning, H.: Der Blockschaltplan in der Regelungstechnik. Regelungstechnik 7. Jg. (1959) S. 60–65.

[*12*] Krochmann, E.: Darstellung von Regelkreisen in Block- und Strukturbildern. AEG-Mitt. 49. Jg. (1959) S. 46–56.

[*13*] Hurwitz, A.: Über die Bedingungen unter welchen eine Gleichung nur Wurzeln mit negativen reellen Teilen besitzt. Math. Ann. 46. Jg. (1895) S. 272–284.

[14] Ziegler, I. G. u. Nichols, N. B.: Optimum settings for automatic controllers. Trans. Amer. Soc. mech. Eng. Bd. 64 (1942) S. 759ff.
[15] Leonhard, A.: Das Stabilitätskriterium nach Nyquist-Bode erweitert für die Kontrolle der Stabilitätsgüte. Regelungstechnik 2. Jg. (1954) S. 236–240.
[16] Oetker, R.: Zur Synthese von Regelkreisen mit vorgeschriebener Stabilitätsgüte. Regelungstechnik 1. Jg. (1953) S. 138–141.
[17] Oldenbourg, R. C. u. Sartorius, H.: A uniform approach to the optimum adjustment of control loops. Trans. Amer. Soc. mech. Eng. Bd. 76 (1954) S. 1265–1279.
[18] Kessler, C.: Über die Vorausberechnung, optimal abgestimmter Regelkreise. Tl. III: Die optimale Einstellung des Reglers nach dem Betragsoptimum. Regelungstechnik. 3. Jg. (1955) S. 40–49.

II. Typische Regelungen für verschiedene Regelgrößen

3. Niveauregelung

Von **H. Katz**

Inhaltsübersicht

A. Aufbau und Eigenschaften der Niveauregelstrecken

Bei der Niveauregelung stellt ein Behälter mit Zufluß und Abfluß die Regelstrecke dar; Regelgröße ist das Niveau. Je nachdem, ob der Abfluß oder der Zufluß die Störgröße der Regelstrecke ist, wird das Stellglied, z.B. ein Regelventil, in der Zufluß- bzw. in der Abflußleitung angebracht. Stellgröße ist der Ventilhub, Stellstrom ist im ersten Fall der Zufluß, im zweiten Fall der Abfluß. Gleichbleibendes Niveau wird eingehalten, wenn Zufluß und Abfluß übereinstimmen.

Bei Behältern, die unter Atmosphärendruck stehen, ist ein gewisser Ausgleich über den mit dem Niveau veränderlichen hydrostatischen Ausflußdruck vorhanden, der die Stabilisierung des Regelvorgangs unterstützt. Der Ausgleich tritt aber bei üblichen Behälterabmessungen erst nach großen Niveauänderungen ein, die meist weit außerhalb des Regelbereichs liegen. Behälter mit großem Überdruck haben praktisch keinen Ausgleich, da die Änderung des hydrostatischen Druckes der Flüssigkeitssäule im Behälter gegenüber dem Gesamtdruck zu vernachlässigen ist. Im allgemeinen handelt es sich daher um Regelstrecken mit vernachlässigbar kleinem Ausgleichswert, deren Zeitverhalten durch die Gleichung

$$A Y_h \dot{X} = \Delta Y \tag{1}$$

beschrieben wird (A Anlaufwert, Y_h Stellbereich, X Regelgröße, ΔY Stellgrößenänderung). Am Verhalten der Niveauregelstrecke nach Gl. (*1*) ist das Regelventil beteiligt, da der Zusammenhang zwischen dem Ventilhub (Stellgröße Y) und dem Durchfluß vom Differenzdruck am Ventil sowie von der Ventilform beeinflußt wird (s. Kapitel 5).

Bei den meisten Niveauregelungen ist der Sollwert fest eingestellt, und als hauptsächliche Störgröße treten Änderungen des Abflusses (Regelventil zuflußseitig) bzw. des Zuflusses (Regelventil abflußseitig) auf. Je nach Betrag der Störgröße muß dann das Regelventil mehr oder weniger von seiner Normalstellung abweichen, damit der eingestellte Sollwert im Niveau eingehalten wird. Gleichbleibendes Übertragungsverhalten der Regelstrecke als Voraussetzung für gleichmäßige Regeldynamik ist nur dann vorhanden, wenn eine bestimmte Hubänderung bei jeder Ventilstellung immer die gleiche Durchflußänderung und damit die gleiche Änderungsgeschwindigkeit der Niveauhöhe bewirkt. Daraus folgt, daß eine lineare Durchflußkennlinie vorzusehen ist. Sie kann durch eine lineare Öffnungskennlinie verwirklicht werden, wenn eine praktisch konstante Druckdifferenz am Regelventil besteht. Hierzu wird bisweilen ein besonderer Differenzdruckregler vorgesehen [*1*].

Wird aber von seiten der Anlage dem Regelventil eine mit dem Durchfluß abnehmende Druckdifferenz (Unterschied von Vor- und Gegendruck) vorgegeben, dann bedarf die Öffnungskennlinie einer Modifizierung im Sinne einer Steilheitszunahme mit wachsendem Öffnungsquerschnitt, um die gewünschte Linearität der Durchflußkennlinie zu erzielen.

B. Die wichtigsten Meßverfahren der Niveauregelung [*2*, *3*]

1. Schwimmer

Die Niveaumessung mit Hilfe eines Schwimmers ist ein Ausschlagsverfahren; hierbei setzt der Schwimmer die Änderung der Niveauhöhe unmittelbar in eine mechanische Bewegung um [*4*], die selbst auf das Stellglied übertragen werden kann (*Bild* 1). Bei Reglern mit pneumatischer Hilfsenergie steuert die Schwimmerbewegung einen Luftdruck zur Betätigung des Stellgliedes. Bei Reglern mit elektrischer Hilfsenergie ist ein elektrischer Abgriff am Schwimmer erforderlich. Die Schwimmerbewegung wird bei unter Druck stehenden Behältern entweder durch eine Stopfbuchse nach außen geführt (Reibungsfehler!) oder, insbesondere bei elektrischem Abgriff, über eine magnetische Kupplung [*5*, *6*].

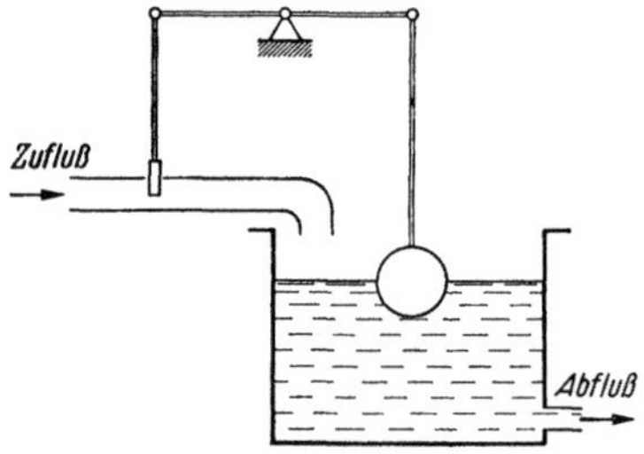

Bild 1. Schwimmerniveauregler ohne Hilfsenergie

2. Hydrostatischer Druck

Das hydrostatische Verfahren führt die Messung der Niveauhöhe auf die Messung des hydrostatischen Druckes der Flüssigkeitssäule zurück (mittelbares Verfahren) [*7*].

Befindet sich die Flüssigkeit in einem offenen Gefäß, d.h. unter Atmosphärendruck, so ergibt sich der hydrostatische Druck aus einer einfachen Messung des Druckes an der Entnahmestelle (Bezugsniveau) gegenüber der Atmosphäre.

Zur Druckübertragung in der Meßleitung dient entweder die Behälterflüssigkeit oder eine besondere Sperrflüssigkeit, ein Luftpolster oder ein Spülmittel, das z.B. bei suspendierten oder korrodierenden Behälterflüssigkeiten die Entnahmeöffnung der Meßleitung frei hält. Der Durchfluß des Spülmittels (Gas oder Flüssigkeit) muß hierbei durch einen kleinen Differenzdruckregler (*Bild* 2) auf einem konstanten Wert gehalten werden, damit der Spüldruck ein Maß für das Niveau darstellt (Druckluftpegel).

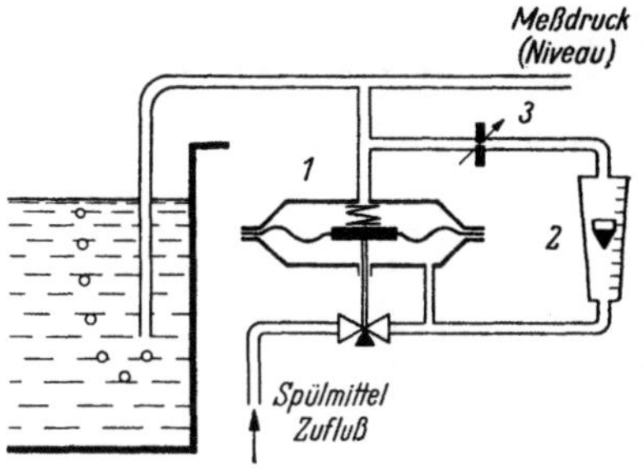

1 Membranregelwerk für Differenzdruck *2* Durchflußanzeiger *3* Pneumatische Drossel

Bild 2. Messung des hydrostatischen Druckes mit Spülvorrichtung

Bei geschlossenen Behältern, in denen die Flüssigkeit unter Druck steht, nimmt man als Maß für das Niveau den Differenzdruck Δp (*Bild* 3), wobei eine zusätzliche Entnahmestelle im oberen Teil des Druckraumes den Bezugswert liefert. Der Behälterdruck ist dann ohne Einfluß auf die Niveaumessung. Bei den Trommeln von Dampferzeugern wird ein besonderes Kondensgefäß (*7*) oberhalb des höchsten Wasserniveaus vorgesehen [*8*]; wegen der Wichteänderung von Dampf und Wasser ist hier eine Korrektur bei schwankendem Trommeldruck notwendig [*9*]. Die von den beiden Entnahmestellen (Differenzdruck Δp) abgehenden Meßleitungen werden zu einem Differenzdruckmeßwerk, dem Schwimmermanometer (*1*), geführt, das nach dem Ausschlagsverfahren über eine magnetische Kupplung (*3*) mit elektrischem Abgriff (*4*) den Regler (*5*) steuert. Als Differenzdruckmesser kann man auch Meßumformer verwenden, wie bei der Durchflußregelung nach dem Wirkdruckverfahren (s. Kapitel 5, Abschnitt A), jedoch ohne Radizierung; bei der elektrischen Ausführung wird daher im Kompensationszweig an Stelle des elektrodynamischen ein permanentmagnetisches Tauchspulsystem vorgesehen [*10, 11*].

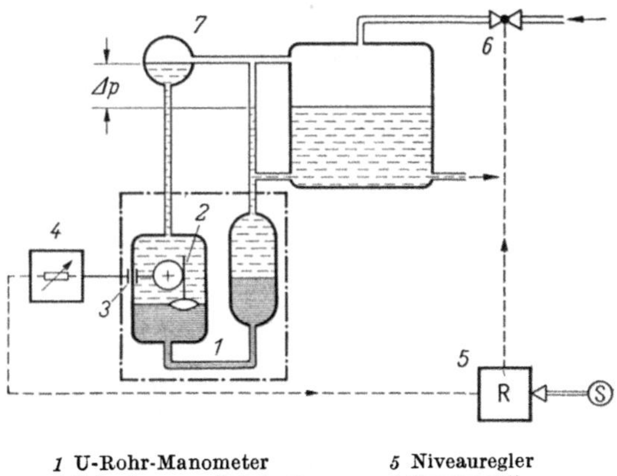

1 U-Rohr-Manometer
2 Schwimmer mit Zahnstange
3 Magnetische Kupplung
4 Widerstandsabgriff
5 Niveauregler
6 Regelventil
7 Kondensgefäß
Δp Druckdifferenz

Bild 3. Niveauregelung nach dem hydrostatischen Verfahren

3. Verdränger

Beim Verdrängerverfahren (*Bild* 4) dient der Auftrieb eines in die Flüssigkeit eintauchenden Verdrängungskörpers (*1*) von gleichmäßigem Querschnitt als Maß für die Niveauhöhe. Die vom Auftrieb erzeugte Kraft wird durch Vergleich mit einer Gegenkraft nach dem Kompensationsverfahren in eine pneumatische bzw.

elektrische Übertragungsgröße umgeformt. Das vorliegende Meßverfahren eignet sich sowohl für offene als auch für unter Druck stehende Behälter. Bei den letztgenannten wird die von der Auftriebsänderung am Verdränger erzeugte Kraft über Hebel (*2*) und elastische Durchführung (*3*) (Membran oder Biegerohr) aus dem Druckraum herausgeführt, wobei nur sehr kleine Bewegungen auftreten.

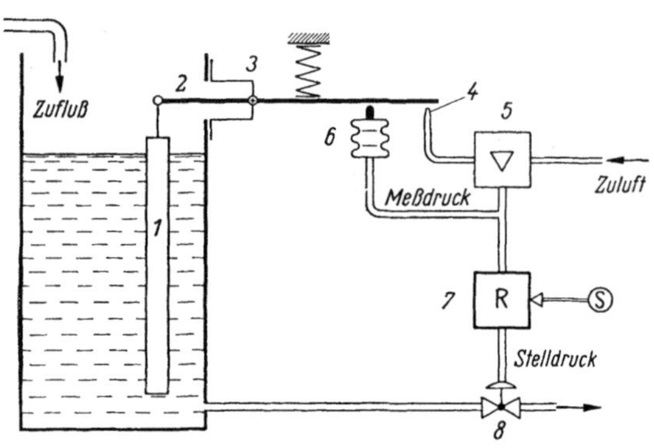

1 Verdrängungskörper
2 Hebel
3 Elastische Durchführung
4 Düse und Prallplatte
5 Pneumatischer Verstärker
6 Kompensationsbalg
7 Pneumatischer Niveauregler
8 Membranregelventil

Bild 4. Niveauregelung mit Verdränger

Die Größe dieser Kraft hängt außer von der Niveauhöhe auch von der Wichte der Flüssigkeit ab. Das Verfahren ist daher auch für die Wichteregelung geeignet. Der Verdränger muß hierbei ganz in die Flüssigkeit eintauchen. Durch große Verdrängerabmessungen lassen sich auch in spezifisch leichten Flüssigkeiten bei kleinen Änderungen der Niveauhöhe bzw. Wichte bereits relativ große Meßkräfte erzielen. Die verzögerungsarme Meßwertbildung ist ein weiterer Vorzug des Verdrängerverfahrens für Regelungszwecke.

Alle genannten Meßverfahren kann man auch anwenden, wenn das Niveau nicht durch die Oberfläche einer Flüssigkeit, sondern durch die Trennschicht zwischen zwei Flüssigkeiten gegeben ist, die verschiedene Wichte haben und sich nicht miteinander mischen.

C. Wahl des Reglertyps

Wegen des vernachlässigbar kleinen Ausgleichswertes der üblichen Niveauregelstrecken ergibt von den einfachen Reglertypen lediglich der P-Regler einen stabilen Regelvorgang, während der I-Regler immer zu Instabilität führt [*12*, *13*]. Das für die Stabilitätsgüte entscheidende Verhältnis von Totzeit zu Anlaufzeit bleibt bei Niveauregelstrecken durchweg klein (kleine Totzeit, großer Anlaufwert), so daß relativ kleine Werte für den Proportionalbereich zulässig sind [*14*]. Die bleibende P-Abweichung ist dann bei Zufluß- oder Abflußänderung und auch bei Sollwertverstellung klein. In der Praxis läßt sich dies z. B. mit einem ohne Hilfsenergie betriebenen Schwimmer-Niveauregler verwirklichen; das Stellglied für den Zufluß bzw. Abfluß ist mechanisch mit dem Schwimmer verbunden und folgt dessen Bewegungen verzögerungsfrei. Bei den P-Reglern mit Hilfsenergie erfordern die im Regler auftretenden Verzögerungen im allgemeinen einen größeren P-Bereich, als es nur auf Grund der Eigenschaften der Regelstrecke bei Verwendung eines idealen P-Reglers notwendig wäre. Wenn die Niveauhöhe auch bei Zufluß- oder Abflußänderungen den eingestellten Sollwert genau einhalten soll, muß man an Stelle des P-Reglers einen PI-Regler verwenden.

D. Besondere Regelverfahren

1. Niveauregelung bei Ausgleichsbehältern

Die Niveauregelung hat im allgemeinen den Zweck, in einem Behälter die Höhe des Flüssigkeitsniveaus oder der Trennschicht zweier Flüssigkeiten so genau wie möglich auf dem Sollwert zu halten. In der chemischen Industrie liegt vielfach die andersartige Aufgabe vor, plötzliche größere Änderungen des Behälterzuflusses in ihrer Wirkung auf den Abfluß möglichst auszugleichen. Hierbei muß man das Speichervolumen des Behälters, der aus Gründen der Kostenersparnis beschränkte Abmessungen hat, möglichst weitgehend ausnutzen, wozu eine besondere Art der Niveauregelung dient.

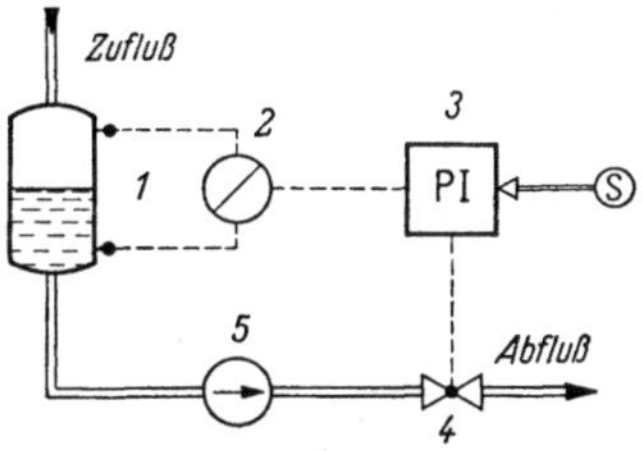

1 Druckentnahmestellen
2 Niveau-Meßumformer
3 Niveauregler
4 Regelventil
5 Pumpe

Bild 5. Ausgleichsbehälterregelung

Die Lösung der letztgenannten Aufgabe wird leicht aus einer Betrachtung der zwei Grenzfälle klar, bei denen der Behälter mit Hilfe eines abflußseitigen Ventils einmal auf konstante Niveauhöhe, das andere Mal auf konstanten Abfluß geregelt wird. Im ersten Fall muß der Regler eine plötzliche Änderung des Zuflusses mit einer gleich großen Änderung des Abflusses beantworten, d.h., die Zuflußänderung tritt an der Abflußseite sofort voll in Erscheinung. Im zweiten Fall hält der Regler bei einer plötzlichen Änderung des Zuflusses den Abfluß konstant, jedoch mit dem Erfolg, daß je nach dem Vorzeichen der Zuflußänderung der Behälter schließlich überläuft oder leerläuft. Daraus ergibt sich für die oben genannte Aufgabe, daß der Abfluß gegen die Niveauhöhe abgewogen werden muß, die sich zwischen der oberen und der unteren Grenze bewegt. Dies läßt sich durch folgende Anordnung erreichen [*15*, *16*, *17*]:

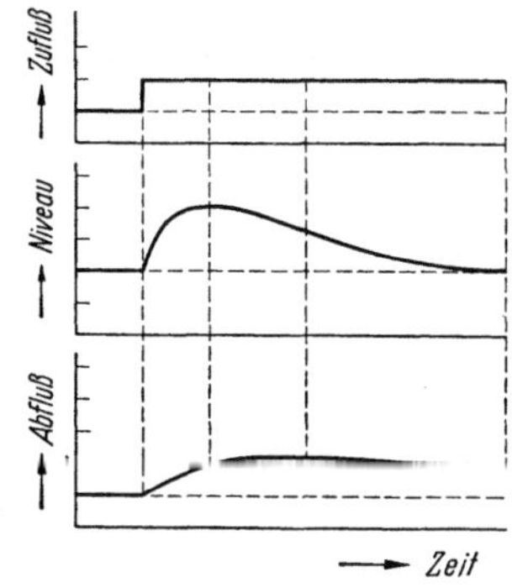

Bild 6. Regelvorgang der Ausgleichsbehälterregelung nach einer Zuflußänderung

Es wird ein PI-Regler zur Niveauregelung vorgesehen, der das abflußseitige Regelventil betätigt (*Bild* 5). Durch einen großen P-Bereich von einigen hundert Prozent bewirkt man, daß sich bei einer plötzlichen Zuflußänderung das Niveau innerhalb der verfügbaren Höhe des Ausgleichsbehälters zunächst stark ändert, während der Abfluß auf Grund des kleinen zugeordneten Ventilhubes wenig beeinflußt wird. Die Integralwirkung des Niveaureglers bringt die Niveauhöhe dann allmählich zu dem ursprünglichen mittleren Wert zurück und ändert dabei den Abfluß auf den stationären, durch die Zuflußänderung bestimmten Wert (*Bild* 6).

Bei unter Druck stehenden Ausgleichsbehältern kann die Gleichmäßigkeit des Abflusses außer durch Änderungen des Zuflusses auch durch plötzliche, starke Änderungen des Behälterdruckes beeinträchtigt werden. Um den Einfluß dieser zusätzlichen Störgröße auszuschalten, ordnet man (*Bild* 7) dem Niveauregler (*3*) einen Durchflußregler (*6*) zu, dessen Sollwert vom Niveauregler eingestellt wird und der seinerseits über das Regelventil (*7*) den beispielsweise nach dem Wirkdruckverfahren gemessenen Behälterabfluß regelt (Führungsregler und Folgeregler). Auf diese Weise wird der Niveauregler von Behälterdruckänderungen entlastet, die jetzt unmittelbar vom Durchflußregler erfaßt werden, ohne erst als Niveauänderung in Erscheinung zu treten. Die Speicherwirkung wird wie bei der einfachen Ausgleichsbehälterregelung wieder dadurch erzielt, daß man den Niveauregler als PI-Regler ausführt und dessen P-Bereich auf einen von den Behälterabmessungen bestimmten großen Wert einstellt [*18*, *19*].

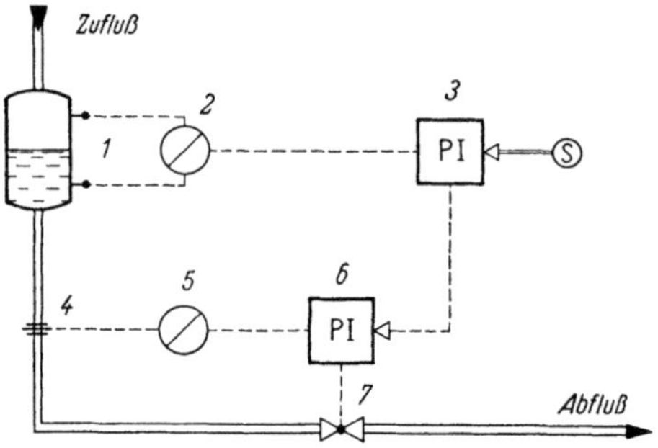

1 Druckentnahmestellen
2 Niveau-Meßumformer
3 Niveau-(Führungs-) regler
4 Durchfluß-Meßgeber
5 Meßumformer (Durchfluß)
6 Durchfluß-(Folge-) regler
7 Regelventil

Bild 7. Führungs- und Folgeregler für Ausgleichsbehälter, die starken Druckänderungen ausgesetzt sind

2. Dreikomponentenregelung

Bei der Dreikomponentenregelung wird zur Steuerung des Niveaureglers außer der Niveauhöhe X noch die Differenz zwischen dem Zufluß und dem Abfluß herangezogen, der die zeitliche Änderung $\dot{X}$ der Niveauhöhe entspricht. Das Verfahren kann daher als Niveauregelung mit Aufschaltung des zeitlichen Differentialquotienten der Regelgröße aufgefaßt werden. Man verwendet einen Regler, dessen Stellgeschwindigkeit den Eingangsgrößen verhältnisgleich ist:

$$\dot{Y} = a_0(X_k - X) - a_1\dot{X} \tag{2}$$

Durch Zusammenfügen mit der Gleichung der Niveauregelstrecke ohne Ausgleich (s. Abschnitt A) ergibt sich dann die Gleichung des Regelkreises (für den Einschwingvorgang des Systems nach Wegfall der äußeren Anregung) zu:

$$A Y_h \ddot{X} + a_1 \dot{X} + a_0 X = a_0 X_k \tag{3}$$

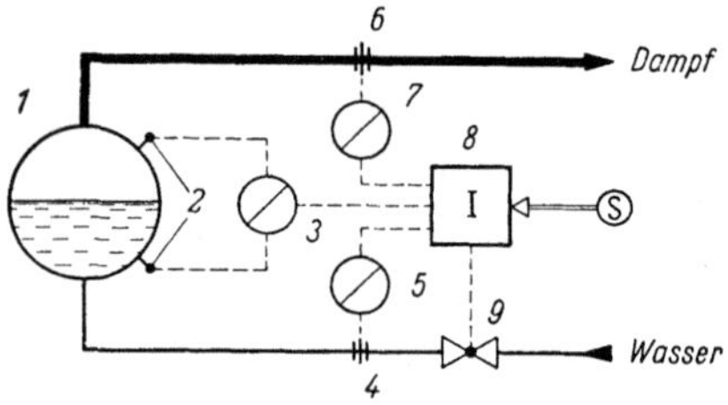

1 Kesseltrommel
2 Druckentnahmestellen
3 Niveau-Meßumformer
4 Meßblende für Wasser (Zufluß)
5 Durchfluß-Meßumformer für Wasser
6 Meßblende für Dampf (Abfluß)
7 Durchfluß-Meßumformer für Dampf
8 Niveauregler
9 Regelventil (Zufluß)

Bild 8. Kesselspeisewasser-Niveauregelung nach dem Dreikomponentenverfahren

Die Verbindung der Niveauregelstrecke mit einem integral wirkenden Regler liefert also mit Zusatz des Differentialquotienten der Regelgröße einen stabilen Regelvorgang. Besonders vorteilhaft ist es, daß der Differentialquotient nicht von der Niveauhöhe, sondern bereits von den „primären" Größen „Zufluß" und „Abfluß" verzögerungsfrei abgeleitet wird.

Ein wichtiges Anwendungsgebiet ist die Speisewasserregelung von Dampfkesseln [*20*, *21*, *22*]. Hierbei werden der Wasserzufluß und die Dampfentnahme (Abfluß), z.B. mit Drosselgeräten, gemessen und zur Differenzbildung dem Eingang des Reglers zugeführt (*Bild* 8). Die Niveauhöhe wird nach dem hydrostatischen Verfahren erfaßt und dem Regler zusätzlich aufgeschaltet. Der geringe Wasserinhalt und die große Verdampfungsgeschwindigkeit bei neuzeitlichen Hochdruckkesseln machen es notwendig, das Gleichgewicht zwischen Dampfentnahme und Wasserzufluß in engen Grenzen aufrechtzuerhalten bzw. nach einer Störung (z.B. Änderungen der Dampfentnahme, der Verdampfungsgeschwindigkeit oder des Speisewasserdruckes) schnell wiederherzustellen. Ferner ist infolge Aufwallens bzw. Zusammenfallens des Wasserinhaltes im Kessel bei Änderung der Dampferzeugung die Niveauhöhe kein richtiges Maß für den augenblicklichen Gleichgewichtszustand zwischen Dampfentnahme und Wasserzufluß [*23*]. Beiden Besonderheiten der Speisewasserregelung trägt das Dreikomponentenverfahren mit gutem Erfolg Rechnung, weil man damit den Regelvorgang im wesentlichen nach der Differenz zwischen Wasserzufluß und Dampfentnahme lenken und die Abweichung der Niveauhöhe vom Sollwert lediglich schwach als Korrekturgröße aufschalten kann.

E. Quellenhinweise

[*1*] Engel, F. V. A. unter Mitwirkung von R. C. Oldenbourg: Mittelbare Regler und Regelanlagen. Berlin: VDI-Verlag 1944. S. 199.

[*2*] Wünsch, G. u. Rühle, R.: Meßgeräte im Industriebetrieb. Berlin: Springer 1936. S. 248–258.

[*3*] Eckman, P. D.: Industrial instrumentation. New York: Wiley & Sons 1950. S. 247–264.

[*4*] Seitz, O.: Flüssigkeitspegel für unmittelbare Anzeige und mechanische Schwimmerpegel. Arch. techn. Messen V 1123-1 (1932).

[*5*] Flüssigkeitsstandmesser für Druckbehälter nach dem Schwimmerverfahren. (Hersteller: Siemens & Halske AG). Arch. techn. Messen V 1123-4 (Aug. 1936).

[*6*] Lohmann, H.: Mechanische und elektrische Wasserstand-Fernanzeiger für geschlossene, unter Druck und erhöhten Temperaturen stehende Behälter. Arch. techn. Messen V 1123-7 (Jan. 1937).

[*7*] Seitz, O.: Flüssigkeitspegel mit pneumatischer und hydrostatischer Übertragung. Arch. techn. Messen V 1123-2 (Jan. 1933).

[*8*] Hydrostatische Flüssigkeitsstandmesser. (Hersteller: Siemens & Halske AG). Arch. techn. Messen V 1123-3 (Juni 1936).

[*9*] Lohmann, H.: Hydrostatische Wasserstand-Fernanzeiger. Arch. techn. Messen V 1123-6 (Dez. 1936).

[*10*] Goertz, G.: Der pneumatische Differenzdruck-Meßumformer beim Einsatz in der Erdölindustrie. Siemens-Z. 29. Jg. (1955) S. 195–199.

[*11*] Matuschka, H.: Meßeinrichtungen für wärmetechnische Regler. Siemens-Z. 29. Jg. (1955) S. 222–228.

[*12*] Oppelt, W.: Kleines Handbuch technischer Regelvorgänge. 2. Aufl. Weinheim/Bergstraße: Verlag Chemie 1956. S. 330 u. 532.

[*13*] Wünsch, G.: Regelungstechnik, Regelkreise mit Anlaufzeit. Hütte II A, 28. Aufl. Berlin: Ernst & Sohn 1954. S. 1236–1237.

[*14*] Oetker, R.: Zur Synthese von Regelkreisen mit vorgeschriebener Stabilitätsgüte. Regelungstechnik 1. Jg. (1953) S. 138–141.

[*15*] Rhodes, Th. J.: Industrial instruments for measurement and control. New York: McGraw-Hill 1941. S. 460–463.

[*16*] Rhodes, Th. J.: Instruments and process control. The New York State Vocational and Practical Arts. New York: Delman 1947. S. 112–162.

[*1*] Eckman, D. P.: Principles of industrial process control. New York: Wiley & Sons 1955. S. 179–181.

[*18*] Rhodes, Th. J.: Industrial instruments for measurement and control. New York: McGraw-Hill 1941. S. 463–464.

[*19*] Rhodes, Th. J.: Instruments and process control. The New York State Vocational and Practical Arts. New York: Delman 1947. S. 162.

[*20*] Rhodes, Th. J.: Industrial instruments for measurement and control. New York: McGraw-Hill 1941. S. 464–470.

[*21*] Engel, F. V. A. unter Mitwirkung von R. C. Oldenbourg: Mittelbare Regler und Regelanlagen. Berlin: VDI-Verlag 1944. S. 186–187.

[*22*] Lang, A.: Regelstrecken und Regler mit Störgrößenaufschaltung. In: Regelungstechnik, Vorträge des VDI/VDE-Lehrganges in Bonn 1953 und Essen 1954. Düsseldorf: Deutscher Ingenieur-Verlag u. Wuppertal/Berlin: VDE-Verlag 1954. S. 105–114.

[*23*] Dümmler, F.: Wasserstandregelung beim Aufwallen des Wasserinhaltes. Brennstoff-Wärme-Kraft Bd. 5 (1953) S. 208–209.

4. Druckregelung

Von **H. Matuschka**

Inhaltsübersicht

A. Eigenschaften der Druckregelstrecken

1. Unterscheidung nach Art der Aufgabe

Die Regelung des Druckes eines gasförmigen, dampfförmigen oder flüssigen Stoffes kann in vollständig geschlossenen Behältern und in solchen mit Strömungsaustausch geschehen. Im ersten Fall ist die Regelaufgabe meist mit einem thermischen Problem, z. B. bei Autoklaven, im zweiten Fall stets mit einem Durchflußproblem verknüpft. Der Druck kann nur gehalten werden, wenn man zugleich die Temperatur bzw. den Zu- oder Abfluß beherrscht. Der zu regelnde Druck ist dabei durch den Differenzdruck an der stellenden Drosseleinrichtung bestimmt; er hängt also mit dem Durchfluß selbst quadratisch zusammen.

Das Verhalten der Druckregelstrecke ist in den beiden Fällen grundsätzlich verschieden. In geschlossenen Behältern sind die Vorgänge von den Eigenschaften des Prozesses in besonderem Maße abhängig und allgemeingültig nicht darstellbar. Im folgenden wird die häufigere Art der Druckregelung über einen Durchfluß ausführlicher behandelt.

2. Dynamisches Verhalten

Für das dynamische Verhalten [*1*, *2*] ist zunächst die Art des Stoffes bestimmend. Die Fortpflanzungsgeschwindigkeit des Druckes in Flüssigkeiten beträgt etwa 1500 m/s, die entstehende Laufzeit ist also sehr klein. In Gasen und Dämpfen dagegen liegt die Geschwindigkeit bei 340 m/s und verursacht so z. B. bei Reduzierstationen in Rohrleitungsnetzen, die sich über mehrere Kilometer erstrecken, Totzeiten von mehreren Sekunden. Bei langen Leitungen spielt auch die Zähigkeit des Stoffes eine Rolle. Über die Wandreibung entstehen zusätzliche Totzeiten und Nichtlinearitäten der Übergangsfunktion.

Am stärksten macht sich jedoch die Kompressibilität bemerkbar. Flüssigkeiten sind als praktisch inkompressibel zu betrachten. Bei Gasen und Dämpfen liefern schon kleine Volumen merkliche Verzögerungen, die bei der Hintereinanderschaltung mehrerer Strömungswiderstände und Volumen höhere Ordnung annehmen. Bei der Abschätzung des Zeitverhaltens der Lade- und Entladevorgänge ist zu beachten, daß nur als ideal zu betrachtende Gase – dazu gehören auch stark überhitzte Dämpfe – der Zustandsgleichung

$$p\,V = R\,T$$

(p Druck, V Volumen, R Gaskonstante, T Absolute Temperatur) genügen.

Wechsel des Aggregatzustandes haben einschneidende Änderungen im Verhalten der Regelstrecke zur Folge. Die Kennzahlen der Regelstrecke ändern sich dabei gewöhnlich um mehrere Zehnerpotenzen. Dies ist besonders bei übersättigten Dämpfen oder gasenden bzw. stark gashaltigen Flüssigkeiten zu erwarten; die Vorgänge sind schlecht zu übersehen. Sie sind vor allem bei der Entspannung von Flüssigkeiten zu erwarten und dann am unangenehmsten, wenn der Punkt der Änderung des Aggregatzustandes innerhalb des Regelbereiches liegt.

Druckänderungen zeigen stets eine Wärmetönung. Naturgemäß sind die umgesetzten Wärmemengen bei Änderungen des Aggregatzustandes am größten, aber auch bei Expansionen oder Kompressionen nicht ohne weiteres zu vernachlässigen. Über die Wärmeträgheiten der Bauteile der Regelstrecke beeinflussen sie das Übergangsverhalten.

Bei größeren Reduzierstationen ist die Kenntnis der Geschwindigkeitsänderung des Stoffes nicht nur wegen etwaiger Abrasion, sondern auch über die Wandreibung für das dynamische Verhalten wichtig. Beim Übergang von turbulenter zu laminarer Strömung und umgekehrt ändert sich das Verhalten der Regelstrecken wesentlich. Schließlich können sprunghaft veränderliche Rückwirkungen auf die Stellorgane auftreten, was besonders bei Klappen- und Einsitzventilen kritisch ist.

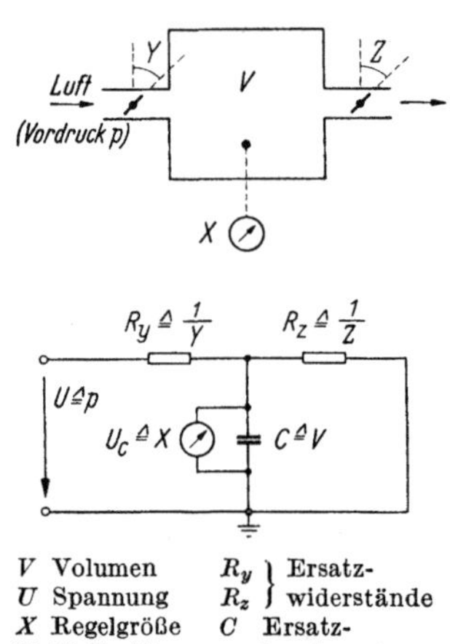

V Volumen
U Spannung
X Regelgröße
Y Stellgröße
Z Störgröße
R_y, R_z Ersatzwiderstände
C Ersatzkondensator

Bild 1. Druckregelstrecke und elektrisches Ersatzschaltbild

3. Ersatzschaltbilder praktischer Regelstrecken

Alle diese Erscheinungen sind die Ursache dafür, daß man in der Praxis höchst selten linearen Übergangsfunktionen niedriger Ordnung begegnet, die man nach oberflächlichen Betrachtungen über Drosseln und Speicher vor sich zu haben glaubt. Dennoch liefern solche einfachen Überlegungen einen Einblick in das Grundverhalten der Regelstrecke.

Vielfach werden zu solchen Betrachtungen elektrische Ersatzschaltbilder (*Bild* 1) herangezogen. Angenommen wurde ein Behälter mit dem Volumen V, dessen Luftzustrom mit einer Klappe (Y Stellgröße) so eingestellt wird, daß trotz des Luftabstromes durch die andere Klappe (Z Störgröße) der Druck im Behälter (Regelgröße) auf dem vorgeschriebenen Wert bleibt. Darunter ist das elektrische Ersatzschaltbild gezeigt. Der Vordruck p wird durch die Spannung U, das Volumen V durch die Kapazität C und die Drosseln Y, Z durch die Widerstände R_y, R_z dargestellt. Dem Druck X im Volumen V entspricht dann die Spannung U_c am Kondensator C.

Das einfache Beispiel läßt gleichzeitig die starke Lastabhängigkeit der Stellübergangsfunktion erkennen, die für solche Regelstrecken bezeichnend ist (*Bild* 2). Bei Schwachlast ist die freie Öffnung der Klappen (Stellgröße Y, Störgröße Z) sehr klein und damit der Ersatzwiderstand R_y sowie auch R_z groß. Dies ergibt eine große Zeitkonstante T_s der Regelstrecke, aber einen kleinen Ausgleichswert q. Bei Starklast dagegen sind R_y und R_z klein, was eine kleine Zeitkonstante T_s, aber einen großen Ausgleichswert q bedeutet.

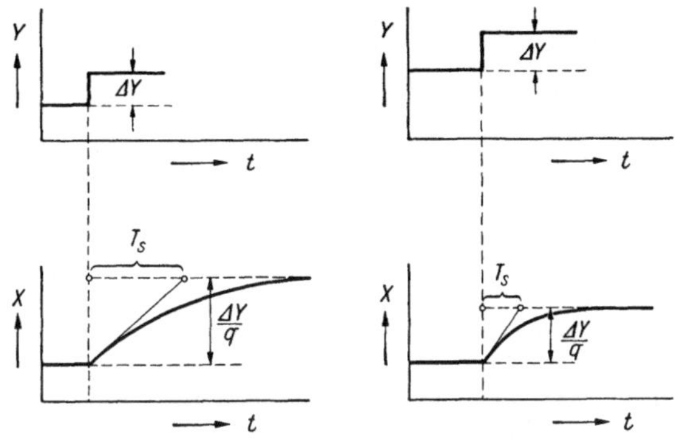

a) Schwachlast b) Starklast

X Regelgröße, Y Stellgröße, ΔY Stellsprung, T_s Zeitkonstante, q Ausgleichswert, t Zeit

Bild 2. Lastabhängigkeit der Stellübergangsfunktionen bei Druckregelstrecken

Ausgehend von einem solchen einfachen Ersatzbild ist zu prüfen, wie weit sich die praktische Anordnung in ihrem Verhalten von der idealisierten entfernt. Nur in extremen Fällen, z. B. bei Änderung des Aggregatzustandes, darf man nicht nach solchen einfachen Ersatzbildern rechnen. Liegen vermaschte Regelkreise vor oder wird der Druck durch Eingriff in eine besondere Erzeugungsanlage gehalten, so können erweiterte Ersatzbilder zum Studium der Regelvorgänge durch Analogieversuche sehr nützlich sein. Typische Beispiele hierfür sind die kombinierte Druckdurchflußregelung und die Druckhaltung in Dampferzeugern [*10*, *11*].

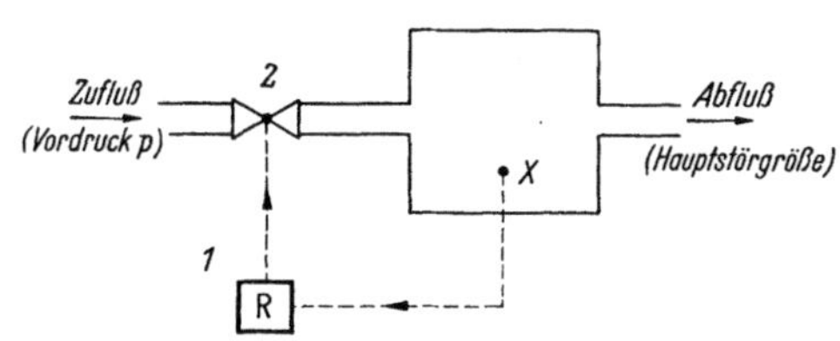

X Regelgröße 1 Regler 2 Stellglied

Bild 3. Druckregelung durch Drosselung des Zustroms

4. Regelanordnungen

Eine Durchsicht der häufigsten Druckregelaufgaben zeigt, daß sie sich meist in folgendes Schema (*Bilder* 3 bis 6) einordnen lassen:

Fast immer ist die Druckregelung ein Durchflußproblem, das letztlich auf die Anordnung (*Bild* 7) zurückgeführt werden kann. Aus diesem Bild

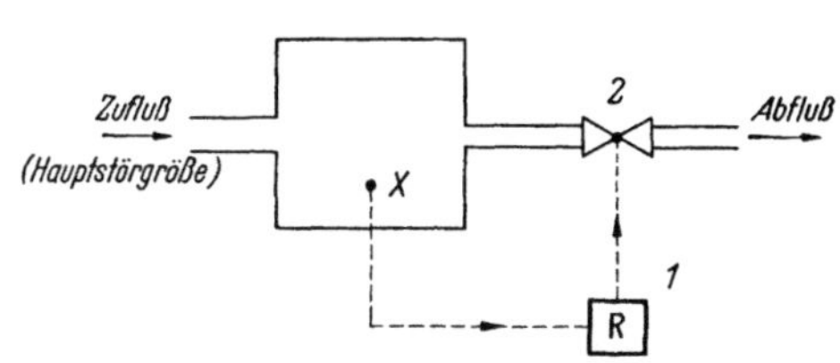

X Regelgröße 1 Regler 2 Stellglied

Bild 4. Druckregelung durch Drosselung des Auslasses

kann man das Wesentliche sofort ablesen: Ist Zufluß gleich Abfluß, so bleibt der Druck konstant. Überwiegt der Zufluß, so steigt der Druck, im umgekehrten Fall fällt der Druck. Die Regelstrecke mit erzwungenem Zufluß bzw. Abfluß als Stell-

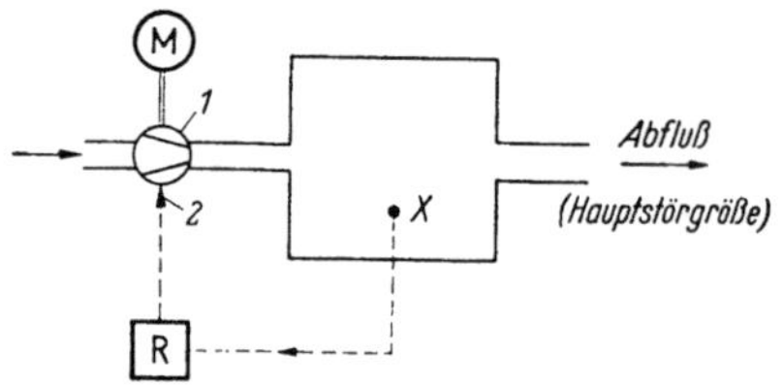

1 Druckerzeuger
2 Stelleingriff im Druckerzeuger
X Regelgröße
M Antriebsmotor

Bild 5. Druckregelung durch unmittelbaren Eingriff in die Erzeugung

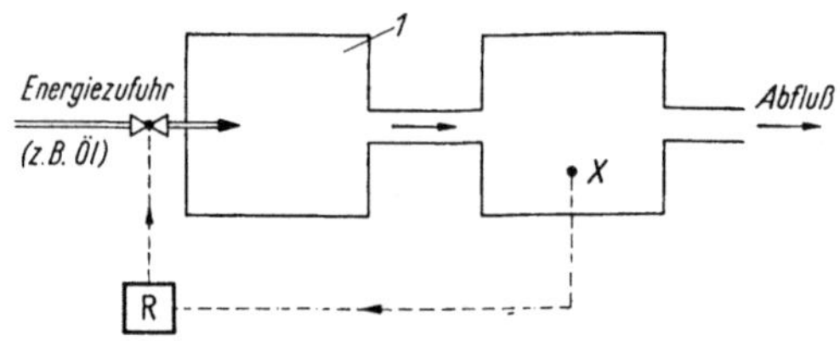

X Regelgröße
1 Druckerzeugungsanlage

Bild 6. Druckregelung durch mittelbaren Eingriff in die Erzeugung

größe hat also grundsätzlich integralen Charakter, d. h., sie ist eine Regelstrecke ohne Ausgleich. Sind Zu- oder Abfluß von Drosselwirkungen bestimmt, dann findet ein Ausgleich über die Druckabhängigkeit des Drosseldurchlasses statt. Der Zusammenhang zwischen Druckdifferenz Δp an einer Drossel und deren Durchfluß Q ist quadratisch:

$$Q^2 = K \Delta p$$

Bei der Druckhaltung durch ein Stellglied im Zufluß (s. *Bild* 3) ist zu beachten, daß bei einer Störgröße, die den Abfluß plötzlich ganz schließt, der Regler den Druck nicht mehr absenken kann. Es muß dann das Stellglied in einem zusätzlich vorzusehenden Abfluß eingebaut und der Zufluß auf maximalen Verbrauch fest eingestellt werden. Liegt das Stellglied im Abfluß (s. *Bild* 4), dann ist beim Ausbleiben des Zuflusses eine Regelung überhaupt nicht mehr möglich.

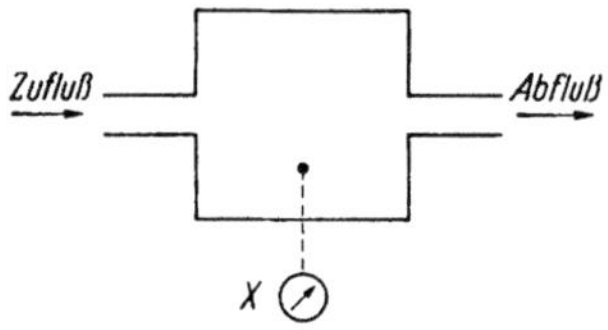

X Regelgröße

Bild 7. Druckregelung als Durchflußproblem

B. Eigenschaften der Drosselorgane

1. Wahl der Stellkennlinie

Als Drosselorgane kommen Hähne, Ventile, Schieber oder Klappen in Betracht; sie sind nach technologischen Gesichtspunkten auszuwählen. Für das Funktionieren der Regelung dagegen ist die Stellkennlinie entscheidend; wie sie aussehen soll, hängt vom Störverhalten der Regelstrecke ab. Da diese verschiedenartig auf die einzelnen Störmöglichkeiten reagiert, muß man sich entscheiden, welcher Störmöglichkeit man am besten durch den Regler begegnen möchte, oder einen Kompromiß schließen.

Wesentlich ist das Ziel, eine solche Kennlinie zu wählen, bei der die Regeldynamik unabhängig vom Betriebszustand wird.

Der grundsätzlich anzustrebende Verlauf der Kennlinie des Drosselorgans ergibt sich aus der Tatsache, daß bei Schwachlast bereits unverhältnismäßig kleine

Änderungen der Durchlaßquerschnitte zu großen Druckänderungen führen (s. *Bild* 2). Ist die Hauptstörgröße veränderlicher Vordruck, so empfiehlt sich also die isoprozentige Kennlinie (s. Kapitel 12). Für Entnahmestörungen oder Sollwertverstellung ist wie bei der Durchflußregelung eine lineare Durchflußkennlinie am günstigsten. Dies folgt aus der Überlegung, daß der gemessene Druck bei Gegendruck Null zugleich der Differenzdruck über der Abflußdrossel und mithin ein Maß für die Abflußstärke ist. Es liegt also praktisch eine Durchflußregelung vor.

2. Korrektur der Stellkennlinie

Leider hat man es nur selten in der Hand, die Kennlinie frei zu wählen, sondern man muß sich mit einem vorhandenen Drosselorgan abfinden und mit den an ihm betriebsmäßig auftretenden Differenzdrücken rechnen. Es ist bis zu einem gewissen Grad möglich, durch Verändern der Winkel der Betätigungsgestänge und durch Begrenzen des Stellweges Verbesserungen anzubringen. Die Korrekturmöglichkeiten sind aber aus mechanischen Gründen (Klemmen der Gestänge) nur gering (50% Änderung der Stellsteilheit) und sie werden deshalb nur bei sehr kritischen Reglereinstellungen, die man besser vermeiden sollte, im Regelergebnis merkbar.

C. Druckmeßverfahren

1. Allgemeine Übersicht

Aus der unübersehbaren Menge der Druckmeßverfahren haben sich in der technischen Praxis nur folgende Verfahren [*3*, *5*, *6*] durchgesetzt:

a) Druckmessung mit Flüssigkeitssäule: Schwimmermanometer.
b) Druckwaagen: Ringwaagen, Tauchglockenmeßgeräte, Bälge, Membranen.
c) Federelastische Druckmessung: Bourdonfeder-Manometer [*7*], Kapselfeder-Meßgeräte [*8*], Plattenfeder-Meßgeräte [*4*].

Meist ist eine weitere Umformung der mechanischen Ausgangsgröße dieser Geräte in eine für den jeweiligen Regler passende Eingangsgröße erforderlich. Dazu werden in einfacheren Fällen Abgriffe (Stellungsumformung), für genauere Messungen Weg- oder Kraftvergleichverfahren gewählt.

2. Besondere Aufgaben

Für das Messen und Regeln kleiner Unter- oder Überdrücke, die z.B. in den Verbrennungsräumen von Öfen gehalten werden sollen, dienen besondere hochempfindliche Meßgeräte. Bei der Montage solcher Geräte ist auf den Auftrieb in den Entnahmeleitungen und die Druckunterschiede bei verschiedenen Höhenlagen Rücksicht zu nehmen. Parallel zu den Entnahmeleitungen liegende Bezugsdruckleitungen mit gleicher räumlicher Höhe der Bezugs- und Meßdruckentnahme (s. Kapitel 37) vermeiden diese Fehler. Fremderwärmung der Entnahmeleitungen ist auf jeden Fall zu vermeiden.

Für das Messen höchster Drücke wurden besondere elektrische Meßeinrichtungen geschaffen; sie arbeiten mit der Widerstandsänderung bei Dehnung (Prinzip der Dehnungsmeßstreifen), mit magnetoelastischen oder piezoelektrischen Gebern [*9*].

D. Wahl des Reglers

Druckregelstrecken weisen im allgemeinen einen kleinen Ausgleichswert auf, der oft von dem jeweiligen Betriebszustand abhängt. Bei Flüssigkeiten ist die Anlaufzeit sehr kurz, meist nur durch das Meßgerät bestimmt; bei Gasen kann sie bei großen Volumen sehr lang werden.

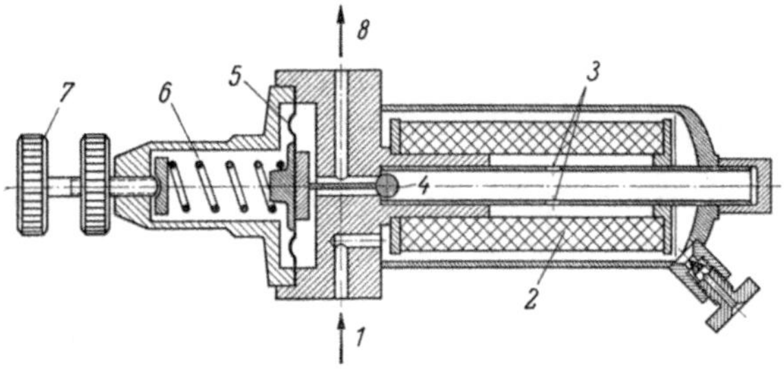

1 Zuluft
2 Filter
3 Bohrungen
4 Kugelventil
5 Membran
6 Feder
7 Sollwerteinsteller
8 Geregelter Druck (reduziert)

Bild 8. Reduzierstation für Preßluft

Bei Flüssigkeiten ist das Stellverhalten der Regelstrecken dem eines P-Gliedes vergleichbar, es empfiehlt sich dann, einen I-Regler vorzusehen. Für Gase und Dämpfe hingegen wird das Stellverhalten mit einem I-Glied beschrieben, man muß daher einen P-Regler einsetzen, wenn man auf kurze Regeldauer Wert legt. Bei einem I-Regler müßte die Stellzeit sehr lang im Verhältnis zur Streckenzeitkonstante gewählt werden, um stabil regeln zu können.

In beiden Fällen sind auch PI-Regler zulässig; bei Flüssigkeiten stellt man sehr großen P-Bereich und kurze Nachstellzeit ein, bei Gasen oder Dämpfen ist ein kleiner P-Bereich und lange Nachstellzeit notwendig.

Für viele einfache Regelaufgaben genügen P-Regler ohne Hilfsenergie mit sehr kleinem P-Bereich. Kennzeichnend hierfür sind Reduzierstationen für Preßluft (*Bild* 8).

E. Quellenhinweise

[*1*] Profos, P.: Das dynamische Verhalten der Regelstrecke von Druckregulierungen. Schweiz. Arch. 17. Jg. (1951) Nr. 4, S. 114–119.

[*2*] Wünsch, G.: Regler für Druck und Menge. München u. Berlin: R. Oldenbourg 1930.

[*3*] Ebert, H. u. Gielessen, J.: Unter- bzw. Überdruck-Messer, Mikromanometer. Arch. techn. Messen Lfg. 213 (Okt. 1953) V 1342-1.

[*4*] Schumacher, O.: Plattenfederdruckmesser. Arch. techn. Messen (Mai 1949) V 1343-7 u. (Aug. 1949) V 1343-8.

[*5*] Wuest, W.: Mechanische Druckmessung. Arch. techn. Messen (März 1943) V 1343-1, (April 1943) V 1343-2, (Mai 1943) V 1343-3.

[*6*] Wuest, W.: Die Dämpfung von Druckschwankungen bei federelastischen Druckmeßgeräten. Arch. techn. Messen (Sept. 1943) V 1343-4.

[*7*] Wuest, W.: Röhrenfederdruckmesser. Arch. techn. Messen (Juni 1948) V 1343-5 u. (Aug. 1948) V 1343-6.

[*8*] Wuest, W.: Kapselfeder-Druckmesser. Arch. techn. Messen (Sept. 1949) V 1343-9.

[*9*] Klein, P. E.: Piezoelektrische Quarz-Geber für elektronische Druckmessungen. Arch. techn. Messen Lfg. 250 (Nov. 1956) V 132-20.

[*10*] Weiterentwicklung der Krämer-Mühlenfeuerung. Brennstoff-Wärme-Kraft Bd. 3 (1951) S. 73–79.

[*11*] Oetker, R. u. Schroeder, G.: Die Regelbarkeit des Druckes von Dampferzeugern. Brennstoff-Wärme-Kraft Bd. 3 (1951) S. 361–366.

5. Durchfluß-, Mengen- und Gemischregelung

Von H. Katz

Inhaltsübersicht

A. Die Durchflußregelstrecke

Bei der Durchflußregelung stellt eine durchströmte Rohrleitung die Regelstrecke dar. Der Durchfluß hängt von dem zwischen Anfang und Ende der Leitung verfügbaren Druckgefälle und dem gesamten dazwischenliegenden Strömungswiderstand ab [*1, 2*]. Der Durchfluß läßt sich beeinflussen, indem man entweder das z.B. von einer Pumpe erzeugte Druckgefälle ändert oder einen veränderbaren Strömungswiderstand in die Rohrleitung in Form eines Ventils oder einer Klappe einfügt.

Das erstgenannte Verfahren bedingt eine Steuerung der Pumpendrehzahl (Dampfmaschine, Elektromotor, Flüssigkeitskupplung). Außer der Pumpenkennlinie gehen auch die Charakteristik der Steuereinrichtung sowie Trägheit von Antrieb, Pumpe und Pumpgut in die Regelung ein.

Weit häufiger wird das zweite Verfahren angewendet, bei dem sich in der Rohrleitung, deren Durchfluß geregelt werden soll, als Stellglied ein veränderbares Drosselorgan befindet, z.B. ein Ventil. Stellgröße ist der Ventilhub; der Durchfluß spricht auf Änderungen der Ventilstellung fast augenblicklich an. Dies trifft insbesondere für flüssige Stoffe zu, während bei Gasen oder Dämpfen der Durchfluß infolge der Kompressibilität mit einer geringen Verzögerung seinen neuen Wert annimmt. Es handelt sich also bei der Durchflußregelung um verzögerungsarme Regelstrecken mit Ausgleich, im wesentlichen also um Strecken mit PR-Verhalten. Kleine Totzeiten müssen beachtet werden, da die Anlaufzeit besonders bei Flüssigkeiten sehr klein ist.

Nach den Strömungsgesetzen gilt für den Volumen-Durchfluß durch das Ventil die Beziehung:

$$Q = k_v \sqrt{\frac{\Delta p / \Delta p_0}{\gamma / \gamma_0}} \tag{1}$$

k_v (Beiwert) ist der Durchfluß durch das vollgeöffnete Ventil für Wasser von der Wichte γ_0 (20 °C) und beim Druckabfall $\Delta p_0 = 1$ at. (Δp Druckabfall am Ventil in at, γ Wichte des strömenden Stoffes.)

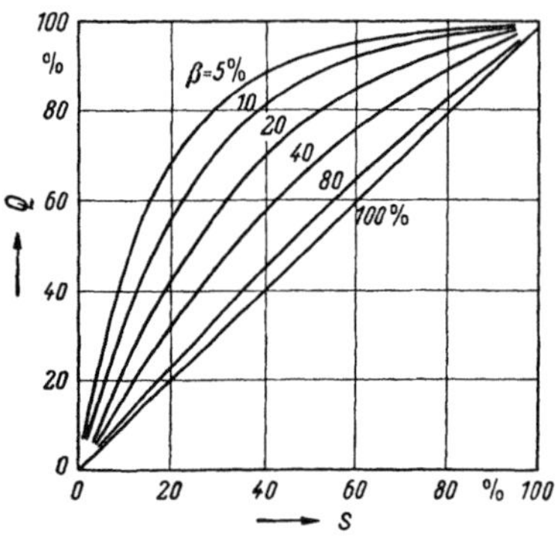

a) Lineare Kennlinie

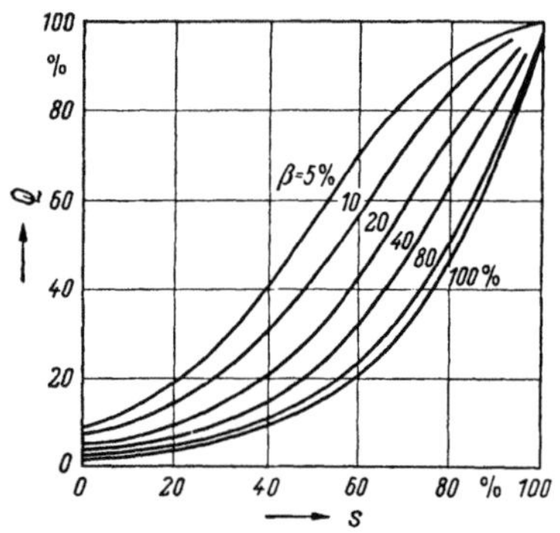

b) Isoprozentige Kennlinie

Q Durchfluß
s Ventilstellung
β Verhältnis von Druckabfall am Ventil bei voller Öffnung zum Gesamtdruckgefälle bei geschlossenem Ventil in Prozent

Bild 1. Durchflußkennlinien $Q(s)$ eines Regelventils bei verschiedenen Druckverlusten in der Leitung

Bei Gasen und Dämpfen ist ferner das Verhältnis p_1/p_2 der absoluten Drücke vor und hinter dem Ventil maßgebend. Wird nämlich das sogenannte kritische Druckverhältnis erreicht, so hängt der Durchfluß des betreffenden Gases oder Dampfes nur noch vom Vordruck p_1 ab [*3* bis *7*].

Der Zusammenhang zwischen Durchfluß Q und Ventilstellung s über dem gesamten Stellbereich ist durch die Formgebung des Ventilkörpers als veränderbares Drosselorgan gegeben. Beispiele (*Bild* 1) zeigen die Kurven für 100%, bei denen der Druckabfall konstant, d.h., vom Durchfluß unabhängig ist.

Der Durchfluß Q_s in der Ventilstellung s:

$$Q_s = f(s)\, k_v \sqrt{\frac{\Delta p / \Delta p_0}{\gamma / \gamma_0}} \tag{1a}$$

ist also außer von der Beziehung nach Gl. (1) noch von der Funktion $f(s)$ abhängig, wobei $f(s)$ eine durch die Formgebung des Ventilkörpers gegebene stellungsabhängige Eigenschaft des Ventils darstellt.

Der Druckabfall Δp am Ventil ergibt sich aus dem verfügbaren Gesamtdruckgefälle abzüglich des Druckverlustes in der Leitung. Bei steigendem Durchfluß nimmt der Förderdruck der Pumpe im allgemeinen ab, während gleichzeitig der Druckverlust in den Strömungswiderständen der Rohrleitung vor und hinter dem Regelventil quadratisch mit der Strömungsgeschwindigkeit wächst. Beide Einflüsse bewirken, daß der am Ventil verfügbare Druckabfall mit zunehmendem Durchfluß kleiner wird. Die Durchflußkennlinie $Q(s)$ nach Gl. (1a) des als Stellglied in der Regelstrecke eingebauten Ventils, die den Zusammenhang zwischen dem Durchfluß und der Ventilstellung wiedergibt, weicht daher betriebsmäßig von der Kurve konstanten Druckabfalls (100%) mehr oder weniger ab (vgl. *Bild* 1). Das Ausmaß der Abweichung richtet sich nach dem Parameter β, der das Verhältnis von Druckabfall am Ventil bei voller Öffnung zum Gesamtdruckgefälle bei geschlossenem Ventil bedeutet [*8* bis *11*].

B. Durchflußmeßverfahren

Die Arten der Durchflußmessung sind grundsätzlich so verschieden, daß sie den Aufbau der Regelung entscheidend beeinflussen [*12* bis *18*].

1. Wirkdruckmethode

a) Wirkdruckgeber

Als Maß für den Durchfluß in einer Rohrleitung gilt der Druckunterschied (Wirkdruck) $\Delta p = p_1 - p_2$, der vor und hinter einer definierten, als Blende, Düse oder Venturirohr ausgebildeten Einschnürung der Leitung auftritt (*Bild* 2) [*3, 19* bis *25*]. Nach den Strömungsgesetzen (Bernoulli) ändert sich der Wirkdruck quadratisch mit dem Volumendurchfluß:

$$Q = \alpha F_0 \sqrt{\frac{2g}{\gamma} \Delta p} \qquad (2)$$

(Δp Wirkdruck, g Erdbeschleunigung, γ Wichte des strömenden Stoffes, F_0 Öffnungsquerschnitt des Drosselgerätes, α Durchflußzahl [*3*].)

In großen Rohrquerschnitten verwendet man besonders bei Gasen bisweilen an Stelle eines Drosselgerätes ein Staugerät, z.B. Staurohr oder Stauscheibe. Der Staudruck, den der strömende Stoff infolge seines Geschwindigkeitsverlustes vor dem Staugerät erzeugt, folgt ebenso dem Bernoullischen Gesetz.

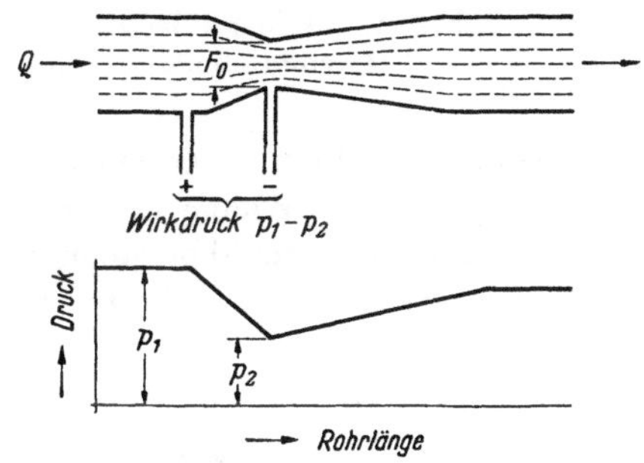

Q Durchfluß
F_0 Öffnungsquerschnitt der Drosselstelle

Bild 2. Druckverlauf an einer Leitungseinschnürung beim Wirkdruckverfahren (schematisch)

Wegen der quadratischen Abhängigkeit des Meßdruckes vom Durchfluß wird die Durchflußmessung grundsätzlich im unteren Bereich unsicher [*26*]. Ferner treten Fehlmessungen bei pulsierender Strömung auf [*27*].

b) Ausschlagsmeßgeräte

Das Arbeitsvermögen des von den Drossel- und Staugeräten gelieferten Differenzdruckes ist, abgesehen vom untersten Teil des Meßbereiches, im allgemeinen ausreichend groß, um in manometerartigen Vorrichtungen, wie Tauchglocke, Ringwaage, Flüssigkeitsmanometer mit Schwimmer, Faltenbalg- und Membrangerät, mechanische Hubarbeit zu verrichten und einen Ausschlag zu erzeugen [*28, 29*]. Das Verschiebevolumen der Meßgeräte bedingt eine bei der Regelung nicht vernachlässigbare Anzeigeverzögerung. Der Wert des Ausschlages ist durch das Gleichgewicht zwischen der Meßkraft und einer ausschlagsabhängigen Rückstellkraft bestimmt (Ausschlagsverfahren). Der Ausschlag wird entweder mechanisch oder mit Hilfe eines elektrischen Abgriffes auf den Regler übertragen.

Der quadratische Zusammenhang zwischen der Meßgröße x und dem Durchfluß Q ist im Fall der Festwertregelung belanglos, denn für kleine Abweichungen können lineare Verhältnisse entsprechend der örtlichen Steilheit der Kurve $x(Q)$ am Arbeitspunkt angenommen werden. Bei größeren Sollwertverstellungen ändert sich die örtliche Steilheit $\Delta x/\Delta Q$ und damit der Gesamtübertragungsfaktor des Reglers erheblich, so daß er jeweils neu eingestellt oder die Steilheitsänderung an einer anderen Stelle des Regelkreises, z.B. durch die Form der Kennlinie des Regelventils, kompensiert werden muß. Linearen Zusammenhang zwischen Meßgröße (Regelgröße) und Durchfluß erzielt man durch Radiziervorrichtungen [*30*].

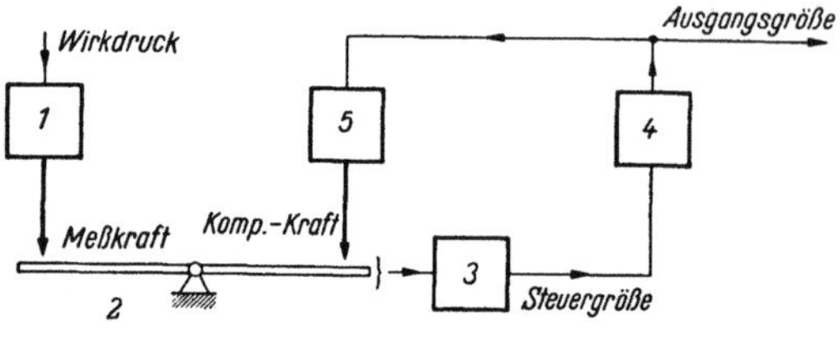

1 Meßgeber
2 Waagebalken
3 Abgriff
4 Verstärker
5 Kompensationssystem

Bild 3. Wirkschema des Kraftvergleich-Durchflußmeßumformers

c) Meßumformer

Beim Kompensationsverfahren nach der Methode des Kraftvergleichs (*Bild* 3) [*31*] übt der Wirkdruck durch einen richtkraftlosen Meßgeber (*1*) (Tauchglocke, Ringwaage oder Membrangerät) ein Drehmoment auf die eine Seite einer reibungsfrei gelagerten Waage (*2*) aus. Bei der kleinsten Abweichung der Waage von der Ruhelage wird über einen Abgriff (*3*) mit nachfolgendem Verstärker (*4*) eine Hilfsgröße gesteuert, die im Kompensationssystem (*5*) eine das Gleichgewicht

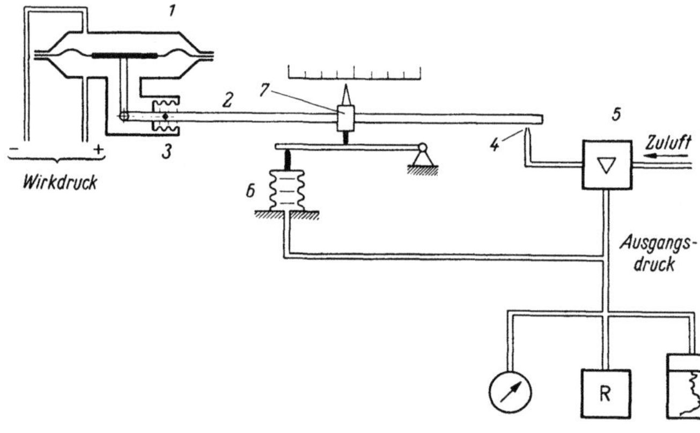

1 Membranmeßwerk
2 Waagebalken
3 Durchführungsbalg
4 Düse und Prallplatte
5 Pneumatischer Verstärker
6 Kompensationsbalg
7 Wirkdruck-Bereichsteller

Bild 4. Pneumatischer Differenzdruck-Meßumformer

der Waage wiederherstellende Kraft bildet. Die Hilfsgröße ist dann ein Maß für die Meßkraft, also den Wirkdruck; sie wird als Istwert der Regelgröße dem Durchflußregler zugeführt.

Der Wirkdruck kann z.B. in eine pneumatische (*Bild* 4) oder in eine elektrische Größe (*Bild* 5) umgeformt werden (Meßumformer) [*31*, *32*]. Im zweiten Fall läßt sich in einfacher Weise mit dem Kompensationsvorgang eine Radizierung verbinden, indem der Kompensationsstrom einem elektrodynamischen Tauchspulsystem (*6*) zugeführt wird und dort eine dem Quadrat des Stromes verhältnisgleiche

Gegenkraft erzeugt. Der Meßumformer liefert einen dem Durchfluß linear zugeordneten eingeprägten Strom. Im inneren Regelkreis des Meßumformers wird bei der radizierenden Ausführung (*Bild* 5) gleichbleibende Regeldynamik an jeder Stelle

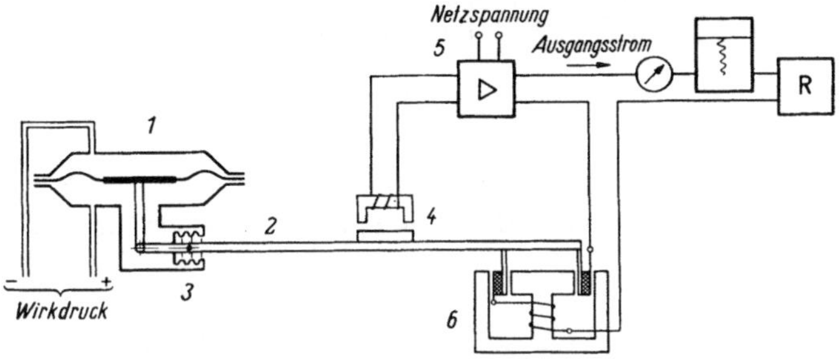

1 Membranmeßwerk
2 Waagebalken
3 Durchführungsbalg
4 Induktiver Abgriff
5 Magnetischer Verstärker
6 Elektrodynamisches Tauchspulsystem

Bild 5. Elektrischer Durchflußmeßumformer

des Meßbereichs dadurch erreicht, daß der Abgriff (*4*) am Hebel (*2*) oder der Verstärker (*5*) eine Kennlinie erhält, die mit zunehmender Aussteuerung nach einer Wurzelfunktion abfällt.

Für die Durchflußregelung bringen die Meßumformer folgende Vorzüge:

Verschiedene Wirkdruck- bzw. Durchflußmeßbereiche werden in eine einheitliche Übertragungsgröße (z. B. Luftdruck oder elektrischen Strom) mit normiertem Bereich umgeformt.

Man kann den Meßumformer mit kurzen Wirkdruckleitungen in der Nähe des Meßortes einbauen und das Anzeigegerät für den Istwert der Regelgröße an entfernteren Stellen, z. B. in der Warte, über Meßleitungen an den Umformer anschließen; auf diese Weise braucht der u. U. unter hohem Druck stehende aggressive oder explosive Stoff nicht in die Warte geführt zu werden.

Wegen der praktisch weglosen Kraftkompensation findet kaum ein Volumentransport in den Wirkdruckleitungen statt, so daß Wirkdruckänderungen ohne nennenswerte Verzögerung zum Meßumformer gelangen.

d) Druck- und Temperaturberichtigung [*3*, *33* bis *37*]

Bei Gasen und Dämpfen hängt die Wichte γ vom Druck p und der Temperatur T des Meßstoffes ab. Mit dem Gewichtsdurchfluß:

$$G = Q\gamma \tag{3}$$

ist nach Gl. (2) für ein gegebenes Drosselgerät:

$$G \sim \sqrt{\Delta p \gamma} \tag{4}$$

Ist das Drosselgerät für einen bestimmten Zustand (γ_1, p_1, T_1) des Meßstoffes berechnet worden, also:

$$G_1 \sim \sqrt{\Delta p \gamma_1} \tag{5}$$

so wird nach dem Zusammenhang für ideale Gase:

$$\gamma = \gamma_1 \frac{p\,T_1}{p_1\,T} \tag{6}$$

Gl. (4):

$$G \sim \sqrt{\Delta p\,\gamma_1 \frac{p\,T_1}{p_1\,T}} \tag{4a}$$

und mit Gl. (5):

$$G \sim G_1 \sqrt{\frac{p\,T_1}{p_1\,T}} \tag{7}$$

Unterscheiden sich also bei einem bestimmten Meßstoff der Druck p und die Temperatur T (Betriebszustand) vom Druck p_1 und der Temperatur T_1 (Berechnungs-

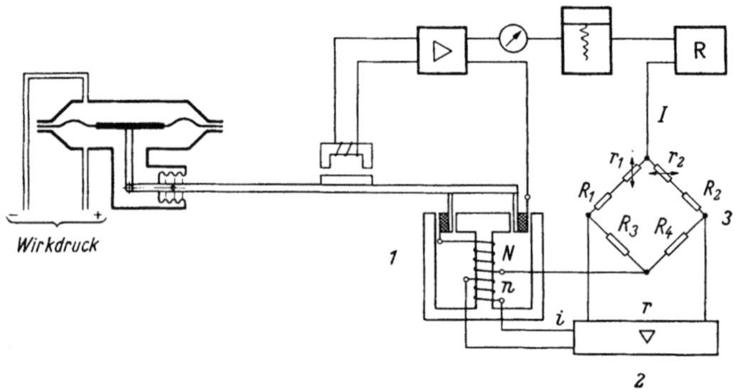

1 Elektrodynamisches Tauchspulsystem (N Hauptwicklung, n Zusatzwicklung)
2 Meßverstärker (r Eingangswiderstand, i Korrekturstrom)
3 Brückenschaltung (R_1, R_2, R_3, R_4 Festwiderstände, r_1 Manometerwiderstand, r_2 Thermometerwiderstand)
I Ausgangsstrom des Meßumformers

Bild 6. Druck- und Temperaturberichtigung beim elektrischen Durchflußmeßumformer

zustand), so muß das nur für den Berechnungszustand ($p_1 T_1$) richtige Meßergebnis G_1 des Drosselgeräts nach Gl. (7) berichtigt werden, damit man den wahren Gewichtsdurchfluß G erhält.

Aus dem Gewichtsdurchfluß G findet man den Volumendurchfluß im Normzustand ($T_N = 273\,°K$; $p_N = 760$ mm Hg)

$$Q_N = \frac{G}{\gamma_N}$$

(γ_N Normwichte)

Soll im Gleichgewichtszustand des Meßumformers (*Bild* 6) der Strom I den Gewichtsdurchfluß G darstellen, so muß dem Tauchspulsystem (*1*) über die Zusatzwicklung (n) der Strom i zugeführt werden, wenn sich Betriebszustand und Berechnungszustand voneinander unterscheiden.

Der Strom i wird über den Meßverstärker (*2*) mit großem Eingangswiderstand aus der vom Strom I gespeisten Brückenschaltung (*3*) geliefert. Den veränderbaren Widerstandsanteil r_1 stellt ein Manometer proportional der Differenz $p_1 - p$ ein. Der Widerstandsanteil r_2 stammt von einem Widerstandsthermometer und ist proportional der Differenz $T_1 - T$. Die Schaltung berichtigt die Wirkdruckmessung in exakter Weise, so daß der Strom I ein von Druck und

Temperatur unabhängiges Maß für den Gewichtsdurchfluß G des strömenden Stoffes darstellt. Bei bekannter Normwichte γ_N kann auch der Volumendurchfluß in Nm^3/h angegeben werden.

2. Messung der Strömungsgeschwindigkeit

Beim *Schwebekörpermesser* strömt der Meßstoff in einem sich nach oben erweiternden Rohr aufwärts, in dem sich frei beweglich ein Schwebekörper befindet (*Bild* 7). Je nach der Größe des Durchflusses nimmt der Schwebekörper eine tiefere oder höhere Lage im Rohr ein, wobei die damit verbundene Änderung des Strömungsquerschnittes zwischen Rohrwandung und Schwebekörper den erforderlichen (konstanten) Differenzdruck erzeugt, der den Schwebekörper im Gleichgewicht hält. Es handelt sich also um ein Ausschlagsverfahren. Wenn der Strömungsquerschnitt im Raum zwischen Schwebekörper und Rohr dem Hub des Schwebekörpers verhältnisgleich ist, ergibt sich ein linearer Zusammenhang zwischen dem Hub x und dem Durchfluß Q. Die Stellung des Schwebekörpers kann mit Hilfe eines induktiven Abgriffs auf den Regler übertragen werden. Schwebekörpermesser haben die besondere meßtechnische Eigenschaft, daß die relative Einstellgenauigkeit über den ganzen Meßbereich annähernd gleich ist.

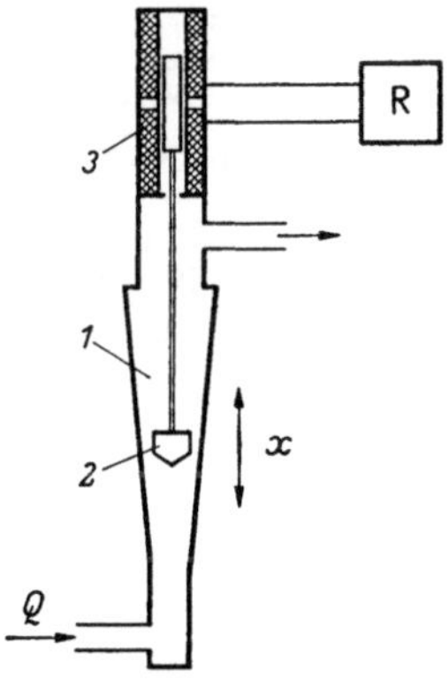

1 Meßrohr
2 Schwebekörper (Hub x)
3 Induktiver Abgriff
Q Durchfluß

Bild 7. Schwebekörper-Durchflußmesser

Auch die *Flügelrad-*, *Propeller-* und *Turbinenradmesser* gehören zur Gruppe der Durchflußmeßgeräte, die eine Strömungsgeschwindigkeit unmittelbar messen [*38* bis *40*]. Für Regelungszwecke werden diese Geräte mit elektrischen Impulsgebern ausgerüstet, deren Spannung oder Frequenz ein Maß für den Durchfluß ist.

Nach mittelbaren, wärmeelektrischen und rein elektrischen Verfahren arbeiten folgende Geräte:

Das *Hitzdraht-Anemometer* mißt die Strömungsgeschwindigkeit von Gasen auf Grund der Abkühlung eines elektrisch beheizten Metalldrahtes oder auch Thermoelementes durch den zu messenden Gasstrom [*41*]. Die dadurch hervorgerufene Änderung des Widerstandes bzw. der Thermospannung dient als Maß für den Durchfluß.

Beim *kalorimetrischen Durchflußmesser* ergibt sich der Durchfluß aus der Temperaturerhöhung, die eintritt, wenn dem strömenden Stoff von bekannter spezifischer Wärme eine bestimmte Wärmemenge je Zeiteinheit zugeführt wird [*42*].

Beim *Induktionsdurchflußmesser* wird der – flüssige – Stoff durch ein Rohrstück aus nichtmagnetischem Material geleitet und einem magnetischen Wechselfeld ausgesetzt [*43*, *44*]. Die in der Flüssigkeit induzierte Spannung ist dem Durchfluß verhältnisgleich. In dem elektrisch isolierend ausgekleideten Rohrstück ist ein Paar gegenüberliegender Elektroden angebracht, die diese Spannung abnehmen und einem Verstärker zuleiten. Bei diesem neueren Verfahren tritt kein Druckverlust auf, und die Durchflußmessung ist unabhängig von der Temperatur, dem Druck, der Viskosität und der Wichte.

3. Volumetrische Methoden

Von großer Bedeutung für die Durchflußregelung sind die mit Meßkammern ausgerüsteten volumetrischen Geräte, die als Trommel-, Hubkolben- und Ringkolbenzähler ausgeführt werden [*15*, *38*]. Sie sind an sich Mengenmeßgeräte, die durch Anbringen eines Tachogenerators zu mittelbaren Durchflußmessern vom Ausschlagstyp werden (*Bild* 8).

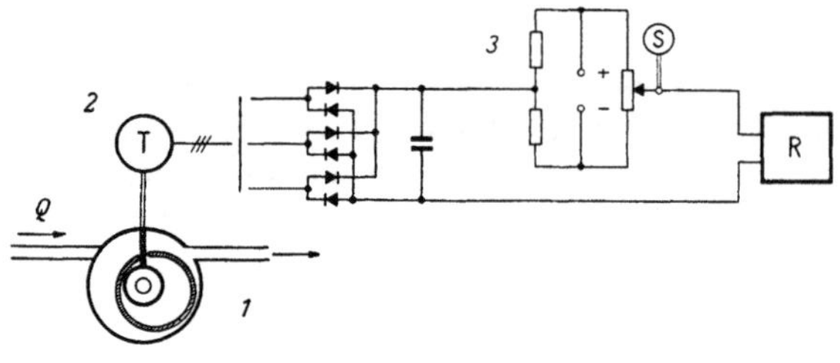

1 Ringkolbenzähler (*Q* Durchfluß)
2 Drehstromtachogenerator
3 Brückenschaltung für Sollwertsteller

Bild 8. Ringkolbenzähler als Durchflußmesser

Im Gegensatz zum Differenzdruckverfahren erfassen volumetrische Geräte mit Meßkammern auch kleine Durchflußwerte mit großer Genauigkeit, da bei ihnen eine zwangsläufige lineare Beziehung zwischen Drehung und Durchflußvolumen besteht. Außerdem lassen sie sich insbesondere auch für zähe, aggressive oder schwere Flüssigkeiten verwenden.

C. Regelgeräte

1. Reglertyp

Durchflußregelstrecken lassen sich auf Grund ihres Ausgleichs sowie ihres meist sehr kleinen Anlaufwertes am besten mit einem I-Regler stabil und ohne bleibende Abweichungen regeln [*45* bis *48*]. Hierbei ist vorausgesetzt, daß Meßwerk und Regler selbst keine merklichen Verzögerungen aufweisen. Andernfalls gelangt man für eine stabile Regelung bald auf erhebliche Stellzeiten, die eine schnelle Ausregelung einer Störung nicht mehr ermöglichen. Im gleichen, d.h. in dem die Stellgeschwindigkeit begrenzenden Sinn, wirken sich auch zusätzliche Verzögerungen aus, wie sie z.B. bei pneumatischen Reglern in den Meßleitungen, insbesondere aber in den Übertragungsleitungen zum Stellglied mit seinem relativ großen Füllvolumen auftreten. Diese Verzögerung kann weitgehend verringert werden, wenn man den Regler in der Nähe des Stellgliedes anordnet oder, noch günstiger, unmittelbar auf das Stellglied setzt.

Eine rein integral wirkende Reglerbauart läßt sich mit pneumatischen Mitteln nur schlecht darstellen. Man verwendet daher in Verbindung mit Durchflußregelstrecken vielfach pneumatische PI-Regler, deren Integralwirkung durch eine nachgebende Rückführung zustande kommt, und man stellt einen extrem großen Proportionalbereich von mehreren hundert Prozent am Regler ein, so daß dieser praktisch als I-Regler arbeitet.

Zur Erhöhung der Stellgeschwindigkeit und der Einstellgenauigkeit pneumatisch angetriebener Ventile werden diese häufig mit einem pneumatischen Stellwerk (s. Kapitel 12) ausgerüstet. Dies ist ein proportional wirkender Stellungsregler mit kleinem P-Bereich, der einen pneumatischen Verstärker enthält und den vom Hauptregler kommenden Steuerdruck in eine verhältnisgleiche Ventilstellung umwandelt. Bei Durchflußregelungen wirkt sich aber eine Fehlstellung des Ventils über Regelstrecke und Regler ebenso schnell aus wie auf das Stellwerk selbst; dies kann zu Schwingungen führen.

Zur Stabilisierung müßte man den P-Bereich des Stellwerks wesentlich vergrößern; dies hebt aber seinen Nutzen praktisch auf. Vom Einbau eines Stellwerks sieht man deshalb bei Durchflußregelstrecken besser überhaupt ab und bringt statt dessen, wie oben erwähnt, den Regler in der Nähe des Stellgliedes an [*49*]. Muß sich der Regler in der Warte befinden, dann wird ein Stellwerk mit PI-Verhalten vorgesehen.

2. Stellgliedkennlinie

Vom regelungstechnischen Gesichtspunkt aus ist die Form der Durchflußkennlinie des Stellgliedes so zu wählen, daß die Übergangsfunktion des (aufgeschnittenen) Regelkreises und damit die Regeldynamik bei Änderung des Arbeitspunktes möglichst erhalten bleibt. Die vorstehende Forderung läßt sich im allgemeinen nicht für verschiedene Betriebsverhältnisse gleichzeitig erfüllen. Als solche kommen bei der Durchflußregelung einerseits Änderungen der Sollwerteinstellung, andererseits Änderungen des Vordruckes oder Gegendruckes als Störgrößen in Betracht [*50* bis *55*].

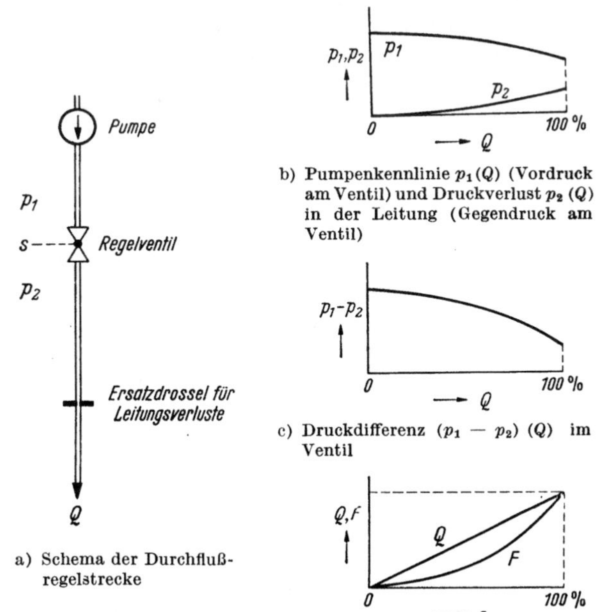

a) Schema der Durchflußregelstrecke

b) Pumpenkennlinie $p_1(Q)$ (Vordruck am Ventil) und Druckverlust $p_2(Q)$ in der Leitung (Gegendruck am Ventil)

c) Druckdifferenz $(p_1 - p_2)(Q)$ im Ventil

d) Öffnungskennlinie $F(s)$ und Durchflußkennlinie $Q(s)$ des Ventils

F Öffnungsquerschnitt
Q Durchfluß
s Ventilstellung

Bild 9. Ermittlung des Öffnungsquerschnittes eines Regelventils für eine gewünschte (z.B. lineare) Durchflußkennlinie, wenn Pumpenkennlinie und Druckverlust in der Leitung bekannt sind

Bei Sollwertänderung ist zu unterscheiden, ob die Meßeinrichtung einen linear oder quadratisch mit dem Durchfluß ansteigenden Meßwert liefert. Bei linearem Zusammenhang wird die oben aufgestellte Forderung dann erfüllt, wenn die Durchflußkennlinie des Stellgliedes ebenfalls linear verläuft. Bei quadratischer Abhängigkeit dagegen ist der mit dem Durchfluß zunehmende Anstieg der Meßkennlinie durch eine inverse Durchflußkennlinie (Wurzelfunktion) zu kompensieren. Beide Formen der Durchflußkennlinie lassen sich mit einer linearen bzw. invers quadratischen Kennlinie verwirklichen, wenn man durch ein hinreichend großes Verhältnis von Leitungsquerschnitt zu Ventilquerschnitt dafür sorgt, daß auch bei voll geöffnetem Ventil, d.h. maximalem Durchfluß, der größte Teil des verfügbaren Druckgefälles vom Ventil aufgenommen wird. Außerdem muß das verfügbare Druckgefälle praktisch unabhängig vom Durchfluß sein (genügend große Pumpenleistung). Sind diese Voraussetzungen nicht gegeben, so kann man bei Kenntnis der Leitungsdruckverluste und der Pumpenkennlinie die am Ventil verbleibende Druckdifferenz in Abhängigkeit vom Durchfluß ermitteln und seine Öffnungskennlinie so modifizieren, daß eine lineare Durchflußkennlinie erhalten wird (*Bild* 9).

Soll der Durchfluß trotz Änderung des Vordruckes auf einen fest eingestellten Sollwert geregelt werden, so muß sich, je nachdem, ob der Vordruck über oder unter dem Normalwert liegt, ein kleinerer bzw. größerer Öffnungsquerschnitt einstellen. Zudem wird im Hinblick auf die geforderte Konstanz der Regeldynamik verlangt, daß gleiche Änderungen des Ventilhubes bei jeder Ventilstellung jeweils gleiche Durchflußänderungen hervorrufen, also mit zunehmender Ventilöffnung (sinkendem Vordruck) eine immer größer werdende Änderung des Querschnittes bewirken. Dies führt auf eine Kennlinie, bei der die Steilheit $\mathrm{d}Q/\mathrm{d}s$ dem jeweiligen Durchfluß Q verhältnisgleich ist:

$$\frac{\mathrm{d}Q}{\mathrm{d}s} \sim Q \tag{8}$$

oder

$$\frac{\mathrm{d}Q}{Q} \sim \mathrm{d}s \tag{8a}$$

d.h., einer Hubänderung $\mathrm{d}s$ entspricht längs des ganzen Stellbereichs eine gleichprozentige Durchflußänderung (isoprozentige Durchflußkennlinie).

Durch Integration des Bildungsgesetzes nach Gl. (8a) findet man

$$\ln Q \sim s \tag{9}$$

also eine logarithmische Kennlinie.

Nimmt mit größer werdenden Druckverlusten der Parameter β (s. *Bild* 1) ab, so wird eine ursprünglich lineare Kennlinie ($\beta = 100\%$) stark gekrümmt (s. *Bild* 1a), während eine ursprünglich logarithmische Kennlinie ($\beta = 100\%$) gestreckt wird (s. *Bild* 1b).

D. Besondere Regelverfahren

1. Gemischregelung

Die Gemischregelung zweier Durchflüsse hat die Aufgabe, auf den Durchfluß eines Stoffes so einzuwirken, daß er in einem bestimmten Verhältnis (Regelgröße) zu dem betriebsmäßig sich ändernden Durchfluß eines anderen Stoffes bleibt. Hierzu werden beide Durchflüsse gemessen und so zueinander in Beziehung gebracht, daß bei dem gewünschten Mischungsverhältnis die Regelabweichung zu Null wird.

Wie bei der einfachen Durchflußregelung werden die Durchflüsse meist nach dem Wirkdruckverfahren gemessen. Wenn sich diese in sehr weitem Bereich ändern, z.B. bei der Brennstoff-Luft-Gemischregelung von Feuerungen [*56*], stehen im unteren Teil des Bereiches nur sehr geringe Wirkdrücke zur Verfügung.

Es werden jedoch gerade hier hohe Ansprüche an die Empfindlichkeit und Genauigkeit der beiden angeschlossenen Wirkdruckmesser gestellt. Damit die Steilheit der Meßkennlinie innerhalb des ganzen Meßbereichs konstant bleibt, sind die Geräte mit einer Radiziervorrichtung zu versehen (vgl. Abschnitt B).

Es gibt, je nach der Bauart des Reglers, verschiedene Möglichkeiten, das Mischungsverhältnis auf den gewünschten Wert einzustellen:

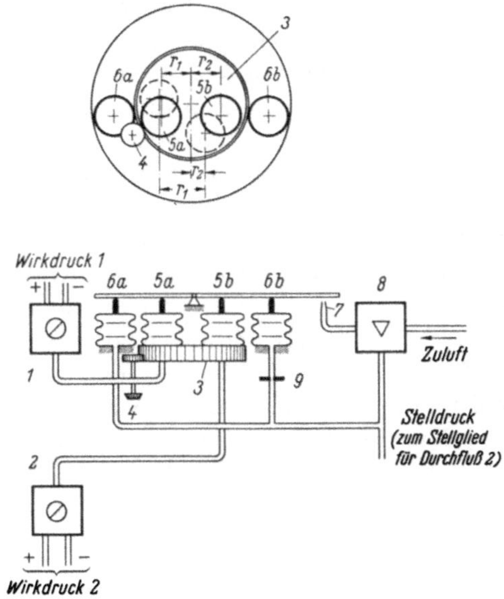

1 Meßumformer (Durchfluß *1*)
2 Meßumformer (Durchfluß *2*)
3 Drehscheibe
4 Drehscheibenantrieb zum Einstellen des Mischungsverhältnisses
5 Steuerbälge mit veränderbarem Hebelarmverhältnis r_1/r_2 (*a* und *b*)
6 Rückführbälge (*a* und *b*)
7 Düse und Prallplatte
8 Pneumatischer Verstärker
9 Drossel für Nachstellzeit

Bild 10. Pneumatischer Gemischregler

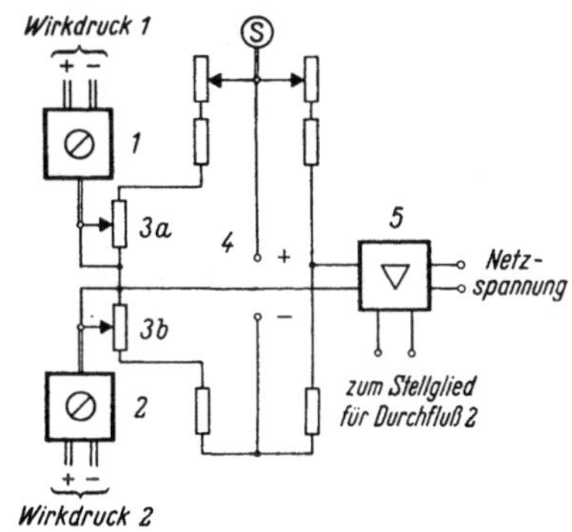

1 Meßwerk (Durchfluß *1*)
2 Meßwerk (Durchfluß *2*)
3 Widerstandsabgriffe (*a* und *b*)
4 WHEATSTONEsche Brücke mit Verhältnissteller
5 Regelverstärker (einschließlich Rückführung)

Bild 11. Gemischregelung mit Einstellung des Mischungsverhältnisses in einer WHEATSTONEschen Brückenschaltung

Werden die beiden Durchflüsse auf der Grundlage eines Weg- oder Kraftvergleichs zueinander in Beziehung gesetzt, so läßt sich die Einstellung des Mischungsverhältnisses leicht durch Ändern einer Hebelübersetzung vornehmen. Ein Beispiel ist der pneumatische Gemischregler mit Drehbalgsystem (*Bild* 10) [*57*].

Elektrische Abgriffe oder Durchflußmeßumformer mit elektrischem Ausgang dagegen ermöglichen es, die Durchflüsse rein elektrisch – z. B. in einer WHEATSTONEschen Brücke (*Bild* 11) oder in Potentiometerschaltung (*Bild* 12) – zu vergleichen und ihr Mischungsverhältnis lediglich durch eine Widerstandseinstellung zu verändern.

Das Mischungsverhältnis kann auch mit Hilfe einer Druckteilerschaltung (*Bild* 13) eingestellt werden, die über ein pneumatisch gesteuertes Nadelventil beeinflußt wird [*58*]. Mit einer solchen Anordnung lassen sich Gemischregelungen verwirklichen, bei denen das Mischungsverhältnis nicht auf einen festen Wert eingestellt ist, sondern laufend nach Maßgabe einer dritten als Führungsgröße wirkenden Meßgröße verändert wird (Regelung mit Führungs- und Folgeregler). Für eine bestimmte Einstellung des Druckteilers braucht dessen Strömungswiderstand über längere Zeit nicht konstant zu bleiben. Als Beispiel ist die Regelung des pH-Wertes eines Flüssigkeitsgemisches gezeigt.

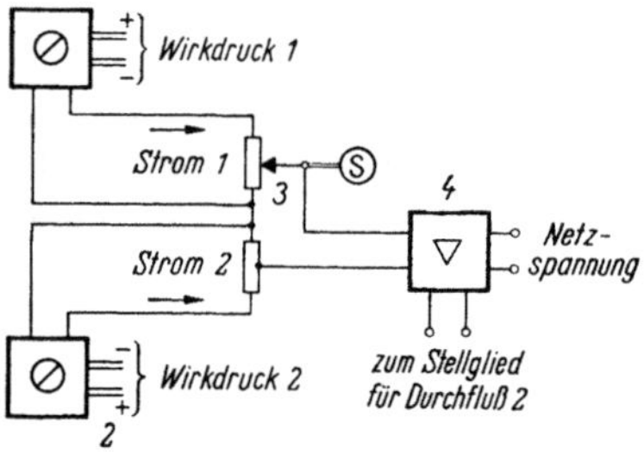

1 Meßumformer (Durchfluß *1*)
2 Meßumformer (Durchfluß *2*)
3 Potentiometerschaltung mit Verhältnissteller
4 Regelverstärker (einschließlich Rückführung)

Bild 12. Gemischregelung mit Einstellung des Mischungsverhältnisses in einer Potentiometerschaltung

An Stelle des Druckteilers (*11*) in *Bild* 13 gewährleistet das Feder-Balg-System (*Bild* 14) ein vom Führungsdruck p_f einstellbares Verhältnis zwischen dem Eingangsdruck p_e und dem Ausgangsdruck p_a, das von Strömungswiderständen nicht abhängt. Ein Faltenbalg (*1*) mit eingebauter Zugfeder (Federkonstante c_1) dehnt sich unter dem Druck p_e und übt auf seine Gegenlagen gleiche Kräfte K aus. Der Waagebalken (*2*) wird von dem über Düse–Prallplatte (*4*) und pneumatischen Verstärker (*5*) unter den Druck p_a gesetzten Faltenbalg (*3*) im Gleichgewicht gehalten, so daß $p_a \sim K$ wird. Die gleiche Kraft K biegt die Blattfeder (*6*) nach Maßgabe ihrer Feder-

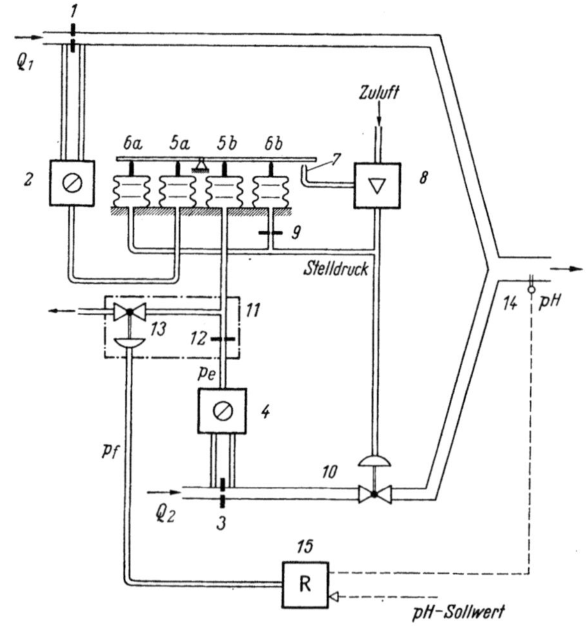

1 Meßblende für Durchfluß Q_1
2 Meßumformer (Durchfluß Q_1)
3 Meßblende für Durchfluß Q_2
4 Meßumformer (Durchfluß Q_2)
5 Steuerbälge (*a* und *b*)
6 Rückführbälge (*a* und *b*)
7 Düse und Prallplatte
8 Pneumatischer Verstärker
9 Drossel für Nachgebezeit
10 Membranregelventil für Durchfluß Q_2
11 Druckteiler
12 Feste Drossel des Druckteilers
13 Veränderbare Drossel des Druckteilers (pneumatisch gesteuertes Nadelventil)
14 pH-Abgriff
15 pH-Regler

Bild 13. pH-Wert-Regelung eines Flüssigkeitsgemisches mit Einstellung des Mischungsverhältnisses durch Druckteiler konstante c_2 durch. Der in den Balg (*7*) geleitete Führungsdruck p_f spannt die Blattfeder (*6*), wobei deren Federkonstante $c_2 \sim p_f$ wird.

Je höher der Druck p_f ist, um so weniger kann sich der federgefesselte Faltenbalg (*1*) ausdehnen, d.h., um so größer ist die bei gleichem Druck p_e von

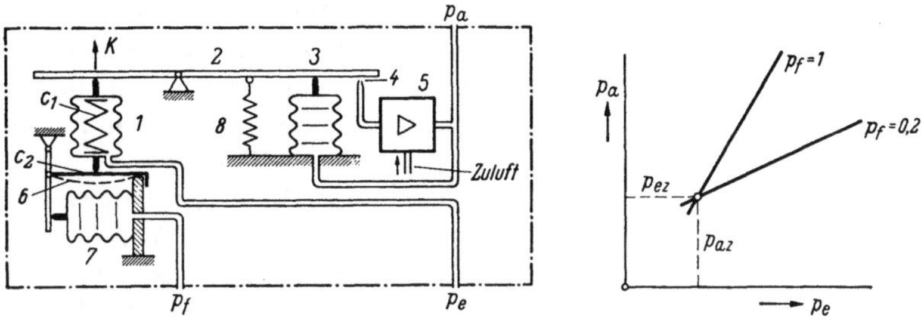

1 Faltenbalg mit Zugfeder (Federkonstante c_1)
2 Waagebalken
3 Kompensationsbalg
4 Düse und Prallplatte
5 Pneumatischer Verstärker
6 Blattfeder (Federkonstante c_2)
7 Führungsbalg
8 Justierfeder
p_e Eingangsdruck (Einstellwert p_{ez})
p_a Ausgangsdruck (Einstellwert p_{az})
p_f Führungsdruck

Bild 14. Pneumatischer Verhältnissteller

ihm nach außen ausgeübte Kraft K, weil die eingebaute Zugfeder weniger gespannt wird. Da der Waagebalken im Gleichgewicht bleibt, stellt sich bei größerer Kraft K auch ein größerer Druck p_a ein. Der Druck p_f steuert also das Verhältnis $p_a : p_e$ in einem nur von den Daten der Anordnung (Hebellängen, Balgquerschnitten und Federkonstanten) festlegbaren Maße.

Der Schnittpunkt der das Verhältnis $p_a : p_e$ darstellenden Geraden (*Bild* 14) kann durch Ändern der Vorspannung der Justierfeder (*8*) auf einen gewünschten Wert p_{az} sowie durch Verändern des Abstandes zwischen Waagebalken (*2*) und Blattfeder (*6*) auf einen gewünschten Wert p_{ez} eingestellt werden.

2. Integralregelung

Wird bei Gemischregelungen verlangt, daß nicht nur die Durchflüsse (Menge je Zeiteinheit), sondern auch ihre Zeitintegrale, d.h. die durchgeflossenen Mengen in dem vorgesehenen Verhältnis stehen, so leitet man die Regelung von einer volumetrischen Mengenmessung unmittelbar ab (Integralregelung) [*59*].

Hierbei (*Bild* 15) ist im Hauptstrom (Durchfluß Q_1, Führungsgröße) und im Nebenstrom (Durchfluß Q_2, gestellte Größe) jeweils ein Volumenzähler (*1*) bzw. (*2*) angebracht, deren Drehzahlen in einem mechanischen Differential (*3*) miteinander verglichen werden. Durch eine veränderbare Übersetzung (*9*) zwischen dem Zähler im Nebenstrom und dem Differential läßt sich das Drehzahlverhältnis und damit das Mischungsverhältnis Q_1/Q_2 (Regelgröße) einstellen, bei dem auf beiden Antriebsseiten des Differentials die gleiche Winkelgeschwindigkeit herrscht. Weicht das Mischungsverhältnis von dem eingestellten Sollwert ab, so entsteht am Abtrieb des Differentials mit dem Düsenstift (*6*) ein Ausschlag, der der Differenz der Drehwinkel an den beiden Eingangsseiten entspricht und die freie Öffnung der Ausströmdüse (*7*) verändert. Der mit der Ausströmdüse verbundene pneumatische Regelverstärker (*8*) wird also von der Abweichung der Durchflußintegrale gesteuert.

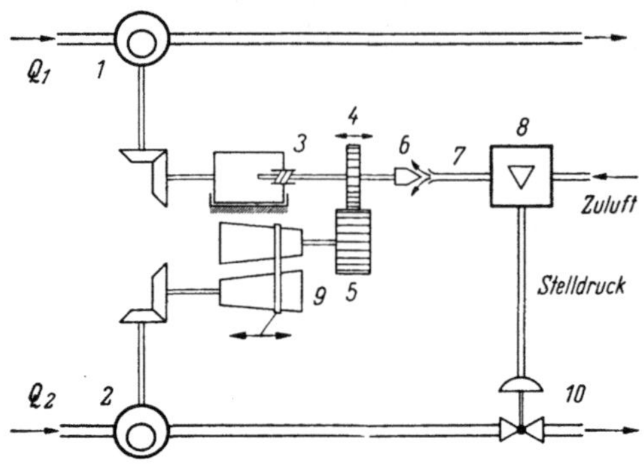

1 Ringkolbenzähler für Durchfluß Q_1
2 Ringkolbenzähler für Durchfluß Q_2
3 Differenzmeßwerk (mechanisches Differential)
4, *5* } Zahnräder
6 Düsenstift
7 Ausströmdüse
8 Pneumatischer Regelverstärker
9 Stufenloses Getriebe (Gemischeinstellung)
10 Membranregelventil

Bild 15. Gemischregelung mit integrierendem Meßwerk

Die theoretische Behandlung [*59*] zeigt, daß bei der Durchflußintegralregelung ein stabiler Regelvorgang mit einem P- oder auch einem PI-Regler erzielt werden kann. Im ersten Fall weist lediglich die geregelte Menge eine durch den P-Bereich des Reglers bedingte relativ kleine Fehlmenge auf, während die beiden Durchflüsse genau auf das als Sollwert eingestellte Mischungsverhältnis kommen. Die genannte Fehlmenge kann sich im Laufe der Zeit nicht vergrößern, wie das der Fall wäre, wenn die Regelung nicht von der Durchflußintegralmessung, sondern von der Durchflußmessung ausginge. Wird gewünscht, daß auch die geringe, bleibende Abweichung des Durchflußintegrals nicht auftritt, so muß die Integralregelung mit einem PI-Regler ausgeführt werden.

E. Quellenhinweise

[*1*] Richter, H.: Rohrhydraulik. 3. Aufl. Berlin/Göttingen/Heidelberg: Springer 1958.

[*2*] Engel, F. V. A. unter Mitwirkung von R. C. Oldenbourg: Mittelbare Regler und Regelanlagen. Berlin: VDI-Verlag 1944. S. 112–115.

[*3*] DIN 1952. VDI-Durchflußmeßregeln. 6. Ausg. Nov. 1948.

[*4*] Schaumann, A.: Druckregelventile für Dampf und Wasser. Z. VDI 82. Jg. (1938) S. 251–257.

[*5*] Litterscheidt, W. u. Schmidt, Th.: Über die Regelung von gasbeheizten Industrieöfen. Die Verwendung von Drosselklappen als Stellglied einer Regelstrecke. Gaswärme 1.–2. Jg. (1952/53) S. 289–298.

[*6*] Oppelt, W.: Kleines Handbuch technischer Regelvorgänge. 2. Aufl. Weinheim/Bergstraße: Verlag Chemie 1956. S. 182–195.

[*7*] Früh, K. F.: Berechnung des Durchflusses in Regelventilen mit Hilfe des „k_v-Koeffizienten". Regelungstechnik 5. Jg. (1957) S. 307–310.

[*8*] Peters, J. C.: Getting the most from automatic control. Ind. Engng. Chem. Bd. 33 (1941) S. 1095–1103.

[*9*] Eckman, D. P.: Principles of industrial process control. New York: Wiley & Sons 1945. S. 80–100.

[*10*] Wing jr., P.: Control-valve flow characteristics. Instrument Engineer (G. Kent Ltd., Luton, Engl.) Bd. 3 (1954) S. 115–123.

[*11*] Bernet, E.: Regelventile. Teil I: Kennlinien. Regelungstechnik 4. Jg. (1956) S. 108–112 u. Teil II: Hinweise für die praktische Auswahl. S. 132–138.

[*12*] Witte, R.: Mengenmessungen im Betrieb. In: Handbuch der techn. Betriebskontrolle. Hrsg. v. J. Krönert. Bd. 2. Leipzig: Akademische Verlagsgesellschaft Geest & Portig 1958.

[13] WÜNSCH, G.: Regler für Druck und Menge. München u. Berlin: Oldenbourg 1930.
[14] LOHMANN, H.: Messung fließender Stoffe in geschlossenen Rohrleitungen und offenen Gerinnen. Arch. techn. Messen V 12–1 (Febr. 1938), V 12–2 (März 1938) u. V. 12–3 (April 1938).
[15] RHODES, TH. J.: Industrial instruments for measurement and control. New York: McGraw-Hill 1941. S. 187.
[16] ECKMAN, D. P.: Industrial instrumentation. New York: Wiley & Sons 1950. S. 265–321.
[17] Wärmetechnische Lehrblätter, Teil 5: Druck-, Zug- und Mengenmessung. Hrsg. VDEh Düsseldorf: Verlag Stahleisen m. b. H. 1952.
[18] GRAMBERG, A.: Technische Messungen bei Maschinenuntersuchungen und zur Betriebskontrolle. 7. Aufl. Berlin/Göttingen/Heidelberg: Springer 1953. S. 128–215.
[19] RUPPEL, G.: Drosselgeräte als Meßdruck-Geber. Arch. techn. Messen V 1241-1 (1931).
[20] RUPPEL, G.: Durchflußmessung mit der Deutschen Normdüse 1930 und der Deutschen Normblende 1930. Arch. techn. Messen V 1241-2 (Aug. 1932).
[21] KRETZSCHMER, F.: (bearbeitet von G. RUPPEL): Strömungszahl und Durchflußzahl der Meßdrosseln. Arch. techn. Messen V 1241-3 (März 1937).
[22] LOHMANN, H.: Segment-Blenden zur Messung fließender Stoffe in geschlossenen Rohrleitungen. Arch. techn. Messen V 1241-5 (Dez. 1938).
[23] KOENNECKE, W.: Durchfluß-Messung mit Drosselgeräten bei kleinen Reynoldszahlen. Arch. techn. Messen V 1242-1 (Nov. 1938).
[24] KOENNECKE, W.: Neue Düsenformen für die Durchfluß-Messung bei kleinen und mittleren Reynoldszahlen. Arch. techn. Messen V 1242-2 (Jan. 1939).
[25] KOENNECKE, W.: Graphisches Verfahren zur angenäherten Ermittlung des Öffnungsverhältnisses und der Reynoldszahlen von Drosselgeräten zur Durchflußmessung. Arch. techn. Messen V 1242-3 (Febr. 1939).
[26] LOHMANN, H.: Durchfluß-Messung, Erfassen großer Meßbereiche. Arch. techn. Messen V 1241-4 (Okt. 1938).
[27] RUPPEL, G.: Durchflußmessung bei pulsierender Strömung. Arch. techn. Messen V 1240-4 (April 1936).
[28] RUPPEL, G.: Messung des Wirkdruckes bei der Durchflußmessung. Arch. techn. Messen V 1244-1 (Juni 1933).
[29] GÜLDNER, W.: Niederdruckgasmessung durch Normblende in der Rechnung. Arch. techn. Messen V 1242-4 (April 1942) u. Niederdruckgasmessung durch Ringwaagen im Betrieb. V 1242-5 (Mai 1942).
[30] TOELLER, H. u. KLEE, G.: Radizierungen an Ringwaagen. Arch. techn. Messen V 1245-3 (Juli 1943) u. V 1245-4 (Aug. 1943).
[31] OETKER, R.: Nullmethode und Ausschlagsmethode in der Durchflußmeßtechnik. In: Dechema-Monographien Bd. 27 Nr. 332–362 Weinheim/Bergstraße: Verlag Chemie 1956. S. 216–224.
[32] KLEE, G.: Ausführungsbeispiele und Eigenschaften pneumatischer Meßwertwandler. Regelungstechnik 2. Jg. (1954) S. 74–83.
[33] RUPPEL, G.: Durchflußmessung in Rohren. Grundbegriffe, Definitionen und Einheiten. Arch. techn. Messen V 1240-1 (1931).
[34] RUPPEL, G.: Gasmengen-Messung. Berücksichtigung der Feuchtigkeit. Arch. techn. Messen V 1240-2 (März 1933).
[35] JUNG, H. u. RUPPEL, G.: Gas- und Dampfmessung. Berücksichtigung der Zustandsgrößen. Arch. techn. Messen V 1240-3 (Mai 1934).
[36] CALAME, H.: Druck- und temperaturberichtigte Durchflußanzeige. In: Dechema-Monographien Bd. 27 Nr. 332–362 Weinheim/Bergstraße: Verlag Chemie 1956. S. 225–230.
[37] KRONMÜLLER, H.: Zur Durchflußmessung von Gasen veränderlicher Betriebswichte. Regelungstechnik 6. Jg. (1958) S. 391–395.
[38] EGGERS, G.: Kontinuierliche Volumenzählung flüssiger Körper. Arch. techn. Messen V 1230-1 (März 1936).
[39] RUPPEL, G.: Flüssigkeits-Mengenzählung mit WOLTMAN-Messern. Arch. techn. Messen V 1234-1 (1931).
[40] EGGERS, G.: Mengenzählung von Flüssigkeiten mit Flügelradzählern. Arch. techn. Messen V 1234-2 (Juni 1936).

[41] JACOB, U.: Messung der Strömungsgeschwindigkeit von Gasen mit dem Hitzdraht-Anemometer. Arch. techn. Messen V 116-3 (Jan. 1954) u. V 116-4 (Febr. 1954).

[42] KRÖNERT, J.: Messung strömender Gase mit thermischen Methoden. Arch. techn. Messen V 1248-1 (Juli 1933).

[43] KOLIN, A.: Electromagnetic velometry. J. appl. Phys. Bd. 15 (1944) S. 150–164 u. Bd. 25 (1954) S. 409–413.

[44] Elektromagnetisches Gerät zum Messen der Strömungsgeschwindigkeit von Flüssigkeiten. ETZ-A 76. Jg. (1955) S. 301 (nach G. SAVASTANO u. R. CARRAVETTA. Energ. Elettr. Bd. 31 (1954) S. 81–89).

[45] WÜNSCH, G.: Abschnitt „I-Regler in Regelstrecken ohne Anlaufzeit". Regelungstechnik. Vorträge des VDI/VDE-Lehrganges. Düsseldorf u. Berlin: Deutscher Ingenieur-Verlag u. VDE-Verlag 1954. S. 79–86.

[46] WÜNSCH, G.: Regelungstechnik, verzögerungsarme Regelkreise. In: Hütte II A, 28. Aufl. Berlin: Verlag Ernst & Sohn 1954. S. 1234–1235.

[47] OPPELT, W.: Kleines Handbuch technischer Regelvorgänge. 2. Aufl. Weinheim/Bergstraße: Verlag Chemie 1956. S. 330 u. S. 513.

[48] JUNKER, B.: Das Verhalten idealisierter stetiger Regler an Regelstrecken mit Ausgleich. Regelungstechnik 3. Jg. (1955) S. 54–58 u. S. 80–84.

[49] KALTENECKER, H.: Stabilitätsprobleme, die bei Anwendung schneller pneumatischer Regelkreisglieder auftreten. In: Regelungstechnik. Moderne Theorien und ihre Verwendbarkeit. München: R. Oldenbourg 1957. S. 286–291.

[50] ROSS, S. D.: Valve characteristics in automatic control. Industr. Engng. Chem. Bd. 38 (1946) S. 878–884.

[51] ZIEGLER, J. G. u. NICHOLS, N. B.: Valve characteristics and process control. Instruments Bd. 22 (1949) S. 75–81.

[52] KIDD, W. H. u. PHILBRICK, G. A.: The control valve in operation. Instruments Bd. 24 (1951) S. 1494–1502.

[53] MILHAM, R. u. CATHERON, A. R.: Valve control of liquid flow. Instruments Bd. 25 (1952) S. 596 u. ff.

[54] SCHRÖDER, A. u. HENGST, K.: Der Einfluß der Ventilcharakteristik auf die Steuerung und Regelung. Regelungstechnik 2. Jg. (1954) S. 181–186.

[55] BERNET, E.: Regelventile, Teil II: Hinweise für die praktische Auswahl. Regelungstechnik 4. Jg. (1956) S. 132–138.

[56] REICHEL, R. H.: Die Regelung des Verbrennungsgemisches bei industriellen Öfen. Brennstoff-Wärme-Kraft 5. Bd. (1953) S. 202–207.

[57] WEIDEMANN, G.: Neuentwickelte pneumatische Regler. Siemens-Z. 30. Jg. (1956) S. 179–181.

[58] GERHARD, F.: Flüssigkeitsgemischregler mit integrierendem Meßwerk. Siemens-Z. 29. Jg. (1955) S. 238–241.

[59] GARTHE, H.: Gemisch- und Mengenregelung durch Integralregler. Frequenz 3. Bd. (1949) S. 353–363.

6. Temperaturregelung

Von **H. Kronmüller**

Inhaltsübersicht

A. Temperaturregelstrecken

Temperaturregelstrecken weisen meist eine ansehnliche Totzeit, großen Anlaufwert und in jedem Fall einen Ausgleichswert auf. Das Zeitverhalten einer Temperaturregelstrecke hängt außer von den Abmessungen der betreffenden Anlage ganz entscheidend davon ab, ob die Wärme vom Stell- zum Meßort vorwiegend durch Leitung, Konvektion oder Strahlung (s. Kapitel 17) übertragen wird [*1*, *2*].

1. Strecken mit Wärmeleitung

Bei Wärmeübertragung durch Leitung treten Tot- und Anlaufzeiten auf. Dies zeigt z. B. der Temperaturanstieg im Zentrum einer homogenen Kugel (*Bild* 1), wenn man aus einem Beharrungszustand die Oberflächentemperatur plötzlich von X_1 auf X_2 ändert [*3*]. Der Verlauf der Innentemperatur ist der gleiche wie der Stellübergang einer Temperaturregelstrecke: ausgeprägte Totzeit mit kurzem Übergang, Anlaufzeit und Ausgleichswert. Die Totzeit rechnet praktisch vom Augenblick der Stellgrößenänderung bis zu dem Zeitpunkt, in dem der Meßwert der Regelgröße darauf anzusprechen beginnt; sie unterscheidet sich bei Strecken höherer Ordnung nur wenig von der Ersatztotzeit (vgl. *Bild* 1). Selbst ein Meßfühler von extrem hoher Ansprechempfindlichkeit vermag die Totzeit der Strecke nicht aufzuheben. Unter der Annahme, daß der Fühler bereits auf 1% der Temperaturänderung $(X_2 - X_1)$ anspricht, verhält sich die Totzeit zur Anlaufzeit wie 1:4. Dieses Verhältnis verbessert sich auf etwa 1:5, wenn man die Ansprechempfindlichkeit auf das Zehnfache steigert.

Die Verzögerungszeiten, die durch Wärmeleitung in homogenen Stoffen entstehen, sind verhältnismäßig gering. Wählt man einen Kugeldurchmesser von 0,5 m und als Material Schamottestein, so erhält man eine Anlaufzeit von nur 15 s. Bei einer Kugel aus Metall wird die Anlaufzeit noch um eine Größenordnung kleiner.

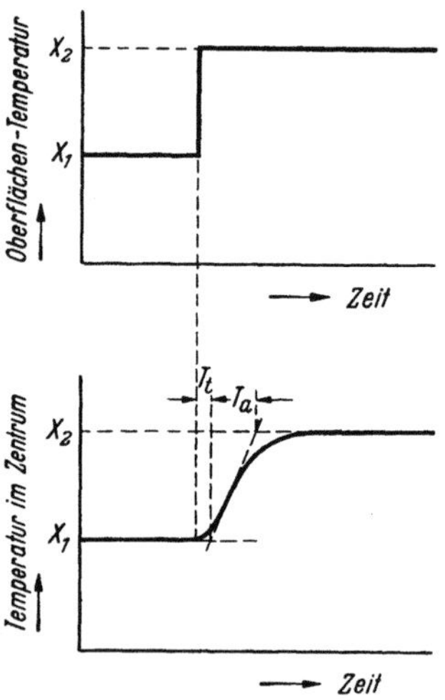

T_t Totzeit T_a Anlaufzeit

Bild 1. Temperaturanstieg im Zentrum einer homogenen Kugel bei sprungartiger Änderung der Oberflächentemperatur

Große Verzögerungszeiten der Strecke entstehen, wenn der Wärmeübergang vom Stell- zum Meßort abwechselnd über gutleitende Stoffe hoher Wärmekapazität und schlechtleitende Stoffe kleiner Wärmekapazität erfolgt. Sie können die Größenordnung von Stunden erreichen; ihnen gegenüber sind dann die Verzögerungszeiten infolge Leitung innerhalb der einzelnen Stoffe zu vernachlässigen.

Ein typisches Beispiel für eine solche Anordnung ist ein elektrisch beheizter Glühofen (*Bild* 2). Die Heizwicklung (*1*) ist auf ein Schamotterohr (*2*) aufgebracht. Der Ofen ist nach außen mit Schlackenwolle (*3*) isoliert. In das Schamotterohr wird das Tempergut (*4*) und der Temperaturfühler, etwa ein Thermoelement (*5*), eingebracht. Die vom Heizstrom entwickelte Wärme wird zunächst vom Speichervermögen der Heizwicklung aufgenommen. Von der Heizwicklung wird die Wärme zum Teil über die Schlackenwolle in den Außenraum geleitet, zum Teil über das Schamotterohr dem Tempergut zugeführt. Das Speichervermögen des Schamotterohres und der Schlackenwolle kann gegenüber dem des Tempergutes und der Heizwicklung vernachlässigt werden. Weiter kann man mit guter Annäherung annehmen, daß sowohl in der Heizwicklung als auch im Tempergut jederzeit gleichmäßig verteilte Temperatur herrscht.

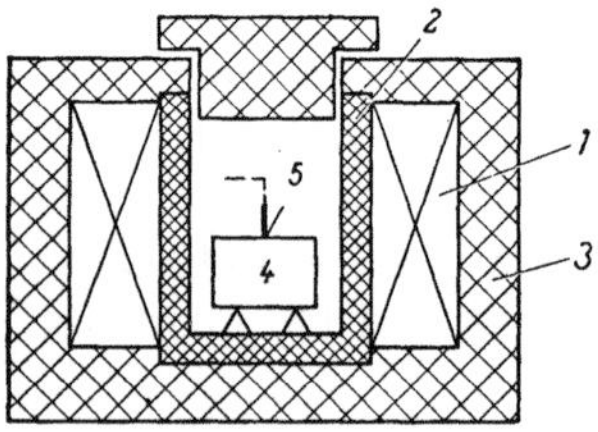

1 Heizwicklung
2 Schamotterohr
3 Wärmeisolierender Mantel (Schlackenwolle)
4 Tempergut
5 Thermoelement

Bild 2. Elektrisch beheizter Glühofen

Das Zeitverhalten von Wärmeleitungsregelstrecken läßt sich bei solchen Annahmen mit wenig mathematischem Aufwand vorausberechnen. Der Vorgang kann überschläglich durch eine lineare Differentialgleichung niederer Ordnung mit konstanten Koeffizienten beschrieben werden, während die exakte Behandlung die Lösung der partiellen Differentialgleichung der Wärmeleitung erfordert. Ist in diesem Beispiel

C_{I} Wärmekapazität } des Tempergutes
X_{I} die Temperatur }
a_1 das Wärmeleitvermögen des Schamotterohres
a_2 das Wärmeleitvermögen der Schlackenwollschicht
C_{II} Wärmekapazität } der Heizwicklung
X_{II} Temperatur }
X_0 die Außentemperatur
Q die je Zeiteinheit erzeugte Wärme in der Heizwicklung

so gilt:

$$Q = C_{II}\frac{\mathrm{d}X_{II}}{\mathrm{d}t} + a_1(X_{II} - X_I) + a_2(X_{II} - X_0)$$

und

$$0 = C_I\frac{\mathrm{d}X_I}{\mathrm{d}t} + a_1(X_I - X_{II})$$

Wird X_{II} eleminiert, so ergibt sich als Beziehung zwischen Q als Stellgröße und $X_I - X_0$ als Regelgröße eine Differentialgleichung zweiter Ordnung mit konstanten Koeffizienten:

$$\frac{Q}{a_2} = \frac{C_I C_{II}}{a_1 a_2}\cdot\frac{\mathrm{d}^2(X_I - X_0)}{\mathrm{d}t^2} + \left(\frac{C_I + C_{II}}{a_2} + \frac{C_I}{a_1}\right)\frac{\mathrm{d}(X_I - X_0)}{\mathrm{d}t} + (X_1 - X_0) \qquad (1)$$

Diese Gleichung beschreibt das Zeitverhalten eines Zweispeichersystems. Die Übergangsfunktion hat eine Ersatztotzeit, ein flaches Anlaufgebiet und einen Ausgleichwert. Die Ordnung der Differentialgleichung der Wärmeleitungsstrecke erhöht sich, wenn man das Zeitverhalten des Meßfühlers mit berücksichtigt.

Von großer Bedeutung ist bei Wärmeleitungsstrecken endlicher Speicherzahl die Ansprechempfindlichkeit des Reglers. So wird z.B. in einem Dreispeichersystem bei einer Ansprechempfindlichkeit des Reglers von $1^0/_{00}$ des Meßbereiches die Totzeit dreimal kleiner als mit einem Regler, der erst auf eine Abweichung von $1^0/_0$ anspricht.

Bei gut wärmeisolierten Öfen ist das Wärmeleitvermögen ins Ofeninnere viel größer als das in den Außenraum ($a_1 \gg a_2$). Das Zeitverhalten nähert sich dem eines Einspeichersystems. Die Anlaufzeit entspricht der Zeitkonstante und ist durch den Quotienten aus der gesamten Wärmekapazität und dem Wärmeleitvermögen in den Außenraum gegeben [s. Gl. (1)]. Diese Beziehung ist beim Abschätzen der Trägheit eines Ofens nützlich.

An einem verhältnismäßig kleinen Ofen (Länge 1,2 m, Durchmesser 1 m, lichte Weite des Schamotterohres 0,2 m) wurde eine Totzeit von 4 min und eine Anlaufzeit von 8 h gemessen. Der Ofen war dabei mit Glasproben beschickt.

2. Strecken mit Wärmekonvektion

Während Regelstrecken mit Wärmeleitung, bei denen die Totzeit gegenüber der Anlaufzeit merkliche Werte aufweist, schlecht regelbar sind, lassen sich Regelstrecken mit reiner Konvektion leicht regeln. Bei der Vorlauftemperaturregelung einer Warmwasserheizung (*Bild* 3) wird hinter dem Kesselaustritt dem Vorlaufstrang über ein Mischventil (*2*) ein Teil des Rücklaufs beigemischt. Mit hinreichender Strömungsgeschwindigkeit und flinkem Temperaturfühler, der dicht nach der Mündung des Rücklaufs montiert ist, wird die Strecke beinahe trägheitslos und ähnelt sehr einer Durchflußregelstrecke.

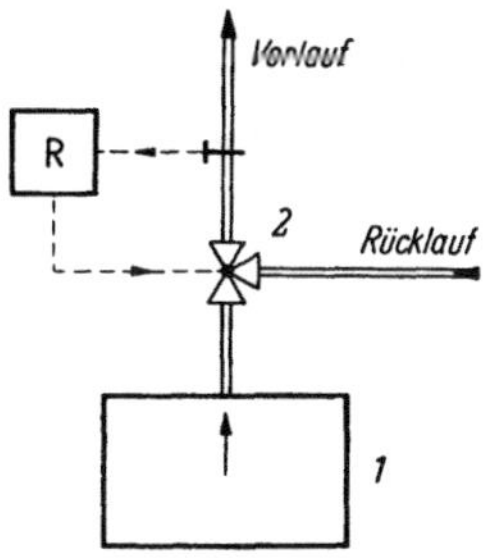

1 Kessel *2* Mischventil

Bild 3. Vorlauf-Temperaturregelung bei einer Warmwasserheizung

Ganz anders aber wird das Zeitverhalten, wenn der konvektierende Stoff auf seiner Bahn vom Stellort zum Meßort im Wärmeaustausch mit speichernden Anlageteilen steht. Zu diesem technisch bedeutsamen Gebiet der Wärmeaustauscher [*4*, *5*] gehören z.B. Überhitzer, Kühlschlangen und ähnliche Einrichtungen.

Die Austrittstemperatur eines Dampfüberhitzers (*Bild* 4), der vom Dampf mit hoher Geschwindigkeit durchströmt wird und den heißen Rauchgasen ausgesetzt ist, wird durch Einspritzen von Wasser am Überhitzereintritt beeinflußt. Vergrößert man, um die Übergangsfunktion aufzunehmen, plötzlich die Einspritzung, so wird allmählich vom Stellort zum Meßort fortschreitend die

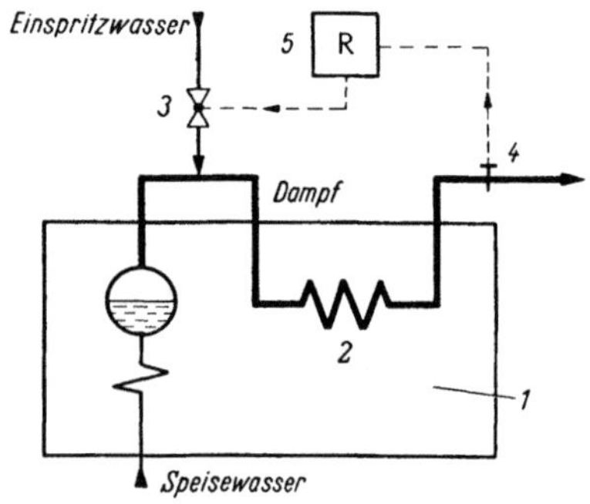

1 Kessel
2 Überhitzer
3 Einspritzventil (Stellort)
4 Thermometer (Meßort am Frischdampfaustritt)
5 Regler

Bild 4. Temperaturregelung eines Dampfüberhitzers

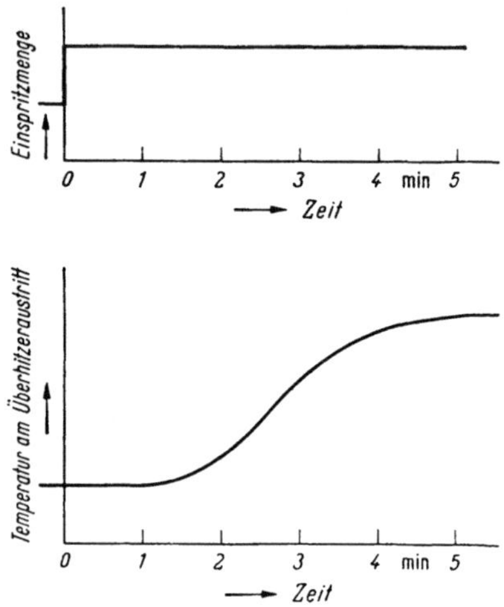

Bild 5. Übergangsfunktion eines Dampfüberhitzers

gespeicherte Wärme der Überhitzerrohre der neuen Einspritzung entsprechend abgebaut. Erst wenn dieser Prozeß schon zu einem guten Teil fortgeschritten ist, beginnt sich die Dampftemperatur am Überhitzeraustritt zu ändern. Der Verlauf der Dampftemperatur am Überhitzeraustritt (*Bild* 5) läßt sich in guter Übereinstimmung mit der Praxis modellmäßig darstellen und berechnen [*4*]. Die Anlaufzeiten von Dampfüberhitzern liegen in der Größenordnung von 2 bis 5 min; die Totzeit beträgt etwa 1 bis 2 min. Solche Strecken sind sehr schlecht regelbar.

3. Strecken mit Wärmestrahlung

Wärmeübertragung durch Strahlung ist trägheitslos. Zwischen zwei Körpern mit den absoluten Temperaturen X_1 und X_2, die im Strahlungsaustausch stehen, wird je Zeiteinheit eine Wärmemenge proportional der Differenz $(X_1^4 - X_2^4)$ übertragen. Im allgemeinen verläuft der Wärmetransport vom Stellort mit Hilfe der Strahlung direkt zum Meßort. Zwischen Stellort und Meßort liegen meist keine nennenswerten Wärmespeicher. Große Totzeiten kommen deshalb kaum vor: die Regelstrecke läßt sich verhältnismäßig leicht regeln.

Ein Beispiel, bei dem die vom Stellglied gesteuerte Strahlung direkt auf das Gut trifft und deshalb die Wärme trägheitslos übertragen wird, ist der Rohr-Durchlaufofen (*Bild* 6). Am höchsten Punkt eines gut isolierten gemauerten Gewölbes strömt ein Gemisch von Heizgas und Luft ein, das seine Wärme an die keramische Auskleidung abgibt, die nur kleine Wärmekapazität aufweist. Die Wärmeübertragung zu dem durchlaufenden Rohr im Brennpunkt des Gewölbes geschieht durch die Strahlung der Gewölbeauskleidung. Der Temperaturfühler, ein Strahlungspyrometer, mißt die Gewölbetemperatur als Ersatzregelgröße für die Temperatur des Gutes. Die Anlaufzeit dieser Regelstrecke beträgt nur 3 bis 5 s. Die Verzögerung ist zum Teil durch die Zeit bedingt, die verstreicht, bis die Oberfläche der Gewölbeauskleidung die dem neuen Gaszustrom entsprechende Temperatur angenommen hat, zum Teil entsteht sie durch die Verzögerung des Meßfühlers selbst.

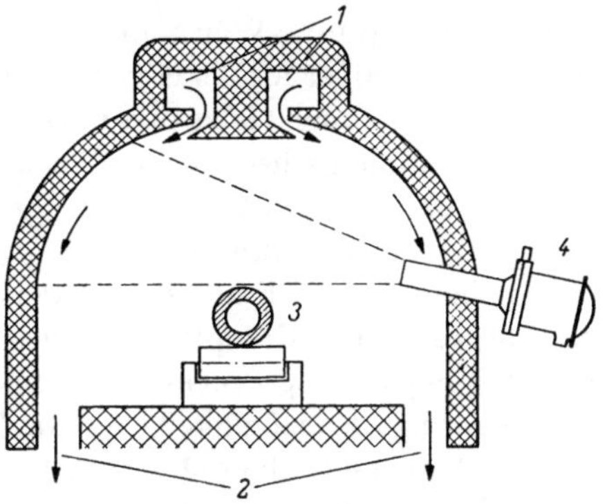

1 Eintritt des Gas-Luft-Gemisches
2 Abgasaustritt
3 Wärmegut (Röhren)
4 Strahlungsmeßgerät

Bild 6. Rohrdurchlaufofen

Lange Anlaufzeiten bei Strahlungsstrecken treten auf, wenn die Strahlung am Meßort große Wärmekapazitäten erwärmen muß.

4. Strecken mit Konvektion und Strahlung

Beim Tiefofen (*Bild* 7) wird das Gas-Luft-Gemisch im Ofen verbrannt; es gibt seine Wärme durch Konvektion und Strahlung zum großen Teil an die Wand ab. Die eingesetzten Brammen werden durch die Strahlung der Wand aufgeheizt. Als Meßfühler wird ein Pyrometer verwendet, das auf die Brammen gerichtet ist. Die Verzögerung der Blocktemperatur nach einer Verstellung der Brennstoffzufuhr ist durch die große Wärmekapazität der Brammen ausschlaggebend bestimmt. Die Übergangsfunktion eines solchen Tiefofens ist dem günstigen Zeitverhalten eines Einspeichersystems sehr ähnlich. An einem Zweiweg-Tiefofen (s. Kapitel 40) mit 40 t Einsatz wurde eine Anlaufzeit von 70 min gemessen; die Totzeit betrug dagegen nur 1 min. Bei der hohen Temperatur von 1300 °C ist der Strahlungsaustausch zwischen der Wand und den Blöcken sehr lebhaft.

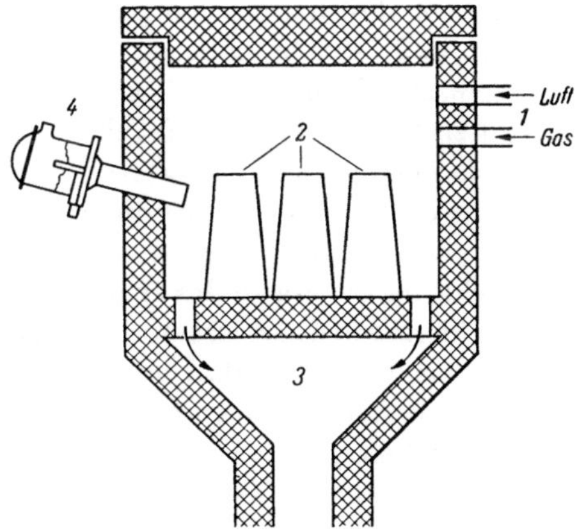

1 Gas-Luft-Eintritt
2 Brammen
3 Abgasaustritt
4 Strahlungsmeßgerät

Bild 7. Tiefofen

B. Temperaturregler [*6*]

1. Meßgeräte [*7*]

a) Thermometer

Die Anzeigeverzögerungen der Thermometer (s. Kapitel 12) sind oft wesentlich am Zeitverhalten der ganzen Strecke beteiligt.

Günstiges Zeitverhalten haben Thermometer, die Fühler mit Oberflächenwirkung enthalten, wie Flüssigkeits-, Dampfdruck-, Gasdruck-, Feder- und Ausdehnungs-Stabthermometer, wenn sie ohne Schutzrohr eingebaut werden. In Stoffen mit gutem Wärmeübergang, z.B. Wasser, lassen sich so Halbwertszeiten von weniger als 5 s erreichen. Die Totzeit ist vernachlässigbar klein. Diese Thermometer können leistungsstarke Signale in die angeschlossenen Regler geben. Stab-Ausdehnungsthermometer schalten bei einer Ansprechempfindlichkeit von 0,3 °C direkt eine Leistung von einigen kW. Die Regler sind deshalb einfach, die notwendige Verstärkung gering.

So sind z.B. bei Flüssigkeitsfeder-Thermometern Druckmeßwerke bis 150 atü im Gebrauch, bei Dampfdruckfeder-Thermometern solche bis etwa 50 atü. Im Regler können Ansprechempfindlichkeiten von 0,1 °C erreicht werden. Nachteilig ist die geringe Freizügigkeit, da die Thermometer mit Kapillarleitungen vorgegebener Länge und dem Meßwerk untrennbar verbunden sind. Bei Dampfdruckfeder-Thermometern stören außerdem die stark verzerrte Skala, die erst am oberen Ende die hohe Genauigkeit erreicht, und die Anfälligkeit bei Überlast.

Ein ebenso günstiges Zeitverhalten ist den Strahlungsmessern eigen. Strahlungsmesser mit Fotozellen arbeiten praktisch trägheitslos. Die Anzeigeverzögerung von Strahlungsmessern mit Thermoelementen liegt bei 1 s.

Das Zeitverhalten von Thermometern, die Fühler mit Mittenwirkung enthalten, läßt sich annähernd als Aufreihung von Wärmespeichern [Schutzrohr, Meßeinsatz, Fühler und Wärmewiderstandsstrecken (Wärmeübergang: Meßstoff–Schutzrohr, Schutzrohr–Meßeinsatz und Meßeinsatz–Fühler)] darstellen. Das Verhältnis Totzeit zu Halbwertszeit kann bis 1:10 betragen. Halbwertszeit und Totzeit lassen sich nach halbempirischen Faustformeln abschätzen [*8*]. Bei Thermoelementen werden beinahe die Werte von Fühlern mit Oberflächenwirkung erreicht, da die Masse des temperaturempfindlichen Organs sehr klein ist.

Widerstandsthermometer und Thermoelement verdanken ihre weite Verbreitung dem Umstand, daß mit dem gleichen Fühler sehr viele verschiedene Meßbereiche bestrichen und die Meßwerte einfach über elektrische Leitungen übertragen werden können. Die elektrische Ausgangsleistung von Thermoelement und Widerstandsthermometer ist in den technischen Ausführungen sehr gering. Für 1 °C Temperaturabweichung rechnet man beim Thermoelement mit einer verfügbaren Leistung von 10^{-11} bis 10^{-12} W, beim Platinwiderstandsthermometer mit 10^{-7} W. Das bedingt im Regler eine hohe Verstärkung.

b) Temperaturmeßumformer

Werden Einheitsregler (s. Kapitel 12) verwendet, so muß man die Ausgangswerte der Fühler auf den einheitlichen Bereich einer Signalgröße umformen. Bei einem Temperaturmeßumformer für Thermoelemente mit pneumatischem Ausgang (*Bild* 8) wird dem Thermoelement (*1*) über einen Vorwiderstand (*2*) ein kleiner Strom entnommen und auf eine permanent-magnetische Tauchspule (*3*) gegeben. Der Ausschlag der Spule wird von einem zweistufigen Verstärker (*4*) abgegriffen. Der Ausgangsdruck spannt über eine Membrandose (*5*) die Feder (*6*), die auf die Tauchspule eine rückführende Kraft ausübt. Der in der Dose (*5*) wirkende Ausgangsdruck wirkt sich mit der elektrischen Kraft auf die Tauchspule aus, ist also der Thermospannung des Elementes und mithin der Temperatur proportional. Durch den Vorwiderstand (*2*) kann der dem Einheitsdruckbereich (0,2 bis 1,0 atü) zugeordnete Meßbereich in weiten Grenzen geändert werden.

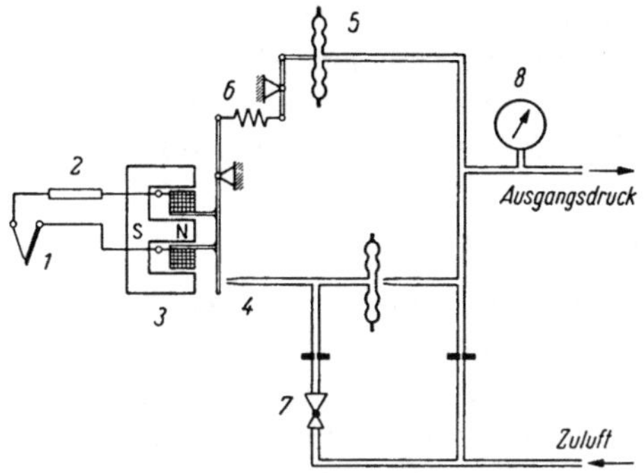

1 Thermoelement
2 Vorwiderstand
3 Permanentmagnetische Tauchspule
4 Zweistufiger pneumatischer Verstärker (Düse Prallplatten-System)
5 Membrandose
6 Feder
7 Druckminderer
8 Manometer (Ausgangsdruck)

Bild 8. Temperaturmeßumformer mit pneumatischem Ausgang

Beim Temperatur-Meßumformer mit einem eingeprägten Strom als Ausgangsgröße (*Bild* 9) wird die Thermospannung unmittelbar mit dem Spannungsabfall über dem Gegenkopplungswiderstand (*2*) verglichen. Das Spannungsgleichgewicht überwacht ein zweistufiger Magnetverstärker (*3*), der den Strom I_a im Gegenkopplungswiderstand steuert. Dieser Strom ist die Ausgangsgröße des Meßumformers und bildet in seinem Bereich (0 bis 50 mA) Temperaturmeßbereiche ab, die mit Hilfe des Widerstands (*2*) in weiten Grenzen veränderbar sind. Bei genügend hoher Verstärkung wird die Thermospannung praktisch stromlos gemessen, man ist also unabhängig von Widerstandsänderungen im Meßkreis. Der Ausgangsstrom ist auf Grund der Gegenkopplung eingeprägt, d. h. gegenüber dem Außenwiderstand und schwankender Verstärkung invariant.

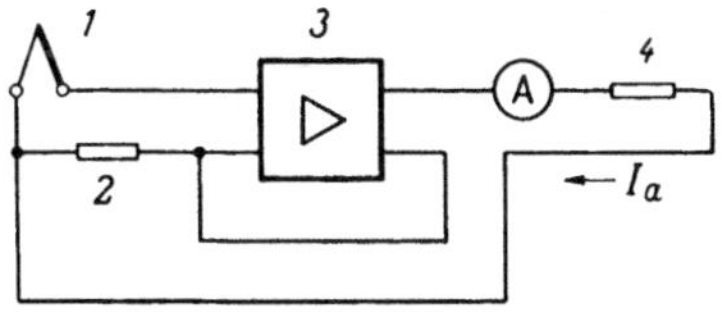

1 Thermoelement
2 Gegenkopplungswiderstand
3 Magnetverstärker
4 Belastungswiderstand
I_a Verstärker-Ausgangsstrom

Bild 9. Temperaturmeßumformer mit elektrischem Ausgang (eingeprägter Gleichstrom)

c) Einbau der Thermometer

Für genaue Temperaturmessungen genügt es nicht, hochwertige Geräte einzubauen; vielmehr muß auch dem Einbau der Fühler erhöhte Aufmerksamkeit gelten. Durch den Einbau bedingte Meßfehler überwiegen oft die Fehler des Gerätes an sich um ein Vielfaches [*7*, *9*].

Das Stellverhalten der Strecke kann durch die Eigenverzögerung des Thermometers merklich verschlechtert werden; auch hier ist die Wahl des Einbauortes entscheidend. Bei Strecken mit Wärmeleitung ist der Fühler so einzubauen, daß die Entfernung vom Stellort zum Fühler möglichst kurz und gut leitend ohne große Wärmespeicher im dazwischenliegenden Temperaturfeld ist. Bei Strecken mit Wärmekonvektion muß man ebenfalls auf kurze Entfernungen bedacht sein und den Fühler einer möglichst kräftigen Strömung vom Stellort her (etwa durch Rühren und Umwälzen) aussetzen. Im Falle der Wärmestrahlung soll der Fühler möglichst direkt vom Wirkungspunkt der Stellgröße her bestrahlt werden, ohne daß andere große Wärmespeicher mit im Strahlungsaustausch zwischen Thermometer und Wirkungspunkt der Stellgröße stehen.

Bei elektrisch beheizten Öfen empfiehlt es sich, das Thermometer in unmittelbarer Nähe der Heizwiderstände einzubauen, um kurze Totzeiten zu erhalten. Da im Beharrungszustand eine feste Beziehung zur Temperatur des Einsatzes besteht, kann die Temperatur der Heizwiderstände als Ersatzregelgröße dienen.

2. Zweipunktregelung

Läßt sich die Stellgröße mit einfachen Mitteln (Schalter, Magnetventil) zwischen zwei Zuständen (ein–aus, stark–schwach) schalten, so werden bei Festwertregelungen mit kleinen Störbereichen gern Zweipunktregler (s. Kapitel 63) eingesetzt. Das ist z. B. der Fall für kleine Härte- und Glühöfen, Anlaßbäder, Thermostate usw. mit elektrischer Heizung. Es finden elektrische Zweipunktregler mit Fallbügelmeßwerk (s. Kapitel 13) für Thermoelemente oder Widerstandsthermometer Verwendung; oft werden auch Quecksilberkontaktthermometer, Ausdehnungsstabregler, Bimetallregler u. dgl. benutzt. Die Heizung wird so ausgelegt, daß der Regler nur eine möglichst kleine Zusatzheizung schaltet, während eine Grundheizung dauernd die Regelstrecke versorgt. Die Schwingspanne der Regelgröße wird klein, wenn die Einschaltdauer der Zusatzheizung gleich der Ausschaltdauer ist; ihr Betrag hängt außerdem vom Verhältnis Totzeit zu Anlaufwert ab.

Es lassen sich, wenn man die obigen Gesichtspunkte über den Einbau der Thermometer beachtet, mit einfachen Mitteln Regelgenauigkeiten erzielen, die sonst nur mit aufwendigen Reglern eingehalten werden können.

3. Stetige Regler

Stetige Regler und die ihnen gleichwertigen Schrittregler werden an Temperaturregelstrecken mit Wärmeleitung als P-Regler kaum eingesetzt. An Regelstrecken mit großem Totzeit-Anlaufzeit-Verhältnis sind derart breite P-Bereiche notwendig, daß die bleibenden Regelabweichungen untragbar werden. Vorherrschend ist hier der PI-Regler, der Nachstellzeiten bis zu 20 min aufweisen muß. Bei Strecken mit begrenzter Speicherzahl lassen sich die vorübergehenden Regelabweichungen und die Regeldauer mit einem PID-Regler mindestens auf die Hälfte gegenüber einem PI-Regler reduzieren (*Bild* 10).

Regelstrecken mit Konvektion, die ein so günstiges Zeitverhalten aufweisen, wie z. B. die Vorlauftemperaturstrecke (s. *Bild* 3), können mit einfachen P- oder mit I-Reglern zufriedenstellend beherrscht werden.

Dagegen sind Strecken mit fein verteilten Speichern, z. B. Wärmeaustauscher, Überhitzer, äußerst schwierig zu regeln ($T_t \approx T_a$). Große vorübergehende Regelabweichungen sind auch mit PID-Reglern unvermeidlich. Sehr hohe Ansprechempfindlichkeiten bringen auch keine Vorteile mehr, da die Regelstrecken eine ausgeprägte Totzeit aufweisen. Der Bereich der Übergangsfunktion, der bei Wärmeleitstrecken die Totzeit mit dem vom Anlaufwert bedingten Anstieg verbindet, ist hier sehr eng. Durch den Vorhalt wird das Regelergebnis deshalb nur unwesentlich verbessert. Gute Erfolge bringen aber Störwertaufschaltungen oder Folgeregelungen (s. Abschnitt C).

Regelstrecken mit Wärmetransport durch Strahlung können gut mit PI- oder PID-Reglern, wie bei Strecken mit Leitung, geregelt werden. Selbst bei trägen Strecken erfordert das günstige Zeitverhalten nur Nachstellzeiten von wenigen Minuten.

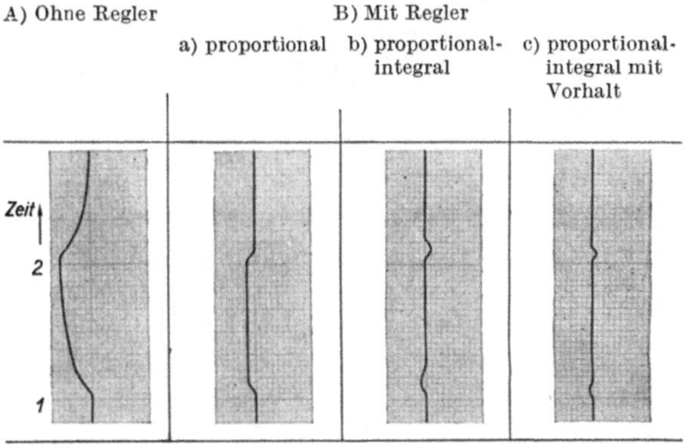

Bild 10. Temperatur-Regelung eines Glühofens mit P-, PI- und PID-Regler (Störgröße bei *1* aufgeschaltet, bei *2* abgeschaltet)

Pneumatische Regler mit Dampfdruck- oder Tensionsthermometern zeichnen sich durch hohe Ansprechempfindlichkeit aus und werden in räumlich wenig ausgedehnten Anlagen eingesetzt. Lange Rückführzeiten lassen sich pneumatisch mit kleinem Aufwand (s. Kapitel 12) erzielen. Bei größeren Anlagen werden jedoch mit Vorliebe wegen der räumlichen Freizügigkeit elektro-pneumatische Regler (s. Kapitel 13) mit Widerstandsthermometern oder Thermoelementen verwendet. Bei unmittelbarem Anschluß an Thermoelemente lassen sich Ansprechgrenzen von 0,1 °C und weniger erzielen; zudem sind die Reglerparameter in weiten Grenzen einstellbar.

Für träge Strecken ($T_a > 60$ s) werden, wenn elektrische Regler vorzusehen sind, häufig Fallbügelregler [*10*] eingesetzt. Ihr Meßwerk ist zum Anschluß an Thermoelemente genügend empfindlich. Die Arbeitsweise als Schrittregler (s. Kapitel 13) ermöglicht sehr einfache thermische Rückführeinrichtungen (sog. Pseudorückführung, da vom Stellschritt, nicht von der Stellgröße abgeleitet). Mit schrittweisem Stellen kann man auch Strecken mit Totzeit gut beherrschen (s. Kapitel 62).

Hohe Eingangsempfindlichkeit weisen auch kontinuierliche elektronische Temperaturregler auf; bei ihnen sind die Zeitglieder und Verstärker elektronisch ausgeführt.

Elektrische oder pneumatische Einheitsregler brauchen bei Thermoelementen einen Meßumformer (s. Abschnitt B 1 b). Hohe Ansprechempfindlichkeit und gute Temperaturregelung sind gewährleistet. Dieselben Vorzüge wie Fallbügelschrittregler haben die sog. Kippregler (s. Kapitel 13), die mit bistabilen Verstärkern elektrisch ein Impulsschema der Stellgröße bilden.

C. Besondere Regelanordnungen

1. Anlaß

Die Stellgröße läßt sich bei thermischen Regelstrecken nicht immer so anbringen, daß das Totzeit-Anlaufzeit-Verhältnis der Stellübergangsfunktion günstiger ist als bei der Störübergangsfunktion. Die Störgrößen führen zu unvermeidlichen Regelabweichungen, da der Regler die Stellgröße erst zum Eingriff bringt, wenn eine Regelabweichung entstanden ist und die Regelgröße wegen der Totzeit der Stellübergangsfunktion verspätet berichtigt wird.

Da diese Schwierigkeit selbst durch die besten Regler nicht zu vermeiden ist, werden besondere Regelanordnungen gewählt, die mit einfachen Reglern arbeiten, um das Regelverhalten zu verbessern. Sie beruhen darauf, die schnell veränderlichen Störgrößen mit einer zusätzlichen Regelung zu unterdrücken (Folgeregelung) oder von der Störgröße ein zusätzliches Signal aufzuschalten (Störwertaufschaltung).

2. Folgeregelung

Bei Anlagen mit stark schwankender Heizmittelzufuhr, in deren Strom das Stellglied der Temperaturregelung eingreifen soll, wird die Folgeregelung verwendet (*Bild* 11). Dabei ist ein zusätzlicher Regler (*1*) für den Heizmittelstrom vorgesehen. Schwankungen im Heizmittelstrom werden vom Durchflußregler ausgeglichen, bevor sich die Schwankung überhaupt auf die Regelgröße, die Temperatur, auswirken konnte. Der Temperaturregler (*2*) erfaßt die kleinen, von den übrigen Störgrößen erzeugten Regelabweichungen und wirkt dementsprechend über den Sollwert des Durchflußreglers auf das Stellglied (*3*) ein. Mit zwei einfachen Reglern, Führungsregler (*2*) und Folgeregler (*1*), kann so ein Regelergebnis erzielt werden, das mit dem besten Temperaturregler allein nie erreicht werden kann.

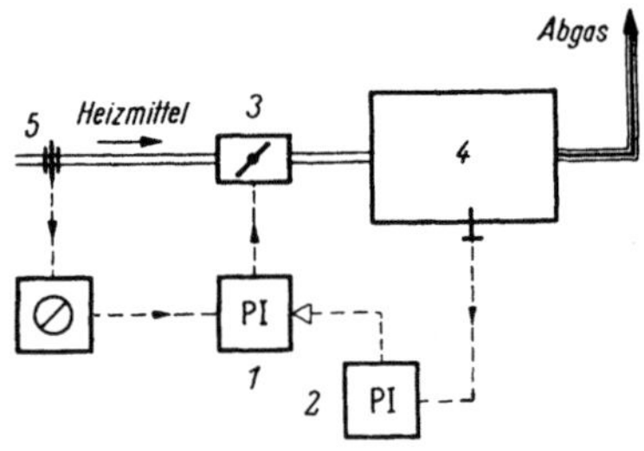

1 Durchflußregler (Folgeregler)
2 Temperaturregler (Führungsregler)
3 Klappe
4 Ofen
5 Durchflußmeßstelle

Bild 11. Folgeregler

In vielen Fällen reicht es nicht aus, nur den Heizmittelstrom vom Folgeregler (*1*) überwachen zu lassen. Änderungen der Qualität und Beschaffenheit des Heizmittels sind Störgrößen, die vom Folgeregler nicht ausgeglichen werden. Entscheidend für den Wärmehaushalt des Ofens ist die Wärmezufuhr. Damit der Folgeregler seine Aufgabe, alle wesentlichen Störgrößen abzufangen, erfüllen kann, muß die Durchflußmeßstelle (*5*) so ausgerüstet werden, daß sie die tatsächliche Wärmezufuhr erfaßt; dazu muß der Durchfluß gemessen werden. Das bedeutet Einsatz eines radizierenden Meßumformers. Bei gasförmigen Heizmitteln ist, wenn Druck und Temperatur starken Änderungen unterworfen sind, eine Druck- und Temperaturberichtigung (s. Kapitel 5) vorzusehen. Das ist z.B. immer notwendig, wenn der Heizgasstrom hinter einem Rekuperator gemessen wird. Schwankt auch der Heizwert, was oft bei den in der Eisenhüttenindustrie (s. Kapitel 37 und 40) verwendeten Mischgasen vorkommt, so muß der berichtigte Durchfluß [Nm^3/h] noch mit dem Heizwert [cal/Nm^3] multipliziert werden, um auf die tatsächliche Wärmezufuhr [cal/h] zu kommen.

3. Störwertaufschaltung

Ähnlich gute Erfolge bringt die Störwertaufschaltung. Das Grundsätzliche sei am Beispiel einer Dampfüberhitzerregelung gezeigt (*Bild* 12). Dem Regler (*1*) wird der Meßwert der Temperatur am Überhitzeraustritt (*2*) zugeleitet. Der Regler verstellt das Wassereinspritzventil (*3*) am Überhitzereintritt. Der einfache PI-

Regler wird bei konstanter Last den Anforderungen durchaus gerecht. Bei einer Laständerung aber erfaßt die geänderte Feuerungswirkung den Überhitzer auf seiner ganzen Länge gleichzeitig. Eine fast plötzliche Änderung der Temperatur am Überhitzeraustritt ist die Folge. Dieser Temperatursprung kann von der Regelung nicht abgefangen werden und kommt voll zur Wirkung. Im Beispiel wird die Änderung der Kohlezuteilung auf den Temperaturregler gegeben. Der Temperaturregler stellt dann die Einspritzung so ein, daß der gegenüber der Kohlezuteilung um die Feuerungsverzögerung verspätet einsetzenden Temperaturänderung bereits entgegengewirkt wird, bevor sich überhaupt die Temperatur am Überhitzeraustritt geändert hat. Die Kohlezuteilungstendenz wird so eingestellt, daß die von ihr veranlaßte Einspritzänderung sich etwa zu derselben Zeit am Überhitzerende auswirkt wie die der Zuteileränderung nachfolgende Feuerungsänderung.

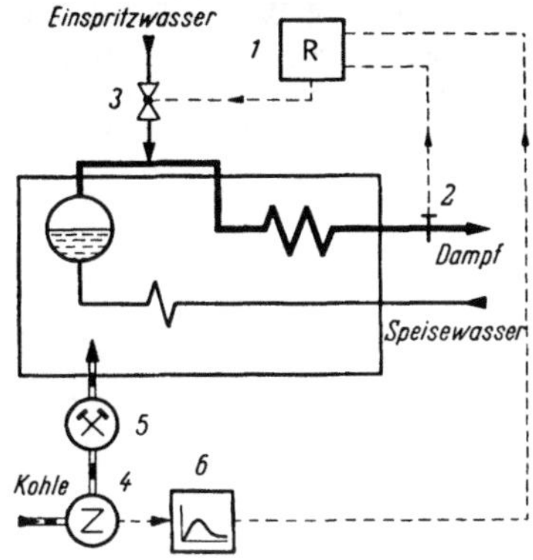

1 Heißdampf-Temperaturregler
2 Thermometer
3 Einspritzventil
4 Kohlezuteiler
5 Einblasmühle
6 Kohletendenzgeber

Bild 12. Überhitzerregelung mit Störwertaufschaltung (Kohletendenz)

Im vorliegenden Fall wird mit der Kohletendenz als Störwertaufschaltung gearbeitet, weil beim PI-Regler die Temperatur genau auf den Sollwert eingeregelt wird. Würde in den Eingang des Reglers die Kohlezuteilung anstelle der Kohletendenz gegeben, so wäre eine Sollwertverschiebung die Folge. Bei der Störwertaufschaltung mit P-Reglern schaltet man dagegen die Störgröße selbst, also die Kohlezuteilung, auf. Bei richtiger Bemessung des Einflusses der Störgröße kann die bleibende Regelabweichung beträchtlich vermindert werden.

Die Aufschaltung der Störgröße oder der Störtendenz in den Reglereingang ist sehr einfach und daher meist üblich. Grundsätzlich ist dabei jedoch die Verformung des Störsignals durch das Übertragungsverhalten des Reglers zu berücksichtigen. In der Praxis wird man bei einer Einstellung des Reglers auf anderen P-Bereich und andere Nachstellzeit auch die Störwertaufschaltung neu justieren müssen.

Grundsätzlich richtiger, aber nicht immer einfach ausführbar, ist das Verfahren, den Störwert dem Reglerausgang zu überlagern (s. Kapitel 9).

D. Quellenhinweise

[*1*] SCHACK, A.: Der industrielle Wärmeübergang. 3. Aufl. Düsseldorf: Stahleisen m. b. H. 1948.

[*2*] EUCKEN, A. u. JAKOB, M.: Der Chemie-Ingenieur, Bd. I, 1. Tl. Leipzig: Akademische Verlagsgesellschaft m. b. H. 1933.

[*3*] WILLIAMSON, E. D. u. ADAMS, L. H.: Temperature distribution in solids during heating or cooling. Phys. Rev. Bd. 14 (1919) Nr. 2, S. 99–114.

[*4*] KOURIM, G.: Die elektrische Nachbildung von Wärmeaustauschvorgängen. Dissertation Technische Hochschule Stuttgart 1956.

[*5*] TAKAHASHI, Y.: Regeltechnische Eigenschaften von Gleich- und Gegenstromwärmeaustauschern. Regelungstechnik 1. Jg. (1953) S. 32–35.

[6] Oetker, R.: Verfahren der Temperaturregelung. Feinwerktechnik Jg. 56 (1952) S. 230–234.
[7] Lieneweg, F.: Temperaturmessung. In: Handb. techn. Betriebskontrolle, Bd. 3, 3. Aufl. Hrsg. J. Krönert. Leipzig: Akademische Verlagsgesellschaft Geest & Portig KG 1959 S. 162–376.
[8] Lieneweg, F.: Optimale Bemessung von Einschraub- und Einschweißthermometern. Brennstoff Wärme Kraft Bd. 7 (1955) S. 97–102.
[9] Lieneweg, F.: Die Bestimmung von Temperaturmeßfehlern mittels Thermometer-Kennzahlen. Allg. Wärmetechnik 2. Jg. (1951) S. 238–249.
[10] Oetker, R.: Fallbügelregler. ETZ-A. 73 Jg. (1952) S. 200–201.

7. Drehzahlregelung

Von **U. Haier**

Inhaltsübersicht

A. Einführung

1. Wesen der Drehzahlregelung

Die Drehzahl eines Antriebs ist häufig für den technologischen Vorgang so wichtig, daß sie geregelt werden muß. Mit der Drehung ist dabei stets ein bestimmter Energiefluß und ein entsprechendes Drehmoment verknüpft, die über die Welle des Antriebs übertragen werden. Die Gesamtanordnung legt die Unterscheidung eines antreibenden Krafttteils und eines belastenden Arbeitsteils nahe, wobei die Energie als mechanische Energie durch die Welle der Kraftmaschine zur Arbeitsmaschine fließt (*Bild* 1). Die Aufgabe der Regelung ist es, die Drehzahl zu erfassen und den Energiefluß des Antriebs so zu beeinflussen, daß alle unerwünschten Änderungen durch schwankende Be-

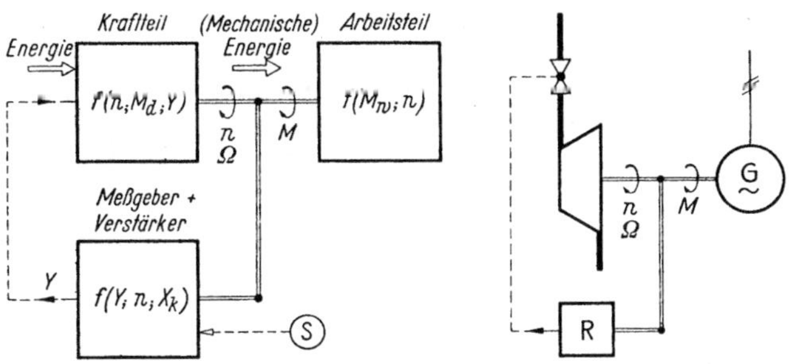

a) Grundsätzliche Anordnung b) Beispiel eines Turbosatzes

Bild 1. Drehzahlregelkreis mit Kraft- und Arbeitsmaschinenteil lastung oder Änderungen der Bedingungen des Energieflusses hinreichend ausgeglichen werden oder die Drehzahl in erwünschtem Sinne verstellt wird.

2. Einteilungsmöglichkeiten

Die Einteilung der vorkommenden Drehzahlregelungen mit ihren Besonderheiten hängt in natürlicher Weise von der Art der Kraft- und Arbeitsmaschine ab. Bei der Kraftmaschine ist u.a. die Form der zugeführten Energie kennzeichnend, und man unterscheidet deshalb die Drehzahlregelungen z. B. von Dampfturbinen, Wasserturbinen, Kolbenkraft- und Elektromotoren (s. Kapitel 19, 20, 22, 27). Vom regelungstechnischen Standpunkt aus liegt eine Einteilung der Kraftmaschinen nach der Art der Abhängigkeit von Drehzahl, Moment und Steuergröße nahe. Bei der Arbeitsmaschine steht zunächst die technologische Aufgabe im Vordergrund. So kann man z.B. die Drehzahlregelung von Generatoren zur Erzeugung elektrischer Energie (s. Kapitel 23), von Arbeitsmaschinen zur Materialbewegung und -verformung (s. Kapitel 28, 36, 41, 49, 50) und von Fahrzeugen (s. Kapitel 51, 52, 53, 54) betrachten. Wesentlich für alle diese Anordnungen ist dabei, daß die Arbeitsmaschine ein Lastmoment an der Welle der Kraftmaschine ausübt, das die Drehzahl zu ändern sucht. Das Lastmoment bildet deshalb meistens die wichtigste Störgröße, so daß seine Abhängigkeit von anderen Größen, z.B. der Zeit, eines Weges oder der Drehzahl selbst für die Regelung Bedeutung hat. Man kann deshalb die Drehzahlregelungen auch unter dem Gesichtspunkt der verschiedenen Lastmomente betrachten.

Die Ausführungsformen und die benutzten Bauelemente der Drehzahlregelungen sind sehr verschieden. Bei der Drehzahlregelung der Dampf- und Wasserkraftmaschinen herrschen wegen der großen Verstellkräfte hydraulische Glieder vor. Bei Verbrennungskraftmaschinen benutzt man vor allem mechanische Elemente, während bei den elektrischen Antrieben elektrische Mittel bevorzugt werden.

B. Mathematische Grundbeziehungen

An der Welle des Antriebs wirkt das antreibende Moment M_d (Drehmoment) der Kraftmaschine, das bremsende Moment M_w (Widerstandsmoment) der Arbeitsmaschine und der Einfluß der Schwungmasse Θ der rotierenden Teile als Beschleunigungs- bzw. Verzögerungsmoment M_b. Dabei gilt in jedem Augenblick:

$$M_d = M_w + M_b \tag{1}$$

$$M_b = \Theta \frac{\mathrm{d}\Omega}{\mathrm{d}t} = 2\pi\Theta \frac{\mathrm{d}n}{\mathrm{d}t} \tag{2}$$

$$\Theta = \frac{G D^2}{4g} \tag{3}$$

(G Gewicht, D Trägheits-Durchmesser, Ω Winkelgeschwindigkeit, n Drehzahl) [*1*]

Statt der Bilanz der Momente läßt sich auch eine Leistungsbilanz aufstellen, wobei Gl. (1) mit der Winkelgeschwindigkeit Ω zu multiplizieren ist:

$$\Omega M_d = \Omega M_w + \Theta\,\Omega \frac{\mathrm{d}\Omega}{\mathrm{d}t} \quad \text{oder} \quad N_d = N_w + N_b \tag{4}$$

Die zufließende Leistung N_d der Kraftmaschine teilt sich in die abfließende Leistung N_w und die Beschleunigungsleistung N_b. Durch Integration nach der Zeit erhält man schließlich eine Energiebilanz:

$$\int_{t_1}^{t_2} \Omega M_d \mathrm{d}t = \int_{t_1}^{t_2} \Omega M_w \mathrm{d}t + \frac{\Theta}{2} (\Omega_2^2 - \Omega_1^2) \tag{5}$$

Die zugeführte Arbeit ist gleich der abgegebenen Arbeit einschließlich der Reibungsverluste usw. und der Zunahme an Schwungenergie. Die Energiespeicherung in der Schwungmasse des Antriebs bedingt immer einen stetigen Verlauf der Drehzahl.

Als kennzeichnende Größe bei dynamischen Vorgängen führt man die mechanische Anlaufzeitkonstante T_m ein. Man erhält sie in natürlicher Weise, wenn man Gl. (1) normiert, d.h. die veränderlichen Größen auf entsprechende Bezugsgrößen bezieht [*2*, *3*]. Diese Bezugs- oder Normierungsgrößen für Ω bzw. n und M wählt man so, daß sie bestimmte physikalisch kennzeichnende Werte des Antriebs darstellen, z.B. die Leerlauf- oder Nenndrehzahl und das Stillstands- oder Nenndrehmoment. In der Energieversorgung wird meistens an Stelle des Momentes die Leistung zur Definition der Anlaufzeitkonstante benutzt (s. Kapitel 20). Wenn man auf Nennwerte normiert (Index n), erhält man z.B.

$$\frac{M_d - M_w}{M_n} = \frac{\Theta \Omega_n}{M_n} \frac{\mathrm{d}\Omega/\Omega_n}{\mathrm{d}t} = T_{mn} \frac{\mathrm{d}\Omega/\Omega_n}{\mathrm{d}t} = \frac{\mathrm{d}\, n/n_n}{\mathrm{d}t/T_{mn}} \tag{6 a}$$

Die Anlaufzeitkonstante T_m ergibt sich, bei der Benutzung der Normwerte als Bezugsgrößen, als Nenn- oder Normal-Anlaufzeitkonstante T_{mn}:

$$T_{mn} = \frac{\Theta \Omega_n}{M_n} = \frac{\Theta \Omega_n^2}{N_n} = \frac{G D^2}{4 g} \cdot \frac{2 \pi n_n}{M_n} \tag{6 b}$$

Führt man Dimensionen ein, so erhält man beispielsweise als zugeschnittene Größengleichung:

$$T_{mn} = \frac{(G D^2/\mathrm{kgm}^2)}{375} \cdot \frac{(n_n/\mathrm{min}^{-1})}{(M_n/\mathrm{kgm})}\, \mathrm{s} \tag{6 c}$$

Die mechanische Grundgleichung (1) bzw. (6) gilt für alle rotierenden Maschinen. Die Anlaufzeitkonstante T_m ist bei den dynamischen Vorgängen von zentraler Bedeutung. Sie eignet sich deshalb auch als Normierungsgröße für die Zeit bei einer vollständig normierten, dimensionslosen Betrachtung im Regelkreis. In normierter Darstellung ist die zeitliche Änderung der Drehzahl also direkt gleich dem resultierenden beschleunigenden Moment.

Für die weiteren Überlegungen ist der Verlauf des Lastmomentes M_w und seine Abhängigkeit von der Drehzahl und der Zusammenhang zwischen Drehmoment M_d, Drehzahl n und der zugehörigen Steuergröße Y wichtig. Man kann, wenigstens grundsätzlich, folgende Beziehungen für die entsprechenden Teile eines Drehzahlregelkreises aufstellen:

Momentengleichung: $$T_{mn} \frac{\mathrm{d}\, n/n_n}{\mathrm{d}t} = \frac{M_d - M_w}{M_n} \tag{7}$$

Steuergleichung des Kraftteils: $$f_1(M_d, n, Y, t) = 0 \tag{8}$$

Lastabhängigkeit: $$f_2(M_w, n, t) = 0 \tag{9}$$

Aus den Gln. (7) bis (9) läßt sich bei hinreichenden Vernachlässigungen ein Zusammenhang zwischen Ω oder n, M_w und Y ermitteln, den man als die Gleichung der Regelstrecke auffassen kann:

$$f_3(n, M_w, Y, t) = 0 \tag{10}$$

Die Einflußgrößen dieses Zusammenhangs werden zunächst untersucht.

C. Arten des Lastmomentes

1. Zeitabhängiges Lastmoment

Ist das Lastmoment nur eine Funktion der Zeit, so wirken sich die Eigenschaften der Arbeitsmaschine nur in einer Vergrößerung der Schwungmassen und damit der Anlaufzeitkonstanten des Antriebs aus. Die sonstigen Systemgrößen bleiben unverändert. Die Stabilität des Regelkreises, die durch seine Eigenwerte (Wurzeln der charakteristischen Gleichung) gekennzeichnet ist, wird zwar durch

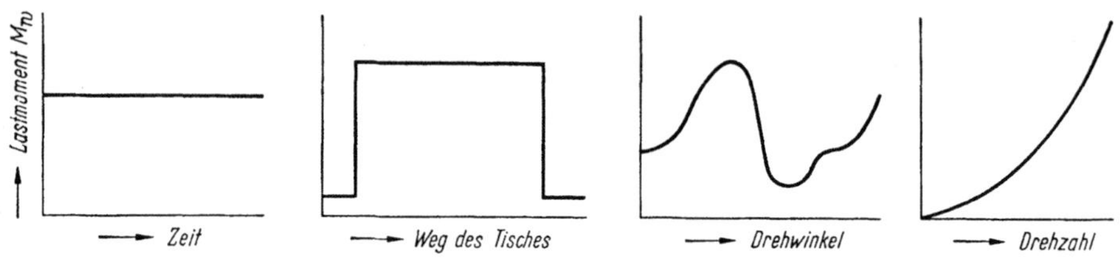

a) Konstantes Moment einer Schachtfördermaschine
b) Stoßartiges Moment einer Hobelmaschine
c) Winkelabhängiges Moment eines Kompressors
d) Drehzahlabhängiges Widerstandsmoment eines Fahrzeuges

Bild 2. Formen des Lastmomentes M_w

die Änderung der Anlaufzeitkonstanten beeinflußt, bleibt aber vom Lastmoment unberührt. Der Regelvorgang selbst dagegen hängt vom zeitlichen Verlauf des Lastmomentes ab. Ein besonders einfaches Beispiel eines solchen Momentes ist das konstante Lastmoment einer Schachtfördermaschine (*Bild* 2a).

2. Ortsabhängiges Lastmoment

Ein Beispiel für ein ortsabhängiges Moment ist das Lastmoment einer Hobelmaschine, das bei einer bestimmten Stellung des Hobeltisches stoßartig auftritt und bei der Maschine mit Drehzahlregelung einen entsprechenden Regelvorgang auslöst. Die inneren Eigenschaften des Kreises werden durch das Lastmoment nicht beeinflußt. Dies gilt auch für alle ähnlichen Formen des Lastmomentes (*Bild* 2b).

Arbeitsmaschinen mit Kolbenbewegung haben ein ausgesprochen winkelabhängiges Lastmoment, das periodische Schwankungen ergibt (*Bild* 2c). Man kann diesen Momentenverlauf durch eine harmonische Reihe darstellen:

$$M_w = \sum_{\nu=0}^{\mu} M_\nu \sin(\nu\alpha + \varphi_\nu), \quad \frac{d\alpha}{dt} = \Omega = 2\pi n \tag{11}$$

Da die Winkelgeschwindigkeit Ω bei einer Regelung der Drehzahl nur kleine Abweichungen von einem festen Wert Ω_s aufweist, kann man den Drehwinkel $\alpha = (\Omega_s + \Delta\,\Omega)t$ setzen, so daß sich M_w angenähert wie folgt ergibt:

$$M_w = \sum_{\nu=0}^{\mu} M_\nu [\sin(\nu\,\Omega_s t + \varphi_\nu) + f(\Delta\,\Omega, t)] \tag{12}$$

$f(\Delta\,\Omega, t)$ kann meistens vernachlässigt werden.

Das winkelabhängige Moment wird bei Beschränkung auf kleine Abweichungen von einem stationären Zustand auf ein zeitabhängiges periodisches Moment zurückgeführt. Bei einem solchen periodischen Moment ist die Beachtung der Eigenwerte oder Eigenfrequenzen des Regelkreises besonders wichtig, da sich sonst relativ große Regelabweichungen ergeben können.

3. Drehzahlabhängiges Lastmoment

In dem Ausdruck $f(\Delta\,\Omega, t)$ der Gl. (12) war bereits eine Abhängigkeit des Lastmomentes von der Drehzahl vorhanden, die aber noch vernachlässigt wurde. Bei Lüftermomenten oder Fahrwiderständen in Luft oder Wasser gibt es nun eine sehr starke, nicht vernachlässigbare Drehzahlabhängigkeit des Lastmomentes (*Bild* 2d). Die zugehörige Kennlinie läßt sich so darstellen:

$$M_w = k\,n^\alpha \quad \text{oder} \quad \frac{M_w}{M_s} = \left(\frac{n}{n_s}\right)^\alpha; \quad \text{im allgemeinen ist} \quad \alpha = 2 \tag{13}$$

(M_s fester Wert eines stationären Zustandes). Mit $M_w = M_s + \Delta M_w$, $n = n_s + \Delta n$ und Vernachlässigung aller höheren Potenzen von Δn geht die Gl. (13) über in

$$\Delta M_w = \alpha \frac{\Delta n}{n_s} M_s \tag{14}$$

Benutzt man die bereits eingeführten Normierungsgrößen M_n, n_n der Gl. (6) oder andere Bezugsgrößen, die aus besonderen Gründen verschieden von den Größen M_s und n_s des stationären Betriebspunktes festgelegt sein können, so erhält man:

$$\frac{\Delta M_w}{M_n} = \alpha \frac{M_s}{M_n} \cdot \frac{n_n}{n_s} \cdot \frac{\Delta n}{n_n} = \beta \frac{\Delta n}{n_n} \tag{15}$$

Führt man diesen Zusammenhang in die Grundgleichung (6) ein, so folgt:

$$\frac{M_d - M_s}{M_n} = \frac{\Delta M_d}{M_n} = \frac{\Delta M_w}{M_n} + T_{mn} \frac{\mathrm{d}\frac{\Delta n}{n_n}}{\mathrm{d}t} = \beta \frac{\Delta n}{n_n} + T_{mn} \frac{\mathrm{d}\frac{\Delta n}{n_n}}{\mathrm{d}t} \tag{16}$$

Schließlich wird der zugehörige Frequenzgang:

$$\frac{\Delta n(p)}{n_n} = \frac{1}{\beta + T_{mn} p} \cdot \frac{\Delta M_d}{M_n} \tag{17}$$

Der Zusammenhang zwischen Drehzahl und Drehmoment entspricht einem proportionalen Regelkreisglied mit einem Zeitverzug. Das bedeutet aber, daß durch die Drehzahlabhängigkeit des Lastmomentes die inneren regelungstechnischen Eigenschaften des Antriebs beeinflußt werden.

D. Regelungstechnische Eigenschaften des Kraftmaschinenteils

1. Formen des Antriebsmomentes

Die notwendigen Drehzahländerungen beim Regelvorgang werden durch das Antriebsmoment M_d der Kraftmaschine erzwungen, wobei der innere Energiefluß geändert wird. Der Zusammenhang zwischen der Steuergröße Y, etwa der Öffnung einer Wasserturbine oder der Drosselung eines Ottomotors und dem Drehmoment M_d muß deshalb näher betrachtet werden. Fast immer enthält dieser Zusammenhang eine Drehzahlabhängigkeit, wie das in Gl. (8) angedeutet wurde. Die Drehzahlregelung wird im allgemeinen um so einfacher, je stärker diese Abhängigkeit der Drehzahl von der Steuergröße Y ausgeprägt ist, wie dies beim fremderregten Gleichstrommotor mit Ankerspannung und Drehzahl der Fall ist. Man nähert sich dann bereits dem Antrieb mit eingeprägter Drehzahl wie beim Synchronmotor, der eine Drehzahlregelung überflüssig macht. Der Zusammenhang zwischen

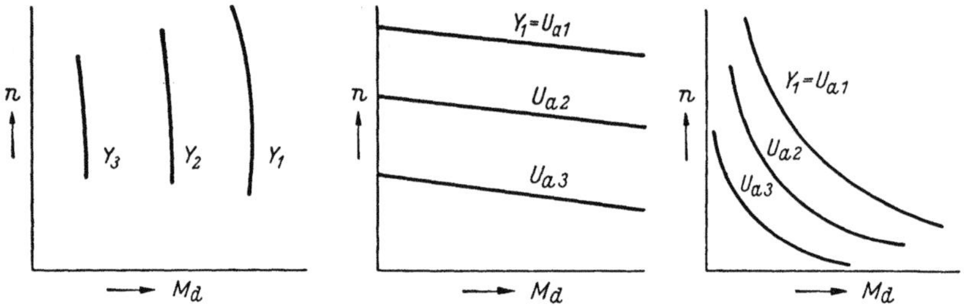

a) Dieselmotor (Y Stellung der Regelstange der Einspritzpumpe) b) Fremderregter Gleichstrommotor (Y Ankerspannung U_a) c) Gleichstrom-Reihenschlußmotor (Y Spannung U_a)

Bild 3. Stationäres Kennlinienfeld der Kraftmaschine

Ω bzw. n, M_d, Y wird im stationären Zustand meist durch ein Kennlinienfeld $n = f(M_d)$ mit dem Parameter Y veranschaulicht. Der Verlauf dieser Kennlinien ist für die einzelnen Kraftmaschinen typisch (*Bild* 3). Die drei Beispiele stellen besonders ausgeprägte Fälle dar. Nähert man die Kurven durch möglichst einfache analytische Beziehungen an, so erhält man

$$\text{Fall a)} \qquad M_d = a_1 Y - a_2 n; \quad a_2 n \ll a_1 Y \tag{18}$$

(Einfluß von n im praktischen Bereich klein, keine ausgeprägte Leerlaufdrehzahl; Beispiel: *Verbrennungsmotor* [*4*, *5*]).

$$\text{Fall b)} \qquad n = a_1 Y - a_2 M_d; \quad a_2 M_d \ll a_1 Y \tag{19}$$

(Einfluß von M_d im praktischen Bereich klein, Leerlaufdrehzahl; Beispiel: *Fremderregter Gleichstrommotor* [*6*]).

$$\text{Fall c)} \qquad M_d = a\left(\frac{Y}{n}\right)^{\alpha} \tag{20}$$

(Je nach Betriebsbereich überwiegt hier der Einfluß von n oder M_d, daher keine begrenzte Leerlaufdrehzahl; Beispiel: *Gleichstrom-Reihenschlußmotor* [*7*]).

Wirkt das Lastmoment als stark veränderliche Störgröße in der Regelung, so ist die Kennlinie in Bild 2b die günstigste, da das Lastmoment hier den kleinsten Einfluß hat. Aus den Kurvenscharen des *Bildes* 3 lassen sich Kurvenscharen $n(Y)$ mit dem Parameter M_d und $M_d(Y)$ mit dem Parameter n leicht ermitteln.

2. Dynamische Eigenschaften der Kraftmaschine

In dem Kennlinienfeld (n, M_d, Y) kommen keine dynamischen Eigenschaften zum Ausdruck. Sie sind aber für das Verhalten der Regelung sehr wesentlich. In ihnen wirken sich vor allem innere Energiespeicher und die bei ihrer Füllung auftretenden Zeitverzüge, die Strömungsgeschwindigkeit und Trägheitskräfte des energieführenden Stoffes sowie Lose und Reibung in den Steuergliedern aus. Sie werden vor allem durch entsprechende Zeitkonstanten und eine Totzeit gekennzeichnet. In Tabelle 1 sind die Einflußgrößen von verschiedenen Kraftmaschinen zusammengestellt.

Mit hinreichend vielen Vereinfachungen und Linearisierungen kann man meist einen entsprechenden analytischen Zusammenhang bilden.

Tabelle 1. *Dynamische Eigenschaften von Kraftmaschinen*

	Kraftmaschine	Energieträger	Strömungsgeschwindigkeit des Energieträgers	„Innere" Energiespeicherung in der Kraftmaschine; Kennzeichnung durch Zeitkonstante T_i	Dynamische Ordnung des Systems einschließlich Anlaufzeitkonstante bei Vernachlässigung aller Nebenerscheinungen
1	Wasserkraftmaschine	Wasser	Begrenzt	Bewegungsenergie des Wassers vor dem Laufzeug	Mindestens 2. Ordnung, Anlaufzeitkonstante T_m, Zeitkonstante der Massenkräfte T_i, Verstellzeit der Stellgröße Y, kleine Totzeit T_t
2	Dampfkraftmaschine	Dampf	Begrenzt, aber groß	Innere Energie des Dampfes hinter den Einlaßelementen	Mindestens 2. Ordnung, Anlaufzeitkonstante T_m, Zeitkonstante der inneren Energie T_i, kleine Verstellzeit von Y, kleine Totzeit T_t
3	Verbrennungskraftmaschine	Benzin Öl Gas	Begrenzt	Chemische Energie hinter den Einlaßelementen des Treibstoffes	Mindestens 2. Ordnung, Anlaufzeitkonstante T_m, Zeitkonstante der inneren Energie T_i, Verstellzeit von Y, Totzeit T_t
4	Elektromotor	Elektrizität	Praktisch unbegrenzt	Magnetische Felder der Ströme	Mindestens 2. Ordnung, Anlaufzeitkonstante T_m, mindestens eine kleine Zeitkonstante T_i

E. Zusammenarbeit von Kraft- und Lastteil des Antriebs

1. Stationäre Stabilität

Bei fester Steuergröße Y und gegebenem Lastmomentverlauf erhält man im allgemeinen einen bestimmten stationären Betriebspunkt, der sich als Schnittpunkt einer Antriebskennlinie $M_d(n)$ und einer Lastkennlinie $M_w(n)$ darstellen läßt. Wächst das Lastmoment bei einer gedachten Drehzahlerhöhung über den

Betriebswert stärker als das Antriebsmoment, so ist dieser Betriebspunkt statisch stabil (*Bild* 4). Dabei gilt für diesen Punkt:

$$\left(\frac{\partial M_w}{\partial n} - \frac{\partial M_d}{\partial n}\right) > 0 \tag{21}$$

Diese Betrachtung ist jedoch nur begrenzt gültig, da sie die dynamischen Eigenschaften nicht erfaßt. Es gibt sogar Fälle, bei denen ein Betriebspunkt nach dieser Betrachtung labil sein müßte, jedoch noch stabil ist. Trotzdem ist diese Betrachtungsweise für eine erste Orientierung wertvoll [1].

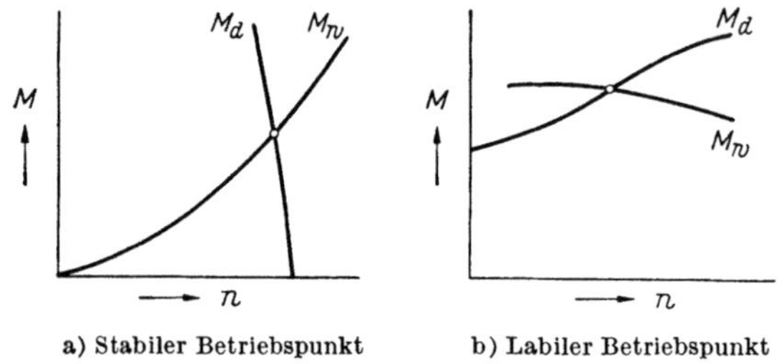

Bild 4. Statische Stabilität des Antriebs ohne Regelung

2. Dynamisches Verhalten

Die in der Tabelle 1 genannten Einflüsse und die mögliche Drehzahlabhängigkeit des Lastmomentes nach Gl. (17) wirken sich auf das dynamische Verhalten von Kraft- und Lastteil des Antriebs ohne Regelung aus. Versucht man, eine analytische Beziehung zwischen Drehzahl n, Steuergröße Y und dem Lastmoment M_w aufzustellen, so gelangt man bei entsprechenden Vereinfachungen oft zu einem Ausdruck der Form:

$$a_2 T_m T_i \frac{d^2 n}{d t^2} + (a_1 T_m + b_1 T_i) \frac{d n}{d t} + a_0 n = Y(t - T_t) + c_1 T_i \frac{d M_w}{d t} + c_0 M_w \tag{22}$$

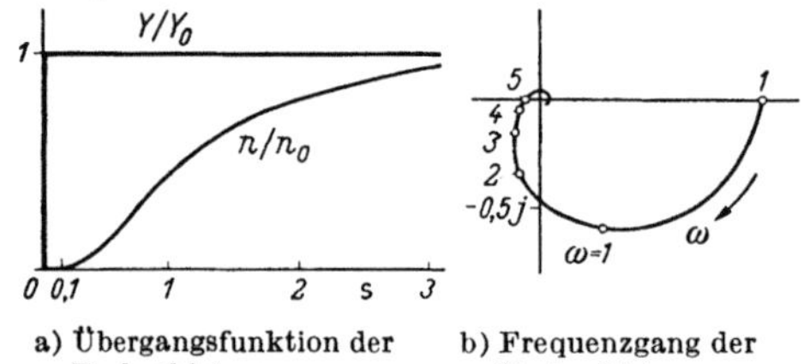

Bild 5. Dynamisches Verhalten eines Antriebs ohne Regelung. Beispiel $T_1 = 1$ s, $T_2 = 0{,}3$ s, $T_t = 0{,}1$ s, $T_1 \approx T_m$, $T_2 \approx T_i$

(T_m mechanische Anlaufzeitkonstante, T_i Zeitkonstante der sonstigen inneren Energiespeicher, T_t Totzeit). Von der Differentialgleichung (22) kann man zum Frequenzgang übergehen. Stellt man die dabei auftretenden Polynome von p mit Hilfe ihrer Wurzeln $p_\nu = -\frac{1}{T_\nu}$ in Produktform dar und führt zusammengehörige Bezugswerte n_n, Y_n, M_n ein, so erhält man einen normierten Ausdruck nach Gl. (23), der die dynamischen Eigenschaften übersichtlich erfaßt [9]:

$$\frac{n(p)}{n_n} = \frac{\frac{Y(p)}{Y_n} + \exp(p T_t) \cdot (p T_3 + 1) \frac{M_w(p)}{M_n}}{\exp(p T_t) \cdot (p T_1 + 1) \cdot (p T_2 + 1)} \tag{23}$$

($1/T_1$ und $1/T_2$ Wurzeln der charakteristischen Gleichung (22); $T_3 \sim c_1 T_i/c_0$). Der Verlauf der Ortskurve für $p = \mathrm{j}\,\omega$ und die Übergangsfunktion ist in *Bild* 5 für ein Beispiel wiedergegeben. Dieser Verlauf ist für viele Antriebe typisch, wobei die unumgängliche Anlaufzeitkonstante meist den größten Einfluß ausübt.

F. Grundeigenschaften des geschlossenen Kreises

Die beschriebenen Eigenschaften von Kraft- und Lastteil und das Verhalten der übrigen Regelkreisglieder bestimmen die Eigenschaften der Regelung [8]. Dabei ist die Wahl des kleinsten Leistungsniveaus im Regelkreis wichtig, weil es die Anzahl und Größe der zusätzlichen Verstärkerelemente bei gegebener Antriebsleistung bestimmt. Die Antriebsleistung reicht bei Dampfturbinen und Wasserkraftmaschinen über 150 MW hinaus. Andererseits ist die neuzeitliche Antriebsregelung dadurch gekennzeichnet, daß die für die Regelung notwendigen PID-Einflüsse unter recht kleinem Leistungsumsatz gebildet werden, der sich häufig im Bereich von mW abspielt, so daß beträchtliche innere Leistungsverstärkungen im Regelkreis auftreten (nicht mit der Kreisverstärkung V_0 verwechseln!).

Bei der Frage, von welcher Grundregelung beim Aufbau der Drehzahlregelungen ausgegangen werden soll, führt die Wirkung der unumgänglichen Anlaufzeitkonstanten zunächst in natürlicher Weise auf eine Regelung mit einem Proportionalregler. Je mehr zusätzliche Zeitkonstanten im Kreis auftreten und je größer die Gesamttotzeit des Kreises ist, desto mehr Einfluß muß der integrale Anteil an der Regelung haben. Damit ist aber stets ein Verkleinern der Eigenfrequenzen, insbesondere der den Regelvorgang bestimmenden, verbunden, so daß der Regelvorgang langsamer verläuft. Die Einführung eines Differentialquotienteneinflusses wird dann wichtig. Seine Bildung ist bei Verwendung elektronischer Regler am leichtesten möglich.

Die analytische Darstellung des Frequenzganges der Drehzahl bei geschlossenem Regelkreis hat folgende Form, wenn man von dem Zusammenhang der Gl. (23) ausgeht und im übrigen ideale Regelkreisglieder mit einfachem PID-Verhalten annimmt [8, 9]:

$$\frac{n(p)}{n_n} = \frac{V_0\left(1 + p\,T_D + p^{-1}\frac{1}{T_I}\right)\cdot\frac{W(p)}{W_n} + \exp(p\,T_t)\cdot(p\,T_3 + 1)\cdot\frac{M_w(p)}{M_n}}{\exp(p\,T_t)\cdot(p\,T_1 + 1)\,(p\,T_2 + 1) + V_0\left(1 + p\,T_D + p^{-1}\frac{1}{T_I}\right)} \tag{24}$$

(V_0 Kreisverstärkung, T_D Maß für den D-Einfluß, T_I Maß für den I-Einfluß, W Führungsgröße).

Enthält die Regelung keinen I-Einfluß, so gilt für den stationären Zustand:

$$\frac{n}{n_n} = \frac{V_0\frac{W}{W_n} + \frac{M_w}{M_n}}{1 + V_0} \tag{25}$$

Der Einfluß des Lastmomentes ist auf das $(1 + V_0)^{-1}$fache vermindert. Die wenigen Parameter der Gl. (24) ergeben in den praktischen Fällen bereits eine außerordentliche Mannigfaltigkeit des Verlaufs des Regelvorgangs.

G. Quellenhinweise

[1] Leonhard, A.: Elektrische Antriebe. Stuttgart: F. Enke 1949.

[2] Haier, U.: Der Aufbau von Gleichstromprogrammantrieben. Dissertation Techn. Hochsch. Stuttgart 1955. S. 6.

[3] Jones, R. W.: Models, analogues and homologues. In: Regelungstechnik. Moderne Theorien und ihre Verwendbarkeit. München: R. Oldenbourg 1957. S. 326–329.

[4] Hütte: Des Ingenieurs Taschenbuch, Bd. II A 28. Aufl., Maschinenbau. Teil A. Berlin: W. Ernst & Sohn 1954. S. 761 u. S. 812.

[5] Dubbels Taschenbuch für den Maschinenbau, 2. Bd. 11. Aufl. Berlin / Göttingen / Heidelberg: Springer 1953. S. 192.

[6] Leonhard, A.: Kennlinien von Gleichstrommotoren. Elektrotechn. u. Masch.-Bau 60. Jg. (1942) S. 261–264.

[7] Hütte: Des Ingenieurs Taschenbuch, Bd. II A 28. Aufl. Maschinenbau, Teil A. Berlin: W. Ernst & Sohn 1954. S. 951.

[8] Antiebsregelung. In: Regelungstechnik. Hrsg. Fachausschuß f. Regelungstechnik. Vorträge des VDI/VDE-Lehrganges in Bonn 1953 und Essen 1954. Wuppertal u. Berlin: VDE-Verlag 1954. S. 175–230.

[9] Leonhard, A.: Die selbsttätige Regelung. Berlin / Göttingen / Heidelberg: Springer 1949. S. 95ff., 159ff.

8. Spannungsregelung

Von **H. Henning**

Inhaltsübersicht

A. Allgemeine Betrachtungen

Die einzelnen Regelobjekte, bei denen die Aufgabe der Spannungsregelung vorkommt (s. Tabelle 1), sind in ihrer technischen Gestalt und in ihrem physikalischen Wesen so verschiedenartig, daß sie weder regelungstheoretisch noch gerätetechnisch nach einem gemeinsamen, gleichartigen Schema behandelt werden können. Man kann deshalb allgemein zum *Wesen der Spannungsregelung* sagen, daß es keine „typische" Spannungsregelung als Gattung gibt, etwa in dem Sinne, daß z.B. die Spannungsregelung eines Synchrongenerators besonders wesensverwandte Merkmale mit der Spannungsregelung eines Transformators aufweist. Es soll deshalb die in diesem Kapitel zugrunde gelegte Betrachtung nach der Regelgröße „Spannung" in der Hauptsache nur dazu dienen, einen Überblick über die verschiedenartigen Regelobjekte und über ihre wichtigsten regelungstechnischen Merkmale zu geben. Dafür sind in Tabelle 1 einige Hinweise angeführt, die die Wahl der Regelungseinrichtung wesentlich beeinflussen und auch einen ersten Anhalt für die Lösung der Regelaufgabe geben. So haben z.B. Asynchrongeneratoren und Akkumulatorbatterien keine unmittelbare Steuermöglichkeit. Der steuernde Eingriff muß hier über zusätzliche (steuerbare) Bauglieder vorgenommen werden. Wesentlich ist z.B. auch, ob der Steuereingriff stetig oder nur stufig möglich ist. Die Hinweise, ob die Laststörgröße, die Regelgröße und die Steuergröße reell oder komplex sind, geben einen Einblick in den Schwierigkeitsgrad für die Berechnung des Regelablaufes und den Aufbau der Regelgeräte. In den Last-Spannungs-Kennlinien ist z.B. angedeutet, wie empfindlich die Spannung als Regelgröße gegen Last-Störgrößen ist, während die Sprungübergänge einen Einblick in das grundsätzliche dynamische Verhalten bei Störung und Steuerung geben.

Tabelle 1. *Regelobjekte mit Spannungsregelungen*

	a	b	c	d	e	f	g	h	i
Nr.	Regelobjekt	Schaltbild	Strom-Spannungs-Kennlinie (n = konst.)	Stör-Sprung-übergang	Regelgröße (Spannung)	Last-Störgröße (Strom)	Stell-Sprung-übergang	Stellgröße	Stelleingriff
1	Gleichstrom-Nebenschluß-generator	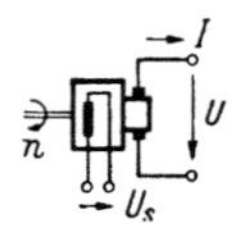	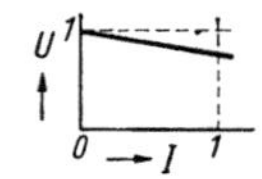	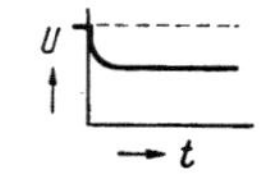	reell	reell	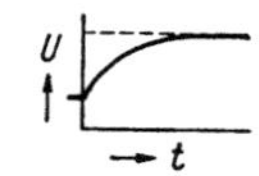	reell (Spannung)	stetig (Spannung)
2	Synchron-generator	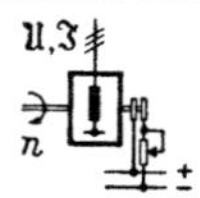	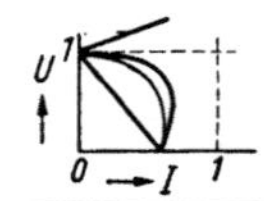	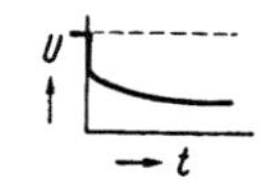	komplex	komplex	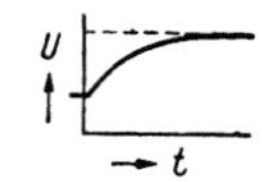	reell (Spannung)	stetig (Spannung)
3	Asynchrongene-rator mit Erreger-einrichtung	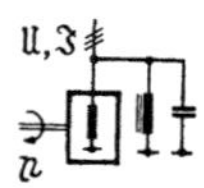	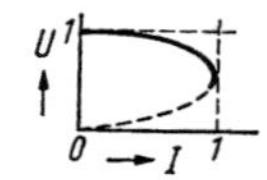	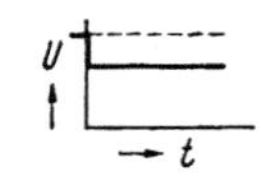	komplex	komplex	–	keine	unmittelbar nicht möglich
4	Gleichrichter	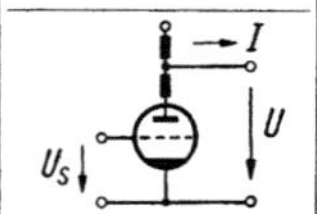	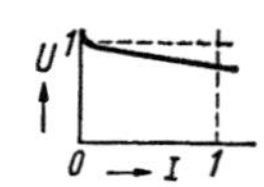	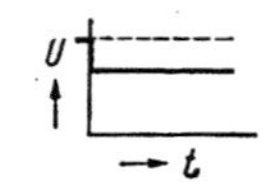	reell	reell	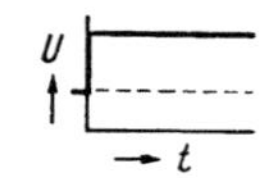	reell	stetig (Spannung)
5	Stelltrans-formator	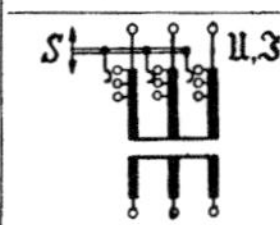	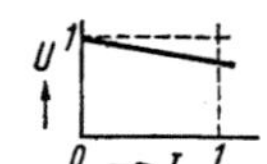	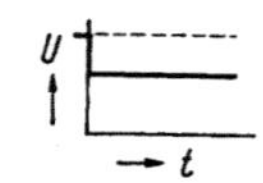	komplex	komplex	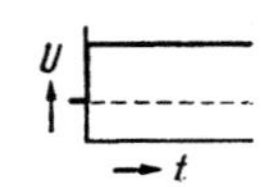	reell	stufig (Weg)
6	Drehtrans-formator	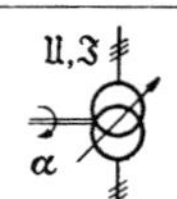	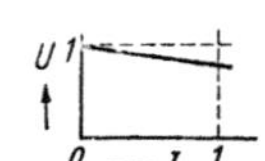	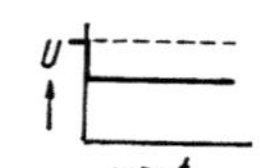	komplex	komplex	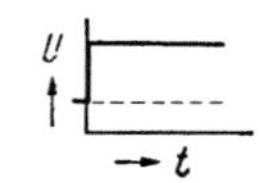	reell	stetig (Winkel)
7	Batterie	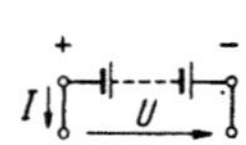	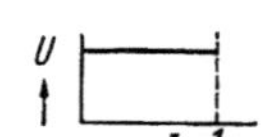	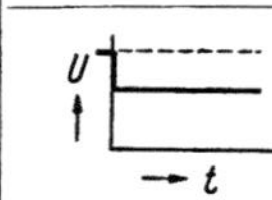	reell	reell	–	keine	unmittelbar nicht möglich

B. Gleichstromerzeuger und -umformer

1. Typische Kennzeichen

Aus der Sicht der Regelungstechnik lassen sich bei den Anordnungen, die Gleichstrom liefern und deren Spannung geregelt wird, zwei typische Gruppen unterscheiden: solche, deren Hauptaufgabe die Lieferung elektrischer Energie ist,

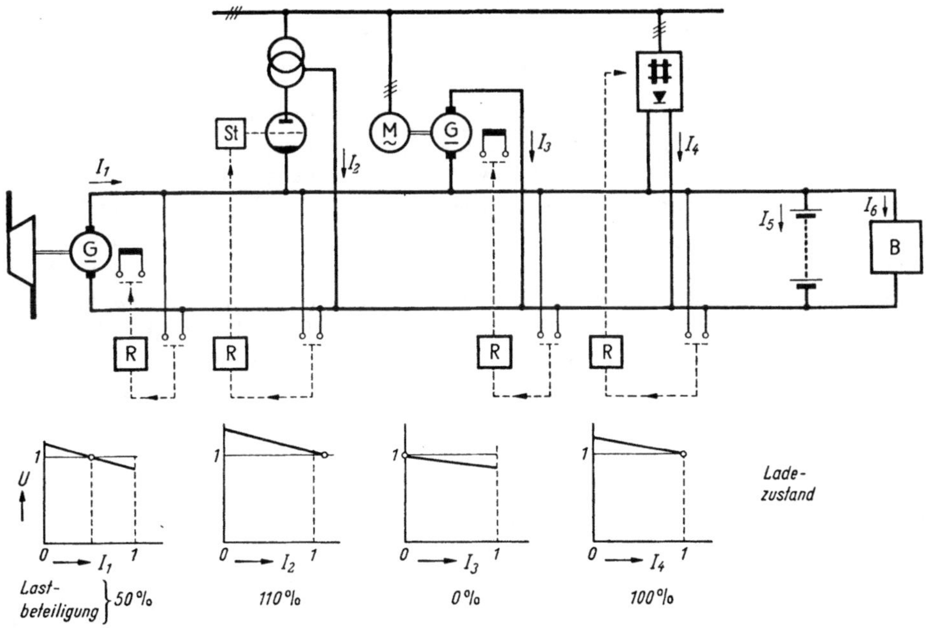

a) Gleichstromgenerator mit Wasserturbinenantrieb b) Hg-Dampf-Gleichrichter c) Motor-Generator-Satz d) Trockengleichrichter e) Akkumulatorbatterie f) Belastung

Bild 1. Beispiele für den Parallelbetrieb verschiedener Gleichstromerzeuger und -umformer

und solche, die Wechselstrom in Gleichstrom umformen, um Gleichstrommotoren zu speisen, deren besonders günstige regelungstechnische Eigenschaften als Antriebsmotor man sich dabei nutzbar machen kann.

Gleichstromerzeuger und -umformer müssen häufig parallel miteinander betrieben werden. So arbeiten z.B. Gleichstromgeneratoren oft mit anderen Generatoren oder mit Stromrichtern oder auch mit Batterien parallel. Alle Einheiten müssen dann möglichst auf eine statische Regelkennlinie geregelt werden, um eine definierte Lastverteilung zu erreichen, mit Ausnahme der Batterie, die selbst nicht regelbar ist (s. *Bild* 1).

2. Gleichstromgeneratoren mit nahezu konstanter Drehzahl

Den Gleichstromgenerator als selbständigen Stromerzeuger in stationären Anlagen findet man meist nur noch in Umformstationen für Straßenbahnbetrieb, wo er oft im Parallelbetrieb mit Quecksilberdampf-Gleichrichtern arbeitet, und in älteren Anlagen der Aluminium-Elektrolyse.

Als Regelgröße tritt bei Gleichstromgeneratoren in diesem Anwendungsgebiet in der Hauptsache die Spannung auf (vgl. auch Tabelle 1, Nr. 1). Störgrößen sind die Belastung und die Drehzahl der Antriebsmaschinen. Beide Größen wirken sich in dem normalen Lastbereich etwa in gleichem Maße auf Spannungsänderungen aus. Ändern sich sowohl die Belastung als auch die Drehzahl, so können von jeder einzelnen dieser beiden Störgrößen Spannungsänderungen in der Größenordnung von etwa 5 bis 10%, zusammen also 10 bis 20% der Nennspannung, hervorgerufen werden (*Bild* 2).

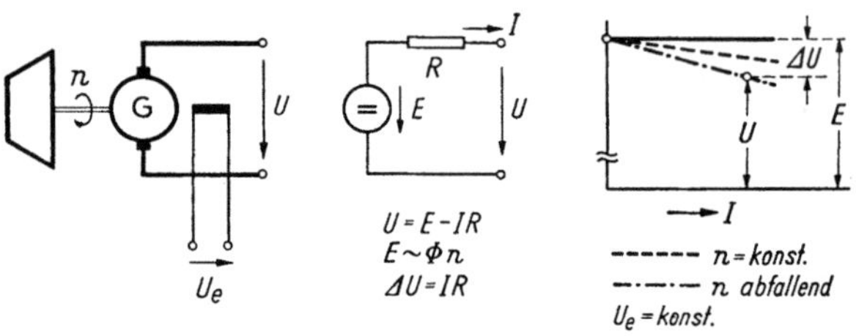

a) Schaltbild b) Ersatzschaltbild des Generators im stationären Zustand c) Spannung-Laststrom-Kennlinien

Bild 2. Einfluß von Last und Drehzahl im stationären Betrieb auf die Spannung eines Gleichstromgenerators

Die Spannung ließe sich demnach sowohl durch Eingriffe in der Antriebsmaschine als auch durch Eingriffe in die Erregung des Generators beeinflussen. Bei Stromerzeugern mit Kraftmaschinenantrieb (z.B. Wasserturbinen) ist ein Eingriff in die Energiezufuhr ohne weiteres möglich. Bei Umformern, die z.B. mit Asynchronmotoren angetrieben werden, ist das jedoch nicht der Fall. Im allgegemeinen begnügt man sich auch mit der Regelung der Spannung durch Änderung der Erregung über Erregermaschinen und Regeleinrichtungen, wie sie auch für Synchronmaschinen in Betracht kommen (s. Kapitel 23). Der grundsätzliche Aufbau der Regelung eines Gleichstromgenerators ist im Kapitel 2 zu finden.

Für den Parallelbetrieb mit anderen Gleichstromerzeugern muß die Spannung eines Gleichstromgenerators auf eine einstellbare statische Regelkennlinie geregelt werden. Die natürlichen Spannungskennlinien (*Bild* 2) lassen sich auch ohne Regelung schon so beeinflussen, daß eine bestimmte Neigung erzielt wird, wenn man eine zusätzliche vom Laststrom durchflossene Wicklung verwendet (Kompoundierung). Einschalten von Widerstand in den Ankerkreis gibt eine Vergrößerung der Neigung, doch ist dies Verfahren wegen zusätzlicher Verluste unwirtschaftlich. Wendet man dagegen eine Regelung an, so ist die Neigung durch Einstellen des P-Bereiches des Reglers oder durch Störwertaufschaltung des Laststromes zu erreichen. Parallelverschieben kann durch Ändern des Sollwertes erzielt werden (s. Kennlinien in *Bild* 1).

3. Gleichstromgeneratoren mit großen Drehzahlbereichen

Gleichstromgeneratoren für Kraft-, Luft- und Bahnfahrzeuge sind in der Regel mit der Welle des Fahrzeugmotors gekuppelt. Ihr Betrieb unterscheidet sich deshalb von jenem der stationären Gleichstromgeneratoren hauptsächlich dadurch, daß die *Drehzahl* neben der Belastung als Störgröße in so starkem Maße veränderlich ist, daß man sie als Hauptstörgröße behandeln muß (*Bild* 3 und 4). Legt man z.B. bei 6-V-Anlagen in Kraftfahrzeugen eine Sollspannung von etwa 7 V zugrunde, so kann bei hoher Drehzahl ein fünffacher Spannungswert erreicht werden. Die Drehzahlbereiche, in denen in verschiedenen Anwendungsgebieten gearbeitet wird, liegen ungefähr in den folgenden Größenordnungen:

für Bahn-Lichtgeneratoren:	1 : 5,5 z. B. 900 bis 5000 U/min
für Kraftfahrzeug-Lichtgeneratoren:	1 : 8 z. B. 500 bis 4000 U/min
für Flugzeug-Generatoren:	1 : 3 z. B. 3000 bis 9000 U/min

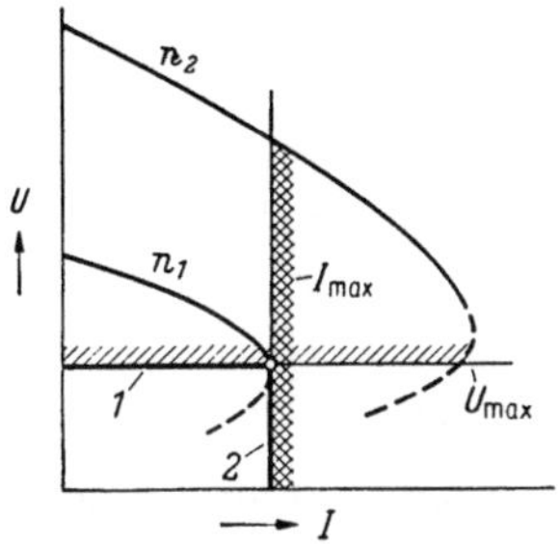

U_{max} Größte zulässige Spannung
I_{max} Größter zulässiger Strom
n_1, n_2 } Veränderliche Drehzahlen
1 Spannungs-Regelkennlinie
2 Strom-Regelkennlinie

Bild 3. Stör-Kennlinien (Spannung-Laststrom) eines Gleichstrommotors mit veränderlichen Drehzahlen

Da die Generatoren für Fahrzeuge nur für verhältnismäßig kleine Leistungen von einigen hundert Watt bis zu einigen Kilowatt gebaut werden, führt man sie als selbsterregte Maschinen aus.

Obwohl es sich bei allen Gleichstromgeneratoren mit großen Drehzahlbereichen im Prinzip um ähnliche physikalische Vorgänge und Regelaufgaben handelt, haben sich in den einzelnen Anwendungsgebieten doch verschiedenartige spezifische Bauformen der Regelgeräte eingebürgert. Das liegt in der Hauptsache an den verschiedenartigen Sicherheits- und Betriebsbedingungen und an den unterschiedlichen Möglichkeiten zur räumlichen Unterbringung der Regler im Fahrzeug. Über die Regelung von Lichtmaschinen für *Kraftfahrzeuge* ist im Kapitel 52 und für *Bahnfahrzeuge* im Kapitel 53 berichtet.

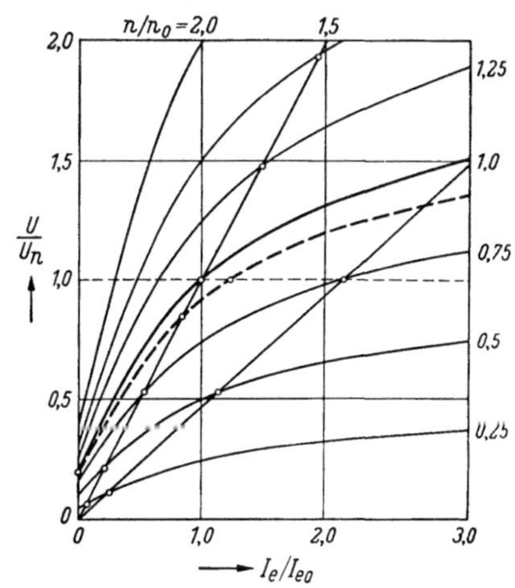

U Klemmenspannung
U_n Nennspannung
I_e Erregerstrom
I_{e0} Leerlauferregerstrom bei Nennspannung
n_0 Leerlaufdrehzahl bei Nennspannung
—— Leerlaufkennlinien
- - - Lastkennlinie

Bild 4. Stell-Kennlinien (Spannung-Erregerstrom) eines Gleichstrommotors mit veränderlichen Drehzahlen

4. Leonardumformer

Bei den in LEONARD-Umformern als Steuergeneratoren betriebenen Gleichstromgeneratoren wird sehr häufig eine Spannungsregelung angewendet. Es ist dabei aber zu beachten, daß es sich hier nicht um die *Spannung* als *Regelgröße* handelt, sondern daß die Spannung nur als *Ersatzregelgröße* für die *Drehzahl* des

LEONARD-Motors verwendet wird. Da die Klemmenspannung aber nicht unmittelbar der Drehzahl proportional ist, verwendet man je nach der zulässigen Regeltoleranz verschiedene Meßschaltungen, um die der Drehzahl des Motors direkt proportionale Gegenspannung zu erfassen (s. hierzu Kapitel 27). Man bedient sich dieses Verfahrens, statt der Motordrehzahl die Ankerspannung zu regeln, wegen des dabei geringeren (aber für viele Zwecke ausreichenden) Aufwandes an Regeleinrichtungen. Die Spannungsregelung von LEONARD-Generatoren in der hier angedeuteten Weise kommt im Rahmen dieses Buches in allen Kapiteln vor, in denen die Regelung von elektrischen Antrieben geschildert wird. Je nach der Art des Anwendungsgebietes arbeiten solche Spannungsregelungen als Festwertregelungen, z.B. bei Werkzeugmaschinen, meist aber als Folgeregelungen, z.B. bei Antrieben von Walzenstraßen, Fördermaschinen und in der Faserstoffindustrie.

5. Stromrichter

Der Stromrichter kommt als Regelobjekt für Spannungsregelung in der Form als Wechselstrom-Gleichstrom-Umformer für den Zweck der Lieferung von elektrischer Energie hauptsächlich in Umformstationen für Bahnen vor. Seine große Bedeutung hat er aber als ruhender LEONARD-Umformer zur Speisung von geregelten Gleichstromantrieben. Der Regelung von Stromrichtern ist das Kapitel 26 gewidmet.

In den Grundzügen betrachtet, sind bei der Regelung von Stromrichtern Änderungen der Strom-Spannungskennlinie möglich einerseits durch *Parallelverschiebung* der Kennlinie, um die Spannung konstant zu halten oder eine gewünschte andere Spannung einzustellen, andererseits durch Einstellen einer anderen *Neigung*, um den Parallelbetrieb mit anderen Stromrichtern oder Gleichstrommaschinen zu ermöglichen.

Eingriffsmöglichkeiten für die Parallelverschiebung sind gegeben durch:

a) Änderung des Transformator-Übersetzungsverhältnisses. Hier muß der gesamte Strom geschaltet werden; das Verfahren ist daher nur für kleine Leistungen geeignet.

b) Transformatorisches Einführen einer Zusatzspannung in den Haupttransformator. Im Zusatz-Stelltransformator (Größe etwa 10% des Haupttransformators) brauchen nur kleine Ströme geschaltet zu werden.

c) Aussteuern mit Gittersteuerung. Die Steuerung kann stetig bis Null durchgeführt werden und bietet sehr gute Eingriffsmöglichkeit für Regelungen, besonders mit Transistor-Steuersätzen und Transistor-Reglern.

Eingriffsmöglichkeiten zur Änderung der Neigung der Kennlinie sind ohne Regelung durch Einführen von Anodendrosseln gegeben. Mit Regelung kann die Neigung durch Verstellen des P-Bereiches des Reglers oder durch Störwertaufschaltung des Ladestromes erzielt werden.

6. Akkumulatorbatterien

Batterien werden in der Hauptsache verwendet für Batterieantriebe (z.B. Triebwagen, Kleinschiffe, Elektrokarren) und als Reserve bei Netzausfällen und im sog. Pufferbetrieb, indem man Batterie und Gleichrichter parallel schaltet, wobei der Strom meist über Gleichrichter aus dem Netz geliefert wird. Batterien sind, für sich allein betrachtet, nicht regelbar. Es treten aber Spannungsregelaufgaben im Pufferbetrieb mit Gleichrichtern und beim wirtschaftlichen Laden von Batterien auf [1, 2].

Pufferbetrieb. Die Spannung der Batterie soll auf etwa 2,2 V je Zelle konstant gehalten werden. Das Konstanthalten der Batteriespannung soll z.B. bei störenden Spannungsschwankungen des Netzes von -20% bis $+10\%$ und

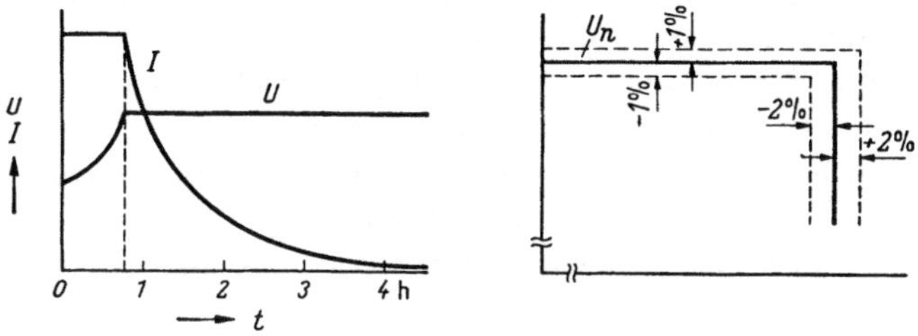

a) Zeitlicher Ablauf b) *IU*-Kennlinie

Bild 5. Zweistufenladung einer Batterie

Frequenzschwankungen um $\pm 4\%$ geschehen. Beim Ausfall des Netzes beträgt die Entladespannung der Batterie im Betrieb etwa 2,0 bis 1,85 V. Bei Wiederkehr der Netzspannung von 2,2 V ergäbe sich ein hoher Strom. Es ist daher zusätzlich zur Spannungsregelung noch eine Strombegrenzungsregelung vorzusehen.

Einrichtungen zum Laden. Als regelbare Anordnungen eignen sich beim Laden von Batterien z.B. Ladegeneratoren in der Ausführung als Drehstrommotor-Gleichstromgenerator-Umformer, Trockenplattengleichrichter mit Stelltransformatoren in der Ausführung als Drehtransformatoren oder Schleifkontakt-Transformatoren, Magnetverstärker, Kontaktgleichrichter, Hg-Dampf-Stromrichter und Stromtore.

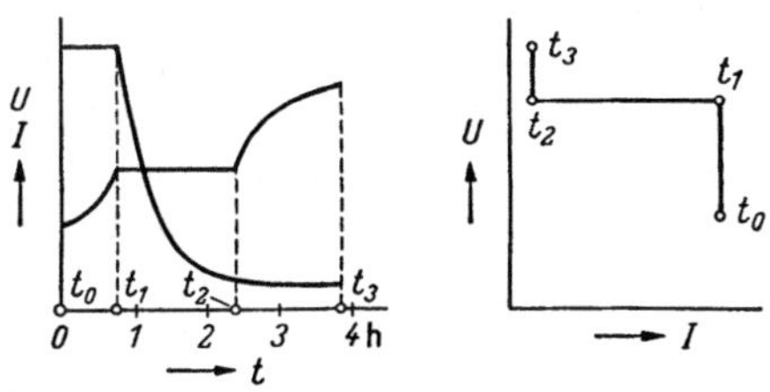

a) Zeitlicher Ablauf b) *IU*-Kennlinie mit maximaler und minimaler Strombegrenzung

Bild 6. Dreistufenladung einer Batterie

Vorschriften und Regelaufgaben beim Laden [2]. Die Lademethoden müssen so sein, daß eine lange Lebensdauer der Batterien gewährleistet wird. Während des Ladens muß der Schutz der Batterie sichergestellt sein. Da meistens in den Betriebspausen geladen wird, soll die Ladezeit so kurz wie möglich gehalten werden. Beim Laden soll keine Gasentwicklung vorkommen. Die Höchstgrenze für die Spannung ist 2,4 bis 2,5 V. Sie soll nicht wesentlich überschritten werden. Eine *Strombegrenzung* ist für die Batterie nicht unbedingt erforderlich; der Strom stellt sich von selbst richtig ein, jedoch ist sie zum Schutz des Ladegerätes notwendig.

Diese Bedingungen führen zu einer Konstantspannungsladung mit Strombegrenzung mit einer Ladekennlinie, z.B. nach *Bild* 5. Das Laden mit einer solchen *IU*-Kennlinie (Zweistufenladung) hat den Vorzug, daß mehrere Batterien gleicher Zellenzahl verschiedener Kapazität parallel geladen werden können (Blei-Akkumulatoren mit Gitterplatten). Bei großen Akkumulatoren mit Nickel-Cadmium oder Nickel-Eisen-Zellen wird die Dreistufenschaltung angewendet (*Bild* 6).

C. Wechselstromerzeuger und -übertrager

1. Synchrongeneratoren

Mit Synchrongeneratoren wird nahezu die gesamte elektrische Energie erzeugt. Der Anteil von Gleichstromgeneratoren, Akkumulatorbatterien und Asynchrongeneratoren an der Stromerzeugung ist demgegenüber sehr gering. Wegen der großen Bedeutung des Synchrongenerators in der elektrischen Energieversorgung sind seiner Regelung die beiden Kapitel 23 und 32 gewidmet.

Einen Hinweis für die Bemessung der Regeleinrichtungen und damit indirekt einen Hinweis über die Vielfalt von möglichen Schaltungen und Geräten geben die folgenden, beim Bau von Synchrongeneratoren vorkommenden Daten:

Drehzahl:	zwischen 50 und 3000 U/min,
Leistung:	zwischen einigen hundert Watt bis mehreren hunderttausend Kilowatt,
Erregerleistung:	zwischen wenigen Watt bis zur Größenordnung 1000 bis 2000 kW.

2. Transformatoren

Die Spannung von regelbaren Transformatoren kann nur durch Lastschalter stufenweise verstellt werden. Verlangt wird dabei mit Rücksicht auf die Abnutzung des Lastschalters eine Beschränkung der Umschalthäufigkeit bei guter mittlerer Spannungshaltung. Dadurch werden bei der Regelung der Spannung durch Stufentransformatoren besondere Anforderungen an die Ansprechgrenzen der Regler gestellt. Wegen des stufenweisen Arbeitens der Stelleinrichtung für die Stufenschalter wird nur ein kurzzeitiger Steuerbefehl für die Einleitung eines Umschaltvorganges benötigt. Alle diese gegenüber stetigen Regelkreisgliedern besonderen Betriebsbedingungen führen zu Regelanordnungen, die anderen Gesetzmäßigkeiten gehorchen als die üblichen Anordnungen mit stetigem Verhalten und auch mit Zweipunktverhalten. Über die Regelung von Transformatoren wird im einzelnen ausführlicher im Kapitel 25 berichtet.

3. Asynchrongeneratoren

a) Aufbau und Wirkungsweise

Ein angetriebener Asynchrongenerator (s. auch Tabelle 1, Nr. 3) mit einem parallelgeschalteten, passend gewählten Kondensator (*Bild* 7) erregt sich infolge

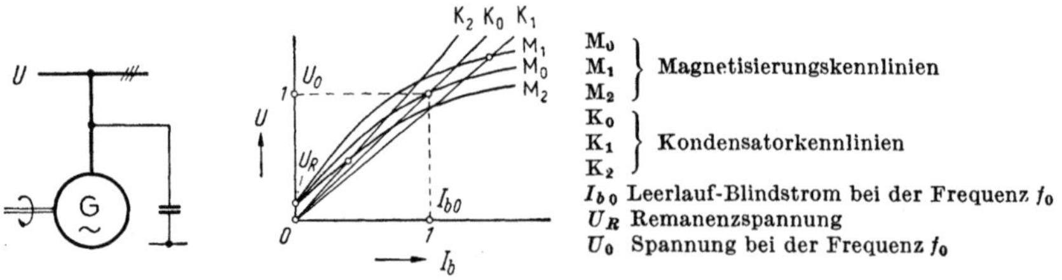

a) Schaltbild b) Spannung-Blindstrom-Diagramm

Bild 7. Selbsterregung eines kondensatorerregten Asynchrongenerators bei verschiedenen Frequenzen (f_0, f_1, f_2)

seiner Remanenzspannung U_R bei einer bestimmten Frequenz von selbst auf eine im Sättigungsgebiet seiner Magnetisierungskennlinie liegende Spannung. Der sich einstellende Schnittpunkt zwischen den Magnetisierungskennlinien (M_0, M_1, M_2) und den zugehörigen Kondensatorgeraden (K_0, K_1, K_2) ist von der Frequenz (f_0, f_1, f_2) abhängig. Bei Belastung mit Wirkstrom I_w muß der Asynchrongenerator entsprechend seinem Wirk-Blindstrom-Diagramm (*Bild* 8) mit steigender Wirkstromabgabe über den Leerlauf-Blindstrom I_{b0} hinaus seine eigene Blindstromaufnahme selbst noch erhöhen. Verbunden mit einer Spannungsabsenkung ist dann in engen Belastungsgrenzen ein stabiler Betrieb möglich, weil bei geringerer Sättigung der Maschine der Magnetisierungs-Blindstrom des Asynchrongenerators ebenfalls geringer wird.

I_b Blindstrom
I_w Wirkstrom
I_{b0} Leerlauf-Magnetisierungsstrom
I_n Nenn-Scheinstrom
I_{wn} Nenn-Wirkstrom
I_{bn} Nenn-Blindstrom

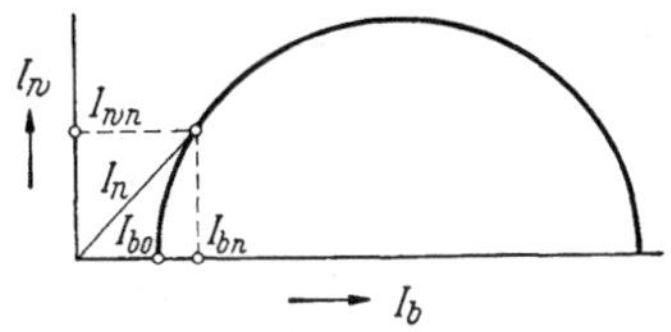

Bild 8. Wirkstrom-Blindstrom-Diagramm des Asynchrongenerators

Eine wesentliche Verbesserung der Spannungshaltung über den ganzen Lastbereich erreicht man durch das Parallelschalten von gesättigten Drosselspulen zu den erregenden Kondensatoren (*Bild* 9) [*3, 4, 5, 6*]. Im Leerlauf wird

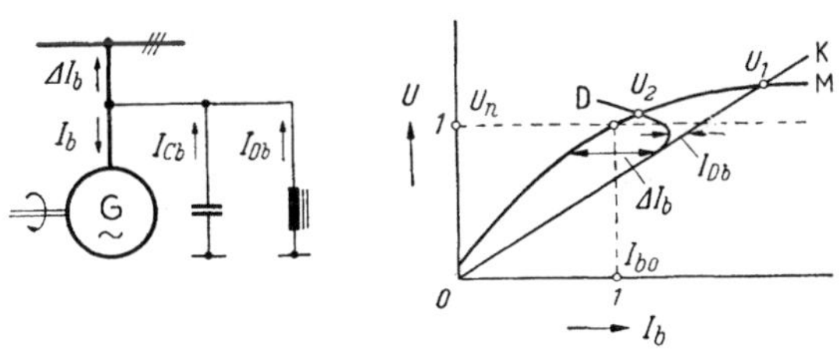

a) Schaltbild   b) Spannung-Blindstrom-Diagramm

M Generator-Magnetisierungs-Kennlinie
D Drosselkennlinie
K Kondensatorkennlinie
I_{b0} Leerlauf-Magnetisierungsstrom
U_n Nennspannung
U_1 Spannung ohne Sättigungsdrosselspulen
U_2 Spannung mit Sättigungsdrosselspulen
I_{Db} Drossel-Blindstrom
I_{Cb} Kondensator-Blindstrom
ΔI_b Differenz-Blindstrom

Bild 9. Kondensatorerregter Asynchrongenerator mit gesättigten Zusatzdrosselspulen

der durch den Kondensator auf die Spannung U_1 hin laufende Selbsterregungsvorgang dadurch verhindert, daß die Drosselspulen vor Erreichen der Nennspannung die Sättigung erreichen und sich dadurch die Spannung U_2 als stabiler Betriebspunkt ergibt. Bei Belastung geht die Spannung zurück, und die Drosselspulen geben entsprechend der zwischen der Generator- und der Drosselkennlinie auftretenden Blindstromdifferenz ΔI_b diese für den angeschlossenen Verbraucher frei.

Die Spannungskennlinien des Generators fallen dann mit steigender Belastung ab. Die Ursache dafür sind, die Neigung der Sättigungskennlinie der Drosselspulen, die Drehzahlabsenkung der Antriebsmaschine von Leerlauf auf Vollast und Schlupf des Generators, durch den die Generatorfrequenz und damit die Spannung vermindernd beeinflußt wird. Betragen z.B. Drehzahlabsenkung und der Schlupf des Generators jeweils etwa 3%, so liegt die erreichbare Spannungskonstanz bei etwa $\pm 6\%$ bei Vollast des Generators und bei dem Leistungsfaktor der Verbraucherlast, für den das Erregerzubehör bemessen wurde.

b) Konstanthalten der Spannung über die Antriebsmaschine

Da beim Asynchrongenerator selbst kein Steuereingriff möglich ist, kann man, sofern man eine Verbesserung der Spannungshaltung erreichen will, die Spannung über den Drehzahlregler beeinflussen (*Bild* 10) [7]. Das ist durch eine von der Spannung abhängige Regelung über den Drehzahlregler möglich. Man kann dabei die *Antriebsdrehzahl* z.B. so weit anheben, daß die Generatorfrequenz konstant bleibt. Es verringert sich dann die Spannung im Betrieb nur um den Betrag, der von der Magnetisierungskennlinie der Drosselspulen herrührt. Hebt man die Drehzahl auf konstante Spannung an, so muß eine entsprechende Frequenzerhöhung in Kauf genommen werden. Es empfiehlt sich, den Sollwert des Fliehkraftreglers so einzustellen, daß unter Berücksichtigung der leicht fallenden Kennlinien von Spannung und Frequenz in dem häufigsten Lastbereich des Generators Nennspannung und Nennfrequenz erreicht werden. Das Erregerzubehör kann bei der Anordnung mit Drehzahlsteuerung kleiner ausgelegt werden, da weder Spannungs- noch Frequenzabsenkung berücksichtigt zu werden brauchen.

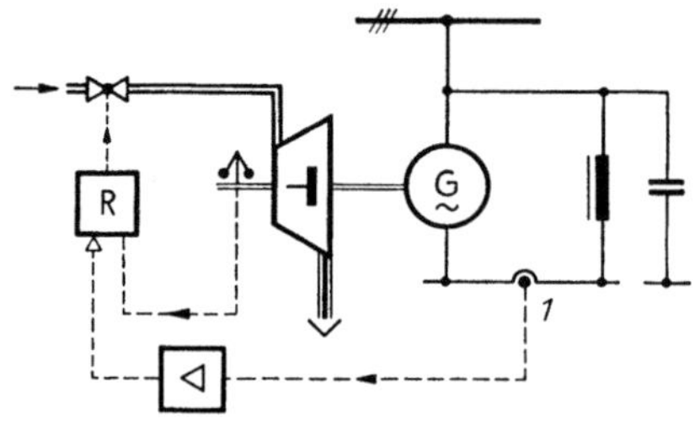

1 Meßgeber für den Laststrom

Bild 10. Spannungshaltung eines Asynchrongenerators über den Drehzahlregler der Antriebsmaschine

Als Einflußgröße für eine Störgrößenaufschaltung läßt sich der über einen Stromtransformator zwischen Sternpunkt des Generators und dem der Sättigungsdrosseln fließende Oberwellenstrom verwenden, der im Sättigungsbereich stark von der Spannung abhängig ist und als Maß für die Absenkung der Generatorspannung dienen kann. Damit läßt sich ein Magnetverstärker aussteuern, der einen Hubmagneten speist. Der Hubmagnet verstellt den Sollwert des Fliehkraftreglers der Antriebsmaschine in Richtung höherer Drehzahlen. Die Kraftübertragung zwischen Hubmagneten und Fliehkraftregler kann mit Hilfe eines Gestänges, Seil- oder Bowdenzuges vorgenommen werden.

D. Quellenhinweise

[*1*] Braun, H.: Beitrag zur Lösungssystematik von Regelaufgaben. In: Regelungstechnik. Moderne Theorien und ihre Verwendbarkeit. Tagung der VDI/VDE-Fachgruppe Regelungstechnik in Heidelberg 1956. München: R. Oldenbourg 1957. S. 444–450.

[*2*] DIN 41773. Trockengleichrichter-Geräte und -Anlagen. Strombegrenztes Laden von Bleibatterien unter konstanter Spannung. Richtlinien. August 1958.

[*3*] Harz, H.: Kondensatorerregte Asynchrongeneratoren. Siemens-Z. 25. Jg. (1951) S. 199 bis 205.

[*4*] Henning, H.: Betrieb von kleinen Wasserkraftanlagen mit Asynchron-Generatoren. Elektro-Technik 36. Jg. (1954) H. 51/52, S. 1662–1665.

[*5*] Kümmel, F.: Der selbsterregte Asynchrongenerator mit annähernd konstanter Spannung. ETZ-A, 76. Jg. (1955) S. 769–775.

[*6*] Kümmel, F.: Verbesserung der Betriebseigenschaften von kondensatorerregten Asynchrongeneratoren durch Sättigungsdrosseln. Siemens-Z. 29. Jg. (1955) S. 333–341.

[*7*] Hahn, R.: Der Einsatz von Konstantspannungs-Generatoren. Siemens-Z. 33. Jg. (1959) S. 31–38.

9. Gekoppelte Regelvorgänge

Von **R. Oetker**

Inhaltsübersicht

A. Begriff der Kopplung

Der Regelvorgang vollzieht sich im Regelkreis als ein in sich geschlossener Wirkungsablauf, indem der Wert der Regelgröße durch Eingriff der Stellgröße am Regelobjekt beeinflußt und vom Meßgeber der Regeleinrichtung selbst wieder zur Bildung der Stellgröße erfaßt wird. Müssen im Verband einer Anlage mehrere Größen geregelt werden, so bildet man eine entsprechende Anzahl von Regelkreisen.

Kopplung liegt vor, wenn die Stellgröße eines Regelkreises nicht nur die eigene Regelgröße, sondern auch die Regelgröße in einem anderen Regelkreis beeinflußt. Die Regelvorgänge in den beiden Regelkreisen verlaufen dann nicht mehr voneinander unabhängig, sie sind gekoppelt. Es kann auch eine Kopplung zwischen mehr als zwei Regelkreisen bestehen, z. B. sind im Dampfkraftwerk mehrere Regelkreise (*Bild* 1) vorhanden, deren Kopplung untersucht werden soll:

Die Öffnung des Turbineneinlaßventils (*1*) beeinflußt als Stellgröße Y_1 nicht nur die Turbinendrehzahl X_1, sondern auch den Druck X_2 in der Kesseltrommel (*5*), der die Regelgröße für die Feuerung darstellt. Umgekehrt beeinflußt die Geschwindigkeitseinstellung des Brennstoffzuteilers (*2*) als Stellgröße Y_2 sowohl den Trommeldruck X_2 als auch die Turbinendrehzahl X_1. Zwischen den Regelkreisen der Feuerung und der Turbine liegt also eine *wechselseitige Kopplung* vor.

Anders sind die Beziehungen zwischen den Regelkreisen der Feuerung und des Speisewassers. Die Stellgröße Y_2 der Feuerung wirkt wohl auf den Trommeldruck X_2 und den Wasserstand (Regelgröße X_3), hingegen hat die Öffnung Y_3 des Speisewasserventils (*3*) die Wirkung als Stellgröße für den Wasserstand X_3, ist aber auf den Trommeldruck praktisch ohne Einfluß. Hier liegt nur eine *einseitige Kopplung* vor.

Die Öffnung der Saugzugklappe (*4*) ist Stellgröße Y_4 für den Druck (Regelgröße X_4) im Feuerraum, sie beeinflußt aber nicht den Wasserstand X_3, umgekehrt wirkt die Öffnung Y_3 des Speisewasserventils (*3*) wohl auf den Wasserstand X_3, aber nicht auf den Druck X_4 im Feuerraum. Diese beiden Regelkreise sind also überhaupt nicht gekoppelt.

Bei weiterer Untersuchung der Anlage würde schließlich ein sehr kompliziertes System von Kopplungen zwischen den einzelnen Regelkreisen gefunden werden. Praktisch verlaufen also die Regelvorgänge in den verschiedenen Regelkreisen

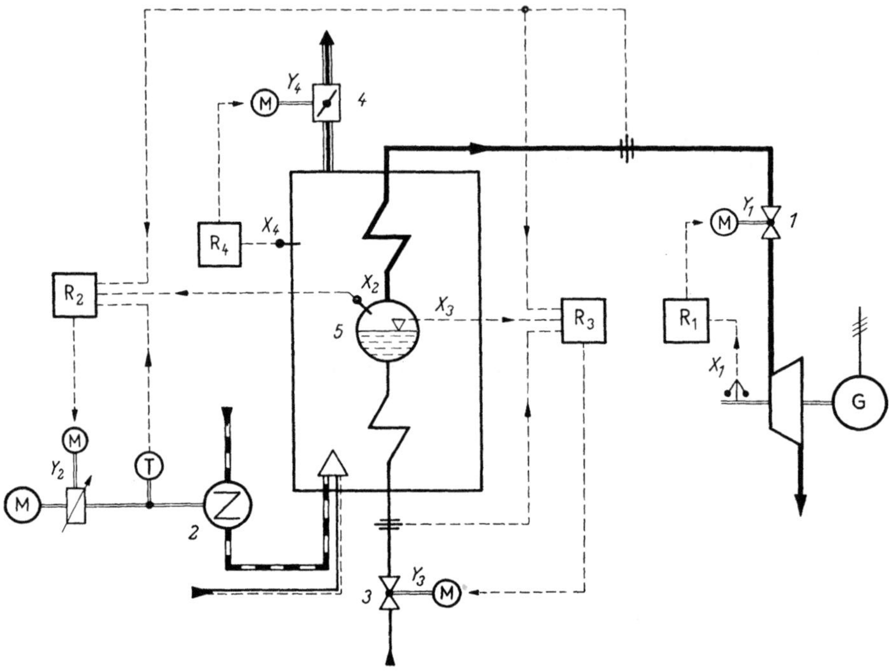

1 Turbineneinlaßventil
2 Brennstoffzuteiler
3 Speisewasserventil
4 Saugzugklappe
5 Kesseltrommel
R_1 Turbinen-Drehzahlregler
R_2 Feuerungsregler
R_3 Speisewasserregler
R_4 Feuerraum-Druckregler

Bild 1. Regelkreise in einer Dampfkraftanlage

nicht mehr unabhängig voneinander. Es besteht sogar die Gefahr, daß ein sonst für sich stabiler Regelkreis infolge der Kopplung instabil und damit die ganze Anlage unbrauchbar wird.

Man kann solchen Vorkommnissen besser begegnen, wenn man die Möglichkeit von Kopplungen in der Anlage geprüft hat. Im folgenden werden zunächst gekoppelte Regelvorgänge zwischen zwei Regelkreisen betrachtet und schließlich wird gezeigt, wie man diese entkoppeln kann. Hierbei wird mit Vorteil die Frequenzgangmethode angewendet [*1*].

Kompliziertere Systeme lassen sich, soweit sie linear sind, noch mit Hilfe des Superpositionsprinzips behandeln. Bei nicht linearem Verhalten zieht man zweckmäßigerweise Analogierechenmaschinen (s. Kapitel 64) heran.

Kopplungen zwischen den einzelnen Regelkreisen im Verband einer Anlage können sowohl durch Eigenschaften des Regelobjektes als auch durch die Anordnung der Regeleinrichtungen entstehen. Die Art der Kopplung bestimmt die Besonderheiten des Regelvorgangs.

B. Arten der Kopplung

1. Einseitige Kopplung

Sind mehrere Regelkreise innerhalb einer Anlage rückwirkungsfrei hintereinander geschaltet und besteht jeweils nur eine Kopplung des vorausgehenden Regelkreises auf den nachfolgenden, so ist nur einseitige Kopplung vorhanden. Ein solcher Fall liegt bei einer Ofenregelung vor (*Bild* 2). Der Gemischregler (R_1) betätigt die Luftklappe (*1*) mit der Stellgröße Y_1 derart, daß das Gas-Luft-Verhältnis G/L (Regelgröße X_1) auf dem vorgeschriebenen Wert bleibt. Die Stellgröße Y_1 beeinflußt aber zugleich den Feuerraumdruck X_2, für dessen Aufrechterhaltung der Druckregler (R_2) die Saugzugklappe (*2*) mit der Stellgröße Y_2 betätigt. Die Stellung der Saugzugklappe ist aber praktisch ohne Einfluß auf das Gas-Luft-Verhältnis (Regelgröße X_1).

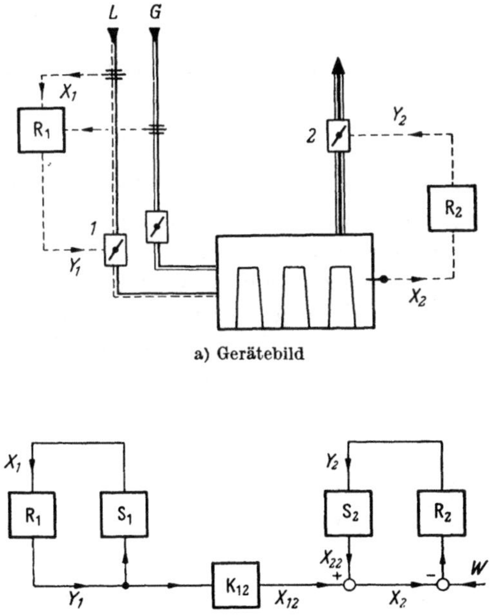

a) Gerätebild

b) Blockschaltplan

R_1	Gemischregler	*1*	Luftklappe
R_2	Druckregler	*2*	Saugzugklappe
S_1	Gemischregelstrecke	*L*	Luftstrom
S_2	Druckregelstrecke	*G*	Gasstrom
K_{12}	Koppelglied	X_1	Regelgröße G/L

Bild 2. Ofenregelung

Im Blockschaltplan (*Bild* 2b) sind die beiden Regelkreise (R_1 und S_1, R_2 und S_2) und das die Kopplung der Stellgröße Y_1 auf die Regelgröße X_2 darstellende Koppelglied (K_{12}) gezeichnet. Wird für kleine Änderungen das Superpositionsprinzip als gültig angenommen, so kann man sich den Feuerraumdruck aus zwei Anteilen

$$X_2 = X_{22} + X_{12}$$

zusammengesetzt denken, die durch die Einflüsse beider Stellgrößen (Y_1, Y_2) bedingt sind. Diese Beziehung lautet dann in der Frequenzgangdarstellung:

$$X_2 = Y_2 F_{S2} + Y_1 F_{K12} \tag{1}$$

(F_{S2} Frequenzgang der Druckregelstrecke, F_{K12} Frequenzgang der Kopplung von Y_1 auf X_2.)

Der Regler R_2 bildet die Stellgröße Y_2 auf Grund des Vergleiches der Regelgröße X_2 mit dem Sollwert, der von einer Führungsgröße W gegeben ist, so, daß der Abweichung entgegengewirkt wird:

$$-Y_2 = (X_2 - W) F_{R2} \tag{2}$$

(F_{R2} Frequenzgang des Druckreglers.)

Die Stellgröße Y_2 nach Gl. (2) in Gl. (1) eingesetzt, ergibt:

$$X_2 = (W - X_2) F_{R2} F_{S2} + Y_1 F_{K12}$$

Mit dem Frequenzgang des aufgeschnittenen Regelkreises

$$F_2 = F_{R2} F_{S2}$$

findet man:

$$X_2 = W \frac{F_2}{1 + F_2} + Y_1 \frac{F_{K12}}{1 + F_2} \tag{3}$$

Der bei nicht vorhandener Kopplung ($F_{K12} = 0$) durch die Frequenzganggleichung

$$X_2 = W \frac{F_2}{1 + F_2}$$

darstellbare Regelvorgang im Druckregelkreis wird also bei vorhandener Kopplung in unerwünschter Weise beeinflußt.

Bei einer Kaskadenschaltung von Regelkreisen (*Bild* 3) bildet die Regelgröße X_1 des vorausgehenden Regelkreises (*1*) die Führungsgröße des folgenden Regelkreises (*2*). Hier liegt eine starre einseitige Kopplung von Kreis (*1*) auf Kreis (*2*) vor.

Bedeuten $F_1 = F_{R1} F_{S1}$ und $F_2 = F_{R2} F_{S2}$ die Frequenzgänge der beiden aufgeschnittenen Einzelkreise, dann ist die Ausgangsgröße X_2 im Kaskadenbetrieb:

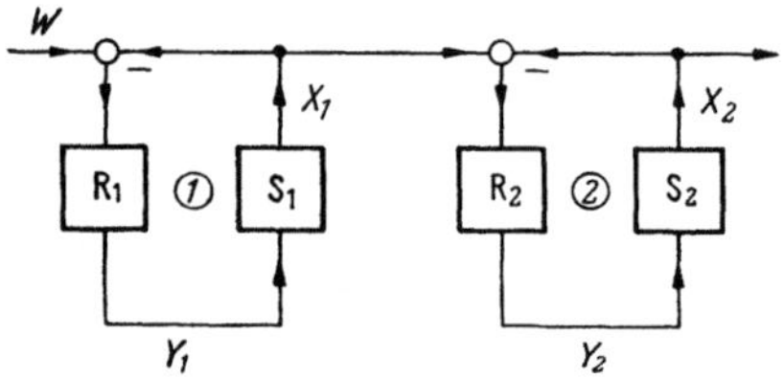

Bild 3. Kaskadenregelung

$$X_2 = X_1 \frac{F_2}{1 + F_2} \quad \text{mit} \quad X_1 = W \frac{F_1}{1 + F_1}$$

$$X_2 = W \frac{F_1 F_2}{(1 + F_1)(1 + F_2)} \tag{4}$$

Ein im Einzelkreis noch zulässiger Stabilitätszustand, der durch genügenden Abstand der Ortskurven für die Frequenzgänge F_1 und F_2 vom Punkt 1 gekennzeichnet ist, kann in der Kaskade unbrauchbar werden, besonders für den Fall $F_1 = F_2$.

Es empfiehlt sich also, hintereinander geschaltete Regelkreise entweder in ihren Frequenzgängen zu verstimmen oder in beiden Kreisen für sehr gute Stabilität zu sorgen.

2. Wechselseitige Kopplung

a) Koppelnde Eigenschaften des Regelobjektes

Die wechselseitige Kopplung zweier Regelkreise ist sowohl über Eigenschaften des Regelobjektes [*2*] als auch, wie später gezeigt werden soll, über gemeinsame Glieder der Regeleinrichtung möglich.

Bei der Drehzahl- und Spannungsregelung eines Turbogenerators ist die Öffnung des Dampfeinlaßventils (*Bild* 4) nicht nur Stellgröße Y_1 für die Drehzahl als Regelgröße X_1, sondern sie beeinflußt auch die von der Drehzahl abhängige Generatorspannung X_2. Umgekehrt wirkt die Erregung außer als Stellgröße Y_2 für die Spannung als Regelgröße X_2 auch auf die Drehzahl X_1, da sich mit der Erregung auch die Leistung ändert. Zwischen den getrennt aufgebauten Regelkreisen der Drehzahl (Y_1, X_1) und der Spannung (Y_2, X_2) ist über die physikalisch bedingten Eigenschaften des Regelobjektes eine wechselseitige Kopplung vorhanden.

Bei einer Destillationskolonne (*Bild* 5) wirkt die Stellgröße Y_1 über die Zufuhr an Heizdampf auf die Sumpftemperatur als Regelgröße X_1 ein; zugleich beeinflußt sie aber auch den Stand X_2, da die Verdampfung von der Heizung abhängt. Die Öffnung des Abflußventils für das schwersiedende Sumpfprodukt dient als Stellgröße Y_2 für den Stand (Regelgröße X_2) und beeinflußt aber auch die Temperatur X_1, die sich bei gleichbleibender Wärmezufuhr mit dem Stand ändert [*3*].

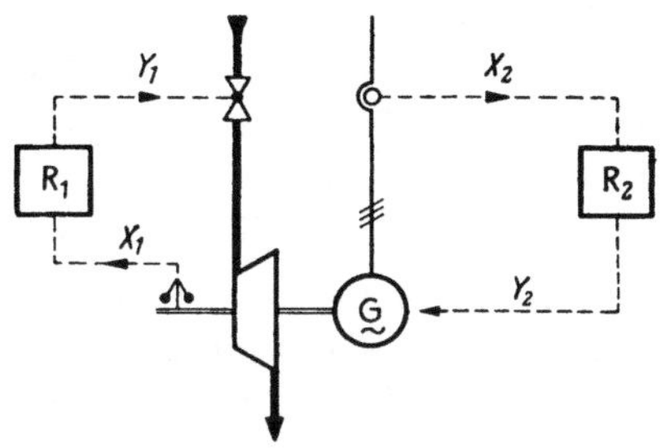

Bild 4. Drehzahl- und Spannungsregelung eines Turbogenerators

In beiden Fällen liegt über Eigenschaften des Regelobjektes eine wechselseitige Kopplung zwischen zwei Regelkreisen vor, was sich als Blockschaltplan (*Bild* 6) darstellen läßt [*4*]. Die Regelgrößen stehen zugleich unter dem Einfluß der eigenen Stellgröße und der Kopplungswirkung der anderen Stellgröße:

$$\left.\begin{aligned} X_1 &= Y_1 F_{S1} + Y_2 F_{K21} \\ X_2 &= Y_2 F_{S2} + Y_1 F_{K12} \end{aligned}\right\} \qquad (5)$$

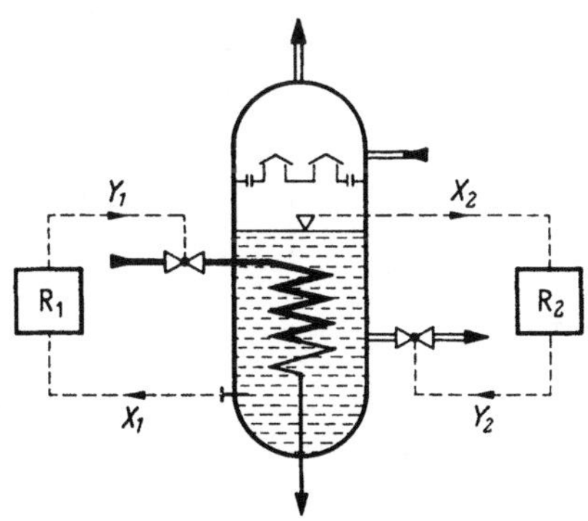

Bild 5. Temperatur- und Standregelung im Sumpf einer Destillationskolonne

Um die Stabilität der Anordnung zu untersuchen, denkt man sich den Regelkreis (*1*) vor dem Regler (R_1) aufgeschnitten. Von der Schnittstelle aus gesehen, sei X_{1e} Eingangsgröße und X_{1a} Ausgangsgröße des Netzwerks. Mit

$$Y_1 = -X_{1e} F_{R1} \quad \text{und} \quad Y_2 = -X_2 F_{R2}$$

wird dann nach Gl. (5):

$$\left.\begin{aligned} X_{1a} &= -X_{1e} F_{R1} F_{S1} - X_2 F_{R2} F_{K21} \\ X_2 &= -X_2 F_{R2} F_{S2} - X_{1e} F_{R1} F_{K12} \end{aligned}\right\} \qquad (6)$$

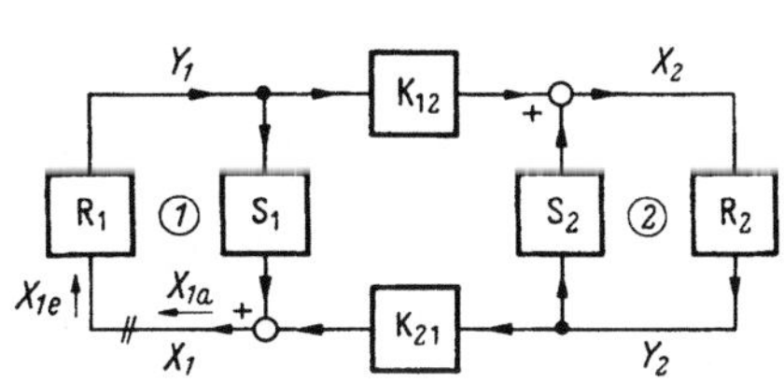

Bild 6. Blockschaltplan wechselseitig verkoppelter Regelkreise

Durch Elimination von X_2 und mit den Frequenzgängen der aufgeschnittenen Regelkreise:

$$F_1 = F_{R1} F_{S1} \qquad F_2 = F_{R2} F_{S2}$$

findet man:

$$\frac{X_{1a}}{X_{1e}} = -F_1 + \frac{F_{R1} F_{K12} F_{R2} F_{K21}}{1 + F_2}$$

Die Anlage bleibt nach Schließen der Schnittstelle stabil, wenn die Ausgangsamplitude X_{1a} bei allen Frequenzen kleiner als die Eingangsamplitude X_{1e} ist. Also wird

$$-F_1 + \frac{F_{R1} F_{K12} F_{R2} F_{K21}}{1 + F_2} < 1$$

und es folgt die Stabilitätsbedingung:

$$\frac{F_{R1} F_{K12} F_{R2} F_{K21}}{(1+F_1)(1+F_2)} < 1 \tag{7}$$

Die koppelnden Glieder können also die Stabilität der Anlage wesentlich beeinträchtigen, auch wenn die beiden Teilregelkreise für sich sehr gut stabil sind.

Als weiteres Beispiel sei die Klimaregelung [5] genannt, bei der zwischen Feuchte und Temperatur Kopplungen über einen physikalischen Zusammenhang bestehen.

b) Kopplung über gemeinsame Glieder

Die Kopplung von Regelkreisen wird auch absichtlich über Glieder der Regeleinrichtung herbeigeführt mit dem Ziel, ein besseres Regelergebnis zu erhalten. Man verknüpft zu diesem Zweck den schlecht regelbaren Hauptregelkreis mit einem Zusatzregelkreis, der die Wirkung schnell veränderlicher Störgrößen auf den Hauptregelvorgang ausschaltet. Besonders günstig ist eine Anordnung, in welcher der Hauptregler (Führungsregler) den Sollwert des Zusatzreglers (Folgereglers) liefert.

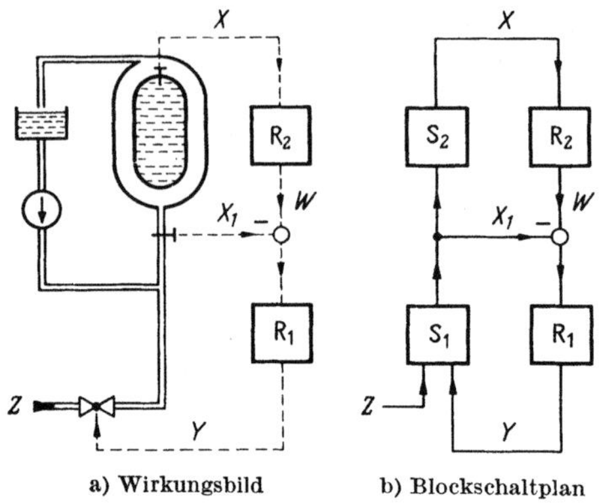

a) Wirkungsbild b) Blockschaltplan

R_1 Folgeregler (Zusatzregler)
R_2 Führungsregler (Hauptregler)
S_1 Zusatzregelstrecke
S_2 Hauptregelstrecke

Bild 7. Temperaturregelung bei Autoklaven mit Führungs- und Folgeregler

Als Beispiel diene die Temperaturregelung eines Autoklavs (*Bild* 7). Regelgröße ist die Temperatur X des Produktes, als Stellgröße Y dient die Öffnung eines Ventils in der Kühlmittelzufuhr zum Mantel des Autoklavs. Da der Wärmeübergang zum Temperaturfühler äußerst schlecht ist, dürfte, ohne die Stabilität zu gefährden, die Stellgröße nur sehr schwach eingreifen. Die Eintrittstemperatur zum Mantel würde also allen schnell veränderlichen Störgrößen des Kühlsystems, z.B. schwankende Temperatur oder Druck Z des Kühlmittels, unterliegen, womit der Prozeß stark beunruhigt wird und die Temperatur im Produkt nicht gehalten werden kann.

Diese schädliche Belastung des Regelvorgangs wird vermieden, indem mit dem Hauptregelkreis ein Zusatzregelkreis für die Manteleintrittstemperatur X_1 gekoppelt wird. Hierzu dient der Regler (R_1), der die Stellgröße Y bildet und im schnell ansprechenden Kühlsystem als Teilregelstrecke ohne Schwierigkeit die Störgröße ausschaltet, also für gleichmäßige Eintrittstemperatur X_1 am Kühlmantel sorgt.

Die Produkttemperatur X wird vom Regler (R_2) erfaßt, der die Führungsgröße W für den Kühltemperaturregler (R_1) liefert. Der Hauptregelvorgang ist also nach dem zugehörigen Blockschaltplan (*Bild* 7 b) über die Glieder (R_1, S_1) des Zusatzregelkreises geleitet und vollzieht sich über den Autoklaven als Hauptregelstrecke (S_2).

Die Verkopplung der beiden Regelkreise am Autoklaven ist im Blockschaltplan (*Bild* 7 b) zu erkennen. Faßt man zunächst bei abgeschalteter Regelgröße X_1 die beiden Teilregelstrecken (S_1, S_2) zum Frequenzgang F_S und die beiden Regler (R_1, R_2) zum Frequenzgang F_R zusammen, so wird mit der Störgröße Z:

$$(Z + Y) F_S = X \tag{8}$$

und man findet mit

$$-Y = X F_R$$

den Störfrequenzgang des geschlossenen Regelkreises:

$$F_Z = \frac{X}{Z} = \frac{F_S}{1 + F_R F_S} \tag{9}$$

Bei freier Wahl des Reglerfrequenzganges F_R hätte man es in der Hand, die Wirkung der Störgröße Z auf die Regelgröße X weitgehend zu unterdrücken. Da dem Reglerfrequenzgang F_R aber aus Stabilitätsgründen Grenzen gesetzt sind, wirken sich die Störgrößen Z in unerwünschtem Maße auf die Regelgröße X aus.

Wird die Regelgröße X_1 angeschlossen, so gilt im Zusatzregelkreis:

$$(Z + Y) F_{S1} = X_1 \tag{10}$$

$$Y = (W - X_1) F_{R1} \tag{11}$$

Im Hauptregelkreis ist:

$$X_1 F_{S2} = X \tag{12}$$

und

$$-X F_{R2} = W \tag{13}$$

Durch Elimination von X_1, W und Y aus den Gln. (10) bis (13) folgt:

$$X = \left[Z - \left(X F_{R2} + \frac{X}{F_{S2}}\right) F_{R1}\right] F_{S1} F_{S2} \tag{14}$$

oder:

$$X (1 + F_{R1} F_{R2} F_{S1} F_{S2} + F_{R1} F_{S1}) = Z F_{S1} F_{S2}$$

Mit dem Frequenzgang $F_1 = F_{R1} F_{S1}$ des Zusatzregelkreises erhält man:

$$F_Z = \frac{X}{Z} = \frac{F_S}{1 + F_R F_S + F_1} \tag{15}$$

Da der Zusatzregelkreis nicht an die Stabilitätsgrenzen des Hauptregelkreises gebunden ist, darf sein Frequenzgang von diesen unabhängig gewählt werden. Vergleicht man die Störfrequenzgänge nach Gl. (9) und Gl. (15), so erkennt man sofort die außerordentlich günstige Wirkung des Zusatzregelkreises, der stark eingreifen darf und den Einfluß von Störgrößen auf die Hauptregelgröße weitgehend ausschaltet.

Die am Beispiel des Autoklavs dargestellte Kopplung eines Führungs- mit einem Folgeregler wird mit bestem Erfolg in vielen anderen Anlagen zur Regelung schwierig beherrschbarer Prozesse angewendet.

C. Entkoppelnde Maßnahmen

Eine unerwünschte Kopplung zweier Regelkreise wurde am Beispiel des Ofens (vgl. *Bild* 2) gezeigt. Sie läßt sich durch zusätzlichen Eingriff der Stellgröße (Y_1) des vorausgehenden Regelkreises auf den folgenden Regelkreis ausschalten

(*Bild* 8). Hierbei führt man die Stellgröße Y_1 für die Zuluftklappe an der Regelstrecke (S_1) zugleich auch der Saugzugklappe an der Regelstrecke (S_2) unter Zwischenschaltung eines Übertragungsgliedes mit dem Frequenzgang F_x zu. Es wird also der Stellgröße Y_2 ein Korrekturbetrag $\Delta Y = F_x Y_1$ hinzugefügt, so daß Gl. (1) nun wie folgt zu erweitern ist:

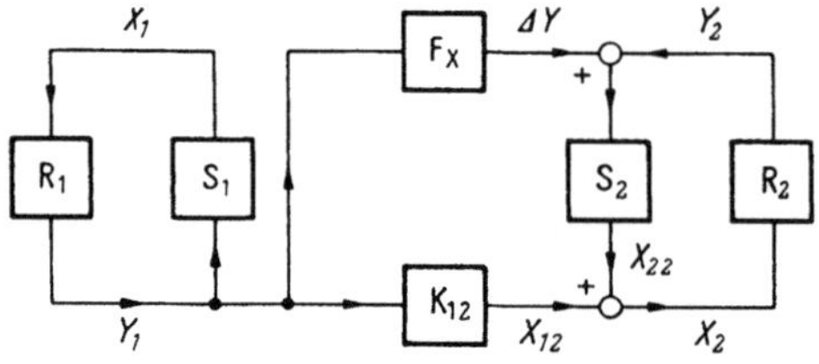

Bild 8. Störwertaufschaltung zur Entkopplung (vgl. Bild 2)

$$X_2 = (Y_2 + F_x Y_1) F_{S2} + Y_1 F_{K12} \quad (16)$$

Wählt man den Frequenzgang des Übertragungsgliedes:

$$F_x = -\frac{F_{K12}}{F_{S2}}$$

so wird die Wirkung der Stellgröße Y_1 auf die Regelgröße X_2 vollständig ausgeschaltet, d.h., die Druckregelung ist von der Gemischregelung entkoppelt.

Sind im Fall der wechselseitigen Kopplung zweier Regelkreise die Kopplungsfrequenzgänge so ungünstig, daß in der normalen Schaltung kein stabiler Betrieb möglich ist, so kann, wie das bei der Stand- und Temperaturregelung von Destillationskolonnen (*Bild* 5) erprobt wurde, eine Überkreuzschaltung [*6*] zu besseren Ergebnissen führen. Hierbei dient der Stand (Regelgröße X_2) als Eingangsgröße des Reglers für den Heizdampf (Stellgröße Y_1) und die Sumpftemperatur (Stellgröße X_1) als Eingangsgröße des Reglers für den Abfluß (Stellgröße Y_2). Da in dieser Schaltung die Kopplungsfrequenzgänge nicht mehr in so starkem Maße stabilitätsgefährdend wirken, kann die Überkreuzschaltung auch als eine entkoppelnde Maßnahme angesehen werden.

D. Quellenhinweise

[*1*] Leonhard, A.: Untersuchung von mehrfach geregelten Systemen mit Hilfe der Operatorenrechnung. Elektrotechn. u. Masch.-Bau 61. Jg. (1943) S. 329–333.

[*2*] Starkermann, R.: Gegenseitige Beeinflussung der Regelgrößen in Mehrkreissystemen. Regelungstechnik 7. Jg. (1959) S. 301–306.

[*3*] Oppelt, W.: Regelung von Destillationskolonnen. Chem. Ing. Techn. 23. Jg. (1951) S. 39–41.

[*4*] Oppelt, W.: Kleines Handbuch technischer Regelvorgänge. 3. Aufl. Weinheim/Bergstraße: Verlag Chemie 1960 S. 478–492.

[*5*] Sprenger, E.: Regelungsprobleme in der Lüftungs- und Klimatechnik. Regelungstechnik 3. Jg. (1955) S. 188–193.

[*6*] Weis, E.: Die Lastabhängigkeit selbsttätiger Regler und Mittel zu ihrer Beseitigung. Elektrotechn. Z. 64. Jg. (1943) S. 261–267.

10. Wechselregelungen

Von **H. Henning**

Inhaltsübersicht

A. Wesen der Wechselregelung

Bei einer Regelanordnung ist im allgemeinen eine Betriebsgröße als Regelgröße konstant zu halten oder einer Führungsgröße anzupassen, während sich andere Betriebsgrößen in bestimmten Grenzen ändern können. Sobald aber eine dieser veränderlichen Betriebsgrößen einen bestimmten zulässigen Grenzwert erreicht hat, wird oft verlangt, daß sie auf diesem Wert konstant gehalten wird, wobei auf die Regelung der ursprünglichen Regelgröße meistens verzichtet werden muß. In solchen Fällen erhält die Regeleinrichtung zusätzliche Vergleichseinrichtungen, die in Tätigkeit treten, sobald eine bestimmte Betriebsgröße einen vorgeschriebenen Grenzwert erreicht hat.

Das besondere Kennzeichen solcher Regelanordnungen ist, daß verschiedene Regelkreise über dasselbe Regelobjekt und oft auch über dieselben Teile der

Tabelle 1. *Beispiele für Wechselregelungen*

Regelobjekt	Wechselnde Regelgrößen
Synchrongenerator am Netz (s. Kapitel 33)	Netz-Übergabeleistung Generator-Nennleistung Generator-Minimalleistung
Blindleistungsmaschine am Netz (s. Kapitel 25 und 32)	Spannung Nennstrom
Turbosatz mit Gegendruckbetrieb an fremdem Netz und an eigenem Netz (s. Kapitel 33)	Netz-Übergabeleistung Gegendruck im Dampfnetz Frequenz
Netzkupplungsumformer (s. Kapitel 24)	Frequenz Leistung
LEONARD-Antrieb (s. Kapitel 27, 36, 41, 49, 50, 51)	Drehzahl Ankerspannung Gleichstrom im LEONARD-Kreis Beschleunigung
Batterieladung (s. Kapitel 8, 26, 52)	Zellenspannung Ladestrom

Regeleinrichtung, aber u.U. über verschiedene Wirkungsbahnen laufen und daß sie verschiedene Vergleichssysteme haben. Auch die Stabilisierungseinrichtungen müssen im allgemeinen verschieden ausgeführt bzw. eingestellt werden. Entscheidend ist, daß die eine Regelung die andere selbsttätig stillegt, die Regelungen sich also selbsttätig abwechseln. Wir wollen deshalb für derartig miteinander verkoppelte Regelungen die Benennung *Wechselregelungen* wählen (vgl. auch Kapitel 2). Einige Anwendungsbeispiele sind in Tabelle 1 angegeben. Ein durchgerechnetes Beispiel findet man in Kapitel 27, Abschnitt B 2 d.

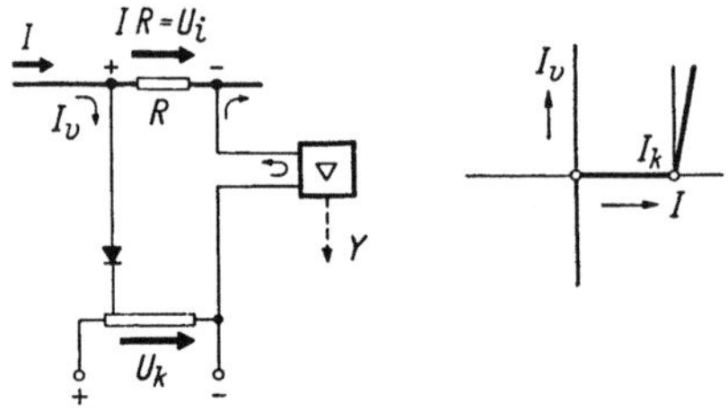

a) Schaltung b) Vergleicher-Kennlinie

Bild 1. Spannungsschwelle für Strombegrenzung in einer Stromrichtung

Für den Aufbau von Vergleicher-Bausteinen für Wechselregelungen kann man alle Bauelemente verwenden, die einen Stromfluß sperren oder begrenzen (z. B. Kontakte, Gleichrichterventile, Transduktoren und Regelmaschinen mit Sättigungsknick, Kippverstärker mit Transistoren oder Transduktoren). An einigen Beispielen mit Gleichrichterventilen soll das Wesentliche solcher Vergleicher gezeigt werden. Es lassen sich mit Ventilen Schaltungen aufbauen, die

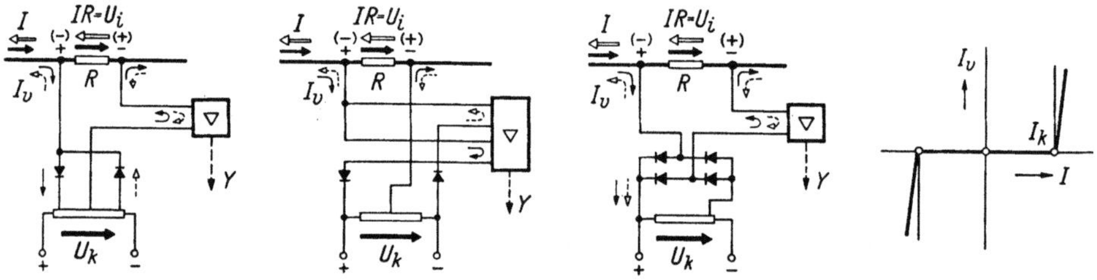

a) Mit Spannungsteiler und einer Wicklung im Verstärker b) Mit Spannungsteiler und getrennten Wicklungen im Verstärker c) Ohne Spannungsteiler und nur eine Wicklung im Verstärker d) Vergleicher-Kennlinie

Bild 2. Spannungsschwellen für Strombegrenzung in zwei Stromrichtungen

besonders für Strombegrenzungen geeignet sind und wie eine *Spannungsschwelle* wirken. Bei der Schaltung in *Bild* 1, für die Begrenzung eines Stromes in einer Richtung, fließt ein Strom I_v durch den Verstärker, wenn die Spannung U_i größer als die Spannung U_k wird, wenn also der Strom I einen bestimmten Grenzwert I_k überschreitet. In gleicher Weise, jedoch für eine Strombegrenzung in beiden Stromrichtungen, wirken die Schaltungen in *Bild* 2.

Einige grundsätzliche Schaltungen mit Gleichrichterventilen sind auch im Kapitel 12, Abschnitt C 1 d und C 2 a, zu finden.

B. Aufbau von gestuften Regelkennlinien

1. Allgemeines

Bei Verbundregelungen im 50-Hz-Netzbetrieb und im Elektrodampfverbundbetrieb (s. Kapitel 33) sowie im 50-Hz-$16^2/_3$-Hz-Verbundbetrieb (s. Kapitel 24) treten oft mehrfach geknickte Regelkennlinien auf. Zur Bildung solcher Kennlinien verwendet man häufig Kontaktregler oder Kompensationsregler (s. Kapitel 13 und 33). Um den Aufbau der Schaltungskombinationen für die Regler zu finden, haben sich einige Begriffe und Aufbaugesetze eingebürgert. Dabei kommt es im wesentlichen darauf an, daß in irgend einem Betriebszustand der Anlage jeder Regler das gerade passende Stellsignal *höher* oder *tiefer* abgibt und daß sich die Regler dabei nicht gegenseitig stören.

Zur grundsätzlichen Erläuterung betrachtet man zunächst im stationären Zustand die Regelkennlinie zweier Regelgrößen, die sich als Kennlinien mit einem Knick entsprechend den beiden Grundformen im *Bild* 3 darstellen lassen. Bei zwei derartig aufeinanderfolgenden Kennlinien gibt es für jede Größe ein unter allen Umständen gesperrtes Gebiet und ein zugelassenes Gebiet. Der Steuersinn *höher* oder *tiefer*, den der Regler für eine Größe in ihrem Sperrgebiet hat, soll *bevorzugter Steuersinn* dieser Größe genannt werden.

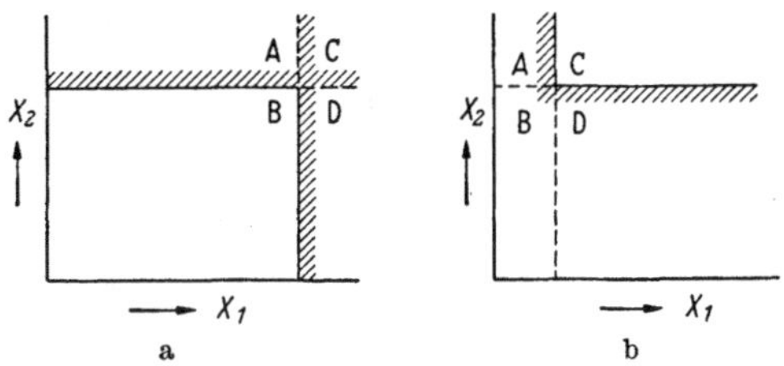

Bild	Quadrant	Zustand	Bevorzugter Steuersinn
a	A und C D und C	für X_2 gesperrt für X_1 gesperrt	tiefer tiefer
b	A und B B und D	für X_1 gesperrt für X_2 gesperrt	höher höher

Bild 3. Grundformen geknickter Kennlinien

Zwei in einem Kennlinienzug *aufeinanderfolgende* Kennlinien bilden immer vier Quadranten (s. *Bild* 3). Jeder Kennlinie ist ein Regler zugeordnet, der dafür sorgen muß, daß diese Kennlinie eingeregelt wird. Die beiden Kennlinien (I und II) haben z.B. die Quadranten A, B, C, D. In A soll der Regler I *tiefer*, der Regler II *höher* steuern. Soll dabei die Regelgröße X_2 auf ihre Kennlinie I zurückgeführt werden, so muß die Tiefersteuerung den Vorrang behalten. In B sollen beide Regler *tiefer* steuern. Das ist nur möglich, wenn die Tiefersteuerung von beiden Reglern gleichzeitig verlangt wird. Ähnlich wie in A ist es im Quadranten D, d.h. jeder Regler muß in A und D für sich *allein* in der Lage sein, *tiefer* zu steuern. Im Quadranten C sollen beide Regler *höher* steuern; hier darf eine Höhersteuerung aber nur dann zustande kommen, wenn sie von beiden Reglern gleichzeitig gefordert wird, weil sonst eine der Kennlinien auf Null gesteuert würde.

Die Regler für zwei aneinander stoßende Kennlinien, deren Spitze zum Ursprung der Koordinatenachsen zeigt (s. *Bild* 3a), haben miteinander den bevorzugten Steuersinn *höher*. Zwei Kennlinien, deren Spitze vom Ursprung weg zeigt (s. *Bild* 3b), haben miteinander den bevorzugten Steuersinn *tiefer*.

2. Kennlinienbildung mit Kontaktreglern

Mit dem Begriff des bevorzugten Steuersinnes kommt man zu einem richtigen Wirkungssinn der Regler, wenn man die Stellsignal-Kontakte des *bevorzugten* Steuersinnes beider Regler parallel schaltet, die des *nicht bevorzugten* Steuersinnes dagegen in *Reihe*.

Den Schaltungsaufbau für einige ausgewählte Kennlinienzüge zeigt die Tabelle 2. Verfolgt man z.B. für den Kennlinienzug Nr. 4 in Tabelle 2 den Aufbau

Tabelle 2. *Kennlinienbildung mit Kontaktreglern*

<table>
<tr><th></th><th>a</th><th>b</th><th>c</th></tr>
<tr><th>Nr.</th><th>Regelkennlinien</th><th>Stromlaufplan</th><th>Gleichzeitig betätigte Kontakte bei einem Betriebspunkt in einem der Quadranten</th></tr>
<tr><td>1</td><td>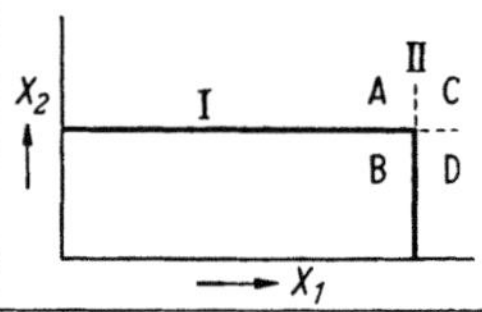</td><td>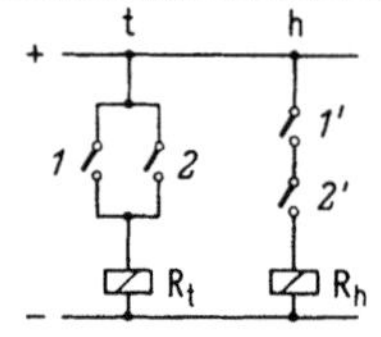</td><td>
<table>
<tr><th colspan="2">A</th><th colspan="2">B</th><th colspan="2">C</th><th colspan="2">D</th></tr>
<tr><td>1</td><td>2′</td><td></td><td>1′</td><td>1</td><td></td><td>2</td><td>1′</td></tr>
<tr><td></td><td></td><td></td><td>2′</td><td>2</td><td></td><td></td><td></td></tr>
<tr><td colspan="2">t</td><td colspan="2">h</td><td colspan="2">t</td><td colspan="2">t</td></tr>
</table>
</td></tr>
<tr><td>2</td><td>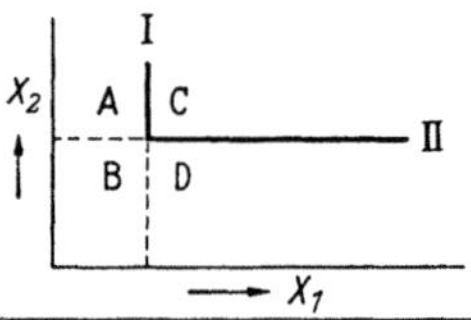</td><td>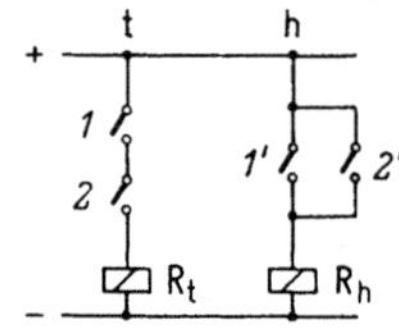</td><td>
<table>
<tr><th colspan="2">A</th><th colspan="2">B</th><th colspan="2">C</th><th colspan="2">D</th></tr>
<tr><td>2</td><td>1′</td><td></td><td>1′</td><td>1</td><td></td><td>1</td><td>2′</td></tr>
<tr><td></td><td></td><td></td><td>2′</td><td>2</td><td></td><td></td><td></td></tr>
<tr><td colspan="2">h</td><td colspan="2">h</td><td colspan="2">t</td><td colspan="2">h</td></tr>
</table>
</td></tr>
<tr><td>3</td><td>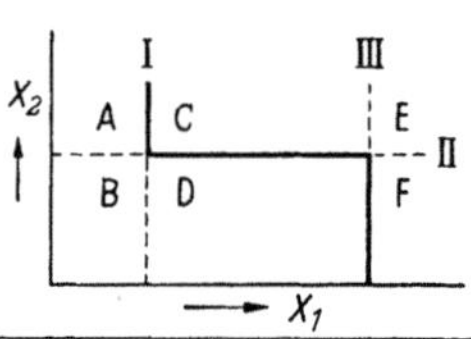</td><td>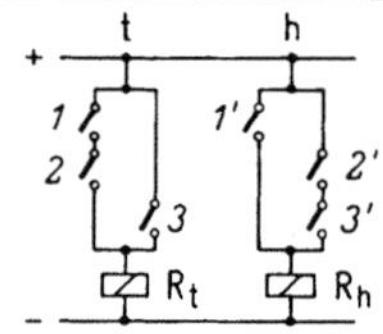</td><td>
<table>
<tr><th colspan="2">A</th><th colspan="2">B</th><th colspan="2">C</th><th colspan="2">D</th><th colspan="2">E</th><th colspan="2">F</th></tr>
<tr><td>2</td><td>1′</td><td></td><td>1′</td><td>1</td><td>3′</td><td>1</td><td>2′</td><td>1</td><td></td><td>1</td><td>2′</td></tr>
<tr><td></td><td>3′</td><td></td><td>2′</td><td>2</td><td></td><td></td><td>3′</td><td>2</td><td></td><td>3</td><td></td></tr>
<tr><td></td><td></td><td></td><td>3′</td><td></td><td></td><td></td><td></td><td>3</td><td></td><td></td><td></td></tr>
<tr><td colspan="2">h</td><td colspan="2">h</td><td colspan="2">t</td><td colspan="2">h</td><td colspan="2">t</td><td colspan="2">t</td></tr>
</table>
</td></tr>
<tr><td>4</td><td>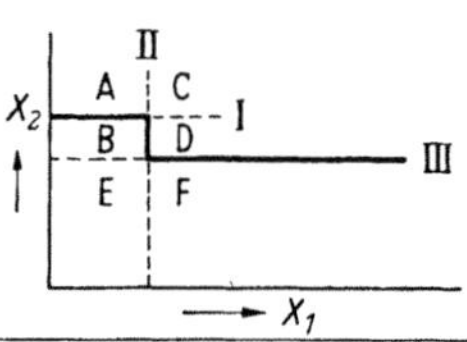</td><td>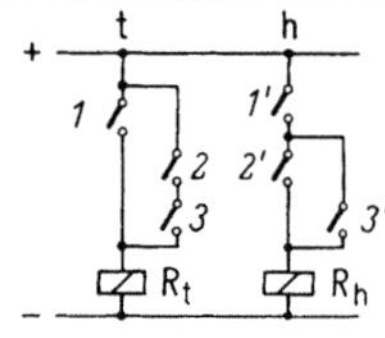</td><td>
<table>
<tr><th colspan="2">A</th><th colspan="2">B</th><th colspan="2">C</th><th colspan="2">D</th><th colspan="2">E</th><th colspan="2">F</th></tr>
<tr><td>1</td><td>2′</td><td>2</td><td>1′</td><td>1</td><td></td><td>2</td><td>1′</td><td>2</td><td>1′</td><td>2</td><td>1′</td></tr>
<tr><td>3</td><td></td><td>3</td><td></td><td>2</td><td></td><td>3</td><td></td><td></td><td>3′</td><td></td><td>3′</td></tr>
<tr><td></td><td></td><td></td><td></td><td>3</td><td></td><td></td><td></td><td></td><td></td><td></td><td></td></tr>
<tr><td colspan="2">t</td><td colspan="2">t</td><td colspan="2">t</td><td colspan="2">t</td><td colspan="2">h</td><td colspan="2">h</td></tr>
</table>
</td></tr>
<tr><td>5</td><td>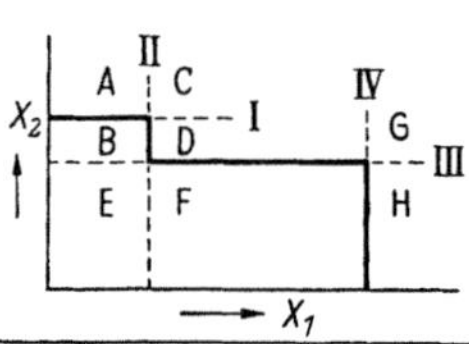</td><td>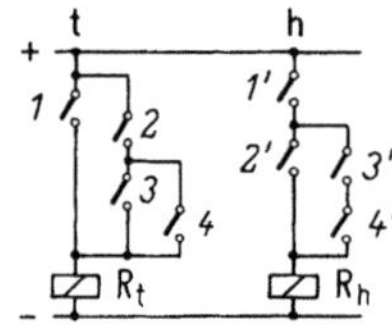</td><td>
<table>
<tr><th colspan="2">A</th><th colspan="2">B</th><th colspan="2">C</th><th colspan="2">D</th><th colspan="2">E</th><th colspan="2">F</th><th colspan="2">G</th><th colspan="2">H</th></tr>
<tr><td>1</td><td>2′</td><td>1</td><td>4′</td><td>3</td><td>1′</td><td>2</td><td>1′</td><td></td><td>1′</td><td>2</td><td>1′</td><td>2</td><td>1′</td><td>2</td><td>1′</td></tr>
<tr><td>3</td><td>4′</td><td>2</td><td></td><td></td><td>2′</td><td>3</td><td>4′</td><td></td><td>2′</td><td></td><td>3′</td><td>3</td><td></td><td>4</td><td>3′</td></tr>
<tr><td></td><td></td><td>3</td><td></td><td></td><td>4′</td><td></td><td></td><td></td><td>3′</td><td></td><td>4′</td><td>4</td><td></td><td></td><td></td></tr>
<tr><td></td><td></td><td></td><td></td><td></td><td></td><td></td><td></td><td></td><td>4′</td><td></td><td></td><td></td><td></td><td></td><td></td></tr>
<tr><td colspan="2">t</td><td colspan="2">h</td><td colspan="2">t</td><td colspan="2">t</td><td colspan="2">h</td><td colspan="2">h</td><td colspan="2">t</td><td colspan="2">t</td></tr>
</table>
</td></tr>
</table>

X_1, X_2	Regelgrößen
I bis IV	Regelkennlinien und zugehörige Regler
A bis H	Quadranten
t	Tiefersteuerung
h	Höhersteuerung
R_t, R_h	Schützspulen für Tiefer- bzw. Höhersteuerung
1 bis 4	Kontakte für Tiefersteuerung der Regler I bis IV
1′ bis 4′	Kontakte für Höhersteuerung der Regler I bis IV

des Stromlaufplanes für die Regler-Schließkontakte, so ergibt sich für den Regler I und II die Tiefersteuerung als bevorzugter Steuersinn, die Höhersteuerung als nicht bevorzugter Steuersinn. Die Kontakte 1 und 2 für Tiefersteuerung sind parallel, die Kontakte 1′ und 2′ für Höhersteuerung sind in Reihe zu schalten.

Für die Regler II und III ergibt sich die Höhersteuerung als bevorzugter, die Tiefersteuerung dagegen als nicht bevorzugter Steuersinn. Die Kontakte 2 und 3 für Tiefersteuerung sind also in Reihe und die Kontakte 2′ und 3′ für Höhersteuerung parallel zu schalten.

Für die Regler III und IV gelten wieder die gleichen Bedingungen wie bei den Reglern I und II. Tiefersteuerung ist bevorzugter Steuersinn, die Kontakte 3 und 4 sind parallel zu schalten. Höhersteuerung ist der nicht bevorzugte Steuersinn, die Kontakte 3′ und 4′ sind in Reihe zu schalten.

Eine Kontrolle über die Funktion der Schaltung bekommt man (s. Spalte c in Tabelle 2), indem man z.B. in jedem Quadranten einen Betriebspunkt wählt, die dabei geöffneten und geschlossenen Kontakte der vier Regler einträgt und ihre Wirkung auf Höher- oder Tiefersteuerung im Stromlaufplan verfolgt.

3. Kennlinienbildung mit Kompensationsreglern

Für den Aufbau von Regelkennlinien mit Hilfe von Kompensationsreglern mit negativem Vorstrom (s. Kapitel 33) werden die Ausgänge der Kompensationsverstärker parallel geschaltet und der Ausgangsstrom wird in Reihe über je eine Rückführspule jedes Verstärkers geführt. Wirkt dabei der Rückführstrom so auf den Verstärker ein, daß er einen Ausgangsstrom in positivem Sinne erzeugen möchte, dann sagt man: er *dreht* den Verstärker *auf*. Will er dagegen einen Ausgangsstrom in negativem Sinn erzeugen, dann *dreht* er den Verstärker *zu*.

Überwiegt bei einem *einzigen* von mehreren im Ausgang parallel geschalteten Kompensatoren, deren Kompensationsspulen in Reihe geschaltet sind, der positive Rückführstrom, so dreht dieser Strom den zugehörigen Kompensator auf, alle anderen aber zu. Die Anordnung wirkt daher wie parallelgeschaltete Schließkontakte: Wenn nur einer von ihnen geschlossen wird, wird ein Stellsignal durchgegeben.

Ein Strom in positivem Sinn kann nur verhindert werden, wenn alle Kompensatoren zudrehen. In diesem Fall wirken sie wie in Reihe geschaltete Schließkontakte; nur wenn alle geschlossen sind, wird ein Stellsignal durchgegeben. Bei Kompensatoren mit negativem Vorstrom wird dementsprechend nur dann ein negativer Kompensationsstrom erzeugt, wenn alle Kompensatoren zudrehen.

Für Kompensatoren mit negativem Vorstrom gilt also die Regel, daß im Ausgangskreis parallel geschaltete Kompensationsverstärker mit in Reihe geschalteten Kompensationsspulen immer einen *positiven* Strom liefern, wenn mindestens einer einen positiven Strom liefert. Sie liefern nur dann einen *negativen* Strom, wenn alle *gleichzeitig* einen negativen Strom liefern.

Zu dieser Regel kommt noch dazu, daß die Steuerung eines Kompensationsverstärkers auf positivem Ausgangsstrom durch entsprechende Polung entweder durch Erhöhung des Istwertes der Regelgröße oder durch Verringerung des Istwertes der Regelgröße erreicht werden kann.

Mit diesen Wirkungsbedingungen der Kompensationsregler kommt man zu einem richtigen Wirkungssinn bei Kennlinienregelungen, wenn man die folgenden Gesichtspunkte befolgt.

(1) Bei der Regelung auf zwei gestufte Kennlinien mit dem bevorzugten Steuersinn *tiefer* ist einer *Erhöhung* des Istwertes ein positiver Ausgangsstrom und diesem das Stellsignal *tiefer* zuzuordnen. Es kann dann jeder Regler für sich allein *tiefer* steuern.

(2) Bei der Regelung auf zwei gestufte Kennlinien mit dem bevorzugten Steuersinn *höher* ist einer *Verringerung* des Istwertes ein positiver Ausgangsstrom und diesem das Stellsignal *höher* zuzuordnen. Es kann dann jeder Regler für sich allein *höher* steuern.

Dieses Arbeitsschema ist in Tabelle 3 für die Kennlinienbildung mit Kompensationsreglern angewendet, wobei die gleichen Kennlinien wie in Tabelle 2 zugrunde gelegt sind.

Tabelle 3. *Kennlinienbildung mit Kompensationsreglern*

	a	b	c
Nr.	Regelkennlinien	Arbeitsschema für Kompensationsverstärker	Funktionsschema (siehe Erklärung für Zeichen (+))

1

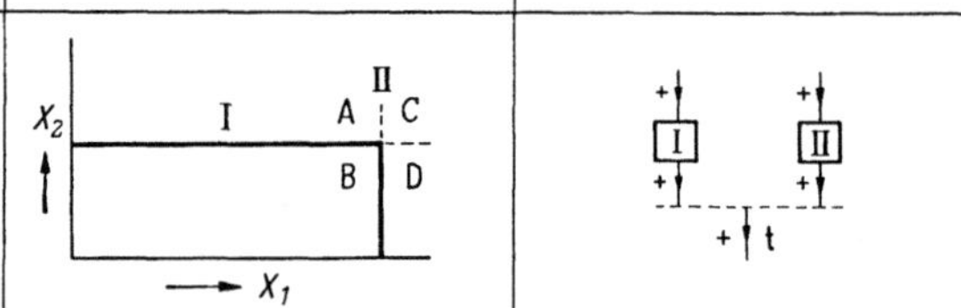

	A	B	C	D
I	+	+	−	−
II	−	+	−	+
Y	+	+	−	+
	t	t	h	t

2

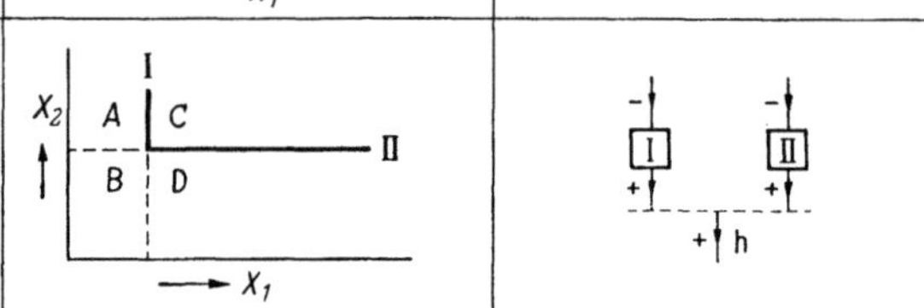

	A	B	C	D
I	+	+	−	−
II	−	+	−	+
Y	+	+	−	+
	h	h	t	h

3

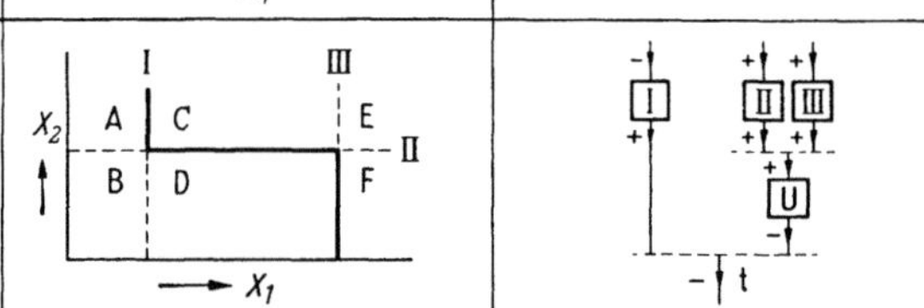

	A	B	C	D	E	F
I	−	−	+	+	+	+
II	+	−	+	−	+	−
III	−	−	−	−	+	+
Y	+	+	−	+	−	−
	h	h	t	h	t	t

4

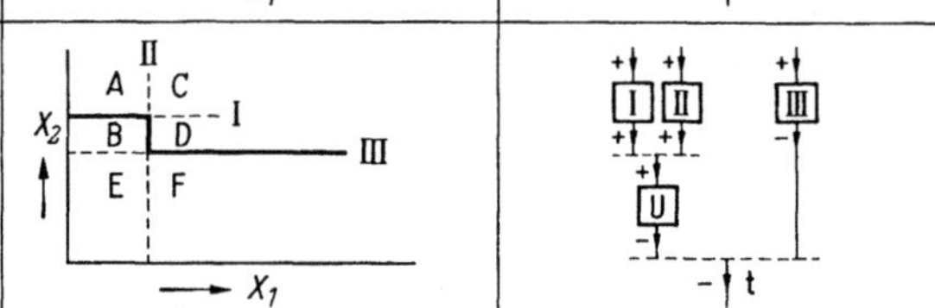

	A	B	C	D	E	F
I	+	−	+	−	−	−
II	−	−	+	+	−	−
III	+	+	+	+	−	−
Y	−	+	−	−	+	
	t	h	t	t	h	

5

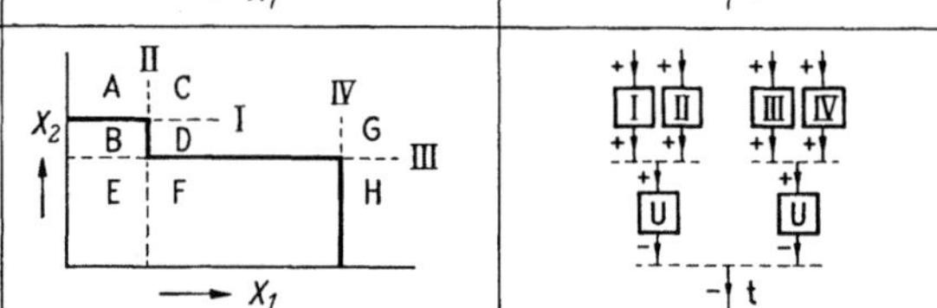

	A	B	C	D	E	F	G	H
I	+	−	+	−	−	−	−	−
II	−	−	+	+	−	+	+	+
III	+	+	+	+	−	−	+	−
IV	−	−	−	−	−	−	+	+
Y	−	+	−	−	+	+	−	−
	t	h	t	t	h	h	t	t

X_1, X_2 Regelgrößen
I bis IV Regelkennlinien und zugehörige Regler
A bis H Quadranten
t Tiefersteuerung
h Höhersteuerung
U Umkehrverstärker

+ bedeutet bei Nr. 1 z.B.: Im Quadranten A ist für den Regler I bzw. die Regelkennlinie I die Regelabweichung X_w positiv. Für II ist zu gleicher Zeit die Regelabweichung negativ. Damit ergibt sich für die Stellgröße Y ein positiver Strom (+ Zeichen). Diesem muß für I Tiefersteuerung t zugeordnet werden.

III. Planung, Ausrüstung und Inbetriebsetzung

11. Planung von Regelanlagen

Von R. Oetker

Inhaltsübersicht

A. Ziel der Planung

Regelobjekt und Regeleinrichtung sind mit ihren Übertragungseigenschaften am Regelvorgang entscheidend beteiligt. Die Methoden der Regelkreissynthese geben Unterlagen darüber, wie Regelstrecke und Regler aufeinander abgestimmt sein müssen, damit die Regelvorgänge in gewünschter Weise ablaufen. Es ist demnach bei der Planung erstrebenswert, die Regeleinrichtung auf Grund der Regelaufgabe bereits so auszuwählen und vorzubereiten, daß im Regelkreis, besonders, wenn er auf der Baustelle erstmals geschlossen wird, nur noch ein letzter Zuschliff anzubringen bleibt.

Durch sorgfältige Planung werden nicht nur nachträgliche Umbauten, die kostspielig und zeitraubend sind, vermieden, sondern auch ernste Gefahren abgewendet, die sich bei der ersten Inbetriebnahme der Regelanlage z. B. infolge von Instabilität einstellen können. Zeit und Mühe, die man für eine gründliche Planung aufgebracht hat, werden mehrfach zurückgewonnen, wenn die Inbetriebnahme einer Regelanlage glatt vor sich geht. Ein weiteres Ziel der Planung ist es, den zur Lösung der gestellten Aufgabe notwendigen apparativen Aufwand auch den wirtschaftlichen und betrieblichen Erfordernissen anzupassen [*1*].

Im Verlaufe der Planung, insbesondere bei umfangreichen Anlagen, müssen Auftraggeber, Hersteller von Regelobjekt und Regeleinrichtung sowie der spätere Betreiber der Anlage eng zusammenarbeiten. Bei den Planungsarbeiten empfiehlt es sich, nach den hier gegebenen allgemeinen Richtlinien vorzugehen, wenn auch für die sehr verschiedenartigen Regelanlagen ein starres Schema nicht festgelegt werden kann. In jedem Fall aber ist die sorgfältige Klärung der Regelaufgabe eine wesentliche Voraussetzung für einen guten Entwurf und für Gewährleistungen über das Regelverhalten.

Unbedingte Betriebssicherheit aller an der Regelung beteiligten Anlageteile und Geräte ist eine Grundforderung.

B. Regelaufgabe

1. Allgemeines zum Regelobjekt

Zur Planung einer Regelanlage sind zunächst allgemeine Angaben über die Eigenschaften und die Betriebsweise des Regelobjektes erforderlich. So muß z. B. für die Spannungsregelung der elektrische Generator außer in seinen Kenngrößen auch in seiner netzseitigen Betriebsweise und Antriebsart bekannt sein [2]. Bei verfahrenstechnischen Anlagen ist es z. B. wichtig zu wissen, ob der Arbeitsablauf *fließend* oder in *Chargen* vor sich geht. Im ersten Fall kommt jedem Teil der Anlage stets dieselbe Funktion zu, im zweiten Fall folgen in demselben Anlageteil verschiedene Operationen aufeinander. Die Betriebsweise kann beim Anfahren oder auch infolge stoßweiser Belastung diskontinuierlichen Charakter haben, wie das z. B. bei Energie-Versorgungsanlagen oder bei Antrieben häufig vorkommt.

Bild 1. Elektromotorischer Klappenantrieb in der rauhen Umwelt eines Hüttenwerks

Die Technologie des Regelobjektes ist für die Planung von Regelanlagen mitbestimmend. Man muß Kenntnisse über Eigenart und zahlenmäßigen Verlauf der sich abspielenden physikalischen oder chemischen Vorgänge haben; es ist auch wichtig zu wissen, welcher Art – aggressiv, explosibel, radioaktiv – die zu verarbeitenden Stoffe sind und welchen Beanspruchungen durch die Umwelt – Klima, Staub, Erschütterungen, Spannungsschwankungen – die Anlagen ausgesetzt sind (*Bild* 1).

Im Hinblick auf die Art der vorzusehenden Regeleinrichtungen sind auch Angaben über den Wert und Umfang der zu regelnden Anlagen, über ihre Lebensdauer, über die Möglichkeiten der Wartung und Pflege sowie den Produktionswert je Zeiteinheit wichtig.

2. Anlaß zur Regelung

Nach Kenntnis der Technologie allein kann noch nicht entschieden werden, welche Aufgaben im einzelnen für eine Regelung vorliegen und ob deren Einsatz auch wirklich begründet ist. Anlaß, dies besonders zu prüfen, liegt meistens dann vor, wenn Qualität, Quantität und Wirtschaftlichkeit der Produktion an die Einhaltung enger Prozeßbedingungen, z. B. Temperatur, Druck, Arbeitsgeschwindigkeit, Lage usw., gebunden sind, oder wenn ein Versorgungsunternehmen, z. B. Kraftwerk, Gaswerk, Wasserwerk usw., wie das fast immer der Fall ist, ihren Abnehmern das Einhalten bestimmter Grenzen von Spannung, Frequenz, Druck, Heizwert usw. zusichern muß. Anlaß zum Einsatz von Regeleinrichtungen kann auch die Sicherheit einer Anlage und der Wunsch sein, mit bester Wirtschaftlichkeit zu fahren.

Die Fälle, in denen eine Anlage auf Grund ihrer Dimensionierung oder durch naturgegebene Eigenschaften die vorgeschriebenen Betriebswerte von selbst an-

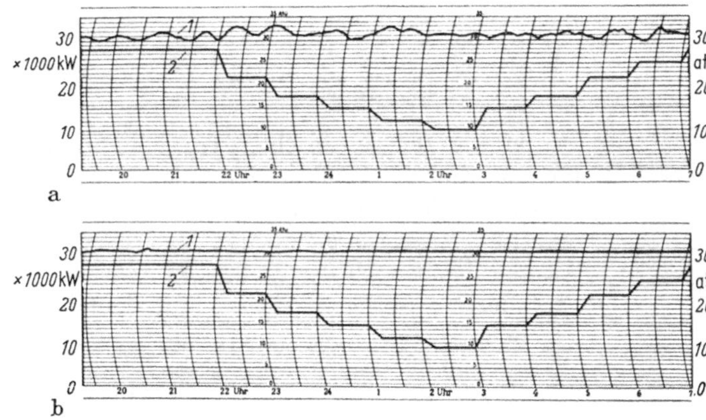

1 Dampfdruck *2* Last

Bild 2. Dampfdruck einer Kesselanlage bei Laständerungen, a) bei Handbetrieb, b) mit Regelung

nimmt und einhält, werden immer seltener. Meistens ist es notwendig, Betriebswerte, die dem Einfluß von Störgrößen, z. B. unterschiedlicher Einsatz, schwankende Belastung, veränderliche Umweltbedingungen usw., unterliegen, meßtechnisch zu überwachen und durch besondere Eingriffe in die Anlage herzustellen sowie aufrechtzuerhalten. Sind hierbei menschliche Fähigkeiten überfordert (*Bild* 2), oder soll das Personal von monotoner Tätigkeit befreit und, wozu vielfach Anlaß besteht, aus gesundheitsschädigender Umgebung ferngehalten werden, so liegt ein echter Grund vor, Regeleinrichtungen einzusetzen. Bessere Produkte, mehr Ausbeute, höhere Wirtschaftlichkeit, Schonung und Schutz wertvoller oder hochbelasteter Teile können weitere wichtige Aufgaben für eine Regelung sein. Die Einsparung von Personal wirkt sich bei Einsatz von Reglern besonders im Schichtbetrieb aus.

3. Regelgrößen

Um eine Regelanlage planen zu können, muß vor allem festliegen, welche Betriebsgrößen oder Größenzusammenhänge zu regeln sind. Nicht meßbare Größen können nicht geregelt werden; in solchen Fällen sucht man nach einer *Ersatzgröße*, die mit der zu regelnden Größe in einem definierten Zusammenhang steht. In der Regelaufgabe muß auch der *Meßort* festliegen, an dem die Regelgröße durch ihren

Meßgeber abgegriffen und gemessen wird. Der Regler regelt die Größe in der Form, wie sie in seinem Vergleicher tatsächlich auftritt, also im Falle der Temperatur z.B. die Thermospannung. Die einem zwischengeschalteten Meßumformer entnommene Ausgangsgröße, z.B. Luftdruck oder eingeprägter Strom, dient sehr häufig als Maß für die Regelgröße am Vergleicher.

In der Aufgabe sind Daten zu vereinbaren über Sollwertbereich, Regeldauer, zulässige Regelabweichungen, Überschwingweite und Dämpfung des Regelvorgangs; dies ist jedoch nur bei ausreichenden Kenntnissen über das Verhalten des Regelobjektes sinnvoll. Bei Zeitplanregelungen sind Angaben über den gewünschten zeitlichen Verlauf der Regelgröße notwendig, in besonderen Fällen, z.B. für den Parallelbetrieb von Kraftmaschinen, ist die verlangte Regelkennlinie anzugeben.

4. Stellgrößen

Die Regelgröße kann nur dann in der gewünschten Weise hergestellt und aufrechterhalten werden, wenn eine Eingriffsstelle an der Anlage vorhanden ist, wo die Stellgröße des Reglers in dazu ausreichendem Maße auf die Regelgröße einwirkt. Der hierzu notwendige Änderungsbereich der Stellgröße muß als Stellbereich mindestens vorhanden sein. Sind mehrere Eingriffsstellen möglich – z. B. kann für die Regelung des Speisewasserzuflusses eines Bensonkessels die Stellgröße in die Pumpendrehzahl oder an einem Ventil eingreifen –, so sollten diese in der Aufgabe genannt sein. Als *Stellort* kommt jede Eingriffsstelle in Betracht, an der die Stellgröße innerhalb ihres Stellbereichs eindeutig auf die Regelgröße einwirkt. Der Zusammenhang zwischen Stellgröße am Stellort und Regelgröße am Meßort ist durch die *Stellkennlinie* der Regelstrecke anzugeben. Nur solche Stellkennlinien sind für die Regelung brauchbar, bei denen innerhalb des Stellbereichs jeder Änderung der Stellgröße eine Änderung der Regelgröße wenigstens tendenzmäßig gleich zugeordnet ist (*Bild* 3).

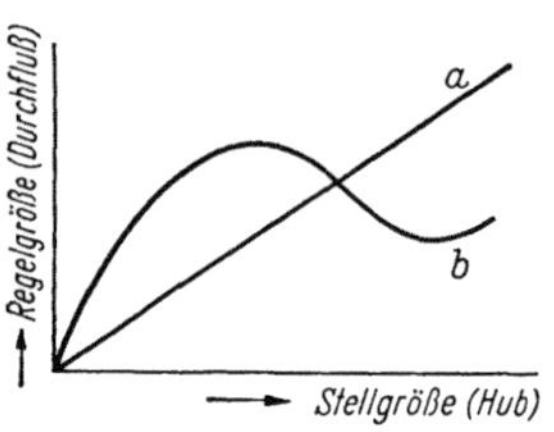

Bild 3. Beispiele einer brauchbaren (*a*) und einer unbrauchbaren (*b*) Stellkennlinie für Durchflußregelung

Um die Regelanlage richtig planen zu können, sind für das *Stellverhalten* Angaben nicht nur über den Beharrungszustand (Stellkennlinie), sondern auch über das Zeitverhalten notwendig. Die Stell-Übergangsfunktion sowie der Stell-Frequenzgang der Regelstrecke beschreiben das Stellverhalten vollständig und geben Unterlagen für die richtige Auswahl des Reglers. Die Regelvorgänge sind schwierig zu beherrschen, wenn das Totzeit-Anlaufzeit-Verhältnis den Wert 1 erreicht oder überschreitet (*Bild* 4). Ist das zeitliche Verhalten einer Regelstrecke längs des Stellbereichs verschieden, z.B. Gasdruckregelung bei veränderlicher Last, so sind auch hierüber Angaben notwendig. Zur Regelaufgabe gehören ferner Unterlagen

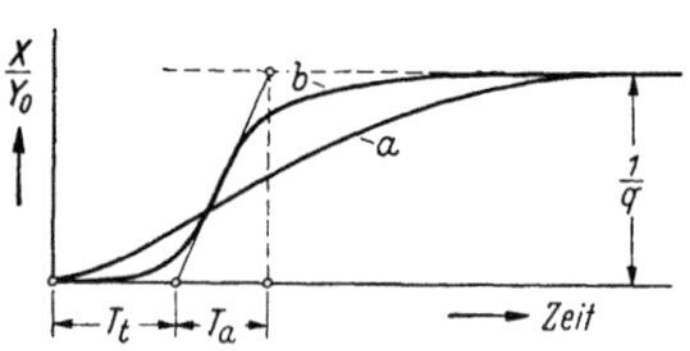

X Regelgröße
Y_0 Stellgrößensprung ($t = 0$)
T_t Totzeit (angenähert)
T_a Anlaufzeit q Ausgleichswert
($T_a = Y_h\,A/q$, Y_h Stellbereich, A Anlaufwert)

Bild 4. Übergangsfunktion einer leicht (*a*) und einer schwierig (*b*) regelbaren Regelstrecke über Art, Kennlinie und erforderliche Antriebskräfte der Stellglieder, soweit sie bereits Bestandteile des Regelobjektes sind.

Neben den geschilderten regelungstechnischen Gesichtspunkten können auch solche wirtschaftlicher oder betrieblicher Art für die Wahl des Stellortes maßgeblich sein.

5. Störgrößen und Führungsgrößen

Angaben über höchstzulässige Regelabweichungen sind für die Planung von Regelanlagen nur dann verwertbar, wenn außer dem Stellverhalten der Regelstrecke auch das *Störverhalten* bekannt ist. Es muß durch die Störübergangsfunktionen der Regelstrecke für alle wichtigen Störgrößen und die Störorte, die auch zwischen Meß- und Stellort liegen können, beschrieben sein. Die Störübergangsfunktion stellt den zeitlichen Verlauf der Regelgröße dar, wenn ohne Eingreifen der Stellgröße eine Störgröße, z.B. die Last, plötzlich geändert wird. Außer der Störübergangsfunktion ist auch der Störfrequenzgang eine Beschreibungsform des Störverhaltens der Regelstrecke.

Der *Störbereich* bedeutet den Änderungsbereich der Störgröße, der in seiner Wirkung auf die Regelgröße durch eine Änderung der Stellgröße um den Stellbereich ausgeglichen werden kann. Liegt bei einer bestimmten Anlage, für die eine Regelung vorgesehen werden soll, der Stellbereich fest, dann dürfen, wenn die Regelgröße ihren vorgeschriebenen Wert einhalten soll, die einzelnen Störgrößen die für sie gültigen Störbereiche nicht überschreiten. Muß mit stärkeren Störgrößenänderungen gerechnet werden, so ist der Stellbereich zu erweitern, damit die Regelgröße aufrechterhalten werden kann.

Unvermeidliche vorübergehende Regelabweichungen treten auf, wenn die Stell-Übergangsfunktion eine Totzeit enthält. Notwendig ist dazu noch die Kenntnis der Störgeschwindigkeit, z.B. Laständerung je Zeiteinheit.

Führungsgrößen wirken wie Störgrößen am Meßort. Der zeitliche Verlauf der Führungsgröße ist anzugeben, der die Regelgröße mit einer zu vereinbarenden Toleranz folgen soll.

C. Entwurf

1. Meß- und Regelplan

Regelanlagen müssen meistens mit einer größeren Anzahl einzelner Regelkreise ausgerüstet werden. Man trägt sie mit ihren Meß- und Stellorten, soweit sie aufgabengemäß festliegen, in den Wirkungsplan der zu regelnden Anlage ein. Sind mehrere Stellorte möglich, so ist vielfach die in der Stell-Übergangsfunktion auftretende Totzeit ein wichtiges Kriterium für die günstigste Wahl des Stellorts. Vorzuziehen ist der Stellort, bei dem der Quotient Totzeit durch Anlaufzeit einen möglichst kleinen Wert aufweist. Die Regeleinrichtungen werden zunächst nur funktionell in Blockbildern dargestellt. Sieht die Regelaufgabe für einen Regelkreis mehrere Meßorte und mehrere Stellorte vor, die sich untereinander ablösen sollen, so ist auch dies im Wirkungsplan zu vermerken.

Man versucht nun, sich Klarheit zu verschaffen, welche Teile der Anlage am Regelvorgang der einzelnen Regelkreise beteiligt sind oder ihn, auch auf dem Wege der Kopplung über andere Regelkreise, beeinflussen. Unter Weglassen aller für die Regelung nicht wesentlichen Teile der Anlage und Vereinfachung der Darstellung durch Normsymbole entwirft man einen Übersichtsplan, der das Meß- und Regelschema der Gesamtanlage zeigt (s. z.B. Kapitel 15, *Bild* 42). Bei umfangreichen Anlagen empfiehlt es sich, für die einzelnen Regelkreise oder für Gruppen von Regelkreisen, die untereinander zusammenhängen, besondere Pläne zu zeichnen und das Meßschema getrennt darzustellen. Jedes einzubauende Gerät erhält auf den Plänen zweckmäßig eine Positions-Nummer; sie kehrt in einem Verzeichnis wieder, das alle Angaben über Meßbereiche usw. und den Hinweis enthält, ob das Gerät in der zu regelnden Anlage oder in einer Tafel, Pult u. dgl. zu montieren ist. Eine genaue Beschreibung der Wirkungsweise ergänzt die Darstellung.

Die Vielfalt der betrieblichen Belange läßt es nur in seltenen Fällen zu, die Planung von einer anderen Anlage vollständig zu übernehmen. Man kann sich aber auf bewährte Grundschemas für bestimmte Anlageteile stützen.

Der Einsatz von *Kaskadenregelungen* bietet den Vorteil, daß sich im Regelkreis der Folgegröße viele Störgrößen bereits ausgleichen, ohne den Regelkreis der Führungsgröße zu beeinflussen. Im Regelschema sind auch die zusätzlichen Zeitglieder vorzusehen, die erfahrungsgemäß bei *Störgrößenaufschaltungen* erheblich zur Verbesserung des Regelvorgangs beitragen.

2. Regelgeräte

Meßgeber. Sie sind am Regelobjekt allen Einflüssen des Betriebs ausgesetzt und dürfen dabei nicht ihre Meßtüchtigkeit verlieren; ihre Meßverzögerung kann einen unliebsamen Beitrag zum Übertragungsverhalten der Regelstrecke liefern und muß bei der Planung berücksichtigt werden.

Regelsystem. Bei einer Neuplanung ist häufig die Wahl des Regelsystems noch offen. Welche Art der Hilfsenergie Vorzüge bietet, muß man nach Umfang sowie Art der Anlage und betrieblichen Gründen entscheiden [*13*]. Sind Entfernungen von mehr als einigen hundert Meter zu überbrücken, komplizierte Meßschaltungen notwendig oder sollen sich die Regelvorgänge in Bruchteilen von Sekunden abspielen, dann kommen nur Regelgeräte mit elektrischen Signalgrößen in Betracht. Die Pneumatik hat die Vorteile robuster und einfacher Bauweise, was sich besonders bei den Membranantrieben für Stellglieder zeigt; außerdem sind die Geräte explosionssicher. Elektropneumatische Regler verbinden diese Vorteile miteinander. Werden extrem große Kräfte gebraucht, die auf kleinem Raum schnell wirken sollen, dann ist die Hydraulik nicht zu übertreffen.

Bei den sogenannten *Einheitsregelsystemen* ist die Signalgröße festgelegt:

Luftdruck	0,2 bis 1,0 atü
Eingeprägter Strom	0 bis 50 mA (auch 0 bis 10 und 0 bis 20 mA)

Die Meßgrößen werden, gleichgültig welcher Art sowie Wertumfangs, mit Hilfe von Meßumformern in den Einheits-Signalbereich abgebildet und übertragen; dies hat den großen Vorzug, daß alle Geräte mit ihren Ausgängen und Eingängen ohne Nacheichung beliebig aufeinander geschaltet werden dürfen. Außerdem können die Regler, Anzeiger, Schreiber, Stellwerke und Stellantriebe einheitlich ausgeführt werden. Da der Luftdruck sowie der Gleichstrom „eingeprägt“ [*3*], d.h. zwangsweise, meist nach Kompensationsmethoden, den zu übertragenden Größen zugeordnet sind, haben die Leitungswiderstände und die Belastung keinen Einfluß [4].

Man kann außerordentlich freizügig planen, zumal es auch Geräte mit elektrischem Eingang und pneumatischem Ausgang gibt, die beliebig miteinander

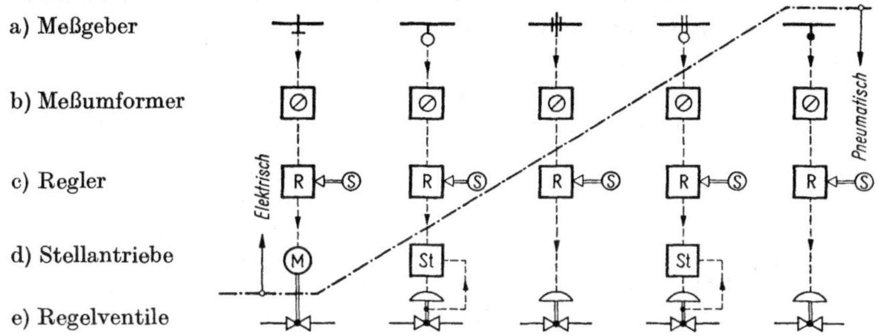

Bild 5. Kombinationsmöglichkeiten elektrischer und pneumatischer Regelgeräte

kombiniert werden können [5]. Der Übergang von der Elektrik auf die Pneumatik kann zwischen Stellglied und Meßgeber an jede Verbindungsstelle der Gerätekette gelegt werden (*Bild* 5). Das elektrische Messen läßt sich so mit dem pneumatischen Stellen in vielfältiger Weise vorteilhaft verbinden.

Die Grundsätze der Regelkreis-Synthese (s. Kapitel 2) geben Unterlagen für die richtige Auswahl der Reglerart (P, I, PI usw.). Zahlreiche Aufgaben, besonders aus dem Gebiet der Elektrowärme, lassen sich sehr gut mit einfachen Zweipunkt-Reglern lösen. Stetige Regler ermöglichen es, die Stellgröße, z. B. Ventilöffnung oder Erregerstrom, auf den jeweils zum wunschgemäßen Ablauf des Regelvorgangs notwendigen Wert zu bringen. Diese Aufgabe liegt bei den meisten Regelungen verfahrenstechnischer Art und mit elektrischen Maschinen vor.

Bild 6. Regelgeräte an einer Heizungsanlage

Stellglied. Ein Regler arbeitet nur dann gut, wenn das Stellglied (Ventil, Klappe usw.) nach Größe und Kennlinie richtig dimensioniert ist (s. Kapitel 5). Will man längs des ganzen

Stellbereichs gleich gute Regeleigenschaften einhalten, dann muß die Zuordnung von Stellgröße und Regelgröße oder von Stellgröße und Änderungsgeschwindigkeit der Regelgröße auch wertmäßig gleichbleiben, was z. B. durch besondere Gestaltung von Ventilkennlinien oder nichtlineare Elemente im Stellantrieb erreicht werden kann. Knicke oder gar Umkehrpunkte in der Kennlinie der Stellglieder sind unbedingt zu vermeiden. Der Werkstoff muß der Aufgabe entsprechend gewählt werden.

Zur Geräteplanung gehören auch die Sicherheitsmaßnahmen und -einrichtungen, z. B. Sicherheitsstellung von Regelventilen bei Ausfall der Hilfsenergie, Alarmsignalgeber und Leitgeräte, mit denen die Reglersollwerte eingestellt und zusätzliche Steueraufgaben, wie das Umschalten der Stellglieder von „Hand" auf „Automatik", bewirkt werden.

Bild 7. Kesselleitstand in einem Kraftwerk

3. Regelanlage

Im Verlauf der Planung muß bereits darauf hingewirkt werden, schlechte Regelbarkeit der Anlagen, wie großes Totzeit-Anlaufzeit-Verhältnis, zu vermeiden. Zusätzliche Speicher und der Anbau der Regler möglichst nahe am Stellort sind häufig eine wirksame Abhilfe. Den regelungstechnischen Gesichtspunkten stehen jedoch mitunter schwerwiegende betriebliche Gründe im Zuge der Gesamtplanung entgegen. Gelingt es nicht, eine beiden Belangen Rechnung tragende Lösung zu finden, so ist ein Mehraufwand bei der Regelung, also höherwertige Regler, Störwertaufschaltung, Kaskadenregelung, Hilfsregelgrößen u. dgl., notwendig, um die Regelaufgabe erfüllen zu können.

Die Regelgeräte werden entweder einzeln (*Bild* 6), zuweilen auch in Regelstationen, im Betrieb aufgebaut oder in zentralen Regelwarten (*Bild* 7) zusammengefaßt. Dabei empfehlen sich Pulte, soweit die Geräte dem Fahrpersonal gut zugänglich sein müssen, und Fließbilder (*Bild* 8), die den Zustand der Anlage erkennen lassen.

An der Anlage selbst zu montierende Geräte können Erschütterungen, Hitze und Feuchtigkeit ausgesetzt sein. Die Versorgungsnetze, besonders in Schwermaschinenbetrieben, schwanken oft kurzzeitig um erhebliche Beträge oder weisen starke Verzerrungen in der Kurvenform auf. Die Betriebs-Preßluft führt vielfach Wasser und Öl mit; sie ist für pneumatische Regelanlagen dann nicht brauchbar. Man sollte grundsätzlich ein besonderes Luftnetz 6 atü für die Versorgung der Geräte mit zentraler Reduzierstation 6/1,5 atü vorsehen. Es empfiehlt sich, schon bei der Planung die Umweltbedingungen in Erfahrung zu bringen, denen die Geräte später ausgesetzt sein werden, und diese Bedingungen bei Auswahl und Aufstellung der Geräte zu berücksichtigen.

Bild 8. Regelwarte mit Fließbild in einer Ölraffinerie

4. Planungsmethoden und Planungshilfsmittel

Die rein rechnerische Planung einer Regelanlage führt nur in einfachen und gut übersehbaren Fällen mit tragbarem Aufwand zu auswertbaren Ergebnissen. Das Verhalten der Regelstrecken läßt sich aber nur selten in wirklich zutreffenden Gleichungen darstellen, außerdem weichen fast alle praktisch ausgeführten Regler mehr oder weniger vom Idealbild ab. Beides kompliziert den mathematischen Aufwand außerordentlich. Die Anwendung theoretischer Verfahren liefert jedoch wenigstens qualitativ für die Reglerauswahl und die Abschätzung der Regelvorgänge sehr wertvolle Unterlagen. Es lassen sich so Fehlplanungen vermeiden und man kann im Betrieb später die ohnehin nicht sehr kritischen Reglereinstellungen ohne Schwierigkeit empirisch aufsuchen. Liegt das Übertragungsverhalten der Regelkreisglieder in der Form von Übergangsfunktionen vor, so kann nach diesen ein günstiger Entwurf ausgewählt und das Regelverhalten bestimmt werden [*6*]; dasselbe gilt auch für die Frequenzgangmethode.

Besteht die Aufgabe bei einem Regelproblem, das sich als ein System von Differentialgleichungen darstellen läßt, die Regelvorgänge genauer vorauszuberechnen, so enthebt eine *Integrieranlage* der Schwierigkeit, Differentialgleichungen höherer Ordnung zu integrieren [*7*].

Ein hervorragendes Hilfsmittel der Planung sind *Analogie-Rechenmaschinen* [*8*]. Für die Regelanlage muß zunächst ein möglichst ausführlicher Blockschaltplan [*9*] aufgestellt und dann auf den Analogrechner übertragen werden. Das Ausrechnen von Gleichungen ist nicht mehr notwendig, da man mit dem Analogrechner laufend den errechneten Regelvorgang anzeigen und, falls gewünscht, auch registrieren kann.

Ist der Aufbau der Regelanlage noch nicht festgelegt und soll die günstigste Regeleinrichtung ermittelt werden, so leistet ein Analogrechner sehr wertvolle Hilfe [*10*]. Um schnell mehrere Aufbaumöglichkeiten untersuchen zu können, gibt man der Analogie-Maschine einen Zeitmaßstab etwa 1:1000. Ein sonst 20 min dauernder Vorgang spielt sich dann innerhalb einer Sekunde ab; der Zeitaufwand für eine große Anzahl Versuche bei verschiedenem Aufbau und mit geänderten Einstellungen ist sehr gering. Auch nicht lineare Probleme sind auf Analogie-Maschinen lösbar.

Sollen ausgeführte Regler auf ihre spätere Eignung für die Regelaufgabe untersucht werden, so empfiehlt es sich, in schwierigen Fällen das Regelobjekt in seinem natürlichen Zeitverhalten als Modell [*11*] darzustellen und die Regler daran anzuschließen. Solche *Simulatoren* haben den besonderen Vorzug, daß das Zusammenarbeiten von Regelobjekt und Regeleinrichtung auch in extremen Betriebszuständen ohne Gefahr untersucht werden kann [*12*].

D. Quellenhinweise

[*1*] Schink, H.: Über die Planung von Regelanlagen. Regelungstechnik 6. Jg. (1958) S. 406–408 u. 7. Jg. (1959) S. 18–21.

[*2*] Achenbach, H.: Neuzeitliche Spannungsregeleinrichtungen für Synchrongeneratoren. VDE-Fachbericht 423/I Jahresversammlung Associazione Elettrotecnica Italiana Triest (Sept. 1956).

[*3*] Oetker, R.: Neue Wege für die Meß- und Übertragungstechnik in Regelkreisen der Verfahrensindustrie. Siemens-Z. 28. Jg. (1954) S. 94–98.

[*4*] John, S.: Fortschritte auf dem Gebiet der Fernmeßtechnik. Siemens-Z. 25. Jg. (1951) S. 41–49.

[*5*] Matuschka, H. u. Sartorius, H.: Das kombinierte Teleperm-Telepneu-Regelsystem. Siemens-Z. 32. Jg. (1958) S. 291–296.

[*6*] Ritow, I.: Design by transfer function methods. Electrical Manufacturing Bd. 64 (Juli 1959) S. 134–143.

[*7*] Hoffmann, H.: Aufbau und Wirkungsweise neuzeitlicher Integrier-Anlagen. ETZ-A 77. Jg. (1956) S. 41–52 u. S. 77–83.

[*8*] Worley, C. W.: Simulation of industrial processes with the analogue computer. Automatic Control Bd. 10 (Jan. 1959) S. 44–51.

[*9*] Henning, H.: Der Blockschaltplan in der Regelungstechnik. Regelungstechnik 7. Jg. (1959) S. 60–65.

[*10*] Anke, K., Kessler, C. u. Ströle, D.: Das Regelmodell. Siemens-Z. 31. Jg. (1957) S. 512–516.

[*11*] Oetker, R.: Ein elektrisches Kesselmodell. Siemens-Z. 25. Jg. (1951) S. 114–115.

[*12*] Kourim, G.: Analogrechner in der Reaktortechnik. Atomwirtschaft Jg. 2 (1957) S. 327–331.

[*13*] Matuschka, H.: Gesichtspunkte zur Planung wärmetechnischer Regelanlagen. Regelungstechnik 4. Jg. (1956) S. 18–23.

12. Bauelemente der Regeleinrichtungen

Von **F. Eichler, W. Kafka** und **K. Kluge**

Inhaltsübersicht

A. Überblick

Die Regeleinrichtung ist die Gesamtheit aller Bauelemente, die im Verband mit dem Regelobjekt den Ablauf von Regelvorgängen im Regelkreis bewirken. In den folgenden Abschnitten werden die Bauelemente nach ihrer Aufgabe und ihrer Anordnung im Regelkreis (*Bild* 1) behandelt. *Ein* Bauelement kann dabei die

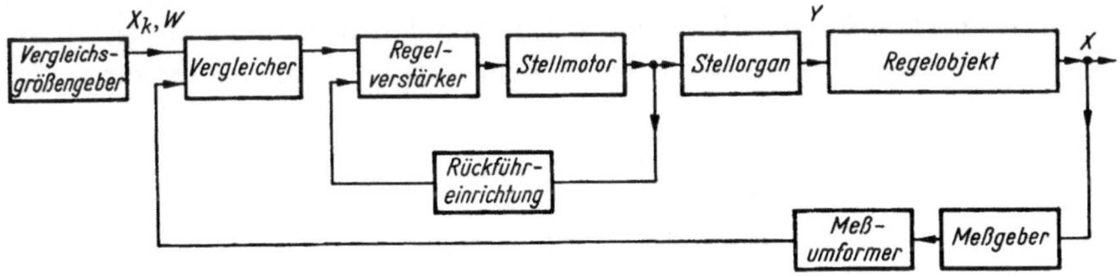

X Regelgröße
Y Stellgröße
X_k Konstante Vergleichsgröße
W Veränderliche Vergleichsgröße (Führungsgröße)

Bild 1. Bauelemente im Regelkreis

Funktionen mehrerer Bauelemente übernehmen. Es ist daher nicht erforderlich daß in einer Regeleinrichtung alle im *Bild* 1 dargestellten Teile vorhanden sind.

Die Bauelemente der Regeleinrichtung sind mit ihrem dynamischen Verhalten am Regelvorgang beteiligt. Es läßt sich durch die Übergangsfunktion oder den Frequenzgang beschreiben. Bei der Auswahl der Bauelemente muß zwischen erwünschtem und unerwünschtem Zeitverhalten unterschieden werden.

Der *Meßgeber* erfaßt den Wert einer Größe und leitet ihn zum Verarbeiten weiter. Er kann zugleich die Meßgröße anzeigen oder registrieren. Vielfach gehören zum Meßgeber eingebaute Vergleicher, die ohne Hilfsenergie arbeiten und statt der Regelgröße die Regelabweichung weitergeben. *Meßumformer* haben die Aufgabe, die Meßgröße, z.B. vom Meßgeber abzunehmen und verhältnisgleich in eine andere zur Übertragung geeignete Größe mit einheitlich festgelegtem Wertebereich umzuformen. Dem Meßumformer wird eine der Ausgangsgröße entsprechende Hilfsenergie zugeführt. Damit kann zugleich die Meßgröße gefahrlos aus explosiven, aggressiven oder radioaktiven Bereichen herausgeführt werden. *Meßverstärker* werden meistens an Meßgeber angeschlossen, um ein in der Leistung noch zu schwaches Regelsignal zu verstärken. Oft arbeiten Meßverstärker gleichzeitig als Meßumformer. Im *Vergleicher* wird die Regelgröße mit der Vergleichsgröße verglichen und die Regelabweichung gebildet. Die Vergleichsgröße kann dem Vergleicher physikalisch fest eingeprägt oder durch einen Vergleichsgrößengeber dargestellt sein. Der Sollwerteinsteller legt die Beziehung zwischen der Regelgröße und der Vergleichsgröße fest.

Der *Regelverstärker* verstärkt das vom Vergleicher gelieferte, meist noch zu schwache Signal zu einer Stellgröße mit der erforderlichen Leistung. Je nach der Energieform, in der das Steuersignal zunächst verstärkt auftritt, unterscheidet man elektrische, pneumatische, hydraulische und mechanische Verstärker. Bei Reglern ohne Hilfsenergie wird die Stellarbeit von dem Vergleicher selbst aufgebracht.

Stellmotoren dienen als Antriebe für die Stellorgane und sind häufig mit ihnen zu einer Baueinheit zusammengefaßt. Das Stellorgan kann mit einem *Stellwerk* zwangsläufig in die durch die Stellgröße vorgeschriebene Stellung gebracht werden.

Stellorgane sind Bauteile am Regelobjekt, an denen die Stellgröße eingreift und die Regelgröße steuert, indem ein Massenstrom oder ein Energiefluß des Regelobjektes geändert wird. Stellmotor und Stellorgan sind meist zu einer konstruktiven Einheit verbunden.

Rückführeinrichtungen dienen dazu, Regelkreisgrößen (z.B. die Stellgröße) an einen im Regelkreis weiter zurück liegenden Ort (z.B. an den Eingang der Meßschaltung) zurückzuführen. Sie eignen sich neben den anderen Bauteilen besonders dazu, das Übertragungsverhalten der Regeleinrichtung zu modifizieren.

B. Meßgeber

1. Wärme- und verfahrenstechnische Größen

a) Druck, Druckdifferenz (s. Tabelle 1)

Tauchglocke (*Bild* 2a). Das Meßsystem liefert große Verstellkräfte bei kleinsten Druckbereichen und ist auch für Druckdifferenzmessungen geeignet, wenn die Sperrflüssigkeit von beiden Seiten durch die Meßdrücke beaufschlagt wird.

Ringwaage (*Bild* 2b). Ein zentrisch gelagerter, ringförmiger Hohlkörper, die Ringtrommel, wird durch die Sperrflüssigkeit und die Trennwand in zwei Druck-

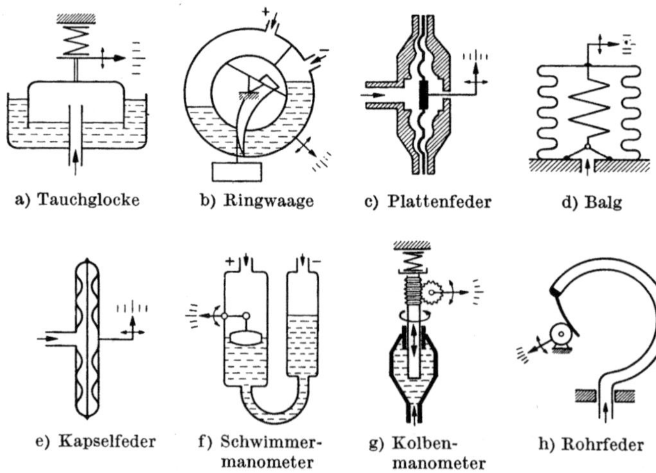
a) Tauchglocke b) Ringwaage c) Plattenfeder d) Balg
e) Kapselfeder f) Schwimmermanometer g) Kolbenmanometer h) Rohrfeder

Bild 2. Meßgeber für Druck und Druckdifferenz

räume aufgeteilt. Die Druckdifferenz beider Räume erzeugt ein Drehmoment an der Ringtrommel, die sich dreht, bis sie durch das Gegendrehmoment z. B. eines Gewichtes ins Gleichgewicht kommt. Der Drehwinkel ist ein Maß für die Druckdifferenz. Wird ein Druckraum mit der Atmosphäre verbunden, so können Druckmessungen vorgenommen werden [*1, 2, 3*].

Plattenfeder (*Bild* 2c). Eine gewellte Plattenfeder (Metallmembran) ist fest eingespannt. Sie wird vom zu messenden Druck einseitig, bei Druckdifferenz von beiden Seiten beaufschlagt. Bei Überlast legt sich die Plattenfeder an entsprechend ausgebildete Gehäusewände.

Balg (*Bild* 2d). Ein Faltenbalg aus dünnwandigem Metallrohr übt eine dem Druck verhältnisgleiche Kraft aus, die auf die Meßfeder wirkt. Der Balg hat ein großes Arbeitsvermögen.

Kapselfeder (*Bild* 2e). Zwei runde, zu einer Dose miteinander verschweißte oder verlötete Membranen werden vom Meßdruck beaufschlagt. Durch Hintereinanderschalten von mehreren Dosen läßt sich die Empfindlichkeit erhöhen.

Schwimmermanometer (*Bild* 2f). Die auf beide Schenkel eines mit Quecksilber gefüllten U-Rohres wirkenden Drücke verdrängen die Sperrflüssigkeit aus dem Plusdruckgefäß in das Minusdruckgefäß, bis sein Spiegelunterschied der Druckdifferenz das Gleichgewicht hält. Die Sperrflüssigkeit trägt im Plusdruckgefäß einen Schwimmer.

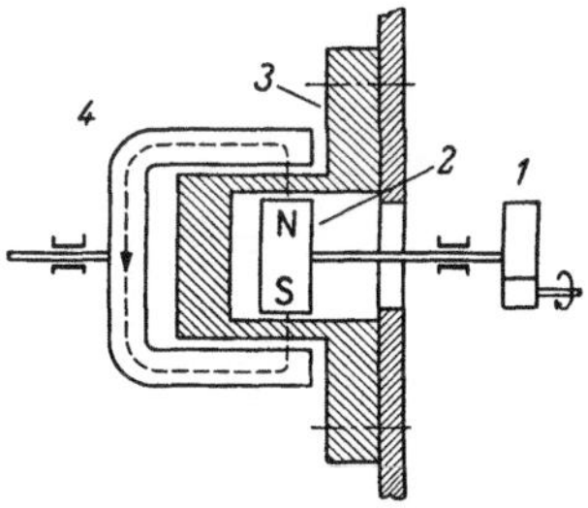

1 Abgriffszahnrad *3* Hohlzylinder
2 Magnet *4* Anker

Bild 3. Magnetische Kupplung für Schwimmermanometer

Magnetische Kupplung für Schwimmermanometer (*Bild* 3). Der Schwimmer im Druckraum trägt eine Zahnstange (im Bild nicht dargestellt), die ein Abgriffszahnrad (*1*) bewegt. Auf der gleichen Achse ist ein starker Magnet (*2*) angeordnet, der sich in einem unmagnetischen Metallhohlzylinder (*3*) dreht. Der Hohlzylinder dient als Abschluß für den Druckraum und wird außen von einem U-förmigen, drehbar angeordneten Weicheisenanker (*4*) umfaßt, der bei Änderung der Schwimmerlage vom Magneten mitgenommen wird. Es können auch beide Kupplungshälften als Magnete ausgeführt sein. Dieser Übergang ohne Stopfbuchse ist reibungsarm und auch bei höchsten Drücken drucksicher. Das Abreißmoment ist hoch.

Kolbenmanometer (*Bild* 2g). Der Meßdruck wirkt über eine Ölvorlage auf

Tabelle 1. *Beispiele für das Zeitverhalten verschiedener Druckgeber*

Gerät	Halbwertszeit s
Ringwaage, radizierend [1]) (vgl. Bild 2b)	$\leqq$ 4,5
Schwimmer-Differenzdruckmesser, radizierend (vgl. Bild 2f)	$\leqq$ 4 bei 30% Q $\leqq$ 14 bei 100% Q [2])
Balg-Differenzdruckmesser (vgl. Bild 2d)	$\leqq$ 0,3
Schrauben-Rohrfedermanometer ohne Zusatzdämpfung (vgl. Bild 2h)	$\leqq$ 0,1
Kolbenmanometer (vgl. Bild 2g)	$\leqq$ 0,3

Totzeit vernachlässigbar klein gegen die Einstellzeiten
Q Durchfluß h Differenzdruck in mm WS

[1]) $\sqrt{h} \geqq 9$, $Q \geqq 20\%$

[2]) Gilt für zylindrische Gefäße; Halbwertszeit zwischen 30% Q und 100% Q etwa linear ansteigend

einen Kolben, der von einem Elektromotor ständig gedreht wird, um die Reibung zu verringern. Die Gegenkraft bilden Schraubenfedern. Zum Unterdrücken des Nullpunktes wird der Kolben mit Gewichten vorbelastet. Die Gewichte bestimmen den Skalenanfang, die Schraubenfedern den Meßbereich [*4*].

Rohrfeder (*Bild* 2h). Ein gebogenes Rohr (Bourdon-Rohr) mit ovalem Querschnitt ist an einem Ende verschlossen und hat das Bestreben, sich unter dem inneren Druck zu strecken. Als äußere Richtkraft wirkt die Elastizität des Federwerkstoffes. Spiral- oder schraubenförmig gewundene Rohre haben erhöhte Empfindlichkeit.

b) Stand und Wichte

Schwimmer (*Bild* 4a). Ein auf der Flüssigkeit schwimmender Hohlkörper ist beweglich an einem Behälter gelagert. Der Weg des Schwimmers ist ein Maß für den Flüssigkeitsstand.

Verdränger (*Bild* 4b). Ein in die Flüssigkeit tauchender, zylindrischer Hohlkörper hängt am Hebelarm eines Waagebalkens. Am anderen Arm gleicht eine

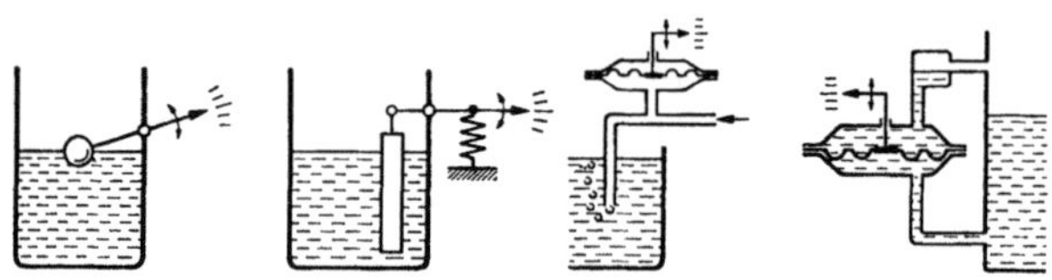

a) Schwimmer b) Verdränger c) Druckluftpegel d) Druckdifferenz-Meßwerk

Bild 4. Meßgeber für Stand und Wichte von Flüssigkeiten

Feder bei leerem Behälter das Gewicht des Körpers aus. Mit steigender Füllhöhe nimmt die Auftriebskraft zu und entspannt die Feder.

Druckluftpegel (*Bild* 4c). Der zum Ausperlen von Luft aus einem Meßrohr notwendige Druck ist gleich dem hydrostatischen Druck und ein Maß für den Flüssigkeitsstand [5].

Druckdifferenz-Meßwerk (*Bild* 4d). Fehlmessungen infolge Kondensierens der Dämpfe werden durch ein Kondensgefäß mit Überlauf vermieden. Mit diesem Meßwerk kann der Flüssigkeitsstand, z.B. in einem Dampfkessel, ermittelt werden.

Verdränger und Druckluftpegel eignen sich bei konstantem Niveau auch zur Wichtemessung.

c) Durchfluß, Menge

Venturidüse und Meßblende (*Bild* 5a und b). Durch Einschnüren der Leitung wird eine Geschwindigkeitserhöhung des strömenden Stoffes erzwungen und damit eine Druckdifferenz erzeugt, die z.B. – wie im Bild gezeichnet – induktiv abgegriffen wird. Die Druckdifferenz steht in quadratischer Beziehung zum Durchfluß [*6*, *7*].

Staurohr (*Bild* 5c). Eine dem Strom entgegengekehrte Bohrung im Staurohr nimmt den Gesamtdruck, ein seitlich angebrachter Schlitz den statischen Druck auf. Die Druckdifferenz ist der dynamische Druck, der von der Strömungsgeschwindigkeit quadratisch abhängt; er wird z.B. induktiv abgegriffen.

Schwebkörper (*Bild* 5d). Das Meßwerk arbeitet mit konstanter Druckdifferenz bei veränderlichem Querschnitt. Die Druckdifferenz hält einen Rotationskörper in der Schwebe, der je nach seiner Höhenstellung den Durchfluß mehr oder weniger freigibt. Die Stellung des Schwimmers ist ein Maß für den Durchfluß; sie wird z.B. induktiv abgegriffen [*8*].

Induktiver Durchflußmesser (*Bild* 5e). Ein Magnetfeld (*1*) durchsetzt senkrecht zur Strömungsrichtung eine Flüssigkeit von genügender Leitfähigkeit in einem

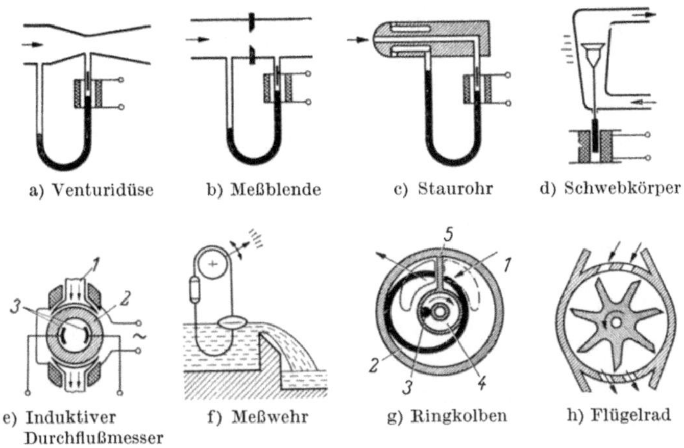

Bild 5. Meßgeber für Durchfluß und Menge

elektrisch isolierten Rohr (*2*). Dabei wird zwischen zwei Elektroden (*3*) eine Spannung induziert, die der Geschwindigkeit des strömenden Stoffes proportional ist [*9*].

Meßwehr (*Bild* 5f). In offenen Gerinnen ist die Stauhöhe über der Wehrkante ein Maß für den Durchfluß; sie kann durch einen Schwimmer gemessen und übertragen werden.

Ringkolben (*Bild* 5g). Ein exzentrisch in einer zylindrischen Meßkammer (*1*) umlaufender Ringkolben (*2*) wird mit seinem Zapfen (*3*) in einem Kreisring (*4*) und mit seinem Schlitz von einer Trennwand (*5*) geführt. Der den Ringkolben antreibende Flüssigkeitsstrom wird in Teilmengen zerlegt. Die Drehbewegung des Zapfens ist ein Maß für die Menge und kann z.B. auf ein Zählwerk übertragen werden [*10, 11*].

Flügelrad (*Bild* 5h). Die kinetische Strömungsenergie der zu messenden Flüssigkeit setzt ein Laufrad in Bewegung. Die Meßflügel werden tangential (Flügelradzahler) oder axial (WOLTMAN-Zähler) beaufschlagt. Die Anzahl der Flügelradumdrehungen ist ein Maß für die Menge.

d) Temperatur (s. Tabelle 2) [12]

Flüssigkeitsthermometer. Quecksilber-Flüssigkeitsthermometer nutzen den Unterschied der Ausdehnung von Flüssigkeit und Glas aus. Mit eingeschmolzenem Maximal- oder Minimalkontakt werden sie als Kontaktthermometer verwendet (*Bild* 6a).

Flüssigkeits-Federthermometer. Als Temperaturfühler dient ein Metallgefäß, das durch eine Kapillarleitung mit einem Druckmeßwerk, z.B. mit einem BOURDON-Rohr, verbunden ist. Alle Teile sind mit Flüssigkeit (meist Quecksilber) gefüllt, so daß die Ausdehnung der Flüssigkeit im Fühler auf das Druckmeßwerk wirkt.

Tabelle 2. *Anwendungsbereiche gebräuchlicher Temperaturmeßgeräte*

A. Mechanische Berührungsthermometer
Flüssigkeits-Glasthermometer
  Pentan
  Alkohol
  Toluol
  Hg-Vakuum
  Hg-Gasfüllung unter Druck, Quarzglas
Flüssigkeits-Federthermometer
  Hg 100 bis 150 at
Dampfdruck-Federthermometer
Metallausdehnungsthermometer
  Bimetall-Thermometer
  Stabausdehnungs-Thermometer
B. Elektrische Berührungsthermometer
Widerstandsthermometer
  Kupfer
  Nickel
  Platin
  Halbleiter (THERNEWID [78])
Thermoelemente
  Cu-Konstantan; Manganin-Konstantan
  Fe-Konstantan
  NiCr-Ni
  PtRh-Pt
C. Strahlungspyrometer
Strahlungspyrometer
  Gesamtstrahlungspyrometer
  Teilstrahlungspyrometer

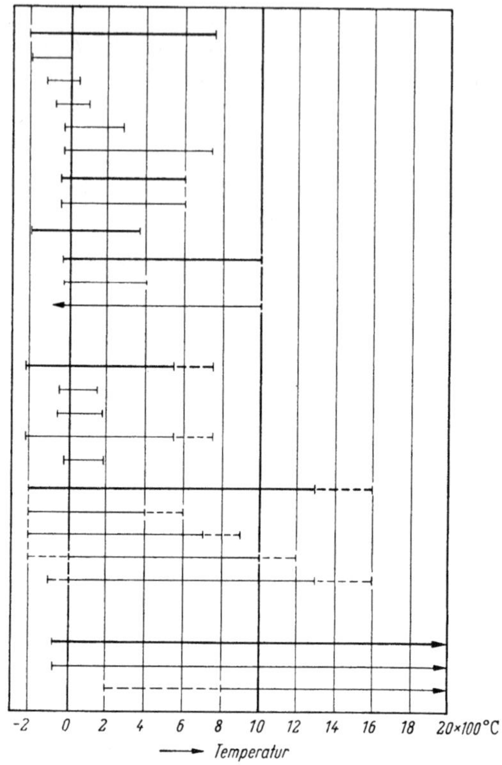

Dampfdruck-Federthermometer (*Bild* 6b). Im Aufbau ist es dem Flüssigkeits-Federthermometer ähnlich, jedoch ist der Fühler nur teilweise mit einer leicht

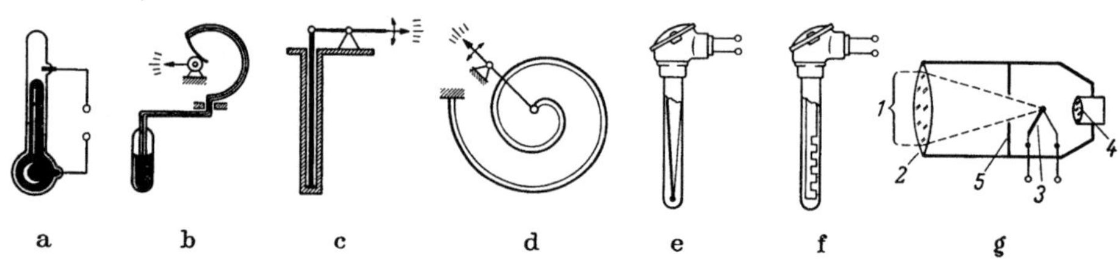

a) Kontaktthermometer
b) Dampfdruck-Federthermometer
c) Stabthermometer
d) Bimetall-Thermometer
e) Thermoelement
f) Widerstandsthermometer
g) Strahlungspyrometer

Bild 6. Meßgeber für Temperatur

siedenden Flüssigkeit (z.B. Äthylchlorid, Toluol, Cumol) gefüllt. Der entstehende Dampfdruck streckt ein BOURDON-Rohr; es ergibt sich eine nicht lineare Kennlinie.

Gasdruck-Federthermometer. Das den genannten Federthermometern ähnliche Gasdruck-Federthermometer ist ausschließlich mit einem Gas gefüllt und hat eine lineare Kennlinie.

Stabausdehnungs-Thermometer. Mit dem Stabthermometer (*Bild* 6c) wird die Ausdehnungsdifferenz zweier fester Körper mit unterschiedlichen Ausdehnungskoeffizienten gemessen; sie ist ein Maß für die Temperatur. Der Stab (aus Invar) hat nur eine sehr kleine Wärmedehnung.

Bimetall-Thermometer (*Bild* 6d). Zwei Metalle von verschiedenen Ausdehnungskoeffizienten sind miteinander verwalzt und zu einer Spirale gewickelt, die sich bei Temperaturänderung streckt oder zusammenzieht.

Thermoelement (*Bild* 6e). Zwei Drähte verschiedener Werkstoffe sind an ihren Enden galvanisch miteinander verbunden (Thermopaar). Als Maß für die Temperatur ergibt sich eine Thermospannung, wenn eine Temperaturdifferenz zwischen dieser Verbindungsstelle (Meßstelle) und der den Stromkreis schließenden zweiten Verbindungsstelle (Vergleichsstelle) vorhanden ist.

Tabelle 3. *Beispiele für das Zeitverhalten verschiedener Temperaturgeber in Schutzrohren*

Temperaturgeber	Schutzrohr	Anwendung für	Halbwertszeit s
Thermoelement-Einsatz 6 mm ∅	Einschweiß-schutzrohr Form D 1 und D 2 nach DIN 43763	Wasser und Hochdruckdampf	6
Widerstandsthermometer-Einsatz 6 mm ∅		Wasser und Hochdruckdampf	45
Thermoelement-Einsatz 6 mm ∅	Einschraubschutzrohr Form C nach DIN 43763	Wasser und Hochdruckdampf	5
		Ruhende Luft von 20 °C	225
Widerstandsthermometer-Einsatz 6 mm ∅		Wasser und Hochdruckdampf	38
		Ruhende Luft von 20 °C	410
Thermopaar	Metall-Schutzrohr DIN 43720	Salz- und Metallschmelzen	100 (in Wasser gemessen)
	Keramik-Schutzrohr DIN 43733	Metallschmelzen	

Widerstandsthermometer (*Bild* 6f). Mit der Temperatur ändert sich der elektrische Widerstand von Metallen und Halbleitern; diese Widerstandsänderung ist ein Maß für die Temperatur.

Strahlungspyrometer (*Bild* 6g). Die von einem strahlenden Körper ausgesandte Gesamtstrahlung ist ein Maß für seine Temperatur. Die Gesamtstrahlung (*1*) fällt durch ein Objektiv (*2*) und eine Blende (*5*) auf eine Thermokette (*3*). Zum Anvisieren des Strahlers dient das Okular (*4*). Um die Temperatur von Dunkelstrahlern (Temperaturen zwischen −40 °C und +600 °C) zu messen, wird an Stelle der Linsenoptik ein Hohlspiegelsystem benutzt.

Tabelle 4. *Beispiele für die Abhängigkeit des Zeitverhaltens von Temperaturmeßgebern von der Luftgeschwindigkeit*

Temperatur °C	Luftgeschwindigkeit m/s	H_X/H_L[1]
20	0	1
200	0	0,6
20	2	0,45
20	5	0,3
20	10	0,2

[1] H_L Halbwertszeit in ruhender Luft bei 20 °C, H_X Halbwertszeit bei verschiedenen Luftgeschwindigkeiten

Das Zeitverhalten von Temperaturgebern ist von der Bauart und von den Betriebsbedingungen abhängig. Für einige Fälle kann es den Tabellen 3 und 4 entnommen werden.

e) Feuchte

Psychrometer (*Bild* 7a). Die Wirkungsweise beruht auf der von der Feuchtigkeit der durchströmenden Luft (*1*) abhängigen Abkühlung eines mit Wasser benetzten Körpers – Widerstandsthermometer (*2*) – durch Verdunsten. Gemessen wird die Temperaturdifferenz der beiden Widerstandsthermometer (*2*) und (*3*), von denen das eine (*3*) trocken, das andere (*2*) feucht (mit einem feuchten Baumwollstrumpf (*4*) überzogen) ist [13].

Lithiumchlorid-Feuchtemesser (*Bild* 7b). Ein Widerstandsthermometer (*1*) ist mit Glasgarn (*2*) umwickelt, das mit einer Lithiumchloridlösung getränkt ist. An den in die Umspinnung eingebetteten und schraubenlinienartig verlegten Elektroden (*3*) und (*4*) liegt eine Wechselspannung; sie treibt einen heizenden Strom durch die Lithiumchloridlösung, so daß Wasser verdampft. Dadurch nimmt die Leitfähigkeit ab und damit auch der Strom zwischen den Elektroden. Die Temperatur des Systems sinkt. Das hygroskopische Lithiumchlorid nimmt wieder Wasser aus der Luft auf. Leitfähigkeit und Strom nehmen zu usw. Es stellt sich bald ein Gleichgewichtszustand zwischen dem Wasserdampfgehalt der Luft und der Heizleistung ein. Dabei nimmt die hygroskopische Schicht die sogenannte Umwandlungstemperatur an. Diese hängt nur vom Druck des Wasserdampfanteiles der umgebenden Luft ab und wird mit dem Widerstandsthermometer gemessen. Die Umwandlungstemperatur ist ein Maß für die absolute Feuchte (Taupunkt) [14].

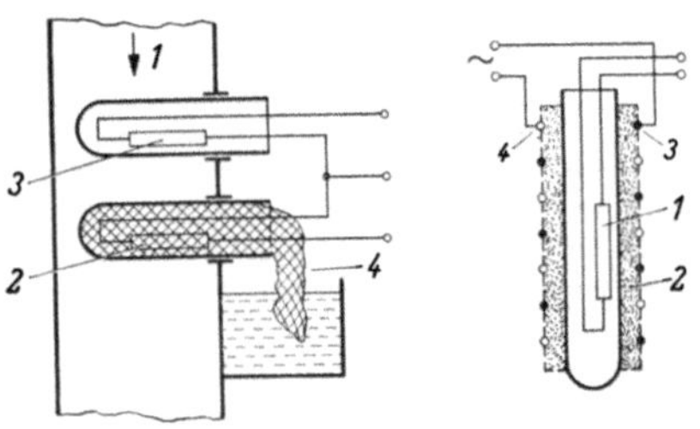

a) Psychrometer b) Lithiumchlorid-Feuchtemesser

Bild 7. Meßgeber für Feuchte

Beide Geräte können sowohl für absolute als auch für relative Feuchtemessung verwendet werden.

f) Analytische Größen (s. Tabelle 5)

pH-*Messer* [*15*]. Das Prinzip der elektrometrischen pH-Messung (*Bild* 8a) beruht auf dem gleichen Vorgang, der bei einem galvanischen Element die elektrische Spannung erzeugt. Es wird eine *galvanische Zelle* benutzt, die aus einer Meßelektrode (*1*) und einer Bezugselektrode (*2*) besteht. Die Meßelektrode taucht unmittelbar in die zu messende Lösung (*3*) ein, die Bezugselektrode in eine Lösung (*4*) mit konstanter Ionenkonzentration. Ein stromleitendes Diaphragma (*5*) trennt die beiden Lösungen voneinander. Die Zelle liefert eine elektrische Spannung, die von der Wasserstoffionenkonzentration der zu messenden Lösung abhängt, also ein Maß für den pH-Wert ist.

Man verwendet Geber mit einfachen und robusten *Antimonelektroden*, wenn keine stark reduzierenden, stark oxydierenden oder ölhaltigen Lösungen sowie Kondensate aller schwermetallhaltigen Lösungen vorliegen. Geber mit *Glaselektrode* sind universeller verwendbar als die Antimonelektroden und haben höhere Meßgenauigkeit.

Leitfähigkeitsmesser (*Bild* 8b). Die Leitfähigkeit einer Lösung (*2*) wird aus dem Widerstand zwischen zwei in sie eingetauchten Elektroden (*1*) ermittelt. Außerdem berücksichtigt ein Widerstandsthermometer (*3*) die Temperatur der Lösung. Elektroden und Widerstandsthermometer werden in einer Brücke zusammengeschaltet [*16*].

O_2-*Messer* (*Bild* 8c). Zur Messung des O_2-Gehaltes nutzt man den Paramagnetismus des Sauerstoffes aus. In einer Meßkammer (*1*) aus unmagnetischem

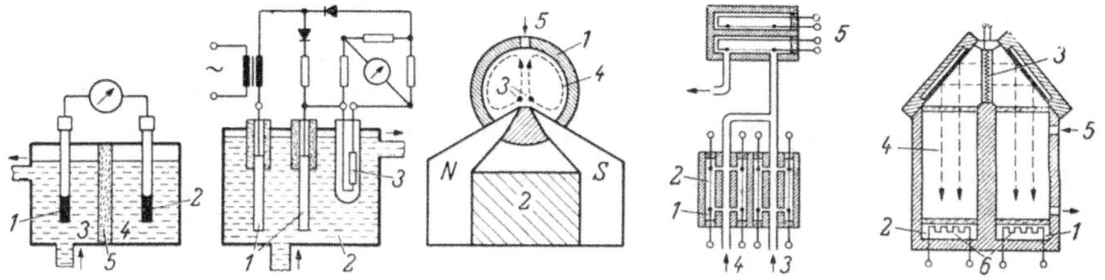

a) Galvanische Zelle
b) Leitfähigkeitsmesser
c) O_2-Messer
d) CO_2- und ($CO + H_2$)-Messer
e) Ultrarot-Analysegerät INFRAMETER [*78*]

Bild 8. Meßgeber für analytische Größen

Werkstoff wird von einem Dauermagneten (*2*) ein inhomogenes Kraftlinienfeld erzeugt. Im Gebiet der höchsten Feldstärke ist ein elektrisch beheiztes Drahtsystem (*3*) ausgespannt, um das sich eine thermische Zirkulationsströmung (*4*) ausbildet. Dringt Meßgas (*5*) von oben in diese Kammer, so erfährt nach Maßgabe des O_2-Gehalts die Gaszirkulation im Magnetfeld einen zusätzlichen Antrieb, da die kalten O_2-Moleküle stärker in das Magnetfeld gezogen werden als die sich am Draht erwärmenden Moleküle. Diese zusätzliche Gaszirkulation (magnetischer Wind) kühlt den Draht ab und verringert damit dessen elektrischen Widerstand. Die Drähte von vier Kammern — nur zwei davon sind mit Magneten ausgerüstet — sind zu einer WHEATSTONEschen Brücke zusammengeschaltet, aus deren Verstimmung der O_2-Gehalt ermittelt werden kann [*17*].

CO_2- *und* ($CO + H_2$)-*Messer* (*Bild* 8d) [*18*]. Das CO_2-Meßsystem besteht aus vier Kammern (*1*), in denen Widerstandsdrähte (*2*) aus Platin ausgespannt sind; sie liegen in einer Brückenschaltung und werden von einem Heizstrom erwärmt. Das Meßgas (*3*) beströmt zwei der Kammern; die beiden anderen sind an Vergleichsluft (*4*) angeschlossen. Gas und Vergleichsluft leiten die vom Draht erzeugten Wärmemengen entsprechend ihrer Wärmeleitfähigkeit an die Kammerwände ab. Enthält das Meßgas CO_2, so steigt wegen seiner geringeren Wärmeleitfähigkeit die Temperatur der Drähte an, und ihre Widerstände ändern sich.

Das ($CO + H_2$)-Meßsystem (*5*) enthält in einem besonderen Metallklotz zwei Bohrungen mit ausgespannten Platindrähten, von denen der eine Draht vom Meßgas (mit Luftzusatz) umspült wird, der andere von Luft umgeben ist. Beide Drähte bilden wieder Zweige einer Brückenschaltung. Sie werden elektrisch so stark erwärmt, daß in der Meßkammer das im Meßgas enthaltene $CO + H_2$ katalytisch verbrennt und die Temperatur dieses Drahtes entsprechend erhöht wird. Infolgedessen fließt in der Brückendiagonale ein Strom, der ein Maß für den ($CO + H_2$)-Gehalt ist.

Ultrarot-Absorption. Dabei werden die im Ultraroten liegenden Absorptionsbanden zur Bestimmung der Konzentration von Molekülgasen in einem zu untersuchenden Gasgemisch ausgenutzt. Um das Gerät (*Bild* 8e) z.B. für Methan zu selektivieren, füllt man die Strahlungsempfängerkammern (*1*) und (*2*) mit Methan. Das Gerät arbeitet mit Gleichlicht, das vom Strahler (*3*) kommt. Während der eine Strahlengang durch ein nicht absorbierendes Vergleichsgas (*4*) geht, wird der andere durch eine vom zu untersuchenden Gas (*5*) beströmte Küvette geleitet. Die Empfängerkammer (*2*) wird von der ungeschwächten Strahlung getroffen, während bei der Kammer (*1*) nur noch die bereits geschwächten Methanbanden absorbiert werden. Die Temperaturdifferenz des Methans in den beiden Empfängerkammern ist ein Maß für die Methankonzentration des zu untersuchenden Gases (*5*); sie wird mit dünnen Platindrähten (*6*), die im Gas der Empfängerkammern ausgespannt sind, in Brückenschaltung gemessen [*19*].

Das Zeitverhalten einiger Geber für analytische Größen ist in der Tabelle 5 angegeben.

Tabelle 5. *Zeitverhalten verschiedener Geber für analytische Größen (ohne Entnahmeleitung)*

Gerät		Totzeit s	50%-Zeit s	90%-Zeit s	Bemerkungen
CO_2-Messer		1,5	8	21	Beströmung 0,5 l/min
O_2-Messer		2,2	5,0	20	OXYMAT [*78*] Beströmung 1 l/min
Ultrarot-Absorption	CH_4-INFRAMETER [*78*]	13	45	210	Grubengasmesser Beströmung 0,8 l/min
	CO-INFRAMETER [*78*]	1	2,5	8	Beströmung 1 l/min, Küvettenlänge 8 mm, Meßbereich 20% CO

2. Mechanische Größen

a) Drehzahl

Die Winkel- oder Lineargeschwindigkeit eines Gegenstandes, z.B. einer Stoffbahn, wird meist aus der entsprechenden Drehzahl eines Antriebsmotors gewonnen. Direkt kann die Lineargeschwindigkeit mit Hilfe von Tauchspulen nach dem Induktionsgesetz und mit Hilfe von kapazitiven Gebern nach dem Influenzgesetz in elektrische Spannung umgeformt und gemessen werden [*20*].

Fliehkraft-Tachometer (*Bild* 9a). Die Zentrifugalkraft lenkt die Schwunggewichte aus. Die Auslenkung ist quadratisch von der Drehgeschwindigkeit abhängig und unabhängig von der Drehrichtung. Es entsteht eine hohe Stellkraft.

Zahnradpumpe (*Bild* 9b). Bei hydraulischen Reglern wird vielfach eine Zahnradpumpe benutzt; der Öldruck ist ein Maß für die Drehzahl.

Gleichstrom-Tachogenerator (*Bild* 9c). Zum Umformen in eine Gleichspannung, die der Drehzahl proportional ist, eignet sich eine fremd- oder permanenterregte Gleichstrommaschine mit einem Kommutator großer Lamellenzahl.

Wirbelstrom-Tachometer (*Bild* 9d). Eine federgefesselte Wirbelstrombremsscheibe kann einen Abgriff, z.B. ein Potentiometer, verstellen. Die Winkelverdrehung ist ein Maß für die Drehzahl.

Ferraris-Tachogenerator (*Bild* 9e). Für Regelungen, die auch in der Nähe der Drehzahl Null arbeiten sollen und die Drehrichtung wechseln, sind Wechselstrom-Tachogeneratoren nach dem Ferraris-Prinzip geeignet. Eine Ständerwicklung wird durch Wechselspannung erregt, und an einer um 90° versetzten zweiten Ständerwicklung wird eine gleichfrequente Spannung abgenommen. Sie ist bei

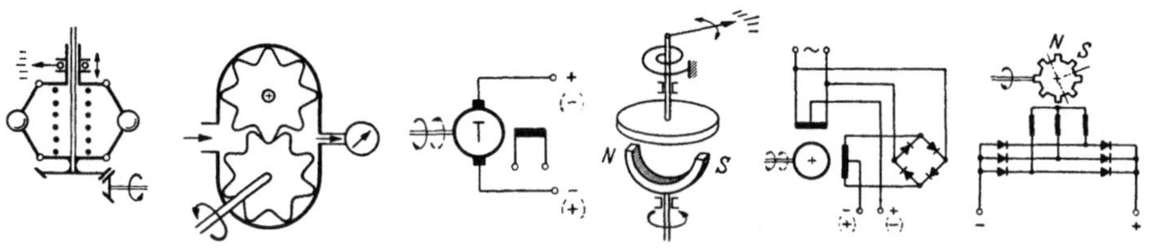

a b c d e f

a) Fliehkraftpendel
b) Zahnradpumpe als Tachometer
c) Gleichstrom-Tachogenerator
d) Wirbelstrom-Tachometer
e) Ferraris-Tachogenerator
f) Wechselstrom-Tachogenerator mit Gleichrichtern

Bild 9. Meßgeber für Drehzahl (Geschwindigkeit)

Stillstand des Käfigläufers null und der Drehzahl etwa proportional. Bei Drehrichtungswechsel ändert sich die Phasenlage um 180°. Aus dieser Wechselspannung kann durch eine phasenabhängige Brückenschaltung [*21*] eine richtungsabhängige Gleichspannung gewonnen werden. Der Schwellwert der Gleichrichter kommt hier nicht zur Wirkung; die Welligkeit der Gleichspannung ist unabhängig von der Drehzahl und kann leicht geglättet werden.

Wechselstrom-Tachogenerator mit Gleichrichter (*Bild* 9f). Für sehr genaue Regelungen, bei denen der nicht konstante Bürstenübergangswiderstand von Gleichstrommaschinen stören kann, werden Mittelfrequenzgeneratoren mit Permanenterregung mit ein-, zwei- oder dreiphasigem Ausgang mit nachgeschaltetem Trockengleichrichter und Glättung benutzt.

b) Drehzahlverhältnis

Elektrische Anordnung. Zum Einstellen eines bestimmten Drehzahlverhältnisses kann man die Differenz $a\,n_1 - n_2 = 0$ einregeln. Dann ist $n_2/n_1 = a$; a stellt den Sollwert für das Drehzahlverhältnis dar und läßt sich z.B. als einstellbarer Widerstand in den Erregerkreis eines Tachogenerators mit Fremderregung einführen. Bei Anwendung von Ferraris-Tachogeneratoren kann man das Verhältnis der zugeführten Wechselspannungen, beim Wirbelstrom-Drehzahlmeßumformer die Gleichstromerregung der Wirbelstrombremse, einstellen. Bei Regelungen auf Drehzahlverhältnis können Schwankungen der Erregerspannungen oder Temperaturänderungen sich gegenseitig aufheben, so daß sehr genaue Regelungen erzielt werden können, wenn man den inneren Widerstand der Meßumformer genügend klein hält bzw. hohe Regelverstärkung wählt.

Mechanische Anordnung. Mechanisch läßt sich das Drehzahlverhältnis durch zwei Fliehkraftpendel darstellen, deren Muffen an einem gemeinsamen Hebel so angreifen, daß beim richtigen Drehzahlverhältnis ein bestimmter Punkt in Ruhe bleibt, bei Abweichungen aber ein mechanisches Übertragungsglied, z.B. ein Ventil oder ein hydraulischer Verstärker, verstellt wird.

c) Drehwinkel und Drehwinkeldifferenz (s. auch Abschnitt C5)

Drehpotentiometer. Drehwinkel, die eine volle Umdrehung nicht überschreiten, werden durch Schleifdraht-Widerstandsgeber (*Bild* 10a) oder übliche Nebenschlußsteller, bei denen über einen Kollektor mit verstellbaren Bürsten Widerstände abgegriffen werden, in Spannungen umgeformt.

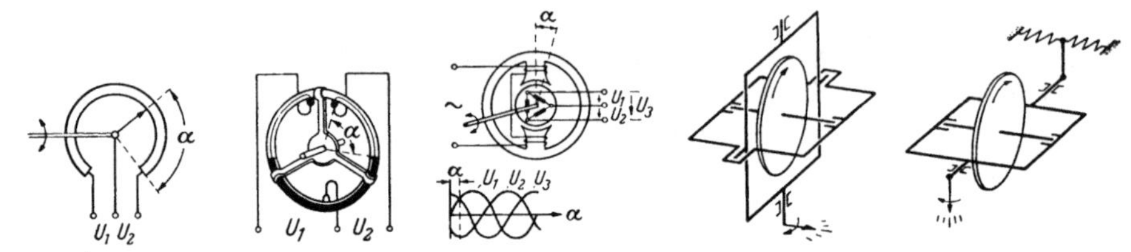

a) Drehpotentiometer b) Ringrohr c) Drehmelder d) Freier Kreisel e) Gefesselter Kreisel

Bild 10. Meßgeber für Drehwinkel und Drehwinkeldifferenz

Ringrohr-Fernsender (*Bild* 10b). In einem drehbar gelagerten, ringförmigen Glasrohr ist ein Widerstandsdraht aus Platin-Iridium mit Mittelabgriff ausgespannt, dessen eine Hälfte je nach Drehwinkel mehr oder weniger durch eine Quecksilberfüllung kurzgeschlossen wird.

Wechselstrom-Drehmelder (*Bild* 10c). Sie haben auf dem Ständer eine Einphasenwicklung, auf dem Läufer eine Dreiphasenwicklung in Dreieck- oder Sternschaltung. Die drei Wechselspannungen U_1, U_2 und U_3 sind vom Drehwinkel α abhängig und haben sinusförmigen Verlauf.

Zwei Drehmelder können als Geber und Empfänger zusammengeschaltet werden; sie dienen zur elektrischen Fernübertragung von Winkelstellungen (Drehmomentmethode). Wird an den Geber ein unerregter Empfänger angeschlossen, so bleibt die im Ständer induzierte Spannung null, wenn der Rotor durch einen Fremdantrieb um denselben Winkel gedreht wird wie der Geber. Die Nullspannung kann über Verstärker einen Antriebsmotor für den Empfänger speisen (Nachdrehmethode). Ständer und Läufer sind auch vertauschbar.

Drehwinkeldifferenz. Die Differenz zweier Drehwinkel erfaßt man durch ein mechanisches Differential oder mit einem sogenannten elektrischen Differential, das aus einem Drehtransformator besteht, dessen Ständer und Läufer verdrehbar sind und für sich verstellt werden. Wenn dem Läufer eine Spannung fester Phasenlage zugeführt wird, ergibt sich im Ständer eine Spannung mit einer von der Winkeldifferenz abhängigen veränderlichen Phasenlage, die entweder direkt oder nach Umformung in eine von der Phasenlage abhängige Gleichspannung zum Betätigen der Übertragungsglieder verwendet werden kann. Zur Bildung von Drehwinkeldifferenzen eignen sich auch Drehmelder mit dreiphasiger Wicklung im Ständer und Läufer.

Kreisel. Ein meist als Rotor eines Drehstrommotors ausgebildeter Körper rotiert mit einer Drehzahl bis 30000 U/min. Ein auf seine Achse ausgeübtes Drehmoment erzeugt eine verhältnismäßig langsame Präzessionsbewegung, deren Geschwindigkeit dem Drall umgekehrt proportional ist. Bei freien Kreiseln (*Bild* 10d) wird der Kreiselrotor kardanisch, d.h. nach allen Richtungen frei beweglich, gelagert. Die Kreiselachse behält dann ihre Richtung längere Zeit bei. Auf die Dauer gesehen wandert sie jedoch ab und muß beim Kurskreisel durch einen Magnetkompaß oder beim Horizontalkreisel durch ein Lot überwacht werden. Die Achse des gefesselten Kreisels (*Bild* 10e) (Dämpfungskreisel, Wendezeigerkreisel) macht um die federgefesselte Präzessionsachse einen Ausschlag, der von der Drehgeschwindigkeit um die dritte Achse (Meßachse) abhängt.

Bei Richtungsregelung wird die feste Bezugsrichtung durch einen Kreisel festgehalten und die Abweichung durch einen feinen Schleifer an einem Drehwiderstand abgegriffen. Die Geschwindigkeit der Richtungsänderung wird durch einen Wendezeigerkreisel gemessen.

d) Umdrehungszahl und Umdrehungszahldifferenz

Die *Umdrehungszahl* ist das Zeitintegral der Drehzahl. Es handelt sich dabei um einen Zählvorgang, der durch ein mechanisches oder elektrisches Zählwerk ausgeführt wird und beim Erreichen einer vorgeschriebenen Zahl eine Wirkung auf die folgenden Übertragungsglieder auslöst.

Zur Bildung einer *Umdrehungszahldifferenz* werden beide Umdrehungszahlen durch Zählwerke erfaßt. Wenn die Differenz einen bestimmten Sollwert erreicht hat, wird das Übertragungsglied betätigt. Es kann aber auch die Differenz der Umdrehungszahl durch ein mechanisches Differential zuerst gebildet und dann auf das Zählwerk gegeben werden.

Beim *Umdrehungszahlverhältnis* bildet man wieder zweckmäßig $a z_1 - z_2 = 0$, worin z_1, z_2 die Umdrehungszahlen der beiden Wellen sind. Um $a z_1$ zu bilden, werden meist Konusscheiben vorgesehen, die kontinuierlich verstellbar sind. Die Differenz von $a z_1 - z_2$ wird wie oben bei der Umdrehungszahldifferenz gebildet.

e) Weg und Stellung

Linearer Weg. Dafür wird ebenfalls vielfach die Umdrehungszahl bzw. der Drehwinkel benutzt. In Form von *Endschaltern*, die eine Regelung begrenzen oder

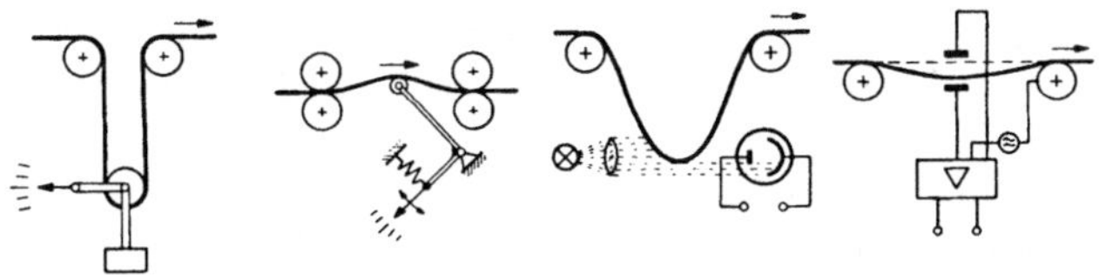

a) Tänzerwalze b) Schlingenheber c) Photoelektrische Methode d) Kapazitive Methode

Bild 11. Meßgeber für Weg und Stellung

umsteuern, wird jedoch auch der lineare Weg häufig in eine Regelung eingeführt. Der Endschalter schaltet sprungweise. Der lineare Weg kann aber auch durch Verschieben eines *Potentiometersabgriffes* oder durch Zusammendrücken z. B. einer Kohlesäule (s. Abschnitt D) als wegproportionale Spannung abgebildet werden.

Der *Durchhang* einer Stoffbahn oder die *Schlinge* eines Walzbandes kann z. B. durch Tänzerwalzen, Schlingenheber, Photozellen (*Bild* 11a bis c) erfaßt werden (s. hierzu auch Kapitel 50, Tabelle 1). Die Übertragung in elektrische Werte wird bei mechanischen Meßgebern durch Potentiometer und Drehtransformatoren bewerkstelligt. *Photozellen* können entweder in der Weise angeordnet werden, daß sie eine obere und untere Begrenzung des Durchhangs erfassen und nach Art eines Zweipunktreglers Kommando geben; sie können aber auch durch allmähliche Abdeckung des gesamten Lichtdurchgangsquerschnittes kontinuierlich arbeiten (*Bild* 11 c). Die Lage einer Stoffbahn oder der Durchhang eines Drahtes kann auch *kapazitiv* festgestellt werden (*Bild* 11 d). Es werden mehrere Elektroden vorgesehen, die mit Hochfrequenz beaufschlagt sind. Die kapazitiven Ströme zwischen diesen Elektroden und dem Gut werden miteinander verglichen. Bei glühenden Drähten kann man die Wärmestrahlung auf mehrere Photo- oder Wärmezellen miteinander vergleichen und danach die Lage des Drahtes feststellen. Die in einer Brückenschaltung in der Diagonale auftretenden Ströme bzw. Spannungen können auf die Übertragungsglieder des Regelkreises einwirken.

Kantenlauf einer Stoffbahn. Wenn die Abfühlung durch feste Körper aus technologischen Gründen nicht zulässig ist, kann man einen Luft- oder Wasserstrahl mit Druckfühler oder einen Lichtstrahl mit Photozellen benutzen. Auch hier kann man nach Art eines Zweipunktreglers die Grenzen des zulässigen Wertes erfassen oder kontinuierlich arbeiten.

f) Kraft

Mit Kraftmeßdosen lassen sich sowohl statische als auch dynamische Kräfte unter rauhen Betriebsbedingungen praktisch weglos messen (Behälterinhaltsmessungen und Überlastschutzeinrichtungen bei Kränen usw.).

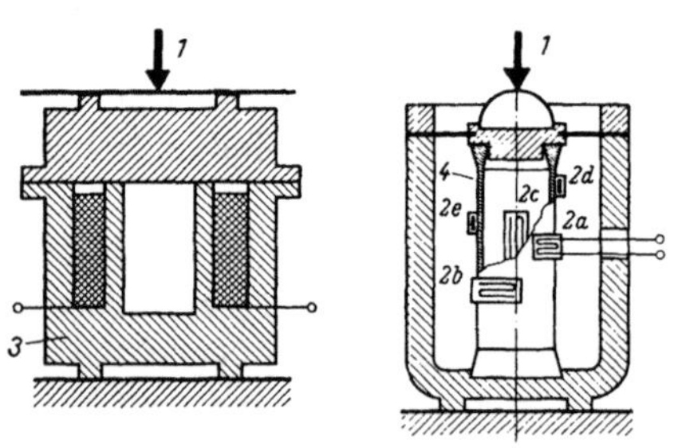

a) Magnetoelastische Kraftmeßdose

b) Kraftmeßdose mit Dehnungsmeßstreifen

1 Druck
2 Dehnungsstreifen (*a* bis *e*)
3 Magnetoelastischer Wirkkörper
4 Elastischer Hohlzylinder

Bild 12. Meßgeber für Kraft

Magnetoelastische Kraftmeßdose (*Bild* 12a) [*22*]. Ein Permalloykörper, in dem eine Spule eingebettet ist, wird einer Druckspannung ausgesetzt. Dadurch ändert sich die Permeabilität dieses ferromagnetischen Werkstoffes und damit der Scheinwiderstand der Spule, der in einer Differenzschaltung mit einer Nachbildung verglichen wird. Infolge des großen Meßeffektes kommt man im allgemeinen ohne Verstärker aus.

Kraftmeßdosen mit Dehnungsmeßstreifen (*Bild* 12b) [*23*]. Auf einem dünnwandigen Hohlzylinder sind die Dehnungsmeßstreifen (2a bis 2e) – Plättchen mit mäanderförmig aufgebrachtem Konstantandraht – waagrecht und senkrecht aufgeklebt und zu einer WHEATSTONEschen Brücke zusammengeschaltet. Die durch Belastung der Dose auftretenden geringen Längenänderungen des Hohlzylinders werden auf die Dehnungsmeßstreifen übertragen. Die Widerstände der waagrechten Streifen werden größer, die der senkrechten kleiner, so daß die Ausgangsspannung der WHEATSTONEschen Brücke der auf den Zylinder wirkenden Kraft direkt proportional ist.

g) Drehmoment

Das von einer Welle übertragene Drehmoment kann durch Messung ihres Torsionswinkels erfaßt werden. Man kann aber auch die Schubspannungen in der

Stahlwelle durch Erfassen der magnetischen Eigenschaften, z. B. mit Transduktoren oder mit HALL-Sonden, heranziehen [*24*].

h) Beschleunigung

Eine Masse übt bei Beschleunigung eine Kraft aus, die z. B. nach dem Prinzip der Widerstandsänderung bei Dehnung oder Stauchung in einem Brückenkreis erfaßt wird. Die Massenwirkung kann bei der Messung kleiner Drehbeschleunigungen durch präzedierende Kreisel beträchtlich gesteigert werden.

3. Elektrische, magnetische, akustische und optische Größen

a) Allgemeines

Zum Messen elektrischer Größen verwendet man entweder Meßwerke ähnlich den anzeigenden Meßgeräten mit Umformung der Meßgröße über einen Drehmomentenvergleich in eine Bewegung („mechanischer" Vergleich) oder Meßeinrichtungen aus elektrischen Bauteilen („elektrischer" Vergleich).

b) Spannung und Strom

Im folgenden werden Meßgeber für Wechsel- und Gleichstromgrößen mit Drehmomentenvergleich behandelt.

Dreheisenmeßwerk (*Bild* 13a). Im Feld einer vom Meßstrom durchflossenen Spule befinden sich zwei Eisenkerne, von denen der eine an der Spule, der andere

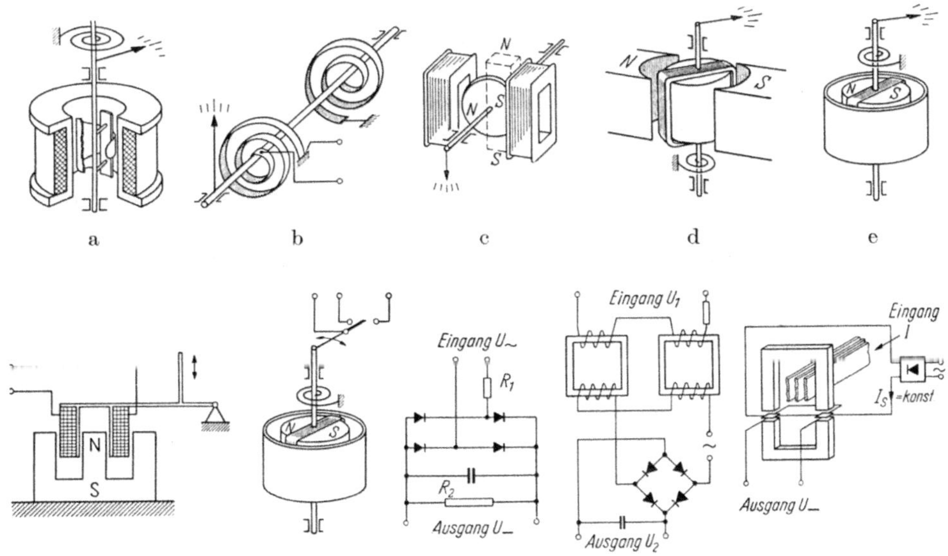

a) Dreheisenmeßwerk
b) Bimetallmeßwerk
c) Drehmagnetmeßwerk
d) Drehspulmeßwerk mit Außenmagnet
e) Drehspulmeßwerk mit Kernmagnet
f) Tauchspule
g) Drehspulrelais
h) Gleichrichter zum Erfassen des Mittelwertes ($R_2 \ll R_1$) bzw. des Spitzenwertes ($R_2 \gg R_1$)
i) Gleichspannungs-Transduktorwandler
j) Gleichstromwandler mit HALL-Generator

Bild 13. Meßgeber für Spannung und Strom

an der Zeigerachse befestigt ist. Bei Stromdurchgang stoßen sich die gleichpolig magnetisierten Eisenkerne ab und erzeugen ein Drehmoment an der Zeigerachse.

Bimetallmeßwerk (*Bild* 13b). Eine Bimetallspirale wird von einem Meßstrom durchflossen und durch Stromwärme gedehnt, sodaß die Meßwerkachse gedreht wird. Eine zweite stromlose, gegensinnig gewickelte Bimetallfeder, die durch eine Scheibe gegen Wärmestrahlen geschützt ist, kompensiert den Einfluß der Raumtemperatur. Man erhält kräftige Drehmomente.

Drehmagnetmeßwerk (*Bild* 13c). Ein scheibenförmiger Drehmagnet ist über einen Durchmesser magnetisiert und drehbar gelagert. Beim Stromdurchgang durch die feststehende Spule stellt sich der Drehmagnet in die Resultierende aus dem Feld des Richtmagneten und dem der feststehenden Spule ein.

Drehspulmeßwerk mit Außenmagnet (*Bild* 13d). Auf die Spule im Luftspalt zwischen dem Dauermagneten und dem Eisenkern wird ein Drehmoment ausgeübt, wenn über Spannbänder oder Spiralfedern ein Strom durch die Wicklung fließt. Die Spule dreht sich so weit, bis das Rückstellmoment dem Drehmoment das Gleichgewicht hält.

Drehspulmeßwerk mit Kernmagnet (*Bild* 13e). In seinem Aufbau ist es dem Drehspulmeßwerk ähnlich. Hier ist aber der Kern als Dauermagnet ausgeführt. Das magnetische Feld verläuft im Luftspalt zwischen Kern und einem dem magnetischen Rückschluß dienenden Eisenrohr.

Tauchspule (*Bild* 13f). Eine zylindrische Spule ist im Luftspalt eines kräftigen Dauermagneten beweglich angeordnet. Bei Stromdurchgang bewegt sie sich je nach Stromrichtung. Das Spannband für die Lagerung (im Bild nicht dargestellt) stellt zugleich die Richtkraft dar [*25*].

Drehspulrelais (*Bild* 13g). Das messende Drehspulrelais führt den Vergleich mit einer Federkraft durch und ergibt durch Betätigen von Kontakten eine nicht kontinuierliche Wirkung. Wie beim Kernmagnet-Meßwerk umfaßt die Drehspule den aus Magnetstahl bestehenden, senkrecht zur Drehachse magnetisierten Kern. Das Rähmchen trägt einen Kontaktarm.

Wechselspannung und Wechselstrom werden an der Meßstelle entweder unmittelbar oder über Spannungs- und Stromwandler entnommen. Beim Vergleich mit einer elektrischen Spannung werden sie vorher gleichgerichtet. Soll der *Effektivwert* bei veränderlicher Kurvenform konstant gehalten werden, so sind vor der Gleichrichtung besondere Maßnahmen, z.B. in Form von nichtlinearen oder frequenzabhängigen Netzwerken, vorzusehen. Oft genügt eine Mischung von Spitzen- und Gleichrichtwert (*Bild* 13h). Soll ein sehr großer Regelbereich einstellbar sein, so müssen Gleichrichter mit geringem Schwellwert verwendet werden. Bei sehr hohen Gleichspannungen werden Spannungsteiler aus ohmschen Widerständen und bei großen Strömen Nebenwiderstände benutzt. Zur Trennung der Potentiale können *Gleichspannungs- oder Gleichstromwandler* mit Transduktoren [*26, 27*] (*Bild* 13i) oder mit HALL-Generatoren (*Bild* 13j) nachgeschaltet werden.

c) Leistung

Elektrodynamisches Meßwerk (*Bild* 14a). Im Feld einer feststehenden, meistens im Strompfad liegenden Spule ist eine als Spannungspfad geschaltete zweite Spule drehbar gelagert (meist mit Eisenschluß). Das ausgeübte Drehmoment ist dem Produkt des Augenblickwertes aus Strom und Spannung und damit bei Wechselstrom $UI \cos \varphi$ proportional. Bei Drehstrom verwendet man je nach Symmetrie der Belastung ein-, zwei-, zweieinhalb- und dreisystemige Meßwerke.

FERRARIS-*Meßwerk* (*Bild* 14b). Dieses Leistungsmeßwerk eignet sich nur für Wechselstrom. Eine Spannungs- und eine Stromspule wirken wie bei Wechsel-

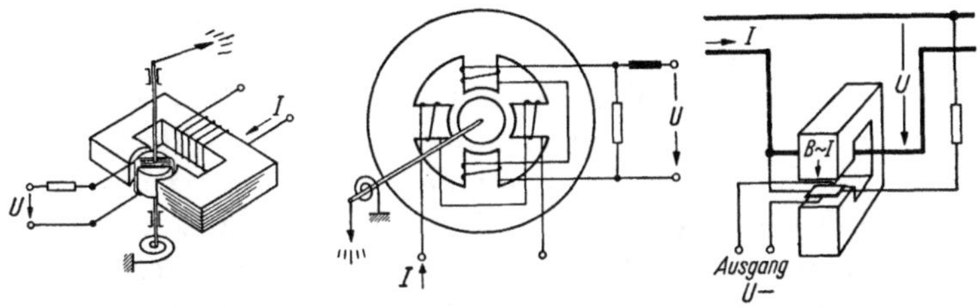

a) Elektrodynamisches Meßwerk
b) FERRARIS-Meßwerk
c) HALL-Generator als Leistungsmesser

Bild 14. Meßgeber für Leistung

stromzählern mit ihren um 90° verschobenen Strömen gemeinsam auf eine Aluminiumscheibe. Diese Scheibe wird jedoch nicht durch Wirbelströme abgebremst, sondern durch eine Feder gefesselt. Dieses Meßwerk eignet sich als Wirk- und Blindleistungsrelais, auch für Mehrphasenstrom mit mehreren Triebsystemen.

HALL-*Generator* (*Bild* 14c). Das Produkt aus Strom und Spannung kann mit Hilfe einer HALL-Sonde gebildet werden. Der Strom z.B. magnetisiert einen um den Stromleiter herumgelegten Eisenschluß mit einem Luftspalt, in dem eine HALL-Sonde angebracht ist. Die Spannung des zu regelnden Stromkreises treibt über einen konstanten Widerstand den Steuerstrom für die HALL-Sonde. Die HALL-Spannung ist das Produkt der Augenblickswerte von Strom und Spannung unter Berücksichtigung ihrer Richtung. Ihr Mittelwert ist die mittlere Leistung, wie sie ein Wattmeter anzeigen würde. Die HALL-Spannung kann nach Glättung mit Hilfe von Kondensatoren als Istwert der Leistung dem Vergleicher direkt zugeführt werden. Die Ausgangsleistung der HALL-Generatoren [*28*] beträgt nur einige mW, der Vergleicher liefert daher nur eine sehr geringe Leistung.

d) Leistungsfaktor

Man bildet die Leistung mit einem HALL-*Generator* und mit einem zweiten die Scheinleistung als Produkt der gleichgerichteten Strom- und Spannungswerte. Die Differenz der ersten HALL-Spannung und eines einstellbaren Bruchteiles der zweiten HALL-Spannung ist die Regelabweichung. Es ist dann $UI \cos \varphi - a\, U\, I \approx 0$ und $\cos \varphi \approx a$.

e) Frequenz

Der *Diskriminator* zur Erfassung der Frequenzabweichung (*Bild* 15) arbeitet z.B. mit einem Resonanzkreis, der auf eine Frequenz oberhalb der Sollfrequenz abgestimmt ist. Die Spannung am Kondensator wird gleichgerichtet und der gleichgerichteten Eingangswechselspannung entgegengeschaltet, so daß die Differenz bei der Sollfrequenz verschwindet. Soll die Frequenz in einem großen Bereich verändert werden, so wird durch einen Synchronmotor eine der Frequenz proportionale Drehzahl erzeugt, und es werden dann die für die Drehzahl angeführten Meßumformer benutzt.

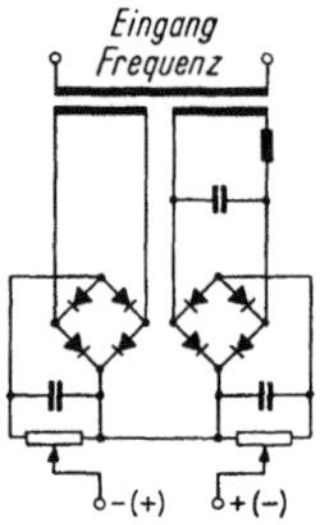

Bild 15. Meßgeber für Frequenz (Frequenzdiskriminator)

f) Widerstand

Zur Regelung eines Widerstandswertes wird die Differenz $a\,U - b\,I$ als Regelabweichung gebildet. Diese wird auf Null gesteuert. Das einstellbare Verhältnis von b zu a stellt den Sollwert dar.

Ohmscher Widerstand. Der zu regelnde Widerstand wird an eine Spannung angeschlossen und der auftretende Strom im Vergleich mit der Spannung dem Eingang des Reglers zugeführt. Der Regler verstellt den Widerstand so lange, bis die Einflüsse von U und I auf den Regler gleich groß und entgegengesetzt sind. So können z.B. Spannung und Strom auf zwei Steuerwicklungen eines Magnetverstärkers geschaltet werden; wenn die Durchflutung infolge der Wirkung des Reglers null geworden ist, hat der ohmsche Widerstand den verlangten Wert.

Impedanz. Strom und Spannung am Widerstand sind Wechselstromgrößen, die gleichgerichtet und geglättet werden, bevor sie einem Magnetverstärker zum Vergleich zugeführt werden.

g) Magnetfeld

Das magnetische Feld kann durch einen Hall-Generator, dem ein konstanter Steuerstrom zugeführt wird, in eine Gleichspannung umgeformt werden. Es kann aber auch die magnetische Spannung oder der magnetische Fluß mit einem gleichartigen Sollwert, z.B. gebildet durch einen Permanentmagneten innerhalb eines Magnetverstärkers, verglichen und eine dieser Differenz proportionale Spannung erzeugt werden.

h) Licht

Die Intensität eines Lichtstrahles oder die Stärke einer Beleuchtung wird je nach der Wellenlänge durch verschiedene Hilfsmittel erfaßt. Für weiche Röntgenstrahlen, ultraviolettes und sichtbares Licht eignen sich Selen-Sperrschicht-Photoelemente, die ohne Fremdspannungsquelle auskommen. Für das Spektralgebiet von 270 bis 800 mμ sind die praktisch trägheitsfreien Alkali-Vakuum-Photozellen für Regelungen vielfach vorzuziehen. Sie benötigen etwa 100 V Betriebsspannung und nachfolgende Röhrenverstärker. Kann man eine gewisse Trägheit zulassen, so kommen auch gasgefüllte Photozellen in Betracht. Für Ultrarot benutzt man Photowiderstände, z.B. Cadmiumsulfid oder Bleisulfid. Auch Germanium- und Silizium-Photodioden sowie Phototransistoren sind hierfür geeignet.

i) Schallstärke

Die Schallstärke wird durch ein Mikrofon in eine Wechselspannung und durch Gleichrichtung in eine Gleichspannung umgeformt.

j) Teilchenstrahlen

Die beim Zerfall radioaktiver Stoffe ausgesandten α-Strahlen (Heliumkerne), β-Strahlen (energiereiche Elektronen) und γ-Strahlen (Quanten elektromagnetischer Schwingungen der Bereiche harter und ultraharter Röntgenstrahlen) können gemessen werden. In der industriellen Meßtechnik beruhen aber die Anwendungen radioaktiver Stoffe im wesentlichen auf dem großen Durchdringungsvermögen der β- und γ-Strahlen. Allgemein angewendete Verfahren sind das Durchstrahlungs- und Rückstrahlungsverfahren. Von den verschiedenen Strahlungsempfängern werden vornehmlich Ionisationskammern und Zählrohre verwendet, bei denen die einfallende Strahlung Elektronen aus der Wandung auslöst und ein Füllgas ionisiert. Unter dem Einfluß eines elektrischen Feldes zwischen zwei Elektroden werden die entstehenden Ionenpaare getrennt, und die Ionen wandern zu den entsprechenden Elektroden.

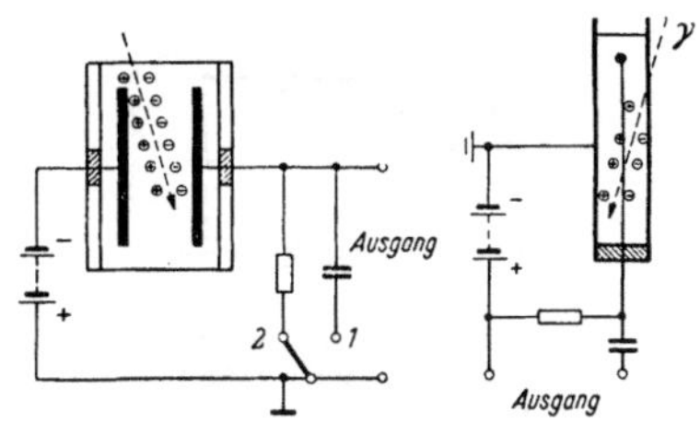

a) Ionisationskammer b) Zählrohr

Schalterstellung (*1*): Messung der Dosis
Schalterstellung (*2*): Messung der Momentandosis (Impulse/s)

Bild 16. Meßgeber für Teilchenstrahlen

Ionisationskammer (*Bild* 16a). Durch die Form und die Anordnung der Elektroden wird für eine annähernd gleichmäßige Feldverteilung gesorgt. Mit Hilfe einer genügend hohen Spannung zwischen den Elektroden wird erreicht, daß alle im Meßvolumen entstehenden positiven und negativen Ladungsträger zur Messung beitragen.

Zählrohr (*Bild* 16b). Durch einen dünnen Draht als Innenelektrode und einen diesen koaxial umschließenden Außenzylinder wird ein sehr inhomogenes Feld erzeugt. Ein durch die Strahlung von der Außenelektrode abgelöstes Elektron wird zur Innenelektrode hin stark beschleunigt und löst dadurch im Füllgas eine Lawine von Ladungsträgern aus. β-Strahlen können nur durch das dünne Fenster (im Bild oben), γ-Strahlen jedoch allseitig eintreten.

Zählrohre geben Impulse ab, deren Anzahl gemessen wird. Beim Mittelwertmesser werden die Impulse/s angezeigt; mit Hilfe elektronischer oder elektromechanischer Zähler kann die Impulszahl in einer vorgegebenen Zeit genauer erfaßt werden.

Teilchenstrahlen können auch mit *Szintillationszählern* [*31*] gemessen werden, bei denen z.B. ein Leuchtstoffkristall mit einem Photomultiplier kombiniert ist.

C. Elemente zur Verarbeitung der Meßgrößen

1. Vergleichsgrößengeber

a) Geber für elektrische Vergleichsgrößen

Magnetische Spannungsgleichhalter erzeugen eine konstante Wechsel- gegebenenfalls auch Gleichspannung aus dem Wechselstromnetz. Die Schaltung enthält gesättigte und ungesättigte Drosselspulen (*Bild* 17). Eine Vollweggleichrichtung, z.B. mit Selengleichrichtern liefert die Gleichspannung. Eine Siebkette glättet die Gleichspannung, die dann ein Potentiometer mit verstellbarem Abgriff speist. Diese Anordnung gibt bei Schwankungen der Netzwechselspannung, der Netzfrequenz, der Temperatur und der Belastung im allgemeinen nur eine Konstanz der Spannung in der Grenze $\pm 1\%$.

Glimmröhrenstabilisator. Für hohe Ansprüche wird der Fehler durch Stabilisatorglimmröhren (gegebenenfalls in Kaskadenschaltung) auf ± 0,1 % oder ± 0,01% herabgesetzt. Der Vergleichswert wird an Spannungsteilern eingestellt.

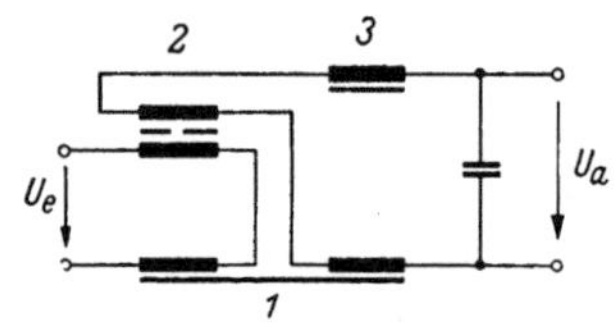

1 Gesättigter Transformator
2 Luftspalt-Transformator
3 Drossel

Bild 17. Magnetischer Spannungsgleichhalter

Zener-*Diode.* Statt der Glimmröhren können auch Siliziumdioden mit Zener-Effekt [*29*] eingesetzt werden (*Bild* 18). Bei besonders hohen Anforderungen an die Temperaturunabhängigkeit werden die Zener-Dioden in einen Thermostaten eingebaut.

b) Geber für pneumatische Vergleichsgrößen

Pneumatische Vergleichsgrößen werden mit dem *Feindruckgeber* erzeugt, einem Druckminderer (*Bild* 19) mit hoher Druckkonstanz bei kleiner Leistung, bei dem ein Luftdruck gegen eine Federkraft ausgewogen wird [30].

Von den zwei starr miteinander verbundenen Kugeln arbeitet die untere als Einlaßventil (*1*) für die Zuluft (1,4 kp/cm²), die obere als Auslaßventil (*2*) zur Atmosphäre. Mit der Einstellschraube (*3*) wird über die Druckfeder (*4*) eine Kraft auf die zwischen den Bälgen bewegliche Zwischenplatte (*5*) ausgeübt. Wird die Zwischenplatte nach unten bewegt, so öffnet bei geschlossenem Auslaßventil das Einlaßventil. Es strömt dann Zuluft in die drei Bälge. Durch den Druck im unteren Außenbalg (*6*) wird eine Kraft von unten auf die Zwischenplatte ausgeübt, die der Federkraft von oben entgegenwirkt. Sobald die Kräfte von oben und unten im Gleichgewicht stehen, wird das Einlaßventil geschlossen; es hat sich also ein der Federkraft entsprechender Luftdruck eingestellt, der den Feindruckgeber als Ausgangsdruck verläßt. Wird die Federspannung durch Linksdrehen des Drehknopfes verringert, dann bewegt sich die Zwischenplatte nach oben und das Auslaßventil öffnet. Hat sich der Ausgangsdruck so weit verringert, daß er der neuen, kleineren Federkraft entspricht, dann schließt das Auslaßventil wieder. Im Gleichgewichtszustand nehmen die Ventile die gezeichnete Stellung ein, d.h., das Auslaßventil ist geschlossen, das Einlaßventil ganz wenig geöffnet,

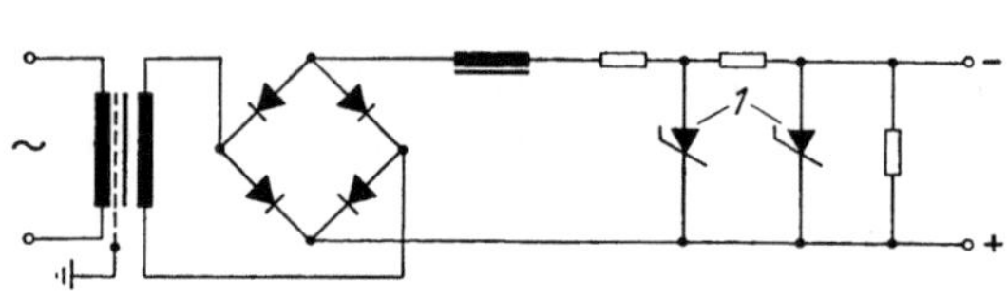

1 Zener-Dioden

Bild 18. Konstantspannungsquelle mit Zener-Dioden

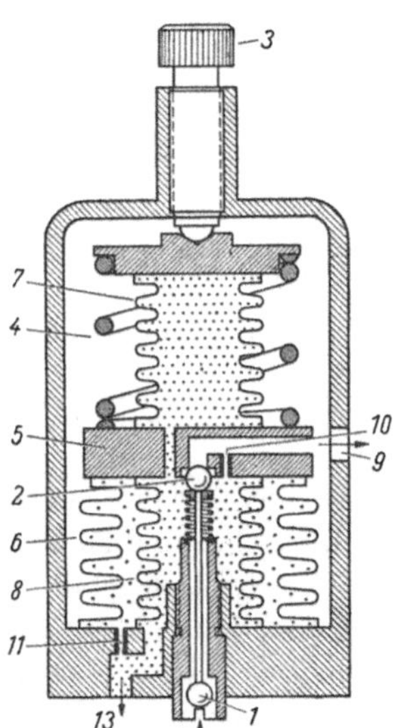

1 Einlaßventil
2 Auslaßventil
3 Einstellschraube
4 Druckfeder
5 Zwischenplatte
6 Unterer Außenbalg
7 Oberer Balg
8 Unterer Innenbalg
9 Luftauslaß
10 Soll-Leck
11 Drosselbohrung
12 Zulufteinlaß
13 Ausgang

Bild 19. Schema eines Feindruckgebers

entsprechend dem Luftverbrauch des künstlichen Lecks (*10*). Durch das nicht völlige Schließen des Einlaßventiles wird eine definierte Gleichgewichtslage erreicht. Der Luftverbrauch ist dabei auf 1,5 Nl/min begrenzt.

c) Führungsgeber

Führungsgeber liefern die Vergleichsgröße (in diesem Fall dann Führungsgröße genannt) in Abhängigkeit von einer anderen Größe (einer Richtgröße) nach einer vorgegebenen Gesetzmäßigkeit. Ist die Zeit die Richtgröße, so heißt der Führungsgeber *Zeitplangeber*.

Der Sollwiderstand eines Zeitplangebers ist ähnlich wie der Widerstand des Ringrohrfernsenders (*Bild* 20) ausgebildet. Ein Rollenhebel, dessen Steuerrolle (*3*) auf dem Umfang einer sich drehenden Zeitplanscheibe (*4*) gleitet, bewegt das Ringrohr (*1*) und verändert das Verhältnis der Teilwiderstände. Die Form der auswechselbaren Scheibe wird von Fall zu Fall nach dem jeweils geforderten Regelgrößenverlauf ausgearbeitet und über ein Rädergetriebe von einem Synchronmotor angetrieben. Die Übersetzungsräder sind für verschiedene Ablaufzeiten austausch- bzw. umsteckbar. Der Zeitplangeber enthält ferner eine Schaltvorrichtung mit zwei Quecksilberschaltern (im Bild nicht dargestellt), die zu einem bestimmten Zeitpunkt die Regelung abschalten, ein Signal auslösen oder andere Schaltvorgänge einleiten. Reicht die Genauigkeit des Ringrohrwiderstandes nicht aus, so kann an dessen Stelle ein Schleifdrahtwiderstandsgeber (ähnlich *Bild* 10a) verwendet werden.

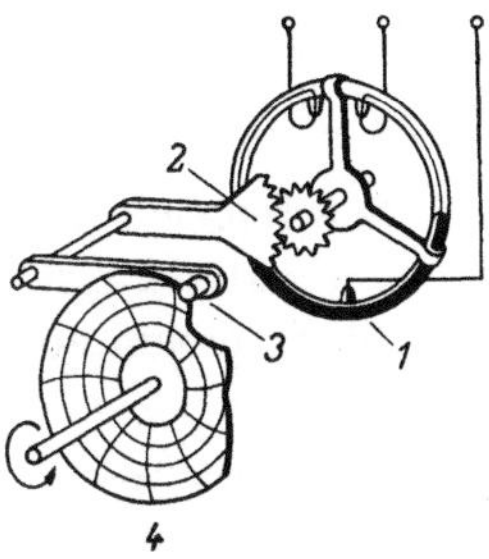

1 Ringrohr
2 Übersetzungsgetriebe
3 Steuerrolle
4 Zeitplanscheibe

Bild 20. Zeitplangeber

d) Vergleichsgrößenweiche

Bei manchen Regelaufgaben liegt der Fall vor, daß von mehreren Führungsgrößen jeweils nur eine als Vergleichsgröße wirken soll. Es sollen also z. B. von zwei Führungsgrößen oder einem festen Sollwert und einer veränderlichen Führungsgröße jeweils entweder die mit dem größeren oder dem kleineren Wert die Regelgröße bestimmen. Bei Regelungen, deren Regelgröße in eine Gleichspannung umgeformt werden kann, benutzt man dazu Gleichrichter. Soll der größere Wert maßgebend sein, so wird die *Überholungsweiche* nach *Bild* 21a verwendet. Mit W_1 und W_2 sind die Führungsgrößen, mit X die Regelgröße bezeichnet. Soll der

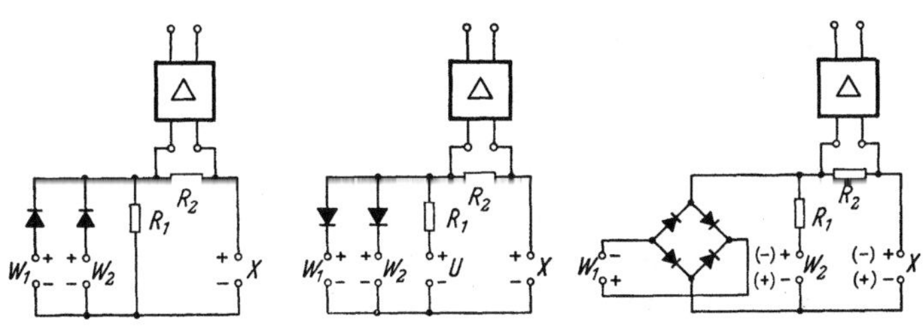

a) Überholungsweiche b) Unterholungsweiche c) Unterholungsweiche für beide Richtungen

Bild 21. Elektrische Vergleichsgrößen-Weichen ($R_1 \gg R_2$)

kleinere Wert die Regelgröße bestimmen, so benutzt man die *Unterholungsweiche* nach *Bild* 21 b. Soll die Regelgröße auch ihre Richtung ändern können und von den beiden Führungsgrößen die mit jeweils kleinerem Absolutwert maßgebend sein, so kann man eine Unterholungsweiche nach *Bild* 21 c benutzen.

Bei Reglern mit Stellungsvergleich kann die Unter- oder Überholung durch entsprechende Anordnung von Mitnehmern bewerkstelligt werden.

2. Bauelemente für die Regelgröße

a) Regelgrößenweiche

Eine Regeleinrichtung, die die Regelgröße konstant hält oder einer Führungsgröße anpaßt, kann unzulässig hohe Veränderungen anderer Betriebsgrößen bewirken. In einem solchen Fall erhält die Regeleinrichtung zusätzliche Vergleichseinrichtungen, die in Tätigkeit treten, sobald eine bestimmte Betriebsgröße einen vorgeschriebenen Grenzwert erreicht hat. Dann löst die Einrichtung die alte Regelgröße ab und die neue Betriebsgröße wird geregelt. Bei elektrischen Regelungen bestehen solche Begrenzer meist aus einem Meßumformer, der die Betriebsgrößen in die gleiche Energieart umformt, in die auch die Regelgröße umgeformt wurde, also z. B. in eine elektrische Gleichspannung. Diese Gleichspannung wird mit dem Begrenzungswert als Vergleichsgröße verglichen und über eine Weiche dem Übertragungsglied zugeführt. Diese Weiche entscheidet, ob die erste Regelgröße oder die zu begrenzende Betriebsgröße, also die zweite Regelgröße, maßgebend sein soll.

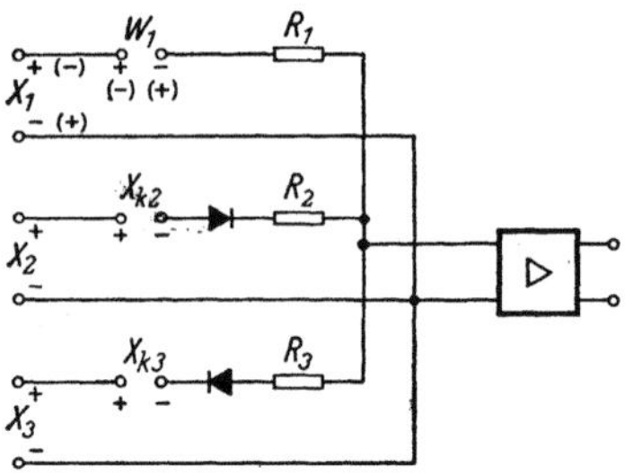

Bild 22. Regelgrößenweiche ($R_1 \ll R_2$, $R_1 \ll R_3$)

Solche Einrichtungen bestehen meist aus Gleichrichtern und Widerständen. *Bild* 22 zeigt ein Beispiel für drei Regelgrößen, wovon X_1 einer Führungsgröße W_1 nachgeregelt wird, soweit nicht die Regelgröße X_2 den Wert X_{k2} überschreitet und die Regelgröße X_3 den Wert X_{k3} unterschreitet. Dabei ergeben sich dann große Abweichungen der augenblicklich nicht maßgebenden Regelgröße vom Sollwert, die den Verstärker wieder in der anderen Richtung zu beeinflussen suchen. Damit die Begrenzungsgröße die Oberhand behält, muß der Einfluß der Regelgröße durch Einschalten eines Übersteuerungsbegrenzers geschwächt werden. Man kann z. B. die Widerstände R_1 bis R_3 durch Anordnungen nach *Bild* 36 ersetzen. So kann eine Regelgröße die andere ablösen, wobei der Übergang von einer Regelgröße auf die andere durch zusätzliche Mittel auch abgerundet werden kann.

b) Regelgrößenmischer

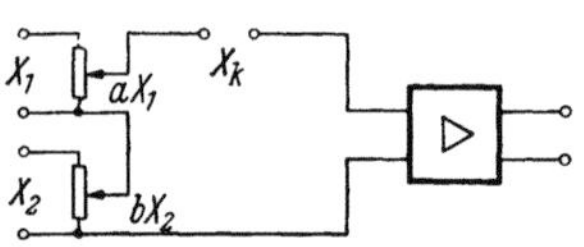

Bild 23. Regelgrößenmischer

Man kann zwei Größen einer Regelstrecke, z. B. Strom und Spannung eines zu regelnden Generators auch gemeinsam auf den Vergleicher wirken lassen. Die Regelgröße ist dann aus zwei Größen zusammengesetzt. *Bild* 23 zeigt die Summierung von zwei Größen $a\,X_1$ und $b\,X_2$, z. B. Strom und Spannung, und den Vergleich mit einer einzigen Vergleichsgröße. Durch das Mischen ist eine neue Regelgröße entstanden.

Dabei behalten alle Teilregelgrößen ständig Einfluß, während bei der Regelgrößenweiche eine Regelgröße mit Hilfe von Gleichrichtern von einem bestimmten Wert an plötzlich Einfluß gewinnt und dann diesen fast allein behält. Es können auch mehr als zwei Größen in dieser Weise kombiniert werden.

3. Meßumformer

a) Pneumatische Meßumformer

Pneumatischer Differenzdruck-Meßumformer. Hier wird als Maß für den Durchfluß der an einer Normblende oder Normventuridüse gebildete Wirkdruck gemessen (*Bild* 24). Der Meßumformer arbeitet nach dem Prinzip des Kraftvergleiches [*32, 33*]. Der erzeugte Druckunterschied (Wirkdruck) wird mit einer praktisch richtkraftlosen Membran (*1*) in eine verhältnisgleiche Kraft verwandelt, die an einem reibungsfrei gelagerten Waagebalken (*2*) angreift. Auf der anderen Seite des Waagebalkens übt ein Faltenbalg (*5*), in dem vom Waagebalken selbst gesteuerte Druckluft wirkt, die kompensierende Gegenkraft aus. Hierzu dient eine Düse (*7*), die eine Prallplatte (*6*) beaufschlagt und einen pneumatischen Verstärker (*8*) (s. *Bild* 49) steuert, dessen Ausgangsdruck p_A den Faltenbalg beaufschlagt und ein Maß für die auf der anderen Seite des Waagebalkens wirkende Meßkraft darstellt. Der Ausgangsdruck von 0,2 bis 1 kp/cm² bildet den Meßbereich des Wirkdruckes ab. Durch Verschieben des Auflagepunktes (*4*) kann man in weiten Grenzen den einheitlich festgelegten Ausgangsdruck den verschiedenen Wirkdruckbereichen anpassen.

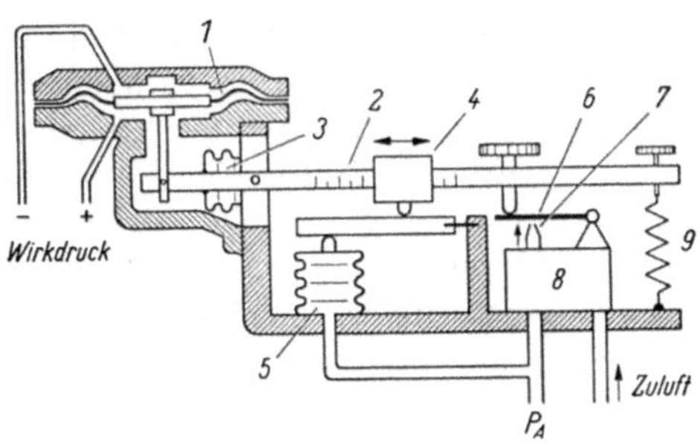

1 Meßmembran
2 Waagebalken
3 Balgdurchführung
4 Wirkdruck-Bereicheinsteller
5 Kompensationsbalg
6 Prallplatte
7 Düse
8 Pneumatischer Verstärker
9 Einstellbare Nullpunktsfeder

Bild 24. Pneumatischer Wirkdruck-Meßumformer

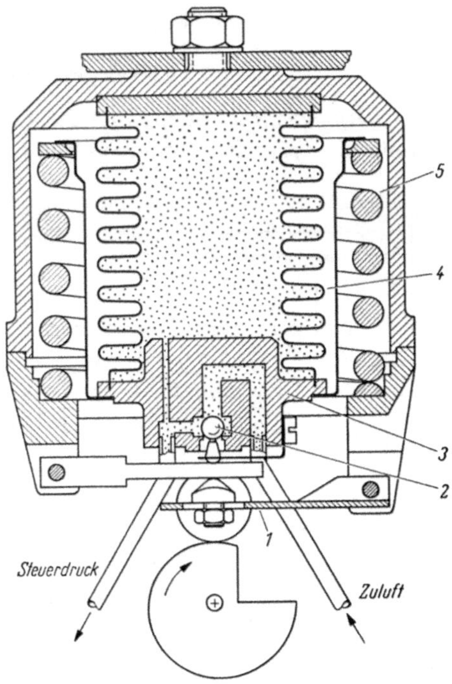

1 Rollenhebel
2 Kugelventil
3 Ventilkörper
4 Faltenbalg
5 Gegenfeder

Bild 25. Druckwandler

Druckwandler (*Bild* 25). Ein Weg wird z. B. für die Niveauregelung in einen verhältnisgleichen Luftdruck umgeformt. Der Schwimmer (im Bild nicht dargestellt) be wegt über eine Kurvenscheibe den Rollenhebel (*1*), womit ein Kugelventil (*2*) betätigt wird, dem Luft unter einem konstanten Druck von 1,4 kp/cm² suströmt. Der Ventilkörper (*3*) ist mit einem Faltenbalg (*4*) fest verbunden, der zich unter der Einwirkung des gesteuerten Luftdruckes gegen die Kraft einer Feder (*5*) ausdehnt und als starre Rückführung wirkt. In der unteren Stellung des Kugelventils (entsprechend der unteren Endlage des Schwimmers) wird der Austritt in die Atmosphäre gesperrt, so daß der volle Zuluftdruck als Steuerdruck wirksam wird. In der oberen Endstellung des Ventiles gleicht sich der Druck durch die Öffnung zur Atmosphäre aus; der Steuerdruck wird hier gleich null. In jeder Zwischenstellung des Kugelventiles ergibt sich ein Gleichgewichtszustand zwischen der Federkraft und dem Steuerdruck, dessen Größe dann ein Maß für den Schwimmerstand ist.

b) Elektrische Meßumformer [*34, 35*]

Differenzdruck-Meßumformer (*Bild* 26). Die zu messende Größe (Druckdifferenz $p_1 - p_2$) wird von einer Membran (*1*) als Kraft geliefert; diese greift an einem Ende eines reibungsfrei gelagerten Waagebalkens (*2*) an. Das andere Ende des Hebels ist mit einer Tauchspule (*5*) mechanisch fest verbunden, die sich im Luftspalt eines Dauermagneten (*6*) bewegt und von einem magnetischen Verstärker (*4*) gespeist wird. Im Eingang des Verstärkers liegt ein induktiver Abgriff (*3*). Er bewirkt, daß kleinste Änderungen der Ruhelage des Waagebalkens ausreichen, um den Verstärker auszusteuern und an der Tauchspule so große Kräfte zu erzeugen, daß sie die Wirkung der Membrankraft auf den Hebel aufheben. Der Strom durch die Tauchspule ist der Druckdifferenz auf die Membran proportional. Der Meßbereich kann durch Verschieben des Auflagepunktes (Bereichversteller 7) in weiten Grenzen geändert werden. Der Vorzug des elektrischen Kraftvergleich-Meßumformers ist, daß er als Ausgangsgröße einen eingeprägten Strom liefert und daß so der Einfluß der Zuleitungen zum Regler und zu angeschlossenen Anzeigern oder Schreibern entfällt.

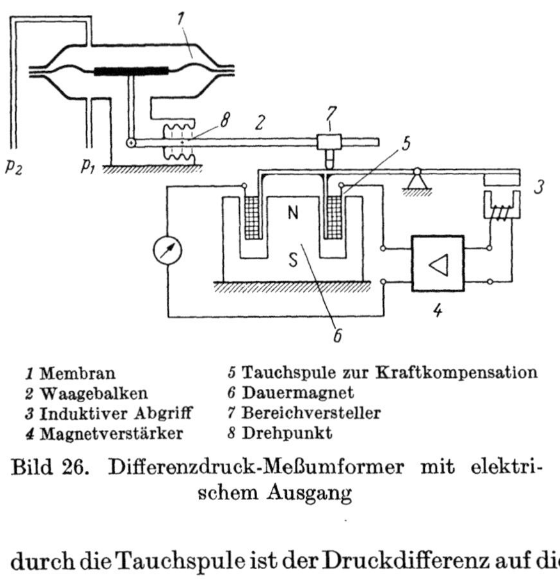

1 Membran
2 Waagebalken
3 Induktiver Abgriff
4 Magnetverstärker
5 Tauchspule zur Kraftkompensation
6 Dauermagnet
7 Bereichversteller
8 Drehpunkt

Bild 26. Differenzdruck-Meßumformer mit elektrischem Ausgang

Durchfluß-Meßumformer. Das Gerät ist ebenso aufgebaut wie der Differenzdruck-Meßumformer, jedoch hat die Tauchspule an Stelle des Dauermagneten einen Elektromagneten, der mit ihr in Reihe arbeitet. Die dynamometrische Wirkung gibt dem Meßumformer radizierende Eigenschaft; der eingeprägte Strom ist dem Durchfluß proportional (s. Kapitel 5).

Absolutdruck-Meßumformer (*Bild* 27). Der zu messende Druck füllt den unteren Raum (*1*) der Meßzelle aus, während der obere Raum (*2*) evakuiert ist. Beide

Räume sind durch eine Metallmembran (*3*) voneinander getrennt. Zwei Blattfedern (*4*), die der Kraftäußerung der Membran entgegenwirken, tragen an einem Schaft einen Permanentmagnet (*5*), der zu einem Abgriff nach *Bild* 35e gehört. Bei diesem Meßumformer ist eine Meßbereichverstellung nicht vorgesehen.

Für einige Druckmeßumformer ist das Zeitverhalten in Tabelle 6 angegeben.

Tabelle 6. *Beispiele für das Zeitverhalten verschiedener Differenzdruck-Meßumformer*[1])

Gerät	Nenndruck kp/cm²	Meßbereich mm WS	Ausgangssignal	Totzeit s	Halbwertszeit s	90%-Zeit s	Bemerkungen
TELEPNEU [*78*]	100	250–1250 500–2500 1500–6400	0,2–1,0 at	0,05	0,4	1	Ausgangsvolumen 300 cm³
Typ 13 A [*79*]	100	1250–6250	0,2–1,0 at	0,05	0,6	1,3	Ausgangsvolumen 200 cm³
TELEPERM [*78*]	25	100–400 400–1600 1600–6400	0–50 mA	0,1	0,35	0,7	Ausgangssignal radiziert

[1]) Frequenzbereich: 0 bis 1 Hz ohne Amplitudenüberhöhung, über 1 Hz monoton abfallend

Meßverstärker dienen zur Verstärkung der vom Meßgeber gelieferten Regelgröße. Sie müssen gute Nullpunktskonstanz aufweisen. Mit Hilfe der Gegen-

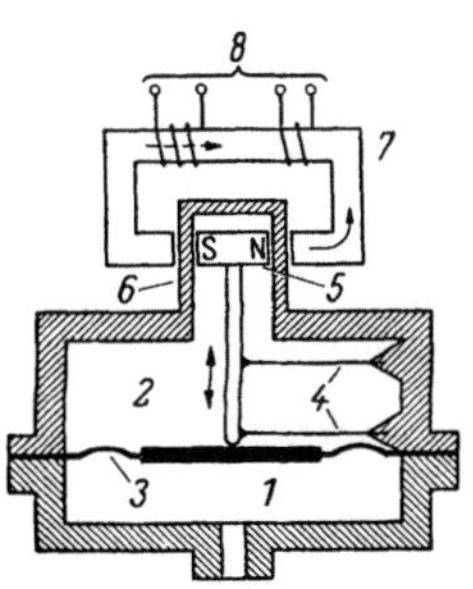

1 Meßraum
2 Evakuierter Raum
3 Membran
4 Blattfedern
5 Permanentmagnet
6 Gehäusetubus
7 Joch
8 Anschlüsse an Verstärker (s. *Bild* 35e)

Bild 27. Meßumformer mit Permanentmagnet (Absolutdruck-Meßumformer)

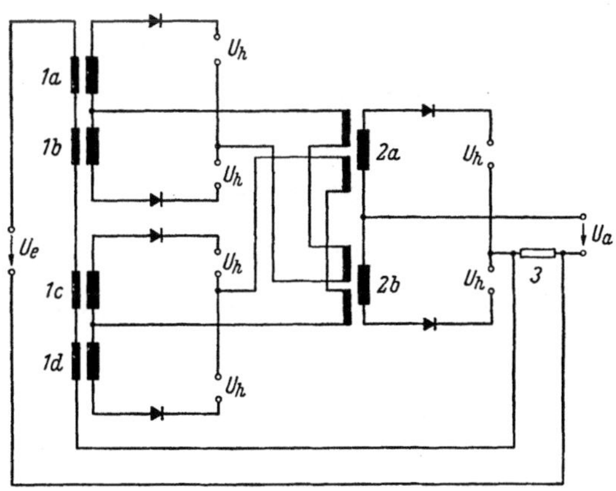

1 Steuerdrosseln der Vorstufe (*a* bis *d*)
2 Steuerdrosseln der Endstufe (*a* und *b*)
3 Gegenkopplungswiderstand
U_e Eingangs-Gleichspannung
U_a Ausgangs-Gleichspannung
U_h Hilfsspannung

Bild 28. Magnet-Meßverstärker mit Gegentakt-Eingangsstufe und Endstufe (Normenmäßige Darstellung s. DIN 40714 Bl. 3)

kopplung kann man bestimmte Ausgangsbereiche, z. B. Gleichstrom 0 bis 50 mA, der Meßgröße zuordnen; solche Verstärker erfüllen gleichzeitig die Aufgabe eines Meßumformers. Die Schaltung eines Magnetverstärkers für diesen Zweck zeigt *Bild* 28.

Meßumformer mit Kompensationsverstärker (Meßwertumformer) [*36, 37*]. Das Meßorgan besteht (*Bild* 29a) aus einem ungefesselten, zweisystemigen, elektrodynamischen Meßwerk (*1*) zur Leistungsmessung, das mit einem ebenfalls un-

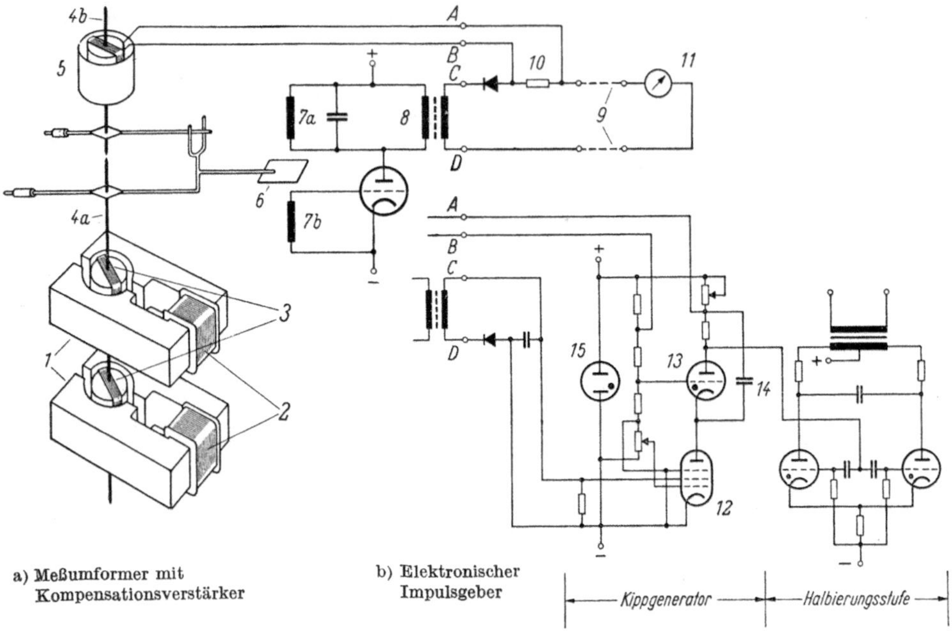

a) Meßumformer mit Kompensationsverstärker

b) Elektronischer Impulsgeber

1 Zweisystemiges Leistungsmeßwerk
2 Stromspulen
3 Spannungsrähmchen
4 Meßwerkachse (*a* und *b*)
5 Kernmagnet-Drehspulmeßwerk mitKompensationsrähmchen
6 Steuerfahne
7 Anoden- bzw. Rückkopplungsspule (*a* bzw. *b*)
8 Hochfrequenztransformator
9 Fernleitung
10 Gegenkopplungswiderstand
11 Meßwertanzeige
12 Ladepentode
13 Stromtor
14 Ladekondensator
15 Glimmstabilisatorröhre

Bild 29. Elektronischer Kompensationsverstärker mit Meßwertgeber

gefesselten Kernmagnet-Drehspulsystem (*5*) gekuppelt ist. Die Achse (*4a*) des unteren Meßwerkes trägt an einem Arm ein Aluminiumfähnchen (*6*), das sich zwischen Anoden- und Gitterrückkopplungsspule (*7a* und *7b*) bewegen kann. Die Verstärkerröhre ist als Hochfrequenzgenerator geschaltet. Die Steuerfahne zwischen der Anoden- und Rückkopplungsspule kann bei ihrer Bewegung die Amplitude der HF-Schwingungen stetig von Null bis zu einem Maximum verändern. Parallel zu der Anodenrückkopplungsspule (*7a*) ist der HF-Transformator (*8*) geschaltet, der als Isoliertransformator gegenüber der Fernleitung (*9*) dient. Der HF-Strom wird gleichgerichtet, durch die Fernleitung geschickt und mit Hilfe eines Widerstandes (*10*) auf das Drehspulmeßwerk (*5*) gegengekoppelt. Das in diesem Meßwerk erzeugte Drehmoment ist dem Drehmoment des Leistungsmeßwerkes entgegengerichtet und kompensiert es. Der im Instrument (*11*) angezeigte Ausgangsgleichstrom ist daher ein Maß für den Meßwert.

Elektronischer Meßumformer mit Kompensationsverstärker und Impulsgeber. Beim Impulsfrequenzverfahren [*38*] (*Bild* 29 b) wird eine dem Meßwert proportionale Impulszahl (5 bis 15 je s) ausgesendet. Der Ausgangsgleichstrom des Hochfrequenzabgriffes steuert im elektronischen Impulsgeber einen Kippgenerator, der sägezahnförmige Impulse erzeugt. Die Drehmomentkompensation über das Drehspul-Kernmagnet-Meßwerk (*5*) im Meßwertumformer erfolgt durch den Ladestrom eines im Kippgenerator des elektronischen Impulsgebers liegenden Kondensators (*14*). Dadurch entspricht die Impulsfrequenz des Kippgenerators, unabhängig von Änderungen der Eigenschaften der Röhrenschaltung, jeweils der Größe des Meßwertes. Die sägezahnförmigen Impulse werden in einer Halbierungsstufe in symmetrische Rechteckimpulse gleicher Impulsdauer und Impulspause umgesetzt, die über einen Impulstransformator als Gleichstromimpulse direkt auf galvanisch durchgeschaltete Leitungen gegeben werden können oder einen 50-Hz-Modulator steuern, so daß dann der Meßwert in Form von Wechselstromimpulsen auch über abgeriegelte Leitungen übertragen werden kann [*39*].

Elektronischer Kompensator. Das meistens schwache elektrische Eingangssignal wird in eine leistungsstarke Bewegung umgeformt, indem es in Gegenkopplungsschaltung mit der Bewegung über einen Verstärker einen die Bewegung erzeugenden Motor steuert [*74*].

4. Vergleicher

a) Spannungsvergleich

Der Vergleich zwischen Soll- und Istwert geschieht *rein elektrisch*, ohne besonderes Bauelement, am einfachsten durch Gegeneinanderschalten von zwei Gleichspannungen. Treten Istwert und Sollwert als Gleichströme auf, so schaltet man die Spannungsabfälle an zwei Festwiderständen gegeneinander. Die Differenz ist eine kleine Gleichspannung, deren Richtung wechselt und die z. B. bei einer Regelung auf $1^0/_{00}$ Genauigkeit nur ein Tausendstel der Regelgröße beträgt. Solche kleinen Gleichspannungen reichen im allgemeinen nicht aus, um ein Stellglied zu bewegen, und sie müssen deshalb verstärkt werden.

b) Durchflutungsvergleich

Statt die Differenz zwischen Soll- und Istwert durch galvanisches Gegeneinanderschalten zu bilden, kann man auch einen Durchflutungsvergleich durchführen. Dieser ist ohne weiteres durch getrennte Wicklungen bei Magnetverstärkern, Verstärkermaschinen und elektromagnetischen Relais möglich. Will man durch Röhren oder Transistoren verstärken, so kann der Durchflutungsvergleich in einem Hall-Generator vorgenommen werden, der als Vergleicherelement dem Verstärker vorgeschaltet wird. Der Durchflutungsvergleich hat den Vorzug, daß Soll- und Istwert auf verschiedenen Potentialen liegen können. Bei sehr genauen Regelungen, wenn z. B. der Fehler nur $1^0/_{00}$ betragen darf, muß jede der beiden Steuerwicklungen das 1000fache der Steuerdurchflutung aufnehmen, was in beiden Steuerwicklungen das $2 \cdot 10^6$fache an Verlusten hervorruft. Der Meßumformer und der Sollwertgeber müssen gegenüber einem Vergleich durch galvanische Differenzbildung den 1000fachen Strom abgeben können.

c) Vergleicherbrücken

Brücke mit Widerständen (*Bild* 30a). Ein Widerstandsthermometer R_1 oder ein andersartig mit der Regelgröße X veränderlicher Widerstand liegt in einem Zweig der Brücke; ein zweiter Zweig ist ein Festwiderstand R_2; die beiden

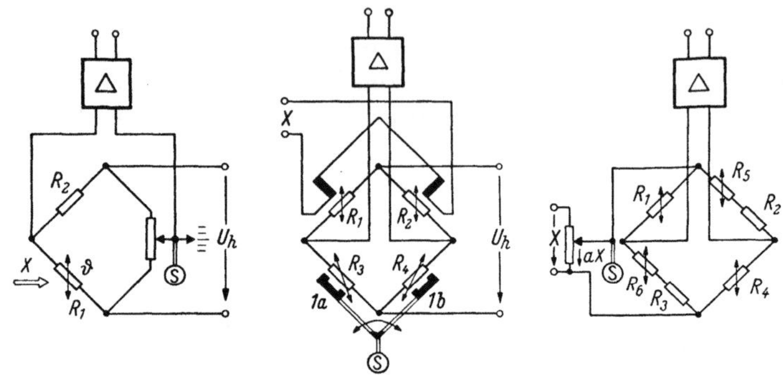

a) Brücke mit Widerständen (Widerstandsthermometer)

R_1 Widerstandsthermometer
R_2 Festwiderstand
U_h Gleichspannung
X Regelgröße (Temperatur)

b) Brücke mit magnetfeldabhängigen Widerständen

R_1, R_2, R_3, R_4 Magnetfeldabhängige Widerstände
1 Permanentmagnet (*a* und *b*)
U_h Gleichspannung

c) Brücke mit nichtlinearen Widerständen

R_1, R_4 Varistoren
R_2, R_3 Festwiderstände
R_5, R_6 Thermonegative Widerstände
X Regelgröße

Bild 30. Vergleicherbrücken

übrigen Zweige bildet ein Potentiometer. Die an einer Gleichspannung U_h liegende Brücke ist im Gleichgewicht und ihre Diagonale ist stromlos, wenn die beiden Potentiometer-Teilwiderstände (Sollwert) im gleichen Verhältnis zueinander stehen wie der veränderliche Widerstand zum Festwiderstand. Die Stellung des Potentiometers kennzeichnet dann den Wert der Regelgröße, also z.B. die Temperatur, bei der Brückengleichgewicht herrscht. Das Potentiometer ist mit einer Skala versehen, an der der Sollwert von Hand eingestellt wird. Weicht die Regelgröße vom Sollwert ab, so fließt in der Brückendiagonale ein Strom, der in Stärke und Richtung von der Größe der Abweichung abhängt. Der Sollwert kann auch von einem Schleifdrahtfernsender in einem entfernt aufgestellten Gerät eingestellt werden. U_h ist eine Hilfsspannung, von der keine hohe Konstanz verlangt wird.

Brücke mit magnetfeldabhängigen Widerständen (*Bild* 30b). Eine durch Gleichstrom dargestellte Regelgröße X kann in eine Widerstandsänderung durch magnetfeldabhängige Widerstände [*40*] umgeformt werden. Eine derartige Brücke besteht aus vier gleichen, magnetfeldabhängigen Widerständen, die jeweils im Magnetfeld eines Dauermagneten angeordnet sind. Die Feldstärke der Widerstände R_3 und R_4 läßt sich von Hand gegensinnig verstellen. Bei den anderen Widerständen R_1 und R_2 hat der magnetische Schluß Steuerwicklungen, die das magnetische Feld für den einen Widerstand schwächen, während sie es für den anderen verstärken. Werden die Felder von R_3 und R_4 ungleich eingestellt (Sollwert), so muß die Regelgröße in den beiden anderen Widerständen dieselbe Feldänderung hervorrufen, damit die Brückendiagonale spannungslos wird.

Brücke mit nichtlinearen Widerständen (*Bild* 30c). Die Widerstände R_2 und R_3 sind feste Größen, R_1 und R_4 sind mit der Spannung veränderliche Widerstände, z.B. Widerstände von Varistoren aus Siliziumkarbid, Silizium-ZENER-Dioden oder bei Wechselstromspeisung sättigbare Drosselspulen. Diese Brücke gibt nur bei einer bestimmten angelegten Spannung aX an der anderen Diagonale die Spannung Null (abgesehen von $aX = 0$). Den Sollwert kann man durch Verstellen des Spannungsteilers einstellen. Da die Varistoren temperaturabhängig sind, können die Widerstände R_5 und R_6 zur Temperaturkompensation vorgesehen werden. Bei einer Brücke mit Varistoren sind R_5 und R_6 thermonegative Widerstände, die mit den Widerständen R_1 und R_4 thermisch eng gekoppelt sind. Man kann aber auch die Widerstände R_5 und R_6 einsparen, indem man die Widerstände R_2 und R_3 mit dem gleichen Temperaturgang wie die Widerstände R_1 und R_4 versieht. Bei diesen Brücken ist die Funktion des Sollwertgebers und des Vergleichers vereinigt.

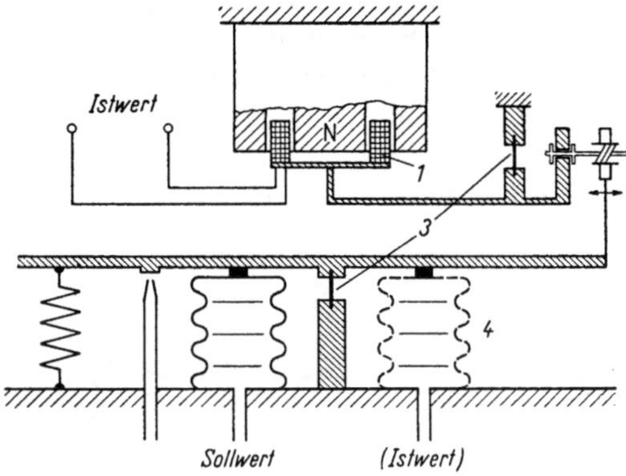

1 Tauchspule
2 Justierschraube
3 Federbandgelenke
4 Balg (punktiert gezeichnet) tritt an Stelle der Tauchspule bei pneumatischem Istwert

Bild 31. Kraftvergleich

d) Kraftvergleich

Ist die Regelgröße (Istwert) als Gleichstrom abgebildet, so kann man die in einer Tauchspule erzeugte Kraft mit einer weiteren, der Vergleichsgröße (Sollwert) entsprechenden Kraft, die von einem mit Druckluft gefüllten Balg ausgeübt wird, auswiegen (*Bild* 31). Bei einer Regelabweichung kommt die Waage aus dem Gleichgewicht; kleinste Ausschläge genügen bereits, um einen Abgriff, z.B. Düse-Prallplatte oder Induktivität, auszusteuern. Es lassen sich so auch Luftdrücke vergleichen, wenn sowohl der Istwert als auch der Sollwert als Luftdrücke dargestellt sind [*41*] (in *Bild* 31 punktiert).

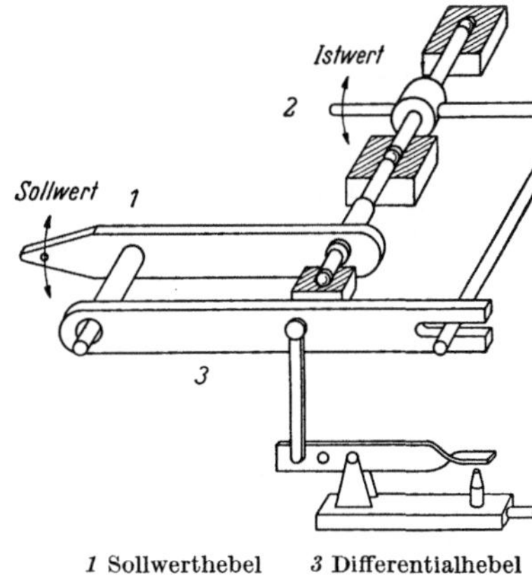

1 Sollwerthebel
2 Istwerthebel
3 Differentialhebel

Bild 32. Wegvergleich

e) Wegvergleich

Beim Wegvergleich werden Wege oder Drehwinkel, die der Regelgröße (Istwert) und der Vergleichsgröße (Sollwert) proportional sind, z.B. über einen Differentialhebel miteinander verglichen (*Bild* 32). Der Sollwert- und Istwertvergleich gilt auch dann als Wegvergleich, wenn Kräfte mit Hilfe von Meßfedern als Wege abgebildet werden.

5. Abgriffe

a) Pneumatische Abgriffe

Düse mit Prallplatte (*Bild* 33a). Aus einer Düse strömt über eine Drossel Luft gegen eine Prallplatte, an der die Meßgröße angreift [*32, 42, 43*]. Nähert sich die Prallplatte der Düse, so strömt weniger Luft aus; der Druck p_D in der Düse steigt. Vergrößert sich der Abstand zwischen Düse und Prallplatte, so fällt der Druck. Damit die ausströmende Luft nicht zu stark auf die Stellung der Meßeinrichtung zurückwirkt und zugleich der Luftverbrauch gering bleibt (etwa 5 Nl/min), ist

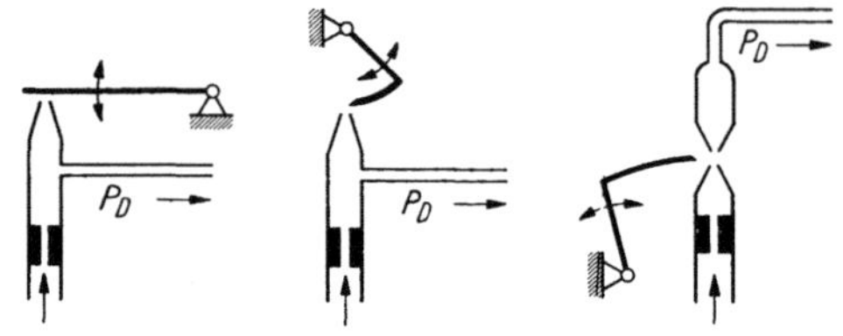

a) Düse-Prallplatte b) Düse-Schneide c) Auffangdüse
p_D Düsendruck

Bild 33. Pneumatische Abgriffe

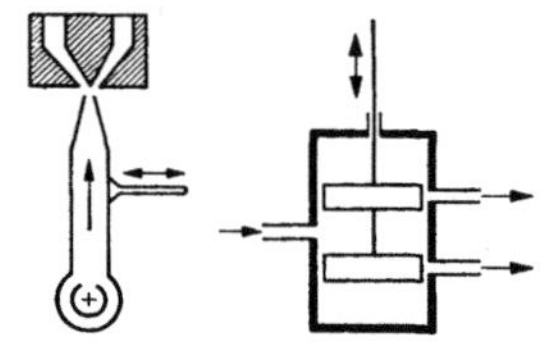

a) Strahlrohr b) Doppelkolben

Bild 34. Hydraulische Abgriffe

die Öffnung der Düse sehr klein (weniger als 1 mm). Der Düsen-Prallplatten-Abgriff ist besonders für pneumatische Vergleicher nach der Kraftmethode geeignet, da sehr kleine Bewegungen (etwa 0,005 mm) ausreichen, um den Verstärker (s. *Bild* 49) ausuzsteuern. Der abgegriffene Luftdruck dient meist zur Betätigung nachgeschalteter Verstärker.

Düse mit Schneide. Eine kräftearme Anordnung nach dem Drosselprinzip zeigt *Bild* 33b. An Stelle der Prallplatte verschließt hier eine bewegliche Schneide die Luftaustrittsöffnung und erzielt die gleiche Wirkung wie im vorhergehenden Beispiel. Der Düsen-Schneiden-Abgriff wird meist bei pneumatischen Wegvergleichern angewendet.

Auffangdüse (*Bild* 33c). Aus einem Rohr tritt ein Luftstrom sehr geringen Druckes (etwa 10 mm WS) und wird über einen Spalt in ein zweites Rohr gedrückt. Im Spalt bewegt sich eine Blende; ihre Eindringtiefe variiert den Luftstrom, der in das zweite Rohr eintritt. Die Blende wird schon von einer sehr kleinen Meßkraft bewegt. Die Anordnung eignet sich besonders für hochempfindliche Meßwerke.

b) Hydraulische Abgriffe

Strahlrohr (*Bild* 34a). Ein feiner Flüssigkeitsstrahl hohen Druckes (etwa 10 kp/cm^2) wird von der Meßgröße in seiner Richtung geändert. Er trifft auf zwei dicht nebeneinanderliegende Bohrungen und beaufschlagt, abhängig von seiner Richtung, die eine Bohrung mehr, die andere weniger. Der dabei entstehende Druckunterschied in den beiden Bohrungen stellt den Steuerbefehl dar. Das Strahlrohr hat bei sehr kleiner Rückwirkung hohe Verstärkung; hydraulische Stellantriebe können direkt angeschlossen werden. Man kann Strahlrohre auch mit pneumatischer Hilfsenergie betreiben.

Durch den *Doppelkolben* (*Bild* 34b) wird eine Druckflüssigkeit in die eine von zwei Ausgangsleitungen je nach der Stellung des Kolbens geleitet.

c) Elektrische Abgriffe

Widerstandsabgriff. Hierzu können Widerstandsfernsender (Feindrahtpotentiometer, s. *Bild* 10a) dienen.

Induktiver Abgriff (*Bild* 35a). Durch mechanisches Verändern des Luftspaltes wird der Scheinwiderstand im Eingangskreis eines nachfolgenden Verstärkers gesteuert.

Kapazitiver Abgriff (*Bild* 35b). Er beruht auf der Verstimmung eines mit Hochfrequenz gespeisten Differentialkondensators.

Differentialtransformator (*Bild* 35c). Ein Eisenkern bewegt sich innerhalb einer Primärspule, die konzentrisch von zwei nebeneinanderliegenden Sekundärspulen umgeben ist. Die Stellung des Kernes bestimmt die Ausgangsspannungen

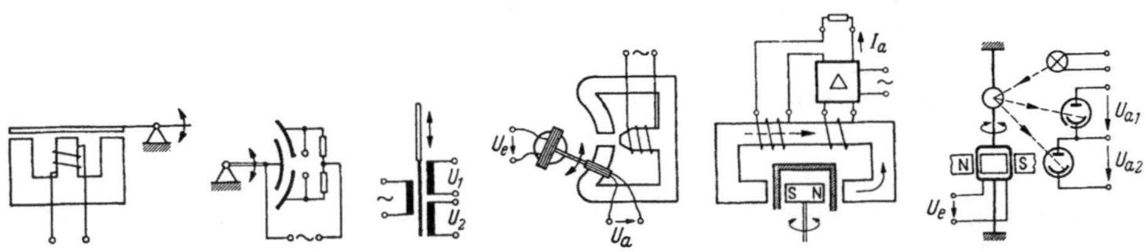

a) Induktiver Abgriff b) Kapazitiver Abgriff c) Differentialtransformator d) Schwenkspule e) Permanentmagnet f) Photoelektrischer Abgriff

Bild 35. Elektrische Abgriffe

U_1 und U_2 in den Sekundärwicklungen. Die Differenz der induzierten Spannungen ist proportional der Auslenkung des Kernes aus seiner Mittellage. Beim Nulldurchgang kehrt sich die Ausgangswechselspannung in ihrer Phasenlage um 180° um.

Schwenkspule (*Bild* 35d). Sie bewegt sich, mit einem Meßwerk verbunden, reibungsarm im Wechselfeld eines netzgespeisten Energiesystems [*44*]. Die in der Schwenkspule durch das Wechselfeld transformatorisch erzeugte Wechselspannung U_a hat in der Symmetrielage der Spule zum Energiesystem den Wert Null; sie nimmt beim Auslenken aus dieser Mittellage nach beiden Seiten etwa linear zu, jedoch mit um 180° gedrehter Phasenlage. Die Schwenkspulspannung wird einem Verstärker zugeführt.

Permanentmagnetabgriff (*Bild* 35e). Ein Dauermagnet, dessen räumliche Lage durch Drehung oder Verschiebung verändert werden kann, streut der Auslenkung entsprechend einen Magnetfluß in das Eisenjoch einer Verstärkerdrossel und steuert diese aus [*61*]. Der Verstärker-Ausgangsstrom I_a wird gleichgerichtet und über eine Gegenkopplungswicklung geleitet. Der Ausgangsstrom ist so der Auslenkung genau zugeordnet.

Photoelektrischer Abgriff (*Bild* 35f). Die Drehspule eines Galvanometers trägt einen Spiegel, der ein Lichtbündel reflektiert und jeweils eine der beiden Photozellen stärker bzw. schwächer belichtet, wodurch sich ihre Widerstände gegensinnig ändern.

Fallbügelabgriff. Er ermöglicht es, die Ausschläge eines empfindlichen Galvanometers völlig rückwirkungsfrei zum Betätigen von Schaltkontakten heranzuziehen (s. Kapitel 13, Abschnitt C 2b).

6. Übersteuerungsbegrenzer

Bei einem plötzlichen Sollwertstoß, bei Unterbrechung des Regelkreises oder bei Eingreifen eines Begrenzers für eine andere Betriebsgröße kann die Differenz zwischen Soll- und Istwert sehr viel größer werden als im normalen Regelbetrieb. Zum Beispiel kann sie bei einer Regelung für 1‰ Genauigkeit 1000mal so groß werden. Dadurch können Beschädigungen der folgenden Regelkreisglieder, z.B. der Verstärker, oder ein Kippen des Verstärkers und daher eine Regelung im

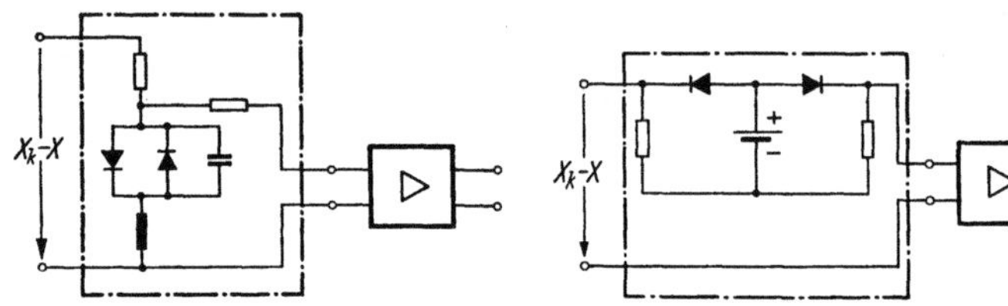

a) Mit nichtlinearem Widerstand b) Mit Hilfsspannungsquelle

Bild 36. Übersteuerungsbegrenzer

falschen Sinne entstehen. Zum Beseitigen solcher Schwierigkeiten werden Übersteuerungsbegrenzer eingesetzt. Diese bestehen entweder aus nichtlinearen Widerständen (*Bild* 36a), z.B. in Durchlaßrichtung beanspruchten Gleichrichtern oder ZENER-Dioden, oder es werden feste Gleichspannungen benutzt, die Gleichrichter in Sperrichtung vorspannen. Die Übersteuerungsbegrenzer nach *Bild* 36a verhindern zwar die Übersteuerung der nachfolgenden Übertragungsglieder, aber nicht die wesentlich höhere Belastung der vorhergehenden Meßumformer und Vergleichsgrößengeber, die bei galvanischer Differenzbildung im normalen Regelbetrieb nur ganz geringe Stromstärke abzugeben brauchen. Diese Glieder müssen also so ausgelegt sein, daß sie bei Übersteuerungen keinen Schaden leiden. Mit Hilfsspannung gespeiste Gleichrichterbrücken (z.B. wie in *Bild* 36b dargestellt) können ebenfalls als Begrenzer wirken. Bei ihnen ist die schädliche Überlastung vermieden.

Bei HALL-Generatoren, die einem Vergleicher vorgeschaltet sind, kann der magnetische Kreis des HALL-Generators die Übersteuerungsbegrenzung übernehmen, indem er sich bei Übersteuerung sättigt.

7. Logikelemente

Für absatzweise arbeitende Regelungen sind Bauelemente erforderlich, die das Zusammentreffen zweier Ereignisse oder das Eintreten eines von zwei oder mehreren Ereignissen erfassen, besondere Zeitverzögerungen bewirken oder den Eintritt eines Ereignisses speichern. Die zunächst für die Steuerungstechnik entwickelten Logikelemente haben z.B. folgende Funktionen: Und, Oder, Nicht, Exklusiv-Oder, Weder-Noch (*Tabelle* 7). Sie können aus Relais oder kontaktlosen Bauteilen, wie Magnetkernen, Röhren und Transistoren, aufgebaut sein [*45* bis *51*].

8. Umsetzer

Um die von den Meßumformern für die verschiedenen Einheitssysteme (z.B. Luftdruck, eingeprägter Gleichstrom) gelieferten Signale ineinander überführen

Tabelle 7. *Gebräuchliche Logikelemente*

	Benennung	Gleichwertige Relaisschaltung	Wirkungstabelle	Erklärung
1	Und-Schaltung	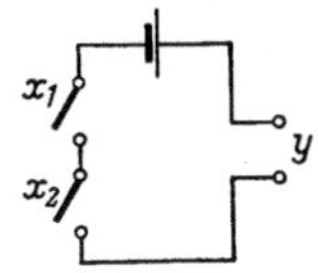	x_1 | x_2 | y 0 | 0 | 0 1 | 0 | 0 0 | 1 | 0 1 | 1 | 1	y ist da, wenn x_1 *und* x_2, d. h. alle Eingangsgrößen da sind
2	Oder-Schaltung	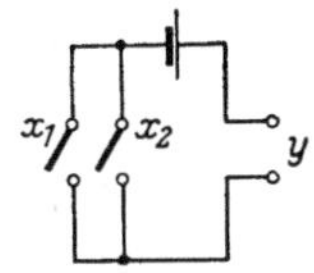	x_1 | x_2 | y 0 | 0 | 0 1 | 0 | 1 0 | 1 | 1 1 | 1 | 1	y ist da, wenn x_1 *oder* x_2, d. h. irgendeine der Eingangsgrößen da ist
3	Nicht-Schaltung	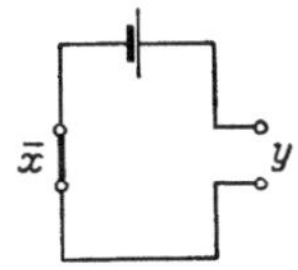	x | y 0 | 1 1 | 0	y ist da, wenn die Eingangsgröße *nicht* da ist
4	Exklusiv-Oder-Schaltung	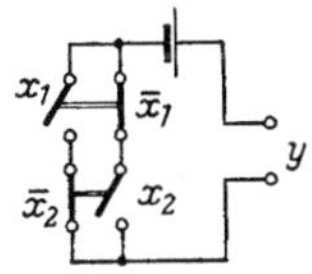	x_1 | x_2 | y 0 | 0 | 0 1 | 0 | 1 0 | 1 | 1 1 | 1 | 0	y ist da, wenn x_1 *da* ist und x_2 *nicht* da ist oder wenn x_2 da ist und x_1 nicht da ist
5	Weder-Noch-(Nor-)Schaltung	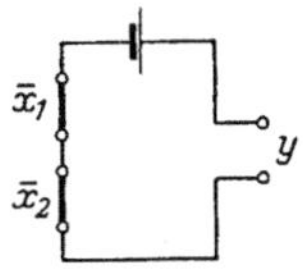	x_1 | x_2 | y 0 | 0 | 1 1 | 0 | 0 0 | 1 | 0 1 | 1 | 0	y ist da, wenn x_1 nicht da ist und x_2 nicht da ist

zu können, werden Umsetzer gebraucht. Sie entsprechen in ihrem Aufbau weitgehend den Meßumformern. Eine besondere Art der Umsetzer sind die Analog-Digital-Converter [*52*, *53*], sie haben die Aufgabe, analog gebildete Signale in den Code gebräuchlicher Zifferndarstellung (z.B. dezimal, binär, tetradisch) umzusetzen, die bei digitalen Meßwertverarbeitungsanlagen vorkommt. Auch zur Umwandlung der Meßwerte von einem Code in den anderen dienen Umsetzer.

9. Modulatoren

Zur Umwandlung einer kleinen Gleichspannung in eine richtungsabhängige proportionale Wechselspannung verwendet man Modulatoren, die als mechanische Wechselrichter oder mit Transduktoren, Hall-Generatoren, Ringmodulatoren oder feldabhängigen Widerständen ausgebildet sein können. Wichtig für die Modulatoren ist, daß keine nennenswerten Nullpunktfehler entstehen.

Modulatoren mit Transduktoren können ganz ohne Gleichrichter aufgebaut werden und haben daher einen kleineren Nullpunktfehler als die üblichen selbstgesättigten Magnetverstärker. Beim Reihentransduktor wird häufig die zweite Harmonische [*54*] als Ausgangsgröße benutzt (*Bild* 37 a). Dieser Modulator hat Verstärkerwirkung, aber auch eine nicht immer vernachlässigbare Zeitkonstante.

Modulatoren mit HALL-*Generatoren* (*Bild* 37 b), bei denen der zu modulierende Gleichstrom als Steuerstrom zugeführt und die Feldwicklung von Wechselstrom

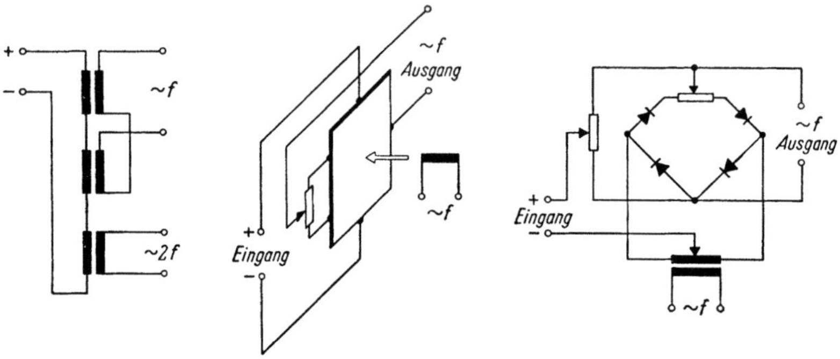

a) Transduktor-Modulator b) HALL-Generator als Modulator c) Ringmodulator

Bild 37. Modulatoren

gespeist wird, haben praktisch keine Zeitkonstante, aber auch keine Verstärkerwirkung, da der Wirkungsgrad verhältnismäßig klein ist. Der Nullpunktfehler kann hier durch Anbringen von zwei Parallelelektroden für die HALL-Spannung mit einem dazwischen angeordneten Spannungsteiler weitgehend beseitigt werden. Mit diesem Spannungsteiler kann auch gleichzeitig ein Sollwert vorgegeben und der Regelvergleich durchgeführt werden.

Der Ringmodulator (*Bild* 37 c) hat keine Zeitkonstante, aber einen für alle in Betracht kommenden Temperaturen schwer zu beseitigenden Nullpunktfehler, wenn die Eigenschaften der Einzelgleichrichter nicht vollkommen übereinstimmen. Für Ringmodulatoren verwendet man heute hauptsächlich Germanium- oder Siliziumdioden.

10. Demodulatoren

Wenn die Regelabweichung zunächst als Wechselstromgröße verstärkt wurde, so geht man doch oft auf weitere Gleichstromverstärkung über, um elektrische Rückführungen mit den im Abschnitt G angegebenen Netzwerken vorsehen zu können. Vielfach erfordern auch die nachfolgenden Stellglieder Gleichstrom. Die die Regelabweichung darstellende Wechselspannung muß dann in eine proportionale Gleichspannung umgeformt werden, deren Richtung sich bei Umkehrung der Phasenlage der Wechselspannung ändert. Deshalb kommen als Demodulatoren nur phasenempfindliche Gleichrichter in Betracht. Sie sind als Gleichrichterbrücken [*21*] oder als Ringmodulatoren, HALL-Generatoren, Brücken aus magnetfeldabhängigen Widerständen und als mechanische Gleichrichter ausgeführt. Die phasenempfindliche Gleichrichtung beruht auf der Multiplikation der ankommenden Wechselspannung mit einer gleichfrequenten in der Phasenlage übereinstimmenden oder um 180° verschobenen Hilfswechselspannung.

11. Signalfernübertragung

Schleifdraht-Fernsender werden für einfache Fernübertragungen auf elektrische Anzeiger, Schreiber oder Regler benutzt. Sie werden als Einfach- oder Mehrfachgeber ausgeführt und normalerweise in Potentiometerschaltung verwendet. Die Stellung des Abgriffes ist an einer Skala abzulesen.

Ringrohr-Fernsender eignen sich für die Fernübertragung aus Räumen mit aggressiver Atmosphäre. Höhere Ansprüche an Genauigkeit lassen sich mit *Drehmeldern* und auch mit anderen induktiven Gebern erfüllen.

Fernübertragung mit Nullmotor. Meßgrößen, wie Druck, Durchfluß und Flüssigkeitsstand, die mit mechanischen Geräten gemessen und über Fernsender abgegriffen werden, lassen sich über große Entfernungen mit dem Nullmotorverfahren mit selbsttätig abgleichender Kompensationsschaltung übertragen (*Bild* 38). Der Meßkreis mit dem Fernsenderwiderstand (*1*) und der Kompensationskreis mit dem Rückmeldewiderstand (*3*) im Anzeiger oder Schreiber und die Spannungsspule des Nullmotors (*2*) werden mit Wechselstrom gespeist. Der Nullmotor ist z.B. wie ein Wechselstrom-Induktionszähler aufgebaut. Seine Stromspule liegt in der Verbindungsleitung der Potentiometerabgriffe. Die Triebscheibe des Nullmotors ist durch eine Zahnradübersetzung mit dem Abgriff des Rückmeldewiderstandes gekuppelt, dessen Achse zugleich den Zeiger des Anzeigers bzw. Schreibers antreibt. Solange die Potentiometerabgriffe des Fernsender- und des Rückmeldewiderstandes übereinstimmen, ist die Verbindungsleitung stromlos. Ändert sich der Meßwert und damit die Fernsenderstellung, so bewirkt ein Ausgleichstrom, daß der Nullmotor anläuft. Er verstellt den Rückmeldewiderstand so lange, bis beide Widerstände wieder die gleiche Stellung haben und der Ausgangsstrom Null geworden ist. Damit wird auch der Zeiger auf den neuen Meßwert eingestellt.

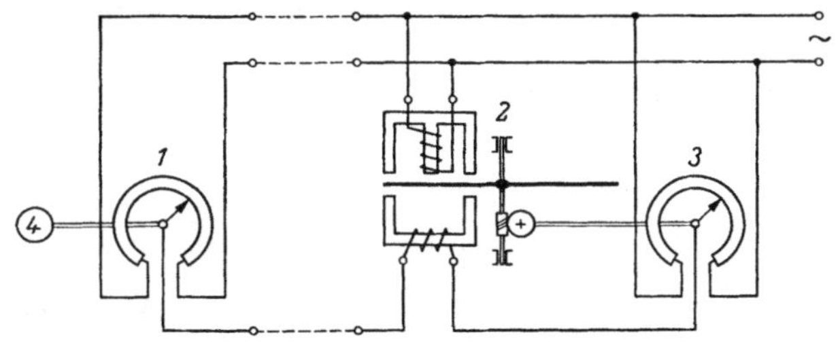

1 Fernsenderwiderstand
2 Nullmotor
3 Rückmeldewiderstand
4 Meßgeber

Bild 38. Fernübertragung mit Nullmotor

12. Entstörungseinrichtungen

Je nach der Art der Störung müssen verschiedene Hilfsmittel herangezogen werden. Spannungsstöße, die durch Schaltvorgänge in benachbarten Leitungen induziert werden, stören wegen ihrer kurzen Dauer nur Regelverstärker kleinster Ansprechzeit. Die Störungen werden dann durch Speicher, wie Drosseln oder Kondensatoren, aufgefangen oder durch Abschneiden der Spitzenspannungen, also Kurzschließen mit Hilfe von spannungsabhängigen Widerständen, wie Glimmröhren oder Dioden mit Zener-Effekt, beseitigt oder zumindest auf ein unschädliches Maß herabgesetzt. Die im Abschnitt C 6 beschriebenen Übersteuerungsbegrenzer sind hier oft schon eine ausreichende Abhilfe. Bei Oberwellen werden meistens Speicher oder Tiefpaßfilter benutzt. Die dadurch in den Regelkreis eingeführte zusätzliche Zeitkonstante soll die Regelzeit aber nicht merklich verlängern. Oberwellen konstanter Frequenz können durch eine abgestimmte Siebkette kurzgeschlossen werden.

D. Regelverstärker

1. Elektrische Verstärker (Tabelle 8)

a) Magnetverstärker [55]

Aufbau und Wirkungsweise. Besondere Merkmale der Magnetverstärker sind robuster Aufbau, gute Kennlinienkonstanz, sofortige Betriebsbereitschaft, Wartungsfreiheit, keine dem Verschleiß unterworfenen Bauelemente und dadurch eine

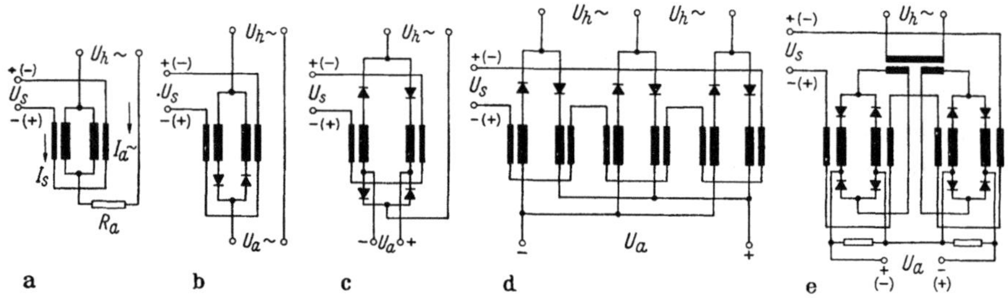

a) Stromsteuernder Magnetverstärker mit Wechselstromausgang
b) Spannungssteuernder Magnetverstärker mit Wechselstromausgang (einphasig)
c) Spannungssteuernder Magnetverstärker mit Gleichstromausgang (einphasig)
d) Spannungssteuernder Magnetverstärker mit Gleichstromausgang (dreiphasig)
e) Zwei spannungssteuernde Magnetverstärker in Gegentaktschaltung

U_h Hilfsspannung U_a Ausgangsspannung R_a Belastungswiderstand
U_s Steuerspannung I_a Ausgangsstrom

Bild 39. Magnetverstärkerschaltungen mit Selbstsättigung (Normenmäßige Darstellung s. DIN 40714 Bl. 3)

hohe Lebensdauer. In ihrem grundsätzlichen Aufbau bestehen Magnetverstärker im allgemeinen aus zwei geschlossenen Eisenkernen mit je einer Arbeits- und meist mehreren Steuerwicklungen und bei den gebräuchlichsten Schaltungen aus Trokkengleichrichtern.

Die Verstärkerwirkung beruht auf der Änderung des Wechselstromwiderstandes mit der Steuermagnetisierung. Im Steuerbereich genügt eine geringe Änderung der Eingangsleistung, um eine starke Änderung der Ausgangsleistung hervorzurufen.

Nach ihrer physikalischen Wirkungsweise unterscheidet man zwischen Magnetverstärkern mit Permeabilitätssteuerung und Magnetverstärkern mit Sättigungssteuerung. Während die durch die Permeabilität gesteuerten Magnetverstärker infolge ihres geringen Wirkungsgrades nur für Verstärker sehr kleiner Ausgangsleistung, zuweilen für Meßverstärker, verwendet werden, sind Magnetverstärker mit Sättigungssteuerung allgemein gebräuchlich. Von den zahlreichen Schaltungsarten der Sättigungssteuerung sind die am meisten benutzten Schaltungen im *Bild* 39a bis e dargestellt. Die einfache Sättigungsschaltung (*Bild* 39a) unterscheidet sich von den übrigen Schaltungen (*Bild* 39b bis e), den sog. Selbstsättigungsschaltungen, durch das Fehlen der Gleichrichter im Arbeitskreis. Durch die paarweise Anordnung der Verstärkerdrosseln heben sich die von den Arbeitswicklungen in die Steuerwicklungen induzierten Wechselspannungen der Speisefrequenz infolge ihrer gegensinnigen Wirkung in bezug auf die Eingangsklemmen der Steuergleichspannung U_s auf.

Die Sättigungsschaltung (*Bild* 39a) ist gekennzeichnet durch ihre stromsteuernde Eigenschaft, wobei der durch den Steuergleichstrom I_s (Durchflutungssteuerung) eingestellte Ausgangsstrom I_a innerhalb des Arbeitsbereiches nahezu unabhängig von dem Ausgangswiderstand R_a ist. Diese Schaltung wird daher auch häufig als Gleichstromwandler benutzt. Dagegen haben die Selbstsättigungsschaltungen (*Bild* 39b bis e) spannungssteuernde Eigenschaften, die die Ausgangsspannung U_a innerhalb des Arbeitsbereiches nahezu unabhängig von dem Belastungswiderstand halten. Diese beiden Grundschaltungsarten unterscheiden sich wesentlich durch die Steuerkennlinien der Magnetverstärker. Die Kennlinie des stromsteuernden Verstärkers (*Bild* 40a), die den Zusammenhang zwischen Steuer-

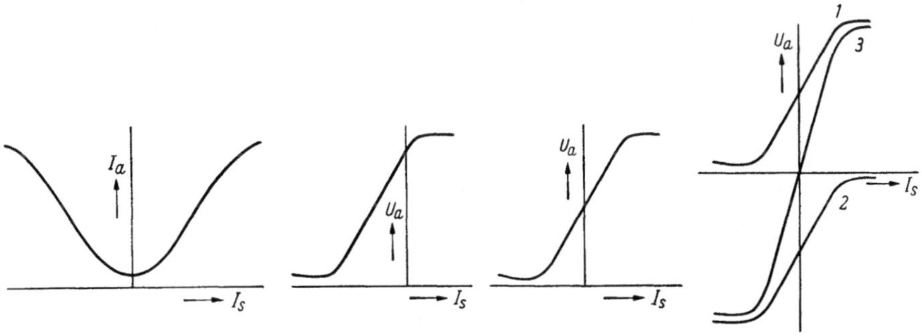

a) Stromsteuernder Magnetverstärker (Schaltung s. *Bild* 39a)

b) Spannungssteuernder Magnetverstärker (Schaltung s. *Bild* 39a bis d)

c) Spannungssteuernder Magnetverstärker mit Vormagnetisierung

d) Spannungssteuernder Magnetverstärker in Gegentaktschaltung (s. *Bild* 39e)

Bild 40. Steuerkennlinien von Magnetverstärkern

strom I_s und Ausgangsstrom I_a darstellt, liegt symmetrisch zur Ordinatenachse, während die Kennlinie des spannungssteuernden Verstärkers (*Bild* 40b), die den Zusammenhang zwischen Steuerstrom I_s und Ausgangsspannung U_a angibt, unsymmetrisch mit wesentlich größerer Steilheit der rechten Flanke verläuft. Die damit erreichbare höhere Verstärkung mit kleineren zeitlichen Verzügen ist der Grund für die bevorzugte Verwendung der spannungssteuernden Magnetverstärker. Durch konstante Gleichstrommagnetisierung kann eine beliebige Verschiebung der Kennlinie im Koordinatenfeld erreicht werden. In dieser Weise wird oft (*Bild* 40c) der Arbeitspunkt in die Mitte der Kennlinie gelegt, um positive und negative Aussteuerung der Kennlinie im gleichen Maße zu bewirken. Durch beliebig weite Verschiebung nach beiden Seiten der Ordinatenachse läßt sich diese Maßnahme vorteilhaft für Schwellwertbildungen ausnutzen.

Die Schaltungen in *Bild* 39b und c zeigen die einphasigen Ausführungen von spannungssteuernden Magnetverstärkern für Wechselstromausgang (*Bild* 39b) und Gleichstromausgang (*Bild* 39c). Für höhere Ausgangsleistungen ist die dreiphasige Schaltung (*Bild* 39d) vorteilhafter. Insbesondere ergibt sich hierbei ein weitaus geringerer Oberwellenanteil in der Ausgangsspannung. Alle hier gezeigten Schaltungen arbeiten mit Gleichstromsteuerung. Für Wechselstromsteuerung verwendet man vorteilhafter Magnetverstärker mit Spannungszeitflächen-Steuerung.

Gegentaktschaltung. Werden zwei Magnetverstärker, z.B. mit Gleichstromausgang (*Bild* 39e), zu einer Gegentaktschaltung vereinigt, so erhält man (*Bild* 40d) aus der Summierung der Kennlinien (*1*) und (*2*) die resultierende Kennlinie (*3*). Bei Aussteuerung Null ergibt sich die Ausgangsspannung Null (Nullpunktfehler kleiner als 10^{-10} W erreichbar).

Regelungstechnische Daten. Die größte auf eine Ansprechzeit von 1 s bezogene Verstärkung V_N (vgl. Tabelle 8) ergibt sich bei den heute fast ausschließlich verwendeten spannungssteuernden Selbstsättigungsschaltungen. Für große Verstärkungen werden mehrere Stufen in Kaskade geschaltet, da die Gesamtverstärkung durch das Produkt der Einzelverstärkungen und die gesamte Ansprechzeit angenähert durch die Summe der einzelnen Ansprechzeiten gegeben ist. Für sehr schnelle Regelungen kann man auf höhere Speisefrequenzen übergehen, da das Verhältnis von Verstärkung zur Ansprechzeit mit der Speisefrequenz in weiten Grenzen nahezu proportional wächst.

b) Röhrenverstärker

Hochvakuumröhre (*Bild* 41a). Durch die an das Steuergitter angelegte, gegenüber der Kathode negative Spannung wird der aus der Glühkathode austretende

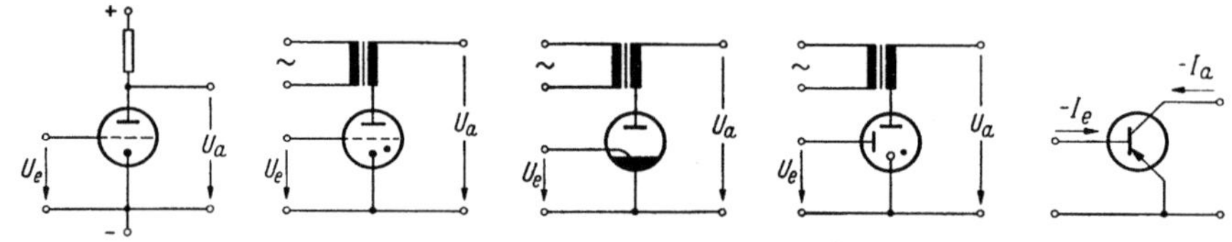

a) Elektronenröhre b) Stromtor c) Ignitron d) Kaltkathodenröhre e) Transistor

Bild 41. Elektronische Verstärker

Elektronenstrom beeinflußt. Die Röhre wirkt dabei wie ein veränderlicher ohmscher Widerstand. Für sehr genaue Regelungen oder für Regelungen mit sehr geringer Eingangsspannung kann man zur Verkleinerung der Nullpunktsfehler Gegentaktschaltungen von zwei Pentoden mit starker Gegenkopplung anwenden. Röhrenverstärker haben keinen Nullpunktsfehler, wenn man sie mit Wechselspannung steuert.

Zur Verstärkung auf ein hohes Leistungsniveau ist eine Kaskadenschaltung notwendig. Für die weiteren Verstärkerstufen werden meist Trioden, auch in Parallelschaltung, eingesetzt. Zur Erfassung kleinster statischer Aufladungen verwendet man Elektrometerröhren, bei denen allerdings die Aufladung der Gitterkapazität über den hochohmigen Eingangskreis große Zeitkonstanten ergibt.

Stromtor (*Thyratron*) (*Bild* 41b). Das Stromtor (s. auch Kapitel 26) unterscheidet sich von der Hochvakuumröhre durch seine Füllung mit Edelgas oder Quecksilberdampf. Infolge der Ionisierung des Gases bildet sich keine Raumladung aus, und das Steuergitter kann einen einmal gezündeten Lichtbogen nicht löschen. Dieser erlischt nur beim natürlichen Nulldurchgang der Anodenwechselspannung. Mit Hilfe einer negativen Gitterspannung kann das Zünden der Röhre so lange verhindert werden, bis die Gitterspannung die Zündspannung überschreitet. Durch Phasenverschiebung der Gitterspannung läßt sich der Mittelwert der Ausgangsspannung in weiten Grenzen steuern. Das Stromtor hat ebenso wie die Hochvakuumverstärkerröhre eine Glühkathode, die einem gewissen Verschleiß unterliegt. Diese Eigenschaft ist bei Quecksilberdampf-Stromrichtern mit Steuergittern nicht vorhanden (s. Kapitel 26). Statt der Stromrichter mit Steuergittern werden bei mittleren Leistungen auch zündstiftgesteuerte Gasentladungsgefäße (*Ignitron*) benutzt (*Bild* 41 c). Der Eingangsverstärker steuert dann zunächst in der oben beschriebenen Weise Stromtore, die dann im Zündzeitpunkt den Stromfluß durch den Zündstift freigeben.

Kaltkathodenröhren oder Glimmrelais (*Bild* 41 d) [*56*]. In einer gasgefüllten Röhre wird durch eine Hilfsspannung an einer Hilfselektrode die Entladung der Hauptelektrode gezündet und damit der Arbeitskreis eingeschaltet. Durch einen Kondensator können Eingangsströme vom Bruchteil eines μA so gespeichert werden, daß sie zur Zündung ausreichen, wobei allerdings die Ansprechzeit erhöht wird.

c) Transistorverstärker [*57*]

Transistor. Bei einem Halbleiterverstärkerelement mit drei Elektroden (*Bild* 41 e) kann der Ausgangsstrom durch den Eingangsstrom gesteuert werden. Diese Stromaussteuerung bedingt eine Steuerleistung im Gegensatz zur Hochvakuumröhre, die leistungslos gesteuert werden kann. Der Transistor benötigt keine Heizleistung, hat besonders kleine Abmessungen, hohe Konstanz seiner Kenndaten und lange Lebensdauer. Da er mit einer geringen Betriebsspannung betrieben werden kann und dabei hohe Ausgangsströme liefert, ist er für viele Regelzwecke Hochvakuumröhren überlegen.

Schalttransistor. Mit Hilfe einer inneren Mitkopplung oder durch Steuerung wird er nur in den Grenzwerten betrieben. Bei höchstem Sperrwiderstand ist der Durchlaßstrom klein, und bei kleinstem Widerstand ist der Spannungsabfall im Halbleiter gering. Die Verluste im Transistor sind daher beide Male klein, und er kann Leistungen bis zum 100fachen Wert der zulässigen Verlustleistung schalten. Da derartige Halbleiter in schnellem Wechsel zwischen Durchlaß und Sperrung mit veränderbarem Tastverhältnis betrieben werden können, lassen sich stetig veränderbare Mittelwerte einstellen. Die Schaltzahl solcher Schalttransistoren ist nahezu unbegrenzt. Der Zeitverzug liegt in der Größenordnung von Mikrosekunden.

Neuentwickelte Vierschicht-Halbleiter und Silizium-Stromtore erweitern den Anwendungsbereich der Halbleiter-Verstärker nach größeren Leistungen. Ihre Wirkung entspricht der von Stromtoren, d.h., der einmal gezündete Strom wird erst beim natürlichen Nulldurchgang unterbrochen.

d) Maschinenverstärker

Ein Vorzug aller Maschinenverstärker besteht darin, daß sie in beiden Stromrichtungen arbeiten und auch die umgekehrte Energierichtung zulassen. Sie eignen sich besonders für Umkehrantriebe und für eine schnelle Entregung eines Magnetfeldes. Sie können mit mehreren Steuerwicklungen ausgerüstet werden, so daß ein Durchflutungsvergleich und galvanisch getrennte Rückführeinflüsse möglich sind. Zur Beurteilung der regelungstechnischen Eigenschaften muß das Verhältnis von Leistungsverstärkung zur Zeitkonstante berücksichtigt werden.

Einstufige Erregermaschine. Die normale einstufige Gleichstromerregermaschine (*Bild* 42 a) hat eine verhältnismäßig kleine zeitbezogene Verstärkung, eine manchmal störende Remanenz und meist eine gekrümmte Magnetisierungskennlinie. Die Zeitkonstante kann durch Vorschalten von ohmschen Widerständen vor den Ein-

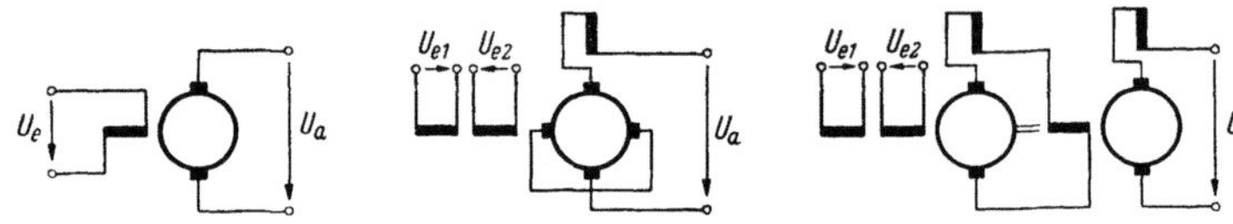

a) Einstufige Erregermaschine   b) Querfeld-Erregermaschine   c) Kaskaden-Verstärkermaschine

Bild 42. Elektromechanische (Maschinen-)Verstärker

gang des Verstärkers auf Kosten der Leistungsverstärkung verkleinert werden. Durch schwach gesättigtes Eisen und vollständig lamellierten, magnetischen Kreis lassen sich die Krümmung der Kennlinie und die Leistungsverstärkung verbessern.

Verstärkermaschine. Die zweistufig ausgeführten Maschinenverstärker werden Verstärkermaschinen genannt; das sind entweder Querfeldmaschinen (Amplidyne) [*58*] oder die Kaskade von zwei zusammengebauten schwach gesättigten Gleichstrommaschinen (*Rapidyne*). Die *Amplidyne* (*Bild* 42 b) ist eine voll kompensierte Querfeldmaschine mit zwei Bürstenpaaren, von denen eines kurzgeschlossen ist und den Erregerstrom für das Hauptfeld liefert. Sie hat sehr hohe Güteziffern. Besonders zu beachten ist das Abgleichen der Kompensation, wobei sich leicht eine Rückwirkung des Ausgangsstromes ergibt und der niederohmige Kreis der Querbürsten infolge der Bürstenübergangswiderstände und des Zustands des Kollektors auf die Verstärkung rückwirken kann. Bei der *Rapidyne* [*59*] (*Bild* 42 c) fallen diese Gesichtspunkte weg. Sie besteht aus zwei auf der gleichen Welle angeordneten Gleichstromgeneratoren mit völlig getrennten magnetischen Kreisen, wobei die Endstufe voll kompensiert ist.

e) Schalt-(Kontakt-)Verstärker

Ein-Aus-Schalter (*Bild* 43 a). Schalter dieser Bauweise werden mechanisch betätigt und nehmen nur eine „Ein"- oder „Aus"-Stellung ein.

Springfederschalter (*Bild* 43 b). Zwei Federschenkel der Springfeder (*1*) stützen sich in einem Schneidenlager (*2*) ab (geringe Reibung). Am Ende des Mittelsteges ist die Feder (*1*) eingespannt. Der Schaltstift (*3*) drückt auf den Mittelsteg zwischen Einspannung und Schneidenlager. Das mit einem Kontaktniet (*6*) versehene freie Federende legt sich entweder an den Ruhekontakt (*4*) oder den Arbeitskontakt (*5*) an; eine Zwischenstellung ist nicht möglich. Der Springfederschalter wird z. B. im Stab-Temperaturregler (s. Kapitel 13, Abschnitt C 2 a) eingebaut. Die Schaltleistung eines solchen Springfederschalters beträgt z. B. 250 V und 2 A (bei Wechselstrom); er ist für kleine Betätigungswege oder -kräfte geeignet und schaltet weggenau – auch bei sehr langsamem, schleichendem Vorschub.

Quecksilberschalter (*Bild* 43c) arbeiten ohne Kontaktdruck und mit einer verhältnismäßig kleinen Kraft. Je nach Stellung des Glasröhrchens, in dem eine Anzahl Kontakte eingeschmolzen sind, werden von einer Quecksilberperle entsprechende Kontakte miteinander verbunden.

Potentiometer (*Bild* 43d) benötigen einen verhältnismäßig hohen Kontaktdruck, um beim Schalten einen geringen Übergangswiderstand zu erhalten.

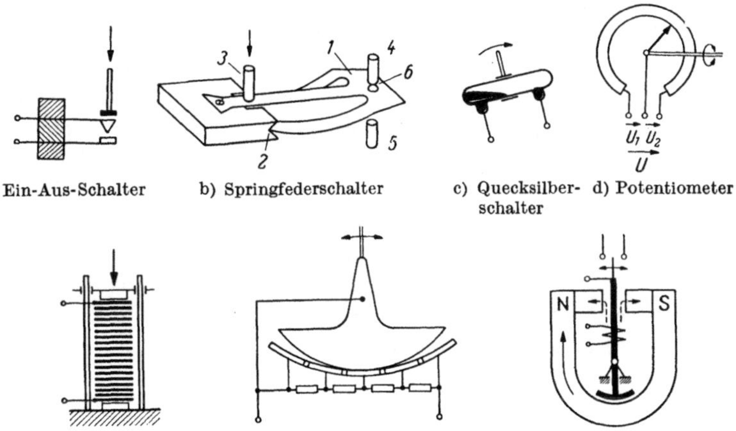

a) Ein-Aus-Schalter b) Springfederschalter c) Quecksilberschalter d) Potentiometer

e) Kohledruckwiderstand f) Wälzkontakt g) Gepoltes Relais

Bild 43. Schalt-(Kontakt-)Verstärker

Der *Kohledruckwiderstand* (*Bild* 43e) besteht aus dünnen aufeinander geschichteten Kohlescheiben, die durch eine Kraft zusammengedrückt werden, wodurch ihr Widerstand geändert wird.

Wälzkontakt (*Bild* 43f). Auf einem als Hohlkollektor ausgebildeten Bogen wälzt sich ein kreissegmentförmiges Kontaktstück ab und schließt mehr oder weniger Teilwiderstände kurz. Um Funken auszuschließen, darf die Leistung je Lamelle einen bestimmten Wert nicht überschreiten.

Gepoltes Relais (*Bild* 43g). Eine vom Eingangsstrom magnetisierte Zunge verstellt sich in einem permanenten Magnetsystem und betätigt dabei Kontakte. Die feinsten Relais haben eine Eingangsleistung von einigen μW. Durch Aufbringen von mehreren Steuerwicklungen ist der Vergleich zwischen Soll- und Istwert in einem Relais auch ohne galvanische Verbindung als Durchflutungsvergleich möglich.

Der Vergleich mit einer Federkraft läßt sich ebenfalls in einem Relais leicht verwirklichen. Da bei langsamer Änderung der steuernden Größe die schleichende Kontaktgabe manchmal zu Schwierigkeiten führt, erhalten die Relais oft eine Kontaktdruckverstärkung durch eine zusätzliche Wicklung, die mit einem Hilfskontakt eingeschaltet wird. Derartige Schaltungen vergrößern aber die Spanne zwischen Einschalt- und Ausschaltstrom, sodaß ein kleines Rückfallverhältnis entsteht. Die Relais, Schütze und Schalter lassen sich durch ihre Leistungsverstärkung und ihre Ansprechzeit kennzeichnen.

f) Lichtelektrischer Verstärker

Beim lichtelektrischen Verstärker (*Bild* 44) trägt die Drehspule (*1*) einen kleinen Spiegel, der ein Lichtbündel auf zwei hintereinandergeschaltete Photozellen (*3*, *4*) reflektiert. Schlägt das Galvanometer aus, so wird eine Photozelle stärker, die andere schwächer belichtet, wodurch sich ihre Widerstände gegensinnig ändern. Die am Steuergitter der Röhre (*5*) auftretende Spannung beeinflußt den Anodenstrom, der über eine Bürde (*6*) und den Widerstand (*7*) fließt. Das Galvanometer wird stromlos und bleibt in der Stellung stehen, in der es einen solchen Anodenstrom eingestellt hat, daß der Spannungsabfall am Widerstand (*7*) gleich der Eingangsspannung U_e ist. Der über die Bürde fließende Strom I_a ist also der Steuerspannung U_e verhältnisgleich. Der Strom ist in gewissen Grenzen unabhängig von der Bürde; die Meßstromquelle wird praktisch nicht belastet.

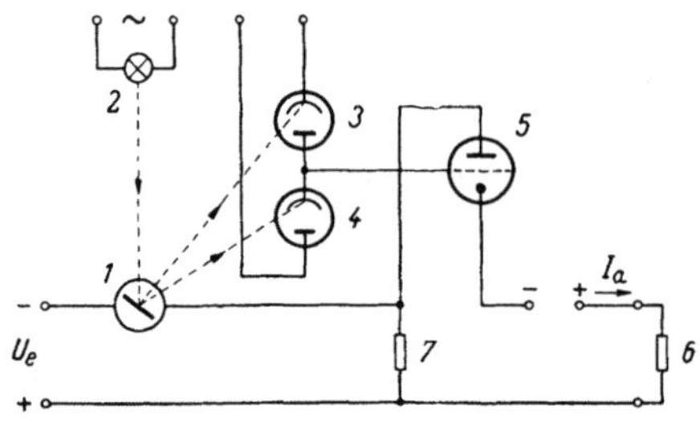

1 Drehspule mit Spiegel
2 Lampe
3, *4* Photozellen
U_e Eingangsspannung
5 Röhre
6 Bürde
7 Kompensationswiderstand
I_a Ausgangsstrom

Bild 44. Lichtelektrischer Verstärker

g) Schwingkreisverstärker

Beim Schwingkreisverstärker mit Transistor (*Bild* 45) ändert das Galvanometer (*1*) mit einer Abschirmfahne (*2*) die Rückkopplung zwischen Kollektor- (*3*) und Emitterspule (*4*) eines Hochfrequenzgenerators. Die Größe der im Schwingkreis erzeugten Hochfrequenzenergie hängt von der Stellung der Abschirmfahne ab. Der in der Kollektorspule induzierte hochfrequente Strom wird über Kondensatoren einem Gleichrichter zugeführt. Der gleichgerichtete Strom fließt über den Widerstand (*5*) durch die am Verstärkerausgang angeschlossene Bürde (*6*). Das Galvanometer bewegt die Abschirmfahne so lange, bis der Strom im Ausgangskreis am Widerstand (*5*) einen Spannungsabfall erzeugt, der gleich der Eingangsspannung U_e ist. Dann ist das Galvanometer stromlos und bleibt in dieser Stellung stehen. Auch hier ist der Ausgangsstrom von Widerständsänderungen des Ausgangskreises unabhängig. Eine ähnliche Anordnung findet man im Schwenkspul-Verstärker mit dem Schwenkspulabgriff (s. *Bild* 35d).

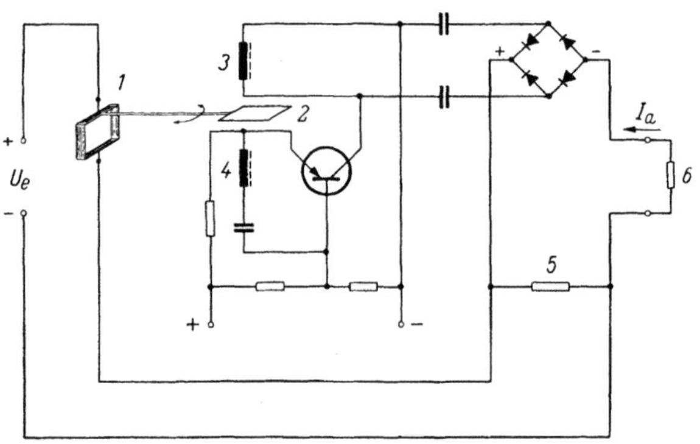

1 Galvanometerrähmchen
2 Abschirmfahne
3 Kollektorspule
4 Emitterspule
5 Kompensationswiderstand
6 Bürde
U_e Eingangsspannung
I_a Ausgangsstrom

Bild 45. Schwingkreisverstärker mit Transistor

h) Zerhackerverstärker

Die bei Gleichspannungsverstärkern störende Nullpunktsdrift läßt sich dadurch vermeiden, daß die Eingangsgleichspannung durch ein mit Wechselspannung, z.B. von Netzfrequenz, erregtes polarisiertes Relais „zerhackt" und diese Spannung über einen Eingangsübertrager einem meist mehrstufigen Wechselspannungsverstärker zugeführt wird. Die verstärkte und dem Eingangssignal proportionale Wechselspannung wird phasengetreu, z.B. durch ein zweites Relais, wieder gleichgerichtet. Durch eine starke Gleichstrom-Gegenkopplung wird eine genaue Abbildung der Eingangsspannung in den Ausgangsgleichstrom erreicht, die dann auch unabhängig von Datenänderungen der verwendeten Bauelemente (z.B. Röhren) ist [77].

i) Vergleich elektrischer Verstärker (s. Tabelle 8)

Die Vielzahl der gebräuchlichen, im Aufbau so verschiedenartigen elektrischen Verstärker ergibt sich aus den stark voneinander abweichenden Forderungen in regelungstechnischer Hinsicht (z.B. Eingangsleistung, Eingangswiderstand, Ausgangsleistung, Verstärkung und Ansprechzeit) und in betriebstechnischer Hinsicht, z.B. Unempfindlichkeit gegen Lage, Erschütterungen und Temperaturschwankungen, Kennlinienkonstanz, Wartung und Lebensdauer. Die Tabelle 8 bringt eine Zusammenstellung der wichtigsten Eigenschaften und Hinweise für die Auswahl auch im Hinblick auf eine Kaskadenschaltung. Bei dieser multiplizieren sich die Verstärkungen der einzelnen Stufen, wogegen sich die Ansprechzeiten nur etwa summieren.

Steuerungscharakter der verschiedenen Verstärker. Die Maschine stellt als Verstärker eine steuerbare Spannungsquelle dar, während Hochvakuumröhren und Transistoren als veränderbare ohmsche Widerstände wirken, also relativ große Leistungsverluste haben; dagegen arbeiten Stromtore, Quecksilberdampf-Stromrichter, Schalttransistoren und Magnetverstärker wie veränderliche Blindwiderstände, haben also bei niedriger Aussteuerung einen schlechten Leistungsfaktor. Sie haben außerdem eine mit der Aussteuerung veränderliche Stromkurvenform. Bei Transistoren sind aber auch Schaltungen möglich, die sowohl die ohmschen als auch die Blindleistungsverluste vermeiden. Diese Eigenschaften sind erst von Bedeutung, wenn die Verstärkerkette auch das Gebiet großer Leistung, also etwa vorhandene Stellglieder des Regelkreises, umfaßt. Dies ist bei Regelungen von elektrischen Maschinen im allgemeinen beabsichtigt, nämlich die einheitliche, in den Einzelgliedern genau aufeinander abgestimmte Verstärkerkette von der Bildung der Regelabweichung bis zur Erregerwicklung der Hauptmaschine.

Kennlinienkonstanz. Bei Magnetverstärkern mit hochwertigen Gleichrichtern ist sie am besten. Die Hochvakuumröhren-, Transistor- und Magnetverstärker werden zur Verkleinerung der Nullpunktverschiebung wenigstens in den Eingangsstufen als Gegentaktverstärker aufgebaut.

Spannungsumkehrung. Während die Gegentaktschaltung im allgemeinen nur eine Verdoppelung des Aufwandes bedeutet, erfordert sie bei Magnetverstärkern die 4- bis 12fache Gesamtbauleistung, je nachdem, ob man eine Durchflutungs- oder eine galvanische Gegentaktschaltung anwendet. Bei der Verstärkermaschine läßt sich die Ausgangsspannung ohne weiteren Aufwand umkehren, wenn die Eingangs-

Tabelle 8. *Einige Regel- und Betriebseigen-*

	Verstärkerart	Eingang Strom A	Eingang Spannung V	Eingang Leistung W	Ausgang Leistung W	Leistungs- verstärkung V_N
Schalter	Gepoltes Relais	10^{-4}—10^{-2}	10^{-2}—10	10^{-4}—10^{-1}	1—10^{2}	10^{4}—10^{6}
	Ungepoltes Relais, Schütz	10^{-2}—10^{2}	10—10^{2}	10^{-1}—10^{4}	10^{2}—10^{6}	10^{2}—10^{3}
	Kaltkathodenröhre	10^{-9}—10^{-4}	10^{2}	10^{-7}—10^{-2}	1—10	10^{3}—10^{7}
Zündwinkelgesteuerte Verstärker	Stromtor (Thyratron)	10^{-6}—10^{-2}	10^{2}	10^{-4}—1	1—10^{4}	10^{3}—10^{6}
	Ignitron	10—10^{2}	10^{2}	10^{3}—10^{4}	10^{5}—10^{6}	10^{2}
	Hg-Stromrichter	10^{-3}—10^{-2}	10^{2}	10^{-1}—1	10^{5}—10^{6}	10^{6}
	Magnetverstärker 50 Hz	10^{-5}—10	10^{-3}—10^{2}	10^{-8}—10^{2}	10^{-5}—10^{6}	10^{4}—10^{5}
	Magnetverstärker 1000 Hz	10^{-4}—10	10^{-3}—10^{2}	10^{-7}—10^{2}	10^{-1}—10^{5}	10^{4}—10^{6}
Stetige Verstärker	Hochvakuumröhre	10^{-14}—10^{-5}	10^{-1}—10	10^{-16}—10^{-4}	10^{-6}—10	10^{5}—10^{10}
	Transistor	10^{-6}—1	10^{-2}—1	10^{-7}—1	10^{-3}—10^{2}	10^{2}—10^{4}
	1 stufige Gleichstrommaschine	1—10^{2}	10^{2}	10^{2}—10^{4}	10^{3}—10^{7}	10—10^{3}
	2 stufige Verstärkermaschine	10^{-1}—1	10	1—10	10^{3}—10^{4}	10^{3}—10^{4}
	Photoelektrischer Verstärker	10^{-7}—10^{-4}	10^{-5}—10^{-2}	10^{-13}—10^{-12}	10^{-2}	10^{10}—10^{11}
	HF-Schwingkreis- oder Schwenkspul-Verstärker	10^{-5}—10^{-3}	10^{-2}—10^{-3}	10^{-9}—10^{-7}	10^{-2}	10^{5}—10^{7}
	Zerhackerverstärker	10^{-10}—10^{-3}	10^{-4}—1	10^{-14}	10^{-2}	10^{9}

[1]) Zeit bis zum Erreichen von 63% des Endwertes

schaften der wichtigsten elektrischen Verstärker

Ansprechzeit [1]) T s	Zeitbezogene Verstärkung V_N/T s^{-1}	Mehraufwand für Richtungswechsel	Lebensdauer	Bemerkungen
10^{-3}–10^{-2}	10^{7}–10^{9}	0	10^{7}–10^{8} *	Konstanter Ansprechwert, fallweise wartungsbedürftig
10^{-2}–10^{-1}	10^{4}–10^{5}	2fach	10^{6}–10^{8} *	Fallweise wartungsbedürftig
10^{-4}–10^{-1}	10^{6}–10^{8}	2fach	10^{8}–10^{10} *	Praktisch temperaturunabhängig, Veränderlichkeit des Ansprechwertes beachten!
10^{-2} ***	10^{5}–10^{8}	2fach	10^{4} **	Anheizzeit und Kennlinienwanderung beachten! Bei Hg-Füllung Umgebungstemperatur von Einfluß
10^{-2} ***	10^{4}	2fach	10^{4} **	Lage-, temperatur- und erschütterungsabhängig
10^{-2} ***	10^{8}	2fach	10^{5} **	
10^{-2}–1	10^{3}–10^{5}	4 bis 12fach	10^{5} **	Sehr gute Kennlinienkonstanz, erschütterungsunempfindlich, keine Wartung
10^{-3}–10^{-1}	10^{5}–10^{6}	4 bis 12fach	10^{5} **	
10^{-8}–10^{-2}	10^{8}–10^{13}	2fach	10^{4} **	Praktisch temperaturunabhängig, Kennlinienwanderung beachten!
10^{-5}–10^{-7}	10^{11}	2fach	10^{5} **	Kennlinie temperaturabhängig. Zulässige Betriebstemperatur (bei Si höher als bei Ge) beachten!
10^{-1}–1	10^{2}	0	10^{5} **	Übliche Maschinenwartung. Remanenz und Sättigung beachten!
10^{-1}–1	10^{4}	0	10^{5} **	Übliche Maschinenwartung. Einfluß des Kommutators auf die Kennlinie
1	10^{11}	0	10^{4} **	Lage- und erschütterungsempfindlich. Gute Nullpunktskonstanz
10^{-1}–1	10^{8}–10^{9}	0	10^{4} **	
1	10^{9}	0	10^{4} **	Fallweise wartungsbedürftig. Gute Nullpunkts- und Kennlinienkonstanz

* Anzahl der Schaltspiele ** Betriebsstunden *** für 50 Hz Speisefrequenz

spannung umpolt; allerdings ist der Nullpunkt infolge Remanenz der Maschine nicht eindeutig. Diese Schwierigkeit wird durch Kaskadenschaltung eines Gegentakt-Magnetverstärkers und einer Verstärkermaschine überwunden.

Kaskaden verschiedener Verstärkerarten. Kaltkathodenröhre, Stromtor und Ignitron ergeben in Kaskadenschaltung eine Leistungsverstärkung bis zu 10^{13} bei einer gesamten Ansprechzeit von Bruchteilen einer Sekunde. Für kontinuierliche Verstärker bringt die Kaskade aus Hochvakuumröhre, Stromtor und Stromrichter die kürzeste Ansprechzeit. Für einen niederohmigen Eingang können Transistoren als Vorstufen vor einem Stromrichter günstiger sein.

Lebensdauer. Hinsichtlich Ansprechzeit und zulässiger Schaltzahl sind die Kaltkathodenröhren den Relais überlegen. Ihre Ausgangsleistung ist jedoch gering, so daß meist Stromtore oder Relais die weitere Verstärkung übernehmen müssen. Das Stromtor erfordert im Gegensatz zur Kaltkathodenröhre eine dauernde Heizung der Glühkathode und hat damit eine begrenzte Betriebsdauer. Die Anzahl der Schaltungen innerhalb seiner Lebensdauer ist aber praktisch unbegrenzt. Das Ignitron (zündstiftgesteuerter Quecksilberdampf-Stromrichter) tritt als Schalter für wesentlich größere Leistungen neben die Schütze und wird dort verwendet, wo die Schaltzahl der Schütze nicht mehr ausreicht. Seine Schaltzahl ist zwar infolge Abnutzung der Zündstifte auch nicht unbegrenzt, aber doch etwa um zwei Größenordnungen höher als bei Schützen großer Leistung. Für Wechselstrom wird die Antiparallelschaltung zweier Ignitrons benutzt. Der Quecksilberdampf-Stromrichter, insbesondere mit pumpenlosen Eisengefäßen, ist ein sehr betriebssicheres Gerät und stellt nur hinsichtlich Einhaltung der Betriebstemperatur größere Ansprüche. Die größte Lebensdauer erwartet man von Magnetverstärkern und Transistoren.

2. Mechanische Verstärker [*60*]

a) Kupplungen

Reibungskupplung. Ein Beispiel für diese Bauart ist die Scheibenkupplung (*Bild* 46 a).

Magnetpulverkupplung (*Bild* 46 b). Sie ist eine in ihrem Drehmoment steuerbare elektromagnetische Reibungskupplung [*60*]. Das Übertragungsmittel ist Eisenpulver. Das zwischen Außen- und Innenteil der Kupplung durch das Pulver übertragene Drehmoment ist vom Erregerstrom etwa linear abhängig und vom

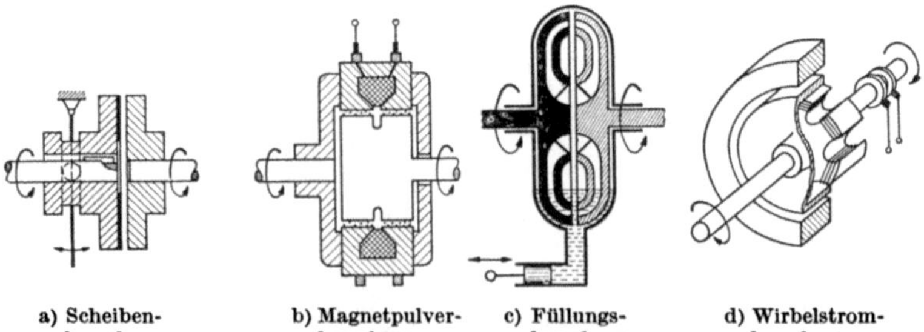

a) Scheibenkupplung b) Magnetpulverkupplung c) Füllungskupplung d) Wirbelstromkupplung

Bild 46. Kupplungen

Schlupf der Kupplung praktisch unabhängig. Das Restmoment ist etwa 1% des Nennmomentes. Für die Drehzahlregelung, bei der dauernd Schlupf auftritt, ist die Magnetpulverkupplung wegen der Erwärmung und des Verschleißes nicht geeignet.

Die Doppelsteuer-Magnetpulverkupplung ermöglicht das Umsteuern der Drehrichtung der Ausgangswelle bei dauernd durchlaufendem Motor.

Füllungskupplung (*Bild* 46c). Durch Verändern der Füllung mit Hilfe einer Kolbenbewegung wird der Schlupf zwischen antreibendem und angetriebenem Teil kontinuierlich verstellt.

Wirbelstromkupplung (*Bild* 46d). Das Drehmoment wird ohne Reibung bei Erregung des Magnetfeldes über einen Luftspalt zwischen den beiden Kupplungsteilen durch induzierte Wirbelströme erzeugt. Das Restmoment ist daher praktisch Null, der Restschlupf beträgt bei Nennmoment 5 bis 10%. Durch besondere Kühlung (Wasser, Öl) kann Dauerbetrieb mit niedrigeren Drehzahlen, also hohem Schlupf, ermöglicht werden.

b) Getriebe

Wendegetriebe (*Bild* 47a). Dieses ist nur für den „Ein“-„Aus“-Betrieb geeignet; es läßt den Wechsel der Energierichtung zu.

Stufenloses Getriebe (*Bild* 47b). Die Drehzahl wird durch wechselseitiges Annähern bzw. Entfernen der Kegelscheibenpaare geändert und das Drehmoment von einem Keilriemen oder einem Kettenband übertragen.

Reibradgetriebe (*Bild* 47c). Die Reibrolle ist mit der Reibscheibe kraftschlüssig verbunden und gleichzeitig verschiebbar angeordnet. Die Drehzahl kann von Null

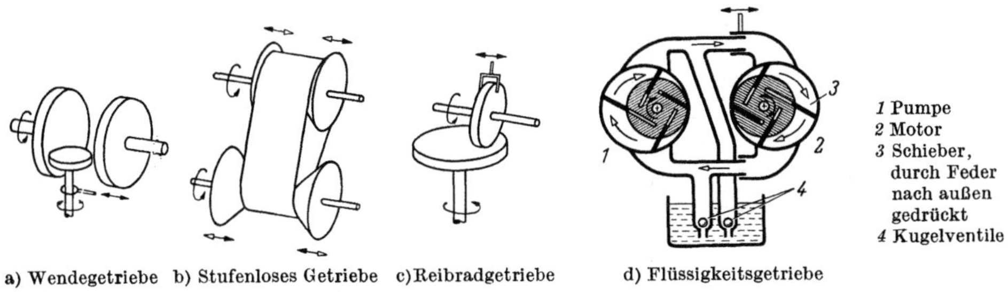

Bild 47. Getriebe

bis zu einem Maximum stufenlos verstellt werden. Wird die Reibrolle über den Mittelpunkt der Reibscheibe geschoben, dann wird die Abtriebsdrehrichtung umgekehrt.

Flüssigkeitsgetriebe (*Bild* 47d). In der Pumpe (*1*) rotiert ein von außen angetriebener Körper, der exzentrisch zur Mitte des Gehäuses gelagert ist. Öl wird von einem Behälter angesaugt und in den Motor (*2*) gedrückt, wo es den exzentrischen Läufer antreibt. Durch Verändern der Exzentrizität der Pumpe wird das Fördervolumen der Pumpe und damit bei konstanter Antriebsdrehzahl auch der Förderstrom sowie die Abtriebsdrehzahl des Motors verändert. Die Abtriebsdrehzahl läßt sich aber auch durch Ändern der Exzentrizität des Motors oder des Motors und der Pumpe gemeinsam variieren. Ein Umkehren der Abtriebsdrehrichtung ist ebenfalls möglich [*62*].

c) Drehmomentverstärker

Mechanische Drehmomentverstärker (*Bild* 48) sind Reibungskupplungen, bei denen ein schwaches Eingangsdrehmoment an Welle (*8*) über Bremsbänder (*1*) und (*2*) ein starkes Ausgangsdrehmoment an der Kupplung (*7*) steuert. Der Antriebsmotor (*5*) treibt über Getriebe (*6*) die Bremstrommeln (*3*) und (*4*) gegenläufig an. Die Bremstrommeln sind auf der Welle (*7*) frei drehbar gelagert und umschließen die Bremsbänder (*1*) und (*2*). Die Enden der Bremsbänder sind einerseits an den Zapfen (*10*) und (*11*) der Abtriebswelle (*7*), andererseits an den Zapfen (*12*) und (*13*) der Steuerwelle (*8*) befestigt. Die Eingangswelle (*8*) ist leicht drehbar in der als Hohlwelle ausgebildeten Abtriebswelle (*7*) gelagert und greift mit einem Arm (*14*), der die Zapfen (*12*) und (*13*) trägt, durch eine Öffnung der Hohlwelle hindurch. Man kann etwa 15fache Drehmomentverstärkung bei 25 W maximaler Abtriebsleistung erzielen.

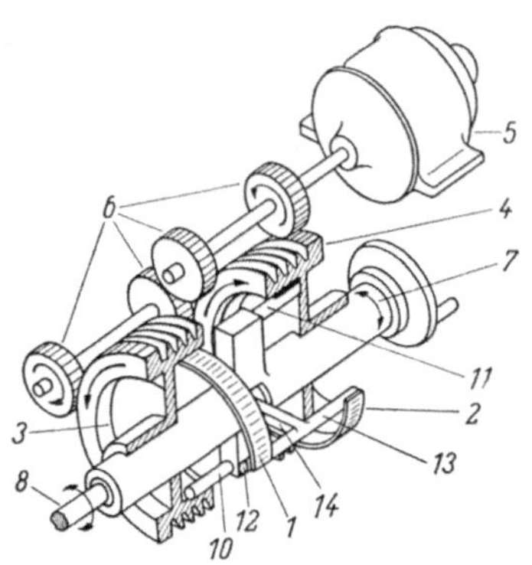

1, *2* Bremsbänder
3, *4* Bremstrommeln
5 Antriebsmotor
6 Getriebe
7 Abtriebswelle
8 Steuerwelle
10, *11* Abtriebszapfen
12, *13* Steuerzapfen
14 Steuerarm

Bild 48. Mechanischer Drehmomentverstärker

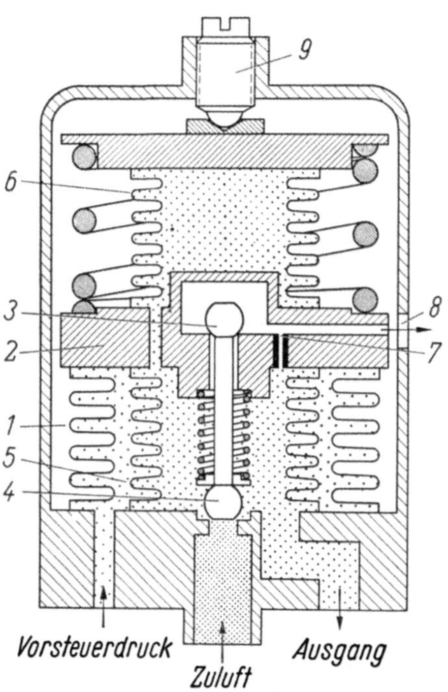

1 Äußerer unterer Balg
2 Zwischenplatte
3, *4* Kugelventile
5 Unterer Innenbalg
6 Oberer Balg
7 Soll-Leck
8 Luftauslaß
9 Einstellschraube

Bild 49. Pneumatischer Verstärker

3. Pneumatische Verstärker [*30*, *41*, *63*]

Der Verstärker (*Bild* 49) erfüllt zwei Aufgaben: Er verstärkt den von der Düse gelieferten Vorsteuerdruck statisch und stellt große Luftleistungen zur Verfügung.

Der von einem pneumatischen Abgriff (s. *Bild* 33) erzeugte Vorsteuerdruck wirkt auf den äußeren, unteren Balg (*1*). Bei steigendem Vorsteuerdruck bewegt sich die Zwischenplatte (*2*) nach oben und steuert über Kugelventile (*3*, *4*) den Luftdruck im unteren Innenbalg (*5*) und im nur wenig größeren oberen Balg (*6*) selbsttätig so, daß sich eine gleich große Gegenkraft einstellt. Dieser Ausgangsdruck ist dann der Steuerdruck für das Stellglied. Die Verstärkung ist durch das Verhältnis der wirksamen Flächen der Faltenbälge gegeben. Einige hundertstel Atmosphären Druckänderung des Vorsteuerdruckes genügen, um den Ausgangsdruck zwischen 0 und 1 kp/cm² zu ändern und maximale Luftleistung 50 Nl/min zu liefern. Im Gleichgewichtszustand beträgt der Luftverbrauch etwa 1,5 Nl/min. Mit der Stellschraube (*9*) wird der Arbeitspunkt des Verstärkers eingestellt.

4. Hydraulische Verstärker [*64, 65*]

Sie arbeiten mit einer Druckflüssigkeit, meistens Öl, als Träger der Hilfsenergie. Durch geringe Verstellung eines Steuerkolbens wird die Druckflüssigkeit in der einen oder anderen Richtung freigegeben. Im Vergleich zum Arbeitsvermögen der Druckflüssigkeit sind Masse und Verstellweg des Steuerkolbens sehr klein. Wenn man darauf achtet, daß die Rohrleitungen und Verstellzylinder sich nicht merkbar ausdehnen können und keine Luft- oder Gaseinschlüsse vorhanden sind, erhält man sehr kleine Ansprechzeiten und große Verstärkung. Je nach der Art der auf den Steuerkolben wirkenden Steuergröße unterscheidet man

mechanisch/hydraulische Übertragung,
hydraulisch/hydraulische Übertragung,
elektrisch/hydraulische Übertragung.

Beim mechanisch betätigten Steuerkolben (*Bild* 50a) für einen gewichtsbelasteten Stellzylinder ist der Steuerkolben vom Flüssigkeitsdruck entlastet. Der Stellzylinder kann sich durch den Druck des auf dem Zylinderkolben lastenden Gewichtes entleeren.

Bild 50b zeigt einen Steuerkolben, der durch Öldruck betätigt wird und zur Steuerung eines doppeltwirkenden Stellzylinders dient. Auf den Steuerkolben wirken zwei Kräfte, von oben der Druck der Flüssigkeit, der die Steuerung bewirkt, von unten eine Federkraft. Bei einem bestimmten Steuerdruck ergibt sich Gleichgewicht in der Mittellage, bei dem die beiden Ausgangsleitungen verschlossen sind. Bei abweichenden Drücken verschiebt sich der Steuerkolben, und es wird von der Pumpe geförderte Druckflüssigkeit in die eine der Zuleitungen zum Stellzylinder geleitet, während die andere Leitung mit dem Ablauf verbunden wird.

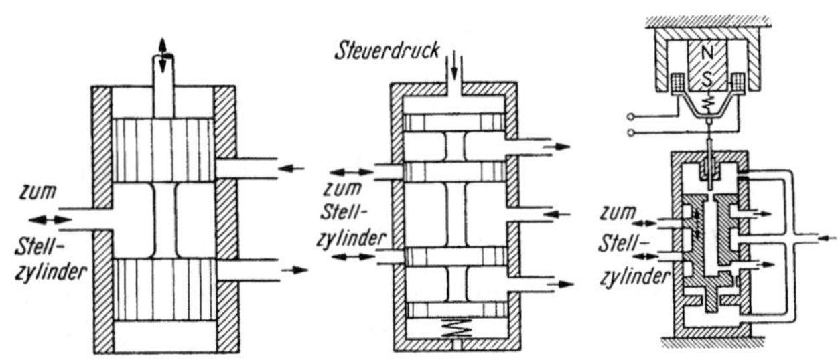

a) Mechanisch betätigter Steuerkolben für gewichtsbelasteten Stellzylinder
b) Hydraulisch betätigter Steuerkolben
c) Elektrisch-hydraulischer Steuerkolben

Bild 50. Hydraulische Verstärker

Bei der elektrisch-hydraulischen Übertragung ist das den Ölfluß steuernde Stellorgan mit einer Magnetspule in einer Baueinheit verbunden. Als Spule kann ein Solenoid mit Eisenkern oder eine Tauchspule benutzt werden (*Bild* 50c). Eine solche Tauchspule, die eine Vorsteuerhülse verstellt, kann ihrerseits den Eingangskreis eines Verstärkers nach *Bild* 50b beeinflussen. Häufig werden der Kolben der Vorsteuerhülse und der Steuerkolben des nachgeschalteten Verstärkers als Baueinheit direkt zusammengebaut, so daß der Steuerkolben genau den Bewegungen der Vorsteuerhülse folgt, aber eine erheblich größere Kraft ausüben kann. Bei einer solchen Anordnung handelt es sich also um eine Kaskade von zwei hydraulischen Verstärkern. Zum Beseitigen von Reibungsmomenten der Ruhe kann der Steuerkolben durch einen Hilfsmotor in ständiger Drehbewegung gehalten werden. Die Druckflüssigkeit wird meist durch Zahnradpumpen zugeführt.

Ein Stellzylinder kann auch von einem Strahlrohr (s. *Bild* 34a) betätigt werden.

E. Stellmotoren

1. Hydraulische Stellmotoren

Drehkolben (*Bild* 51). Durch Zuführen von Drucköl auf die eine oder andere Seite eines Drehflügels wird ein Drehmoment erzeugt. Seine Größe und die Stellgeschwindigkeit hängen von den Abmessungen des Kolbens und der Leistung der Pumpe ab. Das Drucköl wird von einem Doppelkolben gesteuert, der seinerseits wieder hydraulisch oder elektrisch bewegt wird. Man arbeitet entweder mit einer Ölpumpe, die auch im Ruhezustand unter Druck steht oder mit zwei Pumpen, die nur während der Verstellung auf Gegendruck arbeiten, so daß der Verbrauch an Hilfsenergie geringer ist [*65*].

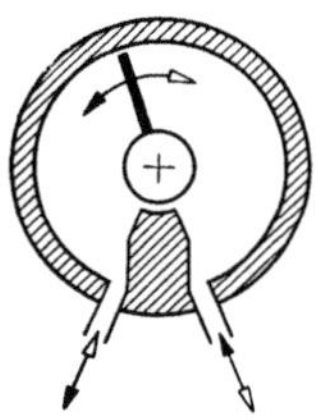

Bild 51
Drehkolben

Hubstellkolben. Zum geradlinigen Verstellen eines Stellorganes (z.B. Elektroden eines Lichtbogens) werden Stellkolben mit Dichtungsmanschetten in Zylindern von Druckwasser bis zu 100 atü einseitig beaufschlagt und über Wege von einigen Metern bei Geschwindigkeiten bis zu 150 mm/s bewegt. Die Gegenkraft bildet hier das Gewicht der Elektrode.

2. Pneumatische Stellmotoren

a) Federbelasteter Membranantrieb für Ventile (s. Tabelle 9)

Eine Gummimembran, die einseitig vom Luftdruck beaufschlagt wird, bewegt gegen die Kraft einer Rückstellfeder die Ventilspindel. Diese Antriebe eignen

Tabelle 9. *Beispiele für pneumatische Membranantriebe*

Ausführungsart	Wirksame Membranfläche	Volumen in Endlagen	Stellkraft bei 1% Stellabweichung		Stellweg	Stellzeit	
			ohne Stellwerk	mit Stellwerk		ohne Stellwerk	mit Stellwerk
	cm^2	cm^3	kp	kp	cm	s	s
Einfachwirkend, federbelastet	300	900/1600	2,5	60 [1])	2,0	5 [2])	5 [3])
	600	1600/3500	5	120 [1])	3,5	10 [2])	10 [3])
	1200	3000/11000	10	240 [1])	7,5	30 [2])	20 [3])
Doppeltwirkend, federlos	300	900/1600	—	600 [4])	2,0	—	2 [4])
	600	1600/3500	—	1200 [4])	3,5	—	6 [4])
	1200	3000/11000	—	2400 [4])	7,5	—	20 [4])

[1]) Mindestwerte.
[2]) Bei 1 m Leitung von 4 mm Innendurchmesser zwischen Regler und Stellantrieb. Zuluftdruck am Regler 1,4 kp/cm², Arbeitsbereich des Stellantriebes 0,2 bis 1 kp/cm². Regler (mit Verstärker s. Bild 49) ausgesteuert.
[3]) Zuluftdruck am Stellwerk 1,4 kp/cm². Arbeitsbereich des Stellantriebes 0,2 bis 1 kp/cm². Stellwerk (mit Verstärker s. Bild 49) ausgesteuert.
[4]) Zuluftdruck am Stellwerk 2,0 kp/cm². Stellwerk (mit Verstärker s. Bild 49) ausgesteuert.

sich für kleine Verstellkräfte und gehen bei Luftausfall mit Federkraft in Sicherheitsstellung („Auf“ oder „Zu“) (*Bild* 52a bis c). Federlose Antriebe haben zwei Membranen, die vom Luftdruck gegensinnig beaufschlagt werden. Es lassen sich große Verstellkräfte erreichen, doch ist keine eindeutige Sicherheitsstellung mög-

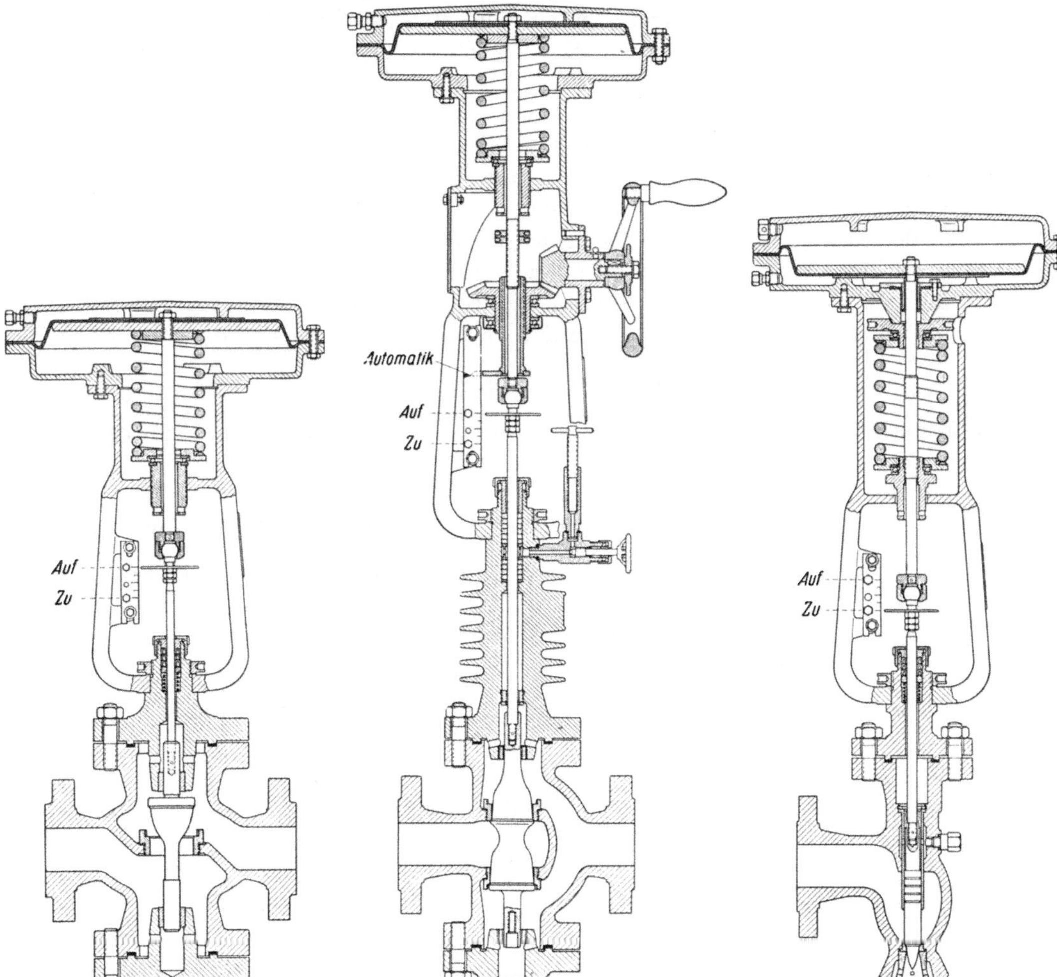

a) Direktwirkender, nicht reversierbarer Membranantrieb (Druckluft schließt) mit Durchgangs-Einsitzventil

b) Direktwirkender Membranantrieb mit Handverstellung (Druckluft öffnet) mit Durchgangs-Doppelsitzventil

c) Reversierbarer Membranantrieb mit Eckventil

Bild 52. Pneumatische Membranantriebe mit Ventilen, 35 mm Hub

lich. Die Membranen der Antriebe sind weitgehend öl- und benzinbeständig. Der Temperaturbereich erstreckt sich von – 30 bis + 100 °C. Der zulässige Betriebsdruck in der Membrankammer beträgt 3 kp/cm².

Bei einer Druckänderung über der Membran von 0,2 bis 1 kp/cm² wird der volle Stellweg durchlaufen. Der Wert 0,2 kp/cm² ist durch Ändern der Federvorspannung einstellbar. Die Federvorspannung bewirkt, daß bei Druckabfall die Endstellung erreicht wird. Zum Vermeiden von Reibung und zum Erhöhen der Betriebssicherheit haben die Antriebe keine Lagerungen und Führungen. Antrieb und Ventil sind durch ein Kugelgelenk gekuppelt, das auch Verlagerungen ausgleicht, um die Reibung an der Stopfbuchse nicht zu erhöhen.

An einem Stellungsanzeiger ist die jeweilige Ventilstellung sichtbar. Bei Eckventilen und bei Dreiwegeventilen läßt sich die jeweilig geforderte Sicherheitsstellung durch Reversieren im Ventil nicht erreichen. Manchmal läßt auch der aggressive Charakter des Stoffes, der durch das Ventil strömt, ein Öffnen und Reversieren der Ventile nicht zu. In diesen Fällen ist ein reversierbarer Antrieb erforderlich. Hierzu werden nur die Druckluftanschlußstellen vertauscht und die Membran mit Teller herausgenommen und um 180° geschwenkt wieder eingesetzt.

Mit der Handverstellung kann jederzeit die augenblickliche Stellung des Ventils durch Drehen am Handrad geändert werden. Auch ein Steckenbleiben des Ventils, z.B. durch Verkoken, kann mit der Handverstellung zwangsweise überwunden werden. Membranantriebe werden auch ohne Handverstellung gebaut.

b) Antriebe mit Stellwerken

Weiterhin ist es möglich, alle Antriebe mit pneumatischen oder elektro-pneumatischen *Stellwerken* auszurüsten (*Bilder* 53a und b). Die Stellung des Ventilschaftes (*4*) wird dabei über ein Gestänge (*3*) und eine Torsionsfeder als ein Drehmoment an die Kraftwaage übertragen und gegen das Moment des Eingangs-

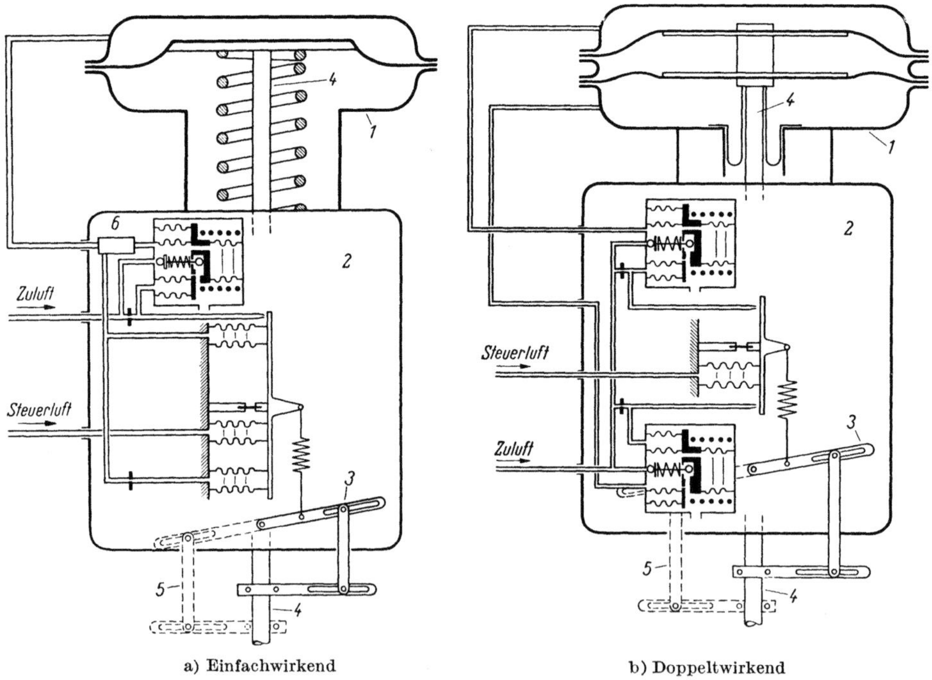

a) Einfachwirkend b) Doppeltwirkend

1 Membrangehäuse *3* Gestänge *5* Reversierte Stellung
2 Stellwerk *4* Ventilschaft *6* Puffervolumen

Bild 53. Stellwerke mit Membranantrieben

signals ausgewogen. Als pneumatischer Verstärker wird ein Verstärker nach *Bild* 49 verwendet.

Das *Stellwerk für federbelastete Membranantriebe* (*Bild* 53a) erhält durch eine Rückführung ein integrales Zeitverhalten, wodurch die Stabilität sehr rascher Regelungen entscheidend verbessert werden kann. Durch Parallelschalten eines zweiten pneumatischen Verstärkers kann die Stellgeschwindigkeit verdoppelt werden, so daß z.B. bei einem 35-mm-Antrieb Stellzeiten von etwa 4 s möglich sind.

Federlose Membranantriebe werden immer mit Stellwerk (*Bild* 53b) ausgerüstet, da in diesem Fall das Stellwerk gleichzeitig die Aufgabe übernimmt, das Einwegsignal des Reglers in Signale für die obere und untere Membrankammer umzuwandeln. Dieses Stellwerk arbeitet auch mit zwei pneumatischen Verstärkern. Die Gegenläufigkeit der Ausgangsdrücke wird dabei durch die Steuersignale zweier Düsen erreicht, die an gegenüberliegenden Seiten der Kraftwaage angreifen [*41*].

Bei sämtlichen Stellwerken kann der Eingangsbalg durch eine Tauchspule ersetzt und so der Antrieb elektro-pneumatisch gesteuert werden.

Pneumatische Ventilstellungsrückmelder haben die umgekehrte Wirkungsweise wie Stellwerke.

3. Elektrische Stellantriebe

a) Allgemeines

Elektrische Stellmotoren dienen dazu, z.B. Walzspalte bei Walzgerüsten, Elektroden von Lichtbogenöfen, Ventile, Klappen, Stelltransformatoren oder Widerstände zu verstellen. Sie haben ein integrales Verhalten, d.h. solange die Eingangsspannung vorhanden ist, wird die Verstellung fortgesetzt, bis der Endanschlag oder vorher schon eine Hubbegrenzung erreicht ist. Stellmotoren sollen schnell umgesteuert werden können; ihr Maximaldrehmoment soll bei der Drehzahl Null liegen, um ein sicheres Anfahren der meist mit Reibung behafteten Stellorgane aus der Nullage zu gewährleisten. Wenn das Schwungmoment des Motors sehr klein ist, können Drehmomentschalter oder Endschalter entfallen. Der Motor muß so überlastbar sein, daß er bei voller Steuerspannung unbegrenzte Zeit in der Endlage stehen kann. Außerdem verlangt man von einem Stellmotor eine hohe Betriebssicherheit, z.B. keine Teile, die einem raschen Verschleiß unterliegen.

Stellmotoren müssen im allgemeinen in beiden Drehrichtungen arbeiten. Die einfachen Ausführungen haben etwa konstante Stellgeschwindigkeit, wenn man vom Anlauf und Abbremsen absieht. Für schnelle Regelungen muß die Drehzahl einstellbar sein, und es ist wichtig, daß die Anlauf- und Bremszeiten genügend kurz sind. Es empfiehlt sich, Stellmotoren mit Bremslüftern auszurüsten. Zum Steuern der Motoren dienen Schütze, Magnetverstärker, Stromtore, Transistoren und steuerbare Quecksilberdampf-Gleichrichter.

b) Elektrische Stellmotoren

Gleichstrommotoren. Sie haben Reihenschlußerregung oder Fremderregung. Zur Umkehr der Drehrichtung muß entweder die Ankerspannung allein oder die

Erregung allein umgekehrt werden. Eingeschaltet wird durch Schütze, wobei das Anlaufmoment bis zum 5fachen des Nenndrehmomentes betragen kann. Zum Bremsen kann man die Ankerspannung umkehren oder den Anker auf einen Bremswiderstand schalten. Für schnelle Regelungen wird die Ankerspannung durch LEONARD-Umformer oder Stromrichter verstellt, die auch als Wechselrichter arbeiten.

Mehrphasen-Induktionsmotoren. Es kommen normale Käfigläufer oder Läufer mit erhöhtem Innenwiderstand in Betracht; bei großen Leistungen werden auch Drehstrom-Schleifringläufer mit außenliegendem festem Widerstand benutzt. Gebremst wird entweder durch Einschalten des Ständers an eine Gleichstromquelle (Gleichstrombremsung) oder bei Drehstrom durch Umkehren der Phasenfolge (Gegenstrombremsung). Motoren kleiner Leistung werden vielfach als Zweiphasenmotoren ausgeführt. Die eine Wicklung erhält eine umkehrbare Wechselspannung, die andere eine um 90° versetzte feste Wechselspannung, die entweder über Kondensatoren an die gleiche Netzphase oder bei Drehstromnetzen an die dritte Phase und Null angeschlossen ist. Bei kleinen Motoren läßt man diese zweite Phase dauernd am Netz, da sie allein kein Drehmoment erzeugen kann.

Der FERRARIS-*Motor* besteht aus einem genuteten Ständerblechpaket, das die Wicklung trägt. Den magnetischen Schluß bildet ein feststehender, mit dem Ständer zusammenmontierter Eisenblechkern. In dem Luftspalt zwischen beiden Teilen ist als Läufer eine eisenfreie Aluminiumtrommel angeordnet, wodurch sich ein Minimum des Schwungmomentes erreichen läßt.

c) Stellgetriebe [*66*, *67*] (s. Tabelle 10)

Bei Stellantrieben kommt es darauf an, Drehmomente bei verhältnismäßig kleinen Drehzahlen und begrenzten Drehwinkeln, jedoch in ständig wechselnder Drehrichtung zu erzeugen.

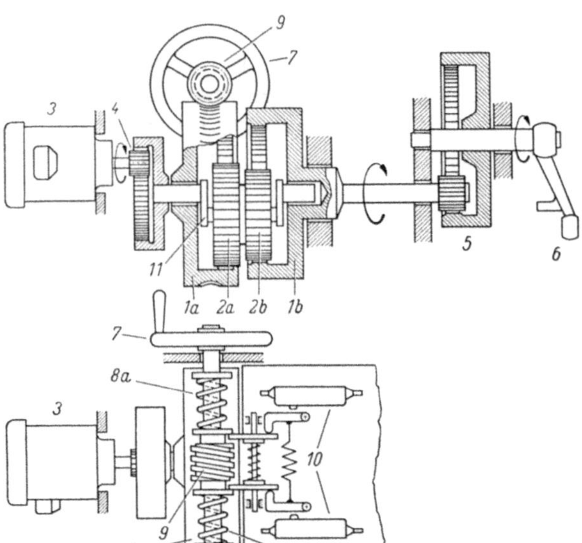

1 Topfräder (*a* und *b*) des Planetengetriebes
2 Umlaufräder (*a* und *b*) des Planetengetriebes
3 Antriebsmotor
4 Stirnrad-Vorgelege
5 Innen-Stirnradgetriebe
6 Abtriebshebel
7 Handrad
8 Druckfedern (*a* und *b*)
9 Schnecke
10 Elektrische Schalter für drehmomentabhängige Betätigung
11 Achse der Umlaufräder

Bild 54. Getriebeaufbau eines 10-mkp-Stellantriebes (Klappenantrieb in Grund- und Aufriß)

Klappenantriebe haben auf der Abtriebswelle einen Hebel zum Betätigen der Klappe. Bei *Ventilantrieben* wird eine Gewindespindel gedreht. Ein *Schubantrieb* verstellt eine schiebende Ventilspindel.

Weiterhin wird eine Selbsthemmung des Getriebes oder eine Sperrung durch Bremse gefordert, um Rückwirkungen von Ventilen oder Klappen auszuschalten. Die Verstellmöglichkeit des Antriebes muß außerdem durch ein Handrad möglich sein, um z.B. bei Ausfall der elektrischen Netzversorgung das Stellglied zu betätigen. Die meist üblichen wegabhängigen Endlagenschalter lassen sich nicht so feinfühlig einstellen, daß ein Ventil wirklich dicht schließt, ohne daß dabei Getriebeteile oder der Antriebsmotor überlastet werden. Man verwendet dann drehmomentabhängige Schalter.

Diese Forderungen lassen sich mit einigen Planetengetriebearten recht gut erfüllen. Wählt man z.B. ein Planetengetriebe (*Bild* 54) mit feststehendem Hohlrad bzw. Topfrad (*1*), dessen Außenseite man mit einem Schneckenkranz versieht, so kann man dieses Hohlrad über eine Schnecke (*9*) mit einem Handrad (*7*) verstellen und dadurch z.B. bei stillstehendem Motor den Abtriebshebel (*6*) von Hand betätigen. Die Handverstelleinrichtung des Getriebes ist immer einsatzbereit, ohne daß die Handradwelle erst gekuppelt werden muß. Das Handrad läuft bei Motorbetrieb nicht um.

Ordnet man die Schnecke auf der Handradwelle nicht starr an, sondern entgegen Federkräften axial verschiebbar, so kann man die Schneckenbewegung in Achsrichtung dazu ausnutzen, den Motor abhängig vom Drehmoment abzuschalten (*10*). Die Axialverschiebung der Schnecke kommt dadurch zustande, daß sich die Zähne des Planetenrades (*2a*) auf dem Hohlrad (*1a*) abstützen und dieses zu verdrehen versuchen. Dabei nimmt das Hohlrad (*1a*) die durch Federn (*8a, b*) in seiner Mittellage gehaltene Schnecke in axialer Richtung mit, und zwar so weit, bis das von den Federn ausgeübte Drehmoment dem Rückdrehmoment gleich ist.

Es ist möglich, mit diesen Getrieben einen großen Untersetzungsbereich zu überstreichen, ohne daß sich dadurch die äußeren Baumaße des Planetengetriebes ändern. So kann man mit dem Planetengetriebe (*Bild* 54) Untersetzungen zwischen $ü = 17:1$ bis $ü = 3200:1$ allein durch Ändern der Anzahl der Zähne ausführen.

Tabelle 10. *Beispiele für elektromotorische Stellantriebe*

Stellmoment [1] mkp	Stellkraft [2] kp	Stellwinkel max [1] ∢°	Stellweg [2] max. cm	Stellzeit [3] s
2	500	120	2; 3,5 u. 7,5	60
6	1500	120	2; 3,5 u. 7,5	60
15	3750	120	2; 3,5 u. 7,5	60
30	—	120	—	60
60	—	120	—	60
100	—	120	—	60
250	—	120	—	60

[1] Bei drehendem Abtrieb
[2] Bei schiebendem Abtrieb
[3] Bei maximalem Stellweg

4. Hubmagnet

Durch einen elektrischen Strom wird ein magnetischer Zustand geändert und eine Kraft bzw. eine Bewegung hervorgerufen. Diese Änderung bedingt den Auf- oder Abbau von Energie und erfordert eine gewisse Zeit. Hubmagnete mit Wechselstromspeisung haben Zeitverzüge von etwa einer Halbwelle des speisenden Wechselstromes. Gleichstrommagnete weisen wesentlich größere Zeitverzüge auf. Durch bestimmte Maßnahmen (z. B. Form der Polschuhe, Kurzschlußringe) können der Verlauf der Hubkraft längs des Weges und auch der Zeitverzug beeinflußt werden.

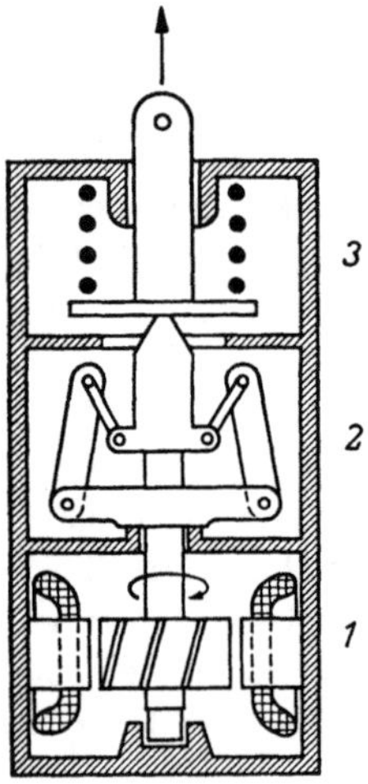

1 Antriebsmotor
2 Fliehgewichte
3 Stempel

Bild 55. Motordrücker

Motordrücker (*Bild* 55). Die Fliehkraft eines motorgetriebenen Lenkersystems wird in Hubkraft umgewandelt. Der Hub erfolgt in Bruchteilen einer Sekunde. Die Abfallzeit läßt sich zwischen etwa 0,3 und 3 s einstellen. Der Motordrücker wird verwendet zum Belasten und Lüften von Bremsen, zum Betätigen von Kupplungen, Stelleinrichtungen u. ä.

F. Stellorgane [*68*]

1. Regelventile [*69* bis *73*]

a) Kennlinien und Ausführungsformen

Die hier behandelten Regelventile unterscheiden sich grundsätzlich von den herkömmlichen Absperrventilen. Als Drosselorgane (Ventilkegel) sind – entsprechend den vorliegenden Regelaufgaben – zwei Formen üblich: der *Schlitzkolben* und der *parabolische Kegel* (*Bild* 56). Das Stellverhältnis des Schlitzkolbens übertrifft das des parabolischen Kegels. Das Stellverhältnis wird aus dem Quotienten des Durchflusses Q_0, bei dem die Kennlinie beginnt, zum maximalen Durchfluß Q_{max} gebildet. Zwei Durchflußkennlinien, die lineare und die gleichprozentige (auch logarithmische), sind gebräuchlich (*Bild* 57). Bei der linearen Kennlinie *a* ist der Durchfluß Q dem Hub H proportional. Die gleichprozentige Kennlinie *b* erfüllt längs ihres ganzen Verlaufes die Bedingung $\Delta Q/Q =$ konst. für gleiche Verstellungen ΔH des Hubes. Beide Formen der Drosselorgane, sowohl der parabolische Kegel wie der Schlitzkolben, werden für die lineare als auch für die gleichprozentige Kennlinie ausgeführt. Alle Kennlinien sind bezogen auf konstante Druckdifferenz von $\Delta p = 1$ kp/cm² am Ventil.

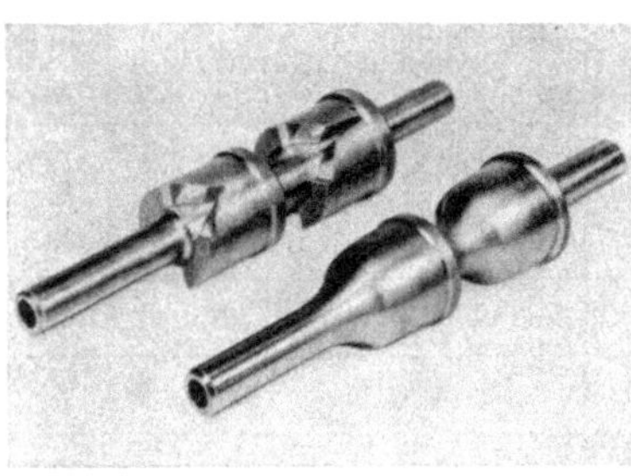

Bild 56. Ventilkegel mit Schlitzkolben (links) und mit parabolischem Kegel (rechts)

Führt eine Flüssigkeit feste, ungelöste Stoffe mit sich, so wird dem parabolischen Kegel oft der Vorzug gegeben. Nur bei reinen Lösungen und der Forderung nach extrem hohen Stellverhältnissen setzt man Schlitzkolben ein.

Im wesentlichen unterscheidet man vier Ausführungsformen von Regelventilen: Durchgangs-Einsitzventile (*Bild* 52 a), Durchgangs-Doppelsitzventile (*Bild* 52 b), Eckventile (immer als Einsitzausführung) (*Bild* 52 c) und Dreiwegeventile, auch Mischventile genannt.

Die Hauptabmessungen, z.B. Baulänge, und Flansche sowie die Nennweiten und Druckstufen, entsprechen den DIN-Normen. In neuerer Zeit werden Regelventile auch nach ASA-Normen (American Standards Association) gebaut.

Für Regelventile mit Membranantrieb wird beim Ausbleiben der Druckluft eine Sicherheitsstellung gefordert. Das Ventil soll dann durch eine Rückstellfeder im Antrieb entsprechend den Betriebserfordernissen in eine „Auf“- oder „Zu“-Stellung gedrückt werden. Dazu ist es notwendig, die Gehäuse der Durchgangs-Einsitz- und der Durchgangs-Doppelsitzventile symmetrisch auszubilden, so daß ein sogenanntes Reversieren durch einfaches Vertauschen des Ventildeckels mit dem Ventilboden möglich ist. Bei den Ventilen, bei denen eine symmetrische Ausführung des Gehäuses nicht möglich ist, z.B. bei Eck- und Dreiwegeventilen, muß das Reversieren im Antrieb vorgenommen werden.

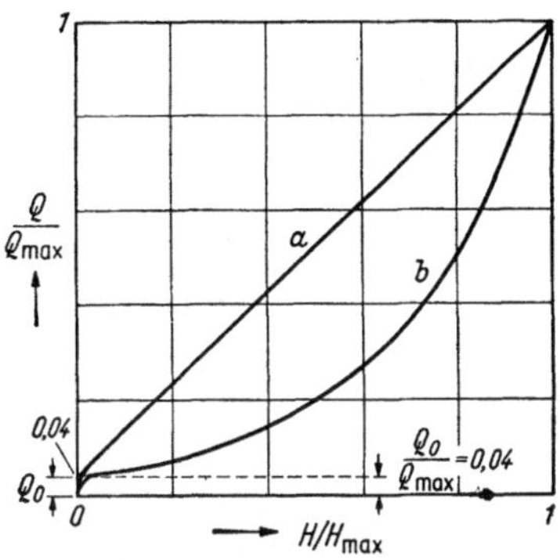

a) Lineare Kennlinie
b) Gleichprozentige (logarithmische) Kennlinie

Bild 57. Durchfluß-Öffnungs-Kennlinien von Regelventilen

Die Stopfbuchsen der Regelventile sollen auf lange Zeit eine dichte Durchführung der Ventilspindel auch bei aggressiven Stoffen bilden und möglichst geringe Reibung haben. Eine Standardstopfbuchse ist die Ausführung nach *Bild* 58a. Durch den Druck einer Feder werden die Dichtlippen von drei oder mehr V-förmigen Teflon-Dichtringen (*1*) gespreizt, wodurch Dichtheit nach außen erzielt wird. Die Wirkung wird durch den statischen Druck des Stoffes im Ventil verstärkt. Teflon ist gegen fast alle Stoffe beständig, mit Ausnahme von Fluor und Alkalimetallen; sein niedriger Reibungskoeffizient (0,1 gegen Stahl) und sein weiter Temperaturarbeitsbereich von − 160 °C bis + 260 °C verleihen der Teflon-Stopfbuchse ein breites Anwendungsgebiet.

Für Stofftemperaturen über 260 °C werden Stopfbuchsenausführungen nach *Bild* 58b verwendet. Zusätzlich werden hier zwischen Ventildeckel und Stopfbuchse Kühlrippen eingebaut, um einen Temperaturabfall nach der Packung hin zu erzielen. Das Abdichten nach außen übernehmen hier geflochtene, graphitierte Asbestringe (*2*) mit quadratischem Querschnitt. Zwischen den Dichtringen ist eine Schmierhülse angeordnet, durch die das von einer Schmierpresse über ein Absperrventil zugeführte Schmiermittel verteilt wird.

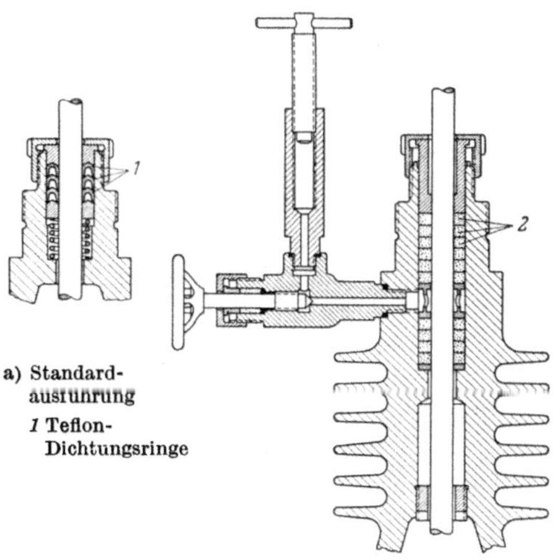

a) Standardausführung
1 Teflon-Dichtungsringe

b) Ausführung für hohe Temperaturen
2 Graphit-Asbest-Ringe

Bild 58. Ausführung der Stopfbuchsen bei Regelventilen

Bei Temperaturen des Stoffes unter 0 °C wird zwischen Ventildeckel und Stopfbuchse eine Verlängerung eingesetzt, die die Stopfbuchse vor dem Einfrieren schützt.

b) Werkstoffe

Der chemische Charakter des Stoffes, Betriebsdruck und Betriebstemperatur bestimmen den Werkstoff (s. Tabelle 9).

Tabelle 11. *Übliche Werkstoffe für Ventilgehäuse*

Gußeisen	GG22 DIN1691
Bronze	G–Sn Bz10 DIN1705
Stahlguß	GS–C25 DIN17245 Stoff-Nr. 1.0619
Edelstahlguß	G15 CrMo195 Werkstoff-Nr. 7363 und
	G–X10 CrNiTi1810 Werkstoff-Nr. 4571

Für den Betriebseinsatz eines Ventiles ist der Zusammenhang von Betriebsdruck und Betriebstemperatur zu beachten. Im *Bild* 59 ist er für Stahlguß GS-C25 dargestellt. Für andere Werkstoffe gelten entsprechende Diagramme.

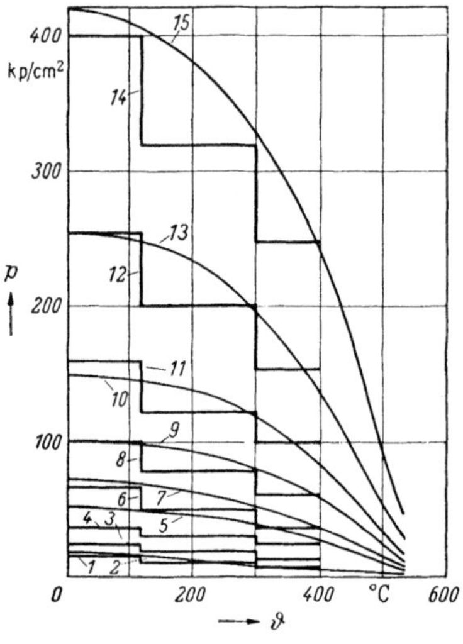

DIN	ASA
1 ND 16	*2* 150 LB
3 ND 25	–
4 ND 40	–
–	*5* 300 LB
6 ND 64	*7* 400 LB
8 ND100	*9* 600 LB
11 ND160	*10* 900 LB
12 ND250	*13* 1500 LB
14 ND400	*15* 2500 LB

ϑ Temperatur, *p* Druck

Bild 59. Zusammenhang zwischen Betriebsdruck und Betriebstemperatur für Stahlguß GS-C 25

Die Innenteile der Regelventile, wie Kegel, Sitze, Ventilspindeln und Stopfbuchsenteile, werden fast ausschließlich aus Stahl vom Typ V4A hergestellt. Bei hohen Strömungsgeschwindigkeiten und damit hoher Druckdifferenz werden Sitze und Kegel gepanzert, d.h. mit Hartmetall (Kobalt-Chrom-Wolfram-Legierungen) überzogen, was sich bei der parabolischen Form gut ausführen läßt.

c) Sonderformen von Regelventilen

Bei den kleinsten pneumatisch oder elektrisch gesteuerten Ventilen, den *Mikroventilen*, ist der Ventilkegel als Nadel ausgebildet, die u. U. noch mit einer oder mehreren V-förmigen Längsnuten versehen ist.

Eine Abart des Schlitzkolbens ist das *Kolbenschieberventil*, das sich für höhere Drücke eignet. In einer zylindrischen Buchse, die in die Druckräume hineinragt, bewegt sich ein Kolben mit zwei Steuerkanten. Die Buchse ist mit mehreren Ausschnitten von bestimmter Form und Anordnung ähnlich wie beim Schlitzkolben versehen. Je nach der Stellung geben die Steuerkanten mehr oder weniger vom Durchflußquerschnitt frei. Form und Größe der Ausschnitte bestimmen die Kennlinie des Ventiles. Da der Kolben mit seinen Endflächen in einen Raum gleichen Druckes hineinragt, ist er weitgehend druckentlastet. Die Antriebsachse tritt über Gummidichtungen nach außen.

2. Klappen

Für Regelklappen gelten hinsichtlich der Kennlinien wie auch für die Wahl des Durchlaßquerschnittes dieselben Grundsätze wie bei Regelventilen. Die Kennlinie einer in der Querstellung gut abschließenden Drosselklappe verläuft etwa nach der Kurve (*1*) im *Bild* 60. Sie entspricht aber nur bei kleinen Winkeln ziemlich gut den regelungstechnischen Forderungen. Bei der Klappe ist es nicht möglich, durch Verändern der Klappenform die Kennlinie wesentlich zu beeinflussen. Man kann aber die Antriebsgestänge, z. B. durch Verwenden des Gelenkviereckes (*Bild* 61), so ausbilden, daß eine Kennlinie (*2*) im *Bild* 60 erhalten wird, die der idealen Kennlinie (*3*) im gleichen Bild sehr nahekommt.

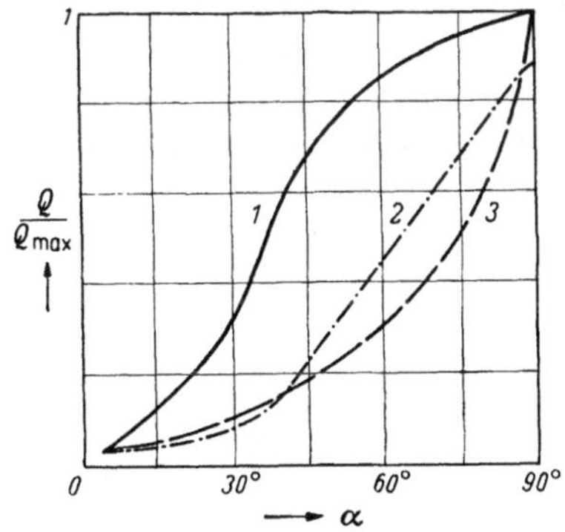

1 Normale Kennlinie
2 Verbesserte Kennlinie (nach *Bild* 61)
3 Ideale Kennlinie
Q Durchfluß
α Klappenwinkel

Bild 60. Kennlinien für Regelklappen

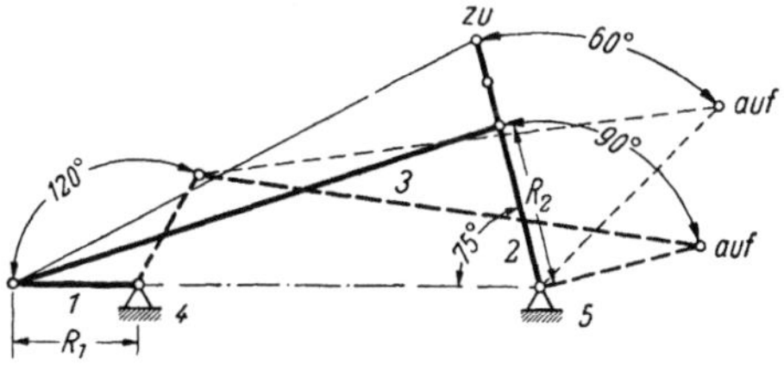

1 Antriebshebel
2 Klappenhebel (Länge einstellbar)
3 Kupplungsstange
4 Antriebswelle
5 Klappenwelle

Bild 61. Gelenkviereck für das Antriebsgestänge von Regelklappen

Eine einwandfreie Regelung erfordert spielfreies Arbeiten der Gelenkhebel des Gestänges, die deshalb in Kugelgelenken laufen. Die beiden Gewinde an der Kupplungsstange sind gegenläufig geschnitten; die wirksame Länge der Kupplungsstange kann deshalb durch Drehen leicht verändert werden.

3. Schaufeln und Düsen

Sie werden bei Wasserturbinen verwendet, um die Beaufschlagung der Turbinen zu verändern (s. Kapitel 20). Bei Francis- und Kaplan-Turbinen werden die

Leitschaufeln verdreht und damit der Durchflußquerschnitt sowie die Strömungsrichtung des Wassers verändert (*Bild* 62 a). Bei Freistrahlturbinen wird der Düsenquerschnitt durch eine Nadel verringert (*Bild* 62 b). Da der Wasserdurchfluß bei langen Druckrohrleitungen nicht beliebig schnell geändert werden darf, wird zur raschen Änderung der Beaufschlagung von Freistrahlturbinen eine vorübergehende Ablenkung des Wasserstrahles vorgesehen.

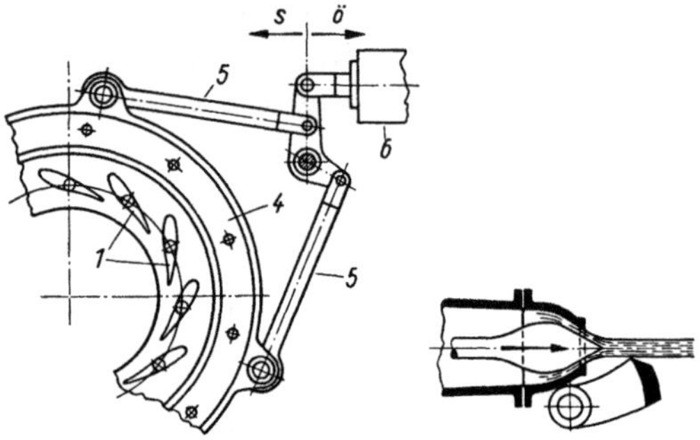

a) Schaufel b) Düse

1 Leitradschaufeln *5* Stellgestänge
4 Verstellring *6* Stellmotor

Bild 62. Beispiele für Stellorgane bei Wasserturbinen

4. Ruder

Sie dienen dazu, die Bewegungsrichtung eines Fahrzeuges durch Drehmomente zu verändern, die aus der relativen Bewegung des Fahrzeuges gegenüber dem umgebenden Stoff gewonnen werden (s. Kapitel 55). Durch Schrägstellen eines Ruderblattes in bezug auf die Fahrtrichtung, werden Kräfte ausgeübt, die dem Fahrzeug eine Drehbeschleunigung erteilen, die von der Auslenkung des Ruders und von der relativen Geschwindigkeit des Fahrzeuges abhängt. Zur Auslenkung des Ruders sind Drehmomente erforderlich, die auch von der relativen Geschwindigkeit und Drehgeschwindigkeit des Fahrzeuges beeinflußt werden. Um das Ruder in eine bestimmte Lage einzustellen, müssen sowohl antreibende wie auch bremsende Kräfte ausgeübt werden können. Die bremsenden Kräfte werden dabei oft von einem selbsthemmenden Getriebe aufgenommen. Gegenüber diesen Kräften sind die Beschleunigungskräfte vernachlässigbar, so daß dieses Stellorgan für sich allein als trägheitslos betrachtet werden kann. Je nach dem Stoff (Wasser oder Luft), in dem das Ruder wirken soll, unterscheidet man Schiffs- und Flugzeugruder, bei diesen wieder Seiten- (*Bild* 63), Höhen- und Querruder.

Bild 63
Seitenruder

5. Elektrische Schalter

a) Schütze

Zum Schalten elektrischer Verbraucher (z. B. eines Heizwiderstandes, eines Vorschubmotors, eines Kondensators) werden vorwiegend Schütze verwendet. Ein Schütz schaltet ein, sobald die Spule erregt wird, und schaltet aus, wenn die Erregung der Spule einen bestimmten Wert unterschreitet. Schütze werden bis zu einigen tausend Schaltspielen je Stunde angewendet. Sie werden für Nennleistungen bis 1000 kVA gebaut (Schaltvermögen VDE 0660). Die Ansprechzeiten liegen zwischen 10 und 100 ms bei Wechselstromerregung und zwischen 30 und 100 ms bei Gleichstromerregung. Die Schaltzahl von Schützen liegt in der Größenordnung von 10^7. Auch für Hochspannung bis 6 kV bei Drehstrom und bis 3 kV bei Gleichstrom sind Schütze geeignet.

b) Schutzschalter

Für größere Leistungen und Hochspannung werden Schutzschalter verwendet, die zwar nur für seltenes Schalten geeignet sind, dafür aber weitergehende Schutzaufgaben übernehmen können. Sie werden meistens durch Motoren oder Druckluftkolben angetrieben. Für das Ein- und Ausschalten werden besondere Kommandos gegeben, die nach vollzogener Betätigung selbsttätig unterbrochen werden. Ausgeschaltet wird meistens durch Federkraft nach Betätigen eines Auslösers. Die Einschaltdauer ist im allgemeinen 100 bis 500 ms, die Ausschaltdauer 50 bis 200 ms. Die Schaltzahl von Hochspannungsschaltern ist begrenzt, einerseits wegen der Abnutzung der Kontakte beim Schalten und andererseits wegen der hohen mechanischen Beanspruchung. Regelungen, die mit Schutzschaltern arbeiten, müssen auf diese begrenzte Schaltzahl Rücksicht nehmen. Durch eine ausreichend große Unempfindlichkeit und Zeitverzögerung ist dafür zu sorgen, daß kleine und nur vorübergehende Abweichungen der Regelgröße nicht zum Schalten führen. Dies gilt sowohl für Niederspannungs- als auch für Hochspannungsschutzschalter.

c) Kontaktlose Schalter

Den Schaltern ähnliche Stellorgane sind *Gasentladungsgefäße*, die wegen ihrer Gasfüllung sich nur im gesperrten oder ganz geöffneten Zustand befinden können. Da die Gasentladungsgefäße den Stromfluß nur in einer Richtung zulassen, werden zum Aus- und Einschalten von Wechselstrom in beiden Richtungen zwei solcher Gefäße in Antiparallelschaltung angeordnet (z. B. für Schweißtakter). Beim Einschalten tritt praktisch kein Zeitverzug ein, beim Ausschalten ergibt sich ein Verzug bis zum natürlichen Nulldurchgang des Stromes. Der Zeitverzug ist also von der Speisefrequenz und von der Art der Belastung abhängig. Der Schaltzahl von gittergesteuerten Gasentladungsgefäßen ist praktisch nur durch die Zerstäubung der Gitter und Anoden bei rund 10^{10} eine Grenze gesetzt. Bei *Ignitrons* ist die Schaltzahl durch die Lebensdauer der Zündstifte auf etwa 10^8 bis 10^9 begrenzt.

Rückgekoppelte Magnetverstärker sowie Elektronenröhren oder Transistoren in Kippschaltung eignen sich als elektronische Schalter für Aufgaben der Steuer- und Datenverarbeitungstechnik.

G. Einrichtungen zur Modifizierung des Regelablaufes

1. Grundsätzliche Möglichkeiten

Zur Stabilisierung oder Verbesserung von Regelungen dienen besondere Stabilisierungseinrichtungen, die sich in zwei Gruppen einteilen lassen: Die *Rückführeinrichtungen* führen eine Größe des Regelkreises auf eine in Wirkungsrichtung zurückliegende Stelle zurück; sie können in ihrem Zeitverhalten modifiziert werden. *Vorschaltglieder* dagegen dienen zur Bildung von zeitlichen Ableitungen oder Integralen durch Speicherglieder, die zwischen Meßgeber und Regelverstärker angeordnet sind. Bei elektrischen Regelungen werden dafür die sogenannten Vorschalt- oder Rückführ-Netzwerke nach *Bild* 64 benutzt.

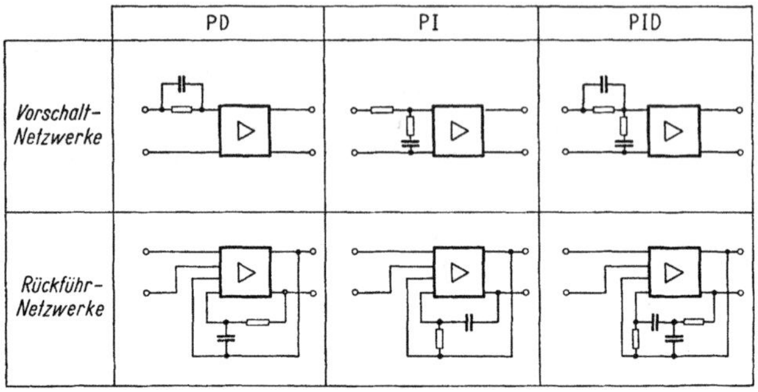

Bild 64. Elektrische Vorschalt-Netzwerke und Rückführ-Netzwerke zur Bildung des Zeitverhaltens

2. Ausführungsformen von Rückführeinrichtungen

a) Elektrische Anordnungen

Netzwerk aus ohmschen Widerständen und Kondensatoren. Bei Reglern mit elektrischen Verstärkern erfolgt die Rückführung mit Hilfe eines aus ohmschen Widerständen und Kondensatoren bestehenden Netzwerkes. Bei Magnetverstärkern wird mit Rücksicht auf die eingeprägten Oberwellen häufig eine Rückführschaltung mit Hilfe von Drosselspulen aufgebaut.

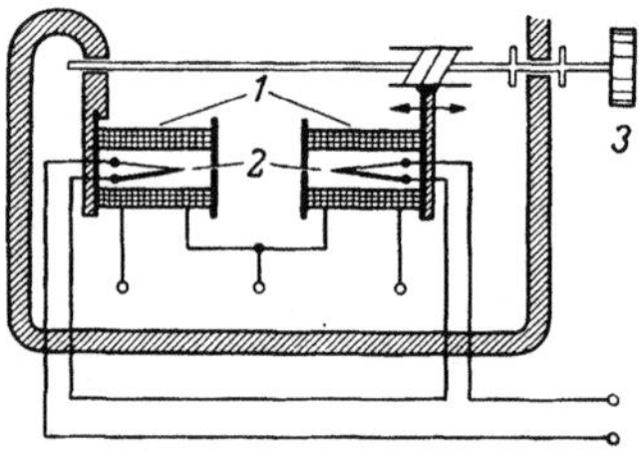

1 Heizspulen *2* Thermoelemente *3* Stellschraube

Bild 65. Thermische Rückführung mit PI-Wirkung

Thermische Rückführung. Ein Ausführungsbeispiel einer *nachgebenden* Rückführung nach thermischem Prinzip (*Bild* 65) besteht aus zwei Heizspulen (*1*) — je eine für jede Stellrichtung —, in denen sich gegeneinandergeschaltete Thermoelemente (*2*) befinden. Zugleich mit dem Stellantrieb wird eine der Heizspulen eingeschaltet. Das zu diesem Heizkreis gehörende Thermoelement liefert dann eine Spannung. Die von dieser Heizspule erzeugte Wärme geht allmählich auf die unbeheizte Spule über, so daß die resultierende Thermospannung langsam aufgehoben wird. Die abklingende resultierende Thermospannung wirkt als nachgebende Rückführung. Die Wärmeübertragungszeit (bis etwa 10 min) stellt die Nachstellzeit dar und läßt sich durch Vergrößern oder Verringern des Abstandes der beiden Heizspulen mit einer Stellschraube (*3*) in weiten Grenzen verändern. Die nachgebende Rückführung kann ebenfalls nach dem thermischen Prinzip zu einer *verzögert-nachgebenden* Rückführung ausgebaut werden. Die Verzögerung der Rückführeinrichtung wird dadurch erzielt, daß zwischen die Heizwicklungen (*1*) und die Thermoelemente (*2*) eine den Wärmeübergang mehr oder weniger hemmende Zwischenbuchse geschoben wird. Auf diese Weise lassen sich Vorhaltzeiten, z. B.

zwischen 30 s und 3 min, einstellen. Der Verstellbereich der Nachstellzeit beträgt bei einer solchen Rückführung z.B. 2,5 bis 16 min.

Integrationsmotoren. Diese liefern eine der angelegten Gleichspannung streng proportionale Drehzahl und treiben z.B. Drehpotentiometer über Getriebe an. Die vom Potentiometer abgegriffene Spannung stellt das Zeitintegral der am Motor angelegten Spannung dar. Um keine merklichen Anlauf- und Verzögerungszeiten zu erhalten, wird ein glockenförmiger Anker in einem kräftigen Drehmagnetsystem um einen feststehenden Eisenkern angeordnet.

Differenzerregerwicklungen. Bei Regelungen, die vorwiegend mit elektrischen Maschinen arbeiten, entnimmt man beispielsweise durch eine zusätzliche Feldwicklung eine Spannung, die der zeitlichen Änderung des Maschinenfeldes proportional ist. Diese Spannung wird dem Reglereingang zusätzlich aufgeschaltet.

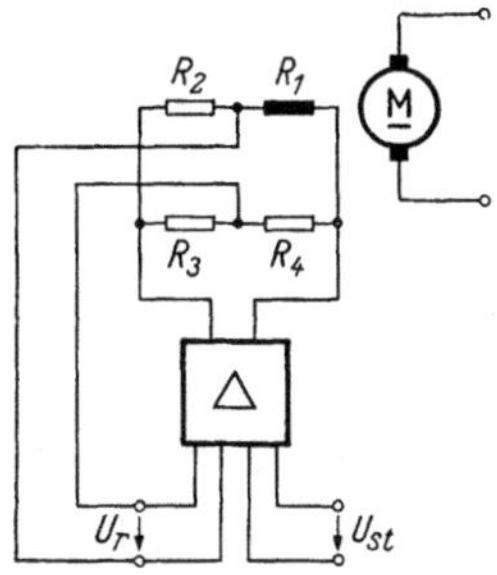

U_{st} Steuerspannung
U_r Rückführspannung
R_1 Ohmscher Widerstand der Erregerwicklung
R_2, R_3, R_4 } Brückenwiderstände

Bild 66. Rückführung mit Erregerwicklung in einer Brückenschaltung

Rückführ-Brückenschaltung. Um die zum Differenzieren zusätzlich notwendige Feldwicklung zu vermeiden, kann man auch eine Brückenschaltung anwenden (*Bild* 66). In der Brückendiagonale entsteht bei Feldänderungen eine Spannung, die der Feldänderung proportional ist, während die ohmschen Spannungsabfälle sich bei richtiger Abgleichung der Brücke aufheben. Im stationären Betrieb hat die Diagonalspannung also den Wert Null. Hier ist zu beachten, daß bei Temperaturschwankungen der Erregerwicklung die Abgleichung der Brückenwiderstände nicht mehr stimmt. Es würde sich dann für den Regler eine Mit- oder Gegenkopplung ergeben, die die Kreisverstärkung ändert. Als Abhilfe kann man temperaturabhängige Widerstände in einem anderen Brückenzweig vorsehen, die mit der Erregerwicklung in thermischem Kontakt stehen; z.B. erhält der Widerstand R_2 denselben Temperaturgang wie der Widerstand R_1 der Erregerwicklung.

Luftspalttransformator. Ist in einem Steuerkreis Gleichstrom vorhanden, so läßt sich mit Hilfe eines von dem Gleichstrom primär durchflossenen Luftspalttransformators in der Sekundärwicklung die zeitliche Ableitung des Stromes entnehmen. Die zeitliche Ableitung einer Gleichspannung kann auf ähnliche Weise mit Hilfe eines Transformators gebildet werden, doch muß dann eine verhältnismäßig große Leistung in einem dem Transformator vorgeschalteten Widerstand vernichtet werden.

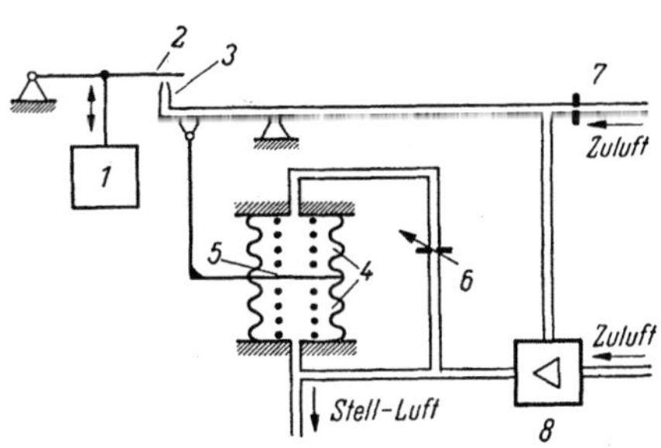

1 Meßgeber
2 Prallplatte
3 Düse
4 Faltenbalg mit Federn
5 Trennwand
6 Nachgebedrossel
7 Vordrossel
8 Pneumatischer Verstärker

Bild 67. Nachgebende Rückführeinrichtung nach der Wegmethode

b) Pneumatische Anordnungen

Faltenbalg mit zwei Kammern. Die pneumatische Anordnung einer nachgebenden Rückführung (*Bild* 67) besteht aus einem Faltenbalg (*4*) mit zwei

Kammern, deren Trennwand (*5*) mit der Düse (*3*) starr gekuppelt ist. Die untere Kammer steht unmittelbar, die obere über eine einstellbare Nachgebedrossel (*6*) mit der Steuerluftleitung in Verbindung. Jede von der Prallplatte (*2*) hervorgerufene Druckänderung in der Steuerluftleitung wirkt sich sofort über den Verstärker (*8*) in voller Größe auf die untere Kammer des Faltenbalges aus. Die Trennwand (*5*) ändert ihre Lage und führt die Düse der Prallplattenbewegung nach (proportionale Wirkung). Der oberen Kammer teilt sich die Druckänderung des Steuerluftdruckes nur langsam über die Nachgebedrossel (*6*) mit. Die Trennwand (*5*) geht dadurch allmählich wieder in die ursprüngliche Lage zurück, die erreicht ist, wenn der Druck in beiden Kammern ausgeglichen ist (integrale Wirkung).

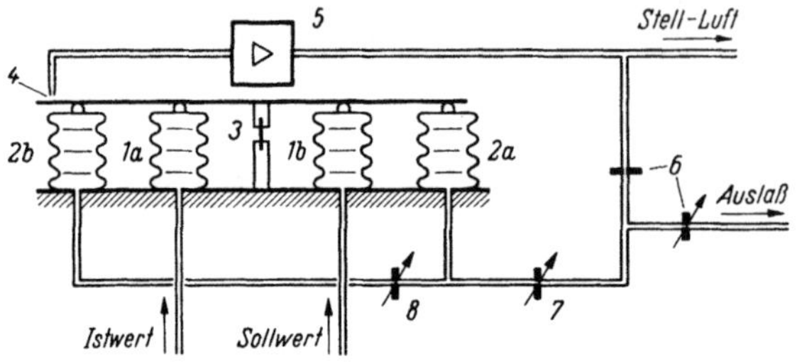

1 Meßbälge (*a* und *b*)
2 Rückführbälge (*a* und *b*)
3 Federbandgelenk
4 Düse mit Prallplatte
5 Pneumatischer Verstärker
6 Druckteiler
7 Drossel für Vorhaltzeit
8 Drossel für Nachstellzeit

Bild 68. Nachgebend-verzögerte Rückführeinrichtung nach der Kraftmethode [*30*]

Kraftwaage mit Faltenbälgen. Eine ähnliche Rückführung, die in pneumatischen Reglern mit Waagebalken (*Bild* 68) verwendet wird, arbeitet mit den beiden Faltenbälgen (*2a*) und (*2b*). Den beiden inneren Bälgen (*1a*) und (*1b*) werden die Luftdrücke des Istwertes und des Sollwertes zugeführt. Die beiden äußeren Bälge (*2a*) und (*2b*) werden vom Steuerdruck beaufschlagt. Die Leitung zu den Rückführbälgen enthält einen Druckteiler (*6*) sowie die Drossel (*8*) für die Nachstellzeit und die Drossel (*7*) für die Vorhaltzeit zum Einstellen der PID-Wirkung des Reglers.

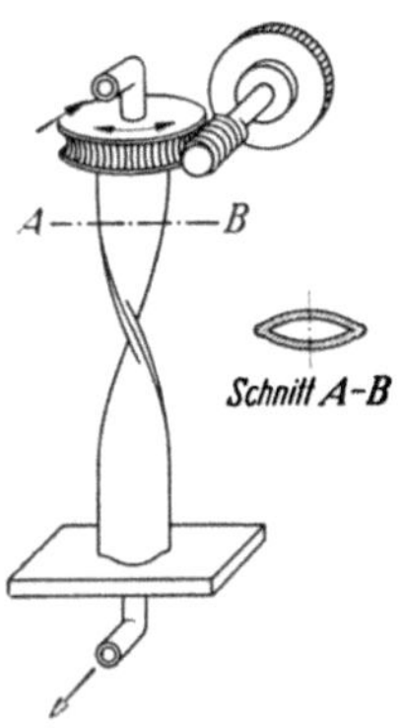

Bild 69
Torsionsdrossel

Die Drosseln für die Nachstellzeit und Vorhaltzeit sind als Torsionsdrosseln (*Bild* 69) ausgeführt. Sie bestehen aus einem flach gewalzten Rohr, das an dem einen Ende festgehalten und am anderen Ende mit einem Drehknopf über eine Übersetzung um seine Längsachse bis etwa 80° verdreht werden kann. Der Luftdurchfluß wird damit in einem Einstellbereich von rund 1:640 verringert. Es lassen sich Nachstellzeiten je nach Volumen bis etwa 60 min einstellen.

H. Einrichtungen für Hilfsenergie

1. Elektrische Hilfsenergie

Elektrischer Strom als Hilfsenergie ist im allgemeinen fast immer vorhanden und wird aus einem Netz oder aus Batterien entnommen. In vielen Fällen können Schwankungen der Netzspannung als zusätzliche Störgrößen von dem Regler mit *beherrscht* werden, wenn man das bei der Bemessung des Reglers vorher berücksichtigen kann. Ist das nicht möglich, so können Regler bzw. deren Bauteile z. B. an *Spannungskonstanthalter* [*75, 76*] angeschlossen werden.

Ein Spannungskonstanthalter besteht z. B. aus gesättigten und ungesättigten Drosselspulen. Er hat bei wechselnder Stromentnahme zwischen 10 und 100% sowie Netzspannungsschwankungen von ± 20% eine Spannungskonstanz von etwa ± 1%. Bei konstanter Belastung ist eine höhere Genauigkeit zu erwarten. Die Konstanz der Spannung kann auch durch Netzfrequenzschwankungen gestört werden. Sie gehen etwa proportional in die Ausgangsspannung ein. Frequenzausgleicher im Spannungskonstanthalter setzen diesen Einfluß herab. Die genannten Spannungskonstanthalter arbeiten praktisch ohne Verzögerung. Die abgegebene Spannung wird im allgemeinen als Effektivwert konstant gehalten. Da sich bei Netzspannungsschwankungen die Kurvenform der abgegebenen Spannung ändert, wird der Mittelwert einer Halbwelle bzw. der Spitzenwert nicht in denselben Grenzen konstant gehalten wie der Effektivwert. Bei Gleichrichtung der konstantgehaltenen Wechselspannung ist dies zu beachten. Bei höheren Ansprüchen an die Konstanz der elektrischen Bezugsgröße, wie sie z. B. bei Vergleichern (*Bild* 30) notwendig ist, verwendet man Zener-Dioden, Glimmröhren usw.

Zum Ausgleich der Netzschwankung eignen sich auch *geregelte Stromversorgungsgeräte* (vgl. Abschnitt C1a).

2. Hydraulische Hilfsenergie

Für hydraulische Stellmotoren und Verstärker wird die Hilfsenergie, nämlich die Druckflüssigkeit, durch z. B. elektrisch angetriebene Pumpen geliefert. Für Drucköl werden meist Zahnradpumpen eingesetzt. Das Öl muß rein und wasserfrei sein. Für sehr schnell arbeitende Regelungen, bei denen stoßweise große Energie gebraucht wird, werden Speicher vorgesehen, z. B. Druckwasser- oder Druckölbehälter mit einem Luftpolster, die eine größere Menge Druckflüssigkeit ohne merkliche Veränderung des Druckes plötzlich liefern oder aufnehmen.

Dampf- und Wasserturbinenregelungen werden vorzugsweise mit hydraulischer Hilfsenergie betrieben (vgl. Kapitel 19 u. 20).

3. Pneumatische Hilfsenergie

Druckluft muß im allgemeinen auf den erforderlichen Druck von 1,4 kp/cm² reduziert werden. In größeren Anlagen werden die pneumatischen Regler von Ringleitungen gespeist. Das Einspeisen geschieht über direktwirkende Regler. Der Einsatz vieler kleiner Druckminderer wird damit vermieden. Bei kleineren

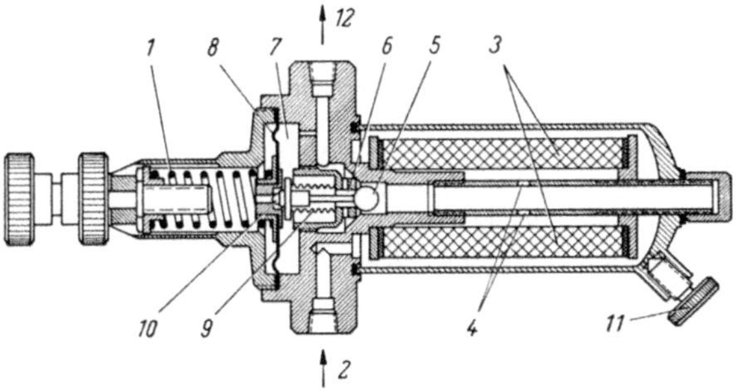

1 Sollwertfeder
2 Drucklufteintritt
3 Filter
4 Bohrungen
5 Kugelventil
6 Regelraum
7 Meßraum
8 Membran
9 Metallbalg
10 Überlastventil
11 Ablaßschraube
12 Ausgang für geregelten Druck

Bild 70. Druckminderer

Anlagen mit nur wenigen Reglern ist es üblich, jedem Regler einen Druckminderer zuzuordnen mit einer Leistungsfähigkeit, die den Energiebedarf deckt. Der im *Bild* 70 gezeigte Druckminderer ist ein Regler ohne Hilfsenergie, bei dem der Sollwert durch eine einstellbare Feder (*1*) vorgegeben wird. Vom ungeregelten Netz tritt die Druckluft (*2*) über ein Filter (*3*) ein, gelangt durch ein Kugelventil (*5*) vom Regelraum (*6*) in den Meßraum (*7*) und wird dort über eine Membran (*8*) gegen die Sollwertfeder ausgewogen. Um Reibung beim Führen des Ventilschaftes auszuschließen, ist der Regelraum gegen den Meßraum durch einen Metallbalg (*9*) abgedichtet. Zum Schutz gegen Überdruck, der beim Verklemmen des Kugelventiles infolge Verschmutzung auftreten könnte, wird ein zweites Kugelventil (*10*) geöffnet, so daß die Druckluft ins Freie abströmen kann. Am Filtergehäuse ist eine Ablaßschraube (*11*) vorgesehen, durch die Kondensat in Form von Wasser oder Öl abgelassen werden kann.

I. Quellenhinweise

[*1*] Toeller, H. u. Klee, G.: Über die Radizierungen an Ringwaagen und deren Einfluß auf die Meßgenauigkeit. Feinmechanik u. Präzision. Jg. 50 (1942) H. 3/4 S. 41–45.

[*2*] Weidemann, H.: Die Trägheit von Ringwaagen. Arch. techn. Messen J 1233-8 (Mai 1950).

[*3*] Calame, H.: Eine neue schreibende Ringwaage. Siemens-Z. 28. Jg. (1954) S. 393–396.

[*4*] Bartelt, G.: Forderungen der Regelungstechnik an die Konstruktion von Regelungsgeräten. VDI-Z. Bd. 100 (1958) S. 1406–1412.

[*5*] Kretzschmer, F.: Über Einperldrosseln. Regelungstechnik 5. Jg. (1957) S. 110–114.

[*6*] Witte, R.: Volumetrische Meßverfahren für Menge und Durchfluß. In: Handb. techn. Betriebskontrolle. Hrsg. J. Krönert. 2. Bd. Leipzig: Akademische Verlagsgesellschaft Geest & Portig K.-G. 1955. S. 278–414.

[*7*] DIN 1952 VDI-Durchflußmeßregeln, Regeln für die Durchflußmessung mit genormten Düsen, Blenden und Venturidüsen. 6. Ausg. Nov. 1948.

[*8*] Engelhardt, H.: Schwebekörpermengenmesser, Arbeitsweise, Konstruktion, Ausführungsformen und Leistungen. Gaswärme 3. Jg. (1954) S. 347–354.

[*9*] Thürlemann, B.: Methode zur elektrischen Geschwindigkeitsmessung von Flüssigkeiten. Helv. Phys. Acta Bd. 14 Nr. 516 (1941) S. 383–419.

[*10*] Gerhart, F.: Durchflußmessung und Durchflußregelung mit Ringkolben-Flüssigkeitszählern. Siemens-Z. 28. Jg. (1954) S. 167–171.

[*11*] Jung, H. u. v. Hahn, B.: Ringkolbenzähler für Flüssigkeiten. Arch. techn. Messen J 122-1 (Juli 1955) Lfg. 234.

[*12*] Lieneweg, F.: Temperaturmessung. In: Handb. techn. Betriebskontrolle. Hrsg. J. Krönert, 3. Bd. 3. Aufl. Leipzig: Akademische Verlagsgesellschaft Geest & Portig K.-G. 1959 S. 162 bis 376.

[*13*] Grüss, H.: Hygrometrische Verfahren. In: Handb. techn. Betriebskontrolle. Hrsg. J. Krönert. Bd. 3, 3. Aufl. Leipzig: Akademische Verlagsgesellschaft Geest & Portig K.-G. 1959. S. 401–479.

[*14*] Lieneweg, F.: Absolute und relative Feuchtebestimmungen mit dem Lithiumchlorid-Feuchtemesser. Siemens-Z. 29. Jg. (1955) S. 212–218.

[*15*] Schwabe, K.: Fortschritte der pH-Technik. 2. Aufl. Berlin: VEB-Verlag 1958.

[*16*] Sturm, B.: Stoffanalyse durch Messung der elektrolytischen Leitfähigkeit. In: Messen und Regeln in der Chemischen Technik. Hrsg. J. Hengstenberg, B. Sturm u. O. Winkler. Berlin/Göttingen/Heidelberg: Springer 1957. S. 524–551.

[*17*] Naumann, A.: Ein neuer magnetischer Sauerstoffmesser mit nur geringer Abhängigkeit von Nebeneinflüssen. In: Dechema-Monographie Bd. 25. Weinheim/Bergstr.: Verlag Chemie 1955 S. 169–183.

[*18*] Naumann, A. u. Schneider, E.: Verbesserte Gasanalysegeräte nach dem Wärmeleitverfahren. Siemens-Z. 27. Jg. (1953) S. 8–18.

[*19*] Naumann, A. u. Klimitz, H.: Ein neuer elektrischer Grubengasschreiber. Glückauf Jg. 94 (1958) S. 1355–1361.

[20] Budnick, G.: Das Messen von Geschwindigkeiten an Werkzeugmaschinen mit Hilfe elektrischer Verfahren. VDI-Forsch.-Heft 470 Ausg. B, Bd. 24 (1958).
[21] Walter, C. H.: Über eine neue Gleichrichtermeßanordnung. Z. techn. Phys. 13. Jg. (1932) S. 363–367.
[22] Engl, W.: Magnetoelastische Kraftmeßdosen. Siemens-Z. 29. Jg. (1955) S. 219–222.
[23] Klein, P. E.: Geber mit Widerstands-Systemen zur elektrischen und elektronischen Messung nichtelektrischer Größen. Elektronik 4. Jg. (1955) S. 273–278.
[24] Mau, G., Neumann, H. J. u. Strenzke, H.: Erprobung der Dehnungsmeßstreifen-Meßtechnik auf ihre Brauchbarkeit für die Bestimmung der Maschinenleistung auf Schiffen. Schiffstechnik Bd. 5 (1958) H. 26, S. 81–84.
[25] Früh, K. F.: Der elektropneumatische Umsetzer des Teleperm-Telepneu-Regelsystems. Regelungstechnik 6. Jg. (1958) S. 334–336.
[26] Krämer, W.: Ein einfacher Gleichstrommeßwandler mit echten Stromwandlereigenschaften. Elektrotechn. Z. 58. Jg. (1937) S. 1309–1313.
[27] Krämer, W.: Ein neuer Gleichspannungsmeßwandler zur Messung hoher Gleichspannungen. Elektrotechn. Z. 59. Jg. (1938) S. 1295–1298.
[28] Hartel, W.: Anwendung der Hallgeneratoren. Siemens-Z. 28. Jg. (1954) S. 376–384.
[29] Meyer-Brötz, G.: Eigenschaften von Zener-Dioden und ihre Anwendung als Spannungsnormal. Elektron. Rdsch. 11. Jg (1957) S. 376–377.
[30] Pavlik, E u. Machei, B.: Ein kombiniertes Regelsystem für die Verfahrensindustrie. München: R. Oldenbourg 1960.
[31] Fünfer, E. u. Neuert, H.: Zählrohre und Szintillationszähler. 2. Aufl. Karlsruhe: G. Braun 1959.
[32] Bergen, S. A.: Pneumatischer Kraftvergleich in der Instrumentation. Regelungstechnik 2. Jg. (1954) S. 3–10.
[33] Klee, G.: Ausführungsbeispiele und Eigenschaften pneumatischer Meßwertwandler. Regelungstechnik 2. Jg. (1954) S. 74–83.
[34] Kronmüller, H.: Elektrische Meßumformer nach dem Kraftvergleichsverfahren. Siemens-Z. 31. Jg. (1957) S. 486–491.
[35] Schneider, E.: Ein neuer elektrischer Meßumformer für niedrige Gasdrücke. Elektronik 5. Jg. (1956) S. 47–49.
[36] John, S.: Die Fernmessung. Bd. 1. 2. Aufl. Karlsruhe: G. Braun 1961.
[37] John, S.: Fernmessung und Fernmeßgeräte im Elektrizitätswerkbetrieb. Bull. SEV 46. Jg. (1955) S. 933–937.
[38] John, S.: Die Fernmessung. Bd. 2. Karlsruhe: G. Braun 1957. S. 88–179.
[39] Dittmann, J. u. John, S.: Ein neuer elektronischer Fernmeßgeber. Siemens-Z. 30. Jg. (1956) S. 95–99.
[40] Weiss, H. u. Welker, H.: Zur transversalen magnetischen Widerstandsänderung von InSb. Z. Phys. 138. Bd. (1954) S. 322–329.
[41] Sartorius, H.: Das Telepneu-System. Siemens-Z. 31. Jg. (1957) S. 561–567.
[42] Samal, E.: Pneumatische Meßwertumformer für Regelzwecke. Regelungstechnik 2. Jg. (1954) S. 59–63.
[43] Weidemann, G.: Pneumatische Regelgeräte nach dem Prinzip des Drehmomentabgleiches. Regelungstechnik 5. Jg. (1957) S. 19–23.
[44] Eggers, H. R. u. Samal, E.: Der Schwenkspulregler. Regelungstechnik 1. Jg. (1953) S. 166–170.
[45] Hahn, R.: Eine Einführung in die neuzeitliche Schaltungstechnik. Elektrowelt 2. Jg. (1957) H. 9 S. 165–169.
[46] Beizer, B. u. Leibholz, S. W.: Language and laws of Boolean algebra. Electr. Manufacturing Bd. 61 (1958) Nr. 5, S. 129–138.
[47] Beizer, B. u. Leibholz, S. W.: Analyzing combinational circuits by Boolean matrices and Karnaugh maps. Electr. Manufacturing Bd. 61 (1958) Nr. 6, S. 98 u. ff. (12 S.).
[48] Beizer, B. u. Leibholz, S. W.: Analyzing specifications and designing circuits. Electr. Manufacturing Bd. 62 (1958) Nr. 1, S. 100–109.
[49] Beizer, B. u. Leibholz, S. W.: Circuit design using Boolean matrices and system synthesis using state coding. Electr. Manufacturing Bd. 62 (1958) Nr. 2, S. 108 u. ff. (10 S.).

[50] BEIZER, B. u. LEIBHOLZ, S. W.: Designing sequential circuits. Electr. Manufacturing Bd. 62 (1958) Nr. 3, S. 67 u. ff. (13 S.).
[51] OETKER R.: Was heißt „Automatisieren"? Regelungstechnik 4. Jg. (1956) S. 210–213.
[52] SUSSKIND, A.: Notes on analog-digital conversion techniques. New York u. London: Technology Press. Massachusetts Institute of Technology Cambridge 1957.
[53] KLEIN, M. L., MORGAN, H. C. u. ARONSON, M. H.: Digital techniques for computation and control. Pittsburgh (Pa.): Instruments Publishing Co. 1958.
[54] WILLAMS, F. C. u. NOBLE, S. W.: The fundamental limitations of the second-harmonic type of magnetic modulator as applied to the amplification of small d-c signals. Proc. Instn. Electr. Eng. Part II, Bd. 87 (1950) S. 445–459.
[55] TSCHERMAK, M. u. KAFKA, W.: Magnetverstärker-Regelung in Anlagen der Starkstromtechnik. Der Magnetverstärker als Regler. Siemens-Z. 29. Jg. (1955) S. 350–356.
[56] VOLLENWEIDER, M.: Kenndaten und Kennlinien von Kaltkathodenröhren. Elektronik 5. Jg. (1956) S. 325–329.
[57] DOSSE, J.: Der Transistor. Ein neues Verstärkerelement. 3. Aufl. München: R. Oldenbourg 1957.
[58] HAIER, U.: Die Querfeldverstärkermaschine im Betrieb. Regelungstechnik 1. Jg. (1953) S. 153–158.
[59] NECHLEBA, F.: Die RAPIDYNE, ein moderner Maschinenverstärker. ETZ-A 77. Jg. (1956) S. 326–329.
[60] GREBE, O.: Neue elektromechanische Geräte der Antriebs-, Steuer- und Regelungstechnik. Regelungstechnik 1. Jg. (1953) S. 41–44.
[61] KRONMÜLLER, H.; TELEPERM-Abgriff. Siemens-Z. 33. Jg. (1959) S. 264–266.
[62] KRUG, H.: Flüssigkeitsgetriebe. Berlin/Heidelberg/Göttingen: Springer 1959.
[63] PAVLIK, E.: Pneumatische Einheitsregler mit progressiver Stellgeschwindigkeit. Regelungstechnik 6. Jg. (1958) S. 128–134.
[64] GREBE, O.: Neue elektrohydraulische Geräte derAntriebs-, Steuer- und Regelungstechnik. Regelungstechnik 1. Jg. (1953) S. 69–71.
[65] BOGEN, E.: Selbsttätige elektrische Regler mit Druckölstellmotor. ETZ-A 73. Jg. (1952) S. 198–199.
[66] BARTELT, G.: Elektrische Stellantriebe mit Planetengetriebe für Regelungs- und Fernsteuerzwecke. VDI-Z. Bd. 99 (1957) S. 1191–1194.
[67] POPPINGA, R.: Stirnrad-Planetengetriebe. Stuttgart: Francksche Verlagshandlung 1949.
[68] EIFERT, G.: Stellglieder in der Verfahrenstechnik. Regelungstechnik 6. Jg. (1958) S. 97 bis 112.
[69] KLUGE, K. H. F.: Pneumatische Regelventile für verfahrenstechnische Anlagen. Siemens-Z. 32. Jg. (1958) S. 297–299.
[70] FRÜH, K. F.: Berechnung des Durchflusses in Regelventilen mit Hilfe der k_v-Koeffizienten. Regelungstechnik 5. Jg. (1957) S. 307–316.
[71] SCHRÖDER, A. u. HENGST, K.: Der Einfluß der Ventilcharakteristik auf die Steuerung und Regelung. Regelungstechnik 2. Jg. (1954) S. 181–186.
[72] BERNET, E.: Regelventile. Regelungstechnik 4. Jg. (1956) S. 108–112 u. S. 132–138.
[73] BEARD, CH. S.: Control valves. Pittsburgh: Instruments Publishing Co. 1957.
[74] LANGHÄRIG, G.: Kompensationsschreiber mit stetigem Abgleich. Arch. techn. Messen J 034-5 (Juni 1959), J 034-6 (Sept. 1959), J 034-7 (Okt. 1959) u. J 034-8 (Dez. 1959).
[75] STEIMEL, K.: Elektronische Speisegeräte. München: Franzis-Verlag 1957.
[76] ASPINALL, D.: A low voltage stabilizer employing junction transistors and a silicon junction reference diode. Electronic Engng. Bd. 29 (1957) S. 450–454.
[77] EBERHARD, R., NÜSSLEIN, G. u. RUPP, H.: Ein neuartiges Prinzip stabiler Gleichstromverstärker. Arch. Elektrotechn. 35. Bd. (1941) S. 477–489 u. S. 533–549.
[78] Eingetragenes Warenzeichen und Erzeugnis der Siemens & Halske AG.
[79] Erzeugnis der FOXBORO Co., Foxboro (Mass.) USA.

13. Ausgeführte Regler und Regeleinrichtungen

Von **H. Henning** und **H. Katz**

Inhaltsübersicht

A. Überblick

1. Einteilung und Benennung

Unter dem Begriff des *Reglers*, wie er in diesem Kapitel zugrunde gelegt ist, sollen die handelsüblich als *Baueinheiten* oder als *Baugruppen* ausgeführten Regler verstanden sein.

Für die *Einteilung* (s. Kapitel 2, Tabelle 1) wurde das hauptsächliche Anwendungsgebiet und darin wieder das Regelobjekt oder ein Funktionsmerkmal gewählt. Die Regler selbst sind teils nach charakteristischen Bauelementen, teils nach der Regelgröße oder nach der Hilfsenergie, dem eingebürgerten Sprachgebrauch folgend, benannt.

Dieses Kapitel soll nur typische *Beispiele* von ausgeführten Reglern bringen. Regler, deren Fertigung schon seit langem aufgegeben worden ist, werden nicht beschrieben. Nicht eingegangen wird auf Regler, die für besondere Anwendungen entwickelt sind und daher in anderen Kapiteln behandelt werden.

2. Allgemeiner Aufbau von Reglern

Die Regler werden nach verschiedenartigen Konstruktionsgrundsätzen gebaut, die sowohl durch Gesichtspunkte der Herstellung als auch vom Anwendungsgebiet her bestimmt werden. Bei vielen Reglern wiederholen sich z.B. gleichartige Funktionen, so daß man dafür konstruktiv in sich abgeschlossene Baugruppen herstellen und diese als Bausteine systematisch kombinieren kann. Auf diese Weise entsteht ein *Baukastensystem*, dessen vielfach verwendbare Bausteine für die jeweilige Aufgabe zu einem Regelgerät zusammengestellt werden können.

Oft bildet der Regler das Kernstück eines Reglersystems; er kann dabei nach dem Baukastenprinzip verschiedene zusätzliche Einsätze bekommen. Zu einem solchen Reglersystem gehört eine Reihe von Meßgebern, gegebenenfalls mit Meßumformern, Meßverstärkern und Abgriffen, wie auch Gruppen von Stelleinrichtungen, die den Regler an den Stelleingriff des Regelobjektes anpassen.

Aus der Vielfalt der Bedingungen haben sich im Reglerbau folgende Bautypen herausgeschält:

Regler in Gehäuseform, bei der alle Bauteile in einem gemeinsamen Gehäuse untergebracht sind. Dabei können die einzelnen Baugruppen in Einschub- oder Steckbauweise ausgeführt sein.

Regler in Schrank- oder Tafelbauweise. Die einzelnen Baugruppen solcher Regler sind als Steck- oder Einschubeinheiten ausgeführt oder auf Platten montiert.

Regler, die speziellen Regelobjekten (z.B. Turbine, Kraftfahrzeug, Flugzeug, Werkzeugmaschine) und deren Einbau- oder Anbaubedingungen angepaßt sind.

Mit Hilfe von *Anzeigegeräten* werden z.B. Regelabweichung und Stellgröße angezeigt und überwacht. Sie können im Regler eingebaut oder zusätzlich angeordnet sein. Zahlreiche Regler enthalten außerdem Registriereinrichtungen, die fortlaufend den Istwert der Regelgröße und weitere Meßgrößen aufzeichnen und eine lückenlose Übersicht der Arbeitsweise des Reglers geben.

Bei vielen Reglern findet man *Wächter*, die ein Überschreiten des Sollwertes oder bestimmter Grenzwerte durch Licht oder Ton melden und die im Gefahrenfall außerdem den Regler abschalten. Bei Ausfall der Hilfsenergie kann z.B. die Anlage stillgesetzt werden, um eine Beschädigung zu verhindern, oder die Stellgröße wird in dem letzten Betriebszustand gehalten.

Zu einem Regler gehört fast immer ein *Hand-Automatik-Umschalter*, um auch von Hand in die Regelung, z.B. beim Anfahren und Abstellen, eingreifen zu können. Sie werden meistens mit Sollwert-Ferneinstellern kombiniert, auf Schalttafeln in der Meßwarte untergebracht und heißen dann häufig *Leitgerät*.

B. Regler in der elektrischen Energieversorgung

1. Allgemeines

Die für Regelaufgaben in der elektrischen Energieversorgung angewendeten Regler sind meistens auf bestimmte Regelobjekte zugeschnitten und werden im allgemeinen nur wenig auch auf anderen Gebieten eingesetzt. Grundsätzlich sind aber die klassischen Regler für die Spannungsregelung von Generatoren (z.B. Kontaktregler, Wälzregler) so ausgeführt worden, daß sie durch Variationen der Meßwerke und durch Zusatzgeräte auch auf anderen Gebieten, z.B. in der Antriebstechnik, verwendet werden können.

Bei der Spannungsregelung von großen Synchrongeneratoren müssen die Verstärkerendstufen der Regler große Erregerleistungen steuern. Das hat im Laufe der Entwicklung dazu geführt, daß bereits vorhandene durchentwickelte Regler kleinerer Leistungsfähigkeit mit Verstärkerendstufen verschiedenartigster Bauart (wie Widerstandssteller, Verstärkermaschinen, Boostermaschinen, Magnetverstärker) kombiniert wurden.

2. Regler für elektrische Generatoren

a) Allgemeines über Kontaktregler

Unter den ältesten Spannungsreglern für Generatoren findet man die Bauart des Kontaktreglers, auch Vibrationsregler genannt. Die große Anzahl der Bauformen ist, besonders hinsichtlich der Lebensdauer der Schaltkontakte, teilweise zu sehr hoher Güte entwickelt worden und in den Betrieben noch in großer Zahl anzutreffen.

Regler mit Kontaktpaaren. An einer vereinfachten Schaltung (s. *Bild* 1a) ist die grundsätzliche Wirkungsweise eines Reglers mit Schaltkontakten in Zusammenarbeit mit einer Erregermaschine zu erkennen. Der Regelwiderstand (*4*) wird durch die Relaiskontakte (*3*) periodisch kurzgeschlossen. Bei zu hoher Generatorspannung zieht das Meßwerk (*1*) an und öffnet den Kontakt (*3*) durch Bewegung von K_2, so daß der Regelwiderstand (*4*) zugeschaltet wird. Die Erregermaschinenspannung sinkt dadurch ab und das Meßwerk (*2*) bewirkt das Schließen des Kontaktes (*3*) durch Bewegung von K_1. Damit steigt die Erregerspannung an und stellt sich unter fortwährendem Vibrieren des Kontaktes (*3*) auf einen dem Lastzustand des Generators entsprechenden Mittelwert ein (*Bild* 1b). Durch die Öl-

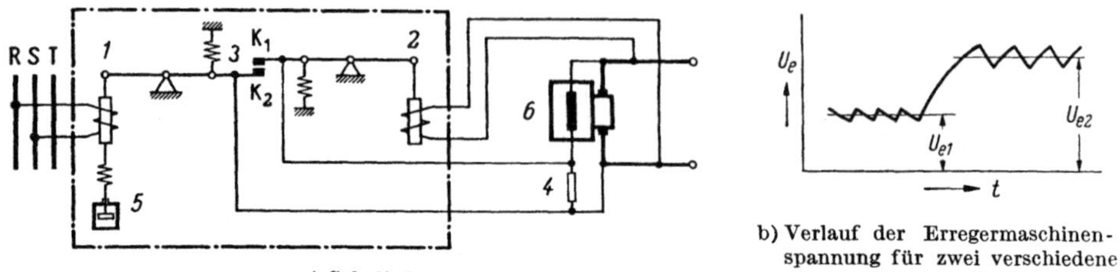

a) Schaltplan

b) Verlauf der Erregermaschinenspannung für zwei verschiedene Lastzustände

1 Meßwerk für Generatorspannung
2 Meßwerk für Erregerspannung
3 Schaltkontakte für Widerstand (*4*)
4 Regelwiderstand
5 Dämpfungseinrichtung
6 Erregermaschine (selbsterregt)

Bild 1. Vereinfachte Schaltung eines Kontaktreglers

bremse (*5*) wird die Bewegung von K_2 gedämpft. Infolge der magnetischen Trägheit des Generatorerregerkreises wirkt sich die Schwankung der Erregerspannung auf die Generatorspannung nicht oder nur unwesentlich aus.

Regler mit Reihenkontakten [*1*]. Eine besondere Anwendung des Kontaktes als Bauelement sieht man in *Bild* 2 bei dem Regler (*1*). An die dicht aneinander-

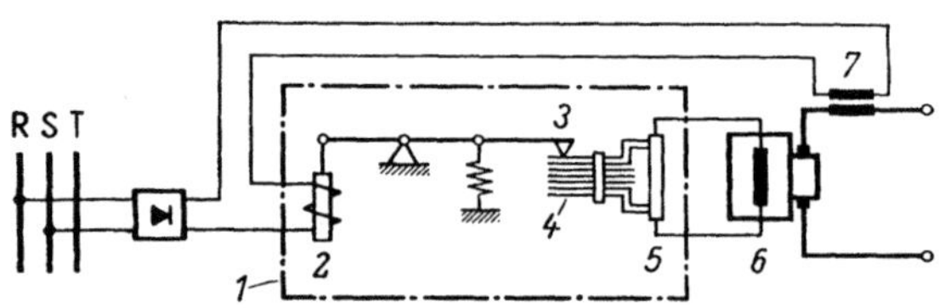

1 Regler
2 Meßwerk
3 Steuerstift
4 Federkontakte
5 Regelwiderstand
6 Erregermaschine
7 Dämpfung

Bild 2. Kontakt-Spannungsregler mit Reihenkontakten [*1*]

liegenden Federkontakte (*4*) sind die Stufen des Regelwiderstandes (*5*) angeschlossen. Durch einen vom Meßwerk (*2*) gesteuerten Stift (*3*) werden die Kontakte mehr oder weniger kurzgeschlossen, wodurch die Erregung der Erregermaschine (*6*) verändert wird.

b) Kontaktregler mit Zwischenrelais

Der Regler (*Bild* 3a) wird hauptsächlich zur Spannungsregelung von Generatoren mit selbsterregter Erregermaschine oder mit Haupt- und Hilfserregermaschine verwendet. In verschiedenen Varianten werden diese nach dem „Tirrill-System" arbeitenden Regler [*2*] z.B. auch für die Regelung von Antriebsmotoren aller Art, Lichtbogen-Schmelzöfen und Schweißgeneratoren eingesetzt.

Aufbau und Wirkungsweise (*Bild* 3b). Der Vorwiderstand (*1*) im Erregerkreis der Erregermaschine (*6*) wird bei hoher Schaltleistung nicht durch das Hauptrelais-Kontaktpaar (*2*), sondern durch nachgeschaltete Zwischenrelais-Kontaktpaare (*3*) periodisch kurzgeschlossen; diese werden durch einen Tauchankermagneten (*4a*) in Abhängigkeit von der Spannung des Generators und der Erregerspannung gesteuert. Um die Lebensdauer der Kontakte zu erhöhen, kann die Stromrichtung der Kontakte regelmäßig umgekehrt werden, damit sich die Materialwanderung ausgleicht. Durch die federnde Dämpfung (*5*), die wie eine nachgebende Rückführung wirkt, bekommt der Regler PI-Verhalten. Um die Regelkennlinie für *Parallelbetrieb* zu neigen, erhält die Meßspule noch eine zusätzliche Wicklung für Anschluß über einen Stufenschalter an den Stromwandler der Phase, an der die Spannungsspule nicht liegt.

Varianten und Zubehör. Ausführungsform auch als Kleinregler für kleinere Generatoren. Sollwert-Einstellwiderstände für verschiedene Bereiche und Spannungen. Zusatzmagnete oder Hilfsrelais für den Spannungsbereich oder Glimmröhrenwiderstände für selbsterregte Erregermaschinen mit Nennspannungen von 110 V an bei Maschinen mit *weiten Erregerbereichen* zwischen Leerlauf und Vollast (Erregerspannungsbereich größer als 1 : 3,5 und Erregerstrombereich größer als 1 : 7). Spannungsmesser und Meldelampen für Fernbetätigung.

1 Vorwiderstand
2 Hauptrelaiskontakte
3 Zwischenrelaiskontakte
4 Tauchankermagnete (*a* und *b*)
5 Federnde Dämpfung
6 Erregermaschine

a) Außenansicht

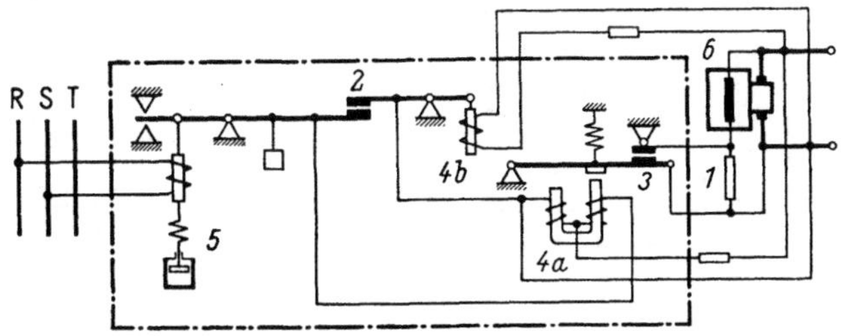

b) Schaltplan

Bild 3. Kontakt-Spannungsregler mit Zwischenrelais [2]

Technische Daten

Bleibende Regelabweichung	± 0,5%
In Sonderfällen auch weniger	

Bei Betriebsspannungen über 400 V mit Spannungswandler:	
Sekundärspannung	100 V
Leistung	rd. 100 VA

Größter Nebenschlußstrom $I_{s\,(max)}$ bei höchster betriebsmäßiger Generatorspannung und verschiedenen Nennspannungen U_{en} der Erregermaschine; (a) fremderregt, (b) selbsterregt:

	U_{en}	$I_{s\,(max)}$
a	40 V	0,7 bis 16 A
	65 V	0,6 bis 14 A
	110 V	0,5 bis 18 A
	220 V	0,3 bis 12 A
b	110 V	1,2 bis 7,0 A
	220 V	0,8 bis 4,5 A

Parallel zum Feld der Haupterregermaschine ist ein Dämpfungswiderstand zu schalten, der etwa den vierfachen Widerstandswert der Feldwicklung haben soll und für den halben Maximal-Stromwert zu bemessen ist.

c) Kontaktregler mit Klappankerrelais

Der Regler (*Bild* 4a) [3] eignet sich für die Spannungsregelung von kleineren Drehstromgeneratoren mit einer Erregerleistung bis etwa 600 W bei 110 V. In Verbindung mit einem Magnetverstärker kann er auch für größere Erregerleistung verwendet werden.

1 Regelwiderstand
2 Zwischenrelais
3 Spannungsrelais
  a Hauptwicklung
  b Hilfswicklung
4 Sollwerteinsteller
5 Gleichrichter (*a* und *b*)
6 Widerstand
7 Spannungsteiler
8 Kondensator
9 Widerstand
10 Schalter
11 Erregermaschine

a) Außenansicht

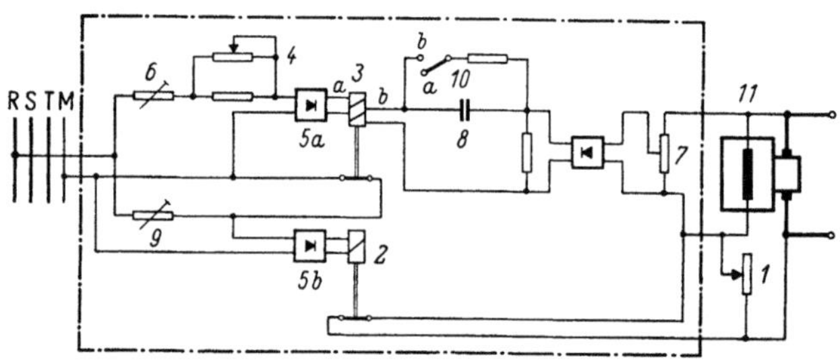

b) Schaltplan

Bild 4. Kontakt-Spannungsregler mit Klappankerrelais [3]

Aufbau und Wirkungsweise (*Bild* 4 b). Der Nebenschluß-Regelwiderstand (*1*) oder ein entsprechender in Reihe mit der Erregerwicklung der Erregermaschine(*11*) liegender Widerstand wird vom Zwischenrelais (*2*) periodisch kurzgeschlossen. Das Zwischenrelais wird von einem Spannungsrelais (*3*) gesteuert, dessen Hauptwicklung (*3a*) über Gleichrichter von der Generatorspannung und dessen Hilfswicklung (*3b*) über einen Spannungsteiler (*7*) von der Erregerspannung gespeist wird. Mit der Wicklung (*3b*) liegt bei Schalterstellung (*10a*) in Reihe ein Widerstand (*9*) und bei Schalterstellung (*10b*) ein Kondensator (*8*) mit einem Parallelwiderstand. Die beiden Wicklungen des Spannungsrelais (*3*) unterstützen sich. Bei konstanter Generatorspannung ist die Wicklung (*3a*) konstant erregt. Relais (*3*) und damit auch Relais (*2*) seien gerade abgefallen, wodurch der Widerstand (*1*) kurzgeschlossen wird und die Erregerspannung steigt. Bei Schalterstellung (*10b*) wird dadurch (*3b*) wieder stärker erregt, die Relais (*2*) und (*3*) ziehen an, die Erregerspannung fällt, (*2*) und (*3*) fallen wieder ab usw.

Bei Belastung z.B. geht die Generatorspannung und damit die Erregung von (*3a*) zurück. Die Wicklung (*3b*) muß dann stärker erregt werden als vorher, so daß die Erregerspannung und damit die Generatorspannung wieder ansteigen kann. Die Wicklung (*3b*) führt aber jetzt einen höheren Strom, so daß sich eine geneigte Regelkennlinie für die Generatorspannung bei Schalterstellung (*10a*) ergibt (geeignet für Parallelbetrieb). Bei Schalterstellung (*10b*) fließt nur bei Änderung der Erregerspannung Strom in (*3b*); die Regelkennlinie ist dann nicht geneigt.

Technische Daten

Alle Relais sind austauschbar über Steckkontakte angeschlossen		Sollwert-Einstellbereich	± 5% der Nennspannung
Schaltleistung des Spannungsrelais bei zwei Zwischenrelais	rd. 0,2 A, bei 10 V	Statik (bei Schalterstellung *10 a*)	5 bis 8%
		Ansprechwert	rd. ± 1% bis ± 0,5%
		Bei Schalterstellung *10 b*	keine Statik

d) Kohledruckregler

Neben den Spannungsreglern auf dem Kontaktprinzip wurden schon in den Anfängen der Spannungsregelung für kleinere Gleichstrom- und Drehstromgeneratoren auch die Kohledruckregler eingeführt (*Bild* 5). Als Stellwiderstand wird eine Kohlesäule (*4*) verwendet, die aus vielen übereinandergeschichteten Kohleplättchen besteht. Der ohmsche Widerstand ändert sich in Abhängigkeit vom Anpreßdruck des durch die zu regelnde Spannung beeinflußten Meßwerkes (*1*).

1 Meßwerk
2 Sollwerteinsteller
3 Dämpfungseinrichtung
4 Kohlesäule
5 Hilfsspannungsquelle
6 Erregermaschine

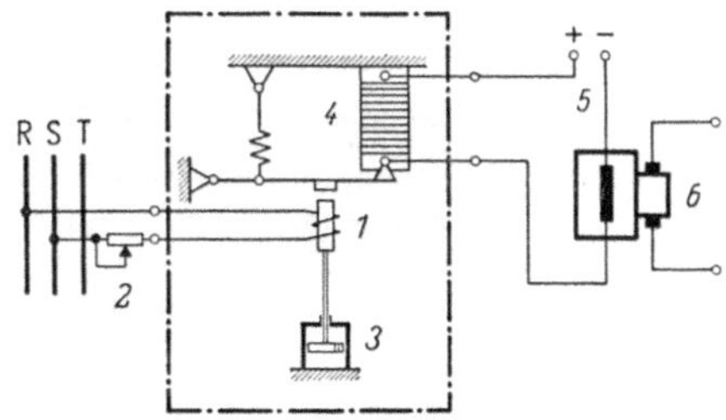

Bild 5. Grundsätzlicher Aufbau eines Kohledruckreglers

Beispiel eines Kohledruckreglers (*Bild* 6) [4]. Ein Drehanker (*1*) wird durch eine Feder (*2*) aus dem durch die Generatorspannung erregten Feld des Magneten (*3*) herausgezogen. Dabei wird die Kohlesäule (*4*) zusammengedrückt. Um eine nicht ge-

a) Innenansicht

1 Drehanker
2 Feder
3 Magnet
4 Kohlesäule
5 Kurvenstück
6 Federzugband
7 Erregermaschine

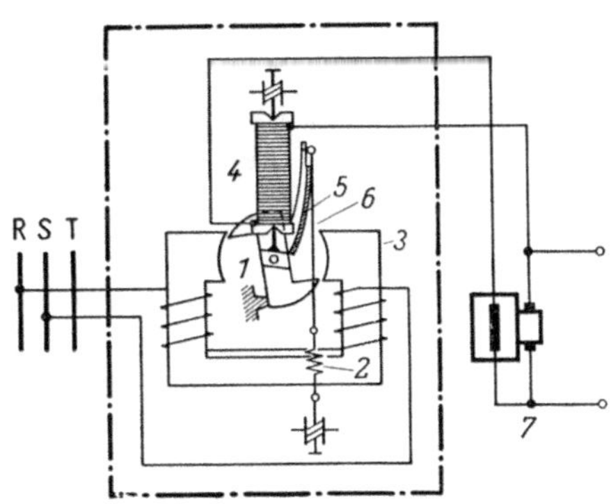

b) Schaltplan

Bild 6. Kohledruckregler [4]

neigte Regelkennlinie zu bekommen (I-Verhalten des Reglers im stationären Zustand) ist bei konstantem Wert der Generatorspannung Gleichgewicht zwischen dem Reaktionsmoment der Kohlesäule, dem Federmoment und dem magnetischen Moment erforderlich. Das wird durch ein Kurvenstück (*5*) erreicht, an das sich das Federzugband (*6*) beim Anziehen des Ankers anlegt.

Technische Daten

Bleibende Regelabweichung	±0,5%	Verhältnis des kleinsten zum größten Kohlewiderstand	1:40 bis 1:60
Aufnahme Meßspule	10 bis 40 W		

e) Wälzregler

Wälzregler werden in der Hauptsache als Spannungsregler für Generatoren verwendet. Bei Ausführung mit FERRARIS-Meßwerk wird der Regler auch als Strom-, Leistungsfaktor-, Frequenz- oder Leistungsregler angewendet.

1 Haupt- und Hilfswicklung (*a* und *b*)
3 Rückstellfeder
4 Aluminiumscheibe
5 Permanentmagnete zur Dämpfung (*a* und *b*)
6 Rückführsegment
7 Rückführfeder
8 Wälzbügel (*a* und *b*)
9 Wälzbahnsegmente (*a* und *b*)
10 Stellwiderstände (*a* und *b*)
11 Erregermaschine (fremderregt)

a) Außenansicht eines Viersektorreglers

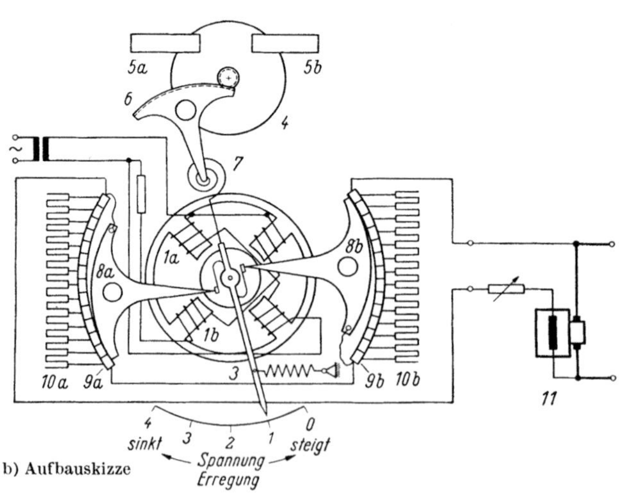

b) Aufbauskizze

Bild 7. Wälzregler mit FERRARIS-Meßwerk [5]

Beispiel 1. Aufbau und Wirkungsweise. Wälzregler mit einem FERRARIS-*Meßwerk* (*Bild* 7) [*5*] haben eine feststehende Haupt- und Hilfswicklung (*1*) und eine drehbare Trommel. Auf diese Drehtrommel wirkt eine Rückstellfeder (*3*), die dem Meßwerk zunächst P-Verhalten gibt; das rückstellende Drehmoment ist für jede Winkelstellung der Drehtrommel verschieden groß, es gehört also auch zu jeder Auslenkung des Meßwerkes ein anderer Spannungswert. Durch eine einstellbare Zusatzfeder (nicht dargestellt), die an einem Kurvenstück angreift, kann die Rückstellkraft so abgeglichen werden, daß das Meßwerk I-Verhalten bekommt, d.h. gleiches Rückstellmoment bei allen Winkelstellungen der Drehtrommel. Zur Dämpfung läuft eine Aluminiumscheibe (*4*) zwischen den Polen zweier Permanentmagnete (*5*); sie ist über ein Rückführsegment (*6*) und eine Rückführfeder (*7*) elastisch mit der Reglerwelle gekuppelt. Bei Spannungsänderungen werden die Wälzbügel (*8*) durch das Triebwerk des Meßwerkes gegensinnig so bewegt, daß die an die Wälzbahnsegmente (*9*) angeschlossenen Widerstände (*10*) im Erregerkreis der Erregermaschine (*11*) vergrößert oder verkleinert werden.

Varianten. Die Regler werden im allgemeinen mit zwei und mit vier Wälzsektoren, aber auch mit einem Sektor für kleinere Generatoren ausgeführt.

Technische Daten

		Zwei Wälzsektoren		Vier Wälzsektoren	
Spannungswandler:					
Spannung	V	110	220	110	220
Strom	A	1,8	0,9	3,2	1,6
Belastung	VA	200	200	350	350
Stromwandler:					
Strom	A	1	1	5	5
Größte Belastung	VA	55	75	165	265

a) Außenansicht eines Einfachreglers

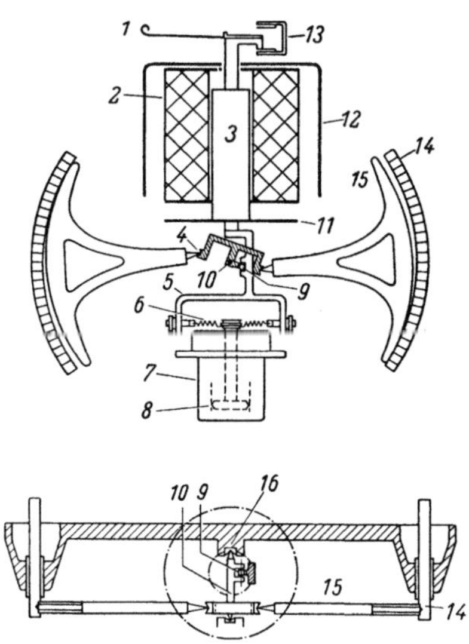

b) Konstruktionsskizze

1 Führungsfeder
2 Meßspule
3 Magnetkern
4 Lagerpfanne
5 Bügel
6 Feder
7 Flüssigkeitsbremse
8 Bremskolben
9 Kurbeltrieb
10 Achse
11 Eisenrückschlußscheibe
12 Eisenrückschlußbügel
13 Anschlag
14 Wälzkontaktbahn
15 Wälzbügel
16 Lagerpfanne

Bild 8. Wälzregler mit Solenoid-Meßwerk [*6*]

Beispiel 2. Aufbau und Wirkungsweise. Der Wälzregler mit einem *Solenoid-Meßwerk* (*Bild* 8) [*6*] hat eine Meßspule (*2*) mit einem schwebenden Magnetkern (*3*). Mit Hilfe der Eisenrückschlußscheibe (*11*) und des Rückschlußbügels (*12*) wird die Zugkraftkennlinie so geformt, daß der Regler zunächst I-Verhalten bekommt. Mit dem Magnetkern verbunden ist die Dämpfungseinrichtung, bestehend aus den Federn (*6*) und der Flüssigkeitsbremse (*7*). Beim plötzlichen Vergrößern einer Regelabweichung wird der Magnetkern plötzlich in die Meßspule hineingezogen, wobei zunächst nur die Feder (*6*) gespannt wird, ohne daß die Bremse durchgezogen wird. Erst nachher entspannt sich die Feder wieder, indem sie die Bremse nachzieht. Durch diese Arbeitsweise bekommt der Regler PI-Verhalten. Die Nachstellzeit wird durch Verdrehen des Flüssigkeitsbehälters eingestellt.

Zubehör. „Statikgerät“ mit Widerstand und Drosselspule für Parallelbetrieb. Meldeschalter zum Anschließen einer Signallampe für die Anzeige der Kurzschlußstellung der Regelwiderstände. Sollwerteinsteller. Hand-Automatik-Schalter.

Technische Daten

Ansprechwert	± 0,5%	Meßsystem:	
Stufenzahl der Kontaktbahn	2 × 120	Wandlerspannung	100 V
		Leistungsaufnahme	rd. 200 VA
		Strom	2 A, ± 10%
		Sollwert-Einstellbereich	± 5%

f) Druckölregler mit Hubmagnet-Meßwerk

Der Druckölregler der hier betrachteten Bauart [7] hat in seiner Grundausführung (*Bild* 9a) als Ausgangsgröße an seiner Welle einen Drehwinkel bzw. ein Drehmoment. Als Spannungsregler für Generatoren werden die Druckölregler

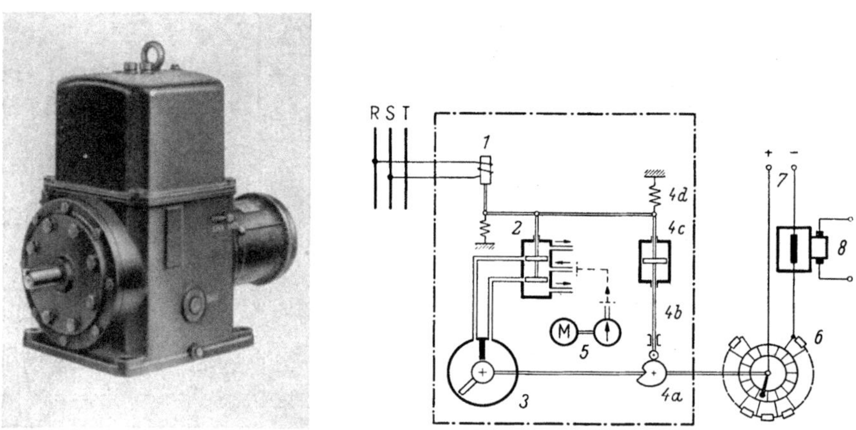

a) Außenansicht b) Vereinfachtes Wirkungsbild

1 Meßwerk
2 Steuerventil für Drucköl
3 Ölstellmotor
4 Verzögernde Rückführung
a Kurvenscheibe
b Rückführstange
c Ölkatarakt
d Rückführfeder
5 Ölpumpe mit Antriebsmotor
6 Regelwiderstand
7 Hilfsspannungsquelle
8 Erregermaschine

Bild 9. Druckölregler [7]

direkt, über eine Kette oder über ein Getriebe mit einem Stellwiderstand verbunden. Der Regler wird außerdem aber auch z.B. zur Spannungsregelung von Drehtransformatoren und zur Drehzahlregelung von Antriebsmaschinen aller Art (z.B. Wasser- und Dampfturbinen, elektromotorische Antriebe) sowie zum Verstellen von Regelventilen eingesetzt. Die erhöhten regeldynamischen Forderungen bei Großgeneratoren haben zu besonders durchgebildeten Reglern geführt, in denen der Druckölverstärker, der Stellwiderstand und andere Bauelemente zu einem Regler in einem einzigen Schrank vereinigt wurden (*Bild* 10a und 11a).

Beispiel 1. Aufbau und Wirkungsweise. Das z.B. an eine Spannung (s. *Bild* 9b) angeschlossene Meßwerk (*1*) verstellt bei Spannungsänderungen das Steuerventil (*2*), wobei das rechte Ende des Stellhebels zunächst als feststehend angenommen sei. Dadurch wird der Öldruck so auf den Stellflügeln des Ölstellmotors (*3*) gegeben, daß dieser sich in der einen oder anderen Richtung bewegt. Auf der Welle des Stellmotors sitzt eine spiralförmige Kurvenscheibe (*4a*), auf welche die federbelastete Rückführstange (*4b*) durch den Ölkatarakt (*4c*) gedrückt wird. Wird z.B. bei sprungförmiger Spannungserhöhung der Schieber des Steuerventils (*2*) angehoben und die Öffnung des Steuerschiebers teilweise freigegeben, so bewegt sich die Rückführstange (*4b*) nach unten, da der Ölkatarakt zunächst als starre Verbindung wirkt, und verlangsamt die Stellbewegung, bis schließlich die Öffnung des Steuerschiebers wieder geschlossen wird. Tatsächlich wird aber durch die Bewegung der Rückführstange die Rückführfeder (*4d*) gespannt und der Kolben des Ölkataraktes wird hochgezogen. Dadurch läuft die Welle des Stellmotors mit konstanter Geschwindigkeit bis zum Anschlag weiter. Bei Vernachlässigung der Stellbewegung bis zum Einsetzen des Rückführeinflusses bekommt der Regler so angenähert PI-Verhalten. Bei einem Regelvorgang kann die Bewegung der Welle nur dann zur Ruhe kommen, wenn die Regelabweichung verschwunden ist und die Rückführfeder wieder entspannt ist. Der Öldruck im nachgebenden Glied läßt sich mit Hilfe einer Drosselschraube verstellen.

Varianten und Zubehör. Verschiedene Typen mit verschiedenen Drehmomenten zwischen 0,75 bis 100 mkp und mehr sowie Drehwinkeln zwischen 45 und 300°. Ausführungen auch mit Hubstellmotoren.

Technische Daten

Normale Typen:			
Drehmoment M_d in mkp	3,1	0,75	0,75
Drehwinkel in Grad	300	300	300
Stellzeit T_s in s	1,1	1,3	2,2
Umrechnungszahl C in mkp Grad/s	850	180	100

Stellzeit $T_s \approx \frac{M_d \varphi}{C}$

Meßwerkspannung:	
mit Vorwiderständen	bis 500 V
mit Meßwandlern	über 500 V
Ansprechwert	± 0,5%
Leistungsaufnahme des Meßwerkes	rd. 45 VA

Beispiel 2. Der in *Bild* 10a dargestellte Regler [*8*] dient zur Regelung der Spannung von mittleren und großen Synchrongeneratoren. Mit Zusatzmeßwerken ausgerüstet, ist er auch für andere Regelgrößen, z.B. Strom- und Leistungsfaktor, geeignet. Bei der normalerweise vorgesehenen Brückenschaltung der Stellwiderstände ermöglicht der Regler Untererregung oder auch Gegenerregung des Generators.

Aufbau und Wirkungsweise. Im unteren Teil des Reglerschrankes sind als Baueinheit Meßwerk, ölhydraulische Steuerung, Stellmotor und Ölpumpen-

a) Ansicht von vorn und von hinten (ohne Abdeckungen)

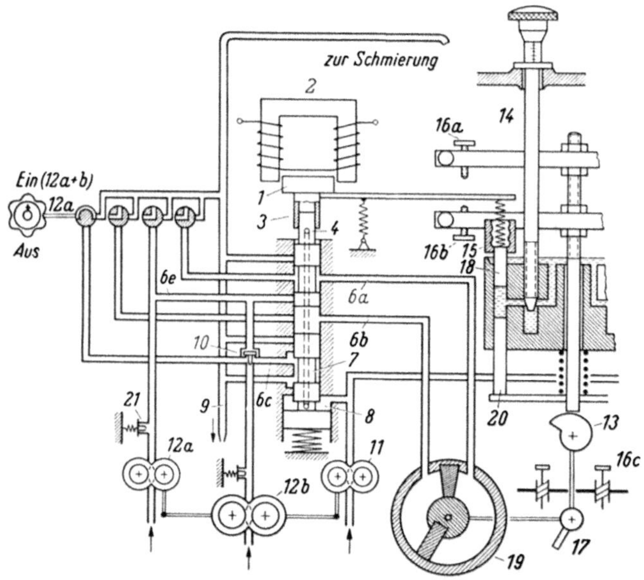

1 Meßwerkanker
2 Elektromagnet
3 Vorsteuerhülse
4 Öffnung
5 Steuerkolben
6 Ölleitungen (*a* bis *e*)
7 Axiale Bohrung
8 Ringraum
9 Abfluß
10 Rückschlagventil
11 Vorsteuerpumpe
12 Hauptsteuerpumpen (*a* und *b*)
13 Kurvenscheibe
14 Drosselschraube
15 Gewindehülse
16 Endbegrenzungsschrauben (*a* bis *c*)
17 Anschlag zur Drehwinkelbegrenzung
18 Rückführungskolben
19 Stellmotor
20 Kolben
21 Überdruckventil

b) Wirkungsbild des elektro-hydraulischen Teiles

Bild 10. Druckölregler mit Hubmagnetmeßwerk und Kommutatorsteller [8]

motor zusammengefaßt. Den Aufbau des ölhydraulischen Teiles zeigt *Bild* 10b. Seine Wirkungsweise ist grundsätzlich die gleiche, wie sie vereinfacht *Bild* 9b zeigt. Die Stellmotorwelle verbindet die Kontaktarmwelle einer Stufenschalteinrichtung über eine Kardanwelle mit zwei Umlenkgetrieben. Die Stufenschalteinrichtung besteht aus einem Kommutator mit Innenkontaktbahn und zwei um 180° versetzten Kontaktarmen, die mit Kohlebürsten besetzt sind. Die gesamte Kontaktbahn des Kommutators ist in zwei gleiche Bereiche unterteilt. Die beiden Kontaktarme sind mit einer zweiseitig gelagerten Hohlwelle verbunden, durch welche die flexiblen Zuleitungen geführt werden. Mit einem auf die Kontaktarmwelle aufgesetzten Handrad läßt sich der Regler unmittelbar von Hand verstellen.

Zubehör. Getrennter Sollwerteinsteller. „Statikgerät" für Laststromaufschaltung und Zwischenstromwandler mit getrennten Wicklungen. Reglerschalter mit vier Stellungen zur Auswahl der Regler-Betriebsart (Handsteuerung mit Handrad am Regler, Fernverstellung von der Warte aus, Einschalten des Ölpumpenmotors, Automatik). Taste für Verstellmotor zur Fernverstellung des Stellwiderstandes. Motorschutzschalter mit Hilfsumschalter für Ölpumpenmotor. Meßkreisstrommesser zum stoßfreien Übergang von Handsteuerung auf Regelung.

Technische Daten

Meßkreis-Anschlußspannung	100 V	Ölpumpenmotor:	
Meßkreis-Strom	1,4 A	Leistungsaufnahme	rd. 300 W
Meßkreis-Leistung	140 VA	Drehstrom	50 oder 60 Hz, 220 oder 380 V
Frequenz	50 Hz wahlweise auch 16 2/3 oder 60 Hz	Gleichstrom	110 oder 220 V
Ansprechwert	± 0,5%	Fernverstelleinrichtung	Gleichstrom rd. 80 W 110 oder 220 V
Stellzeit	rd. 0,2 s	Umschalteinrichtung	Gleichstrom rd. 80 W 110 oder 220 V
Stufenzahl	2 × 120 Stufen	Elektromagnetische Kupplung (Gleichstrom)	rd. 80 W 110 oder 220 V
Drehwinkel	168°		
Fernstellzeit für vollen Stellbereich	rd. 20 s		

g) Druckölregler mit Ferraris-Meßwerk

Der Regler (*Bild* 11) [*9*] dient zur Regelung der Spannung von mittleren und großen Synchrongeneratoren. Für die Regelwiderstände ist normalerweise unsymmetrische Brückenschaltung vorgesehen, um auch Gegenerregung des Generators zu ermöglichen.

Aufbau und Wirkungsweise. Ein von der Spannung abhängiges Drehfeld übt auf eine Trommel ein Drehmoment aus, das durch eine Spiralfeder im Gleichgewicht gehalten wird. Regelabweichungen der Spannung führen zu einem neuen Gleichgewichtszustand. Dadurch werden über einen Druckölverstärker Kontaktbürsten eines Innenkollektors verstellt. Über einen Sektor wird die Bewegung auf eine Astatisierungs- und eine Rückführeinrichtung übertragen. Das Bürstensystem wird durch einen Vibrator in Vibration gesetzt, wodurch die ruhende Reibung ausgeschaltet und die Empfindlichkeit erhöht wird. Die Kontaktvorrichtung kann auch von Hand mit einem Handrad oder über eine elektrische Kupplung durch einen Fernsteuermotor verstellt werden.

Der Druckölverstärker wird durch eine Zahnradpumpe gespeist. Das Steuerventil besteht aus dem Steuerschieber, der durch das Meßsystem betätigt wird. Es befindet sich in dem mit einem Flügel versehenen Stellmotor. Im Beharrungszustand werden die in der Hülse angebrachten Öffnungen durch den Steuerschieber verdeckt, so daß das Drucköl weder auf die eine noch auf die andere Seite des Flügels gelangen kann, sondern durch ein Ablaufrohr in den Ölbehälter zurückfließt. Sobald eine Regelabweichung auftritt, bewegt sich der Steuerschieber

Bild 11. Druckölregler mit FERRARIS-Meßwerk und Kommutatorsteller [9]

z. B. auf eine Seite des Flügels. Das Öl auf der anderen Seite kann durch eine andere Öffnung des Schiebers in den Ölbehälter zurückfließen. So entsteht eine Drehbewegung des Flügels und damit auch der Kontaktvorrichtung. Durch diese Drehbewegung wird jedoch die entsprechende Öffnung wieder geschlossen und der Stellvorgang wieder unterbrochen.

Das Drehsystem des Meßwerkes wird an zwei Einphasen-Spannungswandler in V-Schaltung angeschlossen. Dadurch erreicht man, daß der Regler bei Kurzschlüssen auf einen Spannungsbetrag regelt, dessen Mitkomponente bei mäßiger Unsymmetrie nahezu unverändert bleibt und bei wachsender Unsymmetrie sogar etwas ansteigt. Im Gegensatz zur einphasigen Messung spricht der Regler so immer im richtigen Sinn an.

Der *Sollwert* der Spannung wird durch einen Einstellwiderstand im Meßkreis des Reglers eingestellt. Die Neigung der Reglerkennlinie (Statik) läßt sich durch eine Schraube einstellen. Mit einer *Öldämpfung* und Rückführung wird der Regler an die Zeitkonstante des Generators angepaßt. Eine Rückstellvorrichtung sorgt dafür, daß durch die Mitnahme des Steuerventils während der Handbetätigung beim Umschalten auf automatischen Betrieb keine großen Spannungsschwankungen auftreten können.

Für jede Einstellung des Reglers kann je ein Hilfskontakt z. B. eine Signaleinrichtung betätigen. Ein dritter Hilfskontakt ist nur in der Stellung für Erregung Null geschlossen, um u. U. das Einschalten des Magnetfeldschalters nur in dieser Stellung zu ermöglichen.

Varianten und Zubehör. Elektrodynamischer Stellungsanzeiger am Bedienungsort für Regelwiderstandsstellung mit Geber, betätigt durch Kontaktvorrichtung am Regler. Hauptfeder-Fernstelleinrichtung zur progressiven Motorspannungsregelung langer Hochspannungsleitungen. Hand-Automatik-Umschalter.

Technische Daten

Ansprechwert	± 0,25% bis 0,5%	Höchstzulässige Fremderregerspannung bei Maximalstrom	300 V
Stellzeit	rd. 0,3 s	Leistungsbedarf des Ölpumpenmotors	rd. 500 VA (Drehstrom) rd. 200 W (Gleichstrom)
Statikeinstellbereich	0 bis 6%	Leistungsbedarf des Fernsteuermotors	rd. 50 W
Stufenzahl	240		
Leistungsaufnahme des Drehsystems			
bei 100 V, 50 Hz	rd. 150 VA		
bei V-Schaltung	rd. 2 × 80 VA		
Maximaler Erregerstrom:			
dauernd	45 oder 60 A		
vorübergehend	100 A		

h) Transduktorregler mit zwei Verstärkerstufen [*10, 11*]

Transduktorregler werden für die Spannungsregelung von Generatoren in vielen Schaltungsvarianten ausgeführt. Für größere Generatoren führt man den Regler z.B. mit zwei Verstärkerstufen aus.

Aufbau und Wirkungsweise. Der zweistufige Transduktorregler (*Bild* 12a) wird von einer Wechselspannungsquelle (*5*) und (*9*) gespeist und liefert als Ausgangsgröße eine Gleichspannung. Gesteuert wird der Regler durch einen kleinen Steuergleichstrom, der von der Regelabweichung abhängt. Die Vergleichssysteme können z.B. wie in *Bild* 12b aus einer Brückenschaltung (*3*) mit linearen und nichtlinearen (spannungsabhängigen) Widerständen bestehen oder sie können mit Stabilisatorröhren oder einer Kombination von ungesättigten und gesättigten Drosseln oder mit Zener-Dioden aufgebaut werden. Bei der Vorstufe verwendet

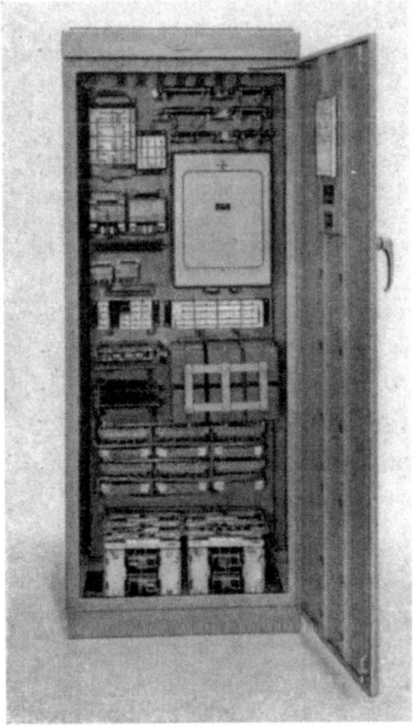

a) Innenansicht

1 Sollwerteinsteller
2 Meßumformer
3 Vergleichssystem (Brückenschaltung)
4 Einphasiger Magnetverstärker
5 Speisespannung für Vorstufe
6 Steuerwicklung der Vorstufe
7 Rückführwicklung der Vorstufe
8 Dreiphasiger Magnetverstärker
9 Speisespannung für Endstufe
10 Rückführeinrichtung

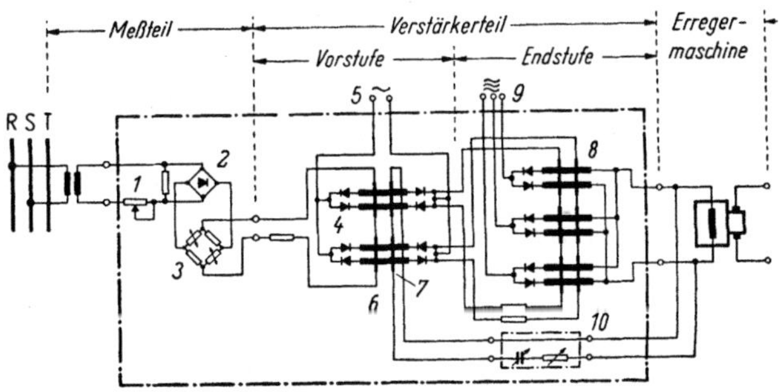

b) Schaltplan

Bild 12. Transduktor-Spannungsregler mit zwei Verstärkerstufen [*10*] man z. B. zwei einphasige Magnetverstärker (*4*) in Brückenschaltung, die in Gegentakt zusammengeschaltet sind und so den Endverstärker steuern, der meistens aus einem dreiphasigen Magnetverstärker (*8*) aufgebaut ist. Seine beiden Steuerwicklungen werden von der Vorstufe gegensinnig gespeist. Die Ausgangsspannung des Reglers wird über eine Rückführeinrichtung (*10*) einer zweiten Steuerwicklung (*7*) des Vorverstärkers zugeführt.

Der Transduktorregler hat im Beharrungszustand eine geneigte Reglerkennlinie; jeder Regelabweichung ist also ein bestimmter Wert der Ausgangsgröße zugeordnet. Das Zeitverhalten eines solchen Verstärkers ist im wesentlichen durch eine e-Funktion mit der Zeitkonstante des Steuerkreises gegeben, wenn man die durch die Halbperiodendauer der Speisespannung bedingte Totzeit vernachlässigt. Zum Stabilisieren des Regelkreises und zum Einstellen eines optimalen Regelverhaltens kann auch noch die Schleifringspannung des Synchrongenerators auf eine besondere Steuerwicklung des Vorverstärkers zurückgeführt werden.

Zusätzliche Regeleinflüsse, z. B. Strombegrenzungen, läßt man zweckmäßig ebenfalls auf galvanisch getrennte zusätzliche Steuerwicklungen des Vorverstärkers einwirken. Dabei kann die volle Leistungsverstärkung des zweistufigen Transduktors ausgenutzt werden, so daß die für solche Zwecke erforderlichen Zusatzeinrichtungen für sehr kleine Leistungen bemessen werden können.

Ist *Gegenerregung* der Erregermaschine erforderlich, so müssen besondere Schaltungen angewendet werden: Da z. B. der Ausgangs-Gleichstrom einer normalen Transduktor-Endstufe wegen der Gleichrichterwirkung nur in einer Richtung fließen kann, gibt man zweckmäßigerweise der Erregermaschine eine zusätzliche Gegenerregungswicklung und ergänzt den Regler mit einer zweiten Endstufe mit umgekehrter Wirkungsrichtung.

Zusatzgeräte. Sollwerteinsteller, Statikgerät, Handsteller, Reglerschalter zum Umschalten von Handregelung auf automatische Regelung sowie Abgleichinstrumente werden normalerweise in der Generatorschalttafel bzw. in einem Steuerpult untergebracht. Desgleichen ordnet man etwaige Vorwiderstände in den Erregerkreisen außerhalb des Reglerschrankes an. In Sonderfällen kann ein Teil der Zusatzgeräte sowie das Erregergerät für den Drehstrom-Hilfsgenerator zusammen mit dem Regler in einem breiteren Schrank untergebracht werden.

Technische Daten

Leistungsverstärkung	$V_L = 10^2$ bis $3 \cdot 10^4$	Bleibende Regelabweichung	rd. 0,5% der Nennspannung (Normaleinstellung)
Ansprechzeit	$T_A = 10^{-2}$ bis $5 \cdot 10^{-5}$ s		
Gütefaktor	$G = V/(T_A f)$ = 500 bis 1000 (f Frequenz der Hilfsspannung)		

i) Transduktorregler mit Verstärkermaschine

Die Regeleinrichtung [*12*, *13*] besteht aus der Kombination eines Transduktorreglers mit einer Verstärkermaschine der AMPLIDYNE-Bauart. Sie wird für die Spannungsregelung mittlerer und großer Synchrongeneratoren eingesetzt.

Aufbau und Wirkungsweise. Der Transduktorregler (*Bild* 13a) besteht im wesentlichen aus einem Meßteil und einer Magnetverstärkerstufe (s. *Bild* 13c).

Die Spannung des Drehstromgenerators wird von einem Spannungswandler (*1*) abgenommen, gleichgerichtet und einer Brückenschaltung (*2*) aus ohmschen, und nichtlinearen Widerständen z.B. mit Stabilisatorröhren oder ZENER-Dioden

1 Spannungswandler
2 Brückenschaltung
3 Magnetverstärker
4 Verstärkermaschine
5 *RC*-Rückführglieder (*a* und *b*)
U_G Generatorspannung
I_B Brückenstrom
U_a Ausgangsspannung des Magnetverstärkers
I_a Ausgangsstrom

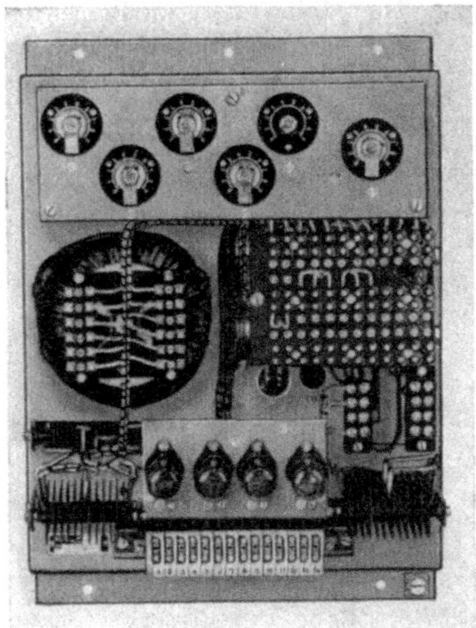

a) Innenansicht

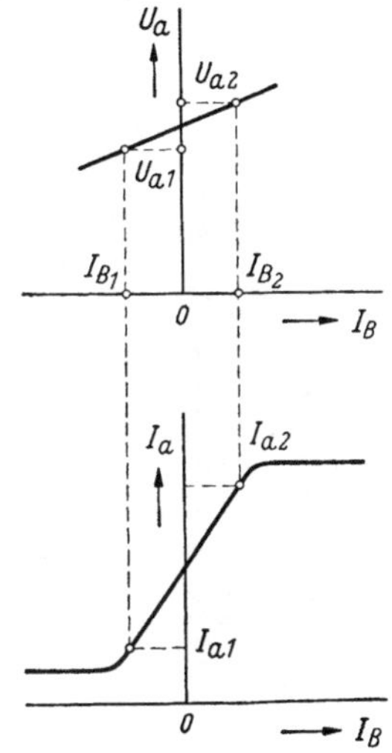

b) Steuerkennlinien

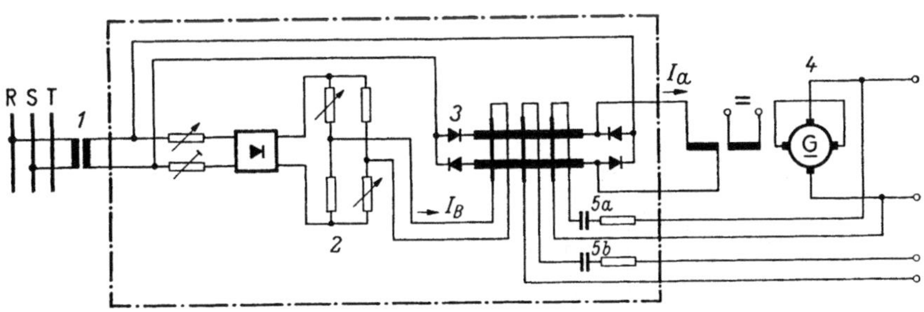

c) Schaltplan

Bild 13. Transduktor-Spannungsregler mit Verstärkermaschine [*12, 13*]

zugeführt. Im Brückenzweig liegt eine Steuerwicklung des in Selbstsättigungsschaltung ausgeführten Magnetverstärkers (*3*), dessen Ausgangsstrom eine Feldwicklung der Verstärkermaschine (*4*) speist.

Steigt z.B. (s. *Bild* 13b) die Generatorspannung von U_{G1} auf U_{G2}, so steigt der Ausgangsstrom des Magnetverstärkers von I_{a1} auf I_{a2}. In der Verstärkermaschine wird das Vorzeichen umgekehrt, ihre Ausgangsspannung sinkt und verringert damit auch wieder die Generatorspannung U_G.

Zur Stabilisierung der Regelung sind Rückführungen von den Spannungen der Haupterregermaschine und der Verstärkermaschine auf weitere Steuerwicklungen des Magnetverstärkers über *RC*-Glieder (*5*) vorgesehen. Auch für Untererregungsbegrenzung oder Ständerstrombegrenzung können auf weitere, galvanisch getrennte Steuerwicklungen beliebige Steuer- und Begrenzungsgrößen aufgeschaltet werden.

3. Regler für Transformatoren und Kondensatoren

a) Spannungsregler mit elektrischen Triebwerken

Der Regler (*Bild* 14a) [*14, 15*] dient zur Spannungsregelung von Stelltransformatoren mit Stufenschaltern. Das Meßsystem des Reglers hat integrales Verhalten

a) Außenansicht

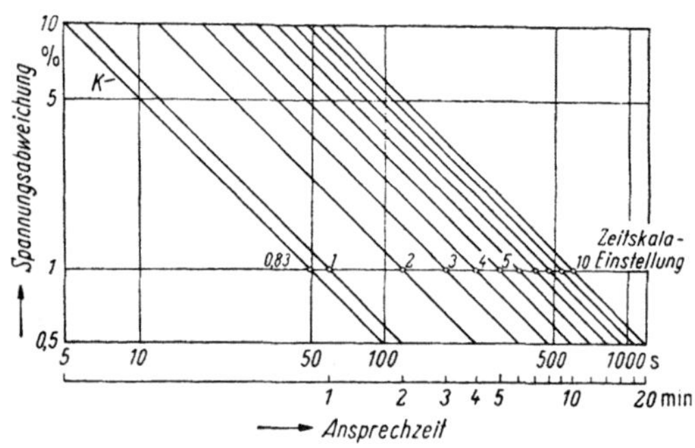

b) Einstelldiagramm für Ansprechzeiten

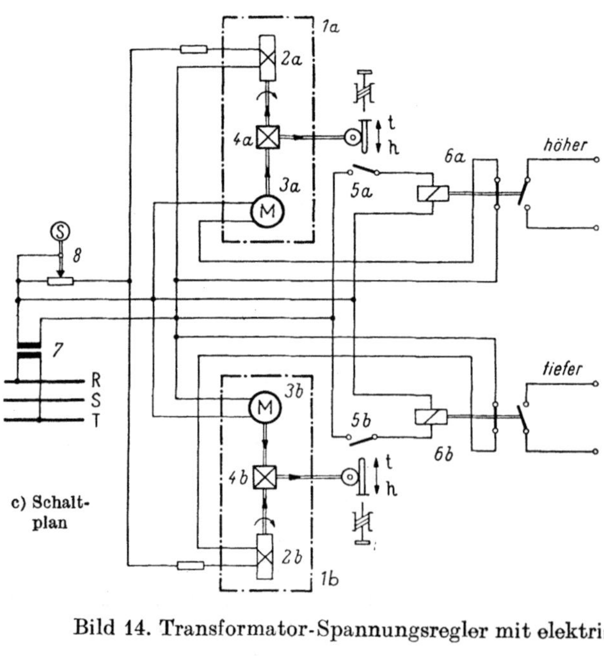

1 Triebwerke
a Für Höher-Steuerung
b Für Tiefer-Steuerung
2 U^2-Meßantrieb (*a* und *b*)
3 Synchronmotorantrieb (*a* und *b*)
4 Differentialgetriebe (*a* und *b*)
5 Kontaktarm (*a* und *b*)
6 Hilfsrelais (*a* und *b*)
7 Meßwandler
8 Sollwerteinsteller

c) Schaltplan

Bild 14. Transformator-Spannungsregler mit elektrischen Triebwerken [*14, 15*] mit regelabweichungsabhängiger Geschwindigkeit. Die Stellgröße ist stufenartig veränderlich und wird vom Meßsystem innerhalb einer Zeit fortgeschaltet, die der Regelabweichung umgekehrt proportional ist.

Aufbau und Wirkungsweise (*Bild* 14c). Der Vergleicherteil des Reglers besteht aus einem Triebwerk (*1a*) für Höhersteuerung und einem Triebwerk (*1b*) für Tiefersteuerung. Jedes dieser beiden Triebwerke hat einen U^2-Meßantrieb (*2*) und einen Synchronmotorantrieb (*3*), die beide über ein Differentialgetriebe (*4*) einen Kontaktarm (*5*) antreiben. Mit der konstanten Drehzahl des Synchronmotorantriebes als Vergleichsgröße wird die von der Netzspannung abhängige Drehzahl des Meßantriebes als Regelgröße über das Differentialgetriebe verglichen. An der Ansprechgrenze entspricht die Drehzahl des Meßantriebes genau der des Synchronmotorantriebes. Liegt die Netzspannung z.B. über der Ansprechgrenze des Höher-Meßsystems, so wird der Kontaktarm gegen einen in weiten Grenzen einstellbaren Anschlag zurückgedreht. Sinkt dagegen die Netzspannung unter die Ansprechgrenze, so wird der Kontaktarm gegen den festen Gegenkontakt mit einer Geschwindigkeit bewegt, die der Spannungsabweichung von der Ansprechgrenze angenähert proportional ist. Damit wird die Laufzeit des Kontaktarmes ungefähr umgekehrt proportional der Spannungsabweichung.

Beim Schließen des Gegenkontaktes wird ein Hilfsrelais (*6*) erregt, welches das Steuersignal an den Antrieb des Stelltransformators weitergibt. Gleichzeitig unterbricht das Hilfsrelais den Stromkreis des Meßantriebes, wodurch der Synchronantrieb den Kontaktarm wieder zurückdreht und den Kontakt wieder öffnet. Ist der Sollwert der Netzspannung noch nicht erreicht, so muß der Kontaktarm bis zur erneuten Kontaktgabe nur den Laufweg zurücklegen, um den er während des Ansprechens des Hilfsrelais zurückgedreht wurde. Dies ergibt die in *Bild* 14c mit *K* bezeichnete Zeitkennlinie für kürzeste Steuersignalfolge. Große Abweichungen werden dadurch verhältnismäßig schnell ausgeregelt.

Liegt die Netzspannung unter der Ansprechgrenze des Tiefer-Meßsystems, so verlaufen die Steuervorgänge umgekehrt.

Zubehör. Schütze und Stellmotor für den Stufenschalter des zu regelnden Transformators. Überstromsperre (sperrt die Regelung zum Schutz des Stufenschalters). Umschaltüberwachung bei Versagen des Stufenschalters. Hand-Automatik-Umschalter.

Technische Daten

Ansprechgrenzen (für jedes Triebsystem getrennt einstellbar)	± 0,5 bis ± 3%
Ansprechzeiten (für Spannungsabweichungen von 0,5% bis 10% einstellbar)	(s. *Bild* 14b)
Sollwerteinsteller (getrennter Vorwiderstand)	rd. 125 Ω
Sollwert-Einstellbereich	− 10 bis + 15%
Schaltvermögen bei Wechselstrom ($\cos\varphi = 0{,}7$ bis 1,0)	1 kVA

Meßwerksverbrauch	
bei 110 V	rd. 25 VA
während der Kontaktgabedauer	max. 28 VA
Spannungswandler für sekundäre Nennspannung von	100 oder 110 V
Kontaktgabedauer	0,8 bis 1,5 s
Zulässige Betriebsspannung an den Kontakten	bis 500 V
Zulässiger Dauerstrom:	
Arbeitskontakt	10 A
Ruhekontakt	5 A

Art der Belastung		Gleichstrom		Wechselstrom $\cos \varphi = 1$ bis 0,7 Transformatoren, Schütze, Relais, Hubmagnete, Motoren
		ohmisch	induktiv	
Nennleistung der zu schaltenden Geräte	Einschalten	1000 W	1000 W	1000 VA
	Ausschalten	100 W	50 W	1000 VA

Zulässiger Dauerstrom darf hierbei nicht überschritten werden. Unter 220 V Einschaltleistung etwa proportional der Spannung reduzieren. Kurzzeitige Einschaltstromspitzen, z. B. Einschaltstromstoß von Schützspulen bis zum Fünffachen des Stromes zugelassen, der sich aus der jeweiligen Schaltleistung ergibt.

b) Spannungsregler mit Drehspulrelais

Der Regler (*Bild 15*) [*16*] dient der Spannungsregelung von Stelltransformatoren mit Stufenschaltern. Er hat integrale Wirkungsweise, indem er die stufenartig veränderliche Stellgröße innerhalb einer Zeit fortschaltet, die der Regelabweichung umgekehrt proportional ist.

Aufbau und Wirkungsweise. Die Regelabweichung wirkt (s. *Bild* 15 b) auf ein stark gedämpftes Drehspulmeßwerk (*1*) mit vernachläßigbar kleinem mechanischen Richtmoment. Die Drehspule bewegt sich wie bei einem Kriechgalvano-

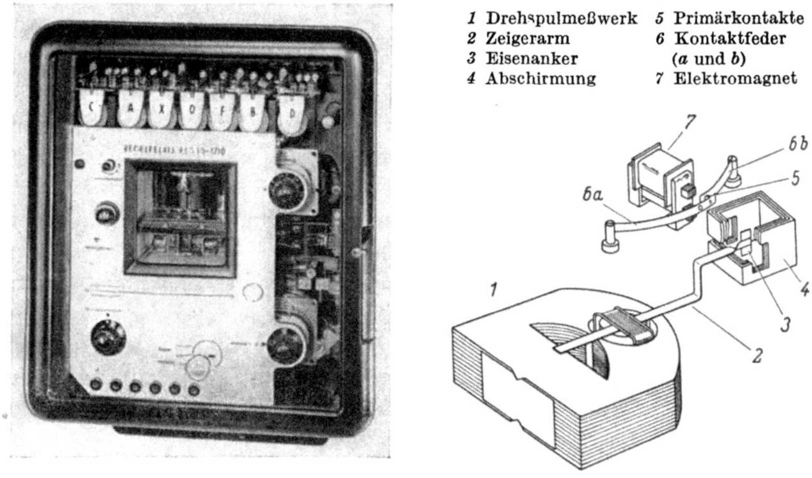

a) Außenansicht b) Aufbau des Drehspulmeßwerkes

Bild 15. Transformator-Spannungsregler mit Drehspulrelais [*16*]

meter und dient zugleich als Relais, indem über den Arm (*2*), Eisenanker (*3*), die Kontakte (*5*) betätigt werden können. Der Elektromagnet (*7*) bewirkt eine Kontaktkraftverstärkung. Die Kontakteinrichtung ist doppelseitig (rechts nicht dargestellt) ausgeführt. Das Richtmoment erzeugt einen durch Vorwiderstand einstellbaren Totbereich des Reglers, bei dem die Regelabweichung nicht ausreicht, die Kontakte zu betätigen.

Überschreitet die Regelabweichung den Totbereich, so schließt nach Erreichen eines bestimmten Drehwinkels der linke oder rechte Kontakt. Nach jeder Kontaktgabe wird das Meßwerk umgepolt, so daß es im Falle gleichbleibender Regelabweichung mit einer verhältnisgleichen Drehgeschwindigkeit gleichmäßig zwischen den beiden Kontaktstellen hin- und herschwingt. Die Periodendauer der Kontaktgaben ist der Regelabweichung umgekehrt proportional. Die durch die wechselnde Kontaktgabe erzeugten Impulse werden in einem Speicher (Zeitfaktorenwerk) gespeichert. Nach einer einstellbaren Anzahl von Meßwerkskontaktgaben wird über einen Auslösekontakt der Lastschalter betätigt. Nach Betätigen des Auslösekontaktes und damit Weiterschalten des Transformator-Lastschalters wird das Speicherwerk wieder in seine Nullstellung gebracht. Wird die Regelabweichung kleiner als der Totbereich, dann kann das Meßwerk die Kontakte nicht mehr betätigen; bereits gespeicherte Impulse bleiben zunächst bestehen. Überschreitet die Schaltpause eine im *Grenzzeitwerk* einstellbare Zeitspanne, so löscht dieses den Speicher, damit ein später neu einsetzender Regelvorgang durch die Vorspeicherung nicht gestört wird.

Ändert sich, während der Regler bereits angelaufen ist, die Richtung der Regelabweichung, so führt die hierdurch hervorgerufene zweimalige Betätigung derselben Kontaktseite über ein *Richtungsrelais* ebenfalls zum Löschen der gespeicherten Impulse.

Zubehör. Schütze und Stellmotor für Stufenschalter.

Technische Daten

Anzahl der Meßwerks-Kontaktgaben bis zum Auslösen	max. 40	Längste Dauer zwischen zwei Kontaktgaben	15 s
		Verzögerungszeit	10 min

c) Spannungsregler mit Transduktoren

Der Regler (*Bild* 16) [*17*] dient der Spannungsregelung von Stelltransformatoren mit Stufenschaltern.

Aufbau und Wirkungsweise. Zwei Magnetkippverstärker (s. *Bild* 16b), einer für Höhersteuerung (*1a*) und einer für Tiefersteuerung (*1b*), erhalten auf einer ihrer Steuerwicklungen eine Vergleichsgröße über einen magnetischen Spannungskonstanthalter (*2*). Die Netzspannung als Regelgröße wird einer weiteren Steuerwicklung zugeführt. Die Differenz der beiden Durchflutungen wirkt gegenüber einem sperrenden Vormagnetisierungsstrom I_v so, daß je nach Richtung der Spannungsabweichung ein Verstärker geöffnet, der andere gesperrt wird. Durch den Betrag des Vormagnetisierungsstromes I_v kann ein Totbereich eingestellt werden. Wenn dieser überschritten wird, so wirken die Magnetkippverstärker auf je ein motorisch angetriebenes Zeitglied (*3*), das nach Ablauf einer einstellbaren Zeitspanne eine Schaltuhr (*4*) betätigt. Diese gibt nach einstellbaren und sich wiederholenden Schaltzeiten die Stellsignale der Magnetkippverstärker an den Antrieb des Lastschalters weiter. Ein Selbsthaltekontakt bewirkt, daß der Schaltbefehl exakt ausgeführt wird, auch wenn der ansprechende Magnetkippverstärker während des Ablaufes der Verzögerungszeit wieder seine Nullstellung einnimmt. Durch einen dritten Magnetverstärker (*5*) wird bei kurzzeitigen Spannungseinbrüchen (z.B. durch Netzkurzschlüsse) die Stromzuführung zur Schaltuhr unterbrochen, um ein unnötiges Betätigen des Lastumschalters bei kurzzeitigen Spannungseinbrüchen zu verhindern.

Zubehör. Schütze und Stellmotor oder transduktorgesteuerter Stellmotor für Stufenschalter [*17*].

Technische Daten

Sollwert-Einstellbereich	$\pm 25\%$	Stromkompensation	0 bis 15%
Ansprechwert	$\pm 0{,}5$ bis $\pm 5\%$	Nennverbrauch am Spannungswandler	15 VA
Frequenzunempfindlichkeit	48,5 bis 50,5 Hz	Nennverbrauch am Stromwandler	10 VA
Zeitverzögerung	10 bis 100 s		

1 Magnetkippverstärker (*a* und *b*)
2 Magnetischer Konstanthalter
3 Zeitglied (*a* und *b*)
4 Schaltuhr-Relais
5 Sperrverstärker
6 Frequenzkompensation
7 Steuerwicklungen für Strombeeinflussung
8 Sollwerteinsteller
9 Einsteller für Strombeeinflussung
10 Einsteller für Ansprechgrenzen
11 Anschlußklemmen
I_v Strom für Totbereich
I_k Strom für Sollwert
I Strom für Istwert

a) Innenansicht

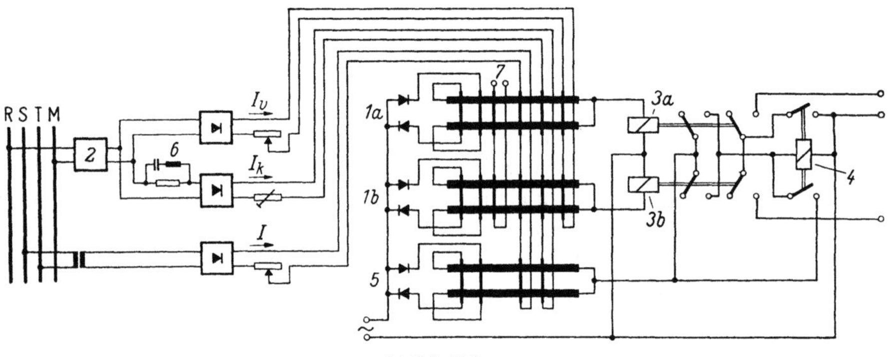

b) Schaltplan

Bild 16. Transformator-Spannungsregler mit Transduktoren [*12, 17*]

d) Leistungsfaktorregler

Der Regler [*14*] ist ähnlich aufgebaut wie der Spannungsregler in *Bild* 14 und eignet sich zum Konstanthalten des Leistungsfaktors in Anlagen mit stufenweise arbeitenden Einrichtungen wie Stelltransformatoren und Kondensatorbatterien. Er kann auch lediglich zur Abgabe eines Meldesignals bei Über- und (oder) Unterschreiten beliebiger Grenzwerte des Leistungsfaktors verwendet werden.

Aufbau und Wirkungsweise. Der Regler hat ein Vergleichssystem für Höher- und eines für Tiefersteuerung. Die Schaltung ist im wesentlichen die gleiche wie beim Spannungsregler in *Bild* 14c, nur treten an Stelle der Synchronmotorantriebe hier ebenfalls Ferraris-Antriebe.

Um den Leistungsfaktor zu messen, wird (s. *Bild* 17) in die Stromkreise für die Triebwerke außer den gleich großen Spannungen $\mathfrak{U}_{RS}/2$ noch die Summe der den Strömen $\mathfrak{I}_R$ und $\mathfrak{I}_T$ phasengleichen Zusatzspannungen $\mathfrak{U}_r$ und $\mathfrak{U}_t$ eingeführt. An den Triebsystemen liegen dann die Meßspannungen $\mathfrak{U}_{M1}$ und $\mathfrak{U}_{M2}$. Die Zusatzspannungen wirken bei Änderung der Phase zwischen Strom und Spannung im Netz entgegengesetzt in den Stromkreisen der zu einem Differential gehörenden

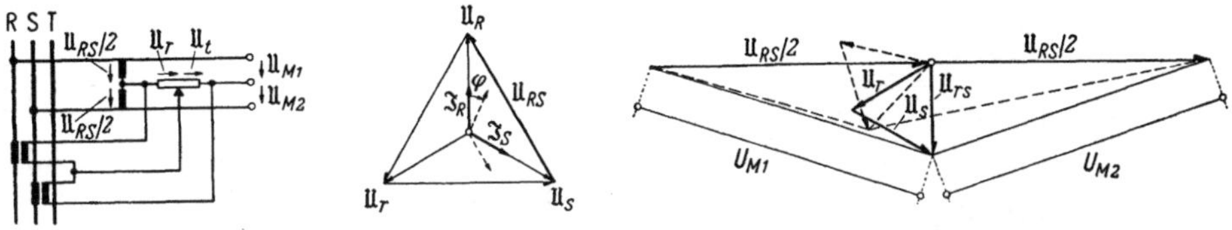

a) Schaltung des Meßteiles b) Zeigerlage im Netz c) Zeigerdiagramm

Bild 17. Leistungsfaktorregler [*14*]

Spannungstriebe und beeinflussen so je nach Über- oder Unterschreiten des eingestellten Leistungsfaktors das Gleichgewicht des Triebwerkes, wodurch der Regler im Sinne einer Höher- oder Tiefersteuerung anspricht.

Die Triebwerke sind dann im Gleichgewicht, wenn der den Strömen nach Betrag und Phase gleiche Spannungszeiger $\mathfrak{U}_{rs}$ senkrecht zur Spannung $\mathfrak{U}_{RS}$ des Spannungswandlers steht. Bei Abweichung vom eingestellten Leistungsfaktor dreht sich der Zeiger $\mathfrak{U}_{rs}$, wodurch eine Differenz zwischen den Spannungen $\mathfrak{U}_{M1}$ und $\mathfrak{U}_{M2}$ auftritt.

Zur Sollwerteinstellung wird durch Verändern des Abgriffs am Widerstand im Meßkreis das Verhältnis der Beträge der Spannungen $\mathfrak{U}_r$ und $\mathfrak{U}_s$ geändert. Im Gleichgewichtszustand muß die Summe der Zeiger $\mathfrak{U}_r$ und $\mathfrak{U}_s$ senkrecht auf dem Zeiger $\mathfrak{U}_{RS}$ stehen.

e) Blindleistungsregler mit Quecksilber-Schaltröhren

Regler dieser Bauart arbeiten nach dem Blindverbrauchzählersystem, das so abgeglichen wird, daß bei dem verlangten $\cos\varphi$ das Meßwerk stillsteht. Bei Abweichungen von diesem *Stillstand*-$\cos\varphi$ dreht sich das Triebsystem mit einer Geschwindigkeit, die der Abweichung der Blindleistung proportional ist. Die Drehrichtung entspricht der Abweichung in induktiver oder kapazitiver Richtung. Durch das Triebsystem werden über Stellwerke Quecksilber-Schaltröhren betätigt, die über Schütze Kondensatoren zu- oder abschalten. Die Regler enthalten außerdem ein Nullspannungsrelais, das bei Ausbleiben der Spannung die Schaltwelle des Reglers in die Ausgangsstellung zurückstellt und dadurch die jeweils eingeschalteten Kondensatoren vom Netz trennt. Nach Rückkehr der Spannung werden die Kondensatoren entsprechend dem Blindleistungsbedarf nacheinander wieder zugeschaltet.

Beispiel 1. Aufbau und Wirkungsweise. Der Blindleistungsregler (*Bild* 18) [*18*] hat ein zweisystemiges Blindleistungsmeßwerk (*1*) mit dem Induktivkontakt (*2a*) und dem Kapazitivkontakt (*2b*). Bei einer Abweichung vom festgelegten Leistungsfaktor (Sollwert) wird, wenn die induktive Ansprechleistung erreicht ist, der Induktivkontakt (*2a*) geschlossen und der Stellmotor (*3a*) für das

Kurvenscheiben-Stufenschaltwerk (*4*) eingeschaltet. Dieses schaltet in Zeitabständen von 18 bis 20 s über seine Quecksilber-Schaltröhren so lange die Kondensatorschütze (*5*) ein, und damit Kondensatoren zu, bis die Regelabweichung verschwunden ist. Dann öffnet der Kontakt (*2a*) wieder.

Bei Überkompensation schließt, wenn die kapazitive Ansprechleistung überschritten wird, der Kontakt (*2b*), der den Stellmotor (*3b*) an Spannung legt. Da-

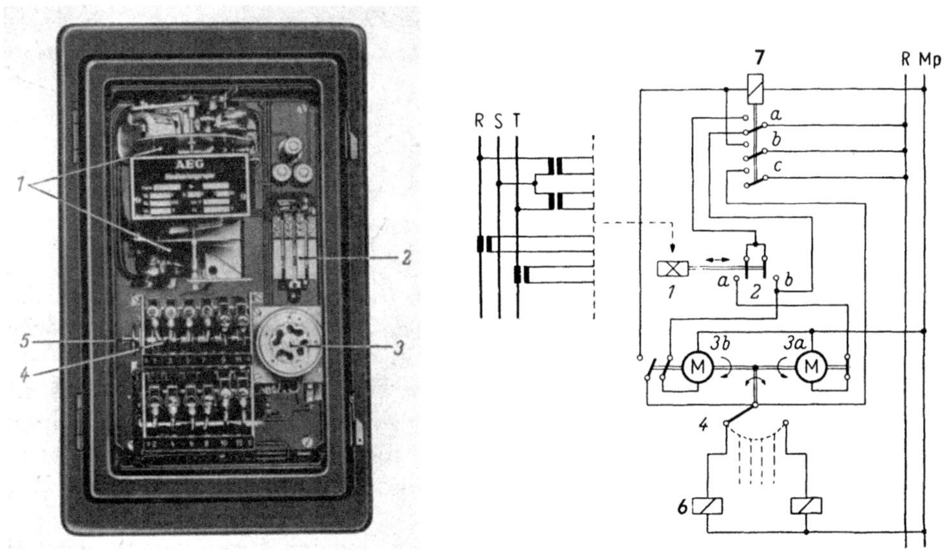

a) Außenansicht b) Schaltplan

1 Blindleistungsmeßwerk
2 Kontakte des Blindleistungsmeßwerkes
a Induktivkontakt
b Kapazitivkontakt
3 Synchronmotoren zur Betätigung des Schaltwerkes(*4*)
a Zuschalten von Kondensatoren
b Abschalten von Kondensatoren
4 Kurvenscheiben-Schaltwerk mit Quecksilberschaltröhren
5 Nummernscheibe zum Einstellen des Endlagenkontaktes
6 Kondensatorschütze
7 Nullspannungsrelais mit Kontakten

Bild 18. Blindleistungsregler [*12*].

durch werden durch das Stufenschaltwerk so lange Kondensatoren abgeschaltet, bis der Kompensationszustand wieder erreicht ist.

Varianten. Ausführung des Schaltwerkes für Kondensatorenstufung nach einer arithmetischen Reihe und Ausführung für eine geometrische oder gemischte Reihe.

Technische Daten

Leistungsaufnahme des Reglermeßwerkes:	
je Strompfad	2 bis 3 VA
je Spannungspfad	2 bis 2,8 VA
Hilfsspannung für Stellmotoren und Nullspannungsrelais	220 V, 50 Hz
Leistungsaufnahme je Stellmotor	2,5 W

Nullspannungsrelais:	
Anzug	45 VA
Halten	13 VA
Schaltleistung der Quecksilber-Schaltröhren:	
Wechselspannung	220 V, 10 A
	380 V, 6 A
Gleichspannung	220 V, 5 A

Beispiel 2. Aufbau und Wirkungsweise. Dieser Regler (*Bild* 19) [*19*] ist im Meßteil ebenso aufgebaut wie der Regler im Beispiel 1. Durch das Triebsystem wird über ein Getriebe eine Welle mit Nockenscheiben gedreht. Damit werden nacheinander, je nach Ausführung, mehrere Schaltröhren betätigt.

Varianten und Zubehör. Normalausführung für Drehstrom-Dreileiter- und -Vierleiteranlagen zum Schalten von Kondensatoren gleicher Größe. Sonderausführung für Kondensatoren abgestufter Größe. Automatische Rückstelleinrichtung zum Abschalten der Kondensatoren bei Spannungsausfall für größere Anlagen.

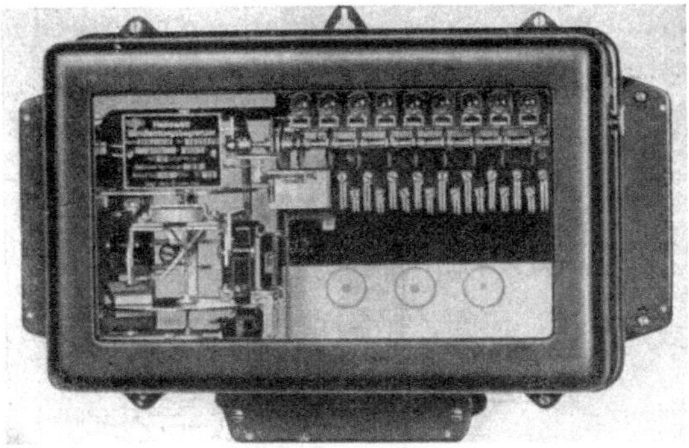

Bild 19. Blindleistungsregler [*19*]

Technische Daten

Leistungsaufnahme der Meßwerke:

Anlage:	3-Leiter	4-Leiter	Klein-anlagen
Strompfad VA	2 × 6	3 × 4	1 × 6
Spannungs-pfad W	2 × 1	3 × 0,9	1 × 1

Strom sekundär	5 A
Anzahl der Schaltschritte je nach Ausführung	bis zu 12
Schaltleistung der Quecksilber-Schaltröhren	220 V, 6 A
Ansprechgrenze in Prozent des Schaltschrittes	60%
Leistungsaufnahme des Rückstellrelais	1 W

4. Regler für Kraftmaschinen, Wärmeverbund- und Elektroverbundbetrieb

a) Hydraulischer Regler für Wasserturbinen

Die hydraulischen Wasserturbinenregler werden im allgemeinen von den Herstellern der Wasserturbinen als wesentlicher Bestandteil der Maschine mitgebaut. Als Beispiel wird hier eine Konstruktion (s. *Bild* 20) beschrieben [*20*, *21*, *22*], deren Grundform als Meßgeber ein mechanisches Fliehkraftpendel enthält. Ein sog. elektrischer „Reglerkopf" kann anstelle des Fliehkraftpendels als Meßgeber eingesetzt werden (vgl. Kapitel 20).

Aufbau und Wirkungsweise. Als Meßwerk dient ein gelenkloses und damit reibungsfreies Blattfederpendel (*1*), das über Kegelräder (*2*) von der Turbine oder einem Synchronmotor angetrieben wird. Bei Drehzahländerung bewirkt die Auslenkung der Zentrifugalgewichte eine Bewegung der Reglermuffe (*3*) nach oben oder unten. Die dadurch verursachte Änderung des Öldruckes auf der unteren Seite des Hauptsteuerschiebers (*4*) bewegt diesen in der einen oder anderen Richtung so lange, bis über das Gestänge (*5*) der Vorsteuerstift mit dem Vorsteuerschieber (*7*) in die ursprüngliche relative Lage zur Reglermuffe gebracht worden ist. Es entspricht also jeder Stellung der Reglermuffe und damit jeder Drehzahlabweichung eine bestimmte Stellung des Hauptsteuerschiebers. Der Hauptsteuerschieber (*4*) steuert den Ölstrom zum Kolben des Stellmotors (*8*) und damit die Verstellung des Turbinen-Leitapparates. Der für kleine Drehzahländerungen notwendige Öldruck wird von der kleinen Ölpumpe (*9*) erzeugt; erst bei größeren Abweichungen setzt eine zweite größere Ölpumpe (*10*) ein. Bei einem starken Drehzahlabfall sinkt der Hauptsteuerschieber (4) so weit, daß durch Schließen des oberen Ringspaltes (*11*) das Öl nicht mehr über das Abflußrohr (*13*)

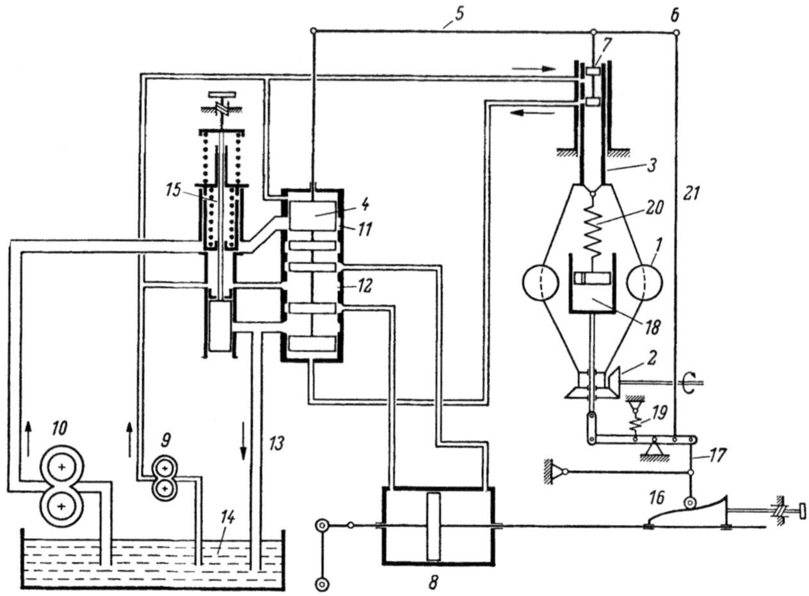

1 Blattfederpendel
2 Kegelräder
3 Reglermuffe
4 Hauptsteuerschieber
5 Gestänge
6 Gelenk des Gestänges (*5*)
7 Vorsteuerstift mit Vorsteuerschieber
8 Stellkolben
9 Ölpumpe, klein
10 Ölpumpe, groß
11 Ringspalt, oben
12 Ringspalt, unten
13 Ölabfluß
14 Ölbehälter
15 Rückschlagventil
16 Kurvenbahn
17 Gestänge
18 Ölbremse
19 Feder
20 Feder
21 Gestänge

Bild 20. Wasserturbinenregler [*20*]

in den Ölbehälter (*14*) zurückfließen kann. Damit steigt der Öldruck der Ölpumpe (*10*) an, das Rückschlagventil (*15*) öffnet sich und läßt den Ölstrom von Pumpe (*10*) jetzt gemeinsam mit dem von Pumpe (*9*) auf den Kolben des Stellmotors (8) wirken. Die große Pumpe läuft im Normalbetrieb mit geringem Druck. Durch Verwendung von zwei Ölpumpen wird Energie eingespart.

Der Regler hat eine nachgebende und eine starre Rückführung. Die nachgebende Rückführung wirkt vom Kolben des Stellmotors (*8*) über die Kurvenbahn (*16*) auf das Gestänge (*17*), die Ölbremse (*18*) und die Federn (*19*) und (*20*) auf die Reglermuffe ein. Im stationären Zustand müssen die Federn (*19*) und (*20*) entspannt sein; andernfalls würde sich der Kolben der Ölbremse (*18*) bewegen. Der Regler erhält dadurch dynamisch PI-Verhalten.

Die starre Rückführung verstellt über die gleiche Kurvenbahn (*16*) und über das Gestänge (*21*) die Lage des Gelenkes (*6*). Je nach der Stellung des Kolbens (*8*) stellt sich eine andere Lage des Gelenkes (*6*) und damit des Vorsteuerstiftes samt Vorsteuerschieber (*7*) ein, bei der der Hauptsteuerschieber (*4*) in Ruhe bleibt. Die im stationären Zustand sich ergebende Drehzahl wird abhängig von der Stellung des Kolbens (*8*); die Reglerkennlinie erhält dadurch eine Statik. Durch eine entsprechende Formgebung der Kurvenbahn (*16*) kann eine Abhängigkeit des Proportionalitätsfaktors (s. Kapitel 2, Gl. 52) von der Belastung der Turbine erreicht werden; die im Leerlauf ungünstige Stabilität der Regelung wird dadurch verbessert.

b) Hydraulischer Regler für Dampfturbinen

Der Bau von Reglern für Dampfturbinen ist eng verknüpft mit dem Bau der Turbinen selbst und mit deren Betriebs- und Sicherheitseinrichtungen. Die Dampfturbinenregler werden aus diesen Gründen im allgemeinen von den Turbinenherstellern selbst gebaut. Als Beispiel soll der im folgenden beschriebene Regler gelten [*23*].

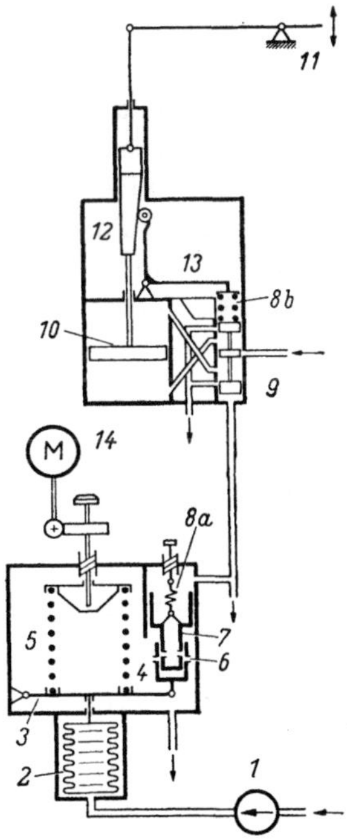

1 Ölpumpe
2 Balg
3 Hebel
4 Steuerhülse
5 Sollwertfeder
6 Abflußquerschnitt
7 Folgekolben
8 Feder (*a* und *b*)
9 Steuerschieber
10 Kraftkolben
11 Hebel zu den Regelventilen
12 Konus
13 Hebel
14 Drehzahlverstellmotor

Bild 21. Hydraulischer Drehzahlregler für Dampfturbinen [*14*]

Aufbau und Wirkungsweise (*Bild* 21). Der von der Ölpumpe (*1*) (dem „Regelkreisel") erzeugte Primärkreis-Öldruck sinke infolge abnehmender Drehzahl. Dieses Regelsignal wird durch eine Ölsäule auf den Balg (*2*) übertragen. Der drehbar gelagerte Hebel (*3*) mit der rechts angelenkten Steuerhülse (*4*) wird unter Einwirkung der Sollwertfeder (*5*), deren Kraft jetzt überwiegt, nach unten ausgelenkt; der Abflußquerschnitt (*6*) im Sekundärkreis, durch Steuerkanten dieser Hülse und des Folgekolbens (*7*) gebildet, wird verengt. Der Druck im Sekundärkreis steigt, wodurch der Folgekolben (*7*) gegen die Spannung der Feder (*8a*) so weit nach unten bewegt wird, bis der wieder vergrößerte Ablaufquerschnitt (*6*) das Gleichgewicht zwischen der Spannung der Feder (*8a*) und dem Druck im Sekundärkreis herbeiführt. Der Steuerschieber (*9*) wird durch den jetzt höheren Druck im Sekundärkreis gegen die Feder (*8b*) verschoben, wodurch der über den Kraftkolben (*10*) des Steuerzylinders führende Ölkanal freigegeben wird. Der Kolben (*10*) bewegt sich nach unten und der Hebel (*11*) öffnet die Regelventile. Der Kraftkolben spannt bei seiner Bewegung über den Konus (*12*) und den Hebel (*13*) die Feder (*8b*) so lange, bis sie den Steuerschieber (*9*) in seine Nullage zurückdrückt. Der Kraftkolben (*10*), und mit ihm der Hebel (*11*) für die Regelventile, nimmt dann eine neue Stellung ein, die dem geänderten Öldruck im Sekundärkreis und mithin der geänderten Drehzahl verhältnisgleich ist. Die

Öffnung des Regelventils ist somit der Drehzahl zugeordnet; der Regler hat also P-Verhalten.

Bei steigender Drehzahl verlaufen die Einzelvorgänge im umgekehrten Sinn: Der Öldruck im Primärkreis steigt und sinkt im Sekundärkreis; die Regelventile schließen.

Der Proportionalbereich kann durch Verdrehen der Kolbenstange mit dem Rückführkonus (*12*) verstellt werden, der in verschiedenen Meridianschnitten verschiedene Steigungen hat. Mit Hilfe des Drehzahlverstellmotors (*14*) kann der Sollwert der Drehzahl geändert werden.

Da im Regler nur ein kleines Ölvolumen und ganz leichte Teile bewegt werden müssen, geschieht die Übertragung der Signale nahezu trägheits- und reibungslos. Der Steuerschieber (*9*) ist mit tangential nach außen gerichteten Bohrungen ausgeführt, die vom Drucköl durchflossen werden. Die von ihm erzeugten Reaktionskräfte versetzen den Schieber in Drehung, wodurch die Reibung verringert wird.

Varianten und Zubehör. Der Drehzahlregler, dessen Teile in ein besonderes Gehäuse eingebaut werden, ist im allgemeinen seitlich am Reglerbock angebracht. Bei schnellaufenden Getriebeturbinen wird eine Anordnung oben auf dem Reglerbock bevorzugt. Sind für besondere Regelaufgaben noch weitere Steuerungsorgane notwendig, dann werden diese mit dem Drehzahlregler in einer besonderen Steuersäule zusammengebaut und neben dem vorderen Lagerbock aufgestellt. Zur Regeleinrichtung zählt man noch die Regelventile, Hilfsölpumpe, Schnellschlußeinrichtung und den Drehzahlanzeiger.

Technische Daten

Einstellung des Proportionalbereiches	4 bis 8% der Nenndrehzahl	Ansprechgrenze	< 0,1% der Nenndrehzahl

c) Transduktor-Kippregler für Dampfverteilungsnetze

Der Regler (*Bild* 22a) [*14, 24*] wird vorwiegend verwendet für die Druck- und Temperaturregelung von Dampfverteilungsnetzen in Kraftwerken, für die Niveauregelung von Behältern in Wasseraufbereitungsanlagen, Umformern, Vorwärmern, Kondensatoren, Entgasern. Außerdem wird er in der Antriebstechnik eingesetzt, z.B. für die Regelung des Kantenlaufes und des Durchhanges von Papier- und Stoffbahnen, der Drehzahl von Drehstrom-Kommutatormaschinen und anderer Größen (wie Spannung oder Leistung), die dynamisch verhältnismäßig langsam verlaufen. Zum Transduktor-Kippreglersystem der betrachteten Bauart gehören verschiedene Meßgeber (z.B. Druckgeber mit Induktiv-Abgriff), ein mit Magnetkippverstärkern aufgebauter Regelverstärker, Sollwerteinsteller und Istwertanzeiger.

Aufbau und Arbeitsweise. Den Schaltungsaufbau zeigt *Bild* 22b. In der Arbeitsweise hat der Regler Dreipunkt-Verhalten mit impulsförmiger Ausgangsgröße. Zusammen mit elektrischen Stellantrieben entsteht überwiegend integrales Verhalten. Tritt eine bestimmte Steuergröße am Regler-Eingang auf, so bewirkt diese nach einer gewissen Übergangszeit am Regler-Ausgang eine konstante Impulsfolge, z.B. in Richtung „höher“ oder „tiefer“, wobei die zeitliche Länge der Impulse und ihre Häufigkeit um so größer sind, je höher der Betrag der Eingangsgröße ist. Sehr große Eingangssignale bewirken Dauerimpulse. Bildet man aus den Impulsen einen zeitlich kontinuierlichen Verlauf, so ergibt dies in der Darstellung $y = f(t)$ eine Gerade. Ihre Steilheit ist um so größer, je größer die gleichbleibende Störung am Regler-Eingang ist. Die Übergangszeit ist gekennzeichnet durch einen längeren Anfangsimpuls, ehe sich der oben geschilderte gleichbleibende Zustand einstellt. Mit steigenden Regelabweichungen wächst der

1 Vorstufe
2 Endstufen, Magnetkippverstärker (*a* und *b*)
4 Steuerwicklungen der Vorstufe
a Sollwert
b Istwert
c Rückführung
d Vormagnetisierung
5, *6* } Steuerwicklungen der Endstufen
a Eingangsstrom
b Einstellen der Arbeitspunkte
c Einstellen der Empfindlichkeit
d Rückkopplung
7 Vorrelais für Schaltschütze
a Höhersteuerung
b Tiefersteuerung

a) Regelverstärker, Innenansicht

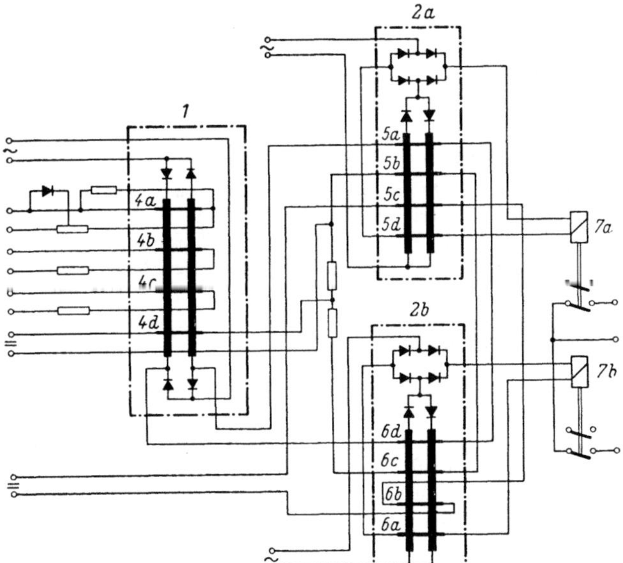

b) Schaltplan (ohne Rückführung)

Bild 22. Transduktor-Kippregler [*14*]

Anfangsimpuls, wobei der Regler in seinem dynamischen Verhalten einen gewissen Proportionalitätsfaktor erhält.

Durch Rückführungen (im *Bild* 22b nicht gezeichnet) kann der P-Anteil und der I-Anteil des Reglers in sehr weiten Grenzen eingestellt werden. Da der jeweils erforderliche Rückführwert erst nach einer gewissen Zeit (Speicherung) seinen wirksamen Betrag erreicht, ist dies gleichbedeutend mit einem D-Anteil im Übertragungsverhalten. Wird reines P-Verhalten des Reglers gefordert, so wird vom Stellglied eine der jeweiligen Stellung proportionale starre Rückführung aufgeschaltet.

Für die Umwandlung von nichtelektrischen Meßgrößen in elektrische Werte werden kontaktlos arbeitende Induktivabgriffe verwendet.

Varianten und Zubehör. Für geringeren Aufwand und einfachere Regelaufgaben wird der Magnetkippverstärker durch einen Transistorverstärker ersetzt. Induktivabgriff vom Ventilantrieb zur Herstellung einer bleibenden P-Abweichung. Elektrische Regelantriebe mit polumschaltbaren Drehstrommotoren. Auslaufbremse. Drehmomentabhängige Abschalteinrichtung in den Endlagen. Wegabhängiger Endabschalter. Endlagenmelder für Signale oder Fernanzeige. Stellungsfernanzeiger. Handbetätigung des Stellgliedes. Wächter für Niveau, Druck, Temperatur.

Meßgeber für die Regelgrößen:

Druckgeber	bis 400 atü	induktiv
Differenzdruckgeber	bis 25 atü	induktiv
Temperaturgeber	bis 700 °C	thermoelektrisch
Niveaugeber mit Schwenkschwimmer	bis 160 mm	induktiv
Niveaugeber mit Tauchkörper	bis 2500 mm	induktiv
Winkelgeber	bis ± 40°	induktiv
Tachogenerator mit Permanenterregung	bis 10000 U/min	
Lichtelektrischer Geber		photoelektrisch

Technische Daten

Regler mit Magnetkippverstärker:

Kleinster Ansprechwert	2‰ des Geber-Meßbereiches ≙ 1,6 μW (0,1 mA an 160 Ω)	Leistungsaufnahme im Leerlauf	50 VA
Rückführzeitkonstante		Anschlußspannung	220 V, 50 Hz
kapazitiv	2 bis 12 s	Ausgang-Schaltleistung	500 V~, 10 A, 3 kVA bis max. 500 V~, 10 A
thermisch	12 bis 100 s		
motorisch	> 100 s		

Regler mit Transistorverstärker:

Kleinster Ansprechwert	± 1,5% des Geber-Meßbereiches entspricht ± 200 μA an 1,5 kΩ	Zeitkonstante der Kondensatorrückführung (einstellbar)	von 5 bis 100 s
Mit zusätzlichen Vorverstärkern auch kleinere Ansprechwerte		Leistungsaufnahme im Leerlauf (je nach Meßgeber)	10 bis 35 VA
		Anschlußspannung	220 V, 50 Hz
		Schaltleistung	100 VA bis max. 250 V, 2 A

Induktivabgriffe:

Erregerspannung	24 V, 50 Hz	Mechanisch möglicher Auslenkwinkel bei	± 150°
Erregerstrom	rd. 0,6 A	davon elektrisch ausgenutzt	± 60°
Sekundärspannung	0,25 V/1° Auslenkung im linearen Teil		

d) Regeleinrichtungen für Verbundanlagen

1. Kompensationsverstärker als Grundgerät. Das vorherrschende Baukastengerät bei der Verbundregelung (s. Kapitel 24 und 33) ist der Kompensationsverstärker (s. *Bild* 23). Zur Kennlinienbildung bei der Leistungs-Frequenz-Regelung werden die Frequenz und die Leistungen mit *Meßumformern* gemessen und in einen verhältnisgleichen Gleichstrom umgeformt. Ein solcher Meßumformer ist als Drehmoment-Kompensationsverstärker, z.B. mit einem zweisystemigen elektrodynamischen Meßwerk und einem Schwingkreisverstärker, ausgebildet (vgl. Kapitel 12, *Bild* 29a und Kapitel 33) [*25*, *26*, *27*].

Bild 23. Kompensationsverstärker [*25*]

Der *Sollwert* für die Frequenz und die Leistungen wird ebenfalls mit einem Kompensationsverstärker eingeführt, der gleichzeitig als Konstanthalter geschaltet ist. Die den Ist- und Sollwerten entsprechenden Gleichströme werden schaltungsmäßig addiert und liefern einen der Regelabweichung proportionalen Strom, der in eine proportionale Impulsfrequenz für die Fernübertragung an die Werke umgesetzt wird. Die Impulsfrequenz wird am Aufstellungsort der Regeleinrichtung wieder von Kompensationsverstärkern aufgenommen. Diese formen sie wieder in verhältnisgleiche Gleichströme um. Zugleich werden die Signale verstärkt und an den gewählten Strommaßstab (mA/MW) angepaßt. Außerdem werden Schwankungen der Meßspannung der Empfangseinrichtungen ausgeglichen.

Die Abweichungen für Frequenz und Leistung werden einem *Misch-Kompensationsverstärker* über Einstellwiderstände zugeführt. Diese Widerstände sind gegenläufig gekuppelt und erhöhen daher z.B. den Frequenzeinfluß unter gleichzeitiger Schwächung des Leistungseinflusses und umgekehrt. Auf diese Weise wird die Neigung der Kennlinie eingestellt. Gemäß der Kennlinie zugeordnete Frequenz- und Leistungsabweichungen gleichen sich so drehmomentmäßig im Misch-Kompensationsverstärker aus, so daß dieser bei Bewegung der Betriebswerte auf der Kennlinie als Gesamtabweichung Null liefert. Bei Abweichungen von der Kennlinie dagegen tritt ein der Regelabweichung proportionaler Steuerstrom auf, der dem als *Nullregler* ausgeführten *Maschinenregler* zugeleitet wird. Diese Nullregler geben keinen Eingriff in die Maschinensteuerung, solange sie stromlos sind. Die Maschinenregler können *Kontaktregler* sein (Beispiel im nächsten Abschnitt) und z.B. auf den Drehzahlverstellmotor einwirken oder als stetig arbeitende Regler, z.B. Magnetregler (Abschnitt D 2) oder Röhrenregler (Abschnitt D 3a), unmittelbar in das Reglergestänge der Maschine eingreifen.

Zubehör. Anzeige- und Registriergeräte für Frequenz, Leistung, Sollwerte der Übergabeleistung, Leistungsabweichung, Teilsummen. Schaltorgane zur Auswahl der einzelnen Leistungswerte für die Maschinen. Überwachungsorgane für die Glieder der Regeleinrichtung (z.B. Blockieren der Regelung und Weiterarbeiten mit der augenblicklichen Belastung). Rückführungen für jede Maschine. Von einer Bedienungstafel einzeln oder gemeinsam verstellbar. Geräte für Lastausgleiche: Potentiometer, gekoppelt mit Öffnung der Maschinen über Hauptsteuerwelle, Steueröldruck oder Leitradöffnung, dazu Einstellwiderstände für Lastbereich. Sollwerteinsteller.

Technische Daten

Frequenz-Meßumformer:		Genauigkeit	± 2,5% des Meßbereiches
Meßbereich (umschaltbar)	49,9 bis 50,1 Hz und 49,5 bis 50,5 Hz		

2. Kontaktregler. Aufbau und Wirkungsweise. Der Regler (*Bild* 24) [*25*] hat ein hochempfindliches Drehspulrelais (*1*) mit einem nachgeschalteten Zwischen-

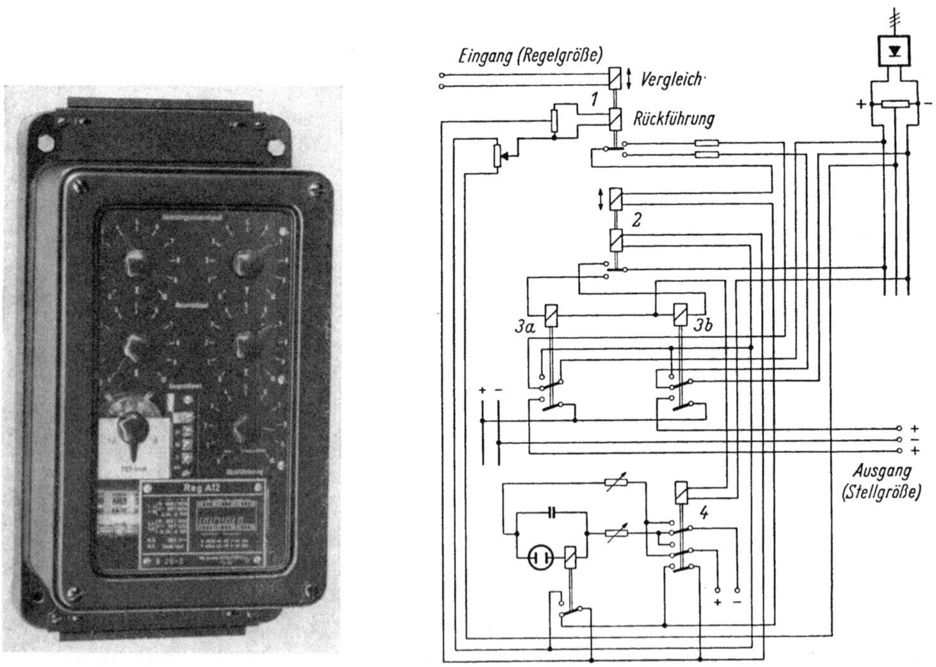

a) Außenansicht

1 Drehspulrelais
2 Zwischenrelais

b) Schaltplan

3 Ausgangsrelais
a Höher-Steuerung
b Tiefer-Steuerung
4 Hilfsrelais für Rückführung

Bild 24. Kontaktregler [*25*]

relais (*2*) geringen Eigenverbrauches, das seinerseits die Ausgangsrelais (*3*) steuert. Beim Ansprechen des Drehspulrelais tritt durch die Schaltung sofort eine Kontaktdruckverstärkung ein, um ein Flattern der Regelkontakte zu verhindern.

In der einfachen Form (für asymptotische Regelung) hat der Regler eine einstellbare feste Rückführung, durch die ein Hilfsstrom von dem Hilfsrelais (*4*) auf eine zweite Spule des Drehspulrelais (*1*) geschaltet wird. Der Regler gibt so lange ein Stellsignal, bis die Regelabweichung auf den Rückführwert zurückgegangen ist. Dann verschwindet auch der Rückführwert.

Um auch bei geringen Regelabweichungen ein genau definiertes Stellsignal zu erhalten, wird dieses eine bestimmte Mindestimpulszeit lang festgehalten. Mindestimpuls und Pause sind für sich durch ein Kondensator-Zeitrelais gegeben und einstellbar.

In einer anderen Bauform (für größere Stellgeschwindigkeit und Regelstrecken mit großen Zeitkonstanten) hat der Regler eine stetige Rückführung. Hier läuft zugleich mit dem Stellsignal ein Motor an, der ein Doppelpotentiometer verstellt. Über das eine Potentiometer wird ein linear anwachsender Rückführwert auf das Drehspulrelais gegeben, der das Stellsignal unterbricht, wenn er den Wert der Regelabweichung erreicht hat. Über das zweite Potentiometer läuft der Rückführmotor mit einstellbarer Geschwindigkeit in die Null-Lage zurück.

Zubehör. Schütze zum Betätigen, z.B. des Drehzahlverstellmotors der Kraftmaschine. Meßumformer zur Erfassung der Regelgröße und Bildung einer Regelabweichung als Gleichstrom.

Technische Daten

Regler mit fester Rückführung:

Ansprechleistung als Gleichstrom-Nullregler, je nach Wicklung	rd. 10 μW
Netzanschluß	rd. 20 VA
Ansprechwert, bezogen auf Endwert des Meßbereiches (mindestens)	1%
Mindestimpulszeit (einstellbar in Stufen von 0,1 s), normal	0,1 bis 1,5 s
Sperrzeit (einstellbar in Stufen von 0,1 s)	1 bis 15 s

Kontakte:

Maximale Spannung	250 V
Maximaler Dauerstrom	
für Arbeitskontakte	5 A
für Umschaltkontakte	2 A
Nennleistung der zu schaltenden Geräte bei 220 V Wechsel- oder Gleichstrom	
Einschalten	100 W
Ausschalten Gleichstrom	10 W
Ausschalten Wechselstrom	100 W

C. Regler in der Wärme- und Verfahrenstechnik

1. Allgemeines

Die Vielfalt der Regelgrößen in der Wärme- und Verfahrenstechnik erfordert eine weitgehende Anpassungsfähigkeit des Reglereingangs an die verschiedenen Meßgeber. Hierzu dienen häufig zusätzliche Meßumformer, die die Regelgröße in ein vom Regler erfaßbares Eingangssignal umwandeln.

Die Stellgröße tritt bei wärme- und verfahrenstechnischen Regelungen fast immer in Form einer Bewegung auf, wobei der vom Reglerausgang gesteuerte

Stellantrieb ein Ventil oder eine Klappe betätigt. Manchmal sind diese Stellglieder und auch die Stellantriebe besonders an das Regelobjekt angepaßt und bilden mit ihm eine konstruktive Einheit.

Da in der Wärme- und Verfahrenstechnik ganz verschiedenartige Regelstrecken vorkommen, deren regeldynamisches Verhalten sich außerdem im allgemeinen nicht sicher vorausberechnen läßt, müssen die hier eingesetzten Regler weite Einstellbereiche ihrer Kenngrößen (Proportionalbereich, Nachstellzeit, Vorhaltzeit) haben.

Die Auswahl der Hilfsenergie richtet sich bei den Reglern der Wärme- und Verfahrenstechnik nach den besonderen Betriebsverhältnissen der Anlage. So bevorzugt man in der Ölindustrie und in der chemischen Industrie wegen der Explosionssicherheit Druckluft oder auch Drucköl als Hilfsenergie, d.h., man benutzt hier pneumatische bzw. hydraulische Regler, wobei vielfach auch die einfache Bauweise, besonders der Stellantriebe, ein wesentlicher Grund dafür ist. Um die Vorzüge der elektrischen Messung und Meßwertübertragung damit zu verbinden, verwendet man häufig elektro-pneumatische oder elektro-hydraulische Regler.

2. Zweipunktregler

a) Stab-Temperaturregler [*25, 28, 29*]

Dieser Regler (*Bild 25*) eignet sich zur Temperaturregelung, z.B. an kleinen Öfen, Wärmeaustauschern, Erhitzern, Lagern, Transformatoren, Rohrleitungen

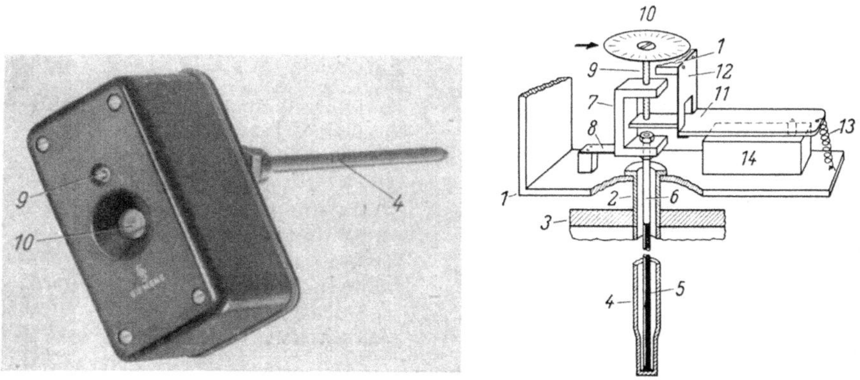

a) Außenansicht — b) Schematische Darstellung

1 Grundplatte
2 Tragrohr
3 Behälter-, Ofen- oder Rohrwandung
4 Metall-Ausdehnungsrohr
5 Invarstab
6 Metallstab
7 Bügel
8 Bandfeder
9 Sollwertschraube
10 Sollwertskale
11 Hebelplatte
12 Federbandlager
13 Zugfeder
14 Springfederschalter

Bild 25. Stab-Temperaturregler [*25*]

(nicht mit aggressiven Stoffen). Der temperaturempfindliche Teil des Reglers ist ein Ausdehnungsrohr („Stab"). Seine Längenänderung (Regelgröße) wird mechanisch über einen Sollwertsteller auf einen Schalter zur Betätigung der Stellgröße übertragen.

Aufbau und Wirkungsweise (*Bild* 25b). Das mit der Grundplatte (*1*) verbundene Tragrohr (*2*) wird mit einem (hier nicht dargestellten) Schraubstutzen so an der Wandung (3) des Behälters, Ofens oder Rohres befestigt, daß das Ausdehnungsrohr (*4*) in den Raum bzw. Stoff eintaucht, dessen Temperatur geregelt werden soll. Mit dem Ende des Ausdehnungsrohres (*4*) ist innen ein Invarstab (*5*) (praktisch ohne Wärmedehnung) fest verbunden, der die von der Meßtemperatur abhängige Längenänderung des Ausdehnungsrohres auf den Bügel (*7*) überträgt. Zwischen Invarstab (*5*) und Bügel (*7*) ist innerhalb des Tragrohres (*2*) ein Stab (*6*) eingefügt. Stab (*6*) und Rohr (*2*) sind aus Material gleicher Wärmedehnung. Eine Bandfeder (*8*) sichert den Innenstab (*5, 6*) gegen seitliche Verschiebung. Die im Bügel (*7*) drehbare Sollwertschraube (*9*) mit Sollwertskala (*10*) drückt auf das kurze Ende der Hebelplatte (*11*), die reibungsarm an einem Federband (*12*) gelagert ist. Das lange Ende der Hebelplatte (*11*) wird von der Feder (*13*) gegen den Auslöseknopf des Springfederschalters (*14*) gezogen. Der Ausschlag der Hebelplatte (*11*) entspricht der Differenz zwischen Istwert der Temperatur [Stellung des Bügels (*7*) relativ zur Grundplatte (*1*)] und Sollwert der Temperatur [Stellung der Sollwertschraube (*9*) relativ zum Bügel (*7*)]. Je nach Vorzeichen der Regelabweichung steuert die Hebelplatte (*11*) den Springfederschalter (*14*) zur Betätigung der Stellgröße. Da der Springfederschalter Umschaltkontakte hat, ist je nach Anschluß die Kontaktgabe bei fallender oder bei steigender Meßtemperatur möglich, also die Stellrichtung in einfacher Weise reversierbar.

Varianten und Zubehör. Zweiter Springfeder-Umschalter für Minimal-Maximal-Schaltung. Zusätzliche Schaltschütze. Impulswandler für Schrittregelbetrieb.

Technische Daten

Meßbereich	rd. 10 bis 300 °C
Ansprechwert	rd. 1 °C
Einstellbare Schaltdifferenz mit zweitem Springfederschalter	4 bis 40 °C
Eigenverzögerung (63%-Zeit):	
in Wasser	rd. 1,5 s
in Luft	rd. 4,5 min
Schaltperiode mit Impulswandler	30 s oder 60 s
Einstellbare Impulsdauer mit Impulswandler	1 s bis 5 s
Maximale Umgebungstemperatur (Reglerkopf)	60 °C

Maximaler Nenndruck (Ausdehnungsrohr)	ND 16
Maximale Strömungsgeschwindigkeit (in Wasser oder Öl)	3 m/s

Abmessungen:

Reglerkopf	140/80/76 mm
Tragrohr	84 mm
Ausdehnungsrohr	250 mm/10 mm ∅
Gewicht	rd. 0,9 kg

Maximalwerte:	Wechselstrom	Gleichstrom
Schaltleistung	500 VA	20 W
Schaltspannung	250 V	220 V
Schaltstrom	2 A	2 A

b) Zweipunkt-Druckbügelregler [*30, 31, 32*]

Der Druckbügelregler (*Bild 26*) dient vorwiegend zum Regeln galvanometrisch (z.B. mit Thermoelementen) erfaßbarer Temperaturen von industriellen Öfen, Erhitzern, Trockenkammern, Flüssigkeitsbädern und anderen Betriebsanlagen, die große Wärmeträgheit aufweisen. Ein Druckbügelwerk mit einstellbaren Schaltarmen tastet die Zeigerstellung ab und schaltet Quecksilberkontakte, ohne das Meßwerk im geringsten zu belasten.

Aufbau und Wirkungsweise (*Bild 26* b). Die dem Istwert der Regelgröße entsprechende Thermoelementspannung wird dem Drehspulmeßwerk (*1*) des Reglers zugeführt und ruft einen proportionalen Zeigerausschlag hervor, den man an der geeichten Skala (*2*) ablesen kann. Zwei unabhängig voneinander verstellbare Schaltarme (*3*a) und (*3b*) lassen sich auf einen gewünschten Skalenwert einstellen. In jedem Schaltarm ist ein Tastblech (*4a*) bzw. (*4b*) geführt, das periodisch von dem Druckbügel (*6*) gehoben und gesenkt wird. Am rechten Schaltarm (*3b*) kann

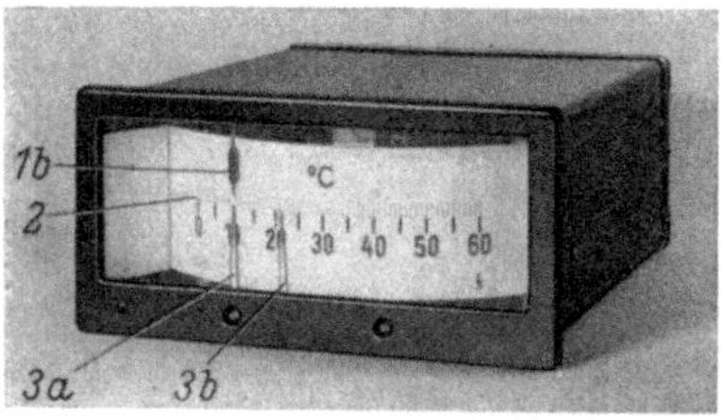

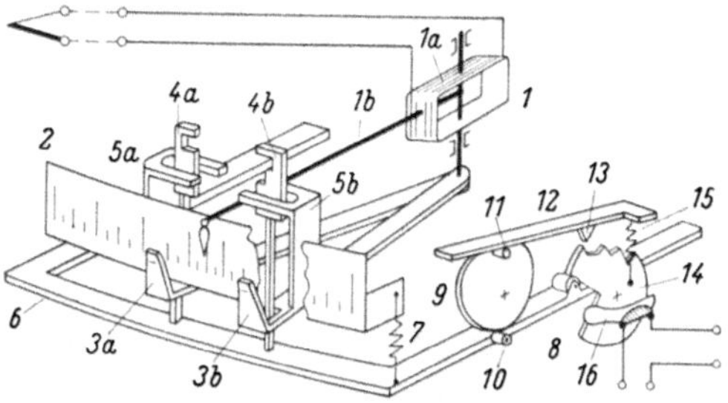

a) Außenansicht

b) Schematische Darstellung

1 Drehspulmeßwerk (*a* Spule, *b* Zeiger)
2 Geeichte Skale
3 Schaltarme (*a*, *b*)
4 Tastbleche (*a*, *b*)
5 Zeigergegenlagen (*a*, *b*)
6 Druckbügel
7 Druckbügelfeder
8 Mitnehmer am Druckbügel
9 Kurvenscheibe
10 Gleitrolle am Druckbügel
11 Mitnehmerrolle an der Kurvenscheibe
12 Sperrhebel
13 Sperrklinke am Sperrhebel
14 Steuerscheibe
15 Steuerscheibenfeder
16 Quecksilberschalter an der Steuerscheibe

Bild 26. Zweipunkt-Druckbügelregler [*30*]

man den Sollwert der Regelgröße einstellen. Liegt der Istwert unter dem Sollwert, d.h., befindet sich der Meßwerkzeiger links vom Tastblech (*4b*), so begrenzt der Zeiger den Hub des Drückbügels (*6*) nicht; dieser macht daher unter dem Einfluß der ihn hochziehenden Feder (*7*) und der ihn abwärts drückenden Gleitrolle (*10*) den vollen Hub. Dieser ist durch die Exzentrizität der Kurvenscheibe gegeben, die von einem kollektorlosen Wechselstrom-Kleinmotor angetrieben wird. Hierbei gibt am oberen Ende des Hubes der Sperrhebel (*12*), der die jeweilige Stellung der Steuerscheibe (*14*) sichert, ihre Rastung unter dem Einfluß der Mitnehmerrolle (*11*) kurzzeitig frei, während gleichzeitig der Mitnehmer (*8*) des Druckbügels die Steuerscheibe (*14*) mit dem daran befestigten Quecksilberschalter (*16*) in die Schaltstellung bringt, bei der die Stellgröße eingeschaltet ist. Dieser Schaltzustand bleibt bestehen, bis der Istwert der Regelgröße so weit ansteigt, daß der Meßwerkzeiger in den Bereich der ersten Stufe des Tastbleches (*4b*) gelangt; dann erfaßt das sich aufwärts bewegende Tastblech den Zeiger und drückt ihn gegen die Zeigergegenlage (*5b*). Dadurch wird die Aufwärtsbewegung des Druckbügels (*6*) gehemmt, so daß er sich von der weiterlaufenden Kurvenscheibe (*9*) abhebt und auch seinen Mitnehmer (*8*) von der Steuerscheibe (*14*) entfernt. Sobald dann die Sperrklinke (*13*) in der betreffenden Abtastperiode vorübergehend ausrastet, kann sich die Steuerscheibe unter dem Einfluß der Feder (*15*) so weit nach links drehen, bis sie sich wieder an den Mitnehmer (*8*) des Druckbügels anlegt und dabei den Quecksilberschalter (*16*) in die Schaltstellung kippt, in der die Stellgröße ausgeschaltet wird. Sie bleibt dann so lange ausgeschaltet, bis der Meßwerkzeiger den Bereich der ersten Stufe des Tastbleches wieder verläßt. Gelangt der Meßwerkzeiger in den Bereich der dritten Tastblechstufe des Schaltarmes (*3b*) oder aber in den Bereich des Tastbleches (*4a*) am linken Schaltarm (*3a*), so wird bei den hier gewählten Tastblechformen die Aufwärtsbewegung des Druckbügels (*6*) noch weiter beschränkt, und die Steuerscheibe (*14*) mit dem Quecksilberschalter (*16*) dreht sich beim Ausrasten der Sperrklinke (*13*) in die Schaltstellung, bei der z. B. ein Signal ausgelöst wird.

Kompensationsdose (*Bild* 27). Beim Regler zum Anschluß an Thermoelemente (Meßstelle) übernimmt die Kompensationsdose (Vergleichsstelle) die Aufgabe, Temperaturänderungen der Vergleichsstelle zu kompensieren und die durch den linken Schaltarm [(*3a*) in *Bild* 26] des Reglers bewirkte Thermoelement-Bruchsicherung beim Anfahren des Ofens zu überbrücken. Die Kompensationsdose [(*1*) in *Bild* 27] wird an ihren Eingangsklemmen (Vergleichsstelle) über Ausgleichsleitungen (*2*) an das Thermoelement und ausgangsseitig über Kupferleitungen (*3*) an den Regler angeschlossen. Sie enthält eine WHEATSTONEsche Brücke (*4*), die über einen Trockengleichrichter (*5*) aus dem Netz gespeist wird und deren Ausgangsdiagonale in Reihe mit dem Thermoelement und dem Reglermeßwerk liegt. In einem der Brückenzweige ist ein temperaturabhängiger Widerstand R_3 angeordnet. Ändert sich die Temperatur der Vergleichsstelle, so liefert die Brückenausgangsdiagonale eine Zusatzspannung, die den Einfluß dieser Temperaturänderung auf die am Regler wirksame Meßspannung kompensiert. Man wählt die Vergleichsstellen-Bezugstemperatur, bei der auch die Brücke im Gleichgewicht ist, so, daß sie unterhalb der kleinsten Temperatur des abgekühlten Ofens liegt. Dann erzeugt die Brücke bei abgekühltem Ofen eine der Ofentemperatur (Vergleichsstellentemperatur) entsprechende Zusatzspannung, die den Meßwerkzeiger des Reglers außerhalb des auf den mechanischen Meßwerk-Nullpunkt eingestellten linken Schaltarmes [(*3a*) in *Bild* 26] bringt. Der Ofen kann daher vom kalten Zustand aus mit dem Regler angefahren werden. Bei Unterbrechung des Thermoelementkreises dagegen geht der Zeiger auf den mechanischen Nullpunkt zurück und wird vom Tastblech [(*4a*) in *Bild* 26] des linken Schaltarmes erfaßt, so daß die Bruchsicherung in Tätigkeit tritt.

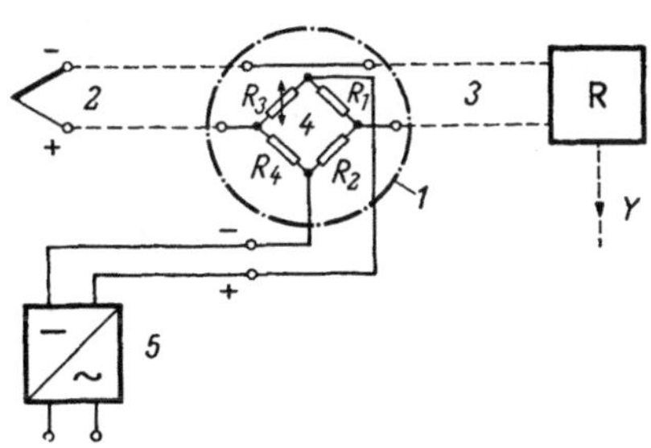

1 Kompensationsdose
2 Ausgleichsleitungen
3 Kupferleitungen
4 WHEATSTONEsche Brücke (R_1, R_2, R_4 Festwiderstände, R_3 temperaturabhängiger Widerstand)
5 Netz-Trockengleichrichter

Bild 27. Kompensationsdosenschaltung

Varianten und Zubehör. Quotientenmeßwerk für Anschluß an Widerstandsthermometer oder -ferngeber. Verschiedene Tastblechformen. Federsatzschalter an Stelle von Quecksilberschaltern. Zusätzlicher Impulskontakt für Schrittregelbetrieb. Schütze und Magnetventile. Elektromotorische Stellantriebe mit Schützsteuerung. Thermische Rückführung.

Technische Daten

(Ausführung mit Drehspulmeßwerk zum Anschluß an Thermoelemente)

Kleinster Meßbereich	12 mV (100%)
mit Sondermeßwerk	
(Einstellzeit rd. 2 s)	6 mV
Ansprechwert	60 μV (0,5%)
Ansprechleistung	$5 \cdot 10^{-11}$ W
Aussteuerbereich	
(Laufbereich)	60 μV (0,5%)
Maximale Ausgangs-Abschaltleistung:	
Mit Quecksilberkontakt	
bei Wechselstrom,	
max. 250 V, 6 A	1,5 kVA
bei Gleichstrom,	
max. 220 V, 3 A	600 W
Mit Micro-Schalter,	
bei Wechselstrom	
max. 220 V, 2 A	440 VA
Kleinste Impulsdauer	24 oder 12 s
mit zusätzlichem Impulskontakt	bis 18 s

Dauer einer Abtastperiode	24 oder 12 s
Einstellzeit des Meßwerkes	5 bis 8 s
Totzeit je nach Schaltphase und Abtastperiode	0 bis 24 s
Netzanschluß:	
Spannung	220 V + 15% bis − 20%
(mit zusätzlichem Vorwiderstand auch höhere Anschlußspannungen)	
Frequenz (für 42 bis 60 Hz ausführbar)	50 Hz ± 3 Hz
Leistung	7 VA
Maximale Umgebungstemperatur	50 °C
Abmessungen	185/96/280 mm
Gewicht	rd. 3,7 kg

3. Stetige Regler mit zügiger (kontinuierlicher) Arbeitsweise [*33*]

a) Strahlrohrregler [*34, 35, 36, 37*]

Der Strahlrohrregler (*Bild* 28), ein stetig, zügig arbeitender Regler mit Drucköl als Hilfsenergie, ist vorzugsweise für die Schwerindustrie sowie für Kraft- und Arbeitsmaschinen bestimmt. In Form der hydraulischen Regeleinheit [*38*] dient er, mit Wellrohr- oder Membran-Meßsystemen ausgerüstet, z.B. als Druck- und Durchflußregler; bei Vorschalten eines Meßumformers mit hydraulischem oder pneumatischem Ausgangsdruck oder, wenn ein elektro-hydraulischer Umsetzer nachgeschaltet wird, mit elektrischem Ausgangsstrom kann man den Regler auch für beliebige andere Regelgrößen benutzen.

a) Außenansicht

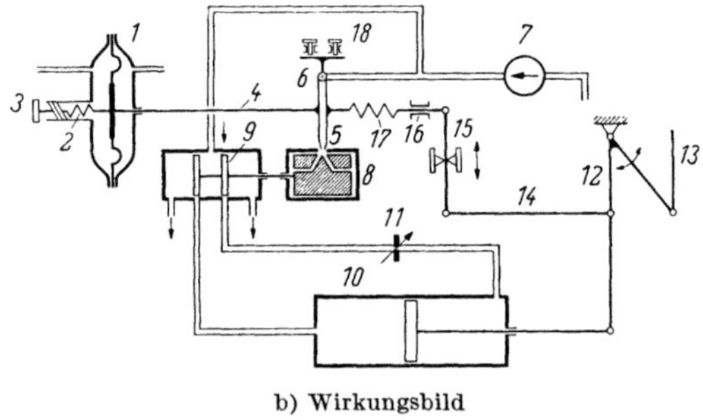

b) Wirkungsbild

1 Membranmeßsystem (Druck)
2 Meßfeder
3 Sollwertschraube
4 Übertragungsnadel
5 Strahlrohr
6 Drehachse des Strahlrohres
7 Ölpumpe
8 Druckaufnehmer für Strahlrohr
9 Folgekolben
10 Ölkolben-Stellmotor
11 Drossel für Stellzeit
12 Kurbelschwinge
13 Stellgliedgestänge
14 Rückführgestänge
15 Hebeldrehpunkt
16 Führung
17 Übertragungsfeder
18 Drucktasten für Handsteuerung des Strahlrohres

Bild 28. Strahlrohrregler [*34*]

Aufbau und Wirkungsweise (*Bild* 28b). Die hydraulische Regeleinheit sei beispielsweise als P-Regler mit einem Meßwerk für Druckregelung ausgeführt, bei dem der zu regelnde Druck auf das Membransystem (*1*) einwirkt. Eine Meßfeder (*2*) im Einstellsystem erzeugt die Gegenkraft und dient gleichzeitig zum Einstellen des Sollwertes mit Hilfe der Schraube (*3*). Die an der Meßwerkmembran befestigte Übertragungsnadel (*4*) überträgt die Membranbewegung auf das Strahlrohr (*5*). Es ist um die Achse (*6*) schwenkbar gelagert und erhält über seine Zulauföffnung von der im Regler eingebauten Pumpe (*7*) Drucköl, das aus der düsenförmig verengten Strahlrohrspitze mit großer Geschwindigkeit austritt. Der Ölstrahl trifft auf zwei schneidenförmig nebeneinanderliegende Öffnungen des Druckaufnehmers (*8*), in dem sich die Geschwindigkeitsenergie des Strahlers wieder in Druck umsetzt. Der Druckaufnehmer bildet mit dem als Kraftverstärker dienenden Folgekolben (*9*) eine bauliche Einheit. Entsteht eine Regelabweichung, so wird das Strahlrohr von der Meßwerkmembran ausgelenkt und beaufschlagt die Druckaufnehmeröffnungen verschieden stark. Infolgedessen bewegt sich der Folgekolben und gibt je nach Richtung und Größe der Regelabweichung seine Steueröffnungen frei, so daß die eine oder andere Seite des Ölkolben-Stellmotors (*10*) mit dem Ölzufluß bzw. -abfluß verbunden wird. Dabei bewegt sich der Arbeitskolben nach Maßgabe des durchströmenden Drucköles mit einer Stellgeschwindigkeit, die innerhalb eines bestimmten Bereiches proportional mit der Regelabweichung zunimmt. An der Drossel (*11*) in der Leitung zwischen Folgekolben und Stellmotor kann man die maximale Stellgeschwindigkeit bzw. die für den Gesamthub des Ölkolbens benötigte Stellzeit einstellen, die bei voller Steueröffnung des Folgekolbens auftritt. Der Ölkolben arbeitet über die Kurbelschwinge (*12*) auf das Stellgliedgestänge (*13*).

Von der Kurbelschwinge (*12*) zweigt ferner das Rückführgestänge (*14*) ab. Es ist über den verstellbaren Hebeldrehpunkt (*15*), die Führung (*16*) und die Übertragungsfeder (*17*) mit dem Strahlrohr (*5*) verbunden und greift hier an der entgegengesetzten Seite an wie die Übertragungsnadel (*4*) des Meßwerkes. Durch Verschieben des Drehpunktes (*15*) kann man das Hebelarmverhältnis und damit den am Strahlrohr wirksamen Hub des Rückführgestänges verändern, d.h. den Proportionalbereich des Reglers einstellen.

Mit den Drucktasten (*18*) kann man das Strahlrohr von Hand verstellen und dadurch in den Regelvorgang eingreifen.

Varianten und Zubehör. Membranmeßwerke mit anderen Meßsystemen. Wellrohrmeßwerke. Hochdruck-Rohrfedermeßwerke. Verblockventil zum Festhalten des Stellmotors in seiner letzten Stellung bei Stromausfall. Kurzschlußventil für die Endlagensteuerung. Dreiwege-Magnetventil mit Verblockventil oder Kurzschlußventil kombiniert; es macht das Festhalten oder Schließen von einem dritten Signal abhängig. Elektrische Sollwert-Ferneinsteller. Signaleinrichtung für Hilfsenergieausfall.

Technische Daten

(Ausführung als P-Regler mit Membranmeßsystem für Druckregelung)

Kleinster Meßbereich	2 bis 60 mm WS (100%)	Anzugsmoment: Mit 0,55-kW-Pumpenmotor und bei Öldruck von 8 kp/cm^2	50 kpm
Ansprechwert	1%		
Aussteuerbereich	5%		

Mit 0,8-kW-Pumpenmotor und bei Öldruck von 12 kp/cm²	80 kpm
Mit 0,8-kW-Pumpenmotor und bei Öldruck von 15 kp/cm²	100 kpm
Stellzeit (einstellbar für max. Drehwinkel der Kurbelschwinge von 80°)	8 bis 40 s
Kleinster Proportionalbereich	5%
Größter Proportionalbereich	15%
Eigenverzögerung; Stelldruck am Regelverstärkerausgang (63%-Zeit) bei angeschlossenem Stellmotor für eine Sprungfunktion am Meßwerkeingang	rd. 0,01 s
Netzanschluß:	
Spannung	220/380 V
Frequenz	50 Hz
Maximale Umgebungstemperatur	35 °C
Abmessungen (Länge/Höhe/Tiefe)	rd. 870/680/475 mm
Gewicht	rd. 85 kg

b) Elektro-pneumatischer Großregler [*25, 39*]

Der elektro-pneumatische Großregler (*Bild* 29) eignet sich vor allem für Betriebe der chemischen Industrie, der Öl-Industrie und ähnlicher Betriebe, wo Prozesse der verschiedensten Art, die kontinuierlich oder in Chargen ablaufen, geregelt werden müssen. Er wird außer zur Temperaturregelung (mit Thermoelement oder Widerstandsthermometer als Meßgeber) auch für die Regelung anderer wärme- und verfahrenstechnischer Größen verwendet, die elektrisch als Spannung, Strom oder Widerstand dargestellt werden können. Der Großregler ist als PID-Regler ausgeführt und auch schwierigen Regelbedingungen gewachsen, wie sie an Mehrspeicher-Regelstrecken häufig vorliegen. Ein Tauchspul-Regelwerk, dessen Meßempfindlichkeit zum unmittelbaren Anschluß von Thermoelementen ausreicht, bildet mit nachgeschaltetem pneumatischem Verstärker aus der als Null-Diagonalstrom einer Brücken-Meßschaltung anfallenden Regelabweichung eine pneumatische Stellgröße.

Aufbau und Wirkungsweise (*Bild* 29b). In der Ausführung als Temperaturregler mit einem Thermoelement wird die Istwertspannung nach dem Kompensationsverfahren in einer Brückenschaltung mit der Sollwertspannung verglichen, die man am Potentiometer (*1*) einstellen kann. In einem der Brückenzweige liegt ein temperaturabhängiger Widerstand (Kupferspule R_{Cu}); er erzeugt bei Änderung der Vergleichsstellentemperatur eine Zusatzspannung, die die entsprechende Änderung der Thermoelementspannung ausgleicht, so daß immer die wirkliche Temperatur der Meßstelle erfaßt wird (s. Abschnitt C 2 b). Das die Brücke speisende Netzanschlußgerät enthält neben dem Netztransformator und Gleichrichter einen Zener-Dioden-Konstanthalter.

Der Strom in der Nulldiagonale ist ein Maß für die Regelabweichung und fließt durch das Nullgalvanometer (*2*) und die in Reihe geschaltete Tauchspule (*3*) (s. Kapitel 12, *Bild* 13f). Sie bewegt eine Steuerfahne (*4*) zwischen zwei Düsen (*5*) und (*6*) und ändert dadurch den Steuerdruck auf die Membran des Vorverstärkers (*10*). Die Ausströmdüse (*5*) wird über eine Vordrossel (*9a*) mit nachgeschaltetem Überströmventil (*9c*) im Druckteiler (*9*) gespeist. Diese Anordnung reduziert den Druck in der Zuleitung zur Ausströmdüse (*5*), unabhängig von Druckänderungen der Zuluft, auf etwa 30 mm WS. Die Tauchspule mit der Fahne ist an einem Spannband reibungsfrei aufgehängt, so daß eine hohe Meßempfindlichkeit erzielt wird. Der Vorverstärker (*10*) steuert den Endverstärker (*11*) (s. Kapitel 12). Er wird ebenfalls über eine Vordrossel (*9b*) im Druckteiler (*9*) gespeist und liefert ausgangsseitig den Stelldruck für den Membranantrieb des Regelventiles.

Zur Rückführung dient das vom Stelldruck beaufschlagte Kapselfedersystem (*12*). Es bewegt den Rückführhebel (*13*), der über die Spiralfeder (*14*) eine

1 Sollwertsteller
2 Nullgalvanometer
3 Tauchspule
4 Steuerfahne
5 Ausströmdüse
6 Auffangdüse
7 Membransystem für Zusatzrückführung
8 Drossel für Zusatzrückführung
9 Druckverteiler
  a, *b* } Vordrossel
  c Überströmventil
10 Pneumatischer Vorverstärker
11 Pneumatischer Endverstärker
12 Kapselfedersystem für Rückführung
13 Rückführhebel
14 Spiralfeder
15 Proportionalbereichsteller
16 Drosselgerät für Nachstellzeit
17 Drosselgerät für Vorhaltzeit
18 Druckmesser für Zuluft
19 Druckmesser für Steuerluft
20 Sollwertskala
21 Merkskala für P-Bereich
R_{Cu} Temperaturabhängiger Widerstand (Kupferspule)

a) Regler geöffnet

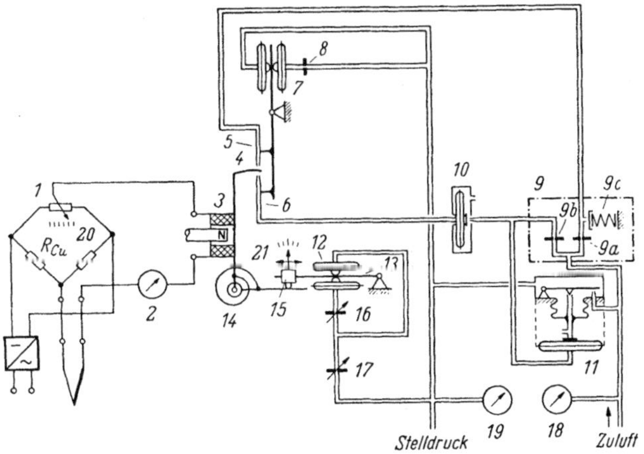

b) Wirkungsbild

Bild 29. Elektro-pneumatischer Großregler [25]

Rückführkraft am Tauchspulsystem erzeugt. Durch Ändern der wirksamen Hebellänge zwischen Kapselfedersystem und Tauchspulsystem kann man den Proportionalbereich mit der Einstellvorrichtung (*15*) mit Merkskale (*21*) einstellen. Die untere und die obere Rückführkapselfeder wirken im entgegengesetzten Sinne auf den Rückführhebel. Die Drossel (*16*) verzögert die Änderung des Stelldruckes in der unteren Rückführkapselfeder gegenüber der oberen, so daß die Rückführung nachgebend ist (Integralwirkung); die Nachstellzeit kann an der Drossel (*16*) eingestellt werden. Die Drossel (*17*) in der gemeinsamen Zuleitung zu den beiden Rückführkapselfedern verzögert den Einfluß einer Stelldruckänderung auf das Rückführsystem (Vorhaltwirkung); die Vorhaltzeit läßt sich an der Drossel (*17*) einstellen.

Beim Einstellen großer P-Bereiche wird die Gegenkopplung im Rückführkreis sehr stark. Um zu verhindern, daß dieser Kreis hierbei instabil wird, ist eine schnellwirkende Zusatzrückführung vorgesehen. Sie wird ebenfalls vom Stelldruck betätigt und wirkt nachgebend über das Membransystem (*7*) auf die massearmen Düsen (*5*) und (*6*). Die Nachgebezeit der Zusatzrückführung ist durch die Drossel (*8*) auf einen festen Wert eingestellt.

Varianten und Zubehör. Brückenschaltung für Anschluß an Widerstandsthermometer, Feuchtegeber u.a. Explosionssicheres Netzanschlußgerät. Außenliegender Sollwertsteller. Zeitplangeber. Membranantriebe für Ventile und Klappen. Stellwerke für Membranantriebe. Pneumatisch-elektrischer Sollwertsteller für Kaskadenregelung. Luftdruckmindereinrichtung. Leitgerät. Ausführung als elektro-pneumatischer Kleinregler [*40, 41*] mit P- und PI-Verhalten.

Technische Daten

(Ausführung für Thermoelementanschluß mit Zener-Dioden-Konstanthalter)

Kleinster Meßbereich	rd. 10 mV (100%)
Ansprechwert	< 1 μV (< 0,01%)
Ansprechleistung	$< 2{,}5 \cdot 10^{-14}$ W
Aussteuerbereich	25 μV (0,25%)
Aussteuerleistung	$1{,}5 \cdot 10^{-11}$ W
Ausgangsbereich	0 bis 1 kp/cm²
Kleinster Proportionalbereich	1 mV (10%)
Größter Proportionalbereich	20 mV (200%)
Nachstellzeit	0,12 bis 64 min
Vorhaltzeit	0,12 bis 64 min
Eigenverzögerung; Stelldruck am Reglerausgang (63%-Zeit) bei etwa 1 l Außenvolumen für eine Sprungfunktion am Meßwerkeingang	rd. 4 s
Elektrischer Netzanschluß:	
Spannung	125/220 V + 20% bis − 30%
Frequenz	50 Hz ± 10 Hz
Leistung	5 VA
Pneumatischer Netzanschluß:	
Luftdurchsatz	
durchschnittlich	5 Nl/min
maximal	20 Nl/min
Maximale Umgebungstemperatur	50 °C
Abmessungen	355/472/252 mm
Gewicht	rd. 20 kg

c) Pneumatischer Aufsteckregler [*25, 42, 43, 44*]

Dieser Regler (*Bild* 30) gehört als pneumatischer Einheitsregler zum Telepneu-System [*45* bis *49*] und dient vorwiegend für Betriebe der chemischen und erdölverarbeitenden Industrie. Er arbeitet nach dem Kraftvergleichsverfahren in Verbindung mit einem progressiven Leistungsverstärker, wobei Regelgröße und Stellgröße einheitlich als genormte Luftdrücke auftreten. Das Gerät (*Bild* 30a) ist als Aufsteckeinheit, z.B. für pneumatische Linienschreiber, ausgebildet und kann als PID-Regler oder PI-Regler arbeiten. Seine Hauptbaugruppen sind ebenfalls Steckeinheiten.

Aufbau und Wirkungsweise (*Bild* 30 b). In der Ausführung als PID-Aufsteckregler wirkt der jeweils als Luftdruck eingeführte Istwert und Sollwert der Regelgröße auf die Faltenbälge (*6*) und (*7*) der pneumatischen Kraftwaage (s. Kapitel 12). Ihr Waagebalken (*8*) ist reibungsfrei an Federbändern aufgehängt. Der bei einer

a) Außenansicht

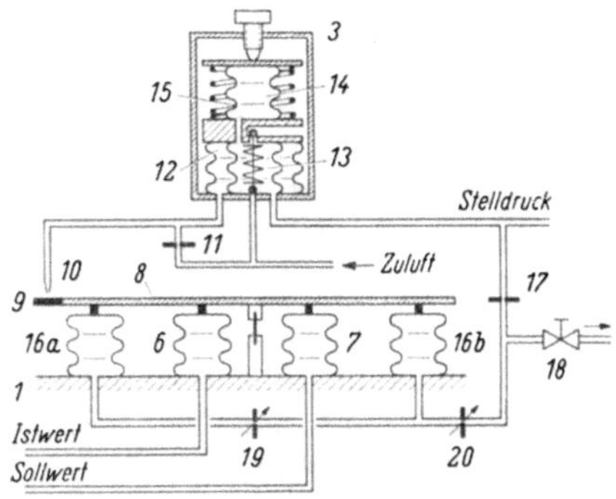

b) Wirkungsbild

1 Grundplatte
2 Pneumatische Kraftwaage
3 Pneumatischer Leistungsverstärker
4 Drosselblock
5 Schalter
6 Faltenbalg für Istwert
7 Faltenbalg für Sollwert
8 Waagebalken der Kraftwaage
9 Prallplatte
10 Ausströmdüse
11 Vordrossel
12 Vorsteuerdruckraum des Verstärkers
13 Verstärkerventil
14 Stelldruckraum des Verstärkers
15 Druckrückmeldebalg des Verstärkers
16 Faltenbälge für Rückführung (*a* und *b*)
17 Vordrossel des Druckteilers
18 Nadelventil des Druckteilers
19 Torsionsdrossel für Nachstellzeit
20 Torsionsdrossel für Vorhaltzeit

Bild 30. Pneumatischer Aufsteckregler [*25*]

Regelabweichung auftretende Druckunterschied in den genannten Bälgen läßt den Waagebalken mit der daran befestigten Prallplatte (*9*) ausschlagen. Dadurch entsteht an der Ausströmdüse (*10*), die über die Vordrossel (*11*) an die Zuluft angeschlossen ist, eine entsprechende Druckänderung, die auf den Vorsteuerdruckraum (*12*) [Eingang des pneumatischen Leistungsverstärkers (*3*)] wirkt. Je nach dem Vorzeichen der Vorsteuerdruckänderung verbindet das Ventil (*13*) den Stelldruckraum (*14*) (Ausgang des Verstärkers) alternativ unmittelbar mit der Zuluft oder mit der Atmosphäre (*Alternativverstärker*). Der Druckrückmeldebalg (*15*) schließt das Ventil wieder, wenn am Verstärkerausgang der Steuerdruck herrscht, der dem Verstärkereingangsdruck, multipliziert mit dem Verstärkungsfaktor, entspricht. Durch die Gegenkopplung des Ausgangsdruckes wirkt der Verstärker wie ein Druckregler, der nach dem Prinzip des Kraftvergleiches arbeitet. Federsteifigkeit und Ventilform des pneumatischen Leistungsverstärkers sind so ausgebildet, daß seine wirksame Luftleistung und damit die Änderungsgeschwindigkeit des Reglerausgangsdruckes (Stellgeschwindigkeit) progressiv mit der Regelabweichung zunimmt, die bis auf ein Mehrfaches des statischen Aussteuerbereiches ansteigt. Der Regler spricht daher bei kleinen Störungen in der Größenordnung des statischen Aussteuerbereiches nur schwach an, während er bei großen Regelabweichungen stark eingreift. Die dadurch erzielten guten Dämpfungseigenschaften des Reglers wirken sich besonders an Regelstrecken mit Störpegel günstig aus.

Der Verstärkerausgangsdruck ist Stelldruck für den pneumatischen Stellantrieb und beaufschlagt zugleich über den Drosselblock (*4*) die Rückführbälge (*16a*) und (*16b*) der pneumatischen Kraftwaage. Der Drosselblock enthält einen aus Vordrossel (*17*) und Nadelventil (*18*) bestehenden Druckteiler zum Einstellen des Rückführdruckes, der den Proportionalbereich des Reglers bestimmt. Den Druckausgleich zwischen den beiden Rückführbälgen und damit die nachgebende Rückführung (Integralwirkung) bewirkt eine Torsionsdrossel (*19*) im Drosselblock, an der man die Nachstellzeit einstellen kann. Eine weitere, ebenfalls einstellbare Torsionsdrossel (*20*) in der gemeinsamen Zuleitung zu den Rückführbälgen verzögert den Einfluß des Rückführdruckes (Vorhaltwirkung).

Varianten und Zubehör. Drosselblock für PI-Verhalten. Ausführung als Durchflußregler mit I-Verhalten (fester, sehr großer Proportionalbereich) für Montage am Stellorgan. Ausführung als P-Regler mit einstellbarem Proportionalbereich für Niveauregelung. Ausführung als elektro-pneumatischer Regler mit Tauchspulsystem für elektrische Eingangssignale (Anschluß an TELEPERM-Meßumformer) [*51*]. Elektro-pneumatischer Umsetzer (Anschluß an das TELEPERM-Einheitsregelsystem) [*50*]. Stellwerk für Membranantriebe. Multipliziergerät zum multiplikativen Aufschalten pneumatischer Drücke, z.B. für Verhältniseinstellung oder Dosierung (s. auch Kapitel 5 Abschnitt D) [*52*]. Leitgerät für stoßfreien Übergang von „Hand“ auf „Automatik“ und umgekehrt. Stellungsrückmelder (pneumatische Kraftwaage mit Druckmesser) für Ventile und Klappen.

Technische Daten

(Ausführung als PID-Regler)

Meßbereich (Sollwertbereich)	0,2 bis 1 kp/cm² (0 bis 100%)
Ansprechwert	< 10^{-4} kp/cm² (< 0,01%)
Aussteuerbereich	0,3%
Ausgangsbereich	0,2 bis 1 kp/cm²
Kleinster Proportionalbereich	10%
Größter Proportionalbereich	300%
Bleibende Regelabweichung bei 300% P-Bereich	< 0,2%
Nachstellzeit	0,1 bis 30 min
Vorhaltzeit	0,05 bis 15 min
Eigenverzögerung; 63%-Zeit, bei rd. 1 l Außenvolumen	< 2 s
Pneumatischer Netzanschluß:	
Zuluftdruck	1,4 kp/cm²
Luftdurchsatz durchschnittlich	5 Nl/min
maximal	50 Nl/min
Maximale Umgebungstemperatur	50 °C
Abmessungen	200/185/136 mm
Gewicht	5 kg

d) Großer Schwenkspulregler [*12, 53, 54, 55, 56*]

Der Schwenkspulregler (*Bild* 31) ist ein universeller, kontinuierlich arbeitender Regler in Einschubbauweise, z.B. für Temperatur, Druck, Behälterstand, besonders in der industriellen Fertigung, in der Verfahrenstechnik und bei der Dampfkesselregelung. Das Meßwerk ermöglicht unmittelbaren Anschluß an Thermoelemente und ist mit einem rückwirkungsfreien Abgriffssystem, der Schwenkspule, ausgerüstet. Dem Regler kann wahlweise P-, PI- und PID-Verhalten verliehen werden.

Aufbau und Wirkungsweise (*Bild* 31 b). In der Ausführung des Reglers mit Drehspulmeßwerk zum Anschluß an Thermoelemente, Tachogeneratoren, Elektrodenketten oder sonstige Spannungsgeber erzeugt das bewegliche System des

1 Meßeinschub
2 Verstärkereinschub
3 Umformer- und Rückführeinschub
4 Drehspulmeßwerk
5 Schwenkspule im Meßwerkteil
6 Erregermagnet im Meßwerkteil
7 Netztransformator für Erregermagnete
8 Einstufiger Röhren-Regelverstärker mit phasenabhängiger Gleichrichtung
9 Tauchspulsystem mit Topfmagnet
10 Düse-Prallplatte-System
11 Festdrossel
12 Rückführbalg des Düse-Prallplatte-Systems
13 Vorhaltdrossel
14 Nachstelldrossel
15 Rückführbalg
16 Nachgebebalg
17 Schwenkspule im Rückführteil
18 Erregermagnet im Rückführteil
19 Potentiometer für Proportionalbereich
20 Meßwerkzeiger
21 Sollwertzeiger
22 Erregerwicklung des Meßwerkteils
23 Zunge
24 Erregerwicklung des Rückführteils
25 Potentiometer für zusätzlichen Proportionalbereich (Empfindlichkeitssteller)

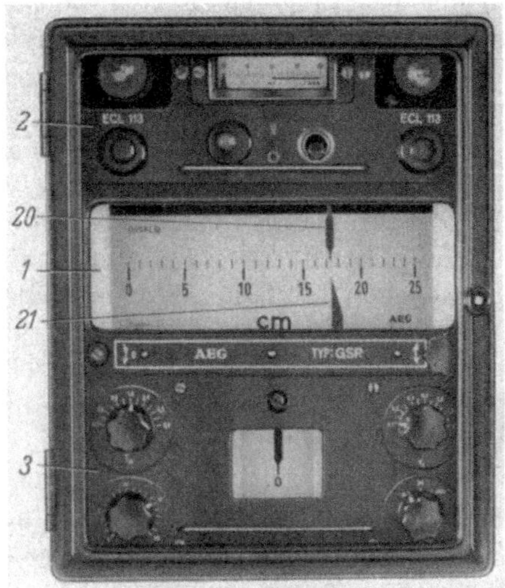

a) Außenansicht

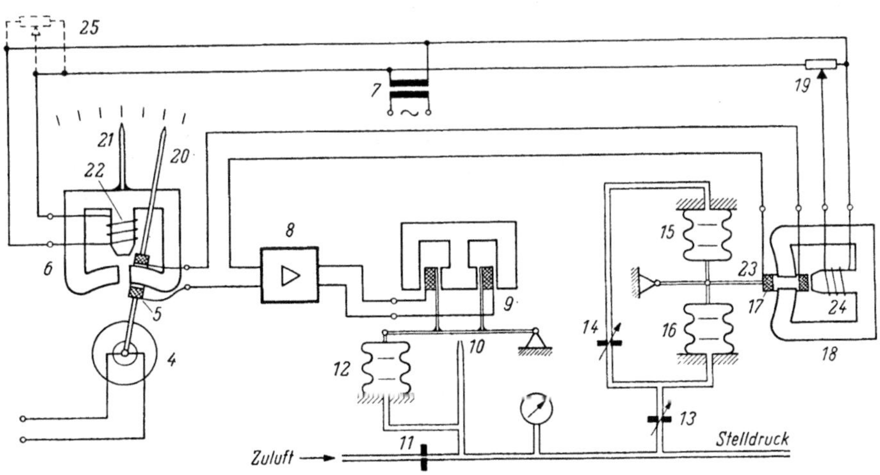

b) Wirkungsbild

Bild 31. Großer Schwenkspulregler [*12*]

Meßwerkes (*4*) einen der Meßspannung (Regelgröße) proportionalen Ausschlag (geeichte Skale). Mit dem Meßwerkzeiger (*20*) starr verbunden ist eine Schwenkspule (*5*). Sie liegt im Wechselfeld eines Erregermagneten (*6*), der aus dem Netztransformator (*7*) gespeist wird. Um den Sollwert einzustellen, kann man den Elektromagneten und den fest mit ihm verbundenen Sollwertzeiger (*21*) konzentrisch um die Meßwerkachse verdrehen. Die Erregerspule (*22*) bildet die Primärwicklung, die Schwenkspule (*5*) die Sekundärwicklung eines Transformators mit veränderlicher Kopplung. Je nach Lage der Schwenkspule relativ zum Joch des Erregermagneten wird in ihr eine Wechselspannung induziert (0 bis 100 mV), die der Größe der Regelabweichung proportional ist und deren Phase (0 oder 180°) der Richtung der Regelabweichung entspricht. Diese Wechselspannung gelangt zum Eingang des als Zweikanalverstärker ausgebildeten Röhrenverstärkers (*8*), wird dort verstärkt, phasenabhängig gleichgerichtet und so in einen der Regelabweichung proportionalen Gleichstrom umgewandelt (0 bis 10 mA). Jeder Verstärkerkanal kann bei Ausfall einer der Röhren den Betrieb des Reglers allein übernehmen. Der gleichgerichtete Verstärkerausgangsstrom speist die Tauchspule (*9*) eines elektro-pneumatischen Umformers und wird hier mit Hilfe des Düse-Prallplatte-Systems (*10*), zu dem die Festdrossel (*11*) und der Rückführbalg (*12*) gehören, in einen proportionalen pneumatischen Stelldruck umgeformt.

Der Rückführteil besteht bei der Reglerausführung mit PID-Wirkung aus zwei über die Drosseln (*13*) und (*14*) vom Stelldruck beaufschlagten Metallfaltenbälgen (*15*) und (*16*), die je nach ihrem Druckunterschied eine Zunge (*23*) mit der daran befestigten Schwenkspule (*17*) auslenken. Sie befindet sich im Wechselfeld eines Erregermagneten (*18*), der in ihr eine der Auslenkung proportionale Wechselspannung induziert. Diese Rückführspannung liegt gegenphasig in Reihe mit der vom Meßwerk kommenden Schwenkspulspannung im Eingangskreis des Regelverstärkers. Der Proportionalbereich kann mit Hilfe des Potentiometers (*19*) durch Verändern der Erregerspannung der Wicklung (*24*) eingestellt werden. Die Drossel (*14*) verzögert den Druckausgleich zwischen den beiden Metallfaltenbälgen (*15*) und (*16*) und bewirkt so eine nachgebende Rückführung (Integralwirkung); die Nachstellzeit läßt sich durch Verändern des Drosselquerschnittes einstellen. Die Drossel (*13*) in der gemeinsamen Zuleitung zum Balgsystem verzögert bei einer Änderung des Stelldruckes die Druckänderung am Balgsystem (*15*) und (*16*) (Vorhaltwirkung); die Vorhaltzeit ist an der Drossel (*13*) ebenfalls einstellbar.

Varianten und Zubehör [*56*]. T-Spul-Meßwerk für Anschluß an Widerstandsthermometer. Wechselstrommeßwerk zum Anschluß an induktive Geber. Rohrfedermeßwerk für Sonderzwecke. Rückführteil für P- oder PI-Verhalten sowie mit zusätzlichem Empfindlichkeitssteller (*25*) (in *Bild* 31 b gestrichelt). Rückführeinschub mit elektrischer Rückführung zum Anschluß von elektrischen Stellgliedern an den Schwenkspulregler. Pneumatische Stellantriebe als Membranantriebe für Ventile und Klappen, als Kolbenantriebe für größere Verstellkräfte, in beiden Fällen auch mit Stellwerk. Elektrische Stellantriebe mit Gleitkupplung und Überlastschalter [*57*]. Schaltgerät zum Steuern des Stellantriebes. Elektrisches Stellwerk; erzwingt über das Schaltgerät Gleichlauf des Stellorgans mit dem Regler-Ausgangsstrom. Aufschaltgeräte für Hilfsregelgrößen. Pneumatische Umformer (multiplikative Umformer, additive Umformer, Summenumformer). Hand-Automatik-Schalter (Leitgerät). Verblockventil zum Sperren des Stelldruckes bei Netzausfall.

Technische Daten

(Ausführung als elektro-pneumatischer PID-Regler mit Drehspulmeßwerk)

Kleinster Meßbereich (Sollwertbereich)	rd. 15 mV (100%)	Ansprechleistung	$2{,}7 \cdot 10^{-12}$ W
		Aussteuerbereich	150 µV (1%)
Ansprechwert	20 µV (0,13%)	Aussteuerleistung	$1{,}5 \cdot 10^{-10}$ W

Ausgangsbereich	0,2 bis 1 kp/cm²
Kleinster Proportionalbereich (Rückführeinfluß Null)	150 µV (1%)
umschaltbar auf	750 µV (5%)
Größter Proportionalbereich	3 mV (20%)
umschaltbar auf	15 mV (100%)
Nachstellzeit	0,1 bis 60 min
Vorhaltzeit	0,1 bis 60 min
Eigenverzögerung; Stelldruck am Reglerausgang (63%-Zeit) bei rd. 1 l Außenvolumen und Rückführeinfluß Null für eine Sprungfunktion am Meßwerkeingang	rd. 5 s
Elektrischer Netzanschluß:	
Spannung	220 V ± 10%
Frequenz	50 Hz ± 10%
Leistung	25 VA
Pneumatischer Netzanschluß:	
Zuluftdruck	1,2 kp/cm²
Luftdurchsatz	5 Nl/min
Maximale Umgebungstemperatur	45 °C
Abmessungen	192/240/335 mm
Gewicht	rd. 19 kg

e) Photoelektrischer Regler [*58* bis *62*]

Der photoelektrische Regler (*Bild* 32) ist ein kontinuierlich arbeitender PID-Regler für elektrisch erfaßbare Größen, z. B. Temperatur, pH-Wert. Die Empfindlichkeit des Meßwerkes reicht zum unmittelbaren Anschluß an Thermoelemente aus; der lichtelektrische Abgriff ist rückwirkungsfrei und liefert eine so große Energie, daß ein besonderer Verstärker nicht notwendig ist.

Aufbau und Wirkungsweise (*Bild* 32 b). Bei der Reglerausführung mit Drehspulmeßwerk wird die Regelgröße in Form einer elektrischen Spannung U_e an die Steuerspule (*1a*) des Meßwerkes (*1*) gelegt; sie bewirkt einen proportionalen Ausschlag des Meßsystems. Es trägt eine Steuerfahne (*2*), die in den Lichtstrahl einer Glühlampe (*3*) eintaucht und die Belichtung des von Wechselstrom durchflossenen Hochleistungs-Photowiderstandes (*4*) bestimmt. Glühlampe und Photowiderstand sind an einem beweglichen Arm (nicht dargestellt) befestigt, um die Stellung des Lichtstrahles gegenüber dem Meßwerk zu verändern und dadurch den Sollwert der Regelgröße einstellen zu können. Ist eine Regelabweichung vorhanden, so ändert die Meßwerkfahne die Belichtung des Photowiderstandes und dadurch seinen Strom, der ohne weitere Verstärkung durch den Gleichrichter (*5*) gleichgerichtet und über ein Anzeigeinstrument (*6*) als Regler-Ausgangsstrom I_a („Steuerstrom") abgegeben wird.

Am Potentiometer (*7*), parallel zu den Ausgangsklemmen des Reglers, greift man eine Rückführspannung ab, die über ein *RC*-Glied die Rückführspule (*1b*) des Meßwerkes (*1*) speist und ein Drehmoment entgegen dem ursprünglichen durch die Regelabweichung bedingten Drehmoment erzeugt. Der Einfluß dieser elektrischen Zeigerrückführung ist am Potentiometer (*7*) einstellbar und bestimmt den Proportionalbereich des Reglers. Nachgebende Rückführung wird erzielt, indem der Rückführstrom durch die Aufladung des Kondensators (*8*) allmählich verschwindet (Integralwirkung). Die Nachstellzeit kann man am Widerstand (*9*) einstellen. Ferner wird durch die Widerstand-Kondensator-Kombination (*10*) und (*11*) der Einfluß einer Rückführungsspannungsänderung verzögert. Dies ergibt im ersten Augenblick eine entsprechende große Änderung des Regler-Ausgangsstromes, der erst mit dem Ansteigen des Rückführstromes zurückgeht (Vorhaltwirkung). Die Vorhaltzeit läßt sich am Widerstand (*11*) verändern. Den Strom durch die Rückführspule (*1b*) des Meßwerkes kann man am Strommesser (*12*) beobachten.

a) Außenansicht

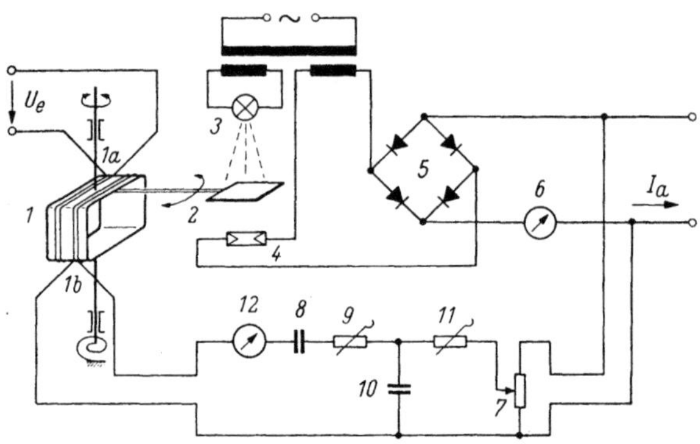

b) Wirkungsbild

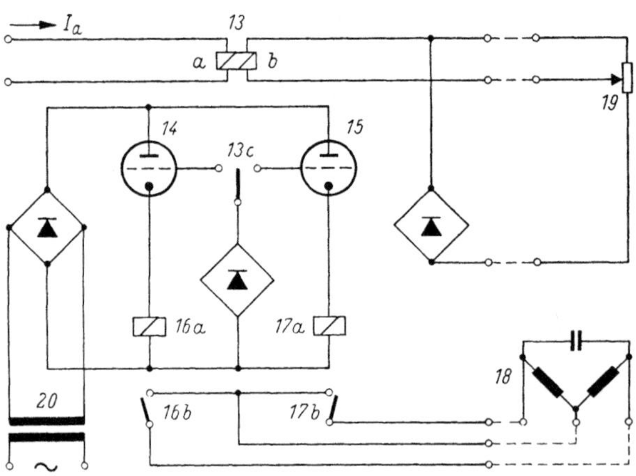

U_e Eingangsspannung
I_a Reglerausgangsstrom
1 Drehspulmeßwerk
a Steuerspule
b Rückführspule
2 Steuerfahne
3 Glühlampe
4 Photowiderstand
5 Gleichrichter
6 Anzeiger für Reglerausgangsstrom
7 Potentiometer für Proportionalbereich
8 Reihenkondensator im Rückführzweig
9 Stufenwiderstand für Nachstellzeit
10 Parallelkondensator im Rückführzweig
11 Stufenwiderstand für Vorhaltzeit
12 Anzeiger für Rückführstrom
13 Gepoltes Relais
a Steuerwicklung
b Rückführwicklung
c Umschaltkontakt
14 Elektronenröhre für Linkslauf
15 Elektronenröhre für Rechtslauf
16 Schaltschütz für Linkslauf
a Spule
b Schaltkontakt
17 Schaltschütz für Rechtslauf
a Spule
b Schaltkontakt
18 Zweiphasen-Induktionsmotor in Kondensatorschaltung
19 Stellungspotentiometer
20 Netztransformator
21 Meßteil mit Sollwertanzeige
22 Rückführteil mit PID-Einstellung
23 Überwachungsteil mit Steuerstrom und Rückführanzeige

c) Elektrisches Schaltgerät zum photoelektrischen Regler

Bild 32. Photoelektrischer Regler [*58*]

Zum Schalten elektromotorischer Stellantriebe (s. *Bild* 32c) dient ein gepoltes Relais (*13*) mit zwei gegeneinander wirkenden Wicklungen (*a*) und (*b*) sowie dem Umschaltkontakt (*c*); die eine Wicklung wird vom Ausgangsstrom I_a des Reglers, die andere vom Strom des Stellungspotentiometers (*19*) am Stellglied durchflossen. Weichen die beiden Ströme voneinander ab, so spricht das Relais (*13*) im einen oder anderen Sinne an und steuert über zwei zugeordnete Elektronenröhren (*14, 15*) zwei Motorschaltschütze (*16a*) und (*17a*) mit ihren Kontakten (*16b*) und (*17b*), die den Kondensatormotor (*18*) im Stellantrieb im erforderlichen Drehsinn betätigen. Dabei wird das Stellglied so lange bewegt, bis Reglerstrom und Stellungspotentiometerstrom gleich sind, so daß das Relais (*13*) wieder abfällt. Auf diese Weise erzielt man eine proportionale Zuordnung von Reglerausgangsstrom und Stellweg (elektrisches Stellwerk).

Varianten und Zusatzgeräte. Hochohmiges Drehspulmeßwerk für pH-Regelung mit Antimon-Elektroden oder mit Betriebs-pH-Messer (Glaselektrode). Kreuzspul-Meßwerk für Anschluß an Widerstandsthermometer oder sonstige Widerstandsgeber. Elektropneumatisches Schaltglied für pneumatische Antriebe von Ventilen und Klappen. Sollwert-Ferneinsteller. Hand-Automatik-Umschalter.

Technische Daten

(Ausführung als PID-Regler mit Drehspulmeßwerk)

Kleinster Meßbereich (Sollwertbereich)	rd. 5 mV (100%)
Ansprechwert	10 μV (0,2%)
Ansprechleistung	$1 \cdot 10^{-12}$ W
Aussteuerbereich	50 μV (1%)
Aussteuerleistung	$2{,}5 \cdot 10^{-11}$ W
Ausgangsbereich	0 bis 3 mA
Ausgangsbelastung	15000 Ω
Kleinster Proportionalbereich (Rückführeinfluß Null)	50 μV (1%)
Größter Proportionalbereich	7 mV (140%)
Nachstellzeit	0,5 bis 10 min (und ∞)
Vorhaltzeit	0 bis 2 min

Eigenverzögerung bei Ausgangsstrom (63%-Zeit) bei Rückführeinfluß Null für eine Sprungfunktion am Meßwerkeingang	rd. 2 s
Meßwerkwiderstand	rd. 42 Ω
Aperiodischer Grenzwiderstand	rd. 610 Ω
Netzanschluß:	
Spannung	220 V ± 15 %
Frequenz	50 Hz ± 2 Hz
Leistung	15 W
Maximale Umgebungstemperatur	rd. 50 °C
Abmessungen	250/250/220 mm
Gewicht	rd. 10 kg

f) Röhrenregler mit induktivem Geber [*63* bis *67*]

Der Röhrenregler (*Bild* 33) ist für die Wärmewirtschaft (z.B. Kessel- und Feuerungsregelung) und für die chemische Industrie bestimmt. Soll- und Istwert der Regelgröße sowie die Rückführ- und andere Zusatzgrößen werden als Wechselspannungen von induktiven Gebern geliefert und in einem Röhren-Regelverstärker verstärkt. Der Regler kann als P-Regler und mit zusätzlichen Zeitgliedern als PI-, PD- oder PID-Regler arbeiten.

Aufbau und Wirkungsweise (*Bild* 33b). Die als induktive Geber (*1*) und (*2*) dienenden Drehmelder, die nach dem Sollwert bzw. Istwert der Regelgröße mechanisch eingestellt werden, sind als Drehtransformatoren geschaltet. Das durch die Wechselspannung des Netztransformators (*3*) erregte Statorfeld induziert jeweils in der Rotorwicklung eine Steuerspannung, deren Amplitude sich mit dem Rotorwinkel ändert und deren Phase von positiven zu negativen Winkeln um 180°

springt (s. Kapitel 12, Bild 10). Die so erhaltenen Sollwert- und Istwertspannungen werden den Eingangspotentiometern (*4*) bzw. (*5*) des Regelverstärkers im subtraktiven Sinne zugeführt.

Die Steuerempfindlichkeit sowie den Nullfeinabgleich der Regelabweichung kann man an den Potentiometerabgriffen einstellen. Am Eingangspotentiometer (*6*) lassen sich gegebenenfalls zusätzliche Regelsignale, z. B. von einem Zeitglied

a) Außenansicht

1 Induktiver Geber (Drehtransformator) für Sollwert
2 Induktiver Geber (Drehtransformator) für Istwert
3 Netztransformator
4 Eingangspotentiometer für Sollwert
5 Eingangspotentiometer für Istwert
6 Eingangspotentiometer für zusätzliche Regelsignale
7 Potentiometer für Rückführeinfluß
8 Potentiometer für Dämpfungseinfluß
9 Einstufiger Röhren-Regelverstärker
10 Ausgangsübertrager mit Zusatzwicklung *a*
11 Stellmotor (*a* Steuerphasenwicklung, *b* Festphasenwicklung)
12 Induktiver Geber (Drehtransformator) für Rückführung
13 Hilfsübertrager für Mitkopplungsspannung
14 Phasenkondensator für Stellmotor-Festphase

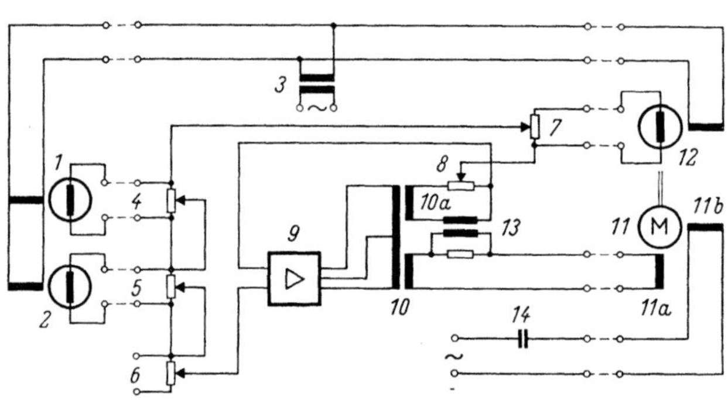

b) Wirkungsbild

Bild 33. Röhrenregler mit induktivem Geber [*63*]

(s. unten), einführen. Ausgangsseitig liegen die genannten Potentiometer in Reihe mit weiteren Potentiometern (*7*) und (*8*) des Rückführzweiges. Die resultierende Summenwechselspannung gelangt zum Eingang des einstufigen Gegentaktverstärkers (*9*). Er ist mit vier Verstärkerröhren bestückt, von denen je zwei parallelgeschaltet sind, so daß man eine Röhre jederzeit während des Betriebes auswechseln kann. Der Ausgangsübertrager (*10*) paßt den Verstärkerausgang an die Steuerwicklung des Stellmotors (*11*) an.

Zur Rückführung ist im Stellantrieb ebenfalls ein induktiver Geber (*12*) (Drehtransformator) eingebaut. Er liefert eine dem Stellweg entsprechende Rückführ-Wechselspannung zum Eingang des Regelverstärkers, und zwar über das Potentiometer (*7*), an dem man den Rückführeinfluß und damit den Proportionalbereich des Reglers einstellen kann.

Eine Dämpfungsschaltung dient dazu, dem Stellmotor nebenschlußähnliches Verhalten zu verleihen. Hierzu entnimmt man einer Zusatzwicklung (*10a*) des Ausgangsübertragers (*10*) eine Gegenkopplungsspannung und überlagert sie einer vom Belastungsstrom abhängigen Mitkopplungsspannung des Hilfsübertragers (*13*). Die resultierende Summenspannung gelangt über das Potentiometer (*8*) zum Einstellen des Dämpfungseinflusses in den Eingangskreis des Regelverstärkers.

Elektronische Zeitglieder ermöglichen es, den Regler zusätzlich auch als integral bzw. differential wirkenden Regler zu betreiben. Ein solches Zeitglied (*Bild* 34)

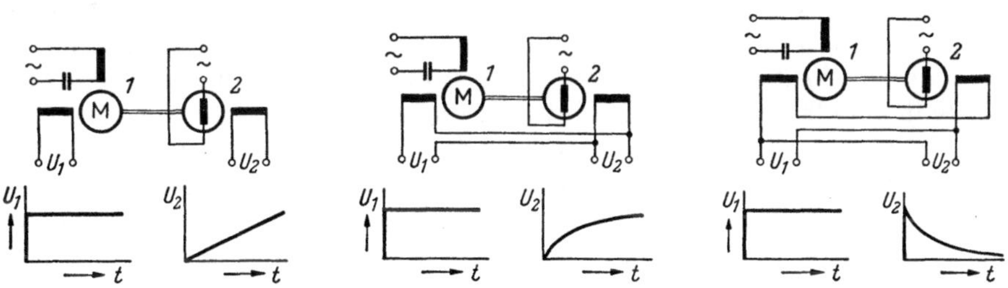

a) Integralglied b) Verzögerungsglied c) Nachgebeglied

1 Scheibeninduktionsmotor (Zählermotor) U_1 Eingangswechselspannung
2 Induktiver Geber (Drehtransformator) U_2 Ausgangswechselspannung

Bild 34. Zeitglieder

enthält einen Scheibeninduktionsmotor (*1*) (Zählermotor), der über ein Untersetzungsgetriebe den Rotor eines induktiven Gebers (*2*) (Drehtransformator) verstellt, wie er bereits beim P-Regler verwendet wurde. Je nach der elektrischen Zusammenschaltung von Drehtransformator und Zählermotor wirkt die Anordnung als Integralglied (*Bild* 34a), als Verzögerungsglied (*Bild* 34b) oder als Nachgebeglied (*Bild* 34c). Die zu wählende Zusammenschaltung hängt, abgesehen von dem gewünschten Zeitverhalten des Reglers, noch davon ab, ob man das Zeitglied im Eingang des Reglers oder im Rückführzweig einfügt.

Varianten und Zubehör. Weitere Bauarten für 70 W, mit getrenntem Netzteil, für 150 W Kurzhub-Differentialtransformatoren an Stelle von Drehtransformatoren als induktive Geber [*68*]. Anteilsteller für mehrere Betriebsgrößen (z. B. Verhältnisregelung, Gleichlaufregelung oder Störgrößenaufschaltung). Stellmotoren und Stellantriebe. Hand-Automatik-Umschalter mit Fernsteuerung.

Technische Daten

(Ausführung als P-Regler mit 30 W Ausgangsleistung)

Linearer Meßbereich (−30° bis +30° Drehwinkel der induktiven Geber)	50 V	Gesamtmeßbereich (Sollwertbereich) (−90° bis +90° Drehwinkel der induktiven Geber)	100 V

Aussteuerbereich[1]	2,5 V
Widerstand der Eingangspotentiometer	je 1000 Ω
Ausgangsleistung bei Belastung mit Zweiphasen-Induktionsmotor für Stellantrieb (Stellzeit 15 bis 30 s für 90° Drehwinkel je nach Stellgetriebetyp)	30 W
Kleinster Proportionalbereich[1]	0 V
Größter Proportionalbereich[1]	100 V
Eigenverzögerung; Ausgangsspannung des Reglers (63%-Zeit) für eine Sprungfunktion am Eingangspotentiometer	< 5 ms
Totzeit	praktisch Null
Netzanschluß:	
Spannung	220 V ± 10%
Frequenz	50 Hz ± 10%
Leistung (Regelverstärker bei voller Aussteuerung)	rd. 220 VA
Maximale Umgebungstemperatur	60 °C
Abmessungen	424/725/230 mm
Gewicht	rd. 35 kg

[1] An der Primärwicklung des Regelverstärker-Eingangsübertragers.

g) Transduktorregler mit Stellungsrückführung [*25*, *69*]

Der Regler, auch Magnetik-Regler genannt, eignet sich für wärmetechnische Regelgrößen an Regelstrecken mit Anlaufzeiten unter 60 s. Die Regelgröße wird als elektrischer Widerstand oder als Gleichstrom abgebildet und mit dem ebenso dargestellten Sollwert in einer Meßschaltung verglichen. Ihr Ausgang steuert einen dreistufigen, kontinuierlich arbeitenden magnetischen Verstärker, der unmittelbar die Wechselstromleistung für den Induktions-Stellmotor liefert. Die Rückführung geht vom Stellglied aus und verleiht dem Regler PID-Verhalten.

Bei der Ausführung für 60 W Ausgangsleistung sind die Bauteile des Reglers in einem gemeinsamen Stahlblechgehäuse zusammengefaßt (*Bild* 35 a).

Aufbau und Wirkungsweise (*Bild* 35b). Als Meßgeber für den Sollwert (Führungsgröße) und den Istwert der Regelgröße dienen z. B. die außerhalb des Reglers angeordneten Widerstandsgeber (*1*) bzw. (*2*). Die Nulldiagonale der als Vergleichsschaltung dienenden Brücke liefert einen der Regelabweichung proportionalen Steuergleichstrom. Er wird über einen Empfindlichkeitssteller (*3*) dem Eingang eines kontinuierlich arbeitenden magnetischen Verstärkers (*4*) zugeführt, der an seiner Ausgangsseite die Wechselstromleistung für den Stellmotor (*5*) abgibt. Um eine hohe Gesamtverstärkung bei hinreichend kleiner Zeitkonstante zu erzielen, ist der Regelverstärker dreistufig ausgeführt. Die erste Stufe trägt mehrere Steuerwicklungen, so daß man außer der Regelabweichung weitere Größen einführen kann (z. B. für Rückführung, Störwertaufschaltung oder Gleichlauf mehrerer Regler).

Mit dem Stellantrieb ist ein Drehtransformator (*6*) gekuppelt. Er erzeugt eine dem Stellweg proportionale Wechselspannung, die im Gleichrichter (*7*) gleichgerichtet und dann einer aus Widerständen und Kondensatoren bestehenden Rückführschaltung (*RC*-Glied) zugeführt wird. An den Ausgang der Rückführschaltung ist die Rückführwicklung des Regelverstärkers (erste Stufe) angeschlossen. Den Proportionalbereich kann man am Potentiometer (*8*), die Nachstellzeit und die Vorhaltzeit an den Drehwiderständen (*9*) bzw. (*10*) einstellen.

Der Regelverstärker speist die Steuerphasenwicklung (*5a*) des Zweiphasen-Induktionsmotor (*5*), dessen Festphasenwicklung (*5b*) mit dem Netz verbunden ist, über eine als Wechselstrombrücke ausgebildete Dämpfungsschaltung mit Anzapfdrossel (*11*), Kondensator (*12*) und Widerstand (*13*). Die Brücke ist so abgeglichen, daß die beim Drehen des Motors gebildete Rotationsspannung an der

Nulldiagonale auftritt und über den Übertrager (*14*) als Dämpfungsspannung in die zweite Stufe des Regelverstärkers eingeführt werden kann. Das Maß dieser Geschwindigkeitsdämpfung ist am Drehwiderstand (*15*) einstellbar. Die Dämp-

1 Widerstandsgeber für Sollwert (Führungsgröße)
2 Widerstandsgeber für Istwert
3 Empfindlichkeitssteller
4 Dreistufiger magnetischer Regelverstärker
5 Stellmotor
  a Steuerphasenwicklung
  b Festphasenwicklung
6 Rückführ-Drehtransformator
7 Gleichrichter für Rückführspannung
8 Potentiometer für Proportionalbereich
9 Drehwiderstand für Nachstellzeit
10 Drehwiderstand für Vorhaltzeit
11 Anzapfdrossel } Dämpfungsschaltung
12 Kondensator } Dämpfungsschaltung
13 Widerstand } Dämpfungsschaltung
14 Übertrager
15 Drehwiderstand für Dämpfungseinfluß
16 Empfindlichkeitssteller für Störgrößenaufschaltung
17 Empfindlichkeitssteller zur freien Verwendung

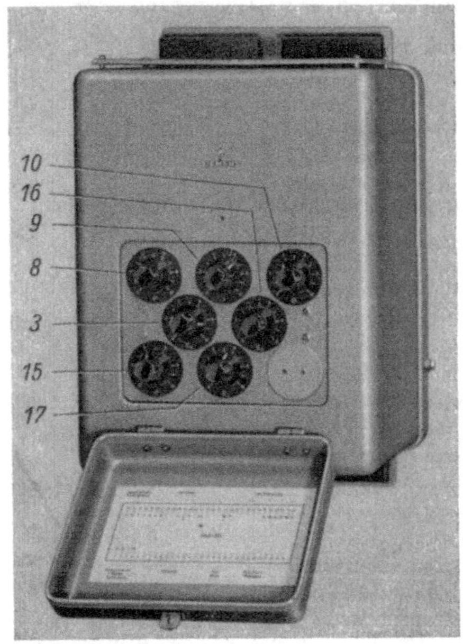

a) Außenansicht, Abdeckplatte heruntergeklappt

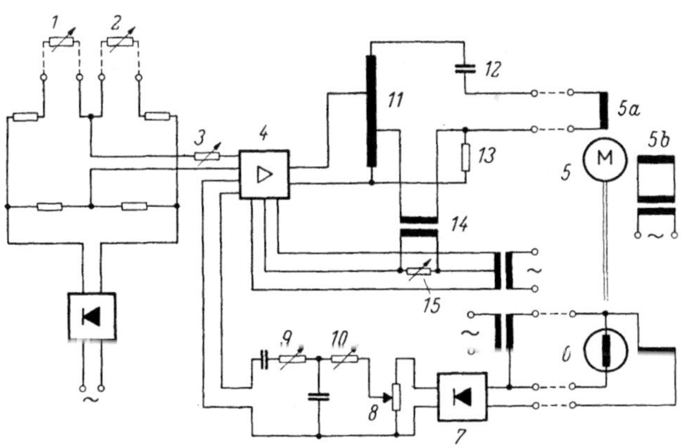

b) Wirkungsbild

Bild 35. Transduktorregler mit Stellungsrückführung [*25*]

fungsschaltung verleiht dem Induktionsmotor Nebenschlußverhalten und dient gleichzeitig dazu, seine maximale Stellgeschwindigkeit in gewissen Grenzen zu ändern.

Varianten und Zubehör. Weitere Bauart in zwei Gehäusen, für 250 W Ausgangsleistung. Meßschaltungen für zusätzliche Widerstandsgeber und für Gleichstromsignale. Anteilsteller für Gleichlaufbetrieb. Vorverstärker für Anschluß mehrerer Regler bei Gleichlaufbetrieb. Stellmotoren und Stellantriebe für Ventile und Klappen. Hand-Automatik-Umschalter, auch für Fernsteuerung.

Technische Daten

(Ausführung als PID-Regler mit 60 W Ausgangsleistung zum Anschluß an Widerstandsgeber)

Widerstandsänderung (Ist- bzw. Sollwert der Regelgröße) für 100% Meßbereich	15 Ω
Meßbereich (Sollwertbereich)[1]	4 mA (100%)
Aussteuerbereich[1]	40 μA (1%)
Aussteuerleistung[1]	10^{-7} W
Ausgangsleistung bei Belastung mit Zweiphasen-Induktionsmotor für Stellantrieb	60 W
Normale Stellzeit	50 s
Kleinster Proportionalbereich[1]	0 mA (0%)
Größter Proportionalbereich[1]	2,6 mA (65%)
Nachstellzeit	2 bis 55 s
Vorhaltzeit	0 bis 6 s
Eigenverzögerung (63%-Zeit)	0,9 s

Totzeit	200 ms
Netzanschluß:	
Spannung (Drehstromnetz mit Sternpunkt)	380 V ± 10% bis − 15%
Frequenz	50 Hz ± 1%
Leistung:	
Regler (bei Nennaussteuerung)	230 VA
Erregerphase Stellmotor	70 VA
Magnetfederbremse Stellmotor	50 VA
Maximale Umgebungstemperatur	50 °C
Abmessungen	340/520/220 mm einschließlich Anschlußklemmen
Gewicht	rd. 32 kg

[1] Bezogen auf den Eingang des Regelverstärkers (Hauptsteuerwicklung)

h) Transduktorregler mit Stromrückführung [*25*]

Dieser in Einschubbauweise ausgeführte Regler (*Bild* 36) des TELEPERM-TELEPNEU-Systems [*24, 48, 70*] ist für Regelstrecken mit weniger als 60 s Anlaufzeit vorgesehen und wird dort verwendet, wo man elektrisch messen und regeln will das Stellglied aber pneumatisch angetrieben werden soll (s. Kapitel 12). Die Regelgröße kann als *eingeprägter* Strom, z. B. von TELEPERM-Meßumformern oder als Widerstand abgebildet sein. Ein kontinuierlich arbeitender magnetischer Verstärker liefert am Ausgang einen Gleichstrom, von dem die Rückführung über ein *RC*-Glied abgezweigt wird, so daß PID-Verhalten entsteht.

Aufbau und Wirkungsweise (*Bild* 36b). Dargestellt ist eine Meßschaltung für eingeprägten Gleichstrom und Festwertregelung mit Konstantstromquelle (*3*). Jedem der drei Meßbereiche 0 bis 10 mA, 0 bis 50 mA oder 0 bis 200 mA sind die Klemmenpaare K_3-K_0, K_2-K_0 oder K_1-K_0 zugeordnet, so daß immer dieselbe Istwertspannung 0 bis 1 V zwischen den Punkten A und C entsteht. Sie wird mit einer am Potentiometer (*1*) einstellbaren Sollwertspannung von maximal 1 V zwischen B und C verglichen. Die zwischen A und B auftretende Regelabweichungsspannung gelangt über den Empfindlichkeitssteller (*2*) zur Steuerwicklung eines zweistufigen magnetischen Verstärkers (*4*). Er verstärkt kontinuierlich und liefert den Stellstrom zu der ausgangsseitig angeschlossenen Tauchspule (*5*) des elektro-pneumatischen Stellwerkes für den Membranantrieb des Stellventiles. Die Rückführung wird durch eine Widerstand-Kondensator-Schaltung (*7*) erzeugt, der ein einstufiger magnetischer Verstärker (*6*) vorgeschaltet ist und dessen

Ausgang die Rückführwicklung des Regelverstärkers (*4*) speist. Eingangsgröße des Rückführverstärkers ist der vom Regelverstärker gelieferte Tauchspulstrom. Den Proportionalbereich kann man am Potentiomter R_1 der Rückführschaltung (*7*) stetig einstellen. Nachstellzeit und Vorhaltzeit sind durch Ändern der Widerstände R_2 bzw. R_3 stufenweise einstellbar. Das im *Bild* 36 b vereinfacht dargestellte

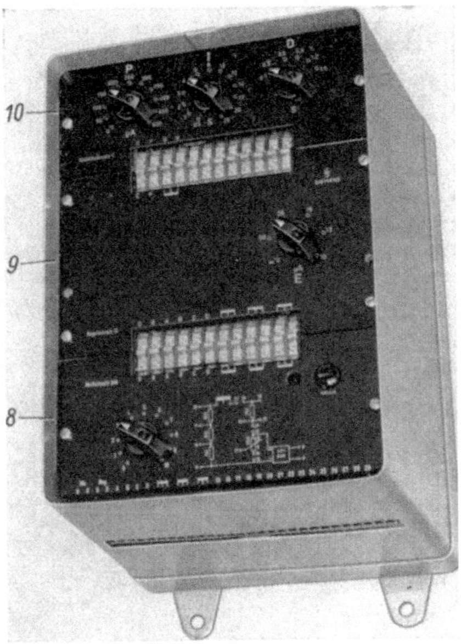

1 Sollwertsteller
2 Empfindlichkeitssteller
3 Konstantstromquelle
4 Magnetischer Regelverstärker
5 Stellwerk-Tauchspule
6 Magnetischer Rückführverstärker
7 Rückführschaltung
8 Meßeinsatz
9 Regeleinsatz
10 Rückführeinsatz
R_1 Potentiometer für Proportionalbereich
R_2 Stufenwiderstand für Nachstellzeit
R_3 Stufenwiderstand für Vorhaltzeit

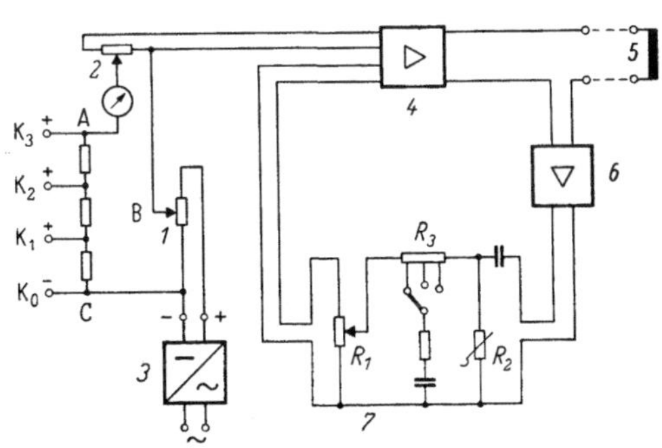

a) Regler geöffnet b) Wirkungsbild

Bild 36. Transduktorregler mit Stromrückführung [*25*]

RC-Glied ist so ausgelegt, daß sich die einzelnen Einstellungen gegenseitig nicht beeinflussen und die aus Regelverstärker, Rückführverstärker und *RC*-Glied gebildete Gegenkopplungsschleife für alle Einstellungen des P-, I- und D-Anteiles stabil bleibt.

Varianten und Zubehör. Meßeinsätze für Verhältnisregelung mit eingeprägten Strömen sowie Widerstandsthermometer und Widerstandsgeber. Außenliegender Sollwertsteller. Stellwerk; ordnet dem Ausgangsstrom die Stellung des pneumatischen Antriebes zu (s. Kapitel 12). Leitgerät in Verbindung mit Stellwerk für pneumatische Antriebe.

Technische Daten

(Ausführung für Festwertregelung mit eingeprägtem Strom)

Meßbereich[1] 3,5 mA (100%)

Eingeprägter Strom am Eingang der Meßschaltung für 100% Meßbereich, wahlweise je nach Anschluß an 100 Ω, 20 Ω oder 5 Ω Eingangswiderstand, ergibt jeweil 1s V Leerlaufspannung in der Meßschaltung (Innenwiderstand 150 Ω) 10/50/200 mA

[1] Bezogen auf den Eingang des Regelverstärkers (120 Ω, Hauptsteuerwicklung einschließlich Verzweigungsschaltung mit Empfindlichkeitssteller).

Aussteuerbereich[1] stetig einstellbar	18 μA (0,5%) bis 3%	Eigenverzögerung (63%-Zeit; Regelverstärker ohne Rückführung)	4 s
Aussteuerleistung[1]	$4 \cdot 10^{-8}$ W	Totzeit (Regelverstärker mit Rückführung, bei 50% P-Bereich)	0,1 s
Ausgangsbereich	50 mA (10 bis 60 mA)	Netzanschluß:	
Ausgangsbelastung	150 Ω (Tauchspule)	Spannung	220 V, + 10% bis − 15%
Kleinster Proportionalbereich[1] (Rückführeinfluß gegen Null)	18 μA (0,5%)	(auch ausführbar für 220 V, 40 und 60 Hz; 110 und 125 V, 50 Hz; 115 V, 60 Hz)	
Größter Proportionalbereich[1]	3,6 mA (100%) bei 0,5% Aussteuerbereich, 600% bei 3% Aussteuerbereich	Frequenz	50 Hz ± 10%
		Leistung	10 VA
		Maximale Umgebungstemperatur	50 °C
Nachstellzeit	2 bis 30 s (in 11 Stufen)	Abmessungen	218/379/133 mm einschließlich Befestigungslaschen
Vorhaltzeit	2 s		
		Gewicht	rd. 8,5 kg

[1] Bezogen auf den Eingang des Regelverstärkers (120 Ω, Hauptsteuerwicklung einschließlich Verzweigungsschaltung mit Empfindlichkeitssteller).

4. Stetige Regler mit schrittartiger Arbeitsweise

a) Ausschlagabhängiger Druckbügelregler (Kompensations- und Brückenregler) [*25*, *71*]

Der Regler dient vorzugsweise zur Regelung wärmetechnischer Größen, die elektrisch darstellbar sind, z. B. Temperatur, Luftfeuchte, Gaskonzentration, pH-Wert, vorzugsweise in Regelstrecken mit Anlaufzeiten über 60 s. Der Regler eignet sich zum unmittelbaren Anschluß an Thermoelemente. Ein Druckbügelwerk tastet das Nullgalvanometer der Vergleicherschaltung ab, wobei unmittelbar Schaltleistungen von mehreren kVA geliefert werden. Sämtliche Bauteile des Reglers sind in einem Gehäuse zusammengefaßt (*Bild* 37a). Je nach Art der Regelgröße (Spannung oder Widerstand) ist die Vergleicherschaltung nach dem Kompensationsprinzip mit konstanter Speisespannung oder als WHEATSTONEsche Brücke ausgebildet.

Aufbau und Wirkungsweise (*Bild* 37b). In der Ausführung als Temperaturregler zum Anschluß an Thermoelemente vergleicht man die Istwertspannung nach dem Kompensationsverfahren mit der Sollwertspannung, die am Potentiometer (*1*) einstellbar ist. Das Thermoelement ist über Ausgleichsleitungen an den Regler angeschlossen. Zum Ausgleich von Änderungen der Vergleichsstellentemperatur liegt in einem der Brückenzweige der temperaturabhängige Widerstand (*2*). Die Brückenschaltung wird von einer Konstantspannungsquelle (*3*) gespeist, die aus Netztransformator, Gleichrichter und ZENER-Dioden-Konstanthalter besteht. Ist eine Regelabweichung vorhanden, dann fließt in der Nulldiagonale ein Strom über den Empfindlichkeitssteller (*4*) durch die Wicklung des Drehspulmeßwerkes (*5*) und erzeugt einen Zeigerausschlag, der von einem der beiden Druckbügel (*7a*) und (*7b*) periodisch abgetastet wird. Die Druckbügel sind zu beiden Seiten der

Zeigernullstellung angeordnet und werden von einem Nocken (*6*) bewegt. Jeder Bügel besteht aus zwei durch Gelenk verbundenen Teilhebeln, die jeweils durch

1 Sollwertsteller
2 Temperaturabhängiger Widerstand in der Kompensationsbrücke
3 Konstantspannungsquelle
4 Empfindlichkeitssteller
5 Drehspulmeßwerk
  a Spule
  b Zeiger
6 Antriebsnocken
7 Druckbügel (*a* und *b*)
8 Tastblech am Druckbügel (*a* und *b*)
9 Hebel am Druckbügel (*a* und *b*)
10 Schaltwippen (*a* und *b*)
11 Quecksilberschalter
  a, *b* Stellkontakte
  c, *d* Rückführkontakte
12 Zeigergegenlage
13 Netztransformator für Rückführung
14 Heizwicklungen für Rückführung (*a* und *b*)
15 Thermoelementgruppen für Rückführung (*a* und *b* sind gegeneinandergeschaltet)
16 Potentiometer für Rückführeinfluß

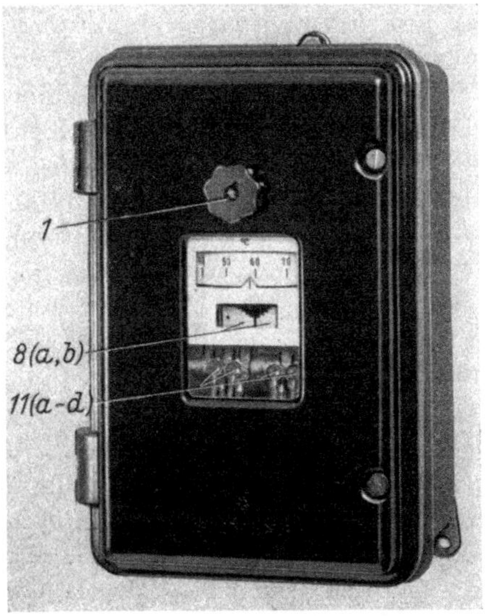

a) Außenansicht

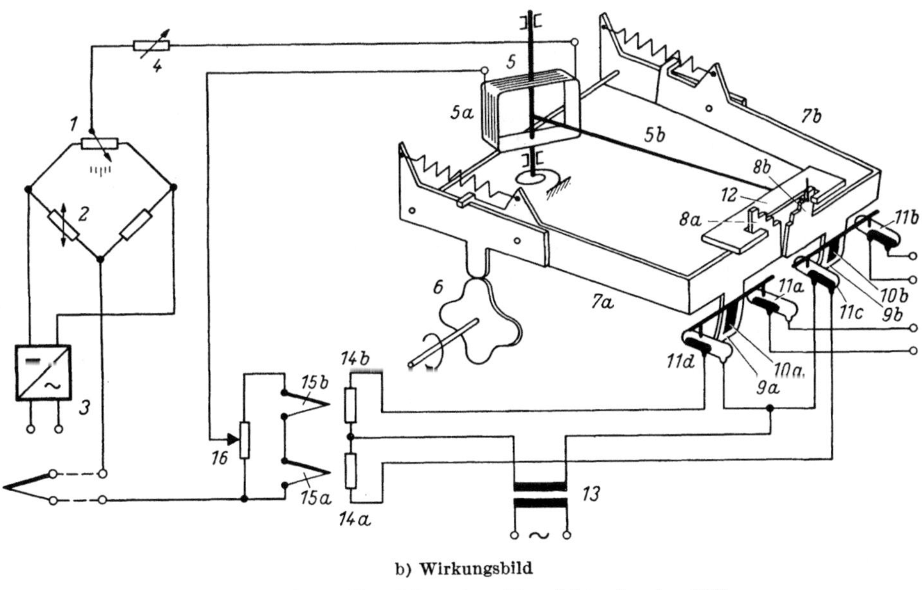

b) Wirkungsbild

Bild 37. Ausschlagabhängiger Druckbügelregler [25]

eine Feder gestreckt gehalten werden. Die Bügel tragen an ihrem vorderen Ende ein Tastblech (*8a*) bzw. (*8b*) mit mehreren Stufen und einen Hebel (*9a*) bzw. (*9b*), an dem die mit einem Paar Quecksilberschalter (*11a* bis *d*) ausgerüstete Wippe

(*10a*) und (*10b*) anliegt. Befindet sich der Zeiger im Bereich einer Tastblechstufe [im *Bild* 37 b ist es das rechte Tastblech (*8b*)], so wird er beim Heben des Druckbügels gegen die feste Zeigergegenlage (*12*) gedrückt und hindert das vordere Druckbügelende an der weiteren Aufwärtsbewegung. Der betreffende Druckbügel knickt dann in seinem Gelenk ab und bewegt im weiteren Verlauf der Hubperiode den Hebel (*9b*) von der zugehörigen Wippe (*10b*) nach hinten weg, so daß sie durch ihr Eigengewicht kippt und dabei einen Schaltimpuls gibt, bis der Hebel (*9b*) bei seiner Aufwärtsbewegung die Wippe wieder in ihre Ruhestellung bringt. Die Impulsdauer hängt infolge der treppenförmigen Abstufung der Tastbleche, die den Zeitpunkt des Abkippens bestimmt, von der Größe des Zeigerausschlages und damit von der Regelabweichung ab. Der von den Schaltimpulsen [Quecksilberschalter (*11b*)] gesteuerte elektromotorische Stellantrieb legt Schritte zurück, die der Impulsdauer verhältnisgleich sind; der Regler wirkt also zusammen mit dem Stellantrieb integral. Durch Wahl der Stufenhöhe und Stufenbreite an den Tastblechen kann man Größe und Verlauf der Ausschlagabhängigkeit modifizieren und beispielsweise auch beide Seiten unsymmetrisch ausbilden; dies kann erwünscht sein, wenn das Zeitverhalten der Regelstrecke richtungsabhängig ist. Die Abtastperiode ist einstellbar, außerdem kann man die Empfindlichkeit am Drehwiderstand (*4*) verändern. Die Arbeitsweise des Reglers läßt sich so der Eigenart der betreffenden Regelstrecke gut anpassen.

Für Regelstrecken mit großer Trägheit ist außerdem eine thermische Rückführung mit zwei gegeneinander geschalteten Thermoelementgruppen vorgesehen, die dem Regler ein PID-ähnliches Verhalten gibt. Hierbei schaltet gleichzeitig mit dem Stellantrieb ein zweiter Quecksilberschalter (*11c*) bzw. (*11d*) je nach Stellrichtung die Spannung des Netztransformators (*13*) für die eine oder andere der beiden Heizwicklungen (*14a*) bzw. (*14b*) ein. Dadurch wird die zugehörige Thermoelementgruppe (*15a*) bzw. (*15b*) erwärmt und erzeugt eine Rückführspannung, die man am Potentiometer (*16*) einstellbar abgreift und entgegengesetzt zur Regelabweichungsspannung in den Nullzweig der Kompensationsschaltung einführt. Durch Verändern des Wärmeüberganges zwischen den Heizwicklungen läßt sich der gegenseitige Temperaturausgleich und damit die Nachstellzeit des Reglers einstellen. Ein zusätzlicher einstellbarer Wärmewiderstand zwischen Heizwicklung und zugehöriger Thermoelementgruppe verzögert die Erwärmung und ergibt dadurch eine Vorhaltwirkung.

Varianten und Zubehör. Vergleicherbrücke für Widerstandsgeber. Zeitplangeber an Stelle des eingebauten Sollwertstellers. Ausführung als I-Regler ohne thermische Rückführung. Kompensationsdose (s. Abschnitt C 2b). Stellantriebe für Stellventile oder -klappen.

Technische Daten

(Ausführung als PID-Regler zum Anschluß an Thermoelemente)

Kleinster Meßbereich (Sollwertbereich)	rd. 15 mV (100%)	Aussteuerbereich[1]	300 µV (3,3%)
Ansprechwert (0,4 mm Weg des Meßwerkzeigers)	20 µV (0,13%)	Aussteuerleistung[1]	$3 \cdot 10^{-9}$ W
Ansprechleistung	$1{,}3 \cdot 10^{-11}$ W	Maximale Ausgangs-Abschaltleistung (je Quecksilber-Schaltkontakt)	1,5 kVA (50 Hz) max. 250 V, 6 A

[1] Für fünfstufige Tastbleche mit 1,5 mm Stufenbreite; zum Regler gehört ein auswechselbarer Satz Tastbleche mit 1,5, 2,5 und 4 mm Stufenbreite.

Kleinster Proportionalbereich	20 μV (0,13%)	Netzanschluß:	
Größter Proportionalbereich[1]	rd. 10 mV (67%)	Spannung (mit zusätzlichem Vorwiderstand bzw. Vorschalttransformator sind auch andere Anschlußspannungen möglich)	220 V + 15% bis − 20%
Nachstellzeit	1,5 bis 6,5 min	Frequenz (auch für 60 Hz ausführbar)	50 Hz ± 5%
Vorhaltzeit	0,5 bis 1,5 min	Leistung (einschließlich thermische Rückführung)	40 VA
Kleinste Impulsdauer (auf der 1. Stufe des Tastbleches)	0,8 s	Maximale Umgebungstemperatur	50 °C
Dauer einer Abtastperiode (durch auswechselbare Nockenscheiben veränderbar)	7,5; 10; 15; 30 s	Abmessungen	rd. 370/220/180 mm
Eigenverzögerung (98,5%-Zeit des Meßwerkes)	rd. 5 s	Gewicht	rd. 9 kg
Totzeit (je nach Schaltphase und Abtastperiode)	0 bis 30 s		

[1] Für fünfstufige Tastbleche mit 1,5 mm Stufenbreite; zum Regler gehört ein auswechselbarer Satz Tastbleche mit 1,5, 2,5 und 4 mm Stufenbreite.

b) Transduktor-Kippregler [*25*, *72*]

Der in Einschubbauweise ausgeführte Regler (*Bild* 38a) gehört zum TELEPERM-System [*70*, *73*, *74*, *75*] und ist für alle wärmetechnischen Regelgrößen geeignet. Sie können z.B. von Meßumformern als eingeprägter Strom zugeführt werden; auch der Anschluß von Widerstandsthermometern oder Widerstandsferngebern ist möglich. Der Regler steuert den Stellantrieb schrittweise mit kombinierter Impulslängen- und Impulsfrequenz-Modulation. Eine nicht lineare Rückführung verleiht dem Regler PI-Verhalten mit progressiv veränderlichen Parametern.

Aufbau und Wirkungsweise (*Bild* 38b). In der Ausführung für Festwertregelung mit eingeprägtem Strom gehört zu jedem Meßbereich (10-mA-Klemmen K_3-K_0, 50-mA-Klemmen K_2-K_0 oder 200-mA-Klemmen K_1-K_0) eine Istwertspannung von 0 bis 1 V zwischen den Punkten A und C. Sie wird mit einer am Potentiometer (*1*) einstellbaren Sollwertspannung von maximal 1 V verglichen, die eine Konstantspannungsquelle (*4*) liefert. Die Regelabweichungsspannung zwischen A und B wird über den Empfindlichkeitssteller (*2*) der Gegentakt-Eingangsstufe (*5*) eines magnetischen Verstärkers zugeführt und dort kontinuierlich sowie richtungsabhängig verstärkt. An die Eingangsstufe schließt sich je eine Endstufe (*6a*) und (*6b*) für jede Stellrichtung an. Die Endstufen haben durch starke Mitkopplung Kippeigenschaften, so daß ihre Ausgangsströme I_R jeweils nur zwei stabile Werte – Maximalwert oder Minimalwert – annehmen können (s. *Bild* 39a). Jeder Endstufe ist ein eingebautes Starkstrom-Schaltrelais H bzw. T zugeordnet. Die Anordnung stellt einen Dreipunkt-Regelschalter dar mit den Schaltzuständen „beide Relais abgefallen", „Hochrelais (H) angezogen" oder „Tiefrelais (T) angezogen". Abhängig von der Richtung der Regelabweichung zieht das eine oder das andere Relais an und schaltet mit den Kontakten h_1 und t_1 in der zugehörigen Drehrichtung den über Hilfsschütze (nicht dargestellt) angeschlossenen Stellmotor voll ein.

Eine Kurzzeit-Rückführung über die Widerstands-Kondensator-Schaltung (*8*) erzeugt eine Stellimpulsfolge. Für jedes Relais bzw. jede Stellrichtung ist ein von der gemeinsamen Spannungsquelle (7) gespeister Rückführzweig vorgesehen, der ausgangsseitig mit der Rückführwicklung des Regelverstärkers (5) (Eingangsstufe) verbunden ist. Sobald ein Relais angezogen hat, schaltet einer

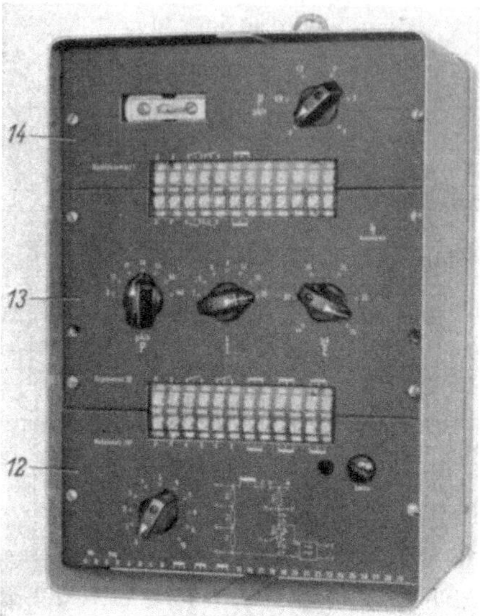

a) Regler geöffnet

1 Sollwertsteller
2 Empfindlichkeitssteller
3 Proportionalbereich-Steller für Langzeit-Rückführung
4 Konstantspannungsquelle für Vergleichsgröße
5 Gegentakt-Eingangsstufe des magnetischen Regelverstärkers
6 Kipp-Endstufen des magnetischen Regelverstärkers (*a* und *b*)
7 Spannungsquelle für Kurzzeit-Rückführung
8 RC-Glied für Kurzzeit-Rückführung (R_{2h} Stufenwiderstand für Proportionalbereich, R_{4h} Stufenwiderstand für Nachstellzeit
9 Spannungsquelle für Langzeit-Rückführung
10 Thermische Glieder für Langzeit-Rückführung (*a* und *b*) (R_5, R_6 Heizwiderstände, R_7, R_8 temperaturabhängige Widerstände)
11 Rückführverstärker
12 Meßeinsatz
13 Regeleinsatz
14 Rückführeinsatz
H Relais (höher) mit Kontakten h_1 für Schaltglied, bzw. Stellmotor und h_2, h_3 für Rückführung
T Relais (tiefer) mit Kontakten t_1 für Schaltglied, bzw. Stellmotor und t_2, t_3 für Rückführung

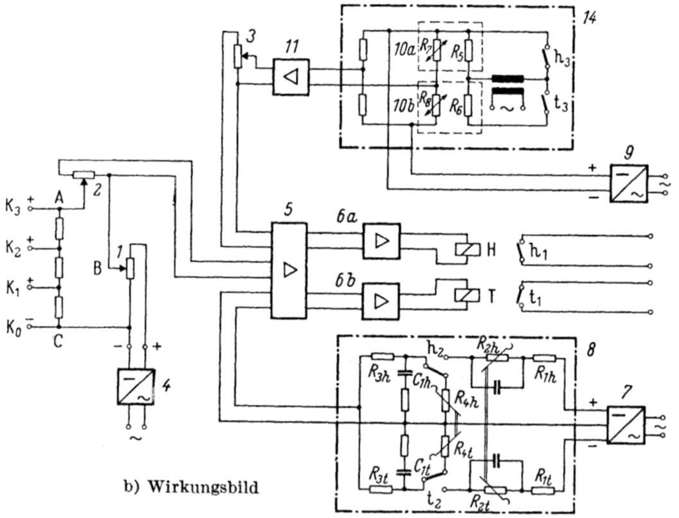

b) Wirkungsbild

Bild 38. Transduktor-Kippregler [25]

seiner Kontakte h_2 oder t_2 in dem zugehörigen Rückführzweig eine positive bzw. negative Spannung ein, die entsprechend der Aufladung des Kondensators C_{1h} oder C_{1t} (über die Widerstände R_{1h}, R_{2h}, bzw. R_{1t}, R_{2t}) einen allmählich anwachsenden Strom durch die Rückführwicklung treibt (über den

Widerstand R_{3h} bzw. R_{3t}), bis die Steuerwirkung der Regelabweichungsspannung magnetisch kompensiert ist. Dann fällt das Relais ab und der Stellimpuls ist zu Ende. Die Impulsdauer ist also um so länger, je größer die Regelabweichung ist. Der abgefallene Relaiskontakt h_2 oder t_2 läßt den Kondensator C_{1h} bzw. C_{1t} sich über den Widerstand R_{4h} bzw. R_{4t} entladen. Dabei nimmt

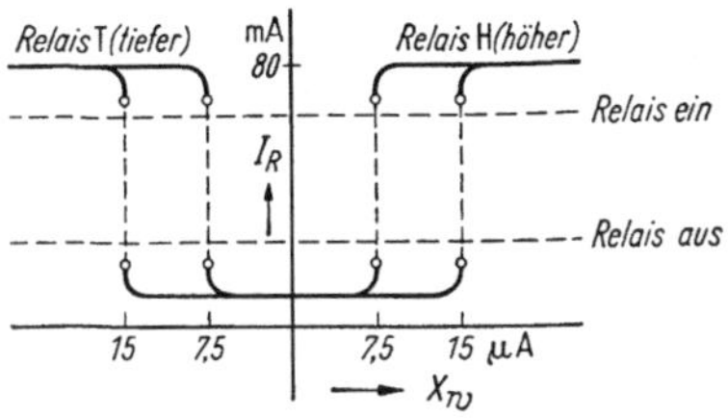

a) Steuerkennlinien des Regelverstärkers (Endstufen einschließlich Vorstufe)

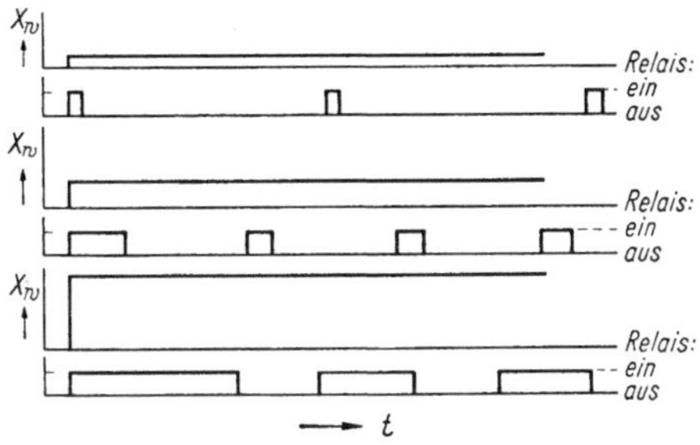

b) Impulsschema bei kleiner, bei mittlerer, bei großer Regelabweichung

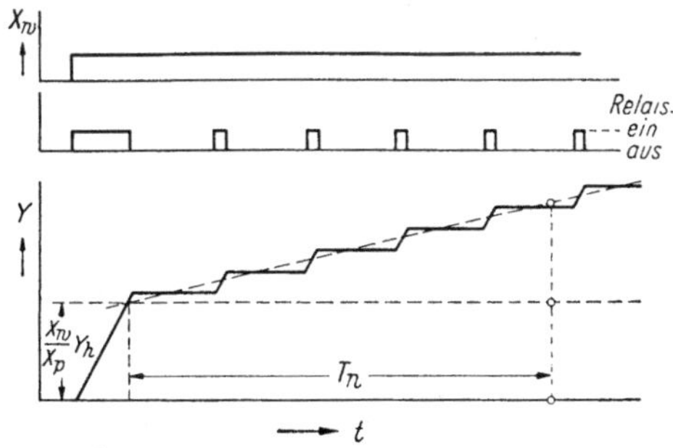

c) Stellgliedbewegung bei einer konstanten Regelabweichung

X_w Regelabweichung $\quad$ Y_R Reglerausgangsstrom $\quad$ Y_h Stellbereich
Y Stellweg $\quad$ P Proportionalbereich $\quad$ T_n Nachstellzeit

Bild 39. Zur Wirkungsweise des Transduktor-Kippreglers

der Rückführstrom wieder langsam ab, bis der Regelverstärker unter dem Einfluß der Regelabweichung das Relais wieder einschaltet und der nächste Impuls beginnt. Die auftretende Impulspause ist also um so kürzer, je größer die Regelabweichung ist. Das so entstehende Impulsschema (*Bild* 39b) zeigt bei kleiner Regelabweichung kurze Impulse mit langen Pausen und bei großer Regelabweichung lange Impulse mit kurzen Pausen (bis zum Dauerkontakt). Mit zunehmender Regelabweichung macht sich das Umbiegen der Kondensator-Ladekurve stärker bemerkbar und führt zu seiner progressiven Verlängerung des ersten Impulses. Der zweite und die folgenden Impulse werden besonders bei großer Regelabweichung kürzer als der erste Impuls, da der Kondensator in der Pause sich nicht mehr ganz entlädt. Vor dem ersten Impuls ist er vollständig entladen.

Die erzeugte Stellbewegung (*Bild* 39c) entspricht derjenigen eines PI-Reglers, dessen Proportionalbereich und Nachstellzeit mit zunehmender Regelabweichung nichtlinear abnehmen (progressive Reglerparameter, *Bild* 40a und b).

Die Dauer des ersten Impulses bestimmt dabei den Proportionalbereich, die Entladezeitkonstante des Kondensators C_{1h} bzw. C_{1t} (s. *Bild* 38) entspricht etwa der Nachstellzeit. Zum Anpassen des Reglers an verschiedene Regelstrecken kann

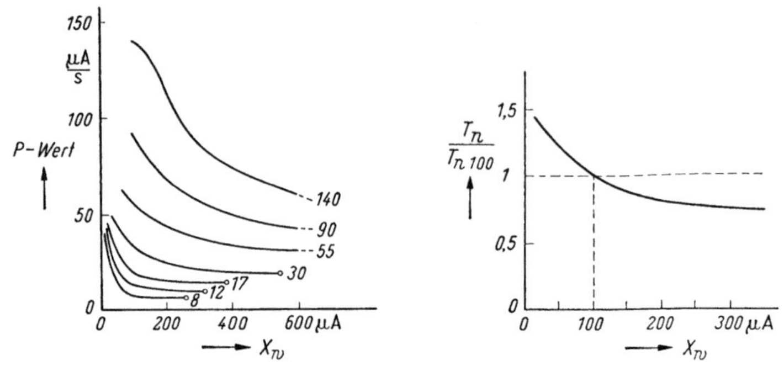

a) Nichtlinearer Proportionalbereich (Parameter: Reglereinstellung = P-Wert bei 10 µA Regelabweichung)

b) Nichtlineare (bezogene) Nachstellzeit

Bild 40. Kennwerte des Transduktor-Kippregler (*Bild* 38) in Abhängigkeit von der Regelabweichung

man das Impulsschema an den Widerständen R_{2h} bzw. R_{2t} (Proportionalbereich) und R_{4h} bzw. R_{4t} (Nachstellzeit) stufenweise verändern. Hat der durch eine bestimmte Regelabweichung X_{w1} ausgelöste erste Impuls die Dauer T_{i1}, so ist bei gegebener maximaler Stellgeschwindigkeit $\dot{Y}_{\max}$ (Stellmotor voll eingeschaltet) der zugehörige Stellweg (s. *Bild* 39c)

$$Y_1 = \dot{Y}_{\max}\, T_{i1} = \frac{Y_h}{T_y}\, T_{i1}$$

(Y_h Stellbereich, T_y Stellzeit). Laut Definition des Proportionalbereiches X_P gilt andererseits (s. Kapitel 2)

$$Y_1 = \frac{Y_h}{X_P}\, X_{w1}$$

Daraus ergibt sich der Proportionalbereich des Reglers zu

$$X_P = \frac{T_y}{T_{i1}}\, X_{w1}$$

Da also der Proportionalbereich der Stellzeit verhältnisgleich ist, gibt man für den Regler den sog. Proportionalwert X_P^* an, der als Quotient aus Proportionalbereich und Stellzeit einen von der Stellzeit unabhängigen Reglerparameter darstellt:

$$X_P^* = \frac{X_P}{T_y}$$

Das starke Ansteigen des Proportionalbereiches mit kleiner werdender Regelabweichung stabilisiert den Regelvorgang beim Erreichen des Sollwertes besonders wirksam. Der durch den Ansprechwert gekennzeichnete Unempfindlichkeitsbereich des Reglers in Verbindung mit der Zeitkonstante des Regelverstärkers verhindert, daß der Regler auf periodische kleine Störungen der Regelgröße anspricht.

Für Regelstrecken mit Totzeit und langen Anlaufzeiten, z. B. bei bestimmten Temperaturregelungen, ist eine zusätzliche thermische Langzeit-Rückführung (*14*) vorgesehen. Von zwei Metallkörpern (*10a*, *10b*) wird jeweils einer entsprechend der Stellrichtung gleichzeitig mit den Stellimpulsen beheizt (Kontakt h_3 bzw. t_3). Die Temperaturdifferenz der Körper steuert über eine von der Spannungsquelle (*9*) gespeiste Brückenschaltung, die aus zwei temperaturunabhängigen Heizwiderständen (R_5, R_6) und zwei temperaturabhängigen Meßwicklungen (R_7, R_8) auf den Metallkörpern besteht, und einen nachgeschalteten magnetischen Verstärker (*11*) den Rückführstrom in einer zweiten Rückführwicklung des Regelverstärkers. Der Proportionalbereich ist am Potentiometer (*3*) stetig einstellbar. Die Nachstellzeit kann man durch Ändern des Wärmeüberganges zwischen den beiden Metallkörpern stufenweise verändern.

Varianten und Zubehör. Meßeinsätze für Verhältnisregelung mit eingeprägten Strömen, für Gleichlaufregelung und für Widerstandsthermometer. Ausführung ohne thermische Rückführung für Regelstrecken unter 40 s Anlaufzeit. Außenliegender Sollwertsteller mit Hand- oder Motorantrieb. Vorverstärkereinsatz für Anschluß bis zu 10 weiteren Reglern bei Gleichlaufbetrieb. Tendenzglied. Zeitglied [*76*]. Elektromechanischer Rechner zur Multiplikation und Verhältnisbildung [*76*]. Zusätzliche Schaltschütze für Stellantrieb. Stellantriebe. Leitgerät für Hand-Automatik-Umschaltung.

Technische Daten

(Ausführung für Festwertregelung mit eingeprägtem Strom)

Meßbereich	3,5 mA (100%)
Eingeprägter Strom am Eingang der Meßschaltung für 100% Meßbereich, wahlweise je nach Anschluß an 100 Ω, 20 Ω, oder 5 Ω Eingangswiderstand, ergibt jeweils 1 V Leerlaufspannung in der Meßschaltung (Innenwiderstand 150 Ω)	10/50/200 mA
Ansprechwert[1]	15 µA (0,4%)
Ansprechleistung[1]	$2{,}5 \cdot 10^{-8}$ W
Maximale Ausgangs-Abschaltleistung (Starkstrom Arbeitskontakt für jede Stellrichtung)	30 VA
Kleinster Proportionalwert[2] mit Kurzzeit-Rückführung (Stufe 1) bei 100 µA Regelabweichung[3]	8 µA/s
Größter Proportionalwert[2] mit Kurzzeit-Rückführung (Stufe 7) bei 100 µA Regelabweichung[3]	140 µA/s
Kleinster Proportionalbereich[1] mit Kurzzeit-Rückführung (Stufe 1) bei 100 µA Regelabweichung[3] und 60 s Stellzeit[4]	0,5 mA (15%)
Größter Proportionalbereich[1] mit Kurzzeit-Rückführung (Stufe 7) bei 100 µA Regelabweichung[3] und 60 s Stellzeit[4]	8,5 mA (250%)
Nachstellzeit mit Kurzzeit-Rückführung bei 100 µA Regelabweichung[3]	1 bis 35 s (in 7 Stufen)
Größter Proportionalwert[2] mit zusätzlicher Langzeit-Rückführung (stetig einstellbar von Rückführeinfluß Null an)	30 µA/s
in Sonderfällen umschaltbar auf	45 µA/s
Größter Proportionalbereich[1] mit zusätzlicher Langzeit-Rückführung bei 60 s Stellzeit[4]	1,8 mA (50%)
in Sonderfällen umschaltbar auf	2,7 mA
Nachstellzeit mit zusätzlicher Langzeit-Rückführung	1 bis 10 min (in 4 Stufen)

Fußnoten 1 bis 4 s. nächste Seite.

Kleinste Impulsdauer	200 ms	Leistung mit Blindfeld (ohne Langzeit-Rückführung)	15 VA
Totzeit bei 100 μA Regelabweichung	300 ms	ausführbar auch für: 220 V, 40 Hz und 60 Hz; 110 V und 125 V, 50 Hz; 115 V, 60 Hz	
Totzeit bei 20 μA Regelabweichung	2 s	Maximale Umgebungstemperatur	50 °C
Netzanschluß:		Abmessungen	218/379/133 mm einschließlich Befestigungslaschen
Spannung	220 V ± 10% bis − 15%	Gewicht	rd. 10 kg
Frequenz	50 Hz ± 10%		
Leistung mit Rückführeinsatz für Langzeit-Rückführung	35 VA		

[1] Bezogen auf den Eingang des Regelverstärkers (rd. 120 Ω Hauptsteuerwicklung einschließlich Empfindlichkeitssteller).

[2] Auf 1 s Stellzeit bezogener Proportionalbereich (s. S. 284).

[3] Proportionalwert bzw. -bereich und Nachstellzeit nehmen progressiv mit der Regelabweichung ab (s. *Bild* 40a, b).

[4] Günstige Stellzeit für wärmetechnische Regelungen; andere Stellzeiten bis herab auf 30 s sind möglich. Die zugehörigen Stellmotoren (Einphasen- oder Drehstrom-Käfigläufer-Motoren) haben eine Konusbremse, die den Nachlauf des Stellantriebs auf höchstens 0,3% des Stellwegs begrenzt.

D. Regler für elektromotorische Antriebe

1. Allgemeine Bedingungen

Bei den meisten Regeleinrichtungen für elektromotorische Antriebe haben sich als Grundbauelemente Verstärker mit Transduktoren, Röhren und Transistoren eingeführt. Im Aufbau zeigt sich bei den ausgeführten Regeleinrichtungen auf den verschiedenen Anwendungsgebieten, bedingt durch das dabei angewendete Bausteinprinzip, eine sehr große Vielfalt. Bausteine für Regelgeräte entstehen durch Zusammenfassen mehrerer Bauelemente zu einer in sich abgeschlossenen Geräteinheit mit bestimmten Funktionen. Die Geräteinheiten werden auf Bausteinplatten oder in Bausteingehäusen untergebracht und dann direkt in einen Regelschrank oder in Nischen von Arbeitsmaschinen eingebaut. Bei größeren Anlagen werden Bauelemente und Bausteine oft in Einschüben mit Handgriffen zusammengefaßt. Für den Betrieb ist es auch vorteilhaft, die Regler-Bauelemente z.B. durch Steckverbindungen austauschbar zu machen. Die Regelschränke enthalten außerdem meist auch die gesamten Zusatzeinrichtungen, wie Justierung, Einstellung, Überwachung, Schutz und Stromversorgung. Dies ist für die Übersichtlichkeit besonders bei Mehrmotorenantrieben wichtig, wo sich gleichartige Antriebseinheiten wiederholen.

In vielen Fällen findet man auch Regeleinrichtungen, die aus Baugruppen mit verschiedenartigen Verstärkerbauelementen zusammengesetzt sind. Hierbei übernehmen die Transistorbauelemente die Funktionen mit niederem Leistungsniveau, wie z.B. das Verarbeiten der Meß- und Rückführgrößen. So kann ein Transistor-Zweipunktregler mit einer Ausgangsleistung von etwa 100 W mit einer Magnetverstärker-Leistungsstufe in der Größenordnung 80 kW Ausgangsleistung kombiniert werden. Besonders leistungsfähige und praktische trägheitslose Kombinationen entstehen, wenn man Transistorregler mit Hg-Dampf-Gleichrichtern

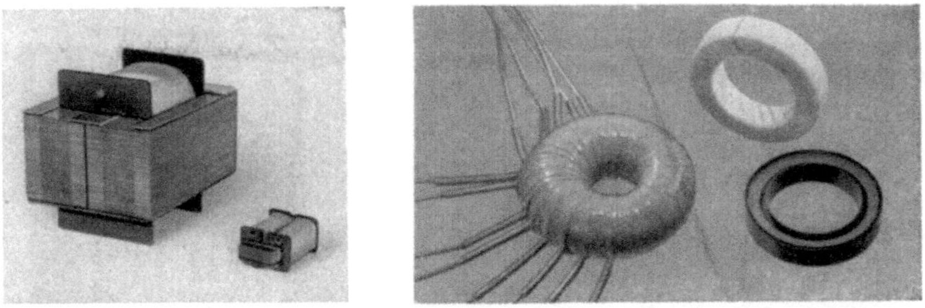

Bild 41. Bauweise von Transduktordrosseln mit Schachtel- und Ringkernen

Bild 42. Transduktordrosseln für Vorverstärker

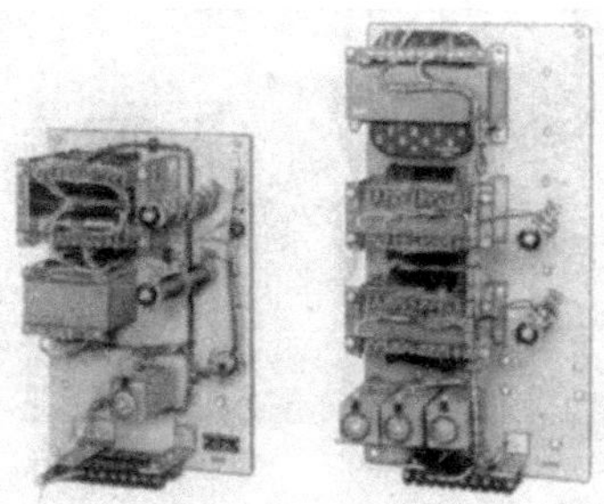

Bild 43. Transduktorbausteine auf Montageplatten [*14*]

und Transistor-Gittersteuersätzen kombiniert. Auf die geschlossene Darstellung solcher kombinierter Regeleinrichtungen wird in diesem Abschnitt verzichtet. Nicht eingegangen wird auch auf die elektromechanischen und elektrohydraulischen Regler, die schon im Abschnitt B behandelt sind und die in vielen Fällen auch für Regelungen an elektromotorischen Antrieben eingesetzt werden können.

2. Transduktorregler

Regeleinrichtungen mit Transduktoren sind auf allen Gebieten mit elektromotorischen Antrieben in den vielfältigsten Kombinationen und Bauformen eingesetzt [*77* bis *81*]. Bei der Herstellung solcher Regeleinrichtungen werden deshalb hauptsächlich nur Bauelemente und Baugruppen typisiert. Die wesentlichen Punkte, die dabei hervortreten, zeigt die Tabelle 1.

Tabelle 1. *Kennzeichen ausgeführter Transduktorregler*

Zahl der Verstärkerstufen:	Ein-, zwei- oder dreistufig
Phasenschaltung der Stufen:	Zweiphasig oder dreiphasig
Positiver und negativer Steuerbereich:	Eintakt- oder Gegentaktschaltung
Bauweise der Baugruppen:	Platteneinheiten oder Einschubeinheiten
Bauweise der Regeleinheit:	Verteilt in Gerüsten oder zusammengefaßt in Regelschränken oder Wandgehäusen und Nischengehäusen
Einflußgrößen für die Steuerwicklungen:	Vergleichsgröße, Regelgröße, Störgrößen, Begrenzungsgrößen
Zubehörgeräte:	Meßgeber, Vergleichsgrößengeber

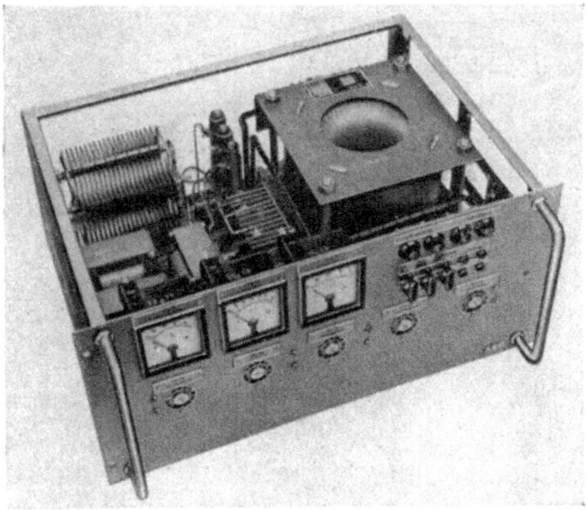

Bild 44. Transduktorbaustein in Einschubbauweise [*46*]

Bild 45. Transduktor-Regeleinrichtung für Lichtbogenregelung [*12*, *86*]

Als Grundbauelemente dienen Transduktordrosseln in Schachtelkern- und Ringkernbauweise (*Bild* 41) [*82* bis *85*]. Eine Reihe von Transduktordrosseln für Vorstufen ist in *Bild* 42 [*79*] zu sehen.
Bausteine für Verstärkerstufen in Plattenbauweise zeigt *Bild* 43, eine Ausführung in Einschubbauweise für einen Vergleichsgrößenverstärker in einem Regelschrank *Bild* 44.

Bild 46. Regler für Aufzüge

3. Röhrenregler

a) Röhren-Einheitsregler

Röhrenregler lassen sich in vielen Schaltungsvarianten aufbauen. Es werden deshalb zunächst an dem vereinfachten Schaltplan (s. *Bild* 47) eines Röhren-Einheitsreglers [*88*, *89*] Aufbau und Arbeitsweise erklärt.

Aufbau und Wirkungsweise. Wird die Regelgröße vom Meßgeber als Wechselspannung geliefert, so wird diese im Meßteil von einem Meßumformer (*1*) gleichgerichtet. Die gleichgerichtete Spannung wird mit einer sehr genauen, von einem Vergleichsspannungsgeber (*2*) erzeugten Gleichspannung verglichen, und die Regelabweichung auf das Gitter der Vorstufe des Reglers geschaltet. Die Vorsteuerröhre (*3*) liegt in einem Zweig einer Widerstandsbrücke, deren Abgriff (*4*) als Gitterspannung die Röhre (*5*) (meist mehrere) der Endstufe steuert. In der Endstufe können sowohl Hochvakuumröhren

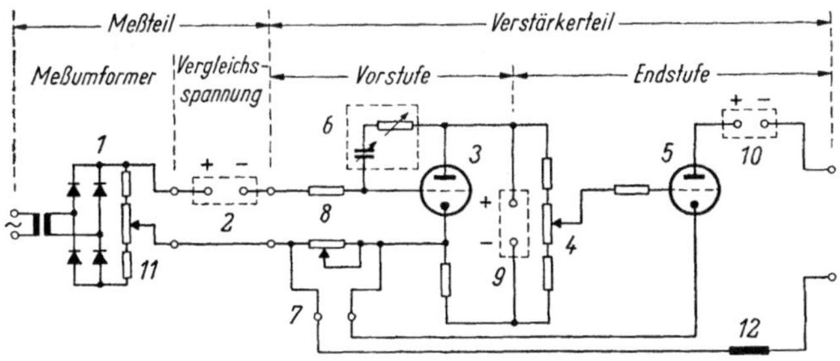

1 Meßumformer
2 Vergleichsspannungsgeber
3 Vorsteuerröhre
4 Brückenabgriff
5 Endstufen-Röhre
6 Nachgebende Rückführung
7 Stellwiderstand für starre, positive Rückführung (Mitkopplung), ist auch als negative Rückführung (Gegenkopplung) schaltbar.
8 Rückführwiderstand
9 Speisespannung für Vorstufe
10 Speisespannung für Endstufe
11 Sollwerteinsteller
12 Glättungsdrossel

Bild 47. Vereinfachte Schaltung eines elektronischen Röhrenreglers

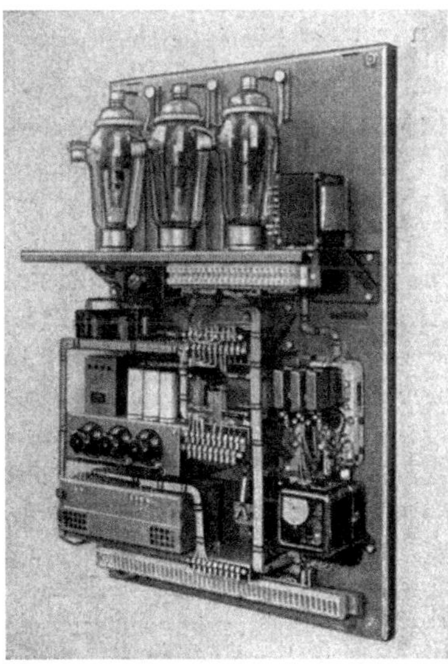

Bild 48. Röhren-Einheitsregler mit Stromtor-Endstufe [*14*]

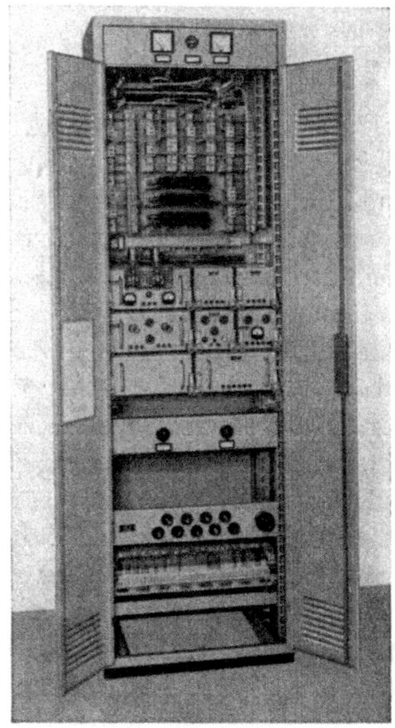

Bild 49. Röhren-Regeleinrichtung [*14*]

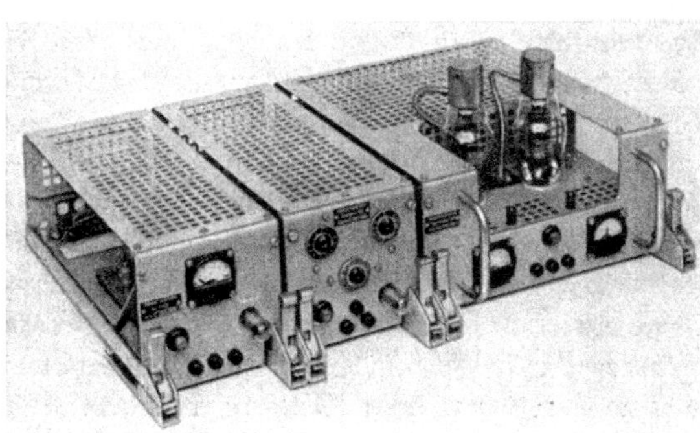

Bild 50. Einschübe für Röhrenregelschrank [*14*]

als auch Stromtore (*Bild* 48) verwendet werden. Die dynamischen Eigenschaften des Reglers und damit auch die Stabilisierung der Regelung lassen sich durch Beeinflussen der Gitterspannung der Vorsteuerröhre über eine nachgebende Rückführung (*6*) verstellen.

Eine zweite starre Rückführung (*7*) des Röhrenregler-Ausgangsstromes kann außerdem, auf einen Widerstand (*8*) im Gitterkreis der Vorstufe wirkend, zur Veränderung des Proportionalbereiches dienen.

Technische Daten

Anschlußspannung für Reglerhauptklemmen, Vergleichsgrößengeber, Vorstufe und Endstufe	220 V + 10 bis − 20%	Schirmgitterspannung der Vorröhre	rd. 40 V_ ± 10%
Brückenspeisespannung der Vorstufe	rd. 350 V_	Heizspannung der Vorröhre	5,8 bis 6,3 V
		Heizspannung der Endröhre	6,3 V ± 5%
		Aussteuerbereich	0,1 bis 0,4 V

b) Röhrenregler in Einschubbauweise

Regeleinrichtungen in Schrankbauweise mit Einschüben [*90, 91*] werden in der Faser- und Kunststoffindustrie zur Regelung von Folgeantrieben verwendet, z.B. bei Papiermaschinen, Verstreckungsmaschinen, Maschinen für Beschichtung der verschiedensten Materialien, Kalander für Papier, Gummi und Kunststoffe und Umroller. Sie dienen hier z.B. der Regelung von Drehzahl, Gleichlauf, Dehnung, Zug u.a.

Aufbau und Wirkungsweise. Die Schaltung des Reglers (s. *Bild* 49) entspricht im Prinzip der von *Bild* 47. Der Gleichstrom-Regelverstärker mit Langlebensdauerröhren hat einen unsymmetrischen Ausgang für die Steuerung der Endstufen und zwei symmetrische Eingänge, deren einer die Signale der Rückführung aufnimmt. Diese enthält ein Netzwerk mit drei stufenweise unabhängig einstellbaren Parametern, die dem Regler P-, PD-, PI- oder PID-Verhalten verleihen. Mit Ausnahme der Null-Lage können alle Einstellungen durch Stufenschalter mit Stellungsmarkierung vorgenommen werden.

Ein Regelschrank enthält ein System von Halterungen und Schienen, welche die Bausteine in 1/4, 1/2 oder 1/1-Teilung (*Bild* 50) der ganzen Schrankbreite aufnehmen. Die Bausteine werden über z.T. doppelt besetzte Steckverbindungen verbunden, die nach Entfernen von Abdeckungen von hinten zugänglich sind, so daß dort während des Betriebes gemessen werden kann. Die Einschubeinheiten werden auf Gleitschienen in den Schrank eingeschoben und auf dem letzten Teil des Weges durch Knebel stoßfrei geführt und gesichert. Größere und schwerere Baugruppen, z.B. Magnetverstärker-Endstufen, werden auf Platten fest montiert. Frontplatten für Schalter, Sicherungen usw. können an vielfach geteilten Seitenschienen in beliebiger Form und Höhe angebracht werden.

Für die Überwachung und Fehlereingrenzung kann man den Regelkreis durch Druckknöpfe an verschiedenen Stellen aufschneiden, um die Arbeitspunkte kontrollieren und die Steuerfähigkeit der Endstufen an den eingebauten Instrumenten prüfen zu können. Die Endröhren können über einen Wahlschalter auch im Regelbetrieb einzeln geprüft werden. Meßbuchsen dienen zur genaueren Untersuchung, für die ein Prüfbaustein die notwendigen Hilfsspannungen liefern kann.

Bausteine des Röhrenreglersystems. Meßgeber für Drehzahl (Wechselstrom-Tachogenerator) und Drehwinkel (Drehfeld-Drehgeber). Meßumformer für

Gleichspannung zur Potentialtrennung, für Gleichstrom zur Potentialtrennung und Verstärkung sowie für Sonderaufgaben, z. B. Papierspannungsfühler, Quotientenmeßeinrichtung für Drehzahlverhältnis. Konstantspannungsgeber für die Vergleichsgröße. Vergleicherschaltgruppe. Regelverstärker als Gleichspannungsverstärker. Rückführung für Regelverstärker. Endstufen mit Hochvakuum-Röhren. Endstufen mit Stromtoren und Endstufen mit Magnetverstärkern, z. B. für Gleichstrommaschinen. Prüfquelle zur Prüfung der Bausteine.

Technische Daten

Bleibende Drehzahlabweichung bei 10% Laständerung vom Motor-Nennmoment rd. 0,15‰.

a) Transistor-Vorverstärker b) Transistor-Endverstärker c) Transistor-Anpassungsverstärker

Bild 51. Verschiedene Transistorbauelemente [21]

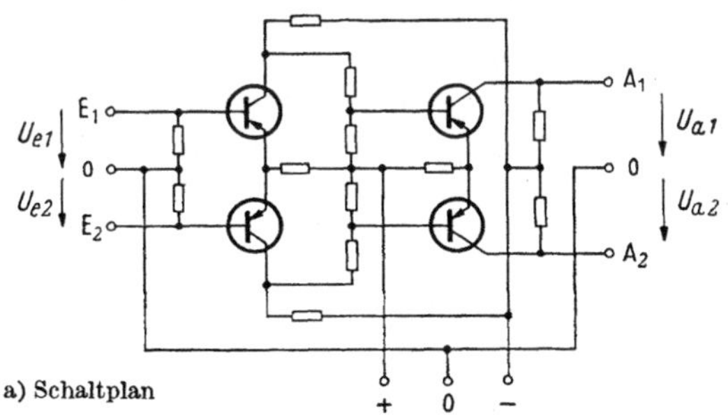

a) Schaltplan

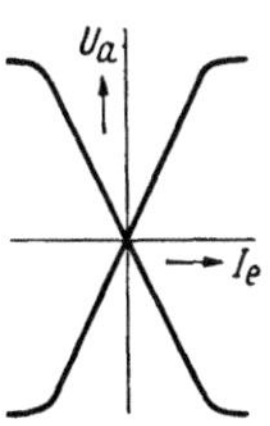

b) Steuerkennlinien

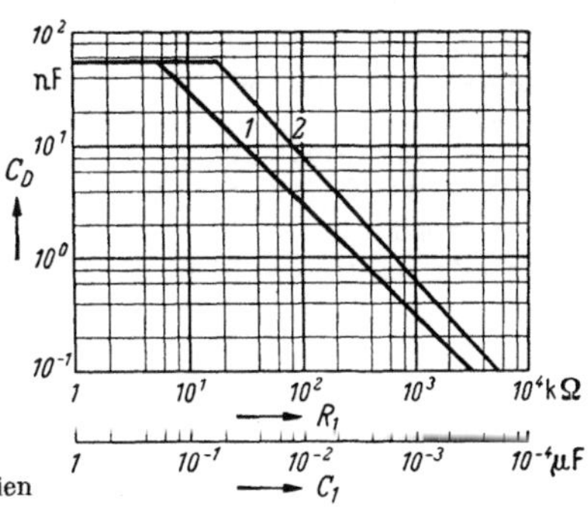

c) Dämpfungskennlinien

Bild 52. Transistor-Vorverstärker

4. Transistorregler

a) Bausteine

Wie bei den Regeleinrichtungen mit Transduktoren und mit Röhren, hat sich auch bei Transistor-Regeleinrichtungen das Baukastenprinzip, hier vorwiegend in Steck- und Einschubbauweise, eingeführt. Einige der dabei verwendeten Grundbauelemente werden beschrieben. Sie sind Bestandteile eines *Regelsystems*, dessen Komponenten jeder speziellen Regelaufgabe angepaßt werden können.

Transistorverstärker. Der Vorverstärker (s. *Bild* 51 a) [*92*, *93*] ist als zweistufiger symmetrischer Gleich- und Wechselstromverstärker, als stetiger

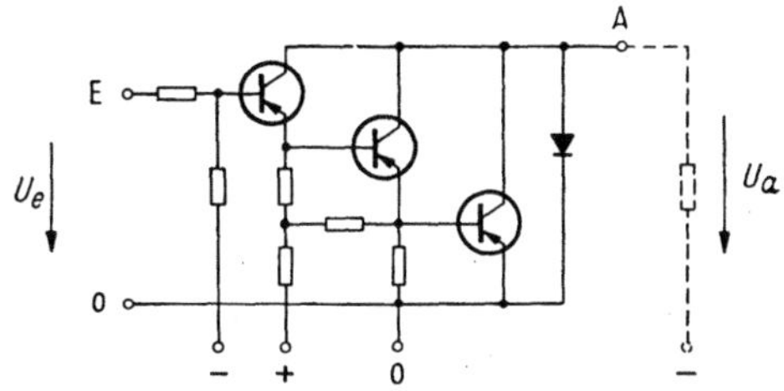

Bild 53. Schaltplan des Transistor-Endverstärkers

Verstärker oder als Kippverstärker ausgeführt. Er hat infolge seiner kleinen Leistungsaufnahme eine geringe Baugröße. Der Verstärker bildet den Grundbaustein für eine Reihe von Bauelementen, die zu Regeleinrichtungen, z.B. in Einschubbauweise, in Regelschränken zusammengefügt oder auch einzeln in anderen Schaltkombinationen eingesetzt werden können.

Die Transistoren arbeiten in Emitterschaltung, die eine große Verstärkung zuläßt (*Bild* 52a). Der Gegentakt in der Endstufe ermöglicht sowohl eine Gegen- als auch eine Mitkopplung des Verstärkers. Das stationäre und dynamische Verhalten kann in weiten Grenzen durch äußere Beschaltung an die verschiedensten Aufgaben angepaßt werden.

Wesentliche Merkmale des Verstärkers sind hohe Strom- und Spannungsverstärkung, zwei Eingänge zur wahlweise symmetrischen oder unsymmetrischen Aussteuerung (*Bild* 52b) und zwei kurzschlußfeste Ausgänge mit entgegengesetzt gleichen Spannungen. Sämtliche Spannungen wirken gegen ein Bezugspotential (Erde oder Masse), so daß Zusammenarbeit beliebig vieler Verstärker in einer Schaltung mit einer Stromversorgung möglich ist.

Technische Daten

(Vorverstärker der Grundausführung, *Bild* 51a und 52)

Die Angaben gelten für unsymmetrische Aussteuerung (E_2 geerdet, $U_{e2} = 0$). Bei symmetrischer Aussteuerung erfolgt die Änderung der Ausgangsspannungen entsprechend der Differenz der Eingangsströme $I_{e1} - I_{e2}$ bei sonst gleichen Nenndaten.

Innenwiderstände:	
Eingangswiderstand	$R_e = 4\ \text{k}\Omega$ $(R_e = \Delta U_e/\Delta I_e)$
Ausgangswiderstand	$R_a = 20\ \text{k}\Omega$ $(R_a = \Delta U_a/\Delta I_a;\ I_e = \text{konst.})$
Übertragungswiderstand	$R_ü = 20\ \text{k}\Omega$ $(R_ü = \Delta U_a/\Delta I_e;\ I_a = 0)$
Eingangsstromänderung zur Aussteuerung der Kennlinie	$\Delta I_e = \pm\ 1{,}5\ \mu\text{A}$ (max $\pm\ 5\ \mu\text{A}$)
Ausgangsspannungen und -ströme (gegen Bezugspotential):	
Leerlauf	$U_a = \pm\ 30$ V (min $\pm\ 27$ V); $I_a = 0$
Leistungsanpassung (2 × 20 kΩ Arbeitswiderstand)	$U_a = \pm\ 15$ V; $I_a = \pm\ 0{,}75$ mA
Kurzschluß	$U_a = 0$; $I_a = \pm\ 1{,}5$ mA
Arbeitspunktstrom (d.h. Eingangsstrom $U_a = 0$):	
bei 20 °C	$I_{e0} = -\ 5\ \mu\text{A}$ (max $-\ 10\ \mu\text{A}$)
bei 50 °C	$I_{e0} = +\ 10\ \mu\text{A}$ (max $+\ 20\ \mu\text{A}$)
Eigenzeitkonstante	rd. 30 µs je Stufe
Grenzfrequenz	rd. 2,5 kHz
Maximal zulässige Umgebungstemperatur	50 °C

Bemessung der Dämpfungskapazitäten: Empfohlene Werte für die Dämpfungskapazitäten C_D (s. *Bild* 52c); (*1*) bei Gegenkopplung mit Widerstand; (*2*) bei Gegenkopplung mit Kondensator. Bei symmetrischer Gegenkopplung sind die Kapazitätswerte zu verdoppeln.

Führungsgeber. Der Führungsgeber dient zum Begrenzen der Beschleunigung beim Anfahren und Verzögern von Antrieben; er wird einem Drehzahlregler vorgeschaltet. Seine Richtgröße erhält er z.B. von einem Steuerhebel oder von einer automatischen Starteinrichtung. Im stationären Zustand sind Eingangs- und Ausgangsgröße proportional. Bei sprungförmigen Änderungen der Eingangsgröße gibt er eine linear ansteigende Führungsgröße ab. Beschleunigungs- und Verzögerungswerte können unabhängig voneinander eingestellt werden (s. Kapitel 36).

Der Führungsgeber besteht aus einem Transistor-Regelverstärker mit integraler Gegenkopplung (Integrator) und einem vorgeschalteten Verstärker, der schon bei sehr geringer Abweichung zwischen Ein- und Ausgangsgröße den Führungsgeber übersteuert. Der übersteuerte Verstärker liefert dem Integrator einen konstanten Strom, wodurch seine Ausgangsspannung linear ansteigt. Die Beschleunigung ist durch Begrenzen des Eingangsstromes des Integrators einstellbar. Unterschiedliche Beschleunigungs- und Verzögerungswerte werden durch eine zusätzliche konstante Einspeisung des Integrators eingestellt, die bei Drehrichtungsumkehr kontaktlos umgepolt wird (Beispiel in Einschubbauweise s. *Bild* 54).

Bild 54. Führungsgeber in Einschubbauweise

b) Regeleinrichtungen

Der Transistor-*Zweipunktregler* (*Bild* 55) [*94*] ist auch als Vor- oder Endstufe in allen Steuer- und Regelschaltungen geeignet, so z.B. als PD- oder PID-Vorstufe in Verbindung mit Transduktor-Endstufen oder für eine direkte Steuerung kleinerer Erregermaschinen für Generatorsätze bis etwa 5 kW.

Aufbau und Wirkungsweise. Der Regler besteht aus zwei Transistor-Endstufen in Gegentaktschaltung, einem Rückführeinsatz zur beliebigen Bestückung mit Widerständen, Kondensatoren und Gleichrichtern sowie aus zwei Transistor-Eingangsverstärkern der Grundausführung (*Bild* 51 a und 52), von denen der eine als Taktgeber dient, der andere für integrales Anfahren, Strombegrenzung und ähnliche Zusatzaufgaben zur Verfügung steht.

Das stetige Gleichstrom-Eingangssignal wird von dem Taktgeber in eine Folge rechteckiger Impulsspannungen als Schaltsignale zur Aussteuerung der Endstufen umgewandelt. Breite und Polarität der Rechteckimpulse sind ein Maß für die Ausgangsgröße des Zweipunktreglers (*Bild* 55c). Die Breite wird durch Verschieben des Zeitverhältnisses zwischen Einschaltdauer und Ausschaltdauer gesteuert. Das Takten des Zweipunktreglers erreicht man durch eine überkritische trägheitslose Mitkopplung, die Taktfrequenz durch eine trägheitsbehaftete Gegenkopplung. Das Zeitverhalten wird durch Beschaltung im Vorverstärker festgelegt. Dem Gleichstrom-Mittelwert der Impulsspannungen folgt die Eingangsspannung mit dem durch die Rückführung vorgeschriebenen PD- oder PID-Verhalten. Dieser Schaltbetrieb gibt dem Regler Zweipunktverhalten, das jedoch, ähnlich wie die diskontinuierliche Arbeitsweise eines Stromrichters, nach außen praktisch nicht in Erscheinung tritt. Infolge des Schaltbetriebes der Transistoren sind diese entweder voll durchlässig oder ganz gesperrt. Dadurch ist die steuerbare Leistung nicht durch die Verlustleistung des Transistors, sondern durch die maximal zulässigen Werte des Kollektorstromes und der Kollektorspannung begrenzt und der Regler erhält damit eine größere Ausgangsleistung.

Technische Daten

(Ausführung als Transistor-Zweipunktregler)

Eingangsgrößen	wie bei der Grundausführung (*Bild* 52)
Ausgangsspannung (Mittelwert)	0 bis 30 V
Ausgangsleistung	rd. 100 W
Taktfrequenz	rd. 500 bis 1000 Hz

Schaltzeit der Transistoren	rd. 10 µs
Maximal zulässige Umgebungstemperatur	50 °C
Abmessungen	395/207/164 mm
Gewicht	7,3 kg

a) Innenansicht

E_1, E_2, E_3 Eingänge für Sollwert-, Istwert- und Begrenzungsspannung
A_1, A_2 Gegentakt-Ausgang
1 Zusatzverstärker
2 Taktgeber
3 Mitkopplung des Taktgebers
4 Endstufen (*a* und *b*)
5 PID-Rückführung
6 Netzteil
U_e Eingangsspannung
U_a Ausgangsspannung

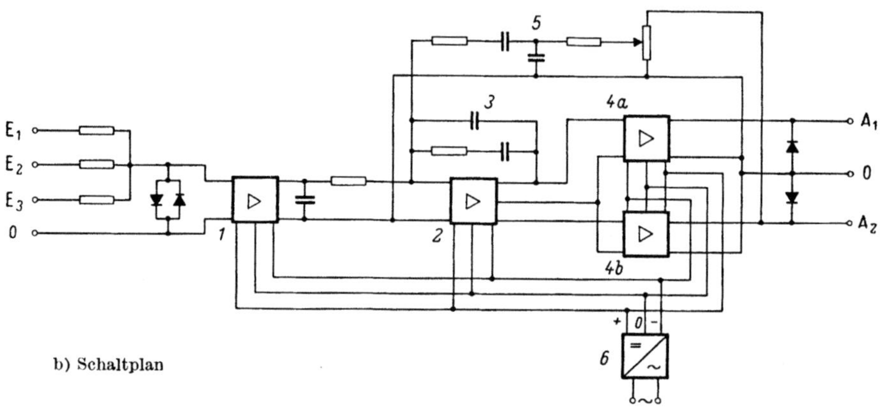

b) Schaltplan

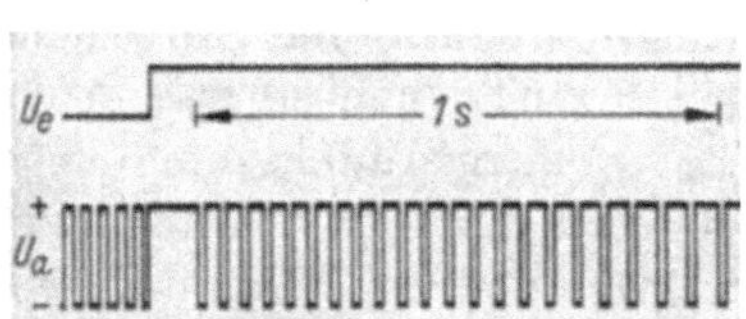

c) Übergangsverlauf der Ausgangsimpulse

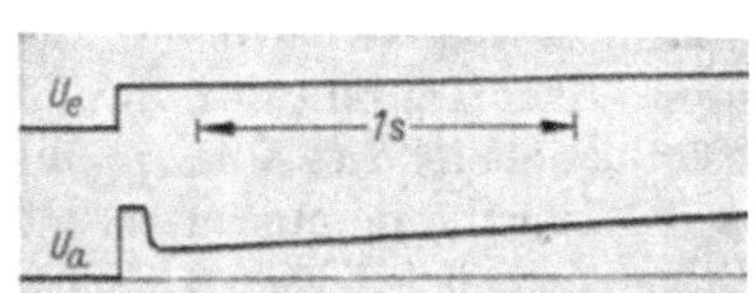

d) Übergangsverlauf des Impuls-Mittelwertes

Bild 55. Transistor-Zweipunktregler mit PID-Verhalten [*94*]

Transistorregelschränke in Einschubbauweise (s. *Bild* 56) werden bei elektromotorischen Folge- und Vielfachantrieben verwendet, z.B. in der Faserstoff- und Walzwerkindustrie, aber auch bei Einzelantrieben mit vielfältigen regeldynamischen Betriebsaufgaben, z.B. bei Werkzeugmaschinenregelungen oder Förderanlagen aller Art. Sie dienen hier z.B. zur Regelung von Drehzahlen, Spannungen, Strömen, Beschleunigungen, Stellungen, Zug u.a.

Bild 56. Transistor-Regelschrank in Einschubbauweise [*14*]

Bild 57. Transistorregler in Einschubbauweise

E. Aufbauarten von Regeleinrichtungen

Die Regler mit Hilfsenergie sind meist ein selbständiger Teil der gesamten Regeleinrichtung, die zur betriebsmäßigen Ausrüstung geregelter Anlagen gehört. Sieht man von den Organen ab, mit denen an den Regelobjekten selbst die Meßgrößen aufgenommen und die Stellgrößen zum Eingriff gebracht werden, so umfaßt die Regeleinrichtung noch eine Reihe von Geräten wie Vergleichsgrößengeber, Sollwertsteller, Anzeiger, Schreiber, Umsteller von Hand auf Automatik sowie von Festwert auf Führung, Fernsteuereinrichtungen und Versorgungsanlagen für Hilfsenergie.

Ist in ausgedehnten Anlagen eine größere Anzahl von Regelkreisen vorhanden, so ordnet man meist in besonderen Räumen, den Warten, die Regeleinrichtungen in Schrankgruppen (s. *Bild* 58 bis 60) oder in Tafeln (s. *Bild* 61 bis 63) übersichtlich an. Dabei wird besonders darauf geachtet, daß die Anzeige-, Registrier- und Betätigungsgeräte gut sichtbar und griffbereit für das Personal angebracht sind. Die nach diesen Gesichtspunkten getroffenen Aufbauarten werden einheitlich für die verschiedenen Regelkreise angeordnet, wie das bei den Einheitsregelsystemen [*48*] in hervorragender Weise gelingt. Die gewählte Hilfsenergieform ist dabei äußerlich kaum zu erkennen.

Für das Personal ergibt sich dabei der Vorteil gleichartiger Handhabung und einfacher Wartung, da die Regeleinrichtung bei allen Arten und Bereichen der Regelgrößen mit Einheitssignalgrößen, (z. B. Luftdruck 0,2–1,0 atü oder eingeprägter Gleichstrom 0–50 mA) arbeitet. In der Kombination und Anordnung der Geräte ist man freizügig; sie lassen sich nach den Erfordernissen der Anlage als Einheitsbausteine in Schränken (*Bild* 58) oder auf Tafeln (*Bild* 63) gruppieren.

Bild 58. Regelschränke mit Transistoren für Registerregelung [*14*]

Bild 59. Regelschränke mit Transduktoren für Leichtmetall-Walzwerke [*87*]

Bild 60. Schaltschrank der Steuer- und Regelanlage für eine automatische Hochfrequenz-Härtmaschine [*87*]

Die Regler, als Hauptteil der Regeleinrichtung sind in ihrer Funktionstüchtigkeit so weit durchgebildet, daß sie nicht mehr vom Personal beobachtet zu werden brauchen. Man bringt sie in Einschüben (*Bild* 58) oder als Aufsteckeinheiten (*Bild* 62) an der Rückseite der Tafeln an. Auf diese Weise bleibt die Vorderfront der Schränke oder Tafeln den Meß- und Betätigungsorganen vorbehalten. Hierdurch kann sie, auch bei großer Anzahl der Regelkreise, in begrenzten Abmessungen gehalten werden.

Oft besteht das Bedürfnis, die für das Personal besonders wichtigen Teile der Regeleinrichtung in Pulten (Kapitel 1, *Bild* 3 oder Kapitel 37, *Bild* 26) unterzubringen. Dabei beginnt die sogenannte Miniaturinstrumentierung und die Fernsteuerung der eigentlichen Regeleinrichtung sich einzuführen.

Bild 61. Meß- und Regeltafel in einem Hüttenwerk (TELEPNEU-System [70])

Bild 62. Pneumatische Aufsteckregler (Tafelrückseite von Bild 61) [70]

Bild 63. Tafelfelder einer Hochofenwarte (TELEPERM-System [70])

F. Quellenhinweise

[1] Bauart SILVERSTAT-Regler der Westinghouse-Co.

[2] Hersteller Allgemeine Elektricitäts-Gesellschaft: Spannungs-Schnellregler „System TIRRILL". Druckschrift Meßwesen-Rgl/V 55300 Inf. Mappe 57/2, März 1952.

[3] Hersteller Reglerbau Leonhard KG: Spannungs-Schnellregler für Drehstomgeneratoren. Druckschrift Juni 1958.

[4] Hersteller Pintsch Bamag AG: PINTSCH-Regler. Druckschrift 1072 9581000.

[5] Hersteller Brown, Boveri & Cie. AG: Spannungs-Schnellregler für Wechselstrom.

[6] Hersteller Siemens-Schuckertwerke AG: Selbsttätige Wälzregler. Druckschrift SSW 448/203.

[7] Hersteller Hagenuk, Hanseatische Apparatebau-Gesellschaft, Neufeldt & Kuhnke GmbH: Druckschrift R 40.

[8] Hersteller Siemens-Schuckertwerke AG: Großregler K7401-1. Druckschrift SSW500.12/203.
[9] Hersteller Brown, Boveri & Cie. AG: Der Hochleistungsschnellregler Typ KC. Druckschrift 1 b/5019 D-1.60.
[10] Hersteller Siemens-Schuckertwerke AG: Magnetverstärker-Spannungsregler für Großgeneratoren. Druckschrift SSW 464.4/231 a.
[11] Achenbach, H.: Spannungsregler für Großgeneratoren. Siemens-Z. 31. Jg. (1957) S. 529–537.
[12] Hersteller Allgemeine Elektricitäts-Gesellschaft.
[13] Junior, H.: Erregeranordnungen und Spannungsregler für Drehstromgeneratoren großer Leistung. AEG-Mitt. 49. Jg. (1959) H. 10/11, S. 462–467.
[14] Hersteller Siemens-Schuckertwerke AG.
[15] Dalbender, C.: Regler für die selbsttätige Steuerung von Transformatoren mit angebautem Stufenschalter. Siemens-Z. 31. Jg. (1957) S. 537–541.
[16] Hersteller P. Gossen & Co. GmbH: Spannungsregler für Lastschalter. Druckschrift (1957).
[17] Lang, A. u. Steuer, W.: Transduktorische Spannungsregelung von Transformatoren mit Stufenschaltern. AEG-Mitt. 47. Jg. (1957) S. 136–140.
[18] Allgemeine Elektricitäts-Gesellschaft: Blindleistungsregelung. AEG-Beschreibungen der Ausstellungsobjekte auf der INTERKAMA 1957. Nr. 88, Inf. Mappe 35/5.
[19] Hersteller Heliowatt-Werke, Elektrizitäts-AG: Blindleistungsbegrenzer. Druckschrift 3000 12.59 Fü.
[20] Hersteller Voith, Heidenheim: Beschreibung und Wirkungsweise des Reglers, Type D, Modell 48.
[21] Leonhard, A.: Die selbsttätige Regelung in der Elektrotechnik. Berlin: Springer 1940. S. 182–183.
[22] Hutarew, G.: Regelungstechnik, kurze Einführung. Berlin: Springer 1955. S. 120–123.
[23] Hersteller Siemens-Schuckertwerke AG: Dampfturbinen. Hydraulische Drehzahlregelung. Druckschrift SSW 402/215.
[24] Pontow, W.: Kontaktarmer Zeigerregler. ETZ-B 9. Jg. (1957) S. 127–130.
[25] Hersteller Siemens & Halske AG.
[26] Dittmann, J. u. John, S.: Ein neuer elektronischer Fernmeßgeber. Siemens-Z. 30. Jg. (1956) S. 95–99.
[27] Winkler, H.: Ein Frequenzmeßwertumformer hoher Genauigkeit. Siemens-Z. 27. Jg. (1953) S. 379–383.
[28] Siemens-Ausdehnungsregler mit Vakuumschalter. (Hersteller Siemens & Halske AG). Arch. techn. Messen J 063-3 (Febr. 1938).
[29] Siemens & Halske AG: Ausdehnungs-Temperaturregler. Druckschrift SH 8192 Cal 10.
[30] NZV-Regler. Bezeichnung und Erzeugnis der Siemens & Halske AG.
[31] Siemens & Halske AG: NZV-Regler. Druckschrift SH 6466 Cal 10.
[32] Schneider, E.: Zweipunktregler mit thermischer Rückführung. Elektrowärme 15. Jg. (1957) S. 378–382.
[33] Oetker, R.: Die Entwicklung der kontinuierlich-elektrischen Regler für die Wärmetechnik. Siemens-Z. 27. Jg. (1953) S. 111–116.
[34] Hersteller Askania-Werke AG.
[35] Wünsch, G.: Regler für Druck und Menge. München u. Berlin: R. Oldenbourg 1930.
[36] Axmann, M.: Entwicklungstendenzen der Askania-Regeltechnik. Askania-Warte 15. Jg. (1957) Nr. 51, S. 21–28.
[37] Askania-Werke AG: Der Askania-Strahlrohrregler in Aufbau und Anwendung. Druckschrift R 552 d.
[38] Askania-Werke AG: Hydraulische Regeleinheit EHR 59. Druckschrift R 563.
[39] Siemens & Halske AG: Elektro-pneumatischer Großregler. Druckschrift SH 4849 a Cal 14.
[40] Oetker, R.: Ein neuer elektropneumatischer Regler. Feinwerktechnik 55. Jg. (1951) S. 217–219.
[41] Siemens & Halske AG: Elektro-pneumatischer Kleinregler. Druckschrift SH 1844 a Cal 14.
[42] Pavlik, E.: Pneumatische Einheitsregler mit progressiver Stellgeschwindigkeit. Regelungstechnik 6. Jg. (1958) S. 128–134.

[43] Peinke, W.: Pneumatische Einheitsregler, Prüfmethoden und Prüfergebnisse. Regelungstechnik 5. Jg. (1957) S. 231–238.
[44] Siemens & Halske AG: Telepneu-Regler. Druckschrift SH 4975.
[45] Telepneu. Eingetragenes Warenzeichen der Siemens & Halske AG.
[46] Heil, O.: Das pneumatische Regelsystem „Telepneu". Regelungstechnik 5. Jg. (1957) S. 391–396.
[47] Sartorius, H.: Das Telepneu-System. Siemens-Z. 31. Jg. (1957) S. 561–567.
[48] Matuschka, H. u. Sartorius, H.: Das kombinierte Teleperm-Telepneu-Regelsystem. Siemens-Z. 32. Jg. (1958) S. 291–296.
[49] Pavlik, E. u. Machei, B.: Ein kombiniertes Regelsystem für die Verfahrensindustrie. München: R. Oldenbourg 1960.
[50] Früh, K. F.: Die elektropneumatischen Regler des Teleperm-Telepneu-Regelsystems. Regelungstechnik 7. Jg. (1959) S. 25–30.
[51] Früh, K. F.: Der elektropneumatische Umsetzer des Teleperm-Telepneu-Regelsystems. Regelungstechnik 6. Jg. (1958) S. 334–336.
[52] Pavlik, E.: Ein pneumatisches Multipliziergerät für Regelungen in der Verfahrenstechnik. Regelungstechnik 6. Jg. (1958) S. 408–412.
[53] Eggers, H. R. u. Samal, E.: Der Schwenkspulregler. Regelungstechnik 1. Jg. (1953) S. 166–170.
[54] Samal, E.: Schwenkspulregler mit pneumatischen und elektrischen Stellgliedern. Regelungstechnik 3. Jg. (1955) S. 258–261.
[55] Samal, E.: Großer Schwenkspulregler. AEG-Mitt. 47. Jg. (1957) S. 324–335.
[56] Allgemeine Elektricitäts-Gesellschaft: Druckschrift 23/Meßwesen-Bkg 57440, Inf. Mappe 57/4, Oktober 1957.
[57] Drehmo-Antrieb. Eingetragenes Warenzeichen und Erzeugnis der Allgemeinen Elektricitäts-Gesellschaft.
[58] Regelux. Eingetragenes Warenzeichen und Erzeugnis der Hartmann & Braun AG.
[59] Hunsinger, W. u. Oppelt, W.: Weiterentwicklung von Reglern mit Fotozellenabgriff. Regelungstechnik 1. Jg. (1953) S. 87–88.
[60] Hartmann & Braun AG: Vorschau auf die Dechema. XI. Ausstellungstagung 14. bis 22. 5. 1955. Regelungstechnik 3. Jg. (1955) S. 120–121.
[61] Hartmann & Braun AG: Vorschau auf die Technische Messe Hannover 1956. Regelungstechnik 4. Jg. (1956) S. 93–94.
[62] Hartmann & Braun AG: Regelux 3. Druckschrift HB-Dr. 888-5.
[63] Hersteller Schoppe & Faeser GmbH, Minden (Westf.).
[64] Schoppe & Faeser GmbH: Die induktive Regelung. Regelungstechnik 2. Jg. (1954) S. 21 bis 23.
[65] Schoppe & Faeser GmbH: Induktive Regelung. Druckschrift D 1-01-51.
[66] Schoppe & Faeser GmbH: Regelverstärker Typ RV 33 und Typ RV 83 für induktive Regler. Druckschrift 245, Nov. 1959.
[67] Schoppe & Faeser GmbH: Regeleinrichtungen und Betriebsmeßgeräte. Druckschrift V 24, Dez. 1959.
[68] Bürklin, H.: Induktive Regelung mit Differentialtransformatoren. Schoppe & Faeser techn. Mitt. 5. Jg. (1957) S. 183–189.
[69] Siemens & Halske AG: Der neue Magnetik-Regler für Regelungen in der Wärmetechnik. Druckschrift SH 2556 b Cal 10.
[70] Teleperm, Telepneu. Eingetragenes Warenzeichen der Siemens & Halske AG.
[71] Oetker, R.: Fallbügelregler. ETZ-A 73. Jg. (1952) S. 200–201.
[72] Schlick, K.: Ein neuer elektrischer Regler. Siemens-Z. 31. Jg. (1957) S. 482–486.
[73] Siemens & Halske AG: Teleperm, neuartiges magnetronisches Regelverfahren für Wärme- und Verfahrenstechnik. Druckschrift SH 6592 Cal.
[74] Matuschka, H.: Neue elektrische Regelmethoden für die Wärme- und Verfahrenstechnik. ETZ-A 78. Jg. (1957) S. 801–803.
[75] Schmidt, W. u. Liesegang, W.: Die Regelung von Tieföfen mit Teleperm-Reglern. Siemens-Z. 32. Jg. (1958) S. 335–341.
[76] Schlick, K.: Teleperm-Zeitglied und elektromechanischer Teleperm-Rechner. Regelungstechnik 8. Jg. (1960) H. 8, S. 270-273.

[77] Tschermak, M. u. Kafka, W.: Magnetverstärker-Regelung in Anlagen der Starkstromtechnik. Siemens-Z. 29. Jg. (1955) S. 350–356 u. S. 386–395.

[78] Transduktortechnik. AEG-Mitt. 49. Jg. (1959) H. 8/9, S. 329-452 u. Transduktortechnik-Anwendungen, H. 10/11, S. 453–620.

[79] Zabel, R.: Neue Magnetverstärker-Bauelemente. Siemens-Z. 30. Jg. (1956) S. 80–91.

[80] Cordes, H.: Magnetverstärker und ihr Einsatz zur Lösung industrieller Regelprobleme. Brown, Boveri Nachr. Bd. 38 (1956) S. 3–18.

[81] Syrbe, M. u. Latzel, W.: Aufbau und Berechnung stetiger Magnetverstärker-Regler. BBC-Nachr. 41. Jg. (1959) H. 1, S. 3–9.

[82] Kafka, W.: Der Magnetverstärker. Siemens-Z. 27. Jg. (1953) S. 62–73.

[83] Rolf, E. u. Dietz, H.: Neuzeitliche Kernwerkstoffe und Kernbauformen für magnetische Verstärker. Siemens-Z. 30. Jg. (1956) S. 73–80.

[84] Schilling, W.: Transduktortechnik, Kernform und Güteziffer. Regelungstechnik 4. Jg (1956) S. 308–311.

[85] Kratz, P. u. Lang, A.: Bauelemente und Typenreihen magnetischer Verstärker. AEG-Mitt. 49. Jg. (1959) H. 8/9, S. 413–434.

[86] Flöte, R.: Magnetische Verstärker für die Drehzahlregelung einer automatischen Gleichstrom-Fördermaschine. AEG-Mitt. 49. Jg. (1959) H. 10/11, S. 509–514.

[87] Hersteller Brown, Boveri & Cie. AG.

[88] Hartel, W.: Eine elektronische Regeleinrichtung. ETZ-A 73. Jg. (1952) S. 769–771.

[89] Grosshans, H. u. zur Megede, W.: Röhrenregelungen hoher Genauigkeit. Siemens-Z. 26. Jg. (1952) S. 305–312.

[90] Kessler, G.: Ein elektronischer Regler nach dem Baukastensystem. Siemens-Z. 32. Jg. (1958) S. 779–782.

[91] Hettler, P.: Das Tachotron-System, ein einfaches und vielseitiges Regelsystem für Mehrmotorenantriebe. Siemens-Z. 33. Jg. (1959) S. 208–211.

[92] Hersteller Siemens-Schuckertwerke AG: Transistorverstärker TSV 103. Druckschrift SSW 466/281.

[93] Kessler, C. u. Ströle, D.: Ein Transistor-Regelverstärker. Siemens-Z. 31. Jg. (1957) S. 502–504.

[94] Kessler, C.: Ein Transistor-Zweipunktregler. Siemens-Z. 31. Jg. (1957) S. 505–509.

14. Inbetriebsetzung von Regelanlagen

Von E. Görk

Inhaltsübersicht

A. Vorbemerkungen

Für den Betrieb einer Regelanlage genügt es nicht, nur die wesentlichsten Zusammenhänge zu kennen und zu beachten. Alle Teile, auch das kleinste und in seinem Anschaffungswert geringste, sind für den Lauf einer Anlage gleich wichtig. Jedes von ihnen kann den Erfolg des Ganzen in Frage stellen. Ein Teil mit einem Anschaffungswert von 1 DM kann z. B. einen Betriebsstillstand mit einem Produktionsausfall von 10000 DM zur Folge haben; der Faktor der Schadenverstärkung beträgt also in diesem Fall 10000. Es ist deshalb gleiche Betriebstüchtigkeit aller Teile zu fordern, unabhängig von ihrem Anschaffungswert und ihrer Größe.

Nicht immer aber kann gleiche Betriebstüchtigkeit aller Teile erreicht werden. So unterliegen z. B. Röhren und Kontakte einem Verschleiß. In solchen Fällen ist es wichtig, die störanfälligen Teile möglichst ohne Betriebsstillstand oder mit einem Minimum an Betriebsstillstandszeit auswechseln zu können.

Das Vorgehen bei der Inbetriebnahme und dem Betrieb von Regelanlagen unterscheidet sich also grundsätzlich von dem der Theorie. Es erfordert gewissenhafte Beschäftigung mit trivialsten Dingen und erlaubt nicht, von Einzelheiten abzusehen. Dennoch darf die Theorie nicht vernachlässigt werden. Vom Regelungstechniker ist zu fordern, daß er die Grundlagen der Regelungstheorie beherrscht. Die Theorie abstrahiert und gibt dem Inbetriebsetzungsingenieur das Skelett, das ihn in komplizierteren Regelungsorganismen die grundlegenden Funktionen erkennen läßt. Mit ihrer Hilfe kann er störende Erscheinungen deuten, die im Betrieb zuweilen auftreten und deren Ursache oft schwer zu finden ist.

Regelvorgänge sind alle wesensverwandt, unabhängig von ihrem zeitlichen Ablauf und von dem ihnen zugrunde liegenden gerätetechnischen Aufbau. Dennoch spielt der Zeitmaßstab in der Praxis eine entscheidende Rolle. Die Regelungen in der Elektrotechnik z.B. arbeiten vielfach so schnell, daß der Mensch wegen seines zu langsamen Reaktionsvermögens nicht in der Lage wäre, sie durch Handbetrieb zu ersetzen. Regelungen in der Wärme- und Verfahrenstechnik haben zwar einen langsameren Verlauf, jedoch schließen hier die schwer übersehbaren Zusammenhänge den Handbetrieb aus.

Regelanlagen entstehen durch Kombination von Bauelementen verschiedenster Art und Herkunft. Nur in seltenen Fällen können sie zur Prüfung beim Erzeuger aufgebaut werden. Im allgemeinen geht die Montage am Aufstellungsort vor sich. An diese schließt sich eine Funktionsprüfung aller Teile an. Dabei wird, wie zuvor bei der Montage, aber im funktionellen Sinn, nochmals Baustein an Baustein gefügt, bis schließlich alle Teile in einem einzigen selbsttätigen Organismus zusammenspielen.

Bei der Vielgestaltigkeit der Regelanlagen ist es kaum möglich, Regeln für die Inbetriebnahme und den Betrieb aufzustellen, die allgemein gültig sind und zugleich umfassend über Einzelheiten etwas aussagen. Wir müssen uns daher auf einige Richtlinien für das Vorgehen bei Inbetriebsetzungen beschränken und sie durch Beispiele ergänzen.

Ein großer Teil der Inbetriebsetzungsarbeiten kommt während der Lebensdauer einer Anlage nur einmal vor, eben dann, wenn sie entsteht und mit ihrer Funktion beginnt. Die hier entwickelten Gesichtspunkte für die Inbetriebnahme von Regelanlagen haben jedoch auch für den eingespielten Betrieb Bedeutung. Auch bei diesem kann das Versagen eines Teiles zu dessen individueller Prüfung zwingen. Die Kenntnis der dabei üblichen Methoden ist dann bei der Störungsbehebung und auch bei Änderungen der Betriebsbedingungen für den Benutzer der Anlage wertvoll.

B. Vorarbeiten zur Inbetriebsetzung

1. Orientierung über die Projektierungsdaten

Bei größeren Anlagen liegen Projektierung und Inbetriebnahme meist nicht in einer Hand. Zur Inbetriebsetzung müssen also die wesentlichsten Daten über Betriebsweise, Schaltung und Grenzwerte der Regelung vorliegen, außerdem Prüfdaten und Rechenwerte der Geräte und Maschinen. Zahlenwerte vor allem sind von Fall zu Fall verschieden. Sie müssen bei der Justierung beachtet werden, wenn die Anlage im Betrieb den Erwartungen entsprechen soll.

So kann man bei der Inbetriebnahme des Antriebs einer Arbeitsmaschine die technologische Aufgabe im Prinzip als bekannt voraussetzen, aber die der Bestellung zugrunde liegenden untersten und obersten Geschwindigkeitsgrenzen, Zeiten für Anfahren und Stillsetzen, Toleranzen für Regelabweichungen sind für jeden Einzelfall festzustellen.

Bei einer Kesselanlage beispielsweise müssen außer den üblichen Angaben, wie Druck, Temperatur, Leistung, insbesondere Unterlagen vorliegen über Größe und Geschwindigkeit der Laständerung, Dampfschaltung und Betriebsweise, zulässige Änderungsgeschwindigkeiten von Temperatur und Druck des Frischdampfes, Zeitverhalten der Änderung und Speichervermögen des Kessels. Daneben muß man sich die Größenordnung der Belastung aller Teile der Anlage einprägen und die Belastung im weiteren ständig überwachen.

Gerade bei der ersten Inbetriebnahme hat man mit Schaltfehlern und sonstigen Umständen zu rechnen, die Überlastungen und Schäden verursachen können. Es ist daher z. B. zweckmäßig, die Nennstromstärken der Sicherungen und die Einstellungen der Schalterauslöser auf die zu erwartenden Stromstärken hin zu überprüfen. In wärme- und verfahrenstechnischen Anlagen kommt es z. B. darauf an, zu prüfen, ob Sicherheitsventile richtig eingestellt oder Ventile den Projektierungsdaten entsprechend richtig ausgelegt sind.

2. Bereitstellung von Meßgeräten für die Inbetriebsetzung

Um das dynamische Verhalten der Regelanlage und ihrer Teile feststellen und belegen zu können, sind Instrumente zur registrierenden Aufnahme notwendig. Die Auswahl wird man je nach dem Zeitmaßstab treffen. Für schnelle Vorgänge kommen Oszillographen in Betracht, für langsamere Tintenschreiber.

3. Funktionelle Schaltungsprüfung

In der Regelanlage gibt es Teile, die ausschließlich der Regelung dienen. Sie bauen auf anderen auf, die vielfach auch ohne Regelung funktionsfähig wären. Darauf beruht die Unterscheidung zwischen Regler und Regelstrecke. Wenn sich zwischen beiden eine Grenze ziehen läßt, so fällt die Inbetriebnahme der Regelstrecke meist in einen anderen Aufgabenbereich. Die Schaltungsprüfung der Regelanlage kann sich dann auf die Kreise zur Bildung der Regelgröße und der Stellgröße beschränken.

Die Spannung eines Generators z. B. kann gesteuert oder geregelt werden. Der Spannungsregler stellt eine abschaltbare zusätzliche Einrichtung dar. Der Inbetriebnahme eines solchen Spannungsreglers muß eine Prüfung des Meßkreises vorangehen, in dem die Regelgröße bzw. die Regelabweichung entsteht. Daneben ist der Reglerausgang mit der Erregung des Generators in Beziehung zu bringen und deren Bereich über ihn durchzusteuern.

Mehr und mehr werden Regler dazu benützt, selbsttätig arbeitende technische Organismen zu bilden. Es entstehen dabei kompliziertere Regelanlagen, die von Anfang an als Ganzes gedacht und nur so betriebsfähig sind. Eine solche Anlage muß daher auch bei der Inbetriebnahme als ein einziger Organismus aufgefaßt werden, der einheitliche Behandlung erfordert. Schaltungen von Schützen und Relais dienen dabei der Steuerung der Regelanlage von irgendwelchen Kommandostellen aus. Diese müssen ohne menschliches Zutun die notwendige Reihenfolge der Schalthandlungen gewährleisten, Schutzmaßnahmen einschließen und Störungen melden. Bei der Funktionsprüfung muß man sich also alle Maßnahmen vorstellen, die beim Betrieb der Anlage ohne Automatik notwendig wären. Dann ist nachzuprüfen, ob die selbsttätige Einhaltung der Betriebsbedingungen gewährleistet ist. Eine solche Schaltung besteht meist aus vielen Stromkreisen, die untereinander verriegelt sind. Man öffnet sie zunächst mit Hilfe der eingebauten Schalter und Sicherungen. Dann werden sie schrittweise unter Prüfung der Funktionen und der Belastungen eingeschaltet.

Zu den Aufgaben einer Schutzschaltung gehört u.a. die Verhütung von Störungen, die durch ungewolltes Öffnen des Regelkreises entstehen können. Der Fall kann eintreten bei Schäden am Meßgeber, beim Ausfall der Hilfsstromquellen für die Regelverstärker, beim Öffnen der Hauptstromkreise der zu regelnden Maschinen u.a.m. Meistens steuert dann der Regler bis ans Ende durch. Oft ist der Regelsinn dabei so, daß die an der Regelung beteiligten Größen zunehmen, also z.B. Strom, Spannung, Drehzahl, Temperatur, Druck unzulässige Werte annehmen, wenn nicht eine Schutzeinrichtung das verhütet. Ehe man mit der Justierung der Regelung beginnt, muß man die Schutzeinrichtungen prüfen, um die Steuerung der Anlage sicher in der Hand zu haben. Zum Schutz der Anlage sieht man z.B. Grenzwertregelungen vor. Diese springen ein, wenn die Hauptregelung ihre Aufgabe nicht mehr meistert. So wird beim Fallen des Schnellschlusses einer Dampfturbine der Dampf selbsttätig über eine Reduzierstation abgeführt. Die Ausführung aller grundlegenden Signale, wie Einschalten, Halt und Sollwertänderung, muß gewährleistet sein. Diese Funktionsprüfung hat am gesamten Zeitbedarf für die Inbetriebnahme einer Regelanlage einen wesentlichen Anteil.

4. Verbindung mit fremden Arbeitsbereichen

Die Regelungstechnik ist nicht autark. Im allgemeinen sind am Bau einer Regelanlage mehrere Unternehmen beteiligt. So kann zwar der Schwerpunkt einer Regelanlage auf elektrischem Gebiet liegen, aber doch die Inbetriebnahme ohne die Fertigstellung nachgeschalteter mechanischer Anlagenteile nicht möglich sein. Es ist also während der Zeit der Inbetriebsetzung mit diesen fremden Arbeitsbereichen die Verbindung aufrechtzuerhalten, damit auch dort zur rechten Zeit Betriebsbereitschaft gegeben ist.

Ein Antrieb mit Drehzahlregelung z.B. muß zur Justierung mit der Arbeitsmaschine gekuppelt werden. Auch wenn zunächst Leerlauf genügt, sind auf der Seite der Maschine Vorbereitungen notwendig (Ölfüllung der Lager u. dgl.).

Eine Kesselregelung kann erst in Betrieb gesetzt werden, wenn die Voraussetzungen zum Betrieb des Kessels im ganzen Lastbereich gegeben sind.

5. Von der Bauart der Regelgeräte abhängige Vorarbeiten

Gemessen an dem Zeitaufwand, der im allgemeinen zur Funktionsprüfung der Steuerung einer Regelanlage notwendig ist, fallen die für die Bauart der Regelgeräte charakteristischen Vorarbeiten kaum ins Gewicht. Im folgenden sind einige Beispiele für Regelanlagen der Elektrotechnik angegeben.

Öldruckregler. Ölfüllung. Einschalten des Ölpumpenmotors unter Beachtung der Drehrichtung und der Stromaufnahme. Feststellen des Regelsinnes der Servomotorwelle bei stromlosem Meßwerk.
Wälzregler. Lösen der für den Transport notwendigen Arretierungen. Bewegen der Wälzbügel über das Meßsystem von Hand. Einfüllen des Öles in die Öldämpfungspumpe.
Relaisgesteuerte Stellmotoren. Einsetzen der Relais. Einschalten der Hilfsstromkreise unter Prüfung von Polarität, Spannung, Strom. Einschalten des Stellmotors unter Zuordnung von Drehsinn und Endabschaltern.
Maschinenverstärker. Prüfen der Bürstenbesetzung und der neutralen Stellung. Zuordnung von Laufrichtung und Polaritäten. Leerlauf der Aggregate.
Röhrenverstärker. Prüfen der Gleichstrom-Hilfsspannungen, gegebenenfalls Inbetriebnahme eines Anodenspannungsgenerators. Prüfen und Einstellen der Zeitrelais, die den Ausgangskreis nach der Anheizzeit der Röhren über den Lastwiderstand schließen. Einsetzen der Röhren.
Stromtorverstärker. Einsetzen der Stromtore. Beachten der den Stromtoren beiliegenden Anheizvorschriften.
Transistorverstärker. Prüfen der Gleichstrom-Hilfsspannungen.
Magnetverstärker. Prüfen der Wechselstrom- und Gleichstrom-Hilfsspannungen auf Größe und Konstanz. Bei Wechselstrom von höherer als Netzfrequenz Inbetriebnahme der Hilfsstromquelle, z.B. eines Mittelfrequenzgenerators.

C. Justieren bei offenem Regelkreis

1. Allgemeines

Bei Regelanlagen in Verbindung mit handelsüblichen Reglern werden vom Hersteller dieser Geräte in dessen Werk alle im voraus ohne Regelstrecke möglichen Justierarbeiten durchgeführt. Für die Anpassung an die Regelstrecke sind dann bei der Inbetriebnahme im allgemeinen nur geringfügige Änderungen in der Einstellung vorzunehmen. Das im folgenden beschriebene Vorgehen bei der Inbetriebnahme bezieht sich in erster Linie auf solche Regelanlagen der Elektrotechnik, die zur Lösung einmaliger und komplizierterer Regelaufgaben meistens von Grund aus auf der Baustelle aufgebaut werden müssen.

2. Bilden der Regelabweichung

Die Regelabweichung ist die Differenz aus Istwert und Sollwert der Regelgröße. Meßgeber für elektrische, magnetische, mechanische und andere physikalische Größen bilden den Ausgangspunkt für die Bestimmung des Istwertes der zu regelnden Größe. Die Meßgröße wird anschließend in einem Meßumformer auf die zur Weiterleitung und zum Sollwert-Istwert-Vergleich geeignete Größe umgeformt. Es handelt sich dabei in erster Linie um analog arbeitende Geräte, die z.B. Drehzahlen über die Spannung von Tachogeneratoren oder große Gleichströme über die Spannung von Hall-Generatoren erfassen. Der geeignete Einbau und das Eichen dieser Einrichtungen zum Erfassen der Regelgröße gehören zu den Aufgaben des Regelungstechnikers.

Der Sollwert wird bei Festwertregelungen vielfach Vergleichsspannungsquellen entnommen, die Hilfsenergie aus dem Netz beziehen. Glimmröhren, Varistoren, ZENER-Dioden liefern dabei den zur Stabilisierung notwendigen Festwert. Bei der kritischen Betrachtung dieser Hilfsmittel ist zu fragen nach Stabilisierungsgrad, Temperatur- und Frequenzabhängigkeit sowie Oberwellengehalt.

Zuweilen setzt sich der Sollwert aus mehreren veränderlichen Einflußgrößen zusammen. Aus der Technologie eines Arbeitsprozesses z. B. ergeben sich verschiedene Informationen, die dann in analogen oder digitalen Rechengeräten zu einer einzigen Führungsgröße verarbeitet werden. Hierin liegt in solchen Fällen einer der Schwerpunkte der Inbetriebsetzungsarbeit.

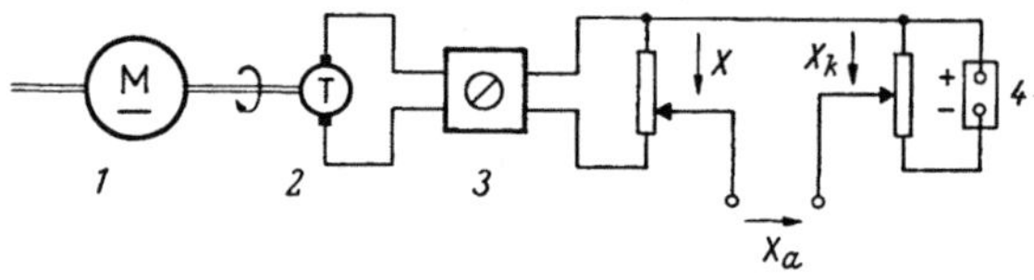

1 Antrieb
2 Tachogenerator
3 Meßumformer
4 Vergleichsspannungsquelle
X Istwert
X_k Sollwert
X_a Regelabweichung

Bild 1. Bilden der Regelabweichung

Je nach Leistungsniveau und Art des Eingangsverstärkers wird die Regelabweichung aus Ist- und Sollwert durch Spannungs-, Strom- oder Durchflutungsvergleich gebildet. Der Spannungsvergleich ist für Elektronenröhren, der Stromvergleich für Transistoren und der Durchflutungsvergleich für Magnetverstärker besonders geeignet. Die am Vergleicher ankommenden Werte müssen so aufeinander abgestimmt werden, daß die Regelabweichung bei realisierbaren Werten der tatsächlichen Regelgröße Null werden kann.

Bild 1 zeigt dieses Vorgehen am Beispiel einer Drehzahlregelung. Zur Durchführung dieser Justierung wird die Drehzahl eines Antriebs durch Steuerung auf einem gegebenen Wert gehalten, der normalen Betriebszuständen entspricht. Dann werden Ist- und Sollwert durch passende Abgriffe an Potentiometern so abgeglichen, daß sich eine kleine Differenz ergibt. Diese entspricht der Regelabweichung.

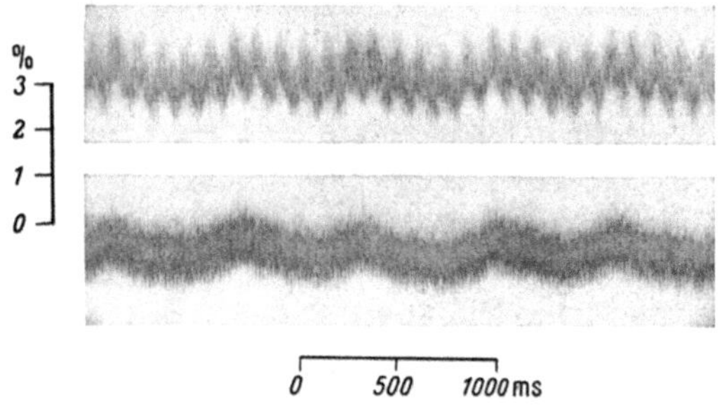

Bild 2. Beispiele für kurzzeitige Schwankungen der Differenz aus Ist- und Sollwert bei einer Drehzahlregelung

Es empfiehlt sich, bei dieser Gelegenheit die Kurvenform dieser Differenz aus Ist- und Sollwert im Oszillographen anzusehen. Man kann danach die Glättung verbessern oder periodische Störungen erkennen und beseitigen, deren Ausregelung nicht sinnvoll oder möglich ist. *Bild* 2 zeigt, welche kurzzeitigen Schwankungen der Differenz aus Ist- und Sollwert sich z. B. bei einer Drehzahlregelung ergeben können. Dabei liegen dem Oszillogramm *Bild* 2 bereits geglättete Werte zugrunde.

Bei niedrigem Leistungsniveau des Sollwert-Istwert-Vergleichs führen Einstreuungen kapazitiver und induktiver Art zu Schwierigkeiten. Auf die Festlegung der Potentiale ist in diesem Zusammenhang zu achten.

3. Verarbeiten der Regelabweichung

a) Beharrungsverhalten von Verstärkern

Die Regelabweichung wird an den Eingang eines Verstärkers weitergegeben. An diesen schließen sich meistens noch weitere Verstärker an, so daß in den ersten Gliedern der Wirkungskette des Regelkreises das Leistungsniveau von Glied zu Glied gehoben wird. Durch entsprechende Justierung sind die Arbeitspunkte so einzustellen, daß in jeder Stufe der für die Regelung notwendige Arbeitsbereich gegeben ist. Dazu ist die Kenntnis des Beharrungsverhaltens jedes Gliedes der Verstärkerkette notwendig. Falls es nicht aus Prüfscheinen bekannt ist, muß der stationäre Zusammenhang zwischen den Eingangs- und Ausgangsgrößen gemessen werden. Es ist dabei auf Nichtlinearitäten, wie Reibung, Hysterese, Remanenz, zu achten, da sie die Regelvorgänge entscheidend beeinflussen.

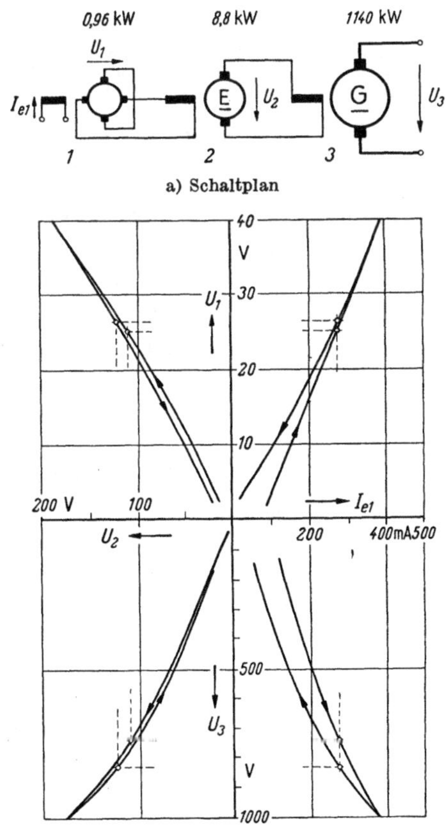

a) Schaltplan

b) Kennlinien

Bild 3. Maschinenkette

Maschinenverstärker. Bei der Maschinenkette (*Bild* 3a) ist das erste Glied eine Querfeldverstärkermaschine (*1*). Ihr Ausgang liefert die Erregung für eine Gleichstrommaschine (*2*), die wiederum einen Generator (*3*) erregt. Die Kennlinien der drei Maschinen sind in den aufeinanderfolgenden Quadranten des Diagrammes *Bild* 3b dargestellt; die Ausgangsgrößen der vorangehenden Maschine sind jeweils Eingangsgrößen für die nachfolgende. Die Einzelkennlinien gehen in die Gesamtkennlinie der Kette ein. Sie läßt sich durch Widerstände in den Erregerkreisen, ganz besonders aber von der Querfeldverstärkermaschine her beeinflussen. Deren Kennlinie hängt stark von der Bürstenstellung und dem Zustand des Kommutators ab, der deshalb zu Beginn einer solchen Messung mit Bürsten eingelaufen sein soll.

Die Übertragungsverstärkung jedes Gliedes ist definiert als Verhältnis der Änderung der Ausgangsgröße zur Änderung der Eingangsgröße. Man erhält danach den Verstärkungsfaktor eines Übertragungsgliedes, indem man im Arbeitspunkt eine Tangente an die Kennlinie zieht und ihre Neigung bestimmt.

Magnetverstärker. Bei Maschinenverstärkern ist die Kennlinie des Einzelgliedes bei entsprechender ohmscher Last definiert. Sie hat den gleichen Verlauf, unabhängig davon, ob man sie einzeln oder im Verband mißt. Bei Magnetverstärkern ist das nicht der Fall, weil die verschiedenen Stufen durch den Oberwellengehalt der Ströme und die induktiven Kopplungen aufeinander einwirken. Auf die Ausbildung dieser Oberwellen hat eine induktive Belastung der Ausgangsstufe, wie sie z.B. durch die Erregerwicklung einer Maschine gegeben ist, wesentlichen Einfluß. Die Anpassung des Magnetverstärkers an diese Belastung gehört mit zu den Inbetriebsetzungsarbeiten. Die Wirkungskette ist also bei dieser Justierung im ganzen zu behandeln. Insbesondere bei höherer Frequenz, die man bei Magnetverstärkern zur Verkleinerung der Totzeiten anwendet, ist dieses Vorgehen notwendig. Bei der ersten Aufnahme der stationären Kennlinie kann man gelegentlich größere Abweichungen vom linearen Verhalten beobachten. Sie können sich beim langsamen Durchsteuern in Sprüngen der Ausgangsgröße äußern. In leichteren Fällen weist die Kennlinie Krümmungen auf. Zur Behebung solcher Störungen schafft man nach *Bild* 4 durch RC-Glieder (*5a* bis *c*) an den Ausgängen der einzelnen Stufen Nebenwege für die Oberwellen. *Bild* 5 gibt ein Beispiel für den Einfluß einer solchen Kompensation auf den Verlauf der Kennlinie. Naturgemäß steigt diese Justierarbeit mit zunehmender Stufenzahl des Magnetverstärkers stark an.

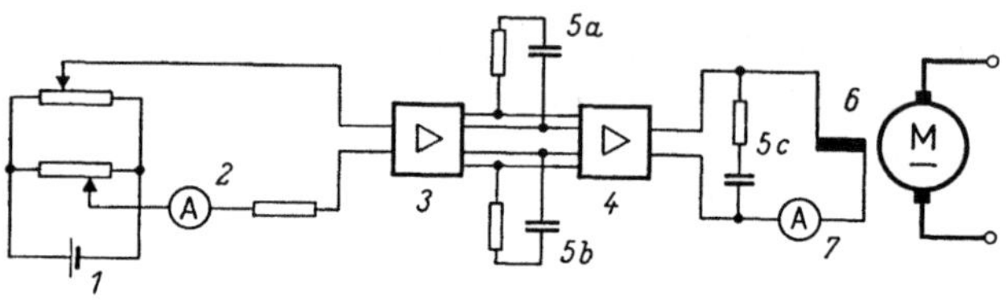

1 Hilfsstromquelle
2 Eingangsstrom
3 Verstärker 1. Stufe
4 Verstärker 2. Stufe
5 RC-Glieder zur Oberwellenkompensation (a bis c)
6 Erregerwicklung
7 Ausgangsstrom

Bild 4. Schaltung zum Messen der Kennlinien und zur Kompensation der Oberwellen bei Magnetverstärkern

Die Prüfung der Linearität der Kennlinie der Verstärkerkette ist zu wiederholen, wenn im Laufe der Inbetriebnahme durch Rückführungen, Strombegrenzungen und dergleichen weitere Stromkreise mit den bisherigen gekoppelt werden. Die Oberwellenkompensation ist dann unter Umständen zu korrigieren. Zur Unterdrückung von Rückwirkungen durch Oberwellen und zugleich zur Verringerung der Zeitkonstanten ist auf hochohmigen Abschluß der Steuerkreise zu achten. Das gilt bereits bei der Aufnahme der Steuerkennlinie. Im Eingangskreis der Meßschaltung *Bild* 4 wurde deshalb ein zusätzlicher Widerstand angegeben.

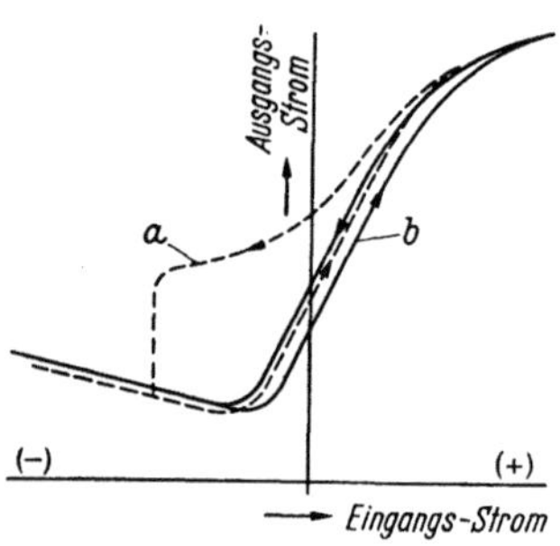

a Ohne Oberwellenkompensation
b Mit Oberwellenkompensation

Bild 5. Einfluß der Oberwellenkompensation auf die Kennlinien von Magnetverstärkern

Nicht nur der eigentlich interessierende Gleichstromwert des Steuerstromes, sondern auch sein Wechselstromwert ist zu messen. Bei Magnetverstärkern können die Kennlinien der einzelnen Glieder durch Gleichstromvormagnetisierung gegeneinander verschoben werden. Die Lage des Arbeitspunktes auf den Kennlinien und damit auch die Steilheit im Arbeitspunkt sind auf diese Weise zu beeinflussen. Bei dem Verstärker nach *Bild* 4 arbeitet die erste Stufe im Durchflutungsgegentakt. Es sollen dann die Vormagnetisierungen dieser Stufe so eingestellt sein, daß ihre Ausgangsströme ohne Steuerstrom im Eingangskreis die nachfolgende Stufe gleich und gegensinnig magnetisieren, also keinen Einfluß auf ihre Aussteuerung ausüben. Auf Konstanz der Stromquelle, welche die Vormagnetisierungskreise speist, ist zu achten.

Bei Magnetverstärkern hat man meistens, insbesondere auf der Eingangsseite, verschiedene Windungszahlen zur Wahl. Man kann dann durch verschiedene Anzapfung die Steilheit der Kennlinie beeinflussen. Mit Rücksicht auf das dynamische Verhalten ist es jedoch zweckmäßig, bei jeder Stufe das Verhältnis der Windungszahlen von Eingang zu Ausgang klein zu halten.

Wenn die Magnetverstärker nicht an einem normalen Wechselstromnetz (50 Hz), sondern an einem Mittelfrequenzgenerator (z. B. 1000 Hz) liegen, so kann die Spannungskurve dieses Generators verzerrt werden. Sie ist durch Siebkreise der Sinusform möglichst anzugleichen.

Bei einer größeren Anzahl von Drosseln im Magnetverstärker kann eine Drossel ausfallen, ohne daß im Betrieb die Störung gleich bemerkt wird. Um ordnungsgemäße Arbeitsweise zu gewährleisten, ist gelegentlich durch Messen der Spannungen an den Klemmen der Wechselstromwicklungen die gleichmäßige Belastung aller Drosseln zu überprüfen. Wenn z. B. eine unter ihnen Windungsschluß hat, so wirkt angenähert nur ihr ohmscher Widerstand, und die angelegte Wechselspannung ist dementsprechend klein.

Röhrenverstärker. Vor dem Einschalten eines Röhrenverstärkers sind die Anodenspannung und der Widerstand im Lastkreis der Endstufe auf die vorgesehenen Werte einzustellen. Der voraussichtliche Höchstwert des Anodenstromes ist danach zu berechnen und an Hand der Röhrendaten mit den zulässigen Werten zu vergleichen. Der äußere Teil des Verstärkereingangskreises wird geöffnet und über Batterie und Potentiometer eine Hilfsspannung (maximal 1 bis 2 V) an die Eingangsklemmen gelegt. Dann kann nach der Anheizzeit der Röhren (etwa 1 min) der Ausgangskreis geschlossen und der Verstärker durchgesteuert werden. Meist besteht die Endstufe aus mehreren parallelgeschalteten Röhren, so daß die Lastverteilung überprüft werden muß.

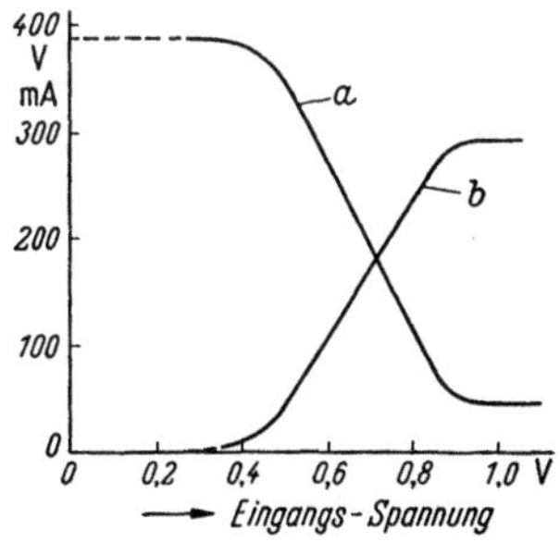

a Spannung an der Röhre
b Ausgangsstrom

Bild 6. Kennlinien eines Röhrenverstärkers

Die Kennlinien eines Röhrenverstärkers (*Bild* 6), dessen Ausgang im Erregerkreis einer Maschine liegt, zeigt den Ausgangsstrom als Funktion der Eingangsspannung; daneben ist auch der an den Röhren liegende Teil der Anodenspannung angegeben. Dieses Diagramm gibt außer den regelungstechnisch interessierenden Zusammenhängen Aussagen über die Strom- und Spannungsbeanspruchung der Röhren. Bei der Inbetriebnahme ist darauf zu achten, daß bei tiefster Aussteuerung die zulässige Sperrspannung und bei höchster der zulässige Anodenstrom nicht überschritten werden. Die Kennlinie des Röhrenverstärkers ist linear und weist keine Hysterese auf.

Wie aus diesen Beispielen hervorgeht, handelt es sich bei der Inbetriebsetzung weniger um eine willkürliche Veränderung als um eine Feststellung des Beharrungsverhaltens der Verstärker. Im großen und ganzen legt der Berechner den Verlauf der Kennlinien fest und der Inbetriebsetzende nimmt ihn zur Kenntnis.

b) Zeitverhalten von Verstärkern

Jedes Übertragungsglied hat ein eingeprägtes Zeitverhalten, das durch Aufnahme der Übergangsfunktion oder des Frequenzganges zu ermitteln ist. Das Zeitverhalten von Verstärkern wird aber vom Inbetriebsetzungsingenieur nicht als gegeben hingenommen, sondern mit Hilfe von Rückführungen gestaltet. Streng genommen, hat ein Rückführnetzwerk nur an einem trägheitslosen Verstärker mit unendlich großem Verstärkungsfaktor die angestrebte Wirkung. Dieser soll dann bei niedrigem Leistungsniveau als Leitverstärker den anderen Verstärkern von höherem Leistungsniveau in der Wirkungskette vorangehen. Transistoren und Elektronenröhren sind zum Aufbau solcher Verstärker besonders geeignet. In Annäherung gelten aber die für den idealen Verstärker gefundenen Gesichtspunkte zur Gestaltung der Übergangsfunktion auch für den trägheitsbehafteten Verstärker von größerer Leistung. Bei Gegenkopplung der zurückgeführten Größe gelten folgende Regeln:

1. Starre Rückführung verändert den Verstärkungsfaktor.
2. Differenzierende Rückführung gibt integrales Verhalten.
3. Verzögerte Rückführung gibt Vorhalt.

Einige Beispiele sollen zur Erläuterung dienen:

Verstärkermaschinen. Im allgemeinen lassen Maschinen eine Beeinflussung ihrer Dynamik durch eine mit der Zeit abklingende Rückführung der Ankerspannung auf die Erregung praktisch nicht zu, weil dazu sehr große Kapazitäten oder Induktivitäten notwendig wären. Nur bei Verstärkermaschinen mit ihren vergleichsweise kleinen Eingangsleistungen sind solche Maßnahmen durchführbar. In der Schaltung *Bild* 7 ist ein Transformator zur Bildung des Differentialquotienten der Ausgangsspannung nach der Zeit vorgesehen; so wird eine ihm proportionale Spannung gewonnen, die sich zusätzlich in den Eingangskreis einführen läßt. Je nach Polung und Dosierung dieser Zusatzgröße nimmt die Übergangsfunktion verschiedene Formen an. *Bild* 8a zeigt die Originalübergangsfunktion. Im Fall der Mitkopplung (*Bild* 8b bis d) wirkt der $\mathrm{d}U_\alpha/\mathrm{d}t$-Einfluß ähnlich wie ein Vorhalt. Zugleich aber stellen sich Schwingungen ein, die gedämpft sein können, bei Verstärkung des Einflusses aber angefacht werden. Im Fall *Bild* 8e ist die Zusatzgröße umgepolt, was dem Normalfall der Gegenkopplung entspreiht. Der Übergang in den neuen Beharrungszustand vollzieht sich nun langsamer als ohne Rückführung.

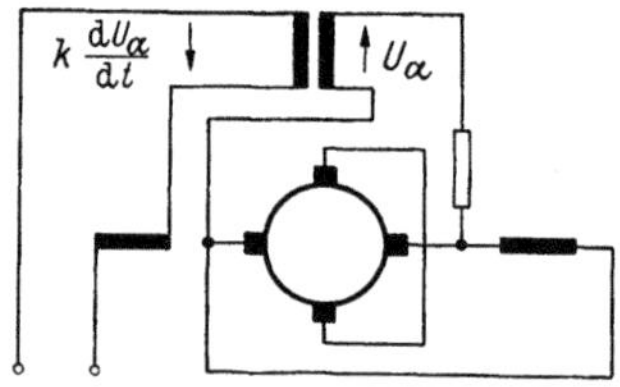

Bild 7. Rückführung des Differentialquotienten $\mathrm{d}U_\alpha/\mathrm{d}t$ der Ausgangsspannung U_α einer Verstärkermaschine auf ihren Eingang

Bei Rückführungen an einzelnen Verstärkerstufen kann man also die Wirkung bei offenem Regelkreis für sich untersuchen. Es lassen sich dabei unstabile Fälle erkennen und ausscheiden. Wesentlich ist besonders im Hinblick auf das Verhalten im geschlossenen Regelkreis, daß man bei nicht idealen, trägheitsbehafteten Verstärkern durch differenzierende Rückführung das Zeitverhalten über das eingeprägte Maß hinaus verlangsamen kann. Das dynamische Verhalten wird dann dem von integralen Übertragungsgliedern verwandt.

Magnetverstärker. Im *Bild* 9a ist die Schaltung eines zweistufigen 1000-Hz-Magnetverstärkers dargestellt. Die erste Stufe arbeitet im Gegentakt auf den Eingang der zweiten Stufe. Diese ist mit der Erregerwicklung einer Maschine belastet,

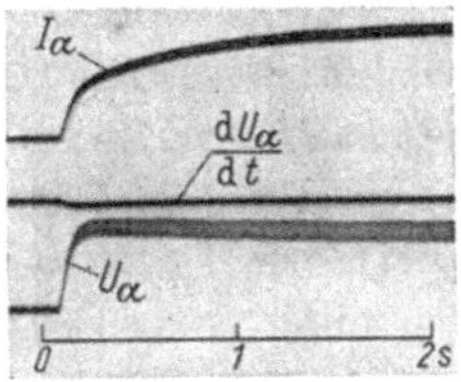

a

a) Entsprechend dem eingeprägten Zeitverhalten
b) bis d) Mit Rückführung nach Bild 7 bei Mitkopplung der Rückführgröße, bei c und d verstärkter Einfluß von $\mathrm{d}U_\alpha/\mathrm{d}t$
e) Wie bei b, aber mit umgepoltem Einfluß der Rückführung (Gegenkopplung)

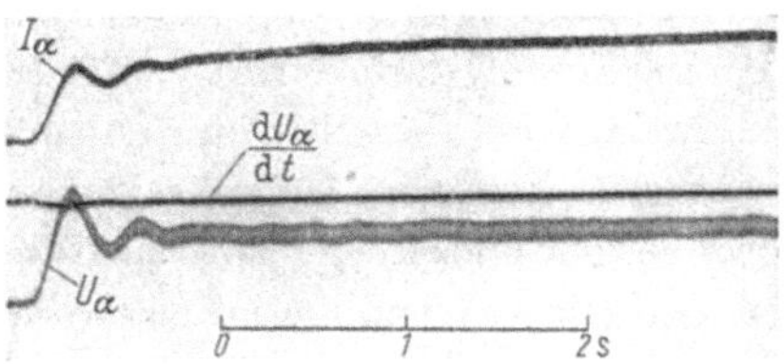

b

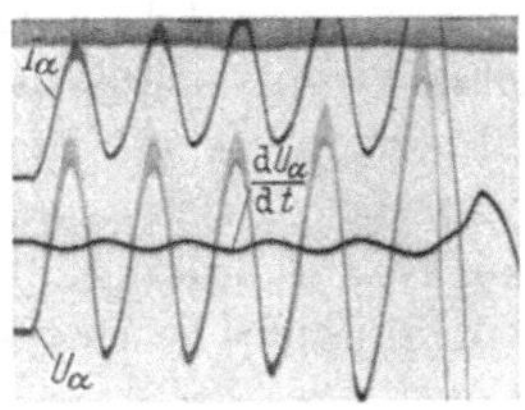

c

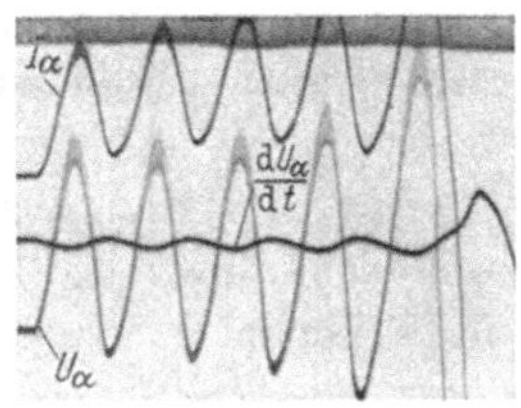

d

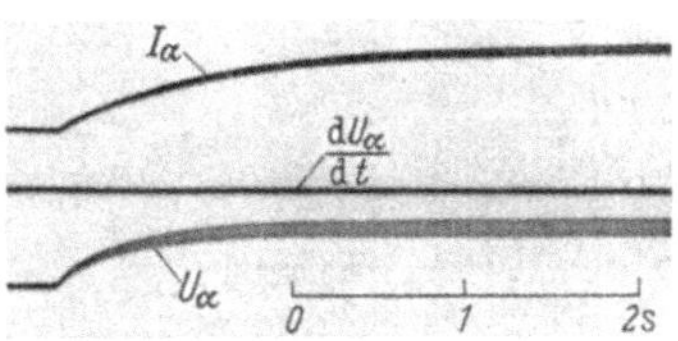

e

Bild 8. Übergangsfunktionen einer Verstärkermaschine

so daß der Ausgangsstrom des Magnetverstärkers dadurch geglättet wird. Mit Rücksicht auf die geringeren Oberwellen wurde daher der Ausgangsstrom und nicht die Ausgangsspannung zur Bildung der Rückführgröße verwendet. Eine RLC-Kombination dient als Rückführnetzwerk. Dieser verhältnismäßig trägheitslose 1000-Hz-Magnetverstärker läßt Vorhaltbildung durch verzögerte Rückführung zu. In der Gesamtwirkung ergibt sich die Übergangsfunktion nach *Bild* 9b, also PID-Verhalten.

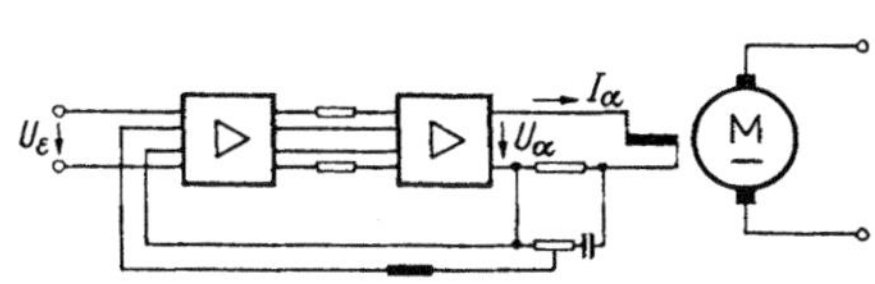

a) Schaltung

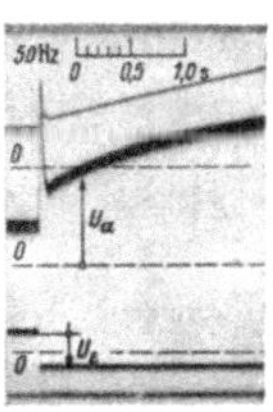

b) Übergangsfunktion

Bild 9. 1000-Hz-Magnetverstärker mit PID-Verhalten

Mechanisch-elektrische Regler. Mechanisch-elektrische Regler, wie Öldruckregler und Wälzregler, haben Meßwerke nach der Art von *Bild* 10. Durch Feder und Dämpfungspumpe erhalten sie PI-Verhalten. Man kann dabei die Dämpfungseinstellung eichen, indem man für bestimmte Abweichungen X_a der Regelgröße X vom Sollwert X_k

die Geschwindigkeit $\mathrm{d}Y/\mathrm{d}t$ mißt, mit der der Regler seinen Hub durchläuft. Graphisch aufgetragen, erhält man Diagramme der Art von *Bild* 11. Sowohl bei Öl- als auch bei Luft-Dämpfungspumpen läßt sich eine gewisse Abhängigkeit von der Temperatur feststellen.

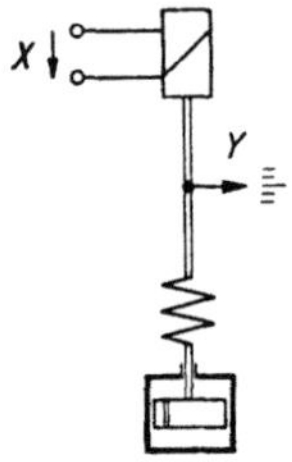

Bild 10. Meßwerk mit PI-Verhalten

Regler mit Stellmotor haben eine größte Stellgeschwindigkeit, die durch die Bauart festgelegt ist. Eine solche Grenze ist im *Bild* 11 angedeutet. Meistens weisen sie auch eine Totzeit auf, so daß man für ihre Übergangsfunktion den im *Bild* 12 dargestellten grundsätzlichen Verlauf erhält. Der Einfluß der beiden Parameter Federkonstante und Dämpfungskraft ist leicht zu übersehen, so daß man bei Inbetriebsetzungen die Übergangsfunktion nicht oszillographisch (wie z.B. *Bild* 13) aufzunehmen braucht. Es ist aber zweckmäßig, ihren Verlauf bei kleinen Abweichungen der Regelgröße vom Sollwert zu beobachten. Man erkennt dann etwaige mechanische Mängel an unstetigen Bewegungen der Stelleinrichtung.

Das Einstellen des Zeitverhaltens der Verstärker bei offenem Regelkreis während der Inbetriebsetzung ist als vorläufig anzusehen. Die endgültige Entscheidung fällt erst bei der Untersuchung des geschlossenen Kreises. Dennoch ist es zweck-

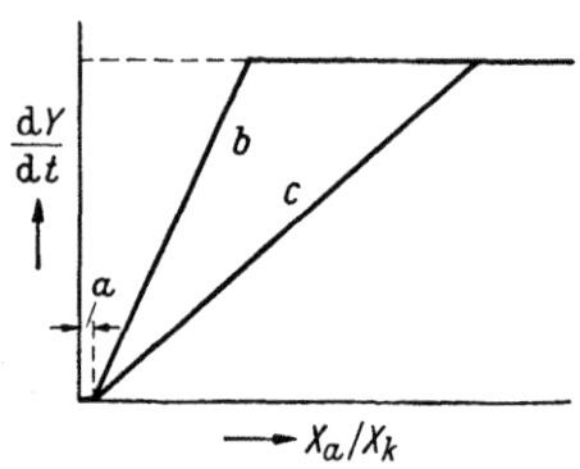

a Unempfindlichkeit
b Dämpfung schwächer als bei *c*
c Dämpfung stärker als bei *b*

Bild 11. Grundsätzlicher Verlauf der Stellgeschwindigkeit eines mechanisch-elektrischen I-Reglers

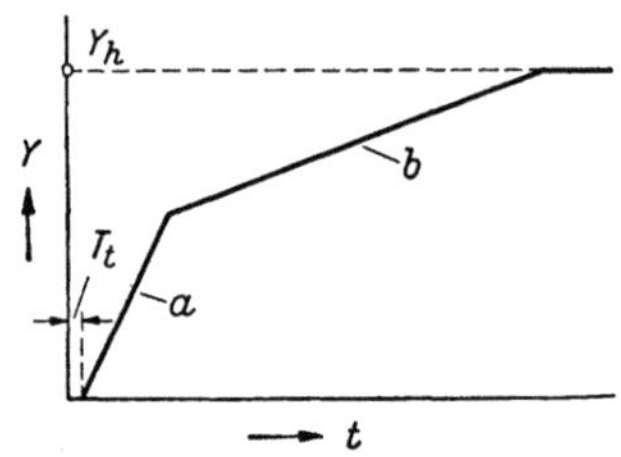

Bei einem Meßwert nach *Bild* 10 ist Teil *a* durch Feder, Teil *b* durch Dämpfungspumpe beeinflußbar
T_t Totzeit Y_h Stellbereich

Bild 12. Grundsätzlicher Verlauf der Übergangsfunktion eines Öldruckreglers mit angenähertem PI-Verhalten

mäßig, mit dieser Gestaltungsarbeit schon in diesem Stadium der Inbetriebnahme zu beginnen. Man kann dabei diejenigen Rückführungen ausscheiden, die schon innerhalb der Verstärkerkette, also bei offenem Regelkreis, zu Unstabilitäten führen würden. Falsche Polung des Einflusses wird dabei erkannt. Daneben gewinnt man ohne Gefahr für die Anlage einen Überblick über den Einfluß der Parameter. Man wird vor dem ersten Schließen des Regelkreises zunächst einen zeitlich lang-

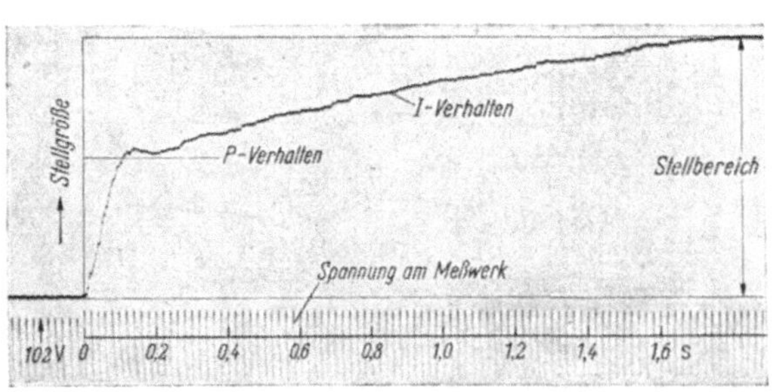

Bild 13. Übergangsfunktion eines Wälzreglers bei Änderung der Eingangsspannung um 5,5%

gedehnten Übergang einstellen, weil dieser erfahrungsgemäß für die Stabilität günstig ist.

Anschließend an die Verstärker durchläuft das Regelsignal im allgemeinen noch weitere Glieder der Wirkungskette, deren Zeitverhalten als gegeben hingenommen werden muß. Es ist aber zweckmäßig, auch deren Übergangsfunktionen gliedweise zu ermitteln und abschließend die Übergangsfunktion des aufgeschnittenen Regelkreises aufzunehmen.

D. Justieren bei geschlossenem Regelkreis

1. Erstes Schließen des Regelkreises

Der Wirkungssinn einer Folge von Regelkreisgliedern kann an irgendeiner der Stufen umgepolt werden. Sind Maschinen darunter, so liegt deren Polung durch die Normen fest. Auch auf den Wirkungssinn der Rückführungen ist dabei zu achten. Wird das Regelsignal nach dem Prinzip von *Bild* 1 gebildet, so geschieht das Einstellen des Regelsinnes am besten vor dem Eingang der Verstärkerkette. Man legt dazu die zu regelnde Anlage selbst still. Bei Maschinen z.B. würde man die Hauptstromkreise öffnen. Im übrigen läßt man die Wirkungskette geschlossen. Da die Regelgröße infolge des Stillstandes der zu regelnden Anlage fehlt, ist nur die Führungsgröße wirksam. Auf das Regelsignal muß also ein Anstieg der Regelgröße folgen, was an einer Stellgröße zu prüfen ist. Die Prüfung des Regelsinnes vor dem ersten Einschalten der Regelung ist wichtig. Wird durch falsche Polung eine Regelabweichung vergrößert statt verringert, so wachsen alle beteiligten Größen beim Schließen des Regelkreises unter Umständen schlagartig auf große Werte an. Dadurch können Schäden entstehen. Bevor man eine Regelung erstmals eingreifen läßt, verstellt man den Sollwert oder andere Parameter des Regelkreises derart, daß sich die Stellgrößen in einer oberen Grenzlage befinden. Dann führt man diese Werte langsam in normale Bereiche zurück und beobachtet dabei das Einsetzen der Regelung. Bei jedem Steuerungseingriff steigt die Regelgröße an, und die Regelung muß sie auf den Sollwert zurückholen. Diese Versuche wird man natürlich nach Möglichkeit nicht auf dem höchsten Sollwertniveau durchführen.

Bei der Spannungsregelung eines Generators z.B. wählt man den tiefsten Sollwert. Mit dem Feldsteller hält man die Generatorspannung so niedrig, daß der Spannungsregler trotz des kleinen Sollwertes am Anschlag für größte Stellgröße liegt. Dann erhöht man die Generatorspannung mit Hilfe des Feldstellers langsam, bis sich der Regler vom Anschlag löst und in mittleren Bereichen spielt.

2. Stabilisierung der Regelung

Stabilität der Regelung bildet die unumgängliche Voraussetzung für die weitere Justierarbeit. Das gilt besonders dann, wenn die Technologie irgendwelcher Arbeitsprozesse mit im Spiele ist. Es ist dann häufig selbst ein behelfsmäßiger Betrieb ohne Regelung nicht möglich. Aber man kann sich anfänglich auf die Einstellung eines stabilen Verhaltens beschränken und dann nach und nach dynamische Verfeinerungen im Laufe der ersten Betriebszeit vornehmen. Die Anforderungen an die Regelung wachsen erst mit dem Steigern der Produktion, das auch aus technologischen Gründen nur allmählich vor sich gehen kann.

Nicht immer kann die Regelanlage so projektiert werden, daß die Voraussetzungen zur Stabilisierung unter allen möglichen Betriebsbedingungen die gleichen sind. Man muß dann die ungünstigsten Verhältnisse der Stabilisierung zugrunde legen.

Gesichtspunkte für das Einstellen eines stabilen Zustandes liefert die Theorie der Regelungstechnik. Man orientiert sich dabei am leichtesten an Extremfällen. Auf der einen Seite sind es die ganz einfachen Systeme, deren Verhalten durch Differentialgleichungen niedriger Ordnung beschrieben werden kann. Bei Systemen komplizierterer Zusammensetzung weisen die Übergangsfunktionen meist eine Totzeit auf, wodurch wiederum einfache Aussagen über die Stabilität möglich sind.

Die Totzeit kann echt sein, wie beim Magnetverstärker oder beim Öldruckregler; oder sie kann sich als Annäherung bei Verzögerungssystemen höherer Ordnung ergeben. Die praktische Erfahrung zeigt, daß man auch geringfügige Totzeiten nicht vernachlässigen, sondern das Zeitverhalten zu Beginn des Übergangsvorganges beachten sollte. In der Tabelle 1 sind einige praktisch wichtige Abstraktionen von Übergangsfunktionen aufgeschnittener Regelkreise mit Totzeit zusammengestellt, aus denen sich Richtlinien für das Vorgehen bei der Stabilisierung herleiten lassen.

Fall a zeigt, daß bei einem P-Regelsystem mit Totzeit und nachfolgendem verzögerungsfreiem Übergang eine Verstärkung nicht möglich wäre. Der Wert des Faktors der Kreisverstärkung an der Stabilitätsgrenze ist unabhängig von der Größe der Totzeit $V_0 = 1$.

Das im Vergleich zur Totzeit trägheitslose P-Verhalten des aufgeschnittenen Regelkreises führt also zu Pendelungen. Ihre Frequenz ist $f_0 = 1/(2\,T_t)$; sie nimmt also mit kleiner werdender Totzeit T_t zu. In der Wirklichkeit wird entsprechend dem Fall b der Tabelle 1 die Übergangszeit $T_ü$ merklich größer als T_t sein, also $V_0 > 1$ werden. Wesentlich aber ist, daß bei steilem Anstieg der Übergangsfunktion des aufgeschnittenen Regelkreises zu Beginn des Vorganges wegen der meistens vorhandenen Totzeit der Verstärkungsfaktor aus Stabilitätsgründen auf verhältnismäßig kleine Werte begrenzt ist.

Das Gesamtverhalten eines Regelsystems läßt sich vielfach durch eine Übergangsfunktion nach Fall c der Tabelle 1 annähern. Hier folgt anschließend an die Totzeit T_t ein exponentieller Übergang mit der Zeitkonstante T_1. Durch oszillographische Aufnahme ist T_1 leicht, T_t aber wegen der meistens geringen Größe nur ungenau zu bestimmen. Zur Totzeit liefern z. B. Glättungseinrichtungen und Meßumformer einen Beitrag, also Übertragungsglieder mit einem Zeitverhalten, das gegenüber dem der nachfolgenden Wirkungskette verzögerungsfrei sein sollte. Zum Erfassen dieser Einflüsse tastet man sich durch allmähliches Erhöhen der Verstärkung an die Stabilitätsgrenze heran. Man errechnet dann die wirksame Totzeit nach den Angaben der Tabelle 1, Fall c, aus der Frequenz f_0 der beobachteten Schwingungen zu $T_t \approx 1/(4\,f_0)$. Damit ist dann der kritische Wert $(V/T_1)_0$ bzw. der von V_0 bekannt, den man nicht erreichen oder gar überschreiten darf. Nun bestimmt man den tatsächlich eingestellten Kreisverstärkungsfaktor V aus dem

Beharrungsverhalten des Regelkreises. Stimmen die beiden auf verschiedene Weise ermittelten Werte von V überein, so ist die Richtigkeit der Deutung des dynamischen Verhaltens bewiesen. Man kann sich dann beim Justieren von den im Fall c der festgelegten Vorstellungen leiten lassen.

In der Tabelle 1 ist unter d der abstrakte Fall eines integralen Regelsystems mit Totzeit angegeben. Die Stabilitätsgrenze ist gekennzeichnet durch den Anstieg der Übergangsfunktion $(1/T_i)_0 = \pi/(2\,T_t)$. Der Vergleich mit dem praktisch vor-

Tabelle 1. *Regelsysteme mit Totzeit*

Fall	Übergangsfunktion des aufgeschnittenen Regelkreises	Werte für die Grundschwingung des Regelvorganges an der Stabilitätsgrenze
a	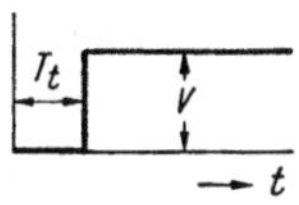	$V_0 = 1$ $\omega_0 = \frac{\pi}{T_t}; \quad f_0 = \frac{1}{2\,T_t}$
b	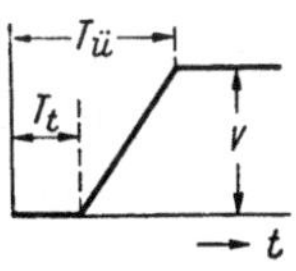	$V_0 = \pi \frac{(T_u/T_t) - 1}{(T_u/T_t) + 1} \, \frac{1}{\sin \pi \frac{(T_u/T_t) - 1}{(T_u/T_t) + 1}}$ $\omega_0 = \frac{2\,\pi}{T_t + T_u}; \quad f_0 = \frac{1}{T_t + T_u}$
c	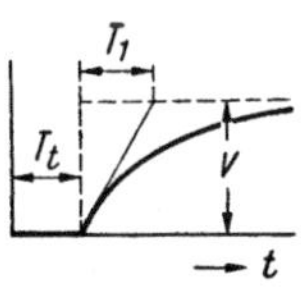	Für $T_1 \gg T_t$: $\left(\frac{V}{T_1}\right)_0 \approx \frac{\pi}{2\,T_t}$ $\omega_0 \approx \frac{\pi}{2\,T_t}; \quad f_0 \approx \frac{1}{4\,T_t}$
d	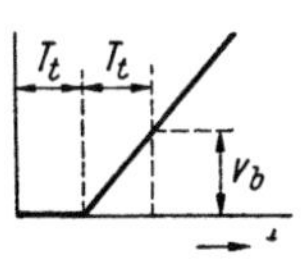	$\left(\frac{1}{T_i}\right)_0 = \left(\frac{V_b}{T_t}\right)_0 = \frac{\pi}{2\,T_t}$ $\omega_0 = \frac{\pi}{2\,T_t}; \quad f_0 = \frac{1}{4\,T_t}$

kommenden Fall c zeigt, daß dort die Steilheit der Anfangstangente an der Stabilitätsgrenze den gleichen Wert hat. Es kommt also auf das Verhältnis V/T_1 an. Ist mit Rücksicht auf die Endabweichung der Faktor V der Kreisverstärkung vorgeschrieben, so muß die Zeitkonstante T_1 des exponentiellen Überganges entsprechend groß gemacht werden. Wie in Abschnitt C 3b am Beispiel der Verstärkermaschine gezeigt wurde, ist das mit Hilfe differenzierender Rückführungen möglich.

Nach diesen Feststellungen bestimmt die Totzeit die Stabilitätsgrenzen und beengt damit die dynamische Justierung der Regelung. Man wird deshalb danach trachten, sie weitgehend unwirksam zu machen. Das ist z.B. bei einer Wirkungskette aus Magnetverstärkern, Steuersatz und gittergesteuertem Gleichrichter dadurch möglich, daß man unter Umgehung der Magnetverstärker einen Vorhalt direkt auf den Steuersatz gibt.

3. Dynamischer Zuschliff unter den vorhandenen Betriebsbedingungen

Ansprüche an eine Regelung. 1. Außer der Führungsgröße sollen keinerlei Störgrößen, die z.B. sprunghaft, periodisch oder statistisch gegeben sein können, die Regelgröße beeinflussen. 2. Irgendwelchen Änderungen der Führungsgröße soll die Regelgröße ohne Verzögerung oder Verzerrung folgen.

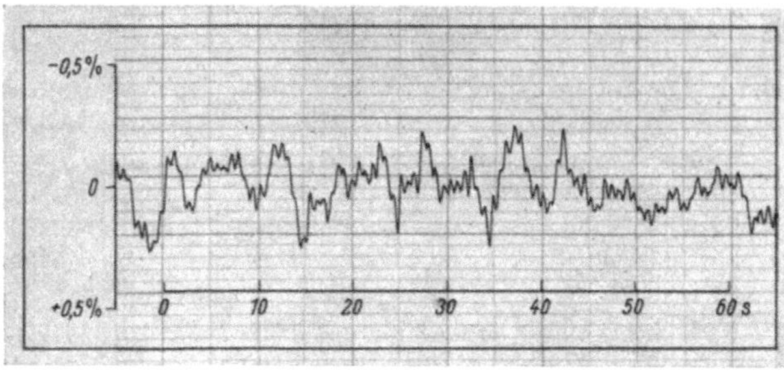

Bild 14. Drehzahlschwankungen an einem drehzahlgeregelten Antrieb

Festwertregelungen. Hier wird man im allgemeinen die Störungen als statistisch gegeben hinnehmen. Man registriert dann in der Art von *Bild* 14, dem Fall einer Drehzahlregelung, die Regelabweichung, ohne nach ihren Ursachen zu fragen. Als Maß für die Regelgüte gilt die über längere Zeit hin beobachtete Schwankungsbreite. Durch Variation von Regelungsparametern oder durch Änderungen grundsätzlicher Art versucht man, die Schwankungsbreite zu verringern.

Bei schärfer umrissenen, z.B. sprunghaften Störeinflüssen, ist ein systematischeres Vorgehen möglich. In den Oszillogrammen *Bild* 15a bis e ist der Weg und das Ergebnis einer derartigen Justierung festgehalten. Sie wurden in der angegebenen Reihenfolge aufgenommen. Es handelt sich dabei um die Drehzahlregelung eines Teilantriebs einer Drahtstraße. Beim Durchlauf der Barren von gegebenem Querschnitt entstehen Laststöße von definiertem und gleichbleibendem Verlauf. Beim Verändern der Eigenschaften der Regelung kann man also die Regelvorgänge vergleichen und so auf die relative Regelgüte schließen. Die lineare Regelfläche dient dabei als Maß für die Regelgüte, denn die Konstanz der Größe der Drahtschlinge zwischen aufeinanderfolgenden Walzgerüsten hängt davon ab. Dem *Bild* 15 liegt die Schaltung *Bild* 9 zugrunde. Im

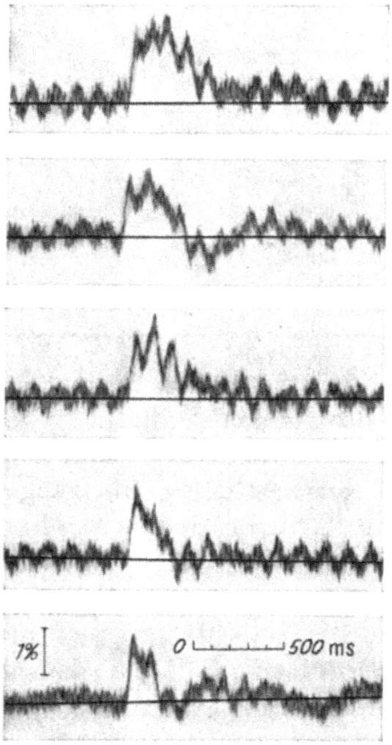

Bild 15. Schrittweise Verkleinerung der Regelfläche einer Drehzahlregelung

Fall 15a wurde aber ohne Vorhalt geregelt. Bei 15b ist die Kreisverstärkung durch Verringern des Widerstandes im Eingangskreis erhöht worden. Die Regelfläche ist bei b kleiner als bei a, aber es deuten sich Pendelungen an. Beim Oszillogramm *Bild* 15c entspricht die Schaltung ganz dem *Bild* 9a, d.h., die Vorhaltwirkung der Drossel im Rückführkreis ist darin enthalten. Damit war eine Steigerung der Verstärkung durch Verringern des Eingangswiderstandes möglich. *Bild* 15d entspricht diesem Zustand. Bei dem Versuch *Bild* 15e wurde zusätzlich eine starre positive Rückführung (Mitkopplung) angebracht.

Programmgesteuerte Regelungen. Bei diesen wird ein zeitlicher Verlauf vorgeschrieben. Schrittweise nähert man sich dem Ideal bestmöglich an. Als Beispiel kann das Reversieren eines Antriebs mit Gleichstrommotor, gittergesteuertem

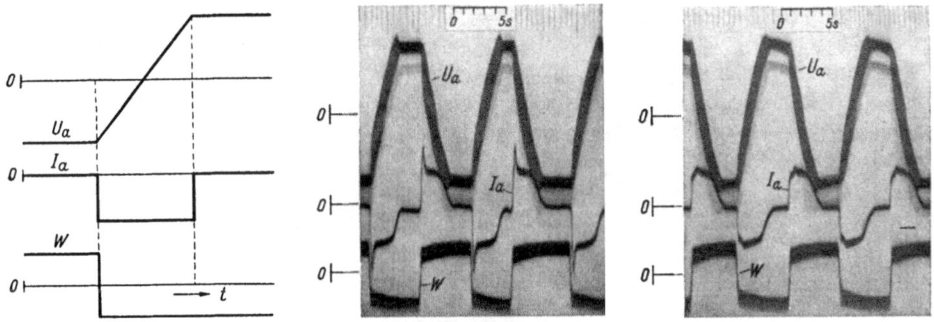

a) Vorgeschriebenes Programm b) Justierungszustand mit Stromspitze c) Justierungszustand ohne Stromspitze

Bild 16. Reversieren eines Antriebes (mit Gleichstrommotor und gittergesteuertem Gleich- und Wechselrichter in Kreuzschaltung)

Gleich- und Wechselrichter in Kreuzschaltung und Magnetverstärker dienen. Hauptregelgröße war dabei die Ankerspannung U_a. Eine Führungsgröße W gab hierfür einen veränderlichen Sollwert. Untergeordnet war eine Begrenzungsregelung des Ankerstromes I_a mit festem Sollwert. *Bild* 16a zeigt den angestrebten Verlauf der beteiligten Größen, *Bild* 16b einen gemessenen Verlauf mit scharf ausgeprägter Stromspitze, *Bild* 16c einen Justierungszustand ohne Stromspitze. Die Reversierzeit war vorgeschrieben. Die vorhergehenden Justierungsschritte bestanden daher darin, die Anregelzeiten der beiden Regelungen so kurz zu machen, daß der notwendige Beschleunigungsstrom erreicht und in seinem zeitlichen Verlauf der angestrebten Rechteckform angeglichen wurde. Voraussetzungen dazu waren wiederum Stabilisierungsmaßnahmen.

4. Optimierung

a) Optimierung mit Hilfe der Theorie

Die Optimierungstheorie muß für den Störungsverlauf im Gegensatz zur wirklichen Mannigfaltigkeit bestimmte und einfache Annahmen machen (s. Kapitel 58). Meistens wird ein Sollwertstoß vorausgesetzt. Man nimmt dann an, daß eine dafür optimierte Regelung sich auch bei irgendwelchen anderen Störungen optimal verhalte. Trotz Linearisierung und anderer, in der Praxis oft nicht zutreffender Voraussetzungen (z. B. Wirkungsketten aus rückwirkungsfreien, durch je eine Zeitkonstante zu beschreibenden Verzögerungsgliedern) sind die meisten Optimierungsvorschriften nicht einfach. Ihre Auswertung ist zeitraubend, so daß sie vom Inbetriebsetzungsingenieur selbst kaum durchgeführt werden kann. Solche Vorschriften können aber von Nutzen sein, wenn z. B. ein an den allgemeinen Inbetriebsetzungsarbeiten nicht unmittelbar beteiligter Regelungstechniker bei der Inbetriebnahme der Regelanlagen mitwirken kann.

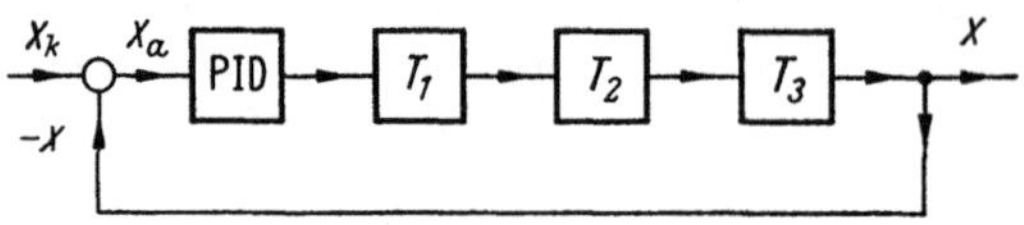

Bild 17. Regelkreis, bestehend aus PID-Leitverstärker und drei hintereinander geschalteten Verzögerungsgliedern

Als Beispiel für eine Optimierung dieser Art kann der leicht zu übersehende Fall eines Regelkreises dienen, der aus einem PID-Leitverstärker und einer Kette aus drei Verzögerungsgliedern besteht (*Bild* 17). Dann gilt für den Frequenzgang des *aufgeschnittenen Regelkreises* (s. Kapitel 2 und 58):

$$F_A = \frac{(1 + pT_\alpha)(1 + pT_\beta)}{p\,T_i} \, \frac{V}{(1 + pT_1)(1 + pT_2)(1 + pT_3)} \tag{1}$$

und für den des geschlossenen Regelkreises bei einem Sollwertstoß:

$$F_K = \frac{F_A}{1 + F_A} \tag{2}$$

Sind zwei der drei Zeitkonstanten, z. B. T_1 und T_2, groß gegen die dritte, T_3, so macht man

$$T_\alpha = T_1; \quad T_\beta = T_2 \tag{3}$$

Die Wirkung dieser Justierung ist so, als ob nur noch ein integraler Regler mit nachgeschaltetem Verzögerungsglied vorhanden wäre. Es bleibt:

$$F_A = \frac{1}{pT_i} \, \frac{V}{1 + pT_3} \tag{4}$$

bzw.

$$F_K = \frac{V}{V + pT_i(1 + pT_3)} \tag{5}$$

Dieser vereinfachte Ausdruck kann nun nach den bekannten Gesichtspunkten optimiert werden. Um die lineare Regelfläche zu einem Minimum zu machen, sind im Nenner der Gl. (5) die Wurzeln für den aperiodischen Grenzfall zu bestimmen. Daraus ergibt sich die Einstellvorschrift:

$$T_i = 4\,V T_3 \tag{6}$$

Wendet man die Betragsoptimierung an, so folgt mit $|F_K|^2 = H$, $\omega^2 = z$ die Einstellvorschrift aus $\left.\frac{\mathrm{d}H}{\mathrm{d}z}\right|_{z \to 0} = 0$ zu

$$T_i = 2\,V T_3 \tag{7}$$

Die Zeitkonstante T_i des integral wirkenden Übertragungsgliedes ist demnach bei Gl. (6) doppelt so groß wie bei Gl. (7), so daß sich bei der Betragsoptimierung eine schnellere Regelung ergibt als bei der Optimierung nach der linearen Regelfläche.

Wesentlich für die Praxis ist bei diesem Vorgehen die Kompensation von Trägheiten in der Wirkungskette durch geeignete Leitverstärker oder verteilte Rückführungen und die anschließende Optimierung des verbleibenden Restes. Der einfache Fall *Bild* 17 ermöglichte das Aufstellen der in den Gln. (3), (6) und (7) festgelegten Regeln. In komplizierteren Fällen ist dieses Vorgehen wegen der begrenzten Anzahl frei verfügbarer Regelungsparameter nur unter vereinfachenden Annahmen möglich.

Die Aufgabe bei der Inbetriebsetzung von Regelanlagen wird wesentlich erleichtert, wenn es schon bei der Projektierung gelingt, die Regelungen so aufzubauen, daß einfache, leicht zu optimierende Regelkreise entstehen [*1*].

b) Vorarbeiten mit Hilfe von Regelmodellen

An Regelmodellen kann für die Inbetriebsetzung von Regelanlagen wertvolle Vorarbeit geleistet werden. Zum Untersuchen des dynamischen Verhaltens von Regelungsanordnungen haben sich die elektrischen Analogrechner als sehr brauchbare Hilfsmittel erwiesen (s. Kapitel 64) [*2, 3, 4*].

Für eine ausgeführte Anlage wurde die Spannungsregelung eines Turbogenerators eingehend untersucht und für verschiedene Rückführschaltungen das Optimum hinsichtlich Geräteaufwand und Regelverlauf ermittelt.

Daten des Turbogenerators:		Daten der Erregermaschine:
N_n = 69 MVA	X_d = 195%	U_S = 275/650 V, DB/KB 15 s
U_n = 10,5 kV	X_d' = 17,6%	N_n = 175/975 kW, DB/KB 15 s
$\cos\varphi$ = 0,8	T_{d0} = 14 s	T_f = 1,2 s
n = 3000 U/min		(X_d, X_d', T_{d0}, T_f s. Kapitel 23 und 32)

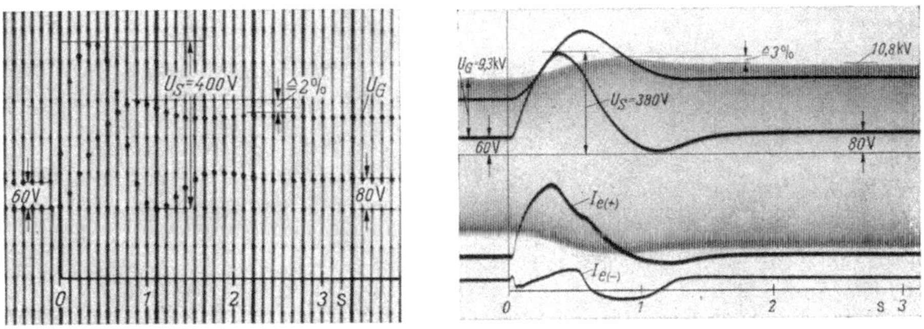

a) Oszillogramm des Analogiegerätes b) Oszillogramm der Anlage

Gemessene Größen:	*Analogiegerät:*	*Anlage:*
U_S Schleifringspannung; Maximalwerte	400 V	380 V
U_G Generator-Klemmenspannung; Überschwingweite:	2%	3%
Zeit bis zur Überschwingweite:	0,7 s	0,6 s
I_e Erregerstrom der Erregermaschine für eine positiv (+) und eine negativ (−) wirkende Erregerwicklung		

Bild 18. Untersuchung einer Spannungsregelung in einem Analogiegerät und in der Anlage

Einen Vergleich der Lösungen des Analogierechners, die bei der Projektierung der Anlage erarbeitet wurden, und den Inbetriebnahme-Oszillogrammen zeigt *Bild* 18. Bei der Inbetriebnahme der Spannungsregelung waren keinerlei Nachstellungen der errechneten Rückführparameter mehr erforderlich. Die Oszillogramme in *Bild* 18 bringen eine Gegenüberstellung der Übergangsfunktionen für die Generatorspannung U_G und die Schelifringspannung U_S für eine Sollwertstörung von $+10\%$. Maßstäbe und Vergleichszahlen sind im *Bild* 18 eingetragen. Bei der Beurteilung ist zu berücksichtigen, daß die Analogieuntersuchung mit den Rechnungsdaten der Maschinen durchgeführt wurde.

Solche Analogieuntersuchungen und die Übereinstimmung mit den praktischen Ergebnissen zeigen, wie die Inbetriebnahme von Regelungsanlagen dadurch oft erheblich erleichtert werden kann. Darüber hinaus erhält man schon bei der Projektierung einen Einblick in das Verhalten der Anlage, woraus sich häufig rechtzeitige Hinweise für Verbesserungen der Justierungsmittel der Regelungseinrichtungen ergeben.

E. Quellenhinweise

[*1*] Kessler, C., Meinhardt, W., Neuffer, I. u. Rube, G.: Die Gleichstrom-Fördermaschine mit Siemens-Transidyn-Regelung. Siemens-Z. 32. Jg. (1958) S. 555–562.

[*2*] Ernst, D.: Aufbau und Wirkungsweise elektronischer Analogiegeräte. Regelungstechnik 6. Jg. (1958) S. 125–128 u. S. 162–167.

[*3*] Ernst, D.: Das Arbeiten mit Analogie-Rechengeräten. Regelungstechnik 6. Jg. (1958) S. 206–209.

[*4*] Johnson, C. L.: Analog computer techniques. New York: McGraw-Hill 1956.

IV. Regelungstechnik einzelner Objekte

15. Feuerungsanlagen und Dampferzeuger

Von G. Schroeder

Inhaltsübersicht

A. Regelaufgaben

Der Wärmebedarf der Dampferzeuger wird bei industriellen Ofenanlagen in der Mehrzahl der Fälle durch unmittelbare Verfeuerung von Brennstoffen gedeckt. Der Betrieb von Dampfverbrauchern, besonders von Turbinen, verlangt eine Lieferung von Dampf bestimmten Druckes und bestimmter Temperatur in einer dem jeweiligen Bedarf entsprechenden Menge. Die Regelung hat die Aufgabe, Brennstoff, Luft und Wasser dem Dampferzeuger so zuzuführen, daß der Dampfzustand den Vorschriften entspricht und die Dampferzeugung mit dem Dampfverbrauch übereinstimmt. Ähnliche Regelaufgaben bestehen bei industriellen Öfen, deren Feuerungsleistung durch die Zufuhr von Brennstoff und Luft dem oft stark schwankenden Wärmebedarf angepaßt werden muß.

Damit die Feuerungsleistung und die Dampferzeugung den jeweiligen, oft rasch wechselnden Lastanforderungen genügen können, sind zuverlässig arbeitende Regelgeräte und gute Regelbarkeit nicht nur des Kessels, sondern auch der Feuerungsanlagen notwendig. Die Gewährleistung auf Dampfzustand bezieht sich nicht nur auf einzelne Betriebspunkte bei jeweils gleichbleibender Last, sondern häufig auch auf Laständerung mit festgelegter zeitlicher Steilheit. Daher muß die Konstruktion der Feuerung, der Hilfsmaschinen und ihrer Antriebe ebenso beachtet werden wie die Konstruktion der Kessel selbst. Für den Einsatz der Regelgeräte ist dies eine wesentliche Voraussetzung.

Die Dampferzeugungsanlagen der Kraft- und Heizwerke sowie die Ofenanlagen industrieller Betriebe verbrauchen, wenn man von den Brennkraftmaschinen absieht, den überwiegenden Teil aller auf der Erde gewonnenen Brennstoffe. Der Wirtschaftlichkeit solcher Anlagen kommt daher eine ausschlaggebende Bedeutung zu; die Feuerungsanlage muß also mit möglichst gutem Wirkungsgrad arbeiten. Hiermit sind der Regelung weitere wichtige Aufgaben gestellt, zu denen noch die Forderung nach Betriebssicherheit tritt.

Mit Abwärme betriebene Dampferzeugungsanlagen arbeiten stets mit anderen Dampferzeugungsanlagen zusammen. Dabei entstehen für diese zusätzliche Regelaufgaben, weil die Dampflieferung der Abwärmeanlagen infolge des unregelmäßigen Anfalls von Abwärme, die zudem sofort verbraucht werden muß, oft sehr stoßweise erfolgt.

Im folgenden wird die Regelung von Feuerungsanlagen zunächst allgemein und dann in Verbindung mit Dampferzeugern behandelt.

B. Feuerungsanlagen

1. Allgemeine Gesichtspunkte

Feuerungsanlagen werden außer zur Dampferzeugung auch bei Öfen verschiedenster Art gebraucht, die einer Regelung bedürfen. Stellgröße ist hierbei die Feuerungsleistung, Regelgröße der Dampfzustand und der Dampfstrom oder die Ofentemperatur. Mit den Stellgliedern der Feuerungsanlage muß eine den Forderungen der Regelung entsprechende genaue Einstellung der Feuerungsleistung möglich sein. Die Feuerungsleistung wird jedoch erst in der Feuerungsanlage durch die Verbrennung erzeugt. Das umschließt wieder Regelaufgaben für sich, weil dabei immer das günstigste Brennstoff-Luft-Gemisch eingehalten werden muß, um eine vollkommene und wirtschaftliche Verbrennung zu erzielen. Die Feuerungsanlagen sollen außerdem einen Stellbereich aufweisen, der den erforderlichen Lastbereich des Wärmeverbrauchers genügend weit nach oben und unten überdeckt. In den meisten Fällen ist eine stufenlose Einstellmöglichkeit der Feuerungsleistung innerhalb des Stellbereiches erforderlich. Das schließt aber nicht aus, daß man in Sonderfällen bei sehr wärmeträgen Anlagen mit einer Zweipunktregelung auskommt, wie es z.B. bei Heizungskesseln der Fall ist, bei denen durch Ein- und Ausschalten der Ölbrenner eine hinreichende Konstanz der Wassertemperatur zu erzielen ist. Bei stetiger Regelung müssen die Stellglieder den gesamten Bereich der Feuerungsleistung allein aussteuern können.

Die Meßbarkeit des Brennstoff- und Luftdurchsatzes ist eine wesentliche Voraussetzung, um überhaupt regeln zu können. Da der Heizwert nicht laufend berücksichtigt werden kann, muß man sich mit einer volumetrischen Erfassung des Brennstoffes als Ersatzgröße begnügen. Bei der Messung der Luftzufuhr ist zu beachten, daß einer Feuerung oft auf verschiedenen Wegen Luft zugeführt wird.

Außer der Meßmöglichkeit müssen für Brennstoff- und Luftzuteilung Stellglieder vorhanden sein, die innerhalb des notwendigen Stellbereiches auch wirklich eine zuverlässige Änderung bewirken.

Geht der geforderte Lastbereich für die Feuerung über den möglichen Bereich der Stellglieder für Brennstoff und Luft hinaus, so muß man die Feuerungsanlage abschnittweise unterteilen und im Bedarfsfall Teile zu- oder abschalten. Soweit dies selbsttätig geschehen soll, muß man für eine genügende Überlappung der Einschaltbereiche sorgen, damit nicht dauernd geschaltet wird, falls die Regelung gerade an dieser Umschaltstelle arbeitet.

2. Wanderrostfeuerung

Die älteste mechanische Feuerung, die geregelt wurde, ist die Wanderrostfeuerung (*Bild* 1). Diese hat gegenüber anderen Feuerungen mit festen Brennstoffen einen weiten Stellbereich, der im allgemeinen etwa 25 bis 100% beträgt; bei gewissen Brennstoffen ist er auch größer. Da der Brennstoff (*3*) zur Verbrennung vorbereitet auf dem Rost (*9*) liegt, hängt die Feuerungsleistung zunächst von der Unterwindzufuhr (*11*) ab. Man kann mit der Änderung des Unterwindes eine sehr schnelle Leistungsänderung erzielen. Die Anlaufzeit liegt größenordnungsmäßig unter einer Minute. Um die Feuerungsleistung zu ändern, verstellt man daher zuerst den Unterwind und ordnet jeder Unterwindzufuhr eine bestimmte Rostgeschwindigkeit als Stellgröße für die Brennstoffzufuhr zu.

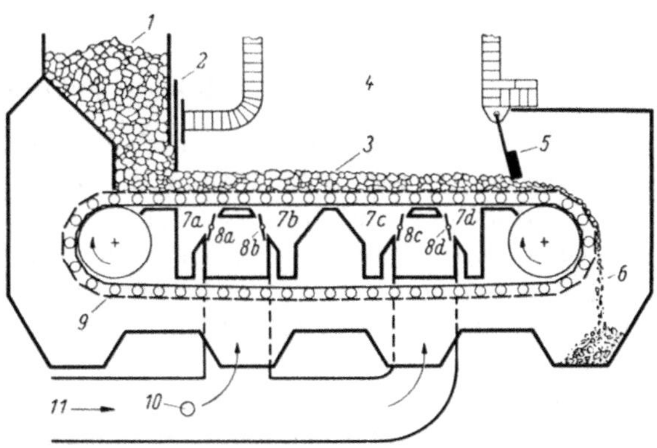

1 Kohle
2 Schichthöhenschieber
3 Brennstoffbett
4 Brennkammer
5 Staupendel
6 Asche
7 Zonen (*a* bis *d*)
8 Zonenklappen (*a* bis *d*)
9 Rost
10 Druckentnahme für Luftmessung
11 Unterwind

Bild 1. Zonenwanderrost

Der Wanderrost ist in Längsrichtung in Zonen (*7a* bis *d*) eingeteilt, denen der Unterwind durch die Zonenklappen (*8a* bis *d*) so zugeführt wird, daß der Abbrand des Brennstoffes am Ende des Rostes beendet ist. Die Einstellung der Zonenklappen hängt von der Last und der Art des Brennstoffes ab. Der Aufwand einer selbsttätigen Einstellung der Zonenklappen lohnt sich nicht. Gelegentliche Handbetätigung durch den Heizer, der ohnehin das Brennstoffbett beobachten muß, genügt.

Der Antriebsmotor für den Wanderrost ist über ein Vorgelege auf die Rostwelle untersetzt. Bei Handbetrieb kommt man mit einem umschaltbaren Stufengetriebe aus. Es hat sich nicht bewährt, den Rostvorschub durch abwechselndes Ein- und Ausschalten des Antriebsmotors im Zweipunktbetrieb einzustellen. Für die Regelung ist ein Antrieb zweckmäßig, dessen Drehzahl sich stufenlos über den ganzen Bereich verstellen läßt. Üblich sind Drehstrom-Kollektormotoren, stufenlos einstellbare mechanische Getriebe oder LEONARD-Antriebe. Die genannten Antriebe sind regelungstechnisch gleichwertig, wenn der Einstellwiderstand des LEONARD-Antriebs in Stufen von 1% der im praktischen Betrieb auftretenden Höchstdrehzahl veränderbar ist.

Führungsgröße der Brennstoffregelung ist der Unterwind, dem der Brennstoffdurchsatz als Regelgröße folgt. Als Ersatzregelgröße dient die Drehzahl des Rostantriebsmotors. Sie wird mit einem Tachometer gemessen. Da der Heizwert des Brennstoffes hierbei nicht erfaßt wird, muß am Verhältnissteller des Brennstoffreglers die Zuordnung der Rostgeschwindigkeit zur Unterwindzufuhr einstellbar sein, um mit dem günstigsten Brennstoff-Luft-Verhältnis fahren zu können. Der Brennstoffdurchsatz wird mit der Drehzahl nur dann richtig erfaßt, wenn der Rost die am Schieber (*2*) eingestellte Schichthöhe auch tatsächlich einhält.

Die Stell- und Meßgeräte für den Unterwind sind für die verschiedenen Feuerungsarten einheitlich und werden in den Abschnitten B 5 und B 6 behandelt.

Wanderrostfeuerungen lassen sich für eine Dampfleistung bis etwa 100 t/h ausführen; von etwa 50 t/h an ist der Wanderrost zweiteilig.

3. Kohlenstaubfeuerung

Zum Unterschied gegenüber der Wanderrostfeuerung wird bei der Staubfeuerung der aus dem Rohkohlebunker kommende Brennstoff erst für die Verbrennung aufbereitet, indem er in Mühlen zu Staub vermahlen und gleichzeitig getrocknet wird. Staubfeuerungen sind in bezug auf die Art der Kohle weit weniger anspruchsvoll. Da zudem die Feuerungsleistung beliebig bis zu den größten Kesselleistungen gesteigert werden kann, ist der Betrieb mit Kohlenstaub bei Großanlagen ausschließlich anzutreffen.

Der von den Mühlen gelieferte Staub wird entweder unmittelbar oder unter Zwischenschaltung von Staubbunkern der Brennkammer zugeführt. Die erste Art nennt man Staubfeuerung mit Einblasemühlen, die zweite Staubfeuerung mit Zwischenbunkerung.

a) Rohkohlezuteiler

Für die Brennstoffzufuhr zu den Mühlen eignen sich alle Zuteilerausführungen, bei denen ein linearer Zusammenhang zwischen Drehzahl des Zuteilerantriebs und dem in der Zeiteinheit geförderten Volumen besteht, damit die Messung der Brennstoffzufuhr für die Regelung über die Drehzahl oder über eine von der Drehzahl abhängige Größe möglich ist. Aus regelungstechnischen Gründen muß weiterhin gefordert werden, daß der Zusammenhang zwischen Drehzahl und Volumen je Zeiteinheit eindeutig ist und weder von der Beschaffenheit des Brennstoffes (Körnung, Feuchtigkeitsgehalt) noch von anderen äußeren Einflüssen, z. B. der Höhe des Bunkerstandes, gestört wird. Die Voraussetzungen dafür erfüllen in hinreichendem Maße die Bandzuteiler und Walzenzuteiler. Auch Zellenradzuteiler sind geeignet, wenn die Zellen mit Sicherheit voll gefüllt und ganz entleert werden. Tellerzuteiler und Schüttelrinnen haben sich nicht bewährt, da bei ihnen die je Zeiteinheit zugeteilte Brennstoffmenge nicht einwandfrei erfaßbar ist.

Zur Drehzahländerung der Brennstoffzuteiler dienen steuerbare Motoren oder stufenlose mechanische oder neuerdings auch hydraulische Getriebe. Bei Betrieb mit mehreren Mühlen ist es vorteilhaft, einen Gleichlauf für die Antriebsmotoren der Zuteiler untereinander vorzusehen. Oftmals ist der Gleichlauf durch die Art des Antriebs schon gegeben, z.B. beim Antrieb mit Gleichstrommotoren und LEONARD-Generator. Diese Antriebsart hat den Vorzug, daß durch Feldwiderstände an den Antriebsmotoren die Drehzahl in gewissen Grenzen unterschiedlich eingestellt werden kann. Sind die Antriebsmotoren der Zuteiler dagegen Drehstrom-Käfigläufer, die von einem Drehstromgenerator mit veränderbarer Drehzahl gespeist werden, so ist der Gleichlauf der Antriebsmotoren untereinander immer fest gegeben.

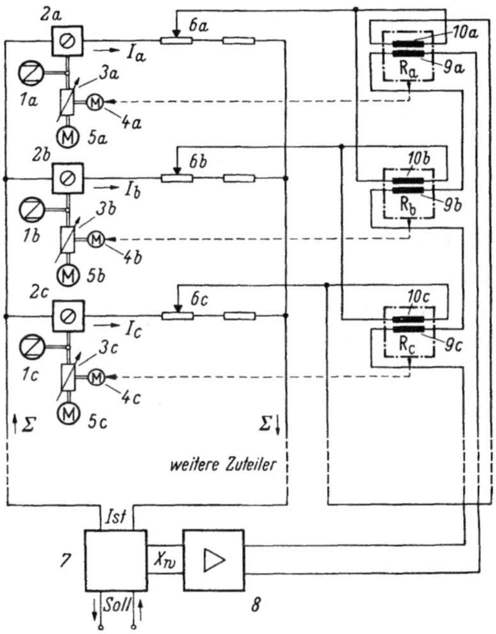

1 Zuteiler (*a* bis *c*)
2 Meßumformer (*a* bis *c*)
3 Verstellbares Getriebe (*a* bis *c*)
4 Getriebe-Verstellmotor (*a* bis *c*)
5 Antriebsmotor (*a* bis *c*)
6 Anteilsteller (*a* bis *c*)
7 Meßschaltung für Lastregelung
8 Verstärker
9 Steuerwicklung (*a* bis *c*) für Last
10 Steuerwicklung (*a* bis *c*) für Gleichlauf
R_a, R_b, R_c Magnetverstärker-Regler

Bild 2. Gleichlaufschaltung mit Hilfe von Meßgrößen

Man kann weiterhin einen Gleichlauf der Zuteiler unmittelbar über die Messung herbeiführen. Bei der in *Bild* 2 gezeigten Gleichlaufschaltung, die auch für andere Meßgrößen anwendbar ist, werden zunächst die von den Meßumformern (*2a* bis *c*) für die Drehzahl gelieferten eingeprägten Ströme summiert und einer Meßschaltung (*7*) zugeführt, in der die Regelabweichung X_w gebildet wird. Jedem Zuteiler (*1a* bis *c*) wird ein Regler (R_a bis R_c) zugeordnet, der auf die Drehzahlverstellung (*4a* bis *c*) seines Zuteilers arbeitet. Die Regelabweichung wird verstärkt und den Steuerwicklungen (*9a* bis *c*) aller Regler zugeführt, die so das gleiche Regelsignal erhalten.

Die Ausgänge der Meßumformer (*2a* bis *c*) sind außerdem über feste Widerstände, über Anteilsteller (*6a* bis *c*) und über die Steuerwicklungen (*10a* bis *c*) der Regler so zu einem Stern zusammengeschaltet, daß Ausgleichströme entstehen, wenn die Meßumformer ungleiche Ausgangsströme (I_a bis I_c) liefern. Die Ausgleichströme verursachen ein Eingreifen der Regler in dem Sinne, daß diese Ströme zu Null werden. Durch unterschiedliche Einstellung der Anteilsteller (*6a* bis *c*) kann auch eine gewollte ungleichmäßige Drehzahlaufteilung unter Aufrechterhaltung der Drehzahlsumme erreicht werden, wenn die Mühlen z.B. verschieden belastet werden sollen. Das von den Anteilstellern eingestellte Verhältnis der Drehzahlen bleibt auch dann erhalten, wenn sich die Gesamtbelastung ändert.

Zwischen dem steuerbaren Antriebsmotor und dem Zuteiler bzw. zwischen dem mit fester Drehzahl laufenden Antriebsmotor und dem stufenlosen Getriebe oder zwischen dem stufenlosen Getriebe und dem Zuteiler liegt eine feste Übersetzung. Diese sollte stets so gewählt werden, daß die praktisch im Dauerbetrieb vorkommenden höchsten und niedrigsten Drehzahlen des Zuteilers noch genügend weit über- bzw. unterschritten werden können, um eine ausreichende Vorhaltbildung bei Laständerungen sicherzustellen.

Die Zuteiler sollen möglichst unmittelbar in die Mühle fördern. Transportbänder, die zwischen Zuteiler und Mühle liegen und deren Geschwindigkeit nicht proportional der Zuteilerdrehzahl ist, bringen eine schädliche Totzeit in den Regelvorgang.

b) Einblasemühlen

Die der Einblasemühle zugeteilte Rohkohle wird mit Schlägern, Schlagrädern, Walzen oder Kugeln gemahlen und der entstehende Staub durch Einblasen von heißem Traggas, das aus Luft oder Rauchgas oder einem Gemisch von beiden bestehen kann, getrocknet. Im Sichter trennt sich aerodynamisch der Staub nach seiner Korngröße, wobei der feine Staub zu den Brennern gelangt und das gröbere Korn zum Mahlvorgang zurückkehrt.

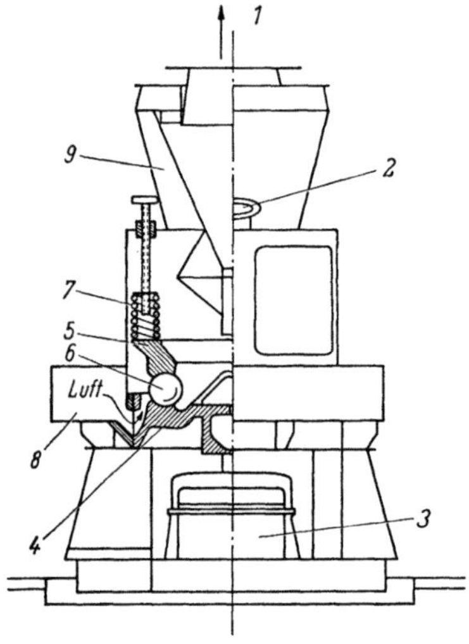

1 Staubaustritt
2 Rohkohleeinlauf
3 Antrieb
4 Rotierender Mahlteller
5 Feststehender Mahlteller
6 Kugeln
7 Anpreßfeder
8 Luftführungsgehäuse
9 Sichter

Bild 3. FULLER-PETERS-Mühle

Alle Mühlenarten haben eine verhältnismäßig große Anlaufzeit. Man findet Werte zwischen 1,5 und 3 min. Die Anlaufzeit ist also größer als bei der Wanderrostfeuerung. Das rührt daher, daß die Mahlleistung der mit gleichbleibender Drehzahl laufenden Mühle von der jeweils am Mahlvorgang teilnehmenden Brennstoffmenge abhängt. Es gehört also zu jeder Leistung einer Mühle immer eine bestimmte Rohkohlemenge in der Mühle. Erhöht man z. B. die Rohkohlezufuhr zur Mühle, so kann das Gleichgewicht zwischen Rohkohlezufuhr und Staubaustrag erst dann erreicht sein, wenn sich der Mühleninhalt ebenfalls entsprechend erhöht hat. Da nun bei der Erhöhung auch laufend mehr Staub ausgetragen wird, dauert es naturgemäß eine gewisse Zeit bis zum Erreichen des Gleichgewichts zwischen Kohlezufuhr und Staubaustrag. Es wird daher die Anlaufzeit einer Mühle um so kleiner werden, je kleiner das Verhältnis der am Mahlvorgang teilnehmenden Brennstoffmenge zur Leistung der Mühle ist.

Die Zeit bis zum Eintreten des Gleichgewichts zwischen Kohlezufuhr und Staubaustrag läßt sich durch einen Vorhalt auf etwa die Hälfte verkürzen, indem bei Auflast die Kohlezufuhr zusätzlich gesteigert und bei Ablast zusätzlich verringert wird. Man erreicht so den zur Starklast erforderlichen Mühleninhalt früher. Ebenso wird beim Übergang zur Schwachlast die Mühle schneller entleert.

Bei der FULLER-PETERS-Mühle (*Bild* 3) und auch bei der Rohrmühle (*Bild* 4), die in Deutschland nicht als Einblasemühle verwendet wird, ist es besonders in Amerika üblich, den Staubaustrag dieser Mühlen bei Verwendung als Einblasemühlen durch Steuerung des Traggasdurchsatzes zu ändern, da zwischen Staubaustrag und Traggasdurchsatz ein festes Verhältnis besteht. Zusätzlich wird dann bei der FULLER-PETERS-Mühle der Differenzdruck zwischen Mühleneintritt und Sichter, bei der Rohrmühle das Niveau des Brennstoffes in der Mühle durch Steuerung der Kohlezuteilung, geregelt. Dabei ist der Brennstoffzuteiler oftmals nur in drei Stufen steuerbar: 0%, 50% und 100% der maximalen Zuteilerdrehzahl.

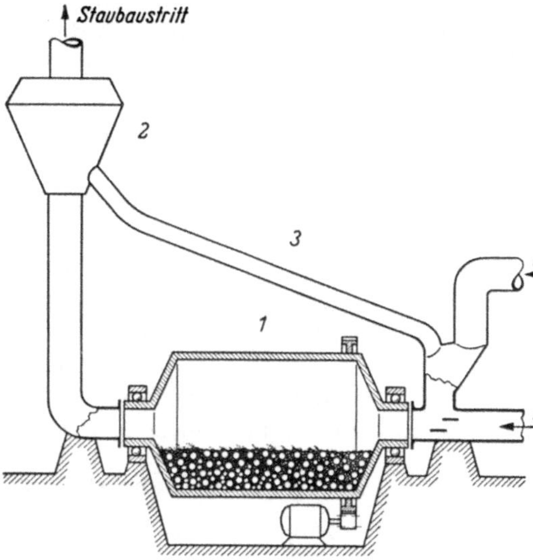

1 Trommel *2* Sichter *3* Grießrücklauf

Bild 4. BABCOCK-Rohrmühle

Bei den Mühlen wird das zum Trocknen der Kohle dienende Traggas gleichzeitig zum Transport des Staubes zu den Brennern benutzt, während die Verbrennungsluft, die auch Sekundärluft genannt wird, erst in der Brennkammer zugesetzt wird. Die meisten Mühlen verlangen für die richtige Arbeitsweise des Sichtens sowie Trocknens einen bestimmten Durchsatz und eine bestimmte Temperatur des Traggases.

Eine Ausnahmestellung in dieser Beziehung bildet die KRÄMER-Mühle ohne Sichter, die aber in ihrer ursprünglichen Form kaum mehr verwendet wird.

Bei den Mühlen mit Sichtern dagegen wird in vielen Fällen der Durchsatz und fast immer die Temperatur des Traggases geregelt. Vom Sichter der Mühle führen die Staubleitungen zu den Brennern in der Brennkammer. Bei Eckenfeuerung versorgt normalerweise eine Mühle eine Brennerebene, so daß je Mühle vier Staubleitungen vorhanden sind. Die übliche Geschwindigkeit in den Staubleitungen liegt zwischen 19 und 21 m/s. Ist eine Regelung des Traggasstromes vorhanden, so muß dieser bei jeder Mühle am Eintritt getrennt gemessen werden. Als Stellglied dient eine Klappe. Meistens wird auf konstanten Durchsatz geregelt, oftmals ist jedoch je nach Mühlentyp der Brennstoffdurchsatz so als Führungsgröße für den Tragluftregler vorgesehen, daß sich ein leicht ansteigender Tragluftdurchsatz mit der Mühlenbelastung ergibt.

Um den Trocknungsvorgang sicherzustellen, muß die Temperatur des Kohlenstaub-Traggas-Gemisches auf gleichbleibenden Wert geregelt werden. Das geschieht entweder durch Beimischung von Kaltluft, wenn nur Heißluft als Traggas dient, oder durch Zusatz von Heißluft oder kaltem Rauchgas, wenn mit Rauchgas als Traggas gearbeitet wird.

Da die Kaltluft an der Verbrennung teilnimmt, ist es aus regelungstechnischen Gründen günstig, wenn der Kaltluftzusatz bei der Messung der gesamten Verbrennungsluft miterfaßt wird. Sind besondere Tragluftgebläse für die Druckerhöhung vorhanden, so werden diese meistens nicht in die Regelung einbezogen.

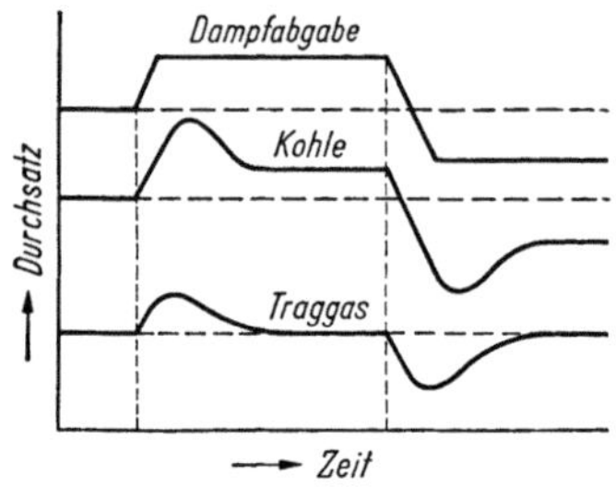

Bild 5. Vorhaltgabe auf Brennstoff und Traggas bei Mühlenfeuerung

Die Vorhaltwirkung bei der Änderung der Brennstoffzufuhr wird erheblich unterstützt, wenn der Vorhalt auch auf den Traggasdurchsatz durch die Mühle gegeben wird (*Bild* 5). Ist das Traggas auf konstanten Durchsatz geregelt, so wird der Vorhalt durch eine vorübergehende Sollwertänderung erreicht. Dadurch wird die Staubaustragung sofort erhöht oder erniedrigt. Ohne gleichzeitigen Vorhalt auf die Brennstoffzufuhr ist aber ein Vorhalt auf das Traggas allein nur von vorübergehendem Erfolg, weil bei einer Leistungserhöhung die Mühle leergeblasen und bei einer Leistungserniedrigung aufgefüllt wird.

c) Zwischenbunkerung

Bei der Staubfeuerung mit Zwischenbunkerung ist eine besondere Mahlanlage vorhanden, welche die Rohkohle zu trockenem Staub aufbereitet; dieser wird dann im Staubbunker gespeichert. Aus dem Staubbunker wird der Kohlenstaub über Staubzuteiler den Brennern zugeführt. Ursprünglich wurden Zentralmahlanlagen für mehrere Kessel gebaut, neuzeitliche Anlagen bevorzugen je Kessel eine Mahlanlage.

Bild 6 zeigt das Wirkbild einer solchen Mahlanlage. Das Traggas für die Mühle (*1*) wird durch das Traggasgebläse (*2*) angesaugt; der Kohlezuteiler (*3*) führt die Rohkohle aus dem Rohkohlebunker (*4*) der Mühle zu. Es sind die verschiedensten Arten von Mühlen gebräuchlich, da auf die regelungstechnischen Eigenschaften der Mühle keine Rücksicht genommen zu werden braucht. Nachdem die Kohle in der Mühle gemahlen und getrocknet ist, wird der Staub im Sichter in feines und in grobes Korn geschieden. Der fein gemahlene Anteil geht zu den Staubabscheidern (*6*), die groben Bestandteile kehren in die Mühle zurück. In den Staubabscheidern, von denen je nach Größe der Anlage mehrere parallel arbeiten, trennt sich der Kohlenstaub vom Traggas. Der Staub fällt durch eine Staubschleuse (*7*) in den Staubbunker (*5*) und wird dort gespeichert. Die Staubschleuse hat keine Zuteilereigenschaften. Sie soll nur einen druckdichten Abschluß zwischen Staubabscheider und Staubbunker herstellen.

Das Traggas, hinter dem Staubabscheider auch Brüden genannt, enthält noch einen geringen Anteil von Kohlenstaub und ist mit Wasserdampf angereichert. Hinter dem Traggasgebläse teilt sich der Brüdenstrom. Ein Teil wird dem Feuerraum, der andere wieder dem Mahlvorgang zugeführt, indem es dem Traggas der Mühle zugesetzt wird. Es ist hier angenommen, daß das Traggas aus heißem Rauchgas besteht, dem kaltes Rauchgas beigemischt wird.

In der Mahlanlage sind mehrere Regler vorhanden. Zum Konstanthalten des Traggasstromes in der Mühle dient ein Durchflußregler (*8*), der den Brüdenstrom hinter dem Gebläse mit einer Klappe regelt. Die Temperatur des Traggases hinter der Mühle wird durch einen Temperaturregler (*9*) konstant gehalten, der über eine Klappe den Zusatz von kaltem Rauchgas einstellt. Zum Konstanthalten des rückgeführten Brüdenstromes dient ein Durchflußregler (*10*), der auf eine Klappe in der Leitung für die Brüdenrückführung arbeitet. Alle drei Regler beeinflussen

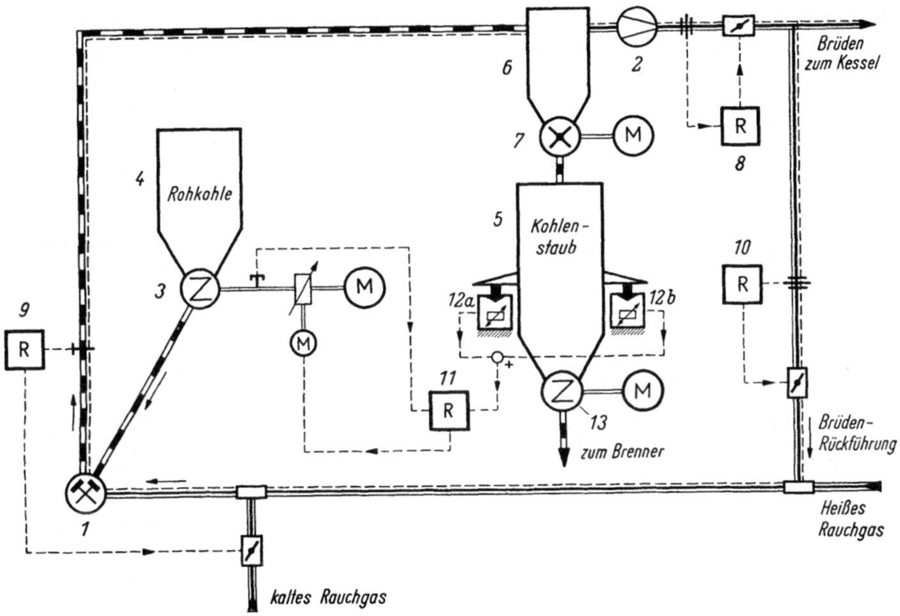

1 Mühle
2 Traggasgebläse
3 Rohkohlezuteiler
4 Rohkohlebunker
5 Staubbunker
6 Staubabscheider
7 Staubschleuse
8 Durchflußregler für Traggas
9 Regler für Mühlen-Austrittstemperatur
10 Durchflußregler für Brüdenrückführung
11 Bunkerstandregler
12 Druckmeßdosen (*a* und *b*)
13 Staubzuteiler

Bild 6. Wirkbild einer Mahlanlage

sich gegenseitig und müssen in ihrem Zeitverhalten aufeinander abgestimmt werden. Der Temperaturregler ist von Natur aus schon der langsamste Regler. Zweckmäßigerweise läßt man den Traggasregler schneller arbeiten als den Regler für die Brüdenrückführung.

Die Mahlanlage muß so betrieben werden, daß im Staubbunker immer ein genügender Staubvorrat vorhanden ist. Hierzu dient der Regler (*11*), der in die Drehzahlverstellung des Rohkohlezuteilers (*3*) eingreift, um das Staubbunkergewicht als Regelgröße zu halten. Dieses wird mit Hilfe von Druckmeßdosen (*12a* und *b*) bestimmt, auf denen der Staubbunker steht. Da der Staubbunker eine Regelstrecke ohne Ausgleich ist, muß dem Regler (*11*) die Drehzahl des Rohkohlezuteilers aufgeschaltet werden; dies verleiht ihm P-Verhalten.

Diese Art der Regelung bietet im Hinblick auf die Gesamtregelung des Kessels zwei nicht zu unterschätzende Vorzüge: Da die Mahlanlage immer in Betrieb bleibt, treten bei gleichmäßigem Bezug von heißem Rauchgas und gleichmäßiger Zufuhr von staubhaltigen Brüden keine zusätzlichen Störungen im Wärmehaushalt des Kessels auf. Außerdem wird immer ein annähernd gleichbleibender Stand im Staubbunker gehalten, so daß für die Staubzuteiler (*13*) unter den Staubbunkern keine Störungen auf der Einlaufseite auftreten.

Bei den die Feuerung versorgenden Staubzuteilern gilt Ähnliches wie bei den Kohlezuteilern der Mühlen. Es soll eine feste, lineare und jederzeit reproduzierbare Zuordnung zwischen dem in der Zeiteinheit geförderten Staubvolumen und der Zuteilerdrehzahl bestehen, die durch keine äußeren Umstände, wie Bunkerfüllung, Feuchtigkeitsgehalt, Luftdruckunterschied zwischen Bunker und Staubzuteiler usw., beeinflußt wird. Einen Staubzuteiler zu schaffen, der diese Forderung erfüllt, ist eine sehr schwierige Aufgabe.

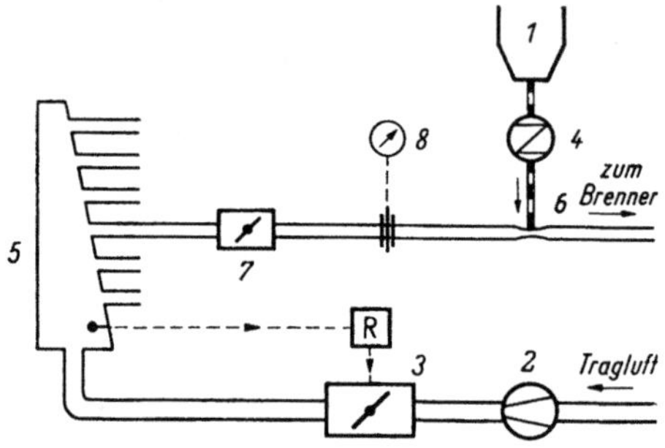

1 Staubbunker
2 Tragluftgebläse
3 Tragluftklappe
4 Staubzuteiler
5 Sammelkasten
6 Staubleitung
7 Einstellklappe
8 Tragluftdurchsatz

Bild 7. Staubleitung mit Staubzuteiler

Der Schneckenzuteiler ist gegenüber Zellenrad oder Walzenzuteilern im Vorteil, da er kontinuierlich fördert und keine Lufträume unter den Bunkern bildet.

Der Staub wird in Rohrleitungen mit Tragluft zu den Brennern befördert (*Bild* 7). Hierzu dient ein besonderes Gebläse (*2*), das die Tragluft, auch Primärluft genannt, liefert. Für jeden Brenner ist meist ein Zuteiler vorhanden, wobei zwei Zuteiler einen gemeinsamen Antrieb haben und bei Eckenfeuerungen zwei gegenüberliegende Ecken versorgen. In jeder Staubleitung zum Brenner soll, wie bei den Einblasemühlen, eine Geschwindigkeit von etwa 19 m/s herrschen. Deswegen wird der Druck vor den Staubleitungen in einem gemeinsamen Sammelkasten (*5*) von einem Druckregler durch eine Klappe (*3*) in der Druckleitung des Tragluftgebläses auf konstanten Wert geregelt.

In jeder Staubleitung ist eine von Hand zu bedienende Klappe (*7*) eingesetzt, mit der der erforderliche Tragluftdurchsatz (*8*) eingestellt wird. Jede dieser Staubleitungen führt unter ihrem zugehörigen Zuteiler (*4*) hindurch und ist mit diesem durch ein senkrechtes Rohr verbunden. Die Staubleitung ist an der Einmündungsstelle des Staubrohres venturirohrartig eingeschnürt, um die Tragluftgeschwindigkeit an dieser Stelle zu steigern.

Die Brenner selbst sind ebenso ausgeführt wie bei der Staubfeuerung mit Einblasemühlen; sie werden durch die Mündung der Staubleitungen im Feuerraum gebildet. Die Mündung ist aus hochhitzebeständigem Material und gelegentlich schwenkbar, damit mit der Lage des Feuers die Dampftemperatur beeinflußt werden kann.

d) Zyklonfeuerung

Ein Sonderfall der Staubfeuerung ist die Zyklonfeuerung. Im Zyklon soll eine so hohe Verbrennungstemperatur erreicht werden, daß die Asche schmilzt und flüssig abgezogen werden kann. Der Brennstoff wird tangential in den Zyklon eingeblasen. Der Staub kommt aus dem Staubbunker einer Mahlanlage oder unmittelbar aus der Mühle. In diesem Fall gehen alle regelungstechnischen Eigenschaften der Mühle, wie bei der Staubfeuerung mit Einblasemühlen, in die Gesamtregelung des Dampferzeugers ein. Die Zyklonfeuerung stellt keine besonderen Ansprüche an die Mahlfeinheit. Der von der Mahlanlage gelieferte Staub kann sehr grobkörnig sein. Der Stellbereich eines Zyklons ist etwa 50 bis 100%. *Bild* 8 zeigt die Zyklonfeuerung an einem Kessel. Es handelt sich um einen Kessel mit zwei waagerechten Zyklonen (*1*), die in eine gemeinsame Sekundärkammer (*2*) münden. Man erkennt an der Oberkante des Zyklons die tangentialen Öffnungen (*3*) für den Kohlenstaub und die Luft.

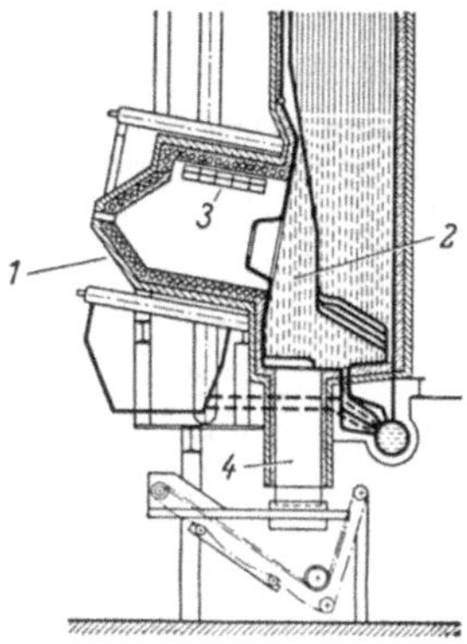

1 Zyklon
2 Sekundärkammer
3 Öffnungen für Kohlenstaub und Luft
4 Abzug für flüssige Asche

Bild 8. Zyklonfeuerung an einem Kessel

4. Ölfeuerung [*1*]

Ölfeuerungen gewinnen auch in Deutschland bei Landanlagen mehr und mehr an Bedeutung. Auf Schiffsanlagen sind sie seit langer Zeit vorherrschend. Das Öl wird in Tagesbehältern oder in besonderen Ölvorwärmern mit Dampf vorgewärmt. Zur Temperaturregelung genügt ein einfacher Zweipunktregler, z.B. ein Stabregler oder ein P-Regler ohne Hilfsenergie. Das Öl wird über eine Pumpe mit gleichbleibender Drehzahl den Brennern zugeführt. Verlangen die Ölbrenner einen konstanten Zulaufdruck, wie es z.B. bei Rücklaufbrennern (*Bild* 9) der Fall ist, so wird in die Druckleitung ein federbelastetes Überströmventil gesetzt.

Es gibt eine große Anzahl von Brennerausführungen. Bei den gebräuchlichen Rücklaufbrennern wird ein Teil des Öles vom Brennerinnern wieder in den Tagestank zurückgeführt. Andere Brennerausführungen arbeiten mit verstellbarer Düsenöffnung [*2*] oder mit Dampfzerstäubung [*3*] oder mit mechanischen Zerstäubern. Die Brenner mit Dampfzerstäubung erfordern eine Regelung des Dampfdruckes oder Dampfdurchflusses in Abhängigkeit von der Brennerleistung. Der Stellbereich des Ölbrenners ist je nach Ausführung sehr verschieden. Es gibt Brenner, die sich bis auf 1:0,2 verstellen lassen, aber auch Brenner, die ohne Auswechseln der Düsenplatte kaum 1:0,5 erreichen.

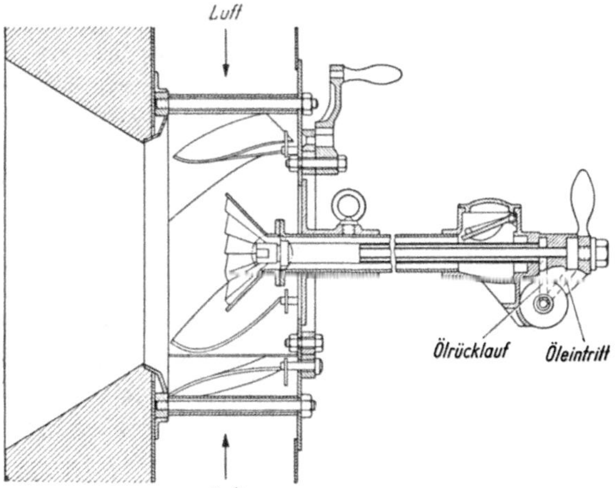

Bild 9. Rücklaufbrenner (TODD-Brenner)

Bei Rücklaufbrennern ist der Öldruck in der Rücklaufleitung ein Maß für die Brennerleistung. Alle Brenner haben eine gemeinsame Rücklaufleitung mit einem Regelventil, mit dem die Brennerleistung eingestellt wird. Der Druck in der Rücklaufleitung ist aber nur dann ein eindeutiges Maß für die gesamte Brennerleistung, wenn immer die gleiche Anzahl der Brenner mit den gleichen Düsenbohrungen in Betrieb ist. Das trifft bei Schiffsanlagen während der Betriebszeit größtenteils zu. Daher ist dort diese Art der Messung für die Regelung sehr verbreitet. Bei Landanlagen mit wechselnder Brennerbesetzung muß man die Differenz zwischen Vor- und Rücklauf durch zweifache Durchflußmessung bestimmen. Bei Brennern ohne Rücklauf genügt eine Messung in der gemeinsamen Ölzuführungsleitung. Die betrieblich einfachste Messung ist die mit Volumenzählern, z.B. Ringkolbenzählern mit aufgesetztem Tachogenerator. Jedoch ist dieser Art der Messung bei Drücken über 40 atü eine Grenze gesetzt, und man muß dann zu einer Düsenmessung übergehen. Die Düsen sind oftmals Sonderausführungen, wie Viertelkreisdüsen und Zylinderdüsen. Wegen des hohen Stockpunktes des Öles sind Zwischengefäße in den Druckübertragungsleitungen unter gleichzeitiger Heizung der ölführenden Leitungen erforderlich, oder die Druckübertragungsleitungen müssen mit einem dünnflüssigen Öl mit besonderen Pumpen bespült werden, wenn Zwischengefäße unerwünscht sind.

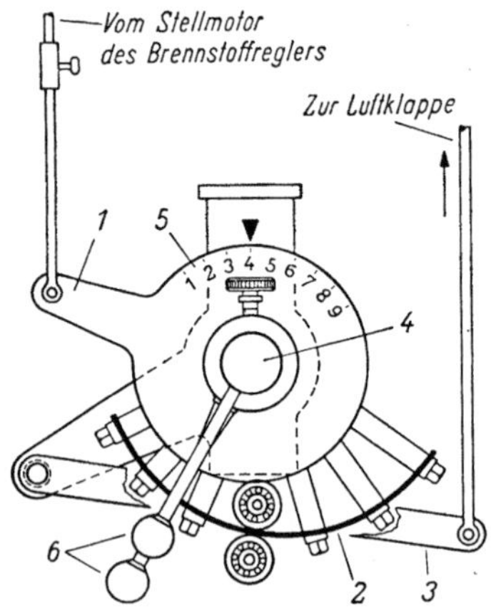

1 Ölhebel
2 Kulisse
3 Lufthebel
4 Öldrehschieber
5 Skale für Drehschieberstellung
6 Öl-Luft-Verhältnis-Einsteller

Bild 10. Verbundregelung von Öl und Luft beim SAACKE-Brenner [*4*]

Beim SAACKE-Brenner [*4*] ist durch die sog. Verbundregelung die Ölmessung durch die Einstellung eines kalibrierten Drehschiebers (*Bild* 10) ersetzt. Mit dem Ölhebel (*1*) ist die Kulisse (*2*) fest verbunden, an die der Lufthebel (*3*) über Kugellager geführt ist und selbsttätig zur Brennstoffeinstellung die erforderliche Luftzufuhr bewirkt. Das Öl-Luft-Verhältnis kann an den Hebeln (*6*) eingestellt werden. Die Verbundregelung setzt jedoch definierte Vordrücke für Öl und Luft voraus.

5. Gasfeuerung

Bei Gasfeuerungen wird die Gaszufuhr mit Blende und Durchflußmeßgerät (s. Kapitel 12) gemessen. Es muß für eine genügende Länge der Meßstrecke gesorgt sein. Bei staub- und teerhaltigen Gasen verwendet man Segmentblenden. Die Gaszufuhr wird im allgemeinen durch Klappen eingestellt. Gasbrenner haben meistens einen genügend großen Stellbereich, so daß man bei der Regelung von Dampferzeugern, die nur mit Gas beheizt werden, oft ohne Brennerwechsel auskommt.

6. Stellglieder für Luft

Da die Wirtschaftlichkeit der Verbrennung einen bestimmten Luftüberschuß verlangt, muß die Luftzufuhr gut einstellbar sein. Die Luft wird von elektrisch angetriebenen Gebläsen geliefert. Dampfantriebe findet man gelegentlich noch als Zugverstärker bei Schiffsanlagen.

a) Klappen

Die einfachste, aber nicht die wirtschaftlichste Art ist die Regelung durch Drosselklappen bei Gebläsen mit konstanter Drehzahl. Um eine bessere Wirtschaftlichkeit zu erreichen, werden die Gebläse gelegentlich mit zwei Drehzahlen wahlweise betrieben. Man verwendet polumschaltbare Motoren oder auch zwei Motoren mit verschiedener Drehzahl auf einer Welle. Beim Erreichen der Grenzleistung des Gebläses muß man auf die andere Drehzahl umschalten. Der Leistungsbereich, der mit beiden Drehzahlen gefahren werden kann, soll möglichst groß sein, damit Drehzahlumschaltungen, die jedesmal eine Störung für die Regelung bedeuten, nur selten vorkommen.

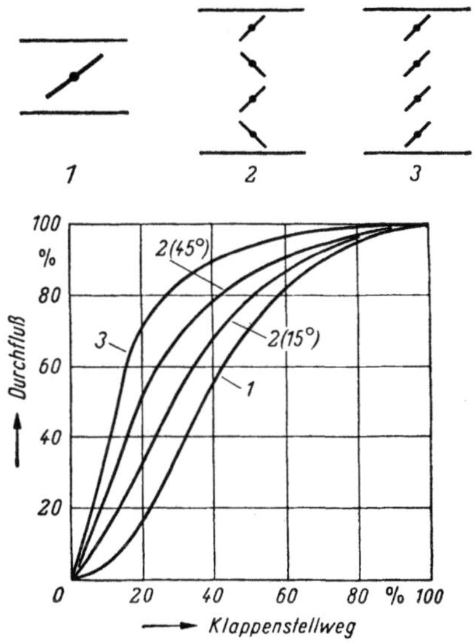

1 Einfachklappe
2 Gegenläufige Klappen
3 Gleichläufige Klappen (Jalousieklappe)

Bild 11. Klappenarten mit Durchflußkennlinien

Auf die Güte der Regelung bei allen Durchflußstärken ist die Kennlinie der Klappen von großem Einfluß. Regelungstechnisch wird eine lineare Kennlinie verlangt, wenn man die Luftzufuhr mit einem Meßgerät erfaßt, das ebenfalls linear arbeitet. Die Kennlinien verschiedener Klappenarten, also die Zuordnung des Durchflusses zum Klappenwinkel, ist in *Bild* 11 dargestellt, wobei für alle Kennlinien dasselbe Lastverhalten von Gebläse- und Gegendruck zugrunde gelegt wurde. Die Jalousieklappe (*3*) zeigt die ungünstigste, die einteilige Klappe (*1*) die günstigste Kennlinie. Dazwischen liegen die Kennlinien gegenläufiger Klappen (*2*), die um so günstiger werden, je kleiner ihr Schließungswinkel ist (vgl. Kurven für 15° und 45° Schließungswinkel in *Bild* 11). Da für große Klappen nur geteilte Klappenausführungen möglich sind, sollten nur gegenläufige Klappen verwendet werden, die in der Abschlußstellung möglichst in einer Linie stehen (Schließungswinkel nahezu 0°). Die Kennlinie kann noch verbessert werden, wenn man das Verbindungsgestänge zum Klappenantrieb so ausführt, daß in der Abschlußstellung Antriebskurbel und Kupplungsstange nahezu eine Gerade bilden (s. Kapitel 12). Der Querschnitt der Luftleitung an der Einbaustelle der Drosselklappe sollte nur so groß sein, wie ihn der Druckverlust bei vollständig geöffneter Klappe gerade noch zuläßt.

b) Gebläsedrehzahl

Die Wirtschaftlichkeit der Gebläse wird durch Betrieb mit veränderbarer Drehzahl verbessert. Man kuppelt das Gebläse entweder mit einem drehzahlgesteuerten Antriebsmotor oder man baut zwischen Antriebsmotor und Gebläse eine Kupplung mit veränderbarer Übersetzung ein. Als drehzahlgesteuerte Motoren werden Drehstrom-Schleifringläufer und Drehstrom-Reihenschlußmotoren verwendet.

Bei Drehstrommotoren mit Schleifringläufer muß der Einstellwiderstand über eine große Anzahl von Widerstandsstufen verfügen, wenn man die erforderliche Einstellgenauigkeit von 1% erreichen will. Im Gegensatz dazu ermöglicht der Drehstrom-Reihenschlußmotor durch seine Bürstenverstelleinrichtung eine stufenlose Drehzahlverstellung. Nachteilig ist, daß bei Drehzahländerungen infolge der großen Gebläseschwungmassen nur verzögert die neue Drehzahl erreicht wird. Diese Verzögerung ist bei hydraulischen Kupplungen mit verstellbarer Übersetzung noch erheblich größer und kann bis zu 60 s betragen. Die Regelbarkeit eines Kessels wird dadurch sehr beeinträchtigt. Die hydraulische Kupplung ist als Stellglied für die Luftzufuhr von Kesseln, die schnellen und großen Belastungsänderungen ausgesetzt sind, nicht zu empfehlen.

c) Leitschaufelverstellung

Eine sowohl wirtschaftlich als auch regelungstechnisch befriedigende Regelung der Luftzufuhr bietet der Lüfter mit Leitschaufelverstellung. Die Luftzufuhr ändert sich sofort nach einer Änderung des Leitschaufelwinkels, und die Kennlinienform ist bei richtiger Größenauslegung des Gebläses brauchbar. Da der Stellbereich nur etwa 50 bis 100% beträgt, müssen die Lüfter sehr genau vorausberechnet werden. Hierbei ist besonders auf die Bemessung der Sicherheitszuschläge zu achten. Zur Erweiterung des Stellbereiches nach unten kann der Lüfterantrieb mit einer zweiten niedrigeren Drehzahl ausgerüstet werden. Betriebstechnisch ist es einfacher, in die Luftleitung eine Klappe einzubauen und sie von einer bestimmten Stellung der Leitschaufeln an als Vordrossel zu benutzen.

7. Luftmessung

Man mißt den Luftstrom für die Regelung am besten nach der Wirkdruckmethode an Staurändern oder venturirohrartigen Einschnürungen im Luftkanal, wenn ausreichende Meßstrecken vorhanden sind. Sehr oft werden die erforderlichen Meßstrecken nicht zur Verfügung gestellt, und es müssen für die Luftmessung vorhandene Strömungswiderstände dienen, z.B. vor und hinter dem Luftvorwärmer oder auf der Rauchgasseite zwischen Brennkammer und Kesselende. Da sich die Strömungswiderstände ändern können, ist diese Art der Messung unsicher.

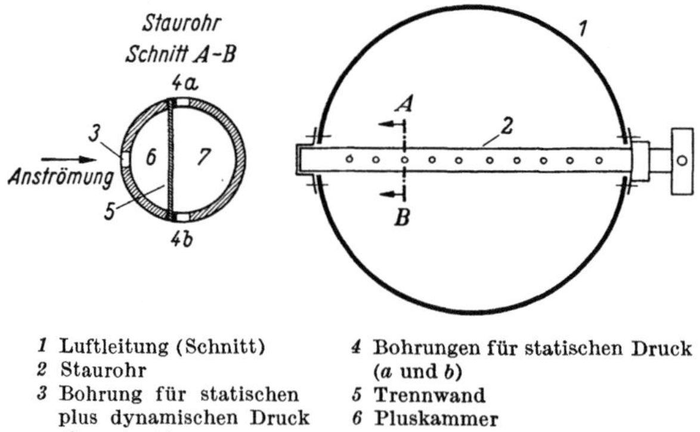

1 Luftleitung (Schnitt)
2 Staurohr
3 Bohrung für statischen plus dynamischen Druck (Staudruck)
4 Bohrungen für statischen Druck (*a* und *b*)
5 Trennwand
6 Pluskammer
7 Minuskammer

Bild 12. Integrierendes Staurohr

Sehr gut hat sich bei nicht ausreichenden Meßstrecken das integrierende Staurohr bewährt, von dem *Bild* 12 einen Schnitt zeigt. Dieses Rohr wird quer so durch den Luftkanal gesteckt, daß nach Möglichkeit das Maximum des mit der Strömung wandernden Strömungsgebirges immer erfaßt wird. Die Druckdifferenz zwischen der Pluskammer (*6*) und der Minuskammer (*7*) ergibt den Staudruck. Als Meßgeräte dienen Ringwaagen oder Durchflußmeßumformer (s. Kapitel 12). Der Wirkdruck soll möglichst nicht unter 36 mm WS liegen.

Ein Sonderfall für die Luftzufuhrmessung ist beim Wanderrost (vgl. *Bild* 1) gegeben. Hier mißt man zweckmäßigerweise nicht den Luftstrom, sondern den Druck im Unterwindkanal mit einem radizierenden Meßgerät. Das hat den großen Vorzug, daß bei Löchern im Brennstoffbett für den beschickten Teil des Rostes immer genügend Luft zur restlosen Verbrennung des Brennstoffes vorhanden ist.

Es ist besser, mit *einer* Meßstelle die gesamte Verbrennungsluft zu erfassen, als die Summe aus mehreren Einzelwerten zu bilden. Eine solche Meßstelle läßt sich nur auf der Kaltluftseite anbringen, vorausgesetzt, daß die Luftkanäle dies ermöglichen. Die Messung auf der Kaltluftseite hat noch den großen Vorzug, daß infolge der höheren Wichte der Luft ein größerer Meßdruck entsteht und die Temperatur nur geringen Änderungen unterliegt.

8. Luftzuteilung

Bei Mischfeuerungen kann man die Frischluftgebläse nach dem Gesamtluftbedarf aller Einzelfeuerungen einstellen. Die Luftzufuhr jeder Einzelfeuerung, bis auf eine, wird gesondert geregelt, wobei die Luftzufuhr für die letzte Feuerung sich aus der Differenz zwischen Gesamtluft und Summe der geregelten Einzelluftströme zwangsweise ergibt. So wird z. B. bei einer Staubfeuerung mit Einblasemühlen und einer Gaszusatzfeuerung das Frischluftgebläse nach dem Gesamtluftbedarf geregelt, während die von der Gesamtluft abgezweigte Gasluft entsprechend der Gaszufuhr zu den Gasbrennern getrennt geregelt wird. Es muß also eine besondere Messung und Regelung für die Gasluft vorgesehen werden.

Man kann auch mit Hilfe des Frischluftgebläses den Druck in einem gemeinsamen Luftsammler auf einen konstanten oder auf einen lastabhängigen Wert regeln, wie z. B. bei der Feuerung mit mehreren Zyklonen, bei der von einem gemeinsamen Luftsammler die Einzelleitungen zu den Zyklonen abzweigen. In jeder der Einzelleitungen wird die Luftzufuhr gemessen und durch Tangential- oder Zungenklappen in den Luftdüsen der Zyklone geregelt.

Die Sekundärluft zu den Brennern führt man bei der Staubfeuerung durch besondere Düsen zu, die meistens ober- und unterhalb der Brennermundungen angeordnet sind.

Durch einmalig von Hand einzustellende Klappen verteilt man die Luft auf die Düsen. Ähnlich liegen die Verhältnisse bei den Öl- und Gasbrennern. Jedoch gibt es hier eine ganze Reihe von Sonderausführungen, bei denen z. B. die Ölhahnstellung über eine Kurvenführung mit den Luftklappen gekuppelt ist (s. *Bild* 10).

9. Regelung des Brennstoff-Luft-Verhältnisses

Die Luftregelung kann auf Grund ihrer Meßmöglichkeiten nur das Verhältnis von Brennstoffvolumen zum Luftvolumen, wie es bei der Inbetriebnahme der Regelung eingestellt wurde, aufrechterhalten. Damit ist aber noch nicht der für eine wirtschaftliche Verbrennung notwendige Luftüberschuß bei wechselnder Brennstoffqualität gewährleistet, da der Heizwert bei der Brennstoffmessung nicht berücksichtigt wird.

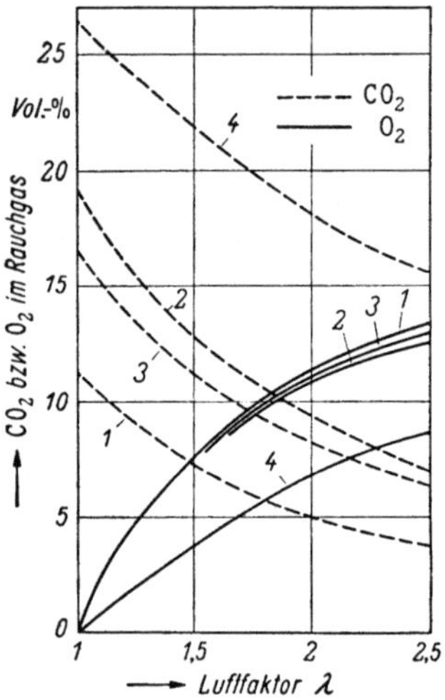

1 Leuchtgas *3* Öl
2 Steinkohle *4* Gichtgas

Bild 13. Rauchgaszusammensetzung in Abhängigkeit vom Luftfaktor λ bei verschiedenen Brennstoffen

Den sichersten Aufschluß über den jeweiligen Luftüberschuß gibt die Rauchgasanalyse nach dem CO_2- und dem O_2-Gehalt. Auf Grund dieser Analyse ist das eingestellte Brennstoff-Luft-Verhältnis zu berichtigen. Geschieht die CO_2-Messung elektrisch, so ist zu berücksichtigen, daß bei unvollständiger Verbrennung bestimmte Gase, besonders H_2, im Rauchgas enthalten sein können, die die CO_2-Anzeige in zurückgehendem Sinne fälschen. Es ist daher vorteilhaft, die CO_2-Messung durch eine Messung von $H_2 + CO$ zu ergänzen. Die elektrische O_2-Messung dagegen ist immer richtig. Aber auch hier kann eine Messung von $H_2 + CO$ im Rauchgas von Vorteil sein, weil ein Vorhandensein von O_2 noch nicht die Gewähr bietet, daß das Rauchgas keine unverbrannten Bestandteile enthält.

Bei Mischfeuerungen, die mit Brennstoffen arbeiten, deren Verbrennungsgase bei optimaler Verbrennung unterschiedlichen CO_2-Gehalt haben, oder bei Feuerungen mit Gichtgas, das schon im Anlieferungszustand einen wechselnden Gehalt von CO_2 hat, ist die CO_2-Messung im Rauchgas nicht mehr eindeutig, und man muß zur Beurteilung der Verbrennungsgüte den O_2-Gehalt der Rauchgase messen. *Bild* 13 zeigt die Zusammensetzung der Rauchgase in Abhängigkeit vom Luftfaktor bei verschiedenen Brennstoffen. Man erkennt daraus, daß bei gleichem Luftfaktor der O_2-Gehalt der Rauchgase im Gegensatz zum CO_2-Gehalt bei der Verbrennung von Leuchtgas, Steinkohle und Öl nur wenig voneinander abweicht; Gichtgas dagegen macht eine Ausnahme.

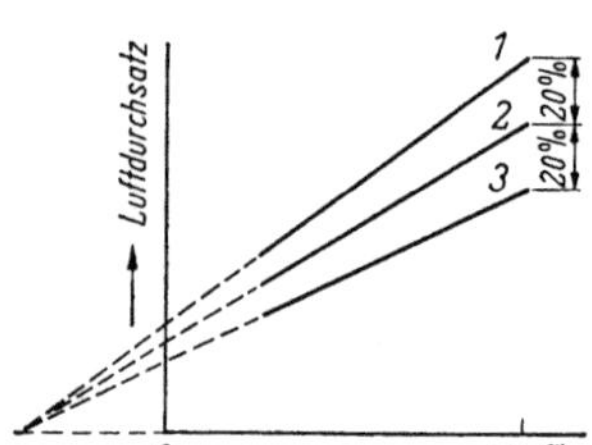

1 Hoher Heizwert
2 Mittlerer Heizwert
3 Niedriger Heizwert

Der links vom Nullpunkt liegende Schnittpunkt trägt der Tatsache Rechnung, daß bei Schwachlast die Feuerung mit größerem Luftüberschuß arbeiten muß als bei Starklast

Bild 14. Korrektur des Brennstoff-Luft-Verhältnisses durch den O_2-Regler

Es ist ohne weiteres möglich, das Brennstoff-Luft-Verhältnis nach dem O_2-Gehalt zu regeln. Man muß aber berücksichtigen, daß die O_2-Messung eine unvermeidliche Totzeit hat und daß bei Laständerungen, besonders wenn mit großem Vorhalt bei der Feuerungsregelung gearbeitet wird, vorübergehende O_2-Schwankungen auftreten. Der O_2-Regler wird daher stets nur als Führungsregler für die Brennstoff-Luft-Verhältnisregelung angewendet. Im allgemeinen wird man mit einer Verschiebung des Brennstoff-Luft-Verhältnisses um $\pm$ 20% auskommen (*Bild* 14).

Die Rauchgasuntersuchung erstreckt sich nur auf einen kleinen Anteil, der dauernd dem Gesamtrauchgasstrom entnommen wird. Da immer mit einer Strähnenbildung im Rauchgasstrom zu rechnen ist, muß die Entnahmestelle sorgfältig ausgewählt werden. Sie liegt im allgemeinen am Kesselende vor den Luftvorwärmern, damit Undichtigkeiten des Luftvorwärmers die Messung nicht fälschen. Zur Verringerung der Anzeigeverzögerung sollte die Entnahmeleitung so kurz wie möglich sein. Die Anzeigezeit kann noch verkürzt werden, wenn man einen verhältnismäßig großen Rauchgasstrom absaugt und aus diesem einen Teilstrom für den O_2-Messer entnimmt.

Im Ausland, besonders in Amerika, ist noch eine andere Art der Regelung des Brennstoff-Luft-Verhältnisses üblich. Ausgehend von der Überlegung, daß bei gleicher Brennstoffart zur Erzeugung der gleichen Wärmemenge immer die gleiche Luftmenge gehört, und daß im Gleichgewichtszustand des Dampferzeugers der gleichen Wärmemenge die gleiche Dampfmenge zugeordnet sein muß, wird die Luft so geregelt, daß immer das gleiche Dampf-Luft-Verhältnis eingehalten wird. Streng genommen gilt dieses Verfahren nur für den ausgeglichenen Zustand. Bei stark wechselnden Belastungen, besonders wenn nach Inanspruchnahme des Kesselspeichervermögens zur Wiederherstellung des vorgeschriebenen Kesseldruckes Feuerungsleistung und Dampfabgabe nicht mehr übereinstimmen, arbeitet dieses Verfahren nicht mehr richtig. Man erzielt jedoch ein gutes Ergebnis, wenn man die Führungsgröße für den Luftregler aus Dampfstrom und Kesseldruck bildet. In dieser Form hat sich eine solche Regelung bei Feuerungen, die mit Brennstoffen stark wechselnder Qualität arbeiten, auch in Deutschland gut bewährt.

10. Regelung des Brennkammerdruckes

Die Verbrennungsgase der Feuerung müssen durch Rauchgasgebläse so abgesaugt werden, daß in der Brennkammer ein geringer Unterdruck von nur wenigen mm WS gehalten wird, damit kein Rauchgas durch die Undichtigkeiten der Wandung nach außen entweichen und möglichst wenig Falschluft in die

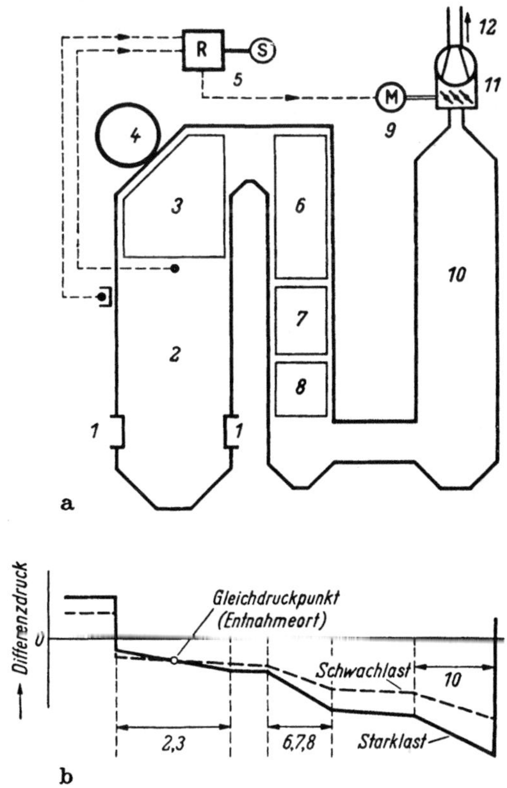

1–1 Brennerebene
2 Brennkammer
3 Strahlungsüberhitzer
4 Kesseltrommel
5 Brennkammerdruckregler
6 Berührungsüberhitzer
7 Speisewasservorwärmer
8 Luftvorwärmer
9 Stellmotor für Leitschaufeln des Rauchgasgebläses (Saugzug)
10 Elektrofilter
11 Rauchgasgebläse
12 Schornstein

a) Wirkbild b) Druckverlauf längs der Kesselzüge

Bild 15. Brennkammerdruckregelung eines Kessels

Brennkammer eindringen kann. Bei druckdichten Wandungen (Schiffskesselausführung) kann auf die Regelung des Brennkammerdruckes verzichtet werden. An einem Zweizugkessel (*Bild* 15 a) ist der Druckverlauf von Brennerluft und Rauchgas in *Bild* 15 b schematisch dargestellt. Man erkennt, wie bei verschiedenen Lasten die Kurven sich in einem Punkt schneiden (Gleichdruckpunkt). Der Sollwert des Brennkammerdruckreglers (*5*) ist auf den Gleichdruckpunkt fest eingestellt; der Regler liefert die Stellgröße für den Saugzug (*11*). Bei größeren Anlagen findet man auch mehrere parallel arbeitende Rauchgasgebläse. Die Lage der Meßstelle in der Brennkammer muß so ausgewählt werden, daß bei konstantem Unterdruck an diesem Punkt bei keiner Kessellast an irgendeiner Stelle ein Überdruck auftreten kann. Erfahrungsgemäß liegt diese Meßstelle bei etwa zwei Drittel der Brennkammerhöhe.

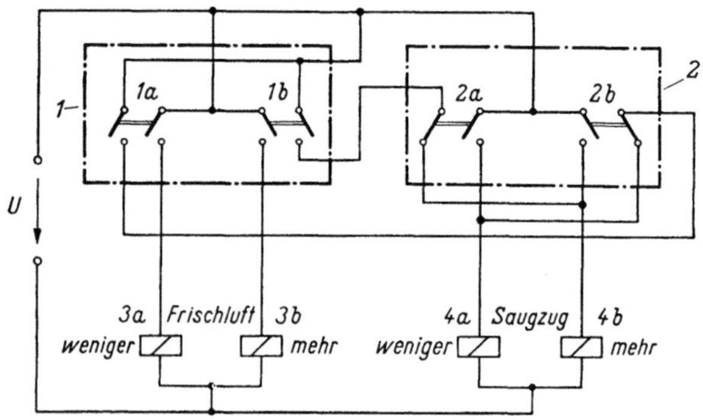

1 Frischluftregler
2 Brennkammerdruckregler
1a, 2a } „Weniger"-Kontakte
1b, 2b } „Mehr"-Kontakte
3a, b; 4a, b } Wicklung der Schütze für Frischluft und Saugzug

Bild 16. Entkopplungs- und Verriegelungsschaltung zwischen Luft- und Brennkammerdruckregler

Der Brennkammerdruckregler enthält meistens ein Membranmeßwerk, dessen eine Seite der Außenluft ausgesetzt ist, sofern es sich in der Nähe des Kessels befindet. Ist der Regler mit dem Meßwerk zusammengebaut und in einer entfernt liegenden oder klimatisierten Warte untergebracht, so muß die andere Seite der Membran mit dem Kesselraum verbunden werden, da sonst erhebliche Falschmessungen auftreten können. Bei Feuerungen, die stark pulsieren, muß man die Druckübertragungsleitung dämpfen. Hierzu eignen sich zusätzliche Volumina mit vorgesetzten Drosseln; oftmals genügt auch ein Wattefilter.

Für die Rauchgasgebläse, deren Antrieb und Steuerung, gilt sinngemäß das gleiche wie beim Frischluftgebläse. Da Frischluft- und Brennkammerdruck sich gegenseitig beeinflussen, muß die Brennkammerdruckregelung schneller als die Frischluftregelung sein, damit niemals Überdruck in der Brennkammer entstehen kann. Die beiden Regelungen lassen sich entkoppeln, indem die Stellbefehle des Frischluftreglers gleichzeitig als Störwert auf den Brennkammerdruckregler gegeben werden. Es muß aber sichergestellt sein, daß die Stellbefehle des Brennkammerdruckreglers gegenüber denen des Luftreglers den Vorrang haben. Diese Bedingungen erfüllt bei schrittweise arbeitenden elektrischen Reglern die Schaltung nach *Bild* 16.

Die Brennkammerdruckregelung bestimmt die Regelgeschwindigkeit der gesamten Feuerungsregelung. Es ist daher besser, zur Steuerung des Saugzugs die Leitschaufeln des Gebläses zu verstellen, als die Drehzahl zu ändern.

C. Trommelkessel

1. Aufbau

Die von der Feuerung erzeugte Wärme wird im Speisewasser-Vorwärmer (Eco), im Umlaufsystem mit Trommel (Verdampferteil) und im Überhitzer auf das Wasser bzw. auf den Dampf übertragen (*Bild* 17). Der Luftvorwärmer (Luvo) dient dazu, die Verbrennungsluft zu erwärmen. Die Speisepumpe (*2*) drückt das dem Speisewasserbehälter entnommene Wasser durch den Speisewasser-Vorwärmer (*4*) des Kessels in die Trommel (*5*). Je nach Bemessung des Vorwärmers steigt die

1 Zulauf
2 Speisepumpe
3 Speisewasser-Regelventil
4 Speisewasser-Vorwärmer
5 Trommel
6 Fallrohr
7 Verdampferheizfläche
8 Abscheidetrommel
9 1. Überhitzer
10 2. Überhitzer
11 Turbineneinlaßventil
12 Turbine

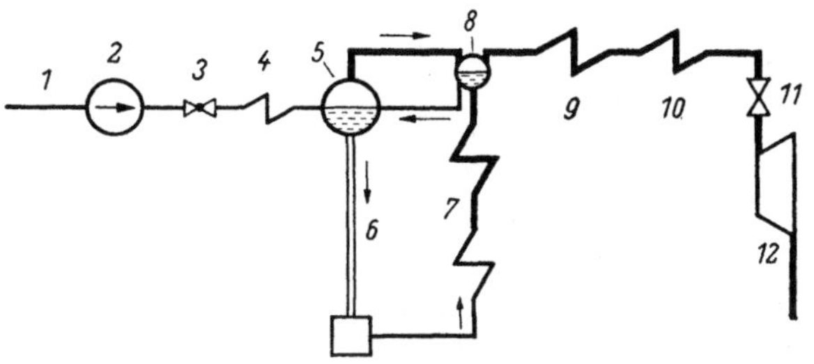

Bild 17. Wasser-Dampf-Weg eines Dampferzeugers mit Trommelkessel

Temperatur des Wassers im Vorwärmer nahezu auf Sattdampftemperatur an. Bei einem Verdampfungs-Eco wird die Sattdampftemperatur erreicht und ein Teil des Wassers bereits verdampft. Die Trommel ist nicht beheizt. Von der Trommel (*5*) fließt das Wasser durch unbeheizte Fallrohre (*6*) und beheizte Steigrohre (*7*), in denen die Verdampfung vor sich geht. Der Dampf trennt sich in der Trommel, die manchmal noch eine zusätzliche Abscheidetrommel (*8*) erhält, vom Wasser. Der Dampf wird dann im Überhitzer, der aus mehreren hintereinanderliegenden Teilen (*9, 10*) besteht, auf die vorgegebene Austrittstemperatur überhitzt. Längs des Kessels stellt sich ein lastabhängiger Druckverlauf ein.

2. Speicherfähigkeit

Der Kessel hat eine Speicherfähigkeit. Man kann aus ihm mehr Dampf herausnehmen, als von der Feuerung erzeugt wird, und umgekehrt in ihm Wärme speichern, wenn die Feuerungsleistung größer ist, als es der Dampfentnahme entspricht. Im ersten Fall sinkt, im zweiten steigt der Druck im Verdampferteil. Gute Speicherfähigkeit unterstützt die Regelung bei Laständerungen [*5*].

Die Speicherfähigkeit beruht darauf, daß die Siedetemperatur des Wassers mit fallendem Druck fällt und mit steigendem Druck wächst. Wird mehr Dampf entnommen, als der Feuerungsleistung entspricht, so expandiert der Dampf, und der Druck im Kessel fällt. Dadurch sinkt auch die Siedetemperatur, und es wird Wärme aus dem Wasser und den Eisenteilen des Verdampferteils frei, die zur Mehrdampferzeugung dient. Wird weniger Dampf entnommen, als es der Feuerungsleistung entspricht, so steigt der Druck, da der Dampf komprimiert wird. Damit erhöht sich auch die Siedetemperatur des Wassers, so daß die überschüssige Wärme im Wasser und in den Eisenteilen des Verdampferteiles gespeichert wird.

Die Speicherfähigkeit (kg Dampf je at Druckänderung) eines Kessels ist um so größer, je größer der Wasserinhalt und die Eisenmassen sind. Der Hauptanteil des Speichervermögens wird aus dem Wasserinhalt gedeckt. In *Bild* 18 ist der reziproke Wert der Speicherfähigkeit für einen Kessel mit 1 t Wasserinhalt im Siedezustand in Abhängigkeit vom Kesseldruck aufgetragen, ohne Berücksichtigung der Eisenmassen. Der Reziprokwert der Speicherfähigkeit hat die Dimension at Druckänderung je kg Dampf und t Wasserinhalt. Man erkennt, daß die Speicherfähigkeit einen Minimalwert bei etwa 90 ata hat. Kennt man den Wasserinhalt des Verdampferteiles, der meistens in m^3 angegeben wird, so kann man mit Hilfe der Wichte das Wassergewicht in t für die Siedetemperatur ausrechnen und mit dem aus der Kurve gefundenen Wert die Druckabsenkung für eine bestimmte Dampfentnahme ohne gleichzeitige Wärmezufuhr errechnen.

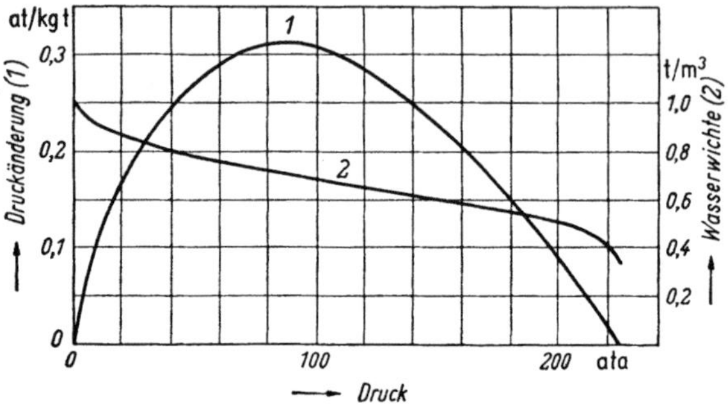

1 Druckänderung *2* Wichteverlauf

Bild 18. Druckänderung bei 1 kg Dampfentnahme aus einem Kessel mit 1 t Wasserinhalt und Wichte des Wassers im Siedezustand in Abhängigkeit vom Druck

Damit ist aber der Anteil der Speicherfähigkeit, den die Eisenmassen liefern, noch nicht bekannt. Berücksichtigt man jedoch, daß der tatsächliche Wasserinhalt im Betrieb kleiner ist als der der Berechnung zugrunde gelegte, da ein Teil der Siederohre mit Dampf gefüllt ist, und nimmt man an, daß sich der zu hoch errechnete Wert ungefähr mit dem vernachlässigten Wert der nicht berücksichtigten Eisenmassen ausgleicht, so kann man nach dem angegebenen Verfahren dem tatsächlichen Wert der Speicherfähigkeit ziemlich nahekommen [*6*].

3. Druck- und Lastregelung [*5*]

Bei einem ideal geregelten Dampferzeuger ist der durch die Feuerung erzeugte Dampfstrom immer genau gleich der Dampfentnahme; das Speichervermögen wird dann nicht in Anspruch genommen. Der Druck in der Kesseltrommel bleibt also im Idealfall für jede Kessellast immer unverändert. Unter dieser Voraussetzung ist in *Bild* 19 die Druckverteilung in den einzelnen Kesselteilen über der Kessellast dargestellt. Der Trommeldruck ist eine Linie gleichen Druckes. Darunter liegt der quadratisch mit der Kessellast fallende Druck vor dem Verbraucher, darüber der quadratisch mit der Kessellast steigende Druck am Kesseleintritt. Die oberste Kurve stellt die Kennlinie der Speisepumpe (QH-Kurve) dar, von der noch der quadratisch mit der Kessellast steigende Rohrleitungsdruckverlust abgesetzt ist. Zwischen dem Druck vor dem Regelventil und dem Kesseleintrittsdruck liegt der vom Speisewasser-Regelventil abzudrosselnde Druck (*2*).

Um dem Idealfall möglichst nahezukommen, muß mit Hilfe der Feuerung konstanter Trommeldruck gehalten werden. Der Trommeldruck ist also die eigentliche Regelgröße, von der die Stellgrößen für die Feuerung zu bilden sind. Da der Trommeldruck keinem neuen Beharrungswert zustrebt, wenn das Gleichgewicht zwischen Feuerungsleistung und Dampfabgabe gestört ist, handelt es sich hier um eine Regelstrecke ohne Ausgleichswert, die am einfachsten mit einem P-Regler zu beherrschen ist. Bei kleinen Kesseln, wie sie z.B. als Hilfskessel in großen Kraftwerken aufgestellt werden, verwendet man daher auch eine Regelanordnung, wie sie in *Bild* 20 gezeigt ist. Voraussetzung ist, daß ein Proportionalbereich zulässig ist und daß eine schnell wirkende Feuerung, z.B. Ölfeuerung, bei relativ großem Wasserinhalt des Kessels vorhanden ist. Der Trommeldruck ist die Eingangsgröße eines P-Reglers, der den Öldurchsatz steuert, wobei das Ölventil mechanisch mit der Luftklappe gekuppelt und deren Stellung zum Regler zurückgeführt ist.

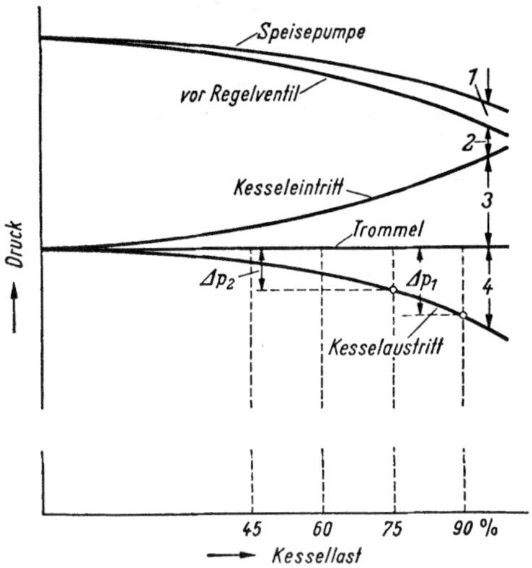

1 Druckabfall in der Speiseleitung
2 Druckabfall im Speisewasser-Regelventil
3 Druckabfall im Vorwärmer
4 Druckabfall im Überhitzer und in der Dampfsammelleitung
Δp_1 Druckabfall im Überhitzer bei 90 % Last
Δp_2 Druckabfall im Überhitzer bei 75 % Last

Bild 19. Druckverlauf beim Trommelkessel in Abhängigkeit von der Last

In den meisten Fällen wird jedoch ein für alle Lasten konstanter Trommeldruck gefordert, so daß ein P-Regler nicht mehr anwendbar ist. Die Lösung dieser Aufgabe mit einem I-Regler wird ermöglicht, wenn man zunächst die

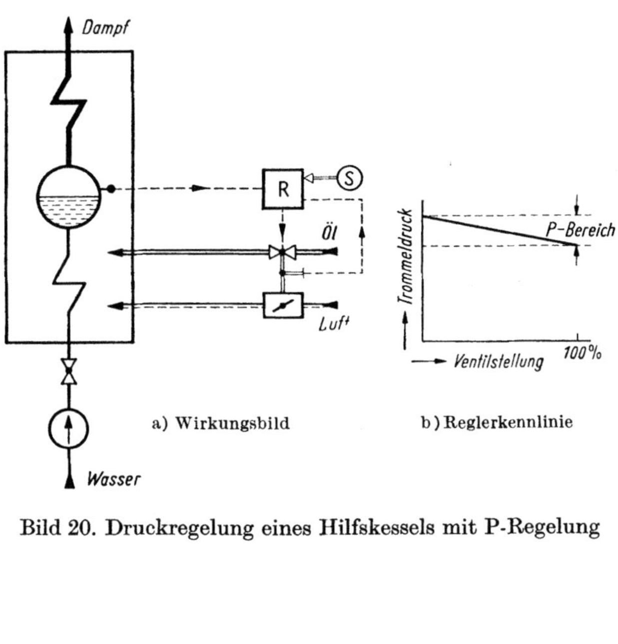

Bild 20. Druckregelung eines Hilfskessels mit P-Regelung

Feuerungsleistung immer in Übereinstimmung mit der Dampfabgabe hält und die eigentliche Regelgröße, den Trommeldruck, nur korrigierend auf die Feuerungsleistung wirken läßt (*Bild* 21). Die Differenz von Dampfabgabe und Feuerungsleistung stellt den Differentialquotienten der Regelgröße dar und kann, auf die Druckregelung aufgeschaltet, diese stabilisieren. Als Maß für die Feuerungsleistung kann die Summe der Drehzahlen aller Kohlezuteiler gelten. Die übrigen zur Feuerungsregelung gehörenden Regler sind nicht dargestellt.

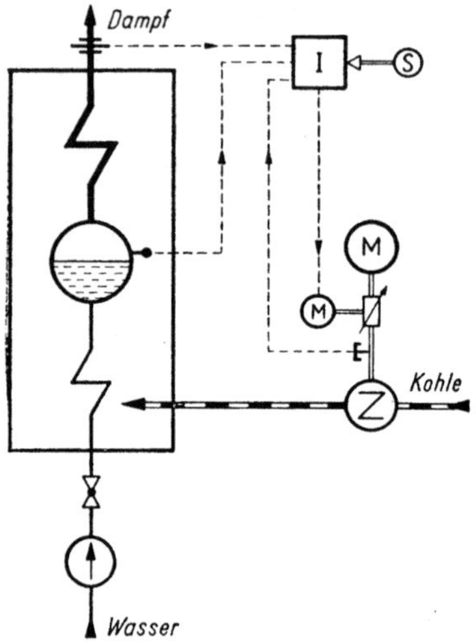

Bild 21. Druckregelung eines Trommelkessels mit I-Regler und zusätzlicher Aufschaltung der Dampfabgabe und der Feuerungsleistung

Die Dampfabgabe und der Trommeldruck lassen sich für die Regelung gemeinsam mit einem einzigen Gerät, einem Druckmesser am Kesselaustritt, erfassen. Der Kesselaustrittsdruck ist der Trommeldruck, vermindert um den Druckabfall im Überhitzer (vgl. *Bild* 19), dessen Wurzelwert der Dampfabgabe proportional ist. Steigende Last (Dampfabgabe), also fallender Kesselaustrittsdruck, muß die Feuerungsleistung vergrößern. Die Aufschaltung des Kesselaustrittsdruckes ist auch für den Fall richtig, wenn er infolge sinkenden Trommeldruckes fällt; auch dann ist eine Steigerung der Feuerungsleistung notwendig.

Die Anzeige p des Druckmessers am Kesselaustritt, die der Differenz aus Trommeldruck p_T und Überhitzerdruckabfall $\Delta p_Ü$ entspricht, muß noch mit dem Sollwert p_k für den Trommeldruck unterdrückt werden (*Bild* 22 a):

$$\Delta p = p_k - (p_T - \Delta p_Ü)$$

Bei richtigem Trommeldruck $p_T = p_k$ ist das Regelsignal Δp allein durch die Dampfabgabe $\sqrt{\Delta p_Ü}$ gegeben. Es ist daher notwendig, die Anzeige des Druckmessers mit einer Radiziervorrichtung zu versehen, damit diese Anzeige der Dampfabgabe proportional wird. *Bild* 22b zeigt die Anordnung des Brennstoffreglers mit einem Druckmesser an der Dampfsammelleitung, der zugleich Trommeldruck und Dampfabgabe erfaßt. Auch hier sind die übrigen zur Feuerungsregelung gehörenden Regler nicht dargestellt.

Der Anzeigebereich des Druckmessers beginnt beim Sollwert des Trommeldruckes und endet beim Trommeldruck minus Druckabfall im Überhitzer bei Kesselhöchstlast und entspricht damit der Dampfabgabe 0 bis 100%. Da der Meßbereich des Druckmessers damit gegeben ist, läßt sich ein Druck-Sollwertsteller in der Eingangsschaltung des Reglers nicht mehr unterbringen. Eine Änderung des Sollwertes für den Trommeldruck ist jedoch durch Änderung der Unterdrückung des Anzeigebereiches in engen Grenzen möglich. Damit der Druckmesser auch noch zu tiefen Trommeldruck bei Kesselhöchstlast anzeigt, wird der Anzeigebereich über 100% um einen gewissen Betrag erweitert. Da der Überhitzerdruckabfall nur etwa 5 bis 8% des Trommeldruckes beträgt, ist der Meßbereich außerordentlich stark unterdrückt, der Druckmesser muß also sehr genau sein. Es werden vorzugsweise Kolbenmanometer (s. Kapitel 12) verwendet. Beträgt z.B. der Druckabfall im Überhitzer bei 100% Kessellast 3 at, so entspricht einer Laständerung von 1% bei Vollast eine Änderung des Druckes um 0,06 at, bei 20% Last ist die Druckänderung für 1% Laständerung jedoch nur noch 0,012 at.

Diese Unterschiede werden durch die Radizierung ausgeglichen, so daß bei

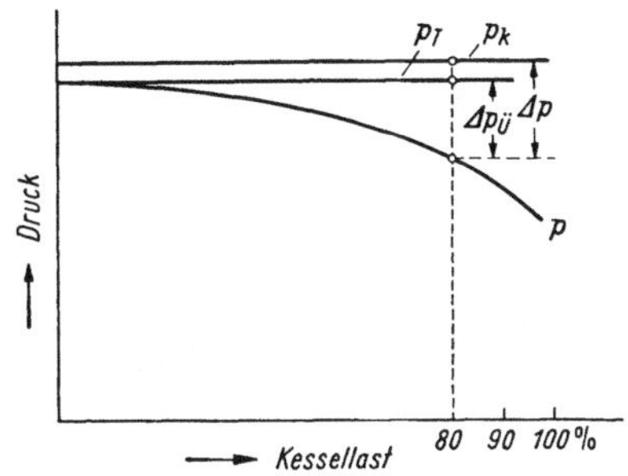

a) Bildung des Regelsignals

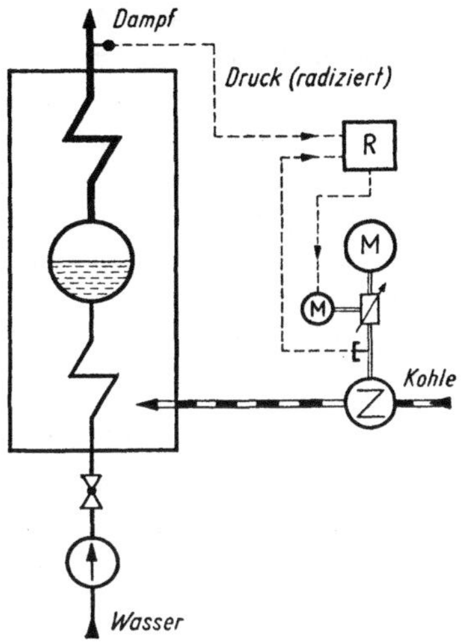

b) Anordnung der Regelgeräte am Kessel

p Kesselaustrittsdruck
p_T Trommeldruck
p_k Sollwert des Trommeldruckes
$\Delta p_Ü$ Druckabfall im Überhitzer
Δp Meßsignal

Bild 22. Brennstoffregelung bei kombinierter Messung von Trommeldruck und Dampfabgabe

allen Laststufen zu gleichen Laständerungen gleiche Feuerungsänderungen gehören. Die Aufschaltung der Abweichung des Trommeldruckes von seinem Sollwert ist infolgedessen bei kleiner Last weit stärker als bei großer Last. Dies kann bei schlecht regelbaren Kesseln, z.B. bei Kesseln mit träger Feuerung, kleinem Überhitzerdruckabfall und geringer Speicherfähigkeit, im Bereich kleiner Last zu unruhigem Arbeiten der Regelung führen. In solchen Fällen ist man gezwungen, zu der in *Bild* 21 gezeigten Schaltung überzugehen, bei der das Regelsignal aus der unradizierten Anzeige eines Druckmessers an der Trommel und der Anzeige eines besonderen Dampfdurchflußmessers gebildet wird.

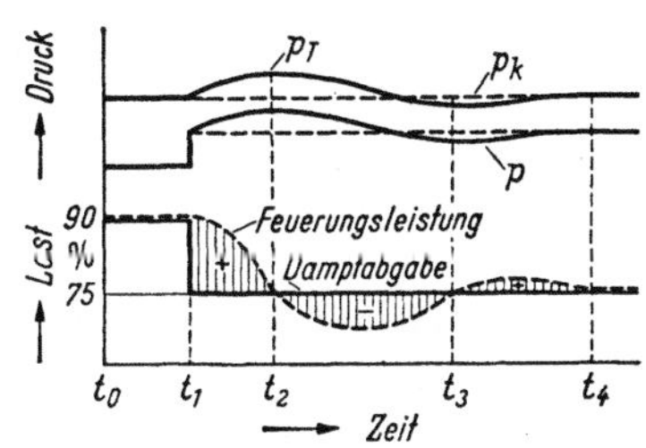

p_T Trommeldruck
p Kesselaustrittsdruck
p_k Sollwert des Trommeldruckes

Bild 23. Druckverlauf beim Trommelkessel bei Entlastung

Bild 23 zeigt den Druckverlauf in der Trommel und in der Dampfsammelleitung am Beispiel einer Entlastung. Zum Zeitpunkt t_0 herrscht Gleichgewichtszustand zwischen Dampfabgabe und Feuerungsleistung bei einer Kessellast von 90%. Im Zeitpunkt t_1 geht die Dampfabgabe auf 75% zurück. Der Druckabfall im Überhitzer wird kleiner, dementsprechend steigt die Anzeige p des Druckmessers an und nimmt die Brennstoffzuteilung auf 75% zurück. Die Feuerungsleistung selbst folgt jedoch der Verstellung verzögert und erreicht den 75%-Wert erst im Zeitpunkt t_2. Die von Dampfabgabe und Feuerungsleistung eingeschlossene Fläche stellt die Dampfmenge dar, die vom Zeitpunkt t_1 bis zum Zeitpunkt t_2 im Kessel gespeichert worden ist. Ist die Speicherfähigkeit (s. Abschnitt C 2) bekannt, so läßt sich mit Hilfe des Diagramms in *Bild* 18 das Maximum des Trommeldruckes zum Zeitpunkt t_2 berechnen. Der Kesselaustrittsdruck ist parallel mit dem Trommeldruck gestiegen und hat die Brennstoffzuteilung weiter vermindert, als es der augenblicklichen Dampfentnahme entspricht, um den Trommeldruck herabzusetzen. Es entsteht jetzt eine weitere Fläche zwischen der verzögert folgenden Feuerungsleistung und Dampfabgabe bis zum Zeitpunkt t_3. Diese Fläche ist ein Maß für die Dampfmenge, die der Kessel infolge seines Speichervermögens abgegeben hat, um den Trommeldruck bis auf seinen Sollwert zu entspannen. Nach einer weiteren kleinen Schwingung ist im Zeitpunkt t_4 Gleichgewicht eingetreten.

4. Parallelbetrieb von Kesseln

Die Feuerungsregelungen einer beliebigen Anzahl parallelarbeitender Kessel können von einem gemeinsamen Druckmesser von der Dampfsammelleitung aus betrieben werden, wenn die Kessel bei gleicher prozentualer Belastung an-

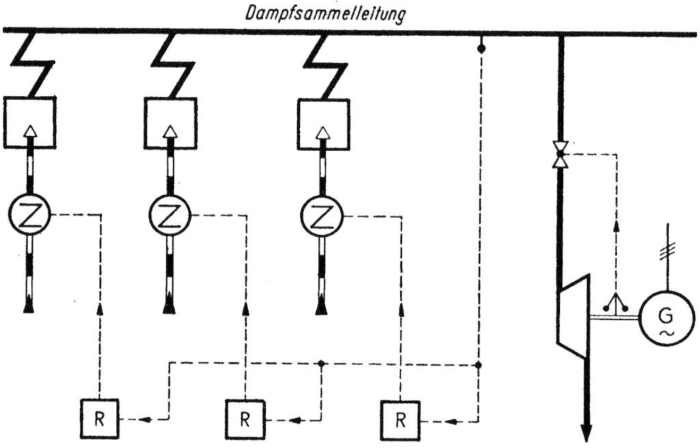

Bild 24. Parallelarbeitende Kessel mit gemeinsamem Druckmeßgerät an der Dampfsammelleitung

nähernd gleiche Überhitzerdruckabfälle haben (*Bild* 24), wobei die Last auf die einzelnen Kessel verschieden verteilt werden kann. Eine Gefahr, daß die Kessel in ihrer Dampflieferung untereinander pendeln, besteht nicht, da alle Feuerungsregler vom Druckmesser gleiche Stellbefehle erhalten. Die Feuerungsregelung ist im *Bild* 24 schematisch nur durch die Brennstoffzuteiler dargestellt. Geht bei einem der Kessel die Dampflieferung bei gleichbleibender Feuerungsleistung zurück, so steigt der betreffende Trommeldruck an, es erhöht sich der Druckunterschied zur Dampfsammelleitung, und die Dampflieferung steigt wieder an. Die Last verteilt sich also immer entsprechend der Feuerungsleistung auf die Kessel. Der Einfachheit dieses Verfahrens steht als gewisser Nachteil gegenüber, daß bei schlecht regelbaren Kesseln (s. Abschnitt C3) die Regelung bei kleiner Last instabil wird.

Muß man die Meßgrößen trennen, werden also Dampfabgabe und Trommeldruck für jeden Kessel durch Einzelgeräte erfaßt (*Bild* 25), so gibt es Schwierigkeiten im Parallelbetrieb. Geht bei einem der auf eine gemeinsame Sammelleitung arbeitenden Kessel die Dampfleistung gegenüber der Feuerungsleistung zurück und hebt sich daher dessen Trommeldruck an, so führt beides zu einer Verkleinerung der Feuerungsleistung in dem betreffenden Kessel und seine Dampflieferung sinkt weiter. Bei gleichem Gesamtverbrauch beginnen die übrigen Kessel ihre Dampflieferung durch vermehrte Feuerungsleistung zu steigern und in ihrem Trommeldruck zu fallen, was in ihnen eine vermehrte Feuerungsleistung zur Folge hat. Die Kessel laufen auseinander und geraten wegen der Feuerungsverzögerung untereinander ins Pendeln.

Ein Parallelbetrieb mit Einzelmeßgrößen an jedem Kessel ist nur möglich, wenn die Brennstoffzuteiler aller Kessel auf Gleichlauf (s. *Bild* 2) geschaltet wer-

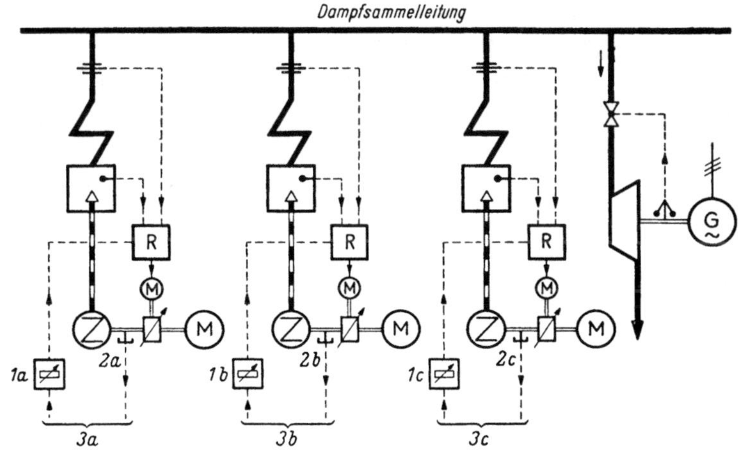

1 Anteilsteller (*a* bis *c*)
2 Drehzahlmesser an den Zuteilern (*a* bis *c*)
3 Zu- und Abgänge der Gleichlaufschaltung (*a* bis *c*)

Bild 25. Parallelarbeitende Kessel mit getrennter Messung von Trommeldruck und Dampfabgabe

den. Durch Anteilsteller (*1a* bis *c* in *Bild* 25) kann dabei die Last der Kessel untereinander ebenso verschieden aufgeteilt werden, wie dies in *Bild* 2 für die Mühlen eines Kessels gezeigt ist.

5. Speisewasserregelung

a) Stellglieder

Das Speisewasser wird dem Kessel entweder aus einer für mehrere Kessel gemeinsamen Speisepumpenanlage aus einer Sammelleitung zugeführt, oder es ist für jeden Kessel eine eigene Speisepumpenanlage vorhanden.

In der Trommel wird, unabhängig von der Last, gleichbleibender Wasserstand verlangt; der Speisewasserstrom muß also stellbar sein.

Werden mehrere Kessel aus einer Sammelleitung mit konstant laufenden Speisepumpen versorgt, so kann der Speisewasserstrom des Einzelkessels nur über ein Ventil gestellt werden, mit dem der vor dem Ventil anstehende Druck bis auf den jeder Last zugeordneten Kesseleintrittsdruck abgedrosselt werden muß. Das Druckgefälle im Speisewasser-Regelventil ist also nicht durch das Ventil bestimmt, sondern das Ventil muß einen durch die Belastung der Anlage bestimmten Druck abdrosseln (s. Kapitel 5). Bei der Auslegung der Speisepumpen ist zu beachten, daß die *QH*-Kurve kein Maximum aufweist, da sonst der abzudrosselnde Druck der Last nicht eindeutig zugeordnet ist. Außerdem muß bei Kesselhöchstlast noch ein für gute Regelbarkeit genügendes Druckgefälle im Ventil vorhanden sein. Das Speisewasser-Regelventil soll betriebsmäßig eine lineare Durchflußkennlinie haben, so daß bei jeder Last gleichen Hubänderungen gleiche Speisewasser-Durchflußänderungen entsprechen. Die Öffnungskennlinie des Speisewasser-Regelventils ist aus der abzudrosselnden Druckdifferenz (vgl. *Bild* 19) mit Berücksichtigung des Höhenunterschiedes zwischen Pumpe und Kesseleintritt zu bestimmen.

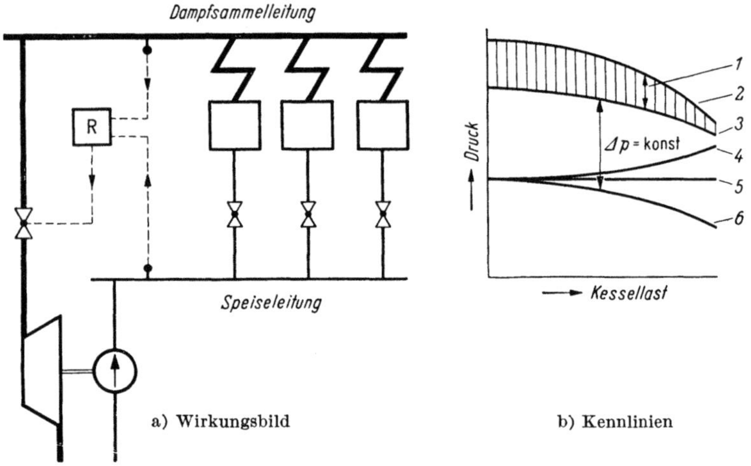

a) Wirkungsbild b) Kennlinien

1 Druckeinsparung
2 *QH*-Kurve bei konstanter Drehzahl
3 *QH*-Kurve bei geregelter Druckdifferenz
4 Kesseleintrittsdruck
5 Trommeldruck
6 Druck in der Dampfsammelleitung
Δp Druckdifferenz

Bild 26. Speisepumpenregelung nach der Druckdifferenz zwischen Speisewasserleitung und der Dampfsammelleitung

Da diese Druckdifferenz erhebliche Unterschiede zwischen Höchst- und Kleinstlast aufweist, müssen die Öffnungsquerschnitte des Speisewasser-Regelventils sorgfältig ausgelegt werden. Die gleichen Gesichtspunkte gelten, wenn für jeden Kessel eine oder mehrere Speisepumpen vorhanden sind, die mit konstanter Drehzahl betrieben werden.

Um Speisepumpenarbeit einzusparen, wird oftmals die Druckdifferenz Δp (*Bild* 26) zwischen Dampfsammelleitung und Speiseleitung über die Drehzahl der Speisepumpe konstant gehalten. In dem Diagramm ist der eingesparte Druck schraffiert gezeichnet.

Eine größere Einsparung an Speisepumpenarbeit ergibt sich, wenn über die Drehzahl der Speisepumpe die Druckdifferenz am Regelventil des höchstbelasteten Kessels auf den Festwert Δp geregelt wird (*Bild* 27). Jeder Kessel ist über je ein Ventil (*8a* bis *c*) an die Druckübertragungsleitung zum Druckdifferenzregler (*10*) angeschlossen. Führt man die Ventile (*8a* bis *c*) als Rückschlagventile aus, so schließt sich selbsttätig der höchstbelastete Kessel an die Druckdifferenzregelung an. Die Durchflußkennlinie der Speisewasser-Regelventile (*7a* bis *c*) ist dann für

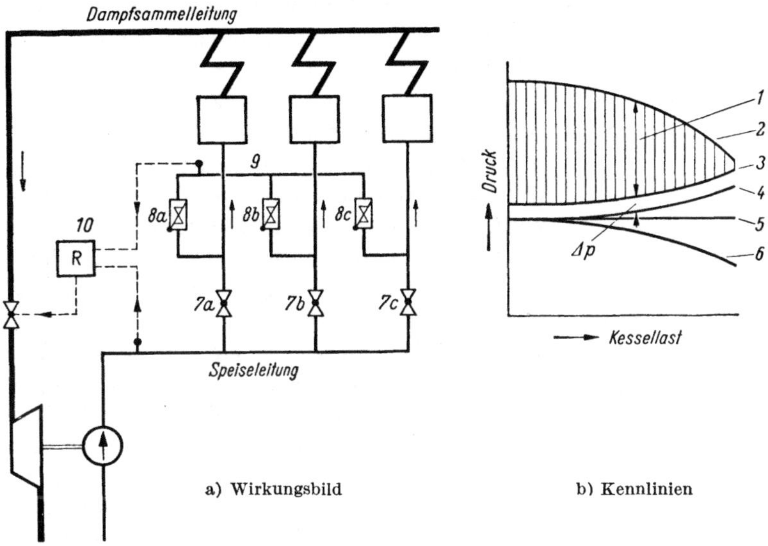

a) Wirkungsbild b) Kennlinien

1 Druckeinsparung
2 *QH*-Kurve bei konstanter Drehzahl
3 *QH*-Kurve bei geregelter Druckdifferenz
4 Kesseleintrittsdruck
5 Trommeldruck
6 Druck in der Dampfsammelleitung
7 Speisewasser-Regelventile (*a* bis *c*)
8 Rückschlagventile (*a* bis *c*)
9 Druckübertragungsleitung
10 Druckdifferenzregler
Δp Druckdifferenz am Regelventil

Bild 27. Speisepumpenregelung nach der Druckdifferenz am Speisewasser-Regelventil des höchstbelasteten Kessels

konstante Druckdifferenz linear auszulegen. Die senkrechte Schraffur in *Bild* 27b zeigt die Einsparungsmöglichkeit gegenüber einer mit gleichbleibender Drehzahl laufenden Speisepumpe.

Hat jeder Kessel eine eigene Speisepumpe und ist ihre Drehzahl steuerbar, so kann auf die Regelung über das Speisewasserventil verzichtet werden. Die Pumpendrehzahl ist dann die Stellgröße für die Speisewasserregelung, während das Speisewasserventil voll geöffnet bleibt. Als Antrieb für die geregelten Speisepumpen haben sich neben Dampfturbinen auch Käfigläufermotoren mit hydraulischem Übersetzungsgetriebe bewährt. Im Gegensatz zu den Gebläsen ist das Schwungmoment der Speisepumpen so klein, daß bei hydraulischen Übersetzungsgetrieben keine Zeitverzögerungen auftreten, die die Regelung stören.

b) Regelung des Trommel-Wasserstands

Bei der Wasserstandsregelung handelt es sich um eine Regelstrecke mit dem Ausgleichswert 0; sie läßt sich mit einem proportional wirkenden Regler beherrschen. Die heutigen Hochdruckkessel lassen nur geringe Wasserstandsschwankungen zu, der Proportionalbereich muß also sehr klein sein. Dies hat aber betriebliche Nachteile.

Steigt z.B. plötzlich die Dampfentnahme, so fällt der Druck im Kessel. Es tritt eine erhöhte Dampfbildung im Verdampferteil auf, wodurch aus dem Verdampferteil mehr Wasser in die Trommel gedrückt wird und der Wasserstand steigt. Wäre der Wasserstandsregler als reiner P-Regler mit kleinem Proportionalbereich ausgeführt, so würde er die Speisewasserzufuhr gänzlich absperren. Gleichzeitig hat aber der Feuerungsregler die Beheizung gesteigert, so daß der Vorwärmer gefährdet ist, dem trotz erhöhten Beheizens kein Wasser mehr zugeführt wird. Bei plötzlichem Rückgang der Dampfabgabe wird der Vorwärmer abgeschreckt; außerdem tritt die Gefahr einer Überlastung der Speisepumpenanlage auf.

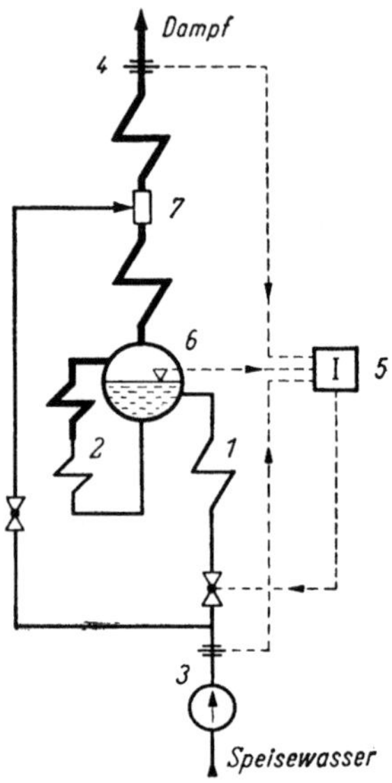

1 Vorwärmer (Eco)
2 Verdampfer
3 Speisewasserzufluß
4 Dampfabgabe
5 Regler
6 Standmessung
7 Einspritzung

Bild 28. Speisewasserregelung (Dreikomponentenregelung)

Dagegen hat sich die im *Bild* 28 dargestellte Methode mit bestem Erfolg eingeführt, bei der man die Wasserzufuhr (*3*) nach der Dampfabgabe (*4*) mit einem I-Regler (*5*) regelt und den Wasserstand (*6*) nur korrigierend aufschaltet. Diese Art der Regelung ist unter dem Namen Dreikomponentenregelung bekannt.

Der Dreikomponentenregelung wird als Nachteil gelegentlich entgegengehalten, daß bei einer Lasterhöhung durch Nachspeisen einer erhöhten Wassermenge der Kessel abgekühlt und dem Speichervermögen entgegengearbeitet wird, während bei einer Lasterniedrigung durch Zurücknahme der Speisewasserzufuhr eine Abkühlung zur Verminderung der Dampferzeugung verhindert wird. Hat der Kessel einen Verdampfungs-Eco, so können diese Wirkungen jedoch nicht eintreten. Außerdem kann man auch bei der Dreikomponentenregelung jederzeit den Wasserstand so aufschalten, daß der Einfluß der Dampfentnahme zurücktritt.

Die Dreikomponentenregelung hat weiterhin den Vorzug, daß alle Störgrößen, die von der Speisepumpenanlage herkommen und die Wasserstandsregelung beeinflussen würden, durch Messung der Speisewasserzufuhr unwirksam gemacht werden. Außerdem ist mit der Dreikomponentenregelung die gelegentlich gestellte Forderung, daß bei starker Last ein hoher und bei schwacher Last ein niedriger Wasserstand gehalten werden soll, leicht zu erfüllen.

Bei Kesseln mit Einspritzung im Überhitzer trägt das Einspritzwasser zum Dampfstrom bei. Der Speisewasserstrom muß dann so gemessen werden, daß das Einspritzwasser darin enthalten ist (vgl. *Bild* 28). Den Wasserstand mißt man am sichersten hydrostatisch (s. Kapitel 12).

Bild 29 zeigt die Ergebnisse einer Dreikomponentenregelung für Speisewasser. Man sieht, wie der Speisewasserdurchfluß genau der Dampfentnahme folgt, so daß der Wasserstand in engen Grenzen bleibt.

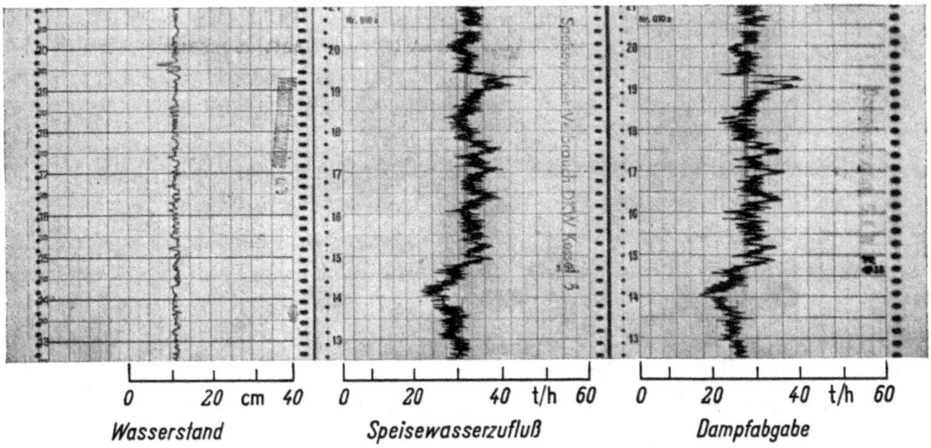

Bild 29. Betriebsdiagramm einer Speisewasserregelung (Dreikomponentenregelung)

6. Dampftemperaturregelung

a) Regelaufgabe

Bei Trommelkesseln stellt sich zu jeder Last eine bestimmte Heißdampftemperatur ein, die durch die Bauart des Überhitzers gegeben ist. Bei einem Strahlungsüberhitzer fällt die Temperatur am Ausgang mit steigender Last, beim Berührungs-

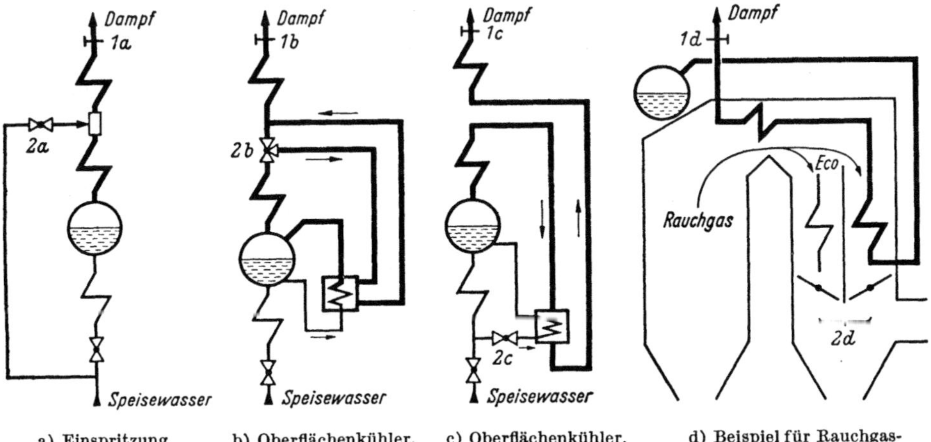

a) Einspritzung b) Oberflächenkühler, Anschluß an Trommelwasser c) Oberflächenkühler, Anschluß an Speisewasser d) Beispiel für Rauchgasumführung

1 Temperaturmeßstelle (*a* bis *d*) *2* Stellglieder für Temperatur (*a* bis *d*)

Bild 30. Verschiedene Arten der Heißdampftemperatur-Regelung

überhitzer steigt sie. Die meisten Kessel haben je einen Strahlungsüberhitzer und einen Berührungsüberhitzer, so daß die Wirkungen ihrer Kennlinien gegeneinander gerichtet sind. Im allgemeinen überwiegt der Berührungsüberhitzer, und die

Heißdampftemperatur steigt mit der Kessellast an. Die vorgeschriebene Heißdampftemperatur wird dabei erst von einer bestimmten Kessellast an erreicht. Von da an muß eine Kühlung des Dampfes oder eine geringere Beheizung des Überhitzers einsetzen, damit der vorgeschriebene Wert der Heißdampftemperatur nicht überschritten wird.

Die Dampftemperatur kann auf folgende Arten geregelt werden (*Bild* 30):

(1) durch Einspritzen von Wasser in den Dampfstrom (*Bild* 30a),

(2) durch Abzweigen eines Teildampfstromes, der durch Wasser des Verdampferteiles oder der Trommel gekühlt und dann dem ungekühlten Dampfstrom wieder zugesetzt wird (*Bild* 30b),

(3) durch Kühlung des Gesamtdampfstromes mit Hilfe eines Speisewasserteilstromes in einem Kühler (*Bild* 30c),

(4) durch Änderung der Beheizung, indem ein Teilstrom der Rauchgase einen Überhitzerteil umgeht (*Bild* 30d).

Da nicht nur der Verbraucher, sondern auch das Überhitzermaterial vor zu hoher Temperatur geschützt werden muß, darf der Überhitzer an keiner Stelle die zulässige Temperatur übersteigen. Die Kühlung muß also spätestens vor Eintritt des Dampfes in den letzten Überhitzer geschehen, während sich die Meßstelle für die Regelung am Ende des Überhitzers befindet.

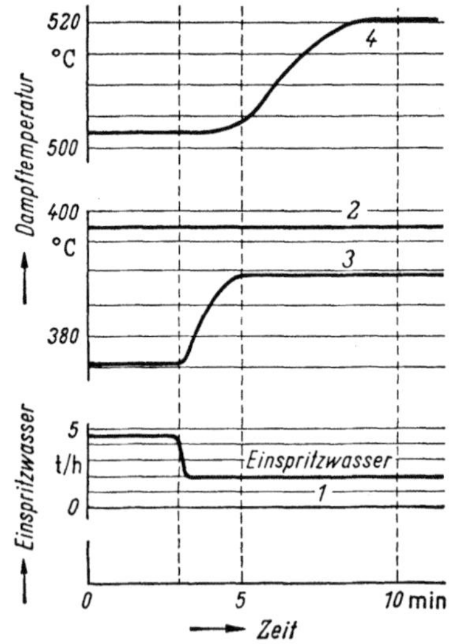

1 Einspritzwasser
2 Temperatur vor Einspritzung
3 Temperatur nach Einspritzung
4 Kesselaustrittstemperatur

Bild 31. Übergangsfunktion bei Änderung der Einspritzung. Kesselleistung 95 t/h, Druck 130 kp/cm²

Ändert sich am Eingang des Überhitzers die Dampftemperatur, so findet fortlaufend vom Beginn des Überhitzers an ein Wärmeaustausch zwischen Dampf und Rohrwandung statt, so daß die Temperaturänderung erst mit großer Zeitverzögerung an der Meßstelle erscheint. Je nach Größe des Überhitzers muß man bei Vollast des Kessels mit Totzeiten von 1 bis 3 min rechnen. In *Bild* 31 ist die Übergangsfunktion der Temperatur nach einer plötzlichen Änderung der Einspritzung gezeigt. Die Totzeit beträgt hier etwas über 1 min, und der Gleichgewichtszustand ist erst nach 6 min nach der Änderung der Einspritzung erreicht. Die Totzeit ist ein Vielfaches der Durchlaufzeit durch den Überhitzer und nimmt mit kleiner werdender Last zu [7].

Damit die Temperaturregelung vom Überhitzerende her immer stabil bleibt, muß sie auf die größten Totzeiten eingestellt werden, die in der Regelstrecke vorkommen können. Bei Störgrößenänderungen sind dann vorübergehende Regelabweichungen unausbleiblich. Um diese in engen Grenzen halten zu können, soll man den Überhitzerteil hinter der Kühlung so klein wie möglich ausführen und außerdem den letzten Überhitzer stets als Berührungsüberhitzer wirken lassen, da er auf Störungen von seiten des Feuers weit weniger schnell als ein Strahlungsüberhitzer anspricht und ankommende Temperaturschwankungen abflacht.

b) Regelschaltung

Die Temperaturregelung läßt sich verbessern, wenn man den Differentialquotienten der Temperatur am Beginn des Überhitzers hinter der Kühlstelle zusätzlich aufschaltet. Den Differentialquotienten erfaßt ein Tendenzelement, das aus

1 Schutzrohr
2 Flinke Meßstelle
3 Träge Meßstelle
4, *5* Konstantan-Schenkel
6 Chromnickel-Schenkel
7 Isolierscheibe
ϑ_1 Temperaturverlauf des Schutzrohres
ϑ_2 Temperaturverlauf der flinken Meßstelle
ϑ_3 Temperaturverlauf der trägen Meßstelle

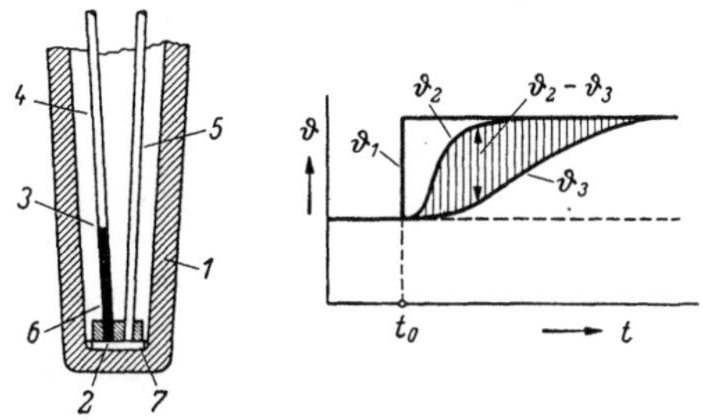

a) Schnittbild b) Zeitverhalten

Bild 32. Tendenzthermoelement

zwei gegeneinandergeschalteten Thermoelementen besteht, von denen das eine flink und das andere träg anspricht (*Bild* 32). Das Tendenzthermoelement (*Bild* 32a) hat in seinem Schutzrohr (*1*) zwei Meßstellen (*2*) und (*3*), die durch Verbindungs-

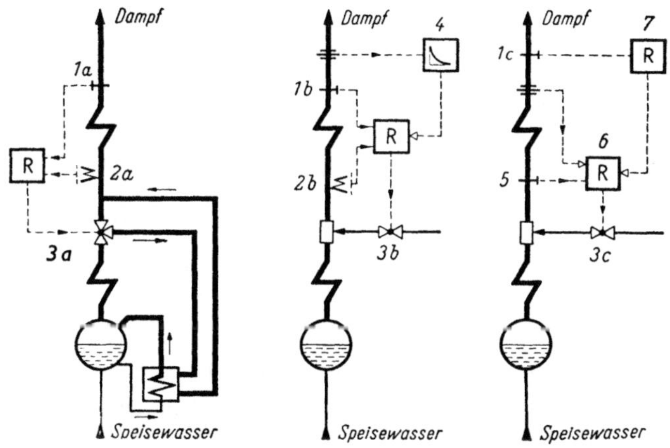

a) Tendenzelement hinter Kühlstelle und Hauptelement am Überhitzeraustritt
b) Tendenzelement hinter Einspritzstelle und Störwertaufschaltung vom Dampfstrom aus
c) Regelung mit Führung- und Folgeregler

1 Temperaturmeßstelle am Kesselaustritt (*a* bis *c*)
2 Tendenzthermoelement (*a*, *b*)
3 Stellglieder (*a* bis *c*)
4 Zeitglied
5 Temperaturmeßstelle hinter Einspritzung
6 Folgeregler
7 Führungsregler

Bild 33. Verschiedene Verfahren der Kesselaustrittstemperatur-Regelung stellen der Konstantan-Schenkel (*4*) und (*5*) mit dem Chrom-Nickel-Schenkel (*6*) gebildet werden. Die über eine Isolierscheibe (*7*) am Boden des Schutzrohrs angedrückte Meßstelle (*2*) spricht bedeutend schneller auf eine als sprungförmig angenommene Änderung der Schutzrohrtemperatur ϑ_1 an (*Bild* 32b) als die um etwa 60 mm zurückgesetzte Meßstelle (*3*). Da die Thermopaare an den Meßstellen (*2*) und (*3*) gegeneinander geschaltet sind, tritt zwischen den Schenkeln (*4*) und (*5*) eine der Temperaturdifferenz ϑ_2–ϑ_3 verhältnisgleiche Spannung auf, die verzögert die zeitliche Änderung oder Tendenz der Schutzrohrtemperatur wiedergibt. Hierdurch gelingt es, alle Temperaturänderungen bereits am Eintritt des Überhitzers

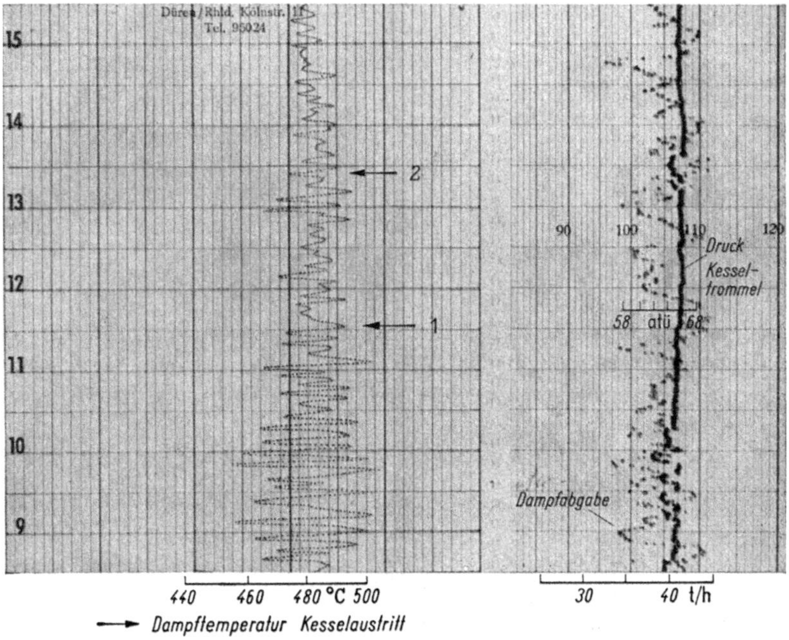

1 Probeweise Störwertaufschaltung *2* Endgültige Störwertaufschaltung

Bild 34. Betriebsdiagramm einer Heißdampftemperatur-Regelung ohne und mit Störwertaufschaltung von der Feuerung aus

zu erfassen und ein Eingreifen des Reglers zu veranlassen, bevor sich die Temperatur am Ende des Überhitzers geändert hat. Der Temperaturregler arbeitet in dem in *Bild* 33a gezeichneten Beispiel auf ein Dreiwegeventil, das nach den Erfordernissen der Regelung einen bestimmten Teilstrom des Dampfes durch einen Oberflächenkühler nach *Bild* 30b abzweigt und hinter dem Dreiwegeventil wieder zusetzt.

Die Regelabweichungen der Heißdampftemperatur lassen sich noch wesentlich vermindern, wenn man die Dampfstromänderung als Störwert aufschaltet. Da mit steigender Kessellast auch die Einspritzung steigen und umgekehrt fallen muß, wird bei einer Dampfstromänderung sofort auch die Einspritzung geändert (*Bild* 33b). Bei einer Änderung der Anzeige des Dampfdurchflußmessers wird über ein Zeitglied (*4*) der Temperaturregler-Sollwert vorübergehend geändert. Das Zeitglied kann an Stelle vom Dampfstrom auch von der Feuerungsverstellung aus angeregt werden.

Den Erfolg einer Störwertaufschaltung von der Feuerungsverstellung her zeigt das Betriebsdiagramm *Bild* 34. Bei den betriebsmäßigen Schwankungen der Dampfabgabe läßt sich die Kesselaustrittstemperatur ohne Störwertaufschaltung nur in einem Bereich von etwa ± 20 °C halten. Im Zeitpunkt (*1*) wurde die Störwertaufschaltung zunächst probeweise, im Zeitpunkt (*2*) genau eingestellt, womit die Temperaturschwankungen auf einen Bereich von ± 5 °C eingeschränkt wurden.

Die vorgeschriebene Heißdampftemperatur stellt sich auch ein, wenn man die Temperatur hinter der Kühlstelle regelt (s. *Bild* 33 c) und den Sollwert des Temperaturreglers (*6*) in Abhängigkeit vom Dampfstrom verstellt. Die Zuordnung der Dampftemperatur hinter der Kühlstelle zum Dampfstrom wird jedoch von der Art des Brennstoffes, der Brennerlage und der Kesselverschmutzung beeinflußt. Man muß deshalb noch einen zweiten integral wirkenden Regler (Führungsregler) am Kesselaustritt anordnen, der den Sollwert des ersten Temperaturreglers (Folgeregler) korrigiert. Das Thermoelement für den Folgetemperaturregler sitzt unmittelbar hinter der Einspritzstelle. In Lastbereichen ohne Einspritzung muß der Führungsregler abgeschaltet sein, da die von ihm bewirkte Sollwertverstellung des Folgereglers ohne Einfluß auf die Temperatur am Überhitzereintritt ist.

Die Temperaturregelung bei Zwischenüberhitzern geschieht durch Einspritzung oder Rauchgasumführung. Ein Tendenzthermoelement läßt sich hier meist nicht einsetzen, da beim Lastwechsel die Tendenz infolge der belastungsabhängigen Austrittstemperatur des Hochdruckteiles der Maschine für die Regelung falsche Werte annehmen kann. Wegen der großen Eisenmassen des Zwischenüberhitzers muß man mit sehr großen Totzeiten rechnen. Die Regelbarkeit läßt sich erheblich verbessern, wenn man den Zwischenüberhitzer geteilt ausführt und erst vor dem letzten Teil des Zwischenüberhitzers eingespritzt wird.

Da einerseits die Einspritzung im Zwischenüberhitzer einen Wärmeverlust bedeutet, andererseits die Regelung mit Rauchgasumführung sehr träge ist, wenn nicht das Ende des Zwischenüberhitzers der Stellwirkung des Rauchgasstromes ausgesetzt ist, kombiniert man in solchen Fällen oftmals die Einspritzung mit der Rauchgasumführung.

c) Meßgeräte und Stellglieder

Die Messung muß so verzögerungsfrei wie möglich erfolgen. Für die Dampftemperaturregelung sind besondere Thermoelemente entwickelt worden, deren Meßstelle mit dem Schutzrohr guten Wärmekontakt hat (s. Kapitel 12). Sind mehrere Thermoelemente zu einer Schaltung vereinigt, so müssen sie elektrisch voneinander isoliert sein.

Die Meßstelle hinter der Einspritzstelle muß so weit von dieser entfernt sein, daß das eingespritzte Wasser gänzlich verdampft ist. Hat der Kessel zwei parallele Überhitzersysteme, so erhält er auch zwei getrennte Heißdampftemperatur-Regelungen. Es muß dann auch der Heißdampf jedes Überhitzers getrennt gemessen werden können. Verbindungen der Überhitzer untereinander zwischen Kühl- und Meßstelle sind unzulässig, da die Regelungen sich sonst gegenseitig beeinflussen.

Als Stellglied für die Einspritzregelung dient ein dicht schließendes Ventil. Die Kennlinie muß isoprozentig sein, da gleiche Regelabweichungen mit der Kessellast verhältnisgleiche Änderungen der Einspritzung verlangen. Das Einspritzwasser wird normalerweise der Speisewasserleitung vor dem Speisewasserregelventil entnommen, um über eine genügende Druckdifferenz verfügen zu können. Bei der Auslegung der Ventilkennlinie ist die sich einstellende Druckdifferenz zwischen Speisewasserleitung und Druck vor den Einspritzdüsen zugrunde zu legen.

Wird ein Teilstrom des Dampfes zur Kühlung in einen dem Wasser des Verdampferteiles ausgesetzten Oberflächenkühler geleitet (s. *Bild* 30 b), so dient als Stellglied ein Dreiwegeventil. Im gleichen Maße, wie sich der Teilstrom vergrößert, muß der unmittelbare Strom gedrosselt werden. Die Kennlinie dieser Stellglieder ist linear. Bei der Kühlung des gesamten Dampfstromes durch einen Speisewasserteilstrom in einem Oberflächenkühler (*Bild* 30 c) ist ein Ventil mit isoprozentiger Kennlinie vorzuziehen, das aber niemals ganz abschließen darf, da durch den Kühler immer Wasser fließen muß.

Der Oberflächenkühler nach *Bild* 30 c hat einige für die Regelung unangenehme Eigenschaften. Dient er gleichzeitig als Sammler für die ankommenden und abgehenden Überhitzerrohre, so kann man nur die Tendenz in einzelnen Überhitzersträngen, nicht die Gesamttendenz, messen. Tritt das Kühlwasser bei größerem Durchsatz als Dampf-Wasser-Gemisch mit Sattdampftemperatur aus, so kann die Kühlwirkung nicht weiter gesteigert werden, da der größte Teil des Kühlmittels seine Temperatur mit dem Durchsatz nicht mehr ändert.

7. Vollständige Feuerungsregelung

a) Zusammenwirken der einzelnen Regler

Um die Feuerungsleistung der jeweiligen Kessellast anzupassen und den Kesseldruck nach Inanspruchnahme des Speichervermögens wiederherzustellen, müssen die in den vorhergehenden Abschnitten beschriebenen Regler zusammenarbeiten. Dabei soll nicht nur im Einhalten des Dampfzustandes das beste Ergebnis erzielt, sondern auch eine möglichst wirtschaftliche Verbrennung erreicht werden. Zu einer vollständigen Kesselregelung gehören Brennstoff-, Luft-, Brennkammerdruck-, Speisewasser- und Dampftemperatur-Regelung.

Die Anordnung der Regler muß je nach Bauart des Kessels und Ausführung der Feuerung für jede Anlage neu geplant werden, da es praktisch nur wenige vollkommen gleiche Kessel gibt.

b) Feuerungsregelung mit Wanderrost

Bei einem Trommelkessel mit Wanderrost (*Bild* 35) mißt man mit einem Kolbenmanometer den Druck (*12*) in der Dampfsammelleitung für den Dampfdruckregler (*1*). Als Hilfsregelgröße dient der Druck (*13*) im Frischluftkanal, der z.B. mit einer Ringwaage gemessen wird (s. Abschnitt B 7). Der Meßwert des Kolbenmanometers kann mit einem Umschalter (*11*) durch einen Hand-Sollwertsteller (*6*) für „Feste Last“ ersetzt werden, wenn sich der Kessel bei Parallelschaltung mehrerer Kessel nicht an den Lastschwankungen beteiligen soll. Der Dampfdruckregler steuert entweder die Leitschaufeln (*14*) eines Gebläses oder die Klappe (*15*) in der Frischluftleitung. Der Dampfdruckregler verfügt noch über einen Verhältnissteller (*7*) für die „Lastverschiebung". Mit diesem Verhältnissteller kann bei parallelarbeitendem Kessel der Anteil des Kessels an den gesamten Lastschwankungen im Dampfnetz gewählt werden, indem man die Zuordnung des Druckes in der Frischluftleitung zum Druck in der Dampfsammelleitung verändert.

1 Dampfdruckregler
2 Kohleregler
3 Drehzahlverstellmotor für Rostantrieb
4 Brennkammerdruckregler
5 Wanderrost
6 Hand-Sollwertsteller für „Feste Last"
7 Verhältnissteller (Lastverschiebung)
8 Verhältnissteller (Kohle-Luft)
9 Brennkammerdruck
10 Bezugsdruck
11 Umschalter
12 Meßstelle für den Druck in der Dampfsammelleitung
13 Meßstelle für Frischluftdruck
14 Leitschaufeln für Frischluftgebläse
15 Frischluftklappe
16 Rostgeschwindigkeitsmesser
17 Leitschaufeln für Rauchgasgebläse
18 Rauchgasklappe

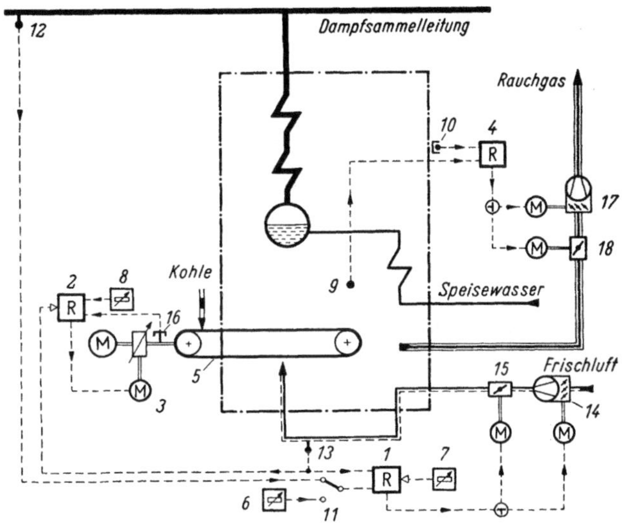

Bild 35. Feuerungsregelung eines Trommelkessels mit Wanderrost

Der radizierte Meßwert für den Druck (*13*) im Frischluftkanal, dem man praktisch gleich dem Luftdruck unter dem Rost setzen kann, gibt die Führungsgröße für den Kohleregler (*2*), der die Rostgeschwindigkeit und damit den Kohledurchsatz regelt. Am Rostgetriebe ist ein Tachometer (*16*), das die Meßgröße für den Kohleregler gibt. Dieser enthält einen Verhältnissteller (*8*) für die Zuordnung von Kohle zu Luft, so daß wechselnder Heizwert des Brennstoffes von Hand berücksichtigt werden kann.

Der Brennkammerdruckregler (*4*) hat einen fest eingestellten Sollwert und arbeitet auf die Leitschaufeln (*17*) eines Rauchgasgebläses oder auf eine Klappe (*18*) im Saugzugkanal. Die Regelgröße ist der Unterdruck in der Brennkammer.

c) Feuerungsregelung mit Einblasemühlen

Bei der Feuerungsregelung für einen Kessel (*Bild* 36) mit drei Einblasemühlen ist angenommen, daß Dampfabgabe (*13*) und Kesseldruck (*14*) getrennt gemessen werden. Sie sind die Führungsgrößen sowohl für die Kohleregler (*1a* bis *c*) als auch für den Frischluftstrom-Regler (*4*), der als Dampf-Luft-Verhältnisregler ausgeführt ist. Die drei Kohleregler (*1a* bis *c*) haben eine gemeinsame Meßschaltung (*10*) und regeln die Drehzahl je eines Brennstoffzuteilers (*2a* bis *c*). Die Zuteilerdrehzahl wird einzeln mit Tachometern gemessen, und ihre Summe dient als Meßgröße für die Meßschaltung (*10*). Die drei Brennstoffregler haben untereinander eine Gleichlaufschaltung (s. Abschnitt B3). Anteilsteller (*9a* bis *c*) ermöglichen es, die Mühlen (*3a* bis *c*) verschieden zu belasten; die Summe der Zuteilerdrehzahlen, also die gesamte Brennstoffaufgabe, bleibt dabei erhalten.

In die Meßschaltung der Kohleregler ist noch die Tendenz (*11*) des Trommeldruckes (*14*) als Kohlevorhalt eingeführt. Damit wird bei einer trägen Feuerung die Regelung des Trommeldruckes verbessert.

Der Frischluftstrom-Regler (*4*) arbeitet auf die Leitschaufeln des Frischluftgebläses. Um auch bei niedriger Kessellast den für die Tragluft für die Mühlen

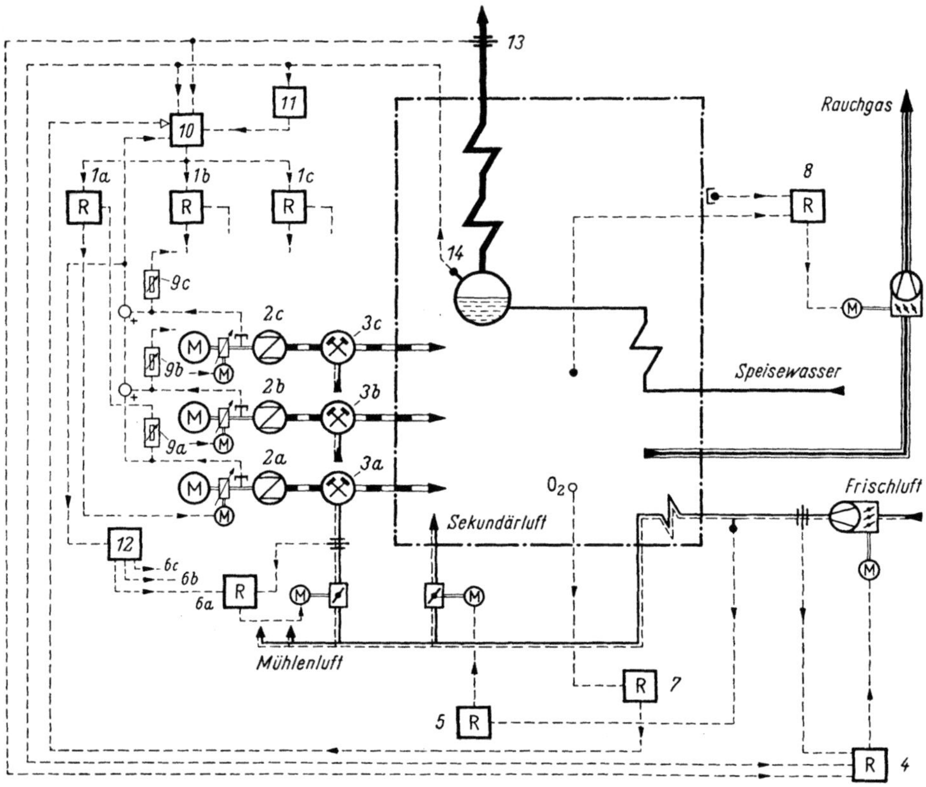

1 Kohleregler (*a* bis *c*)
2 Kohlezuteiler (*a* bis *c*)
3 Einblasemühlen (*a* bis *c*)
4 Dampf-Luft-Verhältnisregler
5 Frischluftdruck-Regler
6 Mühlenluftstrom-Regler (*a* bis *c*, *b* und *c* nicht dargestellt)
7 O_2-Regler
8 Brennkammerdruckregler
9 Anteilsteller (*a* bis *c*)
10 Meßschaltung für die Kohleregler
11 Tendenzgeber für Kohlevorhalt
12 Tendenzgeber für Mühlenluftvorhalt
13 Meßstelle für Dampfabgabe
14 Meßstelle für Trommeldruck

Bild 36. Feuerungsregelung eines Kessels mit Einblasemühlen

(Mühlenluft) erforderlichen Luftdruck sicherzustellen, ist ein Frischluftdruck-Regler (*5*) vorgesehen, der den Druck im Frischluftkanal auf konstanten Wert mit einer Klappe im Sekundärluftkanal regelt.

Vor dieser Klappe zweigen die drei Kanäle für die Mühlenluft ab. Es sind demnach auch drei Mühlenluftstrom-Regler, von denen im Bild nur einer (*6a*) gezeichnet ist, vorgesehen; sie regeln den Mühlenluftstrom auf konstanten Wert. Bei Änderung der Kohlezuteilung gelangt ein vom Tendenzgeber (*12*) geliefertes Regelsignal auf jeden Mühlenluftstrom-Regler, womit der Mühlenluftstrom vorübergehend erhöht oder erniedrigt wird, um eine schnellere Auswirkung der Kohledurchsatzänderung zu erreichen. Damit wirkt sich auch der vom Tendenzgeber (*11*) ausgelöste Kohlevorhalt auf den Mühlenluftstrom aus. Der Tendenzgeber (*12*) ist an den Summenmeßwert der Tachometer angeschlossen.

Außerdem ist eine Korrektur der Kohlezuteilung von einem O_2-Messer über einen O_2-Regler (*7*) vorgesehen. Der O_2-Regler arbeitet auf einen Verhältnissteller in der Meßschaltung der Kohleregler. Der Brennkammerdruckregler (*8*) arbeitet auf die Leitschaufeln des Saugzuggebläses.

Sollwertsteller für „Feste Last" und Mühlenluftstrom, Verhältnissteller für „Kohle-Last" und „Luft-Last" sind vorhanden, aber nicht eingezeichnet.

d) Feuerungsregelung mit Zyklon [*8*]

Bei einem Trommelkessel mit zwei waagerechten Zyklonen (*Bild* 37) wird der Druck in der Dampfsammelleitung (*1*) mit einem Kolbenmanometer gemessen. Jeder Zyklon (*11a* und *b*) hat eine eigene Regelung, da zum Erreichen der erforder-

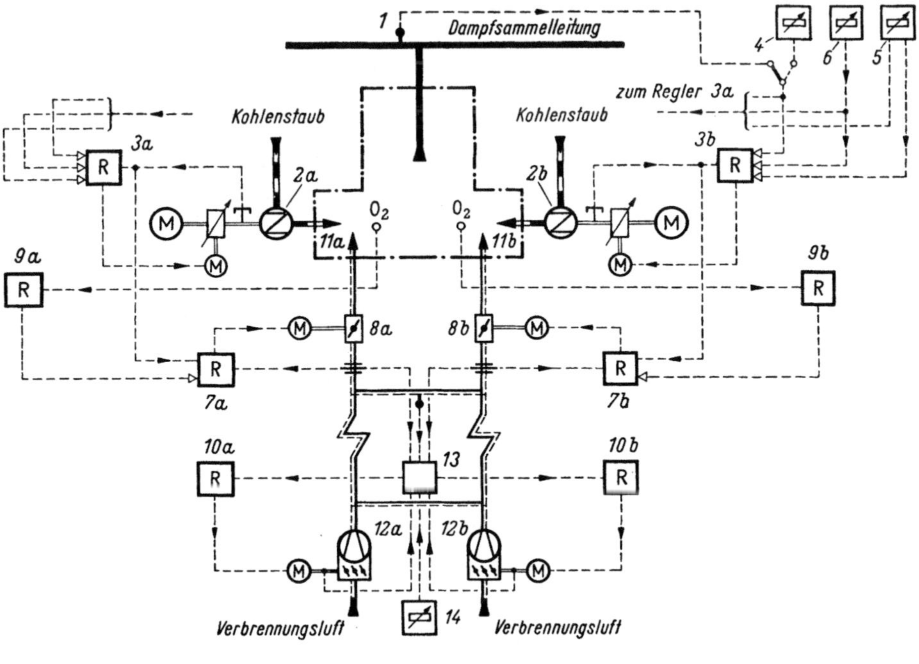

1 Meßstelle für Druck in der Dampfsammelleitung
2 Kohlezuteilergruppen (*a* und *b*)
3 Kohlereglergruppen (*a* und *b*)
4 Sollwertsteller für „Feste Last"
5 Sollwertsteller für Lastausgleich der beiden Zyklone
6 Verhältnissteller für Lastverschiebung zwischen den Kesseln
7 Sekundärluftregler (*a* und *b*)
8 Zungen- oder Tangentialklappen am Zyklon (*a* und *b*)
9 O_2-Regler (*a* und *b*)
10 Frischluftdruck-Regler (*a* und *b*)
11 Zyklone (*a* und *b*)
12 Frischluftgebläse (*a* und *b*)
13 Meßschaltung
14 Sollwertsteller für Frischluftdruck-Regelung

Bild 37. Feuerungsregelung eines Trommelkessels mit 2 waagerechten Zyklonen lichen Verbrennungstemperatur in den Zyklonen der Luftüberschuß sehr genau eingehalten werden muß.

An jedem Zyklon ist eine Gruppe von je drei Kohlezuteilern (*2a* und *b*) mit je einem Kohleregler (*3a* und *b*) (also insgesamt 6 Kohleregler) vorhanden, von denen nur je einer dargestellt ist. Die drei Kohleregler eines Zyklons haben eine gemeinsame Meßschaltung, in die die Führungsgröße vom Kolbenmanometer eingeht. Eine besondere Schaltung (nicht dargestellt) sorgt für den Gleichlauf der Zuteiler eines Zyklons. Die Führungsgröße vom Kolbenmanometer kann durch einen von Hand zu bedienenden Sollwertsteller (*4*) für „Feste Last" ersetzt werden, wenn der Kessel aus dem Verband mehrerer geregelter Kessel herausgenommen werden soll. Ein Sollwertsteller (*5*) für „Lastausgleich" hat den Zweck, die Gesamtbelastung des Kessels auf beide Zyklone beliebig aufzuteilen. Außerdem kann man mit dem Verhältnissteller (*6*) für „Lastverschiebung" die Zuordnung von Feuerungsleistung zum Druck in der Dampfsammelleitung ändern und damit bei mehreren parallelgeschalteten Kesseln die Beteiligung des Kessels an den Lastschwankungen im Gesamtdampfnetz einstellen. Die Summe der Drehzahlen der drei Zuteiler an jedem Zyklon geht als Regelgröße in die Meßschaltung der Kohleregler ein.

Jeder Zyklon hat eine eigene Zuleitung für die Luft; in ihr wird der Luftstrom gemessen. Der Sekundärluftregler (*7a*) bzw. (*7b*) regelt das Verhältnis von Kohle (Summe der Zuteilerdrehzahlen) zur Sekundärluft. Jeder Sekundärluftregler arbeitet auf die zugehörigen Zungen- oder Tangentialklappen (*8a* und *8b*) seines Zyklons.

Für jeden Zyklon ist ein O_2-Regler (*9a* und *9b*) vorgesehen, der auf den Verhältnissteller Kohle-Luft seines zugehörigen Sekundärluftreglers arbeitet. Die Entnahme für die O_2-Messung geschieht hinter der Sekundärkammer (*Bild* 8) an einer Stelle, an der mit Sicherheit die Verbrennung beendet ist, aber noch keine starke Durchmischung der Rauchgase beider Zyklone stattgefunden hat, so daß man die Rauchgase jedes einzelnen Zyklons noch getrennt erfassen kann.

Mit den beiden Frischluftgebläsen (*12a* und *b*) wird über je einen Regler (*10a* und *b*) mit gemeinsamer Meßschaltung (*13*) der Luftdruck hinter den Luftvorwärmern lastabhängig geregelt. Die Lastabhängigkeit wird von der Luftstrommessung der beiden Zyklone hergeleitet. Die Meßschaltung sorgt außerdem für den Gleichlauf zwischen den beiden Leitschaufelstellungen der Frischluftgebläse (*12a* und *b*). Durch den Sollwertsteller (*14*) kann die Zuordnung des Luftdruckes zur Kessellast verändert werden.

Der Brennkammerdruck wird in üblicher Weise mit einem Druckregler geregelt, der hier nicht gezeichnet ist.

D. Bensonkessel [*9*]

1. Aufbau

Der Besonkessel hat nur ein Rohrsystem ohne Trommel. In der Reihenfolge der Durchströmung des Rohrsystems unterscheidet man die Heizflächenteile: Vorwärmer, Verdampfungsteil und Überhitzer. In diesem Rohrsystem vollziehen sich die einzelnen Phasen der Dampferzeugung: Vorwärmung bis zur Sattdampftemperatur, Verdampfung und Überhitzung.

Der Beginn der Verdampfung und der der Überhitzung liegen in diesem Rohrsystem nicht fest, sondern die örtliche Lage dieser Punkte richtet sich nach dem Verhältnis Speisewasserdurchfluß zu Feuerungsleistung und nach der jeweiligen Kessellast. Darin liegt, vom Standpunkt der Regelung aus gesehen, ein wesentlicher Unterschied zum Trommelkessel, bei dem der Überhitzeranfang durch seinen Anschluß an die Trommel eindeutig bestimmt ist.

Bei nicht vollständiger Entsalzung des Speisewassers legt man die Heizflächen im Rauchgasstrom so, daß die Überhitzung in einem schwächer beheizten Teil des Kessels beginnt, damit die Rohre bei etwaiger Salzablagerung nicht gefährdet werden. Bei Vollentsalzung (vgl. Kapitel 35) kann man in der Aufteilung der Heizflächen freizügiger sein.

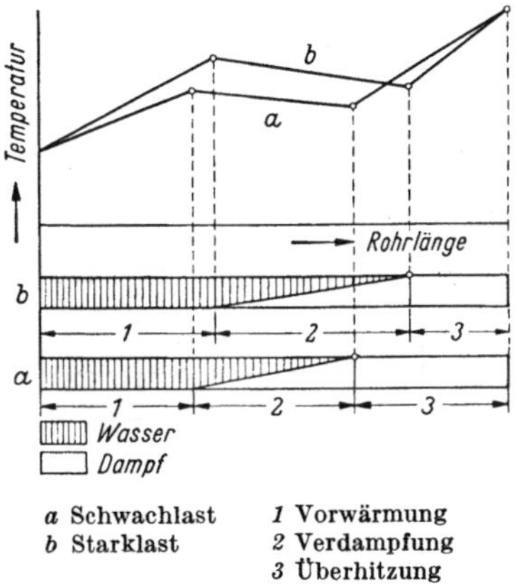

Bild 38. Temperaturen (schematisch) und Wasserdampfzustand im Bensonkessel

Die Wärmeaufnahme einer Gewichtseinheit des strömenden Dampfes steigt mit der Kessellast in den Berührungsheizflächen und fällt in den Strahlungsheizflächen. Da die Überhitzung in vorwiegendem Maße in Berührungsheizflächen stattfindet, wird die erforderliche Länge der Überhitzungszone mit steigender Last kleiner, wenn die Überhitzungstemperatur lastunabhängig gleichbleiben soll. Der Beginn der Überhitzung und auch der Beginn der Verdampfung verschieben sich mit zunehmender Kessellast zum Kesselende hin (*Bild* 38).

Der Restverdampfungspunkt, also der Punkt, an dem das letzte Wasserteilchen verdampft wird, hat somit bei jeder Last eine andere Lage. Damit verschiebt sich die gesamte Verdampfungszone, so daß bei jeder Kessellast ein anderes Wassergewicht im Kessel vorhanden ist.

Der Bensonkessel kann mit allen für den Trommelkessel entwickelten Feuerungen ausgerüstet werden, wobei die Wanderrostfeuerung selten ist, da die Höchstleistung der üblichen Bensonkessel im allgemeinen weit über 100 t/h liegt. Bei Leistungen über 200 t/h werden die Kessel mit zwei parallel geschalteten und symmetrischen Wasser-Dampf-Systemen, aber mit gemeinsamer Feuerung gebaut.

Im äußeren Aufbau des Bensonkessels, in der Anordnung der Brennkammer, der Rauchgaszüge, des Luftvorwärmers, des Zwischenüberhitzers usw. und in der Ausführung der Kesselhilfsmaschinen ist kein grundsätzlicher Unterschied gegenüber dem Trommelkessel vorhanden. Es finden sich daher die Regler des Trommelkessels bei gleicher Feuerung am Bensonkessel wieder.

2. Speicherfähigkeit

Ein weiterer Unterschied zwischen Bensonkessel und Trommelkessel liegt in der Größe des Verdampferteils, der beim Bensonkessel nur aus Rohren besteht und infolgedessen einen im Verhältnis zur Kesselleistung kleinen Inhalt an siedendem Wasser hat. Während beim Trommelkessel das siedende Wasser im wesentlichen den Speicherdampf liefert, ist beim Bensonkessel der Anteil der Eisenwärme und der Dampfexpansion an der Erzeugung von Speicherdampf bei der Inanspruchnahme der Speicherfähigkeit sehr gewachsen und kann den Anteil des siedenden Wassers sogar überwiegen [6].

Die Speicherfähigkeit eines Bensonkessels wird am sichersten durch einen Versuch bestimmt, indem bei gleichbleibender Feuerungsleistung der Sollwert eines Druckreglers, der den Druck am Kesselaustritt konstant hält, plötzlich verstellt wird. Dann wird bis zum Erreichen des neuen Sollwertes die Dampfmenge ermittelt, die über oder unter derjenigen Dampfmenge liegt, die in dieser Zeit der Feuerungsleistung entsprochen hätte. *Bild* 39 zeigt das Ergebnis [10] einer solchen Untersuchung an zwei gleichen parallel geschalteten Bensonkesseln mit Steinkohlenfeuerung von je 100 t/h Dampfleistung, die auf eine mit einem Vordruckregler ausgerüstete Turbine arbeiten. Bei diesen Kesseln ist das Speichervermögen mehrfach kleiner als bei gleich großen Trommelkesseln. Bei Kesseln mit großer Brennkammer, insbesondere bei Kesseln mit Braunkohlenfeuerung sind, bezogen auf die Kesselgröße, erheblich höhere Werte für das Speichervermögen gemessen worden.

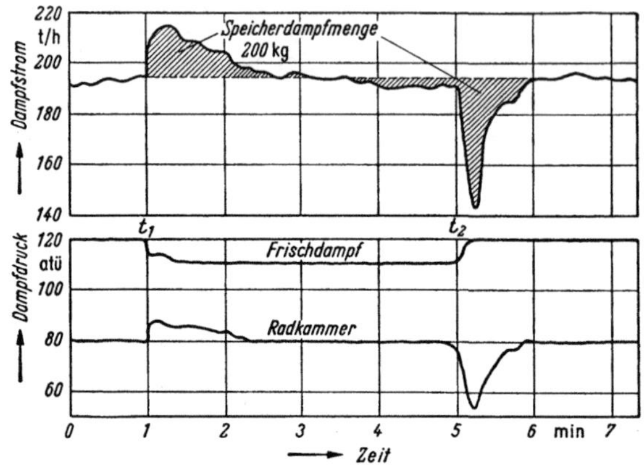

Bild 39. Gemessene Speicherfähigkeit eines Bensonkessels. Verstellung des Vordruckreglers im Zeitpunkt: t_1 von 120 auf 110 atü, t_2 von 110 auf 120 atü [10]

3. Druckregelung und Lastverhalten

Bei Inanspruchnahme des Speichervermögens, z.B. beim Lastwechsel, verhält sich der Druck im Bensonkessel grundsätzlich genau so wie im Trommelkessel. Bei einem Bensonkessel mit gleicher Feuerungsbauart treten bei gleichem Verlauf der Dampfabgabe jedoch erheblich größere Druckänderungen auf als beim Trommelkessel, da die Größe der Druckänderung umgekehrt proportional der Speicherfähigkeit des Kessels ist. Da mit übermäßigen Druckschwankungen auch Temperaturschwankungen des Heißdampfes verbunden sind, werden Bensonkessel zuweilen so betrieben, daß der Druck des Kessels durch „Überströmen" geregelt wird (*Bild* 40). Dadurch wird eine Inanspruchnahme des Speichervermögens verhindert, und der Kessel gibt immer so viel Dampf ab, wie durch die Feuerung erzeugt wird. Der Vordruckregler (*2*) hält durch Eingriff am Drehzahlverstellmotor über den Turbinenregler (*3*) den Dampfdruck konstant, so daß in jedem Zeitpunkt die Leistung der Turbine allein von der Dampferzeugung durch die Feuerung bestimmt wird.

Diese Art der Regelung hat betrieblich große Nachteile, weil sich derartige Anlagen nicht ohne weiteres den Lastanforderungen der Verbraucher anpassen und weil außerdem eine starre „Überströmregelung" des Kessels beim Lastwechsel sich ungünstig auf die Frischdampftemperatur während des Übergangs in den neuen Gleichgewichtszustand im Kessel auswirkt.

Regelt man hingegen den Dampfdruck von der Kesselfeuerung her [11], so wird die Dampferzeugung vom Verbraucher bestimmt, wobei das Kesselspeichervermögen in Anspruch genommen werden kann.

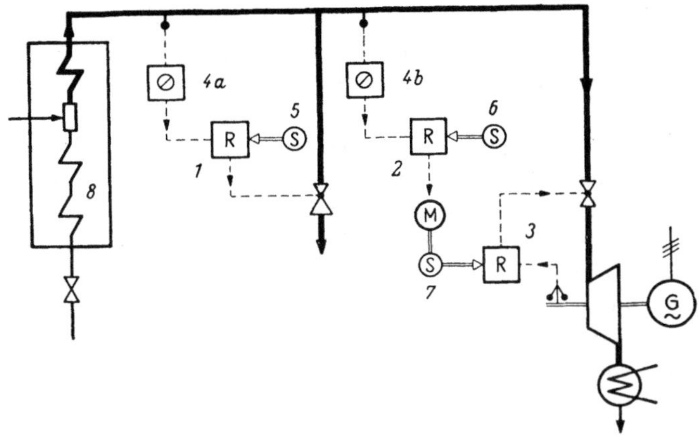

1 Druckregler der Reduzierstation
2 Turbinen-Vordruckregler zur Überströmregelung
3 Turbinen-Drehzahlregler
4 Meßumformer Kesseldruck (*a* und *b*)
5 Sollwertsteller für Druckregler der Reduzierstation
6 Sollwertsteller für den Druckregler der Turbine
7 Sollwertsteller Turbinen-Drehzahlregler
8 Kessel

Bild 40. Überströmregelung des Bensonkessels über Vordruckregelung an der Turbine

Wie im folgenden gezeigt wird, ist hiermit eine vorübergehende Änderung der Überhitzerlänge verbunden, die sich auf die Frischdampftemperatur besonders günstig auswirkt. In *Bild* 41 werden diese Vorgänge im Bensonkessel denen im Trommelkessel gegenübergestellt.

Im oberen Teil des Bildes ist die charakteristische Heizflächenaufteilung der beiden Kesseltypen gezeigt, darunter für beide Typen in Einrohranordnung die einzelnen Phasen der Dampferzeugung bei einer Laststeigerung, wobei den Betrachtungen der Einfachheit halber zugrunde gelegt ist, daß beim Bensonkessel nach Erreichen des neuen Beharrungszustandes nach einem nicht zu großen Lastwechsel die Lage der einzelnen Heizflächenzonen erhalten bleibt.

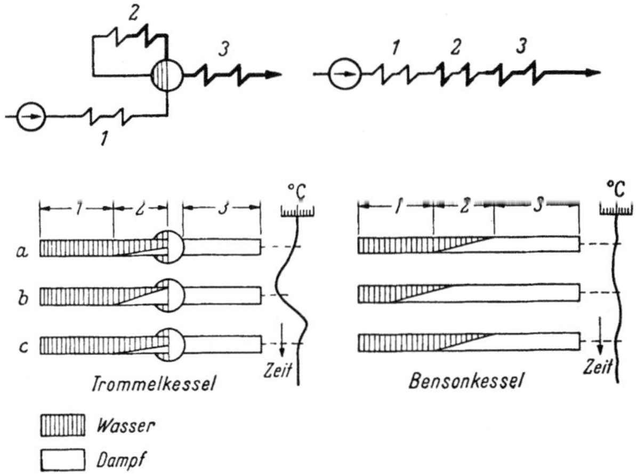

1 Vorwärmung
2 Verdampfung
3 Überhitzung
a Ausgangs-Beharrungszustand
b Übergangszustand
c Neuer Beharrungszustand

Bild 41. Heizflächenaufteilung

Wird bei einem Trommelkessel aus dem Beharrungszustand (*a*) die Dampfentnahme gesteigert, so fällt die Heißdampftemperatur am Kesselende, da die Überhitzerlänge konstant bleibt und die von der Regelung erhöhte Feuerleistung noch nicht wirksam ist. Es stand bis zum Zeitpunkt (*b*) der erhöhten Dampfentnahme eine zu niedrige Feuerungsleistung gegenüber. Um die entnommene Speicherdampfmenge wieder zu ersetzen, muß anschließend die Feuerungsleistung eine Zeitlang höher sein, als sie der Dampfabgabe entspricht. Dabei wird dem Überhitzer zuviel Wärme zugeführt, so daß die Heißdampftemperatur so lange zu hoch sein muß, bis das Gleichgewicht zwischen Dampferzeugung und Dampfabgabe wiederhergestellt ist (*c*).

Wird hingegen beim Bensonkessel die Dampfentnahme plötzlich gesteigert, so verschiebt sich mit dem sinkenden Druck das Ende der Verdampfungszone zum Kesseleintritt hin (*b*), der Überhitzer wird länger und der Dampf kann mehr Wärme aufnehmen, so daß die erforderliche Überhitzungswärme trotz anfangs fehlender Feuerungsleistung an den Dampf abgegeben werden kann. Wird dem Kessel entsprechend der Dampfabgabe mehr Speisewasser zugeführt, so wandert das Ende der Verdampfungszone wieder zum Kesselende hin (*c*). Durch diese Vorgänge im Bensonkessel bei Laständerung treten Temperaturabweichungen nur in sehr kleinem Maße auf.

4. Feuerungsregelung

Die Turbine ist in den meisten Fällen mit einem oder zwei Bensonkesseln zu einem Block zusammengeschaltet, dessen Leistung an der Turbine eingestellt wird. Die Feuerungsregelung (*Bild* 42) erhält ihr Regelsignal vom Druck (*9b*) mit einer Störwertaufschaltung vom Dampfstrom (*10*) zur Turbine. Der Dampfstrom zum Reduzierventil, das beim Überschreiten eines oberen Grenzdruckes öffnet, darf nicht mit aufgeschaltet werden, da für die Feuerungsregelung nur der Dampfstrom maßgebend ist, der vom Verbraucher angefordert wird.

Die Regelung ist so aufgebaut, daß der Lastregler (*4*) mit dem Kesseldruck-Sollwertsteller (*16*) auf den Feuerungs-Sollwertgeber (*17*) arbeitet. In der Meßschaltung liegen außer dem Sollwertsteller (*16*) der Dampfdruck (*9b*) als Regelgröße, der Dampfstrom (*10*) als Störgröße und die Stellung des Feuerungs-Sollwertgebers (*17*), so daß der Regler (*4*), auf den Druck bezogen, P-Verhalten aufweist. Der Feuerungs-Sollwertgeber (*17*) gibt die Sollwerte für den Brennstoff- (*7*) und den Luftregler (*6*) über Kurvenscheiben, deren Form im Betrieb ermittelt wird. Dadurch können Brennstoff und Luft der Kessellast bereits gut zugeordnet werden.

Heizwertänderungen des Brennstoffes hätten infolge des P-Bereiches des Lastreglers (*4*) eine bleibende Druckänderung zur Folge, wenn die Zuordnung von Brennstoff zur Last, wie sie vom Feuerungs-Sollwertgeber gegeben ist, nicht berichtigt werden würde. Zur Berichtigung dient ein motorisch angetriebener Verhältnissteller (*19*) am Brennstoffregler (*7*), der die Zuordnung von Brennstoff (*12*) zu dem vom Feuerungs-Sollwertgeber (*17*) gegebenen Wert in bestimmten Grenzen ändert. Auf den Antrieb des Verhältnisstellers (*19*) arbeitet ein integral wirkender Druckregler (*5*), der mit dem Lastregler zusammen den gleichen Sollwertsteller (*16*) und den gleichen Druckmesser (*9b*) als Istwertgeber hat. Außerdem wird die mit Hilfe des Vorhaltgebers (*22*) gebildete Tendenz des Dampfdruckes auf den Brennstoffregler geschaltet. Der Druckregelung wird dadurch PID-Verhalten verliehen.

Ist im Beharrungszustand die Regelabweichung des Druckes auf Null abgeklungen, so stellt sich für jede Kessellast [Dampfstrom (*10*)] immer eine genau zugeordnete Stellung des Feuerungs-Sollwertgebers (*17*) ein, so daß auch über

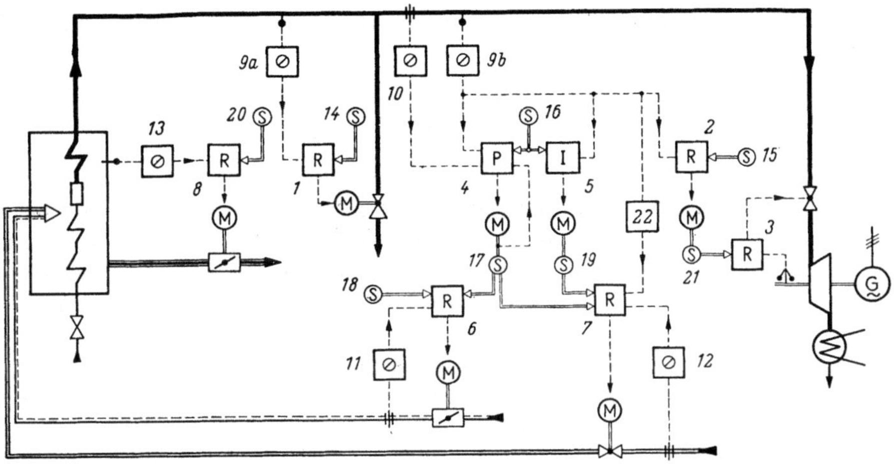

1 Oberer Grenzdruckregler
2 Unterer Grenzdruckregler
3 Turbinen-Drehzahlregler
4 Lastregler
5 Kesseldruckregler
6 Luftregler
7 Brennstoffregler
8 Brennkammerdruckregler
9 Meßumformer Dampfdruck (*a* und *b*)
10 Meßumformer Dampfstrom
11 Meßumformer Luftstrom
12 Meßumformer Brennstoffdurchsatz
13 Meßumformer Brennkammerdruck
14 Sollwertsteller oberer Grenzdruck
15 Sollwertsteller unterer Grenzdruck
16 Sollwertsteller Kesseldruck
17 Sollwertgeber für Feuerung
18 Verhältnissteller Luft-Last
19 Verhältnissteller Brennstoff-Last
20 Sollwertsteller Brennkammerdruck
21 Sollwertsteller Turbinendrehzahl
22 Tendenzgeber Druck

Bild 42. Feuerungsregelung des Bensonkessels

den Luftregler (*6*) für jede Kessellast das vorgegebene Verhältnis von Dampf zu Luft gewährleistet ist. Es ist jedoch die Möglichkeit vorgesehen, die vom Sollwertgeber für die Feuerung gegebene Zuordnung von Luft zur Last in bestimmten Grenzen mit einem Verhältnissteller (*18*) am Luftregler (*6*) zu ändern, wenn für denselben Dampfstrom eine andere Feuerungsleistung aufgewendet werden muß. Dies kann von Hand oder selbsttätig mit Hilfe eines O_2-Reglers für die Rauchgase geschehen.

Der Unterdruck in der Brennkammer wird in der üblichen Weise wie beim Trommelkessel geregelt.

Eine Zusammenfassung der Messung von Dampfdruck und Dampfstrom für die Feuerungsregelung wie beim Trommelkessel ist beim Bensonkessel nicht zulässig, weil wegen des geringen Speichervermögens die Druckmessung nicht radiziert werden darf und weil ein Gleichdruckpunkt wie im Trommelkessel nicht vorhanden ist.

Damit bei zu schnellen und zu großen Laständerungen der Kesseldruck festgelegte Grenzen nicht überschreiten kann, sind ein oberer und ein unterer

Grenzdruckregler vorgesehen. Der obere Grenzdruckregler (*1*) öffnet bei Überschreiten eines bestimmten Druckes das Reduzierventil, der untere Grenzdruckregler (*2*) vermindert beim Unterschreiten eines bestimmten Druckes die Turbinenleistung.

Während das Reduzierventil bei Unterschreiten des oberen Grenzdruckes wieder geschlossen wird, muß in der gezeichneten Schaltung der Sollwertsteller (*21*) der Drehzahlstelleinrichtung an der Turbine von Hand in die Stellung gebracht werden, die er vor Ansprechen des unteren Grenzdruckreglers hatte.

5. Temperaturregelung

Die Dampftemperatur hängt vom Verhältnis Speisewasserdurchfluß zu Feuerungsleistung ab; man kann also am Bensonkessel praktisch jede gewünschte Dampfaustrittstemperatur erreichen. Die Verwirklichung der naheliegenden Folgerung, eine Temperaturregelung allein durch Änderung des Verhältnisses Speisewasserdurchfluß zu Feuerungsleistung durchzuführen, scheitert meistens an der großen Totzeit dieser Regelstrecke, so daß man die Temperatur nicht auf diese Weise in den zulässigen Grenzen halten kann.

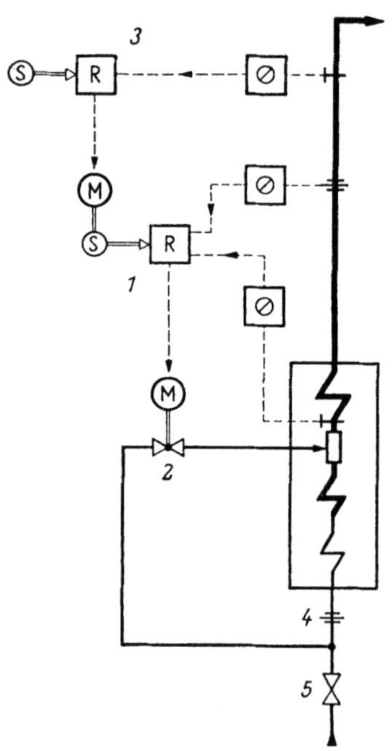

1 Temperaturregler (Folgeregler)
2 Einspritz-Regelventil
3 Temperaturregler (Führungsregler)
4 Meßstelle für Speisewasserdurchfluß
5 Speisewasser-Regelventil

Bild 43. Temperaturregelung am Bensonkessel

Es wird daher ein Teil des Speisewassers als Einspritzwasser für die Temperaturregelung (*Bild* 43) herangezogen und am Eingang des letzten Überhitzers zur Kühlung des Dampfes in den Kessel eingespritzt. Aus kesseltechnischen Gründen wird eine Einspritzung angestrebt, die im Mittel etwa 4 bis 5% des Speisewassers beträgt, so daß damit eine Kühlung bei den üblichen Dampfzuständen und Speisewassertemperaturen um etwa 40 bis 50 °C erreicht wird.

Das Einspritzwasser muß vor der Meßstelle (*4*) für Speisewasserdurchfluß abgenommen werden, weil es bei der Speisewasserregelung nicht mitgemessen werden darf. Die Abnahme muß aber hinter dem Speisewasser-Regelventil (*5*) geschehen, da beim Lastwechsel das jeweilige Verhältnis von Speisewasser zu Einspritzwasser bei gleicher Stellung des Einspritzregelventils (*2*) in der Einspritzleitung erhalten bleiben soll.

Wenn das Verhältnis Totzeit zu Anlaufzeit des letzten Überhitzers klein ist, so genügt ein Temperaturregler mit festem Sollwert, der als einziges Regelsignal die Temperatur am Kesselende erhält und auf das Einspritz-Regelventil arbeitet. Bei großer Totzeit des Endüberhitzers ist diese einfache Anordnung jedoch nicht mehr in der Lage, allen Störgrößen ausreichend zu begegnen. In solchen Fällen wird die in *Bild* 43 dargestellte Kaskadenregelung vorgesehen.

Ein Temperaturregler (*1*), der auf das Einspritz-Regelventil (*2*) arbeitet, regelt die Temperatur unmittelbar hinter dem Kühler. Da diese Temperatur bei konstanter Dampftemperatur am Kesselende von der Last abhängt, wird der Sollwert des Temperaturreglers in Abhängigkeit vom Dampfstrom korrigiert. Damit werden alle Störgrößen, die bis zur Einspritzstelle auftreten, sofort erfaßt, da die Zeitkonstanten dieser Regelstrecke sehr klein sind.

Da die Temperatur hinter der Einspritzstelle der Kessellast nicht eindeutig zugeordnet ist, muß ein zweiter Temperaturregler (*3*), der sein Regelsignal von der Temperatur am Kesselaustritt erhält und einen festen Sollwert hat, den Sollwert des Reglers (*1*) führen und somit die Kesselaustrittstemperatur konstant halten.

Oftmals sind in einem Überhitzerstrang zwei Einspritzungen vorgesehen. Die erste Einspritzung hat dann den Zweck, den Überhitzerteil vor der zweiten Einspritzung vor zu hohen Temperaturen zu schützen. Ist an dieser Stelle ein Regler vorgesehen, so regelt er die Temperatur vor der zweiten Einspritzung.

6. Speisewasserregelung

Das Speisewasser wird dem Dampf nachgeführt, so daß der Dampf die Führungsgröße für den Speisewasserregler (*Bild* 44) ist. Damit ist gewährleistet, daß dem Kessel immer so viel Speisewasser zugeführt wird, wie er Dampf erzeugt. Das Einspritzwasser berücksichtigt man in der Weise, daß der Speisewasserdurchfluß immer um den angestrebten Einspritzwasserdurchfluß (4 bis 5% vom Speisewasserdurchfluß) niedriger gehalten wird als der Dampfstrom. Die Messung des Dampfstroms für die Speisewasserregelung muß im Gegensatz zur Messung des Dampfstroms für die Feuerungsregelung den gesamten vom Kessel abgegebenen Dampfstrom umfassen, also auch den durch die Reduzierstation und die Sicherheitsventile strömenden Dampf.

Da der Speisewasserdurchfluß immer in einem bestimmten Verhältnis niedriger ist als der Dampfstrom, wird ein konstantes Speisewasser-Einspritzwasser-Verhältnis zwangsweise hergestellt. Dieses Verhältnis kann mit einem Sollwertsteller (*4*) eingestellt werden. Die Summe von Speisewasser- und Einspritzwasser-Durchfluß ergibt den Dampfstrom (*Bild* 45).

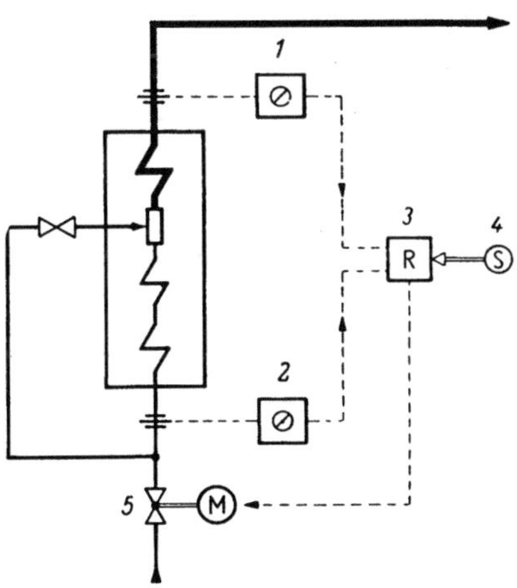

1 Meßumformer Dampfstrom
2 Meßumformer Speisewasserdurchfluß
3 Speisewasserregler
4 Verhältnissteller Speisewasser-Einspritzwasser
5 Speisewasser-Regelventil

Bild 44. Speisewasserregelung am Bensonkessel

Ist bei richtigem Kesseldruck die Heißdampftemperatur z.B. zu hoch, so ist das ein Zeichen dafür, daß die Feuerungsleistung zu groß und der Überhitzer zu lang ist. Durch die Temperaturregelung wird über das eingestellte Speisewasser-Einspritzwasser-Verhältnis hinaus mehr Einspritzwasser zugegeben, das in Form von Dampf aber vom Verbraucher nicht abgenommen wird. Dadurch steigt der

Kesseldruck, die Feuerungsleistung geht zurück und der Restverdampfungspunkt wandert weiter zum Kesselaustritt hin. Der gleiche Vorgang mit umgekehrtem Vorzeichen spielt sich bei zu niedriger Heißdampftemperatur ab, so daß im Zusammenwirken mit der Temperaturregelung der Restverdampfungspunkt durch die Speisewasserregelung immer in die der jeweiligen Kessellast zugeordnete Lage hingeführt wird.

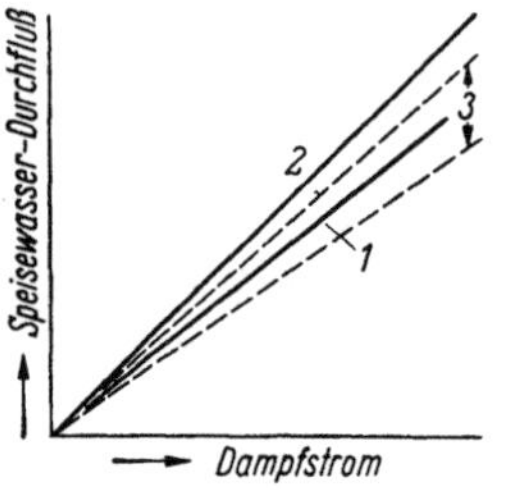

1 Speisewasser
2 Speisewasser + Einspritzwasser
3 Verstellbereich des Speisewassers

Bild 45. Dampf-Speisewasser-Verhältnis

7. Bensonkessel im Blockbetrieb

Ist bei einem Kraftwerk eine Turbine mit einem oder zwei Kesseln zu einem Block zusammengefaßt, so haben mehrere Blöcke eines Kraftwerkes auf der Speisewasser- und Dampfseite keine Verbindung. Die abzugebende Leistung wird mit der Drehzahlstelleinrichtung der Turbine eingestellt. Diese Leistung unterliegt außerdem der Frequenz im elektrischen Netz. Ist die Turbine nur mit dem üblichen Drehzahlregler ausgerüstet, so ist die Zuordnung von Frequenz und Leistung durch die Kennlinie des Turbinendrehzahlreglers gegeben (*Bild* 46). Im allgemeinen gibt man dem Regler einen Proportionalbereich von 4%. Macht die Turbine bei einer Netzfrequenz von 50 Hz 3000 U/min, so ist eine Frequenzänderung von 2 Hz entsprechend 120 U/min erforderlich, um die Turbinenleistung um 100% zu ändern.

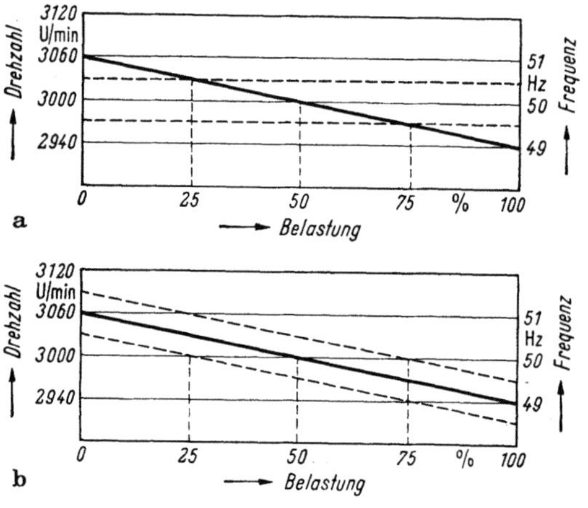

a) Frequenzänderung b) Kennlinienverschiebung

Bild 46. Einfluß der Frequenzänderung und der Kennlinienverschiebung auf die Turbinenbelastung

Im oberen Teil des *Bildes* 46 ist die Kennlinie so gelegt, daß bei einer Sollfrequenz von 50 Hz die Turbinenleistung 50% beträgt. Bei einer Steigerung der Frequenz im Netz auf z.B. 50,5 Hz fällt die Leistung auf 25%, bei einer Absenkung der Frequenz auf z.B. 49,5 Hz steigt die Leistung auf 75%.

Mit der Turbinendrehzahl-Stelleinrichtung ist man in der Lage, die Kennlinie des Reglers parallel zu sich selbst zu verschieben, ohne den Proportionalbereich zu ändern. Im unteren Teil des *Bildes* 46 wird gezeigt, wie bei einer gleichbleibenden Netzfrequenz von 50 Hz und einer Verschiebung der Kennlinie in die obere, gestrichelt gezeichnete Lage die Turbinenleistung auf 75% steigt und bei einer Verschiebung in die untere, gestrichelt gezeichnete Lage auf 25% fällt.

Eine Änderung der Kennlinienneigung, also eine Änderung des Proportionalbereiches des Turbinenreglers ist im allgemeinen nicht ohne weiteres möglich. Die

Beteiligung des Blockes an Belastungsschwankungen im Netz, die sich in Frequenzänderungen äußern, ist daher zunächst durch den Proportionalbereich des Turbinenreglers gegeben.

Mit der Blockregelung soll man der Turbine im Rahmen ihrer zulässigen Laständerungsgeschwindigkeit eine beliebige Grundlast geben können, wobei sie sich in einem einstellbaren Maße an den Belastungsschwankungen des Netzes beteiligen soll. Eine solche Blockregelung zeigt *Bild* 47. Mit dem Sollwertsteller (*12*)

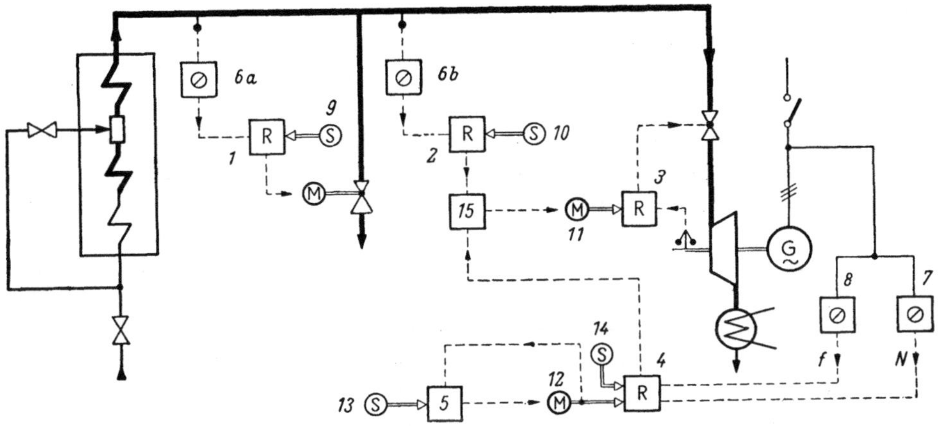

1 Oberer Grenzdruckregler
2 Unterer Grenzdruckregler
3 Turbinendrehzahlregler
4 Leistungsregler
5 Begrenzer für die Laständerungsgeschwindigkeit
6 Meßumformer Kesseldruck (*a* und *b*)
7 Meßumformer für elektrische Leistung
8 Meßumformer Frequenz
9 Sollwertsteller oberer Grenzdruckregler
10 Sollwertsteller unterer Grenzdruckregler
11 Sollwertsteller Turbinendrehzahlregler
12 Sollwertsteller für elektrische Leistung (verzögert)
13 Sollwertsteller für elektrische Leistung
14 Steller Frequenzeinfluß
15 Verriegelungsschaltung

Bild 47. Blockregelung mit Bensonkessel

wird dem Leistungsregler (*4*) eine bestimmte Leistung vorgegeben, die der Generator bei der Frequenz von 50 Hz abgeben soll. Die elektrische Leistung des Generators wird mit dem Meßumformer (*7*) gemessen und als Istwert dem Leistungsregler zugeführt. Dieser arbeitet über eine Verriegelungsschaltung (*15*) auf die Drehzahlstelleinrichtung (*11*) des Turbinendrehzahlreglers (*3*), damit die am Sollwertsteller (*12*) eingestellte Leistung vom Generator geliefert wird.

Bei einer Frequenzänderung im Netz ändert die Turbine gemäß dem Proportionalbereich des Turbinendrehzahlreglers ihre Leistung. Damit diese Leistungsänderung vom Leistungsregler nicht wieder rückgängig gemacht wird, ist auf den Leistungsregler über den Meßumformer (*8*) auch die Netzfrequenz aufgeschaltet. Mit dem Steller (*14*) kann der Einfluß der Frequenz verändert werden. Ist der Einfluß der Frequenz auf den Leistungsregler so eingestellt, daß sich der Sollwert des Leistungsreglers um 100% der Turbinenhöchstleistung bei 4% Frequenzänderung ändert, so greift der Leistungsregler bei Frequenzänderungen nicht ein, da der Turbinendrehzahlregler die gleiche Leistungsänderung von sich aus vornimmt, die der Leistungsregler kommandiert. Man kann aber den Frequenzeinfluß auf den Sollwert des Leistungsreglers so einstellen, daß der Leistungsregler bei Frequenzänderungen im Netz eine kleinere oder größere Leistungsänderung als der Turbinendrehzahlregler kommandiert. Dieses Kommando ist der Proportionalwirkung des Turbinendrehzahlreglers übergeordnet. Man kann also dem Block mit dem Steller (*14*) einen anderen Proportionalbereich geben, als ihn der Turbinendrehzahlregler aufweist, ohne daß die Stabilität der Turbinenregelung gefährdet wird.

Neuzeitliche Turbinen mit Zwischenüberhitzung haben eine begrenzte Änderungsgeschwindigkeit ihrer Leistung. Deswegen wird die Sollwerteinstellung des Leistungsreglers bei solchen Turbinen nicht unmittelbar am Sollwertsteller (*12*), sondern am Sollwertsteller (*13*) vorgenommen. Der Begrenzer (*5*) gibt den Sollwert verzögert mit der zugelassenen Änderungsgeschwindigkeit an den Sollwertsteller (*12*) des Leistungsreglers (*4*) weiter. Der Sollwertsteller (*13*) kann einen motorischen Antrieb erhalten, der ferngesteuert wird und auf diese Weise Stellbefehle von einem Netzregler oder vom Lastverteiler erhalten kann.

Leistungsänderungen, die durch Frequenzänderungen im Netz hervorgerufen werden, gehen unverzögert auf die Turbine. Es ist also möglich, daß bei großen und schnellen Frequenzabsenkungen der Kessel überfordert wird und der Druck unzulässig tief absinkt. In diesem Falle greift der untere Grenzdruckregler (*2*) ein. Der Sollwert (*10*) dieses Reglers steht tiefer als der Drucksollwert der Feuerungsregelung. Der untere Grenzdruckregler kann nur die Turbinenleistung vermindern. Er arbeitet über die Verriegelungsschaltung (*15*), die ihm den Vorrang vor dem Leistungsregler (*4*) gibt, auf die Drehzahlstelleinrichtung. Ist durch den Einfluß der Feuerungsregelung der Druck wieder über den unteren Grenzdruck gestiegen, so wird über den Leistungsregler die Turbinenleistung wieder auf den durch den Sollwertsteller (*12*) eingestellten Wert gebracht.

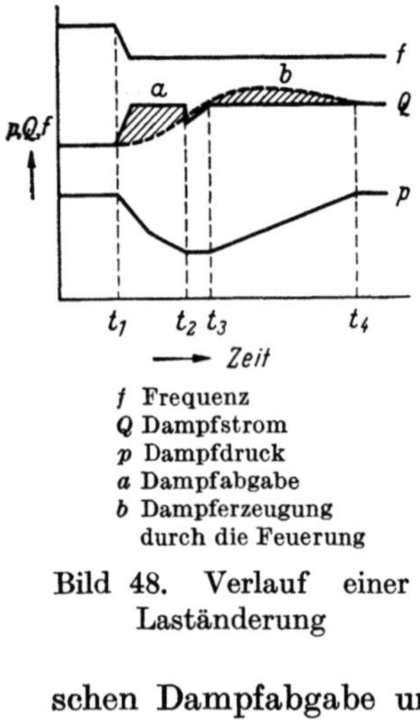

Bild 48. Verlauf einer Laständerung

Es ergibt sich in einem solchen Falle der in *Bild* 48 gezeigte Verlauf. Bis zum Zeitpunkt t_1 herrscht Gleichgewicht zwischen Dampfabgabe und Dampferzeugung im Kessel bei vorgegebenem Kesseldruck. Der jetzt erfolgende Frequenzeinbruch läßt die Leistung der Turbine unter dem Einfluß des Turbinenreglers steil ansteigen. Das Speichervermögen des Kessels wird dabei so stark in Anspruch genommen, daß zum Zeitpunkt t_2 der untere Grenzdruck erreicht ist und der Grenzdruckregler die Dampfabgabe an die Turbine so weit verringert, daß der untere Grenzdruck gehalten wird. Von diesem Zeitpunkt an herrscht Gleichgewicht zwischen Dampfabgabe und Dampferzeugung im Kessel durch die Feuerung. Da die Feuerungsleistung unter dem Einfluß der Feuerungsregelung weiter steigt, erreicht zum Zeitpunkt t_3 die Dampfabgabe und damit die Turbinenleistung wieder ihren Sollwert. Bis zum Zeitpunkt t_4 hat die Feuerungsleistung den entnommenen Speicherdampf ersetzt, so daß der Kesseldruck wieder seinen Sollwert erreicht hat und das Gleichgewicht zwischen Dampferzeugung und Dampfabgabe wiederhergestellt ist.

Kommt es dagegen zu einem plötzlichen Lastabwurf, so daß der Kesseldruck seinen oberen Grenzwert erreicht, so wird der überschüssige Dampf durch die

Reduzierstation abgeführt. Es wäre nicht richtig, den oberen Grenzdruckregler auch auf die Turbinendrehzahl-Stelleinrichtung arbeiten zu lassen, da beim Auslösen des Generatorschalters der obere Grenzdruckregler das Erreichen der Schnellschlußdrehzahl der Turbine begünstigen würde.

8. Sicherheitsmaßnahmen

In allen Störungsfällen muß größte Sicherheit dafür bestehen, daß der Eigenbedarf der Anlage erhalten bleibt.

Fällt der Generatorschalter, so wird der überschüssige Dampf durch die Anfahr-Reduzierstation abgeführt und der Feuerungs-Sollwertgeber (*17*) in *Bild* 42 wird selbsttätig auf Mindestlast gestellt.

Bleibt der Brennstoff aus, so ist die Kesselaustrittstemperatur dadurch gesichert, daß nicht mehr Speisewasser zugeführt wird, als Dampf erzeugt wird. Ein Unterschreiten des unteren Grenzdruckes verhindert der untere Grenzdruckregler durch Verminderung der Turbinenleistung.

In beiden Fällen ist es notwendig, für die Feuerungsregelung nur den zur Turbine gehenden Dampfstrom und für die Speisewasserregelung den gesamten vom Kessel abgenommenen Dampfstrom zu messen. Ist eine Messung dieses Dampfstroms nicht möglich, so muß für die Speisewasserregelung der Dampfstrom zur Reduzierstation mit dem Dampfstrom zur Turbine summiert werden.

9. Ergebnisse

Bild 49 zeigt den Last- und Temperaturverlauf bei einem Bensonkessel, Dampfleistung 190 t/h, Heißdampftemperatur 530 °C und Kesselaustrittsdruck 135 atü. Dieser Kessel ist mit der Turbine zu einem Block zusammengeschaltet.

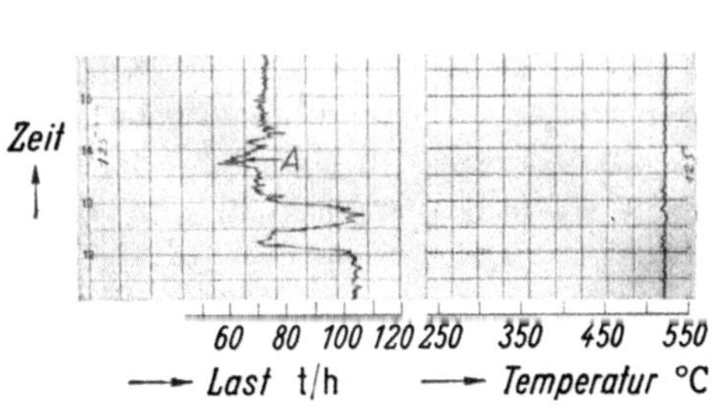

Zeitpunkt A: Zuteiler für Mühle 2 – keine Kohle

Bild 49. Last- und Temperaturverlauf bei einem Bensonkessel 190 t/h, 530 °C, 135 atü

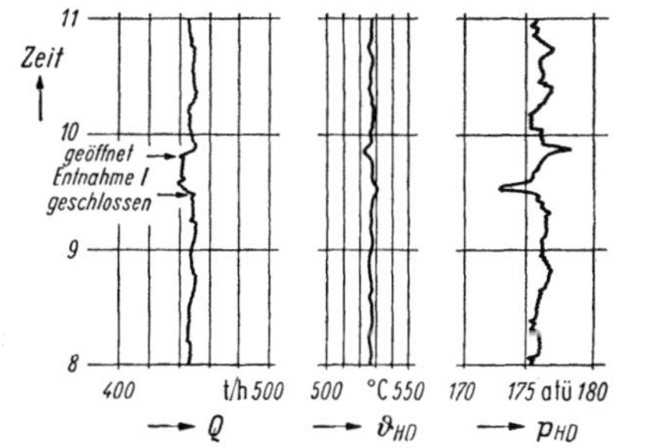

Q Dampfstrom ϑ_{HD} Temperatur p_{HD} Druck

Bild 50. Last-, Temperatur- und Druckverlauf bei einem Bensonkessel 450 t/h, 530 °C, 175 atü Vorwärmerausfall

Der Block wird so gefahren, daß an einer Kuppelstelle im Netz eine bestimmte Übergabeleistung gehalten wird. Alle Leistungsänderungen sind nur an der Turbine vorgenommen worden. Trotz starker Laständerungen und Störungen in der Kohlezuteilung blieb die Änderung der Dampftemperatur innerhalb von ± 3,5 °C.

In *Bild* 50 wird der Einfluß einer Speisewassertemperaturänderung auf die Heißdampftemperatur an einem Bensonkessel mit Braunkohlenfeuerung von 450 t/h, 530 °C Heißdampftemperatur und 175 atü Kesselaustrittsdruck gezeigt. Der Temperatursprung im Speisewasser, der dadurch hervorgerufen war, daß um 9.30 Uhr die zur Speisewasservorwärmung dienende Entnahme I an der Turbine geschlossen wurde, betrug 40 °C. Der bis zum Absperren der Entnahme für die Vorwärmung dienende Dampf erzeugt nun zusätzliche elektrische Leistung. Dies veranlaßt den Leistungsregler – (*4*) in *Bild* 47 – über den Turbinendrehzahlregler (*3*) den Dampfstrom zur Turbine zurückzunehmen. Der Wärmeverlust durch das dem Kessel weniger vorgewärmt zugeführte Speisewasser ist erheblich größer als die mit der Dampfstromabnahme von der Feuerungsregelung (s. *Bild* 42) veranlaßte Veränderung der Feuerungsleistung. Infolgedessen fällt der Druck ab und die Feuerungsregelung steigert die Feuerungsleistung, bis der Druck wiederhergestellt ist. Da der Feuerungs-Sollwertgeber – (*17*) in *Bild* 42 – dann eine dem Dampfstrom entsprechende Stellung hat, ist die erforderliche Mehrzuteilung von Brennstoff allein durch den Verhältnissteller – (*19*) in *Bild* 42 – bewirkt worden.

Die Temperaturabweichung (s. *Bild* 50) war kleiner als $\pm$ 3 °C, die Druckabweichung blieb in den Grenzen von $\pm$ 4 at. Um 9.50 Uhr war die Störung beseitigt, wobei die Regelabweichungen in den gleichen Grenzen blieben. Die Folgen der Störung sind allein von der Feuerungsregelung beseitigt worden.

Wird während einer solchen Störung der Verhältnissteller – (*18*) in *Bild* 42 – nicht betätigt, so ist die Luftzuteilung nicht mehr ausreichend, da der Aufwand an Brennstoff zur Erzeugung von 1 kg Dampf größer geworden und die Luftregelung bei einem konstanten Verhältnis von Dampf zu Luft geblieben ist. Ein O_2-Regler am Rauchgas hätte über den Verhältnissteller (*18*) das Dampf-Luft-Verhältnis berichtigen und damit wieder wirtschaftliche Verbrennung herstellen können.

E. Wärmewarten

Die große Anzahl der Meßgeräte und Schalter, der Umfang der Regeleinrichtungen und die betriebliche Notwendigkeit, alle Vorgänge im Kessel, an der Turbine und im Dampfnetz leicht beobachten und Störungen schnell und sicher erkennen zu können, zwingen dazu, die Überwachungs-, Signal- und Regelanlage auf kleinem Raum zusammenzufassen. Diese Forderungen lassen sich mit elektrischen Mitteln gut verwirklichen.

Die gesamte Überwachungs-, Steuer- und Regelanlage eines Kessels wird zweckmäßig auf einem Pult mit Tafel zu einem Kesselleitstand zusammengefaßt. Dabei versieht man die Pultplatte meistens mit einem farbigen Betriebsschaltbild, in dessen Linienzüge für Wasser, Dampf, Kohle, Luft usw. die zugehörigen Steuerschalter, Steuerquittungsschalter zum Ein- und Ausschalten der Motoren am Kessel und die Anzeiger eingeordnet werden, auf denen die unmittelbare Wirkung der Schalterbetätigung zu erkennen ist. Dazu gehören besonders die Anzeiger für die Speisewasserzufuhr, für die Drehzahl der Kohlezuteiler, für die Einspritzung usw. Das gilt auch für die Steuerquittungsschalter, neben die man die zugehörigen Strommesser setzt, damit außer dem Leuchtsignal, das die Ausführung des Befehls quittiert, auch die Belastung der Motoren ersichtlich ist. Als sehr nützlich hat es sich weiterhin erwiesen, die Stellung der Stellglieder ebenfalls anzuzeigen, die gerade in Störungsfällen wichtige Hinweise geben kann.

Im Pultaufbau oder in der Tafel, wenn das Pult unmittelbar mit der Tafel zusammengebaut ist, werden die Anzeiger für die Betriebsmeßgrößen, wie Temperaturen und Drücke für Wasser, Dampf, Luft und Rauchgas, Rauchgaszusammensetzung usw., untergebracht. Um die Übersichtlichkeit zu erleichtern, erhalten nur die für den Betrieb wichtigsten Meßgrößen eine Daueranzeige, während die übrigen

Bild 51. Meß- und Regelwarte eines Großkraftwerkes

Meßgrößen auf gemeinsame Anzeiger mit Meßstellenumschalter gelegt werden. Die Anzeiger selbst werden in senkrechten Reihen so angeordnet, daß sich eine sinngemäße Zuordnung nach den Meßgrößen ergibt: z. B. Wasser, Dampf, Luft, Rauchgas. Die hinter dem Pult befindliche Tafel bleibt dann einigen Großanzeigegeräten, den Reglern, den Schreibern und den Signalfeldern vorbehalten.

In Kraftwerken mit mehreren Kesseln, die auf ein gemeinsames Dampfnetz arbeiten, werden die Kesselleitstände in einem Raum zu einer Wärmewarte zusammengefaßt, die oftmals noch die Überwachung weiterer Anlageteile des Kraftwerkes enthält. In folgerichtiger Weiterführung des Kesselleitstandes bringt man auf dem Blockleitstand die Überwachung, Steuerung und Regelung aller zu einem Block gehörenden Anlageteile, wie Kessel, Turbine, Kondensation, Wasseraufbereitung, Vorwärmung und Pumpen (*Bild* 51).

Betriebssicherheit und Übersichtlichkeit verlangen eine zweckmäßige und klare Aufteilung der von allen Seiten in der Wärmewarte ankommenden Leitungen und Kabel, die die Verbindung zwischen den weit auseinander liegenden Meßstellen, Stellgliedern, Gebern für die Regelung und Motoren in der Anlage mit dem Leitstand herstellen. Der auf der Rückseite der Tafeln und im Innenraum der Pulte zur Verfügung stehende Platz reicht bei weitem nicht mehr aus, um die Aufteilung der Kabel, die Hilfsgeräte (Sicherungen, Automaten, Relais, Stromversorgungseinrichtungen, Regler usw.) unterzubringen. Man sieht daher unter der Wärmewarte einen Kabelboden vor, der alle diese Geräte, soweit sie nicht in der Tafel sitzen, aufnimmt, und in dem die Rangierung der Kabel und Leitungen vorgenommen wird.

Die Wärmewarte wird am günstigsten in einem zentral gelegenen Raum des Kraftwerks untergebracht, der gegen Betriebsgeräusche abgeschirmt ist. Die Wärmewarte wird dann zur Leit- und Befehlsstelle des gesamten Kraftwerkes. Wie man einer solchen Wärmewarte eine architektonische Gestaltung geben kann, die die Bedeutung des Raumes schon äußerlich betont, zeigt *Bild* 52.

Bild 52. Blick in die Wärmewarte eines Blockkraftwerkes

F. Quellenhinweise

[*1*] Behrens, W.: Betriebserfahrungen mit Ölfeuerungen im Schiffskesselbau. Mitt. Verein. Großkesselbesitzer (1957) H. 46, S. 40–45.

[*2*] Börger-Brenner der Firma Börger u Co., Hamburg-Altona.

[*3*] Y-Brenner der Firma Deutsche Babcook u. Wilcox AG, Oberhausen (Rheinld.).

[*4*] Brenner der Firma H. Saacke KG, Bremen.

[*5*] Oetker, R. u. Schroeder, G.: Die Regelbarkeit des Druckes von Dampferzeugern. Brennstoff-Wärme-Kraft 3. Jg. (1951) S. 361–366.

[*6*] Rosahl, O.: Belastungsstöße und Speicherfähigkeit in Dampfkraftbetrieben. Essen: Vulkan-Verlag 1942.

[*7*] Profos, P.: Dynamik der Überhitzerregelung. Regelungstechnik 6. Jg. (1958) S. 240-246.

[*8*] Niedernberg, K.: Regelung an Kesseln mit Zyklonfeuerung. Elektrizitätswirtschaft 55. Jg. (1956) S. 804–807.

[*9*] Michel, R.: Der Bensonkessel als Dampferzeuger für höchste Drücke und Leistungen. Energie 8. Jg. (1956) S. 193–201.

[*10*] Michel, R.: Die Speicherfähigkeit des Bensonkessels. Arch. Wärmewirtsch. u. Dampfkesselwes. Bd. 24 (1943) H. 3, S. 49–50.

[*11*] Fischer, A.: Regelung von Bensonkesseln in Blockschaltung mit der Turbine. Mitt. Verein. Großkesselbesitzer (1959) H. 61, S. 294–302.

16. Dampfverteilungsnetze

Von W. Pontow

Inhaltsübersicht

A. Überblick

Die Regelaufgaben in Dampfverteilungsnetzen und Wasseraufbereitungsanlagen von Kondensationskraftwerken, Heizkraftanlagen oder Industriekraftwerken weisen neben vielen gemeinsamen Gesichtspunkten teilweise sehr unterschiedliche Voraussetzungen auf. Bei Industriekraftwerken beeinflußt z.B. die Art der Fertigung wesentlich die zweckmäßigste Dampfverteilung und deren Regelung. Aus der Vielzahl der möglichen praktischen Ausführungen werden hier nur einige typische Anwendungsbeispiele ausgewählt; in den zugehörigen Lösungshinweisen wird eine Übersicht über die Druck- und Temperaturregelaufgaben in Dampfverteilungsnetzen sowie über die Zu- und Ablaufregelung bei Wasseraufbereitungsanlagen gegeben.

B. Anlagenbeispiele für Druck- und Temperaturregelung

1. Umgehungsleitungen zu Kraftmaschinen

In den Dampfverteilungsnetzen fast aller Kraftwerksanlagen wiederholt sich die in dem vereinfachten Schema (*Bild* 1) angedeutete Verbindung des Wärmeerzeugers (*1*) mit Turbinen (*2*) oder Dampfmaschinen und deren Umgehung (*3*).

Bei Stillstand der Kraftmaschine erhalten die am Gegendrucknetz angeschlossenen Wärmeverbraucher gedrosselten und gekühlten Frischdampf über die

Umgehungsleitung. Reicht die Durchsatzmenge der voll ausgefahrenen Maschine für die angeschlossenen Verbraucher nicht aus, so muß die fehlende Menge gleichfalls über die Reduzier- und Kühlanlage der Umgehungsleitung zugesetzt werden. Durch Folgeschaltungen (Kraftmaschine—Reduzierventil) oder durch unterschiedliche Einstellung der Sollwerte der Druckregler wird erreicht, daß zuerst der in der Kraftmaschine Arbeit leistende Dampf dem nachgeschalteten Verteilungsnetz zugeführt wird, ehe der wertvolle Frischdampf etwa noch fehlende Mengen decken muß. Schwierigere Voraussetzungen für die Regeleinrichtungen ergeben sich bei plötzlich eintretendem Dampfmangel auf der Verbraucherseite, hervorgerufen durch Ausfall der Kraftmaschine (Schnellschluß) oder bei Durchsatzverminderung infolge Lastabwurf. Eine Unterbrechung der Dampfversorgung für die angeschlossenen Verbraucher (z. B. Kondensationsmaschinen) ist im allgemeinen nur tragbar, wenn sie, dem Zeitverhalten der Gesamtanlage entsprechend, nach wenigen Sekunden wieder behoben ist. Ferner muß für eine schnelle Ableitung der durch die Maschine plötzlich gestoppten Frischdampfmengen über die Umgehung gesorgt werden, damit ein Ansprechen der Kesselsicherheitsventile verhindert wird. Gelingt dies nicht, so kann mit dem Abschalten der Kesselanlage gerechnet werden, da die Sicherheitsventile nach dem Abblasen meist undicht bleiben. Für die Wirkungsweise der Reduzieranlage folgt hieraus, daß die Drosselung und Kühlung der umzuleitenden Frischdampfmenge in wenigen Sekunden vollzogen sein muß.

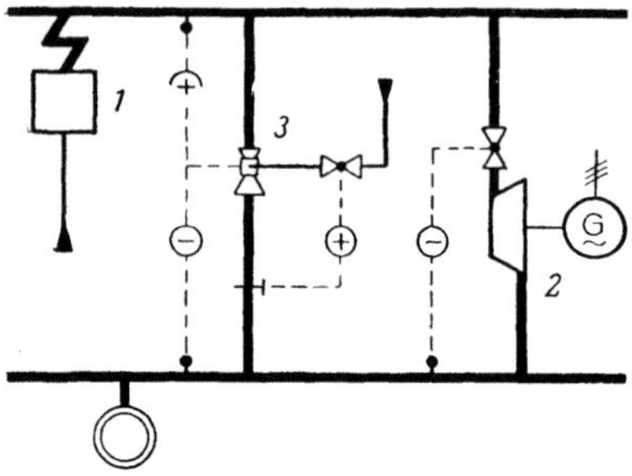

1 Wärmeerzeuger *2* Turbosatz
3 Frischdampfreduzierung mit Dampfumformventil

Bild 1. Dampfdruckminderung und Dampfkühlung in Umgehungsleitungen zu Kraftmaschinen

Im Gegensatz hierzu werden bei Druck- und Temperaturregelanlagen für normale Arbeitsbedingungen längere, allein auf das Zeitverhalten des Verbrauchernetzes abgestimmte Stellzeiten gern in Kauf genommen, um mit Sicherheit ein möglichst optimales Ausregeln auch kleinerer Störungen zu erreichen. Um diese gegensätzlichen Aufgaben mit einer Reduzieranlage beherrschen zu können, werden häufig Anordnungen getroffen, durch die dasselbe Stellglied wahlweise mit verschiedenen Stellzeiten betrieben werden kann.

Zur Klärung der Frage nach der erforderlichen kürzesten Stellzeit sind in *Bild* 2 die wichtigsten Ergebnisse eines Abschaltversuches aufgezeichnet (entnommen aus einer Reihe praktischer Untersuchungen in verschiedenen Kondensations- und Industriekraftwerken). Die Untersuchungen wurden an trommellosen Zwangdurchlaufkesseln (Bensonkessel) durchgeführt, also unter wesentlich schärferen Bedingungen als bei Anlagen mit Trommelkessel.

Die Versuche zeigten, daß auch bei plötzlich gestopptem Dampfdurchsatz der voll ausgefahrenen Kraftmaschine (Schnellschluß) eine zwischen 6 und 8 s liegende Stellzeit der Reduzieranlage in der Umgehungsleitung ausreicht: Der Druck in der Frischdampfleitung erreichte in keinem Fall die Ansprechgrenze der Kesselsicherheitsventile, und die kurzzeitig unterbrochene Dampfversorgung des Verbrauchernetzes blieb ohne betriebsstörende Wirkung. Somit sind Kombinationen mit der Turbinensteuereinrichtung im allgemeinen nicht erforderlich und meist auch aus Platzverhältnissen unerwünscht (z. B. mechanische Verbindungen zwischen Turbinensteuergestänge und dem Reduzierventil in der Umgehungsleitung mit Rücksicht auf das Druckverhalten im Frischdampfnetz oder die Dampfversorgung des Verbrauchernetzes).

Dagegen ist die ausreichend schnelle und sichere Kühlung großer, in wenigen Sekunden anfallender Frischdampfmengen von hervorragender Bedeutung für die Betriebssicherheit der anschließenden Leitungen und nachgeschalteten Verbraucher. Eine hierfür wegen ihres günstigen Zeitverhaltens besonders geeignete Einrichtung wird im Abschnitt D 2 d beschrieben.

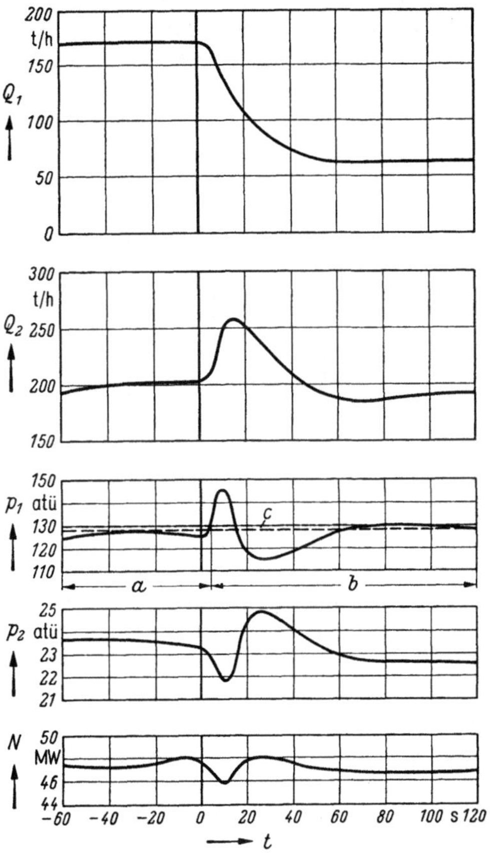

Q_1 Dampfdurchsatz der Vorschaltmaschine
Q_2 Dampfdurchsatz im Mitteldrucknetz, einschließlich Speicher
p_1 Frischdampfdruck
a) Ventil in Schließendlage
b) Ventil im Regelzustand
c) Überstrom-Sollwertbereich
p_2 Mitteldruck
N Leistung der Kondensations- und Hausturbine

Bild 2. Entlasten der Turbine durch Auslösen des Trennschalters. Belastung 10 MW, Dampfdurchsatzminderung 110 t/h

2. Gegendruck- und Übergabeleistungsregelung[1]

Allgemeines. In dem Schaltungsbeispiel (*Bild* 3) wird die Zusammenarbeit zwischen Reduzier- und Kühlanlagen in Umgehungsleitungen mit Kraftmaschinen angedeutet, deren Leistungserzeugung einer Reihe von Sonderbedingungen unterworfen ist. Häufig bestehen über die Höhe des Bezuges oder der Abgabe von Strom an das Überlandnetz vertragliche Vereinbarungen, die durch entsprechende Überwachung der Maschinenleistung in Verbindung mit der Frischdampfregelung in der Umgehungsleitung eingehalten werden müssen, gegebenenfalls auch ohne Rücksicht auf etwa sich in dem Hoch- oder Niederdruckdampfnetz einstellende unerwünschte Druckverhältnisse. Ein andermal wiederum haben die Forderungen der am Gegendrucknetz angeschlossenen Wärmeverbraucher den Vorrang vor der Leistungserzeugung der Maschine. Auch können sonstige Kosten- und Wirkungsgradfragen oder eine Kombination der angedeuteten Möglichkeiten für ein nach bestimmten Richtlinien erforderliches Zusammenspiel

[1] Vgl. auch Kapitel 33.

zwischen der Maschinenleistungsregelung und der Wirkungsweise der Reduzieranlage maßgebend sein.

Aufgabenstellung. Bei der in *Bild* 3 angedeuteten Schaltung, die sich in dieser oder in ähnlicher Ausführung häufig wiederholt, sollen folgende Sonderaufgaben gestellt sein: Ein Turbosatz (*1*), der mit dem Überlandnetz (*2*) im Verbundbetrieb arbeitet, soll auf Gegendruck gefahren werden. Die Leistungsabgabe richtet sich somit nach dem vom Verbrauchernetz (*3*) angeforderten Dampfdurchfluß. Als erste Einschränkung soll bei geringer Dampfentnahme der Wärmeverbraucher und bei größerem Strombedarf im Eigenbedarfsnetz (*4*) eine bestimmte Bezugsleistung aus dem Fremdnetz nicht überschritten werden. In diesem Fall soll vielmehr die Leistungserzeugung der Maschine entsprechend gesteigert und der hierbei anfallende Dampfüberschuß z. B. einer Speicheranlage zugeführt oder über das Ventil (*5*) abgeblasen werden.

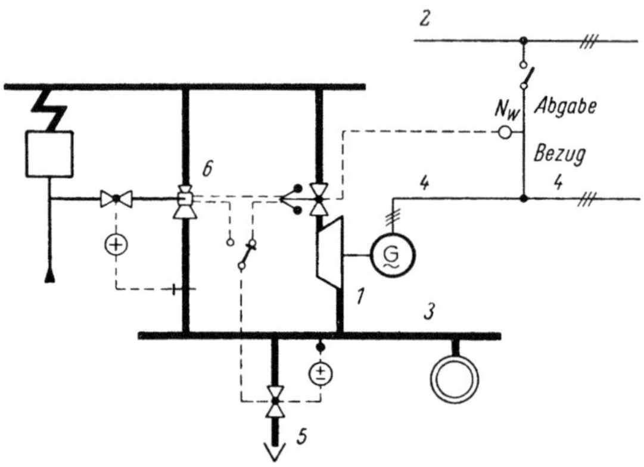

1 Turbosatz
2 Fremdes Überlandnetz
3 Dampfverbrauchernetz
4 Eigenbedarfsnetz
5 Abblasventil
6 Frischdampf-Reduzieranlage mit Dampfumformventil

Bild 3. Dampfdruckminderanlage in Verbindung mit leistungsbegrenzter Kraftmaschine

Umgekehrt soll bei großem Dampfverbrauch im Gegendrucknetz und relativ niedrigem Strombedarf eine Leistungsabgabe an das Überlandnetz verhindert werden, indem die fehlende Gegendruckdampfmenge von der Frischdampf-Reduzieranlage (*6*) zugeliefert wird.

Bei Ausfall des Überlandnetzes soll die Maschine den Strombedarf allein decken. Im Gegendrucknetz wird dann bei zu geringer Dampfabgabe der Maschine Frischdampf über die Umgehungsleitung bezogen; umgekehrt wird Dampf von der Überströmanlage abgegeben, wenn der Dampfdurchsatz der Maschine über dem Bedarf der Wärmeverbraucher liegt.

Grundsätzliche Arbeitsweise der Wechselregelungen (vgl. Kapitel 10). Die im Normalfall auf das Maschineneinlaßventil arbeitende Gegendruckregelung ist so lange allein bestimmend, wie der Fremdbezug einen festgelegten Höchstwert nicht überschreitet bzw. an das Überlandnetz keine Leistung abgegeben wird. Sobald eine Stromlieferung an das Fremdnetz einsetzen will, wird der Dampfdurchsatz durch die Maschine mit Hilfe eines Leistungsreglers beschränkt. Gleichzeitig wird der Gegendruckregler auf die Frischdampf-Reduzieranlage umgeschaltet, um die den Wärmeverbrauchern fehlende Menge über die Umgehungsleitung zuzuführen. Die Rückschaltung auf den Normalbetrieb kann – bei wieder eintretendem Leistungsbezug – erst nach Schließen des Reduzierventils erfolgen.

Beim Überschreiten der höchstzulässigen Bezugsspitze infolge erhöhten Strombedarfs greift der Leistungsregler ein und vergrößert den Dampfdurchsatz der Maschine ohne Rücksicht auf die Gegendruckverhältnisse. Die gleichzeitig von der Maschine abgeschaltete Druckregelung wirkt nun auf das Abblasventil (*5*) ein; die Regelung erfolgt nunmehr durch Ableiten der Überschußmenge. Auch hier kann bei wieder sinkender Bezugsleistung der Normalregelzustand erst hergestellt werden, wenn das Abblasventil wieder geschlossen ist.

Bei Ausfall des Überlandnetzes wird nach Abschalten der Gegendruckregelung die Maschine dem Leistungsregler allein unterstellt, um den Strombedarf zu decken. Die Einhaltung des Gleichgewichts zwischen Dampfanfall und Bedarf der Wärmeverbraucher übernimmt wieder der Gegendruckregler: bei Dampfbedarf Bezug der Fehlmenge über die Reduzier- und Kühlanlage in der Umgehungsleitung, bei Dampfüberschuß Abführen des Überschusses über ein Abblasventil. Die Regelventile werden zweckmäßigerweise in Folgeschaltung betrieben, um die Druckabweichung in möglichst engen Grenzen zu halten.

3. Verhältnisdruckregelung

Für die Beherrschung plötzlich auftretender Leistungsspitzen werden in Kraftwerken, die nach dem Zweiwellensystem arbeiten und deren Dampfnetze ähnlich *Bild* 4 geschaltet sind, Verhältnisdruckregler verwendet (vgl. Kapitel 23). Der Hochdruckdampf wird in der Vorschaltmaschine (*1*) auf den im Mitteldrucknetz (*2*) herrschenden Gegendruck entspannt. Nach Zwischenüberhitzung (*3*) wird der Mitteldruckdampf der Kondensationsmaschine (*4*) zugeleitet. Die Lastspitzen werden überwiegend von den Kondensationsmaschinen aufgefangen, so daß der hierfür erforderliche Dampfmehrbedarf dem Mitteldrucknetz abverlangt wird; bei Lastminderungen kehrt sich der Vorgang um.

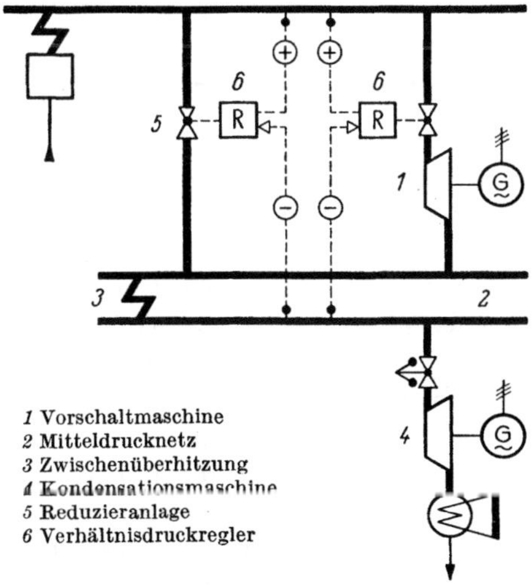

Bild 4. Verhältnisdruckregelung in einem Kondensationskraftwerk

Da die Kesselleistung auch bei sofort einsetzender Nachregelung nur verzögert dem stoßweise wechselnden Dampfbedarf folgen kann, ist die Ausnutzung der in den Hoch- und Mitteldruckdampfnetzen verfügbaren Speichermengen erwünscht. Diese Aufgabe übernimmt die Verhältnisdruckregelung, die auf die Durchsatzregelung der Vorschaltmaschine (*1*) oder auf die in der Umgehungsleitung befindliche Reduzieranlage (*5*) einwirkt. Bei Eintreten einer Lastspitze wird durch den Dampfmehrbedarf der Kondensationsmaschine (*4*) der Mitteldruck zu fallen beginnen. Die Druckabsenkung wird benutzt, um den Sollwert des zum Verhältnisdruckregler (*6*) gehörenden Turbinenüberströmreglers herabzusetzen. Zur Herbeiführung des neuen, niedriger liegenden Solldruckes öffnet der Überströmregler die Turbineneinlaßventile entsprechend und vergrößert somit den Durchsatz. Durch die Druckabsenkung in beiden Netzen wird eine zwar nur vorübergehende, aber sofort zur Verfügung stehende Dampfreserve im Hoch- und Mitteldrucknetz ausgenutzt und so dem Wärmeerzeuger Zeit gelassen, mit seiner Leistung nachzukommen. Die Größe der

Druckänderung im Mitteldrucknetz bestimmt nach einem einmal gewählten Verhältnis die Größe der Sollwertänderung des Hochdruckreglers. Bei plötzlichem Leistungsrückgang wiederholt sich der Regelvorgang im umgekehrten Sinn.

Die Druckminderanlage in der Umgehungsleitung kann bei stillgesetzter Vorschaltmaschine in gleicher Weise von einem Verhältnisdruckregler (*6*) betätigt werden. Ist die Hochdruckturbine in Betrieb, so dient die Reduzieranlage im allgemeinen – im Sinne eines vom Überströmsignal gesteuerten Sicherheitsorgans – zum Abführen plötzlich von der Vorschaltturbine aus irgendeinem Grunde gestoppter Dampfmengen.

4. Zu- und Überströmregelung

Die Wirkweise der kombinierten Zuström-Überström-Regelung (*Bild* 5) wird von dem Dampfzustand zweier Netze und von den Sollwerten der an diese Leitungen angeschlossenen Druckregler bestimmt. Dient z.B. das die beiden Dampfnetze verbindende Reduzierventil gerade zur Aufrechterhaltung des Solldruckes in der Niederdruckleitung, so richtet sich der Dampfdurchsatz ausschließlich nach dem Wärmebedarf der an diesem Netz angeschlossenen Verbraucher; der Überströmregler ist abgeschaltet. Die Anlage arbeitet somit wie jede normale Zuströmanlage ohne Rücksicht auf den in der übergeordneten Leitung sich einstellenden Druck. Erst bei Überschreiten eines festgelegten Höchstwertes, der gleichzeitig der Sollwert des Überströmreglers ist, schaltet sich dieser selbsttätig ein und den Zuströmregler gleichzeitig ab. Das Stellglied untersteht nun ausschließlich den Befehlen des Überströmreglers, dessen erste Steuerbefehle den Durchsatz des Reduzierventils vergrößern, um den überhöhten Druck in der übergeordneten Leitung auf den Solldruck zurückzuführen. Wird der Sollwert des Zuströmreglers – etwa infolge angestiegenen Dampfbedarfs der angeschlossenen Wärmeverbraucher – wieder unterschritten, so erfolgt selbsttätig die Rückschaltung auf den vorherigen Stand: Der Überströmregler wird abgeschaltet, das Stellglied untersteht wieder dem Befehl der Zuströmregelung. Da die ersten Steuerbefehle im Sinne der Durchsatzvergrößerung – mithin der Druckabsenkung in dem Netz mit der höheren Dampfspannung – gegeben werden, ist ein ständiges Pendeln zwischen Zuström- und Überströmregelung ausgeschlossen. Es übernimmt stets derjenige Regler selbsttätig das Kommando über das gemeinsame Stellglied, dessen Istwert vorbestimmte Sollwertgrenzen überschreiten will.

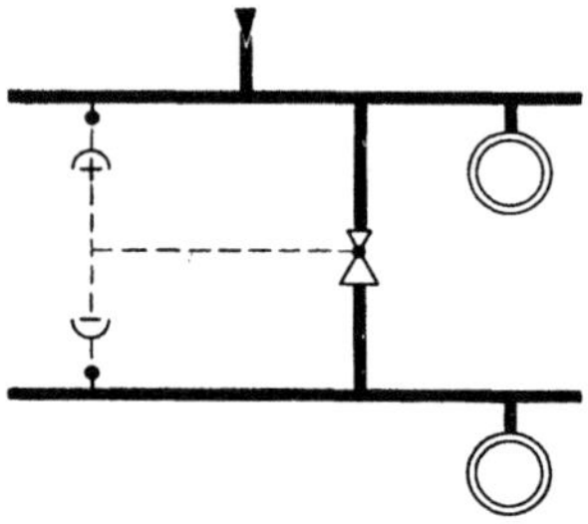

Bild 5. Kombinierte Zu- und Überströmregelanlage

5. Beispiele für Regelaufgaben in einem Industriekraftwerk

In dem vereinfachten Wärmeschaltplan eines Industriekraftwerkes mit Vorschaltanlage (*Bild* 6) werden Hinweise über Art und Häufigkeit in Betracht kommender Regelanlagen gegeben.

Für die Dampfdrosselung und -kühlung in der Umgehungsleitung (*1*) ist im Schaltplan an Stelle eines Reduzierventils mit nachgeschaltetem Heißdampfkühler ein Umformventil angedeutet (s. Abschnitt D 2 d). Weitere am Gegendrucknetz (*2*) angeschlossene Wärmeverbraucher werden je nach dem Belastungszustand der Gesamtanlage mit Turbinenabdampf oder mit reduziertem und gekühltem Frischdampf oder mit Dampf aus beiden Zuleitungen betrieben.

Zur Versorgung des eingezeichneten Entgasers oder anderer im Zuge der Wasseraufbereitungsanlagen eingebauter Wärmeaustauscher, z. B. Vorwärmer mit Dampf niederer Spannung, sind weitere, meist ohne besondere Kennzeichen arbeitende Reduzieranlagen vorgesehen. Häufig ist bei mehreren dampf- und wasserseitig verbundenen Entgasern eine merkliche Beruhigung der Betriebsweise zu erreichen, indem die Druckhaltung nur einem Regler überlassen wird; zur Beherrschung auch unterschiedlicher Belastungen verstellt dieser Regler das jedem Entgaser zugehörige Dampfventil gleichzeitig und um etwa den gleichen Betrag (Parallelschaltung).

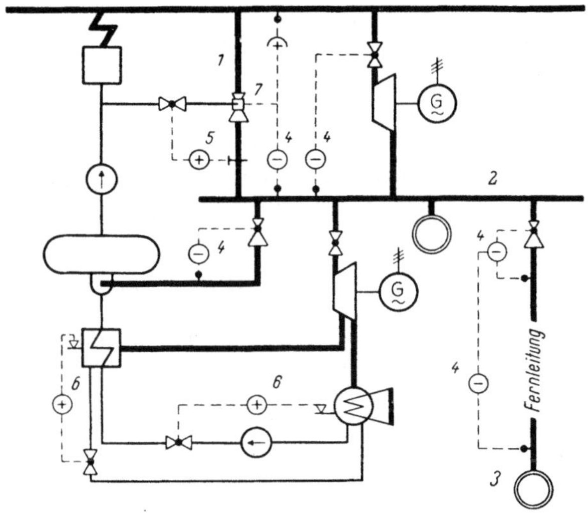

1 Umgehungsleitung
2 Gegendrucknetz
3 Fernverbraucher
4 Druckregler, 7 bis 10 Stück
5 Temperaturregler, 4 bis 6 Stück
6 Zu- und Ablaufregler, 15 bis 25 Stück
7 Dampfumformventile, 3 bis 6 Stück an Stelle von Reduzierventilen mit nachgeschaltetem Heißdampfkühler

Bild 6. Anzahl der Regeleinrichtungen in einem Industriekraftwerk mit 2 bis 3 Kesseln

Für die Belieferung einiger in einem größeren Abstand vom Kraftwerk aufgestellter Wärmeverbraucher (*3*) mit Ferndampf sind zusätzliche Regeleinrichtungen erforderlich, wenn am Ende der Leitung unabhängig von dem jeweiligen Durchsatz ein gleichbleibender Druck eingehalten werden soll. Eine befriedigende Lösung ist im allgemeinen nur zu erreichen, wenn die am Leitungsende festgestellte Druckhöhe zur Sollwerteinstellung der am Anfang der Fernleitung eingebauten Druckregelanlage herangezogen wird. Auch das Aufschalten zusätzlicher Signale, wie des Durchflusses, kann das Ergebnis verbessern. Vor allem aber ist auf gute Anpassungsfähigkeit des Reglers an die schwierig zu beherrschenden Zeitverhältnisse bei Ferndampfleitungen mit wechselndem Durchsatz Wert zu legen. Regler mit proportionalem Verhalten unterstützen die Bestrebungen nach schwingungsarmer Regelung in Ferndampfnetzen.

C. Regelung in Wasseraufbereitungsanlagen

Bei der Niveauregelung an Vorwärmern, Kondensatoren, Sammelbehältern durch Zu- und Ablaufsteuerung sind proportional wirkende Regler häufiger zu finden, da das Zeitverhalten der Regelstrecke (Einhalten eines Flüssigkeitsstandes) integralen Charakter hat. Eine Sitzquerschnittsänderung des in der Zu-

oder Ablaufleitung eines Behälters eingebauten Stellgliedes (z.B. Ventil) bewirkt eine stetig fortschreitende Beeinflussung der Höhe des Wasserspiegels, wenn nicht zufällig die Stellgröße (z.B. die Querschnittsänderung am Ventildurchgang) gerade der Störgröße, d.h. dem geänderten Wasserzu- oder -abfluß entspricht. Trotzdem läßt sich häufig auch mit proportional-integral wirkenden Zu- und Ablaufreglern ein schwingungsarmes Arbeiten erreichen, weil auch bei wasserführenden Leitungen und Behältern ein gewisses Ausgleichvermögen vorhanden ist (vgl. Abschnitt D 2e).

Bei der Ablaufregelung an Turbinenkondensatoren beispielsweise sind Schwingungen besonders unerwünscht, da sich jede vom Regler in Abhängigkeit vom Wasserstand im Kondensator durch Ventilverstellung bewirkte Durchflußänderung durch alle nachgeschalteten Vorwärmer fortpflanzt. Eine merkliche Beruhigung wird erreicht, wenn, eine lastabhängige Einstellung der Wasserstandshöhe im Kondensator zugestanden, mithin ein P-Regler eingesetzt werden kann.

D. Regeleinrichtungen

1. Allgemeines

Die Bedeutung der in den Dampfverteilungsnetzen und Wasseraufbereitungsanlagen für die Regelung strömender Medien vorzusehenden Einrichtungen wird durch die in *Bild* 6 aufgeführten Stückzahlen hervorgehoben. An erster Stelle stehen die Zu- und Ablaufregelanlagen; mit einigem Abstand folgen Einrichtungen für die Druckhaltung, während Temperaturregelaufgaben weniger häufig auftreten [*1* bis *7*] (s. auch Kapitel 12 und 13).

Für die *Druckmessung* werden Membranen, Röhrenfeder- oder Kolbenmanometer verwendet. Die Wahl hängt z.B. von der Art der gestellten Regelaufgabe (Druck-, Differenzdruck-, Verhältnisdruckregelung), der Druckhöhe, der zu erzielenden Genauigkeit und den vom Meßgerät aufzubringenden Stellkräften ab.

Zur *Temperaturmessung* in dampf- und wasserführenden Leitungsnetzen steht gleichfalls eine Reihe verschiedenartiger Geräte zur Verfügung, wie Thermoelemente, Widerstandsthermometer, Ausdehnungsstäbe, Torsions- und Quecksilber-Fernthermometer.

Flüssigkeitsstände in Durchlaufbehältern der in *Bild* 6 angedeuteten Art werden im allgemeinen mit Hilfe von Schwimmer- und Tauchkörpereinrichtungen gemessen, wenn nicht durch Druckmeßdosen günstigere Ergebnisse zu erwarten sind.

2. Stellglieder

a) Stellglieder für Dampf

Als Stellglieder für die Regelung strömender Stoffe werden überwiegend Ventile verwendet (vgl. auch Kapitel 12). Die richtige Bemessung dieser Armaturen, wie auch die zweckentsprechende Konstruktion und Ausführung, sind Vorbedingungen für einen befriedigenden Ablauf des Regelvorganges.

Klappen und Schieber. Der Einbau von *Klappen* (*Bild* 7a) wird bei großen Rohrdurchmessern bevorzugt, insbesondere bei luft- oder gasführenden Leitungen mit niedrigen Betriebsdrücken. Die mit Klappen erreichbaren Durchflußkennlinien genügen häufig nicht für eine befriedigende Beherrschung der Regelaufgabe und scheiden als Stellglieder in dampf- und wasserführenden Netzen aus. Die Verwendung von *Dampf- oder Wasserschiebern* normaler Ausführung ist wegen der für die Regelung ungeeigneten Durchflußkennlinie im allgemeinen nicht möglich.

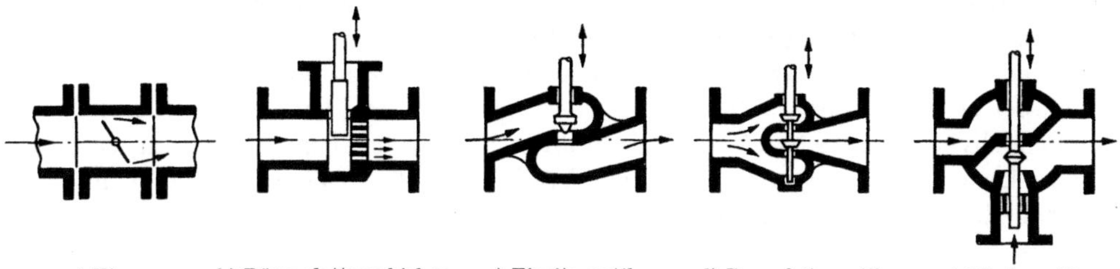

a) Klappe b) Düsenplattenschieber c) Einsitzventil d) Doppelsitzventil e) Mischventil

Bild 7. Regelarmaturen

Dagegen werden Spezialausführungen, wie z. B. Düsenplattenschieber (*Bild* 7 b), in Sonderfällen als Stellglieder eingesetzt, da die Durchflußkennlinien dieser Konstruktion brauchbare Regelergebnisse ermöglichen.

Ventile. Der maßgebende Grund für die überwiegende Verwendung der Ventile (*Bilder* 7 c bis 7 d) als Stellglieder für Regelaufgaben in dampf- und wasserführenden Leitungsnetzen liegt in der leichten Anpassungsfähigkeit der Drosselkegel an Durchflußbedingungen unterschiedlichster Art.

Die Einsitzventile sind gegenüber den Doppelsitzventilen vorherrschend. Die Stellkräfte der Doppelsitzanordnungen sind durch die konstruktiv gegebene Entlastungsmöglichkeit verhältnismäßig gering. Dagegen kann aber kaum die Gewähr übernommen werden, daß diese auch nach längerer Betriebszeit in der Endlage noch dicht abschließen. Undichte Ventile aber vermindern häufig – insbesondere in Umgehungsleitungen von Kraftmaschinen – die Wirtschaftlichkeit und gefährden durch vorzeitigen Verschleiß das Sitz- und Kegelmaterial der Regelarmatur.

Die Stellkräfte nicht entlasteter Einsitzventile wiederum sind besonders bei hohen Drücken und großem Durchsatz sehr erheblich. Dafür wird durch den bei geeigneter Konstruktion und Materialwahl erreichbaren dichten Abschluß in der Endlage eine erhöhte Sicherheit gegen den Durchtritt von Schleichmengen geboten. Sonderkonstruktionen, die die Vorzüge beider Arten in sich vereinen (dichter Abschluß bei relativ geringen Stellkräften), haben vielfach konstruktionsbedingte anderweitige Eigenschaften, die für die Erfüllung wichtiger Regelfunktionen (z. B. Durchflußkennlinie) nachteilig sind; sie sind in der Praxis auch wenig zu finden.

Die Armaturen werden gegossen, geschmiedet oder geschweißt. Überwiegend werden Gußventile verwendet, doch kann mit einer stetigen Zunahme der geschmiedeten und der geschweißten Ausführung gerechnet werden. Die geschweißte Ausführung bietet u. a. bei Erfüllung unschwer zu beachtender Fertigungsvoraussetzungen erhöhte Materialsicherheit, während die bei Gußstücken etwa vorkommenden Fehler sich oft erst im Betrieb herausstellen, wenn nicht eingehende Untersuchungen der Bearbeitung vorhergehen. Die geschmiedete Ausführung ist vornehmlich bei Serienfertigungen zu finden, dagegen bei Regelarmaturen bisher weniger gebräuchlich, da es sich hier meist um Einzelstücke handelt.

b) Stellglieder für Wasser

Auch bei Wasserregelventilen ist eine verstärkte Neigung zur geschweißten oder geschmiedeten Ausführung an Stelle der gegossenen zu beobachten, insbesondere dann, wenn aggressive Einflüsse vorhanden oder zu erwarten sind. Die Beanspruchung der Drosselflächen von Sitz und Kegel wächst naturgemäß mit größer werdendem Differenzdruck erheblich und liegt im allgemeinen weit über den bei Dampfventilen üblichen Anforderungen. Durch ,,Panzerung" dieser Teile mit hochverschleißfesten Werkstoffen läßt sich eine vorzeitige Abnutzung vermeiden. Druckabsenkungen in der Drosselstelle über 40 bis 50 at sollten möglichst vermieden werden, da andernfalls auch bei Verwendung bester Aufschweißstoffe Wasserarmaturen nach kürzerer Zeit ihre Regeleigenschaften verlieren und betriebsunbrauchbar werden können. (Günstigeres Verhalten gegen vorzeitigen Verschleiß bei großen Druckgefällen wird neuerdings von Lochplattenschiebern erwartet.)

Auf die maßgerechte Herstellung der auf Grund der mitgeteilten Betriebsverhältnisse errechneten Ventilkegelform ist große Sorgfalt zu verwenden. Abweichungen können einen geordneten Regelbetrieb unmöglich machen. Bei höheren Druckdifferenzen lassen sich mit Rücksicht auf das herstellungsbedingte Spiel zwischen Sitz und Kegel kleine Durchflüsse meist nur dann sicher einstellen, wenn der Ventilkegel für den Anfangshub zylindrisch ausgeführt, mithin eine zylindrische Drosselstrecke vorgesehen wird (vgl. Abschnitt D 2 e).

Eine Sonderstellung nehmen Regelarmaturen ein, mit denen sowohl Dampf als auch Wasser gedrosselt werden müssen. Beispielsweise dienen Kesselanfahrventile nach Erreichen des gewünschten Frischdampfzustandes zugleich auch zur Dampfdrosselung in Umgehungsleitungen von Kraftmaschinen und sollen daher für den Durchsatz von Wasser wie auch von Dampf geeignet sein. Abgesehen davon, daß das zum Schutz gegen vorzeitige Abnutzung auf die Drosselflächen aufzulegierende Material beiden Betriebsbedigungen entsprechen muß – verschleißfest für Wasser, temperatursicher für Dampf –, können die großen bei der Errechnung des Drosselquerschnittes sich ergebenden Unterschiede nur durch für beide Anwendungsfälle angenäherte Auslegung der Ventilsitze und Kegel beherrscht werden. Die Regelung kleinerer Teildurchflüsse ist daher durch die meist notwendige übergroße Sitzbemessung in Frage gestellt.

c) Sonderkonstruktionen

In Zusammenhang mit Temperaturregelaufgaben werden in Dampfverteilungsnetzen vereinzelt auch Wechsel- oder Mischventile verwendet (*Bild* 7 e). Diese Armaturen haben drei Anschlußstutzen; der zulaufende Strom wird entweder in zwei Ströme aufgeteilt oder die beiden zulaufenden Ströme werden miteinander gemischt und durch den Austrittsstutzen weitergeleitet.

Aus der großen Anzahl weiterer Sonderausführungen sind die an Vakuumbehältern, z. B. Kondensatoren, angeschlossenen Regelarmaturen zu erwähnen; sie müssen mit zusätzlichen Sicherheitseinrichtungen gegen Lufteinbruch versehen werden. Auch in der chemischen Industrie, in Molkereien u.a. werden Sonderkonstruktionen verlangt für den Schutz derjenigen Armaturenteile, die mit dem aggressiven Stoff in Verbindung stehen.

d) Dampfumformventile

Für die Dampfdruckminderung und Dampfkühlung in den Verteilungsnetzen von Kraftwerken und Industriebetrieben wird in neuerer Zeit eine Spezialarmatur verwendet, in der die Mischung von Heißdampf mit Kühlwasser bei gleichzeitiger Dampfdrosselung vorgenommen wird. Nach den bisher üblichen Verfahren erfolgte die Dampfdruckminderung durch Reduzierventile bekannter Ausführung; die Dampfkühlung wurde erreicht: 1. durch Einspritzen von Kühlwasser in die Heißdampfleitung mit Hilfe von Düsen (*Bild* 8a), 2. durch Verwendung von Heißdampfkühlern verschiedener Bauart und Wirkungsweise (*Bild* 8b), 3. durch

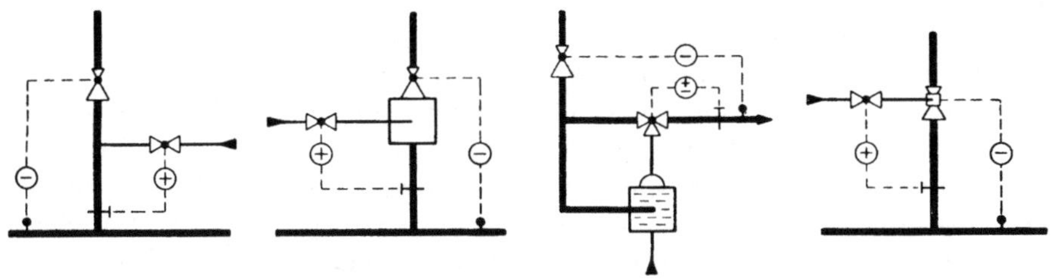

a) Druckminderventil mit Kühlwassereinspritzung in Rohrleitung durch Düsen b) Druckminderventil mit Heißdampfkühler c) Druckminderventil mit Wasserbadumformer und Mischventil d) Dampfumformventil

Bild 8. Verfahren zur Dampfdruckminderung und Dampfkühlung

Erzeugung von Sattdampf in Wasserbadumformern und nachfolgender Mischung mit Heißdampf, z.B. durch Mischventile, die vom Temperaturregler gesteuert werden (*Bild* 8c). Die Vereinigung des Dampfdrossel- und -kühlvorganges in einer Armatur hingegen vereinfacht das Verfahren (*Bild* 8d) und schafft überdies für die Regelung günstigste Voraussetzungen.

Die Umformventiltechnik nutzt die bei der Dampfdrosselung im Ventilsitz sich zwangsläufig einstellenden hohen Geschwindigkeiten für die Aufspaltung des ohne nennenswerten Überdruck zufließenden Kühlwassers aus (*Bild* 9). Die nach-

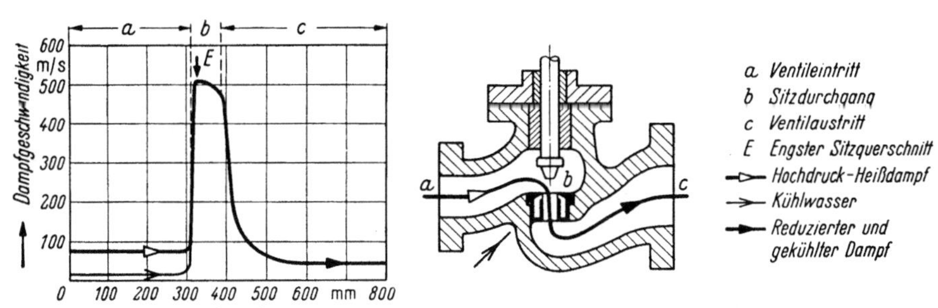

Bild 9. Dampfumformventil, Geschwindigkeitsverlauf bei kritischer Drosselung

folgende Dampfdrosselung im engsten Querschnitt gewährleistet eine kräftige Durchwirbelung des Gemisches. Da im Gegensatz zu den Kühlverfahren mit Einspritzdüsen oder Heißdampfkühlern die hohe Drosselgeschwindigkeit auch bei kleinsten Teillasten unverändert erhalten bleibt, sind günstige Voraussetzungen für die schnelle und wasserüberschußfreie Dampfumformung über den ganzen Lastbereich gegeben. Durch die augenblickliche Aufspaltung und Mischung des Wassers mit dem Heißdampf tritt die Kühlwirkung praktisch unverzögert ein. Große und plötzlich anfallende Dampfmengen können von der auf die Kühlwasserzuteilung wirkenden Temperaturregeleinrichtung beherrscht werden, ohne daß unzulässige Temperaturspitzen für die nachgeschalteten Leitungen und Wärmeverbraucher zu befürchten sind. Die gleichzeitige Verstellung des Umformventils und des zugehörigen Kühlwasserregelventils bei Dampfdurchsatzänderungen kann zusätzliche Vorteile für eine schnelle Ausregelung von Störungen bringen, wenn die Ventilkennlinien beider Armaturen aufeinander abgestimmt sind; der Temperaturregler übernimmt dann nur noch die Feinregelung. Das Umformventil beansprucht keinen größeren Platz als ein normales Reduzierventil.

Hinsichtlich des konstruktiven Aufbaues sowie der Auswahl geeigneter Werkstoffe sind bei der Herstellung des Dampfumformventils höhere Anforderungen zu beachten als bei der Fertigung normaler Reduzier- und Absperrarmaturen. Der Ventilsitz, in dem die Dampfumformung vor sich geht, ist der am höchsten beanspruchte Armaturenteil. Durch Einbau von Schürzen im Sitz des Ventilkörpers (*Bild* 10) werden die durch die Temperaturunterschiede zwischen Heißdampf und zuströmendem Kühlwasser sich einstellenden Wärmebeanspruchungen aufgefangen. Ähnliche Überlegungen führten dazu, das Kühlwasser ohne direkte Berührung mit dem Ventilkörper zuzuleiten.

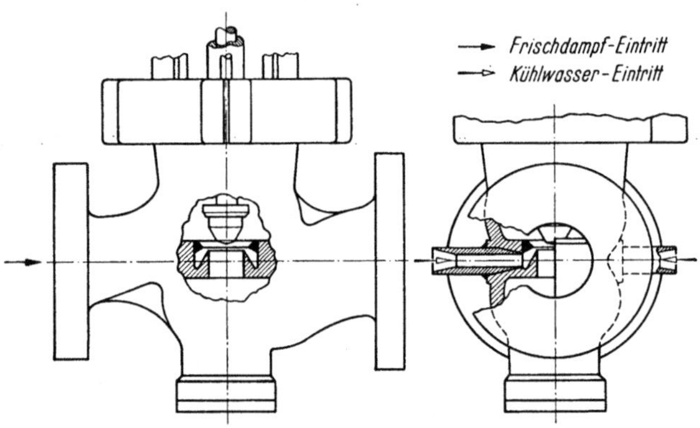

Bild 10. Dampfumformventil

Der von Einsitzventilen erwartete dichte Abschluß in der Endstellung wird auch von Dampfumformventilen gefordert. Beschädigungen der für das Dichthalten maßgebenden Sitzfläche können durch das Umformverfahren nicht eintreten, da das auf der Hochdruckseite zugeführte Kühlwasser zwischen Dichtfläche und engster Drosselstelle eintritt.

Die beim Dampfumformventil angewandte Technik läßt sich für Aufgaben der Zweikomponentenregelung – wie Herstellung von Emulsionen – entsprechend abwandeln [*8*, *9*].

e) Randprobleme der Fertigung

Der Regelungsfachmann in der Dampfverteilungstechnik (sowohl auf der Fertigungs- als auch auf der Anwenderseite) muß oft einen großen Teil seiner Arbeit gewissen Randproblemen widmen, die mit der Betriebstüchtigkeit der verwendeten Bauteile zusammenhängen. Werkstoff-, Konstruktions- sowie Geräusch- und Vibrationsprobleme spielen hier eine besondere Rolle.

Werkstoff- und Konstruktionsfragen. Ventilkonstruktion und -ausführung sowie Werkstoffqualität richten sich nach dem Verwendungzweck und den zu erwartenden Betriebsverhältnissen. Bei dampfführenden Armaturen ist die Temperatur maßgebend für die Zusammensetzung der Legierungsbestandteile. Bis etwa 560 °C werden im allgemeinen ferritische Werkstoffe eingesetzt, während für darüberliegende Werte austenitische Stähle Verwendung finden. Die im Vergleich zu ferritischen Legierungen ungünstigeren Wärmedehnungs- und Wärmeleiteigenschaften des Austenits können z. B. durch dünnwandige Auskleidungen der dampfführenden Innenräume aufgefangen werden, die auch bei plötzlicher Zuführung des Heißdampfes gefährliche Spannungen und Wärmerisse verhindern (*Bild* 11). Trotzdem sollten zweckmäßigerweise austenitische Armaturen im geschlossenen Zustand von einer geringen Heißdampfmenge – durch zusätzlich auf der Hochdruckseite angebrachte Stutzen – durchspült werden, um beim plötzlichen Öffnen vorgewärmt zu sein. (Die Anwärmleitung kann am Kesselaustritt angeschlossen werden und nach Durchströmen des Dampfes durch das Ventil vor der Hochdruckturbine wieder einmünden.)

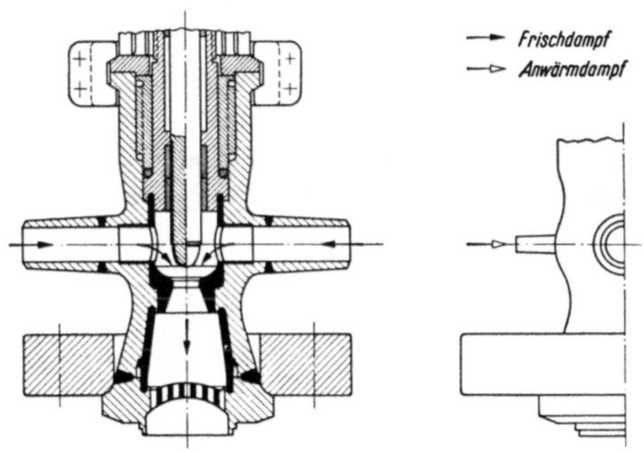

Bild 11. Dampfdruckminderventil für Heißdampf über 560 °C

Die Ventilspindeln von Regelventilen, insbesondere in Hochdruckdampfanlagen, werden wie die zugehörigen Führungsbuchsen der guten Laufeigenschaften wegen bevorzugt aus gehärtetem und geschliffenem Nitrierstahl hergestellt (Temperaturgrenze etwa 540 °C). Für höhere Temperaturen haben sich Spindel-, und Buchsenausführungen bewährt, deren Oberfläche durch wärmebeständige Auftragsschweißungen widerstandsfähig gemacht wurde.

Im Gegensatz zu den nur seltener zu betätigenden Absperrarmaturen ist bei Steuerventilen der jederzeit betriebssicheren und klemmfreien Spindelbewegung erhöhte Bedeutung beizumessen.

Geräusche und Vibrationen bei Dampfdruckminderanlagen. Die oft unerträgliche und die Gehörschmerzgrenze übersteigende Geräuschbildung bei Druckminderventilen sowie die mit dem Reduzierlärm im allgemeinen verbundenen Vibrationen gefährden häufig nicht nur die Betriebstüchtigkeit der Armaturen, die der nachfolgenden Rohrleitungen und etwa angeschlossenen Wärmeverbraucher, sondern vor allem auch die Gesundheit des Betriebspersonals.

Zur Milderung der Auswirkungen wurde u.a. versucht, die Reduzierventile durch schallschluckendes Material besonders gut zu isolieren und in Räumen anzuordnen, die vom Personal seltener aufgesucht zu werden brauchen. Häufig wurden auch die Anlagen durch Ummauerung von der Umwelt abgeschirmt; die Schallfortleitung durch die herausführenden Rohrleitungen konnte aber trotzdem nicht verhindert werden. Theoretische und praktische Untersuchungen an Modellstrecken sowie erfolgreich durchgeführte Erprobungen in verschiedenen Kraft-

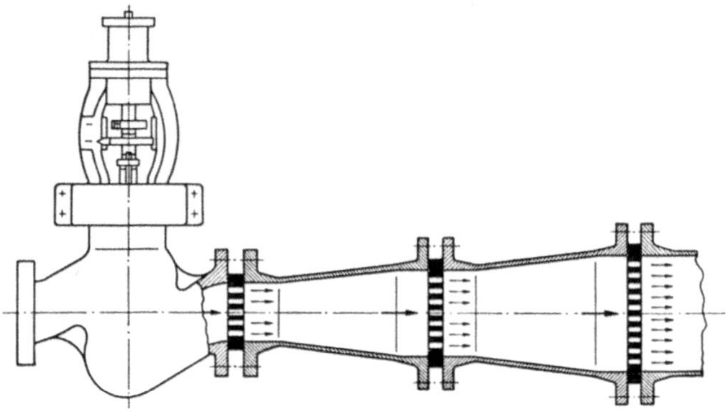

Bild 12. Dampfdruckminderanlage für überkritisches Druckgefälle mit Viellochdrosselscheiben

werken scheinen dafür auszureichen, Reduzieranlagen auch für hohe Durchsätze und hohe Druckgefälle betriebssicher und geräuscharm fertigen zu können.

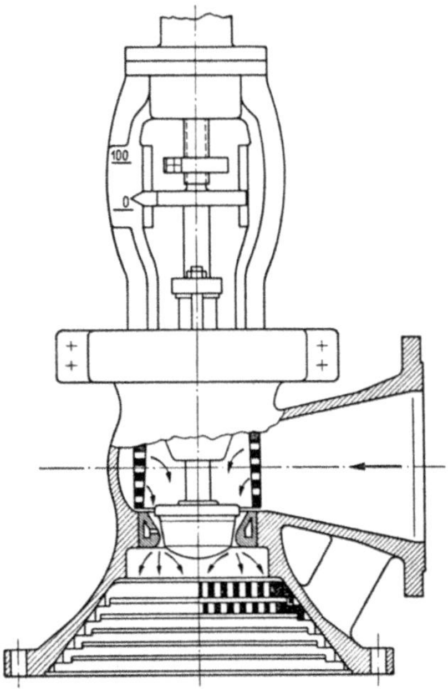

Bild 13. Reduzierventil als Dampfumformventil in Eckausführung mit nachgeschaltetem Labyrintheinsatz

Nach den Meßergebnissen an den bisher untersuchten Anlagen ist eine stufenweise Unterteilung des Drosselvorganges anzustreben, insbesondere bei kritischen oder überkritischen Druckgefällen. Der Drosselanteil des Reduzierventiles sollte – bezogen auf den vollen Dampfdurchsatz – möglichst gering gehalten werden und nicht über etwa 25% des kritischen Gefälles liegen, damit eine niedrige Drosselgeschwindigkeit im Ventilsitz erreicht wird. Anderenfalls wächst die Massenwirkung des ungeteilten Dampfstromes auf den Armaturenkörper und regt zur verstärkten Schall- und Vibrationserzeugung an. In diesem Zusammenhang betrachtet, wird der Eckventilausführung der Vorzug vor der Durchgangsform eingeräumt. Auch dürften sich geschweißte oder geschmiedete Armaturen geräusch- und vibrationsmäßig günstiger verhalten als die klangfähigeren Stahlgußventile.

Die weitere Aufteilung des Druckgefälles wird durch nachgeschaltete Drosselorgane erreicht. Hierfür können u. a. „Viellochdrosselscheiben" (s. *Bild* 12) verwendet werden, deren geräuschmindernde Wirkung mit Erfolg erprobt werden konnte. Durch die Vielzahl der kleinen Löcher wird der Dampfstrom in zahlreiche Teilströme aufgeteilt, deren kinetische Energie durch gegenseitige Reibung zum großen Teil aufgezehrt und daher der Schallbildung entzogen wird.

Auch in dem Lösungsvorschlag *Bild* 13 wurde der Drosseldurchgang im Eckventil übergroß gewählt, also für unterkritische Druckverhältnisse bei vollem Dampfdurchsatz bemessen. In dem auf der Austrittseite eingebauten Labyrintheinsatz wird das verbleibende Druckgefälle durch eine Reihe schachbrettartig versetzter Viellochplatten aufgezehrt, wobei die Dampfdrosselung in jeder Platte unterkritisch bleibt [*10*, *11*].

Steuerventile mit auswechselbarem Drosseleinsatz. Die praktischen Erfahrungen bei Inbetriebsetzungen von Zu- oder Ablaufregelanlagen zur Regelung des Wasserstandes, insbesondere an Kondensatoren, Vorwärmern oder sonstigen Behältern, sind häufig unbefriedigend. Das liegt im allgemeinen an der Auslegung

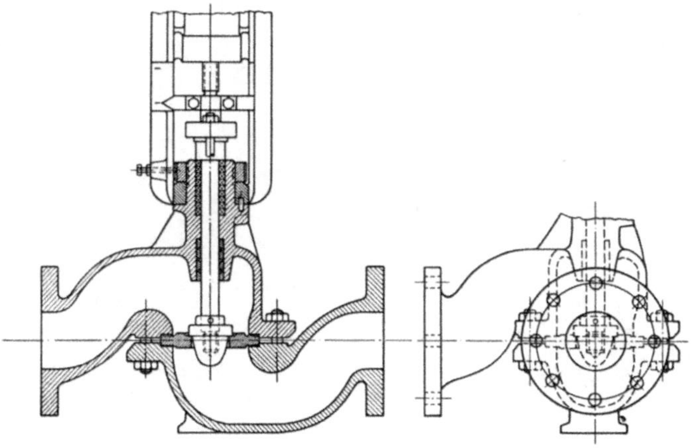

Bild 14. Steuerventil mit auswechselbarem Drosseleinsatz

von Sitz und Kegel der Zu- oder Ablaufsteuerventile, für die bei der Planung oft nur unsichere theoretische Festlegungen über die zu erwartenden Druck-, Temperatur- und Durchflußverhältnisse des durchströmenden Stoffes möglich sind. Da bei der allgemein üblichen Bauart der Ventile der fest in den Ventilkörper eingelassene Sitz wie auch der zugehörige Drosselkegel nicht ohne weiteres durch Teile anderer Dimensionen ausgewechselt werden können, muß die Armatur zum Lieferwerk zurückgeschickt werden. Dadurch entstehen meist unliebsame Störungen des Betriebes.

Eine Spezial-Konstruktion, bei der der Ventilkörper normaler Bauart etwa in der Höhe des Ventilsteges geteilt ist, bietet durch auswechselbar angeordnete Sitze und Kegel einen willkommenen Ausweg (*Bild* 14). Ventilein- und -austrittshälfte sind zusammengeflanscht, so daß sich die Armatur nicht nur als Durchgangsventil, sondern bei zur Durchflußrichtung rechtwinkeliger Drehung einer Hälfte auch als Eckventil stehend oder liegend einbauen und so besonders bei beschränkten Raumverhältnissen leicht an die gegebene Rohrleitungsführung anpassen läßt. Zwischen die Verbindungsflansche an der Trennstelle wird der Ventilsitz mit Dichtungsringen zentriert eingelegt und durch die Schraubenbolzen festgehalten; der Ventilkegel ist mit der Spindel lösbar verbunden. Mit dieser Anordnung lassen sich Sitz und Kegel leicht und in kürzester Zeit auswechseln, wenn die ursprüngliche Bemessung nicht den gegebenen Betriebsverhältnissen entspricht. Durch Normung und Bevorratung der Ventilsitze und Kegel in verschiedener Größe und Ausführung läßt sich die Umbauzeit der vorläufig bis ND 320 herstellbaren Spezialventile entscheidend verkürzen.

(Im Vordergrund links und rechts Dampfumformventile)

Bild 15. Dampfverteilungsanlage

E. Quellenhinweise

[1] Pontow, W.: Kontaktarmer Zeigerregler. ETZ-B 9. Jg. (1957) S. 127–130.

[2] Pontow, W.: Regeleinrichtungen in Dampfverteilungsnetzen und Wasseraufbereitungsanlagen. Der Spinner und Weber 75. Jg. (1957) S. 824–829.

[3] Pontow, W.: Die Zeigerreglertechnik in der wärmeerzeugenden und -verbrauchenden Industrie. Energie 9. Jg. (1957) S. 389–394.

[4] Pontow, W.: Die kontaktarmen Zeigerregler ZR5M und ZR5K. Siemens-Z. 31. Jg. (1957) S. 518–529.

[5] Noder, H.: Niveauregelung mit dem Teleperm ZT (Zeigerregler). Siemens-Z. 34. Jg. (1960) H. 10, S. 610–614.

[6] Spiess, R.: Neue Wächter für Druck, Temperatur und Niveau. Siemens-Z. 34. Jg. (1960) H. 10, S. 615–619.

[7] Poppinger, H.: Der Teleperm ZT (Zeigerregler), ein Regler mit Transistorverstärker. Siemens-Z. 34. Jg. (1960) H. 10, S. 569–574.

[8] Hübner, M.: Betriebserfahrungen mit einem kombinierten Kühl- und Reduzierventil. Mitt. Verein. Großkesselbesitzer (1954) H. 27, S. 38–41.

[9] Hufnagel, S.: Untersuchungen der Vorgänge im Siemens-Dampfumformventil. Brennstoff-Wärme-Kraft Bd. 9 (1957) S. 233–238.

[10] Pontow, W.: Wege zur Beherrschung von Geräuschen und Vibrationen bei der Dampfdruckminderung durch Reduzierventile. Mitt. Verein. Großkesselbesitzer (1956) H. 41, S. 83–93.

[11] Koppe, E. u. Müller, E.-A.: Modellversuche zur Klärung von Geräusch- und Vibrationsfragen an Reduzierventilen. Mitt. Verein. Großkesselbesitzer (1956) H. 41, S. 65–83.

17. Öfen für die Wärmebehandlung

Von **Har. Müller**

Inhaltsübersicht

A. Einführung

1. Aufgaben der Öfen

In einer allgemeinen Betrachtung über Öfen, zu denen auch Einrichtungen zählen, die ebenfalls der Wärmebehandlung dienen, interessieren hier Richtlinien für die Wahl der Regelung und den Aufbau des Ofens. Sie werden durch die Aufgaben bestimmt, für die die Öfen eingesetzt werden.

Sehr oft aber, zumal bei den neuzeitlichen Verfahren, soweit sie in kürzesten Zeiten ablaufen, treten an Stelle von Regelungen Steuerungen vor allem auch dann, wenn es sich um Behandlung von Massengütern handelt. So wird bei der induktiven Erwärmung meistens ein und dieselbe Form des Gutes bei gleichem Werkstoff in der gleichen Einrichtung in Massenfertigung einer Wärmebehandlung unterworfen. Damit wird der gleichmäßige Ablauf des Vorganges durch eine Zeitsteuerung der zugeführten Wärme gewährleistet.

Die von den Öfen zu bewältigenden Aufgaben sind:

Temperaturbehandlung eines Gutes innerhalb eines Aggregatzustandes, z.B. Warmvergütung von Metallen, Vorbereitung für die Warmverformung (Schmieden oder Verpressen, z.B. bei Kunststoffen);

Wärmezuführung, um ein Gut von einem Aggregatzustand in einen anderen zu überführen, z.B. Schmelzen von Metallen, Verdampfen von Flüssigkeiten, Verdunstungs- oder Verdampfungsprozesse zur Trennung verschiedener Stoffe, Trocknen, Sintern von metallischen und nichtmetallischen Werkstoffen;

Umwandeln des chemischen Zustandes in einem endothermen Prozeß, z.B. Härten von Kunststoffen, Wärmeentzug zur Unterbindung von Zersetzungserscheinungen bei organischen Substanzen (Kühleinrichtungen);

Tabelle 1. *Beispiele für Elektroöfen und Elektrowärmegeräte*

	Bauformen	Bemerkungen
Indirekte Widerstandserwärmung	*Standöfen:*	
	Kammerofen (mit und ohne Muffel)	Beschickung von der Seite
	Schachtofen	Beschickung von oben
	Haubenofen	Deckel u. Ofenkörper des Schachtofens vertauscht wegen guter Abdichtung; schwere Werkstücke
	Mulden- und Wagenofen	Schwere Teile, die horizontal liegen müssen
	Durchlauföfen:	
	Wagendurchschubofen	Glühen von schweren Chargen
	Förderbandofen	Anwärmen und Hartlöten von Massengut
	Rollenherdofen	
	Kettenförderofen (Tunnelofen)	z. B. Glühen kleiner Teile, Brennen von Keramik; Lack- oder Papiertrocknung
	Stoßglühofen	z. B. Erwärmen von Aluminiumronden
	Schüttelplattenofen	z. B. Glühen von Kugellagerteilen
	Durchstoßofen	z. B. Anwärmen von Schmiedeteilen
	Durchziehofen	z. B. Glühen von Drähten, Bändern
	Kochplatte, Backofen, Wasserkocher, Wasserspeicher, Bügeleisen, Heizdecken, Raumheizgeräte	Haushalt und Gewerbe
Direkte Widerstandserwärmung	Kontakt-Beheizungseinrichtung	z. B. Nietenerwärmung vor dem Recken oder Stauchen, Widerstandsschweißen, Vorwärmen von Walzknüppeln, LUBATTI-Ofen und Fließbett-Reduktionsofen
	Elektrodenkessel	z. B. Dampferzeugung
Lichtbogenerwärmung	Schmelzofen	Roheisen und Stahlerzeugung
	Reduktionsofen	Kalziumkarbid, Ferro-Silizium-Legierungen
Induktionserwärmung	Schmelzofen (Tiegel- und Rinnenofen) für Nieder-, Mittel- und Hochfrequenz	Schmelzen und Überhitzen von Stahl, Eisen, Bunt- und Leichtmetallen
	Warmhalteofen	Flüssige Gießmetalle
	Erwärmungseinrichtungen	Vergüten und Schweißen, Anwärmen und Entspannen

Aufrechterhalten einer Atmosphäre bei einer gegebenen Temperatur zur Regelung eines Trennungsvorganges, z. B. Trocknen von Holz bei konvektiver Wärmezuführung in feuchtwarmer Umgebung, bei der die Poren offen bleiben (Klimatrocknung) [*1*, *2*].

2. Arten der Öfen

Die Erwärmung des Gutes kann entweder durch Wärmezufuhr von außen oder durch Wärmeerzeugung in seinem Inneren geschehen.

Wärmezufuhr von außen; hier sind zwei Fälle zu unterscheiden: Im einen Fall verändert das Gut seinen Ort während der Dauer der Einwirkung des Temperatur-

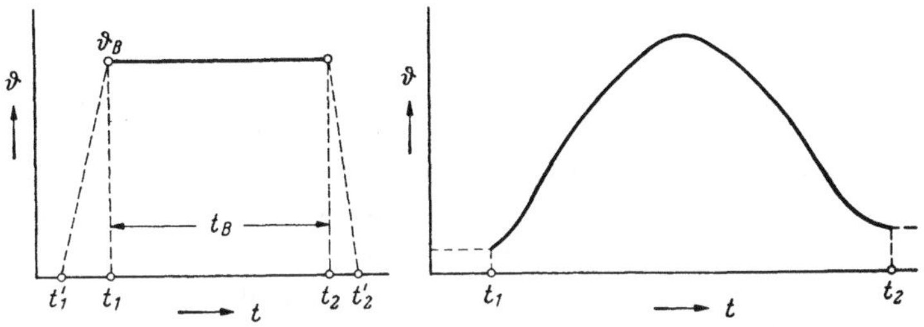

a) Bei steilem Anstieg und Abfall
b) Temperatursturzempfindliche Güter

$t_2 - t_1 = t_B$ Behandlungsdauer
$t_1 - t_1$ Zeit, während der die Temperatur im Gut auf die Behandlungstemperatur ansteigt
$t_2' - t_2$ Zeit, in der das Gut abkühlt oder abgekühlt, z. B. abgeschreckt wird
ϑ Ofentemperatur
ϑ_B Temperatur des zu behandelnden Gutes

Bild 1. Temperatur ϑ in einem Ofen, abhängig von der Zeit t, mit Anwärm- und Abkühlverlauf

feldes nicht. Der Temperaturverlauf muß dann eine Funktion der Zeit sein (*Bild* 1). Im anderen Fall ist das Temperaturfeld im Ofen während der ganzen Betriebsdauer zeitlich unveränderlich und eine Funktion des Ortes, wobei das Gut durch

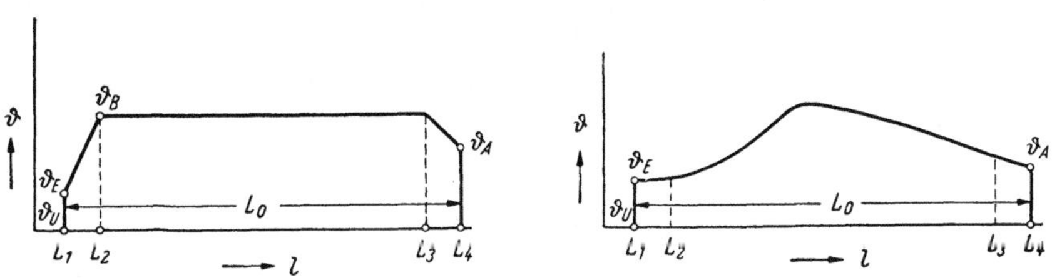

a) Für Wärmebehandlung mit zeitlich steilem Temperaturanstieg und -abfall
b) Für die Wärmebehandlung temperatursturzempfindlicher Güter

ϑ Ofentemperatur
ϑ_U Umgebungstemperatur
ϑ_E Temperatur an der Eingangstür
ϑ_A Temperatur an der Ausgangstür
ϑ_B Temperatur des zu behandelnden Gutes
L_0 Ofenlänge
L_1, L_2, L_3, L_4 Grenzen der Randzonen des Ofens in Türnähe
l Länge im Ofen

Bild 2. Temperaturverteilung innerhalb eines Ofens, abhängig vom Ort

den Ofen mit einer Schubgeschwindigkeit $v \approx L_0/t_B$ wandert. Hierbei bedeutet L_0 die Ofenlänge und t_B die Behandlungsdauer (*Bild* 2). Man nennt die Öfen nach *Bild* 1 *Standöfen*, solche nach *Bild* 2 *Fließöfen*.

Wärmeerzeugung im Inneren des Gutes; sie erfolgt z. Z. nur auf elektrischem Wege, wobei das Gut selbst den Stromleiter darstellt. Auch hierbei kann das Gut stillstehen oder sich bewegen. Der Aufbau solcher Einrichtungen ist in den meisten Fällen ein grundsätzlich anderer als der bei den Öfen mit Wärmezufuhr von außen. Die Wärmeübertragung auf das Gut, die sonst für die Ausgestaltung der Regelung ausschlaggebend ist, entfällt (s. Kapitel 6).

Einige Beispiele von Ofenarten mit elektrischer Beheizung vermittelt Tabelle 1.

B. Thermisches Verhalten der Öfen

1. Wärmeerzeugung

Die für den Vorgang benötigte Wärme kann durch Verbrennung oder durch elektrische Beheizung gewonnen werden.

Die Verbrennung kann entweder im Ofenraum stattfinden oder bei Muffelöfen in dem Raum zwischen Ofenwandung und Muffel. Bei der Verbrennung im Ofenraum ist die Ofenatmosphäre in ihrer Zusammensetzung durch den Verbrennungsvorgang wesentlich mitbestimmt, bei der Muffel hingegen kann man die Ofenatmosphäre freizügig dem gewünschten Prozeß angleichen. Die Temperatur wird beim Verbrennungsvorgang sowohl über die Brennstoff- als auch die Luftzufuhr oder über beide zugleich beeinflußt.

Bei der elektrischen Beheizung wird die elektrische Energie unmittelbar in Wärme umgesetzt, sei es in Heizwiderständen oder in einem Lichtbogen, der außerhalb des Gutes brennt. Die Temperatur kann bei Widerstandsbeheizung durch Ändern der Spannung oder durch Zu- und Abschalten der elektrischen Energie (Voll- oder Teilschaltung) beeinflußt werden. Bei der Lichtbogenheizung lassen sich die Bogenlänge, also der Anteil des Lichtbogenplasmas am Erwärmungsvorgang, und die Stromstärke im Bogen beeinflussen.

Die möglichen Verfahren bei der Wärmeerzeugung im Gut selbst sind unmittelbare Widerstandserwärmung, Erwärmung im magnetischen Wechselfeld oder im meist hochfrequenten Kondensatorfeld. Schließlich gehört hierher auch noch die Wärmeerzeugung in den sog. HÉROULT-Lichtbögen.

2. Wärmeübertragung

Wesentlich ist für die Einwirkung der Wärme auf das Gut die Art der Wärmeübertragung. Abgesehen von Erwärmungsvorgängen, bei denen sich das Gut im Vakuum befindet, treten alle Arten der Wärmeübertragung, also Wärmeleitung, Wärmemitführung (Konvektion) und Wärmeübergang durch Strahlung, gleichzeitig auf. Dabei können die Anteile der einzelnen Arten stark unterschiedlich sein.

So ist selbst bei höheren Temperaturen der Anteil der *Wärmeleitung* recht gering, wenn es sich um gasförmige Stoffe zwischen Wärmequelle und Gut handelt. Auch bei flüssigen Stoffen zwischen Wärmequelle und Gut fällt der Anteil der Wärmeleitung bei der Betrachtung der Wärmeübermittlung nicht nennenswert ins Gewicht.

Die *Wärmemitführung* stellt bei niedrigen Temperaturen den Hauptanteil der Wärmeübertragung dar. Auch bei höheren Temperaturen behält sie Bedeutung, obwohl der Strahlungsanteil der Wärmeübertragung und die Temperatur nach einer höheren Potenz ansteigen, weil man die Größe der Konvektion, z.B. durch Erzeugen einer hohen Turbulenz in der Gasströmung, sehr stark beeinflussen kann.

Die Wärmeübertragung durch *Strahlung* kann auf Grund ihrer gerichteten Wirkung die Wärmeübertragung durch Konvektion wirksam unterstützen. In gewissem Umfang erwärmt auch die Strahlung eines strömenden, hocherhitzten Gases die weniger bestrichenen Flächen zusätzlich. Bei Infrarot-Geräten arbeitet man praktisch nur mit dem Strahlungsanteil und muß deshalb beschattete Stellen am Gut vermeiden.

3. Erwärmung des Gutes

Gleichgültig, wie die Wärme von einer äußeren Wärmequelle auf das Gut übertragen wird, wird zunächst nur die Oberfläche des Gutes erwärmt. Die Wärme muß dann durch Wärmeleitung oder bei flüssigem Gut durch Konvektion innerhalb der Gutflüssigkeit dem Inneren des Gutes zuströmen. Daraus ergeben sich für die Regelung wichtige Gesichtspunkte. Für den Wärmestrom ist das Temperaturgefälle im Gut maßgebend; es baut sich jedoch mit der Zeit ab. Es kann u.U. erhebliche Zeit dauern, bis sich das Temperaturgefälle bis auf den Wert vermindert hat, der bei dem durchzuführenden Prozeß noch zulässig ist. Diese Vorgänge sind für die Wahl der Regeleinrichtung und deren Einstellung von wesentlichem Einfluß.

Bei der unmittelbaren elektrischen Erwärmung des Gutes, bei dem das Gut ein Teil des Strompfades ist, wird Wärme an allen Stellen des Gutes erzeugt; deswegen nimmt das Gut an allen Stellen die gleiche Temperatur an. Es kann höchstens der Fall eintreten, daß die Oberfläche des Gutes durch Strahlung oder Konvektion oder auch durch Leitung Wärme abgibt und deshalb in der Temperatur absinkt.

Elektrisch leitende Werkstoffe können als „Widerstände" unmittelbar in einen Stromkreis eingeschaltet werden, so z.B. feste und flüssige Metalle, hocherhitztes oder flüssiges Glas in Glasschmelzwannen, Wasser in Elektrodendampfkesseln und Elektroden-Durchlauferhitzern, Holz zur Holzdämpfung [*3*, *4*, *5*, *6*, *7*, *8*]. Metalle können auch die Sekundär-„Wicklung" eines Transformators bilden und induktiv erwärmt oder geschmolzen werden. Im Lichtbogenofen (s. Kapitel 39), in dem die Elektroden in die Schlacke oder in den Möller eintauchen, bildet das zu schmelzende oder das geschmolzene Metall mit der geschmolzenen Schlacke bzw. dem Möller Widerstände in Parallelschaltung, die ebenfalls mit den Lichtbögen in Reihe geschaltet sind. Das Metall erhält so die für die Reaktion mit der Schlacke notwendige Temperatur oder fördert den Reduktionsprozeß im Möller. Es gibt auch Reduktionsöfen, bei denen der Möller ohne Lichtbogen durch unmittelbaren Stromdurchgang auf der Reduktionstemperatur gehalten wird [*9*, *10*].

Schlechtleitende Stoffe mit großem Verlustwinkel können im hochfrequenten Kondensatorfeld dielektrisch erwärmt werden. Werkstoffe, die bei nicht zu hohen Frequenzen wie Isolatoren wirken, lassen sich ebenfalls bei sehr hohen Frequenzen im Kondensatorfeld und, wenn erforderlich, im Dipolstrahlungsfeld dielektrisch erwärmen. Im letzten Fall sind sie je nach der gewählten Anordnung ein Teil der Dipolanordnung, da die elektromagnetischen Dipolschwingungen das Gut durchdringen oder zum mindesten tief darin eindringen.

4. Einfluß der Wärmespeicherung

Jeder Werkstoff hat ein gewisses Wärmespeichervermögen, das den zeitlichen Aufbau seines Temperaturfeldes beeinflußt. Unabhängig davon, wie im Falle der Wärmeerzeugung außerhalb des Gutes die Wärme einem Körper zugeführt wird (durch Strahlung, Konvektion oder Leitung), speichert sich die mitgeteilte Wärme zunächst in den äußeren Schichten, deren Temperatur dadurch erhöht wird. Dann erst setzt in dem Stoff ein Wärmestrom ein, der nun seinerseits die erforderliche Wärmemenge zur Speicherung in der angrenzenden Schicht bereitstellt und damit die Temperatur auch in dieser Schicht erhöht, so daß der Vorgang sich in das Innere des Stoffes fortpflanzen kann.

Die Wärmespeicherung wirkt sich dann verschiedenartig auf den Regelvorgang aus, je nachdem, ob die Temperatur der Ofenwand oder des Gutes die Regelgröße ist. Die im Gut sich speichernde Wärme ist reine Nutzwärme; sie erhöht ausschließlich die Temperatur des Gutes.

Beim Gut ist neben dem Wärmespeichervermögen die Wärmeleitfähigkeit des Werkstoffes von ausschlaggebender Bedeutung. Dies kommt in der *Temperatur-Leitfähigkeit* $a = \lambda/(\gamma c)$ zum Ausdruck (λ Wärmeleitfähigkeit, c Wärmespeichervermögen, γ Wichte des Werkstoffes). Die Temperatur-Leitfähigkeit gibt an, wie schnell der Temperaturunterschied zwischen der Oberfläche des Gutes und seinem Kern auf einen für die Gleichmäßigkeit der Wärmebehandlung des Stoffes erforderlichen Mindestwert gebracht wird [*11*, *12*].

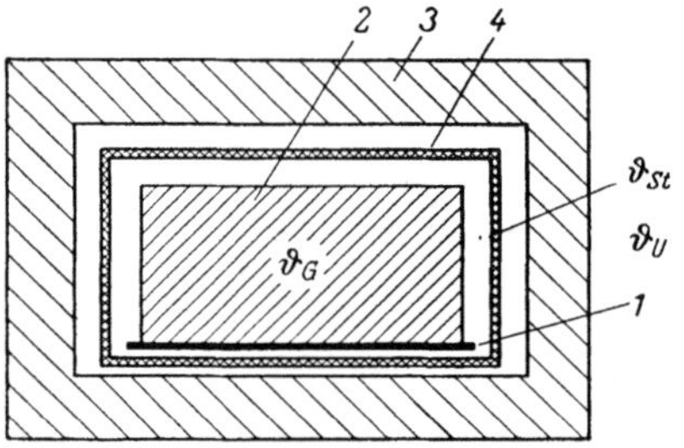

1 Herd, auf dem das Gut (*2*) ruht
2 Gut
3 Ofenwand mit Wärmedämmung
4 Energie- bzw. Wärmequelle
ϑ_{St} Temperatur der Wärmequelle
ϑ_G Temperatur des Gutes
ϑ_U Temperatur der Ofenumgebung

Bild 3. Schnitt durch einen Ofen (schematisch)

Die Wärmespeicherung in der Ofenwandung ist als Verlustwärme für die Regelungstechnik weniger wichtig. Man kann diesen Verlust auf eine große Anzahl von Chargen, also ein großes Gutgewicht verteilen, wenn man den Ofen kontinuierlich betreibt. Beim Stillsetzen des Ofens ist die Wandwärme zu einem großen Teil verloren, vor allem, wenn die Außerbetriebnahme längere Zeit andauert. Vorteilhaft wirkt sich die Wärmespeicherung in der Ofenwand dadurch aus, daß die Wärme von einer auf gleichmäßiger Temperatur befindlichen Oberfläche auf das Gut strömt. Ein solcher Wärmestrom ermöglicht eine gleichmäßigere Regelung und bringt damit in den Wärmevorgang die wünschenswerte Stetigkeit. Eine zu schwache Wärmespeicherung in der Ofenwand bedeutet einen sehr starken Einfluß der Ofenumgebung auf den Ablauf des Erwärmungsvorganges im Gut.

Bei der Anordnung nach *Bild* 3 wird die Wärmequelle (*4*) mit der Temperatur ϑ_{St} von der Stellgröße, d. h. von der der Wärmequelle zugeführten Leistung, beeinflußt. Die erzeugte Wärme verteilt sich einerseits auf das Gut (*2*) mit der Augenblickstemperatur ϑ_G, andererseits auf die Ofenwand (*3*). Von dem Wärmewiderstand der Ofenwand hängt es ab, in welchem Umfang die Außentemperatur ϑ_U einwirkt. Ist die Außentemperatur ϑ_U praktisch konstant, wie in der überwiegenden Zahl aller Fälle, und ändert sich die Wärmeübergangszahl α an der Außenwand des Ofens nicht, so ist der Einfluß der Wärmedämmung in der Ofenwand auf den Wärmestrom des Heizkörpers gleichbleibend. Eine gute Wärmedämmung hat dann auf die Regelung kaum einen wesentlich anderen Einfluß als eine schlechte Wärmedämmung.

Ändern sich hingegen ϑ_U und a wesentlich, so muß man sie als Störgrößen berücksichtigen, besonders dann, wenn der Wärmestrom vom Heizkörper zur Ofenwand in die Größenordnung des Wärmestroms zum Gut fällt, also bei relativ schwacher Wärmedämmung.

5. Zeitliche Temperaturänderung

Man muß bei der Wärmeerzeugung außerhalb des Gutes bezüglich des Zeitverhaltens der Regelstrecke zwischen Öfen unterscheiden, die üblicherweise im Beharrungszustand arbeiten, und solchen, die den Beharrungszustand nicht oder erst sehr spät erreichen.

Fließöfen haben meistens eine verhältnismäßig lange Aufheizzeit; so können bei keramischen Tunnelöfen Monate vergehen, ehe die Ofenwandung ihre volle, dem stationären Zustand entsprechende Wärmespeicherung und Temperaturverteilung erreicht hat. Solche Öfen laufen aber dann Jahre hindurch ohne Pause. Die Regelung ist mit einfachen Mitteln möglich, da schnellveränderliche Störgrößen ohne Einfluß sind.

Bei Öfen, die z.B. an jedem Wochenende stillgelegt werden, bestimmen wirtschaftliche Überlegungen, wie man die Wärmedämmung und damit das Speichervermögen in der Ofenwand bemißt. Will man die Stillsetzungs-Wärmeverluste klein halten und einen höheren Wärmeverluststrom in Kauf nehmen, so macht man die Wärmedämmung klein. Soll während der Wochenendpause der Ofen auf oder beinahe auf Betriebstemperatur gehalten werden, so muß gute Wärmedämmung vorgesehen werden, damit die während des Wochenendes aufzubringenden Leerlaufverluste gering bleiben. Diese Unterschiede in der Wärmedämmung (s. Abschnitt B 4) sind bei der Bemessung der Regeleinrichtung besonders dann zu beachten, wenn die Empfindlichkeit des Gutes gegen ungewollte Temperaturschwankungen eine ausschlaggebende Rolle spielt.

Bei Abkühlöfen, besonders in der Glasherstellung, hängt die Güte des erzeugten Gutes von der Änderungsgeschwindigkeit der Temperatur ab. In etwas geringerem Umfang gilt dies auch für die keramische Industrie. In solchen Fällen wird eine Zeitplanregelung vorgesehen.

Wird bei der Wärmebehandlung die Wärme im Gut erzeugt, dann können die Vorgänge der Wärmezufuhr so rasch ablaufen, daß bei der Regelung nicht die Temperatur, sondern eine Ersatzregelgröße, z.B. die zugeführte Leistung (Stellgröße) oder die Zeit, in Betracht kommt.

Die Regelung nach Leistung ist z.B. bei Lichtbogenöfen der Bauart Héroult anzutreffen.

Sehr oft werden Steuerungen anstelle von Regelungen eingesetzt. Steuerungen einfacherer Art, auch Impuls-Steuerungen, sind bei der unmittelbaren Widerstandserwärmung, der induktiven und der dielektrischen Erwärmung häufig die einzige Möglichkeit, Veränderungen oder Zerstörungen im Gut entgegenzuwirken. Bei metallurgischen Vorgängen kann ein zu rascher Ablauf des Wärmevorganges unerwünschte Gefügeveränderungen bewirken oder erwünschte wegen Fehlens der erforderlichen Einwirkdauer bei gegebener Temperatur unterbinden.

6. Temperaturverteilung im Anlauf- und im Beharrungszustand

Für die Wahl des Meßortes der Temperatur als Regelgröße ist die Temperaturverteilung im Ofen maßgebend. Im allgemeinen muß man sich mit einigen Punkten des Temperaturfeldes begnügen. In diesem Fall muß man also die Gewißheit haben, daß für die Temperaturverteilung im Ofen die erfaßten Werte repräsentativ sind. Dies gilt nicht nur für solche Anordnungen, die schon im Beharrungszustand sind, sondern auch für solche, bei denen man im Anlaufzustand arbeitet.

Bei Fließöfen kann der Beharrungszustand fast immer angenommen werden, z. B. bei solchen für die Behandlung von Metallen, zum Brennen von Keramik oder Abkühlen von Gläsern, bei denen die örtliche Temperatur entsprechend den Verteilungen nach *Bild* 2 auf einen zeitlich konstanten Wert geregelt werden soll.

Bei Standöfen können die Aufheiz- oder Abkühlzeiten die Hauptrolle spielen, zumal bei solchen für lange Behandlungszeiten, wie bei den keramischen Brennöfen. Meistens werden die Zeiten dann so bemessen, daß zum mindesten eine genügend dicke Innenschicht der Wandung während der Aufheizzeit die gewünschte Temperatur erreicht und ebenso in der Abkühlzeit die zulässige Temperaturabsenkung erfährt, wobei der Wärmestrom als „Wanderwelle" durch die Ofenwand läuft.

Ist die Bedingung der genügend dicken Wärmedämmschicht nicht erfüllt, so entfällt die Wärmespeicherung des Ofens als ausgleichende, den Regelvorgang vereinfachende Eigenschaft. Dies ist besonders bei Infrarot-Öfen und -Geräten der Fall, bei denen die Wärmedämmung bewußt weggelassen und der Wärmestrom durch Spiegelanordnungen auf das Gut gerichtet wird. Verluste treten infolge teilweiser Absorption der Temperaturstrahlung durch den Spiegelwerkstoff auf.

C. Regelung von Öfen

1. Wahl des Meßortes

Ein Ofen ähnlich *Bild* 3 ist in *Bild* 4 schematisch als Regelstrecke in eine Regelanordnung eingegliedert.

In *Bild* 4 ist ein bestimmter Meßort (*4*) angenommen. Ideal wäre es, die Temperatur am Gut und im Kern des Gutes zu messen, also den Meßort an und in das Gut zu verlegen. Das ist bei festen Körpern meist nicht ausführbar. Man wählt dann als Meßort eine Stelle, an der der Temperaturfühler (*5*) durch das Ein- und Ausbringen des Gutes nicht beschädigt werden kann. Außerdem soll das Austauschen des Fühlers ohne Zeitverlust in gewissen Zeitabständen leicht möglich sein.

In der gezeichneten Lage des Meßortes (s. *Bild* 4) mißt man einen zunächst beliebig erscheinenden Temperaturwert und führt den gemessenen Wert in den Regler ein. Dieses Verfahren ist noch einigermaßen sicher in einem Luftumwälzofen mit geringer Luftkanalbreite rings um das Gut: Die umgewälzte Luft hat infolge der Wirbelung eine ziemlich gleichmäßig verteilte Temperatur. Auch da, wo man die Temperatur durch Körperkontakt zwischen Gut und Temperaturfühler messen kann, stimmt der Meßwert mit dem tatsächlichen Wert der Guttemperatur über das gesamte Gebiet recht gut überein oder steht zu ihr in fester Beziehung.

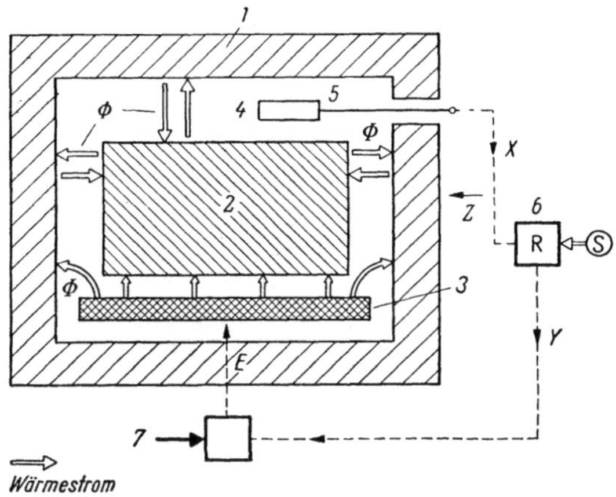

1 Ofenwand mit Wärmedämmung
2 Gut, das erwärmt wird
3 Wärmequelle
4 Meßort
5 Temperaturfühler
6 Regler
7 Energieanschluß

E Gesteuerte Energie
X Regelgröße
Y Stellgröße
Z Störgrößen (z. B. Änderung der Außentemperatur)
Φ Wärmestrom

Bild 4. Schema eines geregelten Standofens

Ist die Temperatur nur auf dem Wege der Strahlungsmessung erfaßbar, so muß man beachten, daß die Strahlungsgesetze [*12*, *13*] bis auf das KIRCHHOFFsche Gesetz streng nur für den schwarzen Körper gelten, einigermaßen noch für graue Körper, nicht aber für selektiv strahlende oder gar für spiegelnde Flächen, für die sich sogar die Potenz der absoluten Temperatur gegenüber der im STEFAN-BOLTZMANNschen Gesetz erscheinenden 4. Potenz zur 5. Potenz verschiebt.

2. Gut, Regler und Stellgröße

Im vorhergehenden ist der Zusammenhang zwischen der Temperatur des Gutes und der mit Hilfe des Temperaturfühlers erfaßten Temperatur dargestellt worden. Nunmehr muß der Einfluß der Stellgröße auf die Guttemperatur betrachtet werden. Für die Wärmebehandlung des Gutes ist die einzuhaltende Arbeitstemperatur oder deren zeitlicher Verlauf vom Regler her sicherzustellen. Dies bedeutet, daß man den Sollwert auf einen festen Betrag einstellt oder nach einem Zeitplan steuert. Bei einem Ofen, der zum mindesten über eine längere Zeit mit dem gleichen Gut beschickt wird, kann man durch Probeerwärmung, bei Keramik z.B. durch Probebrände, den einzustellenden Sollwert bestimmen oder den Zeitplan für die Sollwertsteuerung ermitteln.

Wird die Wärme durch Strahlung auf das Gut übertragen und hat man den Festwert oder Zeitplan des Sollwertes an einem Gut ermittelt, das als schwarzer Körper wirkt, so sind diese Werte für ein als grauer Körper wirkendes Gut bedingt anwendbar, wenn man eine empirisch festgestellte Korrektur des Sollwertes anbringt. Das Regelergebnis wird aber um so unsicherer, je geringer das Emissionsvermögen des Körpers ist.

Bei Selektivstrahlern, bei denen das Emissionsvermögen stark von der Wellenlänge abhängt, sind ähnliche Korrekturen vorzunehmen. Bei Körpern mit sehr geringem Emissionsvermögen (z.B. Aluminium) muß die Temperatur im oder am Körper selbst gemessen werden.

Die empirische Methode der Sollwertbestimmung ist bei Öfen mit einem Temperaturverlauf nach *Bild* 1a und *Bild* 2a ohne weiteres, bei einem Verlauf nach *Bild* 2b für jede Stelle des Ofens anzuwenden. Bei einem Ablauf nach *Bild* 1b muß dagegen die Form der Kurvenscheibe des Zeitplangebers für jeden Zeitpunkt in Abhängigkeit von der Temperatur gesondert festgelegt werden.

Hat der Ofen eine Atmosphäre mit Eigenstrahlung, so beeinflußt auch diese die Temperatur des Gutes. Bei überwiegend konvektivem Übergang der Wärme und bei Übergang durch Leitung vereinfachen sich die Verhältnisse für die Regelung wesentlich, da die Strahlungseinflüsse geringer werden.

Auch das *Thermometer* ist mit seinem Zeitverhalten am Regelvorgang beteiligt. Durch den Aufbau der Anordnung bedingt, hat das Thermometer meistens ein Schutzrohr aus Metall oder Keramik oder auch beides. Dieses wirkt wie ein Wärmewiderstand zwischen Ofenraum und Temperaturfühler des Thermometers. Wenn (s. *Bild* 3) die Wärmedämmung (*3*) genügend groß ist, fällt dieser Wärmewiderstand bei einem Ofen mit dem Temperaturverlauf nach *Bild* 1a oder 2a nicht allzustark ins Gewicht, ebenso nicht bei Temperaturverläufen nach *Bild* 1b oder 2b, sofern die Änderungsgeschwindigkeit der Temperatur $\mathrm{d}\vartheta_G/\mathrm{d}t$ im Gut oder an seiner Oberfläche klein ist gegenüber der Änderungsgeschwindigkeit der Temperatur $\mathrm{d}\vartheta_M/\mathrm{d}t$ im Thermometer am Meßort. In diesem Fall stellt sich der Temperaturfühler in einer gegenüber dem Zeitverhalten der Regelstrecke vernachlässigbar kurzen Zeit auf eine Temperaturänderung ein.

Hat man es mit sehr rasch ablaufenden Vorgängen bei der Wärmebehandlung zu tun, so kann u.U. bei einer Meßstelle mit einem mechanisch geschützten Temperaturfühler das Verhältnis $\mathrm{d}\vartheta_G/\mathrm{d}t$ zu $\mathrm{d}\vartheta_M/\mathrm{d}t$ zu groß werden. Dann muß man meistens eine andere Lösung wählen. Als solche bietet sich die *Steuerung* des Vorgangs an, die entweder über eine vorgegebene Steuerkurve geschieht, oder man verwendet ein Modellverfahren (s. Abschnitt C 3).

Eine besondere Aufgabe stellt die Regelung der *Lichtbogenöfen* (s. Kapitel 39). Hier scheidet das Messen der Temperatur aus, weil man einen Meßort nicht festlegen und deswegen auch kein Thermometer anbringen kann. Dafür dienen elektrische Größen des Lichtbogen-Stromkreises als Ersatzregelgrößen für die Temperatur, z.B. die Regelung der (Blind- oder Schein-)Leistung.

Bei der überwiegenden Zahl der Stand- und Fließöfen wendet man die Zweipunktregelung (s. Kapitel 63) an. Dabei wird die Ofenleistung durch den Regler entweder zwischen „null" und „stark" oder zwischen „schwach" und „stark" sprungartig gesteuert. Eine Regelung, die in der Anheizperiode z.B. „stark–schwach" regelt und dann auf „schwach–null" oder „stark–null" übergeht, gilt ebenfalls als Zweipunktregelung.

Ist das Zeitverhalten des Thermometers gegenüber dem Zeitverhalten des Gutes nicht vernachlässigbar, so nimmt die Regelstrecke höhere Ordnung an; man wendet dann besser bei höheren Ansprüchen die *stetige Regelung* an. Lichtbogenöfen regelt man über die Elektrodenstellung ebenfalls stetig (vgl. Kapitel 39).

3. Anordnungen mit geregeltem Modell

In allen Fällen, bei denen die Bedingung eines genügend kleinen Verhältnisses von $\mathrm{d}\vartheta_G/\mathrm{d}t$ zu $\mathrm{d}\vartheta_M/\mathrm{d}t$ nicht erfüllt ist, muß man entweder die Erwärmung nach einem vorgegebenen Zeitplan durchführen oder den Vorgang in einem Modell abbilden, nach dem dann der Ofen geregelt wird. Die vom Regler für das Modell gebildete Stellgröße Y_M wird zugleich als steuernde Größe für die Wärmequelle des Ofens verwendet (*Bild* 5). Das Modell II bildet die Regelstrecke. Als Thermometer ist eine Bimetallanordnung (*2*) gewählt, die von der Wärmequelle (*3*) des Modells erhitzt wird. Die Spannung der Feder (*5*) im Regler (*4*) wird so eingestellt, daß der Kontakt (*6*) erst bei Erreichen der gewünschten Temperatur im Thermometer unter Einfluß der Wärmequelle (*3*) öffnet. Diese Temperatur stimmt, vorausgesetzt, daß die Modellabbildung richtig ist, mit der Guttemperatur im Ofen (I) überein. Der Kontakt (*6*) schaltet beim Öffnen und Schließen die Wärmequelle (*8*) im Ofen gleichzeitig mit der Wärmequelle (*3*) im Modell. Statt der Parallelschaltung (*3*) und (*8*) kann auch die Reihenschaltung gewählt werden. Bei elektrischen Heizkissen mit Modellregelung ist die Reihenschaltung üblich.

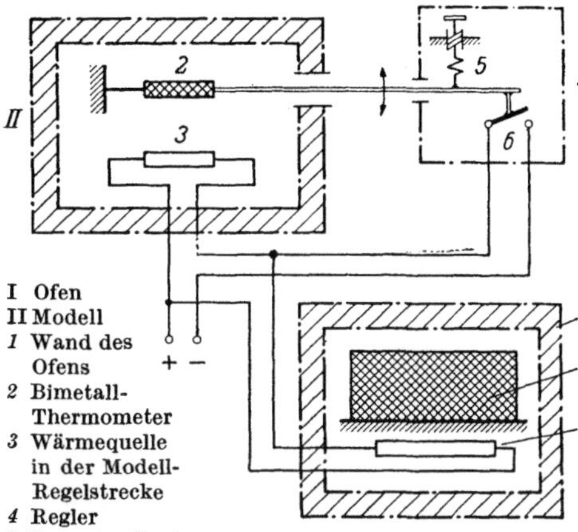

I Ofen
II Modell
1 Wand des Ofens
2 Bimetall-Thermometer
3 Wärmequelle in der Modell-Regelstrecke
4 Regler
5 Feder im Regler
6 Kontakt zur Zweipunktregelung
7 Gut im Ofen
8 Wärmequelle zum Erwärmen des Gutes

Bild 5. Betrieb eines Ofens mit Hilfe eines geregelten Modells

Ein anderes Beispiel für die Anwendung von Modellen ist die dielektrische Aufheizung eines Gutes auf eine bestimmte Temperatur (*Bild* 6). Das Gut (*4*) im Arbeitskondensator (*5*) nimmt eine Wärmeleistung auf, die aus Spannung und Frequenz des Generators (*8*) und dem Verlustfaktor $\sin\delta = \cos\varphi$ zu errechnen ist. Hat das Gut von der Temperatur unabhängige dielektrische Eigenschaften, dann ist die aufgenommene Wärmeleistung während des Erwärmungsvorgangs zeitlich konstant. Sie wird analog durch den Ladestrom des Modellkondensators (*3*) abgebildet, dem von der Spannungsquelle (*1*) über den Sägezahngeber (*2*) eine linear ansteigende Spannung zugeführt wird. Dann lädt sich der Modellkondensator auf eine der Temperatur im Gut analoge Spannung auf. Da an allen Stellen des Arbeitsgutes (*4*) – homogenes Feld im Gut vorausgesetzt – die gleiche Wärmemenge in der Zeiteinheit entsteht, ist der Modellkreis dem Arbeitskreis analog. Aus der Analogie zwischen Temperatur im Gut und Spannung am Modellkondensator einerseits, Wärmeleistung und elektrischer Stromstärke andererseits und mithin Speicherung im Gut je Grad bzw. Ladung des Kondensators je Spannungseinheit kann man die Zeit ermitteln, die für die Erwärmung erforderlich ist. Man stellt die Stromstärke im Modellkreis mit dem Widerstand (*11*) so ein, daß je Spannungseinheit sich eine der Wärmespeicherung analoge Ladungsspeicherung einstellt. Diese Zeit kann über eine Steuerung am Spannungsmesser (*9*) auf eine Schalteranordnung (*6, 7, 10*) übertragen werden. Nach Beendigung des Aufheizvorgangs wird der Kondensator (*3*) im Modellkreis durch den Schalter (*10*) entladen, so daß die Anordnung wieder betriebsbereit ist.

Ähnlich lassen sich auch Wärme-Impuls-Steuerschaltungen entwickeln, wenn man die Pausen zwischen den Impulsen kennt und den Schalter (*7*) während der

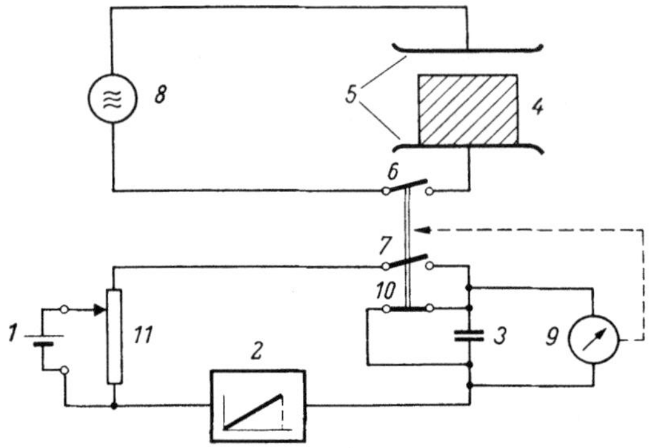

1 Gleichspannungsquelle
2 Sägezahngeber
3 Modellkondensator
4 Gut
5 Arbeitskondensator
6 Schalter im Arbeitskreis, mit Schaltern (*7*) und (*10*) mechanisch gekuppelt
7 Schalter im Modellkreis
8 Hochfrequenz-Generator
9 Elektrostatischer Spannungsmesser mit Abgriff zum Betätigen von (*6*, *7*, *10*)
10 Entladeschalter
11 Einstellwiderstand für Strom

Bild 6. Dielektrische Aufheizung mit Hilfe eines Modells

Pausenlänge öffnet. Auch hierfür kann man eine ähnliche Schaltung verwenden, die Öffnen und Schließen besorgt. Dies kommt bei Trocknungsvorgängen in Betracht, wobei man sogar den sich ändernden Verhältnissen im Gut durch eine Änderung des Ladestromes oder der Kapazität des Kondensators Rechnung tragen kann.

D. Quellenhinweise

[*1*] Sturany, H.: Anlagen für Holztrocknung. In: Jb. Elektrowärme. Hrsg. Har. Müller. Essen: Vulkan-Verlag 1956. S. 303–314.

[*2*] Czepek, E.: Die Anwendung von Elektrowärme bei der künstlichen Holztrocknung. In: Jb. Elektrowärme. Hrsg. Har. Müller. Essen: Vulkan-Verlag 1957. S. 159–165.

[*3*] Stich, W.: Elektrische Widerstandserwärmung zur Verarbeitung von Stahl. Bericht 406 im Compte Rendu vom IV. Internat. Elektrowärmekongreß, Stresa 1959.

[*4*] Hennicke, G.: Glaserzeugung. In: Jb. Elektrowärme. Hrsg. Har. Müller. Essen: Vulkan-Verlag 1958/59. S. 199–202.

[*5*] Schmidbaur, J.: Elektrodenkessel. In: Jb. Elektrowärme. Hrsg. Har. Müller. Essen: Vulkan-Verlag 1956. S. 377.

[*6*] Tamele, K.: Elektroden-Dampfkessel. In: Jb. Elektrowärme. Hrsg. Har. Müller. Essen: Vulkan-Verlag 1958/59. S. 239–243.

[*7*] Jabbusch, G.: Holzverarbeitung. Unmittelbare Erwärmung. In: Jb. Elektrowärme. Hrsg. Har. Müller. Essen: Vulkan-Verlag 1957. S. 171.

[*8*] Hofstätter, H. u. Scherer, W.: Neuerungen in der Technik der Graphitierungsöfen. In: Jb. Elektrowärme. Hrsg. Har. Müller. Essen: Vulkan-Verlag 1956. S. 393–395.

[*9*] Pecorari, A.: Le four électrique Lubatti pour la réduction des minerais et autres applications du procédé. Bericht 116 im Compte Rendu vom III. Internat. Elektrowärmekongreß, Paris 1953.

[*10*] Wenzel, W.: Der Elektrofließbett-Reduktionsofen. Bericht 206 im Compte Rendu vom IV. Internat. Elektrowärmekongreß, Stresa 1959.

[*11*] Schmidt, E.: Thermodynamik. 6. Aufl. Berlin/Göttingen/Heidelberg: Springer 1956, s. bes. Abschn. 106: „Nichtstationäre Wärmeströmungen“.

[*12*] Gröber, H. u. Erk, S.: Die Grundgesetze der Wärmeübertragung. 3. Aufl. Neubearb. v. U. Grigull. Berlin/Göttingen/Heidelberg: Springer 1955.

[*13*] Euler, J. u. Ludwig, R.: Arbeitsmethoden der optischen Pyrometrie. Karlsruhe: G. Braun 1960.

18. Heizungs- und Lüftungsanlagen

Von **Chr. Keßler**

Inhaltsübersicht

A. Überblick

Aufgabe und Ziel der Heizungs- und Lüftungstechnik [*1, 2, 3*] ist es, in Räumen aller Art, gleichgültig, ob es sich um solche für den Aufenthalt von Menschen oder um Lagerräume und Fertigungsstätten handelt, Raumklimaverhältnisse hinsichtlich Temperatur oder Temperatur und Feuchte zu schaffen, die dem jeweiligen Benutzungszweck dieser Räume angemessen sind. Die Aufgabe wird gelöst durch Beheizung, Kühlung, Befeuchtung und Entfeuchtung; sie ist im wesentlichen das Problem, den zu behandelnden Räumen Energie zuzuführen oder zu entziehen. Die zu transportierende Wärmeenergie ist im allgemeinen an Dampf oder Wasser gebunden; sie wird über Radiatoren, Konvektoren, Lufterhitzer, Strahlwände u. dgl. durch Konvektion oder durch Strahlung mit den Räumen ausgetauscht.

Die der Regelungstechnik im Rahmen der Heizung und Lüftung zukommende Aufgabe erstreckt sich einerseits auf die Regelung der Energieerzeugung innerhalb der Heizwerke, an den Heizkesseln, Wärmeaustauschern u. dgl., andererseits auf die Regelungsmaßnahmen, die zur Aufrechterhaltung des angestrebten Raumklimas nötig sind. Die Regelung im Bereich der Wärmeerzeugung und Umformung ist erforderlich, um die in weiten Grenzen sich bewegenden Energieanforderungen sicher und in wirtschaftlicher Weise zu erfüllen. Bei der Raumregelung sind außer wirtschaftlichen Gesichtspunkten fabrikatorische Gründe und nicht zuletzt auch das menschliche Streben nach Behaglichkeit für den Reglereinsatz maßgebend.

B. Regelung von Dampf- und Heißwasser-Heizungskesseln

1. Regelaufgabe

Bei Heizungsdampfkesseln ist der Dampfdruck am Kesselausgang die Regelgröße, bei Warm- und Heißwasserkesseln ist es die Temperatur des am Kesselende abgehenden Wassers (Vorlauftemperatur). Heizungsdampfkessel werden mit Festwertregelung betrieben, Warmwasser-Heizungskessel ebenfalls mit Festwertregelung oder mit Folgeregelung, derart, daß der Sollwert der Wasservorlauftemperatur sich nach Maßgabe der Außentemperatur als Führungsgröße ändert. Die Stellglieder beeinflussen die Brennstoffzufuhr und die zur Verbrennung erforderliche Luftzufuhr, oder bei Kesseln mit Brennstoffvorrat nur die Luftzufuhr.

2. Heizungskessel für feste Brennstoffe

a) Kessel mit kontinuierlicher Brennstoffaufgabe

Dampfheizungskessel mit kontinuierlicher Brennstoffaufgabe kommen normalerweise in Heizkraftwerken und Betrieben mit größerem Wärmebedarf vor. Sie sind meist Mehrzweckkessel für Krafterzeugung und Wärmeabgabe. Bei ihrer Regelung gelten grundsätzlich die für Feuerungsanlagen und Dampferzeuger dargelegten Gesichtspunkte (s. Kapitel 15).

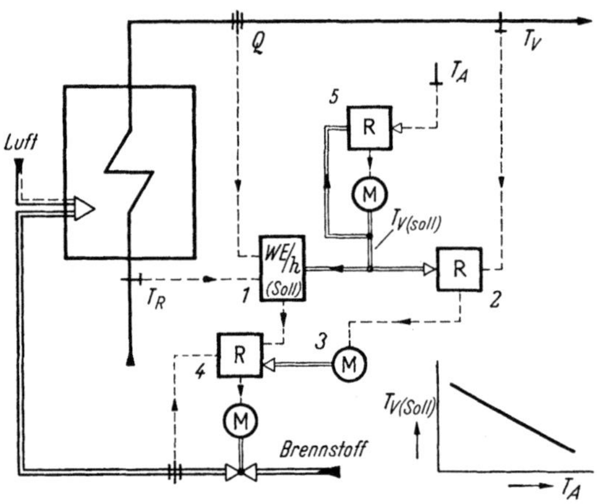

T_V Wasservorlauftemperatur
$T_{V(\text{Soll})}$ Vorlauftemperatur – Sollwert
T_R Wasserrücklauftemperatur
T_A Außentemperatur
Q Wasserdurchfluß
1 Wärmeleistungsmesser (WE/h)
2 Wasservorlauf-Temperaturregler
3 Motorischer Verhältnissteller
4 Brennstoffregler
5 Regler für Zuordnung $T_{V(\text{Soll})}$ zu T_A

Bild 1. Brennstoffregelung eines Warmwasserkessels

Warmwasser-Heizungskessel mit der Aufgabe, die Wasservorlauftemperatur nach festem oder mit der Außentemperatur gleitendem Sollwert zu fahren, benötigen bei gleichbleibender Last nur einen Temperaturregler mit P- oder PI-Verhalten, der die Brennstoffzufuhr steuert. Ist mit größeren Belastungsschwankungen zu rechnen, so ändert sich insbesondere auch der Wasserdurchfluß durch den Kessel; dann ist es zweckmäßig, die Feuerung des Kessels nach Maßgabe der jeweiligen Wärmeabgabe zu regeln (*Bild* 1). Die Regelstrecke erfordert eine Wärmeleistung (WE/h), dargestellt durch das Produkt aus der Differenz zwischen Sollvorlauftemperatur $T_{V(\text{Soll})}$ und Rücklauftemperatur T_R mal dem Wasserdurchfluß Q. Diese Wärmeleistung ist Eingangsgröße des Brennstoffreglers (*4*), dessen Rückmeldegröße der Brennstoffdurchsatz ist. Die Gegenüberstellung von Wärmeleistung und Feuerungsleistung allein ist für die Regelung jedoch noch nicht ausreichend, und es muß als wichtigste Zustandsgröße die Wasserausgangstemperatur, deren Sollwert vorzugeben ist, in die Regelung mit einbezogen werden. Dies geschieht in der Weise, daß der Wasservorlauf-Temperaturregler (*2*) bei Regelabweichungen auf einen Verhältnissteller (*3*) wirkt, der das Verhältnis Wärmeleistung zu Brennstoffdurchsatz im erforderlichen Maß beeinflußt. Der Sollwert der Wasservorlauftemperatur wird von der Außentemperatur T_A als Führungsgröße gemäß dem gezeigten Zuordnungsdiagramm verändert.

b) Kessel mit Brennstoffvorrat

Der feste Brennstoffvorrat wird dem Verbrauch entsprechend in mehrstündigen, regelmäßigen Zeitabständen von Hand nachgefüllt. Leistungsänderungen dieser Kessel (*Bild* 2) werden durch Änderung der Luftzufuhr bewirkt; Stellglied für die Regelung ist je nach Bauart der Kessel entweder die Luftklappe (*1*), die Rauchgasklappe (*2*) oder die Luft- und die Rauchgasklappe.

Bei der einfachsten Art der Regelung steuert ein Zweipunktregler (*3*) einen Stellmotor mit verhältnismäßig langer Stellzeit, wobei der Verbrennungsluftstrom und damit die Feuerungsleistung zwischen der maximalen und minimalen Leistung variiert. Überschreitet die Vorlauftemperatur den Sollwert, so wird der Stellmotor in Richtung „Schließen", bei Unterschreiten in Richtung „Öffnen" eingeschaltet. Die Warmwasser-Vorlauftemperatur schwankt naturgemäß bei dieser Regelweise um den Sollwert. Der Zweipunktregler wird häufig durch einen Impulswandler (*4*) ergänzt, der den Dauerimpuls in eine Folge von Einzelimpulsen auflöst, wobei die Impulsperiode und die Impulsdauer den Verhältnissen der Regelstrecke anpaßbar sind. Temperaturschwankungen sind natürlich auch bei dieser Regelweise unvermeidbar; sie sind jedoch gegenüber dem reinen Zweipunktregler günstiger.

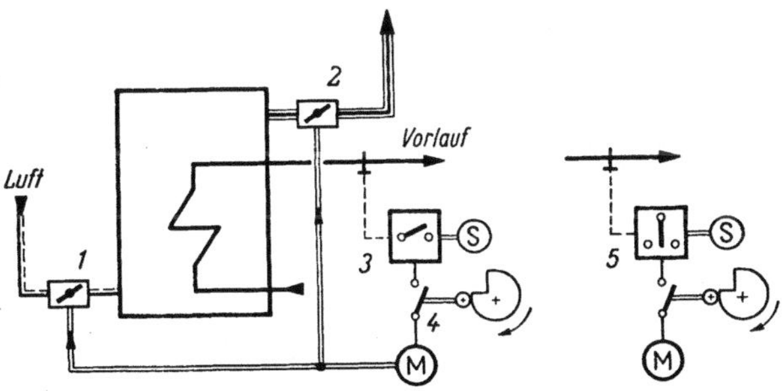

a) Mit Zweipunktregler b) Mit Dreipunktregler

1 Luftklappe
2 Rauchgasklappe
3 Zweipunktregler
4 Impulswandler
5 Dreipunktregler (an Stelle von 3)

Bild 2. Regelung eines Warmwasser-Heizungskessels mit Brennstoffvorrat

Die Regelergebnisse werden weiter verbessert, wenn an Stelle des Zweipunktreglers ein Dreipunktregler (*5*) verwendet wird, bei dem eine Schaltspanne zwischen oberem und unterem Grenzwert vorgesehen ist.

Bei Dampfkesseln ist der Meßgeber ein Druckmesser mit oberem und unterem Grenzkontakt oder ein Druckmesser mit Widerstandsfernsender, der den Meßwert auf einen Zweipunktregler mit elektrischem Meßwerk überträgt. Bei Warmwasserkesseln benutzt man entweder einen Ausdehnungsregler (Stabregler) oder ein Widerstandsthermometer mit nachgeschaltetem, elektrischem Zweipunkt- bzw. Dreipunktregler, wobei der Impulswandler dann meist in diesen Regler mit eingebaut ist. Bei Tag- und Nachtbetrieb können unterschiedliche Sollwerte selbsttätig mit Hilfe einer Kontaktuhr eingestellt werden.

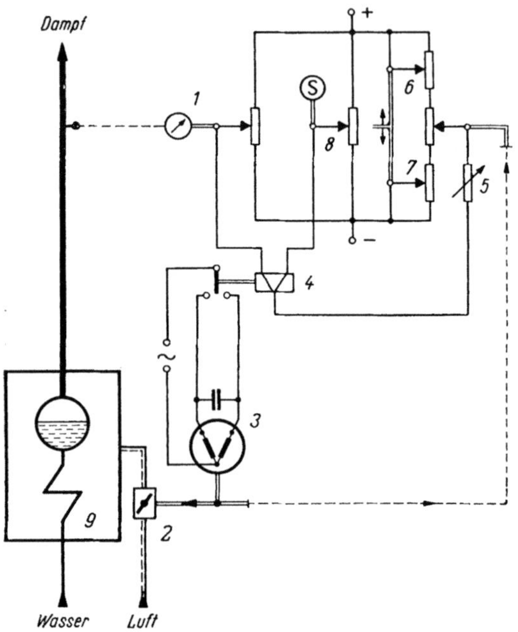

1 Manometer mit Fernsender
2 Luftklappe
3 Stellmotor
4 Regelrelais
5 P-Bereichsteller
6, *7* P-Korrektur-Widerstände
8 Sollwertsteller
9 Heizungskessel mit Brennstoffvorrat

Bild 3. Regelung des Dampfdruckes bei einem Heizungskessel

Für größere Heizungskessel mit Brennstoffvorrat sind Zweipunkt- oder Dreipunktregler nicht anzuraten; es ist empfehlenswert, stetig arbeitende Regler vorzusehen, die die Feuerungsleistung dauernd der jeweiligen Kesselbelastung anpassen. Diese Regler arbeiten entweder mit starrer Rückführung als P-Regler oder mit nachgebender Rückführung als PI-Regler. Bei den P-Reglern dient die Klappenstellung als Rückführgröße. Die stetige Arbeitsweise empfiehlt sich z.B. für die Dampfdruckregelung von Heizungskesseln (*Bild* 3). Da sich die Belastung der Regelstrecke im Heizungsbetrieb in sehr weiten Grenzen ändert (geringe Heizleistung während der Übergangsmonate), ist es zweckmäßig, außer der für die Stabilisierung nötigen P-Bereicheinstellung (*5*) auch die Möglichkeit einer P-Korrektur (*6*, *7*) vorzusehen. Hierdurch wird der Proportionalbereich so verschoben, daß im Lastbereich der Istwert des Dampfdruckes mit dem eingestellten Sollwert nahezu übereinstimmt (*Bild* 4).

Dienen die Heizungskessel der Dampferzeugung, so wird normalerweise mit festem Dampfdruck gearbeitet, dessen Höhe am Sollwertsteller des Reglers einstellbar ist. Bei Warmwasserkesseln tritt neben die Aufgabe, mit konstanter Warmwasser-Vorlauftemperatur zu fahren, auch die Forderung, den Sollwert der Vorlauftemperatur von der Außentemperatur abhängig zu machen.

Der *Brennstoffabbrand* wird bei einigen Kesseltypen mit Verbrennungsrosten überwacht und in Abhängigkeit vom Ausbrand die Abfuhr der Verbrennungsrückstände selbsttätig bewirkt. Die hierfür vorgesehenen Regler haben die Aufgabe, die motorisch angetriebenen Rostschürstößel in Gang zu setzen und wieder abzuschalten. Als Maß für den Ausbrand gilt die Temperatur eines Thermoelementes, das unmittelbar unter dem Rost so angeordnet wird, daß das Thermoelement zwischen zwei Roststäben hindurch von der glühenden Brennstoffschicht angestrahlt wird. Das Thermoelement wirkt auf einen elektrischen Zweipunktregler. Bei Temperaturen unterhalb eines empirisch ermittelten Grenzwertes wird der Schürmechanismus für eine bestimmte Zeit in Gang gesetzt, wodurch die Verbrennungsrückstände abgeführt werden und frischer Brennstoff zum Rost nachrutscht. Das Thermoelement gibt auf den Zweipunktregler einen Mischimpuls aus der Roststrahlung und der Kühlwirkung der an ihm vorbeistreichenden Verbrennungsluft. Da der Durchsatz der Verbrennungsluft lastabhängig ist, wird erreicht, daß auch der Rostschürvorgang lastabhängig erfolgt. Es werden so Lastwechsel auch von der Feuerungsseite her schnell aufgefangen. Bei Warmwasserkesseln hat es sich als zweckmäßig erwiesen, die Vergleichsstelle des Thermoelementes zusätzlich der Temperatur des Rostkühlwassers nach Verlassen des Rostes auszusetzen.

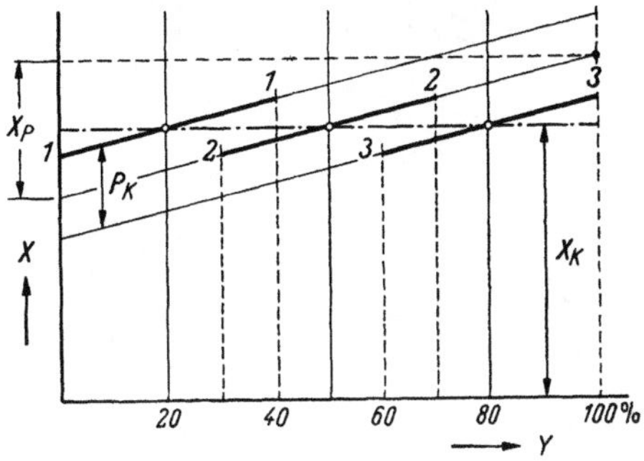

X Regelgröße
Y Stellgröße
X_P Proportionalbereich
X_k Sollwert
P_k-P-Korrektur:
1–1 Schwache Last
2–2 Mittlere Last
3–3 Starke Last

Bild 4. Verschiebung des P-Bereichs bei der Schaltung in Bild 3

Die Automatisierung der Rostschürung kann auch vom Zeitintegral der Kesselleistung abhängig gemacht werden, derart, daß jedesmal nach Erreichen eines bestimmten Wertes von Kesselleistung mal Zeit der Schürvorgang ausgelöst wird (*Bild* 5). Da die Luftklappenstellung der Kesselleistung verhältnisgleich ist, kann über das Stellungspotentiometer (*1*) des Klappenstellantriebes (*2*) ein Integrationsmotor (*3*) betrieben werden, der nach einer wählbaren Anzahl von Umdrehungen den Einschaltkontakt (*4*) für die Rostschürvorrichtung betätigt.

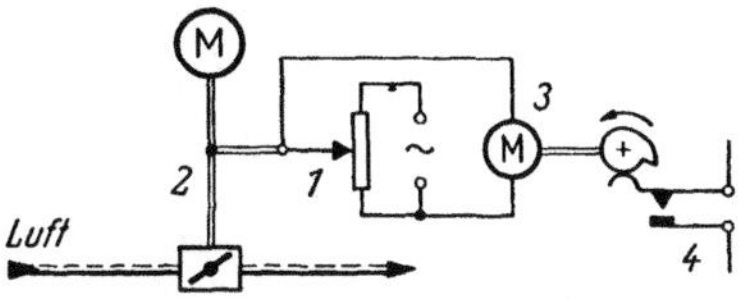

1 Klappenstellungspotentiometer
2 Stellantrieb
3 Integrationsmotor
4 Einschaltkontakt für Schürvorrichtung

Bild 5. Steuerung der Rostschürung, abhängig vom Leistungsintegral

3. Heizungskessel für Öl- und Gasfeuerung

Für öl- und gasgefeuerte Großkessel in Heizwerken liegen hinsichtlich der Regelung die gleichen Verhältnisse wie bei Kraftwerkskesseln vor. Für reine Heizungskessel, also Kessel relativ geringer Wärmeleistung, herrscht die Zweipunkt- und die Dreipunktregelung vor, mit den Schaltstufen „Vollast“–„Aus“ und „Vollast“–„Kleinlast“–„Aus“. Als Regler werden vorzugsweise Stabregler im Vorlauf oder Raumtemperaturregler (*Bild* 6) verwendet. Eine mit Flüssigkeit gefüllte Dose (*1*) dient als Temperaturfühler und betätigt einen Springfederschalter (*2*) für 500 VA Schaltleistung. Der Zweipunktregelbetrieb wird durch eine thermische Rückführung (*3*) erheblich verbessert.

Bei der „Vollast“–„Aus“-Regelung wirkt der Regler unmittelbar auf die Ölbrennerkombination, die auch die selbsttätige Zündüberwachung enthält; sowohl bei Regelung auf konstante Wasservorlauftemperatur als auch bei Regelung der

Wasservorlauftemperatur nach den Forderungen eines Raumreglers ist noch ein Sicherheitsregler nachgeschaltet, um auf alle Fälle etwaige Überhitzung und Dampfbildung zu vermeiden.

1 Meßdose *2* Springfederschalter *3* Thermische Rückführung *4* Sollwertsteller

Bild 6. Raumtemperaturregler

Die „Vollast"–„Kleinlast"–„Aus"-Regelungsweise läßt sich mit Zweipunktreglern noch verhältnismäßig einfach mit Magnetventilen durchführen, sofern nur die Brennstoffkomponente allein gesteuert wird. Soll zusätzlich noch die Luft anteilmäßig mit verstellt werden, so ist es zweckvoller, die regelungstechnisch unbestreitbar vorteilhaftere stetige Regelung (s. *Bild* 3) einzusetzen. Diese Regelung ist in ihrem Aufbau besonders einfach, wenn Brenner verwendet werden, bei denen mit der Brennstoffänderung gleichzeitig die Luft mit verstellt wird (*Bild* 7). Es sind ölgefeuerte Heizungsdampfkessel im Betrieb, bei denen ein stetiger Regler (Bildmitte) über einen gemeinsamen Stellantrieb auf zwei Verbundbrenner wirkt.

Bild 7. Druckregler an einem ölgefeuerten Heizungskessel, bei dem ein gemeinsames Stellgetriebe zwei Verbundbrenner antreibt

C. Regelung von Fernheizanlagen

Fernheizanlagen werden fast ausschließlich in Verbund mit elektrischer Energieerzeugung betrieben. Der in den Kesseln des Fernheizkraftwerkes erzeugte

Hochdruckdampf leistet in Gegendruckturbinen oder Kondensationsturbinen mit Anzapfung Arbeit, bevor er als niedergespannter Heizdampf oder in Form von Heißwasser dem Versorgungsnetz zugeführt wird.

1. Ferndampfversorgung

Es liegt in der Natur von Heizungsanlagen, daß die Energieanforderung starken jahres- und tageszeitlich bedingten Schwankungen unterworfen ist. Da der Dampf in der Gegend des Verbraucherschwerpunkts zweckmäßigerweise möglichst konstanten Druck haben soll, ist der Dampfdruck im Lieferwerk belastungsabhängig einzustellen bzw. zu regeln. Bei reinem Gegendruckbetrieb (*Bild* 8) wirkt der Druckregler (*1*), dessen Meßfühler im Schwerpunkt des Verbrauchernetzes ist, auf die Sollwertverstellung des Drehzahlreglers (*2*) der Gegendruckturbine (*3*). In ausgedehnten Netzen, bei denen Anlauf- und Totzeit der Druckregelstrecke groß sind, ist es zweckmäßig, die jeweilige Dampfstromänderung (*4*) als Störgröße dem Druckregler aufzuschalten.

Bei Turbinenstillstand wird der Ferndampf unmittelbar aus dem Hochdruckkessel (*5*) über eine Druckreduzierstation (*6*) geliefert, auf die der Druckregler (*1*) umschaltbar ist. Ist damit zu rechnen, daß die Dampfanforderung größer wird, als es der Gegendruckbetrieb der Turbine zuläßt, so können nach Aussteuerung der Gegendruckturbine die Druckregelsignale in Folgeschaltung von der Turbine an die Reduzieranlage weitergeleitet werden. Die für Gegendruckbetrieb geltenden Gesichtspunkte sind auch auf Anzapfbetrieb übertragbar.

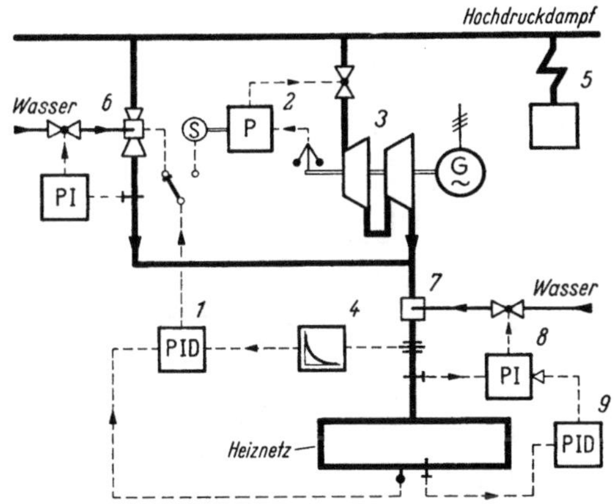

1 Druckregler
2 Drehzahlregler
3 Gegendruckturbine
4 Geber für Dampfstromänderung
5 Hochdruckkessel
6 Druckreduzierstation
7 Dampfkühler
8 Temperaturregler (Folgeregler)
9 Temperaturregler (Führungsregler)

Bild 8. Druck- und Temperaturregelung einer Ferndampfversorgung

Außer der Druckregelung ist auch die Dampftemperaturregelung bei Ferndampfanlagen wichtig. Man muß den Dampf, um Kondensation im Fernheiznetz weitgehend zu vermeiden, den Verbrauchern mit einer Temperatur zuliefern, die einige Grad über der Sattdampftemperatur liegt. Da sowohl der Turbinenabdampf als auch der reduzierte Frischdampf höhere Temperaturen aufweisen, kann durch Kühlung geregelt werden. Der reduzierte Frischdampf wird auf eine Festworttemperatur hinter der Reduzierstation geregelt; dem Dampfumformventil der Druckreduzierstation (*6*) wird Kühlwasser im Drosselquerschnitt eingespritzt.

Für die Temperaturregelung des in das Netz gehenden Dampfes befindet sich der Kühler (*7*) hinter der Vereinigung der Dampfströme von Reduzierstation und Turbine. Infolge der großen und belastungsabhängigen Tot- und Anlaufzeit dieser

Regelstrecke empfiehlt es sich im Interesse einer möglichst pendelfreien Regelung, die Dampftemperatur kurz hinter der Einspritzung durch einen Regler (*8*) auf einen Sollwert zu regeln, der nach Maßgabe der Temperatur am Verbraucherschwerpunkt durch einen zweiten Regler (*9*) eingestellt wird.

2. Fernheißwasserversorgung

Das mit konstanter oder variabler Umlaufgeschwindigkeit im Kreislauf Fernheizwerk–Wärmeverbraucher zirkulierende Wasser wird im Fernheizwerk mit Turbinenabdampf in Heizkondensatoren und Wärmeaustauschern auf die erforderliche Vorlauftemperatur aufgeheizt. Die Vorlauftemperatur wird entweder konstant gehalten oder abhängig von der Außentemperatur gefahren. Verschiedentlich ist das Warmwasserversorgungsnetz als Doppelnetz ausgeführt, wobei ein Netz mit konstanter Temperatur betrieben wird, vorzugsweise für die Versorgung von Warmwassererzeugern, während das zweite mit gleitender Vorlauftemperatur betriebene Netz dem reinen Heizbetrieb dient.

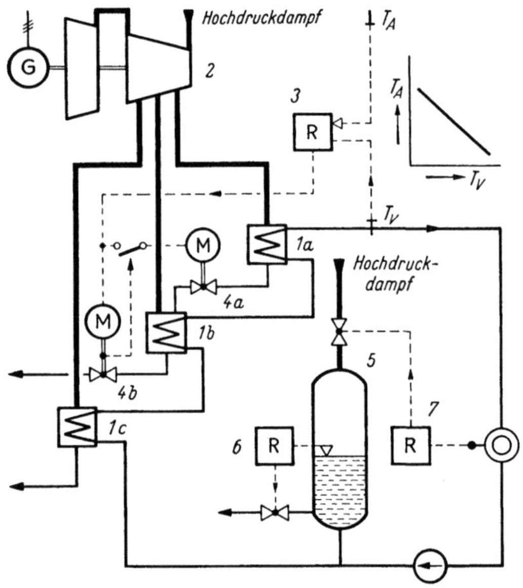

1 Wärmeaustauscher (*a* bis *c*)
2 Entnahmekondensationsturbine
3 Vorlauftemperaturregler
4 Regelventile (*a* und *b*)
5 Wasserausgleichsgefäß
6 Standregler
7 Druckregler

Bild 9. Regelung einer Warmwasserfernheizung

Bei einer Warmwasserfernheizung (*Bild* 9) soll die Vorlauftemperatur T_V abhängig von der Außentemperatur T_A eingestellt werden. Als Heizmittel für die drei Wärmeaustauscher (*1a, 1b, 1c*) dient Entnahmedampf aus drei Stufen einer Entnahmekondensationsturbine (*2*). Der Wärmeaustauscher (*1c*) ist so bemessen, daß er auch bei der geringsten Wärmeentnahme des Netzes voll ausgenutzt werden kann, so daß es keiner besonderen Regelung bedarf. Die Vorlauftemperaturregelung erstreckt sich auf die Energiezufuhr zu den Wärmeaustauschern (*1a*) und (*1b*), wobei der Wärmeaustauscher (*1a*) nur zu den Zeiten erhöhten Wärmebedarfs eingeschaltet ist. Eingangsgröße für die Temperaturregelung ist die Vorlauftemperatur T_V hinter dem Wärmeaustauscher (*1a*), die im Regler (*3*) mit der Außentemperatur T_A als Führungsgröße verglichen wird. Bei Regelabweichungen gehen die Stellsignale auf die in den Kondensatableitungen der Wärmeaustauscher (*1a*) und (*1b*) angeordneten Regelventile (*4a, 4b*). Solange der Wärmeaustauscher (*1b*) allein in der Lage ist, die erforderliche Energie zu decken, gehen die Stellsignale nur auf das Regelventil (*4b*). Nach voller Auslastung des Wärmeaustauschers (*1b*), also nach Vollöffnung des Regelventils (*4b*), werden die Stellsignale über den

Endlagenschalter des Regelventils (*4b*) in Folgeschaltung auf das Regelventil (*4a*) des Wärmeaustauschers (*1a*) weitergeleitet.

Um dem mit den wechselnden Wassertemperaturen schwankenden Wasservolumen Rechnung zu tragen und um einen bestimmten Netzdruck zu halten, wird der Wasserstand im Wasserausgleichsgefäß (*5*) durch den Standregler (*6*) überwacht und der Dampfpolsterdruck nach Maßgabe des Netzdruckes mit dem Druckregler (*7*) beeinflußt.

3. Leistungsbegrenzung und Rücklauftemperaturregelung

Die Leistungsfähigkeit der Fernheizwerke ist grundsätzlich begrenzt; es sind also Maßnahmen zur Begrenzung der Wärmeentnahme durch die Verbraucher nötig. Diese Maßnahmen sind entweder tariflicher Art, indem überhöhter Wärmebezug zu erhöhten Bezugskosten führt, oder es wird selbsttätig ein Überschreiten des zugestandenen maximalen Wärmebezugs verhindert. Bei Warmwasser-Fernheizungsanlagen ist es ferner notwendig, die Rücklauftemperatur in ein bestimmtes Verhältnis zur Vorlauftemperatur zu bringen, was bei Großabnehmern zusätzliche Regeleinrichtungen erfordert.

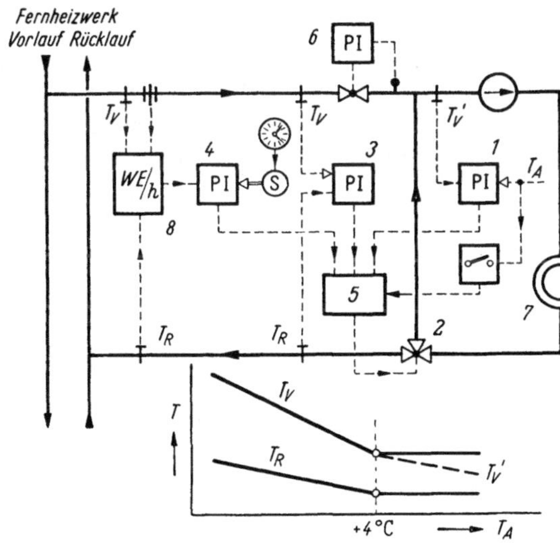

1 Vorlauftemperaturregler
2 Dreiwegemischventil
3 Rücklauftemperaturregler
4 Leistungsbegrenzungsregler
5 Relaisschaltung
6 Vorlaufdruckregler
7 Verbraucher
8 Wärmeleistungsmesser

Bild 10. Fernheizung eines Industriewerkes mit Regelung der Spitzenleistung, der Temperaturdifferenz und der Vorlauftemperatur

Durch eine Meß- und Regelanlage sollen bei Großabnehmern die Wärmeleistungsspitzen tariflich begrenzt und bestimmte Rücklauftemperaturen eingehalten werden (*Bild* 10). Bei Außentemperaturen unter +4 °C liefert das Fernheizwerk das Heizungswasser mit gleitender Vorlauftemperatur T_V, bei höheren Außentemperaturen bleibt die Vorlauftemperatur auf 70 °C konstant, und es obliegt dem Verbraucher, den weiteren Gleittemperaturbetrieb mit eigenen Mitteln zu verwirklichen. Hierzu wird bei +4 °C der Regler (*1*) eingeschaltet mit der Vorlauftemperatur T_V' als Regelgröße und der Außentemperatur T_A als Führungsgröße. Stellglied ist ein Dreiwegemischventil (*2*), das kaltes Rücklaufwasser dem Vorlauf beimischt. Der Regler (*3*) hat die Aufgabe, die Wasserrücklauftemperatur T_R zu regeln gemäß dem festgelegten Zuordnungsverhältnis zur Vorlauftemperatur. Stellglied ist für diesen Regler ebenfalls das Dreiwegemischventil (*2*). Der Regler (*4*) dient der Spitzenbegrenzung. Der Sollwert für die Spitzenbegrenzungsregelung ist für die verschiedenen Tageszeiten verschieden und wird zeitgesteuert dem Regler (*4*) aufgegeben. Er wird mit dem Istwert der Wärmeleistung (WE/h) verglichen, der durch das Produkt aus Wasserstrom und Differenz zwischen Vor- und Rücklauftemperatur gebildet ist. Bei Spitzenüberschreitungen veranlaßt der Regler (*4*), daß über das Dreiwegemischventil Rücklaufwasser dem Vorlauf beigemischt und damit der Zufluß von Heizungsenergie verkleinert wird. Durch die Relaisschaltung (*5*) hat der Leistungsbegrenzungsregler (*4*) wirkungsmäßig den Vorrang vor dem Rücklauftemperaturregler (*3*), und dieser hat den Vorrang vor dem Vorlauftemperaturregler (*1*).

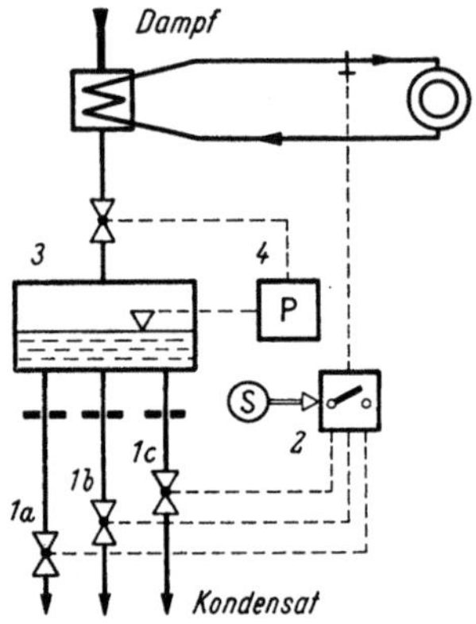

1 Kondensatablaßventile (*a* bis *c*)
2 Temperaturregler
3 Sammelbehälter
4 Standregler

Bild 11. Leistungsbegrenzung nach PRINKE

Entsprechend den wechselnden Wärmebedarfsanforderungen schwankt die vom Heizwerk dem Verbraucher zufließende Wassermenge, und damit ergeben sich auch entsprechende Druckänderungen. An der Übergabestelle ist deshalb noch eine Druckregeleinrichtung (*6*) vorgesehen, die den Druck beim Verbraucher, unabhängig von den allgemeinen Netzdruckverhältnissen, konstant hält.

Als Beispiel für eine feste Leistungsbegrenzung sei der Leistungsbegrenzer nach PRINKE erwähnt (*Bild* 11). Der im Vorlauf des Verbrauchernetzes befindliche Temperaturregler (*2*) öffnet entsprechend dem Wärmeverbrauch die Kondensatablaßventile (*1 a, b, c*). Die Kondensatablaßrohre sind düsenkalibriert, so daß bei konstant gehaltenem Kondensatspiegel im Kondensatsammler (*3*) die maximal abgehende Kondensatmenge bei Einschaltung aller drei Ablaßventile gegeben ist. Der Kondensatspiegel wird mit Hilfe eines Standreglers (*4*), der auf das Kondensatventil des Wärmeaustauschers wirkt, gehalten und damit indirekt die Dampfzufuhr auf den Maximalwert begrenzt, der durch die größtmögliche Kondensatabfuhr über die Düsenrohre gegeben ist.

D. Regelung von Wärmeumformern

Wird einer Warmwasserheizanlage die Wärmeenergie in Form von Dampf zugeführt, so ist eine Umformung in Warmwasser entweder in Kaskadenumformern oder in Wärmeaustauschern notwendig. In gleicher Weise kann es erforderlich sein, einen Wärmeumformer auch bei Heißwasserversorgung einzuschalten, wenn die Heizungsanlage nicht dem Netzdruck des Versorgungsnetzes ausgesetzt werden darf oder das Heißwasser in Dampf umgeformt werden muß.

1. Kaskadenumformer

Bei Kaskadenumformern (*Bild* 12) sind Dampfkondensatkreislauf und Heißwasserkreislauf unmittelbar miteinander gekoppelt. Die Wasserausgangstemperatur aus dem Kaskadenumformer (*6*) entspricht der Sattdampftemperatur des speisenden Dampfes. Um eindeutige Druckverhältnisse im Heizkreis aufrechtzuerhalten, ist ein Dampfdruckregler (*1*) vorgesehen. Dient die Heizungsanlage zur Versorgung eines Industriebetriebes, bei dem im Sommer und nachts der Energiebedarf auf Kleinstwerte (praktisch nur zur Aufrechterhaltung des Polsterdampfes in der Kaskade) absinken kann, dann empfiehlt es sich, die Dampfdruckregeleinrichtung mit zwei Regelventilen (*2*, *3*) auszurüsten. Das eine ist für den Schwachlastbetrieb und das andere für den Normalbetrieb dimensioniert, ähnlich wie man auch den Dampfstrom mit sogenannten Winter- und Sommerblenden mißt. Entsprechend dem Wärmeverbrauch ist der Dampfbedarf und der Kondensatanfall verschieden, was zur Niveauregelung in der Kaskade zwingt. Es genügt hierfür ein P-Regler (*4*), der auf das Kondensatablaßventil (*5*) wirkt. Die der Sattdampftemperatur entsprechende Warmwasser-Ausgangstemperatur ist im allgemeinen zu hoch, da der Dampfdruck nicht nur nach den Erfordernissen der Wassertemperatur festgelegt werden kann. Zur Regelung der Kaskade gehört deshalb noch ein Temperaturregler (*7*), der dem Vorlauf kälteres Rücklaufwasser beimischt.

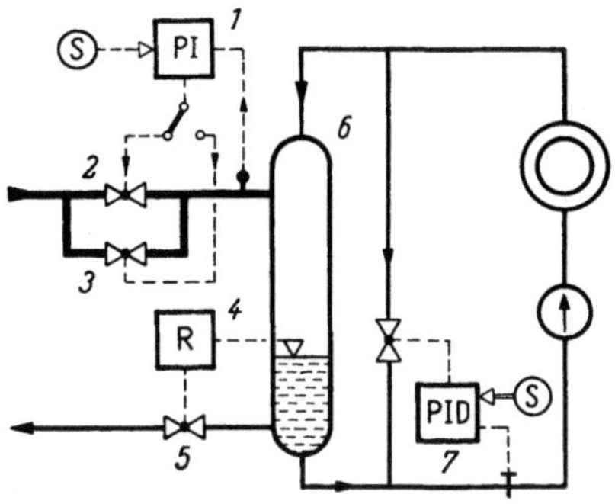

1 Dampfdruckregler
2 Regelventil für Schwachlastbetrieb
3 Regelventil für Normallastbetrieb
4 Standregler
5 Kondensatablaßventil
6 Kaskadenumformer
7 Vorlauftemperaturregler

Bild 12. Regelungen an einem Kaskadenumformer

2. Wärmeaustauscher

Die Regelung der verschiedenen Wärmeaustauschertypen (*Bild* 13a bis d) hat die Aufgabe, den sekundären Ausgang des Wärmeumformers druck- oder temperaturkonstant zu halten bzw. temperaturgleitend zu betreiben. Bei den dampfbeheizten Wärmeaustauschern ist fallweise zu entscheiden, ob das Regelventil dampfseitig

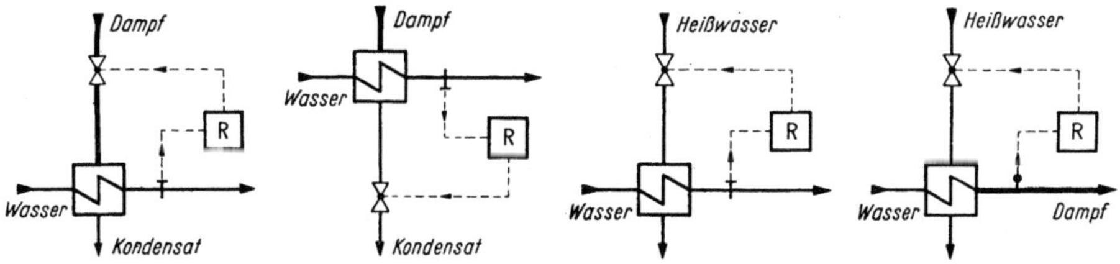

a) Regelventil dampfseitig
b) Regelventil kondensatseitig
c) Regelventil im Heißwasser (Temperaturregelung)
d) Regelventil im Heißwasser (Druckregelung)

Bild 13. Regelung von Wärmeaustauschern

oder kondensatseitig anzuordnen ist. Die dampfseitige Anordnung (*Bild* 13a) des Regelventils wird vorzugsweise bei liegenden Wärmeaustauschern mit horizontaler Wasserrohrführung vorgesehen, wo erhöhte Gefahr von Dampfwasserschlägen besteht. Die regelungstechnisch günstigere kondensatseitige Regelventilanordnung (*Bild* 13b) mit Kondensatstau im Wärmeaustauscher und demzufolge variabler, wirksamer Heizfläche ist bei den meisten stehenden und bei liegenden Wärmeaustauschern mit stetig steigender Rohrführung anwendbar. Beim kondensatseitigen Regelventil ist auf sorgfältige Dimensionierung besonderer Wert zu legen.

Für die Wärmeaustauscher mit Heißwasser im Primärkreis ist es an sich gleichgültig, ob das Regelventil vor oder nach dem Wärmeaustauscher angeordnet wird. Die Anordnung vor dem Wärmeaustauscher (*Bild* 13c) hat den Vorzug, daß dieser druckmäßig nicht dauernd voll beansprucht ist; jedoch muß dabei sichergestellt sein, daß sich infolge der Druckminderung im Wärmeaustauscher keine unerwünschte Dampfbildung ergibt. Soll schließlich der Wärmeaustauscher Dampf liefern (*Bild* 13d), so wird der Sattdampfdruck über die Heißwasserzufuhr geregelt.

E. Regelung für Räume

1. Raumtemperaturregelung

Das Regeln von Raumtemperaturen ist verhältnismäßig schwierig, da die Regelstrecken ein ziemlich ungünstiges Zeitverhalten haben und auf sie eine Reihe von Störgrößen einwirkt, z. B. verschieden große Anzahl der in den Räumen befindlichen Personen, wechselnde Außentemperatur, verschiedene Windbeaufschlagung, Sonneneinstrahlung usw. Eine zusätzliche Schwierigkeit liegt darin, daß wenigstens beim Regeln der Temperatur von Einzelräumen der Kostenaufwand für die Regelgeräte sehr klein gehalten werden soll.

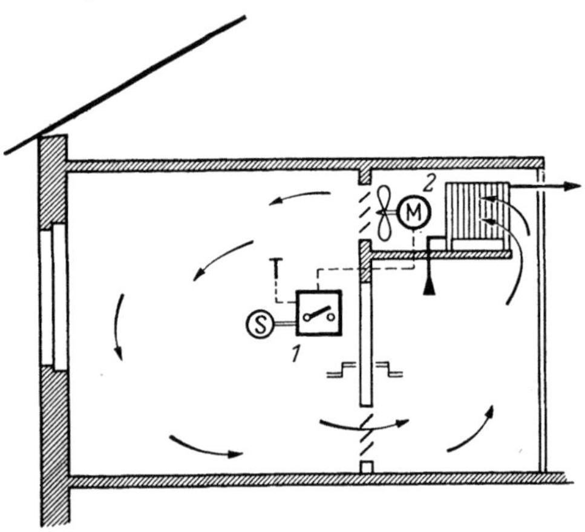

1 Raumtemperaturregler *2* Heizregister

Bild 14. Regelung einer DOMOTHERM-Heizung

Für die *Temperaturregelung einzelner Räume* mit Radiatoren, Konvektoren oder Strahlungsheizflächen als Heizkörper werden zum Teil Regler ohne Hilfsenergie verwendet. Meßgeber ist dabei ein Flüssigkeits- oder Dampfspannungsthermometer, das unmittelbar das als Membranventil ausgeführte Regelventil des Heizkörpers betätigt. Diese Regler sind P-Regler mit verhältnismäßig großem P-Bereich. Bei Konvektorheizungen wirkt der Regler entweder auf das Heizungsventil oder auf die Strömungsklappe des Konvektors. Zum Teil werden auch elektrische Zweipunktregler verwendet, die auf Magnetventile, Magnetstellwerke oder Motorstellwerke arbeiten. Zweipunktregler sind auch bei Heizungen vom Typ der DOMOTHERM-Heizung (*Bild* 14) eingesetzt. Hier schaltet der Regler den Motor des Heizungslüfters.

Bei *größeren und mittleren Heizungsanlagen* mit Warmwasser als Heizmittel wird die Raumtemperatur im allgemeinen indirekt geregelt, indem nicht jeder Raum für sich geregelt wird, sondern indem man Heizungsbedingungen schafft, die für alle Räume gemeinsam gelten. Man geht dabei von der Voraussetzung aus, daß Temperaturänderungen der Räume auf Störungen des Energiegleichgewichtes zwischen zugeführter und abgeführter Wärme beruhen. Diese Gleichgewichtsstörungen sind vorzugsweise außenklimatisch bedingt, also durch die Änderung der Außentemperatur, der Windbeeinflussung und der Sonneneinstrahlung. Ändert man die Wärmezufuhr diesen Außenbedingungen entsprechend, so bleibt das Energiegleichgewicht aufrechterhalten, und es liegt kein Grund für eine größere Änderung der Raumtemperatur mehr vor. Die Aufgabe des Reglers besteht also zunächst darin, bei absinkender Außentemperatur die Warmwasservorlauftemperatur entsprechend zu erhöhen (*Bild* 15). Diese Zuordnungskurve wird je nach dem vorliegenden Heizungs-

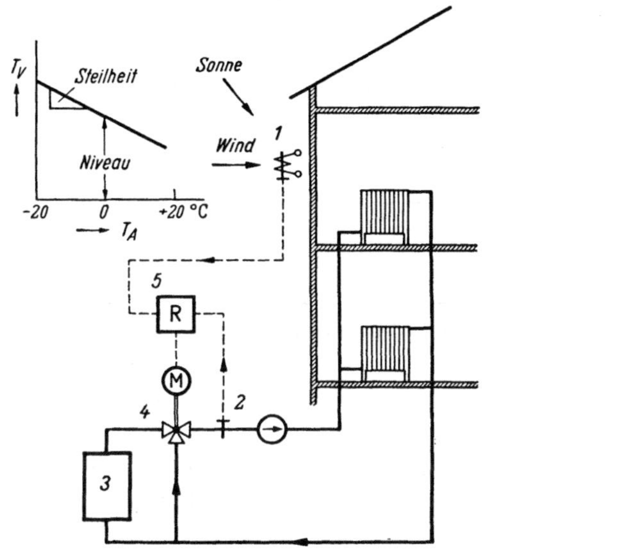

1 Außenthermometer, beheizt
2 Vorlauftemperatur
3 Kessel
4 Mischventil
5 Temperaturregler
T_V Vorlauftemperatur
T_A Außentemperatur

Bild 15. Raumheizung durch Vorlauftemperaturregelung nach der Außentemperatur

system und dem Isolationswert der Mauern sowohl in ihrem Niveau (das ist die Vorlauftemperatur bei 0 °C Außentemperatur) als auch hinsichtlich ihrer Steilheit $\Delta T_V/\Delta T_A$ verschieden liegen müssen. Im Regler (*Bild* 16) läßt sich die bei jedem Anwendungsfall arteigene Zuordnung durch zwei, mit „Niveau" und „Steilheit" beschriftete Drehknöpfe leicht einstellen. Die Meßschaltung dieses Reglers (*Bild* 17) besteht aus einer Führungsbrücke, in die das Außenthermometer (*1*) einwirkt. In die Führungsbrücke kann auch noch ein Raumthermometer (*2*) als Korrekturgröße mit einbezogen werden, wenn ein geeigneter Testraum zur Verfügung steht. In der Regelbrücke befindet sich das Thermometer (*3*) für die Vorlauftemperatur. Die Diagonalströme der Führungsbrücke und der Regelbrücke fließen durch die beiden Steuerwicklungen eines Magnetverstärkerreglers mit motorischem Stellantrieb.

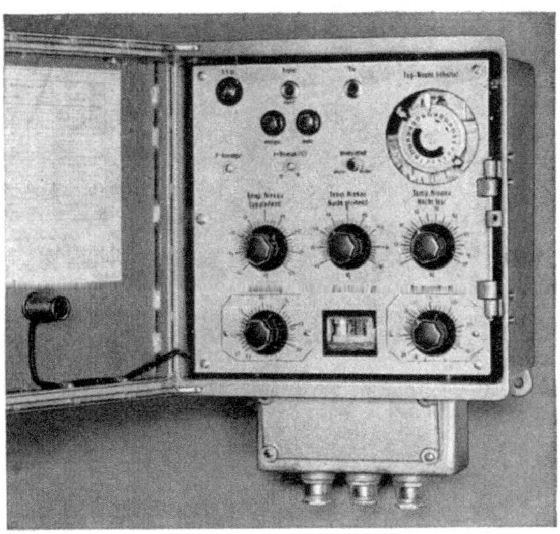

Bild 16. Heizungsregler für gleitende Vorlauftemperatur

Der Regelvorgang wird stabilisiert, indem ein mit dem Stellglied verbundenes Potentiometer (*4*) die Rückführbrücke beeinflußt.

Die Regelung der Vorlauftemperatur nach Maßgabe der Außentemperatur gewährleistet erst dann konstante Raumtemperatur, wenn Windeinfluß und

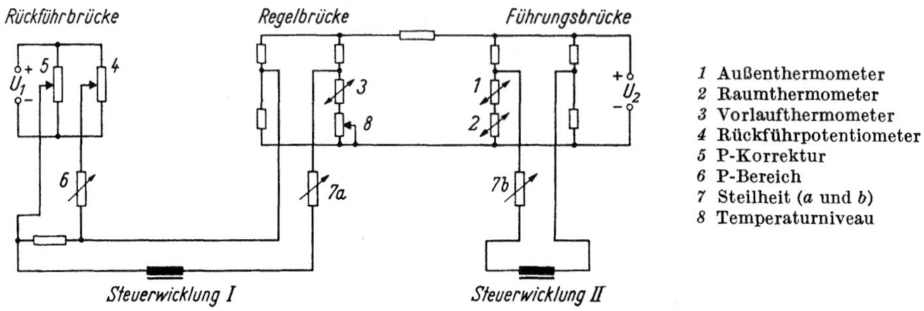

Bild 17. Meßschaltung des Heizungsreglers Bild 16

Sonneneinwirkung berücksichtigt werden. Um diese Störgrößen zu erfassen, beheizt man das Außenthermometer (*Bild* 18) elektrisch. Die Wärmeisolation ist auf das Zeitverhalten des zu beheizenden Gebäudes abgestimmt. Bei Windstille hat infolge der Beheizung das Außenthermometer eine höhere Temperatur, als es der tatsächlichen Außentemperatur entspricht, so daß über den Regler eine tiefere Vorlauftemperatur eingeregelt wird. Mit zunehmender Windstärke wird die Heizungsauswirkung auf das Thermometer geringer, so daß das Thermometer in seinem Meßwert sinkt und gegenüber Windstille eine erhöhte Vorlauftemperatur einstellt; damit ist der Einfluß des Windes auf die Gebäudeheizung kompensiert. Die Schutzkappe über dem Außenthermometer absorbiert die Sonnenstrahlung und erwärmt das Thermometer, so daß die Wasservorlauftemperatur reduziert wird. Aus wirtschaftlichen Gründen will man nachts und über das Wochenende schwächer heizen. Hierzu ist eine elektrische Schaltuhr vorgesehen, die auf verminderten Heizbetrieb mit ebenfalls gleitender oder konstanter Vorlauftemperatur selbsttätig umschaltet. Der Regler arbeitet, je nach dem Aufbau der Heizungsanlage, auf den Heizungskessel unmittelbar, auf das Regelventil eines Wärmeaustauschers oder auf ein Dreiwegeventil, mit dem kaltes Rücklaufwasser dem Vorlauf zugemischt wird.

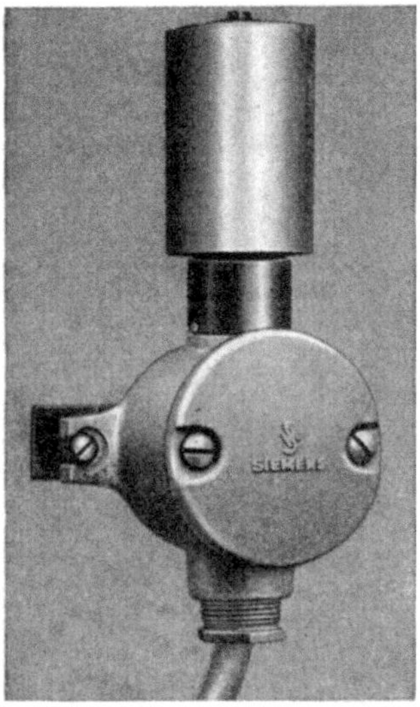

Bild 18. Beheiztes Außenthermometer

2. Regelung von Klima und Lüftung

Lüftungsanlagen unterscheiden sich von den Klimaanlagen im wesentlichen dadurch, daß die den Räumen zugeführte Luft nur thermisch behandelt wird, während Klimaanlagen die Luft auch hinsichtlich des Feuchtezustandes aufbereiten. Heizungsmäßig sind Lüftungs- und Klimaanlagen reine Luftheizungen mit mehrfachem Luftwechsel je Stunde. Um in den behandelten Räumen die gewünschte Solltemperatur einzuhalten, muß je nach Personenbelegung und sonstigen im Raum befindlichen Wärmequellen, oder wegen der außenklimatischen Einflüsse, die Luft den Räumen mit tieferer oder höherer Temperatur zugeführt werden. Wenn auch die Zulufttemperatur durch die Regelung auf untere und obere Werte begrenzt wird, so ergeben sich doch häufig Unzuträglichkeiten, insbesondere bei Zufuhr von Kaltluft, wenn diese schlecht verteilt oder nicht genügend gemischt wird. Die hierbei auftretende Zugluft wird als unbehaglich empfunden und vielfach unberechtigterweise den Reglern zur Last gelegt.

Erhöhte Ansprüche solcher Art treten bei der Klimaregelung eines Theatersaales (*Bild* 19) auf, in dem die Temperatur und die Feuchte konstant gehalten

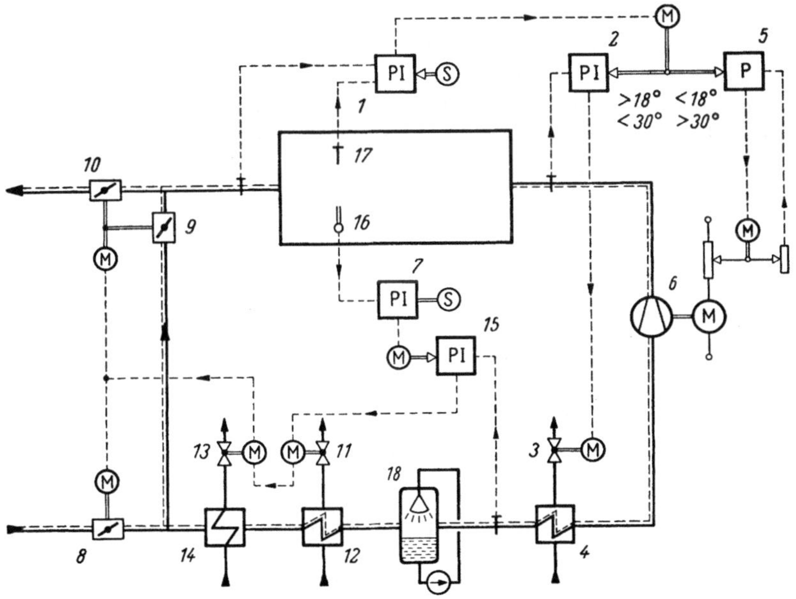

1 Raumtemperaturregler
2 Zulufttemperaturregler
3 Regelventil
4 Nacherhitzer
5 Drehzahlregler
6 Umluftventilator
7 Feuchteregler
8 Frischluftklappe
9 Umluftklappe
10 Abluftklappe
11 Regelventil
12 Luftvorwärmer
13 Regelventil
14 Luftkühler
15 Taupunkt-Temperaturregler
16 Feuchtefühler
17 Raumthermometer
18 Luftbefeuchter

Bild 19. Temperatur- und Feuchteregelung eines Theatersaals

werden sollen. Aus Gründen der Behaglichkeit wird gefordert, daß die Zulufttemperatur nicht unter +18 °C absinkt und +30 °C nicht überschreitet. Maßgebend für die Temperaturregelung ist an sich die Raumtemperatur; es empfiehlt sich jedoch, als Eingangsgröße des Reglers (*1*) einen Mischwert aus der Raumtemperatur und der Ablufttemperatur zu bilden. Bei Regelabweichungen verstellt der Regler (*1*) den Sollwert für den Zulufttemperaturregler (*2*) mit einer dem Zeitverhalten der Regelstrecke angepaßten Geschwindigkeit. Der Sollwertsteller hat die Aufgabengrenzwerte +18 °C und +30 °C, so daß die Zulufttemperatur auf jeden Fall innerhalb dieser Grenzen bleibt. Der Zulufttemperaturregler (*2*) wirkt auf das Regelventil (*3*) des dampf- oder warmwasserbeheizten Nacherhitzers (*4*). Sollte infolge der vorgesehenen Zuluft-Temperaturbegrenzung nach Erreichen dieser Grenze das Einhalten der gewünschten Raumtemperatur nicht möglich sein, dann erhöht ein weiterer Regler (*5*) die Drehzahl des Umlaufventilators (*6*), so daß durch häufigeren Luftwechsel die Kühlung bzw. Heizung gesteigert wird.

Im Taupunktapparat des Klimagerätes wird die Luft durch den Regler (*15*) bei gleichzeitiger voller Feuchtigkeitsaufsättigung auf eine bestimmte Taupunkttemperatur gebracht. Der Zusammenhang zwischen der Taupunkttemperatur und der relativen Feuchte der Luft nach der Erhitzung auf den Zulufttemperaturwert ist durch das Mollier-Diagramm für feuchte Luft gegeben. Bei konstanter Taupunkttemperatur würde sich mit steigender Zulufttemperatur zum klimatisierten Raum die relative Feuchte der Zuluft verringern. Im allgemeinen kann man sich mit diesem temperaturabhängigen Gleiten der relativen Feuchte zufriedengeben, da der Behaglichkeitsbereich einen verhältnismäßig breiten Spielraum der relativen Feuchte zuläßt. Bei der Klimaregelung von Räumen, in denen sich eine größere Anzahl feuchtigkeitsabgebender Personen befindet, und in Fertigungsstätten, in denen aus fabrikatorischen Gründen die Luftfeuchte konstant sein soll, wird eine direkte Feuchteregelung vorgesehen. Der Feuchteregler (*7*) erhält seine Istwerteingangsgröße von einem im Raum oder im Abluftkanal befindlichen Feuchtemesser. Damit eine konstante Luftfeuchte aufrechterhalten werden kann, gibt der Feuchteregler mit Hilfe eines motorischen Sollwertstellers, dem Taupunkttemperaturregler (*15*) den nötigen Sollwert vor. Der Regler (*15*) wirkt in Folgeschaltung auf das Ventil (*11*) des Vorwärmers (*12*), das Ventil (*13*) des Kühlers (*14*) sowie gegebenenfalls auf die Stellantriebe der Frischluft- (*8*), der Umluft- (*9*) und der Abluftklappe (*10*). Bei der Reihenfolge der Folgeschaltung für die Klappen für Frischluft, Abluft und Umluft ist den unterschiedlichen Verhältnissen im Sommer- und Winterbetrieb Rechnung zu tragen.

F. Wahl und Aufbau der Regeleinrichtungen

Die Meßfühler von Regelanlagen der Heizungs- und Lüftungstechnik sollen Änderungen der Istwerte mit möglichst geringer Verzögerung erfassen und den Reglern signalisieren. Ausgenommen von dieser Forderung sind lediglich die beheizten Außenthermometer für die außentemperaturabhängig gleitende Vorlauftemperaturregelung, die als eine Art thermisches Abbild in ihrem Zeitverhalten dem zu beheizenden Gebäude anzupassen sind. Die Forderung, insbesondere Temperaturen schnell zu erfassen, wird seitens der Reglerhersteller bereits bei der Konstruktion der Fühler berücksichtigt; vielfach wird aber durch ungünstigen Einbau die Anzeige stark verzögert. Aus innenarchitektonischen Gründen geäußerte Wünsche, z.B. bei Raum- und Klimaregelungen die Thermometer an unauffälligen Stellen anzuordnen, sie möglichst unter Wandbespannungen oder hinter Holzverschalungen zu verstecken, widersprechen den Grundsätzen der Regelungstechnik und sind auf jeden Fall abzulehnen. Die Temperatur- und Feuchtefühler sind an solchen Stellen einzubauen, an denen die mittlere Raumtemperatur mit größter Wahrscheinlichkeit auftritt und an denen keine zusätzliche Erwärmung durch Strahlung oder Konvektion von Heizkörpern her zu erwarten ist (s. *Bild* 20). Auch muß man auf Sonnenstrahlung und Zugerscheinungen durch Türen und Fenster achten. Für die in den Räumen unmittelbar angeord-

Bild 20. Anordnung der Temperatur- und Feuchtefühler in einem klimatisierten Fertigungsraum

neten Raumregler gilt das gleiche; zweckmäßigerweise werden die Regler verhältnismäßig hoch angeordnet, damit unbeabsichtigte Sollwertverstellungen vermieden werden.

Die Stellglieder müssen richtig bemessen sein, damit die Regelanlage einwandfrei arbeiten kann, eine Forderung, gegen die vorzugsweise bei der Wahl der Regelventile oft verstoßen wird. Nur in den seltensten Fällen können bei Heizungs- und Lüftungsanlagen die Regelventile in der Größe der Rohrleitung ausgelegt werden. Eine Faustregel empfiehlt, die Regelventile stets eine Nennweitenstufe kleiner als die Rohrnennweite zu wählen. Es ist aber zweckmäßiger, auf Grund der Durchflußverhältnisse und der minimal zur Verfügung stehenden Druckdifferenz die erforderlichen Regelventilgrößen exakt zu bestimmen. Zur einwandfreien Dimensionierung der Regelventile gehört natürlich auch, daß die erforderlichen

Angaben über Durchfluß und Druckdifferenz so exakt wie möglich und ohne Einrechnung besonderer Sicherheitszuschläge oder -abschläge dem Regelungstechniker zur Verfügung gestellt werden.

G. Quellenhinweise

[1] RECKNAGEL-SPRENGER: Taschenbuch für Heizung, Lüftung und Klimatechnik. Hrsg. E. Sprenger. 50. Jg. München: R. Oldenbourg 1959.

[2] SCHAERER, F.: Klimatechnik. Leitfaden für Entwurf, Berechnung, Beschreibung und Ausführung von Klimaanlagen. Zürich: Rascher-Verlag 1944.

[3] VDI-Berichte Bd. 21. Heizung, Lüftung, Klimatisierung. Düsseldorf: VDI-Verlag 1957.

19. Dampfturbinen

Von **A. Folgmann** und **H. Voß**

Inhaltsübersicht

A. Überblick

Weitaus die meisten Dampfturbinen werden zum Antrieb von Drehstromgeneratoren verwendet. Die Frequenz der Netze, in die die Generatoren speisen, darf nur sehr wenig von ihrem Sollwert abweichen. Deshalb muß die *Drehzahl* der Turbinen sehr genau gehalten werden. Aber auch bei fast allen anderen Turbinen wird die Drehzahl als Regelgröße benutzt, weil sich Störungen des Energiegleichgewichtes sofort auf sie auswirken, und weil man sie leicht messen kann. Außerdem ist die Drehzahl eine für die Sicherheit der Turbine äußerst wichtige Größe.

Der Drehzahlregler muß unter allen Umständen verhindern, daß die Drehzahl – auch bei ungewöhnlichen Betriebszuständen – eine bestimmte Grenze überschreitet, denn die Beanspruchung ist in manchen Teilen der Turbinen infolge der hohen Betriebsdrehzahl (bei großen Turbinen 3000 oder 3600 U/min, bei den mittleren bis 6000 U/min, bei kleinen bis 16000 U/min) so hoch, daß man keine große Drehzahlsteigerung zulassen kann. Deshalb wird auch neben dem eigentlichen Drehzahlregler noch ein Überdrehzahlregler (Sicherheitsregler) vorgesehen, der die Drehzahl auf Normaldrehzahl plus 10 bis 12% begrenzt. Höhere Drehzahl als Normaldrehzahl plus 20% ist im Betrieb (bei voller Temperatur) auch kurzzeitig nicht zulässig, weil die Läufer mit 25%, aber bei mäßiger Temperatur, geschleudert werden.

Abgesehen von den kleinsten und einfachsten werden alle Dampfturbinen mit einem Drehzahlregler ausgerüstet. In einigen Fällen wird nur ein Grenzregler vorgesehen, der die Drehzahl nach oben begrenzt (nicht mit dem Sicherheitsregler zu verwechseln; s. Abschnitt D 5f).

Die *Frequenzregelung* ist nur eine besondere Form der Drehzahlregelung. In Drehstromnetzen ist die Einhaltung der Frequenz sehr wichtig; auch die bei Belastungsänderungen auftretenden Drehzahländerungen innerhalb des Proportionalbereiches müssen ausgeglichen werden.

Neben der Drehzahl sind *Leistung*, *Druck*, *Durchfluß*, und in seltenen Fällen, die *Temperatur* Regelgrößen, die im Betrieb von Dampfturbinen vorkommen.

B. Die Dampfturbine und ihre Regelbarkeit

1. Die Hauptgrößen der Turbine

Für den Entwurf einer Dampfturbine liegt die Aufgabe der Bemessung meistens in der Form vor, daß eine bestimmte Leistung erzeugt werden soll, wofür Dampf von einem bestimmten Anfangszustand zur Verfügung steht, der auf einen bestimmten Gegendruck expandieren soll. Aus diesen Größen ergibt sich ein bestimmter *Dampfdurchsatz*, der in der Turbine verarbeitet werden muß. Der Druckverlauf des Dampfes in der Turbine wird durch die Ausbildung und Bemessung der Turbinenbeschaufelung bestimmt. Dabei hat der Konstrukteur sehr viel Spielraum,

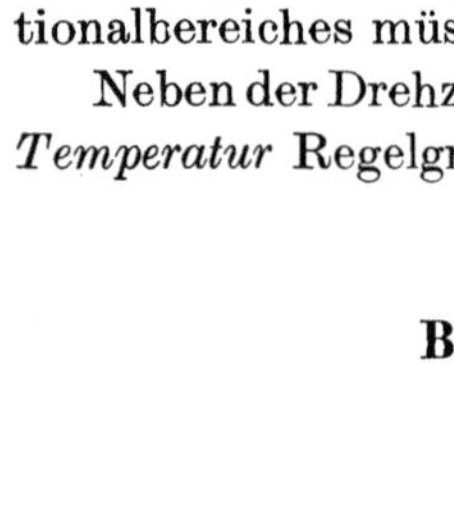

a Vielstufige Kondensationsturbinen
b Gegendrucktrubinen

Bild 1. Radkammerdruck von Dampfturbinen in Abhängigkeit vom Dampfdurchsatz so daß er auch besonderen Vorschriften für die Regelung genügen kann. Es ist heute allgemein üblich, nur die erste Stufe einer Turbine als Regelstufe auszubilden und die Strömungsquerschnitte der übrigen Stufen unverändert zu lassen. Der Dampfdruck hinter der ersten Stufe, der sogenannte Radkammerdruck ist bei vielstufigen Turbinen dem Dampfdurchfluß direkt proportional. Die Abweichung von diesem Gesetz wird um so größer, je höher der Gegendruck der Turbine im Verhältnis zum Anfangsdruck ist (*Bild* 1).

2. Bedingungen für die Steuerventile

a) Anzahl der Ventile

Wenn der Druck vor den ersten Düsen sowie auch der Druck hinter ihnen (der Radkammerdruck) festliegen, kann man die erforderliche *Düsenanzahl* ausrechnen und die Düsen in *Düsengruppen* aufteilen. Da zu jeder Düsengruppe ein Steuerventil gehört, muß so unterteilt werden, daß sich günstige Verhältnisse bei den Ventilen ergeben. Andererseits wird man nach Möglichkeit so unterteilen, daß die Lastpunkte, für die ein Dampfverbrauch garantiert worden ist, als *Ventilpunkte*, d.h. mit nur ganz ausgesteuerten Ventilen, gefahren werden können. Bei Verwendung von acht oder mehr Ventilen erübrigt sich meistens die besondere Berücksichtigung der Ventilpunkte bei der Aufteilung der Düsen. Verzichtet man darauf, so hat man noch den Vorteil, daß alle Ventile gleiche Abmessungen bekommen können. Das wirkt sich sehr günstig auf die Konstruktion aus, denn das größte Ventil bestimmt die Größe des Einströmkastens, der Aufbauten, der Ventilkräfte und damit des Stellmotors.

b) Anordnung der Ventile

Die Anordnung der Steuerventile wird durch das angewendete Regelverfahren bestimmt. Bei Dampfturbinen ist

$$N = C D H$$

(N Leistung [kW], C Konstante [$10^3/860$], D Dampfdurchfluß [t/h], H Wärmegefälle [kcal/kg]). Die Leistung N kann also beeinflußt werden durch Änderung von H (Drosselregelung) und durch Änderung von D (Durchflußregelung). In der Praxis lassen sich beide nicht in reiner Form durchführen. Alle Dampfturbinen werden geregelt, indem man sowohl H als auch D nach Bedarf ändert. Im ersten Fall wird der in die Turbine strömende Dampf beim Eintritt in die Maschine gedrosselt. Meistens ist nur ein Drosselventil vorhanden. Es sind schon für diesen Zweck Doppelsitzventile mit sehr großem Durchmesser ausgeführt worden, z.B. an Ljungström-Turbinen mit nicht zu hoher Dampftemperatur. Bei großem Dampfdurchfluß oder hohem Dampfdruck müssen jedoch mehrere Ventile parallelgeschaltet werden, die nacheinander öffnen. Diese Art der Steuerung bringt bei allen Dampfdurchflüssen unter der größten Schluckfähigkeit der Turbine einen Drosselverlust mit sich. Die so geregelten Turbinen sind um so unwirtschaftlicher, je kleiner die Belastung ist. Bei Durchflußregelung wird dieser Verlust vermieden, indem die Strömungsquerschnitte so geändert werden, daß der Dampf durch die Turbine strömt, ohne gedrosselt zu werden. Aus konstruktiven Gründen kann man aber die erforderliche Querschnittsänderung nur bei der ersten Stufe der Turbine durchführen. Diese Regelstufe muß eine Gleichdruckstufe sein, damit Teilbeaufschlagung möglich ist. Der Unterteilung des Dampfflusses sind mit Rücksicht auf die Ventile und die Gießbarkeit des Düsenkastens Grenzen gesetzt. Man ordnet 3 bis 10 Ventile vor ebenso vielen Düsengruppen an; sie öffnen nacheinander, je nach Belastung.

Reine Durchflußregelung gibt es nur in den *Ventilpunkten*, wenn der Dampf, ohne gedrosselt zu werden, nur voll geöffnete Ventile durchströmt. In allen Zwischenpunkten wird der Teilstrom des Dampfes gedrosselt, der die zuletzt zugeschaltete Düsengruppe passiert.

Jede Turbine muß neben den Ventilen für die höchste Leistung bei Normaldruck noch weitere Ventile haben, damit die volle Leistung auch bei etwas abgesenktem Dampfdruck durchgezogen werden kann. Wenn die Regelstufe noch nicht voll beaufschlagt ist, gibt man den Dampf durch ein oder mehrere Überlastventile auf zusätzliche Düsen. Ist aber der Radkammerdruck schon zu hoch oder die erste Stufe schon voll beaufschlagt, so muß der Dampf der Überlastventile in die Radkammer oder in eine spätere Stufe der Turbine eingeleitet werden (Stufenüberbrückung).

C. Ausführung der Steuerventile mit Zubehör

1. Die Größe der Steuerventile

Sie wird durch die zugelassene Dampfgeschwindigkeit bestimmt, etwa 30 bis 60 m/s. Müssen bei hoher Dampftemperatur zur Vereinfachung der Form Einsitzventile verwendet werden, so führt man sie mit Rücksicht auf die großen Stellkräfte mit kleinerem Durchmesser aus, d.h., sie werden für größere Dampfgeschwindigkeit eingerichtet. Da das aber einen größeren Druckverlust mit sich bringt, schaltet man solchen Ventilen gern einen Diffusor nach, um möglichst viel Geschwindigkeit wieder in Druck umzusetzen. Praktisch kann man Diffusorventile mit 140 bis 160 m/s Dampfgeschwindigkeit arbeiten lassen, ohne daß der bleibende Druckverlust unerträglich groß würde. Damit ergibt sich bei ihnen etwa der halbe Querschnitt eines Doppelsitzventiles oder ein Viertel des Querschnittes eines Einsitzventiles.

2. Der Ventilhub

Nach der Festlegung der Düsengruppen und der Ventilquerschnitte können der *Ventilhub* und die *Drosselkonen* bestimmt werden. Mit den Konen wird angestrebt, daß der Zusammenhang zwischen Ventilhub und Dampfdurchfluß nach Möglichkeit linear ist. Wenn ein Nockenantrieb für die Ventile verwendet wird, versuchen manche Konstrukteure, ohne Drosselkonen an den Ventilen auszukommen. Stellt man aber höhere Ansprüche an die Regelung, wie es heute durchweg der Fall ist, so kann selbst bei Verwendung von acht oder mehr Ventilen nicht auf Drosselkonen am Sitz oder Ventilkörper verzichtet werden.

Die Bestimmung der Drosselquerschnitte wird meistens rechnerisch-graphisch nach bekannten Methoden der Thermodynamik durchgeführt. *Bild* 2 zeigt das Ergebnis. Praktisch ergeben sich Abweichungen vom geraden Verlauf, weil die

Ventilkennlinie an den Ventilpunkten meistens von der Geraden abweicht. Das fällt am meisten beim Proportionalbereich auf. Wenn er über den ganzen Lastbereich zu 4 bis 5% eingestellt ist, können sich in der Nähe der Ventilpunkte Spitzenwerte von 12 bis 20% ergeben. In vielen Fällen erhöht man (durch entsprechende Ausbildung der Drosselkonen) die Steilheit der n-Kennlinie an ihren Enden bewußt wegen des besseren Verhaltens der Turbine im Betrieb. Die Turbine läßt sich dann besser parallel schalten, und sie nimmt, wenn sie fast voll belastet ist, nicht mehr so schnell Last auf, als wenn die n-Kennlinie gerade wäre.

Zum Erzielen eines guten Überganges von einem Ventil zum nächsten ist eine gewisse Überdeckung erforderlich. Das Ventil $n + 1$ muß bereits Dampf durchlassen, wenn das Ventil n noch nicht ganz ausgesteuert ist. Man versucht, die Überdeckung so klein wie möglich zu halten, weil eine im Ventil n noch vorhandene Drosselung einen Verlust bedeutet.

Damit sind die Ausgangswerte gewonnen, die man braucht, um das Übertragungsgestänge zwischen dem Regler und den zu steuernden Ventilen mit der richtigen Übersetzung einbauen zu können. Sind mehrere Regler und Ventilreihen vorhanden, wie z.B. bei Entnahmeturbinen, so müssen sie sinngemäß eingefügt werden.

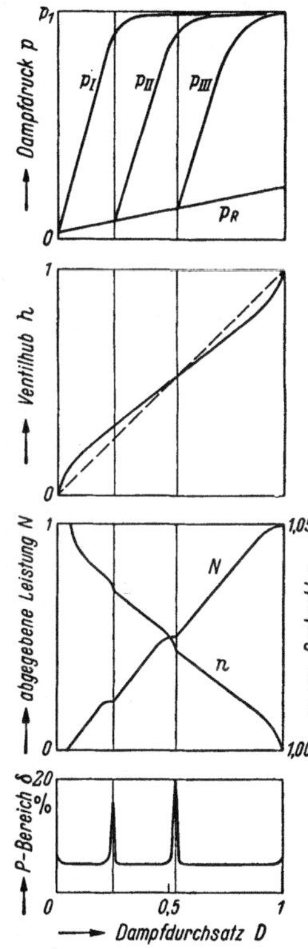

Bild 2. Dampfdruck vor den Düsen, Radkammerdruck, Ventilhub, Drehzahl, abgegebene Leistung und Proportionalbereich in Abhängigkeit von dem Dampfdurchsatz der Turbine

3. Die Ventilkräfte

Die auf die Ventilspindeln wirkenden Kräfte hängen sehr von der Ausbildung der Ventilkegel ab. Sie dürfen nicht so groß werden, daß man sie mit den bei Dampfturbinen ausführbaren Stellmotoren nicht mehr sicher beherrschen kann. Es ist besonders wichtig, daß die Ventilkräfte immer nur in einer Richtung wirken; denn sonst müßte der Öldruck bei jedem Wechsel der Kraftrichtung ebenfalls seine Richtung ändern, was bedingen würde, daß der Steuerschieber des Stellmotors über seine Mittellage laufen müßte. Dadurch könnte leicht ein Pendeln der Regelung verursacht werden. Die Kraft der Ventilfedern kann die Verhältnisse verbessern. Bei den heute oft sehr hohen Dampfdrücken lassen sich die Federn aber kaum stark genug machen. Man muß zufrieden sein, wenn der Spindelauftrieb mit einem kleinen Kraftüberschuß ausgeglichen ist.

4. Die Ventilarten

Bei den Ventilen der Dampfturbinen ist es wegen einer guten Regelung erwünscht, daß sich Dampfdurchfluß und Ventilhub proportional ändern. Bei Tellerventilen wird die lineare Abhängigkeit durch Drosselkonen am Ventil oder durch Drosselkragen am Sitz herbeigeführt. Ihre Auslegung hat für jeden Fall und für jedes Ventil gesondert zu erfolgen, weil der durch die Turbinenbeschaufelung bestimmte Druckverlauf hinter dem Ventil beachtet werden muß. Für den guten Wirkungsgrad der Turbine ist es sehr wichtig, daß die Drosselung im Ventil oberhalb einer bestimmten Öffnung so klein wie möglich ist. Dadurch ist der Dampfgeschwindigkeit eine Grenze gesetzt. Dem gegenüber steht die regelungstechnische Forderung, daß sich die Ventilbereiche bei Verwendung mehrerer Regelventile an einer Turbine so weit überdecken sollen, daß ein stetiger Übergang von einem zum nächsten Ventil erzielt wird, damit die Funktion $N = f(n)$ keine Unstetigkeit aufweist. Schließlich sollen die Stellkräfte an der Spindel (Ventilkräfte) nicht zu groß werden.

Alle diese Bedingungen werden durch ein Doppelsitzventil am besten erfüllt (*Bild* 3). Bei kleinem Dampfdurchsatz braucht man den zweiten Sitz oft nur zur Verminderung der Stellkraft (Entlastung); ist die Dampfmenge groß, so wer-

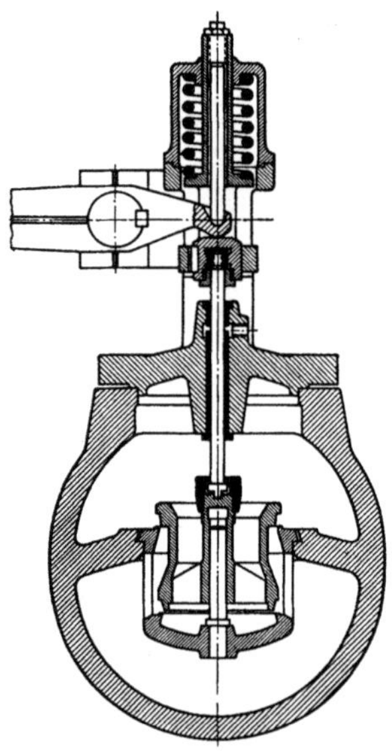

Bild 3. Doppelsitz-Steuerventil

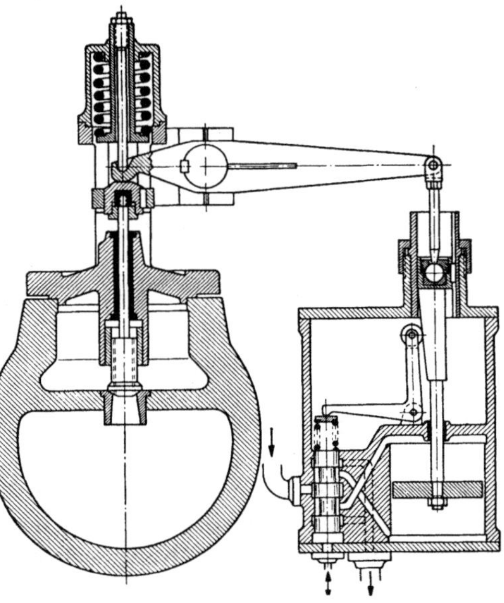

Bild 4. Diffusor-Steuerventil mit Entlastung

den beide Sitze voll ausgenutzt. Der Nachteil, daß Doppelsitzventile leicht etwas undicht sind, läßt sich wegen der sich ändernden Temperaturunterschiede, die in den Ventilkästen von Dampfturbinen immer vorkommen, nicht vermeiden. Man findet dieses Ventil überwiegend an Mittel- und Niederdruckturbinen.

Für Turbinen, die mit hohem Druck und hoher Temperatur arbeiten, haben sich Einsitzventile durchgesetzt, obgleich sie viel schwerer zu halten und zu verstellen sind als Doppelsitzventile. Die geforderte lineare Abhängigkeit zwischen Hub und Dampfdurchfluß wird auch bei den Einsitzventilen durch Drosselkegel hergestellt. Man kann die Stellkräfte an der Spindel verkleinern, wenn man den Ventildurchmesser kleiner macht. Dann werden aber die Dampfgeschwindigkeit im Sitz und damit der Druckverlust des voll geöffneten Ventiles größer. Durch Nachschalten eines Diffusors und geeignete Formgebung der Düsenräume läßt sich jedoch ein wesentlicher Teil dieses Druckverlustes zurückgewinnen. Diffusorventile können sehr einfach und robust gebaut werden. Sie eignen sich deshalb besonders für hohen Dampfdruck. Wenn der Dampfdruck sehr hoch ist, muß man jedem Diffusorventil einen Entlastungskolben geben (*Bild* 4).

5. Der Stellmotor

Als Energiequelle für Stellmotoren wird allgemein Drucköl verwendet, weil sich die großen Stellkräfte für die Regelventile ausreichend schnell und sicher nur mit einer Druckflüssigkeit aufbringen lassen.

Ist nur ein einziges Regelventil vorhanden, so ordnet man einen Ölkolben auf der Ventilspindel an. Sind jedoch mehrere Ventile zu verstellen, so bekommt nur in seltenen Fällen jedes Ventil seinen eigenen Ölkolben. Meistens werden die Ventile in einer oder mehreren Gruppen zusammengefaßt, die

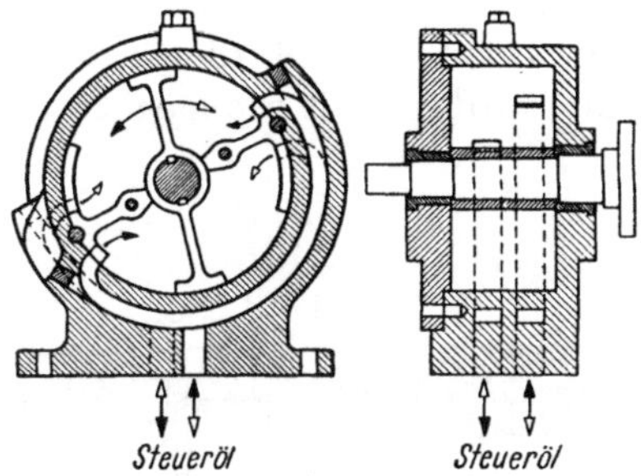

Bild 6. Drehkolbenstellmotor

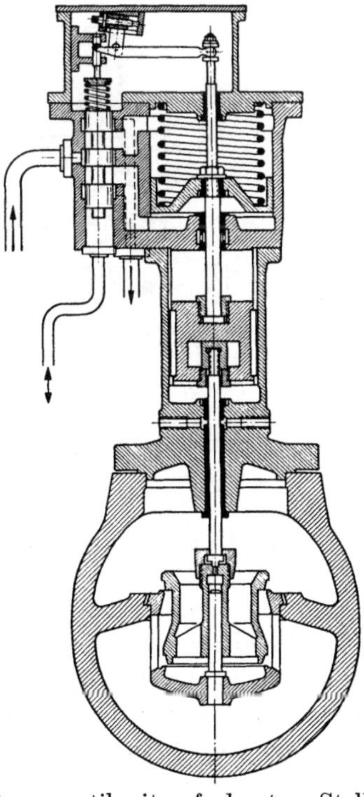

Bild 5. Steuerventil mit aufgebautem Stellmotor

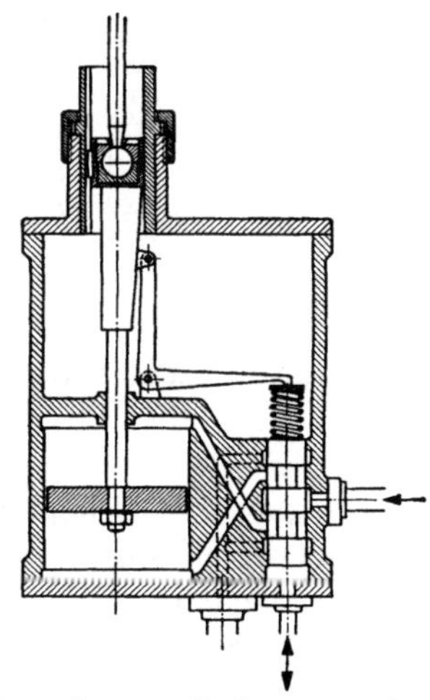

Bild 7. Steuerzylinder zum Antrieb einer Steuerwelle

von je einer Steuerwelle bedient werden. Dann erhält nur das erste Ventil jeder Gruppe direkten Antrieb (*Bild* 5). Die Steuerwelle hebt die einzelnen Ventile mit Hilfe von Nocken oder Armen an, die so ausgebildet sind, daß die Ventile in der richtigen Folge öffnen und schließen.

Zum Antrieb der Steuerwellen wurden früher oft, zum Teil auch heute noch, Drehkolben verwendet (*Bild* 6). Man muß aber damit rechnen, daß die so angetriebenen Steuerwellen bei Ausfall des Öldruckes nicht in ihre Schlußstellung zurückgehen. Tragen die Wellen Arme, mit denen sie die Ventile anheben, so kann nur ein kleiner Drehwinkel ausgenutzt werden. Dann dienen fast immer Hubkolben zum Antrieb der Ventile, die die Welle mit Hilfe eines Hebels unter dem Einfluß des Reglers verdrehen (*Bild* 7).

D. Dampfturbinenregler

1. Drehzahlmeßgeber

a) Mechanisch-hydraulische Systeme

Fliehkraftregler in neuzeitlicher Form haben entweder Querfedern oder Längsfedern, auf die sich die Schwunggewichte abstützen (*Bilder* 8 und 9). Die Reibung wird so weit wie möglich vermindert durch Lagerung der Schwunggewichte

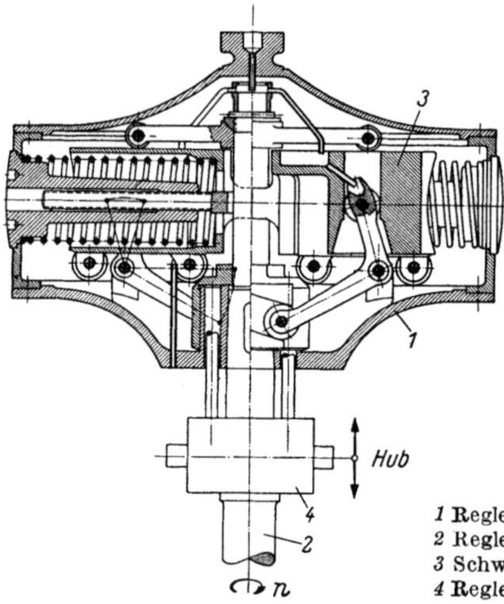

1 Reglergehäuse
2 Reglerwelle
3 Schwunggewichte
4 Reglermuffe

Bild 8. Fliehkraftregler (C-Regler) mit Querfeder

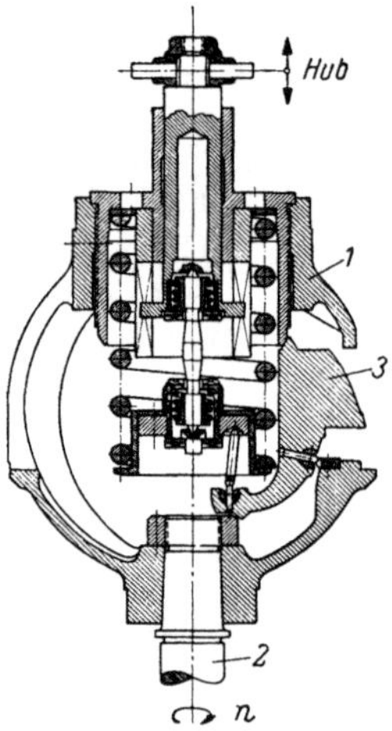

Bild 9. Fliehkraftregler (L-Regler) mit Längsfeder

auf Kugellagern oder Schneiden. Bei einigen Ausführungen hat man die Gewichte auf Blattfedern befestigt, so daß bewegte Lagerstellen ganz vermieden sind. Große Stellkraft erreicht man durch hohe Reglerdrehzahl; sie ist bei Reglern mit Querfedern bis zu 1000 U/min, bei Reglern mit Längsfedern bis 1500 U/min, in Sonderfällen bis 4000 U/min. Der Hub der üblichen Regler wird meistens mit 20 bis 40 mm ausgeführt. Davon nutzt man 30 bis 40% für den Regelbereich aus, das Übrige wird zur Veränderung des Regelbereiches verwendet.

Bei Reglern mit Längsfeder ist der Hub meistens kleiner; er wird aber zu 90 bis 95% für den Regelbereich verwendet. Zur Verstellung der Drehzahl baut man eine äußere Zusatzfeder ein, deren Spannung verändert werden kann.

Die *hydraulischen Regler* haben z. B. eine *Kreiselpumpe* in Sonderausführung als Meßgeber. Der Druck einer Kreiselpumpe ist dem Quadrat der Drehzahl proportional. Treibt man die Pumpe von der Turbinenwelle her an, so kann ihr Förderdruck als Eingangsgröße des Reglers dienen (*Bild* 10). Der Förderstrom sollte möglichst konstant sein. Man läßt die Reglerpumpen nicht ansaugen, sondern führt ihnen das Öl im Überschuß und mit möglichst konstantem Druck zu: ohne Überdruck in den Saugraum (dann ist die Regelung unabhängig vom Druck der Haupt-

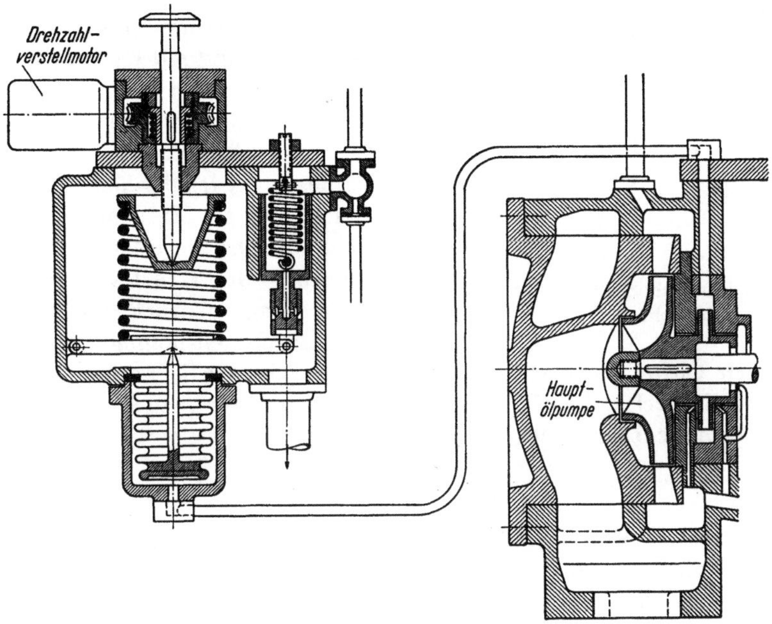

Bild 10. Hydraulischer Regler mit Reglerölpumpe

ölpumpe der Turbine) oder mit Druck aus der Steuerölleitung über eine Drosselstelle in den Druckraum. In diesem Fall ist eine gewisse Druckabhängigkeit vorhanden; die Förderung ist negativ, d.h., das Öl wird in der falschen Richtung durch die Pumpe gedrückt. Der Druck der Pumpe wirkt über einen Faltenbalg auf den Reglerhebel. Eine starke Feder hält ihm das Gleichgewicht. Das Verschieben des Regelbereiches geschieht durch Ändern der Spannung dieser Feder. Die hydraulischen Regler sind mit direkt angetriebener Reglerölpumpe ausführbar bis zu einer Drehzahl von 10000 U/min und mehr.

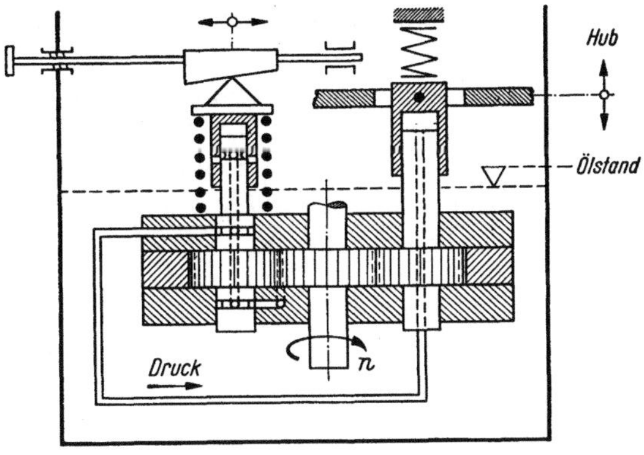

Bild 11. Thoma-Regler

Hydraulische Regeleinrichtungen lassen sich auch mit *Zahnradpumpen* aufbauen (*Bild* 11). Weil diese aber als Volumenpumpen bei jeder Drehzahl eine ganz bestimmte Menge fördern – Drehzahl und Menge sind direkt proportional –, muß man sie auf eine Drosselstelle arbeiten lassen, um einen mit der Drehzahl veränderlichen Druck zu bekommen.

Die Zahnradpumpe wird von der Turbinenwelle angetrieben; die Drossel ist für das Ändern des Drehzahlbereiches verstellbar eingerichtet; die federbelastete Hülse entspricht der Muffe eines Fliehkraftreglers. Bei den handelsüblichen THOMA-Reglern wird die Vorsteuerung oft durch eine zweite Zahnradpumpe besorgt, die in das Gehäuse eingebaut und mit der ersten zu einer Dreiräderpumpe vereinigt ist (s. *Bild* 11). Die Drehzahl dieser Reglerbauart ist auf etwa 2000 bis 2500 U/min beschränkt.

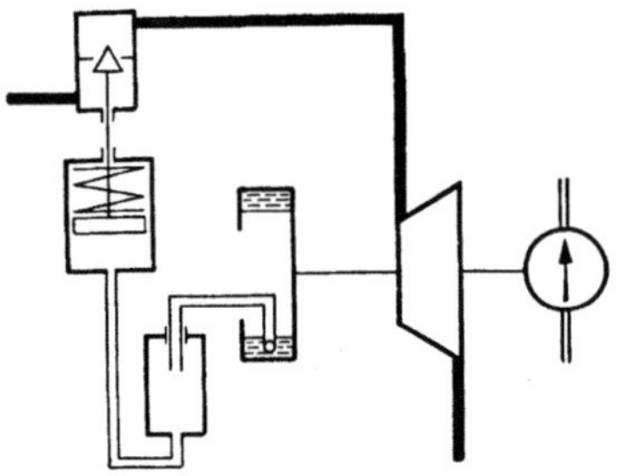

Bild 12. Hydraulischer Regler mit Staurohr

Außer diesen hydraulischen Reglern, die manometrisch oder als Mengenregler arbeiten, ist noch eine Bauart verwendet worden, die auf dem Prinzip der BARSKE-Pumpe beruht (*Bild* 12). Der Eingangsdruck des Reglers wird aus einem Staurohr entnommen, das in einen umlaufenden Ölring eintaucht, der mit der Turbinenwelle verbunden ist. Die Drehzahl wird durch radiale Verschiebung des Staurohres geändert. Dieser Regler ist für hohe Drehzahl geeignet.

b) Elektrische Systeme

Elektrische Drehzahlmeßgeber haben sich im Dampfturbinenbau bisher nicht eingeführt. Wenn aber die Anforderungen an die Empfindlichkeit der Regelung immer höher werden, wird man sich elektrischer Drehzahlmeßgeber bedienen müssen. Sie würden außer der höheren Empfindlichkeit noch den Vorteil bringen, daß sich Rückführung, Proportionalbereich, Differentialquotienten und auch zusätzliche Regelbefehle leicht in die Regelung einführen und in ihrem Einfluß verändern lassen.

2. Druckmeßgeber

Der *Strahlrohrregler* benutzt den Staudruck eines Ölstrahles, der unter dem Einfluß des zu messenden Druckes geschwenkt wird. Der Druck des Manometers (Bourdonrohr oder Faltenbalg) wird von einer Gegenfeder aufgenommen, deren Spannung geändert werden kann. Diese Regler sind im Turbinenbetrieb bequem zu verwenden, weil ohnehin ein Druckölsystem vorhanden ist, an das die Strahlrohre angeschlossen werden können. Das Stellglied wird hydraulisch bewegt. Deshalb ist man in der Anordnung von Regler und Stellglied räumlich gebunden, sowohl hinsichtlich der Entfernung wie auch in bezug auf die Höhenlage zum Ölbehälter.

Die *elektrischen Regler* messen den Druck durch ein Federmanometer. Die Druckmessung wird mit Hilfe feiner Potentiometer in eine elektrische Messung übergeführt. Im elektrischen Teil ist die Bildung von Differentialquotienten und die Einführung einer Rückführung leicht möglich. Das Stellglied wird über einen oder mehrere Elektromotoren und mechanische Getriebe angetrieben. Infolgedessen ist man bei diesen Reglern räumlich freizügig: Ein großer Abstand vom Druckmesser zum Regler und zum Ventil ist leicht möglich.

3. Sonstige Meßgeber

Für Leistung, Frequenz und Temperatur sind besondere Meßgeber entwickelt worden, über die an anderer Stelle berichtet wird (s. Kapitel 12). Das Signal wird in die Regelung eingeführt, indem ein Motor bewegt wird oder indem mit Hilfe einer Spule leichte Steuerhülsen verstellt werden.

Bis heute ist es, von wenigen Ausnahmen abgesehen, allgemein üblich, diese Regelimpulse auf den ohnehin vorhandenen Drehzahlregler zu geben. Über ein kleines Getriebe mit elektrischem Antrieb oder einen hydraulischen Stellmotor wird entweder die Kennlinie des Reglers verschoben (*Eingriff über die Drehzahlverstellung*), oder man gibt den Impuls auf eine Einrichtung, die den Hub der Regelventile nach Bedarf vermindert (*Eingriff durch Öffnungsbegrenzung*).

Im ersten Fall bleibt der Drehzahlregler ungehemmt in Funktion, im zweiten kann er nicht sofort eingreifen. Er muß die Turbine natürlich in jedem Fall beherrschen und in der Lage sein, die Ventile schließen zu können. Im ersten Fall wird er das gegebenenfalls ohne Verzögerung tun; Schwankungen der Netzfrequenz wirken sich aber im Betrieb auf die Regelgröße aus. Im zweiten Fall ist man von den Schwankungen der Drehzahl unabbängig; die Turbine beteiligt sich nicht mehr am Ausgleich innerhalb des Netzes. Bei einer Entlastung der Turbine muß die Drehzahl erst um einen gewissen Betrag gestiegen sein, bevor der Regler die Schließbewegung der Ventile einleitet. Das kann bei Maschinen mit kleinem Schwungmoment dazu führen, daß die Schnellschlußdrehzahl erreicht wird.

4. Übertragungsglieder

Es kommt nur noch vereinzelt – bei Kleinturbinen – vor, daß ein Regler das Regelventil direkt verstellt (*Bild* 13); denn die Stellkraft der Regler ist nicht so groß, daß sie ausreichte, die Ventile großer Turbinen zu beherrschen. In den meisten Fällen ist auch die Entfernung zwischen Regler und Stellglied zu groß. Die Stellkraft, die ein Regler nutzbar hergeben kann, wenn die Drehzahl um 1% höher oder tiefer ist als die eingestellte Drehzahl, liegt bestenfalls bei 1 bis 2 kg. Da sie im allgemeinen nicht ausreicht, führt man eine fremde Energie (z. B. Drucköl) ein, und der Regler besorgt nur die

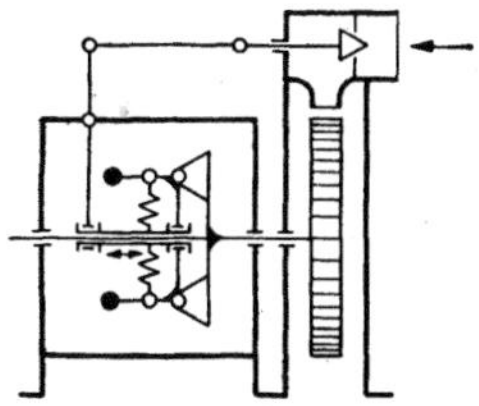

Bild 13. Kleinturbine mit direkter Regelung

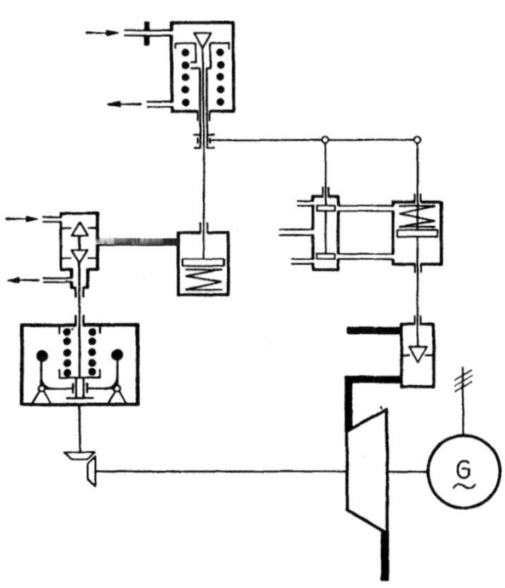

Bild 14. Regelung mit Vorsteuerung bei einer Dampfturbine

Vorsteuerung (*Bild* 14). Auf diese Weise werden Stellkräfte an den Ventilen bis zu mehreren Tonnen sicher und schnell hervorgebracht.

Regler und Stellmotor sind entweder mechanisch durch Gestänge oder hydraulisch miteinander verbunden.

Ein *Regelgestänge* verbindet den Regler mit dem Steuerkolben des Stellmotors; es überträgt keine großen Kräfte, so daß es leicht ausgeführt werden kann. Das *Kraftgestänge* wird nur dort nötig, wo Stellmotor und Ventile getrennt angeordnet sind. Es muß die volle Kraft des Stellmotors aufnehmen können. Das *Rückführgestänge* soll die Bewegung des Stellgliedes zurück auf den Regler übertragen. Ein derartiges Rückführgestänge ist im allgemeinen wenig belastet. Alle Gestänge müssen ausreichend steif und kraftschlüssig ausgebildet werden. Verbiegungen im Gestänge und toter Gang in den Gelenken führen sehr leicht zu Pendelungen der Turbine. Bei hydraulischer Übertragung führt nur ein dünnes Ölrohr vom Regler oder der Mischstelle zu den einzelnen Stellmotoren.

5. Einrichtungen zur Handhabung der Turbinenregelung

a) Sollwerteinstellung

Man führt die Stelleinrichtung, die zum Verschieben der Reglerkennlinie dient, so aus, daß man den Druck der Hauptreglerfeder verstellen kann, wenn sie im Betrieb zugänglich ist (Fliehkraftregler mit Längsfeder, hydraulische Regler,

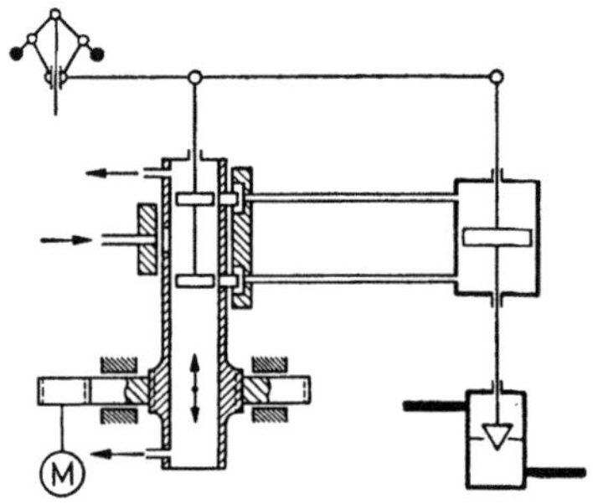

Bild 15. Drehzahlverstellung durch Verschiebung der Büchse des Steuerschiebers

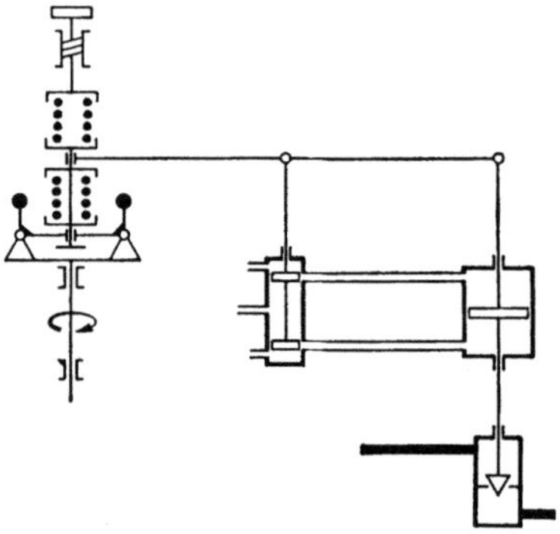

Bild 16. Drehzahlverstellung durch Zusatzfeder über dem Regler

Askania-Regler). Läßt sich das nicht durchführen, so verschiebt man einen Punkt im Regler- oder Rückführgestänge. Das kann ein Drehpunkt sein oder auch die Steuerkante einer Schieberbüchse. Daneben gibt es Sonderausführungen (Beispiel s. *Bilder* 12, 15, 16).

Die Drehzahl-Verstelleinrichtungen werden von Hand betätigt, meistens ist aber auch Fernbedienung durch einen kleinen Motor vorgesehen. Die Stellzeit wird zu 30 bis 60 s bemessen. Die Stelleinrichtungen müssen immer so begrenzt sein, daß der Istwert der Regelgröße niemals unzulässige Werte erreichen kann. Bei der Drehzahlregelung darf man die Drehzahl nicht so hoch einstellen können, daß die Schnellschlußdrehzahl im Leerlauf erreicht wird (im Leerlauf nicht über + 7% der Normaldrehzahl).

b) Statikeinstellung

Die Veränderung der Statik im Betrieb wird fast immer durch Ändern der Übersetzung im Regel- oder Rückführgestänge durchgeführt. Man verschiebt entweder einen Gestängebolzen in einem Langloch oder einen Stützpunkt mit einem Schlitten, wie es in *Bild* 17 an dem Beispiel einer Speicherturbine gezeigt ist. Eine andere Lösung an einem Stellmotor üblicher Ausführung zeigt *Bild* 18. Hier wird ein schiefer Kreiskegel auf der Kolbenstange des Stellmotors nach Bedarf verdreht, so daß die verschiedene Schräge der Mantellinien einen Gleitstein verschiedene Hübe machen läßt. In den „Richtlinien für Dampfturbinensteuerungen" wird nicht verlangt, daß diese Verstellung während des Betriebes vorgenommen werden kann, aber es ist oft sehr erwünscht. Bei Kondensations- und Gegendruckturbinen läßt sich diese Verstellung verhältnismäßig leicht vorsehen; bei Entnahmeturbinen ist sie schwierig, weil die HD-Ventile und die ND-Ventile gleichlaufend verstellt werden müssen.

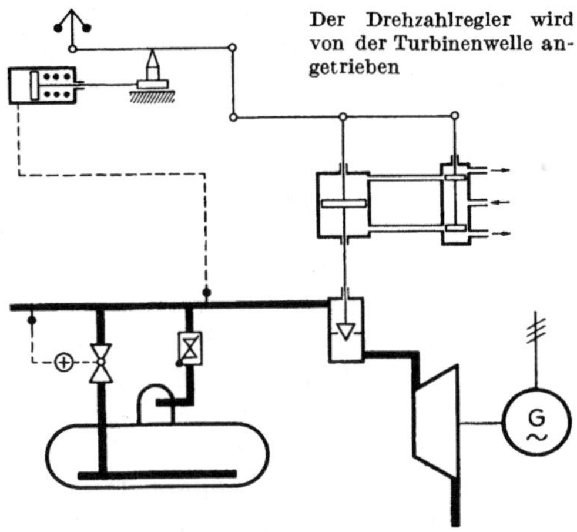

Bild 17. Speicherturbine mit automatischer P-Bereich-Verstellung in Abhängigkeit vom Speicherdruck

c) Leistungsbegrenzung

Diese Einrichtung wird fast nur bei parallel arbeitenden Turbogeneratoren benötigt, wenn entweder eine Turbine Grundlast fahren soll, ohne daß die Statik verstellt wird, oder wenn die Dampfaufnahme der Turbine nicht über einen gewissen Wert steigen soll. Das kann mit Rücksicht auf die Kessel erwünscht sein; man kann auf diese Weise insbesondere erreichen, daß die Überlastventile der Turbine

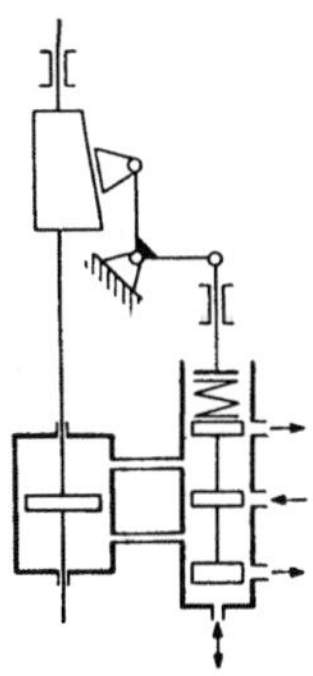

Bild 18. Steuerzylinder mit P-Bereich-Verstellung durch Verdrehen eines schiefen Kegels auf der Kolbenstange

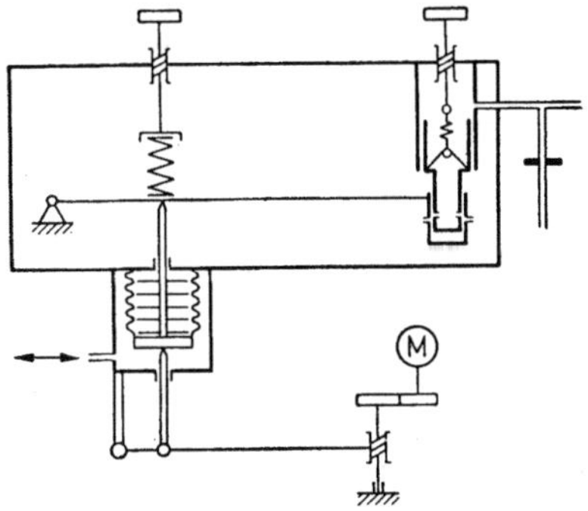

Bild 19. Regler mit Leistungsbegrenzung durch Begrenzen des Hubes der Reglermembran

geschlossen bleiben, und vermeidet so das mit ihrer Benutzung verbundene Absinken des Wirkungsgrades.

Die zur Leistungsbegrenzung erforderliche Hubbegrenzung der Regelventile erreicht man durch Blockiereinrichtungen an den Reglern selbst oder an den Vorsteuerungen, die durch ganz kleine Motoren bedienbar sind. *Bild* 19 zeigt als Beispiel einen hydraulischen Regler, bei dem der Hub der Membran nach unten – im Sinne: Öffnen der Ventile – begrenzt werden kann. Eine Fernanzeige der Stellung zur Schaltwarte wird meistens vorgesehen.

d) Umschalteinrichtung bei Entnahmeturbinen

Wenn eine Turbine angezapft wird, d.h. Dampf in ein Dampfnetz abgeben soll, so darf die Verbindung zum Netz erst geöffnet werden, wenn der Dampfdruck in der Turbine an der Entnahmestelle den gewollten Wert erreicht oder überschreitet. Andererseits muß – besonders bei ungesteuerten Entnahmen – dafür gesorgt sein, daß kein Dampf aus dem Entnahmenetz in die Turbine zurückströmen kann, wenn der Druck in der Turbine plötzlich fällt. Dieser Fall tritt ein, wenn die Turbine schnell entlastet wird. Sie würde durchgehen, wenn das Entnahmenetz sich durch sie entleeren könnte. Besonders kritisch ist es, wenn parallel zur Turbine eine Reduzierstation liegt, die die Dampfversorgung des Netzes übernimmt, wenn die Turbine keinen Dampf abgeben kann.

Man verhindert durch ein an der Entnahmestelle eingebautes Entnahme-Schnellschlußventil, daß Rückdampf die Turbine gefährdet. Damit dieses Ventil nur geöffnet sein kann, wenn Dampf aus der Turbine ausströmen kann, d.h., wenn der Druck an der Entnahmestelle hoch genug ist, muß eine Umschalteinrichtung das Ventil beherrschen, die meistens an die Regelung angehängt ist. Sie gibt erst Öffnungsöl auf das Ventil, wenn der Dampfdruck an der Entnahmestelle in der Turbine hoch genug ist. Meistens mißt man den Druck nicht direkt, sondern nimmt den Ventilhub der Regelventile oder den vom Regler eingestellten Sekundäröldruck als Maßstab. Erst wenn der Ventilhub so groß ist, daß der Dampfdruck den Sollwert erreicht, kann man das Ventil von Hand aufdrehen.

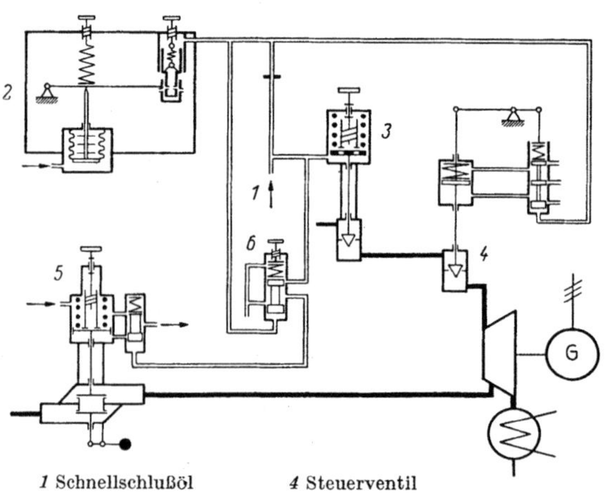

1 Schnellschlußöl
2 Hydraulischer Regler
3 Schnellschlußventil
4 Steuerventil
5 Entnahme-Schnellschlußventil
6 Umschaltschieber

Bild 20. Umschalteinrichtung an einem Entnahme-Schnellschlußventil

Fällt die Belastung der Turbine so weit, daß dieser Druck unterschritten wird, so muß das Entnahme-Schnellschlußventil automatisch schließen. Umgekehrt soll es selbsttätig wieder öffnen, wenn der Druck wieder den Sollwert übersteigt. Es steht außerdem unter dem Einfluß des Schnellschlußöles, so daß es schließt, wenn der Schnellschluß ausgelöst wird. Bei mechanischer (Gestänge-)Verbindung des Reglers mit dem Stellglied (Regelventile) wird die Umschalteinrichtung meist an der Steuerwelle angeordnet. Erfolgt die Übertragung vom Regler aus hydraulisch, so benutzt man den die Ventile einstellenden Sekundäröldruck auch zur Betätigung der Umschalteinrichtung der Entnahme-Schnellschlußventile (*Bild* 20). In diesem Fall ist man hinsichtlich der räumlichen Anordnung wesentlich freier.

e) Umschaltung bei Netzausfall

Wenn eine Gegendruck- oder Entnahme-Gegendruckturbine auf ein Fabriknetz arbeitet, das zur Deckung des Werksbedarfes mit einem fremden Netz parallel fährt, das die fehlende Leistung liefert kann es vorkommen, daß der Kuppelschalter zu diesem Netz fällt. Dann kann die werkseigene Turbine den Bedarf nicht mehr decken. Um wenigstens die lebenswichtigen Teile des eigenen Netzes, z.B. das Kesselhaus, durchzuhalten, werden automatisch die übrigen Betriebsstellen abgeschaltet, sobald der Schalter fällt. Gleichzeitig wird durch einen Hilfskontakt am Kuppelschalter oder ein bei 49 Perioden ansprechendes Frequenzrelais eine Einrichtung an den Turbinen (meistens ein Magnetventil) betätigt, die die Druckregler für den Gegendruck bzw. Entnahmedruck auf größten Dampfdurchsatz umstellt. Man verzichtet also in diesem Notfall auf das Einhalten des Dampfdruckes und läßt nötigenfalls den überschüssigen Dampf abblasen (*Bild* 21). Ist ein Reduzierventil parallel zur Turbine vorgesehen, so muß es für die Einhaltung des Gegendruckes sorgen, solange der Dampfdurchsatz kleiner ist als der Bedarf im Gegendrucknetz. Ist der Bedarf an Leistung noch so groß, daß mehr Dampf durch die Turbine geht, als verbraucht wird, dann muß der Überschuß durch ein Sicherheitsventil abgeblasen werden. Nach der automatischen Umschaltung muß die normale Drehzahl von Hand eingestellt werden.

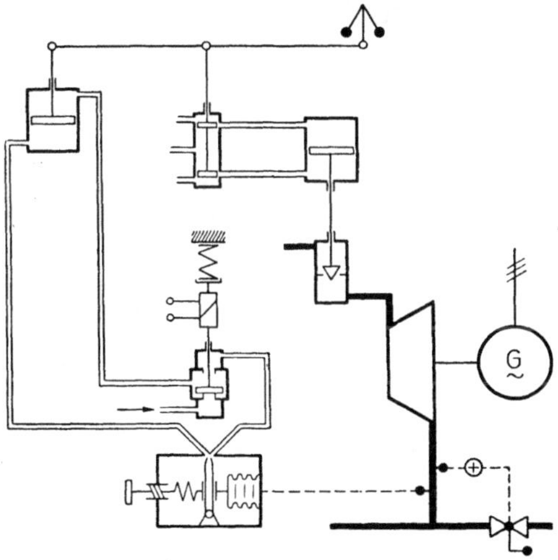

Bild 21. Einrichtung zum Umschalten des Druckreglers einer Gegendruckturbine bei Ausfall der Fremdstromzulieferung

f) Sicherheitsregler und Schnellschlußeinrichtungen

Die Drehzahlregelung ist für die Dampfturbinen von überragender Wichtigkeit. Es muß unter allen Umständen verhindert werden, daß eine Turbine zu hohe Drehzahl bekommt, wenn die Regelung einmal ausfallen sollte; denn man kann neuzeitliche Dampfturbinen nicht so bauen, daß sie die Durchgangsdrehzahl aushalten würden.

Zur Begrenzung des wegen der Betriebssicherheit notwendigen Überdrehzahlbereiches auf 10 bis 12% baut man Sicherheitsregler ein. Das sind meistens Gewichtsregler mit labiler Kennlinie (*Bild* 22).

Als Schwungkörper wird ein Ring oder ein Bolzen verwendet, der so auf der Turbinenwelle montiert ist, daß er sich radial verschieben kann. Sein Schwerpunkt liegt außerhalb der Drehachse. Bis zu einer bestimmten Winkelgeschwindigkeit ist die Fliehkraft des Bolzens kleiner als die Kraft der ihr entgegenwirkenden Feder. Wird sie überschritten, so überwiegt die Fliehkraft, und der Bolzen oder der Ring durchläuft einen Hub von einigen Millimetern, so daß er aus der Welle vorsteht. Er schlägt gegen eine Klinke, die die Schnellschlußeinrichtung betätigt. Dadurch schließen die Schnellschlußventile der Turbine die Dampfzufuhr ab. Die besondere Konstruktion dieser Ventile ermöglicht Schließzeiten von 0,1 bis 0,2 s. Sie arbeiten entweder rein mechanisch mit einer Sperrklinke oder hydraulisch. In diesem Falle fällt beim Auslösen ein mit der Ventilspindel verbundener Kolben, der vorher durch den Öldruck gestützt wurde.

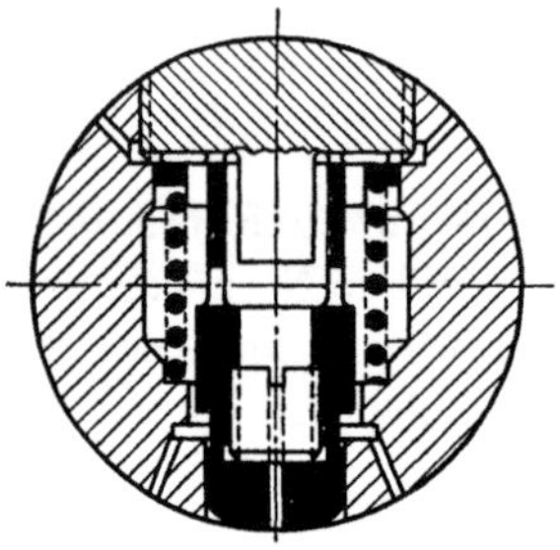

Bild 22. Sicherheitsregler für die Betriebsdrehzahl $n = 3000$ U/min

Die hohe Schließgeschwindigkeit wird dadurch erreicht, daß das unter dem Kolben befindliche Öl beim Schließvorgang nicht durch eine Leitung abgeführt wird, sondern um den Rand des Kolbens herum nach oben in einen Raum gedrängt wird, der mit Luft angefüllt ist, die durch eine Abflußleitung entweichen kann. Bei der Auslösung des Schnellschlusses sollten stets auch die Regelventile schließen, damit eine zweite Absperrung da ist, wenn einmal die Spindel eines Schnellschlußventiles hängengeblieben sein sollte.

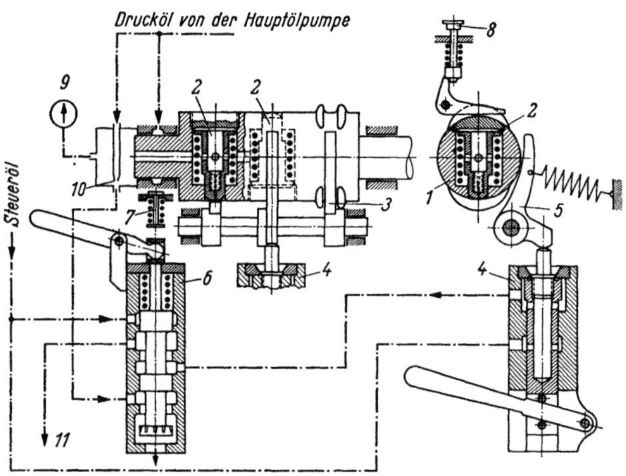

1 Turbinenwelle
2 Sicherheitsregler
3 Drucklagersicherung
4 Schnellschlußvorrichtung
5 Schnellschlußklinke
6 Prüfvorrichtung
7 Schaltpunktanzeige
8 Anzeigevorrichtung
9 Manometer
10 Düse
11 Zum Schnellschlußventil und Regler

Bild 23. Prüfeinrichtung zur Überwachung von Sicherheitsreglern für die Betriebsdrehzahl $n = 3000$ U/min. Der Bolzen wird bei 3000 U/min durch eingeleitetes Drucköl zum Ausschlagen gebracht

Das gute und einwandfreie Funktionieren des Sicherheitsreglers und der Schnellschlußeinrichtungen muß von Zeit zu Zeit nachgeprüft werden. Bei der Probe steigert man die Drehzahl der leer laufenden Turbine, bis der Sicherheitsregler ausschlägt, und stellt die Auslösedrehzahl fest. Große Turbinen fährt man nicht gern zu oft auf Überdrehzahl. Um das zu vermeiden, hat man die Sicherheitsregler so eingerichtet, daß man sie bei 3000 U/min durch Öldruck herausdrücken kann (*Bild* 23). Man ersetzt also die Probe mit Überdrehzahl durch eine Probe mit Normaldrehzahl und mißt dabei den Öldruck, der zusätzlich erforderlich ist, um den Regler ausschlagen zu lassen. Diese Einrichtung läßt sich auch so ausbilden, daß man die Probe nicht nur im Leerlauf, sondern auch bei belasteter Maschine durchführen kann. Dann muß während der Prüfung die Einwirkung der Klinke auf das Schnellschlußventil unterbunden werden.

6. Hilfsenergiequellen

Dampfturbinen brauchen Drucköl für die Regelung mit etwa 4 bis 6 atü und für die Lager mit 1,0 bis 1,5 atü. Es kommt vor, daß man zur Versorgung der Regeleinrichtung und der Lager je eine Ölpumpe vorsieht. Die Regel ist aber, daß jede Turbine nur eine Ölpumpe hat, die von der Hauptwelle angetrieben wird und alles Öl auf Steueröldruck bringt. Das nicht für die Regelung verbrauchte Öl wird gedrosselt und durch die Ölkühler in die Lagerölleitung gegeben. Diese Schaltung nach *Bild* 24 hat den Vorzug der Einfachheit. Der Verbrauch der Regelung im Beharrungszustand ist gering. Nur bei schnellen Regelvorgängen wird sehr viel Öl benötigt; bei großen Turbinen kann momentan ein Verbrauch von 200 m^3/h und mehr auftreten.

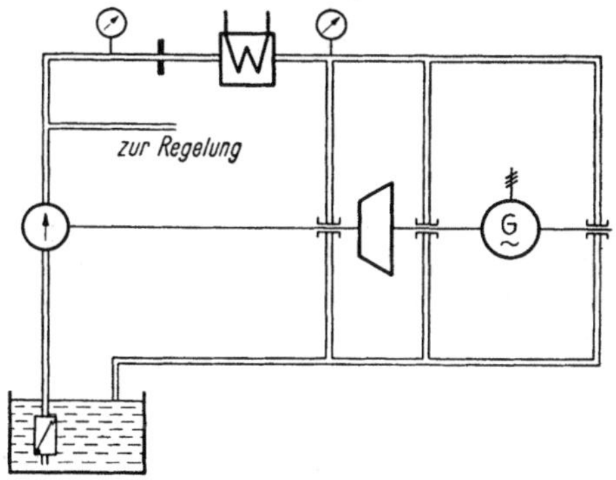

Bild 24. Schaltung der Ölversorgung einer Dampfturbine

Die von der Regelung *dauernd* benötigte Ölmenge setzt sich zusammen aus dem Verbrauch des Reglers und dem etwa vorhandener Druckregler sowie den Leckverlusten der Stellmotoren. Sie ist je nach der Konstruktion sehr verschieden. *Kurzzeitig* kann aber bei schnellen Schaltvorgängen ein ganz wesentlich höherer Ölbedarf auftreten. Er läßt sich nach dem Hubvolumen der Stellmotoren bei Zugrundelegen einer Schließzeit von 0,2 bis 0,3 s errechnen.

Die Hochdruckpumpe würde also sehr schlecht ausgenutzt sein, wenn man sie nicht für die Lagerölbeschaffung mitverwendete. Dann wird alles Öl auf Steueröldruck gebracht. Die Regelung verbraucht im normalen Betrieb nur einen kleinen Anteil, bei schnellen Regelvorgängen fast alles. Das jeweils überschüssige Öl fließt über eine Drosselstelle und den Ölkühler zur Lagerölleitung. Der überschüssige Druck kann hinter der Drosselstelle zum Teil als Druckabfall im Ölkühler zur Verbesserung des Wärmeüberganges nutzbar gemacht werden. Nur in ganz wenigen Fällen hat man die Regelung von Höchstdruckturbinen wegen der Stellkräfte für 20 bis 30 atü eingerichtet. Das bedingt allerdings eine besondere Pumpe für das Regleröl und eine zweite, die das Lageröl fördert. Die Hochdruckpumpe läuft dann die meiste Zeit mit sehr kleiner Fördermenge. Trotzdem hat man im Dampfturbinenbau bisher nicht zu der bei Wasserturbinen oft vorkommenden Lösung gegriffen, daß die Hochdruckpumpe für ganz kleine Leistung bemessen ist und auf einen Windkessel arbeitet, der bei Regelvorgängen die große Ölmenge liefert.

Zahnradpumpen. Früher war es allgemein üblich, das Öl mit Zahnradpumpen zu fördern, die von der Hauptwelle aus über ein Schnecken- oder Stirnradgetriebe angetrieben wurden. Sie haben den Vorzug, daß sie auch bei kleiner Drehzahl beim Anfahren und Auslaufen fördern. Trotzdem sind viele Hersteller von großen Turbinen dazu übergegangen, Kreiselpumpen als Hauptölpumpen zu verwenden, weil die benötigten Ölmengen und die Antriebsleistung für Zahnradpumpen zu groß geworden sind. Es ist von großem Vorteil, daß Kreiselpumpen mit 3000 U/min und mehr laufen können und daß man ihnen ohne zu große Druckabsenkung bei Regelvorgängen eine wesentlich größere Ölmenge als normal entnehmen kann. Der Druck einer Zahnradpumpe dagegen würde zusammenbrechen, wenn die normale Liefermenge überschritten wird.

Sicherung der Druckölversorgung. Zur Sicherstellung der Ölversorgung beim Anfahren, beim Auslaufen und bei Ausfall der Hauptölpumpe sieht man bei fast allen Turbinen eine Hilfsölpumpe mit Antrieb durch eine kleine Dampfturbine vor, die ebensoviel Öl fördern kann wie die Hauptpumpe. Daneben ist oft eine elektrisch angetriebene Hilfsölpumpe für die volle Ölmenge vorgesehen. Außerdem stellt man bei großen Turbinen noch in vielen Anlagen eine dritte Pumpe auf, die direkt in die Lagerölleitung fördert. Sie hat also nur 1,0 bis 1,5 atü zu überwinden. Sie wird durch einen Gleichstrommotor angetrieben, der an die Batterie des Kraftwerkes angeschlossen ist. Die Hilfsölpumpen sind meistens so eingerichtet, daß sie automatisch anlaufen, wenn aus irgendeinem Grund der Öldruck in den Turbinenleitungen fallen sollte. Bei manchen Anlagen, insbesondere auf Schiffen, stellt man Hochbehälter auf, die so viel Öl fassen, wie die Turbine für einen Auslauf braucht. Die Behälter sind immer gefüllt, wenn die Maschine läuft.

E. Drehzahlregelung

1. Allgemeines, Normalbetrieb

Die Regelstrecke im Drehzahlregelkreis der Dampfturbine schließt neben dem Maschinensatz selbst (Schwungmasse) auch das mit dem Generator gekuppelte Netz und den Kessel (Dampferzeuger) ein. Der Kessel wird dabei in den einfachsten Fällen von Hand geregelt; bei neuzeitlichen Großanlagen wendet man im allgemeinen die automatische Kesselregelung an, die sich aus mehreren gekoppelten Regelkreisen zusammensetzt (s. Kapitel 15). Neuerdings wird die Kesselregelung auch mit der Turbinenregelung gekuppelt (Blockregelung). Je nach der Bauart des Kessels und seiner Regelung hat er unterschiedliches dynamisches Verhalten und damit einen unterschiedlichen Einfluß auf die Turbinenregelung. Dabei ist zwischen kleinen und großen Leistungsänderungen zu unterscheiden. Im allgemeinen sind in einem von der Vorbelastung abhängigen begrenzten Bereich sehr schnelle Leistungsänderungen zulässig, während größere Leistungsänderungen nur mit begrenzter Änderungsgeschwindigkeit des Leistungsmittelwertes durchgeführt werden dürfen. Das zwischen Regelventil und Abdampfgehäuse eingeschlossene Dampfvolumen verursacht eine im allgemeinen geringe Verzögerung in der Regelwirkung. Besondere Verhältnisse liegen wegen der langen Verbindungsleitungen zum Kessel bei Maschinensätzen mit Zwischenüberhitzung vor.

Der Einfluß des elektrischen Netzes ist grundsätzlich unterschiedlicher Natur, je nachdem, ob es sich um Inselbetrieb oder Verbundbetrieb handelt (s. hierzu Kapitel 33). Im Inselbetrieb ist die Störgröße durch die Laständerungen im Verbrauchernetz gegeben; besonders ungünstige Fälle liegen in dieser Hinsicht bei selbständig arbeitenden Hüttenkraftwerken zur Speisung von Walzenstraßen vor. Im Verbundbetrieb ist die Störgröße dagegen durch die Netzfrequenzänderungen gegeben. Wenn keine Vordruckregelung vorhanden ist, ändert der Maschinensatz seine Leistung nach Maßgabe der geneigten Regelkennlinie des Reglers in Abhängigkeit von der Netzfrequenz. Dabei spielt auch die Unempfindlichkeit des Reglers eine Rolle; sie verhindert die genannte Leistungsänderung bei Frequenzänderungen innerhalb des Unempfindlichkeitsbereiches. Wenn ein Maschinensatz zur Übergabeleistungs-, Frequenz- oder zur kombinierten Frequenzleistungsregelung herangezogen wird (Parallelverschiebung der Regelkennlinie durch Betätigung des Drehzahlverstellmotors), richten sich die Leistungsänderungen nach der Intensität des vom übergeordneten Regler gegebenen Befehles und der Stellgeschwindigkeit des Drehzahlverstellmotors. Um unzulässige Überlastungen zu vermeiden, müssen unter Umständen Begrenzungseinrichtungen vorgesehen werden.

Da die mechanische Anlaufzeitkonstante der Dampfturbosätze im allgemeinen groß ist, reicht die schon aus Gründen der Lastverteilung erforderliche übliche Statik zur Stabilisierung der Regelung aus (Vorschaltturbosätze haben kleine Zeitkonstanten). Bei Vorschaltturbinen mit geringer Anlaufzeitkonstante darf die Statik nicht zu sehr verringert werden. Eine zusätzliche vorübergehende Statik wie bei Wasserturbinen (oder ein Differentialquotienteneinfluß) ist im allgemeinen nicht erforderlich.

2. Vollentlastungen

Vollentlastungen kommen im Betrieb von elektrischen Netzen z. B. infolge von Überstrom, Erd- und Kurzschlüssen und von Schaltfehlern vor. Sofort nach dem Abschalten soll im allgemeinen die Maschine wieder parallel geschaltet und belastet werden können. Die entlasteten Maschinen dürfen daher keinesfalls die Schnellschlußdrehzahl erreichen, weil man sie dann erst wieder hochfahren müßte, bevor parallel geschaltet werden könnte.

Das Abfangen einer plötzlich voll entlasteten Turbine ist die schwierigste Aufgabe der Turbinenregelung. Die mechanische Nennanlaufzeit(konstante) T_m von neuzeitlichen Hochdruckturbinen mit ihrem Generator liegt bei etwa 4 s, und es ist damit zu rechnen, daß sie sich im Zuge der Entwicklung der Generatoren noch verkürzen wird (T_m ist die Zeit, die der Läufer brauchen würde, um unter dem Einfluß des konstanten Nenndrehmomentes vom Stillstand bis zur Leerlaufdrehzahl hochzulaufen). Wenn so schnelle Turbinen abgefangen werden sollen, bevor sie die Schnellschlußdrehzahl erreicht haben, muß die Schließzeit der Regelventile sehr kurz sein (etwa 0,2 bis 0,3 s). Die Entwicklung geht wahrscheinlich dahin, daß man das Schließen der Ventile beim Hochlaufen sehr leichter Turbinen nicht mehr dem Drehzahlregler allein überlassen kann, sondern andere Größen in die Regelung einführen muß, die Schließzeiten ermöglichen, wie sie bisher nur an sehr guten Schnellschlußventilen vorkommen.

Bild 25 zeigt den Regelvorgang nach einer Vollentlastung (nach Oszillogrammen aufgezeichnet, die bei einem Abschaltversuch aufgenommen wurden).

Die Auslösung des Leistungsschalters leitet den Vorgang ein. Der Strom des Generators wird sofort Null, und im gleichen Augenblick – ohne Zeitverzug –

beginnt die Drehzahl zu steigen, denn das Lastmoment ist Null, während das Antriebsmoment noch in voller Größe wirkt. Die Drehzahl steigt nach einer Geraden, deren Neigung durch die Anlaufzeit des Maschinensatzes bestimmt ist. Dieser Zustand besteht so lange, wie die Regelventile nicht eingreifen. Es vergeht eine Totzeit T, während der man noch keine Verzögerung des Hochlaufens bemerkt. Dann beginnt in B der Schließvorgang. Die Ventilgeschwindigkeit steigt bis auf einen Höchstwert, der in C erreicht ist. Er hängt von den Querschnitten ab, die dem Öl im Schieber des Stellmotors zur Verfügung stehen, und vom Öldruck. Bei richtiger Ausbildung des Stellmotors bleibt die Geschwindigkeit auf dem Höchstwert, bis in D der Abschluß erreicht ist. Der Schließvorgang von A bis D dauerte bei dem als Beispiel gewählten Versuch etwa 0,5 s. Der Bedarf an Steueröl in dieser Zeit war etwa 200 m³/h. Obgleich die Hauptölpumpe eine Kreiselpumpe war, trat eine Absenkung des Steueröldruckes von 7 auf 3 atü ein. Als das Ventil in D auf seinen Sitz aufschlug, war der Ölverbrauch plötzlich fast Null; eine Druckspitze bis zu 13 atü wurde beobachtet.

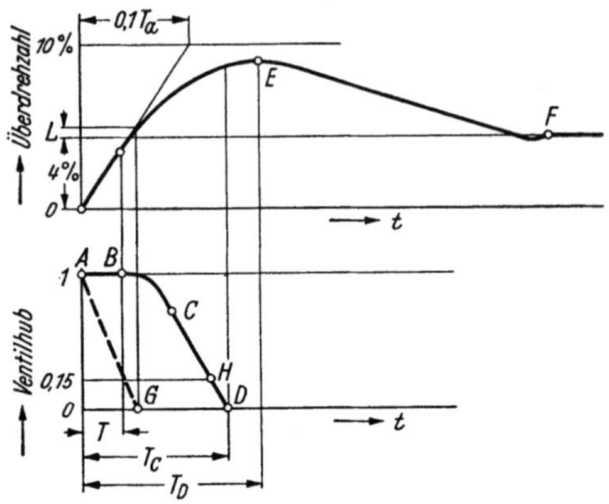

Bild 25. Drehzahlverlauf bei plötzlicher Vollentlastung einer Dampfturbine

Während das Ventil von B bis D läuft, ist die Drehzahl unter die Anstiegsgerade gefallen. Der Anstieg hört aber noch nicht auf, wenn die Ventile den Dampfstrom unterbrochen haben. Es befindet sich noch Dampf unter Druck in der Turbine; sein Arbeitsvermögen treibt die Drehzahl noch höher bis zum Punkt E. Von dort an fällt sie nach der Auslaufkurve der Maschine, bis nach einem leichten Unterschneiden in F die Leerlaufdrehzahl erreicht ist. Die Zeit T_D von O bis E ist zu 0,9 s gemessen worden. Bei Entnahmeturbinen muß man jedoch damit rechnen, daß Dampf aus den Entnahmeleitungen und Vorwärmern zurückkommt, bis die Entnahme-Schnellschlußventile geschlossen haben. Sie bekommen ihren Schließbefehl über eine Umschalteinrichtung erst von den Steuerventilen, wenn diese 85% ihres Hubes durchlaufen haben, im Punkt E. Infolgedessen wandert der Punkt E bei großen Kondensations- und Entnahmeturbinen mit ungesteuerten Entnahmen nach rechts aus. O bis E kann bis 3 s werden; die Drehzahl steigt meistens noch etwas an.

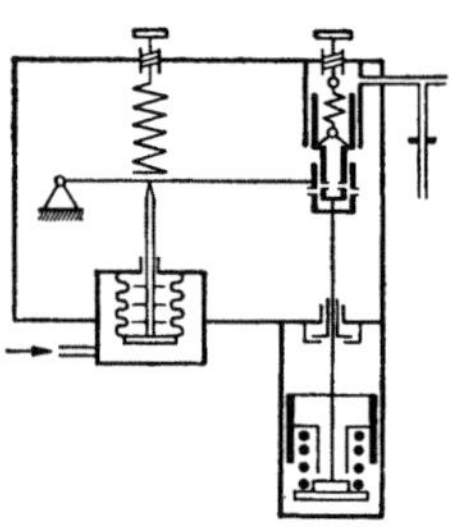
Bild 26. Hydraulischer Regler mit Bremskolben

Wenn die Schließbewegung der Ventile unverzögert einsetzte, würden sie, dem Drehzahlanstieg entsprechend, auf der Linie AG schließen. Maßnahmen zur Verbesserung müssen darauf abzielen, den Unterschied zwischen AG und $ABCD$ zu vermindern. Die Totzeit muß verkleinert und die Geschwindigkeit des Stellmotorkolbens muß gesteigert werden. Zu dem Zweck kann man bei schnellen Regelbewegungen in die Vorsteuerung eingreifen. In der Einrichtung nach *Bild* 26 erkennt man einen Bremskolben, der an den Folgekolben des Reglers angehängt ist. Er hindert bei schnellen Regelvorgängen den Folgekolben in seiner Schließbewegung. Die Hülse steuert über, und der Sekundäröldruck bricht bis auf Null zusammen. Der Schließvorgang der Ventile wird durch diese Einrichtung merkbar schneller, und die vorübergehende Drehzahlerhöhung kann um 1 bis 3% vermindert werden. Ein anderer Weg, der schon beschritten wurde, ist der, in die Verbindung zwischen Regler und Stellmotor einzugreifen. Das ist bei hydraulischen

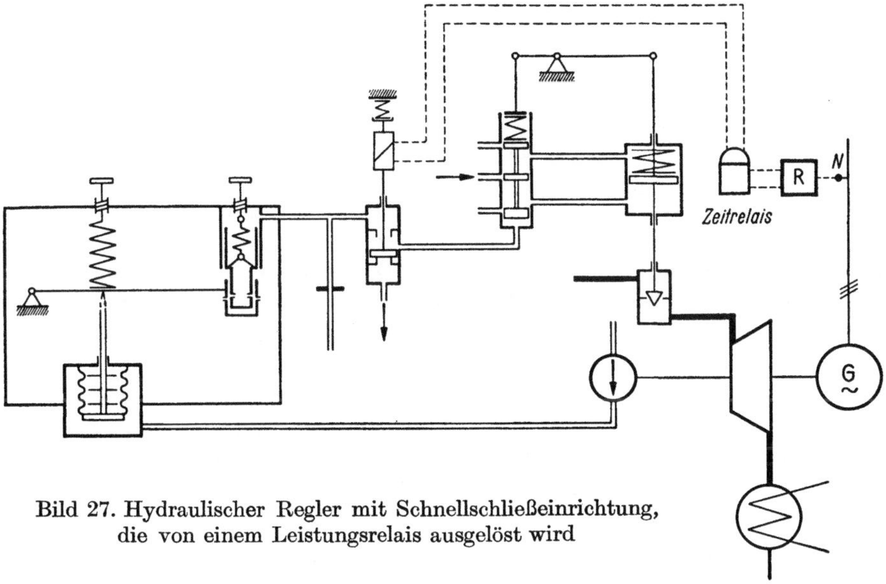

Bild 27. Hydraulischer Regler mit Schnellschließeinrichtung, die von einem Leistungsrelais ausgelöst wird

Regelungen auf einfache Weise möglich. Ein Leistungsmeßgeber, der auf $\mathrm{d}N/\mathrm{d}t$ anspricht, kann z.B. einen Schließbefehl auf ein Umsteuerrelais geben (*Bild* 27). Überschreitet dann die Belastungsänderung einen gewissen Betrag, so schaltet das Relais den Signalöldruck unter dem Steuerkolben des Stellmotors weg, und die Ventile schlagen zu. Nach einigen Sekunden, wenn der Regler bestimmt nachgekommen ist, schaltet das Relais wieder zurück in die Ausgangsstellung.

3. Parallelbetrieb

Wenn zwei Turbogeneratoren parallel laufen, so haben sie immer gleiche Drehzahl. Sie ändert sich, wenn eine Laständerung auftritt. Die beiden Turbinen beteiligen sich an der Änderung nach Maßgabe ihrer Regelkennlinien. Die Maschine mit der flacheren Kennlinie nimmt mehr Last auf. Die Lastverteilung wird mit Hilfe der Drehzahlsteller verändert, indem man die Kennlinie eines oder beider Regler verschiebt (*Bild* 28). Die Regelkennlinie K_1 der Maschine 1 hat die kleinere Statik. Beide Maschinen fahren zusammen die Ausgangslast $N_a = N_{1a} + N_{2a}$, und es möge $N_{1a} = N_{2a} = 1$ sein. Die Drehzahl ist n_a.

Ändert sich die Belastung auf $N_b < N_a$, so steigt die Drehzahl auf n_b, und zwar so weit, daß N_b gerade zwischen den beiden Kennlinien liegt. Man kann abgreifen, wieviel Last jede Maschine zieht (N_{1b} und N_{2b}); N_{1b} ist in dem Beispiel noch 0,5, während N_{2b} noch 0,75 ausmacht. Die Lastaufnahme von 1 hat sich entsprechend der flacheren Kennlinie mehr geändert als die von 2. Würde man noch weiter entlasten, so stiege die Drehzahl bis auf n_c. Dann wäre 1 ganz entlastet und 2 zöge die verbliebene Last allein.

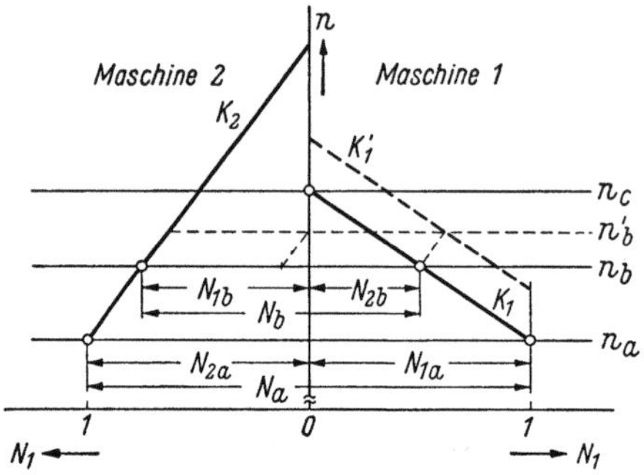

Bild 28. Lastverteilung auf zwei parallelfahrende Turbinen

Ist man mit der Lastverteilung, die sich im Fall b eingestellt hat, nicht zufrieden, so kann gleiche Last auf beiden Maschinen erreicht werden, indem z.B. die Kennlinie K_1 auf K_1' verschoben wird. Mit dem Drehzahlsteller beider Turbinen läßt sich die zu hohe Drehzahl n_b wieder auf n_a absenken.

Will man mit einer Turbine 1 die Spitzen ausfahren und mit einer Turbine 2 die Grundlast (d.h. Turbine 2 soll ihre Last möglichst wenig ändern), so gibt es dafür mehrere Möglichkeiten:

Die Kennlinie von 2 wird möglichst steil und die von 1 möglichst flach eingestellt. Im Grenzfall kann K_1 waagerecht sein: astatische Regelung. Wenn sich vorher 2 noch etwas an den Laständerungen beteiligte, bleibt sie unbeeinflußt, wenn 1 einen astatischen Regler hat. Aber nur eine Maschine eines Netzes darf einen astatischen Regler haben.

Auch mit Hilfe der Leistungs- oder Öffnungsbegrenzung (s. Abschnitt D 5c) läßt sich die Beteiligung von 2 an den Laständerungen verhindern. Man stellt an 2 einen Ventilhub ein, der der Leistung entspricht, die die Turbine fahren soll, und man stellt außerdem die Kennlinie mit Hilfe der Drehzahlverstellung so hoch, daß der Regler die Ventile nur bei großem Drehzahlanstieg betätigen kann. Dieses Verfahren hat den Vorzug, daß man nichts an der Einstellung des P-Bereiches von 2 zu ändern braucht. Der Dampfdurchsatz bleibt unverändert, solange der Zudampfdruck gehalten wird.

F. Druckregelung

1. Vor- und Gegendruckregelung

Man kann entweder den Dampfdruck vor der Turbine oder hinter ihr durch einen Regler halten lassen, der die durchgesetzte Dampfmenge gleich der anfallenden bzw. gleich der benötigten einstellt. Der Druckregler gibt Befehle auf den Drehzahlregler und verschiebt seine Kennlinie so, daß die richtige Dampfmenge durchgesetzt wird, oder er verkleinert die Öffnung der Regelventile im richtigen Maß, die der hochgestellte Drehzahlregler ganz öffnen würde. Bei der *Gegendruckregelung* (*Bild* 29) läßt der Druckregler so viel Dampf durch die Ventile strömen, daß die durchgelassene Dampfmenge gerade gleich der im Dampfnetz verbrauchten ist. Bei der *Vordruckregelung* (*Bild* 30) wird mit Hilfe der Turbine der Dampfdruck des den Zudampf liefernden Netzes oder Kessels auf gleicher Höhe gehalten.

Sie wird in neuzeitlichen Anlagen oft ausgeführt, da es für die Kesselführung sehr erwünscht ist, wenn der Dampfdruck nicht mit der Belastung schwankt. Andererseits ist es, wenn ein Vordruckregler eingebaut ist, möglich, die erzeugte Leistung allein durch Ändern der Feuerführung der Kessel einzustellen. Ein Leistungsregler, der auf die Feuerführung einwirkt, kann die Erzeugung dem Verbrauch im elektrischen Netz ohne menschliches Zutun anpassen. Wenn es erwünscht ist, daß der Vordruck in einem bestimmten Verhältnis oder in einer bestimmten Abhängigkeit zum Gegendruck der Turbine gehalten wird, so läßt sich diese Aufgabe durch einen Druckregler mit zwei Meßwerken lösen: *Verhältnisdruckregelung* (s. auch Kapitel 21).

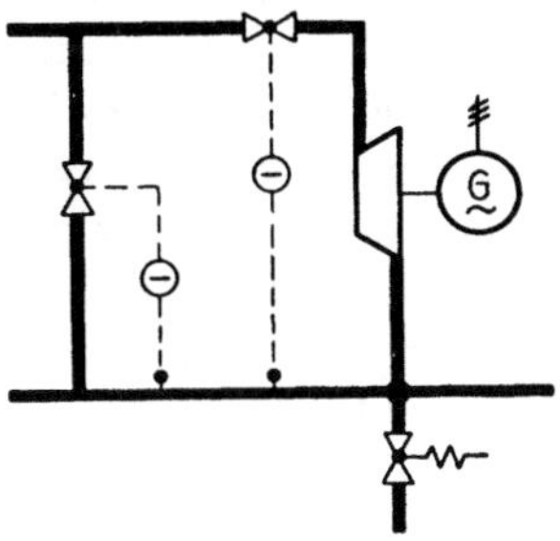

Bild 29. Turbine mit Gegendruckregelung und parallelgeschaltetem Reduzierventil

Auf Dampfdruck geregelte Turbinen geben immer die Leistung ab, die sie aus dem gerade von der Regelung eingestellten Dampfdurchsatz herausholen. Sie wird fast nie mit der dann im Netz benötigten übereinstimmen. Deshalb müssen diese Turbinen immer mit einer anderen parallel fahren, die die zusätzlich erforderliche Leistung erzeugt und die Frequenz hält. In vielen Anlagen übernimmt ein fremdes Netz diese Funktion. Wird die Anlage jedoch selbständig gefahren, so muß eine Kondensationsturbine neben der Turbine, die mit dem Dampfnetz gekoppelt ist, betrieben werden, oder man gibt dieser Turbine einen Kondensationsteil auf gleicher Welle. Diese Anordnung hat den Vorzng, daß nur ein Generator benötigt wird; man kann sie aber nur dann ausführen, wenn die Leistung nicht zu groß ist.

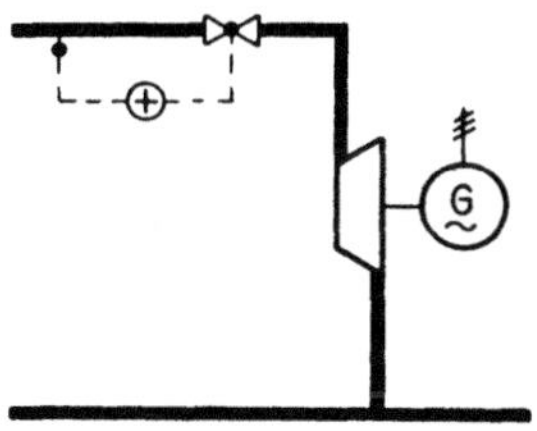

Bild 30. Turbine mit Vordruckregelung

2. Entnahmedruckregelung

An den Turbinengehäusen können Entnahmestellen vorgesehen werden, aus denen im Laufe der Expansion Dampf entnommen werden kann. Ebenso läßt sich an solchen Stellen Dampf aus einem zweiten Dampfnetz zur Verarbeitung in die Turbine einführen. Der Dampfdruck in der Turbine ändert sich aber mit der durchgesetzten Dampfmenge. Wenn der Druck an der Entnahmestelle konstant sein soll, muß der Dampf in der Turbine im richtigen Ausmaß angestaut werden. Dazu braucht man besondere Ventile. Ebenso muß der Dampf durch besondere Regelventile in die Turbine eingelassen werden, wenn der Dampfdruck in einem Netz gehalten werden soll, in dem der Dampf in veränderlicher Menge anfällt.

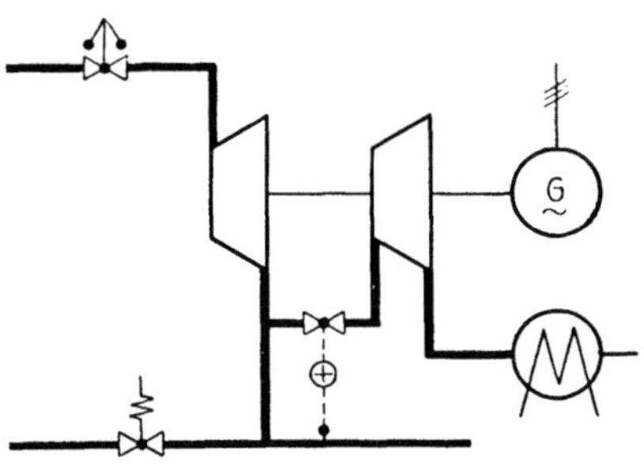

Bild 31. Turbine mit einfacher Entnahmedruckregelung

Die *Entnahmedruckregelung* ist in einfachster Form so möglich, daß der Drehzahlregler die Zudampfventile verstellt und der Druckregler die Entnahmeventile (*Bild* 31).

Diese Methode hat den Nachteil, daß jede Änderung der Drehzahl oder der Entnahmemenge beide Regler in Bewegung setzt. Oft kommt das System erst nach vielen Schwingungen zur Ruhe. Der Druckregler braucht große Stellzeit; für schnelle Vorgänge ist das Verfahren nicht geeignet. Bedeutend bessere Verhältnisse erreicht man durch eine kombinierte oder *Verbundregelung*, die man oft, aber nicht ganz korrekt, als Gleichwertregelung bezeichnet (*Bild* 32). Hierbei werden die Signale des Drehzahlreglers und des Druckreglers so zusammengeführt, daß beide Regler auf beide Stellglieder (Zudampfventile und Entnahmeventile)

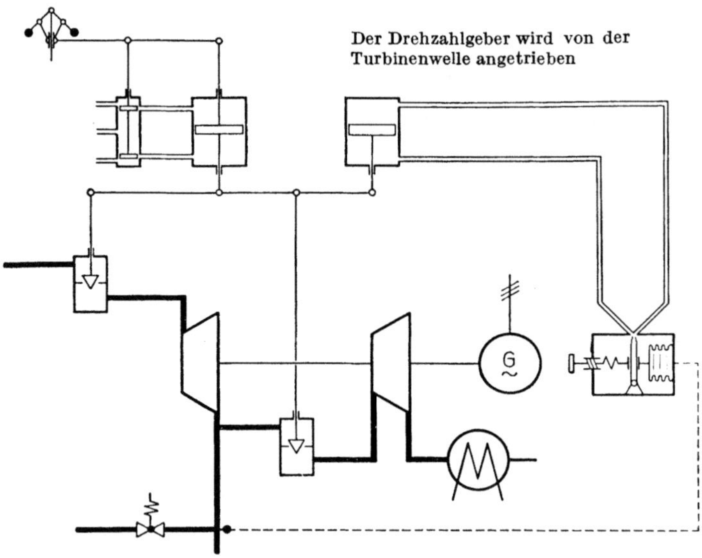

Bild 32. Entnahmeturbine mit Verbundregelung (Gestängeübertragung)

einwirken können. Schaltet man nun so, daß der Drehzahlregler beide Ventile im gleichen Sinne, der Druckregler sie aber entgegengesetzt verstellt, so läßt es sich mit guter Annäherung erreichen, daß der Drehzahlregler bei Änderungen des Dampfdruckes nicht einzugreifen braucht; ebenso wird der Druckregler bei Änderungen der Drehzahl nicht bewegt. Die Regelung muß so ausgelegt sein, daß die Summe der Leistungen der einzelnen Turbinenteile immer gleich der benötigten ist, ganz gleich, von welcher Seite eine Störung eingeht.

Die konstruktive Ausbildung von Turbinen mit mehreren geregelten Dampfdrücken ist oft nicht einfach. *Zweifach-Entnahmeturbinen* werden heute fast ausnahmslos mit Verbundregelung ausgeführt. Verwendet man Gestänge zur Übertragung der Impulse von den Reglern auf die Ventile, so wird ein recht beträchtlicher Aufwand nötig. Bei der Anordnung nach *Bild* 33 wird die Änderung der *Drehzahl* so übertragen, daß alle Ventile im gleichen Sinne folgen; ändert sich der *Druck* an einer der beiden Entnahmestellen, so betätigt der zugehörige Druckregler das dazugehörige und die folgenden Entnahmeventile in einem Sinne und die in Dampfrichtung davor liegenden Ventile im anderen Sinne. Die Übersetzung der Ventilhübe muß so sein, daß die Leistung der Turbine von Änderungen der Entnahmedrücke möglichst nicht beeinflußt wird.

Mehrfach-Entnahmeturbinen mit Regelgestänge verschwinden oft geradezu unter den Stangen und Hebeln. Sie werden viel einfacher, wenn man bei einer derartigen Verbundregelung das Gestänge so klein ausführt, daß es in einer frei-

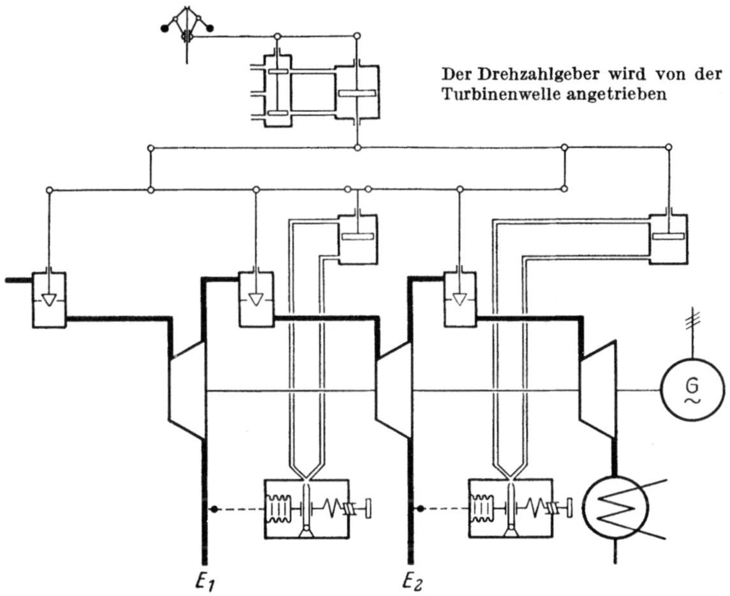

Bild 33. Zweifachentnahmeturbine mit Verbundregelung (Gestängeübertragung)

stehenden Reglersäule untergebracht werden kann. Zur hydraulischen Übertragung der Impulse zu den einzelnen Stellmotoren ist dann nur je eine dünne Ölleitung erforderlich (*Bild* 34).

Einige Hersteller von Dampfturbinen ziehen es vor, die Verbundregelung statt durch ein Gestänge rein hydraulisch durch ein System von Stufenkolben zu verwirklichen. Sie werden an der Stelle der eben erwähnten Reglersäule eingebaut und zu einem *Druckwandler* zusammengefaßt. Durch Zusatzsteuerkanten lassen sich Sonderbedingungen in die Regelung einführen, die die Grenzzustände betreffen. Ist z.B. der Hochdruckteil voll beaufschlagt, so kann eine Drehzahlregelung nur weitergeführt werden, wenn man den Entnahmedruck freigibt, d.h. mit dem Gefälle der Entnahmeventile arbeitet. Man kann die Steuerkanten so einrichten, daß sie die Freigabe automatisch besorgen. Außerdem ist es möglich, durch geeignete Ausbildung den Proportionalbereich zu beeinflussen, wenn die Regelung außerhalb des eigentlichen Regelbereiches arbeitet.

3. Druckregelung bei Entnahme-Gegendruckturbinen

Wenn bei diesen Turbinen nicht verlangt wird, daß der Gegendruck gehalten werden soll, unterscheidet sich ihre Regelung nicht von der Entnahme-Kondensationsturbine. Das Gegendrucknetz muß in der Lage sein, jede anfallende Dampfmenge aufzunehmen.

Soll aber außer dem Entnahmedruck auch noch der Gegendruck geregelt werden, so kann die Turbine nur parallel mit einem Netz gefahren werden, das die noch fehlende Leistung liefert oder den Überschuß aufnimmt und die Frequenz

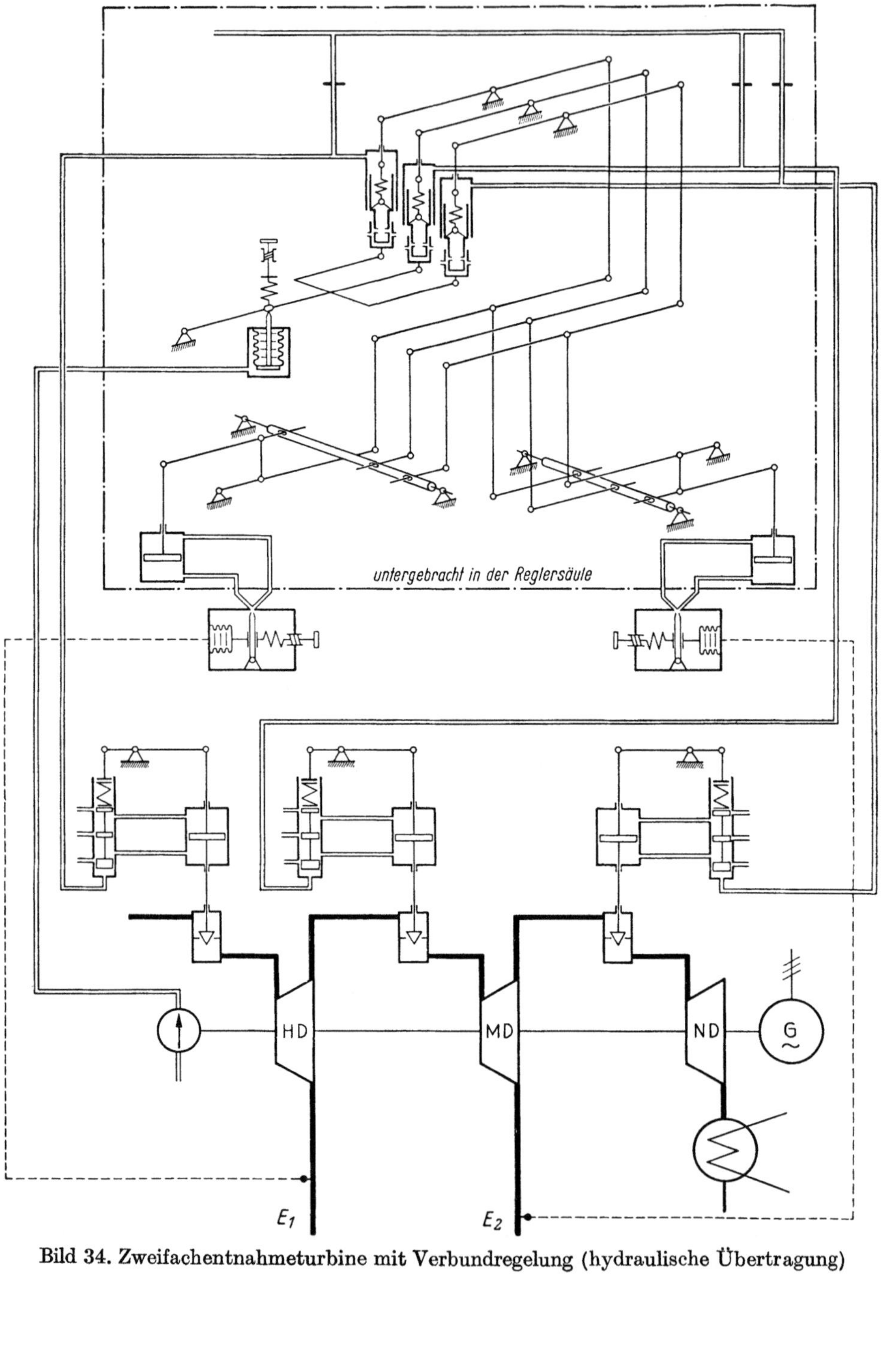

Bild 34. Zweifachentnahmeturbine mit Verbundregelung (hydraulische Übertragung)

hält. Der Gegendruckregler muß die Zudampfventile und die Entnahmeventile im gleichen Sinne verstellen. Der Entnahmedruckregler bekommt nur Einfluß auf die Zudampfventile. Änderungen der Entnahmemenge sollen ohne Änderung der

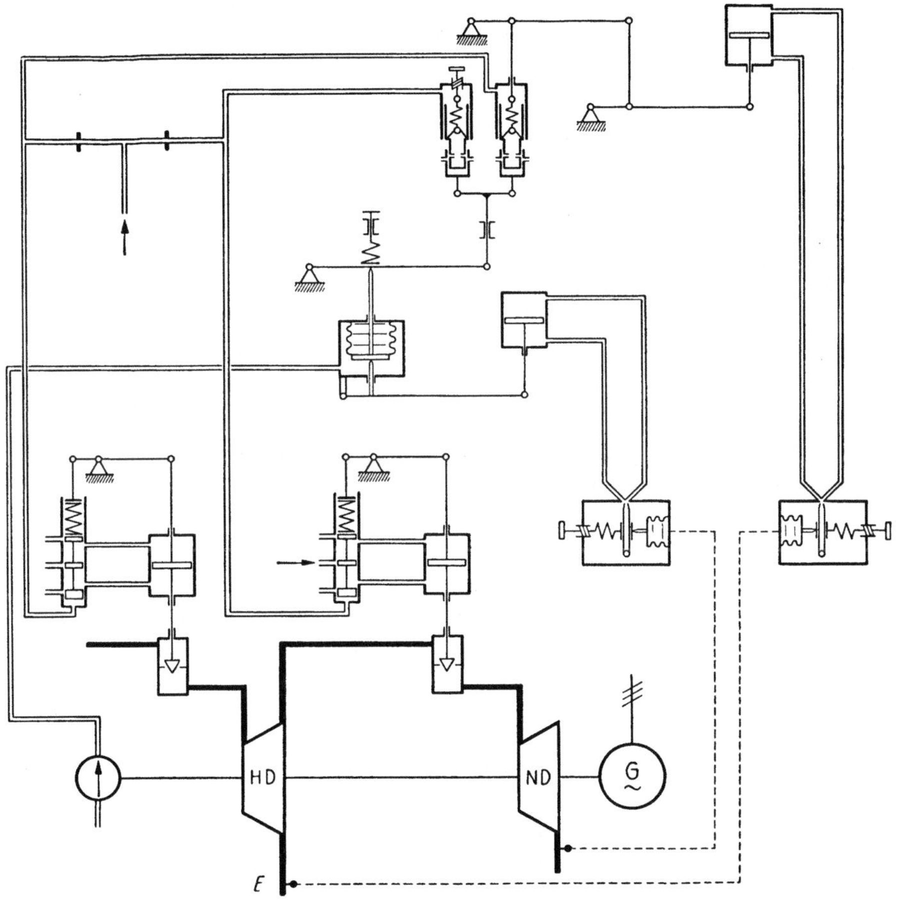

Bild 35. Entnahme-Gegendruckturbine (hydraulische Übertragung)

Gegendruckdampfmenge ausgeregelt werden. Die bauliche Ausführung dieser Regelung ist mit Gestänge möglich. Einfacher ist sie mit hydraulischer Übertragung (*Bild* 35).

4. Druckregelung bei Zweidruckturbinen

Man kann hier mehrere Fälle unterscheiden: Die in einer Abdampfleitung anfallende Dampfmenge soll so verarbeitet werden, daß der Druck gehalten wird. Die fehlende Leistung muß durch Frischdampf gedeckt werden. Die Verhältnisse liegen umgekehrt wie bei der Regelung einer Entnahmeturbine. Damit der Abdampf bevorzugt verarbeitet wird, werden Anschläge in das Regelgestänge eingebaut (*Bild* 36).

Wenn an einem Dampfnetz, das an die Entnahmestelle einer Turbine angeschlossen ist, Verbraucher hängen, es aber auch den Abdampf von anderen Maschinen, z.B. Fördermaschinen, aufnimmt, so bekommt die Turbine, die den

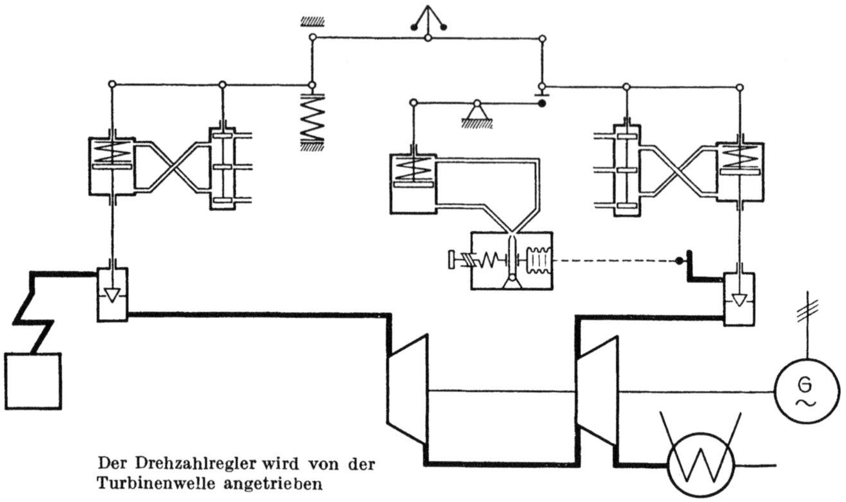

Bild 36. Zweidruckturbine mit bevorzugter Verarbeitung des Niederdruckdampfes

Druck in diesem Netz halten soll, eine Regelung wie eine Entnahmeturbine; denn Dampfzufuhr an der Entnahmestelle ist negative Entnahme. Die Abdampfverwertung in der Turbine bei großem Anfall und die Entnahme aus der Turbine bei überwiegendem Bedarf des Netzes gehen stufenlos ineinander über. Die fehlende Leistung muß aus Frischdampf gedeckt werden.

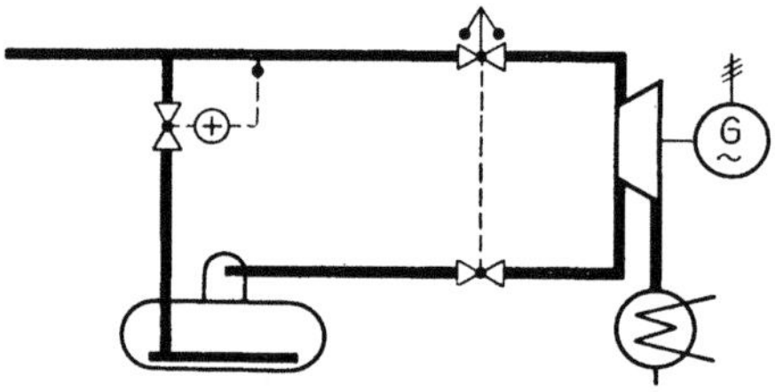

Bild 37. Regelung einer Zweidruckturbine mit Ruth-Speicher

Bei stoßweiser Belastung, z.B. beim Betrieb elektrischer Bahnen, wird die Leistung zunächst aus Frischdampf erzeugt. Treten Stöße größeren Ausmaßes auf, so zieht man Speicherdampf mit zur Deckung des Bedarfes heran, der aus Gefällespeichern entnommen wird. Der Kesseldruck soll nicht zu weit absinken. Die Speicher werden in Zeiten kleiner Last wieder aufgeladen. Der Drehzahlregler beherrscht beide Ventile. Die Speicherdampfventile sind so angeordnet wie die Überlastventile normaler Regelungen. Dabei ist es unbedeutend, ob der Speicherdampf in die erste Stufe der Turbine eintritt, wie es in *Bild* 37 gezeichnet ist, oder ob er in eine spätere Stufe eingeführt wird.

5. Druckregelung an Pumpen und Kompressoren mit Turbinenantrieb

Die Regelung dieser Kreiselmaschinen unterscheidet sich im Prinzip nicht von der der Gegendruckturbinen, wie sie vorstehend beschrieben wurde, solange nur verlangt ist, daß der Förderdruck konstant gehalten werden soll. Allerdings wird nicht die Drehzahl auf gleicher Höhe gehalten wie bei Turbinen, die einen Drehstromgenerator antreiben, denn man will die Lieferung ja gerade durch Verändern der Drehzahl beeinflussen. Führt man das Signal des Druckreglers auf den Drehzahlregler, der fast immer vorhanden ist, so muß er für einen großen Verstellbereich eingerichtet sein. Die hydraulischen Regler sind für diesen Zweck besonders gut geeignet. Wenn man sie verwendet, kommt man meistens ohne Sonderausführung aus.

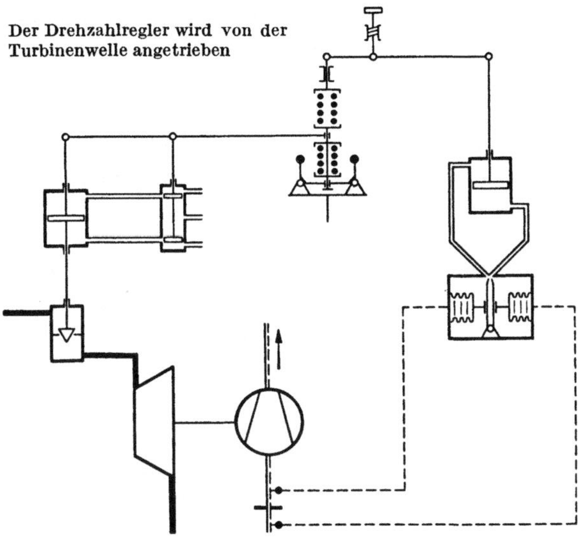

Bild 38. Regelung des Förderstromes eines Verdichters mit Antrieb durch eine Dampfturbine

In vielen Fällen, besonders bei Kesselspeisepumpenantrieb, soll jedoch nicht der Förderdruck gehalten werden, sondern ein Differenzdruck. Das kann z.B. der Druck in der Speiseleitung vor und hinter dem Speiseventil sein. Die Konstanthaltung der Druckdifferenz am Speiseventil bedeutet, daß die Wassergeschwindigkeit im Ventil bei jedem Durchfluß die gleiche Größe hat. Das ist für das einwandfreie Arbeiten dieser vom Wasserstand des Kessels beeinflußten Ventile sehr wichtig.

Nimmt man den Differenzdruck als Wirkdruck einer in die Leitung eingebauten Meßblende ab, wie es in *Bild* 38 für das Beispiel eines Verdichters gezeigt ist, so kann auf einfache Weise der Förderstrom geregelt werden (*Bild* 8). Die Kennlinienverschiebung am Drehzahlregler wird in solchen Fällen meistens nicht über die normale Drehzahlverstelleinrichtung vorgenommen. Zur besseren Anpassung der Stellzeit an die Zeitkonstanten der Anlage sieht man lieber einen hydraulischen Stellmotor vor.

G. Regelungen bei besonderen Turbinenarten

1. Turbinen mit großem Regelbereich

Die üblichen Regelungen werden so ausgeführt, daß man die Reglerkennlinie mit Hilfe der Drehzahlverstelleinrichtung um 15 bis 20% verschieben kann. Das ist bei mechanischen (Fliehkraft-)Reglern die größte Verstellmöglichkeit, die sich normalerweise einrichten läßt. Mit hydraulischen Reglern kommt man ohne besondere Vorkehrungen zu einem Verhältnis $n_{\max} : n_{\min} = 2 : 1$. Wenn die Turbinen Pumpen oder Kompressoren antreiben, reicht diese Verstellmöglichkeit meistens aus. Soll die Turbinendrehzahl noch weiter veränderbar sein, wie es z.B. beim Antrieb von Papiermaschinen vorkommt, so wird zwischen die Turbinenwelle und das Reglermeßwerk ein Übersetzungsgetriebe eingebaut, das die Reglerdrehzahl gegenüber der Turbinendrehzahl erhöht oder vermindert. Es ist zweckmäßig, das Getriebe so auszuführen, daß seine Übersetzung im Betrieb stufenlos verändert werden kann.

Für solche Antriebe sind mehrfach JAHNS-THOMA-Pumpen verwendet worden. Dabei ist meistens nur die eine der beiden Pumpen zum Verändern ihres Förderstromes im Betrieb schwenkbar. Die andere, die als Motor läuft und einen Fliehkraftregler antreibt, wird nur einmal eingestellt. Mit dieser Einrichtung erreicht man eine Drehzahlregelung im Verhältnis 5 : 1. Mit einer zweiten Pumpe, die der ersten zusätzlich parallel geschaltet wird und deren Förderstrom bis auf Null zurückgestellt werden kann, kommt man bis auf das Verhältnis 25 : 1 (*Bild* 39 a zeigt ein Schema).

Regelungen mit noch größerem Bereich und der tiefsten Drehzahl in der Nähe von Null sind möglich, wenn man dem Reglermotor zusätzlich Öl aus einer fremden Quelle zuführt. In *Bild* 39 b ist das die Zahnradpumpe P, die durch einen

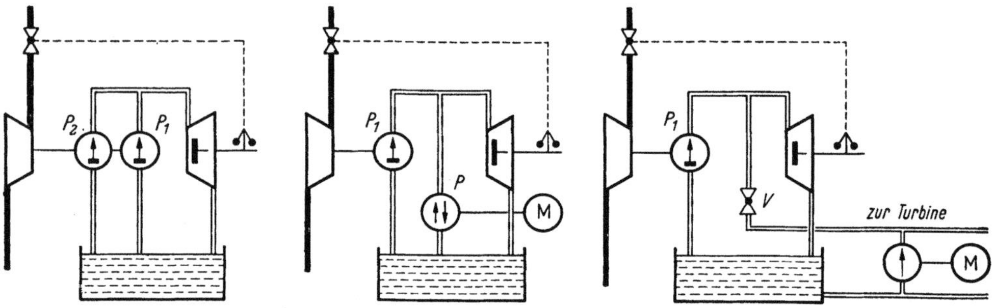

a) Zwei JAHNS-THOMA-Pumpen arbeiten auf den Ölmotor, der den Regler antreibt

b) Zuführung oder Abführung von Öl aus der Pumpendruckleitung durch eine besondere Pumpe

c) Zuführung von Öl aus der Steuerölleitung der Turbine

Bild 39. Turbine mit großem Regelbereich

Motor mit regelbarer Drehzahl angetrieben wird. Sie ist groß genug, um so viel Öl zu fördern, daß der THOMA-Motor den Regler auf volle Drehzahl bringt, auch wenn die Turbine steht, so daß die Regelventile schließen. Mit einer solchen Einrichtung kann man die Turbine dann auch anfahren. Läßt man die Pumpe P umgekehrt laufen, so daß sie vor dem Motor Öl abzieht, das die Reglerpumpe schon gefördert hat, kann man die Drehzahl der Turbine auf den höchsten für sie zulässigen Wert steigern. Regelung im Verhältnis 100 : 1 und mehr ist auf diese Weise möglich. Dabei ändert sich der Proportionalbereich in erwünschter Weise (*Bild* 39 b). Fremdöl kann auch so zugeführt werden, daß man es aus der Druckleitung der Turbinenölpumpe entnimmt (*Bild* 39 c). Das Ventil V ermöglicht es, die zugeführte Ölmenge nach Belieben einzustellen zwischen einem Höchstwert, der von der Fördermenge der Pumpe P_1 abhängt, und einem Kleinstwert in der Nähe von Null. Eine Erweiterung des Regelbereiches nach oben läßt sich unschwer erreichen; man braucht nur kleine Ölmengen durch ein Ventil aus der Verbindungsleitung zwischen Reglerpumpe und Motor abströmen zu lassen.

2. Turbinen mit Zwischenüberhitzung

In neuester Zeit werden in zunehmendem Maße Turbinen mit Zwischenüberhitzung des Dampfes aufgestellt. Es sind ausnahmslos große Mehrgehäuseturbinen. Der Dampf tritt mit der höchsten vorgesehenen Temperatur in das erste Turbinengehäuse ein, wird in ihm auf einem mittleren Druck (40 bis 60 atü) entspannt, wird zum Kessel zurückgeführt, wo seine Temperatur ganz oder fast auf den Anfangswert gebracht wird, und strömt dann zum zweiten Gehäuse, in dem er bis auf den Kondensatordruck entspannt wird (*Bild* 40).

Die Regelung bereitet im Beharrungszustand keine Schwierigkeiten. Die Hochdruckventile sind für die Regelung ausreichend. Treten aber Belastungsänderungen auf, die eine etwas größere Änderung der Dampfmenge erfordern, so wirkt sich das große Dampfvolumen, das sich in den Leitungen zum und vom Zwischenüberhitzer und in ihm selbst befindet, sehr störend aus, weil es dem Einfluß des Reglers entzogen ist. Bei Belastungen muß der Zwischenüberhitzerraum erst aufgeladen sein, ehe die Turbine wieder ins Gleichgewicht kommt. Das dauert eine gewissse, gar nicht kurze Zeit, und die Drehzahl kann inzwischen unzulässig weit abfallen, wenn die Maschine allein fährt. Bei Entlastung treibt die Dampfmenge des Zwischenüberhitzers die Drehzahl weit hinauf. Es nützt gar nichts, daß der Überdrehzahlregler die Schnellschlußventile schließt. Dann ist wohl der Frischdampf abgesperrt, aber der im Zwischenüberhitzer befindliche Dampf expandiert weiter: Die Turbine geht durch.

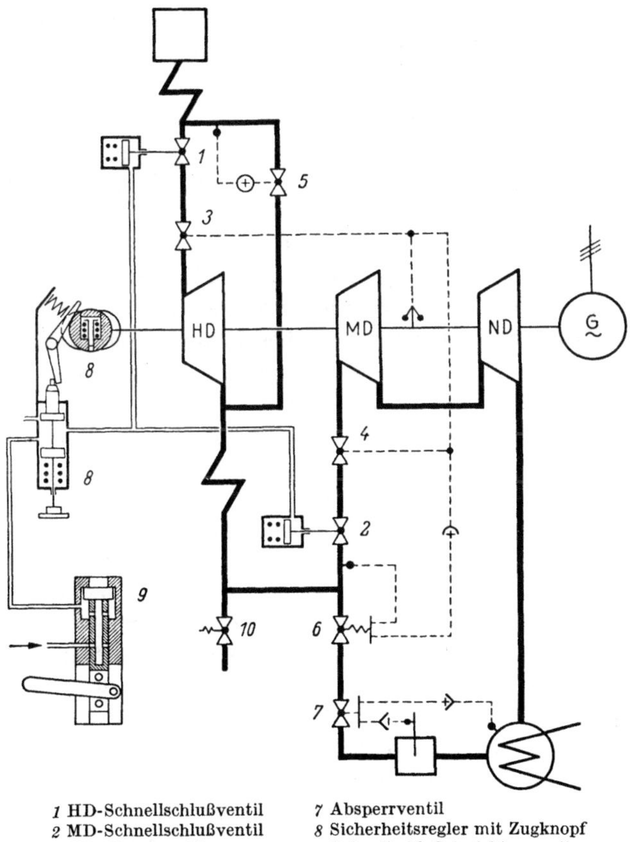

1 HD-Schnellschlußventil
2 MD-Schnellschlußventil
3 HD-Steuerventil
4 MD-Steuerventil
5 Überströmventil
6 Abblasventil
7 Absperrventil
8 Sicherheitsregler mit Zugknopf
9 Schnellschlußeinrichtung mit Handsteuerhebel
10 Sicherheitsventil

Bild 40. Turbine mit Zwischenüberhitzung; Regelung und Hilfsventile

Turbinen mit Zwischenüberhitzung sind deshalb sehr wenig geeignet, Belastungsschwankungen aufzunehmen. Mit Rücksicht auf die Betriebssicherheit ist es unbedingt erforderlich, daß dort, wo der vom Zwischenüberhitzer zurückkommende Dampf wieder in die Turbine eintritt, ein zweites Schnellschlußventil angeordnet wird. Es muß so verblockt sein, daß das Hochdruck-Schnellschlußventil erst geöffnet werden kann, wenn das Mitteldruck-Schnellschlußventil bereits geöffnet ist. Außerdem muß vor der MD-Turbine ein Regelventil vorgesehen werden. Das Ventil bekommt oft noch eine zusätzliche Aufgabe, die durch den Betrieb des Kessels und des Zwischenüberhitzers bedingt ist. Turbinen mit Zwischenüberhitzung werden fast immer in Blockschaltung betrieben. Zu einer Turbine gehört dann ein Kessel. Die neuzeitlichen Kessel können aber nicht unter einer gewissen Last betrieben werden; diese Last muß also mindestens entnommen werden. Außerdem soll auch beim Anfahren genügend Dampf zur Kühlung durch den Zwischenüberhitzer gehen, und es ist wegen des Wärmeüberganges erwünscht, wenn der Druck im Zwischenüberhitzer nicht gar zu niedrig ist. Diesen Anforderungen kann man durch entsprechende Ausbildung des Regelventils vor dem zweiten Gehäuse nachkommen. Weiterhin wird ein Abblasventil vorgesehen, das Dampf aus dem Zwischenüberhitzer direkt in den Kondensator abführen kann. Es ist als Sicherheitsventil eingerichtet, aber nicht, wie üblich, für konstanten Abblasdruck. Durch einen dem Dampfdruck entgegenwirkenden Ölkolben wird erreicht, daß der Abblasdruck immer um einen bestimmten Betrag höher ist als der jeweilige Betriebsdruck vor der Mitteldruckturbine. Beim Anfahren der Turbine ermöglicht das Ventil die Vergrößerung der Kesseldampflieferung auf ihren Mindestwert, bei Vollentlastung der Turbine führt es Dampf aus dem Zwischenerhitzer ab unter Umgehung des zweiten Turbinenteiles.

Die Regelung ähnelt in dieser Form der einer Zweidruckturbine. Wenn die Betriebsverhältnisse es erfordern, die Turbine zur Aufnahme von Laststößen besser geeignet zu machen, so muß der Zwischenüberhitzer vor dem Laststoß bis auf den höchsten für ihn zulässigen Druck aufgeladen werden. Weitere Verbesserung der Regelung der Turbine bei Lastaufnahme ist möglich durch Einrichtung von Überlastungsmöglichkeiten nach bekannten Methoden. Man kann z.B. Frischdampf direkt vor den zweiten Turbinenteil geben, so daß der Zwischenüberhitzer überbrückt ist. Der Inhalt des Zwischenüberhitzers läßt sich besser heranziehen, wenn der zweite Turbinenteil Überlastventile bekommt. Sie können gegebenenfalls durch Stufenüberbrückung besonders wirksam gemacht werden.

Die Entwicklung geht dahin, daß in absehbarer Zeit größte Maschineneinheiten gebaut werden, bei denen der Dampf nicht einmal, sondern zweimal für die Zwischenüberhitzung zum Kessel zurückgeführt wird. Bei ihnen treten die Schwierigkeiten, die durch den großen Dampfinhalt der Zwischenüberhitzer und der Rohrleitungen entstehen, in verstärktem Maße auf.

3. Schiffsantriebsturbinen

Schiffsantriebsturbinen mit selbsttätiger Drehzahlregelung sind selten, weil bei normaler Fahrt im freien Wasser kein Bedürfnis dafür vorliegt. Auch möchte man den mit einer Regelung immer verbundenen Drosselverlust vermeiden. Im Revier wird viel manövriert, so daß man keine Automatik brauchen kann.

Auf See stellt man eine Ventilstellung ein, nach Möglichkeit volle Öffnung, und hält den Dampfdruck konstant, was mit neuzeitlichen Kesselregelungen, wie man sie heute auf Schiffen hat, leicht möglich ist (vgl. Kapitel 15).

Zur Begrenzung der Drehzahl nach oben wird ein Drehzahlregler eingebaut, der als Grenzregler arbeitet. Er fängt die Turbine auf der höchsten Betriebsdrehzahl ab, wenn sie plötzlich entlastet wird. Das kommt vor, wenn die Schraube bei starkem Seegang zeitweise aus dem Wasser taucht. Grundsätzlich unterscheidet sich dieser Grenzregler nicht von den sonst verwendeten mechanischen oder hydraulischen Drehzahlreglern. Als letzte Sicherheit ist ein

Bild 41. Dreigehäusiger Turbosatz mit Zwischenüberhitzung 70 MW, 3000 U/min

Sicherheitsregler vorhanden, der bei der höchsten zulässigen Überdrehzahl anspricht und die Turbine stillsetzt.

Bild 42. Zweifach-Entnahme-Kondensationsturbine, 8000 U/min
(im Vordergrund die Regeleinrichtung)

H. Quellenhinweise

[1] Stodola, A.: Dampf- und Gasturbinen, 5. Aufl. Berlin: Springer 1922.

[2] Danninger, P.: Die Dampfturbinen-Regelung. München: Oldenbourg 1934.

[3] Dietzel, F.: Dampfturbinen. Berlin, Braunschweig, Hamburg, Kiel: Westermann 1950.

[4] Technische Richtlinien für Dampfturbinensteuerungen. Hrsg. Vereinigung Deutscher Elektrizitätswerke (VDEW) 1940.

[5] Recommended specification for governing of steam turbines intended to drive electric generators. Hrsg. Amer. Inst. electr. Eng. (AIEE) und Amer. Soc. mech. Eng. (ASME) Committee. 1. Mai 1949.

20. Wasserturbinen

Von **W. Roth**

Inhaltsübersicht

A. Überblick

1. Regelkreis

Die regelungstechnische Betrachtung einer Wasserturbine muß sich im allgemeinen auf die gesamte Anlage von der *Wasserfassung* über das hydraulische *Rohrsystem* und den *Maschinensatz* bis in das elektrische *Netz* erstrecken (*Bild* 1). Diese Verhältnisse verlangen eine enge Zusammenarbeit aller an der Projektierung von neuen Anlagen beteiligten Ingenieure [*1*, *2*, *57*].

Meistens wird dem Turbinenregler die Wellendrehzahl des Maschinensatzes oder eine ihr entsprechende elektrische Abbildungsgröße als Eingangsgröße zugeführt, in selteneren Fällen die elektrische Frequenz des Synchrongenerators (wichtigste Generatorart für die elektrische Energieerzeugung). Der Turbinenregler betätigt das *Stellglied* (bzw. die Stellglieder) der Turbine und bewirkt auf diese Weise eine Änderung der *Turbinenbeaufschlagung* bzw. -leistung. Bei Änderungen des Wasserstromes im Zuführungssystem infolge von solchen Regelbewegungen treten vorübergehende Druckänderungen (*Druckstöße*) auf, die einen ungünstigen Einfluß auf die Regelung ausüben. Das elektrische Netz kann über den Generator einen grundsätzlich unterschiedlichen Einfluß auf die Turbinenregelung ausüben, je nachdem *Inselbetrieb* (getrenntes Teilnetz) oder *Parallelbetrieb* mit einem großen *Verbundnetz (Verbundbetrieb)* stattfindet.

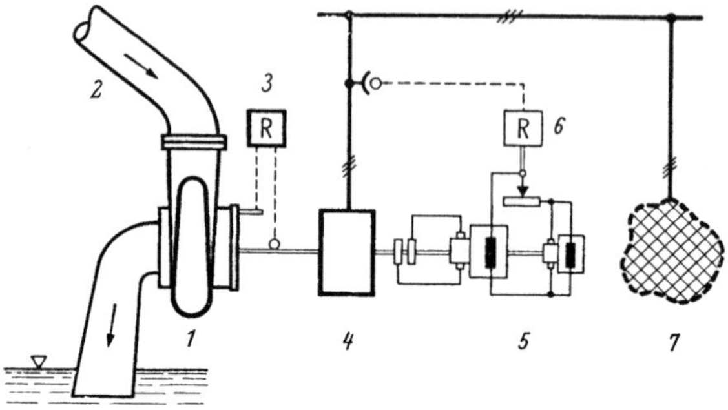

1 Turbine
2 Druckleitung
3 Turbinenregler
4 Synchrongenerator
5 Erregeranordnung
6 Spannungsregler
7 Netz

Bild 1. Grundsätzliche Darstellung eines Wasserkraftmaschinensatzes einschließlich Netz

Genau genommen, muß auch der *Spannungsregelkreis* des Generators in Betracht gezogen werden, hauptsächlich beim Inselbetrieb mit überwiegend ohmscher Belastung. Denn eine Drehzahländerung bewirkt auch eine vorübergehende

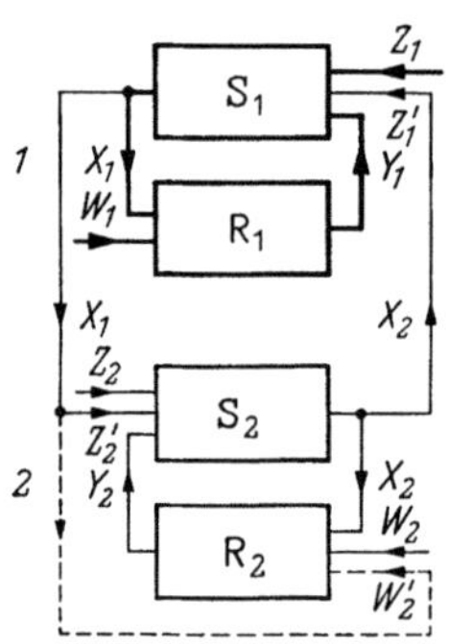

		Drehzahlregelkreis 1	Spannungsregelkreis 2
R	Regler	Drehzahlregler	Spannungsregler
S	Regelstrecke	Kraftmaschine einschließlich Generator und Netz	Generator einschl. Erregermaschinen und Netz
X	Regelgröße	Drehzahl	Spannung
Y	Stellgröße	Öffnung	Erregerspannung
Z	Störgrößen	Wirkstrom Spannung	Blindstrom Drehzahl
W	Führungsgrößen	Sollwert, z. B. Netzfrequenz	Sollwert, z. B. Frequenz

Bild 2. Kopplung zwischen Drehzahl- und Spannungsregelkreis (Inselbetrieb)

Spannungsänderung, die umgekehrt über die durch sie entstehende Wirkleistungsänderung eine mehr oder weniger große Rückwirkung auf den *Drehzahlregelkreis* hat (je nach den Netzverhältnissen). Drehzahl- und Spannungsregelkreis sind miteinander gekoppelt (*Zweifachregelung; Bild* 2). Entsprechend der unterbrochenen Wirkungslinie kann der natürliche Einfluß der Drehzahl auf die Spannung künstlich beeinflußt werden (*frequenzabhängige Spannungsregelung* [*3*]).

Bei überwiegend motorischer Belastung kann der Spannungseinfluß vernachlässigt werden. Der Blockschaltplan in *Bild* 2 reduziert sich dann auf den einfachen Drehzahlregelkreis, bestehend aus *Turbinenregler* R_1 und Drehzahl-*Regelstrecke* S_1. Dieser einfache Regelkreis gilt allgemein unter der Vorraussetzung konstanter Spannung. Der Begriff des Inselbetriebs bezieht sich nicht ausschließlich auf einzelne Erzeugersätze. Zum Beispiel können die Maschinensätze eines Kraftwerkes zu einer gedachten Ersatzeinheit zusammengefaßt werden.

2. Inselbetrieb und Verbundbetrieb

Im Falle der Speisung eines selbständigen Verbrauchernetzes (Inselbetrieb) bestimmt der Turbinenregler die Frequenz des gesamten elektrischen Systems. Bei Frequenzabweichungen verschieben sich die Arbeitspunkte auf den Drehmoment-Frequenz-Kennlinien der Verbraucher, und daraus ergibt sich eine kleine Belastungsänderung, deren Größe von der Neigung der Verbraucherkennlinien abhängig ist. Die Turbinen zeigen entsprechende Drehmoment- bzw. Leistungsänderungen (s. *Bild* 31). Diese Erscheinungen sind als *Selbstregelungseinfluß* bekannt [*4* bis *8*]. Gleichzeitig bewirken die Verbraucherschwungmassen eine scheinbare Vergrößerung der Schwungmasse des Erzeugermaschinensatzes.

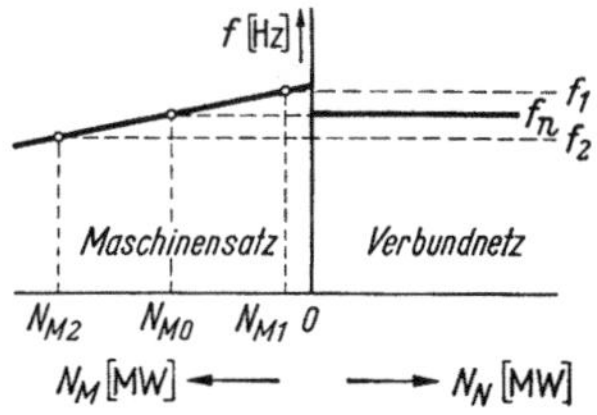

Bild 3. Abhängigkeit der Maschinensatz-Leistung von der Netzfrequenz im Verbundbetrieb (Netzfrequenz auf konstante Werte f_n, f_1, f_2 geregelt)

Beim Parallelbetrieb mit einem Verbundnetz wird das Generatorpolrad dagegen durch das *synchronisierende Drehmoment* mit Netzfrequenz geführt, d.h., der jeweilige (stationäre) Arbeitspunkt auf der Kennlinie des Maschinensatzes wird durch die Netzfrequenz bestimmt (*Bild* 3). Der Kraftmaschinenregler dient dabei zum Einstellen einer bestimmten Einspeiseleistung ins Netz, die durch Parallelverschiebung der Kennlinie mit Hilfe der *Drehzahleinstellvorrichtung* von Hand oder durch einen übergeordneten Netzregler verändert werden kann. Sobald der Generator vom Verbundnetz getrennt wird, erhält der Turbinenregler sofort seine ursprüngliche Aufgabe der Drehzahlregelung wieder, wie sie dem Inselbetrieb entspricht (s. hierzu Abschnitt C4, letzter Absatz).

3. Hydraulisches System

Je nach der Ausbauart der Wasserkraftanlage erfolgt die Triebwasserzuführung zur Turbine unterschiedlich [*9*]. *Mittel- und Hochdruckanlagen* haben ausgedehnte Turbinen-*Druckleitungen*, an deren Anfang häufig ein *Wasserschloß* errichtet wird (*Bild* 4). Wasserschloß und Zulauf-*Druckstollen* bilden ein schwingungsfähiges Gebilde [*10*], dessen Eigenfrequenz im allgemeinen klein ist ($<$ 0,01 Hz, Periodendauer $>$ 100 s), weil die großen Wassermassen unter der Einwirkung geringer Richtkräfte stehen. Die Turbinenregelungsvorgänge verlaufen meistens wesentlich schneller (Periodendauer etwa 5 bis 20 s). Die Spiegelhöhe im Wasserschloß bzw. die wirksame *Fallhöhe* an der Turbine darf dann mit guter Näherung für den Ablauf eines Drehzahlregelvorganges als gleichbleibend angesehen werden.

Die für die Turbinenregelung maßgebende Trägheit (bzw. kinetische Energie) der Triebwassersäule kommt in der *hydraulischen Anlaufzeitkonstante* T_h zum Ausdruck. Diese Größe stellt analog zur *mechanischen Anlaufzeitkonstante* T_m der rotierenden Massen diejenige Zeit dar, welche die Wassersäule benötigt, um sich unter der Einwirkung der Fallhöhe vom Stillstand auf die Nenngeschwindigkeit zu beschleunigen. Der Druckleitungsdurchmesser wird häufig nach wirtschaftlichen Gesichtspunkten so gewählt, daß die Summe aus Jahreskosten und Mindereinnahmen durch Reibungsverluste ein Minimum wird [*9*]. Bei sonst gleichbleibenden Verhältnissen bedeutet dabei eine Reduzierung des Durchmessers eine Vergrößerung der hydraulischen Anlaufzeitkonstante T_h; s. Gl. (12).

Besonders bei *Kavernenkraftwerken* mit unterwasserseitigem Druckstollen wird mit Rücksicht auf die Regelung auch hinter dem Turbinensaugrohr eine *Ausgleichkammer* angeordnet.

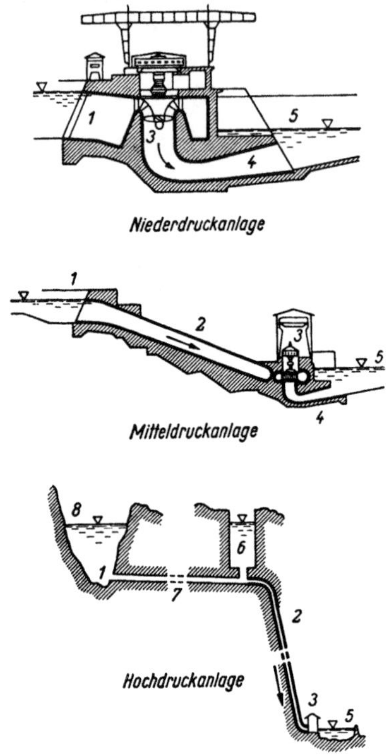

1 Einlauf
2 Druckleitung
3 Turbine (bzw. Krafthaus)
4 Saugrohr
5 Unterwasser
6 Wasserschloß
7 Druckstollen
8 Speicherbecken

Bild 4. Wichtigste Ausbauarten von großen Wasserkraftanlagen (Einteilung nach der Fallhöhe)

Die jeweils für die hydraulische Anlaufzeitkonstante praktisch maßgebenden Anlagenteile sind stärker ausgezogen

4. Regelungstechnische Entwicklung

Die Schwierigkeit der Wasserturbinenregelung steigt mit der Größe des Verhältniswertes der hydraulischen Anlaufzeitkonstante T_h zur mechanischen Anlaufzeitkonstante T_m. Die allgemeine Entwicklung im Elektromaschinenbau führte zu einer Reduzierung der Gewichte und damit auch der Generatorschwungmassen, die den weit überwiegenden Anteil an der Gesamtschwungmasse der Maschinensätze ausmachen. Parallel hierzu stieg die *Schnelläufigkeit* der Turbinen bei gleichen Fallhöhen an. Beide Einflüsse ergaben eine erhebliche Verringerung der *spezifischen Schwungenergie* bzw. der mechanischen Anlaufzeitkonstante der Wasserkraftmaschinensätze. Andererseits führte die Ausnutzung ungünstiger Wasserdarbietungen zu sehr langen Druckleitungen mit großen hydraulischen Anlaufzeitkonstanten. Im groben Mittel hat sich dadurch im Laufe der Zeit der Verhältniswert T_h/T_m von unter 0,1 bis auf 0,5 und darüber erhöht [*6*]. Bei großen Fallhöhen sind Druckwellen-Laufzeit und -Reflexion zu beachten.

Auf der Netzseite fand gleichzeitig eine zunehmende Vermaschung statt; aus den kleinen selbständigen Netzen für die örtliche Stromversorgung entwickelten sich große nationale und internationale Verbundnetze, auf deren Frequenz ein einzelner Maschinensatz keinen merklichen Einfluß mehr hat. In vielen Fällen muß aber auch heute noch der zeitweise Inselbetrieb in Betracht gezogen werden, in allen Fällen der Leerlauf vor dem Synchronisieren und nach der Abschaltung.

B. Wasserturbinenarten

1. Bauarten und Anwendungsbereiche

Die Art des Stelleingriffs ist von der Turbinenbauart abhängig (*Bild* 5). Je nach den Druckverhältnissen am Laufradeintritt und -austritt (Energieumsetzung) unterscheidet man grundsätzlich *Überdruckturbinen* und *Gleichdruck-* oder *Freistrahlturbinen*. Hinsichtlich der Beaufschlagungsrichtung werden *Axial-*, *Radial-*

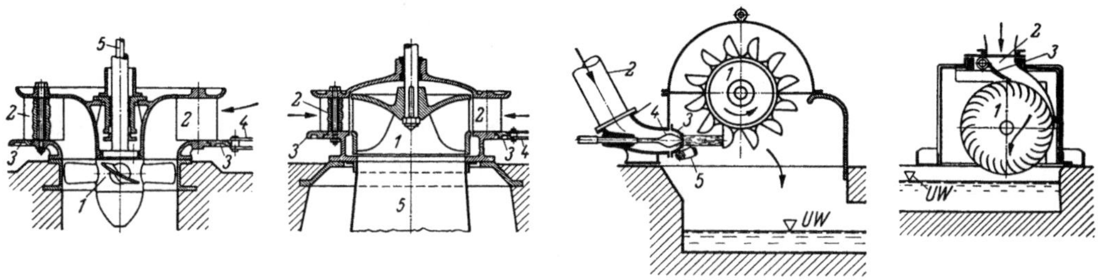

a) Kaplanturbine
1 Laufrad
2 Leitradschaufeln
3 Leitrad-Verstellring
4 Stellgestänge für Leitrad
5 Stellgestänge für Laufrad

b) Francisturbine
1 Laufrad
2 Leitradschaufeln
3 Verstellring
4 Stellgestänge
5 Saugrohr

c) Peltonturbine
1 Becherrad
2 Druckleitung
3 Düse
4 Düsennadel
5 Strahlablenker

d) Durchströmturbine
1 Laufrad
2 Leitdüse
3 Klappe (Drehschaufel)

Bild 5. Grundsätzlicher Aufbau der hauptsächlichsten Turbinenarten

und *Tangentialturbinen* unterschieden. Weitere Unterscheidungsmerkmale ergeben sich aus der Anordnung und dem Einbau der Turbinen sowie der Anzahl der Laufräder.

Zu den Überdruckturbinen zählen *Kaplan-*, *Propeller-* und *Francis*turbinen. Ihren Laufrädern wird das Triebwasser gleichmäßig über den ganzen Umfang durch ein ringförmiges, feststehendes Leitrad mit drehbaren Schaufeln zugeführt (*Bild* 6). Die flügelartigen freitragenden Laufradschaufeln der Kaplanturbinen

1 Leitradschaufeln
2 Hebel
3 Lenker
4 Verstellring
5 Stellgestänge
6 Stellmotor
a_0 Leitradöffnung

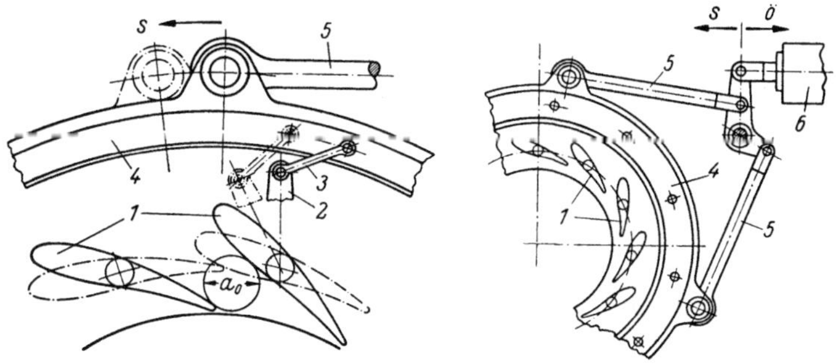

Bild 6. Leitradsteuerung bei Francis-, Propeller- und Kaplanturbinen

(*Bild* 5 a) [*19*] können im Betrieb entsprechend der nach dem Wirkungsgrad optimalen Zuordnung zur Leitradschaufelstellung gedreht werden, wodurch sich auch bei Teillast und schwankender Fallhöhe *H* günstige Wirkungsgrade ergeben. In

Sonderfällen werden nur die Laufradschaufeln allein verstellt. Eine Sonderbauart stellen die liegenden *Rohrturbinen* mit geradem Saugrohr dar. Die Propellerturbinen haben feste Laufradschaufeln; sie arbeiten nur in einem engen Beaufschlagungsbereich mit befriedigenden Wirkungsgraden. Die Francisturbine (*Bild* 5 b, häufigste Turbinenart) hat feste Laufradschaufeln, die durch einen Außenkranz miteinander verbunden sind.

Bei den Überdruckturbinen hat das aus dem Laufrad austretende Wasser noch beträchtliche Strömungsenergie (bis zu etwa 50%), die in dem anschließenden Saugrohr zurückgewonnen wird (Saughöhe). Die Wassermassen im Turbinengehäuse und im Saugrohr müssen u. U. bei der Ermittlung der hydraulischen Anlaufzeitkonstante berücksichtigt werden.

Die bekannteste Freistrahlturbine ist die *Pelton*turbine (*Bild* 5 c). Das Triebwasser wird ihrem Laufrad (*Becherrad*) tangential in einem oder mehreren Strahlen zugeführt. Liegende Turbinen erhalten maximal zwei, stehende Turbinen bis zu sechs Düsen. Durch Verschieben der kegelförmigen Düsennadel kann der wirksame Düsenquerschnitt (Strahldurchmesser) geändert werden. Um unzulässige Drucksteigerungen beim Schließen der Düse zu vermeiden, wird in vielen Fällen ein *Strahldrücker* oder *Strahlschneider* als zusätzliches Regelorgan vorgesehen. Hiermit ist eine schnelle Reduzierung der Laufradbeaufschlagung möglich.

Für kleinere Leistungen (bis etwa 300 PS, $H = 100$ m) kommt die *Durchströmturbine* in Betracht (*Bild* 5 d), eine Freistrahlturbine mit zweimal hintereinander beaufschlagtem walzenförmigem Laufrad [*13*]. Das Triebwasser wird dem Laufrad durch eine Leitdüse zugeführt, deren Querschnitt durch eine schwenkbare Klappe verändert werden kann. Um auch noch bei kleinen Wassermengen einen günstigen Wirkungsgrad zu erzielen, wird die ganze Turbine im allgemeinen in eine größere und eine kleinere Zelle unterteilt, von denen auch jede für sich allein beaufschlagt werden kann. Die Durchströmturbine kann auch eine Art Saugrohr erhalten.

Die *zweistufige* Turbinenausführung ermöglicht eine Steigerung der Betriebsdrehzahl (nur in wenigen Fällen ausgeführt [*2*]). Die sogenannten *Pumpenturbinen*, die als Francis- oder Kaplanturbinen ausgeführt werden, können beide Funktionen des Pumpspeicherbetriebs erfüllen (bei verschiedener oder auch gleicher Drehrichtung und gleicher oder auch um etwa 20% unterschiedlicher Drehzahl, letzteres in der Regel nur bei Fallhöhen von etwa 50 m bis 150 m). Bisher wurden nur wenige Pumpenturbinen mit verstellbaren Leitradschaufeln gebaut [*18*].

Für die verschiedenen Turbinenarten gelten etwa folgende *Grenzfallhöhen*: Kaplanturbinen bis 80 m, Francisturbinen 700 m, Peltonturbinen fast 1900 m [*18*]. Die unteren Grenzen der Fallhöhenbereiche von Freistrahl- und Francisturbinen hängen im wesentlichen vom Verhältnis Wasserstrom zu Fallhöhe ab. In den Überlappungsbereichen sind wirtschaftliche oder örtlich bedingte oder regelungstechnische Gesichtspunkte (Drehzahl, Generatorschwungmasse) für die eine oder die andere Turbinenart ausschlaggebend.

2. Leitradverstellung bei Francis-, Propeller- und Kaplanturbinen

Die einzelnen Schaufeln sind durch *Lenker* und *Hebel* mit dem *Verstellring* verbunden, der drehbar auf dem *Turbinendeckel* oder Gehäuse angeordnet ist (*Bild* 6 und 7). Durch die Schaufeldrehung kann die Öffnung a_0 bis zur Schließung reduziert werden. Der Verstellring ist durch ein Gestänge mit dem Druckölstellmotor des Turbinenreglers verbunden. Turbinen mit größeren Stellkräften erhalten zwei Stellmotoren. Je nachdem die Elemente zum Verstellen der Schaufeln

1 Leitradschaufeln
2 Verstellring
3 Stellgestänge
4 Stellwelle
5 Turbinenschacht

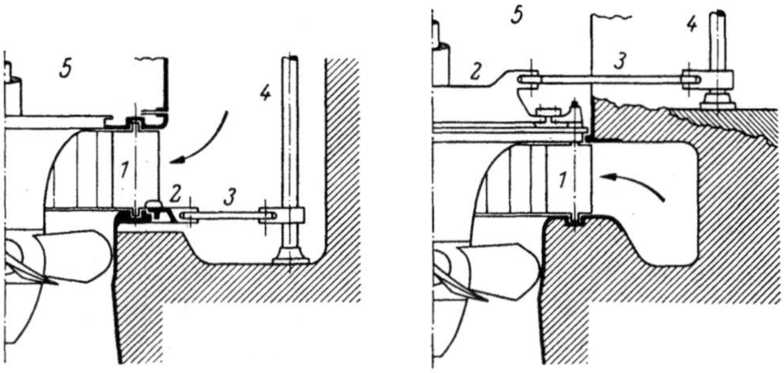

a b

Bild 7. Turbine mit innenliegendem (a) und außenliegendem (b) Leitrad-Verstellring

im Wasser liegen oder außerhalb, unterscheidet man Turbinen mit *innenliegendem* oder *außenliegendem* Verstellring (*Bild* 7). Bei größeren Turbinen werden auch *Ringstellmotoren* [*20*] ausgeführt, die ringsektorförmig direkt auf dem Turbinendeckel angeordnet sind (keine Reaktionskräfte nach außen).

Im allgemeinen enthält der Betätigungsmechanismus der einzelnen Schaufeln eine *Sollbruchstelle*, um beim Klemmen einer Schaufel den übrigen Leitapparat noch verstellen zu können. Wenn andere Abschlußorgane fehlen, kann das Leitrad meistens in seiner Schließstellung verriegelt werden (Leitradriegel), um das selbsttätige Öffnen durch den Wasserdruck zu verhindern.

3. Laufradverstellung bei Kaplanturbinen

Der Laufradstellmotor kann sowohl in die Kupplung zwischen Turbinen- und Generatorwelle (*Bild* 8 und 46) als auch in die Nabe des Generatorpolrades oder in die Turbinenlaufradnabe eingebaut werden. Das Drucköl wird

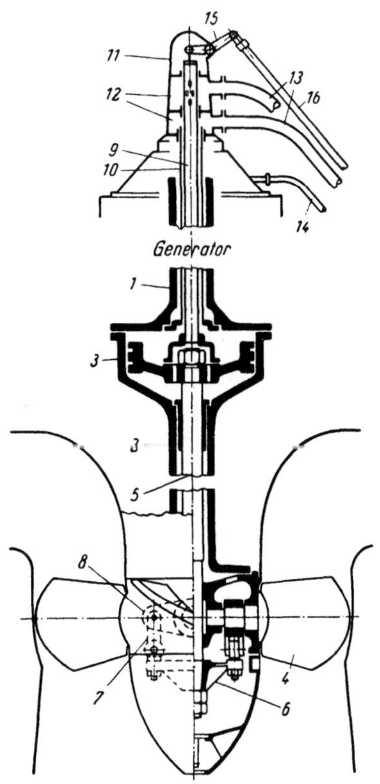

1 Hohle Generatorwelle
2 Hohle Turbinenwelle
3 Laufradstellmotor
4 Laufradschaufel
5 Stellkolbenstange
6 Regelkreuz
7 Lenker
8 Kurbel
9 Inneres Ölrohr
10 Äußeres Ölrohr
11 Ölzuführungsbock
12 Druckölkammern
13 Druckölrohre
14 Leckölabführung
15 Rückführhebel
16 Rückführstange

Bild 8. Laufradverstellung bei Kaplanturbinen

häufig durch den *Ölzuführungsbock* von oben her in zwei konzentrischen Rohren (in der hohlen Generatorwelle) zu- und abgeführt (s. *Bild* 8). Dabei dient das innere mit dem Stellkolben verbundene Rohr als *Rückführung*. Das Drucköl kann auch im Generator-Führungslager (unterhalb des Generators) zugeleitet werden.

Neben der dem Wirkungsgrad nach optimalen Zuordnung der Schaufelstellung im stationären Betrieb wird bei Ausgleichvorgängen angestrebt, die vorübergehenden Drehzahlabweichungen vom Sollwert möglichst klein zu halten. Zu diesem Zweck werden die beiden Schaufelsysteme bei Öffnungsbewegungen (zunehmende Belastung) möglichst genau entsprechend der optimalen Zuordnung verstellt. Beim Schließen (Entlastung) wird die Überschußleistung der Turbine bewußt durch ungünstige Zuordnung (Verschlechterung des Wirkungsgrades) herabgesetzt; die Laufradschaufeln schließen deshalb im allgemeinen langsamer als die Leitradschaufeln. Zur Reduzierung von *Schwall* und *Sunk* (Gefährdung der Schiffahrt, Uferschäden) können besondere Vorkehrungen getroffen werden [*17*].

4. Francisturbine mit Nebenauslaß

Bei ungünstigen Druckleitungsverhältnissen (*H* größer als etwa 50 m) darf das Turbinenleitrad nach einer Entlastung nur langsam geschlossen werden, um den maximal zulässigen Überdruck in der Rohrleitung nicht zu überschreiten. Hieraus ergibt sich eine große *Drehzahlüberschwingweite* (s. Abschnitt E). Um diesen Nachteil ohne Verstärkung der Rohrleitung zu umgehen, wird ein *Nebenauslaß* oder sogenannter *Druckregler* [*13, 17, 21*] vorgesehen, der eine parallel zur Turbine geschaltete Abflußöffnung darstellt (*Bild* 9). Die kleinstzulässige *Schließzeit* des Leitrades wird dann durch die Saugrohrverhältnisse bestimmt (Abreißen der Wassersäule). Während das Leitrad der Turbine schließt, wird der Nebenauslaß geöffnet (*Bild* 10), so daß der Wasserstrom in der Druckleitung nur langsam abnimmt. Sobald das Turbinenleitrad geschlossen ist, beginnt sich auch der Nebenauslaß wieder langsam zu schließen.

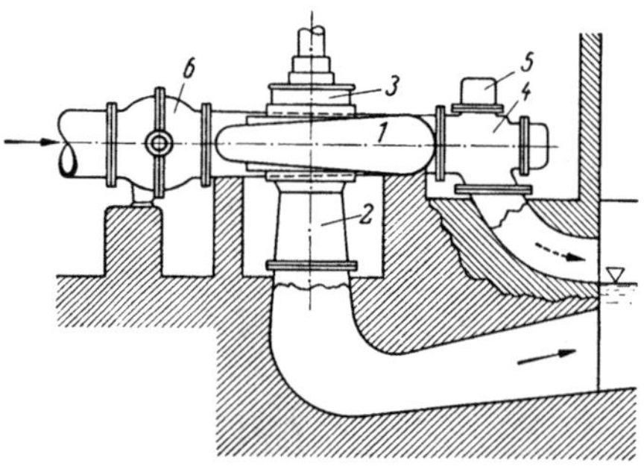

1 Spiralgehäuse
2 Saugrohr
3 Leitrad-Verstellring
4 Nebenauslaß
5 Steuerung zu *4*
6 Kugelschieber

(Stellgestänge nicht dargestellt)

Bild 9. Francisturbine mit Nebenauslaß (Druckregler)

Der Druckregler spricht im allgemeinen bei kleinen Regelbewegungen nicht an, damit ein dauernder Wasserverlust vermieden wird. Er kann aber auch als reiner *Wechselauslaß* ausgeführt werden, um die zu- bzw. abfließende Wassermenge ohne Rücksicht auf die Turbinenbelastung konstant zu halten. Durch besondere Vorkehrungen wird dafür gesorgt, daß beim Versagen des Druckreglers der Leitapparat nur verzögert geschlossen wird. Nach einer groben Faustregel kommt ein

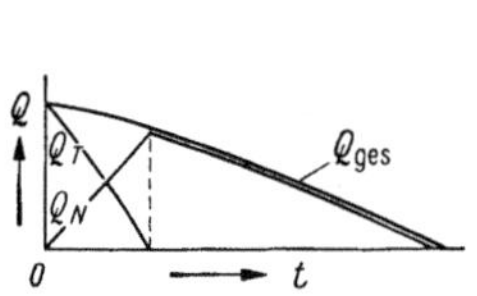

Q_T Wasserstrom der Turbine
Q_N Wasserstrom im Nebenauslaß
Q_{ges} Gesamtwasserstrom in der Druckleitung

Bild 10. Wasserstromdiagramm einer Turbine mit Nebenauslaß (Prinzip)

Druckregler in Betracht, wenn das Produkt aus Rohrleitungslänge und Wassergeschwindigkeit größer als das 6 bis 10fache der Fallhöhe ist (die kleinere Zahl gilt für größere Fallhöhen) [*13*].

5. Peltonturbine mit Düsennadel und Strahlablenker

Die einfache Düsennadel-Regelung kommt nur bei günstigen Rohrleitungsverhältnissen und bei Handregelung in Betracht. Die einfache Ablenker-Regelung ist auf Sonderfälle beschränkt (konstante Abflußwassermenge); dabei kann die Düsennadel von Hand oder automatisch in Abhängigkeit vom Oberwasserspiegel gesteuert werden. Der *Strahlablenker* kann als *Strahldrücker* oder *Strahlschneider* ausgeführt sein [*4*].

Die *Doppelregelung* ermöglicht einen schnellen Eingriff bei gleichzeitiger Ausschaltung unzulässiger Druckstöße. Bei plötzlichen Entlastungen schwenkt der Ablenker in weniger als 1 s ein und reduziert die Energiezufuhr zum Laufrad (*Bild* 11). Die Düsennadel folgt langsam in die der neuen Belastung entsprechende Stellung (*Schließverzögerung*), wobei sich der Ablenker wieder zurückzieht und am Rande des Strahles stehenbleibt. Für den vollen Düsennadelweg werden etwa 20 bis 100 s benötigt. Im Falle einer plötzlichen Lastzunahme gibt die Düsennadel einen größeren Querschnitt frei, und gleichzeitig tritt der Strahlablenker zurück. Diese Forderungen können durch einfache oder doppelte Verkettung der beiden Steuerkreise erfüllt werden. Bei Turbinen mit mehreren Düsen bzw. Laufrädern werden zweckmäßigerweise die Düsen einzeln absperrbar ausgeführt, um auch bei Teillast einen günstigen Wirkungsgrad zu erzielen. Der Strahlablenker kann auch zum raschen Synchronisieren benutzt werden, wobei die Düse über die Leerlaufstellung hinaus geöffnet werden muß.

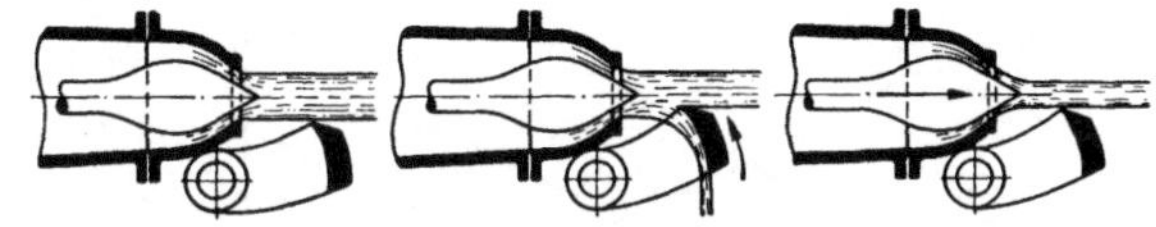

Bild 11. Düsennadel und Strahlablenker der Peltonturbine [*13*] (Teilabschlußvorgang)

6. Stellkräfte

Bei großen Wasserturbinen können die erforderlichen Stellkräfte über 100 t betragen (bei Dampfturbinen nur etwa bis 5 t), die Stellarbeit (Kraft × Weg) über 100000 mkp. Durch entsprechende Konstruktion der Turbine und ihrer Stellorgane wird eine möglichst gleichmäßige *Stellkraftkurve* im ganzen Stellbereich angestrebt, um den Regler und seine Hilfseinrichtungen klein halten zu können [*22*]. Neben der vom Wasser ausgeübten Kraft müssen auch die Reibungskräfte überwunden werden.

7. Kenngrößen und Kennlinien

Die Regeleigenschaften der Turbinen sind von ihrer Bauart abhängig. Geometrisch ähnliche Turbinen haben weitgehend dieselben Eigenschaften, und man kann sie daher unabhängig von ihrer Größe kennzeichnen (Ähnlichkeitsgesetze [*14, 16*]. Bisher wurde hierfür hauptsächlich die *spezifische Drehzahl* n_s (U/min) benutzt; zuweilen wird auch die spezifische Drehzahl n_q verwendet, die durch eine dimensionslose Kennziffer ersetzt werden soll [*18*]. Die spezifische Drehzahl n_s bedeutet die Drehzahl eines geometrisch ähnlichen Laufrades, dessen Durchmesser so gewählt ist, daß es bei der Fallhöhe $H_{\mathrm{I}} = 1$ m gerade $N_{\mathrm{I}} = 1$ PS leistet. Peltonturbinen haben kleine, Francisturbinen mittlere und Kaplanturbinen große spezifische Drehzahlen. Dabei bezieht sich n_s auf ein Laufrad bzw. eine Düse. Wenn dieselbe Leistung bei gleichbleibender spezifischer Drehzahl auf z ähnliche Laufräder oder z Düsen aufgeteilt wird, erhöht sich die Turbinendrehzahl auf $n_z = n\sqrt{z}$ U/min; (n Drehzahl bei einem Laufrad bzw. bei einer Düse) [*14*].

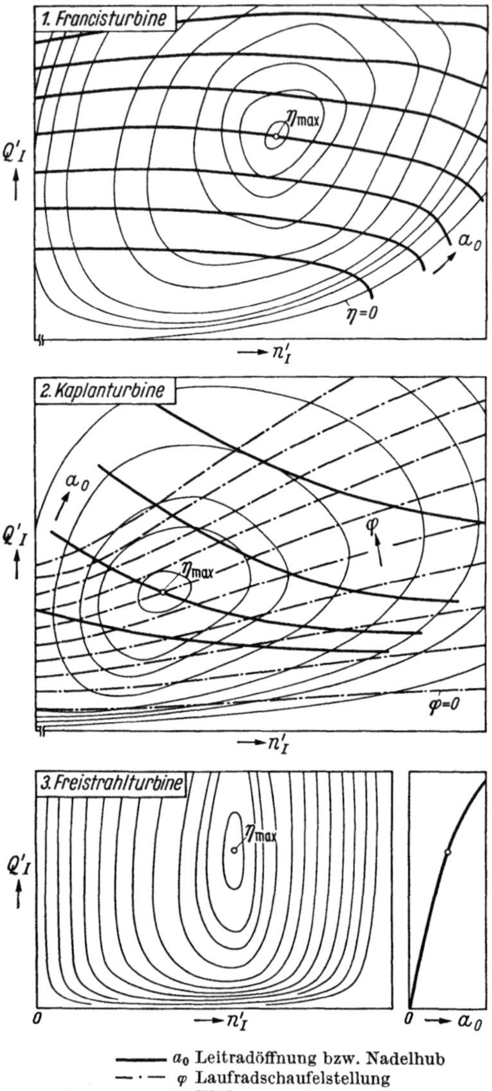

Bild 12. Muschelschaubilder [*60*]

Über die Eigenschaften eines Laufrades erhält man durch Bremsversuche mit einem Modellrad Aufschluß. Die gewonnenen Meßergebnisse werden häufig auf die ***Einheitsturbine*** ($H_{\mathrm{I}} = 1$ m und $D' = 1$ m) umgerechnet und in Kurven gleichen Wirkungsgrades (*Muschelkurven*, ***Bild*** 12) im Koordinatensystem

$$n'_{\mathrm{I}} = n\,D/\sqrt{H} \qquad Q'_{\mathrm{I}} = Q/D^2\,\sqrt{H}$$

dargestellt (H Fallhöhe in m, D Laufraddurchmesser in m, Q Wasserstrom in m^3/s). Die Muschelkurven von Francisturbinen können durch Linien gleicher *Leitradöffnung* ergänzt werden (*Bild* 12.1), die Kurven von Kaplanturbinen weiter durch Linien gleicher *Laufschaufelstellung* (*Bild* 12.2). Bei den Freistrahlturbinen wird der Zusammenhang zwischen dem von der Drehzahl unabhängigen Wasserstrom und dem Düsennadelhub im allgemeinen in einem besonderen Zusatzdiagramm angegeben (*Bild* 12.3). In die Muschelschaubilder können auch Linien gleichen Drehmomentes und gleicher spezifischer Drehzahl eingetragen werden. Der jeweils angegebene n_s-Wert bezieht sich im allgemeinen auf den Betriebspunkt mit maximalem Wirkungsgrad. Durch gerade oder krumme Schnitte im Muschelschaubild erhält man die verschiedensten Zusammenhänge von Betriebsgrößen. Mit Hilfe der Beziehung [*23*]:

$$M_T = 9550\,D^3 H \eta \frac{Q'_{\mathrm{I}}}{n'_{\mathrm{I}}} \quad \text{mkp}$$

erhält man für verschiedene Öffnungsgrade punktweise ein *Drehmoment-Drehzahl-Diagramm*, wie es in *Bild* 13 grundsätzlich für Francis- oder Peltonturbinen dargestellt ist. Das Drehmoment nimmt bei gleichbleibender Öffnung mit zunehmender Drehzahl ab und wird bei *Durchgangsdrehzahl* (für die betreffende Öffnung) Null. Die Verteilung und die Neigung der einzelnen Drehmomentkennlinien für verschiedene Öffnungsgrade ist von der spezifischen Drehzahl abhängig. Die maximale Durchgangsdrehzahl beträgt bei Peltonturbinen etwa das 1,8fache der Nenndrehzahl, bei Francisturbinen das 1,8- bis 2,3fache und bei Kaplanturbinen das 2,4- bis 3,5fache. Der letzte Wert gilt bei Lösung des normalen Zusammenhanges zwischen Leitrad und Laufrad [*18*, *24*] bei etwa 30 bis 50% Öffnung. Die Durchgangsdrehzahl von Pumpenturbinen liegt unter derjenigen normaler Turbinen. Bezüglich des Turbinenverhaltens bei *Fallhöhenschwankungen* wird auf die Literatur verwiesen [*14*, *16*].

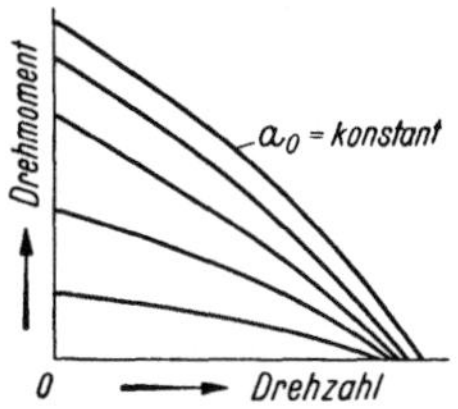

a_0 Leitradöffnung bzw. Düsennadelhub

Bild 13. Drehmoment-Drehzahl-Diagramm

C. Wasserturbinenregler

1. Allgemeines

Die Wasserturbinenregler arbeiten im allgemeinen mit Drucköl als Hilfsenergie (Öldruck bis etwa 20 atü). Bei Fallhöhen über 50 m kann auch Druckwasser aus der Rohrleitung als Hilfsenergie verwendet werden (besonders zum Schließen). Die Handregelung erfolgt bei kleinen Turbinen mechanisch, bei größeren (über etwa 5000 mkg) durch Hilfsenergie.

Nach den Einzelfunktionen setzen sich die Regler im wesentlichen aus folgenden Bauteilen zusammen:

(a) Meßgeber mit Antrieb oder Speisung,
(b) Stellwerke und Gestänge,
(c) Stabilisierungs-, Steuer- und Hilfseinrichtungen,
(d) Turbinenstellmotor(en),
(e) Sicherheitseinrichtungen,
(f) Druckölerzeugungsanlage,

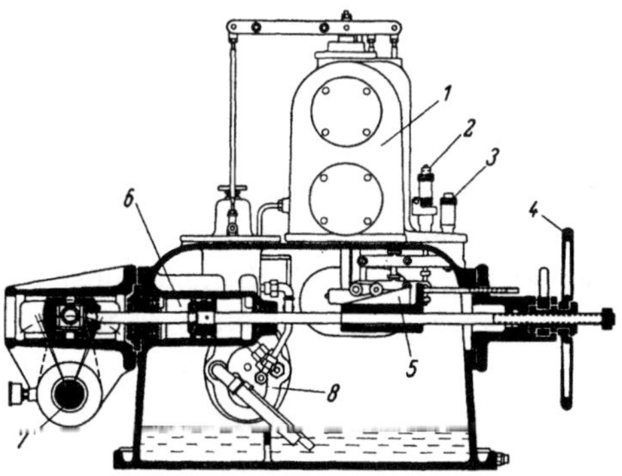

1 Steuerwerk
2 Drehzahleinstellung
3 Öffnungsbegrenzung
4 Handregelung
5 Rückführung
6 Stellmotor
7 Stellwelle
8 Ölpumpen

Bild 14. Regler für kleine Turbinen (Durchflußregler) [*13*]

Die Regler für kleine Turbinen bilden im allgemeinen eine konstruktive Einheit (*Bild* 14), an welche die Zusatzeinrichtungen für die Doppelregelung direkt angebaut sein können. Bei größeren Turbinen, insbesondere vertikalen, wird dagegen die aufgelöste Reglerbauweise angewendet (*Bild* 15); die Hauptstellmotoren und die Hauptsteuerventile sind dabei möglichst nahe am Turbinenstellglied angeordnet. Die übrigen Teile werden häufig in Stahlblechschränken zusammengefaßt und an für Bedienung und Wartung günstigen Stellen untergebracht.

Meßgeber und Vorsteuerung(en) sowie Stabilisierungs-, Steuer- und Hilfseinrichtungen faßt man meistens zu einem einheitlichen *Steuerwerk* zusammen [*25, 26*]. Die Steuereinrichtungen dienen, je nach Allein- oder Verbundbetrieb, zur *Drehzahl- bzw. Leistungseinstellung* und zur *Öffnungsbegrenzung* der Turbine. Weitere Hilfseinrichtungen sind im wesentlichen für die Handregelung und den Notbetrieb vorgesehen.

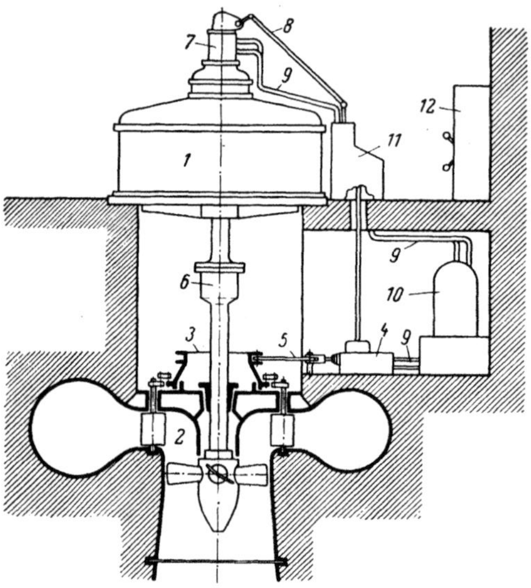

1 Generator
2 Turbine
3 Leitrad-Verstellring
4 Leitradstellmotor
5 Stellgestänge
6 Laufradstellmotor
7 Ölzuführungsbock
8 Laufradrückführung
9 Druckölleitungen
10 Druckölerzeugungsanlage
11 Bedienungspult
12 Hilfsschalttafel

Bild 15. Aufgelöste Reglerbauweise

Bei größeren Reglern werden zur Kraftverstärkung eine oder mehrere *Vorsteuerungen* (Zwischenstellwerke) zwischen Meßgeber und Hauptsteuerventil(e) geschaltet (*Bild* 16 a). An Stelle einer Kette von mehreren Vorsteuerungen wird bei doppelt geregelten Großturbinen häufig ein kleiner *Vorsteuerregler* verwendet (Arbeitsvermögen etwa 10 bis 20 mkp), dessen Stellwelle über Kurvenscheiben und Gestänge die (Vor-)Steuerventile der parallelgeschalteten Hauptstellmotoren betätigt (*Bild* 16 b) [*27*]. Der Vorsteuerregler enthält die erforderlichen Stabilisierungs- und Steuereinrichtungen; die nachgeschalteten Stellwerke arbeiten als proportionale Kraftverstärker.

Die von den verschiedenen Herstellerfirmen praktisch ausgeführten Turbinenregler sind unterschiedlich konstruiert. Das Verständnis für die grundsätzliche Wirkungsweise eines Reglers wird wesentlich erleichtert, wenn die einzelnen Elemente durch einheitliche und von ihrer Konstruktion unabhängige Kurzbilder dargestellt werden, die nur ihre Wirkungsweise wiedergeben [*23*].

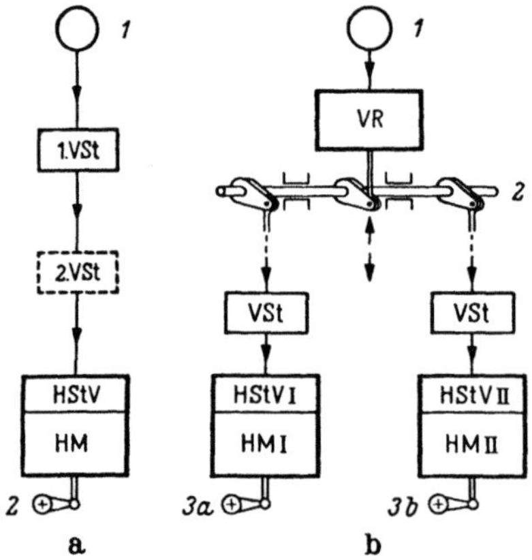

a) Turbinenregler mit (2) Vorsteuerung(en)
1 Meßgeber
2 Hauptstellwelle
VSt Vorsteuerung
HStV Hauptsteuerventil
HM Hauptstellmotor

b) Doppelregelung mit Vorsteuerregler
1 Meßgeber
2 Stellwelle des Vorsteuerreglers
3 Hauptstellwellen (*a* und *b*)
VR Vorsteuerregler
VSt, HStV, HM wie bei a

Bild 16. Grundsätzlicher Aufbau von Turbinenreglern

2. Meßgeber

Die hohen Anforderungen an die Kraftmaschinenregelung verlangen Drehzahlmeßeinrichtungen mit geringer Unempfindlichkeit und günstigen dynamischen Eigenschaften [*61*]. Die überlieferten Turbinenregler haben mechanische Drehzahlmeßgeber verschiedener Konstruktion. Daneben gewinnen elektrische Meßgeber immer mehr an Bedeutung, zum Teil mit nachgeschaltetem elektrischem Verstärker und Stabilisierungseinrichtungen.[1]

Mechanische Meßgeber [*4*, *23*, *26*]. Die neuzeitlichen mechanischen Drehzahlmeßgeber haben rasch umlaufende Fliehgewichte (500 bis 1500 U/min) mit geringer Masse und geringer Reibung. Das *Bild* 17 zeigt als Beispiel ein gelenkloses Blattfederpendel in allgemeiner Ausführung [*23*]. Die Ausgangsgröße ist der Weg der *Pendelmuffe*. Das zusätzliche Meßwerk eines Beschleunigungsreglers zur Erfassung des Differentialquotienten besteht im Prinzip aus einem rotierenden Schwungring, der durch elastische Glieder mit der Antriebswelle verbunden ist (*Bild* 18). Der Vor- oder Nacheilungswinkel des trägen Ringes gegenüber der Welle ist ein Maß für die Beschleunigung. Dieses sogenannte *Beschleunigungspendel* kann auch mit dem Drehzahlmeßgeber konstruktiv vereinigt sein. Hutarew [*23*] gibt Frequenzganggleichungen für die wichtigsten mechanischen Meßgeber an.

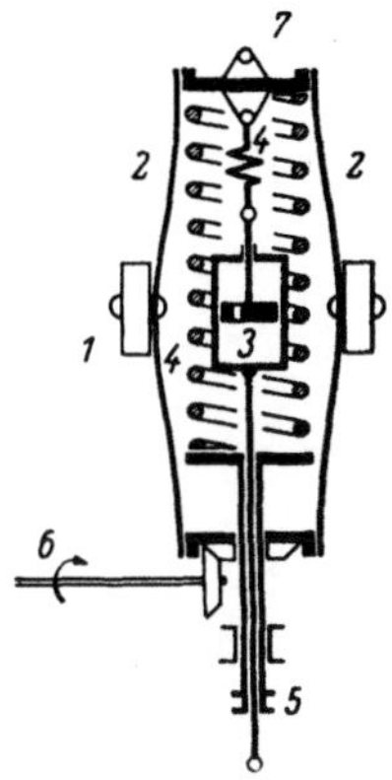

1 Fliehgewichte
2 Blattfedern
3 Katarakt
4 Federn
5 Angriffspunkt für Rückführungen oder Führungsgrößen
6 Pendelantrieb (Eingangsgröße)
7 Ausgang

Bild 17. Blattfeder-Fliehkraftpendel (vereinfacht [*23*])

Elektromechanische Meßgeber. *Bild* 19 zeigt das Prinzip eines dreiphasigen *Reglerkopfes*, der im wesentlichen aus zwei auf derselben Welle sitzenden Drehfeldsystemen besteht, deren Drehmomente gegeneinander wirken [*28*, *29*]. Da der eine Stromkreis induktiv und der andere kapazitiv ist, entsteht bei Frequenzabweichungen ein Differenzdrehmoment, das die Systemwelle bewegt. Durch eine zusätzliche Drehdrossel im induktiven Zweig, deren Rotor bei Auslenkung ein Gegenmoment auf die Welle ausübt, erhält das System Proportionalverhalten. Mit Hilfe einer zusätzlichen mit Gleichstrom vormagnetisierten Dreiphasendrossel im induktiven Zweig kann die Gleichgewichtsfrequenz in Abhängigkeit von äußeren Einflußgrößen (Netzregelung) geändert werden.

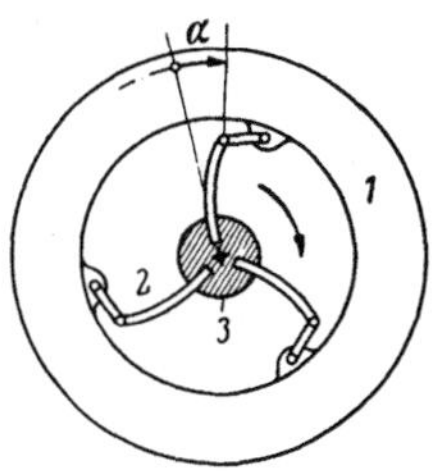

1 Schwungring
2 Federelement
3 Antriebswelle
α Auslenkungswinkel

Bild 18. Beschleunigungsmeßgeber [*23*] (während einer Abweichung vom Beharrungszustand)

Ein anderer elektromechanischer Reglerkopf [*30*] hat ein zweiphasiges Drehtrommelsystem, dessen einer Stromkreis frequenzunabhängig (Ohmwiderstand) und der andere stark frequenzabhängig (Resonanzkreis) ist.

Andere elektrische Meßgeber. Das *Bild* 20 zeigt das Prinzip eines elektronischen Meßgebers (einschließlich Vorsteuerung), der im wesentlichen aus einem Resonanz-

[1] Solche Anordnungen werden häufig als „Elektrischer Reglerkopf“ bezeichnet.

kreis und zwei Elektronenröhren in Gegentaktschaltung sowie anderen elektrischen Beeinflussungsgliedern besteht, die auf den Gitterkreis der Röhren einwirken [*31* bis *33*]. Die Differenz der beiden Anodenströme betätigt ein elektrohydraulisches Vorsteuerventil. Die Hauptstromkreise werden mit einer Wechselspannung drehzahlproportionaler Frequenz gespeist; die Dämpfung erfolgt durch ein *RC*-Glied im Kreis einer Hilfsgleichspannung.

Andere elektrische Reglerköpfe sind in [*62, 63, 65, 66*] beschrieben.[1] Dabei werden besonders Magnetverstärker und kontaktlose induktive Geber (Drehmelder, Synchros, Variometer) als Rückmelde- und Einstellglieder verwendet. Die Regelung wird mit Hilfe einer oder mehrerer Rückführungen oder durch Aufschaltung von Differentialquotienten oder beider stabilisiert. Neben den Vorzügen großer Empfindlichkeit und Genauigkeit können bei den rein elektrischen Reglerköpfen leicht zusätzliche elektrische Signale eingeführt werden; auch das betriebsmäßige Einstellen der statischen und dynamischen Regelparameter zur Anpassung an die jeweilige Regelaufgabe sowie an die Netzverhältnisse ist in einfacher Weise möglich. Außerdem können die Maschinensätze eines Kraftwerkes leicht zu einer regelungstechnischen Einheit verbunden werden (Gemeinschaftsbetrieb).

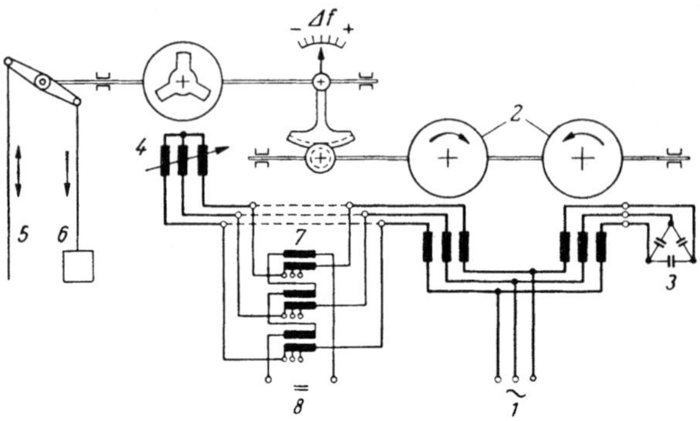

1 Dreiphasenspannung mit drehzahlproportionaler Frequenz (3 × 100 V, 125 VA, 50 Hz, $\cos\varphi \approx 1$)
2 Drehtrommel-Drehfeldsysteme (Ferrarisprinzip)
3 Kondensatoren
4 Drehdrossel (dreiphasig)
5 Zur Vorsteuerung und Stabilisierungseinrichtung
6 Schließgewicht oder -feder
7 Zusatzdrosselspulen für Netzregelung
8 Anschluß für den übergeordneten Übergabeleistungs- oder Netzregler

Bild 19. Elektromechanischer Frequenzmeßgeber [29]

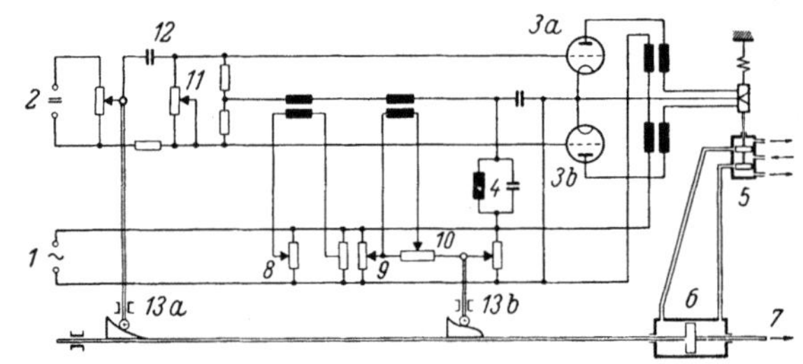

1 Wechselspannung mit drehzahlproportionaler Frequenz
2 Hilfsgleichspannung
3 Elektronenröhren (*a* und *b*)
4 Resonanzkreis
5 Elektromagnetisches Vorsteuerventil
6 Stellmotor der Vorsteuerung
7 Zum Hauptsteuerventil
8 Einstellung der Sollfrequenz
9 Einstellung der Solleistung bzw. -öffnung
10 Einstellung der Leistungszahl (MW/Hz)
11 Einstellung der Dämpfung
12 *RC*-Glied
13 Rückführungen (*a* nachgebend, *b* starr)

Bild 20. Elektronischer Frequenzmeßgeber, einschließlich Stabilisierungseinrichtung und elektro-hydraulischer Vorsteuerung [*33*]

3. Stellwerke und Gestänge

Kleine Stellwerke mit geringem Arbeitsvermögen dienen als Vorsteuerungen; für die Betätigung der Turbinenstellglieder sind dagegen große Hauptstellwerke

[1] Während der Drucklegung erschienen.

erforderlich. Ein Stellwerk besteht im Prinzip und in seiner einfachsten Form aus einem Steuerschieber (entlasteter Doppelkolbenschieber) und einem doppelt wirkenden Stellmotor (*Bild* 21 a). Zwischen der Steuerschieberabweichung aus der Mittellage und dem Ölstrom bzw. der Geschwindigkeit des Stellkolbens besteht grundsätzlich der in *Bild* 22 dargestellte Zusammenhang. Je nach Steuerkantenüberdeckung ergibt sich eine gewisse Unempfindlichkeit. Durch entsprechende Ausbildung der Steuerkanten kann eine absichtliche Knickung der Kennlinie

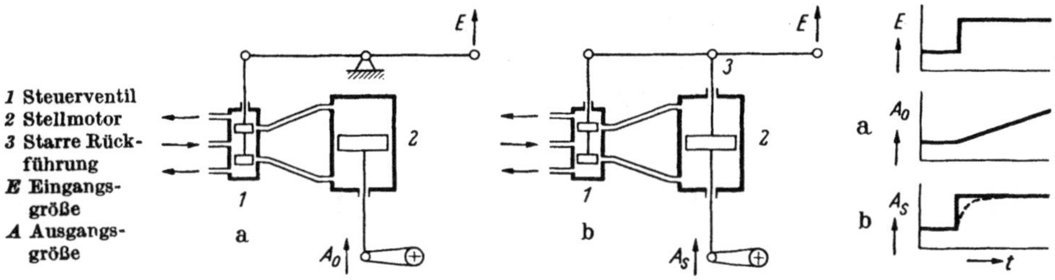

Bild 21. Stellwerk ohne (a) und mit starrer Rückführung (b)

erzielt werden [*5*]. Die maximalen Stellgeschwindigkeiten in beiden Richtungen können durch Blenden in den Druckölleitungen zu den Stellmotorkammern auf gleiche oder unterschiedliche Werte begrenzt werden.

Für die Berechnungen im Abschnitt D wird die geknickte und gekrümmte Kurve durch eine mittlere Ursprungsgerade ersetzt (*Bild* 22), und es wird nur der lineare Mittelteil in Betracht gezogen (Linearisierung). Das einfache und idealisierte Stellwerk hat damit linear-integrales Verhalten. Die Kennlinie kann auch im Koordinatenursprung oder außerhalb desselben mit Absicht zusätzlich geknickt sein.

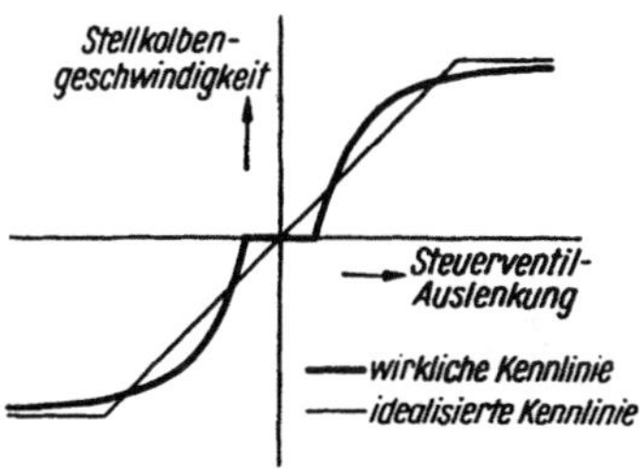

Bild 22. Kennlinie eines Stellwerks ohne Rückführung (s. Bild 21 a)

Durch Hinzufügen entsprechender Rückführungen kann den Stellwerken auch anderes Zeitverhalten zugeordnet werden. Eine starre Rückführung (*Bild* 21 b) gibt dem Stellwerk verzögertes Proportionalverhalten (e-Funktion). Durch Überdimensionierung des Steuerventiles oder Verwendung eines sogenannten Hochhubventiles kann die Verzögerung weitgehend reduziert werden, wodurch sich ein praktisch verzögerungsfreier Kraftverstärker ergibt. Ein Stellwerk mit nachgiebiger Rückführung hat PI-Verhalten, ein solches mit verzögerter Rückführung PD-Verhalten. Bei der Reihenschaltung mehrerer Stellwerke (mehrstufige Stellwerke) sind verschiedene Rückführungen möglich, auch Rückführungen über mehrere Stellwerke hinweg. Hutarew [*23*] gibt Frequenzgang-Gleichungen der ein- und zweistufigen Stellwerke mit verschiedenen Rückführungen an.

Die Rückführgestänge oder sonstigen Gestängeverbindungen im Regler können allgemein durch die Einschaltung von Ölbremsen und Federn oder Kombinationen dieser Elemente starr, nachgiebig, verzögert oder nachgiebig-verzögert wirken. Ein Doppelgestänge verbindet zwei Punkte durch zwei parallelgeschaltete Einzelgestänge. Hutarew [*23*] gibt auch hierfür die wichtigsten Frequenzgang-Gleichungen an.

4. Stabilisierungs- und Steuereinrichtungen

Die für eine eindeutige Wirklastverteilung im Parallelbetrieb erforderliche Statik (0 bis 6% [*61*]) wird durch eine *starre* Rückführung erzielt, die von der Stellwelle des Hauptstellmotors (*Bild* 23 a) oder vom Ausgang einer Vorsteuerung abgeleitet wird. Im Gegensatz zu Dampfturbinen genügt diese bei Wasserturbinen nicht, um unter dem Druckstoßeinfluß bei tragbaren Schwungmassen einen genügend gedämpften Regelvorgang zu erhalten. Die Statik müßte hier wesentlich vergrößert werden, was aus betrieblichen Gründen nicht möglich ist. Deshalb werden zusätzliche Stabilisierungseinrichtungen vorgesehen. Die gebräuchlichen Regler haben eine zusätzliche *nachgiebige* Rückführung mit einstellbarem Öl-

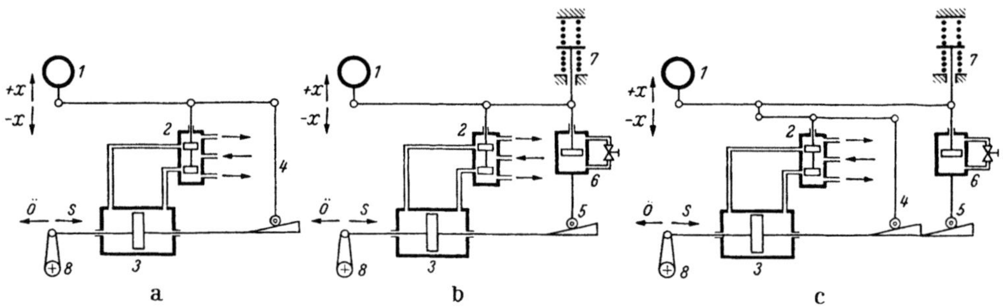

1 Drehzahlmeßgeber
2 Steuerventil
3 Stellmotor
4 Starre Rückführung
5 Nachgebende Rückführung
6 Ölkatarakt (einstellbar)
7 Feder
8 Stellwelle
x Regelabweichung
Ö Öffnen
S Schließen

Bild 23. Grundsätzlicher Aufbau einfacher Drehzahlregler ohne Vorsteuerung, mit starrer (a), nachgiebiger (b) oder starrer und nachgiebiger Rückführung (c)

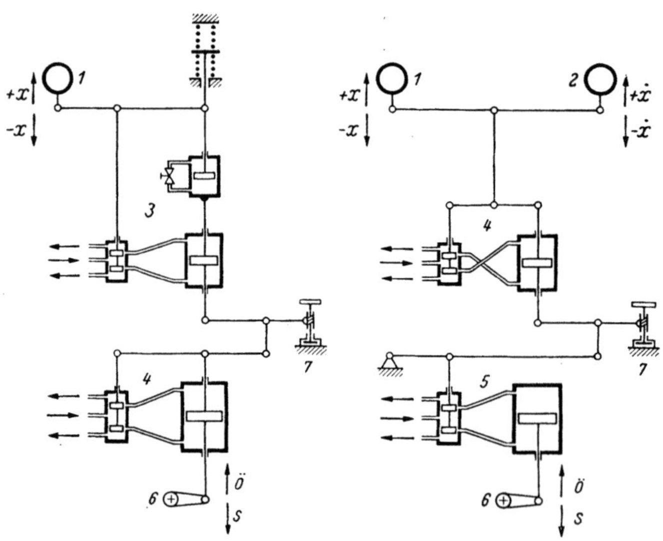

1 Drehzahlmeßgeber
2 Beschleunigungsmeßgeber
3 Stellwerk mit nachgiebiger Rückführung
4 Stellwerk mit starrer Rückführung
5 Stellwerk ohne Rückführung
6 Stellwelle
7 Leistungseinsteller [*6*]
x Regelabweichung
Ö Öffnen
S Schließen

a) Kataraktregler b) Beschleunigungsregler

Bild 24. Grundsätzlicher Aufbau von Turbinenreglern mit einer Vorsteuerung, starre Rückführung vernachlässigt katarakt (*Bild* 23 b und c, 24 a), oder sie sind neben dem Drehzahlmeßgeber noch mit einem zweiten Meßgeber für den ersten Differentialquotienten der Regelgröße ausgerüstet (*Bild* 24 b). Die erste Ausführung wird als *Kataraktregler* bezeichnet, die letztere als *Beschleunigungsregler*. Beim Kataraktregler nach *Bild* 24 a ist die nachgiebige Rückführung Bestandteil der Vorsteuerung. Bei manchen Konstruktionen tritt an die Stelle der nachgiebigen Rückführung eine nachgiebige *Muffenrückdrängung* [*23, 25*]. Bei elektrischen Reglerköpfen wird mit elektrischen Rückführungen, mit Aufschalten von Differentialquotienten oder beiden stabilisiert. Diese Stabilisierungseinrichtungen bestimmen das dynamische Übertragungsverhalten des Reglers. Für die stationäre Zuordnung ist die Neigung der Kennlinie (Statik) maßgebend.[1]

Neben den angeführten Reglern wurden auch schon andere Ausführungen untersucht, die jedoch keine allgemeine praktische Anwendung fanden (Zusammenfassung bei [*35*]).

Mit der *Drehzahleinstellvorrichtung* wird im Alleinbetrieb die Solldrehzahl bzw. -frequenz eingestellt, im Parallelbetrieb die gewünschte Leistung, indem die Kennlinie parallel zu sich verschoben wird. Die Einstellvorrichtung ist meistens mit einem Getriebeelektromotor [*61*] mit Rutschkupplung ausgerüstet, der die Fernbetätigung von Hand oder durch einen übergeordneten Netzregler ermöglicht. Der Einstellbereich der (Leerlauf-)Drehzahl muß so gewählt werden, daß bei tiefster Netzfrequenz stoßfrei synchronisiert und bei höchster Netzfrequenz die volle Leistung abgegeben werden kann (*Bild* 25). Außerhalb des vorgesehenen Einstellbereichs muß erforderlichenfalls mit Handregelung synchronisiert werden. Die Drehzahl-Leistungs-Kennlinie ist im allgemeinen keine genaue Gerade, sondern eine leicht gekrümmte Kurve. Es muß daher zwischen der *totalen* und der *örtlichen* Statik (Tangente) unterschieden werden. Die örtliche Statik ist für die *Leistungszahl* (MW/Hz) des Maschinensatzes maßgebend. (Praktisch spielt dabei auch noch die Reglerunempfindlichkeit eine Rolle).

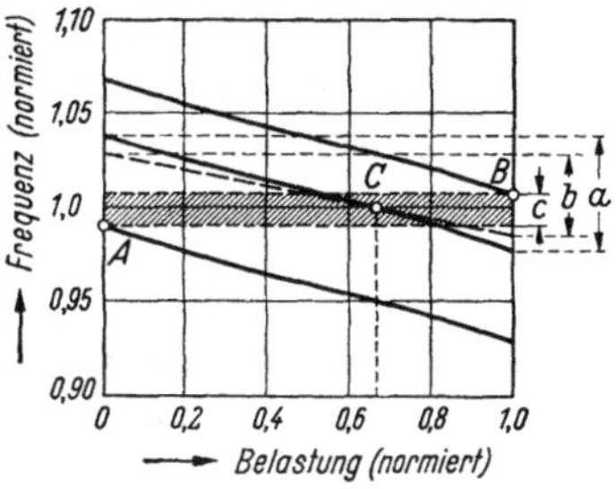

a Totaler Proportionalbereich
b Örtlicher Proportionalbereich (für Arbeitspunkt *C*)
c Änderungsbereich der Netzfrequenz
A Synchronisieren bei tiefster Netzfrequenz
B Nennleistungsabgabe bei höchster Netzfrequenz

Bild 25. Frequenz- bzw. Drehzahl-Leistungs-Kennlinie (s. *Bild* 3)

Das Steuerwerk des Reglers enthält ferner den *Öffnungsbegrenzer*, beispielsweise einen verstellbaren mechanischen Anschlag, der die Steuerung im Sinne „öffnen" begrenzt bzw. im Sinne „schließen" auf sie einwirkt (häufig mit elektrischem Ferneinstellmotor). *Bild* 26 veranschaulicht die Verhältnisse beim Betrieb an Öffnungsbegrenzung: Bei kleinen Netzfrequenzänderungen tritt keine Leistungsänderung (Netzstützung) ein; bei größeren Frequenz- bzw. Drehzahlsteigerungen kann der Regler die Turbine aber schließen.

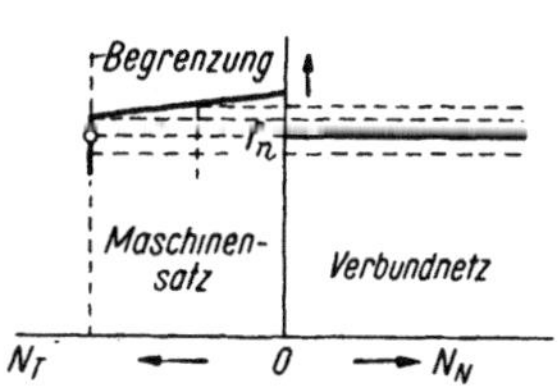

Bild 26. Netzparallelbetrieb mit Öffnungsbegrenzung

Im Hinblick auf den Wirkungsgrad und die Wasserhaltung können die Steuerwerke mit Zusatzeinrichtungen für die Regelung des Oberwasserstandes

[1] s. auch Abschnitt D 3.

ausgerüstet werden. Bei kürzeren Entfernungen kommen für die Übertragung der Schwimmerstellung Gestänge oder Drahtzüge in Betracht, bei größeren Entfernungen pneumatische [*13*] oder elektrische Einrichtungen.

Um den Maschinensatz im Verbundbetrieb stärker an der Ausregelung von schnelleren Frequenzänderungen teilnehmen zu lassen [*57*] und um das *Nachlaufen* der Leistung nach einer Betätigung der Drehzahleinstellvorrichtung zu verhindern [*1*], wird beispielsweise ein Elektromagnet zum Reduzieren des Einflusses der Stabilisierungsgeräte während des Parallelbetriebes vorgesehen [*61*]. (Dies ist mit Rücksicht auf die Stabilität zulässig, weil im Verbundbetrieb andere Verhältnisse vorliegen als im Inselbetrieb; s. hierzu Abschnitt D 7.) Zur Erleichterung der Synchronisierung kommt eine *Leerlaufrückführung* (im Leerlaufbereich vergrößerte Statik) in Betracht. Bei stark unruhiger Belastung kann eine *Pendeldämpfung* (Bremskatarakt an Pendelmuffe) eingebaut werden, die das Aufschaukeln der Regelung verhindert.

5. Doppelregelungen

Der Nebenauslaß (Abschnitt B 4) wird normalerweise entsprechend *Bild* 27 a in einfacher Abhängigkeit von der Bewegung des Leitradstellmotors (*3a*) gesteuert. Bei allen Öffnungsvorgängen wird das Öl im Katarakt (*7e*) durch ein

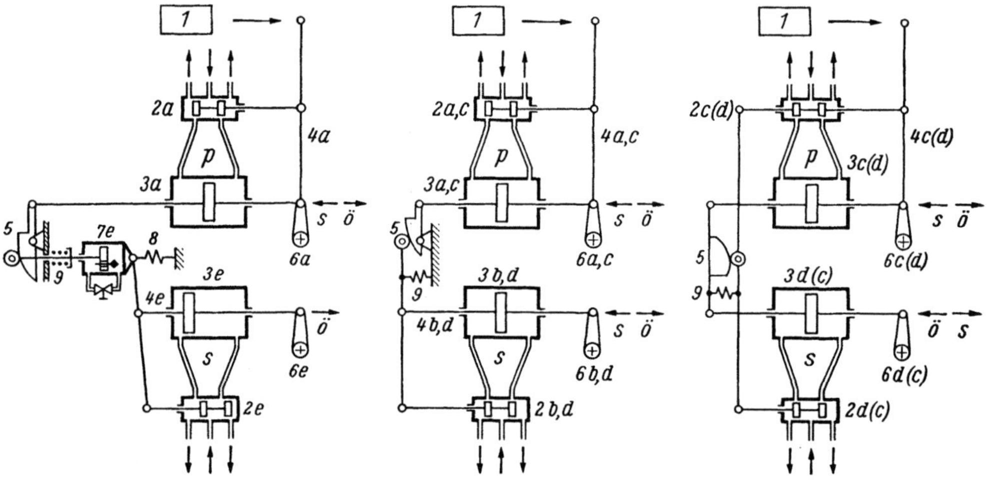

a) Nebenauslaß-Steuerung bei Francisturbinen (einfache Verkettung)

b) Einfach verkettete Doppelregelung bei Kaplan- und Freistrahlturbinen

c) Doppelt verkettete Doppelregelung bei Freistrahlturbinen

a Leitrad, *b* Laufrad, *c* Strahlablenker, *d* Düsennadel, *e* Nebenauslaß

1 Vorsteuerung, *2* (Haupt-)Steuerventil, *3* Stellmotor, *4* Rückführung, *5* Kurvenscheibe

6 Stellwelle, *7* Katarakt mit Überström- und Rückschlagventil, *8* Schließfeder, *9* Hilfsfeder

p primär, s sekundär, Ö Öffnen, S Schließen

Bei Bild (b) gelten entweder die Bezeichnungen *a* und *b* oder *c* und *d*. Bei Bild (c) gelten wahlweise die nicht eingeklammerten oder die eingeklammerten Bezeichnungen

Bild 27. Doppelregelungen (Prinzip [*27*])

Rückschlagventil in die rechte Kammer verdrängt, ohne daß sich Kataraktzylinder und Steuerventil (*2e*) bewegen. Bei langsamen Schließbewegungen tritt das Öl durch eine einstellbare Überströmleitung in die linke Kammer über, wobei der Kataraktzylinder ebenfalls in Ruhe bleibt. Nur bei raschen Schließvorgängen kann das Öl nicht schnell genug überströmen, so daß der Kataraktzylinder mitgenommen wird, wodurch der Nebenauslaß öffnet. Das Steuerventil (*2e*) läßt dabei Drucköl in die linke Kammer des Stellmotors (*3e*) fließen. Das darauffolgende langsame Schließen geschieht durch Einwirkung einer Feder (*8*) oder durch das Eigengewicht. Kleine Druckregler können auch mechanisch unter Zwischenschaltung eines Nachgebegliedes betätigt werden. Bei kleinen Abweichungen spricht der Nebenauslaß nicht an.

Im Falle der einfach verketteten Doppelregelung von Kaplan- oder Freistrahlturbinen (*Bild* 27 b) werden die sekundären Regelorgane der Turbine (Laufradschaufeln bzw. Düsennadel) mit Hilfe einer Kurvenscheibe in Abhängigkeit von der Stellung der primären Regelorgane (Leitradschaufeln bzw. Strahlablenker) verstellt.

Doppelregelungen für Freistrahlturbinen werden auch mit doppelter Verkettung der beiden Kreise ausgeführt (*Bild* 27 c). Das Sekundärstellglied wird sowohl von der Stellung des primären Stellgliedes als auch von der Drehzahl beeinflußt. Dabei kann der Strahlablenker primär und die Düsennadel sekundär verstellt werden oder umgekehrt. Die erste Lösung kommt hauptsächlich bei kleinen und langsamen Laständerungen in Betracht, die durch die Düsennadel allein ausgeregelt werden können. Bei der primären Nadelregelung muß die Drehzahl in den Sekundärkreis eingeführt werden, um den Ablenker rasch einschwenken zu können. In diesem Fall ergibt sich der regelungstechnische Vorteil, daß die Stabilität der Nadelregelung von den Ablenkerbewegungen nicht beeinflußt wird [*27*].

6. Sicherheitseinrichtungen

Beim Pendelantrieb durch Riemen wird eine auf dem Riemen laufende Schwenkrolle (*Riemenbruchsicherung*) vorgesehen, bei deren Abfallen der Regler die Turbine schließt (sonst würde die Turbine voll öffnen).

Zum schnellen Stillsetzen des Maschinensatzes bei Überdrehzahl oder Generator- bzw. Lagerfehlern oder stark absinkendem Regleröldruck dient ein elektrisch betätigtes *Schnellschlußventil*, das im allgemeinen auch von der Warte aus betätigt werden kann.

Große Kaplanturbinen ohne Einlaufschnellschütze erhalten neben dem mit Entlastung des Vorsteuerölkreislaufes arbeitenden Schnellschluß eine zusätzliche *Laufradnotschlußeinrichtung* [*27*], die durch das *Sicherheitspendel* oder durch Handbetätigung ausgelöst wird. Das Notschlußventil leitet Drucköl aus einem besonderen *Notwindkessel* oder von einer sicher angetriebenen *Notölpumpe* in die Schließkammer des Laufradstellmotors. Bei Freistrahlturbinen wirkt das Sicherheitspendel auf den Strahlablenker; als Notschlußhilfsenergie kommt hier auch Druckwasser aus der Rohrleitung in Betracht.

7. Druckölerzeugungsanlage

Der erforderliche Öldruck wird entweder durch eine dauernd direkt in den Ölkreislauf einspeisende Zahnradpumpe erzeugt (Durchflußregler, *Bild* 14), oder das Drucköl wird einem Windkessel (*Bild* 15) entnommen, der sich von Zeit zu Zeit selbsttätig wieder auflädt [*13*, *27*]. Im ersten Fall wird die maximale Stellgeschwindigkeit (kleinste Schließzeit) durch die Leistungsfähigkeit der Ölpumpe bestimmt. Beim Windkesselregler betragen die Stellgeschwindigkeiten ein Mehrfaches des dem Pumpenförderstrom entsprechenden Wertes. Für etwa 20 bis 2500 mkp Arbeitsvermögen werden serienmäßige Durchflußregler gebaut; mit Sonderausführungen wurden 13000 mkp überschritten. Durchflußregler mit einem Arbeitsvermögen von mehr als ungefähr 100 mkp erhalten im allgemeinen eine *Entlastungssteuerung* oder die THOMA*sche Verbundsteuerung* (zwei oder mehr Pumpen verschiedener Förderleistung), um einen dauernden hohen Leistungsbedarf zu vermeiden. Über 1500 mkp werden überwiegend Windkesselregler verwendet [*27*].

Um beim Versagen des Pumpenantriebes eines Durchflußreglers die Turbine noch schließen zu können, wird eine Schließfeder vorgesehen, die einen größeren Leistungsbedarf beim Öffnen zur Folge hat. Die Ölpumpe eines Windkesselreglers wird selbsttätig ein- und ausgeschaltet (Druckschalter, Kontaktmanometer), oder es wird bei dauernd laufender Pumpe ein Wechselventil verwendet. Zur Erhaltung des Luftpolsters dienen selbsttätige Kompressoren, Schnüffelventile in der Pumpensaugleitung oder Zwischenbehälter. Beim Ansprechen der am tiefsten eingestellten Öldrucküberwachungseinrichtung wird der Schließvorgang eingeleitet, für den der restliche Druck noch mit Sicherheit ausreichen muß.

Größere Regler erhalten neben der elektromotorisch angetriebenen oder mit der Turbinenwelle gekuppelten *Hauptölpumpe* eine *Reserveölpumpe*, die ihre Antriebsenergie aus der Kraftwerksbatterie, von einem Fremdanschluß oder durch eine kleine Hilfsturbine erhält. Die Reservepumpe kann gegebenenfalls bei starkem Ölverbrauch zusätzlich in den Arbeitsölkreis fördern, und sie kann außerdem die Stillstandsspeisung zur Erhaltung der Anlaßbereitschaft übernehmen.

8. Elektrischer Pendelantrieb, Speisung elektrischer Meßgeber

Bei größeren und besonders bei vertikalen Maschinensätzen wird im allgemeinen an Stelle des mechanischen Pendelantriebs (mit Riemen) der elektrische Antrieb ausgeführt. Diese Lösung gibt große Freizügigkeit hinsichtlich der räumlichen Anordnung und der Drehzahlen. Das elektrisch angetriebene Pendel soll beim Anlauf frühzeitig in Tätigkeit treten, und seine Drehzahl soll bis zu den größten Betriebsdrehzahlen ein getreues Abbild der Turbinendrehzahl sein [*36, 37*].

Der dreiphasige Pendelmotor (750 bis 3000 U/min, Leistung bis einige hundert Watt) kann ein synchroner Reaktionsmotor (mit Anlaufkäfig) oder ein Asynchronmotor sein; im letzteren Fall tritt ein geringer Schlupf ein. Bei amerikanischen Ausführungen bilden Motor und Pendel eine konstruktive Einheit [*25, 38*].

Die Speisung des Pendelmotors kann durch die Klemmenspannung des Hauptgenerators (über Wandler) erfolgen oder durch eine Hilfserregermaschine mit zusätzlichen Schleifringen [*25, 39, 40*] oder durch einen elektrisch völlig getrennten Pendelgenerator (bis etwa 3 kVA). Die erste Schaltung bereitet beim Anlauf (Erregung des Hauptgenerators erst bei etwa 70% der Nenndrehzahl) und im Fall der Entregung Schwierigkeiten. Die zweite Lösung ist auf schnellaufende Maschinensätze beschränkt (Mindestfrequenz für den Pendelmotor etwa 25 Hz), und auch hier tritt der Pendelmotor verspätet in Aktion. Einige Nachteile können durch Hilfseinrichtungen (Erregerumschaltung, Spannungsüberwachung) weitgehend beseitigt werden [*37*], jedoch ergeben sich hierdurch zusätzliche Störungsmöglichkeiten. Entsprechendes gilt für gleichstromerregte Pendelgeneratoren [*40*]. Völlige Unabhängigkeit und größte Betriebssicherheit geben die robusten Permanentmagnet-Pendelgeneratoren. Durch das Permanentmagnetfeld wird schon bei geringen Drehzahlen ausreichende Spannung zum Anlauf erzielt, und der Synchronismus kann schon dicht über 20% der Nenndrehzahl erreicht werden [*36*].

Je nach Turbinendrehzahl und konstruktiven Gegebenheiten wird der Pendelgenerator mit der Hauptwelle gekuppelt oder direkt auf diese montiert, oder er wird durch ein Zahnrad- oder Reibradgetriebe von der Hauptwelle oder durch Kupplung mit einem freien Wellenende angetrieben [*25*, *38*, *40*]. Kurzschlußfeste Pendelgeneratoren zeigen auch nach starker Überlastung keinen Rückgang der Remanenz. Einige Ausführungen haben eine Nachmagnetisierungs-Hilfswicklung, die im Betrieb (kurzgeschlossen) als Dämpferwicklung dient (nur Längsfelddämpfung). Zwischen Pendelgenerator und Pendelmotor sind im allgemeinen keine Sicherungen oder Schaltgeräte vorgesehen; die Verbindung wird mit größter Sicherheit ausgeführt. Die Pendelgeneratoren können zusätzliche Hilfswicklungen zum Anschluß von elektrischen Drehzahlmessern, Überwachungseinrichtungen oder wichtigen kleinen Hilfsantrieben (Ölpumpen) erhalten [*38*].

Bei der Pendelmotorspeisung von den Hauptgeneratorklemmen aus werden die im Parallelbetrieb möglichen Polradpendelungen dem Turbinenregler nicht mitgeteilt, so daß ihre Dämpfung durch den Reglereinfluß nicht verschlechtert werden kann [*1*]. Dieser regelungstechnische Vorteil kann mit den betrieblichen Vorteilen eines autonomen Pendelgenerators verbunden werden, indem das Pendel gleichzeitig mit zwei Motoren gekuppelt wird: einem Synchronmotor, der von den Klemmen des Hauptgenerators gespeist wird, und einem Asynchronmotor an den Klemmen des Pendelgenerators [*41*]. Im Normalbetrieb ist dann der Synchronmotor wirksam, beim Anfahren und bei Störungen der Asynchronmotor.

Bei Turbinenreglern mit elektrischem Reglerkopf wird dieser in entsprechender Weise wie der elektrische Antriebsmotor eines mechanischen Fliehkraftpendels gespeist (ein- oder mehrphasiger Anschluß an den Pendelgenerator).

D. Berechnung von Regelvorgängen

1. Allgemeines

Die nachfolgenden Ausführungen beschränken sich auf Vorgänge mit kleinen Abweichungen bei einfach geregelten Turbinen[1]. Für die doppeltgeregelten Kaplanturbinen wird auf GARDE [*32*] und HUTAREW [*23*] verwiesen.

Bild 28 zeigt den vereinfachten Blockschaltplan des Regelkreises. Die Regelstrecke ist dabei in die Glieder *Maschinensatz* (einschließlich Netz) und *Druckleitung* aufgetrennt. Die *Störabweichung z* wirkt auf den Maschinensatz ein; im Inselbetrieb sind die Störabweichungen durch die Änderungen des Belastungsmomentes infolge Zu- oder Abschaltung von Verbrauchern im Netz gegeben, im Verbundbetrieb dagegen durch die Netzfrequenzänderungen. Das Verhalten des Maschinensatzes bei Störabweichungen wird durch den *Störfrequenzgang* F_{Mz} beschrieben, das gedachte Verhalten bei *Stellabweichungen* ohne Druckstoß durch den *Stellfrequenzgang* F_{My}, unter Berücksichtigung des Druckstoßes durch $F_{My} \cdot F_H$.

Das Regelkreisglied für die Druckleitung gibt den Zusammenhang zwischen dem der augenblicklichen *Turbinenöffnung* entsprechenden stationären und dem

[1] Alle Zusammenhänge sind zur Vereinfachung linear angenommen.

tatsächlichen – durch den Einfluß des *Druckstoßes* entstehenden – Drehmoment; die entsprechenden (normierten) Abweichungen sind in *Bild* 28 mit m bzw. m' bezeichnet. Die meistens geringe Wasserstromänderung in der Turbine bei einer Drehzahlabweichung und gleichbleibender Öffnung wird hier nicht berücksichtigt (entfällt bei Peltonturbinen vollständig).

Bei den gebräuchlichen mechanischen Turbinenreglern muß im allgemeinen auf Grund der gegebenen Konstruktion zwischen dem Frequenzgang F_{Rx} für den Einfluß der *Regelabweichung* x und dem Frequenzgang F_{Rw} für den Einfluß der *Führungsabweichung* w (z.B. Sollwertänderung) unterschieden werden. Die Führungsgröße greift im allgemeinen an der Drehzahl- bzw. Leistungseinstellvorrichtung des Reglers ein.

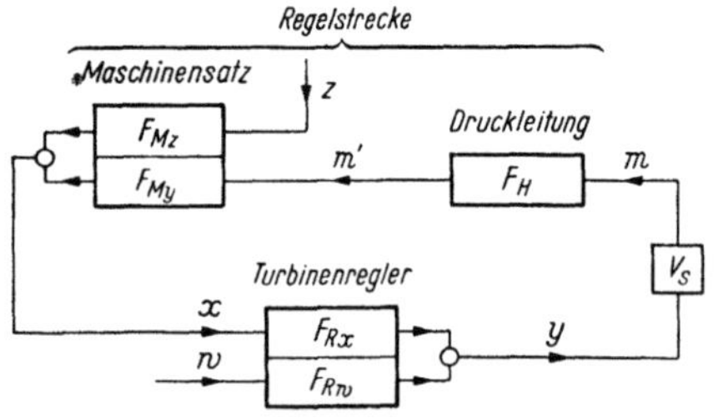

Bild 28. Blockschaltplan des Regelkreises (Einfachregelung)

Im Sinne der Regelung muß der Regler die Turbinenöffnung bei einer Drehzahlerhöhung verringern. Werden alle Regelkreisgrößen positiv angesetzt und ihre Abweichungen in Richtung einer Vergrößerung positiv gezählt, so muß die Frequenzganggleichung F_{Rx} ein Minuszeichen einschließen.

Der Zusammenhang zwischen dem (normierten) *Stellkolbenweg* des Reglers und der (normierten) Leitrad- bzw. Düsenöffnung wird durch die Konstruktion bzw. die Kinematik der Turbinenstellorgane und des Gestänges zwischen *Stellglied* und *Stellkolben* bestimmt. Mit Hilfe der entsprechenden Kurven [*23*] kann die Bezifferung der stationären Drehmomentkennlinien in *Bild* 13 von (normierter) Öffnung in (normierten) Stellkolbenweg geändert werden. Dann läßt sich weiter die Drehmoment-Stellkolbenweg-Kennlinie angeben und daraus für jeden stationären Arbeitspunkt der *Verstärkungsfaktor* $V_s = m/y$ (m normierte Drehmomentabweichung, y normierte Stellabweichung; Kurve durch Tangente im Arbeitspunkt ersetzt).

Die im folgenden angegebenen Beziehungen entsprechen denjenigen Betriebsverhältnissen, für welche die verschiedenen Kennwerte definiert sind, üblicherweise Nennbetrieb. Dieselben Beziehungen gelten aber auch für den Betrieb mit Teillast, wenn dieser Betriebszustand einfach als neuer Nennbetrieb angesehen wird und alle Kenngrößen dementsprechend eingesetzt werden (z.B. T_m größer, T_h kleiner).

2. Frequenzganggleichungen des Regelkreises

a) *Aufgeschnittener* Regelkreis:

$$F_{Ko} = F_H F_{My} F_{Rx} V_s \tag{1}$$

b) *Störfrequenzgang* des geschlossenen Kreises ($w = 0$):

$$F_{Kz} = \frac{F_{Mz}}{1 - F_H F_{My} F_{Rx} V_s} = \frac{F_{Mz}}{1 - F_{Ko}} \tag{2}$$

c) *Führungsfrequenzgang* des geschlossenen Kreises ($z = 0$):

$$F_{Kw} = \frac{F_H F_{My} F_{Rw} V_s}{1 - F_H F_{My} F_{Rx} V_s} = \frac{F_H F_{My} F_{Rw} V_s}{1 - F_{Ko}} \tag{3}$$

Die beiden letzten Beziehungen haben denselben Nenner, bei dessen Nullwerden ($F_{K_0} = 1$) die Stabilitätsgrenze erreicht wird (s. Abschnitt D 7).

3. Turbinenregler

Hutarew [*23*] hat die Differential- und Frequenzganggleichungen für einige praktisch ausgeführte Turbinenregler verschiedener Konstruktion angegeben (bis zu 6. Ordnung). Die wirklichen Eigenschaften eines praktischen Reglers kommen in seiner experimentell aufgenommenen Frequenzgang*ortskurve* oder in seiner *Übergangsfunktion* zum Ausdruck. Um die grundsätzlichen Verhältnisse klar erkennen zu können, müssen Vereinfachungen getroffen werden. Nach Stein [*35*] zeigen die gebräuchlichen Katarakt- und Beschleunigungsregler in vereinfachter Darstellung PI-*Verhalten* (bezogen auf den x-Eingang). Aus den von Hutarew angegebenen Gleichungen erhält man die Bestätigung hierfür, wenn ($w = 0$) die *reduzierte Pendelmasse* und die *Stellzeiten* der verschiedenen Stellwerke – mit der im folgenden benannten Ausnahme – gleich Null gesetzt werden, ebenso der Beiwert für die im praktischen Betrieb wegen der stationären Wirklastverteilung erforderlichen Neigung der stationären Kennlinie (*Statik*). Die Vernachlässigung dieser Kennlinienneigung ist hinsichtlich Stabilität im allgemeinen zulässig, weil der Einfluß der Stabilisierungseinrichtungen (s. Abschnitt C 4) dynamisch überwiegt. Inwieweit die Nullsetzung der Stellzeiten den praktischen Verhältnissen entspricht, hängt von der jeweiligen Reglerausführung ab.

Um die *regelungstechnische Identität* der beiden verschiedenen Reglerarten zu erhalten, muß allein der Hauptstellmotor des Beschleunigungsreglers eine gewisse Stellzeit behalten (integrierende Wirkung). Bei der gemeinsamen Darstellung der beiden Turbinenregler als PI-Regler ist es daher erforderlich, den Turbinenstellmotor stets zum „Turbinenregler" zu rechnen, auch wenn er räumlich vom Steuerwerk getrennt und konstruktiv mit der Turbine vereinigt ist.

Die Frequenzganggleichung des (idealen) PI-Reglers mit zusätzlicher Statik[1] lautet (p Variable im Unterbereich; zum Aufzeichnen der Ortskurve ist $p = \mathrm{j}\beta$ zu setzen, wobei β Kreisfrequenz der Schwingungen in s^{-1}):

$$F_{Rx} = -V_R\left(1 + \frac{1}{pT_n}\right)\frac{p}{p + x_b\dfrac{V_R}{T_n}} \tag{4}$$

Dabei bedeutet T_n die Nachstellzeit des Reglers und V_R seine Verstärkung. Gl. (4) ist identisch Gl. (92) in Kapitel 2, wenn mit den dortigen Faktoren K_a und K_b die „Dauerstatik" $x_b = 1/K_a$ und $V_R = K_a/(1 + K_a K_b)$ gesetzt wird. Für $x_b = 0$ verschwindet der Bruch hinter der Klammer (reiner PI-Regler). Ortskurven und Übergangsfunktionen hierzu sind in *Bild* 29 dargestellt.

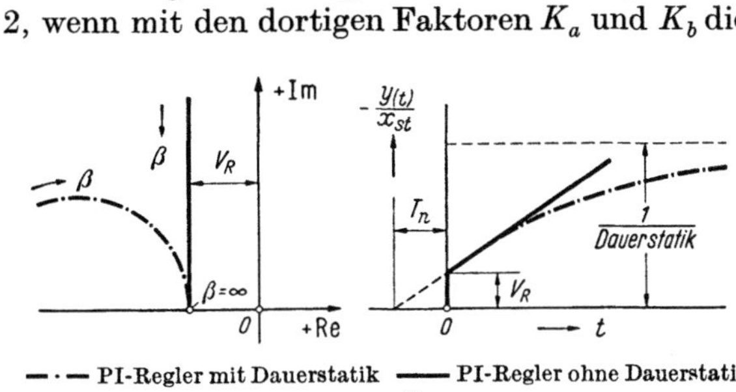

— · — PI-Regler mit Dauerstatik ——— PI-Regler ohne Dauerstatik

Bild 29. Ortskurve und Übergangsfunktion des PI-Reglers

[1] Er entspricht dem Regler nach Kapitel 2, Abschnitt E 3c.

Bei den wirklichen Turbinenreglern endet die Ortskurve wegen der in Gl. (4) vernachlässigten Einflüsse im Koordinatenursprung; der Anfangssprung der Übergangsfunktion erfolgt dabei mit einer gewissen Neigung, und der Knick ist abgerundet. Hier lassen sich die bereits früher allgemein gebräuchlichen Begriffe Dauerstatik und vorübergehende Statik sowie der Begriff dynamische Reglerverstärkung durch die in DIN 19226 getroffenen Festlegungen und die Darstellung nach Kapitel 2 ersetzen. Die Bezeichnung PI-Regler soll das für die dynamischen Verhältnisse maßgebende Verhalten des Reglers kennzeichnen, das im Anfangsteil seiner Übergangsfunktion (s. *Bild* 29) zum Ausdruck kommt (s. auch [*67*]).

Zur Reduzierung der Parameter wird der Verstärkungsfaktor V_s im folgenden zum Reglerfrequenzgang geschlagen. Der entsprechende gedachte Regler, dessen Ausgangsgröße dann das der augenblicklichen Öffnung entsprechende stationäre Turbinendrehmoment ist, wird dynamisch durch folgende Größen gekennzeichnet:

$$K_0 = \frac{V_s V_R}{T_n} \quad \mathrm{s}^{-1} \qquad K_1 = V_s V_R \tag{5}$$

K_0 entspricht dabei dem Reziprokwert der sog. Reaktionszeit des Reglers (temps caractéristique de la promptitude de réglage) [*1, 5, 51*]. In der Literatur sind auch andere Schreibweisen der Reglergleichung (4) mit anderen Reglerkenngrößen angegeben, insbesondere bezüglich des Unterschiedes zwischen Katarakt- und Beschleunigungsregler. Unter Berücksichtigung der oben genannten Vereinfachungen lassen sich diese Reglergleichungen in die Form (4) bringen, womit auch die Identität der verschiedenen Kenngrößen gegeben ist [*5, 6, 35*].

4. Maschinensatz einschließlich Netz

Je nach Inselbetrieb oder Parallelbetrieb mit einem praktisch starren Verbundnetz (Netzfrequenz nicht durch die Einspeise-Leistungänderungen beeinflußbar) gelten die Frequenzganggleichungen:

Inselbetrieb:
$$F_{My} = \frac{1}{p\, T_m k + q_N - q_T} \tag{6}$$

Verbundbetrieb:
$$F_{My} = \frac{p}{(\beta_e^2 + p^2)\, T_m + p\left(\frac{T_m}{T_G} k_D - q_T\right)} \tag{6 a}$$

$T_m = \frac{G D_{\text{ges}}^2\, n_n^2}{268\, N_n^*}$ *Mechanische* Anlaufzeitkonstante des Maschinensatzes in s

$T_G = \frac{G D^2\, n_n^2}{365\, N_n}$ *Generator*anlaufzeitkonstante in s, $T_G = 2H$ (H Inertia Constant)

$T_m/T_G = (1+\gamma)\,\eta_G/\cos\varphi_G \approx 1/\cos\varphi_G$, $\qquad G D_{\text{ges}}^2 = (1+\gamma)\, G D^2$

- N_n^* Turbinennennleistung in PS
- N_n Generatornenn*schein*leistung in kVA
- k Vergrößerungsfaktor zur Berücksichtigung der Netzschwungmassen
- γ Zuschlagfaktor für Turbinenlaufrad-Schwungmoment
- q_N *Netzanteil des Ausgleichsgrades* (sog. Netzselbstregelungsfaktor)
- q_T *Turbinenanteil des Ausgleichsgrades* (sog. Turbinenselbstregelungsfaktor)
- $q = q_N - q_T$ *Ausgleichsgrad* (gesamter Selbstregelungsfaktor)
- n_n Nenndrehzahl in U/min

GD^2_{ges} Schwungmoment von Generator und Turbine in tm²

GD^2 Generatorschwungmoment in tm²

η_G Generatorwirkungsgrad

$\cos\varphi_G$ Leistungsfaktor des Generators

$\beta_e = \sqrt{\frac{k_s\,\omega_n}{T_G}}$ Kreisfrequenz der ungedämpften *Polradeigenschwingungen* in s^{-1}

k_s *Synchronisierziffer*

k_D Generator*dämpfungsziffer*

$\omega_n = 2\pi f_n$ Elektrische Nenn-Kreisfrequenz in s^{-1}

f_n Nennfrequenz in s^{-1}

Die entsprechenden Ortskurven und Übergangsfunktionen sind in *Bild* 30 dargestellt. Für Generator und Turbine zusammen gilt die Gesamtdämpfungsziffer[1]:

$$k'_D = \frac{T_m}{T_G}\,k_d - q_T \tag{7}$$

Inselbetrieb. Die beiden Anteile des Ausgleichsgrades sind ein Maß für die Neigung der betreffenden (normierten) Drehmomentkennlinien im stationären Arbeitspunkt (prozentuale Drehmomentänderung bei 1 % Drehzahlabweichung, *Bild* 31). Für den Netzanteil des Ausgleichsgrades gilt:

$q_N = -1$ bei ohmscher Belastung (Voraussetzung konstante Spannung)

$q_N = 0$ bei Antrieben mit drehzahlunabhängigem Belastungsmoment (z.B. Drehbänke, langsame Hebezeuge)

$q_N = 1$ bei Antrieben mit drehzahlproportionalem Moment (selten, z.B. Umformer)

$q_N = 2$ bei Antrieben mit quadratisch ansteigendem Moment (z.B. Kreiselpumpen, Lüfter)

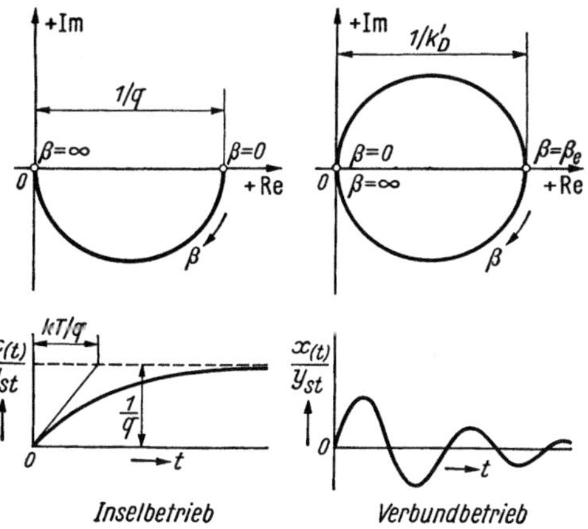

Bild 30. Ortskurven und Übergangsfunktionen des Regelkreisgliedes „Maschinensatz" (einschließlich Netz)

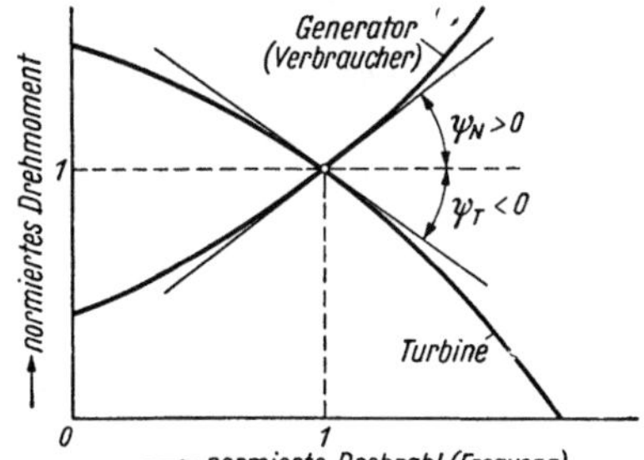

$\tan\psi_N = q_N \quad \tan\psi_T = q_T \quad q = q_N - q_T$

Bild 31. Normierte Drehmomentkennlinien; Definition des Ausgleichsgrades bzw. Selbstregelungsfaktors

Bei gemischter Belastung gilt ein den verschiedenen Lastanteilen entsprechender Mittelwert [*42*, *43*]. Im Fall eines größeren ohmschen Lastanteils hat auch die Spannungsänderung des Generators noch einen Einfluß (s. *Bild* 2). Wenn die prozentuale Änderung Δp der Aufnahmeleistung der Ver-

[1] Bei größeren k_d-Werten ist q_T vernachlässigbar.

braucher bei der prozentualen Frequenzänderung Δf bekannt ist, ergibt sich hieraus q_N nach der Beziehung $(\Delta p/\Delta f) - 1 = q_N$ (kleine Änderungen).

Der Turbinenanteil q_T ist entsprechend *Bild* 32 von der spezifischen Drehzahl abhängig (Mittelwerte). Meistens ist die auf die Nenndrehzahl bezogene Durchgangsdrehzahl n_d bekannt; hieraus erhält man näherungsweise $q_T \approx -1/(n_d - 1)$.

Verbundbetrieb. Im Parallel- bzw. Verbundbetrieb treten die *elektromagnetischen* Eigenschaften des Generators (*synchronisierendes Drehmoment, Dämpfungsmoment*) in Erscheinung [*44, 45*]. Der gesamte Ausgleichsgrad ist dabei unendlich groß, denn eine Drehmomentabweichung hat keine bleibende Drehzahlabweichung zur Folge; die Drehzahl wird durch die Netzfrequenz konstant gehalten. Da sich die Frequenz eines *starren* Netzes durch die betrachteten Regelvorgänge nicht ändert, kommt dabei der Faktor q_N nicht zur Geltung. Die Turbine behält jedoch ihren Einfluß entsprechend q_T. Im Falle eines *nicht starren* Verbundnetzes (Netzfrequenz durch die Einspeiseleistung beeinflußbar) muß das dynamische Netzverhalten zusätzlich berücksichtigt werden.

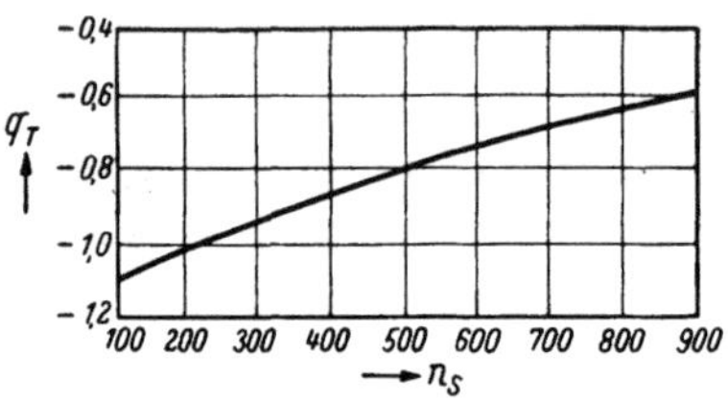

Bild 32. Abhängigkeit des Faktors q_T von der spezifischen Drehzahl n_s [*7*]

Die *Generatordämpfungsziffer* k_D, die für das Abklingen der Polradschwingungen maßgebend ist, ergibt sich aus den *Reaktanzen* und *Zeitkonstanten* des Generators, gegebenenfalls unter Berücksichtigung der vorgeschalteten Leitungen und Transformatoren. Genau genommen, bilden Synchronisier- und Dämpfungsziffer einen komplexen Ausdruck (s. *Zweiachsentheorie* [*45*]). Zur Vereinfachung sind k_s und k_D hier als Konstanten eingesetzt. Im allgemeinen wird der ohmsche Widerstand im Ständerkreis vernachlässigt, was bei größeren Generatoren und kurzen bzw. stark dimensionierten Leitungen gut zulässig ist. Die Dämpfungsziffer k_D ist auch vom *Belastungsgrad* und *Leistungsfaktor* (Blindleistung) des Generators abhängig [*46*]. Den ausschlaggebenden Einfluß auf die Größe der Dämpfungsziffer und ihre Änderung im betrieblichen Belastungs- und Leistungsfaktorbereich hat die Ausführung der Polrad-*Dämpferwicklung*. Besonders günstige Verhältnisse liegen bei Generatoren mit vollständiger Dämpferwicklung (*Längs- und Querfelddämpfung*) vor.

Für den Störfrequenzgang des Maschinensatzes einschließlich Netz gilt:

Inselbetrieb: $$F_{Mz} = -F_{My} \tag{8}$$

Verbundbetrieb (starres Netz): $$F_{Mz} = F_{My}\left(p \frac{T_m}{T_G} k_D + \beta_e^2 T_m\right) \tag{8a}$$

5. Druckleitung

Die bei einer Änderung der Turbinenöffnung entstehende *Druckwelle* pflanzt sich mit der *Wellengeschwindigkeit a* (in m/s) zu dem (vereinfachend unendlich groß angenommenen) Staubecken bzw. Wasserschloß hin fort und wird dort total gegensinnig *reflektiert*; die zurücklaufende Welle wird dann an der Turbine ganz oder teilweise gleich- oder gegensinnig reflektiert und so fort. An Unstetigkeitsstellen im Zuge der Leitung treten Teilreflexionen auf. An jeder Stelle der

Leitung ergibt sich eine periodische Druckänderung, deren Periodendauer gleich der Zeit $4L/a$ ist (L Leitungslänge in m). Die Druckleitung stellt somit ein mit *Laufzeit* und *Reflexion* behaftetes System dar. Bei fortdauernder periodischer Anregung ergeben sich stehende Druckschwingungen. Die Wellengeschwindigkeit a ist von der *Elastizität* der Rohrleitung und der *Kompressibilität* des Wassers abhängig [*4*]. Bei ganz unelastischen Rohren beträgt die sich allein aus der Wasserkompressibilität ergebende Wellengeschwindigkeit etwa 1435 m/s; mit zunehmender Elastizität der Rohrleitung sinkt der Wert bis auf etwa 700 bis 800 m/s ab.

Eine gleichförmige Druckleitung ist durch folgende Größen gekennzeichnet:

$$\varrho = \frac{aV}{2gH} = \frac{T_h}{T_r} \quad \text{Allievische Konstante}^1 \tag{9}$$

$$T_r = \frac{2L}{a} \quad \text{Reflexionszeit bzw. halbe Periodendauer der } \textit{hydraulischen Eigenschwingungen} \text{ in s} \tag{10}$$

$$\beta_h = \frac{\pi}{T_r} = \frac{\pi\varrho}{T_h} \quad \text{Kreisfrequenz der hydraulischen Eigenschwingungen in s}^{-1} \tag{11}$$

$$T_h = \frac{LV}{gH} \quad \textit{Hydraulische} \text{ Anlaufzeitkonstante in s} \tag{12}$$

V Wassergeschwindigkeit in m/s
H Fallhöhe in m
L Gesamtlänge der Druckleitung in m
a Geschwindigkeit der Druckwellen in m/s
g Erdbeschleunigung 9,81 in m/s²

Die Allievische Konstante steigt von etwa $\varrho = 0{,}1$ bis 0,3 bei Hochdruckanlagen bis auf etwa $\varrho = 10$ bis 12 bei Niederdruckanlagen. Die Kreisfrequenz β_h ändert sich in erster Näherung umgekehrt proportional zu L.

Für Vorgänge mit geringen Amplituden in *verlustlos* angenommenen Druckleitungen gelten *partielle* Differentialgleichungen desselben Typus wie für verlustlose elektrische Leitungen, die am Ende kurzgeschlossen sind und über einen Eingangswiderstand gespeist werden (Analogie: Druck entspricht Spannung, Wassergeschwindigkeit entspricht Strom) [*47*, *48*]. Ein solches *Kontinuum* stellt ein System unendlich hoher Ordnung dar, und als Lösung des zugehörigen Differentialgleichungssystems ergeben sich *Hyperbel*-Funktionen [*49*]. Unter Vernachlässigung der Wirkungsgradänderungen im Bereich der betrachteten kleinen Abweichungen erhält man hieraus für das Regelkreisglied der Druckleitung folgende Frequenzganggleichung ($p = \mathrm{j}\beta$) [*47*]:

$$F_H = \frac{1 - 2\varrho \tanh\left(p\frac{L}{a}\right)}{1 + \varrho \tanh\left(p\frac{L}{a}\right)} = \frac{1 - \mathrm{j}\,2\varrho \tan\left(\frac{\pi}{2}\cdot\frac{\beta}{\beta_h}\right)}{1 + \mathrm{j}\,\varrho \tan\left(\frac{\pi}{2}\cdot\frac{\beta}{\beta_h}\right)} \tag{13}$$

Die zugehörige Ortskurve ist ein Vollkreis nach *Bild* **33**, bei dem sich je nach den Rohrleitungskenngrößen lediglich die Parameterbezifferung β verschiebt. Der Kreistangens im Zähler und Nenner des rechten Ausdrucks von Gl. (13) wird jeweils für $\beta/\beta_h = 1$, 3, 5 usw. unendlich (*Resonanz* der hydraulischen Eigenschwingung); dabei tritt eine Verdopplung der Amplitude und eine Phasenrückdrehung um 180° ein. Bei $\beta/\beta_h = 0$, 2, 4 usw. hat der Frequenzgang jeweils den Wert + 1, als ob überhaupt kein Druckstoß auftreten würde. Im Falle der Resonanz stellt

[1] Diese Bezeichnung wurde in Übereinstimmung mit Gaden [*46*] gewählt. Oft wird der Nennerfaktor 2 weggelassen, und die Kenngröße heißt dann „Rohrcharakteristik“ oder „relativer Allievi-Stoß“.

sich vor der Turbine ein Druckschwingungsbauch ein, bei „*Antiresonanz*" dagegen ein Schwingungsknoten, so daß die Druckänderungen in der Rohrleitung keinen Einfluß auf die Turbine ausüben.

Wenn die hydraulische Eigenfrequenz β_h sehr groß wird (a groß, L klein, entsprechend Niederdruckanlagen), darf die tan-Funktion im Zähler und Nenner des Frequenzganges durch den Winkel selbst ersetzt werden (ϱ bzw. a hebt sich dabei heraus), und an die Stelle von Gl. (13) tritt die einfachere Gleichung der sog. *starren Druckleitung* ($p = \mathrm{j}\beta$):

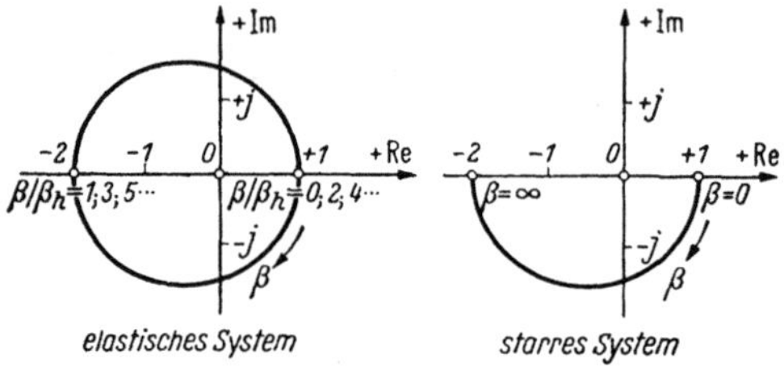

Bild 33. Ortskurven des Druckstoß-Regelkreisgliedes[1]

$$F_H = \frac{1 - p T_h}{1 + \frac{1}{2} p T_h} \tag{14}$$

Der Druckstoßeinfluß erscheint dabei nur mehr als Folge der Massenträgheit des Triebwassers (sog. *Massendruckstoß*). Die Ortskurve artet dabei in den Halbkreis nach *Bild* 33 aus, der für $\beta = \infty$ im Punkt -2 endet. Da unendlich schnelle Schwingungen praktisch nicht auftreten, kann sich beim starren System kein der Resonanz eines elastischen Systems entsprechender Zustand voll einstellen. Man erhält aus Gl. (14) rückwärts wieder die Beziehung für das elastische System, wenn an Stelle T_h folgender Ausdruck eingesetzt wird

$$T_h = \frac{2\,\varrho\,A}{p} \quad \text{mit}\ A = \tanh\left(p\,\frac{\pi}{2\,\beta_h}\right) \tag{15}$$

Der Unterschied in der Parameterbezifferung zwischen den Ortskurven nach *Bild* 33 wird um so größer, je größer das Verhältnis β/β_h ist. Nach Gaden [*46*] darf die hydraulische Druckleitung im allgemeinen dann vereinfacht als starres System behandelt werden, wenn die praktisch interessierenden Frequenzen unterhalb $\beta/\beta_h < 0{,}2$ bis 0,3 liegen.

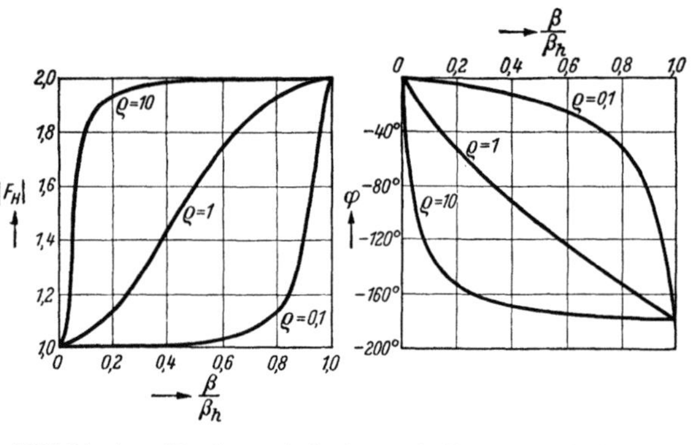

Bild 34. Amplitudenverhältnis und Phasenwinkel des Frequenzganges des Druckstoß-Regelkreisgliedes [*46*]

Wenn sich β/β_h von einem ganzen und ungeraden Wert (Resonanz) entfernt, nimmt die Amplitude der Ausgangsgröße ab, und die Phasendifferenz gegenüber der Eingangsgröße ändert sich, und zwar beides um so rascher, je kleiner die Allievische Konstante ϱ ist (*Bild* 34). Die Druckleitung von Hochdruckturbinen stellt daher einen selektiven *Resonator* für die Regelschwingungen dar, während Niederdruckanlagen (großes ϱ) eine flache Resonanzkurve haben.

[1] Das Druckstoß-Regelkreisglied ist ein Glied mit Allpaß-Anteil.

Für die Reflexion der Druckwellen an der Turbine ist der *Reflexionsfaktor* $r = (1-\varrho)/(1+\varrho)$ maßgebend [*4, 47*]. Bei Niederdruckanlagen (besonders solchen mit großer Wassergeschwindigkeit) strebt $r \to -1$, bei Hochdruckanlagen (besonders solchen mit geringer Wassergeschwindigkeit) gilt dagegen $r \to +1$. Je nach der Größe des Reflexionsfaktors hat die Übergangsfunktion des Regelkreisgliedes Druckleitung verschiedene Gestalt (*Bild* 35). Im Fall $\varrho = 1$ $(r = 0)$ tritt ein einziger gegensinniger Impuls von der Dauer T_r auf. Mit zunehmenden ϱ-Werten

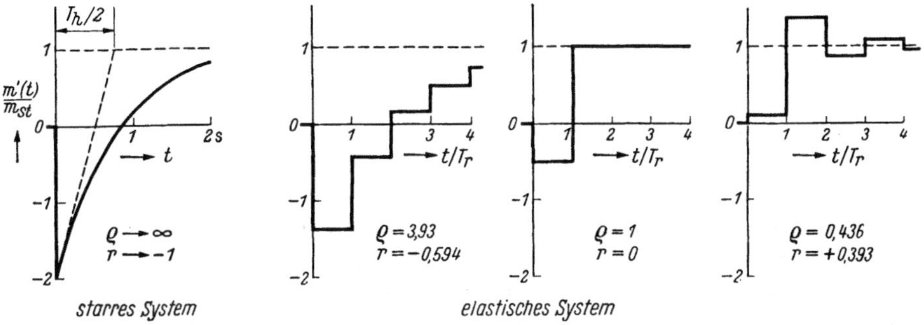

Bild 35. Beispiele von Übergangsfunktionen des Druckstoß-Regelkreisgliedes

nimmt die Übergangsfunktion die Gestalt einer zunächst im verkehrten Sinn ausschlagenden Treppenkurve an, die schließlich über immer feinere Stufen zur exponentiellen Übergangsfunktion für die starre Druckleitung ausartet.

6. Frequenzgang-Ortskurven des aufgeschnittenen Regelkreises

Durch Einsetzen in die Beziehung (1) erhält man für einen im Verbundbetrieb (starres Netz) arbeitenden Maschinensatz mit elastischer Druckleitung (Statik des Reglers vernachlässigt):

$$F_{K_0} = \frac{-(K_0 + pK_1)\left[1 - 2\,\varrho \tanh\left(p\,\frac{\pi}{2\,\beta_h}\right)\right]}{\left[T_m(p^2+\beta_e^2) + pk'_D\right]\left[1 + \varrho \tanh\left(p\,\frac{\pi}{2\,\beta_h}\right)\right]} \tag{16}$$

Mit $p = \mathrm{j}\beta$ ergibt sich hieraus durch Ausmultiplizieren der komplexe Ausdruck für die Frequenzgang-Ortskurve. Für den Inselbetrieb muß $\beta_e = 0$ gesetzt werden,

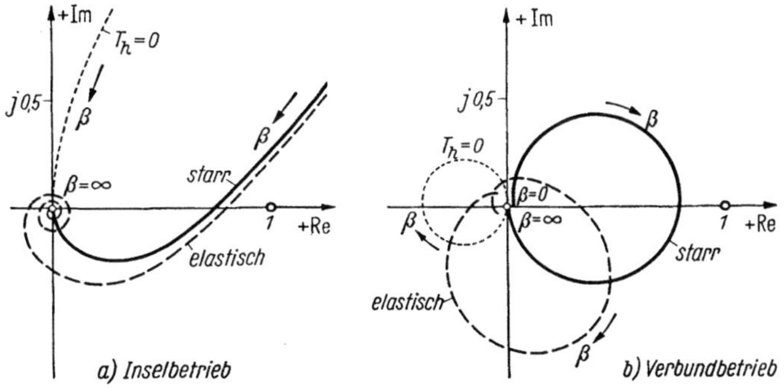

Bild 36. Beispiele von Ortskurven des aufgeschnittenen Regelkreises

und gleichzeitig tritt der Ausgleichsgrad q an die Stelle von k'_D. Bei starrer Druckleitung ist nach Gl. (15) $2\varrho A = p T_h$ zu setzen.

Das *Bild* 36 zeigt einige Beispiele von Ortskurven des aufgeschnittenen Regelkreises. Nach dem NYQUIST*kriterium* kann aus dem Verlauf dieser Ortskurven die Stabilität beurteilt werden (s. Kapitel 58). Der *kritische Punkt* liegt bei der hier gewählten Darstellung bei $+1 \pm j\,0$, und die dargestellten Ortskurven zeigen Stabilität an. Bei Maschinensätzen, die im ungeregelten Zustand unstabil sind, muß das Kriterium in seiner nach der Funktionentheorie *erweiterten* Form angewandt werden (CAUCHYscher Satz über die Anzahl der Nullstellen und Pole einer Funktion [*50*]).

7. Stabilitätsgrenzen

Allgemeines. Im praktischen Betrieb sind *Dämpfung*, *Überschwingweite* und *Frequenz* des Regelverlaufs maßgebend; für die überschlägliche Orientierung über die Regelungsverhältnisse ist die Kenntnis der *Stabilitätsgrenzen* bedeutsam. Die Stabilität kann z. B. nach den Verfahren von NYQUIST, LEONHARD-CREMER oder BODE untersucht werden. In manchen Fällen ist es zweckmäßig, die Stabilitätsuntersuchung mit Hilfe der experimentell aufgenommenen Frequenzgang-Ortskurve des Reglers nach einem *graphischen* Verfahren durchzuführen.

Aus der Grenzbedingung $F_{K_0} = 1$ erhält man die *charakteristische Gleichung* des geschlossenen Regelkreises. Im Fall einer starren Druckleitung ist diese Gleichung eine gewöhnliche *algebraische* Gleichung mit einer endlichen Anzahl von Wurzeln, bei einer elastischen Druckleitung ist sie dagegen *transzendent* mit unendlich vielen Wurzeln. Im ersten Fall können die Bedingungen für negative Realteile aller Wurzeln nach dem HURWITZ*kriterium* angegeben werden; bei der elastischen Druckleitung führt die Grenzbedingung zu zwei transzendenten Gleichungen, die graphisch gelöst werden müssen.

Im Fall der starren Druckleitung lautet die charakteristische Gleichung (Verbundbetrieb):

$$p^3 \frac{T_m T_h}{2} + p^2 \left[T_m + T_h\left(\frac{k'_D}{2} - K_1\right)\right] + p\left[k'_D + K_1 + T_h\left(\beta_e^2 \frac{T_m}{2} - K_0\right)\right] + K_0 + T_m \beta_e^2 = 0 \tag{17}$$

oder in allgemeiner Form:

$$p^3 A_3 + p^2 A_2 + p A_1 + A_0 = 0 \tag{18}$$

Nach HURWITZ müssen alle Koeffizienten dieser Gleichung positiv sein (bzw. gleiches Vorzeichen haben), ferner müssen sie der folgenden Determinante genügen:

$$\begin{vmatrix} A_1 & A_3 \\ A_0 & A_2 \end{vmatrix} = A_1 A_2 - A_0 A_3 > 0 \tag{19}$$

Die Koeffizienten A_0 und A_3 sind stets positiv; von den übrigen drei Bedingungen muß dann noch einer Koeffizientenbedingung und der Determinantenbedingung genügt werden, dann ist die restliche Koeffizientenbedingung von selbst erfüllt. Man erhält auf diese Weise folgende *simultane* Bedingungen für T_m:

$$A_2 > 0 \qquad T_m > T_h\left(K_1 - \frac{k'_D}{2}\right) \tag{20}$$

$$\text{Det} > 0 \qquad T_m > T_h\left(K_1 - \frac{k'_D}{2}\right) \frac{k'_D + K_1 - T_h K_0}{k'_D + K_1 - \frac{3}{2} T_h K_0 - \frac{1}{2}\left(K_1 - \frac{k'_D}{2}\right) T_h^2 \beta_e^2} \tag{21}$$

Kennzeichnend für die Wasserturbinenregelung ist, daß die Koeffizienten A_1 und A_2 *negativ* werden können, gegebenenfalls um so mehr, je größer T_h ist. Im Verbundbetrieb können die einzelnen Koeffizienten mit zunehmendem β_e (stärkere Netzkupplung) grundsätzlich nicht negativ werden, wohl aber die Determinante. Mit wachsendem k_D' bzw. q werden sowohl die Werte der Koeffizienten A_1 und A_2 als auch der Wert der Determinante größer (keine Gefahr des Unstabilwerdens).

Inselbetrieb ($\beta_e = 0$, q an Stelle k_D'). Unter der Voraussetzung, daß der Nenner des Bruches in der Bedingung (21) positiv ist, stellt der ganze Bruch einen Faktor >1 dar. Für $K_1 > q/2$ ist dann (21) gegenüber (20) die schärfere Forderung. Eine genauere Untersuchung zeigt, daß es bei gleichbleibenden anderen Größen eine hinsichtlich der erforderlichen Schwungmasse *optimale Reglereinstellung*[1] entsprechend

$$K_{1\,\mathrm{opt}} = \frac{3}{2}\,T_h K_0 - q + \frac{1}{2}\sqrt{3\,T_h K_0\,(T_h K_0 - q)} \tag{22}$$

gibt, welche die weiteste Herabsetzung von T_m ermöglicht. Bei dieser Reglereinstellung gilt dann die *Maschinenbemessungsvorschrift*:

$$T_{m\,\mathrm{opt}} > T_h\left[2\,T_h K_0 - \frac{3}{2}\,q + \sqrt{3\,T_h K_0\,(T_h K_0 - q)}\right] \tag{23}$$

Im Fall $K_1 < q/2$ werden die rechten Seiten negativ, und es könnte mit beliebig kleiner Schwungmasse noch stabil geregelt werden (*Vollstabilität* nach STEIN [*6*]; T_h und K_0 klein, q groß). Dabei würden sich aber untragbar große *Überschwingweiten* einstellen.

Falls der Nenner des Bruches in der Beziehung (21) negativ wird ($q + K_1 < 3/2\,T_h K_0$), kehrt sich das Zeichen $>$ um, und T_m darf einen gewissen Wert nicht überschreiten. Im Fall $K_1 > q/2$ ist dann überhaupt keine Stabilität mehr möglich, weil sich die beiden Bedingungen (20) und (21) *entgegen* stehen. Für $K_1 < q/2$ können dagegen in einem gewissen Bereich wieder beide Bedingungen gleichzeitig erfüllt werden.

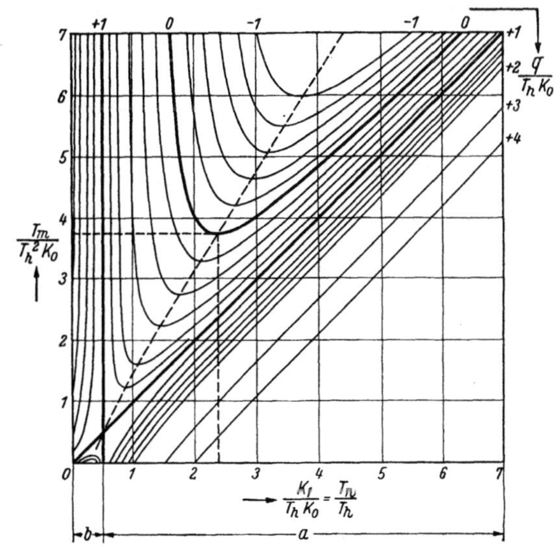

a Stabiler Bereich oberhalb der Kurven
b Stabiler Bereich unterhalb der Kurven

Bild 37. Theoretische Stabilitätsgrenzen im Inselbetrieb bei Anlagen mit starrer Druckleitung

Das *Bild* 37 zeigt die entsprechenden Stabilitäts*grenzkurven* mit kombinierten bzw. bezogenen Größen (s. auch STEIN [*6*]). Im allgemeinen ist die Stabilität im Inselbetrieb bei Vollast am meisten gefährdet.

Verbundbetrieb. Gegenüber dem Inselbetrieb tritt im Verbundbetrieb die Kreisfrequenz β_e der Polradeigenschwingungen als zusätzlicher Parameter auf. Entsprechend den Erläuterungen zu Gl. (6a) enthält β_e die Zeitkonstante T_G, die

[1] Hier handelt es sich nicht um den optimalen Zeitverlauf der Regelung (z. B. nach dem linearen oder quadratischen Kriterium).

in T_m ausgedrückt werden kann. Führt man dies durch und schreibt Gl. (21) mit T_m nur auf der linken Seite, so erscheint an Stelle des Ausdrucks mit β_e^2 im Nenner des Bruches ein Ausdruck mit der Synchronisierziffer k_s im Zähler. Da sich die zusätzlichen Parameter β_e bzw. k_s je nach der Stärke der elektrischen Verbindung zwischen Generator und Verbundnetz (Reaktanz der Verbindungsleitungen und Transformatoren) in verhältnismäßig weiten Grenzen ändern können, wird die Vielfalt der möglichen Fälle vergrößert und der Gesamtüberblick über die Stabilitätsgrenzen erschwert. Die Auflösung der Stabilitätsbedingungen nach k'_D zum Bestimmen der erforderlichen Gesamtdämpfung bei gegebener Schwungmasse führt zu einem quadratischen Ausdruck.

Aus der Gl. (21) ist zu erkennen, daß bei genügend großer Gesamtdämpfung k'_D (Generatoren mit Längs- und Querfelddämpfung) der Zähler und der Nenner des Bruches positiv sind. Weiter werden bei Erfüllung der Bedingung

$$k'_D > 2\,K_1 \tag{24}$$

die rechten Seiten von (20) und (21) negativ. Dann herrscht unabhängig von der Größe der mechanischen Anlaufzeitkonstante T_m Stabilität ($T_m > 0$).

Die einfache Stabilitätsbedingung (24) wurde bereits von GADEN [*46*] auf Grund von Überlegungen mit Hilfe der Frequenzgang-Ortskurve des aufgeschnittenen Regelkreises angegeben.

Mit abnehmender Dämpfung k'_D (Generatoren ohne Querfelddämpfung oder überhaupt ohne Dämpferwicklung) ergeben sich aus den Bedingungen (20) und (21) zusätzliche Vorschriften für T_m. Im allgemeinen sind die Stabilitätsverhältnisse im Verbundbetrieb bei Leerlauf kritischer als bei Vollast [*46*][1].

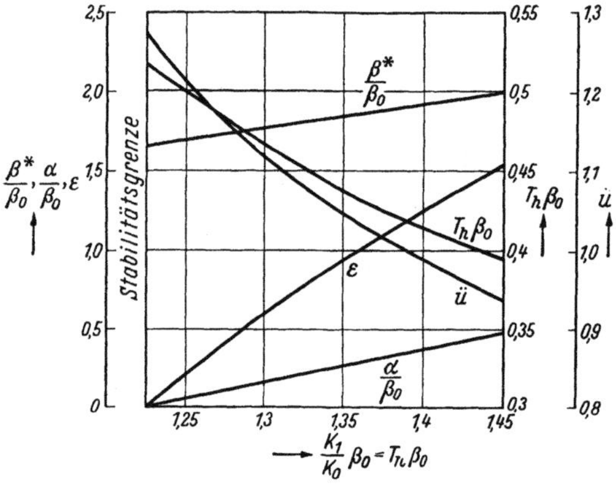

β^* Kreisfrequenz der wirklichen Regelschwingungen in s^{-1}
ε Logarithmisches Dekrement (bezogen auf volle Periode)
α Dämpfungsfaktor in s^{-1}
$ü$ Überschwingweitenfaktor

Bild 38. Charakteristische Größen des zeitlichen Verlaufs der Regelabweichung im Inselbetrieb bei $q = 0$ und starrer Druckleitung; Reglereinstellung auf maximale Dämpfung [*51*]

8. Zeitlicher Verlauf der Regelabweichung

Häufig wird der Untersuchung des zeitlichen Verlaufs der Regelabweichung eine *Sprungfunktion* als Anregung zugrunde gelegt, wie sie im Inselbetrieb tatsächlich durch das plötzliche Zu- oder Abschalten von Verbrauchern bzw. Verbrauchergruppen eintreten kann. Im praktischen Verbundbetrieb kann sich dagegen die hier als Störgröße wirkende Netzfrequenz nicht plötzlich ändern. Sprunghafte Sollwert- bzw. Führungsgrößenänderungen — besonders mit größerem Betrag — treten bei der Turbinenregelung im allgemeinen nur bei besonderen

[1] Stabilität bei Nichtlinearitäten wird z. B. mit der Methode der Beschreibungsfunktion untersucht.

Anforderungen auf. Der Regelverlauf wird aus dem betreffenden Frequenzgang des geschlossenen Regelkreises, Gl. (2) oder (3), durch Rücktransformation der Bildfunktion in den Zeitbereich bestimmt (*komplexe Umkehrformel, Residuensatz, Korrespondenztafeln*, s. Kapitel 58).

Für den Inselbetrieb bei $q = 0$, starre Druckleitung und plötzliche Laständerung wurden von STEIN [*6*] Grenzkurven für vorgeschriebene *Abklingzeiten* $T_{1/10}$ (Zeit bis zum Abklingen der Regelabweichung auf 10%) angegeben. Ein von GADEN [*51*] für dieselben Betriebsverhältnisse veröffentlichtes Diagramm (*Bild* 38) ermöglicht die Bestimmung aller interessierenden Größen des Regelvorganges für *verschiedene* Dämpfungen. Die Abszissenwerte sind dabei Optimalwerte bezüglich der größtmöglichen bezogenen Dämpfung (α/β_0), und als neue charakteristische Größe ist die Kreisfrequenz

$$\beta_0 = \sqrt{\frac{K_0}{T_m}} \quad s^{-1} \tag{25}$$

für die gedachten ungedämpften Regelschwingungen bei fehlendem Druckstoß eingeführt. Die auf die normierte Störabweichung bezogene Überschwingweite erhält man dabei mit Hilfe des Faktors $\ddot{u}$ (nach Diagramm) aus der Beziehung

$$\frac{x_m}{z_{(st)}} = \frac{-\ddot{u}}{\sqrt{K_0\,T_m}} \tag{26}$$

Ein weiteres Diagramm für $q = 0$ und das Abklingverhältnis 2,5 für eine ganze Periode wurde von SEEBERGER [*52*] veröffentlicht.

Bei häufiger Parametervariation, und insbesondere auch bei Regelkreisen höherer Ordnung oder solchen mit Nichtlinearitäten, werden zweckmäßigerweise *elektronische Analogiegeräte* zur Ermittlung des Regelverlaufes verwendet [*53*]. *Bild* 39 zeigt einige auf diese Weise gewonnene Regelvorgänge für einen Maschinen-

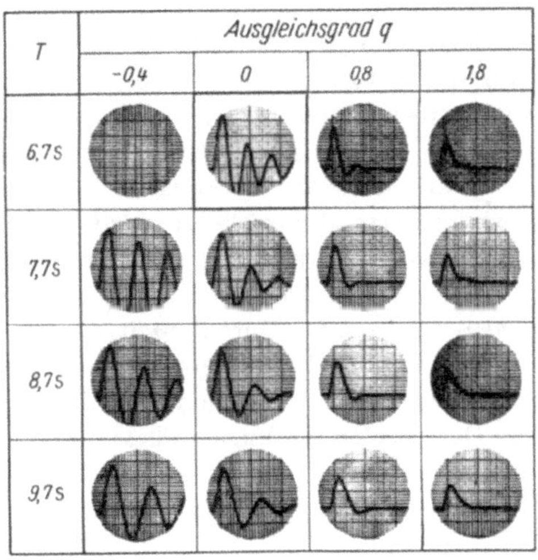

T Mechanische Anlaufzeitkonstante (Maschinensatz und Netz, sonst mit T_m bezeichnet)
T_h Hydraulische Anlaufzeitkonstante ($T_h = 2$ s, starre Druckleitung)
q Ausgleichsgrad bzw. Selbstregelungsfaktor

Bild 39. Analogie-Regelvorgänge im Inselbetrieb

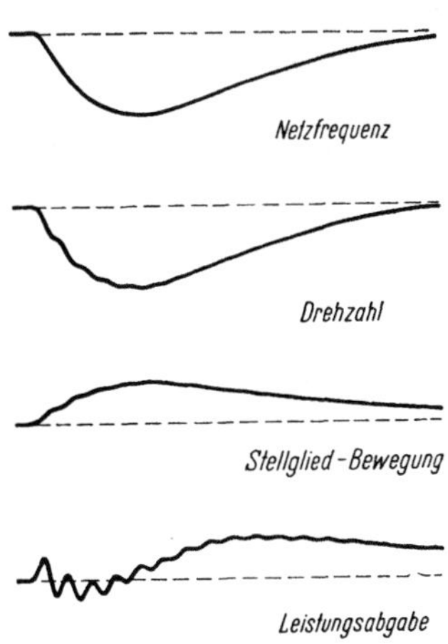

$T_m = 8$ s, $T_h = 3$ s (starre Druckleitung), V_R auf den fünffachen Wert für Inselbetrieb erhöht. Periodendauer der überlagerten Polradschwingungen etwa 0,7 s

Bild 40. Analogie-Regelvorgänge im Verbundbetrieb (Netzstützung)

satz ($T = 6{,}7$ s) mit starrer Druckleitung ($T_h = 2$ s) im Inselbetrieb bei *gleichbleibender* Reglereinstellung und *veränderlichen* Netzverhältnissen. Eine Vergrößerung von q bringt hiernach eine Reduzierung der Überschwingweite und eine Zunahme der Dämpfung, wobei sich die Schwingungsfrequenz kaum ändert. Bei Zunahme der wirksamen Schwungmassen ergibt sich in erster Linie eine Herabsetzung der Überschwingweite, wobei die Schwingungsfrequenz abnimmt und die Dämpfung wenig ansteigt [*58*]. *Bild* 40 veranschaulicht Analogieoszillogramme aus einer Untersuchung über die Leistungsänderung eines Maschinensatzes im Verbundbetrieb bei einem vorübergehenden Netzfrequenzeinbruch (Netzstützung). Die Leistungskurve zeigt überlagerte Polradpendelungen und einen anfänglichen Einbruch, der auf die hydraulische Trägheit zurückzuführen ist [*59*].

E. Abschaltvorgang

1. Allgemeines

Im Gegensatz zu den Vorgängen bei kleinen Laständerungen unterliegt der Regelmechanismus bei größeren Abschaltungen verhältnismäßig sehr früh *Begrenzungen*, und der Turbinenstellmotor arbeitet dann mit praktisch konstanter maximaler Stellgeschwindigkeit. Die nach einer plötzlichen Entlastung des Generators infolge des verzögerten Turbinenabschlusses noch an das Laufrad abgegebene Energie muß – abzüglich der Verlustenergie – in den rotierenden Massen gespeichert werden, was eine Drehzahlsteigerung bedeutet. Die vier Diagramme in *Bild* 41 veranschaulichen den grundsätzlichen zeitlichen Verlauf der interessierenden Betriebsgrößen beim Abschluß einer Francisturbine. Zum Zeitpunkt $t = 0$ verschwindet infolge Schalterauslösung das schraffiert dargestellte Belastungsmoment (Diagramm a), und die umlaufenden Massen beginnen sich sofort zu beschleunigen (Diagramm b). Nach einer (übertrieben dargestellten) Verzögerungszeit leitet der Regler die Schließbewegung ein (Diagramm c), die mit der maximalen Stellgeschwindigkeit erfolgt. Der Maximalwert wird dabei gegebenenfalls durch verengende *Blenden* im Druckölsystem bestimmt bzw. herabgesetzt.

Das Stellglied benötigt zum Durchlaufen des Bereiches von Nennlaststellung bis Leerlaufstellung die *effektive Schließzeit*, bis zum vollständigen Abschluß die *totale Schließzeit*. Der Leerlauföffnungsgrad ist von der spezifischen Drehzahl abhängig (*Bild* 42, Mittelwerte [*5*]). Durch die Konstruktion der Turbine und die

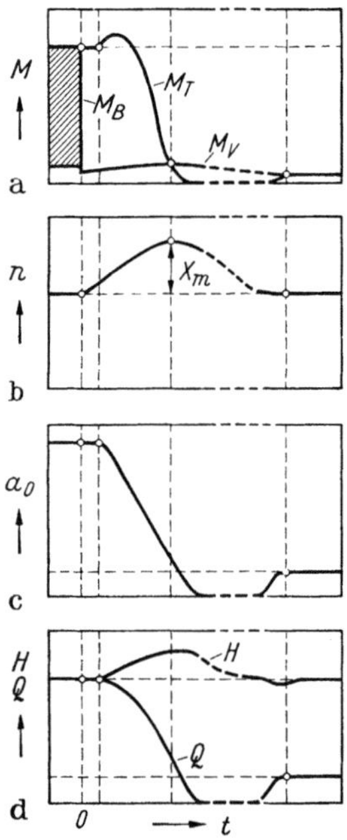

M_T Turbinemoment n Drehzahl H Fallhöhe (Druck)
M_B Belastungsmoment X_m Überschwingweite Q Wasserstrom
M_V Verlustmoment a_0 Turbinenöffnung

Bild 41. Grundsätzliche Vorgänge beim Abschluß von Wasserturbinen; Francisturbine, starre Druckleitung; (Diagramm c: Schließgesetz)

Kinematik des Stellmotorgestänges wird das *Schließgesetz* bestimmt (zeitliche Abnahme der Turbinenöffnung, Diagramm c), das einen Einfluß auf den zeitlichen Verlauf und den Maximalwert des Überdruckes hat [*54*, *55*].

Durch den Abschluß der Turbine vermindert sich der Wasserstrom (Diagramm d), und die hiermit verbundene Verzögerung der Wassermassen in der Druckleitung erzeugt einen vorübergehenden Druckanstieg (Diagramm d). Die Folge hiervon ist, daß das Turbinendrehmoment je nach der Größe der hydraulischen Trägheit zumindest verzögert der Bewegung des Stellglieds folgt. wenn nicht sogar eine anfänglich gegensinnige Änderung eintritt, wie dies im Diagramm a dargestellt ist. Der Drehzahl-Scheitelwert wird erreicht, sobald das absinkende Turbinenmoment gleich dem Widerstandsmoment durch die Verluste ist (Diagramm a und b). Der entsprechende Zeitpunkt liegt etwa um die effektive Schließzeit hinter dem Augenblick der Lastabschaltung.

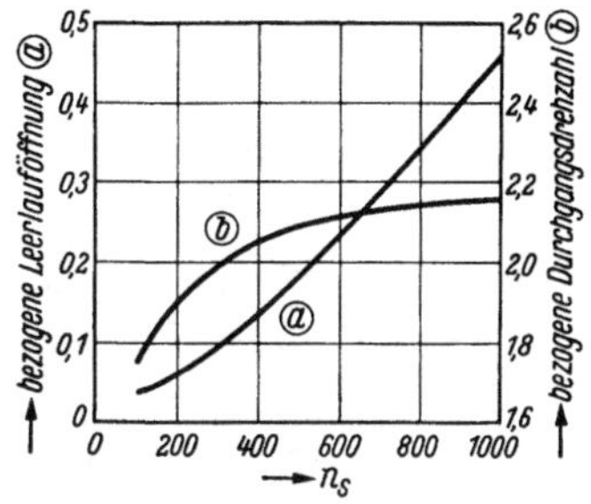

Bild 42. Auf Nennwerte bezogene Leerlauföffnung und Durchgangsdrehzahl von Francis- und Propellerturbinen in Abhängigkeit von der spezifischen Drehzahl n_s [*5*]

Bei Turbinen mit Nebenauslaß oder Strahlablenker ist der zwangsläufige Zusammenhang zwischen Drehzahl- und Drucksteigerung weitgehend gelöst; hier sind die kleineren Schließzeiten des Leitrades bzw. Strahlablenkers für den Drehzahlanstieg maßgebend. Kaplanturbinen können näherungsweise wie Francisturbinen behandelt werden, wenn die Laufradschaufeln wesentlich langsamer als die Leitradschaufeln geschlossen werden. Wenn während des Schließvorganges *Luft in das Saugrohr* eingeleitet wird, sind die Verhältnisse fallweise besonders zu betrachten.

Die übliche Forderung, daß die Drehzahlüberschwingweite bei einer plötzlichen Lastabschaltung einen bestimmten Wert nicht überschreiten darf, bedeutet bei gegebenen Druckleitungsverhältnissen (hydraulische Anlaufzeitkonstante; größte zulässige Drucksteigerung, woraus sich bei gegebenem Schließgesetz die kleinstzulässige Schließzeit ergibt) *eine* Vorschrift bezüglich der *Mindestschwungmasse*. Dieser Wert ist im allgemeinen nicht identisch mit der Mindestschwungmasse aus den Forderungen der Stabilität bzw. *Dämpfung* und der *Frequenzbandbreite* im Bereich kleiner Laständerungen (s. Abschnitt D). Wenn die Schwungmassen-Forderung aus der Abschaltbedingung überwiegt, kann bei Francisturbinen ein Nebenauslaß in Betracht kommen. Unter Umständen müssen auch die Verhältnisse bei plötzlichen *Belastungen* berücksichtigt werden (Drehzahlabsenkung, Triebwasserbeschleunigung, Abreißen der Wassersäule). Die hierbei maßgebende *Öffnungszeit* kann von der Schließzeit abweichen.

2. Bestimmung der Überschwingweite

Aus der Drehmoment-Drehzahl-Kurvenschar der Turbine (*Bild* 13) und dem Schließgesetz läßt sich der zeitliche Verlauf der Drehzahl nach einer vollständigen oder teilweisen Entlastung durch *schrittweise Integration* der Bewegungsgleichung der rotierenden Massen bestimmen; dabei ist der Druckstoßeinfluß noch nicht berücksichtigt. Je nach der spezifischen Turbinendrehzahl sind die Verteilung und die Neigung der einzelnen Drehmomentkurven verschieden, was sich ebenfalls auf die Größe der Überschwingweite auswirkt.

Für die grob überschlägliche Ermittlung der normierten Überschwingweite dient folgende Faustformel, die in einfachster Weise voraussetzt, daß das Turbinen-

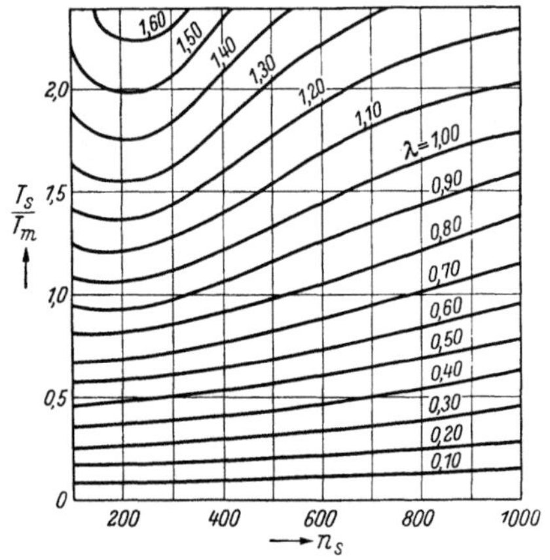

Bild 43. Abhängigkeit des Faktors λ von der spezifischen Drehzahl n_s und dem Verhältnis T_S/T_m [5]

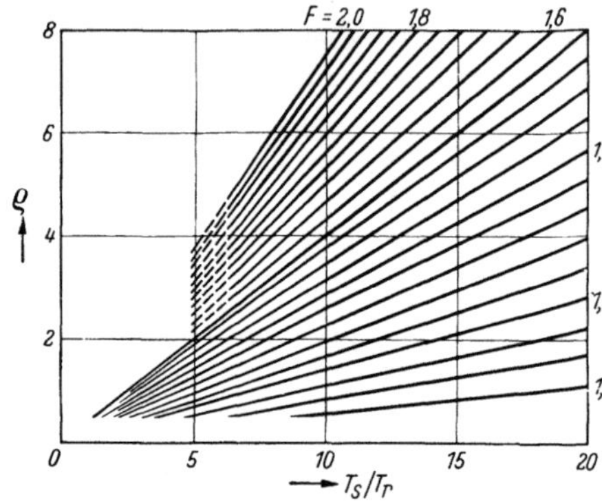

Bild 44. Abhängigkeit des Faktors F von der ALLIEVIschen Konstante ϱ und der bezogenen Schließzeit T_S/T_r [5]

drehmoment während des Schließvorganges *gleichförmig* abnimmt und daß kein Verlustmoment auftritt (T_S Schließzeit, T_m mechanische Anlaufzeitkonstante):

$$x_m = \frac{1}{2} \cdot \frac{T_S}{T_m} \tag{27}$$

Die wirklichen Verhältnisse werden besser angenähert, wenn man zusätzlich annimmt, daß sich das Turbinendrehmoment während des Schließvorganges auch umgekehrt proportional zur ansteigenden Drehzahl reduziert. Dann gilt:

$$x_m = \sqrt{\lambda + 1} - 1 \quad \text{mit} \quad \lambda = \frac{T_S}{T_m} \tag{28}$$

Wenn der Einfluß der spezifischen Drehzahl n_s auch in Betracht gezogen wird, ist der Faktor λ allgemein eine Funktion von T_S/T_m und n_s. GADEN [5] hat in dieser Hinsicht eine Reihe von Francis- und Propellerturbinen untersucht; mit ihren in *Bild* 42 dargestellten Mittelwerten für den *Leerlauföffnungsgrad* und die Durchgangsdrehzahl ergibt sich näherungsweise die in *Bild* 43 dargestellte Abhängigkeit. Bei gleichem Verhältnis T_S/T_m nimmt λ bzw. die Überschwingweite in weitem Bereich mit abnehmender spezifischer Drehzahl zu, während bei großen Werten T_S/T_m und kleinen n_s eine Abnahme eintritt. Die Hilfsgröße λ ist gleich dem Verhältnis des Zuwachses an kinetischer Energie in den rotierenden Massen bei der Überschwingweite x_m zu der gespeicherten Energie bei Nenndrehzahl.

Zur Berücksichtigung des hydraulischen *Druckstoßes* und der *Energieumsetzung* in der Turbine (Wirkungsgradänderung) muß der Faktor λ noch mit den Koeffizienten F und K_s multipliziert werden, so daß dann gilt:

$$x_m = \sqrt{\lambda F K_s + 1} - 1 \tag{29}$$

Für den Druckstoßfaktor F gilt nach GADEN [5] die in *Bild* 44 dargestellte Abhängigkeit von der ALLIEVIschen Konstante ϱ und der bezogenen Schließzeit T_S/T_r; (T_r s. Gl. (10), Näherungswerte). Beim Korrekturfaktor K_s dürfen näherungsweise die für konstanten Überdruck ermittelten Werte eingesetzt werden, die für $n_s = 100$ bis 850 und Druckänderungen bis 100% sowie $T_S/T_m = 0{,}3$ bis 2,4 im Bereich $K_s = 0{,}98$ bis 1,06 liegen [5].

Bild 45. Pumpspeichersätze (Generator-Nennleistung 35 MVA, Nenndrehzahl 333 U/min)

Horizontale Welle; von vorn nach hinten: Francis-Turbine mit Regler, Synchronmaschine, Kupplung und Anwurfturbine (verdeckt), Speicherpumpe

Bild 46. Schnittmodell eines vertikalen Kaplan-Maschinensatzes (Nennleistung 27 MVA, Nenndrehzahl 150 U/min)

Laufradstellmotor in die Kupplung zwischen Generator- und Turbinenwelle eingebaut, Leitradstellmotoren nicht dargestellt

F. Quellenhinweise

[1] Leitsätze für die Drehzahlregelung von Wasserturbine-Generator-Gruppen. Bull. Schweiz. elektrotechn. Ver. Bd. 45 (1954) S. 374–380 u. Änderungen hierzu: Bull. Schweiz. elektrotechn. Ver. Bd. 46 (1955) S. 1286–1292.

[2] Hutarew, G.: Wasserturbinen, Speicherpumpen und Wasserturbinen-Regler. VDI-Z. Bd. 98 (1956) S. 1295–1298.

[3] Keller, R.: Die Beherrschung der stabilen Drehzahlregulierung bei frequenzunabhängiger Last. BBC-Mitt. 34. Jg. (1947) S. 99–104.

[4] Fabritz, G.: Die Regelung der Kraftmaschinen unter besonderer Berücksichtigung der selbständigen Wasserturbinenregelung. Wien: Springer 1940.

[5] Gaden, D.: Contribution a l'étude des régulateurs de vitesse. Considérations sur le problème de la stabilité. Lausanne: Éd. la Concorde 1945.

[6] Stein, Th.: Drehzahlreglung der Wasserturbinen. Schweizer. Bau-Ztg. 65. Jg. (1947) S. 531–535, S. 543–547 u. S. 564–568.

[7] Gaden, D. u. Neeser, P.: Influence de certaines caractéristiques intervenant dans la condition de stabilité. La Houille Blanche. Jg. 3 (1948) Nr. 3, S. 256–271.

[8] Stein, Th.: Einfluß der Selbstreglung auf die Stabilität von Wasserkraft-Anlagen. Schweizer. Bau-Ztg. 71. Jg. (1953) S. 140–143.

[9] Borkenstein, W.: Planung, Entwurf und Bau von Wasserkraftanlagen. In: Starkstromtechnik I, Taschenbuch für Elektrotechniker. Hrsg. R. Genthe, 8. Aufl. Berlin: W. Ernst & Sohn 1955. S. 723–778.

[10] Frank, J. u. Schüller, J.: Schwingungen in den Zuleitungs- und Ableitungskanälen von Wasserkraftanlagen. Berlin: Springer 1938. (Neuaufl. J. Frank 1957).

[11] Fabritz, G.: Der derzeitige Stand des Groß-Wasserturbinen- und Speicherpumpenbaues. Teil I: Kaplan-, Francis- und Freistrahlturbinen. VDI-Z. Bd. 88 (1944) S. 529–542.

[12] Fabritz, G.: Der derzeitige Stand des Groß-Wasserturbinen- und Speicherpumpenbaues. Teil III: Absperrmittel, Regelung, Sicherheitseinrichtungen und Selbststeuerung. VDI-Z. Bd. 88 (1944) S. 623–631.

[13] Rauch, A.: Wasserkraftanlagen, ihr Bau, ihre Betriebsführung und Instandsetzung. Stuttgart: Franckh 1948.

[14] KEYL, L.: Wasserkraftmaschinen und Wasserkraftanlagen. 3. Aufl. Neubearb. v. H. HÄCKERT. Stuttgart: Koehler 1949.
[15] CANAAN, H. F.: Der heutige Stand des Wasserturbinenbaues. VDI-Z. Bd. 93 (1951) S. 1083–1092.
[16] QUANTZ, L.: Wasserkraftmaschinen. 10. Aufl. Berlin/Göttingen/Heidelberg: Springer 1954.
[17] STREIFF, C.: Neuzeitliches aus dem Wasserturbinengebiet. Wasser- und Energiewirtsch. 48. Jg. (1956) Nr. 3, S. 47–60.
[18] DZIALLAS, R.: Die jüngste Entwicklung der Wasserturbinen. Energie. 8. Jg. (1956) S. 216–222.
[19] 40 Jahre Kaplanturbine. Druckschr. Nr. 1123 der Fa. J. M. Voith GmbH , Heidenheim.
[20] EILKEN, H.: Energieerzeugung mit Wasserkraftanlagen. VDI-Ber. Bd. 13 (1956) S. 27–35.
[21] HIRT, M.: Wasserturbinenregler und ihre Verwendung auf anderen Gebieten. Escher-Wyss-Mitt. (1940).
[22] GERBER, H.: Untersuchungen über die Regulierkräfte bei Wasserturbinen. Schweiz. Bau-Ztg. Bd. 120 (1942) S. 13–16.
[23] HUTAREW, G.: Regelungstechnik. Kurze Einführung am Beispiel der Drehzahlregelung von Wasserturbinen. Berlin/Göttingen/Heidelberg: Springer 1955.
[24] GERBER, H.: Über das Durchgehen von Wasserturbinen. Bull. Schweiz. elektrotechn. Ver. 43. Jg. (1952) S. 453–459.
[25] KIESER, H.: Die Regelung der Wasserturbinen. Elektrotechn. u. Masch.-Bau 62. Jg. (1944) S. 180–194.
[26] FABRITZ, G.: Drehzahlmeßeinrichtungen für die Regelung von Strömungskraftmaschinen. Regelungstechnik 2. Jg. (1954) S. 130–137.
[27] FABRITZ, G.: Regelung von Wasserturbinen. Regelungstechnik 3. Jg. (1955) S. 58–66.
[28] KELLER, R.: Ein neuer elektrischer Regler für Primär-Maschinen. BBC-Mitt. 26. Jg. (1939) S. 141–148.
[29] Elektrischer Drehzahlreglerkopf Brown Boveri für Wasserturbinenregler. Druckschr. Nr. 48–1167 der Fa. J. M. Voith GmbH, Heidenheim.
[30] HIRT, M. u. GANTENBEIN, G.: Der neue elektrische Drehzahlregler Oerlikon-Escher-Wyss. Bull. Schweiz. elektrotechn. Ver. Bd. 32 (1941) S. 316–324.
[31] HEDSTRÖM, S. E.: An electrohydraulic governor for water-turbines. ASEA-J. Bd. 25 (1952) Nr. 4–5, S. 44–56.
[32] GARDE, A.: Electro-hydraulic control of water-turbines, automatic and manual control. Papers contributed to the Conference at Cranfield, 1951. London: Butterworths Scientific Publications 1952 S. 503–519.
[33] HEDSTRÖM, S. E. u. MALME, A.: Experience of frequency control and load distribution. CIGRÉ-Ber. 1956 Nr. 309.
[34] ESCLANGON, J. F.: Ein neuer elektrischer Drehzahlregler für die Frequenz- und Leistungsregelung in Verbundnetzen. ETZ-A. 75. Jg. (1954) S. 526–528.
[35] STEIN, T.: Wasserturbinen-Regler mit identischer Integral- und Differential-Wirkung. Schweiz. Bau-Ztg. 72. Jg. (1954) S. 137–141 u. S. 151–154.
[36] v. TIMASCHEFF, A.: Elektrische Drehzahlübertragung für die Regelung von Wasserturbinen. Siemens-Z. 19. Jg. (1939) S. 212–214.
[37] RIED, G.: Geschwindigkeitsregler für Wasserturbinen mit elektrischem Pendelantrieb. Wasserkraft und Wasserwirtschaft. Jg. 37 (1942) H. 9, S. 202–204.
[38] SANTUARI, E.: Elektrische Antriebe der Meßelemente von Geschwindigkeitsreglern für Wasserturbinen (Orig. ital.) L'Energia Elettrica Bd. 29 (1952) H. 12, S. 737.
[39] BURCKHARDT, L.: Pendelgenerator und Turbinenregulierung. BBC-Mitt. Bd. 36 (1949) S. 256–257.
[40] SEEFELD, F.: Pendelgeneratoren. Bull. Oerlikon. (Jan./Febr. 1952) Nr. 291, S. 7–11.
[41] SÜSS, A.: Elektrischer Pendelantrieb von Drehzahlreglern für Wasserturbinen mittels Doppelmotor. Escher-Wyss-Mitt. 25./26. Jg. (1952/53) S. 91–93.
[42] GADEN, D.: Détermination expérimentale de l'influence de la fréquence sur la puissance absorbé par un réseau de consommation. Bull. Soc. Franç. Électr. 6. Sér. T. 7 (Nov. 1947) S. 574–582.
[43] HESS, O.: The choice of constants for synchronous machines. CIGRÉ-Ber. (1952) Nr. 135.

[44] Leonhard, A.: Die selbsttätige Regelung. Berlin/Göttingen/Heidelberg: Springer 1949.
[45] Laible, Th.: Die Theorie der Synchronmaschine im nichtstationären Betrieb mit Anwendungsbeispielen und unter Berücksichtigung der modernen amerikanischen Literatur. Berlin/Göttingen/Heidelberg: Springer 1952.
[46] Gaden, D.: Recherche d'une condition de stabilité. Commentaires sur la condition de stabilité. École Polytechnique de l'Université de Lausanne, Publication Nr. 28. Édition de la Soc. du Bull. Techn. de la Suisse Romande (1954).
[47] Cuénod, M.: Influence des phénomènes de coup de bélier sur le réglage de la vitesse des turbines hydrauliques. La Houille Blanche. 4. Jg. (1949) Nr. 2, S. 163–182.
[48] Paynter, H. M.: Electrical analogies and electronic computers, surge and water hammer problems. Proc. Amer. Soc. Civ. Engrs. (Aug. 1952).
[49] Rüppel, K.: Über ein Stabilitätsproblem der Drehzahlregelung von Wasserturbinen vom Standpunkt der Theorie der starren und der elastischen Rohrleitung. Diss. Techn. Hochsch. München 1950.
[50] Görk, E.: Stabilitätskriterien. Arch. elektr. Übertrag. Bd. 4 (1950) S. 89–96.
[51] Gaden, D.: A propos du réglage automatique de vitesse des turbines hydrauliques. Considérations sur la précision du réglage. Bull. Soc. Franç. Électr. 7. Sér. T. 2 (Apr. 1952) Nr. 16, S. 179–197.
[52] Seeberger, F.: Die Bestimmung der Schwungmassen für stabile Regulierung von Wasserturbinen mittels Kataraktregler. Escher-Wyss-Mitt. 25./26. Jg. (1952/1953) S. 93–95.
[53] Obradović, J.: Elektronisches Analogie-Gerät zur Untersuchung von Regelkreisen. Regelungstechnik 4. Jg. (1956) S. 36–40.
[54] Braun, E.: Der Einfluß der Rohrleitung auf die Regulierung von Wasserturbinen. Z. ges. Turbinenwesen. 7. Jg. (1910) S. 145–148 u. S. 166–168.
[55] Löwy, R.: Druckschwankungen in Druckrohrleitungen. Wien: Springer 1928.
[56] Fabritz, G.: Wasserkraftmaschinen. In: Hütte, des Ingenieurs Taschenbuch. Bd. 2: Maschinenbau, Teil A, 28. Aufl. Berlin: W. Ernst u. Sohn 1954. S. 865–961.
[57] Roth, W.: Regelungsaufgaben in Wasserkraftwerken. Elektrizitätswirtschaft. 56. Jg. (1957) S. 754–761.
[58] Roth, W.: Diskussionsbeitrag zum Vortrag Lesemann, K. J.: Verwendung von Analogiegeräten bei der Berechnung von Regelkreisen. VDI/VDE- Fachtagung in Heidelberg, Sept. 1956; s. Tagungsbericht: Regelungstechnik. Moderne Theorien und ihre Verwendbarkeit. München: R. Oldenbourg 1957. S. 339–340.
[59] Roth, W.: Untersuchung der Drehzahlregelung von Wasserkraftmaschinensätzen im Inselbetrieb und im Verbundbetrieb mit Hilfe eines elektronischen Analogiegerätes. VDE-Buchreihe Bd. 3: Anwendung elektrischer Rechenanlagen in der Starkstromtechnik. Berlin: VDE-Verlag 1958. S. 102–118. (Nach Vorträgen bei der VDE-Fachtagung in Stuttgart, Nov. 1957).
[60] Nach Vorlesungsumdrucken von Prof. Hutarew, Technische Hochschule Stuttgart.
[61] Deutsche Verbundgesellschaft e. V.: Anforderungen an die Regler von Wasserturbinen, die auf ein Verbundnetz arbeiten. Heidelberg 8. 1. 57.

Während der Drucklegung sind u. a. noch folgende Veröffentlichungen erschienen:

[62] Nakajima, Y., Nagae, M. u. Kobayashi, H.: The electric speed governor for large capacity water turbine generators. Fujidenki Rev. Bd. 3 (1957) Nr. 2, S. 13–22.
[63] Andres, E.: Elektrischer Regler für Wasserturbinen. BBC-Mitt. 45. Jg. (1958) S. 262–272.
[64] Schär, F.: Aus der Praxis der Leistungsfrequenzregelung. Bull. Schweiz. elektrotechn. Ver. 49. Jg. (1958) S. 448–468.
[65] Wysocki, W.: Regolatori elettrici per turbine idrauliche. L'Elettrotecnica Bd. 46 (1959) S. 230–237.
[66] Germond, A., Wysocki, W. u. Favez, B.: Regulateurs électriques pour turbines hydrauliques. Rev. Gén. Electr. (1959) S. 565–590.
[67] SEV-Leitsätze „Nomenklatur der Regelungstechnik". Bull. Schweiz. elektrotechn. Ver. 50. Jg. (1959) S. 570–592.

21. Gasturbinen

Von **R. Friedrich**

Inhaltsübersicht

A. Überblick

1. Aufbau und Wirkungsweise der Gasturbinen

Die Gas- oder Verbrennungsturbine hat sich neben Verbrennungsmotor und Dampfturbine, den bisher wichtigsten Wärmekraftmaschinen, ebenfalls einen

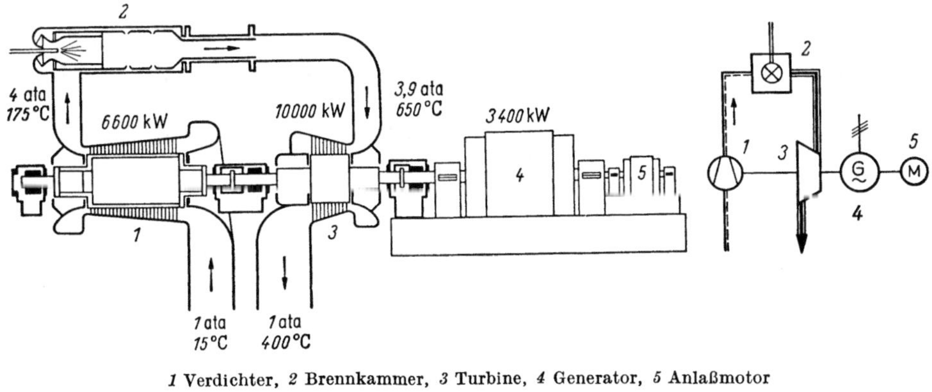

1 Verdichter, *2* Brennkammer, *3* Turbine, *4* Generator, *5* Anlaßmotor

Bild 1. Einfachste Bauart einer Gasturbine (Konstruktionsschema und Schaltplan)

Platz erobert. Ihre Entwicklung ist gekennzeichnet durch eine ungewöhnliche Vielzahl von Ausführungsformen. Auch ihre Einsatzmöglichkeiten liegen auf zahlreichen und sehr verschiedenartigen Anwendungsgebieten.

Kennzeichnend für die heutige Verbrennungsturbine ist die *ununterbrochene* Durchführung des gleichen thermodynamischen Prozesses, wie er (allerdings intermittierend) im Verbrennungsmotor abläuft. Die einfachste Anlage (*Bild* 1) erfordert hierfür mindestens drei Hauptbauteile: den Verdichter (*1*), der Luft aus der Umgebung ansaugt und auf höheren Druck bringt, die Brennkammer (*2*), in der die verdichtete Luft durch Verbrennung von Brennstoff erhitzt wird, und die Turbine (*3*), in der sich das verdichtete und erhitzte Luft-Brenngas-Gemisch entspannt und seine Energie als mechanische Umfangsleistung wirksam wird.

Für größere Leistungen und höheren Wirkungsgrad, auch im Teillastgebiet, kann die Verbrennungsturbinenanlage entsprechend *Bild* 2 mit mehrfacher Verdichtung (*1, 3*), Zwischenkühlung (*2*), auch Unterteilung der Entspannung (*6, 8, 9*) und Zwischenerhitzung (*7*) sowie mit getrennter Nutzleistungsturbine (*9*) und Wärmeaustauscher (*4*) gebaut werden. Der Wärmeaustauscher dient zum Ausnutzen der beträchtlichen Wärmemenge, die das Treibmittel nach Verlassen der letzten Turbine noch enthält. Eine besondere Ausführungsform ist der geschlossene Kreisprozeß (*Bild* 3). Bei ihm wird das Treibmittel nach der Entspannung in der Turbine (*6*) und der Abwärmeausnutzung in einem Wärmeaustauscher (*4*) nochmals in einem Rückkühler (*7*) möglichst weitgehend abgekühlt, bevor es erneut in den Verdichter (*1*) eintritt und den Kreislauf wiederholt. Das Treibmittel ist praktisch von der umgebenden Atmosphäre abgeschlossen und kann daher in Zustand und Art frei gewählt werden. Darin liegen zwei betriebliche Vorzüge des geschlossenen Kreislaufs: 1 Sämtliche Maschinen und Apparate der Anlage werden mit von Staub und Verbrennungsrückständen freiem Treibmittel beaufschlagt. 2 Während des Betriebes kann das Druckniveau und damit die Dichte des Arbeitsmittels der verlangten Nutzleistung entsprechend geändert werden, ohne daß sich das Druckverhältnis und die Strömungsverhältnisse in den Maschinen ändern.

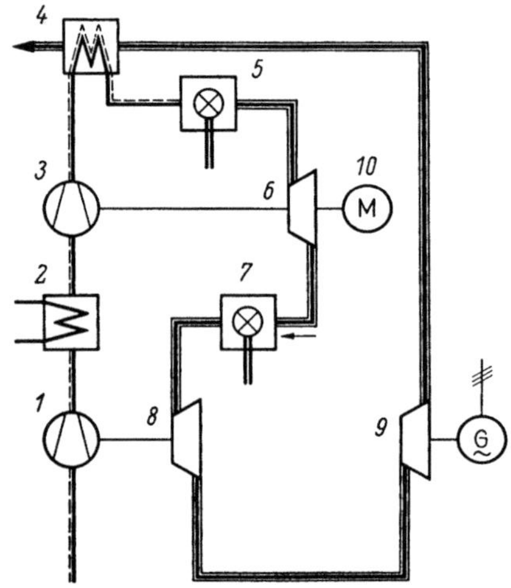

1 ND-Verdichter
2 Zwischenkühler
3 HD-Verdichter
4 Wärmeaustauscher
5 HD-Brennkammer
6 HD-Turbine
7 ND-Brennkammer
8 ND-Turbine
9 Nutzleistungsturbine
10 Anlaßmotor

Bild 2. Mehrwellenanlage

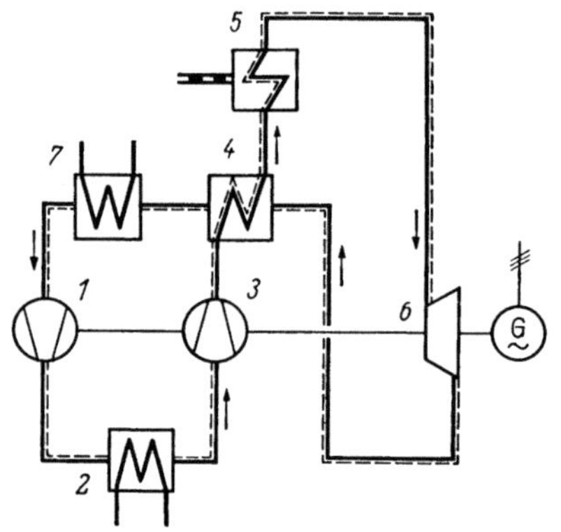

1 ND-Verdichter
2 Zwischenkühler
3 HD-Verdichter
4 Wärmeaustauscher
5 Lufterhitzer
6 Nutzleistungsturbine
7 Rückkühler

Bild 3. Anlage mit geschlossenem Kreislauf

Innerhalb dieser drei angedeuteten Bauarten liegen zahlreiche Variationen zur Anpassung an den besonderen Einsatzzweck und die örtlichen Verhältnisse.

2. Aufgaben der Regelung bei Gasturbinen

a) Für die Regelung wichtige Betriebsbedingungen

1. Die Verbrennungsturbine bezieht ihr Treibmittel nicht aus einer fremden Quelle wie die Wasser-, Wind- oder auch Dampfturbine, sondern bereitet es sich erst selbst. Sie bedarf daher zur Inbetriebsetzung einer Hilfsleistung.

2. Der das Treibmittel bereitstellende Verdichter einer Verbrennungsturbinenanlage nimmt etwa zwei Drittel der Turbinenbruttoleistung auf (s. *Bild* 1). Da die Beschleunigung der Turbomaschinen fast stets durch erhöhte Brennstoffzufuhr erfolgen muß, diese jedoch aus verschiedenen Gründen begrenzt ist, ist der beim Regelvorgang zur Beschleunigung verfügbare Energieüberschuß verhältnismäßig gering (s. auch *Bild* 4).

3. Die Treibmitteltemperatur hat großen Einfluß auf den Wirkungsgrad der Anlage. Für hohe Wirtschaftlichkeit ist daher anzustreben, daß die Eintrittstemperatur bei jedem erwünschten Belastungszustand den höchstmöglichen Wert erreicht.

4. Die Leistung einer Verbrennungsturbine ist erheblich von der Umgebungstemperatur abhängig, vor allem, wenn sie im offenen Kreislauf arbeitet. Es sind daher Korrekturen notwendig, wenn sich der Zustand der vom Verdichter angesaugten Luft verändert.

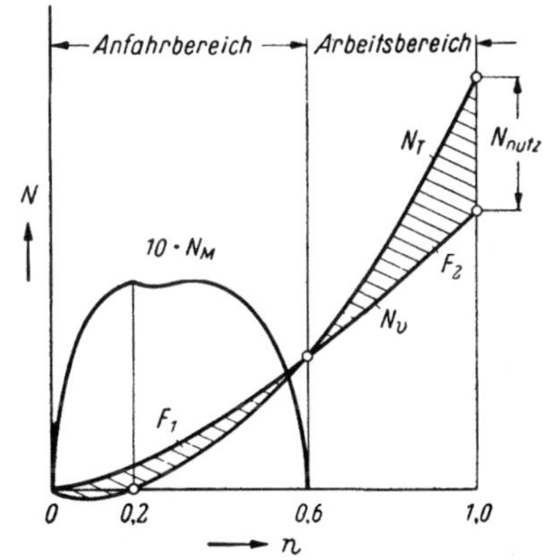

N_v Leistungsaufnahme des Verdichters
N_T Leistung der Turbine
N_M Leistung des Anlaßmotors
F_1 Leistungsunterschuß
F_2 Leistungsüberschuß

Bild 4. Leistungskennlinien von Verdichter und Turbine

5. Zur Erhitzung des Treibmittels – sie mag unmittelbar in einer Brennkammer oder über Austauschflächen erfolgen – können sehr verschiedene Brennstoffe (Erdgas, Gichtgas, Koksofengas, leichtes Brennöl, schweres Heizöl, ferner auch Torf, Kohle und brennbare Abfallprodukte) verwendet werden. Daher sind Brennstoffeinführung, Entzündung und Brenneigenschaften sehr unterschiedlich und verlangen eine Anpassung der Regeleinrichtung.

b) Mögliche Steuereingriffe in die Turbine

Wie bei anderen Turbinen ist auch die Leistung einer Gasturbine proportional dem Treibmitteldurchsatz und dem Entspannungsgefälle. Das Gefälle hängt vom verfügbaren Druckverhältnis und der höchsten Treibmitteltemperatur ϑ_3 ab (s. *Bild* 5). Zur Anpassung an wechselnde Belastungen kann also einmal die Treibmitteltemperatur verändert werden. Das ist die einzige Möglichkeit, wenn die Anlage nur *eine* Turbine aufweist und die Nutzleistung nur bei konstanter Drehzahl (z.B. von einem Generator) abgenommen werden kann. Diese Drehzahlregelung ist durch alleinige Temperaturbeeinflussung im Teillastgebiet unwirtschaftlich, denn der Wirkungsgrad hängt – wie bereits erwähnt wurde – entscheidend von der Eintrittstemperatur des Treibmittels ab, und diese erreicht nur bei der maximalen Leistung den höchstmöglichen Wert (*Bild* 5a).

Kann dagegen der Verdichter oder bei Mehrwellenanlagen (entsprechend *Bild* 2) wenigstens *ein* Verdichter, am besten der ND-Verdichter, mit veränderlicher Drehzahl betrieben werden, so können bei anderen Belastungen auch der Durchsatz und das Druckverhältnis geändert werden. Man kann jetzt auch erreichen, daß die Temperatur bei Teillast weniger als bei der vorher beschriebenen Einwellenanlage von dem erwünschten hohen Wert abweicht (*Bild* 5b).

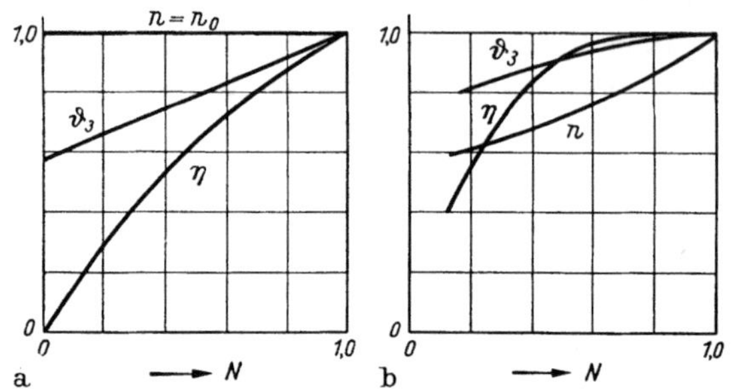

n Drehzahl, ϑ_3 Temperatur vor der Turbine, η Wirkungsgrad

Bild 5. Temperatur und Wirkungsgrad in Abhängigkeit von der Leistung;
a) $n = n_0 =$ konstant, b) $n =$ veränderlich

Der drehzahlunabhängige Verdichter wird normalerweise von einer eigenen Turbine angetrieben. Daraus ergibt sich, daß bei jedem stationären Betriebszustand der Verdichter und die den Verdichter antreibende Turbine hinsichtlich ihrer Leistung im Gleichgewicht stehen müssen. Wie den zugehörigen Kennfeldern beider Maschinen (*Bild* 6a und b) zu entnehmen ist, kommen jedem Betriebszustand eine bestimmte Drehzahl und Temperatur des Verdichtersatzes zu, und gewisse Abweichungen von den wirtschaftlich erwünschten hohen Temperaturen sind nicht zu vermeiden.

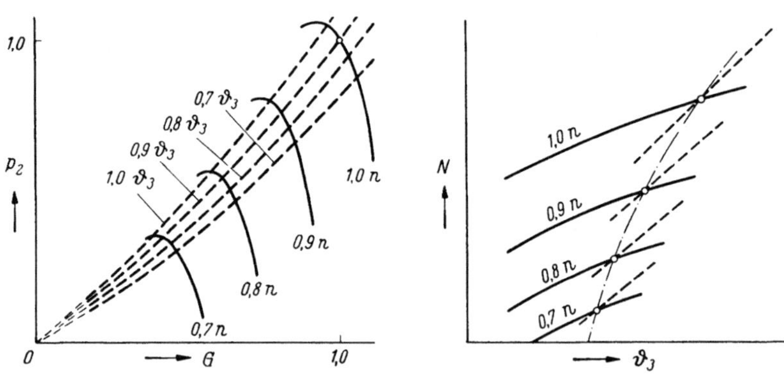

a) Verdichter ———
Turbine – – – –

b) Verdichterleistung N_v ———
Turbinenleistung N_T – – – –
Leistungsgleichheit — · — · —

Bild 6. Kennlinien von Verdichter und Turbine

Bei der geschlossenen Anlage können für jede verlangte Leistung sowohl die Drehzahl, das Druckverhältnis als auch die Treibmittel-Eintrittstemperatur konstant gehalten werden. Hier bietet sich die den Teillast-Wirkungsgrad günstig beeinflussende Möglichkeit, durch Ändern des Druckpegels im Kreislauf die Dichte des Arbeitsmittels und damit das arbeitende Gewicht zu verändern und der geforderten Leistung anzupassen. Das Volumen und die Strömungsverhältnisse in den Maschinen und Apparaten erfahren dabei keine Änderung.

B. Regelung der Anlage

1. Grundsätzliche Gestaltung

Für die Regelung der Gasturbine bedient man sich soweit wie möglich der bewährten Steuerorgane aus dem Dampfturbinenbau.

Die wichtigste Beeinflussung des Betriebszustandes einer Gasturbine geschieht durch die Dosierung der zugeführten Brennstoffmenge. Diese entspricht der geforderten Leistung. Einer Leistungsänderung folgt eine Drehzahländerung, die den Kraftstoffzuteiler (Stellglied) beeinflußt. Das Zuteilorgan steuert den Zulauf oder bei Rücklaufbrennern die für flüssige Kraftstoffe verschiedentlich verwendet werden, den Rücklauf. Auch durch einen Eingriff in die Einspritzpumpe läßt sich die Brennstoffmenge ändern. Bei gasförmigem Brennstoff wird das Gasventil verstellt. Die zur Verbrennung eingeführte Kraftstoffmenge wird nun so lange verändert, bis die trotz der veränderten Leistung konstant zu haltende, d.h. zu regelnde Drehzahl der Nutzleistungsmaschine wieder erreicht ist. Ein gewisser Drehzahlabfall zwischen Leerlauf und Vollast wird dabei vorgesehen und die Regelkennlinie im allgemeinen über den Proportionalbereich des Reglers auf eine Statik von etwa 4% eingestellt.

Auch wenn für die Nutzleistung keine konstante Drehzahl verlangt wird (beim Antrieb von Pumpen, Verdichtern, Straßen-, Schienen-, Wasser-, Luftfahrzeugen), also die Gasturbinenanlage durch Ändern von Durchfluß und Druck des Treibmittels den geänderten Lastanforderungen angepaßt werden kann, wird der neue Betriebszustand über die Zuteilung des Brennstoffes für die Lufterhitzungskammer herbeigeführt. Regelgröße kann hierbei der *Förderstrom*, der *Druck*, die *Drehzahl* oder auch die *Temperatur* sein. Dabei wird der Temperaturverlauf über der Leistung flacher, d.h. günstiger sein als bei Anlagen mit konstanter Drehzahl. Bei solchen Anlagen, die mit wesentlich verschiedenen Drehzahlen betrieben werden, besteht die Gefahr, daß der Verdichter – besonders, wenn er in der axialen Bauart ausgeführt ist – in seinem Betriebspunkt durch die Turbinenkennlinie ungünstig verschoben wird und in den instabilen Arbeitsbereich (Abreißen der Strömung, „Pumpen") gerät.

Die verlangte, stark unterschiedliche Brennstoffzuführung erfordert eine stets gleichbleibend gute Verteilung, insbesondere bei flüssigen Brennstoffen in weitem Mengenbereich eine gleich gute Zerstäubung, damit die Verbrennung einwandfrei ist. Es ist im allgemeinen nicht möglich, die hierfür notwendige Mengenänderung in einer einfachen Düse mit konstantem Querschnitt durch entsprechende Änderung des Einspritzdruckes zu erreichen. Die Druckänderung müßte etwa dem Quadrat der verlangten Durchsatzänderung entsprechen, und die Zerstäubungsgüte würde bei geringem Durchsatz und damit geringen Drücken ungenügend, oder es müßten bei den großen Einspritzmengen in den Brennstoffpumpen sehr hohe Drücke erzeugt werden, was betrieblich große Schwierigkeiten bereitet. Nimmt man z.B. an, daß die Güte der Zerstäubung einen Mindesteinspritzdruck von 10 at verlangt, so sind für eine Einspritzmengenänderung von 1:5 Einspritzdrücke zwischen 10 und etwa 200 at notwendig. Man verteilt daher die Einspritzmenge entweder auf mehrere Düsen, die einzeln bei Laständerungen zu- bzw. abgeschaltet werden müssen, oder verwendet Brenner, bei denen durch einen mechanisch bewegten inneren Kolben der Durchflußquerschnitt verändert wird, oder bedient sich – wie bereits oben angenommen wurde – eines Wirbel-Rücklaufbrenners. Hierbei tritt der Brennstoff durch tangentiale Schlitze in einen kegelförmigen Raum ein und mit hoher Drehgeschwindigkeit durch die anschließende Düsenmündung aus. Der Austrittsöffnung gegenüber, auf der anderen Seite der Drallkammer, liegt eine zweite Öffnung, durch die Brennstoff in die Ansaugleitung der Pumpe zurückfließen kann. Die eingespritzte Brennstoffmenge wird durch den Rücklaufgegendruck in dem gewünschten Sinne beeinflußt, ohne daß sich die Zerstäubungsgüte erheblich und in einem für die Verbrennung nachteiligen Umfang ändert. Der Förderstrom der Pumpe bleibt unabhängig von der Einspritzmenge konstant.

2. In die Regelung eingreifende Sicherheitseinrichtungen

Sowohl die Drehzahl als auch die Treibmitteltemperatur dürfen in keinem Fall gewisse Höchstwerte überschreiten, damit Überbeanspruchungen der Bauteile und daraus folgender Schaden vermieden werden. Es sind daher zusätzlich Sicherheitseinrichtungen vorgesehen, die beim Versagen eines Regelgliedes oder bei anomalen raschen Änderungen der Belastung in die Regelung eingreifen und die Anlage stillsetzen oder in einen ungefährlichen Betriebsbereich zurückführen.

Zur Verhütung von unzulässigen *Überdrehzahlen* (meist liegt die Grenze bei 110% der Nenndrehzahl) wird – in gleicher Weise wie bei Dampfturbinen – eine Schnellschlußeinrichtung eingebaut, die die Brennstoffzufuhr zur Brennkammer absperrt. Bei einer plötzlich völlig entlasteten Turbine kann es notwendig sein, außerdem noch ein Abblasventil zu öffnen, damit auch sofort der Druck des vor der Turbine in Brennkammer und Rohrleitung gespeicherten Treibmittels gesenkt wird; dies ist um so mehr angebracht, als im Wärmeaustauscher, in der Brennkammer und in den Rohren gespeicherte Wärme noch eine Zeitlang die geförderte Luft aufheizt.

Um unzulässige *Übertemperaturen* in der Turbinenbeschaufelung zu vermeiden, wird am Ende der Brennkammer, vor oder hinter der Turbine, ein Temperaturmeßgeber angeordnet, der bei Erreichen der Grenztemperatur ebenfalls das Brennstoffventil schließt oder den Brennstoff auf den zulässigen Durchfluß begrenzt.

C. Beispiele von Regelanlagen

1. Regelsysteme einfacher Anlagen

In der Anordnung nach *Bild* 7 wirkt der Drehzahlregler mit proportionalem Verhalten bei Abweichungen von der Solldrehzahl auf das Kraftstoffventil und vermindert z.B. die Brennstoffzufuhr zur Brennkammer, wenn die Drehzahl ansteigt. Zur Sicherung der Anlage dient der Temperaturbegrenzer (*2*), der in das Regelsystem eingreift, wenn die Temperatur den vorgeschriebenen

Grenzwert erreicht. Wenn die Drehzahlregelung versagt oder bei einem sehr plötzlichen Lastabwurf nicht rasch genug wirkt, so daß 110% der Nenndrehzahl überschritten wird, greift das Sicherheitsorgan (*3*) ein und wirkt auf das Schnellschlußventil (*4*), das sofort den Kraftstoffzufluß sperrt.

Auch in einem weiteren Beispiel für eine Einwellenanlage nach *Bild* 8 [*1*] mißt der Meßgeber (*1*) die Drehzahl und beeinflußt über das Öldrosselventil (*2*) den Steueröldruck und damit die Stellung eines Luftdrosselventils (*3*) am Kraftstoffniveaugefäß (*4*). Zur Kraftstoff-Förderung wird das Niveaugefäß unter einem

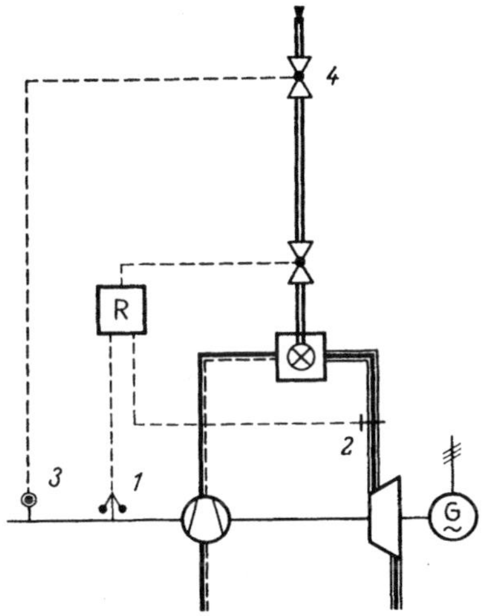

1 Drehzahlmeßgeber
2 Temperaturbegrenzer
3 Schnellschlußeinrichtung
4 Schnellschlußventil

Bild 7. Regelanordnung einer einfachen Anlage

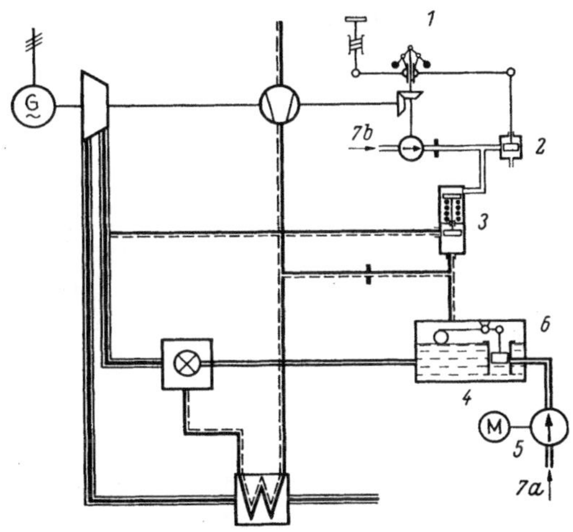

1 Drehzahlmeßgeber
2 Öldrosselventil
3 Luftdrosselventil
4 Niveaugefäß
5 Kraftstoff-Förderpumpe
6 Niveauregel-Einrichtung
7 Ölzufluß (a und b)

Bild 8. Regelanordnung einer Einwellenanlage

Druck gehalten, der der Luftleitung zwischen Verdichter und Wärmeaustauscher entnommen wird. Man arbeitet also mit sehr geringen Einspritzdrücken, die im wesentlichen dem Druckverlust der Luft in Wärmeaustauscher und Zuleitungen bis Eintritt Brennzone entsprechen. Die Steuerung der Einspritzmenge erfolgt dadurch, daß der im Niveaugefäß herrschende Druck durch das Luftdrosselventil (*3*) während des Regelvorganges verändert wird. Eine Kraftstoff-Förderpumpe (*5*) und eine Niveau-Regeleinrichtung (*6*) mit einem Schwimmerventil sorgen dafür, daß der Flüssigkeitsstand im Behälter konstant gehalten wird.

2. Anlage mit getrennter Nutzleistungsturbine

Hier kann der Verdichtersatz mit verschiedenen Drehzahlen laufen; das Regelsystem ist nur wenig umfangreicher (*Bild* 9). Von der Belastung des Generators herrührende, geringe Drehzahländerungen veranlassen über den Drehzahlregler (*2*) die Verstellung des Kraftstoffzuflusses zur Brennkammer (*10*) und damit eine Drehzahländerung von Turbine (*11*) und Verdichter (*9*). Wird beispielsweise die Belastung des Generators größer, so sinkt seine Drehzahl; die Brennstoffzufuhr wird erhöht, und die Drehzahl des Verdichtersatzes steigt bis zu einem neuen Gleichgewichtszustand der Leistungen von Verdichter (*9*) und Turbine (*11*). Damit wird auch der Treibmittelstrom zur Nutzturbine (*12*) und ihre Leistung erhöht und der Leistungsforderung angepaßt. Ein Schnellschlußorgan (*5*) verhütet unzulässige Überdrehzahlen von Nutzturbine und Generator. Zur Sicherung des frei laufenden Verdichtersatzes dienen der Drehzahlbegrenzer (*7*) und der Temperaturbegrenzer (*4*). Um zu verhüten, daß bei einer plötzlichen Entlastung trotz des Schnellschlußorganes die Nutzturbine (*12*) gefährliche Überdrehzahlen annimmt, kann über das

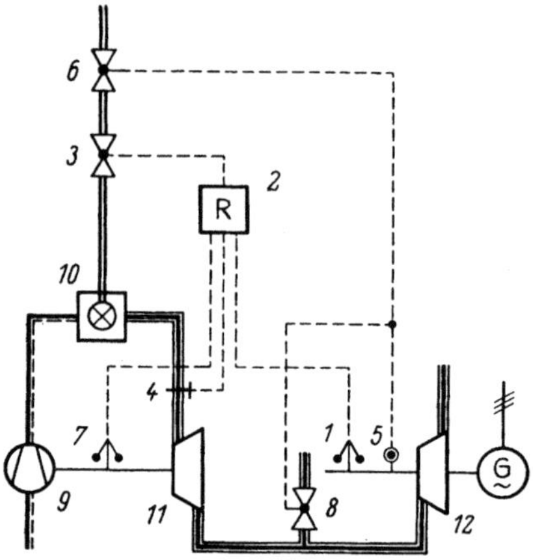

1 Drehzahlmeßgeber
2 Drehzahlregler
3 Kraftstoffventil
4 Temperaturbegrenzer
5 Schnellschluß-einrichtung
6 Schnellschlußventil
7 Drehzahl-begrenzer
8 Abblasventil
9 Verdichter
10 Brennkammer
11 Verdichterturbine
12 Nutzturbine

Bild 9. Regelanordnung einer Anlage mit getrennter Nutzleistungsturbine

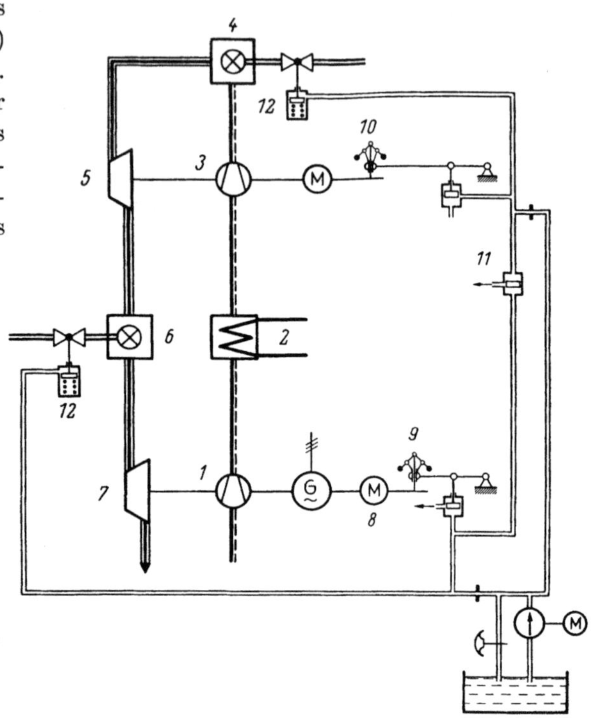

1 Niederdruckverdichter
2 Zwischenkühler
3 Hochdruckverdichter
4 Hochdruckbrennkammer
5 Hochdruckturbine
6 Niederdruckbrennkammer
7 Niederdruckturbine
8 Anlaßmotor
9 Drehzahlregler
10 Drehzahlbegrenzer der Hochdruckgruppe
11 Druckwandler
12 Steuerorgan für Brennstoff-düse

Bild 10. Regelanordnung einer Zweiwellenanlage

Ventil (*8*) ein Nebenauslaß geöffnet werden, der den Druck vor der Turbine (*12*) herabsetzt. Man kann dieses Abblasventil auch unmittelbar hinter dem Verdichter (*9*) vorsehen, insbesondere dann, wenn vor der Brennkammer (*10*) ein Wärmeaustauscher liegt.

3. Anlage mit zwei Verdichtersätzen

Ein Verdichtersatz (*Bild* 10) ist mit dem Generator gekuppelt [*2*]. Bei Drehzahlabweichungen des Generatorsatzes wird durch ein Drosselventil im Steuerölkreis die Kraftstoffzuführung zu beiden Brennkammern (*4*) und (*6*) beeinflußt. Das Steuerorgan (*12*) führt den Kraftstoff beiden Kammern in der gewünschten zeitlichen Reihenfolge und dem richtigen Verhältnis zu. Erreicht der frei laufende Verdichtersatz (*3, 5*) seine höchstzulässige Drehzahl, so wird durch den

Drehzahlbegrenzer (*10*) der Steuerdruck für den Kraftstoffstellkolben der Hochdruckbrennkammer (*4*) herabgesetzt und damit die eingespritzte Kraftstoffmenge verringert.

4. Gasturbine mit geschlossenem Kreislauf

Hier wird (*Bild* 11) beim Regeln die Dichte und dadurch das Gewicht des umlaufenden Arbeitsmittels (zumeist Luft) verändert [*3*]. Hierzu stehen ein von einer Kompressorgruppe aufgeladener Hochdruckspeicher (*6*) und ein Niederdruckspeicher (*7*) zur Verfügung. Steigt die Belastung der Anlage, sinkt also die Drehzahl des Maschinensatzes, so betätigt der Drehzahlmeßgeber (*1*) über den Stellmotor (*2*) das Luftsteuerventil (*3*), das nun Luft aus dem Hochdruckspeicher (*6*) in den Kreislauf einströmen läßt. Dadurch werden die Drücke auf ein höheres Niveau gehoben, das Gewicht des Arbeitsmittels erhöht und die nach außen abgegebene Leistung der Forderung angepaßt. Bei Entlastung der Anlage wird ein Teil des Arbeitsmittels in den Niederdruckspeicher (*7*) entlassen. Die Kraftstoffmenge, die dem Lufterhitzer der geschlossenen Gasturbinenanlage zugeführt wird, muß der Leistung entsprechend bemessen werden.

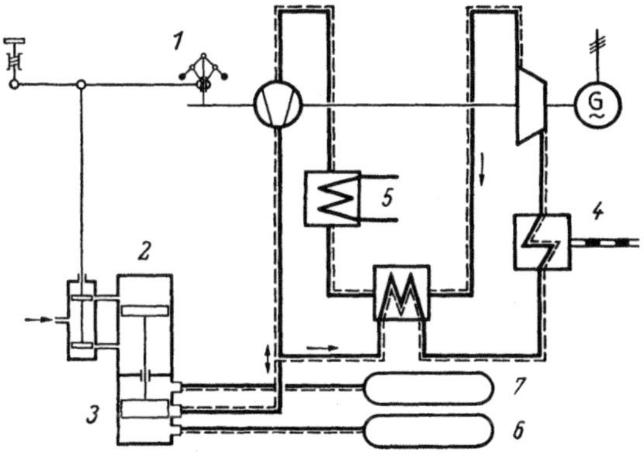

1 Drehzahlmeßgeber
2 Stellmotor
3 Luftsteuerventil
4 Lufterhitzer
5 Kühler
6 Hochdruckspeicher
7 Niederdruckspeicher

Bild 11. Regelanordnung einer geschlossenen Anlage

Von rechts nach links: Anwurfmotor, Verdichter, Verdichterturbine und Nutzturbine, Generat r. Dahinter: Brennkammer und Wärmeaustauscher

Bild 12. Gasturbine mit „offenem“ Kreislauf

D. Quellenhinweise

[1] Ausführung der Maschinenfabrik Oerlikon, Zürich-Oerlikon.
[2] Ausführung der Brown, Boveri & Cie. AG, Baden (Schweiz).
[3] Salzmann, F.: Zur Theorie der Regelung von aerodynamischen Wärmekraftanlagen mit geschlossenem Kreislauf. Schweiz. Bau-Ztg. 65. Jg. (1947) S. 123–125 u. S. 137–140.

22. Kolbenkraftmaschinen

Von **G. Weidemann**

Inhaltsübersicht

A. Überblick

1. Arten und Anwendungsgebiete der Kolbenkraftmaschinen

Kolbenkraftmaschinen werden in sehr verschiedenen Bauformen hergestellt und hauptsächlich für den Antrieb von Fahrzeugen aller Art verwendet (Tabelle 1). Weitaus am meisten verbreitet sind die mit flüssigen Treibstoffen arbeitenden *Verbrennungsmotoren*. In *ortsfesten* Anlagen werden Kolbenkraftmaschinen für Notstromaggregate und auch zur normalen Stromerzeugung dort eingesetzt, wo die entsprechenden Treibstoffe verhältnismäßig billig sind oder wo keine andere Energieversorgung zur Verfügung steht.

Den *Verbrennungsmotoren* wird die Energie in Form von flüssigen oder gasförmigen Treibstoffen zugeführt. Außer dem Treibstoff als „Heizwertträger" muß der zur Verbrennung erforderliche Sauerstoff (im allgemeinen Luft) in den Maschinenzylinder geführt werden. Das Verhältnis der im Zylinder wirklich vorhandenen Luftmenge zu der zur vollkommenen Verbrennung des Treibstoffes theoretisch erforderlichen Luftmenge nennt man die Luftüberschußzahl [*1*, *2*]. Man kann die Motoren unterteilen in solche, die zur Zündung und Verbrennung einen in engen Grenzen einzuhaltenden Luftüberschuß benötigen, und solche, bei denen dieser in weiteren Grenzen schwanken darf. Im ersten Fall *müssen beide* Ein-

Tabelle 1. *Übersicht über Kolbenkraftmaschinen*

Energieträger	Maschinenart	Bauform	Anwendungsgebiete	Bemerkungen
gasförmig	Dampfmaschine	„Klassische" Bauarten	Dampflokomotive, Schiffshilfs- und Antriebsmaschinen (vereinzelt)	im allgemeinen keine Regelungen
gasförmig	Dampfmaschine	Dampfmotor	Schiff (kleinere Einheiten) und stationäre Anlagen	
gasförmig	Druckluftmaschine		Grubenlokomotive und Werkzeugantriebe	im allgemeinen keine Regelungen
gasförmig	Verbrennungsmotoren: Gasmaschine	Großgasmaschine	Stationär, wo Industrie- oder Erdgas anfällt	in Deutschland vorwiegend in der Hüttenindustrie
gasförmig	Verbrennungsmotoren: Gasmaschine	Fahrzeuggasmotor	Lastkraftwagen und Schiff (vereinzelt)	
flüssig	Verbrennungsmotoren: Ölmaschine	Einspritzmotor: Benzin- (oder Leichtöl-) Einspritzung	Flugzeug, Personenkraftwagen (2- und 4-Takt)	
flüssig	Verbrennungsmotoren: Ölmaschine	Einspritzmotor: Dieselkraftstoff-(oder Schweröl-)Einspritzung	Lastkraftwagen, Schiff, Diesellokomotive und Triebwagen, Schlepper, Personenkraftwagen, stationäre Anlagen, Flugzeug (vereinzelt)	
flüssig	Verbrennungsmotoren: Ölmaschine	Vergasermotor	Personenkraftwagen, Kraftrad, Flugzeug, landwirtschaftliche Kleinmaschinen, stationäre Anlagen, insbesondere Notstromaggregate	

gangsdurchflüsse gesteuert werden. Im zweiten Fall genügt die Stellbeeinflussung *einer* der Eingangsgrößen. Aus Gründen der Wirtschaftlichkeit kommt dafür nur der Treibstoffdurchfluß in Betracht.

Den *Dampfmaschinen* wird die Energie in Form von Dampf bestimmten Druckes und bestimmter Temperatur „gebrauchsfertig" von einem Dampferzeuger geliefert.

Zur *Stellbeeinflussung* des Energiezustromes stehen bei den Kolbenmaschinen die grundsätzlich gleichen Methoden wie bei allen anderen Kraftmaschinen zur Verfügung, nämlich Veränderung entweder des nutzbaren Energie*gefälles* („Drosselregelung") oder der zugeführten Energie*menge* („Füllungsregelung"). *Bild* 1 veranschaulicht sie am Beispiel eines idealisierten Gleichraum-Gleichdruck-Prozesses [2] (z.B. bei einer richtig gesteuerten Dampfmaschine). In der Praxis können diese Verfahren nie streng getrennt verwirklicht werden.

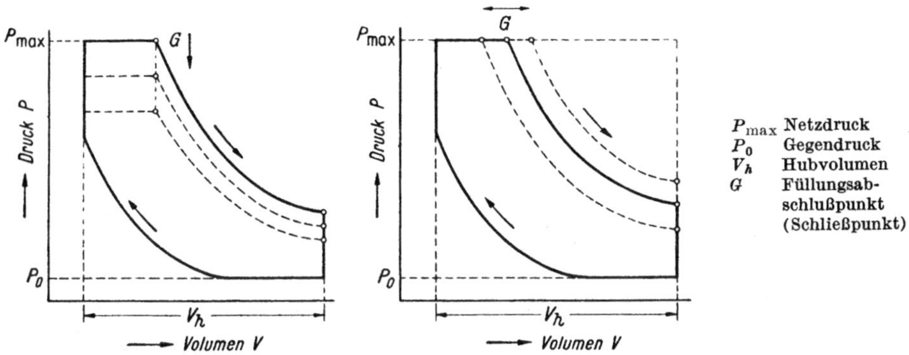

a) Veränderung des nutzbaren Energiegefälles („Drosselregelung")

b) Veränderung der je Arbeitstakt zugeführten Energiemenge („Füllungsregelung")

Bild 1. Regelverfahren bei Kolbenmaschinen im *PV*-Diagramm

2. Regelungstechnisches Verhalten

Im Gegensatz zu den anderen Kraftmaschinen verläuft der Energieumwandlungsprozeß in den Kolbenkraftmaschinen *periodisch*. Das *PV*-Diagramm (*Bild* 1) beschreibt die Thermodynamik des Vorganges. Die Diagrammfläche stellt die je Arbeitszylinder und Arbeitstakt an das Triebwerk der Maschine abgegebene Energie dar. Dies wird besonders anschaulich, wenn man die (aus meßtechnischen Gründen) geläufige Darstellung $P = f(V)$ durch die Kolbenfläche kürzt und damit die Kraft-Weg-Funktion des Kolbens $K = f(S)$ erhält. Über die kinematischen Beziehungen des Schubkurbeltriebes [3] läßt sich aus der Kolbenkraft-Weg-Funktion des Kolbens $K = f(S)$ die Drehmoment-Kurbelwinkel-Kennlinie $M_d = f(\varphi)$ ermitteln. Dabei muß neben der durch das *PV*-Diagramm gegebenen Gaskraft auch die „Massenkraft" berücksichtigt werden. Die quantitative Auswertung wird am bequemsten graphisch durchgeführt [2, 3]. Der für einen Zylinder sich ergebende Drehmomentverlauf ist eine periodische Funktion. Die Periode beträgt bei Zweitakt-Motoren 2π, bei Viertakt-Motoren 4π und bei den Dampfmaschinen im allgemeinen 2π. Superponiert man die Drehmomentverläufe aller einzelnen Zylinder einer Mehrzylindermaschine, so ergibt sich als resultierender Kurvenzug wiederum eine periodische Funktion (bezogen auf den Kurbelradius R, wird sie das *Drehkraftdiagramm* der Maschine genannt). Sie beschreibt die Dynamik der Kolbenmaschine [4]. Die analytische Formulierung kann durch eine Fourierreihe gegeben werden:

$$M_{di} = M_0 + \cdots + M_\nu \sin(\nu\,\Omega^* t + \gamma_\nu) + \cdots \tag{1}$$

(M_ν Drehmomentamplitude der einzelnen Harmonischen, ν Ordnungszahl, $\Omega^* t = \varphi^* = \Omega_0 t$ für 2-Takt, $\varphi^* = 1/2\,\Omega_0 t$ für 4-Takt, $\Omega_0 = \pi n_0/30$ Grundfrequenz, γ_ν Phasenwinkel der ν-ten Harmonischen).

Für die Drehzahl n in U/min ergibt sich aus Gl. (1)

$$n = n_0 + \left(\frac{30}{\pi}\right)^2 \frac{k_T}{\Theta\, n_0} \sum_{\nu=1}^{\infty} \frac{M_\nu}{\nu} \sin\left[\frac{\nu}{k_T}\,\Omega_0 t + (\gamma_\nu + 3/2\,\pi)\right] \tag{2}$$

($k_T = 1$ für Zweitakt-Motoren, $k_T = 2$ für Viertakt-Motoren, Θ Trägheitsmoment).

Die periodische Arbeitsweise der Maschine verursacht also eine *Ungleichförmigkeit* der Drehzahl. Diese kann sich insbesondere bei Frequenzregelungen störend auswirken. Durch die Regelung kann die Ungleichförmigkeit der Drehzahl nicht beeinflußt werden. Jedoch ist ihre Kenntnis für die Auslegung der Regelgeräte wichtig. Eigenfrequenzen des Reglers dürfen nicht in den Bereichen „kritischer“ Erregerfrequenzen liegen. Darüber hinaus müssen die Geräte weitestgehend gegen jegliche periodische Erregung abgeschirmt sein. Besonders treten die Amplituden M_ν der sog. „Hauptkritischen“ hervor. Ihre Ordnungszahl ν ist gleich der Zylinderzahl h. Ihre Frequenz $(h/k_T)\Omega_0$ entspricht der Summe der Arbeitstakte aller Zylinder einer Maschine je Umdrehung der Kurbelwelle. Zum Beispiel tritt bei einem Vierzylinder-Viertakt-Motor die Oberwelle der Frequenz $2\,\Omega_0$ besonders hervor, also für eine Grundfrequenz von $\Omega_0 = 50$ Hz die Frequenz 100 Hz.

Die Gl. (2) liefert die allgemeine Aussage, daß die Amplituden der Drehzahloberwellen umgekehrt proportional dem Produkt aus Trägheitsmoment Θ, Drehzahl n_0 und Ordnungszahl ν sind. Große rotierende Schwungmassen und große Zylinderzahlen vermindern also den Einfluß der Oberwellen. Beiden Möglichkeiten sind jedoch praktisch Grenzen gesetzt, insbesondere durch den Wunsch nach geringem Leistungsgewicht der Maschine. Die Amplituden M_ν des Momentenverlaufes hängen von der Drehzahl n_0, den oszillierenden Massen m_{osc} und dem mittleren Drehmoment M_0 ab: $M_\nu = f(n_0^2, m_{osc}, M_0)$. Es gibt somit eine optimale Drehzahl n_0, für die der Ausdruck M_ν/n_0 in Gl. (2) ein Minimum wird.

Zur Vorausbeurteilung des *regelungstechnischen* Verhaltens von Kraftmaschinen benötigt man die *stationäre* Abhängigkeit der Drehzahl n_0 vom Drehmoment M_0.

Zwischen dem mittleren Moment M_0 einer Maschine mit h gleichen Zylindern und der Fläche F des gemessenen PV-Diagrammes des einzelnen Zylinders besteht der Zusammenhang

$$M_0 = \frac{h}{k_T\, 2\pi} F \eta_m \tag{3}$$

Legt man die (theoretische) Diagrammfläche F_v der „vollkommenen Maschine“ zugrunde, so erhält man:

$$M_0 = \frac{h}{k_T\, 2\pi} F_v \eta_g \eta_m \tag{4}$$

Hierin bedeutet η_g den Gütegrad der Maschine und η_m den mechanischen Wirguugsgrad [*1*, *2*]. Um auf theoretischem Wege zu praktisch brauchbaren Ergebnissen zu kommen, braucht man die angenäherten Kennlinienverläufe:

$$\begin{aligned} \eta_g &= f(n_0, Y) \\ \eta_m &= f(n_0, Y) \end{aligned} \tag{5}$$

Darin bedeutet Y einen Stellparameter. Zweckmäßiger mißt man die Verläufe $n_0 = f(M_0)$ direkt (*Bild* 2b). Als Scharparameter Y ist die Drosselklappenstellung im Gemischansaugkanal gewählt.

Die verhältnismäßig steilen Drehzahl-Drehmoment-Kennlinien des Vergasermotors, die bei Dieselmotoren und Dampfmaschinen noch steiler verlaufen, sind eine Besonderheit der Kolbenmaschinen. Das bedeutet, daß die Maschinen nicht

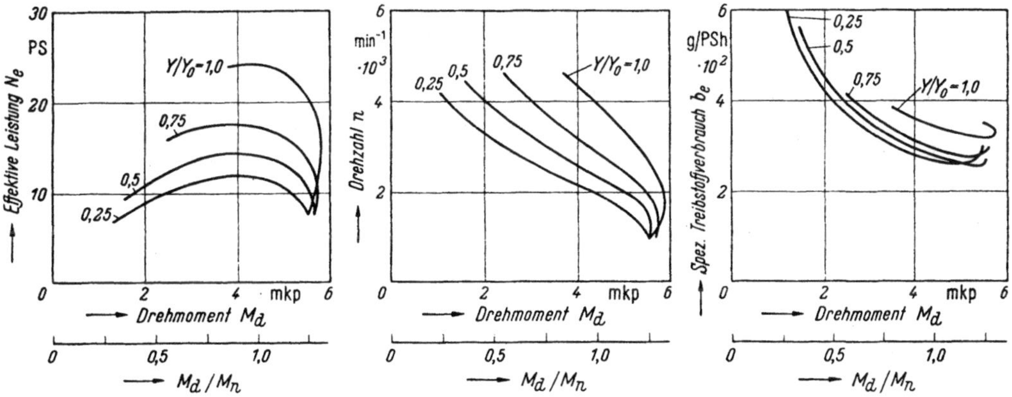

a) Leistungskennlinien b) Drehzahlkennlinien c) Treibstoff-Verbrauchskennlinien

Bild 2. Kennlinienfelder eines Vierzylinder-Personenwagen-Vergasermotors

Y/Y_0 Normierte Drosselklappenstellung

(Hubraum 1200 cm³; Nenndrehzahl $\approx$ 4000 min⁻¹; Nennleistung $\approx$ 24 PS, Nenndrehmoment $M_n \approx$ 4,2 mkp)

sehr „drehzahlsteif" gegenüber Lastschwankungen sind. Geringe Drehmomentänderungen haben sehr große Drehzahländerungen zur Folge. Der Ausgleichswert ist bei Vergasermotoren am größten, weil sich die Energiezufuhr (Gemisch) mit steigender Drehzahl selbsttätig drosselt. Die Drehzahl aller Kolbenmaschinen müßte deshalb bei stark schwankenden Lastmomenten geregelt werden, wenn ein Durchgehen der Maschinen verhindert werden soll. Da sie jedoch stets als Antriebsmaschinen dienen (vgl. Abschnitt A 1), werden ihre Eigenschaften als Regelstrecke wesentlich von der Lastkennlinie (Fahrzeug, Lastmaschine) bestimmt, so daß die Bedingungen für die Regelung weniger von dem Maschinentyp als vielmehr von der Anwendung her bestimmt werden (vgl. Kapitel 52). Im allgemeinen vergrößert der Lastteil den Ausgleichswert der Regelstrecke so stark, daß damit ein Durchgehen der Maschine verhindert wird. Die Regelungseinrichtung muß aber aus *Sicherheitsgründen* beim Abkuppeln des Lastteiles (z.B. Katastrophenfall oder betrieblich bedingt) eingreifen.

3. Regelaufgaben

In ortsfesten *Stromerzeugungsanlagen* muß die *Frequenz* konstant gehalten werden. Die Anforderungen an die Genauigkeit der Frequenzhaltung und damit an die Drehzahl der antreibenden Kolbenmaschine können fallweise sehr hoch sein (z.B. für den Betrieb von Fernseh- oder medizinischen Geräten).

Bei *Fahrzeugantrieben* können verschiedene Aufgaben vorliegen. Will man mit konstanter *Geschwindigkeit* fahren und soll sich die Übersetzung zwischen antreibender Kolbenmaschine und Fahrzeugantrieb nicht ändern, so muß auch in diesem Fall (ebenso wie in Stromerzeugungsanlagen) die *Drehzahl* geregelt werden. Die Ansprüche sind im allgemeinen allerdings nicht so hoch wie bei ortsfesten Anlagen.

Die Forderung nach konstanter Fahrgeschwindigkeit tritt jedoch meistens hinter dem Wunsch zurück, möglichst *wirtschaftlich* zu fahren. Als Maß für die Wirtschaftlichkeit dient bei Verbrennungsmotoren der spezifische Treibstoffverbrauch b_e (*Bild* 2c) und bei Dampfmaschinen der spezifische Dampfverbrauch. Beide Angaben sind dem effektiven Wirkungsgrad umgekehrt proportional. Ein Optimum des Wirkungsgrades wird für jede abgegebene Leistung nur bei einer bestimmten, ihr zugeordneten Drehzahl erreicht.

Der Wunsch nach Wirtschaftlichkeit stellt also allgemein die Aufgabe, eine Anlage auf den besten Wirkungsgrad hin zu regeln (*Optimalwertregelung*). Dies ist grundsätzlich technisch möglich, wird aber bei Kolbenmaschinen nicht durchgeführt. Da die wesentlichen Störeinflüsse hier nur vom Lastmoment herrühren, genügt es, bei gegebener Leistung die erwähnte günstigste Motordrehzahl dadurch zu steuern oder zu regeln, daß als Stellglied ein Übersetzungsgetriebe zwischen Motor- und Antriebswelle geschaltet wird (s. *Bild* 5c und d). Damit wird die Motordrehzahl zur (Ersatz-)Regelgröße, um mittelbar einen günstigen Wirkungsgrad zu erzielen, ohne dessen Optimum unmittelbar zu regeln (guter Wirkungsgrad der Stellgetriebe vorausgesetzt). Die Abhängigkeit der optimalen Drehzahl von der Leistung kann durch eine Kopplung zwischen der Füllungseinstellung für die Brennstoffzufuhr und die Sollwerteinstellung für die Motordrehzahl richtig *gesteuert* werden (*Bild* 5d).

Bei *Parallelbetrieb* mehrerer Maschinen muß man für *Konstanz der Lastverteilung* Sorge tragen, um „Leistungspendelungen" zwischen den einzelnen Maschinen zu vermeiden. Außerdem tritt bei abtriebsseitig nicht synchronisierten Anlagen (z.B. Doppelschrauben-Schiffsantrieb) die Aufgabe hinzu, die Frequenz und gelegentlich auch die Phase der beiden gegenläufigen Maschinen gleichzuhalten. Man vermeidet dadurch sowohl Schwebungen der als Resonanzböden wirkenden Fahrzeugkörper als auch die Einwirkung eines periodisch schwankenden resultierenden Kippmomentes auf die Fahrzeuge.

B. Einspritzmotoren

1. Aufbau und Arbeitsweise

Hauptvertreter der Gruppe der Einspritzmotoren [*5, 6*] ist der Dieselmotor, dessen Zylinderkopf in *Bild* 3 dargestellt ist. Je ein nockenangetriebenes Lufteinlaß- und Auspuffventil (*4*) steuern den Luftzustrom und den Abgasstrom. Das Gemisch des Treibstoffes mit der Luft wird im Zylinder (*2*) gebildet. Der Treibstoff wird von einer durch Nocken (*7*) angetriebenen Brennstoffpumpe (*5*) über eine Druckleitung dem Einspritzventil (*3*) zugeführt, das meistens als federbelastetes Rückschlagventil arbeitet. Es öffnet ohne besondere Steuerung von außen bei Erreichen eines durch die Federvorspannung gegebenen Einspritzdruckes in der Treibstoffleitung. Der Einspritzvorgang wird also ebenfalls periodisch gesteuert, im Gegensatz zu der Arbeitsweise der Vergasereinrichtungen bei Ottomotoren (vgl. Abschnitt C).

Der Geräteschaltplan für den grundsätzlichen Aufbau eines Viertakt-Dieselmotors mit Fliehkraftregler und Fliehkraftspritzversteller (*Bild* 5a) vermittelt einerseits den Energie- und Massendurchfluß durch die Maschine und andererseits ihre Verbindung mit den Steuerungs- und Regelungseinrichtungen. Der funktionelle Zusammenhang der einzelnen Größen ist aus dem Blockschaltplan *Bild* 5b ersichtlich. Er vermittelt nur die Signalflüsse, ist also losgelöst von den technischen Baueinheiten, die in dem Gerätebild dargestellt sind. Man erkennt neben dem dick gezeichneten Drehzahlregelkreis die periodische Steuerung der Energiezufuhr (Luft und Treibstoff).

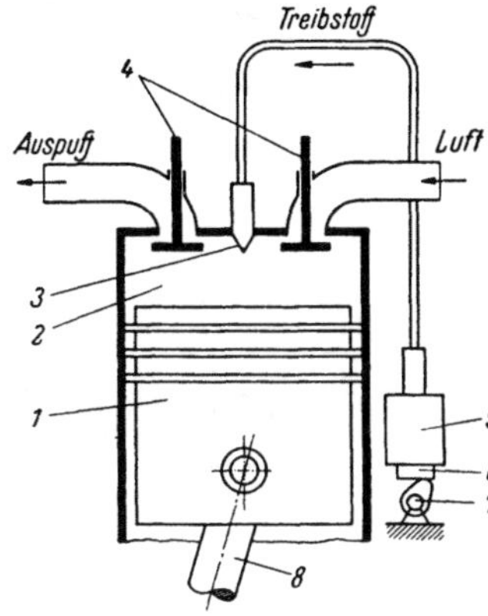

1 Kolben
2 Zylinder
3 Einspritzventil
4 Ventile
5 Brennstoffpumpe
6 Pumpenstempel
7 Brennstoffnockenwelle
8 Pleuelstange

Bild 3. Zylinderkopf eines Viertakt-Dieselmotors (schematisch)

2. Steuerungsarten der Brennstoffzufuhr

Die Brennstoffzufuhr wird bei den Einspritzmotoren an der Brennstoff-Einspritzpumpe eingestellt [7]. Um die je Pumpenhub geförderte Brennstoffmenge zu ändern, wird der *Nutzhub* der Pumpen verstellt. Gebräuchlich ist die Verstellung entweder des Stempelhubes (z.B. durch Schrägnocken) oder einer „Kurzschließeinrichtung" zwischen Druck- und Saugseite der Pumpe (z.B. Offenhalten des Saugventiles, Betätigung eines gesonderten Überströmventiles oder -schiebers).

In *Bild* 4 ist eine Ausführung dargestellt, bei welcher der Pumpenkolben (*2*) gleichzeitig als Steuerschieber benutzt wird (vgl. auch Kapitel 52). Aus der Lage der Steuerkante (*3*) zu den Zulaufbohrungen (*6*) ergibt sich der Nutzhub der Pumpe, so daß auf diese Weise der erforderliche Förderstrom eingestellt werden kann. Die Verstelleinrichtung wird von einem Regler oder von Hand betätigt. Am häufigsten ist eine Parallelschaltung beider Möglichkeiten. Bei selbsttätiger Regelung werden häufig Drehzahlregler eingesetzt, die als Meßgeber Fliehkraftpendel haben.

1 Pumpenzylinder
2 Pumpenkolben („Stempel")
3 Schräge Steuerkante
4 Längsnut
5 Ringnut
6 Zulaufbohrungen

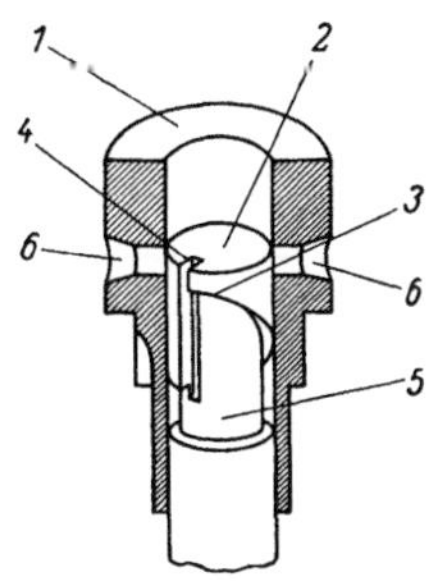

Bild 4. Schrägkantensteuerung des Nutzhubes von Brennstoffeinspritzpumpen [22] (Gezeichnete Stellung: Vollförderung, Beginn der Förderung)

3. Regelung der Dieselmotoren

Bild 6 zeigt den Geräte- und Blockschaltplan für einen Dieselmotor mit Unterdruckregler und Fliehkraftein-

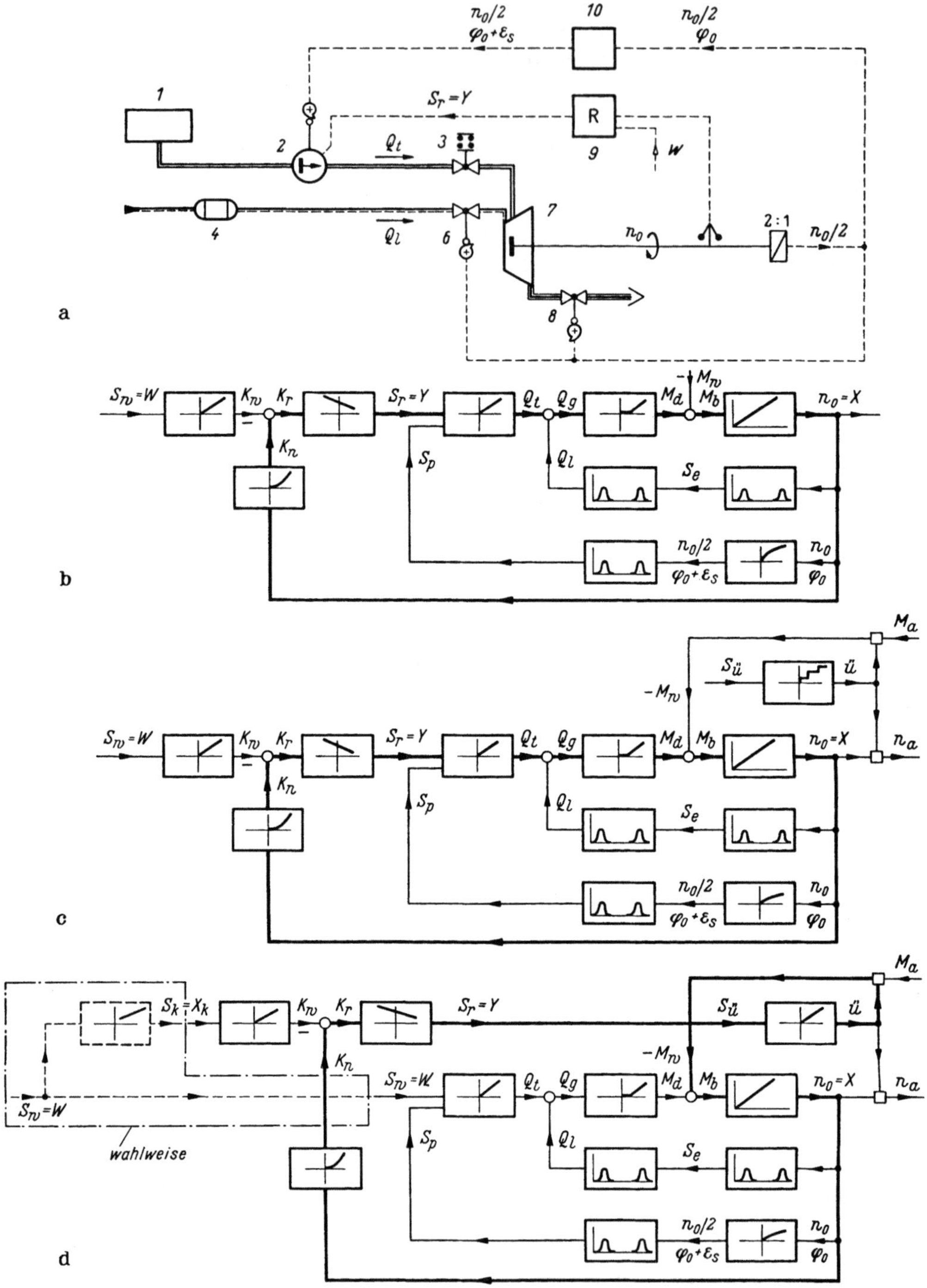

Bild 5. Viertakt-Dieselmotor mit Fliehkraftregler und Fliehkraft-Spritzversteller
a) Geräteschaltplan; b) bis d) Blockschaltpläne (Legende s. bei *Bild* 6)

Bild 5c entspricht *Bild* 5b, jedoch mit von Hand verstellbarem, nachgeschaltetem Stufengetriebe. *Bild* 5d entspricht *Bild* 5b, jedoch mit einem vom Drehzahlregler verstellbaren, nachgeschalteten, stufenlosen Übersetzungsgetriebe. Wahlweise mit zusätzlicher Kopplung des Sollwertes für die Drehzahl mit dem Führungswert für die Leistung

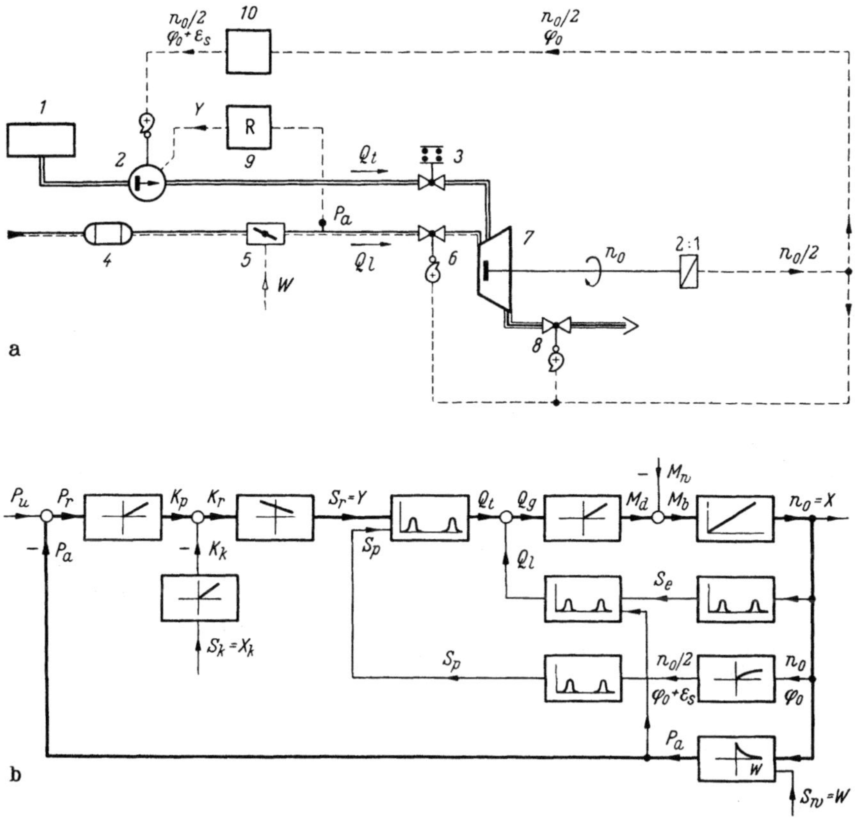

1 Tank
2 Einspritzpumpe
3 Brennstoff-Einspritzventil
4 Luftfilter
5 Drosselklappe
6 Einlaßventil
7 Maschinenzylinder und Triebwerk
8 Auslaßventil
9 Regler (z. B. Fliehkraft- oder Unterdruckregler)
10 Fliehkraft-Einspritzversteller
n_0 Drehzahl der Kurbelwelle ($n_0 = X$)
n_a Getriebe-Abtriebsdrehzahl
S_w Stellung des Fahrhebels ($S_w = W$)
S_r Stellweg ($S_r = Y$)
S_p Nockenhub der Einspritzpumpe
S_e Einlaßventilhub
S_k Sollwerteinstellung ($S = X_k$)
$S_ü$ Getriebeübersetzungseinstellung
K_w Führungskraft
K_r Regelabweichungskraft
K_n Drehzahl-Istkraft
K_p Unterdruck-Istkraft
K_k Sollwertkraft
Q_t Treibstoffdurchfluß
Q_l Luftdurchfluß
Q_g Gemischdurchfluß
M_d Drehmoment (Maschinenmoment)
M_w Widerstandsmoment (Lastmoment $M_w = Z$)
M_b Beschleunigungsmoment ($M_b = M_d - M_w$)
M_a Getriebe-Abtriebsmoment
P_a Druck im Ansaugkanal
P_u Umgebungsluftdruck
P_r Reglereingangsdruck ($P_r = P_u - P_a$)
φ_0 Phase der Versteller-antriebswelle
ε_s Einspritzphasenwinkel
$ü$ Getriebeübersetzung

Bild 6. Viertakt-Dieselmotor mit Unterdruckregler und Fliehkraft-Spritzversteller
a) Geräteschaltplan; b) Blockschaltplan
(Legende gilt auch für *Bild* 5)

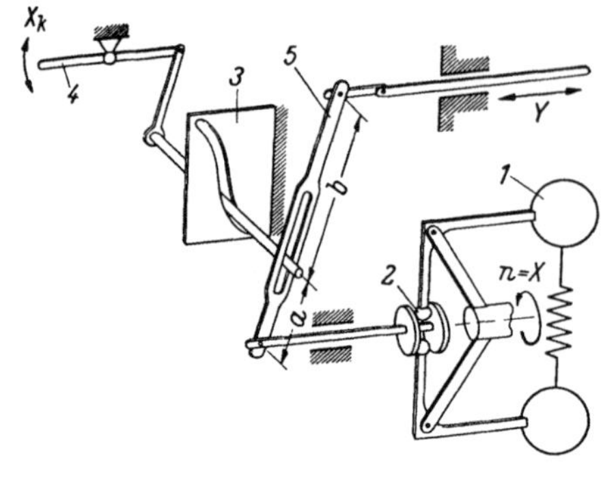

1 Fliehgewicht
2 Muffe
3 Kulisse
4 Fahrhebel
5 Stellhebel

a) Verstellregler [23]

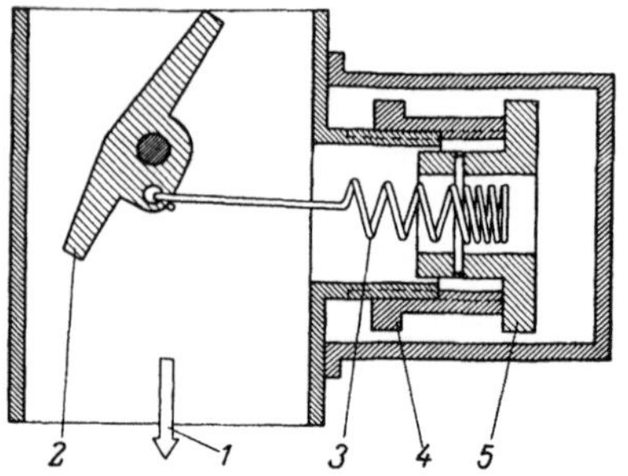

1 Gemischstrom zum Motor
2 Drosselklappe
3 Sollwertfeder
4 Sollwerteinstellmutter (Änderung der Federvorspannung)
5 P-Bereich-Einstellschraube (Änderung der Federkonstanten)

c) Endregler für Vergasermaschinen [25]

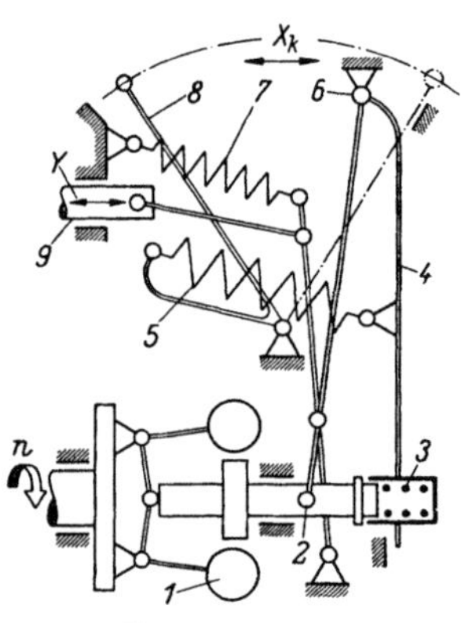

1 Fliehgewicht
2 Muffe
3 Angleichfeder
4 Vergleichsystem (Waagebalken)
5 Sollwertfeder
6 Fester Drehpunkt
7 Leerlauffeder
8 Fahrhebel
9 Stellhebel

b) Verstellregler [24]

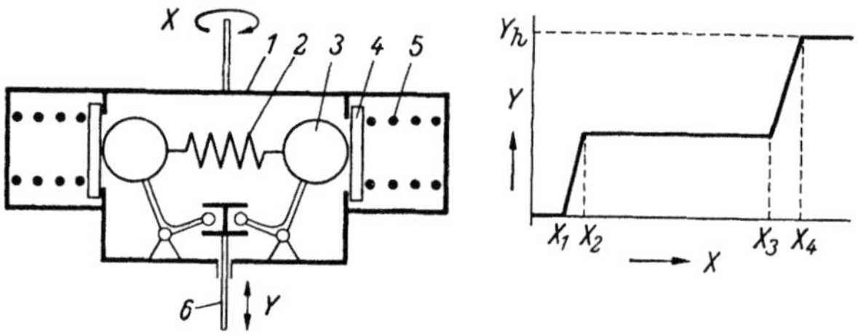

1 Reglergehäuse
2 Leerlauffeder
3 Fliehgewicht
4 Federteller
5 Endregelfeder (vorgespannt)
6 Muffe

d) Leerlauf- und Endregler [26]

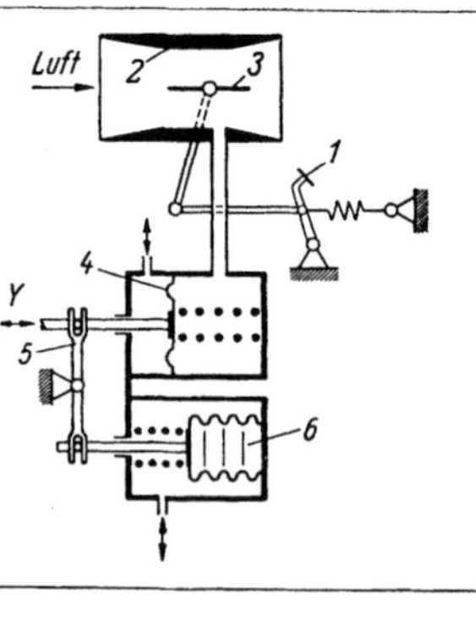

1 Fahrhebel
2 Venturirohr im Luftansaugkanal
3 Drosselklappe
4 Membran
5 Waagebalken
6 Kompensationsdose (luftdicht abgeschlossen)

e) Unterdruckregler mit Druck- und Temperaturkompensation für Viertakt-Benzin-Einspritzmotoren [27]

X Regelgröße (Drehzahl n)
X_k Sollwert
Y Stellgröße
Y_h Stellbereich

Bild 7. Schematische Darstellung verschiedener Regler für Fahrzeugmotoren spritzversteller, wie er z.B. als Pkw-Motor verwendet wird (vgl. Abschnitt 4). Bei den angewendeten Reglerarten sind einige Sonderbenennungen üblich (vgl. *Bild* 7). Regler, die über den gesamten Drehzahlbereich stetig arbeiten, werden *Verstellregler* genannt und meist als Folgeregler eingesetzt (*Bild* 7a und b). Regler, die nur in Teilbereichen (stetig) arbeiten, nennt man *Endregler* (*Bild* 7c), wenn sie im Bereich der Höchstdrehzahl n_H arbeiten; sofern sie im Bereich der Leerlaufdrehzahl n_L *und* der Höchstdrehzahl n_H arbeiten, heißen sie *Leerlauf* und *Endregler* (*Bild* 7d). Ihre P-Kennlinien haben einen Bereich $Y =$ konst. In dem Drehzahlbereich X_2 bis X_3 wird die Brennstoffpumpe von Hand verstellt. Im Leerlaufbereich X_1 bis X_2 arbeitet die Leerlauffeder (*2*) und begrenzt die Motordrehzahl nach unten. Zwischen X_2 und X_3, also im eigentlichen Arbeitsbereich der Maschine, ist die Lage der Reglermuffe (*6*) durch die Vorspannung der Endregelfeder (*5*) festgelegt. Im Höchstdrehzahlbereich X_3 bis X_4 arbeitet die Endregelfeder (*5*) und begrenzt die Drehzahl nach oben.

Eine Besonderheit bei Dieselmotorregelungen ist die Forderung, die sog. „Rauchgrenze" einzuhalten, d.h., die rauchfreie Maximalleistung des Motors soll über den ganzen Drehzahlbereich gewährleistet werden. Dazu muß sich die Grenzkennlinie der Fördermenge der Pumpe $Q_{\max} = f(n)$ mit der Rauchgrenze decken. Bei festem Sollwert muß daher der P-Bereich derart von der Drehzahl abhängen, daß der Verlauf der P-Kennlinie $Y(X)$ die geforderte Abhängigkeit $Q_{\max} = f(n)$ aus der gegebenen Drehzahlabhängigkeit der Pumpe $Q \approx Kn + k$ herstellt (*Bild* 8). Dies wird z.B. dadurch erreicht, daß zu der Sollwertfeder eine sog. „Angleichfeder" in Reihe geschaltet wird (*Bild* 7b). Der Vollastanschlag des Reglers wird dadurch abhängig von der Drehzahl gesteuert.

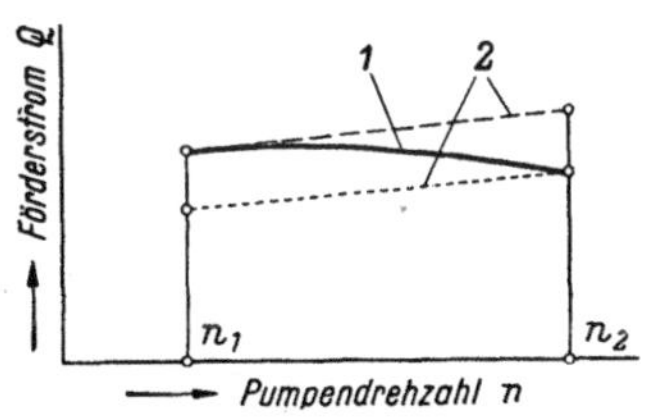

n_1 bis n_2 Arbeitsbereich des Motors
1 Erforderliches $Q_{\max}(n)$ zur Einhaltung der Rauchgrenze
2 Drehzahlabhängigkeit der Fördermenge $Q(n)$ bei $Y =$ konst.

Bild 8. Grenzkennlinien des Brennstofförderstromes [*28*]

Durch entsprechende Gestaltung des Anschlages läßt sich der Regler auch so auslegen, daß die vom Motor erreichbare Höchstleistung über einen hinreichend großen Drehzahlbereich konstant bleibt [*8*]. Ein solcher Regler gewährleistet die Rauchgrenze ebenfalls, da sich nur ein Punkt der Höchstleistungs-Grenzkennlinie mit ihr deckt, während alle anderen darunterliegen.

4. Regelung der Benzin-Einspritzmotoren

Bei Pkw-Einspritzmotoren, bei denen neben dem Dieselmotor auch Benzin-Einspritzmotoren verwendet werden (*Bild* 9) und bei Einspritz-Flugmotoren werden häufig sog. *Unterdruckregler* eingesetzt (*Bild* 7e). Diese erfassen die Drehzahl des Motors nicht direkt, wie die Fliehkraftpendel der Drehzahlregler, sondern benutzen als Ersatzgröße den Unterdruck im Luftansaugkanal. Der Unterdruck (Differenzdruck zwischen Umgebungsluftdruck und Druck im Ansaugkanal) ist bei fester Drosselklappenstellung ein Maß für den Luftdurchfluß. Der Luftdurchfluß wird von der Drosselklappenstellung und der Drehzahl des Motors bestimmt, so daß der Unterdruck auch wieder ein Maß für die Drehzahl ist. Bei dieser Anordnung wird somit einem Luftdurchfluß ein bestimmter Treibstoffdurchfluß zugeordnet. Die Regler arbeiten, ebenso wie die in *Bild* 7a und b gezeigten Verstellregler, als Folgeregler. Bei Unterdruckreglern nach *Bild* 7e wirkt die Führungsgröße jedoch nicht unmittelbar auf das Vergleichssystem des Reglers ein. Vielmehr befindet sich eine vom Fahrhebel (*1*) betätigte Drosseleinrichtung (*3*) als zusätzliches Führungsstellglied im Luftansaugkanal.

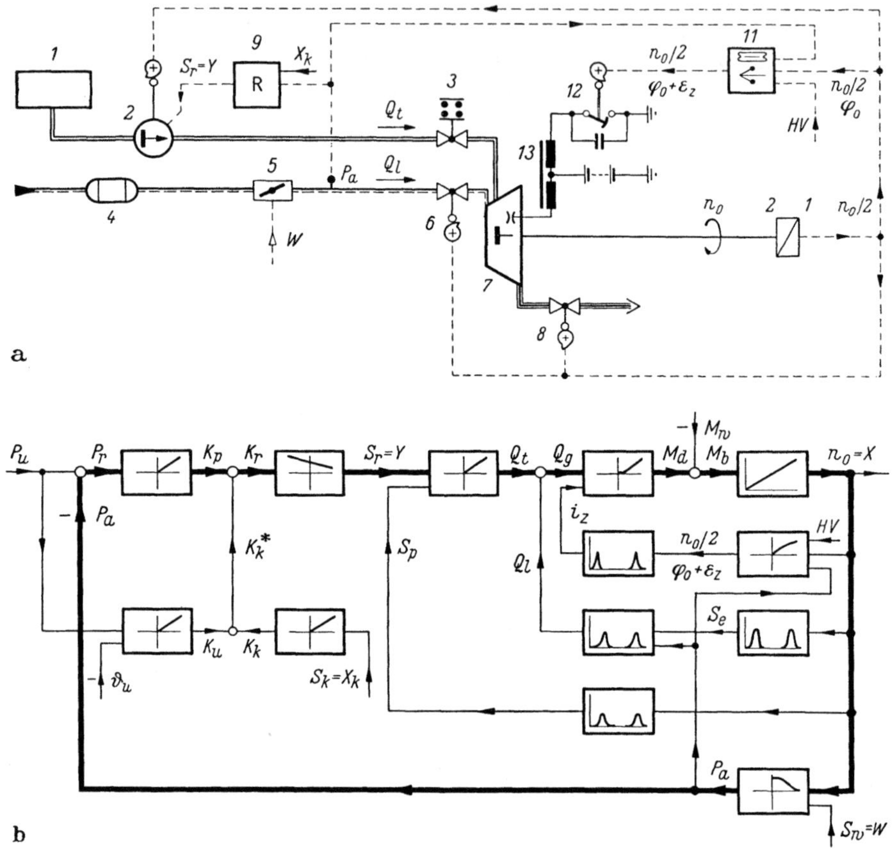

1 Tank
2 Einspritzpumpe
3 Brennstoff-Einspritzventil
4 Luftfilter
5 Drosselklappe
6 Einlaßventil
7 Maschinenzylinder und Triebwerk
8 Auslaßventil
9 Unterdruckregler
11 Zündversteller (mit Fliehkraft-, Unterdruck- und Handverstellung HV)
12 Unterbrecher
13 Zündspule

n_0 Drehzahl der Kurbelwelle ($n_0 = X$)
S_w Stellung des Fahrhebels ($S_w = W$)
S_k Sollwerteinstellung ($S_k = X_k$)
S_r Stellweg ($S_r = Y$)
S_p Nockenhub der Einspritzpumpe
S_e Einlaßventilhub
K_r Regelabweichungskraft
K_p Unterdruck-Istkraft
K_k Eingestellte Sollwertkraft
K_u Korrekturkraft
K_k^* Korrigierte Sollwertkraft
Q_t Treibstoffdurchfluß
Q_l Luftdurchfluß
Q_g Gemischdurchfluß

M_d Drehmoment (Maschinenmoment)
M_w Widerstandsmoment (Lastmoment $M_w = Z$)
M_b Beschleunigungsmoment ($M_b = M_d - M_w$)
P_a Druck im Ansaugkanal
P_u Umgebungsluftdruck
P_r Reglereingangsdruck ($P_r = P_u - P_a$)
φ_0 Phase der Versteller-antriebswelle
ε_z Zündphasenwinkel
i_z Zündstrom
ϑ_u Umgebungslufttemperatur

Bild 9. Viertakt-Benzin-Einspritzmotor mit Unterdruckregler und Fliehkraft- sowie Unterdruckzündversteller; a) Geräteschaltplan; b) Blockschaltplan

Durch diese Reglerbauart erreicht man neben der eigentlichen Regelung der Drehzahl im gesamten Arbeitsbereich des Reglers annähernd das günstigste Mischungsverhältnis Kraftstoff zu Luft (Gemischregler). Soll dieses durch die Luftüberschußzahl gekennzeichnete Verhältnis in besonders engen Grenzen gehalten werden (z.B. wegen der Zündfähigkeit), so muß der Luftdurchfluß sehr genau gemessen werden. Man fügt deshalb der Meßeinrichtung für den Unterdruck noch eine Anordnung hinzu, die eine Druck- und Temperaturkompensation bewirkt [*9*]. Eine solche ist in *Bild* 7e ebenfalls eingezeichnet. Die luftdicht gegen die Umgebung abgeschlossene Dose (*6*) dehnt oder kürzt sich entsprechend ihrer Innentemperatur und dem Umgebungsluftdruck und korrigiert sinngemäß die in Abhängigkeit vom Druck im Ansaugkanal (*2*) gebildete Stellgröße Y. Man erreicht auf diese Weise größte *Wirtschaftlichkeit*, die ja gerade für den Betrieb von Kraftwagen als oberste Forderung gilt.

C. Vergasermotoren

Bei den in Personenkraftfahrzeugen weitestgehend eingesetzten Vergasermotoren erfolgt die Bildung eines zündfähigen Treibstoff-Luft-Gemisches im Gegensatz zum Einspritzmotor bereits *vor* dem Einlaßventil im Ansaugkanal (*Bild* 10). Ähnlich wie bei den Einspritzmotoren mit Unterdruckregler befindet sich auch hier im Ansaugkanal eine Drosselklappe, die vom Fahrhebel betätigt wird und den Gemischdurchfluß unmittelbar beeinflußt. Die Zuordnung der erforderlichen Treibstoffmenge erfolgt jedoch durch einen *Vergaser*. Dieser enthält (im Gegensatz zu den Dieselmotoren mit periodisch arbeitenden Pumpen) einen kontinuierlich arbeitenden Flüssigkeits-Niveauregelkreis. Die Anzapfung des Brennstoffes liegt als Düse mit fester Abflußöffnung im Ansaugkanal des Motors. Meßgeber, Regler und Stellorgan in einer einzigen Baueinheit ist der im Vergaser befindliche Schwimmer mit Schwimmernadel. Er regelt als P-Regler das Treibstoffniveau vor der Düse. Der Sollwert für dieses Niveau kann durch Längenänderung der Schwimmernadel (z.B. stufenweise) auf verschiedene Werte eingestellt werden.

Damit wird der durch die Düse in den Luftdurchfluß austretende Treibstoffstrom nur noch abhängig von der Differenz zwischen Umgebungsluftdruck und Druck im Ansaugkanal. Das heißt, es liegt grundsätzlich derselbe Sachverhalt vor wie bei den auf Unterdruck geregelten Dieselmotoren. Nur wird beim Vergasermotor der Unterdruck nicht als Meßgröße einem Regler zugeführt, der erst eine Verstellung des Förderstromes veranlassen muß, sondern der Unterdruck verschafft sich *unmittelbar* aus einem niveaugeregelten Behälter den richtigen Förderstrom.

Gelegentlich werden zur Begrenzung der Höchstdrehzahl Endregler eingebaut (*Bild* 7c). Die instabil aufgehängte und durch Federkraft gegen einen Anschlag gezogene Drosselklappe vereinigt in sich die Funktionen des Meßgliedes, Vergleichssystems und Stellorgans. Sie begrenzt nach Maßgabe der eingestellten Federvorspannung den Luftdurchfluß und damit den Unterdruck und den Treibstoffstrom.

Über die einfache *Niveauregelung* hinaus enthalten die neuzeitlichen Vergaser noch vielerlei weitere Steuermechanismen. Sie sollen „Leerlaufregelung", Kaltstart und hohe Beschleunigung ermöglichen sowie geringsten Kraftstoffverbrauch über den gesamten Betriebsbereich erreichen helfen.

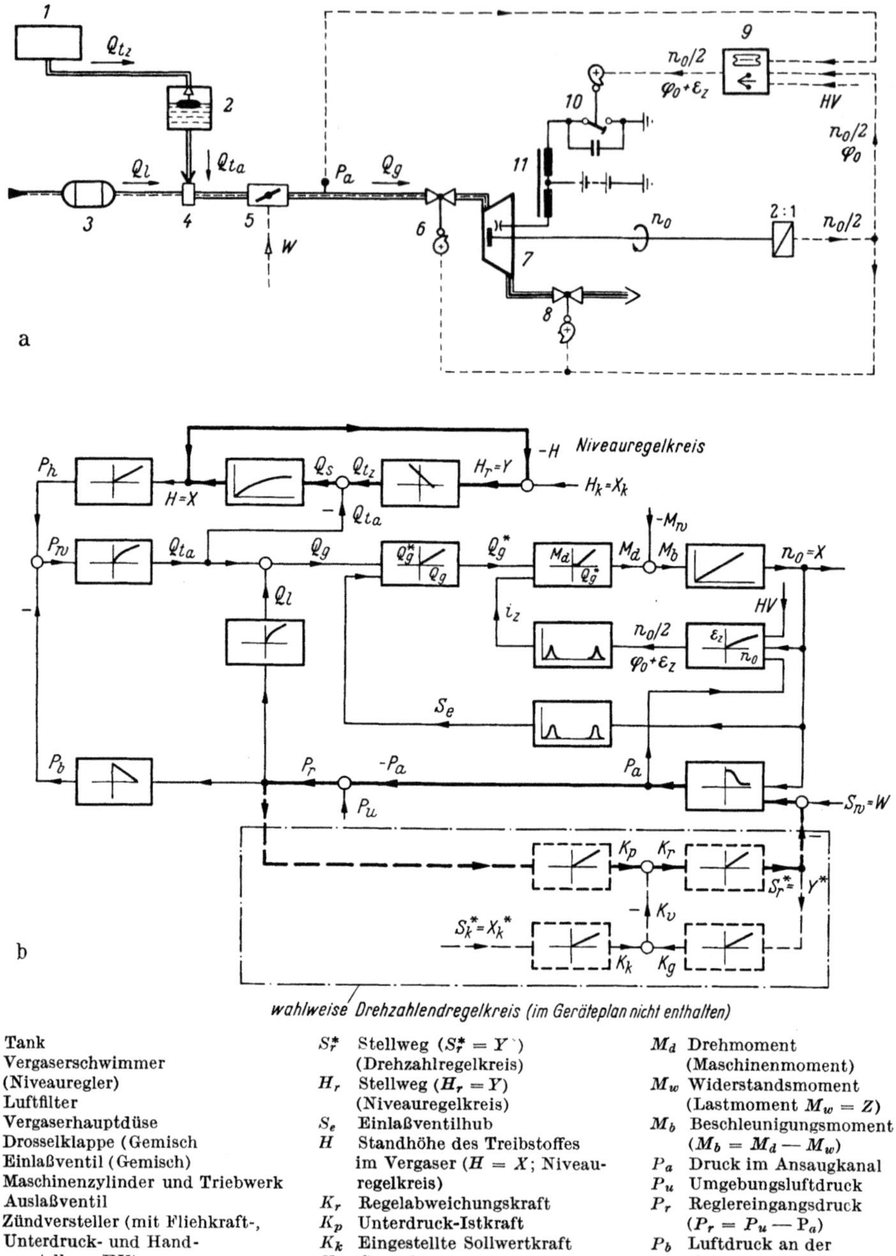

1 Tank
2 Vergaserschwimmer (Niveauregler)
3 Luftfilter
4 Vergaserhauptdüse
5 Drosselklappe (Gemisch
6 Einlaßventil (Gemisch)
7 Maschinenzylinder und Triebwerk
8 Auslaßventil
9 Zündversteller (mit Fliehkraft-, Unterdruck- und Handverstellung HV)
10 Unterbrecher
11 Zündspule
n_0 Drehzahl der Kurbelwelle ($n_0 = X$)
S_w Stellung des Fahrhebels ($S_w = W$)
S_k^* Sollwerteinstellung ($S_k^* = X_k$) (Drehzahlregelkreis)
H_k Sollwerteinstellung ($H_k = X_k$) (Niveauregelkreis)
S_r^* Stellweg ($S_r^* = Y^*$) (Drehzahlregelkreis)
H_r Stellweg ($H_r = Y$) (Niveauregelkreis)
S_e Einlaßventilhub
H Standhöhe des Treibstoffes im Vergaser ($H = X$; Niveauregelkreis)
K_r Regelabweichungskraft
K_p Unterdruck-Istkraft
K_k Eingestellte Sollwertkraft
K_g Gegenkopplungskraft
K_v Sollwert- und Rückführkraft
Q_{tz} Treibstoffzufluß zum Vergaser
Q_{ta} Treibstoffabfluß aus dem Vergaser zur Düse
Q_l Luftdurchfluß
Q_g Gemischdurchfluß
Q_g^* Gemischdurchfluß nach dem Einlaßventil
Q_s Änderung des Speicherinhaltes im Vergaser ($Q_s = Q_{tz} - Q_{ta}$)
M_d Drehmoment (Maschinenmoment)
M_w Widerstandsmoment (Lastmoment $M_w = Z$)
M_b Beschleunigungsmoment ($M_b = M_d - M_w$)
P_a Druck im Ansaugkanal
P_u Umgebungsluftdruck
P_r Reglereingangsdruck ($P_r = P_u - P_a$)
P_b Luftdruck an der Vergaserhauptdüse
P_h Treibstoffdruck vor der Düsenbohrung
P_w Wirksamer Differenzdruck an der Düsenbohrung ($P_w = P_h - P_b$)
φ_0 Phase der Verstellerantriebswelle
ε_z Zündphasenwinkel
i_z Zündstrom

Bild 10. Viertakt-Ottomotor mit Fliehkraft und Unterdruck-Zündversteller; a) Geräteschaltplan; b) Blockschaltplan

Alle diese Maßnahmen können auch einheitlich als zweckmäßige Steuerung der Luftüberschußzahl aufgefaßt werden. Als Beispiel sei die als „Thermostarter" bezeichnete Einrichtung genannt, welche die Brennstoffdosierung durch einen Drehschieber beeinflußt, der von der Auspufftemperatur mit Hilfe einer Bimetallfeder verstellt wird [*10*].

D. Gasmotoren

Die Gasmotoren [*11*] bilden eine zahlenmäßig kleine, jedoch im Hinblick auf die Vielfältigkeit ihrer Ausführungsarten sehr interessante Gruppe der Verbrennungsmotoren (*Bild* 11). Nach Herkunft des Gases kann man Industriegasbetrieb für stationäre Anlagen und Flüssiggasbetrieb für Fahrzeugantriebsmotoren unter-

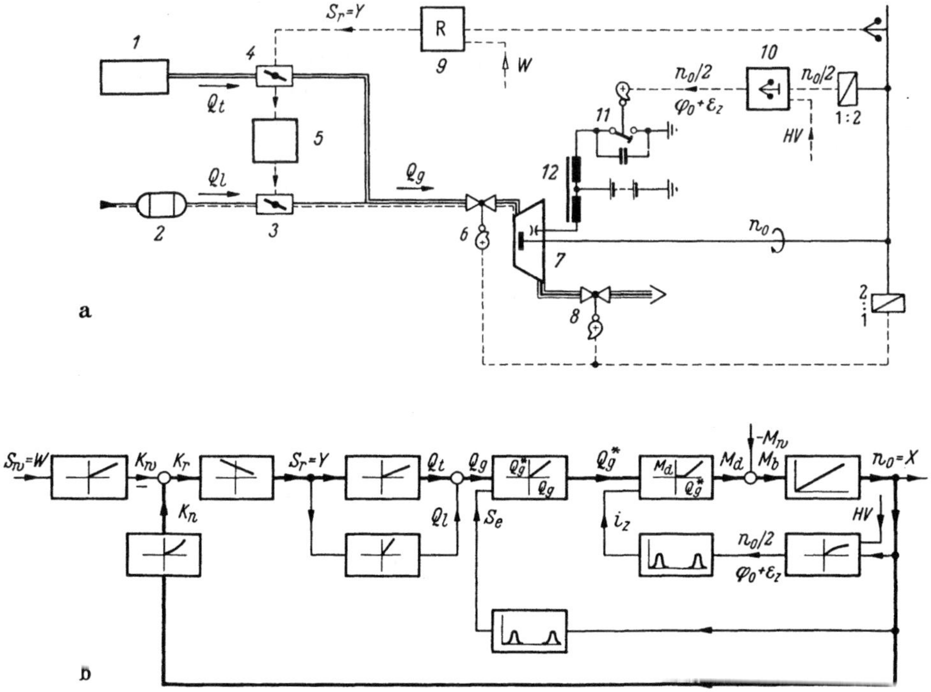

1 Gasreservoir
2 Luftfilter
3 Drosselklappe (Luft)
4 Drosselklappe (Gas)
5 Kopplungsmechanismus zwischen Gas- und Luftklappe
6 Einlaßventil (Gemisch)
7 Maschinenzylinder und Triebwerk
8 Auslaßventil
9 Fliehkraftregler
10 Zündversteller (Fliehkraft- und Handverstellung HV)
11 Unterbrecher
12 Zündspule
n_0 Drehzahl der Kurbelwelle ($n_0 = X$)
S_w Stellung des Fahrhebels ($S_w = W$)
S_r Stellweg ($S_r = Y$)
S_e Einlaßventilhub
K_w Führungskraft
K_r Regelabweichungskraft
K_n Drehzahl-Istkraft
Q_t Treibstoffdurchfluß
Q_l Luftdurchfluß
Q_g Gemischdurchfluß
Q_g^* Gemischdurchfluß nach Einlaßventil
M_d Drehmoment (Maschinenmoment)
M_w Widerstandsmoment (Lastmoment $M_w = Z$)
M_b Beschleunigungsmoment ($M_b = M_d - M_w$)
φ_0 Phase der Verstellerantriebswelle
ε_z Zündphasenwinkel
i_z Zündstrom

Bild 11. Viertakt-Sauggasmotor mit gekoppelten Drosselschiebern in der Gas- und Luftleitung, Fliehkraftregler und Fliehkraftzündversteller; a) Geräteschaltplan; b) Blockschaltplan scheiden. Je nachdem, ob das Gas am Eintritt in den Motor unter Überdruck zur Verfügung steht oder nicht, spricht man von Druckgas- oder Sauggasbetrieb.

Der wesentliche Unterschied gegenüber den bisher besprochenen Motoren besteht darin, daß nicht flüssiger Treibstoff, sondern Gas mit Luft gemischt werden muß. Die Gemischbildung kann daher sowohl wie bei den Einspritzmotoren im Zylinder oder, wie bei den Vergasermaschinen, im Ansaugkanal oder als Besonderheit dieser Motorengattung, auch im Einlaßorgan zum Zylinder erfolgen.

Gemischbildung im Zylinder. Hier braucht nur die Einspritzdüse (vgl. *Bild* 3) durch ein periodisch von außen gesteuertes Gaseinlaßventil ersetzt zu werden. Änderung der Steuerungsdaten dieses Gaseinlaßventils beeinflußt den Treibstoff-(Gas-)Zustrom. Die Änderung wird meistens von einem Drehzahlregler ausgelöst.

Gemischbildung im Ansaugkanal. Sie erfolgt häufig in sog. Mischventilen. Um günstige Luftüberschußwerte für alle Laststufen einzuhalten, sind sehr viele, gelegentlich recht kompliziert erscheinende Konstruktionen ausgeführt worden. Der Regler kann entweder die Mischventile direkt oder eine zusätzliche Drosselklappe im Gemisch- oder Luftkanal verstellen. Gerätetechnisch einfacher ist die *Einzelbeeinflussung* des Gas- und Luftdurchflusses durch gesonderte Drosselorgane in den Zuströmkanälen (vgl. *Bild* 11). Die Betätigung eines der Schieber erfolgt vom Regler her. Durch mechanische Kopplungsglieder zwischen beiden Schiebern läßt sich die Luftüberschußzahl in übersichtlicher und bequemer Weise steuern, so daß neben der Regelung der Drehzahl günstige Gasverbrauchskurven erzielt werden. Als Mischraum dient der Ansaugkanal zwischen den Stellschiebern und dem Einlaßventil.

Flüssiggasbetrieb. Hier wird die erforderliche Gasmenge durch eine feste Düse der Luft zugemischt. Diese Motoren sind somit grundsätzlich den Vergasermaschinen sehr ähnlich (vgl. *Bild* 10). Vor der Zuströmdüse muß zunächst die Gasphase erzeugt und ihr Druck geregelt werden. Hierzu werden Druckregler benutzt, die grundsätzlich den sog. *Reduzierstationen* ähnlich sind, wie sie in stetig geregelten Druckgas- oder Luftversorgungsnetzen verwendet werden [*12*].

Wechselmotoren nehmen zwischen den Einspritzmotoren und den Gasmotoren eine Zwitterstellung ein. Sie lassen sich sowohl mit Gas wie mit Dieselkraftstoff betreiben. Die Umstellung von dem einen auf den anderen Treibstoff kann während des Betriebes selbsttätig geschehen. Man betrachtet sie im allgemeinen als Gasmotoren mit einer zusätzlichen Dieseleinspritzausrüstung [*29*].

E. Dampfmaschinen

1. Füllungsregelung

Die Kolbendampfmaschine [*13*, *14*] dient noch als Fahrzeugantriebsmaschine in Lokomotiven. Hier wird sie jedoch nicht selbsttätig geregelt, sondern durch den Lokomotivführer von Hand bedient. In stationären Anlagen ist sie nur noch in Sonderfällen eingesetzt, dann allerdings häufig auf Drehzahl geregelt.

Bei den Dampfmaschinen (vgl. *Bild* 12) entfällt gegenüber den Verbrennungsmotoren die Steuerung der Gemischbildung, Zündung und Verbrennung. Als Aufgabe bleibt die phasenrichtige Steuerung der Dampf-Ein- und -Auslaßorgane. Für diese gibt es außerordentlich viele praktisch ausgeführte Schieber- und Ventilkonstruktionen. Ihr Antrieb erfolgt mechanisch. Die Drehbewegung der Kurbelwelle wird über Nocken (Exzenter), Gestänge mit Wälzbahnen oder mit Kulissen und Gleitsteinen in eine hin- und hergehende Bewegung umgeformt, welche die Ein- und Auslaßorgane antreibt. Um Ein- und Austrittsdrosselungen des Dampfes zu vermeiden, strebt man an, während der ganzen Steuerzeit möglichst große Querschnitte zu verwirklichen. In *Bild* 13 ist als Idealbild das „Rechteckdiagramm“

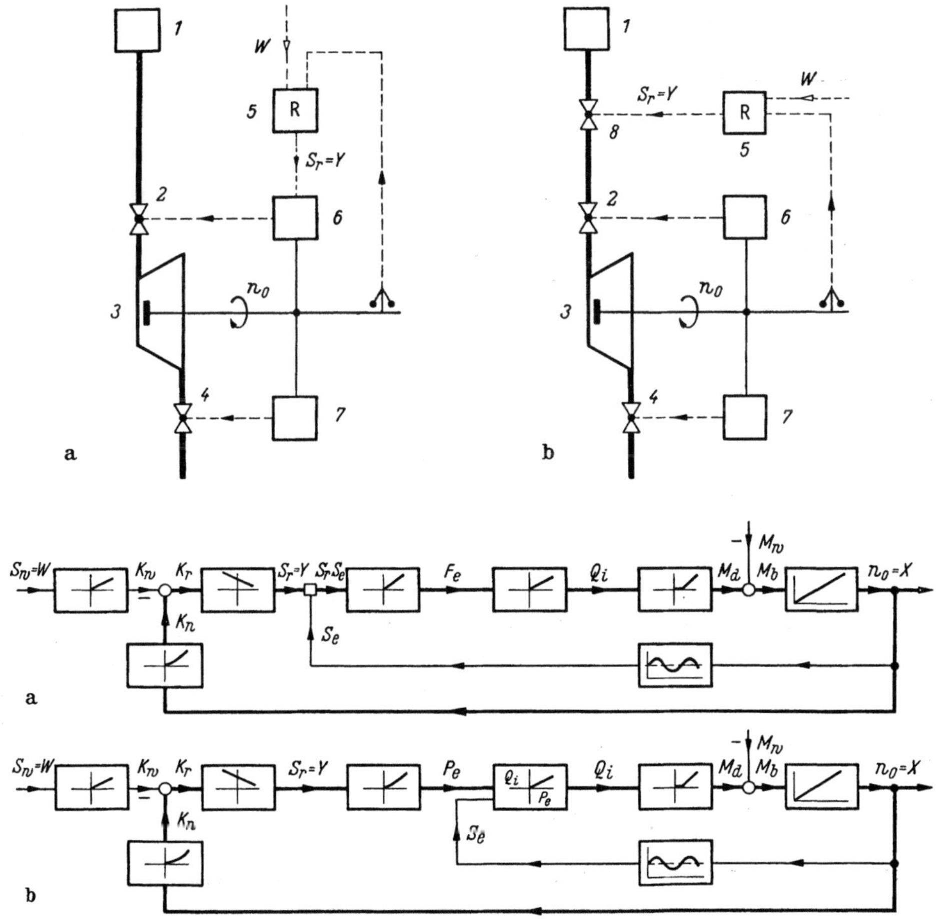

1 Kessel
2 Einlaßorgan (Schieber oder Ventil)
3 Maschinenzylinder und Triebwerk
4 Auslaßorgan (Schieber oder Ventil)
5 Fliehkraftregler
6 Einlaßsteuerung
7 Auslaßsteuerung
8 Steuerventil im Dampfzustrom (Drosselventil)

n_0 Drehzahl der Kurbelwelle ($n_0 = X$)
S_w Stellung des Fahrhebels ($S_w = W$)
S_r Stellweg ($S_r = Y$)
S_e Hub des Einlaßorganes
K_w Führungskraft
K_n Drehzahl-Istkraft
K_r Regelabweichungskraft
Q_i Dampfdurchfluß

M_d Drehmoment (Maschinenmoment)
M_w Widerstandsmoment (Lastmoment $M_w = Z$)
M_b Beschleunigungsmoment ($M_b = M_d - M_w$)
P_e Dampfeintrittsdruck
F_e Eintrittsquerschnitt

Bild 12. Einfach wirkende Dampfmaschine; Geräte- und Blockschaltplan
a) Füllungsregelung b) Drosselregelung

aufgetragen. Über dem der Zeit proportionalen Drehwinkel φ der Kurbelwelle ist der Öffnungsquerschnitt A als periodische Rechteckfunktion dargestellt.

Wird durch einen Drehzahlregler die Einlaßzeit (d.h. in *Bild* 13 der ihr zugeordnete Schließwinkel φ_G) beeinflußt, ohne daß dabei die Öffnungskennlinie in diesem Bereich wesentlich geändert wird, so spricht man von einer *Füllungsregelung* (*Bild* 12a). Der Maschine strömt, unabhängig von ihrer Belastung, Dampf gleicher „Qualität" zu. Nur die zuströmende Menge wird durch die Verstellung der Zuströmzeit geändert. Die vom Regler kommende Stellgröße beeinflußt also die erwähnten Steuerungsmechanismen so, daß sich bei gleichbleibendem Antrieb von der Kurbelwelle her die Öffnungszeit ändert. Dabei müssen die Steuerungsdaten so beeinflußt werden, daß trotz der Änderung der Öffnungszeit der Zeitpunkt des Öffnungsbeginnes, der *Voröffnungspunkt*, phasenrichtig erhalten bleibt, d.h., es sollte nur der Zeitpunkt des Füllungsabschlusses, der *Schließpunkt G* (vgl. *Bild* 1), verändert werden. Um dieses Ziel zu erreichen, sind die vielfältigsten Konstruktionen praktisch ausgeführt worden [*15*]. Von ihnen sind die Gruppen der Exzenter- sowie Lenker- und Kulissensteuerungen für Schieber und die Schwingdaumensteuerung für Ventile am bekanntesten. Die Lenker- und Kulissensteuerungen sind sehr übersichtlich in der Einleitung des Stelleingriffes. Durch die Kulissenform läßt sich überdies bequem eine gewünschte Stellkennlinie erzeugen. Als Beispiel sei die noch heute in Dampflokomotiven verwendete HEUSINGER-Steuerung genannt, bei welcher der Stelleingriff ein Übersetzungsverhältnis ändert und dadurch den Füllungsabschluß einstellt.

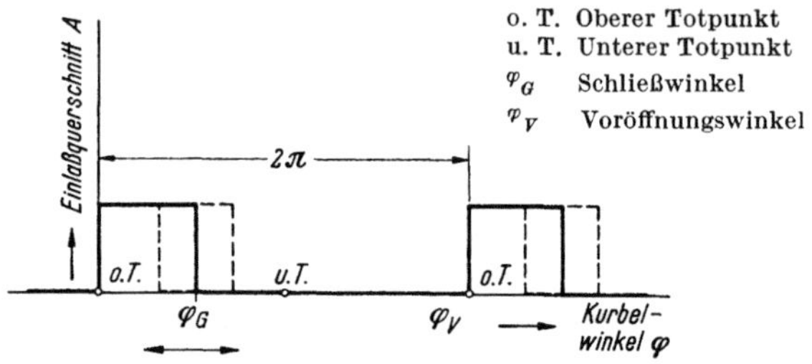

Bild 13. Idealisiertes Querschnitt-Kurbelwinkel-Diagramm von Dampfmaschinen (gestrichelter Verlauf für Füllungsregelung)

Die heute gebauten, schnellaufenden und vielzylindrigen sog. *Dampfmotoren* benutzen Kolbenschieber- oder Ventilsteuerungen, die über Nockenwellen angetrieben werden. Die Füllung wird bei einer bekannten Ventilsteuerung [*16*] durch zwei gegeneinander verdrehbare Nockenwellen eingestellt. Die eine, mit fester Einstellung ihrer Phasenlage, bestimmt den Voröffnungspunkt, die zweite, in ihrer Phasenlage einstellbare, den Schließpunkt. Die Betätigung erfolgt durch einen hydraulischen Servomotor. Als Regler werden allgemein Fliehkraftregler benutzt.

2. Drosselregelung

Dampfmaschinen mit *Drosselregelung* werden dort eingesetzt, wo sich der gerätetechnische Aufwand nicht lohnt, den die bei der Füllungsregelung erforderliche Verstellung der Steuerungseinrichtung bedingt (*Bild* 12b). Bei ihr werden Einlaßorgane einfacher Bauart benutzt, deren Antrieb während des Betriebes nicht verstellbar ist. Statt dessen wird diesen Einlaßorganen ein *Steuerventil* im Dampfstrom vorgeschaltet. Durch entsprechende Formgebung des Ventilkegels („Drosselkonus") kann, ebenso wie bei den Steuerventilen der Dampfturbinen, eine gewünschte Stellkennlinie erzielt werden. Die Nennlastauslegung dieser Maschinen muß wegen der Wirtschaftlichkeit auf den höchsten verfügbaren Dampfdruck erfolgen. Dadurch hat die Drosselsteuerung neben der Unwirtschaftlichkeit noch den Mangel, daß man keine *Überlast* steuern kann. Die Füllungssteuerung gibt demgegenüber die Möglichkeit, die Maschine im *Volldruckbetrieb* (100% Füllung) zu fahren. In dieser Möglichkeit liegt ein wesentlicher Vorzug der Dampfmaschine (gegenüber den Verbrennungsmotoren) für *Anfahrvorgänge*. Die Maschine kann schon bei der Drehzahl Null ihr maximales Moment abgeben und somit *ohne* zwischengeschalteten Kupplungs- und Getriebemechanismus unter Last anfahren. Anders ausgedrückt: Die Leistungsregelung kann im Gegensatz zu den Verbrennungsmotoren auch bei *großen* Störbereichen *ohne* nachgeschaltetes Übersetzungsgetriebe durchgeführt werden.

F. Zusammenfassende Betrachtung der Regelgeräte

1. Bauarten [17, 18, 30]

Alle Kolbenmaschinen haben zur Steuerung ihres *PV*-Diagrammes periodisch betätigte Steuerorgane, die von der Kurbelwelle aus mechanisch angetrieben werden. Die funktionellen Aufgaben dieser Stellorgane bedingen eine enge konstruktive Verbindung mit der Maschine.

Die Meßgeber und Regler sind im allgemeinen in einer Baueinheit vereinigt und möglichst nahe am Stellort angebracht. Dadurch wird die mechanische Übertragung der als *Weg* vorliegenden Stellgröße über weite Strecken vermieden. Wird die Drehzahl als Regelgröße benutzt, so verwendet man als Meßgeber ein Fliehkraftpendel (*Bild* 7a, b und d). Ist der Druck im Luftansaugkanal [*19*] die Regelgröße, so verwendet man Druckmeßwerke nach *Bild* 7c und e. Beiden Meßgeberarten ist gemeinsam, daß sie die Regelgröße zunächst in eine Kraft umformen. Der Zusammenhang zwischen der Eingangs- und Ausgangsgröße des Meßgebers lautet:

$$\begin{aligned} &\text{für Fliehkraftpendel:} \quad K = f(n^2) \\ &\text{für Druckmeßwerke:} \quad K = f(P) \end{aligned} \qquad (6)$$

Die Stellgröße kann direkt (Regler ohne Hilfsenergie) und indirekt (Regler mit Hilfsenergie) gebildet werden. Es überwiegt die erste Reglerart, da die erforderlichen Verstellkräfte im allgemeinen klein sind. Die aus der Strecke über das Stellglied auf den Regler zurückwirkenden Kräfte können bei unzweckmäßiger Konstruktion periodisch schwanken und dadurch den Regler zu erzwungenen Schwingungen anregen. Bei Großmaschinen, wo große Stellkräfte erforderlich sind, verwendet man Regler mit Hilfsenergie. Als Stellantrieb dienen dabei hydraulisch betätigte Kolbenantriebe (Servomotoren). Das P-Verhalten wird in diesem Fall durch eine starre Rückführung erzeugt, PI-Verhalten dadurch, daß die Rückführung nachgiebig gemacht wird.

2. Übertragungsverhalten

Das Verhalten der Regler im stationären Betrieb wird durch die stationären Reglerkennlinien beschrieben. Der durch sie dargestellte Zusammenhang zwischen

Stellgröße und Regelgröße ist im allgemeinen nicht linear. Als P-Bereich bezeichnet man die Differenz

$$X_p = X_{\max} - X_{\min} \tag{7}$$

Darin bedeutet die Regelgröße X die vom Regler unmittelbar gemessene Größe. Die Muffe als Vergleichssystem des Fliehkraftreglers erhält vom Fliehkraftpendel als Eingangsgröße die Meßkraft K nach Gl. (6), so daß gilt:

$$X_p = K_{\max} - K_{\min} \tag{8}$$

Das Verhältnis des P-Bereiches X_p zum Stellbereich Y_h wird durch die folgende Gerätekonstante bestimmt:

$$X_p^* = \frac{X_p}{Y_h} = \frac{K_{\max} - K_{\min}}{Y_h} = \ddot{u}\, c_r \tag{9}$$

Sie ist das Produkt aus einem Übersetzungsverhältnis $\ddot{u}$ und einer resultierenden Federkonstanten c_r. Der P-Bereich des Reglers kann somit durch Ändern des Übersetzungsverhältnisses $\ddot{u}$ *oder* der Federkonstanten c_r eingestellt werden. Bei Reglern mit Hilfsenergie wird die Hebelübersetzung $\ddot{u}$ im Rückführzweig geändert.

Der Sollwert kann durch Ändern einer das Übersetzungsverhältnis $\ddot{u}$ nicht beeinflussenden Hebellänge oder einer konstanten Kraft (z. B. Federvorspannung) eingestellt werden.

Da das Fliehkraftpendel gemäß Gl. (6) die Meßkraft K der Drehzahl n nicht linear zuordnet, wird bei fest eingestelltem P-Bereich nach Gl. (9) die bleibende P-Abweichung der Drehzahl abhängig vom eingestellten Sollwert X_k. Will man, unabhängig vom Sollwert, stets die gleiche Statik der Drehzahlregelkennlinie erhalten, so muß der P-Bereich des Reglers sollwertabhängig gemacht werden. Dies kann bei den Verstellreglern durch Kopplung des Übersetzungsverhältnisses $\ddot{u}$ oder der Federkonstanten c_r mit der Sollwerteinstellung (durch Änderung einer Hebellänge oder einer Federvorspannung) geschehen. Zwei gerätetechnische Ausführungen sind in den *Bildern* 7a und 7b dargestellt. Beim Regler in *Bild* 7a sind P-Bereich und Sollwert dadurch gekoppelt, daß die den P-Bereich bestimmende Hebelübersetzung (a/b) gemeinsam mit der für den Sollwert maßgeblichen Lage des Hebels (*5*) (entspricht einer vom Übersetzungsverhältnis unabhängigen Hebellänge) mit Hilfe des Fahrhebels (*4*) und der Kulisse (*3*) eingestellt wird. Beim Regler in *Bild* 7b sind P-Bereich und Sollwert dadurch gekoppelt, daß der Hebelarm der Feder (*5*), bezogen auf den Drehpunkt (*6*) (wirkt wie eine Änderung der Federkonstanten!). gemeinsam mit der Vorspannkraft der Feder (*5*) durch die Lage des Fahrhebels (*8*) eingestellt wird.

Die Nachstellzeit der PI-Regler kann durch Ändern der Drossel im Ölumlauf oder der Federkonstanten in der nachgiebigen Rückführeinrichtung eingestellt werden.

Eine Vorhaltwirkung (D-Einfluß) kann außer durch Verzögerung der Rückführung auch durch sog. „Beschleunigungspendel" erzielt werden. Diese bilden auf mechanischem Wege die Ableitung der Drehzahl nach der Zeit. Sie liegen also, im Gegensatz zu den Verzögerungseinrichtungen, im Meßzweig der Regeleinrichtung. Regler mit D-Einfluß werden selten angewandt und vorzugsweise nur dort, wo höchste Regelgüte (kleinste Regelfläche) gewünscht wird, wie etwa für Frequenzregelungen. In diesem Fall läßt sich zum Erzielen besserer Regelgüte auch das Verfahren der *Störgrößenaufschaltung* benutzen, indem man die beispielsweise elektrisch gemessene Leistung als Störgröße nutzbar macht.

G. Hilfsregelungen

Neben der Energiezufuhr muß auch die Energie*abfuhr* bei den Kolbenmaschinen richtig gesteuert werden [*12, 20, 21*]. Die Wärme wird mit den Abgasen, dem Kühlwasser (bzw. der Kühlluft) und dem Schmieröl aus dem Arbeitsprozeß abgeführt.

Das Einhalten richtiger Kühlwasser- und Schmieröltemperaturen sowie des erforderlichen Öldruckes sind nicht nur für das betriebliche Verhalten der Kolbenmaschine wichtig, sondern beeinflussen darüber hinaus den Verschleiß und damit die Lebensdauer [*31*].

Kühlwasser- und Schmieröl-Temperaturregelungen werden im allgemeinen mit einfachen Zweipunktreglern (Thermostaten) durchgeführt, bei Fahrzeugmotoren häufig in einer kombinierten Anordnung (Kaltstart). Man kann mit Hilfe des Reglers entweder in den Wasser- oder Kühlluftdurchfluß steuernd eingreifen. Praktisch wird vorwiegend der Wasserdurchfluß verstellt, und zwar durch direkt betätigte Drosselorgane im Kühlwasserumlauf. In anspruchsvollen Fällen und bei luftgekühlten Motoren wird der Kühlluftdurchfluß durch die Drehzahl des Lüfters oder eine Querschnittsveränderung (z. B. Kühlerjalousie) als Stellgröße beeinflußt.

Der Öldruck wird nur durch ein oder mehrere „Überdruckventile" als „Endregler" nach oben begrenzt.

H. Quellenhinweise

[*1*] DIN 1940: Verbrennungsmotoren. Begriffe, Zeichen, Einheiten. Ausg. März 1958.

[*2*] Kraemer, O.: Bau und Berechnung der Verbrennungskraftmaschinen. 3. Aufl. Berlin/Göttingen/Heidelberg: Springer 1948.

[*3*] Kraemer, O.: Getriebelehre. 2. Aufl. Karlsruhe: G. Braun 1959.

[*4*] Schrön, H.: Die Dynamik der Verbrennungskraftmaschine. 2. Aufl. Wien: Springer 1947 (Bd. VIII, Teil 2 der Schriftenreihe „Die Verbrennungskraftmaschine". Herausgeber H. List).

[*5*] Pischinger, A.: Gemischbildung und Verbrennung im Dieselmotor. 2. Aufl. Wien: Springer 1957 (Bd. VII der Schriftenreihe „Die Verbrennungskraftmaschine". Herausgeber H. List).

[*6*] Sass, F.: Bau und Betrieb von Dieselmaschinen. 2. Aufl. Bd. I „Grundlagen und Maschinenelemente". Berlin/Göttingen/Heidleberg: Springer 1948, Bd. II „Die Maschinen und ihr Betrieb". Berlin/Göttingen/Heidelberg: Springer 1957.

[*7*] Pischinger, A.: Die Steuerung der Verbrennungskraftmaschinen. Wien: Springer 1948 (Bd. IX der Schriftenreihe „Die Verbrennungskraftmaschine", Herausgeber H. List).

[*8*] Zum Beispiel „Präzisionsdrehzahlregler" der Firma H. Lanz AG, Mannheim. Betriebsanleitung Lanz Bulldog 15370/II (Ausg. Dez. 1955) und Werkbild PB D 2026 1952.

[*9*] Schmidt, F. A. F.: Verbrennungskraftmaschinen. 3. Aufl. München: R. Oldenbourg 1951.

[*10*] Zum Beispiel „Solex-Stufenvergaser mit Thermostarter" der Firma Deutsche Vergaser-Gesellschaft m. b. H., Berlin NW 40, und Neuß/Rhein. Beschreibungsblatt (5.56).

[*11*] Leiker, M.: Die Gasmaschine. 2. Aufl. Wien: Springer 1953 (Bd. V der Schriftenreihe „Die Verbrennungskraftmaschine". Herausgeber H. List).

[*12*] Automobiltechnisches Handbuch. Hrsg. R. Bussien, 17. Aufl. Berlin: Herbert Cram 1953.

[*13*] Gutermuth, M. F.: Die Dampfmaschine. Berlin: Springer 1928.

[14] Cimala, H.: Regelaufgaben im Dampfmaschinenbau. Maschine und Werkzeug, 56. Jg. (1956) H. 2, S. 7 u. 8.

[15] Dubbel, H.: Die Steuerungen der Dampfmaschinen. 3. Aufl. Berlin: Springer 1923.

[16] Zum Beispiel Ausführung eines Dampfmotors der Firma Maschinenfabrik Augsburg-Nürnberg, Werk Nürnberg. Druckschrift D 02 22 75.

[17] Kraemer, O.: Drehzahlregelung. Umdruck des Lehrstuhls für Kolbenmaschinen und Getriebelehre der Technischen Hochschule Karlsruhe, Kap. I–IV. Karlsruhe 1952.

[18] Hutarew, G.: Regelungstechnik. Berlin/Göttingen/Heidelberg: Springer 1955.

[19] Krug, H.: Erfahrungen mit Schiffsdieselmotoren. Berlin/Göttingen/Heidelberg: Springer 1954.

[20] Bosch Kraftfahrtechnisches Taschenbuch. 13. Aufl., Düsseldorf: Deutscher Ingenieur-Verlag 1957.

[21] Meyer, P.: Die Brennkraftmaschinen. Berlin: Walter de Gruyter & Co. 1939.

[22] Nach Angabe der Firma Robert Bosch GmbH., Stuttgart. Bosch-Schrift VDT-UBP 001/5 (4.56).

[23] Zum Beispiel „Verstellregler RQV für Einspritzpumpen", Firma Robert Bosch GmbH., Stuttgart. Bosch-Schrift VDT-UBP 211/6 (9.55).

[24] Zum Beispiel „Fliehkraft-Verstellregler für Einspritzpumpen RSV", Firma Robert Bosch GmbH., Stuttgart. Bosch-Schrift 211/11 (4. 1957).

[25] Zum Beispiel „Solex-Regulator-Drosselklappenanteil" der Firma Deutsche Vergaser-Gesellschaft m. b. H., Neuß/Rhein. Beschreibungsblatt (5.56).

[26] Zum Beispiel „Kulissen-Regler RQ" der Firma Robert Bosch GmbH., Stuttgart. Bosch-Schrift VDT-UBP 211/3 (8.56).

[27] Zum Beispiel „Gemischregler mit Luftdruck-Temperatur-Fühler", Firma Robert Bosch GmbH., Stuttgart. Bosch-Schrift VDT-UBP 001/11 (8.56).

[28] Nach Angaben der Firma Robert Bosch GmbH., Stuttgart. Bosch-Schrift VDT-UBP 211/11 (4.1956).

[29] v. Lassberg, D.: Arbeitsverfahren und konstruktive Besonderheiten der Wechselstrommotoren. MAN-Dieselmotorennachr. (1954) Nr. 31, S. 7 – 23.

[30] Riefele, R.: Drehzahlregelung an Dieselmotoren. MAN-Dieselmotoren-Nachr. (1959) S. 10 – 23.

[31] Müller, K. H.: Automatische Temperaturregelung in Kühlkreisläufen von Verbrennungsmotoren. Motortechn. Z. 20. Jg. (1959) S. 137 – 142.

23. Elektrische Generatoren

Von **H. Henning**

Inhaltsübersicht

A. Überblick

1. Allgemeine Gesichtspunkte

Die technischen Lösungen für die Regelung von Generatoren sind in der Hauptsache den verschiedenartigen *Energieformen* und *Leistungsbereichen* angepaßt, die dem Bau der Antriebsmaschinen und dadurch auch dem Bau der Generatoren selbst zugrunde liegen. Dazu kommen noch die vielfältigen regelungstechnischen Anforderungen an diese Maschinen im Einzel-, Parallel- und Verbundbetrieb.

So treten z.B. infolge der unterschiedlichen Energieformen für die Antriebe der Generatoren (Dampf-, Wasser- und Gasturbinen sowie Brennkraftmaschinen) Drehzahlen von etwa 50 bis 3000 U/min auf. Besonders die Drehzahl hat aber auf die stationären und dynamischen Kennwerte der Generatoren und der Erregereinrichtungen (z.B. Stellbereich, Leistungsverstärkung, Zeitverzüge) einen großen Einfluß. Ähnlich wirken sich auch die Leistungsbereiche der Generatoren aus; sie liegen zwischen wenigen kW bis zu Leistungen von 250000 kW und mehr und stellen der Regelungstechnik damit besondere Aufgaben hinsichtlich des Aufwandes für die Regelanordnung und deren konstruktive Gestaltung besonders bei *Grenzleistungsmaschinen.*

Der *Parallelbetrieb* mehrerer Generatoren stellt der Regelungstechnik ebenfalls vielfältige Aufgaben, insbesondere bei der Ausbildung des Meßkreises. Beim *Verbundbetrieb* von Netzen müssen die Regeleinrichtungen oft so bemessen und gestaltet werden, daß sie die *Stabilität* des Netzbetriebes bei Störungen verbessern. Obwohl diese Aufgaben meist nicht unmittelbar zur Regelungstechnik gehören, so greifen sie doch entscheidend in die dynamische Bemessung der Regeleinrichtungen ein.

Die elektrische Energie wird in der Hauptsache mit Hilfe von Drehstrom-Synchrongeneratoren erzeugt. Die Ausführungen dieses Kapitels werden nur dieser Maschinenart gewidmet. Gleichstrom- und Asynchrongeneratoren sind im Kapitel 8 behandelt. Beispiele vollständiger Regelschaltungen sind einem gesonderten Beitrag „Elektrische Anlagen in Kraftwerken“ zugeordnet (Kapitel 32), wo sie im Rahmen der vielfältigen Gesichtspunkte der Kraftwerkstechnik behandelt werden.

2. Grundsätzlicher Aufbau einer Spannungsregelung

Es ist bei der Generator-Spannungsregelung vom Standpunkt der Maschinen- und Gerätetechnik üblich und zweckmäßig, die gesamte Regelanordnung in einzelne Gruppen zu unterteilen (*Bild* 1): der *Generator* (*1*) als Regelobjekt, die *Erregereinrichtung* (*2*), die *Regeleinrichtung* (*3*) mit den *Meßgeber* (*5*) und das *Betriebszubehör* (z. B. für Inbetriebnahme, Fahren von Hand- oder im selbsttätigen Betrieb) sowie die *Hilfsenergiequellen* (*4*) für die Regeleinrichtung.

Für regelungstechnische Betrachtungen sind nur diejenigen „physikalischen Systeme“ der Regelanordnung in *Bild* 1a von Interesse, die an dem geschlossenen Wirkungsablauf des Regelvorganges teilhaben. Die so zu betrachtende, rein funktionelle Wirkungsweise des Generatorregelkreises läßt sich in einem vereinfachten Blockschaltplan (*Bild* 1b) darstellen: Einem, meistens im Regler (*3*) eingebauten Vergleicher wird als Eingangsgröße die vom Generator (*1*) abgegriffene und durch die Störgröße Z in unerwünschter Weise veränderte Regelgröße X (z.B. die Spannung U) zugeführt; sie wird mit einer dem Vergleicher eingeprägten Vergleichsgröße oder mit einer von außen zugeführten Vergleichsgröße X_k verglichen. Auf Grund dieses Vergleiches (symbolisch dargestellt durch eine außerhalb des Blockes (*3*) für den Regler liegende Additionsstelle) wird die Regelabweichung X_a gebildet. Der Vergleicher wird, je nach der erforderlichen Verstärkung der Regel-

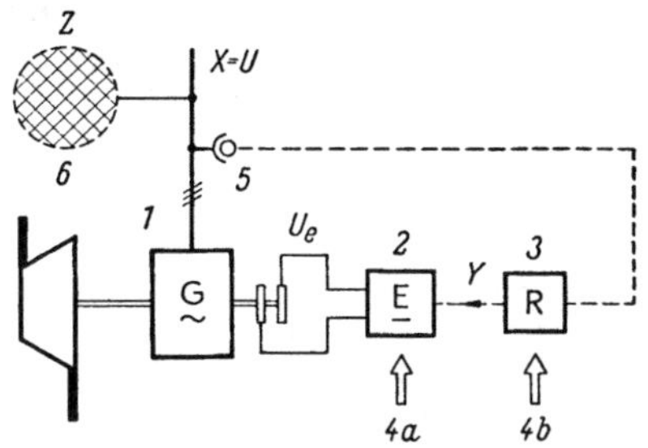

a) Geräteschaltplan

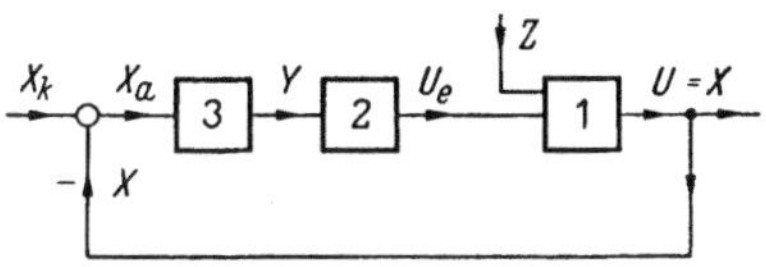

b) Blockschaltplan

1 Synchrongenerator (Regelobjekt)
2 Erregereinrichtung
3 Regeleinrichtung
4 Hilfsenergiezufuhr (*a* und *b*)
5 Meßgeber
6 Verbrauchernetz
X Regelgröße (Generatorklemmenspannung U)
X_k Vergleichsgröße
X_a Regelabweichung
Y Stellgröße (Ausgangsgröße des Reglers)
U_e Generator-Polradspannung
Z Störgröße (Netzlast)

Bild 1. Grundsätzlicher Aufbau einer Spannungsregelung

abweichung X_a, durch einen oder mehrere Regelverstärker zu einer Regeleinrichtung (*3*) ergänzt. Vergleichersysteme, die mit einem oder mehreren Regelverstärkern in einem Gehäuse zu einer Baueinheit zusammengefaßt sind, werden handelsüblich *Spannungsregler* genannt. Die vom Regler (*3*) gelieferte Stellgröße Y wirkt auf die zwischen dem Generator (*1*) und den Regler eingefügte Erregereinrichtung (*2*) ein, die ihrerseits die Polradspannung U_e für den Generator erzeugt.

B. Regelungstechnische Eigenschaften des Synchrongenerators

1. Wichtige Betriebs- und Einflußgrößen

Beim Synchrongenerator (s. *Bild* 2) wird die über die Welle der Antriebsmaschine zugeführte mechanische Energie an den Klemmen der Ständerwicklung, mit einer bestimmten Betriebsspannung, als elektrische Energie abgegeben. Von der Konstanz der Generator-Klemmenspannung hängt die „*Güte*“ der gelieferten elektrischen Energie, die *Sicherheit* des Generators sowie aller angeschlossenen Geräte und die *Betriebsfähigkeit* der ganzen Anlage ab. Die Spannung ist deshalb in allen Betriebsfällen als die *Hauptregelgröße* des Generators zu behandeln, auch dann, wenn eine andere Betriebsgröße des Generators vorübergehend oder gleichzeitig mitgeregelt wird (z.B. die Leistung).

Als unabhängige Lastgröße, also als ursprüngliche Ursache für die Belastung des Generators und damit als Hauptstörgröße wirkt die an den Generatorklemmen angeschlossene Lastimpedanz $\mathfrak{Z}$ (*Bild* 2). Erst als „sekundäre“ Lastgröße tritt als Quotient von $\mathfrak{U}/\mathfrak{Z}$ der Scheinstrom $\mathfrak{I}$ auf. Zusätzlich zur Klemmenspannung kann je nach den Betriebsforderungen irgendeine der in *Bild* 2 angedeuteten von der Belastung in unerwünschter Weise veränderten Größen als Regelgröße in Betracht kommen.

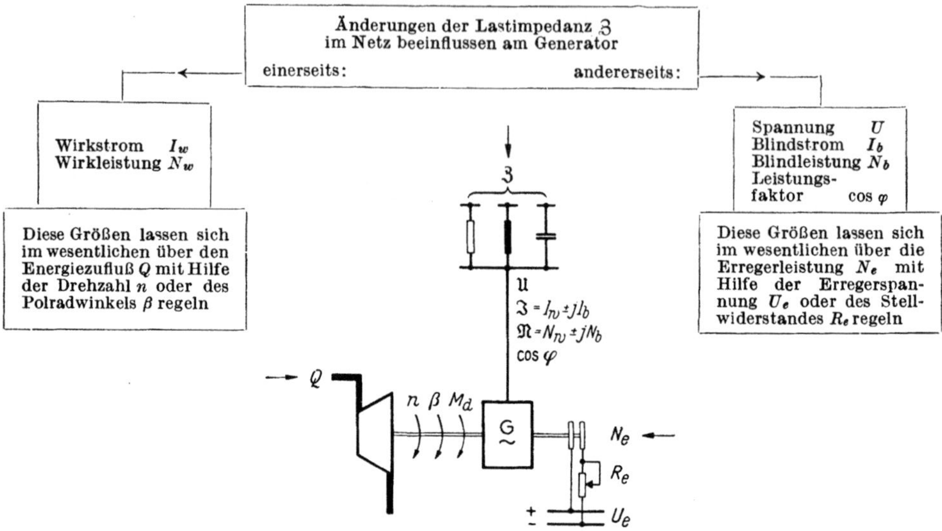

Bild 2. Wichtige Betriebs- und Einflußgrößen des Synchrongenerators

2. Stationäre Kennlinien

a) Beeinflussung der Klemmenspannung als Regelgröße

Störverhalten. Die Klemmenspannung eines Synchrongenerators ist verhältnismäßig stark durch den als Störgröße wirkenden Laststrom veränderlich. Die Spannung läßt sich dabei sowohl über dem Betrag des Scheinstromes I als auch über dem des Blindstromes I_b auftragen (*Bild* 3) [*1*, *2*]. Bei den dargestellten Kennlinien ist der Generator z.B. im Leerlauf auf Nennspannung erregt. Als wichtige Maschinenkenngröße wird bei solchen Generatorkennlinien in der Praxis gern das sog. Leerlauf-Kurzschluß-Verhältnis k_0 benutzt [*2*]. Das ist das Verhältnis des Generator-Kurzschlußstromes I_{k0} bei Leerlauferregung zum Nennstrom I_n; es ist $k_0 = I_{k0}/I_n$. Außerdem ist k_0 auch gleich dem reziproken Wert der (normierten) Synchronreaktanz X_d, also demjenigen inneren Blindwiderstand, der sich aus einer Strom-Spannungs-Messung ergibt, wenn der Generator z.B. unerregt mit Nennspannung (bei Nenndrehzahl) gespeist würde.

Für die Probleme der Spannungsregelung und der damit im Parallelbetrieb zusammenhängenden Blindstromverteilung ist die Darstellungsweise der Spannungskennlinien über dem Blindstrom besonders aufschlußreich, weil in dieser Form die Betriebsverhältnisse am einfachsten zu erkennen sind.

Außer dem Laststrom kann auch die Drehzahl als Störgröße auftreten (*Bild* 4). Im stationären Zustand ist sie jedoch meistens nur von geringer Bedeutung, da sie vom Drehzahlregler der Antriebsmaschine konstant gehalten wird.

Stellverhalten. Um die von der Belastung her in unerwünschter Weise auftretenden Spannungsänderungen zu beseitigen, kann man in den Erregerkreis steuernd eingreifen. Im *Bild* 5 sind neben der Leerlaufkennlinie bei konstanter Nenndrehzahl Abschnitte aus zahlreichen Spannungs-Kennlinien bei verschiedenen Belastungszuständen über dem Erregerstrom aufgetragen. Man sieht daraus z. B.,

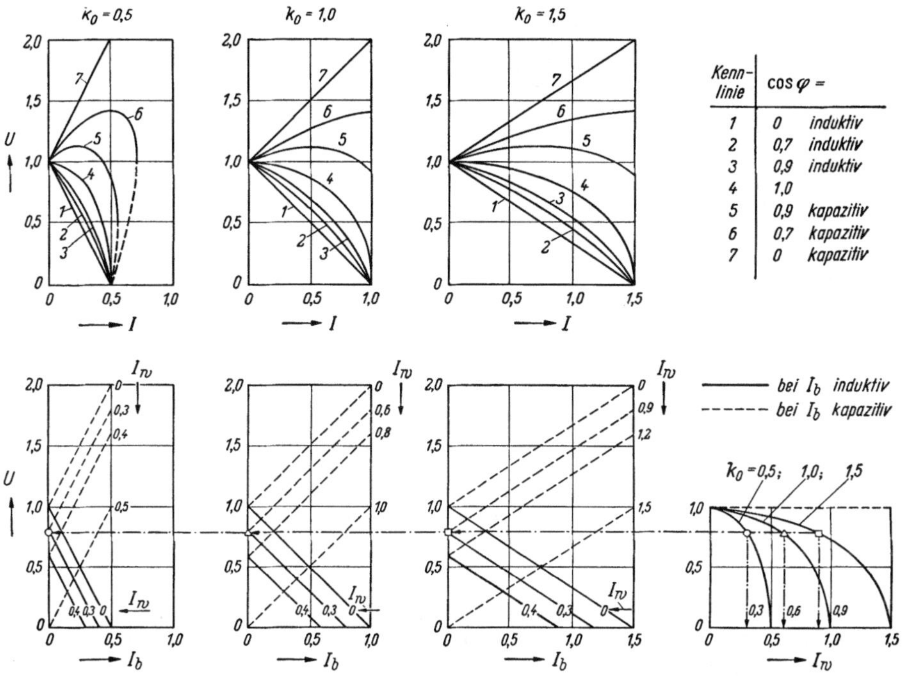

(Die aufgetragenen Größen sind auf ihre Nennwerte normiert.)

Bild 3. Spannung-Laststrom-Kennlinien eines Vollpolgenerators bei Nenndrehzahl und Leerlauferregung

welche Erregerstromwerte durch die Regelung bei verschiedenen Lasten eingestellt werden müssen, um die Spannung des (hier betrachteten) Generators auf ihrem Sollwert zu halten. In dem Diagramm sind auch besonders kennzeichnende (dem Betrag nach angenommene) Erregerstromwerte und die verschiedenen charakteristischen *Erregungsbereiche* des Generators angegeben. Als Bezugsgröße für den Erregerstrom wird dabei in der Kraftwerkstechnik im allgemeinen der Leerlauferregerstrom I_{e0} und für die nur im dynamischen Betriebszustand auftretenden Erregerstromwerte oberhalb des Nenn-Erregerstromes I_{en} dieser Wert I_{en} selbst als Bezugsgröße gewählt.

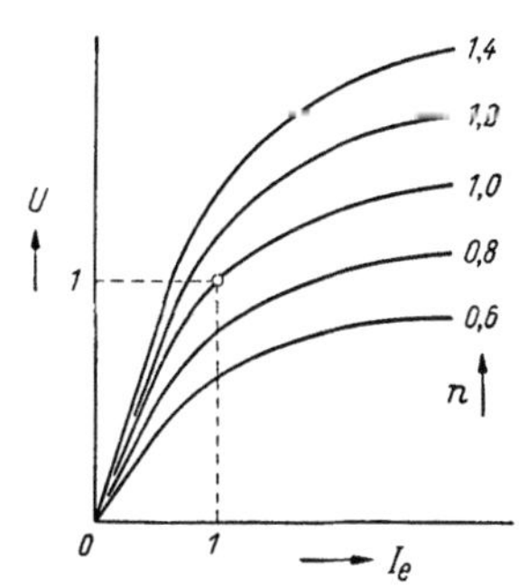

Bild 4. Spannung-Erregerstrom-Kennlinien im Leerlauf bei veränderlicher Drehzahl

b) Komplexe Stromdiagramme

Den besten Einblick in die Steuerbarkeit des Synchrongenerators und die Grenzen, die dabei mit Rücksicht auf einen sicheren Betrieb gefährlich werden können, erhält man anhand eines Zeigerdiagrammes (*Bild* 6) [*1*]. Bei konstanter Klemmenspannung U benötigt der Generator einen bestimmten Magnetisierungsstrom $\mathfrak{I}_{mr}$.

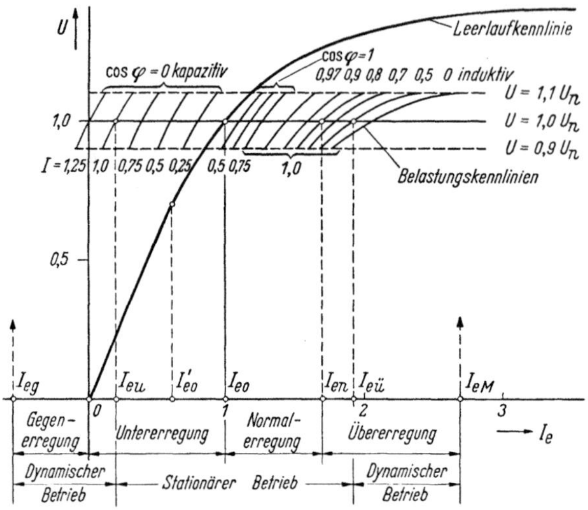

I_{e0} Leerlauferregung für Nennspannung
I'_{e0} Minimale Leerlauferregung für etwaige Erreger- und Reglerbegrenzung
I_{eu} Minimaler Erregerstrom bei bestimmtem Ladeblindstrom
I_{en} Erregerstrom bei Vollast (Nennerregerstrom)
$I_{eü}$ Erregerstrom bei kurzzeitiger Überlast nach den Regeln für elektrische Maschinen (VDE 0530)
I_{eM} Maximaler Erregerstrom für die Erreger- und Reglerbegrenzung
I_{eg} Minimaler Erregerstrom für die Reglerbegrenzung bei Gegenerregung

Bild 5. Leerlauf- und Belastungskennlinien für die Spannung in Abhängigkeit vom Erregerstrom. Charakteristische Erregerstromwerte und -bereiche. (Gezeichnet für einen Generator mit $k_0 = 1{,}4$)

Der Erregerstrom $\mathfrak{I}_e$ des Generators ist um den Polradwinkel ϑ gegen $\mathfrak{I}_{mr}$ gedreht. Der Ständerstrom ergibt sich als geometrische Summe von $\mathfrak{I}_{mr}$ und einem um den Faktor $(1 - k_0 X_{1\sigma})$ reduzierten Erregerstromes $\mathfrak{I}_{er}$ ($X_{1\sigma}$ Streureaktanz der Stän-

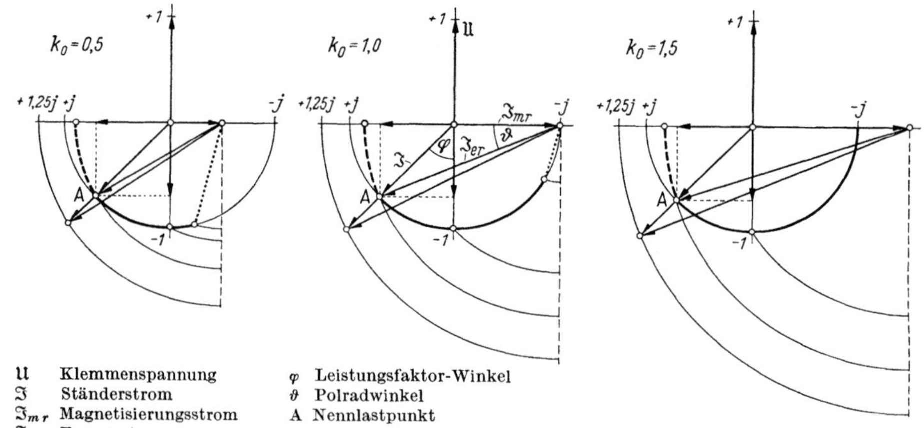

$\mathfrak{U}$ Klemmenspannung	φ Leistungsfaktor-Winkel
$\mathfrak{I}$ Ständerstrom	ϑ Polradwinkel
$\mathfrak{I}_{mr}$ Magnetisierungsstrom	A Nennlastpunkt
$\mathfrak{I}_{er}$ Erregerstrom	

Bild 6. Komplexe Stromdiagramme eines Synchron-Vollpolgenerators bei verschiedenen Leerlauf-Kurzschluß-Verhältnissen k_0. (Alle Ströme sind auf den Ständer-Nennstrom normiert) [*2*]

derwicklung). Diese vereinfachte Darstellungsweise des Stromdiagrammes ist für den Regelungstechniker im allgemeinen ausreichend, weil es hier meist nur auf den guten Überblick über die Verhältnisse ankommt.

Ausgehend vom Nennlastpunkt A, der den Betrag des Nennstromes und den Nenn-cos φ festlegt, stellt der *dick gestrichelte* Kreisbogen die zulässige Grenze für den maximalen Dauererregerstrom dar; damit ist der größte mögliche Ständerstrom für kleinere cos φ-Werte als den Nenn-cos φ abgegrenzt. Der *dick ausgezogene* Kreisbogen gibt im Abgabebereich von Ladeblindstrom die Dauerbetriebsgrenze für den maximal zulässigen Ständerstrom an. Beim Arbeiten mit dem Ständer-Nennstrom erreicht man im Ladeblindstrombereich bei Generatoren mit kleinem k_0 eine weitere Grenze bei einem bestimmten Polradwinkel ϑ, der für das Aufrechterhalten eines stabilen Betriebes mindestens notwendig ist. Von dieser Stelle an stellt dieser Polradwinkel die zulässige Grenze für den Betrieb des Generators dar. Will man in diesem Bereich den Ladeblindstrom des Generators vergrößern, so muß sowohl der Wirkstrom als auch der Erregerstrom zurückgenommen werden.

Es kann nun z. B. bei der Regelung im Parallel- und Verbundbetrieb die Aufgabe gestellt werden, daß innerhalb des eben gekennzeichneten Arbeitsgebietes nach ganz bestimmten Wirkstrom-Blindstrom-Kennlinien gefahren wird; das kann dann z. B. eine Kennlinie für konstanten Blindstrom, darunter auch Blindstrom Null, oder eine Kennlinie für konstanten cos φ sein.

c) Reelle Stromdiagramme

Das Zeigerdiagramm (*Bild* 6) hat den Vorzug, daß die Zusammenhänge zwischen den einzelnen Betriebsgrößen sehr schön zu übersehen sind; der Erregerstrom ist aber auf den Ständerstrom normiert und außerdem nicht unmittelbar an einer Skala ablesbar. Man kann jedoch mit Hilfe des Zeigerdiagrammes sehr schnell und einfach auch rein reelle Diagramme aufstellen, aus denen der Zusammenhang zwischen Ständerstrom und Erregerstrom

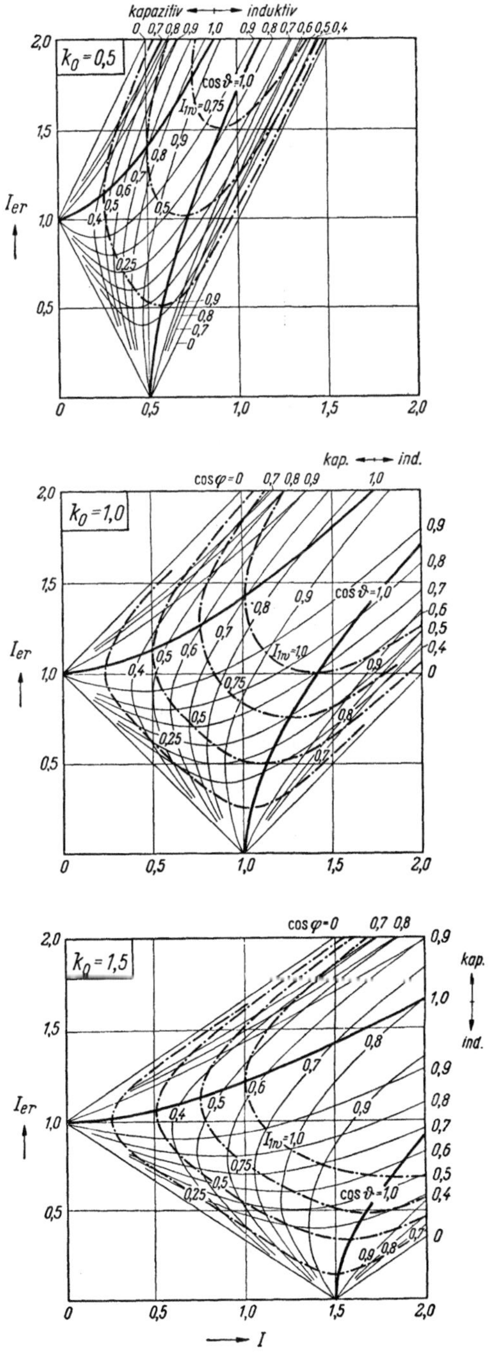

Klemmenspannung und Drehzahl konstant: $U_n = 1$; $n_n = 1$

Bild 7. Reelle Stromdiagramme

unmittelbar abgelesen werden kann (*Bild* 7). In diesen Diagrammen ist der Ständerstrom auf seinen Nennstrom und der Erregerstrom auf den Leerlauf-Erregerstrom des Generators normiert. Für diese Darstellungsweise genügt die Berechnung nur eines einzigen Diagrammes, am besten das für $k_0 = 1$; alle anderen Diagramme für andere Werte von k_0 erhält man dann einfach durch Verzerrung der Kurven im Verhältnis von k_0 in der Richtung der Ständerstromachse. Neben dem umfassenden Einblick in die Zusammenhänge zwischen dem Erregerstrom und dem Ständerstrom kann man aus diesen Kennlinien auch den für die Bemessung der Erregeranordnung erforderlichen Nenn-Erregerstrom abschätzen, jedoch nur mit einer verhältnismäßig großen Ungenauigkeit, weil der Einfluß der Sättigung und der vermehrten Polsteuerung nicht mitberücksichtigt ist.

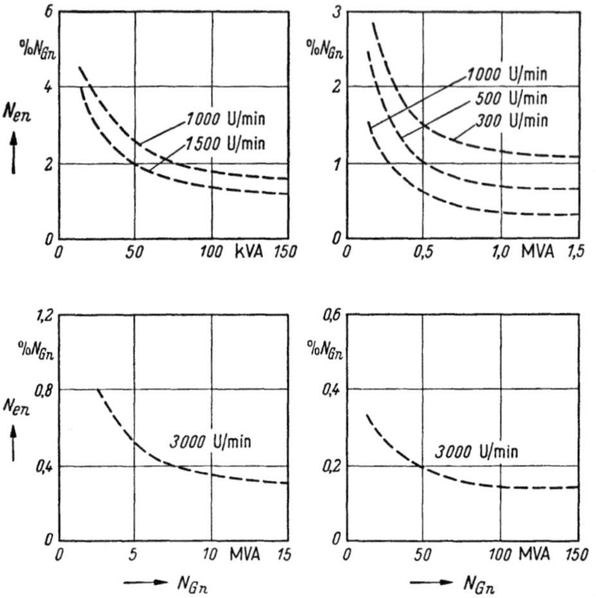

N_{Gn} Generator-Nennleistung N_{en} Nenn-Erregerleistung

Bild 8. Nenn-Erregerleistungen von Synchrongeneratoren (ungefähre Richtwerte)

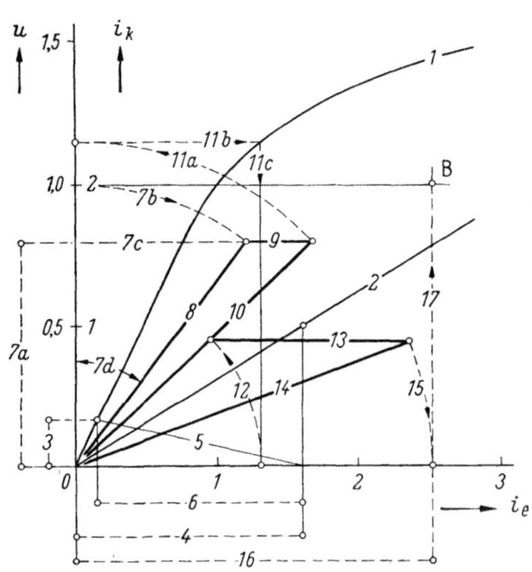

1 Leerlaufkennlinie
2 Kurzschlußkennlinie
3 Ständerstreuspannung
4 Nenn-Kurzschlußerregerstrom
5 Hypotenuse des POTIER-Dreiecks
6 Nennstrom im Erregerstrommaßstab
7 Festlegen des $\cos\varphi$ bzw. φ (*a* bis *d*)
8 Klemmenspannung gewählt
9 Ständer- und Bohrungs-Streuspannung bei gewähltem Belastungsstrom
10 Luftspaltspannung
11 Weg zum Magnetisierungsstrom (*a* bis *c*)
12 Übertragen des Magnetisierungsstromes auf *10*
13 Belastungsstrom im Erregerstrommaßstab ($I = 1$)
14 Erregerstrom
15 Übertragen des Erregerstromes auf die Abszisse
16 Erregerstrom
17 Weg zum Punkt B der Spannungs-Belastungs-Kennlinie bei der gewählten Spannung *8*

$i_e = I_e/I_{e0}$
I_{e0} Leerlauferregerstrom
$u_e = U_e/U_{e0}$
U_{e0} Nennspannung
$i_k = I_k/I_n$
I_k Kurzschlußstrom
I_n Nennstrom

Bild 9. Bestimmung des Nenn-Erregerstromes bei einem Synchrongenerator mit Hilfe der Leerlauf- und Kurzschlußkennlinie bei $\cos\varphi = 0{,}8$ ind.

d) Nenn-Erregerleistungen und Nenn-Erregerstrom

Für rasche Abschätzungen bei der Projektierung von Regelungsanlagen ist es oft angenehm, sich ein ungefähres Bild von der Größenordnung der Nenn-Erregerleistung, bezogen auf die Nennleistung des Generators, machen zu können (*Bild* 8). Bei kleineren Maschinen streuen die angegebenen Werte sehr stark, da sich hier noch verschiedene konstruktive Gesichtspunkte bei der Herstellung der Maschinen stärker auswirken können. Bei den angegebenen Zahlen muß man auch immer beachten, daß es sich nur um Näherungswerte handelt, die, je nach Fabrikat und Typ, Streuungen von maximal $\pm 30\%$ aufweisen können. Außerdem sind diese Zahlen mit der fortschreitenden Entwicklung der Technik dauernd Veränderungen unterworfen. Für eine genauere Berechnung des sehr wichtigen Nenn-Erregerstromes eignet sich das in *Bild* 9 angegebene Verfahren.

3. Dynamisches Verhalten

a) Die elektromagnetischen Ausgleichsvorgänge

Bei plötzlichen Laständerungen müssen die Ausgleichsvorgänge in der Erregerwicklung und in den Dämpferkreisen berücksichtigt werden. Jeder Ausgleichsvorgang in den Stromkreisen der Synchronmaschine kann als eine Folge von zwei verschiedenen Übergangszuständen (dem *subtransienten* und dem *transienten* Ausgleichsvorgang) mit einem stationären Endzustand aufgefaßt werden. Die Übergangszustände gehen dabei mit verschiedenen magnetischen Zeitkonstanten ineinander über (*Bild* 10).

Der subtransiente Vorgang beginnt mit den subtransienten Anfangswerten (I'', $\Delta U''$), für die die subtransiente Reaktanz maßgebend ist. Der Vorgang verläuft mit der wirksamen Streufeldzeitkonstante auf den Anfangszustand (I', $\Delta U'$) des transienten Ausgleichsvorganges. Der transiente Vorgang beginnt mit den transienten Anfangswerten und verläuft mit der wirksamen Lastzeitkonstante des Erregerfeldes auf den synchronen Dauerzustand (I^0, U^0). Der tatsächliche Verlauf ergibt sich durch Überlagerung der beiden Teilvorgänge. Der subtransiente Ausgleichsvorgang verläuft bei fast allen Maschinen mit einer Zeitkonstante von etwa 0,03 bis 0,06 s. Nur bei Maschinen mit besonders starken Dämpferwicklungen und

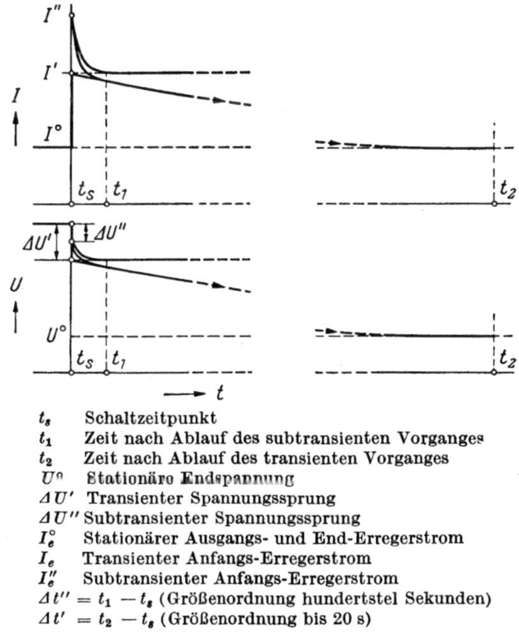

t_s Schaltzeitpunkt
t_1 Zeit nach Ablauf des subtransienten Vorganges
t_2 Zeit nach Ablauf des transienten Vorganges
U^0 Stationäre Endspannung
$\Delta U'$ Transienter Spannungssprung
$\Delta U''$ Subtransienter Spannungssprung
I_e^0 Stationärer Ausgangs- und End-Erregerstrom
I_e Transienter Anfangs-Erregerstrom
I_e'' Subtransienter Anfangs-Erregerstrom
$\Delta t'' = t_1 - t_s$ (Größenordnung hundertstel Sekunden)
$\Delta t' = t_2 - t_s$ (Größenordnung bis 20 s)

Bild 10. Subtransiente und transiente Ausgleichsvorgänge beim Synchrongenerator bei großen Turboläufern mit großer Leerlaufzeitkonstante werden Werte bis 0,1 s erreicht. Der transiente Ausgleichsvorgang verläuft (je nach dem neuen Lastzustand zwischen Leerlauf und Kurzschluß und je nach Art der Maschine) mit einer Zeitkonstante von etwa 1 bis 20 s.

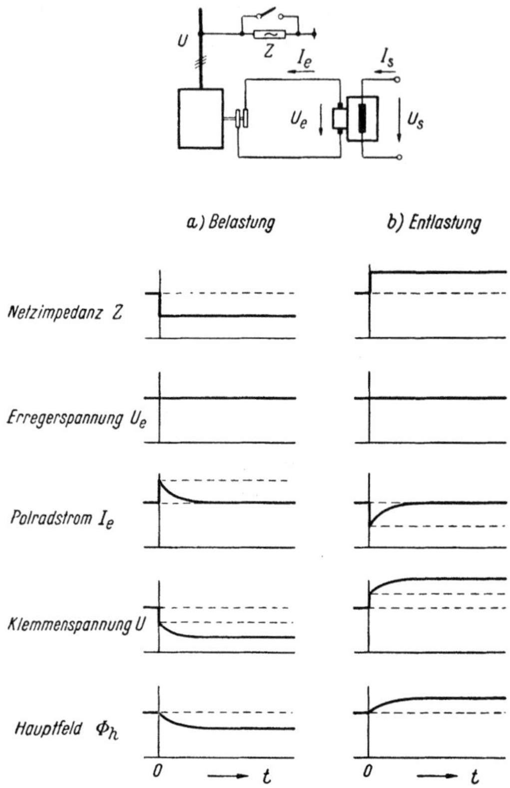

Bild 11. Stör-Übergangsfunktionen des Synchrongenerators bei Änderung der Netzimpedanz

In der Praxis der Regelungstechnik interessieren im allgemeinen nur die Vorgänge, die sich erst nach Ablauf der subtransienten Ausgleichsvorgänge abspielen, weil in dieser Zeit von wenigen hundertstel Sekunden die üblichen Geräte im Regelkreis noch nicht reagieren können.

b) Übergangsverhalten

Das Übergangsverhalten der für die Spannungshaltung wichtigsten Größen bei sprunghafter Änderung einer Belastungsreaktanz zeigt *Bild* 11. Der Hauptfluß Φ_h und damit die Hauptfeldspannung E_i können sich im Schaltaugenblick nicht plötzlich ändern, d.h., sie behalten im ersten Augenblick ihren Wert vor dem Laststoß bei [*3*]. Die Klemmenspannung U fällt (bei Belastung) um den Transient-Spannungsunterschied $\Delta U'$ plötzlich ab, der Erregerstrom I_e springt entsprechend an. Maßgebend dafür ist die Transientenreaktanz der Maschine (*Bild* 12). Bei fester Erregung sinkt das Hauptfeld anschließend mit der wirksamen elektromagnetischen Zeitkonstante des Läuferkreises ab. Die Klemmenspannung sinkt nach dem transienten Sprung ebenfalls weiter ab, ebenso fällt der ange-

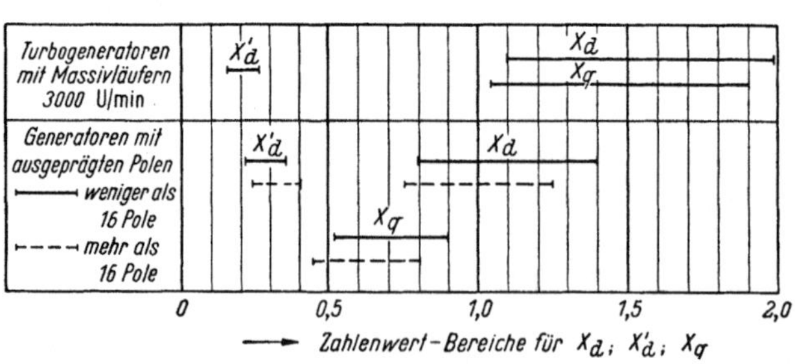

X_d Synchronreaktanz (gesättigt) X'_d Transient-Längsreaktanz X_q Synchron-Querreaktanz

Bild 12. Ersatzreaktanzen von Synchronmaschinen

sprungene Erregerstrom auf seinen Anfangswert zurück. Bei Entlastung verlaufen die Verhältnisse umgekehrt.

Für die Erregungs- und Regelungstechnik ergibt sich aus dem natürlichen Verhalten des Erregerstromes der Wunsch, die Erregerspannung so schnell zu ändern, daß der Erregerstrom möglichst auf der, als Folge des Laststoßes, sprunghaft erreichten Höhe gehalten wird; dann tritt nach dem unvermeidbaren Spannungssprung wenigstens keine weitere Spannungssenkung bzw. -erhöhung ein. Das ist aber nur möglich, wenn die Erregerspannung sofort oder wenigstens (im Verhältnis zur wirksamen Zeitkonstante des Läuferkreises) sehr rasch auf den dem Erregerstromsprung entsprechenden Wert gebracht wird. Von der Erregungsgeschwindigkeit der Erregeranordnung und nicht allein von der Schnelligkeit des Reglers hängt daher in der Hauptsache die Güte der Spannungshaltung im dynamischen Betriebszustand ab.

Die wirksame Zeitkonstante, mit der die Regelungsvorgänge ablaufen, ist beim Synchrongenerator von einer ganzen Reihe von Faktoren abhängig. Zunächst

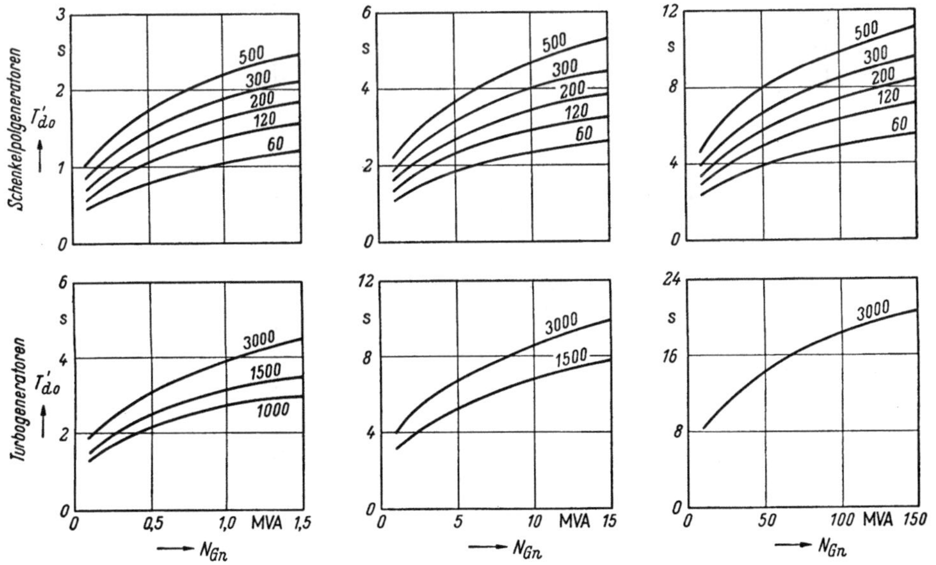

Kurzschlußzeitkonstante im Durchschnitt: $T'_d = T'_{d0} \cdot \sigma_{12} = T'_{d0} \cdot 0{,}29$ für Schenkelpolgeneratoren; $T'_d = T'_{d0}$ 0,135 für Turbogeneratoren; Subtransiente Zeitkonstante $T''_{d0} = 0{,}05$ s

Bild 13. Richtwerte für Leerlaufzeitkonstanten von luftgekühlten Synchrongeneratoren (Kennlinienparameter ist Drehzahl in U/min)

ändert sich die Zeitkonstante sehr stark mit der Nennleistung der Maschinen (s. *Bild* 13), wobei die Bauart (Schenkelpol- oder Turbogenerator) und die Drehzahl wichtige Einflußfaktoren darstellen. Zu dieser durch die Konstruktion der Generatoren festgelegten *Leerlaufzeitkonstante* kommt beim Betrieb des Generators eine beachtliche Abhängigkeit vom Belastungszustand hinzu (*Bild* 14), wobei zusätzlich noch ein Einfluß der Transientreaktanz mit zu berücksichtigen ist. Diese vielfältige Abhängigkeit der wirksamen Generatorzeitkonstante erschwert die Berechnung von Regelvorgängen sehr (vgl. Abschnitt F).

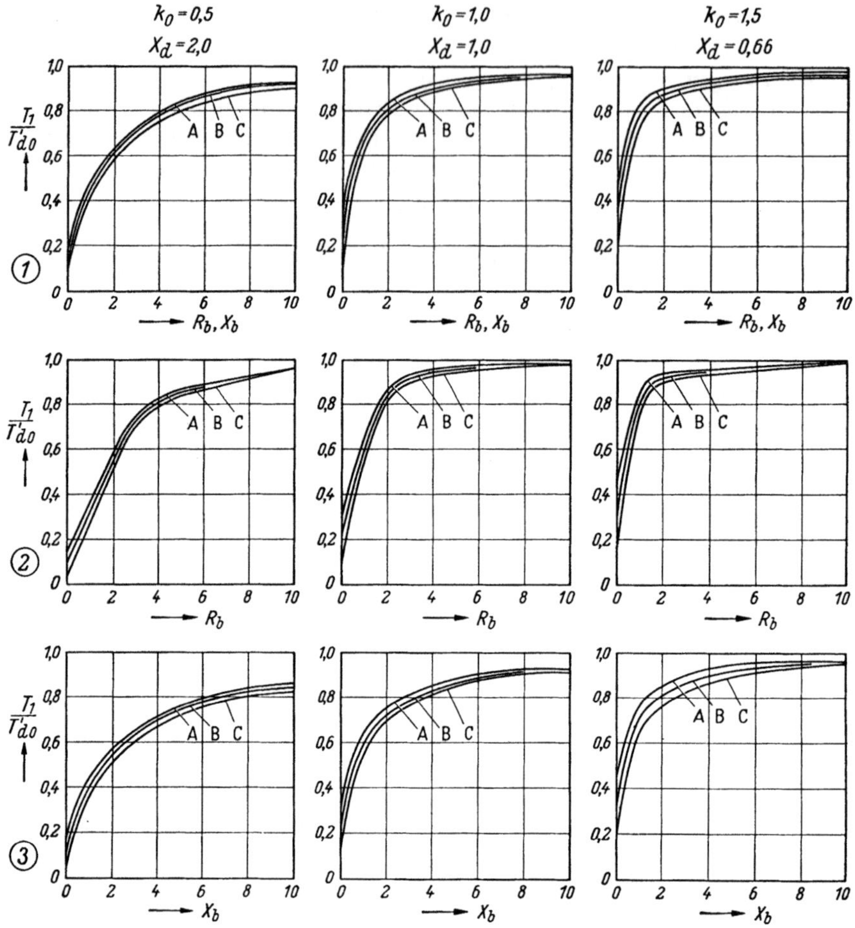

T'_{d0} Leerlaufzeitkonstante
T_1 Lastzeitkonstante
T'_d Kurzschlußzeitkonstante
R_b, X_b Belastungswiderstände

Kennlinie	A	B	C
Transientreaktanz X'_d	0,1	0,2	0,3

Reihe	*Belastung auf*	*Formel für wirksame Zeitkonstante*
1	beliebige Last	$\frac{T_1}{T'_{d0}} = \frac{R_b^2 + (X_b + X_d)(X_b + X'_d)}{R_b^2 + (X_b + X_d)^2}$
2	reine Wirklast	$\frac{T_1}{T'_{d0}} = \frac{R_b^2 + X_d X'_d}{R_b^2 + X_d^2}$
3	reine Blindlast	$\frac{T_1}{T'_{d0}} = \frac{X_b + X'_d}{X_b + X_d}$
1–3	Kurzschluß	$\frac{T_1}{T'_{d0}} = \frac{X'_d}{X'_d}$

Bild 14. Wirksame Zeitkonstanten von Synchrongeneratoren

C. Erregereinrichtungen

1. Erregerarten

Für die Bemessung einer Erregereinrichtung spielt außer dem Zeitverhalten eine wesentliche Rolle die Frage, wieviel Steuerleistung aufgebracht werden muß, um die volle Leistungsabgabe der Erregereinrichtung zu ermöglichen. Als Kenn-

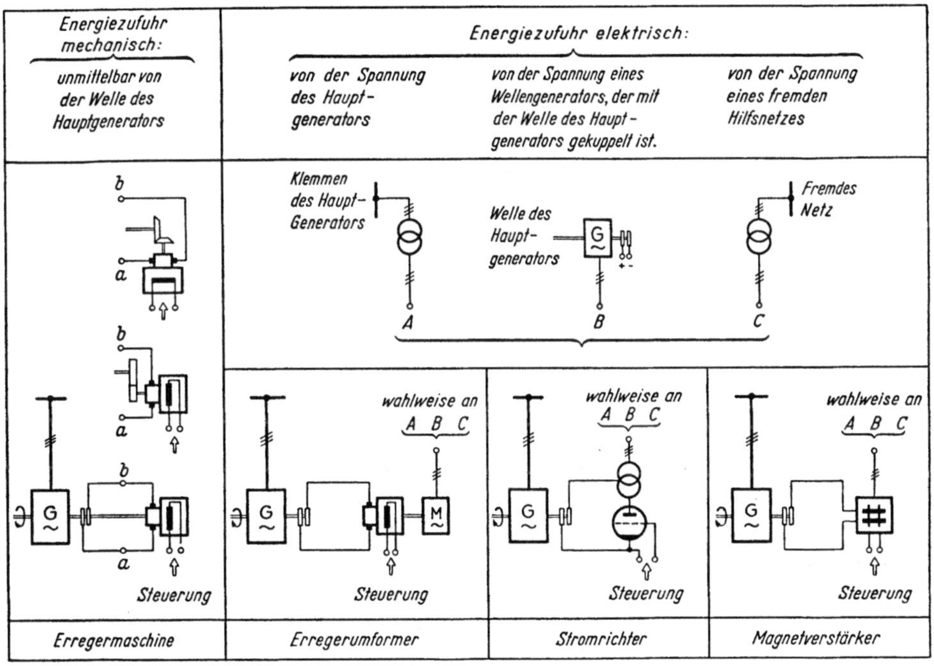

Bild 15. Schema zur Darstellung von Kombinationsmöglichkeiten verschiedener Erregeranordnungen mit dem Synchrongenerator

zeichen für das Verhältnis der abgegebenen Leistung N_e zur erforderlichen Steuerleistung N_s dient die Leistungsverstärkung $V = N_e/N_s$. Als zeitbezogene Leistungsverstärkung V_T definiert man den Quotienten der Leistungsverstärkung V_L und Zeitkonstante T_e der Erregermaschine: $V_T = V_L/T_e$.

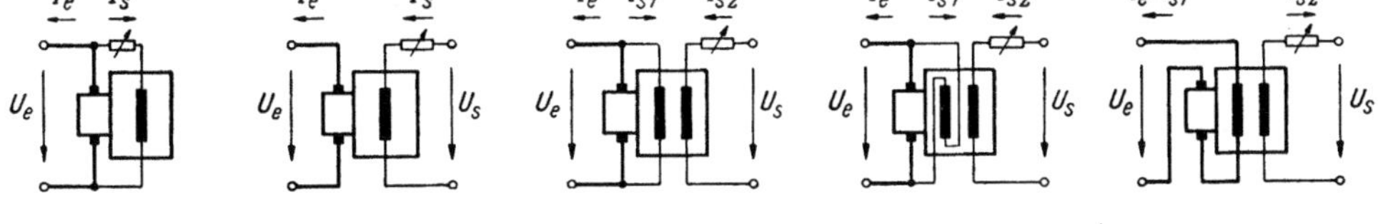

a) Selbsterregt b) Fremderregt c) Selbst- und fremderregt mit Summenerzeugung d) Selbst- und fremderregt mit Differenzerregung e) Reihenschluß- und fremderregt

Bild 16. Erregermaschinenschaltungen zur Erregung von Generatoren

Bei der Wahl einer Erregereinrichtung treten meist die in Tabelle 1 aufgezählten Gesichtspunkte auf. Eine günstige Systematik ergibt sich, wenn man die Erregereinrichtungen nach der *Art* der zugeführten Energie einteilt in solche mit mechanischer oder elektrischer Energiezufuhr (Fall c in Tabelle 1). Das *Bild* 15 zeigt die wichtigsten Energieumformer, die zu diesen beiden Arten der Energiezufuhr gehören. Die einfachste und bewährteste Form ist die unmittelbar mit der Welle des Generators gekuppelte Erregermaschine. Einen Überblick über die für die Dynamik von Erregermaschinen wichtigen Schaltungsarten gibt die Zusammenstellung in *Bild* 16.

Tabelle 1. *Gesichtspunkte für die Wahl und Einteilung der Erregereinrichtungen*

Fall	Einteilungsmerkmale		Gründe für die Einteilung
a	Konstruktive Merkmale	Rotierende Bauteile Ruhende Bauteile	Wartung, Verschleiß
		Mit Kommutatoren Ohne Kommutatoren	Wartung, Verschleiß, Empfindlichkeit
b	Energie-Herkunft	Vom Kraftmaschinensatz selbst	Zusätzlicher Aufwand, Ausfall der Energie
		Von fremder Energiequelle	
c	Energieart	Mechanische Energiezufuhr	Ermöglicht technisch klare Aufgliederung und Beschreibung
		Elektrische Energiezufuhr	

2. Mechanische Zufuhr der Erregerenergie

a) Einstufige Erregermaschinen

Selbsterregte Erregermaschine. Die einfachste, jedoch nicht für alle Betriebsforderungen geeignete Erregereinrichtung ist die unmittelbar gekuppelte, selbsterregte Erregermaschine (*Bild* 17a). Um in der Nähe der Leerlauferregung des Generators noch stabile Betriebspunkte zu erzielen, erhält diese Maschine, z.B. durch Isthmuspole, eine besonders gekrümmte Kennlinie. Den gleichen Effekt kann man auch durch Einführen einer Zusatzspannung in den Erregerkreis dieser Maschine erreichen. Auch durch die Verwendung von Kontaktreglern nach dem Vibrationsprinzip kann in der Umgebung der Leerlauferregung eine Verbesserung der Stabilität erreicht werden. Im allgemeinen ist jedoch im Untererregungsbereich des Generators im stationären Betriebszustand ein stabiler Betrieb nicht möglich.

Die Erregungsgeschwindigkeit der selbsterregten Erregermaschine ist verhältnismäßig gering, weil als treibende Spannung nur die Differenz zwischen der Kennlinienspannung und der Spannung am ohmschen Widerstand $I_s R_i$ zur Verfügung steht. Infolge der Vergrößerung des ohmschen Widerstandes im Erregerkreis bei Verringerung der Erregung ist wegen der größeren Zeitkonstante die Erregungsgeschwindigkeit beim Aberregungsvorgang größer als beim Auferregungsvorgang.

Bei den oft verwickelten und vielgestaltigen Bedingungen des Netzbetriebes und bei etwaigen erhöhten Anforderungen an die Schnelligkeit der Spannungsregelung empfiehlt es sich, mit größter Vorsicht vorzugehen, wenn man sich für die Verwendung einer selbsterregten Erregermaschine entscheidet (s. auch Kapitel 32).

Fremderregte Erregermaschine. Eine wesentliche Erhöhung der Erregungsgeschwindigkeit läßt sich durch die fremderregte Erregermaschine erreichen. Hier steht (s. *Bild* 17b) infolge der konstanten Spannung der Hilfsenergiequelle beim Ändern des Stellwiderstandes eine wesentlich höhere Feldaufbauspannung zur Verfügung als bei der selbsterregten Erregermaschine. Weitere Möglichkeiten, die Erregungsgeschwindigkeit zu erhöhen, sind auch durch die Bemessung und Schaltung (vgl. Abschnitt D1) der Stellwiderstände gegeben.

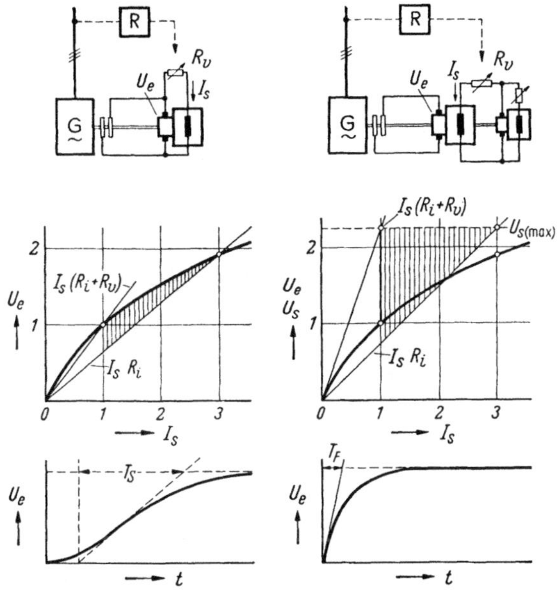

a) Selbsterregt b) Fremderregt

Die einzelnen Größen sind auf die dem Leerlauf des Hauptgenerators entsprechenden Bezugsgrößen I_{e0}, U_{e0}, U_{a0} und auf R_i normiert; $T_S \approx 3$ bis $5\ T_F$

U_e Erregerspannung des Generators
U_s Erreger-Steuerspannung der Erregermaschine
I_s Erreger-Steuerstrom der Erregermaschine
R_i Ohmscher Widerstand der Erregerwicklung
R_v Vorwiderstand der Erregerwicklung
T_S Zeitkonstante bei Selbsterregung
T_F Zeitkonstante bei Fremderregung

Bild 17. Regelung mit selbst- und fremderregter Erregermaschine

Die klassische Ausführung der Haupterregermaschine ist die normale einstufige Maschine, die nur eine einzige Erregerwicklung erhält. Sonderausführungen (s. *Bild* 16c und d) mit gleichzeitiger Selbst- und Fremderregung in Summenschaltung oder Differenzschaltung werden nur selten angewendet. Dagegen kann die Sonderausführung als reihenschlußerregte Erregermaschine (s. *Bild* 16e) durch ihre bemerkenswerte Eigenschaft, den nach einer Stoßlast im Polradkreis des Generators auftretenden Erregerstromsprung zu erhalten, in manchen Fällen von Interesse sein.

Die betrieblich einfachste Anordnung für die Erregung der *Haupterregermaschine* ist eine unmittelbar mit der Welle des Generators gekuppelte Hilfserregermaschine, im Gegensatz zu der Erregung aus einer fremden Spannungsquelle, etwa einer Batterie oder einem Gleichstromnetz.

Erregungsziffer [*4, 5, 6, 7*]. Für die Beurteilung der dynamischen Eigenschaften von selbst- und fremderregten Erregermaschinen im Übererregungsbereich kann eine aus der amerikanischen Praxis stammende Kenngröße (nominal exciter response) herangezogen werden (*Bild* 18). Um Verwechslungen mit dem auch im *allgemeinen* Sprachgebrauch üblichen Begriff der Erregungsgeschwindigkeit zu vermeiden, sei hier diese Kenngröße „Erregungsziffer" genannt.

Mit der Erregungsziffer kann man jedoch nur im Zusammenhang mit den dynamischen Eigenschaften des Generators selbst, mit den besonderen Bedingungen des Netzbetriebes, den Schalterzeiten und den Verhältnissen im ganzen Regelkreis des Generators etwas anfangen. Da diese Verhältnisse bei der Projektierung oft nicht

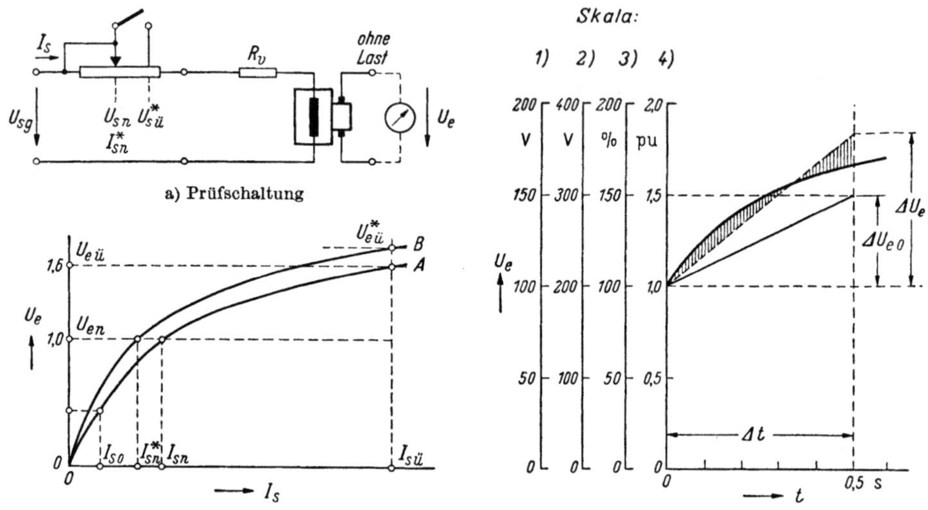

a) Prüfschaltung

b) Leerlauf- und Lastkennlinie

c) Definitionsdiagramm

Skala	Nenn-spannung U_{en}	Über-erregung ΔU_e	Mittlere Erregungsgeschwindigkeit bei Übererregung $a = \Delta U_e/\Delta t$	$a_0 = \Delta U_{e0}\, t/\Delta t$	Erregungs-ziffer $a_z = a/a_0$
1	100 V	80 V	160 V/s	100 V/s	1,6
2	200 V	160 V	320 V/s	200 V/s	1,6
3	100%	80%	160%/s	100% s	1,6
4	1	0,8	1,6/s	1/s	1,6

Bild 18. Definition der Erregungsziffer a_z [5,6]

in geschlossener Form vorliegen, sind die Forderungen an sehr hohe Erregungsziffern in vielen Fällen, insbesondere bei Turbogeneratoren, oft unbegründet.

Bei einigen Erregereinrichtungen (z.B. bei der reihenschlußerregten Erregermaschine) läßt sich eine Erregungsziffer entsprechend der ASA-Definition gar nicht sinnvoll definieren und auch nicht ohne weiteres sinnvoll messen.

b) Sondermaschinen

Zusätzliche, gesteuerte Erregermaschinen im Erregerkreis. Um Spannungsregler mit verhältnismäßig kleiner Leistungsfähigkeit einsetzen zu können, kann als Zwischenverstärker eine weitere Erregermaschine in den Regelkreis zwischen Haupterregermaschine und Regler eingefügt werden (*Bild* 19). Häufiger angewendet wird die Zusatzerregermaschine (*Boostermaschine*) in der sog. BOOSTER-Schaltung (*Bild* 19c). Die Haupterregermaschine ist in diesem Fall selbsterregt und erhält in ihrem Erregerkreis eine Zusatzspannung durch eine weitere fremderregt steuerbare Erregermaschine. Zur Stabilisierung dieser Schaltung erhält die Zusatzerregermaschine eine zweite vom Ausgang der Haupterregermaschine gespeiste Differenz-Erregerwicklung [*8*].

Unter den Sondermaschinen, die früher für die Erregung noch in Betracht gezogen werden konnten, sind z. B. auch die *Spaltpolmaschine* [*9*] und die *Verstärkermaschine* in der Form als AMPLIDYNE und RAPIDYNE zu nennen [*10*]. Während

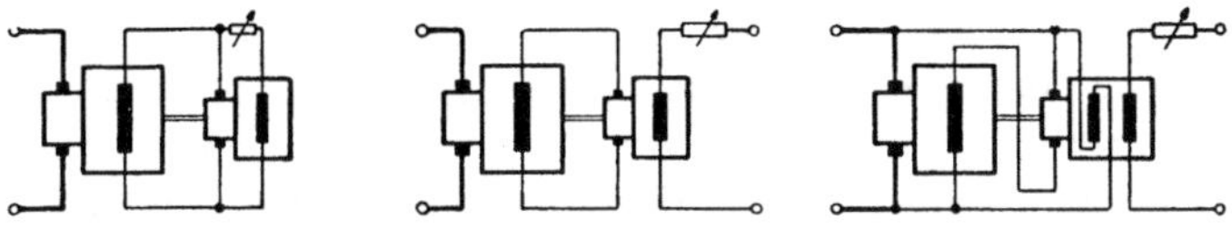

a) Haupterreger- und gesteuerte Hilfs-erregermaschine b) Haupt- und Zwischen-erregermaschine c) Haupt- und Zusatz-erregermaschine

Bild 19. Erregermaschinen-Kombinationen

durch die Spaltpolmaschine durch besondere Ausbildung der Pole ohne Fremderregung ein Betrieb im Untererregungsbereich ermöglicht wird, stellt die Verstärkermaschine zwei zu einer Baueinheit zusammengefaßte Erregermaschinen dar. Durch diese Bauweise wird der Verstärkungsgrad der Leistung wesentlich vergrößert. Zugleich kann hier das Prinzip der Differenzerregung zur Verkleinerung der Zeitkonstante herangezogen werden.

3. Elektrische Zufuhr der Erregerenergie

a) Allgemeine Gesichtspunkte

Bei elektrischer Speisung der Erregereinrichtung (s. *Bild* 15) kommen Maschinenumformer mit Motorantrieb, Gleichrichter und Magnetverstärker in Betracht. Sie können gespeist werden von der Generatorspannung selbst, einem fremden Netz oder von einem Wellengenerator [*11, 12, 13*]. Als Sonderfall ist die gleichzeitige Speisung von der Generatorspannung und vom Laststrom zu beachten, die unter dem Begriff „laststromabhängige Erregung“ in Abschnitt C 3c noch behandelt wird. Sämtliche von der eigenen Generatorspannung gespeisten Erregerenergie-Umformer haben einige, allen diesen Umformern gemeinsame Nachteile, die davon herrühren, daß es sich um Selbsterreger-Anordnungen handelt. Zur Verbesserung der Betriebsverhältnisse sind fallweise zusätzliche Maßnahmen erforderlich, die der Regelungstechniker sorgfältig beachten muß. Zu den Betriebsschwierigkeiten gehören: die *Auferregung* des aus dem Stillstand anfahrenden Generators, die *Selbsterregungsstabilität* der Anordnung und die Verringerung der Erregerenergie im Augenblick starker *Spannungseinbrüche*, also gerade zu einem Zeitpunkt, wenn die Regelung wirksam in die Spannungsstützung eingreifen soll.

Auferregung beim Anfahren. Beim Anfahren steht nur die Erregerenergie zur Verfügung, die der in Abhängigkeit von der Drehzahl gerade vorhandenen Remanenzspannung entspricht. Im allgemeinen ist diese nur bei kleinen Maschinen ausreichend, um eine Selbsterregung einzuleiten, und auch hier muß man mit einer gewissen Unsicherheit rechnen. In der Praxis verwendet man für eine Ingangsetzung der Selbsterregung entweder eine fremde Antipp-Energiequelle oder man führt die Schaltung so aus, daß die Remanenzspannung des Generators befähigt wird, einen Erregerstrom einzuleiten.

Selbsterregungsstabilität. Wie bei jeder Selbsterregungsanordnung muß sich auch bei den hier behandelten Erregerschaltungen im stationären Zustand ein stabil bleibender Betriebspunkt einstellen. Die Stabilität muß im Leerlaufzustand des Generators so sicher sein, daß eine gewisse Verringerung sowohl der Nennspannung als auch der Nennfrequenz, wie sie im praktischen Betrieb vorkommen oder auch willkürlich eingestellt werden kann, nicht zur Gefährdung der Stabilität führt. Das bedeutet, daß die Leerlaufkennlinie des Generators mit der Spannung-Strom-Kennlinie der Erregeranordnung immer einen einwandfrei stabilen Betriebspunkt ergeben muß; dabei ist zu berücksichtigen, welche Verringerung der Nennspannung und Nennfrequenz zugelassen ist. Außerdem ist die Hystereseschleife und die Widerstandsänderung im Erregerkreis infolge des Temperatureinflusses zu beachten. Infolge dieser Eigenschaft ist eine Regelung des Generators bei nennenswerter Ladeblindleistung untererregt praktisch nicht möglich.

Spannungseinbrüche. Ein weiterer Nachteil der Speisung von der Spannung des Generators selbst besteht darin, daß bei Spannungseinbrüchen durch Belastung oder Kurzschluß die Energiezufuhr zur Erregereinrichtung verringert und dadurch bei der Regelung die rasche Wiederherstellung oder wenigstens die Stützung der Spannung oder des Erregerfeldes verschlechtert wird.

Bei Maschinenumformern lassen sich dagegen unter anderem sog. Stützschaltungen anwenden (s. Abschnitt C 3 b). Bei den Erregeranordnungen mit Gleichrichtern oder Magnetverstärkern kann man bei Spannungseinbrüchen nur das Mittel der Überbemessung anwenden, wobei durch Umschaltvorrichtungen oder bei kleinen Zeitkonstanten im Steuerkreis die Steuerung selbst die notwendige Erregerleistung sicherstellt.

Allen diesen Anordnungen haftet gemeinsam die Eigenschaft an, daß sie bei der Projektierung für einen ganz bestimmten ungünstigen Betriebsfall zu bemessen sind, der als der ungünstigste erst festgelegt werden muß.

b) Maschinenumformer

Bei sehr großen Turbogeneratoren geht man oft aus konstruktiven Gründen auf *langsam* laufende Erregermaschinen über (Anwendung eines Getriebes oder eines getrennt laufenden Erregerumformers) Bei sehr großen, langsam laufenden Wasserkraftgeneratoren zwingen oft konstruktive Gründe, große Erregerleistungen der langsam laufenden Erregermaschinen und der Wunsch nach kleinen Zeitkonstanten dazu, *schneller* laufende Erregerumformer vorzusehen. Diese können entweder an ein fremdes Hilfsnetz, an die Spannung des eigenen Generators oder an einen auf der Welle des Hauptgenerators angebrachten Hilfsgenerator, einen sog. Wellengenerator, angeschlossen werden (s. Kapitel 32).

Schließt man an ein fremdes Netz an, so sind für die Inbetriebnahme des Erregerumformers noch besondere Schalthandlungen erforderlich. Beim Anschluß an den Hauptgenerator ergeben sich z. B. Schwierigkeiten beim Anlauf des Umformers, so daß noch zusätzliche Schaltvorrichtungen hierfür vorgesehen werden müssen. Um bei vorübergehenden starken Spannungsabsenkungen den Erregerumformer noch in Betrieb zu halten, ist eine Reihe von elektrischen Stützschaltungen verwendet worden [*11*], bei denen entweder durch Umschaltvorrichtungen oder durch Laststrombeeinflussung das Antriebsmoment des Antriebsmotors während des Spannungseinbruches so weit vergrößert wird, daß die geforderte maximale Erregerleistung geliefert werden kann. Andere Möglichkeiten bietet das Überbemessen der Antriebsmaschine, oder der Erregerumformer erhält zusätzlich ein Schwungrad.

c) Ruhende Erregereinrichtungen

Hierzu gehören Einrichtungen mit Quecksilberdampf-Gleichrichter, Trockengleichrichter und Magnetverstärker. Auch hier kommt für die Energiezufuhr der Anschluß an ein fremdes Hilfsnetz, an die Spannung des eigenen Generators oder an einen Wellengenerator in Betracht. Für deren Betrieb gelten dann die gleichen Betriebsbedingungen wie für die mechanischen Erregerumformer.

Gleichrichtererregung [*14, 15, 16*] Alle Gründe, die zur Verwendung von Maschinenumformern führen, gelten auch für die Gleichrichtererregung, ebenso auch

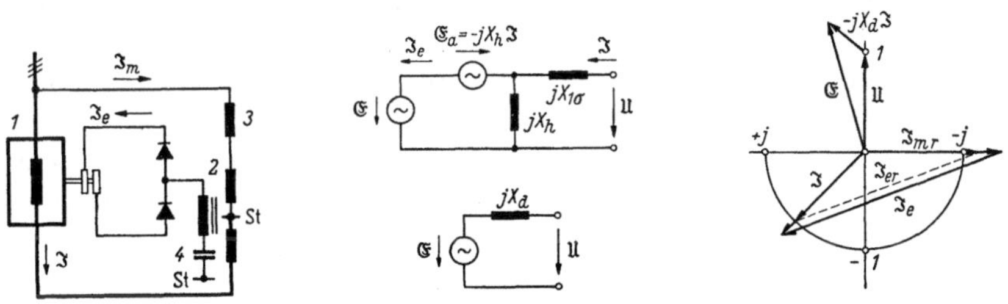

a) Schaltung einer lastabhängigen Erregung

b) Ersatzschaltbild des Synchrongenerators (ohne Sekundärstreuung)

c) Zeigerbild des Synchrongenerators

1	Generator	$\mathfrak{J}_e$	Erregerstrom
2	Stromtransformator	$\mathfrak{J}_{er}$	Reduzierter Erregerstrom
3	Drosselspule	$\mathfrak{J}_m$	Magnetisierungsstrom
4	Resonanzkondensator	$\mathfrak{J}_{mr}$	Reduzierter Magnetisierungsstrom
St	Sternpunkt	k_0	Leerlaufkurzschlußverhältnis
$\mathfrak{U}$	Klemmenspannung	X_d	Synchronreaktanz
$\mathfrak{E}$	Reduzierte Polradspannung	X_h	Hauptreaktanz
$\mathfrak{E}_a$	Ankerrückwirkungsspannung	$X_{1\sigma}$	Primäre Streureaktanz
$\mathfrak{J}$	Ständerstrom		

Erregerstrom auf den Ständer-Nennstrom normiert:

$$\mathfrak{J}_e = \frac{1}{1 - k_0 X_{1\sigma}} (\mathfrak{J}_{mr} + \mathfrak{J})$$

Bild 20. Lastabhängige Erregung eines Synchrongenerators

alle Schwierigkeiten, die sich aus der Art der Energiezufuhr ergeben, z. B. Anlauferregung und Spannungseinbrüche. Der Anwendung von Gleichrichtererregungen in größerem Umfang stehen auch oft der umfangreiche Schaltungsaufwand und die höheren Kosten entgegen.

Magnetverstärker. Für die Anwendung von *Magnetverstärkern* zur *direkten* Erregung von Generatoren gelten, von der Energiezufuhr her gesehen, die gleichen Gesichtspunkte wie bei den Maschinenumformern und Gleichrichtern. Ihre Anwendung für große Generatoren scheitert in der Hauptsache am großen und damit teueren Materialaufwand.

Lastabhängige Erregung [*14, 15, 16, 17*]. Bei Generatoren für kleinere Leistungen (im allgemeinen bis zu etwa 1000 kVA) hat sich neben den Schaltungen mit Erregermaschinen und Spannungsreglern die Erregung mit Hilfe des Laststromes eingeführt (*Bild* 20). Der an Hand des Ersatzschaltbildes im Zeigerbild dargestellte, für die Erregung bei konstanter Klemmenspannung benötigte Erregerstrom $\mathfrak{J}_{er}$ setzt sich aus einer Leerlaufkomponente $\mathfrak{J}_m$ und einer Lastkomponente $\mathfrak{J}$ zusammen. Dieser Erregerstrombedarf kann mit Hilfe einer Stromtransformator-Gleichrichterschaltung vom Generator selbst gedeckt werden. Der Primärwicklung des Transformators werden z. B. über eine Drosselspule ein der Spannung proportionaler Strom und außerdem der Laststrom aufgezwungen, die sich beide geometrisch überlagern und auf der Sekundärseite den zum Konstanthalten der Spannung erforderlichen Erregerstrom bilden. Beim Anfahren des Generators erregt sich dieser durch seine Remanenzspannung von selbst und wird hierbei außerdem durch einen auf Resonanz mit der Drosselspule abgestimmten Kondensator unterstützt.

Die mit derartigen Anordnungen erreichbare sehr große Erregungsgeschwindigkeit läßt sich in dieser einfachen Form mit keiner andersartigen Erregungsschaltung erreichen. Abweichend von der angeführten Grundschaltung sind noch verschiedene Schaltungsvarianten möglich. Durch zusätzliche Maßnahmen kann außerdem die reine Steuerungsschaltung zu einer Regelungsschaltung ergänzt werden [*18*].

Außer durch ruhende Anordnungen wird das Prinzip der laststromabhängigen Erregung auch durch Stromwenderanordnungen verwirklicht, die mit dem Synchrongenerator in einer Baueinheit zusammengefaßt werden [*19*, *20*].

D. Grundsätzlicher Aufbau der Regeleinrichtungen

In diesem Abschnitt wird nur der grundsätzliche Aufbau der Spannungsregler beschrieben. Einzelheiten über die Regler findet man im Kapitel 13, Regelschaltungen zusammen mit der Erregeranordnung und dem Generator sind im Kapitel 32 beschrieben.

1. Elektromechanische Bauformen

In den Anfängen der Reglerentwicklung für Generatoren standen der Technik als Meßsysteme drei wichtige elektromechanische Bauelemente mit einer elektrischen Eingangsgröße (als Spannung) und einer mechanischen Ausgangsgröße (als Kraft bzw. als Weg) zur Verfügung (*Bild* 21, Reihe 1): das *Solenoid* mit geradliniger Bewegung, der *Ferraris-Antrieb* und der *Drehmagnet* mit einer Drehbewegung der Ausgangsgröße. Da der Erregereinrichtung der Generatoren als Stellgröße eine Spannung zugeführt werden muß, kamen für den Zusammenbau dieser Meßsysteme nur dazu passende mechanisch-elektrische Stelleinrichtungen (*Bild* 21, Reihe 2) in Betracht. Aus der Kombination dieser Meßsysteme mit diesen Stellern hatte man eine Reihe von Reglern entwickelt, die mehrere Jahrzehnte gebaut wurden und zum großen Teil auch heute noch angewendet werden.

Aus der Kombination Solenoid mit Kontakten entstand z.B. der Tirrill-Regler (s. Kapitel 13, *Bild* 3) [*21*]. Solenoid mit Reihenkontakten ergab den sogenannten Silverstat-Regler (s. Kapitel 13, *Bild* 2). Solenoid oder Ferraris-Antrieb oder Drehmagnet mit Kohleplatten führte zum Kohledruckregler (s. Kapitel 13, *Bild* 5 und 6).

FERRARIS-Antrieb oder Solenoid mit Wälzbahn ergab den Wälzkontakt- oder auch Wälzsektor- oder kurz Wälzregler (s. Kapitel 13, *Bild* 7 und 8). Beim Wälzprinzip

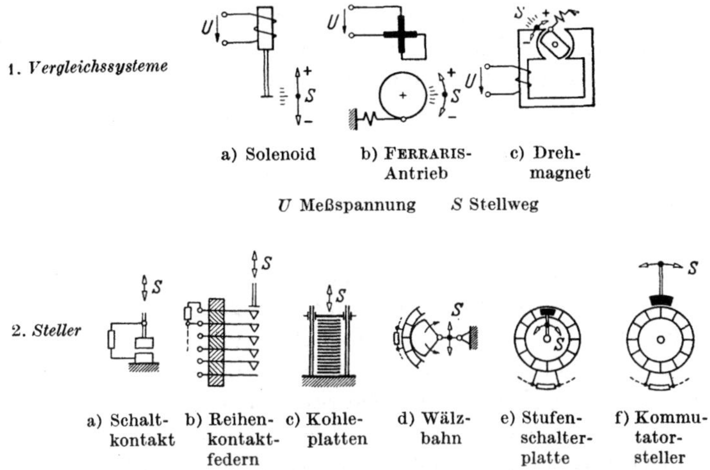

Bild 21. Elektromechanische Vergleichssysteme mit eingeprägtem Sollwert und Steller für elektromechanische Regler

können die Kräfte zum Verstellen der Wälzbügel wegen der geringen Reibung direkt vom Meßsystem aufgebracht werden. Für Stufenschalterplatte und Kommutatorsteller reicht die Stellkraft der Meßsysteme nicht mehr aus: Bürsten- und Lagerreibung sind hier so groß, daß ein Druckölverstärker (*Bild* 22) als Zwischenverstärker eingeführt wird. Das Solenoid oder der FERRARIS-Antrieb ist dabei konstruktiv mit dem Steuerschieber einer Vorsteuerhülse vereinigt. Durch Öldruck wird ein Stellkolben betätigt, dessen Drehmoment auch große Steller verstellen kann, die sich so kräftig ausführen lassen, daß damit

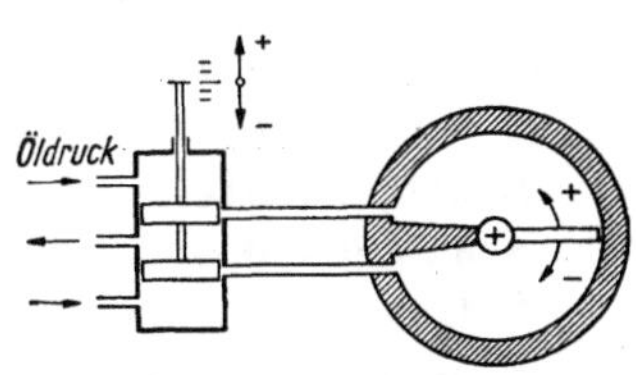

Bild 22. Öldruckverstärker (mechanische Eingangs- und Ausgangsgröße)

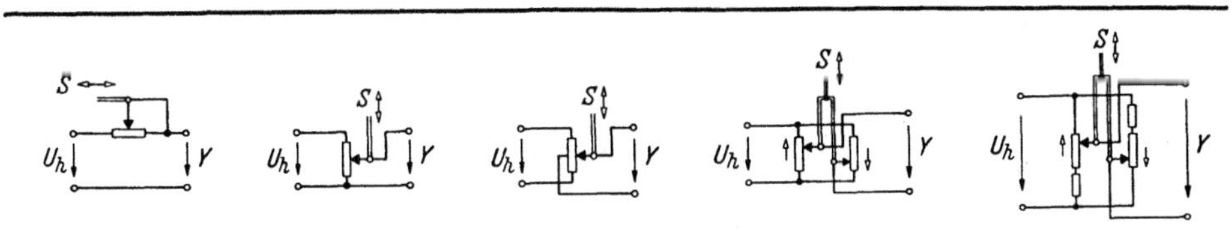

a) Vorwiderstandsschaltung	b) Spannungsteilerschaltung		c) Brückenschaltung	
Nur positive Werte für *Y*. Null nicht erreichbar	Nur positive Werte für *Y* bis Null	Positive und negative Werte für *Y*. Volle oder begrenzte Werte	Positive und negative (volle) Werte für *Y*	Positive (volle) und negative (begrenzte) Werte für *Y*

Bild 23. Schaltanordnungen für Stellwiderstände

U_h Spannung der Hilfsenergiequelle
Y Stellgröße (Ausgangsspannung des Reglers)
S Stellweg des Meßgebers

eine um rund eine Größenordnung größere Schaltleistung (etwa 20 kW) als bei Wälzreglern beherrscht werden kann (s. Kapitel 13, *Bild* 9, 10 und 11).

Für die Widerstände, die in den Stellern (s. *Bild* 21, Reihe 2a bis f) eingebaut sind, gibt es verschiedene Schaltanordnungen (*Bild* 23). In Verbindung mit selbsterregten Erregermaschinen wird für die elektromechanischen Regler die Vorwiderstandsschaltung angewendet. Anordnungen mit Haupt- und Hilfserregermaschinen oder mit Booster-Schaltungen erhalten fast ausnahmslos Regler in Brückenschaltung. Diese ermöglicht neben einer hohen Übererregung eine Gegenerregung und damit einen großen Erregungsbereich.

2. Elektrische Bauformen

Zu den elektromechanischen Bauformen der Meßsysteme mit mechanischer Stelleinrichtung kamen später rein elektrische Meßsysteme mit elektrischen Verstärkern, z.B. Maschinenverstärker, Magnetverstärker und elektronische Verstärker hinzu. Bei diesen Verstärkern sind sowohl die steuernden Eingangsgrößen als auch die gesteuerten Ausgangsgrößen Spannungen.

Aus den Kombinationsmöglichkeiten dieser Bauelemente hat man eine Reihe von Regeleinrichtungen entwickelt, z.B. Regler mit Schnellerreger- oder Verstärkermaschinen und einem vorgeschalteten Magnetverstärker, reine Magnetverstärker-Regler, Regler mit Röhrenverstärker (vgl. hierzu Kapitel 12 und 13 sowie die Reglerschaltungen in Kapitel 32).

3. Gesichtspunkte für den Einsatz von Spannungsreglern

Die Betriebsbedingungen für die Entwicklung und den Einsatz von Spannungsreglern sind mitunter, besonders bei Reglern für größere Generatoren, sehr vielfältig. Im wesentlichen ist dabei auf die folgenden Gesichtspunkte zu achten:

Leistungsfähigkeit des Meßsystems
Schnelligkeit der Stellgrößen-Verstellung
Betrag des Stellbereiches
Konstruktiver Aufwand zur Erzielung großer Stellbereiche
Zahl und Vielfalt von Teil-Baueinheiten
Anzahl der Typengrößen
Art und Aufwand für Hilfsenergie (Drehstrom, Gleichstrom)
Verschleiß und Wartung
Auswirkung auf Sondermaßnahmen beim Bau der Erregermaschinen
Aufstellbarkeit an verschiedenen Standorten im Kraftwerk
Folgen und Schaltungsaufwand bei Ausfall der Hilfsenergie

F. Meßkreisaufgaben beim Spannungsregler

1. Laststromabhängige Kennliniensteuerung

a) Allgemeines

Solange ein Generator allein auf sein eigenes Verbrauchernetz arbeitet, spielt der statische oder astatische Verlauf der Regelkennlinie (*Bild* 24) nur dann eine Rolle, wenn man sich für die (durch die Statik hervorgerufene) Regelabweichung, also für die zulässige bleibende Regelabweichung interessiert. Bei einigen Betriebsaufgaben, z. B. beim Parallelbetrieb, kommt es aber darauf an, eine ganz bestimmte *definierte* Neigung der Regelkennlinie zu erzielen. Man kann das erreichen, indem man z. B. den Laststrom einer der drei Leiter über eine im Meßkreis des Spannungsreglers liegende Impedanz fließen läßt. Dieses Verfahren der Störwertaufschaltung des Laststromes sei *laststromabhängige Kennliniensteuerung* genannt [*22*].

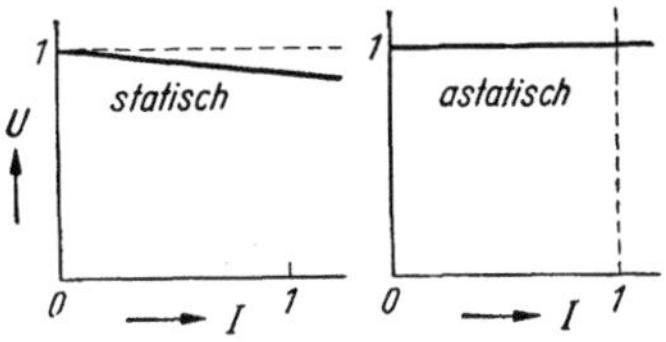

Bild 24. Regelkennlinie eines Generators

Eine solche *gesteuerte* Regelkennlinie wird für zwei verschiedenartige Aufgabengebiete angewendet. Das eine ist die Kompensation des durch Transformatoren und Leitungen verursachten Spannungsabfalles, wobei an den Generatorklemmen eine mit dem Laststrom ganz bestimmte, ansteigende Regelkennlinie eingeregelt wird, um auf der Sekundärseite des Transformators oder an einem entfernteren Punkt der Leitung die Spannungshaltung zu verbessern (s. Kapitel 25). Ein anderes Anwendungsgebiet ist der Parallelbetrieb von Generatoren. Hier soll die Kennliniensteuerung dazu dienen, vorgeschriebene Kennlinienzusammenhänge zwischen anderen bestimmten Größen des Generators, z. B. solche zwischen Wirk- und Blindstrom oder zwischen Spannung und Blindstrom, zu erfüllen.

b) Schaltungen mit „astatischem" Regler (*Bild* 25)

Von den verschiedenen Schaltungsmöglichkeiten, durch die man die Statik einer Regelkennlinie beeinflussen kann, werden hier nur die betrachtet, bei denen der Strom desjenigen Leiters aufgeschaltet wird, an die das Spannungsmeßwerk *nicht* angeschlossen ist. Liegt also z. B. die Spannung an den Leitern S und T, so wird der Strom dem Leiter R entnommen. Bei zyklischem Vertauschen der Leiter ändert sich an den grundsätzlichen Verhältnissen nichts.

Schaltungen mit Statikwiderstand. Das Einfügen eines ohmschen Widerstandes in den Meßkreis und die durch einen aufgezwungenen Strom erzeugte Zusatzspannung wirkt immer so, daß die astatische Regelkennlinie in eine steigende oder fallende, also in eine statische Regelkennlinie verwandelt wird.

Bei *reiner Wirkstrombelastung* (*Bild* 25,1, Zeigerdiagramm a) wirkt auf das Meßwerk des Reglers außer der Netzspannung $\mathfrak{U}_{ST}$ noch die Zusatzspannung $R\mathfrak{J}_R$. Die Summenspannung $\mathfrak{U}_{\Delta}$ ist dann dem Betrag nach nahezu gleich dem Betrag der Netzspannung $\mathfrak{U}_{ST}$, so daß der Regler keine Veranlassung zum Eingreifen hat. Der Regler regelt dann die über dem Scheinstrom I_s bei $\cos\varphi = 1$ aufgetragene Regelkennlinie a ein, d. h., die Klemmenspannung bleibt konstant.

Bei *reiner induktiver Blindstrombelastung* (*Bild* 25,1, Zeigerdiagramm b) vergrößert sich der Betrag der Summenspannung $\mathfrak{U}$ am Meßwerk. Der Regler muß jetzt die Netzspannung $\mathfrak{U}_{RS}$ so weit herunterregeln, bis die Summenspannung dem Betrag nach gleich der Sollspannung des Meßwerkes ist. Über dem Scheinstrom aufgetragen, ergibt sich dadurch bei $\cos\varphi = 0$ die Regelkennlinie b mit fallender Klemmenspannung. Bei Ladeblindstrom oder wenn man die Anschlüsse am Stromwandler oder am Statikwiderstand vertauscht, erhält man eine ansteigende Regelkennlinie b.

Bei gleichzeitiger *Wirk- und Blindstrombelastung* (*Bild* 25,1, Zeigerdiagramm c), wenn also der Strom gegenüber der Netzspannung eine induktive Phasenverschiebung hat, ist der Betrag der Summenspannung $\mathfrak{U}_M$ am Meßwerk größer als bei $\cos\varphi = 1$ und kleiner als bei $\cos\varphi = 0$. Der Betrag der Meßwerkspannung $\mathfrak{U}_M$ wird in diesem Fall nur von der Blindstromkomponente $\mathfrak{I}_{Rb}$ des Stromes $\mathfrak{I}_R$ be-

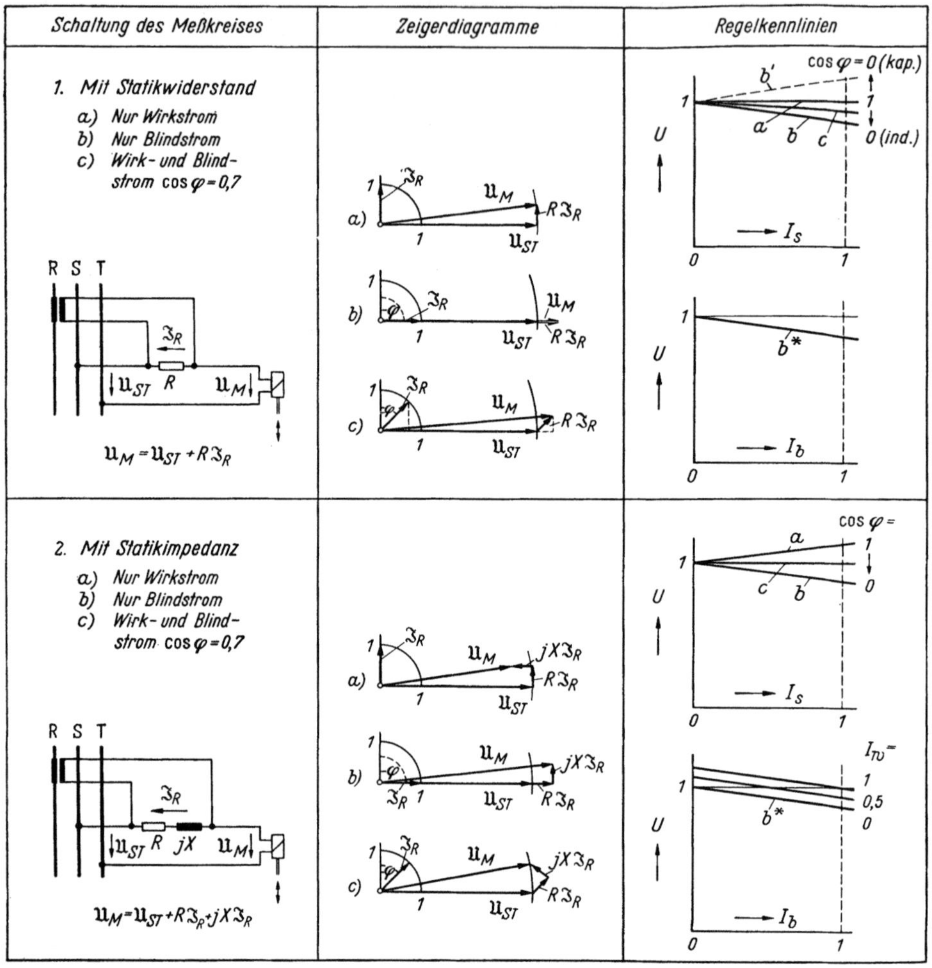

Bild 25. Laststromabhängige Kennliniensteuerung bei astatisch wirkenden Reglern

einflußt. Die Netzspannung muß also nur um den Betrag $R\mathfrak{I}_{Rb}$ heruntergeregelt werden und man erhält z.B. bei $\cos\varphi = 0{,}7$, über dem Scheinstrom aufgetragen, die Regelkennlinie c.

Für die Untersuchungen des Parallelbetriebes ist es erforderlich, die Regelkennlinien über dem Blindstrom I_b aufzutragen. In diesem Fall erhält man nur eine einzige Regelkennlinie (die der Kennlinie b bei $\cos\varphi = 0$ über dem Scheinstrom entspricht), weil die Wirkkomponente des Laststromes in dieser Darstellungsweise nicht in Erscheinung tritt (*Bild* 25, 1, Spannungskennlinie b*). Es sieht in diesem Fall also so aus, als ob der Meßkreis des Reglers nur von der Blindstromkomponente beeinflußt wird, während in Wirklichkeit der Scheinstrom aufgeschaltet ist.

Schaltungen mit Statikimpedanz. Um einen bestimmten Fall betrachten zu können, wird angenommen, daß der ohmsche Widerstand und der induktive Widerstand der Statikimpedanz beide dem Betrag nach gleich groß sind.

Bei *reiner Wirkstrombelastung* (*Bild* 25,2, Zeigerdiagramm a) wirkt im Meßkreis des Reglers eine Zusatzspannung, durch welche die Summenspannung am Meßwerk dem Betrag nach verkleinert wird. Der Regler wird also die Netzspannung $\mathfrak{U}_{ST}$ so weit vergrößern, bis die Meßwerkspannung $\mathfrak{U}_M$ wieder gleich der Meßwerk-Sollspannung ist. Über dem Scheinstrom aufgetragen, erhält man jetzt eine ansteigende Regelkennlinie a.

Bei *reiner Blindstrombelastung* (*Bild* 25,2, Zeigerdiagramm b) entsteht an der Statikimpedanz des Meßkreises eine Zusatzspannung, durch welche die Summenspannung am Meßwerk vergrößert wird. In diesem Fall wird also der Regler die Netzspannung $\mathfrak{U}_{ST}$ entsprechend verkleinern müssen, bis am Meßwerk wieder dessen Sollspannung herrscht. Die über dem Scheinstrom aufgetragene Regelkennlinie b fällt dabei ab.

Für den Fall gleichzeitiger *Wirk- und Blindstrombelastung* wird z.B. angenommen, daß sich die Wirkstrom- zur Blindstromkomponente gerade so verhält wie der ohmsche Widerstand zum induktiven der Zusatzimpedanz im Meßkreis. Der Betrag der Summenspannung $\mathfrak{U}_M$ bleibt dabei, unabhängig vom Betrag des Scheinstromes, nahezu konstant. Über dem Scheinstrom aufgetragen, ergibt sich dann eine Regelkennlinie c mit konstanter Netzspannung. Diese Kennlinie darf aber nicht als astatische Regelkennlinie bezeichnet werden, da sie bei einer Abweichung des vorhin vorausgesetzten Betriebs-cos φ sofort eine Statik erhalten würde. Wichtig ist, bei dieser Regelkennlinie sich folgendes zu merken: Entspricht der cos φ (bzw. das Verhältnis von Wirk- zu Blindstrom) dem Verhältnis von R zu X der Zusatzimpedanz im Meßkreis, dann regelt der Generator auf konstante Netzspannung. Ist diese Übereinstimmung nicht vorhanden, so erhält man eine ansteigende oder eine fallende Regelkennlinie.

Für die Untersuchungen des Parallelbetriebes ist es wieder erforderlich, die Regelkennlinien in Abhängigkeit vom Blindstrom I_b aufzutragen. Im Gegensatz zum Betrieb nur mit dem Statikwiderstand hat jetzt der Wirkstrom infolge der Statikreaktanz bereits einen Einfluß auf die Netzspannung, wenn noch kein Blindstrom vorhanden ist. Ohne Wirkstrom, also bei cos $\varphi = 0$, stimmt die über dem Blindstrom aufgetragene Kennlinie b* mit der entsprechenden über dem Scheinstrom aufgetragenen Kennlinie b überein. Beim Wirkstrom 1 und Blindstrom 0 wird die Netzspannung erhöht und fällt dann mit zunehmendem Blindstrom parallel zur Kennlinie mit Wirkstrom 0 ab. Man kann diesen Sachverhalt auch so ausdrücken, daß die über dem Blindstrom aufgetragenen statischen Regelkennlinien durch den Wirkstrom parallel verschoben werden.

c) Schaltungen mit „statischem" Regler

Wenn bei einem statischen Regler keine laststromabhängige Zusatzspannung in den Meßkreis eingeführt wird, folgt die Regelkennlinie dem natürlichen P-Bereich des Reglers. Man nehme z. B. an, die P-Abweichung der Regelkennlinie sei für den Nenn-Scheinstrom bei Nenn-cos φ auf den Betrag X_{pn} eingestellt. Dann wird in *Bild* 26 die Regelkennlinie a bei cos $\varphi = 0$, also bei reiner Blindstrombelastung, eine bestimmte Statik s_1 haben.

Bei reiner Wirkstrombelastung ist der zusätzlich zum Leerlauferregerstrom erforderliche Erregerstrombedarf gegenüber der Last mit $\cos\varphi = 0$ verhältnismäßig gering (vgl. *Bild* 27). Die erforderliche P-Abweichung der Regelgröße und

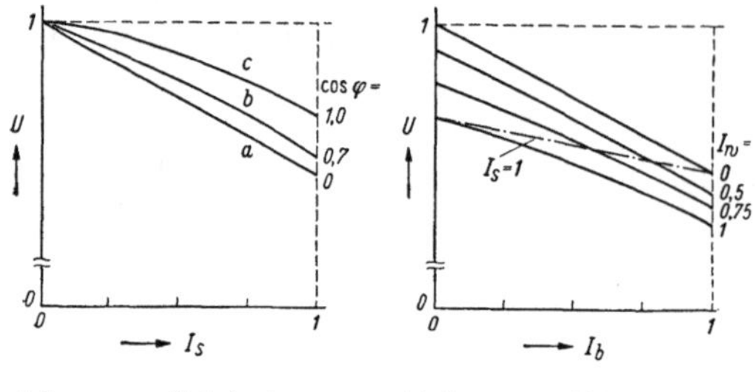

a) Spannung-Scheinstrom-Kennlinien b) Spannung-Blindstrom-Kennlinien

Bild 26. Laststromabhängige Kennliniensteuerung bei einem statisch wirkenden Regler

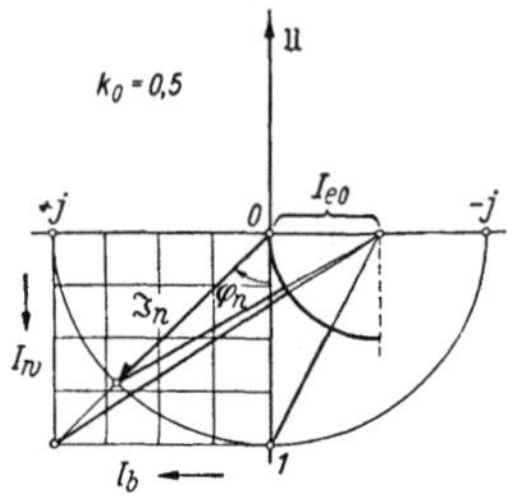

Bild 27. Erregerstrombedarf bei verschiedenem $\cos\varphi$

damit die Statik der Regelkennlinie sind deshalb ebenfalls kleiner als bei $\cos\varphi = 0$, und man erhält für $\cos\varphi = 1$, über dem Scheinstrom aufgetragen, eine weniger geneigte Regelkennlinie b (in *Bild* 26).

Bei gleichzeitiger Wirk- und Blindstrombelastung (z.B. mit $\cos\varphi = 0{,}7$) sieht man beim Vergleich der *Bilder* 26, daß der Erregerbedarf bei $\cos\varphi = 0{,}7$ sich von dem bei $\cos\varphi = 0$ gar nicht stark unterscheidet. Die Regelkennlinie c bei $\cos\varphi = 0{,}7$ liegt dadurch näher an derjenigen von $\cos\varphi = 0$.

Trägt man die Regelkennlinien über dem Blindstrom auf (*Bild* 26 b), so stimmt für $I_w = 0$ (d.h. $\cos\varphi = 0$) die Regelkennlinie mit der für $\cos\varphi = 0$ über dem Scheinstrom aufgetragenen Kennlinie a überein. Bei $\cos\varphi = 1$ und vollem Wirkstrom $I_w = 1$ (also bei Blindstrom Null) ist bereits eine erhebliche P-Abweichung der Spannung notwendig. Läßt man $I_w = 1$ bestehen und steigert I_b bis auf $I_b = 1$, so bekommt man eine etwas schwächer geneigte Kennlinie b als für $I_w = 0$.

d) Verwickeltere Schaltungen

Außer den vorhin behandelten Schaltungen ist es möglich und oft auch notwendig, bei der laststromabhängigen Kennliniensteuerung nicht nur mit dem Strom derjenigen Phase zu arbeiten, an die das Spannungsmeßwerk nicht angeschlossen ist, sondern auch den Strom einer anderen oder auch von zwei oder drei Phasen aufzuschalten. Das geschieht meistens in der Weise, daß man die Ströme verschiedener Phasen in Wandlerkombinationen überlagert und ihre geometrische Summe auf eine Impedanz im Meßkreis der Spannungsspule aufschaltet. Bei manchen Reglerarten kann man den Strom auch auf verschiedene Wicklungen eines Meßsystemes einwirken lassen oder verschiedene Meßsysteme elektrisch beeinflussen und mechanisch miteinander kuppeln.

2. Parallelbetrieb von Generatoren

a) Allgemeines

Die folgenden Darlegungen werden, um nur das Wesentliche herauszustellen, auf einfache Beispiele des Parallelbetriebes von zwei Drehstrom-Synchrongeneratoren beschränkt. Es interessieren in diesem Zusammenhang auch nur die nach einer Laständerung sich einstellenden stationären Endzustände, wie sie durch die Regelkennlinie gegeben sind. In einem Verbrauchernetz soll z. B. die in dem Zeigerdiagramm (*Bild* 28) dargestellte Belastung auftreten; die angegebenen Stromwerte sind auf den Nennstrom eines Generators normiert. Die Aufteilung der im Netz aufgetretenen Last auf die parallel geregelten Generatoren kann man in den Stromdiagrammen von *Bild* 29 sehen. Wir nehmen in diesem und allen folgenden Beispielen noch an, daß die Drehzahlkennlinien der Kraftmaschinen so eingestellt seien, daß sich der Netzwirkstrom hälftig auf beide Generatoren verteilt.

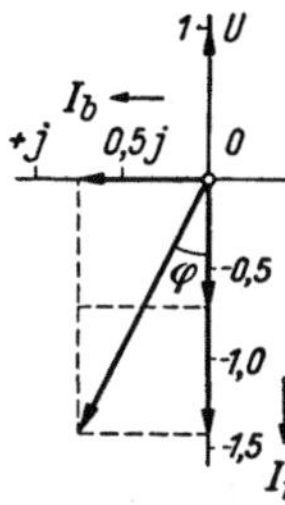

Bild 28. Stromdiagramme der Netzlast zu *Bild* 29

b) Parallelbetrieb von zwei Generatoren, direkt auf Verbraucher geschaltet

Ein Generator astatisch geregelt, ein Generator ungeregelt. In einem Kraftwerk sollen zwei Generatoren auf ein eigenes Netz ohne weitere Einspeisungen arbeiten. Um die Netzspannung konstant zu halten, ist ein Generator mit einem astatischen Regler ausgerüstet, der zweite Generator ist von Hand auf eine feste Erregung eingestellt (*Bild* 29,1). Die Spannung wird dann im stationären Betrieb durch den geregelten Generator konstant gehalten, so daß es für den von Hand gesteuerten Generator so aussieht, als ob er im Beharrungszustand auf ein starres Netz arbeiten würde. Der geregelte Generator regelt in Abhängigkeit vom abgegebenen Blindstrom eine astatische Regelkennlinie ein, während der ungeregelte Generator mit seiner natürlichen Spannungskennlinie arbeitet.

Bei dieser Art der Regelung wird beim ungeregelten Generator (*Bild* 29,1) bei einer Vergrößerung des Wirkstromes der an das Netz abgegebene Blindstrom verringert. In dem dargestellten Fall muß also dieser Generator Magnetisierungs-Blindstrom aufnehmen. Dieser Blindstrom muß dementsprechend von dem geregelten Generator übernommen werden. Der astatisch geregelte Generator muß aber außer der von dem ungeregelten Generator ihm zugeschobenen Blindlast auch noch die Blindlast übernehmen, die sich in normalen Drehstromnetzen im allgemeinen bei einer Wirklasterhöhung ebenfalls erhöht. Bei dem angenommenen Netzlastbeispiel (*Bild* 28) sieht man, daß auf diese Weise der geregelte Generator 1 bei Lastzunahme sehr bald überlastet werden kann. Bei ruhig und allmählich auftretenden Laständerungen können die handgesteuerten Generatoren von den Schaltwärtern ohne weiteres von Zeit zu Zeit nachgesteuert werden. Bei unruhigem Lastbetrieb dagegen erhöht sich die Gefahr einer Überlastung und damit der Abschaltung des geregelten Generators.

Ein Generator astatisch geregelt, ein Generator kennliniengesteuert mit Statikwiderstand. Die vorhin geschilderten Belastungsverhältnisse können verbessert werden, wenn man beide Generatoren regelt. Normalerweise wird jeder Generator einen astatischen Regler, meist mit PI-Verhalten, oder einen statischen Regler mit möglichst kleinem Proportionalbereich erhalten. Bei zwei astatischen Regelkennlinien ist die Blindlastverteilung auf die einzelnen Generatoren aber unbestimmt und muß auch bei sehr geringer Statik praktisch als labil angesehen werden. Um eine stabile Blindstromverteilung zu erreichen, regelt man nun z. B.

nur einen Generator astatisch, wogegen der andere eine laststromabhängige Regelkennlinie mit Hilfe eines Statikwiderstandes erhält (*Bild* 29,2). Der ohne Statikwiderstand geregelte Generator hält die Netzspannung konstant und zieht jede Blindleistungsänderung im Netz an sich, während der mit einem Statikwiderstand

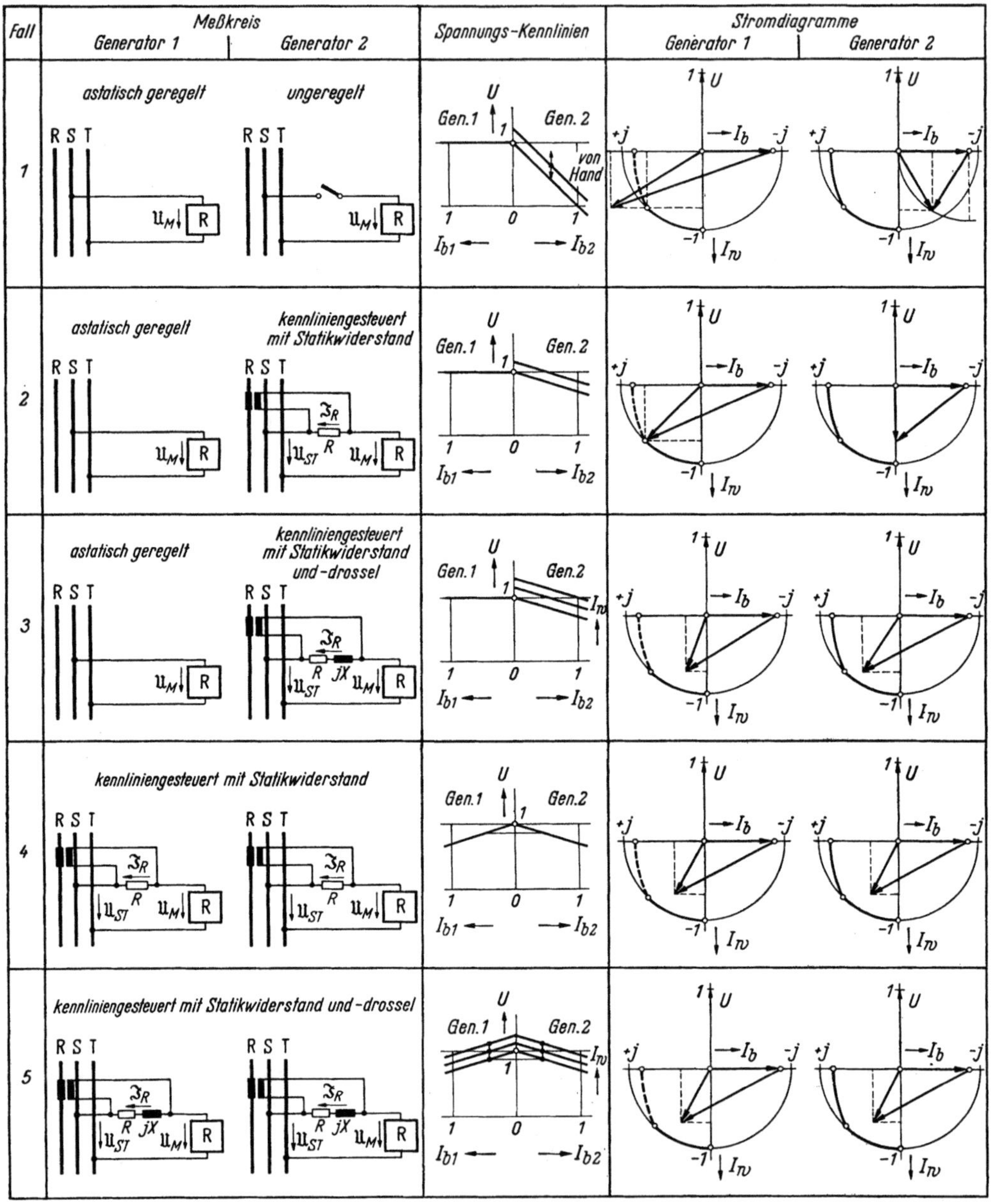

Regelung mit astatischen Reglern und laststromabhängiger Kennliniensteuerung. Netzlast s. *Bild* 28. Sollwerteinsteller sind nicht eingezeichnet.

Bild 29. Parallelregelung von zwei Generatoren, direkt auf Verbraucher speisend ausgerüstete Regler jetzt den Blindstrom konstant hält, der mit Hilfe des Sollwerteinstellers des Spannungsreglers eingestellt werden kann. Würde z. B. der Generator einen Blindstrom liefern, der tatsächlich größer ist, als der eingestellte Soll-Blindstrom war, so würde am Statikwiderstand zusätzlich ein Spannungsabfall entstehen: Die Meßwerkspannung würde zu groß werden, und der Regler müßte die Erregung und damit den Blindstrom so lange verkleinern, bis die Sollspannung des Meßwerks und damit der ursprüngliche Wert des Blindstromes wieder erreicht ist.

Das Stromdiagramm der so geregelten Generatoren zeigt bei dem mit dem astatischen Regler und einem Statikwiderstand ausgestatteten Generator bei steigender Wirklast einen konstant bleibenden Blindstrom, während dieser beim Generator mit fester Erregung abgenommen hatte. Der astatisch geregelte Generator braucht jetzt nur die im Netz anfallende Blindleistung zu übernehmen, so daß die Gefahr der Überlastung gegenüber dem vorigen Beispiel (*Bild* 29,1) verringert wird. Es regelt also hier ein Generator auf konstante Spannung und der andere auf konstanten Blindstrom. Dem astatisch geregelten Generator wird jetzt zwar bei steigendem Wirkstrom von dem statisch geregelten Generator keine Blindleistung mehr zugeschoben, doch muß er immer noch alle Blindleistungsänderungen des Netzes aufnehmen.

Ein Generator astatisch geregelt, ein Generator kennliniengesteuert mit einer Statikimpedanz. Eine weitere Verbesserung kann man erreichen, wenn wieder ein Generator astatisch geregelt wird und der astatische Regler des anderen Generators im Meßkreis einen Statikwiderstand und eine Statikreaktanz erhält (*Bild* 29,3). Der eine Generator regelt jetzt wieder nach einer astatischen Regelkennlinie, wogegen der zweite Generator nach einer statischen, durch den Wirkstrom parallel verschobenen Regelkennlinie regelt. Beim Generator 2 entspricht jetzt einem bestimmten Verhältnis des ohmschen Widerstandes zum induktiven Widerstand angenähert ein bestimmter $\cos \varphi$. Stellt man z. B. bei Wirklast Null den Sollwerteinsteller des Reglers so ein, daß kein Blindstrom fließt, so wird sich bei steigendem Wirkstrom ein dem eingestellten $\cos \varphi$ entsprechender Blindstrom einregeln. Der Blindstrom bleibt nicht wie bei der Steuerung mit Statikwiderstand konstant, sondern nimmt, wie in dem Stromdiagramm dargestellt ist, mit zunehmendem Wirkstrom so zu, daß ein vorher festgelegter $\cos \varphi$ konstant bleibt. Der astatisch geregelte Generator hat von der Netzblindlast nur noch den Rest zu übernehmen, den der kennliniengesteuerte Generator übrigläßt.

In der vorliegenden Kombination regelt also ein Generator auf konstante Spannung und der andere Generator auf konstanten $\cos \varphi$. Der astatisch geregelte Generator wird also jetzt noch mehr von der Blindlastlieferung bei entsprechender Belastungsänderung im Netz entlastet als in den Fällen mit Handsteuerung bzw. Regelung mit Statikwiderstand.

Beide Generatoren kennliniengesteuert mit Statikwiderstand. Wenn die astatischen Regler beider Generatoren einen gleich großen Statikwiderstand erhalten (*Bild* 29,4), so regeln beide nach der gleichen statischen Regelkennlinie. Die anfallende Netzblindleistung verteilt sich jetzt, unabhängig von der Aufteilung der Wirkleistung, gleichmäßig auf beide Generatoren. Die Netzspannung fällt aber dann entsprechend der Statik in Abhängigkeit von der Blindstromkomponente des Netzstromes ab. In dieser Kombination wird also die Blindlastverteilung gegenüber dem vorherigen Beispiel noch weiter verbessert, jedoch mit dem Nachteil einer Spannungsabsenkung.

Beide Generatoren kennliniengesteuert mit Statikimpedanz. Durch Hinzufügen einer Statikreaktanz zum Statikwiderstand läßt sich die Blindleistung ebenfalls nach Wunsch gleichmäßig auf die Generatoren verteilen, während zugleich damit die Spannungshaltung verbessert wird (*Bild* 29,5). Beide Generatoren arbeiten nach einer statischen, durch den Wirkstrom parallel verschobenen Regelkennlinie. Entspricht das gewählte Verhältnis R zu X dem $\cos\varphi$ der Last, so bleibt die Spannung konstant. Bei Abweichungen des $\cos\varphi$ erhöht oder verringert sich die Spannung. Die Generatoren regeln also in diesem Fall beide auf konstanten $\cos\varphi$. Man kann auch ohne weiteres den beiden Generatoren verschiedene Phasenwinkel φ zuordnen. Die Netzspannung wird hierbei dann konstant bleiben, wenn die Summe der beiden eingestellten Phasenwinkel gleich dem Phasenwinkel des Netzstromes ist.

Summenstrom-Steuerung aller Generatoren mit Statikwiderstand. Eine gleichmäßige stabile Blindlastverteilung bei in allen Fällen genauer Konstanthaltung der Spannung läßt sich mit Hilfe von Schaltungen erreichen, bei denen außer der normalen Schaltung mit Statikwiderstand noch ein weiterer Statikwiderstand vorgesehen wird. Dieser wird dann von dem Summenstrom aller Generatoren beaufschlagt. Im einzelnen soll auf die Wirkungsweise derartiger Anordnungen hier nicht näher eingegangen werden. Sie sind für den praktischen Betrieb auch schaltungsmäßig etwas zu umständlich, als daß sie in größerem Maße angewendet würden.

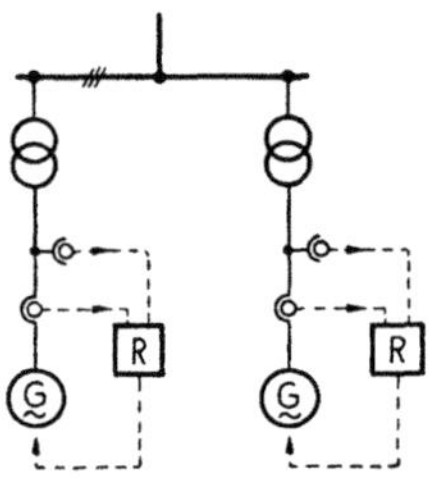

c) Blockschaltung von Generator und Transformator

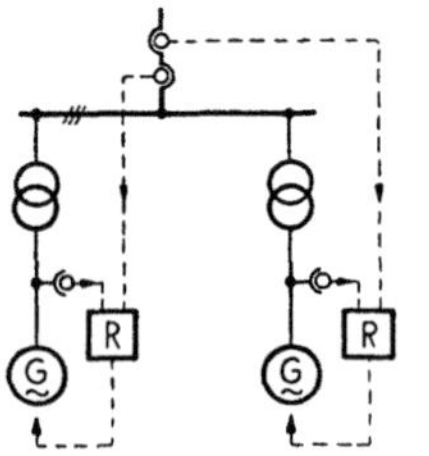

Bild 30. Parallelbetrieb von Generator und Transformator in Blockschaltung

Bei Blockschaltungen von Generatoren mit Transformatoren (*Bild* 30) kann man beide Generatoren auch mit einem astatischen Regler ausstatten, so daß jeder für sich auf eine astatische Regelkennlinie regelt. Infolge einer Blindstrombelastung fällt jetzt in Abhängigkeit vom Laststrom die Spannung auf der Sekundärseite des Transformators ab, und der Blindstrom verteilt sich auf die beiden Generatoren entsprechend der Statik der Transformatoren. Bei unerwünscht großem Spannungsabfall in den Transformatoren kann man bei den Generatoren eine Kennliniensteuerung mit ansteigender Regelkennlinie anwenden und dadurch einen Teil des Spannungsabfalles im Transformator kompensieren.

3. Kleiner Generator parallel mit starkem Netz

Im Verbundbetrieb wird die Netzspannung durch alle Generatoren gemeinsam bestimmt. Arbeitet ein verhältnismäßig kleiner Generator mit einem solchen Netz parallel (*Bild* 31), so können u. U. die Regelschaltungen zur Blindstrombeeinflussung versagen, wenn das Netzspannungsniveau in zu weiten Grenzen schwankt und die Statik der Regelkennlinie zu klein ist. Deshalb muß hier von Zeit zu Zeit von Hand am Sollwerteinsteller nachgestellt werden. Treten die Netzspannungsschwankungen sehr schnell auf, so ist ein Generatorbetrieb mit derartig gesteuerten

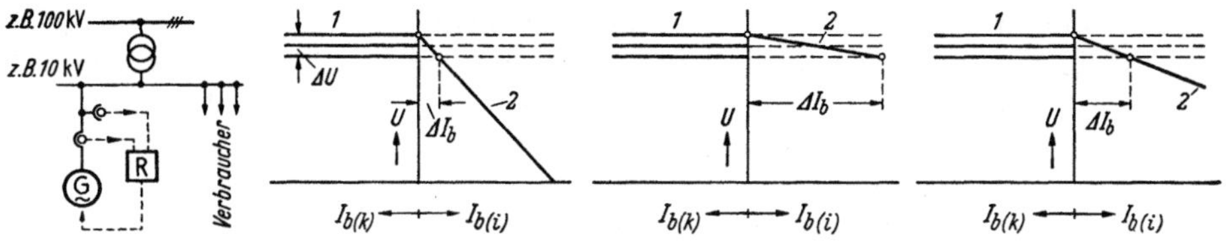

a) Prinzipschaltplan b) Generator mit natürlicher Spannungslinie c) Regelkennlinie des Generators mit kleiner Statik d) Regelkennlinie des Generators mit vergrößerter Statik

1 Netzspannungskennlinien
2 Generator-Regelkennlinien
U Spannung
ΔU Größte Netzspannungsschwankung
$I_{b(i)}$ Abgegebener Magnetisierungsblindstrom
$I_{b(k)}$ Aufgenommener Magnetisierungsblindstrom
ΔI_b Durch Netzspannungsschwankungen ΔU bewirkte Blindstromänderung

Bild 31. Kleine Generatoren parallel mit starkem Netz

Spannungsreglern überhaut nicht möglich, und es müssen weitere Zusatzeinrichtungen im Meßkreis des Reglers vorgesehen werden, um Abschaltungen der Generatoren durch Blindstromüberlast oder durch Kippen zu verhindern.

Betrieb mit blockiertem oder abgeschaltetem Regler. Die geringste Beeinflussung bei veränderlicher Netzspannung erhält man bei fester Erregung des Generators, z.B. mit blockiertem oder abgeschaltetem Regler. Das *Bild* 32 zeigt für diesen Fall die Blindstromänderung bei (sehr groß angenommenen) Spannungsänderungen von $\pm 20\%$ für Generatoren mit verschiedenen Leerlauf-Kurzschluß-Verhältnissen k_0. Aus den Diagrammen a bis c ist außer den auftretenden Blindstromänderungen noch zu erkennen, wie weit man einen unüberwachten Generator mit Wirkstrom höchstens belasten darf, wenn gleichzeitig möglichst viel Blindstrom an das Netz abgegeben werden soll. Die Diagramme d bis f zeigen die gleichen Verhältnisse, jedoch mit der Bedingung, daß der Generator so hoch wie möglich mit Wirkstrom belastet wird.

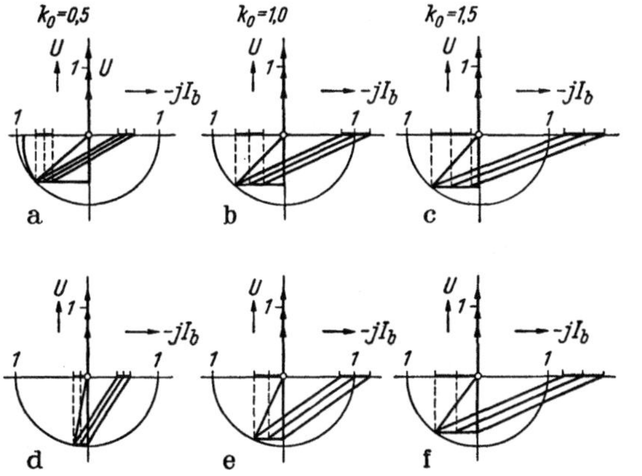

Bild 32. Blindstromänderung bei einem kleinen Generator an starkem Netz bei blockiertem Spannungsregler

Um bei Lastabschaltungen des Generators durch Störungen zu hohe Spannungssteigerungen am Generator zu verhindern, muß die Blockierung des Reglers aufgehoben oder der Generator entregt werden.

Betrieb mit vergrößerter Statik der Regelkennlinie. Verlaufen die Spannungsschwankungen des Netzes in mäßigen Grenzen, so können durch verhältnismäßig starkes Vergrößern der Statik die Blindstromschwankungen in zulässigen Grenzen gehalten werden. (Man nähert sich auf diese Weise mit der Regelkennlinie den natürlichen Spannungskennlinien des Generators.) Um beim Übergang auf Einzelbetrieb des Generators eine brauchbare Spannungshaltung zu bekommen, muß zugleich mit dem Abtrennen des Generators vom Netz die Statik der Regelkennlinie verkleinert werden. Bei einem einzelnen Generator kann auch auf astatische Regelung übergegangen werden, sofern der Generator mit einem astatischem Regler ausgerüstet ist. Die Verhältnisse werden etwas ungünstiger, wenn der Kuppeltransformator zum starren Netz in die Größenordnung des Generators kommt.

4. Messung bei unsymmetrischen Spannungen

Die Regeleinrichtungen großer Generatoren haben je nach den Netzverhältnissen häufig neben den Aufgaben der Spannungsregelung auch noch die Aufgabe, bei Störungen im Netz sich durch sofortige Aktivierung der Schnellerregung an der Sicherung der Netzstabilität zu beteiligen. Bei 2poligen Kurzschlüssen kann es vorkommen, daß eine der verketteten Spannungen größer wird als im störungsfreien Fall (s. *Bild* 33). Ist der Spannungsregler gerade an eine dieser Spannungen angeschlossen, so wird die Erregung nicht erhöht, sondern herabgesetzt, also in falschem Sinne beeinflußt. In solchen Fällen mit erhöhten Forderungen an die Stabilität des Netzbetriebes sind je nach der Ausführungsart des Meßwerks verschiedene Sonderschaltungen üblich [*25*]. Es werden dabei zwei oder alle drei Spannungen des Drehstromsystems zur Messung mit herangezogen.

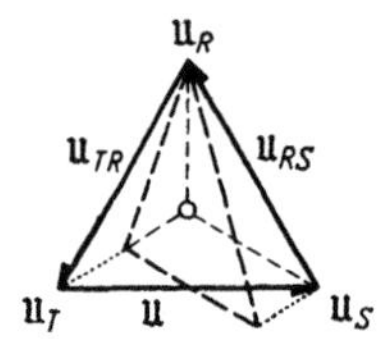

Bild 33. Verzerrtes Dreiphasensystem bei 2poligem Kurzschluß

F. Berechnung von Regelvorgängen

1. Abschätzung des Regelablaufes

Eine exakte Berechnung des Regelablaufes bei der Spannungsregelung von Synchrongeneratoren ist wegen der großen Zahl der während des Regelablaufes veränderlichen Parameter sehr mühevoll und zeitraubend. Ursachen dafür sind z. B. die nichtlinearen Kennlinien von Maschinen (Sättigung), Stufungen von Stellwiderständen oder Begrenzungen der Verstärker. Es gibt aber zwei Arten besonderer Laständerungen, für die auch eine nur ungefähre Vorausberechnung des Regelablaufes oft von großem praktischem Nutzen sein kann. Einmal ist es das *Abschalten* eines voll belasteten Generators: Überschreitet nämlich die Spannung bei einer Lastabschaltung die Grenze von 35 bis 45%, so spricht der dafür vorgesehene Spannungssteigerungsschutz an und schaltet in unerwünschter Weise den ganzen Maschinensatz ab. Ein anderer wichtiger Fall ist das *Zuschalten* sehr großer induktiver Last, hauptsächlich von Asynchronmotoren. Dabei kann die Spannung so weit einbrechen, daß ein Hochlauf des Motors nicht möglich ist oder der Betrieb anderer angeschlossener Verbraucher gefährdet wird. Während das Lastabschalten bei Generatoren aller Art und jeder Größe vorkommen kann, kommt das Zuschalten großer Lasten nur bei Generatoren bis zu einigen tausend kW in Betracht.

Für das Abschätzen des Regelablaufes kann man sich zunächst auf Grund der Erfahrung und durch physikalische Überlegungen ein grobes, rein qualitatives Bild von den Vorgängen machen (*Bild* 34). Es ist hier nur der aperiodische Grenzfall dargestellt. Angenommen ist ein Belastungsstoß in Form einer Sprungfunktion. Gezeigt ist der Verlauf der Klemmenspannung, des Polradstromes und der Hauptfeldspannung, wenn die Erregerspannung sich entsprechend den fünf in *Bild* 34a dargestellten Formen ändert. Die Klemmenspannung macht zuerst einen Sprung und geht dann mit der jeweils *wirksamen Lastzeitkonstante* auf den neuen stationären Endzustand. Man weiß also über den voraussichtlichen Regelablauf schon sehr viel, wenn man den sog. transienten *Anfangssprung*, den *Endwert* der Spannung und die *Anfangsneigung* kennt, die durch die wirksame Zeitkonstante festliegt.

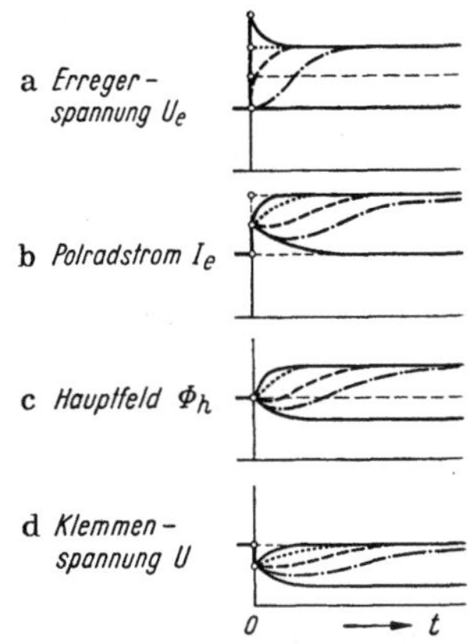

Bild 34. Übergangsfunktionen beim Synchrongenerator bei veränderlicher Erregerspannung und vorhergegangenem Belastungsstoß (in Form einer Sprungfunktion)

Bei der Berechnung von Klemmenspannungen im transienten Anfangszustand und im stationären Endzustand kann man von den Ersatzschaltbildern (*Bild* 35) und den entsprechenden Spannungsgleichungen ausgehen. Um den bei jedem Generator nach einer plötzlichen Laständerung unvermeidlichen Spannungssprung abzuschätzen, kann man aus *Bild* 12 Werte für verschiedene Generator-*Ersatzreaktanzen* X'_d und X_d entnehmen. Ein weiterer brauchbarer Anfangswert für den transienten Vorgang ist die *Hauptfeldspannung* E_i des Generators, die sich aus den Daten des Vorbelastungszustandes nach Gl. (1) in *Bild* 35 berechnen läßt. Eine bessere Näherung als die Hauptfeldspannung liefert ihre in die Längsachse fallende Komponente E_{d0} (vgl. Kapitel 32). Ebenfalls aus dem Vorbelastungszustand läßt sich für den neuen stationären Endzustand die *Polradspannung* $\mathfrak{E}_p$ aus Gl. (2) in *Bild* 35 bestimmen.

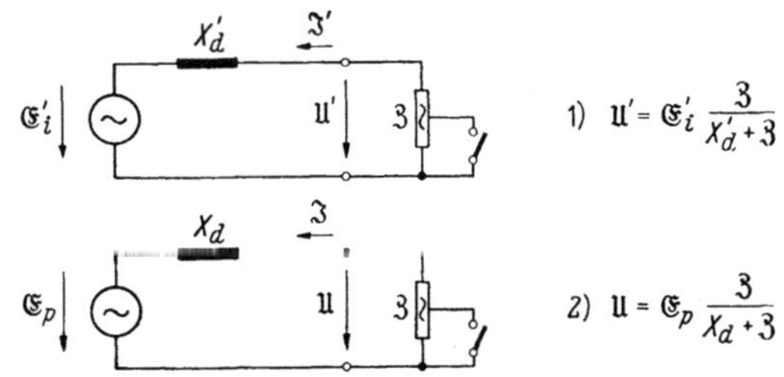

Bild 35. Ersatzschaltbilder des Synchrongenerators

Die wirksamen Zeitkonstanten errechnet man aus der Leerlaufzeitkonstante mit Hilfe der Gleichungen in *Bild* 14 oder man entnimmt sie bei überschläglichen Vorausberechnungen aus den entsprechenden Kennlinien dieses Bildes. Ist die Leerlaufzeitkonstante nicht bekannt (z.B. bei Vorausplanungen oder bei grundsätzlichen Untersuchungen), so kann man aus *Bild* 13 z.B. die zu einer bestimmten Leistung und Drehzahl gehörende Leerlaufzeitkonstante T_{d0} entnehmen. Aus den Kurven *Bild* 14 läßt sich dann die wirksame Lastzeitkonstante T (bei entsprechender Interpolation) über das ganze Lastgebiet des Generators übersehen.

Mit diesen Unterlagen kann der Spannungsverlauf je nach der Art der verwendeten Erregeranordnung im groben aufgezeichnet werden. Dieses Verfahren ist für allgemeine Systembetrachtungen und für schnelle Entscheidungen bei Vorausplanungen schon sehr nützlich.

Die transienten Anfangssprünge der Klemmenspannung sind auch schon in umfangreichen Kurventabellen mit Hilfe von Rechengeräten ermittelt worden und können so für bekannte Maschinendaten daraus abgelesen werden [*23*, *24*].

2. Bestimmung des Regelablaufes mit Analogie-Rechengeräten

Eine entscheidende Hilfe für die Vorausbestimmung von Regelabläufen für beliebige Regelanordnungen von Synchrongeneratoren bieten die elektronischen Analogie-Rechengeräte. Die Regelaufgaben werden dabei mit Hilfe von Blockschaltplänen erschlossen.

Beim Aufbau eines Blockschaltplanes kann man verschiedene Wege gehen. Im allgemeinen ist es immer vorteilhaft, sich einen einfachen Blockschaltplan zuerst nur zum grundsätzlichen Verständnis der physikalischen Zusammenhänge aufzustellen (z.B. *Bild* 1 b) und daraus erst Blockschaltpläne für besondere Zwecke zu entwickeln.

Für den ersten Einblick in die gegenseitigen Verknüpfungen der verschiedenen Größen der Regelanordnung empfiehlt es sich, an irgendeiner Stelle anzufangen und

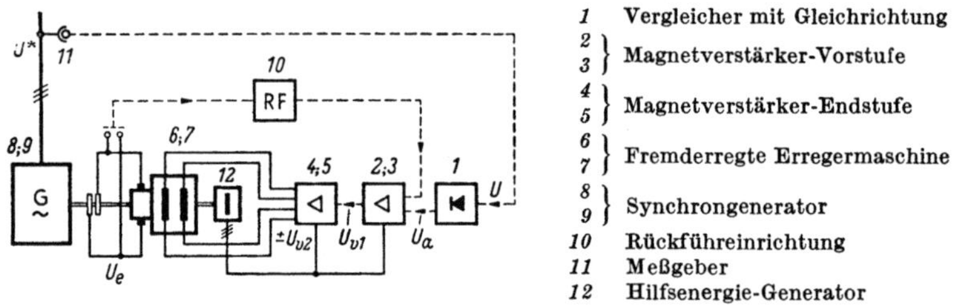

a) Geräteschaltplan

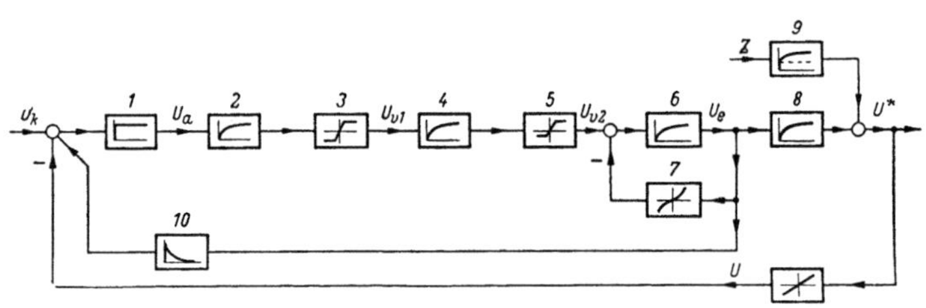

b) Blockschaltplan

Bild 36. Geräteschaltplan (*a*) und Blockschaltplan (*b*) zur Spannungsregelung eines Synchrongenerators

zunächst alle schon bekannten physikalischen Zusammenhänge im Blockschaltplan zu erfassen. Dabei können ohne weiteres auch Blockbilder für rein mathematische Operationen eingefügt werden, die nicht unmittelbar an eine bestimmte gerätetechnische Anordnung gebunden sind (z.B. Blockbilder zur Aufspaltung des komplexen Stromes in einen Wirk- und Blindstrom). Es zeigt sich dann ganz von selbst, an welchen Stellen Lücken in der Kenntnis der näheren physikalischen Zusammenhänge zwischen den einzelnen Größen bestehen.

Beispiel. Für eine Regelanordnung (entsprechend dem Geräteplan *Bild* 36a) wird eine der verschiedenen Möglichkeiten gezeigt, wie in einem Blockschaltplan die Regelaufgabe für die Untersuchung an einem Analogiegerät vorbereitet werden kann (*Bild* 36b). Der jeweilige Aufbau des Blockschaltplanes hängt von den (zugelassenen oder noch erträglichen) Vernachlässigungen ab. Die Behandlung dieser Aufgabe am Analogiegerät ist als Beispiel im Kapitel 64 geschildert. Auf ihre praktische Auswirkung, beispielsweise für den Inbetriebsetzungs-Ingenieur, wird im Kapitel 14 eingegangen.

G. Quellenhinweise

[*1*] Henning, H.: Ein neues Ersatzschaltbild der Synchron-Vollpolmaschine. Elektrotechn. u. Masch.-Bau 76. Jg. (1959) S. 352–354.

[*2*] Henning, H.: Stromdiagramme der Synchron-Vollpolmaschine. Elektrotechn. u. Masch.-Bau 76. Jg. (1959) S. 384–388.

[*3*] Henning, H.: Beitrag zum Problem der Spannungsregelung. Regelungstechnik 1. Jg. (1953) S. 11–13 u. S. 36–38.

[*4*] Henning, H.: Die Erregungsgeschwindigkeit von Erregermaschinen. Regelungstechnik 2. Jg. (1954) S. 215–219.

[*5*] ASA: American Standard Definitions of Electrical Terms, C 42-1941. ASA-Def. 10.95.440 – Exciter Response. ASA-Def. 10.95.450 – Nominal Exciter Response.

[*6*] VDE 0530/7.55. Regeln für elektrische Maschinen. §6: Erregung. Hrsg. Verband Deutscher Elektrotechniker (VDE) e. V.

[*7*] Bonfert, K.: Bedeutung und Kennzeichnung der Erregungsgeschwindigkeit von Erregeranordnungen. ETZ-A 81. Jg. (1960) H. 7, S. 246–262.

[*8*] Keve, Th.: Selbsterregte oder fremderregte Erregermaschine in Regelungsanlagen. ETZ-A 79. Jg. (1958) S. 632–635.

[*9*] v. Rziha, E.: Starkstromtechnik. Hrsg. R. Genthe Bd. I, 2. Tl, 6. Abschn.: Maschinen und Transformatoren. A) Gleichstrommaschine, Bearb. v. M. Zorn,

[*10*] Nechleba, F.: Die Rapidyne, ein moderner Maschinenverstärker. ETZ-A 77. Jg. (1956) S. 326–329.

[*11*] Henning, H.: Erregungsanordnung mit selbsterregtem Konstantspannungs-Wellengenerator und Erregerumformer. VDE-Fachberichte Bd. 18 (1954) Tl. III, S. 2–6.

[*12*] Harz, H. u. Henning, H.: Erregerumformer und Konstantspannungs-Wellengenerator für große Wasserkraftgeneratoren. Siemens-Z. 29. Jg. (1955) S. 288–293.

[*13*] Harz, H. u. Henning, H.: Erprobungsversuche mit Konstantspannungs-Wellengenerator und Erregerumformer. Siemens-Z. 29. Jg. (1955) S. 342–346.

[*14*] Harz, H.: Schnell- und Stoßerregung von Synchronmaschinen über Gleichrichter in Stromtransformatorschaltung. ETZ 56. Jg. (1935) S. 833–837.

[*15*] Modlinger, R.: Die selbsttätige Spannungsregelung von Synchrongeneratoren mittels gittergesteuerter Gleichrichter. ETZ-A 75. Jg. (1954) S. 273–278.

[*16*] Haamann, K. P.: Regel- und Schutzeinrichtung bei stromrichtererregten Synchrongeneratoren. VDE-Fachberichte Bd. 20 (1958) S. 108–114.

[*17*] Achenbach, H. u. Hochstetter, W.: Konstantspannungs-Generatoren im Allein- und Parallelbetrieb. Elektro-Welt (1956) S. 157–160.

[*18*] Lang, A.: Selbstregelnde Generatoren mittels Kompoundierung oder Spannungsregelung? Regelungstechnik 1. Jg. (1953) S. 150–153.

[*19*] Tardel, K.: Reglerlose Wechselstromerzeuger für konstante Spannung. ETZ 65. Jg. (1944) S. 139–142.

[*20*] Ott, H.: Selbstregelnde bedienungslose Drehstrom- und Wechselstrom-Generatoren. Energie 4. Jg. (1952) S. 91–94.

[21] LANG, A.: Die Schnellregeleigenschaften des Tirrillreglers. Arch. Elektrotechn. 32. Bd. (1938) S. 675–683.

[22] HENNING, H.: Kennliniensteuerung bei der Spannungsregelung von Generatoren im Parallelbetrieb. Regelungstechnik 4. Jg. (1955) S. 311–317.

[23] HARDER, E. L. u. CHEEK, R. C.: Regulation of a-c generators with suddenly applied loads. P. I. Trans. Amer. Inst. electr. Eng. P. I Bd 63 (1944) S. 310–318.

[24] HARDER, E. L., CHEEK, R. C. u. CLAYTON, J. M.: Regulation of a-c generators with suddenly applied loads. P. II. Trans. Amer. Inst. electr. Eng. P. I Bd. 69 (1950) S. 395–406.

[25] HOSEMANN, G.: Messung und Kennlinienbildung bei der Spannungsregelung von Synchrongeneratoren und Transformatoren. ETZ-A 81. Jg. (1960) H. 7, S. 274–281.

24. Netzkupplungsumformer

Von **H. Harz**

Inhaltsübersicht

A. Überblick

1. Allgemeines

Netzkupplungsumformer haben die Aufgabe, zwei Netze verschiedener Stromart, Phasenzahl und Frequenz miteinander zum Zweck des Wirkleistungsaustausches und der Spannungshaltung zu kuppeln. Die Kupplung eines Gleichstromnetzes mit einem Drehstromnetz durch Motorgeneratoren oder Einankerumformer gehört an sich auch hierher; Motorgeneratoren stellen aber an den Regelungstechniker keine besonderen technischen Anforderungen, und Einankerumformer haben heute nur noch geschichtlichen Wert. Außerdem wird für diesen Zweck vorwiegend der Stromrichter verwendet. Besondere Bedeutung haben die Umformer zur Kupplung des Drehstromnetzes der allgemeinen Landesversorgung (50 Hz) mit dem Einphasenbahnnetz ($16^2/_3$ Hz). Bei der Kupplung solcher Netze unterscheidet man die synchron-synchrone oder *starre Kupplung* und die synchron-asynchrone oder *gleitende Kupplung*.

2. Regelaufgaben und Regelbarkeit bei verschiedenen Umformerarten

a) Synchron-synchrone (starre) Kupplung

Dafür gibt es Ausführungsformen als Zweimaschinensätze (Motorgeneratoren) und als Einmaschinensätze (Doppelfeldumformer). Ein Beispiel für Motorgeneratoren bietet die Stromversorgung der Schwedischen Staatsbahnen [*1*] (*Bild* 1). Die Generatoren eines Umformerwerkes können parallel betrieben werden, ein Umformerwerk speist nur den ihm zugeordneten Streckenabschnitt der Fahrleitung. Die Last verteilt sich gleichmäßig auf die parallelarbeitenden Generatoren,

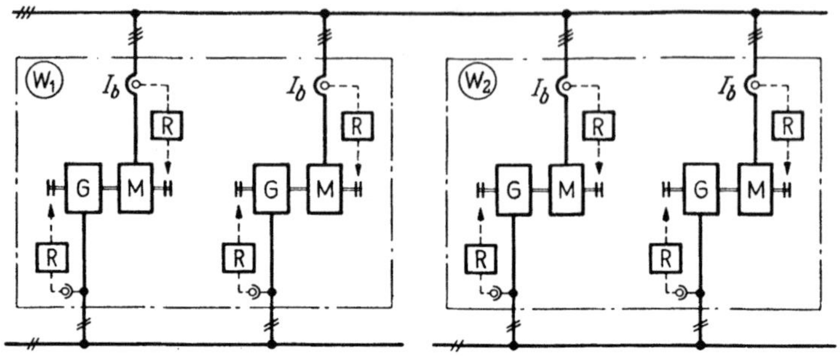

W Umformerwerke mit 2 bis 3 Umformern (W_1 und W_2)
M Synchronmotoren 3200 kVA, cos φ = 0,7; 500 U/min, 50 Hz, parallel am Drehstromnetz
G Synchrongeneratoren, 2400 kVA; cos φ = 0,8; $16^2/_3$ Hz

Bild 1. Synchrone Netzkupplung mit Motorgeneratoren und Streckentrennung im Einphasennetz (Schwedische Staatsbahnen; ein Einphasenabschnitt bis zu etwa 160 km)

weil es sich um gleiche Maschinen handelt und die Leitungswiderstände hier nicht mitwirken. Dadurch entfallen die Regelungsaufgaben, die sich bei durchgeschalteter Fahrleitung für die Wirk- und Blindlastverteilung aller paralle arbeitenden Einphasengeneratoren ergeben würden. Die Regelungsaufgaben beschränken sich auf Spannungsregelung bei den Generatoren und Blindstromregelung bei den Motoren auf cos $\varphi = 1$ [*15*].

Motor und Generator des synchronen Umformers lassen sich zu einer einzigen Maschine vereinigen [*2*], die für Drehstrom (50 Hz) und Einphasenstrom ($16^2/_3$ Hz) nur ein gemeinsames Blechpaket und eine gemeinsame Ständerwicklung hat. Bei einer neueren Entwicklung dieser Maschine (2600 kVA, 1000 U/min) ist jeder Hauptpol für die Grundwelle in drei Einzelpole unterteilt [*3*]. Durch entsprechende Erregung dieser Einzelpole kann jedes beliebige Verhältnis zwischen den Feldern der Grundwelle ($16^2/_3$ Hz) und der dritten Oberwelle (50 Hz) hergestellt werden, die unabhängig voneinander geregelt werden können. Zur Beeinflussung der Lastverteilung kann durch verschieden große E regung der Einzelpole der Polradwinkel rein elektrisch verstellt werden. Die gleiche Wirkung läßt sich auch bei synchron-synchronen Motorgeneratoren erreichen, wenn eine der beiden Maschinen zwei- oder mehrachsig erregt wird [*4*, *5*].

b) Synchron-asynchrone (gleitende) Kupplung

Regelaufgaben. In Europa ist die Kupplung mit synchron-asynchronen Umformern am meisten verbreitet; es lassen sich damit alle bei der Netzkupplung auftretenden Anforderungen an eine Regelung in vollkommener Weise erfüllen:

1. Die Spannung bzw. die Blindleistung kann in jedem der beiden Netze unabhängig vom Wirkleistungsaustausch und von Frequenzschwankungen geregelt werden.

2. Der Wirkleistungsfluß von einem in das andere Netz läßt sich durch Regelung und Kennliniensteuerung leicht in jede gewünschte Abhängigkeit von der

Drehzahl des Umformers bzw. der Frequenz des Synchronteils bringen, ohne daß sich die Frequenzschwankungen des Asynchronteils störend auswirken.

3. Die Umformer können auf der Drehstromseite und auf der Einphasenseite sowohl untereinander als auch mit anderen Maschinen einwandfrei parallel arbeiten.

Die Steuerung im Läuferkreis. Die *Bilder* 2a bis c zeigen gebräuchliche Schaltungen von Netzkupplungsumformern mit einer Asynchronmaschine, deren Läuferwicklung auf eine Kommutatorsteuermaschine (Schlupfmaschine) der Bauart Siemens-Lydall bzw. BBC-Scherbius geschaltet ist. Das Zeigerbild der Spannungen und Ströme (*Bild* 3) ist für den Fall gezeichnet, daß die Maschine motorisch mit $\cos\varphi = 1$ und unter synchronem Schlupf arbeitet. Der im Läufer auftretenden Schlupfspannung $\mathfrak{E}_{2s}$ müssen die Spannungsfälle und die durch die Schlupfmaschine eingeführte Spannung $\mathfrak{E}_3$ das Gleichgewicht halten; $\mathfrak{E}_3$ und $\mathfrak{J}_2$ wirken sich in der Hauptsache entgegen, d.h., die Schlupfmaschine verarbeitet die Schlupfleistung motorisch. Als Spannung der Drehung ist $\mathfrak{E}_3$ in Phase mit dem Erregerstrom $\mathfrak{J}_3$ der Schlupfmaschine und da $\mathfrak{E}_3$ durch Betrag und Phase das Verhalten der Asynchronmaschine bestimmt, *besteht die Aufgabe darin,* $\mathfrak{J}_3$ *nach Betrag und Phase bei jedem Schlupf richtig zu steuern.* Die Schlupfmaschine formt die bei jeder Abweichung der Asynchronmaschine von ihrer synchronen Drehzahl

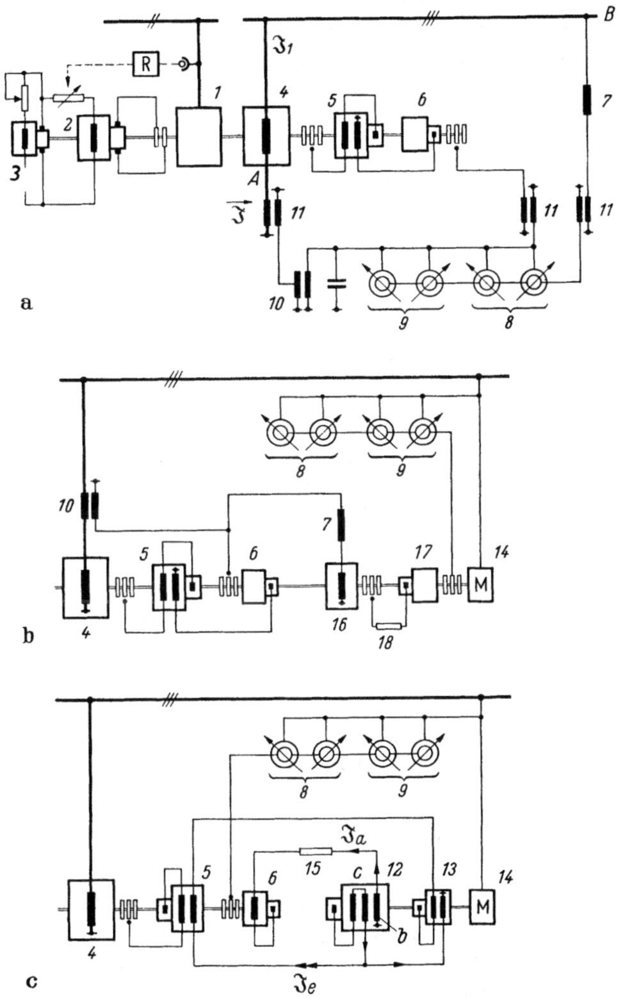

1 Synchronmaschine
2 Haupterregermaschine
3 Hilfserregermaschine
4 Asynchronmaschine
5 Schlupfmaschine
6 Erregerfrequenzwandler
7 Drosselspule
8 Doppeldrehwandler für Drehzahl
9 Doppeldrehwandler für $\cos\varphi$
10 Lastschlupfwandler
11 Zwischenwandler gegen Hochspannung
12 Doppelerregermaschine mit Kompensations Fremderreger- u. Gegenreihenschlußwicklung
13 Hilfserregermaschine
14 Antriebsmotor des Erregerumformers
15 Vorwiderstand
16 synchronmaschine des Erregerumformers
17 Erregerfrequenzwandler des Erregerumformers
18 Vorwiderstand

Bild 2. Erregungsschaltungen von Netzkupplungsumformern

auftretende Schlupfleistung nutzbar um. Bei Widerstandssteuerung geht sie dagegen als Wärme verloren.

Beispiel zur Ermittlung des Steuerstromes. Der für eine bestimmte Drehzahl-Drehmoment-Kennlinie erforderliche Steuerstrom $\mathfrak{J}_3$ wird über die Ortskreise des Ständerstromes der Asynchronmaschine ermittelt (*Bild* 4). Durch eine zusätz-

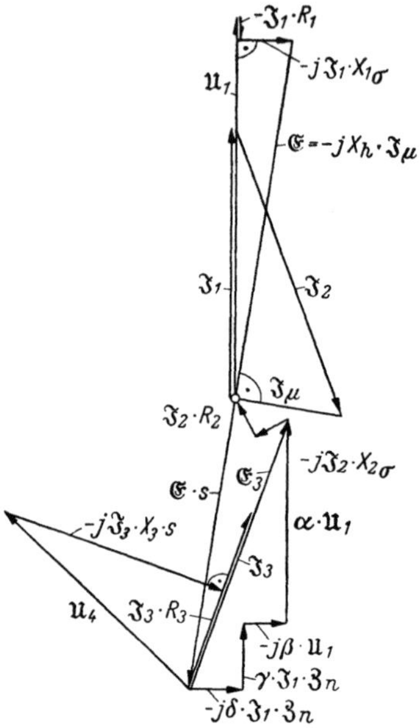

$\mathfrak{U}_1$	Klemmenspannung
$-\mathfrak{J}_1 \cdot R_1$	Wirkfall im Ständer
$-j\,\mathfrak{J}_1 \cdot X_{1\sigma}$	Streufall im Ständer
$\mathfrak{E} = -j\,X_h \cdot \mathfrak{J}_\mu$	Induzierte Spannung der Asynchronmaschine
$\mathfrak{E}_3$	Erzeugte Spannung der Schlupfmaschine
$-\mathfrak{J}_2 \cdot R_2$	Wirkfall im Läufer
$-j\,\mathfrak{J}_2 \cdot X_{2\sigma}$	Streufall im Läufer
$\mathfrak{J}_1$	Ständerstrom
$\mathfrak{J}_2$	Läuferstrom
$\mathfrak{J}_\mu$	Erregerstrom
$\mathfrak{U}_4$	Klemmenspannung an der Erregerwicklung der Schlupfmaschine
$-j\,\mathfrak{J}_3 \cdot X_3 \cdot s$	Blindspannung } an der Erregerwicklung der Schlupfmaschine
$-\mathfrak{J}_3 \cdot R_3$	Wirkspannung } an der Erregerwicklung der Schlupfmaschine
$\mathfrak{J}_3$	Erregerstrom der Schlupfmaschine
$\alpha \cdot \mathfrak{U}_1$	Steuerspannung für Drehzahl
$-j\,\beta \cdot \mathfrak{U}_1$	Steuerspannung für Leistungsfaktor
$\gamma \cdot \mathfrak{J}_1 \cdot \mathfrak{Z}_n$	Steuerspannung für Wirkstromschlupf
$-j\,\delta \cdot \mathfrak{J}_1 \cdot \mathfrak{Z}_n$	Steuerspannung für Blindstromschlupf

Bild 3. Zeigerbild der Spannungen und Ströme der Asynchronmaschine mit Schlupfmaschine, die nach Drehzahl, Leistungsfaktor und Lastschlupf erregt wird

liche Reihenschlußerregung der Schlupfmaschine ist der Schlupf bei Nennlast auf 1,3% und durch einen Lastschlupfwandler (10), z. B. in *Bild* 2a und c (Kompoundwandler), um weitere 3% erhöht (sog. Kompoundierungsgrad), so daß der Gesamtschlupf bei Nennlast 4,3% beträgt. K_u bezeichnet den Ortskreis bei Fremderregung Null, jedoch mit Lastschlupferregung; K_I, K_{II}, K_{III} sind Kreise, die alle durch den Nennlastpunkt b gehen ($\cos\varphi = 1$), jedoch mit unterschiedlichem Schlupf: $s = -0{,}03$ (übersynchron), $s = 0$ (synchron) und $s = +\,0{,}03$ (untersynchron). Die Mittelpunkte aller Kreise durch b liegen auf der Mittelsenkrechten e′e″ der Strecke a b und können unmittelbar in Vollastschlupfwerten angegeben werden. Die Lage der Mittelpunkte im eingezeichneten Koordinatennetz gegenüber dem Mittelpunkt m_u des Kreises K_u gibt an, welche Spannung in Prozent der Läuferstillstandspannung die Schlupfmaschine bei konstanter Drehzahl liefern muß. Der Zeiger d m_u gibt z. B. einen Spannungsanteil von -7% der Stillstandspannung ($\alpha = -0{,}07$) in Gegenphase zur Netzspannung und von 1,5% ($\beta = -\,0{,}015$) um 90° gegenüber der Netzspannung nacheilend an (Ermittlung der Ortskreise nach [*6*, *7*]). Bei den Kreisen K_I' und K_{III}' ist der Lastschlupfwandler unwirksam (Kompoundierungsgrad Null). Sie zeigen wesentliche Unterschiede der Wirk- und Blindlast gegenüber K_I und K_{III}. Vor allem geht die

Überlastbarkeit für den untersynchronen Kreis K_{III} stark zurück. Die günstige Wirkung des Lastschlupfwandlers zeigt sich noch deutlicher in *Bild* 5, in dem die

$U = 1$ $\sigma = 0{,}095$
$I_{1n} = 1$ $R_2 = 0{,}0127$
$X_h = 2{,}35$ $\mathfrak{I}_{10} = -\mathrm{j}\,0{,}405$
$X_1 = 2{,}475$ $\mathfrak{I}_{1\infty} = -\mathrm{j}\,4{,}27$
$X_2 = 2{,}46$

R_2 enthält einen Zusatzschlupf von etwa 0,7 % (duch eine Reihenschluß-Erregerwicklung der Schlupfmaschine)

	Vollastschlupf	Kompoundierungsgrad %
K_I	− 0,03	3
K_{II}	0	3
K_{III}	0,03	3
K_I'	− 0,03	0
$K_{II}' = K_{II}$	0	0
K_{III}'	0,03	0
K_u	unerregt	

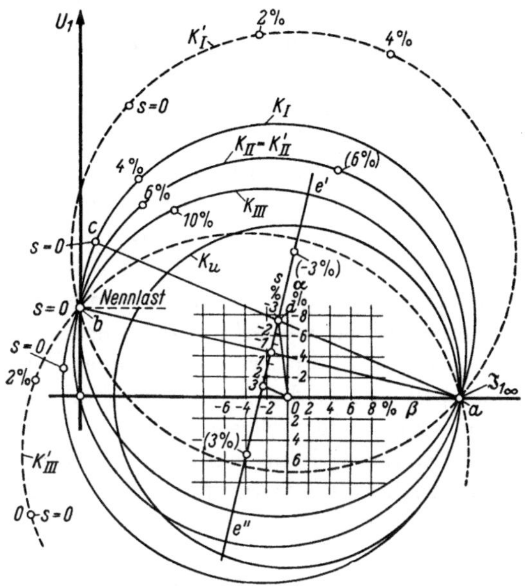

Bild 4. Ortskreise einer Asynchronmaschine 26000 kW, 500 U/min, 50 Hz, mit Drehzahlsteuerung um ± 3 % bei Nennlast $\cos\varphi = 1$

Leistung über dem Schlupf aus den Kreisen K_I, K_{II}, K_{III} und K_I', K_{II}', K_{III}' dargestellt ist, wenn die Erregung der Schlupfmaschine für $\cos\varphi = 1$ und Nennlast

Bei konstanter Spannung der Schlupfmaschine entsprechend Nennleistung bei $\cos\varphi = 1$ und $s = -0{,}03$, 0 und 0,03; I II III für $\gamma = 0{,}03$; I' II' III' für $\gamma = 0$

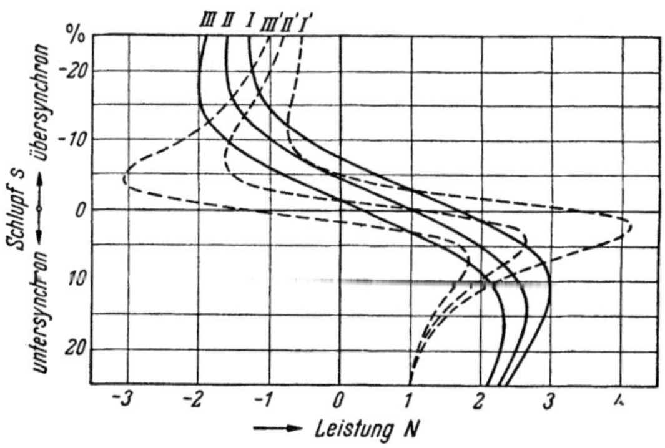

Bild 5. Schlupf-Leistungs-Kennlinien der Asynchronmaschine

eingestellt bleibt und die Belastung geändert wird. Der Lastschlupfwandler erleichtert die Aufgabe der Regler sowohl bei der Wirk- als auch bei der Blindleistung, da er unverzögert wirkt.

B. Die Steuerung der gleitenden Netzkupplungsumformer

1. Grundsätzlicher Aufbau des Erregerkreises

Die Schlupfmaschine verarbeitet die Schlupfleistung untersynchron motorisch und übersynchron generatorisch, wenn die Asynchronmaschine als Motor läuft und umgekehrt bei Generatorbetrieb. Für solche Zwecke verwendet man Mehrphasen-Kommutatormaschinen der Bauart Siemens-Lydall bzw. BBC-Scherbius [*8*], die bis zu Leistungen von 1000 kVA und darüber gebaut werden. Sie haben, wie ein Einphasen-Wechselstrombahnmotor, einen Kommutatoranker, ausgeprägte Pole, Wendepole, Kompensationswicklung und Erregerwicklung, sind jedoch drei- und sechsphasig ausgeführt. Meistens ist noch eine Reihenschluß-Erregerwicklung vorhanden, die eine dem Ankerstrom verhältnisgleiche Spannung in den Läuferkreis einführt. Die Schlupfmaschine wirkt dadurch wie ein den Grundschlupf erhöhender ohmscher, jedoch verlustfreier Widerstand. Die Ankerspannung $\mathfrak{E}_3$ der Schlupfmaschine ist als Spannung der Drehung in Phase mit dem zugehörigen Erregerstrom $\mathfrak{J}_3$.

Die Erregerwicklung hat einen konstanten Wirk- und einen dem Schlupf verhältnisgleichen Blindwiderstand. Der Phasenwinkel zwischen Erregerstrom und -spannung ändert sich mit dem Schlupf und erschwert dadurch die richtige Erregung. Es werden daher der Erregerwicklung nicht *Spannungen*, sondern *Ströme* mit gegebenem Betrag und Phasenwinkel aufgedrückt, so daß sich die Spannungen an der Erregerwicklung selbsttätig einstellen. (Man spricht dann von einer *Stromschaltung*, weil das Verhalten ähnlich ist wie bei einem *Stromwandler*, bei dem sich die Spannung ebenfalls nach dem Widerstand des Verbrauchers, nach der Bürde, richtet. Man erkennt Stromschaltungen u.a. daran, daß sich der Strom bei Kurzschluß des Verbrauchers kaum nennenswert ändert.) Man erreicht dieses Verhalten dadurch, daß man dem veränderlichen Nutzwiderstand $\mathfrak{Z}_e$ einen genügend großen Scheinwiderstand $\mathfrak{Z}_a$ (z.B. eine Drosselspule) vorschaltet. Dadurch kann man den Erregerstrom $\mathfrak{J}_e$ nahezu unabhängig von $\mathfrak{Z}_e$ beliebig nach Betrag und Phase beeinflussen und die Asynchronmaschine sicher steuern. Für $\mathfrak{J}_e$ gilt dann

$$\mathfrak{J}_e = \mathfrak{U}/(\mathfrak{Z}_a + \mathfrak{Z}_e) \quad \text{und für} \quad \mathfrak{Z}_a \gg \mathfrak{Z}_e \quad \text{wird} \quad \mathfrak{J}_e = \mathfrak{U}/\mathfrak{Z}_a \qquad (1)$$

Dieser Gedanke wird nun bei den einzelnen Herstellern in verschiedener Weise verwirklicht.

2. Beispiele von Schaltanordnungen

Schaltung nach Bild 2a [*9, 14*]. Der Erregerfrequenzwandler (*6*) hat die Aufgabe, die seinen Schleifringen mit Netzfrequenz zugeführten Ströme auf Schlupffrequenz umzuformen und ist daher mit der Asynchronmaschine starr gekuppelt. Den großen Scheinwiderstand $\mathfrak{Z}_a$ stellt die Drosselspule (*7*) dar, die den störenden Einfluß des veränderlichen Erregerwiderstandes $\mathfrak{Z}_e$ ausschaltet. Der nahezu konstante Strom der Drosselspule wird den in Reihe geschalteten Erstwicklungen der beiden Doppeldrehwandler (*8*) und (*9*) zugeführt, deren Zweitwicklungen so parallel geschaltet sind, daß ihre Ströme gegeneinander um 90° verschoben sind. Beide Ströme können durch Drehung der Läufer bei gleichbleibender Phase in ihrem Betrag nach beiden Richtungen gesteuert werden, z. B. der des Drehwandlers (*8*) durch einen Wirkleistungsregler und der des Drehwandlers (*9*) durch einen Blindleistungsregler. Diesen beiden Strömen kann außerdem über den Wandler (*10*) noch der Ständerstrom des Motors selbst überlagert werden, der je nach dem eingestellten Übersetzungsverhältnis (*Kompoundierungsgrad*) eine mehr oder weniger starke Statik der Drehzahl-Leistungs-Kennlinien bewirkt. Der Kondensator (*11*) deckt den eigenen Blindleistungsbedarf der beiden Doppeldrehwandler und des Frequenzwandlers. Das ganze Erregerzubehör wird hier nur für den tatsächlichen Bedarf der Erregerwicklung von (*5*) bemessen, lediglich die Drosselspule (*7*) für ein Mehrfaches. Außerdem besteht es nur aus ruhenden Geräten. Die Änderung des Erregerstromes nach Gl. (1) kommt hier dadurch zustande, daß $\mathfrak{Z}_a$ in der Form $\mathfrak{Z}_a = X_D/(\ddot{u}_a + \mathrm{j}\,\ddot{u}_b)$ in diese Gleichung eingeht [X_D Blindwiderstand der Drossel (*7*); $\ddot{u}_a$, $\ddot{u}_b$ Übersetzungsverhältnisse der Wandler (*8*) und (*9*)].

Schaltung nach Bild 2b [*10*]. Diese Schaltung entspricht im wesentlichen der des *Bildes* 2a. Die beiden von Reglern gesteuerten Doppeldrehwandler liegen jedoch hier nicht als Stromwandler zwischen Drosselspule (*7*) und Erregerfrequenzwandler (*6*), sondern als Spannungswandler vor der Drosselspule. Damit sie nicht für deren große Leistung bemessen zu werden brauchen, ist als Verstärkungsglied ein asynchroner Erregerumformer, bestehend aus der Asynchronmaschine (*16*), dem Erregerfrequenzwandler (*17*) und dem gemeinsamen Antriebsmotor (*14*), vorgeschaltet, der die den Schleifringen des Frequenzwandlers (*17*) zugeführte kleine Leistung auf ein Vielfaches verstärkt. Ein genügend großer ohmscher Widerstand (*18*) verhindert unerwünschte Phasendrehung im Läuferkreis der Asynchronmaschine (*16*). Hier wird der Erregerstrom nach Gl. (1) durch Änderung der Spannung $\mathfrak{U}$ beeinflußt.

Schaltung nach Bild 2c [*11*]. Bei dieser Anordnung werden außer dem Erregerfrequenzwandler (*6*) noch die beiden Zusatzerregermaschinen (*12*) und (*13*) von gleicher Bauart wie die Schlupfmaschine (*5*) benötigt. Beide Maschinen bilden mit ihrem Antriebsmotor eine getrennt laufende Gruppe. Die Eigenschaften einer Stromschaltung werden durch die Erregermaschine (*12*) herbeigeführt. Diese hat außer der Fremderregerwicklung (*b*) noch eine Gegenreihenschluß-Erregerwicklung (*c*), die der Fremderregerwicklung (*b*) entgegenwirkt. Der Durchflutungsbetrag der beiden Wicklungen (*b*) und (*c*) beträgt ein Vielfaches dessen, was die Maschine (*12*) für die Erzeugung ihrer Ankerspannung $\mathfrak{U}$ benötigt. Bedeutet hierbei $\mathfrak{Z}_a$ nach Ossanna den sog. Widerstand der Drehung (Verhältnis von erzeugter Ankerspannung zu Erregerstrom) und nimmt man ferner an, daß beide Wicklungen (*b*) und (*c*) auf gleiche Windungszahl bezogen sind ($\mathfrak{Z}_b = \mathfrak{Z}_c = \mathfrak{Z}_a$), so ist:

$$\mathfrak{J}_a\,\mathfrak{Z}_a = \mathfrak{E}_a = \mathfrak{J}_e\,(\mathfrak{Z}_a + \mathfrak{Z}_e) \quad \text{oder} \quad \mathfrak{J}_e = \mathfrak{E}_a/(\mathfrak{Z}_a + \mathfrak{Z}_e) \approx \mathfrak{E}_a/\mathfrak{Z}_a \approx \mathfrak{J}_a \qquad (2)$$

Der Erregerstrom $\mathfrak{J}_e$ in der Schlupfmaschine folgt demnach unabhängig vom Widerstandswert der Erregerwicklung nach Betrag und Phase dem über den Frequenzwandler (*6*) eingeführten Strom $\mathfrak{J}_a$. Dieser richtet sich nach der Summenspannung der beiden Doppeldrehwandler (*8*) und (*9*) und nach dem ohmschen Widerstand (*15*), der so groß ist, daß der Widerstand der Wicklung (*b*) von (*12*) dagegen vernachlässigt werden kann. Die Maschine (*12*) und ihr Zubehör würden sehr groß werden, wenn sie allein die Erregerwicklung von (*5*) speisen. Daher ist die Maschine (*13*) noch mit ihr in Reihe geschaltet, deren Erregerwicklung parallel zum Ankerkreis von (*12*) liegt. Steigende Spannung an (*12*), erregt auch die Maschine (*13*), so daß ihre Ankerspannung in gleichem Sinn auf die Erregerwicklung von (*5*) wirkt wie (*12*), und man kann den Hauptteil der Spannung von (*13*) übernehmen lassen; (*12*) wird daher erheblich kleiner, bestimmt aber nach wie vor Betrag und Phase von $\mathfrak{J}_e$. Der zur Erregung von (*13*) benötigte Erregerstrom kann außer acht gelassen werden. Die Kompensationswicklung im Ständer des Frequenzwandlers (*6*) verringert die dessen Schleifringen zuzuführende Erregerleistung. Zur Beeinflussung des Erregerstromes nach Gl. (1) wird hier die Spannung $\mathfrak{U}$ nach Betrag und Phase über die Drehwandler (*8*) und (*9*) beeinflußt.

C. Regeleinrichtungen für Netzkupplungsumformer

1. Der Doppeldrehwandler

Der Doppeldrehwandler wird durchweg für die Regelung von Netzkupplungsumformern verwendet, weil er eine stufenlose Änderung seines Stromes bzw. seiner Spannung in beiden Richtungen durch einfache Drehung der beiden miteinander gekuppelten Läufer ermöglicht. In *Bild* 6 bedeutet BA den von den beiden Wandlern (*8*) und (*9*) (in den *Bildern* 2a bis c) gelieferten Summenstrom (bzw. Summenspannung) in einer Phase, OA für den Wirkanteil des Erregerstromes der Schlupfmaschine und BO für den Blindanteil. OA setzt sich aus dem Zeiger OC in der einen Hälfte des Wandlers (*8*) und CA in der anderen Hälfte zusammen; OC ist um den Winkel α im Gegen-Uhrzeigersinn aus der Nullage verdreht, CA um den gleichen Winkel im Uhrzeigersinn. Entsprechend ist es beim Zeiger BO mit den Teilzeigern BD und DO und dem Winkel β bzw. $-\beta$. Bewegt sich OC auf dem Halbkreis C_1CC_2, so ändert sich OA vom Höchstwert OA_1 in der einen Richtung auf den entgegengesetzten Wert OA_2. Ebenso ändert sich BO von B_1O auf B_2O, wenn sich DO auf dem Halbkreis D_1DD_2 bewegt. Innerhalb der Grenzen $B_1A_1B_2A_2$ kann so der Summenzeiger jede beliebige Richtung und Größe annehmen.

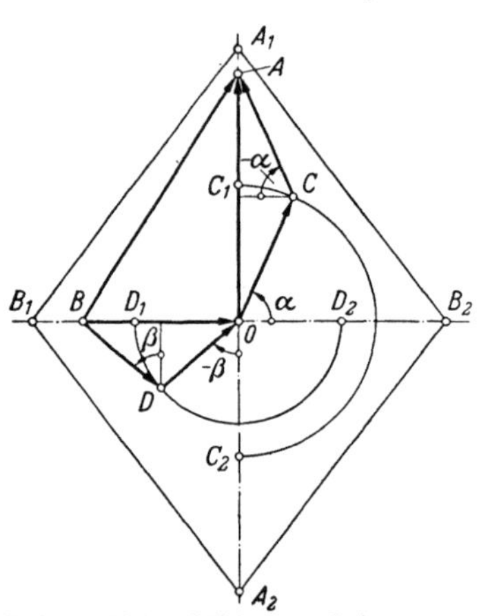

Bild 6. Zeigerbild des Summenstromes (-spannung) von zwei Doppeldrehwandlern mit senkrecht aufeinanderstehenden Anteilen

2. Meßgeber und Meßumformer

a) Elektrisch-mechanische Umformer (*Bild* 7 [*11*])

Der Öldruckstellkolben (*1*) des Öldruckverstärkers betätigt den Doppeldrehwandler (*2*) für die Wirkleistung, auf dessen Steuerkolben der Leistungsregler (*3*), im wesentlichen ein kleiner Ferrarismotor mit drei Wicklungen im Ständer, unmittelbar einwirkt. Die Spule (*a*) wird von der Netzspannung gespeist, die dazu senkrechte Spule (*b*) vom Strom des Motors (*4*). Unter dem Einfluß dieser beiden

Spulen würde der Motor stets auf Leerlauf geregelt werden [Spule (*b*) ohne Wirkstrom]. Ist die mit der Spule (*b*) gleichachsige Spule (*c*) stromdurchflossen, so kommt der Regler nur dann zur Ruhe, wenn sich (*b*) und (*c*) gegenseitig aufheben. Die Spule (*c*) schreibt demnach den Wirkstrom der Asynchronmaschine vor und wird zu diesem Zweck in bestimmter Abhängigkeit von der Drehzahl des Umformers durch den Frequenzregler (*5*) beaufschlagt. Dieser steht unter dem Einfluß von zwei entgegengesetzt umlaufenden Drehfeldern, die über die Drossel (*6*) und den Kondensator (*7*) erzwungen werden, beide gespeist von einem synchronen Drehzahlgeber. Im Resonanzfall sind beide Drehfelder gleich groß, der Frequenzregler in Nullstellung, Spule (*c*) stromlos und die Asynchronmaschine im Leerlauf. Durch Verstimmen der Drossel kann der Leerlaufpunkt gehoben und gesenkt werden. Bei jeder Abweichung von der eingestellten Leerlaufdrehzahl wird auf den Frequenzregler ein Drehmoment im einen oder anderen Sinn ausgeübt, das von einer Feder aufgenommen wird, die am Drehsystem des Frequenzreglers angreift. Je stärker man diese Feder spannt, desto größer wird die Statik der Regelkennlinie. Bei entspannter Feder liegt die Kennlinie waagerecht, der Umformer arbeitet mit astatischer Regelkennlinie und übernimmt sämtliche Lastspitzen. Begrenzt man die Ausschläge des Frequenzreglers an seinem Potentiometer, so fährt der Umformer mit konstanter Leistung. Man kann auf diese Weise Regelkennlinien von der Art ausfahren, wie sie in *Bild* 8 dargestellt sind und im praktischen Betrieb häufig gewünscht werden.

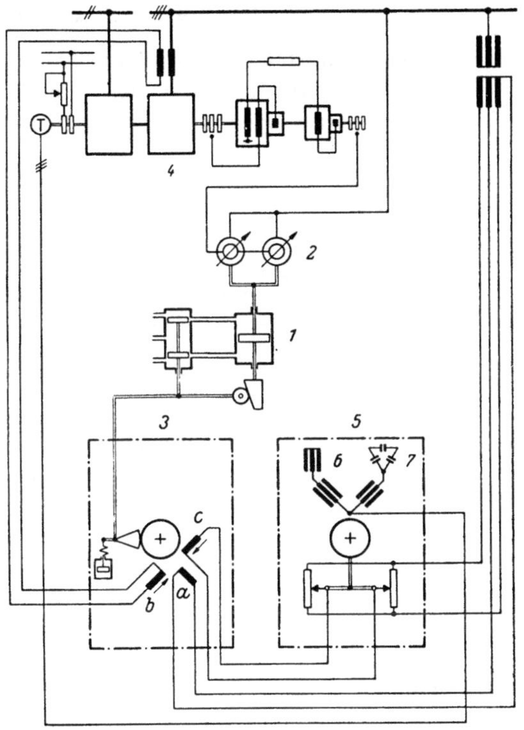

1 Öldruckstellkolben *2* Doppeldrehwandler *3* Leistungsregler *4* Motor *5* Frequenzregler *6* Drossel *7* Kondensator

Bild 7. Regelanordnung mit elektromechanischem Regler

Man fährt z. B. im Abschnitt (*a*) mit einer Kennlinie mit bestimmtem Leerlaufpunkt und bestimmter Statik und geht bei (*b*) auf konstante Leistung über. Daran schließt sich der Abschnitt (*c*) mit gleicher Statik, der durch den Abschnitt (*d*) mit konstanter Leistung abgelöst wird. Nach Erschöpfung des vorgesehenen Drehzahlbereiches wird die

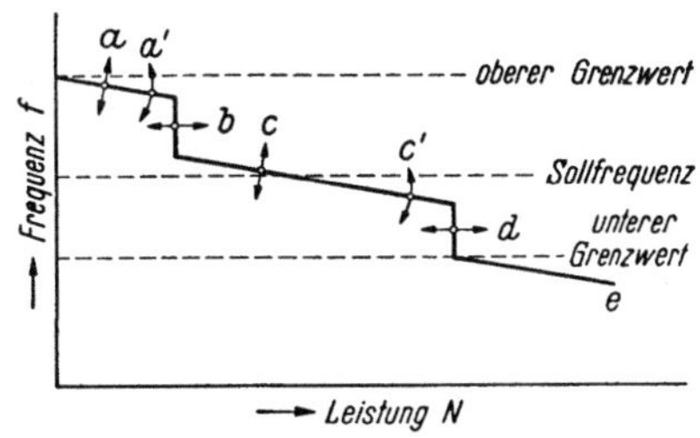

Bild 8. Beispiel für die Regelkennlinien eines Umformers

Grenzdrehzahlkennlinie (e) eingehalten. Die einzelnen Abschnitte der geknickten Kennlinie müssen nach Belieben sowohl parallel zu sich verschoben (Pfeile a, b, c, d) als auch gedreht werden können (Statikänderung, Pfeile a' c').

b) Rein elektrische Umformer (*Bild* 9)

Der Meßumformer (*1*) formt die Leistung in einen verhältnisgleichen Gleichstrom um und gibt ihn an die nachfolgenden Umformer (*3, 4, 5, 6*) weiter. Ebenso führt der Meßumformer (*2*) die Einphasenfrequenz als Gleichstrom den Meß-

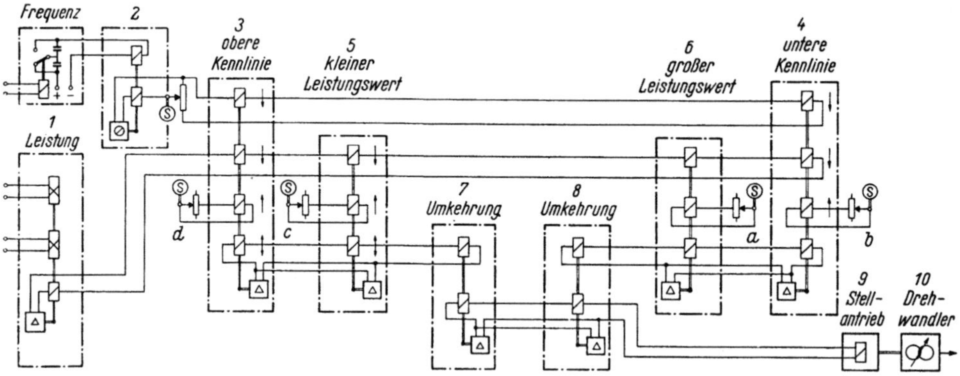

a) Schaltplan

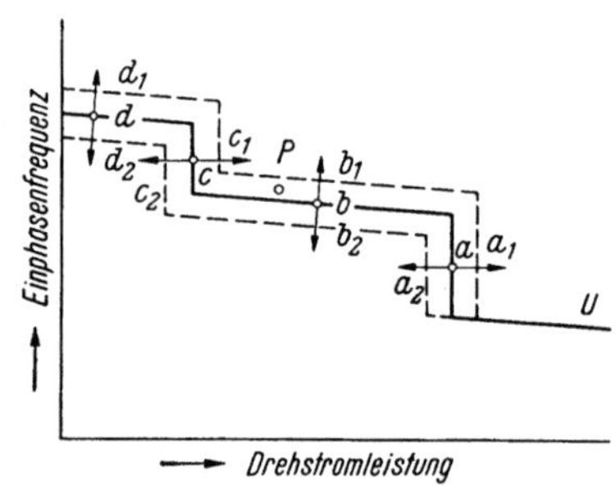

Zustand für einen Betriebspunkt P

$a \to a_1$:	6 auf	(8 zu)	tiefer	
$a \to a_2$:	6 zu	(8 auf)	höher	○
$b \to b_1$.	4 auf	(8 zu)	tiefer	P
$b \to b_2$:	4 zu	(8 auf)	höher	
$c \to c_1$:	5 auf	(7 zu)	tiefer	○
$c \to c_2$:	5 zu	(7 auf)	höher	
$d \to d_1$:	3 auf	(7 zu)	tiefer	
$d \to d_2$:	3 zu	(7 auf)	höher	○

b) Regelkennlinien

Bild 9. Elektrische Meßgeber- und Meßumformerschaltung zur Kennliniensteuerung

umformern (*3*) und (*4*) zu. Der Kennlinienzug ($a\,b\,c\,d$) stellt den mit Hilfe der zugehörigen Sollwerteinsteller (a, b, c, d) der Meßumformer eingestellten Sollverlauf der Kennlinie, d. h. die Einphasenfrequenz über der Drehstromleistung dar. Für den Kennlinienzug ($a_1\,b_1\,c_1\,d_1$) ist der Istwert größer (+) (Unterschiede $a \to a_1$; $b \to b_1$ usw.) und für den Kennlinienzug ($a_2\,b_2\,c_2\,d_2$) kleiner (−) als der Sollwert (Unterschiede $a \to a_2$ usw.). Die Meßumformer sind nun in ihrem Wirkungssinn (Aufdrehen, Zudrehen) und in dem auf den Stellantrieb des Doppeldrehwandlers (*10*) wirkenden Steuersinn (höher, tiefer) so geschaltet, daß sich für die einzelnen Unterschiedsbereiche die aus *Bild* 9b ersichtliche Zuordnung ergibt.

Für einen Betriebspunkt (P) z. B. im Bereich $b \to b_1$ ist der Istwert zu groß, so daß (*4*) über (*8*) tiefer regeln will. Die hierbei in den anderen Bereichen gleichzeitig ansprechenden Meßumformer sind durch Kreise (○) gekennzeichnet; (*6*) hat zugedreht und möchte (*8*) aufdrehen, wird hieran aber durch den aufdrehenden Meßumformer (*4*) gehindert. Ebenso hat (*5*) aufgedreht und regelt über (*7*) ebenfalls tiefer; (*3*) kommt wegen des aufdrehenden (*5*) nicht zur Wirkung. Es herrscht demnach ein eindeutiger Steuersinn: tiefer. Ebenso eindeutigen Steuersinn erhält man für die anderen (Plus-) und (Minus-) Bereiche. Der Abschnitt U kommt zustande, wenn der Doppeldrehwandler am Ende seines Stellbereiches angekommen ist.

D. Einige Betrachtungen zum Betriebsverhalten von Regelanordnungen

1. Parallelregelung mehrerer Umformer

Der Wirkleistungsfluß bzw. die Lastverteilung läßt sich aus den *Wirkleistungskennlinien* (*Bild* 10) erkennen, in denen die Frequenz des von Synchronmaschinen gespeisten Bahnnetzes über der Wirkleistung (bzw. dem Drehmoment) des Einphasengenerators (bzw. aller Generatoren eines Unterwerkes) aufgetragen ist. Diese Wirkleistungskennlinien werden in Abhängigkeit von der Einphasenfrequenz bzw. von der Drehzahl gesteuert. Sie sind dann von der Drehstromfrequenz unabhängig, so daß diese ebenfalls schwanken kann. Im Beispiel des *Bildes* 10 sei die Nennleistung N_{an} des Bahnkraftwerkes (A) 12 MW, seine Statik y_{as} 4%, sein Leerlaufwert y_{a0} liege ebenfalls 4% über dem Sollwert, die Nennleistung N_{bn} des Umformers (B) sei 6 MW; seine Statik y_{bs} und sein Leerlaufwert y_{b0} können beliebig eingestellt werden. Die Nennlastordinaten seien mit y_{an}; y_{bn} usw. bezeichnet. Aus den geometrischen Beziehungen z.B. des *Bildes* 10d läßt sich für die Statik y_{zs} des Bahnnetzes (Z) herleiten:

$$y_{zs} = 1/[(a/y_{as}) + (b/y_{bs}) + (c/y_{cs}) + \cdots] \tag{3}$$

und für den Leerlaufwert y_{z0} des Bahnnetzes:

$$y_{z0} = y_{zs}[(a\, y_{a0}/y_{as}) + (b\, y_{b0}/y_{bs}) + (c\, y_{c0}/y_{0c}) + \cdots] \tag{4}$$

Hierin ist die Statik gegeben durch: $y_{as} = y_{a0} - y_{an}$ usw. Die Frequenzänderung y_z des Bahnnetzes gegenüber seinem Leerlaufwert bei irgendeiner Belastung N_z lautet:

$$y_z = y_{z0} - y_{zs} N_z/N_{zn} \tag{5}$$

Nach Gl. (3) ist die Statik der Bahnkennlinie nur von den Statiken der Einzelkennlinien und den Nennleistungsverhältnissen a, b, c usw. abhängig, doch unabhängig von Änderungen der Leerlaufwerte (y_{a0} usw.). Dagegen haben diese Leerlaufwerte nach Gl. (4) Einfluß auf den des Bahnnetzes. Auf den Umformer entfällt z.B. bei irgendeiner Frequenz die Leistung

$$N_b = N_{bn}(y_{b0} - y_z)/y_{bn} \tag{6}$$

In *Bild* 10a ist die Umformerleistung konstant 6 MW (Kennlinie K_b: $y_{bn} = \infty$). Die Summenkennlinie K_z des Bahnnetzes Z weist eine Statik und einen Leerlaufwert von je 6% auf. Die angenommenen Leistungsschwankungen im Bahnnetz von $\pm$ 6 MW müssen in voller Höhe vom Bahnkraftwerk aufgebracht werden, die

Bahnfrequenz schwankt hierbei um $\pm 2\%$. In *Bild* 10b sind y_{bn} und y_{b0} auf 4% verkleinert, dadurch verringern sich y_{zn} und y_{z0} auf 4%. Der Umformer übernimmt jetzt ein Drittel der Leistungsschwankungen, und die Frequenzschwankungen gehen auf $\pm 1{,}33\%$ zurück. In *Bild* 10c ist die Statik des Umformers (B) auf 2% eingestellt, er übernimmt jetzt die Hälfte der Leistungsschwankungen, und die Frequenzänderungen betragen nur noch $\pm 1\%$. In *Bild* 10d ist der Leerlaufwert des Umformers auf 0% gesenkt. Die mittlere Leistung des Bahnkraftwerkes steigt dadurch auf 15 MW und die des Umformers sinkt auf 3 MW, Frequenz- und Leistungsschwankungen bleiben unverändert. Es folgt daraus: *Bei gleichbleibender Statik der Regelkennlinie des Bahnkraftwerkes führt eine Verringerung der Statik des Umformers zu einer zunehmenden Beteiligung des Umformers an den Leistungsschwankungen und einer Verringerung der Frequenzschwankungen. Eine Änderung des Leerlaufwertes beim Umformer bei gleichbleibender Statik führt zu einer Verlagerung der Grundlast zwischen Umformer und Bahnkraftwerk* [*12*].

Neben den Wirkleistungskennlinien treten die *Blindleistungskennlinien* für den Regelfachmann an Bedeutung zurück. Man regelt die das Bahnnetz speisenden Synchrongeneratoren nach den allgemein für Netzgeneratoren üblichen Gesichtspunkten für gute Spannungshaltung und anteilmäßige Blindlastverteilung.

2. Störwertaufschaltung im Erregerkreis

Um das dynamische Verhalten der Regelanordnung bei Laststößen zu verbessern, wird bei den Schaltungen *Bild* 2a und 2b meistens Beaufschlagung der Erregerwicklung der Schlupfmaschine mit Laststrom (Kompoundierung) angewendet; dadurch spricht die Schlupfmaschine verzögerungsfrei an, so daß ein guter dynamischer Regelablauf erzielt wird. Der stationäre Verlauf der Regelkennlinie kann aber durch diese Störwertaufschaltung nicht beeinflußt werden. Sie hat jedoch neben der guten dynamischen Wirkung den großen Vorteil, daß Doppeldrehwandler und Regler in ihrer Wirkung unterstützt werden. Bei der Schaltung *Bild* 2c bringt die Anwendung des sog. Seizschen Prinzips [*13*] zur Aufhebung der Schlupfspannung der Asynchronmaschine ähnliche Vorteile für die Regler.

Vermeidung störender Selbsterregung. Bei der Störwertaufschaltung z.B. durch den bei den Schaltungen *Bild* 2a und 2b vorhandenen Lastschlupfwandler wird der Ständerkreis mit dem Läuferkreis der Asynchronmaschine rückgekoppelt. Dadurch kann unter gewissen Voraussetzungen Selbsterregung mit netzfremden Frequenzen auftreten. Sie kann auch bei der Schaltung *Bild* 2c durch die Anwendung des Seizschen Prinzips [*13*] entstehen.

Um das Auftreten solcher Störfrequenzen nach dem *Frequenzgangverfahren* zu untersuchen, schneidet man (nach Stier) am Beispiel des *Bildes* 2a den Ständerkreis an der Stelle A auf und bildet dort für die Ständerwicklung einen Sternpunkt. Ferner schließt man an der Stelle B den Netzanschluß kurz, weil für netzfremde Frequenzen das Netz nahezu einen Kurzschluß darstellt. Dann speist man an der Stelle A den Erregerkreis mit einem fremden Strom $\mathfrak{I}_k$ veränderlicher Frequenz und ermittelt nun Betrag und Phase des Ständerstromes $\mathfrak{I}_1$ der konstant fremdangetriebenen Asynchronmaschine gegenüber $\mathfrak{I}_k$. Wird $\mathfrak{I}_1$ gegenüber $\mathfrak{I}_k$ betrag- und phasengleich oder größer, so kann sich dieser Zustand bei geschlossenem Kreis aufrechterhalten und sogar aufschaukeln. Das Auftreten von Selbsterregung kann ermittelt werden aus der Beziehung für den Strom $\mathfrak{J}_1$:

$$\mathfrak{J}_1 = -\mathfrak{J}_k \mathfrak{A} \tag{7}$$

Hierin ist $\mathfrak{A}$ eine vom Kompoundierungsgrad, von der Frequenz und den Konstanten des Stromkreises in verwickelter Weise abhängige, komplexe Zahl. Für Netzfrequenz ist sie meist reell und positiv, so daß hierfür keine Selbsterregung auftritt. Wird sie dagegen negativ und größer als 1, so tritt Selbsterregung ein.

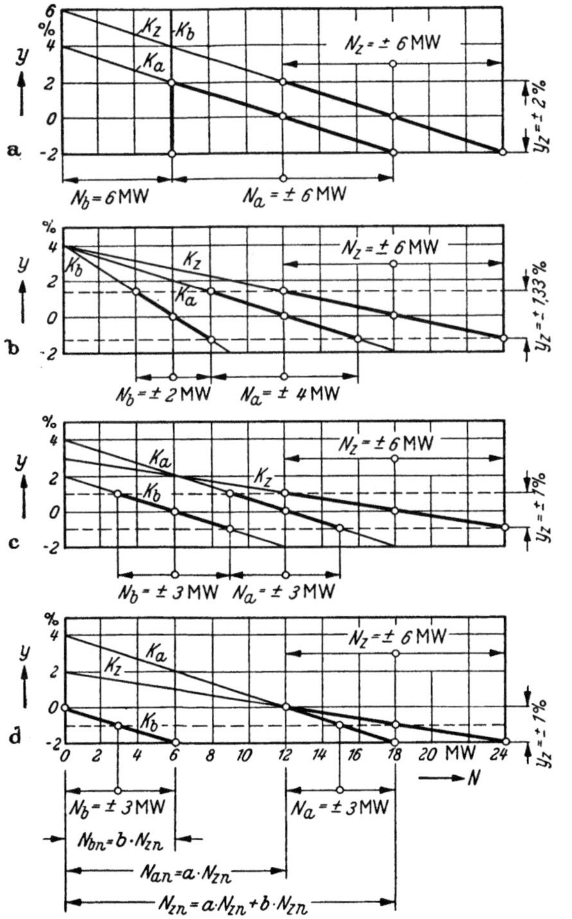

K_a	K_b	K_z
$y_{as} = 4\%$	$y_{bs} = \infty$	$y_{zs} = 6\%$
$y_{a0} = 4\%$	$y_{b0} = \infty$	$y_{z0} = 6\%$
$y_{an} = 0$	$y_{bn} = \infty$	$y_{zn} = 0$

K_a	K_b	K_z
$y_{as} = 4\%$	$y_{bs} = 4\%$	$y_{zs} = 4\%$
$y_{a0} = 4\%$	$y_{b0} = 4\%$	$y_{z0} = 4\%$
$y_{an} = 0$	$y_{bn} = 0$	$y_{zn} = 0$

K_a	K_b	K_z
$y_{as} = 4\%$	$y_{bs} = 2\%$	$y_{zs} = 3\%$
$y_{a0} = 4\%$	$y_{b0} = 2\%$	$y_{z0} = 3\%$
$y_{an} = 0$	$y_{bn} = 0$	$y_{zn} = 0$

K_a	K_b	K_z
$y_{as} = 4\%$	$y_{bs} = 2\%$	$y_{zs} = 3\%$
$y_{a0} = 4\%$	$y_{b0} = 0$	$y_{z0} = 2\%$
$y_{an} = 0$	$y_{bn} = -2\%$	$y_{zn} = -1\%$

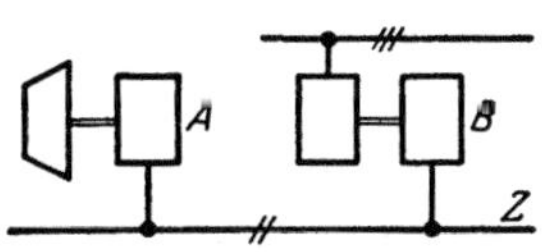

A **Bahnkraftwerk** ($N_{an} = 12$ MW)
B **Umformer** ($N_{bn} = 6$ MW)
Z **Bahnnetz** ($N_{zn} = 18$ MW)
K_a **Regelkennlinie** des Bahnkraftwerkes
K_b **Regelkennlinie** des Umformers
K_z **(Summen-)Kennlinie** des Bahnnetzes
N_z **Angenommene Lastschwankung** des Bahnnetzes
N_a **Lastschwankungsanteil** des Bahnkraftwerkes
N_b **Lastschwankungsanteil** des Umformers

y_z Frequenzschwankung des Bahnnetzes
y Frequenzänderung
a, b, c Verhältniswerte der Nennleistungen N_{an}, N_{bn} usw. zur Nennleistung N_{zn} des Bahnnetzes
y_{a0}; y_{b0}; y_{z0} Leerlaufordinaten
y_{an}; y_{bn}; y_{zn} Nennlastordinaten
$y_{as} = y_{a0} - y_{an}$ Statik des Bahnkraftwerkes
$y_{bs} = y_{b0} - y_{bn}$ Statik des Umformers
$y_{zs} = y_{z0} - y_{zn}$ Statik des Bahnnetzes

Bild 10. Beispiel einer Lastverteilung zwischen Bahnkraftwerk und Umformer bei verschiedener Statik der Wirkleistungskennlinie des Umformers

Bild 11 zeigt die rechnerisch ermittelten Frequenzgangkurven des Ständerstromes für einen Netzkupplungsumformer (31,25 MVA, $50/16^2/_3$ Hz, 500 U/min) in der Schaltung nach *Bild* 2a mit einem Kompoundierungsgrad von 5% (Volllaststrom erzeugt einen Drehzahlabfall von 5% der Synchrondrehzahl). Bei

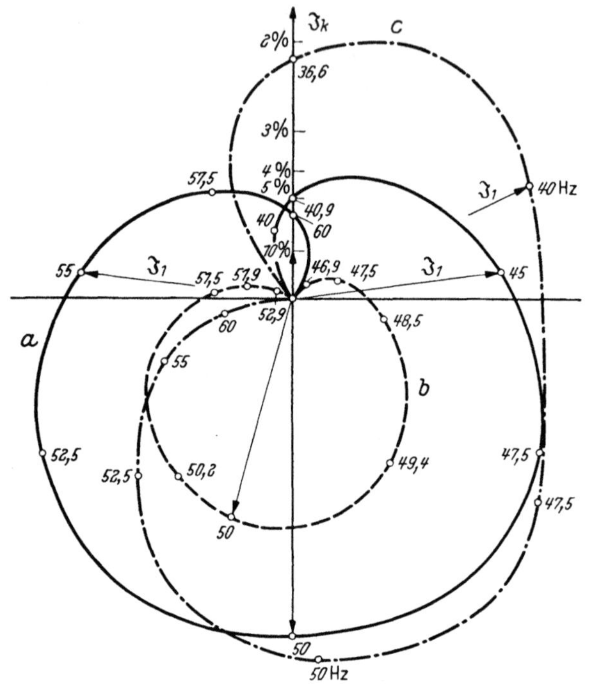

a Schaltung nach *Bild* 2 a
b Wie *a*, jedoch mit Siebverstärkermaschine im Erregerkreis (– – – –)
c Wie *a*, jedoch ohne Kondensator im Erregerkreis (– · – · –)

Bild 11. Frequenzgang des Ständerstromes I_1 eines Netzkupplungsumformers 31250 kVA (26000 kW), 500 U/min

konstant gehaltener Synchrondrehzahl wird die Frequenz von $\mathfrak{J}_k$ zwischen 35 und 65 Hz geändert. Mit zunehmender Frequenz dreht sich $\mathfrak{J}_1$ im Gegen-Uhrzeigersinn und wird bei 60 Hz betrag- und phasengleich mit $\mathfrak{J}_k$ (Selbsterregung). Mit abnehmender Frequenz wandert $\mathfrak{J}_1$ im Uhrzeigersinn und wird bei 41 Hz phasen-, jedoch nicht mehr betraggleich mit $\mathfrak{J}_k$ (keine Selbsterregung). Um auch bei 60 Hz selbsterregungsfrei zu werden, muß der Kompoundierungsgrad verkleinert werden, z. B. auf 4 oder 3%. Unter Beibehaltung der Frequenzgangkurve macht man dies einfach durch Änderung des Strommaßstabes erkennbar. Bei 4 und 3% erreicht $\mathfrak{J}_1$ nicht mehr den Betrag von $\mathfrak{J}_k$. Der Kompoundierungsgrad kann auch dadurch vergrößert werden, daß man den scheinbaren Läuferwiderstand vergrößert (stärkere Reihenschlußerregung der Schlupfmaschine). Das ergibt einen günstigeren Verlauf der Frequenzgangkurve, so daß dadurch auch wieder der ständerseitige Anteil des Kompoundierungsgrades erhöht werden kann. Die Kurve b zeigt noch den gemessenen Frequenzgang des Ständerstromes für den Fall, daß zwischen den Schleifringen des Frequenzwandlers und dem ruhenden Erregerkreis eine sog. *Sieb-*

verstärkermaschine geschaltet ist. Es ist dies eine Drehstrom-Kommutatormaschine nach Art eines ständergespeisten Drehstrom-Nebenschlußmotors, synchron angetrieben und im Läufer außer der Kommutatorwicklung mit einer kräftigen Dämpferwicklung versehen. Der Regelkreis ist auf ihren Kommutator geschaltet und ihr Ständer auf die Frequenzwandler-Schleifringe. Der Dämpferkäfig unterdrückt netzfremde Frequenzen äußerst wirksam. Kurve c zeigt noch den Verlauf von $\mathfrak{J}_1$ ohne Kondensator (*11* in *Bild* 2a). Der Bereich oberhalb 50 Hz ist hier völlig selbsterregungsfrei, dagegen tritt unterhalb der Netzfrequenz bei 36,6 Hz Selbsterregung auf, so daß auch hier der zulässige Kompoundierungsgrad eingeschränkt wird. Die Frequenzgangkurven können je nach den Konstanten der Stromkreise bei unterschiedlichen Umformern unterschiedlichen Verlauf haben, außerdem wirken häufig der Rechnung nicht zugängliche Nebeneinflüsse (z.B. Bürstenkurzschlußströme) günstig, so daß man auf besondere Mittel, wie Siebverstärkermaschine, meistens verzichten kann.

Bild 12. Umformerwerk
(4 × 10500 kVA, 500 U/min ± 3%, 50/$16^2/_3$ Hz)

E. Quellenhinweise

[*1*] Öfverholm, I.: Die Umformerwerke für den elektrischen Zugbetrieb der Schwedischen Staatseisenbahnen. Elektr. Bahnen 12. Jg. (1936) S. 259–266.

[*2*] Müller, P.: Periodenumformer. Elektrotechn. Z. 47. Jg. I (1926) S. 708–709.

[*3*] Tittel, J. u. Wilhelms, H.: Bahnstromversorgung über Umformer. ETZ-A 75. Jg. (1954) S. 398–405.

[*4*] Graner, H.: Bahnstromversorgung mit $16^2/_3$/50-Hz-Doppelmaschinen nach P. Müller. ETZ-A 77. Jg. (1956) S. 7–12.

[5] GRABNER, A.: Netzkupplungsumformer mit kompensierter Synchronmaschine. Elektrotechn. u. Masch.-Bau 73. Jg. (1956) S. 213–220.
[6] LEINER, G.: Zur Theorie der Ortskurven. Arch. Elektrotechnik 32. Bd. (1938) S. 52–58.
[7] RODEWALD, E.: Der Arbeitskreis der allgemeinen Drehfeldmaschine. Elektrotechn. u. Masch.-Bau 58. Jg. (1940) S. 253–263.
[8] RICHTER, R: Elektrische Maschinen. Bd. 5: Stromwendermaschinen. Basel: Birkhäuser 1950.
[9] HARZ, H: Der gleitende Maschinenumformer in Barmbeck zur Kupplung des Drehstromnetzes der Hamburgischen Electricitäts-Werke mit dem Einphasenstromnetz der Reichsbahn. 1. Tl.: Aufbau und Schaltung des Umformers. Elektr. Bahnen 9. Jg. (1933) H. 2, S. 25–27.
[10] NÜRNBERG, W.: Elastische Netzkupplung durch Maschinenumformer. Elektrotechn. u. Masch.-Bau 59. Jg. (1941) S. 469–476.
[11] RAUHUT, P.: Der Umformer für elastische Netzkupplung. BBC-Mitt. 42. Jg. (1955) Nr. 9, S. 349–369.
[12] SCHERBER, J. u. TREIER, F.: Netzkupplungsumformer Barmbeck der Hamburgischen Electricitäts-Werke AG. Siemens-Z. 12. Jg. (1932) S. 270–276.
[13] SEIZ, W.: Selbsterregung von Kommutatormaschinen und Kommutatorkaskaden. VDE-Fachberichte d. 34. Jahresversamml. VDE (1929) S. 95–98.
[14] REH, L.: Der gleitende Maschinenumformer in Barmbeck zur Kupplung des Drehstromnetzes der Hamburgischen Electricitäts-Werke mit dem Einphasenstromnetz der Reichsbahn. 2. Tl.: Betriebserfahrungen. Elektr. Bahnen 9. Jg. (1933) H. 3, S. 68–71.
[15] THELANDER, TH.: Der elektrische Eisenbahnbetrieb in Schweden. Sonderdruck des Verfassers nach einem am 21. 6. 1954 in Essen gehaltenen Vortrag.
Nach dieser nachträglich bekanntgewordenen Arbeit werden die früher getrennten Streckenabschnitte jetzt zusammengeschaltet betrieben, wenn die Umformer auf der Drehstromseite am gemeinsamen Verbundnetz liegen. Es hat sich gezeigt, daß dies zulässig ist.

25. Netzausrüstungen

Von **H. Henning**

Inhaltsübersicht

A. Überblick

Die Spannungshaltung der Generatoren in den Kraftwerken reicht im allgemeinen nicht aus, um die Spannung auch an entfernteren Punkten in den Fernleitungen und den Verteilungsnetzen in den für den Netzbetrieb erforderlichen Grenzen zu halten [*1*]. Auch am Ort der Verbraucher muß man oft, mit Rücksicht auf die Betriebseigenschaften besonderer Verbraucherarten, die Spannung in sehr engen Toleranzgrenzen konstant halten. Außer der Spannung treten in den Netzen auch der Blindstrom (auch Blindleistung) und der $\cos\varphi$ als Regelgrößen auf.

In diesem Kapitel werden unter dem Sammelbegriff *elektrische Netzausrüstungen* diejenigen Bauteile innerhalb eines Netzes (jedoch außerhalb des Kraftwerkes) zusammengefaßt, an denen Aufgaben der Spannungs- und Blindstromregelung auftreten.

B. Transformatoren

1. Anwendung von regelbaren Transformatoren [*2*, *3*]

Verteiler- und Übergabe-Transformatoren werden häufig mit Stufenschaltern ausgerüstet und neben der Einrichtung für Handsteuerung oft auch mit Regeleinrichtungen versehen. Die Blindleistungsverteilung wird meistens von Hand gesteuert, doch werden auch hierfür gelegentlich Regler eingesetzt.

In Mittelspannungs-Verteilungsnetzen hängt die Regelaufgabe für Stelltransformatoren von der Art der Netzkonstellation ab. Bei Stelltransformatoren am Anfang von Stichleitungen, also bei einseitig gespeisten Leitungen, soll meistens die Spannung am Ende der Leitung, wo ein Verbraucherzentrum liegt, konstant gehalten werden. Bei Stelltransformatoren für die Versorgung einzelner abgeschlossener Gemeinden oder Gebiete oder größerer Industriebetriebe soll entweder die Ausgangsspannung des Transformators selbst oder die Spannung im Verbraucherzentrum konstant gehalten werden. Bei Stelltransformatoren, die als Kuppelglied zwischen einem Netz und einer Erzeugeranlage eingefügt sind, wird oft die Ausgangsspannung des Transformators geregelt. Aber auch der Wirkanteil sowie der Blindanteil des Stromes oder der Leistung und der Leistungsfaktor sollen gelegentlich auf einem gewünschten einstellbaren Sollwert konstant gehalten werden

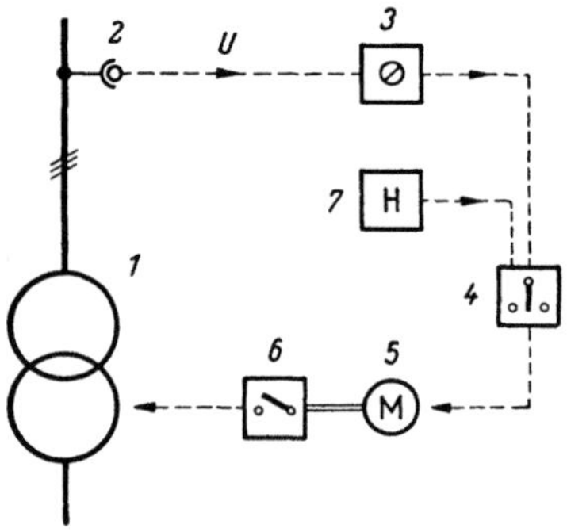

1 Stelltransformator
2 Spannungswandler
3 Meßumformer
4 Regler mit Schaltwerk für Stellmotorantrieb
5 Stellmotor für Stufenschaltwerk
6 Stufenschaltwerk des Transformators
7 Handbetätigung

Bild 1. Grundsätzlicher Aufbau einer Transformatorregelung

Grundsätzlicher Aufbau einer Transformatorregelung (*Bild* 1) [*4* bis *12*]. Die zu regelnde Spannung U des Transformators (*1*) wird über einen Spannungswandler (*2*) gemessen und gegebenenfalls über einen Meßumformer (*3*) einem Regler (*4*) zugeführt. Der Regler betätigt über ein Schaltwerk mit Schaltschützen einen Stellmotor (*5*), durch den der Stufenschalter (*6*) des Transformators geschaltet wird. Dieser unter Last schaltende Stufenschalter verändert das Übersetzungsverhältnis des Transformators so, daß die gewünschte Spannung aufrechterhalten wird. Jede Regelanordnung ist auf Handbetrieb (*7*) umstellbar.

2. Betriebsverhalten und Regelbarkeit des Transformators

a) Spannungsverhalten

Für die mit der Spannungsregelung von Transformatoren zusammenhängenden Aufgaben ist es notwendig, das Spannungsverhalten der Übertragungsleitungen (in Mittelspannungsnetzen) mit zu betrachten. Für die Ermittlung des Spannungsfalles bei Transformatoren und ihrer Spannungs-Belastungs-Kennlinien genügt es im allgemeinen, das genaue Ersatzschaltbild des Transformators auf die in Tabelle 1 dargestellte einfachste Form zu reduzieren. Aus der Spannungsgleichung und dem Zeigerbild ergibt sich dann die Spannungsänderung ΔU bei Belastung (unter Benutzung der Kurzschlußspannung U_k des Transformators) zu $\Delta U \sim U_k I \sin\varphi$. Die Spannungsänderung eines belasteten Transformators hängt demnach im wesentlichen von der Kurzschlußspannung und vom Blindstrom ab.

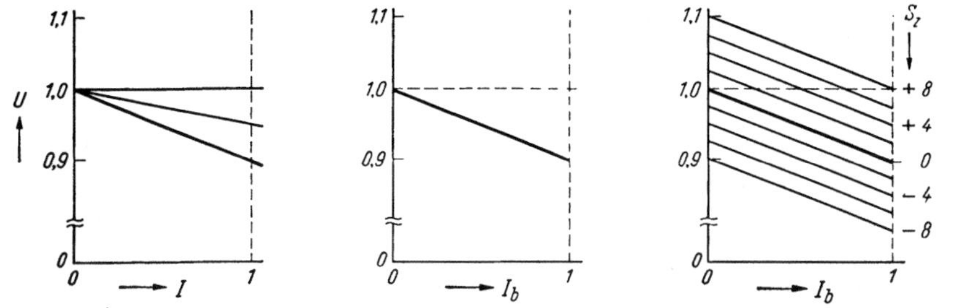

a) Abhängig vom Scheinstrom I b) Abhängig vom Blindstrom I_b c) Abhängig vom Blindstrom I_b und der Stufenzahl S_z

Bild 2. Spannung-Belastung-Kennlinien eines Transformators

Die Spannungskennlinien eines Transformators können über dem Scheinstrom aufgetragen werden (*Bild* 2a). Für die Blindstromverteilung bei zwei Transformatoren eignet sich besser die Darstellung über dem Blindstrom (*Bild* 2b).

Für Leitungen in Mittelspannungsnetzen läßt sich ebenfalls ein vereinfachtes Ersatzschaltbild nach Tabelle 1 verwenden. Spannungsgleichung und Zeigerbild führen hier zu der vereinfachten Formel für den Spannungsfall $\Delta U \approx R I_w + X I_b$. Betrachtet man eine solche Leitung zusammen mit am Anfang und Ende an-

Tabelle 1. *Spannungsverhalten von Transformatoren und Leitungen*

	Transformator	*Leitung*	*Transformatoren mit Leitung*
Schaltbild	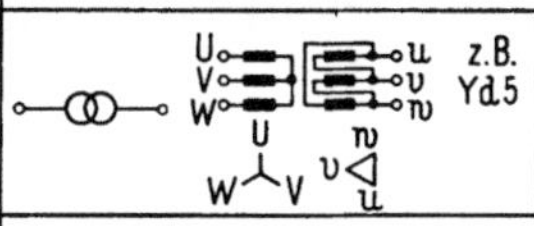	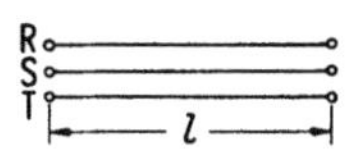	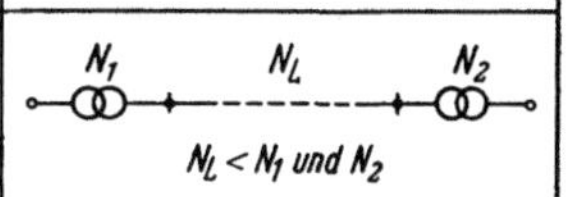
Vereinfachtes Ersatzschaltbild	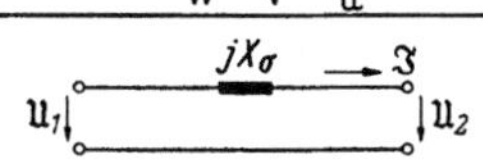	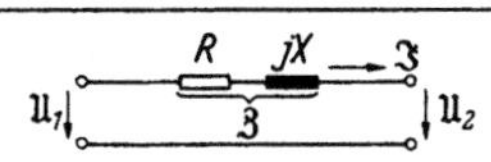	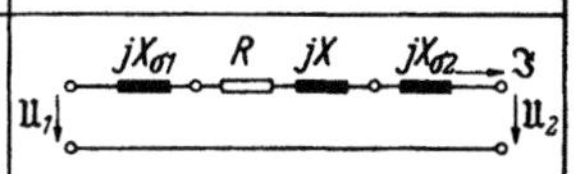
Spannungsgleichung und Widerstandskenngrößen	$\mathfrak{U}_1 = \mathfrak{U}_2 + j\mathfrak{J}X_\sigma$ $X_\sigma \sim U_k$	$\mathfrak{U}_1 = \mathfrak{U}_2 + \mathfrak{J}\mathfrak{Z}$ $\mathfrak{Z} = R + jX$	$\mathfrak{U}_1 = \mathfrak{U}_2 + \mathfrak{J}\mathfrak{Z}$ $\mathfrak{Z} = R + jX_g$ $X_g = X_{\sigma 1} + X_{\sigma 2} + X$
Zeigerbild	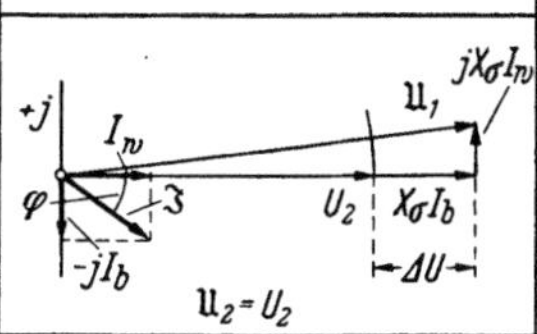	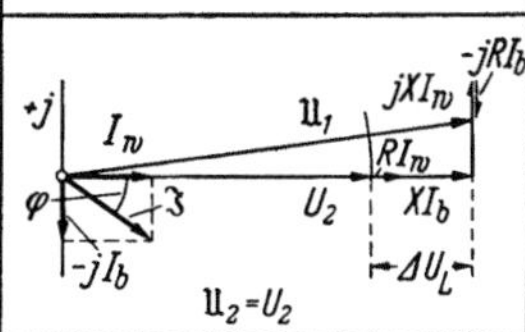	*Wie bei der Leitung, jedoch ist statt X die Gesamtreaktanz X_g einzusetzen.*
Spannungsänderung	$\Delta U \approx X_\sigma I \sin\varphi$ $\Delta U \sim U_k I \sin\varphi$	$\Delta U_L \approx I(R\cos\varphi + X\sin\varphi)$ $\Delta U_L \approx R I_w + X I_b$	$\Delta U_g \approx R I_w + X_g I_b$ $\Delta U_1 \sim U_{k1} \cdot N_L/N_1 \cdot I_b$ $\Delta U_2 \sim U_{k2} \cdot N_L/N_2 \cdot I_b$ $\Delta U_L \approx R I_w + X I_b$

geschlossenen Transformatoren, so ändert sich (wie ebenfalls in Tabelle 1 ersichtlich) grundsätzlich nichts an der Spannungsgleichung. Es ist dabei lediglich darauf zu achten, daß alle Widerstände auf gleiche Leistungsbasis umzurechnen sind.

Transformatoren und Leitungen, über die Energie abgegeben wird, stehen mit Verbrauchernetzsystemen in Verbindung, die ihre eigene Spannung-Blindstrom-Kennlinie haben. Beim Aufbau einer Netzregelung sind diese fallweise zu beachten [*2*].

b) Spannungsstufung

Die Stufenspannung von Stelltransformatoren wählt man in der Größenordnung von 0,5 bis 2% der Nennspannung U_n. Der Stellbereich liegt bei $\pm 10\%$ bis $\pm 25\%$ von U_n. Beim Steuern des Stelltransformators durch Verändern der Schaltstufen wird die über dem Blindstrom aufgetragene natürliche Spannungs-Belastungs-Kennlinie parallel verschoben (*Bild* 2c).

Eine wichtige Bedingung für das Schalten der Transformatoren ist, daß keine Unterbrechung des Energieflusses stattfinden darf. Dafür gibt es verschiedene Systeme der Stufenschaltung [*2*]. Vorteilhaft sind solche Ausführungen, bei denen durch die Schaltweise bei gegebener Zahl der Anzapfungen gleichzeitig die Stufenzahl erhöht wird.

c) Lastschalter und Stellmotoren

Wegen der Schwierigkeit, die Stufenumschaltung unter Last vorzunehmen, sind besondere Lastschalter erforderlich. Die Lebensdauer eines Lastschalters ist begrenzt. Damit sie etwa gleich der des Transformators wird, bemüht man sich, die *Schalthäufigkeit* beim Regelvorgang so einzuschränken, daß sie nicht größer als etwa 50 bis 100 Schaltungen je Tag beträgt. Die Lastschalter sind mit einem Motorantrieb ausgestattet. Das sind im allgemeinen über Schütze gesteuerte Drehstrommotoren, doch können auch Federspeicher-Antriebe in Betracht kommen. Die Motoren erhalten Endschalter, die ansprechen, wenn z.B. der Stufenschalter oder bei Drehtransformatoren der verdrehbare Teil in Endstellung gelangt ist.

3. Regler

a) Grundsätzlicher Aufbau

Einschränkung der Schalthäufigkeit des Lastschalters. Die Forderung nach möglichst geringer Schalthäufigkeit kann nur auf Kosten einer gewissen „Güte“ der Regelung selbst erfüllt werden. Der im allgemeinen geltenden Forderung an eine Regelung, Abweichungen der Regelgröße vom Sollwert möglichst klein zu halten und möglichst rasch zu beseitigen, steht nämlich hier die gegensätzliche Forderung nach möglichst geringer Schalthäufigkeit gegenüber. Bei der Lösung dieser sich widersprechenden Bedingungen erweist es sich als zweckmäßig, durch den Regler um so weniger Schaltvorgänge auslösen zu lassen, je kleiner die Regelabweichungen sind. Man kann dazu auch noch die Forderung stellen, daß nur kurzzeitig andauernde Spannungsabweichungen keinen Regelvorgang auslösen sollen.

Diese Bedingungen lassen sich grundsätzlich mit einem Meßsystem mit Totbereich erfüllen, dessen Ausgangsgröße nach Überschreiten der Ansprechgrenze eine vom Betrag der Regelabweichung abhängige Laufzeit hat; das Steuersignal wird aber erst nach dem Erreichen des Endanschlages ausgelöst. Meßsysteme mit einem solchen Übertragungsverhalten müssen also I-Verhalten aufweisen. Die Stellzeit der Ausgangsgröße des Meßsystems bis zum Erreichen der Endkontakte muß in der Größenordnung bis zu vielen Minuten liegen, um die entsprechende geringe Schalthäufigkeit der Lastschalter zu gewährleisten. Regler mit solchen Meßsystemen werden hier als Regler mit Dreipunktverhalten und regelabweichungsabhängiger Totzeit benannt (*Bild 3*).

Bemessung des Totbereiches. Da die Stufenspannung bei verschiedenen Transformatoren verschieden sein kann, muß der Totbereich des Reglers jedem Transformator angepaßt werden können; er muß also auf die jeweilige Stufenspannung

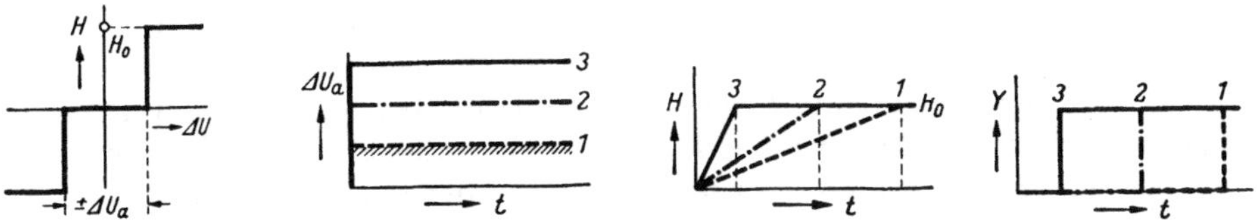

a) Dreipunktverhalten des Meßwerks
b) Regelabweichung ΔU_a (Ansprechgrenze schraffiert)
c) Verlauf der Ausgangsgröße H des Meßwerks
d) Verlauf der Stellgröße Y des Reglers

Bild 3. Regler mit Dreipunktverhalten und regelabweichungsabhängiger Totzeit

einstellbar sein. Um Stufenpendelungen, d. h. dauerndes Auf- und Abwärtsschalten, mit Sicherheit zu vermeiden, empfiehlt es sich, den Totbereich auf eine Mindest-Sicherheitsgrenze einzustellen, für den in der Praxis die Werte vom 1,2- bis 1,5-fachen der Stufenspannung empfohlen werden. Mit dem eingestellten Totbereich liegen auch die Toleranzgrenzen der Regelung fest. Die Toleranz kann also nicht geringer sein als die Stufenspannung des Transformators zusätzlich einem Zuschlag für den Einstellbereich von 20 bis 25% der Stufenspannung.

Die in der Praxis vorkommenden Meßsysteme für Transformator-Spannungsregler und einzelne ausgeführte Regler sind im Kapitel 13 behandelt.

b) Besondere Zusatzeinrichtungen

Wenn die Spannung der Hilfsenergiequelle bei Netzausfall bestehenbleibt, so steuert der Regler den Transformator in die höchste Endstellung. Um im Augenblick der Wiederkehr der Netzspannung eine zu hohe Spannung auf der geregelten Seite zu vermeiden, bringt man von Anfang an bei Nullspannung die Stelleinrichtung auf Maximalstellung. Dafür wird z.B. ein Nullspannungs-Steuerschütz verwendet, das die Stelleinrichtung auf Maximalstellung steuert (Nullspannungs-Rücklauf).

4. Regelung von Transformatoren im Parallelbetrieb [*13*]

Für die Parallelregelung von Transformatoren gelten im allgemeinen die gleichen Vorbedingungen wie bei Transformatoren mit festem Übersetzungsverhältnis, also: gleiche Nenn-Kurzschlußspannung, gleiches Übersetzungsverhältnis bei allen Stufen, gleiche Schaltgruppe (s. auch *Bild* 4).

Bei Transformatoren mit Einfachsammelschiene genügt ein einziger Regler, der gleichzeitig auf die Stellantriebe der in Betrieb befindlichen Transformatoren einwirkt (Simultan-System). Beim Zuschalten eines Transformators wird dieser vorher mit Hilfe des bei jedem Stellantrieb vorhandenen Tastschalters auf die Stufen der bereits im Betrieb befindlichen Transformatoren abgeglichen.

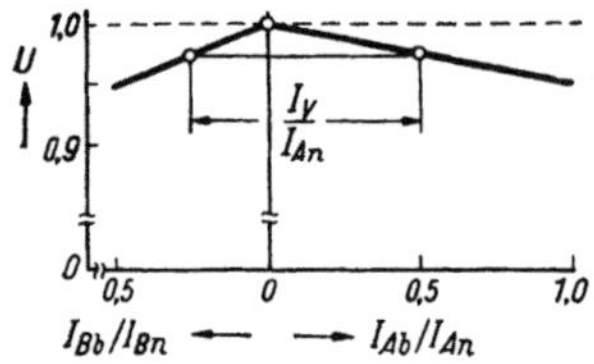

I_{Ab} Blindstrom des Transformators A
I_{An} Nennstrom des Transformators A
I_{Bb} Blindstrom des Transformators B
I_{Bn} Nennstrom des Transformators B
I_V Verbraucherstrom
$I_{Bn}/I_{An} = 1/2$

Bild 4. Blindstromverteilung bei parallelgeschalteten Transformatoren

Kommen Transformatoren mit ungleicher Stufung und Kurzschlußspannung vor, z.B. bei Erweiterungen von vorhandenen Anlagen, so erhält jeder Transformator seine eigene Regeleinrichtung. Der zwischen den Transformatoren auftretende Ausgleichstrom muß aber jetzt mit auf den Spannungsmeßkreis beider Regler geschaltet werden, um eine stabile Regelung zu erreichen [*13*]. Bei mehreren Transformatoren wendet man eine Polygonschaltung (*Bild* 5) an. Die sekundär in Reihe geschalteten Stromwandler (*2a* bis *c*) heben den mittleren gemeinsamen Anteil heraus und drücken die Differenzbeträge über die Ausgleichswandler (*3a* bis *c*), von wo aus der Einfluß (*4a* bis *c*) auf die Regler abgenommen wird.

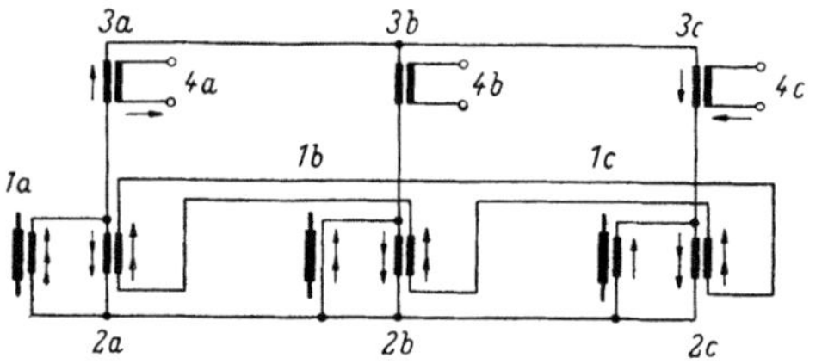

1 Transformatoren *3* Ausgleichswandler
2 Stromwandler *4* Abgriffe zum Regler

Bild 5. Parallelregelung von drei Transformatoren mit Polygonschaltung

Bei Transformatoren mit Doppelsammelschiene erhält für die getrennte Betriebsführung von zwei Transformatoren jeder Transformator seine eigene Regeleinrichtung. Will man Parallelregelung der Transformatoren vornehmen, so wird mit Hilfe eines Wahlschalters eine der Regeleinrichtungen für die Regelung ausgewählt.

Bei vier und mehr Transformatoren ist es mit Rücksicht auf die Bedienung und den Aufbau zweckmäßig, die Regeleinrichtungen den Sammelschienen und nicht den einzelnen Transformatoren zuzuordnen. Durch Wahlschalter oder durch Hilfskontakte an den Trenn- und Leistungsschaltern wird der Stellantrieb des Transformators an die Regeleinrichtung der in Betracht kommenden Sammelschiene angeschaltet.

Schutzeinrichtungen. Eine *Überstromsperre* unterbricht die Spannungsregelung beim Überschreiten des Nennstromes und verhindert ein Betätigen des Stufenschalters während der Dauer des Überstromes. Dadurch wird eine unzulässige Beanspruchung der Lastschaltkontakte vermieden. Die Überstromsperrelais der einzelnen Transformatoren verriegeln die gemeinsamen Steuersignale, da sonst durch das Sperren nur eines Stellantriebes der Parallellauf bei der Befehlsgabe gestört würde.

Eine Umschaltüberwachung liegt parallel zur Lauflampe und kontrolliert die Vollendung einer Umschaltung innerhalb der normalen Laufzeit und gibt bei Störungen (wenn der Schalterantrieb z.B. zwischen zwei Stufen stehenbleibt) eine Meldung.

5. Bemerkungen zu Drehtransformatoren

In Mittelspannungsnetzen können auch Drehtransformatoren in der Größe von einigen kVA eingesetzt werden. Ihre Regelung ist gegenüber der von Stufentransformatoren einfacher, weil die besonderen, erschwerenden Bedingungen des Lastschalters wegfallen: Das Verstellen geschieht stetig. Im Prinzip können die gleichen Regler wie bei der Stufentransformatorregelung verwendet werden. Der Totbereich braucht nicht mehr an die Bedingung der Stufenspannung angepaßt zu werden, d.h., die Ansprechgrenzen können beliebig gewählt werden.

C. Leitungsfall-Kompensation

1. Aufgabe

Beim Zusammenwirken von Generatoren, Transformatoren und Leitungen kann eine Reihe verschiedenartiger Lösungen für die Spannungshaltung in Betracht kommen, die hier unter dem Sammelbegriff *Leitungsfall-Kompensation* behandelt werden [*14*, *15*]. Wesentliche Grundlagen zu dieser Frage finden sich auch im Kapitel 23, Abschnitt E1.

Bei Stichleitungen ist es manchmal wünschenswert, daß an einem vom Kraftwerk entfernt liegenden Punkt der Leitung die Spannung mit Rücksicht auf die Verbraucher möglichst konstant gehalten werden soll. Arbeitet ein Generator z.B. auch über einen Transformator mit einer solchen langen Leitung zusammen, so läßt sich der Spannungsfall der Leitung mit Hilfe der Kennliniensteuerung des Generators (s. Kapitel 23) zum Teil ausgleichen, indem man dem Spannungsregler-Meßwerk des geregelten Generators oder des geregelten Transformators zusätzlich den Leitungsstrom aufschaltet. Die Spannungs-Regelkennlinie des Generators oder des Transformators oder beider zusammen wird dabei mit zunehmendem Laststrom zwar angehoben, so daß z.B. an den Generatorklemmen eine höhere Spannung herrscht, an einer entfernt liegenden Stelle der Leitung aber wird die Spannung konstant gehalten, ohne daß sie dort gemessen wird.

2. Allgemeine Gesichtspunkte für die Meßschaltungen

Je nach der Anordnung der Spannungswandler und Stromwandler in den einzelnen Phasen sowie auf der Primär- oder Sekundärseite des Transformators gibt es viele Variationsmöglichkeiten für die Meßschaltungen. Das liegt daran, daß man aus den Spannungen und Strömen des Drehstromnetzes (*Bild* 6) viele Kombinationen auswählen und die Ströme sowohl auf ohmsche als auch auf induktive Widerstände aufschalten kann. Trotz der Vielfalt der Kombinationsmöglichkeiten lassen sich einige allgemeine Regeln herausschälen. Grundsätzliche Sonderfälle für Schaltungen an Generator-Spannungsreglern sind auch im Kapitel 23 behandelt.

Der nach dem Generator oder nach dem Transformator auf der Leitung entstehende Spannungsfall muß nach Betrag und Phasenlage im Meßkreis des Reglers nachgebildet werden. Aus der Gleichung für den Spannungsfall auf einer Leitung (s. Tabelle 1) sieht man, daß sowohl die Wirkstromkomponente mit dem ohmschen

Widerstand der Leitung als auch die Blindstromkomponente mit dem induktiven Widerstand der Leitung einen Spannungsfall erzeugt. Wird also am Ende der Leitung nur Wirkstrom abgenommen, so ist nur der ohmsche Leitungswiderstand und ein mit der Leitungsspannung in *Phase* liegender Strom (damit also eine mit der Leitungsspannung in *Phase* liegende Spannungsänderung) an der Bildung eines Spannungsfalls beteiligt. Wird dagegen am Ende der Leitung nur Blindstrom abgenommen, so ist nur der induktive Widerstand und der der Leitungsspannung um 90° nacheilende Strom (damit also auch eine mit der Leitungsspannung in *Phase* liegende Spannungsänderung) an der Bildung eines Spannungsfalls beteiligt.

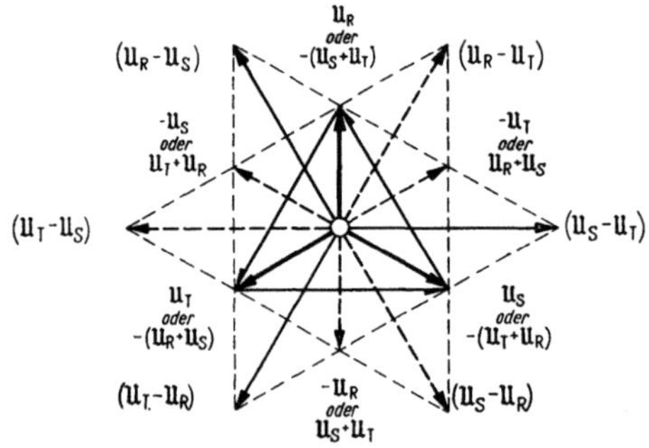

Bild 6. Zeigerdiagramm eines Drehstromsystems. Die gleiche Phasenlage wie bei den Spannungen ($\mathfrak{U}$) kann auch den Strömen ($\mathfrak{I}$) zugeordnet werden

Bildungsregel für die Zusatzspannungen im Meßwerk. Die Spannungserhöhung am Anfang der Leitung mit Hilfe des Reglers muß also (wenn man den Spannungsfall auf der Leitung kompensieren will) im Prinzip das umgekehrte Abbild dieses Zustandes auf der Leitung sein. Hat man z.B. *irgendeine* der verketteten Spannungen als Meßspannung ausgewählt, so muß man stets *zwei* Zusatzspannungen bilden und dem Meßsystem *so* zuführen, daß die eine Zusatzspannung mit der verketteten Spannung in Gegenphase liegt, wenn auf der Leitung ein reiner Wirkstrom auftritt, und daß die andere Zusatzspannung dann zu der verketteten Spannung nacheilend senkrecht steht. Tritt dann auf der Leitung ein reiner Blindstrom auf, so liegt die mit dem Blindstrom gebildete Zusatzspannung in Gegenphase zur verketteten Spannung.

Um die gewünschten Zusatzspannungen zu bekommen, wird bei der Gestaltung der Meßanordnung für die Leitungsfall-Kompensation aus *Bild* 6 immer gesucht:

a) ein Strom in Gegenphase zur gewählten Meßspannung,

b) ein Strom, um 90° nacheilend (im Uhrzeigersinn gedreht) zur gewählten Meßspannung.

In allen Fällen kommt es darauf an, eine Zusatzspannung im Meßkreis so zu erzeugen, daß diese in *Gegenrichtung* zur Meßspannung liegt und so den Betrag der am Transformator eingeregelten Spannung entsprechend dem Betrag desjenigen Leitungsfalles erhöht, der in *Richtung* der Spannung liegt (s. Tabelle 1).

3. Schaltungsbeispiele

Um den Spannungsfall am Ende einer längeren Leitung auszugleichen, genügt in den meisten Fällen, bei dem praktisch vorkommenden $\cos\varphi$-Bereich, mit guter Näherung die Scheinstrom-Aufschaltung auf einen ohmschen Widerstand (*Bild* 7, Fall 1), der zusätzlich zum Sollwert-Einstellwiderstand vorgesehen wird.

Will man den Spannungsfall genauer nachbilden, aber nur mit dem Strom einer einzigen Phase auskommen, so muß man zum Herstellen der beiden Span-

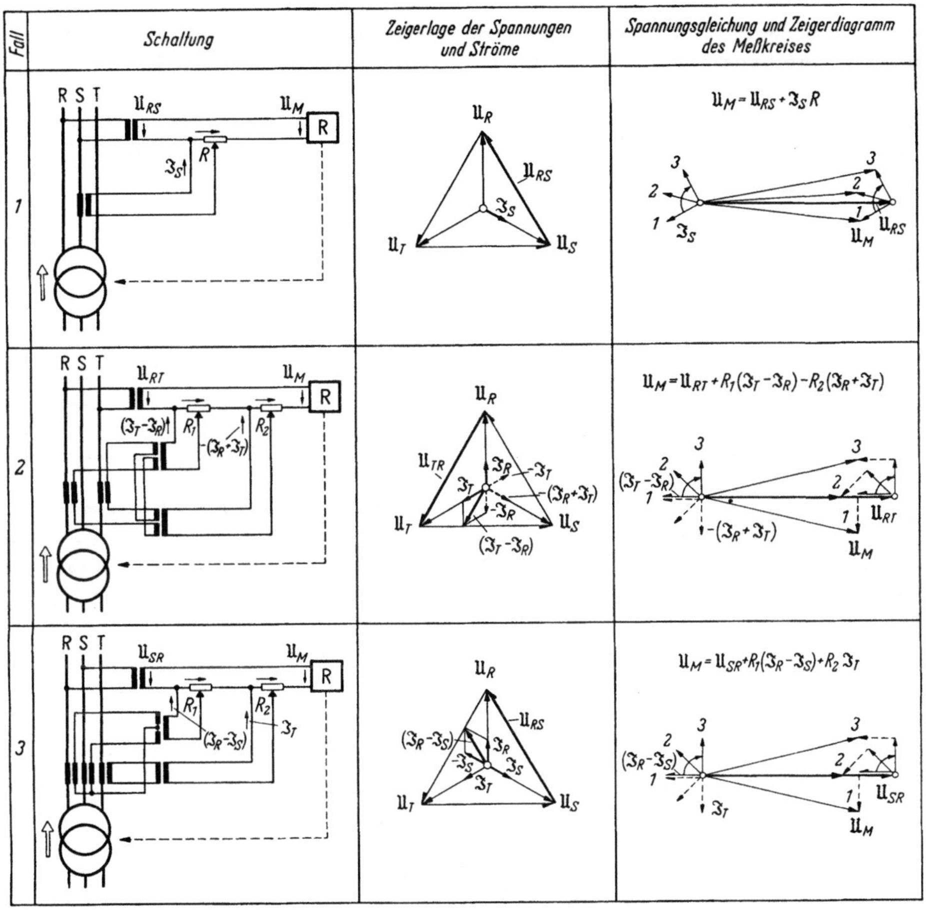

Bild 7. Leitungsfall-Kompensation durch Transformatorregelung mit Anschluß der Spannungs- und Stromwandler an der Energieausgangsseite

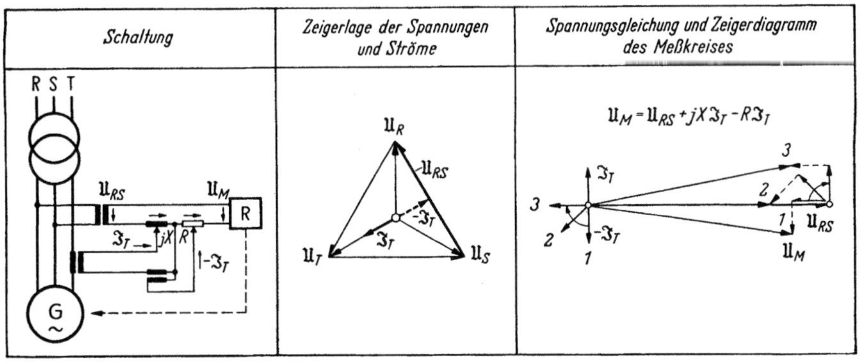

Bild 8. Kompensation des Spannungsfalls in einem Blocktransformator

nungskomponenten einen ohmschen und einen induktiven Widerstand benutzen. Die Kompensation für den Spannungsfall in einem Blocktransformator mit Generatorregelung geschieht dann z.B. durch den Strom der dritten Phase in einem

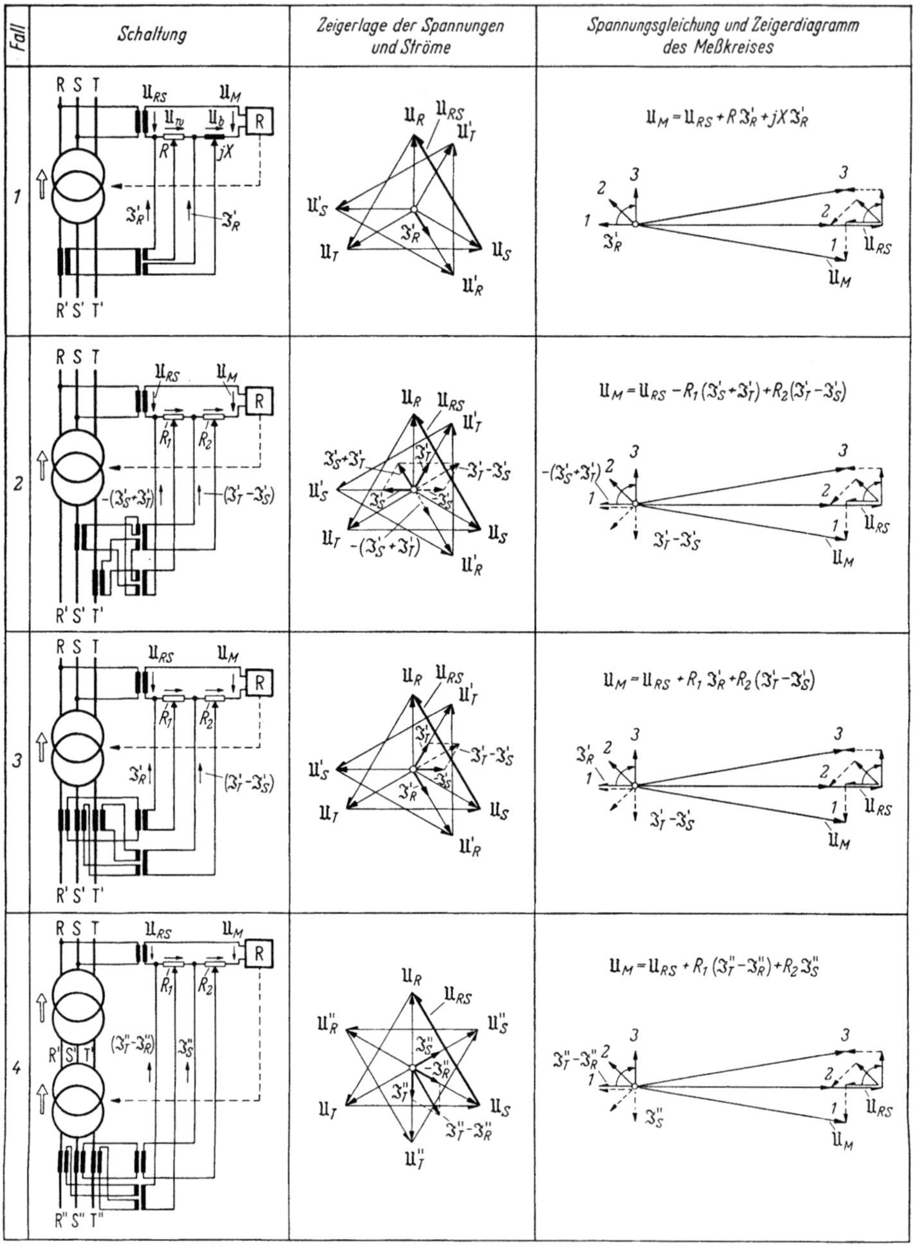

Bild 9. Leitungsfall-Kompensation durch Transformatorregelung mit Anschluß des Spannungswandlers auf der Energieausgangsseite und der Stromwandler auf der Energieeingangsseite

ohmschen Widerstand und einer Drosselspule (s. *Bild* 8). Ähnlich macht man die Kompensation des Spannungsfalls für eine Freileitung mit Transformatorregelung mit dem Strom der dritten Phase und einer Kombination aus ohmschem Widerstand und Drosselspule.

Will man bei genauer Nachbildung nur ohmsche Widerstände im Meßkreis benutzen, so muß man die Ströme von zwei oder drei Phasen aufschalten, um dadurch die beiden Spannungskomponenten zu erzeugen (s. *Bild* 7, Fall 2 und 3).

Will man den Einfluß der Magnetisierungs-Blindleistung des Transformators bei der Regelung mit kompensieren, so muß das Spannungsmeßwerk des Reglers an der Energie-Ausgangsseite (das ist meistens die Hochspannungsseite) angeschlossen werden (*Bild* 9). Schließt man dagegen das Spannungsmeßwerk des Reglers (niederspannungsseitig) an der Energie-Eingangsseite an, so kann man die Hochspannungswandler entbehren; man muß aber dann den Einfluß der Transformator-Schaltgruppe auf die Blindstrommessung bei der Auslegung der Schaltung des Regler-Meßwerkes mit berücksichtigen. Das bedeutet, daß man den Spannungsfall des Transformators sowie die Verdrehung des Spannungssystemes infolge der Schaltungsart des Transformators einrechnen muß.

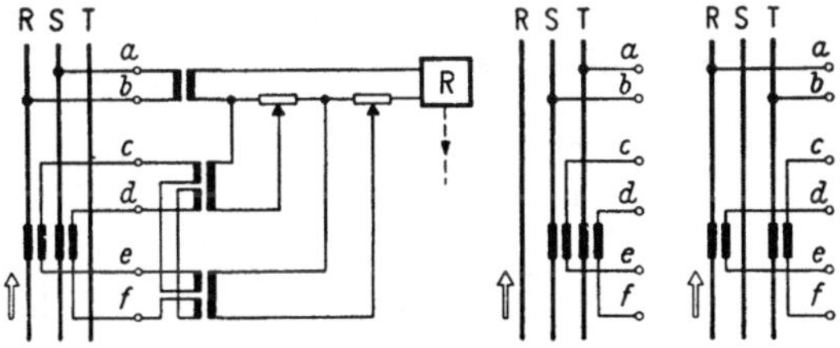

Bild 10. Zyklische Vertauschung von Strom- und Spannungswandlern

Für das Erfassen des Leitungsstromes gibt es verschiedene Möglichkeiten mit *einem*, *zwei* oder auch *drei* Stromwandleranschlüssen an der Leitung (Fall 1, 2 und 3 in *Bild* 9). Die Spannung für das Spannungsmeßwerk des Reglers wird in diesem Fall *nach* dem Transformator an der Leitung entnommen, der Leitungsstrom, der das Meßwerk zusätzlich beeinflussen soll, dagegen *vor* dem Transformator, so daß die durch die jeweilige Schaltung bedingte Phasenverdrehung zu berücksichtigen ist. Für den normalen Fall ist hier ein Transformator Yd 5 vorgeschaltet, so daß die Spannung eine Verdrehung von 150° erfährt.

In *Bild* 9, Fall 4, ist noch ein Beispiel gezeigt, in dem bei zwei hintereinandergeschalteten Transformatoren die zugehörigen Verdrehungen des Spannungssystems zu berücksichtigen ist.

Zyklische Vertauschung. Gelegentlich kann bei der Montage die Zuordnung der Strom- und Spannungswandler vertauscht sein. In einem Beispiel (*Bild* 10) ist zu sehen, in welche Phasen in einem solchen Fall (je nachdem, an welchen Phasen die Spannung angeschlossen ist) die zugehörigen Stromwandler gelegt werden müssen.

D. Kondensatoranlagen

1. Wahl, Aufbau und Regelbarkeit

Vor der Entscheidung für eine *geregelte* Kondensatoranlage [*16, 17*] in einem Netz werden im allgemeinen die technischen und wirtschaftlichen Gesichtspunkte und die Frage der Betriebssicherheit überprüft. Geregelte Kondensatoranlagen ermöglichen eine Entlastung des Bedienungspersonals und können außerdem in Anlagen ohne Bedienungspersonal verwendet werden. Zu prüfen ist z.B. die Frage, ob sich der Kostenaufwand für die Regeleinrichtung (fallweise betrachtet) durch Einsparungen an *Bedienungskosten* rechtfertigen läßt. Auch die Kosten durch zufällige Überschreitung der in *Tarifverträgen* mit dem Stromlieferer festgelegten (z.B. viertelstündlich zugelassenen) Blindleistungs- oder $\cos\varphi$-Grenzen können so hoch sein, daß eine Regeleinrichtung sich lohnt. Die allgemeine *Betriebssicherheit* kann es erforderlich machen, daß in Schwachlastzeiten die Kondensatoren selbsttätig abgeschaltet werden, damit die Netzspannung für die noch angeschlossenen Verbraucher nicht zu hoch wird.

Eine Blindstrombeeinflussung durch regelbare Blindstromkondensatoren kommt hauptsächlich bei den Abnehmern selbst oder als zentrale Kompensationsanlagen in Netzknotenpunkten in Betracht.

Man baut Kondensator-Regelanlagen in der Größenordnung von etwa 10 bis zu mehreren hundert kVA. Die Kondensatoren einer solchen Anlage können auf der Nieder- oder Hochspannungsseite des Transformators angeschlossen werden.

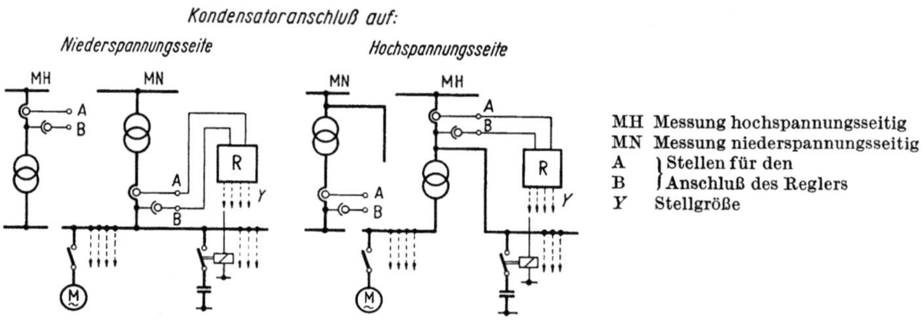

Bild 11. Grundsätzliche Möglichkeiten beim Aufbau einer Kondensator-Regelanordnung

Bei beiden Anordnungen kann die Regelgröße (die Blindleistung) entweder hoch- oder niederspannungsseitig gemessen werden, so daß sich die grundsätzlichen Schaltungen von *Bild* 11 ergeben.

Die Kondensatoranlagen können aus einzelnen Kondensatoren gleicher Leistung oder verschiedener Leistung aufgebaut werden. Üblich ist die Anordnung nach einer *arithmetischen*, nach einer *geometrischen* oder nach einer *gemischten* Reihe. Die arithmetische Reihe mit Kondensatoren gleicher Leistung ist allgemein anwendbar. Bei den anderen Anordnungen können Kondensatoren, Schütze, Zubehör und Platz gespart werden, doch müssen sie fallweise nach den Bedürfnissen der jeweiligen Betriebsbedingungen entworfen werden und erhalten dann jeweils ein besonderes Schaltprogramm. Außerdem steigt die Schalthäufigkeit und damit der Verschleiß der Kondensator-Schaltschütze.

Für Kleinanlagen sieht man z.B nur wenige Schaltschritte vor. Bei größeren Anlagen und stark schwankender Last kommt man aber zu einer weitgehenden Unterteilung der Kondensatorleistung in Gruppen und arbeitet dann z.B. mit 10 bis 12 Schaltschritten.

2. Regler

a) Grundsätzlicher Aufbau

Die Kondensatoren können in Abhängigkeit von der *Blindleistung*, dem *cosφ* oder der *Spannung* geschaltet werden, wobei die Regler jeweils mit entsprechenden Meßwerken ausgestattet werden. Kurze Blindstromstöße sollen die Schaltschütze der Kondensatoren nicht betätigen. Bei großen Regelabweichungen beträgt die Zeit zwischen zwei aufeinanderfolgenden Zu- und Abschaltungen etwa 20 s. Die Zeit wird größer, je kleiner die Regelabweichung ist.

Meßsysteme. Der grundsätzliche Aufbau des Meßsystemes entspricht im allgemeinen etwa dem eines FERRARIS-Drehsystems für Drehstromzähler in Blindleistungsschaltung. Es kann für Netze mit annähernd symmetrischer Last einsystemig ausgeführt werden, für Drei- oder Vierleiternetze mit unsymmetrischer Belastung zwei- bzw. dreisystemig.

Die Drehgeschwindigkeit des Zählers ist ein Maß für die Regelabweichung (z.B. für den Blindstrom, die Blindleistung oder den cosφ). Das Schalten eines Kondensators vollzieht sich nach einer Zeit, die der Drehgeschwindigkeit umgekehrt proportional ist.

Bei einfacheren Ausführungen werden auch Blindleistungsrelais als Meßwerk verwendet. Mit dem Schließen ihres Kontaktes geben sie z.B. über ein Zeitrelais mit festem Zeitverzug das Signal zum Schalten eines Kondensators.

Der *Sollwert*, d.h. also derjenige Wert der Regelgröße, auf den die positiven und negativen Abweichungen der Regelgröße bezogen werden, heißt in der Technik des Blindstromreglers sehr häufig *Wendepunkt-* oder *Stillstand-cosφ* (*Bild* 12). Es ist also derjenige Wert, bei dem z.B. die Scheibe eines FERRARIS-Meßsystemes stillsteht und kein Drehmoment auftritt. Der Sollwertbereich ist z. B. von cos $\varphi = 0{,}8$ induktiv bis cos$\varphi = 0{,}9$ kapazitiv verstellbar.

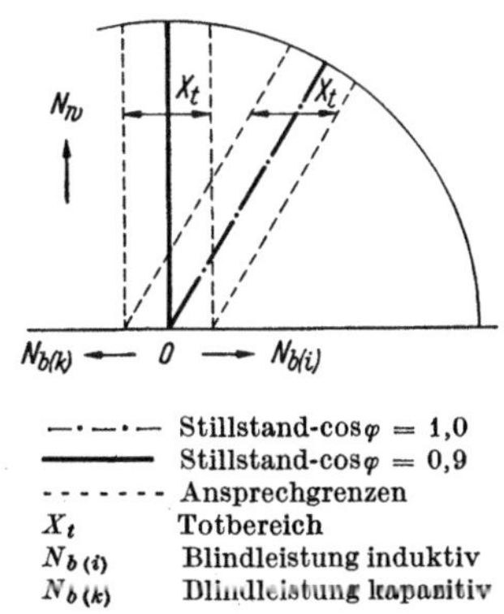

Bild 12. Kennzeichnungen des Meßwerks bei einem Blindstromregler

Um Stufenpendelung, d.h. ständiges Zu- und Abschalten einer Kondensatoreinheit zu vermeiden, muß der Regler einen *Totbereich* bekommen, der der Stufenleistung der Kondensatorbatterie anzupassen ist (*Bild* 12). Der Totbereich muß etwas größer sein, als es der Blindstromänderung entspricht, die durch die größte Kondensatoreinheit hervorgerufen wird. Für die Ansprechgrenzen des Totbereiches wählt man z.B. etwa $\pm 60\%$ der Kondensatorstufung (Regelstufung). Sie können gegenüber dem Sollwert auch unsymmetrisch verteilt werden.

Als Verstellwerke für die Kondensatorschütze können, je nachdem, welches Meßsystem angewendet wird, Quecksilber-Schaltröhren, Hilfsrelais oder Kollektor-Schaltwerke verwendet werden.

b) Besondere Zusatzeinrichtungen

Für Anlagen mit elektrischer Eigenerzeugung empfiehlt es sich, als Schutz gegen *Überspannungen* bei plötzlichen verhältnismäßig großen Motorabschaltungen ein zusätzliches Relais vorzusehen. Solche Betriebsfälle können z.B. in Arbeitspausen eintreten.

Bei *Ausfallen* der Netzspannung werden ebenfalls alle Kondensatoreinheiten abgeschaltet, um bei Wiederkehren der Spannung das Auftreten eines hohen kapazitiven Blindstromes zu verhindern. Das geschieht aus Sicherheitsgründen meistens elektrisch (z.B. mit einem Rückstellrelais). Handabschaltung wird oft auch vorgesehen. Bei kleineren Anlagen begnügt man sich meist nur mit der Möglichkeit der Handabschaltung.

Der Stellmotor wird durch *Endkontakte* abgeschaltet, wenn die letzte Kondensatorstufe eingeschaltet wird.

E. Blindleistungsmaschinen

Blindleistungsmaschinen kann man in ausgedehnteren Verbundnetzen an bestimmten Lastschwerpunkten einsetzen, um dort die Spannung zu stützen und Blindstromtransport über die Leitungen zu vermeiden (*Bild* 13a) [*18, 19*]. Häufig wird der Meßpunkt für die konstant zu haltende Spannung die Hochspannungsschiene am Ende einer langen Übertragungsleitung sein, mit der die Blindleistungsmaschine selbst noch über Transformatoren und Mittelspannungsleitungen verbunden ist. Bei sehr langen Hochspannungsleitungen kann sie als Stützpunkt zwischen den Kraftwerken im Zuge der Leitungen angewendet werden (*Bild* 13b).

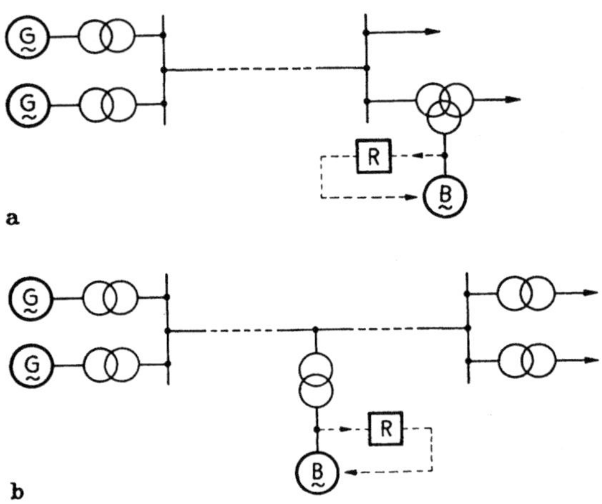

Bild 13. Anordnung von Blindleistungsmaschinen im Netz

Die Blindleistungsmaschine kann sowohl über- als auch untererregt betrieben werden. Übererregt wirkt sie wie ein Kondensator und hebt die Netzspannung an. Untererregt belastet sie die Leitung wie eine Drosselspule mit induktiver Blindlast und erzeugt damit korrigierende Spannungsfälle, wenn die Spannung zu hoch ist. Durch Änderung der Erregung kann sie stetig auf jeden beliebigen kapazitiven oder induktiven Blindleistungsbetrag innerhalb ihres Leistungsbereiches eingestellt werden und mit Hilfe einer Regelung sehr schnell an die jeweiligen Betriebsfälle angepaßt werden. Dadurch ist sie auch für die Stabilisierung der Übertragung (gegenüber Kondensatoren) besonders geeignet.

Blindleistungsmaschinen werden grundsätzlich so wie Synchrongeneratoren geregelt (s. Kapitel 23). Solange sie in ihrem normalen Dauer-Belastungsbereich arbeiten, ist der Spannungsregler allein wirksam. Sinkt jedoch die Spannung über eine festgelegte Regelabweichung ab, so würde der Spannungsregler versuchen, die Erregerspannung bis zur höchsten Grenze der Übererregung zu steigern. Der Ständerstrom der Maschine kann dabei über seinen Nennwert ansteigen und bei längerer Dauer dieses Zustandes die Maschine gefährden; andererseits soll aber dieser Zustand zur Verbesserung der Netzstabilität beitragen. Man hilft sich nun durch Wechseln von der Spannungsregelung auf eine Stromregelung. Dafür lassen sich verschiedenartige Bauelemente verwenden.

Bleibt eine hohe Spannungsabsenkung, etwa durch eine Störung, längere Zeit (beispielsweise mehr als 10 s) bestehen, so kann z.B. über ein Zeitrelais von Spannungsregelung auf Stromregelung umgeschaltet werden. Der Stromregler ist auf einen Sollwert eingestellt, der etwas über dem Nennstrom liegt. Dieser Betriebszustand bleibt so lange bestehen, bis die Spannung wieder den Arbeitsbereich des Spannungsreglers erreicht. Dann übernimmt der Spannungsregler selbsttätig wieder die Führung, und der Stromregler schaltet sich ab. Das Einleiten der Umschaltungen von Spannungs- auf Stromregelung und umgekehrt wird durch die Meßsysteme der Strom- und Spannungsregler selbst vorgenommen.

F. Stromversorgungsgeräte unmittelbar beim Einzelverbraucher

1. Anforderungen an die Spannungshaltung

Die zulässige Spannungsabsenkung im Netz soll an der Anschlußstelle eines Verbrauchers normalerweise zur Zeit der Lastspitze im stationären Belastungs-

Tabelle 2. *Überblick über die Spannungsregelung am Ort der Verbraucher*

	Regelobjekte	Regeleinrichtungen	Anwendungsgebiete
Wechselstrom	Stelltransformatoren Drehtransformatoren	Elektromotoren als Stellantriebe mit: 1. elektromagnetischen Relais 2. elektronischen Anordnungen 3. transduktorischen Anordnungen	Röntgenanlagen Eichstationen Radarstationen Funkstationen Medizinische Institute Nachrichtenbetriebe Post Werkstätten Laboratorien Prüffelder
		Elektro-hydraulischer Antrieb	
	Umformersätze (Asynchronmotor-Synchrongenerator-Sätze)	Regeleinrichtungen mit Kontakt-, Transduktor- oder Elektronikregler	
	Transduktorische Spannungskonstanthalter (und Stromkonstanthalter)	Die Stromversorgungsanlage wird vom Hersteller meist schon als geregelte Einheit ausgeführt	
Gleichstrom	Elektronische Gleichrichter (sehr hohe Genauigkeit)	Die Stromversorgungseinrichtung wird vom Hersteller meist schon als *geregelte* Einheit ausgeführt	
	Transduktorische geregelte Gleichrichter		
	Umformersätze (Drehstrommotor-Gleichstromgenerator-Sätze)	Regeleinrichtungen wie beim Gleichstromgenerator	
	Bemerkung: An Stelle der geregelten Anordnungen werden auch reine Steuerungsanordnungen verwendet: z.B. Stabilisatorröhren, magnetische Spannungskonstanthalter.		

zustand nicht mehr als etwa 5% betragen. Bei kurzer Stoßbelastung sollen Spannungsänderungen von nicht mehr als etwa 1,5% auftreten. Größere Spannungsabweichungen können sich je nach Art des angeschlossenen Verbrauchers nachteilig auf dessen Betriebsweise auswirken oder einen brauchbaren Betrieb ganz unmöglich machen [*1*, *20*].

Viele aus dem öffentlichen Versorgungsnetz gespeiste Stromabnehmer (Tabelle 2) benötigen für den Betrieb ihrer Einrichtungen eine verhältnismäßig konstante Spannung. In diesen Fällen sind direkt am Ort des Verbrauchers zusätzliche Sondereinrichtungen zur Spannungshaltung erforderlich, wenn die in den Verteilernetzen erreichbare Spannungstoleranz nicht genügt. So können, je nach der geforderten Toleranz und je nach der Höhe der erforderlichen Leistung, von Hand gesteuerte oder mit Hilfe eines Reglers geregelte Stell- oder Drehtransformatoren, Motor-Generator-Sätze sowie geregelte Konstantspannungsgeräte verschiedener Bauarten vorgesehen werden.

2. Regeleinrichtungen für Stell- und Drehtransformatoren

Eine Regeleinrichtung für Stell- und Drehtransformatoren setzt sich zusammen aus einem Regelverstärker mit dem Vergleicher und aus einem Stellantrieb. Der Stellantrieb wird meistens mit einem Elektromotor oder einem hydraulischen Stellmotor ausgeführt. Als Regelverstärker werden elektromagnetische, elektronische, transduktorische [*21*], elektromotorische und hydraulische Anordnungen verwendet.

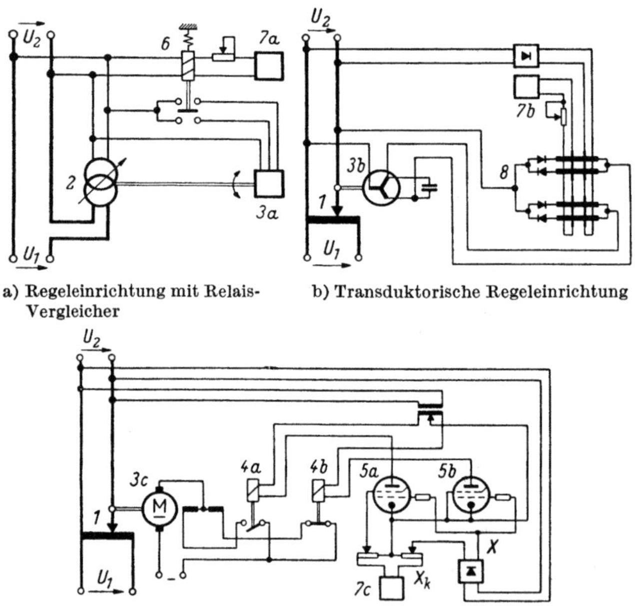

a) Regeleinrichtung mit Relais-Vergleicher b) Transduktorische Regeleinrichtung

c) Elektronische Regeleinrichtung

U_1	Ungeregelte Spannung	*4*	Schütze (*a* und *b*)
U_2	Geregelte Spannung	*5*	Stromtore (*a* und *b*)
1	Stelltransformator	*6*	Polarisiertes Relais
2	Drehtransformator	*7*	Vergleichsgrößengeber (*a* bis *c*)
3	Stellmotor (*a* bis *c*)	*8*	Transduktor-Regelverstärker

Bild 14. Beispiele von Regelanordnungen für Stell- und Drehtransformatoren

Elektromagnetische Regeleinrichtung (*Bild* 14a). Hier läßt sich als Vergleicher z.B. ein polarisiertes Relais (*6*) verwenden. Als Vergleichsgröße kann man einer der Wicklungen einen einstellbaren Strom zuführen, während eine zweite Wicklung einen Strom führt, welcher der zu regelnden Spannung proportional ist. Hat die Ausgangsspannung U_2 des zu regelnden Transformators (*2*) ihren Sollwert, so nimmt das Relais seine Ruhestellung ein, und der Stellmotor (*3a*) ist stromlos. Die bleibende Regelabweichung hängt vom Totbereich der Relais ab (im allgemeinen beträgt sie etwa 0,5% des Sollwertes).

Transduktorische Regeleinrichtung (*Bild* 14 b). Als Regelverstärker dienen hier zwei Transduktoren (*8*). Sie sind so bemessen, daß bei vollem Öffnen des einen Transduktors der andere nahezu sperrt. In der Nullstellung, wenn also der Regler seinen Sollwert erreicht hat, gehen beide Transduktoren auf einen relativ geringen Ruhestrom zurück. Als Stellmotor (*3b*) kommt entweder ein Hauptschlußmotor oder ein Wechselstrommotor (z.B. als Käfigläufer mit Hilfsphase) in Betracht. Seine Stellgeschwindigkeit ist abhängig von der Regelabweichung, da die Ströme in der Haupt- und Hilfsphase stetig verändert werden. Zur Verbesserung der Regeldynamik kann noch ein Rückführsignal in den Transduktor eingeführt werden.

Elektronische Regeleinrichtung (*Bild* 14 c). Der z.B. als Gleichstrom-Doppelfeldmotor ausgeführte Stellmotor (*3c*) wird über Schaltschütze (*4*) gesteuert. Die Erregerspule der Schütze ist über Stromtore (*5*) an die Wechselspannung geschaltet. Die Istspannung U_2 wird gleichgerichtet ($X \sim U_2$) und mit einer Vergleichsspannung X_k verglichen, die z.B. durch eine Stabilisatorröhre erzeugt wird.

Die Stromtore werden durch die der Regelabweichung proportionale Gleichspannung gezündet. Sind beide Stromtore nicht gezündet, so wird die Regelgröße im Steuersinn „tiefer" verstellt. Wenn das Stromtor (*5a*) gezündet hat, wird die Regelgröße im Steuersinn „höher" verstellt. Wenn das Stromtor (*5b*) gezündet hat, erhält der Stellmotor keine Spannung, und die Regelgröße wird nicht verändert.

Hydraulische Regeleinrichtung. Öldruckregler (s. Kapitel 13) können, da sie an ihrer Welle ein Drehmoment abgeben, unmittelbar mit der Welle eines Drehtransformators oder mit dem Stellantrieb eines Stelltransformators gekuppelt werden.

3. Regeleinrichtungen für Motor-Generatorsätze

Motor-Generator-Sätze bestehen z.B. aus einem an das Netz angeschlossenen Asynchronmotor und (für genaueste Spannungshaltung) aus einem mit Röhrenregler geregelten Synchrongenerator. Für diese Regelung gelten grundsätzlich die allgemeinen Bedingungen wie im Kapitel 23 und 32.

4. Konstantspannungsgeräte

Geregelte Konstantspannungsgeräte werden mit Hilfe elektronischer (Röhren-) Bauelemente [*22*] und mit Transduktoren [*23*] gebaut. Vielfach werden auch die für die Spannungsregelung von Generatoren verwendeten Regler (z.B. Kohledruckregler) in Sonderausführungen als Konstantspannungsgeräte eingesetzt. Als Störgrößen wirken auf diese Geräte Netzspannungsschwankungen und Änderungen der Frequenz auf der Energie einspeisenden Seite, dann Änderungen der Belastung und deren Leistungsfaktor auf der Energie abgebenden Seite sowie Temperaturänderungen im Gerät selbst.

Als Beispiel wird ein transduktorisch geregeltes Gerät beschrieben (*Bild* 15). Seine Ausgangsspannung U_2 setzt sich zusammen aus der Eingangsspannung U_1 und einer über einen Transformator (*2*) eingespeisten Zusatzspannung. Der Betrag und die Phasenlage dieser Zusatzspannung werden durch einen magnetischen Leistungsverstärker (*4*) so gesteuert, daß die Ausgangsspannung konstant gehalten wird.

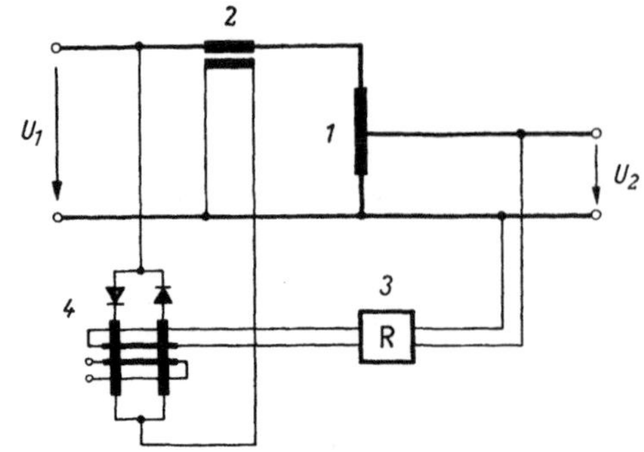

1 Ausgangstransformator
2 Zusatztransformator
3 Transduktorregler
4 Leistungsverstärker
U_1 Eingangsspannung
U_2 Ausgangsspannung

Bild 15. Grundsätzliche Schaltung eines transduktorischen Konstantspannungsgerätes

Bild 16. 220-MVA-Einphasen-Spartransformator mit eingebautem Stufenschalter für einen Drehstromsatz 660 MVA Durchgangsleistung. Spannungen 400 kV/231 kV (± 18%)/30 kV

Den Vergleicher bildet ein besonderer Transduktor, in dem der Istwert-Sollwert-Vergleich magnetisch stattfindet. Bei Netzen mit starrer Frequenz läßt sich die Vergleichsspannung z.B. einem kleinen Gleichhalter entnehmen, der an die geregelte Ausgangsspannung angeschlossen ist. Der Sollwert kann so auf große Genauigkeit bis auf 0,05% konstant gehalten werden. In Fällen, bei denen auch die Frequenz schwankt, kann man der Meßeinrichtung eine Frequenzkompensation zufügen. Im allgemeinen liegen die Toleranzen bei Laständerungen zwischen 10 und 100% bei etwa $\pm 1\%$ des Sollwertes. Bei konstanter Vollast kommt man auf $\pm 0{,}5\%$. Bei induktiver Belastung und bei Leerlauf wird noch eine Toleranz von etwa $\pm 2\%$ erreicht. Die Geräte sollen Netzspannungsschwankungen von etwa ± 10 bis $\pm 20\%$ beherrschen.

Die Zeitkonstante $T_{63\%}$ beträgt für Änderungen der Ausgangsspannung bei sprungartiger Änderung der Eingangsspannung je nach der Größe des Gerätes etwa 0,1 bis 0,4 s.

Die Zusatzspannung ist als Ausgangsspannung des spannungsteuernden Leistungsverstärkers nicht sinusförmig. Die Verzerrung ist abhängig vom Aussteuerungsgrad des Verstärkers. Da sich die Ausgangsspannung des Konstanthalters aus seiner Eingangsspannung und der Zusatzspannung zusammensetzt, ist auch die Kurvenform der Ausgangsspannung verzerrt. Ihr Oberwellengehalt beträgt, abhängig von der Form der Eingangsspannung, etwa 5% (untere Grenze des Stellbereiches) bis etwa 25% (obere Grenze des Stellbereiches) ohne Siebkreise; sie liegt unter 5% mit Siebkreisen.

G. Quellenhinweise

[*1*] Erich, M.: Anforderungen der Netze an die Regelung von Spannung und Blindleistung. ETZ-A 81. Jg. (1960) H. 5, S. 176–181.

[*2*] Langer, H.: Regelungstechnischer Einsatz des Transformators. ETZ-A 81. Jg. (1960) H. 7, S. 262–269.

[*3*] Langer, H.: Wirkungs-und Betriebsweise eines indirekt geregelten 100-MVA-Umspanners für 220/110 kV. ETZ-A 76. Jg. (1955) S. 492–497.

[*4*] Bönnhoff, H.: Selbsttätige Spannungsregelung von Transformatoren mit Stufenschaltwerken. Elektrizitätswirtschaft 54. Jg. (1955) S. 395–398.

[*5*] Gangl, H.: Automatische Spannungsregelung mit Lastschalter-Transformatoren. Elin-Z. Bd. 7 (1955) S. 138–142.

[*6*] Rösch, H.: Über die Magnetisierungsvorgänge bei der indirekten Spannungsregelung von Transformatoren. ETZ-A 73. Jg. (1952) S. 553–556.

[*7*] Süss, R.: Selbsttätige Spannungsregelung in unbesetzten Schaltstationen. Energie 8. Jg. (1956) S. 2–6.

[*8*] Süss, R.: Regler für minimale Verstellhäufigkeit des Stellgliedes. Regelungstechnik 3. Jg. (1955) S. 106–109.

[*9*] Jansen, B.: Zehn Jahre Regeltransformatoren mit Jansen-Schaltern. Elektrotechn. Z. 58. Jg. (1937) S. 874–880.

[*10*] Süss, R.: Selbsttätige Spannungsregelung in der Energieversorgung. Elektrizitätswirtschaft 53. Jg. (1954) S. 692–694.

[*11*] Dalbender, C.: Regler für die selbsttätige Steuerung von Transformatoren mit angebautem Stufenschalter. Siemens-Z. 31. Jg. (1957) S. 537–541.

[*12*] Dittberner, H. C.: Gerätetechnik der Transformatorregelung. ETZ-A 81. Jg. (1960) H. 7, S. 269–274.

[*13*] Maier, F.: Die Parallelsteuerung von Transformatoren mit Stufenschalter. Siemens-Z. 30. Jg. (1956) S. 100–106.

[14] HENNING, H.: Kennliniensteuerung bei der Spannungsregelung von Generatoren im Parallelbetrieb. Regelungstechnik 4. Jg. (1956) S. 311–317.

[15] HOSEMANN, G.: Messung und Kennlinienbildung bei der Spannungsregelung von Synchrongeneratoren und Transformatoren. ETZ-A 81. Jg. (1960) H. 7, S. 274–281.

[16] Regeleinheiten für selbsttätige Kondensator-Regelanlagen. Druckschrift TK 29 (April 1958) der Siemens-Schuckertwerke AG.

[17] BÖDEKER, K.: Kondensatorenanlagen mit selbsttätiger Regelung. Dt. Elektrotechn. 9. Jg. (1955) S. 322–325.

[18] TITTEL, J.: Einige Neuentwicklungen im Großmaschinenbau. ETZ-A 77. Jg. (1956) S. 453–459.

[19] DRESSLER, B.: Synchrone Phasenschieber. AEG-Mitt. 48. Jg. (1958) S. 462–466.

[20] WIENKEN, F. u. MITLEHNER, F.: Planung industrieller Mittelspannungs-Verteilungsnetze. ETZ-A 76. Jg. (1955) S. 628–634.

[21] WITTEKIND, R.: Spannungskonstanthaltung für Einzelverbraucher. Elektro-Post 8. Jg. (1955) Nr. 13, S. 230–232.

[22] KRICKE, O.: Elektronisch geregelte Konstantspannungs-Gleichrichter. ETZ-B Bd. 10 (1958) S. 40–44.

[23] BROSCH, L. u. ZAHORKA, R.: Transduktorgeregelte Konstanthalter für Wechselstrom. AEG-Mitt. 47. Jg. (1957) S. 144-146.

26. Stromrichter

Von **M. Tschermak**

Inhaltsübersicht

A. Quecksilberdampf-Stromrichter [*1,2*]

1. Ausführungsformen und Steuerbarkeit

a) Der Einfluß der Steuergitter

Einem großen *Teil* der *Hg*-Dampf-Stromrichter (Tabelle 1) wird die Steuerbarkeit der Spannung und damit die Fähigkeit, Größe und Richtung des durchgelassenen Energiestromes zu beeinflussen, durch Steuergitter erteilt, die in das Stromrichtergefäß (*Bild* 1) eingebaut sind. Jede Anoden-Kathoden-Strecke (*Bild* 2) ist als trägheitslos einlegbare Schaltstrecke aufzufassen. Sie ist bei ausreichend negativer Gitterspannung gesperrt. Sie kann bei positiver Anodenspannung und, sofern eine Vorionisierung durch einen brennenden ,,Erregerlichtbogen" vorhanden ist, zu einem beliebigen Zeitpunkt t_x durch einen Lichtbogen überbrückt, d.h. gezündet werden. Dazu muß das Gitter gegenüber der Kathode ein Potential erhalten, das höher als u_z (in Tabelle 1) ist. Die Zündspannung u_z ist von der Spannung u_a Anode-Kathode abhängig und hat außerdem einen Streubereich, der sich z.B. je nach der im Entladungsraum herrschenden Temperatur und dem Druck ändert.

Das *Ignitron* wird durch einen Stromstoß i_z über den in die Kathode tauchenden Zündstift gezündet, wobei eine Vorerregung nicht notwendig ist. Bei höheren Anforderungen reicht allerdings die Steuergenauigkeit der Ignitronzündung nicht aus, und der Zündbefehl für die Anoden-Kathoden-Strecke wird auch hier durch zusätzlich eingebaute Steuergitter gegeben, während über den Ignitronzünder nur eine Erregeranode gezündet wird.

Eine einmal eingeleitete Entladung kann (wie sich aus der Physik des Entladungsvorganges ergibt) nicht mit Hilfe des Gitters unterbrochen werden, sondern nur dadurch, daß die Spannung an der Entladungsstrecke unter die Lichtbogenspannung abgesenkt bzw. der Strom Null wird. Bei mehrphasigen Gleich- und Wechselrichterschaltungen sinkt nach Frei-

Bild 1. Stromrichtereinheit
(Mit luftgekühltem, pumpenlosem Gefäß 825 V, 1250 A oder 1320 V, 1000 A)

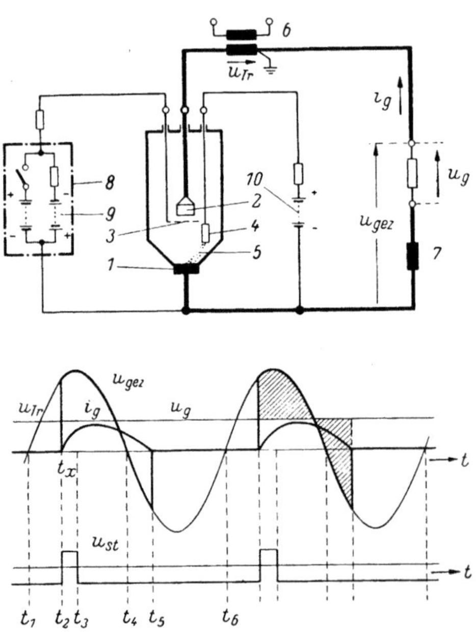

1 Kathode
2 Anode
3 Gitter
4 Erregeranode
5 Erregerlichtbogen
6 Stromrichtertransformator
7 Glättungsdrossel
8 Steuereinrichtung
9 Sperrspannung (≈ 220 V)
10 Erregerspannung (≈ 60 V)
u_{Tr} Sekundärspannung des Transformators
u_{gez} Gezündete Gleichspannung
u_g Mittelwert der Gleichspannung an der Last
i_g Gleichstrom
$t_1 - t_2$ Anode positiv, Steuergitter negativ; Stromrichter sperrt
t_2 Steuergitter wird positiv; Stromrichter zündet, Kathode folgt. Anodenpotential, Gleichstromfluß beginnt
t_3 Steuergitter wird negativ; ohne Einfluß
t_4 Anodenpotential wird negativ, Selbstinduktion der Glättungsdrossel liefert aber positive Spannung, Strom fließt weiter
t_5 Gesamtspannung und Gleichstrom werden Null. Stromrichter erlischt
$t_5 - t_6$ Anode negativ, Steuergitter negativ: Stromrichter sperrt

Bild 2. Grundsätzlicher Aufbau des Hg-Dampf-Stromrichters und Wirkungsweise der Gittersteuerung gabe einer Folgephase mit höherem positivem Potential gegenüber der Kathode der Strom der vorhergehenden Phase nach einer kurzen Übergabezeit zwangsläufig auf Null.

Tabelle 1. *Gebräuchliche Ausführungsformen der Quecksilberdampf-Stromrichter*

	Benennung	Erregung	Vakuumhaltung	Kühlung	Strom, Spannung	Steuerung	Zündkennlinie
a	Thyratron, Stromtor	Glühkathode	Glaskolben, abgeschmolzen	Selbstkühlung	50 A 1000 V 10 A 15000 V	Gitter	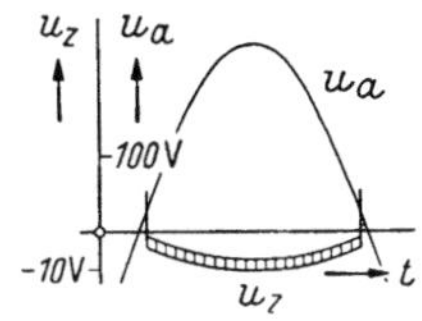
b	Schweißignitron	ohne Dauererregung	Glaskolben, abgeschmolzen	Selbstkühlung	1 A 15000 V 20 A 550 V	Zündstift	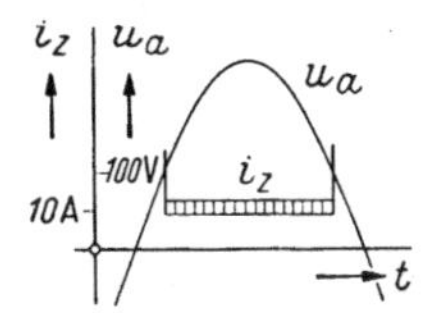
			Metallkolben, abgeschmolzen	Wasserkühlung	100 A 1000 V		
	Gleichrichterignitron[1]	ohne Dauererregung	Metallkolben mit und ohne Pumpe	Wasserkühlung; seltener Luftkühlung	6000 A[2] 1000 V 1000 A[2] 3000 V	Zündstift oder Zündstift und Gitter	
c	Einanodengefäß	Erregeranoden	Metallgefäß mit Pumpe oder abgeschmolzen	Wasserkühlung; seltener Luftkühlung	5000 A[2] 1000 V	Gitter	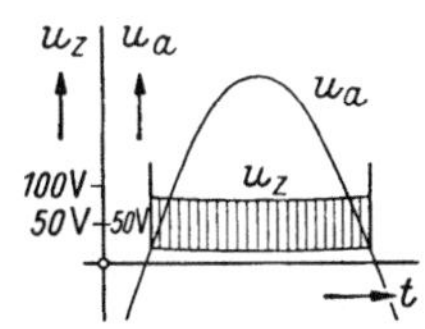
	Mehranodengefäß	Erregeranoden	Glaskolben, abgeschmolzen	Selbstkühlung oder Luftkühlung	200 A 1650 V 450 A 275 V		
			Metallgefäß abgeschmolzen („pumpenlos“)	Luftkühlung	1500 A 1000 V 20 A 12000 V		
			Metallgefäß mit Pumpe („Großgefäß“)	Wasserkühlung	bis 6000 A 1000 V		

[1]) Für gesteuerten Betrieb im gesamten Bereich nicht geeignet.
[2]) Für eine Gruppe mit 6 Gefäßen in Saugdrosselschaltung.

b) Änderung des Zündwinkels (*Bild* 3)

Angesichts der zeitlichen Streuung des Zündvorganges sind Zündimpulse mit möglichst senkrechter Anstiegsflanke am günstigsten. Entsprechende Methoden werden bei Leistungsstromrichtern ausschließlich, aber auch bei Stromrichtern kleinerer Leistung immer mehr angewandt.

Der Zusammenhang zwischen Höhe und Form der Gleichspannung und dem Steuerwinkel ist in *Bild* 4 für eine 6phasige Mittelpunktschaltung mit großer Glättungsdrossel im Gleichstromkreis dargestellt. Bei voller Aussteuerung ($\alpha = 0$, Zündung im Phasenschnittpunkt) ist die abgegebene Gleichspannung (E_m Mittelwert) außer durch die gegebene Schaltung nur durch die Sekundärspannung des

Transformators bestimmt. Mit steigendem α sinkt die mittlere Gleichspannung bei lückenlosem Gleichstrom proportional $\cos \alpha$ und erreicht schließlich bei $\alpha = 90°$ den Wert Null. Bei weiterer Vergrößerung von α überwiegen die aus den negativen Teilen der Transformatorspannungen herausgeschnittenen Abschnitte. Es ergibt sich eine negative mittlere Spannung U_{gm}. Ein Strom kann nur dann fließen, wenn

	Steuermethode		Merkmale
Horizontalsteuerung	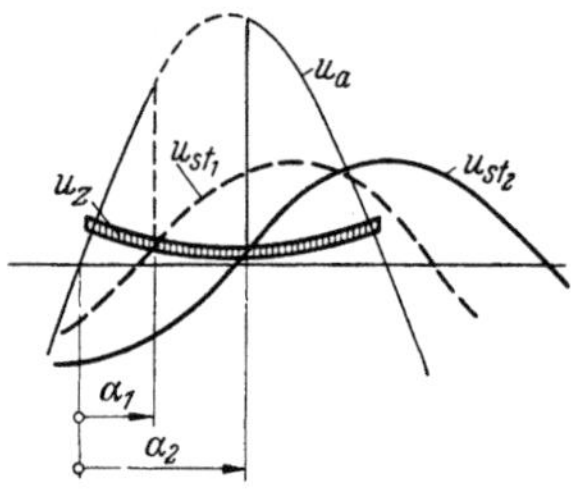	Zündung des Stromrichters erfolgt, wenn die sinusförmige Wechselspannung u_{st} am Steuergitter den Bereich der Zündspannung u_z überschreitet. Phasenlage von u_{st} (zu u_a) bestimmt Zündwinkel α.	Unsicherheit des Zündzeitpunktes infolge flachen Anstiegs der Steuerspannung der Zündspannung u_{st} im Bereich u_z. Nur für einfache Steueraufgaben. Kein Wechselrichterbetrieb.
Vertikalsteuerung	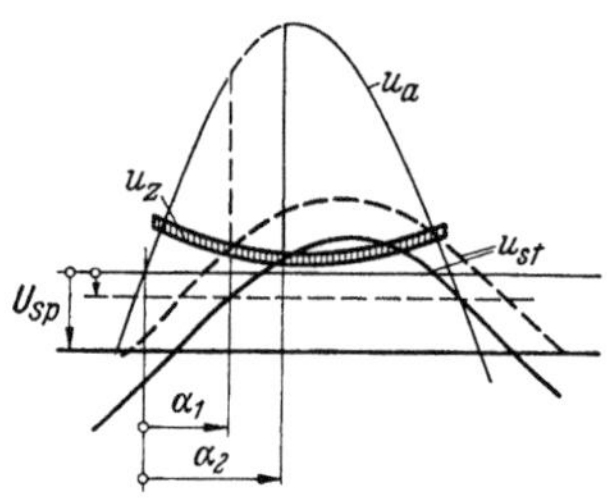	Am Steuergitter liegt eine sinusförmige Wechselspannung u_{st} mit einer Gleichspannungskomponente U. Höhe von U bestimmt Zeitpunkt, in dem $u_{st} > u_z$ (= Zündzeitpunkt des Stromrichters).	
Impulssteuerung	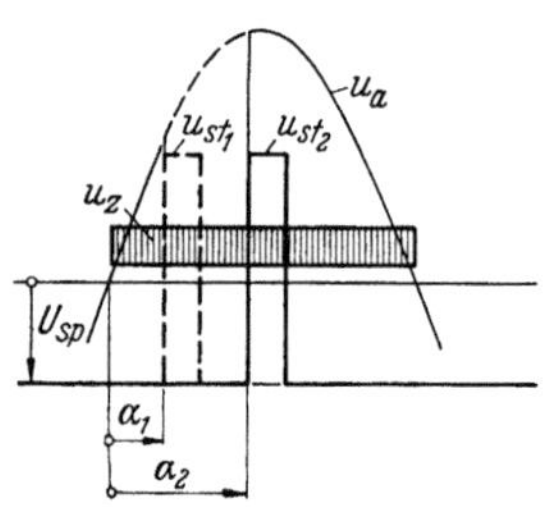	Am Gitter liegt eine feste (negative) Sperrspannung U_{sp}, der im Zündaugenblick ein positiver Impuls u_{st} mit steiler Anstiegsflanke überlagert wird. Zündzeitpunkt durch Phasenlage des Impulses u_{st} bestimmt.	Steile Impulsflanke sichert definierten Zündzeitpunkt, vor allem bei Quecksilberdampfgefäßen, die großen Zündbereich u_z haben.

Bild 3. Methoden der Zündzeitpunktverschiebung durch Gittersteuerung (Beispiele)

durch eine äußere Gleichspannung $|U_g| \geqq |U_{gm}|$ eine Summenspannung in Durchlaßrichtung an das Ventil angelegt wird. Die Richtung des Energieflusses ist nun umgekehrt, der Stromrichter ist zum Wechselrichter geworden, von dem Gleichstromenergie aufgenommen und in das Primärnetz als Drehstromenergie zurückgeliefert wird.

c) Einschränkung des Steuerbereiches

Mehrere physikalische Begleiterscheinungen beim Steuervorgang bedingen, daß der Gittersteuerbereich auf das notwendige Maß beschränkt wird und eine Erweiterung des Bereiches häufig durch Änderung der Sekundärspannung des Transformators (Stufenschalter) vorgenommen wird. Dazu sind folgende Punkte zu beachten:

1. Die elektrische Beanspruchung eines Stromrichters steigt mit der Herabsteuerung an. Der Steuerbetrieb setzt entsprechende Konstruktion des Gefäßes, richtige Dimensionierung bei der Planung und geeignete Betriebsweise, z.B. Einhaltung der Temperaturgrenzen, voraus. In der häufig verwendeten Saugdrosselschaltung ist bei der Auslegung der Saugdrossel zu berücksichtigen, daß diese für den Steuerbetrieb bis 3,5mal größer gemacht werden muß als für den ungesteuerten Betrieb.

2. Mit der Herabsteuerung, und zwar etwa proportional cos α, sinkt der Leistungsfaktor des primär aufgenommenen Stromes. Hohe Last in tief herabgesteuertem Zustand (Umkehrwalzwerk) gibt primär hohe Blindströme, und diese geben an der Induktivität des Speisenetzes Spannungsabfälle.

3. Die im Primärstrom enthaltenen Oberwellen erhöhen sich mit der Herabsteuerung nur unwesentlich.

4. Wie aus *Bild* 4 ersichtlich, steigt bei Herabsteuerung die Welligkeit der Gleichspannung. Die Welligkeit des Gleichstromes hängt außer von dieser Gleichspannung von der Schaltung (Gegenspannung) und Glättung (z.B. Induktivität) auf der Gleichstromseite ab. Sie kann bei tiefer Herabsteuerung bzw. niedriger Last bis zum ,,Lücken" des Stromes, d.h. unterbrochenem Verlauf des Gleichstromes wie in *Bild* 2, ansteigen. Die Glättungsdrossel wird so ausgelegt, daß das Lücken vermieden wird, da sonst die Gleichspannung der Steuerung nicht mehr eindeutig folgt (s. auch *Bild* 7).

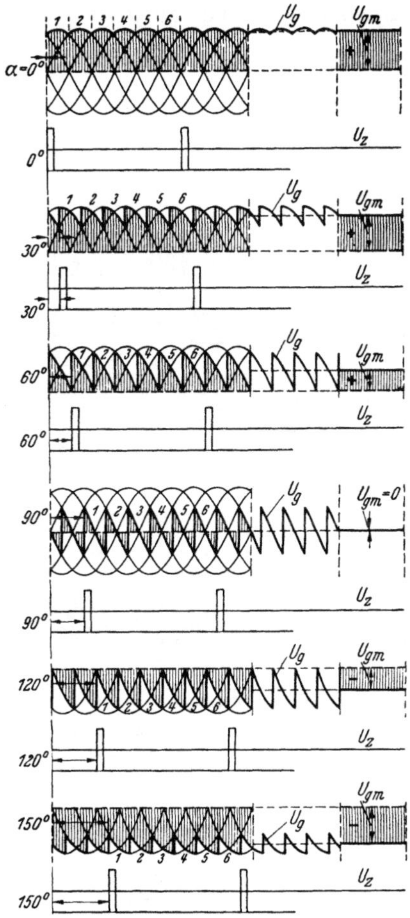

1 bis 6 Phasenspannungen des Transformators
α Zündverzögerung des Anodeneinsatzes
U_g Wellige Gleichspannung
U_{gm} Geglättete Gleichspannung
U_z Gitterspannung

Bild 4. Regelung der Gleichspannung eines 6-Phasen-Stromrichters von einem positiven zu einem negativen Höchstwert

d) Gittersteuersätze

Die Schaltanordnung, die die Gitterspannung für gittergesteuerte Gefäße erzeugt bzw. die Zündimpulse für Ignitrons, wird als *Steuersatz* bezeichnet. In ihm wird die Eingangswechsel- oder -drehspannung in die gewünschte Impulsform gebracht und bei höherer Phasenzahl der Schaltung in einer der zugehörigen Anode entsprechenden Phasenlage den einzelnen Gittern zugeführt (*Bild* 5).

Wegen ihrer besonderen Funktion ist die *Phasenstelleinrichtung* getrennt anzuführen, die eine Phasenverschiebung sämtlicher den Gittern zugeführten

Steuerimpulse bewirkt. Häufig dafür verwendete Anordnungen sind in *Bild* 6 gezeigt. Drehtransformatoren, Phasenbrücken und Steuerdrosseln erfüllen diese Aufgabe als selbständige, außerhalb des Steuersatzes liegende Glieder. Oft ist die Phasenverstellung auch in den Steuersatz mit hineinverlegt. So bestimmt z. B. ein Vormagnetisierungsstrom im *Spitzenerzeugertransformator* bei magnetischen Steuersätzen die Phasenlage (*Bild* 5 oben).

Gittersteuersatz	magnetisch	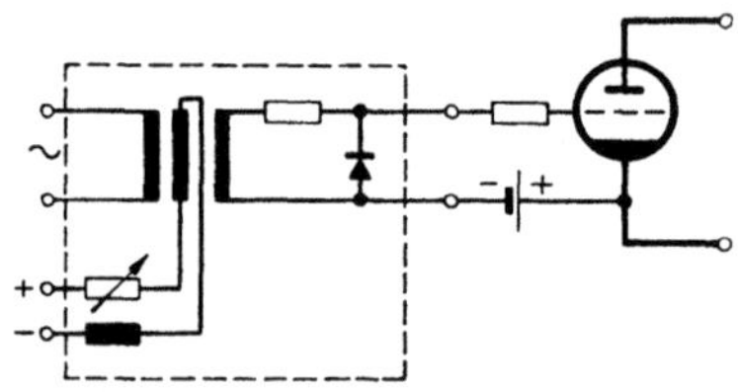	Kernmaterial des Gitterübertragers hat „Rechteck"-Kennlinie. Nur bei Nulldurchgang der Eingangswechselspannung große Flußänderung $\Delta\Phi$. Dem entspricht Spannungsstoß in der Sekundärwicklung. Durch Gleichstrom-Vormagnetisierung wird Flußnulldurchgang phasenverschoben, dadurch Verschiebung des Zündspannungsstoßes. Zeitkonstante der Zündwinkelverschiebung durch Induktivität und Widerstand im Vormagnetisierungskreis gegeben.
	elektronisch	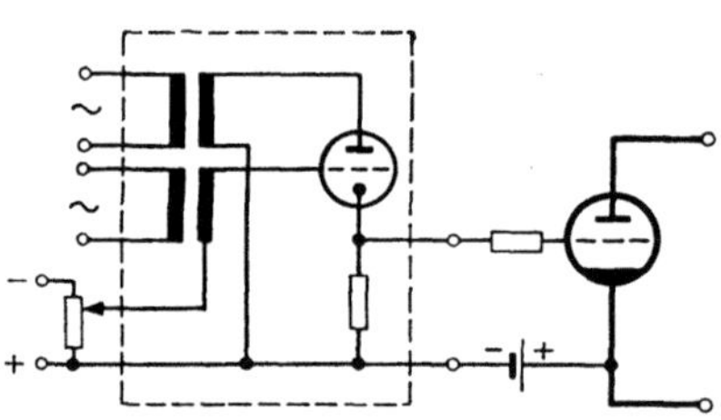	Aussteuerung eines Stromtores nach der Methode der „Vertikalsteuerung". Beim Zünden des Stromtors plötzlicher Spannungsabfall am Kathodenwiderstand. Dieser Spannungsstoß kommt an das Gitter des Stromrichters und zündet. Zündpunktverschiebung durch Änderung der Eingangsgleichspannung. Trägheitslos.
Ignitronsteuersatz	elektronisch	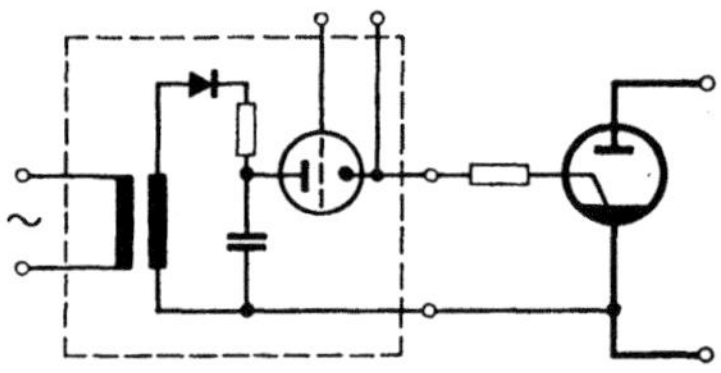	Kondensatorentladung über Stromtor. Dadurch Stromstoß über den Ignitronzündstift. Zündzeitpunktverschiebung durch entsprechende Aussteuerung des Stromtors. Trägheitslos, wenn Kondensatorladung schnell genug erfolgt.

Bild 5. Steuersätze für Stromrichter größerer Leistung (Beispiele)

Bei Anwendung in einer Regelung ist für Drehtransformatoren eine mechanische Verstellung, motorisch oder mit Öldruckregler, erforderlich. Bei anderen Phasenstellern ist die Steuergröße ein Gleichstrom oder eine Gleichspannung. Für ihre Speisung können z. B. Röhrenregler, Magnetverstärkerregler oder Transistorverstärker eingesetzt werden.

	Schaltbild	Steuergröße	Übergangsfunktion
Dreh-transformator	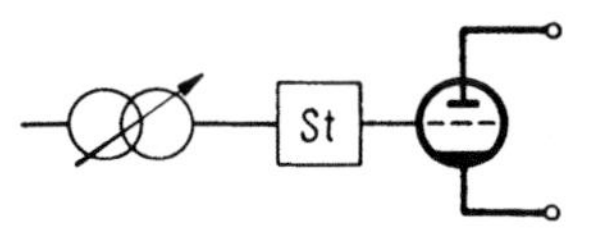	Winkel an der Welle des Drehtransformators (Stellbereich 360°)	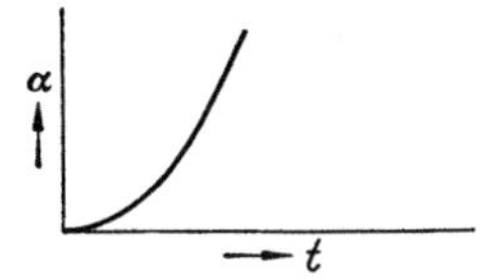
Phasenbrücke	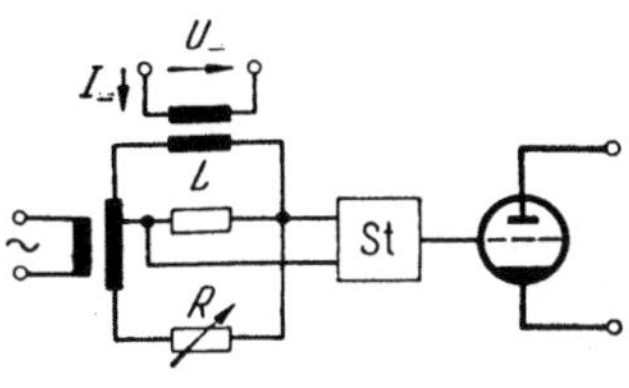	1. Spannung U_- an der Vormagnetisierungswicklung der Brückeninduktivität L 2. Brückenwiderstand R (Stellbereich ≈ 160°)	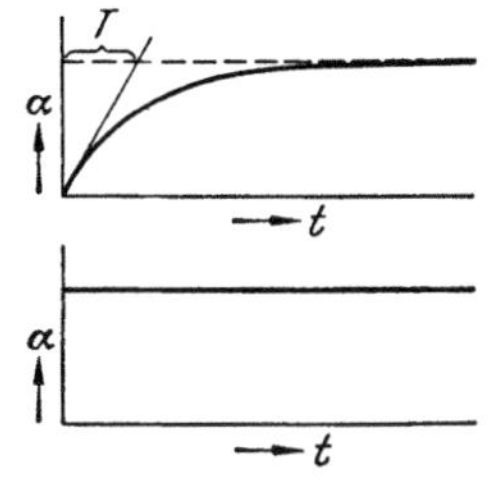
Vordrosseln	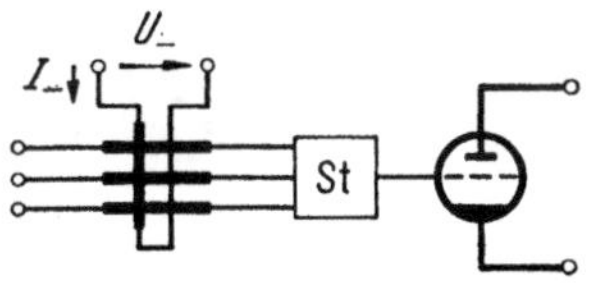	Spannung U_- an den Vormagnetisierungswicklungen (Stellbereich < 90°)	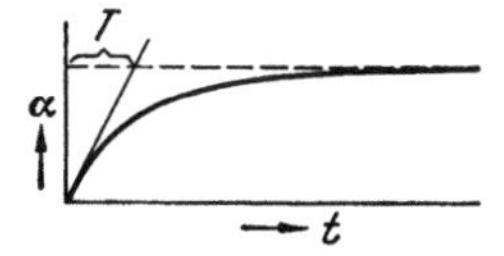

Bild 6. Verfahren zur Phasenverschiebung der Eingangsspannung des Steuersatzes (Beispiele)

2. Steuerkennlinien und Steuerkenngrößen

Infolge der engen Berührung mit dem Lichtbogen nimmt das Steuergitter geringe Ströme auf. Die Steuerung erfolgt daher nicht leistungslos, wohl aber mit einer sehr niedrigen Leistung. Am Eingang des Steuersatzes werden je nach Ausführung einige Watt bis einige hundert Watt benötigt. Die Spannungssteuerkennlinie des Stromrichters ist bei „ausreichender" Glättung, d.h. lückenlosem Betrieb, durch $U_{gm} = U_{gm0} \cdot \cos \alpha$ gegeben. Bei Erweiterung der Betrachtung auf ohmschen und gemischt ohmschen-induktiven bzw. lückenden Betrieb verwendet man die in *Bild* 7 wiedergegebenen Kennlinien. Aus diesem Bild ergibt sich auch der für einen geforderten Spannungssteuerbereich nötige Stellbereich für den Aussteuerwinkel α. Für Wechselrichterbetrieb ist zu berücksichtigen, daß sich mit Rücksicht auf die endliche Zeit des Stromüberganges von einer Anode auf die ablösende und die erforderliche Entionisierungszeit eine Erhöhung des Aussteuerwinkels auf 180° verbietet (Durchzündungsgefahr). Es muß vielmehr ein *Sicherheitswinkel* von etwa 30° als Mindestabstand zwischen Zündzeitpunkt und dem nächsten Schnittpunkt der Anoden-Wechselspannungen (s. *Bild* 4) eingehalten werden. Zur Vervollständigung der Angaben über die Steuerkennlinie ist noch der Zusammenhang zwischen Aussteuerwinkel und Steuerstrom bzw. Steuerspannung erforderlich. Beim Drehtransformator ist die Änderung des elektrischen Winkels mit der Änderung des Aussteuerwinkels identisch.

Dynamisch ist der Stromrichter durch eine Totzeit, die Phasenstelleinrichtung durch ihre Übergangsfunktion charakterisierbar. Da die einmal gezündete Entladestrecke über das zugehörige Gitter nicht mehr beeinflußt werden kann, ergibt sich je nach dem Zeitpunkt t_x (*Bild* 8), in dem die Stelleinrichtung den Verstellbefehl erteilt, eine „Wartezeit" $\alpha_x \pm \Delta\alpha$ bis zur Ausführung des neuen Zünd-

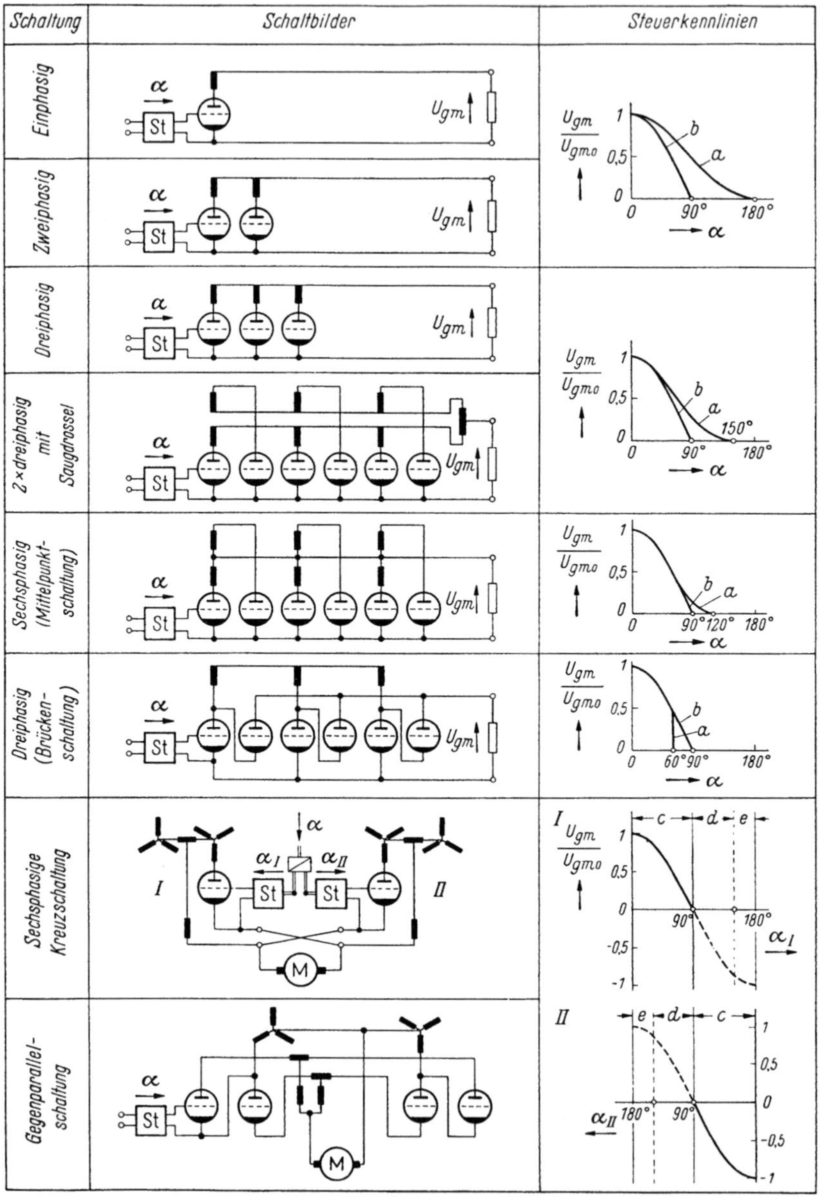

St Steuersätze
α Aussteuerwinkel
U_g Steuerspannung ($\alpha \neq 0$)
U_{go} Bezugsspannung ($\alpha = 0$)
a Kennlinie bei rein ohmscher Last
b Kennlinie bei induktiver Last oder ohmscher Last mit genügend großer Sättigungsdrossel
c Spannungsbereich im Gleichrichterbetrieb
d Spannungsbereich im Wechselrichterbetrieb
e Sicherheitsbereich bis zur Trittgrenze (25 bis 30°)

Bild 7. Steuerkennlinien von verschiedenartigen Hg-Dampf-Stromrichterschaltungen befehls, $\alpha_x + \Delta\alpha$ bei Herabsteuerung, $\alpha_x - \Delta\alpha$ bei Hinaufsteuerung; $\Delta\alpha$, α_x, α_0 sind hier Zeiten. Der Winkel von 360° entspricht der Zeit $1/f$, bei 50 Hz also 20 ms; α_x kann statistisch zwischen dem Wert Null und $\alpha_0 = 1/(pf)$ schwanken (p Phasenzahl, f Frequenz).

Im geschlossenen Regelkreis sind für das dynamische Verhalten schon kleine Änderungen der Regelgröße maßgebend. Es genügt daher, jeweils kleine Änderungen von $\Delta\alpha$ zu betrachten und für den Stromrichter eine Tot- oder Laufzeit gleich dem halben Maximalwert von α_x einzusetzen, das ist $\alpha_0/2 = 1/2pf$.

In *Bild* 6 sind bei den typischen Phasenstelleinrichtungen auch ihre kennzeichnenden Übergangsfunktionen gezeigt. Drehtransformatoren mit ihrer mechanischen Verstellung sind nur bei langsamen Regelungen verwendbar. Für Drehzahlregelung z.B. sind schneller wirkende Phasenstelleinrichtungen erforderlich. Für hohe Anforderungen werden hier die praktisch nahezu trägheitslos arbeitenden Einrichtungen mit Röhren und Transistoren am Eingang der Phasenstelleinrichtung verwendet. In diesem Fall können Stromrichter, Steuersatz und Phasenstelleinrichtung zusammengefaßt durch eine statistische Laufzeit gleich der halben Zündperiode charakterisiert werden.

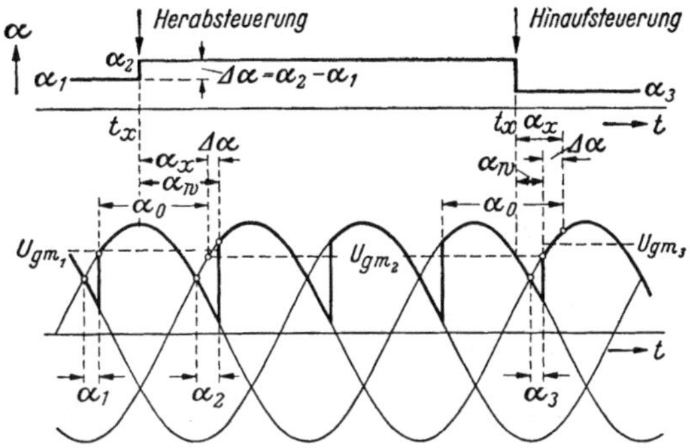

t_x kann innerhalb des Bereiches α_0 an beliebiger Stelle liegen

Bild 8. Totzeit eines Stromrichters

3. Stromrichterregelschaltungen [3]

a) Spannungs- und Stromkonstanthaltung in durch Gleichrichter gespeisten Netzen

Gesteuerte Stromrichter werden in Regelschaltungen z.B. zur Konstanthaltung von Regelgrößen, wie Spannung, Strom, Zug, Drehmoment, Drehzahl, Drehzahlverhältnis, verwendet (Beispiele *Bilder* 9.1 bis 9.3). In diesem Fall wählt man die sekundäre Transformatorspannung so, daß dem Stromrichter genügend Spielraum bleibt, um die im ungünstigsten Fall auftretende Summe aller Störgrößen (z.B. Primärspannungsschwankungen, elektrische oder mechanische Laständerungen) vom normalen Arbeitspunkt bis zur vollen Aussteuerung ($\alpha = 0$) zu beherrschen. Bei z. B. 10% Änderung der Primärspannung, 7% Spannungsabfall zwischen Leerlauf- und Vollast und 100% Überlastbarkeit ist für eine Spannungskonstanthaltung die sekundäre Phasenspannung mindestens $1/(0{,}9 \cdot 0{,}93)$, also 1,2mal größer zu wählen, als das für Vollast ohne Primärspannungsänderung nötig wäre. Entsprechend ist der Transformator auch in der Leistung um 20% größer zu dimensionieren. Der Leistungsfaktor bei Betrieb mit Nenngrößen ergibt sich zu $\cos\varphi = (1/1{,}2) \cos\varphi_0$; $\cos\varphi_0$ ist der Leistungsfaktor der Grundwelle bei voller Aussteuerung.

1

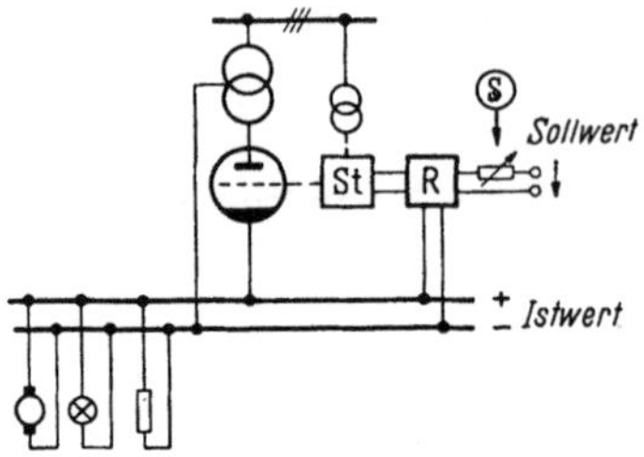

Spannungskonstanthaltung

Anwendung: Gleichstromnetze; Speisung mehrerer Gleichstromantriebe gemeinsam; Batterieladung.

2

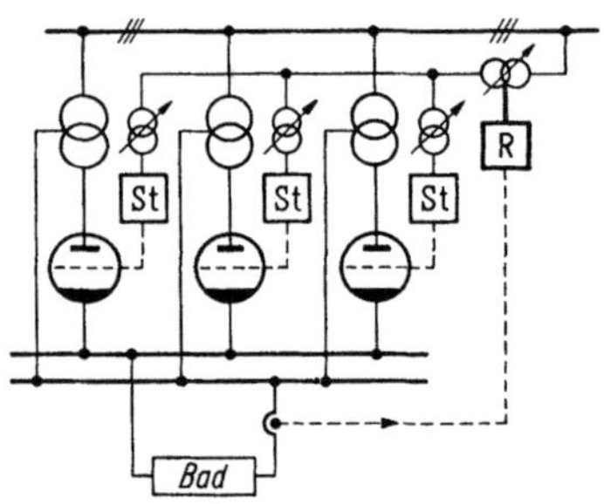

Stromkonstanthaltung

Anwendung: Speisung von Elektrolysen; Stromkonstanthaltung einzelner Antriebe bei Haspelantrieben; Erregerfeldern.

Messung des Strom-Istwertes auf der Gleichstromseite über Gleichstromwandler oder auf Primärseite Transformator über normale Wandler.

3

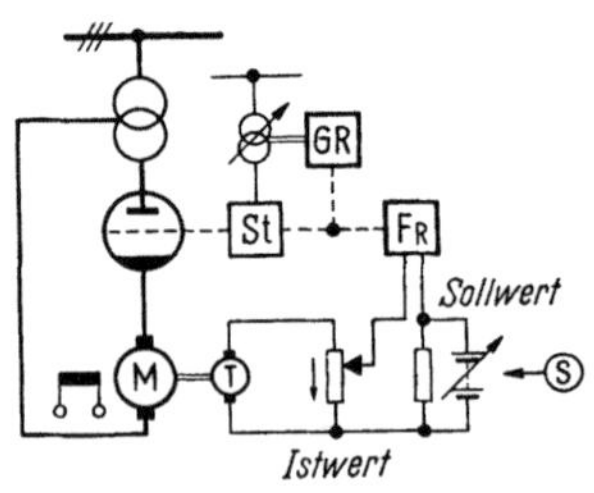

Drehzahlregelung

Anwendung: Walzenstraßen (kontinuierlich); Lüfterantriebe.

Keine Energierücklieferung, echte Regelung nur in einer Richtung. Meistens großes Lastmoment, daher Bremsfähigkeit des Antriebes nicht erforderlich. Regelantriebe hoher Genauigkeit (Promille-Regelung).

FR Feinregelverstellung
GR Grobregelverstellung

4

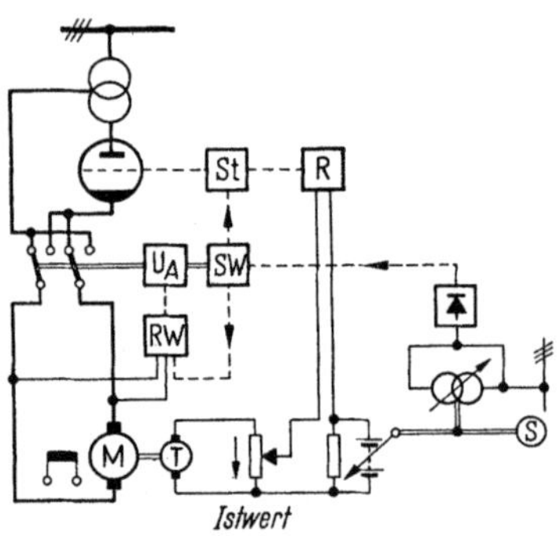

Umkehrantrieb mit Ankerumschaltung

Anwendung: Reversierwalzwerke; Förderanlagen; Haspelbandwalzwerke.

Änderung des Betriebszustandes bedingt Umschalten des Ankerumschalters, daher Totzeit.

RW Richtungswächter
SW Steuerwalze
UA Umschaltantrieb

Bild 9. Anwendungen des Stromrichters in Regelanordnungen

5

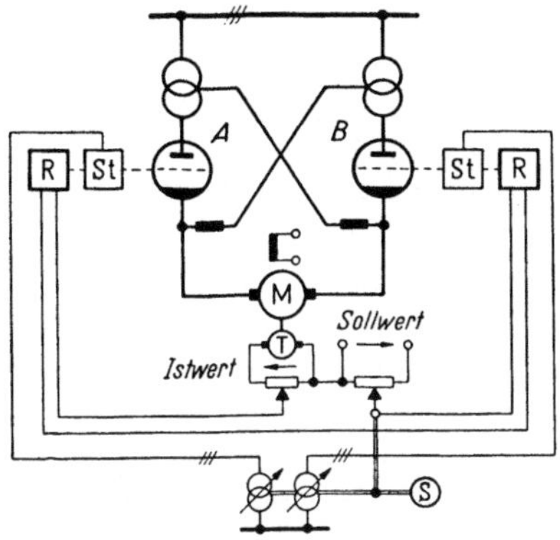

Umkehrantrieb in Kreuzschaltung

Anwendung: Umkehrwalzenstraßen; Haspelbandwalzwerke; Förderanlagen; Dressiergerüste; Walzenanstellung; fliegende Schere; Rollgänge. Für jede Stromrichtung ein Gefäß, daher Wechsel des Betriebszustandes ohne Totzeit.

6

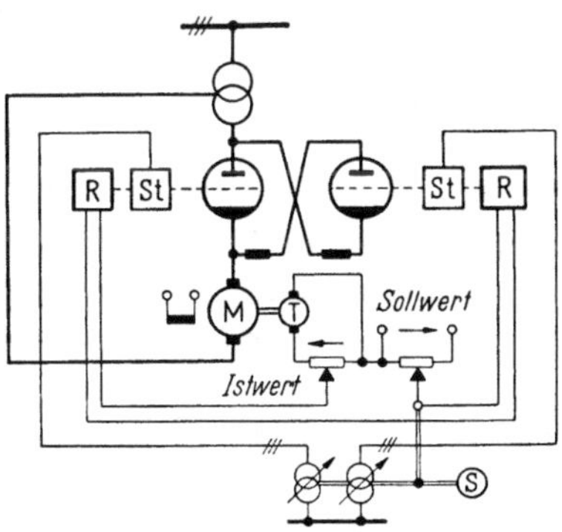

Umkehrantrieb in Gegenparallelschaltung

Anwendung: Umkehrwalzenstraßen, Förderanlagen.

Für jede Stromrichtung und Phase je ein Einanodengefäß, daher Wechsel des Betriebszustandes ohne Totzeit.

7

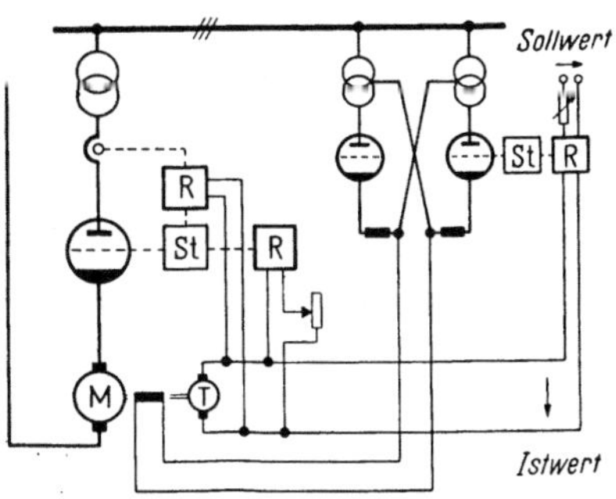

Umkehrantrieb mit Feldumkehr

Anwendung: Umkehrwalzenstraßen, Haspelbandwalzwerke, Förderanlagen, Dressiergerüste.

Wechsel des Betriebszustandes der Maschine erfordert Feldumkehr, daher entsteht Totzeit.

Bild 9. (Fortsetzung)

Eine Störgröße besonderer Art tritt bei Stromkonstanthaltung für Aluminium-Schmelzflußelektrolysen auf (Ströme von 30000 bis 100000 A). Bei Verarmung der Bäder an Tonerde „funken" diese mit einer plötzlichen Erhöhung des Einzel-Spannungsabfalles der in Reihe geschalteten Bäder um 25 bis 30 V.

b) Der Stromrichter als Steuerglied für Gleichstromantriebe

Die wichtigste Anwendung des Hg-Dampf-Stromrichters für Regelaufgaben ist heute die bei geregelten Gleichstromantrieben als „ruhende" LEONARD-Schaltung (Ersatz des LEONARD-Generators durch den Stromrichter; *Bilder* 9.3 bis 9.7). Da die Zeitverzüge von Regler, Phasensteller, Steuersatz und Stromrichtergefäß bei entsprechender Auslegung auch in ihrer Summe klein gehalten werden können gegenüber dem mechanischen Zeitverzug des Gleichstrommotors, ergibt sich diese als einziger „großer" Zeitverzug. Demgegenüber tritt beim LEONARD-Generator infolge der Trägheit des Erregerfeldes ein zweiter größerer Zeitverzug auf, womit bei diesem von vornherein die dynamischen Voraussetzungen ungünstiger liegen.

Stromrichterantriebe ohne Energierücklieferung. In der Schaltung nach *Bild* 9.3 für Drehzahlregelung eines Motors bei reinem Gleichrichterbetrieb kann nur mit einer Drehrichtung gefahren werden (z.B. bei CONTI-Straßen). Über den Stromrichter kann in dieser Schaltung kein Bremsmoment ausgeübt werden. Bei Herabsetzung der Gleichrichterspannung unter die Gegenspannung des Motors sinkt die Drehzahl nur entsprechend dem Verhältnis von Last- zu Schwungmoment ab. Der Regelkreis ist in diesem Zustand nicht geschlossen. In der Mehrzahl der Fälle ist allerdings das Lastmoment so groß, daß die Regelaufgabe auch ohne Bremsfähigkeit des Stromrichterantriebes gelöst werden kann. Andernfalls wird, zumindest bei Antrieben kleinerer Leistung, oft die Bremsung durch selbsttätiges Zuschalten von Bremswiderständen verbessert.

Stromrichterantriebe mit Energierücklieferung. Bei diesen haben sich drei Grundschaltungen herausgebildet:

1. die Kreuzschaltung oder als Abart die Gegenparallelschaltung im Ankerkreis (*Bilder* 9.5 und 9.6),
2. die Ankerumschaltung (*Bild* 9.4),
3. die Kreuzschaltung im Feldkreis (Feldumkehr) (*Bild* 9.7).

Allen diesen Schaltungen ist gemeinsam, daß mit ihnen von Gleich- auf Wechselrichterbetrieb übergegangen werden kann und daher eine Umkehr der Energierichtung möglich ist. Für den Motor bedeutet dies nach *Bild* 10 Übergang von Betriebszustand I, Antrieb, auf Betriebszustand II, Bremsen. Die verschiedenen Grundschaltungen unterscheiden sich durch die für diesen Übergang, bei dem das Drehmoment des Motors seine Richtung umkehren soll, angewandte Methode. Zur Drehmomentumkehr ist entweder notwendig, daß sich bei gleichbleibender Feldrichtung der Ankerstrom umkehrt (*Bilder* 9.4 bis 9.6) oder daß bei gleichbleibender Richtung des Ankerstromes eine Feldumkehr erfolgt (*Bild* 9.7).

Bei der *Kreuzschaltung* (*Bild* 10.1 und *Bild* 9.5) muß, da der Stromrichter den Strom nur in einer Richtung führen kann, für jede Stromrichtung ein eigener Stromrichtersatz genommen werden. Beide Stromrichtersätze sind ständig so ausgesteuert, daß der Mittelwert der gezündeten Spannung gleich ist, die eine Gruppe aber als Gleichrichter, die andere als Wechselrichter arbeitet. Im Zustand I führt der als Gleichrichter ausgesteuerte Satz A (s. *Bild* 9.5) Strom, die Gegenspannung des Motors liegt um den ohmschen Spannungsabfall und die Lichtbogenspannung unter der Gleichrichterspannung. Senkt man mit der Steuerung die Spannungen von Gleich- und Wechselrichter unter die Gegenspannung E des Motors, so wird diese nun gegen die kleinere mittlere Spannung des Wechselrichters einen Strom

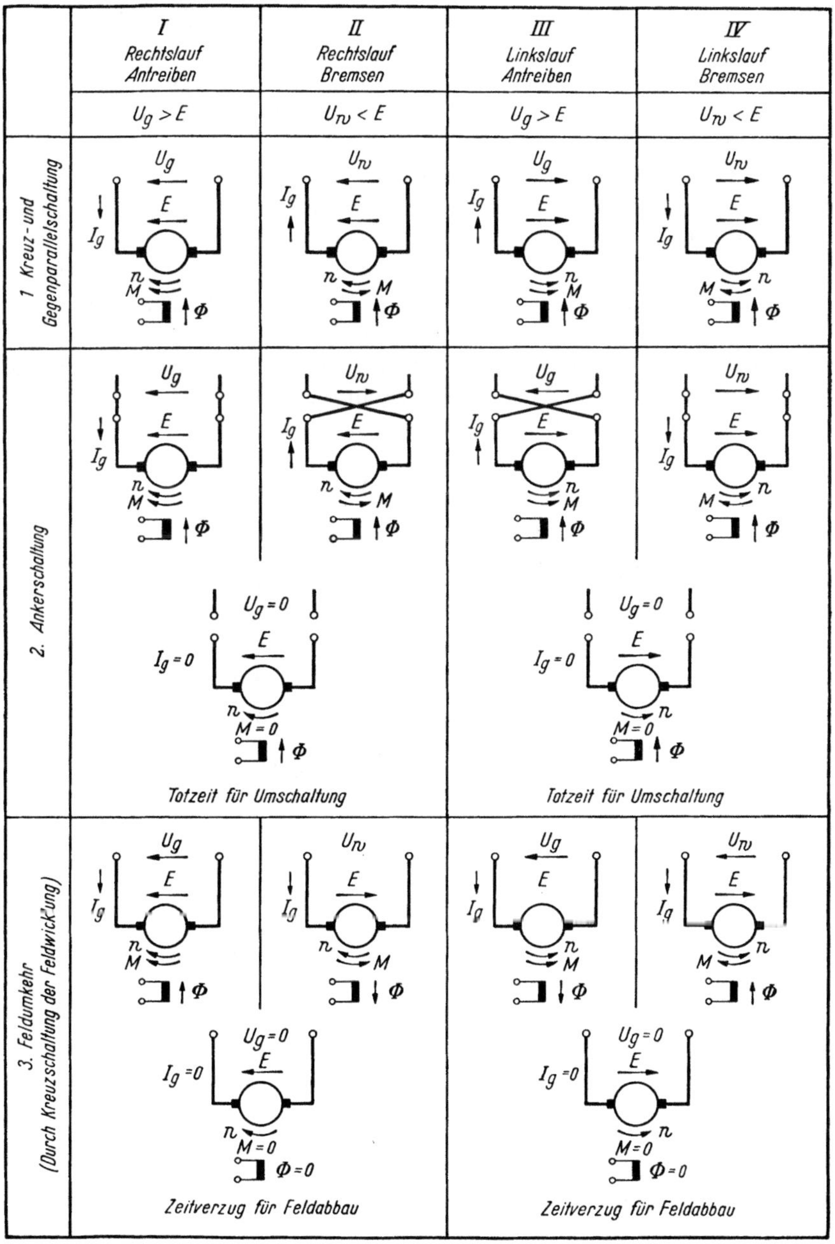

Bild 10. Zur Arbeitsweise von Stromrichter-Umkehrantrieben

umgekehrter Richtung hervorrufen und damit verzögerungslos auf Betriebszustand II, Bremsen, übergehen. Mit abnehmender Drehzahl und Motorgegenspannung wird die gezündete Wechselrichterspannung dauernd so mitgesenkt, daß die Differenz den gewünschten Bremsstrom ergibt. Bei dem Drehzahl-Nulldurchgang wird die Stromrichtergruppe B von Wechselrichter- in Gleichrichterbetrieb überführt (bei A umgekehrt), Drehrichtung und Gegenspannung des Motors kehren sich um und Betriebszustand III ist erreicht, Antrieb in umgekehrter Richtung.

Die *Ankerumschaltung* liefert das gleiche Ergebnis mit nur einem Gefäß, d.h. kleinerem Aufwand; dafür muß beim Übergang von Gleich- auf Wechselrichterbetrieb und umgekehrt (I/II und III/IV) zwischen Motor und Stromrichter eine Umschaltung (Umpolung) vorgenommen werden. Das geschieht mit Rücksicht auf die Lebensdauer der Schaltkontakte in stromlosem Zustand. Der Stromrichter wird durch negative Gitterspannung „gesperrt". Im Gegensatz zur Kreuzschaltung ergibt sich bei der Ankerumschaltung nach *Bild* 10.2 eine Umschalt- oder Totzeit von einigen Zehntelsekunden, während der der Motor vom Netz nicht geführt wird. Der Ankerumschalter ist für sehr hohe Schalthäufigkeit auszubilden, außerdem meist für hohe Ströme, so daß an seine Konstruktion zur Erzielung der erforderlichen Sicherheit erhebliche Ansprüche gestellt werden.

Bei der *Feldumkehr* nach *Bild* 9.7 wird der Ankerstrom in seiner Richtung belassen und nur in seiner Größe beeinflußt, die Übergänge I/II und III/IV werden durch Umkehr des Felderregerstromes über eine Kreuzschaltung (mit Stromrichtern kleinerer Leistung) bewirkt. Auch hier tritt eine Totzeit auf.

Einige Vergleichsdaten. Für die Auswahl unter den angeführten Umkehrschaltungen ist eine Vielzahl technischer und wirtschaftlicher Gesichtspunkte maßgebend. Einen Anhalt für die zu erwartenden Umschaltzeiten gibt ein rechnerischer Vergleich [*4*] für einen Umkehrantrieb mit 3850 kW Motorleistung, 60 U/min, einem $GD^2 = 125$ m²t und einer Erregerzeitkonstante von 4 s:

Art der Schaltung	Umkehrzeit in s	Totzeit in s
Kreuzschaltung oder Gegenparallelschaltung	0,64	0
Eingefäßschaltung mit Ankerumschaltung	0,84 bis 0,94	0,2 bis 0,35
Eingefäßschaltung mit Feldumkehr	1,53	0,73

(Totzeit ist die Zeit vom Augenblick des Umschaltkommandos bis zur Freigabe des Stromrichters als Wechselrichter. Bei Feldumkehr sind 5fache Übererregungsspannung und entsprechende Gefäßdimensionierung vorausgesetzt.)

Nur die Kreuz- und Gegenparallelschaltung können ohne Totzeit von einem auf den anderen Betriebszustand übergehen. Sie sind dort zu empfehlen, wo es auf kürzeste Umkehrzeiten und eine vollständige Regelbarkeit des Antriebes ohne Totzeit ankommt. Die klassische Kreuzschaltung bringt von allen Ausführungen den größten Aufwand mit sich (zwei Stromrichtersätze, zwei Transformatoren). Bei der nur mit Einanodengleichrichtern ausführbaren Gegenparallelschaltung wird der Aufwand bereits erheblich gesenkt, da hier nur ein Transformator erforderlich ist. Noch niedriger ist der Aufwand bei Anker- und Feldumschaltung mit ebenfalls nur einem Transformator, aber nur einem statt zwei Stromrichtersätzen im Ankerkreis. Der Unterschied wird allerdings durch den Ankerumschalter bzw. die Kreuzschaltungsstromrichter für die Feldspeisung, u. U. auch durch erhöhte Anforderungen an die Maschine mehr oder weniger weitgehend ausgeglichen.

Regelungsarten. Der Normalfall des Stromrichterumkehrantriebes (bei Blockstraßen und Förderanlagen) erfordert eine Folgeregelung. Ein Steuermann verstellt mit dem Steuerhebel den Sollwert, die Regelung besorgt eine laufende rasche und pendelfreie Nachführung der Istgröße (Drehzahl). Um Abschaltungen durch zu hohe Stromaufnahme bei plötzlicher Steuerhebelverstellung (große Regelabweichung, Regler macht voll auf) zu vermeiden, andererseits aber durch volle Ausnutzung des zulässigen Stromes größte Geschwindigkeit zu erzielen, wird häufig eine Strombegrenzung vorgesehen. Bei Erreichen eines bestimmten maximalen Stromes greift eine zweite Regelung ein und begrenzt den Strom auf diesen Wert. Eine dynamisch vorteilhafte Lösung ist die unterlagerte Stromregelung [*8*].

B. Kontaktumformer [*5, 6*]

1. Ausführungsform und Steuerbarkeit

Der Kontaktumformer ist ein mechanischer Stromrichter für Spannungen von einigen 100 V und für große Ströme, der sich durch einen sehr hohen Wirkungsgrad

Bild 11. Kontaktumformeranlage (80000 A, 400 V)

auszeichnet und vorzugsweise in der chemischen Industrie zur Gleichstromversorgung von Elektrolyseanlagen verwendet wird (*Bild* 11). Die Gleichrichtung erfolgt mit mechanisch synchron zur Netzspannung betätigten Kontakten, die durch magnetische Schalthilfen, die sog. Schaltdrosseln, im Zusammenwirken mit Nebenwegen, die den Kontakten parallel liegen, funkenfrei zu schalten vermögen.

Bild 12 zeigt stark vereinfacht den Spannungs- und Stromverlauf bei dreiphasiger Gleichrichtung, vergleichsweise mit Hg-Dampf-Stromrichter und Kontaktumformer. Die Anoden des Hg-Dampf-Stromrichters werden je nach Aussteuerung zum Zeitpunkt t_x mit der Kathode durch einen Lichtbogen verbunden und unterbrechen infolge ihrer Ventilwirkung den Strom, sobald dieser im Zeitpunkt t_y einige Zeit nach Einschalten der nächsten Anode Null geworden ist. Analog müßte beim mechanischen Gleichrichter durch die synchron angetriebenen Kontakte mit

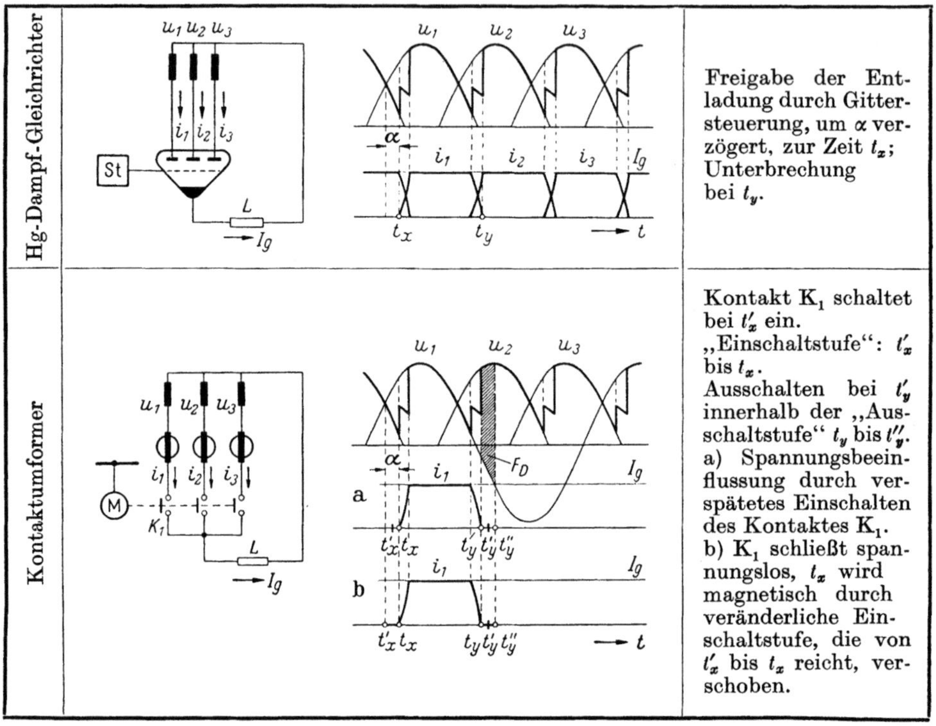

Bild 12. Vergleich der Arbeitsweise eines Quecksilberdampf-Gleichrichters und eines Kontaktumformers

höchster Präzision Ein- und Ausschalten zu den Zeiten t_x und t_y erfolgen. Auch bei genauem Einhalten dieser Zeiten würde infolge der begrenzten Geschwindigkeit der Kontaktbewegung Materialwanderung oder Funken auftreten. Zur Abhilfe sind *Schaltdrosseln* eingefügt, die den Anodenstrom in der in *Bild* 13 erkennbaren Weise deformieren: Es entsteht eine *Einschaltstromstufe* und eine *Ausschaltstromstufe*, die unabhängig von der Belastung des Umformers nahezu in die Nullinie gelegt werden können. Dadurch kann einerseits der einschaltende Kontakt einen festen Sitz gewinnen, bevor der Strom ansteigt, andererseits werden durch die Ausschaltstufe Verschiebungen des Nullwerdens des Anodenstromes (wie sie für verschiedene Betriebsfälle in *Bild* 13 angedeutet sind) in einem gewissen von der Stufenlänge (1 bis 1,5 ms) abhängigen Bereich aufgefangen. Dabei sei der Öffnungszeitpunkt t'_y in seiner zeitlichen Lage gegenüber der Spannungswelle zunächst durch den Antrieb mechanisch festgelegt gedacht. Durch Einführung der „Nebenwege“ für den Stufenstrom wird der Beginn des Spannungsanstieges auf den Zeitpunkt t_y'' verschoben. In der Zeit t_y' bis t_y'' kann der Kontakt genügenden Isolationsabstand gewinnen.

Wie beim Hg-Dampf-Stromrichter wird auch beim Kontaktumformer die abgegebene Gleichspannung durch Verschieben des Aussteuerwinkels α beeinflußt. Übliche Methoden sind:

1. Mechanische Schaltzeitpunktverschiebung, z. B. durch Verdrehung des Stators des die Einschaltkontakte antreibenden Synchronmotors.

2. Magnetische Schaltzeitpunktverschiebung, bei der die mechanische Kontaktgabe im Phasenspannungsschnittpunkt erfolgt (stets spannungslos, daher vorteilhaft); die eigentliche Stromfreigabe wird aber durch eine Schaltdrossel mit einstellbarer Stufenlänge um den Winkel α verzögert.

Regelungstechnisch ist beim Kontaktumformer zu unterscheiden zwischen ,,inneren" Regelungen, die für die Betriebsfähigkeit oder Verbesserung der Betriebseigenschaften des Kontaktumformers erforderlich sind, und den ,,äußeren", bei denen der Kontaktumformer als solcher analog dem Hg-Dampf-Stromrichter als Regelglied verwendet wird.

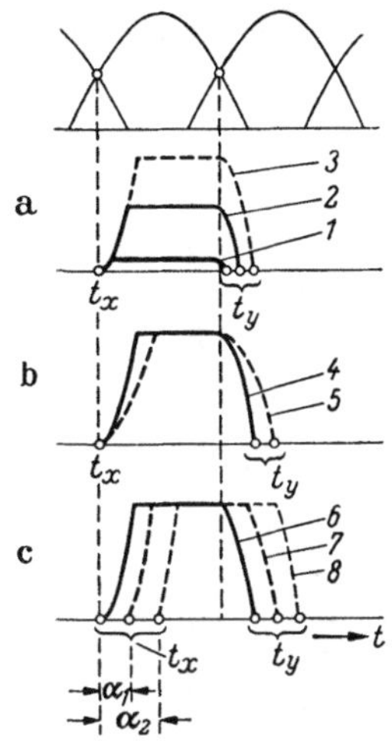

1 Grundlaststrom
2 Nennstrom
3 Maximalstrom
4 Hohe Wechselspannung bzw. kleine Reaktanz
5 Kleine Wechselspannung bzw. hohe Reaktanz
6, 7, 8 Verschiedene Aussteuerungsgrade

Bild 13. Abhängigkeit des Zeitpunktes t_y

a) vom Belastungsstrom, b) von der Reaktanz des Kommutierungskreises und der Höhe der Wechselspannung, c) vom Aussteuerungswinkel

2. Überlappungsregelung

Damit der Öffnungszeitpunkt t_y' unter allen stationären Betriebszuständen in die Nullstromstufe fällt und überdies noch eine Sicherheitszeit t_y' bis t_y'' verbleibt, müßte die Stufe sehr groß gemacht werden. Das würde unwirtschaftlich große Schaltdrosseln ergeben. Daher wurde bereits bei der ersten Kontaktumformerkonstruktion die Lage von t_y' mit der Aussteuerung, welche die Stufe in einem besonders weiten Bereich mitverschiebt, durch eine Mechanik mitverstellt. Neben der Aussteuerung auch die anderen Einflußgrößen zu erfassen, erwies sich jedoch mit einer Steuerung als sehr schwierig. Es war daher ein wesentlicher Fortschritt, als eine Regelung entwickelt wurde, die selbsttätig den Öffnungsmoment t_y' so verschiebt, daß er weitgehend unabhängig von der Lage der Stufe stets ungefähr in deren Mitte liegt (*Bild* 14). Eine Regeleinrichtung, etwa ein Öldruckregler, verstellt über einen Drehtransformator die Phasenlage der dem Motor der Ausschaltkontakte zugeführten Spannung und damit den Ausschaltzeitpunkt (im angeführten Beispiel sind Ein- und Ausschaltkontakte getrennt angetrieben).

Dem Regler muß ein Fehlersignal zugeführt werden, sobald durch eine Verschiebung der Stufe der Öffnungszeitpunkt nicht mehr mit der Stufenmitte übereinstimmt. Dieses Fehlersignal wird folgendermaßen gewonnen: An der Schaltdrossel entsteht bei jedem Stufenablauf die gleichbleibende Spannungszeitfläche F_D. In der Schaltung *Bild* 14 ist gezeigt, wie in einem Meßkreis, gebildet durch eine Hilfswicklung der Schaltdrossel (an der ebenfalls die im Windungszahlverhältnis umgerechnete Spannungszeitfläche F_D entsteht) und die Reglerspule, ein Strom erzeugt wird, dessen Mittelwert i_H bei dauernd geschlossenem Kontakt K_A dem Wert F_D proportional ist. Nun öffnet K_A während der Stufe, so daß nur der schraffierte Teil der Spannungsfläche F_D im Meßkreis wirksam wird. Bei Öffnung in Stufenmitte hat dieser Teil den Wert $F_D/2$. Dementsprechend entsteht der Strom $i_H/2$. Dem Regler wird durch einen Sollwertgeber $i_H/2$ als Sollwert vorgeschrieben. Damit ist das erwünschte Fehlersignal gewonnen, denn einer Abweichung des Öffnungsmomentes von der Stufenmitte entspricht ein von $i_H/2$ abweichender Strom und der Regler bewirkt Verschiebung des Ausschaltzeitpunktes in korrigierendem Sinn.

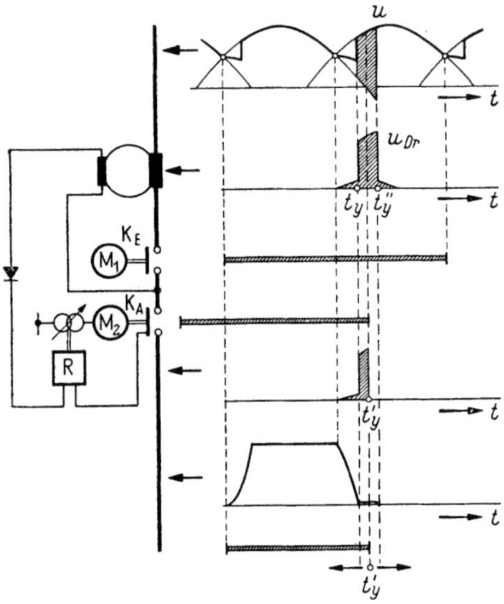

M_1 Antriebsmotor der Ein-Kontakte
M_2 Antriebsmotor der Aus-Kontakte
R Regler zur Verstellung der Phasenanlage von M_2
K_A Kontaktbrücke des Aus-Kontaktes

Bild 14. Selbsttätige Regelung des Ausschaltzeitpunktes bei Kontaktumformern

Damit werden die meisten Einflüsse erfaßt, die eine relative Verschiebung Schaltstufe—Öffnungszeitpunkt bewirken; nur sehr schnelle Schaltvorgänge, wie plötzlicher Spannungszusammenbruch im Primärnetz oder Laststöße, müssen nach wie vor durch die Länge der Stufe aufgefangen werden. Die selbsttätige Regelung des Ausschaltzeitpunktes verbessert die Voraussetzungen dafür. Ohne eine solche Regelung würde sich z. B. schon bei unterschiedlicher Belastung der Ausschaltzeitpunkt gegen Anfang oder Ende der Stufe verschieben, so daß als Bereich für plötzliche Änderungen nach der einen oder anderen Seite nur weniger als die Hälfte der Stufenlänge verbleiben würde.

3. Stromregelung

Die bei der üblichen Anwendung in der Chemie fast immer geforderte Konstanthaltung des vom Kontaktumformer abgegebenen Stromes wird über die Spannungssteuerung vorgenommen. Der verwendete Regler, z. B. ein Öldruckregler, wirkt auf das den Winkel α bestimmende Glied. Bei der mechanischen Schaltzeitpunktverschiebung wird z. B. der Stator des Antriebsmotors verstellt, der drehbar gelagert ist. Bei der magnetischen Verschiebung des Einschaltzeitpunktes bewirkt eine Abweichung vom Sollwert des Stromes eine Änderung der Einschaltstufenlänge. Das geschieht über einen Vormagnetisierungsstrom der entsprechenden Drossel, der den Arbeitspunkt der Drossel so verschiebt, daß sich ihre Induktion nicht mehr zwischen negativer und positiver Sättigung verändert, sondern in einem kleineren Bereich, und demgemäß auch eine kürzere Stufe verursacht.

Benennung	Schaltbeispiel	Spannungsregelung	Steuerleistung und Ausführungen
1. Transformator mit Stufenschalter	a 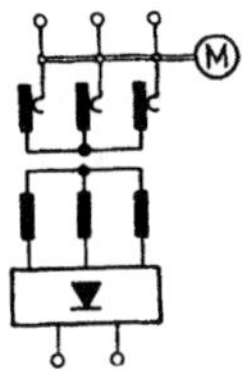	In Stufen, mehr oder weniger grob. Wegen begrenzter Schaltzahlen wird automatische Regelung nur noch selten angewendet	**Steuerleistung:** Bei geringem Spannungsbereich praktisch unbegrenzt **Ausführungen:** Stufenschalter primär am Gleichrichtertrafo, ggf. getrennter, vorgeschalteter Regeltrafo als Spartrafo cos φ: wie bei 1 b
	b 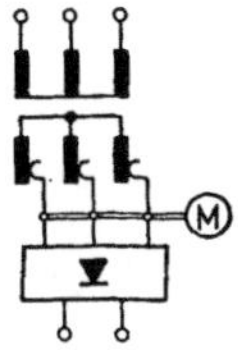		**Steuerleistung:** Abhängig von der Stelleistung des Stufenschalters, bis etwa 125 kVA 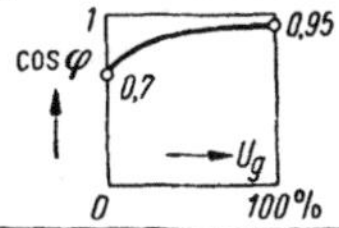
2. Schiebetransformator	c 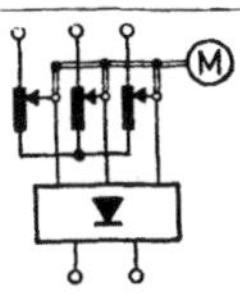	Praktisch kontinuierlich. Automatische Regelung möglich. Mechanischer Zeitverzug. Normale Stellzeit etwa 30 s für den Gesamtbereich	**Steuerleistung:** bis 100 kVA **Ausführungen:** Betätigung motorisch, Öldruckregler cos φ: wie bei 1 b
	d 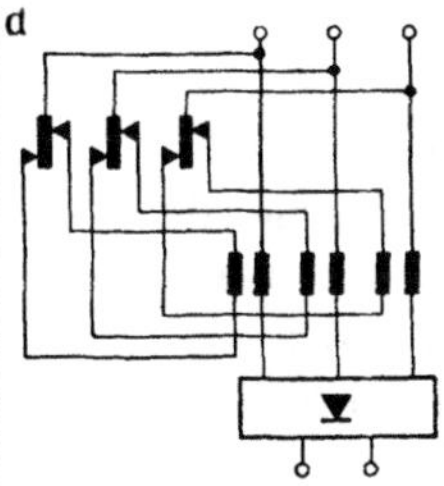		**Steuerleistung:** bis 200 kVA **Ausführungen:** Sekundärer Zu- bzw. Absatztrafo zur Anpassung an verfügbare Schiebetrafo-Typen bzw. verfügbare Lastschaltertypen cos φ: wie bei 1 b
3. Doppeldrehtransformator	e 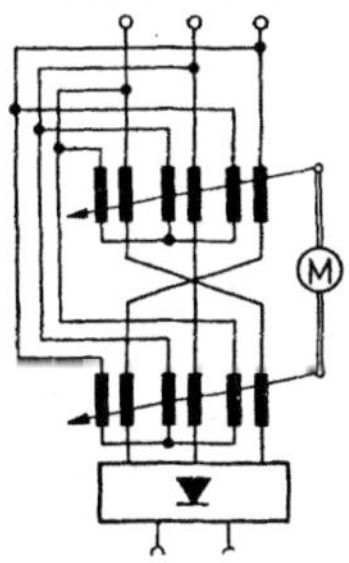	Kontinuierlich. Für automatische Regelung geeignet. Mechanischer Zeitverzug. (Motorisch etwa 30 s, Öldruckregler ab 1 s.)	**Steuerleistung:** Luftgekühlt bis 200 kVA, ölgekühlt bis 2000 kVA **Ausführungen:** Betätigung motorisch, Öldruckregler 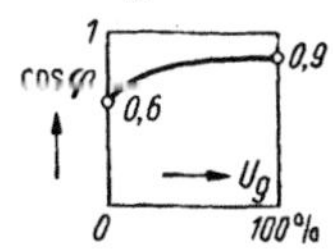
4. Magnetverstärker (Transduktor)	f 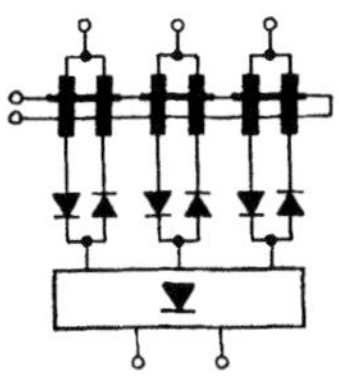	Kontinuierlich. Für selbsttätige Regelungen bestgeeignet. Magnetischer Zeitverzug. Bei 50 Hz einige Zehntelsekunden, bei 1000 Hz Millisekunden Steuergröße ein Gleichstrom	**Steuerleistung:** Normal bis etwa 30 kVA, in Einzelfällen über 1000 kVA ausgeführt 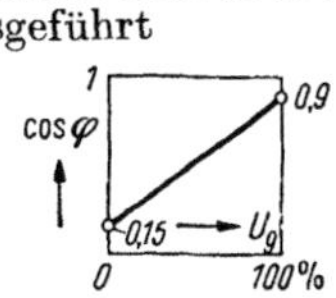

Bild 15. Schaltungen für Spannungssteuerung von Trockengleichrichtern

C. Trockengleichrichter

1. Steuerbarkeit

Unter den Trockengleichrichtern hat sich der Selengleichrichter (*Bild* 16) eine beherrschende Stellung erworben. Die Weiterentwicklung der Germanium-

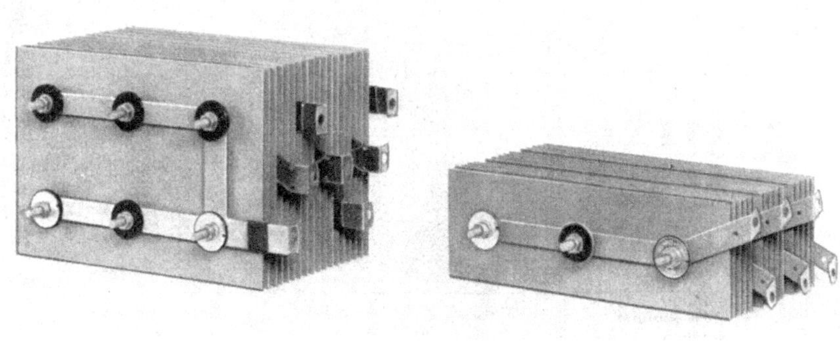

Bild 16. Selengleichrichtersäule

und besonders der Siliziumgleichrichter (*Bild* 17) ergibt gegenüber dem Selengleichrichter noch wesentliche Vorteile hinsichtlich Wirkungsgrad, Platzbedarf und Gewicht.

Keiner dieser Trockengleichrichter ist dem derzeitigen Stand nach für sich steuerbar. Steuerbarkeit wird ihnen daher durch zusätzliche, den Gleichrichterelementen vorgeschaltete Steuermittel erteilt. Die häufigsten dieser Mittel sind mit einer Charakterisierung ihrer wesentlichen Merkmale in *Bild* 15 zusammengestellt.

Bild 17. Siliziumgleichrichtersätze

Für eine Regelung eignen sich die in *Bild* 15.1 bis 15.4 angeführten kontinuierlich arbeitenden Bauteile. Davon werden Schiebe- und Drehtransformatoren für geringere dynamische Anforderungen verwendet. Solche Aufgaben liegen vor bei der Spannungsregelung von Fabriknetzen (oft mit Strombegrenzung kombiniert), der Regelung auf konstanten Strom bei Elektrolysen, galvanischen Bädern und Beizanlagen. Ein interessantes Beispiel sind kontinuierlich arbeitende Verzinnungsanlagen für Konservendosenblech, bei denen die Durchlaufgeschwindigkeit als Führungsgröße für die Stromregelung der Verzinnungsbäder dient.

Für höhere dynamische Ansprüche steht die Drosselsteuerung nach *Bild* 15.4 zur Verfügung. Ein Trockengleichrichter mit den zur Steuerung verwendeten Sättigungsdrosseln (auch als *Transduktoren* bezeichnet) stellt einen *Magnetverstärker* dar, wie er in Kapitel 12 behandelt ist [7].

2. Regelladung von Batterien

Eine wichtige Anwendung der Magnetverstärker ist die Regelung bei der Ladung von Akkumulatoren für Fahrzeuge (Elektrokarren, Stapler, Triebwagen) sowie für Notstromanlagen in Kraftwerken und Nachrichtenämtern.

Als besonders günstig für *Fahrzeugbatterien* hat sich die Ladung mit der sog. I-U-Kennlinie (Zweistufenladung) erwiesen. Der Magnetverstärker regelt dabei gemäß *Bild* 18 zunächst auf konstanten Strom und später, nach Erreichen der Gasungsspannung (bei Bleizellen 2,4 V), auf konstante Spannung.

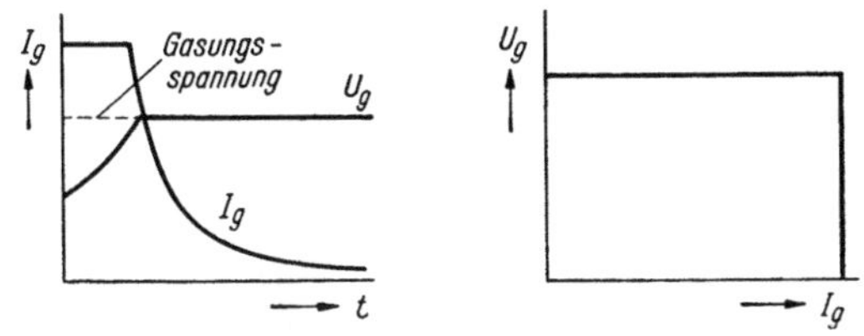

a) Zeitlicher Verlauf der Ladung mit I-U-Kennlinie

b) Strom-Spannungs-Kennlinie eines Gleichrichtergerätes für Batterieladung

Bild 18. Ladungsregelkennlinien von Batterien

Bei *Reservebatterien* wird stets gefordert, daß bei Ausfall des Speisenetzes die Batterie unterbrechungslos einspringt. Eine gut geeignete Schaltung mit Magnetverstärkerregelung zeigt *Bild* 19. Normalerweise speist nur der auf konstante Spannung geregelte Hauptgleichrichter die Verbraucher, während die Reservebatterie in einem getrennten Kreis (mit Hilfe eines ebenfalls geregelten Zusatzgleichrichters, in Serie mit dem Hauptgleichrichter) auf ,,Ladungserhaltung" gefahren wird. Das Sperrventil verhindert dabei im Normalbetrieb eine Teilnahme der Batterie an der Stromlieferung an die Verbraucher, gibt die Teilnahme aber frei, sobald das Speisenetz ausfällt. Der Übergang erfolgt also, wie gewünscht, ohne Unterbrechung. Ein Schütz sorgt dafür, daß sich nach kurzer Zeit sämtliche Zellen der Batterie an der Notstromversorgung beteiligen.

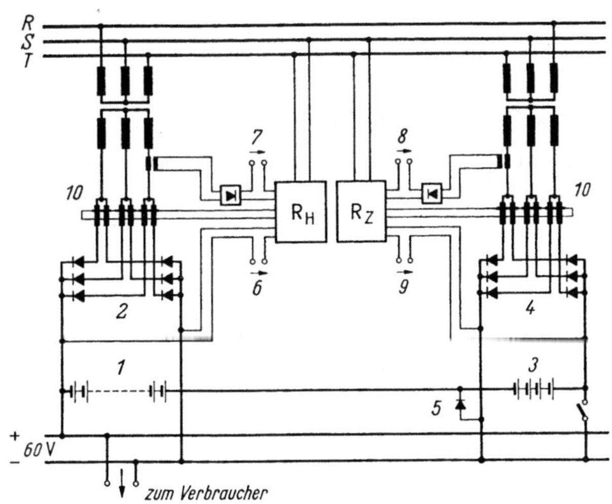

1 Hauptbatterie
2 Hauptgleichrichter
3 Zusatzbatterie
4 Zusatzgleichrichter
5 Sperrventil
6 Sollwert der Spannung
7 Sollwert der Strombegrenzung
8 Sollwert des Ladestroms
9 Sollwert der Spannungsbegrenzung
10 Stelldrosseln

Bild 19. Regelanordnung einer Trockengleichrichteranlage mit unterbrechungsloser Umschaltung auf Batterie bei Netzausfall

3. Sonstige Anwendungshinweise

Wie in Kapitel 12 angeführt wurde, kann die Dynamik der Magnetverstärker durch Übergang auf höhere Speisefrequenz gesteigert werden. Besonderer Aufwand für die Frequenzumformung wird sich im allgemeinen vor allem in größeren Anlagen lohnen, wie z.B. in Walzwerken.

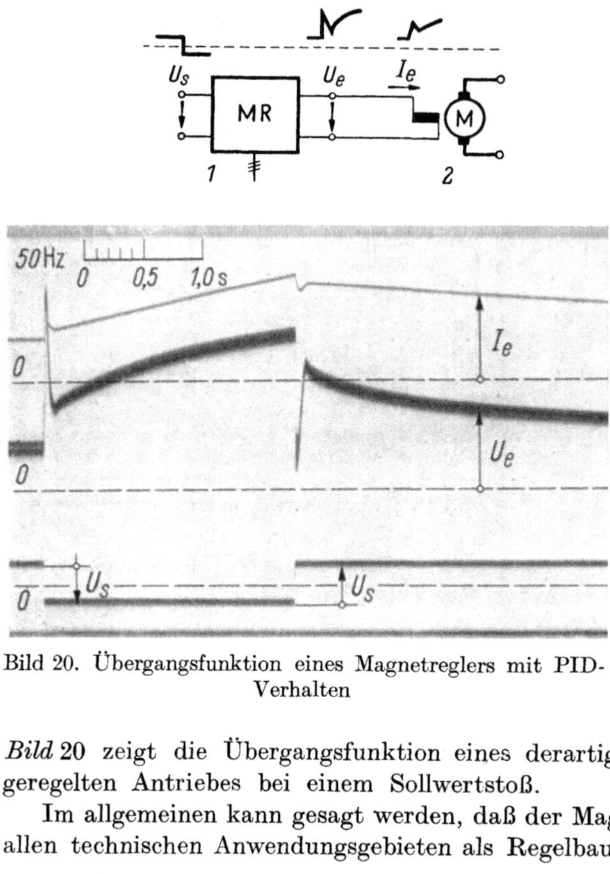

Bild 20. Übergangsfunktion eines Magnetreglers mit PID-Verhalten

Ein in bezug auf die dynamische Güte extremes Beispiel aus einer ausgeführten Anlage ist die Drehzahlregelung der Antriebe in einem kontinuierlichen Warmbandwalzwerk über magnetverstärkergeregelte Trockengleichrichter, die die Erregung der Antriebsmotoren speisen. Durch Wahl einer Speisefrequenz von 1000 Hz und Ausbildung als PID-Regler kann eine Regelgüte erreicht werden, die der eines Stromtorreglers gleichkommt. *Bild* 20 zeigt die Übergangsfunktion eines derartigen mit Magnetverstärkern geregelten Antriebes bei einem Sollwertstoß.

Im allgemeinen kann gesagt werden, daß der Magnetverstärker schon in fast allen technischen Anwendungsgebieten als Regelbauteil Eingang gefunden hat.

D. Quellenhinweise

[1] Glaser, A. u. Müller-Lübeck, K.: Einführung in die Theorie der Stromrichter. Berlin: Springer 1935.
[2] Anschütz, H.: Stromrichteranlagen der Starkstromtechnik. Berlin/Göttingen/Heidelberg: Springer 1951.
[3] Golde, E. u. Jentsch, W.: Stromrichterregelung mittels magnetischer und elektronischer Verstärker. AEG-Mitt. 45. Jg. (1955) S. 91–96.
[4] Möltgen, G.: Reversierzeiten bei stromrichtergespeisten Umkehrantrieben. Siemens-Z. 28. Jg. (1954) S. 396–399.
[5] Rolf, E.: Der Kontaktumformer. Berlin/Göttingen/Heidelberg: Springer 1957.
[6] Kleinvogel, H. J.: Weiterentwicklung auf dem Gebiet der Großkontaktumformer. Siemens-Z. 26. Jg. (1952) S. 121–129.
[7] Tschermak, M. u. Kafka, W.: Magnetverstärker-Regelung in Anlagen der Starkstromtechnik. Siemens-Z. 29. Jg. (1955) S. 350–356.
[8] Kessler, C., Meinhardt, W., Neuffer, I. u. Rube, G.: Die Gleichstrom-Fördermaschine mit Siemens-Transidyn-Regelung. Siemens-Z. 32. Jg. (1958) S. 555–562.

27. Elektromotoren

Von **U. Haier**

Inhaltsübersicht

A. Allgemeine Betrachtungen

1. Aufbau des Drehzahlregelkreises

Die Drehzahl einer Arbeitsmaschine, die von einem Elektromotor angetrieben wird, soll geregelt werden. Die Beeinflussung der Motordrehzahl erfolgt entweder über die Spannungsquellen durch Verändern der Größe und des zeitlichen Verlaufs der Spannungen, wie z.B. beim fremderregten Gleichstrommotor, oder durch Eingriffe in die Stelleinrichtungen des Motors, wie z.B. bei einer Asynchronmaschine mit veränderlichen Läuferwiderständen. Die Drehzahl wird häufig mit einem Tachogenerator erfaßt, dessen Spannung den Istwert der Drehzahl abbildet und mit einer Sollspannung verglichen wird. Auch andere Möglichkeiten zur Bestimmung der Drehzahl werden benutzt, wie das Messen einer der Motordrehzahl zugeordneten Läuferfrequenz beim Asynchronmotor. *Bild* 1 zeigt zwei typische einfache Drehzahlregelkreise.

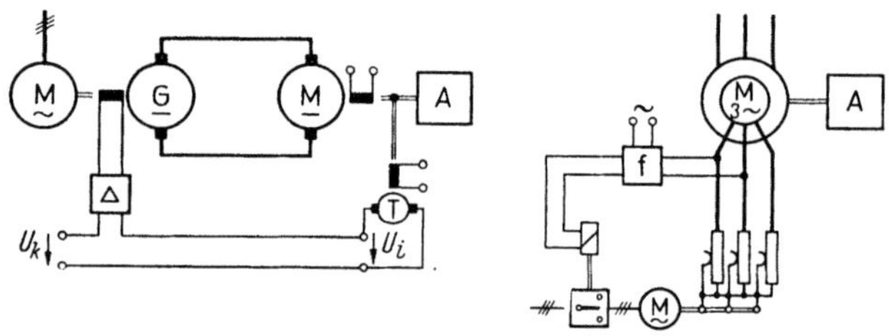

a) Gleichstromregelantrieb mit veränderbarer Ankerspannung

b) Drehstromregelantrieb mit Asynchronmotor mit veränderbarem Läuferwiderstand

Bild 1. Beispiele elektrischer Regelantriebe

Der Antriebsmotor stellt mit der Arbeitsmaschine ein klar umrissenes Bauglied dar. Bei den mit rein elektrischen Bauelementen arbeitenden Regelungen liegt vor dem Motor eine Gruppe von Bauteilen, die man als Verstärker auffassen kann. Meist wird die Eingangsgröße der ersten Stufe aus der Differenz von Soll- und Istwert gebildet. Zwischen der Vergleichsstelle von Soll- und Istwert und der Meßstelle der Regelgröße liegen schließlich noch Meßgeber und Meßumformer. Bei Regelkreisen, bei denen andere Bauelemente benutzt werden, wie bei der Drehstromfördermaschine mit hydraulischem Fahrtregler, ist eine solche Unterscheidung nicht so augenfällig.

2. Die Motoren der elektrischen Regelantriebe [*1, 2, 3*]

Die Zuführung elektrischer Energie bildet die gemeinsame Eigenschaft aller Elektromotoren. Sonst unterscheiden sie sich im wesentlichen hinsichtlich der Stromart, der Drehzahl-Drehmoment-Kennlinie, der Stell- und Steuergrößen und der inneren Energiespeicher. Für den Einsatz in Drehzahlregelkreisen haben diese Eigenschaften, je nach der technologischen Aufgabe des Antriebs, recht verschiedenes Gewicht. In der Tabelle 1 sind einige regelungstechnisch wichtige Eigenschaften der gebräuchlichsten Antriebsmotoren zusammengestellt. In der letzten Spalte ist auf den praktischen Einsatz und die Verbreitung der betrachteten Motoren hingewiesen. Vorherrschend ist die Stellung des fremderregten Gleichstrommotors bei allen schnellen und genauen Regelungen, weshalb der Gleichstromregelantrieb im folgenden einen breiten Raum einnimmt. Bei den Regelungen mit anderen Motoren, insbesondere mit Asynchronmaschinen, stehen meist Gesichtspunkte anderer Art im Vordergrund (z.B. Preis oder robuste Ausführung).

Tabelle 1. *Die wichtigsten elektrischen Antriebsmotoren der Drehzahlregelungen*

Art	Schaltung	Drehzahl-Drehmoment-Kennlinie	Steuergröße	Leistungsniveau der Steuergröße	Ω-Stellbereich	Leistungsbereich	Dynamik	Linearität	Anwendung
Fremderregter Gleichstrommotor a) U_e fest U_a veränderlich	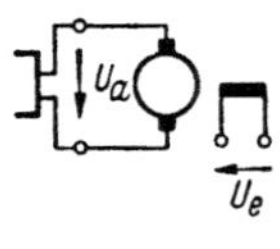	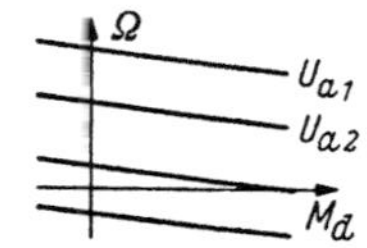	Ankerspannung U_a	Ausgangsleistung N_n	$-\Omega_{max}$ bis $+\Omega_{max}$ motorisch und generatorisch	von 10^0 W bis 10^4 kW	Anlaufzeitkonstante, kleine elektrische Ankerzeitkonstante	nahezu linear; Bürstenübergangsspannung, Ankerrückwirkung	Gesamte Antriebstechnik, besonders schnelle Regelungen, große Genauigkeit
b) U_a fest U_e veränderlich	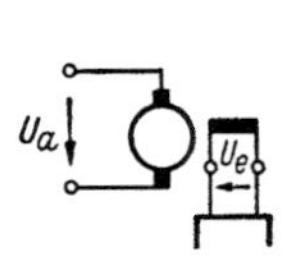	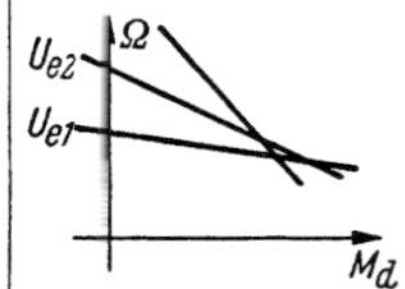	Erregerspannung U_e	Erregerleistung N_e 1 bis 10% von N_n	Ω_{min} bis Ω_{max} motorisch und generatorisch	wie bei a)	Anlaufzeitkonstante, kleine elektrische Ankerzeitkonstante, große elektrisehe Erregerzeitkonstante	bei großen Flußänderungen nicht linear	wie a), jedoch langsamer beschränkter Drehzahlregelbereich
Drehstrom-Asynchronmotor a) U_1, f_1 fest R_2 veränderlich	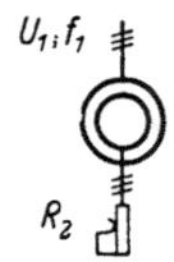	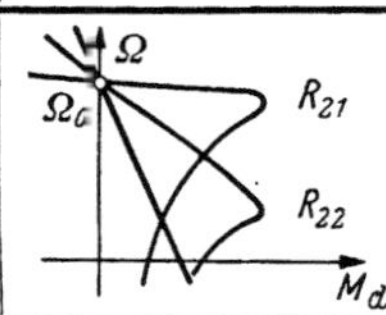	Läuferwiderstand R_2	abhängig vom Steuerbereich; bei $\Omega = 0$ und M_n: N_n große Verluste	0 bis Ω_0 Motor, < 0 Bremse, $> \Omega_0$ Generator	von 10^0 W bis $3 \cdot 10^4$ kW	Anlaufzeitkonstante, kleine elektrische Zeitkonstante, Verstellzeit der Läuferwiderstände	bei großen Änderungen von R_2 nichtlinear; i. a. Stufen	Robuste, einfachste Regelungen der gesamten Antriebstechnik
b) U_1, f_1 veränderlich R_2 veränderlich		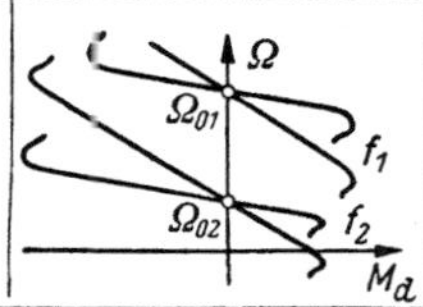	Ständerspannung, Ständerfrequenz, Läuferwiderstände, U_1, f_1, R_2	Ausgangsleistung für Ständergrößen; für R_2 wie a)	meist nur 2 Frequenzen: 2 synchrone Drehzahlen	mittlere Leistungen; max. bis 2000 kW	wie a), zusätzliche Pause bei Umschaltung der Ständergrößen	wie bei a)	wie bei a), besonders Fördertechnik
Drehstrom-Kommutatormotor a) Ständergespeist	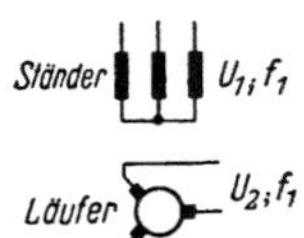	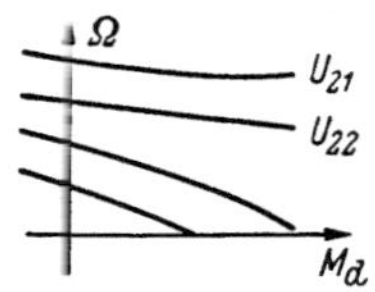	Läuferspannung U_2	Abhängig vom Regelbereich; bei $\Omega \geqq 0$, $M = M_n$: $N_2 = N_n$	Ω_{min} bis Ω_{max}	von 10^2 W bis 10^3 kW	Anlaufzeitkonstante, kleine elektrische Zeitkonstante, Verstellzeit der Läuferspannung	nahezu linear, Bürstenübergangsspannung	Guter Wirkungsgrad; astatische Regelungen; gesamte Antriebstechnik
b) Läufergespeist	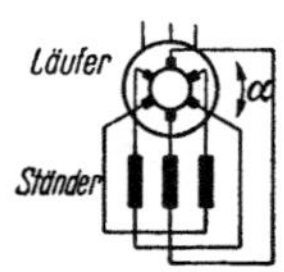	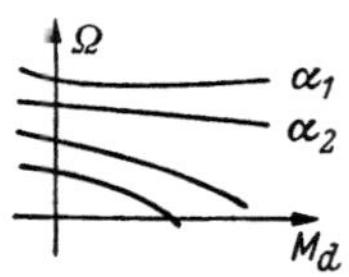	Stellung der Kommutatorbürstenbrücke: Drehwinkel α	Verstelleistung der Bürstenbrücke: 10^0 W bis 10^2 W	Ω_{min} bis Ω_{max}	von 10^2 W bis $0{,}5 \cdot 10^3$ kW	Anlaufzeitkonstante, kleine elektrische Zeitkonstante, Verstellzeit der Bürstenbrücke	im kleinen Bereich linear mit α	wie a)

B. Der Regelantrieb mit fremderregtem Gleichstrommotor

1. Betriebsverhalten des fremderregten Gleichstrommotors

a) Grundlegende Eigenschaften

Der fremderregte Gleichstrommotor hat die günstigsten regelungstechnischen Eigenschaften aller Motoren, da seine Drehzahl durch die Ankerspannung und den Fluß (bzw. die Erregerspannung) in weiten Grenzen rasch beeinflußt werden kann und seine Drehzahl-Drehmoment-Kennlinie für feste Anker- und Erregerspannung Nebenschlußcharakter hat. Sein Betriebsverhalten wird durch die Grundgleichungen des elektrischen und mechanischen Gleichgewichts seines Anker- und Erregerkreises gekennzeichnet (berücksichtigte Größen s. *Bild* 2). Nebenerscheinungen, wie Ankerrückwirkung durch die Feldverzerrung und durch die Kurzschlußströme unter den Bürsten, die Bürstenübergangsspannung und die Remanenzeinflüsse im Haupt- und Wendepolkreis, bleiben unberücksichtigt. Der eine oder andere dieser Einflüsse muß in besonderen Fällen u U. jedoch zusätzlich erfaßt werden. Die Beeinflussung des Feldes durch den Ankerstrom wird durch eine Reihenschlußwicklung mit der Windungszahl w_a gekennzeichnet. Der Faktor k_a kennzeichnet die wirksame Windungszahl im Anker. Für den Ankerkreis gilt die Spannungsgleichung:

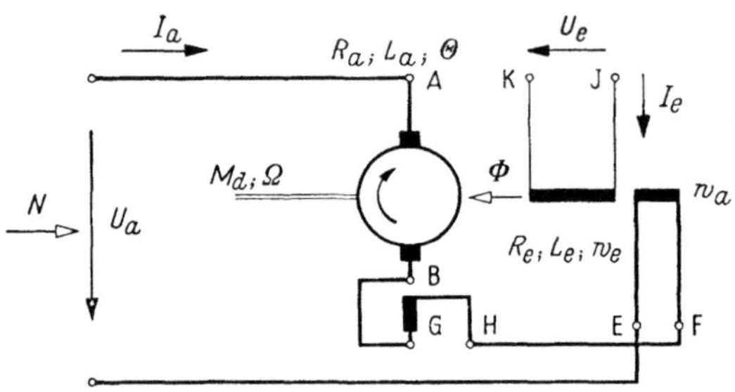

U_a Ankerspannung
I_a Ankerstrom
Ω Winkelgeschwindigkeit ($\Omega = 2\pi n$)
M_d Drehmoment
R_a Widerstand des Ankerkreises
L_a Induktivität des Ankerkreises
Φ Erregerfluß
U_e Erregerspannung
I_e Erregerstrom
R_e Widerstand der Erregerwicklung
L_e Induktivität der Erregerwicklung
w_e Windungszahl der Erregerwicklung
w_a Windungszahl der Reihenschlußwicklung

Bild 2. Kennzeichnende Größen des fremderregten Gleichstrommotors

$$w_a \frac{\mathrm{d}\Phi}{\mathrm{d}t} + L_a \frac{\mathrm{d}I_a}{\mathrm{d}t} + R_a I_a + k_a \Phi \Omega = U_a \qquad (1)$$

Die Momentgleichung lautet:

$$M_d = k_a \Phi I_a = M_w + \Theta \frac{\mathrm{d}\Omega}{\mathrm{d}t} \qquad (2)$$

In Gl. (1) treten die Ankerinduktivität L_a des Querfeldes und ein durch $w_a \Phi$ bedingter Anteil der Induktivität des Erregerkreises, in Gl. (2) die Schwungmasse Θ als Energiespeicher auf. Der Ankerwiderstand R_a ergibt durch die Verluste, die in ihm auftreten, eine stets positive Dämpfung des Kreises. Bei fester Erregung kann man näherungsweise eine zusätzliche Größe K_i in einem Ausdruck $(R_a + K_i) I_a$ statt $R_a I_a$ einführen und dadurch den stationären Anteil der Ankerrückwirkung auf das Längsfeld berücksichtigen. Dabei läßt sich leicht zeigen, daß bei entsprechender Größe und entsprechendem Vorzeichen der Kompoundierungsgröße K_i die Dämpfung des Kreises null oder negativ wird.

Für den Erregerkreis gilt:

$$w_e \frac{\mathrm{d}\Phi}{\mathrm{d}t} + R_e I_e = U_e \tag{3}$$

$$\Phi = f(w_e I_e + w_a I_a) \tag{4}$$

oder angenähert im Betriebspunkt:

$$\Phi = \Phi_s + w_e k_{es}(I_e - I_{es}) + w_a k_{es}(I_a - I_{as}) \tag{5}$$

Wegen des großen Einflusses der Eisensättigung ist Gl. (4) keine lineare, einfache Beziehung (s. *Bild* 3). Man muß sich deshalb bei einfachen Rechnungen auf Abweichungen von einem stationären Betriebspunkt beschränken, wie dies in Gl. (5) geschehen ist. Eine Hilfsreihenschlußwicklung (Windungszahl w_a) wird im allgemeinen nur bei relativ langsamen integralen Regelungen zur Stabilisierung eingesetzt. Bei schnellen Regelungen stört der Einfluß der großen Zeitkonstante des magnetisch gekoppelten Erregerkreises sehr. Für die folgenden Betrachtungen wird deshalb angenommen, daß keine Reihenschlußwicklung ($w_a = 0$) vorhanden ist. An anderer Stelle ist ihre Berücksichtigung allerdings wieder notwendig. Ist $w_a = 0$, so kann man statt Gl. (3) und (5) einfacher schreiben:

$$L_{es} \frac{\mathrm{d}I_e}{\mathrm{d}t} + R_e I_e = U_e \tag{3a}$$

$$\Phi - \Phi_s = w_e k_{es}(I_e - I_{es}) = \frac{L_{es}}{w_e}(I_e - I_{es}) \tag{5a}$$

Dabei ist $\qquad L_{es} = w_e^2 k_{es}$

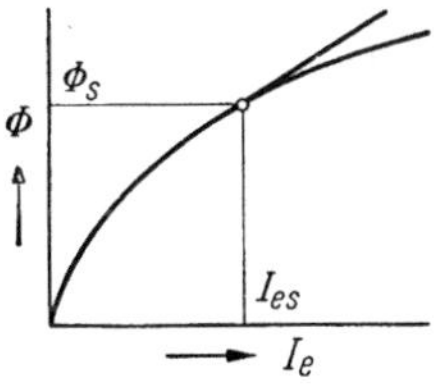

Bild 3. Magnetisierungs-Kennlinie des Motors mit Sättigung

Im Sinne der Allgemeingültigkeit und Übersichtlichkeit werden die auftretenden physikalischen Größen normiert und die Anzahl der Parameter möglichst begrenzt [*4, 5*]. (Die normierten Größen werden mit kleinen Buchstaben und Stern gekennzeichnet, die normierten Abweichungen von dem Wert eines bestimmten Zustandes, z.B. Nennbetrieb, mit kleinen Buchstaben.) Die Wahl der Normierungsgrößen ist willkürlich, meistens wählt man technisch kennzeichnende Werte, wie die Nennwerte (vgl. per unit system in USA), die man durch den Index n kennzeichnet. Da aber bei den folgenden Betrachtungen grundsätzliche Zusammenhänge im Vordergrund stehen, werden Normierungswerte benutzt, die sich in natürlicher Weise aus den Eigenschaften des Systems ergeben und die übersichtlichsten Ausdrücke liefern (kennzeichnender Index 0). Bei einer vollständigen Normierung wird auch die Zeit normiert. Als Normierungsgröße der Zeit wird hier die dynamisch stets wichtige natürliche Anlaufzeitkonstante benutzt. Es könnte auch die Zeiteinheit 1 s verwendet werden, die sonst meist stillschweigend gewählt wird. Die Normierungsmöglichkeiten sind in Tabelle 2 zusammengestellt.

Bei der vollständigen Normierung treten dimensionslose Verhältnisse $\tau_\mu = T_\mu / T_0$ statt der Zeitkonstanten T_μ auf. Von den Parametern des Motors kommen vor: das Verhältnis τ_a der magnetischen Zeitkonstante T_a des Ankerkreises und der Anlaufzeitkonstante T_{m0}, das entsprechende Verhältnis τ_{es} des Erregerkreises und ein Faktor k_s, der den Einfluß der magnetischen Sättigung zeigt (ohne Sättigung ist $k_s = 1$).

Tabelle 2. *Die Normierungsmöglichkeiten der Grundgleichungen der Motors*

	Ausgangsgleichungen	Normierung auf Nennwerte	Normierung auf Kennwerte (ohne Zeit)	Normierung auf Kennwerte (mit Zeit)
Gl. (1)	$L_a \frac{\mathrm{d} I_a}{\mathrm{d} t} + R_a I_a + k_a \Phi \Omega = U_a$	$\varepsilon_{an} T_a \frac{\mathrm{d} i_a^*}{\mathrm{d} t} + \varepsilon_{an} i_a + (1 - \varepsilon_{an}) \varphi^* \omega^* = u_a^*$	$T_a \frac{\mathrm{d} i_a^*}{\mathrm{d} t} + i_a^* + \varphi^* \omega^* = u_a^*$	$\tau_a \frac{d i_a^*}{d \tau} + i_a^* + \varphi^* \omega^* = u_a^*$
Gl. (2)	$k_a \Phi I_a = M_w + \Theta \frac{\mathrm{d} \Omega}{\mathrm{d} t}$	$\varphi^* i_a^* = m_w^* + T_{mn} \frac{\mathrm{d} \omega^*}{\mathrm{d} t}$	$\varphi^* i_a^* = m_w^* + T_{m0} \frac{\mathrm{d} \omega^*}{\mathrm{d} t}$	$\varphi^* i_a^* = m_w^* + \frac{d \omega^*}{d \tau}$
Gl. (3a)	$L_{es} \frac{\mathrm{d} I_e}{\mathrm{d} t} + R_e I_e = U_e$	$T_{es} \frac{\mathrm{d} i_e^*}{\mathrm{d} t} + r_e^* i_e^* = u_e^*$	$T_{es} \frac{\mathrm{d} i_e^*}{\mathrm{d} t} + i_e^* = u_e^*$	$\tau_{es} \frac{d i_e^*}{d \tau} + i_e^* = u_e^*$
Gl. (5a)	$\Phi - \Phi_s = \frac{L_{es}}{w_e} (I_e - I_{es})$	$\varphi^* - \varphi_s^* = k_s (i_e^* - i_{es}^*)$	$\varphi^* - \varphi_s^* = k_s (i_e^* - i_{es}^*)$	$\varphi^* - \varphi_s^* = k_s (i_e^* - i_{es}^*)$
Größen	U_a	$u_a^* = \frac{U_a}{U_{an}}$; U_{an} frei	$u_a^* = \frac{U_a}{U_{a0}}$; U_{a0} frei	
	Φ	$\varphi^* = \frac{\Phi}{\Phi_n}$; Φ_n frei	$\varphi^* = \frac{\Phi}{\Phi_0}$; Φ_0 frei	
	I_a	$i_a^* = \frac{I_a}{I_{an}}$; I_{an} frei	$i_a^* = \frac{I_a}{I_{a0}}$; $I_{a0} = \frac{U_{a0}}{R_a}$	
	M_w	$m^* = \frac{M_w}{M_{dn}}$; $M_{dn} = k_a \Phi_n I_{an}$	$m^* = \frac{M_w}{M_{d0}}$; $M_{d0} = k_a \Phi_0 I_{a0}$	
	Ω	$n^* = \omega^* = \frac{\Omega}{\Omega_n}$; $\Omega_n = \frac{U_{an} - R_a I_{an}}{k_a \Phi_n}$	$n^* = \omega^* = \frac{\Omega}{\Omega_0}$; $\Omega_0 = \frac{U_{a0}}{k_a \Phi_0}$	
	I_e	$i_e^* = \frac{I_e}{I_{en}}$; $I_{en} = \frac{w_e \Phi_n}{L_{en}}$	$i_e^* = \frac{I_e}{I_{e0}}$; $I_{e0} = \frac{w_e \Phi_0}{L_{e0}}$	
	U_e	$u_e^* = \frac{U_e}{U_{en}}$; $U_{en} = R_{en} I_{en}$	$u_e^* = \frac{U_e}{U_{e0}}$; $U_{e0} = R_e I_{e0}$	
	t	t	t	$\tau = \frac{t}{T_0}$; $T_0 = \frac{\Theta \Omega_0}{M_{d0}} = T_{m0}$
Parameter-Art	$L_a, R_a, k_a, \Theta, L_{es}, R_e, w_e$	$T_a = \frac{L_a}{R_a}$; $\varepsilon_{an} = \frac{I_{an} R_a}{U_{an}}$	$T_a = \frac{L_a}{R_a}$	$\tau_a = \frac{T_a}{T_{m0}}$
		$T_{mn} = \frac{\Theta \Omega_n}{M_{dn}}$; $T_{es} = \frac{L_{es}}{R_{en}}$	$T_{m0} = \frac{\Theta \Omega_0}{M_{d0}}$; $T_{es} = \frac{L_{es}}{R_e}$	$\tau_{es} = \frac{T_{es}}{T_{m0}}$
		$k_s = \frac{L_{es} I_{en}}{\Phi_n w_e}$; $r_e^* = \frac{R_e}{R_{en}}$	$k_s = \frac{L_{es} I_{es}}{\Phi_0 w_e}$	$k_s = \frac{L_{es} I_{es}}{\Phi_0 w_e}$
Anzahl der Parameter	7	5	4	3

Alle anderen Werte, wie der häufig benutzte prozentuale ohmsche Spannungsfall δ_R des Ankerkreises, sind durch geeignete Wahl der Normierungsgrößen unterdrückt, um allgemeingültige, z. B. in Ortskurven und Übergangsfunktionen darstellbare Zusammenhänge zu erhalten.

In den folgenden Betrachtungen wird nur die vollständig normierte Form der Gleichungen benutzt, jedoch sind öfters auch die anderen Normierungen berechtigt. Der Einfluß der magnetischen Sättigung wird nicht weiter verfolgt, so daß $k_s \equiv 1$ wird und der vom Kennlinienverlauf abhängige Wert τ_{es} in den festen Wert τ_e übergeht.

Aus der Gl. (1) des Ankerkreises (wobei $w_a = 0$ angenommen ist), der Gl. (2) für das mechanische Gleichgewicht, der Gl. (3) des Erregerkreises und der Gl. (5a) der Magnetisierung folgen die Grundbeziehungen für das Drehzahlverhalten des Motors. Da der Motor bei veränderlichem Fluß kein lineares System darstellt, beschränkt man sich zweckmäßig auf kleine Abweichungen von einem stationären Betriebspunkt, wie dies in Gl. (5) wegen der gekrümmten Magnetisierungskennlinie bereits geschehen ist. Mit $u_a = (U_a - U_{as})/U_{as}$, $n = (\Omega - \Omega_s)/\Omega_0$ usw. erhält man bei Vernachlässigung aller Größen, die klein von höherer Ordnung sind, die Grundgleichungen für die normierten Abweichungen der Drehzahl n, des Ankerstromes i_a und des Erregerstromes i_e. Bei unvollständiger Normierung (Zeit nicht normiert) ergibt sich (Φ_0 der Übersichtlichkeit halber so gewählt, daß $\varphi_s^* = 1$ ist):

$$T_a T_{m0} \frac{d^2 n}{d t^2} + T_{m0} \frac{d n}{d t} + n = u_a + T_a i_{as}^* \frac{d i_e}{d t} - (n_s^* - i_{as}^*) \, i_e - T_a \frac{d m_w}{d t} - m_w \tag{6}$$

$$T_a T_{m0} \frac{d^2 i_a}{d t^2} + T_{m0} \frac{d i_a}{d t} + i_a = T_{m0} \frac{d u_a}{d t} + m_w - n_s^* T_{m0} \frac{d i_e}{d t} - i_{as}^* i_e \tag{7}$$

$$T_e \frac{d i_e}{d t} + i_e = u_e \tag{8}$$

(n_s^*, φ_s^*, i_{as}^* normierte Werte des stationären Ausgangspunktes)

Mit $\tau = t/T_{m0}$, $\tau_a = T_a/T_{m0}$, $\tau_{es} = T_{es}/T_{m0}$ erhält man die vollständig normierten Beziehungen (Differentiation nach τ mit $'$ bezeichnet):

$$\tau_a n'' + n' + n = u_a + \tau_a i_{as}^* i_e' - (n_s^* - i_{as}^*) \, i_e - \tau_a m_w - m \tag{6a}$$

$$\tau_a i_a'' + i_a' + i_a = u_a' + m_w - n_s^* i_e' - i_{as}^* i_e \tag{7a}$$

$$\tau_e i_e' + i_e = u_e \tag{8a}$$

Mit diesen Zusammenhängen, die den Parameter T_{m0} weniger enthalten als die Gl. (6, 7, 8), sind die Grundbeziehungen des fremderregten Gleichstrommotors aufgestellt, wie sie für die meisten regelungstechnischen Betrachtungen notwendig sind. Sie werden im folgenden veranschaulicht [*6*].

b) Stationäre Drehzahl-Drehmoment-Kennlinien

Im stationären Zustand besteht zwischen der Motordrehzahl bzw. der Winkelgeschwindigkeit, der Ankerspannung, dem Fluß und dem Lastmoment der einfache Zusammenhang:

$$\Omega = \frac{U_a - I_a R_a}{k_a \Phi} = \frac{U_a}{k_a \Phi} - \frac{R_a}{(k_a \Phi)^2} M_d \tag{9}$$

oder normiert:

$$\frac{\Omega}{\Omega_0} = n_s^* = \frac{u_{as}^* - i_{as}^*}{\varphi_s^*} = \frac{u_{as}^*}{\varphi_s^*} - \frac{m_{ds}^*}{\varphi_s^{*2}} \tag{10}$$

oder auch

$$m_{ds}^* = u_{as}^* \varphi_s^* - n_s^* \varphi_s^{*2} \tag{10a}$$

Für festen Fluß und verschiedene feste Ankerspannungen erhält man als Drehzahl-Drehmoment-Kennlinienfeld eine Schar paralleler Geraden, während man für feste Ankerspannung und verschiedene feste Flüsse eine Schar von Geraden mit verschiedener Neigung bekommt (*Bild* 4a und b) [7].

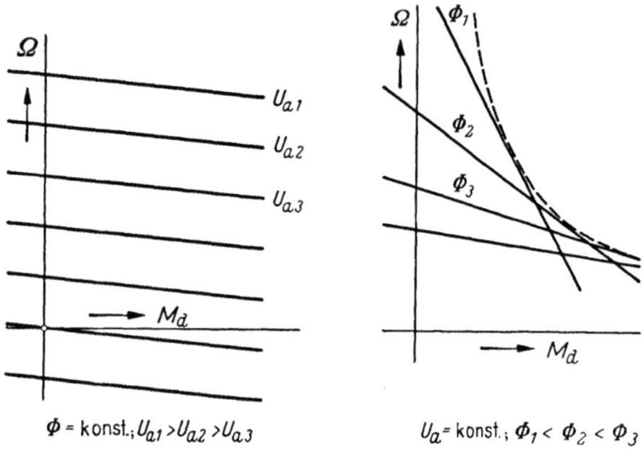

a) Verschiedene Ankerspannungen bei konstantem Fluß

b) Verschiedene Flüsse bei konstanter Ankerspannung

Bild 4. Stationäre Drehzahl-Drehmoment-Kennlinien des fremderregten Gleichstrommotors

Verändert man bei fester Ankerspannung und festem Moment den Fluß bzw. die Erregerspannung, so erreicht man eine maximale Drehzahl im sog. Kippunkt. Der geometrische Ort aller dieser Kippunkte stellt in *Bild* 5 die Hüllkurve der Geradenschar nach *Bild* 4b dar. Eine Steigerung der Drehzahl über den Kipppunkt ist durch Feldschwächung nicht möglich. Sind Ankerspannung und Drehzahl fest, so erhält man im Kippunkt ein maximales Moment (Kippmoment), da hier Gl. (10a) für $m_{ds} = f(\varphi_s)$ eine nach unten offene Parabel darstellt. Im praktischen Betrieb kann man bei stark verringerter Ankerspannung in die Nähe des Kippunktes gelangen. Dies ist bei einer Drehzahlregelung mit Hilfe der Erregerspannung gefährlich, da jenseits des Kippunktes der Regelsinn verkehrt ist. Für die Betriebswerte im Kippunkt gilt:

$$M_d = \frac{1}{4 R_a} \frac{U_a^2}{\Omega}; \quad \Phi = \frac{2 R_a}{k_a} \frac{M_d}{U_a}; \quad I_a = \frac{U_a}{2 R_a} \tag{11}$$

oder normiert:

$$\left.\begin{aligned} m_{ds}^* &= \frac{u_{as}^{*2}}{4 n_s^*}; \quad \varphi = \frac{2 m_{ds}^*}{u_{as}}; \\ i_{as}^* &= \frac{u_{as}^*}{2} \end{aligned}\right\} \tag{12}$$

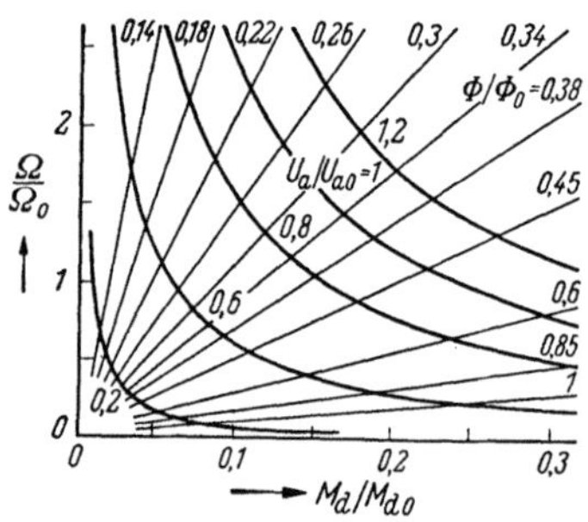

$\Omega_0 = \frac{U_0}{k_a \Phi_0}$,

$M_0 = k_a \Phi_0 \frac{U_0}{R_a}$;

U_0, Φ_0 frei

Bild 5. Drehzahlgrenzkurven des fremderregten Gleichstrommotors bei Feldschwächung

c) Frequenzgänge und Übergangsfunktionen

Aus den Gl. (6, 7, 8) bzw. (6a, 7a, 8a) folgen die Frequenzgänge und Übergangsfunktionen [Tabelle 3, Anfangswerte $n(0)$ und $i(0)$ zu null angenommen]. Der normierten Zeit $\tau = t/T_{m0}$ ist dabei die unabhängige Veränderliche

Tabelle 3. *Frequenzgänge und Übergangsfunktionen des fremderregten Gleichstrommotors bei kleinen Abweichungen vom stationären Zustand*

Abweichung der Ausgangsgröße	Drehzahl n ($n_s^* = 1$ als Beispiel gewählt)			Strom i_a ($i_{as}^* = 0{,}2$ als Beispiel gewählt)		
Abweichung der Eingangsgröße	Spannung u_a	Moment m_w	Fluß φ	Spannung u_a	Moment m_w	Fluß φ
Differentialgleichung	$\tau_a n'' + n' - n = u_a + \tau_a i_a^* \varphi' - (n_s^* - i_{as}^*)\varphi - \tau_a m_w' - m_w$			$\tau_a i_a'' + i_a' + i_a = u_a' + m_w - n_s^* \varphi' - i_{as}^* \varphi;\quad \tau_a = T_a / T_{m0}$		
Gleichung des Frequenzganges $n(0) = 0,\ i(0) = 0$	$\frac{n}{u} = \frac{1}{\tau_a p^2 + p + 1}$ (13)	$\frac{n}{m} = \frac{-(\tau_a p + 1)}{\tau_a p^2 + p + 1}$ (14)	$\frac{n}{\varphi} = \frac{-\tau_a i_{as}^* p - n_s^* + i_{as}^*}{\tau_a p^2 + p + 1}$ (15)	$\frac{i_a}{u} = \frac{p}{\tau_a p^2 + p + 1}$ (16)	$\frac{i_a}{m} = \frac{1}{\tau_a p^2 + p + 1}$ (17)	$\frac{i_a}{\varphi} = \frac{-(n_s p + i_{as})}{\tau_a p^2 + p + 1}$ (18)
Ortskurve des Frequenzganges für $p = \mathrm{j}\,\omega$, $\omega = 2\pi f T_{m0}$	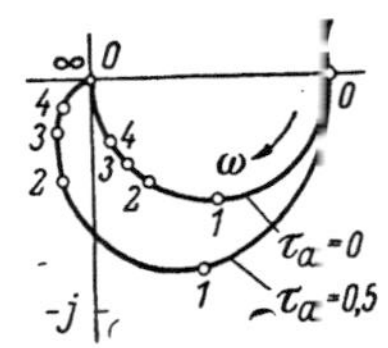	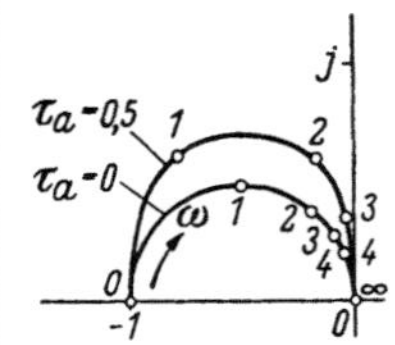	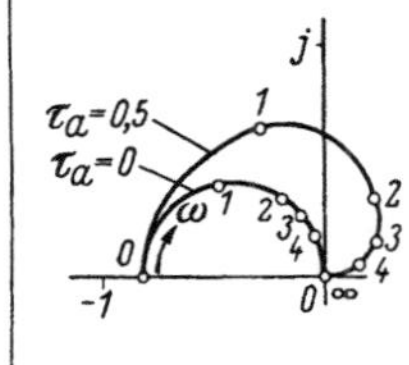	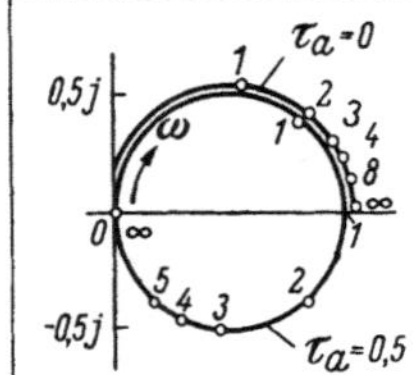	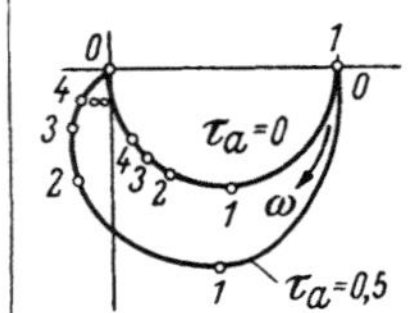	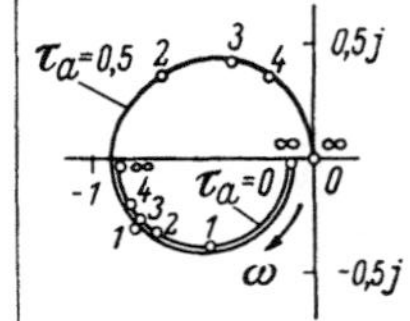
Inverse Ortskurve des Frequenzganges für $p = \mathrm{j}\,\omega$, $\omega = 2\pi f T_{m0}$, $T_{m0} = \frac{\Theta\,\Omega_0}{M_{d0}}$	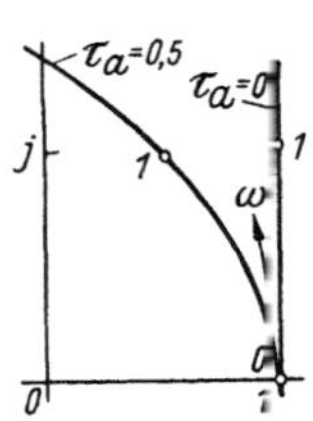	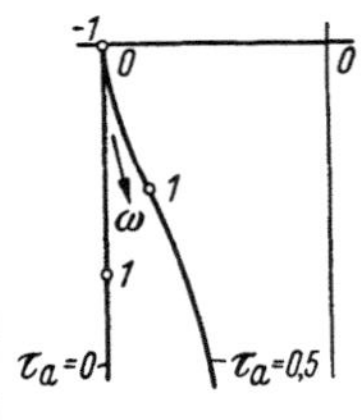	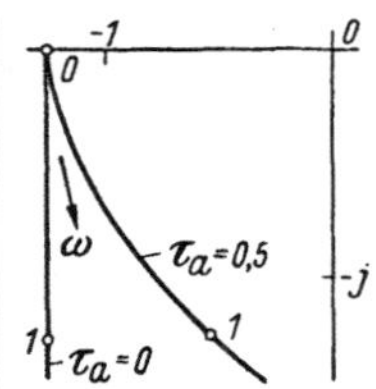	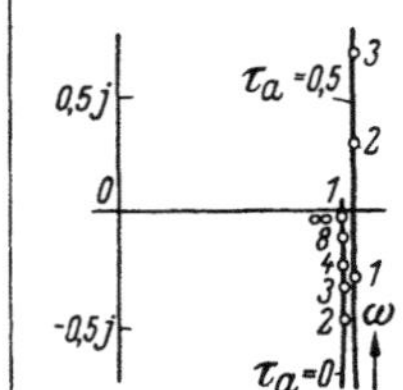	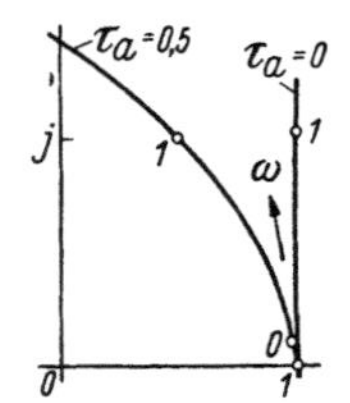	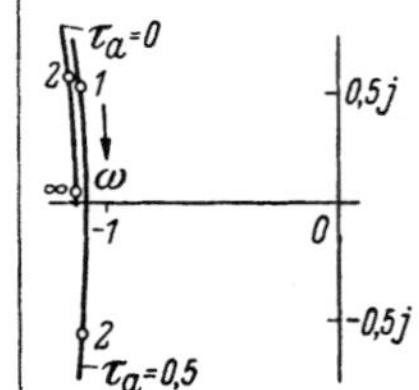
Übergangsfunktionen bei einer Sprungfunktion als Eingangsgröße $\tau = \frac{t}{T_{m0}}$	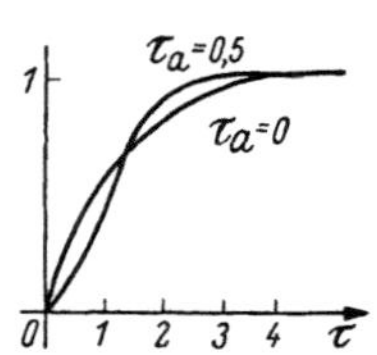	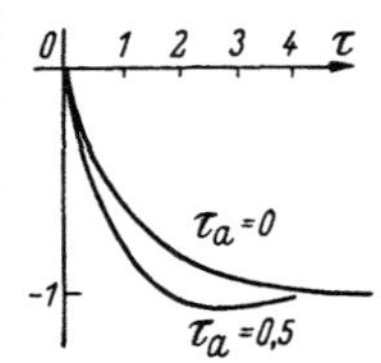	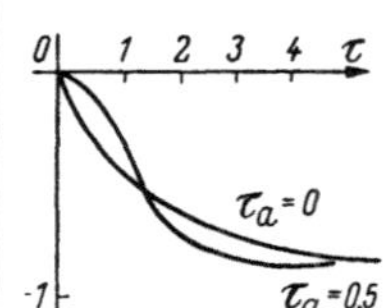	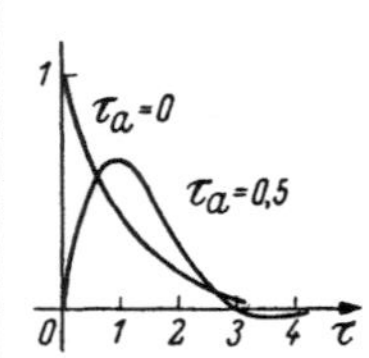	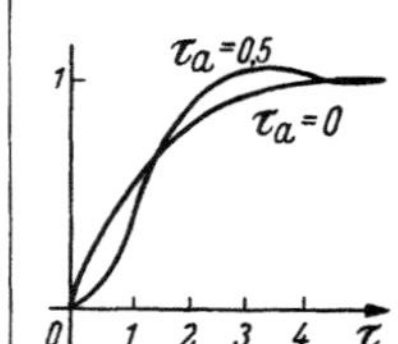	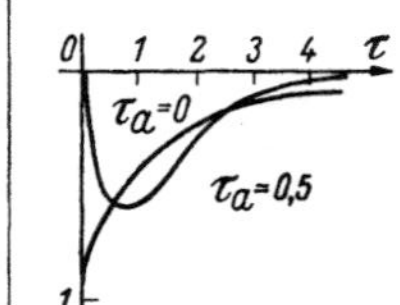

p zugeordnet, für die bei rein komplexem Wert $p = \mathrm{j}\omega$ gilt: $|p| = 2\pi f T_0 = \omega$; ($T_0$ = Zeitbezugsgröße = Anlaufzeitkonstante).

Der Erregerkreis ist in Tabelle 3 nicht berücksichtigt. Für seinen Frequenzgang gilt einfach ($w_a = 0$):

$$\frac{i_e}{u_e} = \frac{1}{\tau_e p + 1} = \frac{1}{N_e'} \tag{19}$$

Die zugehörige Übergangsfunktion lautet:

$$\frac{i_e(\tau)}{u_e} = 1 - \exp\left(-\frac{\tau}{\tau_e}\right) = 1 - \exp\left(-\frac{t}{T_e}\right) \tag{20}$$

Die vollständigen Ausdrücke für die Drehzahl n und den Strom lauten mit $\varphi = i_e$:

$$n = \frac{u_a - (\tau_a p + 1)\, m_w - (-\tau_a i_{as}^* p + n_s^* - i_{as}^*)\, i_e}{\tau_a p^2 + p + 1} = F_u u_a + F_m m_w + F_e u_e$$

$$= \frac{u_a - (\tau_a p + 1)\, m_w}{\tau_a p^2 + p + 1} + \frac{-(-\tau_a i_{as}^* p + n_s^* - i_{as}^*)\, u_e}{(\tau_a p^2 + p + 1)(\tau_e p + 1)} \tag{21}$$

$$i_a = \frac{p\, u_a + m_w - (n_s^* p + i_{as}^*)\, i_e}{\tau_a p^2 + p + 1} = \frac{p\, u_a + m_w}{\tau_a p^2 + p + 1} + \frac{-(n_s^* p + i_{as}^*)\, u_e}{(\tau_a p^2 + p + 1)(\tau_e p + 1)} \tag{22}$$

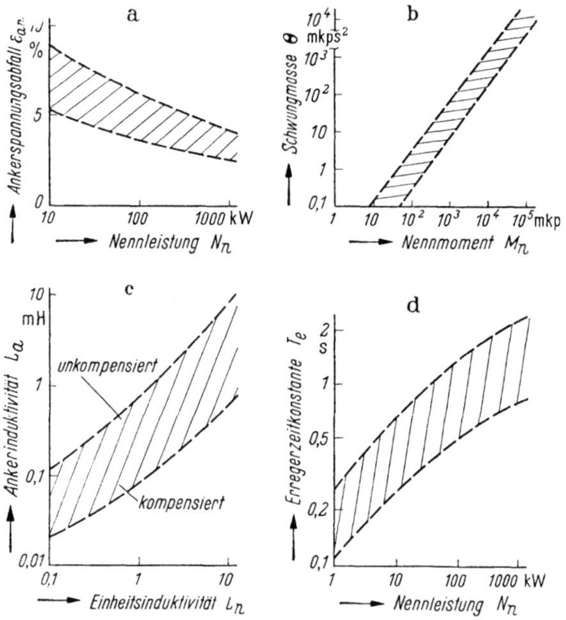

a) Ankerspannungsabfall $\quad f_n = \frac{p}{120}\left(\frac{n_n}{\mathrm{U/min}}\right)\frac{1}{s}$

b) Schwungmasse $\quad p$ Polpaarzahl

n_n Nenndrehzahl

c) Ankerinduktivität $\quad L_n = \frac{U_n}{I_n} \cdot \frac{1}{2\pi f_n}$

d) Erregerzeitkonstante $\quad \Theta = \frac{G D^2}{4 g}$

Bild 6. Kenngrößen des fremderregten Gleichstrommotors

Für kleine Werte von τ_a ist angenähert:

$$\tau_a p^2 + p + 1 = (\tau_a p + 1)(p + 1)$$

d) Zusammenfassung der Motoreigenschaften

1. Die Motordrehzahl kann durch die Ankerspannung in weitem Bereich und durch den Fluß begrenzt gesteuert werden. Das Lastmoment bildet die wichtigste Störgröße.

2. Bei der Drehzahlsteuerung durch die Ankerspannung bildet der Motor ein System zweiter Ordnung. Anlaufzeitkonstante T_{m0} und Ankerzeitkonstante T_a charakterisieren die inneren Energiespeicher bzw. das Zeitverhalten, wenn keine Reihenschlußwicklung vorhanden ist ($w_a = 0$).

3. Bei der Drehzahlsteuerung durch das Feld stellt

der Motor ein System dritter Ordnung dar. Anlaufzeitkonstante T_{m0}, Ankerzeitkonstante T_a und Erregerzeitkonstante T_e kennzeichnen die inneren Energiespeicher.

4. In *Bild* 6a, b, c und d sind Anhaltspunkte für die charakteristischen Größen des Motors dargestellt. Man entnimmt daraus, daß die prozentuale ohmsche Spannung zwischen 2,5 und 10%, die Anlaufzeitkonstante zwischen 50 ms und 1 s, die Ankerzeitkonstante zwischen 10 und 70 ms, die Erregerzeitkonstante zwischen 0,1 und 3 s liegt, wenn man Motoren zwischen 0,5 und 5000 kW betrachtet [*8, 9*].

2. Der Drehzahlregelkreis

a) Aufbau und Grundgleichungen

Der Drehzahlregelkreis enthält den Motor mit der angekuppelten Arbeitsmaschine, die Spannungsquellen für die Anker- und Erregerspannung einschließlich der vorgeschalteten Verstärker und ein Meßglied zum Erfassen der Drehzahl.

Die Drehzahlregelung für weite Bereiche und Drehzahlumkehr wird meistens mit Hilfe der Ankerspannung durchgeführt, während bei der Drehzahlregelung mit

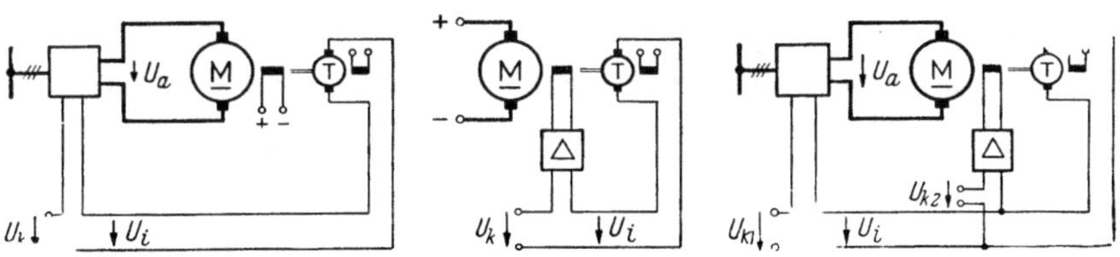

a) Regelung mit Ankerspannung b) Regelung mit Erregerspannung c) Kombinierte Regelung

Bild 7. Beispiele für den geschlossenen Drehzahlregelkreis des fremderregten Gleichstrommotors

nach unten begrenztem Bereich oft die Erregerspannung verwendet wird. Auch eine kombinierte Regelung mit zwei Stellgrößen oder eine kombinierte Regelung und Steuerung ist möglich (*Bild* 7).

Da der Erregerkreis bei Betrachtung eines begrenzten Bereiches nach Gl. (8) einer vorgeschalteten proportionalen Verstärkerstufe mit der Zeitkonstante T_e entspricht, wird im folgenden nur eine Drehzahlregelung mit Hilfe der Ankerspannung näher betrachtet. Die bei größeren Feldänderungen notwendige Beschränkung auf kleine Abweichungen von einem stationären Zustand entfällt dabei.

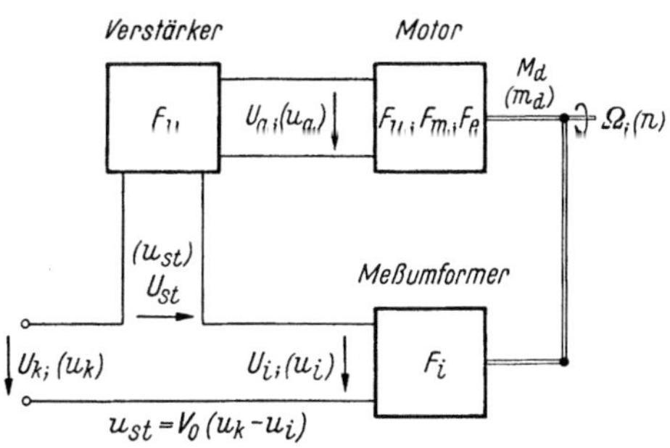

Bild 8. Die Bauteile des geschlossenen Kreises und ihre Bezeichnungen
(Kleine Buchstaben bezeichnen die normierten Abweichungen von einem stationären Zustand, z.B. $n = \Omega/\Omega_0 - \Omega_1/\Omega_0$)

Zu den allgemeinen Beziehungen für den geschlossenen Regelkreis gelangt man am einfachsten über die Frequenzgänge der Bauteile. Man kann die entsprechenden Zusammenhänge so normieren, daß im stationären Zustand die normierte Eingangsgröße jedes Gliedes gleich der normierten

Ausgangsgröße wird, wenn man von einem integralen Glied absieht, bei dem einer bestimmten Eingangsgröße eine Ausgangsgröße zugeordnet wird, die nach einer definierten Stellzeit erreicht ist. Durch die Motorbeziehungen liegen die Normierungsgrößen für die Drehzahl (Ω_0) und die Ankerspannung (U_{a0}) fest, so daß auch die Normierungsgrößen für die Eingangsgrößen des Verstärkers (U_{st0}) und die Ausgangsgröße des Meßumformers (U_{i0}) bestimmt sind, wenn man die oben geforderten Bedingungen einhält. Dann tritt in natürlicher Weise bei dem Vergleich von Soll- und Istwert die Kreisverstärkung V_0 als Zahlenfaktor in der normierten Schließungsbedingung auf. Im einzelnen erhält man für die Bauteile die nachfolgenden Ausdrücke, wenn man die Beziehungen des *Bildes* 8 benutzt. Für den Motor gilt nach Gl. (21) (Anfangswerte Null):

$$n = F_u u_a + F_m m_w = \frac{Z_u}{N_u} u_a + \frac{Z_m}{N_m} m_w = \frac{1}{N_u} u_a + \frac{Z_m}{N_u} m_w$$

$$= \frac{u_a - (\tau_a p + 1) m_w}{\tau_a p^2 + p + 1} = \frac{u_a - (\tau_a p + 1) m_w}{(\tau_1 p + 1)(\tau_2 p + 1)} \approx \frac{u_a - (\tau_a p + 1) m_w}{(\tau_a p + 1)(p + 1)} \tag{23}$$

da im allgemeinen $\tau_a = \dfrac{T_a}{T_{m0}} \ll 1$ ist.

Beim Verstärker wird ein allgemeiner proportionaler Verstärker angenommen, dem durch entsprechende Rückführungen das erwünschte PID-Verhalten verliehen wird:

$$u_a = F_v u_{st} = \frac{Z_v}{N_v} u_{st} = \frac{(1 + a_{-1} p^{-1} + a_1 p + \cdots)}{(\tau_3 p + 1) \cdots (\tau_\mu p + 1) \exp \tau_t p}$$

$$= \frac{(1 + a_{-1} p^{-1} + a_1 p + \cdots)}{\left(\prod\limits_{\mu=3}^{\mu} \tau_\mu p + 1\right) \exp \tau_t p} \tag{24}$$

$$\tau_\mu = \frac{T_\mu}{T_0}, \quad \tau_t = \frac{T_t}{T_0}$$

Dabei bildet a_{-1} eine einstellbare Einflußgröße für das integrale, a_1, a_2 usw. für das differenzierende Verhalten. Das Produkt $\prod\limits_{\mu=3}^{\mu} (\tau_\mu p + 1)$ charakterisiert die Zeitverzögerungen, τ_t eine Totzeit. Der Meßumformer wird im allgemeinen proportionales Verhalten haben. Er kann aber auch zusätzlich den Differentialquotienten der Drehzahl bilden:

$$u_i = F_i n = \frac{Z_i}{N_i} n = \frac{1 + b p}{(\tau_\nu p + 1) \cdots (\tau_r p + 1)} = \frac{1 + b p}{\prod\limits_{\mu=\nu}^{r} (\tau_\mu p + 1)} \tag{25}$$

Die Bedingung, daß der Kreis geschlossen ist, drückt sich in der Beziehung für den Sollwert- und Istwertvergleich aus (Spannungsvergleich angenommen):

$$U_{st} = U_k - U_i \tag{26}$$

oder normiert

$$u_{st} = V_0 (u_k - u_i) \tag{27}$$

wobei $V_0 = U_{i0}/U_{st0}$ die Kreisverstärkung ist.

Die Werte $\tau_\mu = T_\mu / T_{m0}$ usw. sind im allgemeinen reelle Werte, die reellen Zeitkonstanten entsprechen, können aber auch komplexe Ausdrücke sein, wie dies bereits für den Motor bei den Ausdrücken

$$\tau_{1,2} = \frac{+1 \pm \sqrt{1 - 4\tau_a}}{2} \quad \text{für } \tau_a > \frac{1}{4}\,; \quad \tau_{1,2} \equiv \frac{T_{1,2}}{T_{m0}} \tag{28}$$

$$T_{1,2} = \frac{+T_{m0} \pm \sqrt{T_{m0}^2 - 4\,T_a T_{m0}}}{2}$$

möglich ist. Sie hängen mit den Eigenwerten $p_{\mu 0}$ (Eigenfrequenzen) oder Wurzeln der Bauelemente des Kreises durch die Beziehung

$$p_{\mu 0} = -\frac{1}{\tau_\mu}, \quad \text{z. B.} \quad p_{1,2} = -\frac{1}{\tau_{1,2}} = \frac{-1 \mp \sqrt{1 - 4\tau_a}}{2\,\tau_a} \tag{29}$$

zusammen. Die durch den Ausdruck $\exp \tau_t\, p$ in Gl. (24) erfaßte Totzeit T_t muß bei den schnellen Drehzahlregelungen klein sein, wenn sie nicht die Stabilität des Kreises empfindlich stören soll.

Durch das Zusammenfassen der Gl. (23, 24, 25 und 27) erhält man die Frequenzganggleichung des geschlossenen Kreises:

$$n = \frac{V_0 F_u F_v u_s + F_m m_w}{1 + V_0 F_u F_v F_i} = \frac{V_0 Z_v N_i u_s + Z_m N_i N_v m_w}{N_u N_v N_i + V_0 Z_i Z_v} = \frac{V_0 A(p)\, u_s + B(p)\, m_w}{C(p) + V_0 D(p)}$$

$$= \frac{V_0 (1 + a_{-1} p^{-1} + a_1 p + \cdots) \prod\limits_{\mu=v}^{r} (\tau_\mu p + 1)\, u_s - (\tau_a p + 1) \prod\limits_{\mu=3}^{r} (\tau_\mu p + 1) \exp \tau_t\, p\, m_w}{\prod\limits_{\mu=1}^{r} (\tau_\mu p + 1) \exp \tau_t\, p + V_0 (1 + a_{-1} p^{-1} + a_1 p + \cdots)\,(1 + b\,p)} \tag{30}$$

Der erste Teil des Nenners der Gl. (30) charakterisiert die Zeitverzögerungen, der zweite Teil die gewollten Regeleinflüsse des Kreises. Für den stationären Zustand folgt aus Gl. (30), wenn der Kreis keinen integrierenden Einfluß enthält, d. h. $a_{-1} = 0$ ist:

$$n = \frac{V_0 u_s - m_w}{1 + V_0} \approx u_s - \frac{1}{1 + V_0} m_w = u_s - R\, m_w \tag{31}$$

Die allgemeine Gl. (30) für die Drehzahl bei geschlossenem Regelkreis läßt einige wichtige Deutungen zu, ohne daß ein spezieller Fall betrachtet werden muß.

1. Im stationären Zustand geht der Einfluß des Lastmoments bei einer Regelung ohne integralen Anteil auf das $R = 1/(1 + V_0)$fache zurück. Ist ein integraler Einfluß vorhanden, so wird der Einfluß von m_w null.

2. Die dynamischen Vorgänge sind vor allem durch die Eigenwerte des geschlossenen Regelkreises gekennzeichnet. Sie stellen die Wurzeln des Nenners der Gl. (30) dar und hängen von den Eigenwerten $p_{\mu 0}$ des offenen Kreises, der Regelverstärkung V_0, dem Integraleinfluß a_{-1} und dem Differentialeinfluß a_1 usw. ab. Die Regelverstärkung V_0 ist die wichtigste Einflußgröße für die Stabilität des Kreises.

Einen wesentlichen Einfluß hat stets die Anlaufzeitkonstante T_{m0} und andere große Zeitkonstanten. Die kleinen Zeitkonstanten, wie die Ankerzeitkonstante T_a, wirken sich vor allem bei schnellen Regelungen aus [*10, 11, 12*].

b) Beispiele einfacher Regelkreise

Um für die Eigenschaften kompliziert aufgebauter Regelkreise einige Anhaltspunkte zu haben, sind in *Bild* 9 die entsprechenden Zusammenhänge an der

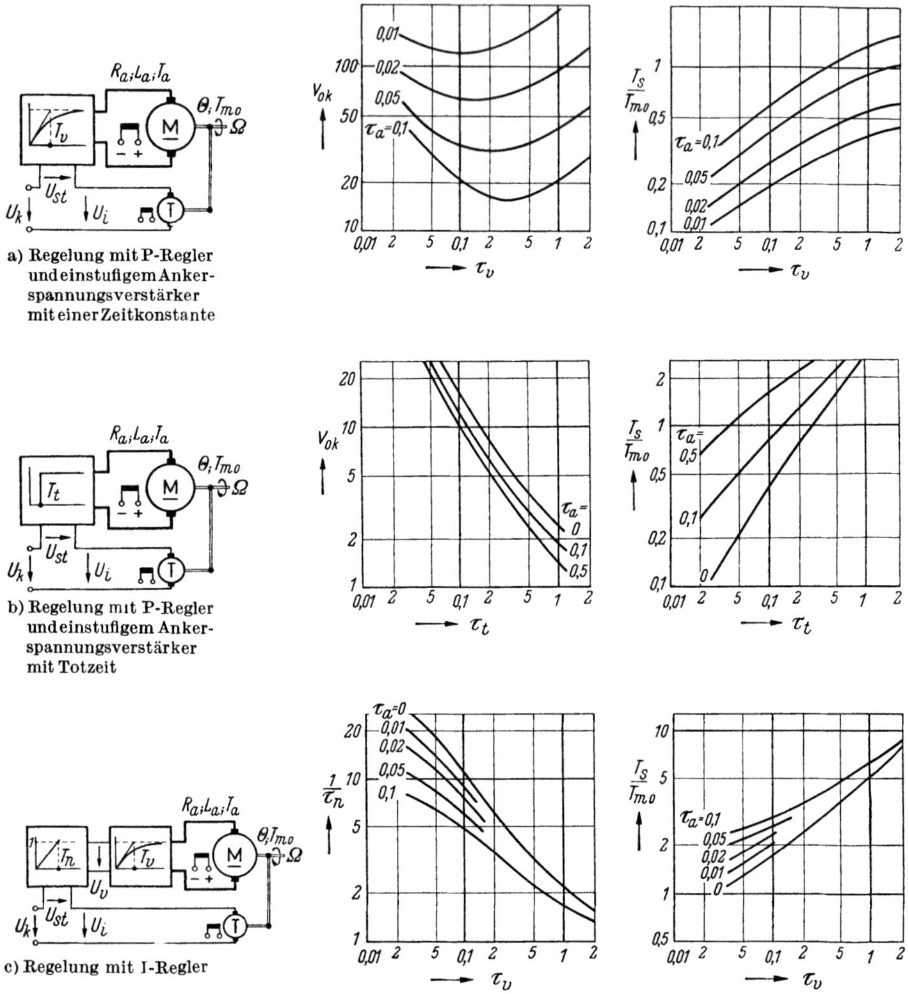

a) Regelung mit P-Regler und einstufigem Ankerspannungsverstärker mit einer Zeitkonstante

b) Regelung mit P-Regler und einstufigem Ankerspannungsverstärker mit Totzeit

c) Regelung mit I-Regler

$T_s = \frac{1}{f_s}$	Schwingungsdauer der Eigenschwingung	$\tau_a = T_a/T_0$
$T_a = \frac{L_a}{R_a}$	Ankerzeitkonstante	$\tau_t = T_t/T_{m0}$
$T_{m0} = \frac{\Theta\,\Omega_0}{M_{d0}}$	Anlaufzeitkonstante	$\tau_s = T_s/T_{m0}$
$T_v = \frac{L_v}{R_v}$	Verstärkerzeitkonstante	$\tau_v = T_v/T_{m0}$
T_t	Totzeit des Verstärkers	$\tau_n = T_n/T_{m0}$
T_n	Stellzeit des integralen Gliedes	

$$\frac{d\,u_v}{d\,t} = \frac{1}{T_n}\,u_{st}; \quad u_{st} = \frac{U_{st}}{U_{st0}}; \quad u_v = \frac{U_v}{U_{v0}}; \quad \text{für I-Regler } U_{st0} = U_{i0}$$

Bild 9. Die kennzeichnenden Größen verschiedener Regelungen an der Stabilitätsgrenze

Stabilitätsgrenze von drei einfach aufgebauten Regelkreisen dargestellt, deren Gleichungen Sonderfälle der Gl. (30) sind.

Bild 9a gibt die maximale Kreisverstärkung V_{0k} und die Schwingungsdauer T_s der Drehzahlschwingungen an der Stabilitätsgrenze einer Drehzahlregelung mit einem reinen P-Regler und einer vorgeschalteten Verstärkerstufe mit der Zeitkonstante T_v wieder. Von diesen Grenzwerten V_{0k} und $T_s = 1/f_s$ kann man auf die Größenordnung der Verstärkung V_0 und die Frequenz f_1 des wichtigsten Vorgangs der Regelung bei stabilem Betrieb schließen und hat damit einen ersten Anhaltspunkt. Man erkennt, daß ein großer Wert von V_{0k} bei schnellen Regelschwingungen, d.h. f_s groß bzw. T_s klein, nur relativ kleine Werte der Zeitkonstante T_v der Verstärkerstufe zuläßt und der Einfluß der Ankerzeitkonstante T_a wichtig ist. Mit zunehmendem T_v durchläuft V_{0k} ein Minimum und wächst für große Werte von T_v wieder, wobei man aber dann ausgesprochen langsame Vorgänge erhält. Man nähert sich damit bereits den Eigenschaften eines Kreises mit einem Verstärker mit integralem Verhalten.

In *Bild* 9b ist der Einfluß einer Totzeit T_t im Drehzahlregelkreis mit P-Regler dargestellt. Große Regelverstärkungen und rasche Vorgänge sind nur bei kleiner Totzeit möglich.

In *Bild* 9c ist eine Regelung mit reinem I-Regler wiedergegeben. Die Regelverstärkung V_0 hat den Grenzwert ∞ erreicht und tritt deshalb nicht mehr in Erscheinung. Statt ihrer ist die maximale Stellgeschwindigkeit der integralen Stufe maßgebend, die durch den Ausdruck $\tau_n = T_n/T_{m0}$ charakterisiert wird, wobei T_n die Aussteuerzeit des integralen Gliedes von $U_v = 0$ bis U_{v0} bei einer Eingangsgröße U_{st0} darstellt. Große Stellgeschwindigkeiten sind nur bei hinreichend kleiner Zeitkonstante T_v der Verstärkerstufe möglich. Der Einfluß der Ankerzeitkonstante T_a ist klein, da die Vorgänge relativ langsam verlaufen.

$$n = \frac{\Omega}{\Omega_0}$$
$$u_s = \frac{U_s}{U_{i0}}$$
$$u_i = n + T_d \frac{dn}{dt}$$
$$u_i = \frac{U_i}{U_{i0}}$$
$$\tau_v = \frac{T_v}{T_0} = 0{,}3$$
$$\tau_a = \frac{T_a}{T_0} = 0{,}05$$
$$\tau_d = \frac{T_d}{T_0}$$
$$V_0 = \frac{U_{i0}}{U_{st0}} = 10$$
$$n = \frac{\Omega}{\Omega_0}$$

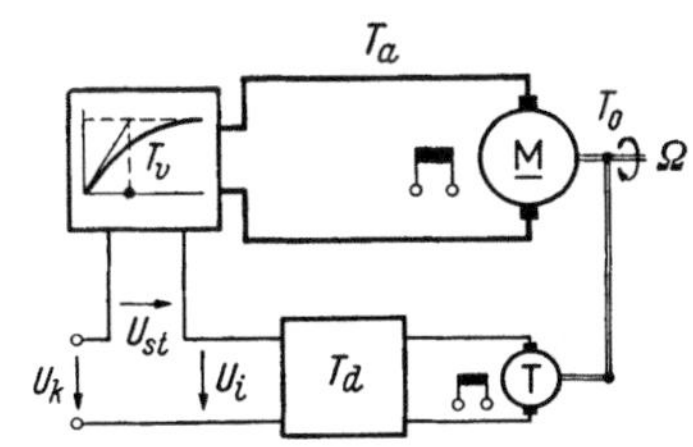

a) Geräteschaltplan

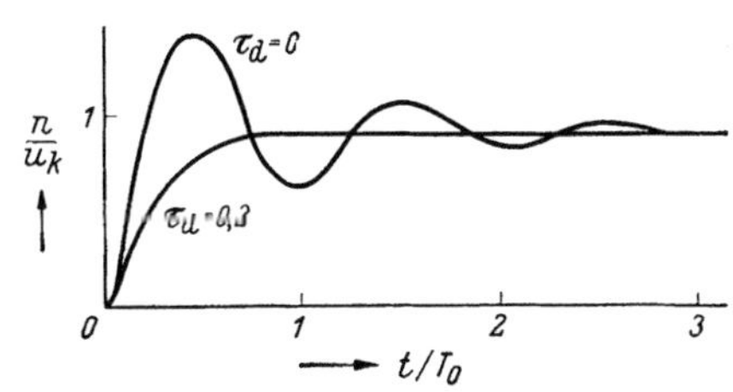

b) Regelvorgang bei einer Sollwertverstellung

Bild 10. Regelung mit D-Einfluß

Die praktisch vorkommenden Drehzahlregelkreise sind meistens aus mehreren Gliedern zusammengesetzt. Durch die höhere Ordnung des Kreises erreicht man mit einem P- oder auch PI-Regler nicht mehr die praktisch gestellten Forderungen an die Schnelligkeit der Regelung. Man benötigt dann einen PID-Regler mit möglichst optimal abgestimmtem Verhalten der Regelung. So bedeutet z.B. die Einhaltung einer maximalen Drehzahlabweichung von $1‰$ bei einer Drehzahlabweichung von 10% ohne Regelung bereits eine Regelverstärkung $V_0 = 99$, die mit einem reinen P-Regler praktisch nicht mehr erreicht wird, ohne die Stabilitätsgrenze zu überschreiten.

In *Bild* 10 ist der Einfluß eines entsprechenden Vorhalts oder Differentialquotienteneinflusses auf einen Regelvorgang bei einer Sollwertverstellung dargestellt. Man sieht hieraus die Möglichkeiten, die in einer richtigen Abstimmung der Regelung mit einem PID-Regler liegen [*13*].

c) Kombinierte Regelung und Steuerung

1. Allgemeine Gesichtspunkte

Im Abschnitt a) wurde eine Drehzahlregelung mit der Verwendung nur einer der beiden Steuergrößen (Anker- oder Erregerspannung) betrachtet; die nicht benutzte Steuergröße war als konstant angenommen. Man hat in ihr aber noch eine weitere Eingriffsmöglichkeit in den Regelkreis, so daß man eine zusätzliche Bedingung für den Antrieb erfüllen kann. Diese Bedingung kann den Ankerstrom betreffen, der z.B. seine Richtung nicht ändern oder einen bestimmten Zusammenhang mit der Drehzahl haben soll, wie dies bei den Stromrichterantrieben mit Eingefäßanordnung und Drehrichtungsumkehr der Fall ist. Die zusätzliche Bedingung kann aber auch eine begrenzte Aussteuerung des Erregerkreises vorschreiben und erzwingen. Gibt man z.B. das Drehzahlniveau mehrerer zusammenarbeitender Antriebe durch eine Steuerung der Ankerspannung vor, so kann man über die Erregerspannung einen Drehzahlregelkreis für jeden Motor bilden, durch den ein gewünschtes Drehzahlverhältnis zu einem anderen Motor genau eingehalten wird, ohne daß die Gefahr einer Übersteuerung in diesem Kreis auftritt oder daß der Motor kippt. Ebenso kann man eine zusätzliche Feldsteuerung benutzen, um die Aussteuerung der Verstärker einer Drehzahlregelung mit Hilfe der Ankerspannung zu begrenzen, damit diese klein gehalten werden können. Dieser Fall wird im folgenden etwas näher untersucht, da er die Zusammenhänge gut veranschaulicht [*14*].

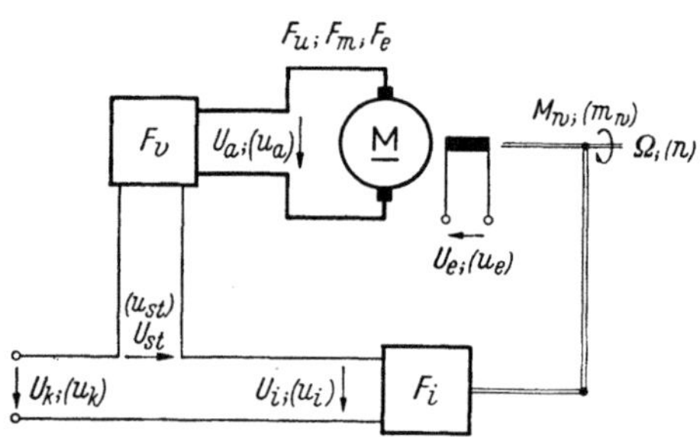

Bild 11. Kombinierte Regelung und Steuerung

2. Analytische Zusammenhänge der Drehzahlregelung mit Hilfe der Ankerspannung bei zusätzlicher Feldsteuerung

Betrachtet man zunächst den an der Stelle des Sollwert- und Istwertvergleichs aufgeschnittenen Kreis (*Bild* 11), so kann man die Frequenzgänge der Bauteile angeben. Für den Motor gilt nach Gl. (21) mit den Bezeichnungen von *Bild* 11 und der bei Feldänderungen nötigen Beschränkung auf kleine Abweichungen von einem stationären Zustand:

$$n = F_u u_a + F_e u_e + F_m m_w = \frac{u_a}{N_u} + \frac{Z_e}{N_u N_e'} u_e + \frac{Z_m}{N_u} m_w = \frac{1}{N_u}\left(u_a + \frac{Z_e}{N_e'} u_c + Z_m m_w\right)$$

$$= \frac{1}{\tau_a p^2 + p + 1}\left[u_a - \frac{-\tau_a i_{as}^* p + n_s^* - i_{as}^*}{\tau_e p + 1} u_e - (\tau_a p + 1)\, m_w\right] \tag{32}$$

Die Steuergröße u_e hat in Gl. (32) für den Frequenzgang der Drehzahl die gleiche Stellung wie das als Störgröße auftretende Moment m_w. Deshalb lautet die Gleichung des geschlossenen Kreises auch analog Gl. (30):

$$n = \frac{V_0 F_v F_u u_k + F_e u_e + F_m m_w}{1 + V_0 F_v F_i F_u}$$

$$= \frac{V_0 N'_e Z_v N_i u_k + Z_e N_i N_v u_e + Z_m N_i N_v N'_e m_w}{N'_e N_i N_v N_u + V_0 Z_i Z_v N'_e} \tag{33}$$

Im stationären Zustand wird beim Fehlen eines integralen Gliedes [$a_{-1} = 0$, vgl. Gl. (31)]:

$$n = \frac{V_0 u_k - (n_s^* - i_{as}^*) u_e - m_w}{1 + V_0} \approx u_k - \frac{n_s^* - i_{as}^*}{1 + V_0} u_e - \frac{1}{1 + V_0} m_w \tag{34}$$

Der Einfluß der Steuergröße u_e auf die Drehzahl n wird durch die Regelung entsprechend der Kreisverstärkung V_0 vermindert, wobei die Aussteuerung des Ankerspannungsverstärkers geändert wird. Die Aussteuerung dieses Verstärkers hängt von seiner Eingangsgröße u_{st} ab; u_{st} erhält man aus Gl. (25, 27) und (32) als Funktion des Sollwertes u_k, der Steuergröße u_e und der Störgröße m_w:

$$u_{st} = \frac{V_0 (u_k - F_i F_e u_e - F_i F_m m_w)}{1 + V_0 F_i F_v F_u}$$

$$= \frac{V_0 (N_i N_v N_u N'_e u_k - Z_i Z_e N_v u_e - Z_i Z_m N_v N'_e m_w)}{N'_e N_i N_v N_u + V_0 Z_i Z_v N'_e} \tag{35}$$

Hier tritt der mindernde Einfluß von V_0 für u_e nicht auf; Sollwert u_k der Regelung und Steuergröße u_e haben den gleichen Einfluß auf u_{st}. Dabei ist der Nenner der Gl. (35), der die Eigenwerte (Eigenfrequenzen, Wurzeln) bestimmt, identisch mit dem Nenner der Gl. (33), da alle Größen des geschlossenen Kreises die gleichen Eigenwerte haben. Für die Eingangsgröße u_{st} des Verstärkers und seine Ausgangsgröße u_a gilt im stationären Zustand speziell ($a_{-1} = 0$):

$$u_{st} = u_a = \frac{V_0}{1 + V_0} [u_k + u_e (n_s^* - i_{as}^*) + m_w] \tag{36}$$

Bei geeigneter Zuordnung des Drehzahl-Sollwertes u_s und der Steuergröße u_e wird der Verstärker nur wenig oder nur während der dynamischen Vorgänge ausgesteuert. Man kann deshalb bei einer solchen Anordnung mit relativ kleinen Ankerspannungsverstärkern auskommen.

Bild 12 stellt den Verlauf der Drehzahl n und der Verstärkereingangsgröße u_{st} einer einfachen Drehzahlregelung bei einer gleichzeitigen Verstellung von Soll-

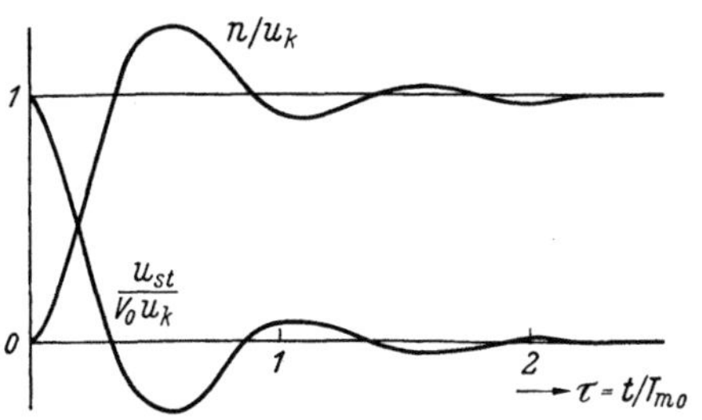

T_v Verstärkerzeitkonstante
T_e Erregerzeitkonstante
$\tau_v = \frac{T_v}{T_{m0}}$
$\tau_e = \frac{T_e}{T_{m0}}$
$\tau_a = \frac{T_a}{T_{m0}}$

$\tau_e = \tau_v = 0{,}3$
$\tau_a \approx 0$,
$i_{as}^* = 0_s$
$n_s = 1$
$V_0 = 10$

Bild 12. Verlauf der Drehzahl n und der Eingangsgröße u_{st} des Ankerspannungsverstärkers bei gleichzeitiger (gleichwertiger) Verstellung von Sollwert u_k und Steuergröße u_e bei der Anordnung nach *Bild* 11 wert u_s und Steuergröße u_e dar, wobei im stationären Zustand die Aussteuerung des Verstärkers null sein soll. Man erkennt hieraus deutlich, wie anfangs eine starke Aussteuerung des Verstärkers auftritt, die dann aber rasch zurückgeht, so daß der volle Aussteuerbereich für eine mögliche Störung zur Verfügung steht.

Die Auswirkung der gleichzeitigen Verstellung von u_e und u_s auf die Geschwindigkeit des Regelvorgangs ist gering, da dynamisch der Einfluß von u_s überwiegt, weil der Faktor V_0 im Zähler von Gl. (33) nur u_s zugeordnet ist.

d) Strombegrenzung

1. Aufgabe und Wesen der Strombegrenzung

Bei empfindlichen Drehzahlregelungen erreicht der Ankerstrom I_a bei den Regelvorgängen Werte, die für den Motor wegen der Kommutierung nicht mehr zulässig sind. Außerdem darf häufig ein maximales mechanisches Drehmoment nicht überschritten werden. In diesen Fällen wird eine Strombegrenzungsregelung eingesetzt und der Drehzahlregelung überlagert. Sie wirkt nur von einem bestimmten Strom an, muß dann aber hinreichend empfindlich sein, um den Strom in den gewünschten Grenzen zu halten. Das Strommeßglied oder ein nachgeschalteter Verstärker erhält dazu eine Kennlinie, die eine Lücke im Bereich des freigegebenen positiven und negativen Stromes hat (*Bild* 13). Dieser Meßverstärker beeinflußt die Ankerspannungsquelle direkt oder über einen Zwischenverstärker, so daß der Stromregelkreis als innerer Kreis im Drehzahlregelkreis geschlossen ist

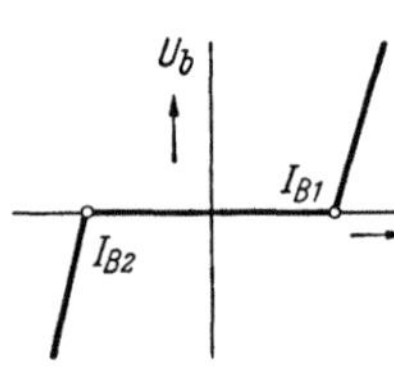

Bild 13. Kennlinie des Meßgliedes der Strombegrenzung

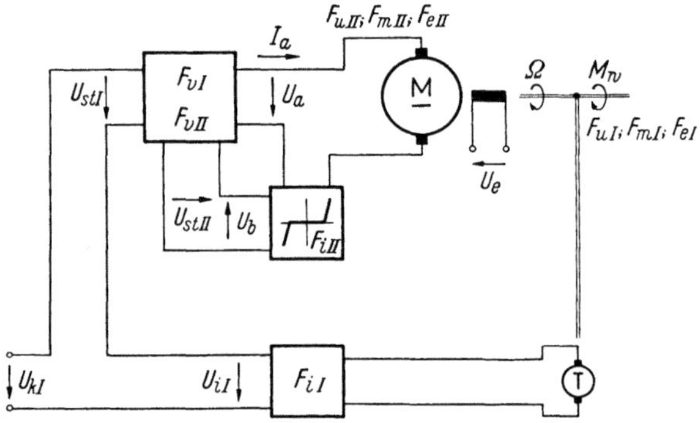

Bild 14. Strombegrenzung im Drehzahl-Regelkreis

(*Bild* 14). Während der Strombegrenzung löst die Stromregelung die Drehzahlregelung ab, wobei die Regelgröße gewechselt wird: Wechsel- oder Übergangsregelung. Die Drehzahl ändert sich dabei je nach der Größe des beschleunigenden oder verzögernden Momentes so lange, bis der Drehzahl-Soll- und -Istwert hinreichend nahe zusammengekommen sind und der Ankerstrom normal abnimmt. Dabei verlaufen die Regelvorgänge der Stromregelung im allgemeinen viel schneller als die damit verknüpften Drehzahländerungen, da die große mechanische Anlaufzeitkonstante T_{m0} allzu rasche Drehzahländerungen bei begrenztem Strom verhindert.

Der Unterschied zwischen dem „freien“ Antrieb, dessen Drehzahl sich unter dem Einfluß der wirkenden Momente einstellt, und dem „gefesselten“ Antrieb, dessen Drehzahl technologisch durch ein undehnbares Arbeitsgut (Haspelmotor bei Kaltwalzwerken) vorgegeben ist, ist für die Dynamik der Stromregelung nicht groß. Der Einfluß der Anlaufzeitkonstante T_{n0} ist beim gefesselten Antrieb ganz ausgeschaltet, und die Drehzahl hat sich von der Regelgröße zu einer reinen Störgröße gewandelt. Der Ankerkreis des Motors stellt in diesem Fall einen einfachen Kreis erster Ordnung mit der magnetischen Zeitkonstante T_a dar.

2. Analytische Zusammenhänge bei der Strombegrenzung

Eine wirksame Strombegrenzung ist nur über die Ankerspannung U_a als Stellgröße möglich, da sie rasch arbeiten muß. Der Zusammenhang zwischen dem Ankerstrom und den übrigen Motorgrößen lautet [Gl. (22) Index I für Drehzahlregelung, Index II für Stromregelung]:

$$i_a = \frac{p\,u_a + m_w - (n_s^* p + i_{as}^*)\,i_e}{\tau_a p^2 + p + 1}$$

$$= F_{u\,\mathrm{II}}\,u_a + F_{m\,\mathrm{II}}\,m_w + F_{e\,\mathrm{II}}\,i_e = \frac{Z_{u\,\mathrm{II}}}{N_u}\,u_a + \frac{1}{N_u}\,m_w + \frac{Z_{e\,\mathrm{II}}}{N_u}\,i_e \tag{22}$$

Bemerkenswert ist an dem Zusammenhang der Gl. (22) die natürliche Differentialquotienten-Wirkung der Ankerspannung. Innerhalb des oberen oder unteren Arbeitszweiges der Strommeßkennlinie kann man die Strombegrenzungsregelung als lineare Regelung auffassen, vor allem, wenn man den Strom i_a als positive Abweichung vom normierten Begrenzungsstrom i_{bs}^* darstellt.

Die zugehörige Gleichung des Strom-Regelkreises ist genauso aufgebaut wie Gl. (30) für die Drehzahlregelung (Bezeichnungen s. *Bild* 14):

$$i_a = \frac{V_{0\,\mathrm{II}} F_{u\,\mathrm{II}} F_{v\,\mathrm{II}}\, u_{s\,\mathrm{II}} + F_{u\,\mathrm{II}} F_{v\,\mathrm{I}}\, u_{st\,\mathrm{I}} + F_{m\,\mathrm{II}}\, m_w + F_{e\,\mathrm{II}}\, i_e}{1 + V_{0\,\mathrm{II}} F_{u\,\mathrm{II}} F_{v\,\mathrm{II}} F_{i\,\mathrm{II}}}$$

$$= \frac{V_{0\,\mathrm{II}} F_{u\,\mathrm{II}} F_{v\,\mathrm{II}}\, u_{s\,\mathrm{II}} + V_{0\,\mathrm{I}} F_{u\,\mathrm{II}} F_{v\,\mathrm{I}}\,(u_{0\,\mathrm{I}} - F_{i\,\mathrm{I}}\, n) + F_{m\,\mathrm{II}}\, m_w + F_{e\,\mathrm{II}}\, i_e}{1 + V_{0\,\mathrm{II}} F_{u\,\mathrm{II}} F_{u\,\mathrm{II}} F_{t\,\mathrm{II}}} \tag{37}$$

Die Drehzahlregelung wirkt sich in dem Auftreten einer Störspannung $F_{v\mathrm{I}}\ u_{st\mathrm{I}}$ aus. Da im allgemeinen der Sollwert $u_{s\,\mathrm{II}}$ für die positive Abweichung des Ankerstromes über den erwünschten Begrenzungsstrom null ist, folgt für den Strom i_a innerhalb des Arbeitszweiges aus Gl. (37):

$$i_a = \frac{F_{u\,\mathrm{II}} F_{v\,\mathrm{I}}\, u_{st\,\mathrm{I}} + F_{m\,\mathrm{II}}\, m_w + F_{e\,\mathrm{II}}\, i_e}{1 + V_{0\,\mathrm{II}} F_{u\,\mathrm{II}} F_{v\,\mathrm{II}} F_{i\,\mathrm{II}}} \tag{38}$$

$$u_{st\,\mathrm{I}} = V_{0\,\mathrm{I}}\,(u_s - F_{i\,\mathrm{I}}\, n)$$

Die Überschreitung des Begrenzungsstromes i_a hängt vor allem vom maximal auftretenden Wert von $u_{st\mathrm{I}}$ und der Regelverstärkung $V_{0\,\mathrm{II}}$ der Stromregelung ab. Da die Stabilität der Stromregelung den Wert von $V_{0\,\mathrm{II}}$ einschränkt, muß der Wert von $u_{st\mathrm{I}}$ meistens zusätzlich begrenzt werden, weil er sonst z. B. beim Zuschalten des vollen Drehzahlsollwertes im Stillstand der Maschine zu groß würde. Diese Vorbegrenzung kann durch ein entsprechendes nichtlineares Netzwerk mit einer Kennlinie nach *Bild* 15 oder durch die Sättigungskennlinie eines nachgeschalteten Verstärkers erreicht werden.

Das beschleunigende oder verzögernde Moment des Begrenzungsstromes ändert die Drehzahl so lange, bis sie ihrem Sollwert hinreichend nahe gekommen ist, so daß der Strom unter seinen Begrenzungswert sinkt und die Begrenzungsregelung unwirksam wird.

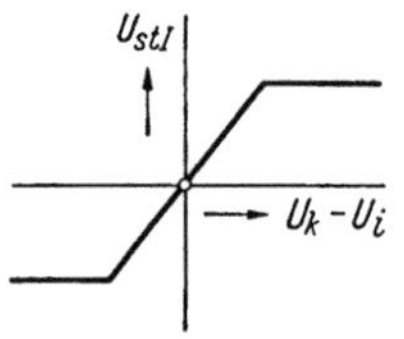

Bild 15. Kennlinie des Vorbegrenzers im Drehzahlregelkreis

Der zeitliche Verlauf des Fehlerstromes i_a, der den Begrenzungsstrom überschreitet, ist auch bei konstant gehaltenem Störwert $u_{st\,I}$ nicht konstant, sondern nimmt annähernd mit der großen Zeitkonstante $(1 + V_{0\,II})\,T_{m0}$ ab, da die Änderung der Drehzahl eine Änderung der Ansteuerung des Ankerspannungsverstärkers verlangt, die nur durch eine Änderung der Steuerspannung für die Strombegrenzung $u_{st\,II}$ erreicht werden kann. Dabei ist Voraussetzung, daß die Stromregelung keine integrale Wirkung enthält.

3. Beispiel eines Strombegrenzungsvorganges

Zur Veranschaulichung der vorhergehenden Überlegungen wird ein einfacher Strombegrenzungsvorgang betrachtet (Schaltung nach *Bild* 16). Der Antrieb könnte eine elektrische Fördermaschine darstellen. Außer einer Zeitkonstante T_v im Ankerspannungsverstärker und den Motorzeitkonstanten T_a und T_{m0} soll kein Zeitverzug im Kreise wirksam sein. Das Strombegrenzermeßglied hat eine Kennlinie nach *Bild* 13. Die Drehzahlregelung ist eine einfache P-Regelung mit der Kreisverstärkung $V_{0\,I}$. Die Strombegrenzungsregelung arbeitet ebenfalls als einfache P-Regelung und hat die Kreisverstärkung $V_{0\,II}$.

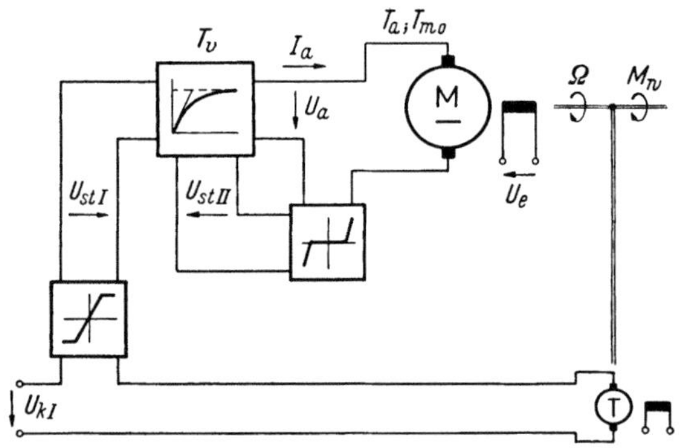

Bild 16. Drehzahlregelung mit Vorbegrenzung und Strombegrenzung (Beispiel)

Es wird angenommen, daß der Motor bei einem bestimmten Lastmoment M_w mit konstanter Drehzahl läuft, die noch unterhalb der maximalen liegt (*Bild* 17 b, Bereich 0). Nun wird der Sollwert für die Drehzahl plötzlich verstellt. Die Steuergröße $U_{st\,I}$ des Drehzahlregelkreises nimmt einen großen positiven Wert an, der durch den Vorbegrenzer (Kennlinie *Bild* 15) bestimmt wird. Dadurch wird der Drehzahlregelkreis aufgeschnitten, so daß sich Drehzahl und Ankerstrom wie bei einem offenen Kreis frei ausbilden, bis der Strom seinen Begrenzungswert erreicht und die Wirkung der Strombegrenzungsregelung einsetzt (*Bild* 17 b, Bereich I). Sie ist so lange wirksam (*Bild* 17 b, Bereich II), bis die Drehzahl hinreichend groß wird, so daß die Vorbegrenzung aufhört und die Steuergröße $U_{st\,II}$ abnimmt und verschwindet (*Bild* 17 b, Bereich III). Die Drehzahlregelung tritt damit wieder in Tätigkeit, so daß die Drehzahl ihrem neuen stationären Wert zustrebt und der Strom auf den durch das Lastmoment M_w bedingten Wert sinkt (*Bild* 17 b, Bereich IV).

Der numerischen Rechnung sind folgende Systemwerte zugrunde gelegt:

$$U_{a0} = U_{an}, \quad \frac{I_{an} R_a}{U_{an}} = 0{,}1, \quad T_{m0} = 0{,}5\,\mathrm{s}, \quad T_a = 25\,\mathrm{ms}, \quad T_v = 0{,}15\,\mathrm{s}$$

$$V_{0\,\mathrm{I}} = 20, \quad I_b = 2\,I_n, \quad \text{d.h.} \quad i_{bs}^* = I_b \frac{I_{an} R_a}{U_{an}} = 0{,}2\,, \quad V_{0\,\mathrm{II}} = 40, \quad \tau_a = 0{,}05, \quad \tau_v = 0{,}3$$

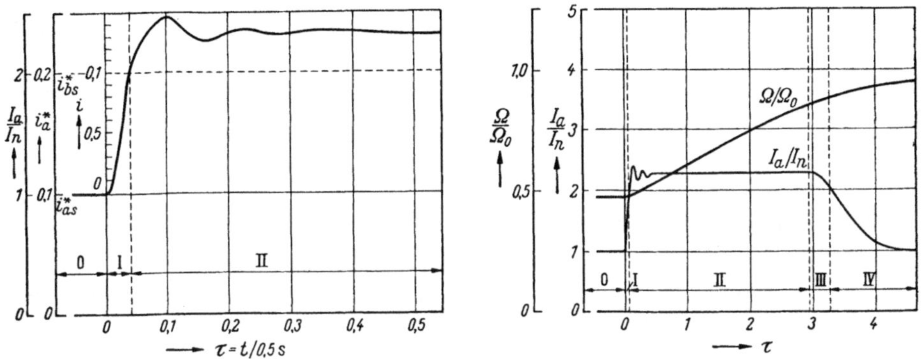

a) Einschwingvorgang des Stromes am Anfang

b) Gesamtverlauf von Strom und Drehzahl

i_{as}^* Stationärer Ausgangsstrom $i_{as}^* = I_{as}/I_0$

i_{bs}^* Stationärer Begrenzungsstrom $i_{bs}^* = I_b \dfrac{I_{an} R_a}{U_n} = I_b/I_0$

Bild 17. Strombegrenzungsvorgang beim Hochlaufen eines drehzahlgeregelten Motors bei konstantem Lastmoment

Im stationären Ausgangszustand sei (Normierung auf Kennwerte nach Tabelle 2):

$$U_{k\mathrm{I}} = 0{,}5\,U_{k\mathrm{I}0} \quad \text{d.h.} \quad u_{k\mathrm{I}}^* = 0{,}5, \quad M_w = M_{dn} \quad \text{d.h.} \quad m_w^* = \frac{M_w}{M_{dw}} \frac{I_{an} R_a}{U_{an}} = 0{,}1$$

Die zugehörigen Werte von Drehzahl und Strom des stationäre Zustandes folgen aus Gl. (31) und Gl. (22) (normierte Werte):

$$n_s^* = \frac{V_{0\mathrm{I}} u_{ks}^* - m_{ws}^*}{1 + V_{0\mathrm{I}}} = \frac{20 \cdot 0{,}5 - 0{,}1}{1 + 20} = 0{,}47$$

$$i_{as}^* = m_{ws}^* = 0{,}1$$

Die Verstellung des Drehzahl-Sollwertes erfolgt von $0{,}5\,U_{k0}$ auf U_{k0}, d.h., die bezogene Abweichung u_k vom stationären Ausgangswert beträgt 0,5. Die am Eingang des Verstärkers wirksame Steuerspannungsänderung ist damit nach Gl. (27):

$$u_{\mathrm{st\,I}} = V_{0\mathrm{I}} (u_{k\mathrm{I}} - n) = 20 \cdot 0{,}53 = 10{,}6$$

Nimmt man an, daß der Vorbegrenzer einen Wert $u_{\mathrm{st\,I}} = 3$ freigibt, so gilt für die Änderung der Drehzahl und des Stromes nach Gl. (21) und (22), wenn man den vorgeschalteten Verstärker berücksichtigt und beachtet, daß die Transformierte der Sprungfunktion $1/p$ ist (Laplace-Transformation nach Doetsch):

$$n = \frac{u_{st\,\mathrm{I}}}{(\tau_v p + 1)(\tau_a p^2 + p + 1)} = \frac{3}{p(0{,}3 p + 1)(0{,}05 p^2 + p + 1)} \tag{39}$$

$$i = \frac{p\, u_{st\,\mathrm{I}}}{(\tau_v p + 1)(\tau_a p^2 + p + 1)} = \frac{3}{(0{,}3 p + 1)(0{,}05 p^2 + p + 1)} \tag{40}$$

Der zugehörige zeitliche Verlauf ist in *Bild* 17, Bereich I, enthalten. Da die Strombegrenzung beim doppelten Nennstrom, d.h. bei $i^*_{bs} = 0{,}2$ einsetzt, greift sie schon nach einem Zeitraum von $\Delta\tau = 0{,}04$, d.h. nach $\Delta t = 20$ ms ein. Die Drehzahl hat sich dabei praktisch noch nicht geändert. Für den folgenden Abschnitt gilt Gl. (38). Dabei ist jedoch zu beachten, daß bereits bestimmte Anfangswerte im System vorhanden sind, was beim Abschnitt I nicht der Fall war. Bei der Berechnung muß man deshalb den Vorgang des Bereiches II als neuen Einschwingvorgang mit neuer Zeitzählung und gegebenen Anfangswerten behandeln. Diese sind $n^*(0) \approx 0$; $i^*_a(0) = i^*_{bs} - i^*_{as} = 0{,}2 - 0{,}1 = 0{,}1$; $u^*_a(0) \approx 0{,}35$. Erweitert man Gl. (37) um die Anfangswerte, so gilt für den Strom:

$$\left.\begin{aligned} i_a &= \frac{p\,[u_{st\,\mathrm{I}}\,p^{-1} + u^*_a(0)] + (\tau_v p + 1)\,[\tau_a i^*_a(0)\,p - n^*(0)]}{(\tau_v p + 1)\,(\tau_a p^2 + p + 1) + V_{0\,\mathrm{II}}\,p} \\ &= \frac{3 + 0{,}35\,p + (0{,}3\,p + 1)\cdot 0{,}05\cdot 0{,}1\,p}{(0{,}3\,p + 1)\,(0{,}05\,p^2 + p + 1) + 40\,p} = \frac{3 + 0{,}35\,p + 0{,}0015\,p^2 + 0{,}005\,p}{0{,}015\,p^3 + 0{,}35\,p^2 + 41\,p + 1} \end{aligned}\right\} \quad (41)$$

Die zugehörige Drehzahl folgt am einfachsten aus der transponierten, normierten Form der Gl. (2) ($m_w = 0$):

$$n = \frac{i_a + n^*(0)}{p} = \frac{i_a}{p} \quad (42)$$

Die zugehörigen Zeitfunktionen sind in *Bild* 17 b, Bereich II, wiedergegeben. In entsprechender Weise läßt sich der Verlauf von n und i_a auch in den bereits erwähnten weiteren Abschnitten III und IV ermitteln.

e) Gesichtspunkte für den gerätetechnischen Aufbau des Regelkreises

Die technologischen Forderungen an den Antrieb begrenzen die zulässigen Fehler im stationären Zustand und fordern hinreichende Schnelligkeit des Regelvorgangs bei einer Störung, z.B. bei einer Sollwertverstellung.

Dies bedingt bestimmte Eigenschaften der Bauelemente des Kreises, da der Motor in seinen Eigenschaften festliegt. Wichtig ist vor allem die Wahl der Spannungsquellen des Motors, da sie als größte Bauelemente neben dem Motor einen besonderen Einfluß haben und ihre Spannung mit möglichst kleiner Zeitverzögerung gesteuert werden sollte.

Deshalb treten hierfür Gasentladungsgefäße oder Stromrichter häufig in den Vordergrund. Aber noch andere Gesichtspunkte, z.B. die Möglichkeit der Energierichtungsumkehr, der Umfang der Wartung, die Betriebssicherheit, sind zu beachten und haben je nach Art des Antriebs ein sehr verschiedenes Gewicht (vgl. Tabelle 4). Alle aufgeführten Bauelemente werden eingesetzt. Gasentladungsgefäße und Stromrichter als Ankerspannungsquellen, Röhren-, Magnet- und Transistorverstärker als Vorstufen für schnelle Regelungen haben aber regelungstechnisch in vielen Fällen eine besondere Bedeutung erlangt.

Bei allen Bauteilen des Regelkreises ist zu beachten, daß sie nicht zusätzliche Schwierigkeiten in die Regelung hineintragen, die auf störenden Nebeneffekten beruhen. Hier ist ein gewisser Aufwand im kleinen fast immer gerechtfertigt. Dies gilt besonders für den Meßteil. Als Meßglieder kommen vor allem Tachogeneratoren der verschiedensten Arten in Betracht, deren Spannung der Drehzahl proportional ist und die mit dem Motor gekuppelt werden. Dabei soll die Kupplung keine Lose enthalten, da sich diese sehr störend auswirkt. Auch Bürstenübergangs-

Tabelle 4. *Die wichtigsten Motor-Spannungsquellen und Verstärkerelemente*

Art	Bereich von N, U, I	Dynamik, Leistungsverstärkung	Nichtlinearitäten, Störeinflüsse	Betrieb und Lebensdauer
Halbleiter-verstärker (z. B. Transistoren)	in Entwicklung $N = N_{min}$ bis N_n (10^2 W)	praktisch verzögerungsfrei, Leistungsverstärkung $> 10^4$	Temperaturgang	Lebensdauer: sehr groß, keine Überwachung
Röhren-verstärker	$U = U_{min}$ bis U_n (400 V) $I = I_{min}$ bis I_n (0,1 A) $N = N_{min}$ bis N_n (10^2 W)	praktisch verzögerungsfrei, Leistungsverstärkung $> 10^4$	Kennlinienkrümmung	Lebensdauer: etwa 6000 Std., Überwachung und Kontrolle nötig
Gasentladungs-gefäße	$U = 0$ bis U_n (2 kV) $I = 0$ bis I_n (10 kA) $N = 0$ bis N_n (10 MW)	Totzeit je nach Phasen-zahl und Frequenz i. a. < 10 ms, Leistungsverstärkung $> 10^4$	Kennlinienkrümmung, bei kleinen Aussteuerungen große Oberwellen	Lebensdauer: Stromtore etwa 10^4 Std., Stromrichter Jahre, Überwachung nötig
Magnetverstärker	$U = U_{min}$ bis U_n (1 kV) $I = I_{min}$ bis I_n (100 A) $N_n = N_{min}$ bis N_n (100 kW)	Totzeit und Zeitkonstante je nach Frequenz, Leistungsverstärkung 10^2 bis 10^4	Kennlinienkrümmung, große Oberwellen	Lebensdauer: sehr groß, keine Überwachung
Maschinen-verstärker	$U = -U_n$ bis $+U_n$ (1 kV) $I = -I_n$ bis $+I_n$ (5 kA) $N = -N_n$ bis $+N_n$ (5 MW)	Zeitkonstante, Leistungsverstärkung 10^2 bis 10^3	Kennlinienkrümmung durch Eisen und Kommutierung	Lebensdauer: groß, Überwachung nötig

spannungen bei Gleichstrom-Tachogeneratoren oder Schwellspannungen der Gleichrichter von Wechselstrom-Tachogeneratoren sind bei kleinen Drehzahlen zu beachten. Sind die Forderungen an die Drehzahlgenauigkeit nicht groß (bis zu etwa 2% Drehzahlabweichung bei Nenndrehzahl), so kann man bei festem Motorfeld auch die Ankerspannung als Ersatzregelgröße für die Drehzahl benutzen. Ein besseres Maß für die Drehzahl erhält man, indem man den Laststrom I_a zu einer Korrektur heranzieht und die Spannung der Drehung $E_a = U_a - I_a R_a = k\Omega$ durch eine Spannung $a\,U_a - b\,I_a$ zu bilden sucht. Vor allem bei kleineren Antrieben werden solche Schaltungen benutzt (*Bild* 18) [*15*].

Einen wichtigen Einfluß auf die Auswahl der Bauelemente hat die Größe des Leistungsniveaus, das beim Sollwert- und Istwertvergleich auftritt. Die dabei um-

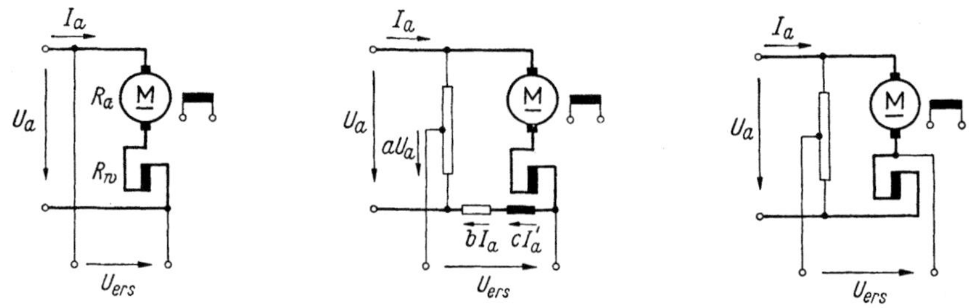

a) Erste Näherung
$U_{ers} = U_a \approx k\Omega + R_a I_a + L_a I'_a$
gültig für $k\,\Omega \gg R_a I_a + L_a I'_a$

b) Fehlerfreie Ersatzgröße
$U_{ers} = a\,U_a - b\,I_a - c\,I'_a \approx \Omega$
$\frac{b}{a} = R_a\,;\quad \frac{c}{a} = L_a$

c) Häufig gebrauchte Ausführung mit Benutzung der Wendepolwicklung zur Bildung der Kompensationsspannung $b\,I_a - c\,I_a$

Bild 18. Bildung einer Ersatzregelgröße U_{ers} für die Drehzahl bei konstantem Fluß Φ

gesetzte Leistung ist z.B. bei der Verwendung eines P-Reglers eine Funktion der Kreisverstärkung V_0. So beträgt die Sollwertleistung N_k für die einfache Anordnung des *Bildes* 19a beim galvanischen Vergleich der Sollspannung U_k mit der

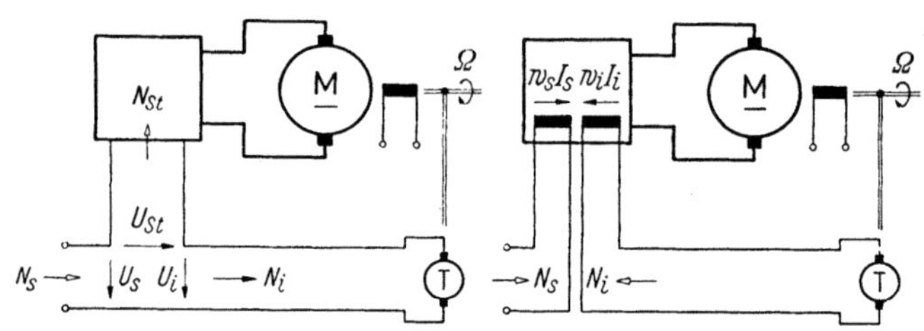

a) Spannungsvergleich b) Durchflutungsvergleich

Bild 19. Leistungsumsatz beim Sollwert-Istwert-Vergleich

Istspannung U_i, wenn zur erwünschten Aussteuerung des Verstärkers ein Steuerstrom I_{st} nötig und die Kreisverstärkung V_0 im Kreise wirksam ist:

$$N_k = U_k I_{st} = (U_i + U_{st})\,I_{st} = \left(\frac{U_i}{U_{st}} + 1\right) N_{st} = (1 + V_0)\,N_{st} \qquad (43)$$

Die vom Sollwertgeber abgegebene Leistung beträgt demnach das $(1 + V_0)$fache der Steuerleistung N_{st}. Der Meßumformer, z.B. der Tachogenerator, nimmt dabei folgende Leistung auf:

$$N_i = U_i I_{st} = V_0 N_{st} \qquad (44)$$

Wird der Vergleich zwischen Soll- und Istwert über die Durchflutung zweier Wicklungen eines magnetischen Kreises, z.B. eines Magnetverstärkers, durchgeführt, so ist die Kreisverstärkung V_0 das Verhältnis der Durchflutung $w_i I_i$ der an den Istwertgeber angeschlossenen Wicklung zur resultierenden Durchflutung $(w_k I_k - w_i I_i)$ (s. *Bild* 19b):

$$V_0 = \frac{w_i I_i}{w_k I_k - w_i I_i} = \frac{\vartheta_i}{\vartheta_{st}} \tag{45}$$

Da nun die abgegebene Sollwertleistung N_s dem Quadrat von $w_s I_s$ proportional ist, gilt:

$$N_k \sim (w_k I_k)^2 = (1 + V_0)^2 \cdot \vartheta_{st} \sim (1 + V_0)^2 N_{st} \tag{46}$$

Die vom Sollwertgeber abgegebene Leistung ist hier sogar dem $(1 + V_0)^2$fachen der Steuerleistung N_{st} proportional. Dies bedeutet, daß man bei großen Kreisverstärkungen den Sollwert-Istwert-Vergleich auf kleinem Leistungsniveau durchführen muß, um handliche Vergleicher zu bekommen. Man muß deshalb hinreichend viele Verstärkerstufen im Kreis einsetzen, die dann den Vorzug haben, daß sich die notwendigen Rückführungen an den Verstärkern leicht bilden lassen. Wie weit man im einzelnen Fall gehen will, hängt vor allem von den Forderungen an die Kreisverstärkung V_0 und von der gewünschten Regelgüte ab, da andererseits viele Verstärkerstufen die Übersicht erschweren.

C. Der Regelantrieb mit Asynchronmotor

1. Betriebsverhalten des dreiphasigen Asynchronmotors

a) Grundlegende Motoreigenschaften [*16*]

Der dreiphasige Asynchromotor ist der verbreitetste Antriebsmotor. Er wird auch in zahlreichen Regelantrieben eingesetzt, die sich allerdings mehr durch eine einfache, robuste Ausführung als durch besonders günstige dynamische Eigenschaften auszeichnen, was durch seinen Aufbau und sein Betriebsverhalten begründet ist. Die *dreiphasige* Ständerwicklung (*Bild* 20) wird von einem Drehstromsystem mit der Frequenz f_1 gespeist. Das im Luftspalt entstehende magnetische Drehfeld rotiert bei der Polpaarzahl p mit der Winkelgeschwindigkeit

$$\Omega_0 = \frac{2\pi f_1}{p} \tag{47}$$

Wenn die Läufergeschwindigkeit Ω von der Winkelgeschwindigkeit Ω_0 abweicht, d.h. der Schlupf

$$s = \frac{\Omega_0 - \Omega}{\Omega_0} = 1 - \frac{\Omega}{\Omega_0} \tag{48}$$

vorhanden ist, werden in der geschlossenen Wicklung des Läufers Spannungen der Frequenz $f_2 = s f_1$ induziert, die Ströme hervorrufen, die auf das Luftspaltfeld zurückwirken und ein Drehmoment ergeben. Ohne äußeres Lastmoment M_w wird die Winkelgeschwindigkeit Ω_0 des magnetischen Drehfeldes nahezu erreicht.

Bei einer beliebigen erzwungenen Winkelgeschwindigkeit Ω oder einem Schlupf s hängt die Größe des Drehmomentes M_d von der Größe des Läuferstromes I_2 und seiner Phasenlage zum Luftspaltfluß Φ ab. Der Strom I_2 wird durch die angelegte Spannung U_1 und die Widerstände des Läufers bei dieser Drehzahl Ω bedingt. Je nach Ausführung des Läufers erhält man verschiedene Drehzahl-

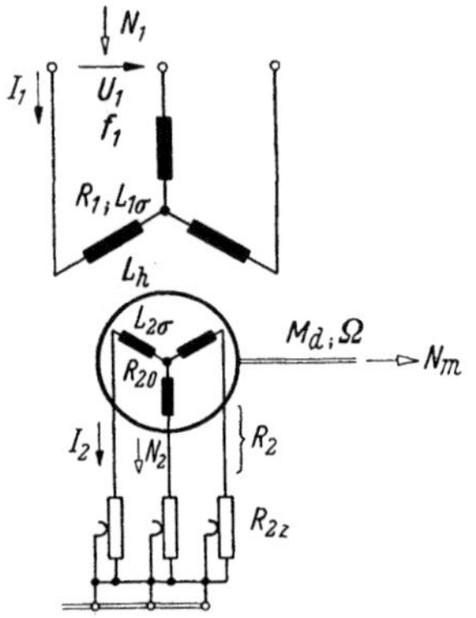

Bild 20. Kenngrößen für einen dreiphasigen Asynchronmotor mit Sternschaltung im Ständer und Läufer

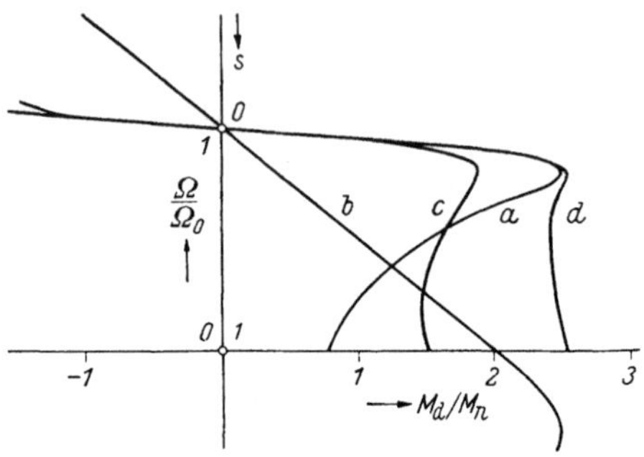

a Schleifringläufer mit kurzgeschlossenem Läuferwiderstand R_{2z}
b Schleifringläufer mit großem Läuferwiderstand R_{2z}
c Wirbelstromläufer
d Doppelstabläufer

Bild 21. Beispiele für Drehzahl-Drehmoment-Kennlinien bei fester Netzspannung U_1 und fester Frequenz f_1

Drehmoment-Kennlinien (*Bild* 21). Die Asynchronmaschine kann entsprechend diesen Kennlinien als Motor für $0 \leqq s \leqq 1$, als Generator für $s < 0$ und als Bremse für $s > 1$ betrieben werden.

b) Stationäre Kennlinien

Ersatzschaltung, Kreisdiagramm [*17*]. Man kann der symmetrischen Asynchronmaschine eine Ersatzschaltung mit auf den Ständer umgerechneten Läufergrößen zuordnen (*Bild* 22). Wegen der festen Zuordnung von Spannung U_1, Frequenz f_1,

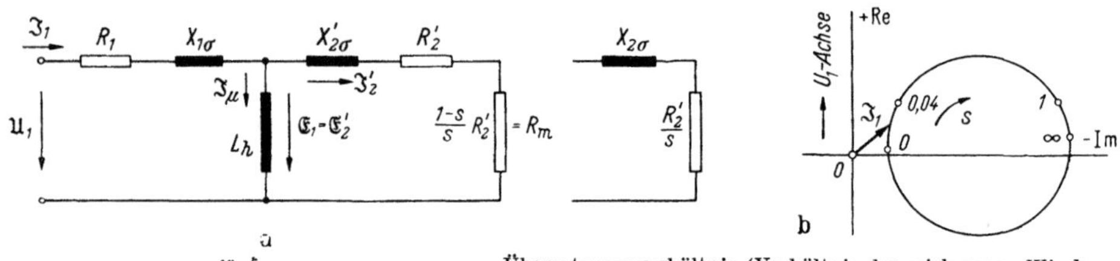

$\ddot{u}_{12} = \frac{w_1 \xi_1}{w_2 \xi_2}$	Übersetzungsverhältnis (Verhältnis der wirksamen Windungszahlen im Ständer und Läufer)
$E'_2 = E_1 = \ddot{u}_{12} U_{20}$	Hauptfeldspannung
$I'_2 = \frac{1}{\ddot{u}_{12}} I_2$	Umgerechneter Läuferstrom
$I_\mu = I_1 - I'_2$	Magnetisierungsstrom
$X_{1\sigma} = 2\pi f_1 L_{1\sigma}$	Streublindwiderstand des Ständers
$X_{1h} = 2\pi f_1 L_h$	Hauptblindwiderstand, auf den Ständer bezogen
$X'_{2\sigma} = 2\pi f_1 L_{2\sigma} \ddot{u}_{12}^2$	Umgerechneter Streublindwiderstand des Läufers
$R'_2 = \ddot{u}_{12}^2 R_2$	Umgerechneter Wirkwiderstand des Läufers
$R_m = \frac{1-s}{s} R'_2 = \frac{1-s}{s} \ddot{u}_{12}^2 R_2$	Ersatzwiderstand der mechanischen Leistung

Bild 22. Einphasige Ersatzschaltung der Drehstrom-Asynchronmaschine (a) und zugehöriges Kreisdiagramm (b) des Ständerstromes

Schlupf s zu Drehmoment M_d und den Strömen I_1 und I_2 gilt diese Ersatzschaltung in jedem stationären Zustand. Die mechanische Leistung N_m wird dabei durch die ohmschen Verluste eines Ersatzwiderstandes R_m dargestellt:

$$N_m = \Omega M_d = I_2'^2 R_m = \frac{1-s}{s} R_2 I_2^2 \tag{49}$$

Drehzahl-Drehmoment-Kennlinie. Bestimmt man den Läuferstrom I_2 als Funktion des Schlupfes s entsprechend der Ersatzschaltung nach *Bild* 22a, so kann man mit Gl. (49) die Drehzahl-Drehmoment-Kennlinie ermitteln. Man erhält dabei den in *Bild* 21 (Kurve a oder b) angegebenen Verlauf mit einem maximalen Moment, dem Kippmoment M_k (1,7 bis 2,5 M_n) beim Kippschlupf s_k, der dem Läuferwiderstand R_2 proportional ist.

Bezieht man das Moment auf das Kippmoment, den Schlupf auf den Kippschlupf, so erhält man eine für alle Läuferwiderstände gültige Normalkennlinie (*Bild* 23). Die zugehörige Gleichung lautet:

$$\frac{M_d}{M_k} = \frac{2}{\dfrac{s}{s_k} + \dfrac{s_k}{s}} \tag{50}$$

Zwischen Leerlaufdrehzahl (Schlupf 0) und Drehzahl beim Kippmoment (Kippschlupf s_k) hat die Drehzahl-Drehmoment-Kennlinie einen ausgesprochenen Nebenschlußcharakter wie die Drehzahl-Drehmoment-Kennlinie eines fremderregten

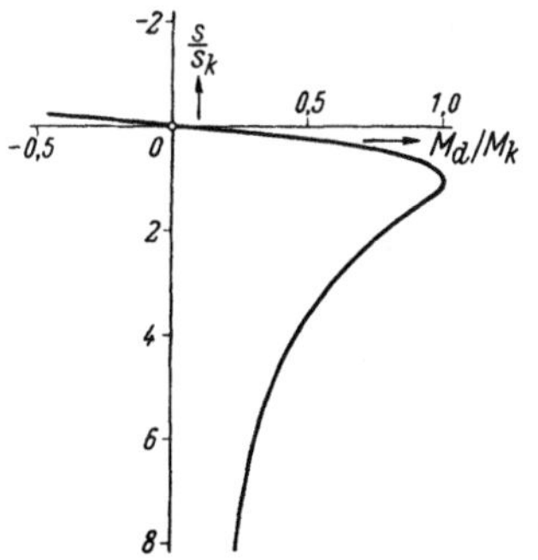

$$\frac{M_d}{M_k} = \frac{2}{\dfrac{s}{s_k} + \dfrac{s_k}{s}}$$

Kippschlupf, $s_k = \dfrac{R_2'}{\sqrt{R_1^2 + (X_{1\sigma} + X_{2\sigma}')^2}}$

Kippmoment, $M_k \approx \dfrac{3}{2} \dfrac{U_1^2}{\Omega_0 (X_{10} + X_{20}')} \sim U_1^2$

Bild 23. Normalkennlinie des dreiphasigen Schleifringläufermotors

Gleichstrommotors bei fester Ankerspannung. Da sich diese Kennlinie noch neigen und verschieben läßt, ist der Asynchronmotor als Regelantrieb geeignet. Der Nebenschlußzweig der Kennlinie ergibt bei beliebigem Verlauf des Lastmoments als Funktion der Drehzahl einen statisch stabilen Betriebspunkt. Der andere Teil der Kennlinie wird im allgemeinen nur beim Übergang von einem Betriebszustand in einen anderen wirksam.

Bemerkung: Normierung der Größen des Asynchronmotors. Sollen im folgenden allgemeingültige Zusammenhänge analytisch dargestellt werden, so werden die Größen auf die Werte des Nennbetriebes normiert, mit Ausnahme der Drehzahl, die auf die synchrone Drehzahl bezogen wird. Dies ergibt für die praktischen Rechnungen die handlichste Form der Zusammenhänge; Gl. (50) stellt dabei allerdings eine Ausnahme dar.

c) Steuerung der Drehzahl

Die Drehzahl des Asynchronmotors hängt nach den vorhergehenden Ausführungen von der Größe der synchronen Drehzahl, dem Verlauf der Drehzahl-Drehmoment-Kennlinie und dem Lastmoment ab, wenn man Anordnungen mit Hintermaschinen, die eine bestimmte Läuferfrequenz f_2 erzwingen, nicht betrachtet.

Die synchrone Drehzahl ist der Frequenz f_1 des speisenden Netzes und der Polpaarzahl p fest zugeordnet. Der Kennlinienverlauf hängt von der Größe der Speisespannung U_1, in begrenztem Maße vom Ständerwiderstand R_1 und bei Schleifringläufern vom Läuferwiderstand R_2 ab.

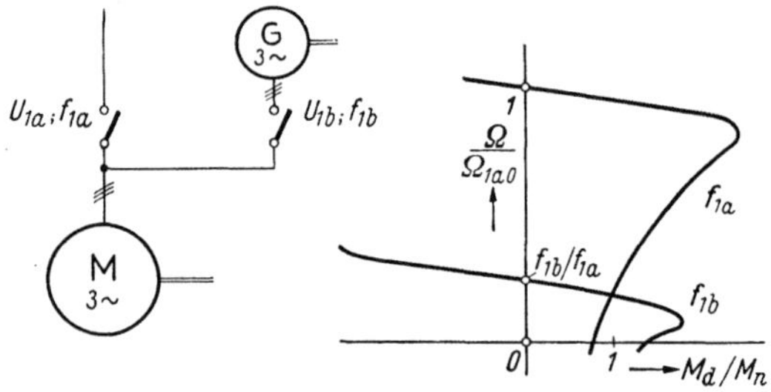

Bild 24. Zweifrequenzanordnung mit zwei synchronen Drehzahlen

Die Änderung der synchronen Drehzahl kommt nur für den Übergang von einem Drehzahlbereich zu einem anderen in Betracht, da man die Speisefrequenz f_1 oder die Polpaarzahl p ändern muß. Wegen der damit verknüpften Umstände und des Aufwandes wendet man für einen praktischen Betrieb bei der Frequenzumschaltung höchstens zwei Speisefrequenzen an, wobei die eine durch die Netzfrequenz, die zweite meist durch die kleinere Frequenz eines besonderen Generators gebildet wird (*Bild* 24). Bei Polumschaltung benutzt man bis zu drei Polpaarzahlen in einem Motor.

Eine Änderung der Drehzahl in großem Bereich ist praktisch nur durch eine Änderung des Läuferwiderstandes bei Schleifringläufern (*Bild* 25 a) oder in begrenztem Maße durch eine Änderung der Speisespannung bei Käfigläufern (*Bild* 25 u. 26)

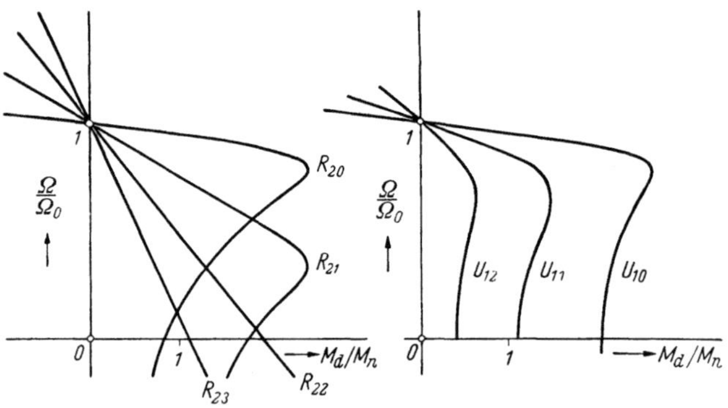

a) Schleifringläufer mit veränderlichem Läuferzusatzwiderstand $R_{20} < R_{21} < R_{22} < R_{23}$

b) Wirbelstromläufer bei veränderlicher Ankerspannung $U_{10} > U_{11} > U_{12}$

Bild 25. Kennlinien des Drehstrommotors

möglich, wenn ein hinreichendes Last- oder Reibungsmoment vorhanden ist. Diese Steuerung ist wegen der transformatorisch auf den Läuferkreis übertragenen Leistung $N_2 = sN_1$ stets mit Verlusten verknüpft.

Aus den Nebenschlußzweigen der Kennlinien in *Bild* 25a kann man eine Steuerkennlinie bilden, die eine Zuordnung von Läuferwiderstand R_2, Winkelgeschwindigkeit Ω und Moment M_d ergibt. Dazu ersetzt man die Kennlinie durch eine Gerade durch den Punkt $s = 0$, $M_d = 0$ (s. *Bild* 26), so daß man für den Zusammenhang zwischen Schlupf oder Drehzahl und Moment grob angenähert schreiben kann:

$$\frac{s}{s_n} = \frac{M_d}{M_n}\,\frac{R_2}{R_{2n}} \quad \text{oder} \quad \frac{\Omega}{\Omega_0} = 1 - s_n\,\frac{M_d}{M_n}\,\frac{R_2}{R_{2n}} \tag{51}$$

Die Gl. (51) stellt die analytische Grundbeziehung für die Steuerung der Motordrehzahl durch den Läuferwiderstand dar. Mit zunehmendem Läuferwiderstand wächst die Steilheit der Geraden nach Gl. (51). Eine Drehzahlsteuerung ist um so leichter durchzuführen, je größer das Lastmoment ist.

Verändert man statt des Läuferwiderstandes die zugeführte Spannung, so kann man für den Nebenschlußzweig der Kennlinie ähnlich Gl. (51) schreiben:

$$\frac{s}{s_n} = \left(\frac{U_{1n}}{U_1}\right)^2 \frac{M_d}{M_n} \tag{52}$$

Dieser Zusammenhang hat jedoch wegen der quadratischen Abnahme des Kippmomentes mit abnehmender Speisespannung nur eine viel beschränktere Gültigkeit.

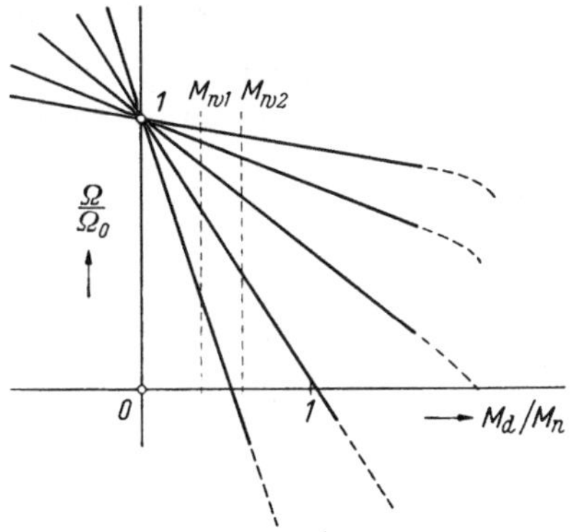

Bild 26. Steuerbarkeit der Drehzahl im Bereich der Nebenschlußzweige. Schleifringläufer-Kennlinien

d) Dynamische Eigenschaften des Motors

Bei dynamischen Vorgängen ist vor allem die Schwungmasse des Läufers und der angekuppelten Arbeitsmaschine von Bedeutung, während man die magnetischen Felder der Maschine meist nicht zu berücksichtigen braucht. Der Einfluß der Schwungmasse wird durch die mechanische Nenn-Anlaufzeitkonstante T_{mn} beim Nennmoment M_n erfaßt, die in natürlicher Weise in der Momentgleichung auftritt:

$$\frac{M_d}{M_n} = \frac{M_w}{M_n} + \frac{M_b}{M_n} = \frac{M_w}{M_n} + \frac{\Theta\Omega_0}{M_n}\,\frac{\mathrm{d}\Omega/\Omega_0}{\mathrm{d}t} \tag{53}$$

$$T_{mn} = \frac{\Theta\Omega_0}{M_n} \tag{54}$$

Die magnetischen Zeitkonstanten sind klein gegen die Nenn-Anlaufzeitkonstante, so daß sie nur für den Verlauf der Ströme bei Einschwingvorgängen, aber nicht für den Verlauf der Drehzahl von Bedeutung sind. Ihr Einfluß wird im folgenden nicht betrachtet. Dies ist beim Motor mit Schleifringläufer auch dadurch gerechtfertigt, daß die mechanische Verstellung des Läuferwiderstandes meist relativ langsam erfolgt.

Faßt man die Gl. (53) und (51) zusammen, so erhält man für den Motor mit Schleifringläufer als Zusammenhang zwischen Drehzahl oder Schlupf und Lastmoment:

$$T_{mn}\,\frac{\mathrm{d}\Omega/\Omega_0}{\mathrm{d}t} + \frac{\Omega/\Omega_0}{s_n R_2/R_{2n}} = \frac{R_{2n}}{s_n R_2} - \frac{M_w}{M_n} \tag{55}$$

$$s_n T_{mn}\,\frac{\mathrm{d}s}{\mathrm{d}t} + \frac{s}{R_2/R_{2n}} = s_n\,\frac{M_w}{M_n} \tag{56}$$

Da Gl. (55) bei veränderlichem Läuferwiderstand ein nichtlineares System darstellt, geht man für einfache Rechnungen auf kleine Abweichungen von einem stationären Zustand über, indem man $n = (\Omega - \Omega_s)/\Omega_0$, $r_2 = (R_2 - R_{2s})/R_{2n}$, $m_w = (M_w - M_{ws})/M_n$ einführt und die Größen vernachlässigt, die klein von höherer Ordnung sind. Man erhält damit die Abhängigkeit der Drehzahlabweichungen vom Läuferwiderstand

$$s_n T_{mn} \frac{\mathrm{d}\, n}{\mathrm{d}\, t} + \frac{n}{R_{2s}/R_{2n}} = -m_w - \left(\frac{R_{2n}}{R_{2s}}\right)^2 \left(1 - \frac{\Omega_s}{\Omega_0}\right) r_2 \tag{57}$$

Entsprechende Ausdrücke erhält man für die Verhältnisse bei Veränderung der Speisespannung U_1 beim Käfigläufer.

e) Zusammenstellung kennzeichnender Größen des Motors

In *Bild* 27 sind einige kennzeichnende Größen von Drehstrom-Asynchronmotoren wiedergegeben. Dargestellt ist dabei die Abhängigkeit der Schwungmasse

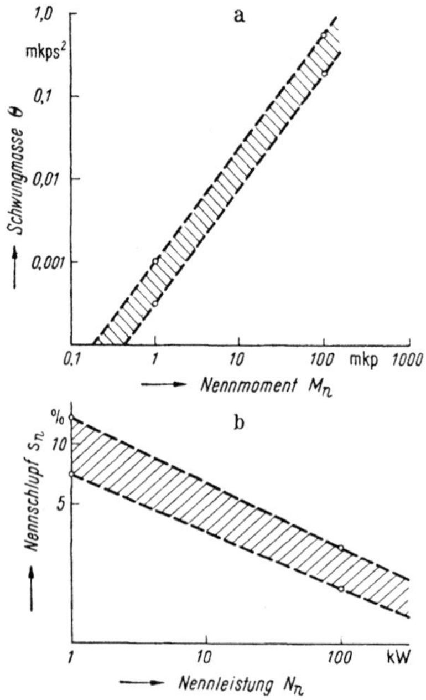

a) Schwungmasse b) Nebenschlupf

Bild 27. Kenngrößen von Asynchronmotoren

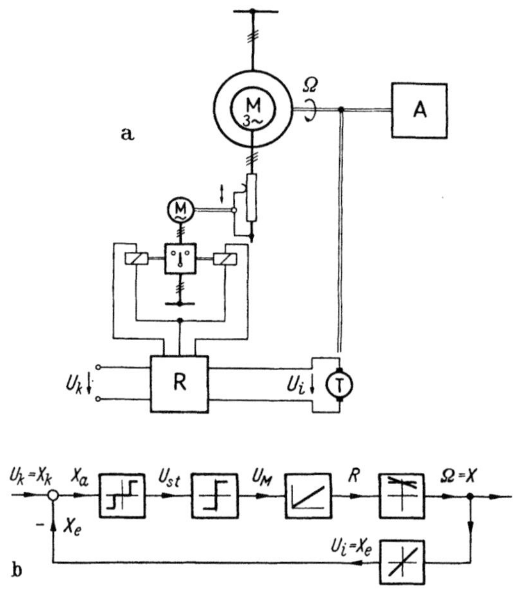

a) Geräteschaltplan b) Blockschaltplan

Bild 28. Regelanordnung mit Schleifringläufermotoren

vom Nennmoment und des Nennschlupfes von der Nennleistung. Man kann diese Werte zur Bestimmung der typischen Motorgrößen bei überschläglichen Rechnungen benutzen.

2. Drehzahlregelkreis mit Schleifringläufer-Motor

a) Aufbau des Regelkreises

Die Abhängigkeit des Verlaufs der Drehzahl-Drehmoment-Kennlinie vom Läuferwiderstand, wie in den Gl. (50, 51, 55, 56, 57) analytisch ausgedrückt, ermöglicht den Aufbau eines Drehzahlregelkreises, wenn ein hinreichend großes Lastmoment vorhanden ist. Sinkt die Drehzahl bei fest eingestelltem Sollwert, so muß der Widerstand im Läuferkreis vermindert, nimmt sie zu, so muß er vergrößert werden, wenn der Sollwert wieder erreicht werden soll. Die Drehzahl kann durch einen Tachogenerator oder durch die Messung der Frequenz im Läuferkreis erfaßt werden. Der Stellwiderstand kann annähernd stetig durch einen hinreichend fein geteilten Stufenschalter oder einen Flüssigkeitswiderstand mit verstellbaren Elektroden oder unstetig in mehreren Stufen durch Schütze geändert werden (*Bild* 28).

b) Stetige Widerstandsverstellung im Läuferkreis

Bei einer stetigen Verstellung des Widerstandes muß ein Stellmotor benutzt werden. Durch die mechanische Ausführung ist die mögliche Stellgeschwindigkeit begrenzt. Sie bildet eine wichtige Einflußgröße für das Verhalten der Regelung und wird meistens in zweckmäßiger Größe fest gewählt, da scharfe Forderungen an die Dynamik wegen der Eigenschaften der lastabhängigen Kennlinienregelung schwer erfüllbar sind. Bei einer festen Stellgeschwindigkeit bildet die Ansprechempfindlichkeit des Meßgliedes die zweite wichtigste Einflußgröße (s. *Bild* 28 b). Ein gewisser Totbereich bei kleinen Regelabweichungen ist aus Gründen der Stabilität zweckmäßig, da sonst durch die Zeitverzüge im Regelkreis ungedämpfte Drehzahlpendelungen erzeugt werden, wenn man nicht besondere Rückführungen einsetzt. Der Totbereich muß dabei um so größer sein, je größer die Stellgeschwindigkeit des Stellmotors ist. Durch eine Abhängigkeit der Stellgeschwindigkeit von der Größe der Regelabweichung und geeignete Rückführungen lassen sich die dynamischen Eigenschaften verbessern.

c) Unstetige Widerstandsverstellung

Bei der unstetigen Verstellung des Läuferwiderstandes durch eine beschränkte Anzahl von Widerstandsstufen müssen die Forderungen an die Eigenschaften der Regelung weiter eingeschränkt werden, da nur noch einige Drehzahl-Drehmoment-Kennlinien zur Verfügung stehen. Ein relativ großer Totbereich wird dadurch bereits für den stationären Zustand festgelegt (*Bild* 29). Für eine feste Solldrehzahl bei veränderlichem Lastmoment erhält man ihn graphisch dadurch, daß von einer Kennlinie immer dann auf die nächste umgeschaltet wird, wenn die Größe des Drehzahlunterschiedes von der einen Kennlinie zum Sollwert so groß ist wie

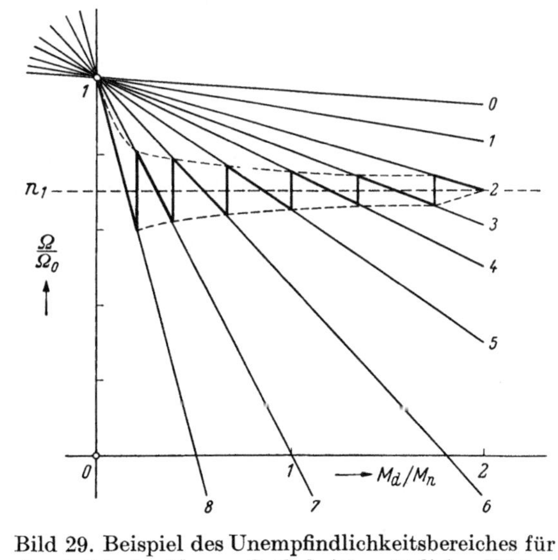

Bild 29. Beispiel des Unempfindlichkeitsbereiches für eine Solldrehzahl $n_1 = \Omega_1/\Omega_0$ bei 8 zusätzlichen Widerstandsstufen im Läuferkreis

der Drehzahlunterschied von der anderen Kennlinie zum Sollwert. Verbindet man diese Umschaltpunkte zu einer oberen und unteren Hüllkurve, so ist der stationäre Mindestansprechbereich für diese Solldrehzahl festgelegt. Der praktisch einzustellende Bereich wird wegen der Zeitverzüge des Kreises im allgemeinen noch größer sein.

d) Zusammenfassende Bemerkungen zur Regelung mit Läuferwiderstand

Die Drehzahlregelung durch Verändern des Läuferwiderstandes ist durch einige grundsätzliche Eigenschaften gekennzeichnet:

1. Die Veränderung des Läuferwiderstandes stellt eine Änderung der inneren Eigenschaften des Motors dar; die Regelung ist nicht linear.

2. Die Veränderung des Läuferwiderstandes kann bei annähernd stetiger Verstellung nur mit begrenzter Geschwindigkeit erfolgen, eine rasche Verstellung ist in Stufen möglich.

3. Durch Rückführungen lassen sich die dynamischen Eigenschaften verbessern.

4. Die Stabilität der Regelung erfordert einen entsprechend großen Ansprechbereich.

5. Die Nenn-Anlaufzeitkonstante ist die wichtigste Zeitkonstante des Kreises.

Diese Eigenschaften begrenzen die Möglichkeiten von entsprechenden Drehzahlregelungen. Deshalb kommen vor allem Anordnungen in Betracht, die eine robuste, billige Ausführung erfordern und bei denen die Genauigkeit der Regelung und der Wirkungsgrad des Motors nicht entscheidend sind. Beispiele dafür sind besonders in den Zucker- und Zementfabriken und ähnlichen Industrieanlagen zu finden. Eine weitere Bedeutung haben Anordnungen mit gleichartigem Drehzahlspiel, wie einfache Fördermaschinen, bei denen der Hochlauf- und Stillsetzvorgang geregelt werden müssen und die maximale Drehzahl in der Nähe der synchronen Drehzahl des Motors liegt. Der unstetige Übergang von einer Kennlinie zur anderen während des Hochlaufvorganges stört hier kaum, da trotzdem ein annähernd linearer Drehzahlverlauf entsteht.

3. Drehzahlregelkreis mit veränderlicher Ständerspannung

Nach Gl. (52) und *Bild* 25 kann man die Drehzahl-Drehmoment-Kennlinie des Motors durch die Ständerspannung U_1 ändern und die Drehzahl bei gegebenem Lastmoment innerhalb beschränkter Grenzen verstellen. Diese Möglichkeit wird zur Ausbildung eines Drehzahlregelkreises benutzt, indem man den Motor durch eine Spannungsquelle speist, deren Ausgangsspannung von der Regelabweichung ausgesteuert wird. Diese Art der Drehzahlregelung kommt mit Magnetverstärkern als Spannungsquelle für kleinere Leistungen in Betracht [*18, 19*].

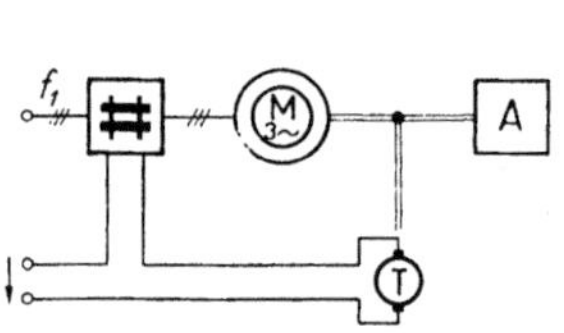

Bild 30. Drehzahlregelkreis mit veränderlicher Ständerspannung durch Magnetverstärker

Der Oberwellenanteil der Magnetverstärker-Ausgangsspannung muß bei der Bemessung des Motors berücksichtigt werden, da er zusätzliche Verluste verursacht. Die Anordnung enthält keine der Abnutzung unterworfenen Teile, so daß sie trotz der ungünstigen dynamischen Eigenschaften verschiedentlich angewendet wird (*Bild* 30). Wenn das auftretende Lastmoment eine entsprechende Funktion der Drehzahl darstellt, kann ein Käfigläufermotor verwendet werden. Ist dies nicht der Fall, so muß man einen Schleifringläufermotor mit einem festen zusätzlichen Läuferwiderstand einsetzen.

4. Verwendung von mehreren Frequenzen

Besteht die technologische Aufgabe darin, das wiederkehrende Spiel eines Drehzahlprogrammes mit definiertem Anfahr- und Stillsetzvorgang zu verwirklichen, so kann man die Anordnung mit Schleifringläufer und verstellbarem Läuferwiderstand verbessern, wenn man eine zusätzliche Spannungsquelle anderer Frequenz benutzt, so daß man eine zweite synchrone Drehzahl erhält. Man wählt sie so, daß sie für das Programm günstig und möglichst klein ist. Die Leistung und Spannung des zugehörigen Niederfrequenzgenerators verhält sich nämlich zur Nennleistung und -spannung des Motors etwa wie die Niederfrequenz zur Nennfrequenz, wenn man gleiches Moment fordert (*Bild* 24). Ein Vorteil dieser Anordnung ist, daß der Übergang von der Nenndrehzahl zu der kleinen Drehzahl (durch Umschalten auf die kleine Frequenz) eine Nutzbremsung darstellt, weil der Motor hierbei generatorisch arbeitet. Günstig ist dabei, daß das Kippmoment bei diesem übersynchronen Bremsvorgang mit Niederfrequenz viel höher als das Nennmoment ist.

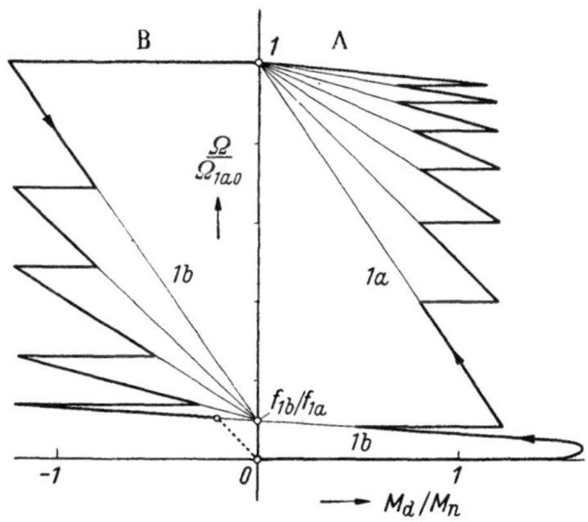

f_{1a} Große Frequenz *A* Hochfahren
f_{1b} Kleine Frequenz *B* Bremsen

Bild 31. Benutzte Kennlinien einer Zweifrequenzanlage bei einer Programmregelung

In *Bild* 31 sind die benutzten Kennlinien für ein bestimmtes Spiel dargestellt, das durch einen definierten Hochfahrvorgang, ein Treiben bei voller Geschwindigkeit und ein definiertes Abbremsen gekennzeichnet ist. Man erreicht den erwünschten Verlauf, indem der Motor nacheinander vom Stillstand auf Niederfrequenz, auf Netzfrequenz und wieder auf Niederfrequenz bei entsprechender Verstellung des Läuferwiderstandes geschaltet wird. Der Sollwert der Drehzahlregelung wird dabei entsprechend dem Programm verstellt, wodurch die Umschaltungen auf die entsprechenden Kennlinien veranlaßt werden [*20*].

D. Der Regelantrieb mit Drehstrom-Nebenschlußmotor

1. Formen und Eigenschaften der Drehstrom-Kommutatormotoren

a) Motorarten

Der *Nebenschlußmotor* und der *Reihenschlußmotor* sind die wichtigsten Drehstrom-Kommutatormotoren. Sie unterscheiden sich, wie die entsprechenden Gleichstrommotoren, durch den Verlauf ihrer Drehzahl-Drehmoment-Kennlinien, die sich verschieben lassen und dadurch eine Steuermöglichkeit der Drehzahl ergeben [*21*].

Mit der Drehstrom-Asynchronmaschine haben sie das Drehfeld im Luftspalt gemeinsam, das vom Ständer oder Läufer aus erregt werden kann und gegen die erregende Wicklung synchron umläuft. Im Läufer haben sie eine Kommutatorwicklung wie eine Gleichstrommaschine mit der gleichen Polzahl wie das Drehfeld und mindestens drei Bürstensätze je Polpaar.

Regelbarkeit. Bezeichnet man die synchrone Winkelgeschwindigkeit des Drehfeldes gegen die Erregerwicklung mit Ω_0, die Winkelgeschwindigkeit des Läufers mit Ω, so tritt an einem elektrisch 180° voneinander entfernten Bürstenpaar eine Wechselspannung auf mit einer Frequenz, die der Relativbewegung zwischen Drehfeld und Bürstenachsen entspricht. Bei einer ständererregten Maschine hat sie Netzfrequenz, wobei aber die in den Ankerleitern induzierten Spannungen eine Frequenz entsprechend dem Schlupf zwischen mechanischer Drehzahl und Drehfelddrehzahl haben. Bei einer läufererregten Maschine ist es gerade umgekehrt; die Kommutatorspannung hat Schlupffrequenz, die Ankerleiterspannung Netzfrequenz. Die Größe der Kommutatorspannung ist beim ständererregten Motor dem Schlupf proportional wie bei einer Asynchronmaschine, beim läufererregten ist sie schlupfunabängig. In beiden Fällen kann sie durch Verringern der Bürstenentfernung bis auf Null geändert werden. Durch diese festen Zusammenhänge hat man eine Steuermöglichkeit des Schlupfes, d.h. der Drehzahl, wobei man beim ständererregten Motor eine netzfrequente Spannung geeigneter Größe an die Bürsten legt und beim läufererregten Motor eine bestimmte Bürstenstellung wählt. Im folgenden werden nur die Nebenschlußmotoren weiter betrachtet, da sie für Drehzahlregelantriebe eine viel größere Bedeutung haben als die Reihenschlußmaschinen, durch die man meistens Arbeitsmaschinen mit einer bestimmten Lastkennlinie, wie Lüfter, antreibt und in der Drehzahl steuert.

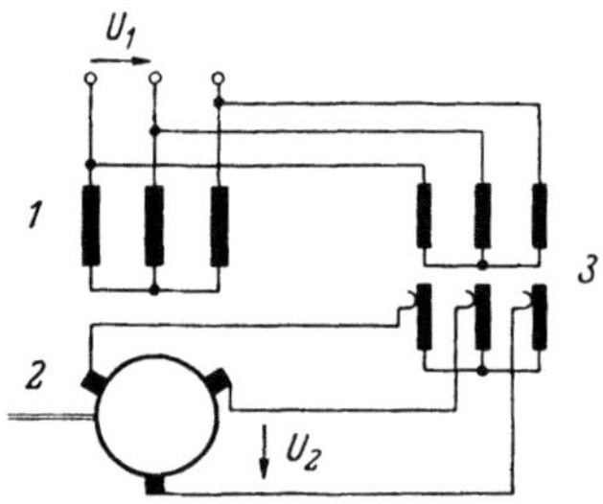

1 Ständerwicklung
2 Läuferwicklung
3 Steuertransformator

Bild 32. Ständergespeister Drehstrom-Nebenschlußmotor

b) Der ständergespeiste Nebenschlußmotor [22]

Der ständergespeiste Drehstrom-Nebenschlußmotor kann nach *Bild* 32 geschaltet werden (Dreibürstenschaltung). Die Spannung U_{2s} zwischen zwei Bürsten des Läufers ist bei geöffnetem Läuferkreis bei einer bestimmten Betriebsdrehzahl Ω_s:

$$U_{2s} = \frac{\Omega_0 - \Omega_s}{\Omega_0} U_{20} \tag{58}$$

Die Stillstandspannung U_{20} entspricht der Stillstandspannung der Asynchronmaschine. Legt man umgekehrt die Spannung U_{2s} als Steuergröße an den Läuferkreis, so stellt sich die entsprechende Winkelgeschwindigkeit ein, wenn man einen idealisierten Leerlauf annimmt (*Bild* 33a):

$$\Omega_s = \frac{U_{20} - U_{2s}}{U_{20}} \Omega_0 \tag{59}$$

oder normiert mit Ω/Ω_0; U_{2s}/U_{20}

$$n = \frac{\Omega_s}{\Omega_0} = 1 - \frac{U_{2s}}{U_{20}} \tag{60}$$

Im stationären Zustand ist im Leerlauf ein linearer Zusammenhang zwischen Drehzahl und Steuerspannung vorhanden. Durch die Belastung des Motors wird dieser Zusammenhang ähnlich den Lastkennlinien beim Gleichstrom-Nebenschluß-

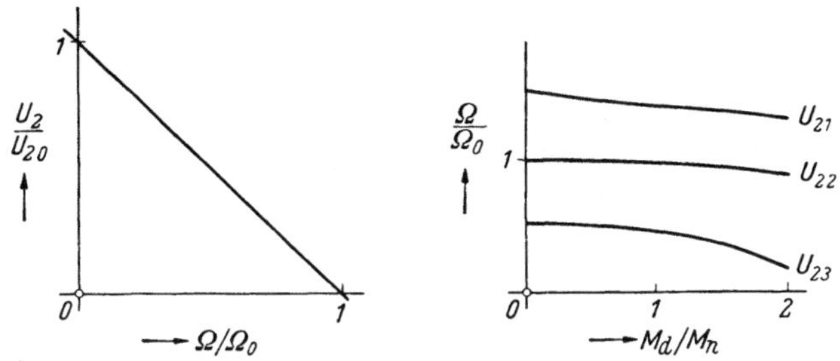

a) Steuerkennlinie im Leerlauf

b) Tatsächliche Drehzahl-Drehmoment-Kennlinie

Bild 33. Kennlinien des ständergespeisten Drehstrom-Nebenschlußmotors

motor beeinflußt (*Bild* 33b). Die Lastkennlinien laufen annähernd parallel, so daß man sie durch den folgenden analytischen Ausdruck annähern kann:

$$\frac{\Omega}{\Omega_0} = \frac{\Omega_s}{\Omega_0} - \varepsilon \frac{M_d}{M_n} \tag{61}$$

Führt man die Beziehung Gl. (60) ein, so erhält man den Zusammenhang zwischen Winkelgeschwindigkeit, Steuerspannung und Moment (*Bild* 34):

$$\frac{\Omega}{\Omega_0} = 1 - \frac{U_{2s}}{U_{20}} - \varepsilon \frac{M_d}{M_n} \tag{62}$$

Durch die Steuerspannung U_{2s}, die man einem Steuertransformator (z.B. Doppeldrehtransformator) oder einer anderen Quelle veränderlicher Spannung entnehmen kann, läßt sich die Drehzahl wie bei einem fremderregten Gleichstrommotor steuern. Die Größe der an den Bürsten abgenommenen oder zugeführten Leistung ($\Omega < \Omega_0$ oder $\Omega > \Omega_0$) ist der Steuerspannung U_{2s} und dem Lastmoment proportional. Die Geschwindigkeit der Drehzahlverstellung hängt von der Geschwindigkeit der Änderung von U_{2s} und den Zeitverzügen des Motors ab. Von Bedeutung sind die mechanische Anlaufzeitkonstante T_m und die Zeitkonstante T_σ des magnetischen Streufeldes, wobei T_σ stets klein gegen T_m ist. Die mechanische Anlaufzeitkonstante T_m definiert man am besten ähnlich wie bei der Asynchronmaschine als Nenn-Anlaufzeitkonstante T_{mn}:

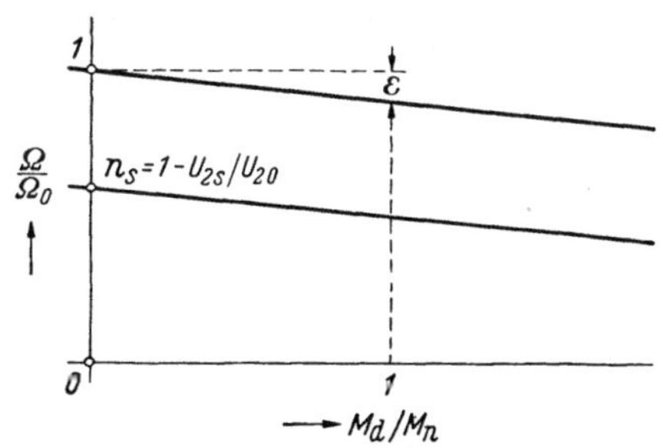

Bild 34. Idealisierte Drehzahl-Drehmoment-Kennlinie des ständergespeisten Drehstrom-Nebenschlußmotors

$$T_{mn} = \frac{\Omega_0}{M_n} \Theta \tag{63}$$

Die dynamischen Eigenschaften des Motors werden von ihr maßgebend beeinflußt. Erweitert man die Grundgleichung (62) des stationären Betriebes um den Einfluß der Anlaufzeitkonstanten bei dynamischen Vorgängen, so erhält man bei Berücksichtigung der Gl. (63):

$$\varepsilon\, T_{mn} \frac{\mathrm{d}\Omega/\Omega_0}{\mathrm{d}t} + \frac{\Omega}{\Omega_0} = 1 - \frac{U_{2s}}{U_{20}} - \varepsilon \frac{M_w}{M_n} \tag{64}$$

Dieser Zusammenhang entspricht der vereinfachten Grundgleichung eines fremderregten Gleichstrommotors. Er ist bei den Betrachtungen eines geschlossenen Drehzahlregelkreises einzusetzen. Dabei ist allerdings festzuhalten, daß die Einflüsse der elektrischen Zeitverzüge vernachlässigt sind, was bei den üblichen Anordnungen fast immer zulässig ist. Die Steuerspannung U_{2s} wird zur Blindstromkompensation häufig etwas in ihrer Phasenlage gegen die Netzspannung verschoben. Außerdem kommt noch die Kombination einer Bürstenverdrehung und eine Änderung der Steuerspannung mit Phasendrehung vor.

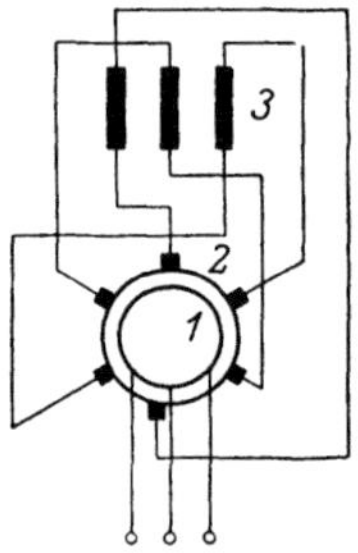

1 Schleifringwicklung im Läufer
2 Kommutatorwicklung im Läufer
3 Ständerwicklung

Bild 35. Läufergespeister Drehstrom-Nebenschlußmotor

c) Der läufergespeiste Nebenschlußmotor

Der läufergespeiste Motor kann nach *Bild* 35 geschaltet werden. Verschiebt man zwei zusammengehörige Bürsten nach *Bild* 36 so, daß der Winkel ihrer Achse mit der Achse der zugehörigen Ständerwicklungsphase gleichgerichtet bleibt, so gilt für die Bürstenspannung U_2 (entspricht U_{2s} beim ständergespeisten Motor):

$$U_2 = U_{20} \cos\beta \tag{65}$$

(U_{20} Spannung bei Durchmesserstellung der Bürsten). Die in der zugehörigen Ständerphase induzierte Spannung U_3 ist bei der Winkelgeschwindigkeit Ω_s (U_{30} Stillstandspannung in der Ständerwicklung):

$$U_3 = \left(1 - \frac{\Omega_s}{\Omega_0}\right) U_{30} \tag{66}$$

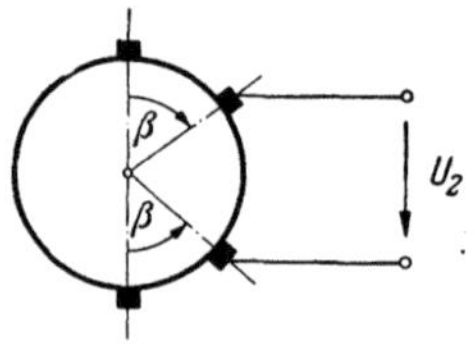

Bild 36. Abhängigkeit der Bürstenspannung U_2 vom Verstellwinkel β der Bürsten ($U_2 = U_{20} \cos\beta$)

Beim Zusammenschalten von Kommutator- und Ständerwicklung werden beide Spannungen gleich, so daß ohne Berücksichtigung der Spannungsabfälle im idealisierten Leerlauf gilt:

$$\frac{\Omega_s}{\Omega_0} = 1 - \frac{U_{20}}{U_{30}} \cos\beta = 1 - \ddot{u}_{23} \cos\beta \tag{67}$$

Dieser Zusammenhang bildet die Grundlage der Drehzahlverstellung beim läufergespeisten Motor. Er entspricht Gl. (60), wobei jedoch, über einen großen Bereich gesehen, kein linearer Zusammenhang zwischen Leerlaufdrehzahl und Verstellwinkel β besteht. Die stationären Drehzahl-Drehmoment-Kennlinien haben den gleichen Verlauf wie die Kennlinien in *Bild* 33b, nur tritt an die Stelle der Spannung U_{2s} der Verstellwinkel β als Parameter.

Die dynamischen Zusammenhänge entsprechen den Verhältnissen des ständergespeisten Motors, so daß sie hier nicht näher betrachtet zu werden brauchen.

d) Zusammenfassung der Motoreigenschaften

Die wichtigsten Betriebseigenschaften des Drehstrom-Nebenschlußmotors für Drehzahlregelantriebe:

a) Die Leerlaufdrehzahl läßt sich bei entsprechendem Aufwand beliebig einstellen. Der Motor entspricht hierin dem fremderregten Gleichstrommotor mit Ankerspannungssteuerung.

b) Die Drehzahl-Drehmoment-Kennlinien haben Nebenschlußcharakter mit mäßigem Drehzahlabfall bei Nennlast.

c) Die Überlastbarkeit ist kleiner als beim fremderregten Gleichstrommotor.

d) Die ausführbare Grenzleistung ist kleiner als beim Gleichstrommotor.

e) Mit jeder Drehzahlverstellung ist ein der Bürstenspannung und dem Lastmoment annähernd proportionaler Leistungsumsatz über die Kommutatorwicklung verbunden.

f) Der Wirkungsgrad des Motors ist auch bei Teildrehzahl relativ günstig.

g) Die Geschwindigkeit der Drehzahlverstellung ist durch die Anlaufzeitkonstante und die mögliche Änderungsgeschwindigkeit der Steuerspannung beim

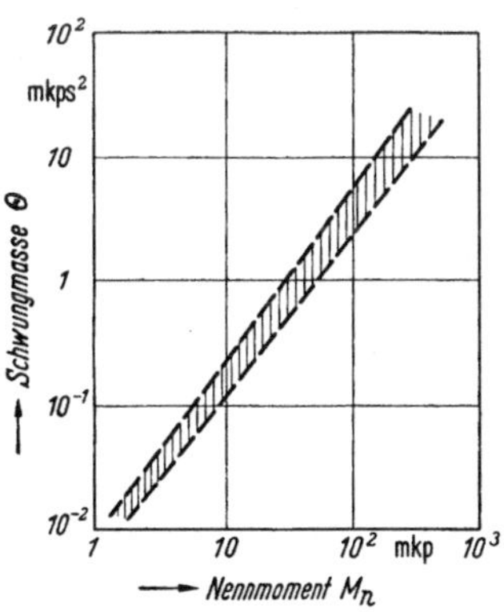

Bild 37. Schwungmasse von Drehstrom-Nebenschlußmotoren als Funktion des Nennmomentes

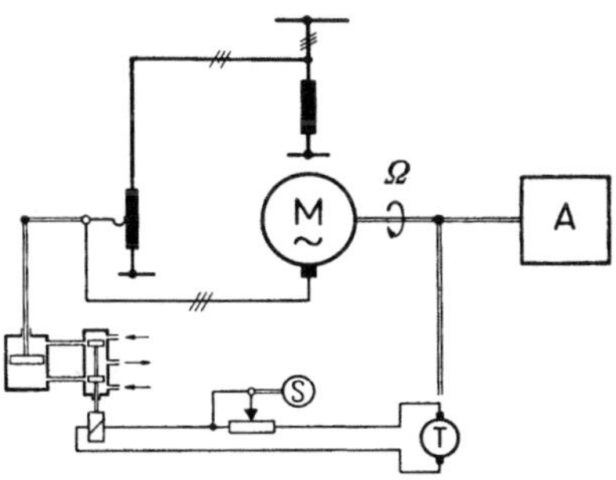

Bild 38. Drehzahlregelkreis mit ständergespeistem Drehstrom-Nebenschlußmotor und elektrohydraulischem Regler

ständergespeisten und der Bürstenstellung beim läufergespeisten Motor begrenzt. Die Möglichkeiten rascher Drehzahlregelungen sind dadurch begrenzt. Richtwerte für die Eigenschwungmasse des Motors sind in *Bild* 37 dargestellt.

2. Grundform des Drehzahlregelkreises mit Drehstrom-Nebenschlußmotor

Der Drehstrom-Nebenschlußmotor wird wegen seiner typischen Eigenschaften vor allem bei Regelantrieben ohne große Laststöße, die zeitweise lange mit Teildrehzahl laufen, eingesetzt. Dabei kann die gewünschte Drehzahl bei begrenzter Verstellgeschwindigkeit sehr genau eingehalten werden, so daß eine Regelung mit wesentlich integralem Verhalten die natürlichste Grundform darstellt. In dieser Weise wird der Motor vor allem bei Wickelantrieben der verschiedensten Art verwendet. In *Bild* 38 ist das Beispiel eines Papiermaschinen-Einmotorentriebs dargestellt. Die Spannung eines Tachogenerators erfaßt die Drehzahl des Antriebes und wird einem elektrohydraulischen Regler zugeführt, der einen Stelltransformator betätigt.

E. Quellenhinweise

[1] LEONHARD, A.: Elektrische Antriebe. Stuttgart: F. Enke Verlag 1949.

[2] HÜTTE, IVA: Elektrotechnik. Teil A. 28. Aufl. Berlin: W. Ernst & Sohn 1957. S. 210–329.

[3] MOELLER, F. (Herausgeber): Taschenbuch für Elektrotechniker. Bd. 2, Anwendungen. Stuttgart: B. G. Teubner 1955. S. 40–114.

[4] HERSCHEL, R. u. KETTEL, E.: Das Problem der Normierung bei der Anwendung von Analog-Rechenmaschinen zur Behandlung regelungstechnischer Aufgaben. Regelungstechnik 6. Jg. (1958) S. 400–405.

[5] ERNST, D.: Das Arbeiten mit Analogie-Rechengeräten. Regelungstechnik 6. Jg. (1958) S. 206–209.

[6] ROSSMAIER, V.: Die Gleichstrommaschine als Stabilitätsproblem. Arch. Elektrotechnik 39. Bd. (1950) S. 698–711.

[7] LEONHARD, A.: Kennlinien von Gleichstrommotoren. Elektrotechn. u. Masch.-Bau 60. Jg. (1942) S. 261–264.

[8] SAUNDERS, R. M.: Measurement of d-c machine parameters. Trans. Amer. Inst. electr. Eng. Bd. 70, Tl. I (1951) S. 700–706.

[9] DARLING, A. G. u. LINVILLE, T. M.: Rate of rise of short circuit current of d-c-motors and generators. Trans. Amer. Inst. electr. Eng. Bd. 71 Tl. III (1952) S. 314–325.

[10] CONRAD, A. G. u. TRIBKEN, E. R.: A wide-range adjustable-speed drive. Trans. Amer. Inst. electr. Eng. Bd. 68, Tl. I (1949) S. 789–790.

[11] BOSSHARD, H.: Dynamik des drehzahlgeregelten Ward-Leonard-Antriebes. Regelungstechnik 4. Jg. (1956) S. 246–249 u. S. 280–284.

[12] STEIGER, W.: Die Übertragungsfunktion des Gleichstrommotors mit thyratrongesteuertem Anker. Regelungstechnik 5. Jg. (1957) S. 45–49.

[13] KESSLER, C.: Über die Vorausberechnung optimal abgestimmter Regelkreise. Regelungstechnik 2. Jg. (1954) S. 274–281 u. 3. Jg. (1955) S. 16–22 u. S. 40–49.

[14] SAMAL, E.: Verbesserung der Regelgüte durch Verwendung von Hilfsregelgrößen, Störgrößenbeeinflussung oder Reihenschaltung mehrerer Regler. Regelungstechnik 5. Jg. (1957) S. 192–198.

[15] STRÖLE, D.: Drehzahlregelung eines Gleichstrommotors ohne Tachomaschine. Regelungstechnik 6. Jg. (1958) S. 356–358.

[16] HÜTTE IVA. Elektrotechnik. Teil A. 28. Aufl. Berlin: W. Ernst & Sohn 1957. S. 278–303.

[17] BÖDEFELD, TH. u. SEQUENZ, H.: Elektrische Maschinen. 5. Aufl. Wien: Springer 1952. S. 155–171.

[18] ALGER, P. L. u. KU, Y. H.: Speed control of induction motors using saturable reactors. Electr. Engng. Bd. 76 (1957) S. 136–140.

[19] DÖLL, W. u. FRIEBE, E.: Der Drehstrom-Asynchronmotor. Regelungstechnik 6. Jg. (1958) S. 275–281.

[20] HARZ, H.: Asynchrone Einankerumformer. Elektrotechn. u. Masch.-Bau 61. Jg. (1943) S. 191–200.

[21] RODEWALD, E.: Verlustlos regelbare Drehstromantriebe. Elektrotechn. u. Masch.-Bau 61. Jg. (1943) S. 345–355.

[22] RZIHA, E. v.: Starkstromtechnik. Herausgeber R. Genthe. 2. Teil. Berlin: W. Ernst & Sohn 1952. S. 519–527.

28. Folgeantriebe

Von **E. Görk**

Inhaltsübersicht

A. Einführung

1. Begriffsbestimmungen

a) Folgeantriebe

In verschiedenen Industriezweigen, insbesondere denen für Faserstoffe, Kunststoffe, Metalle, Nahrungsmittel, hat man Arbeitsgut von homogener, verformbarer Struktur zu verarbeiten. Dieses soll dabei im Idealfall in ununterbrochenem Strom über alle Fertigungsstufen fließen. Bei Papiermaschinen z.B. kommt man diesem Ziel bereits sehr nahe.

Für die im folgenden behandelten Problemstellungen sind solche Stoffströme vorausgesetzt, aber ihre Kontinuität muß nicht vollkommen sein. Man verlangt lediglich eine so große Längserstreckung des Arbeitsgutes, daß zeitweilig mehrere, zumindest aber jeweils zwei aufeinanderfolgende Gruppen der Fertigungsanlage dadurch verbunden werden.

Die Gruppen solcher mehrstufigen Fertigungsanlagen seien einzeln angetrieben. Um die Kontinuität des Stoffstromes zu gewährleisten, muß sich jeder Teilantrieb nach dem Partner richten, der ihm im Arbeitsprozeß vorangeht oder nach dem, der ihm nachfolgt. Antriebe dieser Art nennen wir *Folgeantriebe.*

b) Verbindungsgrößen

Zur Aufrechterhaltung der Kontinuität des Fertigungsvorganges bedarf es der Überwachung und Einhaltung einer Reihe von Arbeitsgrößen. Unter diesen interessieren diejenigen, die die Verbindung der Teilantriebe durch das Arbeitsgut kennzeichnen und zudem vom Antrieb her zu beeinflussen sind. Man kann sie weiterhin *Verbindungsgrößen* nennen. Die wichtigsten Beispiele dafür sind *Länge*, *Zugkraft* und *Dehnung* des Arbeitsgutes an der Übergangsstelle. Es ist vorteilhaft und üblich, die Verbindungsgrößen über den Antrieb zu regeln. Meist bestehen aber noch andere Möglichkeiten, auf sie einzuwirken.

2. Technologische Aufgabenstellungen

Eine mehrstufige Fertigungsanlage bildet mit dem Folgeantrieb zusammen in funktioneller Hinsicht einen Organismus. Von der technologischen Seite wird deshalb dem Antrieb im Rahmen der allgemeinen Arbeitsvorschriften eine Reihe von Aufgaben zugewiesen. Aus diesen heraus muß der Antriebstechniker seine Lösungen entwickeln. Er wird dabei nach folgendem fragen:

1. Schema der Fertigungsanlage und Art des Arbeitsvorganges.
2. Höchstwert, Bereich und zeitlicher Verlauf der Produktionsgeschwindigkeit.
3. Vorschriften über Anfahren und Stillsetzen.
4. Staffelung der Teilgeschwindigkeiten.
5. Einzuhaltende Verbindungsgrößen.
6. Störgrößen technologischer Art.
7. Einfluß des Antriebes auf Fertigungstoleranzen.

Es ist im weiteren zunächst eine Reihe von Herstellungsprozessen charakterisiert, indem die Fragen für Beispiele aus verschiedenen Industriegebieten kurz beantwortet werden (die Zahlenangaben sollen nur ungefähre Anhaltspunkte geben).

B. Beispiele für Folgeantriebe

1. Textilien und verwandte Kunststoffe[1]

Breitfärbe- und Waschmaschine (*Bild* 1a). Die Gewebebahn wird mit Entwicklungsfarbe getränkt, oxydiert, entwickelt, gewässert. Produktionsgeschwindigkeit bis 100 m/min, Bereich 1:5. Anfahren und Stillsetzen mit Arbeitsgut in nicht vorgeschriebener Zeit. Die Teilgeschwindigkeiten unterscheiden sich von der Endgeschwindigkeit je nach Dehnung und Schrumpfung um einige Prozent.

Verbindungsgröße ist die Stellung der beweglichen Spannwalzen (Tänzerwalzen) zwischen den Gruppen. Die Längenänderung der Gewebebahn an der Übergangsstelle durch Dehnung und Schrumpfung ist als Störgröße anzusehen. Sie erfolgt stetig, nicht sprunghaft. Maß- oder Gewichtstoleranzen im Erzeugnis, auf die der Antrieb Einfluß hätte, sind hier nicht gegeben.

Verstreckungsanlage für Chemiefasern (*Bild* 1b). Chemiefasern, z. B. „Perlon", werden im Anschluß an den Spinnprozeß verstreckt, um sie zu verfestigen. Produktionsgeschwindigkeit bis 150 m/min, Bereich 1:4. Anfahren und Stillsetzen mit Arbeitsgut in nicht vorgeschriebener Zeit. Die Teilgeschwindigkeiten nehmen in der Laufrichtung des Arbeitsgutes von Gruppe zu Gruppe entsprechend der Verstreckung im Verhältnis von max. etwa 1:3 zu.

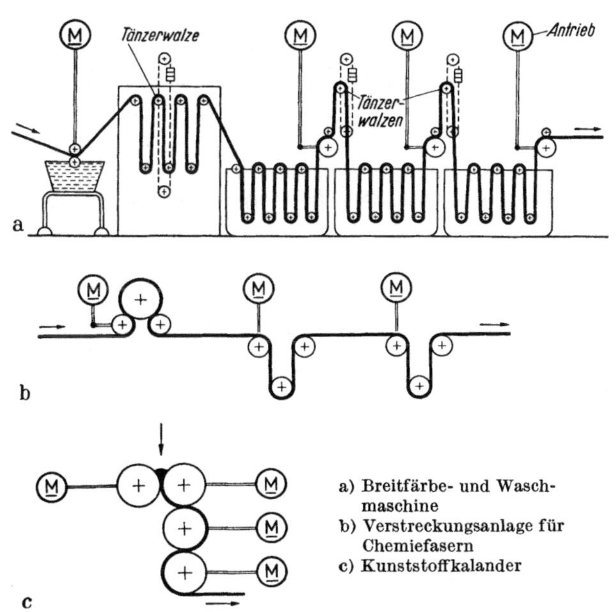

Bild 1. Antriebsbeispiele aus den Industrien für Textilien und verwandte Kunststoffe

Verbindungsgröße ist die an der Übergangsstelle unter Zug entstehende Verringerung des Faserquerschnittes, sie ist jedoch nicht als Störgröße zu betrachten. Der Faserquerschnitt soll mit größtmöglicher Genauigkeit eingehalten werden, was der Folgeantrieb gewährleisten muß.

Kunststoffkalander (*Bild* 1c). Vorgewärmte teigartige Kunststoffmischung wird in Band- oder Ballenform zwischen die Eingangswalzen gegeben und in weiteren Walzen zu Folien ausgewalzt. Produktionsgeschwindigkeit bis 60 m/min, Bereich 1:10. Im allgemeinen durchlaufend, Anfahren und Stillsetzen mit Arbeitsgut wird jedoch verlangt. Die Teilgeschwindigkeiten müssen so eingestellt werden können, daß zwischen den Walzen bis zu 50% Friktion entsteht.

Eine eindeutige Staffelung der Geschwindigkeiten in der Laufrichtung des Bandes besteht nicht. Verbindungsgröße ist die Friktion, wofür wiederum die

[1] Vgl. Kapitel 50.

Beschaffenheit der Oberfläche des Arbeitsgutes maßgebend ist. Diese soll je nach Verlangen rauh oder glatt sein. Stoßartige Belastung kann beim Aufgeben der Kunststoffballen auf die Eingangswalzen auftreten. Die Banddicke muß mit vorgeschriebener Toleranz eingehalten werden. Der Folgeantrieb ist daran mitbeteiligt.

2. Papier[1]

Papiermaschine (*Bild* 2a). Zellstoff- und Holzschliffasern werden in wässerigem Gemisch auf einem Sieb verfilzt und entwässert. Die entstehende nasse Bahn wird in Pressen weiter verfestigt, dann zur Glättung und Trocknung über geheizte Zylinder geführt. Produktionsgeschwindigkeit bis 900 m/min, Bereich bei solchen schnellaufenden Maschinen bis etwa 1:3, bei langsamer laufenden bis 1:10. Anfahren und Stillsetzen erfolgt ohne Papier, aber die Produktionsgeschwindigkeit muß während des Betriebes verändert werden können. Die Teilgeschwindigkeiten nehmen in der Naßpartie in der Laufrichtung des Papieres je nach Sorte um etwa 7 bis 20% zu. In der Trockenpartie sind sie nahezu gleich der Endgeschwindigkeit. Verbindungsgröße ist in der Naßpartie die Stellung der Abnahme der Papierbahn an den Walzen, in der Trokkenpartie die Zugspannung im Papier. Als Störgrößen wirken alle Einflüsse, die die Entwässerung der Papierbahn beeinflussen. Sie haben meist einen stetigen Verlauf. Das auf die Flächeneinheit bezogene Papiergewicht muß mit vorgeschriebener Toleranz eingehalten werden. Der Folgeantrieb hat darauf Einfluß.

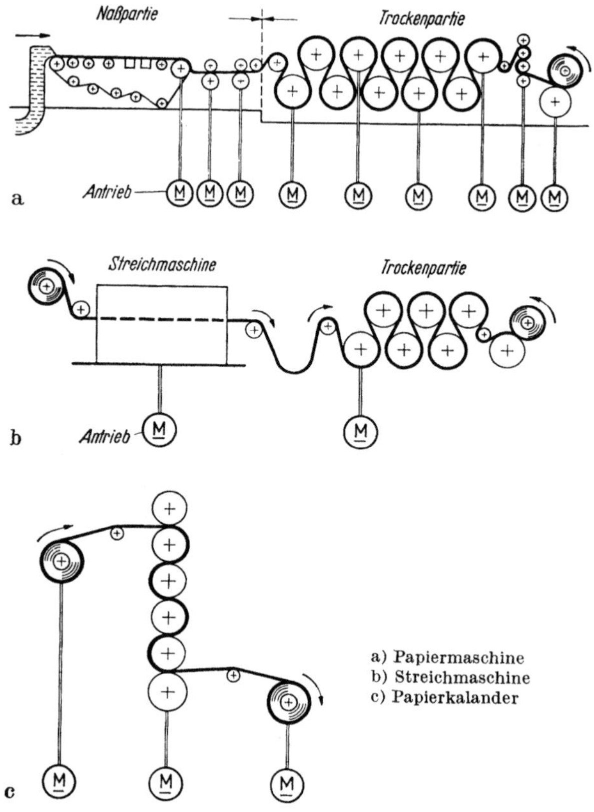

Bild 2. Antriebsbeispiele aus der Papierindustrie

Streichmaschine (*Bild* 2b). Rohpapier für Kunstdruckzwecke wird mit einer farbartigen Masse bestrichen und anschließend getrocknet. Produktionsgeschwindigkeit bis etwa 200 m/min, Bereich bis 1:3. Anfahren und Stillsetzen mit Papier in nicht vorgeschriebener Zeit. Die Teilgeschwindigkeiten können sich wegen Dehnung und Schrumpfung des Papieres um einige Prozent von der Endgeschwindigkeit unterscheiden. Verbindungsgröße ist der

[1] Vgl. Kapitel 50.

Durchhang des Papieres an der Trennstelle zwischen dem Streich- und dem Trockenteil. Dehnung und Schrumpfung des Papieres bilden die technologisch bedingten Störgrößen. Sie ändern sich allmählich, nicht sprunghaft. Den Antrieb beeinflussende Maß- oder Gewichtstoleranzen kommen dabei nicht vor.

Papierkalander (*Bild* 2c). Papier wird von einer Rolle abgewickelt, zwischen Stahl- und Hartpapierwalzen unter hohem Druck gepreßt, um es zu glätten, dann wieder aufgewickelt. Im vorliegenden Fall interessieren besonders die Ab- und Aufwickelvorgänge. Produktionsgeschwindigkeit bis 1000 m/min. Anfahren mit Papier. Die Geschwindigkeiten der Papierbahn auf der einlaufenden und auslaufenden Seite des Kalanders sind praktisch einander gleich. Verbindungsgröße ist die Zugspannung im Papier auf beiden Seiten des Kalanders. Als Störgrößen wirken die sprunghaften Beschleunigungs- und Verzögerungskräfte beim Anfahren und Stillsetzen, ferner die im Lauf sich stetig ändernden Wickeldurchmesser. Den Antrieb betreffende Maß- oder Gewichtstoleranzen sind nicht einzuhalten.

3. Walzwerkerzeugnisse[1]

Kontinuierliches Drahtwalzwerk (*Bild* 3a). In Glühöfen erhitzte Stahlbarren werden in aufeinanderfolgenden Gerüsten bis zum verlangten Drahtdurchmesser ausgewalzt. Endgeschwindigkeit bis etwa 30 m/s = 1800 m/min, Bereich 1:2. Durchlaufende Betriebsweise. Anfahren und Stillsetzen ohne Arbeitsgut. Die Teilgeschwindigkeiten steigern sich von Gerüst zu Gerüst entsprechend der Querschnittsabnahme. Das Geschwindigkeitsverhältnis aufeinanderfolgender Gruppen richtet sich nach der Einstellung der Walzen und liegt in der Größenordnung von 1:1,3. Das Arbeitsgut soll zwischen den Gerüsten weder gespannt werden noch sich stauen, sondern eine Schlinge gleichbleibender Länge bilden. Verbindungsgröße ist die zugfrei einzuhaltende Länge dieser Drahtschlinge.

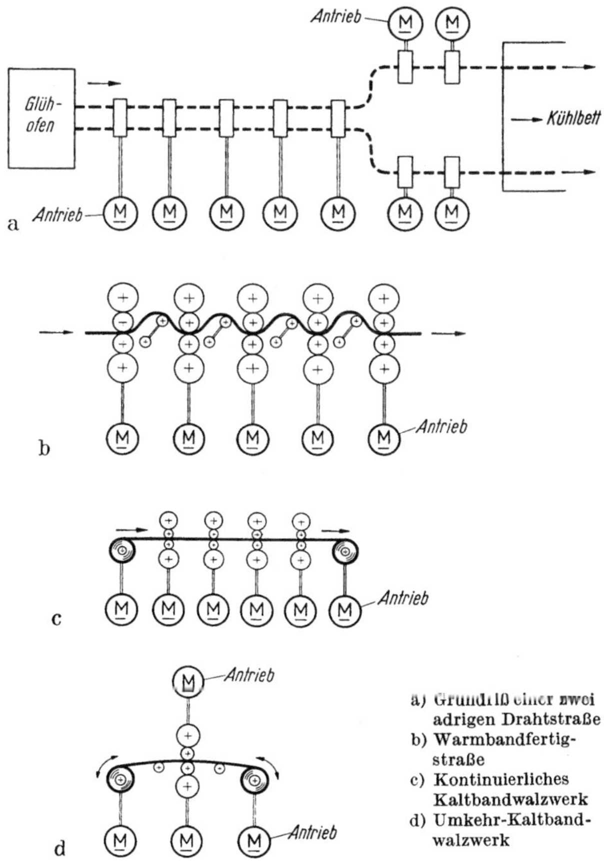

a) Grundriß einer zweiadrigen Drahtstraße
b) Warmbandfertigstraße
c) Kontinuierliches Kaltbandwalzwerk
d) Umkehr-Kaltbandwalzwerk

Bild 3. Antriebsbeispiele aus der Walzwerkindustrie

[1] Vgl. Kapitel 41.

Wesentliche Störgrößen sind die Laststöße am Anfang und Ende des jeweiligen Walzvorganges. Bei mehradrigen Straßen tritt eine Überlappung der Arbeitsspiele ein. Der Durchmesser des Drahtes am letzten Gerüst muß mit vorgeschriebener Toleranz eingehalten werden. Der Antrieb und seine Regelung sind daran beteiligt.

Kontinuierliches Warmbandwalzwerk (*Bild* 3b). Es soll nur die Fertigstraße betrachtet werden. Das Stahlband hat also bereits in der Vorstraße hinreichende Länge bekommen, um mehrere Gerüste zu verbinden. Endgeschwindigkeit bis 20 m/s = 1200 m/min. Bei gegebener Eingangsgeschwindigkeit des Barrens in der Vorstraße ist die Ausgangsgeschwindigkeit jeder Gruppe durch den Ausgangsquerschnitt bestimmt. Verbindungsgröße ist die zugfrei einzuhaltende Länge der Bandschlinge zwischen zwei Gerüsten. Die Laststöße am Anfang und Ende des Walzvorganges am betrachteten Gerüst bilden für den Antrieb sprunghafte Störgrößen. Die Banddickentoleranz ist vorgeschrieben. Der Folgeantrieb wirkt dabei mit, um sie einzuhalten.

Kontinuierliches Kaltbandwalzwerk (*Bild* 3c). Rohband wird im kalten Zustand in aufeinanderfolgenden Gerüsten zu Band von vorgeschriebener Dicke ausgewalzt.

Endgeschwindigkeit bis 35 m/s = 2100 m/min. Es wird mit Arbeitsgut angefahren und stillgesetzt. Die dafür aufzuwendenden Zeiten sollen möglichst klein sein. Die Geschwindigkeiten nehmen von Gerüst zu Gerüst entsprechend der Stichabnahme im Verhältnis 1:1,3 bis 1:1,5 zu. Verbindungsgröße ist die Banddicke zwischen aufeinanderfolgenden Gerüsten.

Die Beschleunigungs- und Verzögerungskräfte beim Anfahren und Bremsen bilden sprunghafte Störgrößen. Stetig veränderliche Störeinflüsse kommen beim Ab- und Aufwickeln durch die veränderlichen Durchmesser der Blechbunde zustande. Für die Banddicke am Ende des Walzvorganges sind Toleranzen vorgeschrieben. An ihrer Einhaltung sind Antrieb und Regelung beteiligt.

Umkehr-Kaltbandwalzwerk (*Bild* 3d). Rohband wird im kalten Zustand in nur einem Gerüst, aber bei wechselnder Walzrichtung zu Band von vorgeschriebener Dicke ausgewalzt und dabei jeweils von einem Haspel ab- und auf den anderen aufgewickelt. Produktionsgeschwindigkeit bis 10 m/s = 600 m/min. Anfahren und Stillsetzen hat mit Blechband in möglichst kurzen und vorgeschriebenen Zeiten zu erfolgen. Das Band wird beim Einlaufen in das Walzgerüst gequetscht. Die Bandgeschwindigkeit ist daher entsprechend der Stichabnahme am ziehenden Haspel um etwa 30 bis 40% höher als am gezogenen. Verbindungsgröße ist die Banddicke, Störgrößen und Toleranzen wie beim kontinuierlichen Kaltbandwalzwerk.

C. Grundzüge der regelungstechnischen Projektierung

1. Wirtschaftliche Gesichtspunkte der Antriebstechnik

Im weiteren wird von den mannigfaltigen Einkleidungen der verschiedenen Aufgaben abgesehen und nur das Gemeinsame herausgestellt. Die grundsätzlich gleiche Aufgabe wird in den verschiedenen Arbeitsgebieten oft mit verschiedenen Mitteln gelöst. Der Grund dafür mag zum Teil in dem mangelnden Erfahrungsaustausch zwischen den oft sehr unterschiedlichen Fabrikationsgebieten liegen (z. B. Textilfabrik und Walzwerk). Hinzu kommt, daß eine technisch vollkommenere Lösung meist einen größeren Aufwand erfordert als die weniger vollkommene und daher wirtschaftlich gerechtfertigt sein muß. Wenn jedoch z. B. irgendein Teil des Antriebes und seiner Regelung versagt, liegt die Gesamtanlage still oder arbeitet nur eingeschränkt. Der mögliche Produktionsverlust durch Stillstand, geringere Arbeitsgeschwindigkeit oder Ausschuß muß deshalb bei der Auswahl der Mittel in Rechnung gestellt werden. Für die im Abschnitt B angegebenen Fertigungsanlagen kann der Wert der Produktion je nach Anlage in der Größenordnung von 5000 bis 40000 DM/h liegen. Damit dürften in den meisten Fällen die Anlagekosten für Regeleinrichtungen mit optimalen Eigenschaften und betriebssichersten Bauelementen gerechtfertigt sein.

2. Das Arbeitsgut als Bindeglied der Teilantriebe

a) Verbindungsarten und ihre Verbindungsgrößen

Es gehört zum Wesen der Folgeantriebe, daß das Arbeitsgut die Teilantriebe mechanisch verbindet und daß es andere mechanische Verbindungen unter ihnen nicht gibt.

Das Arbeitsgut kann aufeinanderfolgende Gruppen *lose verbinden*. Es überträgt dann zwischen den Teilantrieben keine Kräfte. Um diese Verbindungsweise aufrechtzuerhalten, muß das Arbeitsgut an der Übergangsstelle ständig einen Durchhang oder eine Schleife bestimmter Länge bilden. Diese *Verbindungslänge* ist in diesem Fall Verbindungsgröße. Sie läßt sich über die Antriebsdrehzahl beeinflussen.

Das Arbeitsgut kann aber auch die Antriebe so *fest verbinden*, daß sie sich untereinander in ihrer Drehzahl festhalten. Irgendeiner von ihnen kann über eine Reihe von Gruppen hinweg an der Zugkraftverteilung im Arbeitsgut beteiligt werden. Es ändert sich dabei im wesentlichen nur das Drehmoment, nicht die Drehzahl. Die *Zugkraft* im Arbeitsgut tritt hier als Verbindungsgröße auf.

Zwischen diesen beiden Extremfällen gibt es die verschiedensten Verhaltensweisen. Das Arbeitsgut überträgt Kräfte und verformt sich unter ihrem Einfluß. Am Antrieb können sich bei Regelungseingriffen Drehzahl und Drehmoment zugleich verändern. Die Verbindungsgröße ist von technologischer Seite in jedem Einzelfall festzulegen. Vielfach besteht sie in der *Dehnung* des Arbeitsgutes.

b) Verbindungskräfte im Arbeitsgut

Wie eine Kette kann das Arbeitsgut bei einem Folgeantrieb nur unter Zug von Glied zu Glied Kräfte übertragen. *Bild* 4 gibt das Schema einer solchen Fertigungsanlage. Setzen wir das Arbeitsgut als nicht dehnbar voraus, so werden unter Zug die Teilantriebe starr gekuppelt. Solange der Zug an allen Verbindungsstellen aufrechterhalten bleibt, gelten für den Parallellauf der

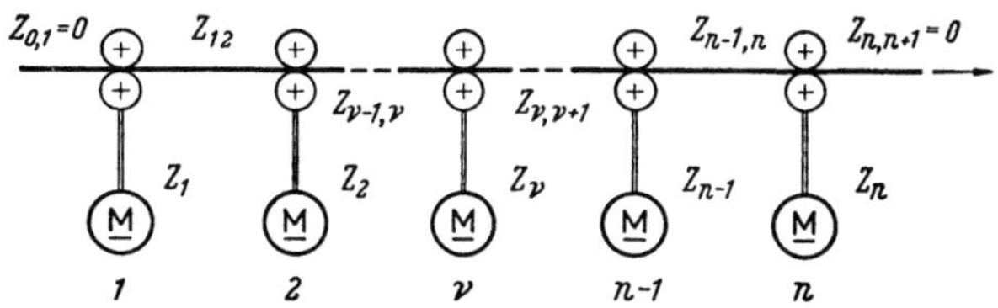

Bild 4. Zugkräfte innerhalb eines Folgeantriebes

Teilantriebe die gleichen Gesetze wie bei den durch eine Welle gekuppelten Antrieben. Es ist also möglich, durch Verschiebung der Antriebskennlinien die Belastung zu verteilen. Nicht nur motorischer, sondern auch generatorischer Lauf ist dabei denkbar.

Wesentlich ist bei dieser Verbindungsart die Forderung, daß das Arbeitsgut an keiner Übergangsstelle lose werden darf. Wenn sich das Arbeitsgut nicht streckt, so muß es an einer Trennstelle mit gleicher Geschwindigkeit zu- und abgeführt werden. Bei dehnbarem Material erschwert dessen Dehnungskennlinie die Formulierung einer solchen Bedingung. Elastische Eigenschaften sind meist nur in geringem Maße vorhanden, so daß der Vorgang der Streckung nicht reversibel ist. Bei einem Folgeantrieb nach *Bild* 4 gilt für die Zugkraftanteile die Gleichgewichtsbedingung:

$$\sum_{\nu=1}^{n} Z_\nu = 0 \tag{1}$$

Damit hat der Zug $Z_{m-1,m}$ im Arbeitsgut zwischen dem $(m-1)$-ten und dem m-ten Antrieb den Betrag:

$$Z_{m-1,m} = -\sum_{\nu=1}^{m-1} Z_\nu = +\sum_{\nu=m}^{n} Z_\nu \tag{2}$$

Diese Gleichungen gelten unabhängig davon, ob sich das Arbeitsgut unter Zug streckt oder nicht.

c) Staffelung der Teilgeschwindigkeiten

Das Arbeitsgut erfährt im allgemeinen von Gruppe zu Gruppe Längenänderungen. Dadurch entstehen Unterschiede in den Arbeitsgeschwindigkeiten an den verschiedenen Übergangsstellen. Vielfach hat man es mit einer Streckung des Arbeitsgutes zu tun. Sie ist mit einer Verringerung des Querschnitts gleichbedeutend und kann durch Quetschung oder Dehnung unter Zug geschehen. Zur Orientierung sei angenommen, daß im stationären Zustand an jeder Stelle der Fertigungsanlage in der Zeiteinheit das gleiche Volumen QV vorbeiströme (Q Querschnitt, V Geschwindigkeit). Dann gilt zwischen irgendwelchen Punkten der Anlage:

$$\frac{V_\alpha}{V_\varepsilon} = \frac{Q_\varepsilon}{Q_\alpha} \tag{3}$$

(Index ε Eingangswerte, Index α Ausgangswerte). Ist wie bei Walzwerken die Streckung, die „Stichabnahme", von Gerüst zu Gerüst vorgeschrieben, so ist damit auch die Staffelung der Teilgeschwindigkeiten über die ganze Straße hin bekannt. Der durch Gl. (3) gegebene Zusammenhang gilt unabhängig davon, ob das Arbeitsgut zwischen den Gruppen Zugkräfte überträgt oder nicht.

Ohne Einhaltung der von technologischer Seite geforderten Übergangsbedingungen ist ein Betrieb nicht möglich. Innerhalb eines Folgeantriebes wird also letztlich immer die technologisch richtige Staffelung der Teilgeschwindigkeiten erzwungen, unabhängig von der Art der Überwachung und Regelung der Verbindungsgrößen.

3. Festlegung der Regelgrößen

a) Angleichung an die Verbindungsgrößen

Der Folgeantrieb erfüllt seine Aufgabe, wenn die Verbindungsgrößen unabhängig von störenden Einflüssen vorschriftsgemäß und weitgehend selbsttätig eingehalten werden. Dazu muß man die Verbindungsgrößen messen und über den Antrieb regeln. Dabei ist in erster Linie an eine Konstanthaltung entsprechend den von Hand eingestellten Vergleichsgrößen gedacht. Es ist anzunehmen, daß diese bei fortschreitender Automatisierung selbsttätig in Abhängigkeit von den Eigenschaften des Fertigproduktes verändert werden. Im Rahmen der beschränkten Forderungen ist man aber doch bestrebt, Eingriffe von Hand möglichst zu vermeiden. Dazu ist es notwendig, die Regelgröße der Verbindungsgröße weitgehend anzugleichen.

Als Beispiel sei der Übergang des Papieres zwischen zwei Pressen in der Naßpartie einer Papiermaschine betrachtet. Die nasse Papierbahn löst sich dabei unter leichtem Zug in stumpfem Winkel von der Preßwalze ab. Der Papiermacher achtet auf diese Stellung der „Abnahme“ und wünscht, daß sie unverändert stehen bleibt. Verbindungsgröße ist also die Stellung dieser Abnahme des Papieres an der Preßwalze. Sie kann entscheidend beeinflußt werden durch das Geschwindigkeitsverhältnis der aufeinanderfolgenden Pressen. Daneben aber gibt es auf der technologischen Seite Einflüsse, die ebenso wichtig sind, so z. B. die der Papiermaschine zufließende Stoffmenge, die Stoffbeschaffenheit und die Entwässerung der Papierbahn auf ihrem Wege bis zur betrachteten Stelle. Es ist dennoch üblich, nicht die Stellung der Abnahme zu erfassen, sondern das Geschwindigkeitsverhältnis aufeinanderfolgender Gruppen von Hand einzustellen und nur dieses durch eine Regelung einzuhalten. Verbindungsgröße und Regelgröße decken sich dabei also nicht.

b) Erfassung der Verbindungsgrößen

Um die Verbindungsgröße als Regelgröße einführen zu können, braucht man im wesentlichen Meßgeber für die Verbindungslänge, die Zugkraft im Arbeitsgut und die Streckung. Die Meßgeber müssen den technologischen Gegebenheiten angepaßt sein. So wird die Verbindungslänge bei Textilmaschinen durch die Stellung der Spannwalzen („Tänzerwalzen“) erfaßt. Bei Streichmaschinen tastet man sie fotoelektrisch ab. Bei Warmbandwalzwerken bedient man sich mechanischer Mittel („Schlingenheber“), oder man verwendet elektrische Geräte auf kapazitiver Grundlage. Um die Zugkraft in einem Band zu ermitteln, kann man es über eine Walze führen und den Lagerdruck messen. Bei Papier verwendet man Fühlrollen, die sich in die gespannte Bahn eindrücken. Aus der Eindrücktiefe schließt

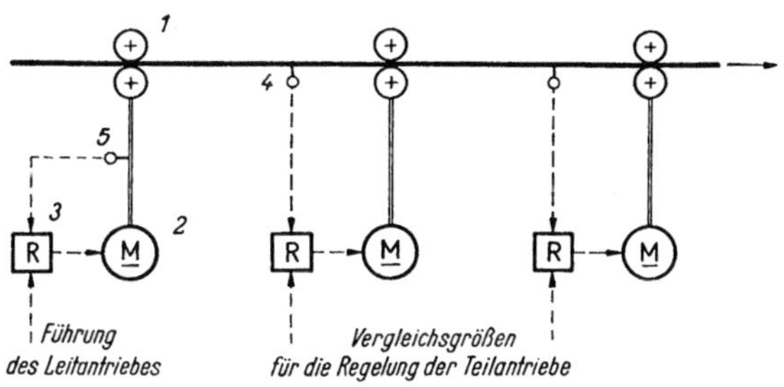

1 Gruppe der Arbeitsmaschine
2 Antrieb
3 Regeleinrichtung
4 Meßgeber am Arbeitsgut
5 Drehzahlmeßgeber

Bild 5. Regelung eines Folgeantriebes mit Fühlern am Arbeitsgut man auf die Zugkraft. Eine Streckung kann man durch Dickenmessung vor und nach der Streckungsstelle ermitteln. Als Meßgeber lassen sich Isotopenfühler verwenden, die über die Masse die Dicke des Arbeitsgutes ermitteln.

Meßgeber für Zugkraft oder Verbindungslänge erfassen Regelgrößen, welche über die Arbeitsgeschwindigkeit nichts aussagen. Trotzdem schließt eine Regelung auf dieser Grundlage eine Folgeregelung der Geschwindigkeit mit ein. Sie läßt eine Veränderung der Übergangsbedingungen nicht zu und erzwingt dadurch beim jeweils folgenden Teilantrieb eine selbsttätige Anpassung an alle Veränderungen der Geschwindigkeit des ihm zuströmenden Arbeitsgutes. Es ist dabei gleichgültig, ob diese aus technologischen Gründen entstanden sind oder ob sie willkürlich hervorgerufen wurden. Das Geschwindigkeitsverhältnis zwischen den Gruppen tritt dabei nicht in Erscheinung und ist einer unmittelbaren Beeinflussung entzogen. Die Vergleichsgrößen der Regelungen für Zugkraft oder Verbindungslänge bedürfen nach einmaliger Einstellung kaum des Eingriffs. Sie geben lediglich die Vorschriften, nach denen sich dann die Teilantriebe vom Arbeitsgut selbst führen lassen (*Bild* 5).

c) Ersatzregelgrößen

Meßgeber für die Verbindungsgrößen liegen meist nahe am Arbeitsgut, wo sie fast immer dem Fertigungsvorgang im Wege stehen oder selbst durch diesen

Tabelle 1. *Beispiele für die Auswahl der Regelgrößen bei Folgeantrieben*

Art der Fertigungsanlage	Bild	Einzuhaltende Regelgröße	Übliche Ersatzregelgröße
Breitfärbe- und Waschmaschine	1a	Stellung der Tänzerwalzen	—
Verstreckungsanlage für Chemiefasern	1b	Längenänderung der Fasern	Drehzahlverhältnis
Kunststoffkalander	1c	Friktion zwischen Walzen und Kunststoff	Drehzahlverhältnis
Papiermaschine	2a		
Naßpartie		Stellung der Abnahme des Papieres an den Walzen	Drehzahlverhältnis
Trockenpartie		Papierzug	Drehzahlverhältnis
Streichmaschine	2b	Durchhang des Papieres	—
Papierkalander	2c	Papierzug	Ankerstrom der Wickelmotoren
Kontinuierliches Drahtwalzwerk	3a	Länge der Drahtschlinge	Drehzahlverhältnis
Kontinuierliches Warmbandwalzwerk	3b	Länge der Bandschlinge	—
Kontinuierliches Kaltbandwalzwerk	3c	Banddicke	Haspelmotoren: Ankerstrom in Verbindung mit Anpassung des Motorfeldes an den Bunddurchmesser. Übrige Motoren: Drehzahlverhältnis mit Belastungseinfluß
Umkehr-Kaltbandwalzwerk	3d	Banddicke	Haspelmotoren: Ankerstrom in Verbindung mit Anpassung des Motorfeldes an den Bunddurchmesser

gestört werden. Um diesen Schwierigkeiten auszuweichen, begnügt man sich vielfach mit Ersatzregelgrößen, für die Meßgeber abseits vom Wege des Arbeitsgutes eingebaut werden können. In der Tabelle 1 ist für die Beispiele *Bild* 1 bis 3 angegeben, welche Regelgrößen anzustreben sind und welcher Ersatz dafür in Betracht kommt. Bei einigen Anlagen ist es bereits üblich, die Verbindungsgröße als Regelgröße zu verwenden. Für diese wurde daher keine Ersatzregelgröße angegeben.

Mit der Einführung einer Ersatzregelgröße gibt man fast immer die Forderung auf, daß die Regelung ohne Eingriffe von Hand die Verbindung gewährleiste. Man begnügt sich also mit einem beschränkten Wirkungsbereich der Regelung.

Die *Gleichlaufregelung* kann hierfür als Beispiel dienen. Mit Hilfe von Differentialen wird dabei das Geschwindigkeitsverhältnis aufeinanderfolgender Gruppen winkeltreu eingehalten. Die Regelung kann also nur solche Störgrößen erfassen, die sich in den Antriebsdrehzahlen auswirken. Soll die Gleichlaufregelung in diesem beschränkten Bereich eine Regelung der Verbindungslänge ersetzen, so ist die folgende Überlegung zu beachten:

Nach *Bild* 6a werde ein Band so von einem Zylinder über einen anderen geführt, daß es dabei weder lose noch gespannt sei. Eine Fühlwalze diene zur Überwachung dieser Forderung. Aus den geometrischen Zusammenhängen ergibt sich:

$$H = \sqrt{\left(L + \frac{\Delta L}{2}\right) \cdot \frac{\Delta L}{2}} \approx \sqrt{\frac{L \cdot \Delta L}{2}} \qquad (4)$$

Die Auswertung dieser Beziehung für $L = 2000$ mm gibt *Bild* 6c. Eine Überschußlänge $\Delta L = 1$ mm würde danach schon zu einem Fühlerhub von etwa 30 mm führen, also in großer Verstärkung angezeigt werden. Beträgt die Geschwindig-

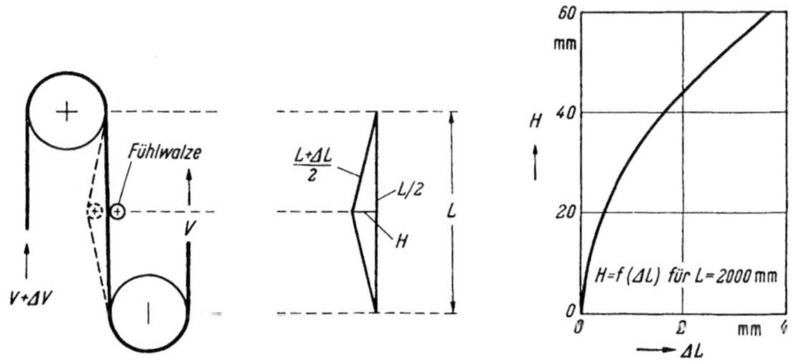

Bild 6. Zusammenhang zwischen der Änderung ΔL der Verbindungslänge L und dem Hub H eines Durchhangfühlers

keit des Arbeitsgutes z.B. 60 m/min = 1 m/s = 1000 mm/s, so würde eine Geschwindigkeitszunahme ΔV am ersten der beiden Zylinder um nur $1^0/_{00}$ schon nach 1 s zu der angenommenen Längenzunahme von 1 mm führen. Sie integriert sich mit der Zeit:

$$\Delta L = \int_0^t \Delta V \cdot \mathrm{d}t \qquad (5)$$

Zwischen der Verbindungsgröße L und der Ersatzregelgröße V besteht also der durch Gl. (5) gegebene funktionelle Zusammenhang. Danach wäre der Ersatz nur dann vollkommen, wenn alle Störungen von der Geschwindigkeit V ausgingen und eine ideale Regelung vorläge.

Soll bei einer Gleichlaufregelung das Drehzahlverhältnis zwischen aufeinanderfolgenden Gruppen verändert werden, ohne das der übrigen zu beeinflussen, so bedarf es im Gegensatz zur unmittelbaren Regelung der Verbindungsgröße mechanischer oder elektrischer Folgeschaltungen für die Sollwertgeber (*Bild* 7).

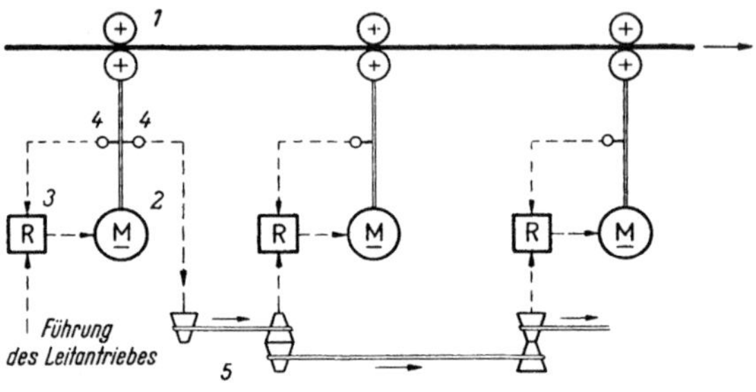

1 Gruppe der Arbeitsmaschine
2 Antrieb
3 Regeleinrichtung
4 Drehzahlmeßgeber
5 Kegelscheiben mit Riemen

Bild 7. Mechanische Folgeschaltung der Sollwertgeber bei winkeltreuer Regelung der Drehzahlverhältnisse über Differentiale

Gleichlaufregelungen werden auch benutzt, um eine Regelung der Zugkraft im Arbeitsgut zu ersetzen. Unbedingte Voraussetzung dafür ist eine, wenn auch nur geringe Dehnungsfähigkeit des Arbeitsgutes. Zu regelungstechnisch günstigen Lösungen gelangt man, wenn nicht nur wie in Gl. (5) zwischen Verbindungsgröße und Ersatzregelgröße, sondern auch zwischen diesen und allen Störgrößen mathematisch erfaßbare Beziehungen bestehen. Diese werden dann gerätetechnisch so dargestellt, daß die Ersatzregelgröße die Verbindungsgröße in ihrem gesamten Wirkungsbereich abbildet. Ein Anwendungsgebiet für diese Methode findet man bei der Bandzugregelung von Haspeln mit Gleichstrommotoren als Antrieb.

d) Unter- und übergeordnete Regelgrößen

Bei jeder Regelung muß man bleibende und vorübergehende Abweichungen vom Sollwert unterscheiden. Bei Fertigungsanlagen mit pausenlos durchlaufendem Arbeitsgut, z. B. Papiermaschinen, hat man im allgemeinen weniger mit sprunghaften Störgrößen zu rechnen. Es ist deshalb hier nicht unbedingt notwendig, bei der Regelung von Folgeantrieben für die vorübergehenden Regelabweichungen übertrieben hohe Forderungen zu stellen. Dafür aber integriert sich bei durchhängender Papierbahn nach den vorhergehenden Überlegungen der geringste bleibende Regelfehler bei hinreichend langer Zeit zu einem beträchtlichen Papierdurchhang. Die Aufgabe läßt sich streng mit Zugfühlern, näherungsweise durch winkeltreue Drehzahlregelung mit Hilfe von Differentialen lösen. Im Gegensatz zu dieser Fertigungsweise sind bei Walzwerken durch die begrenzte Barrenlänge Pausen gegeben. Damit ist auch die Zeitdauer für die Integration einer bleibenden Regelabweichung begrenzt. Dafür aber entstehen hier beim Ein- und Austritt des Barrens am Walzgerüst große Laststöße, so daß geringe vorübergehende Abweichungen gefordert werden müssen. Lösungen, die im stationären und dynamischen Betriebsfall gleichermaßen befriedigen, erhält man durch Überlagerung von Regelgrößen verschiedener Art.

In den bisher betrachteten Fällen würde man der Drehzahlregelung die Dynamik überlassen. Es dürften aber über sie andere Regelgrößen, z. B. Verbindungslänge oder der Zug im Arbeitsgut, korrigierend eingreifen. Die Drehzahl wird dann zur untergeordneten Regelgröße; Verbindungslänge oder Zug sind ihr übergeordnet. Man erreicht nebenbei eine Drehzahlbegrenzung, wenn beim Einführen oder bei Störungen die führende Wirkung des Arbeitsgutes fehlt.

4. Festlegung der Motorart und der Steuergrößen

a) Bedeutung der Drehzahl-Drehmoment-Kennlinie

Die energieübertragende Verbindung zwischen Arbeitsmaschine und Antriebsmotor ist die Motorwelle. Nur auf diesem Wege kann also der Antrieb auf die Verbindungsgrößen einwirken. Die Beeinflussung geschieht durch Verschieben der Drehzahl-Drehmoment-Kennlinie des Motors. Die Verschiebung dieser Kennlinie muß sehr feinfühlig möglich sein. Beim fremderregten Gleichstrommotor ist das besser als bei anderen Motoren zu erreichen, so daß dieser bevorzugt wird. Im folgenden wird daher nur diese Motorart in Betracht gezogen. Die von der Welle übertragene Leistung drückt sich in den beiden Parametern Drehzahl und Drehmoment aus. Im übrigen bestimmen die vom Arbeitsgut übertragenen Verbindungskräfte und seine Dehnungsfähigkeit, in welcher Weise sich eine Verschiebung der Kennlinie auf diese Antriebsgrößen auswirkt.

Wegen ihrer Anschaulichkeit interessieren dabei besonders die beiden Extremfälle des „*freien*" und des „*gefesselten Antriebes*". Sie sind (vgl. Abschnitt C2a) der *losen* und der *festen* Verbindung der Teilantriebe durch das Arbeitsgut zugeordnet. Wie aus der Tabelle 1 hervorgeht, können Drehzahl und Drehmoment als Ersatzregelgrößen für die technologisch bedingten Verbindungsgrößen dienen.

b) Steuergrößen des Motors

Die Antriebskennlinie kann beim Gleichstrom-Nebenschlußmotor über zwei Steuergrößen, die Ankerspannung und die Erregerspannung, verschoben werden. Häufig nutzt man beide Verstellmöglichkeiten zugleich aus. Man kann z. B. über die Ankerspannung die Produktionsgeschwindigkeit des Motorenverbandes insgesamt in größerem Bereich verändern, die Regelung der Verbindungsgrößen aber über das Motorfeld durchführen.

c) Kippmoment

Einer Drehzahlregelung über das Motorfeld sind bereits in statischer Hinsicht Grenzen gesetzt (vgl. Kapitel 27). Bei kleiner Ankerspannung können sich für das Kippmoment Werte ergeben, die unter dem Nennmoment des Motors liegen. Regelt man also die Drehzahl der Teilmotoren über deren Feld, so darf man die Spannung für die Ankerkreise des Motorenverbandes nur so weit senken, daß für keinen der Teilantriebe das erforderliche Kippmoment unterschritten wird.

d) Besonderheiten bei Wickelvorgängen

Bei Ab- und Aufwickelvorgängen an den Enden kontinuierlicher Fertigungsanlagen sind zur Einhaltung des Zuges im Arbeitsgut indirekte Verfahren gebräuchlich (vgl. Abschnitt C 3 c). Hierbei bringt die gleichzeitige Verwendung beider Motorsteuergrößen, also Anker- und Erregerspannung, Vorteile. Bei der Arbeitsgeschwindigkeit V und der Zugkraft Z ist die Wickelleistung:

$$N_w = Z\,V \tag{6}$$

Ist der Eigenbedarf der Wickelgruppe klein, so bildet im Beharrungszustand die Leistungsaufnahme oder -abgabe des Wickelmotors ein Maß für die Wickelleistung. Ist die Ankerspannung durch eine Steuerungsmaßnahme proportional V, so kann man den Ankerstrom I_a durch Regelung über das Motorfeld konstant halten und damit die Bedingung Gl. (6) erfüllen. Es darf aber bei diesem einfachen Verfahren die Arbeitsgeschwindigkeit nur in mäßigen Grenzen geändert werden. Ist diese Voraussetzung nicht erfüllt, so muß man über das Feld Φ steuern und über die Ankerspannung regeln. Die Vorschriften dafür ergeben sich aus den Zusammenhängen zwischen Wickel- und Motormoment. Setzt man beide gleich, so ist beim Wickeldurchmesser D:

$$Z = 2\,k_a\,I_a\,\frac{\Phi}{D} \tag{7}$$

Danach bleibt der Zug im Arbeitsgut unverändert, wenn man das Motorfeld durch eine Steuerung dem jeweiligen Wickeldurchmesser anpaßt und den Ankerstrom durch die Regelung über die Ankerspannung konstant hält. Es stellt sich dabei selbsttätig eine der Arbeitsgeschwindigkeit proportionale Ankerspannung ein.

5. Eingliederung von Verstärkern in die Regelkreise

Um den Einzelregelkreis eines Folgeantriebs zu schließen, läßt man die Regelabweichung unter Zwischenschaltung eines Verstärkers auf eine der Steuergrößen am Motor einwirken (z. B. auf das Feld in *Bild* 8). Die andere der beiden verfügbaren Steuergrößen (z. B. die Ankerspannung) wird ebenfalls über einen Verstärker beeinflußt. Das kann, wie es im *Bild* 8 angedeutet ist, durch einen Steuerungseingriff geschehen. Häufig aber schließt sich über den zweiten Verstärker ein anderer Regelkreis. Der Verstärker für die Ankerspannung ist dann gewöhnlich mehreren Teilantrieben gemeinsam. Durch eine Regelung hält man die Spannung dieses Ankernetzes oder auch die Drehzahl eines zum Leitantrieb bestimmten Motors konstant (vgl. *Bild* 5). Bei der Auswahl der Verstärker gibt es keine Gesichtspunkte, die für Regelungen der Folgeantriebe allein charakteristisch wären. Es ist lediglich zu verlangen, daß sie als Ausgangsgröße Gleichstrom liefern, da für den Folgeantrieb hier nur Gleichstrommotoren in Betracht gezogen werden sollen. Es können Verstärker auf elektronischer Grundlage (Stromrichter, Röhren, Transistoren), Magnetverstärker, elektrische Maschinen oder Kombinationen aller Varianten verwendet werden.

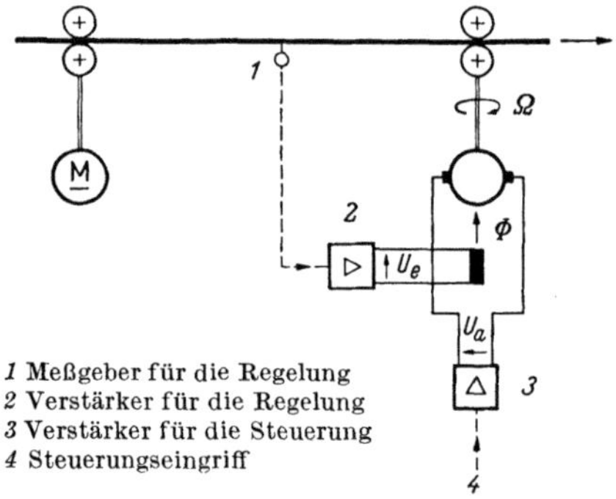

1 Meßgeber für die Regelung
2 Verstärker für die Regelung
3 Verstärker für die Steuerung
4 Steuerungseingriff

Bild 8. Einzelregelkreis eines Folgeantriebes

6. Anfahren und Stillsetzen

Die Durchsicht der Beispiele in Abschnitt B zeigt, daß in der Mehrzahl aller Fälle Anfahren und Stillsetzen nicht in den eigentlichen Arbeitsprozeß einbezogen sind. Nur da, wo das Arbeitsgut eine begrenzte Länge hat und zudem das Einführen nur aus dem Stillstand heraus möglich ist, hat die Dynamik der Folgeantriebe für das Anfahren und Stillsetzen Bedeutung[1]. Auch bei durchlaufender Betriebsweise muß zwar im Lauf mit dem Arbeitsgut die Geschwindigkeit zuweilen verändert werden. Aber man kann dabei die Beschleunigung oder Verzögerung so klein wählen, daß die Auswirkungen solcher Gleichgewichtsstörungen auf die Regelungen des

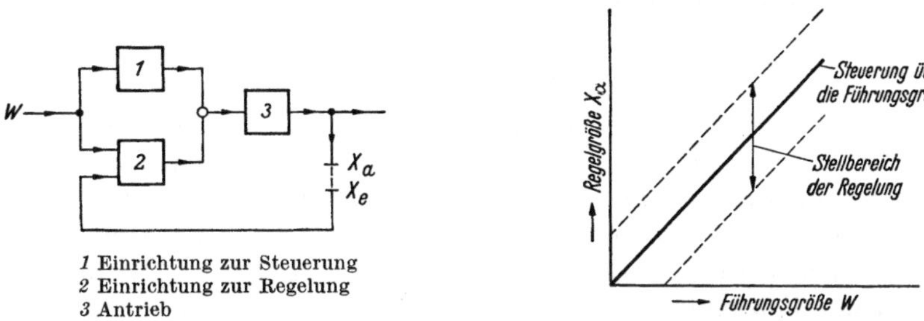

a) Blockschaltplan b) Aufteilung der Steuerungsbereiche

Bild 9. Kombination von Steuerung und Regelung

Folgeantriebes klein bleiben. Zudem kombiniert man nach *Bild* 9 Steuerung und Regelung und entlastet dadurch die Regelung bei großen Änderungen der Führungsgröße. Bei Folgeantrieben mit gemeinsamem Ankerspannungsnetz werden über die Spannung dieses Netzes die Grunddrehzahlen aller Motoren in weitem Bereich gehoben und gesenkt. Der Regelung der Teilantriebe bleibt dann nur ein kleiner Bereich überlassen.

Die Anwendung des Verfahrens setzt also zwei Steuergrößen voraus, z. B. die Ankerspannung zur Steuerung im Gesamtbereich und die Erregerspannung für die Regelung im Teilbereich. Mitunter legt man auch den Anker jedes einzelnen Teilmotors in Reihe mit einer Zusatzmaschine (Booster) an das gemeinsame Netz und läßt über deren Erregung die Einzelregelung auf die Ankerspannung des Motors einwirken.

Als Energiequellen für das Ankernetz werden sowohl Leonardumformer als auch gittergesteuerte Gleichrichter verwendet. Werden Gleichrichter nur für die normale Energierichtung vorgesehen, so sind generatorische Ströme allenfalls innerhalb des Antriebes, nicht aber insgesamt möglich. Schnelles Herabsteuern des Gleichrichters kommt deshalb seiner Abschaltung gleich. Der Antrieb läuft dabei entsprechend seiner Schwungmasse und dem Belastungsmoment aus. Bei Folgeantrieben mit der Drehzahl als Regelgröße und der Motorerregerspannung als Steuergröße ergeben sich in diesem Fall einige Besonderheiten: Bei gegebenem Motorfeld stellt sich am auslaufenden Motor eine Ankerspannung entsprechend seiner Drehzahl ein. Ist die Ankerspannung selbst oder eine ihr proportionale Spannung Führungsgröße für die Drehzahlregelung, so wird durch diese das Ver-

[1] Vgl. *Bild* 13.

hältnis zwischen Anker- und Tachospannung und damit das Motorfeld konstant gehalten. Bei ungebundener Führungsgröße kann es zum Durchsteuern der Regelung im einen oder anderen Sinne kommen. Wird dabei das Feld verstärkt, so gibt es Überspannungen am Anker. Wird das Feld geschwächt, so kann bei nur teilweise herabgesteuertem Gleichrichter die sinkende Ankerspannung das Spannungsniveau des Gleichrichters erreichen. Dann springt der Strom wieder an, und es gibt heftige Stöße. Möglichst genaue Proportionalität zwischen Führungsgröße und Ankernetzspannung ist also bei derartigen Antrieben notwendig.

D. Grundzüge der Regeldynamik der Folgeantriebe

1. Allgemeines

Bei Störungen des Gleichgewichtszustandes, z. B. durch Änderung der Arbeitsgeschwindigkeit oder der Belastung der Teilantriebe, werden am Folgeantrieb dynamische Vorgänge ausgelöst. Es ist Aufgabe der Regelungen, hierbei das Arbeitsgut an den Verbindungsstellen vor unzulässigen Beanspruchungen zu schützen. Das müssen die Einzelregelkreise (Beispiel *Bild* 8) gewährleisten, aus denen sich der Folgeantrieb zusammensetzt. Diese sind aber nicht unabhängig voneinander. Es bestehen elektrische Kopplungen, z. B. über eine gemeinsame Energiequelle. Von größerer Bedeutung aber sind mechanische Kopplungen durch das Arbeitsgut, wobei dessen technologische Eigenschaften in die Untersuchung einzubeziehen sind. Elastische oder plastische Formänderung des Arbeitsgutes an den Übergangsstellen z. B. erschwert die Analyse der dynamischen Vorgänge. Immer aber haben die Grenzfälle des *freien* und des *gefesselten Antriebes* zur Orientierung Bedeutung. Sie werden im folgenden untersucht. Es ist dabei zunächst nach dem dynamischen Verhalten des ungeregelten Antriebes bei Steuerungseingriffen und Belastungsänderungen zu fragen. Dann können die Einzelregelkreise untersucht werden. Mit diesen Elementen lassen sich Problemstellungen in Angriff nehmen, die das Zusammenspiel mehrerer geregelter Teilantriebe im Folgeantrieb betreffen. Hierbei ist aber in der Praxis die Hilfe von Rechenmaschinen, insbesondere von Analogiegeräten, unerläßlich. Blockschaltpläne bilden die Grundlage für die Lösung der Aufgaben.

2. Der ungeregelte Antrieb

a) Der freie Antrieb

Die folgenden Entwicklungen fußen auf den Grundgleichungen für den fremderregten Gleichstrommotor im Kapitel 27, „Elektromotoren". Es werden nur kleine Abweichungen der Größen von den stationären Werten betrachtet und Größen vernachlässigt, die klein sind von höherer Ordnung. Das Verhalten des Antriebes sei durch folgende Daten bestimmt:

$T_a = \frac{L_a}{R_a}$ Ankerzeitkonstante

$T_e = \frac{k_e w_e^2}{R_e}$ Erregerzeitkonstante

$T_r = \frac{k_e w_a^2}{R_a}$	Reihenerregerzeitkonstante
$T_m = \frac{\Theta R_a}{(k_a \Phi_s)^2} = \frac{\Theta \Omega_s}{M_{ds}} \frac{\varepsilon_{as}}{1-\varepsilon_{as}} = T_{ms} \frac{\varepsilon_{as}}{1-\varepsilon_{as}}$	Mechanische Anlaufzeitkonstante
$\varepsilon_{as} = \frac{I_{as} R_a}{U_{as}}$	Normierte Drehzahländerung, identisch mit der normierten ohmschen Spannungsänderung im Ankerkreis
$\varepsilon_{rs} = \frac{I_{as} \Omega_s k_a k_e w_a}{U_{as}}$	Normierte Drehzahländerung, identisch mit der normierten Spannungsänderung im Ankerkreis, herrührend vom Einfluß des Ankerstromes auf das Erregerfeld
$\frac{\Phi_{rs}}{\Phi_s} = \frac{I_{as} k_e w_a}{\Phi_s} = \frac{\varepsilon_{rs}}{1-\varepsilon_{as}}$	Verhältnis des vom Ankerstrom herrührenden Flußanteils zum Gesamtfluß
$\frac{\Phi_{es}}{\Phi_s} = \frac{I_{es} k_e w_e}{\Phi_s}$	Verhältnis des vom Erregerstrom herrührenden Flußanteils zum Gesamtfluß

Gesucht ist der Verlauf der Drehzahländerung $\omega = (\Omega - \Omega_s)/\Omega_s$ bei Änderung der Steuergrößen $u_a = (U_a - U_{as})/U_{as}$ und $u_e = (U_e - U_{es})/U_{es}$ sowie der des Belastungsmomentes $m_w = (M_w - M_{ws})/M_{ws}$. Man erhält dafür die in der Tabelle 2 zusammengestellten Frequenzgänge. Im Zusammenhang mit Antriebsregelungen hat ω/m_w immer die Bedeutung eines Störfrequenzganges; ω/u_a und ω/u_e treten meist als Stellfrequenzgänge, zuweilen aber auch als Störfrequenzgänge auf.

Meistens liegt keine Notwendigkeit vor, alle im allgemeinen Ansatz vorkommenden Einflußgrößen zugleich zu berücksichtigen. Bald ist der Einfluß der einen, bald der der anderen größer, so daß man zu Vereinfachungen berechtigt ist. Bei Steuerung der Motordrehzahl sind, je nach Steuergröße, ungleiche Vernachlässigungen möglich. Ist die Ankerspannung Steuergröße, so wird häufig mit vollem Erregerfeld gearbeitet. Einflüsse des Ankerstromes auf das Feld können sich dabei weniger auswirken. Die Kopplung zwischen Anker- und Erregerkreis ist dann schwach, so daß in den Grundgleichungen alle Glieder mit w_r und T_e weggelassen werden können. Damit erhält man aus Tabelle 2, Fall 1, für den Stellfrequenzgang bei Steuerung der Drehzahl über die Ankerspannung:

$$\frac{\omega}{u_a} = \frac{1}{1-\varepsilon_{as}} \frac{1}{1 + T_m p + T_m T_a p^2} \tag{8}$$

Tabelle 2. *Frequenzgänge des freien Antriebes*

Fall	Art	Gleichung
1	Drehzahl / Ankerspannung	$\frac{\omega}{u_a} = \frac{1}{1-\varepsilon_{as}} \left(1 + \frac{\varepsilon_{rs}}{1-\varepsilon_{as}} + T_e p\right) \frac{1}{Z(p)}$
2	Drehzahl / Erregerspannung	$\frac{\omega}{u_e} = -\frac{\Phi_{es}}{\Phi_s} \left[1 - \frac{\varepsilon_{as}}{1-\varepsilon_{as}} + \left(\frac{\varepsilon_{as}}{\varepsilon_{rs}} T_r - \frac{\varepsilon_{as}}{1-\varepsilon_{as}} T_a\right) p\right] \frac{1}{Z(p)}$
3	Drehzahl / Belastungsmoment	$\frac{\omega}{m_w} = -\frac{\varepsilon_{as}}{1-\varepsilon_{as}} \left[1 + \frac{\varepsilon_{rs}}{\varepsilon_{as}} + (T_a + T_e + T_r) p + T_a T_e p^2\right] \frac{1}{Z(p)}$

In allen diesen Fällen ist: $Z(p) = 1 + \frac{\varepsilon_{rs}}{1-\varepsilon_{as}} + \left[T_e + \left(1 + \frac{\varepsilon_{rs}}{\varepsilon_{as}}\right) T_m\right] p +$
$+ (T_m T_e + T_m T_a + T_m T_r) p^2 + T_m T_e T_a p^3$

Der Nenner hat die Wurzeln:

$$p_{1,2} = -\frac{1}{2T_a} \pm \frac{1}{2T_a}\sqrt{\frac{T_m - 4T_a}{T_m}} \tag{9}$$

Nur bei $T_a > T_m/4$ sind Schwingungen möglich, die zudem immer gedämpft verlaufen. Ist $T_a \ll T_m$, so wird:

$$p_1 \approx -\frac{1}{T_a}; \quad p_2 \approx -\frac{1}{T_m} \tag{10}$$

Bei Steuerung der Drehzahl über die Erregerspannung wird das Erregerfeld mitunter stark geschwächt, so daß der Einfluß des Ankerstromes auf das Feld nicht mehr zu vernachlässigen ist. Dafür wird in diesem Fall von den induktiven Spannungen im Ankerkreis abgesehen. Aus Tabelle 2, Fall 2, folgt mit $T_a = 0$ und $T_r = 0$ für den Stellfrequenzgang bei Steuerung der Drehzahl über die Erregerspannung:

$$\frac{\omega}{u_e} = -\frac{\frac{\Phi_{es}}{\Phi_s}\left(1 - \frac{\varepsilon_{as}}{1-\varepsilon_{as}}\right)}{1 + \frac{\varepsilon_{rs}}{1-\varepsilon_{as}} + \left[T_e + \left(1 + \frac{\varepsilon_{rs}}{\varepsilon_{as}}\right)T_m\right]p + T_m T_e p^2} \tag{11}$$

Der im Nenner stehende Ausdruck wird Null für:

$$p_{1,2} = \nu_0\left(-\varrho \pm \sqrt{\varrho^2 - 1}\right) \tag{12}$$

Dabei bedeuten ν_0 die Eigenfrequenz des ungeregelten Antriebes und ϱ die Dämpfungsziffer. Es ist:

$$\nu_0 = \sqrt{\frac{1 + \frac{\varepsilon_{rs}}{1-\varepsilon_{as}}}{T_m T_e}} \tag{13}$$

$$\varrho = \frac{1}{2}\,\frac{\frac{1}{T_m} + \frac{1}{T_e}\left(1 + \frac{\varepsilon_{rs}}{\varepsilon_{as}}\right)}{\nu_0} \tag{14}$$

Bei $\varrho = 0$ würde der Motor ungedämpft mit seiner Eigenfrequenz schwingen. Es müßte dazu $1 + \varepsilon_{rs}/\varepsilon_{as} = -T_e/T_m$ werden. Das bedeutet im stationären Lauf einen Drehzahlanstieg im Betriebspunkt mit der Belastung. Motoren mit solchem Beharrungsverhalten sind nicht selten. Sie erschweren naturgemäß die Stabilisierung der Regelungen.

Auf Grund der vorhergehenden Betrachtung über die wechselnde numerische Bedeutung der verschiedenen Einflußgrößen darf man dem Stellfrequenzgang, unabhängig von der Wahl der Steuergröße, zumeist die folgende Form geben:

$$F_y = \frac{b_0}{a_0 + a_1 p + a_2 p^2} \tag{15}$$

Es ist mitunter vorteilhaft, zunächst formal mit diesem Ausdruck zu rechnen und dann erst Werte für die Konstanten entsprechend der Entscheidung für eine der beiden Steuergrößen einzuführen. Wenn man beim Stellfrequenzgang die eine oder die andere Einflußgröße vernachlässigt, so ist das natürlich sinngemäß auch beim Störfrequenzgang zu tun.

b) Der gefesselte Antrieb

Liegt die Arbeitsgeschwindigkeit unveränderlich fest, so ist beim gefesselten Antrieb eine Drehzahländerung nicht möglich. Eine Änderung der Steuergrößen kann also nur eine Änderung des Ankerstromes $i_a = (I_a - I_{as})/I_{as}$ bzw. des Belastungsmomentes $m_w = (M_w - M_{ws})/M_{ws}$ zur Folge haben. In der Tabelle 3 sind hierfür unter Fall 1 bis 4 die Frequenzgänge angegeben.

Tabelle 3. *Frequenzgänge des gefesselten Antriebes*

Fall	Art	Gleichung
1	Ankerstrom / Ankerspannung	$\frac{i_a}{u_a} = \frac{1}{\varepsilon_{as}}(1 + T_e p)\frac{1}{Z(p)}$
2	Ankerstrom / Erregerspannung	$\frac{i_a}{u_e} = -\frac{\Phi_{es}}{\Phi_s}\frac{1-\varepsilon_{as}}{\varepsilon_{as}}\left(1 + \frac{\varepsilon_{as}}{\varepsilon_{rs}} T_r p\right)\frac{1}{Z(p)}$
3	Belastungsmoment / Ankerspannung	$\frac{m_w}{u_a} = \frac{1}{\varepsilon_{as}}\left(1 + \frac{\varepsilon_{rs}}{1-\varepsilon_{as}} + T_e p\right)\frac{1}{Z(p)}$
4	Belastungsmoment / Erregerspannung	$\frac{m_w}{u_e} = -\frac{\Phi_{es}}{\Phi_s}\left[\frac{1-\varepsilon_{as}}{\varepsilon_{as}} - 1 + \left(\frac{1-\varepsilon_{as}}{\varepsilon_{rs}} T_r - T_a\right) p\right]\frac{1}{Z(p)}$
5	Ankerstrom / Drehzahl	$\frac{i_a}{\omega} = -\frac{1-\varepsilon_{as}}{\varepsilon_{as}}(1 + T_e p)\frac{1}{Z(p)}$
6	Belastungsmoment / Drehzahl	$\frac{m_w}{\omega} = -\frac{1-\varepsilon_{as}}{\varepsilon_{as}}\left\{1 + \frac{\varepsilon_{rs}}{1-\varepsilon_{as}} + \left[T_e + \left(1 + \frac{\varepsilon_{rs}}{\varepsilon_{as}}\right) T_m\right] p + (T_m T_e + T_m T_a + T_m T_r) p^2 + T_m T_e T_a p^3\right\}\frac{1}{Z(p)}$

In allen diesen Fällen ist: $Z(p) = 1 + \frac{\varepsilon_{rs}}{\varepsilon_{as}} + (T_a + T_e + T_r) p + T_a T_e p^2$

Zuweilen unterliegt die Arbeitsgeschwindigkeit gegebenen Veränderungen. Der gefesselte Antrieb muß ihnen folgen, so daß erzwungene Drehzahländerungen entstehen. Es interessieren dann die Frequenzgänge i_a/ω und m_w/ω. Sie sind als Fall 5 und 6 in der Tabelle 3 enthalten.

Zur Beschreibung des Verhaltens des gefesselten Antriebes wurden durchweg Daten benutzt, die auch für den freien Zustand kennzeichnend sind und dabei gemessen werden können.

Im Abschnitt 4 wird auf die Einflüsse eingegangen, die die Maschineneigenschaften auf die Regelung des gefesselten Antriebes ausüben. Danach würden Vernachlässigungen wie beim freien Antrieb hier meist zu größeren Abweichungen von der Wirklichkeit führen.

Der gefesselte Antrieb hat im Gegensatz zum freien Antrieb weniger Freiheitsgrade und daher auch geringere Pendelneigung. Nach der Gleichung für $Z(p)$ in der Tabelle 3 kann es höchstens gedämpfte Schwingungen geben. Dafür aber kommt es zu einem Umkippen in einen unstabilen Zustand, wenn $1 + \varepsilon_{rs}/\varepsilon_{as}$ negativ wird.

Stabiler Betrieb ist also nur dann möglich, wenn in der im freien Zustand aufgenommenen Drehzahl-Drehmoment-Kennlinie die Drehzahl mit zunehmender Last sinkt.

Man findet darin eine allgemein gültige Regel über den Parallellauf starr gekuppelter Antriebe bestätigt.

3. Regelung des freien Antriebes

a) Regelung der Verbindungslänge (*Bild* 10)

Von den Regelungen, die mit dem freien Antrieb im Zusammenhang stehen, ist die der Verbindungslänge von besonderem Interesse (s. Beispiele im Abschnitt B). Technologische Einflüsse, wie Dehnung und Schrumpfung des Arbeitsgutes, sollen bei der Untersuchung nicht in Betracht gezogen werden. Dann entspricht die Geschwindigkeit des Arbeitsgutes unmittelbar vor und nach einer angetriebenen Walze deren Umfangsgeschwindigkeit. Diese wiederum ist der Drehzahl ihres Antriebes proportional.

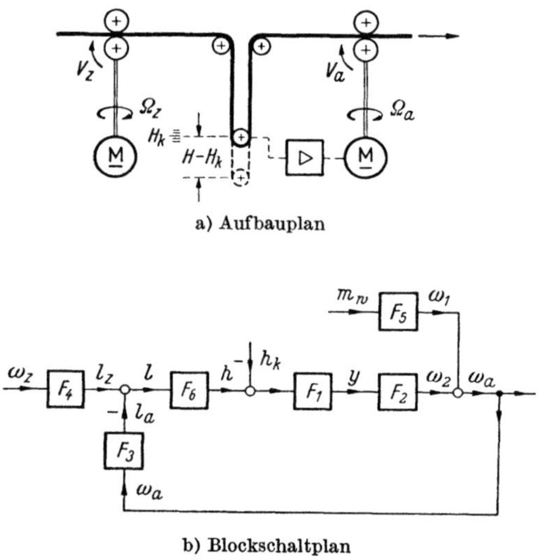

Bild 10. Regelung der Verbindungslänge

Das Arbeitsgut fließe der Verbindungsstelle mit der Geschwindigkeit V_z zu und mit V_a von ihr ab. Im betrachteten Zeitpunkt verbinde ein Stück des Arbeitsgutes von der Länge L die beiden Gruppen der Arbeitsmaschine. Im stationären Zustand sei $V_z = V_a = V_s$ und dieser Wert konstant, ferner $L = L_s$. Ein Punkt auf dem Arbeitsgut gehe auf dem Wege von der Länge L_s von einer Gruppe zur nachfolgenden in der Zeit $T_{üs}$ über. Damit ist $V_s = L_s/T_{üs}$. Im allgemeinsten Fall des nichtstationären Verhaltens sind V_z und V_a ungleich und von V_s verschieden. Es fließt in der Zeit $\mathrm{d}t$ die Länge $V_z\,\mathrm{d}t$ der Verbindungsstelle zu und $V_a\,\mathrm{d}t$ von ihr ab. Die Differenz dieser beiden Längen erscheint, von der Verbindungsstelle aus gesehen, als Veränderung $\mathrm{d}\,(L - L_s)$ der Verbindungslänge. Also ist:

$$\mathrm{d}\,(L - L_s) = V_z\,\mathrm{d}t - V_a\,\mathrm{d}t \tag{16}$$

Im Laufe der Zeit entsteht daraus die Änderung:

$$L - L_s = \int_0^t V_z\,\mathrm{d}t - \int_0^t V_a\,\mathrm{d}t \tag{17}$$

Die beiden Zeitintegrale stellen durchlaufende Längen dar, und sie wachsen daher mit der Zeit ständig weiter. Ihre Differenz, die Änderung der Verbindungslänge also, nimmt dagegen einen Festwert an, wenn nach vorübergehender Abweichung wieder $V_z = V_a$ ist. Bei diesem Vergleich besteht zunächst keine Beziehung zur absoluten Größe der Verbindungslänge, also zu den räumlichen Abmessungen der Verbindungsstelle. Die Länge L_s, um die sich Abweichungen vom stationären

Zustand vollziehen, wird im gegebenen Raum im wesentlichen durch die Stellung H des Meßgebers bestimmt. L_s legt sich dann beim Schließen des Regelkreises selbsttätig fest, da unter gegebenen Verhältnissen nur ein bestimmter Wert dieser Größe zum Gleichgewicht führt.

Bei der Regelung der Verbindungslänge liegen also zwei Vergleiche in Kaskade. Beim ersten ist die der Verbindungsstelle zulaufende Länge des Arbeitsgutes Vergleichsgröße. Beim zweiten wird durch den Einbauort des Meßgebers der Sollwert der Verbindungslänge räumlich festgelegt. Eine Regelung entsprechend diesem festen Sollwert gewährleistet dann zugleich eine Anpassung der Verbindungslänge an Schwankungen der Geschwindigkeit des zulaufenden Arbeitsgutes.

Zur rechnerischen Untersuchung der Regelung normieren wir:

$$l = (L - L_s)/L_s; \quad \omega = (\Omega - \Omega_s)/\Omega_s$$

Damit folgt aus Gl. (17):

$$l = l_z - l_a = \frac{1}{T_{us}} \int_0^t \omega_z \,\mathrm{d}t - \frac{1}{T_{us}} \int_0^t \omega_a \,\mathrm{d}t \tag{18}$$

Hieraus ergeben sich die Frequenzgänge:

$$\frac{l_z}{\omega_z} = \frac{1}{T_{us}\, p} \quad \text{bzw.} \quad \frac{l_a}{\omega_a} = \frac{1}{T_{us}\, p} \tag{19}$$

Aus dem Aufbauschema *Bild* 10a ist der Blockschaltplan *Bild* 10b entwickelt. Sollwertänderungen h_k werden ausgeschlossen. Die Unterscheidung zwischen l und h wird unterdrückt, da $F_6 = 1$ ist. Ferner werden die Belastungsänderungen m_w berücksichtigt. Damit liest man aus *Bild* 10b die folgende Beziehung für den geschlossenen Regelkreis ab:

$$l = l_z - l_a = l_z - (l F_1 F_2 + m_w F_5) F_3 \tag{20}$$

Daraus folgt:

$$l = \frac{l_z - m_w F_5 F_3}{1 + F_1 F_2 F_3} \tag{21}$$

Man erkennt den Zusammenhang mit allgemein gültigen Gesetzen der Regelungstechnik. Der Zähler der Gl. (21) enthält die Störgrößen. Der Nenner hat die Form $1 + F_A$, wobei $F_A = F_1 F_2 F_3$ den Frequenzgang des aufgeschnittenen Regelkreises bedeutet. Die Gleichung $1 + F_A = 0$ liefert demnach die Eigenwerte des Regelvorganges.

Um hieraus auf das dynamische Verhalten der Regelung schließen zu können, muß man den Frequenzgängen bestimmte Angaben zugrunde legen. Die einfachste Voraussetzung für F_1 ist verzögerungsfreie Übertragung zwischen Meßgeber und Stellgröße, also

$$F_1 = \frac{y}{l} = V_1 \tag{22}$$

Diese Annahme trifft in vielen Fällen zu. F_2 ist der Stellfrequenzgang des Motors. Je nach Wahl der Steuergröße ist F_2 als ω/u_a oder als ω/u_e der Tabelle 2 zu entnehmen. Läßt man die Entscheidung für eine der beiden Stellgrößen offen, so gilt mit den unter 2a begründeten Vereinfachungen für den Stellfrequenzgang formal Gl. (15). Somit ist:

$$F_2 = \frac{\omega_2}{y} = F_y = \frac{b_0}{a_0 + a_1 p + a_2 p^2} \tag{23}$$

Dieser Teil des Regelkreises hat die Verstärkung

$$V_2 = \frac{b_0}{a_0} \tag{24}$$

Man entnimmt

$$F_3 = \frac{l_a}{\omega_a} = \frac{1}{T_{\ddot{u}s}\, p} \tag{25}$$

der Gl. (19), definiert als Gesamtverstärkung

$$V = V_1 V_2 = V_1 \frac{b_0}{a_0} \tag{26}$$

und erhält für den Frequenzgang des aufgeschnittenen Regelkreises:

$$F_A = F_1 F_2 F_3 = \frac{V}{T_{\ddot{u}s}} \frac{1}{p} \frac{a_0}{a_0 + a_1 p + a_2 p^2} \tag{27}$$

Es liegt also eine integrale Regelung vor. Wir können sie durch die Zeitkonstante $T_i = T_{\ddot{u}s}/V$ kennzeichnen, jedoch mit der Besonderheit, daß sich $T_{\ddot{u}s}$ zwangsläufig umgekehrt proportional der Arbeitsgeschwindigkeit ändert. Das dynamische Verhalten wird daher je nach Arbeitsgeschwindigkeit ein anderes ein. Das geht deutlich aus dem Verlauf der Stabilitätsgrenze hervor. Aus der Gleichung $1 + F_A = 0$ für die Eigenwerte des Regelvorganges ergibt sich der kritische Wert

$$\frac{1}{(T_i)_k} = \left(\frac{V}{T_{\ddot{u}s}}\right)_k = \frac{a_1}{a_2} \tag{28}$$

der nicht überschritten werden darf; a_1/a_2 bestimmt die Dämpfung des ungeregelten Antriebes. Je größer diese ist, um so kleiner darf die Zeitkonstante T_i, um so schneller also die Regelung sein. Bei einem an sich schon unstabilen Antrieb ist daher eine Regelung in der vorliegenden Art nicht möglich. Die Arbeitsgeschwindigkeit wirkt nicht nur über $T_{\ddot{u}s}$, sondern auch über V auf T_i ein. Aber nur der erste Einfluß ist für die Regelung der Verbindunglänge kennzeichnend. Der andere geht in jede Drehzahlregelung ein. Zur Abschätzung des Einflusses der Arbeitsgeschwindigkeit auf V muß man nach Gl. (26) auf V_1 und V_2 zurückgehen. Nach den Gl. (8) bzw. (11) ist $V_2 = b_0/a_0 \approx 1$ bzw. $\approx -\Phi_{es}/\Phi_s$, wenn man sich auf Drehzahlbereiche mit ε_{as} bzw. $\varepsilon_{rs} \ll 1$ beschränkt. V_2 ist somit weitgehend unabhängig von der Arbeitsgeschwindigkeit. $V_1 = y/l$ kann sich nur mit der bezogenen Steuergröße y ändern. Dieser Verhältniswert liegt fest, wenn, wie in *Bild* 8, die Regelung über das Motorfeld erfolgt. Das dynamische Verhalten wird dann im wesentlichen durch $T_{\ddot{u}s}$ bestimmt, so daß es sich beim Hochfahren der Stabilitätsgrenze nähert. Ein Fall ähnlich *Bild* 9 liegt vor, wenn über die Ankerspannung hochgesteuert und über Zusatzmaschinen im Ankerkreis geregelt wird. Dann liegt der Stellbereich der Regelung in seinem Absolutwert fest. Der Bezugswert für die Stellgröße, die Ankerspannung, nimmt dagegen proportional mit der Arbeitsgeschwindigkeit zu, der bezogene Wert y also ab. Damit nimmt V_1 ebenso wie $T_{\ddot{u}s}$ mit steigender Arbeitsgeschwindigkeit ab, so daß T_i und damit der Abstand von der Stabilitätsgrenze unverändert bleibt.

Der Regelung der Verbindungslänge ist die Gleichlaufregelung mit Differentialen nahe verwandt. Setzt man die Stelle der Änderung der Verbindungslänge die des Drehwinkels des Antriebes gegenüber einem Leitantrieb und an die Stelle der Arbeitsgeschwindigkeit die Leitdrehzahl, so ist das dynamische Verhalten der beiden Einzelregelkreise gleichartig. Die Unterschiede treten erst dann hervor, wenn man den Folgeantrieb als Ganzes betrachtet und dabei die technologisch so wichtige Führung durch das Arbeitsgut beachtet.

Grundsätzlich folgt jede Drehzahlregelung unter der Voraussetzung eines idealisierten integralen Reglers und bei gleicher Regelstrecke den gleichen dynamischen Gesetzen wie die Gleichlaufregelung mit Differentialen. Aber ihre Zeitkonstante T_i ist bei gegebener Gesamtverstärkung unabhängig von der Arbeitsgeschwindigkeit. Hinsichtlich der Endabweichung der Drehzahl ist im Prinzip die Regelung mit Drehwinkelvergleich genauer als die mit Drehzahlvergleich. Der Unterschied kann aber in der Praxis gering sein. Einerseits bringen nämlich die beim Drehwinkelvergleich notwendigen mechanischen Sollwertgeber (vgl. *Bild* 7) durch ihren Schlupf Fehler mit sich; andererseits gibt es Mittel, um die Genauigkeit von Drehzahlmessungen weitgehend zu steigern.

b) Überlagerung der Regelgrößen Verbindungslänge und Drehzahl

Nach den bisherigen Überlegungen hat die Regelung der Verbindungslänge zwar in technologischer Hinsicht günstige Eigenschaften, nicht aber in dynamischer. Man kann jedoch das dynamische Verhalten durch Überlagerung der Regelgrößen Verbindungslänge und Drehzahl wesentlich verbessern. Als Basis dient nach dem Schema *Bild* 11a eine Regelung des Drehzahlverhältnisses der beiden aufeinanderfolgenden Antriebe. In den Vergleich der Tachospannungen fügt man eine vom Meßgeber der Verbindungslänge gesteuerte Führungsspannung ein. Diese bestimmt letztlich die Drehzahl des geregelten Antriebes. Man sieht daher die Verbindungslänge als übergeordnete und die Drehzahl als untergeordnete Regelgröße an. Die funktionellen Zusammenhänge sind im Blockschaltplan *Bild* 11b dargestellt. Danach werden die l- und ω-Einflüsse zuerst zur Dosierung über möglichst verzögerungsfreie Glieder geführt und dann als l^* und ω^* in der Summierungsstelle vereinigt. Es sei:

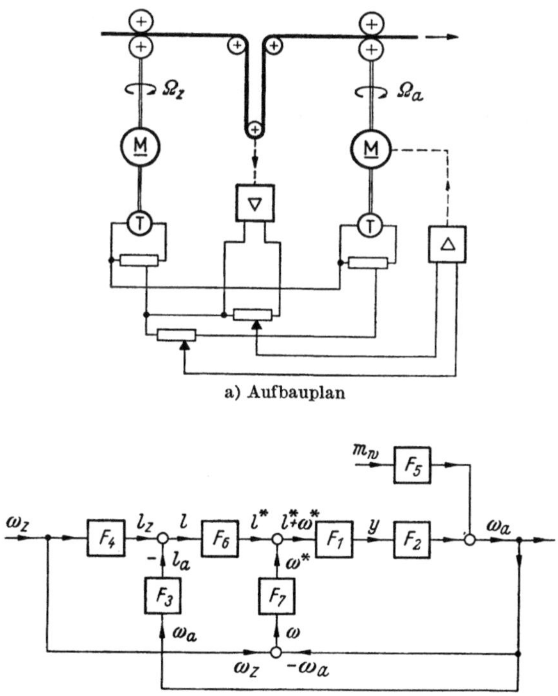

a) Aufbauplan

b) Blockschaltplan

Bild 11. Überlagerung der Regelgrößen Verbindungslänge und Drehzahl

$$F_6 = \frac{l^*}{l} = K_l; \quad F_7 = \frac{\omega^*}{\omega} = K_\omega \tag{29}$$

Diese Dosierungsfaktoren K_l und K_ω sollen zwischen 0 und 1 einstellbar sein. Dem *Bild* 11b läßt sich die folgende Bedingung für den geschlossenen Regelkreis entnehmen:

$$l = l_z - l_a = l_z - [(lF_6 + \omega F_7)F_1 F_2 + m_w F_5]F_3 \tag{30}$$

Auf Grund der Gl. (18) und (19) kann man $\omega = \omega_z - \omega_a = l/F_3$ setzen. Also ist:

$$l = \frac{l_z - m_w F_5 F_3}{1 + F_6 F_1 F_2 F_3 + F_7 F_1 F_2} \tag{31}$$

Zur Auswertung dieses allgemeinen Ergebnisses lassen sich die gleichen speziellen Annahmen machen wie bei der Untersuchung der Regelung der Verbindungslänge. Beachtet man auch Gl. (29), so ergibt sich aus dem Nenner der Gl. (31) für den Frequenzgang des aufgeschnittenen Regelkreises:

$$F_A = \left(\frac{K_l}{T_{\ddot{u}s}\,p} + K_\omega\right) V \frac{a_0}{a_0 + a_1 p + a_2 p^2} \tag{32}$$

Mit K_l und K_ω kann man die Einflüsse der überlagerten Regelgrößen zwischen den Grenzfällen der reinen l-Regelung ($K_\omega = 0$) und der reinen ω-Regelung ($K_l = 0$) verändern.

Nach Gl. (32) liegt PI-Verhalten und Verzögerung 2. Ordnung vor, so daß entsprechende dynamische Eigenschaften zu erwarten sind. Es folgt aus $1 + F_A = 0$ an der Stabilitätsgrenze:

$$\left(\frac{K_l V}{1 + K_\omega V}\,\frac{1}{T_{\ddot{u}s}}\right)_k = \frac{a_1}{a_2} \tag{33}$$

Macht man die Kreisverstärkung der Drehzahlregelung $K_\omega V \gg 1$, so ist

$$\left(\frac{K_l}{K_\omega}\right)_k \approx \frac{a_1}{a_2} T_{\ddot{u}s} \tag{34}$$

d.h., bei gegebener Arbeitsgeschwindigkeit und Dämpfung des ungeregelten Antriebes, gibt es ein kritisches Verhältnis der Dosierungsfaktoren, das zur Instabilität führt. Die der l- und der $(l + \omega)$-Regelung gemeinsame Gesamtverstärkung V aber ist erst nach Erfüllung der Bedingung $K_\omega V \gg 1$ frei wählbar. Zu beachten ist dabei, daß trägheitslose Verstärkung vorausgesetzt wird.

c) Endabweichung der Verbindungslänge, Drehzahlregelfläche

Nach dem Vorhergehenden ist die Regelung der Verbindungslänge als integral zu bezeichnen. Störungen, die ohne Regelung im Endzustand zu einem anderen Beharrungswert der Verbindungslänge führen würden, werden daher ohne Rest ausgeregelt. Häufiger aber sind hier Störungen, die ohne Regelung eine bleibende Geschwindigkeitsänderung und damit nach Gl. (17) eine mit der Zeit ständig wachsende Längenänderung zur Folge hätten. Nach dem Blockschaltplan *Bild* 10b führt z.B. eine Belastungsänderung m_w am geregelten Antrieb zur Drehzahländerung $m_w F_5$ und zur Änderung der Verbindungslänge $m_w F_5 F_3$.

Der Frequenzgang F_5 wird als ω/m_w der Tabelle 2 entnommen. Damit ergibt sich ein der Gl. (15) für F_y entsprechender Ausdruck, wenn man sich die gleichen Vernachlässigungen wie dort erlaubt:

$$\frac{\omega}{m_w} = \frac{c_0 + c_1 p}{a_0 + a_1 p + a_2 p^2} \tag{35}$$

Setzt man F_3 aus Gl. (25), F_5 aus Gl. (35), F_A aus Gl. (27) in Gl. (21) ein und beachtet die Tabelle 2, so ergibt sich für $p \to 0$ die Endabweichung der Verbindungslänge nach einer sprunghaften Belastungsänderung zu:

$$[l]_{t\to\infty} = -m_w \frac{c_0}{V a_0} = +m_w \frac{1}{V} \frac{\varepsilon_{as} + \varepsilon_{rs}}{1 - \varepsilon_{as} + \varepsilon_{rs}} \tag{36}$$

Trotz integraler Regelung entsteht also eine bleibende Regelabweichung, weil auch die Störung im vorliegenden Fall integrales Verhalten aufweist.

Führt man die Drehzahl als zusätzliche Regelgröße ein, so tritt im Ausdruck Gl. (36) für die Endabweichung der Verbindungslänge lediglich $K_l V$ an die Stelle von V. Der Unterschied gegenüber der Regelung der Verbindungslänge ohne die Drehzahl als zusätzliche Regelgröße wird erst dann als wesentlich erkennbar, wenn man nach Gl. (28) und (33) für V den jeweils größtmöglichen, also kritischen Wert bestimmt. Dieser aber unterliegt nach Erfüllung der Bedingung Gl. (34) bei der $(l + \omega)$-Regelung keinen Beschränkungen. Es kann also bei der $(l + \omega)$-Regelung im Vergleich zur l-Regelung V groß und damit die Endabweichung der Verbindungslänge klein gemacht werden.

Nach Gl. (18) besteht zwischen der Drehzahlregelfläche und der Endabweichung der Verbindungslänge bei sprunghafter Belastungsänderung und $\omega_z = 0$ die Beziehung

$$\int_0^\infty \omega_a \, \mathrm{d}t = -T_{üs} [l]_{t\to\infty} \tag{37}$$

Wird also statt der Verbindungslänge ersatzweise die Drehzahl als Regelgröße gewählt, so kann zur Beurteilung der Regelung die Drehzahlregelfläche herangezogen werden.

Zahlenbeispiel. Es sei die Erregerspannung als Stellgröße gewählt, so daß ω/u_e der Gl. (11) entnommen werden kann. Es sei z.B. $\varepsilon_{as} = 0{,}05$; $\varepsilon_{rs} = -0{,}02$; $T_e = 0{,}5$ s; $T_m = 1$ s. Dann wird $a_1/a_2 = 2{,}2\ \mathrm{s}^{-1}$. Liegt eine l-Regelung vor mit z.B. $V_s = 5$ m/s, $L_s = 1$ m, also $T_{üs} = 0{,}2$ s, so würde die Stabilitätsgrenze bei $(V)_k = 0{,}44$ erreicht. Um eindeutig darunter zu bleiben, setzen wir $V = 0{,}2$. Eine Erhöhung der Belastung um z.B. $m_w = 1$ würde dann nach Gl. (36) im Endzustand zu einer Zunahme der Verbindungslänge um 0,1613 m führen. Die Drehzahlregelfläche betrüge nach Gl. (37) $-$ 0,0323 s $= -3{,}23\%$ s. Bei einer $(l+\omega)$-Regelung dürfte nach Gl. (34) das Verhältnis der Dosierungsfaktoren den kritischen Wert $(K_l/K_\omega)_k = 0{,}44$ nicht überschreiten. Bei Einhaltung dieser Bedingung und Erfüllung der Voraussetzung $K_\omega V \gg 1$ ließe sich die Endabweichung der Verbindungslänge beliebig klein halten.

d) Ausbreitung von Störungen

Es soll ein Folgeantrieb nach Schema *Bild* 12a betrachtet werden. Änderungen der Verbindungslänge zwischen je zwei Teilantrieben werden dabei dem jeweils an der Laufrichtung folgenden Antrieb zur Ausregelung mitgeteilt. Störungen an irgendeiner Stelle müssen sich daher über das Arbeitsgut in dessen Laufrichtung ausbreiten. Diejenigen Antriebe aber, die im Arbeitsprozeß vorangehen, bleiben von der Gleichgewichtsstörung unberührt. Im *Bild* 12 wurde angenommen, daß die Störung durch sprunghafte Änderung des Belastungsmomentes am Antrieb (*0*) eingeleitet werde. Mit den Bezeichnungen des Blockschaltplanes *Bild* 12b ergibt sich

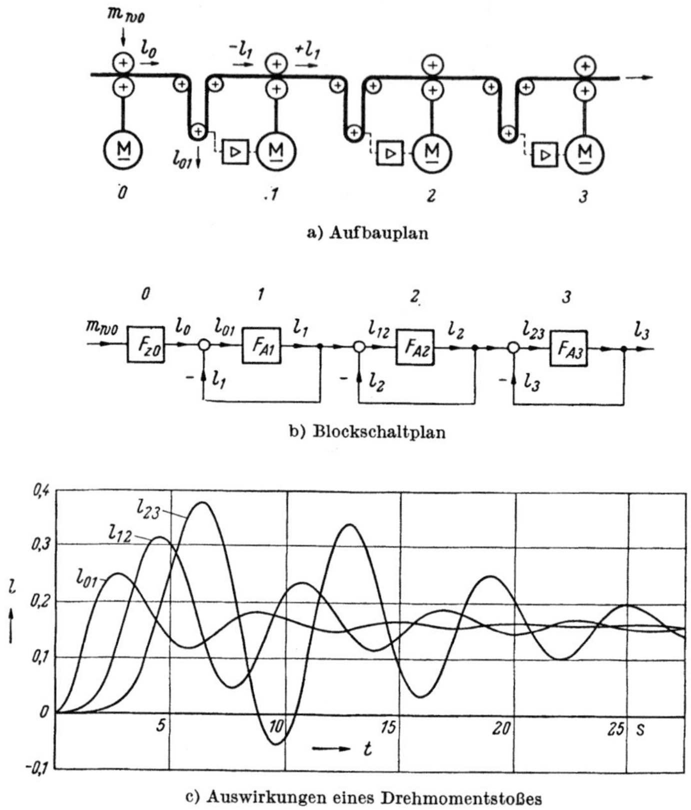

Bild 12. Ausbreitung von Störungen in einem Folgeantrieb

auf Grund von Gl. (18) an der Stelle (*0*–*1*) die Änderung der Verbindungslänge: $l_{01} = l_0 - l_1$. Dabei ist $l_0 = m_{w0} F_{z0}$ durch die Belastungsänderung am Antrieb (*0*) und $l_1 = l_{01} F_{A1}$ durch das Eingreifen der Regelung am Antrieb (*1*) entstanden. Somit wird:

$$l_{01} = \frac{m_{w0} F_{z0}}{1 + F_{A1}} \tag{38}$$

Eine Änderung l_1 durch den Antrieb (*1*) wirkt sich an der Verbindungsstelle (*1*–*2*) zwar in gleicher Größe, aber mit entgegengesetztem Vorzeichen aus wie an der Stelle (*0*–*1*), also ist $l_{12} = l_1 - l_2$. Mit $l_2 = l_{12} F_{A2}$ wird:

$$l_{12} = \frac{l_1}{1 + F_{A2}} = l_{01} \frac{F_{A1}}{1 + F_{A2}} \tag{39}$$

usw.

Zahlenbeispiel. Um zu bestimmten Aussagen zu gelangen, nimmt man gleichartige Antriebe (*1*, *2*) usw. an. Auf jeden von ihnen wirke eine Regelung der Verbindungslänge mit dem gleichen Frequenzgang F_A. Der Antrieb (*0*) sei ungeregelt. Er werde sprunghaft entlastet, so daß seine Drehzahl im Anschluß an die Störung ansteigt. Mit $m_{w0} = -1$ und den Daten des Zahlenbeispiels aus Abschnitt D 3 c wird dann:

$$\left.\begin{aligned} l_{01} &= \frac{0{,}1613 + 0{,}134\,p}{1 + p + 1{,}12\,p^2 + 0{,}51\,p^3} \\ l_{12} &= l_{01}\,\frac{1}{1 + p + 1{,}12\,p^2 + 0{,}51\,p^3} \\ l_{23} &= l_{12}\,\frac{1}{1 + p + 1{,}12\,p^2 + 0{,}51\,p^3} \end{aligned}\right\} \qquad (40)$$

Zur Ermittlung des zeitlichen Verlaufes $l(t)$ der Änderungen der Verbindungslänge aus der Gl. (40) für $l(p)$ könnte man die mathematischen Verfahren heranziehen, die man bei der Untersuchung der Vorgänge in Kettenleitern anwendet. Im vorliegenden Fall wurde eine Integrieranlage benutzt. Diese zeichnete die in *Bild* 12c wiedergegebenen Vorgänge auf. Da auf Grund der Voraussetzungen der ungeregelte Antrieb (*0*) durch die Laständerung eine bleibende Drehzahländerung erfährt, müssen sich die folgenden Antriebe nacheinander an das neue Drehzahlniveau anpassen. Bei dieser Darstellung tritt die Drehzahl unmittelbar nicht in Erscheinung. Lediglich die Endabweichung der Verbindungslänge läßt Rückschlüsse auf die bleibende Drehzahländerung zu. Dieses Beispiel zeigt, wie nachteilig sich ungünstige dynamische Eigenschaften der Einzelregelkreise durch die Ausbreitung der Störungen auf den Folgeantrieb insgesamt auswirken können.

4. Regelung des gefesselten Antriebes

a) Regelung des Ankerstromes oder des Belastungsmomentes bei unveränderlicher Arbeitsgeschwindigkeit

Für die Regelung des gefesselten Antriebes kommen Ankerstrom und Zugkraft am Arbeitsgut als Regelgrößen in Betracht. Um die grundsätzlichen Eigenschaften einer solchen Regelung hervorzuheben, soll die Arbeitsgeschwindigkeit als unveränderlich angenommen und ein verzögerungsfreier P-Regler vorausgesetzt werden. Die Änderung des Zugkraftanteiles des Antriebes wird durch die Änderung seines Belastungsmomentes beschrieben.

Je nach Wahl der Regelgröße und der Stellgröße hat man dann einen der Frequenzgänge aus Tabelle 3, Fall 1 bis 4, mit einem durch die P-Regelung gegebenen Verstärkungsfaktor zu multiplizieren, um den Frequenzgang F_A des aufgeschnittenen Regelkreises zu erhalten. Der Wert von F_A für $p \to 0$ stellt dann die Kreisverstärkung dar. Diese ist somit den Endwerten der Stellübergangsfunktionen proportional. Die Ausdrücke dafür enthalten alle den Faktor $1/(\varepsilon_{as} + \varepsilon_{rs})$, wie man aus Tabelle 3 entnehmen kann. Die Kreisverstärkung wird also davon entscheidend beeinflußt. Sie ist demnach unter sonst gleichen Verhältnissen um so größer, je kleiner der Drehzahlabfall des Antriebes im freien Zustand bei Belastung wäre.

Außer den Endwerten sind die Anfangswerte der Stellübergangsfunktionen für die Regelung von Bedeutung. Man gewinnt die Anfangstangenten aus den Stellfrequenzgängen der Tabelle 3, indem man deren Zähler mit p multipliziert und zur Grenze $p \to \infty$ übergeht. Ist die Ankerspannung Steuergröße (Tabelle 3, Fall 1 und 3), so hat die Anfangstangente immer die Richtung der gewünschten Änderung. Der Regelvorgang wird davon günstig beeinflußt. Wird der Ankerstrom über die Erregerspannung verstellt (Tabelle 3, Fall 2), so kann er wegen seiner induktiven Kopplung mit dem Erregerfeld anfänglich entgegengesetzt ansteigen. Diese Erscheinung tritt im Verlauf des Momentes (Tabelle 3, Fall 4) noch ausgeprägter auf, weil sich dabei Ankerstrom- und Feldeinflüsse überlagern. Bei negativer Anfangsneigung in der Stellübergangsfunktion kann aber sogar ein System 2. Ordnung in Verbindung mit einem verzögerungsfreien P-Regler instabil werden. Regelt man daher den gefesselten Antrieb über das Erregerfeld, so sind diese Besonderheiten zu beachten.

b) Erzwungene Drehzahländerungen

Beim Herauf- oder Herabsteuern der Arbeitsgeschwindigkeit werden am gefesselten Antrieb Drehzahländerungen erzwungen. Deren Auswirkungen auf die Zugkraft im Arbeitsgut sind zu ermitteln. Die Änderung des Zugkraftanteiles $z = (Z - Z_s)/Z_s$ des Antriebes sei gleich der seines Belastungsmomentes $m_w = (M_w - M_{ws})/M_{ws}$, so daß gilt:

$$z = m_w = m_d - m_b \tag{41}$$

wobei $m_d = (M_d - M_{ds})/M_{ws}$ vom Luftspaltmoment des Motors herrührt und $m_b = M_b/M_{ws}$ das Beschleunigungsmoment erfaßt. Bei einem Folgeantrieb der Art von *Bild* 4 muß auf Grund der Gl. (1) und (2) der Verlauf der Zugkraftanteile aller Teilantriebe bekannt sein, wenn man den Verlauf der Zugkraft im Arbeitsgut an einer Verbindungsstelle ermitteln will. Nur am Anfangs- und am Endantrieb liegen die Verhältnisse einfacher.

Technologische Besonderheiten erschweren die Aufgabe. Bei kontinuierlichen Kaltbandwalzwerken z. B. ist an jeder Verbindungsstelle jeweils eine bestimmte Banddicke einzuhalten. Diese richtet sich nach der Dicke des Rohbandes und der gewünschten Endstärke. Walzenanstellung und Bandzug müssen dementsprechend eingestellt werden; konstanter Bandzug allein genügt also nicht. Es wird hier lediglich auf solche Problemstellungen hingewiesen.

Um einige Merkmale der Regelung eines gefesselten Antriebs bei erzwungenen Drehzahländerungen aufzeigen zu können, soll ein Aufwickelvorgang unter den im *Bild* 13a dargestellten vereinfachten Verhältnissen betrachtet werden.

Aus stationärem Lauf heraus werde an den führenden Antrieb (*1*) Befehl zum Hochfahren gegeben. Dabei setzen dynamische Vorgänge ein. Es ist zu erwarten, daß sie den Bandzug zu Beginn und am Ende eines Befehlsimpulses besonders stark beeinflussen. Die Untersuchung kann auf diese Fälle und damit auf ein so kurzes Zeitintervall beschränkt werden, daß lineare Zusammenhänge gelten und Änderungen des Wickeldurchmessers zu vernachlässigen sind. Beachten muß man auch, daß bei Unterschreitung der Grenze $z = -1$ das Arbeitsgut lose würde und der Antrieb vom gefesselten in den freien Zustand überginge.

Durch steuerungs- und regelungstechnische Maßnahmen, auf die nicht näher eingegangen werden soll, ändere sich die Drehzahl des führenden Antriebes (*1*) und damit die Arbeitsgeschwindigkeit linear mit der Zeit. Der Bandzug soll dabei über den Wickelmotor (*2*) mit dessen Ankerstrom i_a als Ersatzregelgröße konstant gehalten werden. Die Regelung erfolge über die Ankerspannung u_a. Diese werde aber zusätzlich noch durch eine Steuerungsmaßnahme proportional mit der Arbeitsgeschwindigkeit v verändert, um der Regelung die Anpassung daran zu erleichtern. Das Motorfeld bleibe unverändert.

Der Blockschaltplan *Bild* 13b zeigt die funktionellen Zusammenhänge. Der Befehlsimpuls B löse die Steuerungsfunktionen S_1, S_2, S_3 aus und beende sie. S_1 rufe eine sprunghafte Sollwertänderung i_{a0} hervor, deren Größe später festgelegt werden soll. S_2 und S_3 sollen die Ankerspannung und die Drehzahl im angestrebten Sinne ändern, so daß idealisiert wird:

$$u_{a2} = \omega_k = \omega = \frac{1}{T_{hs}\,p} \tag{42}$$

Hierin bedeutet T_{hs} die Zeit, die zum Hochfahren auf den vorliegenden Betriebszustand aus dem Stillstand heraus aufgebracht werden müßte. In der Wirklichkeit wird nur der Verlauf von S_2 genau diesen Annahmen entsprechen. F_2 und S_3 aber

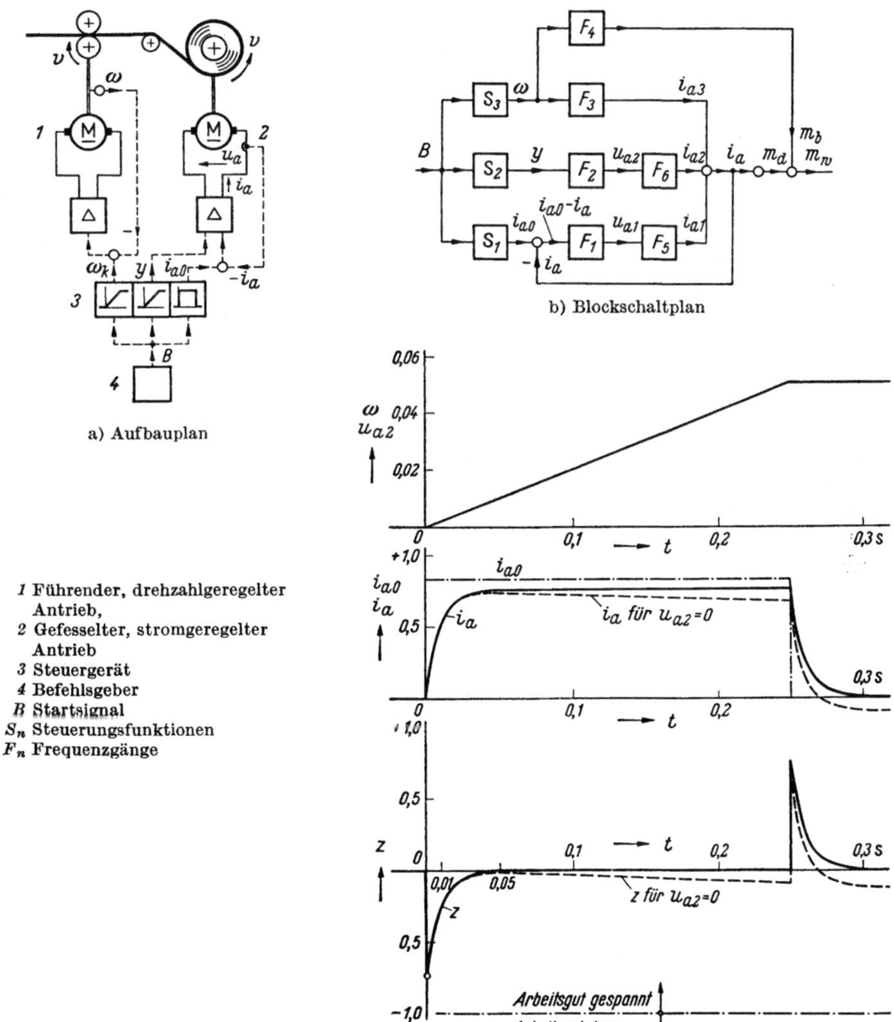

a) Aufbauplan

b) Blockschaltplan

1 Führender, drehzahlgeregelter Antrieb,
2 Gefesselter, stromgeregelter Antrieb
3 Steuergerät
4 Befehlsgeber
B Startsignal
S_n Steuerungsfunktionen
F_n Frequenzgänge

c) Verlauf der Änderungen des Ankerstromes i_a und der Zugkraft z bei erzwungenen Drehzahländerungen ω

Bild 13. Bandaufwicklung

werden Abweichungen vom zeitlich linearen Verhalten verursachen. Für die vorliegende orientierende Betrachtung sind Einflüsse des Ankerstromes auf das Motorfeld zu vernachlässigen. Es folgt dann aus Tabelle 3, Fall 1:

$$\frac{i_a}{u_a} = \frac{1}{\varepsilon_{as}} \frac{1}{1 + T_a p} \tag{43}$$

und aus Tabelle 3, Fall 5:

$$\frac{i_a}{\omega} = -\frac{1 - \varepsilon_{as}}{\varepsilon_{as}} \frac{1}{1 + T_a p} \tag{44}$$

Im *Bild* 13b sind damit F_5 und F_6 nach Gl. (43), F_3 nach Gl. (44) festzulegen. Zur Stromregelung diene ein verzögerungsfreier P-Regler. Es wird dann

$$F_A = F_1 F_5 = V/(1 + T_a p)$$

wobei $1/\varepsilon_{as}$ aus Gl. (43) in die Kreisverstärkung V einbezogen wurde. Nach *Bild* 13b bilden die Stromänderungen $i_{a1} = (i_{a0} - i_a) F_1 F_5$, $i_{a2} = u_{a2} F_6$, $i_{a3} = \omega F_3$ mit u_{a2} und ω aus Gl. (42) zusammen die tatsächliche Änderung des Ankerstromes, also: $i_a = i_{a1} + i_{a2} + i_{a3}$. Setzt man die oben angegebenen Ausdrücke ein, so wird:

$$i_a = i_{a0} \frac{V}{1 + V + T_a p} + \frac{1}{T_{hs} p} \frac{1}{1 + V + T_a p} \tag{45}$$

Zur Berechnung der Zugkraftänderung kann man auf Gl. (41) zurückgehen. Da unveränderliches Erregerfeld vorausgesetzt worden ist, wird $m_d = i_a$. Das Beschleunigungsmoment ist gegeben durch $m_b = T_{ms}\, \mathrm{d}\omega/\mathrm{d}t$. Wegen der konstanten Beschleunigung $\mathrm{d}\omega/\mathrm{d}t = 1/T_{hs}$ wird $m_b = T_{ms}/T_{hs}$ und somit:

$$z = i_a - \frac{T_{ms}}{T_{hs}} \tag{46}$$

so daß in Verbindung mit Gl. (45) die Änderung der Zugkraft im Arbeitsgut bekannt ist. Durch die Aufschaltung von i_{a0} soll das Beschleunigungsmoment mit Hilfe der Stromregelung vom geführten Antrieb aufgebracht werden, um den Bandzug davon zu entlasten. Es sei deshalb $i_{a0}\, V/(1 + V) = T_{ms}/T_{hs}$.

Zahlenbeispiel. Es sei $V = 10$; $T_a = 0{,}1$ s; $T_m = 0{,}2$ s; $\varepsilon_{as} = 0{,}05$; $T_{ms} = 3{,}8$ s; $T_{hs} = 5$ s; $m_b = 0{,}76$; $i_{a0} = 0{,}76 \cdot 11/10 = 0{,}836$. Somit:

$$i_a = 0{,}0182 \cdot t + 0{,}759835 - 0{,}759835 \cdot \exp(-110 \cdot t)$$

und

$$z = 0{,}0182 \cdot t - 0{,}000165 - 0{,}759835 \cdot \exp(-110 \cdot t)$$

Bild 13c zeigt das Ergebnis dieser Untersuchung. Es ist darin noch der Fall $u_{a2} = 0$ eingetragen. Ohne diese zusätzliche drehzahlabhängige Steuerung der Ankerspannung würde also durch die Statik der P-Regelung beim Hochfahren über größere Bereiche in der Zugkraft eine zunehmende Abweichung entstehen. Unter den vorliegenden Annahmen bilden sich zu Beginn und am Ende des Befehlsimpulses im Verlauf der Zugkraft Zacken aus. Sie würden sich bei stetigen Anfangs- und Endzuständen abflachen. Im vorliegenden Beispiel einer Regelung mit Ersatzregelgröße spielen Steuerungen eine entscheidende Rolle. Die Genauigkeit der Einhaltung der eigentlichen Regelgröße hängt daher in solchen Fällen wesentlich von der Justierung bei der Inbetriebnahme ab.

29. Elektrowärme-Haushaltgeräte

Von T. Wiedemann

Inhaltsübersicht

A. Überblick

Bei Elektrowärmegeräten für den Gebrauch im Haushalt ist die Regelgröße im allgemeinen die Temperatur an einer bestimmten Stelle des Gerätes, z. B. an der Arbeitsfläche, da diese sowohl für die beabsichtigte Arbeitsweise als auch für die Sicherheit des Betriebes ausschlaggebend ist. Dabei werden in den meisten Fällen keine allzu hohen Anforderungen an die Genauigkeit der Einhaltung der Solltemperatur gestellt. Dafür wird aber größte Betriebssicherheit auf lange Zeit ohne Wartung verlangt, da das Gerät von Laien bedient wird und seine Verwendung sich, wenn auch mit Unterbrechungen, fast immer über viele Jahre erstreckt. Außerdem muß die Regelung mit geringstem Aufwand, also mit einfachem Aufbau der Regeleinrichtung erreicht werden, da der Preis der Geräte größere Aufwendungen für die Regelung verbietet.

Diese Voraussetzungen werden am besten vom Zweipunktregler (s. Kapitel 03) erfüllt, der deshalb auch in den Elektrowärme-Haushaltgeräten fast ausschließlich verwendet wird, wobei je nach den von der Arbeitsweise des Gerätes bedingten Anforderungen sehr verschiedenartige Ausführungen in Betracht kommen. Bestimmend für den Aufbau der Regler sind die Amplitude und die Periodendauer der Regelabweichung. Die Amplitude muß klein genug gehalten werden, um den Arbeitsvorgang eben noch nicht störend zu beeinflussen. Die Periodendauer soll einerseits klein sein, um auch auf eine kleine Amplitude der Regelabweichung zu kommen, während andererseits eine Verlängerung der Periode erwünscht wäre, um mit Rücksicht auf lange Benutzungsdauer die Abnutzung der Schalteinrichtung in engen Grenzen zu halten. Außerdem wachsen mit kleiner werdender Periodendauer die Schwierigkeiten der Funkentstörung, da bei derartigen periodisch arbeitenden Einrichtungen (nach VDE 0875 [*1*]) Festlegungen über die in der Minute zulässige Anzahl der Schaltknacke gemacht sind. Da die Forderungen an Amplitude und Periodendauer sich entgegenstehen, muß für jedes einzelne Gerät versucht werden, einen technisch und wirtschaftlich möglichst günstigen Kompromiß zu finden.

Bei Elektrowärmegeräten ist die Ausführung der Regeleinrichtung, abgesehen von der Forderung nach geringem Aufwand, häufig auch dadurch bestimmt, daß in den zu regelnden Geräten für die Unterbringung der Regeleinrichtung außerordentlich wenig Platz zur Verfügung steht. Dazu kommt, daß die Form der Geräte vor allem durch ihre Verwendung bedingt ist und daß es im Zusammenhang damit Schwierigkeiten macht, den Meßgeber so nahe an die zu überwachende Stelle im Gerät heranzubringen, wie es zum Erzielen einer genügend kleinen Amplitude notwendig wäre. In den meisten Fällen ist dabei der Regler nicht auf einen bestimmten Sollwert bzw. ein bestimmtes Sollwertpaar eingestellt, sondern dieser Sollwert muß zur Anpassung an die jeweiligen Arbeitsverhältnisse in einfacher Weise vom Verwender eingestellt werden können. Erschwerend kommt hinzu, daß die Regler bei verhältnismäßig hohen, häufig nach Verwendungsart schwankenden Temperaturen arbeiten müssen und die verwendeten Materialien keinem vorzeitigen Verschleiß ausgesetzt sein dürfen [*2, 3*].

Es ergibt sich daraus, daß befriedigende Lösungen der Regelaufgaben nur durch eine möglichst weitgehende Anpassung des Regleraufbaus an das jeweilige Gerät gefunden werden. Obwohl grundsätzlich der verhältnismäßig einfache Zweipunktregler verwendet wird, ist deshalb die zweckmäßige Regelung der Elektrowärme-Haushaltgeräte nur durch eine große Anzahl von Reglerbauarten möglich.

B. Aufbau der Regeleinrichtungen

1. Meßgeber

Bimetallmeßgeber. Bimetall ist billig, einfach und raumsparend zu verwenden, kann verhältnismäßig leicht in guten Wärmekontakt mit der zu überwachenden Stelle des Gerätes gebracht werden und bietet ziemlich große Arbeitswege, ermöglicht also kleine Regelamplituden. Es arbeitet einwandfrei, wenn es vor dem Einbau sorgfältig entspannt (getempert) ist und wenn durch konstruktive Maßnahmen eine mechanische Überbeanspruchung vermieden wird. Dies ist besonders bei „verhinderter Ausbiegung" zu beachten, wenn also die Erwärmung des Bimetalls zunächst keine Bewegung, sondern eine Erhöhung des Auflagedruckes bewirkt.

Meßgeber aus zwei Metallen verschiedener Längendehnung. Neben den aufeinander gewalzten Streifen von Metallen verschiedener Längendehnung werden auch sogenannte Stabfühler verwendet, bei denen nicht die Ausbiegung, sondern die Differenz der linearen Ausdehnung zur Betätigung des Stellgliedes verwendet wird. Meist haben diese die Form von Messingrohren, in denen sich ein Stab aus Invar, also einem Metall sehr kleiner Längendehnung befindet. Beide Teile sind an einem Rohrende fest miteinander verbunden, so daß am anderen Rohrende die Differenz abgegriffen werden kann. Diese Meßgeber können erhebliche Kräfte abgeben, die Differenz der linearen Ausdehnung ist aber sehr klein, so daß zum Erreichen eines genügenden Arbeitsweges erhebliche Übersetzungen notwendig sind, die sehr sorgfältig, vor allem ohne toten Gang, ausgeführt sein müssen, um Meßfehler zu vermeiden (vgl. Kapitel 13 Abschnitt C).

Bei einer anderen Anordnung (*Bild* 1) ist zwischen zwei Punkten ein Invarband (*2*) eingespannt, wobei die beiden Einspannpunkte Teile des zu überwachenden Gerätes (*1*) sein können. Auf diese Weise werden durch Temperaturänderungen bedingte Längenänderungen dieser Teile ohne Verzögerung auf das Schaltwerk übertragen. Auch hier sind die Arbeitswege sehr klein, so daß kleinste Verformungen der Meßstrecke außer der linearen Dehnung zu großen Fehlern führen können. Deshalb sind sehr hohe Anforderungen an die mechanische Ausführung der Meßstrecke zu stellen.

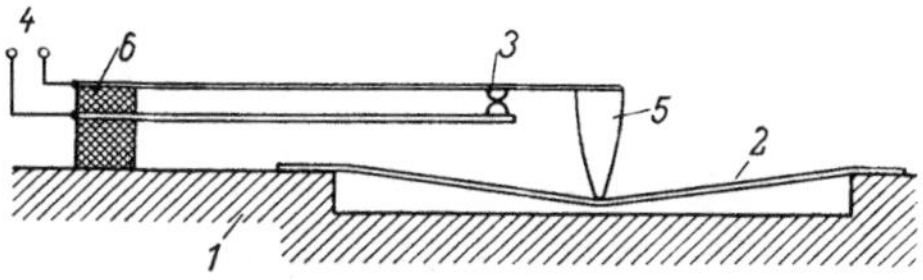

1 Teil des Heizgerätes, z. B. Bügeleisensohle
2 Invarband
3 Schaltkontakte
4 Anschlüsse zum Schaltwerk
5 Isolierzapfen
6 Isolation

Bild 1. Meßgeber mit Invarband

Meßgeber mit Dehnungsflüssigkeit. Bei dieser Anordnung befindet sich an der Meßstelle ein Hohlgefäß mit einer Flüssigkeit mit großem Ausdehnungskoeffizienten, das über ein Kapillarrohr mit einer Membrandose verbunden ist. Die bei der Erwärmung auftretende Ausdehnung der Flüssigkeit erhöht den Druck in der Membrandose, deren Bewegung das Schaltwerk betätigt. Da das Kapillarrohr verhältnismäßig lang und beweglich gemacht werden kann, ist eine räumliche Trennung von Meßgeber und Stellglied möglich, die besonders bei größeren Geräten erhebliche konstruktive Vorteile bringen kann. Die Anordnung erfordert aber ziemlich große Wärmemengen zur Erwärmung der Ausdehnungsflüssigkeit sowie u. U. eine Temperaturkompensation an der Membrandose, so daß der Aufwand bei dieser Anordnung recht groß ist.

Elektrische Leiter oder Halbleiter mit temperaturabhängigem Widerstand. Diese Anordnung ermöglicht es im allgemeinen, den Meßgeber auch unter schwierigen Verhältnissen an die zu überwachende Stelle zu bringen. Um die Widerstandsänderung zur Betätigung des Stellgliedes verwenden zu können, ist aber in den meisten Fällen das Zwischenschalten eines Verstärkers notwendig, so daß der Aufwand verhältnismäßig groß wird und die Anwendung auf seltene Fälle beschränkt bleibt.

2. Stellglieder

Das Stellglied besteht bei den Elektrowärmegeräten aus einer Kontaktanordnung, die in den meisten Fällen die gesamte zugeführte Leistung entsprechend der Steuerung durch den Meßgeber ein- bzw. ausschaltet. Auch an diese Kontaktanordnung wird naturgemäß die Forderung nach möglichst einfachem und preisgünstigem Aufbau gestellt, andererseits müssen aber mit Rücksicht auf den jahrelangen Betrieb Schaltzahlen erreicht werden, die je nach Geräteart zwischen etwa 10^4 und 10^6 liegen.

Schaltwerke mit schleichender Kontaktbewegung (*Bild* 2). Diese einfachste Ausführung, mit der man ohne großen Aufwand sehr kleine Regelamplituden erreicht, wird nur noch in seltenen Fällen verwendet, da der Schaltvorgang bei beweglichen

Geräten durch Erschütterungen stark beeinflußt wird und zu unregelmäßigem Schalten führt. Damit verbunden sind starke Störungen des Rundfunkempfanges, so daß die Erfüllung der Vorschriften über Funkentstörung große Schwierigkeiten macht.

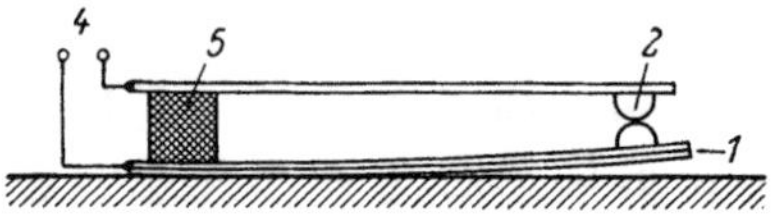

a) Ein Kontakt direkt auf Bimetall

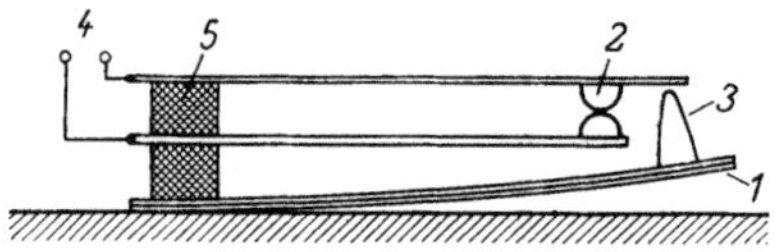

b) Bimetall steuert über Isolierzapfen

1 Bimetall
2 Schaltkontakte
3 Isolierzapfen
4 Anschlüsse zum Schaltwerk
5 Isolation

Bild 2. Bimetallregler mit schleichender Kontaktbewegung

Momentschalter. Hier sind zu unterscheiden: Schaltwerke, bei denen der Kontaktdruck bis zur Trennung der Kontakte langsam auf Null zurückgeht, und solche, bei denen der Kontaktdruck bis zum Zeitpunkt der Kontakttrennung konstant bleibt. Die erste Ausführung (*Bild* 3a) ist verhältnismäßig einfach zu bauen und gibt bei Stromstärken bis etwa 10 A befriedigende Schaltzahlen, vorausgesetzt, daß die Umgebungstemperatur unter 100 °C liegt. Für höhere Anforderungen sind Schaltwerke mit konstantem Kontaktdruck vorzuziehen. Bei dem Schaltwerk mit Doppelwippe (*Bild* 3b) wirkt die vom Meßwerk übertragene Bewegung auf eine Totpunktwippe (*2*), die beim Erreichen der eingestellten Grenzbelastung in ihre zweite stabile Stellung schnappt, dabei dem Angriffspunkt der Feder (*3*) für eine zweite, den beweglichen Kontakt tragende Wippe (*4*) verstellt und damit diese zur Trennung der Kontakte (*5*) bringt.

Bei einer anderen Anordnung (*Bild* 3c) läßt sich der Kontaktdruck ebenfalls bis zum Einsetzen der Kontakttrennung konstant halten. Auch hier wirkt der

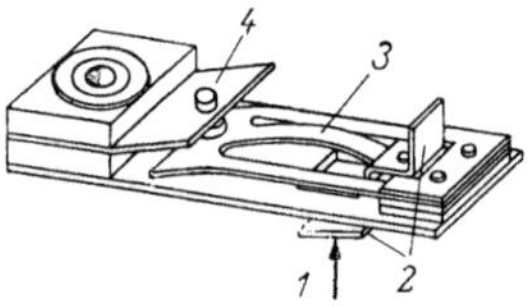

a) Mit einfacher Momentschaltung

1 Wirkrichtung des Meßgebers
2 Bewegliches Winkelblech
3 Schnappfeder
4 Kontakte

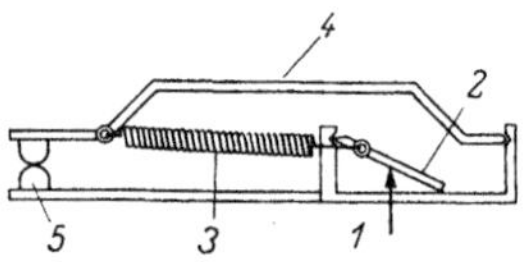

b) Mit Momentschaltung und konstantem Kontaktdruck durch Doppelwippe

1 Wirkrichtung des Meßgebers
2 Wippe zur Verlagerung der Federeinspannung (Totpunktwippe)
3 Totpunktfeder für beide Wippen
4 Hauptwippe
5 Kontakte

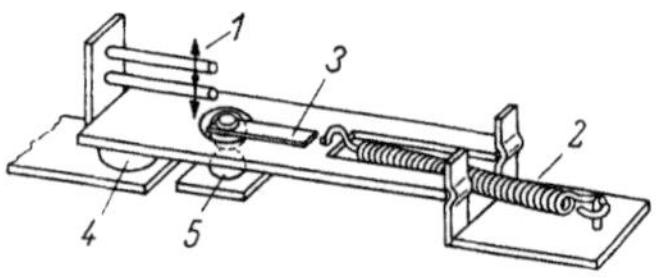

c) Mit Totpunktfeder, Magnet und Kontakt auf Schleppfeder

1 Wirkrichtung des Meßgebers
2 Totpunktfeder
3 Wippe
4 Dauermagnet
5 Kontakte

Bild 3. Momentschaltwerke

Meßgeber auf eine Totpunktwippe (*3*); der bewegliche Kontakt ist aber mit der Wippe federnd verbunden, so daß die vor dem Einsetzen der Schaltbewegung erfolgende Verringerung des Auflagedruckes der Totpunktwippe sich nicht auf den Kontaktdruck auswirkt. Mit Schaltwerken dieser Anordnung können Ströme bis zu 20 A einwandfrei geschaltet werden, auch wenn die Umgebungstemperatur höher (bis etwa 400 °C) liegt.

Quecksilberschaltröhren. Bei fest montierten Geräten werden zum Schalten auch vielfach Quecksilberschaltröhren verwendet, bei denen der Strom durch Quecksilber unter sauerstofffreier Atmosphäre unterbrochen wird. Diese Röhren schalten in Wärmegeräten üblicherweise Ströme bis zu 30 A. Wegen ihrer Lageempfindlichkeit müssen diese Geräte genau ausgerichtet montiert werden.

C. Temperaturregelung bei Haushaltgeräten

1. Heizkissen

Für Heizkissen müssen Regler kleiner Abmessung verwendet werden, damit sie beim Gebrauch des Kissens nicht lästig werden. Zugleich ist aber große Zuverlässigkeit des Regelvorganges zu verlangen, da die Heizkissen meist in feuergefährlicher Umgebung (Bett) verwendet werden. Aus diesem Grund werden Regler mit schleichendem Schaltvorgang (*Bild* 4), zumindest als betriebsmäßige Regler, nur noch selten verwendet. (Weitere Eigenschaften dieser einfachen Ausführung: Störungen des Rundfunkempfanges; fest eingestellter Sollwert, dadurch Einstellung der Solltemperatur von außen also nur durch Verwenden mehrerer Regler mit verschieden eingestelltem Sollwert.) Diese Regler werden aber mit Vorteil als zusätzliche Regler neben einem momentan schaltenden Betriebsregler verwendet, indem sie, etwas höher als der Betriebsregler eingestellt, einzelne Kissenteile überwachen, um zu vermeiden, daß bei teilweiser Bedeckung des Kissens lokale Überhitzung auftreten kann.

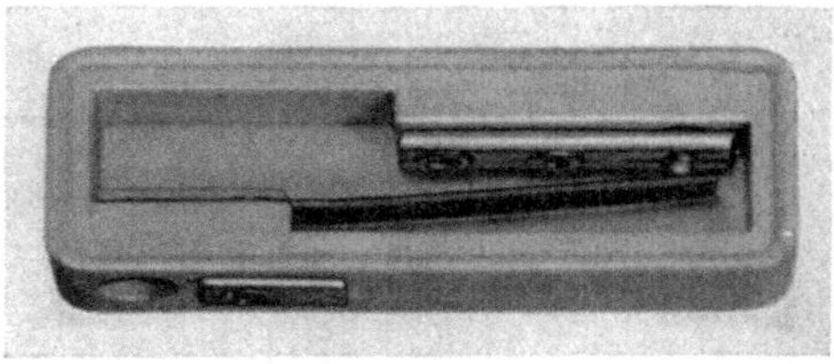

Bild 4. Einfacher Heizkissenregler mit schleichender Schaltung

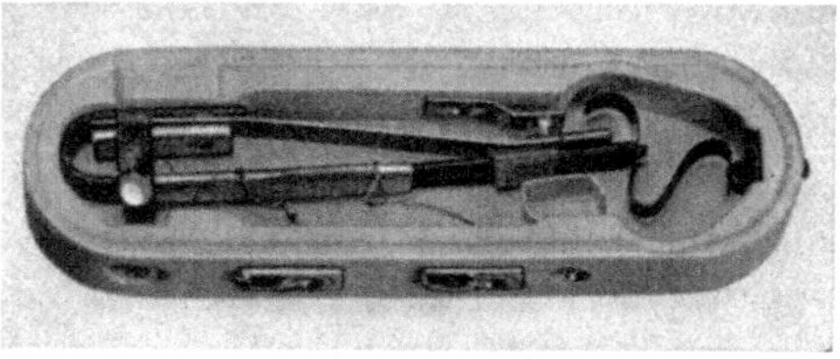

Bild 5. Heizkissenregler mit Momentschaltwerk und Sollwerteinstellung durch Zusatz-Heizwicklung

Bei dem als Betriebsregler für Heizkissen besonders geeigneten Regler (*Bild* 5) ist das Bimetall durch eine S-förmige Totpunktfeder derart vorgespannt, daß seine Ausbiegung bei Erwärmung zunächst verhindert wird, bis die Kraft in Ausbiegungsrichtung die Kraft der Totpunktfeder überwindet und die Ausbiegung ruckartig durch den Totpunkt geht. Dabei nimmt das Ende der Totpunktfeder die Trägerfeder des beweglichen Kontaktes mit und reißt damit die Kontakte plötzlich auseinander, so daß einwandfrei ausgeschaltet wird. Bei diesem Regler ist außerdem eine Sollwerteinstellung von außen dadurch möglich, daß der Betriebsstrom des Kissens über einen mehr oder weniger großen Teil einer im Reglergehäuse untergebrachten Heizwicklung geführt wird. Der Sollwert der Ausschalttemperatur setzt sich somit aus der im Kissen herrschenden Temperatur und der zusätzlichen Heizung durch diese Heizwicklung zusammen. In dem Maße, in dem der zweite Summand, die Temperaturerhöhung durch die Heizwicklung, verkleinert wird, muß also der erste Summand, die Kissentemperatur, angehoben werden.

Die von diesen Reglern zu schaltende Leistung ist im allgemeinen klein (etwa 60 W), so daß die Kontaktabnutzung gering bleibt und infolgedessen auch auf lange Zeit einwandfreie Betriebssicherheit erreichbar ist (Prüfbestimmungen in VDE 0725 [*4*]).

2. Bügel- und Trockengeräte

Bei Bügeleisen ist eine Einstellung des Temperatursollwertes zwischen etwa 80 und 220 °C zum Anpassen an die verschiedenen zu bügelnden Stoffarten erforderlich. Die Empfindlichkeit der heutigen Kunstfasern gegen Überhitzung macht es dabei notwendig, die Amplitude der Temperaturschwankung, gemessen an der Bügeleisensohle, nicht größer als etwa 30 °C werden zu lassen. Mit Rücksicht auf die verhältnismäßig geringe Leistung (maximal 1000 W) läßt sich diese Forderung mit dem Prinzip eines einfachen Zweipunktreglers (*Bild* 3a) erfüllen. Einen solchen von einem Bimetall gesteuerten Regler zeigt *Bild* 6. Um das Überschwingen, besonders beim ersten Überschreiten des Ausschaltpunktes, zu verringern, wird zweckmäßig das Bimetall unterteilt, so daß der Teil, der an der Befestigungsstelle die Temperatur der Sohle mißt, sich in Richtung der Ausschaltbewegung durchbiegt, während der vordere Teil des Bimetalls, der das Schaltwerk betätigt, mit einem Bimetallstreifen mit umgekehrter Ausbiegung versehen ist. Die durch die Wärmeleitung längs des Bimetalls vorhandene Totzeit läßt sich auf diese Weise wesentlich verringern. Voraussetzung für das einwandfreie Arbeiten des Reglers und ein ausreichend genaues Einhalten der eingestellten Temperatur ist ein mechanisch robuster Aufbau der ganzen Regeleinrichtung, der auch bei dem erheblichen Temperaturbereich, in dem das Bügeleisen arbeiten muß, keine Verformung erfährt, die sich der Bimetallbewegung überlagern und zu einer Verfälschung der Meßwerte führen könnte.

Bild 6. Bügeleisenregler mit Momentschaltwerk und Sollwerteinstellung durch Spindel

Regler in grundsätzlich ähnlicher Ausführung können auch bei verschiedenen anderen Geräten, z.B. Bügelmaschinen, Trockeneinrichtungen und Raumheizanlagen, verwendet werden. Bei größeren Leistungen (Stromstärken über 10 A) ist allerdings das Schalten der Leistung über ein Schütz notwendig.

3. Heißwasserspeicher

Die gebräuchlichste Reglerausführung für Heißwasserspeicher ist der sogenannte *Stangenregler* (*Bild* 7). Als Meßgeber ragt ein Messingrohr in den Speicherraum, der gegen das Speicherwasser meistens durch ein zusätzliches Schutzrohr abgeschlossen ist, so daß der Regler ohne Entleeren des Speichers herausgenommen werden kann. In dem Messingrohr befindet sich ein Invarstab, der entweder mit dem Ende des Messingrohres durch Hartlötung dauerhaft verbunden ist oder durch Federdruck gegen das verschlossene Ende des Messingrohres gedrückt wird. Die Differenz der linearen Ausdehnungen von Messingrohr und Invarstab wird unter Zwischenschaltung einer Sollwerteinstellspindel auf eine Quecksilberschaltröhre übertragen. Da diese Schaltröhren in den für Speicher verwendbaren Abmessungen bis zu Schaltströmen von 30 A gebaut werden, außerdem an einem Regler bis zu drei Schaltröhren eingebaut werden können, verfügt man mit diesen Reglern über eine beachtliche Schaltleistung. So werden z. B. in Durchlauferhitzern und Durchlaufspeichern Leistungen bis 18 kW dreiphasig gesteuert. Der Ausschaltpunkt, der früher starr auf 85 °C eingestellt war, ist meist von außen etwa im Bereich zwischen 35 und 85 °C einstellbar. Dadurch, daß die Aufheizung jeweils nur bis zu der tatsächlich für die Verwendung des Wassers notwendigen Temperatur getrieben wird, lassen sich die Wärmeverluste u. U. auf einen Bruchteil gegenüber der früheren Ausführung vermindern. Außerdem hält sich bei Temperaturen unter 60 °C der Kesselsteinanfall in bescheidenen Grenzen, so daß ein Reinigen der Innenbehälter erst in viel größeren Zeitabständen notwendig wird. Wegen der Lageabhängigkeit des Reglers muß das Gerät beim Aufhängen sorgfältig nach dem Lot ausgerichtet werden, um Temperaturfehler zu vermeiden.

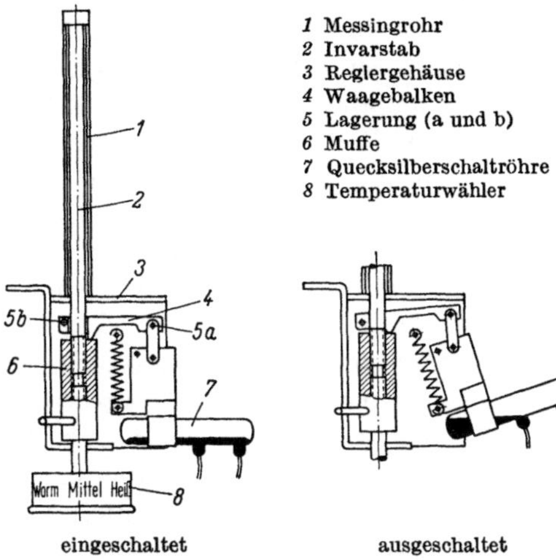

Bild 7. Temperaturregler mit Quecksilberschaltröhre für Heißwasserspeicher

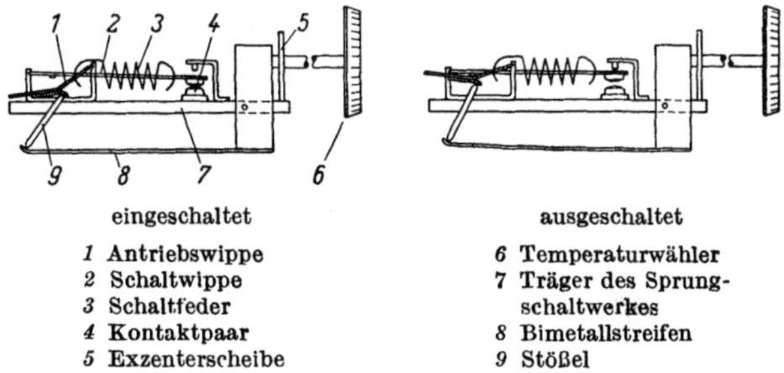

Bild 8. Bimetalltemperaturregler mit Doppelwippenschaltwerk für Flachspeicher

Bei kleineren Flachspeichern wird eine nicht lageempfindliche Ausführung (*Bild* 3b) verwendet, die in einem waagerecht durch die Mitte des Speicherbehälters gehenden Rohr untergebracht ist. Das messende Bimetall wird dabei an einem Schuh befestigt, der sich der Innenwand des Rohres gut anpaßt und deshalb eine Regelung ohne nennenswerte Totzeit ermöglicht, jedenfalls in Anbetracht der verhältnismäßig langsam verlaufenden Temperaturänderung, die z. B. bei einem 15-l-Speicher mit 4 kW beim Aufheizen etwa 4 °C/min beträgt. Einen derartigen Regler, dessen Sollwert ebenfalls zwischen 35 und 85 °C einstellbar ist, zeigt

Bild 8. Der Schaltstrom beträgt in Anbetracht des durch die Doppelwippe bis zum Zeitpunkt des Abschaltens konstanten Kontaktdruckes bei Wechselstrom bis zu 20 A.

Die verschiedenen, mit der Tarifgestaltung zusammenhängenden Wünsche der Stromlieferer führen bei Heißwasserspeichern zu einer großen Anzahl von Varianten, die aber durchweg auf den geschilderten Reglerbauarten fußen, sich also nicht im Regelverhalten, sondern nur durch die verwendeten zusätzlichen Schaltungen unterscheiden. Dazu gehören z.B. Zweikreisspeicher, bei denen der Speicher normal mit einer kleinen Leistung aufgeheizt wird, im Falle höheren Wasserbedarfs aber die Zuschaltung einer größeren Leistung zur schnellen Aufheizung ermöglicht, die nach Erreichen der eingestellten Temperatur durch einen Begrenzer abgeschaltet wird.

Als *Sicherheitstemperaturbegrenzer* verwendet man bei Heißwasserdruckspeichern neben dem normalen Temperaturregler einen Begrenzer, der durch VDE 0720 und DIN 1988 vorgeschrieben ist. Als Meßgeber dient in diesem Fall ein Stabfühler aus Messingrohr und Invarstab, der über eine Hebelübersetzung ebenfalls auf die Klinke eines federgespannten Schaltwerkes einwirkt. Dieser Begrenzer hat die Aufgabe, bei Druckspeichern im Fall des Versagens des Reglers und des Sicherheitsventils einen Zerknall des Speichers zu verhindern, indem die Leistung bei einer Temperatursteigerung auf 110 °C endgültig abgeschaltet wird. Das Wiedereinschalten soll in diesem Fall nur durch den Fachmann möglich sein, damit Gewähr gegeben ist, daß zuvor die Ursache der Temperaturüberschreitung beseitigt wurde.

4. Backofen

Beim Elektroherd kann an verschiedenen Stellen eine Temperaturregelung eingebaut werden. Am verbreitetsten ist die Regelung der Backofentemperatur (Festlegungen für das Regelverhalten in DIN 44918 [5]). Am meisten verwendet werden dabei Reglerbauarten, deren Meßgeber etwa dem des Stangenreglers bei Heißwasserspeichern entsprechen, deren Schaltwerk aber mit einem Momentschalter

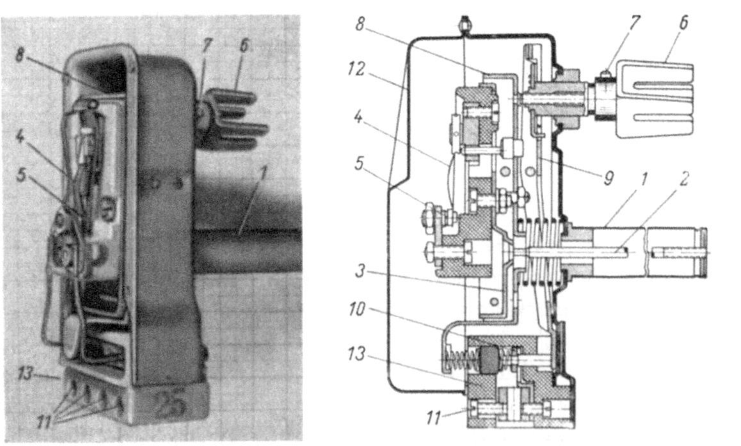

1 Fühlerrohr
2 Invarstab
3 Regelbrücke
4 Schnappfeder
5 Regelkontakt
6 Kupplung für Sollwertspindel
7 Justierschraube
8 Sollwertbrücke
9 Ausschaltbrücke
10 Ausschaltkontakte
11 Klemmschrauben
12 Gehäusedeckel
13 Anschlußstück

a) Ansicht b) Prinzipzeichnung

Bild 9. Backofen-Temperaturregler für Elektroherde [7]

(s. *Bild* 3) versehen ist. In dem Beispiel *Bild* 9 umfaßt die Sollwerteinstellung einen Bereich von 50 bis 300 °C. Die Regelamplitude darf 30 °C nicht überschreiten, soll aber möglichst unter 20 °C bleiben. Die Schwierigkeit für die Regelung besteht darin, daß die Wärme eigentlich über die schlecht leitende Backofenluft übertragen werden müßte, da die Regelgröße durch die Temperatur der Luft im Schwerpunkt des Backofens dargestellt wird. Der Transport der zur Aufheizung des Meßgebers erforderlichen Wärmemenge würde somit beträchtliche Totzeiten bedingen. Um die Vorschriften für die Amplitude einhalten zu können, wird deshalb meist eine thermische Rückführung in der Weise bewirkt, daß ein begrenzter Wärmefluß direkt vom Heizelement zum Meßgeber des Reglers geht. Durch eine solche Maßnahme lassen sich naturgemäß die Amplituden beliebig klein machen, doch bringt eine stärkere thermische Rückführung es mit sich, daß der Istwert belastungsabhängig wird, also nur beim Leerlauf des Backofens mit dem Sollwert übereinstimmt, mit steigendem Wärmeentzug aber erheblich absinkt. Die praktischen Ausführungen sind deshalb meist darauf eingestellt, daß der im Normblatt DIN 44918 zugelassene Amplitudenwert möglichst ausgenutzt wird und damit die Belastungsabhängigkeit des Istwertes in erträglichen Grenzen bleibt.

Außer dem beschriebenen Regler gibt es auch Anordnungen ähnlich dem Bügeleisenregler (s. *Bild* 6); dabei wird vielfach die thermische Rückführung durch eine in der Nähe des Meßgebers angebrachte zusätzliche Heizwicklung bewirkt.

5. Kochplatten

a) Wärmeleitungskochplatten

Herdkochplatten haben sehr schnelle Temperaturänderung (z. B. an der Oberfläche einer 2-kW-Platte mit 18 cm ∅ etwa 100 °C/min). Außerdem nehmen die verschiedenen Teile der Kochplatte während des Aufheizvorganges sehr verschiedene Temperaturen an. Es ist aber kaum möglich, den Meßgeber an die

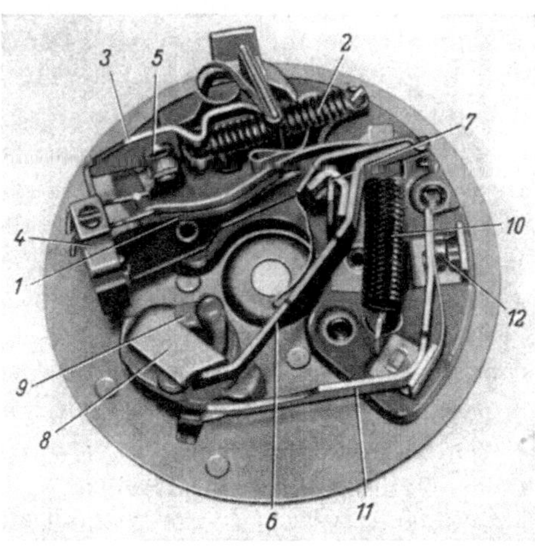

1 Bimetall (Meßgeber)
2 Totpunktfeder
3 Totpunktwippe
4 Magnetjoch
5 Hauptkontakte
6 Sollwert-Einstellhebel
7 Lager des Sollwert-Einstellhebels
8 Kulisse zur Sollwerteinstellung
9 Exzenter zur Sollwerteinstellung
10 Einstellfeder
11 Winkelhebel zur doppelpoligen Abschaltung
12 Zweites Kontaktpaar zur doppelpoligen Abschaltung

Bild 10. Regler der Protodyn-Automatic-Kochplatte, [*8*]

Stelle des steilsten Temperaturanstieges zu bringen. Eine befriedigende Lösung ist mit einem Zweipunktregler möglich unter extremer Anwendung des Prinzips der thermischen Rückführung [*6*]. Ein derartiger Regler (*Bild* 10) ist etwa in der Mitte der Kochplatte angeordnet, wo er Temperaturen bis zu 400 °C

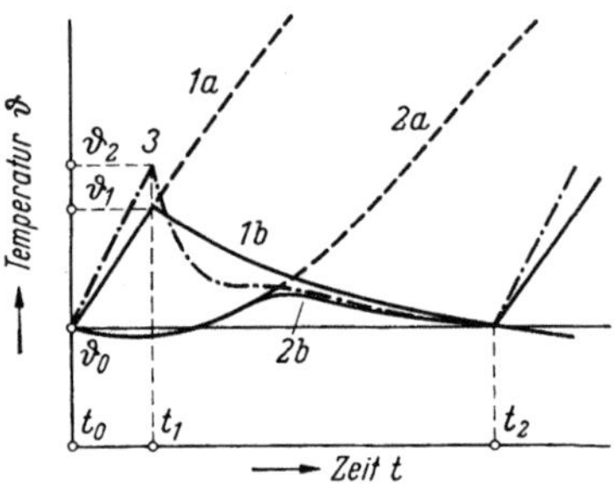

1 Kochplatte
a ungeregelt
b geregelt
2 Reglerdose
a ungeregelt
b geregelt
3 Bimetall

t_0, t_2 Einschalten
t_1 Ausschalten
ϑ_0 Temperatur von Kochplatte und Regler zum Zeitpunkt t_0
ϑ_1 Temperatur der Kochplatte zum Zeitpunkt t_1
ϑ_2 Temperatur des Bimetalls zum Zeitpunkt t_1

Bild 11. Temperaturverlauf einer Regelperiode

ausgesetzt ist, so daß also seine Bauteile, insbesondere auch die elastischen Glieder, ihre mechanischen Eigenschaften bis zu diesen Temperaturen beibehalten müssen.

Als Meßgeber dient ein Bimetall mit bis etwa 500 °C linearer Kennlinie. Da die räumliche Anordnung dieses Bimetalls eine nicht tragbare Totzeit zur Folge hätte, wirkt es nur während des Abkühlvorganges als Meßglied, also während die Temperatur vom oberen zum unteren Wert der Zweipunktregelung absinkt (*Bild* 11). Bei Erreichen des unteren Wertes haben sich die Temperaturen innerhalb der Kochplatte so weit ausgeglichen, daß der am Bimetall gemessene Wert sich nicht mehr wesentlich von der Temperatur der Plattenoberfläche unterscheidet; es kann also ziemlich genau gemessen werden. Hat der Meßgeber bei Erreichen des unteren Wertes das Einschalten der Leistungszufuhr veranlaßt, so fließt der Betriebsstrom auch durch das Bimetall und erwärmt dieses. Dabei ist der Temperaturanstieg des Bimetalls unabhängig von dem der Kochplatte, und der Ausschaltpunkt wird infolge der kleinen Zeitkonstante des Meßgebers in verhältnismäßig kurzer Zeit erreicht, so daß tatsächlich schon zu einem Zeitpunkt ausgeschaltet wird, bei dem die Regelabweichung noch einen negativen Wert hat. Durch die Bemessung der im Bimetall umgesetzten Leistung ist es möglich, den Wert der tatsächlich auftretenden Schwankungs-Amplitude beliebig festzulegen. Er wird so gewählt, daß die Temperaturänderungen innerhalb der Amplitude noch keinen merklichen Einfluß auf den Kochvorgang haben, andererseits aber die Schalthäufigkeit in tragbaren Grenzen bleibt.

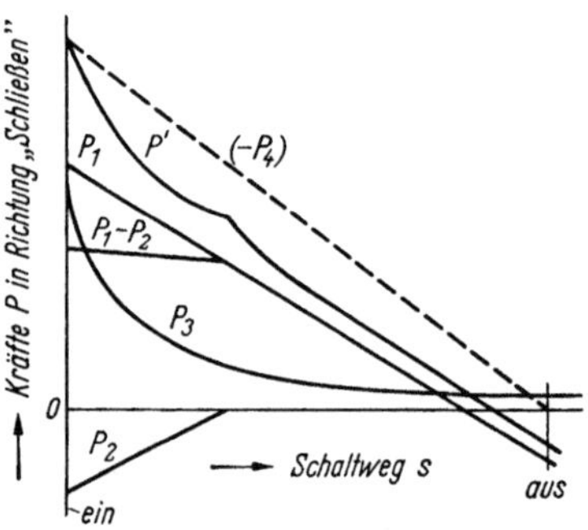

P_1 Kraftkomponente der Totpunktfeder
P_2 Kraft der Kontaktträgerfeder
P_3 Magnetkraft
P_4 Bimetallkraft
$P' = P_1 - P_2 + P_3$

Bild 12. Vereinfachtes Kräftediagramm für Kochplattenregler

Die Schaltkontakte haben eine Stromstärke von etwa 10 A (Wechselstrom) zu schalten, jedoch bei einer Umgebungstemperatur bis zu 400 °C, wobei noch die Temperaturerhöhung durch Stromfluß und Lichtbogen auftritt. Um diese Schaltung einwandfrei zu bewältigen, wird (nach dem Prinzip *Bild* 5) durch die Anordnung des beweglichen Kontaktes auf einer beim Einschalten gespannten Feder ein bis zum Zeitpunkt des Abschaltens konstanter Kontaktdruck erreicht. Die Momentschaltung wird durch eine Totpunktwippe erzielt, wobei allerdings (s. *Bild* 12) die Kraft der Kontaktträgerfeder in das Kräftespiel der Wippe eingeht, so daß zunächst die Momentschaltung in Frage gestellt wäre. Erst die zusätzliche Anordnung eines Dauermagneten, dessen Kennlinie der Kennlinie der Totpunktfeder überlagert wird, schafft wieder eindeutige Verhältnisse, so daß vom Augenblick der Kontakttrennung an während der ganzen Kontaktbewegung Kraftüberschuß im Öffnungssinn vorhanden ist. Durch diese Ausführung bleibt auch unter den erschwerten Verhältnissen (selbst bei 500000 Schaltungen) der Kontaktabbrand noch in tragbaren Grenzen.

b) Strahlungskochplatten

Bei Kochplatten, bei denen der Topf direkt auf dem zu einer flachen Spirale gebogenen Rohrheizkörper aufliegt, nimmt man als Regelgröße die Temperatur des Topfbodens. Sie wird mit einem Meßgeber abgetastet, der aus einem Halbleiter mit großem Temperaturkoeffizienten oder einem Behälter mit Ausdehnungsflüssigkeit besteht. Im ersten Fall wird der Widerstand des Meßgebers in einer Brückenschaltung gemessen; der Brückenstrom wird verstärkt und sein Wert über ein Relais zum Schalten der Stellgröße verwendet. Bei der Anordnung mit Ausdehnungsflüssigkeit (*Bild* 13) erhöht die Ausdehnung der Flüssigkeit bei steigender Temperatur den Druck in einer Membran, deren Bewegung die Schaltkontakte steuert.

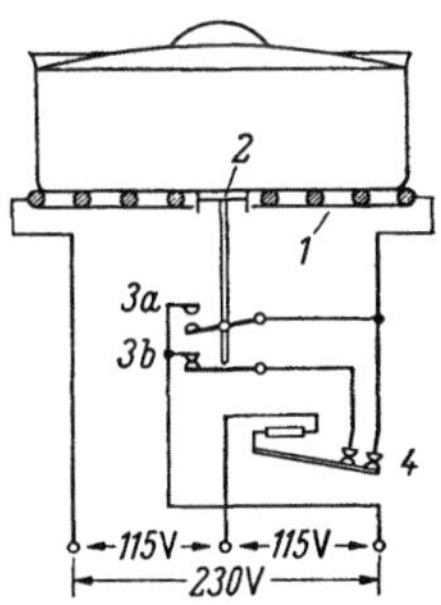

1 Kochplatte
2 Temperatur-Meßgeber
3 Regler-Schaltkontakte (*a* und *b*)
4 Leistungssteller

Bild 13. Temperaturregelung einer Rohrkochplatte

Eine Besonderheit bei diesem Regelungsprinzip ist, daß beim Kochen die Topfbodentemperatur nach Erreichen des Siedepunktes des Topfinhaltes durch den Verdampfungsvorgang konstant gehalten wird. Es ist also bei diesem Meßort nicht möglich, die Leistungszufuhr während des Kochvorganges zu variieren (schwach bis stark kochen). Deshalb hat diese Anordnung noch einen *Leistungssteller*, der eine zusätzliche Dosierung der zugeführten Leistung ermöglicht. Zu diesem Zweck öffnet die steuernde Membran bei Erreichen des Siedepunktes zunächst einen Kontakt, wodurch der Leistungssteller in Tätigkeit tritt und eine eingestellte verringerte mittlere Leistung einsteuert, während erst bei weiterer Temperaturerhöhung, z. B. beim Leerkochen des Gefäßes, durch Öffnen des zweiten Kontaktes die Leistung vollständig abgeschaltet wird. Auf diese Weise läßt sich also auch bei der Rohrkochplatte eine befriedigende temperaturabhängige Steuerung der Kochvorgänge erreichen, allerdings mit wesentlich größerem Aufwand.

D. Regelung mit Ersatzmeßstellen

In Elektrowärmegeräten werden auch Anordnungen (*Bild* 14) mit einem Bimetallmeßgeber (*2*) benutzt, der nicht die Temperatur an der zu überwachenden Stelle (*1*) mißt, sondern an einer Ersatzmeßstelle (*3*). Beim Durchbiegen des Bimetalls öffnen die Kontakte (*4*), wodurch auch die Heizwicklung (*3*) stromlos wird und das Bimetall wieder in seine Ausgangsstellung zurückkehrt. Es wird also ein periodisches Ein- und Ausschalten bewirkt, wobei das Verhältnis von Ein- zu Ausschaltzeit durch einen Sollwerteinsteller (*5*) in weiten Grenzen variiert werden kann, so daß die im Mittel dem Gerät zugeführte Leistung etwa zwischen 10 und 80% des Anschlußwertes einstellbar ist. Derartige Regeleinrichtungen (in englisch sprechenden Ländern auch Simmerstat genannt) werden in der Hauptsache zum stufenlosen Einstellen der mittleren zugeführten Leistung an Stelle von Stufenschaltern verwendet; die Heizwicklung braucht dann nicht unterteilt zu werden, wodurch sich u. U. eine günstigere Bemessung der Wicklung ergibt. Solche Anordnungen werden aber auch mit anderen Regeleinrichtungen kombiniert (s. Beispiel im Abschnitt C5), wobei mehr als zwei Werte für die Stellgröße erfaßt werden können, so daß also eine feinfühligere Anpassung des Regelvorganges an den Arbeitsvorgang möglich ist.

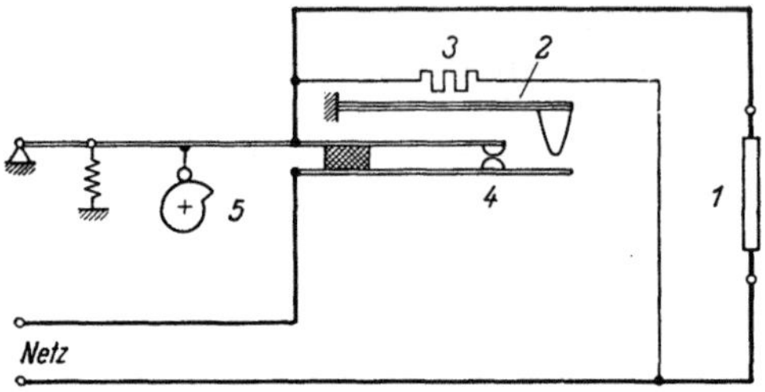

1 Heizkörper der Kochplatte
2 Bimetallmeßgeber
3 Heizwicklung für Bimetall
4 Schaltkontakte
5 Sollwerteinsteller

Bild 14. Prinzip eines stufenlosen Leistungsstellers

E. Quellenhinweise

[*1*] VDE-Vorschriften. Herausgegeben vom Verband Deutscher Elektrotechniker. Regeln für die Funk-Entstörung von Geräten, Maschinen und Anlagen (ausgenommen Hochfrequenzgeräte und Otto-Motoren), VDE 0875/11. 51.

[*2*] VDE-Vorschriften. Herausgegeben vom Verband Deutscher Elektrotechniker. Vorschriften für Elektrowärmegeräte für den Hausgebrauch und ähnliche Zwecke. VDE 0720/9. 57.

[*3*] VDE-Vorschriften. Herausgegeben vom Verband Deutscher Elektrotechniker. Leitsätze für Temperaturbegrenzer und Temperaturregler. VDE 0631/12. 54.

[*4*] VDE-Vorschriften. Herausgegeben vom Verband Deutscher Elektrotechniker. Vorschriften für schmiegsame Elektrowärmegeräte. VDE 0725/11. 57.

[*5*] Deutsche Normen, Vornorm DIN 44918 Juli 1955. Backöfen mit Temperaturregelung in Elektroherden. Richtlinien für die Ausführung und Prüfung.

[*6*] Wiedemann, T.: Die Temperaturregelung der elektrischen Kochplatte. Siemens-Z. 28. Jg. (1954) S. 177–182.

[*7*] Hersteller Firma Robertshaw-Fischer, Sulzfeld/Baden.

[*8*] Protodyn-Automatic-Kochplatte: Eingetragenes Warenzeichen der Siemens-Schuckertwerke AG.

V. Regelungstechnik in verschiedenen Anwendungsgebieten

30. Dampfkraftwerke

Von **K. Ertel** und **K. Halle**

Inhaltsübersicht

A. Einleitung

Im Dampfkraftwerk [*1*, *2*] vollziehen sich mehrere Energieumwandlungsvorgänge mit dem Zweck, die von Natur gebundene Energie der Brennstoffe aufzuschließen und in technisch verwertbare Formen umzusetzen (Elektrizität oder Wärme mit Dampf oder Heißwasser als Energieträger). Durch den Aufschluß der Kernenergie in Reaktoren bietet sich eine neuartige, bedeutungsvolle Energiequelle an. Atomkraftwerke und deren Regelung sollen hier jedoch nicht behandelt werden.

Im Brennstoffkraftwerk werden die Brennstoffe den Erfordernissen entsprechend aufbereitet und in den Kesselfeuerungen unter gesteuerter Luftzufuhr verbrannt. Die freiwerdende Wärme wird von den Rauchgasen an das in den Rohrsystemen des Kessels fließende Wasser bzw. den Dampf übertragen und bringt den Dampf in den Zustand, mit dem er für den Betrieb der Maschinen zur Verfügung steht (s. Kapitel 15 und 16). In den Kraftmaschinen (Dampfturbinen, s. Kapitel 19) wird die thermische Energie in mechanische und anschließend im Generator (s. Kapitel 23 und 32) in elektrische Energie umgewandelt. Diese wird in das elektrische Netz gespeist, an das die Stromverbraucher angeschlossen sind (vgl. Kapitel 33).

Für Heizzwecke wird Dampf in einem bestimmten Zustand oder heißes Wasser dem Verbraucher zugeführt. Desgleichen wird der Turbine Heizdampf für die stufenweise Speisewasservorwärmung (Regenerativverfahren) zur Verbesserung der Wirtschaftlichkeit des Wärmekreisprozesses entnommen. Die in der Kondensation durch das Kühlmittel abgeführte Wärme geht dem Kreislauf verloren.

Je nach der Art der Energienutzung (Elektrizität, Wärme) kann man folgende Einteilung der Dampfkraftwerke treffen:

Elektrizitätswerke (vornehmlich reine Kondensationskraftwerke). Sie sind je nach der Betriebsart Grundlast- oder Spitzenkraftwerke.

Heizkraftwerke. Sie liefern sowohl elektrische als auch thermische Energie.

Die Kraftwerke werden auch ihrem Verwendungszweck entsprechend benannt, z.B. *Industriekraftwerke*, *Bahnkraftwerke*, *Hüttenkraftwerke.*

Die Schaltung der Anlageteile im Kraftwerk führt ferner zu einer besonders für die Kraftwerkregelung wichtigen Unterscheidung in *Sammelschienen-* und *Blockkraftwerke.* Beim Sammelschienenkraftwerk sind Kessel, Turbinen, Vorwärmer, Behälter und Pumpen an Dampf-, Speisewasser- und Kondensatsammelleitungen angeschlossen. Dadurch sind verschiedene Schaltungskombinationen möglich, die eine wählbare, den Erfordernissen des Betriebes entsprechende Zuordnung der Anlageteile zulassen, was bei der Gestaltung der Kraftwerksregelung zu berücksichtigen ist.

Beim Blockkraftwerk besteht eine feste Zuordnung der Anlageteile (Kessel, Turbine, Vorwärmer, Behälter, Pumpen und Transformator) zueinander. Sammelschienen mit anderen Kombinationsmöglichkeiten in der Schaltung sind nicht vorhanden. Der Block ist eine funktionelle Einheit und daher regelungstechnisch als solche zu behandeln.

Elektrische Energie kann nicht in großen Mengen gespeichert werden. Den elektrischen Lastschwankungen kann aber der thermische Prozeß wegen der chemischen, physikalischen und mechanischen Bedingungen des Energieumwandlungsprozesses nicht beliebig schnell folgen. Aus diesen Gründen sind beim Entwurf von Regelanlagen und bei der Wahl der Regeleinrichtungen vornehmlich folgende Gesichtspunkte mit zu beachten:

a) Ungleichmäßigkeit des Brennstoffes und der Brennstoffzufuhr,
b) Vorgänge in der Feuerung,
c) Wärmeübergang und Verdampfungsprozeß,
d) Wärmespeicherung im Kessel (feuerungs-, wasser- und dampfseitig),
e) Umsetzung der thermischen in mechanische und elektrische Energie im Turbosatz (Druck- und Temperaturänderungen),
f) Trägheit der sich bewegenden Massen der Maschinen,
g) Trägheit der strömenden Stoffe,
h) Wirkungsgrade bei Teillasten,
i) Dampfspeicherung in Rohrleitungen und Apparaten,
j) Kondensat- und Speisewasserspeicherung,
k) Wärmeübergang in den Wärmeaustauschern,
l) Anpassungsfähigkeit der Regler und Stellglieder.

Besonderen Einfluß auf die Gestaltung der Kraftwerksregelung hat das Speichervermögen des Wasser-Dampf-Kreislaufes. Niederdruckanlagen haben durch die Großwasserraumkessel ein erheblich größeres Frischdampfspeichervermögen zur Verfügung als die Hochdruckkessel mit ihrem geringen Wasserinhalt. Die Naturumlaufkessel haben auch als Hochdruckkessel durch den Wasserinhalt in der Trommel ein größeres Speichervermögen als die Zwangdurchlaufkessel, bei denen keine Trommeln vorhanden sind. Frischdampfseitig kommt das Speichervermögen der Hochdruckdampf-Rohrleitungen hinzu, das beim Sammelschienenkraftwerk naturgemäß immer größer sein wird als beim Blockkraftwerk.

Zur Deckung plötzlicher Laständerungen kann das Speichervermögen des Kessels in einem gegebenen Umfang ausgenutzt werden. Weitere im Wärmekreislauf vorhandene Speichervermögen wirken sich auf die Lastregelung teils günstig, teils ungünstig aus. Sofern die naturgemäß vorhandenen Speicher zur Unterstützung der Regelung bei Laständerung nicht ausreichen, besteht die Möglichkeit, zusätzliche Speicher in den Wärmekreislauf einzufügen, z.B. als Dampfspeicher (Ruths-Speicher) oder als Speisewasser- bzw. Kondensatspeicher. Die Speicher können in verschiedener Weise eingeschaltet werden, z.B. als Gefälle-, Gleichdruck-, Verdrängungsspeicher. Besonders häufig werden Speicheranlagen in Industrie- und Heizkraftwerken mit stark schwankendem Wärme- und Leistungsbedarf eingesetzt.

Ferner sind noch besonders zu erwähnen die zulässige Druckabsenkungsgeschwindigkeit bei Hochdrucktrommelkesseln, der Einfluß der Druckänderung auf die Temperaturhaltung bei Zwangdurchlaufkesseln, die zulässigen Temperaturänderungen im Überhitzer, in den Rohrleitungen und vornehmlich im HD-Teil der Turbine. Die Grenzen der Laständerung und ihrer Geschwindigkeit sind hauptsächlich von der Frischdampftemperatur, der gewählten Bauart der Turbine und den zulässigen Beanspruchungen des Materials abhängig. Verhältnismäßig enge

Grenzen für die Belastungsänderungen der Turbine sind bei Höchstdruck- und Höchsttemperaturanlagen mit Zwischenüberhitzung gegeben.

Die Regelungsbedingungen sind außerdem an die Forderungen der Wirtschaftlichkeit des gewählten Kreislaufprozesses (Gesamtwirkungsgrad der Anlage) anzupassen, z.B.:

a) wirtschaftliches Verfeuern der Brennstoffe (Luftüberschuß, Abgastemperatur,

b) Einhalten des gewählten Frischdampfzustandes (Druck und Temperatur),

c) Anpassen der Dampferzeugung an die zu liefernde Energie,

d) wirtschaftliches Lenken der Speisewasservorwärmung,

e) Erzielen eines wirtschaftlichen Kondensationsbetriebes,

f) wirtschaftliche Fahrweise der Hilfsaggregate (Eigenbedarf),

g) wirtschaftliches Steuern des Anfahr- und Abstellvorganges.

Die Regelung einzelner Objekte, wie Kessel, Turbinen, Reduzier- und Kühlanlagen und Generatoren, können den besonderen Kapiteln des Buches entnommen werden. In diesem Kapitel sollen nur diejenigen Regelungen behandelt werden, die das Zusammenwirken aller wärmetechnischen Kraftwerksteile erfassen. (Über die Regelungstechnik der elektrischen Anlagen in Dampfkraftwerken s. Kapitel 32.)

B. Sammelschienenkraftwerke kleiner und mittlerer Leistung

1. Niederdruck-Kleinkraftwerk

Die Entwicklung des Brennstoffkraftwerkes begann mit Niederdruck-Kleinkraftwerken, die mit Großwasserraumkesseln und Kolbenmaschinen ausgerüstet

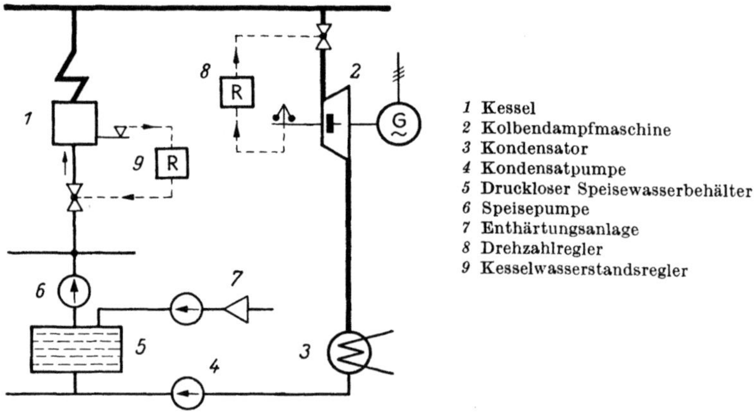

Bild 1. Niederdruck-Kleinkraftwerk

waren (*Bild* 1). In einem solchen Kraftwerk ergaben sich bereits die ersten Regelungsaufgaben, die sich zumeist auf die Regelung der Drehzahl mit Hilfe eines Drehzahlreglers (*8*) und auf die Regelung des Kesselwasserstandes (*9*) erstreckten.

Die Kesselleistung wurde an die Maschinenleistung von Hand angepaßt, indem man den Frischdampfdruck konstant hielt. Die Feuerungen waren noch nicht regelungsfähig. Das große Speichervermögen der Kessel überbrückte die Unregelmäßigkeiten der von Hand beschickten Feuerungen und die verhältnismäßig kleinen Lastschwankungen in ausreichendem Maße.

2. Mitteldruckkraftwerk

Im Laufe der allgemeinen technischen Entwicklung stieg der Energiebedarf stark an. Die Kraftwerkleistungen und die Leistungen der Baueinheiten wurden entsprechend größer, die Dampfzustände (Druck und Temperatur) wurden erhöht, und die Turbine setzte sich als Kraftmaschine durch. Zur Erzeugung größerer Leistungen wurde eine unterschiedliche Anzahl von Kesseln und Turbinen benötigt, die durch Sammelschienen wasser- und dampfseitig verbunden wurden. Diese Sammelschienen ermöglichen es, je nach Betriebsfall, eine zweckmäßige Zusammenschaltung von Kesseln und Turbinen zu wählen. Für die Regelung ergab sich daraus die Folgerung, daß jede Einheit für sich geregelt und sinngemäß in den Gesamtplan eingefügt werden mußte.

Bild 2 zeigt den Schalt- und Regelplan eines derartigen Mitteldruckkraftwerkes. Außer den Frischdampf- und Speisewassersammelschienen (A bis C) benötigt ein Sammelschienenkraftwerk noch mindestens zwei weitere Sammelschienen (D bis E), und zwar für die in den Kreislauf zurückzuführenden Kondensate und für Vorwärmdampf. An diese beiden Sammelleitungen sind die gemeinsamen Anlageteile, wie Verdampferanlage, Speisewasserbehälter mit Mischvorwärmer und Entgaser, und die Speisepumpen angeschlossen. Die Vorwärmdampf-Sammelschiene (E) erhält ihren Dampf nicht aus den Entnahmen der Kondensationsmaschinen, sondern zweckmäßig aus der Entnahme einer besonderen Hausturbine und von den Speisepumpenantriebsturbinen, also von Anlageteilen, die nicht den einzelnen Kondensationsmaschinensätzen zugeordnet sind. Von den einzelnen Turbosätzen abhängig sind lediglich die ND-Vorwärmer vor der Kondensatsammelschiene. Wie sich die Regelung der einzelnen Anlageteile in die Gesamtregelung einfügt und der Sammelschienenschaltung Rechnung trägt, ergibt sich aus der Einzelbetrachtung der verschiedenen Regelungsvorgänge:

Die Hauptkondensationsmaschine (*2*) liefert ihre Energie in das elektrische Versorgungsnetz. Das Anpassen der Leistung der Maschinen an die Netzlast erfolgt über die Drehzahlregelung (*20a*). Die Hausmaschine (*3*) versorgt das elektrische Eigenbedarfsnetz, hat daher ebenfalls eine Drehzahlregelung (*20b*) und ist hier als Entnahme-Kondensationsmaschine ausgeführt.

Die Kesselanlagen sind vornehmlich Naturumlaufkessel (Trommelkessel) mit großem Wasserinhalt. Der Wasserstand in der Trommel wird durch eine Wasserstandsregelung (*21*) konstant gehalten. Um die Speisewasser-Regelventile unter ungefähr gleichen Verhältnissen arbeiten zu lassen und dadurch die Aufgabe der Wasserstandsregelung zu erleichtern, wird vielfach eine Differenzdruckregelung (*22*) vorgeschaltet, zu dem Zweck, die Differenz zwischen Speisewasserdruck und Dampfdruck konstant zu halten. Diese Differenzdruckregelung (*22*) wirkt bei Speisepumpen mit fester Drehzahl (*7b*) auf ein Drosselventil in der Speisedruckleitung bei Pumpen mit veränderlicher Drehzahl (*7a*) auf die

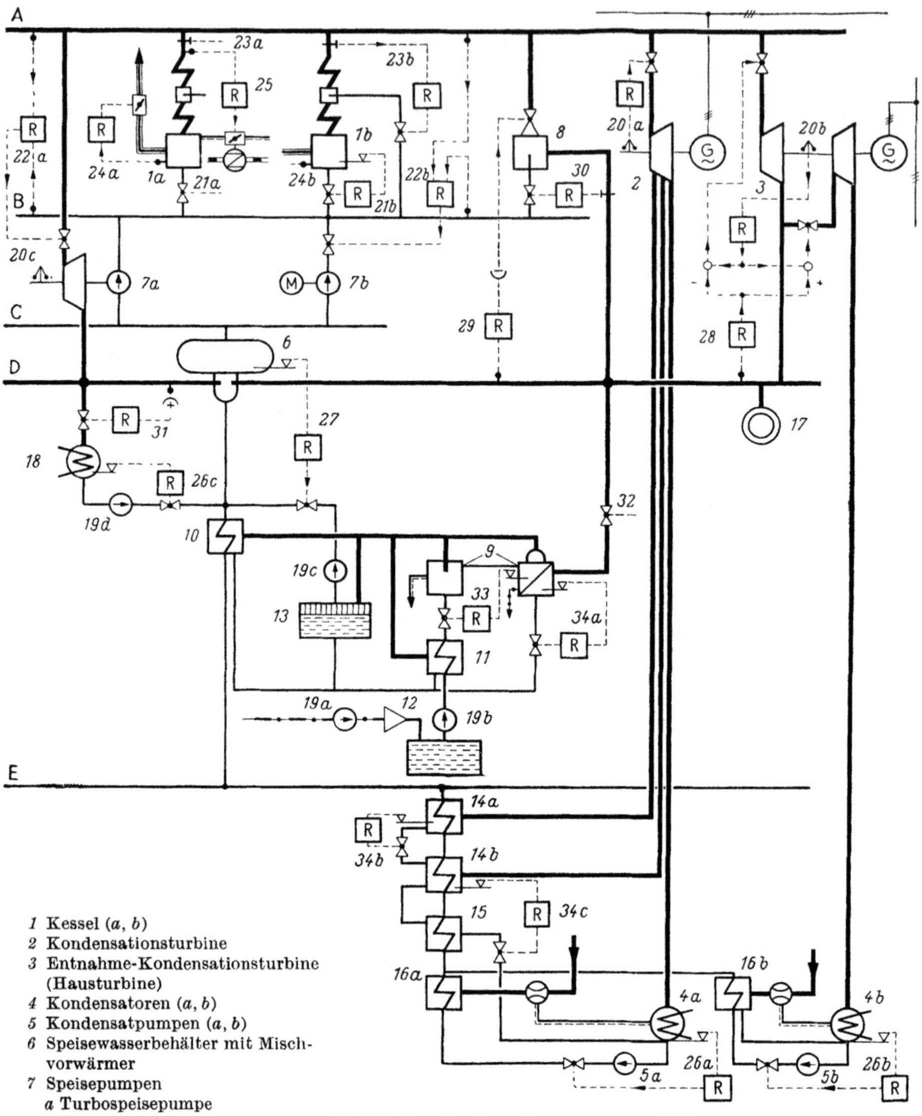

1 Kessel (*a*, *b*)
2 Kondensationsturbine
3 Entnahme-Kondensationsturbine (Hausturbine)
4 Kondensatoren (*a*, *b*)
5 Kondensatpumpen (*a*, *b*)
6 Speisewasserbehälter mit Mischvorwärmer
7 Speisepumpen
a Turbospeisepumpe
b Elektrospeisepumpe
8 Dampfkühler
9 Verdampferanlage
10 Brüdenkondensator
11 Weichwasservorwärmer
12 Chemische Speisewasseraufbereitung
13 Destillatbehälter
14 Vorwärmer
a Niederdruckvorwärmer
b Vakuumvorwärmer
15 Kondensatkühler
16 Dampfstrahlkondensatoren (*a*, *b*)
17 Heizdampfverbraucher
18 Hilfskondensator
19 Nebenpumpen (*a* bis *d*)
20 Drehzahlregelung (*a* bis *c*)
21 Kesselwasserstandsregelung (*a*, *b*)
22 Differenzdruckregler (*a*, *b*)
23 Frischdampftemperaturregelung (*a*, *b*)
24 Feuerraumunterdruckregelung (*a*, *b*)
25 Frischdampfdruckregler
26 Niveauregler an den Kondensatoren (*a* bis *c*)
27 Niveauregler am Speisewasserbehälter
28 Entnahmedruckregler
29 Druckregler (Reduzierstation)
30 Temperaturregler (Kühlstation)
31 Druckregelung für oberen Grenzwert
32 Handsteuerung
33 Wasserstandsregler
34 Niveauregler (*a* bis *c*)
A bis E Sammelschienen

Bild 2. Mitteldruck-Sammelschienenkraftwerk

Organe zur Drehzahlverstellung ein. Bei dampfangetriebenen Pumpen wird z.B. das Dampfeinlaßventil vom Differenzdruckregler (*22a*) verstellt. Hierbei muß eine etwaige Drehzahlregelung (*20c*) der Pumpe abgeschaltet sein. Vom Differenzdruckregler wird dabei der Pumpendruck dem jeweils erforderlichen Speisedruck angepaßt.

Den erhöhten Anforderungen entsprechend vermehrten sich die Regelkreise am Kessel. Zu erwähnen ist die Frischdampftemperaturregelung (*23*), die den Zweck hat, die Austrittstemperatur hinter jedem Kessel konstant zu halten, und die Regelung des Unterdruckes im Feuerraum (*24*).

Schließlich trat mit steigenden Anforderungen die Notwendigkeit ein, die Kesselleistung nicht mehr von Hand den Turbinenleistungen anzupassen, sondern die Kessel mit einer Regelung auszurüsten. Das Bedürfnis dafür stieg ferner mit dem kleiner werdenden Speichervermögen der Kessel. Ihre Durchführung wurde erleichtert, als die Kesselfeuerungen anpassungsfähiger, d.h. besser regelbar wurden.

Für die Regelung der Kessel wurde als Regelgröße der Frischdampfdruck (*25*) gewählt, und zwar mit einer vom Dampfdurchsatz abhängigen Kennlinie (s. Kapitel 15).

Oftmals wird die Last nur eines Kessels den Laständerungen der Turbosätze angepaßt, während die anderen mit fester, von Hand eingestellter Last fahren.

Der einer bestimmten elektrischen Leistung entsprechende Dampfstrom wird von den drehzahlgeregelten Turbinen angefordert und der Frischdampfsammelleitung (A) entnommen.

Eine entsprechende Dampfmenge wird in den Kondensatoren niedergeschlagen und muß von dort als Kondensat wieder in den Kreislauf zurückgeführt werden. Der Wasserstand im Kondensator wird durch eine Niveauregelung (*26*) gehalten, wobei das Regelventil in der Druckleitung hinter der Kondensatpumpe liegt. So gelangt das Kondensat der einzelnen Maschinen in die Kondensatsammelleitung (E), von dort in den Speisewasserbehälter (*6*) und steht wieder zur Speisung der Kessel über die Speisesammelleitung (B) zur Verfügung. Die Kondensatverluste müssen durch aufbereitetes Zusatzwasser ersetzt werden, wofür eine Niveauregelung (*27*) am Speisewasserbehälter vorgesehen ist.

Ferner wird die Speisewasser-Vorwärmtemperatur im Behälter indirekt durch Regelung des Vorwärmdampfdruckes im Mischvorwärm-Entgaser konstant gehalten. In dem dargestellten Fall wird der Druck in der Vorwärmsammelschiene (D) durch eine Entnahmedruckregelung (*28*) der Hausturbine (*3*) konstant gehalten. Diese Regelung gleicht nicht nur die Schwankungen des Dampfbedarfes aus, die durch die wechselnde Vorwärmung und gegebenenfalls auch durch den Dampfbedarf weiterer Wärmeverbraucher entstehen, sondern gleicht auch den wechselnden Dampfzufluß der Turbospeisepumpen aus. Bei Ausfall der Hausturbine oder beim Anfahren werden Dampfdruck und Temperatur auf einem unteren Grenzwert durch die Regler (*29*) und (*30*) der Reduzier- und Kühlstation gehalten.

Es kann jedoch vorkommen, daß der Dampfdruck bei Nichtabnahme des anfallenden Dampfes auch einen oberen Grenzwert erreicht. Dann wird der überschüssige Dampf, der nicht in der Speisewasservorwärmung untergebracht werden kann, über eine Druckregelung (*31*) in einen Hilfskondensator abgeführt, aus dem das anfallende Kondensat über eine Niveauregelung (*26c*) in den Kreislauf zurückgeführt wird.

Die Verdampferanlage wird in ihrer Leistung in den meisten Fällen von Hand (*32*) unter Beobachtung des Wasserstandes im Behälter (*13*) gesteuert. Das chemisch aufbereitete Speisewasser wird in den Verdampfer über eine Wasserstandsregelung (*33*) zugeführt, das Abführen des Heizdampfkondensates aus dem Verdampfer in den Behälter (*13*) erfolgt ebenfalls bei automatischem Einhalten des Niveaus im Heizraum mit der Niveauregelung (*34a*). Die Vorwärmkondensate werden ebenfalls in den Kreislauf zurückgeführt, wobei der Kondensatstand in den Vorwärmern durch Ablaufregler (*34b* bis *c*) konstant gehalten wird.

C. Sammelschienenkraftwerke mit Speicheranlagen

1. Industriekraftwerke mit Dampfspeichern

a) Übliche Regelung

Bild 3 zeigt vereinfachte Schaltungen eines Industriekraftwerkes mit gekuppelter Kraft- und Wärmewirtschaft, wobei durch Regelungen sowohl die elektrische Energie als auch der Heizdampf dem jeweiligen Bedarf anzupassen sind. Der Dampfspeicher dient zum Ausgleich der Wärme- und Leistungsbedarfschwankungen. Derartige Anlagen werden hauptsächlich in der Textil- und Zellstoffindustrie verwendet. Besonders häufig waren derartige Speicheranlagen zu der Zeit, als die Kesselfeuerungen noch außerordentlich träg und sehr schwer zu regeln waren.

Im *Bild* 3a wurde nur *ein* Heizdampfnetz angenommen. Die Entnahme-Kondensationsturbine (*2*) hat eine Drehzahlregelung (*11*) und eine Entnahmedruckregelung (*12*). Alle Änderungen des Leistungs- und Heizdampfverbrauches wirken sich in der Frischdampfleitung durch Druckänderungen aus. Das Speicherlade- und -entladeventil wird daher in Abhängigkeit vom Frischdampfdruck gesteuert. Bei ansteigendem Druck wirkt die Regelung (*13*) und der Speicher wird geladen, bei sinkendem Druck wirkt die Regelung (*14*) und der Speicher wird entladen. Durch das Einströmen des Speicherdampfes in die Heizdampfleitung wird die Dampfentnahme aus der Turbine und dadurch der Frischdampfdurchsatz durch die Druckregelung (*12*) entsprechend zurückgenommen und umgekehrt. Die Speicherentladeregelung (*14*) benötigt zusätzlich eine Beeinflussung vom Heizdampfdruck aus. Es sind zwei Grenzsignale vorgesehen, von denen das obere Grenzsignal (*15*) (zu hoher Druck) als Schließsignal ein zu weites Öffnen des Entladeventiles entgegen dem Einfluß des Frischdampfsignals verhindert. Dagegen öffnet das untere Grenzsignal (*16*) für zu niedrigen Druck das Entladeventil unabhängig vom Frischdampfsignal, sobald der Druck im Heizdampfnetz unter die vorgesehene Grenze absinkt, was z.B. bei Ausfall des Turbosatzes vorkommen kann.

Das Aufrechterhalten eines bestimmten Wasserstandes im Ruths-Speicher (*8*) durch Nachspeisen (*17*) oder Ablassen (*18*) braucht nicht unbedingt automatisch zu geschehen. Normalerweise wird eine Steuerung von Hand vorgesehen.

Die Feuerung des Kessels (*1*) wird statt nach dem Frischdampfdruck nach dem Speicherdruck geführt, da nicht nur der Heizdampfdruck, sondern auch der

Frischdampfdruck automatisch konstant gehalten wird. Alle Dampfverbrauchsschwankungen wirken sich auf den Speicher aus und sind an der Speicherdruckänderung rechtzeitig und eindeutig erkennbar. In den meisten Fällen wird die Feuerführung von Hand nach einem Speichermanometer (*9*) gesteuert, das als Anzeiger oder wegen Dauerkontrolle des Vorganges als Schreiber vorgesehen sein kann.

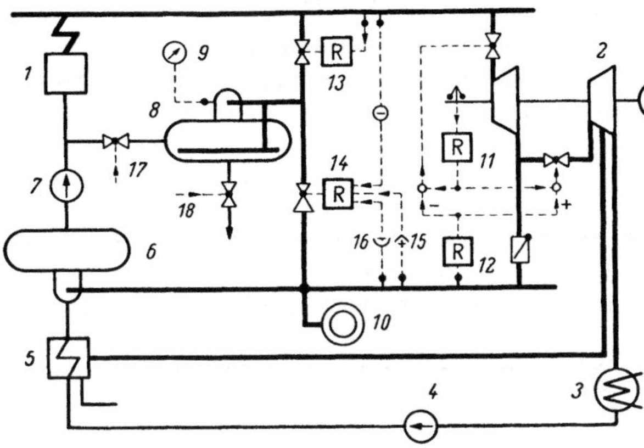

a) Übliche Regelung

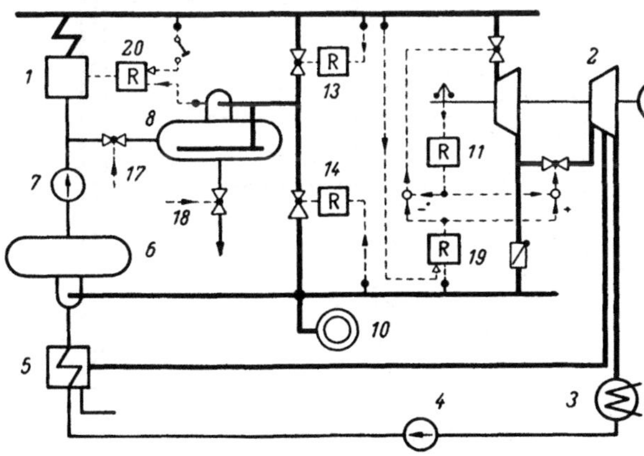

b) Verhältnisdruckregelung

1 Kessel
2 Entnahme-Kondensationsturbine
3 Kondensator
4 Kondensatpumpe
5 Vorwärmer
6 Speisewasserbehälter mit Mischvorwärmer
7 Speisepumpe
8 Dampfspeicher
9 Speicherdruckmesser
10 Wärmeverbraucher
11 Drehzahlregler
12 Entnahmedruckregler
13 Frischdampfdruckregler (steigender Druck)
14 Zuströmdruckregler
15 Schließgrenzsignal (obere Druckgrenze)
16 Öffnungsgrenzsignal (untere Druckgrenze)
17 Speicherspeiseeinrichtung
18 Speicherablaß
19 Verhältnisdruckregler
20 Speicherdrucksignal für die Kesselregelung

Bild 3. Industriekraftwerk mit Dampfspeicher

b) Verhältnisdruckregelung

Eine andere Möglichkeit der Regelung ist in *Bild* 3b dargestellt. Die Entnahmedruckregelung ist als Verhältnisdruckregelung (*19*) ausgeführt. Hierbei sind Entnahmedruck und Frischdampfdruck innerhalb eines bestimmten Druckbereichs gleichsinnig voneinander abhängig gemacht, so daß ein bestimmtes Druckänderungsverhältnis zwischen Frischdampfdruck und Entnahmedruck eingehalten wird. Die Verhältnisdruckregelung wirkt in der Weise, daß bei sinkendem Frischdampfdruck auch der Entnahmedruck in einem einstellbaren Verhältnis sinkt und umgekehrt. Die Wahl eines Verhältnisdruckreglers an der Entnahmesteuerung der Turbine ermöglicht es, die Speicherentladeregelung so zu vereinfachen, daß sie zu einer einfachen Zuströmdruckregelung wird. Das Laden des Speichers durch die Frischdampfdruckregelung (*13*) wird beibehalten. Beim Ansteigen beider Drücke (Frischdampf und Entnahmedampf) schließt das Speicherentladeventil und das Ladeventil öffnet. Beim Absinken beider Drücke verläuft der Vorgang umgekehrt. Bei den gegebenen Verhältnissen kann die Kesselanlage nach dem Speicherdruck (*20*) geregelt werden. Eine Beeinflussung der Kesselregelung auch vom Frischdampfdruck vorzusehen, ist zweckmäßig, wobei auch hier eine Verhältnisdruckregelung (Frischdampf und Speicherdampf) angewendet werden kann.

2. Industriekraftwerk mit Kondensat-Speisewasserspeicher

Eine Wärmespeicherung ist nicht nur mit Dampfspeichern (sog. Ruths-Speichern) möglich, sondern auch mit Speisewasser- bzw. Kondensatspeichern [*3*, *4*]. In den Dampfspeichern wird die Wärme im Wasser gespeichert und als Dampf

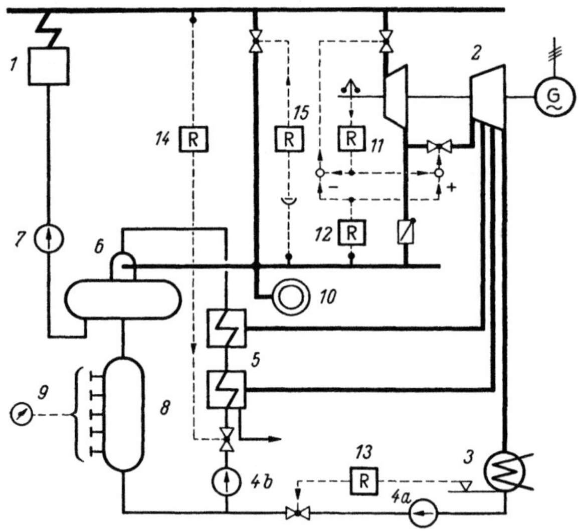

1 Kessel
2 Entnahme-Kondensationsturbine
3 Kondensator
4 Kondensatpumpen (*a*, *b*)
5 Vorwärmer
6 Speisewasserbehälter mit Mischvorwärmer
7 Speisepumpe
8 Kondensat-Speisewasserspeicher
9 Speichertemperaturmesser
10 Wärmeverbraucher
11 Drehzahlregler
12 Entnahmedruckregler
13 Niveauablaufregler
14 Frischdampfdruckregler
15 Grenzdruckregler

Bild 4. Industriekraftwerk mit Kondensat-Speisewasserspeicher

wieder in den Kreislauf abgegeben. Beim Speisewasser- bzw. Kondensatspeicher dagegen wird die gespeicherte Wärme wieder als Wasser in den Kreislauf zurückgegeben. Im Dampfspeicher ist der Druck veränderlich (Gefällespeicher), im Speisewasser- bzw. Kondensatspeicher konstant. Man spricht daher in diesem Falle auch von Gleichdruckspeichern.

Eine Anlage mit einem als Verdrängungsspeicher geschalteten Kondensat-Speisewasserspeicher zeigt *Bild* 4. Dargestellt ist nur ein Heizdampfnetz und eine Entnahme-Kondensationsmaschine, die mit einer Drehzahlregelung (*11*) und einer Entnahmedruckregelung (*12*) ausgerüstet ist. Das Kondensat- bzw. Speisewasser wird im Verdrängungsspeicher (*8*) gespeichert, der unterhalb des Speisewasserbehälters (*6*) angeordnet und mit ihm verbunden ist. Der Verdrängungsspeicher (*8*) liegt parallel zu den Speisewasservorwärmern (*5*) und dem Mischvorwärmer des Speisewasserbehälters. Das Turbinenkondensat wird mit der Kondensatpumpe (*4a*) und der Zwischenpumpe (*4b*) über die Speisewasservorwärmung dem Speisewasserbehälter (*6*) zugeführt. Mit der Niveauregelung (*13*) wird der Ablauf vom Kondensator gesteuert. Der Dampfdruck im Heizdampfnetz läßt sich in Grenzfällen durch ein Reduzierventil mit Grenzdruckregelung (*15*) aufrechterhalten.

Durch verschiedenes Beaufschlagen der Vorwärmer können die einzelnen Dampfentnahmen aus der Turbine geändert werden. Dadurch ist es möglich, mit gleichem Frischdampfdurchsatz verschiedene Turbinenleistungen zu erzeugen. Leistungsschwankungen der Turbine können daher durch Verändern des Entnahmedampfes zum Teil ausgeglichen werden, indem in Abhängigkeit vom Frischdampfdruck mit Hilfe der Regelung (*14*) der Kondensatfluß durch die Vorwärmer gesteuert wird. Ist der von der Pumpe (*4b*) geförderte Kondensatfluß geringer als der anfallende Turbinenkondensatfluß, so gelangt der Überschuß an kaltem Kondensat von unten in den Kondensat-Speisewasserspeicher (*8*) und verdrängt eine entsprechende, bereits vorgewärmte Speisewassermenge in den Speisewasserbehälter (*6*). Hierbei tritt eine Verringerung des Entnahmedampfdurchsatzes ein. Ist dagegen der von der Pumpe (*4b*) geförderte Kondensatfluß größer als der anfallende Turbinenkondensatfluß, so wird die fehlende Menge aus dem Verdrängungsspeicher (*8*) als kaltes Kondensat entnommen und durch die Vorwärmer dem Speisewasserbehälter unter Erhöhung des Entnahmedampfdurchsatzes zugeführt. Entsprechend vorgewärmtes, überschüssiges Speisewasser läuft aus dem Speisewasserbehälter (*6*) in den Speicher (*8*) nach. Der Kesselspeisepumpe (*7*) steht immer die erforderliche Speisewassermenge mit gleicher Temperatur zur Verfügung.

In dem stets gefüllten Verdrängungsspeicher (*8*) verschiebt sich also je nach dem Speicherregelungsvorgang die Grenzzone zwischen dem unten befindlichen kalten Kondensat und dem oben befindlichen warmen Speisewasser. Die Lage dieser Grenzschicht wird durch eine entsprechende Anzahl von Temperaturmessern erfaßt und im Kesselhaus mit einem Instrument (*9*) angezeigt. Die Feuerführung der Kessel erfolgt nach diesem Instrument in ähnlicher Weise wie beim Dampfspeicher nach dem Speichermanometer.

In einer anderen Schaltung (*Bild* 14) sind statt eines Verdrängungsspeichers zwei getrennte Speicher für Kondensat und für Speisewasser vorgesehen.

3. Spitzenkraftwerke

a) Allgemeines

Spitzenkraftwerke haben die Aufgabe, plötzliche Lastspitzen zu decken [*5*]. Die dafür verwendeten Maschinen müssen also in der Lage sein, schnell auftretende Leistungsänderungen auszugleichen. Hierbei können die Maschinen normalerweise entweder mit einer Teillast am Netz hängen oder in Sonderfällen auch aus dem Leerlauf heraus die Spitzendeckung übernehmen. In diesen Fällen spricht man auch von Momentanreserven. Der Aufgabenstellung entsprechend muß bei derartigen Anlagen eine ausreichend große Speicheranlage vorgesehen werden, wofür zumeist eine Dampfspeicheranlage gewählt wird.

b) Frischdampf-Speicherdampf-Turbine

In dem Spitzenkraftwerk (*Bild* 5) erhält die Frischdampf-Speicherdampf-Turbine (Zweidruckturbine) ihren Dampf aus dem Frischdampfnetz und aus der

Dampfspeicheranlage. Beide Turbineneintritte stehen unter der Einwirkung der Drehzahlregelung (*15*). Das Öffnungsverhältnis der Frischdampf- bzw. Speicherdampfventile wird in Abhängigkeit vom Frischdampfdruck (*16*) als Führungsgröße derart beeinflußt, daß bei hohem Frischdampfdruck die Frischdampfven-

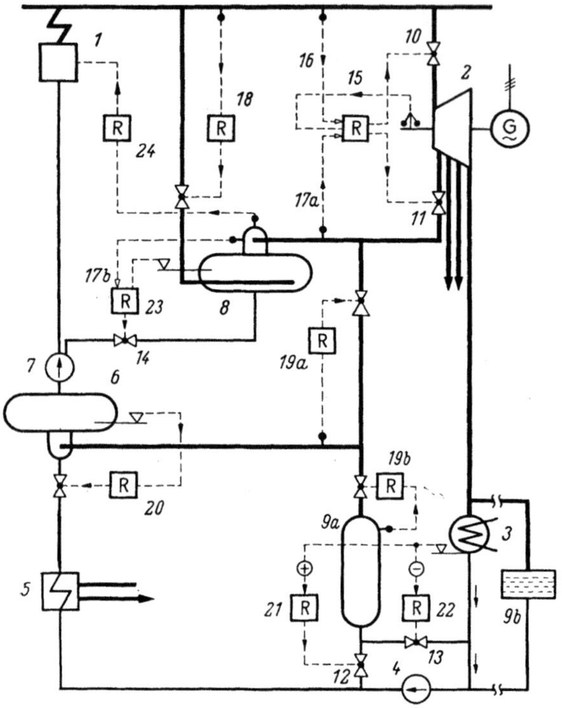

1 Kessel
2 Frischdampf-Speicherdampf-Turbine
3 Kondensator
4 Kondensatpumpe
5 Vorwärmer
6 Speisewasserbehälter mit Mischvorwärmer
7 Speisepumpe
8 Dampfspeicher
9 Kaltkondensatspeicher (*a*, *b*)
10 Frischdampfventil der Turbine
11 Speicherdampfventil der Turbine
12 Füllventil
13 Ablaßventil
14 Dampfspeicher-Speiseventil
15 Drehzahlsignal
16 Frischdampfdrucksignal
17 Speicherdrucksignal (*a*, *b*)
18 Überström-Druckregler
19 Zuström-Druckregler (*a*, *b*)
20 Niveauregler am Speisewasserbehälter
21 Niveauregler des Kondensators (Speicher-Füllen)
22 Niveauregler des Kondensators (Speicher-Entnahme)
23 Niveauregler Dampfspeicher
24 Kessellastregler

Bild 5. Spitzenkraftwerk mit Frischdampf-Speicherdampf-Turbine

tile (*10*) bevorzugt öffnen, während bei absinkendem Frischdampfdruck durch Öffnen der Speicherventile (*11*) der Speicherdampf zur Leistungserzeugung immer mehr herangezogen wird. Da der Speicherdruck je nach dem Ladezustand verschieden hoch sein kann, werden die Speicherdampfventile durch einen zusätzlichen Druckeinfluß (*17a*) bei absinkendem Speicherdruck immer mehr geöffnet und umgekehrt bei steigendem Druck immer mehr geschlossen. Der Dampfspeicher wird, wie üblich, mit Hilfe einer Frischdampfdruck-Überströmregelung (*18*) aufgeladen. Bei Bedarf wird der Speicher auch zur Vorwärmdampfabgabe mit herangezogen, wofür die Druckregelung (*19a*) benutzt wird.

Während der Spitzendeckung mit Speicherdampf fällt mehr Turbinenkondensat an, als vom Kessel Speisewasser benötigt wird; dagegen wird beim Aufladen des Speichers mehr Speisewasser verlangt, als dem Turbinenkondensatanfall entspricht. Aus diesen Gründen würde ohne eine entsprechende Regelung der Wasserstand im Speisewasserbehälter stark schwanken. Dieser Betrieb hätte außerdem den Nachteil, daß während der Lastspitze entsprechend mehr Turbinenkondensat vorgewärmt werden müßte und daher auch große Entnahmemengen benötigt würden. Der Speicherdampfbedarf würde dann sehr groß sein. Ein Verringern des

Speicherdampfbedarfes während der Lastspitze und damit ein Vergrößern des Spitzendeckungsvermögens läßt sich dadurch erreichen, daß jeweils nur die Kondensatmenge vorgewärmt wird, die als Speisewasser für die Kessel gebraucht wird. Der Rest, also die im wesentlichen aus dem Speicherdampf stammende Kondensatmenge, wird während der Lastspitze in einem besonderen Kaltkondensatspeicher (*9*) gesammelt, aus dem das Kondensat erst wieder entnommen und vorgewärmt wird, wenn der Speicher geladen wird (Lasttal). Diese Aufgabe wird regelungstechnisch dadurch gelöst, daß der Wasserstand im Speisewasserbehälter (*6*) mit einer Niveauzuströmregelung (*20*) konstant gehalten wird, so daß also nur die von den Speisepumpen benötigte Kondensatmenge durch die Niederdruckvorwärmer strömt.

Der Kaltkondensatspeicher kann in verschiedener Weise angeordnet werden. Wird er parallel zum Hotwell des Kondensators angeordnet (*9b* im *Bild* 5 unterbrochen angedeutet), so wird keine zusätzliche Regelung benötigt, während dies bei der Anordnung parallel zur Kondensatpumpe, wie gezeichnet (*9a*), der Fall ist. Der Wasserstand im Behälter des Kondensators (*3*) wird dabei z.B. mit zwei Steuerventilen (*12* und *13*) in der Weise geregelt, daß bei steigendem Wasserstand der Niveauüberströmregler (*21*) die überschüssige Kondensatmenge in den Speicher (*9a*) abströmen läßt, während bei sinkendem Wasserstand diese Menge verringert wird, bis schließlich mit Hilfe der Niveau-Zuströmregelung (*22*) Kondensat aus dem Behälter zurück in den Hotwell gelangt und dann zusätzlich durch die Kondensatpumpe (*4*) den Vorwärmern und dem Speisewasserbehälter zugeleitet wird. Der Kaltkondensatspeicher kann dampfseitig entweder mit dem Kondensator verbunden werden oder ein Dampfpolster niederen Druckes durch Verbindung mit einem anderen Dampfnetz erhalten. Ein bestimmter Druck wird dann konstant gehalten.

Der Wasserstand im Dampfspeicher wird geregelt. Bei richtiger Füllung des Dampfspeichers müssen Druck und Wasserstand immer in einem bestimmten Verhältnis zueinander stehen. Aus diesem Grund kann das Niveau nicht nach einem festen Sollwert konstant gehalten werden.

Der Speicher darf nur während des Ladevorganges gespeist werden und nicht während des Entladevorganges, da sonst eine Kapazitätsminderung des Speichers eintritt. Diese Aufgabe wird in der Weise gelöst, daß das automatische Verstellen des Ventiles (*14*) in der Nachspeiseleitung vom Wasserstand (*23*) und gleichzeitig vom Speicherdruck (*17b*) abhängig gemacht wird. Da der Ladedampf überhitzt ist und der Wasserstand daher nur beim Ladevorgang hinter dem richtigen, dem Entladedruck zugehörigen Wert zurückbleibt, wird das Speiseventil durch die vorgesehene Regelung auch nur während des Ladevorganges geöffnet. Die Kesselleistung kann durch eine Regelung (*24*) in Abhängigkeit vom Speicherdruck beeinflußt werden.

c) Speicherdampfturbine

Bei der Anlage in *Bild* 6 handelt es sich um ein Spitzenkraftwerk mit reinen Speicherdampfturbinen, das gleichzeitig als Fernheizkraftwerk mit Dampf als Wärmeträger betrieben wird. Die Ruths-Speicheranlage (*10*) wird entweder von Hand (*21*) oder selbsttätig (*22*) aus einem Mitteldrucknetz aufgeladen, in das entsprechende Mitteldruckkessel (*1b*) oder Hochdruckkessel (*1a*) einer Vorschaltanlage den nötigen Dampf liefern. Die Speicherdampfturbine (*5*) ist lediglich mit einer Drehzahlregelung (*20 b*) ausgerüstet und hängt unmittelbar an dem je

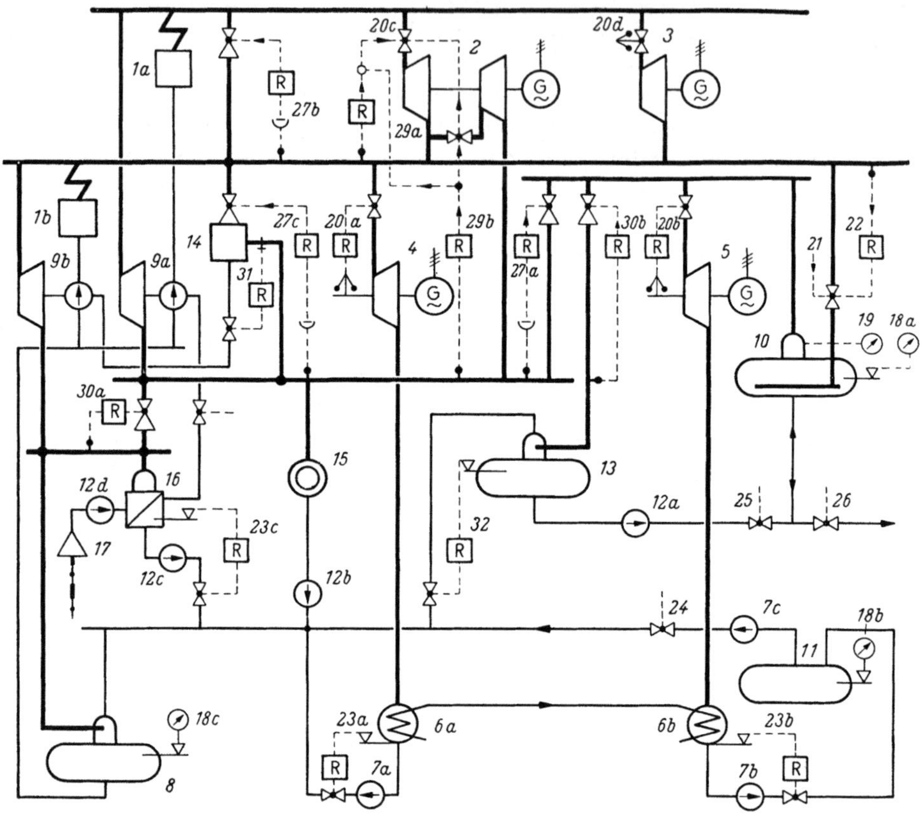

1 Kessel
a Hochdruckkessel
b Mitteldruckkessel
2 Entnahme-Gegendruckturbine
3 Vorschalt-Gegendruckturbine
4 Frischdampf-Kondensationsturbine
5 Speicherdampf-Kondensationsturbine
6 Kondensatoren (*a*, *b*)
7 Kondensatpumpen (*a* bis *c*)
8 Kesselspeisewasser-Behälter mit Mischvorwärmer
9 Speisepumpen
a für Hochdruckkessel
b für Mitteldruckkessel
10 Dampfspeicher (RUTHS-Speicher)
11 Kaltkondensatspeicher
12 Nebenpumpen (*a* bis *d*)
13 Speicherspeisewasser-Behälter mit Mischvorwärmer
14 Reduzier- und Kühlstation
15 Fernheizungsdampfverbraucher
16 Verdampferanlage
17 Chemische Speisewasseraufbereitung
18 Wasserstandsanzeiger (*a* bis *c*)
19 Speicherdruckanzeiger
20 Drehzahlregelung (*a* bis *d*)
21 Fernsteuerung des Ladeventils
22 Grenzdruckregler
23 Niveauregelung (*a* bis *c*)
24 Ferngesteuertes Kondensatventil
25 Ferngesteuertes Speiseventil
26 Ferngesteuertes Ablaßventil
27 Reduzieranlagen mit Grenzdrucksignal (*a* bis *c*)
29 Entnahme-Gegendruckregelung (*a*, *b*)
30 Reduzieranlage (*a*, *b*)
31 Temperaturregler
32 Niveauregler

Bild 6. Spitzenkraftwerk mit Speicherdampfturbinen

nach Aufladezustand der Speicher im Druck schwankenden Speicherdampfnetz und ist als reine Kondensationsturbine ausgeführt. Der Kondensatstand im

Kondensator (*6b*) wird, wie üblich, durch eine Niveauablaufregelung (*23b*) gehalten. Das Kondensat dieser Turbine gelangt in den besonderen Kaltkondensatspeicher (*11*) und wird von dort planmäßig über ein fernbetätigtes Kondensatventil (*24*) in den Speisewasserkreislauf wieder zurückgepumpt. Eine selbsttätige Kondensatstandregelung ist nicht vorgesehen.

Der Wasserstand des Dampfspeichers wird mit fernsteuerbaren Ventilen (*25*) und (*26*) an Hand der Fernanzeiger von Speicherwasserstand (*18a*) und Speicherdruck (*19*) gesteuert. Der Speicher kann ferner zur Deckung der Spitzen der Fernheizung über eine Druckminderanlage (*27a*) herangezogen werden. Außer der Speicherturbine ist eine Kondensationsturbine (*4*) mit reiner Drehzahlregelung (*20a*), eine Gegendruckturbine (*3*) mit Drehzahlregelung oder mit Gegendruckregelung und auch eine Entnahme-Gegendruckturbine (*2*) vorhanden. Die Entnahme-Gegendruckturbine ist mit einer Entnahme-Gegendruckregelung (*29a* und *b*) ausgerüstet, welche die Aufgabe hat, die Dampfdrücke in beiden Netzen konstant zu halten. Die Gegendruckregelung (*29b*) wirkt gleichzeitig auf beide Turbinenventile (HD- und MD-Teil), um dabei den Entnahmedampffluß nicht zu verändern. Die Entnahmedruckregelung (*29a*) beeinflußt nur die Frischdampfeinlaßventile, so daß der Dampffluß durch den Niederdruckteil hierbei nicht verändert wird.

Der Vorwärmdampf für das gesamte in den Mischvorwärmer des Speisewasserbehälters (*8*) gelangende Kondensat wird den Turbospeisepumpen und zusätzlich über ein Reduzierventil (*30a*) dem Heizdampfnetz entnommen.

D. Kraftwerke mit Vorschaltanlagen

1. Vordruckregelung

Die Erweiterung bestehender Mitteldruckkraftwerke führte aus wirtschaftlichen Gründen zum Bau von Vorschaltanlagen, wobei höchste Drücke und Temperaturen angewendet werden. Wenn bei derartigen Anlagen (*Bild* 7 a) die Mitteldruckkessel in Betrieb bleiben, behält die Nachschaltanlage die Aufgabe, Belastungsänderungen auszugleichen. Die Vorschaltanlage dagegen soll aus wirtschaftlichen Gründen mit hoher Grundlast betrieben werden. Deshalb rüstet man die Vorschaltturbine zweckmäßigerweise mit einer Vordruckregelung (*7*) aus. Die Nachschaltturbinen fahren mit Drehzahlregelung (*5*). Die Mitteldruckkessel werden durch die Regelung (*6*) der jeweiligen Turbinenlast angepaßt. Die Kessel der Vorschaltanlage erhalten keine vollautomatische Regelung; ihre Leistung wird von Hand entsprechend eingestellt. Die Vorschaltturbine wird mit Hilfe der Vordruckregelung (*7*), die den Frischdampfdruck konstant hält, entsprechend der jeweiligen Kesselleistung beaufschlagt. Die parallel zur Vorschaltturbine eingesetzte Reduzier- und Kühlstation (z. B. in Gestalt eines Dampfumformventils) wird ebenfalls vom Vordruck (*8*) in der Frischdampfleitung geregelt. Der Sollwert ist höher eingestellt als der des Reglers (*7*). Der Dampf strömt durch diese Bypass-Leitung beim Anfahr- und Abstellvorgang und nach einem Ausfall der Vorschaltturbine. Das Druckminderventil wird ferner durch ein Zuströmsignal (*9*) beeinflußt, um eine untere Druckgrenze in der Mitteldruckschiene aufrechtzuerhalten.

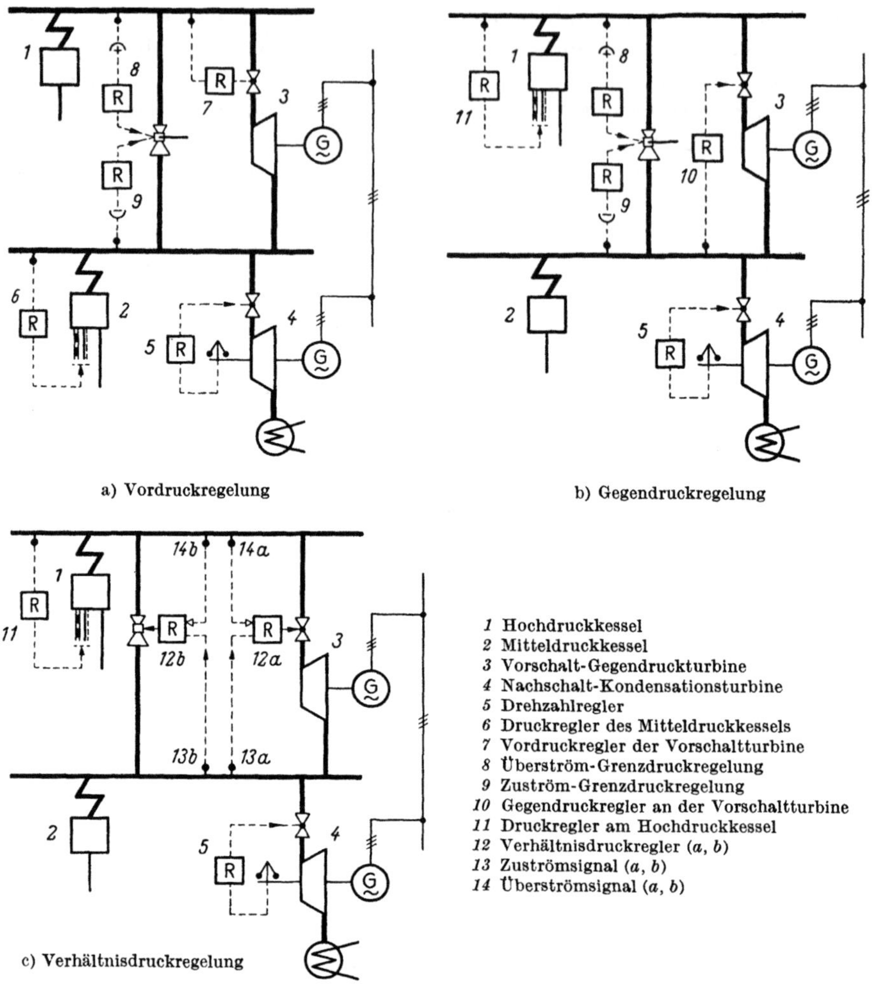

Bild 7. Kraftwerke mit Vorschaltanlagen

2. Gegendruckregelung (*Bild* 7 b)

Wenn keine Mitteldruckkessel betrieben werden oder die vorhandenen MD-Kessel größenmäßig nicht mehr in der Lage sind, den gesamten Dampf für die Lastspitzendeckung zu liefern, geht diese Aufgabe an die Höchstdruckanlage über. Auch dann fährt die Nachschaltmaschine (*4*) mit Drehzahlregelung (*5*) und reagiert so auf elektrische Leistungsschwankungen. Die Vorschaltturbine (*3*) erhält statt einer Vordruckregelung eine Gegendruckregelung (*10*), durch die der von der Nachschaltturbine benötigte Dampf herangeführt wird. Hierbei wird der Mitteldruck konstant gehalten. Ein belastungsabhängiges Einhalten des Mitteldruckes ist ebenfalls möglich (im Bild nicht dargestellt).

Der Höchstdruckkessel wird nicht mehr mit fester Last betrieben. Seine Dampflieferung wird den Laständerungen automatisch (*11*) angepaßt. Die Funktion der

Druckminder- und Kühlanlage im Bypass zur Turbine ist die gleiche wie bei *Bild* 7a. Sie wird daher auch auf dieselbe Weise geregelt.

3. Verhältnisdruckregelung (*Bild* 7c)

Da Höchstdruckkessel ein geringeres Speichervermögen als Mitteldruckkessel haben, ist es bei Vorschaltanlagen häufig zweckmäßig, das Speichervermögen der Höchstdruck- und Mitteldruckkessel sowie ihrer Sammelschienen gemeinsam für die Regelung heranzuziehen. Dies kann mit Hilfe einer Verhältnisdruckregelung (*12a*) an der Vorschaltturbine geschehen. Sie ermöglicht es, das Speichervermögen beider Dampfnetze in einem wählbaren Druckänderungsverhältnis auszunutzen. Die Drücke der beiden Netze können bei Verhältnisdruckregelung nur gemeinsam sinken oder steigen. Der Regler wird von dem Zuströmsignal (*13a*) und dem Überströmsignal (*14a*) gemeinsam beeinflußt, wobei man das eine Signal als Sollwerteinstellung ansehen kann. Die Druckregelung (*11*) des Kessels kann entweder vom Höchstdrucknetz oder vom Mitteldrucknetz ihr Signal erhalten. Die Beeinflussung vom Höchstdrucknetz hat jedoch entscheidende regelungstechnische und betriebliche Vorteile und wird deshalb vorgezogen. Die Reduzierstation wird zweckmäßig mit einem Verhältnisdruckregler (*12b*) ausgerüstet, der gegenüber dem Verhältnisdruckregler der Turbine auf andere Werte eingestellt werden muß. Es ist aber für sie auch die Ausführung nach *Bild* 7a und 7b möglich.

4. Parallelbetrieb von Vorschaltturbosätzen

a) Parallelbetrieb ohne Frischdampfsammelschiene (*Bild* 8a)

Wenn die einzelnen Vorschaltanlagen (bestehend aus Kessel und Turbine) jeweils als Blockeinheit geschaltet sind, also keine Frischdampfsammelschiene zwei Vorschaltanlagen verbindet, so kann ohne weiteres jede Vorschaltturbine mit Verhältnisdruckregelung (*4*) versehen und jede Kesselanlage in Abhängigkeit vom Frischdampfdruck (*5*) geregelt werden. Schwierigkeiten im Parallelbetrieb der verschiedenen Verhältnisdruckregelungen entstehen nicht, da nur die Mitteldruck-Zuströmsignale (*8*) zu den Reglern (*4*) von der gemeinsamen Sammelschiene abgenommen werden, während die Hochdruck-Überströmsignale (*9*) von den getrennten Frischdampfleitungen kommen.

b) Parallelbetrieb mit Frischdampfsammelschiene (*Bild* 8b)

Anders liegen die Verhältnisse dann, wenn mehrere Vorschaltanlagen eine gemeinsame Frischdampfsammelschiene haben. Bei Wahl einer Verhältnisdruckregelung kann in diesem Fall nur eine einzige Vorschaltmaschine mit einer solchen Regelung (*4b*) betrieben werden, die anderen müssen der Drehzahlregelung (*6a*) unterstellt werden. Der Parallelbetrieb aller Vorschaltmaschinen allein mit Drehzahlregelung (*6a* und *6b*) ist immer möglich; der Mitteldruck bleibt dann aber veränderlich. Die Druckhaltung im MD-Netz muß dann durch entsprechende Lastverteilung auf die Vor- und Nachschaltmaschinen vorgenommen werden. Ein angenähertes Konstanthalten des Mitteldruckes kann bereits durch

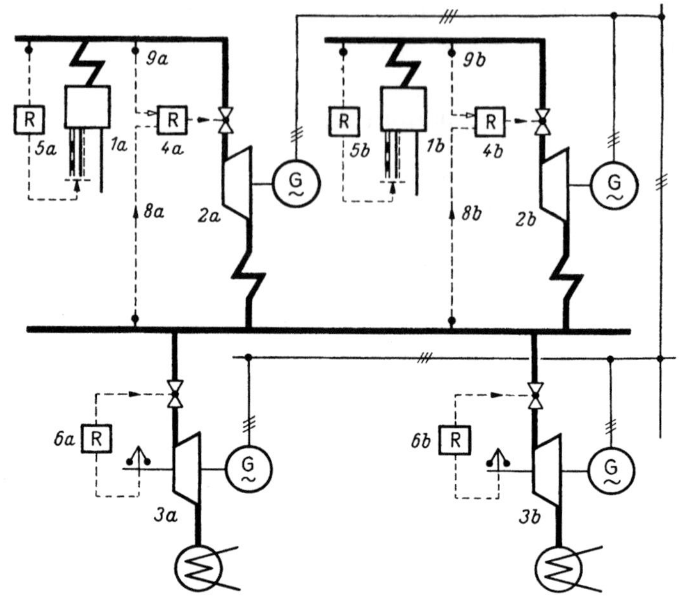

a) Ohne Frischdampfsammelschiene

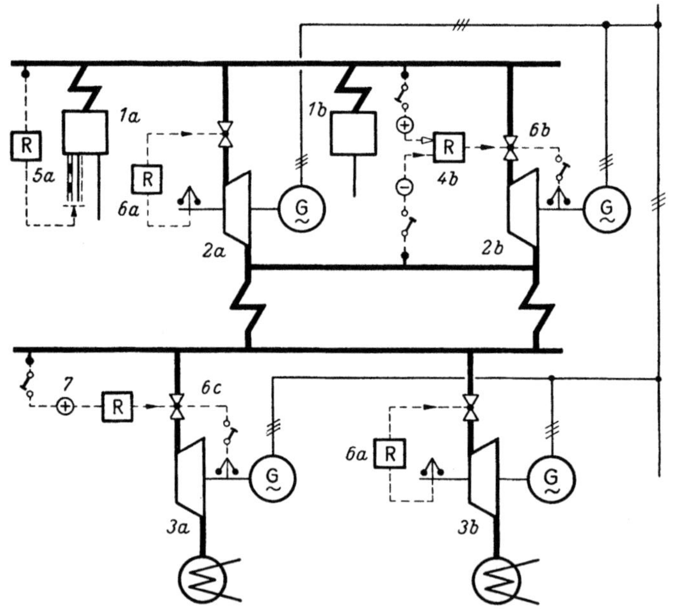

b) Mit Frischdampfsammelschiene

1 Hochdruckkessel (*a*, *b*)
2 Vorschaltturbinen (*a*, *b*)
3 Nachschaltturbinen (*a*, *b*)
4 Verhältnisdruckregelung (*a*, *b*)
5 Druckregelung der Hochdruckkessel (*a*, *b*)
6 Drehzahlregler (*a* bis *c*)
7 Überström-Druckregelung
8 Mitteldruck-Zuströmsignal (*a*, *b*)
9 Hochdruck-Überströmsignal (*a*, *b*)

Bild 8. Parallelbetrieb von Vorschaltanlagen

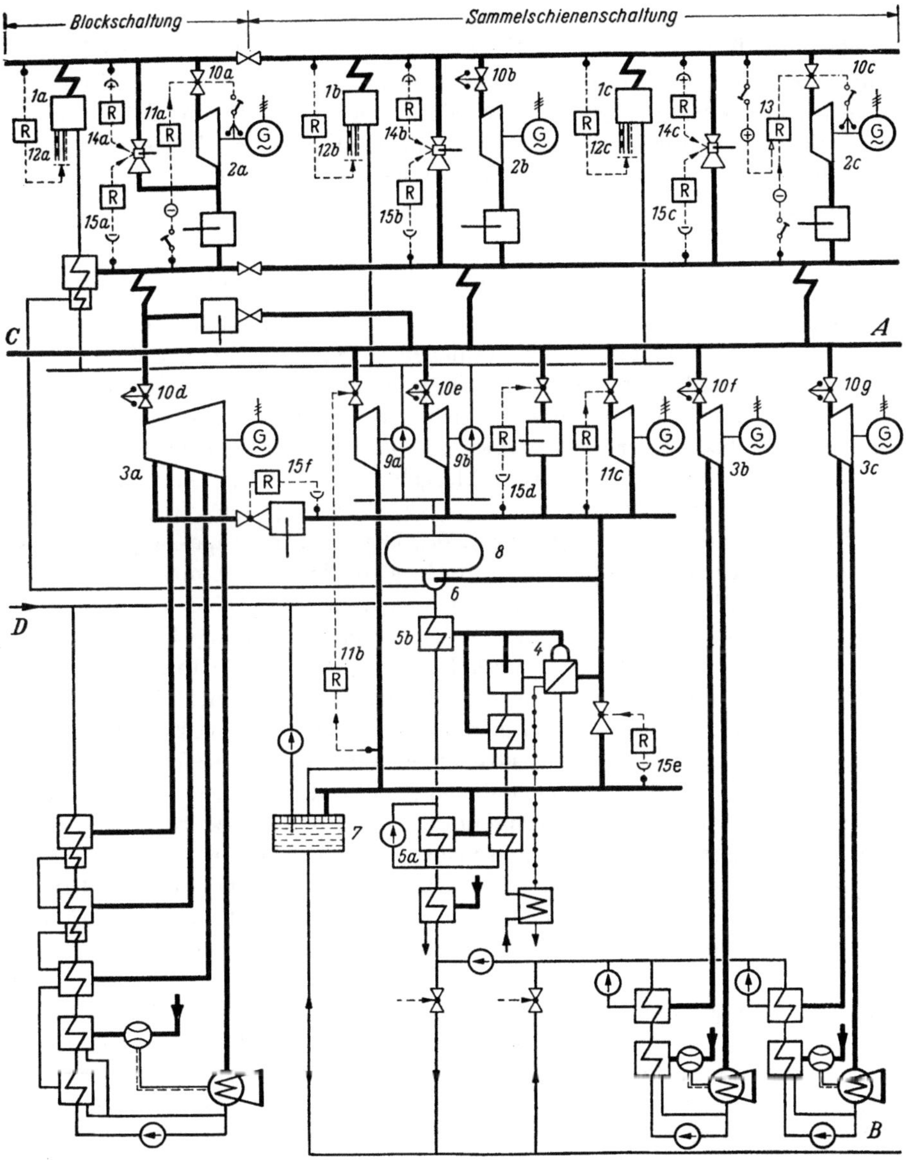

1 Hochdruckkessel (*a* bis *c*)
2 Vorschaltturbinen (*a* bis *c*)
3 Nachschalt-Kondensationsturbinen (*a* bis *c*)
4 Verdampferanlage
5 Speisewasservorwärmer (*a*, *b*)
6 Mischvorwärmer und Entgaser
7 Kondensatspeicher
8 Speisewasserspeicher
9 Speisepumpen (*a*, *b*)
10 Drehzahlregelung (*a* bis *g*)
11 Gegendruckregelung (*a* bis *c*)
12 Druckregler der Kessel (*a* bis *c*)
13 Verhältnisdruckregler
14 Überström-Grenzdrucksignale (*a* bis *c*)
15 Zuström-Grenzdrucksignale (*a* bis *f*)
A Dampfkuppelleitungen (Mitteldruck-Sammelschiene)
B Kondensatkuppelleitung
C Wie bei A
D Kondensatrückführleitung

Bild 9. Vorschaltkraftwerk in Blockschaltung und in Sammelschienenschaltung eine dem Dampffluß angepaßte Wahl der Statik der Drehzahl-Regelkennlinien von Vor- und Nachschaltturbinen (*2*) und (*3*) erzielt werden. Der Druck im Mitteldrucknetz kann ferner durch eine Überströmregelung (*7*) an einer Nachschaltmaschine oder durch eine Gegendruckregelung (im Bild nicht dargestellt) an einer Vorschaltturbine konstant gehalten werden. Der Druck in der Höchstdrucksammelschiene wird durch die Kesselregelung (*5a*) gehalten. Hierbei genügt es meist, daß nur ein Kessel die Leistungsänderungen übernimmt, während die anderen Kessel mit einstellbarer fester Last fahren.

5. Sammelschienenschaltung und Blockschaltung

In dem gewählten Beispiel eines großen Vorschaltkraftwerkes (*Bild* 9) arbeitet der größte Teil der Vorschaltanlagen in Sammelschienenschaltung mit einer größeren Anzahl älterer Kondensationsmaschinen zusammen, während eine einzelne Vorschaltanlage aus wirtschaftlichen Gründen mit ebenfalls einer einzelnen neuen Nachschaltturbine in Block geschaltet ist. Die Nachschalt-Kondensationsturbinen fahren alle mit Drehzahlregelung (*10d, f, g*). Die in Blockschaltung laufende Vorschaltturbine (*2a*) hat zweckmäßig eine Gegendruckregelung (*11*a) oder eine Drehzahlregelung (*10a*). Die Leistungsanpassung der Kessel erfolgt nach dem Frischdampfdruck mit Hilfe der Druckregelungen (*12a* bis *c*).

Bem Vorschaltkraftwerk in Sammelschienenschaltung sind die Vorschaltturbinen mit einer Drehzahlregelung (*10b* bis *c*) ausgerüstet; die Leistungsanpassung der Kessel erfolgt ebenfalls durch Regelung des Frischdampfdruckes (*12b* bis *c*). Der Druck im Mitteldrucknetz wird durch entsprechende Lastverteilung zwischen Vor- und Nachschaltmaschinen konstant gehalten. Die Möglichkeit, eine der Vorschaltturbinen mit Verhältnisdruckregelung (*13*) zu fahren, ist vorgesehen.

In der Bildmitte sind die Anlageteile gezeichnet, die für beide Vorschaltkraftwerksteile gemeinsam sind: Verdampferanlage (*4*), Speisewasservorwärmung und Entgasung (*5*) und (*6*), Kondensat- und Speisewasserspeicherung (*7*) und (*8*) sowie die Speisepumpenanlage (*9*). Ferner sind darin zwei Dampfnetze niederen Druckes enthalten, in die der Abdampf von Turbinen mit Gegendruckregelung (*11b* bis *c*) strömt. Die Turbinen treiben die Speisepumpen oder einen Eigenbedarfsgenerator an.

Um die Leistungen auszugleichen, laufen die Turbopumpen teils auch mit Drehzahlregelung (*10e*) oder parallel mit Elektrospeisepumpen. Das Eigenbedarfsnetz hat für Ausgleich und Sicherung einen Anschluß an das Versorgungsnetz.

Das *Bild* 9 zeigt noch weitere Anlageteile eines Vorschaltkraftwerkes, deren Regelungseinrichtungen nicht dargestellt sind, deren Zusammenarbeiten aber innerhalb der Gesamtschaltung und der gewählten Betriebsweise gewährleistet sein muß.

E. Blockkraftwerke

1. Allgemeines

Bei einem Kraftwerksblock sind Turbine und Dampferzeuger miteinander zu einer Betriebseinheit zusammengefaßt. Änderungen von Lastgrößen am Turbosatz (z.B. Generatorwirkl istung, Dampffluß), die zu Änderungen anderer Betriebsgrößen führen (z.B. Druck, Temperatur), wirken sich daher immer nur auf diesen einen Kraftwerksblock aus. Dadurch ist es möglich und zweckmäßig, die Regelanordnungen so aufzubauen, daß sie zugleich auf Turbine *und* Kessel einwirken. Hierdurch ergibt sich die Zusammenfassung der Einzelobjekte des Kraftwerksblocks zu einer regelungstechnischen Einheit, im Gegensatz zu Sammelschienenkraftwerken, deren Kessel und Turbinen gemeinsamen regelungstechnischen Einflüssen nicht ohne weiteres unterstellt werden können. Unter dem Begriff *Blockregelung* soll in diesem Zusammenhang die gesamte zusammengefaßte Regelung des Kraftwerksblocks verstanden werden, in der Hauptsache die Regelungen für die Turbine und den Kessel. Die Regelung anderer blockzugehöriger Anlageteile, z. B. Speicheranlagen, können in die Blockregelung mit einbezogen werden.

2. Regelung im Grundlastbetrieb

a) Fahrweise mit Lastprogramm

Der Kraftwerksblock (*Bild* 10) wird im Verbundbetrieb vorwiegend nach einem vorgegebenen Lastprogramm gefahren, während die Frequenz durch das Gesamtnetz bestimmt wird. Die Laständerungen können von Hand an der Turbine und gleichzeitig am Kessel eingestellt werden. An der Turbine wird die Laständerung durch Betätigen der Drehzahl-Verstelleinrichtung (*6a*) vorgenommen. Die dadurch bewirkten Änderungen an den Öffnungen der Turbineneinlaßventile haben Dampfflußänderungen und Dampfdruckänderungen zur Folge. Der Frischdampfdruck soll aber im Festdruckbetrieb über den gesamten Lastbereich konstant gehalten werden. Dementsprechend wird zugleich am Kessel die Kohlezufuhr von Hand (*6b*) unter Beobachtung des Frischdampfdruckes eingestellt; Luft und Wasser werden mit Hilfe von Regelungen angepaßt. Eine weitere Möglichkeit besteht darin, diese drei Grundstoffe gemeinsam mit einem Kommandogerät (Lastgeber) einzustellen, wovon vornehmlich im Gleitdruckbetrieb Gebrauch gemacht wird.

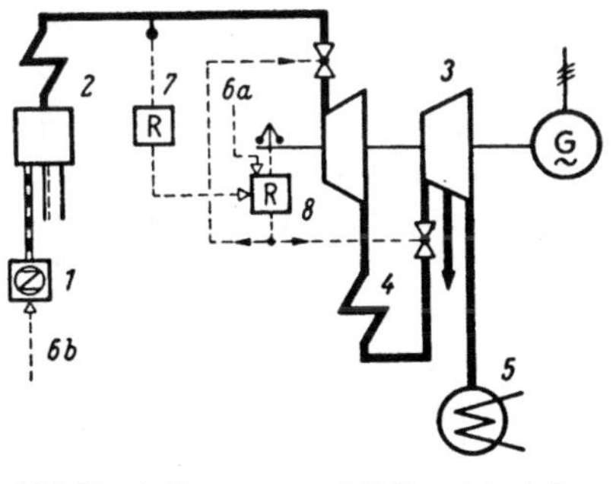

1 Kohlezuteiler
2 Kessel
3 Turbosatz
4 Zwischenüberhitzer
5 Kondensator
6 Sollwerteinstellung (*a*, *b*)
7 Vordruckregler
8 Drehzahlregler

Bild 10. Grundlastbetrieb mit Vordruckregelung

Betrieb mit Vordruckregelung. Wird die Turbine mit einer Vordruckregelung (*7*) gefahren, so wird der Dampfdurchsatz der Maschine vom Frischdampfdruck vor dem Einlaßventil der Turbine abhängig. Die Dampferzeugung wird dann entsprechend der zu liefernden Leistung nur am Kessel von Hand (*6b*) eingestellt, während der Vordruckregler die Turbineneinlaßventile selbsttätig verstellt.

Es sei z. B. angenommen, daß bei einer bestimmten an der Turbinenwelle abgegebenen Leistung mit dem Kessellastgeber (*6b*) von Hand eine höhere Leistung eingestellt wird. Die höhere Feuerleistung führt zu einer Drucksteigerung im Kessel, die sich in der Frischdampfleitung bis zur Turbine, damit auch an der Meßstelle des Vordruckreglers (*7*) auswirkt und den Regler veranlaßt, die Turbinenventile zu öffnen.

Für eine Beteiligung des Blocks an vom Netz herrührenden Laständerungen ist die Anwendung der Vordruckregelung in dieser Form nicht brauchbar, da ein unmittelbares Heranziehen der Speicherfähigkeit zur Erhöhung des Frischdampfdurchsatzes nicht möglich ist, weil durch den Vordruckregler die hierfür erforderliche Druckabsenkung verhindert wird.

Lastabhängig beeinflußte Vordruckregelung. Der Übergang auf eine andere Last läßt sich bei der Regelung des Vordrucks dadurch erleichtern, daß man eine der Laständerung proportionale Größe dem Vordruckregler als Hilfsgröße zur vorübergehenden Sollwertänderung im Sinne der Lastaufnahme aufschaltet, um so die Speicherfähigkeit bei Laständerungen zu nutzen. Hierbei würde z. B. bei einer dem Kessel aufgegebenen Laststeigerung der Sollwert des Vordrucks vorübergehend abgesenkt. Der Druckabsenkung entsprechend wird infolge der Speicherfähigkeit der Frischdampffluß erhöht. Die Sollwertverstellung am Vordruckregler geschieht gleichzeitig mit der Verstellung des Lastgebers. Die Rückstellung des Sollwertes auf den normalen Betriebsdruck geht selbsttätig nach vorgegebenem Zeitverhalten vor sich.

b) Beispiel eines Blockkraftwerkes ohne und mit Zwischenüberhitzung

Das gewählte Beispiel zeigt den Aufbau eines Blockkraftwerkes mit mehreren Einzelblockanlagen. Es ist je ein Block ohne und mit Zwischenüberhitzung dargestellt (*Bild* 11). Die Dampferzeuger des Blocks ohne Zwischenüberhitzung sind Hochdruck-Trommelkessel, während Dampfrezeuger mit Zwischenüberhitzung einen höheren Betriebsdruck und Zwangdurchlaufkessel (Bensonkessel) haben.

Blockanlage ohne Zwischenüberhitzung. Diese hat (s. *Bild* 11 links) an den Kondensationsturbinen eine nur auf die HD-Turbinenventile (*12a*) wirkende Drehzahlregelung (*14*a) und an den Kesseln die für Trommelkessel übliche Regelung (*15*) für den Frischdampfdruck. Bei diesem Blockkraftwerk besteht eine Dampfkuppelleitung A zur Mitteldrucksammelschiene des benachbarten Vorschaltkraftwerkes. Durch diese Kuppelleitung wird insbesondere beim Anfahren und Abstellen die Betriebsweise der Blockanlagen erleichtert. Aus dem Frischdampfnetz kann über ein Dampfumformventil (*5*) Dampf in die Kuppelleitung und an die Nachschaltturbinen des Vorschaltkraftwerkes abgegeben werden.

Bei einem plötzlichen Lastabwurf der Blockturbine wird durch eine Überström-Grenzdruckregelung (*16a*) die Dampfumformstation (*5*) automatisch geöffnet. Über das Ventil (*6a*) kann ferner aus der Kuppelleitung den Hochdruckvorwärmern der erforderliche Dampffluß zugeführt werden. Die Kuppelleitung ermöglicht auch das Aufrechterhalten eines Mindestdruckes und einer Mindesttemperatur im Speisewasserbehälter durch die Grenzdruck-Zuströmregelung (*17a*). Der Sollwert dieses Druckes wird mit Rücksicht auf den Entgasungsdruck (Schwebeentgasung) abhängig von der Last selbsttätig (*18a*) eingestellt.

Außer der Dampfkuppelleitung ist auch eine Kondensatkuppelleitung B zum Vorschaltwerk und dessen Kaltkondensatspeicher vorhanden. Der Wasserstand im Speisewasserbehälter der Blockanlagen wird durch Fernsteuerung der Ventile (*8*) und (*9*) aufrechterhalten.

Blockanlagen mit Zwischenüberhitzung. Hier beeinflußt (s. *Bild* 11 rechts) die Zwischenüberhitzung die Ausführung der Schaltung. Eine Verbindung mit der

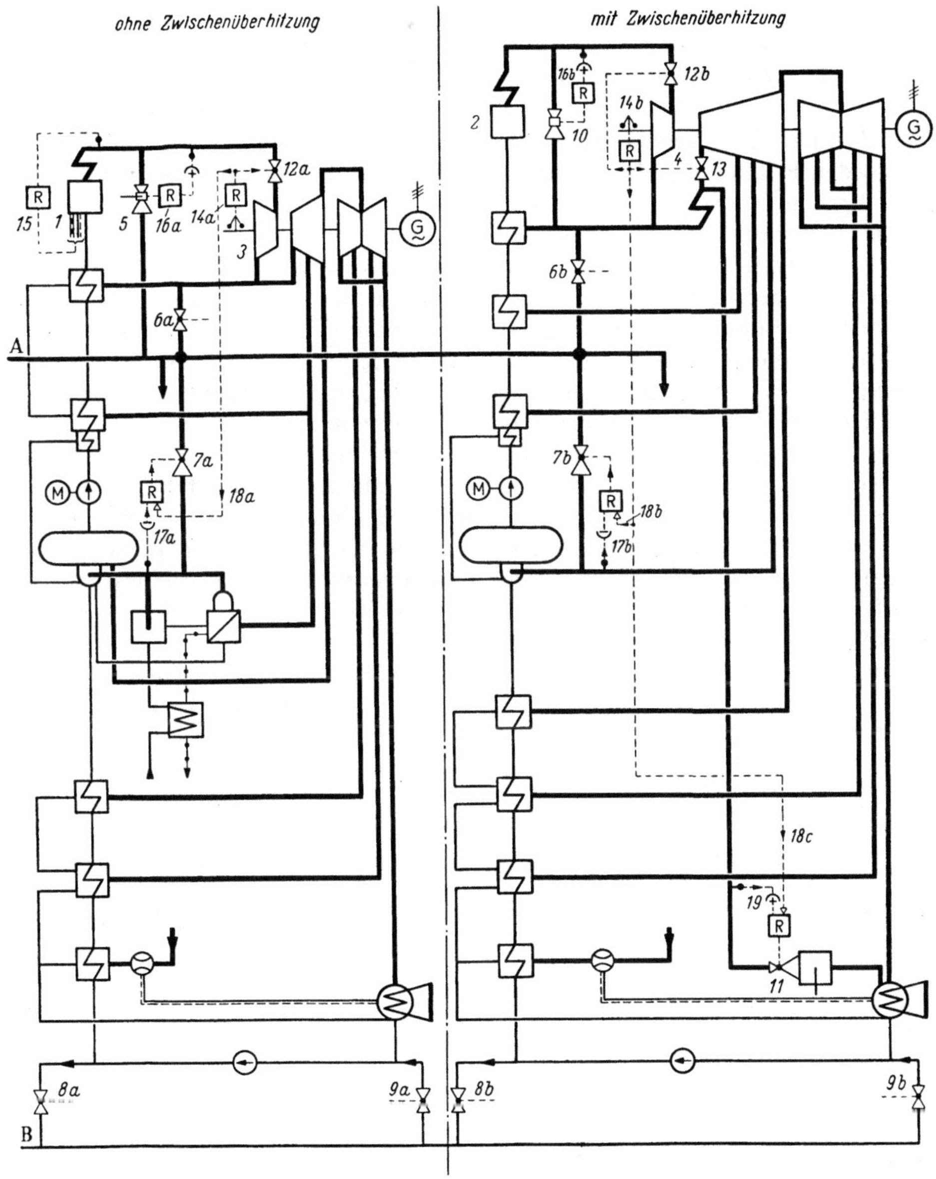

1 Trommelkessel ohne Zwischenüberhitzer
2 Bensonkessel mit Zwischenüberhitzer
3 Kondensationsturbinen ohne Zwischenüberhitzung
4 Kondensationsturbinen mit Zwischenüberhitzung
5 Anfahrdampf-Umformventil
6 Verbindungsventile mit der Dampfkuppelleitung (*a*, *b*)
7 Reduzierventile (*a*, *b*)
8 } Verbindungsventile mit
9 } der Kondensatkuppelleitung (*a*, *b*)
10 Bypass-Dampfumformventil
11 Überström- und Kühlstation zum Kondensator
12 HD-Turbinenventile (*a*, *b*)
13 MD-Turbinenventil
14 Drehzahlregelung (*a*, *b*)
15 Frischdampf-Druckregler des Kessels
16 Grenzdruck-Überströmregelung (*a*, *b*)
17 Grenzdruck-Zuströmregelung (*a*, *b*)
18 Lastabhängige Drucksollwertänderung (*a* bis *c*)
19 Grenzdruckregelung
A Dampfkuppelleitung
B Kondensatkuppelleitung

Bild 11. Blockkraftwerk ohne und mit Zwischenüberhitzung

Dampfkuppelleitung A über ein gesteuertes Ventil (*6b*) ist auch hier vorgesehen; die Dampfkuppelleitung wird jedoch nicht in gleichem Umfang wie bei den Blockanlagen ohne Zwischenüberhitzung für den Anfahr- und Abstellvorgang herangezogen. Die Kondensatkuppelleitung B wird jedoch für alle Blöcke in gleicher Weise benutzt. Der Kondensations-Turbosatz hat eine Drehzahlregelung (*14b*), die sowohl den Frischdampfeinlaß (*12b*) als auch den Mitteldruck-Dampfeinlaß (*13*) in die Turbine steuert.

Anfahrvorgang. Ein von der Dampfkuppelleitung A unabhängiger Anfahrvorgang der Bensonkessel-Blöcke mit Zwischenüberhitzung wird wie folgt durchgeführt: Der aus dem Kessel kommende Dampf bzw. das Wasser wird über ein Bybass-Dampfumformventil (*10*) geleitet. Dampf und Wasser werden dann in einem dahinter liegenden (nicht dargestellten) Anfahrgefäß oder Entspanner getrennt. Während das Wasser in den Speisewasserkreislauf zurückgeführt wird, strömt der Dampf durch den Zwischenüberhitzer, wird durch die Überström- und Kühlstation (*11*) entspannt und gekühlt und schließlich im Turbinenkondensator niedergeschlagen. Das Bypassventil (*10*) wird beim Anfahren von Hand fernbetätigt. Die Kühlung erfolgt automatisch. Zweckmäßig wird hinter dem Zwischenüberhitzer während des Anfahrens ein bestimmter Druck gehalten. Die Station (*11*) wird deshalb von einem Grenzdruck-Überströmregler (*19*) überwacht. Der Sollwert dieses Reglers wird ferner abhängig von der Last (*18c*) eingestellt, weil der Zwischenüberhitzerdruck je nach Belastung des Turbosatzes verschieden hoch liegt. (Einzelheiten des Anfahr- und Abstellvorganges und der erforderlichen Sicherheitseinrichtungen s. Abschnitt H und *Bild* 17.)

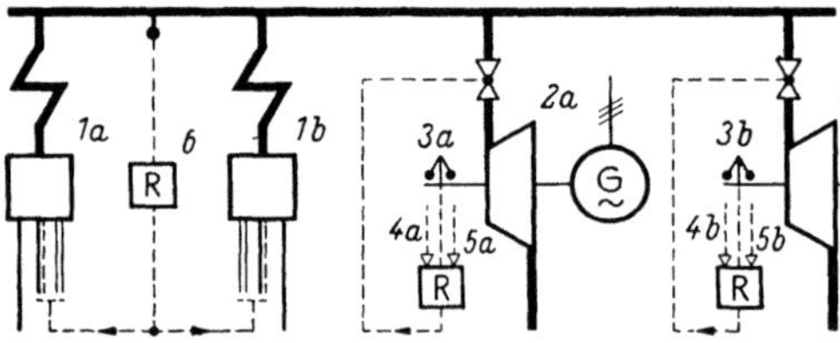

a) Regelung bei Sammelschienenschaltung

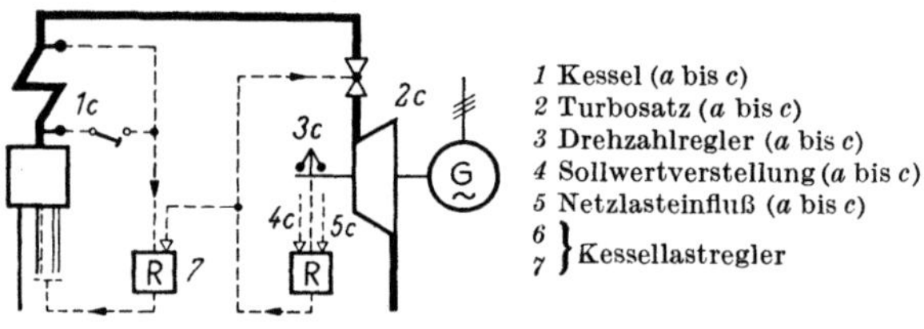

b) Regelung bei Blockschaltung

Bild 12. Regelungsprinzip bei Sammelschienen- und bei Blockschaltung

Auch bei Lastabwurf des Turbosatzes werden dieselben Bypassventile und -leitungen zur Ableitung des Überschußdampfes benutzt, der durch die Stationen (*10*) und (*11*) mit der Druck-Überströmregelung (*16b*) und der Druck-Überströmregelung (*19*) zum Kondensator abgeführt wird. Das Aufrechterhalten eines Mindestdruckes im Mischvorwärmer und Speisewasserbehälter geschieht wie bei den anderen Blockanlagen mit der Grenzdruckregelung (*17b*) und (*18b*).

3. Blockregelung

Um die besonderen Aufbaumöglichkeiten, die sich für eine Blockregelung bieten, herausstellen zu können, werden zunächst die Verhältnisse bei der Regelung eines Sammelschienen-Kraftwerkes mit Trommelkessel (*Bild* 12a) geschildert. Hier werden Kessel und Turbinen getrennt geregelt, weil eine beliebige Zuordnung von Kesseln und Turbinen möglich ist. Alle Laständerungen im Netz und alle von Hand eingestellten Leistungsänderungen wirken über die Drehzahlregler (*3a* und *b*) auf die Turbinenventile ein. Laständerungen der Turbine ergeben Druckänderungen in der Frischdampfsammelschiene. Diese Änderungen werden gemessen und zur Regelung (*6*) der Kessel verwendet.

Im Gegensatz zur getrennten Regelung von Kesseln und Turbinen gibt beim Kraftwerksblock (s. *Bild* 12b) die feste Zuordnung von Turbine und Kessel die Möglichkeit, von der Drehzahl oder der Leistung herrührende Signale sowie auch Einflüsse von Hand unmittelbar auf Turbine *und* Kessel zugleich einwirken zu lassen (Blockregelung). Im Festdruckbetrieb kann der der Last proportionale Steueröldruck auch als Einflußgröße für den Kessel benutzt werden.

Grundsätzlicher Aufbau einer Blockregelung. Wie die grundsätzlichen Forderungen einer Blockregelung erfüllt werden können, zeigt *Bild* 13 mit zwei durch gemeinsame Leitsignale beeinflußten Hauptregelkreisen. Ein Hauptregelkreis wird vom Drehzahlregler (*13*) allein oder durch einen dem Drehzahlregler überlagerten elektrischen Leistungsregler (*14*) gebildet. Die Leistung der Turbine kann von einem Netzsignal (*17*) vorgegeben oder von Hand (*16a*) eingestellt werden. Die Stellgröße (*18*) des Drehzahlreglers (z.B. der Steueröldruck) steuert die Turbinenventile und wird gleichzeitig der Kessellastregelung als Führungsgröße (*19*) aufgegeben. Der Steueröldruck (*18*) ist der Last proportional. Bei konstantem Frischdampfzustand kann auch der Frischdampfzufluß zur Turbine als Leitsignal für den Kessel gewählt werden.

Nutzbarmachung weiterer Speichervermögen. Der Turbinensteueröldruck kann als Führungsgröße nicht nur für die Beeinflussung der Kessel-Regeleinrichtungen, sondern auch für die Regelung zum Ausgleich von Laständerungen durch Ausnutzung weiterer Energiespeicher benutzt werden (*Bild* 13), z.B. einer Kondensat-Speisewasser-Speicherung mit Hilfe eines Kaltkondensatspeichers (*8*) und des Speisewasserbehälters (*10*). Das Speichersignal (*25*) wirkt bei Laständerungen des Blocks auf den Sollwert (*24*a) des Wasserstandsreglers (*23*) für den Speisewasserbehälter so ein, daß dieser zunächst vorübergehend geändert und dann wieder langsam auf den normalen Wert zurückgeführt wird. Zugleich ändert sich hiermit der Förderstrom der Kondensatpumpe (*7b*) und als Folge davon ändern sich die Entnahmedampfflüsse des MD- und ND-Teiles (*4*) der Turbine. Diese zusätzliche Beeinflussung der Speisewasserregelung ist unmittelbar mit der Regelung der Turbine gekuppelt. Die Leistung der Turbine wird z. B. erhöht, ohne daß bereits eine weitere Laststeigerung des Kessels erfolgt ist. Durch die Kupplung mit der Turbinenregelung wird die Kessellastregelung ebenfalls beeinflußt.

Begrenzung der Leistungsänderungen. Um unzulässige Temperaturänderungen im Material der Höchstdruck- und Höchsttemperatur-Turbinen zu vermeiden, werden im Regelbetrieb nur begrenzte Laständerungen und Laständerungsgeschwindigkeiten zugelassen. Es ist daher notwendig, durch eine Begrenzungseinrichtung (*15*) sowohl die vom Netz kommenden Laständerungen (*17*) als auch die durch Handeinstellung (*16a*) bewirkten zu überwachen. Darüber hinaus können auch Grenzsignale, z.B. (*26*) und (*27*), vom Dampfzustand oder von der Brennstoffzufuhr auf die Regeleinrichtung gegeben werden, um zu vermeiden, daß der Kessel überfordert wird.

Je nachdem, wie die Leistungsregelung an der Turbinensteuerung angreift, ob an der Drehzahl-Einstelleinrichtung oder an der Öffnungsbegrenzungs-Einrichtung, ist im ersten Fall die Drehzahlregelung neben der Leistungsregelung im Eingriff oder im zweiten Fall der Drehzahlregler nur als Übertourenregler wirksam. Die Blockregelung als solche ist jedoch in ihrer Funktion von dieser Frage ebenso unabhängig wie davon, ob bei ausgeschalteter elektrischer Leistungsregelung (*14*) die Drehzahlregelung (*13*) allein wirkt.

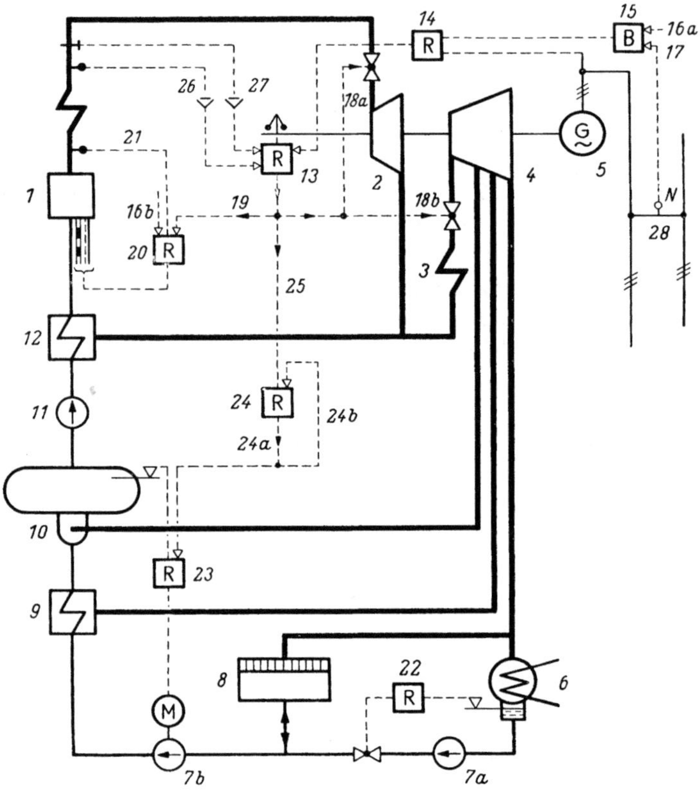

1 Kessel
2 HD-Turbine
3 Zwischenüberhitzer
4 MD- und ND-Turbine
5 Generator
6 Kondensator
7 Kondensatpumpen (*a*, *b*)
8 Kondensatspeicher
9 ND-Vorwärmer
10 Speisewasserspeicher mit Mischvorwärmer
11 Speisepumpe
12 HD-Vorwärmer
13 Drehzahlregler
14 Leistungsregler
15 Laständerungs-Begrenzer
16 Handsignal, Sollwertaufgabe (*a*, *b*)
17 Netzsignal
18 Lastsignal für Turbine (*a*, *b*)
19 Lastsignal für Kessel
20 Kessellastregler
21 Drucksignal
22 Niveauregler
23 Niveauregler
24 Sollwertregler
a Sollwertänderung der Niveauregelung
b Sollwertrückstellung
25 Signal zur Sollwertänderung
26 Grenzdruck-Signal
27 Grenztemperatur-Signal
28 Übergabe im Netz

Bild 13. Schalt- und Regelplan eines Kraftwerkblockes

F. Heizkraftwerke

1. Geregelte Dampfzustände

Bei Heizkraftwerken mit Dampf als Wärmeträger werden die Dampfzustände (Druck und Temperatur), bei solchen mit Wasser als Wärmeträger die Wassertemperaturen geregelt.

Das in *Bild* 14 gezeigte Heizkraftwerk mit Dampf als Wärmeträger arbeitet mit Gegendruck- oder Entnahme-Gegendruckturbinen, die ausschließlich entsprechend dem Dampfbedarf der angeschlossenen Wärmeverbraucher belastet werden. Diese Turbinen haben also keine Drehzahlregelung; auch sind keine drehzahlgeregelten Kondensationsturbinen vorhanden. Die Anlage muß also mit einem Fremdnetz parallel fahren, um den Ausgleich zwischen eigener elektrischer Energieerzeugung und Bedarf zu schaffen.

Es sind ferner drei Gruppen von Heizdampfverbrauchern (*5a* bis *c*) angenommen, die drei verschiedene Temperatur- bzw. Druckstufen erfordern. Der Druck in der oberen Stufe wird durch die Regelung (*15a*) bzw. (*13a*) der Entnahme-Gegendruckturbine (*2*) oder der Gegendruckturbine (*3a*) konstant gehalten, so daß die Dampflieferung dem Dampfbedarf der Heizdampfverbraucher bei konstantem Dampfdruck angepaßt wird. Das Kondensat dieser Heizdampfverbraucher wird über den Kondensatbehälter (*8*) wieder in den Kreislauf zurückgeführt.

Bei den Heizdampfverbrauchern (*5b*), die an der mittleren Druckstufe hängen, wird angenommen, daß ihr Kondensat verlorengeht oder wegen starker Verunreinigung nicht wieder in den Kreislauf zurückgeführt werden darf. Diese erhalten daher ihren Dampf nicht aus dem Primärkreislauf, sondern als Sekundärdampf von einer Dampfumformanlage (*6*). Die Dampfumformanlage wird mit chemisch aufbereitetem und vorgewärmtem Wasser gespeist und wird von Primärdampf mittleren Druckes beheizt, dessen Kondensat wieder in den Primärkreislauf über den Behälter (*8*) zurückläuft. Der Wasserstand im Umformer wird durch die Zulaufregelung (*20a*) gehalten. Die verschiedenen Ablaufregler sind, wie alle untergeordneten Regelvorgänge, nicht dargestellt.

Für die Heizdampfverbraucher (*5b*) kann entweder der Heizdampfdruck vor der Dampfumformanlage (Primärseite) konstant gehalten werden oder vorteilhafter der Sekundärdampfdruck selbst. Der zweite Fall ist in der Zeichnung dargestellt, wobei die Gegendruckregelungen (*13b*) und (*15b*) den Dampfdurchsatz entweder der Gegendruckturbine (*3b*) oder des zweiten Zylinders der Entnahme-Gegendruckturbine (*2*) steuern. Wie gezeichnet, kann der von der Verdampferanlage als Sattdampf abgegebene Sekundärdampf auch überhitzt werden, z.B. durch einen dampfbeheizten Überhitzer (*7*). Dafür läßt sich eine Temperaturregelung (*17*) anwenden, die z.B. ein Heizdampfumgehungsventil (*12*) des Überhitzers beeinflußt.

Aus der dritten Gruppe der Heizdampfverbraucher (*5c*) fließt das Kondensat ebenfalls wieder in den Primärkreislauf zurück. Ihr Dampfdruck wird durch die Gegendruck-Speisepumpenturbine (*4*) mit Hilfe der Regelung (*13c*) konstant gehalten. Für das Konstanthalten unterer Grenzwerte in den drei Druckstufen sorgen die Regelungen (*14a* bis *c*) und zugleich für das Aufrechterhalten bestimmter Temperaturen die Regelungen (*16a* und *b*).

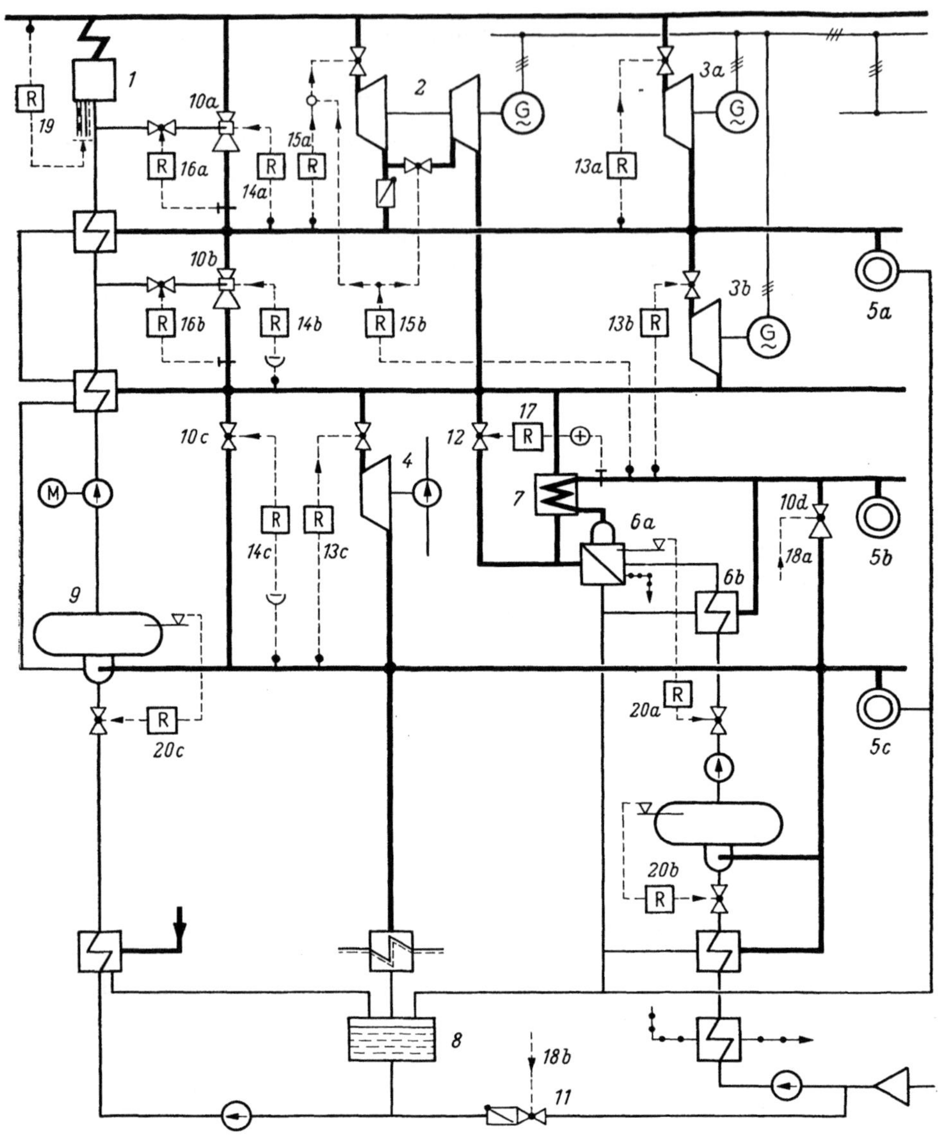

1 Kessel
2 Entnahme-Gegendruckturbosatz
3 Gegendruckturbosätze (*a*, *b*)
4 Turbospeisepumpe
5 Heizdampfverbraucher (*a* bis *c*)
6 Dampfumformanlage
  a Dampfumformer
  b Vorwärmer
7 Dampfbeheizter Überhitzer
8 Kondensatbehälter
9 Speisewasserbehälter
10 Reduzierventile (*a* bis *d*)
11 Kondensatablaufventil
12 Bypass-Dampfventil
13 Gegendruckregler (*a* bis *c*)
14 Grenzdruck-Zuströmregler (*a* bis *c*)
15 Entnahmedruck-Gegendruck-Regler
  a Entnahmedruckregelung
  b Gegendruckregelung
16 Temperaturregler mit Einspritzventil (*a*, *b*)
17 Temperaturregler mit Bypass-Dampfventil
18 Fernsteuerung (*a*, *b*)
19 Dampfdruckregler des Kessels
20 Niveau-Zuströmregler (*a* bis *c*)

Bild 14. Heizkraftwerk mit Dampf als Wärmeträger

Während die Dampfumformanlage mit chemisch aufbereitetem Wasser gespeist wird und das Sekundär-Dampfkondensat verlorengeht, sollen die Hochdruckkessel der Primäranlage mit reinem Kondensat gespeist werden. Aus diesem Grund werden die Verluste im Primärkreislauf durch Kondensat aus dem Sekundärkreislauf ersetzt. Hierzu dienen der Vorwärmer (*6b*), dessen Kondensat in den Kondensatbehälter (*8*) gelangt, und zusätzlich das Reduzierventil (*10d*), das durch Fernsteuerung (*18a*) nach dem Wasserstand im Kondensatbehälter (*8*) verstellt wird. Für den Fall eines Kondensatüberschusses im Primärkreislauf kann andererseits über das durch Fernsteuerung (*18b*) verstellbare Ventil (*11*) eine entsprechende Kondensatmenge aus dem Primärkreislauf heraus- und der Verdampferanlage zugeführt werden. Der Stand des Speisewasserbehälters (*9*) wird automatisch mit der Niveauregelung (*20c*) durch Zufluß aus dem Kondensatbehälter (*8*) gehalten. Die Last des Kessels (*1*) kann in üblicher Weise mit Hilfe der Regelung (*19*) nach dem Frischdampfdruck und dem Frischdampffluß geregelt werden.

2. Geregelte Wassertemperaturen

Das im *Bild* 15 zugrunde gelegte Beispiel eines Heizkraftwerkes mit Wasser als Wärmeträger enthält eine Entnahme-Kondensationsturbine (*2*), die in der Lage ist, den elektrischen Leistungsbedarf mit Hilfe des Kondensationsteiles und der Drehzahlregelung (*11a*) und gleichzeitig den Wärmebedarf mit Hilfe der Entnahmedruckregelung (*12*) zu decken. Ein Parallelbetrieb des Turbosatzes mit einem Fremdnetz, wie bei dem Beispiel *Bild* 14, ist daher nicht erforderlich.

Für die Heizwärmeverbraucher sind zwei Gruppen vorgesehen, die Wasser verschiedener Temperatur benötigen. Die Gruppe (*4a*) soll mit Warmwasserheizung, die Gruppe (*4b*) mit Heißwasserheizung benannt werden. Das Heizungswasser wird mit Turbinen-Entnahmedampf in zwei Stufen vorgewärmt, wobei der untere Vorwärmer (*6a*) an eine ungesteuerte Turbinenentnahme angeschlossen ist, während der obere Vorwärmer (*6b*) seinen Heizdampf aus der gesteuerten Entnahme der Turbine erhält. Zusätzlich kann der Vorwärmer (*6b*) auch mit dem Kondensat der Hochdruckvorwärmer (*9b*) und des Verdampfers (*19*) beheizt werden. Das Kondensat des Vorwärmers (*6b*) läuft schließlich in den Vorwärmer (*6a*) und wird dann über einen Behälter (*8*) mit Hilfe der Regelung (*18b*) in den Speisewasserkreislauf zurückgeführt. Für den Heizungswasserumlauf sorgen die Umlaufpumpen (*5a*) und (*5b*). Die Wassertemperaturregelung (*15a*) und (*15b*) erfolgt über Umgehungsventile (*7a*) und (*7b*) zu den Vorwärmern (*6*) durch Zumischen kälteren Wassers. Der Sollwert dieser beiden Temperaturen kann, je nach den Bedürfnissen, z.B. in Abhängigkeit von der Außenlufttemperatur, mit Hilfe der Steuereinflüsse (*16a*) und (*16b*) verändert werden. Um eine Mindesttemperatur für die Warmwasserheizung aufrechtzuerhalten, kann auch eine Grenztemperaturregelung (*17*) über ein Umgehungsventil (*7c*) vorgesehen werden, die wärmeres Wasser aus dem Heißwassernetz dem Warmwassernetz zuführt. Es sind aber auch andere Regelungen, z.B. durch Ändern der umlaufenden Heißwasserströme, möglich. Wie aus *Bild* 15 hervorgeht, werden die Turbinenentnahmen naturgemäß auch zur Speisewasservorwärmung in den Vorwärmern (*9*) und (*10*) herangezogen. Das gesteuerte Entnahmedampfnetz kann zusätzlich auch mit

Dampf aus einer Speisepumpenturbine oder aus einer Verdampferanlage beliefert werden, die in üblicher Weise die Kondensatverluste des Kreislaufes ersetzt. Untere Grenzdrücke in den Entnahmen werden durch die Regelungen (*13*) und die zugehörigen Temperaturen durch die Regelung (*14*) konstant gehalten.

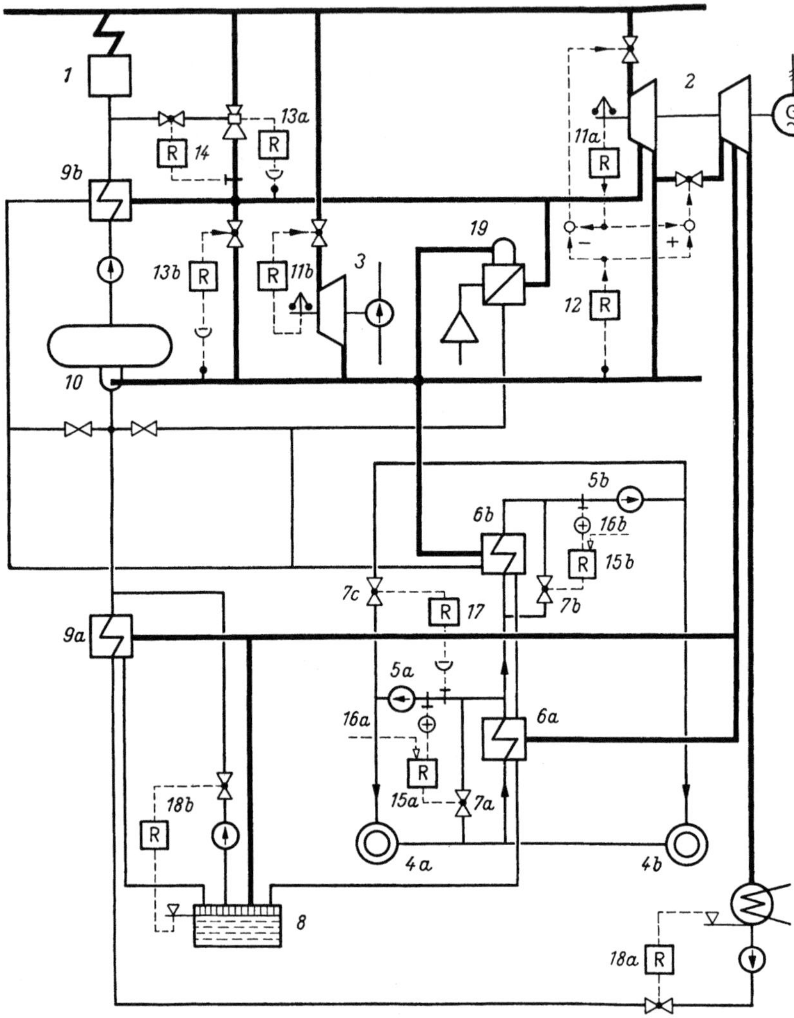

1 Kessel
2 Entnahme-Kondensationsturbine
3 Turbospeisepumpe
4 Heizwärmeverbraucher (*a*, *b*)
5 Umlaufpumpen (*a*, *b*)
6 Heizungsvorwärmer (*a*, *b*)
7 Umgehungsventile (*a* bis *c*)
8 Kondensatbehälter
9 Vorwärmer
a Kondensatvorwärmer
b Speisewasservorwärmer
10 Speisewasserbehälter mit Mischvorwärmer
11 Drehzahlregler (*a*, *b*)
12 Entnahmedruckregler
13 Grenzdruckregler (*a*, *b*)
14 Temperaturregler mit Einspritzventil
15 Temperaturregler mit Umgehungsventil (*a*, *b*)
16 Sollwertverstellung nach Außentemperatur (*a*, *b*)
17 Grenztemperaturregler
18 Niveauablaufregler (*a*, *b*)
19 Verdampfer

Bild 15. Heizkraftwerk mit Wasser als Wärmeträger

G. Kombinierter Betrieb von Vorschalt-, Block- und Heizkraftwerken

Es gibt in der Praxis auch Beispiele für einen kombinierten Betrieb von Vorschalt-, Block- und Heizkraftwerken. Die *Bilder* 9, 11 und 16 zeigen z. B. drei Ein-

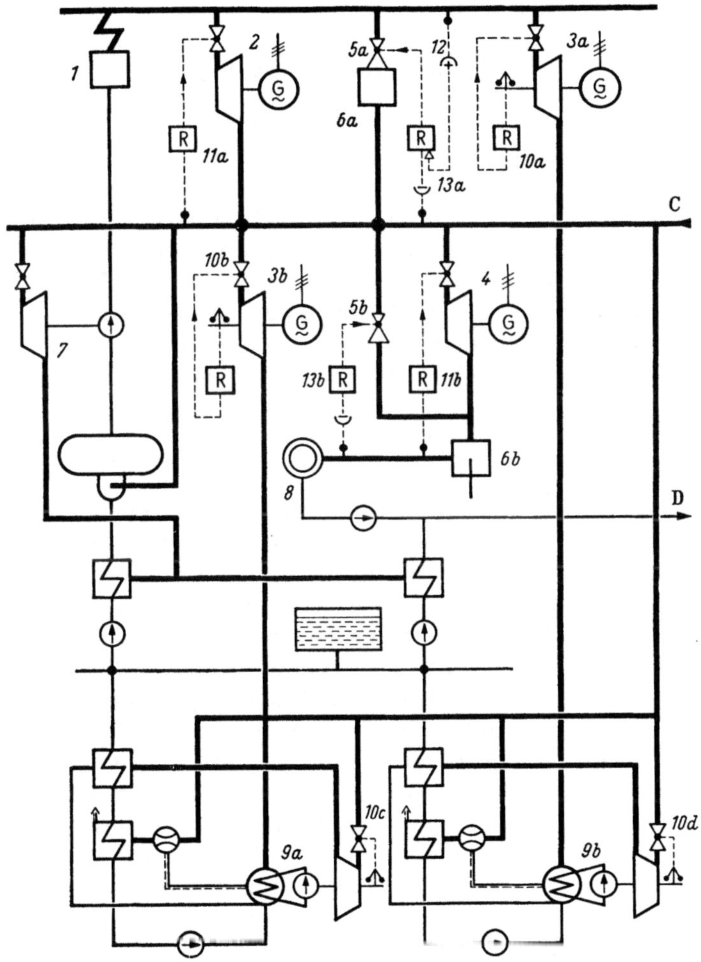

1 Kessel
2 Vorschalt-Turbosatz
3 Kondensations-Turbosatz (*a*, *b*)
4 Gegendruck-Turbosatz
5 Reduzierstation (*a*, *b*)
6 Dampfkühler (*a*, *b*)
7 Turbospeisepumpe
8 Wärmeverbraucher (Brikettfabrik)
9 Kühlwasserpumpen (*a*, *b*)
10 Drehzahlregelung (*a* bis *d*)
11 Gegendruckregler (*a*, b)
12 Überström-Grenzdruckregelung
13 Zuström-Grenzdruckregelung (*a*, *b*)
C Dampfkuppelleitung
D Kondensatrückführleitung

Bild 16. Industriekraftwerk

zeldarstellungen von Kraftwerken der genannten Art, die an den mit den Buchstaben A bis D bezeichneten Stellen zusammengeschaltet werden können. Einer solchen Kraftwerkskombination muß dann auch die gesamte Kraftwerksregelung

Rechnung tragen. Zu beachten ist besonders die dargestellte dampfseitige Kupplung C (s. *Bild* 9 und 16), wobei das Vorschaltkraftwerk z. B. auch größere Heizdampfmengen an einen Industriebetrieb (Brikettfabrik) abgeben kann, ferner die Rückführung einer entsprechenden Kondensatmenge über die Verbindungsleitung D zum Speisewasserbehälter des Vorschaltkraftwerkes.

H. Schutz und Überwachung

1. Sicherheitseinrichtungen

a) Allgemeine Gesichtspunkte

Die in engem Zusammenhang mit der Kraftwerksregelung und ihrer Überwachung stehenden Sicherheitseinrichtungen sind bei Dampfkraftanlagen in Art und Umfang sehr verschieden und bei nahezu allen Anlageteilen erforderlich. Es werden im Zusammenhang mit der Regelung nur die wichtigsten behandelt. Das *Bild* 17 zeigt den vereinfachten Wärmeschaltplan eines Kraftwerkblockes mit Zwischenüberhitzung einschließlich der beiden Bypässe für das Anfahren und Abstellen der Anlage.

b) Lastabwurf

Bei plötzlichem Lastabwurf darf die Turbine keine unzulässig hohe Drehzahl annehmen, damit der Schnellschluß nicht anspricht. Zur Unterstützung des Drehzahlreglers (*29*) ist ein Lastabwurfrelais (*28*) vorgesehen, dessen Schließsignal (*32a*) in die Ölsteuerung der Turbine vorübergehend eingreift und den Schließvorgang der Turbinenventile beschleunigt. Gleichzeitig wird vom Lastabwurfrelais ein Schnellöffnungssignal (*33a*) an den Schnellantrieb (*24a*) gegeben, der das im normalen Betrieb der Druckregelung (*42*) unterliegende HD-Bypassventil (*11*) im öffnenden Sinne beeinflußt, noch bevor der Frischdampfdruck so weit angestiegen ist, daß der Schaltvorgang durch das Kontaktmanometer (*26a*) über das Signal (*34a*) eingeleitet wird. Der überschüssige Frischdampf strömt unter gleichzeitiger Kühlung durch die Temperaturregelung (*43*) an der Hochdruckturbine vorbei in den beheizten Zwischenüberhitzer (*13*), dessen Rohrpakete durch die Beströmung vor zu hoher Erhitzung geschützt werden. Hinter dem Zwischenüberhitzer ist parallel zum MD- und ND-Teil der Turbine ein Dampf-Überströmventil (*14*) vorhanden, das bei ansteigendem Druck durch den Überströmeinfluß (*36*a) öffnet. Der Sollwert dieser Druckregelung wird in Abhängigkeit von der Turbinenlast (*37*) automatisch eingestellt, und zwar so, daß er einige Atmosphären über dem zur jeweiligen Last gehörenden Betriebsdruck im Zwischenüberhitzer liegt. Bei plötzlichem Lastabwurf wird durch die entsprechende Sollwertänderung ein sofortiges Abströmen des Dampfes in den Kondensator veranlaßt unter gleichzeitiger Kühlung durch das Kondensateinspritzventil (*21*). Hierbei öffnet durch das Schnellöffnungssignal (*34b*) zuerst das Einspritzventil (*21*) und danach erst das Dampf-Überströmventil (*14*). Zum Schutz des Kondensators ist in die Überströmleitung zusätzlich ein Schnellschlußventil (*17c*) eingebaut, das bei zu hohem Kondensatordruck (*35a*), zu großem Durchfluß (*35c*) und fehlendem Einspritzwasserdurchfluß (*35b*) geschlossen wird. Infolge dieser Sicherheitseinrichtungen wird eine Gefährdung des Kondensators durch den überströmenden Dampffluß vermieden.

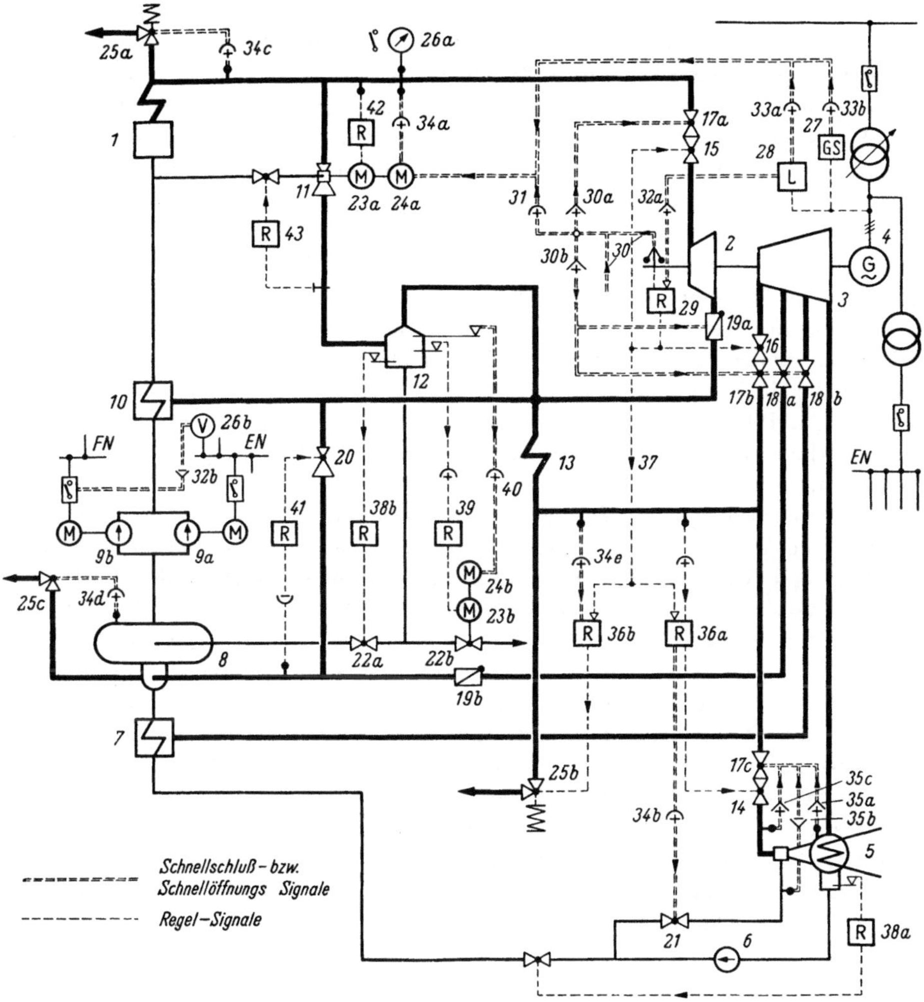

1 Kessel
2 HD-Teil der Turbine
3 MD- und ND-Teil der Turbine
4 Generator
5 Kondensator
6 Kondensatpumpe
7 ND-Vorwärmer
8 Speisewasserbehälter mit Mischvorwärmer
9 Speisepumpen (*a*, *b*)
10 HD-Vorwärmer
11 Bypass-Dampfumformventil
12 Entspanner
13 Zwischenüberhitzer
14 Dampf-Überströmventil
15 HD-Turbinenventil
16 MD-Turbinenventil
17 Schnellschlußventile (*a* bis *c*)
18 Turbinenentnahmeventile (*a*, *b*)
19 Rückschlagventile (*a*, *b*)
20 Reduzierventil
21 Kondensateinspritzventil
22 Kondensatablaufventile (*a*, *b*)
23 Ventil-Normalantrieb (*a*, *b*)
24 Ventil-Schnellantrieb (*a*, *b*)
25 Hilfsgesteuerte Sicherheitsventile (*a* bis *c*)
26 Meßinstrumente
a Kontaktmanometer
b Voltmeter
27 Generatorschutz
28 Lastabwurfrelais
29 Drehzahlregler
30 Turbinen-Schnellschlußsignale
a auf HD-Ventile wirkend
b auf MD- und Entnahmeventile wirkend
31 Schnellöffnungssignal, turbinenseitig
32 Schnellschlußsignale, elektrischerseits (*a*, *b*)
33 Schnellöffnungssignale, elektrischerseits (*a*, *b*)
34 Schnellöffnungssignale, druckseitig (*a* bis *e*)
35 Schnellschlußsignale, druckseitig (*a* bis *c*)
36 Grenzdruck-Überströmregler (*a*, *b*)
37 Lastabhängige Drucksollwertänderung
38 Niveauablaufregler (*a*, *b*)
39 Grenzniveauablaufregler
40 Schnellöffnungssignal, niveauseitig
41 Grenzdruck-Zuströmregler
42 Überström-Druckregler
43 Einspritz-Temperaturregler
EN Eigenbedarfsnetz
FN Fremdnetz

Bild 17. Allgemeine Sicherheitseinrichtungen im Blockkreislauf

Zusätzlich wird durch ein hilfsgesteuertes Sicherheitsventil (*25b*) der notwendige Dampffluß durch den Zwischenüberhitzer aufrechterhalten und das Zwischendampfnetz vor zu starkem Druckanstieg gesichert. Der Ansprechdruck der Druckregelung (*36b*) wird ebenfalls entsprechend der jeweiligen Turbinenlast durch das Signal (*37*) automatisch eingestellt, und zwar um nur wenige Atmosphären höher als der von dem gleichen Signal (*37*) beeinflußte Sollwert des Druckreglers (*36a*) für das Überströmventil (*14*). Der Überschußdampf wird normalerweise in den Kondensator abgeführt. Tritt jedoch z. B. ein Schnellschlußfall ein, der das Überströmen zur Kondensation verhindert, dann wird der Dampf durch das hilfsgesteuerte Sicherheitsventil unverzüglich unter nur geringer Drucksteigerung ins Freie abgeblasen. Das hilfsgesteuerte Sicherheitsventil tritt ferner wie ein normales Sicherheitsventil bei Überschreiten eines fest eingestellten Maximaldruckes in Tätigkeit.

Auf das HD-Bypass-Ventil (*11*) werden auch vom Generatorschutz (*27*) und vom Turbinenschnellschluß (*30*) kommende Schnellöffnungssignale (*33b*) und (*31*) wirksam.

Die Drehzahlregelung (*29*) wirkt bei Turbinen mit Zwischenüberhitzung außer auf die HD-Ventile (*15*) auch auf die MD-Ventile (*16*), um eine störende Beeinflussung der Turbinenregelung durch die Dampfspeicherung des Mitteldruckdampfnetzes zu vermeiden. Im Turbinenschnellschlußfall (*30*) schließen durch Signal (*30a*) die HD-Ventile (*17a*) und durch das gleiche Signal (*30b*) die MD-Ventile (*17b*), desgleichen die Turbinenentnahmeventile (*18*) sowie ein im Dampfaustritt des HD-Turbinengehäuses eingebautes Rückschlagventil (*19a*).

Auf den Höchstdruckleitungen sind zur weiteren Sicherung Vollhub- oder hilfsgesteuerte Sicherheitsventile (*25a*) vorgesehen. Zum Schutz gegen zu hohen Druck setzt man ferner Sicherheitsventile (*25c*) auf den Speisewasserbehälter. Ein Mindestdruck bzw. eine Mindesttemperatur im Speisewasserbehälter wird mit Hilfe eines Reduzierventiles (*20*) mit unterem Grenzdruckeinfluß (*41*) aufrechterhalten. Der Gefahr einer Rückströmung von Dampf in die Turbine wird durch Einbau von Rückschlagventilen (*19*) vorgebeugt.

c) Anfahren und Abstellen

Die Ventile (*11*) und (*14*) in den Bypass-Leitungen werden auch für das Anfahren und Abstellen der Anlage benutzt. Beim Anfahren eines Zwangdurchlaufkessels strömt anfangs Wasser bzw. Dampf-Wasser-Gemisch durch das hochdruckseitige Bypass-Ventil (*11*). Im nachgeschalteten Entspanner (*12*) werden Dampf und Wasser getrennt. Während man den Dampf durch den beheizten Zwischenüberhitzer (*13*) leitet, wird das abgeschiedene Wasser mit Hilfe der Niveauregelung (*38b*) und des Ventils (*22a*) in den Speisewasserbehälter zurückgeführt oder gegebenenfalls über ein zweites Ventil (*22b*) mit Niveauregelung (*39*) und (*23b*) nach außen abgeleitet. Zur Sicherung gegen Wassereinbruch aus dem Entspanner (*12*) in die Mitteldruckdampfleitung ist eine Schnellöffnungseinrichtung (*40*) und (*24b*) für das Kondensatablaufventil (*22b*) vorgesehen. Das HD-Bypass-Ventil ist als Dampfumformventil ausgebildet, da bei ansteigender Dampftemperatur eine Einspritzkühlung mit Hilfe der Temperaturregelung (*43*) erforderlich ist. Es hat außer dem normalen Regelantrieb (*23a*) einen Schnellöffnungsantrieb (*24a*), auf den die verschiedenen Schnellöffnungssignale einwirken. Der Schnellantriebsmotor wird immer an die gesicherte Stromversorgung angeschlossen, was auch für den Schnellantrieb (*24b*) des Kondensatablaufventiles (*22b*) gilt.

Beim Anfahren und Abstellen der Anlage werden die beschriebenen Einrichtungen zum Teil automatisch, zum Teil von Hand bedient. Es wird jedoch angestrebt, diese Vorgänge voll zu automatisieren.

d) Besonderer Schutz an Hochdruckvorwärmern

Sicherheitseinrichtungen, speziell an den Hochdruckvorwärmern, werden mit den steigenden Kessel- und Speisewasserdrücken immer häufiger und bedeutungsvoller. Eine besonders starke Gefährdung der Turbine liegt vor, wenn über die Entnahmeleitungen Wasser in die Turbine einbrechen kann. Die Hauptgefahr ist dabei durch einen Wasserrohrbruch in den Hochdruck-Speisewasservorwärmern gegeben. Außerdem kann aber auch durch den Anstau nicht abgeführten Kondensates, z.B. infolge Versagens der Kondensatablaufregelung, Wasser aus den Vorwärmern in die Turbine gelangen.

Im *Bild* 18 ist eine zweisträngige Anordnung der Hochdruckvorwärmer (*4*) bzw. (*5*) angenommen worden. Die Alternative A zeigt elektrische Niveauablaufregler (*13a* und *b*), bei denen es zusätzlich in einfachster Weise möglich ist, den Wasserstand fernanzuzeigen (*16*), bei Erreichen eines oberen Niveaugrenzwertes akustischen und optischen Alarm (*15c* bis *d*) zu geben und gleichzeitig einen zusätzlichen Öffnungseinfluß (*15a* bis *b*) auf dasselbe Regelventil oder auf ein Bypass-Ventil (*8a*) auszuüben. Es besteht ferner bei der Regelung mit elektrischen Reglern die Möglichkeit, zwei Ventile (*7a*) und (*8a*) in Folgeschaltung (*14a*) zu steuern. Auch eine elektrische Fernanzeige (*17*) der Ventilstellungen ist zur Überwachung der Regelung zweckmäßig. Durch die Wasserstandfernanzeige (*16*), die Ventilstellungsfernanzeige (*17*) und mit Hilfe der optischen und akustischen Signale (*14b*, *15c* und *d*) läßt sich die elektrische Ablaufregelung gut überwachen. Störungen können daher rechtzeitig erkannt und beseitigt werden.

Die Tatsache eines Rohrbruches läßt sich am schnellsten und einfachsten – wie in Alternative A angenommen – durch zwei Durchflußmesser (*10a* und *b*) feststellen, von denen der eine vor, der andere hinter den Hochdruckvorwärmern eingebaut ist. Eine Durchflußdifferenz, die nur bei einem Rohrschaden in den HD-Vorwärmern auftreten kann, wird dem Personal durch Fernanzeiger (*11*) bzw. durch akustischen und optischen Alarm (*12c*) gemeldet. Die Schieber (*3a* und *b*) vor und hinter diesem Vorwärmstrang werden ferner automatisch bei Eintritt einer bestimmten Durchflußdifferenz mit größtmöglicher Geschwindigkeit geschlossen, wodurch die beschädigte Vorwärmergruppe (*4*) abgeschaltet wird.

Als letzte Sicherung der Turbine sind schließlich Niveauwächter vorgesehen, die bei unzulässig hohem Wasserstand jedes einzelnen Vorwärmers Alarm geben und den Schnellschluß der Turbine auslösen (*18a* bis *c*).

Die Alternative B zeigt die Anordnung direktbetätigter Ablaufregler (*19*) und (*20*). Die Ventile (*7b*) und (*8b*) werden voneinander unabhängig betätigt. Eine Folgeschaltung ist dabei nicht möglich. Es werden ferner die Alarmierung (*21a* bis *b*) und (*22c*), das Schließen (*22a* bis *b*) der Schieber (*6a* und *b*) vor und hinter den Vorwärmern und der Schnellschluß (*23a* bis *c*) der Turbine ausschließlich von Niveauwächtern mit elektrischen Kontakten ausgelöst. Die Schnellschlußbetätigung der Schieber in Abhängigkeit von einem bestimmten Grenzniveau erfolgt

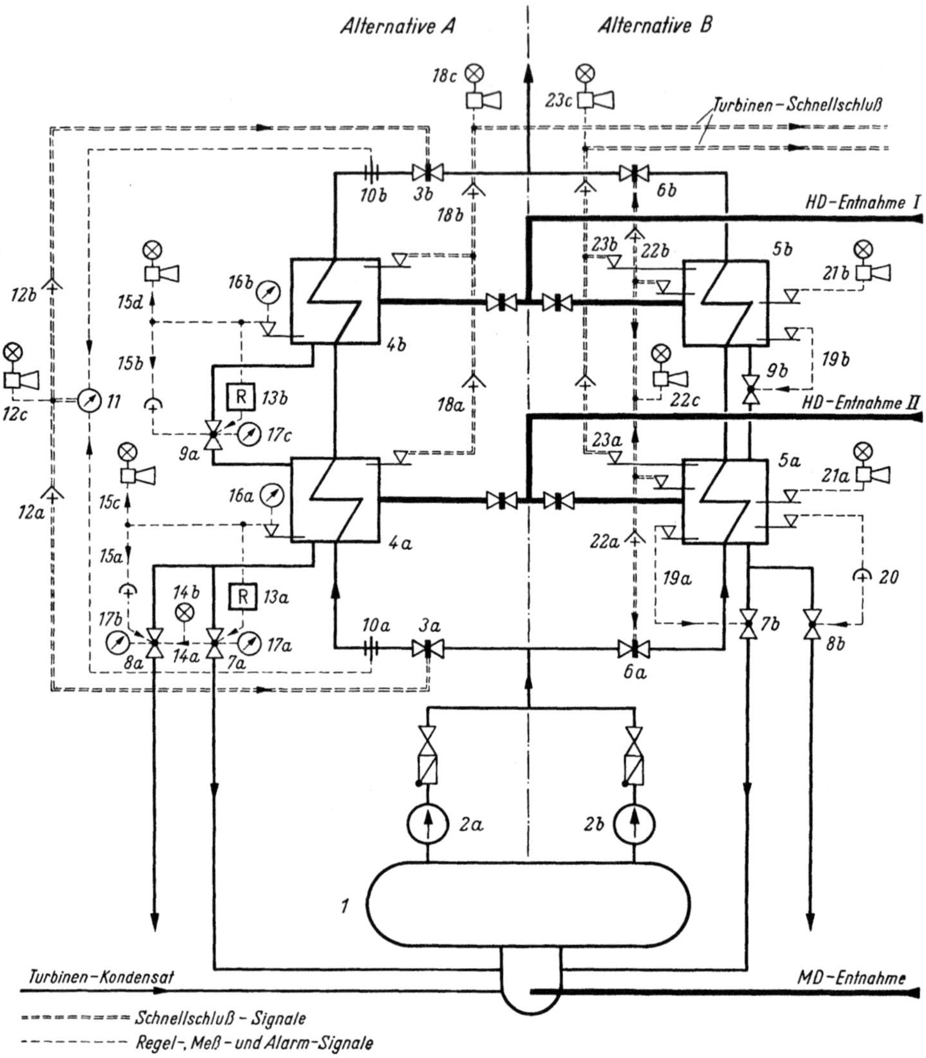

1 Speisewasserbehälter mit Mischvorwärmer
2 Speisepumpen (a, b)
3 Schieber vor und hinter HD-Vorwärmergruppe A (a, b)
4 HD-Vorwärmergruppe A (a, b)
5 HD-Vorwärmergruppe B (a, b)
6 Schieber vor und hinter HD-Vorwärmergruppe B (a, b)
7, 8, 9 } Kondensatablaufventile (a, b)
10 Durchflußmesser (a, b)
11 Differenzdurchflußmesser
12 Schieber-Schnellschlußsignale (a, b) mit akustischem und optischem Alarm (c)
13 Elektrische Niveauablaufregeler (a, b)
14 Regelungs-Folgeschaltung (a) mit optischem Alarm (b)
15 Grenzniveau-Öffnungssignal (a, b) mit akustischem und optischem Alarm (c, d)
16 Wasserstandsfernanzeiger (a, b)
17 Ventilstellungsfernanzeiger (a bis c)
18 Grenzniveau-Turbinen-Schnellschlußsignale (a, b) mit akustischem und optischem Alarm (c)
19 Direktwirkende Niveauablaufregelung (a, b)
20 Direktwirkende Grenzniveauablaufregelung
21 Akustischer und optischer Niveaualarm (a, b)
22 Schieber-Schnellschlußsignale (a, b) mit akustischem und optischem Alarm (c)
23 Grenzniveau-Turbinen-Schnellschlußsignale (a, b) mit akustischem und optischem Alarm (c)

Bild 18. Besondere Sicherheitseinrichtungen an den Hochdruckvorwärmern naturgemäß später als bei Auslösung durch Differenzdurchflußmessung wie bei Alternative A, so daß sie als weniger sicher angesehen werden muß. Bei Vorwärmern mit sehr kleinem Inhalt scheidet sie überhaupt aus. Bei Alternative B sind im Gegensatz zu Alternative A noch besondere Wasserstandanzeiger (im Bild nicht gezeichnet) erforderlich. Dem rechtzeitigen Schließen der Schieber (*3*) und (*6*) und dem gleichzeitigen Öffnen eines etwaigen Bypass-Schiebers (nicht eingezeichnet) ist besondere Bedeutung beizumessen. Diese Aufgabe löst eine elektrohydraulische Schiebersteuerung, die den Speisepumpendruck benutzt und sehr kurze Stellzeiten ermöglicht sowie größte Sicherheit gewährleistet.

2. Wärmewarten

Im neuzeitlichen Kraftwerk besteht das Bestreben, den Betrieb unter sparsamem Einsatz von Personal von einer zentralen Stelle aus zu führen. Die Betriebe gehen daher immer mehr der Vollautomatisierung entgegen und die Regel-

Bild 19. Maschinenhaus eines Blockkraftwerkes mit Turbosatz und Wärmewarte

einrichtungen werden immer zahlreicher. Ihr Umfang, die Anzahl der Fernsteuereinrichtungen sowie die betriebliche Notwendigkeit, die Vorgänge im Kraftwerk leicht beobachten zu können, um gegebenenfalls auftretende Störungen schnell zu beheben, erfordern einen erheblichen Aufwand an Meßgeräten aller Art, wie elektrische Anzeiger, Schreiber, Meldeeinrichtungen. Die Geräte werden auf Tafeln und Pulten zusammengefaßt und weitestgehend in der sog. Wärmewarte untergebracht. Gefahrenzustände werden akustisch und optisch signalisiert.

Die vielen Instrumente, die vorwiegend auf der Tafel oder dem Pultaufsatz untergebracht sind, haben einen erheblichen Platzbedarf. Deshalb werden die Regler auf einer besonderen Hilfstafel zusammengefaßt, die in einem Raum neben oder unterhalb der Warte aufgestellt wird. Man setzt daher bevorzugt solche Regler ein, die keiner dauernden Wartung bedürfen. Unter anderem verwendet man auch Anzeigegeräte, die unmittelbar die Auswirkung eines Eingriffes anzeigen. Das sind z. B. Strommesser für die Motoren, Stellungsanzeiger für

Steuerventile, Regelabweichungsanzeiger zur Anzeige der Funktion des Reglers, Sollwertbetätigungen, mit denen das Einstellen des Sollwertes an den Reglern

Bild 20. Wärmewarte für ein Großkraftwerk mit 10 Kesseln in Sammelschienenschaltung

vom Pult aus möglich ist, Sollwertanzeiger und Istwertanzeiger. Für Schieber und Ventile werden gegebenenfalls auch Schauzeichen oder Meldeleuchten zur Anzeige einer Stellung vorgesehen.

Die Wasseraufbereitungsanlage erhält ihre eigene Überwachung, die sich vornehmlich auf das Messen und Regeln chemischer Werte, wie z. B. pH-Wert, Leitfähigkeit und Zusatzwassermenge, erstreckt.

Das Überwachen der Vorwärmer und besonders deren Abfluß- bzw. Zuflußregelanlagen wird ähnlich behandelt. In den meisten Fällen sind die Anlageteile so umfangreich, daß die Aufstellung einer gesonderten Überwachungstafel unmittelbar bei der Vorwärmeranlage notwendig wird.

I. Quellenhinweise

[1] SCHRÖDER, K.: Wärmekraftanlagen. In: E. v. RZIHA: Starkstromtechnik. Hrsg. R. Genthe. 1. Bd. 8. Aufl. Berlin: W. Ernst & Sohn 1955. S. 621–721.

[2] SCHRÖDER, K.: Neuzeitlicher Dampfkraftwerksbau. Die Aufgaben des Kraftwerkingenieurs. Elektrotechn. u. Masch.-B. 73. Jg. (1956) S. 249–260.

[3] MARGUERRE, FR. u. MARGUERRE, FE.: Maßnahmen im Großkraftwerk Mannheim zur Verbesserung der Wirtschaftlichkeit. Brennstoff-Wärme-Kraft Bd. 2 (1950) S. 170–175.

[4] STENDER, W.: Die Wirtschaftlichkeit des Ruths-Speichers in Kraftwerken. Siemens-Z. 7. Jg. (1927) S. 482–489.

[5] STENDER, W. u. FRANK, E.: Ausbau des Kraftwerks Charlottenburg zum Spitzenwerk. Siemens-Z. 10. Jg. (1930) S. 369–376.

[6] SCHRÖDER, K.: Das Blockkraftwerk. Siemens-Z. 29. Jg. (1955) S. 97–99.

[7] MICHEL, R.: Die Speicherfähigkeit des Bensonkessels. Arch. Wärmewirtsch. u. Dampfkesselwes. Bd. 24 (1943) H. 3, S. 49–50.

[8] BACHL, H. u. WEISE, E.: Dampfkraftwerk Fortuna bei Köln. Siemens-Z. 30. Jg. (1956) S. 214–232.

[9] HALLE, K.: Lastabhängige Regelung eines Kraftwerksblockes mit Bensonkessel. Techn. Mitt. Haus Techn. Essen 52. Jg. (1959) H. 5, S. 181–189.

31. Wasserkraftwerke

Von **H. Henning**

Inhaltsübersicht

A. Regelaufgaben in Wasserkraftwerken

In einem Wasserkraftwerk erhalten die Regelaufgaben, von den zu regelnden Objekten her gesehen, ihr besonderes Gepräge im wesentlichen durch die von der Natur angebotenen Möglichkeiten der Wasserzufuhr [*1* bis *6*]. Über die daraus entstandenen vielfältigen Bauarten von Wasserturbinen und die Besonderheiten bei ihrer Regelung, auch in Verbindung mit den regelungstechnischen Einflüssen durch den jeweiligen Aufbau des elektrischen Verbrauchernetzes, wird im Kapitel 20 „Wasserturbinen" berichtet. Das Grundsätzliche über die Regelung der Generatoren ist im Kapitel 23 und spezifische Aufgaben bei der Regelung von Wasserkraftgeneratoren sind im Kapitel 32 behandelt. Die gute Regelbarkeit der Wasserturbinen führte dazu, dort, wo genügend Wasserenergie zur Verfügung steht, die Wasserkraftwerke auch bevorzugt als Regelkraftwerke bei der Netz-Verbundregelung einzusetzen. Das Wesentliche über Verbundregelungen selbst ist im Kapitel 33 behandelt.

Bedingt durch die verschiedenartige Wasserdarbietung, z.B. in Speicherseen oder Flüssen, spielen die dazugehörigen *Bauarten* von Wasserkraftwerken als Ganzes eine jeweils andersartige Rolle bei der Verbundregelung (vgl. Tabelle 1). Über diese Fragen noch einige kurze Hinweise zu geben, verbleibt schließlich noch als Aufgabe für dieses Kapitel, während in den vorher erwähnten Kapiteln 20, 23, 32 und 33 zusammen betrachtet, eingefügt in ein jeweils andersartiges Rahmenthema, über die Regelung in Wasserkraftwerken umfassend berichtet wird.

Am Schluß sind noch einige Hinweise über die Regelung von ganz kleinen Wasserkraftwerken angefügt.

Tabelle 1. *Einsatz der Wasserkraftwerke im Netz-Verbundbetrieb*

Natürliche Speicherwerke:	Regelleistung steht jederzeit voll aus einem *Jahresspeicher* zur Verfügung.
Pumpspeicherwerke:	Regelleistung steht tagsüber aus einem *Tagesspeicher* nach Bedarf zur Verfügung.
Schwallwerke:	Tagsüber steht erhöhte Leistung aus den *Flußstauräumen* als Regelleistung zur Verfügung (Tagesspeicher).
Laufkraftwerke:	Kurzzeitige Beteiligung am Netzregelbetrieb durch erhöhte Leistungsabgabe bei Regelung mit „freiem" Regler (nicht ausschließlich mit Öffnungsbegrenzung).

B. Wasserkraftwerke im Regelverbundbetrieb

In Wasserkraftwerken werden den einzelnen Turbinenreglern meistens mehrere Regelaufgaben zugeordnet. Man spricht z. B. von einer übergeordneten Regelung [1], wenn dem Turbinenregler neben der Drehzahl von einer ihm vorgeschalteten Regeleinrichtung noch eine weitere Einflußgröße zugeführt wird. Das kann die Spiegelhöhe im Oberwasserbecken, die Abweichung der Netzfrequenz vom Sollwert infolge der Neigung der Drehzahl-Leistungs-Kennlinie bei der Netzfrequenzregelung oder die Übergabeleistung ins Verbundnetz bei der Leistungsregelung sein. Bei der Leistungsregelung oder der Frequenz-Leistungs-Regelung nach dem Netzkennlinienverfahren in einem Netzverband kommen die übergeordneten Regelsignale von einem zentralen Netzregler des betreffenden Betriebsgebietes (vgl. *Bild* 1).

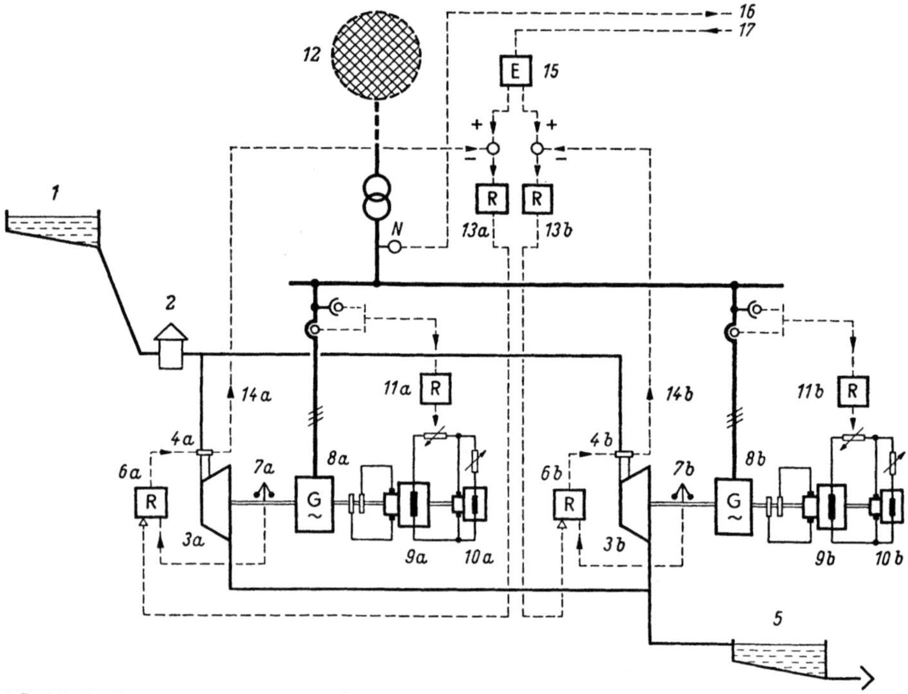

1 Speicherbecken
2 Wasserschloß
3 Wasserturbine (*a*, *b*)
4 Schieber (*a*, *b*)
5 Unterwasserbecken
6 Drehzahlregler (*a*, *b*)
7 Meßgeber für die Drehzahl (*a*, *b*)
8 Generator (*a*, *b*)
9 Haupterregermaschine (*a*, *b*)
10 Hilfserregermaschine (*a*, *b*)
11 Spannungsregler (*a*, *b*)
12 Verbundnetz
13 Übergeordneter Leistungsregler für jeden Maschinensatz (*a*, *b*)
14 Signal von der Öffnung als Leistungsmaß (*a*, *b*)
15 Fernempfänger für Signal vom Netzregler
16 Übergabeleistungssignal zum Netzregler
17 Signal vom Netzregler

Bild 1. Beispiele für Regelungen in einem Wasserkraftwerk mit Verbundbetrieb

In Wasserkraftwerken, insbesondere in Flußkraftwerken, werden die Turbinen oft mit der Öffnungsbegrenzung betrieben. Der Regler wird abgeschaltet und die Öffnung wird auf eine bestimmte Leistung eingestellt, die unabhängig von der Drehzahl (bzw. von der Frequenz) an das Netz abgegeben wird. Es wird dabei dauernd die gleiche Wassermenge unabhängig von der Frequenz abgefahren. Der

Maschinensatz gibt hierbei eine gleichbleibende Leistung ins Netz ab; er leistet deshalb keinen Beitrag zur Netzleistungszahl bzw. zur Netzstützung bei Frequenzeinbrüchen, d.h., er ist regelungstechnisch inaktiv. Im Falle eines starken Drehzahlanst egs bzw. bei Entlastung, kann der Regler die Turbine aber schließen.

Je mehr Maschinen mit Öffnungsbegrenzung arbeiten, um so größer wird die Statik des Netzes und um so ungünstiger wird die Frequenzhaltung bei Laständerungen.

Speicherkraftwerke mit natürlichen Speichern stellen den Hauptteil der Regelkraftwerke. Sie werden für den Ausgleich der tageszeitlichen Belastungsänderungen und Abweichungen der Netzlast von dem vorher festgelegten Lastprogramm herangezogen. Auch wenn die Netzlast anderer Werke, z.B. von Dampfkraftwerken, aus betriebstechnischen oder wirtschaftlichen Gründen vom Lastverteiler abgebaut oder nach einem Zeitplan verringert wird, greifen geregelte Speicherkraftwerke bei der Lastübernahme mit ein. Eine wertvolle Ergänzung der Regelkraftwerke bieten die als Tagesspeicher arbeitenden *Pumpspeicherwerke*.

Schwall- und Laufkraftwerke. Eine weitere Erhöhung der Regelleistung im Netzverbundbetrieb ermöglichen die *schwallfähigen* Flußkraftwerke, bei denen das Wasser nachts in Stauräumen gespeichert wird und tagsüber dann mit erhöhter Leistung zur Verfügung steht. Das *Bild* 2 zeigt eine Folge von *Schwallkraftwerken*,

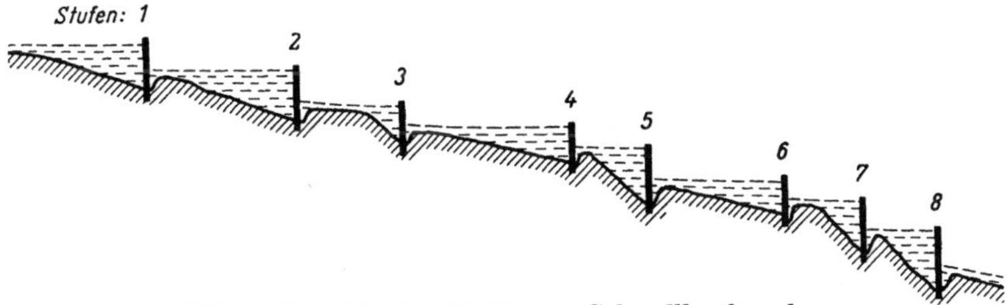

Bild 2. Beispiel einer Kette von Schwallkraftwerken

die in acht Stufen angeordnet sind [*2*]. Die einzelnen Stufen 3 bis 8 arbeiten tagsüber mit erhöhtem Wasserdurchsatz, der der Stufe 2 entnommen wird. Nachts wird der Speicher dieser Stufe wieder aufgefüllt, indem man den Durchsatz der folgenden Stufen verringert. Solche an einem Fluß hintereinander liegende Schwallwerke gehören meist zu einer betriebstechnischen und wirtschaftlichen Einheit. Man kann dann eine Zwischenlastverteilung im Betriebszentrum dieser Kraftwerke vorsehen, wo die vom Hauptlastverteiler ankommende Stellgröße für die ganze Kraftwerksgruppe für die einzelnen Kraftwerke umgeformt wird [*5*].

Auch bei den *Laufwasserkraftwerken* in Flüssen ohne Speichermöglichkeit ist man bemüht, kurzzeitige Beteiligung an den Netzregelaufgaben zu erreichen. Hier ist meist das Einhalten des Pegelstandes für die Regelung maßgebend. Bei Betrieb mit freiem Pendel können sich die Turbinen jedoch vorübergehend an der Frequenzhaltung beteiligen und werden nachher wieder der überlagerten Pegelregelung unterstellt.

Die Möglichkeit, die Leistung der Schwall- und Laufwasserkraftwerke kurzzeitig zu erhöhen, bietet, wenn sie mit *freiem* Regler betrieben werden, eine wesentliche Unterstützung der übrigen großen Regelkraftwerke mit Jahresspeichern.

C. Kleine Wasserkraftwerke

Kleine Wasserkraftwerke in der Größenordnung bis zu 20 kW (manchmal auch bis 100 kW und mehr) werden aus wirtschaftlichen Gründen möglichst einfach aufgebaut und betrieben. Als Generator wählt man hierfür oft die in der Wartung anspruchslose und wirtschaftliche kondensatorerregte Asynchronmaschine [7]. Bei kleineren Flußanlagen mit Anschluß an ein großes Netz wird die Spannung dann durch das Netz bestimmt und die Turbinenregelung arbeitet auf konstanten Wasserstand. Oft ist aber z.B. in gebirgigem Gelände keine Verbindung mit einem größeren Netz vorhanden. Die Anlage wird in solchen Fällen meist aus einer hochgelegenen, gestauten Quelle durch eine Rohrleitung gespeist. Bei kleineren Leistungen ist auch die spezifische Drehzahl der Turbine klein, so daß im allgemeinen Peltonräder verwendet werden. Bei einem Gefälle von 200 m und einem Durchfluß von 5 l/s werden bereits 8 bis 10 PS erzeugt. Es genügen schon verhältnismäßig geringe Wassermengen, um durch Stauen einen Tagesspeicher zu bilden. Dazu wird ein Regler benötigt, der das zufließende Wasser dem jeweiligen Energieverbrauch anpaßt. Man führt dann dem Regler am besten die Spannung als Regelgröße zu und beeinflußt durch die Stellgröße den Durchfluß der Turbine. Auf die Frequenzregelung kann in diesen einfachen Anlagen verzichtet werden.

D. Quellenhinweise

[1] Roth, W.: Regelungsaufgaben in Wasserkraftwerken. Elektrizitätswirtschaft 56. Jg. (1957) S. 754–761.

[2] Engl, M.: Anforderungen der Netze bei der Frequenz- und Wirkleistungsregelung an die Regelung von Wasserkraftwerken. ETZ-A 81. Jg. (1960) H. 5, S. 168–175.

[3] Boll, G.: Regelungsaufgaben im Verbundbetrieb. ETZ-A 81. Jg. (1960) H. 5, S. 154–162.

[4] Stühlen, H.: Anforderungen der Netze bei der Frequenz- und Wirkleistungsregelung an die Regelung von Wärmekraftwerken. ETZ-A 81. Jg. (1960) H. 5, S. 162–168.

[5] Maier, F.: Gerätetechnische Lösungen auf dem Gebiet der Verbundregelungen. ETZ-A 81. Jg. (1960) H. 6, S. 209–218.

[6] Eilken, H.: Regelung von Wasserkraftwerken im Netzbetrieb. ETZ-A 81. Jg. (1960) H. 6, S. 203–209.

[7] Rechberger, H.: Kondensatorerregte Asynchrongeneratoren in Kleinwasserkraftwerken. Elektrotechn. u. Masch.-Bau 74. Jg. (1957) S. 379–385.

GPSR Compliance

The European Union's (EU) General Product Safety Regulation (GPSR) is a set of rules that requires consumer products to be safe and our obligations to ensure this.

If you have any concerns about our products, you can contact us on ProductSafety@springernature.com

In case Publisher is established outside the EU, the EU authorized representative is:

Springer Nature Customer Service Center GmbH
Europaplatz 3
69115 Heidelberg, Germany

Batch number: 10683525

Printed by Printforce, the Netherlands

Handbuch der Regelungstechnik

Unter Mitwirkung
zahlreicher Fachwissenschaftler
herausgegeben von

G. Bleisteiner
Karlsruhe

W. v. Mangoldt
Erlangen

Schriftleitung

H. Henning
München

R. Oetker
Karlsruhe

Mit 1238 Abbildungen

Springer-Verlag Berlin Heidelberg GmbH
1961

ISBN 978-3-642-52751-7 ISBN 978-3-642-52750-0 (eBook)
DOI 10.1007/978-3-642-52750-0

Ursprünglich erschienen bei Springer-Verlag OHG., Berlin/Göttingen/Heidelberg 1961
Softcover reprint of the hardcover 1st edition 1961

Vorwort

Das vorliegende Werk bietet eine zusammenfassende Darstellung der Regelungstechnik; es soll – wie sein Titel sagt – ein Handbuch sein, das jedem, der sich mit diesem Gebiet beschäftigt, helfend und wegweisend zur Seite steht. Es ist in seinen Hauptteilen den Grundlagen und den Anwendungen gewidmet, wobei die Regelungstechnik einzelner Objekte sowie vollständiger Betriebe systematisch behandelt wird. Zur Erweiterung und Vertiefung der Grundlagen dient der theoretische Teil.

Bei der Bearbeitung sind wir davon ausgegangen, daß die eigene Erfahrung eine lebendige und unmittelbare Quelle der Mitteilung ist. Dies hat dazu geführt, eine ungewöhnlich große Anzahl von Mitarbeitern an dem Werk zu beteiligen. Dem Leser wird dabei auffallen, daß die meisten dem Hause Siemens angehören. Das liegt im wesentlichen daran, daß hier seit geraumer Zeit die behandelten Gebiete umfassend bearbeitet werden, mit wenigen Ausnahmen, bei denen wir außenstehende Fachwissenschaftler gewinnen konnten. Der vielseitige Erfahrungsschatz des Hauses Siemens auf dem Gebiet der Regelung hat so in diesem Werk seinen Niederschlag gefunden. Um die Darstellung abzurunden, sind wir auch auf Methoden und Geräte anderer Firmen eingegangen, haben uns aber dabei im wesentlichen auf Deutschland beschränkt.

Zwei bedeutende Gebiete sind nicht behandelt worden, nämlich die Regelung kerntechnischer Anlagen und strahlgetriebener Flugkörper. In dem einen Gebiet sind unsere Erfahrungen noch zu jung, in dem anderen beschränken sie sich auf den bei Propeller-Triebwerken mit Kolbenmotoren erreichten früheren Stand. Auch eine geschlossene Darstellung der in jüngster Zeit einsetzenden Entwicklung zu Regelsystemen, die sich auf übergeordnete Betriebsbedingungen selbsttätig angleichen, erschien im gegenwärtigen Zeitpunkt noch verfrüht. Selbst in vielen der behandelten Gebiete ist die Technik in ständigem Fluß; auf die Wiedergabe manch interessanter Neuerung mußte verzichtet werden, um das Werk als Ganzes in seiner Fertigstellung nicht zu gefährden.

Eine wesentliche Aufgabe des Handbuches der Regelungstechnik soll es sein, darzulegen, wie neben guten Kenntnissen der Grundlagen ein sorgfältiges Studium der Regelobjekte und ihrer Arbeitsbedingungen zu brauchbaren Anlagen führt. Vielfach lassen sich dabei die Erfahrungen aus dem einen Gebiet mit großem Vorteil in ein anderes übertragen. Dies ist auch einer der Gründe gewesen, äußerlich sehr verschiedenartige Gebiete in einem Buch zusammenzufassen. Außerdem haben wir damit der sich anbahnenden Entwicklung Rechnung getragen, daß bisher noch voneinander unabhängig betrachtete Anlagen mehr und mehr zu geregelten Betriebseinheiten vereinigt werden.

Es war auch notwendig, Begriffe und Symbole zu vereinheitlichen, um dadurch die Darstellung allgemein verständlich zu halten. Um die Geschlossenheit der einzelnen Kapitel zu wahren, wurde bewußt in Kauf genommen, dieselbe Materie gelegentlich an verschiedenen Stellen, jedoch aus anderer Sicht, zu behandeln.

Die Quellenhinweise sollen dem Leser Unterlagen geben, in denen er sich noch eingehender über den Stoff unterrichten kann. Sie stellen jedoch keine vollständige Dokumentation dar.

Das Zustandekommen des Werkes verdanken wir dem verständnisvollen Eingehen der Verfasser auf die Notwendigkeit, nicht nur den Stoff zu liefern, sondern ihn auch so darzustellen, wie es der Zusammenhang und der allgemeine Stil in einem Handbuch verlangen.

Die umfangreichen, mit der Herausgabe und Schriftleitung verbundenen Arbeiten wurden durch das Interesse, das die Herren Dr. W. Leukert und Prof. Dr. L. Merz dem Werk entgegenbrachten, wesentlich in ihrem Fortgang unterstützt; Herr Dr. J. Schiele hat bei diesen Arbeiten in besonderem Maße mitgewirkt und sie zum Abschluß gebracht. Wir danken außerdem den Herren F. Lorenz, W. Hölig, H. Preikschat und L. Wizenez für ihre Mitarbeit, vor allem für das Lesen der Korrekturen sowie die Vorbereitung der Bildunterlagen.

Dem Springer-Verlag gebührt Dank für die Berücksichtigung unserer nicht immer leicht erfüllbaren Wünsche und für die wohlgelungene Ausführung.

Im September 1960

Die Herausgeber und Schriftleiter

Mitarbeiterverzeichnis

Achenbach, Helmut, Siemens-Schuckertwerke AG, Erlangen (*Kapitel 32*).

Becker, Kurt, Siemens & Halske AG, Karlsruhe (*Kapitel 38*).

Bleisteiner, Georg, Siemens & Halske AG, Karlsruhe (*Kapitel 1*).

Bretthauer, Karlheinz, Dr., Siemens-Schuckertwerke AG, Erlangen (*Kapitel 41*).

Eichler, Fritz, Siemens & Halske AG, Karlsruhe (*Kapitel 12*).

Ernst, Hans, Demag Elektrometallurgie GmbH, Duisburg (*Kapitel 39*).

Ernst, Dietrich, Siemens-Schuckertwerke AG, Erlangen (*Kapitel 64*).

Ertel, Karl, Siemens-Schuckertwerke AG, Erlangen (*Kapitel 30*).

Folgmann, August, Siemens-Schuckertwerke AG, Mülheim/Ruhr (*Kapitel 19*).

Friedrich, Rudolf, Dr., Siemens-Schuckertwerke AG, Mülheim/Ruhr (*Kapitel 21*).

Funke, Kurt, Siemens-Schuckertwerke AG, Erlangen (*Kapitel 44, 45*).

Gnambs, Anton, Siemens & Halske AG, Karlsruhe (*Kapitel 35, 44, 45*).

Görk, Eugen, Dr., Siemens-Schuckertwerke AG, Erlangen (*Kapitel 14, 28*).

Grünwald, Erich, Dr., Siemens-Schuckertwerke AG, Erlangen (*Kapitel 58, 59, 60, 61*).

Haier, Ulrich, Dr., Siemens-Schuckertwerke AG, Nürnberg (*Kapitel 7, 27*).

Halle, Kurt, Siemens-Schuckertwerke AG, Erlangen (*Kapitel 30*).

Harz, Hermann, Dr., Siemens-Schuckertwerke AG, Berlin (*Kapitel 24*).

Henning, Hans, Dr., Siemens-Schuckertwerke AG, München (*Kapitel 2, 8, 10, 13, 23, 25, 31, 52, 64, 65*).

Hoch, Friedrich, Siemens-Schuckertwerke AG, Erlangen (*Kapitel 48*).
Hügel, Ferdinand, Siemens-Schuckertwerke AG, Erlangen (*Kapitel 36*).
Kafka, Wilhelm, Siemens-Schuckertwerke AG, Erlangen (*Kapitel 12*).
Kaltenecker, Adalbert, Siemens & Halske AG, Karlsruhe (*Kapitel 42*).
Kaltenecker, Horst, Dr., Siemens & Halske AG, Karlsruhe (*Kapitel 42*).
Katz, Heinrich, Siemens & Halske AG, Karlsruhe (*Kapitel 3, 5, 13*).
Keßler, Christoph, Siemens & Halske AG, Karlsruhe (*Kapitel 18*).
Keßler, Gerhart, Dr., Siemens-Schuckertwerke AG, Erlangen (*Kapitel 50*).
Klein, Gerald, Siemens-Schuckertwerke AG, München (*Kapitel 55*).
Kluge, Karl, Siemens & Halske AG, Karlsruhe (*Kapitel 12*).
Kosack, Hans-Joachim, Siemens-Schuckertwerke AG, Erlangen (*Kapitel 54*).
Kraus, Günther, Prof. Dr., Technische Hochschule Wien (*Kapitel 56*).
Kronmüller, Heinz, Dr., Siemens & Halske AG, Karlsruhe (*Kapitel 6*).
Liesegang, Wilhelm, Dr., Siemens & Halske AG, Karlsruhe (*Kapitel 37, 40, 44, 46*).
Lochmann, Gerhard, Siemens-Schuckertwerke AG, Erlangen (*Kapitel 36*).
Maier, Friedrich, Siemens-Schuckertwerke AG, Erlangen (*Kapitel 33*).
Mangoldt, Walter von, Dr., Dr. e. h., Siemens-Schuckertwerke AG, Erlangen (*Kapitel 1*).
Matuschka, Herbert, Dr., Siemens & Halske AG, Berlin (*Kapitel 4*).
Müller, Harald, Prof. Dr., Elektrowärme-Institut, Essen (*Kapitel 17*).
Oetker, Rudolf, Dr., Siemens & Halske AG, Karlsruhe (*Kapitel 2, 9, 11, 65*).
Oldenbourg, Rudolf, Dr., Oldenbourg-Verlag, München (*Kapitel 62, 63*).
Pontow, Werner, Dr., Siemens-Schuckertwerke AG, Erlangen (*Kapitel 16*).
Roth, Walter, Siemens-Schuckertwerke AG, Erlangen (*Kapitel 20*).
Rusam, Christian, Siemens-Schuckertwerke AG, Erlangen (*Kapitel 53*).
Sartorius, Hans, Dr., Siemens & Halske AG, Karlsruhe (*Kapitel 57*).
Scherer, Karl, Siemens & Halske AG, München (*Kapitel 56*).
Schnakig, Karl, Dr., Stadtwerke Nürnberg (*Kapitel 34*).
Schroeder, Günther, Siemens & Halske AG, Karlsruhe (*Kapitel 15*).
Stepken, Gerhard, Siemens-Schuckertwerke AG, Erlangen (*Kapitel 41*).
Tannhäuser, Rudolf, Siemens-Schuckertwerke AG, Erlangen (*Kapitel 51*).
Tschermak, Manfred, Siemens-Schuckertwerke AG, Erlangen (*Kapitel 26*).
Volk, Paul, Dr., Siemens-Schuckertwerke AG, Erlangen (*Kapitel 49*).
Voß, Hans (†), Siemens-Schuckertwerke AG, Mülheim/Ruhr (*Kapitel 19*).
Weidemann, Gerd, Technische Hochschule Karlsruhe (*Kapitel 22, 52*).
Weitbrecht, Wolfgang, Dr., Siemens-Schuckertwerke AG, Erlangen (*Kapitel 47*).
Wiedemann, Theo, Siemens-Electrogeräte AG, Traunreut (*Kapitel 29*).
Winkler, Otto, Dr., Chemische Werke Hüls, Marl/Krs. Recklinghausen (*Kapitel 43*).

Inhaltsverzeichnis

Die Inhaltsübersichten zu den Kapiteln 2—64 sind am Anfang der einzelnen Kapitel zu finden

I. Einführung

II. Typische Regelungen für verschiedene Regelgrößen

III. Planung, Ausrüstung und Inbetriebsetzung

IV. Regelungstechnik einzelner Objekte

32. Elektrische Anlagen in Kraftwerken

Von **H. Achenbach**

Inhaltsübersicht

A. Einleitung

Bei den Regelanlagen im elektrischen Bereich der Kraftwerke handelt es sich vorwiegend um solche von Generatoren. Der Inhalt des folgenden Kapitels ist auf diese beschränkt.

Die allgemeinen Gesichtspunkte für die Spannungsregelung von Generatoren sind im Kapitel 23 behandelt. Bei der Wahl und Bemessung der Regelanordnung sind darüber hinaus die konstruktive Ausführung des Maschinensatzes und die speziellen Bedingungen des Kraftwerkbetriebes zu berücksichtigen [*1, 2, 3, 4, 5*].

Dabei müssen die von der Betriebsseite her an die Regelanordnung zu stellenden Anforderungen mit den von der Maschinenart abhängigen konstruktiven Möglichkeiten und den örtlichen Platzverhältnissen in Einklang gebracht werden. Dies läßt sich aus wirtschaftlichen Gründen für große Maschinensätze leichter durchführen als für kleine. Bei Großmaschinen spielt ein Mehraufwand (z. B. Sonderausführung von Erregermaschinen und Regler) zur Verbesserung der dynamischen Eigenschaften der Regeleinrichtung, zur Erhöhung der Betriebssicherheit oder zur Vereinfachung der Bedienung bei weitem nicht die Rolle wie in Kleinanlagen. Aber gerade an die Erreger- und Regelanordnungen von kleinen Generatoren werden häufig erhöhte Anforderungen gestellt, so daß sich Kompromißlösungen nicht immer vermeiden lassen.

Von der Betriebssicherheit der Regeleinrichtung hängt die Zuverlässigkeit der Energiedarbietung ab. Wenn durch Betriebsunterbrechungen schwerwiegende Folgeschäden (z. B. Produktionsausfall von angeschlossenen Industriebetrieben) entstehen können, erscheint ein vermehrter Aufwand zur Erhöhung der Betriebssicherheit in vielen Fällen gerechtfertigt.

B. Einfluß der Kraftwerksart auf die Regelanordnung

1. Unterschiede zwischen Wärme- und Wasserkraftanlagen

Die Regelanordnungen für Wärme- und Wasserkraftgeneratoren unterscheiden sich nicht grundsätzlich voneinander. Die Bauelemente (z. B. Erregermaschinen,

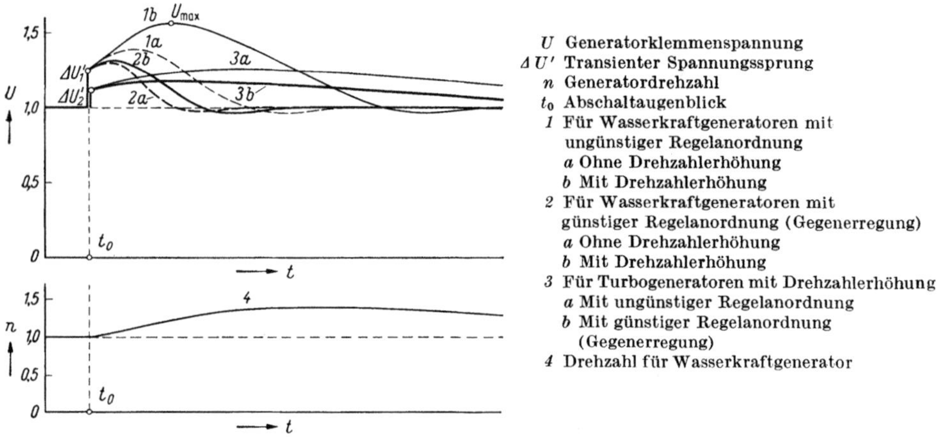

Bild 1. Verlauf der Klemmenspannung $U = f(t)$ bei Lastabwurf für Turbo- und Wasserkraftgeneratoren

Regler) sind jedoch entsprechend dem verschiedenen Betriebsverhalten der Generatoren und Turbinen und dem oft unterschiedlichen konstruktiven Aufbau der Maschinensätze auszuwählen und zu bemessen. Turbogeneratoren (Vollpolgeneratoren) sind gegenüber den Wasserkraftgeneratoren (Schenkelpolgeneratoren) in ihrem dynamischen Verhalten sehr träge (große magnetische Zeitkonstante;

Tabelle 1 sowie *Bild* 1 und 2). Außerdem beträgt die bei Vollastabschaltung auftretende maximale Drehzahlüberschwingweite bei Turbosätzen weniger als 10%, während sie bei Wasserkraftgeneratoren im Bereich zwischen etwa 10% und

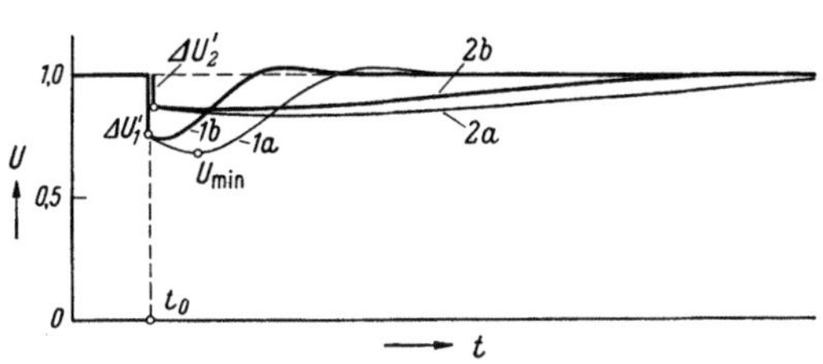

U Generatorklemmenspannung
$\Delta U'$ Transienter Spannungssprung
t_0 Zuschaltaugenblick
1 Für Wasserkraftgeneratoren
a Mit ungünstiger Regelanordnung
b Mit günstiger Regelanordnung (hohe Übererregung)
2 Für Turbogeneratoren
a Mit ungünstiger Regelanordnung
b Mit günstiger Regelanordnung (hohe Übererregung)

Bild 2. Verlauf der Klemmenspannung $U = f(t)$ bei Stoßbelastung für Turbo- und Wasserkraftgeneratoren

fast 70% liegen kann. Dieselgeneratoren verhalten sich hinsichtlich der Überdrehzahl bei Lastabschaltungen etwa wie Turbogeneratoren, in bezug auf die dynamischen Eigenschaften ähnlich wie Wasserkraftgeneratoren.

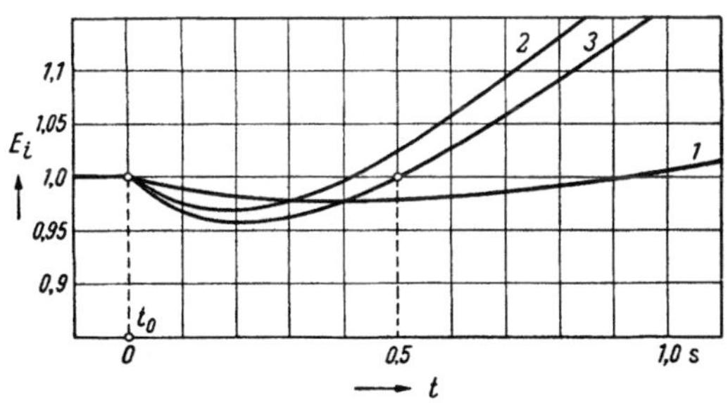

1 Turbogenerator ($T_d' \approx 5$ s) mit günstiger Regeleinrichtung
2 Wasserkraftgenerator ($T_d' \approx 0,5$ s) mit günstiger Regeleinrichtung
3 Mit Rücksicht auf dynamische Stabilität erwünschter Verlauf von E_i

Bild 3. Verlauf der Generatorhauptfeldspannung E_i bei Netzkurzschluß

Wegen der großen magnetischen Trägheit der Turbogeneratoren kann in Störungsfällen die Generatorhauptfeldspannung in der für die Netzstabilität kritischen Zeitspanne nicht nennenswert absinken (*Bild* 3), so daß Regelanordnungen von Turbosätzen normalerweise nicht für sehr hohe Übererregungsfähigkeit und

Tabelle 1. *Reaktanzen und Zeitkonstanten von Synchronmaschinen über* 1 MVA (Reaktanzen ungesättigt außer x_d)

Generatorart	Reaktanzen in der Längsachse		Reaktanzen in der Querachse		Leerlaufzeitkonstante	Kurzschlußzeitkonstante
	Synchronreaktanz (gesättigt) x_d	Übergangs- oder Transientreaktanz x_d'	Synchronreaktanz x_q	Übergangs- oder Transientreaktanz x_q'	T_{d0}' s	T_d' s
Vollpolgeneratoren $2p = 2$	1,2 bis 2,0	0,16 bis 0,26	1,1 bis 1,8	0,24 bis 0,78	3,8 bis 20	0,5 bis 3
Schenkelpolgeneratoren $2p = 4$ bis 14	0,8 bis 1,4	0,22 bis 0,35	0,52 bis 0,9	0,52 bis 0,9	2 bis 8	0,6 bis 2,3
$2p = 16$ bis 96	0,75 bis 1,25	0,25 bis 0,4	0,45 bis 0,8	0,45 bis 0,4	1,5 bis 9	0,45 bis 2,6

Erregungsgeschwindigkeit bemessen werden. Auch wegen der relativ kleinen Transientreaktanz dieser Maschinen [*19*] (Tabelle 1 und *Bild* 4) sind im allgemeinen keine besonderen Maßnahmen zur Verbesserung der Spannungshaltung bei plötzlichen Laständerungen notwendig. Die verhältnismäßig geringe

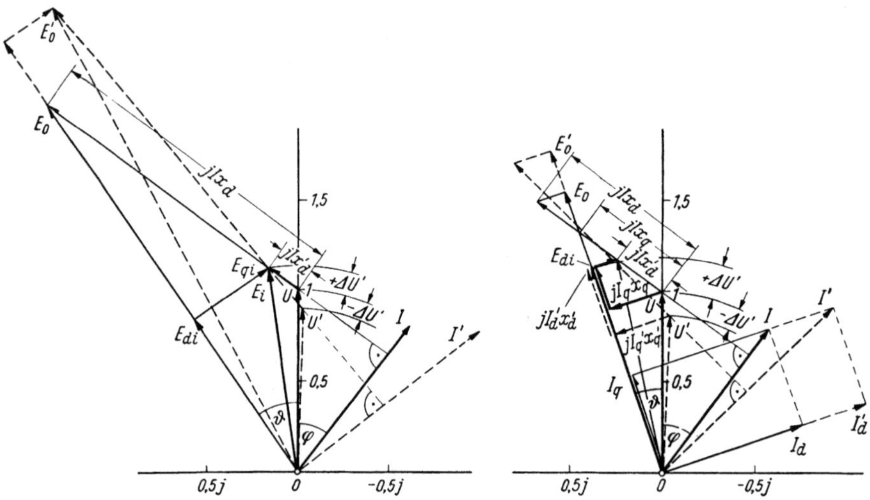

a) Vollpolgenerator b) Schenkelpolgenerator

U	Generator-Klemmenspannung (Nennwert $U = 1$)	I	Ständerstrom, stationärer Wert
U'	Generator-Klemmenspannung im Einschaltaugenblick	I_d	Ständerstrom, Längskomponente
$+\Delta U'$	Transienter Spannungssprung bei Entlastung	I_q	Ständerstrom, Querkomponente
$-\Delta U'$	Transienter Spannungssprung bei Belastung	I'	Ständerstrom im Einschaltaugenblick
E_i	Transiente Hauptfeldspannung	I'_d	Ständerstrom im Einschaltaugenblick, Längskomponente
E_{di}	Transiente Hauptfeldspannung, Längskomponente	I'_q	Ständerstrom im Einschaltaugenblick, Querkomponente
E_{qi}	Transiente Hauptfeldspannung, Querkomponente	x_d	Synchronreaktanz, Längskomponente
E_0	Polradspannung, stationärer Wert	x_q	Synchronreaktanz, Querkomponente
E'_0	Polradspannung im Einschaltaugenblick	x'_d	Transientreaktanz, Längskomponente
		x'_q	Transientreaktanz, Querkomponente
		φ	Phasenwinkel
		ϑ	Polradwinkel
		j	Imaginäre Einheit

Bild 4. Vereinfachte Zeigerdiagramme für Synchrongeneratoren
Transienter Spannungssprung $\Delta U'$ bei plötzlichen Belastungsänderungen

Drehzahlüberschwingweite macht ferner einen besonders schnellen Aberregungsvorgang nicht erforderlich, so daß auf Gegenerregung und damit auf einen sehr großen Erregungsbereich fast immer verzichtet werden kann (*Bild* 5). Mit Rücksicht auf die statische Stabilität und auf die Spannungsstabilität im untererregten Bereich benötigt man in manchen Fällen dynamisch günstige Regeleinrichtungen, die auch negative Erregung ermöglichen.

Bei Wasserkraftgeneratoren erschweren die kleineren Werte der magnetischen Generatorzeitkonstante, der ungünstige Drehzahlverlauf nach Lastabschaltung und die größeren Werte der Transientreaktanz die Spannungshaltung (s. *Bild* 1). Im Hinblick auf die Bereitstellung der Hilfsenergie für die Spannungsregeleinrichtung kann die Betriebsdrehzahl des Generators die Wahl der Erregeranordnung beeinflussen. Diese richtet sich ferner nach der Bauart des Maschinensatzes, da die konstruktive Unterbringung der Erregermaschinen von der Lage der Generatorwelle (horizontal oder vertikal) und von der Anzahl und Anordnung der Lager abhängt.

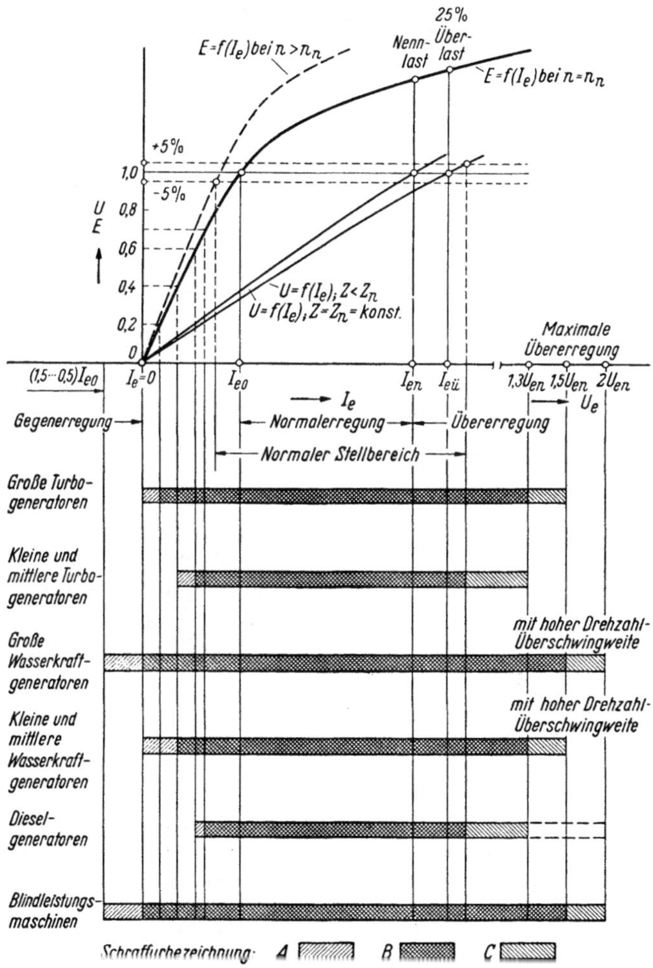

A Mit kapazitiver Belastung und (oder) mit hoher Drehzahlüberschwingweite
B Normale Betriebsbedingungen am Einbauort
C Mit induktiver Stoßbelastung und (oder) bei Verbundbetrieb über Fernleitungen

E Leerlaufspannung
U Spannung bei Belastung für konstante Lastimpedanz
I_e Erregerstrom
U_e Schleifringspannung
n Drehzahl
$I_{eü} \triangleq$ etwa (1,15 bis 1,25) U_{en}

Bild 5. Richtwerte für Erregungsbereiche von Generatoren bei normalen Betriebsbedingungen und bei erhöhten Anforderungen an die Regelanordnungen

Tabelle 2. *Regelschaltungen*

R_e	Elektromechanischer Spannungsregler	*7*	*a* Drehstrom-Hilfserregermaschine
R_m	Magnetverstärker-Spannungsregler		*b* Erregerzubehör für Drehstrom-Hilfserregermaschine
St	Gittersteuersatz	*8*	Hilfsölpumpe
1	Hausgenerator	*9*	Schwungrad
2	*a* Konstantspannungs-Wellengenerator	*10*	Hilfsnetz
	b Erregerzubehör für Wellengenerator	*11*	Stromtransformator
3	Haupterregermaschine	*12*	Trockengleichrichter in Drehstrom-Brückenschaltung
4	Zusatzerregermaschine („Stoßerregermaschine")	*13*	Drossel
5	Zwischenerregermaschine		
6	Gleichstrom-Hilfserregermaschine		

Schaltplan	Kennzeichnung und Schaltungsmerkmale der Regeleinrichtung
1 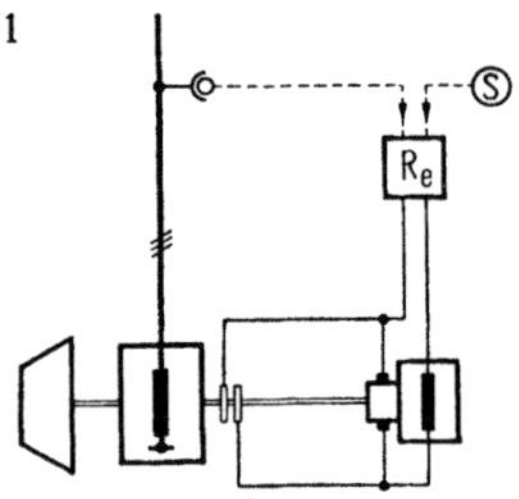	**Selbsterregte Erregermaschine mit elektromechanischem Regler** *Reglerschaltung.* Bei stetigem Regler wird fast nur Vorwiderstandsschaltung verwendet.
2 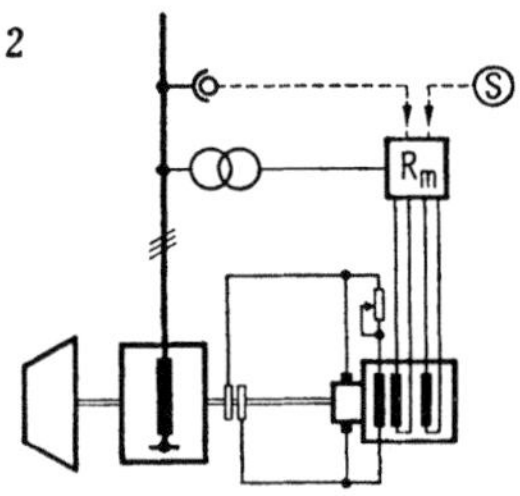	**Selbsterregte Erregermaschine mit Magnetregler** *Reglerschaltung.* Ein- oder mehrstufiger Transduktor. Endstufe in Eintakt- oder Gegentaktschaltung. Gegentaktschaltung ermöglicht großen Erregungsbereich bis zu negativen Werten des Erregerstromes (Gegenerregung).
3 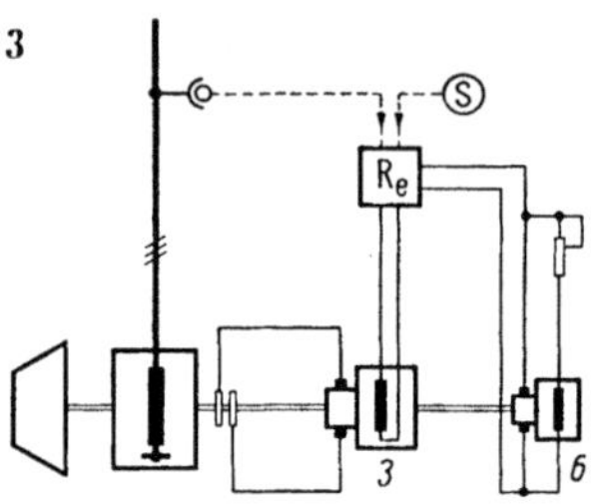	**Gleichstrom-Haupt- und -Hilfserregermaschine mit elektromechanischem Regler** *Reglerschaltung.* Bei stetigem Regler wird meist Brückenschaltung, gelegentlich auch Potentiometer- oder Vorwiderstandsschaltung verwendet. Vorteil der Brückenschaltung: Bei ausreichender Stufenzahl großer Erregungsbereich auch bis zu negativen Werten möglich (Gegenerregung).
4 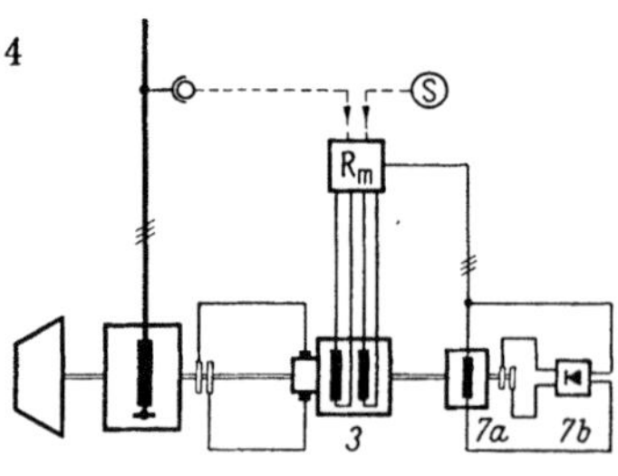	**Gleichstrom-Haupt- und Drehstrom-Hilfserregermaschine mit Magnetregler** *Reglerschaltung.* Ein- oder mehrstufiger Transduktor. Je nach den Anforderungen an die dynamischen Eigenschaften hinsichtlich der Aberregung wird die Transduktor-Endstufe in Eintakt- oder Gegentaktschaltung ausgeführt. *Anmerkung:* Bei kleiner maximaler Feldleistung der Haupterregermaschine ($N_e <$ etwa 800 W) kommt einphasige Ausführung von Regler und Hilfserregermaschine in Betracht.

bei Synchrongeneratoren

Regler-Hilfsenergie bedeutet in dieser Tabelle:
Bei *elektromechanischen Reglern:* nur die zur Erhöhung der Verstellkräfte benötigte Hilfsenergie
Bei *Magnetreglern:* die gesamte dem Regler zugeführte Wechselstrom-(Drehstrom-)Hilfsenergie

Arten und Bauformen der Maschinen	Besondere Betriebsmerkmale
Hauptmaschinensatz mit horizontaler oder vertikaler Welle. *Erregermaschine* direkt gekuppelt, mit einer Erregerwicklung. *Anwendung* bei Turbo-, Wasserkraft- und Dieselgeneratoren. *Drehzahl* von Generator und Erregermaschinen: beliebig.	*Dynamisches Verhalten.* Ungünstig bei Auf- *und* Aberregung, da nur geringe Feldänderungsspannung zur Verfügung steht. *Betriebssicherheit.* Hoch wegen direkter Kupplung der Erregermaschine mit der Hauptmaschinenwelle. Bei Reglern mit Hilfsenergie (gemäß DIN 19226) ist die Betriebssicherheit abhängig vom Hilfsnetz. *Regler-Hilfsenergie.* Von Hilfsnetz (z. B. Eigenbedarfsnetz, Kraftwerksbatterie).
Hauptmaschinensatz mit horizontaler oder vertikaler Welle. *Erregermaschine* direkt gekuppelt, erhält zusätzlich zur Nebenschlußwicklung noch eine oder zwei weitere Erregerwicklungen (je nach Reglerschaltung). *Anwendung* bei Turbo-, Wasserkraft- und Dieselgeneratoren. *Drehzahl* von Generator und Erregermaschine: beliebig.	*Dynamisches Verhalten.* Aberregung günstig; bei Gegentakt-Endverstärkern auch Auferregung bis zu einem gewissen Grad günstig. *Betriebssicherheit.* Hoch wegen direkter Kupplung der Erregermaschine mit der Hauptmaschinenwelle und Grunderregung durch Selbsterregungskreis. *Regler-Hilfsenergie.* Von Hilfsnetz (z. B. Eigenbedarfsnetz, Kraftwerksbatterie) oder Generatorklemmen.
Hauptmaschinensatz mit horizontaler oder vertikaler Welle. *Haupt- und Hilfserregermaschine* direkt gekuppelt. *Haupterregermaschine* mit einer Erregerwicklung. *Anwendung* bei Turbo-, Wasserkraft- und Dieselgeneratoren. *Drehzahl* von Generator und Erregermaschinen: beliebig.	*Dynamisches Verhalten.* Günstig bei kleiner Reglerstellzeit, da fremderregte Erregermaschine. *Betriebssicherheit.* Hoch wegen direkter Kupplung der Erregermaschinen mit der Hauptmaschinenwelle. Bei Reglern mit Hilfsenergie ist die Betriebssicherheit abhängig vom Hilfsnetz. *Regler-Hilfsenergie.* Von Hilfsnetz (z. B. Eigenbedarfsnetz, Kraftwerksbatterie)
Hauptmaschinensatz mit horizontaler oder vertikaler Welle. *Haupt- und Hilfserregermaschine* direkt gekuppelt. *Haupterregermaschine* mit einer oder zwei Erregerwicklungen (je nach Ausführung der Reglerendstufe). *Hilfserregermaschine,* als Konstantspannungs-Synchrongenerator ausgeführt, z. B. mit lastabhängiger Gleichrichtererregung. *Anwendung* bei Turbo-, Wasserkraft- und Dieselgeneratoren. *Drehzahl* von Generator und Erregermaschinen: $n \geqq$ etwa 600 bis 1000 U/min.	*Dynamisches Verhalten.* Günstig bei kleiner Regleransprechzeit, da fremderregte Erregermaschine. *Betriebssicherheit.* Hoch wegen direkter Kupplung der Erregermaschinen mit der Hauptmaschinenwelle. *Regler-Hilfsenergie.* Von Drehstrom-Hilfserregermaschine.

Tabelle 2 (1. Fortsetzung). *Regelschaltungen*

	Schaltplan	Kennzeichnung und Schaltungsmerkmale der Regeleinrichtung
5	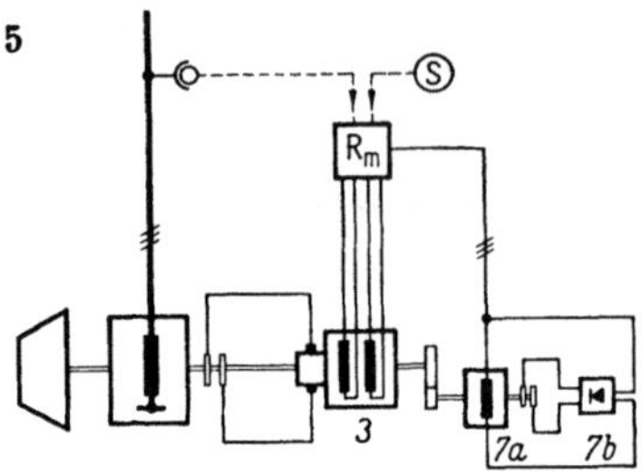	**Gleichstrom-Haupt- und Drehstrom-Hilfserregermaschine mit Magnetregler (Getriebe)** *Reglerschaltung.* Ein- oder mehrstufiger Transduktor. Endstufe in Gegentaktschaltung ausgeführt.
6	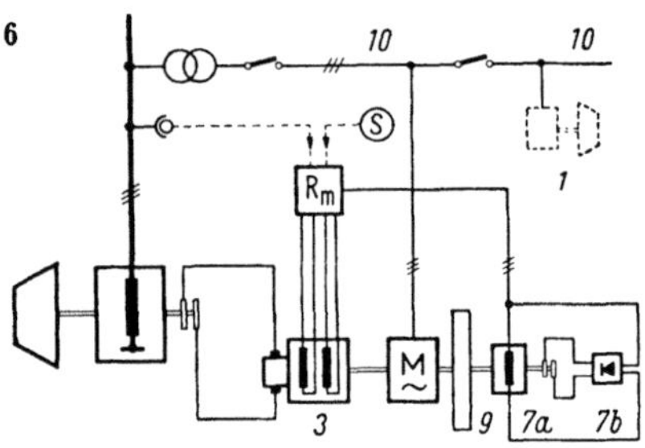	**Erregerumformer mit Schwungrad, vom Netz gespeist, mit Magnetregler** *Reglerschaltung.* Ein- oder mehrstufiger Transduktor. Endstufe in Gegentaktschaltung ausgeführt.
7	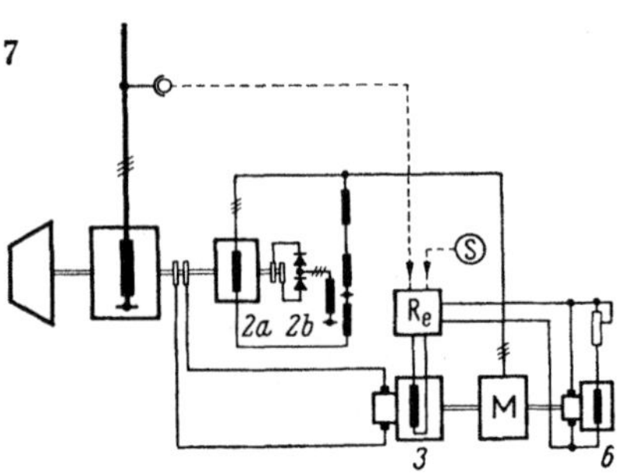	**Erregerumformer, vom Wellengenerator gespeist, mit elektromechanischem Regler** *Reglerschaltung.* Bei stetigem Regler wird meist Brückenschaltung, gelegentlich auch Potentiometerschaltung verwendet (vgl. Fall 3).
8	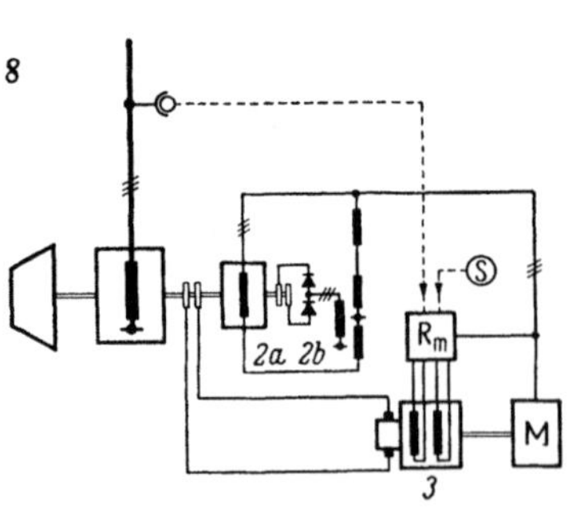	**Erregerumformer, vom Wellengenerator gespeist, mit Magnetregler** *Reglerschaltung.* Mehrstufiger Transduktor. Endstufe in Gegentaktschaltung.

bei Synchrongeneratoren

Arten und Bauformen der Maschinen	Besondere Betriebsmerkmale
Hauptmaschinensatz mit horizontaler oder vertikaler Welle. *Haupterregermaschine* direkt gekuppelt, mit zwei Erregerwicklungen. *Hilfserregermaschine* über Getriebe gekuppelt, als Konstantspannungs-Synchrongenerator (vgl. Fall 4) ausgeführt; Einsatz bei niedriger Generatordrehzahl infolge Getriebe möglich. *Anwendung* bei Wasserkraftgeneratoren. *Drehzahl* von Generator und Haupterregermaschine: $n <$ etwa 600 bis 1000 U/min. *Drehzahl* der Hilfserregermaschine: $n =$ 1000 U/min.	*Dynamisches Verhalten.* Günstig bei kleiner Regleransprechzeit und kleiner Zeitkonstante der Haupterregermaschine. *Betriebssicherheit.* Hoch wegen mechanischer Kupplung der Erregermaschinen. *Regler-Hilfsenergie.* Von Drehstrom-Hilfserregermaschine.
Hauptmaschinensatz mit horizontaler oder vertikaler Welle. *Erregerumformer,* bestehend aus Gleichstrom-Haupt- und Drehstrom-Hilfserregermaschine mit Schwungrad und asynchronem Antriebsmotor. Haupterregermaschine mit zwei Erregerwicklungen. Hilfserregermaschine als Konstantspannungs-Synchrongenerator (vgl. Fall 4) ausgeführt; Einsatz bei niedriger Generatordrehzahl infolge höherer Umformerdrehzahl möglich. *Anwendung* bei Wasserkraftgeneratoren. *Drehzahl* des Generators: $n <$ etwa 600 bis 1000 U/min. *Drehzahl* von Haupt- und Hilfserregermaschine: $n =$ 1000 U/min.	*Dynamisches Verhalten.* Günstiger als bei langsamlaufender, direkt gekuppelter Haupterregermaschine. *Betriebssicherheit.* Nicht so günstig wie bei direkt oder über Getriebe gekuppelten Maschinen oder wie bei vom Wellengenerator gespeisten Erregerumformer, da abhängig vom Hilfsnetz. *Regler-Hilfsenergie.* Von netzgespeistem Schwungradumformer.
Hauptmaschinensatz mit eingebautem Wellengenerator, mit horizontaler oder vertikaler Welle. Konstruktiv günstig wegen geringer Baulänge bzw. Bauhöhe. Wellengenerator z. B. mit lastabhängiger Gleichrichtererregung in Stromtransformatorschaltung, mit Trockengleichrichter ausgeführt. *Erregerumformer,* bestehend aus Gleichstrom-Haupt- und -Hilfserregermaschine und asynchronem Antriebsmotor. Haupterregermaschine mit einer Erregerwicklung. *Anwendung* bei langsam laufenden Wasserkraftgeneratoren. *Drehzahl* des Generators: $n <$ etwa 200 bis 400 U/min (200 U/min bei vertikaler, 400 U/min bei horizontaler Welle). *Drehzahl* des Erregerumformers: $n =$ 1000 U/min.	*Dynamisches Verhalten.* Bei kleiner Reglerstellzeit günstig, da Erregerumformer hochtourig. *Betriebssicherheit.* Hoch, da elektrische Welle Autarkie des Maschinensatzes einschließlich Umformer gewährleistet. Bei Reglern mit Hilfsenergie ist die Betriebssicherheit abhängig vom Hilfsnetz. *Regler-Hilfsenergie.* Vom Wellengenerator oder Hilfsnetz (vgl. Fall 1).
Hauptmaschinensatz mit eingebautem Wellengenerator, mit horizontaler oder vertikaler Welle (vgl. Fall 7). *Erregerumformer,* bestehend aus Gleichstrom-Haupterregermaschine und asynchronem Antriebsmotor. Haupterregermaschine mit zwei Erregerwicklungen. *Anwendung* bei langsam laufenden Wasserkraftgeneratoren. *Drehzahl* des Generators: $n <$ etwa 200 bis 400 U/min (vgl. Fall 7). *Drehzahl* des Erregerumformers: $n =$ 1000 U/min.	*Dynamisches Verhalten.* Bei kleiner Regleransprechzeit günstig, da Erregerumformer hochtourig. *Betriebssicherheit.* Hoch, da elektrische Welle Autarkie des gesamten Maschinensatzes einschließlich Umformer gewährleistet. *Regler-Hilfsenergie.* Vom Wellengenerator.

Tabelle 2 (2. Fortsetzung). *Regelschaltungen*

	Schaltplan	Kennzeichnung und Schaltungsmerkmale der Regeleinrichtung
9	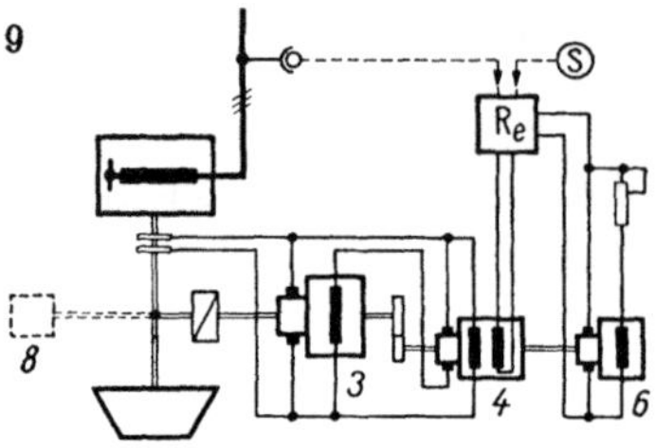	**Haupt-, Zusatz- und Hilfserregermaschine mit elektromechanischem Regler (Boosterschaltung)** *Reglerschaltung.* Bei stetigem Regler meist Brückenschaltung, gelegentlich auch Potentiometerschaltung verwendet (vgl. Fall 3). *Schaltung der Erregungsanordnung.* Haupt- und Zusatzerregermaschine in Boosterschaltung, d. h., die Zusatzerregermaschine ist mit ihrem Anker in den Feldkreis der Haupterregermaschine eingeschaltet.
10	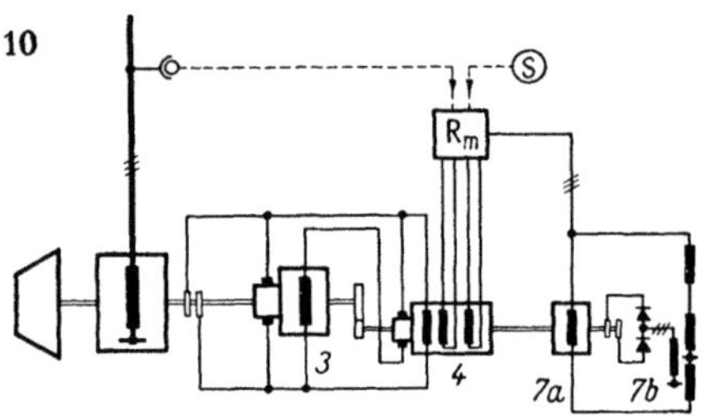	**Haupt-, Zusatz- und Hilfserregermaschine mit Magnetregler (Boosterschaltung)** *Reglerschaltung.* Ein- oder mehrstufiger Transduktor. Endstufe in Gegentaktschaltung. *Schaltung der Erregungsanordnung.* Haupt- und Zusatzerregermaschine in Boosterschaltung (vgl. Fall 9). Schleifringspannung kann auf Zusatzmaschine oder Magnetregler zurückgeführt werden. Im zweiten Fall entfällt die Rückführungswicklung der Zusatzmaschine.
11	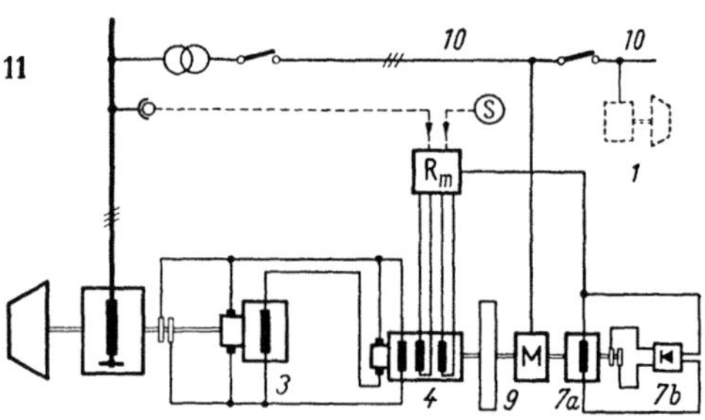	**Haupterregermaschine mit Hilfsumformer und Magnetregler (Boosterschaltung)** *Reglerschaltung.* Ein- oder mehrstufiger Transduktor. Endstufe in Gegentaktschaltung. *Schaltung der Erregungsanordnung.* Haupt- und Zusatzerregermaschine in Boosterschaltung; Hilfsumformer von Hilfsnetz (Eigenbedarfsnetz oder Kraftwerksbatterie) gespeist.
12	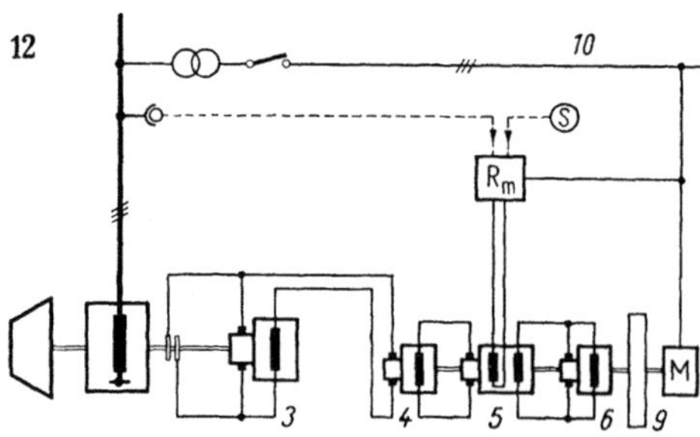	**Haupterregermaschine mit Hilfsumformer und Magnetregler (Boosterschaltung)** *Reglerschaltung.* Ein- oder mehrstufiger Transduktor. Endstufe in Eintaktschaltung. *Schaltung der Erregungsanordnung.* Haupt- und „Stoßerregermaschine" in Boosterschaltung, Stoßerreger- und Zwischenerregermaschine in Kaskadenschaltung; Gleichstrom-Hilfserregermaschine liefert Grunderregung für Zwischenerregermaschine; Magnetregler steuert gegen (positive) Grunderregung der Zwischenerregermaschine. Stoßerreger- und Zwischenerregermaschine können auch zu einer Maschine zusammengefaßt werden (Verstärkermaschine).

bei Synchrongeneratoren

Arten und Bauformen der Maschinen	Besondere Betriebsmerkmale
Hauptmaschinensatz mit vertikaler Welle. *Haupterregermaschine* über Getriebe gekuppelt, Zusatz- und Hilfserregermaschine direkt oder über Getriebe mit Haupterregermaschine gekuppelt. *Zusatzerregermaschine* als normale Gleichstrommaschine oder als Querfeldverstärkermaschine (RAPIDYNE, AMPLIDYNE) mit Steuer- und Rückführungswicklung (Differenzdurchflutung) ausgeführt. *Anwendung* bei langsam laufenden Wasserkraftgeneratoren (bei Generatordrehzahlen über etwa 500 U/min können sämtliche Erregermaschinen direkt aufgebaut werden). *Drehzahl* des Generators: $n < 500$ U/min. *Drehzahl* von Haupt-, Zusatz- und Hilfserregermaschine: $n =$ etwa 500 bis 1000 U/min.	*Dynamisches Verhalten.* Günstig bei kleiner Reglerstellzeit und kleiner Zeitkonstante der Haupt- und der Zusatzerregermaschine. Die Auf- und Aberregungsvorgänge werden entscheidend durch die Zusatzspannung beschleunigt. *Betriebssicherheit.* Hoch wegen mechanischer Kupplung der Erregermaschinen mit der Hauptmaschinenwelle. Bei Reglern mit Hilfsenergie ist Betriebssicherheit abhängig vom Hilfsnetz. *Regler-Hilfsenergie.* Vom Hilfsnetz (vgl. Fall 1).
Hauptmaschinensatz mit horizontaler oder vertikaler Welle. *Haupterregermaschine* direkt, Zusatz- und Hilfserregermaschine über Getriebe gekuppelt. *Zusatzerregermaschine* wie im Fall 9 ausgeführt, jedoch mit zusätzlicher Erregerwicklung für Gegentaktendverstärker. *Hilfserregermaschine* als Drehstromerregermaschine (z. B. mit lastabhängiger Gleichrichtererregung) ausgeführt. *Anwendung* bei Wasserkraftgeneratoren mittlerer und niedriger Drehzahlen. *Drehzahl* von Generator und Haupterregermaschine: $n < 1000$ U/min. *Drehzahl* von Zusatz- und Hilfserregermaschine: $n = 1000$ U/min.	*Dynamisches Verhalten.* Günstig bei kleiner Regleransprechzeit und kleiner Zeitkonstante der Haupt- und der Zusatzerregermaschine. *Betriebssicherheit.* Hoch wegen mechanischer Kupplung der Erregermaschinen mit der Hauptmaschinenwelle. *Regler-Hilfsenergie.* Von Drehstrom-Hilfserregermaschine.
Hauptmaschinensatz mit direkt gekuppelter Haupterregermaschine, mit horizontaler oder vertikaler Welle. *Hilfsumformer,* bestehend aus Zusatz- und Drehstrom-Hilfserregermaschine sowie Antriebsmotor mit oder ohne Schwungrad. Zusatzerregermaschine mit zwei oder drei Erregerwicklungen, je nachdem, ob die Schleifringspannung auf den Magnetregler oder auf die Zusatzmaschine zurückgeführt wird. *Anwendung* bei Turbo- und Wasserkraftgeneratoren, vornehmlich größerer Leistungen (über etwa 10 bis 50 MVA). *Drehzahl* von Generator und Haupterregermaschine: beliebig. *Drehzahl* des Hilfsumformers: $n = 1000$ U/min.	*Dynamisches Verhalten.* Günstig unter den gleichen Bedingungen wie Fall 10. *Betriebssicherheit.* Nicht so hoch wie bei direkt oder über elektrische Welle (Wellengenerator) gekuppelten Erregermaschinen, da abhängig von Störungen im Hilfsnetz. Gleichstromantrieb des Hilfsumformers (aus Batterie gespeist) ohne Schwungrad günstiger als Drehstrom-Schwungradumformer. *Regler-Hilfsenergie.* Von Drehstrom-Hilfserregermaschine des Hilfsumformers.
Hauptmaschinensatz mit direkt gekuppelter Haupterregermaschine, mit horizontaler oder vertikaler Welle. *Hilfsumformer,* bestehend aus „Stoßerregermaschine", Zwischenerregermaschine und Hilfserregermaschine sowie Gleichstrom- oder Drehstrom-Antriebsmotor; Gleichstromantrieb aus Kraftwerksbatterie gespeist, Drehstromantrieb von Hilfsnetz gespeist und zusätzlich mit Schwungrad ausgerüstet. Bei Gleichstromantrieb entfällt Hilfserregermaschine, dann Grunderregung von Batterie. Zwischenerregermaschine mit zwei Erregerwicklungen. *Anwendung* bei größeren Turbo- und Wasserkraftgeneratoren über etwa 10 bis 50 MVA. *Drehzahl* von Generator und Haupterregermaschine: beliebig. *Drehzahl* des Hilfsumformers: $n = 1000$ U/min.	*Dynamisches Verhalten.* Günstig bei kleiner Regleransprechzeit und kleinen Zeitkonstanten der Haupt-, Stoß- und Zwischenerregermaschine (bzw. Verstärkermaschine). *Betriebssicherheit.* Abhängig von Störungen im Hilfsnetz (vgl. Fall 11). *Regler-Hilfsenergie.* Vom Drehstromhilfsnetz oder von den Generatorklemmen.

Tabelle 2 (3. Fortsetzung). *Regelschaltungen*

	Schaltplan	Kennzeichnung und Schaltungsmerkmale der Regeleinrichtung
13	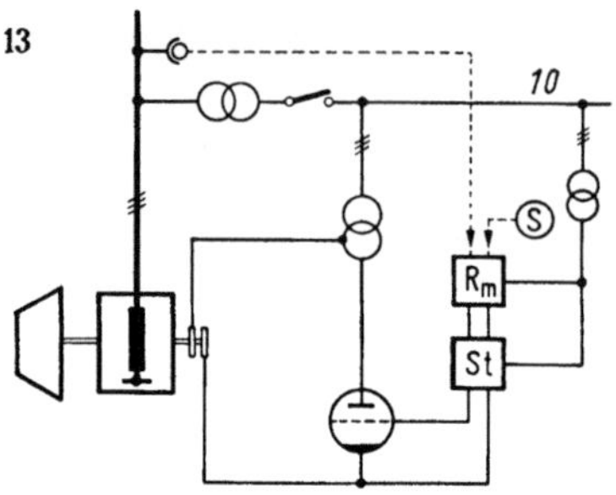	**Gleichrichtererregung in Spannungsschaltung mit Gefäßgleichrichtern und Magnetregler** *Reglerschaltung.* Einstufiger Transduktor in Eintaktschaltung; Reglereingriff über Gittersteuersatz. Anstelle des Magnetreglers kann auch ein Elektronikregler oder ein Transistorregler eingesetzt werden.
14	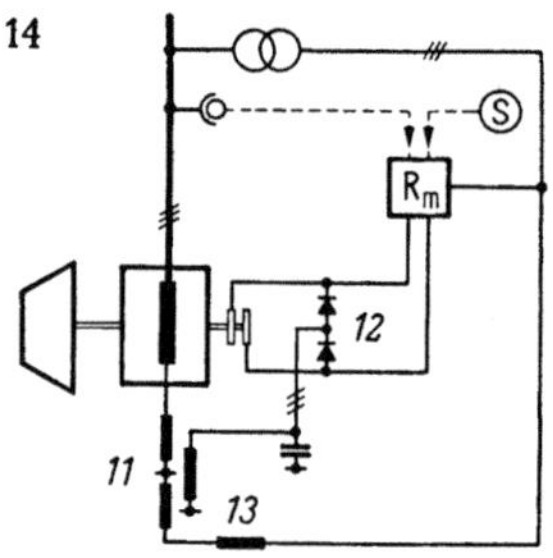	**Gleichrichtererregung in Stromschaltung mit Trockengleichrichtern und Magnetregler** *Reglerschaltung.* Ein- oder mehrstufiger Transduktor, Endstufe in Eintaktschaltung, Reglereingriff z. B. direkt an den Generatorschleifringen. *Schaltung der Erregungsanordnung.* Stromtransformatorschaltung, wobei Grund- und Lastkomponente des Erregerstromes über den Stromtransformator den Schleifringen des Generators zugeführt werden. Hierdurch wird Hauptanteil der Generatorerregung gedeckt. Rest durch Zusatzkomponente vom Magnetregler.

Tabelle 3. *Wahl der Regeleinrichtung für Turbo-,*

Generatorart	Leistung (ungefähr) MVA	Drehzahl bei 50 Hz U/min	Selbsterregte Erregermaschine		Haupt- und Hilfserregermaschine: Direkt gekuppelt		Haupt- und Hilfserregermaschine: Beide Maschinen über Getriebe gekuppelt		Haupt- und Hilfserregermaschine: Getriebe-Hilfserreger
	Reglerart: R_e Elektromechanische Regler, R_m Magnetregler		R_e	R_m	R_e	R_m	R_e	R_m	R_m
	Schaltung in Tabelle 2		1	2	3	4	—	—	5
Turbogeneratoren	> 150	3000					×	×	
	> 10	3000			×	×			
	< 10	3000	×	×					
	> 1	1500			×	×			
Wasserkraftgeneratoren	> 50	< 1000							
	> 5	etwa 400 bis 1000 etwa 200 bis 1000*)		×	×			×	×
	> 5	< etwa 400 < etwa 200*)			×			×	(×)
	1 bis 5	< 1000	×	×	×				
	> 1	1000 bis 1500	×	×	×	×			
	< 1	1500	×						
Dieselgeneratoren	> 1	1000 bis 1500	×	(×)	×	×			
	> 1	< 1000	×	(×)	×	×			
	< 1	1000 bis 1500	×						
	< 1	< 1000	×						

Anmerkung: (×) selten angewendet. *) 200 U/min bei vertikaler Generatorwelle.

bei Synchrongeneratoren

Arten und Bauformen der Maschinen	Besondere Betriebsmerkmale
Hauptmaschinensatz mit horizontaler oder vertikaler Welle, besteht nur aus Kraftmaschine und Generator. ***Gleichrichter*** in Ausführung als gittergesteuerte Quecksilberdampf-Gleichrichter, je nach Erregerbedarf und den speziellen Anforderungen in Form eines oder zweier Sechsanodengefäße ausgeführt oder aus Einanodengefäßen kombiniert. Speisung der Gleichrichter und Hilfsbetriebe vom Hilfsnetz oder Wellengenerator. ***Anwendung*** bei großen Turbo- und Wasserkraftgeneratoren (über etwa 20 MVA). ***Drehzahl*** von Generator: beliebig.	***Dynamisches Verhalten.*** Sehr günstig, da Schleifringspannung bei kleiner Regleransprechzeit praktisch verzögerungsfrei einsetzt. ***Betriebssicherheit.*** Abhängig von Störungen im Hilfsnetz. Anordnung mit Wellengenerator günstiger, jedoch sehr aufwendig. ***Regler-Hilfsenergie.*** Vom Hilfsnetz oder Wellengenerator.
Hauptmaschinensatz mit horizontaler oder vertikaler Welle, besteht nur aus Kraftmaschine und Generator („erregermaschinenlose" Generatoren). ***Gleichrichter*** in Ausführung als Trockengleichrichter in Drehstrombrückenschaltung. ***Anwendung*** vorwiegend bei kleinen Wasserkraft- und Dieselgeneratoren (unter einigen MVA). ***Drehzahl*** des Generators: beliebig.	***Dynamisches Verhalten.*** Sehr günstig, da der benötigte Erregerstrom durch die Stromschaltung lastabhängig erzwungen wird (Stromschaltung). ***Betriebssicherheit.*** Hoch, da die Erregungsanordnung und der Regler keine bewegten Teile haben. ***Regler-Hilfsenergie.*** Von den Generatorklemmen.

Wasserkraft- und Dieselgeneratoren

Erregerumformer mit Haupt- und Hilfserregermaschine				Boosterschaltung von Haupt- und Zusatzerregermaschine				Gleichrichtererregung	
Netzgespeist		Vom Wellengenerator gespeist		Direkt oder über Getriebe gekuppelt		Hilfsumformer netzgespeist		Spannungsschaltung	Stromschaltung
R_e	R_m	R_e	R_m **)	R_e	R_m	R_e	R_m	R_m	R_m
—	6	7	8	9	10	—	11, 12	13	14
								×	
								(×)	
				(×)	×	×	×	×	
×	(×)					(×)	×	(×)	
×	(×)	×	×			(×)	×	×	
									(×)
									(×)
									×
									(×)
									(×)
									×
									×

**) hierbei entfällt Hilfserregermaschine.

2. Regelschaltungen

a) Allgemeines

In Tabelle 2 sind Beispiele für Regelschaltungen mit elektromechanischen Reglern und Magnetreglern (Transduktorreglern) zusammengestellt. Als elektromechanische Regler kommen sowohl stetige Regler als auch Zweipunkt- oder Dreipunktregler in Betracht (s. Kapitel 13). Die Transduktorregler werden je nach der erforderlichen Ausgangsleistung und den Betriebsbedingungen ein- oder zweistufig, mit Eintakt- oder Gegentaktvorstufe, mit Eintakt- oder Gegentaktendstufe und schließlich mit ein- oder dreiphasiger Speisung der Endstufe ausgeführt (vgl. auch Kapitel 13).

Bei den Schaltplänen in Tabelle 2 ist der Spannungsregler lediglich als Symbol mit dem Kennbuchstaben R_e bzw. R_m dargestellt. An drei ausgewählten Beispielen wird in *Bild* 6 neben der Gesamtschaltung der Regeleinrichtung besonders die Innenschaltung des Reglers (strichpunktierte Umrandung) gezeigt.

Die dargestellten Regeleinrichtungen ermöglichen ferner einen großen Erregerbereich. Dieser wird bei der Variante a) im wesentlichen durch die Brückenschaltung [*17*], bei der Variante b) durch Anordnung einer zweiten Erregerwicklung der Zwischenerregermaschine erreicht. Den Transduktorregler [Variante c)] führt man zur Erzielung eines großen Erregerbereiches mit Gegentaktendstufe aus [*17*, *18*]. Neben diesen schaltungstechnischen Maßnahmen, welche vor allem die Einstellung negativer Erregerwerte (Gegenerregung) ermöglichen, ist die obere Grenze des Erregerbereiches durch die zulässige Schaltleistungsbeanspruchung (bei den elektromechanischen Reglern) bzw. durch die zulässige Belastung der Transduktoren (beim Magnetregler) gegeben.

b) Anordnungen mit nur einer Erregermaschine

Bei Generatoren kleinerer Leistung (bis etwa 5 MVA) kommen normalerweise Anordnungen mit selbsterregter Erregermaschine und elektromechanischem Regler oder Magnetregler in Betracht (Tabelle 2, Fall 1 und 2). Sie sind einfach im Aufbau, jedoch bei Verwendung von elektromechanischen Reglern dynamisch ungünstig und werden daher vorwiegend in Kraftanlagen eingesetzt, bei denen betriebsmäßig keine plötzlichen Laständerungen vorkommen können (vgl. auch Kapitel 23).

Bei Anordnungen mit Magnetreglern werden die Transduktoren von den Generatorklemmen oder vom Eigenbedarf gespeist. Die Erregermaschine erhält dann außer der Selbsterregerwicklung noch eine oder zwei zusätzliche fremderregte Erregerwicklungen (Eintakt- oder Gegentaktschaltung der Transduktorendstufe). Im Falle *einer* Zusatzwicklung erzeugt die Nebenschlußwicklung allein die höchste Erregung, während die vom Magnetregler gespeiste Zusatzwicklung die für den jeweiligen Arbeitspunkt erforderliche Gegendurchflutung aufbringt. Bei dieser Schaltung muß in den Selbsterregungskreis z. B. ein Trockengleichrichter eingeschaltet werden, damit eine Selbsterregung mit umgekehrter Polarität verhindert wird. Bei *zwei* Zusatzwicklungen wird der Schnittpunkt, den die Widerstandsgerade der Nebenschlußwicklung mit der Maschinenkennlinie bildet, auf eine mittlere Erregung eingestellt. Höhere Erregerwerte erhält man durch Addition einer

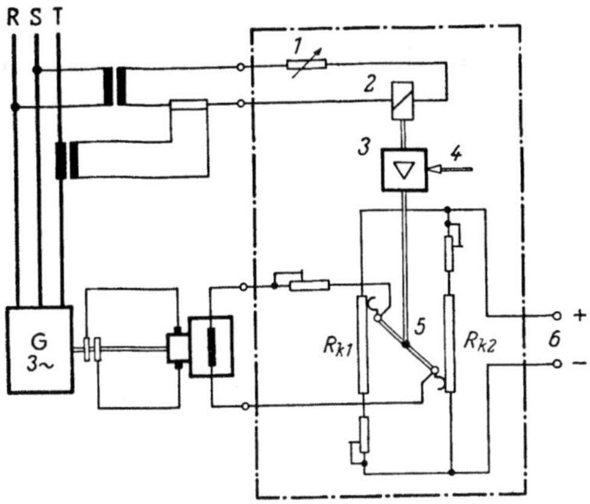

a) Stetiger Regler in Brückenschaltung

1 Sollwerteinsteller
2 Meßsystem
3 Öldruckverstärker
4 Zusätzliche Hilfsenergie zur Erhöhung der Stellkräfte (Gleichstrom oder Drehstrom)
5 Verstelleinrichtung mit Kontaktbahnen
6 Gleichstrom-Hilfsenergie (Hilfserregermaschine)
R_k Kontaktbahnwiderstände

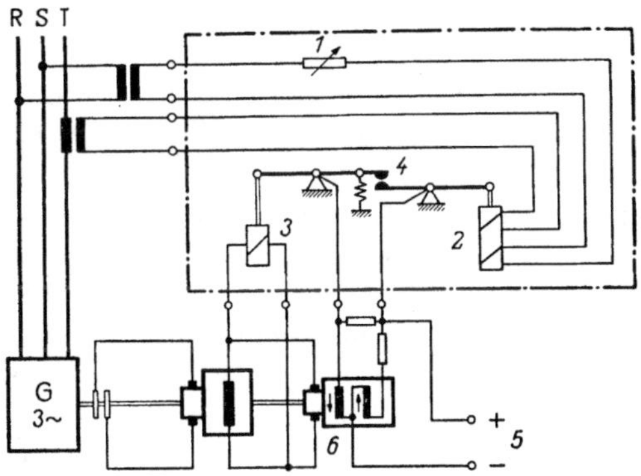

b) Zweipunktregler (Tirillregler) mit Zwischenerregermaschine

1 Sollwerteinsteller
2 Tauchspulmeßsystem
3 Tauchspulerregersystem
4 Kontaktapparat
5 Gleichstrom-Hilfsenergie (Hilfserregermaschine)
6 Zwischenerregermaschine

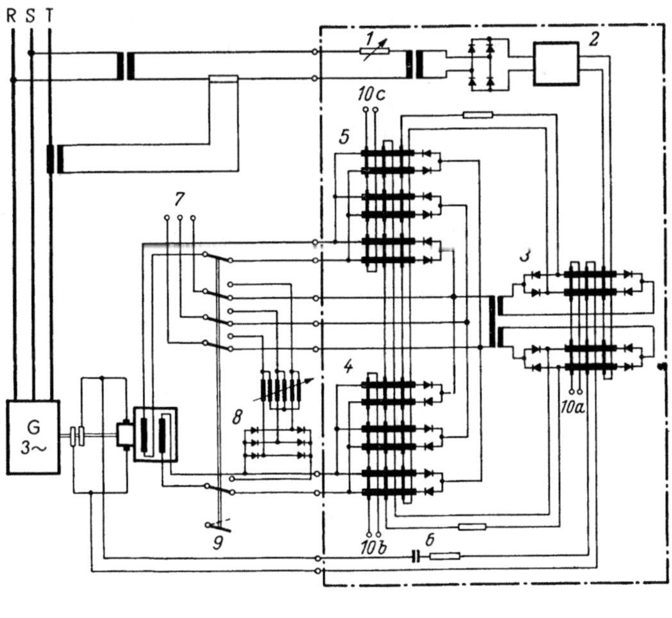

c) Magnetverstärkerspannungsregler mit Gegentaktendstufe

1 Sollwerteinsteller
2 Spannungsvergleicher
3 Vorverstärker in Gegentaktschaltung
4 Hauptendverstärker
5 Gegenerregungsendverstärker
6 Rückführung
7 Drehstrom-Hilfsenergie
8 Drehtransformator mit Drehstrom-Brückengleichrichter
9 Reglerschalter
10 Vormagnetisierung für Vor- und Endstufentransduktoren (*a* bis *c*)

Bild 6. Schaltungsbeispiele für elektromechanische und magnetische Spannungsregler für großen Erregungsbereich gleichsinnigen Durchflutungskomponente von der einen Zusatzwicklung, kleinere Erregerwerte durch gegensinnige Erregung von der anderen Zusatzwicklung. Die Maschine verhält sich dadurch bei Auf- und Aberregungsvorgängen wesentlich günstiger als die normale selbsterregte Erregermaschine.

c) Anordnungen mit mehreren Erregermaschinen

Bei Generatoren größerer Leistung (mehr als etwa 5 MVA) werden — von Ausnahmen abgesehen — Erregeranordnungen mit Haupt- und Hilfserregermaschine eingesetzt (Tabelle 2, Fall 3 und 4).

Der Spannungsregler (elektromechanischer Regler oder Magnetregler) greift im Erregerkreis der Haupterregermaschine ein. Als Hilfserregermaschine dient bei Verwendung von elektromechanischen Reglern eine Gleichstromerregermaschine, bei Verwendung von Magnetreglern eine Drehstromerregermaschine. Die Drehstromerregermaschine läßt sich wie die Gleichstromerregermaschine bei Wasserkraft- und Dieselgeneratoren hoher Drehzahl ($n \geqq$ etwa 500 U/min) sowie bei Turbogeneratoren direkt mit der Generatorwelle kuppeln. Niedrige Generatordrehzahlen erfordern das Ankuppeln über Getriebe oder den Einsatz eines Erregerumformers [*8*], gegebenenfalls in Verbindung mit einem Wellengenerator (Tabelle 2, Fall 5 bis 8) [*9, 10, 11*].

Für Generatoren mit sehr hohem Erregerbedarf, also insbesondere Wasserkraftmaschinen großer Leistung und niedriger Betriebsdrehzahl, können oft die normalen Spannungsregler nicht mehr unmittelbar in den Erregerkreis der Haupterregermaschine eingeschaltet werden. In solchen Fällen sieht man eine weitere Erregermaschine vor, die mit der Haupterregermaschine entweder in Boosterschaltung oder in Kaskadenschaltung (Tabelle 2, Fall 9 bis 12) zusammengeschaltet wird. Der Spannungsregler greift im Steuerkreis der Zusatz- bzw. Zwischenerregermaschine ein, die als normale Gleichstrommaschine oder als Verstärkermaschine (Stoßerregermaschine, Amplidyne, Rapidyne [*31*]) ausgeführt wird [*12, 13*]. Sie kann wie die Haupt- und Hilfserregermaschine entweder direkt oder über Getriebe mit der Generatorwelle gekuppelt werden. Oft ist die Anordnung der Zusatz- und Hilfserregermaschine in einem getrennt aufgestellten Hilfserregerumformer zweckmäßig. Der Hilfsumformer wird zur Sicherstellung der Antriebsenergie bei Verwendung eines Drehstromantriebes mit einem Schwungrad ausgerüstet. Noch günstiger ist ein Gleichstromantrieb, der aus der Kraftwerksbatterie gespeist wird.

Bei Regelanordnungen mit Reihenschluß-Haupterregermaschine [*13*] und normaler Hilfserregermaschine greift der Spannungsregler im Fremderregungskreis der Reihenschlußmaschine ein. Die Reihenschlußmaschine kann im Idealfall (bei Betrieb an der Selbsterregungsgrenze) den Polradstrom I_e des Generators auf dem Wert des transienten Sprunges $\Delta I'_e$ bei plötzlichen Laständerungen festhalten. Dadurch bleibt die transiente Hauptfeldspannung E_t zunächst konstant. Der Reglereingriff bewirkt über die fremderregte Erregerwicklung eine Änderung der Schleifringspannung derart, daß sich der Polradstrom im gleichen Sinn wie beim transienten Sprung ändert. Bei Belastung wird somit ein weiteres Absinken, bei Entlastung ein weiteres Ansteigen der Generatorklemmenspannung über den transienten Spannungssprung $\Delta U'$ hinaus vermieden. Der Handbetrieb läßt sich stabil nur durchführen, wenn der Reihenschlußanteil teilweise oder ganz abgeschaltet wird.

d) Anordnungen mit Gleichrichtererregung

Bei Regelanordnungen in Spannungsschaltung mit gittergesteuerten Quecksilberdampf-Gleichrichtern [*14*] und Magnetreglern (Tabelle 2, Fall 13) erfolgt der Reglereingriff über den Gittersteuersatz. Die Gefäßgleichrichter werden an eine konstante Drehstromhilfsspannung angeschlossen. Diese Schaltung eignet sich wegen ihres günstigen dynamischen Verhaltens vor allem für Wasserkraftgeneratoren [*15*]. Gelegentlich kann die Gleichrichtererregung in Spannungsschaltung auch für große Turbosätze von Interesse sein, weil durch Entfallen der Erregermaschinen die Baulänge des Maschinensatzes wesentlich verringert wird.

Eine weitere Möglichkeit besteht darin, die Gefäßgleichrichter durch eine Trockengleichrichterschaltung zu ersetzen, die von einer direkt gekuppelten Mittelfrequenzerregermaschine gespeist wird [*16*]. Als Spannungsregler kommt auch hier ein Magnetregler in Betracht, der in diesem Fall z. B. auf die Erregung der Mittelfrequenzmaschine einwirkt.

Bei hohen Stoßbelastungen wählt man wegen ihrer besonders günstigen dynamischen Eigenschaften die Gleichrichtererregung in Stromschaltung (Tabelle 2, Fall 14). Aus Gründen der Wirtschaftlichkeit kommt diese Schaltung im allgemeinen aber nur für Generatoren kleinerer Leistung (unter einigen MVA) in Betracht.

3. Hilfsenergie

Die Bereitstellung der Hilfsenergie hängt von der Regelschaltung und der konstruktiven Ausführung des Maschinensatzes ab.

Bei Generatoren mit direkt oder indirekt gekuppelten Erregermaschinen wird die Hilfsenergie über die Maschinenwelle zugeführt. Verwendet man als Spannungsregler einen elektromechanischen Regler ohne Hilfsenergie (zur Erhöhung der Verstellkräfte) oder einen Magnetverstärkerregler, der von einer direkt gekuppelten Drehstrom-Hilfserregermaschine gespeist wird, dann ist die gesamte Anordnung unabhängig von außenliegenden Energiequellen und somit autark. Gleich günstig und ebenfalls autark sind die entsprechenden Anordnungen mit Konstantspannungs-Wellengenerator, der zur Speisung des Erregerumformers und gegebenenfalls des Magnetreglers dient.

Bei Regelanordnungen mit netzgespeistem Erregerumformer wird die Hilfsenergie über den Umformerantriebsmotor aus dem Hauptnetz bezogen. Den Erregerumformer führt man meist als Schwungradumformer aus, um die Energielieferung bei Spannungseinbrüchen im Netz zu stützen (Tabelle 2, Fall 6). Wenn im Kraftwerk eine unabhängige Energieeinspeisung von einem Fremdnetz oder vom Hausgenerator vorhanden ist, kann der Umformer in Störungsfällen auf das unabhängige Netz umgeschaltet werden.

Hilfserregerumformer von Regeleinrichtungen mit Boosterschaltung schließt man an das Eigenbedarfsnetz (Drehstromantrieb) oder an die Kraftwerksbatterie (Gleichstromantrieb) an. Die Reglerhilfsenergie wird bei elektromechanischen Reglern ebenfalls von dort bezogen, bei Magnetreglern von den Generatorklemmen oder vom Hilfsumformer (Tabelle 2, Fall 11 und 12). Ein Ausfall der Hilfsenergie für Umformer und Regler führt bei der Boosterschaltung normalerweise nicht zur Unterbrechung der Generatorerregung, da sich ohne Zusatzspannung von der

Boostermaschine bei üblicher Bemessung und Justierung ein mittlerer Erregungszustand einstellt.

Bei Erregeranordnungen mit Quecksilberdampf-Gleichrichtern speist man die Stromrichter und deren Hilfsbetriebe aus dem Eigenbedarfsnetz. Die Hilfsenergie für den Spannungsregler und die Stromrichteranlage ist somit abhängig von der Sicherheit des Eigenbedarfes. In Störungsfällen tritt durch die Eigenbedarfsumschaltung eine kurzzeitige Unterbrechung der Hilfsenergieversorgung ein. Die Unterbrechung läßt sich vermeiden, wenn man zur Speisung der Gleichrichter einen direkt gekuppelten Hilfssynchrongenerator (z. B. Konstantspannungs-Generator) verwendet oder die Energieversorgung des Gleichrichters durch eine Stützschaltung sichert, indem man außer der Netzspannung den Kurzschlußstrom mit heranzieht.

C. Sonderfragen bei Dampfkraftwerken

1. Spannungshaltung bei Eigenbedarfsumschaltung

a) Allgemeines

Zum Anfahren eines Dampfkraftwerkes in Ausführung als Blockkraftwerk wird (*Bild* 7) der Anfahreigenbedarf (*5*) und (*6*) über eine Hilfsschaltanlage von einem Hilfsnetz, z. B. einem Hilfskraftwerk oder Hausgenerator (*9*), hochgefahren. Dann schaltet man den Eigenbedarf über den Blockeigenbedarfstransformator (*4*) auf den Hauptgenerator (*1*) um. In Störungsfällen kann es notwendig sein, den gesamten Blockeigenbedarf auf die Anfahrschiene (*8*) bzw. den Anfahrtransformator (*7*) zurückzuschalten [*20*, *21*].

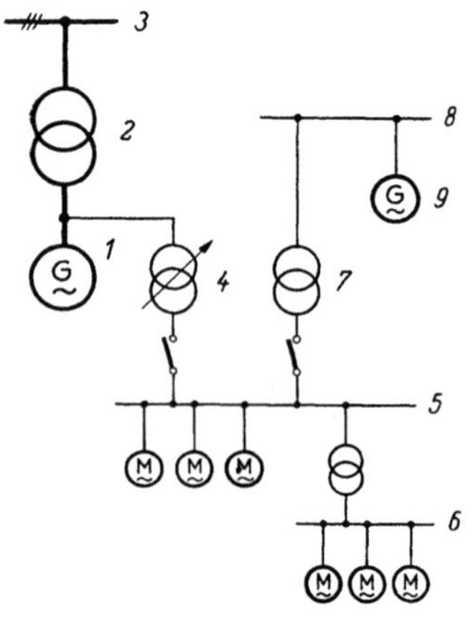

1 Hauptgenerator
2 Blocktransformator
3 Verbundsystem
4 Blockeigenbedarfstransformator
5 Eigenbedarfssammelschiene (6 kV)
6 Eigenbedarfssammelschiene (380 V)
7 Anfahrtransformator
8 Anfahrschiene
9 Hilfskraftwerk oder Hausgenerator

Bild 7. Schaltung beim Anfahren eines Kraftwerkblockes mit Hilfskraftwerk oder Hausgenerator

Sind die Generatoren des Hilfskraftwerkes leistungsmäßig zu schwach zur Übernahme des Vollasteigenbedarfes, so ist nur die Rückumschaltung der wichtigsten Antriebe (z. B. Motor für Kesselspeisepumpe) oder eine zeitlich gestaffelte Rückumschaltung möglich. Außerdem muß die Regelanordnung der Generatoren entsprechend der Leistung und Kurzschlußspannung des Anfahrtransformators bemessen werden. Je niedriger die Transformatorleistung und je größer die Kurzschlußspannung ist, um so höhere Anforderungen sind an die dynamischen Eigenschaften und die Erregungsreserve der Spannungsregeleinrichtung zu stellen. Umgekehrt ermöglicht eine schnell reagierende Regelanordnung mit großer Übererregungsfähigkeit den Einsatz eines kleineren Transformators.

Als maximal zulässige Spannungsabsenkung (*Bild* 7) an der Eigenbedarfssammelschiene (*5*) ist mit Rücksicht auf die elektromotorischen Antriebe, Relais und Schütze ein Wert im Bereich zwischen etwa $\Delta U = -10$ bis -25% der Nennspannung anzusehen. Bezüglich der Antriebe hängt der zulässige Spannungswert (*Bild* 8) vom Drehmomentverlauf der Eigenbedarfsmotoren und von der Widerstandsmomentkennlinie der jeweiligen Arbeitsmaschine (z.B. Speisepumpe, Kohlenmühle) ab. Um einen sicheren Wiederhochlauf aller Antriebe zu gewährleisten, muß die der niedrigsten Spannung entsprechende M_d-Kennlinie zusammen mit der vorgegebenen M_w-Kennlinie noch ein ausreichend großes Beschleunigungsmoment ergeben. Der Anlaufvorgang darf außerdem mit Rücksicht auf die Erwärmung der Maschinen nicht zu lange dauern (Größenordnung: Anlaufzeit < 10 s).

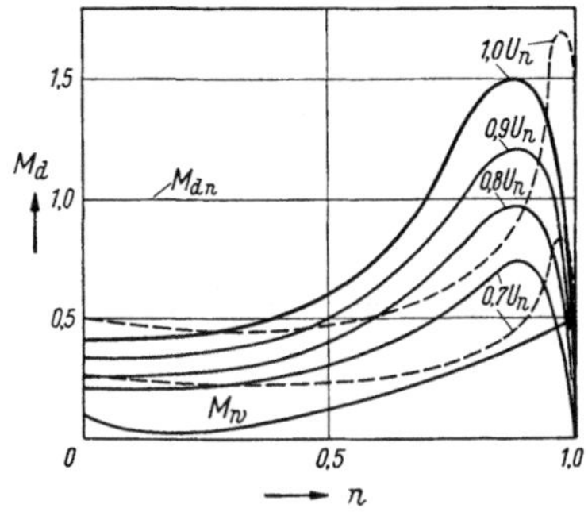

M_d Drehmoment
M_w Widerstandsmoment
n Drehzahl (normiert auf synchrone Drehzahl)
U_n Nennklemmenspannung des Motors
——— Günstiger M_d-Verlauf
– – – – Ungünstiger M_d-Verlauf

Bild 8. Drehmomentkennlinien (M_d) eines asynchronen Käfigläufermotors für verschiedene Werte der Speisespannung und Widerstandsmomentkennlinie (M_w) einer (Kreisel-) Kesselspeisepumpe bei Hochlauf gegen geschlossenen Schieber

Relaisspulen haben im allgemeinen noch bei etwa $\Delta U = -25\%$ ein ausreichendes Haltevermögen. Schütze fallen je nach Fabrikat und Ausführung schon bei geringeren Spannungseinbrüchen ab, im ungünstigsten Fall bei etwa $\Delta U = -10\%$. In kritischen Fällen ist es daher zweckmäßig, entweder Remanenzschütze einzusetzen oder die Hilfsspannung für die Schützspulen nicht von der Eigenbedarfsschiene, sondern von einer besonders gesicherten Spannungsquelle abzunehmen (z.B. Batterie).

b) Umschalten mit Unterbrechung

Beim Umschalten des Eigenbedarfes mit Unterbrechung sind die Schnellumschaltung [*20*] und die für die Regelung wichtige Langzeitumschaltung zu unterscheiden.

Bei der Langzeitumschaltung trennt man zuerst sämtliche Antriebe vom speisenden Netz ab und läßt die Restspannung der Motoren auf etwa 20% der Motornennspannung (bei den größeren Motoren) abklingen. Erst nach etwa 1 bis 1,5 s Unterbrechungszeit wird auf das andere Netz geschaltet. Ein Zuschalten in Phasenopposition kann somit keine unzulässig hohen Anlaufstromwerte verursachen. Immerhin werden selbst im günstigsten Fall noch Ströme auftreten, die in der Größenordnung der Motoranlaufströme liegen (*Bild* 9). Die Erreger- und Spannungsregelanordnung des speisenden Generators muß deshalb entsprechend günstig bemessen werden.

Das Umschalten von der Anfahrschiene auf den Hauptgenerator bereitet meist keine Schwierigkeiten, da die Generatorleistung etwa eine Größenordnung höher als die zugehörige Eigenbedarfsleistung des Blocks ist.

Die Rückumschaltung des Eigenbedarfes stellt wegen des nicht so günstigen Leistungsverhältnisses erhöhte Anforderungen an die Regeleinrichtungen der in die Anfahrschiene einspeisenden Generatoren. Die Anfahrschiene kann an ein Fremdnetz (z.B. ein Hilfskraftwerk), einen Hausgenerator oder an ein oder mehrere Diesel-Notstromaggregate angeschlossen sein (*Bild* 10). Es werden auch je nach Ausführung des Kraftwerkes zwei dieser Möglichkeiten oder alle drei gleichzeitig vorgesehen.

Bei Neuanlagen rüstet man die Generatoren des Hilfskraftwerkes oder den Hausgenerator zur Verbesserung der dynamischen Eigenschaften grundsätzlich mit fremderregter Erregermaschine, d.h. im allgemeinen mit Haupt- und Hilfserregermaschine aus. Die Haupterregermaschine wird für eine Übererregungsfähigkeit von mehr als etwa 1,5 U_{en} (U_{en} Nennlastschleifringspannung) und für eine Erregungsgeschwindigkeit von $a > 1,0$ bemessen (vgl. Kapitel 23, Abschnitt C 2). Als Spannungsregler kommt nur ein Gerät mit kleiner Stellzeit bzw. Ansprechzeit ($T_y <$ etwa 0,2 s) in Betracht.

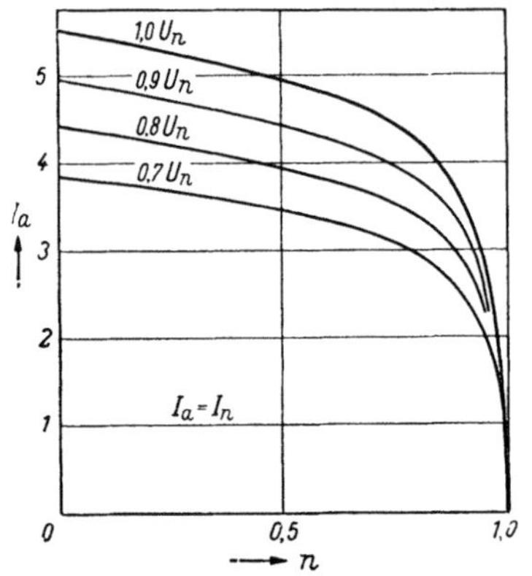

I_n Nennstrom des Käfigläufermotors
I_a Anlaufstrom des Käfigläufermotors
n Drehzahl des Motors (normiert auf synchrone Drehzahl)
U_n Nennklemmenspannung des Motors

Bild 9. Anlaufstrom eines asynchronen Käfigläufermotors in Abhängigkeit von der Drehzahl bei verschiedenen Werten der Speisespannung

Für Diesel-Notstromaggregate ist die Anordnung von mehr als einer Erregermaschine meist zu aufwendig. Bei nicht zu scharfen Forderungen setzt man hier die Variante 2 (Tabelle 2) mit selbsterregter Erregermaschine und Zusatzwicklungen für Fremderregung ein. Für extreme Stoßbelastungen stellt der geregelte Konstantspannungsgenerator nach Variante 14 (Tabelle 2) eine besonders günstige Lösung dar.

In manchen Anlagen müssen Hausgeneratoren und Dieselaggregate zur Herstellung bestimmter Betriebszustände (z.B. Anfahren des Kraftwerksblocks) untereinander oder mit den Hauptgeneratoren parallel arbeiten. In solchen Fällen sind die Regelanordnungen der verschiedenen Maschinen hinsichtlich ihres Zeitverhaltens gut aufeinander abzustimmen, da sonst durch den Laststoß unerwünschte Pendelerscheinungen oder Überlastung eines Generators ausgelöst werden können.

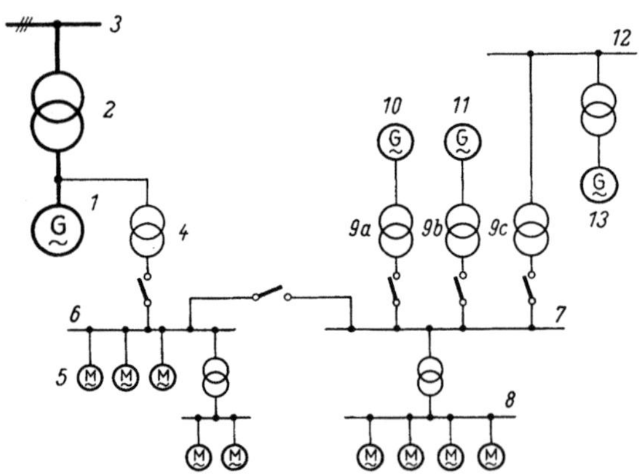

1 Hauptgenerator
2 Blocktransformator
3 Verbundsystem
4 Eigenbedarfstransformator
5 Blockeigenbedarf
6 Eigenbedarfssammelschiene
7 Anfahrschiene
8 Allgemeiner Eigenbedarf
9 Anfahrtransformatoren (a bis c)
10 Hausgenerator
11 Notstromaggregat
12 Fremdnetz
13 Hilfskraftwerk

Bild 10. Umschaltung des Eigenbedarfs vom Hauptgenerator auf die Anfahrschiene. Speisung der Anfahrschiene durch Fremdnetz (Hilfskraftwerk), Notstromaggregat und (oder) Hausgenerator

2. Maschinensätze unter besonderen Betriebsbedingungen

a) Stoßbelastung und Lastabwurf

Die Werte der maximalen und minimalen Erregung und das Zeitverhalten der Regelanordnung werden möglichst so festgelegt, daß die Generatorklemmenspannung nach Eintreten der Stoßlast nicht mehr nennenswert über den im Schaltaugenblick auftretenden transienten Spannungssprung (s. *Bild* 4) hinaus abweicht und schnell wieder den Nennwert erreicht [*19, 22, 23*].

Die große magnetische Zeitkonstante der Vollpolmaschinen verhindert von sich aus schnelle Änderungen des Generatorfeldes (s. *Bild* 3). Dadurch können (auch bei nicht besonders günstiger Bemessung der Regeleinrichtung) keine stärkeren Abweichungen der Generatorklemmenspannung über den transienten Sprung hinaus auftreten. Andererseits wird (selbst bei Einsatz einer dynamisch günstigen Regeleinrichtung) der Sollwert der Klemmenspannung verhältnismäßig langsam wieder erreicht. Die Güte der Spannungshaltung hängt mithin bei Turbogeneratoren nur beschränkt von der Ausführung und Bemessung der Regeleinrichtung ab, sofern kein außergewöhnlicher Aufwand getrieben wird.

Durchschnittliche Werte für die untere Grenze des Erregerbereiches liegen bei einem Läuferstrom, welcher der Klemmenspannung $U = 0$ bis $0{,}6\ U_n$ bei Leerlauf des Generators entspricht (s. *Bild* 5). Die obere Grenze ist im Normalfall durch die etwa 1,3- bis 1,5fache Nennlastschleifringspannung gegeben (s. *Bild* 5). Für die in VDE 0530 (REM) § 64 vorgeschriebene Erregungsfähigkeit [*30*] kommen Werte von etwa der 1,15- bis 1,25fachen Nennlastschleifringspannung in Betracht.

Sind in Sonderfällen extrem günstige Regeleigenschaften erforderlich, dann können an Stelle der Erregermaschinen Stromrichter mit Gittersteuerung zur Generatorerregung eingesetzt werden. Die Stromrichtererregung (Tabelle 2, Fall 13) ermöglicht sehr große Übererregungsspannungen ohne Zeitverzüge und ohne wesentliche Totzeiten.

b) Grenzleistungsmaschinen

Da der Bau von Gleichstromerregermaschinen mit 3000 U/min sehr hoher Leistung Schwierigkeiten bereitet oder überhaupt nicht mehr möglich ist, geht man bei Grenzleistungsturbogeneratoren auf Getriebeerregermaschinen oder Sonderlösungen über. Als Spannungsregler werden elektromechanische Regler oder Transduktorregler verwendet.

Bei den Getriebeerregermaschinen hat man gelegentlich, um mit Reglern kleinerer Leistung auszukommen, zusätzlich Zwischenerregermaschinen in Kaskadenschaltung oder Boosterschaltung eingesetzt. Die Zwischenerregermaschine und die Hilfserregermaschine werden dann entweder mit der Haupterregermaschine direkt gekuppelt oder in einem Hilfsumformer zusammengefaßt.

Als Sonderlösungen zur Erregung von Grenzleistungsturbogeneratoren kommen die Gleichrichtererregung mit gittergesteuerten Quecksilberdampf-Gleichrichtern (Tabelle 2, Fall 13), die Anordnung mit direkt gekuppelter Drehstromerregermaschine, die über eine Trockengleichrichterschaltung den Induktor speist, oder die Varianten mit getrennt aufgestelltem Erregerumformer (Tabelle 2, Fall 6, 7, 8) in Betracht.

D. Sonderfragen bei Wasserkraftwerken

1. Einfluß kleiner Betriebsdrehzahlen und der Generatorbauformen

Von der Betriebsdrehzahl des Wasserkraftmaschinensatzes hängt oft die konstruktive Ausführung und Anordnung der Erregermaschinen und ferner das dynamische Verhalten der Haupterregermaschine und damit der gesamten Regeleinrichtung ab. Langsamlaufende, direkt gekuppelte Erregermaschinen haben nicht nur einen relativ hohen Erregerbedarf, sondern sind außerdem dynamisch träg. Eine hohe Erregungsgeschwindigkeit läßt sich selbst bei großer Übererregungsfähigkeit nicht erreichen, weil die magnetische Zeitkonstante zu groß ist und sich nicht ohne wesentliche Rückwirkung auf den vorgeschalteten Spannungsregler ausreichend weit herunterdrücken läßt.

Werden von der Netzseite her hohe Anforderungen an das Zeitverhalten der Erregeranordnung eines Maschinensatzes mit niedriger Drehzahl gestellt, so wählt man aus dynamischen Gründen schnellaufende Getriebeerregermaschinen oder Erregerumformer mit ausreichend kleiner magnetischer Zeitkonstante der Erregermaschine.

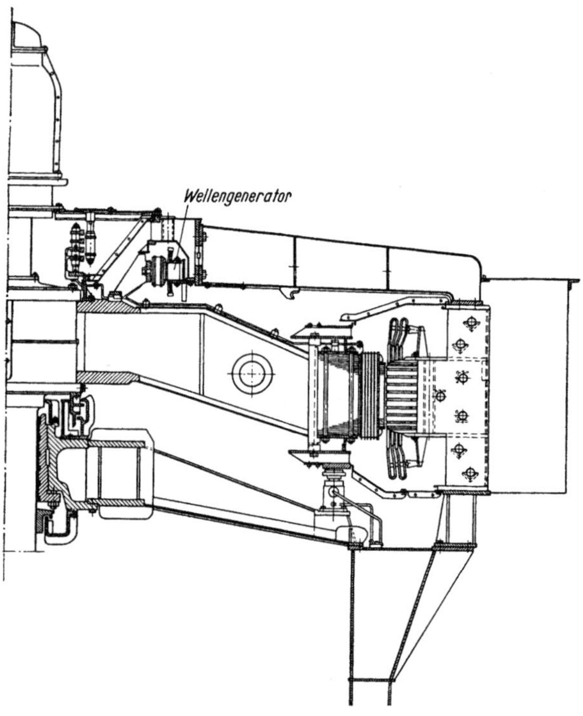

Bild 11. Schnitt durch Wasserkraftgenerator mit eingebautem Wellengenerator

Wegen des kleineren Erregerbedarfes der hochtourigen Erregermaschine kommt man u. U. noch mit einem elektromechanischen Regler ohne Hilfsenergie aus, während bei direkt gekuppelter langsamlaufender Maschine oft schon ein Regler mit Hilfsenergie eingesetzt werden muß.

Niedrige Betriebsdrehzahlen der Maschinensätze beeinflussen bei Verwendung von Magnetreglern wesentlich die Bereitstellung der Drehstromhilfsenergie. Erregeranordnungen mit direkt gekuppelter Drehstromhilfserregermaschine kommen nicht in Betracht, weil vielpolige Drehstrommaschinen sehr kleiner Leistung nicht wirtschaftlich gebaut werden können. Man kuppelt dann die schnellaufende Hilfserregermaschine über Getriebe an (Tabelle 2, Fall 5). Verwendet man eine Getriebehaupterregermaschine oder einen Erregerumformer, so ist die direkte Kupplung möglich (Tabelle 2, Fall 6).

Auch die vielfältigen Bauformen der Wasserkraftmaschinensätze haben Einfluß auf die Ausgestaltung der Erregungsanordnung (z.B. *Bild* 11). Hier kommt es darauf an, die betrieblichen und dynamischen Anforderungen an die Regeleinrichtung mit den konstruktiven Gegebenheiten und Möglichkeiten in Einklang zu bringen [*8*, *9*]. *Bild* 11 zeigt die konstruktive Anordnung eines in den Hauptgenerator eingebauten Wellengenerators. Dieser dient zur Speisung des Erreger-

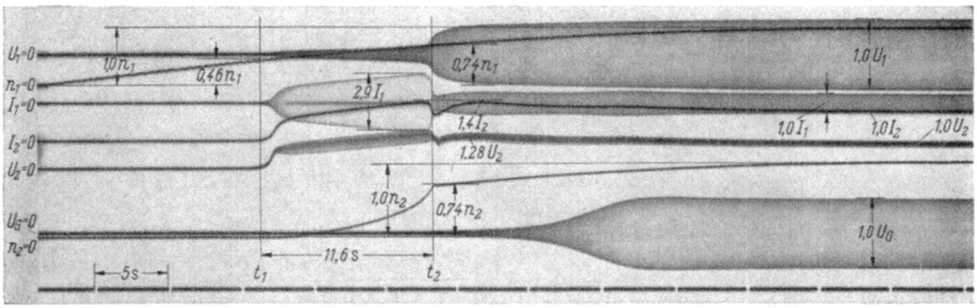

U_1 Klemmenspannung des Wellengenerators
n_1 Drehzahl des Hauptmaschinensatzes bzw. des Wellengenerators
I_1 Laststrom des Wellengenerators ≈ Strom des Umformer-Antriebsmotors
I_2 Polradstrom des Wellengenerators
U_2 Schleifringspannung des Wellengenerators
U_G Klemmenspannung des Hauptgenerators
n_2 Drehzahl des Erregerumformers

Bild 12. Hochlauf eines Wasserkraftgenerators (35 MVA) mit eingebautem Wellengenerator und getrennt aufgestelltem Erregerumformer

umformers und ermöglicht Autarkie des Maschinensatzes. Bei senkrechten Generatoren wird die Bauhöhe durch Fortfall der aufgebauten Erregermaschinen wesentlich reduziert (s. *Bild* 11 und 18). Auch bei Maschinensätzen mit horizontaler Welle, besonders bei horizontalen Pumpspeichersätzen, bietet der Einbau eines Wellengenerators konstruktive und betriebliche Vorteile (kürzere Baulänge des gesamten Maschinensatzes, leichtere Zugänglichkeit bei der Wartung).

Die Hochlaufeigenschaften eines Pumpspeichersatzes mit horizontaler Welle und eingebautem Konstantspannungs-Wellengenerator läßt das Oszillogramm *Bild* 12 erkennen. Bei etwa 46 % der Generator-Nenndrehzahl setzt die Selbsterregung des Wellengenerators ein und bewirkt innerhalb von 11,6 s den selbsttätigen Anlauf des Erregerumformers.

2. Plötzliche Laständerungen

a) Allgemeines

Wegen der größeren Transientreaktanz ist der bei plötzlichen Laständerungen auftretende, von keiner Regeleinrichtung beeinflußbare transiente Spannungssprung bei Wasserkraftgeneratoren größer als bei Vollpolmaschinen (s. *Bild* 4 und 13 sowie Tabelle 1). Die kleinere Zeitkonstante der Schenkelpolgeneratoren läßt außerdem verhältnismäßig schnelle Feldänderungen zu, so daß große Spannungsabweichungen auftreten können. Sie werden bei Belastungsstößen durch ausreichend hohe Übererregung, bei Lastabschaltungen durch Untererregung oder Gegenerregung auf zulässige Werte beschränkt. Im Falle des Lastabwurfes wird das Beherrschen des Spannungsverlaufes durch das ungünstige Drehzahlverhalten des Maschinensatzes erschwert [2, 25].

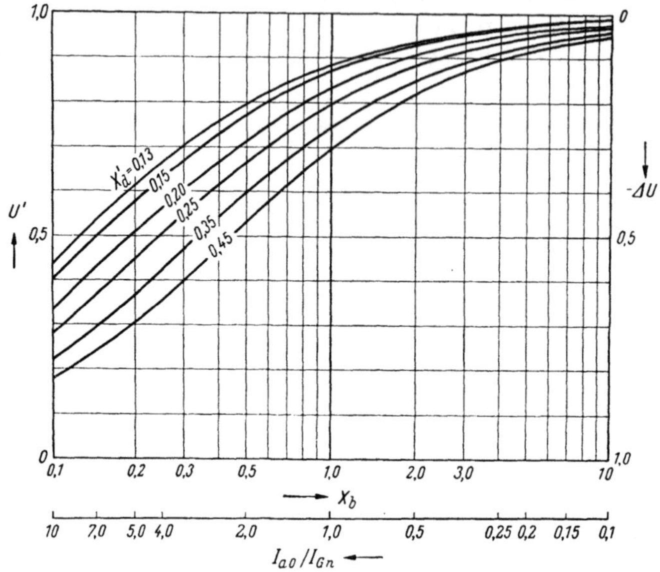

U'	Klemmenspannung im Einschaltaugenblick	I_{a0}	Motoranlaufstrom bei Nennspannung
$-\Delta U'$	Transienter Spannungssprung	I_{Gn}	Generatornennstrom
X'_d	Transientreaktanz	X_b	$= I_{Gn}/I_{a0}$
X_b	Belastungsreaktanz		

Bild 13. Blindlaststoß auf leerlaufenden Generator. Transienter Spannungssprung im Einschaltaugenblick in Abhängigkeit von der Belastungsreaktanz X_b

b) Vollastabschaltung

Dieser Betriebsfall tritt z. B. beim Fehlauslösen des Maschinenschalters auf. Die Generatorklemmenspannung springt im Abschaltaugenblick auf denjenigen Wert der transienten Hauptfeldspannung E_i, der dem Vorbelastungszustand des Generators bei *Nenndrehzahl* n_0 entspricht (*Bild* 4). Im normalen Lastbereich der Maschine (Bereich zwischen Leerlauf und Nennlast) liegt dieser Wert immer oberhalb der Nennspannung (bzw. Sollspannung) U_n und ist um so größer, je mehr Blindlast abgeschaltet wird. Der weitere zeitliche Spannungsverlauf hängt ausschlaggebend vom Drehzahlanstieg des Maschinensatzes und von der Art und Bemessung der Regelanordnung ab (s. *Bild* 1).

Die Lastabschaltung nach vorangegangenem Kurzschluß (s. *Bild* 14) erfolgt bei *erhöhter* Generatordrehzahl n im Schaltaugenblick t_1, da bei Eintritt des Fehlers (t_0) die Wirklast je nach Lage des Kurzschlußortes ganz oder teilweise abfällt. Dem Absinken der Generatorhauptfeldspannung wirkt (solange der Kurzschluß ansteht) das Eingreifen der Spannungsregeleinrichtung *und* der Drehzahlanstieg des Maschinensatzes entgegen. Die eingebrochene Klemmenspannung U steigt dementsprechend beim Auslösen des Kuppelschalters sprungartig auf einen Wert der Hauptfeldspannung E_i an, der je nach Auslösezeit unterhalb (t_1)

oder oberhalb (t_3, t_4) des Spannungssollwertes U_n liegt oder sich mit diesem deckt (t_2).

Bei dynamisch besonders günstigen Regeleinrichtungen liegt das Minimum von E_i oberhalb von U_n, so daß in diesen Fällen bei Schalterauslösung die Spannung unabhängig von der Auslösezeit immer auf einen höheren Wert als den Sollwert springt.

Die Spannungssteigerung ist um so schwerer zu beherrschen, je höher die Drehzahl infolge des Wirklastabfalles durch den Kurzschluß ansteigt und je später

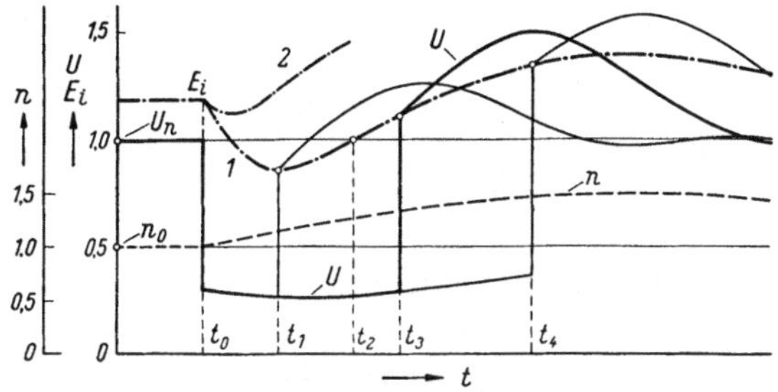

Bild 14. Lastabschaltung nach vorangegangenem Kurzschluß. Verlauf der Klemmenspannung unter Berücksichtigung des Drehzahlanstieges bei verschiedenen Abschaltzeiten

der Kuppelschalter nach dem Minimum der Hauptfeldspannung auslöst. Die Generatorspannung kann bei einer Schalterauslösung im Drehzahlmaximum u.U. von einer normal bemessenen Regelanordnung nicht mehr in den zulässigen Grenzen gehalten werden. Mit Rücksicht auf die Maschinenisolation und die Nahverbraucher (*Bild* 15) ist dann die Entregung des Generators durch den Spannungssteigerungsschutz unvermeidbar.

c) Abschaltung am Ende einer Fernleitung

Der ungünstigste Fall für das Beherrschen der Spannungserhöhung ist die Lastabschaltung am Ende einer Hochspannungsfernleitung. Da die Ladeblindleistung der leerlaufenden Leitung für den speisenden Generator eine kapazitive Belastung darstellt, kehrt die Blindkomponente des Laststromes im Schaltaugenblick seine Richtung um. Dadurch springt die Generatorklemmenspannung auf einen um den Streuspannungsfall durch den kapazitiven Strom höheren Wert, als der transienten Hauptfeldspannung bei normalem Lastabwurf entspricht. Außerdem wirkt sich hier der Drehzahlanstieg des Maschinensatzes besonders nachteilig aus, weil die Ladeleistung mit wachsender Frequenz zunimmt.

Wenn die der Ladeleistung entsprechende kapazitive Reaktanz X_c der Hochspannungsleitung kleiner wird als der Wert der synchronen Längsreaktanz X_d des Generators, besteht die Gefahr der Selbsterregung des Systems. Im Bereich $X_d > X_c > X_q$ (X_q Ladereaktanz) läßt sich aber der Betrieb durch eine geeignet bemessene Spannungsregeleinrichtung stabilisieren. Steigt die Ladeblindleistung der Leitung noch mehr an, so daß $X_c \leqq X_q$ wird, dann ist ein stabiler Betrieb nicht mehr möglich, und die Selbsterregung läßt sich durch die Regelanordnung nicht verhindern [*26*, *27*].

Hohe Überdrehzahlen des einspeisenden Generators sind besonders ungünstig, weil durch die Frequenzerhöhung nicht nur X_c kleiner, sondern auch X_q größer wird. Dadurch verschiebt sich die Stabilitätsgrenze im ungünstigen Sinn. Der Lastabwurf am Ende der Leitung ist also um so kritischer, je mehr Wirklast abgeschaltet wird.

d) Bemessung der Regeleinrichtungen

Wenn betriebsmäßig mit plötzlichen Laständerungen zu rechnen ist, so sind bei Wasserkraftgeneratoren im allgemeinen die Spannungsregeleinrichtungen für einen großen Erregungsbereich auszulegen (s. *Bild* 5). Außerdem werden alle Teile der Regeleinrichtung (Erregermaschinen und Regler) derart ausgewählt und bemessen, daß sich für die gesamte Anordnung ein günstiges Zeitverhalten ergibt [*28*]. Um die Netzstabilität zu erhöhen und die Spannungshaltung bei Belastungsstößen zu verbessern, bemißt man die Erregermaschine für hohe Erregungsgeschwindigkeit und Übererregungsfähigkeit. Es wird ferner, um die Spannungssteigerung bei Lastabwurf zu beherrschen, Gegenerregung vorgesehen, die man auf um so höhere Werte einstellt, je ungünstiger das Drehzahlverhalten des Maschinensatzes ist.

Anordnungen mit normaler selbsterregter Erregermaschine erfüllen diese Bedingungen nicht. Hier kann sich der Drehzahleinfluß dadurch ungünstig auswirken, daß die Ankerspannung der selbsterregten Maschine mit wachsender Drehzahl stärker als diese ansteigt. Der drehzahlabhängige Spannungsanstieg wirkt der Aberregung bei Lastabwurf entgegen, so daß sich große Aberregungszeiten ergeben.

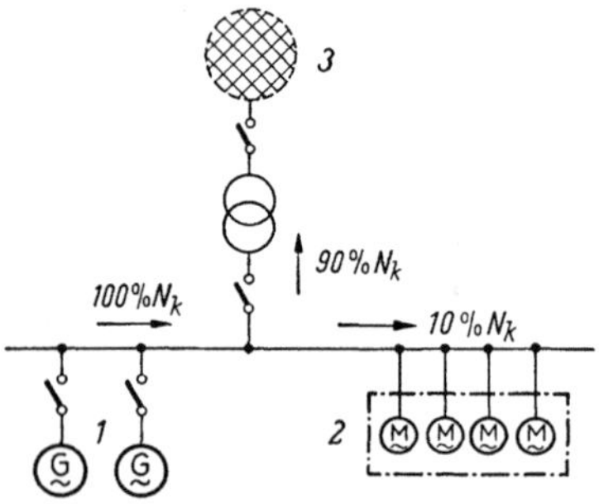

1 Wasserkraftwerk
2 Nahverbraucher
3 Verbundsystem
N_K Kraftwerksleistung

Bild 15. Wasserkraftwerk zur Energielieferung in ein Verbundsystem und an Nahverbraucher

Wird die Erregermaschine mit zusätzlichen Fremderregerwicklungen ausgerüstet, die z. B. von einem Transduktorregler gespeist werden, dann läßt sich eine ausreichende Beschleunigung der Auf- und Aberregungsvorgänge erzielen. Speist man den Transduktorregler von den Generatorklemmen, so erhält man eine sehr einfache Anordnung (Tabelle 2, Fall 2), bei der jedoch die Zusatzerregung der Erregermaschine von der Generatorspannung abhängt. Bei starken Spannungseinbrüchen kann der Regler nicht so kräftig eingreifen wie bei kleinen Abweichungen. Im Falle des Lastabwurfes ist hingegen der Reglereingriff besonders wirksam, da die negative Zusatzerregung mit wachsender Generatorspannung größer wird und stark zur Beschleunigung des Aberregungsvorganges beiträgt.

Um das Regelverhalten im untererregten Bereich zu verbessern oder den Betrieb im Selbsterregungsbereich bei Lieferung von Ladeblindleistung ($X_q < X_c < X_d$) zu stabilisieren, kann man zusätzliche Rückführungen oder eine Begrenzungseinrichtung für den Polradstrom anordnen. Weiterhin besteht die Möglichkeit, Zusatzgrößen, z. B. die Änderungsgeschwindigkeit der Spannung $\mathrm{d}U/\mathrm{d}t$, in den Meßkreis des Spannungsreglers einzuführen oder die Erregung in Abhängigkeit vom Polradwinkel ϑ, der ersten oder einer höheren Ableitung des Polradwinkels nach der Zeit ($d\vartheta/dt$, $d^2\vartheta/dt^2$) zu beeinflussen. Die hierfür erforderlichen Geräte bedeuten einen zusätzlichen Aufwand, der im allgemeinen nur bei besonders schwierigen Betriebsbedingungen gerechtfertigt ist.

3. Eigenbedarf und Nahversorgung

Viele Wasserkraftwerke liefern den Hauptteil der erzeugten Energie über eine Hochspannungsleitung in ein entfernt gelegenes Netz (Verbraucherschwerpunkt).

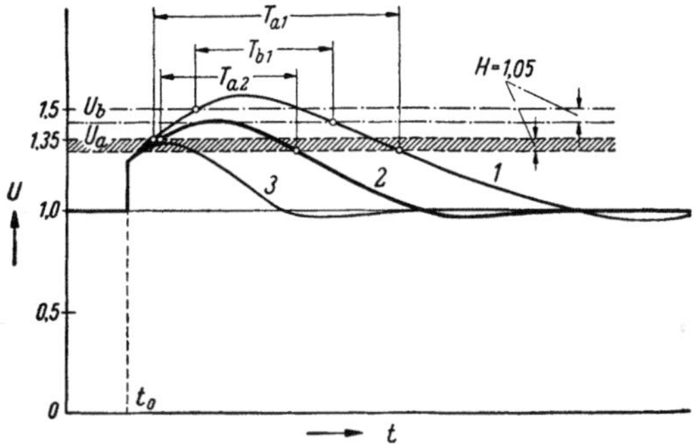

t_0 Abschaltaugenblick
1 Mit ungünstiger Regeleinrichtung
2 Mit normal bemessener Regeleinrichtung
3 Mit günstiger Regeleinrichtung
U_a, U_b Eingestellte Ansprechwerte des Spannungssteigerungsschutzes (Überspannungsrelais)
T_{a1}, T_{a2}, T_{b1} Grenzwerte der Auslösezeiten des Spannungssteigerungsschutzes für U_a, U_b bei den Kurven *1* und *2*
H Halteverhältnis des Überspannungsrelais

Bild 16. Einstellung des Spannungssteigerungsschutzes bei verschiedenen Regeleinrichtungen [Spannungsverlauf $U(t)$ mit Drehzahlerhöhung]

Die restliche Energie wird zur Versorgung der Nahverbraucher und des Eigenbedarfes herangezogen (*Bild* 15). Einige Nahverbraucher sind u. U. auf eine unbedingt sichere und unterbrechungslose Energieversorgung angewiesen (wie es häufig z. B. in der chemischen Industrie und bei der Zementherstellung vorkommt).

Auch in Flußkraftwerken muß jederzeit die Antriebsenergie für die Wehr- und Schleusenanlagen zur Verfügung stehen. Sind diese Antriebe an die Kraftwerkssammelschiene angeschlossen, dann dürfen bei Netzstörungen nicht sämtliche Generatoren abgeschaltet und stillgesetzt werden.

Es besteht aber die Gefahr, daß die Spannung bei Lastabwurf den Ansprechwert und die Auslösezeit des Spannungssteigerungsschutzes überschreitet (*Bild* 16), so daß die Schnellentregung und gegebenenfalls auch der Schnellschluß ausgelöst werden. Die Maschinensätze kommen zum Stillstand und müssen dann erneut angefahren werden. Bei manchen Turbinenausführungen wird hierzu eine Zeit von bis zu etwa 30 Minuten benötigt.

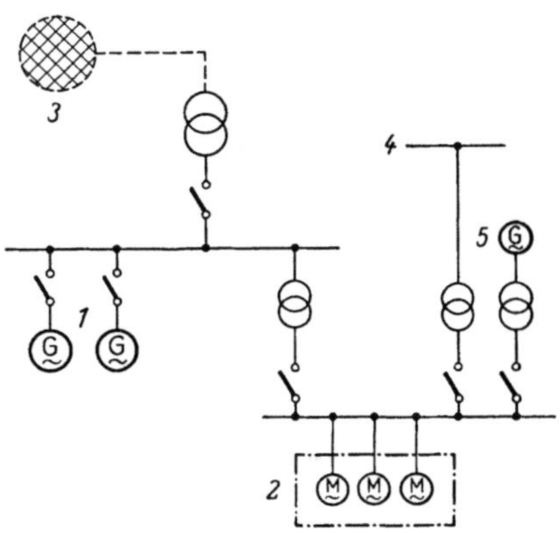

1 Wasserkraftwerk
2 Nahverbraucher
3 Verbundsystem
4 Fremdnetz
5 Notstromaggregat

Bild 17. Umschaltung der Nahverbraucher bei Störungen im Hauptnetz auf ein unabhängiges Fremdnetz oder ein Notstromaggregat

Derartige Betriebsstörungen lassen sich durch schnellwirkende Regelanordnungen mit ausreichender Gegenerregung vermeiden. Da aber auch mit der Abschaltung des Generators infolge eines inneren Fehlers gerechnet werden muß, empfiehlt es sich, ein Notstromaggregat aufzustellen, wenn kein unabhängiges Fremdnetz vorhanden ist (*Bild* 17) [*24*].

Um die Anforderungen an die Regeleinrichtungen zu erleichtern und deren Aufwand in vertretbaren Grenzen zu halten, sind u. U. einige Hilfsmaßnahmen zweckmäßig. Man wird sich je nach Schärfe der Forderungen an die gesicherte Energieversorgung oft auf nur einige der im folgenden angegebenen Maßnahmen beschränken können.

1. Der Spannungssteigerungsschutz wird auf die höchstzulässigen Spannungswerte, nämlich auf etwa 1,35- bis 1,4fache Nennspannung und auf kurze Auslösezeiten (etwa 0,3 bis 0,8 s) eingestellt (*Bild* 16).

2. Man zieht den Spannungssteigerungsschutz nur zur Auslösung der Schnellentregung und *nicht* des Schnellschlusses oder des Notschlusses heran.

3. Die Staffelung des Netzschutzes stimmt man auf kurze Auslösezeiten am Kuppelschalter zum Hochspannungsnetz ab.

4. Wenn die Einspeisung von Fremdenergie aus einem unabhängigen Netz gegeben ist (*Bild* 17), sieht man eine Umschalteinrichtung vor. Bei Ausfall der Kraftwerksgeneratoren ist es dann möglich, die Nahverbraucher auf das Fremdnetz umzuschalten [*29*].

5. Außerdem stellt man je nach Größe des Kraftwerkes und nach Kapazität der verfügbaren Fremdenergie ein oder mehrere Dieselaggregate zur Notstromversorgung auf (*Bild* 17) [*29*].

E. Industriekraftwerke und Kleinerzeugeranlagen

1. Industriekraftwerke

In Industriekraftwerken (vgl. Kapitel 30) mit Turbogeneratoren gibt in Zeiten hohen Dampfbedarfes z.B. bei Gegendruckmaschinen der Generator viel, bei geringem Dampfbedarf entsprechend weniger Wirkleistung ab. Diese stimmt naturgemäß häufig nicht mit der vom Industriebetrieb für die Antriebe und sonstigen elektrischen Anlagen benötigten Leistung überein. Es muß also Leistung ins öffentliche Netz abgegeben oder von dort bezogen werden. Das hat zur Folge, daß die Spannungsregeleinrichtung in Abhängigkeit von der Wirkleistung die Erregung des Generators entsprechend den Stromlieferungsverträgen einstellen muß. Hierfür kommt z.B. eine zusätzliche, d.h. überlagerte $\cos\varphi$-Regelung in Betracht. Um Überlastungen des Generators bei diesem Betrieb infolge zu hohen Blindstromes zu vermeiden, ist eine Strombegrenzungseinrichtung vorzusehen.

In Industriekraftwerken setzt man ferner zur Verbesserung der Spannungshaltung und der Blindleistungsbilanz gelegentlich synchrone Blindleistungsmaschinen (Phasenschieber) ein. Die Spannungsregeleinrichtung wird dann so bemessen, daß die volle induktive und kapazitive Blindleistung ausnutzbar ist. Die Erregeranordnung erhält dementsprechend einen sehr großen Erregerbereich (s. *Bild* 5) und einen schnell wirkenden Spannungsregler (Stellzeit $T_y < 0{,}2$ s). Der Betrieb der Maschine im untererregten Bereich wird durch Rückführungen und durch Begrenzung des negativen Erregerstromes stabilisiert. Weiterhin kann auch bei Blindleistungsmaschinen das Einführen zusätzlicher Größen (z.B. $\mathrm{d}U/\mathrm{d}t$

oder ϑ) in den Meßkreis des Spannungsreglers zur Verbesserung des Regelablaufes zweckmäßig sein (vgl. Abschnitt D2). In jedem Fall ist aber eine Begrenzung des Ständerstromes im übererregten Bereich erforderlich, da sonst die Gefahr besteht, daß die Blindleistungsmaschine bei starken Absenkungen des Netzspannungsniveaus durch den Überstromschutz abgeschaltet wird.

Neben den Turbogeneratoren werden in Industriekraftwerken auch Diesel- und Wasserkraftgeneratoren verwendet. Dabei kommt gelegentlich ein direkter Parallelbetrieb dieser verschiedenen Generatorarten untereinander in Betracht. Für den stationären Betrieb genügt es, die Statik der Regelkennlinien entsprechend der vorgesehenen Blindleistungsaufteilung einzustellen. Wenn mit Stoßbelastungen gerechnet werden muß, stimmt man die Regeleinrichtungen so aufeinander ab, daß während der dynamischen Vorgänge eine möglichst gleichmäßige Blindleistungsaufteilung erhalten bleibt. Es besteht sonst die Gefahr, daß einzelne Maschinen überlastet und abgeschaltet werden. Die Abstimmung der Regelanordnungen bezieht sich auf deren Zeitverhalten und den Erregungsbereich. Bei Generatoren mit sehr unterschiedlichen dynamischen Eigenschaften und sehr verschiedenen Transientreaktanzen (große Turbogeneratoren einerseits und kleine, langsamlaufende Wasserkraftgeneratoren andererseits) kann diese Abstimmung schwierig oder sogar unmöglich sein.

2. Kleinerzeugeranlagen

a) Notstromaggregate

Mit Synchrongeneratoren ausgerüstete Aggregate erhalten je nach den Einsatzbedingungen eine Regelanordnung mit selbsterregter Erregermaschine oder mit Gleichrichtererregung in Stromschaltung über Trockengleichrichter [*6*, *7*]. In seltenen Fällen werden Haupt- und Hilfserregermaschinen eingesetzt. Als Spannungsregler verwendet man elektromechanische Regler oder Magnetregler.

Wird der Notstromsatz ausschließlich zur Übernahme von Lichtlast bei Störungen im öffentlichen Netz herangezogen, dann erfüllt die Regelanordnung mit selbsterregter Erregermaschine und elektromechanischem Spannungsregler (Tabelle 2, Fall 1) die Einsatzbedingungen. Dies ist nicht mehr der Fall, wenn große Asynchronmotoren mit Käfigläufer aufgeschaltet werden müssen, wie es z.B. in Wasserwerken oder in Kraftwerk-Eigenbedarfsanlagen vorkommt. Man wählt dann Anordnungen mit Störgrößenaufschaltung (Konstantspannungsgenerator), die sich durch besonders hohe Reaktionsfähigkeit auszeichnen. Soll das Aggregat sowohl im Alleinbetrieb als auch im Netzparallelbetrieb arbeiten, dann ist ein Konstantspannungsgenerator mit Zusatzregelung (Tabelle 2, Fall 14) vorzusehen.

b) Kleine Eigenerzeugungsanlagen

Anordnungen mit Synchrongeneratoren werden wie die Notstromaggregate abhängig von den Einsatzbedingungen mit selbsterregter Erregermaschine oder mit Gleichrichtererregung ausgerüstet. Während bei den Notstromsätzen normalerweise die gesamte Last auf einmal aufgeschaltet wird, dienen die kleinen Eigenerzeugungsanlagen vorwiegend zur Ausnutzung örtlich vorhandener Energiequellen (Wasserkräfte) oder zur Deckung des Energiebedarfes kleiner Industriebetriebe und Fabrikationsstätten (Dampf- oder Brennkraftantrieb). Hier handelt es sich bei den Verbrauchern oft um Lichtlast und viele Kleinantriebe. In solchen Fällen ist neben dem Synchrongenerator mit selbsterregter Erregermaschine häufig der kondensatorerregte Asynchrongenerator am Platz (s. Kapitel 8).

Der Einsatz von kleinen Eigenerzeugungsanlagen für Verbraucher, die eine hohe Stoßbelastung verursachen, erfordert die Verwendung von Synchrongeneratoren mit Störgrößenaufschaltung (Tabelle 2, Fall 14). Auf diese läßt sich ohne weiteres ein Blindlaststoß vom Mehrfachen der Generatornennleistung aufschalten, ohne daß die Spannung unzulässig stark einbricht (s. Kapitel 23).

Alleinbetrieb und Parallelbetrieb von gleichartigen Konstantspannungs-Synchrongeneratoren untereinander sind auch ohne Spannungsregler möglich. Zum Parallelbetrieb am starren Netz wird normalerweise ein Spannungsregler benötigt [*6*].

Allgemein ist beim Parallelbetrieb von Kleinerzeugeranlagen am starren Netz zu beachten, daß der Generator bei starken Absenkungen des Netzspannungsniveaus durch die Wirkung des Spannungsreglers leicht zu weit in den übererregten Bereich kommen kann. Man wählt dann entweder eine sehr große Statik oder sieht eine Strombegrenzungseinrichtung vor, um Überlastungen des Generators zu vermeiden.

F. Betriebsführung und Überwachung

Die Geräte zur Bedienung bzw. ihre Antriebe sowie die Meßinstrumente und Meldeleuchten zum Überwachen der Regelanordnung sind je nach Ausführungsart der Kraftwerkswarte im Generatorpult oder in der Generatortafel untergebracht.

In kleinen Kraftwerken ist oft nur eine Generatortafel vorhanden, die alle Befehlsgeräte und Instrumente enthält. Große Anlagen erfordern neben der Tafel noch ein Generatorpult. Auf der Tafel sind dann häufig die Instrumente zum Überwachen der Regeleinrichtung montiert, während das Pult im wesentlichen die Geräte zur Bedienung aufnimmt.

Dampfkraftwerke erhalten als Sammelschienenkraftwerke getrennte Elektro- und Wärmewarten, als Blockkraftwerke sog. Blockwarten, in denen alle Befehls- und Meßgeräte zur Bedienung und Überwachung der Regeleinrichtungen sowohl des elektrotechnischen als auch des wärmetechnischen Teils angeordnet sind.

Bedienung. Zum Betrieb der Regelanlage werden die folgenden Bedienungsgeräte benötigt:

1. *Reglerschalter* zum Übergang von Handregelung auf selbsttätige Regelung und umgekehrt, ausgeführt als Nocken-, Paket- oder Walzenschalter, ohne oder mit Motorantrieb für Fernverstellung durch Befehlsschalter.

2. *Sollwerteinsteller* zum Einstellen des Sollwertes der Generatorspannung, ausgeführt als Widerstandsgerät mit Stufenschalter oder als Drehpotentiometer; beide Ausführungen ohne oder mit Motorantrieb für Fernverstellung durch Befehlsschalter.

3. *Nebenschlußsteller* zur Handregelung der Generatorspannung, ausgeführt als Widerstandsgerät mit Stufenschalter, ohne oder mit Motorantrieb für Fernverstellung durch Befehlsschalter.

Bei elektromechanischen Reglern mit Hilfsenergie wird ein besonderer Nebenschlußsteller meist nicht benötigt, da die Stufenschalteinrichtung des Reglers auch zur Handregelung benutzt werden kann. Es tritt dann an die Stelle des Neben-

Bild 18. Blick in das Maschinenhaus eines Wasserkraftwerkes. In jeden Hauptgenerator ist ein Konstantspannungs-Wellengenerator zur Speisung des getrennt aufgestellten Erregerumformers eingebaut

schlußsteller-Handrades ein Befehlsschalter zur Fernverstellung der Stufenschalteinrichtung durch einen Stellmotor.

In Verbindung mit einem Magnetregler wird häufig zur Handregelung an Stelle des Nebenschlußstellers ein kleiner Drehtransformator mit nachgeschaltetem Trockengleichrichter in Drehstrombrückenschaltung verwendet.

Überwachung. Die hierfür erforderlichen Geräte sind z. B.:

1. *Abgleichinstrument* oder Meldelampe für das Einsetzen oder Herausnehmen des Reglers (Übergang von Handsteuerung auf Regelung oder umgekehrt).

Bild 19. Blockwarte eines Dampfkraftwerkes

2. *Meldelampen* zur Anzeige der Endstellungen des (fernverstellbaren) Sollwerteinstellers.

3. *Meldelampen* zur Anzeige der Endstellungen und (oder) der Nullstellung der Kontaktarme der Stufenschalteinrichtung (bei elektromechanischen Reglern) bzw. des Nebenschlußstellers.

4. *Meldelampen* zur Anzeige der Endstellungen des Drehtransformators (bei Anordnungen mit Magnetregler).

5. *Meßinstrumente* zur Anzeige des Generatorbetriebszustandes und der Erregerwerte, z.B. Generatorspannung, Generatorleistung, $\cos\varphi$, Polradstrom, Erregerstrom der Erregermaschine und Ausgangsgrößen des Spannungsreglers.

Darüber hinaus können zur laufenden Überwachung der Regelungsanordnung noch weitere Betriebszustände, z.B. durch Anzeigeinstrumente und Meldelampen, in die Warte gemeldet werden. Dazu zählen die kontinuierliche Stellungsmeldung von Sollwerteinsteller, Nebenschlußsteller und Stufenschalteinrichtung, die Öldrucküberwachung und Kontrolle der Umschaltvorgänge im hydraulischen System bei Spannungsreglern mit Öldruckverstärker sowie die Überwachung aller Hilfsspannungen bzw. der zusätzlichen fremden Hilfsenergie für den Regler. Einige dieser Meldungen können — gegebenenfalls kombiniert mit entsprechenden Meldungen der sonstigen Überwachungseinrichtungen — auf die Leuchtschrifttafel im Generatorpult gegeben werden.

G. Quellenhinweise

[*1*] TITTEL, J.: Synchronmaschine. In: E. v. RZIHA: Starkstromtechnik. Hrsg. R. GENTHE. Bd. I. 8. Aufl. Berlin: W. Ernst & Sohn 1955. S. 425–507.

[*2*] ACHENBACH, H.: Neuzeitliche Spannungsregelungseinrichtungen für Synchrongeneratoren. Fachbericht Nr. 423 der Associazione Elettrotecnica Italiana, Triest (1956). Druckschrift 412/301a (Original italienisch) der Siemens-Schuckertwerke AG.

[*3*] HENNING, H.: Kennliniensteuerung bei der Spannungsregelung von Generatoren im Parallelbetrieb. Regelungstechnik 4. Jg. (1956) S. 311–318.

[*4*] TITTEL, J.: Drehstromgeneratoren im Verbundbetrieb. Elektrotechn. u. Masch.-Bau 62. Jg. (1944) S. 149–168.

[*5*] BAUER, H.: Stabilität von Drehstromverbundsystemen. Siemens-Z. 27. Jg. (1953) S. 295–311.

[*6*] ACHENBACH, H. u. HOCHSTETTER, W.: Konstantspannungs-Generatoren im Allein- und Parallelbetrieb. Elektro-Welt 1. Jg. (1956) H. 7, S. 157–160.

[*7*] RENZ, E.: Selbstregelnde Synchrongeneratoren kleiner Leistung. AEG-Mitt. 47. Jg. (1957) S. 132–135.

[*8*] BAUER, S. u. TIMASCHEFF, A.: Stützschaltung für Asynchronmotoren zum Antrieb von Erregerumformern. Elektrotechn. u. Masch.-Bau 59. Jg. (1941) S. 421–430.

[*9*] HARZ, H. u. HENNING, H.: Erregerumformer mit Konstantspannungs-Wellengenerator für große Wasserkraftgeneratoren. Siemens-Z. 29. Jg. (1955) S. 288–293.

[*10*] HARZ, H. u. HENNING, H.: Erprobungsversuche mit Konstantspannungs-Wellengenerator und Erregerumformer. Siemens-Z. 29 Jg. (1955) S. 342–346.

[*11*] PINKAWA, W.: Erregermethoden bei Großgeneratoren mittels „elektrischer Welle" unter Berücksichtigung von Selbsterregerschaltungen. Elin-Z. 9. Jg. (1957) H. 1, S. 1–6.

[*12*] JUNIOR, H.: Spannungsregelung großer Drehstromgeneratoren mit magnetischen Verstärkern und Verstärkermaschinen. VDE-Fachber. 19. Bd. (1956) S. I/160–I/166.

[*13*] VIDMAR, JR., M.: Comparison of four main types of rotary exciters employed in modern practice with regard to the exciting effectiveness. CIGRE-Ber. Bd. 2 (1954) Nr. 138, S. 1–12.

[*14*] MODLINGER, R.: Die selbsttätige Spannungsregelung von Synchrongeneratoren mittels gittergesteuerter Gleichrichter. ETZ-A 75. Jg. (1954) S. 273–278.

[*15*] ETTINGER, E. L. u.a.: Versuchsanlage für Stoßerregung mit Stromrichtern in einem großen Wasserkraftwerk. Dt. Elektrotechn. 10. Jg. (1956) S. 142–146.

[*16*] ZIMMERMANN, J. A.: A-C inductor alternator excitation system. Allis-Chalmers, Druckschr. (Nov. 1954) S. 1–5.

[*17*] ACHENBACH, H.: Spannungsregler für Großgeneratoren. Siemens-Z. 31. Jg. (1957) S. 529–537.

[18] Kümmel, F.: Gegentakterregung von elektrischen Maschinen durch Magnetverstärker. ETZ-A 77. Jg. (1956) S. 492–498.

[19] Laible, Th.: Die Reaktanzen und andere Konstanten der Synchronmaschine. Bull. Oerlikon (1953) Nr. 300, S. 59–71.

[20] Fieguth, H.-O.: Schnellumschaltung in Kraftwerks-Eigenbedarfsanlagen. ETZ-A 74. Jg. (1953) S. 647–650.

[21] Schuisky, W.: Anlauf von Kurzschlußmotoren bei Speisung durch Generatoren kleiner Leistungen. ETZ-A 76. Jg. (1955) S. 148–152.

[22] Harder, E. L. u. Cheek, R. C.: Regulation of a-c generators with suddenly applied loads. Pt. 1. Trans. Amer. Inst. electr. Eng. Pt. I Bd. 63 (1944) S. 310–318.

[23] Harder, E. L., Cheek, R. C. u. Clayton, J. M.: Regulation of a-c generators with suddenly applied loads. Pt. 2 Trans. Amer. Inst. electr. Eng. Pt. I Bd. 69 (1950) S. 395–406.

[24] Stössinger, H.: Die Bemessung von Diesel-Notstromsätzen im Hinblick auf die Vorgänge beim Zuschalten der Last. Elektrotechn. u. Masch.-Bau 58. Jg. (1940) S. 120–124.

[25] Roth, W.: Regelungsaufgaben in Wasserkraftwerken. Elektr.-Wirtsch. 56. Jg. (1957) S. 754–761.

[26] Waldvogel, P.: Theorie der Spannungshaltung einer auf eine lange leerlaufende Leitung arbeitende Drehstrommaschine. Brown-Boveri-Mitt. 32. Jg. (1945) S. 251–263.

[27] Keller, R.: Die Beherrschung der Selbsterregung bei Synchrongeneratoren. Bull. Schweiz. elektrotechn. Ver. 40. Jg. (1949) S. 173–179.

[28] Voipio, E.: The choice of voltage regulators in connection with heavily loaded transmission lines. CIGRE-Ber. Bd. 3 (1958) Nr. 334.

[29] Schloffer, G.: Erfahrungsbericht des Bauherrn. Elin-Z. 6. Jg. (1954) S. 99–105.

[30] VDE 0530/3.59. Regeln für elektrische Maschinen. Hrsg. Verband Deutscher Elektrotechniker (VDE) e. V.

[31] Rapidyne ist eingetragenes Warenzeichen der Siemens-Schuckertwerke AG.

33. Energieverbundwesen

Von **F. Maier**

Inhaltsübersicht

A. Überblick

In den folgenden Abschnitten werden Verfahren zur Regelung von Leistung und Frequenz und zur Lastaufteilung behandelt. Sie erstrecken sich auf Zusatz-Regeleinrichtungen, die auf Maschinen mit Drehzahlregler einwirken. Die Art des Drehzahlreglers, sei er mechanisch, hydraulisch oder elektrisch, hat keinen wesentlichen Einfluß hierauf.

Von der Beschreibung einzelner Gerätekonstruktionen ist, auch mit Rücksicht auf den Umfang, abgesehen. Lediglich sind ein Meßumformer und Verstärker nach dem Kompensationsverfahren wegen ihrer allgemeinen Anwendbarkeit und besonderen Eignung für Wechselregelungen näher erläutert.

Von mathematischen Ableitungen ist Abstand genommen. Nur bei der Verbundregelung von Netzen sind die sich aus der Schaltung ergebenden Gleichungen hingeschrieben. Sie sollen, trotz anderer Betrachtungsweise des Regelungsaufbaues, die grundsätzliche Übereinstimmung mit mathematisch dargestellten Regelverfahren dartun.

B. Die Einwirkung auf die Kraftmaschinen

1. Der Drehzahlversteller

Die Drehzahlregler der Kraftmaschinen werden normalerweise als P-Regler betrieben (s. auch Kapitel 2 Abschnitt E 3 b). Es ergibt sich dadurch die im *Bild* 1 dargestellte Regelkennlinie (in diesem Fall der Zusammenhang zwischen Dreh-

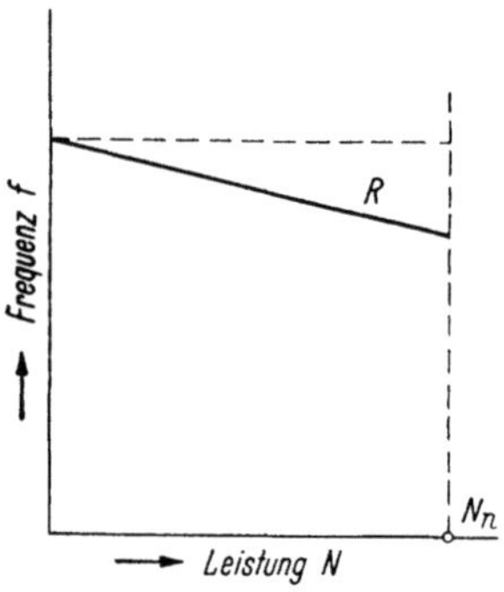

s = 2 bis 10%; im Mittel 4 bis 6%

Bild 1. Regelkennlinie R der Drehzahl bzw. Frequenz eines Maschinensatzes im Alleinbetrieb. Statik der Regelkennlinie $s = \Delta f/\Delta N$

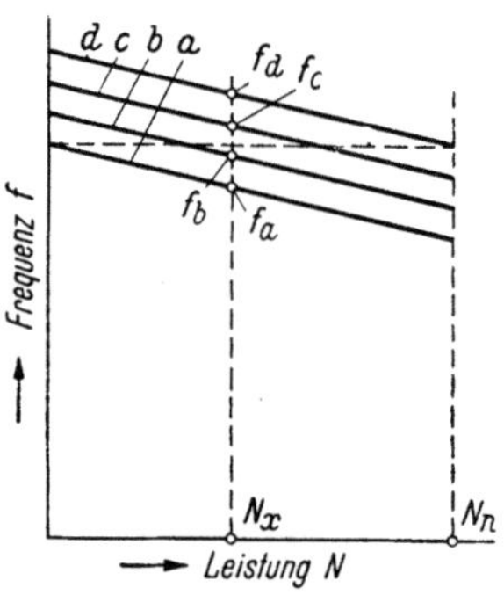

a bis d Regelkennlinien bei verschiedenen Lagen des Drehzahlverstellers
f_a bis f_d Betriebsfrequenzen bei der Leistung N_x

Bild 2. Änderung der Frequenz im Alleinbetrieb bei Änderung des Drehzahlverstellers

zahl oder Frequenz und Leistung). Im Alleinbetrieb eines Maschinensatzes, also bei gegebener Leistung, ergibt eine Parallelverschiebung der Kennlinie eine Variation der Frequenz (*Bild* 2). Bei einer bestimmten Belastung N_x stellen sich dann z.B. die den Kennlinien a bis d entsprechenden Frequenzen ein. Im Parallelbetrieb mit einem frequenzhaltenden Netz dagegen ergibt die Verschiebung der Kennlinie eine Änderung der abgegebenen Leistung (*Bild* 3). Die zu den Kennlinien a bis d gehörenden Leistungswerte N_a bis N_d ergeben sich als Schnittpunkte der Kennlinien. Um eine Maschine von Leerlauf bis Vollast zu belasten, muß also die Kennlinie von a bis d, d.h. um den Betrag der Statik gehoben werden.

Der Eingriff in die Maschinensteuerung (um Frequenz oder, im Parallelbetrieb, Leistung zu regeln) erfolgt zweckmäßigerweise über den Drehzahlversteller. Die Funktion des Drehzahlreglers und die Statik der Regelkennlinie als Grundlage des stabilen Parallelbetriebes bleiben dann erhalten.

2. Der Öffnungsbegrenzer

Neben dem Drehzahlversteller erhalten Wasserkraftmaschinen (in neuerer Zeit vielfach auch die Dampfturbinen) einen Öffnungsbegrenzer. Dieser verhindert, daß der Drehzahlregler das Leitrad (bzw. die Ventile) über das eingestellte Maß hinaus öffnet. Er ist daher nur im Verbundbetrieb brauchbar, wobei dann die

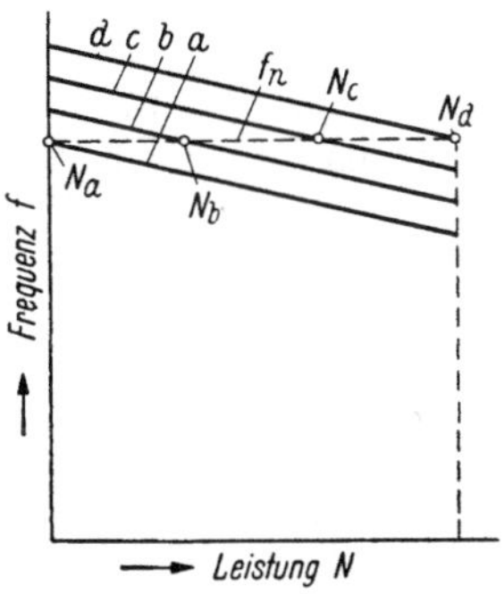

f_n Netzfrequenz
a bis d Regelkennlinien bei verschiedenen Lagen des Drehzahlverstellers
N_a bis N_d Leistung bei den verschiedenen Lagen a bis d des Drehzahlverstellers

Bild 3. Änderung der Leistung über den Drehzahlversteller bei Betrieb mit starrem Netz

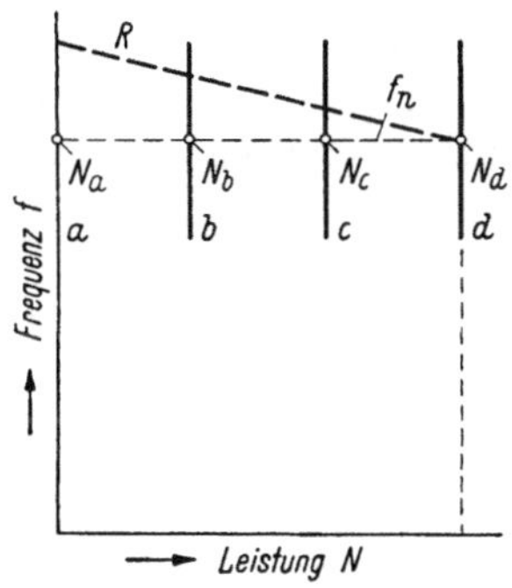

f_n Netzfrequenz
R Drehzahlregelkennlinie bei Alleinbetrieb
a bis d Kennlinien bei verschiedenen Lagen des Öffnungsbegrenzers
N_a bis N_d Leistung bei verschiedenen Lagen des Öffnungsbegrenzers

Bild 4. Änderung der Leistung über den Öffnungsbegrenzer bei Betrieb mit starrem Netz

Frequenz durch das Verbundnetz gehalten wird. Um die Maschine im normalen Lastbereich ausschließlich dem Öffnungsbegrenzer zu unterstellen, muß sie dem Einfluß des Drehzahlreglers entzogen werden, indem ihre Drehzahl-Leistungs-Kennlinie hochgeschoben wird (*Bild* 4). Sie beteiligt sich dann aber nicht an der Frequenzhaltung des Netzes. Aus diesem Grund sollten große Maschinen, denen eine Bedeutung im Verbundbetrieb zukommt, nicht über den Öffnungsbegrenzer geregelt werden. Eine gewisse Berechtigung hat dieser bei der Durchflußregelung kleiner und mittlerer Wasserkraftmaschinen. Bei den meist langsamen Veränderungen des Wasserzuflusses bringt der Einfluß der schwankenden Frequenz über den Drehzahlregler eine Beunruhigung in die gesamte Regelung und damit unerwünschte vorübergehende Schwankungen des Abflusses. Mit der zunehmenden verbesserten Frequenzhaltung der Netze tritt dieser Gesichtspunkt jedoch weiter zurück.

Nachteilig ist die Regelung über den Öffnungsbegrenzer bei Dampfturbinen. Werden diese von Gegendruckreglern oder Leistungsreglern gesteuert, so spielt die Frequenz als Störgröße gegenüber den Schwankungen des Dampfbedarfs, des Kesseldrucks, der Temperatur, des Leistungsverbrauchs nur eine untergeordnete Rolle. Auch nimmt die mit dem Öffnungsbegrenzer gesteuerte Maschine bei Lösung des Parallelbetriebs mit dem Netz eine unkontrollierte Frequenz an. Bei zu geringer Öffnung gegenüber der Restlast sinkt die Frequenz stark ab, und es müssen besondere Vorkehrungen getroffen werden, um den Öffnungsbegrenzer dann erst ganz aufzufahren. Andererseits kann bei einer plötzlichen Entlastung der hoch eingestellte Drehzahlregler u. U. die Maschine nicht vor Erreichen der Schnellschlußdrehzahl abfangen.

3. Einwirkung auf die Stelleinrichtung

Die Art der Einwirkung auf die Stelleinrichtung hängt von der erstrebten Stellgeschwindigkeit ab. Der höchste zulässige Betrag der Stellgeschwindigkeit ist durch die Eigenschaften der gesamten Anlage bestimmt. Bei Wasserkraftmaschinen sind die Druckstöße in der Rohrleitung maßgebend, bei Dampfturbinen die wechselnde thermische Beanspruchung und die Steuerbarkeit der Kessel.

a) Der Elektromotor mit konstanter Drehzahl

Bei Regelungen ohne besondere Ansprüche an die Stellgeschwindigkeit genügen Stellmotoren konstanter Drehzahl. Der Motor wird durch vom Regler gesteuerte Schütze geschaltet, wobei die Einschaltdauer und damit auch der Stellweg proportional der Regelabweichung bemessen ist. Am besten eignet sich dazu der Gleichstrom-Nebenschlußmotor mit fester Erregung. Seine Drehzahl ist weitgehend konstant und läßt sich durch einen Spannungsteiler vor dem Anker verändern; außerdem ist elektrische Kurzschlußbremsung möglich, um den störenden Nachlauf zu verhindern (*Bild* 5). Mit einem derartigen Stellmotor lassen sich Laufzeiten für den Bereich Leerlauf–Vollast bis herunter zu etwa 20 s erreichen. Eine weitere Verkürzung ist auf diesem Weg nicht zu erzielen. Die Einschaltzeit für den Drehzahlverstellmotor wird für kleine Stellgrößenänderungen zu kurz; die Stellgröße läßt sich dann nicht mehr mit genügender Genauigkeit einstellen.

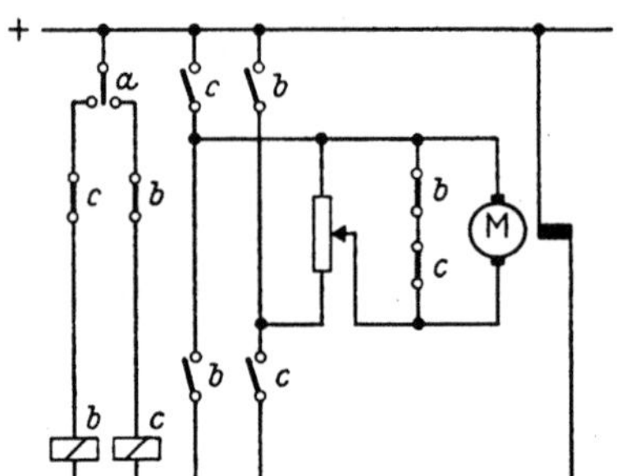

a Steuerkontakt für das Eingangssignal
b Schütz mit Steuerkontakten
c Schütz mit Steuerkontakten
M Stellmotor

Bild 5. Stromlaufplan für Stellmotor mit einstellbarer konstanter Drehzahl

b) Der Elektromotor mit abweichungsproportionaler Drehzahl

Eine Steigerung der Stellgeschwindigkeit, insbesondere für größere Änderungen, läßt sich erzielen, wenn die Stellgeschwindigkeit etwa proportional der Regelabweichung zugeordnet wird. Eine der Drehzahl proportionale Spannung erhält man in einfacher Weise durch eine Schaltung nach *Bild* 6 bei konstanter Erregung aus der Ankerspannung des Motors.

Da es sich bei den Stellmotoren um kleinere Leistungen handelt, läßt sich der LEONARD-Steuersatz zweckmäßig z.B. durch einen Stromtorregler ersetzen. Neben ihrer Einfachheit hat diese Anordnung noch den Vorzug, daß der verwendete Gleichstrom-Nebenschlußmotor für die Handsteuerung in der üblichen Form (Ein- und Ausschaltung bei konstanter Drehzahl) brauchbar bleibt.

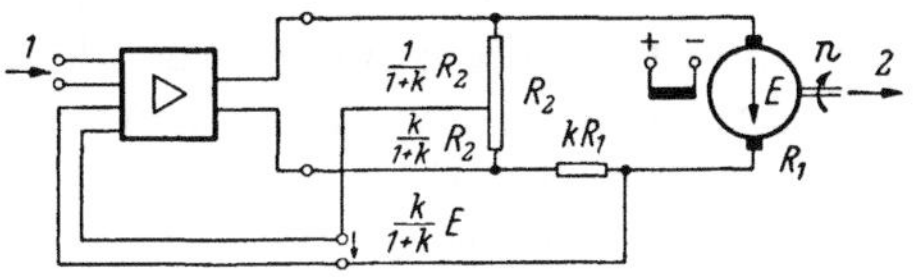

1 Regelabweichung
2 Stellsignal
$E \sim n$
R_1 Widerstand der Ankerwicklung

Bild 6. Schaltung mit abweichungsproportionaler Drehzahl

Magnetverstärker erfordern bei direktem Anschluß einen speziellen Wechselstromstellmotor. Dieser eignet sich wenig für die Handsteuerung, weshalb hier ein zweiter normaler Stellmotor benötigt wird. Die Läufer beider Motoren können miteinander starr gekuppelt oder nach Art eines Differentialgetriebes verbunden sein. Verwendet man den Magnetverstärker innerhalb einer Gleichstrombrücke, wobei der Anker des Nebenschlußmotors in der Diagonalen liegt, so benötigt der Magnetverstärker die mehrfache Leistung des Stellmotors.

Die Proportionalität zwischen Regelabweichung und Stellgeschwindigkeit wird im allgemeinen nur auf einen solchen Betrag der Regelabweichung erstreckt, wie er im normalen Verlauf der Regelung auftritt. Bei Überschreitung dieses Grenzbetrages bleibt dann die Stellgeschwindigkeit auf ihrem maximalen Wert. Diese Begrenzung ist dann ohne weiteres gegeben, wenn schon die Regelabweichung durch die Auslegung der Geräte beschnitten ist.

Mit diesen Mitteln kann man auf Stellzeiten von einigen Sekunden kommen. Soweit die proportionale Zuordnung erhalten bleibt, ist die Stellzeit für alle Regelabweichungen konstant.

c) Der hydraulische Schnellstellantrieb

Die Verschiebung der Regelkennlinien durch Eingriff am Drehzahlversteller erfordert u. U. eine schnelle Bewegung und eine entsprechende Kraft. Dafür hat sich allgemein der ölhydraulische Antrieb durchgesetzt. Für die Frequenz- und Leistungsregelung verwendet man vorzugsweise elektrisch gesteuerte Druckölantriebe, wobei die Stellgeschwindigkeit dem Steuerstrom wenigstens innerhalb eines gewissen Bereiches proportional ist. Wird die Regelabweichung als Steuerstrom verwendet, so ist der gewünschte Zusammenhang mit der Stellgeschwindigkeit erreicht. Mit derartigen Schnellstellantrieben lassen sich Stellzeiten bis unter 1 s erzielen.

Ein grundsätzlicher Unterschied gegenüber den elektrischen Stellmotoren liegt in der begrenzten Bewegung des hydraulischen Antriebs gegenüber der endlosen rotierenden Bewegung des Elektromotors. Da auf den elektrischen Stellmotor zum Zweck der Handsteuerung nicht verzichtet werden kann, erhält der Schnellstellantrieb nur den für die Regelung benötigten Stellbereich von etwa 3 Hz, während der elektrische Stellmotor den Gesamtbereich, auch ausreichend für Anfahren und Sonderfälle, beherrscht. Dadurch muß die elektrische Stelleinrichtung in eine ganz bestimmte Lage gebracht werden, damit der hydraulische Schnellstellantrieb bei der Regelung in seinem Arbeitsbereich wirken kann.

Den elektromotorischen Stellantrieben ist gemeinsam, daß sie beim Abschalten der Regelung in ihrer augenblicklichen Stellung verharren. Am hydraulischen Stellantrieb sieht man zweckmäßigerweise eine elektromagnetisch betätigte Sperrvorrichtung vor. Dadurch ist jederzeit ohne weiteres der Übergang auf Handsteuerung möglich. Auch kann man bei Störungen innerhalb der Regeleinrichtung die Regelung blockieren und so eine Fehlregelung verhindern.

Sofern bei elektrischen Drehzahlreglern die Eingriffe durch mechanische Veränderung an Drosseln oder Widerständen erfolgen, können die gleichen Stellantriebe verwendet werden, wie sie vorstehend aufgeführt sind. Schwierigkeiten hinsichtlich einer Blockierung der Regelung ergeben sich bei elektrischen Drehzahlreglern dagegen dann, wenn die Stelleinflüsse rein elektrischer Natur sind (Ströme oder Spannungen). Dann verschwindet bei Störungen dieser Einfluß, wodurch sofort Drehzahländerungen oder Lastverschiebungen auftreten.

C. Meßverfahren und Geräte

1. Allgemeines

Das auf dem Gebiet der Frequenz- und Leistungsregelung angewendete Baukastensystem bietet den Vorteil, mit nur einigen Grundtypen von Geräten die verschiedensten Aufgaben zu erfüllen. Die Regelgrößen oder die Regelabweichungen und die einzuführenden Sollwerte werden in proportionale richtungsabhängige Gleichströme umgeformt. Die Geräte zur Einwirkung auf die Stellantriebe können dann ebenfalls einheitlich für Gleichstromeingang ausgelegt werden. Dadurch ist neben einfachem, übersichtlichem Aufbau ein bequemes Umschalten auf verschiedene Regelgrößen und eine Erweiterung leicht möglich.

Die Umformung der Regelgrößen bzw. Regelabweichungen muß proportional erfolgen, wenigstens innerhalb des normalen Regelbereiches. Daß bei dessen Überschreitung die Regelabweichung ein Maximum erreicht, stört nicht. Wichtig ist eine möglichst verzögerungsfreie Umformung der Meßwerte. Wenn es sich um eine absichtlich langsame Regelung handelt, so darf zwar der Stellbefehl, nicht aber die Messung der Regelgröße verzögert werden, da sonst die Schwierigkeiten der Rückführung wachsen.

2. Örtliche Messung

Für die Umformung der Regelgrößen Frequenz und Leistung in Gleichströme seien als Beispiel Geräte erwähnt, die nach dem Prinzip der Drehmoment-Kompensation arbeiten (s. Kapitel 12, *Bild* 29 u. 45 und Kapitel 13, *Bild* 23).

Um aus einem solchen Meßumformer auch Ströme wechselnder Richtung zu erhalten, wird nach *Bild* 7 durch eine Hilfsspannung ein dem Röhrenstrom entgegengerichteter Vorstrom überlagert. Mit zunehmendem Aufdrehen der Röhre vermindert sich der Strom in der negativen Richtung und wechselt über Null hinüber in die positive Richtung.

Für *Leistungsmessungen* werden, je nach Bedarf, mehrere elektrodynamische Meßwerke verwendet; man kann auf diese Weise auch mechanisch bereits eine Summe von Leistungswerten, beispielsweise einer Doppelleitung, bilden. Zum Zweck der *Frequenzmessung* wird das für Blindleistung ausgebildete Meßwerk an einen Resonanzkreis hoher Konstanz angeschlossen, die zugeführte Spannung durch einen magnetischen Konstanthalter auf festem Wert gehalten. Je nach den Genauigkeitsforderungen sind Meßbereiche bis herab zu 49,7 bis 50,3 Hz üblich, wobei die Genauigkeit $\pm 1{,}5\%$ des Meßbereiches, somit ± 9 mHz beträgt.

Liegt die Regelgröße durch ein direkt anzeigendes oder schreibendes Instrument bereits vor, so kann der Meßumformer gleich zur Aufnahme der Vergleichsgröße mit verwendet werden. Zu diesem Zweck wird die Vergleichsgröße als Gleichstrom auf ein Meßwerk des Meßumformers gegeben; dadurch bildet dieser mechanisch die Differenz zwischen den Drehmomenten des Ist- und Sollwertes. Er liefert dann im Ausgang einen der Regelabweichung in Größe und Richtung entsprechenden Strom, wobei er zugleich als Verstärker wirkt.

1 Meßgröße
2 Kompensationswicklung
3 Meßwertanzeige
I_R Gesteuerter Röhrenstrom
I_V Negativer Vorstrom
I_A Ausgangsstrom

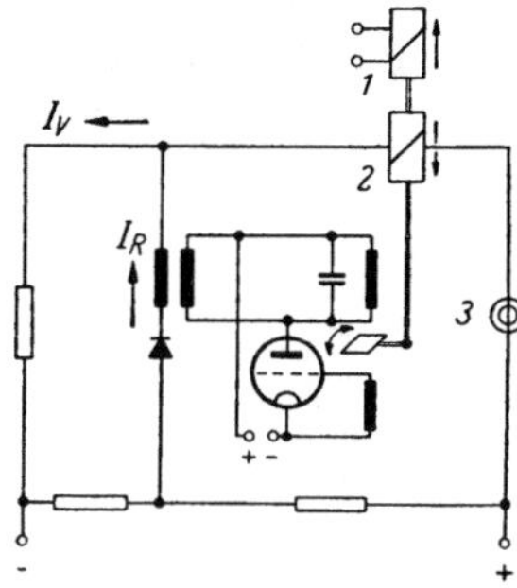

Bild 7. Meßumformerschaltung für wechselnden Ausgang

Die Meßumformer können infolge ihres Kompensationsprinzips die ihnen zugeführten Meßwerte auf ihrer Ausgangsseite elektrisch summieren. Dieser Weg kann auch als zweite Möglichkeit zur Einführung der Vergleichsgröße beschritten werden. Hierbei wird ein Kompensationsverstärker ähnlichen Aufbaues wie der Meßumformer verwendet. Er hat ein Gleichstrom-(Drehspul-)Meßwerk mit zwei Wicklungen, von denen eine der Kompensation dient. Der Sollwert wird als Gleichstrom auf die zweite Wicklung gegeben. Die Zusammenschaltung der Ausgänge von Istwert-Meßumformer und Sollwertverstärker liefert in Größe und Richtung die Regelabweichung.

In einer Sonderausführung übernimmt der Verstärker zugleich die Konstanthaltung des eingestellten Sollwertes. Für Summierungszwecke kann der Verstärker auch mit mehreren Gleichstrom-Meßwerken ausgeführt werden.

3. Fernmessung

In vielen Fällen steht die Regelgröße, insbesondere die Übergabeleistung, nicht am Regelort zur Verfügung, sondern muß fernübertragen werden. Sind die Fernmeßleitungen durchgeschaltet, so kann meist die Übertragung durch Meßumformer (s. Kapitel 12 und 13) erfolgen, wobei Leitungswiderstände bis zu 1000 Ω ohne weiteres überbrückbar sind. Die meßwertgesteuerte Frequenzmodulation ist auf allen Übertragungskanälen anwendbar und ergibt besonders geringe Meßverzögerung. Sonst wird als einfaches Fernmeßverfahren die Impulsfrequenzübertragung angewandt. Hier wird der Meßwert in eine ihm entsprechende Zahl von Impulsen je Sekunde umgewandelt. Als Arbeitsbereich wählt man 5 bis 15 Imp/s, wobei 5 Imp/s dem positiv kleinsten bzw. negativ größten, 15 Imp/s dem positiv größten Meßwert zugeordnet sind. Diese Geräte arbeiten ebenfalls nach dem Kompensationsprinzip; sie bestehen aus einem Meßumformer, der seinerseits einen Impulsgeber steuert. Die Übertragung der Meßimpulse kann als direkte Übertragung mit

Gleich- oder Wechselstrom, als Tonfrequenz, leitungsgerichtete Hochfrequenz oder Richtfunk erfolgen.

Auf der Empfangsseite werden die Fernmeßimpulse wieder in einen kontinuierlichen Gleichstromwert umgewandelt und verstärkt (*Bild* 8). Der so verstärkte Strom wird zunächst zur Anzeige oder Registrierung der Regelgröße benutzt; zur Bildung der Regelabweichung wird dann der Sollwert über einen Kompensationsverstärker in Summenschaltung beigemischt. In einfachen Fällen läßt sich der Sollwert auch mit Hilfe einer Saugschaltung einführen, wodurch sich auch die Regelabweichung in Größe und Richtung ergibt.

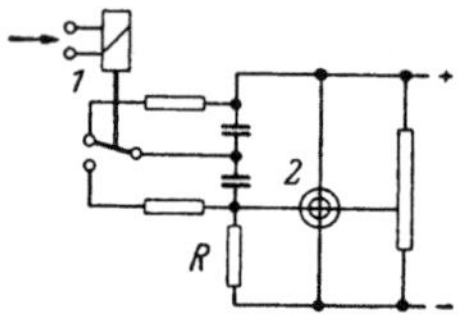

1 Fernmeßrelais
2 Meßwertanzeiger
R Kompensationswiderstand für Nullpunkt

Bild 8. Fernmeßempfangseinrichtung

4. Regelgenauigkeit

Bei Leistungsregelungen hängt die theoretisch erreichbare Genauigkeit grundsätzlich nicht bloß von dem Meßbereich der Regelgröße, sondern auch von der Leistung der geregelten Maschine ab. Praktische Grenzen sind weiterhin durch Größe, Häufigkeit und Steilheit der Regelabweichung unter Berücksichtigung der Stellgeschwindigkeit gesetzt.

D. Parallelregelung mehrerer Maschinen

1. Zweck der Parallelregelung

Ist eine Maschine allein nicht in der Lage, die auftretenden Belastungsschwankungen zur Konstanthaltung der Frequenz oder einer Übergabeleistung zu decken, so werden zwei oder mehr Maschinen in die Regelung einbezogen. Auch allgemein betriebswirtschaftliche Erwägungen führen vielfach zur Aufteilung der Leistung auf mehrere Einheiten. Die einzelne Maschine arbeitet dann in einem engeren Bereich und kann dadurch eher in der Nähe ihres Bestpunktes betrieben werden. Mehrere Maschinen arbeiten dann mit dem besten Gesamtwirkungsgrad, wenn die Tangenten in den jeweiligen Arbeitspunkten ihrer Leistungskurven (abgegebene Leistung als Funktion der aufgenommenen Leistung) gleiche Neigung haben (*Bild* 9). Dann ergibt sich bei einer kleinen Verschiebung der abgegebenen Leistungen in beliebigem Sinn ein gleichbleibender Wert für die Summe der aufgenommenen Leistungen, ein Zeichen für ein Extremum. Dabei ist gleichsinnige Krümmung für die einzelne Kurve vorausgesetzt.

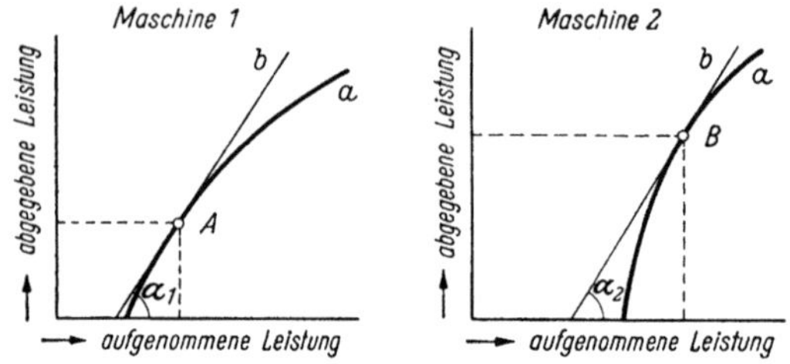

a Leistungskennlinie
b Tangente an die Leistungskennlinie in zwei speziellen Punkten A und B optimalen Wirkungsgrades ($\alpha_1 = \alpha_2$)

Bild 9. Lastverteilung nach bestem Gesamtwirkungsgrad

Für die Gestaltung der Regelungsanordnung leitet sich hieraus zunächst ab, daß gleichartige Maschinen am wirtschaftlichsten gleichmäßig zu belasten sind.

Auch bei verschiedenartigen Maschinen handelt es sich um ein Zuordnungsproblem, wobei die zusammengehörigen Belastungswerte durch die Leistungskurven gegeben sind.

Es genügt nicht, den Stellantrieben die Befehle gleichzeitig zuzuführen. Bei den unvermeidlichen Differenzen in den Stellgeschwindigkeiten und Stellwegen ist hierbei ein Auseinanderlaufen der Belastungen auf kürzere oder längere Dauer nicht zu verhindern. Eine elektrische oder mechanische Kopplung der Stellantriebe mehrerer Maschinen ist meist nur schwer möglich; es ist deshalb ein der Hauptregelung überlagerter Belastungsvergleich nötig, der die Maschinen in der gewünschten Belastungsverteilung zusammenhält.

2. Erfassung der Lastverteilung

a) Öffnungskriterium

Als Kriterien für den Belastungsvergleich zwischen den Maschinen bieten sich die Öffnung und die Leistung an. Da bereits der Drehzahlregler eine Verknüpfung zwischen Drehzahl und Öffnung herstellt, ist es naheliegend, auch das Gesetz der Lastverteilung nach der Öffnung durchzuführen. An die Stelle der Öffnung (Leitrad, Dampfventil) kann auch eine mit ihr festgekoppelte andere Größe treten (z.B. der Steueröldruck). Die Ableitung der Lastverteilung von der Öffnung gegenüber der Leistung gewährt den Vorteil, daß Stoßbelastungen und elektrische und dynamische Ausgleichvorgänge die Messung unberührt lassen. Vom Regler aus betrachtet liegt im Regelkreis die Einstellung der Öffnung vor der Leistung. Es entfällt daher auch die Übergangsfunktion Öffnung-Leistung, die bei Wasserkraftanlagen mit ungünstigen hydraulischen Verhältnissen besondere Schwierigkeiten bietet. Dazu zeigt die Maschinenleistung vielfach dauernde kleine Schwankungen, während die Stellorgane völlig ruhig verharren. Außerdem können von diesen ohne weiteres auch größere Kräfte zur Betätigung der Einstellgeräte abgenommen werden, z.B. Widerstandsgeber und Drehtransformatoren.

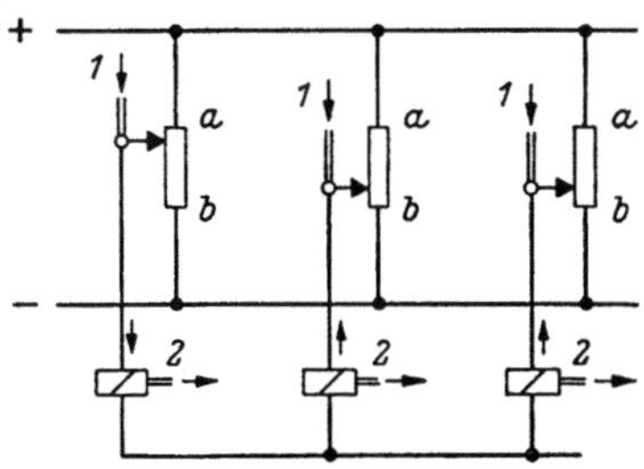

1 Signal vom Stellorgan an der Öffnung
2 Ausgleichgerät
(a Vollaststellung, b Leerlaufstellung)

Bild 10. Lastverteilung über die Öffnung

Die im Beispiel *Bild* 10 am Widerstandsgeber abgegriffene Spannung ist proportional der Öffnung. Bei gleicher Öffnung aller Maschinen haben die Abgriffe gleiches Potential, die Ausgleichgeräte sind stromlos. Ist z.B. Maschine 1 schon zu hoch belastet, so wird ihr Ausgleichgerät im Sinne zu großer, die der anderen Maschinen im Sinne zu kleiner Belastung durchflossen. Die Ausgleichströme entsprechen auch quantitativ den Abweichungen.

Ein Nachteil der Lastaufteilung gemäß der Öffnung liegt in den verbleibenden Leistungsdifferenzen, da die Leistung nicht nur eine Funktion der Öffnung ist. Da es aber bei der Lastverteilung im Gegensatz zu den Regelgrößen selbst nicht auf besonders hohe Genauigkeit ankommt, ist die Lastverteilung in Abhängigkeit von der Öffnung regelungstechnisch vorzuziehen.

Bei der Lastaufteilung auf mehrere Maschinen nach dem besten Wirkungsgrad geschieht die Zuordnung über entsprechend geformte Kurvenscheiben, die ihrerseits z.B. Widerstandsgeber verstellen (*Bild* 11).

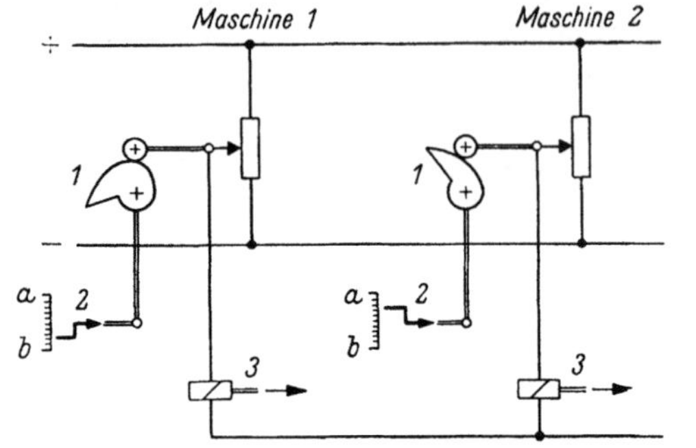

1 Wirkungsgradgeber
2 Kupplung mit Stellorgan der Öffnung
3 Ausgleichgerät (*a* Vollaststellung der Öffnung, *b* Leerlaufstellung der Öffnung)

Bild 11. Lastverteilung über Wirkungsgradgeber

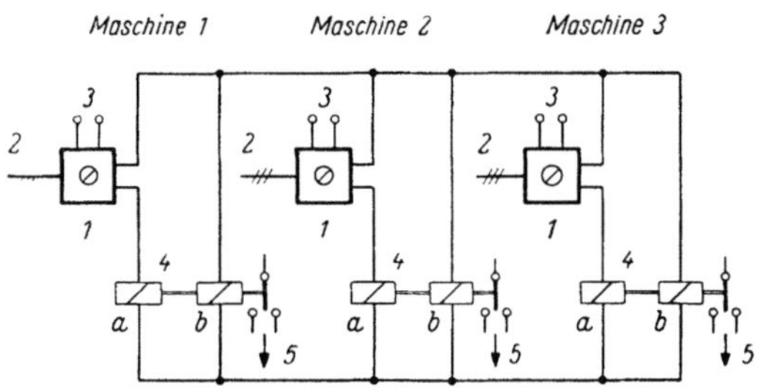

1 Leistungsmeßumformer
2 Leistungsmessung
3 Hilfsspannung
4 Ausgleichgerät
5 Stellsignal

Bild 12. Lastverteilung über die Leistung

b) Leistungskriterium

Eine Möglichkeit der Lastaufteilung nach der Leistung zeigt *Bild* 12. Die Leistungs-Meßumformer liefern den Leistungen proportionale Ströme, diese durchfließen die Wicklungen a der Ausgleichgeräte, deren Wicklungen b vom Drittel des Gesamtstromes im umgekehrten Sinn durchströmt werden. Bei gleichmäßiger Lastverteilung heben sich die Wirkungen in a und b auf, anderenfalls entstehen Differenzen, die in Größe und Richtung der Leistungsverschiebung entsprechen.

3. Einstellmöglichkeiten

Diese starre Zuordnung ist nur dort berechtigt, wo die Maschinen ihre Antriebsenergie einem gemeinsamen Energiespeicher entnehmen, z.B. bei einem Wasserkraftwerk mit mehreren Maschineneinheiten und dem gleichen Ober- und Unterwasserbecken. In allen anderen Fällen, insbesondere bei Dampfkraftanlagen, spielen die sonstigen Betriebsforderungen eine so wesentliche Rolle, daß eine elastische Zuordnung nötig ist, die den jeweiligen Bedürfnissen angepaßt werden kann.

Es müssen einerseits die Lastbereiche gegeneinander verschiebbar sein, in denen die Maschinen arbeiten; andererseits muß auch die Beteiligung der einzelnen

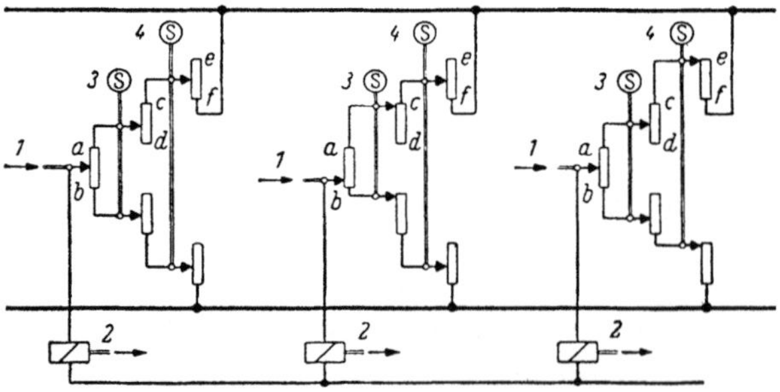

1 Kupplung mit Stellorgan der Öffnung (a Vollast, b Leerlauf)
2 Ausgleichgerät
3 Einstellung des Lastbereiches (c Unterer Lastbereich d Oberer Lastbereich)
4 Einstellung der Beteiligung (e Starke Beteiligung f Geringe Beteiligung)

Bild 13. Einstellbare Lastverteilung

Maschinen an den Belastungsschwankungen wählbar sein. In der Schaltung *Bild* 10 lassen sich diese Einstellmöglichkeiten gemäß *Bild* 13 einfügen. Die mittleren Widerstandsgeber verändern wie in *Bild* 10 ihren Abgriff mit der Belastung. Vor ihnen liegen die Doppeleinstellwiderstände (*3*) und (*4*). Die Widerstände (*3*) verschieben das gesamte Potential der Widerstandsgeber, so daß gleiches Potential an den Widerstandsgebern bei untereinander verschiedenen Belastungen erzielt wird. Hiermit werden die Lastbereiche eingestellt, in denen die einzelnen Maschinen arbeiten sollen. Die Doppeleinstellwiderstände (*4*) dagegen verändern die Größe der an den Widerstandsgebern liegenden Spannung. Ist diese bei einer Maschine kleiner als bei den anderen eingestellt, so muß deren Widerstandsgeber einen größeren Stellweg zurücklegen, um das gleiche Potential zu erreichen wie die anderen Widerstandsgeber. Diese Maschine beteiligt sich also stärker an der Übernahme der Belastungsschwankungen als die anderen Maschinen.

4. Kombination der Lastverteilung mit der Hauptregelung

a) Passive Lastverteilung

Das einfachste Verfahren leitet von der Lastverteilung lediglich Sperren für die Befehle der Hauptregelung ab, in deren Sinn die betreffende Maschine bereits voreilt, unter Zugrundelegung einer der in Abschnitt 2 beschriebenen Vergleichsmöglichkeiten (*Bild* 14). Die Stellbefehle des Hauptreglers gehen allen Maschinen gleichzeitig zu. Es sind jedoch bei jeder Maschine Sperrkontakte des Ausgleichrelais *A* in die eigenen Befehlsleitungen geschaltet. Bei Stromlosigkeit (wie für Maschine 2 gezeigt) sind dessen Kontakte geschlossen, lassen also die Stellbefehle ungehindert durch. Ist eine Maschine aber schon zu hoch belastet (s. Maschine 1), so unterbricht das Ausgleichrelais den Höher-Befehl. Bei zu geringer Belastung (wie für Maschine 3 gezeigt) ist dagegen der Tiefer-Befehl unterbunden. Auf diese Weise wird die Lastverteilung etwa in der vorgeschriebenen Form eingehalten. Nachteilig ist, daß sich an der Hauptregelung nur eine jeweils verschiedene Anzahl von Maschinen beteiligt, wodurch die Bemessung der Befehlsdauer und der Rückführung schwieriger wird. Außerdem führen Abweichungen in der Lastverteilung von sich aus nicht zu einer Korrektur.

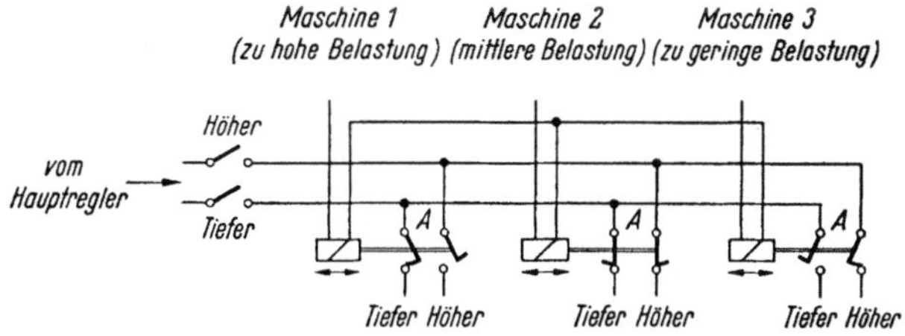

Bild 14. Passive Lastverteilung

b) Aktive Lastverteilung

Günstigere Verhältnisse für die Hauptregelung und die Lastverteilung schafft die aktive Lastverteilung, bei der diese in der vorgeschriebenen Form erzwungen wird und sich alle Maschinen stets an der Hauptregelung beteiligen. Bei zwei Maschinen ist die einfachste Form hierfür die Ausgleichregelung (*Bild* 15). Der

Hauptregler leitet auch hier seine Stellbefehle gleichzeitig an beide Maschinen. Auf ein zweites gleichartiges Gerät, den Ausgleichregler, wirkt der Fehler der Lastverteilung. An die Stelle der gezeigten Widerstandsgeber könnte auch ein Leistungs-Meßumformer mit zwei gegeneinander wirkenden Leistungsmeßwerken treten. Dieser bildet mechanisch die Differenzleistung und formt sie in Größe und Richtung in Gleichstrom um. Entspricht die Lastverteilung nicht der Vorschrift, so wirkt der Ausgleichregler auf beide Maschinen gegenläufig ein. Hierdurch wird die verlangte Lastverteilung erzwungen, die Hauptregelaufgabe aber nicht gestört, da beim Eingreifen des Ausgleichreglers die Leistungssumme beider Maschinen angenähert erhalten bleibt. Dem Ausgleichregler sind dabei die Spannungen über Öffner des Hauptreglers zugeführt. Dieser behält gemäß der Wichtigkeit der Hauptregelaufgabe die Vorhand, er wirkt stets auf beide Maschinen ein; die Lastverteilung schließt sich als sekundäre Aufgabe an.

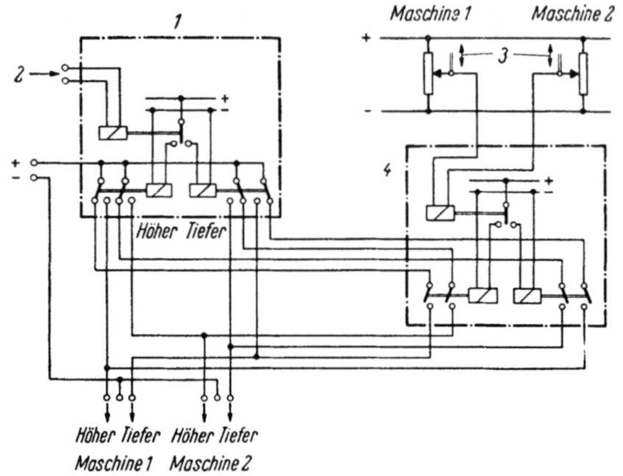

1 Hauptregler (vereinfacht)
2 Hauptregelabweichung
3 Lastverteilung (gekuppelt mit Stellorgan)
4 Ausgleichregler

Bild 15. Ausgleichregelung

Bei mehreren Maschinen überlagert man die Lastverteilung zweckmäßig der Hauptregelabweichung bei jeder einzelnen Maschine nach *Bild* 16. Auch hier wird zwangsläufig jede Maschine so lange nachgesteuert, bis die vorgeschriebene Lastverteilung hergestellt ist. Bei Maschine (*1*) ist eine schaltend arbeitende Steuerung, bei Maschine (*2*) und (*3*) eine stetig wirkende Steuerung für den Drehzahlverstellmotor dargestellt.

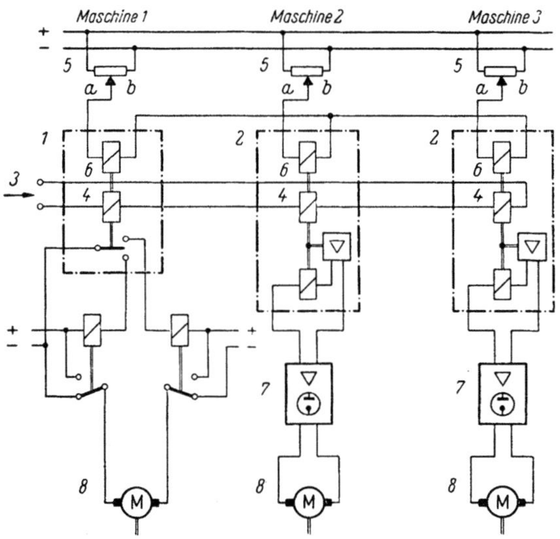

1 Kontaktregler
2 Kompensationsverstärker
3 Hauptregelabweichung
4 Hauptregelwicklung
5 Geber der Lastverteilung (a Vollast, b Leerlauf)
6 Ausgleichwicklung
7 Stromtorregler
8 Drehzahlverstellmotor

Bild 16. Überlagerter Ausgleich

E. Parallelregelung mehrerer Kraftwerke

1. Lastvergleich

Für die gleichzeitige Einwirkung auf mehrere Kraftwerke müssen, wie bei der gleichzeitigen Einwirkung auf mehrere Maschinen, zusätzliche Maßnahmen zur Sicherung der gewünschten Lastverteilung getroffen werden. Da die Kraftwerke räumlich meist weiter auseinander liegen, ist es nötig, vom zentral gelegenen *Reglerkopf* aus die Regelabweichung durch Fernmessung nach dem Kraftwerk zu übertragen und in umgekehrter Richtung die Leistung zum Zweck des Lastausgleiches an den Reglerkopf zurückzumelden (Regelung mit Übertragung der Regelabweichung). Dieses Verfahren benötigt daher zu jedem Kraftwerk zwei Fernmeßverbindungen, die gesichert und überwacht sein müssen, damit bei Störungen auf dem Verbindungskanal keine Fehlregelung eintritt. Fällt das Netz infolge einer Störung in mehrere Teile auseinander, bleiben dabei aber die Verbindungskanäle bestehen, so arbeitet die Regelung nicht mehr richtig. Ein Nachteil dieses Verfahrens liegt in der Notwendigkeit eines mit allen Sicherungen versehenen rückläufigen Kanals zum Lastvergleich.

2. Lastaufteilung

Bei großen Entfernungen kommt zur Übertragung der Steuerbefehle vorwiegend die leitungsgerichtete HF-Verbindung in Betracht. Um mit einem einzigen Kanal auszukommen, darf nach den Kraftwerken nicht nur vorübergehend fernübertragen werden, um wieviel sie etwa ihre Leistungen ändern sollen (Übertragung der Regelabweichung); es muß den Kraftwerken vielmehr dauernd vom Reglerkopf vorgeschrieben werden, wie sie fahren müssen, um die Regelaufgabe zu erfüllen. An die Stelle der Regelabweichungen treten in der Fernübertragung die Stellgrößen. Diese müssen mit den nötigen Einstellmöglichkeiten zur ge-

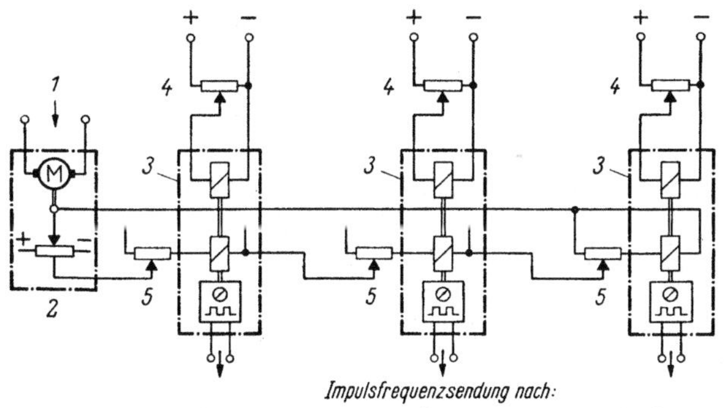

1 Regelabweichung
2 Stellgerät
3 Kompensationsgeber
4 Einsteller für Grundlast
5 Einsteller für Beteiligung

Bild 17. Bildung und Fernsendung der Stellgröße

wünschten Lastverteilung bereits im Reglerkopf für jedes Kraftwerk gebildet und dorthin übertragen werden. Örtliche Regeleinrichtungen in den Kraftwerken haben dafür zu sorgen, daß die von fern vorgeschriebene Stellgröße verwirklicht wird.

Der Eingriff der Regelung in die Maschinensteuerung geschieht durch Verschiebung der Drehzahl-Leistungs-Kennlinie. Die Sollgröße ist die Lage dieser

Kennlinie. Bei festem Proportionalbereich des Drehzahlreglers ist die Lage der Drehzahl-Leistungs-Kennlinie durch die Leerlauffrequenz definiert. Verwendet man zur Definition der Lage der Kennlinie ihren Schnittpunkt mit der Nennfrequenz, dann ist die Lage charakterisiert durch die Angabe „Leistung bei Nennfrequenz", wobei der durch den Drehzahlregler gegebene Zusammenhang zwischen Drehzahl und Leistung erhalten bleibt.

Dieses Verfahren erfordert zunächst die Bildung der Stellgröße aus der Regelabweichung (z. B. mit Hilfe elektrischer, hydraulischer oder pneumatischer Methoden). *Bild* 17 zeigt eine einfache elektrische Bildung mit Hilfe eines Stellmotors. Der Motor läuft z. B. mit einer der Abweichung proportionalen Geschwindigkeit sowie einem dem Vorzeichen der Abweichung entsprechenden Drehsinn und verstellt ein Potentiometer. Jedem Kraftwerk ist ein Kompensationsgeber zugeordnet, der den von Hand einstellbaren Grundlastwert und den vom Potentiometer abgeleiteten Regeleinfluß zusammenfaßt und als Impulsfrequenz nach dem

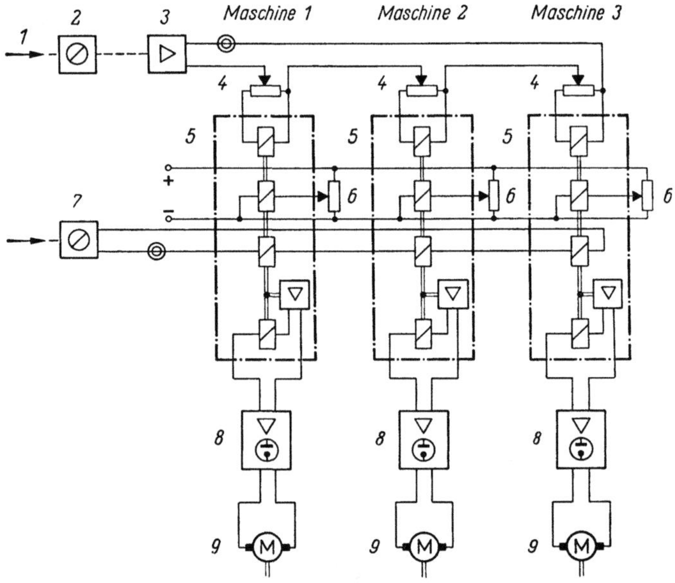

1 Fernübertragung der Kommandogröße
2 Empfänger
3 Kompensationsverstärker
4 Einstellung der Lastbeteiligung
5 Summenkompensationsverstärker
6 Stellungsgeber der Öffnung am Stellorgan
7 Frequenzmeßumformer
8 Stromtorregler
9 Drehzahlverstellmotor

Bild 18. Regelausrüstung eines Kraftwerkes bei Übertragung der Stellgröße

Kraftwerk fernsendet. Die Einstellwiderstände (*5*) legen das Maß fest, wie weit sich das betreffende Werk an der Ausregelung der Lastschwankungen beteiligt.

Den zugehörigen Aufbau der Regeleinrichtung in einem der Kraftwerke selbst zeigt *Bild* 18. Es ist hier die Lastaufteilung bis zur einzelnen Maschine durchgeführt, so daß kein Lastvergleich zwischen den Maschinen nötig ist. Die fernübertragene Stellgröße wird durch eine Empfangseinrichtung aufgenommen, verstärkt und in einstellbarer Aufteilung Summen-Kompensationsverstärkern zugeführt. Diese fassen für jede Maschine die maßgeblichen Einflüsse zusammen. Da die Stellgröße die Leistung bei Nennfrequenz darstellt, muß ihr durch die Leistung der Maschine (hier durch einen Widerstandsgeber dargestellt, der mit Leitrad bzw. Dampfventil gekuppelt ist) zuzüglich der Frequenz gemäß der Drehzahl-Leistungs-Kennlinie das Gleichgewicht gehalten werden. Zu diesem Zweck wird der Frequenz-Meßumformer so ausgeführt, daß er einen der Abweichung von der Nennfrequenz in Größe und Richtung entsprechenden Gleichstrom abgibt. Über die Drehzahlverstellung wird dieses Gleichgewicht hergestellt, die Drehzahl-Leistungs-Kennlinien werden in die von fern vorgeschriebene Lage gebracht. Die Maschinen bleiben dabei ihrem Drehzahlregler unterstellt und können trotz konstanter Stellgrößensendung bei Frequenzschwankungen mit ihrer Leistung gemäß der Drehzahl-Leistungs-Kennlinie ihres Reglers folgen. Diese Grundbedingung des Parallelbetriebes bleibt hier somit erhalten.

In anderer Betrachtungsweise stellt der Stellmotor in *Bild* 17 den für alle Kraftwerke gemeinsamen Drehzahlverstellmotor dar, wobei durch diese Gemeinsamkeit die Lastaufteilung sichergestellt ist. Seine Stellung wird nach den Kraftwerken übertragen und durch eine Nachlaufsteuerung wird der tatsächliche Drehzahlverstellmotor in eben diese Stellung gebracht. Stellt man die Gleichung dieser Regelung auf, so ergibt sich:

$$-B\int x\,\mathrm{d}t + G = N + k\,\Delta f \tag{1}$$

(B einstellbarer Faktor, x Regelabweichung, G wählbare Konstante, N Maschinenleistung in MW, k Neigung der Drehzahl-Leistungs-Kennlinie des Drehzahlreglers in MW/Hz, f Abweichung von der Nennfrequenz in Hz). Dies ist die Gleichung jeder auf die Drehzahlverstellung wirkenden Regelung, wobei Bildung und Genauigkeit der Integration sehr verschieden sein können.

F. Wechselregelungen in Kraftwerken

Bei der Regelung der Übergabeleistung machen häufig sonstige Nebenbedingungen (z.B. betriebliche und wirtschaftliche Anforderungen an die Maschinen) eine Einschränkung der Regelung notwendig, sobald bestimmte Betriebsgrößen einen festgelegten zulässigen Grenzwert erreicht haben. Im folgenden sind die häufigsten praktischen Fälle behandelt, die in Verbindung mit der Übergaberegelung auftreten. Bei Entnahme- und Gegendruckturbinen sind auch Kombinationen der nachstehend geschilderten Reglerschaltungen möglich (vgl. Kapitel 10).

1. Übergabeleistungsregelung mit Lastbegrenzung

Wenn bei einer Übergabeleistungs-Regelung die Gefahr besteht, daß die gesteuerte Maschine überlastet wird, ist es zweckmäßig, eine Vollastbegrenzung regelungstechnich einzufügen. In *Bild* 19 ist die Maschine dargestellt, die einerseits den von der Sammelschiene abgenommenen schwankenden Verbrauch zu decken hat und darüber hinaus noch eine konstante Leistung an das Netz abgeben soll. Der Übergabeleistungs-Regler (*4*) an der Kuppelstelle überwacht den Leistungsaustausch mit dem Netz und wirkt bei Abweichungen auf den Drehzahlverstellmotor (*6*) der Maschine. Das Gerät (*5*) überwacht die Maschinenleistung und soll in die Steuerung mit eingreifen, wenn die Vollast der Maschine erreicht ist.

Die Regeleinrichtung muß nach dem Prinzip der Wechselregelungen aufgebaut werden. Die sich dabei ergebenden Arbeitsbedingungen der Regelung zeigt *Bild* 20.

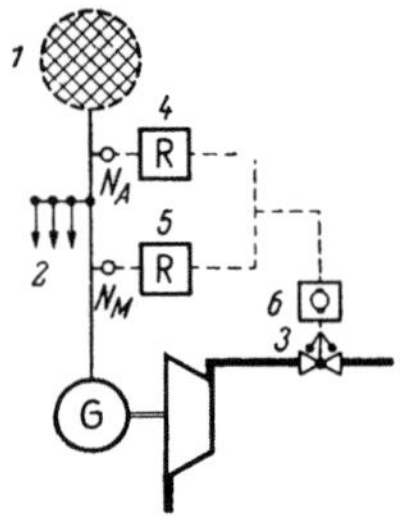

N_M Maschinenleistung
N_A Übergabeleistung
1 Landesnetz
2 Schwankender Verbrauch
3 Drehzahlregler
4 Übergaberegler
5 Vollastbegrenzungsregler
6 Drehzahlversteller

Bild 19. Übergaberegelung mit Vollastbegrenzung

Solange der Maschinengrenzwert nicht erreicht ist, soll sich die Abgabe auf ihrem Sollwert halten, bei Abweichungen steuert der Übergaberegler (*4*) die Maschine in der angegebenen Weise. Vom Grenzwert an muß der Grenzwertregler die Maschine auf ihrer Vollleistung halten, ohne daß der Übergaberegler stören darf. Durch die Überschneidung der Reglersollwerte entstehen vier Quadranten. Im Quadrant I steuern beide Regler tiefer, in den Quadranten II und IV der eine höher, der andere tiefer, im Quadrant III beide höher. In den Quadranten II und IV muß die Tiefer-Steuerung überwiegen, damit keiner der Sollwerte überschritten wird. Es muß somit in den Quadranten I, II und IV tiefer gesteuert werden; dies sei deshalb als der *bevorzugte* Steuersinn bezeichnet. Die Verwirklichung dieses Regelprogrammes erfordert die *Parallelschaltung* der Regler im bevorzugten Steuersinn, ihre *Reihenschaltung* im entgegengesetzten Steuersinn. Im vorliegenden Fall sind also der Übergaberegler und der Grenzwertregler je für sich in der Lage, tiefer zu steuern. Eine Höher-Steuerung kommt jedoch nur zustande, wenn sie von beiden Reglern gleichzeitig gefordert wird.

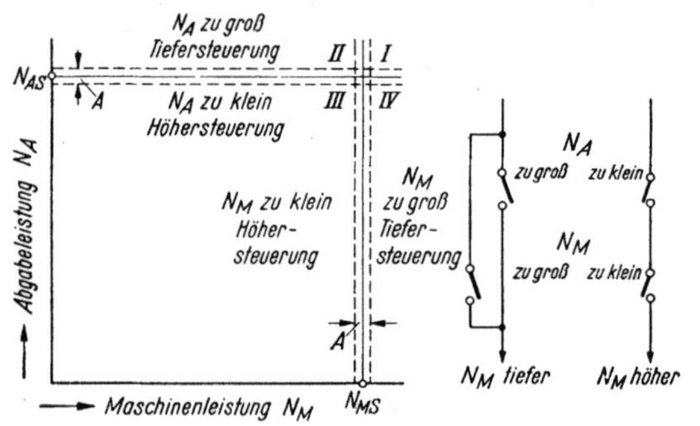

A Ansprechbereiche
N_A Abgabeleistung
N_{AS} Sollwert der Abgabeleistung
N_M Maschinenleistung
N_{MS} Sollwert der Maschinenleistung

Bild 20. Übergaberegelung mit Vollastbegrenzung

Es können auch weitere Grenzwerte eingeführt werden, beispielsweise nach *Bild* 21 noch ein unterer Grenzwert für die Maschinenleistung. Es ergibt sich dann ein zweifach geknickter Linienzug der Soll- und Grenzwerte. Für den unteren Grenzwert ist, wie im Diagramm gezeigt, die Höher-Steuerung der bevorzugte Steuersinn. Daraus ergibt sich die Schaltungserweiterung: für den Regler des unteren Grenzwertes Parallelschaltung im be-

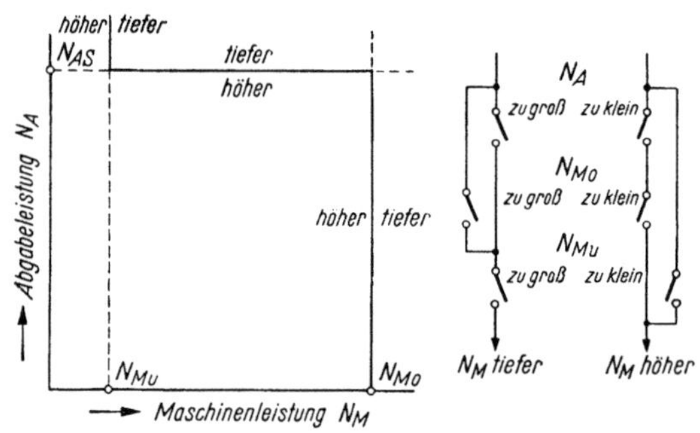

N_{AS} Sollwert der Abgabeleistung
N_{Mo} Oberer Grenzwert der Maschinenleistung
N_{Mu} Unterer Grenzwert der Maschinenleistung

Bild 21. Übergaberegelung mit oberer und unterer Begrenzung der Maschinenleistung vorzugten Steuersinn höher, Reihenschaltung im anderen Steuersinn. Ganz gleich, wo gerade der durch die Augenblickswerte von Abgabe und Maschinenleistung bestimmte Arbeitspunkt liegt, es kommt stets der richtige Stellbefehl zustande.

2. Leistungsregelung bei Gegendruckturbinen

a) Begrenzung des Leistungsbezugs

Gegendruck-Turbosätze haben aus wirtschaftlichen Gründen in erster Linie die Aufgabe, den im Gegendrucknetz benötigten Dampf zur Energieerzeugung auszunutzen. In Anlagen, bei denen die so erzeugte Leistung zur Deckung des elektrischen Verbrauchs nicht ausreicht, wird zusätzlich Leistung aus dem Netz bezogen. Tarifliche Abmachungen legen eine obere Grenze für diesen Bezug fest. Zur Vermeidung einer Überschreitung bei hohem Eigenbedarf an elektrischer Leistung oder geringem Dampfbedarf muß die Gegendruckmaschine zu erhöhter Leistungsabgabe beeinflußt werden, wobei in den einfachsten Fällen der überschüssige Dampf über das Sicherheitsventil abbläst. *Bild* 22 zeigt den Aufbau einer solchen Kombination von Gegendruckregler (*7*) und Bezugsregler (*6*). Hier ist die Höher-Steuerung der bevorzugte Steuersinn. Solange der Bezug den zulässigen Grenzwert noch nicht erreicht hat, hält der Bezugsregler seinen Kontakt „Bezug zu klein" geschlossen. Der Gegendruckregler steuert allein den Turbosatz. Bei Annäherung an die Bezugsgrenze unterbindet der Bezugsregler durch Öffnen dieses Kontaktes eine zu weite Herabsetzung der Turbinenleistung durch den Gegendruckregler. Infolge des nunmehr ansteigenden Gegendrucks bleibt der Kontakt „Gegendruck zu hoch" geschlossen, es steuert der Bezugsregler die Maschine auf genaues Einhalten des zulässigen Grenzbezugs. Dabei ist der Bezugsregler jederzeit bereit, die Turbinenleistung heraufzusetzen, falls durch Anstieg des Eigenbedarfs eine vorübergehende Überschreitung der Bezugsgrenze eintritt. Der überschüssige Dampf bläst, allerdings unter Druckerhöhung im Gegendrucknetz, über das Sicherheitsventil ab. Bei Verminderung des Eigenbedarfs bzw. Erhöhung des Dampfverbrauchs im Gegendrucknetz (so weit, daß der zulässige Leistungsgrenzwert unterschritten wird) übernimmt wieder der Gegendruckregler die Steuerung.

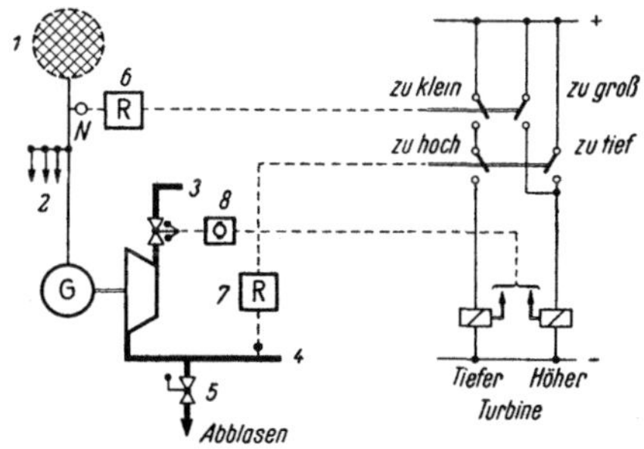

1 Landesnetz
2 Eigenbedarf
3 Frischdampf
4 Gegendrucknetz
5 Sicherheitsventil
6 Bezugsregler
7 Gegendruckregler
8 Stelleinrichtung

Bild 22. Gegendruckregelung mit Begrenzung des Leistungsbezugs mit Abblasen über Sicherheitsventil

Das Abblasen über das Sicherheitsventil setzt eine sonst unerwünschte Druckerhöhung voraus und bringt Druckstöße mit sich. Das läßt sich durch ein gesteuertes Abblasventil vermeiden. An die Stelle des die Wirtschaftlichkeit vermindernden Abblasens tritt zweckmäßig die Speicherung des überschüssigen Dampfes (*Bild* 23). Zu den Steuerschützen für die Turbine treten noch die des Abblas- bzw. Speicherventils. Solange die letztgenannten geschlossen sind und die Bezugsgrenze nicht erreicht ist, steuert auch hier der Gegendruckregler die Turbine (Relais U ist unerregt, der Bezugsregler hält seinen Kontakt „zu klein“ umgelegt). Bei Annäherung an den Bezugsgrenzwert geht dieser Kontakt des Bezugsreglers in die dargestellte Lage und leitet die Tieferstellbefehle des Gegendruckreglers von der Turbine weg auf Öffnen des Ventils. Sobald dieses die Schließstellung verlassen hat, zieht über den Endschalter am Ventil das Relais U an und schaltet den Bezugsregler voll auf die Turbine, den Gegendruckregler auf das Ventil. Es laufen nunmehr die beiden Regelungen nebeneinander und sorgen für Einhalten der Bezugsgrenze und des Gegendrucks. Mit Verminderung des Eigenbedarfs oder Erhöhung des Dampfbedarfs wird das Ventil wieder geschlossen und der Gegendruckregler auf die Turbine zurückgeschaltet.

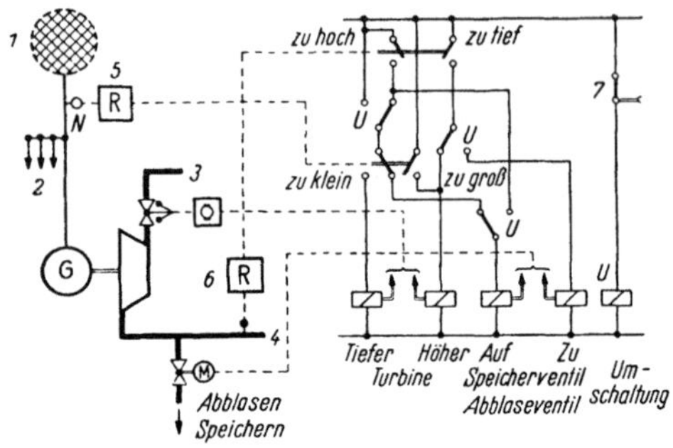

1 Landesnetz
2 Eigenbedarf
3 Frischdampf
4 Gegendrucknetz
5 Bezugsregler
6 Gegendruckregler
7 Endschalter des Ventils

Bild 23. Gegendruckregelung mit Begrenzung des Leistungsbezugs

Einer Begrenzung auf maximalen Bezug ist eine auf minimale Abgabe regelungstechnisch gleichwertig. Dies stellt lediglich eine Sollwertverschiebung für die Übergabeleistung dar.

b) Begrenzung der Leistungsabgabe

Der zweite typische Fall ist die Beschränkung auf maximale Abgabe, falls der Dampfbedarf und der elektrische Eigenbedarf zeitweilig einen Überschuß an elektrischer Leistung ergeben. In vielen Fällen lautet dann die regelungstechnische Aufgabe: Verhindern von Rückspeisung ins Netz. Auch minimaler Leistungsbezug gehört zu diesem Sollwertbereich der Übergabeleistung. Im Gegensatz zur Schaltung nach *Bild* 22 und 23 ist hier die Tiefer-Steuerung der bevorzugte Regelsinn (*Bild* 24). Solange die Leistungsabgabe noch nicht den Grenzwert erreicht, hält der Abgaberegler seinen Kontakt „Abgabe zu klein“ geschlossen. Bei geschlossener Reduzierstation ist Relais U spannungslos, der Gegendruckregler steuert die Turbine. Bei Annäherung an den Abgabegrenzwert lenkt der Abgaberegler die Höherstellbefehle auf die Reduzierstation, diese führt den im Gegendrucknetz benötigten Dampf unter Umgehung der Turbine direkt zu. Mit deren Öffnung schaltet Relais U den Abgaberegler voll auf die Turbine, den Gegendruckregler auf die Reduzierstation. Abgabegrenz-

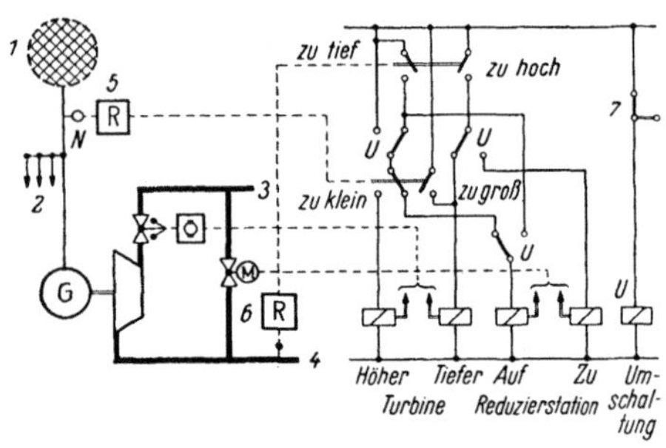

1 Landesnetz
2 Eigenbedarf
3 Frischdampf
4 Gegendrucknetz
5 Abgaberegler
6 Gegendruckregler
7 Endschalter der Reduzierstation

Bild 24. Gegendruckregelung mit Begrenzung der Leistungsabgabe wert und Gegendruck werden genau eingehalten. Mit Verringerung des Dampfverbrauchs oder Anstieg des elektrischen Bedarfs schließt die Reduzierstation und der Gegendruckregler übernimmt wieder die Steuerung der Turbine.

3. Leistungsregelung bei Entnahmeturbinen

Bei Entnahmeturbinen mit Gleichwertsteuerung ist die Drehzahlverstellung in der Lage, den gesamten Dampfdurchsatz abzusperren. Soll bei ihrem Einsatz zur Regelung des Bezugs aus dem Netz eine Abdrosselung des Entnahmedampfes verhindert werden, so ist eine Begrenzung für die Leerlaufstellung des Niederdruckventils nötig. Ein Stellungsregler nach *Bild* 25, kombiniert mit dem Bezugsregler, sorgt dafür, daß das Niederdruckventil nicht unter Leerlauföffnung kommt. Der Entnahmedampf kann dadurch stets voll ausgefahren werden. Bei großer Entnahmedampfmenge geht dann der Leistungsbezug unter den eingestellten Sollwert zurück.

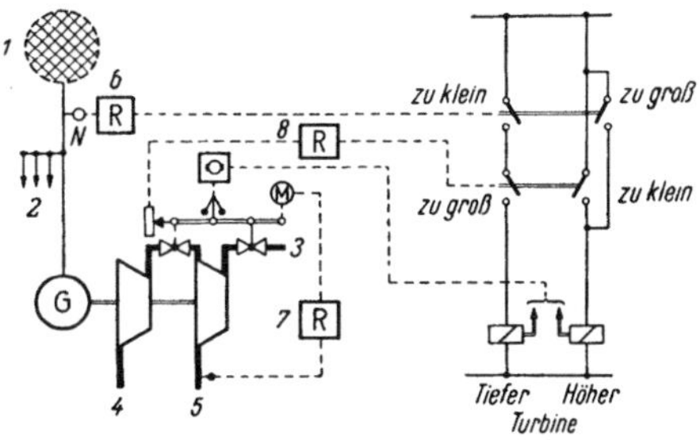

1 Landesnetz
2 Eigenbedarf
3 Frischdampf
4 Kondensation
5 Entnahme
6 Bezugsregler
7 Entnahmedruckregler
8 Stellungsregler

Bild 25. Leistungsregelung einer Entnahmekondensationsmaschine

4. Meßtechnischer Aufbau der Wechselregelungen

Die bei der Regelung von Leistung und Frequenz verwendeten Kompensations-Meßumformer und -Verstärker lassen sich auf Grund ihrer Arbeitsweise zu Begrenzungsschaltungen kombinieren. Dadurch können die geknickten Regelkennlinien meßtechnisch aufgebaut werden. Gegenüber anderen Verfahren braucht der Steuerbereich der Geräte nicht beschränkt zu werden, auch arbeiten sie niemals gegeneinander. Die so kombinierten Kompensationsgeräte liefern die resultierende Regelabweichung. Es genügt dann der Anschluß eines einzigen Regelgerätes, sofern es sich um ein einziges von ihm gesteuertes Objekt handelt.

Die Kombinationsmöglichkeit der Kompensationsgeräte beruht darauf, daß sie unabhängig von der speziellen Bauart einen bevorzugten Steuersinn haben. Bei dem unter Abschnitt C2 erläuterten Meßumformer und Verstärker ist das der Strom in der Richtung, der durch Aufdrehen der Röhre als Generator erzwungen wird, im folgenden mit positivem Strom bezeichnet. In entgegengesetzter Richtung ist der Vorstrom, negativer Strom, nur zugelassen, soweit ihn der Röhrenstrom zuläßt (*Bild* 26a).

Der gesamte Aufbau ist im folgenden am Beispiel der Übergaberegelung mit Vollastbegrenzung der gesteuerten Maschine erläutert, das im Abschnitt F1 als Problem mit zwei kontaktmäßig arbeitenden Reglern behandelt ist. Nach dem Grundsatz der Wechselregelung, Parallelschaltung im bevorzugten Steuersinn, Reihenschaltung im anderen Steuersinn, sind in *Bild* 26b zwei Meßumformer kombiniert. Die Röhrengeneratoren sind parallelgeschaltet, der Vorstrom durchfließt die in Reihe liegenden Kompensationswicklungen. Die Schaltung ist für beide Meßumformer völlig gleichartig. Von den beiden hat derjenige das Übergewicht, der den größeren Kompensationsstrom verlangt. Er dreht seinen Röhrengenerator bis zur Kompensation auf. Der andere Meßumformer ist, da die Kompen-

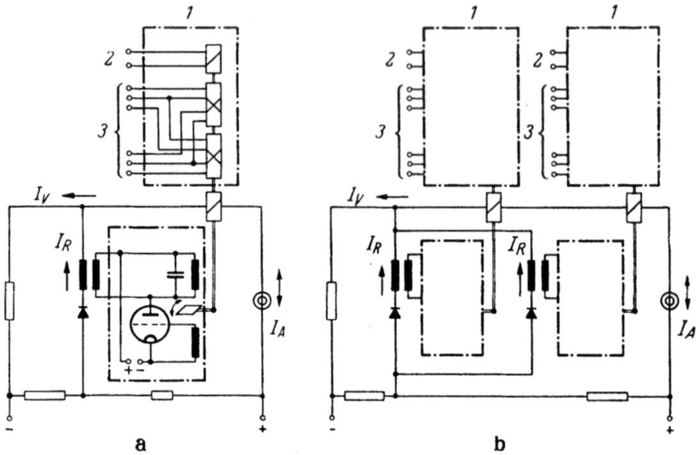

1 Meßteil des Meßumformers *2* Sollwert *3* Leistungs-Istwert I_V Vorstrom I_R Röhrenstrom I_A Regelabweichung

Bild 26. Meßumformer in Begrenzungsschaltung (Beispiele a und b)

sationswicklungen in Reihe liegen, überkompensiert und dreht seinen Röhrengenerator zu. Dies ändert jedoch nichts an dem durch den ersten Meßumformer gehaltenen Kompensationsstrom. Nur wenn beide Röhrengeneratoren es zulassen, kann sich ein entsprechend kleiner oder negativer Kompensationsstrom ausbilden. Deckt sich bei dem einen Meßumformer Ist- und Sollwert, so hält er den Strom Null durch die Kompensationswicklungen aufrecht, wobei sein Röhrenstrom gerade den Wert des Vorstromes annimmt. Der andere Meßumformer kann keinen kleineren Strom (negativer Wert) einstellen, nur einen größeren durch Aufdrehen seiner Röhre.

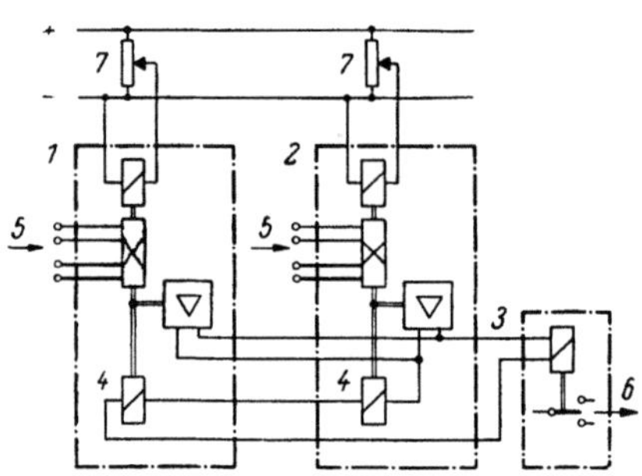

1 Meßumformer für Regelabweichung der Übergabeleistung
2 Meßumformer für Regelabweichung der Maschinenleistung
3 Nullregler
4 Kompensationswicklungen
5 Leistungsmessung
6 Stellsignal
7 Sollwerteinsteller

Bild 27. Übergaberegelung mit Vollastbegrenzung

Wird diese Schaltung auf den Fall der Übergaberegelung mit Vollastbegrenzung angewandt, so braucht für den Meßumformer der Übergabeleistung und den der Maschinenleistung der Kompensationssinn nur so gewählt zu werden, daß die Röhrengeneratoren bei Überwiegen der Istwerte gegenüber den Sollwerten aufgedreht werden. Die dann stets im positiven Sinn auftretende Regelabweichung hat eine Tiefer-Steuerung der Maschine zur Folge. Bei zu kleiner Maschinenleistung steuert allein der Meßumformer der Übergabeleistung, bei zu kleiner Übergabe der Meßumformer der Maschinenleistung. Es ergibt sich das Aufbauschema *Bild* 27.

Bei der Erweiterung auf eine untere Grenze für die Maschinenleistung muß nach dem Aufbauschema *Bild* 28 der bevorzugte Steuersinn der ersten Kombination umgedreht werden, um sie mit dem Meßumformer der unteren Maschinenleistung vereinigen zu können. Hierzu wird ein entsprechend gepolter Kompen-

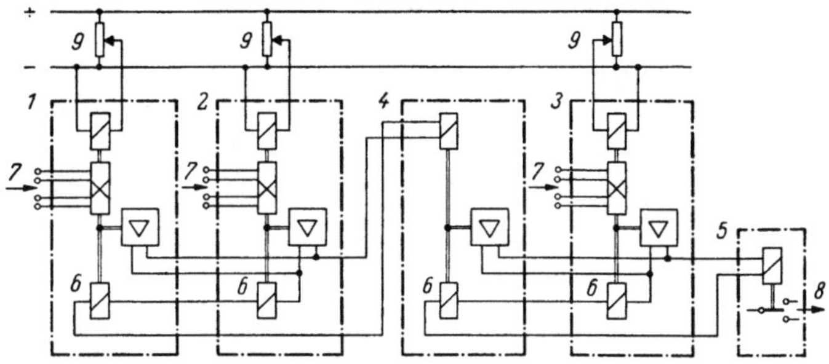

1 Meßumformer für Regelabweichung der Übergabeleistung
2 Meßumformer für Regelabweichung der oberen Grenze der Maschinenleistung
3 Meßumformer für Regelabweichung der unteren Grenze der Maschinenleistung
4 Verstärker zur Umkehr des bevorzugten Steuersinns
5 Nullregler
6 Kompensationswicklungen
7 Leistungsmessung
8 Stellsignal
9 Sollwerteinsteller

1 und *2* „Bevorzugter" Steuersinn: tiefer
3 und *4* „Bevorzugter" Steuersinn: höher

Bild 28. Übergaberegelung mit oberer und unterer Begrenzung der Maschinenleistung

sationsverstärker (*4*) verwendet. Die Meßumformer (*1*) und (*2*) drehen wie zuvor beim Überwiegen der Istwerte auf. Der Meßumformer (*3*) ist entgegengesetzt gepolt, er dreht bei Überwiegen des Sollwertes auf, er hat den bevorzugten Steuersinn „höher". Der Umkehrverstärker (*4*) ist auch so gepolt; er dreht auf, wenn die Gruppe (*1*) und (*2*) eine Regelabweichung im Höher-Steuersinn liefert.

Auf diese Weise lassen sich noch weitere Begrenzungen einfügen und beliebig gestaltete Regelkennlinien aufbauen.

G. Leistungs- und Frequenzregelung in Industriekraftwerken

1. Allgemeines

Eigene Stromerzeugungsanlagen von Industriebetrieben werden im Hinblick auf erhöhte Sicherheit der Stromversorgung und größere Wirtschaftlichkeit normalerweise mit den Netzen der öffentlichen Energieversorgung im Verbundbetrieb gefahren. Im allgemeinen sehen die Stromlieferungsverträge gleichbleibende Übergabeleistung vor, deren Sollwert sich mit den Tagesstunden und Tagen nach festgelegtem Plan ändert. Die Schwankungen des eigenen Bedarfs müssen dabei von den eigenen Maschinen gedeckt werden. Diese Schwankungen wirken sich zunächst im wesentlichen in der Übergabeleistung aus. Ein Leistungsregler, der diese Größe überwacht, wirkt auf eine oder mehrere Maschinen zu ihrer Konstanthaltung ein, wodurch diese Maschinen die aufgetretenen Laständerungen übernehmen. In vereinzelten Fällen wird eine von der übrigen Anlage getrennte Maschine mit konstanter Leistung aufs Netz gefahren. Hier ist die Regelung besonders einfach, da der Regler nur die Abweichungen auszuregeln braucht, die durch Änderungen der Frequenz und des Dampfdrucks verursacht worden sind.

2. Aufbau einer Leistungsregeleinrichtung mit Kontaktregler

Den Gesamtaufbau einer Leistungsregelung zeigt *Bild* 29. Der Sollwert wird in den Leistungsmeßumformer (*1*) direkt eingeführt, so daß dieser die Regelabweichung als Gleichstrom an den Kontaktregler (*5*) abgibt. Dieser formt sie in Stellbefehle um. Durch Überwachungseinrichtungen wird die Regelung unterbunden bei:

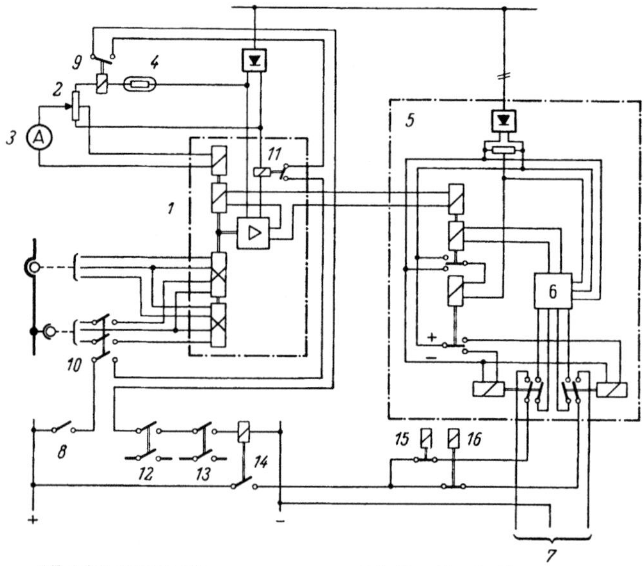

1 Leistungsmeßumformer
2 Sollwerteinsteller
3 Sollwertanzeiger
4 Konstanthalter der Sollgröße
5 Kontaktregler
6 Rückführeinrichtung
7 Zu den Schaltschützen des Drehzahlverstellmotors
8 Handschalter
9 Sollwertkontrolle
10 Sicherungsschalter
11 Kontrolle des Meßumformers
12 Netzschalter
13 Maschinenschalter
14 Freigaberelais
15 Frequenzsteigerungsrelais
16 Frequenzrückgangsrelais

Bild 29. Gesamtaufbau einer Leistungsregelung mit Kontaktregler und Überwachungseinrichtungen

Auslösung des Maschinenschalters (*13*), Auslösung des Netzschalters (*12*), anomalem Frequenzanstieg oder -rückgang (*15*) und (*16*), verursacht durch entfernte Abtrennung der Anlage vom Netz, Auslösung des Sicherungsschalters (*10*) im Spannungskreis der Leistungsmessung, Ausfall der Röhre im Meßumformer (*11*), Ausfall des Sollwertkreises (*9*).

Ist die Sollwerteinstellung auf Bezug beschränkt, so genügt ein Frequenzrückgangsrelais, bei bloßem Abgabebereich ein Frequenzsteigerungsrelais.

3. Aufbau einer Leistungs-Schnellregelung

Für Betriebe mit starken Laststößen, wie Bergbau und Walzwerke, eignet sich besonders der Schnellstellantrieb. Er ist eher in der Lage, diese Stöße zum Teil während ihrer Entstehung schon abzufangen (Gesamtaufbau einer solchen Regelung mit Fernmessung der Übergabeleistung und gleichzeitige Einwirkung auf zwei Maschinen s. *Bild* 30). Der Leistungsmeßumformer (*1*) der Regelung ist gleichzeitig zur Registrierung der Übergabeleistung durch einen Tintenschreiber (*3*) mitbenutzt. Der Sollwert ist in Differenzschaltung durch den Verstärker (*4*) eingeführt, der zugleich eine Konstanthaltung umfaßt. Der Sollwert wird durch Instrument (*5*) und die resultierende Regelabweichung durch Instrument (*6*) angezeigt. Die Abweichung wird den Summenverstärkern (*7*) zugeführt, die ihrerseits die Schnellstellantriebe (*8*) steuern. Die mit der Stellwelle (*9*) gekuppelten Widerstandsgeber wirken über die Rückführeinrichtung auf die Summenverstärker. Vom Widerstandsgeber (*12*) auf der Hauptsteuerwelle (*11*) wirkt die Lastverteilung ebenfalls auf die Summenverstärker. Die Instrumente (*13*) zeigen durch Vergleich den Stellbereich an. Wegen des beschränkten Stellbereichs der hydraulischen Schnellstellantriebe muß durch die motorische Drehzahlverstellung der Schnellstellantrieb in seinen Arbeitsbereich gebracht werden. Die gesamten Geräte zum Einsatz der einzelnen Maschinen für die Regelung und die Überwachungseinrichtungen sind der Übersichtlichkeit halber weggelassen.

1 Leistungsmeßumformer
2 Fernleitung
3 Leistungsschreiber
4 Sollwertverstärker mit Konstanthalter und Sollwerteinsteller
5 Sollwertanzeiger
6 Anzeiger für Regelabweichung
7 Summenverstärker
8 Schnellstellantrieb
9 Eingriff in die Drehzahlverstellung
10 Rückführung
11 Hauptsteuerwelle
12 Widerstandsgeber für Lastausgleich
13 Stellbereichanzeige

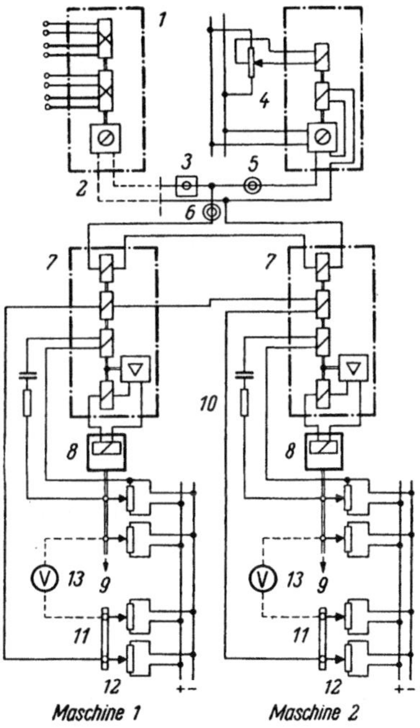

Bild 30. Leistungsschnellregelung

4. Frequenzregelung

Eine Frequenzgenauigkeit und -konstanz, die über diejenige der normalen Drehzahlregler hinausgeht, wird zum Teil bei der Herstellung von Kunstfasern gefordert. Grundsätzlich kann man hier die gleichen Schaltungen wie bei der Leistungsregelung anwenden; dabei ist lediglich der Leistungsumformer durch einen Frequenzmeßumformer ersetzt zu denken. Die Frequenzregelung einer einzigen Maschine durch Schnellstellantrieb ergibt einen Aufbau nach *Bild* 31. Der Frequenzmeßumformer (*1*) kann gleichzeitig zu einer sehr genauen Anzeige oder Registrierung (*2*) verwendet werden. Der Sollwert, eingestellt durch Widerstand (*3*) und angezeigt durch Instrument (*4*), ist in Form einer Saugschaltung auf den Eingang des Schnellstellantriebs gegeben. Auch hier sind die Geräte für Einsatz und Überwachung weggelassen.

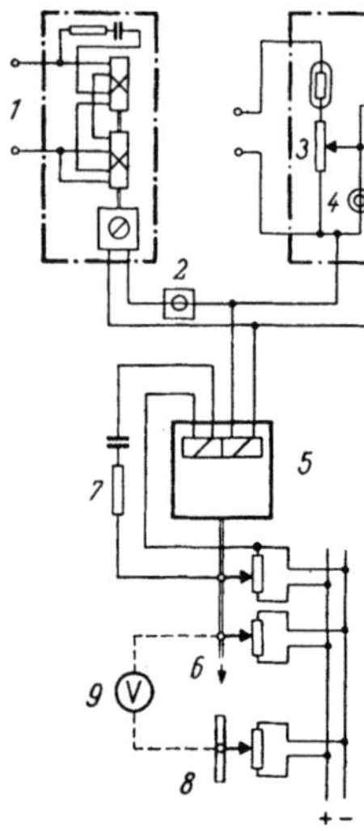

1 Frequenzmeß-umformer
2 Frequenzschreiber
3 Sollwerteinsteller
4 Sollwertanzeiger
5 Schnellstellantrieb
6 Eingriff in die Drehzahl-verstellung
7 Rückführung
8 Hauptsteuer-welle
9 Stellbereich-anzeige

Bild 31. Frequenzregelung

H. Verbundregelung von Netzen

Durch die Frequenz- und Leistungsregelung im Verbundbetrieb der Netze wird ein wirtschaftlicher Einsatz der einzelnen Stromerzeuger und eine zweckmäßige Deckung des Verbrauchs gewährleistet. Alle Maschinen, oder wenigstens die größeren, sollen ihrem Drehzahlregler unterstellt bleiben, um große Laständerungen ohne zu tiefe Frequenzeinbrüche aufzufangen. Der Betrieb großer Maschinensätze über den Öffnungsbegrenzer (s. Abschnitt B2) sollte deshalb so weit wie möglich unterbleiben.

1. Frequenzregelung

Bei den großen Leistungen der Netze ist eine sehr genaue Frequenzmessung für die Regelung nötig, um die auftretenden Belastungsschwankungen zu erfassen. Bei großen Netzen reicht die Leistungsfähigkeit eines Kraftwerks zur Frequenzhaltung nicht mehr aus, weshalb mehrere Werke gleichzeitig an der Regelung zu beteiligen sind. Hierfür können die Verfahren nach Abschnitt E1 und E2 angewendet werden.

Für das Verfahren der gleichzeitigen Einwirkung auf mehrere Kraftwerke mit Lastaufteilung nach Abschnitt E2 läßt sich eine Variante verwirklichen, die keine Fernsteuerverbindung zwischen den Kraftwerken erfordert [*1*]. Hierbei wird von der in allen Kraftwerken gleichen Frequenz zur Bildung der Stellgröße Gebrauch gemacht. Es wird die Lage der Drehzahl-Leistungs-Kennlinie dem Zeitunterschied zwischen einer Normalzeit und der aus der Frequenz durch Integration gewonnenen Netzzeit linear zugeordnet. Die Normalzeit kann durch unabhängige Uhren oder Normalfrequenzgeber hoher Genauigkeit in jedem Kraftwerk gebildet werden, die Netzzeit ist durch den Parallelbetrieb in jedem Werk die gleiche. Der Normalzeit entspricht eine Normalfrequenz. Der Zeitunterschied ist proportional dem Phasenwinkel zwischen Normalvektor und Netzvektor.

Bezeichnet man die Frequenzabweichung mit Δf, so ergibt sich für jedes Kraftwerk die Regelgleichung

$$-c\int \Delta f \,\mathrm{d}t = N + k\,\Delta f \qquad (2)$$

Sie ist identisch mit Gl. (1). Die dort noch angegebene Konstante G bedeutet lediglich eine Grundlastverschiebung, die auch im vorliegenden Fall eingeführt werden kann. Hier ist die Frequenzhaltung dezentralisiert (in Frankreich *Réglage Puissance-Phase* genannt [4]), während bei dem Verfahren nach Abschnitt E 2 der zentrale Lastverteiler direkt auf die einzelnen Kraftwerke Einfluß nehmen kann. Dazu sind aber Fernsteuerverbindungen nötig. Die zentrale oder dezentralisierte Frequenzregelung ist nur innerhalb eines einzigen Netzes angebracht, da sie nicht auf den Leistungsfluß zwischen den Kraftwerken und Netzteilen Rücksicht nimmt.

2. Getrennte Frequenzleistungsregelung

Im Verbundbetrieb mehrerer Netze spielt nicht nur die Frequenzhaltung, sondern auch der Leistungsfluß zwischen den Netzen eine wesentliche Rolle. Bei der getrennten Frequenzleistungsregelung sind die Regelaufgaben aufgeteilt. Das größere Netz übernimmt die Frequenzhaltung, das kleinere die Konstanthaltung des Leistungsaustausches. Das Verfahren (nur anwendbar, wenn das frequenzhaltende Netz ein Mehrfaches an Leistung gegenüber dem anderen Netz aufweist) hat folgende Nachteile:

Das auf Leistung geregelte Netz beteiligt sich nicht an der Frequenzhaltung und gewährt dem frequenzhaltenden Netz keine Unterstützung. Durch Laständerungen, gleichgültig in welchem Netz, werden beide Regler angestoßen. Es wird daher zunächst auch in dem Netz geregelt, in dem die Laständerung nicht aufgetreten ist. Diese Regelung muß wieder zurückgenommen werden. Die Regler arbeiten bei Laständerungen im frequenzhaltenden Netz gegeneinander (Verschlechterung der Frequenzhaltung).

Um richtige Zusammenarbeit zwischen dem Frequenz- und dem Leistungsregler zu erzielen, müßte der Frequenzregler auf die gesteuerten Maschinen beider Netze gleichsinnig, der Leistungsregler gegensinnig einwirken. Entgegengesetzte Stellbefehle an einer Maschine würden sich aufheben [2]. Die eine Regelung stört die andere nicht. Beide Netze sind gleichmäßig an der Regelung beteiligt. An den Maschinen setzen sich die Stellgrößen aus den Regelabweichungen der Frequenz und denen der Übergabeleistung zusammen. Dieses Verfahren erfordert jedoch in dem geschilderten Aufbau eine gemeinsame zentrale Regeleinrichtung für beide Netze.

Anstatt die von den beiden Regelabweichungen herrührenden Stellgrößen zu kombinieren, lassen sich mit dem gleichen Ergebnis die Regelabweichungen in jedem Netz getrennt zusammenfassen und davon eine einzige Stellgröße ableiten. Das ergibt das folgende, von anderen Überlegungen her vorgeschlagene Verfahren.

3. Kombinierte Frequenzleistungsregelung [3]

a) Betriebsbedingungen

Die wichtigsten Forderungen eines guten Verbundbetriebs sind Beteiligung aller Netze an der Regelung von Frequenz und Übergabeleistung und gegenseitige vorübergehende Hilfe beim Auftreten von Laständerungen. Außerdem soll nur in dem Netz die Frequenzleistungsregelung eingreifen, in dem die Laständerung aufgetreten ist.

Die gegenseitige Unterstützung ist dann verwirklicht, wenn die Maschinen aller Netze ihren Drehzahlreglern unterstellt bleiben. Laständerungen verteilen sich dann nach Abklingen der Übergangsvorgänge gemäß den Drehzahl-Leistungs-Kennlinien auf die einzelnen Maschinen. Damit sind die Laständerungen zunächst unter allgemeiner Beteiligung aufgefangen, wobei sich die Frequenz und auch die Übergabeleistungen an den Kuppelstellen der Netze geändert haben. Aus der Beobachtung dieser Größen läßt sich erkennen, ob und in welchem Netz eine Laständerung aufgetreten ist.

Ähnlich wie die einzelne Maschine durch ihren Drehzahlregler eine Drehzahl-Leistungs-Kennlinie aufweist, so bildet die Summe aller Maschinenkennlinien eine Frequenz Leistungs Kennlinie für das gesamte Netz. Je mehr Leistung in einem Netz vereinigt ist, um so flacher verläuft diese Kennlinie. Gemäß dieser Kennlinie verändert sich auf Grund von Frequenzschwankungen die Leistungserzeugung innerhalb des Netzes, sofern keine Eingriffe an den Drehzahlverstellungen der Maschinen erfolgen. Diese Leistungserzeugung dient der Deckung des Verbrauchs innerhalb des Netzes, der Rest tritt als Austauschleistung mit den Nachbarnetzen in Erscheinung, wobei dieser Betrag positiv (Abgabe) und negativ (Bezug) sein kann. Betrachtet man die Netzbelastung als frequenzunabhängig, so ändert sich die Austauschleistung bei Frequenzschwankungen gemäß dieser Kennlinie. Daß tatsächlich auch die Verbraucher zum größten Teil frequenzabhängig sind, bringt keinen qualitativen Unterschied, wohl aber eine Korrektur der Kennlinie. Die resultierende Kennlinie, im folgenden mit Netzkennlinie bezeichnet, bewirkt also die Änderung der Austauschleistung in Abhängigkeit von der Frequenz, sofern im Netz selbst keine Belastungsänderungen auftreten und keine Eingriffe an den Maschinen erfolgen. Im ungestörten Netz stehen somit Frequenz und Austauschleistung in einem der Netzkennlinie entsprechenden Verhältnis zueinander. Durch Vergleich der tatsächlichen Werte mit denen der vorgegebenen Netzkennlinie ergeben sich Größe und Richtungssinn der Laständerung im Netz. Solange sich die zugehörigen Werte von Frequenz und Austauschleistung auf der Sollnetzkennlinie bewegen, liegt keine Belastungsänderung vor.

b) Grundsätzlicher Aufbau einer Netzkennlinienregelung

Für jedes der beiden Netze A und B sei (s. *Bild* 32) eine Maschinenleistung von 1000 MW angenommen, der Verbrauch im Netz A betrage 1100 MW, der Bezug dieses Netzes 100 MW. Im Netz B dagegen belaufe sich der Verbrauch auf 900 MW. die Lieferung auf 100 MW. Die Soll-Netzkennlinien werden für die Netze so eingestellt, daß sie sich bei der Nennfrequenz 50 Hz im Punkt 1 (Leistungsfluß 100 MW von B nach A) schneiden. In jedem Regler ist die Netzkennlinie durch die Sollwerte für Frequenz und Austauschleistung sowie durch Einstellung der Neigung vorgegeben. Theoretisch genügen zwei Einstellungen, z. B. Austauschleistung bei Nennfrequenz und Neigung, doch ist die betriebliche Handhabung bei drei Einstellungen übersichtlicher. Dem Regler sind die Istwerte von Frequenz und Austauschleistung zugeführt. Bei Deckung mit der Soll-Netzkennlinie ist der Regler im Gleichgewicht; bei Abweichungen wirkt er auf die Maschine ein, bis die Sollnetzkennlinie wieder erreicht ist.

Tritt eine Zusatzbelastung von 100 MW im Netz B auf, so verschiebt sich dessen Ist-Netzkennlinie um diesen Fehlbetrag nach rechts. Eine Entlastung würde eine Verschiebung nach links bedeuten. Die Frequenz sinkt bis zum Schnittpunkt 2 der Netzkennlinien auf den Wert f_2 ab, der von der Neigung der Netzkennlinien abhängt. Jedes Netz hat dabei zusätzlich 50 MW übernommen. Für Netz A be-

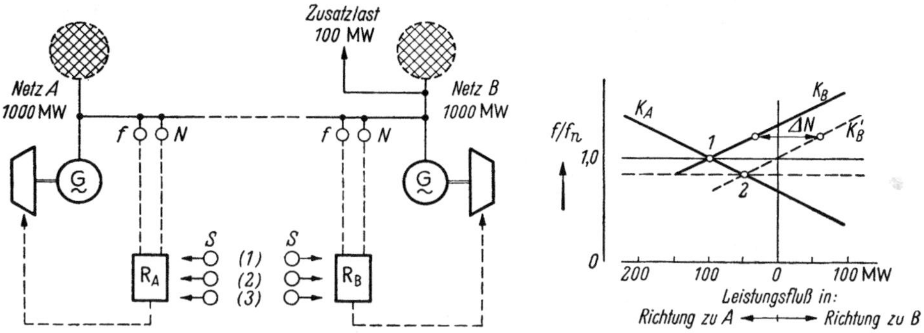

K_A Soll-Netzkennlinie für Netz A
K_B Soll-Netzkennlinie für Netz B
ΔN Zusatzlast
R_A Regler im Kraftwerk A
R_B Regler im Kraftwerk B

S Sollwerteinsteller:
(*1*) für Frequenz f
(*2*) für Übergabeleistung N
(*3*) für Neigung der Netzkennlinie

Bild 32. Netzkennlinienregelung

deutet dies eine Verringerung des Bezugs auf 50 MW, für Netz B eine Verringerung der Abgabe auf 50 MW. Dieser neue Betriebspunkt (*2*) liegt weiterhin auf der Soll-Netzkennlinie K_A, hier war auch keine Laständerung aufgetreten; dagegen

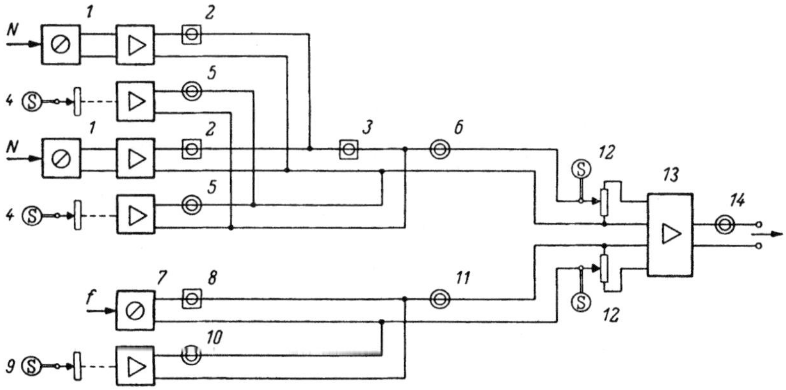

1 Empfangseinrichtung
2 Istwertschreiber
3 Summenschreiber
4 Sollwerteinsteller
5 Sollwertanzeiger
6 Anzeiger für Leistungsabweichung
7 Frequenzmeßumformer
8 Frequenzschreiber
9 Sollwerteinsteller der Frequenz
10 Sollwertanzeiger
11 Anzeiger für Frequenzabweichung
12 Neigungseinsteller
13 Summenverstärker
14 Anzeiger für Gesamtabweichung

Bild 33. Reglerkopf für Netzkennlinienregelung

liegt der Betriebspunkt (*2*) nicht auf der Sollnetzkennlinie K_B. In diesem Netz muß daher die Leistungserzeugung gesteigert werden, wobei der Betriebspunkt von Lage (*2*) auf der Netzkennlinie K_A wieder bis zur Lage (*1*) wandert. Dann ist die Regelung beendet, da Betriebspunkt (*1*) beiden Sollnetzkennlinien gemeinsam ist.

a) Geographischer Aufbau

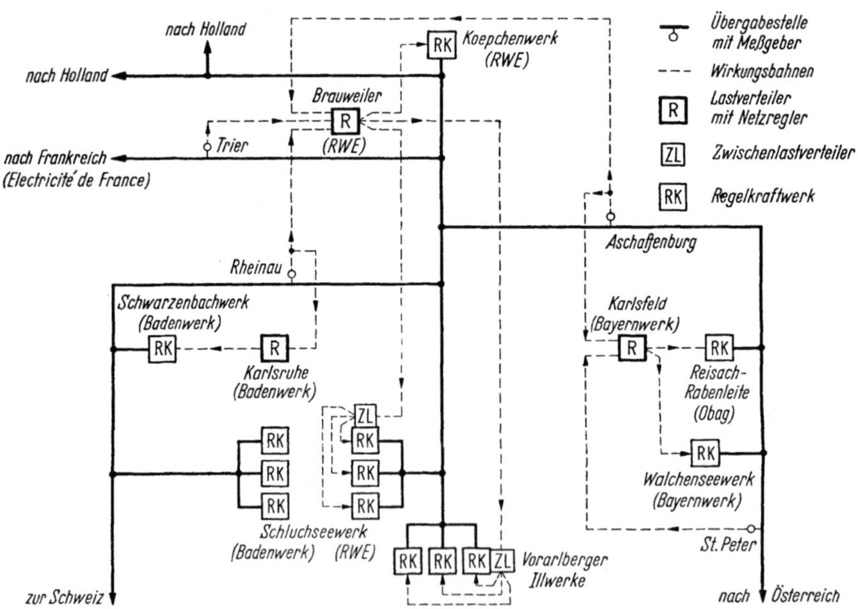

b) Schaltungsaufbau

Bild 34. Regelung des deutschen Verbundnetzes im Rahmen des europäischen Netzes

Sind die Netze über mehrere Leitungen verbunden oder sind mehrere Netze untereinander vermascht, so geht für jedes Netz die Summe aller seiner Austauschleistungen in die Netzkennlinie ein. Die Netzkennlinienregelung erfordert daher eine zentrale Zusammenfassung aller Austauschleistungen, die im allgemeinen beim Lastverteiler erfolgt; hier befindet sich der Reglerkopf (*Bild* 33), von dem aus die Kraftwerke beeinflußt werden. Hieran kann sich bei der Steuerung nur eines Kraftwerks eine Schaltung nach *Bild* 16 anschließen. Liegt das Kraftwerk entfernt vom Lastverteiler, so wird die Regelabweichung zum Kraftwerk nach dem Impulsfrequenzverfahren als stetige Größe fernübertragen. Die mittlere Impulsfrequenz von 10 Imp/s entspricht der Regelabweichung Null, die positiven und negativen Abweichungen den Bereichen 10 bis 15 bzw. 10 bis 5 Imp/s. Werden mehrere Kraftwerke für die Regelung eingesetzt, so kann das Verfahren mit Fernsendung der Stellgröße nach *Bild* 17 und 18 angewendet werden. Hier setzt sich die Regelabweichung x nach Abschnitt E aus $\Delta N + c\Delta f$ zusammen. Die Regelgleichung lautet dann:

$$-B\int \Delta N \,\mathrm{d}t - Bc\int \Delta f \,\mathrm{d}t + G = N + k\Delta f$$

Ob dabei der Wert $Bc\int \Delta f \cdot \mathrm{d}t$ zentral oder getrennt bei jedem Kraftwerk aus einer Normalzeit und der Netzzeit gebildet wird, ist gleichgültig. Ein Fernsteuerkanal nach jedem Kraftwerk ist zur Übertragung des Wertes ΔN auf jeden Fall

Links im Pultaufsatz die Istwert- und Sollwertinstrumente der Übergabeleistungen, davor die Sollwerteinsteller (auch für die Frequenz) und Einsatz-Schalter. In der Mitte der Frequenzschreiber. Rechts die Anzeige der Regelgrößen, der nach den einzelnen Werken gesendeten Richtgrößen und ihrer tatsächlichen Leistung, davor die Einsteller für Grundlast und Beteiligung sowie die Einsatz-Schalter.

Bild 35. Netzregelpult in einer Lastverteilerwarte [6]

notwendig. Dieses Verfahren ist identisch mit der *Réglage Puissance-Phase-Enérgie* [4].

In kleineren Netzen, in denen eine einzige Maschine zur Regelung ausreicht, kann der Drehzahlregler der betreffenden Maschine als Frequenzgeber zur Bildung der Netzkennlinie verwendet werden, so daß hier die Ausrüstung einfach wird.

Der hier geschilderte Aufbau des Reglerkopfes nach *Bild* 33 in Verbindung mit der Lastaufteilung nach *Bild* 17 ermöglicht auch eine Vereinigung mit Einrichtungen zur Optimierung der Lastverteilung [5], welche die Erzeugungskosten der einzelnen Werke und die Netzverluste berücksichtigen. Hierbei steuert das Optimierungsgerät die Aufteilung der vom Netzregler vorgeschriebenen Gesamtleistung auf die einzelnen Kraftwerke. Zur schnellsten Erfüllung der Regelaufgabe werden dabei die Lastanteile von Werken, die nur zu einer langsamen Übernahme größerer Laständerungen fähig sind, vorübergehend unter Hintansetzung der absoluten Wirtschaftlichkeit von anderen schnellregelnden Kraftwerken mitübernommen. Auch die Einbeziehung der Übergabeleistungen selbst in die Optimierung und die Berücksichtigung von Pumpspeicherwerken ist möglich.

I. Quellenhinweise

[1] Warren, H. E.: Automatic regulator USA-Patent 1483536 vom 12. 2. 1924.

[2] Engl, M.: Verfahren zur Einhaltung eines vorgeschriebenen Leistungsflusses zwischen Synchronen Wechselstromnetzen. DRP Nr. 610458 vom 13. 5. 1930.

[3] Ossanna, J., Graner, H. u. Hofmann, F.: Frequenz- und Leistungssteuerung (Netzkennliniensteuerung) von Netzverbänden. DRP Nr. 634025 vom 8. 2. 1931.

[4] Cahen, F. u. Chevallier, A.: Le réglage puissance-phase. Bull. Soc. franç. Eletriciens. Sér. 7, T. 3 (1953) S. 614–637.

[5] Bauer, H. u. Edelmann, H.: Der Sielomat, ein Hilfsmittel des Lastverteilers für optimalen Kraftwerkseinsatz. Elektrizitäts-Wirtsch. 57. Jg. (1958) S. 173–180, S. 301–307 u. S. 389–392.

[6] Rheinisch-Westfälisches Elektrizitätswerk AG, Essen. Netzwarte Brauweiler.

[7] Graner, H.: Übersicht über die Sondenformen und Ausführungsarten der Netzkennlinienregelung. Elektr.-Wirtsch. 55. Jg. (1956) S. 677–685. (Mit 121 Quellenhinweisen).

34. Gasversorgung

Von K. Schnakig

Inhaltsübersicht

A. Überblick

Die klassische Methode, Gas zu erzeugen, ist die Entgasung von Kohle in Öfen; sie wird in den Gaswerken und Kokereien in größtem Umfang angewendet. Als wichtigstes Nebenprodukt fällt dabei Koks an, von dem ein Teil in Drehrostgeneratoren unter Dampfzusatz zu Schwachgas oder Wassergas vergast wird, während der größere Teil des Kokses für andere Zwecke frei ist.

Da der Bedarf an Koks nicht im gleichen Maß weiter steigen wird wie der Gasverbrauch und die zur Verkokung geeignete Kohle nicht unbegrenzt zur Verfügung steht, wurden neue Verfahren der Gaserzeugung entwickelt. Zur Vergasung von Kohle ohne Koksanfall wird Steinkohle in einen Generator unter einem Druck von 20 bis 30 atü eingeschleust und im Gegenstrom dazu Sauerstoff, mit Dampf gemischt, eingepreßt [*1*]. Zur Erzeugung von Stadtgas aus flüssigen oder gasförmigen Kohlenwasserstoffen, die sich als Erdöl oder Erdgas anbieten, bedient man sich der thermisch-katalytischen Spaltung, die unter Dampf- oder Luft- bzw. Sauerstoffzusatz ablaufen kann [*2*]. Diese Verfahren gleichen im Grunde denen der chemischen Großindustrie.

Bei der Gaserzeugung mit ihren Hilfs- und Nebenbetrieben treten ähnliche Regelaufgaben auf wie in der Verfahrenstechnik, also z.B. Temperatur-, Druck- oder Entspannungsregelung, Mengen-, Gemisch-, Dosierungs- oder Heizwertregelung oder auch Stand- und Füllungsregelung. Es handelt sich dabei im allgemeinen um verhältnismäßig einfache Anwendungen der Regelungstechnik; daher werden auch Regler eingesetzt, wie sie in ähnlichen Betrieben üblich sind. Das immer wiederkehrende und damit häufigste Regelproblem bei der Gaserzeugung mit ihren Unterbetrieben, wie aber auch bei der Gasfortleitung, Gasverteilung und beim Gasverbraucher ist die Gasdruckregelung. Für die einzelnen Aufgaben gibt es Reglerkonstruktionen, die in Gasversorgungsanlagen typisch sind. Mit ihrem Aufbau und ihrer Wirkungsweise befaßt sich das vorliegende Kapitel.

B. Gasdruckregelung

1. Allgemeines

Die Regelstrecken weisen immer einen Ausgleichswert auf, da nach einer Veränderung des Stellgliedes der Gasdruck zunächst ansteigt bzw. absinkt, sich aber bald einem stationären Zustand angleicht. Da der Anlaufwert meistens klein ist, arbeitet man vorwiegend mit integralwirkenden Reglern. Es werden dazu die verschiedensten Reglersysteme und Bauarten eingesetzt; man verwendet sowohl Regler, wie sie in anderen Gebieten der Technik üblich sind, als auch besonders für die Gastechnik entwickelte Regler. Da es sich im allgemeinen um kleine und kleinste Drücke handelt, die zu regeln sind, werden fast ausschließlich Membranregler eingesetzt, und zwar solche ohne oder mit Hilfsenergie.

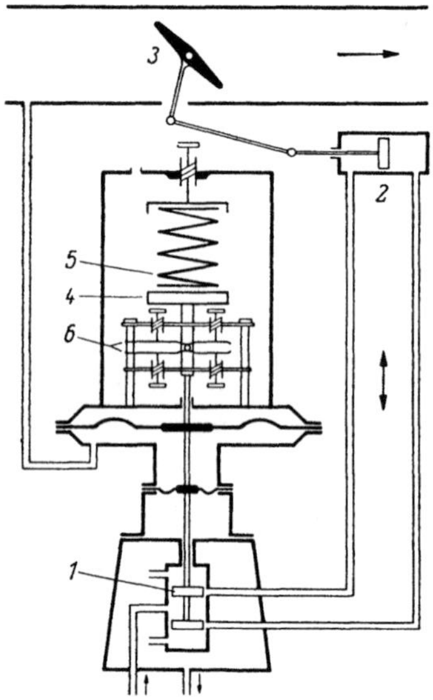

1 Steuerkolben *4* Gewicht
2 Stellzylinder *5* Schraubenfeder
3 Drehklappe *6* Blattfedern

Bild 1. Hydraulischer Membranregler

2. Gaserzeugung

a) Ofenbetrieb

Für einen einwandfreien Ofenbetrieb mit gleichbleibender Gasqualität und wirtschaftlicher Beheizung muß der Druck im Rohgassammler (Vorlagendruck) auf den eingestellten Sollwert von beispielsweise 3 mm WS Überdruck eingehalten werden; außerdem müssen der Gasdruck für die Beheizung des Ofens (Unterfeuerung), sei es mit Generatorgas (Schwachgas) oder Mischgas (Starkgas), und der Zug im Fuchs (Kaminzug) konstant die gewünschten Werte beibehalten. Dafür sind nur Regler mit Hilfsenergie und größter Ansprechempfindlichkeit geeignet. Ein Beispiel für einen solchen Regler, als hydraulischer Membranregler ausgeführt, zeigt *Bild* 1 [*3*]. Der auf eine vorbelastete Membran wirkende Gasdruck lenkt im Falle einer Regelabweichung einen Steuerkolben (*1*) aus, womit Drucköl in den Stellzylinder (*2*) strömt und der Kraftkolben in einer der Auslenkung verhältnisgleichen Geschwindigkeit bewegt wird. Da es sich hier immer um große Gasmengen bei geringen Drücken handelt, ist das Stellglied eine Drehklappe (*3*).

Zur Sollwerteinstellung ist die Membran durch Gewicht (*4*) (Grobeinstellung) und eine Feder (*5*) (Feineinstellung) belastet. Pendelungen der Regelanlage werden durch Blattfedern (*6*) verhütet, die um die Nullage von Membran sowie Steuerkolben wirken und bei Regelabweichungen die Membran zusätzlich belasten, so daß die Reglerkennlinie flacher wird.

b) Gassauger

Ein ähnlicher Regler wird auch für den Gassauger eingesetzt (*Bild* 2). Dabei ist die Regelklappe (*3*) entweder in die Saugleitung oder in eine Umgehungsleitung zum Sauger (*7*), wie gezeichnet, eingebaut. Im ersten Fall muß das Stellglied bei zunehmendem Unterdruck schließen, im zweiten Fall bei zunehmendem Unterdruck öffnen. Wird der Gassauger von einem Elektromotor angetrieben, so schaltet man, um Energie zu sparen, häufig ein hydraulisches Getriebe (*9*) dazwischen. Das Getriebe wird dann über Kontakte (*5a*, *5b*) vom Stellgliedhebel gesteuert. Die Kontakte werden so eingestellt, daß die Klappe, wenn sie in die Saugleitung eingebaut ist, möglichst immer ganz auf ist, wenn die Klappe dagegen in der Umgangsleitung sitzt, möglichst geschlossen ist.

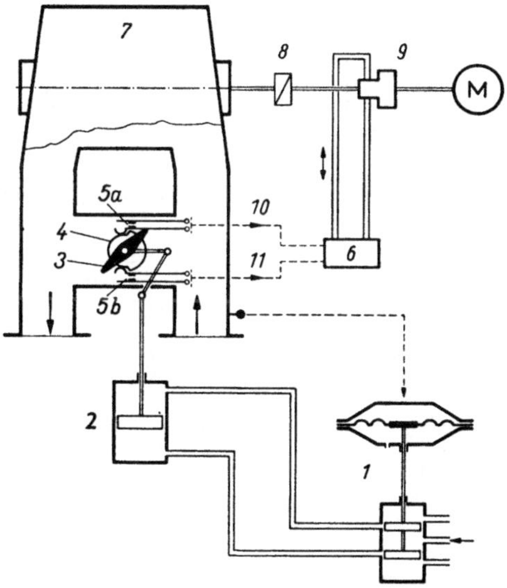

1 Membranregler
2 Stellkolben für Regelklappe
3 Regelklappe
4 Steuernocken für Steuerpumpe
5 Steuerkontakte für Steuerpumpe (*a* und *b*)
6 Steuerpumpe für hydraulisches Getriebe
7 Gassauger
8 Getriebe
9 Hydraulisches Getriebe
10 Steuersignal für Pluskontakt
11 Steuersignal für Minuskontakt

Bild 2. Regler für Gassauger

Wenn die Gasdarbietung fällt, steigt die Saugung, und der Membranregler öffnet mit dem Stellkolben die Regelklappe im Umgang, um den Sollwert wieder einzustellen. Dabei berührt ein Nocken, der auf der Welle der Regelklappe sitzt, den Minuskontakt (*11*) für die Steuerpumpe (*6*) des hydraulischen Getriebes. Die Flüssigkeitskupplung entleert sich und der Sauger läuft langsamer. Dadurch sinkt der Saugdruck und die Regelklappe schließt wieder. Der Minuskontakt wird wieder freigegeben und die Steuerpumpe des hydraulischen Getriebes ausgeschaltet. Der Sauger läuft also auch bei verminderter Gasmenge mit geringster Rückströmung und größter Wirtschaftlichkeit. Es wird also außer dem Saugdruck auch die Klappenstellung geregelt; die beiden Regelkreise sind gekoppelt, da auf den Saugdruck sowohl die Klappenstellung als auch die Saugerdrehzahl einwirkt. Befindet sich die Regelklappe in der Saugleitung, dann strebt man an ihr möglichst kleinen Differenzdruck an, um wirtschaftlich zu fahren.

Wird das Gebläse von einer Dampfturbine angetrieben, so kann man den Membranregler direkt auf die Steuerung der Turbine einwirken lassen, indem aus dem Ölkreislauf der Turbine ein Teilstrom über den Steuerkolben des Membranreglers den Steuerkolben des Drehzahlreglers beeinflußt, so daß die Turbine und damit das Gebläse jeweils mit der für die Absaugung notwendigen Drehzahl läuft.

Für die Saugungsregelung kann man auch andere gebräuchliche Regler einsetzen. Beispielsweise hat man durch Einordnen von drei Strahlrohrreglern an einem Gassauger mit kombiniertem turboelektrischem Antrieb große Wirtschaftlichkeit und außerdem hohe Betriebssicherheit und Einsatzbereitschaft erzielt (*Bild* 3). Der Regler (*2*) mit dem Druckeinfluß auf der Saugseite des Gassaugers

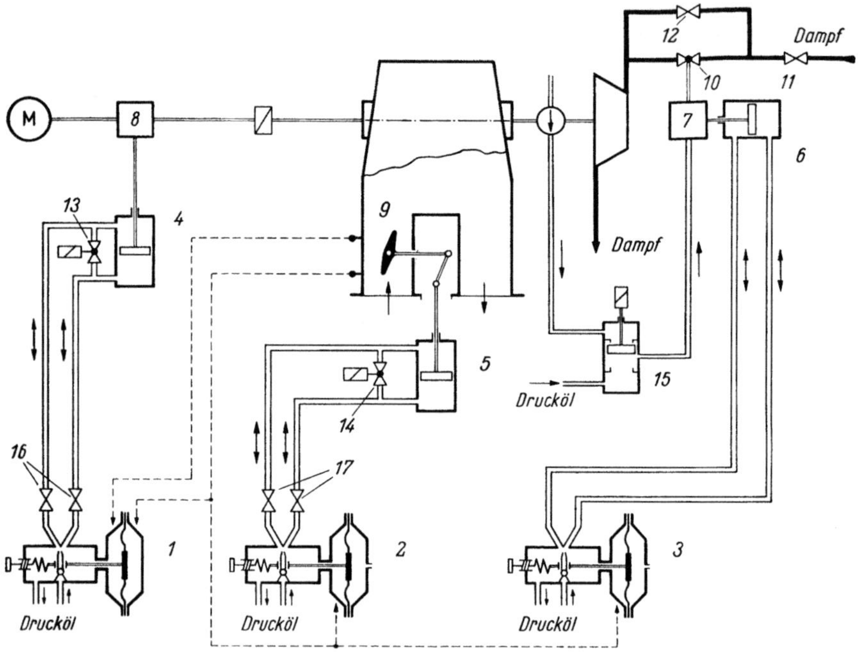

1 } *2* } Regler *3* }	*7* Turbinensteuerwerk	*12* Turbinenventil
	8 Hydraulische Kupplung	*13* } *14* } Magnetventil
	9 Regelklappe	
4 } *5* } Stellkolben *6* }	*10* Regelventil	*15* Magnet-Dreiwegeventil
	11 Anfahrschnellschluß-ventil	*16* } *17* } Handsteuerventile

Bild 3. Kombinierte Regelung eines Turboelektrosaugers

vor der Regelklappe (*9*) wirkt als schneller Regler über den Stellkolben (*5*) auf die Regelklappe. Dem Regler (*1*) werden die Drücke vor und nach der Regelklappe zugeführt. Er betätigt über den Stellkolben (*4*) das Schöpfrohr der hydraulischen Kupplung (*8*) so, daß nur ein ganz kleiner Druckabfall in der Regelklappe verbleibt, d.h., daß die Drehzahl des Gassaugers sich auf höchste Wirtschaftlichkeit einstellt.

Das Turbinensteuerwerk (*7*) ist so blockiert, daß es das Regelventil (*10*) geschlossen hält. Dies wird durch die Wirkung des über das Dreiwegeventil (*15*) geführten Drucköles im Steuerwerk (*7*) erreicht. Die Turbine kann also keine Leistung abgeben. Damit die durch die Rotation des Turbinenläufers entstehende Ventilationswärme abgeführt wird, ist das Turbinenventil (*12*) etwas geöffnet, ebenso das Anfahrschnellschlußventil (*11*). Fällt der Strom des Antriebsmotors aus, so wird auch der Magnet des Dreiwegeventiles (*15*) stromlos, wodurch das Steuerwerk (*7*) einen niedrigeren Regelöldruck erhält. Dies hat zur Folge, daß das Regelventil (*10*) automatisch in eine Offen-Stellung geht, die der augenblicklichen Saugerbelastung entspricht. Nunmehr regelt der Regler (*3*), der seinen Druckeinfluß ebenfalls von der Saugseite des Gassaugers erhält, über den Stellkolben (*6*) das Turbinensteuerwerk so, daß die Drehzahl des Gassaugers sich wieder auf größte Wirtschaftlichkeit einstellt. Gleichzeitig mit dem Motorstromausfall werden die Magnete der Ventile (*13*) und (*14*) stromlos. Damit wird die Verbindung der beiden Seiten der Stellkolben (*4*) und (*5*) hergestellt und der Druck des Steueröles ausgeglichen. Infolge entsprechender Gewichtsbelastung des Betätigungsgestänges gehen die Stellkolben in ihre Endlage. Mit Hilfe der Steuerventile (*16*) und (*17*) kann man von Hand in die Regelung eingreifen, um das Schöpfrohr oder die Regelklappe in eine gewünschte Stellung zu bringen.

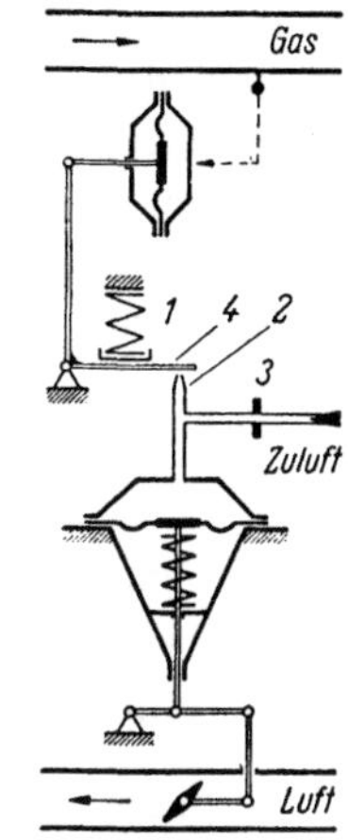

1 Einstellfeder
2 Düse
3 Vordrossel
4 Prallplatte

Bild 4. Pneumatischer Druckregler für Schwachgasanlage

c) Zentralgeneratoranlagen

(Drehrost-Koksgeneratoren für Schwachgas)

Derartige Anlagen arbeiten häufig ohne Speicherbehälter direkt auf die Ofenanlage zur Kammerheizung. Eine Gasdruckregelung ist hier vor allem nötig, um während der kurzen Umstellpause beim regelmäßigen, etwa halbstündigen Wechsel der Beheizung den Gasdruck nicht übermäßig ansteigen zu lassen. Während dieser Umstellung, die etwa 1 bis 2 min dauert, wird kein Gas verbraucht; es muß also während dieser Zeit die Luft (Wind), die unter den Drehrost eingeblasen wird, gedrosselt werden. Als Beispiel eines Reglers für eine Zentralgeneratoranlage zeigt *Bild* 4 einen druckluftgesteuerten Membranregler [*4*]. Manchmal begnügt man sich jedoch bei Zentralgeneratoranlagen auch mit einem einfachen Tauchglockenregler (*Bild* 5). Diese Regler sind äußerst robust und betriebssicher; sie erfordern fast keine Wartung und haben keinerlei Verschleiß. Infolge ihrer verhältnismäßig großen Masse sind sie jedoch träg.

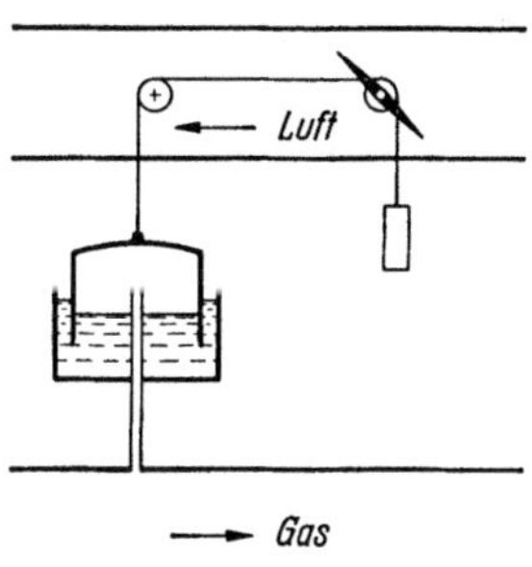

Bild 5. Tauchglockenregler

3. Gasverteilung im Stadtnetz

a) Allgemeine Aufgabenstellung

Bei der Stadtdruckregelung, die außer im Gaswerk auch im Netz geschehen kann, haben die Regler die Aufgabe, den Behälterdruck auf den Netzdruck einzustellen oder als sogenannte Bezirksregler beim Einspeisen aus einem Hoch- oder Mitteldrucknetz in das Niederdrucknetz den Druck herabzuregeln.

Die Reglerstationen im städtischen Gasnetz liegen meistens verstreut über das Stadtgebiet und arbeiten ohne ständige Wartung; sie müssen daher besonders betriebssicher ausgeführt sein. Eine Druckstörung kann sich auf das ganze Versorgungsgebiet auswirken und zahlreiche andere Störungen zur Folge haben. Die

Regler sollen möglichst ohne Fremdenergie (Strom, Luft) arbeiten, damit eine bei ihr auftretende Störung nicht auch die Stadtdruckregelung stört.

Es werden jedoch auch Regler mit Hilfsenergie für die Stadtdruckregelung eingesetzt. Mit ihrer Vervollkommnung dürften sie wohl auch häufiger verwendet werden, da sie genauer, rascher und verzögerungsfreier arbeiten und mit Hilfe von Zusatzeinrichtungen jeder gewünschte Regelvorgang vorgeschrieben werden kann. Bei elektrischen Reglern bringt die Forderung nach explosionsgeschützter Ausführung für gasgefährdete Räume (im Gegensatz zu pneumatischen oder hydraulischen Reglern) eine gewisse Erschwernis.

b) Niederdruckregelung im Gaswerk

Der Stadtdruckregler im Gaswerk muß den Gasbehälterdruck, der zwischen 120 und 250 mm WS schwanken kann, auf einen bestimmten Druck einregeln, der im allgemeinen zwischen 80 und 140 mm WS liegt. Da der Druck auf den gewünschten Wert von beispielsweise 100 mm WS mit einer Toleranz von nur 2% genau eingehalten werden soll, sind bei einem Regler ohne Hilfsenergie verhältnismäßig große Membranflächen nötig, um die erforderlichen Stellkräfte zu erhalten. Es gibt eine ganze Reihe von Bauarten, die aber im Prinzip alle ähnlich sind.

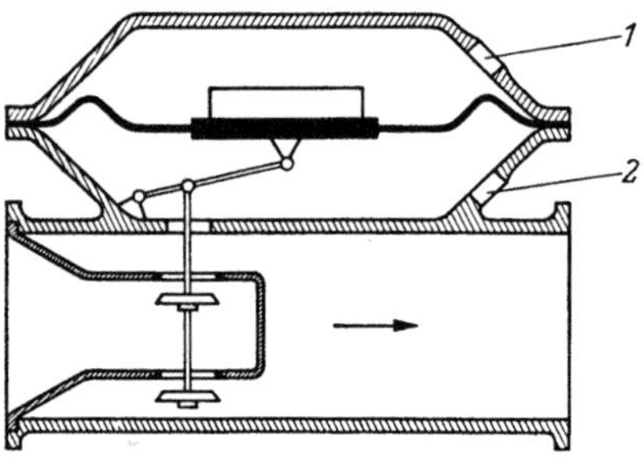

1 Entlüftung
2 Anschluß für Beeinflussungsleitung

Bild 6. Niederdruckmembranregler (stahlgeschweißte Ausführung)

Bei einem Membranregler [*5*] ist das Stellorgan ein entlastetes Doppelsitzventil, so daß der Regler auch aus der Schließstellung heraus bei geringster Druckabsenkung zu arbeiten beginnt (*Bild* 6). Es werden für diese Regler allgemein Ventile verwendet, weil nachts der Verbrauch im Netz bis fast auf Null absinken kann und Klappen keinen dichten Abschluß gewährleisten würden. Doppelsitzventile schließen zwar auch nicht vollkommen, sind jedoch dichter als Klappen und werden daher, wenn nicht unbedingte Dichtheit notwendig ist, den Einsitzventilen wegen ihrer Entlastung vorgezogen. Wird absolut dichter Abschluß verlangt, dann muß man die Ventile als Einsitzventile ausführen. Bei geringerem Vordruck läßt man die Ventile in Strömungsrichtung öffnen. Bei höherem Druck müssen jedoch die Ventile immer gegen die Strömungsrichtung öffnen, um in der Schließstellung sichere Anpressung zu erreichen. Es wird dabei in Kauf genommen, daß sich der schwankende Vordruck als Störgröße auf das Ergebnis des Regelvorgangs auswirkt. Der gewünschte Stadtgasdruck wird durch Belastungsgewichte auf die richtkraftfreie Membran eingestellt. Diese Regler sind also integral wirkend. Im Gehäuse oberhalb der Hauptmembran ist eine einstellbare Entlüftungsöffnung (*1*), so daß die Bewegungen der Membran und damit des Stellgliedes gedämpft werden. Diese Regler werden für Durchsätze von wenigen m³/h bis 40000 m³/h und mehr in einer Einheit ausgeführt.

c) Zusatzeinrichtungen für Stadtdruckregler

Zuschußdruckgebung. Bei größerem Gasabsatz und damit höherer Strömungsgeschwindigkeit wird der Druckverlust in der Leitung größer; damit würde bei konstantem Druck im Gaswerk der Druck bei den Verbrauchern zu Zeiten hohen Verbrauches stark absinken. Durch eine automatische Zuschußdruckgebung soll der Druck mit Steigerung des Gasdurchganges so erhöht werden, daß das Gebiet konstanten Druckes vom Gaswerk weg mehr zum Verbraucher hin verlegt wird.

Die Einrichtung (*Bild* 7) besteht im wesentlichen aus einer Venturidüse (*1*), die in die Leitung hinter dem Ventil eingebaut ist. Die Düse nimmt allerdings nur einen Teil des Durchgangsquerschnittes ein, während der übrige Teil durch eine Drosselklappe (*2*) mit einem außenliegenden feststellbaren Hebel mehr oder weniger abgedeckt wird. Das Gas übt beim Strömen durch die Venturidüse eine Saugwirkung aus, die auf den Raum unter der Regelmembran übertragen wird, der gegen die Leitung bei der Ventilspindeldurchführung durch eine Membran (*3*) abgedichtet ist. Diese Saugwirkung kommt bei geringer Strömungsgeschwindigkeit des Gases, also bei geringem Gasverbrauch, nicht zur Geltung, so daß der Druck unter der Regelmembran dem geregelten Leitungsdruck annähernd gleich ist. Steigt aber die Strömungsgeschwindigkeit bei stärkerem Gasverbrauch, so ruft die saugende Wirkung der Düse eine Druckminderung unter der Membran hervor. Hierdurch senkt sich diese und das Regelventil öffnet weiter, so daß eine Drucksteigerung in der Ausgangsleitung eintritt, bis ein neuer Gleichgewichtszustand erreicht wird. Die Wirkung der Zuschußdruckregelung ist mit Hilfe der Drosselklappe (*2*) einstellbar, da eine stärkere Drosselung des Nebenweges die Strömungsgeschwindigkeit in der Düse erhöht und damit ein höherer Zuschußdruck erreicht wird. Die Zuschußdruckgebung wirkt natürlich nur, solange der maximale Durchgang des Regelventiles nicht erreicht wird. Zur Dämpfung etwa auftretender Druckschwankungen durch diese Zuschußdruckgebung ist hier noch ein sogenannter „Kraftspeicher" (*4*) eingeschaltet. Dieser Speicher ist durch eine federbelastete Membran in zwei Räume geteilt, die einerseits an die Ausgangsleitung, andererseits an den Raum unter der Hauptmembran angeschlossen sind. Die Kraftspeichermembran wirkt durch ihre Bewegung dämpfend auf den Regelvorgang, indem bei zunehmendem Druck in der Ausgangsleitung das Gas unter der Reglermembran komprimiert und somit dem Einfluß der Venturidüse vorüber-

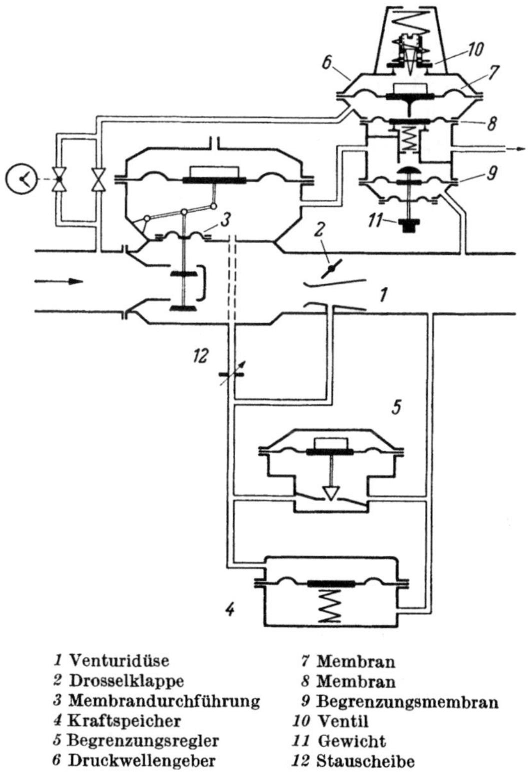

Bild 7. Stadtdruckregelung mit Venturi-Einrichtung, Begrenzungsregler und Druckwellengeber

gehend entgegengearbeitet wird. Bei Druckabnahme ist die Wirkung umgekehrt. Im Beharrungszustand stellt sich der gewünschte Unterdruck im Raum unter der Regelmembran wieder ein, der Regler hat also eine nachgebende Rückführung.

Bei einer ähnlichen Zuschußdruckeinrichtung [*6*] strömt durch die Venturidüse nicht nur ein Teilstrom, sondern die gesamte Menge.

Druckbegrenzungsregler (s. *Bild* 7). Um den Zuschußdruck nach oben zu begrenzen, wird im allgemeinen noch ein Druckbegrenzungsregler (*5*) verwendet. Die Membran dieses Reglers ist derart gewichtsbelastet, daß das von ihr gesteuerte Ventil öffnet, wenn der maximal zulässige Druck erreicht wird. Dadurch kann dann das Gas von der Reglerausgangsleitung zu dem Raum unter der Hauptmembran durchströmen und damit der Saugwirkung der Venturidüse entgegenarbeiten.

Druckwellengeber. Eine weitere Zusatzeinrichtung des Stadtdruckreglers ist der Druckwellengeber zum „Zünden" und „Löschen" der im Stadtgebiet aufgestellten Gasleuchten. Sämtliche Gaslaternen sind mit einem Schaltmechanismus ausgerüstet, der, von einer Membran gesteuert, beim Ankommen einer Gasdruckwelle (Zündwelle) den Gasweg zu den Glühstrümpfen freigibt, so daß das Gas sich an einer dauernd brennenden kleinen Zündflamme entzündet. Bei einer zweiten Druckwelle (1. Löschwelle) schaltet der Mechanismus weiter und löscht dadurch einen Teil der Flammen der Leuchte. Bei der dritten Druckwelle (2. Löschwelle) werden alle übrigen Flammen bis auf die Zündflamme gelöscht, und der Schaltmechanismus steht damit wieder in der Ausgangsstellung.

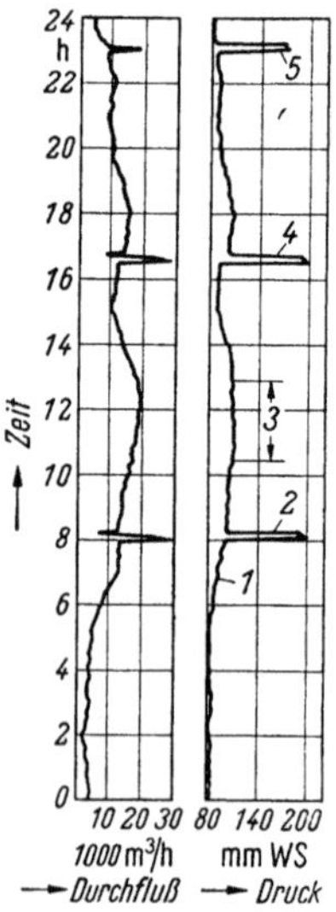

1 Zuschußdruck der Venturidüse
2 Zweite Löschwelle
3 Höchstdruck des Begrenzungsreglers
4 Zündwelle
5 Erste Löschwelle

Bild 8. Stadtdruck- und Durchflußdiagramm

Die Druckwellen dürfen nur eine bestimmte Höhe erreichen, die für jedes Stadtdrucknetz genau festzulegen ist; ebenso ist die Dauer der Druckwelle einzuhalten, damit Gasgeräte beim Verbraucher, die noch ohne Gerätedruckregler sind, infolge des erhöhten Druckes keinen Schaden leiden.

Beim Geben der Druckwelle mit dem Druckwellengeber [(*6*) in *Bild* 7] wird der Druck im Raum unter der Hauptmembran des Gasdruckreglers vermindert. Der Auslöseimpuls der Schaltuhr oder eines Magnetventiles bewirkt ein Anheben des Membrantellers (*7*) und damit eine schnelle Verdrängung des darüberliegenden Luftvolumens über das Ventil (*10*). Die Membran (*8*) wird dadurch freigegeben und durch eine Feder ebenfalls angehoben, so daß das Gas aus dem Raum unter der Hauptmembran des Reglers ins Freie abströmen kann. Dadurch öffnet der Hauptregler, und die Druckwelle geht ins Netz. Die Höhe der Druckwelle wird durch die Membran (*9*) begrenzt, die vom Ausgangsdruck beeinflußt wird und deren Gewichtsbelastung dem gewünschten Höchstdruck entsprechend gewählt wird. Die Länge der Druckwelle wird von der durch ein Ventil (*10*) justierbaren Einströmzeit des verdrängten Luftvolumens in dem Raum über der Membran (*7*) bestimmt. Eine Stauscheibe (*12*) in der Leitung von der Venturidüse zum Regler drosselt den Beeinflussungsstrom, wenn der Druckwellengeber arbeitet.

In einem Tagesdiagramm von Durchfluß und Druck (*Bild* 8) ist die Funktion des Stadtdruckreglers zu erkennen: Bei Ansteigen des Verbrauches in den Morgenstunden wird Zuschußdruck (*1*) gegeben, dann folgt die 2. Löschwelle (*2*), in der Zeit des Höchstverbrauches tritt der Druckbegrenzungsregler in Tätigkeit (*3*), bei Einbruch der Dunkelheit kommt die Zündwelle (*4*) und kurz vor Mitternacht die 1. Löschwelle (*5*).

d) Regelstation für Netzspeisung aus einem Gasbehälter

Das Schema einer Regelstation [7], die von einem außerhalb des Werkes stehenden Gasbehälter in das Stadtgasnetz einspeist, zeigt *Bild* 9. Da auch die Druckwellen mit beispielsweise 190 mm WS für die Zündung der Straßenleuchten von der Reglerstation aus mit dem Behälterdruck, der hier bis auf 210 mm WS absinken kann, zuverlässig gegeben werden müssen und außerdem ein vollkommen

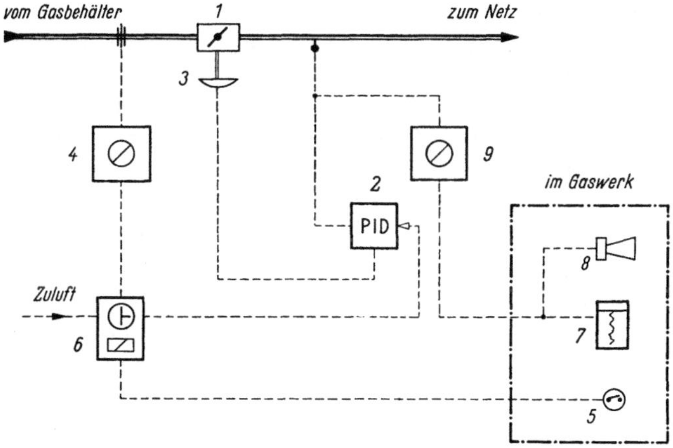

1 Stellglied (Klappe)
2 Druckregler
3 Pneumatischer Stellantrieb
4 Ringwaage mit Geber
5 Druckwellenschalter
6 Magnet-Umschaltventil
7 Druckschreiber
8 Hupe
9 Meßumformer für Druck

Bild 9. Regelstation für Netzspeisung aus einem Gasbehälter

dichter Abschluß des Regelorganes nicht notwendig war, wurde eine Klappe (*1*) als Stellglied gewählt. Der Regler ist hier ein PID-Regler (*2*) mit eingebauter, pneumatisch arbeitender Sollwertverstelleinrichtung. Der Regler, der vorwiegend auf Integralwirkung eingestellt ist, arbeitet auf den Antrieb (*3*) des Stellgliedes. Für die Zuschußdruckgebung bei steigender Gasabgabe ist in die Ringwaage (*4*) ein pneumatischer Meßgeber eingebaut, der auf die Sollwertverstelleinrichtung im Druckregler (*2*) arbeitet. Die Veränderung des Sollwertes mit dem Gasdurchfluß kann durch den Meßgeber beliebig in Form der Kurve (*Bild* 10) festgelegt werden. Die Druckwellen für die Straßenleuchten werden durch einen Schalter (*5*) ausgelöst. Dabei wird ein Magnet-Umschaltventil (*6*) betätigt, das in die Steuerluftleitung zwischen Meßgeber und Sollwertverstelleinrichtung eingebaut ist. Durch das Umschalten wird der Meßgeber abgeschaltet und Preßluft mit konstantem höherem Druck auf die Sollwertverstelleinrichtung zugeschaltet, so daß sich der Gasdruck automatisch auf 190 mm WS einstellt. Dieser Druck bleibt so lange bestehen, bis das Magnetventil wieder umgeschaltet wird. Die Auslösung der Druckwellen kann, da die Regelstation nicht besetzt ist, vom Gaswerk aus elektrisch betätigt werden. Entsprechende Registrier- (*7*) und Signalgeräte (*8*) zeigen im Werk den Druckverlauf an.

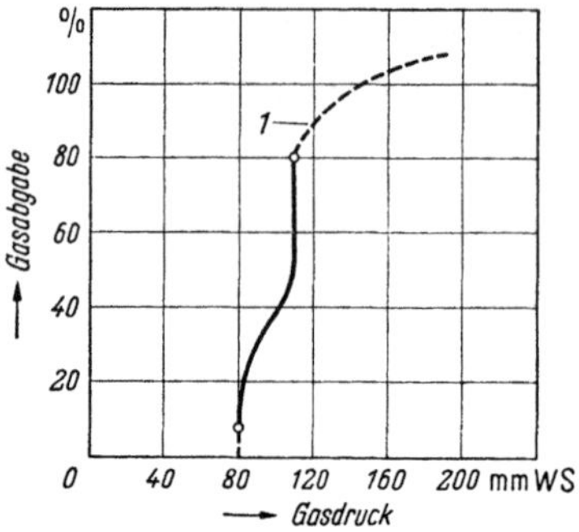

1 Umschaltung auf konstanten Zuluftdruck bei Auslösung der Zündwelle

Bild 10. Gasdruck in Abhängigkeit von der Gasabgabe

e) Mittel- und Hochdruckregelung in Orts- und Ferngasnetzen

In den Reglerstationen von Orts- und Ferngasnetzen werden zur Einspeisung aus Mittel- oder Hochdruckleitungen in ein Niederdruckgasnetz Mittel- und Hochdruckregler eingesetzt, wenn das vorhandene Niederdruckgasnetz in Zeiten hohen Verbrauches an einzelnen Stellen zu große Druckabsenkungen aufweist oder eine eigene Ortsgaserzeugung überhaupt nicht besteht, so daß der Gasbedarf aus einem Hochdruckferngasnetz entnommen werden muß. Diese Regler sind dem Membranregler (s. *Bild* 6) ähnlich, nur daß statt des Doppelsitzventiles ein Einsitzventil eingebaut ist, das gegen den Vordruck öffnet. Übliche Reglerausführungen [*8*] (*Bild* 11) sind für Vordrücke von 0,1 bis 16 atü und Hinterdrücke von 50 mm WS bis 1 atü sowie für Leistungen bis 40000 m³/h bemessen. Dieser Regler, dessen Hilfsenergie aus dem Gasvordruck stammt, arbeitet mit einem Steuerregler (*1*) und kann ebenfalls wie die Niederdruckregler für Zuschußdruckgebung eingerichtet werden. Der Steuerregler beeinflußt die Hauptmembran derart, daß ein gleichmäßig hoher Hinterdruck gewährleistet wird; er ist zweistufig ausgeführt, d.h., der hohe wechselnde Vordruck wird zunächst durch ein Reduzierventil (*2*) auf einen gleichmäßigen Minderdruck entspannt. Dann erst durchströmt das Gas das eigentliche Steuerventil (*3*). Diese zweistufige Steuerregelung hat den Vorzug, daß dem Steuerregler unabhängig vom Vordruck gleichmäßig Gas zuströmt und daß eine geringere Steuergasmenge benötigt wird als beim einstufigen Regler. Die obere Membran des

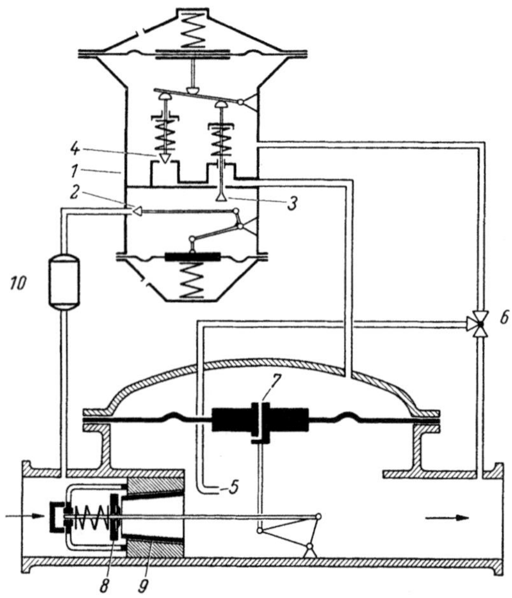

1 Steuerregler
2 Reduzierventil
3 Steuerventil
4 Entlastungsventil
5 Druckentnahme für Zuschußdruckgebung
6 Dreiwegehahn
7 Ausgleichsbohrung
8 Ventilplatte
9 Düse
10 Filter

Bild 11. Gasdruckregler für Vordrücke von 0,1 bis 10 atü und Hinterdrücke von 50 mm WS bis 1 atü

Steuerreglers ist mit einer Feder oder auch mit Gewichten belastet; damit läßt sich der Hinterdruck fein einstellen. Eine kleine Ausgleichbohrung (*7*) in der Hauptmembran stellt eine Verbindung zwischen Ober- und Unterraum des Hauptreglers her, damit sich keine Druckstauung über der Membran bilden kann. Außerdem ist mit der Membran des Steuerventiles noch ein Entlastungsventil (*4*) gekoppelt, das bei Überschreiten des eingestellten Hinterdruckes den Raum über der Membran des Hauptreglers vom Steuerdruck entlastet, so daß z.B. Einschaltspitzen oder bei einer sonstigen Störung auftretende Druckerhöhungen schnell ausgeglichen werden.

Für die Zuschußdruckgebung bei größerem Durchgang, die beim Stadtdruckregler (vgl. *Bild* 7) mit Hilfe des Venturi-Einsatzes erreicht wird, ist hier eine zweite Druckentnahmestelle (*5*) vorgesehen. Diese wird mit einem Dreiwegehahn (*6*) eingeschaltet; sie liegt im Bereich starker Ausströmung aus dem Hauptventil, so daß eine Injektorwirkung entsteht und der Raum unter der Steuerreglermembran auf einen niedrigeren Druck gesenkt wird, als es dem tatsächlichen Hinterdruck entspricht. Demzufolge öffnet das Steuerventil und über die Beeinflussungsleitung auch das Hauptventil weiter, so daß ein Zuschußdruck von etwa 20 mm WS entsteht. Ein ähnlicher Regler für einen Vordruckbereich von 1 : 120 (500 mm WS bis 6 atü) ist mit einem Zweistufenventil ausgeführt [*9*]. Das kleine Ventil im Kegel des Hauptventiles öffnet bei geringem Durchgang und hohem Vordruck. Das Hauptventil ermöglicht einen großen Durchgang bei niedrigem Vordruck. Für größere Druckgefälle, wie sie im Ferngasnetz auftreten können, kommt man mit einstufigen Reglern nicht mehr aus, weil auch der Ausgleichwert bei den hohen Drücken sehr klein wird.

4. Druckregelung beim Abnehmer

a) Hausdruckregelung

Hausdruckregler [*10*] werden benötigt, wenn Niederdruck-Gasverbraucher aus einem Mitteldrucknetz mit einem Druck von über 500 mm WS zu versorgen sind [*11*]. Der Regler darf auch bei verschwindendem Verbrauch den Abnehmerdruck nicht über eine festgelegte Grenze ansteigen lassen. Bei einer gebräuchlichen Ausführung [*12*] eines Hausdruckreglers mit Einsitzventil für Vordrücke von 150 bis 10000 mm WS wird der erforderliche Anpreßdruck durch ein Kniehebelsystem erzeugt (*Bild* 12). Der Ventilteller hängt über dem Ventilsitz, der als Venturidüse ausgebildet ist, an einer Ausgleichdose (*1*), die außen unter dem Vordruck, innen unter

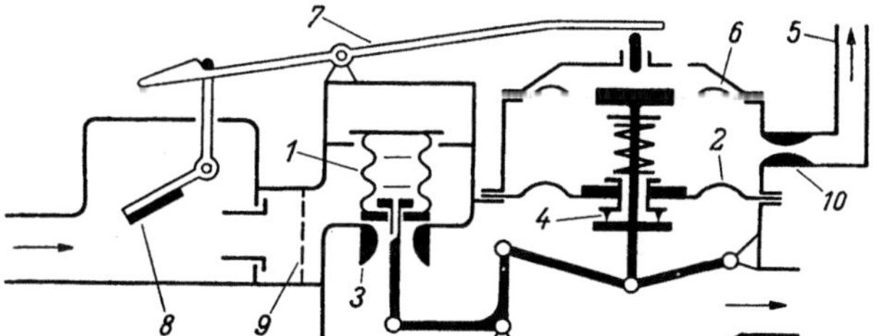

1 Vordruckausgleichdose
2 Arbeitsmembran
3 Ventildüse
4 Überdrucksicherung
5 Ausblasleitung
6 Sicherheitsmembran
7 Auslösehebel
8 Sicherheitsabsperrklappe
9 Sieb
10 Ausblasdüse

Bild 12. Hausdruckregler für Vordrücke von 150 mm WS bis 1 atü und Hinterdrücke von 60 bis 80 mm WS dem geregelten Druck steht. Der Ventilteller ist so von Druckkräften weitgehend entlastet. Der gewünschte Hinterdruck wird durch Gewichtsbelastung der Arbeitsmembran (*2*) eingestellt, die ihre Bewegung über das Kniehebelsystem auf das Ventil überträgt. Durch eine Bohrung in der Ventilspindel an der engsten Stelle der Ventildüse (*3*) entsteht bei großem Durchfluß im Inneren der Ausgleichdose (*1*) ein Unterdruck, so daß das Ventil mehr öffnet und damit bei stärkerer Strömung den erhöhten Druckverlust ausgleicht. In einem weiten Bereich ist unabhängig vom Vordruck eine gleichförmige Regelung (auch unabhängig vom Stellgrad) gewährleistet.

Die vorgeschriebene Überdrucksicherung (*4*) ist in der Arbeitsmembran (*2*) eingebaut. Das Ventil öffnet bei Überdruck und das Gas strömt in den Raum über der Arbeitsmembran und durch eine Düse (*10*) in der Ausblasleitung (*5*) ins Freie. Wenn der durch das Überdruckventil strömende Gasdurchfluß so groß wird, daß an der Düse in die Ausblasleitung ein merklicher Druckabfall auftritt, so bildet sich in dem Raum über der Arbeitsmembran (*2*) ein Überdruck, der die Sicherheitsmembran (*6*) anhebt und über den Auslösehebel (*7*) die Sicherheitsabsperrklappe (*8*) schließt. Damit ist die Gaszufuhr zum Regler unterbrochen. Dasselbe würde auch eintreten, wenn die Arbeitsmembran reißen sollte.

b) Gerätedruckregelung

Gerätedruckregler werden unmittelbar vor dem Gerät eingebaut und haben die Aufgabe, die Vordruckschwankungen, verursacht durch Druckwellengebung für Laternenanzündung oder durch unterschiedliche Belastung des Rohrnetzes, abzufangen und auszugleichen. Der Gerätedruckregler sorgt für einen gleichmäßigen Hinterdruck und schützt bei Druckanstieg das Gerät, beispielsweise einen Gasbadeofen, vor übermäßiger Wärmezufuhr. *Bild* 13 zeigt einen Regler mit einer ge-

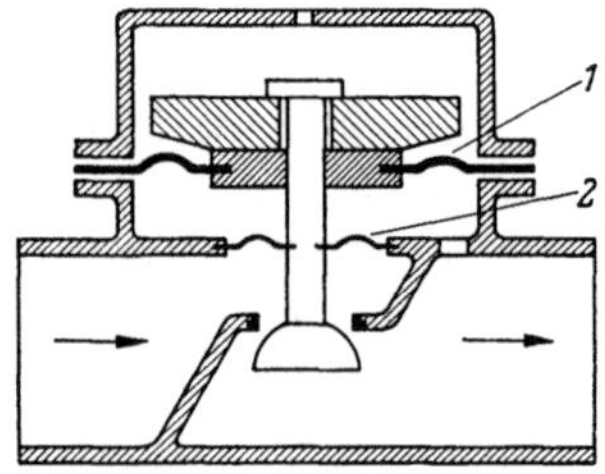

1 Arbeitsmembran *2* Ausgleichmembran

Bild 13. Gewichtsbelasteter Gerätedruckregler

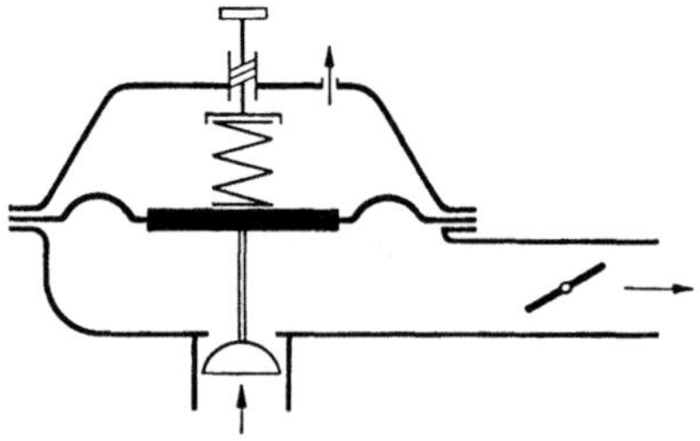

Bild 14. Federbelasteter Gerätedruckregler

wichtsbelasteten Membran. Um den Regelvorgang durch Vordruckschwankungen nicht zu beeinträchtigen, enthält der Regler neben der Arbeitsmembran (*1*) eine Ausgleichmembran (*2*), die so bemessen ist, daß sich die Druckkräfte auf Ausgleichmembran und Ventilkegel, die beide durch den Ventilschaft verbunden sind, aufheben. Um Schwingen zu vermeiden, soll der gewichtsbelastete Regler möglichst nahe am Brennerhahn bei Gaskochgeräten angebracht werden [*13*]. Der proportional wirkende federbelastete Regler (*Bild* 14) neigt weniger zum Schwingen und ist hinsichtlich der Sollwerteinstellung bequemer zu handhaben. Die Regelgenauigkeit ist nicht so gut wie beim gewichtsbelasteten Regler, der integral arbeitet [*14, 15*]. Es gibt auch Regler mit PI-Verhalten.

C. Andere Regelgrößen

1. Durchfluß- und Gemischregelung

Diese kommen in der Gaserzeugung weniger vor als beim Gasverbraucher. Im allgemeinen wird für diese Regelung das Wirkdruckprinzip angewandt. Damit können praktisch ähnliche Regler wie bei der Druckregelung benutzt werden. Es müssen nur die Räume zu beiden Seiten der Membran gasdicht ausgeführt sein und an den Staurand in der zu regelnden Leitung angeschlossen werden. Da man meistens mit einem kleinen Differenzdruck von wenigen mm WS auskommen will, um den Druckverlust in der Leitung durch die Blende kleinzuhalten, werden für eine empfindliche Regelung immer Regler mit Hilfsenergie verwendet. Es eignen sich im allgemeinen I-Regler, da die Durchflußregelstrecke kleinen Anlaufwert und guten Ausgleich hat.

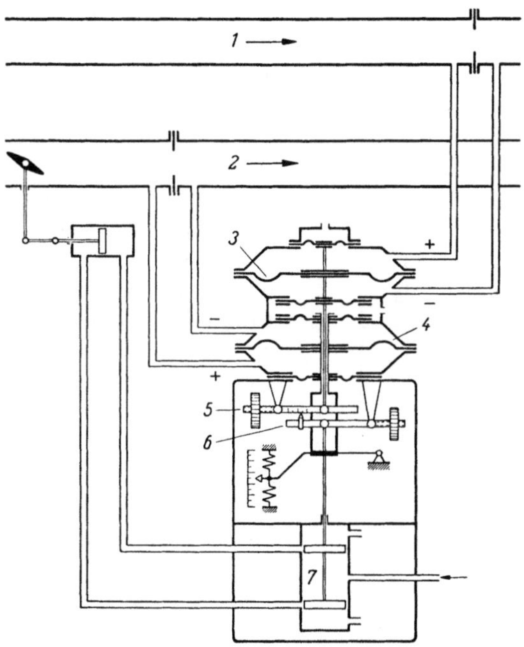

1 Führender Durchfluß
2 Geregelter Durchfluß
3, *4* Membranen
5 Hebelsystem
6 Reiter
7 Steuerkolben

Bild 15. Gemischregler

Für die Gemischregelung (*Bild* 15) nach einem vorgeschriebenen Verhältnis, z.B. Gas (*1*) und Luft (*2*) für einen Heizofen, wird der Regler [*19*] mit zwei Membranen (*3, 4*) ausgerüstet, die an die Blenden der beiden Leitungen angeschlossen werden und über ein Hebelsystem auf den elastisch gefesselten Steuerkolben (*7*) wirken. Das Mischungsverhältnis kann durch Verschieben des Reiters (*6*) auf dem unteren Hebel und damit Verändern der wirksamen Hebellängen beliebig eingestellt werden. Bei einer anderen Ausführung [*16*] arbeiten zwei nebeneinander angeordnete Ringwaagen auf ein Differentialgetriebe, dessen Planetenrad einen Quecksilberrohrschalter mit zwei Kontakten betätigt. Mit Hilfe verschiebbarer und austauschbarer Gewichte ist das Mischungsverhältnis einzustellen und zu verändern, z.B. beim Übergang von oxydierender auf reduzierende Flamme. Gleichzeitig kann man an Skalen die Durchflüsse ablesen und den Regelvorgang kontrollieren.

2. Heizwertregelung

Diese ist bei der Mischgaserzeugung wichtig, denn der Verbraucher verlangt Gas von gleichbleibendem Heizwert. Wegen regelungstechnischer Schwierigkeiten wird der Heizwert allgemein noch nicht geregelt. Zunächst tritt eine Totzeit dadurch auf, daß zwischen Mischort und Meßort eine Mischstrecke notwendig ist, um am Meßort eine zuverlässige Gasdurchschnittsprobe zu erhalten. Dann muß das Gas in der Probeleitung vom Meßort zum Heizwertprüfer gelangen, der nun erst durch die Verbrennung des Gases sein Signal auf den Regler weitergeben kann. Je besser es gelingt, diese Totzeit zu verkürzen, desto leichter wird die Regelaufgabe lösbar.

Ein wichtiges Glied in dieser Kette ist der Heizwertprüfer. Das hat zur Entwicklung eines Prüfers geführt, der ohne jede Verzögerung auf Gasschwankungen reagiert (*Bild* 16). Dieser Prüfbrenner [*17*] mißt nicht unmittelbar den Heizwert, sondern die Zündgeschwindigkeit. Es hat sich gezeigt, daß bei Gas gleicher Herkunft das Diagramm eines Prüfbrenners praktisch den gleichen Verlauf zeigt wie das Diagramm eines Kalorimeters, nur daß die Amplituden im Diagramm des Prüfbrenners einen vielfachen Wert erreichen gegenüber dem des Kalorimeters, und daß der Prüfbrenner um Minuten früher anspricht. Bei diesem Schnellgasprüfer hat man sich die Tatsache zunutze gemacht, daß innerhalb einer Bunsenflamme ein sehr steiles Temperaturgefälle vorhanden ist. Die Temperatur im inneren Flammenkegel liegt etwa 1000° tiefer als in der Sekundärflamme. Der Druck eines kleinen, mit Toluol gefüllten Behälters (*1*), der in den Brenner eingebaut ist, ist also davon abhängig, wie weit der Behälter in die heiße Zone hineinragt. Der Behälterdruck wirkt über eine Kapillare auf eine Röhrenfeder, die die Zufuhr der Primärluft so verstellt, daß der Innenkegel der Flamme stets auf gleicher Höhe gehalten wird. Gas mit geringem Heizwert verlangt wenig Primärluft und umgekehrt. Die Röhrenfeder verstellt gleichzeitig den Steuerkolben eines hydraulischen Reglers, der über einen Stellkolben die Regelklappe der Zusatzgasleitung so lange verstellt, bis der gewünschte Heizwert erreicht wird, dessen Sollwert auf einer Skale eingestellt werden kann. Da trotz des augenblicklichen Ansprechens des Schnellgasprüfers infolge der Mischstrecke eine gewisse Totzeit verbleibt, bemißt man zweckmäßig die Stellzeit des Reglers lang genug, um zu guten Ergebnissen zu kommen.

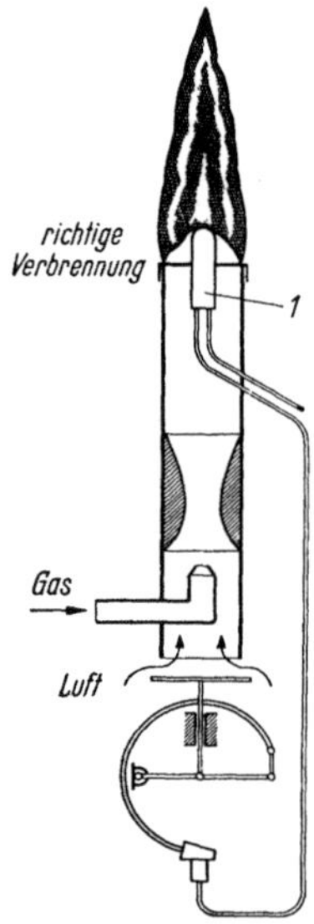

1 Behälter mit Toluol

Bild 16. Prüfbrenner als Regelsignalgeber für Heizwertregelung

3. Temperaturregelung

Temperaturregler in Gaskühlern, Wärmeaustauschern und anderen Apparaten der Gaserzeugung und Gasverwendung werden vielfach benutzt [*18*]. Diese Regelung weist aber keine Sonderheiten gegenüber der Temperaturregelung in anderen Zweigen der Technik auf, so daß sie hier nicht weiter behandelt wird.

Eine wichtige Aufgabe ist die Temperaturregelung von Entgasungsöfen. Die Temperaturen in den einzelnen Kammern können erheblich schwanken, so daß die Leistung der Ofenanlage und die Qualität des erzeugten Kokses beeinträchtigt wird. Außerdem hängt der Wirkungsgrad der ganzen Anlage von der gleichmäßigen, unter geringstem Wärmeaufwand durchgeführten Verkokung ab. Es ist jedoch schwierig, die Kammertemperatur oder die Kokstemperatur selbst zu messen; es wurden hierfür Strahlungspyrometer mit Erfolg eingesetzt [*19*]. Die Messung, die für eine Anzahl von Schichten durchgeführt wird, soll ein Bild der Verteilung der Kokstemperatur in der Kammer ergeben. Die Signale der elektronischen Temperaturanzeige leiten sofort die Regelung der Heizung in den einzelnen Kammerteilen ein. Es sollen hierbei Leistungserhöhungen von 3 bis 7% erreicht worden sein.

Bild 17. Turboelektro-Gassauger (Wirkungsplan s. Bild 3)

D. Quellenhinweise

[*1*] Zur Einweihung der Steinkohlen-Druckvergasungsanlagen Dorsten. Gas- u. Wasserfach 97. Jg. (1956) Ausg. Gas, S. 264–271.
[*2*] Moderne Verfahren zur Erzeugung von Stadtgas aus Produkten der Erdölindustrie. Kolloquium an der Techn. Hochsch. Karlsruhe am 19. 6. 58. Gas- u. Wasserfach 99. Jg. (1958) Ausg. Gas, 921–934.
[*3*] Apparatebau Witten-Ruhr Gebrüder Lampmann, Witten (Ruhr).
[*4*] Arca Regler GmbH, Vorst bei Krefeld.
[*5*] Pintsch-Bamag AG, Butzbach, Hessen.
[*6*] Schaack, E. A.: Anforderungen an den Gasdruck im Rohrnetz. Gas- u. Wasserfach 96. Jg. (1955) Ausg. Gas, S. 498–500.
[*7*] J. C. Eckardt AG, Stuttgart-Bad Cannstatt.
[*8*] Rudolf Majert GmbH, Kassel.
[*9*] Petry, J.: Nicht alltägliche Gasdruckregel- und Meßanlagen. Gas- u. Wasserfach 95. Jg. (1954) Ausg. Gas, S. 342–344.
[*10*] Delhey, R.: Die technische und wirtschaftliche Bedeutung der Gas-Mitteldruckversorgung. Gas- u. Wasserfach 94. Jg. (1953) Ausg. Gas, S. 551–560.
[*11*] Zimprich, A.: Wirtschaftliche Erschließung von Stadtrandgebieten, kleineren Ortschaften und Siedlungen durch Mitteldruckgasversorgung unter Verwendung von Hausreglern. Gas- u. Wasserfach 94. Jg. (1953) Ausg. Gas, S. 169–177.
[*12*] G. Kromschröder AG., Osnabrück.
[*13*] Lorenz, I.: Das Verhalten von Gerätereglern in Abhängigkeit von ihrer Anordnung und Bauart. Gas- u. Wasserfach 92. Jg. (1951) Ausg. Gas, S. 79–84.
[*14*] Lorenz, I.: Anwendung von Reglern in der Gasverwendung. Regelungstechnik 1. Jg. (1953) S. 280–284.
[*15*] Brümmerhoff, W.: Der in das Gerät eingebaute Gasdruckregler. Gas- u. Wasserfach 75. Jg. (1932) S. 317–322.

[*16*] Herning, F.: Meß- und Regeltechnik in der Gasversorgung. Gas- u. Wasserfach 91. Jg. (1950) Ausg. Gas, S. 239–247.
[*17*] Apparatebau Josef Heinz Reineke KG, Bochum.
[*18*] Schwank, G.: Selbsttätige Regler für Gasfeuerungen. Gas- u. Wasserfach 91. Jg. (1950) Ausg. Gas, S. 143–148.
[*19*] Ryska, Z. F.: Eine neue Art der Temperaturregelung bei Verkokungsvorgängen zur Leistungserhöhung von Kokereien. IV. Weltkonferenz, London 1950, Sektion B3, Bericht Nr. 3, Tschechoslowakisches Nationalkomitee. Kurz-Bericht in Gas- u. Wasserfach 92. Jg. (1951) Ausg. Gas, S. 243.

35. Wasserversorgung und Abwasserreinigung

Von A. Gnambs

Inhaltsübersicht

A. Überblick

Der lebenerhaltende Wasserkreislauf der Erde stellt ein natürliches Wasserversorgungs- und -reinigungswerk dar. Dieses genügt jedoch nicht immer den örtlichen Bedürfnissen menschlicher Siedlungen und industrieller Anlagen. Dann müssen technische Mittel eingesetzt werden, um Wasser zu gewinnen, aufzubereiten und zu verteilen sowie um die Abwässer zu reinigen. Der Regelungstechnik sind dabei zahlreiche Aufgaben gestellt.

B. Gewinnung und Aufbereitung

1. Natürliche Darbietung

Neben Quellen wird hauptsächlich Grundwasser zur Wasserversorgung herangezogen. Das Grundwasser enthält infolge des langen Kontaktes mit den Mineralien und Salzen der Bodenschichten unterschiedliche Salz-, Kalk- und Kohlensäuremengen. Für den menschlichen Genuß soll vor allem der Gehalt an Chloriden etwa 500 mg/l nicht überschreiten.

An manchen Stellen der Erde sind unterirdische Salzschichten in Kontakt mit dem Grundwasser. In einigen Siedlungsgebieten kann man auf die Ergänzung der Süßwässer durch Wasser höherer Salzkonzentration nicht verzichten und sieht eine Gemischregelung vor. Hierbei wird ein Mischventil mit elektromotorischem Antrieb von einem elektrischen Salzgehaltregler gesteuert.

In anderen Gebieten, z. B. an der Küste, liegen die salzarmen und salzreichen Wässer nicht getrennt vor, sondern sind direkt übereinander geschichtet. Um das Süßwasser nicht zu stark abzupumpen und das Ansteigen des darunterliegenden Salzwassers in die Süßwassersammelschicht zu vermeiden, werden die Pumpen von Grenzkontakten der Wasserstandsmesser geschaltet.

Vielfach reichen Quell- und Grundwasser nicht aus; man zieht dann Oberflächenwässer nach Aufbereitung mit zur Versorgung heran.

2. Aufbereitung

Wässer, die organische, bakterielle oder mineralogische Verunreinigungen enthalten, müssen aufbereitet werden. Bei Oberflächenwässern ist das aus geschmacklichen und hygienischen Gründen notwendig. Kohlensäure, Eisen, Mangan usw.

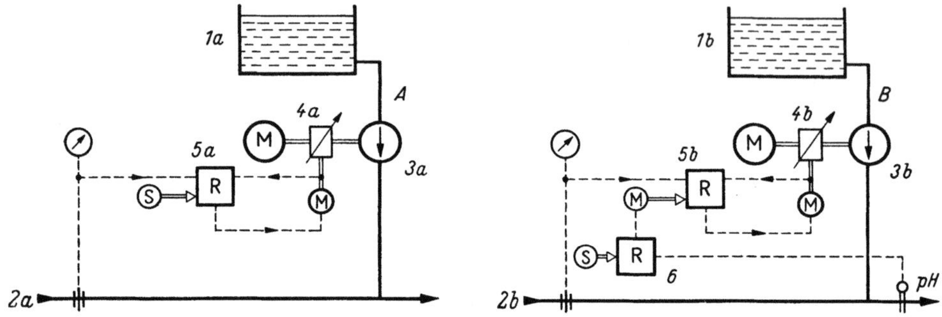

1 Vorratsbehälter (a und b) für Lösungsmitte A und B
2 Zu behandelndes Wasser (a und b)
3 Dosierpumpe (a und b)
4 Verstellbares Getriebe (a und b)
5 Gemischregler (a und b)
6 pH-Regler

Bild 1. Zusatz von Chemikalien mit Gemischregler. a) Proportional zum Wasserdurchsatz. b) Führung des Mischungsverhältnisses durch pH-Regler

müssen bei Grund- und Quellwässern ausgeschieden werden, um Verkrustung und Korrosion der Rohrleitungen zu vermeiden. Intensive Belüftung, Zusatz von chemischen Oxydationsmitteln und Flockungschemikalien sind häufig vor einer Filterung notwendig.

Chemische Vorbehandlung (*Bild* 1). Die Chemikalien werden in Vorratsbehältern (*1a, 1b*) in bestimmter Konzentration angesetzt und entweder nur nach Maßgabe des Wasserdurchsatzes proportional zugemischt (*Bild* 1a), oder es wird das Zumischungsverhältnis abhängig von einem Analysenwert geregelt (*Bild* 1b). Differenzdruckmesser geben den Wasserdurchfluß an. Die Lösungen A und B werden mit Hilfe von Dosierpumpen (*3a, 3b*) in die Leitung gedrückt. Die Drehzahlen der Pumpen sind über verstellbare Getriebe (*4a, 4b*) variabel. An den Gemischreglern (*5a, 5b*) wird bei Lösung A das Mengenverhältnis von Hand, bei Lösung B von einem pH-Regler (*6*) selbsttätig eingestellt. Wesentlich sind ausreichende Durchmischung und genügend lange Reaktionszeit.

Filterung. Zum Abscheiden von Schwebeteilchen dienen offene oder unter Druck stehende geschlossene Filter. Offene Filter sind mit Niveauregelung ausgestattet, damit das Überlaufen verhindert wird. Langsamfilter mit Feinsandfüllung weisen meist auch einen Durchfluß-Festwertregler auf, der unabhängig von der erheblichen Veränderung des Filterwiderstandes mit zunehmender Filterreisezeit den Durchfluß auf einem eingestellten Wert konstant hält. Neben mechanischen Reglern ohne Hilfsenergie haben sich hierfür auch elektrische Regler und elektromotorische Klappenantriebe, insbesondere für größere Anlagen, eingeführt.

Chlorung. Um sicher zu sein, daß lebende Bakterien nicht in das Verteilungsnetz befördert werden, hat sich hauptsächlich die Chlorung des Reinwassers durchgesetzt. Im Grundlastbetrieb mit Zwischenspeicherung findet man reine Handdosierung. Ist das Speichervolumen klein, dann setzt man (*Bild* 2) Chlor über ein elektromotorisches Regelventil (*1*) so zu, daß ein elektrischer Regler (*2*) den Chlorüberschuß konstant hält. Das Verfahren hat sich auch für Zusatzdosierung in einzelnen Netzabschnitten eingeführt. Man kann durchflußproportional dosieren oder absatzweise eine bestimmte Chlormenge zu jeder über einen Wasserzählkontakt gemeldeten Wassermenge zugeben. Der Chlorzusatz liegt in den Grenzen von etwa 0,1 bis 0,4 mg/l; an der oberen Grenze ist er bereits geschmacks- und geruchstörend.

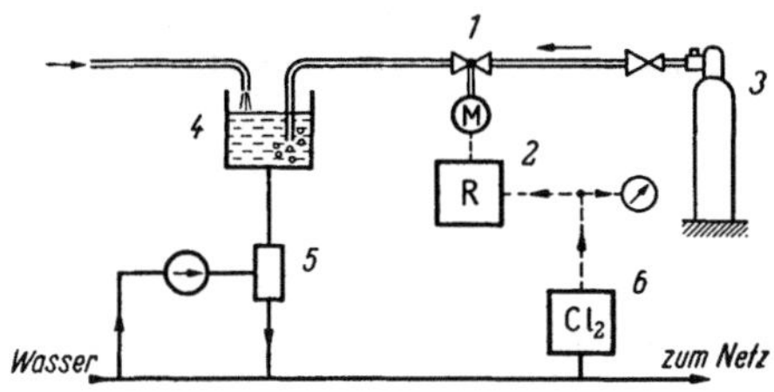

1 Regelventil *4* Lösungsbehälter
2 Regler *5* Injektor
3 Chlorflasche *6* Analysengerät

Bild 2. Chlorüberschuß-Regelanlage

Korrosionsschutz. Verschiedene Wässer greifen das Rohrleitungsmaterial im Laufe der Zeit an. Durch Zusatz von Ortophosphat oder Polyphosphaten kombiniert mit Kieselsäure kann man erreichen, daß sich korrosionshemmende Schutzschichten an den Wandungen bilden, was allerdings viele Monate in Anspruch nimmt. Das Dosieren geschieht durch Drehzahlregelung des Antriebs von Dosierkolbenpumpen mit dem Wasserdurchfluß als Führungsgröße.

C. Wasserverteilung

1. Druckhaltung

Der Wasserverbraucher verlangt, daß er zu jeder Tageszeit willkürlich Wasser aus dem Netz entnehmen kann. Mit Rücksicht auf Verbraucher in den oberen Stockwerken soll an allen Netzpunkten der erforderliche Druck vorhanden sein. Dazu sieht man entweder in ausreichender Höhe über dem Versorgungsgebiet einen offenen Wasserbehälter vor, oder man schließt an das Rohrleitungsnetz in der Nähe der Pumpen einen unter Luftdruckpolster gehaltenen „Windkessel" an. Versorgungsgebiete mit größeren Höhenunterschieden unterteilt man in verschiedene Netze.

Erdhochbehälter. Er ist wegen seiner bis zu mehreren Tagen ausreichenden Reserve, der niedrigen Temperatur und der geringen Spiegelabsenkungen auch bei großen Entnahmen vorzuziehen. Zum selbsttätigen Nachfüllen genügt es, abhängig von Kontakten im Wasserstandsmesser, Pumpen ein- und auszuschalten. Dabei können Sperrzeiten eines Elektrizitätstarifs, Feueralarm-Zusatzschaltungen und dergleichen berücksichtigt werden. In ländlichen Anlagen kleiner Leistung mit meist nur einer Pumpe findet man auch Schwimmer-Steuerventile, die beim Erreichen des höchstzulässigen Wasserstandes im Behälter die Zulaufleitung schließen. Entweder durch einen Druckschalter oder durch einen Strömungswächter wird dann der Pumpenmotor stillgesetzt, bis er beim Absinken des Wasserstandes um einen bestimmten Betrag wieder eingeschaltet wird.

Wasserturm. Im Flachland ist man bei größeren Anlagen auf die Errichtung von Wassertürmen mit Hochbehältern angewiesen, deren Inhalt meist nur wenige Stunden durchschnittlicher Entnahme decken kann. Mit der Zunahme des Verbrauches in bestehenden Netzen mit Turmbehälter haben sich in manchen Netzen die Reservewerte auf nur 10 bis 15 min verringert. Für die Wasserstandregelung empfiehlt sich dann, Zu- und Ablauf zu messen und die Dreikomponentenregelung anzuwenden (s. Kapitel 5).

Windkessel. Bei nicht zu großen Netzen im flachen Gelände und bei der Versorgung kleiner hochgelegener Siedlungsgebiete über Zwischenpumpwerke wird der Wasserturm durch Verwendung eines Windkessels (*Bild* 3) eingespart. Die Speicherfähigkeit beträgt nur wenige Minuten. Aus dem unter Luftdruck stehenden Wasservolumen des Windkessels (*1*) wird das Wasserdefizit zwischen laufender Wasserpumpenleistung und Netzbedarf so lange gedeckt, bis der Druck des Luftpolsters unter einen unteren Grenzwert sinkt, den man nach den Netzbedürfnissen an einem Grenzkontakt-Manometer (*2*) einstellt. Dieses als Zweipunktregler arbeitende Gerät hält bei abgesunkenem Druck die Zusatzpumpe (*3*) eingeschaltet und setzt durch Öffnen seines Kontaktes die Pumpe still, wenn der Windkesselinhalt wieder unter ausreichendem Druck steht. Die Grundlastpumpen (*4a, 4b*) schaltet man in Abhängigkeit von Durchflußgrenzwerten, die man an Schaltkontakten im Grenzwertregler (*5*) einstellt. In regelmäßigen Zeitabständen wechselt man von Hand zyklisch die Pumpen, um gleichmäßige Schaltbeanspruchung zu erzielen. Das Luftpolster wird durch Auflösung im Wasser laufend verbraucht, und man ergänzt es durch selbsttätiges Einschalten eines Luftkompressors (*6*) beim Erreichen eines höchsten Wasserstandes und Ausschalten des Kompressors beim tiefsten zulässigen Wasserstand. Hierzu dienen Schaltkontakte (*7*), die in einen Wasserstandsanzeiger oder am Windkessel selbst eingebaut sind.

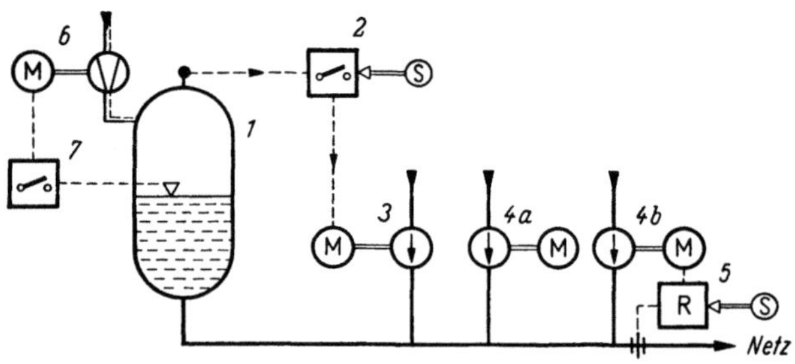

1 Windkessel
2 Grenzkontakt-Manometer
3 Zusatzpumpe
4 Grundlastpumpen (a und b)
5 Grenzwertregler (Durchfluß)
6 Kompressor
7 Grenzkontakt (Stand)

Bild 3. Regelung des Windkessels einer Wasserversorgungsanlage

2. Ergänzung durch Fernwasserversorgung

Wassernetze, deren eigene Wasserquellen nicht mehr ausreichen, bedürfen dauernder Ergänzung oder für den Katastrophenfall wenigstens des Reserveanschlusses an die Fernwasserversorgung. Da die Pumpenarbeit für Fernwasserleitungen recht erheblich ist, empfiehlt sich zum Füllen der eigenen Behälter die Entnahme nach Mengen-Fahrplan, vielfach auch nach zeit- oder mengengestaffelten Tarifen. Hierzu dienen Festwert- oder Zeitplan-Regelungen für das Übernahmewasser nach Durchfluß und Menge. Da besondere Betriebsereignisse auf der Fernleitung einen Eingriff von der Warte der Fernwasserleitung her in die Übernahme-Regelung erforderlich machen können, ist auch eine Fernsteuerung der Entnahme-Sollwerte vorzusehen.

3. Industriewasserbedarf

Eisenhüttenwerke, Zuckerfabriken, die Zellstoffindustrie usw. benötigen für Kühl-, Wasch- und Transportzwecke erhebliche Wassermengen; diese bedeuten, wenn sie nur einmal genutzt werden, für die öffentlichen Netze oder für die Grundwasserreserve des Standorts eine sehr starke Belastung. Um den öffentlichen Wasserhaushalt zu entlasten, geht man immer mehr auf Kreislaufführung dieser Betriebswässer über. Hierzu werden große Wasserbecken in Verbindung mit Kühltürmen, Absetzbecken und Schnellfilteranlagen angelegt. Aus den öffentlichen Wasserquellen werden dann nur noch die Wasserverluste gedeckt. Zur Vermeidung von Gesundheitsschäden muß man stark chloren; in derartigen und ähnlichen Anlagen sind also die im Abschnitt B beschriebenen Regeleinrichtungen vorzusehen.

Für besonders hohe Ansprüche bereiten Textilbetriebe und Dampfkraftwerke die aus dem öffentlichen oder eigenen Netz entnommenen Wässer chemisch auf (z.B. nach pH-Wert).

Vollentsalzung von Speisewasser. Für neuzeitliche Hochdruckkesselanlagen genügt chemisch aufbereitetes Kesselspeisewasser nicht mehr. Neben dem durch Verdampfung gewonnenen, wird in zunehmendem Maße durch Ionenaustausch vollentsalztes Wasser für die Speisung von Höchstdruckkesseln angewandt.

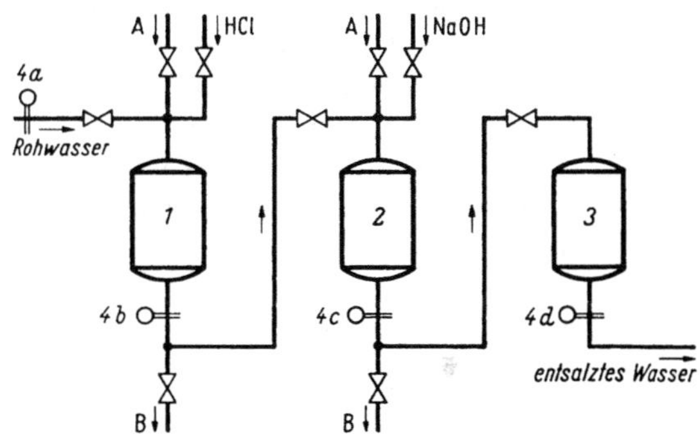

1 Kationenfilter
2 Anionenfilter
3 Mischbettfilter
4 Meßgeber für Leitfähigkeit (*a* bis *d*)
A Anschluß für Auswaschwasser
B Ablauf für Regenerieren und Auswaschen

Bild 4. Vollentsalzungsanlage (schematisch)

Ionenaustauscher sind körnige Kunststoffe mit der Eigenschaft, positive Wasserstoffionen gegen Kationen, z.B. Na^+, oder negative OH-Ionen gegen Anionen, z.B. Cl^-, austauschen zu können. Man schaltet (s. *Bild* 4) Behälter mit Kationen- und Anionen-Austauscherfüllungen (*1* und *2*) hintereinander, fügt zur Sicherheit einen weiteren Behälter (*3*) mit gemischter Füllung nach und kann so ein Reinstwasser mit einer spezifischen Leitfähigkeit von 0,04–0,4 µS/cm herstellen. Kurz vor Erschöpfung der Austauscher werden diese mit Salzsäure bzw. Natronlauge regeneriert, nachdem die Behälter aus dem Wasserkreislauf abgetrennt und mit Regenerierungskreisläufen (für Filter (*3*) im *Bild* 4 nicht dargestellt) verbunden sind. Je nach Rohwasserbeschaffenheit und Reinheitsforderung werden sehr verschiedene Kombinationen von Austauschern angewandt. Die Regenerierlösungen werden über strömungsabhängig geregelte

Dosierpumpen oder über Gemischregler in Verbindung mit Ringkolben-Zählern oder auch sehr einfach mit Strahlsaugern vorbereitet. In größeren Anlagen werden die für den Regenerierprozeß notwendigen Ventile zeit- und wegabhängig selbsttätig gesteuert.

Mit Hilfe von Meßgeräten und Signaleinrichtungen überwacht man die elektrische Leitfähigkeit des Rohwassers (*4a*), des Wassers hinter dem Kationenaustauscher (*4b*) und vor allem hinter dem Anionenaustauscher (*4c*) sowie des entsalzten Wassers (*4d*) nach dem Mischbettfilter (*3*). In einzelnen Anlagen wird der Wasserzufluß auf einen konstanten Wert geregelt. Außerdem sind Meßgeräte für Temperaturen und Mengen von Wasser, Säuren und Laugen vorgesehen.

D. Abwasserreinigung

Die Abwasserreinigung hat mannigfaltige Aufgaben zu erfüllen, je nach der verschiedenartigen Vorgeschichte des Wassers.

Kommunale Abwässer sind hauptsächlich organisch belastet, enthalten aber aus den gewerblichen Kleinbetrieben u. U. auch Säuren und Laugen. Um die mechanische Klärung in Absetzbecken zu verbessern, sieht man eine pH-Regelung auf den zum Ausflocken günstigen Wert und zulaufabhängige Regelung von Zusätzen an Flockungsmitteln vor. In Faulschlammanlagen zur Methangewinnung ist eine Temperaturregelung des Faulschlammbehälters auf etwa 36 bis 38 °C nützlich. Geklärte organische Abwässer werden dann noch in Belüftungsbecken oder über Tropfkörper in feiner Verteilung intensiv belüftet und weiter abgebaut. Der Tropfkörper verlangt eine hinreichend gleichmäßige Belastung. Man muß daher durch Rückführung schon behandelten Wassers in Zeiten geringen Wasseranfalls eine Mindestbenetzung aufrechterhalten. Bei starken Niederschlägen wird dagegen ein Teil des anfallenden Wassers am Tropfkörper vorbeigeführt, um ihn nicht zu überströmen und den biologischen Rasen nicht abzuschwemmen.

Industrielle Abwässer müssen in jedem Betrieb, in dem sie anfallen, bereits vorbehandelt werden. Soweit saure Abwässer aus Beizereien u. dgl. vorliegen, die z. B. mit gebranntem Kalk, mit Dolomit oder besser mit Kalkmilch ungiftig neutralisiert werden können, kann man, abhängig vom pH-Wert, bei gleichmäßig anfallenden Wassermengen den Zusatz regeln. Bei stärkeren Schwankungen ist eine Durchfluß-Verhältnisregelung mit pH-Wert-Einfluß auf den Sollwert angebracht. In jedem Fall muß aber zumindest der Reaktionsablauf und seine Abhängigkeit vom pH-Wert geprüft werden. Langsamen Reaktionen ist durch Speicherraum Rechnung zu tragen. Am Ende des Speichers kann eine Kontrollmessung, unter Rückwärtsaufschaltung auf die Vorregelung, zweckmäßig sein.

In der Kalidüngesalzindustrie wird bergmännisch gewonnenes Abraumsalz einem Prozeß unterworfen, aus dem hauptsächlich KCl gewonnen wird. Die verbleibenden Wässer mit erhöhtem Salzgehalt dürfen u. U. nur verdünnt abgelassen werden. Man sammelt sie in Rückhaltebecken (z. B. auch in Kalisalz-Düngemittelwerken) und läßt die Lösungen gedrosselt in leistungsschwache Vorfluter abfließen. Dabei wird der Abfluß so geregelt, daß der weit unterhalb der Einleitungsstelle gemessene Salzgehalt nach entsprechend ausreichender Durchmischung konstant gehalten wird.

36. Förderbetrieb im Bergbau

Von F. Hügel und G. Lochmann

Inhaltsübersicht

A. Überblick

Schachtfördermaschinen des Bergbaues werden häufig mit Elektroantrieben, aber auch mit Dampfmaschinen ausgerüstet. Elektrisch angetriebene Fördermaschinen großer Leistungen werden meist mit fremderregten Gleichstrommotoren betrieben, die in LEONARD-Schaltung von Gleichstromgeneratoren oder von gittergesteuerten Stromrichtern gespeist werden. Drehstrommotoren verwendet man meist bis 1500 kW, in besonderen Fällen auch für höhere Leistungen.

Da mit den Schachtfördermaschinen zu den Zeiten des Schichtwechsels eine große Anzahl von Personen befördert wird (Seilfahrt), spielt ihre Sicherheit eine beherrschende Rolle. Dampf- und Drehstromanlagen für größere Fördergeschwindigkeiten sind deshalb schon sehr früh mit bergbehördlich vorgeschriebenen Einrichtungen zur Regelung oder Begrenzung der Drehzahlen und zum rechtzeitigen

Verzögern und Stillsetzen der Maschinen ausgerüstet worden. Gleichstrom-LEONARD-Anlagen wurden dagegen früher ohne Regelung ausgeführt, da sich die Sicherheitsvorschriften mit Hilfe der Art der Schaltung durch Begrenzung und zwangsweise Rückführung der Steuerung von der Maschine her erfüllen ließen. Die Automatisierung mit ihren hohen Anforderungen an eine genaue Einhaltung der Drehzahlen führt aber zur Anwendung der Regelungstechnik. Die gerätetechnischen Bauformen, die man hierbei verwendet, sind sehr vielfältig.

Notwendig ist bei allen Arten von geregelten Fördermaschinen eine Drehzahlregelung mit einer Führung der Vergleichsgröße während der *Verzögerungsperiode*. Darüber hinaus wird bei elektrischen Förderanlagen auch während der *Anfahrperiode* die Drehzahl geführt, und Strom und Leistung werden begrenzt.

B. Aufbau und Betrieb von Schachtfördermaschinen

1. Aufbau (*Bild* 1)

Über ein Treibmittel (*1*) ist das Oberseil (*4*) geführt, an dessen beiden Enden die Körbe (*3*) angeschlagen sind. Ein Unterseil (*5*), an den Unterseiten der Körbe befestigt, dient häufig zum Ausgleich des Gewichtes des Oberseiles, so daß nur die reine Nutzlast zu fördern ist. Die Länge beider Seile ist so gewählt, daß der eine

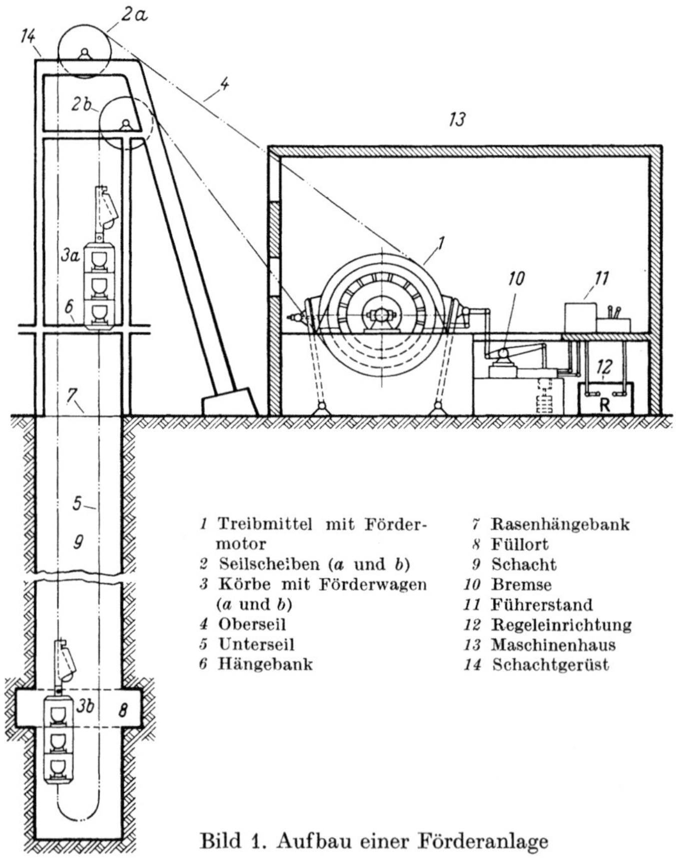

Bild 1. Aufbau einer Förderanlage

Korb in der oberen Endstellung an der Hängebank (*6*) steht, während sich der andere Korb in der unteren Endstellung, am Füllort (*8*), befindet.

Als Körbe dienen entweder *Gestelle* mit einer oder mehreren Etagen zur Aufnahme von Förderwagen oder *Gefäße*, in die der Inhalt der Förderwagen über Meß- oder Wiegeeinrichtungen entleert wird.

Als Treibmittel dienen Vorrichtungen wie Treibscheiben, Trommeln oder Bobinen, über die das Oberseil geführt bzw. an denen es befestigt wird. Sie werden meist direkt oder über Getriebe von Elektromotoren oder von Dampfmaschinen angetrieben. Eine Bremse (*10*), die auf das Treibmittel wirkt, dient zum Festhalten der Maschine im Stillstand, zum Stillsetzen im Gefahrenfall und bei Drehstrom- und Dampfantrieb zum Abbremsen während der Verzögerungsperiode. Der Maschinist betätigt vom Führerstand (*11*) aus die Steuerung und die Fahr- und Sicherheitsbremse. Die Regeleinrichtung (*12*) wirkt in der Hauptsache auf die Antriebsmaschinen und deren Energiequellen ein.

2. Betriebsweise und Regelaufgaben

Wird das Treibmittel in Bewegung gesetzt, so fährt der obere Korb nach unten und der untere nach oben, bis beide die neue Endstellung erreicht haben, wo sie be- und entladen werden. Man nennt dies einen Förderzug. Von Zug zu Zug wechselt stets die Fahrtrichtung. Während eines Zuges treten vier Betriebsperioden auf: Anfahren, Treiben, Verzögern und Umsetzen oder Pause. Um nach einem vorgeschriebenen Diagramm (s. *Bild* 3) fördern zu können, ergeben sich für die einzelnen Perioden eines Zuges bestimmte regelungstechnische Betriebsbedingungen.

Anfahren. Beim Anfahren wird die Maschine mit vorgegebener Beschleunigung auf Nenndrehzahl gebracht, die sie während des Treibens beibehält. Das Moment soll in möglichst kurzer Zeit auf den eingestellten Maximalwert kommen, damit die Beschleunigung sofort ihren vollen Wert erreicht. Während der Beschleunigung soll bei *linearer* Anfahrt das Moment konstant bleiben. Bei *parabolischer* Anfahrt soll es nach Erreichen einer bestimmten Geschwindigkeit gleichmäßig bis auf das *Treibmoment* abnehmen. Im allgemeinen wird eine Maschine mit Maximalmoment angefahren, wenn sich die normale Nutzlast im Korb oder im Gefäß befindet. Bei elektrischen Antrieben soll eine Strombegrenzung dafür sorgen, daß der Anfahrstrom auch dann nicht überschritten wird, wenn sich versehentlich eine zu hohe Last im Korb befindet; andererseits soll bei kleinen Lasten oder Hängezügen die Diagrammbeschleunigung nicht überschritten werden.

Treiben. Die Geschwindigkeit soll den vorgegebenen Wert möglichst unabhängig von Betrag und Richtung der Belastung einhalten.

Verzögern. Einsatzpunkt und Betrag der Verzögerung werden so gewählt, daß die Drehzahl bei Erreichen der Endstellung Null wird. Der Sollwert der Drehzahl soll so geführt werden, daß die Verzögerung konstant ist und der Korb am Ende des Zuges die Endstellung mit möglichst kleiner Geschwindigkeit exakt erreicht. Bei der Wahl der Verzögerung muß bei Treibscheiben-Fördermaschinen die Seilrutschgrenze berücksichtigt werden. Man kann also bei einem Förderzug mit Vollast wesentlich stärker verzögern als bei einem Hängezug mit kleiner Last, was bei elektrischen Antrieben durch geeignete Wahl des Einsatzpunktes der Verzögerung mit Hilfe einer Lastmeßeinrichtung geschieht. Bei den meist vorkommenden Förderzügen wird die Maschine dadurch am besten ausgenutzt.

Umsetzen, Förderpause und Schachtrevision. Das Umsetzen ist nur bei Gestellförderung erforderlich. Dabei wird der Korb jeweils um eine Etage weiterbewegt, so daß die nächste be- oder entladen werden kann. Die Häufigkeit des Umsetzens richtet sich nach der Anzahl der Etagen der Körbe und nach der Anzahl der Abzugsbühnen.

Das Umsetzen soll in möglichst kurzer Zeit und mit möglichst großer Genauigkeit stattfinden, damit ein Nachsetzen, d.h. ein Korrigieren auf die geforderte Stellung, nicht notwendig ist. Bei Gefäßanlagen entfällt das Umsetzen. Nach einer Pause für das Be- oder Entladen der Gefäße beginnt sofort der neue Förderzug.

Bei Gleichstromfördermaschinen soll während der Förderpause der Strom im Leonard-Kreis möglichst Null sein, damit keine unnötige Erwärmung, besonders der Kommutatoren, auftritt. Diese Bedingung wird von einer Nullstromregelung erfüllt.

Um den Schacht oder das Seil zu revidieren, ist eine kleine Geschwindigkeit notwendig, die während beliebig langer Zeit innerhalb des Schachtes konstant zu halten ist.

C. Schachtfördermaschinen mit Leonard-Umformern

1. Allgemeines

Der von einem Generator oder Stromrichter gespeiste fremderregte Gleichstrommotor eignet sich wegen der geringen Abhängigkeit seiner Drehzahl von Betrag und Richtung seiner Belastung und wegen der leichten Einstellbarkeit verschiedener Drehzahlen bei Leonard-Schaltung ganz besonders gut für die Verwendung in Fördermaschinen.

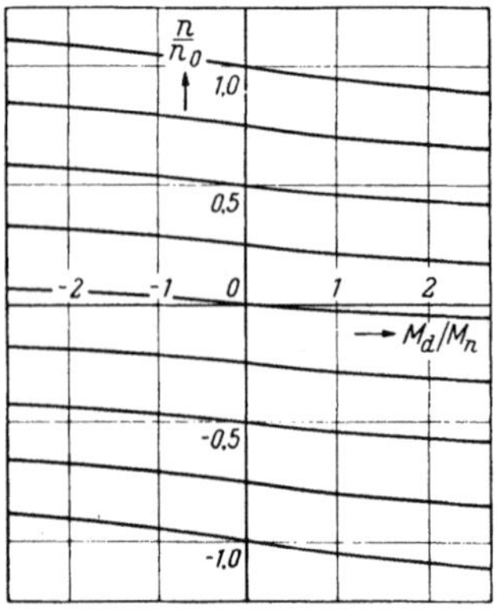

Bild 2. Drehzahl-Drehmoment-Kennlinie eines fremderregten Gleichstrommotors in Leonard-Schaltung (Parameter: Erregerstrom des Steuergenerators)

Um die Drehzahl des Fördermotors regeln zu können, beeinflußt man die Erregung des Steuergenerators, z.B. mit einer ein- oder mehrstufigen Verstärkermaschine oder mit einer über Wälzregler oder Transduktoren erregten Erregermaschine. Verstärkermaschinen und Transduktoren haben mehrere Steuerwicklungen, die für die verschiedenen Zwecke, wie z.B. für Drehzahlregelung, Strombegrenzung, Beschleunigungsbegrenzung und Leistungsbegrenzung, verwendet werden. Bei der Schaltung mit Wälzreglern erfüllt jeweils ein Wälzregler eine der genannten Aufgaben.

Die Neigung der Drehzahl-Drehmoment-Kennlinien (*Bild* 2) wird durch den ohmschen Widerstand im Leonard-Kreis, die Kompoundierung des Steuergenerators und die Ankerrückwirkung des Fördermotors und des Steuergenerators beeinflußt. Bei kleiner Drehzahl bewirkt die Ankerrückwirkung eine geringere Neigung der Drehzahlkennlinie. Diese Neigung darf aber mit Rücksicht auf stabilen Betrieb nicht zu klein sein.

Förderdiagramme (*Bild* 3). Im allgemeinen wird während des Anfahrens die Beschleunigung b bis zu etwa 70% der Nenngeschwindigkeit konstant gehalten (lineares Anfahren). Daher bleibt auch der Anfahrstrom während des ersten Teiles der Anfahrperiode konstant. Entsprechend steigt die vom Steuermotor aufgenommene Leistung an. Um eine zu hohe Leistungsspitze zu vermeiden, läßt man die Beschleunigung im zweiten Teil des Anfahrens gleichmäßig abnehmen. Der Verlauf der Geschwindigkeit über der Zeit erhält dadurch die Form einer Parabel (parabolisches Anfahren). Der dadurch bedingte Zeitverlust ist unwesentlich; dagegen wird die Leistungsspitze stark gemildert, was eine Entlastung des Netzes bedeutet. In besonderen Fällen läßt man die gesamte Anfahrt parabolisch ablaufen, um für die Leistungsspitze ein Minimum zu erhalten. Während des *Treibens* bleiben Geschwindigkeit, Strom und Netzleistung konstant und die Beschleunigung Null. Während der Verzögerungsperiode wird die Geschwindigkeit möglichst gleichmäßig vermindert. In der Endstellung muß sie Null sein. Die Fahrbremse wird erst in der Endstellung aufgelegt und dient lediglich als Haltebremse. Beim Umsetzen wird dem Netz nur eine sehr kleine Leistung entnommen, da die Geschwindigkeit dabei sehr gering ist. Bei schwachen Netzen werden die Umformer mit Schwungrädern nach ILGNER gekuppelt, um Lastspitzen vom Netz möglichst fernzuhalten.

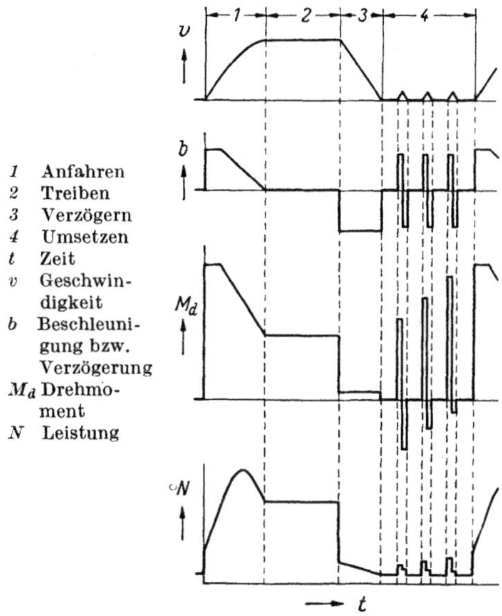

Bild 3. Diagramme einer Gleichstromförderanlage mit LEONARD-Schaltung. Anfangs „lineare" dann „parabolische" Anfahrt; Gestellförderung mit dreimaligem Umsetzen; Treibscheibe, Unterseile für vollen Ausgleich

2. Regelung mit Verstärkermaschine (*Bild* 4) [*4*, *5*]

Drehzahlregelung. Die der Drehzahl proportionale Spannung des Tachogenerators (*5*) wird mit der Vergleichsspannung (*6*) verglichen; der entstehende Differenzstrom wird der Steuerwicklung (*b*) der Verstärkermaschine (*4*) zugeführt. Die Stellung (also der Weg) des Steuerhebels (*7*) ist die Führungsgröße für die Geschwindigkeit. Ihr gewünschter Maximalwert wird mit dem Widerstand (*8*) eingestellt. Der Steuerwicklung (*b*) ist eine Einrichtung (*9*) zur Drehzahlbegrenzung parallelgeschaltet, die als Überlauf wirkt und an der Steuerwicklung (*b*) nur eine der gewünschten Höchstdrehzahl entsprechende Spannung zuläßt, deren Betrag an einem Spannungsteiler eingestellt wird. Der vom Steuerhebel (*7*) betätigte Widerstand steht mit fünf Kontaktbahnen in Verbindung. Mit dem Steuerhebel wird der Schleifer einer dieser Kontaktbahnen (nicht eingezeichnet) betätigt, während die Schleifer der vier anderen von je einer Kurvenscheibe des Fahrtreglers angetrieben werden. Je zwei der Fahrkurven sind einem Korb der Maschine zugeordnet und geben während der Verzögerungsperioden bei Materialfahrt oder Seilfahrt die Geschwindigkeit vor. Dabei hat stets der niedrigste Abgriff die Führung. Bei Beginn eines Förderzuges wird die Maschine nur vom Steuerhebel (*7*) beeinflußt; die Fahrkurven sind dagegen nur während der Verzögerungsperiode wirksam. Die Wahl der Drehrichtung wird durch einen mit dem Steuerhebel verbundenen Polwender (*10*) ermöglicht, mit dem die Vergleichsspannung umgepolt werden kann.

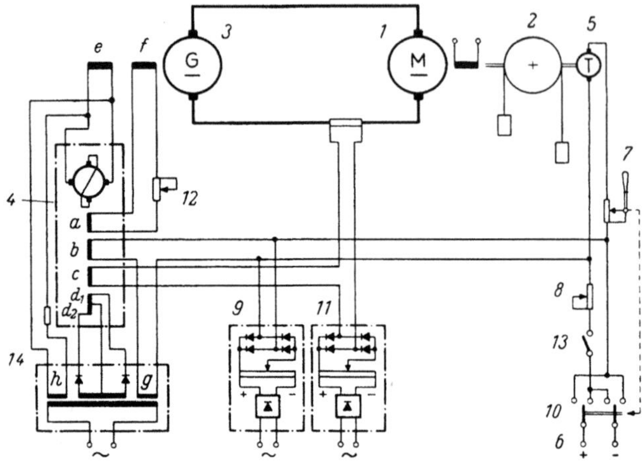

1 Fördermotor
2 Treibscheibe
3 Steuergenerator
4 Amplidyne
5 Tachogenerator
6 Vergleichsspannung
7 Steuerhebel
8 Justierwiderstand für maximale Drehzahl
9 Einrichtung für Drehzahlbegrenzung
10 Polwender für Fahrtrichtung
11 Einrichtung für Strombegrenzung
12 Justierwiderstand für Beschleunigung
13 Schalter für Sicherheitsbremsung
14 Hysteresekorrektureinrichtung

Bild 4. Gleichstrom-Leonard-Fördermaschine mit Regelung durch Verstärkermaschine [*4, 5*]

Strombegrenzung. Eine (meist an den Wendepol- und Kompensationswicklungen des Steuergenerators und des Fördermotors abgegriffene) dem Leonard-Strom proportionale Spannung speist die Steuerwicklung (*c*) der Verstärkermaschine (*4*), die der Steuerwicklung (*b*) entgegenwirkt. Gegen diese Spannung ist die Spannung einer Einrichtung (*11*) für die Strombegrenzung geschaltet. Erst wenn die am Leonard-Kreis abgegriffene Spannung die am Spannungsteiler von (*11*) abgegriffene überwiegt, fließt ein Strom durch (*c*). Mit dem Spannungsteiler von (*11*) läßt sich der Grenzwert des Leonard-Stromes einstellen. Unterhalb dieses Grenzwertes kann der Leonard-Strom jeden der Belastung der Maschine entsprechenden Wert annehmen.

Beschleunigungsbegrenzung. Die zweite Erregerwicklung (*f*) des Steuergenerators (*3*) ist an die Steuerwicklung (*a*) der Verstärkermaschine angeschlossen. Wird der volle Sollwert auf die Steuerwicklung (*b*) geschaltet, so steigt der Erregerstrom des Steuergenerators und damit der Fluß steil an. Dadurch wird in der Wicklung (*f*) eine hohe Spannung induziert, die einen Strom durch die Steuerwicklung (*a*) treibt. Da diese der Steuerwicklung (*b*) entgegenwirkt, wird der Anstieg des Erregerstromes des Steuergenerators und damit die Beschleunigung des Fördermotors je nach Einstellung des Widerstandes (*12*) in bestimmten Grenzen gehalten. Die Strom- und Beschleunigungsbegrenzung kommt z.B. auch bei der Sicherheitsbremsung zur Geltung. Diese wird elektrisch eingeleitet und mechanisch beendet. Dazu wird der Schalter (*13*) geöffnet. Der Tachogenerator treibt nun durch die Steuerwicklung (*b*) einen im verzögernden Sinne wirkenden Strom, wobei Strombegrenzung und Beschleunigungsbegrenzung für das Einhalten der gewünschten Verzögerungswerte sorgen. Der vom Tachogenerator erzeugte Steuerstrom nimmt mit der Geschwindigkeit ab und wird im Stillstand

Null. Gegen Ende des Bremsvorganges kommt das Fallgewicht der Bremse zur Wirkung und hält schließlich die Maschine mit der erforderlichen Sicherheit fest.

Hysteresiskorrektur der Verstärkermaschine. Um die Hysteresis der Verstärkermaschine unwirksam zu machen, wird eine Korrektureinrichtung (*14*) verwendet. Die beiden gegeneinander geschalteten Erregerwicklungen (d_1) und (d_2) der Verstärkermaschine werden von einem Magnetverstärker gespeist, der von den beiden Wicklungen (g) und (h) gesteuert wird. Die Wicklung (h) liegt an der Ankerspannung der Verstärkermaschine. Ihre Durchflutung ist der von (g) entgegengerichtet, die den Steuerstrom von (b) führt. Besteht im Stillstand der Maschine eine Remanenzspannung, so steuert der durch die Wicklung (h) fließende Strom den Magnetverstärker so aus, daß die resultierende Durchflutung der beiden Wicklungen (d_1) und (d_2) die Remanenzspannung bis auf einen tragbar kleinen Restbetrag herabsetzt. Während des stationären Betriebes wird die Wirkung von (g) durch (h) aufgehoben.

Außer der hier beschriebenen Regelung mit Verstärkermaschine sind auch noch andere Schaltungsarten möglich. Statt mit Tachogenerator wird die Drehzahl dabei auch durch die Spannung im LEONARD-Kreis nachgebildet [*1, 2, 3*].

3. Regelung mit Reihenschluß-Regelmaschine (*Bild* 5) [*6, 7*]

Die Reihenschluß-Regelmaschine (*6*), die auch Rototrol genannt wird, hat (ähnlich wie ein Gleichstrom-Reihenschlußgenerator) eine selbsterregte Reihenschlußwicklung (a) und dazu noch weitere Steuerwicklungen (b) bis (e). Der in den Ankerkreis geschaltete Widerstand ist so bemessen, daß sich die Widerstandsgerade mit dem geradlinigen Teil der Belastungskennlinie deckt (*Bild* 6). Dadurch ist der Betriebszustand innerhalb der Strecke O bis P labil, so daß sich hier jede beliebige Spannung einstellen kann. Um einen definierten Auf- oder Aberregungsvorgang einzuleiten, ist eine zusätzliche Erregung erforderlich, die über eine der Wicklungen (b) bis (e) geliefert wird. Die Durchflutung einer solchen Wicklung kann z. B. der Drehzahl des Fördermotors oder dem LEONARD-Strom proportional sein. Der Erregungsvorgang wird unterbrochen durch eine von der Spannung des Steuergenerators herrührende Rückführdurchflutung, die einen stabilen Betriebspunkt erzwingt.

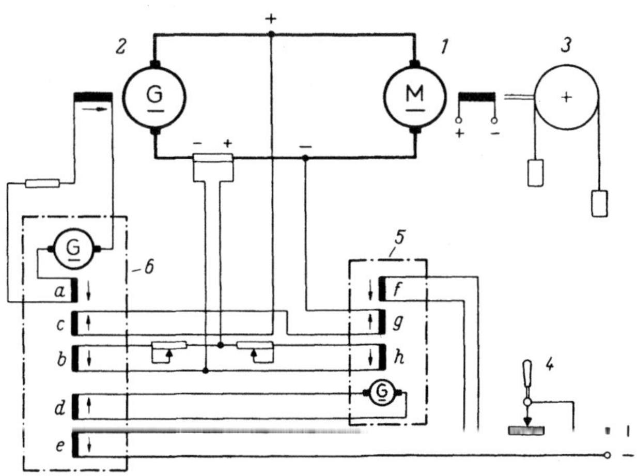

1 Fördermotor
2 Steuergenerator
3 Treibscheibe
4 Steuerhebel
5 Strombegrenzungsgenerator
6 Reihenschluß-Regelmaschine

Bild 5. Gleichstrom-LEONARD-Fördermaschine mit Regelung durch Reihenschluß-Regelmaschine [*6*]

Drehzahlregelung. Die Steuerwicklung (*e*) des Rototrols wird von einer Gleichstromquelle konstanter Spannung gespeist, die über den Steuerhebel (*4*) einstellbar ist. Ihre Durchflutung ist die Führungsgröße für die Ankerspannung des Generators (*2*), die als Ersatzregelgröße für die Drehzahl dient. (Sämtliche Steuerwicklungen der Maschine (*5*) denke man sich zunächst unwirksam.) Durch die in der Wicklung (*e*) hervorgerufene Sollwertdurchflutung wird im Steuergenerator (*2*) eine Spannung erzeugt, die in der Wicklung (*c*) des Rototrols eine Istwertdurchflutung ergibt, die der von (*e*) entgegengerichtet ist. Wird also mit dem Steuerhebel eine bestimmte Fördergeschwindigkeit eingestellt, so steigt die Spannung des Steuergenerators (*2*) an, bis die Durchflutung von (*c*) die von (*e*) bis auf einen kleinen Rest aufhebt, der zur Aufrechterhaltung der gewünschten Drehzahl notwendig ist. Da die Spannung des Steuergenerators wegen der ohmschen Verluste im LEONARD-Kreis keine genaue Ersatzregelgröße für die Drehzahl darstellt, wird eine dem LEONARD-Strom proportionale Durchflutung in die Wicklung (*b*) so eingeführt, daß die vom Steuergenerator abgegebene Spannung um den vom LEONARD-Strom abhängigen Spannungsabfall des Fördermotors erhöht wird. Die Wicklung (*b*) wird über einen Stellwiderstand, z.B. an die Wendepol- und Kompensationswicklung des Steuergenerators angeschlossen. Da man den Erregerstrom des Fördermotors konstant hält, wird durch diese Regelung eine von der Last unabhängige Drehzahl des Fördermotors erreicht.

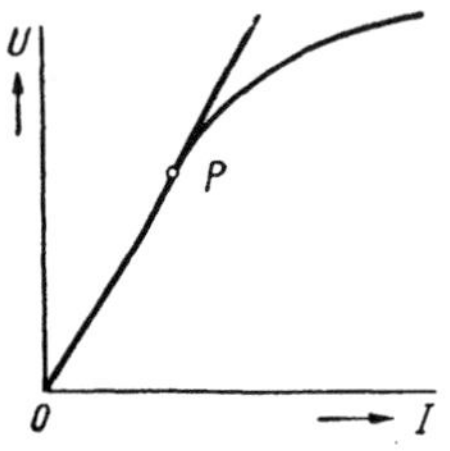

Bild 6. Spannungskennline und Widerstandsgerade einer Reihenschluß-Regelmaschine

Strombegrenzung. Zur Begrenzung des LEONARD-Stromes dient ein Generator (*5*), dessen Hauptpole magnetische Nebenschlüsse haben. Erst nach Erreichen der Sättigung dieser Nebenschlüsse treten magnetische Kraftlinien von den Hauptpolen in den Luftspalt und in den Anker über, wo sie eine Spannung erzeugen (*Bild* 7). Bis zum Punkt A bleibt die Spannung nahezu Null und steigt dann wie bei einer normalen Maschine an. Hat die Drehzahl des Fördermotors den gewünschten eingesteuerten Wert erreicht (stationärer Zustand), so heben sich die Durchflutungen von (*f*) und (*h*) auf und im Strombegrenzungsgenerator ist noch die Wicklung (*g*) wirksam. Ist der LEONARD-Strom kleiner als der Wert, der der Durchflutung im Punkt A (*Bild* 7) entspricht, so übt der Strombegrenzungsgenerator keine Wirkung auf das Rototrol aus. Übersteigt der Strom diesen Wert

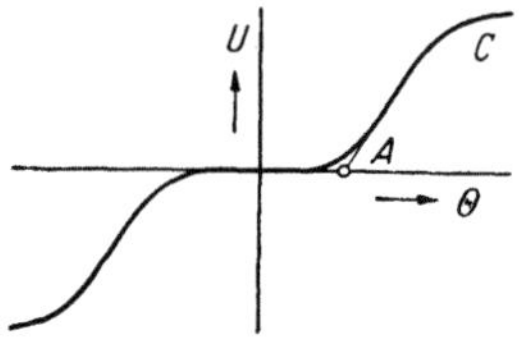

Bild 7. Kennlinie eines Strombegrenzungsgenerators

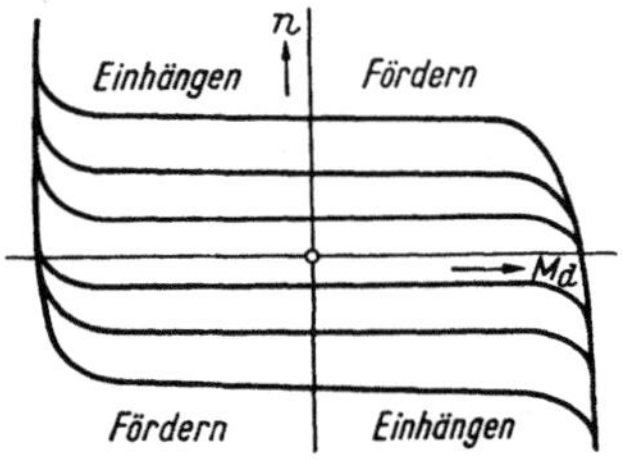

Bild 8. Regelkennlinien der Regelanordnung mit Reihenschluß-Regelmaschine nach Bild 5

so wird der Begrenzungsgenerator erregt und seine Spannung erzeugt in der Wicklung (*h*) eine (*e*) entgegenwirkende Durchflutung. Die Ankerspannung des Generators (*2*) wird vermindert und dadurch sein Strom begrenzt. Beim Fördervorgang ergeben sich damit die in *Bild* 8 dargestellten Regelkennlinien. Der Sollwert für den Grenzstrom kann durch Ändern des Spannungsabgriffes für (*g*) oder durch Ändern des magnetischen Nebenschlusses eingestellt werden.

4. Regelung mit Wälzreglern (*Bild* 9) [*8, 9, 10*]

Drehzahlregelung. Die Spannung für den Stellwiderstand (*6*) wird nach Betrag und Richtung an dem Spannungsteiler (*7*) für die Verzögerung abgegriffen. An die Schleifbürsten des Stellwiderstandes (*6*) ist die Erregerwicklung (e_1) der Erreger-

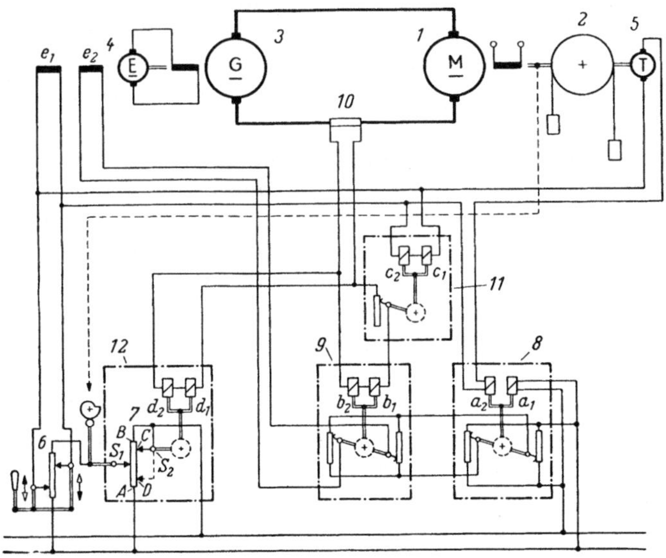

1 Fördermotor
2 Treibscheibe
3 Steuergenerator
4 Erregermaschine für Steuergenerator
5 Tachogenerator
6 Stellwiderstand für Geschwindigkeit
7 Stellwiderstand für Verzögerung
8 Wälzregler für Drehzahlregelung
9 Wälzregler für Strombegrenzung
10 Strom-Meßwiderstand
11 Wälzregler für Leistungsbegrenzung
12 Wälzregler für Lastmessung
S_1 Schleifer } des Stellwiderstandes 7
S_2 Wälzbügel }

Bild 9. Gleichstrom-LEONARD-Fördermaschine mit Regelung durch Wälzregler

maschine (*4*) angeschlossen. Mit dem Spannungsteiler (*7*) und dem Stellwiderstand (*6*) wird damit eine Führungsspannung für die Fördermaschinengeschwindigkeit vorgegeben und über die Drehspulwicklung (a_2) des Spannungsreglers (*8*) mit der Spannung des Tachogenerators (*5*) verglichen. Die Magnetwicklung (a_1) des Reglerdrehspulsystems ist konstant erregt. Ist die Spannung des Tachogenerators kleiner als die am Stellwiderstand (*6*) vorgegebene Führungsspannung, so beeinflußt der Spannungsregler (*8*) die Erregerwicklung (e_2) der Erregermaschine (*4*) in der gleichen Richtung, wie (e_1) auch durch den Stellwiderstand (*7*) beeinflußt wird. Der Strom der Erregerwicklung (e_2) fließt dabei über den Stromregler (*9*). Die Fördergeschwindigkeit steigt nun so lange an, bis die Spannung des Tachogenerators (*5*) gleich der am Stellwiderstand (*6*) abgegriffenen ist, wodurch der Strom in der Erregerwicklung (e_2) wieder Null wird.

Strombegrenzung. Die Drehspulwicklung (b_2) und die Magnetwicklung (b_1) des Strombegrenzungsreglers (*9*) sind an den im LEONARD-Kreis befindlichen Widerstand (*10*) geschaltet. Überschreitet der LEONARD-Strom einen bestimmten eingestellten Wert, so greift der Regler (*9*) an seinem Stellwiderstand eine kleinere Spannung ab. Bei völliger Aussteuerung kann diese Spannung auch den vollen Wert erreichen, so daß z.B. bei voller Steuerhebelauslage und stillstehender Maschine die Durchflutung der Erregerwicklung (e_2) die von (e_1) bis auf einen für die Bildung des Grenzwertes des LEONARD-Stromes erforderlichen Wert aufhebt.

Leistungsbegrenzung. Um übermäßige Leistungsspitzen vom Netz fernzuhalten, läßt man den Anfahrstrom im LEONARD-Kreis von einer bestimmten Geschwindigkeit an gleichmäßig bis auf den Treibstrom herab abnehmen (s. Abschnitt C1). Dies erfüllt ein Leistungsbegrenzungsregler (*11*), dessen Magnetwicklung (c_1) und Drehspulwicklung (c_2) von der Spannung des Tachogenerators (*5*) gespeist werden.

Die Größe des Stellwiderstandes des Reglers (*11*) entspricht dem Produkt der Durchflutungen in (c_1) und (c_2) weniger einem Betrag dieses Produktes, bis zu dem der Regler nicht arbeiten soll. Dieser Betrag entspricht einem bestimmten Wert der Spannung des Tachogenerators und damit der Fördergeschwindigkeit. Bei Beginn eines Förderzuges hat der Stellwiderstand des Reglers (*11*) seinen größten Wert und läßt damit den maximalen Anfahrstrom zu. Von der gewählten Geschwindigkeit an wird der Stellwiderstand aber mehr und mehr verringert und damit der Grenzwert des LEONARD-Stromes durch zunehmendes Produkt von (c_1) und (c_2) mehr und mehr herabgesetzt. Im oberen Geschwindigkeitsbereich der Anfahrperiode erhält man so einen geringeren Leistungsbedarf als bei einem über die ganze Anfahrperiode konstanten Anfahrstrom. Außerdem wird bei zu großer Überlast im Korb durch den Regler (*11*) auf diese Weise auch die Fördergeschwindigkeit begrenzt und der Antriebsmotor des LEONARD-Generators vor Überlastung geschützt.

Lastmessung. Die Verzögerung der Fördermaschine wird durch den Stellwiderstand (*7*) bewirkt, dessen Schleifer (S_1) durch eine Kurve des Teufenzeigers von Punkt A zum Punkt B bewegt wird. Die Stellung A des Schleifers entspricht der vollen Geschwindigkeit, die Stellung B dem Stillstand der Maschine. Der Regler (*12*), dessen in Reihe geschaltete Spulen (d_1) und (d_2) von der am Widerstand des Reglers (*11*) abgegriffenen Spannung gespeist werden, schließt mit seinem Wälzbügel den Teil B bis C des Stellwiderstandes (*7*) kurz. Der Betrag des kurzgeschlossenen Teiles hängt ab von dem Betrag und der Richtung der vom LEONARD-Strom im Widerstand des Reglers (*11*) erzeugten Spannung. Der LEONARD-Strom ist der Last bei konstanter Geschwindigkeit annähernd proportional. Bei voller Hängelast wird kein Widerstand kurzgeschlossen, d.h., Punkt C fällt mit Punkt B zusammen. Bei voller Förderlast dagegen liegt der Wälzbügel in seiner anderen Endlage D. Da der vom Schleifer (S_1) abgenommene Strom klein ist gegen den Strom durch den Widerstand (*7*), so behält die vom Schleifer an dem kurzgeschlossenen Teil abgegriffene Spannung noch ihren vollen Wert.

Dies bedeutet, daß der Einsatzpunkt der Verzögerung bei kleinen Hängelasten und bei Förderlasten näher an der Hängebank liegt, als der vollen Länge der Fahrkurve entspricht. Auf diese Weise erhöht sich bei Förderlasten der Wert der Verzögerung und die volle Geschwindigkeit wird auf einer größeren Strecke beibehalten, wodurch die Zugzeit (Zeit eines Förderzugs) herabgesetzt wird (*Bild* 10). Damit eine einwandfreie Lastmessung möglich ist, wird der Regler (*12*) nur während der Periode konstanter Geschwindigkeit und konstanten LEONARD-Stromes eingeschaltet und vor Beginn der Verzögerungsperiode bis zum Ende des Zuges blockiert.

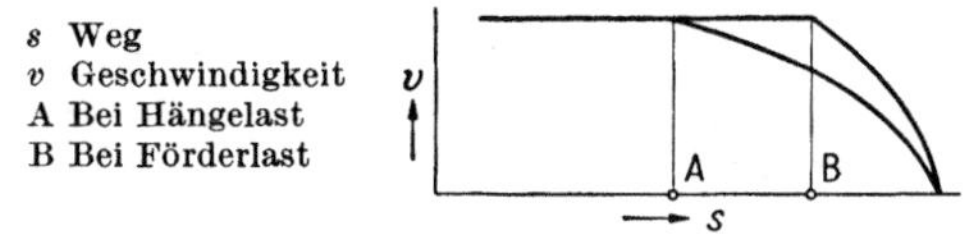

Bild 10. Einsatzpunkte der Verzögerung

5. Regelung mit Transduktorregler (*Bild* 11) [*11*]

Drehzahlregelung. Der Führungsgeber (*5*) für die Drehzahl besteht aus einem Drehmelder (*7*) mit dreiphasiger Sekundärwicklung und einphasig erregter Primärwicklung. Zwei der drei sekundären Teilwicklungen sind an die Gleichrichter (*8*) angeschlossen. Die gleichgerichteten Spannungen U_1 und U_2 haben die Form von einander sich anschließenden Sinushalbwellen; bezogen auf den Mittelabgriff der Gleichrichter (*8*) sind sie entgegengesetzt gepolt. Infolge der verschiedenen räumlichen Lage der Teilwicklungen sind die Wicklungsspannungen um den gleichen Winkel wie die Wicklungsachsen zueinander verschoben (*Bild* 12). Die Differenz der beiden Spannungen U_1 und U_2 ergibt eine Spannung U_3 mit sägezahnartigem Verlauf.

Die Spannung U_3 ist im Bereich einer Flanke der Sägezahnkurve proportional der Steuerhebelauslage (s. *Bild* 11). Damit die Fördermaschine jedoch bei kleiner Steuerhebelauslage feinfühlig gesteuert werden kann (Umsetzen, Einfahren in die Hängebank), verwendet man eine zusätzliche Anordnung, nach der die Führungsgröße der Steuerhebelauslage nicht linear, sondern ähnlich einer Funktion $y = x^3$ zugeordnet ist. Diese Verzerrung von U_3 wird in dem gewählten Beispiel mit der gestaffelten Schwelle (*9*) erzielt. Der Spannung U_3 ist eine in drei Stufen am Widerstand (*10*) abgegriffene Spannung entgegengeschaltet, die den Ausgangsstrom *I* der gestaffelten Schwelle als Sollwert für die Geschwindigkeitsregelung in vier Bereiche unterteilt.

Solange die Spannung U_3 kleiner ist als die an den Punkten (*a*, *b*) des Widerstandes (*10*) entgegengeschaltete Spannung, fließt kein Strom (Bereich 1). Ist die Spannung U_3 größer geworden als die an den Punkten (*a*, *b*) entgegengeschaltete Spannung, so wächst der Ausgangsstrom *I* mit U_3; die Steilheit seines Anstiegs ist durch den Widerstand R_1 bestimmt (Bereich 2). Überwiegt die Spannung U_3 diejenige zwischen den Punkten (*a*, *c*), so ergibt sich die Steilheit des Stromanstieges aus der Parallelschaltung der Widerstände R_1 und R_2 (Bereich 3). Ist schließlich U_3 gleich der Spannung zwischen (*a*, *d*) geworden, so ist nur noch der Innenwiderstand der Spannungsquelle wirksam, womit die maximale Steilheit für den Ausgangsstrom *I* erreicht ist.

Der Tachogenerator (*11*) liefert eine der Fördergeschwindigkeit proportionale Spannung. Der dieser Spannung proportionale Strom wird in der Wicklung (*a*) des Transduktorreglers (*12*) mit dem Ausgangsstrom *I* des Führungsgebers (*5*) verglichen. Die so entstehende Regelabweichung steuert den Transduktorregler (*12*), dessen Endstufe in Gegentaktschaltung die Schnellerregermaschine (*4*) erregt.

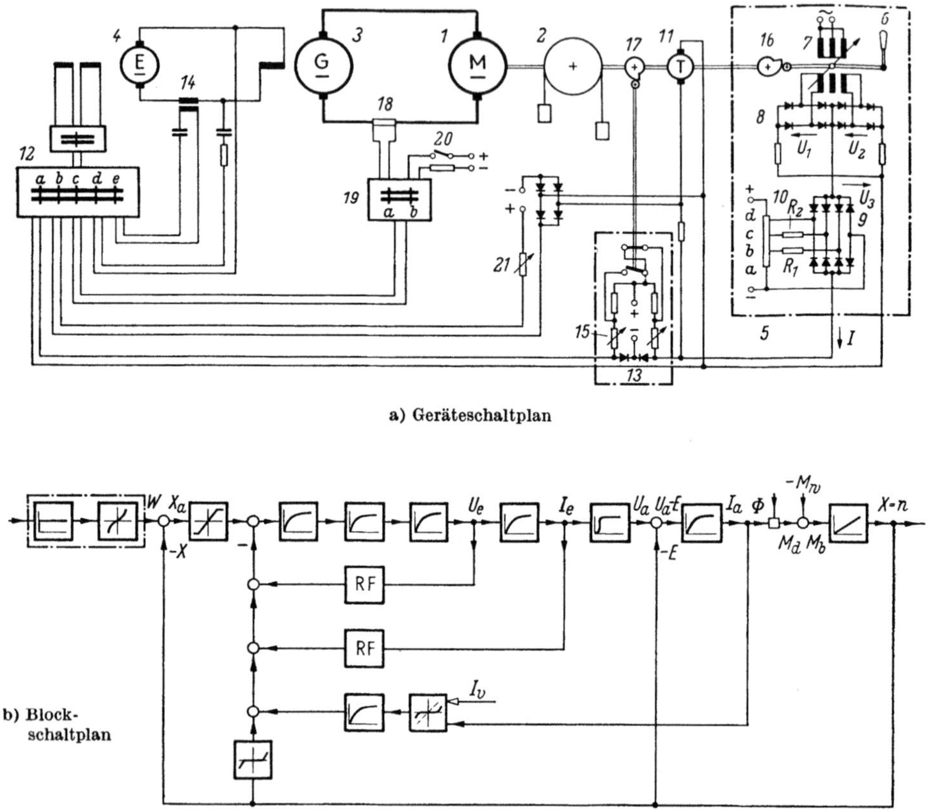

1 Fördermotor
2 Treibscheibe
3 Steuergenerator
4 Schnellerregermaschine
5 Führungsgeber
6 Steuerhebel
7 Drehmelder
8 Gleichrichter
9 Gestaffelte Schwelle
10 Einstellwiderstand
11 Tachogenerator
12 Transduktorregler
13 Eingangsschwelle
14 Differenziertransformator
15 Einstellwiderstände
16 Kurvenscheibe
17 Kopierwerkschalter
18 Meßwiderstand für den Ankerstrom
19 Transduktorverstärker, Strombegrenzung
20 Schalter an der Bremse
21 Einstellwiderstand, Leistungsbegrenzung
W Führungsgröße für Drehzahl
X_a Eingangsspannung für die Eingangsschwelle
n Motordrehzahl ($n = X$)
U_e Erregerspannung Steuergenerator
I_e Erregerstrom, Steuergenerator
U_a Ankerspannung
E Induzierte Spannung im Anker
I_a Ankerstrom
Φ Magnetischer Fluß des Motorfeldes
M_w Lastmoment
M_d Drehmoment an der Motorwelle
M_b Beschleunigungsmoment
I_v Vormagnetisierung Transduktorregler, Strombegrenzung
RF Rückführung

Bild 11. Gleichstrom-Leonard-Fördermaschine mit Regelung durch Transduktorregler

Beschleunigungsbegrenzung. Würde man (z. B. beim Anfahren) die dem maximalen Wert der Regelgröße entsprechende volle Regelabweichung unmittelbar auf die Steuerwicklung (*a*) des Transduktorreglers (*12*) wirken lassen, so würde die Maschine eine unzulässig hohe Beschleunigung annehmen. Dies verhindert die Eingangsschwelle (*13*), die den Steuerstrom der Steuerwicklung (*a*) des Transduktorreglers (*12*) auf einen Schwellwert I_s begrenzt.

Man macht nun diesen konstanten Schwellwert in der Wicklung (*a*) des Reglers (*12*) zur Vergleichsgröße für eine Regelung auf konstante Änderungsgeschwindigkeit des Erregerstromes für den Steuergenerator (*3*). Dies bedeutet im linearen Teil der Magnetisierungskennlinie des Steuergenerators annähernd Regelung auf konstante Beschleunigung. Die neue Regelgröße wird durch einen Differenziertransformator (*14*) im Erregerkreis des Steuergenerators abgenommen und der zu (*a*) gegensinnig geschalteten Wicklung (*e*) des Transduktorreglers (*12*) zugeführt. Der Betrag des Schwellwertes I_s und damit der Sollwert der Anfangsbeschleunigung, läßt sich mit Hilfe der Widerstände (*15*) einstellen. Infolge der Beschleunigung wächst die Drehzahl des Fördermotors ständig, bis der der Drehzahlabweichung entsprechende Steuerstrom wieder kleiner als der Schwellwert I_s geworden ist. Jetzt wechselt die Regelgröße wieder auf die Drehzahl über.

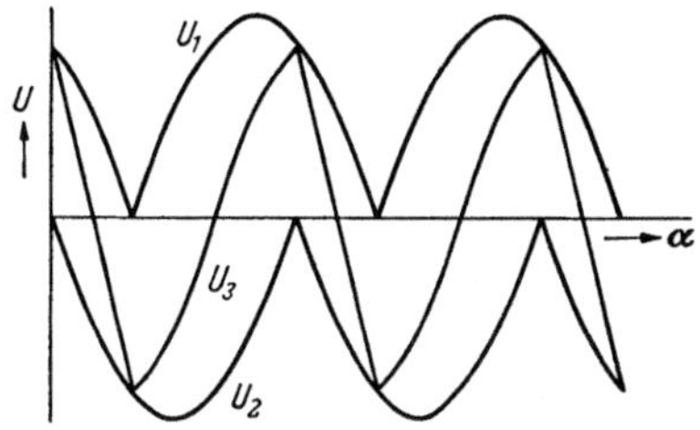

α Elektrischer Drehwinkel
$U_3 = U_1 - U_2$

Bild 12. Gleichgerichtete Teil- und Differenzspannungen eines Drehmelders

Im Sättigungsgebiet des Steuergenerators (*3*) ist die Regelung auf konstante Änderungsgeschwindigkeit des Erregerstromes nicht mehr identisch mit einer Regelung auf konstante Beschleunigung. Diese wird vielmehr im zweiten Teil der Anfahrperiode abnehmen, was im allgemeinen aber erwünscht ist, um die netzseitig auftretende Lastspitze abzubauen.

Soll über die ganze Anfahrperiode mit konstanter Beschleunigung gefahren werden, so ersetzt man die Rückführung des Erregerstromes über den Differenziertransformator (*14*) durch eine im Leonard-Kreis abgegriffene Ankerspannungsrückführung. Der Einfluß der Sättigung des Steuergenerators wird damit ausgeschaltet.

Beim Verzögern wird die Geschwindigkeit zwangsläufig durch Zurückdrehen des Drehmelders (*7*) über die Kurvenscheibe (*16*) wegabhängig vermindert. Die Verzögerung kann im allgemeinen höher gewählt werden als die Beschleunigung, weil dabei keine Anfahrspitze auftritt. Deshalb schaltet ein Kontakt des wegabhängig betätigten Kopierwerkschalters (*17*) zu Beginn der Verzögerungsperiode einen Widerstand der Eingangsschwelle (*13*) kurz und erhöht damit den Schwellwert I_s.

Strombegrenzung. Im Leonard-Kreis wird am Meßwiderstand (*18*) eine dem Leonard-Strom proportionale Spannung abgegriffen und über einen Transduktorverstärker (*19*) der Wicklung (*c*) des Reglers (*12*) zugeführt, die der Wicklung (*a*) entgegengeschaltet ist und daher der Steuerung des Drehzahlregelkreises entgegenwirkt. Mit dem Verstärker (*19*) läßt sich zugleich eine Potentialtrennung des Leonard-Kreises von den übrigen Regelkreiselementen erzielen.

Der in Gegentakt arbeitende Transduktorverstärker (*19*) wird durch entsprechendes Einstellen der Vormagnetisierung so betrieben, daß erst ein Leonard-

Strom in gewisser Höhe fließen muß, ehe eine Aussteuerung stattfindet. Der Transduktorverstärker hat somit begrenzende Wirkung.

Im Stillstand der Maschine, bei aufgelegter Bremse, kann die Remanenzspannung des Steuergenerators einen unzulässig hohen Strom durch den LEONARD-Kreis treiben. Dem wird durch einen Schalter (*20*) entgegengewirkt, der bei aufgelegter Bremse über die Wicklung (*b*) des Transduktorverstärkers (*19*) dessen Vormagnetisierung so verändert, daß er schon bei kleinen LEONARD-Strömen ausgesteuert wird.

Leistungsbegrenzung. Reicht der Abbau der netzseitigen Leistungsspitze im zweiten Teil der Anfahrperiode, herrührend von der Sättigung des Steuergenerators in Verbindung mit der Regelung auf konstanten Erregerstromanstieg, nicht aus, so kann durch eine besondere Leistungsbegrenzung eine zusätzliche Verminderung des Ankerstromes erzielt werden. Zu diesem Zweck wird die Spannung des Tachogenerators (*11*) abgegriffen und über eine Gleichrichterschwelle gegen ein feste Spannung geschaltet. Erst wenn die Spannung des Tachogenerators (*11*) die entgegengeschaltete Spannung überwiegt, kann in der Wicklung (*b*) des Transduktorreglers (*12*) Strom fließen. Mit dem Stellwiderstand (*21*) läßt sich der Sollwert der Leistungsbegrenzung verändern.

D. Schachtfördermaschinen mit Stromrichtern

1. Allgemeines

Die Eigenart der Stromrichter, den Strom nur in einer Richtung durchzulassen, führte für den Reversierantrieb zu Schaltungen, die unter den Bezeichnungen Kreuzschaltung, Gegenparallelschaltung, Ankerkreisumschaltung und Feldumkehrschaltung bekannt sind (s. Kapitel 26). Die wesentliche Aufgabe des Reversierantriebes ist dabei, zur Vermeidung von Seilrutsch, der stoßfreie Drehmomentwechsel beim Übergang vom Treiben zum Bremsen.

Während bezüglich der Schnelligkeit des Überganges von motorischem auf generatorischen Betrieb die Kreuz- und Gegenparallelschaltung etwa das gleiche Verhalten wie ein Fördermotor mit Speisung durch LEONARD-Umformer zeigen, steht bei der Feldumkehrschaltung über die Dauer der Feldumkehrzeit nicht mehr das volle, bei der Ankerkreisumschaltung während der Umschaltzeit kein Moment an der Motorwelle zur Verfügung.

Infolge der großen Massen des mechanischen Teiles der Fördermaschine ändert sich die Motordrehzahl, herrührend vom Gewicht der Nutzlast während der Feldumkehr- oder Umschaltzeit, nur sehr wenig, so daß der Drehmomentwechsel verhältnismäßig langsam vor sich gehen kann.

2. Regelung mit Röhrenregler und Ankerkreisumschaltung (*Bild* 13) [*12, 13*]

Drehzahlregelung. Den Istwert der Geschwindigkeit liefert ein mit dem Fördermotor (*1*) gekuppelter Tachogenerator (*8*) als Spannung U_{1i}. Die Führungsgröße U_{1w} wird durch den Steuerhebel (*6*) vorgegeben, der die Schleiferstellung eines an fester Spannung liegenden Potentiometers (*7*) verstellt. Die Differenz beider Spannungen liegt am Gitter der Hochvakuumröhre (*9*) eines Röhrenverstärkers und ist einer negativen Vorspannung überlagert. Bei treibendem Moment an der Fördermotorwelle und Untergeschwindigkeit wird die Gitterspannung der Hochvakuumröhre positiver, sie steuert den Stromrichter (*3*) über die Schwenkdrossel (*10*) in Richtung wachsender Gleichspannung aus. Die Schwenkdrossel

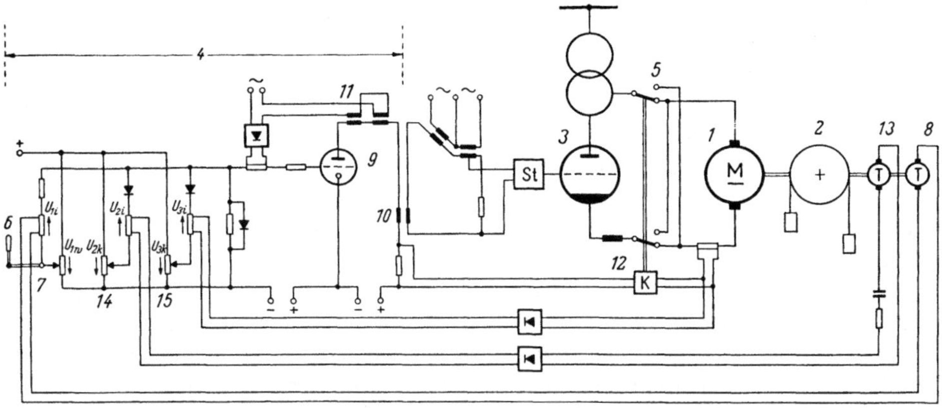

1 Fördermotor
2 Treibscheibe
3 Stromrichter
4 Bereich des Röhrenreglers
5 Polwender
6 Steuerhebel
7 Vergleichswiderstand für Solldrehzahl
8 Tachogenerator für Drehzahl
9 Hochvakuum-Verstärkerröhre
10 Schwenkdrossel
11 Rückkopplung der Verstärkerröhre
12 Kommandogerät für Polwender
13 Tachogenerator für Beschleunigung
14 Einstellwiderstand für Beschleunigungsbegrenzung
15 Einstellwiderstand für Ankerstrombegrenzung
U_{1w} Führungsspannung für Drehzahl
U_{1i} Spannung entsprechend dem Istwert der Drehzahl
U_{2k} Bezugsspannung für die Beschleunigungsbegrenzung
U_{2i} Spannung entsprechend dem Istwert der Beschleunigung
U_{3k} Bezugsspannung für die Strombegrenzung
U_{3i} Spannung entsprechend dem Istwert des Stromes

Bild 13. Gleichstrom-Fördermaschine mit Stromrichterspeisung und Regelung durch Röhrenregler und Ankerkreisumschaltung

verändert, abhängig von ihrem Steuerstrom, ihre Induktivität und damit die Phasenlage der Ausgangsspannung der zwischen der Röhre (*9*) und dem Gittersteuersatz (St) eingeordneten Brückenschaltung. Ein Steuerstrom Null der Schwenkdrossel entspricht maximaler Wechselrichterspannung. Mit wachsendem Steuerstrom werden die Zündimpulse vorverlegt, bis bei vollem Steuerstrom die maximale Gleichrichterspannung erreicht ist. Eine Rückkopplung (*11*) des Steuerstromes der Schwenkdrossel auf das Gitter der Hochvakuumröhre bringt bei Gleichrichterbetrieb mit wachsender Aussteuerung des Stromrichters eine Erhöhung der Steilheit der Röhrenkennlinie und damit einen Zuwachs an Verstärkung.

Bei Zurücknahme des Steuerhebels (*6*) wechselt das Vorzeichen der Regelabweichung. Durch den nunmehr sinkenden Steuerstrom der Schwenkdrossel (*10*) wird die Gleichspannung des Stromrichters verkleinert. Kann eine Regelabweichung nicht ohne Umschalten des Ankerkreises ausgeregelt werden, z.B. bei einer plötzlichen Verminderung der Führungsspannung U_{1w} bei kleinem Lastmoment, so wird der Regler infolge der bestehenden Regelabweichung in seine Endlage gehen, der ein Steuerstrom Null und damit die größte Wechselrichterspannung entspricht. Diese Reglerstellung ist ein Kriterium für die nunmehr erforderliche Umschaltung des Polwenders (*5*) im Ankerkreis, die von dem Kommandogerät (*12*) ausgelöst wird. Stromlose Umschaltung ist insofern sichergestellt, als mit dem Steuerstrom Null der Schwenkdrossel (*10*) maximale Wechselrichterspannung eingestellt wird und der Ankerstrom beim Übergang vom Treiben zum Bremsen zunächst naturgemäß gegen Null geht. Außerdem wird der Ankerstrom gemessen; eine Stromsperre im Kommandogerät (*12*) gibt den Umschaltbefehl erst frei, wenn der Ankerstrom Null geworden ist.

Beschleunigungsbegrenzung. Mit Hilfe des Tachogenerators (*13*) wird ein der Beschleunigung proportionaler Strom geliefert, der an einem Widerstand eine Spannung U_{2i} erzeugt. Dieser Spannung entgegengeschaltet ist eine einstellbare feste Spannung U_{2k}, die dem Sollwert der Beschleunigung entspricht. Steigt der Istwert über den Sollwert, so wirkt die Beschleunigungsbegrenzung der vom Drehzahlregelkreis vorgegebenen Aussteuerung entgegen. Es findet eine Ablösung der Regelgröße statt, die Anordnung geht von einer Drehzahlregelung so lange in eine Regelung auf die eingestellte Beschleunigung über, bis der Istwert der Beschleunigung wieder unter den Sollwert gesunken ist. Ein Gleichrichter verhindert, daß die Sollspannung bei kleinerem Istwert eine Aussteuerung herbeiführt.

Strombegrenzung. Die Strombegrenzung wirkt genau so wie die Beschleunigungsbegrenzung. Ein Gleichstrommeßgeber mißt den Ankerstrom, der als Spannung U_{3i} an einem Widerstand abgebildet und einer Vergleichsspannung U_{3k}, die dem Sollwert des Ankerstromes entspricht, entgegengeschaltet wird.

3. Regelung mit Röhrenregler und Feldumkehrschaltung (*Bild* 14) [*11, 14*]

Im Drehzahlregler (*8*) werden die Spannung U_{1i} des Tachogenerators (*6*) als Istwert und die mit dem Steuerhebel (*5*) eingestellte Führungsspannung U_{1w} verglichen. Die Stellgröße Y_1 des Drehzahlreglers (*8*) dient als Führungsgröße für den Ankerstromregler (*9*) und den Erregerstromregler (*10*), die zu den beiden dem Drehzahlregelkreis unterlagerten Regelkreisen für den Anker- und Erregerstrom gehören. Die Stromregler verändern über die Gittersteuersätze (*11*) und (*12*) die Spannungen ihrer Stromrichter so lange, bis sich der vorgegebene Stromsollwert einstellt.

Die Forderung nach stoßfreier Drehmomentumkehr und dauernder Kraftschlüssigkeit des Antriebes mit dem Netz läßt ein unabhängiges Arbeiten der Anker- und Erregerstromregelung nicht zu. Da das an der Motorwelle verlangte Drehmoment dem Produkt aus Ankerstrom und Fluß bzw. Erregerstrom proportional ist, müssen beide Größen gemeinsam verstellt werden. Das Maß und die Dauer der Verstellung werden durch eine Führungsgröße vorgegeben, in diesem Fall die Stellgröße des Drehzahlreglers. Der im *Bild* 15 dargestellte Verlauf von Fluß und Ankerstrom zeigt das Zusammenwirken beider Stromregelkreise in Abhängigkeit von der Drehzahlregelabweichung. Jedem Wert der Regelabweichung ist damit ein bestimmtes Wertepaar von Fluß und Ankerstrom zugeordnet. Bei stillstehender Maschine ist die Regelabweichung Null, sowohl Anker- als auch Feldstromrichter sind nicht ausgesteuert. Wird der Steuerhebel ausgelegt, so bildet sich bei Förderlast eine positive Drehzahlregelabweichung; Anker- und Erregerstrom steigen an. Ist mit Rücksicht auf die Drehzahl und die Ankerspannung des Fördermotors der höchstzulässige Erregerstrom erreicht, so verhindert eine Erregerstrombegrenzung einen weiteren Anstieg. Um auch in der Nähe der Nenn-

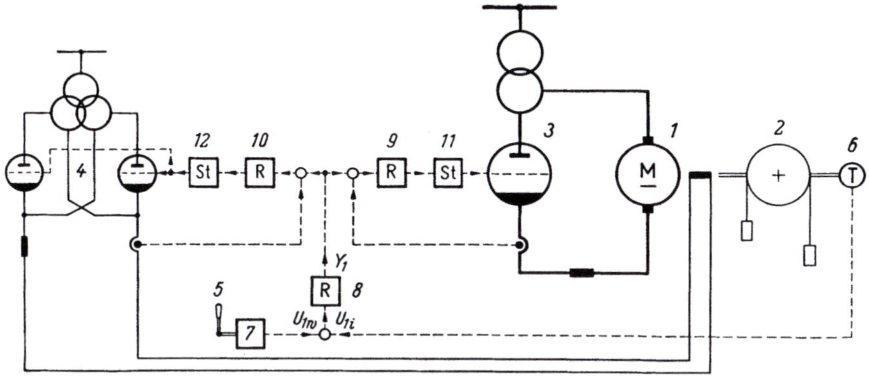

1 Fördermotor
2 Treibscheibe
3 Ankerstromrichter
4 Erregerstromrichter
5 Steuerhebel
6 Tachogenerator für Drehzahl
7 Drehzahl-Führungsgeber
8 Drehzahlregler
9 Ankerstromregler
10 Erregerstromregler
11 Gittersteuersatz, Ankerstromrichter
12 Gittersteuersatz, Erregerstromrichter
U_{1w} Führungsspannung
U_{1i} Istwertspannung entsprechend der Drehzahl
Y_1 Stellgröße des Drehzahlreglers

Bild 14. Gleichstrom-Fördermaschine mit Stromrichterspeisung und Regelung durch Röhrenregler und Feldumkehrschaltung

drehzahl noch ausreichende Beschleunigungsmomente zu erzielen, darf der Ankerstrom noch weiter ansteigen bis zu einem Wert, der durch die Ankerstrombegrenzung vorgeschrieben ist.

Im stationären Betrieb wird sich eine Regelabweichung einstellen, die zur Aufrechterhaltung des verlangten Drehmomentes notwendig ist. Bei Zurücknahme des Steuerhebels vermindert sich diese Regelabweichung und von einer bestimmten Mindestdrehzahlabweichung an wird zunächst durch Verkleinerung der Ankerspannung der Ankerstrom abgebaut, sofern er über dem Nennstrom gelegen hat. Ist der Nennstrom erreicht und nähert sich der Istwert der Drehzahl weiter dem Sollwert, so wird gemeinsam mit dem Ankerstrom auch der Erregerstrom zurückgenommen. Bei der Regelabweichung Null schließlich sind Anker- und Erregerstrom auch Null geworden.

1 Fluß
2 Ankerstrom
A Punkt für Nenn-Ankerstrom

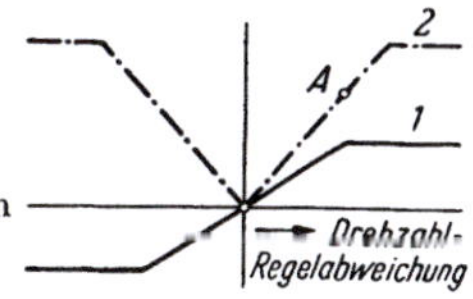

Bild 15. Führung von Ankerstrom und Fluß in Abhängigkeit von der Drehzahl-Regelabweichung

Verlangt der Antrieb Bremsmomente, so geht die Regelabweichung ins Negative, Anker- und Erregerstrom steigen wieder, der Erregerstrom jedoch hat seine Polarität gewechselt.

Ein drehzahlgeregelter Antrieb dieser Art verarbeitet positive und negative Lastmomente ohne vorübergehenden Verlust der Kraftschlüssigkeit zwischen Fördermotor und Netz, sofern der Lastmomentwechsel langsamer als die von der Höhe der Stoßerregung abhängige Flußänderung erfolgt.

4. Regelung mit Transduktorregler (*Bild* 16)

Drehzahlregelung. Der Tachogenerator (*5*) liefert eine dem Istwert der Drehzahl proportionale Spannung. Die Drehzahlführungsgröße wird als Spannung vom Führungsgeber (*4*), einem an fester Spannung liegenden Kollektorwiderstand, abgenommen, dessen Schleiferstellung sich durch den Steuerhebel (*6a*) einstellen

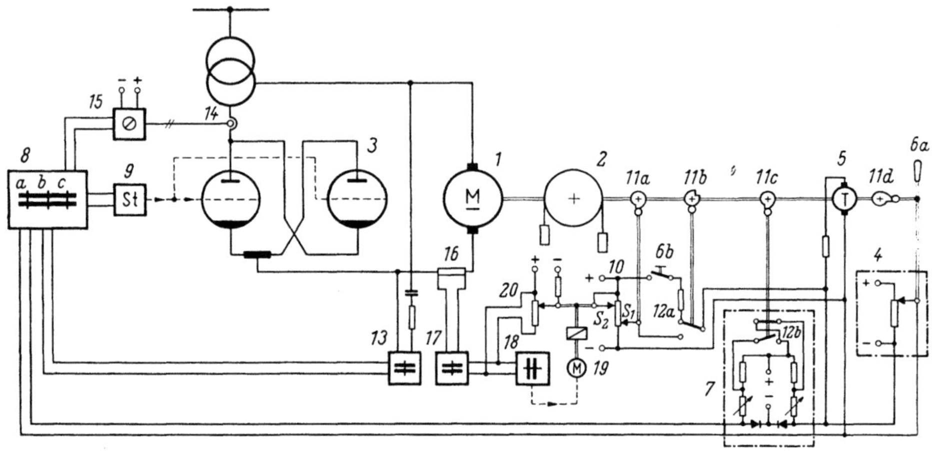

1 Fördermotor
2 Treibscheibe
3 Stromrichter
4 Führungsgeber bei Handbedienung
5 Tachogenerator
6 Startgeräte. a) Steuerhebel für Handbedienung b) Automatikschalter
7 Eingangsschwelle für Beschleunigungsregelung mit Einstellwiderständen und Kopierwerkschalter
8 Transduktorregler
9 Gittersteuersätze
10 Führungsgeber bei automatischem Betrieb
11 Kurvenscheiben (a bis d)
12 Kopierwerkschalter
13 Transduktorverstärker, Beschleunigungsregelung
14 Stromwandler für Strombegrenzung
15 Meßumformer
16 Meßwiderstand für Strom
17 Transduktorverstärker, Strommessung
18 Transduktorverstärker, Lastmessung
19 Stellmotor, Lastmessung
20 Rückführpotentiometer, Lastmessung
S_1, S_2 } Schleifer des Kollektorwiderstandes *10*

Bild 16. Gleichstrom-Fördermaschine mit Stromrichterspeisung und Regelung durch Transduktorregler

läßt. Beide Spannungen haben Ströme zur Folge, die dem Soll- bzw. Istwert der Drehzahl proportional sind. Der Differenzstrom ist ein Maß für die Regelabweichung und durchfließt die Wicklung (*a*) des Transduktorreglers (*8*). Dazwischengeschaltet ist eine Schwelle (*7*) für den Übergang auf Beschleunigungsregelung. Der Transduktorregler (*8*) wirkt über die Gittersteuersätze (*9*) auf die Spannung der Stromrichter (*3*) und damit auf die Drehzahl des fest erregten Fördermotors (*1*).

Bei automatischem Betrieb (*6b*) wird sofort beim Anfahren die dem vollen Drehzahlwert entsprechende Vergleichsspannung eingeschaltet. Der Motor (*1*) läuft an und wird nach Maßgabe der durch die Beschleunigungs- und Strombegrenzung eingestellten Werte beschleunigt, bis der volle Drehzahlsollwert erreicht ist. In der Zwischenzeit gelangt der Schleifer (S_1) des Kollektorwiderstandes (*10*), angetrieben von einer Kurvenscheibe (*11a*) an der Teufenzeigerwelle, in die obere Endlage, ohne für die Steuerung der Anlage wirksam gewesen zu sein. Dieser Schleifer hat nur die Aufgabe, den Geschwindigkeitssollwert der Fördermaschine während der Verzögerungsperiode zu führen. Abhängig vom Weg wird zu Beginn der Verzögerungsperiode von einem Kopierwerkschalter (*12a*) die Vergleichsgröße umgeschaltet, und es wird als Vergleichsspannung ein Wert wirksam, der durch die Stellung des Schleifers (S_1) des Kollektorwiderstandes (*10*) bestimmt ist. Zum gleichen Zeitpunkt hat auch die Kurvenscheibe (*11a*) begonnen, den Schleifer (S_1) von seiner oberen in die untere Endlage zu bringen. Der Geschwindigkeitssollwert wird damit stetig vom Maximalwert auf Null zurückgeführt.

Beschleunigungsbegrenzung. Bei großer Regelabweichung für die Drehzahl, z.B. bei rascher Auslage des Steuerhebels (*6a*) von stillstehender Maschine aus, ist der Strom in der Steuerwicklung (*a*) des Transduktorreglers (*8*) nicht mehr der Regelabweichung proportional, weil die Eingangsschwelle (*7*) nur einen einstellbaren Schwellstrom I_s zuläßt. Die Drehzahl als Regelgröße wird abgelöst durch die Änderungsgeschwindigkeit der Ankerspannung mit dem konstanten Schwellstrom I_s der Eingangsschwelle als Vergleichsgröße. Das entspricht annähernd einer Regelung auf konstante Beschleunigung. Den Istwert der Beschleunigung erhält man durch Differenzieren der Ankerspannung über ein RC-Glied, das über den zur Potentialtrennung eingeschalteten Transduktorverstärker (*13*) die Wicklung (*b*) des Transduktorreglers (*8*) steuert. Die Durchflutung der Wicklung (*b*) wirkt derjenigen der Wicklung (*a*) entgegen.

Strombegrenzung. Der auf der Drehstromseite fließende Netzstrom ist proportional dem Ankerstrom. Man kann ihn über Stromwandler (*14*) abnehmen und damit eine Wicklung des Transduktorreglers (*8*) aussteuern. Der Wechselstrom wird (im allgemeinen) über einen Meßumformer (*15*) mit einem Zwischenwandler und einem Gleichrichter in eine dem Ankerstrom proportionale Spannung umgeformt. Dieser entgegengeschaltet ist eine feste Vergleichsspannung, die bewirkt, daß in der Wicklung (*c*) des Transduktorreglers (*8*) erst von einer bestimmten Höhe des Ankerstromes an ein Steuerstrom fließt. Die Durchflutung der Wicklung (*c*) für die Strombegrenzung ist derjenigen der Wicklung (*a*) entgegengerichtet.

Lastmeßeinrichtung. Der Weg, den der Schleifer (S_1) des Kollektorwiderstandes (*10*) zurücklegt, ist ein Abbild des Verzögerungsweges. Seine obere Endstellung entspricht dabei dem Beginn der Verzögerungsperiode und der vollen Geschwindigkeit, seine untere Endstellung dem Ende der Verzögerungsperiode bei Bündigstellung des Förderkorbes mit der Hängebank und der Geschwindigkeit Null. Die Kurvenscheibe (*11a*) muß die Maschine beim ungünstigsten Betriebsfall noch sicher zum Stillstand bringen, und zwar beim Einhängen der vollen Nutzlast. Damit liegt der größte Verzögerungsweg fest, wodurch nun auch der Punkt vorgeschrieben ist, an dem die am Teufenzeiger befindliche Kurvenscheibe (*11a*) beginnen muß, den Schleifer (S_1) des Kollektorwiderstandes (*10*) zurückzudrehen. Bei kleineren Einhängelasten und bei Förderlast ist die höchstzulässige Verzögerung wesentlich größer. Ein Maß für die Höhe der Last ist der Ankerstrom; die Unterscheidung, ob es sich um Einhänge- oder Förderlast handelt, gibt die Stromrichtung an. Den Meßwert liefert ein Meßwiderstand (*16*), der dem Meßverstärker (*17*) eine dem Ankerstrom proportionale Spannung zuführt. Dessen Ausgang liegt an einem weiteren Transduktorverstärker (*18*), der einen Stellmotor (*19*) speist. Dieser treibt, solange der Transduktorverstärker (*18*) ausgesteuert wird, den Schleifer eines Potentiometers (*20*) an. Mit wachsender Auslenkung des Schleifers entsteht an dem Potentiometer eine Spannung, die der im

Ankerkreis am Meßwiderstand (*16*) abgegriffenen Spannung entgegengerichtet ist. Bei Gleichheit beider Spannungen kommt der Stellmotor (*19*) zum Stillstand. Die Stellung des Schleifers ist damit ein Maß für die Last und die zulässige Verzögerung. Die Verschiebung des Einsatzpunktes der Verzögerung besorgt der Schleifer (S_2) des Kollektorwiderstandes (*10*), der vom Stellmotor (*19*) gleichzeitig mit bewegt wird. Die Verzögerung der Maschine beginnt nämlich erst dann, wenn der durch die Kurvenscheibe (*11a*) angetriebene Schleifer (S_1) den durch den Stellmotor angetriebenen Schleifer (S_2) überholt hat. Dadurch ist die Geschwindigkeitsänderung des Sollwertes der Drehzahl und damit die Verzögerung größer als ohne Lastmeßeinrichtung. Die Lastmeßeinrichtung ändert die Verzögerungswerte von Vollast Einhängen bis zu Vollast Fördern etwa im Verhältnis 1:2 bis 1:3.

5. Regelung mit Transistorregler (*Bild* 17) [*15*]

Mit dem Steuerhebel (*4*) ist ein Drehmelder (*5*) gekuppelt. Diese Anordnung dient bei Handbetätigung zur Vorgabe eines Richtwertes X_r für den Führungs-

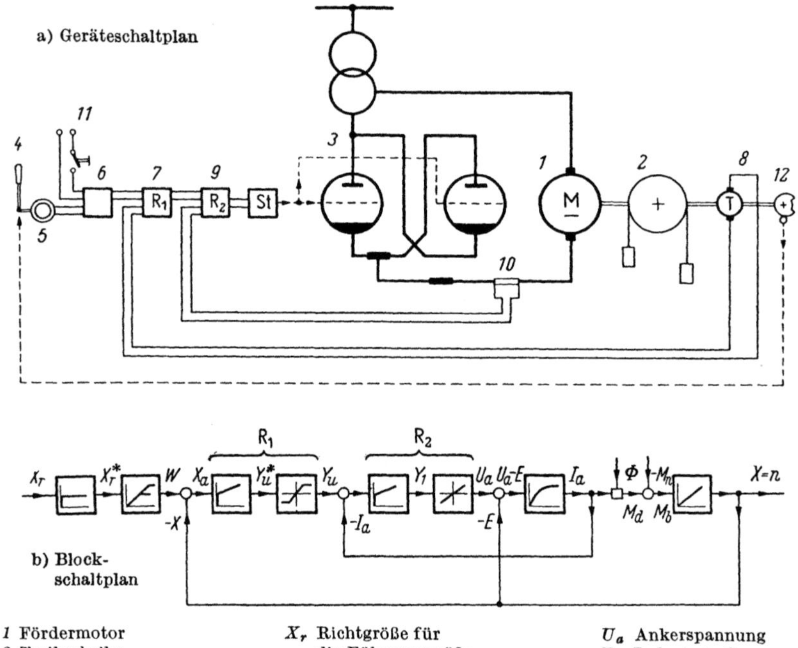

1 Fördermotor
2 Treibscheibe
3 Stromrichter
4 Steuerhebel
5 Drehmelder
6 Drehzahl-Führungsgeber
7 Drehzahlregler
8 Tachogenerator
9 Ankerstromregler
10 Meßgeber für Strom
11 Startgeber bei automatischem Betrieb
12 Kurvenscheibe

X_r Richtgröße für die Führungsgröße
W Führungsgröße für die Drehzahl
X_r^* Eingangsspannung für den Führungsgeber
X_a Eingangsspannung für den Drehzahlregler
Y_u, Y_u^* Ausgangsspannung des Drehzahlreglers
Y_1 Ausgangsspannung des Ankerstromreglers
I_a Ankerstrom

U_a Ankerspannung
E Induzierte Spannung im Anker
M_d Drehmoment an der Motorwelle
M_w Lastmoment
M_b Beschleunigungsmoment
Φ Magnetischer Fluß des Motorfeldes
n Motordrehzahl ($n = X$)
R_1 Drehzahlregler
R_2 Ankerstromregler

Bild 17. Gleichstrom-Fördermaschine mit Stromrichterspeisung und Regelung durch Transistorregler geber (*6*). Dieser begrenzt bei sprungartigen Änderungen der Richtgröße die Änderungsgeschwindigkeit der Führungsgröße *W* für die Drehzahl so, daß keine unzulässig hohe Beschleunigung, besonders bei Einhängelast, auftreten kann (*Bild* 18). Der Sollwert für die Drehzahl steigt dabei entsprechend der konstanten Beschleunigung linear an und fällt bei konstanter Verzögerung linear ab. Beschleunigungs- und Verzögerungswerte können unabhängig voneinander eingestellt werden. Im stationären Zustand nimmt die Ausgangsgröße des Führungsgebers einen der Richtgröße proportionalen Betrag an.

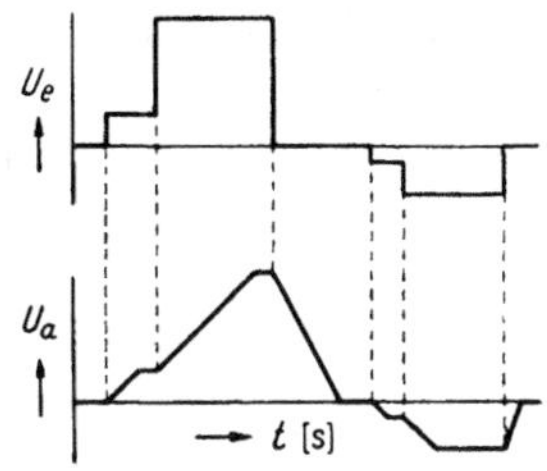

U_e Eingangsspannung, vorgegeben durch den Steuerhebel
U_a Ausgangsspannung für begrenzte Beschleunigung

Bild 18. Eingangs- und Ausgangsspannung des Führungsgebers für die Drehzahl- bzw. Beschleunigungsregelung

Die Drehzahlführungsgröße wird im Drehzahlregler (*7*) mit dem Drehzahlistwert verglichen, der von einem mit dem Fördermotor gekuppelten Tachogenerator (*8*) abgenommen wird. Die Stellgröße am Ausgang des Drehzahlreglers wird als Führungsgröße für eine unterlagerte Ankerstromregelung benutzt. Eine Begrenzung der Ausgangsgröße des Drehzahlreglers sorgt dafür, daß die Führungsgröße für den Ankerstromregler (*9*) einen zulässigen, einstellbaren Wert nicht überschreitet. Dadurch wird eine Ankerstrombegrenzung erreicht.

Bei Stillstand des Motors wird durch Wegnahme des Ankerstromsollwertes mit dieser Anordnung gleichzeitig eine Nullstromregelung bewirkt. Der Ankerstromführungswert wird mit dem von dem Meßgeber (*10*) (z. B. einem Hallwandler potentialfrei) gelieferten Ankerstromistwert im Ankerstromregler (*9*) verglichen. Die Stellgröße des Ankerstromreglers wird einem Gittersteuersatz (St) zugeführt, der die Phasenlage der Gitterimpulse der Stromrichteranlage verstellt und damit über die Stromrichterspannung den geforderten Ankerstrom einregelt.

Bei Betrieb mit Druckknopfbetätigung (*11*) übernimmt an Stelle des Drehmelders (*5*) der Führungsgeber (*6*) direkt die Vorgabe der Drehzahlführungsgröße. Wie bei der Stromrichter- und LEONARD-Schaltung mit Magnetverstärkerregelung wird auch hier der Geschwindigkeitssollwert während der Verzögerungsperiode durch eine Kurvenscheibe (*12*) an der Teufenzeigerwelle wegabhängig geführt. Als übergeordnetes Glied sorgt der zurücklaufende Führungsgeber dafür, daß unzulässig hohe Verzögerungswerte, die zu Seilrutsch führen könnten, beschnitten werden.

Bei Fördermaschinen mit Zweimotorenantrieb kann die Forderung nach gleicher Stromaufnahme beider Motoren in einfacher Weise erfüllt werden. Jedem Motor wird dabei eine eigene Ankerstromregelung in der beschriebenen Ausführung zugeordnet, beide Ankerstromregelungen erhalten dabei ihren Stromsollwert von einem gemeinsamen Drehzahlregler. Damit wird gleiche Stromaufnahme erzwungen.

E. Schachtfördermaschinen mit Drehstromantrieb

1. Allgemeines

Ein wesentlicher Unterschied zwischen Drehstrom- und Gleichstromantrieb liegt in der Steuerbarkeit. Der Drehstrommotor hat lediglich bei kurzgeschlossenem

Läufer einen mit der Belastung verhältnismäßig geringen Drehzahlabfall (*Bild* 19, Kurve 1). Durch Einschalten von Widerständen in den Läuferkreis lassen sich bei motorischem Moment kleinere Drehzahlen als die Nenndrehzahl bis herunter auf Null erreichen (*Bild* 19, Kurven 2 bis 6). Dabei wächst die Lastabhängigkeit mit zunehmendem Läuferwiderstand. Eine bestimmte Steuerhebelauslage entspricht nicht mehr einer genau definierten Drehzahl. Unterhalb der synchronen Drehzahl ist kein generatorisches Moment möglich, mit einer Zurücknahme des Steuerhebels ist bei Einhängelast keine Bremswirkung verbunden. Der Steuerhebel muß in die entgegengesetzte Richtung gelegt werden, um durch Gegenstrombremsung eine Verzögerung zu erreichen (*Bild* 19, Kurven 1′ bis 6′). Steuerhebelauslage und Fahrtrichtung stimmen nicht mehr überein.

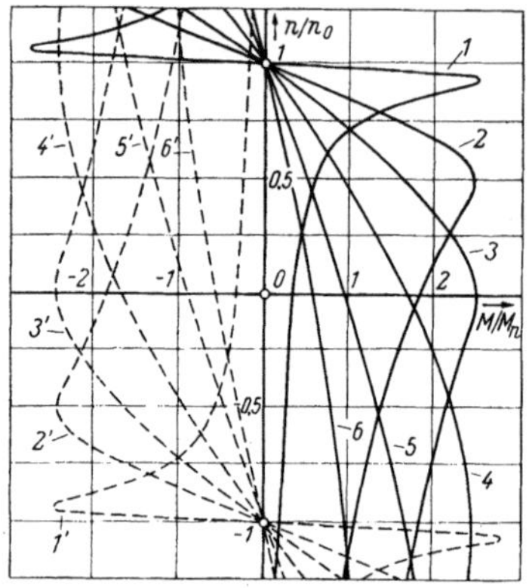

Bild 19. Drehzahl-Drehmoment-Kennlinien eines Asynchronmotors bei verschiedenem Läuferwiderstand

Da dem Ständer des Asynchronmotors bei Gegenstrombremsung Energie zugeführt werden muß, die zusammen mit der mechanischen Bremsenergie im Läuferkreis vernichtet wird, ist die Betriebsart unwirtschaftlich. Es werden deshalb Regelungsschaltungen angewendet, die mit Hilfe der Gleichstrom- oder Niederfrequenzbremsung eine eindeutige Beziehung zwischen Steuerhebelauslage und Fahrgeschwindigkeit und Fahrtrichtung schaffen, wobei die im Läuferkreis entstehende Verlustwärme lediglich der Bremsenergie entspricht.

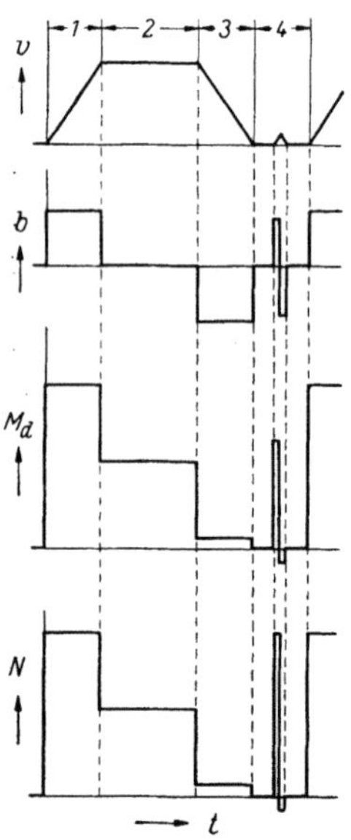

1 Anfahren
2 Treiben
3 Verzögern
4 Umsetzen
t Zeit
v Geschwindigkeit
b Beschleunigung bzw. Verzögerung
M_d Drehmoment
N Leistung

Bild 20. Diagramme einer Drehstromförderanlage; Gestellförderung mit einmaligem Umsetzen, Treibscheibe, Unterseil für vollen Ausgleich

Förderdiagramme (*Bild* 20). In erster Annäherung ist hier die vom Netz aufgenommene Leistung während des ganzen Anfahrvorganges konstant. Sie wird jedoch nur teilweise in mechanische Energie, der Rest im Läuferkreis in Wärme umgesetzt.

Damit ein wirtschaftlicher Betrieb möglich ist, soll beim Treiben stets mit Nenndrehzahl des Fördermotors bei kurzgeschlossenem Läufer gefahren werden. Verzögert wird bei normaler Förderlast durch freien Auslauf, sonst aber mechanisch mit der Fahrbremse oder elektrisch durch die vorhin erwähnten Bremsschaltungen. Beim Umsetzen wird kurzzeitig eine verhältnismäßig große Leistung dem Netz entnommen, von der der überwiegende Teil im Läuferkreis vernichtet wird, wenn dem Fördermotor Netzfrequenz zugeführt wird. Beim Umsetzen mit Niederfrequenz entfällt dieser Verlust.

2. Regelung mit Schützensteuerung [*16*]

Bei der Drehstrommaschine ist die Drehzahl n eine Funktion des Momentes M und des Läuferwiderstandes R_2 (s. auch Kapitel 27). Die Drehzahl läßt sich dadurch (bei fester Netzspannung und Netzfrequenz) nur über den Läuferwiderstand beeinflussen. Unter diesen Bedingungen gilt (wenn man an Stelle der Drehzahl n den Schlupf s einführt): $M \sim R_2/s$. Die Gleichung sagt aus, daß das Moment konstant bleibt, sofern sich Läuferwiderstand und Schlupf verhältnisgleich ändern. Auf dieser Beziehung läßt sich eine Regelanordnung mit Hilfe einer Schützensteuerung aufbauen.

Im Bereich, in dem auf konstante Drehzahl geregelt wird, arbeitet man mit einer statischen Regelkennlinie (*Bild* 21): Jeder Regelabweichung Δn ist im stationären Zustand ein Drehmoment M_d proportional zugeordnet ($\Delta n \sim M$). Beim Anfahren muß aber das Drehmoment auf einen maximalen Wert $M_{d\,(\max)}$ begrenzt werden. Überschreitet dabei die Regelabweichung einen bestimmten Wert, so wird statt der Drehzahl zuerst das Moment zur Regelgröße, so lange bis der Anfahrvorgang beendet und das Moment als Regelgröße von der Drehzahl abgelöst wird.

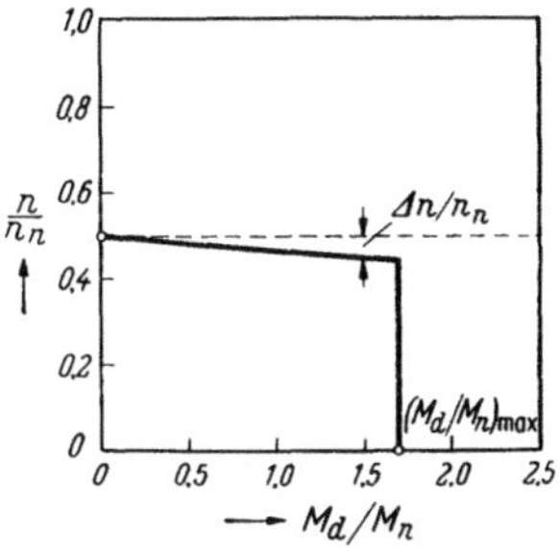

M_d Drehmoment
M_n Nennmoment
n Drehzahl
n_n Nenndrehzahl

Bild 21. Idealisierte Regelkennlinie für Drehzahl und Moment bei einer Drehstrom-Fördermaschine

Regelanordnung. Wie sich die Bedingungen der stetigen Regelkennlinie in *Bild* 21 mit einer begrenzten Anzahl von Schützen in einer Schützensteuerung angenähert verwirklichen lassen, wird an der Anordnung in *Bild* 22 erklärt. Ein mit

1 Fördermotor
2 Treibscheibe
3 Ständerschütze 50 Hz. *a* Rechtslauf, *b* Linkslauf
4 Ständerschütze 2,5 Hz. *a* Rechtslauf, *b* Linkslauf
5 Läuferwiderstand
6 Läuferschütze
7 Steuerhebel
8 Drehmelder
9 Tachogenerator
10 Drehzahl-Führungsgeber
11 Drehzahlregler
12 Ständer-Umschalteinrichtung
13 Momentregler
X_r Richtgröße für Geschwindigkeit
W Führungsgröße für Drehzahl
U_R Ausgangsspannung Drehzahlregler
U_S Schlupfspannung
Y_M Ausgangssignal der Ständer-Umschalteinrichtung

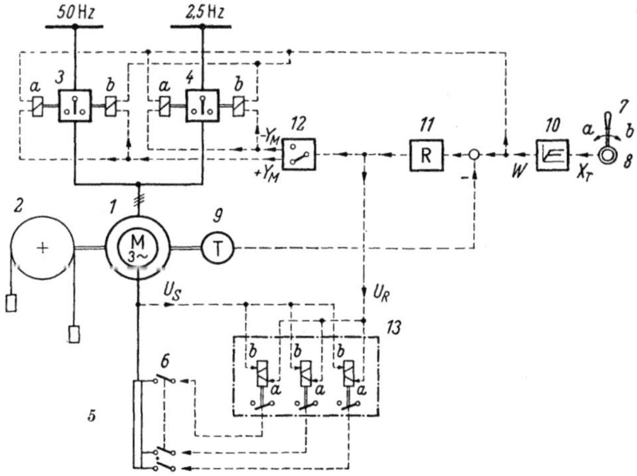

Bild 22. Drehstrom-Fördermaschine mit Regelung durch Schützensteuerung

dem Steuerhebel (*7*) gekuppelter Drehmelder (*8*) gibt eine der Steuerhebelauslage entsprechende Spannung als Richtgröße X_r für die Geschwindigkeit vor. Der nachgeschaltete Führungsgeber (*10*) formt sprungartige Änderungen der Richtgröße in eine mit der Zeit linear ansteigende Führungsgröße *W* für die Drehzahl um. Die Änderungsgeschwindigkeit der Führungsgröße ist der Beschleunigung direkt proportional und einstellbar.

Die Führungsgröße wirkt zunächst auf die Spulen von vier Ständerschützen. Über jeweils eines der beiden Schütze (*3*) kann der Fördermotor an das 50-Hz-Netz gelegt werden und entwickelt zum Fördern motorische Momente bis zur synchronen Drehzahl. Beim Verzögern wird der Motor über jeweils eines der beiden Schütze (*4*) an das 2,5-Hz-Netz geschaltet, wobei eine generatorische Bremsung bis zur Schleichgeschwindigkeit entsprechend der synchronen Drehzahl bei 2,5 Hz erfolgt. Durch die gewünschte Fahrtrichtung des Förderkorbes wird vorgeschrieben, welches der beiden 50-Hz- und 2,5-Hz-Schütze (*a* oder *b*) zum Einschalten freigegeben wird. Ein *Kriterium* für die *Fahrtrichtung* ist das Vorzeichen der Führungsgröße.

Die Führungsgröße wird, außer den Motorschützen, auch dem Drehzahltransduktorregler (*11*) zugeführt und dort mit dem Istwert der Drehzahl verglichen. Das Vorzeichen der Stellgröße des Drehzahlreglers (*11*) ist ein *Kriterium* dafür, ob der Antrieb *motorisches* oder *bremsendes* Moment braucht. Die Ausgangsspannung U_R des Drehzahlreglers wird deshalb an die Ständerumschalteinrichtung (*12*), z.B. an ein gepoltes Relais gelegt, das zusätzlich zu dem Signal *W* für die Fahrtrichtung ein Signal Y_M an die Schütze (*3*) und (*4*) gibt, so daß je nach Vorzeichen von Y_M der Motor über diese Schütze an das 50- oder 2,5-Hz-Netz geschaltet wird.

Momentregelung. Der Betrag der Stellgröße des Drehzahlreglers (*11*) ist ein Maß dafür, wieviel Moment gebraucht wird. Er gibt deshalb die Führungsgröße für den Momentregler (*13*). Zu einem bestimmten Wert des Momentes gehört ein festes Verhältnis von Läuferwiderstand zu Schlupf. Der Läuferwiderstand wird in Stufen über Läuferschütze (*6*) verändert. Jedem der Läuferschütze ist dabei im Momentregler (*13*) ein gepoltes Relais mit zwei gegensinnig geschalteten Wicklungen (*a*) und (*b*) zugeordnet. Die Wicklungen (*b*) liegen über Vorwiderständen an der von den Schleifringen des Fördermotors abgegriffenen Schlupfspannung U_S. Der Vorwiderstand jedes einzelnen Relais ist dem jeweiligen Läuferwiderstand der zugehörigen Läuferwiderstandsstufe proportional. Bei einem beliebigen Schlupf ist der von der Schlupfspannung U_S in den Wicklungen (*b*) der einzelnen Relais hervorgerufene Strom I_S im ersten Relais am kleinsten, im letzten Relais am größten. Da auch die Schlupfspannung U_S von der Fördermotordrehzahl abhängt, ergeben sich für den Strom I_S Kennlinien (s. *Bild* 23), die beim Schlupf 1,0 ihren Größtwert haben und in dem gemeinsamen Nullpunkt bei Schlupf 0 oder synchroner Drehzahl zusammenlaufen. Parameter ist dabei der Vorwiderstand der einzelnen Relais. Weil diese Vorwiderstände dem jeweiligen Läuferwiderstand der zugehörigen Läuferwiderstandsstufe proportional sind, sind die Kennlinien für I_S ein Abbild der Drehmoment-Drehzahl-Kennlinie des Asynchronmotors mit verschiedenem Läuferwiderstand als Parameter.

Die Wicklungen (*a*) der Relais liegen an der Ausgangsspannung U_R des Reglers (*11*), die in allen Relais den gleichen Strom I_R zur Folge hat. Die Relais sind so aufgebaut, daß sie bei $I_R > I_S$ schließen und bei $I_R < I_S$ öffnen oder offen bleiben, wenn sie schon offen waren.

Eine zunächst fest vorgegebene Spannung U_R bewirkt, daß diejenigen Relais anziehen, deren Strom $I_R > I_S$ ist. Im *Bild* 23 sind das z.B. die Relais (*1*) bis (*6*).

Die Maschine läuft mit einem Moment an, das bei Stillstand oder Schlupf 1,0 der Kennlinie (*6*) entspricht. Mit wachsender Drehzahl sinkt die Schlupfspannung und damit auch I_S, bis für die Stufe (*7*) im Punkt A_1 der Strom $I_R > I_S$ geworden ist; jetzt wird das Relais (*7*) eingeschaltet. Im weiteren Verlauf des Anfahrvorganges werden durch die übrigen Relais (ebenfalls schlupfabhängig) weitere Teile des Läuferwiderstandes so kurzgeschlossen, daß im *Mittel* das Verhältnis von Schlupf zu Läuferwiderstand, also das Moment, konstant bleibt. Das maximale Moment ist dabei von der Höhe der Spannung U_R (also auch des Stromes I_R) abhängig.

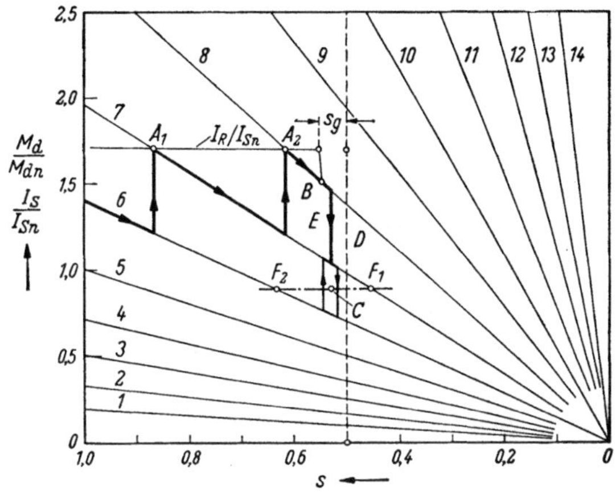

$$\frac{I_S}{I_{Sn}} = \frac{M_d}{M_n}$$

I_R Regler-Ausgangsstrom
A_1, A_2 Punkte des maximal zulässigen Drehmomentes
B Betriebspunkt auf der Drehzahl-Regelkennlinie
C Schnittpunkt der Regelkennlinie mit der Widerstandsmoment-Kennlinie
D Kennlinie für Solldrehzahl
E Regelkennlinie für die Drehzahl
F_1, F_2 Schnittpunkte der Kennlinie für das Widerstandsmoment mit der Kennlinie für das Drehmoment
I_S Vergleichsstrom für das Motordrehmoment
I_{Sn} Vergleichsstrom für das Motornennmoment
M_d Motordrehmoment
M_n Motornennmoment
s Schlupf
s_g Grenzschlupf

Bild 23. Anfahrvorgang mit Förderlast und nachfolgender Drehzahlregelung bei etwa halber Nenndrehzahl (in dem Beispiel sind 14 Stufen angenommen)

Drehzahlregelung. Unterschreitet die Stellgröße U_R den maximalen Wert, der ihr durch den Führungsgeber (*10*) vorgeschrieben ist, so wird, z.B. im Punkt B, für das Relais (*8*) der Strom $I_R < I_S$, und das Relais öffnet, sobald der Totbereich des Relais überschritten wird. Von da an ist die Kennlinie (*7*) wirksam, und die Drehzahl strebt dem Schnittpunkt F_1 mit der Widerstandsmomentkennlinie zu. Dabei wird der Totbereich von Relais (*7*) überschritten, so daß dieses öffnet und die Kennlinie (*6*) wirksam wird. Jetzt strebt die Drehzahl entsprechend dieser Kennlinie dem Schnittpunkt F_2 so lange zu, bis wieder der Totbereich von Relais (*6*) in umgekehrter Richtung überschritten wird und das Relais wieder schließt.

Da das Drehmoment, das der Antrieb zum Aufrechterhalten seiner Sollgeschwindigkeit braucht, zwischen den Kennlinien (*6*) und (*7*) zweier Läuferstufen liegt, werden wechselweise die zwei zugehörigen Läuferschütze abhängig von der Regelabweichung zu- und abgeschaltet.

3. Regelung mit Flüssigkeitsanlasser (*Bild* 24) [*17*, *18*]

Aufbau der Regelanordnung. Kennzeichnend für die Drehzahlregelung ist, daß für die Betriebsarten *Treiben* und *Bremsen* getrennte Regelkreise verwendet werden. Verlangt der Antrieb motorisches Moment, so tritt der Regelkreis *Treiben* in Tätigkeit, der Motor wird dabei je nach der gewünschten Fahrtrichtung über eines der beiden Ständerschütze (*3*) an das 50-Hz-Netz gelegt. Abweichungen der Drehzahl vom Sollwert werden durch Verändern des Läuferwiderstandes über einen Flüssigkeitsanlasser (*5*) ausgeregelt. Der Flüssigkeitsanlasser wird von einem hydraulischen Tauchspulregler (*11*) verstellt. Sind die an den gegensinnig geschalteten Tauchspulen erzeugten Kräfte im Gleichgewicht, so schließt der Regler die

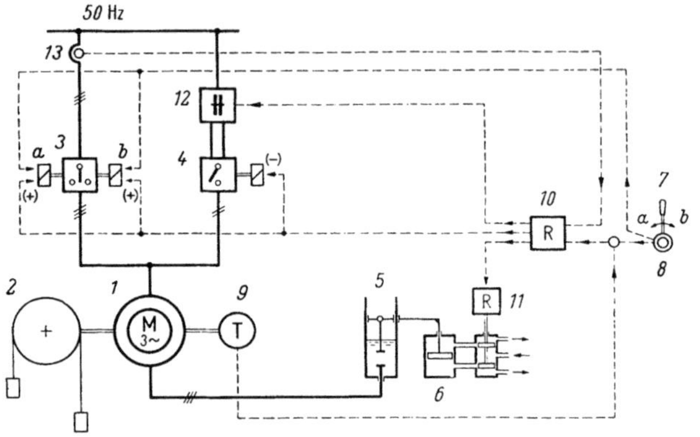

1 Fördermotor
2 Treibscheibe
3 Ständerschütze 50 Hz
4 Ständerschütz für Gleichstrombremsung
5 Flüssigkeitsanlasser
6 Stellzylinder
7 Steuerhebel
8 Drehmelder
9 Tachogenerator
10 Drehzahlregler
11 Tauchspulregler
12 Magnet-Hochstromverstärker
13 Stromwandler

Bild 24. Drehstrom-Fördermaschine mit Regelung durch Flüssigkeitsanlasser

Druckleitungen im Stellzylinder (*6*). Ist das nicht der Fall, so werden Vorsteuer- und Folgekolben bewegt und die Elektroden des Anlassers so lange verstellt, bis die Summe der Ströme im Tauchspulregler Null geworden ist.

Beim Verzögern der Fördermaschine wird auf den Regelkreis *Bremsen* umgeschaltet. Dabei wird der Motor ständerseitig über das Schütz (*4*) mit Gleichstrom erregt. Den Bremsstrom liefert ein magnetischer Hochstromverstärker (*12*). Abweichungen der Drehzahl werden durch Aussteuern des magnetischen Hochstromverstärkers ausgeregelt, die Elektroden des Flüssigkeitsanlassers bleiben dabei in ihrer oberen Endlage und werden nicht verstellt.

Regelkreis für Treiben. Die Maschine wird unabhängig von der Last immer mit motorischem Moment angefahren. Der mit dem Steuerhebel (*7*) gekuppelte Drehmelder (*8*) gibt bei Auslage des Steuerhebels eine Spannung als Vergleichsgröße für die Geschwindigkeit vor. Die Richtung dieser Spannung ist ein Kriterium für die gewünschte Fahrtrichtung und schreibt damit vor, welches der beiden Ständerschütze (*3*) einzuschalten ist. Die Ausgangsspannung des Drehmelders wird im Drehzahlregler (*10*) in einer Brückenschaltung mit einer Spannung verglichen, die der Tachogenerator (*9*) als Istwert der Geschwindigkeit liefert. Die Stellgröße des Drehzahlreglers (*10*) steuert den Tauchspulregler (*11*). Übergeschwindigkeit bedeutet für den Flüssigkeitsanlasser Austauchsignal, Untergeschwindigkeit, Eintauchsignal.

Beim Anfahren wirkt eine Strombegrenzung dem Eintauchsignal entgegen, wenn der für die Maschine höchstzulässige Ständerstrom erreicht ist. Der Strommeßwert wird über Stromwandler (*13*) abgegriffen und dem Drehzahlregler (*10*) zugeführt.

Regelkreis für Bremsen. Die Regelabweichung wird beim Bremsen auf die gleiche Weise gebildet wie beim Treiben und ebenso im Drehzahlregler (*10*) verstärkt. Die Stellgröße des Drehzahlreglers steuert jedoch nicht die Elektroden des Flüssigkeitsanlassers, sondern einen magnetischen Hochstromverstärker (*12*).

F. Schachtfördermaschinen mit Dampfantrieb

1. Allgemeines

Als Antrieb für Fördermaschinen diente bis zur Jahrhundertwende fast ausschließlich die Dampfmaschine. Ihre Drehzahl ist bei konstanter Belastung stark abhängig von dem jeweiligen Dampfdurchfluß (*Bild* 25). Der Betriebspunkt A für Nenndrehzahl und Nennmoment liegt auf der Kurve für einen Dampffluß von 100%. Eine geringere Drehzahl erfordert ein Verkleinern der Füllung und damit des Dampfflusses. Der Betriebspunkt A wandert dabei nach links. Bei Änderungen der Nutzlast nach oben oder unten muß dagegen der Betriebspunkt nach oben oder nach unten verlegt werden, wenn die Nenndrehzahl eingehalten werden soll.

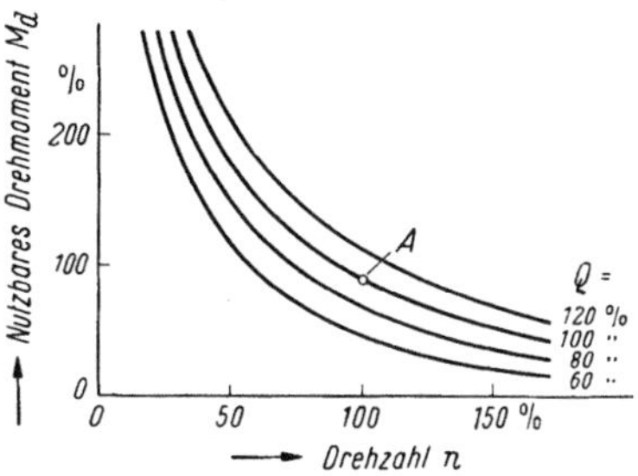

Bild 25. Drehzahl-Drehmoment-Kennlinien einer Dampffördermaschine für konstanten Dampffluß Q

Zum Anfahren wird ein großes Drehmoment benötigt. Zu diesem Zweck wird das Dampfventil langsam geöffnet und der Steuerhebel auf volle Füllung ausgelegt. Die Maschine entwickelt nun ein sehr hohes Drehmoment und setzt sich mit einer dem Momentüberschuß entsprechenden Beschleunigung in Bewegung. Ist die Nenngeschwindigkeit erreicht, so muß die Füllung so weit zurückgenommen werden, daß sich Beharrungszustand einstellt. Bei Beginn der Verzögerung ist die Füllung zu verkleinern oder bei kleiner Belastung Gegendampf zu geben. Diese Aufgabe erfüllt ein Fahrtregler, der (meistens hydraulisch) sowohl auf die Steuerung der Dampfmaschine als auch auf die Bremse einwirkt. Der Regler hält während des Treibens die Drehzahl konstant und führt deren Sollwert während der Verzögerungsperiode so weit zurück, daß in der Endstellung die Korbgeschwindigkeit nicht mehr als 4 m/s beträgt. Werden mit einer Dampfmaschine Lasten eingehängt, so ist während des ganzen Zuges Gegendampf zu geben. Es wurden auch Steuerungen entwickelt, die den sehr verlustreichen Gegendampf vermeiden.

Seit dem Aufkommen der Gleichstrom-Leonard-Fördermaschine, mit ihrer leichten und sicheren Steuerbarkeit, wurden die Dampfmaschinen in zunehmendem Maße mit Fahrtreglern ausgerüstet, die die Fördergeschwindigkeit auf einen Nennwert beschränken, beim Beschleunigen das gefährliche Seilschlagen vermeiden und die Verzögerung so vorgeben, daß die Hängebank nur mit ungefährlicher Geschwindigkeit durchfahren werden kann. (Seit dem Jahre 1927 sind in Deutschland diese Fahrtregler von der Bergbehörde vorgeschrieben und müssen auch von ihr zugelassen sein.) Verwendet werden heute ausschließlich Durchflußregler, von denen die beiden wichtigsten beschrieben werden.

Fliehkraftregler werden wegen ihrer im unteren Geschwindigkeitsbereich zu geringen Empfindlichkeit nicht mehr benutzt und deshalb hier nicht behandelt.

2. Regelanordnungen

a) Durchflußfahrtregler mit Gewichtsbelastung [*19, 20, 21, 22*]

Drehzahlregelung. In der Anordnung *Bild* 26 fördert die Zahnradpumpe (*9*) eines Fahrtreglers einen der Drehzahl der Fördermaschine entsprechenden Ölstrom aus dem Saugraum (*8*) in den Druckraum (*10*). Die Steuernadel (*12*) bestimmt den Querschnitt der Drosselstelle (*11*). Der durch den Förderstrom, d.h. durch die Drehzahl der Maschine und durch die Größe der Drosselstelle (*11*) bedingte Öldruck trägt den gewichtsbelasteten Kolben (*13*) nach oben, wenn er die Größe des Gewichtes überwinden kann. Über die Rolle (*15*) wird die Steuernadel (*12*) an-

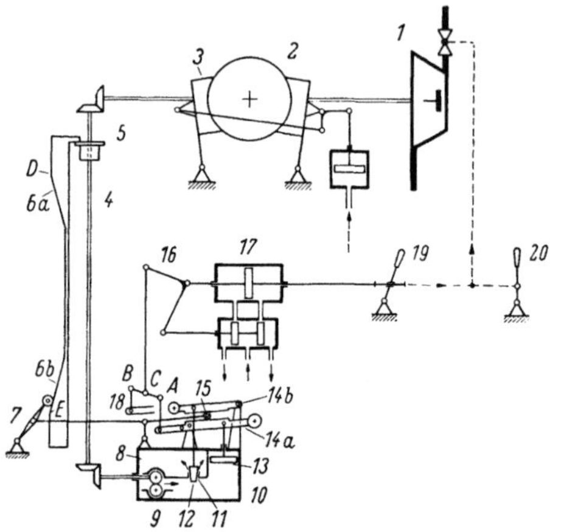

1 Dampfmaschine
2 Treibscheibe
3 Bremse
4 Teufenzeiger
5 Wandermutter
6 Fahrkurve für Anfahrt (*a*) und Verzögern (*b*)
7 Rollenhebel
8 Saugraum
9 Zahnradpumpe
10 Druckraum
11 Drosselstelle
12 Steuernadel
13 Arbeitskolben
14 Hebel mit Laufschienen (*a* und *b*)
15 Rolle
16 Stellhebel
17 Stellmotor
18 Hebel des zweiten Fahrtreglers
19 Fahrbremshebel am Führerstand
20 Steuerhebel am Führerstand

Bild 26. Regelanordnung mit Fahrtregler mit Gewichtsbelastung (eine Hälfte) für Dampffördermaschinen [*19, 20, 21, 22*]

gehoben, so daß sich die Drosselstelle (*11*) vergrößert und der Druck so lange absinkt, bis zwischen dem Druck im Druckraum (*10*) und dem Gewicht auf dem Kolben (*13*) Gleichgewicht herrscht. Der Kolben (*13*) wirkt über den Hebel (*14*), den Schwinghebel AB, den Stellhebel (*16*) und den Stellzylinder (*17*) zunächst auf die Steuerung der Dampfmaschine (*1*) und dann auf die Bremse (*3*), wodurch die Drehzahl der Maschine geregelt wird. Befindet sich die Rolle (*15*) in ihrer rechten Endstellung, also über dem Kolben (*13*), so ist ein hoher Druck, also auch eine hohe Geschwindigkeit zum Anheben der Steuernadel notwendig. In der linken Endstellung der Rolle (*15*) dagegen spricht der Regler schon bei kleinen Geschwindigkeiten an.

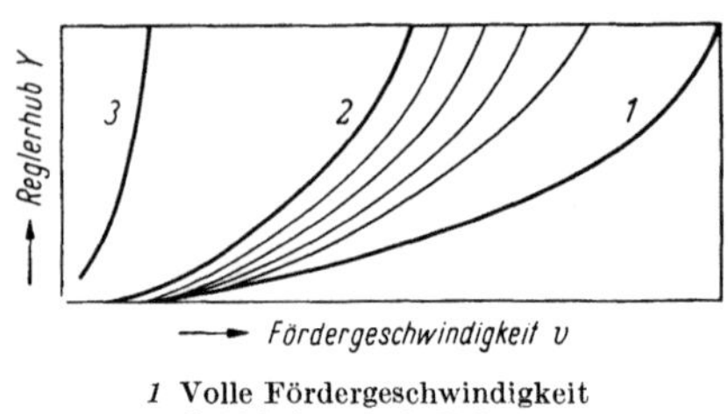

1 Volle Fördergeschwindigkeit
2 Seilfahrtgeschwindigkeit
3 Geschwindigkeit bei Einfahrt in die Hängebank

Bild 27. Geschwindigkeits-Hub-Kennlinien des Durchfluß-Fahrtreglers mit Gewichtsbelastung

Das Teufenzeigergestänge mit der Fahrkurve (*6a* und *b*) verstellt über den Rollenhebel (*7*) die Rolle (*15*) und gibt dadurch eine bestimmte Geschwindigkeit an jeden Punkt des Schachtes vor. Bei entgegengesetzter Fahrtrichtung wirkt ein genau gleich aufgebauter Fahrtregler, von dem nur der dem Hebel (*14*) entsprechende Hebel (*18*) teilweise gezeichnet ist. Arbeitet der eine Fahrtregler, so bleibt der andere in seiner Ruhelage. Der Schwinghebel AB dreht sich entweder um den Punkt A oder um den Punkt B. Punkt C des Schwinghebels überträgt dagegen in beiden

Fällen die Bewegung über den Stellhebel (*16*) auf den Stellzylinder (*17*) und damit auf Steuerung und Bremse.

Der Verlauf der Hubgeschwindigkeitskennlinien des Reglers (*Bild* 27) kann durch die Formgebung der Steuernadel gewählt werden. Die Kurve (*3*) gilt für die in der Hängebank zugelassene Höchstgeschwindigkeit von 4 m/s.

Beschleunigungsbegrenzung (s. *Bild* 26). Bei der Anfahrt befindet sich der Punkt D der Fahrkurve (*6a*) und (*6b*) vor der Rolle des Hebels (*7*). Die Rolle (*15*) liegt in ihrer linken Endstellung, wobei der Fahrtregler eine geringe Geschwindigkeit bis zu 4 m/s freigibt. Setzt sich die Maschine in Bewegung, so wird die Fahrkurve (*6a*) und (*6b*) von der Spindel (*4*) über die Wandermutter (*5*) nach oben geführt. Die Rolle des Hebels (*7*) läuft auf der Flanke (*6a*) ab und bringt nach und nach die Rolle (*15*) in ihre rechte Endlage, die der Nenngeschwindigkeit entspricht. Die Flanke (*6a*) gibt also an jedem Punkt des Schachtes eine bestimmte Geschwindigkeit vor, wodurch sich eine ihrer Form entsprechende Beschleunigung ergibt, die auch bei Hängelasten nicht überschritten werden kann. Es liegt also eine Folgeregelung vor, die zur Begrenzung der Beschleunigung dient. Bei Überlastung erhält man eine geringere Beschleunigung, je nach der von der Steuerung maximal zugelassenen Füllung. Die Form der Kurve (*6a*) wird so gewählt, daß am Ende der Anfahrt die Beschleunigung langsam abnimmt und so ein allmählicher Übergang zur Beharrungsperiode erreicht wird, wodurch das gefährliche Seilschlagen vermieden wird.

Verzögern. Während der Verzögerungsperiode bringt die Flanke (*6b*) den Rollenhebel (*7*) und damit die Rolle (*15*) mehr und mehr in die linke Endstellung zurück. Bei Förderlast verringert der Fahrtregler die Füllung der Maschine. Bei geringen Lasten oder Hängelasten wird die Steuerung auf Gegendampf umgestellt.

Im Notfall wird die Fahrbremse aufgelegt. Die Maschine darf die Hängebank keinesfalls mit mehr als 4 m/s durchfahren. Am Punkt E hat die Fahrkurve die dieser Geschwindigkeit entsprechende Höhe.

b) Durchflußfahrtregler mit Federbelastung [*20, 21, 22, 23*]

Drehzahlregelung. In *Bild* 28 ist der federbelastete Durchflußfahrtregler (*6*) in auseinandergeklapptem Zustand dargestellt, so daß die beiden an sich nebeneinanderliegenden Hälften (Indexe *a* und *b*) sichtbar sind. Die Dampfmaschine (*1*) treibt die Treibscheibe (*2*), die Kurvenräder (*4*) des Teufenzeigers mit den Kurven (*4a* bis *d*) und die ventillose Rundlaufpumpe (*5*) an. Die Rundlaufpumpe pumpt je nach Fahrtrichtung Öl in die Kammer (*13a*) oder (*13b*). Strömt das Öl in die Kammer (*13a*), so entsteht darin ein Druck, der vom Öldurchfluß und von der Drosselöffnung (*11a*) abhängt, die vom Drosselschieber (*8a*) gesteuert wird. Durch die Öffnung (*11a*) gelangt das Öl in den für beide Reglerhälften gemeinsamen Saugraum (*14*) und läuft durch das linke Umschaltventil (*9b*) und die Kammer (*13b*) der Pumpe wieder zu. Das rechte Umschaltventil (*9a*) wird durch den in der Kammer (*13a*) herrschenden Druck geschlossen, so daß das Öl nur durch die Öffnung (*11a*) strömen kann. Der Öldruck in der Kammer (*13a*) wirkt auf den Arbeitskolben (*7a*) gegen die obere, schwache Feder und die untere, vorgespannte starke Feder. Die Bewegung des Arbeitskolbens (*7a*) wird über das Gestänge (*15*) auf den Stellzylinder (*16*) übertragen, der seinerseits die

Steuerung der Dampfmaschine und den Bremsdruck beeinflußt. Die Reibungskupplung (*18*) sorgt für das Beibehalten der Wirkungsrichtung des Reglers auf die Steuerung der beiden Fahrtrichtungen. Der Steuerhebel (*19*) und der Fahrbremshebel (*20*) werden beim Regelvorgang mitbewegt.

Die Geschwindigkeit-Hub-Kennlinien des Reglers (*Bild* 29) weisen einen scharfen Knick auf, der durch die Eigenschaften der beiden Federn in *Bild* 28

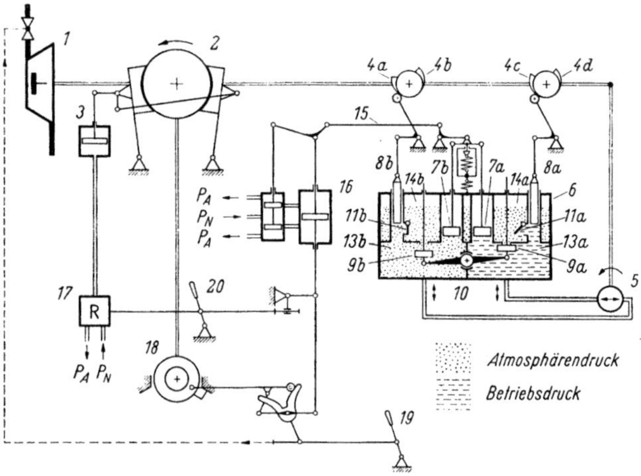

1 Dampfmaschine
2 Treibscheibe
3 Bremse
4 Kurvenräder am Teufenzeiger mit Fahrkurven (*a* bis *d*)
5 Zahnradpumpe
6 Hydraulischer Fahrtregler
7 Arbeitskolben (*a* und *b*)
8 Drosselschieber (*a* und *b*)
9 Umschaltventile (*a* und *b*)
10 Waagebalken
11 Drosselöffnungen (*a* und *b*)
13 Druckräume (*a* und *b*)
14 Saugräume (*a* und *b*)
15 Gestänge
16 Stellmotor
17 Bremsdruckregler
18 Reibungskupplung
19 Steuerhebel
20 Fahrbremshebel

Bild 28. Regelanordnung mit Fahrtregler mit Federbelastung für eine Dampffördermaschine [*20, 21, 22*]

gegeben ist. Innerhalb des unteren, flachen Astes der Kurven (s. *Bild* 29) wird die Füllung der Dampfmaschine gesteuert, während im oberen, steilen Ast der Regler bei schwachen oder einhängenden Lasten zunächst Gegendampf einstellt und schließlich die Bremse betätigt. Der Sollwert der Fördergeschwindigkeit ist durch die Größe der Drosselöffnung (*11a*) gegeben, während der Istwert durch den Öldruck in der Kammer (*13a*) dargestellt wird. Die Drosselöffnung (*11a*) ist während der Anfahrt und während des Treibens auf die jeweils für Produktenförderung oder Seilfahrt höchstzulässige Geschwindigkeit eingestellt. Unterhalb dieser Geschwindigkeit findet keine Regelung statt, sondern der Maschinist wählt die Geschwindigkeit mit dem Steuerhebel (*19*). Erst wenn die Geschwindigkeit ihren höchstzulässigen Sollwert überschreitet, greift der Regler (*17*) ein.

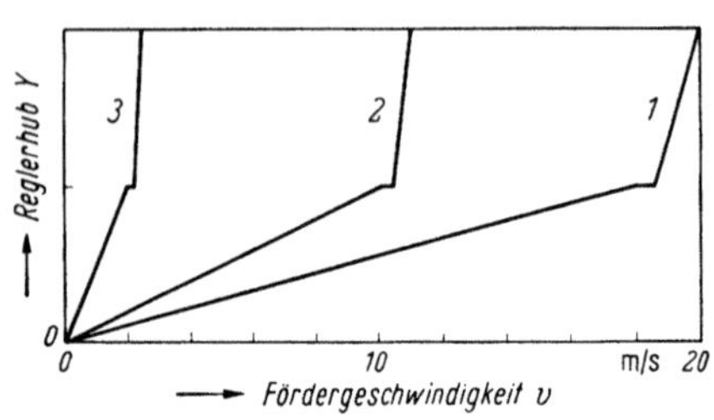

1 Volle Geschwindigkeit
2 Seilfahrtgeschwindigkeit
3 Geschwindigkeit bei Einfahrt in die Hängebank

Bild 29. Geschwindigkeits-Hub-Kennlinien des Durchflußreglers mit Federbelastung

Beschleunigungsbegrenzung. Beim Anfahren in der angedeuteten Richtung (s. *Bild* 28) steht zunächst die Kurve (*4d*) mit ihrem höchsten Teil über der ihr zugeordneten Rolle. Der Drosselschieber (*8a*) verschließt dabei die Öffnung (*11a*)

so weit, daß der Regler zunächst nur eine kleine Geschwindigkeit zuläßt, auch wenn der Steuerhebel (*19*) voll ausgelegt wird. Setzt sich die Maschine in Bewegung, so wird die Öffnung (*11a*) mehr und mehr freigegeben und die Maschine kann beschleunigen, bis sie die volle Fördergeschwindigkeit angenommen hat. Die Form der Kurve (*4d*) bestimmt dabei den Betrag der Beschleunigung.

Verzögern. Nähern sich die Körbe ihrer Endstellung, so läuft die Kurve (*4c*) auf die Rolle auf und verkleinert mehr und mehr die Öffnung (*11a*). Dadurch steigt der Öldruck in der Kammer (*13a*) an und der Regler verkleinert die Füllung der Dampfmaschine. Reicht bei schwacher oder einhängender Last die Verkleinerung der Füllung nicht aus, so wird Gegendampf eingestellt und schließlich die Fahrbremse sanft aufgelegt. Beim Durchfahren der Hängebank darf die Geschwindigkeit nicht mehr als 4 m/s betragen, ein Wert, der für das Manövrieren und Umsetzen ausreicht.

G. Bremsdruckregelung für Fördermaschinen

1. Aufbau und Wirkungsweise

Die Bremsen der Fördermaschinen unterliegen besonderen bergbehördlichen Vorschriften. Im § 16 der Bergpolizeiverordnung des Oberbergamtes in Dortmund für Hauptseilfahrtanlagen vom 1. August 1957 ist vorgeschrieben:

1. Die Fördermaschine muß mit einer Bremseinrichtung ausgerüstet sein, deren Bauart vom Oberbergamt zugelassen worden ist und die mindestens aus einer Fahr- und einer Sicherheitsbremse besteht.

2. Die Fahrbremse muß derart regelbar sein, daß bei gleicher Bremshebelauslage stets der gleiche Bremsdruck wirkt. Die Fahrbremse muß mit einem Druckmesser ausgerüstet sein, der den jeweiligen Druck im Fahrbremszylinder anzeigt.

1 Treibscheibe
2 Bremsgestänge
3 Fahrbremskolben
4 Bremsdruckregler
5 Notbremsgewicht
6 Haltekolben
7 Steuerschieber mit Bremsmagnet
8 Zu- und Abluft (*a* und *b*)

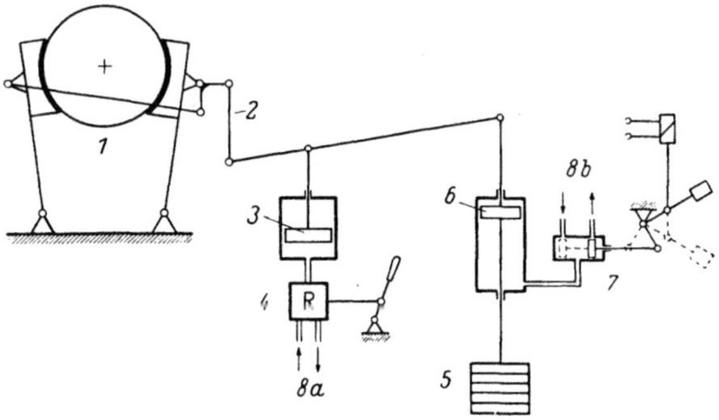

Bild 30. Aufbau einer Schnellschlußbremse

Um diese Bedingungen zu erfüllen, werden bei allen großen Hauptschachtförderanlagen Schnellschlußbremsen (*Bild* 30) verwendet, deren Bremsgestänge mit Druckluft- oder Dampfkolben betätigt wird. Der Bremsdruck dieser Bremsen soll mit wachsender Bremshebelauslage stets verhältnisgleich ansteigen. Die größte erreichbare Bremskraft darf weder durch Schwanken des Betriebsdruckes noch durch andere Ursachen unter den genehmigten Wert sinken. Die Kraft, mit der

der Kolben (*3*) auf das Bremsgestänge (*2*) wirkt, hängt von der Größe des Luftdruckes ab. Nach den Vorschriften muß dieser Luftdruck unabhängig von der Höhe des speisenden Netzluftdruckes einen der jeweiligen Fahrbremshebelstellung entsprechenden Wert haben. Statt den Bremsdruck als Regelgröße zu messen, kann man auch als Ersatzgröße den ihm proportionalen Luftdruck p_r, in diesem Fall die Stellgröße des Bremsdruckreglers, wählen (*Bild* 31). Man verwendet hierzu einen Regler (*4*) [in *Bild* 30] mit Hilfsenergie aus einem Druckluftnetz. Diese Regler sind meist „Kompensations"-Regler und enthalten selbst einen eigenen Regelkreis (*Bild* 31).

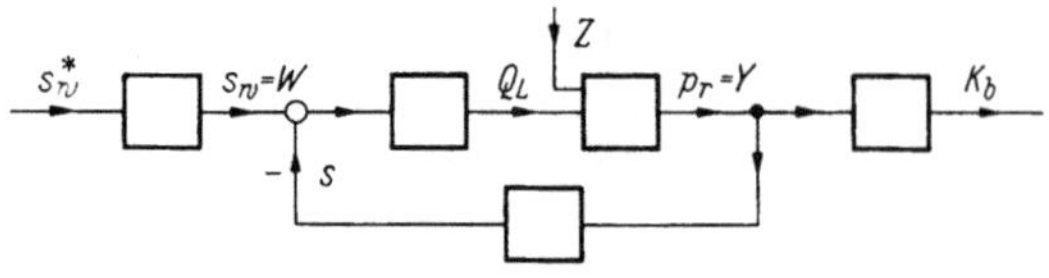

K_b Bremskraft an der Treibscheibe
p_r Geregelter Druck (zugleich Stellgröße Y) des Reglers; $p_r \sim K_b$
s_w^* Weg des Fahrbremshebels
s_w Übersetzter Weg des Fahrbremshebels (Führungsgröße W des Reglers)
s Regelgröße p_r, umgeformt in einen Weg
Z Störgröße, herrührend aus dem Druckluftnetz

Bild 31. Blockschaltplan eines „Kompensations"-Reglers für Bremsdruckregelung einer Fördermaschine

Der Luftdruck wird in einem Folgeregelkreis vom Fahrbremshebel aus verstellt und in einem Festwertregelkreis auf dem eingestellten Druck gehalten, wenn z. B. Störungen vom Druckluftnetz her auftreten.

Die Regelanlage enthält noch eine Notbremsung. Das Notbremsgewicht (*5*) wird von dem Haltekolben (*6*) während des normalen Betriebes in seiner höchsten Stellung gehalten. Der Haltezylinder wird über den Steuerschieber (*7*) mit Druckluft gespeist und bei einer Sicherheitsbremsung entlüftet, so daß das Notbremsgewicht zur Wirkung kommt.

2. Ausführungsformen von Bremsdruckreglern

Bremsdruckregler nach Schönfeld (*Bild* 32a) [*20, 24*]. Im Gehäuse (*5*) sind zwei Schieber (*1a*) und (*1b*) angeordnet. Wird der Schieber (*1a*) durch den Fahrbremshebel um ein bestimmtes Maß nach rechts bewegt, so tritt Luft vom Druck p_n aus dem Druckluftnetz durch den Regler in den Bremszylinder ein. Die von ihr auf die Fläche (*3*) des Schiebers (*1b*) nach rechts gerichtete Kraft drückt die Feder (*4*) so weit zusammen, daß die Schieber (*1a*) und (*1b*) die gezeichnete Stellung einnehmen, d. h. die zum Bremszylinder gerichtete Öffnung im Schieber (*1b*) geschlossen wird. Der Druck p_r im Bremszylinder entspricht dann dem Maß, mit dem die Feder zusammengedrückt ist. Beim Bewegen des Schiebers (*1a*) nach links tritt die Luft aus dem Bremszylinder über den Regler ins Freie aus (Druck p_a), die Bremse wird mehr und mehr entlüftet, bis die Öffnungen im Schieber (*1b*) durch den Schieber (*1a*) wieder verdeckt sind, so daß sich ein neuer, der Stellung des Schiebers (*1a*) entsprechender Druck p_r im Bremszylinder einstellt.

Zweiachsiger Bremsdruckregler (*Bild* 32b) [*24, 25*]. Wird durch den Fahrbremshebel der Punkt *c* nach unten bewegt, so wird die Öffnung (*6*) freigegeben. Es strömt dadurch Druckluft aus dem Netz in den Bremszylinder ein. Der dort entstehende Druck p_r kommt gleichzeitig unter den Zylinder (*2*), der sich gegen die Feder (*4*) nach oben bewegt. Bei unveränderter Lage des Punktes *c* wird Punkt *a* angehoben und Punkt *b* geht ebenfalls nach oben, so daß der Schieber (*1*) die Öffnung (*6*) wieder schließt. Die Größe des geregelten Druckes p_r hängt also von dem Weg des Punktes *c* nach unten und damit von der Federspannung ab. Das Lüften der Bremse geschieht durch Anheben des Punktes *c*, so daß sich p_r durch die Öffnung (*6*) ins Freie (p_a) entspannt.

Bremsdruckregler nach Iversen (*Bild* 32c) [*20, 24, 27*]. Wird der mit dem Fahrbremshebel verbundene Schieber (*1b*) nach links bewegt, so wird auch der

1 Schieber (*a* und *b*)
2 Zylinder
3 Arbeitsfläche von *1b*
4 Feder
5 Gehäuse
6 Öffnung im Gehäuse
7 Druckentlastungsrohr
8 Öffnung in *1a*
9 Buchse
p_a Atmosphärendruck
p_n Netzdruck
p_r Geregelter Druck

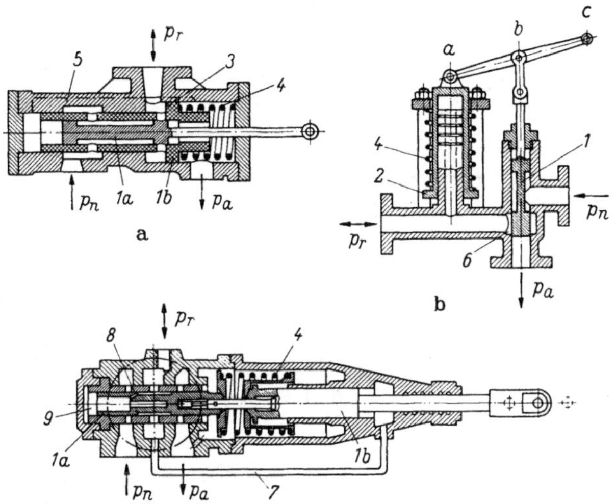

Bild 32. Kompensations-Bremsdruckregler verschiedener Bauart (a siehe [*20, 24*]; b siehe [*24, 25*]; c siehe [*20, 24, 27*])

Schieber (*1a*) über die zunächst unbelastete Feder (*4*) nach links verschoben. Durch die linken Öffnungen der Buchse (*9*) tritt Luft mit dem Druck p_n in den Bremszylinder ein. Gleichzeitig tritt auch Luft durch die kleine Öffnung (*8*) im Schieber (*1a*) in den linken freien Raum der Buchse (*9*). Durch den darin entstehenden Druck wird der Schieber (*1a*) nach rechts bewegt und die Feder (*4*) gegen den festgehaltenen Schieber (*1b*) gespannt. Der Schieber (*1a*) verschließt die linken Öffnungen in der Buchse (*9*), wenn p_r so groß ist, daß er die Feder (*4*) um dasselbe Maß spannen kann, um das der Schieber (*1b*) vorher nach links bewegt worden ist. In diesem Fall herrscht Gleichgewicht. Das Lüften der Bremse geschieht durch Bewegen des Schiebers (*1b*) nach rechts; p_r hält zunächst die Spannung der Feder (*4*) aufrecht, bewegt also den Schieber (*1a*) nach rechts, so daß schließlich die rechten Öffnungen der Buchse (*9*) freigegeben werden und p_r sich ins Freie (p_a) entspannen kann. Dabei wird auch die Feder (*4*) wieder entspannt und der Schieber (*1a*) nach links bewegt. Der Druck p_r entspricht also stets der Stellung des Schiebers (*1b*).

Bremsdruckregler als Druckteiler [*26*]. Beim Bremsdruckregler (*Bild* 33) ist der Druck p_r im Bremszylinder nicht unabhängig vom Netzluftdruck, sondern gleich dem Verhältnis zwischen Druck im Bremszylinder und Netzluftdruck p_r/p_n (Druckteiler). Damit die bergbehördliche Vorschrift nach Unabhängigkeit des Druckes p_r vom Druck p_n erfüllt werden kann, muß deshalb die Betriebsdruckluft im Druckluftkessel mit einem vorgeschalteten Druckminderventil auf einem konstanten Druck gehalten werden.

Die auf den Kolben (*2*) infolge des Druckes p_n wirkende Kraft wird über ein Hebelgestänge (*3*), eine Laufschiene (*5a*), ein Rollenwerk (*4*) und eine zweite Laufschiene (*5b*) auf die beiden Tellerventile (*1a*) und (*1b*) übertragen. Das Rollen-

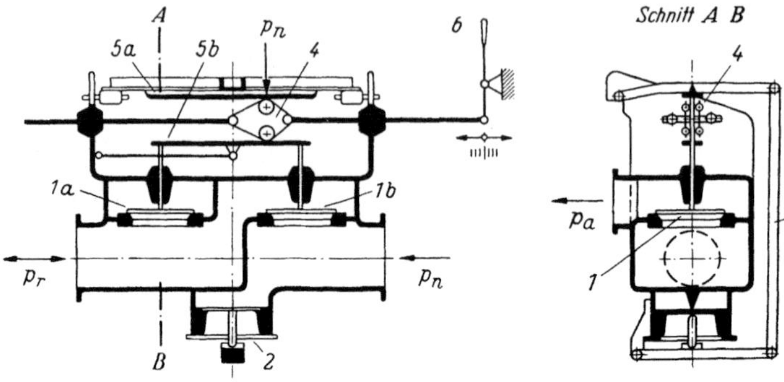

1 Tellerventil (*a* und *b*)
2 Kolben
3 Hebelgestänge
4 Rollenmechanismus
5 Laufschiene (*a* und *b*)
6 Fahrbremshebel
p_a Atmosphärendruck
p_n Netzdruck
p_r Geregelter Druck

Bild 33. Bremsdruckregler [*26*]

werk (*4*) wird durch den Fahrbremshebel (*6*) zwischen den beiden Tellerventilen bewegt. Damit eines der beiden Ventile öffnet, muß vor und hinter ihm eine Druckdifferenz bestehen, die genügt, um die Kraft, die vom Rollenwerk ausgeübt wird,

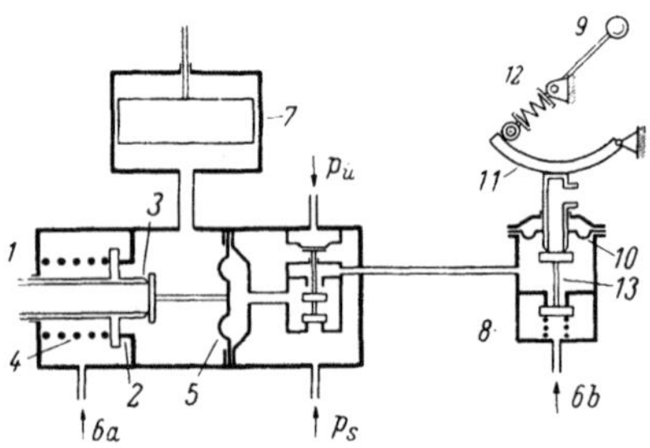

1 Umschaltventil
2 } Sitze des
3 } Umschaltventils
4 Feder
5 Membran
6 Anschlüsse zum Druckluftnetz (*a* und *b*)
7 Bremszylinder und Kolben
8 Druckgeber
9 Fahrbremshebel
10 Membran
11 Kreisförmiger Hebel
12 Feder
13 Umschaltventil
p_s Sicherheitsbremsdruck
$p_ü$ Steuerdruck der Überwachungsgeräte

Bild 34. Membran-Bremsdruckregler

zu überwinden. Steht das Rollenwerk genau über dem Ventil (*1b*), so öffnet Ventil (*1a*) bereits bei kleinstem Druck, und aus dem Bremszylinder strömt Luft ins Freie (p_a). Befindet sich das Rollenwerk dagegen über Ventil (*1a*), so öffnet Ventil (*1b*) und läßt Luft in den Bremszylinder. Je nach Stellung des Rollenwerkes kann daher der Druck im Bremszylinder linear geändert werden.

Membranbremsdruckregler [*28*]. Der Membranbremsdruckregler (*Bild* 34) wird pneumatisch gesteuert, was gegenüber der mechanischen Betätigung eine größere Freizügigkeit in der Wahl des Aufstellungsortes der Steuerorgane ermöglicht.

Das Umschaltventil (*1*) wird von der Membran (*5*) betätigt. Bei Belastung mit Steuerdruckluft aus dem Druckgeber (*8*) biegt sich die Membran (*5*) nach links durch und öffnet den Sitz (*2*) des Umschaltventils. Aus dem Druckluftnetz (*6*a) strömt Luft in den Bremszylinder (*7*) und gelangt damit auch auf die bisher unbelastete Seite der Membran. Bei gleichem Druck auf beiden Seiten der Membran schließt die Feder (*4*) den Sitz (*2*) des Umschaltventils. Bei Undichtigkeiten im Bremszylinder strömt auf gleiche Weise Druckluft nach. Wird der Steuerdruck vom Druckgeber (*8*) vermindert, so biegt sich die Membran (*5*) nach rechts durch und öffnet den Sitz (*3*) des Umschaltventils (*1*). Aus dem Bremszylinder (*7*) strömt dann durch die Öffnung des Umschaltventils etwas mehr Druckluft aus, als dem Gleichgewicht auf beiden Seiten der Membran entspricht, so daß der Sitz (*3*) wieder geschlossen wird. Der Druckgeber (*8*), der den Steuerdruck als Sollwert auf die Membran (*5*) gibt, ist ebenfalls ein Bremsdruckregler nach dem gleichen Prinzip, aber etwas anders und kleiner ausgeführt. Er wird vom Fahrbremshebel (*9*) betätigt. Die Steuerkraft auf die Membran (*10*) liefert eine auf einen kreisförmigen Hebel (*11*) wirkende Feder (*12*). Je nach Winkelstellung des Fahrbremshebels ergibt sich eine von Null bis zum Nennwert einstellbare Kraft auf die Membran. Das Umschaltventil (*13*) wird dadurch in der einen oder anderen Richtung so lange geöffnet, bis die auf die Membran wirkende Federkraft von der Kraft der Druckluft aufgehoben wird, so daß das Umschaltventil wieder schließt. Die Winkelstellung des Fahrbremshebels ist also Richtgröße für den Druckgeber (*8*), und dessen Ausgangsgröße ist Vergleichsgröße für den Bremsdruckregler.

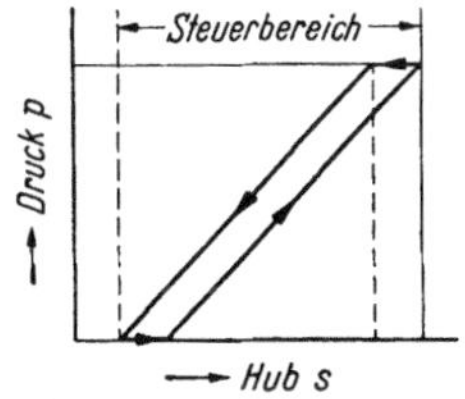

Bild 35. Hysteresis bei Bremsdruckreglern

Hysteresis der Bremsdruckregler. Um einwandfrei arbeiten zu können, müssen bei den Bremsdruckreglern zwischen den Schiebern und den Öffnungen der zugehörigen Buchsen kleine, nicht vernachlässigbare Überdeckungen bestehen. Nur dann kann eine Abdichtung der einzelnen, unter verschiedenen Drücken stehenden Räume gewährleistet werden. Alle Bremsdruckregler haben zwar lineare Kennlinien, d.h., der Druck p_r ändert sich linear mit dem Weg des Antriebsgestänges; wegen der Überdeckung tritt aber eine Art Hysteresis auf (*Bild* 35). Solange die Bremsdruckregler nur von Hand betätigt werden, um einen bestimmten Druck im Bremszylinder zu erzeugen, ist die Hysteresis nicht schädlich. Im geschlossenen Regelkreis kann sie aber störend wirken.

H. Baggeranlagen

Unter Baggeranlagen versteht man im allgemeinen Tagebaugeräte zum Abbau von Abraum und Kohle im Braunkohlenbergbau. Das vorwiegend verwendete Arbeitsgerät ist dabei der Schaufelradbagger (*Bild* 36). Er besteht im wesentlichen aus einem bis zu 90 m langen Ausleger (*1*), an dessen Spitze sich ein mit konstanter Drehzahl laufendes Schaufelrad (*2*) befindet. Das vom Schaufelrad erfaßte Fördergut, also Abraum oder Kohle, wird durch Förderbänder vom Schaufelrad über den Ausleger wegtransportiert und vom Bagger einer weiteren Bandanlage oder der Grubenbahn übergeben.

Der Schaufelradbagger ist im Hinblick auf sein durchlaufendes Schaufelrad ein kontinuierlich förderndes Arbeitsgerät. Es besteht somit die Aufgabe, das Schaufelrad so an das Arbeitsgut heranzuführen, daß dauernd größtmögliche Füllung der Eimer des Schaufelrades erreicht wird. Die Lage des Schaufelrades muß deshalb wechselweise in drei Ebenen verändert werden können.

Schwenkwerk. Das laufende Schaufelrad wird in der Waagerechten an der Abbaufront entlang geschwenkt (*Bild* 36a). In Fahrtrichtung gesehen, ist eine maximale Schwenkung um den Drehwinkel $\alpha = \pm\,90°$ möglich. Hierzu dient das Schwenkwerk. In den beiden Endstellungen wird das Schwenkwerk jeweils stillgesetzt, das Fahrwerk (*3*) bewegt den Bagger in Abbaurichtung um den Abstand a vor. Die Schwenkbewegung beginnt von neuem. Der nach jeder vollen Schwenkung vom Fahrwerk zurückzulegende Weg a ist abhängig davon, wie tief die Schaufeln des Schaufelrades greifen können. Dies ist im allgemeinen die volle Seitenlänge einer Schaufel beim Schwenkwinkel $\alpha = 0$.

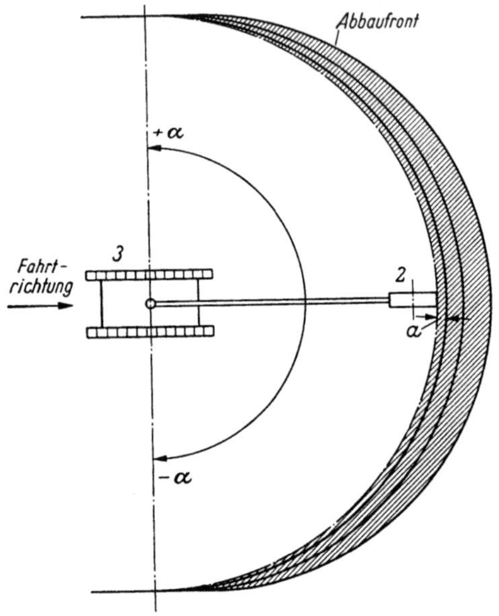

a) Schwenkbewegung in der Waagerechten

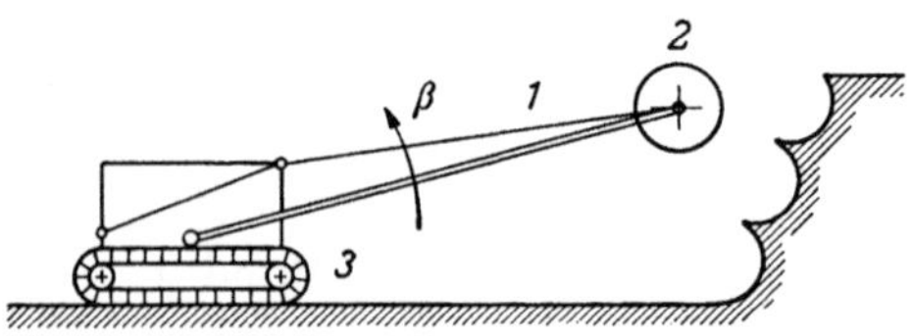

b) Schwenkbewegung in der Senkrechten

1 Ausleger — *2* Schaufelrad — *3* Fahrwerk — α, β Schwenkwinkel — a Fahrweg

Bild 36. Schaufelradbagger

Infolge der Schwenkbewegung vom Stand aus greifen die Schaufeln mit wachsendem Schwenkwinkel α immer weniger. Über die Schwenkgeschwindigkeit kann der Füllungsgrad der Eimer beeinflußt werden.

Bei einer zu langsamen Schwenkung werden die Eimer nicht voll, eine zu schnelle Schwenkbewegung führt dazu, daß sich die Eimer einwühlen. Um möglichst konstante Füllung zu erhalten, muß die Schwenkgeschwindigkeit v_s mit wachsendem Winkel α etwa nach dem Gesetz $v_s = v_{s0}/\cos\alpha$ ansteigen (v_{s0} Anfangsgeschwindigkeit beim Winkel $\alpha = 0°$).

Man erkennt, daß bei einem Winkel von 90° die Geschwindigkeit gegen ∞ gehen müßte, um konstante Füllung zu erhalten. Dies ist natürlich nicht realisierbar, im allgemeinen sind deshalb die tatsächlich durchfahrenen Schwenkwinkel α kleiner als 90°.

Die Automatisierung des Schwenkvorganges ist dadurch möglich, daß man jeder Winkelstellung eine bestimmte Geschwindigkeit zuordnet. Der Schwenkwerkantrieb verlangt also zunächst eine Drehzahlregelung mit einer Führung des Geschwindigkeits-Sollwertes z. B. durch eine Kurvenscheibe. Hierfür bietet sich der Gleichstromantrieb mit Speisung durch Leonard-Umformer oder Stromrichter an.

Kurz vor Erreichen der Endstellungen muß das Schwenkwerk mit etwa konstanter Verzögerung stillgesetzt und nach dem Vorfahren des Baggers wieder mit etwa konstanter Beschleunigung und gewechselter Drehrichtung angefahren werden. Während der Beschleunigungs- und Verzögerungsperiode wird deshalb die Drehzahl als Regelgröße durch eine Regelung auf konstante Beschleunigung bzw. Verzögerung abgelöst.

Der Bagger arbeitet in unebenem Gelände. Er kann deshalb schief stehen. Das Schwenkwerk muß in solchen Fällen auch noch Hubarbeit leisten. Zum Schutz der mechanischen Übertragungsglieder dieses Antriebes ist deshalb eine Strombegrenzung erforderlich.

Fahrwerk. Der Fahrwerkantrieb wird üblicherweise von Hand gesteuert. Abhängig von der Geländeform und der Bodenbeschaffenheit sind verschiedene Fahrgeschwindigkeiten erforderlich. Größere Bagger erhalten deshalb für das Fahrwerk im allgemeinen einen Gleichstromantrieb. Mit wachsender Baugröße der Bagger steigt die spezifische Bodenbelastung und damit die Gefahr des Einsinkens oder Festfahrens bei schlechtem Boden. Man möchte in diesem Fall nicht dem Baggerführer allein die Entscheidung über die zulässige Belastung des Fahrwerkes überlassen und rüstet deshalb auch diesen Antrieb mit einer Strombegrenzung aus. Dann ist es nur ein kleiner Schritt zu einer Drehzahlregelung. Man erreicht dabei neben der Möglichkeit des genaueren Fahrens eine Verringerung des Platzbedarfes auf dem engen Führerstand durch den verhältnismäßig kleinen Führungsgeber an Stelle des LEONARD-Steuergerätes. Außerdem erfordert die Betätigung z. B. eines Drehmelders als Führungsgeber geringere Stellkräfte als die Betätigung eines Nebenschlußstellers als LEONARD-Steuergerät. Der überwiegend manuell arbeitende Baggerführer wird dadurch fühlbar entlastet.

Hubwerk. Als dritter für eine Regelung interessanter Antrieb ist das Hubwerk zum vertikalen Bewegen des Auslegers zu nennen. Es schwenkt je nach Mächtigkeit des Abraumes oder der Kohle den Ausleger um den Winkel β von der Horizontalen aus nach oben (*Bild* 36b).

Um ein genaues Fahren zu ermöglichen, wird das Hubwerk mit einem Gleichstromantrieb ausgerüstet. Eine Drehzahlregelung ist aus den schon beim Fahrwerk angeführten Gründen zweckmäßig.

Für die völlige Automatisierung des Arbeitsprogrammes ist die Ausrüstung der beschriebenen Antriebe mit einer Drehzahlregelung Voraussetzung. Grundsätzlich stehen die gleichen Bauelemente für die Regelung zur Verfügung wie bei Fördermaschinenantrieben, so daß auf Einzelheiten verzichtet werden kann.

I. Quellenhinweise

[1] PETSCH, T. H.: Ward-Leonard mine winder with closed-loop amplidyne control. British Thomson-Houston Ltd. Rugby/England. Druckschrift AG 970 Ed. A 1952.

[2] BRUMBY, G.: Der geregelte Leonardantrieb. AEG-Mitt. 45. Jg. (1955) S. 131–137.

[3] Electric equipment for mine hoists. General Electric Schenectady, N. Y. Druckschrift GET—143 D April 1947.

[4] CASTEL, R. u. JEANNIN, M.: Machine d'extraction, à commande automatique, à contrôle par amplidyne, des Mines de la Mourière. Rev. Electr. Méc. T. 16 (1950) Nr. 81, S. 14—29 (Veröff. d. Société Générale de Constructions Electriques et Mécaniques ALSTHOM).

[5] JUNG, R.: Perfectionnements au couplage Ward-Leonard pour machines d'extraction par l'emploi d'une excitation amplidyne. Bull. Soc. Franç. Électriciens, 6. Sér. T. 8 (1958) S. 35–43.

[6] IVY, J. G.: Rototrol control of mine-hoist drives. Westinghouse Eng. Bd. 4 (Juli 1944) S. 124–127.

[7] PETERSON, R. S. u. TSENG, A. A.: Modern improvements in adjustable-voltage mine hoist drive control. Amer. Inst. electr. Eng. Conference paper presented 15. Okt. 1954.

[8] TOCHTERMANN, E.: Die „Rapid-Exact"-Steuerung für Gleichstrom-Fördermaschinen. Brown Boveri Mitt. Bd. 36 (1949) S. 180–185.

[9] SCHLEGEL, G.: Neue Steuerungen für Gleichstrom- und Drehstrom-Fördermaschinen. ETZ—B 6.Jg. (1954) S. 94–96.

[10] Schweiz. Pat. 264725 v. 31. 10. 1949 der Aktiengesellschaft Brown, Boveri und Cie., Baden (Schweiz). Einrichtung zur genauen Regelung eines Leonardantriebes.

[11] JAEGER, Th., MEINHARDT, W. u. REHM, H.: Schaltung und Regelung neuzeitlicher elektrischer Fördermaschinen. Glückauf 93. Jg. (1957) S. 1530–1553.

[12] HÖLTERS, F.: Stromrichter für Fördermaschinenantriebe. Schlägel u. Eisen. (1956) H. 9 S. 549–558.

[13] FÖRSTER, J.: Elektronische und magnetische Regler. Elektronische Regelschaltungen. ETZ-A 73. Jg. (1952) S. 202–205.

[14] STAHL, K.: Fördermaschinenantrieb mit Stromrichterspeisung. BBC-Nachr. Jg. 37 (1955) S. 83–87.

[15] KESSLER, C., MEINHARDT, W., NEUFFER, I. u. RUBE, G.: Die Gleichstrom-Fördermaschine mit Siemens-Transidyn-Regelung. Siemens-Z. 32.Jg. (1958) S. 555–562.

[16] Malburg, F. K.: Die automatische Drehstrom-Fördermaschine mit Gleichstrombremsung. Siemens-Z. 32.Jg. (1958) S. 562–568.

[17] FLÖTE, R.: Geregelte Gleichstrombremsung einer Drehstrom-Fördermaschine. AEG-Mitt. 47.Jg. (1957) S. 13–19.

[18] FLÖTE, R.: Die geregelte Drehstrom-Fördermaschine. AEG-Mitt. 47. Jg. (1957) S. 442 bis 447.

[19] Fahrtregler für Dampf-Fördermaschinen der Fa. Gute Hoffnungshütte, Oberhausen (Werbeschrift).

[20] BOCKEMÜHL, W.: Kritik der Fahrtregler im Bergbau Preußens. Z. Berg-, Hütten- u. Salinenwes. im Preuß. Staate. Bd. 75 (1927) S. B 111–B 213.

[21] DÜWELL, K.: Neuzeitliche Fahrtregler an Dampffördermaschinen. Glückauf. 81.–84. Jg. (1948) S. 477–489.

[22] DÜWELL, K.: Die neuzeitlichen Fahrtregler an Dampffördermaschinen. VDI-Z. Bd. 92 (1950) S. 280–284.

[23] Fahrtregler I D 1, Bauart Iversen der Fa. AG Eisenhütte Prinz Rudolph, Dülmen (Werbeschrift).

[24] HOFFMANN, H.: Bergwerksmaschinen. 4. Aufl. Berlin/Göttingen/Heidelberg: Springer 1950. S. 214.

[25] DÜWELL, K.: Bremsen an Förderhäspeln und Fördermaschinen. Glückauf 85. Jg. (1949) S. 585–599.

[26] Bremsdruckregler der Fa. Allgemeine Elektricitäts-Gesellschaft, Berlin (Werbeschrift).

[27] Bremsdruckregler für Druckluft Type U (Einlaßregler) der Siemens-Schuckertwerke AG, Erlangen (Werbeschrift).

[28] GENTHE, R.: Bremsen und Bremsensteuerungen für Förderanlagen und Haspel des Bergbaues. Siemens-Z. 32.Jg. (1958) S. 568–574.

37. Roheisen- und Stahlerzeugung

Von **W. Liesegang**

Inhaltsübersicht

A. Aufgabe und Anforderungen des Reglereinsatzes

In Eisenhüttenwerken hat die Regelungstechnik Aufgaben zu erfüllen, die vor allem für die Qualität der Eisen- und Stahlerzeugung wichtig sind. Man erwartet, daß mit Hilfe der Regelung die Verfahren im Hochofen- und Stahlwerksbetrieb gleichmäßig ablaufen und wärmewirtschaftliche Vorteile gewonnen werden. Außerdem sollen die Regler die verschiedenen Schmelzöfen vor Überbeanspruchung schützen, womit die Lebensdauer der Werksanlagen erhöht und nicht zuletzt der Hüttenmann weitgehend von körperlicher Arbeit in Hitze und Staub freigemacht wird.

Bei der Regelung der Produktionsvorgänge soll zugleich der Verbrauch an Energie auf das sparsamste Maß gesenkt werden. Der Brennstoffbedarf der hüttenmännischen Öfen, die im Energiehaushalt der Werke als Großverbraucher von Heizgas oder von Heizöl eine hervorragende Stelle einnehmen, verdient dabei ebenso große Beachtung wie der Verbrauch an elektrischer Energie im Walzwerk und an Druckluft in der Stahlformgießerei.

Die neueren Verfahren der Eisenhüttentechnik stellen in zunehmendem Maße verwickelte Regelaufgaben. Allgemein gültige Richtlinien, nach denen sich Regelprobleme lösen lassen, führen allein nicht zum Ziel. Die Vielfalt der Arbeitsprogramme, nach denen die Werksanlagen gegliedert sind, die verschiedene Art der Erze und Brennstoffe sowie die unterschiedliche Bauart und Größe der hüttenmännischen Öfen machen es notwendig, für jeden Einzelfall sorgfältig zu prüfen, in welcher Weise die Regelaufgabe gelöst werden kann. Hierzu ist eine gründliche Kenntnis der hüttenmännischen Verfahren notwendig.

Bevor man sich zur Regelung einer Anlage entschließt, sollte man erst für ihre gute Regelbarkeit sorgen. Eine befriedigende Durchfluß- und Gemischregelung z.B. ist nur dann möglich, wenn die Durchflußgeschwindigkeit des Stoffes (Gas, Luft, Öl, Dampf) an der Regelstelle genügend groß ist. Bei der üblichen Überdimensionierung der Leitungen sind meist Einschnürungen notwendig, deren Größe auf Erfahrungswerten beruht. Die Regelung des Herdraumdruckes am SIEMENS-MARTIN-Ofen scheitert manchmal daran, daß der Kamin des Ofens zu niedrig ist. Die Widerstände in den Regenerativkammern, an den Schiebern oder Ventilen und in den Abgaskanälen nehmen im Laufe der Ofenreise zu. Besonders im Sommer reicht dann die Zugwirkung des Kamins zuweilen nicht mehr aus.

Die Regler sind im Hüttenbetrieb rauhen Betriebsverhältnissen ausgesetzt. Wechselnde Temperaturen, Erschütterungen und Schmutz lassen sich im Hochofenwerk, im Stahlwerk oder in der Gießerei nicht vermeiden. Es werden z.B. während des Chargierens die Einsatztüren des SIEMENS-MARTIN-Ofens häufig geöffnet. Hierbei, in den Abstichzeiten und während der Schöpfproben strahlt der Ofen eine beträchtliche Wärmemenge aus, vor der die Regler meist nicht vollkommen abgeschirmt werden können. Während des Einsetzens fährt der Chargierkran über der Ofenbühne mit den Schrottmulden hin und her, ebenso nach dem Abstich der Pfannen- und der Stripperkran. Die Schwingungen und Stöße, die dabei auftreten, übertragen sich bis auf das Hallenfundament; die Regelgeräte müssen dagegen unempfindlich sein. In THOMAS- und Blasstahlwerken werden mit den Abgasen der Konverter feste Bestandteile (Eisenoxyde) ausgeworfen. Auch dadurch darf der Betrieb der Meß- und Regelgeräte nicht gestört werden.

In mehr oder minder abgewandelter Form wirken diese verschiedenen Einflüsse auch im Hochofenwerk, im Hammerwerk und in den übrigen Warmbetrieben auf die Regelung ein. Deshalb spielen im Eisenhüttenbetrieb die Robustheit des Regelgerätes und die Zuverlässigkeit, mit der der Regler seinen Dienst erfüllt, eine bedeutende Rolle. Da jeder Ausfall Schaden und unverhältnismäßig hohen Verlust bedeutet, sind Sicherheit und Wirtschaftlichkeit die vornehmlichen Aufgaben für den Reglereinsatz im Hüttenwerk.

B. Das Hochofenwerk

1. Hochofengebläse

a) Regelaufgaben bei der Windverteilung

Für die Verbrennung des Kokses und für die metallurgischen Vorgänge im Ofenschacht wird der Sauerstoff der Luft im „Hochofenwind“ gebraucht. Den

Wind erzeugen Gebläsemaschinen, bei denen im allgemeinen die Drehzahl, häufig auch der Druck des erzeugten Windes, geregelt wird. Die geforderte Windmenge ist beträchtlich. So sind zum Erblasen von 1000 t Roheisen – das ist das tägliche Ausbringen eines neuzeitlichen Hochofens – 800 t Hüttenkoks notwendig. Auf 1 t Koks entfallen etwa 3000 Nm^3 Luft [*1*]. Der Windbedarf beträgt dann, wenn man die Undichtigkeit an den Windleitungen und an den Wechselschiebern der Winderhitzer berücksichtigt, etwa 120000 Nm^3/h.

Die Forderungen an den Regler hängen von der Schaltung der Windleitungen ab. Um gegenseitige Störungen im Gang der Hochöfen zu vermeiden, ordnet man in einzelnen Hochofenwerken jedem Hochofen besondere Gebläse zu. Häufiger blasen aber die Gebläsemaschinen einer Gruppe von Hochöfen auf die gemeinsame Sammelleitung, von der aus die Hochöfen einzeln versorgt werden. Der Windanteil, den jeder Hochofen bekommt, wird mit Winddurchflußreglern geregelt. Von der sparsamen Erzeugung und einer zweckmäßigen Zuteilung des Windes an die einzelnen Hochöfen hängt nicht zuletzt die Wirtschaftlichkeit der Gesamtanlage ab. Die „Windwirtschaft" des Hochofenwerkes umfaßt den Betrieb der Gebläsemaschinen, die Art der Verteilung des Windes auf die Hochöfen einer Hochofengruppe und die Überwachung sowie die Regelung des Windes.

b) Kolbengebläse

In den europäischen Hochofenwerken werden als Windgebläsemaschinen noch weitgehend Kolbengebläse verwendet [*2*]. Sie wurden in den letzten Jahren durch den Einbau von Kraftmaschinenreglern verbessert. Man kann daher heute mit Kolbengebläsemaschinen die eingestellte Drehzahl auch bei verändertem Winddruck einhalten und sich dadurch dem Gang des Hochofens in gewissen Grenzen anpassen.

Eine Folge der niedrigen Drehzahl der Kolbengebläse von 80 bis 90 U/min ist pulsierende Windströmung in den Leitungen. Diese Pulsation des Windes erstreckt sich bis in den Ofenschacht und wirkt sich zuweilen ungünstig auf den Gang des Hochofens aus. Sie erschwert immer das Messen und auch das Regeln des Windes in den Windleitungen. Dämpft man die Schwankungen des Wirkdruckes in den Wirkdruckleitungen, bildet also den Mittelwert des Wirkdruckes, so erhält man einen Mittelwertfehler, der die Anzeige und auch die Durchflußregelung, vor allem im unteren Durchflußbereich, im Sinne eines positiven Fehlers fälscht [*3*]. Richtiger ist es daher, zunächst die Wurzel aus dem Wirkdruck zu bilden und den radizierten Wert gemittelt zur Regelung zu benutzen, womit dieser Fehler vermieden wird. Über seine Größe mögen zwei Beispiele einen Anhalt geben.

Beispiel 1: Der Durchfluß Q pulsiere bei 70% des maximalen Durchflusses um 30%. Das Durchflußmeßgerät sei für einen maximalen Wirkdruck Δp von 3 m WS geeicht. Dann ist die Konstante $c = Q/\sqrt{\Delta p}$, für den Endwert des Meßgerätes $c = 100/\sqrt{3} = 57{,}7$. Der Mittelwertfehler beträgt, wenn man zur Dämpfung der Durchflußregelung in die Wirkdruckleitungen Drosselstrecken oder Ausgleichgefäße einsetzt, etwa +8% vom Sollwert.

Beispiel 2: Der Durchfluß pulsiere bei 30% zwischen 0 und 60%. Die Rechnung ergibt dann einen Mittelwertfehler von + 30% vom Sollwert.

c) Turbogebläse

Einfachere Voraussetzungen für die Regelung der Windzuteilung ergeben sich, wenn der Hochofenwind von Turbogebläsen geliefert wird. Es werden als Antriebe der Turbogebläse Dampfturbinen, elektrische Antriebsmaschinen und dann auch Gichtgasturbinen [*4*] verwendet. Beim Blasen auf die gemeinsame Windleitung regelt man die Antriebsmaschinen meist derart, daß man die Gebläse mit gleicher Drehzahl antreibt. Die Windmenge und den Winddruck stellt man am Gebläse ein. Am einfachsten ist die Regelung mit einer Drosselklappe in der Ansaugleitung des Gebläses (*Bild* 1). Wird die angesaugte Luft gedrosselt, so sinken Windförderung und Winddruck am Ausgangsstutzen. Da diese Regelung aber mit verhältnismäßig hohen Verlusten verbunden ist, zieht man bei Radialgebläsen eine Regelung mit Hilfe der Leit- oder Drallschaufeln vor, die wirtschaftlich günstiger arbeitet.

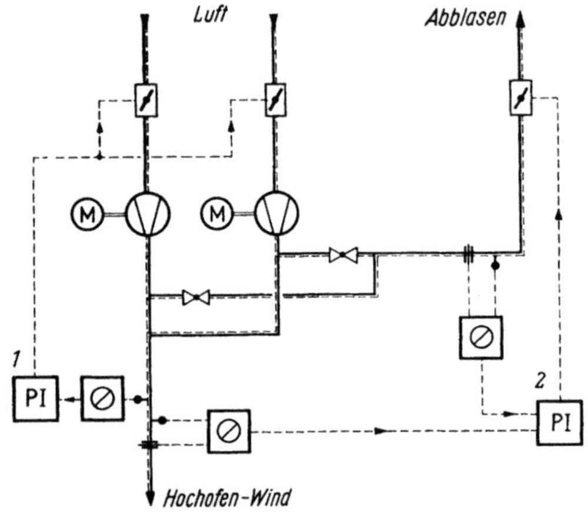

1 Druckregler
2 Durchflußregler mit Druckberichtigung

Bild 1. Regelung eines Hochofenwindgebläses mit Druckregler und Drosselklappe in der Ansaugeleitung

2. Winderhitzer

a) Betriebsweise von Winderhitzern

Der Winderhitzer oder Cowper nimmt etwa ein Viertel der im Hochofenwerk anfallenden Gichtgasmenge für sich in Anspruch. Im Brenner wird das Gichtgas mit

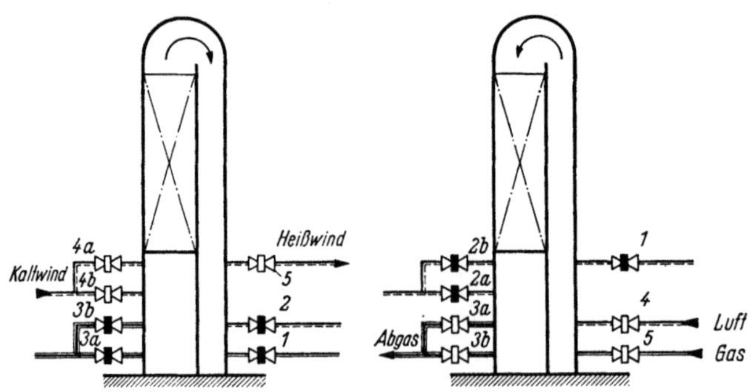

Reihenfolge beim Umschalten

von Gas auf Wind:	von Wind auf Gas:
Schließen 1-2-3a-3b	Schließen 1-2a-2b
Öffnen 4a-4b-5	Öffnen 3a-3b-4-5

Bild. 2 Programmsteuerung von Winderhitzern

der Brennluft gemischt, die man meist unter Druck zuführt. Es folgt die Verbrennung im Brennschacht. Der Gesamtwirkungsgrad der Winderhitzer läßt sich durch Einführung von Hochleistungsbrennern, durch zweckmäßigere Gestaltung des Besatzes und durch gute Isolation des Winderhitzermantels verbessern. Darüber hinaus gelingt es mit Hilfe von Verbrennungs- und Temperaturreglern die Abgasverluste noch erheblich zu verringern. Im allgemeinen werden Winderhitzer aus

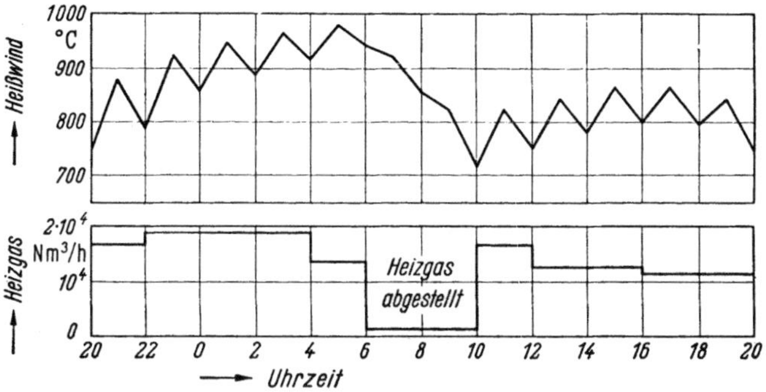

Niedrigste Windtemperatur 710 °C   Höchste Windtemperatur 980 °C

Bild 3. Speicherdiagramm eines Winderhitzers (Höchste Kuppeltemperatur 1275 °C)

dem Gichtgasvorrat der Gasbehälter geheizt. Dabei werden die verschiedenen Schieber beim Umschalten von „Gas auf Wind" und von „Wind auf Gas" nach einem festgelegten Programm geschlossen und geöffnet. Eine Programm-Steuereinrichtung steuert die Schieber in fünf aufeinanderfolgenden Schaltvorgängen (*Bild* 2).

Sind ausreichende Gichtgasbehälter nicht verfügbar, so werden einzelne Winderhitzer zum Speichern des anfallenden Gichtgases verwendet [*5*], vorzugsweise während der Nacht, wenn der Gasbedarf des Hüttenwerkes zurückgeht und Gichtgas im Überfluß vorhanden ist. Da in den frühen Morgenstunden die Anwärmöfen im Walzwerk nahezu die gesamte verfügbare Gichtgasmenge benötigen, muß die Beheizung der Winderhitzer mehrere Stunden lang aussetzen (*Bild* 3). Deshalb ist die Beheizung des Winderhitzers in den Nachtstunden so zu regeln, daß in der Frühschicht eine genügende Wärmemenge für die Erwärmung des Hochofenwindes zur Verfügung steht.

b) Kuppeltemperatur als Grenzwert für Belastung und Regelung

Während des Aufheizens liegt die Temperatur der Flammengase anfangs beträchtlich über der Temperatur der Kuppelinnenwand (*Bild* 4). Die Meßergebnisse mit Thermoelementen und Strahlungspyrometern stimmen aber gegen Ende der Gaszeit nahezu überein [*6*]. Sie werden offensichtlich verschieden durch die Strahlung der Flamme beeinflußt. In der Windzeit, wenn die Flamme das Gesichtsfeld nicht mehr stört, fällt der Einfluß der Fremdstrahlung auf die Messung mit dem Strahlungspyrometer weg, so daß man mit dem Strahlungspyrometer die Wandtemperatur mißt, mit dem Thermoelement aber eine Temperatur, die zwischen Wand- und Windtemperatur liegt.

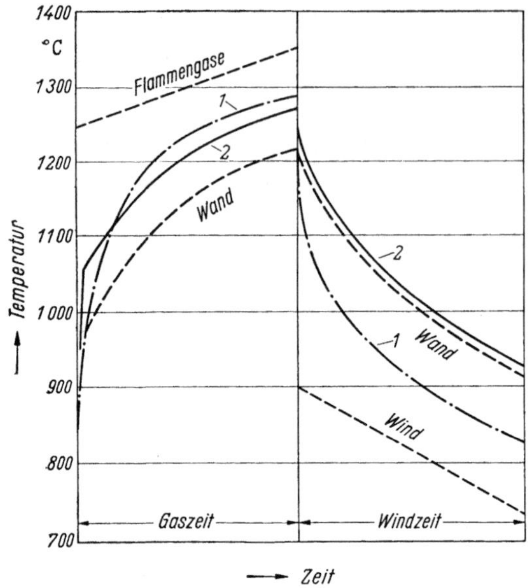

Messung der Wandtemperatur:
1 mit Thermoelement *2* mit Strahlungspyrometer

Bild 4. Temperatur an der Winderhitzerkuppel

Eine obere Grenze der Temperatur an der Kuppel bildet die Stein-Erweichungstemperatur. Sie liegt bei etwa 1300°C. Um ausreichende Sicherheit zu gewinnen, sollen mittlere Höchsttemperaturen von 1100 bis 1200 °C eingehalten werden [7]. Der Kuppeltemperaturregler hat dafür zu sorgen, daß die zugelassene Grenztemperatur nicht überschritten wird. Die Höhe der Temperatur, die am Regler einzustellen ist, hängt ab von der Größe des Winderhitzers, der Art des Besatzes (Form der Gittersteine), dem Gewicht des Gitterwerkes, dem Querschnitt des Brennschachtes, den Gas-, Wind- und Ruhezeiten, der Betriebsweise mit zwei oder drei Winderhitzern und der vom Hochofen geforderten Heißwindtemperatur.

Es werden PtRh-Pt-Thermoelemente, in einzelnen Werken auch NiCr-Ni-Thermoelemente auf der Kuppel eingebaut (*Bild* 5). Gesamtstrahlungspyrometer bieten den Vorteil der genaueren Messung, zumal der Raum oberhalb des Gitterwerkes und des Brennschachtes in großer Annäherung die Bedingungen des „schwarzen Körpers" erfüllt (s. Kapitel 17). Das Anbaurohr (*Bild* 6) muß auch in der Windzeit bei einem Druck von 0,5 bis 1,5 atü dicht abschließen. Der unvermeidlichen Ausdehnung der inneren Schichten des Steinfutters bei der Erwär-

Bild 5. Kuppelthermoelement für die Temperaturbegrenzungs-Regelung

mung ist Rechnung zu tragen. Das Pyrometer muß täglich gesäubert werden, da Ablagerungen von Staub, Wasser oder Öl auf der Objektivlinse zu Fehlmessungen führen. Die Temperatur wird dann zu hoch geregelt.

c) Regelung der Winderhitzerbeheizung

Die Gas- oder Ladezeit des Winderhitzers beträgt im allgemeinen eine Stunde, ebenso – im Zwei-Cowper-Betrieb – die Wind- oder Entladezeit. Die Regelung soll dafür sorgen, daß nach der Umsteuerung von „Wind auf Gas" die Verbrennung einen möglichst geringen Luftüberschuß ergibt, die Kuppeltemperatur den eingestellten Grenzwert nicht überschreitet und Abgastemperatur sowie Besatztemperatur den zulässigen Wert nicht übersteigen.

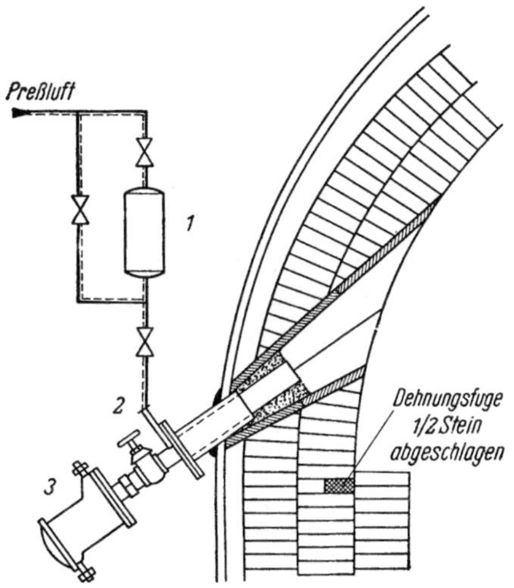

1 Filter
2 Kühlluftanschluß
3 Strahlungspyrometer

Bild 6. Anbaurohr für Strahlungspyrometer an der Winderhitzerkuppel

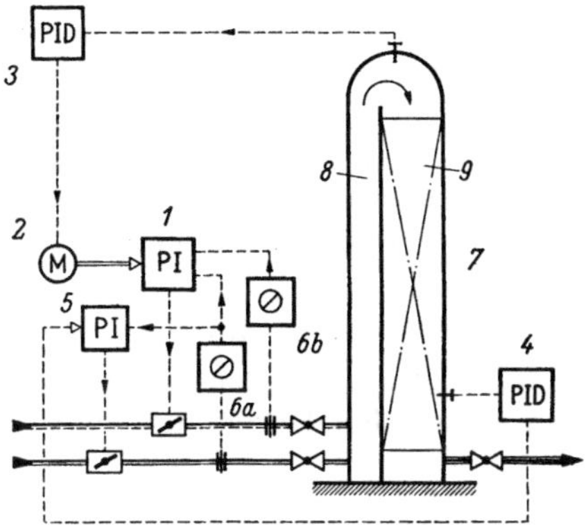

1 Heizgas-Brennluft-Verhältnisregler
2 Motorischer Sollwertsteller
3 Kuppeltemperaturregler
4 Abgastemperaturregler
5 Heizgas-Durchflußregler
6 Meßumformer für Durchfluß von Heizgas (*a*) und Brennluft (*b*)
7 Winderhitzer (Cowper)
8 Brennschacht
9 Gitterwerk (Besatz)

Bild 7. Regelung eines Winderhitzers

Zur vollständigen Regelung eines Winderhitzers (*Bild* 7) gehören: ein Verbrennungsregler (*1*) für die Regelung des Heizgas-Brennluft-Verhältnisses mit motorischem Verhältnissteller (*2*), ein Kuppeltemperaturregler (*3*) und ein Abgastemperaturregler (*4*). Die Regler ergänzen sich in ihrer Wirkungsweise und regeln die Beheizung im Sinne einer schnellen und gleichmäßigen Durchwärmung des Winderhitzerbesatzes (*9*) bei sparsamer Ausnutzung des zur Verfügung stehenden Heizgases. Drei Heizphasen sind zu unterscheiden:

Phase 1: Zu Beginn sind die Drosselklappen in der Heizgas- und Brennluftleitung geöffnet. Der Winderhitzer erhält die für ihn vorgesehene maximale Heizgasmenge. Das Heizgas soll in der ersten Phase mit einem möglichst geringen Luftüberschuß verbrennen. Nach dem Heizgasdurchfluß als Führungsgröße wird der zur Verbrennung notwendige Brennluftdurchfluß in festem Verhältnis geregelt. Der mittlere Luftüberschuß beträgt in dieser Heizphase etwa 20%. Diese Beheizung wird so lange aufrechterhalten, bis die zulässige Höchstgrenze der Kuppeltemperatur erreicht ist. Ein Maß hierfür ist die mit dem Thermoelement oder mit dem Strahlungspyrometer gemessene Temperatur im Scheitel der Kuppel.

Phase 2: Beim Überschreiten der Kuppelgrenztemperatur verstellt der Kuppeltemperaturregler (*3*) motorisch das Heizgas-Brennluft-Verhältnis in dem Sinne, daß der Brennluftdurchfluß vergrößert wird. Infolge des höheren Luftüberschusses sinkt die Flammentemperatur im Brennschacht und mithin auch die Kuppeltemperatur. Nach Unterschreiten der eingestellten Grenztemperatur wirkt der Verhältnissteller gegenläufig. Die Temperatur wird also mit Hilfe des Luftüberschusses bis auf kleine Abweichungen geregelt. Der Luftüberschuß steigt hierbei von 20 bis auf etwa 70% an.

Das Hinzugeben von Brennluft vergrößert das Volumen der Verbrennungsgase im Winderhitzer (*7*). Die Verbrennungswärme, die in der ersten Phase vornehmlich in dem oberen Teil des Besatzes gespeichert wurde, wird nun auch auf den unteren Bereich übertragen. Das Speichervermögen des Winderhitzers ist auf diese Weise voll ausgenutzt.

Phase 3: Mit zunehmendem Ausgleich der Besatztemperatur steigt die Abgastemperatur an. Der Abgastemperaturregler (*4*) in *Bild* 7 wirkt mit Hilfe der Gasklappe auf den Heizgasdurchfluß. Er wird z.B. auf eine Grenztemperatur von

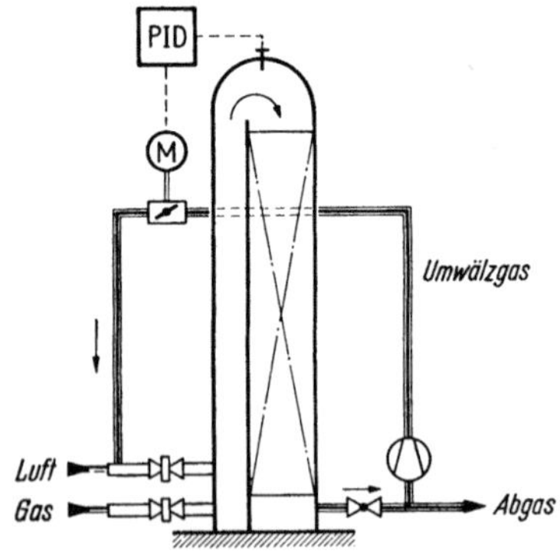

Bild 8. Regelung eines Winderhitzers mit Abgasumwälzung

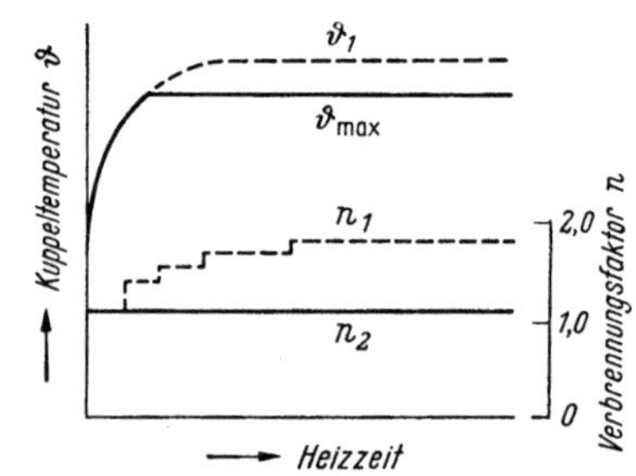

Bild 9. Aufheizung eines Winderhitzers mit (Index 1) und ohne (Index 2) Abgasumwälzung

200 °C eingestellt. Bei dieser Temperatur ist das Aufladen des Winderhitzers nahezu beendet. Der Regler (*4*) verhindert höhere Abgastemperaturen durch Verminderung des Heizgasdurchflusses. Der Verbrennungsregler regelt die Brennluft in dem Maße nach, wie es der Kuppeltemperaturregler (*3*) vorgibt.

Während der anschließenden Windzeit werden die Drosselklappen in der Heizgas- und Brennluftleitung von den Reglern in die Ausgangslage zurückgestellt. Den Rückstellimpuls für die Brennluftleitung gibt ein Zeitrelais, das von einem Grenzkontakt am Absperrschieber der Luftleitung eingeschaltet wird. Den Rückstellimpuls für die Heizgasleitung gibt der Abgastemperaturregler, da nach dem Schließen des Abgasschiebers die Temperatur am Abgasstutzen des Winderhitzers sehr schnell fällt. Gleichzeitig sinkt die Kuppeltemperatur. Der Kuppeltemperaturregler (*3*) bringt infolgedessen über den Verhältnissteller (*2*) den Gemischregler (*1*) auf den Luftüberschußwert, wie er danach in der ersten Phase der neuen Heizperiode gebraucht wird.

Wenn man die Abgase der Winderhitzer umwälzt und nach der Kuppeltemperatur als Regelgröße mit Hilfe einer Klappe in das umgewälzte Abgas eingreift (*Bild* 8), so kann man die Flammentemperatur im Brennschacht herabsetzen, ohne daß man den Verbrennungs-Luftfaktor erhöht [*8*]. Nach kurzer Zeit erreicht die Kuppeltemperatur (*Bild* 9) den eingestellten Höchstwert ϑ_{max}. Beim nicht geregelten Winderhitzer würde die Temperatur nach ϑ_1 weiter steigen und das Mauerwerk des Brennschachtes sowie der Kuppel auf die Dauer zerstören.

Durch die Umwälzregelung wird die Grenztemperatur gehalten. Die Abgasumwälzung bringt aber den Vorteil einer verringerten Abgasmenge und einen beachtlichen Wärmerückgewinn; es wird fühlbare Wärme des Abgases wieder in den Brennschacht zurückgeführt. Dadurch sinken die Abgastemperatur und der Abgasverlust.

3. Der Hochofen

a) Betriebsdaten und Regelaufgabe

Es werden Hochöfen für eine Roheisenerzeugung von 150 bis 1500 t/Tag gebaut und betrieben. Der für den Schmelzvorgang im Schacht erforderliche Hochofenwind tritt durch die Düsenstöcke und Windformen am Gestell des Ofens hinzu. Im allgemeinen wird mit Winddrücken von 0,5 bis 1,5 atü geblasen. Der

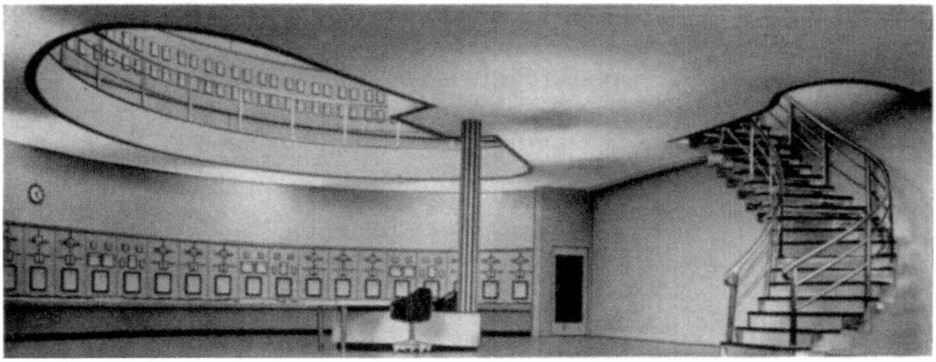

Bild 10. Zentrale Meßwarte für sechs Hochöfen (Modell)

Druck des Rohgases an der Gicht beträgt dann 50 bis 300 mm WS. Die Temperatur an den Stellen, an denen der heiße Wind auf den glühenden Koks trifft, liegt im Bereich von 1600 bis 1700 °C. Das Rohgas setzt sich im allgemeinen wie folgt zusammen: 6 bis 10% CO_2; 28 bis 33% CO; 1,5 bis 3,5% H_2, Rest N_2. Es hat einen Heizwert von 950 bis 1100 kcal/Nm³.

Die Regelaufgabe richtet sich auf konstante Windzufuhr, die nach Durchfluß und Temperatur zu regeln ist. Damit tragen die Regler dazu bei, auch den Betrieb des Hochofens gleichmäßiger zu gestalten und seine Leistung zu erhöhen. Jedoch können sie nicht die metallurgischen Vorgänge unmittelbar beeinflussen.

b) Winddurchflußregelung

Für die Zuteilung des Windes auf die verschiedenen Öfen einer Ofengruppe sind Winddurchflußregler notwendig, die dafür zu sorgen haben, daß der am schwersten gehende Hochofen auch die ihm zuzuteilende Windmenge voll erhält. Vor den leichter gehenden Hochöfen muß der Wind vom Regler gedrosselt werden. Bei der verschiedenen Beschaffenheit von Möller und Koks, den wechselnden Ofenzuständen und der mehr oder weniger großen Dichtheit der Ofenfüllung setzen die im Ofenschacht niedergehenden Gichten dem hindurchtretenden Wind einen unterschiedlichen Strömungswiderstand entgegen. Je dichter die Ofenfüllung im Schacht ist, um so höher muß der Druck des Windes sein, damit die Roheisenerzeugung in dem erforderlichen Ausmaß erhalten bleibt. Bei gleichbleibendem Winddruck schwankt der Winddurchfluß erheblich (*Bild* 11).

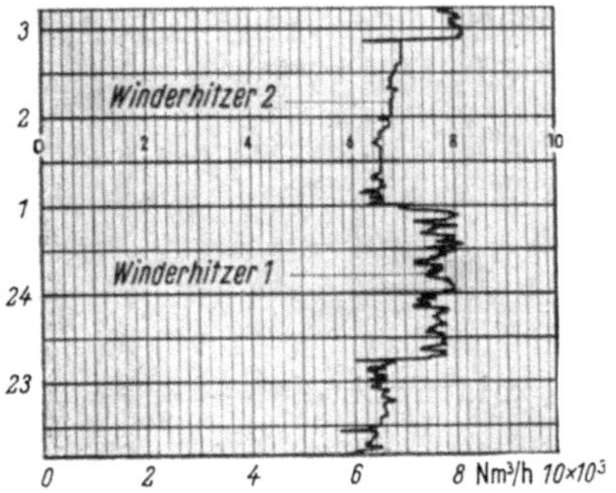

Bild 11. Windannahme eines Hochofens bei konstant gehaltenem Winddruck

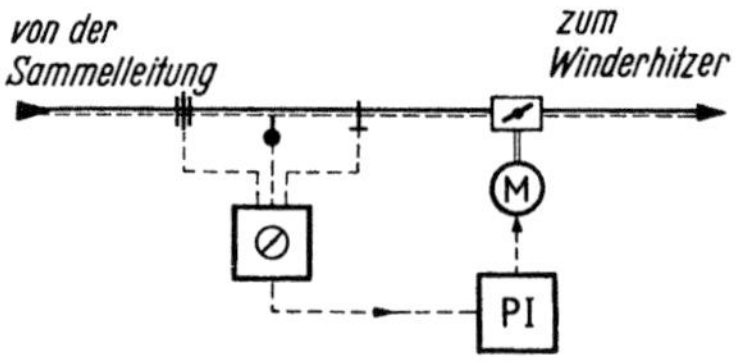

Bild 12. Durchflußregelung für den Hochofenwind mit Druck- und Temperaturberichtigung

Bei einem mit Winddurchflußreglern ausgerüsteten Ofen wird der Sollwert des Kaltwinddurchflusses für die Ofenleistung meistens fest eingestellt. Bei konstan-

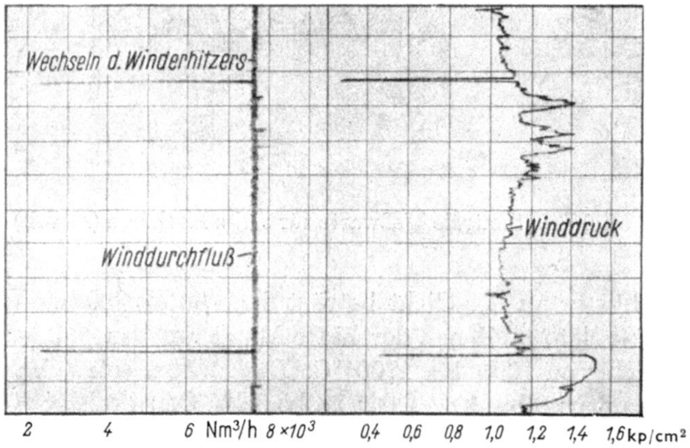

Bild 13. Schwankungen des Winddruckes bei geregeltem Winddurchfluß

tem Winddurchfluß kann sich der Druck im Bereich von etwa 0,5 bis 1,5 kp/cm² ändern. Außerdem muß man damit rechnen, daß die Temperatur des Windes an der Meßstelle zwischen 40 und 120 °C schwanken kann. Es muß nach dem mit

Druck und Temperatur berichtigten Durchflußmeßwert geregelt werden, da sich sonst Fehler von 25% und mehr in der Windmenge einstellen können. Bei der Winddurchflußregelung (*Bild* 12) wird die Windtemperatur mit einem Widerstandsthermometer und der Druck des Windes mit einem Fernsendermanometer gemessen. Die Meßwerte von Thermometer und Manometer wirken auf den Durchflußmeßumformer berichtigend ein. Trotz schwankenden Druckes hält der Regler den Winddurchfluß konstant (*Bild* 13).

c) Regelung des Zusatzwindes nach der Mischwindtemperatur

Diejenige Windmenge, die als Zusatzwind gebraucht wird, zweigt man vor dem Eintritt des Kaltwindes in den Winderhitzer ab und führt sie in die Heißwindleitung ein. Die Heißwindtemperatur am Ausgang des Winderhitzers ist nach dem Umstellen von „Gas auf Wind" am höchsten. Sie nimmt mit zunehmender Windzeit ab (*Bild* 14). Damit dem Ofen an den Düsenstöcken Wind von gleichbleibender Temperatur zugeführt werden kann, muß man die Regelklappe in der Zusatzwindleitung nach dem Umstellen der Winderhitzer von „Gas auf Wind" zunächst nahezu völlig öffnen. Der Regler drosselt dann den Zusatzwind nach der Temperatur in der Mischwindleitung mehr und mehr, so daß der Ofen Wind von konstanter Temperatur erhält (*Bild* 15). Die Diagramme zeigen, daß die Mischwindtemperatur vom Regler auf gleicher Höhe gehalten wird, obwohl die Beschickungssäule im Ofenschacht erheblichen Schwankungen unterliegt und demzufolge die Gichttemperatur stark ansteigt.

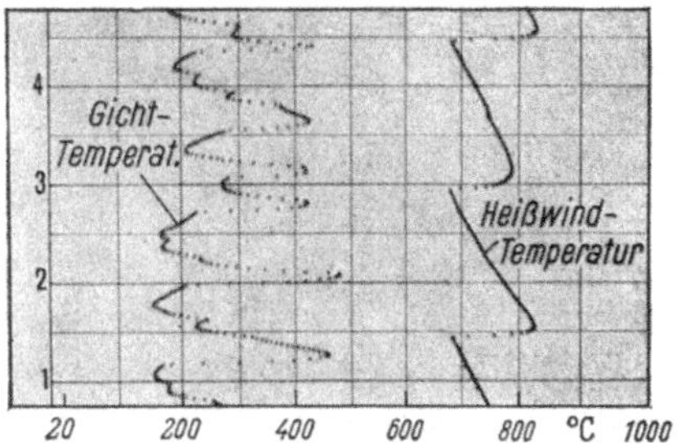

Bild 14. Heißwindtemperatur (nicht geregelt), gemessen am Ausgang des Winderhitzers

Bei der Windunterteilung für die einzelnen Windformen (bei größeren Öfen 16 bis 20) beschränkt man sich noch meist darauf, den Unterschied des Heiß-

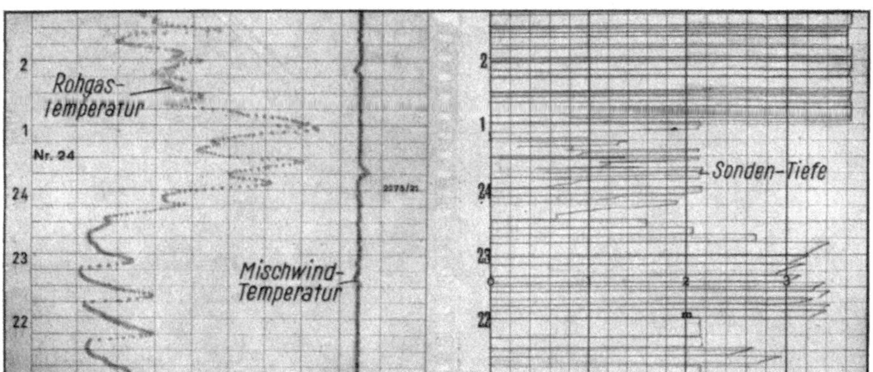

Bild 15. Mischwindtemperatur, durch Zusatz geregelt

winddruckes und des Druckes an jeder Windform mit Manometern zu messen [9]. Für die einzelnen Windformen werden in die Krümmer der Düsenstöcke Drosselklappen eingebaut, mit denen die Windannahme dieser Formen von Hand, besser aber mit Windverteilungsreglern, eingestellt werden kann.

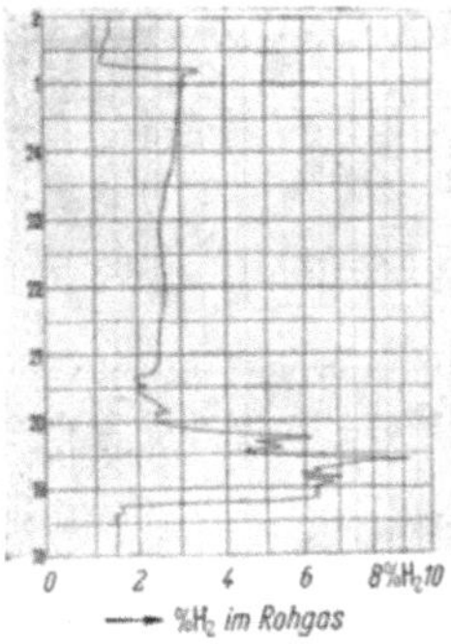

d) Grenzwertregler als Alarmgeber für H_2 im Rohgas

Bei undichten Windformen oder Kühlkästen dringt Wasser in die Beschickungssäule ein. Der sich sofort bildende Wasserstoff macht sich im Rohgas an der Gicht bemerkbar (*Bild* 16). Man erkennt die Undichtheit in

Bild 16. H_2-Diagramm des Rohgases eines 1000-t-Hochofens. Der Anstieg des H_2-Gehaltes weist auf undichte Windform hin

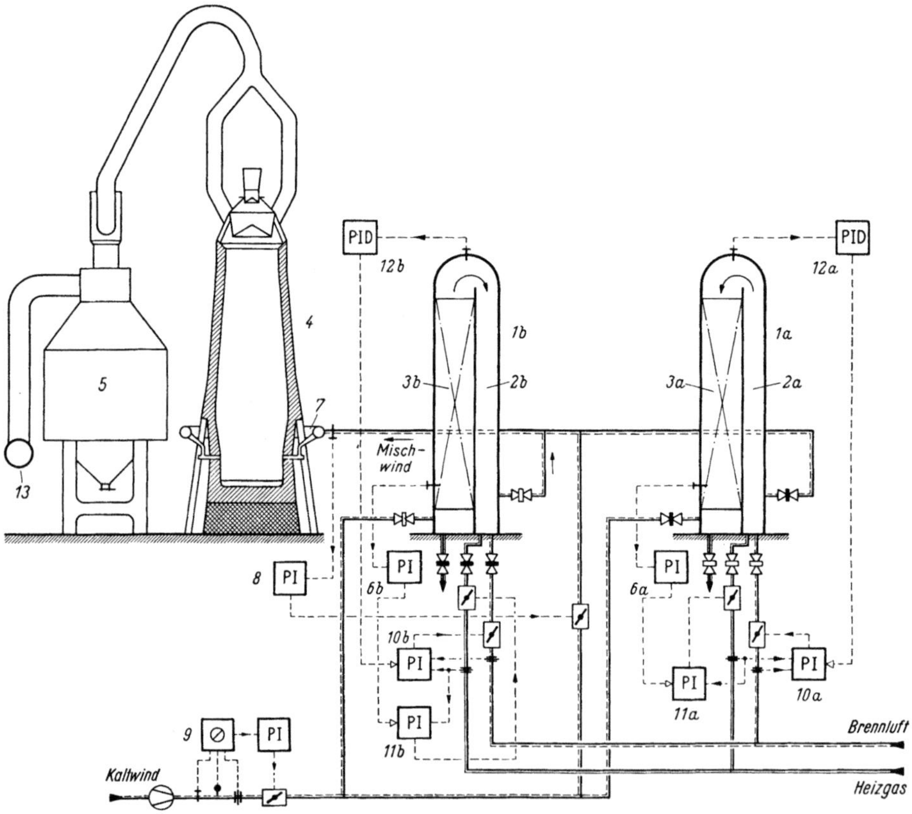

1 Winderhitzer (*a* und *b*)
2 Brennschacht (*a* und *b*)
3 Besatz (*a* und *b*)
4 Hochofen
5 Staubsack
6 Abgastemperaturregler (*a* und *b*)
7 Heißwind-Ringleitung
8 Mischwind-Temperaturregler
9 Winddurchfluß-Meßumformer mit Druck- und Temperaturberichtigung
10 Gas-Luft-Verhältnisregler (*a* und *b*)
11 Gasdurchflußregler (*a* und *b*)
12 Kuppeltemperaturregler (*a* und *b*)
13 Rohgasleitung

Bild 17. Regelung eines Hochofens mit Winderhitzern

sehr kurzer Zeit an der Gichtgasprobe, die man der Rohgasleitung entnimmt. Der Wasserstoffgehalt steigt, je nach dem Ausmaß des Wassereinbruches, auf 8% H_2 an. Zur Alarmierung der Schmelzer dient ein Grenzwertregler, der an einen H_2-Geber angeschlossen ist und Hupensignale auslöst.

Einen Überblick über die verschiedenen Regelstellen gibt der Wirkplan *Bild* 17, in dem ein Hochofen mit zwei Winderhitzern dargestellt ist.

4. Der Niederschachtofen

Feinerze und Rösterze, die für den Hochofen unbrauchbar sind, wenn man sie allein aufgibt, können heute im Niederschachtofen zu Roheisen verhüttet werden [*10, 11*]. Der Niederschachtofen hat etwa ein Viertel der Nutzfläche des Hoch-

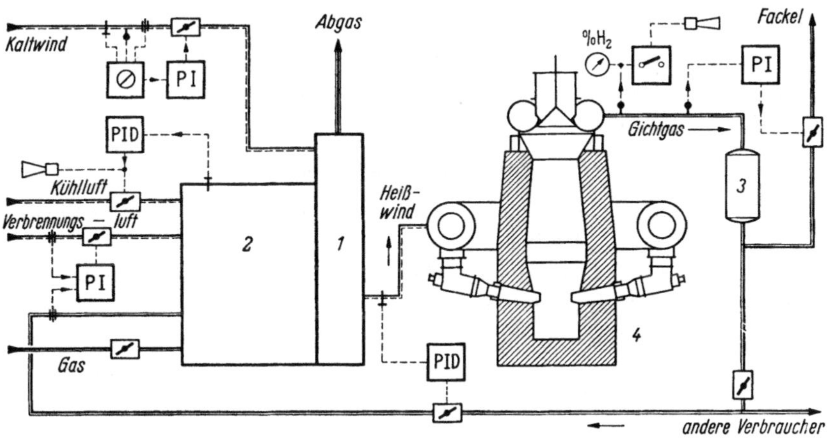

1 Rekuperator *2* Brennkammer *3* Gasreiniger *4* Niederschachtofen

Bild 18. Regelung eines Niederschachtofens

ofens. An Stelle des grobstückigen, abriebfesten Hüttenkokses kann jede Art von Steinkohle und voraussichtlich auch Braunkohle in Form von Mischbriketts, die das Erz und den Kohlenanteil enthalten, verwendet werden.

Die Regelaufgaben (*Bild* 18) sind etwa die gleichen wie für den Hochofen. An Stelle der Winderhitzer wird für die Windvorwärmung ein Rekuperator (*1*) benutzt, in dem der Wind auf 400 bis 450 °C erhitzt wird. Zum Rekuperator gehört ebenso wie beim Heißwindkupolofen eine Brennkammer (*2*), in der ein Teil des Niederschachtofen-Gichtgases verbrannt wird. Die Abgase geben im Rekuperator ihre Wärme an den Wind ab. Zur Beschleunigung der Reaktion im Ofenschacht wird dem Wind Sauerstoff bis zu 35% O_2 zugesetzt.

C. Das Thomas-Stahlwerk

1. Regelaufgabe

Im THOMAS-Konverter [*12*] braucht man zum Erblasen einer Charge von 25 t Roheisen zu Thomasstahl 8000 Nm^3 Wind. Der Windbedarf richtet sich in den einzelnen Phasen der Schmelze nach der Badtemperatur und nach den Umwandlungsvorgängen im flüssigen Einsatzgut. Den Stahl kann man durch die Windführung und durch Hinzugabe von Sauerstoff, dessen Durchfluß geregelt wird, bis auf einen Rest von 0,03% und weniger vom schädlichen Phosphor befreien.

Daß man heute in einer großen Zahl von THOMAS-Stahlwerken mit sauerstoffangereichertem Wind bläst, hat seine Ursache in wirtschaftlichen Überlegungen. Man erzielt höhere Schmelztemperaturen und kann deshalb zusätzlichen Schrott einsetzen. Die Gesamtchargenzeit verkürzt sich um etwa 40%. Außerdem wird die Stahlqualität durch den geringeren Phosphor- und Stickstoffgehalt der Schmelze [*13*] besser. Der Blasvorgang läuft in einem Zeitraum von 10 bis 18 min ab.

Grundlage für eine Regelung des Blasvorgangs ist die Temperatur der Schmelze; sie steigt während des Blasens um etwa 400 °C an [*14*]. Man könnte demnach grundsätzlich jede Schmelze nach einem vorgegebenen Temperaturgang regeln. Wenn auch die Temperaturmessung am Konverter gewisse Fortschritte gemacht hat [*15, 16*], so sind die Einflüsse von Seiten des Einsatzes noch zu wenig bekannt, so daß man auf die Beobachtung der Konverterflamme angewiesen ist. Die Regelaufgaben beschränken sich zunächst auf die Regelung des Windes und seiner Zusammensetzung.

2. Regelung des Sauerstoffbedarfs

Erst seitdem man gelernt hat, mit sauerstoffangereicherter Luft zu blasen [*17*], sind Regler im THOMAS-Stahlwerk [*18*] notwendig geworden.

Dem Blasewind wird im allgemeinen 8 bis 12 min lang Sauerstoff mit verschiedenem Durchfluß zugesetzt. Der Sauerstoffbedarf eines Stahlwerkes ist daher sehr unterschiedlich. Man gleicht die Unregelmäßigkeiten mit Sauerstoffspeichern aus, deren Entnahmedruck geregelt wird (*Bild* 19). In den Ruhezeiten fördert der Verdichter in den Behälter, so daß der Behälterdruck ansteigt. In den Blasezeiten decken die Konverter ihren Bedarf aus dem Vorrat des Behälters, wenn das Liefervermögen der Sauerstoffanlage nicht mehr ausreicht.

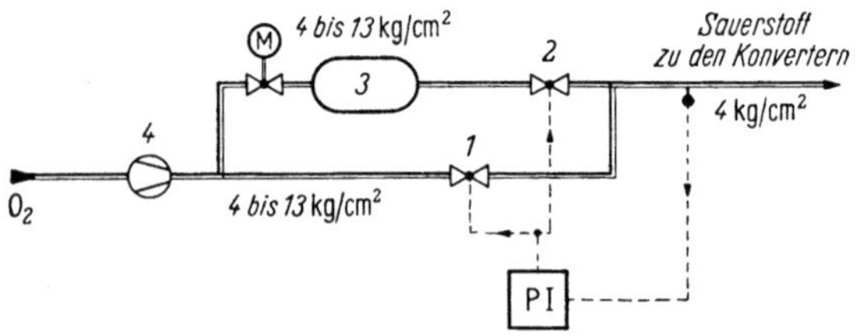

1 Ventil bei Steuerdruck 0,5 kp/cm² voll geöffnet
2 Ventil bei Steuerdruck 1 kp/cm² voll geöffnet
3 Druckbehälter
4 O_2-Verdichter

Bild 19. Druckregelanlage für Sauerstoffspeicher im THOMAS-Stahlwerk

Die Regelaufgabe läßt sich in einfacher Weise pneumatisch lösen. Den beiden Regelventilen (*1*) und (*2*) werden verschiedene Steuerdrücke zugeordnet. Ventil (*1*) ist bei einem Steuerdruck von 0,5 kp/cm² voll geöffnet. Reicht die Sauerstofflieferung nicht aus, so wirkt der höhere Steuerdruck auf Ventil (*2*). Bei einem Steuerdruck von 1 kp/cm² sind beide Ventile offen. Wenn kein Sauerstoff gebraucht wird, sind beide Ventile geschlossen.

3. Verhältnisregelung von Luft-O_2 und Dampf-O_2

Bei der Verhältnisregelung (*Bild* 20) werden der Winddurchfluß (Führungsgröße) und der Sauerstoffdurchfluß (Regelgröße) gemessen. Ein Gemischregler (*4*) stellt das

Regelventil (*3*) in der Sauerstoffleitung nach dem gewünschten, vorher eingestellten Wind-Sauerstoff-Verhältnis ein. Bei einer neueren Blastechnik, nach der man den Konverter zuerst mit sauerstoffangereicherter Luft und dann mit sauerstoffangereichertem Dampf beschickt, wird die Regelanlage doppelt vorgesehen. Das Wechseln von Luft und Dampf steuert der Schmelzmeister.

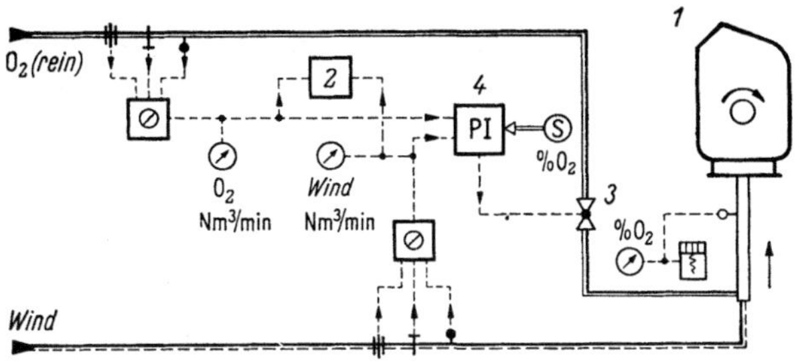

1 Konverter
2 Anzeiger und Zähler für Summe O_2 (rein) + O_2 (Wind)
3 Regelventil für den Sauerstoffdurchfluß
4 Gemischregler

Bild 20. Sauerstoff-Zusatz-Regelanlage für Konverter

Es ist notwendig, den Wind und den Sauerstoff mit Durchflußmessern druck- und temperaturkorrigiert zu messen. Am Verhältnissteller des Gemischreglers läßt sich der gewünschte Sauerstoffgehalt (30 bis 36% O_2) einstellen (*Bild* 21). Es wird zuweilen gefordert, daß die zugesetzte Sauerstoffmenge, die man durch den Nadelboden einbläst, auf der Konverterbühne den Schmelzern in Nm³ sichtbar angezeigt wird. Dabei besteht die Aufgabe, die Summe aus dem Luftsauerstoff und reinem Sauerstoff zu bilden [*33*].

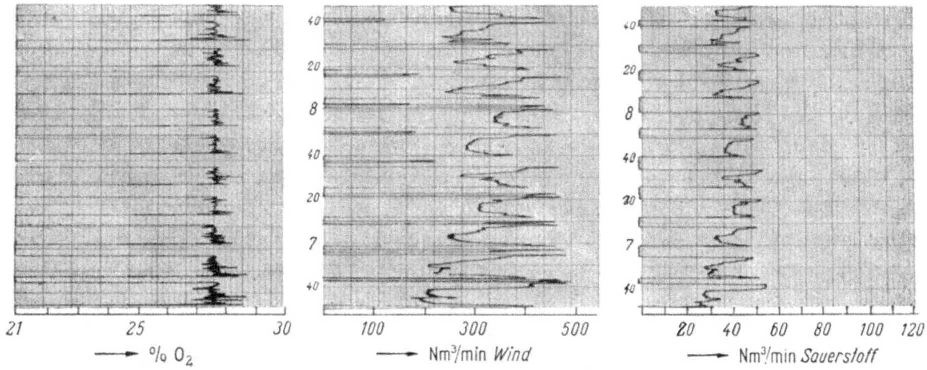

$$\% \text{ Sauerstoff} = \frac{\text{Nm}^3\text{O}_2\,(\text{rein}) + \text{Nm}^3\text{O}_2\,(\text{Wind})}{\text{Nm}^3\text{O}_2\,(\text{rein}) + \text{Nm}^3\text{ Luft}} \cdot 100$$

Bild 21. Betriebsdiagramme der Konverteranlage

D. Das Siemens-Martin-Stahlwerk

1. Der Siemens-Martin-Ofen und seine Regelaufgaben

An der grundsätzlichen Form des SIEMENS-MARTIN-Ofens hat sich seit der ersten Beschreibung des Ofens von FRIEDRICH SIEMENS [*19*] nicht viel geändert. Neuartig war damals als Heizverfahren „die freie Flammenentfaltung, wodurch das Einsatzgut lediglich durch die Wärmeausstrahlung der lebendigen Flamme geheizt wird". Das SIEMENS-MARTIN-Verfahren behauptet sich wegen seiner Anpassungsfähigkeit; der Ofen kann sowohl mit reinem Schrott als auch nach dem Roheisen-Erz-Verfahren betrieben werden. Als Brennstoffe können Generatorkohle, Gas oder Öl dienen.

Der Oberofen des SIEMENS-MARTIN-Ofens (*Bild* 22) mit dem Herdraum (*1*) wird abwechselnd von beiden Ofenköpfen (*2a*) und (*2b*) her geheizt. Zum Ende der Schmelzzeit hin nimmt die Dauer der Umstellperioden ab. Sie beträgt bei mittleren Öfen im ersten Teil der Schmelze 20 bis 30 min und kurz vor dem

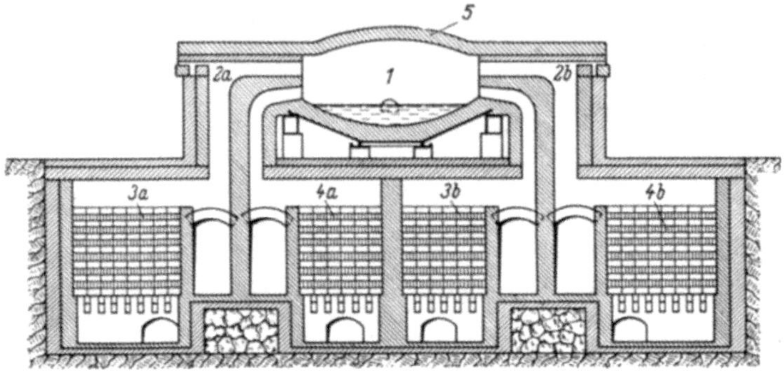

1 Herdraum
2 Ofenköpfe (*a* und *b*)
3, *4* Regenerativkammern (*a* und *b*)
5 Gewölbe

Bild 22. SIEMENS-MARTIN-Ofen nach FRIEDRICH SIEMENS, 1885

Abstich oft weniger als 10 min. Während des Einschmelzens sind die Ofentemperaturen am jeweils abziehenden Ofenkopf höher. Die Herdraumtemperatur mißt man etwa an der Stelle des Gewölbes (*5*), bis zu der sich die Flamme erstreckt. Die Ofentemperatur gleicht sich gegen Ende der Schmelze nahezu aus, so daß dann der Herdraum als schwarzer Strahler [*20*] angesehen werden kann. Mit Hilfe der Brennstoffzufuhr ist die Gewölbetemperatur so zu regeln, daß sie den für die Ausmauerung höchstzulässigen Wert (Silikatgewölbe 1700 °C) nicht überschreitet. Dabei sind die Ofenseiten rechtzeitig zu wechseln und ein vorgeschriebenes Brennstoff-Luft-Verhältnis aufrechtzuerhalten. Um den Zutritt von Falschluft zu vermeiden, muß außerdem der Herdraumdruck über den Saugzug geregelt werden.

Mit Einsatz der Regelgeräte [*21*] will man die Chargendauer abkürzen, die Ofenreise verlängern, den Verbrauch an feuerfestem Material herabsetzen [*22*] und Brennstoff sparen.

2. Regelung der Gewölbetemperatur über die Brennstoffzufuhr

a) Handbetrieb

Bei der *Handsteuerung* der Schieber, Drosselklappen und Ventile in den Zuführungsleitungen des Brennstoffes richtet sich der Schmelzer nach der Höhe der Temperatur an der heißesten Stelle des Ofens, nach der Gewölbetemperatur. Der Schmelzer hat dabei die Aufgabe, in möglichst kurzer Zeit den eingesetzten Schrott niederzuschmelzen und den Herdraum des Ofens „auf Temperatur" zu bringen. Dabei darf er das Mauerwerk des Ofens, das Ofengewölbe und die Ofenköpfe nicht überbeanspruchen.

Besonders gefährdet ist das Ofengewölbe in der Zeit nach dem Niederschmelzen des Einsatzes und während des Fertigmachens, und zwar meist in der Nähe des abziehenden Ofenkopfes. Beginnt das Mauerwerk weich zu werden oder gar zu tropfen, so ist es an der Zeit, Heizgas oder Heizöl und Luft auf den anderen Ofenkopf umzuschalten. Der bisher abziehende Ofenkopf wird zum einziehenden Kopf. Er wird nun von dem noch unverbrannten Heizgas und von der Verbrennungsluft gekühlt. Die Schwierigkeiten, die mit der zuverlässigen und störungsfreien Temperaturmessung am Oberofen verbunden sind, haben dazu geführt, daß die Regelung nach der Gewölbetemperatur noch nicht allgemein eingeführt worden ist [*23, 24*].

b) Ermittlung der Gewölbetemperatur

Man verwendet Strahlungspyrometer mit Anbaurohren [*25*], die auf das Gewölbe ausgerichtet werden. Es werden auch Fotoelement-Pyrometer benutzt [*26*]. Das Fotoelement [*27, 28*], z.B. aus Selen, hat die Eigenschaft, nur auf diejenige Strahlung anzusprechen, die im sichtbaren Gebiet des Wärmespektrums liegt. Wegen der Temperaturempfindlichkeit der Selenzelle dürfen aber die Umgebungstemperaturen an der Einbaustelle nicht höher als +40 °C sein. In neuerer Zeit zieht man daher für die Messung der Gewölbetemperatur mehr und mehr das Gesamtstrahlungspyrometer vor, das bis über 180 °C temperaturkompensiert hergestellt wird.

Bild 23. ARDOMETER-Einbau [*29*] an der Rückwand des SIEMENS-MARTIN-Ofens

c) Selbsttätige Regelung

Auf das Pyrometer wirkt nur eine begrenzte strahlende Fläche des Herdraumgewölbes; im Gegensatz hierzu kann der Schmelzer den ganzen Herdraum überblicken. Es ist daher notwendig, bei der Regelung zwei Strahlungspyrometer für die beiden Seiten des Ofens zu verwenden. Man gibt dann immer dem Strahlungspyrometer den Vorrang, an dessen Meßstelle die jeweils höhere Gewölbetemperatur herrscht. Zweckmäßig ist es, die Strahlungspyrometer an der Rückwand des Ofens einzubauen (*Bild* 23) [*29*]. Die Erfahrung hat gelehrt, daß es notwendig ist, die Pyrometer vor dem Beginn des Chargierens für jede einzelne Schmelze abzunehmen und nachzuprüfen.

Das Diagramm der Gewölbetemperatur, des Herdraumdruckes und der Gasdurchsätze eines SIEMENS-MARTIN-Ofens (*Bild* 24) zeigt, was bei Regelung mit der Brennstoffzufuhr als Stellgröße erreicht werden kann.

Nach dem Wirkungsbild für die Regelung eines SIEMENS-MARTIN-Ofens (*Bild* 25) schaltet der Temperaturauswahlregler (*1*) die jeweils wärmere Meßstelle auf den Temperaturregler (*2*). Dieser verstellt über den Sollwert des Reglers (*3*) den Öldurchfluß, dem der Zerstäubungsdampf nachgeführt wird. Den Sollwert für den Gasdurchflußregler (*4*) kann man von Hand oder automatisch nachstellen

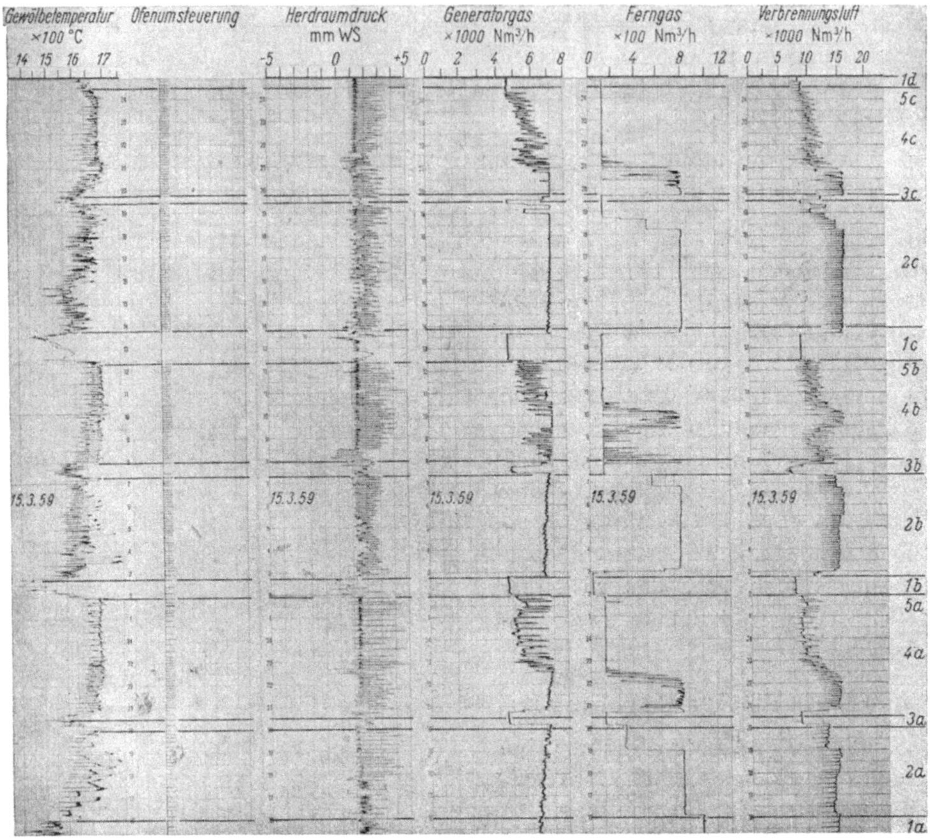

1 Herd flicken (*a* bis *d*) *2* Chargieren und Einschmelzen (*a* bis *c*) *3* Stahleisen kippen (*a* bis *c*)
4 Einschmelzen und Fertigmachen (*a* bis *c*) *5* Abstich (*a* bis *c*)

Bild 24. Gewölbetemperatur, Herdraumdruck, Gasdurchsätze eines SIEMENS-MARTIN-Ofens

lassen wie beim Öldurchflußregler (*3*). Nach der Summe der beiden Brennstoffe – in kcal – wird die Verbrennungsluft durch einen Gemischregler (*5*) geregelt. Als Brennstoff für SIEMENS-MARTIN-Öfen dient neben Öl und Generatorgas Hochofengas (Heizwert etwa 1000 kcal/Nm³) und Koksofengas (Heizwert etwa 4300 kcal/Nm³) oder ein Mischgas von etwa 2000 kcal/Nm³. Die billiger werdenden Heizöle gaben im letzten Jahrzehnt den Anreiz, einen Teil der SIEMENS-MARTIN-Öfen auf Bunker-C-Öl oder auf Teeröl umzustellen [*30*]. Das Öl muß aufbereitet und die Brennerkonstruktion der Regelung angepaßt werden [*31*]. Man kann die Ölzufuhr mit Hilfe von Meßblende und Meßumformer messen und dann regeln; der Meßumformer sitzt unmittelbar auf der Ölleitung, so daß es nicht notwendig ist, den Meßumformer zu heizen. Den Heizöldurchfluß kann man auch mit geheizten Ringkolbenzählern messen, die einen Tachogenerator antreiben. Der Temperaturregler führt dabei den Sollwert des Öldurchflußreglers, dem als Maß für den Öldurchfluß die Spannung des Tachogenerators zugeleitet wird. Vor dem Zähler muß das Heizöl gefiltert werden.

Bei dem periodischen Wechseln der Heizrichtung besteht die Gefahr, daß sich nach dem Umstellen der Beheizung am Brenner des abziehenden Ofenkopfes

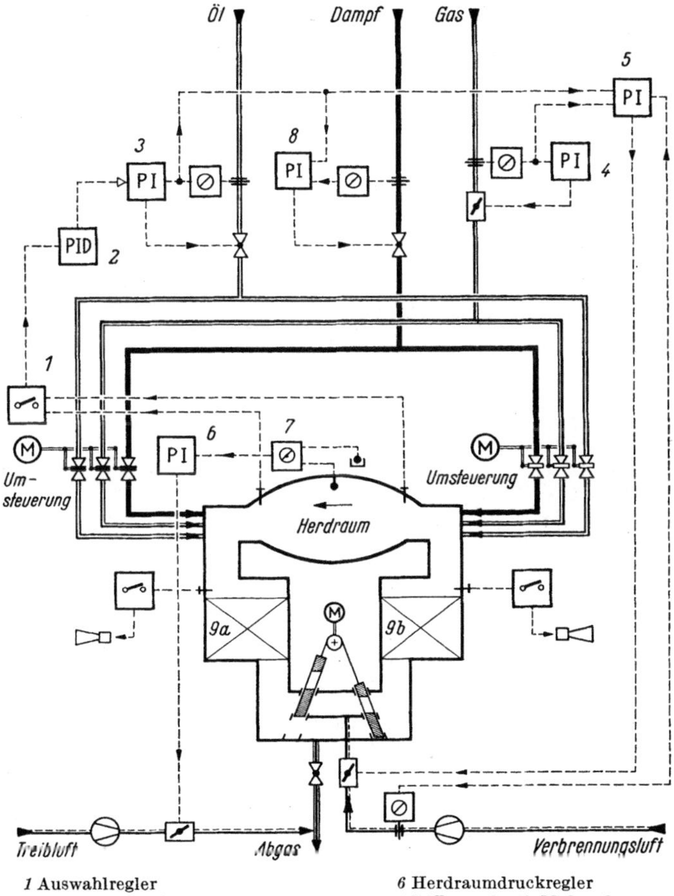

1 Auswahlregler
2 Temperaturregler
3 Öldurchflußregler
4 Gasdurchflußregler
5 Summe Brennstoff-Luft-Gemischregler
6 Herdraumdruckregler
7 Differenzdruck-Meßumformer
8 Verhältnisregler Öl-Dampf
9 Luftkammer (*a* und *b*)

Bild 25. Regelung der Brennstoffzufuhr nach der Gewölbetemperatur

Rückstände absetzen. Die Austrittsquerschnitte am Kopf der Brenner werden dann kleiner. Auch kann sich der Gegendruck ändern. Deswegen setzt man für die Brennstoffzufuhr Durchflußregler ein, die dafür sorgen, daß der Brennstoff gemäß einem Sollwert dem Brennerkopf auch wirklich zugeführt wird. Außerdem ist die Temperaturregelung von den Ungleichmäßigkeiten im Brennstoffsystem entlastet.

Die notwendigen Verhältnissteller für Öl-Dampf oder Brennstoff-Luft werden in neuzeitlichen Überwachungsanlagen zusammen mit den Fernsteuerschaltern im Steuerpult des Ofens eingebaut (*Bild* 26). Die Pulte enthalten außerdem meist Anzeigeinstrumente, an denen der Öffnungsgrad der Öl- und Dampfventile und

Bild 26. Leitstand eines neuzeitlichen SIEMENS-MARTIN-Ofens

der Gas- und Luftdrosselklappen abgelesen werden kann. Dem Schmelzer wird hiermit eine Möglichkeit gegeben, die Brennstoffanteile von Öl und Gas einzustellen und zu verändern. Mit den Fernsteuerschaltern kann der Schmelzer in den Regelvorgang eingreifen und die Beheizung des Ofens den einzelnen Phasen – Chargieren, Einschmelzen, Fertigmachen – anpassen. Leuchtpfeile im Wirkschema der Pultplatte unterstützen dabei die Übersicht.

3. Regelung des Herdraumdruckes

Der Druck im Oberofen ist im wesentlichen von der Zugwirkung des Kamins oder eines Abgasgebläses abhängig. Er wird beeinträchtigt vom Strömungswiderstand der Regenerativkammern und vom Widerstand, den die Luft- und Abgaskanäle mit ihren Krümmern und Schiebern dem Abgasstrom entgegensetzen. Dieser Widerstand bleibt nicht konstant, da sich Schlacke an den Gittersteinen der Ofenkammer absetzt. Dabei können die Widerstände der Kammern auf beiden Ofenseiten verschieden werden. Für den Schmelzer war es daher von jeher eine schwierige Aufgabe, den Kaminzug den verschiedenen Zeitabschnitten der Schmelze und auch dem Wechsel der Heizrichtung anzupassen.

Für die Druckverteilung [*32*] längs des Ofens (*Bild* 27) ist der Herdraum maßgebend; in Höhe des Schauloches der mittleren Einsatztür soll der Druck

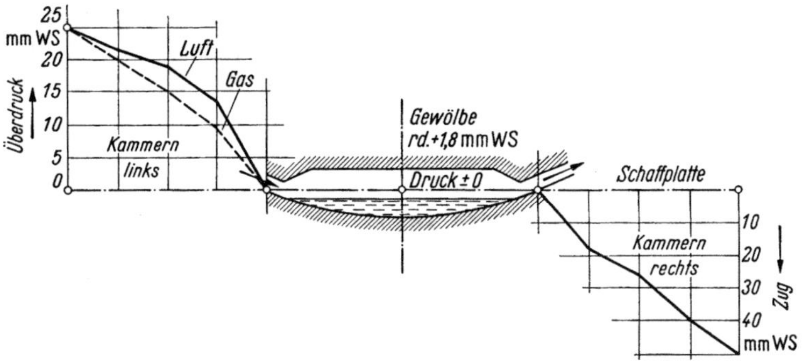

Bild 27. Druckverteilung im Herdraum, in den Kammern und in den Wechselkanälen

± 0 mm WS sein. Es kann dann weder Falschluft in den Herdraum eindringen noch ein Ausflammverlust auftreten.

In der Regelanlage (*Bild* 25) kann der Herdraumdruckregler (*6*) diese Aufgabe aber nur dann erfüllen, wenn der Kamin des Ofens die Abgase auch bei höchster Heizleistung aufnimmt und abführt. Um die Ofenleistung zu erhöhen und die bei natürlichem Zug störenden Einflüsse der Außenluft auszuschalten, ist man dazu übergegangen, Abgasgebläse zu verwenden. Besonders gut regelbar ist das häufig bevorzugte Treibluftgebläse. Die vom Gebläse angesaugte Luft wird durch eine düsenartige Verengung in den dazugehörigen Blechkamin geleitet und das Abgas durch die mit Hilfe der Drosselklappe eingestellte Injektorwirkung angesaugt. Ein befriedigendes Regelergebnis läßt sich nur mit Druckreglern erzielen, die nahezu trägheitslos sind und eine Ansprechempfindlichkeit von weniger als 0,05 mm WS haben. Das sich periodisch wiederholende Wechseln, das Niederschmelzen und Aufkochen

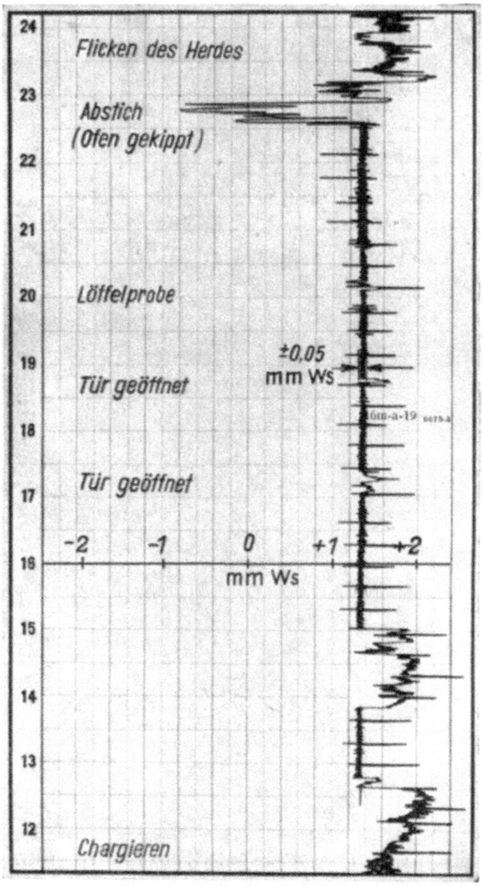

Bild 28. Druckdiagramm eines Siemens-Martin-Ofens. Regelung mit Hilfe der Drosselklappe in der Treibluftleitung

des Bades beunruhigen den Druck im Ofen fortwährend, was vom Regler abgefangen und ausgeglichen werden muß.

Anschlußstelle für den Druckmeßumformer (7) im *Bild* 25 ist das Gewölbe des Ofens. Man verwendet Formsteine mit passenden Ausnehmungen für das Ende der Leitung, eines 1″-Rohres. Die günstigste Anschlußstelle liegt oberhalb der Abstichöffnung etwa zwei Drittel der rückwärtigen Ofenwand von der Vorderwand entfernt. Um den mit der Temperatur veränderlichen Einfluß des Luftgewichts in der Druckübertragungsleitung auszuschalten, verlegt man von der Ofendecke eine Kompensationsdruckleitung und führt den Meßumformer als Differenzdruckgerät aus. Die beiden Leitungen sind eng nebeneinander zu legen und, wenn notwendig, gegen Wärmeeinflüsse gemeinsam zu isolieren. Es gelingt so den Herdraumdruck einwandfrei zu regeln (*Bild* 28). Das Umsteuern und Öffnen der Türen sind Störgrößen, die der Regler sehr gut ausgleicht. Im Mittel bleibt der Herdraumdruck innerhalb der Grenzen $\pm$ 0,05 mm WS. Nur beim Chargieren treten größere Abweichungen auf.

1 Düsenstöcke für Heißwindzufuhr (*a* und *b*)
2 Windform
3 Einbaustelle des Kurzventurirohres
4 Pneumatischer Regelklappenantrieb im Schutzgehäuse
5 Regelklappe

Bild 29. Beispiel für den Einbau von Meß- und Regelgeräten im Hüttenbetrieb. Düsenstöcke eines Hochofens (vgl. Abschnitt B)

E. Quellenhinweise

[1] Gemeinfaßliche Darstellung des Eisenhüttenwesens. Düsseldorf: Verlag Stahleisen mbH. 1953.

[2] Möhring, H.: Entwicklungsstand der Großgasmaschine als Hüttenwerksgebläse. Stahl u. Eisen 75. Jg. (1955) S. 474–478.

[3] DIN 1952. VDI-Durchflußmeßregeln. 6. Ausg. Nov. 1948.

[4] Runte, W.: Antrieb und Regelung der Kreiselgebläse für Hochofen-Windverdichtung. Stahl u. Eisen 75. Jg. (1955) S. 461–474.

[5] Cornuat, M.: Essais d'accumulation dans les appareils Cowper. Centre de documentation Sidérurgique Nr. 4 (1954) S. 721–734.

[6] Guthmann, K.: Stand der Temperaturüberwachung bei Hochofen-Winderhitzern. Stahl u. Eisen 72. Jg. (1952) S. 185–190.

[7] Kessels, K.: Ergebnisse der Untersuchung von Hochofen-Winderhitzern. Stahl u. Eisen 75. Jg. (1955) S. 958–974.

[8] Rein, A. u. Stebel, J.: Der Betrieb von Hochofen-Winderhitzern mit Abgasumwälzung. Stahl u. Eisen 71. Jg. (1951) S. 1310–1314.

[9] Wolf, W., Heppner, F., Güldner, W. u. Wolf, P.: Der neue Großhochofen der Westfalenhütte Dortmund AG. Stahl u. Eisen 74. Jg. (1954) S. 1456–1464.

[10] Hoffmann, E. E.: Verhütten von Erz-Kohle-Mischbriketts im Niederschachtofen. Stahl u. Eisen 74. Jg. (1954) S. 1464–1468.

[11] Erne, H.: Der Sauerstoff-Niederschachtofen und seine Arbeitsweise. Stahl u. Eisen 74. Jg. (1954) S. 1644–1648.

[12] Dickmann, H.: Die Einführung des Thomasverfahrens in Deutschland im Jahre 1879. Stahl u. Eisen 74. Jg. (1954) S. 1257–1262.

[13] Kosmider, H. u. Schenck, H.: Neue Erkenntnisse und Beiträge zur Metallurgie des Thomasverfahrens. Stahl u. Eisen 74. Jg. (1954) S. 1281–1292.

[14] Wever, F., Koch, W., Höfermann, H., Steinkopf, B. A., Knüppel, H., Mayer, K, E. u. Wiethoff, G.: Die Überwachung und Steuerung des Thomasverfahrens durch Auswertung der Temperaturstrahlung des Bades und des Spektrums der Konverterflamme. Stahl u. Eisen 75. Jg. (1955) S. 549–559.

[15] Naeser, G. u. Pepperhoff, W: Verfahren zur Ermittlung der Schmelztemperatur im blasenden Konverter. Stahl u. Eisen 70. Jg. (1950) S. 22–24.

[16] Naeser, G., Pepperhoff, W. u. Riedel, H.: Beobachtungen durch die Bodendüsen eines blasenden Konverters. Einfluß örtlich hoher Temperaturen auf die chemischen Vorgänge. Stahl u. Eisen 75. Jg. (1955) S. 1244–1251.

[17] 100 Jahre Eisenwerk-Gesellschaft Maximilianhütte 1853–1953. Hrsg.: Eisenwerk Ges. Max.-Hütte AG, Sulzbach-Rosenberg, Opf. 1953.

[18] Liesegang, W.: Erfahrung mit Reglern an Thomas-Konvertern. Siemens-Z. 32. Jg. (1958) S. 759–764.

[19] Siemens, F.: Heizverfahren mit freier Flammenentfaltung. Berlin: Springer 1885.

[20] Schmidt, H. u. Liesegang, W.: Spektralpyrometrische Messungen am Siemens-Martin-Ofen. Mitt. Kaiser-Wilhelm-Inst. Eisenforsch. Düsseldorf Bd. 10 (1928) S. 71–89.

[21] Liesegang, W.: Die Regelung von Siemens-Martin-Öfen. Siemens-Z. 31. Jg. (1957) S. 477 bis 481.

[22] Chesters, J. H.: Five years of progress in steelworks refractories. Iron and Steel Bd. 13 (1940) S. 214–220.

[23] Land, T.: A fotoelectric roof pyrometer for open hearth furnaces. J. Iron Steel Inst. Bd. 155 (1947) S. 568–576.

[24] Bartu, F.: Die Bauart amerikanischer Siemens-Martin-Ofenanlagen. Radex Rdsch. (1951) Nr. 6, S. 243–256.

[25] Moll, K. H.: Die wärmetechnische Meßanlage an den Siemens-Martin-Öfen der Rasselsteiner Eisenwerke. Siemens-Z. 10. Jg. (1930) S. 615–620.

[26] Guthmann, K. u. Mitarb.: Gewölbetemperatur-Messung an Siemens-Martin- und Lichtbogen-Öfen mit Photoelement-Pyrometern. Stahl u. Eisen 72. Jg. (1952) S. 1418–1426.

[27] Görlich, P.: Die lichtelektrischen Zellen. Leipzig: Akademische Verlagsgesellschaft 1951.

[*28*] Lieneweg, F.: Neue Temperatur-Meßverfahren für die Eisenhüttenindustrie. Arch. techn. Messen V 2171/2, Lfg. 218 (März 1954).
[*29*] Ardometer: Eingetragenes Warenzeichen und Erzeugnis der Siemens & Halske AG.
[*30*] Hönig-Hönigsberg, F.: Die bisherige Entwicklung ölgefeuerter Siemens-Martin-Öfen in Österreich. Stahl u. Eisen 74. Jg. (1954) S. 1583–1591.
[*31*] Fettweis, K., Hauck, M., Cless, H. u. Guthmann, K.: Brenner-Bauarten für die Beheizung von Siemens-Martin-Öfen ausschließlich mit Öl und Teer. Stahl u. Eisen 75. Jg. (1955) S. 1553–1557.
[*32*] Hansen, M.: Zugerzeugung beim Industrieofen unter besonderer Berücksichtigung des Siemens-Martin-Ofens. Stahl u. Eisen 73. Jg. (1953) S. 838–845.
[*33*] Ewe, K.: Meß- und Regelanlage am Versuchskonverter der Phoenix-Rheinrohr in Duisburg-Ruhrort. Regelungstechnik 7. Jg. (1959) S. 248–253.

38. Metallhüttenwerke

Von **K. Becker**

Inhaltsübersicht

A. Überblick

Mit der Einführung der Regelungstechnik erzielt man in Metallhüttenwerken ähnliche Fortschritte wie in Eisenhüttenwerken: Schutz gegen Überbeanspruchung der Anlagen zugunsten einer längeren Lebensdauer, Qualität und Gleichmäßigkeit des Produktes, Wirtschaftlichkeit des Verfahrens und Entlastung des Personals von schwerer körperlicher Arbeit unter rauhen Betriebsverhältnissen. In Metallhütten führen jedoch die teilweise andersartigen technologischen Verfahren und die damit zusammenhängenden Regelaufgaben zu Lösungen, die von denen der Eisenhüttenindustrie abweichen.

Typische Beispiele sind das Gewinnen von Zink und das Gießen von Aluminium. Während man bei der Herstellung von Eisen im Hochofen die Eisenoxyde reduziert, indem Koks unter Windzufuhr im Reduktionsraum verbrennt und das Eisen in flüssiger Phase auftritt, wird bei der Zinkgewinnung nach dem Destillationsverfahren die Reaktionswärme außerhalb des Reduktionsraumes erzeugt. Die Reduktion muß in der dampfförmigen Phase des Zinks unter Luftabschluß in einer CO-Atmosphäre vor sich gehen. Beim Aluminiumgießen kommt es darauf an, Gießtemperatur und Gießgeschwindigkeit den technologischen Besonderheiten des flüssigen Aluminiums (Wasserstoffaufnahme, Oxydationshaut) sehr genau anzupassen, um einen brauchbaren Guß zu erzielen. Die zulässigen Grenzen sind wesentlich enger als in der Eisengießerei und erfordern den Einsatz von Regelungen.

B. Rohzinkgewinnung

1. Destillationsverfahren

Zink gewinnt man durch Verhüttung von Zinkerzen [*1*], unter denen das wichtigste die Zinkblende (ZnS) mit Beimengungen von PbS, FeS usw. ist. Von den verschiedenen Verhüttungsverfahren (z. B. Destillation, Elektrolyse, Wälzen) soll hier das Destillationsverfahren betrachtet werden. Es beruht auf dem niedrigen Siedepunkt des Zinkmetalls (907 °C) und kommt nur für reiche Erze in Betracht, die man in neuzeitlichen Anlagen in der Flotation aufbereitet.

Die Zinkblende wird zunächst bei 900 bis 1000 °C geröstet, wobei das Zinksulfid in Zinkoxyd übergeführt und auch das gebildete Zinksulfat zerlegt wird. Anschließend erfolgt die Reduktion des Zinkoxyds durch Kohle oberhalb des Siedepunktes von Zink. Die Kondensation des Zinkdampf-Kohlenoxydgemisches beginnt bei etwa 862 °C und wird in besonderen Behältern bei einer Temperatur von 500 °C abgeschlossen, wobei sich das Zink fast restlos niederschlägt.

2. Destillationsbetrieb und Regelaufgaben

Das gemahlene Zinkoxyd wird mit 33% Kohle gemischt und unter Zugabe eines Bindemittels zu Briketts gepreßt. Diese werden (*Bild* 1) in einem Verkoker (*11*) bei 850 bis 900 °C verkokt und gelangen mit einer Temperatur von etwa 700 °C in die Zinköfen, deren stehende Muffeln (Retorten) von oben beschickt werden.

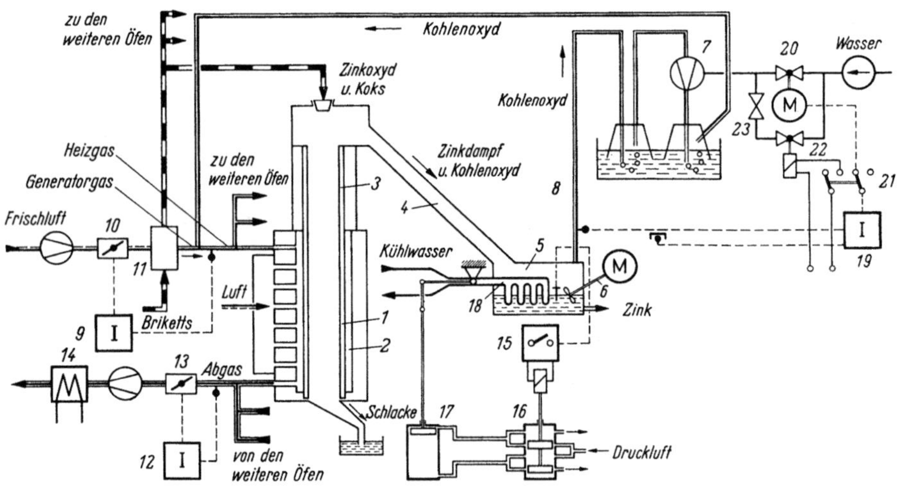

1 Stehende Muffel (Retorte)
2 Heizkammern
3 Unbeheizter Teil der Retorte
4 Schrägkanal
5 Sprühkondensator
6 Sprühvorrichtung
7 Wasserstrahlpumpe
8 Absaugleitung des Sprühkondensators
9 Heizgas-Druckregler
10 Frischluftklappe für Verkoker
11 Verkoker
12 Abgas-Druckregler
13 Abgasklappe
14 Abhitzekessel
15 Zinkbad-Temperaturregler
16 Vierwege-Magnetventil
17 Druckluft-Stellzylinder
18 Kühlvorrichtung
19 Druckregler
20 Regelventil
21 Umschalter
22 Magnetventil
23 Ventil

Bild 1. Regelung einer Destillationsanlage zur Zinkgewinnung

Eine solche Retorte (*1*) ist mit Steinen aus Siliziumkarbid gemauert und zu beiden Seiten mit Heizkammern (*2*) umgeben (beheizte Höhe etwa 8 bis 20 m, lichte Weite 0,25 m, Länge 2,10 m). Das Heizgas-Generatorgas aus den Verkokern und CO-haltige Gase aus dem Sprühkondensator treten oben in die Heizkammern ein. Die durch die Abgase in Rekuperatoren vorgewärmte Verbrennungsluft gelangt auf verschiedenen Ebenen in die Heizkammern.

Um durch geringere Wärmeverluste die Wirtschaftlichkeit zu erhöhen, sind die Zinköfen in Blocks von je 8 Einheiten zusammengefaßt, die gemeinsam mit Heizgas versorgt werden. Zur gleichmäßigen Versorgung aller Retorten mit Heizgas muß man den Druck in der gemeinsamen Zuleitung auf einen konstanten Wert von + 40 mm WS regeln. Störgrößen sind der Druck in den vorgeschalteten Anlageteilen, Beschickungsvorgänge bei den Verkokern und Schwankungen im Heizgasbedarf der einzelnen Öfen.

Die verbrannten Heizgase treten unten an den Heizkammern aus (vgl. *Bild* 1), werden in einer gemeinsamen Abgasleitung abgesaugt und einem Abhitzekessel (*14*) zugeleitet. Auch hier setzt ein einwandfreier Betrieb der Gesamtanlage eine Druckregelung voraus, die einen bestimmten Unterdruck von −30 mm WS aufrechterhält. Störgrößen sind der Heizgasverbrauch der einzelnen Öfen sowie der Druck in den vor- und nachgeschalteten Anlageteilen.

Infolge der Verkokung sind die Briketts einerseits porös und haben andererseits so viel Festigkeit, daß sie in den Retorten nicht zerfallen und einen einwandfreien Abzug der Gase und Dämpfe gewährleisten. Die aufgegebenen Briketts werden im oberen unbeheizten Teil (*3*) der Retorte durch das aufsteigende Zinkdampf-Kohlenoxyd-Gemisch vorgewärmt. Die Briketts durchwandern dann den beheizten Teil nach unten, wo Reduktion und Verdampfung bei etwa 1320 °C vor sich gehen. Die Schlacken und Rückstände werden unten am Ofen ausgetragen, wobei ein Wasserabschluß das Eindringen von Luft verhindert.

Im oberen unbeheizten Teil der Retorte kühlt sich das nach oben abziehende Zinkdampf-Kohlenoxyd-Gemisch ab. Hier scheidet sich ein Teil des mitverdampften Bleies ab. Das Gasgemisch gelangt dann in einen Schrägkanal (*4*), in dem es sich weiter abkühlt. Das Zink kondensiert im Sprühkondensator (*5*). In ihm ist eine Sprühvorrichtung (*6*) angeordnet, die aus einem Flügelrad aus Graphit besteht und von einem Elektromotor angetrieben wird. Das zersprühte Zink über dem Zinkbad schlägt das in den abziehenden Gasen in Form von Zinkdämpfen noch vorhandene Zink nieder. Eine Wasserstrahlpumpe (*7*) saugt über Gaswäscher das Kohlenoxydgas ab und führt es den Heizgasen der Retorte wieder zu. Das Zink wird dem Bad kontinuierlich entnommen. Die günstigste Temperatur über dem Zinkbad für eine einwandfreie Kondensation des Zinkes ist 500 °C. Hierbei werden nur noch 0,66% Zinkdampf nicht kondensiert. Außerdem ist bei dieser Temperatur ein kontinuierliches Ablaufen und Gießen des Zinkes gewährleistet. Es ist also wichtig, im Bad des Sprühkondensators eine Temperaturregelung vorzusehen, um die genannte Temperatur dauernd einzuhalten. Störgrößen sind hierbei: Beschickungs- und Reduktionsvorgänge sowie die Temperatur in der Retorte, ferner Vordruck und Temperatur des Kühlwassers.

Beim Sprühkondensator muß man unter allen Umständen vermeiden, daß Luft eindringt und infolgedessen Zink oxydiert wird. Aus diesem Grund ist es erforderlich, den Druck in der Absaugleitung (*8*) auf + 2 bis 3 mm WS gegenüber der Außenatmosphäre zu regeln. Störgrößen sind der Druck in den vorgeschalteten Anlageteilen und der Verbrauch der nachgeschalteten Anlageteile, der Druck in der Wasserzuleitung zur Pumpe sowie Beschickungsvorgänge an der Retorte.

3. Regelkreise

a) Druckregelung im Heiz- und Abgas

Bei beiden Regelstrecken (*Bild* 1) können I-Regler (*9*) und (*12*) die Druckregelung übernehmen, z.B. Fallbügelregler mit Membranmeßwerk und Impulskontakten. Diese Regler steuern den elektrischen Antrieb der Frischluftklappe (*10*) bzw. der Abgasklappe (*13*) für den Verkoker (*11*).

b) Temperaturregelung im Zinkbad

Die Regelgröße wird im Zinkbad von einem Thermoelement aus Eisen-Konstantan mit Schutzrohr aus Siliziumkarbid erfaßt. Die Thermospannung liegt an dem Drehspulmeßwerk, z.B. eines elektrischen Fallbügelreglers (*15*). Er tastet dauernd die Stellung des Zeigers ab und öffnet oder schließt einen Haltekontakt, sobald der am Regler eingestellte Sollwert von 500 °C über- bzw. unterschritten wird. Dieser Kontakt veranlaßt über ein Vierwege-Magnetventil (*16*) und einen druckluftgesteuerten Stellkolben (*17*) das Eintauchen einer wasserdurchflossenen Kühlvorrichtung (*18*) in das Zinkbad, wenn dessen Temperatur höher als 500 °C, und das Austauchen, wenn die Temperatur niedriger ist. Da die Bewegung des Stellkolbens nach beiden Richtungen begrenzt ist, können somit nur zwei Werte der Stellgröße auftreten: eingetauchte oder ausgetauchte Lage der Kühlvorrichtung (Zweipunktregelung). Dies hat gegenüber der Verwendung des Kühlwasserstromes als Stellgröße folgende Vorzüge: Selbstreinigung der Kühloberfläche und besserer Wärmeübergang durch die Bewegung im Zinkbad, kleine Totzeit bei Änderung der Stellgröße. Um Regelschwingungen zu vermeiden, ist der Regler mit einer thermischen Rückführung ausgerüstet.

c) Druckregelung hinter dem Sprühkondensator

Diese Aufgabe übernimmt ein Druckregler (*19*), dessen Meßwerk den Druck in der Absaugleitung gegenüber der Außenatmosphäre erfaßt. Das Gerät ist z.B. ein Fallbügelregler mit Impulskontakten; die Impulse werden auf den Antriebsmotor des Regelventils (*20*) in der Wasserzuleitung zur Pumpe (*7*) gegeben.

Bei der Regelung des Druckes in der Absaugleitung (*8*) ist noch folgendes zu berücksichtigen: Während der Betriebszeit der Retorte betätigt der Druckregler das Regelventil (*20*). In diesem Betriebszustand genügt für die Pumpe der Wasserdurchsatz, der durch das Ventil (*20*) beherrscht werden kann. Während der Beschickung der Retorte jedoch, d. h. wenn diese geöffnet wird, besteht die Gefahr, daß Kohlenoxyd und Zinkdämpfe austreten oder Falschluft eindringt. Um dies zu verhindern, wird der Umschalter (*21*) auf „Beschicken" geschaltet und hierdurch zusätzlich ein Magnetventil (*22*) geöffnet, das die Leistung der Wasserstrahlpumpe erhöht. Das Regelventil (*20*) bleibt hierbei in der Lage stehen, in der es vor dem Umschalten von „Betrieb" auf „Beschicken" stand. Auf diese Weise ist ein störungsfreier Übergang beim Wiedereinschalten des Reglers auf „Betrieb" erreicht. Das Ventil (*23*) dient zum einmaligen Einstellen des beim Beschicken erforderlichen Wasserdurchflusses.

C. Aluminiumgießen (Stranggießverfahren)

1. Gießtechnik und Regelaufgaben

In der Aluminiumgießerei werden elektrolytisch gewonnenes Hüttenaluminium (Rohmasseln), das vielfach noch Kryolitheinschlüsse und Verunreinigungen enthält, sowie Aluminiumabfälle umgeschmolzen und in handelsübliche Formen vergossen [2]. Bei dem hier betrachteten Stranggießverfahren bringt man das Einsatzmaterial zunächst in einen Schmelzofen. Das geschmolzene Aluminium gelangt in einen Warmhalteofen (Gießwanne) und wird von dort bei einer Gießtemperatur von 670 bis 750 °C mit einer bestimmten Gießgeschwindigkeit in die Stranggießvorrichtung geleitet, aus der es als kontinuierlicher Strang austritt.

Als Einsatzmaterial für den Schmelzofen (8 t) kommt im vorliegenden Fall Hüttenaluminium mit einer Reinheit von 99,7% in Betracht. Die Gießanlage (*Bild* 2) besteht aus dem Schmelzofen (*1*), der Gießwanne (*2*) und der Gießvor-

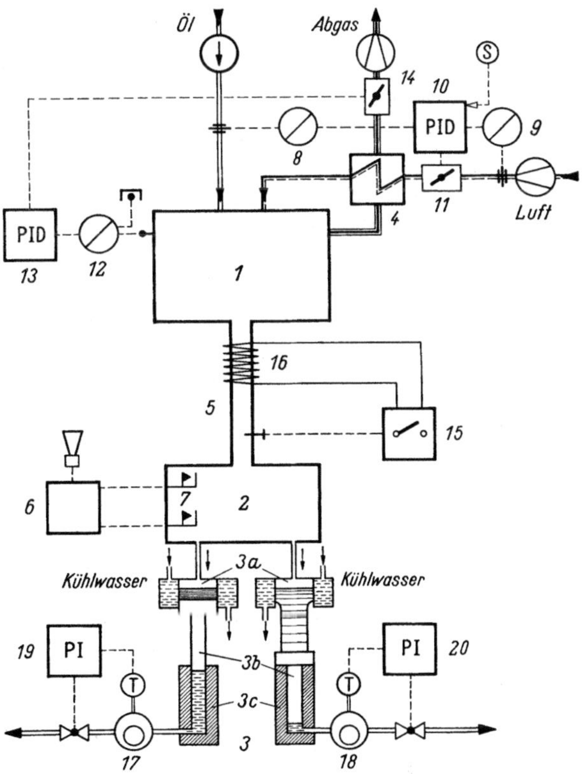

1 Schmelzofen
2 Gießwanne
3 Stranggießvorrichtung
  a Gießform
  b Stempel
  c Führungszylinder
4 Rekuperator
5 Zwischenrinne
6 Vorrichtung für Badspiegel-Signalisierung
7 Badspiegelkontakte
8 Heizöldurchfluß-Meßumformer
9 Luftdurchfluß-Meßumformer
10 Öl-Luft-Verhältnisregler
11 Luftklappe
12 Herdraumdruck-Meßumformer
13 Herdraumdruckregler
14 Rauchgasklappe
15 Temperaturregler
16 Heizwicklung
17, 18 Öl-Wasser-Zähler mit Tachogenerator
19, 20 Öl-Wasser-Durchflußregler

Bild 2. Regelung einer Aluminiumstranggießanlage

richtung (*3*). Der Ofen hat Ölfeuerung sowie einen Rekuperator (*4*), der die Verbrennungsluft vorwärmt.

Die notwendige gleichmäßige Ofenführung und ein wirtschaftlicher Verbrennungsvorgang erfordern, daß das günstigste Öl-Luft-Verhältnis dauernd aufrechterhalten wird. Um die Oxydhautbildung nicht zu fördern, fährt man leicht reduzierend. Störgrößen sind der Druck in den vorgeschalteten Anlageteilen, Zuführungsleitungen für Öl und Verbrennungsluft sowie Chargiervorgänge.

Ferner muß im Herdraum des Ofens gegenüber der Außenatmosphäre ein Druck aufrechterhalten werden, der verhindert, daß beim Chargieren und Öffnen der Ofentür Falschluft eindringt oder daß Flammen herausschlagen und die Rauchgase das Ofenpersonal gefährden. Solche Störungen führen außerdem zu Wärmeverlusten, setzen den Wirkungsgrad des Ofens herab und beeinträchtigen eine ruhige Ofenführung. Durch Regelung des Differenzdruckes zwischen Herdraum und Außenatmosphäre lassen sich diese Nachteile vermeiden.

Beim Gießen kommt es darauf an, eine bestimmte Temperatur mit einer Abweichung von nicht mehr als 10 °C einzuhalten, da es sonst Ausschuß gibt. Es ist daher außer einer gleichmäßigen Ofenführung des Schmelzofens notwendig, das geschmolzene Aluminium zum Gießen erst aus dem Schmelzofen (*1*) über eine Zwischenrinne (*5*) in die Gießwanne (*2*) zu leiten. Hier muß die erforderliche Gießtemperatur sichergestellt werden, die je nach den gewünschten Eigenschaften des Gusses zwischen 670 und 750 °C liegt. Störgröße ist die Temperatur im Schmelzofen. Es sind jedoch auch Vorkehrungen dafür zu treffen, daß das Aluminium aus der Gießwanne der Gießvorrichtung (*3*) mit konstanter Geschwindigkeit zufließt. Dies erreicht man dadurch, daß man der Gießwanne eine bestimmte Neigung gibt. Eine Vorrichtung (*6*) mit Kontakten (*7*), die in das Bad tauchen, signalisiert optisch und akustisch die Abweichung des Badspiegels im Falle falscher Neigung. Die erforderliche Neigung kann von Hand eingestellt werden.

Flüssiges Aluminium bildet an seiner Oberfläche sehr schnell Aluminiumoxyd in Form einer zähen, dünnen Haut. Wenn diese in die Schmelze hineingerissen wird, bleibt sie als Fremdkörper bestehen und bildet beim Walzen und Ziehen Ausschußstellen im Metall. Auch die Erstarrungsschrumpfung (7,1%) des Aluminiums in Verbindung mit dem hohen Wärmeinhalt (263 kcal/kg bei 662 °C) erfordert beim Gießen besondere Maßnahmen, um das Mitreißen von Oxydhaut zu vermeiden. Es kommt dabei grundsätzlich darauf an, daß der Gießstrahl nicht abreißt. Er muß stetig und in gleichbleibender Stärke bis zur Beendigung des Gießvorganges in dem einmal gebildeten Oxydschlauch aufrechterhalten bleiben. Dies erfordert eine konstante Gießgeschwindigkeit. Bis zur vollständigen Erstarrung muß dann so viel flüssiges Metall nachgegeben werden, wie der Kontraktion entspricht.

Die Form (*3a*), in die das Aluminium aus der Gießwanne gegossen wird, ist von Kühlwasser durchströmt. Auf diese Weise erstarrt das Metall fast augenblicklich, so daß es als ein kontinuierlicher homogener Strang aus der Form in einer Länge bis zu 20 m unten austreten kann. Die Anpassung der Stranggeschwindigkeit an die Gießgeschwindigkeit wird auf folgende Weise erreicht: Den Boden der Gießform bildet ein Stempel (*3b*), der sich zugleich als Kolben in einem Führungszylinder (*3c*) auf und ab bewegen kann. In ihm befindet sich ein Öl-Wasser-Gemisch. Für dieses ist eine Abflußleitung vorgesehen.

Beim Einsetzen des Gießvorganges ist der Kolben oben und soll sich dann mit konstanter Geschwindigkeit nach unten bewegen. Das Öl-Wasser-Gemisch entweicht unter der Einwirkung des Kolbens durch die Abflußleitung. Der Durchfluß in dieser Leitung ist ein Maß für die Stranggeschwindigkeit. Sie kann also mit Hilfe einer Durchflußregelung (s. Kapitel 5) auf dem gewünschten Wert gehalten werden. Störgröße ist das Gewicht des Stranges.

2. Regelkreise

a) Öl-Luft-Verhältnisregelung im Schmelzofen

Öldurchfluß und Luftdurchfluß (s. *Bild* 2) werden durch je einen Meßflansch erfaßt, in Meßumformern (*8*) bzw. (*9*), z.B. nach dem Kraftvergleichsverfahren, pneumatisch als Druck abgebildet und auf den pneumatischen Gemischregler (*10*) übertragen. Dieser arbeitet als PID-Regler und mit kurzer Stellzeit auf die Klappe (*11*) in der Luftleitung.

b) Herdraumdruckregelung im Schmelzofen

Bei der Erfassung des Herdraumdruckes werden an die Empfindlichkeit des Meßumformers (*12*) hohe Anforderungen gestellt, die z.B. eine Membran in Verbindung mit Waagebalken, induktivem Abgriff und Tauchspule erfüllt. Der Meßumformer bildet die Regelgröße nach dem Kraftvergleichsverfahren als Stromwert ab und überträgt ihn auf einen schnellarbeitenden Magnetikregler (*13*). Er arbeitet als PID-Regler auf die Rauchgasklappe (*14*) des Ofens.

In den senkrechten Teilen der Meßdruckleitung zwischen Ofen und Meßumformer treten infolge von Temperaturschwankungen Änderungen der Wichte der Luftsäule auf, die sich als Störungen beim Regelvorgang bemerkbar machen. Es ist daher erforderlich, parallel zur Meßdruckleitung eine zweite Leitung (Kompensationsleitung) zu verlegen, die an die von der Atmosphäre beaufschlagte Seite der Membran des Meßumformers angeschlossen wird. Das andere Ende dieser Leitung ist in die Nähe der Meßstelle außen am Ofen zu legen.

c) Temperaturregelung in der Zwischenrinne

Um die in der Gießwanne (*2*) angestrebte Temperatur zu beherrschen, regelt man am besten bereits die Temperatur in der Zwischenrinne (*5*). Die Regelgröße wird von einem Thermoelement erfaßt und auf den Regler (*15*) übertragen, der z.B. als Zweipunktregler mit Druckbügel und Haltekontakten die Heizwicklung (*16*) an der Zwischenrinne auf „Stern" bzw. auf „Dreieck" schaltet.

d) Regelung der Stranggeschwindigkeit in der Stranggießvorrichtung

Meßgröße für die Stranggeschwindigkeit ist der Durchfluß des Öl-Wasser-Gemisches in der Abflußleitung der Stranggießmaschine. Zur Durchflußmessung dienen die Ringkolbenvolumenzähler (*17*) und (*18*) mit Drehgeschwindigkeitsabgriff (s. Kapitel 12, *Bild* 5), die auf PI-Regler (*19*) und (*20*) wirken. Sie betätigen die Regelventile in den Abflußleitungen für das Öl-Wasser-Gemisch. Diese Regelstrecke enthält praktisch keinen Speicher und erfordert einen Regler mit hoher Stellgeschwindigkeit.

Bild 3. Überwachungstafel in einer Zinkhütte

D. Quellenhinweise

[1] WINNACKER, K. u. WEINGAERTNER E. (Herausgeber): Chemische Technologie, Bd. 5: Metallurgie/Allgemeines. München: Carl Hanser 1953.

[2] VON ZEERLEDER, A.: Technologie des Aluminiums und seiner Leichtlegierungen. Leipzig: Akademische Verlagsgesellschaft Geest & Portig 1947.

39. Elektrostahlerzeugung

Von **H. Ernst**

Inhaltsübersicht

A. Überblick und Aufgabenstellungen

1. Aufbau und Regelbarkeit eines Lichtbogenofens (*Bild* 1)

In dem Ofengefäß (*1*) eines Lichtbogenofens befindet sich Stahlschrott. Durch den Ofendeckel (*2*) ragen drei senkrecht in Fassungen (*3*) eingespannte Graphit- oder Kohleelektroden (*4*). In den Fassungen befinden sich die Kontaktbacken, denen der Strom vom Transformator (*7*) über Seile (*6*) und Stromschienen (*5*) zugeführt wird. Die Elektroden mit Fassungen werden von Tragarmen (*8*) gehalten, die mit Hilfe von beweglichen Schlitten (*9*) in Führungssäulen (*10*) auf- und abgleiten. Sie können so die zum Zünden des Lichtbogens, Einstellen der Bogenlänge, Ausgleichen des Abbrandes erforderlichen Bewegungen durch Eingriff eines Reglers durchführen.

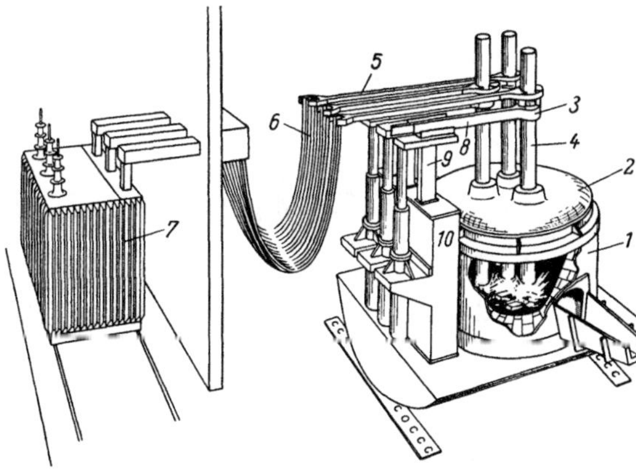

1 Ofengefäß, *2* Ofendeckel, *3* Fassungen, *4* Elektroden, *5* Stromschienen, *6* Seile, *7* Transformator, *8* Tragarme, *9* Schlitten, *10* Führungssäulen

Bild 1. Aufbau eines Lichtbogenofens

Stellorgane. Die Elektroden können entweder elektromotorisch über Getriebe, Seilscheiben, Seile, Seilrollen (*Bild* 2a), über Ritzel und Zahnstangen (*Bild* 2b) oder hydraulisch (*Bild* 2c bis g) verstellt werden. Um die Stellkräfte zu vermindern, werden die zu bewegenden Gewichte durch Gegengewichte (*3*) ganz oder teilweise ausgeglichen. Bei hydraulischem Antrieb werden die Gegengewichte häufig durch den sogenannten hydraulischen Gewichtsausgleich (*7*) ersetzt.

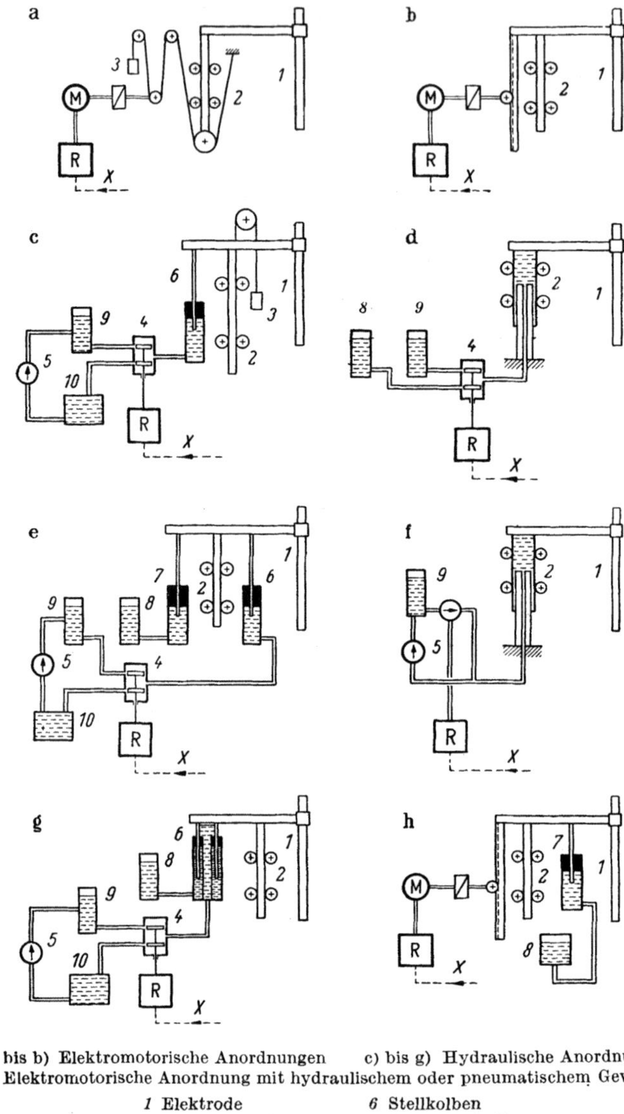

a) bis b) Elektromotorische Anordnungen c) bis g) Hydraulische Anordnungen
h) Elektromotorische Anordnung mit hydraulischem oder pneumatischem Gewichtsausgleich

1 Elektrode
2 Elektrodenschlitten
3 Gegengewicht
4 Steuerventil
5 Pumpe
6 Stellkolben
7 Ausgleichskolben
8 Ausgleichskessel
9 Druckkessel
10 Rücklaufkessel

Bild 2. Beispiele von Stellantrieben für Elektrodenregelungen

Die elektrische Leistung wird auf der Hochspannungsseite dem Ofentransformator über Eingangstrenner, Leistungsschalter und Eisendrossel zur Begrenzung der Kurzschlußströme zugeführt. Den Sekundärstrom führt man mit niederer Spannung über die Hochstromleitungen den fast immer im gleichseitigen Dreieck angeordneten Elektroden und über den Lichtbogen der Schmelze zu.

2. Schmelzvorgang und Regelaufgaben

Nach dem Einschalten der Regelung werden die Elektroden zum Zünden mit dem Schrott in Berührung gebracht und zum Einstellen der richtigen Lichtbogenstromstärke wieder abgehoben. Die Lichtbogenstromstärke wird bei gegebener Ofenspannung durch Verändern der Lichtbogenlänge eingestellt. Je nach Betriebszustand ist die einer bestimmten Stromstärke zugeordnete Lichtbogenlänge verschieden. Sie ist abhängig von Art und Temperatur der Elektrode, des Schrottes und der Schlacke.

Der Stromnulldurchgang bei Wechselstrombetrieb, kaltes wärmeableitendes Material, Luftströmungen, plötzlich wegschmelzende Schrotteilchen begünstigen das Erlöschen des Lichtbogens; bei flüssiger Schmelze wirkt die hohe Temperatur stabilisierend.

Kalkschlacke wirkt ionisierend, saure Schlacke dagegen erschwert auch bei flüssigem Stahl die Aufrechterhaltung des Lichtbogens, da sie schlecht leitet und nicht ionisierend wirkt. Beim Zünden und Anfahren ist der Lichtbogen demnach nicht stabil. An die Regelung werden in diesem Zeitabschnitt größte Anforderungen gestellt. Damit die Leistungsschwankungen klein bleiben, sind große Elektrodengeschwindigkeit und Genauigkeit anzustreben, was nur bei kleinsten Totzeiten und Zeitkonstanten des Systems möglich ist.

Das infolge der Wärme des Lichtbogens schmelzende Metall fließt nach unten. Die Elektroden müssen sich mit dem Material senken, damit der Lichtbogen aufrechterhalten wird. Hierbei sind besonders bei kaltem Ofen und sperrigem Schrott große Ansprechempfindlichkeit und hohe Elektrodengeschwindigkeit erforderlich. Trotzdem läßt sich ein Abreißen des Lichtbogens nicht immer vermeiden, wenn sich unter dem gerade geschmolzenen Schrotteil ein größerer Hohlraum befindet. Nachdem sich die Elektroden durch den Schrott durchgebohrt haben und sich am Ofenboden genügend flüssiges Material angesammelt hat, brennt der Lichtbogen ruhiger, doch kommt auf dem flüssigen Untergrund der Restschrott häufig ins Rutschen. Dabei legen sich Schrotteile gegen die Elektroden und verursachen Kurzschlüsse. Die Elektroden müssen dann mit größter Geschwindigkeit hochgezogen werden, um Netzabschaltung bzw. Überlastung des Transformators zu vermeiden.

Das Abschalten des Netzes läßt sich nicht immer vermeiden, da die Elektroden zum Beseitigen der Kurzschlüsse zuweilen Wege von 1000 mm und mehr durchlaufen müssen.

Sobald alles flüssig ist, wird die Regelung einfacher, der Lichtbogen ist stabiler; nur während der Kochperiode, in der das Bad durch die ausströmenden CO-Gase in Wallung gebracht wird, müssen die Elektroden noch schnelle ausgleichende Bewegungen ausführen.

3. Wahl der Regelgröße

Als Regelgröße würde sich die *Schmelzwärme* am besten eignen, um der technologischen Aufgabenstellung möglichst gut gerecht zu werden. Das unmittelbare

Messen der Wärme im Schmelzgut selbst ist aber nicht gut möglich. Während des Einschmelzens von kaltem Schrott könnte sie z. B. nur im Schmelzkrater unter der Elektrode gemessen werden. Für das Erfassen der *Temperatur* der flüssigen Schmelzen (1500 bis 1700 °C) gibt es noch keine Meßgeräte, die einem Dauerbetrieb gewachsen sind. Auch die Ofenatmosphäre gibt, besonders beim Einschmelzen, kein Abbild der zugeführten Wärme, ebensowenig können aus der Messung der Temperatur des Mauerwerkes Rückschlüsse auf die jeweilige Wärmezufuhr gezogen werden.

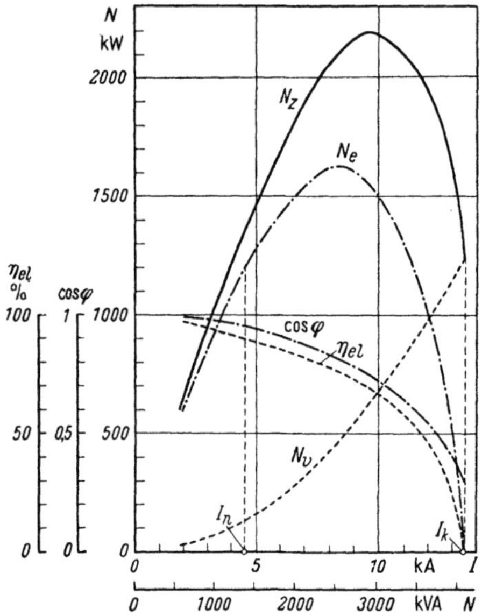

N_z Zugeführte Leistung
N_e Lichtbogenleistung
N_v Verlustleistung
I_n Nennstrom
I_k Dreiphasiger Kurzschlußstrom
$\cos\varphi$ Leistungsfaktor
η_{el} Wirkungsgrad

Bild 3. Kennlinien für einen Lichtbogenofen

Wegen der Schwierigkeiten beim direkten Messen der Wärme wählt man als Ersatzgröße die zugeführte Leistung. Dabei muß man sich auf die Erfahrung und Beobachtung des Schmelzmeisters stützen, der die Größe der zuzuführenden Leistung am Sollwertgeber jeweils einstellt. Die Regelung der gleichmäßigen Leistungszufuhr nach Vorgabe des Sollwertes ist dann die Aufgabe der Elektrodenregelung.

Statt der Leistung können auch andere, der Leistung proportionale oder angenähert proportionale Größen gewählt werden. Die elektrischen Kennlinien eines Schmelzofens (*Bild* 3) lassen erkennen, welche elektrischen Meßgrößen zur Durchführung dieser Aufgabe ausgewählt werden können. Es bieten sich folgende Größen an: Lichtbogenspannung, Lichtbogenstrom, Lichtbogenleistung, Wirkleistung, Leistungsfaktor.

Die Regelung auf konstante Leistung des Lichtbogens erfordert das Messen des Ofenstromes und der Lichtbogenspannung. Der Ofenstrom kann leicht über Stromwandler gemessen werden. Wegen der Schwierigkeit, die Lichtbogenspannung an der weißglühenden Elektrodenspitze abzugreifen, hat man es an anderen Stellen der Hochstrombahn versucht, z. B. dort, wo die flexiblen Kupferseile angeschlossen sind, oder an den Kontaktbacken. Dabei ist der zwischen Elektrodenspitze und Meßstelle bestehende Wert des ohmschen und induktiven Widerstandes durch eine elektrische Nachbildung zu kompensieren [*16*]. Diese Methode ist noch nicht befriedigend wegen des ungleichmäßigen Abbrandes der Elektroden, des schwankenden spezifischen Widerstandes des Elektrodenmaterials (8 bis $13 \cdot 10^{-4}\ \Omega$ cm), und wegen des sich ändernden induktiven Widerstandes. Die Schwankungen des Wertes des induktiven Widerstandes treten ein, bei Veränderung des Abstandes der Hochstromzuleitungen der drei Elektroden, durch Schwingen der flexiblen Kupferseile und schließlich bei Veränderung des induktiven Anteils im Lichtbogen selbst [*18*]. Günstiger wäre die Regelung auf konstante *Wirkleistung*. Die Kurve der Wirkleistung hat jedoch in der Nähe ihres Maximums einen flachen Verlauf; kleinen Leistungsänderungen entsprechen daher große Stromänderungen, so daß der Aufwand für einen guten Regler recht groß wird. Dies dürfte der Grund sein, warum die Regelung auf konstante Wirkleistung (wie auch die Regelung auf konstanten Leistungsfaktor) selten angewendet wird.

Bei der Regelung auf konstante *Lichtbogenspannung* [*4*] beeinflussen Spannungsänderungen der benachbarten Elektroden die Messung; somit wird die Elektrode trotz richtiger Einstellung bewegt, wenn in einer anderen Elektrode eine Störung auftritt.

Auch bei der Regelung auf konstanten *Strom* werden die Nachbarelektroden ungünstig beeinflußt. Ein Eintauchen einer Elektrode in das Bad trotz Einhaltens der Sollstromstärke kann nicht immer vermieden werden. Man hat deshalb mit Hilfe eines Spannungsgrenzrelais die Leitererdspannung zwischen Ofenerde und Leiter gemessen und dem Regler zusätzlich aufgeschaltet. Diese so verbesserte Stromregelung mit Spannungsgrenzwertregler wurde häufig eingesetzt [*1, 2, 6*].

Weit verbreitet ist die Regelung auf konstante *Impedanz*. Sie wurde schon seit Jahrzehnten bei den über Differentialrelais mit Schützen gesteuerten Regelungen im Prinzip angewendet. Bei der Regelung auf Impedanz werden die Meßwerte der Ofenspannung (Spannung zwischen Leiter und Erdpunkt) und des Ofenstromes im Meßwerk selbst oder im Stellmotor so miteinander verglichen, daß das Verhältnis $U/I = Z$ gebildet wird; die an sich wünschenswerte Lichtbogenspannung ist schwer abzugreifen, so daß ein Teil des Spannungsabfalles in den Leitungen mitgemessen werden muß. Die Impedanzregelung hat den Vorzug, daß bei Störungen, die in einem Leiter auftreten, der Regler im wesentlichen nur diese Störung ausregelt, während die beiden anderen Elektroden in Ruhe bleiben. Außerdem wird bei symmetrisch und richtig eingestelltem Ofenstromregler ein Tauchen der Elektroden in die Schmelze vermieden. Bei schwachen Netzen ist sie elastisch, da bei Regelung auf $U/I = Z$ mit kleinerer Spannung auch ein niedrigerer Strom eingeregelt wird und damit die Leistungsentnahme aus dem Netz proportional der sinkenden Spannung abnimmt.

4. Einflüsse auf das Netz

Eine der Hauptaufgaben bei der Regelung des Lichtbogenofens ist es, den Regelvorgang so zu gestalten, daß der Betrieb des Lichtbogenofens in allen Fällen störungsfrei verläuft und starke Spannungsänderungen durch zu hohe Laststöße vermieden werden. Man ist daher vor allem bestrebt, die Stabilität des Lichtbogens zu verbessern, sei es durch Beimengungen von ionisierenden Zusätzen in den Elektroden (Verwendung von Hohlelektroden [*17*]) oder durch rein elektrische Hilfsmittel, wie sie in der Schweißtechnik in zunehmendem Maße eingeführt werden.

Ein besonderes Problem stellt das sogenannte Lichtflimmern dar [*14*], das z.B. eintritt, wenn Lichtbogenöfen an schwache Netze angeschlossen sind. Es wird durch 3 bis 8 mal je Sekunde auftretende Spannungsänderungen hervorgerufen, die auf das Lichtnetz übertragen werden und störend wirken, wenn sie dort Spannungsschwankungen in der Größenordnung von etwa 0,5% verursachen. Diese Spannungsschwankungen erklärt man sich durch Spannungsänderungen im Lichtbogen, hervorgerufen durch das Wandern des Lichtbogens infolge der elektrodynamischen und magnetischen Kraftwirkungen und die Luftströmungen. Das Vermindern dieser Störungen, z.B. mit Hilfe von steuerbaren Drosselspulen oder Reihenkondensatoren, ist sehr kostspielig.

B. Regelanordnungen

1. Allgemeine Gesichtspunkte

Das Hauptaugenmerk bei der Regelung von Lichtbogenöfen richtet sich auf das Erreichen einer optimalen Elektrodengeschwindigkeit. Die betrieblich zulässige Elektrodengeschwindigkeit ist abhängig von der Lichtbogenlänge, der Ofentemperatur, der Stromstärke, der Phasenverschiebung zwischen Strom und Spannung, der Ansprech- und Anlaufzeit sowie der Güte der Rückführung der Regel-

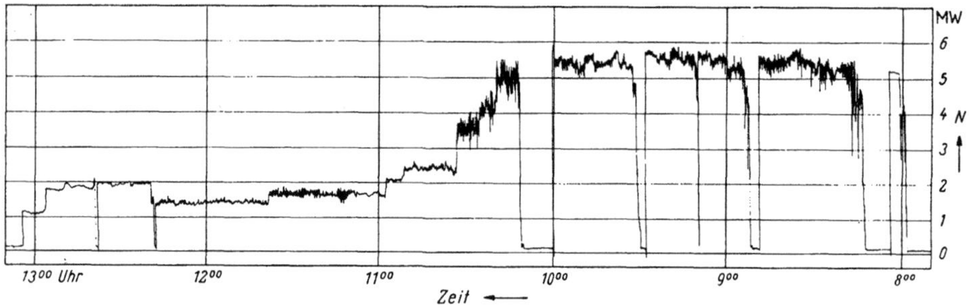

Bild 4. Schmelzdiagramm eines Lichtbogenofens

einrichtung. Wesentlich ist aber auch die Stabilität der mechanischen Ofenteile, insbesondere der Tragarme, der Fassungen und der Elektroden. Bei kleinen Ofeneinheiten liegen z.B. günstige maximale Geschwindigkeiten in der Größenordnung von 40 mm/s und bei größten Einheiten in der Größenordnung etwa 100 bis 150 mm/s. Die Stellantriebe sind hydraulisch oder elektromotorisch.

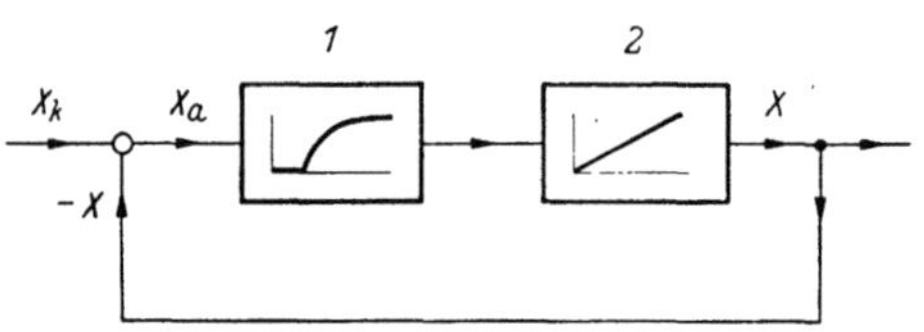

X_k Vergleichsgröße
X Regelgröße
X_a Regelabweichung

Bild 5. Ersatzblockschaltplan eines Regelkreises für einen Lichtbogenofen [*15*]

Das *Bild* 4 zeigt ein übliches Schmelzdiagramm. Schnelles Einschmelzen erfordert hohe Leistung, während zum Frischen und Feinen nur die Reaktions- und Schlackenbildungswärme und die Wärmeverluste ersetzt werden müssen. Die zugeführte Leistung wird meist durch Ändern der Transformatorspannung bei konstantem Strom eingestellt. Die Einschmelz-Leerlaufspannungen liegen je nach Ofengröße zwischen 140 und 500 V Leitererdspannung, die niedrigsten Spannungen beim Feinen zwischen 65 und 110 V, während die Ofenströme 1000 bis 45000 A bei Stahlschmelzöfen und bis zu 100000 A bei Reduktionsöfen betragen können.

Das dynamische Verhalten des Regelkreises eines Lichtbogenofens läßt sich in einem Ersatzblockschaltplan mit zwei Gliedern erfassen (*Bild* 5) [*15*]. Ein Glied (*1*) hat eine Übergangsfunktion mit einer Totzeit T_t und einer Verzögerung 1. Ordnung mit der Zeitkonstanten T und dem Verstärkungsfaktor V. Das zweite Glied (*2*) hat integrales Verhalten mit einer Stellzeit T_s. An Hand dieser vereinfachten Darstellung kann die Untersuchung der Stabilitätsbedingungen verhältnismäßig leicht durchgeführt werden.

2. Elektrodenregelung mit Magnetverstärkern (*Bild* 6) [*2, 3, 10, 19, 20, 21*]

Die Elektroden (*2*) werden z. B. über Getriebe (*3*), Seilantrieb oder Zahnstangen von Drehstrommotoren (*4*) verstellt, die durch Magnetverstärker (*5*) und (*6*) in Rechts- und Linkslauf gesteuert werden. Als Meßgrößen führt man über Stromwandler (*7*) dem Verstärker den gleichgerichteten Ofenstrom und über Spannungsteiler (*8*) die gleichgerichtete Leitererdspannung in Differenzschaltung zu (Impedanzregelung). Bei überwiegendem Strom werden die Elektroden gehoben, bei überwiegender Spannung gesenkt. Als Rückführung und zur Unterstützung der Bremswirkung wird an die Welle des Elektrodenstellmotors ein Tachogenerator (*9*) angebaut. Über den Magnetverstärker wird die den Stellmotoren (*4*) zugeführte Spannung gesteuert und damit die Geschwindigkeit der Elektroden geändert.

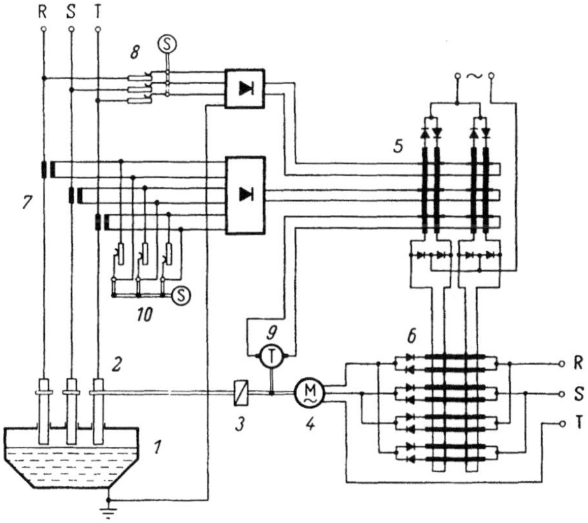

1 Lichtbogenofen
2 Elektroden
3 Getriebe
4 Elektrodenstellmotor
5 Magnet-Vorverstärker
6 Magnet-Hauptverstärker
7 Stromwandler
8 Spannungseinsteller
9 Tachogenerator
10 Ofenstrom-Einsteller

Bild 6. Regelung eines Lichtbogenofens mit Magnetverstärkern

Zum betriebsmäßigen Einstellen des Ofenstromes dient ein Ofenstromsteller (*10*), zum Einstellen der Spannung ein Spannungseinsteller (*8*). Außerdem erhält die Regelanordnung (im Bild nicht gekennzeichnet) eine Einrichtung zur Steuerung der Elektroden von Hand sowie eine Elektroden-Rückzugeinrichtung. Diese bewirkt, daß beim Abschalten des Leistungsschalters die Elektroden um eine bestimmte Strecke angehoben werden, um ein Wiedereinschalten im Kurzschluß zu vermeiden.

Dieses Regelsystem ist für den Stahlwerkbetrieb gut geeignet, da alle Bauteile der Regelanordnung eine lange Lebensdauer haben und gegen leichte Verschmutzungen und Erschütterungen unempfindlich sind. Bei anderen Regeleinrichtungen hat man meist Gleichstrommotoren als Stellmotoren verwendet. Bei den

Regelungen mit Magnetverstärkern verwendet man gern Drehstrommotoren. Die Anlaufzeit solcher Motoren beträgt z. B. etwa 0,1 bis 0,15 s bei einer Elektrodengeschwindigkeit von etwa 100 mm/s. Die Totzeit beträgt etwa 0,04 bis 0,08 s.

3. Regelung mit hydraulischen Regeleinrichtungen

a) Tauchspulregler [*7*, *11*]

Die Elektrodenstellzylinder (*3*) werden (s. *Bild* 7) durch einen Steuerschieber (*4*) gesteuert, der von einem Tauchspulregler betätigt wird. Als Druckflüssigkeit verwendet man nichtbrennbares Öl oder Wasser mit Zusatz. Die Tauchspule (*5*) wird durch ein konstantes Gleichfeld in ihrer Mittellage gehalten. Die gleichgerichteten Meßwerte des Ofenstromes und der Ofenspannung werden in einer Differenzschaltung den Wicklungen der Tauchspule zugeführt (Impedanzregelung). Abweichungen der eingestellten Betriebswerte führen zu einer Verstellung der Tauchspule von der Mittellage. Der mit der Tauchspule starr verbundene Vorsteuerschieber bewegt sich nach oben oder unten. Dadurch wird eine der Öffnungen für das unter hohem Druck von einer Ölpumpe gelieferte, dauernd umlaufende Öl gesperrt und auf den Folgekolben, der seinerseits starr mit dem Steuerschieber verbunden ist, ein einseitiger Druck ausgeübt. Dadurch wird dieser mit großer Kraft so lange bewegt, bis bei Erreichen des Sollwertes die Öleinflußöffnungen wieder frei werden und der Gleichgewichtszustand wieder hergestellt ist. Zusätzliche einfache Einrichtungen sind für das Verstellen der Elektroden von Hand und für den automatischen Elektrodenrückzug vorgesehen.

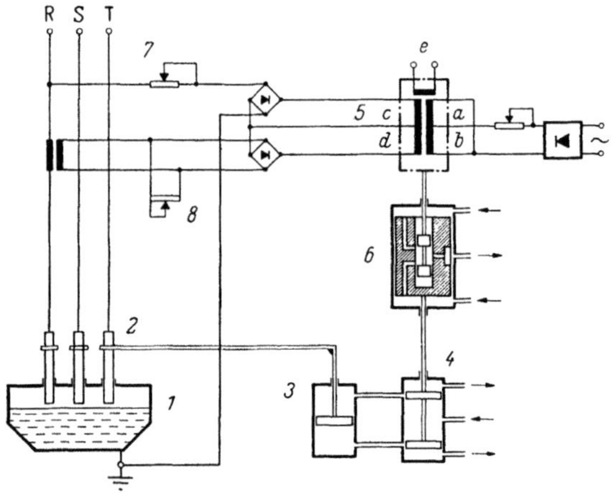

1 Lichtbogenofen
2 Elektroden
3 Stellzylinder
4 Steuerzylinder
5 Tauchspule
a und *b* Federspule
c und *d* Steuerspule
e Magnetspule
6 Vorsteuerschieber mit Folgekolben
7 Spannungseinsteller
8 Ofenstromeinsteller

Bild 7. Regelung eines Lichtbogenofens mit hydraulischem Tauchspulregler

Infolge der geringen Masse der Tauchspule und des hohen Verstärkungsgrades im Folgekolben ist bei kurzer Tot- und Öffnungszeit des Steuerschiebers eine sehr kleine Anlaufzeit erzielbar, sofern der Druck für den Verstellzylinder genügend groß ist. Für die Anlaufzeit gilt angenähert die Gleichung:

$$t_a = T_{\ddot{O}} + \frac{G V}{g p_{\ddot{u}}}$$

($T_{\ddot{O}}$ Öffnungszeit des Schiebers, G Gesamtgewicht der zu bewegenden Masse, V erstrebte Elektrodengeschwindigkeit, g Erdbeschleunigung, $p_{\ddot{u}}$ Überdruck).

Der Tauchspulregler hat eine Totzeit im Meßwerk von 0,006 bis 0,01 s. Die Öffnungszeit für die Steuerschieber beträgt etwa 0,035 s. Jedoch ist die Totzeit im Elektrodenstellantrieb (Ausbreitungsgeschwindigkeit für Druckwelle, Einfluß von ungelöster Luft im Druckmittel, Haftreibung, Elastizität der Druckrohrleitungen und Zylinder) besonders bei großen Anlagen noch sehr groß, etwa 0,05 s bei kleinen Anlagen, etwa 0,1 s und mehr bei großen Anlagen, so daß der Regler nicht voll ausgenutzt werden kann. Erschwerend ist noch für die Bemessung des Reglers, daß einige Einflußgrößen für die Totzeit, insbesondere die der Lufteinschlüsse und Haftreibung, keine konstanten Beträge haben. Deshalb sind Maßnahmen zur Verkürzung dieser Totzeiten durch Verbesserung der Stellantriebe und Verminderung der anzutreibenden Massen erforderlich.

b) Verschiedene hydraulische Regler [*4, 6, 8, 9*]

Die meisten hydraulischen Regelungen arbeiten mit Steuerkolben, die die Druckmittelzufuhr zu den Arbeitskolben steuern. Dagegen sind die Methoden unterschiedlich, mit denen die elektrischen Meßwerte verarbeitet werden und dann auf den Steuerkolben einwirken. Neben der Tauchspule werden z.B. noch Magnetsysteme und Ferraris-Antriebe verwendet. Daneben ist eine Regelung bekanntgeworden, bei der die Drehzahl einer Strömungspumpe derart geregelt wird, daß ihre Drehzahl und damit auch der Druck im Arbeitszylinder erhöht wird, wenn die betreffende Elektrode gehoben werden soll. Soll sich die Elektrode absenken, dann gehen Pumpendrehzahl und Pumpendruck so weit zurück, daß das Druckmittel infolge des Eigengewichtes der Elektroden aus dem Arbeitszylinder rückwärts durch die Pumpe wieder ausgedrückt wird. Die Pumpe wird von einem drehzahlregelbaren Elektromotor angetrieben.

4. Regelung mit sonstigen Regeleinrichtungen

Verstärkermaschinen werden in den USA, wo Gleichstromantriebe für die Regelung von Lichtbogenöfen gebräuchlich sind, vielfach verwendet. An Stelle der mehrstufigen Verstärkermaschinen kann man vorteilhaft auch einstufige Generatoren (Steuergeneratoren von Leonard-Umformern) mit magnetischen oder sonstigen Vorverstärkern verwenden, wodurch sich im allgemeinen kürzere Regelzeiten erreichen lassen.

Zu den älteren, noch in vielen Anlagen arbeitenden Systemen gehören auch besonders solche mit Kontaktreglern verschiedenster Bauart.

C. Quellenhinweise

[*1*] Sommer, F. u. Pollack, H.: Elektrostahlerzeugung. Düsseldorf: Verlag Stahleisen mbH. 1950. S. 142–152.

[*2*] Driller, A.: Stand und Entwicklung der Elektroden-Regelungen der Lichtbogenstahlöfen. Stahl u. Eisen 74.Jg. (1954) S. 82–95.

[*3*] Siemens-Schuckertwerke AG. Patentanmeldung S. 39286 VIII d/21 d2 vom 24.5.54.

[*4*] Vokac, Ch. W.: A new way to control arc furnaces. Iron and Steel Eng. Bd. 32 (1955) Nr. 2, S. 76–81.

[*5*] Driller, A.: Elektrodenregelungen der Karbidöfen. Elektrowärme (1944) H. 3/4, S. 31–35 u. H. 5/6, S. 41–49.

[*6*] Perrin, J.: Le réglage automatique des fours électriques à arc de petite et de moyenne puissance. Bull. Sécheron (1949) Nr. 21F, S. 8–18.

[7] DAHM, B.: Grundsätzliches über den Tauchspulenregler. Techn. Mitt. Organ d. Hauses d. Technik (Vulkan Verl. Essen) 45.Jg. (1952) S. 282–285.
[8] Elektrische Lichtbogenöfen. ASEA-J. (1949) H. 11, S. 10–16.
[9] Brown, Boveri & Cie. AG.: Selbständige elektrohydraulische Elektrodenregelung für elektrische Lichtbogenöfen. Prospekt BBC EO 1076.
[10] DEMAG-Elektrometallurgie AG Duisburg: EKM Elektrodenregulierung für Lichtbogenstahl- u. Reduktionsöfen. Druckschrift DE 0107.
[11] Allgemeine Elektricitätsgesellschaft (AEG): Die elektrohydraulische Tauchspulregelung für Lichtbogenöfen. Druckschrift 383/57103 TR 1612.
[12] OKOROKOW, N. W.: Elektrische Schmelzöfen für die Elektrometallurgie. Berlin: VEB-Verlag Technik 1953.
[13] PASCHKIS, V.: Industrial electric furnaces and appliances. Bd. 1. New York: Interscience Publishers Inc. 1945.
[14] WALTER, F.: Netzstörungen durch Lichtbogenöfen. Elektrotechnik Bd. 2 (1948) S. 217–220.
[15] LANG, A.: Wert der Theorie bei der Entwicklung und beim Vergleich von Elektrodenregelungen. In: Regelungstechnik. Moderne Theorien und ihre Verwendbarkeit. München: R. Oldenbourg 1957. S. 117–122.
[16] STEELE, O. S.: Improved method of arc voltage measurement. Electr. Rev. Bd. 160 (1957) S. 7–8.
[17] SCHWABE, W. E.: Experimental results with hollow electrodes in electric steel furnaces. Iron and Steel Eng. Bd. 34 (1957) Nr. 6, S. 84–91.
[18] PERME, L. u. SCHIFFARTH, J.: Einige Probleme bei der Untersuchung der Lichtbogenspannung. Elektrowärme Bd. 15 (1957) S. 338–345.
[19] KAFKA, W.: Eine neue Elektrodenregelung mit Magnetverstärkern. Stahl u. Eisen 76.Jg (1956) S. 381–390.
[20] KAFKA, W. u. DÖLL, W.: Der durch Magnetverstärker gesteuerte Asynchronmotor. ETZ-A 78.Jg. (1957) S. 884–890.
[21] DÖLL, W. u. FRIEBE, E.: Der Drehstrom-Asynchronmotor als Regelmotor. Regelungstechnik 6.Jg. (1958) S. 275–281.

40. Warmbetriebe des Walzwerkes

Von **W. Liesegang**

Inhaltsübersicht

A. Ofenarten und Regelaufgaben

Vor dem Walzprozeß muß das Walzgut erwärmt werden. Schwere Rohblöcke und Rohbrammen, die das Stahlwerk in Gewichten bis zu 25 t liefert, kommen in den „Tiefofen". Der „Stoßofen" dient für leichtere Blöcke, Brammen oder Platinen. Kleinere Knüppel werden auch im „Drehherdofen" angewärmt.

Im Tiefofen erhält jeder Block seinen festen Platz auf dem Herd. Er wird mit dem Zangenkran eingesetzt, nach Schließen des Ofens erwärmt und dann gezogen. Für die gleichmäßige Durchwärmung sorgt eine Regelanlage, deren Aufbau den intermittierenden Betriebsverhältnissen der Tiefofenkammer anzupassen ist. Beim kontinuierlich arbeitenden Stoßofen schiebt ein Blockdrücker Bramme auf Bramme oder Knüppel auf Knüppel über Gleitschienen durch die gleichmäßig zu regelnde Anwärm-, Aufheiz- und Ausgleichzone. Das erwärmte Einsatzgut wandert schließlich über den Rollgang und danach zum Walzgerüst. Für Anwärmöfen mit beweglichem Herd (Hubbalken-, Rollenherd- und Drehherdöfen) gelten ähnliche Bedingungen wie beim Stoßofen.

In den Anwärmöfen dienen als Brennstoffe das Gichtgas des Hochofens, Koksofengas und Generatorgas; sie lassen sich besser zuteilen als feste Brennstoffe. Über die Brennstoffzufuhr wird die Ofentemperatur auf ihren vorgeschriebenen Wert geregelt. Dabei muß oxydierende – oder, wenn es gewünscht wird, reduzierende – Verbrennung über die Luftzufuhr regelbar sein. Temperaturregler, Verbrennungsregler und Druckregler haben die Aufgabe, das Einsatzgut gleichmäßig zu durchwärmen und den Abbrand gering zu halten. Die Preiswürdigkeit des Öles (Teeröl, Bunker-C-Öl) hat schon seit längerer Zeit den Anreiz gegeben, zu einem Teil von der Gasheizung auf Ölheizung überzugehen. Öl kann bequem und wegen des hohen Heizwertes billiger gespeichert werden als andere Brennstoffe. Einzelne Werke decken ihren Wärmebedarf aus diesem Grunde in hohem Maße aus Heizöl [*1*].

Der Brennstoffbedarf neuzeitlicher Anwärmöfen im Walzwerk ist ebenso groß und größer als der Bedarf der gesamten übrigen Warmbetriebe eines gemischten Hüttenwerkes. Eine wichtige Aufgabe des Reglereinsatzes ist es, den Wirkungsgrad der Verbrennung bei diesen Öfen zu heben. Eine Verbesserung um wenige Prozente ergibt bereits eine Ersparnis von beachtlicher Höhe.

B. Der Tiefofen

1. Aufbau und Technologie

Ursprünglich ließ man die gegossenen Blöcke in Ausgleichgruben auf Walztemperatur abkühlen. Um den Walzbetrieb dem in Chargen arbeitenden Stahlwerk besser anpassen zu können, wurden die Gruben beheizt. Die so entstandenen Tieföfen hatten zunächst, wie der SIEMENS-MARTIN-Ofen, eine wechselseitige Feuerung mit Regenerativkammern [*2*].

Zu gleichmäßigen und befriedigenden Heiztemperaturen kam man erst, als an Stelle der Regeneratoren der Rekuperator eingeführt wurde, in dem Gas und Luft ohne Wechsel von den Abgasen vorgewärmt werden. Dies führte schließlich zu der heutigen Bauart des Tiefofens [*3*].

Von großer Bedeutung ist es, daß Heizgas und Verbrennungsluft im Ofenbrenner gut gemischt und die eingesetzten Blöcke gleichmäßig umspült werden [*4*].

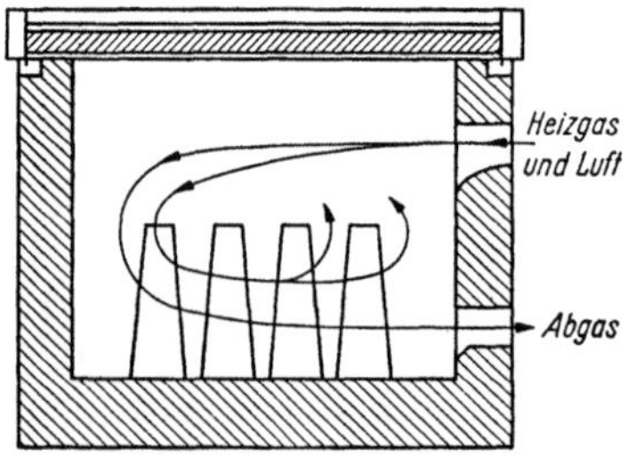

Bild 1. Flammenführung im Einweg-Tiefofen

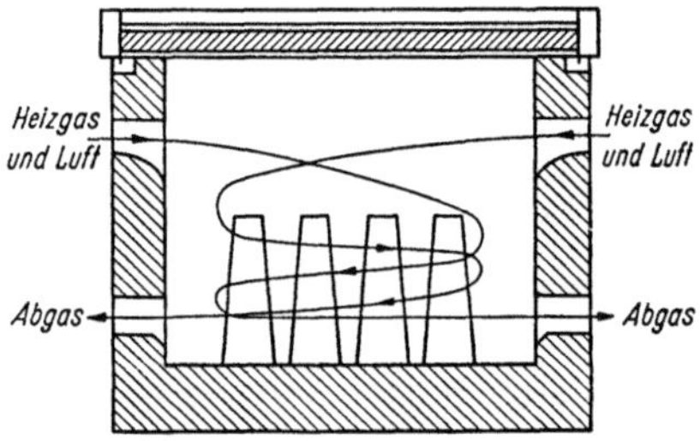

Bild 2. Flammenführung im Zweiweg-Tiefofen

Beim *Einweg-Tiefofen* streicht das verbrennende Gas über die Blöcke hinweg und fällt wegen des an der Sohle herrschenden Unterdruckes nach unten, indem es sich gleichsam um eine horizontale Achse dreht (*Bild* 1).

Im *Zweiweg-Tiefofen* liegen sich zwei Brenner diagonal gegenüber. Das verbrennende Gas wird zur gegenüberliegenden Ofenwand geführt und dreht sich um eine vertikale Achse, ehe es zu den Abgaskanälen gelangt (*Bild* 2).

Bei einwandfreiem Ofenbetrieb [*5, 6, 7*] erhält man nahezu vollkommen gleichmäßig erhitzte Blöcke (Temperatur 1280 bis 1350 °C), vermeidet übermäßigen Zunder und hält den Abbrand der Blöcke klein. Eine wesentliche Voraussetzung hierfür sowie für geringen Brennstoffverbrauch und niedrige Unterhaltungskosten ist die Regelung [*8, 9*].

2. Regelung der Kammertemperatur

Zum Messen der Kammertemperatur dienen PtRh–Pt-Thermoelemente, die in Höhe der Blockköpfe gegenüber den Ofenbrennern oder im unteren Bereich der Ofenkammer dicht über dem Herd in die Ofenwand eingebaut sind. Die Thermoelemente befinden sich in gasdichten Innenschutzrohren aus reiner Tonerde und Außenschutzrohren aus Siliziumkarbid, die in Formsteine (*Bild* 3) eingesetzt werden. Zweiweg-Tieföfen rüstet man mit zwei Thermoelementen an den gegenüberliegenden Kammerwänden aus. Ein Auswahlregler erhält die Aufgabe, immer dasjenige Thermoelement auf den Temperaturregler für die Gas- oder Luftzufuhr zu schalten, das die jeweils höhere Temperatur in der Ofenkammer mißt. Hiermit sichert man den Ofen auch vor Störungen, die auftreten können, wenn eines der Thermoelemente ausfällt.

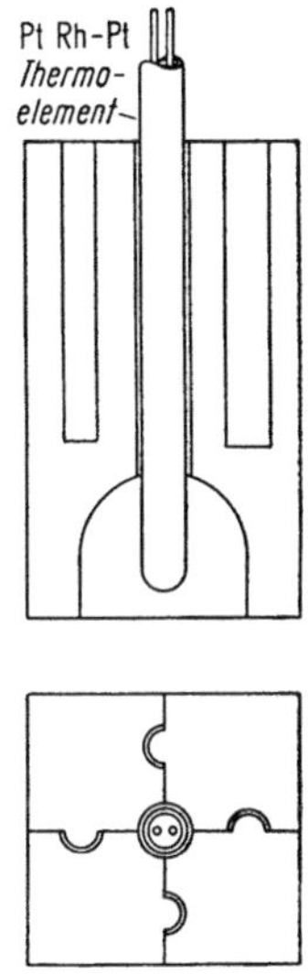

Bild 3. Formsteine für Temperaturmeßstellen am Tiefofen

Die Frage, ob man nach der Temperatur zuerst die Gaszufuhr oder die Luftzufuhr steuern soll, ist umstritten. Es gibt Werke, in denen an hüttenmännischen Öfen grundsätzlich zuerst die Luftzufuhr eingestellt wird. Bei dieser „Sicherheitsregelung“ kann niemals Luftmangel auftreten. Fällt das Luftgebläse aus, so drosselt der Luft-Gas-Verhältnisregler die Gaszufuhr. Nachteilig wirken sich aber dabei die unvermeidbaren Spannungsschwankungen in den Netzen der Hüttenwerke aus, da die Fördermenge der Gebläse von der Drehzahl abhängt. Bei Gasmangel würde überdies der Ofen zwangsläufig mit zunehmendem Luftüberschuß betrieben werden, da bei fallender Kammertemperatur der Temperaturregler noch „mehr Luft“ gibt.

3. Regelung des Gas-Luft-Verhältnisses

Das Gas-Luft-Verhältnis richtet sich nach der Zusammensetzung des Heizgases. Sein Sollwert muß einstellbar sein. Als zweckmäßig hat es sich erwiesen, den Gasdurchfluß oder den Luftdurchfluß (bei „Sicherheitsregelung“) nicht unmittelbar durch Verstellen der Drosselklappe in der Gas- oder Luftleitung zu beeinflussen, sondern nach der Kammertemperatur den Sollwert des Gas- oder Luftdurchflußreglers zu führen. Bei dieser Regelung ist eine Gasvordruckregelung überflüssig. Der sich ändernde Druck in der Gas- oder Luftleitung wird von dem Durchflußregler unverzüglich ausgeglichen, ohne die Temperaturregelung zu stören.

Vom Luftüberschuß, der sich im Sauerstoffgehalt der Verbrennungsgase äußert, hängt die Bildung des Zunders an der Blockoberfläche ab. Steht Mischgas zur Verfügung, so ergibt sich bei einem Heizwert von etwa 1200 kcal/m^3 aus der Änderung des O_2-Gehaltes um 1% eine Veränderung des Luftüberschusses von etwa 10%. Demgegenüber macht eine Abweichung des O_2-Gehaltes um 1% bei reinem Koksofengas nur die Hälfte – etwa 5% Luftüberschuß – aus. Messungen an Zweiweg-Tieföfen mit keramischen Rekuperatoren haben ergeben, daß der O_2-Gehalt der Abgase und damit der Luftüberschuß in geringem Maße von der Belastung des

Ofens abhängt. Eine Ursache hierfür ist offenbar die unvermeidbare Undichtigkeit der Rekuperatoren. Auf der Luftseite herrscht ein geringer Überdruck. Auf der Abgasseite der Rekuperatoren herrscht Unterdruck. Der Luftanteil, der im Rekuperator von der Luftseite durch die Fugen der keramischen Trennwände auf die Abgasseite überströmt, fällt als Verbrennungsluft für die Ofenkammer aus. Der Verbrennungsregler stellt aber, wenn nicht besondere Maßnahmen getroffen werden, ein konstantes Brennstoff-Luft-Verhältnis ein. Dieses konstante Verhältnis wird vom Regler auch bei der Leerleistung des Ofens aufrechterhalten. Die Menge der Luft, die im Rekuperator verlorengeht, bleibt aber annähernd gleich groß. Infolgedessen nimmt der O_2-Gehalt, der bei Vollleistung 2% betragen möge (*Bild* 4), bei Leerleistung ab, wenn nicht während der Aufheizzeit das Verhältnis Luft-Brennstoff geändert wird. In jedem Falle muß die Verbrennung derart geregelt werden, daß sich an der Oberfläche der eingesetzten Blöcke eine Zunderschicht bilden kann. Der Zunder soll leicht haften und porös sein. Er soll den Block während des Transportes zum Rollgang und zum Walzgerät vor Wärmeverlusten schützen.

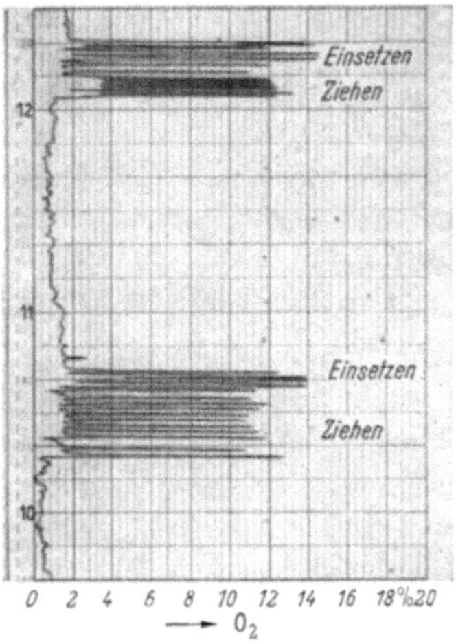

Bild 4. O_2-Gehalt der Abgase, Ausgang Ofenkammer beim Zweiweg-Tiefofen mit keramischen Luftrekuperatoren. Abfall des O_2-Gehalts vor dem Ziehen der Brammen

4. Regelung des Ofendruckes

Der Druck in der Ofenkammer wird meist in Höhe der Blockköpfe gemessen (*Bild* 5). Die Ofendruckregelung soll vermeiden, daß die Undichtigkeiten vor allem an den Sandtassen des Deckels Falschluft eintreten lassen oder Ausflammverluste ergeben. Ein konstanter Ofendruck ist für die Flammenführung und die Temperaturverteilung in der Ofenkammer unerläßlich. Erfahrungsgemäß steigt die Kammertemperatur unter dem Deckel unzulässig an, wenn der Ofendruck zu hoch wird. Die eingesetzten Blöcke werden dann ungleichmäßig erwärmt.

Die hohe Ansprechempfindlichkeit neuzeitlicher Ofendruckregler von etwa 0,02 mm WS gibt eine Gewähr dafür, daß der Druck unter dem Deckel mit ausreichender Genauigkeit konstant gehalten wird. Im allgemeinen beträgt der Druck im Verbrennungsraum, in Höhe der Köpfe der Blöcke oder Brammen, 0,5 bis 1,0 mm WS. An der Sohle der Kammer erhält man dann einen Druck von etwa 0 bis −1 mm WS.

Zur Sicherung gegen eine Überhitzung werden Stahlrekuperatoren meist mit Kaltluftzusatzklappen ausgerüstet, für die Temperaturbegrenzungsregler gebraucht werden. Der Regler

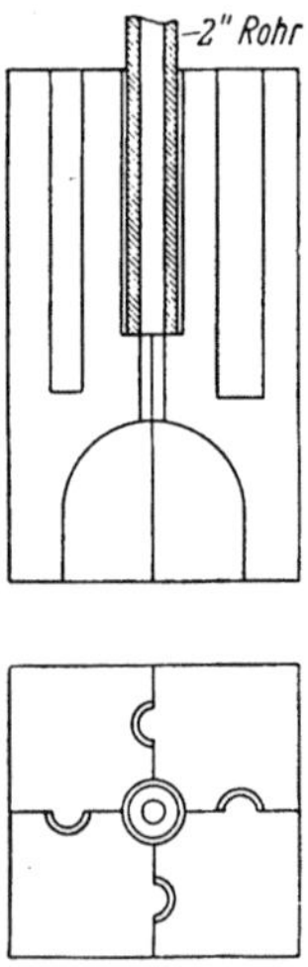

Bild 5. Formsteine für den Anschluß des Ofendruckreglers

greift ein, wenn die Abgastemperatur die zulässige Grenze von 500 bis 600 °C überschreitet. Es hat sich gezeigt, daß es durchaus genügt, die Luftzusatzklappen schrittweise zu öffnen und die Abgastemperatur auf diese Weise herabzusetzen.

5. Gesamtregelanlage

Der Regelplan (*Bild* 6) zeigt das Zusammenwirken der erforderlichen Regler. Nach der Temperatur in der Ofenkammer wird mit dem Temperaturregler (*1*) der Sollwert des Gasdurchflußreglers (*2*) verstellt. Die Heizwertschwankungen des

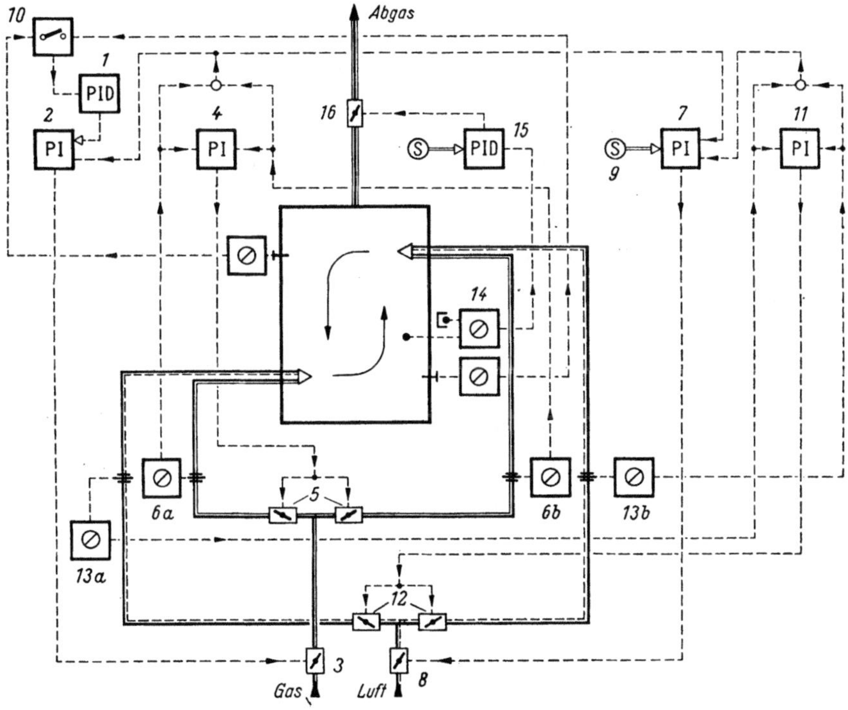

1 Temperaturregler
2 Gasdurchflußregler
3 Gasregelklappe
4 Gasverteilungsregler
5 Gegenläufige Klappen für Gasdurchfluß
6 Meßumformer für Gasdurchfluß (*a* und *b*)
7 Luftdurchflußregler
8 Luftregelklappe
9 Verhältnissteller Gas-Luft
10 Temperaturauswahlregler
11 Luftverteilungsregler
12 Gegenläufige Klappen für Luftdurchfluß
13 Meßumformer für Luftdurchfluß (*a* und *b*)
14 Meßumformer für Ofendruck
15 Ofendruckregler
16 Abgasregelklappe

Bild 6. Regelplan für Zweiweg-Tiefofen

Heizgases werden bei dieser Anordnung der Regler vom Temperaturregler ausgeglichen. Der Auswahlregler (*10*) schließt die jeweils wärmere Temperaturmeßstelle an.

Der Gasdurchflußregler verstellt die Regelklappe (*3*) in der gemeinsamen Gasleitung. Ein zusätzlicher Gasverteilungsregler (*4*) hat die Aufgabe, zwei gegenläufig wirkende Klappen (*5*) in den beiden Zuleitungen zu den Brennern des Ofens derart einzustellen, daß der Gasdurchfluß für die beiden Brenner gleich groß ist.

Zu diesem Zweck werden die Durchflüsse in beiden Brennerleitungen gemessen und miteinander verglichen. Zugleich werden die beiden Gasströme als Meßwert für die Gasdurchflußregelung summiert. Die Meßumformer (*6a, b*) wandeln die beiden Gasdurchflüsse in Gleichströme (s. Kapitel 12) um.

Nach dem Gesamtgasdurchfluß stellt ein Verhältnisregler (*7*) die Regelklappe (*8*) in der gemeinsamen Luftleitung zum Ofen ein, wobei mit einem Verhältnissteller (*9*) das Gas-Luft-Verhältnis von Hand oder selbsttätig mit Hilfe eines O_2-Korrekturreglers eingestellt oder geregelt werden kann.

Ein Luftverteilungsregler (*11*) verteilt die Luft auf die beiden Brennerleitungen. Hierfür müssen ebenfalls zwei gekuppelte, gegenläufige Klappen (*12*) eingesetzt werden. Mit zwei Meßumformern (*13a, b*) für Luft wird die Summe der Luftdurchflüsse gebildet. Die Durchflüsse werden in Gleichströme umgewandelt. Die Ströme, die dem Gasdurchfluß und dem Luftdurchfluß proportional sind, werden im Verhältnisregler (*7*) miteinander verglichen und die Luft danach gesteuert.

Der vom Meßumformer (*14*) gelieferte, dem Ofendruck entsprechende Gleichstrom (s. Kapitel 12) wird vom Ofendruckregler (*15*) über die Regelklappe (*16*) in der Abgasleitung geregelt. Der erforderliche Ofendruck soll einstellbar sein. Der Anwärmvorgang ist beendet, wenn die Blöcke bis in den Kern gleichmäßige Temperatur angenommen haben. Man erkennt dies daran, daß die Gas- bzw. die Luftzufuhr ihren Minimalwert erreicht und sich nicht mehr ändert (*Bild* 7). Die Ofentemperatur nimmt bereits viel früher ihren Beharrungswert an.

6. Sicherheitseinrichtungen

Eine besondere Aufgabe hat im Rahmen der Regelung von Tieföfen die Steuereinrichtung der Schnellschlüsse für Heizgas und Luft zu erfüllen. Beim

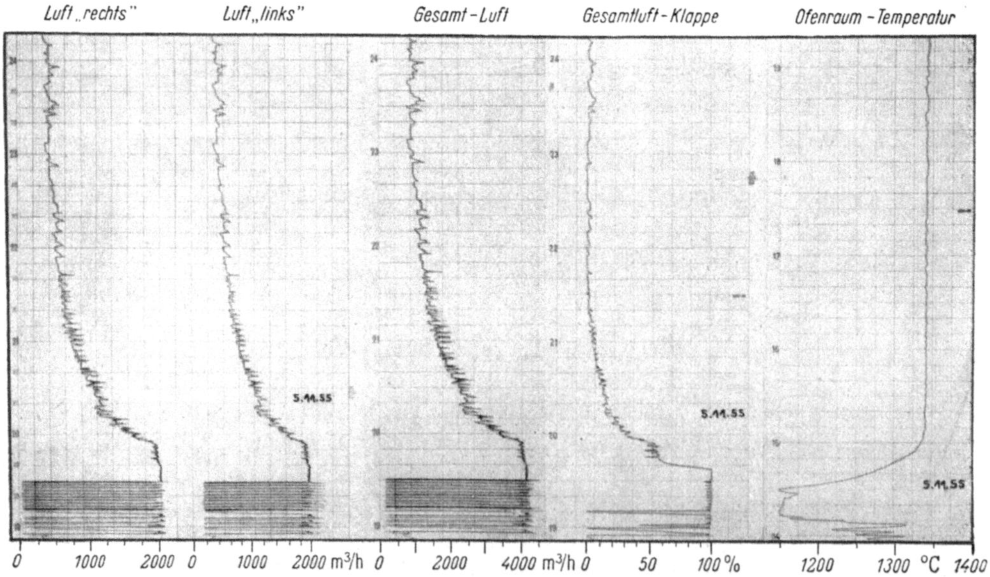

Bild 7. Betriebsdiagramme eines Zweiweg-Tiefofens

Abheben des Kammerdeckels werden Gas- und Luftzufuhr soweit gedrosselt, daß der Brennstoff gerade noch für eine Zündflamme ausreicht. Wird der Deckel wieder aufgesetzt, so muß aus Gründen der Sicherheit zunächst Luft in die Ofenkammer eingelassen werden. Man benutzt hierfür Zeitrelais, die in Verbindung mit der Schnellschlußeinrichtung die Luftklappe zum Ausspülen von Gasresten 3 bis 4 s lang öffnen und dann wieder schließen. Danach werden die Gas- und Luftklappen gleichzeitig geöffnet.

Man kann die Regelklappen als Schnellschlußklappen verwenden. Das ist mit hydraulischen, pneumatischen und elektrischen Stellantrieben möglich. Benutzt man getrennte Schnellschlußklappen, so werden die Regelklappen von den Reglern beim Abheben des Kammerdeckels geöffnet. Nach dem Aufsetzen des Deckels wird der Ofen dann sofort mit der maximalen Gas- und Luftmenge geheizt. Die Wärmeverluste der Kammer werden wieder ausgeglichen, so daß die Ofenkammer sehr schnell wieder die Solltemperatur erreicht (*Bild* 7).

C. Der Stoßofen

1. Heizzonen und Regelbedingungen

Im Stoßofen (*Bild* 8) wird das Wärmgut entgegen dem Strom der Heizgase durch Temperaturfelder mit verschieden hoher Temperatur bewegt. Die einzelnen Heizzonen – Vorwärmzone, Aufheizzone und Ausgleichzone – werden getrennt geheizt [*10*] und einzeln geregelt. Der Stahl wird in der Form des Blockes, der Bramme oder des Knüppels durch die verschiedenen Zonen geschoben.

In der *Vorwärmzone* treten im Stahl Wärmespannungen auf, die eine Folge von elastischen Formänderungen sind. Die Temperatur muß in dieser Zone, die auch mit Spannungszone bezeichnet wird, derart geregelt werden, daß die obere Grenze der zulässigen Wärmespannungen nicht überschritten wird. Ein zu schnelles Aufheizen würde zu Rissebildungen führen. Die Zusammensetzung der Flammengase hat noch keinen entscheidenden Einfluß auf das Wärmgut. Das Gas-Luft-Verhältnis wird aber im allgemeinen so geregelt, daß der Luftüberschuß bei der Verbrennung so gering wie möglich bleibt, um den Brennstoff gut auszunutzen.

In der *Aufheizzone* werden die Wärmespannungen wieder abgebaut. Der Stahl macht plastische Verformungen durch. Maßgebend für die Temperaturregelung ist die Oberflächentemperatur. Im Innern ist der Block aber noch nicht gleichmäßig durchwärmt. In dieser Zone besteht die Gefahr einer Überhitzung, so daß dem Temperaturregler eine besonders wichtige Aufgabe zufällt. Damit sich nur wenig Zunder bildet und eine Randentkohlung weitgehend vermieden wird, muß der Brennstoff mit Luftunterschuß verbrennen und die Flamme reduzierend wirken.

In der *Ausgleichzone* soll das Wärmgut gleichmäßig durchwärmt werden. Die mittlere Temperatur des Blockes steigt nicht mehr an. Es wird im allgemeinen mit neutraler Flamme geheizt. Dabei bildet sich eine dünne Zunderschicht, die später wieder leicht entfernt werden kann. Durch Verändern des Gas-Luft-Verhältnisses kann man die Zunderbildung und die Art des Zunders in weiten Grenzen verändern oder auch eine Aufkohlung des Stahles herbeiführen. Damit das Wärmgut in der ganzen Länge gleichmäßig erwärmt wird, ist es vielfach üblich, die

Ausgleichzone mit gleichmäßig verteilten Kopfbrennern auszurüsten. Die Kopfbrenner werden für die Regelung zweckmäßigerweise in zwei Gruppen aufgeteilt. Bei doppelseitiger, symmetrischer Beheizung ergeben sich erfahrungsgemäß nur sehr geringe Temperaturunterschiede der beiden Seiten (20 °C).

Die Höhe der Temperatur am Ausstoßherd des Stoßofens beträgt, je nach der Zusammensetzung des Stahles, 1250 bis 1300 °C.

Der neuzeitliche Stoßofen wird in mindestens drei, oft in sechs und mehr Heizgruppen geheizt. Die Anzahl von Regelklappen in den Leitungen für Hoch-

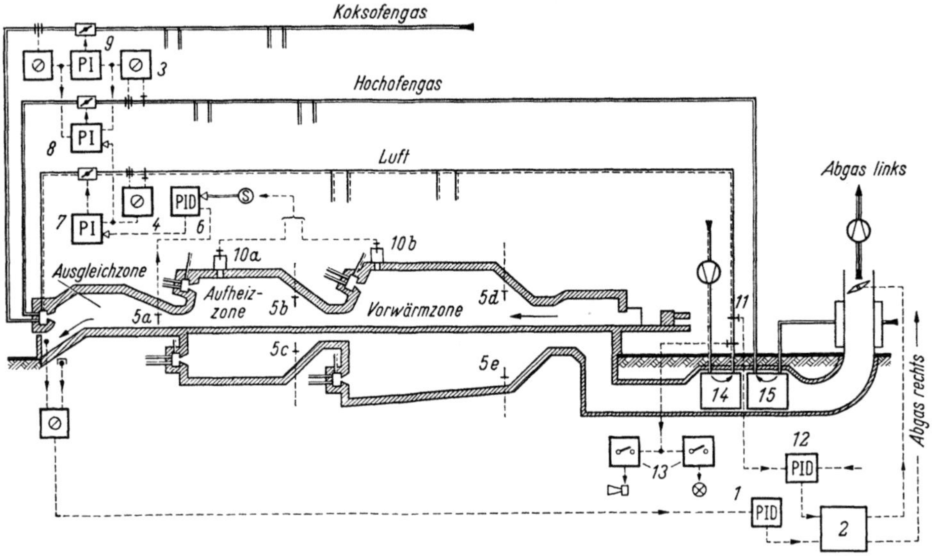

1 Ofendruckregler
2 Gleichlaufsteuerung
3 Meßumformer für Hochofengas-Durchfluß
4 Meßumformer für Luftdurchfluß
5 Thermoelemente (*a* bis *e*)
6 Temperaturregler
7 Luftdurchflußregler
8 Verhältnisregler für Hochofengas + Koksofengas zu Luft
9 Verhältnisregler für Hochofengas zu Koksofengas
10 Strahlungspyrometer (*a* und *b*) für Temperaturabsenkung
11 Thermoelement
12 Temperaturdifferenzregler
13 Signalgeber
14 Rekuperator für Luft
15 Rekuperator für Hochofengas

Bild 8. Regelplan eines 100-t-Stoßofens. (Dargestellt ist nur eine Brennergruppe)

ofengas, Koksofengas und Luft, für Abgas und Kühlluft der Rekuperatoren ist so groß, daß der Ofenmann auch von einem Leitstand aus den Ofenbetrieb nicht mehr selbst aufrechterhalten und übersehen kann [*11*].

Bei Störungen im Walzwerk kann es zu Stockungen des Vorschubes im Stoßofen kommen. Die Regelung muß dann die Wärmezufuhr so zurücknehmen, daß eine Überhitzung des Wärmgutes vermieden wird.

2. Regelanlagen von Stoßöfen

Die Regelung eines *100-t-Stoßofens* [*13*] mit einer nutzbaren Herdbreite von 7 m für vorgewalzte Brammen von max. 200 mm × 1600 mm × 6400 mm mit Vorwärmzone, Aufheizzone und Ausgleichzone (*Bild* 8) umfaßt acht getrennt geregelte Brennergruppen. Der Ofen wird vorzugsweise mit Hochofengas geheizt.

Der Ofendruckregler (*1*) arbeitet über die Saugwirkung der beiden Kamine mit Hilfe einer Gleichlaufsteuerung (*2*) für die Antriebsmotoren der Abgasklappen. Da der Durchfluß von Hochofengas und Luft nach Austritt aus den Rekuperatoren (*14*) und (*15*) im erwärmten Zustand gemessen werden muß, ist es notwendig, die Meßumformer für Hochofengas- und Luftdurchfluß (*3*) bzw. (*4*) mit Temperatur-Korrekturgliedern auszurüsten.

Thermoelemente (*5a* bis *e*) mit Meßverstärkern erfassen die Temperatur in den einzelnen Zonen, nach der die Temperaturregler (*6*) über Sollwertsteller den Soll-

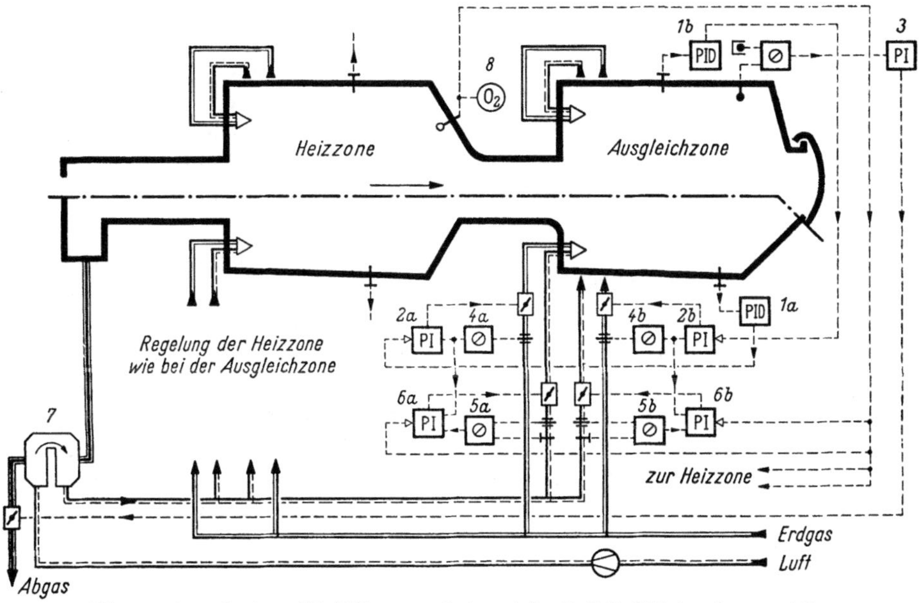

1 Temperaturregler (*a* und *b*) (Führungsregler)
2 Gasdurchflußregler (*a* und *b*) (Folgeregler)
3 Ofendruckregler
4 Heizgasdurchfluß-Meßumformer (*a* und *b*)
5 Luftdurchfluß-Meßumformer (*a* und *b*) mit Temperaturberichtigung
6 Gas-Luft-Verhältnisregler (*a* und *b*) mit O_2-Korrektur des Sollwertes
7 Rekuperator für Verbrennungsluft
8 Sauerstoffmeßgerät

Bild 9. Regelplan eines 22-t-Thermo-Stoßofens

wert der Luftdurchflußregler (*7*) führen. Nach dem Luftdurchfluß stellen Verhältnisregler (*8*) das Hochofengas so ein, daß die Summe Hochofengas + Koksofengas zur Luft im gewünschten Mischungsverhältnis steht. Verhältnisregler (*9*) setzen dem Hochofengas, wenn es erforderlich ist, im vorgeschriebenen Verhältnis Koksofengas zu. In der Aufheizzone und in der Vorwärmzone wird die Temperatur der Brammen mit Strahlungspyrometern (*10a*) und (*10b*) erfaßt, von denen aus nach der Brammentemperatur, z. B. mit Hilfe zusätzlicher Temperaturregler, der Sollwert des Reglers (*6*) herabgesetzt werden kann.

Mit Hilfe von Thermoelementen (*11*) in den beiden Heißluftleitungen und dem Temperaturdifferenzregler (*12*) wird über einen motorischen Steller die Saugwirkung der beiden Kamine so gegeneinander verstellt, daß die Rekuperatoren gleichmäßig belastet werden. Zum Schutz der Rekuperatoren dienen noch die Signalgeber (*13*). Die Überwachungstafeln größerer Öfen werden häufig mit Steuerpulten ausgerüstet, auf denen die Steuerschalter und einige wichtige Hilfsgeräte angeordnet sind. Man erleichtert dem Ofenführer die Übersicht, wenn man auf der Pultplatte das Schema des Ofens abbildet und die Gas- und Luftleitung farbig hervortreten läßt.

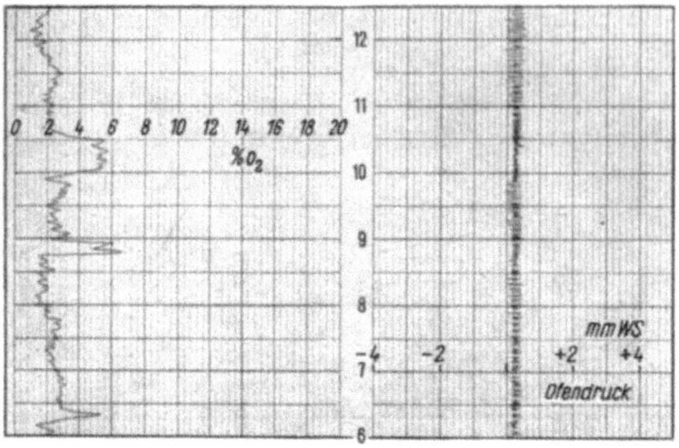

Bild 10. O_2-Gehalt der Verbrennungsgase in der Heizzone und Ofendruck an der Ausstoßklappe eines Thermo-Stoßofens

Ein *Stoßofen für Knüppel* (Thermoofen) mit einer Leistung von 22 t/h hat eine ähnliche Regelanlage (*Bild* 9). Die Knüppel, die in zwei Längen nebeneinander eingesetzt werden, haben einen Querschnitt von 80 mm × 80 mm. Nach der Durchwärmung werden die Knüppel auf der zugehörigen Drahtstraße zu Draht von 5 bis 8 mm Durchmesser ausgewalzt. Der Ofen wird mit einem luftverdünnten Methangas, das die Kohlengruben in der Nähe des Walzwerkes liefern, in vier Heizzonen geheizt und geregelt. Außer den üblichen Temperatur-, Gemisch- und Ofendruckreglern (*1*), (*2*) und (*3*) gehört zur Reglerausstattung des Ofens die O_2-Korrektur für den Sollwert des Gas-Luft-Verhältnisreglers (*6*) in einem begrenzten Bereich für die vier Heizzonen. Ein Betriebsdiagramm (*Bild* 10) zeigt den O_2-Gehalt in der Wärmzone und den Ofendruck. Der Ofendruck wird an der Ausstoßklappe konstant gehalten.

3. Temperaturmeßverfahren an Stoßöfen

Meist benutzt man für die Temperaturregelung der einzelnen Zonen von Stoßöfen Thermoelemente mit Thermopaaren aus Platin-Rhodium–Platin. Die Elemente sind empfindlich, besonders gegenüber Silizium. Man schützt sie in Eisenhüttenwerken mit Doppelschutzrohren. Es ist üblich und hat sich bewährt, gasdichte Innenrohre aus reiner Tonerde zu verwenden und darüber robuste keramische Rohre aus hochfeuerfester Masse, meist Siliziumkarbid, zu stecken. Das schlechte Wärmeleitvermögen der beiden keramischen Rohre wirkt sich auf die Regelung verzögernd aus. Das kann stören, wenn kontinuierlich wirkende Schnellregler verwendet werden. In einer Reihe von Werken werden daher Strahlungspyrometer als Meßgeber bevorzugt, mit denen man den Grad der Erwärmung des Walzgutes aus der Oberflächenstrahlung genauer und bei weitem schneller erhält als mit Thermoelementen.

An einem Morgan-Ofen, der in drei Zonen mit Hochofengas oder wahlweise mit Koksofengas geheizt wird, sind Strahlungspyrometer eingebaut. Der Ofen leistet etwa 90 t/h; er hat eine Breite von 10 m. Wegen der Länge der Knüppel (etwa 9 m) wird der Ofen auf der Seite, die der Ausstoßöffnung gegenüberliegt, stärker geheizt. Der ausgestoßene Knüppel hat daher hinten eine um etwa 50 °C höhere Temperatur als vorn. Dieser Temperaturunterschied ist für den Walzvorgang erwünscht, weil das hintere Ende des Knüppels erst verhältnismäßig spät von den Walzen des ersten Gerüstes erfaßt wird und in der Zwischenzeit abkühlt.

Die Strahlungspyrometer werden für die Regelung der Heizzone und der Ausgleichzone auf der linken und auf der rechten Ofenseite verwendet. Das zweite Strahlungspyrometer jeder Heizzone, Visierrichtung nach oben, mißt die Gewölbetemperatur und ist an einem Temperaturschreiber angeschlossen.

D. Öfen mit bewegtem Herd

Zu den Öfen, bei denen der Transport des Wärmgutes durch Bewegungen des Ofenherdes herbeigeführt wird, gehören Drehherdöfen und Rohranwärmöfen in Rohrwalzwerken. Das zu erwärmende Walzgut wird von einem Fördermechanis-

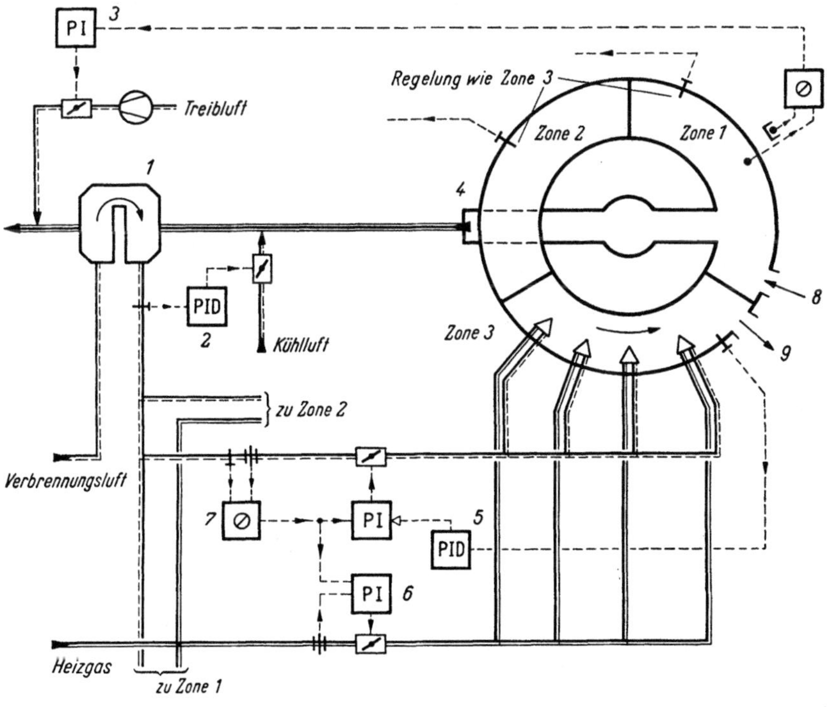

1 Stahlrekuperator
2 Kühlluftregler
3 Druckregler für Zone 1
4 Drehherdofen
5 Temperaturregler für Zone 3
6 Luft-Gas-Verhältnisregler für Zone 3
7 Durchflußmeßumformer für Verbrennungsluft mit Temperaturberichtigung
8 Eingabe } für die Knüppel
9 Entnahme } für die Knüppel

Bild 11. Regelplan eines Dreizonen-Drehherdofens

mus durch Vorwärmzone, Heizzone und Ausgleichzone getragen. In Rohrwalzwerken, die nahtlose Rohre herstellen, hat der Drehherdofen den älteren Rollofen mit festem Herd abgelöst.

Drehherdöfen werden mit geregeltem, gleichbleibendem Luftüberschuß betrieben. Wenn man besondere Vorkehrungen trifft, kann man die einzelnen Zonen unterschiedlich oxydierend oder reduzierend heizen. Es fällt jede Handarbeit fort. Die Temperatur in den einzelnen Zonen wird geregelt. Das Einsatzgut wird daher gleichmäßig warm. Die Verluste durch Abbrand sind gering.

Im allgemeinen werden Drehherdöfen in drei Zonen geheizt (*Bild* 11). Für die Erwärmung der Verbrennungsluft verwendet man einen dreiteiligen Stahlrekuperator (*1*), der durch einen Kühlluftregler (*2*) vor Überhitzung geschützt wird. Für Zone 1, 2 und 3 sind Temperatur- und Gemischregler vorgesehen, für Zone 1 außerdem ein Ofendruckregler (*3*).

In Rohrwalzwerken, die aus Stahlbändern elektrisch geschweißte Rohre herstellen, wird das geschweißte Rohr in einem nachgeschalteten Streckreduzier-Walzwerk von etwa 80 mm Durchmesser auf $^3/_4''$, $1''$ oder $1^1/_2''$ gestreckt und

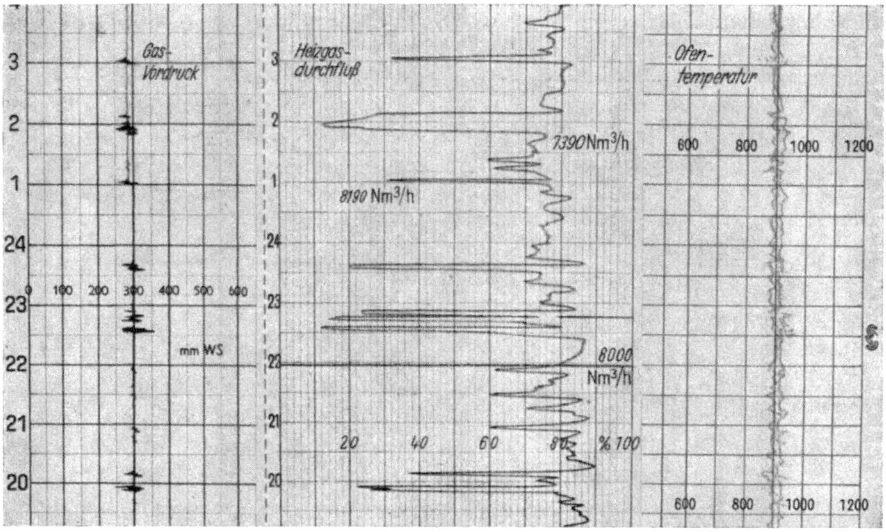

Bild 12. Heizgasdruck, Heizgasverbrauch und Ofentemperatur (in °C) eines in drei Zonen geregelten Anwärmofens eines Streckreduzier-Walzwerkes

reduziert. Bei der Erwärmung im Anwärmofen kommt es darauf an, daß die Rohre mit konstanter Temperatur an die Walzgerüste abgegeben werden und daß sie gleichmäßig durchwärmt sind. Das Gefüge des Rohres und der Schweißnaht muß im Ofen auf Normalisierungstemperatur gebracht werden. Durch eine gute Temperaturregelung des Ofens und nachfolgende Verformung im Streckreduzier-Walzwerk wird erreicht, daß die fertigen Rohre in ihren Eigenschaften den nahtlosen Rohren nicht nachstehen.

Man regelt den Gasvordruck, die Ofentemperatur und das Gas-Luft-Verhältnis. Aus dem Betriebsdiagramm (*Bild* 12) ist ersichtlich, daß die Regler das Heizgas bei Betriebsunterbrechungen auf die Leerleistung des Ofens, etwa 10% des maximalen Brennstoffbedarfes, einstellen. Dabei bleibt die Temperatur in den drei Heizzonen des Ofens in ausreichenden Grenzen konstant, so daß den Walzgerüsten trotz des unregelmäßigen Betriebes immer gleichmäßig erwärmte Rohre zugeteilt werden.

Aber auch in Blechwalzwerken [*12*] haben die Öfen mit bewegtem Herd, Hubbalkenöfen und die neueren Rollenherdöfen die alten Bauarten verdrängt. Hierbei waren nicht so sehr wärmewirtschaftliche Überlegungen als vielmehr die Forderungen nach höherer Leistung und Anpassungsfähigkeit an die verlangte Güte

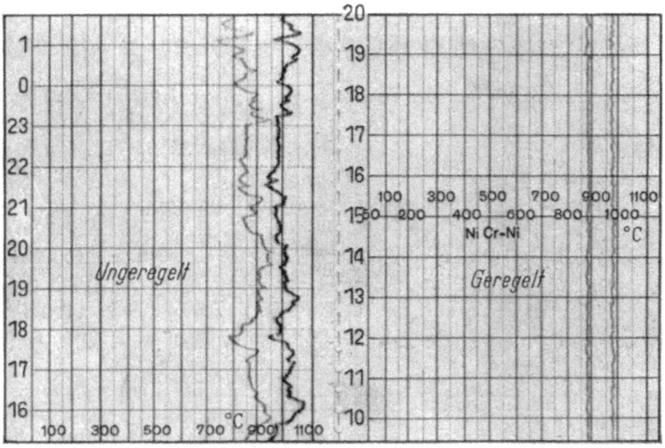

Bild 13. Temperaturverlauf im geregelten und nicht geregelten Rollenherdofen

der Bleche maßgebend. Im mechanisierten Ofen bleiben Klebzunder, Randentkohlungen und Abbrand auf ein Mindestmaß beschränkt. Die geregelte Temperatur verhindert Wärmfehler, die sich früher erst bei der Kaltverformung oder beim Verzinken der Bleche herausstellten.

Bild 14. 100-t-Stoßofen mit Hochofengas-Heizung der WESTFALENHÜTTE AG, Dortmund (geregelt mit TELEPERM-Reglern [*14*] in acht Heizzonen)

Die Erfahrung hat gezeigt [*12*], daß es zweckmäßig ist, Rollenherdöfen in zwei Zonen, der Eingangs- und der Ausgangszone, zu regeln. Die beiden Temperaturdiagramme (*Bild* 13) zeigen den Temperaturverlauf des geregelten und des ungeregelten Ofens.

E. Quellenhinweise

[*1*] Weineck, H.: Öleinsatz in einem gemischten Hüttenwerk. Stahl u. Eisen 75. Jg. (1955) S. 1375–1383.

[*2*] Southern, H.: Soaking-pits. Iron and Coal Trades Rev. Bd. 160 (1950) Nr. 4284, S. 899–908.

[*3*] Stebel, O. J.: Bauliche Gestaltung und Betrieb neuzeitlicher Tiefofenanlagen. Stahl. u. Eisen 72. Jg. (1952) S. 466–475.

[*4*] Schack, A.: Strömungsverhältnisse und Wärmebilanz neuzeitlicher Tieföfen. Stahl u. Eisen 74. Jg. (1954) S. 1502–1509.

[*5*] Pullen, F. R.: Soaking-pit instrumentation. Instruments Bd. 26 (1953) S. 724 u. ff. (5. S.).

[*6*] Leder, G.: Vergleich neuzeitlicher Tieföfen. Stahl u. Eisen 70. Jg. (1950) S. 843–845.

[*7*] Leder, G.: Bau und Betrieb von Tieföfen. Stahl u. Eisen 70. Jg. (1950) S. 1073-1077.

[*8*] Flagg, H. V.: Some experiences with soaking pits. Iron and Steel Eng. Bd. 25 (1948) Nr. 10, S. 59–66.

[*9*] Kopsa, L. F.: Soaking-pit instrumentation. Instruments and Automation Bd. 27 (Jan. 1954) S. 130 u. ff. (4 S.).

[*10*] Fechter, F.: Betriebserfahrungen mit einem doppelseitig beheizten Dreizonen-Blockstoßofen. Stahl u. Eisen 64. Jg. (1944) S. 449–453.

[*11*] v. Sothen, B.: Einfluß gesteigerter Leistungs- und Güteansprüche auf bauliche Gestaltung, Betrieb und Überwachung von Walzwerks- und Schmiedeöfen. Stahl u. Eisen 75. Jg. (1955) S. 709–718.

[*12*] Schneider, O.: Der Stand der Wärm- und Glühöfen in Feinblech-Walzwerken. Stahl u. Eisen 75. Jg. (1955) S. 1460–1472.

[*13*] Risse, W.: Die Regelung eines gichtgasbeheizten 100-t-Durchstoßofens mit Teleperm-Reglern. Siemens-Z. 33. Jg. (1959) S. 438–444.

[*14*] Teleperm-Regler: Eingetragenes Warenzeichen und Erzeugnis der Siemens & Halske AG.

41. Walzenstraßen

Von **K. Bretthauer** und **G. Stepken**

Inhaltsübersicht

A. Allgemeines

Der Walzvorgang ist ein Prozeß plastischer Verformung. Das Walzgut wird beim Durchtritt durch den von zwei Walzen gebildeten Walzspalt auf einen kleineren Querschnitt zusammengequetscht und dadurch in Walzrichtung gestreckt (*Bild* 1). An der Berührungsfläche zwischen Walzgut und Walzen drücken die Walzen so stark auf das Walzgut, daß seine Formfestigkeit überwunden wird. Das Walzgut gibt dem Walzdruck nach.

Der für die Formänderung erforderliche Arbeitsaufwand kann einmal von dem Antriebsmotor der Walzen über die mitnehmende Reibung an der Berührungsfläche auf das Walzgut übertragen werden; zum anderen können in Walzrichtung am Walzgut angreifende Kräfte diese Arbeit leisten. Ist die Summe der Kräfte P_e (s. *Bild* 1) am einlaufenden und P_a am auslaufenden Walzgut, in Walzrichtung betrachtet negativ, so muß der Walzmotor durch vergrößerte Walzenumfangskraft diese Gegenkraft zusätzlich überwinden. Ist P_e negativ und P_a positiv, so steht das Walzgut unter Zug; die Längung des Materials wird dadurch unterstützt. Zur Formänderung ist dann ein etwas geringerer Walzendruck erforderlich.

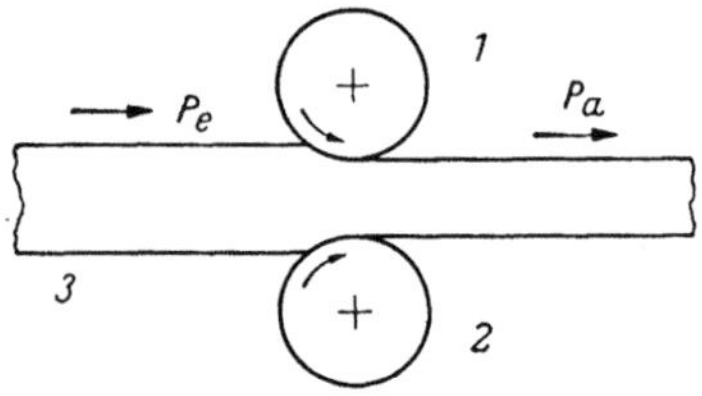

1 Oberwalze
2 Unterwalze
3 Walzgut
P_e Am *ein*laufenden Walzgut in Walzrichtung angreifende Kraft
P_a Am *aus*laufenden Walzgut in Walzrichtung angreifende Kraft

Bild 1. Der Walzvorgang

Normalerweise nimmt bei Metallen die zur plastischen Verformung erforderliche Kraft ab, wenn man sie erhitzt. Deshalb werden Metalle in Warmwalzwerken glühend verwalzt, falls nicht andere technologische Gesichtspunkte dem entgegenstehen. In Warmwalzwerken bemüht man sich, nach Möglichkeit keine Längskräfte auf das Walzgut auszuüben, da diese leicht zu unerwünschten Verformungen führen. Demgegenüber steht bei Kaltwalzwerken das Walzgut meist unter einem erheblichen Zug, der aus technologischen Gründen (s. Abschnitt D) erforderlich ist. Die charakteristischen Unterschiede der Regelaufgaben bei Warm- und Kaltbandwalzwerken sind in erster Linie auf diese Tatsache zurückzuführen [*1*].

Es gibt Walzenstraßen, bei denen das Walzgut mehrmals das gleiche Walzgerüst durchläuft, um bei jedem Durchgang erneut auf einen kleineren Querschnitt ausgewalzt zu werden. Solche Straßen reichen im allgemeinen zur Produktion des Bedarfs an schwerem und mittelschwerem Walzgut aus. Größere Mengen leichteren Walzgutes können nur mit Walzenstraßen erzeugt werden, in denen das Walzgut nacheinander mehrere Gerüste durchläuft. Wenn diese Gerüste so hintereinander stehen, daß das Walzgut praktisch in gerader Linie die Gerüste durchläuft, seine Bewegungsrichtung also nicht nennenswert ändert, so spricht man von einer kontinuierlichen Walzenstraße (Kontistraße).

Stehen die Gerüste eng beieinander, sei es wegen des geringeren Platzbedarfes, sei es, um die Abkühlung des Warmwalzgutes während der Bearbeitung möglichst klein zu halten, dann befindet sich das Walzgut gleichzeitig in mehreren Gerüsten. Die Drehzahlen dieser Gerüste müssen dann wegen der Kopplung über das Walzgut besonders gut aufeinander abgestimmt werden. Die Besonderheit kontinuierlicher Walzenstraßen ergibt sich zu einem großen Teil aus diesem Zwang, die Drehzahlen der Gerüste genau einzustellen und durch schnell wirkende Regelungen von Störeinflüssen möglichst unabhängig zu machen.

B. Umkehr-Warmwalzstraßen

1. Arbeitsweise des Antriebs

Bei einem Umkehrwalzgerüst wird die Drehrichtung des Antriebes nach jedem Durchgang des Walzgutes umgekehrt. Das Walzgut wird beim zweiten Durchtritt in entgegengesetzter Richtung durch das Gerüst gezogen und dabei einer erneuten Quetschung unterzogen. Dieser Vorgang wird im allgemeinen mehrfach wiederholt, bis das Gut auf die gewünschte Stärke heruntergewalzt worden ist.

Vor jedem Durchgang (Stich) wird das Walzgut entweder vor den Walzen (*Bild* 2) so weit seitlich verschoben, daß es in ein engeres Kaliber einlaufen kann, oder die Walzen werden weiter zusammengefahren, so daß auf diese Weise ein engerer Walzspalt entsteht. Bei dem in *Bild* 2 dargestellten Walzenpaar sind mit I bis IV vier Blockkaliber bezeichnet. Unter Blöcken versteht man Walzgut mit annähernd quadratischem Querschnitt. Mit V ist die Brammenbahn bezeichnet, auf der Walzgut mit ausgesprochen rechteckigem Querschnitt (Brammen) auf die gewünschte Stärke ausgewalzt wird.

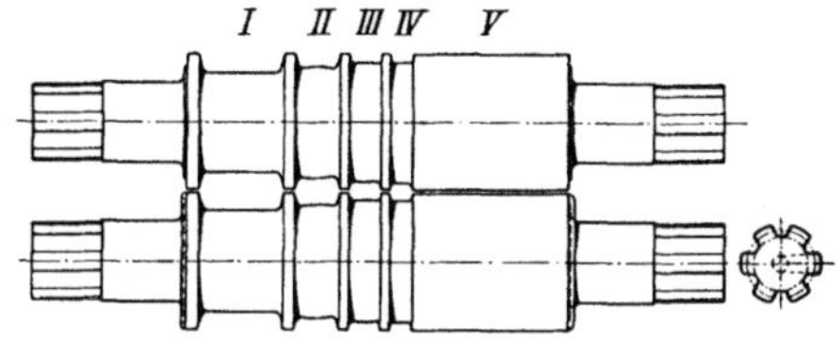

I bis IV Blockbahnen
V Brammenbahn

Bild 2. Walzenpaar einer Umkehr-Block- und -Brammenstraße

Das aus dem Walzspalt austretende Walzgut läuft auf den Arbeitsrollgang, der zusammen mit dem Walzgerüst reversiert wird. Die Grenzen für die bei der Richtungsumkehr sinnvoll anwendbaren Beschleunigungen sind durch die Reibungsverhältnisse zwischen Walzgut und Rollgang gegeben. Je kleiner die Schwungmomente der Walzmotoren gehalten werden können, umso geringer ist der für das Reversieren erforderliche Energieaufwand; das Entsprechende gilt für die Verluste und den Ankerstrom [*2*].

Bei Umkehrwalzgerüsten ist es nicht notwendig, daß eine gewählte Drehzahl mit großer Genauigkeit eingehalten wird. Es genügt deshalb, statt der Drehzahl ersatzweise auch die Ankerspannung und den Feldstrom des Motors zu regeln. Bei beiden Verfahren lassen sich die gewünschten Umsteuerzeiten erreichen und Strombegrenzungen einführen.

Beide Arbeitswalzen des Walzgerüstes, die Ober- und Unterwalze, werden angetrieben, wobei zwei Antriebsmethoden üblich sind. Bei einer Methode ist nur ein Walzmotor vorhanden, der seine Leistung über ein Verteilergetriebe, Kammwalzgerüst genannt, an beide Walzen abgibt. Die Aufteilung der Leistung auf die beiden Walzen wird von einer Reihe technologischer Faktoren bestimmt (z.B. Walzendurchmesser, Walzenoberfläche, Lage des Walzgutes am Ein- und Auslauf, Temperaturunterschiede im Walzgut) und kann von der Antriebsseite nicht mehr beeinflußt werden. Bei der zweiten Methode wird jede Walze von einem eigenen Motor angetrieben (Zwillingsantrieb). Man gewinnt dadurch für die Regelung einen Freiheitsgrad, weil man von der Antriebsseite her in die Leistungsverteilung und in die damit zusammenhängenden Größen (z. B. Drehzahl und Drehmoment) jeder einzelnen Walze eingreifen kann.

Welche dieser beiden Antriebsmethoden zweckmäßig gewählt wird, muß von Fall zu Fall entschieden werden. Bei sehr großen Antriebsleistungen ergibt sich die Aufteilung auf zwei Motoren von selbst, wenn die Leistung nicht in einer Maschine untergebracht werden kann. Außerdem ist die Aufteilung anzuwenden, wenn auf kleine Beschleunigungsleistungen und damit kleine Beschleunigungsströme Wert gelegt wird. Dies ist besonders bei Stromrichterspeisung wegen der in der Nähe der Drehzahl Null auftretenden Blindlaststöße wichtig. Regelungstechnisch ergeben sich beim Zwillingsantrieb zwangsläufig Unterschiede gegenüber dem Antrieb über Kammwalzgerüste, weshalb die besonderen regelungstechnischen Belange beim Zwillingsantrieb (s. Abschnitt B 3) noch besonders behandelt werden.

Steuerkennlinien des Walzmotors. Für die vorliegende Antriebsaufgabe, bei der die Drehzahl zwischen einem maximal positiven und einem maximal negativen Wert schnell auf jeden Wert einstellbar sein soll, ist der Gleichstrommotor in LEONARD-Schaltung am besten geeignet. Die größte Drehzahl (vgl. *Bild* 3), bei der der Motor noch das maximale Drehmoment abgeben kann, nennt man die *Grunddrehzahl* n_G. Bis zur Grunddrehzahl wird die Drehzahl durch Änderung der Ankerspannung U_a eingestellt, der Erregerstrom I_e bleibt konstant auf dem maximalen Wert. Oberhalb der Grunddrehzahl wird die Erregung und damit das Magnetfeld der Hauptpole der Maschine geschwächt. Dabei bleibt die Ankerspannung U_a konstant auf ihrem Höchstwert. Das maximale Drehmoment der Maschine sinkt dadurch in dem Maße ab, wie das Feld geschwächt wird, da der größte Ankerstrom (der Ausschaltstrom I_{aA}) durch die Konstruktion der Maschine festliegt. Die Drehzahl-Drehmoment-Kennlinie (*Bild* 3) zeigt im Feldschwächbereich einen Knick, den *Kommutierungsknick* (K) bei der dazugehörigen *Kommutierungsdrehzahl* n_K. Von dieser Drehzahl an ist ein Herabsetzen des Ausschaltstromes und damit ein weiteres Reduzieren des Ausschaltmomentes erforderlich, um eine einwandfreie Kommutierung der Maschine sicherzustellen.

Um eine Überlastung der Maschine zu vermeiden, muß man durch eine automatische Strombegrenzung den Verlauf der dargestellten Grenzkurve berücksichtigen.

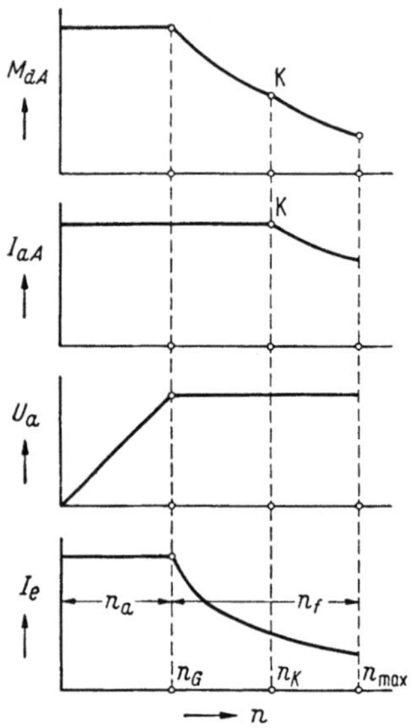

n_G Grunddrehzahl
n_K Drehzahl am Kommutierungsknick
n_{max} Größte Feldschwächdrehzahl
n_a Ankerspannungs-Steuerbereich der Drehzahl
n_f Feldschwäch-Steuerbereich der Drehzahl
M_{dA} Ausschalt-(Dreh-)Moment
I_{aA} Ausschalt-(Anker-)Strom
U_a Anker-Klemmenspannung
I_e Erregerstrom
K Kommutierungsknick

Bild 3. Steuerkennlinien eines Umkehr-Walzmotors

2. Regelanordnungen für Kammwalzantriebe (*Bild* 4)

a) Ankerspannungs- und Feldstromregelung (*Bild* 5)

Da bei Umkehrantrieben keine hohen Anforderungen an die Drehzahlgenauigkeit gestellt werden, kann für die Drehzahl ersatzweise bis zur Grunddrehzahl die Ankerspannung, oberhalb der Grunddrehzahl der Erregerstrom des Walzmotors (*1*) geregelt werden. Im dargestellten Beispiel wird die Ankerspannung von einem Steuergenerator (*2*) geliefert. Vom Führungsgeber (*4*) werden die Führungsgrößen für die Ankerspannung U_{aw} und den Motorfeldstrom I_{ew} vorgegeben. Das Verhalten des Führungsgebers kann so abgestimmt werden, daß über den gesamten Drehzahlbereich der zur Beschleunigung des Walzmotors (*1*) erforderliche Ankerstrom etwa konstant ist. Dadurch wird Überlastungen bei Beschleunigungsvorgängen vorgebeugt. Außerdem kann die Umsteuerzeit den technologischen Anforderungen entsprechend so gewählt werden, wie sie z.B. mit Rücksicht auf den Arbeitsrollgang zulässig ist (vgl. Abschnitt B1). Der Führungsgeber muß im allgemeinen nach einer Funktion arbeiten, bei der man unter anderem durch einen Kennlinienwandler (*4b*) auch auf die von der Sättigung beeinflußte Drehzahl-Drehmoment-Kennlinie des Walzmotors bei Feldstromänderung Rücksicht nehmen muß. Solche Funktionen lassen sich z.B. mit kombinierten elektromechanischen Einrichtungen mit Kurvenscheiben oder gestuften Widerständen realisieren.

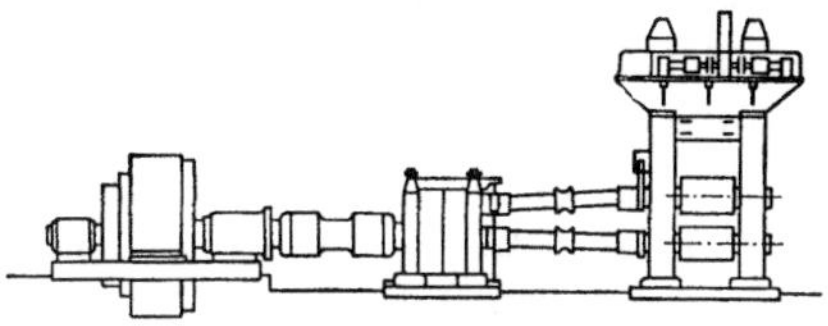

Bild 4. Kammwalzgerüst

Wenn das Schwungmoment des Walzmotors besonders klein gehalten werden soll, damit man günstige Beschleunigungsverhältnisse erhält, so ist es zweckmäßig, die Antriebsleistung auf zwei Motoren (Doppelmotoren) mit kleinerem Läuferdurchmesser aufzuteilen. Beim Zwillingsantrieb ergibt sich diese Aufteilung von selbst, wenn auch an getrennten Wellen.

b) Strombegrenzung (*Bild* 5)

Die Strombegrenzer (*5*) und (*6*) sprechen an, wenn der Ankerstrom oder der Feldstrom bestimmte (einstellbare) Grenzwerte überschreitet. Wenn der Motor in den Feldschwächbereich hineingefahren wird, so spricht der auf die Feldstromregelung wirkende Strombegrenzer (*6*) an und verhindert, trotz des weiter ansteigenden Steuersignales, ein weiteres Absinken des Feldstromes und damit des

1 Walzmotor
2 Steuergenerator
3 Steuergeber
4 Führungsgeber
  a Integrator
  b Kennlinienwandler
  c Begrenzer
5 Strombegrenzer für den Ankerstrom
6 Strombegrenzer für den Feldstrom
7 Kennlinienwandler
8 Regler für die Ankerspannung
9 Regler für den Feldstrom
U_a Ankerspannung
U_{aw} Führungsgröße für die Ankerspannung
I_e Erregerstrom
I_{ew} Führungsgröße für den Erregerstrom

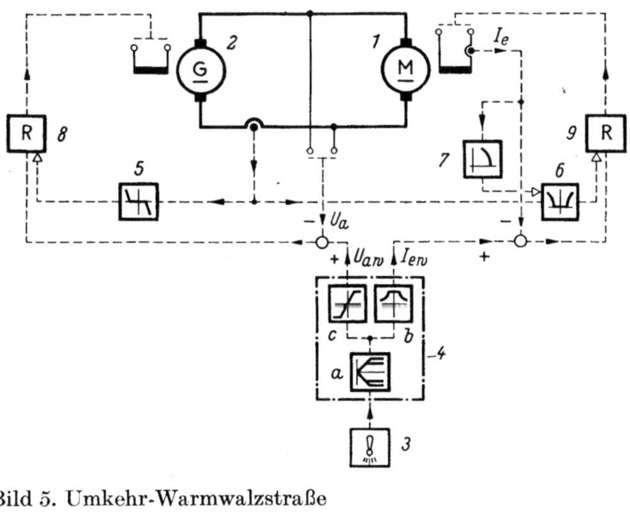

Bild 5. Umkehr-Warmwalzstraße

Drehmomentes. Wird aber einmal dem Motor unterhalb der Grunddrehzahl ein zu hohes Moment abverlangt, so kann der Strom nur durch Absenken der Ankerspannung in den zulässigen Grenzen gehalten werden. Dies bewirkt der Begrenzer (*5*). Er begrenzt beim Hochlaufen die Beschleunigung, d.h. das zur Beschleunigung zur Verfügung stehende Motormoment. Übersteigt aber das Walzmoment selbst schon den Grenzwert, so kommt der Motor zum Stillstand. Um Schäden an den Walzen zu vermeiden, muß das glühende Walzgut durch Umsteuern rückwärts wieder aus dem Walzspalt herausbefördert werden.

Die Strombegrenzer liefern, wenn die zulässigen Grenzwerte überschritten werden, Korrekturwerte auf den Eingang des Reglers (*9*) für den Feldstrom oder den des Reglers (*8*) für die Ankerspannung, die den vom Führungsgeber kommenden Führungsgrößen überlagert werden. Dadurch wird der Vergleichswert für das Motorfeld verstärkt, derjenige für die Ankerspannung geschwächt.

Der Feldstromregelung ist noch ein zusätzlicher Kennlinienwandler (*7*) zugeordnet. Er dient dazu, die Strombegrenzung oberhalb der Kommutierungsdrehzahl nach der in *Bild* 3 angegebenen Grenze wirken zu lassen. Wenn der Erregerstrom des Walzmotors kleiner ist als am Kommutierungsknick (was bei Drehzahlen oberhalb des Kommutierungsknickes der Fall ist), dann gibt der Kennlinienwandler eine zusätzliche Aussteuerung auf den Strombegrenzer (*6*). Dementsprechend spricht dieser Strombegrenzer bereits bei kleineren Ankerströmen an. Die Grenze in *Bild* 3 wird um so genauer von der Regelung eingehalten, je näher die Kommutierungsdrehzahl an der maximalen Feldschwächdrehzahl liegt.

c) Drehzahlregelung (*Bild* 6)

Gegenüber der Ankerspannungs- und Feldstromregelung bringt eine Drehzahlregelung den Vorteil, daß nur eine Regelgröße vorhanden ist. Dadurch werden die Unstetigkeiten vermieden, die bei Überschreiten der Grunddrehzahl durch den Übergang von der Ankerspannungsregelung auf die Feldstromregelung zwangsläufig entstehen. Eine solche Drehzahlregelanordnung ist in *Bild* 6 am Beispiel eines mit Stromrichtern gespeisten Antriebs dargestellt, wobei die Drehzahl mit einem Tachogenerator (*6*) gemessen wird. (Schaltungen über Stromrichterspeisung von Umkehrantrieben s. auch Kapitel 26.) Der Stromrichter hat gegenüber dem Steuergenerator den Vorzug, praktisch trägheitslos zu arbeiten. Um diese Eigenschaft voll auszunutzen, kann man den Stromrichter mit einem elektronisch arbeitenden Gittersteuersatz (*3*) ausrüsten [*3, 4, 5, 6*].

Das trägheitslose Arbeiten solcher Steueranordnungen läßt sich vorteilhaft für eine sehr genaue, ohne Überschwingen arbeitende Strombegrenzung nutzbar machen. Der Gittersteuersatz (*3*) wird von einem Ankerstrom-Folgeregler (*5*) gesteuert, dessen Führungsgröße der Drehzahlregler (*4*) liefert, und zwar höchstens einen solchen Wert, wie er dem maximal zulässigen Ankerstrom entspricht. Der Drehzahlregler wird von der Regelabweichung der Drehzahl gesteuert. Wenn der vom Tachogenerator (*6*) abgegebene Istwert der Regelgröße sich der vom Führungsgeber (*7*) gegebenen Führungsgröße nähert, dann geht der Führungswert für den Ankerstrom so weit zurück, wie es bei den jeweiligen Belastungsverhältnissen für den stationären Betrieb erforderlich ist.

Ähnlich ist der Aufbau der Feldstromregelung. Die Stellgröße des Ankerspannungsreglers (*8*), die zugleich Führungsgröße für den Feldstromregler (*9*) ist, wird wieder auf einen Höchstwert begrenzt, der dem maximal zulässigen Feldstrom entspricht. Diesen maximalen Führungswert gibt der Regler (*8*) ab, solange die Ankerspannung kleiner ist als der vom Sollwertgeber (*10*) gelieferte feste Vergleichswert U_{ak} für die maximal zulässige Ankerspannung.

Diese Regelung arbeitet so, wie im Abschnitt B 2 a beschrieben: als Drehzahlregelung mit der Regelgröße *Ankerspannung* unterhalb und der Regelgröße *Feldstrom* oberhalb der Grunddrehzahl. Unterhalb der Grunddrehzahl ist die Ankerspannung kleiner als der Sollwert U_{ak}. Der Feldstromregler (*9*) wird daher bis zum Maximalwert des Feldstromes ausgesteuert. Die Ankerspannung stellt sich nach

1 Walzmotor
2 Stromrichterspeisung
3 Gittersteuersatz
4 Drehzahlregler
a Führungsgeber für den Ankerstrom mit Begrenzung
b, *c* Einflußglieder der Drehzahl auf die Strombegrenzung
5 Ankerstromregler
6 Tachogenerator
7 Führungsgeber mit Integrator *a* und Kennlinienwandler *b*
8 Ankerspannungsregler
9 Feldstromregler
10 Sollwertgeber für maximale Ankerspannung
U_a Ankerspannung
U_{ak} Sollwert für maximale Ankerspannung
I_a Ankerstrom
n Drehzahl
I_e Erregerstrom

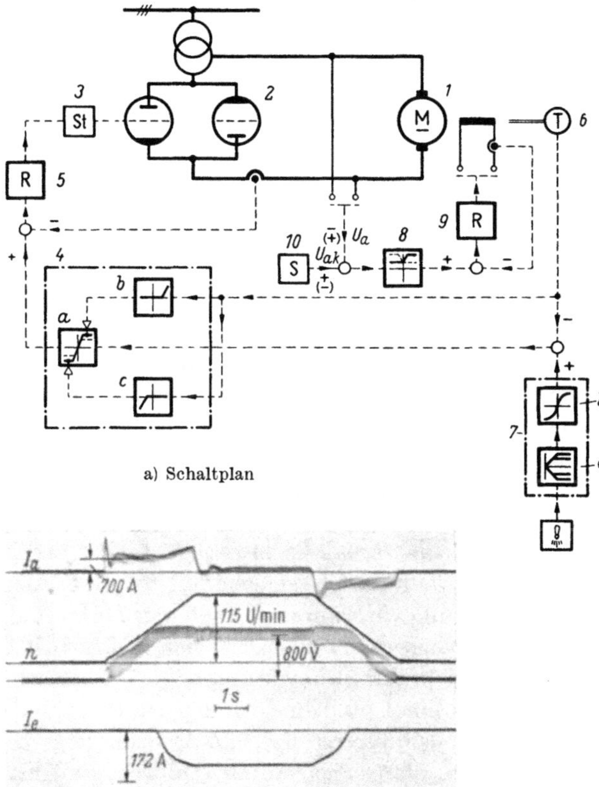

a) Schaltplan

b) Drehzahlregelung eines von Stromrichtern gespeisten Walzmotors mit gesteuerter Drehzahländerung

Bild 6. Umkehrwalzmotor mit Stromrichterspeisung

dem vom Führungsgeber (*7*) vorgegebenen Wert für die Drehzahl ein. Sobald die Ankerspannung sich dem durch U_{ak} vorgegebenen Maximalwert nähert, geht der vom Feldstromregler (*9*) gelieferte Führungswert für den Feldstrom zurück. Die weitere Drehzahlerhöhung des Motors erfolgt demnach über die Feldschwächung. Der Motor hat also bei jeder Drehzahl das größtmögliche Feld und kann demzufolge auch das größtmögliche Drehmoment abgeben. Außerdem ist der Stromrichter stets so weit wie möglich ausgesteuert und arbeitet daher mit gutem Leistungsfaktor.

Oberhalb des Kommutierungsknickes muß der maximale Sollwert für den Ankerstrom wieder reduziert werden. Die Spannung des Tachogenerators (*6*) des Walzmotors (*1*) wirkt über die Glieder (*4b*) und (*4c*) innerhalb des Drehzahlreglers (*4*) derart, daß bei Überschreiten der Kommutierungsdrehzahl die maximale Stellgröße des Drehzahlreglers verkleinert wird. Da diese den Führungswert für den Stromregler darstellt, wird auch der maximal zulässige Ankerstrom verringert.

3. Zwillingsantriebe (*Bild* 7)

Die beiden Motoren eines Zwillingsantriebes (*Bild* 7) können von einer Sammelschiene oder einzeln gespeist werden. Bei Sammelschienenspeisung besteht aber nur über die relativ trägen Felder der Motoren die Möglichkeit für unterschiedliche Eingriffe. Bei Einzelspeisung der Motoren können diese einzeln und schnell über die Ankerspannung geregelt werden [7].

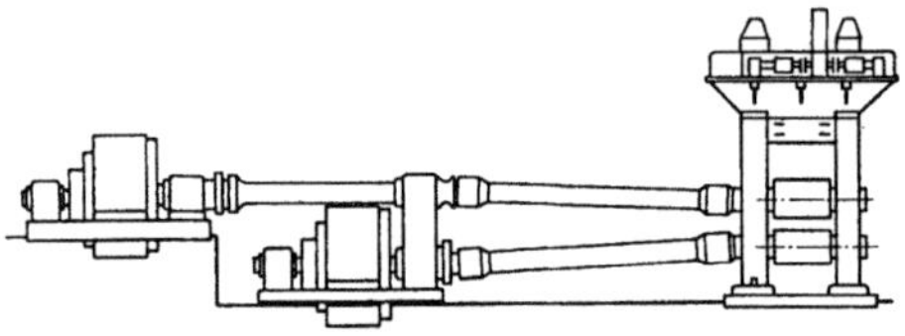

Bild 7. Walzgerüst mit Zwillingsantrieb

Die für jeden Motorkreis angewandten Regelverfahren sind etwa die gleichen, wie sie bereits für die Einfachumkehrantriebe in Abschnitt B2 angegeben worden sind. Zusätzliche Eingriffsmöglichkeiten bestehen darin, das Verhältnis der Drehmomente oder der Drehzahlen beider Motoren untereinander zu regeln. Wenn sich das Walzgut zwischen den Walzen befindet, sind die Walzen nahezu starr miteinander verbunden; das Drehzahlverhältnis von Ober- zu Unterwalze liegt also praktisch fest. Ein anderes Verhältnis einstellen zu wollen, würde zwangsläufig zu einer unerträglichen Überlastung des einen oder des anderen Motors führen. Deshalb kann das Drehzahlverhältnis praktisch nur bei Leerlauf der Motoren geregelt werden. Anders verhält es sich dagegen mit der Regelung der Lastverteilung. Diese ist nur bei Belastung wirksam und regelt für Ober- und Untermotor die Anteile ein, die sie von der insgesamt erforderlichen Walzarbeit übernehmen; bei Leerlauf ist diese Regelung praktisch unwirksam.

Aus walztechnologischen Gründen ist es oftmals erwünscht, daß beim Einlaufen des Walzgutes die Leerlaufdrehzahl der Unterwalze größer ist als die der Oberwalze. Man erreicht dies dadurch, daß man, je nach dem Regelungsprinzip, die Sollwerte für die Ankerspannung (oder die Drehzahl) unterschiedlich hoch einstellt. Sobald dann die Maschinen durch das Walzgut belastet werden, würde, um das eingestellte Drehzahlverhältnis zu halten, die Stromaufnahme des Untermotors zu groß, die der Obermotoren aber unter Umständen sogar negativ werden. Deshalb muß jetzt eine Stromausgleichregelung einsetzen, die stärker ist als der Einfluß der Drehzahlregelung. Diese Strom- oder Lastausgleichregelung wird normalerweise so eingestellt, daß die Motoren etwa gleich hoch belastet werden, wodurch sich ein Minimum an Stromwärmeverlusten und damit auch die höchste Lebensdauer der Motoren ergibt. Die Stromausgleichregelung ist der Drehzahlregelung überlagert.

C. Durchlaufende Warmwalzstraßen

1. Aufbau und Arbeitsweise

Bei durchlaufenden Walzgerüsten haben die Walzen nur eine Drehrichtung. Das Walzgut kann also nur in einer Richtung durch den Walzspalt gezogen werden.

Sollen in einem durchlaufenden Walzgerüst mehrere Stiche gewalzt werden, so muß das Walzgut entweder um das Walzgerüst herum wieder der Einlaufseite zugeführt werden, oder es muß ein gegenläufiger Walzspalt vorhanden sein. Das ist z.B. bei den sogenannten Triogerüsten der Fall (*Bild* 8), bei denen drei Walzen übereinander angeordnet sind. Ober- und Unterwalze haben dabei die entgegengesetzte Drehrichtung der Mittelwalze.

Nach jedem Stich muß in einem Triogerüst das Walzgut durch Anheben oder Absenken dem anderen Walzspalt zugeführt werden, zumindest bei schwerem Walzgut müssen dafür der Höhe nach verstellbare Arbeitsrollgänge vorhanden

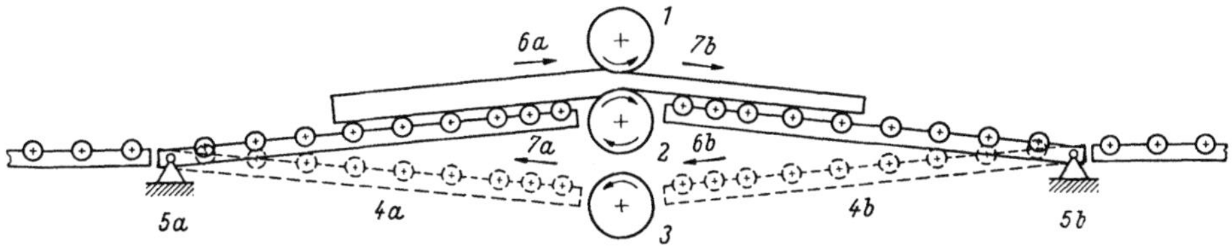

1 Oberwalze *2* Mittelwalze *3* Unterwalze *4* Wipptische (*a* und *b*) *5* Drehpunkte (*a* und *b*) *6* Einlauf des Walzgutes (*a* und *b*) *7* Auslauf des Walzgutes (*a* und *b*)

Bild 8. Arbeitsprinzip eines Trio-Walzgerüstes

sein. Wenn das Walzprogramm nicht mit fester Anstellung gefahren werden kann, müssen zwei Walzen verstellbar sein. Für schwere und wechselnde Programme ist daher das Umkehrgerüst häufig wirtschaftlicher als das Triogerüst.

Größere Produktionen von Walzgut lassen sich dadurch erreichen, daß die Anzahl der erforderlichen Stiche auf mehrere Gerüste verteilt wird. Liegen diese durchlaufenden Gerüste, in Walzrichtung gesehen, hintereinander, dann nennt man solche Anordnungen *kontinuierliche* Walzenstraßen. Das Walzgut passiert jedes Gerüst nur einmal. Man verwendet kontinuierliche Walzenstraßen vorwiegend für die Erzeugung mittelschweren und leichten Walzgutes.

Da durchlaufende Walzmotoren praktisch nur in einer Richtung Ankerstrom führen, lassen sich zur Speisung vorteilhaft Stromrichter verwenden. Mit Stromrichtern ist die Regelung über die Ankerspannung natürlich schneller als die Regelung über den Feldstrom, und man speist deshalb, wenn höchste Reaktionsgeschwindigkeiten der Regelung gefordert werden, jeden Motor einzeln über Stromrichter. Anderenfalls genügt es, alle Motoren von einer gemeinsamen Sammelschiene zu speisen. Das Beeinflussen jedes einzelnen Motors ist dann nur noch über die Felder möglich.

2. Regelungstechnische Anforderungen

Nichtkontinuierliche durchlaufende Walzenstraßen stellen keine großen Anforderungen an die Drehzahlkonstanz. So kann z.B. ein Triogerüst normalerweise ungeregelt gefahren werden. Als Antriebsmotor ist in vielen Fällen der Asynchronmotor ausreichend. Ähnliches gilt bei den offenen Straßen (*Bild* 9a).

Anders liegen im allgemeinen die Verhältnisse bei *kontinuierlichen*, durchlaufenden Straßen (*Bild* 9b). Werden mehrere hintereinander liegende Walzgerüste von einem gemeinsamen Motor über Getriebeverzweigungen angetrieben (*Bild* 10), dann muß die Abstimmung der Drehzahlen der Gerüste untereinander in die Ge-

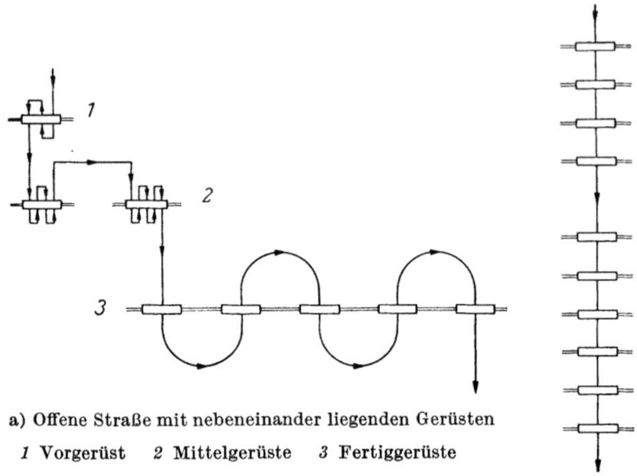

a) Offene Straße mit nebeneinander liegenden Gerüsten

1 Vorgerüst *2* Mittelgerüste *3* Fertiggerüste

b) Kontinuierliche Straße mit hintereinander liegenden Gerüsten

Bild 9. Weg des Walzgutes bei offenen und kontinuierlichen Walzenstraßen

triebe gelegt werden. Die Drehzahl des Motors muß aber nur dann genauer eingestellt werden, wenn in dieser Gerüstgruppe auf die Walzgeschwindigkeit in davor- oder dahinterliegenden Gerüsten Rücksicht genommen werden muß.

Hohe Anforderungen werden an die Drehzahlregelung gestellt, wenn mehrere einzeln angetriebene Gerüste oder Gerüstgruppen über das Walzgut miteinander

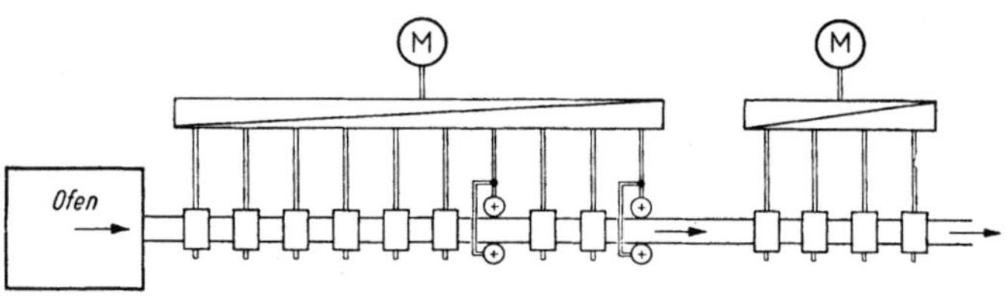

Bild 10. Kontinuierliche Walzenstraße mit Gruppenantrieb (MORGAN-Straße)

gekuppelt sind (*Bild* 11). Je dichter die Walzgerüste einer kontinuierlichen Straße aufeinander folgen, um so weniger kann das Walzgut von seiner Eigenwärme während der relativ kurzen Durchlaufzeit an die Umgebung abgeben. Dadurch werden

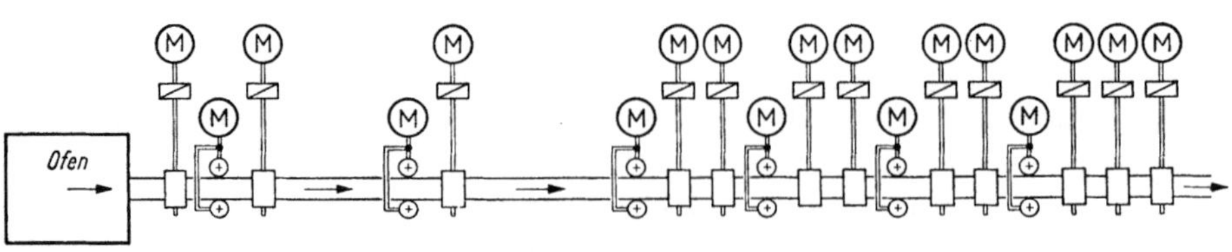

Bild 11. Kontinuierliche Walzenstraße mit Einzelantrieb

insgesamt größere Quetschungen des Walzgutes ohne Zwischenerhitzung ermöglicht. Dieser Vorteil macht sich um so mehr bemerkbar, je kleiner der Querschnitt des Walzgutes ist. Man wendet daher das kontinuierliche Verfahren in erster Linie bei Fertigstraßen an, z.B. zur Herstellung von Profilen, Draht und Bandmaterial.

Durchläuft das Walzgut gleichzeitig mehrere Gerüste, so ergibt sich zwangsläufig ein ganz bestimmtes Drehzahlverhältnis der Gerüste untereinander. Wollte man z. B. ein in Walzrichtung nachfolgendes Gerüst schneller laufen lassen, als dem richtigen Drehzahlverhältnis gegenüber dem vorausgehenden entspricht, dann würde auf das Walzgut ein Zug ausgeübt werden, der entweder zu Veränderungen des Querschnittes oder sogar zum Reißen des Walzgutes führen würde. Läuft das nachfolgende Gerüst zu langsam, so wird das Walzgut gestaucht, oder es weicht bei kleinen Querschnitten aus und bildet eine immer größer werdende Schlinge. Solche Erscheinungen sind besonders in den letzten Gerüsten einer kontinuierlichen Walzenstraße sehr unangenehm, da hier die größten Walzgeschwindigkeiten auftreten und außerdem die letzten Gerüste im allgemeinen die Aufgabe haben, bei relativ geringer Quetschung nur noch möglichst genau auf die gewünschten Endmaße auszuwalzen.

An die Regelung wird deshalb zunächst einmal die Aufgabe gestellt, die notwendige Drehzahl jedes Gerüstes mit großer Genauigkeit einzuhalten. Ferner sollen Belastungsstöße, wie sie z.B. beim Anstechen des Walzgutes entstehen, möglichst geringe dynamische Drehzahlabweichungen verursachen. Es hängt nun von den jeweiligen technologischen Voraussetzungen ab, ob die Regelung sehr schnell irgendwelche auftretenden Abweichungen ausregeln muß. Grob läßt sich sagen, daß die Regelung um so schneller wirken muß, je schneller das Walzgut läuft und je enger die Walzgerüste stehen.

3. Regelung bei kontinuierlichen Warmwalzenstraßen

a) Einzelspeisung mit Stromrichtern (*Bild* 12)

Die Drehzahlgeber aller Antriebe einer kontinuierlichen Straße sind an eine gemeinsame Leitspannung U_L angeschlossen, die soweit wie möglich konstant gehalten wird. Falls geringfügige Änderungen der Leitspannung unvermeidlich sein sollten, so wird die Drehzahl aller Gerüste gleichsinnig in ihrem Sollwert beinflußt; das Zusammenspiel der Gerüste untereinander wird also nicht gestört. Am Drehzahlgeber (*2*) wird die Vergleichsgröße U_k für den betreffenden Antrieb eingestellt. Der Istwert der Drehzahl wird über einen Tachogenerator (*3*) gemessen. Die Regelabweichung ($U_k - U$) wirkt über den Drehzahlregler (*4*) auf den Stromregler (*5*). Die Stellgröße des Drehzahlreglers (*4*) wird dabei als Führungsgröße I_{aw} dem Stromregler (*5*) zugeführt und mit dem Ankerstrom-Istwert I_a verglichen. Der Stromregler (*5*) wirkt dann auf den Gittersteuersatz des Stromrichters. Der Drehzahlregler (*4*) ist so aufgebaut, daß seine Stellgröße auf einen Maximalwert begrenzt ist. Dieser Maximalwert, als Führungswert auf den Stromregler wirkend, ist dann also der Grenzwert des zulässigen Ankerstromes. Die Kennlinie des Drehzahlreglers wirkt auf diese Weise als Strombegrenzer. Für jeden Betriebszustand stellt sich ein Gleichgewicht ein, bei dem eine sehr kleine Regelabweichung der Drehzahl gerade den Ankerstrom vorschreibt, der für die Überwindung des

Belastungsmomentes der Maschine erforderlich ist. Es wird also auf Dreh zahl geregelt, solange der Ankerstrom unter dem zulässigen Grenzwert liegt. Fordert die Belastung des Walzmotors aber einen höheren Ankerstrom, so wird der Grenzwert des Ankerstromes ohne Rücksicht auf die Abweichung der Drehzahl von ihrem Sollwert eingeregelt.

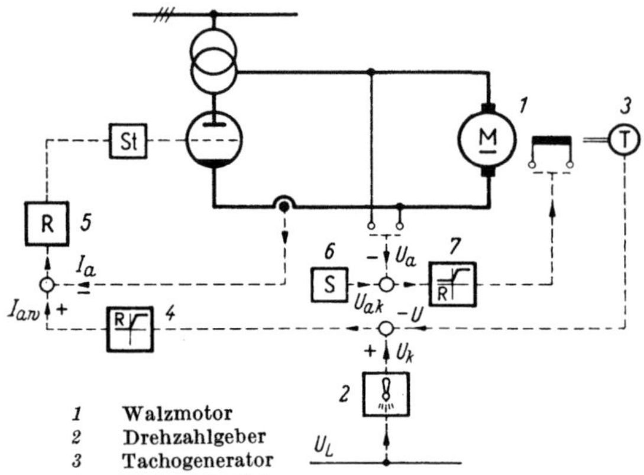

1 Walzmotor
2 Drehzahlgeber
3 Tachogenerator
4 Drehzahlregler
5 Stromregler
6 Sollwertgeber für maximale Ankerspannung
7 Spannungsregler
U_L Leitspannung
U_k Vergleichsspannung für die Drehzahl ($U_k \sim n_k$)
U Istspannung für die Drehzahl ($U \sim n$)
I_{aw} Führungsgröße für den Ankerstrom
I_a Istwert des Ankerstromes
U_{ak} Vergleichsspannung für die Ankerspannung
U_a Istwert für die Ankerspannung

Bild 12. Kontinuierliche Warmwalzenstraße mit Speisung des Antriebs durch Stromrichter

Die Ankerspannungsregelung wirkt ähnlich wie bei der im Abschnitt B2c beschriebenen Anordnung. Sie spricht an, wenn die Ankerspannung U_a sich dem Nennwert nähert, für den ein Sollwertgeber (*6*) die Vergleichsgröße U_{ak} liefert. Dann steuert der Spannungsregler (*7*) einen kleineren als den maximalen Sollwert für den Feldstrom ein. Im *Bild* 12 ist für den Feldstrom selbst kein eigener Regelkreis vorgesehen, da sich im allgemeinen ein ausreichend genau begrenzter Erregerstrom auch ohne Regelung über einen geschlossenen Regelkreis erzielen läßt.

Die vom Gleichrichter maximal abgebbare Spannung muß größer sein als die bei Grunddrehzahl und im Feldschwächbereich eingeregelte Ankerspannung; denn man muß eine ausreichend große Aussteuerreserve des Gleichrichters vorsehen, um den Einfluß von Belastungsstößen über den Stromrichter sehr schnell ausregeln zu können. In dem Maße, wie die Regelung über den Feldstrom nachkommt, geht dann die Aussteuerung des Stromrichters wieder zurück. Der Stromrichter hat also die schnellen Reaktionen durchzuführen, während die endgültige Ausregelung des neuen Belastungszustandes über das Motorfeld geschieht.

In der dargestellten Anordnung ist, wie bei allen Stromrichterspeisungen für eine Stromrichtung, ein schnelles Abbremsen des leer laufenden Motors (Notbremsung) nur möglich, wenn er seine kinetische Energie in Bremswiderständen in Wärme umsetzen kann. Über den Stromrichter kann der generatorische Bremsstrom wegen der Richtungsumkehr nicht fließen. Bei Notbremsung werden (im *Bild* 12 nicht dargestellt) Bremswiderstände über Schütze an den Motoranker angelegt.

b) Sammelschienenspeisung mit Stromrichtern (*Bild* 13)

Alle Motoren werden von der gleichen Spannung U_S gespeist, so daß jeder einzelne Motor in der Drehzahl nur über sein Feld beeinflußt werden kann.

Die unvermeidliche Trägheit des Magnetfeldes bedingt, daß bei Sammelschienenspeisung keine so schnellen Regelungen wie bei Einzelspeisung mit Stromrichtern möglich sind. Die Spannung der Sammelschiene wird durch Eingriff am Gitter des Stromrichters (*2*), der die Sammelschiene speist, konstant gehalten. Mit dem Steuergeber (*3*) wird über den Führungsgeber (*4*) und den Regler (*5a*) die Sammelschienenspannung U_S beim Anfahren der Straße langsam bis zur gewünschten Betriebsspannung hochgefahren. Die Sammelschienenspannung dient gleichzeitig als Leitgröße für einen Regler (*5b*), der als Stellgröße eine Leitgröße n_L für die Drehzahl abgibt. An diese Leitgröße sind alle Drehzahlregelungen der Walzmotoren angeschlossen, die von der Sammelschiene gespeist werden. Der Regler (*5b*) hat integrales Verhalten. Die Hochlaufzeiten des Führungsgebers (*4*) und die des Reglers (*5b*) werden stets so eingestellt, daß die Leitgröße n_L für die Drehzahl sich langsamer verändert als die Führungsgröße U_S. Dieses Verhalten ist für den Drehzahlregelkreis und für die Spannungsregelung der Walzmotoren wichtig. Der Drehzahlsteller (*6*), über den die für jede einzelne Maschine gewünschte Drehzahl eingestellt wird, gibt für den Drehzahlregler (*7*) die Vergleichsgröße, während der Istwert von dem Tachogenerator (*8*) geliefert wird. Die dem Regler nachfolgenden Verstärkerglieder (*9*) üben gleichzeitig eine Begrenzerfunktion aus, indem durch ihre größtmögliche Aussteuerung der maximale Erregerstrom für das Motorfeld festgelegt wird.

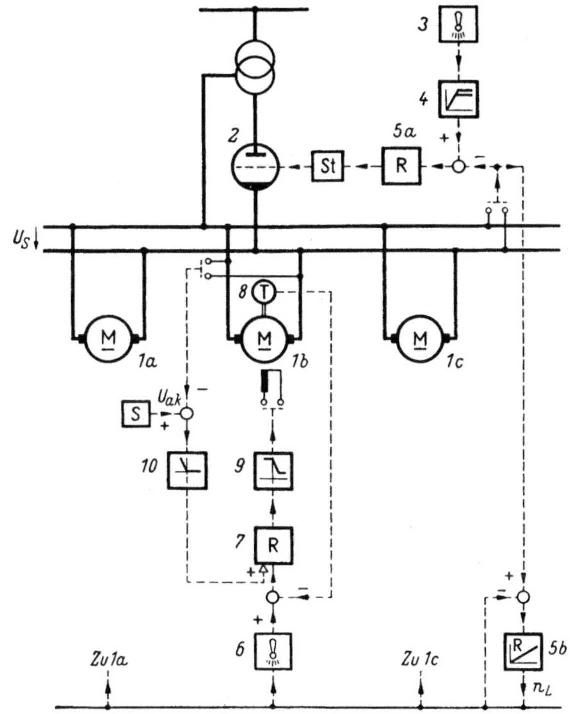

1 Walzmotoren (*a* bis *c*)
2 Stromrichter
3 Steuergeber
4 Führungsgeber
5 Führungsregler
a für Sammelschienenspannung
b für Drehzahl
6 Drehzahlsteller
7 Drehzahlregler
8 Tachogenerator
9 Begrenzer für den Feldstrom
10 Spannungsbegrenzer
U_S Sammelschienenspannung
n_L Leitgröße für Drehzahl
U_{ak} Sollwert für maximale Ankerspannung

Bild 13. Kontinuierliche Walzenstraße mit Sammelschienenspeisung

Wenn der Sollwert für die Drehzahl vermindert wird, besteht grundsätzlich die Möglichkeit, daß die Klemmenspannung der Walzmotoren vorübergehend über den zulässigen Nennwert ansteigt. Ein bremsender Motorstrom kann nicht über den Gleichrichter geführt werden und beeinflußt somit die übrigen an der Sammelschiene angeschlossenen Motoren gleichfalls im Sinne einer Spannungserhöhung. Da die Motoren bei Überlastungen durch Selbstschalter (im *Bild* 13 nicht dargestellt) von der Sammelschiene abgetrennt werden, ist jeder Motor mit einer eigenen Spannungsregelung versehen. Die Klemmenspannung jedes Motors wird mit der Vergleichsgröße U_{ak} für die zulässige Klemmenspannung verglichen. Wird die Klemmenspannung zu groß, so gibt der Begrenzer (*10*) auf den Regler (*7*) einen zusätzlichen Einfluß, der das Motorfeld schwächt.

Wenn die Sammelschienenspannung hochgefahren wird, sollen die Motoren voll erregt sein, damit sie ihre vollen Momente entwickeln können. Dies wird dadurch erreicht, daß der Leitwert n_L für die Drehzahl langsamer ansteigt als die Sammelschienenspannung U_S. Ein kleinerer Leitwert für die Drehzahl gegenüber dem Istwert bedeutet aber stets eine Aussteuerung im Sinne einer Feldverstärkung. Beim Herunterfahren der Sammelschienenspannung dagegen bleibt der Leitwert für die Drehzahl größer, als dem wirklichen Drehzahlwert entspricht, d. h., die Motoren werden im Sinne einer möglichst weitgehenden Feldschwächung ausgesteuert, wodurch Überspannungen an den Motorklemmen vermieden werden.

Die Sammelschienenspeisung erfordert wegen der Kopplung mehrerer Antriebe über die Sammelschiene noch eine Reihe schaltungstechnischer Maßnahmen, auf die hier aber nicht eingegangen wird.

c) Schlingenregelung

Technologische Aufgabenstellung. Um Walzprodukte hoher Maßhaltigkeit zu erzeugen, muß man jede Charge unter stets gleichbleibenden Bedingungen verwalzen. Dies gilt auch für die Längskräfte, die zwischen zwei Gerüsten im Walzgut auftreten. Am leichtesten läßt sich der Zustand erreichen, bei dem weder Zug- noch Druckkräfte auftreten, indem man nämlich das Walzgut eine Schlinge bilden läßt. Insbesondere in den letzten Gerüsten einer Walzenstraße, in denen sich die Abmessungen des Walzgutes den Fertigmaßen nähern, muß auf gleichbleibende Bedingungen geachtet werden.

Bei den hohen Walzgeschwindigkeiten und großen Walzgutlängen in den letzten Gerüsten einer Kontistraße würde sich aber eine Schlinge sehr schnell in ihrer Größe verändern, wenn die Drehzahlen der Walzen nicht genau aufeinander abgestimmt wären. Man muß deshalb durch eine besondere Schlingenregelung dafür sorgen, daß die Größe der Schlinge stets in angemessenen Grenzen gehalten wird.

Regelanordnung (*Bild* 14). Der Drehzahlsollwertgeber (*2*) für das Gerüst hinter der Schlinge wird möglichst genau von Hand eingestellt. Durch Vergleich des Sollwertes n_k mit dem Istwert n wird die *Motordrehzahl* geregelt, solange noch kein Walzgut im Gerüst ist ($n_k = n_k^*$). Die Leerlaufdrehzahlen sind so aufeinander abgestimmt, daß sich beim Einlaufen des Walzgutes eine schnell wachsende Schlinge ergibt. Sobald die Schlinge in den Meßbereich des Stellungsreglers (*3*) kommt, der die Stellung der Schlinge mißt und mit der vorgegebenen Sollstellung vergleicht, so gibt der Stellungsregler eine korrigierende Größe auf den Sollwert n_k des Drehzahlreglers. Dadurch wird die Drehzahl des Motors auf einen Wert gebracht, der der Drehzahl des voranliegenden Motors so entspricht, daß die Schlinge ihre Größe bis zum Stichende nicht mehr ändert.

Für das Einfahren eines neuen Walzprogrammes ist unter Umständen die erforderliche Geschwindigkeitsabstufung zwischen den einzelnen Gerüsten vorher noch nicht genau genug bekannt. Dann bildet sich infolge der falschen Einstellung der Drehzahlsollwerte keine oder eine zu große Schlinge. Wenn die Stellungsmeßeinrichtung nur einen begrenzten Hub hat, kann sie größere Abweichungen von der Normallage der Schlinge nicht mehr registrieren und in eine entsprechende Sollwertkorrektur verwandeln. Um in solchen Fällen das Einregeln des richtigen Sollwertes für die Drehzahl zu erleichtern, wendet man eine automatische Nachstellung des Drehzahlsollwertes an. Sobald die Schlinge den Meßbereich der

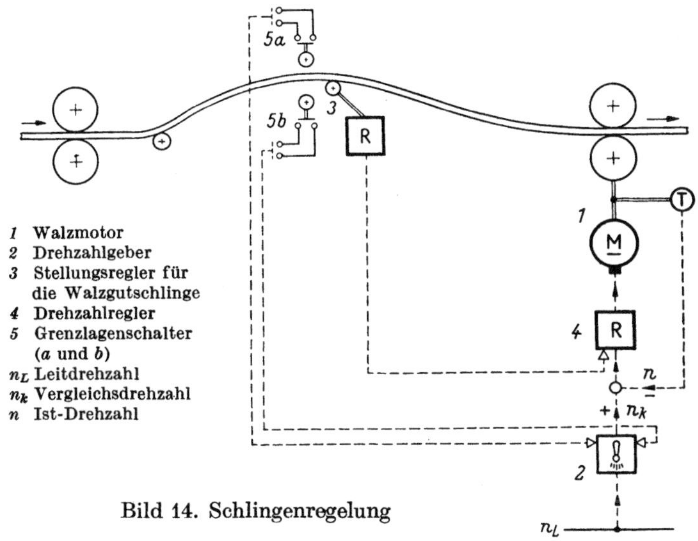

Bild 14. Schlingenregelung

Stellungsmeßeinrichtung nach der einen oder anderen Seite überschreitet, wird einer der beiden Grenzlagenschalter (*5*) angestoßen, wodurch der Sollwertgeber (*2*) automatisch verstellt wird. Beim nächsten Stich ist dann der Sollwertgeber richtig eingestellt, die Grenzlagenschalter treten nicht mehr in Funktion.

Schlingenmessung. Es gibt mechanische und elektrische Stellungsmeßeinrichtungen. Unter den elektrischen werden vorwiegend diejenigen verwendet, die nach kapazitiven Meßmethoden arbeiten. Dabei werden die beiden Kapazitäten gemessen, die das Walzgut gegenüber zwei Kondensatorplatten bildet. Diese Kapazitäten werden miteinander verglichen. Das Maß, in dem die eine Kapazität gegenüber der anderen überwiegt, ist auch ein Maß für die Abweichung der Schlinge von der Normallage. Auch für die Betätigung der Grenzlagenschalter können Anstoßglieder mit verschiedenen Meßmethoden verwendet werden, beispielsweise wieder mit der kapazitiven.

Für das Funktionieren der Schlingenregelung sind noch zahlreiche schaltungstechnische Maßnahmen erforderlich, speziell beim Einlaufen und beim Auslaufen des Walzgutes. Wenn das Walzgut aus einem Gerüst austritt, läuft es zunächst praktisch geradlinig auf das folgende Gerüst zu und wird von diesem gefaßt. Die Drehzahl des folgenden Gerüstes muß zunächst etwas zu niedrig eingestellt sein, damit sich eine Schlinge überhaupt bilden kann. Es muß sichergestellt werden, daß das Walzgut auch wirklich nach dorthin ausweicht, wo sich die Stellungsmeßeinrichtung befindet. Gegebenenfalls muß eine bewegliche Führung das Walzgut in die betreffende Richtung drücken, sobald es vom zweiten Gerüst erfaßt worden ist. Hat die Schlinge ihre richtige Lage etwa erreicht, so muß die zum Einfahren notwendige Drehzahlverstimmung des Folgegerüstes wieder beseitigt werden. Wenn das Ende des Walzgutes durchläuft, müssen alle diese Eingriffe wieder rückgängig gemacht werden, um für den nächsten Stich bereit zu sein. Alle diese Funktionen werden durch Anstoßschalter eingeleitet, die am richtigen Ort das Durchlaufen der Vorderkante oder des Endes des Walzgutes registrieren und die erforderlichen Schaltmaßnahmen auslösen. Neben den mechanischen Anstoßschaltern gibt es optisch wirkende, die den Durchlauf des Walzgutes also berührungslos messen. Diese Hinweise mögen genügen, um auf die Vielfalt der bei der Schlingenregelung ineinandergreifenden Funktionen hinzuweisen.

D. Kaltwalzwerke

1. Technologie

Die bessere plastische Verformbarkeit warmer Metalle ist der Grund für das Erhitzen vor dem Walzen. Dünnes Material kühlt aber wegen der im Verhältnis zum Querschnitt großen Oberfläche sehr schnell aus. Die intensive Wärmeabstrahlung, aber auch die Verzunderung der Oberfläche, läßt z.B. bei Blechen nur ein Herunterwalzen bis auf etwa 1 bis 2 mm Dicke zu. Zwar lassen sich geringere Blechdicken durch Aufeinanderlegen mehrerer Bleche und gemeinsames Auswalzen erzielen; aber größere Produktionen von dünnen Qualitätsblechen kann man nur im Kaltwalzverfahren erreichen. Die wesentlichsten Qualitätskennzeichen kaltgewalzter Bleche sind: genaues Maß der Blechdicke und glatte Oberfläche.

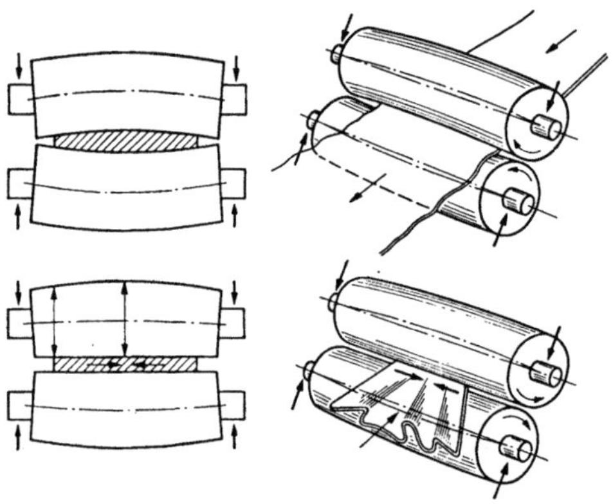

Bild 15. Walzendurchbiegung beim Kaltwalzen

Zur Verformung von kaltem Metall müssen wesentlich größere Walzkräfte aufgewandt werden als beim Warmwalzen. Dadurch ergibt sich eine starke Durchbiegung der Walzen, wodurch kaltgewalztes Blech in der Mitte dicker werden würde als an den Rändern. Diesen Einfluß der Durchbiegung muß man durch ballige Ausbildung der Walzen kompensieren (s. *Bild* 15). Der größere Walzendurchmesser in der Mitte würde aber das einlaufende Band in der Mitte wegen größerer Umfangsgeschwindigkeit stärker ziehen als an den Rändern. Es würde dadurch Falten schlagen, wenn es nicht unter einen erheblichen Zug gesetzt und dadurch straffgehalten würde.

Aus dem gleichen Grunde muß man auch das auslaufende Band unter Zug setzen, wenn es in ein zweites Walzgerüst einläuft. Aber auch, wenn das Band mit Hilfe einer Haspel aufgewickelt wird, muß das Aufwickeln unter Zug erfolgen, damit beim nächsten Durchlauf das Band wieder unter Zug einlaufen kann.

Die auf das Band wirkenden Zugkräfte unterstützen die Quetschung. Durch Änderung der Zugkräfte kann daher das Maß der Quetschung in Grenzen beeinflußt werden.

2. Kaltband-Reversierwalzwerke mit Zughaspeln

a) Aufbau und Regelaufgaben [*8*, *9*, *10*, *11*]

Die Arbeitswalzen (*Bild* 16) werden von einem Umkehrwalzmotor (*1*) angetrieben. Wegen der hohen Walzdrücke werden die Arbeitswalzen von dickeren Walzen abgestützt. Zwei Haspeln (*2a*) und (*2b*), von denen jeweils die eine auf-

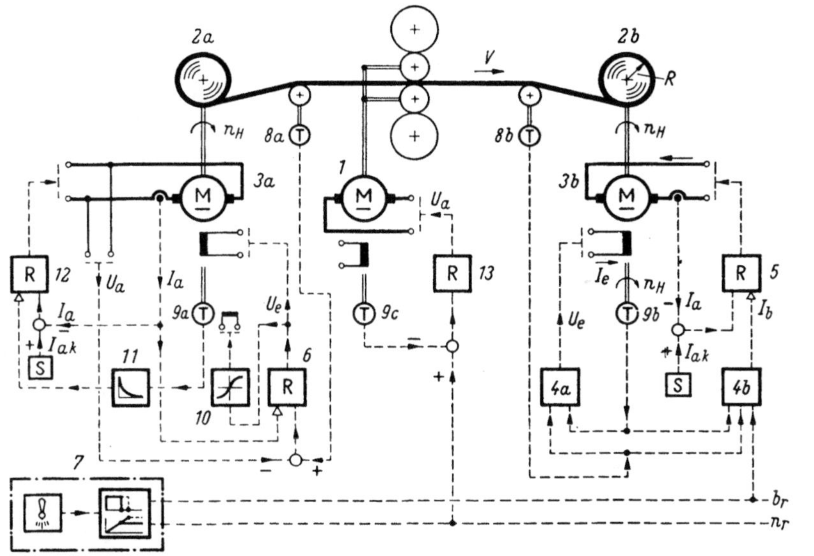

1 Walzmotor
2 Haspel (*a* und *b*)
3 Haspelmotoren (*a* und *b*)
4 Führungsgeber für Haspel (*a* und *b*)
5 Regler für den Ankerstrom des Haspelmotors *3b*
6 Regler für Gegenspannung
7 Fahrtsteller
8 Tachogeneratoren für Bandgeschwindigkeit (*a* und *b*)
9 Tachogeneratoren für Motordrehzahlen
a, *b* } Haspel
c Walzmotor
10 Kennlinienwandler
11 Differenzierglied
12 Regler für den Ankerstrom
13 Regler für die Drehzahl
b_r Richtgröße für die Beschleunigung
n_r Richtgröße für die Drehzahl
V Bandgeschwindigkeit
n_H Haspeldrehzahlen
E Gegenspannung des Haspelmotors
U_a Ankerspannung
I_a Ankerstrom
I_{ak} Sollwert für den Ankerstrom
U_e Erregerspannung
I_e Erregerstrom
R Wickelradius

Bild 16. Kaltband-Reversierwalzwerk

spult, die andere abspult, bringen die Zugkräfte im Band auf. Ist das Band durchgelaufen, dann werden alle Antriebe reversiert und ein neuer Walzvorgang mit verringertem Walzspalt und verstärktem Anstelldruck der Walzen beginnt. Dieses Spiel wird so lange wiederholt, bis die gewünschte Banddicke erreicht ist.

Regelungstechnisch ergibt sich also die Aufgabe, drei Reversierantriebe in ihrer Arbeitsweise aufeinander abzustimmen. Es muß dabei berücksichtigt werden, daß durch das Auf- und Abwickeln sich die Wickelradien der Haspeln ständig ändern. Bei gleichbleibender Walzgeschwindigkeit müssen sich daher die Drehzahlen der Haspeln entsprechend ändern. Gleichzeitig sollen aber auch die Zugkräfte am ein- und auslaufenden Band während des ganzen Prozesses konstant gehalten werden, also auch während der Beschleunigung und während der Verzögerung. Die vorliegende Antriebsaufgabe kann praktisch nur mit Gleichstrommotoren erfüllt werden.

Die Dicke des gewalzten Bandes ist neben der Walzenanstellung und dem Bandzug noch von einer Reihe anderer Faktoren abhängig, wie z. B. Konstanz der Maße des Rohbandes, Walzgeschwindigkeit, Beschaffenheit der Walzenoberfläche, Schmierung, Festigkeit des Rohmaterials. Wenn alle anderen Größen konstant sind, muß auch der Bandzug während des gesamten Walzvorganges konstant sein, um ein gleichmäßiges Band erzeugen zu können. Andernfalls kann man gerade über den Bandzug in günstiger Weise Unregelmäßigkeiten korrigieren. Als wichtigste Regelgröße tritt daher der Zug als Verbindungsgröße (s. Kapitel 28) im Band auf. Die Zugmessung erfordert aber einen relativ großen Aufwand, weshalb man im allgemeinen eine Ersatzgröße für den Zug wählt, die sich leichter meßtechnisch erfassen läßt. Als solche eignet sich der Strom des Haspelmotors, was an folgenden Gleichungen gezeigt werden kann, die für konstante Walzgeschwindigkeit gelten:

$$M_d = P_z R \sim I_a \Phi \tag{1}$$

$$N = P_z V \sim I_a E \tag{2}$$

(M_d Drehmoment des Haspelmotors, P_z Zugkraft im Band, R Wickelradius, I_a Stromaufnahme des Haspelmotors, Φ Erregermagnetfluß des Haspelmotors, N Leistungsabgabe des Haspelmotors, V Bandgeschwindigkeit, E Gegenspannung des Haspelmotors).

Der Bandzug P_z soll immer konstant gehalten werden; die Bandgeschwindigkeit V bleibt nach dem Anlauf bis zum Einsetzen der Verzögerung konstant. Aus Gl. (1) und (2) ist ersichtlich, daß man den Motorstrom I_a als Maß für die Zugkraft P_z ansehen kann, wenn man einerseits dafür sorgt, daß die Erregung Φ der Maschine dem jeweiligen Wickelradius R proportional ist. Das bedeutet andererseits, daß nach Gl. (2) die Gegenspannung des Motors so beeinflußt wird, daß sie proportional der Bandgeschwindigkeit V wird. Damit ist die Voraussetzung gegeben, daß der Strom I_a dem Bandzug P_z proportional wird.

b) Regelanordnungen

Im *Bild* 16 ist die Regelung der beiden Haspeln für verschiedene Regelverfahren dargestellt. Bei der rechten Haspel (*2b*) wird der Erregerstrom (I_e) für den Haspelmotor (*3b*) über einen Führungsgeber (*4a*) gesteuert. Die für die Steuerung des Erregerstromes wichtigste Einflußgröße, nämlich der jeweilige Wickelradius R des Bundes, wird dadurch berücksichtigt, daß sowohl die Bandgeschwindigkeit V als auch die Haspeldrehzahl n_H als Meßgrößen in den Führungsgeber (*4a*) eingegeben werden. Die Bandgeschwindigkeit wird mit dem Tachogenerator (*8b*) gemessen, die Haspeldrehzahl mit dem Tachogenerator (*9b*).

Bei der linken Haspel (*2a*) wird der Feldstrom so beeinflußt, daß die Gegenspannung E des Haspelmotors und die Bandgeschwindigkeit V proportional sind. Die Gegenspannung wird durch Messen der Ankerspannung U_a und des Ankerstromes I_a erfaßt, die beide in den Regler (*6*) eingehen. Die Bandgeschwindigkeit wird von dem Tachogenerator (*8a*) gemessen und dient als Führungsgröße für den Gegenspannungsregler (*6*).

In beiden Haspelregelungen werden die Bedingungen der Gl. (1) und (2) erfüllt. Der Bandzug ist damit über den Ankerstrom der Haspelmotoren regelbar.

Bei Beschleunigung und Verzögerung muß den Reglern ein zusätzlicher Sollwert für den erforderlichen Beschleunigungsstrom aufgegeben werden. Da das für einen bestimmten Beschleunigungswert erforderliche Beschleunigungsmoment vom jeweiligen Wickelradius des Bundes abhängig ist, wird bei den Sollwerten für die Beschleunigung der Wickelradius mit berücksichtigt. Bei der rechten Haspel gibt der Führungsgeber (*4b*), in welchem, wie am Anfang dieses Abschnittes für den Führungsgeber (*4a*) beschrieben, der Wickelradius indirekt gemessen wird, den Sollwert für den Beschleunigungsstrom I_b an den Regler (*5*) ab.

Bei der linken Haspel ist die Stellgröße des Reglers (*6*) für die Gegenspannung E gleichfalls ein Maß für den Wickelradius. Die Stellgröße dieses Reglers wird in einem Kennlinienwandler (*10*) verarbeitet und schließlich als Erregung auf den Tachogenerator (*9a*) für die linke Haspel gegeben. Die von dem Tachogenerator (*9c*) abgegebene Spannung wird in einem Differenzierglied (*11*) differenziert und als Zusatzeinfluß für den Beschleunigungsstrom I_b in den Stromregler (*12*) für die linke Haspel eingegeben.

Während in der Regelanordnung der linken Haspel (*2a*) die Beschleunigung meßtechnisch erfaßt wird, wird sie für die Regelung der rechten Haspel (*2b*) vom Fahrtsteller (*7*) für die Drehzahl des Walzmotors mit vorgegeben. Sobald vom Fahrtsteller die Richtgröße für die Drehzahl verändert wird, gibt er zugleich auch die Beschleunigungsrichtgröße ab, die dann im Führungsgeber (*4b*) der rechten Haspel für die Regelung weiterverarbeitet wird.

Der Walzmotor (*1*) regelt seine Drehzahl selbsttätig nach der vom Fahrtsteller (*7*) vorgegebenen Drehzahlrichtgröße ein.

3. Tandem-Kaltbandwalzwerke

a) Aufbau und Wirkungsweise

Ebenso wie beim Warmwalzen ist es auch beim Kaltwalzen möglich, das Walzgut durch mehrere hintereinanderliegende Gerüste laufen zu lassen (Tandemwalzwerke). Die Anzahl der für ein Walzprogramm erforderlichen Gerüste entspricht dann etwa der Anzahl der Stiche, die im Reversierwalzgerüst erforderlich wären. Der Zeitgewinn einer kontinuierlichen Straße ist beträchtlich, da bis zum Endprodukt nur *ein* Durchlauf erforderlich ist. Als Rohmaterial werden warmgewalzte, 2 bis 3 mm dicke Bänder von einer Breite bis zu 1,5 m verwendet, die in Bunden bis zu 15 t Gewicht aufgewickelt sind.

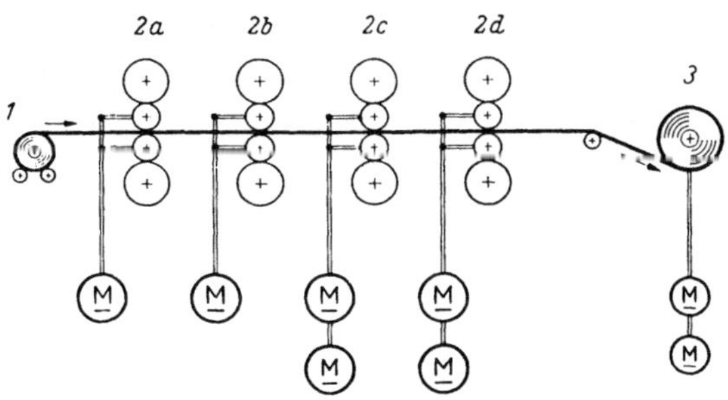

1 Ablaufkasten *2* Gerüste (*a* bis *d*) *3* Haspel

Bild 17. Viergerüstiges Tandem-Kaltbandwalzwerk

Bei den viergerüstigen Tandemstraßen (*Bild* 17) kommt aus dem Ablaufkasten (*1*) das Rohband und durchläuft nacheinander die vier Gerüste (*2a* bis *d*).

In jedem wird das Band zwischen 10 und 40% gequetscht. Dementsprechend wächst die Austrittsgeschwindigkeit von Gerüst zu Gerüst an. Schließlich wickelt die Haspel (*3*) das fertige Band unter Zug auf. Die Zugkraft nimmt mit der Banddicke von Gerüst zu Gerüst ab. Es kann vorkommen, daß bei einem Walzprogramm der eine Motor unterhalb seiner Grunddrehzahl läuft, der andere aber bereits im Feldschwächbereich. Die Regelung muß hierauf Rücksicht nehmen.

Man kann den Drehzahl-Drehmoment-Kennlinien der einzelnen Walzmotoren unterschiedliche Neigung (Statik) geben. Durch eine Staffelung der Statiken, bei der die Statik von Gerüst zu Gerüst um ein bestimmtes Maß verändert ist, kann der Gleichlauf der Gerüste erleichtert werden, indem sich die Gerüste mit der größeren Statik in ihrer Drehzahl denen mit der kleineren anpassen. Unregelmäßigkeiten im Betrieb, wie z.B. dickeres Rohband, und auch der Gleichlauf der Gerüste bei Beschleunigungen können dadurch in begrenztem Umfang beherrscht werden. Bei gegebener Anstellung liegen die Bandzugkräfte zwischen den Gerüsten etwa fest.

Über Eingriffe in den Bandzug könnte man Schwankungen in der Qualität des Endproduktes auf ein Mindestmaß reduzieren. Mit den Mitteln der Regelungstechnik läßt sich nun aber das Verhalten eines jeden Walzgerüstes einzeln festlegen, und schnellste Reaktionen auf Änderungen des Betriebszustandes werden erreicht.

b) Regelung der Walzmotoren

Beim Einstellen der Straße ist es möglich, durch Parallelverschieben der Drehzahl-Drehmoment-Kennlinie eines jeden Motors dessen Drehmoment und damit die Leistungsabgabe zu erhöhen oder zu verringern. Auf diese Weise kann eine Lastverteilung erreicht werden, die dem geforderten Walzprogramm gerecht wird.

Die jeweils gewünschte Neigung der Motorkennlinie erreicht man, indem man den Ankerstrom in dem erforderlichen Maße entweder auf das Feld oder auf die Ankerspannung zurückwirken läßt. Man kann entweder die Maschinen selbst über eine Hilfsreihenschlußwicklung kompoundieren, oder man erzielt diese Belastungsabhängigkeit durch Aufschalten des Ankerstromes in den Meßkreis der Drehzahlregelung (Störwertaufschaltung). Durch die Störwertaufschaltung hat man den Vorteil, daß die Statik der Drehzahl-Drehmoment-Kennlinie nach Belieben eingestellt werden kann; außerdem kann man erreichen, daß die Statik vom Grad der Feldschwächung unabhängig wird.

Die Drehzahl wird (vgl. *Bild* 18) über den Regler (*13*) durch Einwirken auf die Gitter des den Walzmotor (*1*) speisenden Stromrichters (*2*) und damit auf die Ankerspannung des Motors geregelt. Liegt die am Drehzahlsteller (*3*) eingestellte Leerlaufdrehzahl n_0 im Feldschwächbereich des Motors, so wird der Erregerstrom des Motors über das mit dem Steuergeber (*4*) gekuppelte Steuergerät (*5*) geschwächt.

Neben der Regelabweichung für die Leerlaufdrehzahl n_0 wird dem Regler (*13*) der Ankerstrom I_a des Motors über den Steller (*6*) zusätzlich aufgeschaltet, um die Statik der Regelkennlinie zu beeinflussen. Der Einfluß der Feldschwächung auf die Statik des Motors wird durch den Kennlinienwandler (*8*) kompensiert, der mit dem Steuergeber (*4*) für die Leerlaufdrehzahl gekuppelt ist.

Beschleunigungsbegrenzung. Bei einem kontinuierlichen Kaltbandwalzwerk ist es nicht möglich, das Walzgut mit voller Walzgeschwindigkeit in die Walzen einlaufen zu lassen. Die Mechanik der Haspeleinrichtung und die Tatsache, daß das

1 Walzmotor
2 Stromrichter
3 Drehzahlsteller für Leerlaufdrehzahl
4 Steuergeber für (*3*)
5 Steuergerät für Erregerstrom
6 Steller für die Statik ($\Delta n/\Delta I$)
7 Steuergeber für (*6*) und (*11*)
8 Kennlinienwandler für den Ankerstrom
9 Fahrtsteller
10 Steuergeber für das Schwungmoment
11, *12* Kennlinienwandler für die Beschleunigung
13 Drehzahlregler
b_L Leitgröße für die Beschleunigung
n_L Leitgröße für die Drehzahl
n Drehzahl
Δn_b Drehzahl-Zusatzsollwert, herrührend von der Beschleunigung
Δn_I Drehzahl-Zusatzsollwert, herrührend vom Ankerstrom
I_e Erregerstrom
I_a Ankerstrom

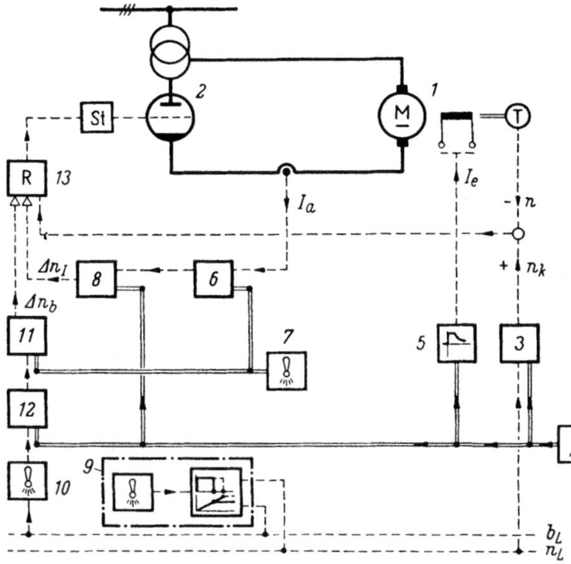

Bild 18. Walzmotor eines Tandem-Kaltbandwalzwerkes

einlaufende Band noch nicht unter Zug stehen kann, lassen dies nicht zu. Deshalb müssen wie beim Kaltband-Reversierwalzwerk besondere regelungstechnische Einrichtungen für die Beschleunigung und die Verzögerung vorgesehen werden.

Die Leitgröße n_L für die Drehzahl wird für alle Motoren von einem gemeinsamen Fahrtsteller (*9*) vorgegeben, der gleichzeitig die zugehörige Leitgröße b_L für die Beschleunigung b abgibt. Aus diesem Beschleunigungsleitwert wird für jedes Gerüst ein Zusatzhilfswert für die Ankerspannung gebildet, dem eine bleibende Drehzahländerung Δn_b entsprechen würde. Dadurch wird die Motorkennlinie so weit angehoben, daß bei der jeweiligen Drehzahl ein erhöhter Motorstrom fließt, nämlich der für die gewünschte Beschleunigung erforderliche (vgl. *Bild* 19).

1 Kennlinien bei Statik S_1
a bei konstanter Drehzahl
b mit Beschleunigungsmoment M_b
2 Kennlinien bei Statik S_2
a bei konstanter Drehzahl
b mit Beschleunigungsmoment M_b
M_W Moment für die Walzarbeit
M_Z Moment für den Bandzug
M_B Beschleunigungsmoment
Δn_{b1} Drehzahl-Zusatzsollwert für die Beschleunigung mit M_B bei der Statik S_1
Δn_{b2} Drehzahl-Zusatzsollwert für die Beschleunigung mit M_B bei der Statik S_2

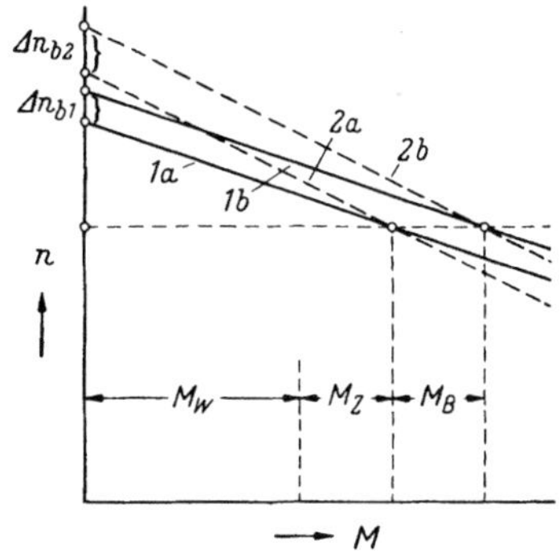

Bild 19. Motorkennlinien für verschiedene Statik, im stationären Betrieb und bei Beschleunigung

Je nach Schwungmoment des betreffenden Gerüstes muß der Betrag des Beschleunigungsmomentes verschieden groß eingestellt werden. Dementsprechend wird der Zusatzdrehzahlsollwert Δn_b für die Beschleunigung am Steuergeber (*10*) entsprechend dem Schwungmoment verstellt, das bekannt sein muß. Ferner hängt Δn_b von der Neigung der Motorkennlinie ab (vgl. *Bild* 19). Schließlich ist das erforderliche Beschleunigungsmoment noch davon abhängig, ob das betreffende Gerüst auf eine relativ hohe oder niedrige Drehzahl hochlaufen oder von einer solchen aus verzögert werden soll, d.h., die Beschleunigung ist abhängig von der stationären Leerlaufdrehzahl n_0. Daher wirkt nicht nur die eingestellte Statik über den Kennlinienwandler (*11*), sondern auch die Einstellung für n_0 über den Kennlinienwandler (*12*) auf die Bildung von Δn_b ein, wobei der jeweilige Grad der Feldschwächung mit berücksichtigt wird.

Die Haspelregelung für ein kontinuierliches Kaltbandwalzwerk ist praktisch ebenso aufgebaut wie die für ein Kaltband-Reversierwalzwerk. Es wird deshalb auf die in Abschnitt D2 gegebene Darstellung verwiesen.

4. Dressiergerüste

a) Aufgaben

Am Ende des Walzprozesses in einem Reversiergerüst oder in einer Tandem-Kaltbandstraße hat das Band im allgemeinen nicht die technologischen Eigenschaften, die der Abnehmer wünscht. Deshalb ist eine Nachbehandlung erforderlich. Zu diesem Zweck wird das Kaltband geglüht, wodurch die durch Kaltverformung beim Walzen entstandene Härte des Materials beseitigt wird. Anschließend wird es in einem Dressiergerüst mit geringer Quetschung nachgewalzt, wobei das Maß der Quetschung entscheidend ist für die Änderungen des Gefüges und damit auch der technologischen Eigenschaften, wie z.B. Oberflächenhärte, Verformbarkeit (Dehnung) beim Tiefziehen, Stanzen, Ziehen und Biegen. Ferner kann ein Band mit matter bis blanker Oberfläche gewalzt werden, je nachdem, ob die Walzenoberfläche rauh, geschliffen oder poliert ist.

Wenn hohe Ansprüche an die Konstanz der technologischen Eigenschaften des Bandes gestellt werden, so ist es zweckmäßig, die Dickenabnahme oder die Verlängerung des Bandes durch eine Regelung genau einzuhalten.

b) Regelanordnung (*Bild* 20)

Die Walzgerüste (*1a*) und (*1b*) sind Dressiergerüste. Über die Haspelantriebe (*3a*) und (*3b*) und die Zugrollen (*2a*) und (*2b*) wird ein bestimmter Bandzug für das in Gerüst (*1a*) einlaufende und das aus Gerüst (*1b*) auslaufende Band aufrechterhalten. Der Bandzug des von Haspel (*3a*) ablaufenden oder des auf Haspel (*3b*) auflaufenden Bandes muß gering gehalten werden, damit die einzelnen Lagen des Bandes nicht aufeinanderrutschen und dadurch die Oberfläche verderben. Das Dressiergerüst (*1b*) wird auf eine bestimmte vorgewählte Drehzahl eingeregelt. Durch regelungstechnische Eingriffe am Antrieb des Dressiergerüstes (*1a*) ist es nun möglich, den Zug zwischen den Gerüsten in gewissen Grenzen zu verändern.

Die dargestellte Regeleinrichtung hat die Aufgabe, eine ganz bestimmte Dickenabnahme des Bandes möglichst genau einzuregeln. Dafür wird an den Zugrollen (*2a*) und (*2b*) die Bandgeschwindigkeit über die Meßgeber (*4a*) und (*4b*) gemessen. Da das Verhältnis der beiden gemessenen Geschwindigkeiten umgekehrt proportional den Banddicken sein muß, läßt sich durch Vergleich der Geschwindigkeiten ein Maß für die Dickenabnahme finden.

Die gewünschte Genauigkeit erzielt man dadurch, daß die Geschwindigkeiten als proportionale Frequenzen von den Meßgebern (*4a*) und (*4b*) in den Meßumformer (*5*) eingegeben werden. Durch Überlagern der beiden Frequenzen entsteht

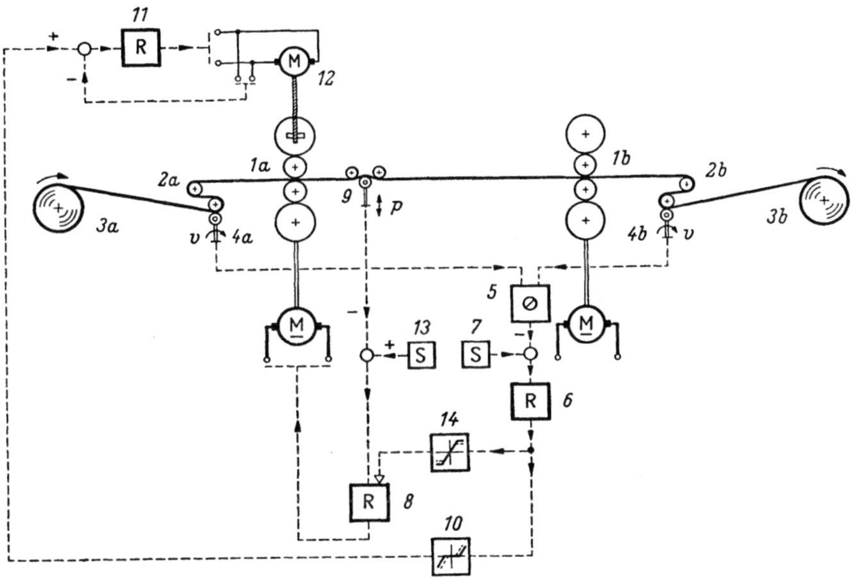

1 Dressiergerüste (*a* und *b*)
2 Zugrollen (*a* und *b*)
3 Haspeln (*a* und *b*)
4 Meßgeber für Bandgeschwindigkeit (*a* und *b*)
5 Meßumformer für Bandgeschwindigkeiten
6 Verlängerungsregler
7 Sollwertgeber für Verlängerung
8 Bandzugregler
9 Bandzugmeßgerät
10 Begrenzer mit einstellbarem Ansprechwert
11 Ankerspannungsregler für Anstellmotor
12 Anstellung Dressiergerüst (*1 a*)
13 Sollwertgeber für Bandzug
14 Begrenzer mit einstellbarem Grenzwert

Bild 20. Dressiergerüst

im Meßumformer die Differenzfrequenz und die Summenfrequenz. Die Summenfrequenz wird ausgesiebt. Die Differenzfrequenz im Verhältnis zu der vom Meßgeber (*4a*) abgegebenen Frequenz ist dann ein Maß für die Verlängerung des Bandes. Dieser Verhältniswert wird in eine proportionale Gleichspannung umgewandelt und geht als Istwert für die Verlängerung in den Verlängerungsregler (*6*) ein. Der Sollwertgeber (*7*) liefert die Vergleichsgröße für die Verlängerung. Die Stellgröße des Verlängerungsreglers wird dann als Zusatzgröße für den Bandzug zwischen den Gerüsten über den Begrenzer (*14*) auf den Zugregler (*8*) gegeben. Der Bandzug wird über das Zugmeßgerät (*9*) gemessen, das den Istwert für den Bandzugregler (*8*) liefert. Der Bandzugregler greift nun auf den Antrieb des Gerüstes (*1a*) ein. Die Verlängerung wird also mit dieser Regelung über den Bandzug auf den gewünschten Wert eingeregelt.

Mit dem Bandzug läßt sich aber nur ein begrenzter Bereich der Verlängerung beherrschen. Der Eingriff des Verlängerungsreglers (*6*) auf den Bandzug darf deshalb bestimmte Grenzen der Bandzugänderung nicht überschreiten. Dies wird durch den Begrenzer (*14*) mit einstellbaren Grenzwerten erreicht. Kann die gewünschte Verlängerung innerhalb dieser Grenzen des Bandzuges nicht erreicht werden, dann wirkt die Verlängerungsregelung auf die Anstellung des Walzgerüstes (*1a*).

Wenn nämlich der Kennlinienwandler (*14*) bis zu seinem Grenzwert ausgesteuert wird, dann wird der Ansprechwert des Kennlinienwandlers (*10*) überschritten. Der Ankerspannungsregler (*11*) für den Anstellmotor (*12*) erhält einen Sollwert; der Walzspalt wird so lange verändert, bis die am Sollwertgeber (*7*) eingestellte Verlängerung erreicht ist. Die Anstellung übernimmt also die groben Eingriffe, während über den Bandzug die Feineinregelung der Bandverlängerung vorgenommen wird.

Die Bandzüge zwischen den einzelnen Gerüsten, Haspeln und Zugrollen werden über eine Regelung des Ankerstromes der Antriebsmotoren auf einem Festwert gehalten. Bei den Haspeln muß wieder der veränderliche Radius der Haspeltrommel durch Eingriffe im Feld berücksichtigt werden. Im *Bild* 20 sind die Stromregelungen und die Regelungen der Haspelfelder nicht mit dargestellt. Sie entsprechen den im Abschnitt D2 beschriebenen Anordnungen.

E. Hilfsantriebe

1. Allgemeiner Überblick

Die regelungstechnischen Aufgaben, die bei den Hilfsantrieben für Walzwerke auftreten, sind in der Hauptsache Spannungsregelungen, Drehzahlregelungen, Stromregelungen und Wegregelungen. Jede dieser Regelungsarten wird an einigen ausgewählten Beispielen erläutert.

Antriebe mit Spannungs- und Drehzahlregelungen werden sowohl mit Gleichstrommaschinen als auch mit Drehstrommaschinen ausgeführt. Die Drehzahl der Drehstrommotoren wird über die Frequenz geregelt. Strom- und Wegregelungen kommen praktisch nur bei Gleichstromantrieben vor.

2. Haspelanlage einer kontinuierlichen Bandstraße (*Bild* 21)

Die Drehzahl des Austrittsgerüstes (*1*) der Bandstraße wird von einem Tachogenerator (*8*) gemessen. Sie dient als Leitwert n_L für die Drehzahl des Rollganges (*2*), des Treibers (*3*) und der Andrückrollen (*4*), ferner als Leitwert für die Ankerspannung des Haspelmotors (*5c*).

Rollgänge. Transportrollgänge werden im allgemeinen ungeregelt gefahren. Man verwendet dann Asynchronmotoren zum Antrieb der Rollen. Wenn jedoch in besonderen Fällen die Drehzahl variiert werden muß, so gibt es zwei Ausführungsmöglichkeiten. In einem Fall werden die Rollen über Asynchronmotoren angetrieben, die von einem gemeinsamen drehzahlgeregelten Synchrongenerator gespeist werden. Die Asynchronmotoren werden also mit variabler Frequenz betrieben und stellen sich in ihrer Drehzahl der Frequenz entsprechend ein. Gleichzeitig muß eine Spannungsregelung dafür sorgen, daß der Synchrongenerator eine Spannung abgibt, deren Höhe der Frequenz ungefähr proportional ist, damit die Rollgangmotoren bei voller Stärke des magnetischen Drehfeldes betrieben werden.

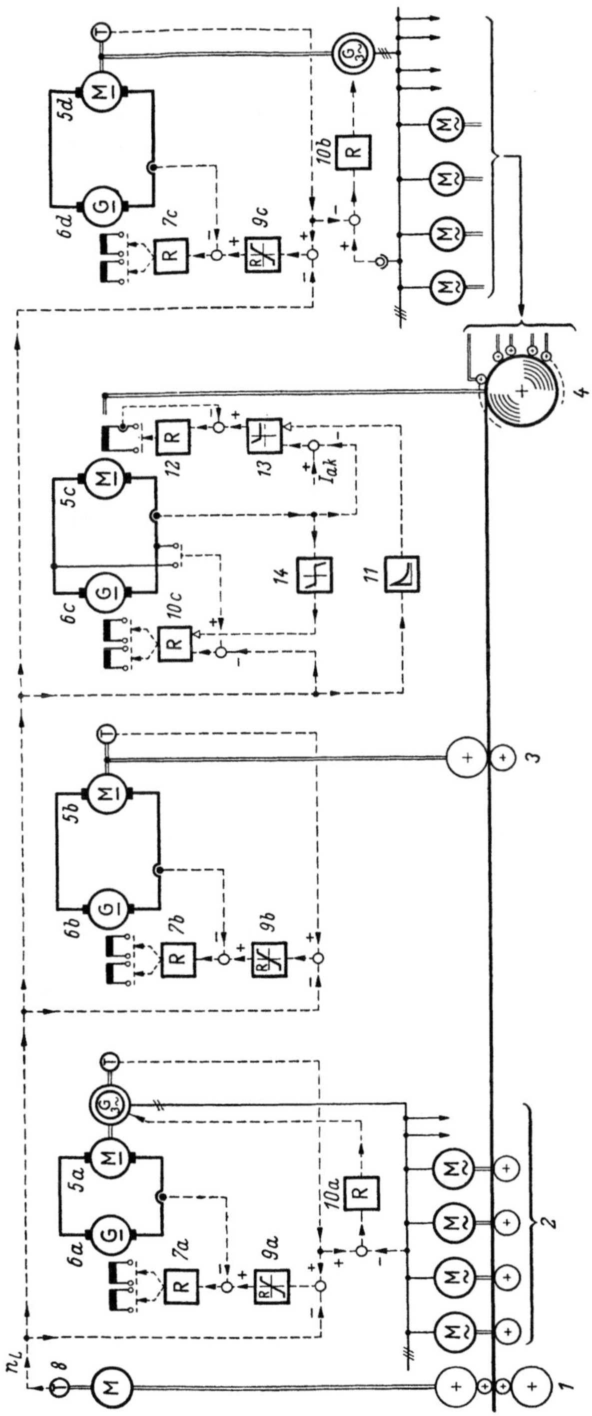

1 Austrittsgerüst
2 Rollgang
3 Treiber
4 Haspel mit Andrückrollen
5 Gleichstrom-Antriebsmotoren (*a* bis *d*)
6 Steuergeneratoren (*a* bis *d*)
7 Ankerstromregler (*a* bis *c*) mit Begrenzung für Ankerstrom
8 Tachogeber für Leitwert n_L
9 Drehzahlregler (*a* bis *d*)
10 Spannungsregler (*a* bis *c*)
11 Differenzierglied
12 Feldstromregler
13 Ankerstromregler für Haspelmotor mit Begrenzung für Feldschwächung
14 Strombegrenzer
n_L Leitspannung für die Drehzahl
I_{ak} Sollwert für Ankerstrom

Bild 21. Horizontal-Haspelanlage einer kontinuierlichen Bandstraße

Die zweifache Energieumformung (50-Hz-Drehstrom, Gleichstrom, Drehstrom variabler Frequenz) wird vermieden, wenn man Gleichstrommotoren zum Antrieb der Rollen verwendet, die dann von einer gemeinsamen, auf Spannung geregelten Gleichspannungsquelle gespeist werden. Arbeitsrollgänge für Reversierbetrieb werden in den meisten Fällen mit Gleichstrommotoren ausgerüstet.

Bei Antrieben mit Synchrongeneratoren ist (s. *Bild* 21) der auf das Feld des Steuergenerators (*6a*) wirkenden Drehzahlregelung noch eine Stromregelung unterlagert (vgl. z. B. Abschnitt B 2 c).

Die Drehzahl des Umformers mit dem Motor (*5a*) wirkt als Führungsgröße für die Spannung des zu diesem Umformer gehörenden Synchrongenerators, der die Rollgangmotoren speist.

Treiber. Der dem Rollgang (*2*) folgende Treiber (*3*) ist in gleicher Weise in der Drehzahl geregelt wie der Antriebsmotor des Frequenzumformers am Rollgang.

Haspel. Die Haspel (*4*) soll wie bei den Kaltband-Reversierwalzgerüsten auf konstanten Bandzug geregelt werden (vgl. Abschnitt D 2 a). Wie in dem angegebenen Abschnitt erläutert, ergibt sich ein konstanter Bandzug, wenn der Ankerstrom des Motors konstant gehalten wird und seine induzierte Spannung proportional der Bandgeschwindigkeit ist. Die vom Tachogenerator des letzten Walzgerüstes abgenommene Leitgröße ist mit ausreichender Genauigkeit ein Abbild der Bandgeschwindigkeit. Sie dient deshalb als Führungsgröße für die Spannungsregelung des Haspelmotors (*5c*). Abweichungen der Klemmenspannung von der induzierten Spannung des Haspelmotors können auch hier durch Einführen des Ankerstromes in die Ankerspannungsregelung kompensiert werden. In die Ankerspannungsregelung, die auf das Feld des Steuergenerators wirkt, greift außerdem ein Strombegrenzer (*14*) ein.

Die Regelung des Ankerstromes wirkt im vorliegenden Beispiel auf das Feld des Haspelmotors, das entsprechend der Zunahme des Bunddurchmessers verstärkt wird. Der Ankerstromregelung ist noch eine Feldstromregelung unterlagert, mit deren Hilfe es möglich ist, eine Begrenzung auf einen Minimalwert des Motorfeldstromes vorzunehmen. Diese Begrenzung ist wichtig, damit die Haspel vor dem Einlaufen des Bandes die Umfangsgeschwindigkeit hat, die sich bei größter Feldschwächung ergibt; denn bei Bandhaspeln im Anschluß an eine Kontistraße läuft das Band mit Walzgeschwindigkeit in die Haspel ein, so daß Übereinstimmung der Umfangsgeschwindigkeit der Wickeltrommel mit der Bandgeschwindigkeit sichergestellt sein muß.

In besonderen Betriebsfällen kommt es vor, daß die Geschwindigkeit des laufenden Bandes verändert werden muß; so muß z. B. das Band stillgesetzt werden, damit Messungen am Band vorgenommen werden können. Anschließend muß es wieder hochgefahren werden. Damit die Geschwindigkeitsänderungen im Gleichlauf erfolgen, werden die Haspel, der Rollgang, der Treiber und die Andrückrollen über nicht dargestellte Führungsgeber hochgefahren bzw. stillgesetzt. Bei allen Beschleunigungsvorgängen an Haspeln muß (vgl. Abschnitt D 2 b) der Sollwert des Motorstromes um das Maß des Beschleunigungsstromes geändert werden. Deshalb wird die sich ändernde Leitgröße für die Ankerspannung im Differenzierglied (*11*) differenziert und als Zusatzgröße in die Ankerstromregelung eingeführt.

Die Andrückrollen dienen dazu, das Band beim Einlaufen in die Haspel um die Wickeltrommel herumzuführen und an diese anzudrücken, damit Reibungsschluß des Bandes mit der Trommel entsteht. Außerdem sollen die Andrückrollen verhindern, daß das Ende des Bandes beim Auslaufen der Trommel schleudert. Die Andrückrollen werden wieder, wie auch der Rollgang, von frequenzgesteuerten Drehstrommotoren angetrieben. Die Regelung ist nach demselben Prinzip aufgebaut wie beim Rollgang.

3. Automatische Walzenanstellung [*12*]

Die Walzenanstellung (*Bild* 22) kann sowohl automatisch als auch über Handsteuerung betrieben werden. Ist der Umschalter (*4*) auf Handsteuerung gestellt, so wirkt die Regelung wie eine normale Drehzahlregelung. Am Sollwert-Einsteller (*16*) wird der gewünschte Drehzahlsollwert vorgewählt. Die Verstellgeschwindigkeit der Anstellung wird über den Tachogenerator (*5*) gemessen. Der Geschwindigkeitsregelung ist eine Stromregelung über den Regler (*14*) unterlagert, durch die das Überschreiten unzulässiger Ankerkreisströme verhindert wird.

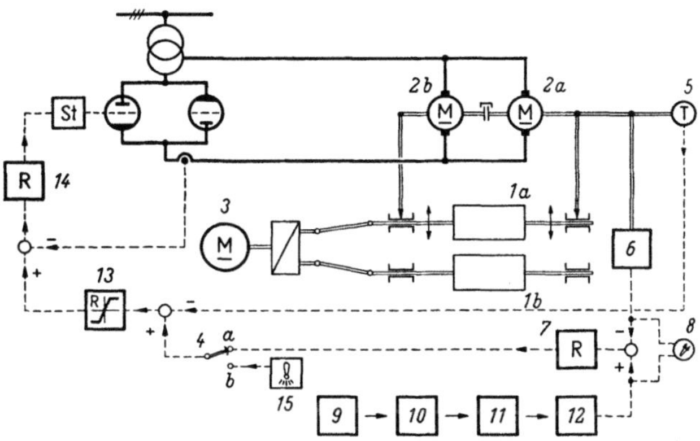

1 Walzen
a Oberwalze
b Unterwalze
2 Anstellmotoren (*a* und *b*)
3 Walzmotor
4 Umschalter
a Automatik
b Hand
5 Tachogenerator
6 Wee-Istwert-Geber
7 Wegregler
8 Sollwert-Istwert-Anzeige des Walzspaltes
9 Vollautomatische Programmsteuerung
10 Walzspaltvorwahl je Stich
11 Dezimal-Binär-Wandler
12 Weg-Sollwert-Geber
13 Drehzahlregler
14 Stromregler
15 Sollwert-Einsteller für die Drehzahl

Bild 22. Automatische Walzeneinstellung

Die automatische Anstellung fordert von der Regelung hohe Reaktionsgeschwindigkeit und große Einstellgenauigkeit. Diesen Forderungen kommt die Speisung der Anstellungsmotoren mit Stromrichtergefäßen sehr entgegen. Wenn der Umschalter (*4*) auf Automatik gestellt ist, tritt der Wegregler (*7*) in Tätigkeit. Gesteuert von der Regelabweichung des Weges, gibt er an den Geschwindigkeitsregler (*13*) eine Führungsgröße für die Geschwindigkeit. Die Wegregelung ist also der Geschwindigkeitsregelung überlagert. Der von der Anstellung zurückgelegte Weg wird an der Verstelleinrichtung gemessen.

Die für jeden Stich gewünschten Werte der Anstellung sind z. B. digital nach dem Dezimalsystem in die Programmsteuerung eingegeben. Im allgemeinen werden die dezimal angegebenen Programmwerte, wie in der Rechenmaschinentechnik üblich, in Binärwerte transformiert. Im dargestellten Beispiel werden die binären Programmwerte in Analogsollwerte für die Wegregelung umgewandelt und in den Regelkreis eingeführt. Bei hohen Anforderungen an die Genauigkeit der Wegregelung ist es jedoch zweckmäßiger, den Sollwert-Istwert-Vergleich digital durchzuführen [7].

An einer Anzeigeuhr (*8*) werden Soll- und Istwert des Weges sichtbar gemacht, so daß ständig das einwandfreie Arbeiten der Anlage kontrolliert werden kann. Bei digitaler Regelung können die vorgenannten Größen direkt als Zahlenwerte und dadurch mit höherer Genauigkeit angezeigt werden.

4. Rotierende Schere (*Bild* 23) [*13, 14*]

Bei rotierenden Scheren ist die Aufgabe zu lösen, die Schere (*2*) innerhalb sehr kurzer Zeit von der Drehzahl Null auf die Geschwindigkeit zu bringen, die der Geschwindigkeit des Walzgutes entspricht, damit die Messer der Schere beim

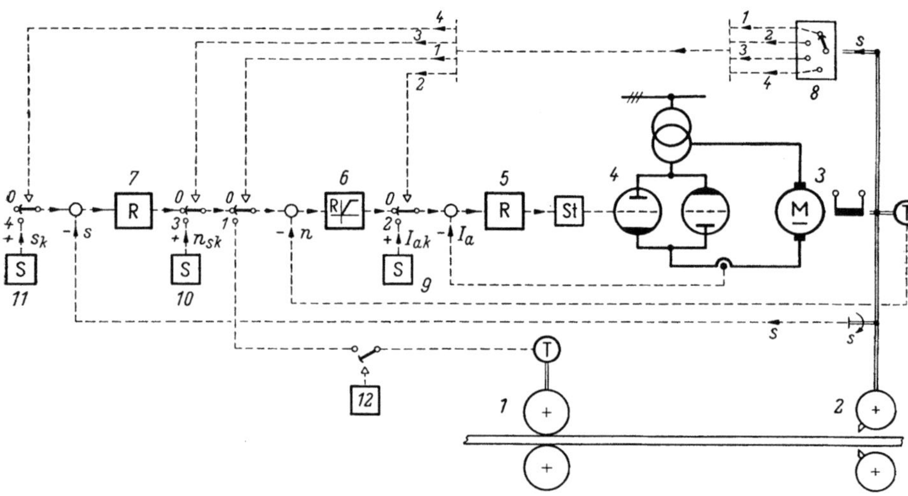

1 Austrittsgerüst
2 Schere
3 Antriebsmotor der Schere
4 Stromrichter
5 Stromregler
6 Drehzahlregler
7 Wegregler
8 Wegabhängiger Programmschalter
9 Schnittstrom-Sollwert I_{ak}
10 Schleichdrehzahl-Sollwert n_{sk}
11 Ausgangsstellung-Sollwert S_k
12 Anstoßschalter
13 Weggeber

Bild 23. Rotierende Schere

Eingriff die gleiche Geschwindigkeit wie das Walzgut haben. Zu Beginn des Arbeitsspieles wirkt die Regelung so, daß die Drehzahl des letzten Walzgerüstes (*1*) zur Führungsgröße (Sollwert) des Drehzahlreglers (*6*) wird. Im *Bild* 23 ist dies schematisch durch die Stellung 1 des wegabhängig wirkenden Führungsschalters (*8*) dargestellt. In Wirklichkeit sind keine beweglichen Kontakte vorhanden, sondern nur elektronische Bauelemente, z.B. Transistoren und Halbleiterdioden, die die dargestellten Schaltfunktionen übernehmen.

Die Schere läuft an, sobald der vom durchlaufenden Walzgut betätigte Anstoßschalter (*12*) den Drehzahlmeßwert einschaltet. Die Stellgröße des Drehzahlreglers ist begrenzt und dient als Führungsgröße für den nachfolgenden Stromregler (*5*). Der maximale Beschleunigungsstrom des Scherenmotors wird auf diese Weise begrenzt.

Mit Beginn des Schnittes, wenn die Scherenmesser in das Walzgut eingreifen, wird die Schere plötzlich sehr stark belastet. Damit dann der Scherenmotor einen optimalen Beitrag zum Schnittmoment liefern kann, wird kurz vor Schnittbeginn ein hoher Stromsollwert aufgeschaltet. Dieses Aufschalten muß rechtzeitig geschehen, damit sich der Strom trotz der Trägheit des Ankerkreises bis zum Schnittbeginn vollständig aufgebaut hat; denn der Schnitt selbst dauert in manchen Fällen weniger als 100 ms. Die Regelung auf den hohen Schnittstromwert entspricht dem Übergang des Führungsschalters (*8*) von Stellung 1 auf 2. Der Strom I_{ak} wird zum Sollwert für den Ankerstrom (*9*).

Der Zeitpunkt dieses Überganges auf die Schnittstromregelung wird noch von der Walzgutgeschwindigkeit mit beeinflußt. Dieser Einfluß ist im Bild nicht dargestellt. Rechtzeitig vor dem Ende des Schnittes wird wieder auf Drehzahlregelung umgestellt.

Nach dem Schnitt muß die Schere abgebremst und wieder genau in ihre Ausgangsstellung eingefahren werden. Der Stellung 3 des Führungsschalters (*8*) entsprechend wird nun n_{sk} zum Sollwert für die Schleichdrehzahl (*10*).

Erreichen die Messer mit Schleichdrehzahl die Nähe der Nullstellung, so wird durch eine nun wirksame Wegregelung, entsprechend Stellung 4 des Führungsschalters (*8*), der Motor geführt, und die Messer werden genau in die Nullstellung eingefahren. Nach dem Stillstand wird der Motorstrom zusätzlich auf den Wert Null geregelt (im *Bild* 23 nicht dargestellt), wodurch eine sehr sichere und stabile Beharrung in der Nullstellung erzielt wird.

Der Zeitpunkt, zu dem die Schere anlaufen muß, um das Walzgut an der richtigen Stelle zu schneiden, wird vom Anstoßschalter (*12*) bestimmt. Dieser ist mit einem wegabbildenden Glied kombiniert, nach dessen Ablauf die Schere anläuft. Bei Schopfscheren wird mit dieser wegabhängigen Steuerung die Schopflänge am Anfang und gegebenenfalls auch am Ende bestimmt. Bei Teilscheren hat die Wegsteuerung die Aufgabe, die gesamte Teillänge abzubilden oder, wie häufig bei Kühlbettscheren angewandt, nur eine Zusatzlänge, die zusammen mit dem Abstand des Anstoßschalters von der Schere die gesamte Teillänge bestimmt. Die Anstoßschalter können mechanisch, optisch oder in anderer Weise arbeiten. In der Darstellung (*Bild* 23) ist der Anstoßschalter (*12*) für derartige Einrichtungen symbolisch zu verstehen.

F. Zusammenfassende Betrachtungen über die Regeleinrichtungen

Bei den im Walzwerkbetrieb verwendeten Regeleinrichtungen ist man bemüht, mit den Meßeinrichtungen auf einem niedrigen Leistungsniveau zu arbeiten, um dadurch das Aufschalten der zahlreichen Einflußgrößen zu erleichtern, die das gewünschte Zeit- und Kennlinienverhalten bewirken.

Die ersten in größerem Umfang für Walzwerkantriebe verwendeten Verstärker waren Gleichstrommaschinenverstärker. Sie sind wegen ihres hohen (Leistungs-) Verstärkerfaktors und wegen ihrer guten dynamischen Eigenschaften für viele Regelaufgaben geeignet. Diese Maschinen wurden als Querfeldmaschine (Amplidyne) [*15*], als selbsterregte, labile Gleichstrommaschine (Rototrol) [*15*] oder als Kaskadensatz (Rapidyne) [*16*] ausgeführt.

Für Regelungen mit höheren Anforderungen an Genauigkeit und Regelgeschwindigkeit fanden dann Transduktorverstärker Eingang in der Walzwerktechnik [*17*, *18*].

Totzeiten und Trägheiten können bei den erwähnten Verstärkern nicht restlos beseitigt werden. Demgegenüber hat man in den elektronischen Röhrenverstärkern praktisch trägheits- und totzeitlos arbeitende Bauelemente vorzüglicher Verstärkereigenschaften. Einige betriebstechnische Eigenschaften, wie Heizung, Stoßempfindlichkeit und beschränkte Lebensdauer, sind bei ihrem Einsatz zu beachten.

Die weitere Entwicklung führte zu den Transistorverstärkern (s. Kapitel 12 und 13). Die Transistoren vereinigen hohe Verstärkungsfaktoren mit trägheitslosem Arbeiten. Ihre Lebensdauer ist praktisch unbegrenzt.

Allen elektronischen Verstärkern ist eigentümlich, daß sie nur mit relativ geringen Ausgangsleistungen arbeiten. Dadurch ist es notwendig, diesen Verstärkern noch Verstärkerelemente der bereits beschriebenen Art nachzuschalten, um auf das Leistungsniveau zu kommen, das die Stellglieder in der Regelstrecke erfordern. Durch Beschaltung mit Widerständen und Kondensatoren gibt man den elektronischen Verstärkern die erforderlichen dynamischen Reglereigenschaften.

Sind die dynamischen Eigenschaften der nachgeschalteten Magnetverstärker und Maschinenverstärker, wenn diese als Leistungsverstärker eingesetzt werden, bei der vorliegenden Regelaufgabe störend, dann kann man statt dessen gittergesteuerte Stromrichter mit Transistor-Gittersteuersätzen verwenden. Mit dieser Kombination, nämlich Transistorregler, Transistor-Gittersteuersätze und gittergesteuerte Stromrichter, lassen sich für die Walzwerktechnik Regelungen mit

Bild 24. Kontinuierliche Feineisenstraße (Fertigstraßen und Kühlbetten)

optimalen Eigenschaften aufbauen, da die Regler einschließlich der Stromrichter praktisch trägheitslos arbeiten. Dem Regler kann man dabei jedes für die Regelung erforderliche Zeitverhalten geben.

Alle Regelkreise in Hütten- und Walzwerken werden nach bekannten Methoden (vgl. Kapitel 58) vorausberechnet. Die Regelkreise werden so aufgebaut, daß mit Sicherheit ein pendelfreies Arbeiten der Anlage erzielt wird. Bei der Inbetriebnahme kann durch Verändern der Beschaltungselemente die Anlage auf das endgültige optimale Regelverhalten einjustiert werden (vgl. Kapitel 14).

Bild 25. Viergerüstiges Tandem-Kaltbandwalzwerk

G. Quellenhinweise

[1] HOFF, H. u. DAHL, TH.: Grundlagen des Walzverfahrens. Bd. 9. 2. Aufl. Düsseldorf: Verlag Stahleisen mbH 1955. S. 135.

[2] MÜLLER, H. G.: Entwicklungsmöglichkeiten zur automatischen Steuerung von Block- und Brammenstraßen. Stahl u. Eisen 78. Jg. (1958) S. 1074–1075.

[3] MÖLTGEN, G.: Stromrichter in Kreuzschaltung und Gegenparallelschaltung. Siemens-Z. 30. Jg. (1956) S. 580–585.

[4] FILBERICH, L. u. SCHMALENBERG, W.: Einanoden-Stromrichter. Siemens-Z. 30. Jg. (1956) S. 573–579.

[5] MÖLTGEN, G.: Reversierzeiten bei stromrichtergespeisten Umkehrantrieben. Siemens-Z. 28. Jg. (1954) S. 396–399.

[6] HÜBNER-KOSNEY, R. u. MEISSEN, W.: Transistor-Gittersteuersatz für Quecksilberdampf-Gleichrichter. Siemens-Z. 31. Jg. (1957) S. 509–512.

[7] MARTIN, O.: Steuerung und Regelung des Zwillingsantriebes einer Grobblechstraße. Stahl u. Eisen 77. Jg. (1957) S. 1607–1610.

[8] BILLIGMANN, J.: Über das Messen und Regeln in neuzeitlichen Kaltband-Walzwerken. Stahl u. Eisen 73. Jg. (1953) S. 1394–1404.

[9] Billigmann, J. u. Pomp, A.: Untersuchungen über den Einfluß der Walzgeschwindigkeit auf den Walzdruck, die Festigkeitseigenschaften und die Banddicke beim Kaltwalzen von Bandstahl. Stahl u. Eisen 74. Jg. (1954) S. 441–461.

[10] Lueg, W. u. Schultze, F.: Einfluß des Haspel- und Bremszuges auf den Kaltwalzvorgang. Stahl u. Eisen 60. Jg. (1940) S. 1173–1180.

[11] Weiss, L.: Vielfältige Einflußmöglichkeiten auf den Ablauf von Kaltwalz-Vorgängen. Z. Metallkde. 30. Jg. (1938) S. 185–191.

[12] Browning, E. H.: Prodac control ... at work in the steel industry. Westinghouse Eng. Bd. 18 (1958) Nr. 3, S. 80–82.

[13] The Iron and Steel Engineers Group. Report of the 29th Engineers Group Meeting. Discussion on mechanical design and electrical requirements of flying shears. J. Iron and Steel Inst. Bd. 184 P. 1 (Sept. 1956) S. 69–76.

[14] Stewartson, R.: Flying shears for bars and billets. J. Iron and Steel Inst. Bd. 181 P. 3 (Nov. 1955) S. 232–247.

[15] Kübler, E.: Konstantstrom-, Verstärker- und Regelmaschinen für Gleichstrom (Metadyne, Amplidyne, Rototrol). Elektrotechn. Z. 72. Jg. (1951) S. 623–628.

[16] Nechleba, F.: Die Rapidyne, ein moderner Maschinenverstärker. ETZ-A 77. Jg. (1956) S. 326–392.

[17] Kafka, W.: Der Magnetverstärker. Siemens-Z. 27. Jg. (1953) S. 62–73.

[18] Tschermak, M. u. Kafka, W.: Magnetverstärkerregelung in Anlagen der Starkstromtechnik. Der Magnetverstärker als Regler. Siemens-Z. 29. Jg. (1955) S. 350–356.

42. Erdölindustrie

Von **A.** und **H. Kaltenecker**

Inhaltsübersicht

A. Überblick

1. Einleitung

Die stürmische Entwicklung der Erdölindustrie in den letzten Jahrzehnten war mit den Fortschritten der Regelungstechnik aufs engste verbunden. Noch am Ende des 19. Jahrhunderts konnten aus den unzähligen Kohlenwasserstoffverbindungen des Erdöls hauptsächlich nur Leuchtpetroleum, Wagenschmiere, Fette und Paraffine (für Kerzenherstellung) verwertet werden. Die Welterdölproduktion war um 1870 nicht höher als 1 Mill. Tonnen je Jahr. Erst mit der raschen Entwicklung der Verbrennungsmotoren stieg der Bedarf an Benzin und Schmieröl, das bis dahin größtenteils Abfallprodukt war. Damit wurde auch die Erdölproduktion gesteigert (*Bild* 1). Heute wird das Erdöl bereits bis zum letzten Prozent durch physikalische und chemische Methoden dem Verbraucher nutzbar gemacht. Dieser Aufschwung ist allein der Zusammenarbeit von Chemikern, Maschinenbauern und Regelungstechnikern zu danken. Wo rein physikalische Methoden, wie destillative Zerlegung, nicht ausreichen oder der Anfall von ungewollten Nebenprodukten Sorge bereitet, setzt die Chemie ein. Überschuß- und Abfallprodukte werden in marktfähige Ware umgewandelt. Die Veredelung von Kraftstoffen in bezug auf Oktanzahl und Reinheit ist heute besonders wichtig.

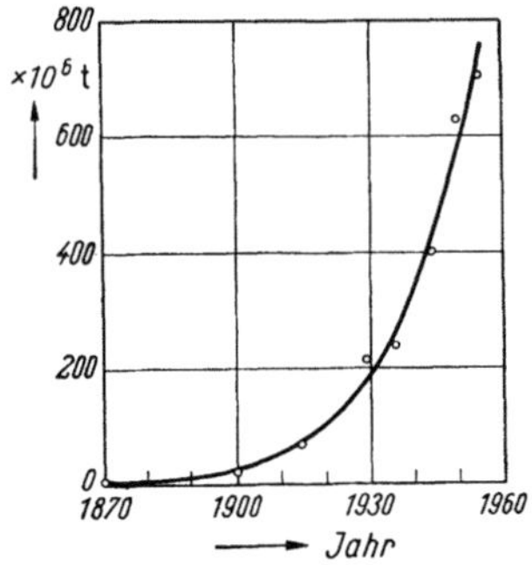

Bild 1. Jährliche Erdölförderung in Millionen Tonnen seit 1870 (1959 : 1000 × 10^6 t)

Zum Verständnis der hierbei zahlreich anfallenden Regelungsaufgaben sind einige Kenntnisse über die Technologie des Erdöls notwendig.

2. Technologie

a) Bestandteile des Erdöls

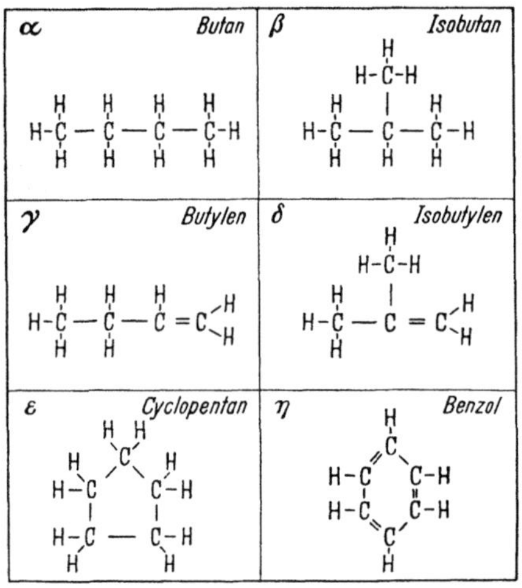

Bild 2. Beispiele von Strukturformeln verschiedener Kohlenwasserstoffgruppen

Erdöl ist das Produkt einer Millionen Jahre zählenden Umwandlung von Stoffen pflanzlichen und tierischen Ursprungs. Die Bedingungen, unter denen diese Umwandlung stattfand, werden in Umwandlungsprozessen (Verwesung, Fäulnis) unter Sauerstoffmangel, erhöhtem Druck und erhöhter Temperatur gesehen. Das Erdöl besteht aus zahlreichen, verschiedenartigsten Kohlenwasserstoffen. Neben diesen organischen Molekülen sind auch unerwünschte anorganische und organische Bestandteile, wie Wasser, Salze, Erden und Schwefelverbindungen, darin enthalten. Die wichtigsten im Erdöl befindlichen Kohlenwasserstoffarten lassen sich nach ihrer Struktur in die folgenden Gruppen aufteilen (*Bild* 2):

α) Paraffine	geradkettig	nicht verzweigt	gesättigt
β) Isoparaffine	geradkettig	verzweigt	gesättigt
γ) Olefine	geradkettig	nicht verzweigt	ungesättigt
δ) Isoolefine	geradkettig	verzweigt	ungesättigt
ε) Naphtene	ringförmig		gesättigt
η) Benzolderivate (Aromaten)	ringförmig		ungesättigt

Unter gesättigten Kohlenwasserstoffen versteht man Moleküle, die keinen Wasserstoff mehr aufnehmen können, da keine Doppelbindungen zwischen Kohlenstoffatomen vorhanden sind.

b) Beurteilung der Kraftstoffe

Oktanzahl. Die Oktanzahl ist ein Maß für die Klopffestigkeit. Es wird gesetzt:

Oktanzahl 100 für 2-2-4-Trimethylpentan (Isooktan) C_8H_{18}

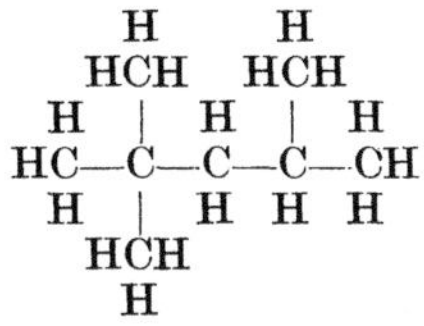

Oktanzahl 0 für n-Heptan C_7H_{16}

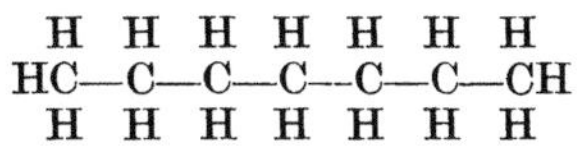

In einer Mischung aus diesen beiden Komponenten gibt der Anteil an Isooktan in Volumprozenten zugleich die Oktanzahl an. Man verwendet diese Mischung als sog. Klopfnormale.

Es gibt jedoch Kohlenwasserstoffe, die, mit n-Heptan in einem bestimmten Verhältnis gemischt, eine höhere Oktanzahl ergeben, als wenn das gleiche Mischungsverhältnis mit Isooktan hergestellt worden wäre. Daraus ergibt sich für die reine Komponente dieses Kohlenwasserstoffes eine den Wert 100 überschreitende Oktanzahl. Andererseits haben Mischungen aus Isooktan mit gewissen Kohlenwasserstoffen eine geringere Oktanzahl gegenüber einer entsprechenden Mischung mit n-Heptan, so daß der ungemischte Kohlenwasserstoff eine Oktanzahl unter dem Wert des Heptans, also einen negativen Wert, haben muß.

Cetanzahl. Der Gehalt von Cetan in Volumenprozent in einer Mischung mit α-Methylnaphthalin ist zugleich die der Cetanzahl. Es wird gesetzt:

Cetanzahl 100 für Cetan $C_{16}H_{34}$

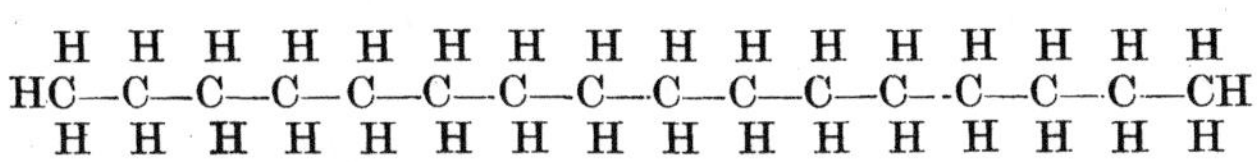

Cetanzahl 0 für α-Methylnaphthalin $C_{11}H_{10}$

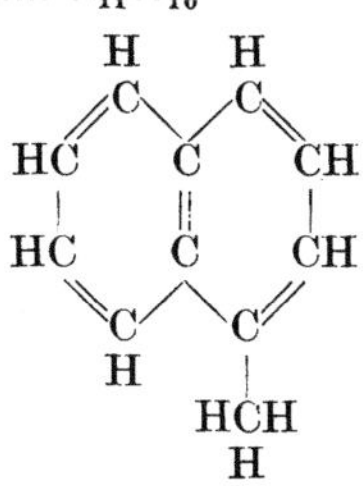

Es gibt Spezialprüfmotoren, die einen Vergleich von Klopfnormalen mit den zu untersuchenden Kraftstoffen zur Bestimmung der Oktan- oder Cetanzahl ermöglichen. Neben diesen beiden Kenngrößen werden noch andere Eigenschaften, wie Siedepunkt, Flammpunkt, Anilinpunkt, Dichte sowie bei Ölen und Fetten Stock punkt, Tropfpunkt, Viskosität usw., zur Qualitätsbestimmung der Kohlenwasserstoffschnitte herangezogen [*1*, *2*]. In *Bild* 3 sind einige Daten von Kraftstoffkomponenten wiedergegeben.

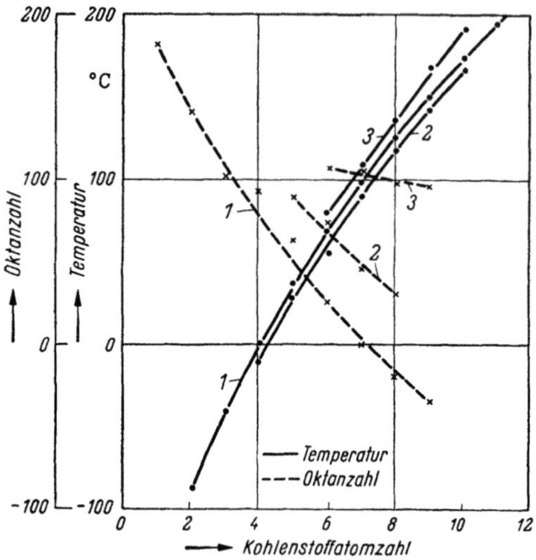

1 n-Paraffine *2* 2-Methylparaffine *3* n-Alkylbenzole

Bild 3. Siedetemperatur und Oktanzahl verschiedener Kohlenwasserstoffe in Abhängigkeit von der Kohlenstoff-Atomzahl

c) Destillation

Das Erdöl wurde ursprünglich nur mit physikalischen Methoden, wie Destillieren und Rektifizieren, verarbeitet. Von dem breiten Band der Kohlenwasserstoffe C_1 bis C_x (der Index am C entspricht der Anzahl der Kohlenstoffatome im Molekül), die sich im Erdöl befinden, wurden nur einzelne Schnitte verwendet. Für die Vergasermotoren werden als Treibstoff hauptsächlich die Kohlenwasserstoffe mit der C-Zahl 5 bis 9 gebraucht. Allmählich machten sich die Mengen an unabsetzbaren schweren und gasförmigen Kohlenwasserstoffen bemerkbar. Noch im Jahr 1926 wurde in Rumänien aus Mangel an entsprechenden Krackanlagen ein Teil des von der Destillation stammenden Rückstandes in freien Erdbehältern verbrannt. Hierdurch sind 30 bis 40% der rumänischen Erdölproduktion verlorengegangen. Durch die Einführung des thermischen Krackverfahrens konnte der überschüssige Rückstand in Benzin überführt werden [*3*, *4*].

d) Thermisches und katalytisches Krackverfahren

Unter thermischem Kracken (Spalten) versteht man die Aufspaltung höherer Kohlenwasserstoff-Moleküle unter erhöhtem Druck und erhöhter Temperatur. Später gesellte sich zu der thermischen Spaltung die katalytische, deren Vorzüge in der besseren Ausbeute und Qualität des Endproduktes liegen. Außerdem hat man die katalytische Spaltung besser in der Hand und kann die bei der thermischen Spaltung unvermeidbare Koks- und Gasbildung weitgehend vermindern. Als Katalysator dienen Aluminiumsilikate, Bauxit und Bleicherden.

Der Wunsch der Motorenbauer, die Wirtschaftlichkeit der Motoren durch die Erhöhung des Kompressionsverhältnisses zu steigern, forderte Benzin von besserer Qualität. So begann bald die Veredelung des Benzins. Für die Güte des Benzins ist die Klopffestigkeit und damit die Zündverzögerung (Oktanzahl), für die des Dieselöls die Zündwilligkeit (Cetanzahl) maßgebend. Hohe Oktanzahl bei Benzin und hohe Cetanzahl bei Dieselöl werden angestrebt. Dadurch werden die Wirtschaftlichkeit und Leistungsfähigkeit der Motoren gesteigert, da das Kompressionsverhältnis entsprechend vergrößert werden kann. Man geht heute bei Ottomotoren mit dem Kompressionsverhältnis bis 1 : 9 und bei Dieselmotoren bis 1 : 25 (Motoren von Gebrauchskraftwagen).

e) Veredelungsverfahren

Die geradkettigen, nicht verzweigten Kohlenwasserstoffe haben geringe Oktanzahlen. Ebenso ist die Cetanzahl der im Dieselöl vorkommenden ringförmigen Kohlenwasserstoffe gering. Beides ist aus der Definition von Oktan- und Cetanzahl zu ersehen. Deshalb setzte bald die Benzin- und Dieselölveredelung ein, um die Kraftstoffe in dieser Hinsicht zu verbessern. Klopffeste Benzine ergeben sich bei hohem Anteil von geradkettig verzweigten und ringförmigen Kohlenwasserstoffen (Isoparaffine, Isoolefine sowie Naphthene und Aromaten). Zündwillige Dieselöle sind die höheren geradkettigen Paraffine.

Die Veredelung des Schwerbenzins, das aus Destillations- und Krackanlagen stammt (Oktanzahl oft nicht mehr als 30 bis 40), wird in folgenden Verfahren durchgeführt [*4*]:

Thermisches Reformieren. Das Verfahren dient der Veredelung von Benzinen durch Erhitzen unter hohem Druck. Es werden hauptsächlich Schwerbenzin und Petroleum mit niedriger Oktanzahl in leichtere Benzine mit hoher Oktanzahl (OZ) umgewandelt (OZ 30 bis 40 auf etwa 70).

Katalytisches Reformieren. Veredelung von Benzin durch Erhitzen unter Druck mit Katalysatoren (z.B. Platin- oder Molybdänkatalysator und Aluminiumoxyd). Das Verfahren führt mit guter Ausbeute zu den sehr klopffesten Aromaten und Isoparaffinen (von OZ 30 bis 40 auf etwa 95). Das katalytische Reformieren leitet eine Anzahl von Umwandlungen ein. Die charakteristischen sollen hier kurz erläutert werden.

Isomerisierung. Die n-Paraffine werden durch Umordnung der Ketten zu klopffesten Isoverbindungen umgewandelt. Die Anzahl der Kohlenstoff- und Wasserstoffatome vor und nach der Umwandlung bleibt unverändert. Die Überführung von n-Heptan zu 2-3-Dimethylpentan erhöht die Oktanzahl von 0 auf 90.

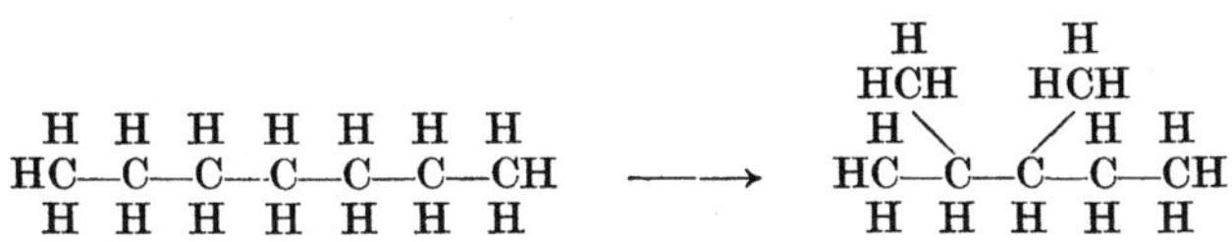

Dehydrierung. Hierunter versteht man die Abspaltung von Wasserstoff. Naphthene werden z.B. durch das Freiwerden von Wasserstoff zu Aromaten umgewandelt. Der frei gewordene Wasserstoff kommt der Hydrospaltung zugute. Die Oktanzahl steigt z.B. von Cyclohexan zum Benzol von 76 auf 115.

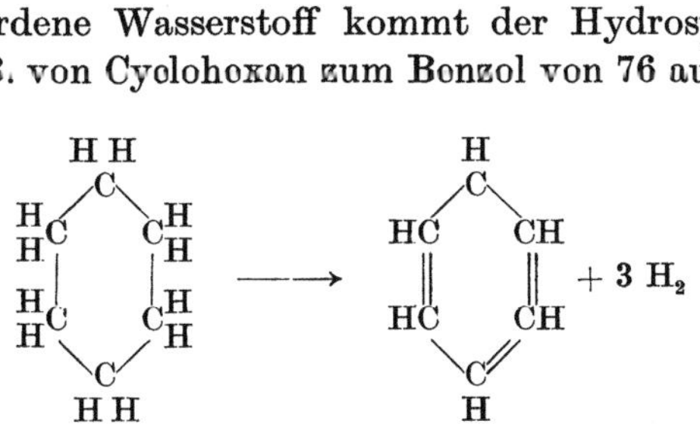

Zyklisierung. Bei dieser Reaktion werden z.B. die Paraffine unter Wasserstoffabspaltung in Aromaten umgewandelt. Die frei gewordenen Wasserstoffatome kommen der Hydrospaltung zugute. Als Beispiel sei die Umwandlung von n-Heptan in Toluol gezeigt. Die Oktanzahl erhöht sich von 0 auf 110.

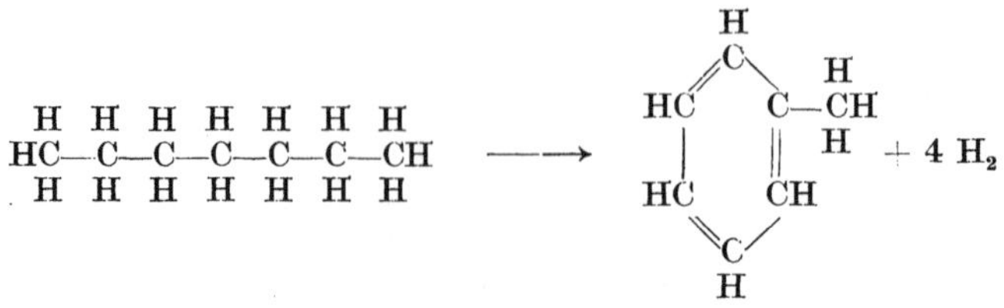

Hydrospaltung. Größere Kohlenwasserstoffmoleküle werden gespalten und isomerisiert. Die frei gewordenen Valenzen werden mit Wasserstoff abgesättigt. Legt man z. B. n-Dekan dieser Spaltung zugrunde, so kann daraus n-Pentan und Isopentan entstehen. Das Isopentan erreicht eine Oktanzahl von 90. Die Oktanzahl des n-Dekan liegt weit unter 0.

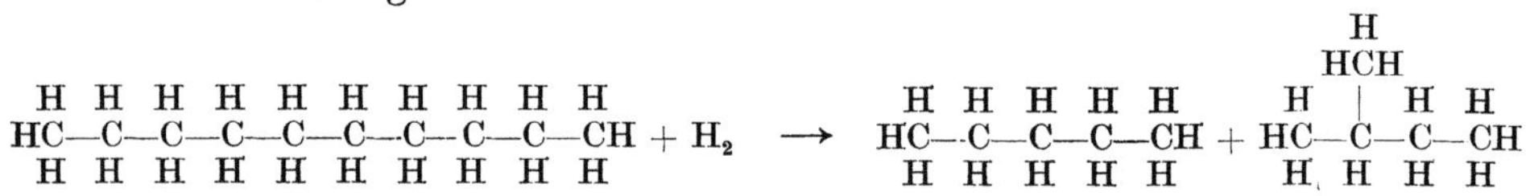

Isomerisierung. Die Herstellung von verzweigten Kohlenwasserstoffen aus geradkettigen wird besonders bei Butan und Pentan angewandt. Als Katalysator dient Aluminiumchlorid in Gegenwart von Chlorwasserstoff. Das entstehende Isobutan reagiert in der nachgeschalteten Alkylierungsanlage mit C_3- oder C_4-Olefinen zu Isoheptan bzw. Isooktan. Man erreicht eine Oktanzahl bis 100.

Polymerisierung. Der relativ große Anfall von Gasen (mit 3 oder 4 C-Atomen) beim Kracken und Reformieren führte zur Polymerisierung. Es handelt sich um Verbindungen von gleich großen ungesättigten Kohlenwasserstoffen mit Hilfe eines Katalysators (Phosphorsäure) bei Drücken von 20 bis 80 atü. Einsatzprodukte sind Propylene und Butylene. Die Oktanzahl der entstehenden Benzine liegt bei 95.

Alkylierung. Moleküle verschiedener Größe reagieren mit Hilfe eines Katalysators zu hochklopffestem Flugbenzin. Meist handelt es sich um Reaktionen von Isobutan mit Olefinen der C-Zahl 3 und 4 mit Schwefelsäure als Katalysator.

Extraktion (Lösungsmittelraffination). Bei der Dieselölveredelung werden die Kohlenwasserstoffe in paraffinische und aromatische Bestandteile durch Lösungsmittel, wie Furfurol und Schwefeldioxyd, getrennt.

f) Synthetische Verfahren

Das ungenügende Erdölvorkommen in Deutschland führte zur Herstellung von synthetischem Benzin.

Hydrierung. Das Bergius-IG-Verfahren arbeitet mit fein verteilter Kohle in einer Aufschlämmung von Öl oder Destillationsrückständen. Diese werden mit Wasserstoff bei Verwendung von Molybdän-Mischkatalysatoren unter hohem Druck und hoher Temperatur in zwei Hydrierungsstufen zu Benzin hydriert. Ein großer Teil der Erdölrückstände wird zur Zeit in Deutschland durch Hydrierung in Benzin überführt.

Fischer-Tropsch-Synthese. Ein zweiter Weg der synthetischen Benzinerzeugung führt über Wassergas ($CO + H_2$) mit Kobalt-Eisen-Zinkoxyd-Katalysator. Die Reaktionen laufen in großtechnischen Anlagen zwischen 0 und 10 atü und bei etwa 180 °C ab. Je nach Arbeitsmethode kann die Synthese auf Benzin, Dieselöl oder Paraffin gelenkt werden.

Die bis jetzt beschriebenen Verarbeitungsmethoden auf dem Gebiet der Erdöl- und Kraftstoffindustrie sind nur ein kleiner Teil der angewandten Methoden. Je nach Herkunft des Erdöls ändert sich dessen Zusammensetzung und damit auch die Verarbeitungsmethode sowie die angewandte Regelungstechnik. Umfangreiche Raffinationsvorgänge schließen sich den Verfahren der Kraftstoff- und Schmierölherstellung an.

3. Meß- und Regelungstechnik

Mit der technologischen Entwicklung ging die Automatisierung in der Erdölindustrie einher [*6*]. Bis 1925 wurde sehr spärlich geregelt; selbst von einer Überwachung durch Messen des Flüssigkeitsstandes, des Durchflusses, der Temperatur oder des Druckes wurde wenig Gebrauch gemacht. Allmählich begann die Einführung der ersten schreibenden pneumatischen Regler. Es waren Zweipunktregler oder proportional wirkende Regler ohne einstellbaren P-Bereich.

Die Pneumatik wurde bevorzugt eingeführt, weil in den Anlagen leicht entzündbare Stoffe verarbeitet werden. Die Erfahrungen dieser jungen Industrie reichten nicht aus, um bei Verwendung elektrischer Instrumente Schutzmaßnahmen gegen Brandgefahr zu treffen bzw. vorzuschreiben. Man verbot einfach die Verwendung der Elektrizität, einerseits, weil die Belegschaft größtenteils aus Chemikern und Maschinenbauern bestand, denen die Pneumatik näherlag, und andererseits, weil die Elektrotechnik zu dieser Zeit noch nicht so entwickelt war, daß dieser Methode das nötige Vertrauen geschenkt werden konnte.

Die Regelkreise konnten durch die Regler selten stabilisiert werden. Es wurden vielerlei untechnische Kniffe herangezogen, um überhaupt eine Regelung zu ermöglichen. Man half sich mit Regelventilen im Bypass und Puffervolumen in der Luftleitung der Antriebe, die bei jeder Umstellung der Anlage neu eingestellt werden mußten. Diese Umstände bedingten die damals noch vorsichtige Zuneigung zu den Reglern. Hierzu kam noch, daß sich das Bedienungspersonal bewacht fühlte und die Geräte als Konkurrenz und Ersatz von menschlichen Kräften betrachtete.

Der erhoffte Siegeszug der Regler blieb aus. Das bei den damaligen einfachen Raffinerieanlagen zu Recht aufkommende Gefühl, man könne auf Regler verzichten, führte dahin, daß sie teilweise nur noch als Schreiber und Überwachungsinstrumente in Betrieb waren. Es fehlten geschulte Fachleute, die in der Lage waren, den Regelkreis zu analysieren und die Fehler in der Anlage oder an den Instrumenten aufzudecken und zu beseitigen. Leider treten solche Schwierigkeiten immer noch in Industriezweigen auf, in denen Regler erstmals eingesetzt werden. Es muß an dieser Stelle besonders hervorgehoben werden, daß die Wartung, Bedienung und Überwachung der Regelungsanlagen gute Kenntnisse in der Regelungstechnik und in der Technologie der Verfahren voraussetzen. Ohne geschultes Personal wird eine Automatisierung selten den Ansprüchen genügen, die an sie gestellt werden.

Solange man Produkte durch Destillation trennte, lief man keine Gefahr, die Erzeugnisse durch unkorrekte Fahrweise der Anlagen zu verderben. Die Spaltprozesse jedoch erfordern genaue Einhaltung von Temperatur, Druck und Reaktionszeit. Schon geringe Temperatur-, Druck- und Durchflußänderungen bringen eine große Änderung des Reaktionsverhaltens mit sich. Dies ist gleichbedeutend mit Verkokung, Gasüberschuß, Vergiftung der Katalysatoren und damit schlechter Ausbeute beim thermischen wie auch beim katalytischen Spaltprozeß.

Die Betriebsanlagen wuchsen nach Grundfläche und Höhe; dadurch wurde die Meßwertfernübertragung nötig, um Fehler, wie Gasbildung, Frost, Stockungsgefahr, in den Meßleitungen zu vermeiden. Die Meßwerte können dann über größere Entfernungen in die Meßwarte übertragen werden, in der sich die Regler und Schreiber befinden. Von dort aus steuert der Regler die Stellglieder in der Anlage.

Durch die nun sichere Arbeit der Regler stieg auch das Vertrauen des Bedienungspersonals zur neuen Technik, und man begriff, daß die Regler nicht den Menschen ersetzen sollten, sondern für die Entlastung von Aufgaben nötig sind, denen der Mensch nicht gewachsen ist.

Die Entwicklung neigt dazu, die Regelung besonders der Raffinerien, die in nordischem Klima arbeiten, rein elektrisch durchzuführen [7]. Man will hiermit Vereisung in den pneumatischen Leitungen und ähnliche durch das Klima bedingte

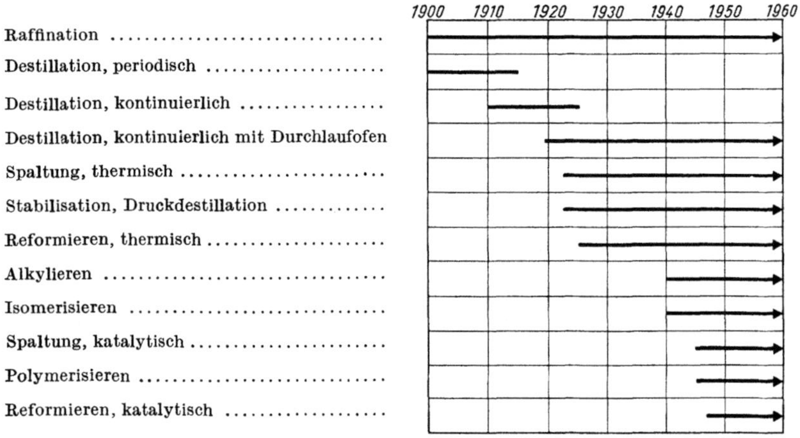

Bild 4 a. Entwicklung der Verfahren in der Erdölindustrie

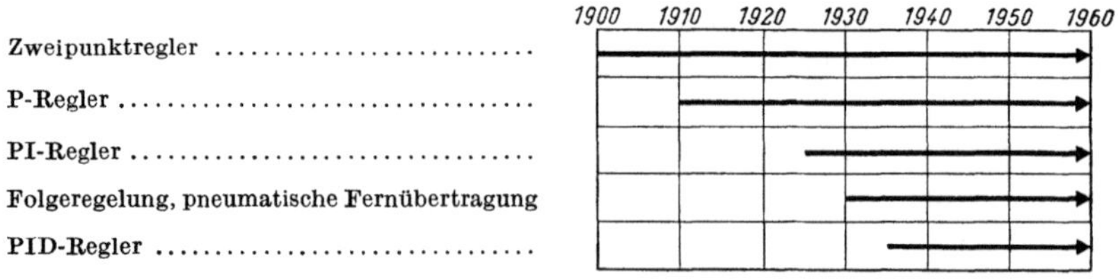

Bild 4 b. Entwicklung der Regelung in der Erdölindustrie

Störungen vermeiden. Einen regelungstechnischen Gewinn bringt diese Methode auch dadurch, daß beliebige Entfernungen verzugslos überbrückt werden können, während in der Pneumatik die praktische Grenze bei etwa 200 m liegt.

In den Jahren 1936 bis 1945 stieg die jährliche Welterdölproduktion von 250 Millionen Tonnen auf 500 Millionen Tonnen und reicht 1959 an 1000 Millionen Tonnen heran (s. *Bild* 1). Was das für die Regelungstechnik bedeutet, geht wohl am deutlichsten daraus hervor, daß zu einer kleinen, neuzeitlichen Erdölraffinerie von 1 Mill. Tonnen je Jahr Durchsatz etwa 250 bis 300 Regler mit Zubehör sowie eine große Anzahl von Meßumformern, Schreibern, Anzeigern und Signaleinrichtungen gehören. Die Kosten der Anschaffung und der Montage der meß- und regelungstechnischen Instrumente im Rahmen der Betriebsüberwachung erreichen in einer solchen Raffinerie etwa 2 Mill. DM. Rechnet man diesen Betrag auf Tonnen/Jahr um, so erhält man eine einmalige Ausgabe von 2 DM je Tonne und Jahr. Mit fünfjähriger Amortisation beträgt die Ausgabe nur noch 0,4 DM/Tonne und Jahr. Diese Erwägung umfaßt nur die Verarbeitung des Erdöls bis zu Treibstoff, Schmieröl, Asphalt, Paraffin usw., also nur die Verarbeitung in der Erdölraffinerie. Wenn man die Erweiterung des Betriebes bis in die Petrochemie betrachtet, so kann man die genannten Zahlen verdoppeln. Einen Überblick über die Entwicklung der Verfahren und der Regelung geben die *Bilder* 4a und 4b.

Die Entwicklung auf dem Gebiet der Erdölverarbeitung schreitet stürmisch und mit großem Erfolg weiter. Der Meß- und Regelungstechnik werden dabei zahlreiche neue Aufgaben gestellt.

B. Grundsätzliche Regelungsprobleme

Im allgemeinen ähneln sich die Regelungsaufgaben in der Erdölverarbeitung, da es sich größtenteils um Destillationsprozesse handelt. Bevor noch auf die Regelung der Verfahren eingegangen wird, sollen nachstehend die häufigsten Regelungsaufgaben behandelt werden.

1. Temperaturregelung von Kolonnen

Untersucht man das Temperaturverhalten von Destillationskolonnen, so kann man drei Gruppen von Aufgaben unterscheiden:

Trennung eines Vielstoffgemisches (z. B. bei atmosphärischer und Vakuumdestillation, s. Abschnitt 1b)

Stabilisierung von Benzin (s. Abschnitt 1c)

Trennung eines Zweistoffgemisches bzw. Trennung zweier Komponenten mit kleinen Siedepunktsdifferenzen (s. Abschnitt 1d).

a) Regelungstechnisches Verhalten der Kolonnen

Den drei Gruppen sind folgende regelungstechnische Gesichtspunkte gemeinsam [*8*]:

1. Die Reinheit der Trennung steigt mit der Größe des Rückflusses und mit der Anzahl der Böden. Mit dem Rückfluß erhöht sich jedoch der Wärmebedarf, mit der Bodenanzahl steigen die Anlagekosten. Ein Kompromiß muß geschlossen werden zwischen Rückfluß, Bodenanzahl und Reinheit des Produktes.

2. Kolonnen mit vielen Böden lassen sich leichter regeln als solche mit wenigen. Dies liegt daran, daß der Temperaturgradient dann flacher verläuft und der Rückfluß die Kolonne nicht so empfindlich beeinflußt.

3. Der Einsatz der Kolonnen (s. Abschnitt B 2, „Einsatzregelung").

4. Alle Veränderungen, seien sie durch die Regelung oder durch Handeinwirkung hervorgerufen, sollen der Dynamik der Kolonne angepaßt sein und nur so schnell verlaufen, daß die Kolonne vorher in ihr Gleichgewicht kommt. Dementsprechend sind Änderungen des Durchsatzes oder der Temperatur nicht über dieses Geschwindigkeitsmaß zu steigern. Notwendige Verstellungen sollen deshalb in Stufen durchgeführt werden. Die Regler müssen mit ihrer Einstellung dem Verhalten der Destillationskolonnen angepaßt sein.

5. Der Energiehaushalt der Rohöl-Destillationskolonne wird durch Erhitzen des Öles nahezu gedeckt. Beim Stabilisieren verwendet man allerdings nur einen leicht vorgewärmten Einsatz (Wärmeaustauscher). Die restliche Energie wird durch Wiederaufkochen gewonnen. Bei Zweistoffgemischen wird die Wärmezufuhr auch durch Wiederaufkochen gedeckt.

Die drei Gruppen (hier sind praktische Beispiele herausgegriffen) unterscheiden sich im wesentlichen in folgendem:

Aufgabe:	Rohöldestillation	Stabilisation	Trennung von Zweistoffgemischen
Produktion:	Kopf- und Seitenprodukte	Sumpfprodukt	Kopf- und Sumpfprodukt
Meßort der Regeltemperatur:	Kopf	Sumpf	Kolonnenmitte

Beim Erfassen der Regeltemperatur ist darauf zu achten, daß unnötige Totzeiten oder lange Verzögerungszeiten vermieden werden. Bei der Rohöldestillation ist der Temperaturabgriff in der abgehenden Benzindampfleitung unmittelbar am Kopf der Kolonne am wirkungsvollsten. Beim Stabilisieren soll die Temperatur am Ausgang des Wiederaufkochers abgegriffen werden. An diesen Stellen herrschen große Dampfgeschwindigkeiten, so daß ein guter Wärmeübergang gesichert ist. Der Temperaturabgriff der dritten Gruppe ist dort anzubringen, wo der größte Temperaturgradient längs der Kolonne vorliegt. Wegen der schon geringen Temperaturdifferenz über der ganzen Kolonne ist der Gradient am Kopf und im Sumpf sehr klein, so daß ein wirksamer Temperatureffekt an diesen Stellen nicht erzielt werden kann. Das Temperaturgefälle etwa in Höhe der Einsatzstelle ist am größten, so daß diese Stelle zur Messung herangezogen wird. Durch die Lage der Meßstelle in der Mitte der Kolonne wird jedoch die Regelung bedeutend träger, und man muß auch hier in Grenzfällen wieder einen Kompromiß schließen zwischen Gradient und Verzögerung. Der Einstellung des Temperaturreglers ist in diesen Fällen besondere Sorgfalt zu widmen.

b) Rohöl-Destillationskolonne

Am Kopf der Kolonne (*Bild* 5) wird die Temperatur abgegriffen, und der Temperaturregler (*1*) arbeitet auf den Sollwert des Rückflußreglers (*2*). Da man wesentliche Störgrößen von seiten des Rückflusses (Druckstöße) zu erwarten hat, ist die dargestellte Folgeregelung angebracht. Die Rückflußregelung entlastet die Temperaturregelung weitgehend von den Störgrößen. Am Rückflußsammler (*3*) und im Sumpf der Kolonne sorgen je ein Niveauregler (*4*) und (*5*) für den Abfluß der Produkte (Destillat und Rückstand). Den Einsatz regelt ein Durchflußregler (in *Bild* 5 nicht dargestellt).

c) Stabilisierung

Beim Stabilisieren von Benzin (*Bild* 6) hat der Wiederaufkocher (*1*) für den Energiehaushalt aufzukommen. Da hier der Sumpf das gewünschte Produkt

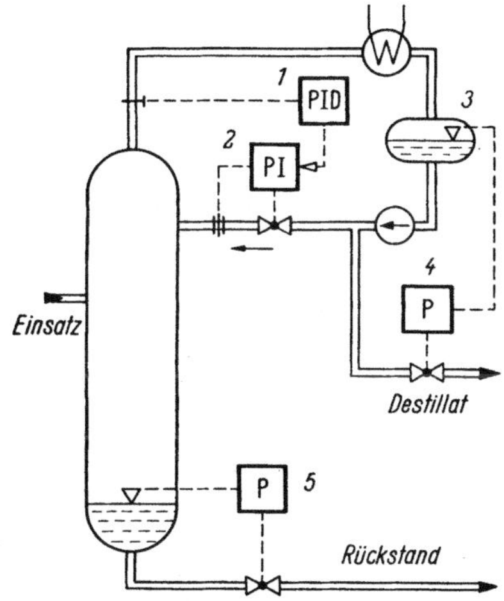

1 Temperaturregler (Führungsregler)
2 Durchflußregler im Rückfluß (Folgeregler)
3 Rückflußsammler
4 Niveauregler
5 Niveauregler für Kolonnensumpf

Bild 5. Temperaturregelung einer atmosphärischen Destillationskolonne

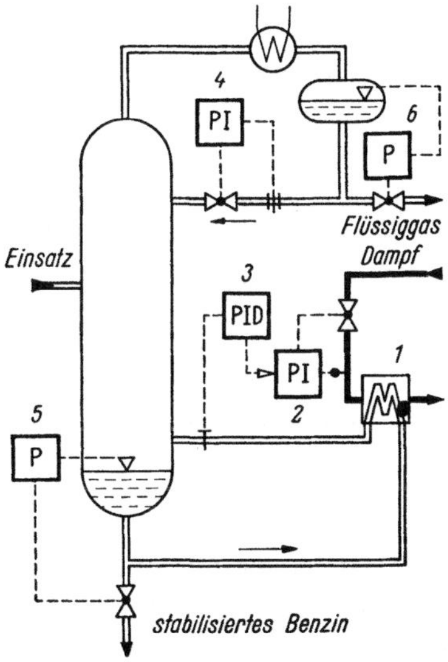

1 Wiederaufkocher
2 Druckregler für Heizdampf (Folgeregler)
3 Temperaturregler (Führungsregler)
4 Durchflußregler für Rückfluß
5, *6* Niveauregler

Bild 6. Temperaturregelung einer Stabilisierkolonne

liefert, richtet sich die Sumpftemperatur nach der Siedetemperatur der Komponente, die noch im Sumpf verbleiben soll. Das Sumpfprodukt wird in den Wiederaufkocher geleitet und hier durch Dampf aufgeheizt. Der Heizdampf muß mit Hilfe des Druckreglers (*2*) auf konstantem Druck gehalten werden, damit keine sekundären Störgrößen die Regelung aus dem Gleichgewicht bringen. Der Temperaturregler (*3*) führt den Sollwert des Druckreglers. Der Rückfluß wird mit einem Durchflußregler (*4*) konstant gehalten. Niveauregler (*5*) und (*6*) in Sumpf- und Rückflußbehälter sorgen für die Abführung von Stabilisat und Kopfprodukt.

d) Trennung von Zweistoffgemischen oder Stoffen mit kleiner Siedepunktsdifferenz

Grundsätzlich wird die Temperatur wieder durch Aufheizen des Sumpfes geregelt, wobei der Temperaturabgriff im Bereich des steilsten Gradienten liegt

(*Bild* 7). Ist die Zusammensetzung des Eingangsproduktes konstant, so kann auf eine Temperaturregelung ganz verzichtet werden und Speisung, Heizung sowie Rückfluß können mit Durchflußreglern geregelt werden (gegebenenfalls auch mit einem Verhältnisregler). Die Reinheit der Produkte kann allein mit dem Rückfluß eingestellt werden.

Der Temperaturverlauf in der Kolonne ist in *Bild* 7 a eingezeichnet. Man wählt die Temperaturmeßstelle für die Regelung etwa in der Einsatzhöhe, da sich hier der größte Temperaturgradient einstellt. In solchen Anlagen sieht man mehrere Temperaturabgriffe vor, damit man die günstigste Stelle während des ersten Anfahrens aussuchen kann.

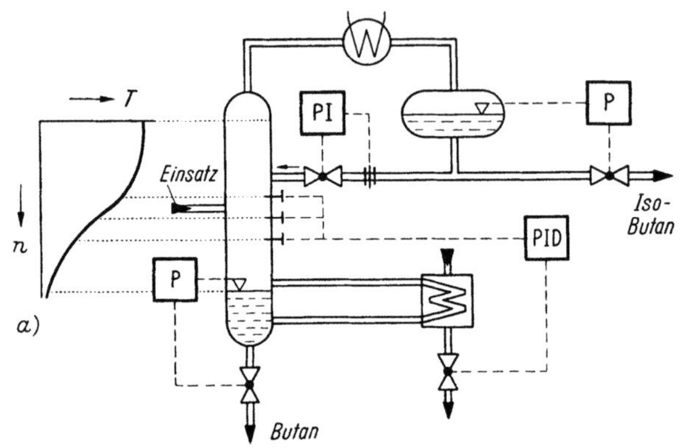

Bild 7. Temperaturregelung bei Trennung von Zweistoffgemischen; Gemisch mit engen Siedegrenzen

a) Temperaturverlauf in der Kolonne, in Abhängigkeit von der Bodenzahl *n*

2. Einsatzregelung

Man kann auf eine Regelung des Einsatzes einer Destillationsanlage nicht verzichten, da sonst durch sekundär verursachte Störungen unerlaubte Durchflußänderungen eintreten. Jede solche Änderung im Einsatz stellt ein anderes Gleichgewicht und damit einen anderen Produktionsverlauf der Destillation ein, dem die übrigen Stellen angepaßt werden müßten. Den ersten Schritt zur Automatisierung muß man also beim Einsatz tun.

Eine Fliehkraftpumpe oder Kolbenpumpe liefert bei fester Einstellung der Handventile noch nicht gleichbleibenden Durchsatz, da nachgeschaltete Wärme-

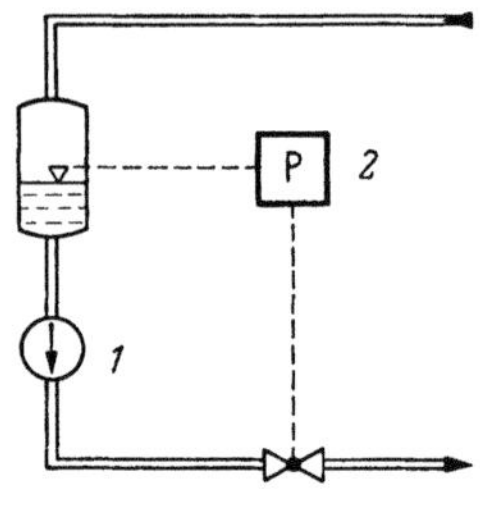

1 Kreiselpumpe im Abfluß
2 Niveauregler

Bild 8. Abflußregelung (Kreiselpumpe)

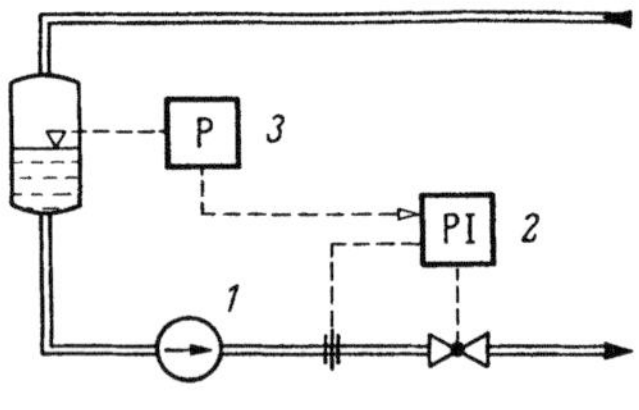

1 Kreiselpumpe *2* Durchflußregler
3 Niveauregler

Bild 9. Abflußregelung als Folgeregelung

austauscher, Erhitzer und sonstige Einrichtungen dauernd wechselnden Widerstand haben. Ist ein Durchflußregler vorhanden, so wird trotz dieser Störungen der Durchsatz konstant gehalten und das Gleichgewicht der Anlage von dieser

Seite aus gesichert. Die nachfolgenden Grundschaltungen geben Anhaltspunkte für die Planung.

Wird der Einsatz einer Anlage aus großen, hochgelagerten Behältern vorgenommen, so sind die Störgrößen von geringem Einfluß, und es genügt ein Durchflußregler mit P-Wirkung. Wird mit Pumpen gearbeitet und genaues Einhalten eines Sollwertes gewünscht, so muß ein PI-Regler verwendet werden.

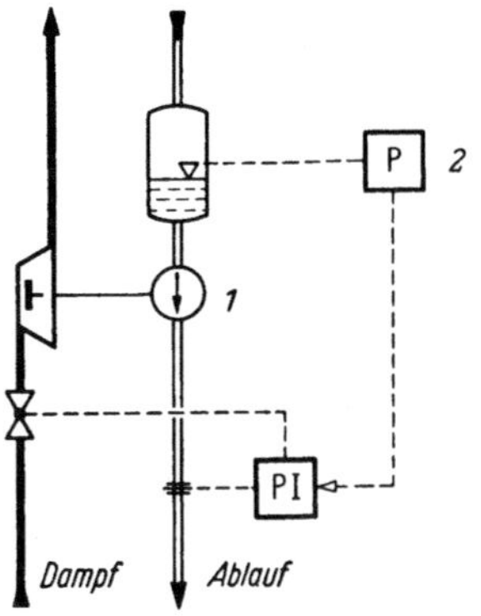

1 Kolbenpumpe *2* Niveauregler

Bild 10. Abflußregelung als Folgeregelung (Kolbenpumpe)

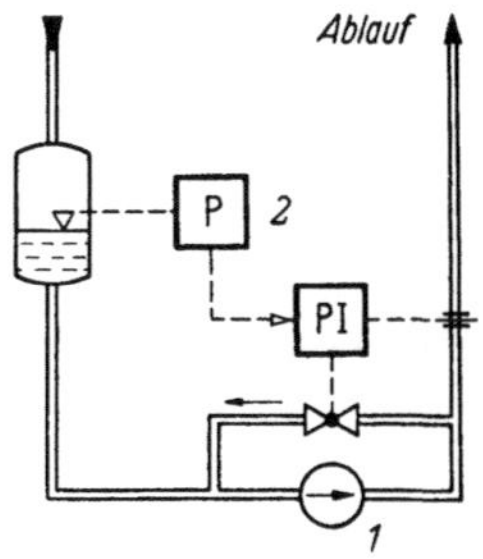

1 Zahnradpumpe *2* Niveauregler

Bild 11. Abflußregelung als Folgeregelung (Zahnradpumpe)

Im kontinuierlichen Betrieb liefert die vorhergehende Kolonne oder deren Sammler den Einsatz. Man muß hier vom Niveau der anfallenden Flüssigkeit her regeln (*Bild* 8), wobei ein Niveauregler (*2*) die Zulaufmenge zum nächsten Anlageteil bestimmt. Ein P-Regler ist ausreichend. Diese Methode hat den Nachteil, daß sie sehr störgrößenabhängig ist. Ändert sich z.B. der Druck in einer der Kolonnen, so wirkt sich dies sofort durch veränderte Druckdifferenz über dem Regelventil auf den Einsatz aus. Deshalb geht man in den Fällen, in denen gleichmäßiger Einsatz verlangt wird, auf eine Folgeregelung über (*Bild* 9). Ein Durchflußregler (*2*) hält primär den Durchfluß konstant, während der Niveauregler (*3*) den Sollwert des Durchflußreglers bestimmt. Der Einfluß der Aufschaltung ist so zu wählen, daß ein Überlaufen oder Leerlaufen des Sammlers vermieden wird. Diese Anordnung wird bei Kreiselpumpen angewandt.

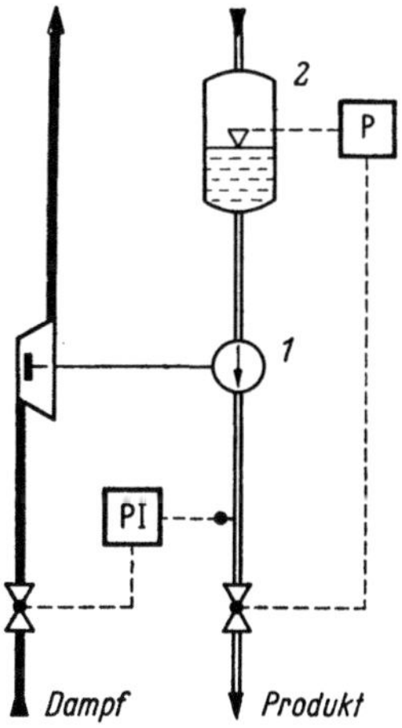

1 Kolbenpumpe *2* Sammler

Bild 12. Niveauregelung (Kolbenpumpe)

Wird mit dampfangetriebenen Kolbenpumpen gearbeitet (*Bild* 10), so liegt das Regelventil in der Dampfleitung zum Antrieb der Kolbenpumpe.

Eine weitere Anordnung der Regelung, wie sie bei Zahnradpumpen oder elektrisch angetriebenen Kolbenpumpen vorgesehen wird, zeigt *Bild* 11; Zahnradpumpen werden bei besonders zähflüssigen Stoffen angewandt. Das Ventil sitzt in der Umgangsleitung der Pumpe (*1*), da eine Drosselung in der Förderleitung wegen des großen Druckanstiegs in der Pumpe unzulässig ist. Durch den Umgang wird stets die Differenz zwischen der Förderleistung der Pumpe und dem Bedarf in die Saugleitung zurückgeleitet. Je weiter das Ventil öffnet, desto mehr Stoff läuft im Kreislauf durch die Pumpe bzw. desto weniger wird gefördert.

Um dampfangetriebenen Kolbenpumpen (*Bild* 12) die Charakteristik einer idealen Kreiselpumpe zu geben, bei der die Förderung nahezu druckunabhängig (flache QH-Kurve) ist, hält man den Förderdruck der Pumpe (*1*) durch Eingriff in die Dampfzufuhr zum Antrieb konstant. Die Förderleitung kann jetzt, z. B. zur Niveauregelung, beliebig gedrosselt werden, ohne daß der Vordruck ansteigt und Beschädigungen der Pumpe hervorruft.

Soweit die Entnahme aus Sammlern oder Kolonnenböden erfolgt, bevorzugt man das Prinzip des Führungs- und Folgereglers vom Niveau auf den Durchfluß.

3. Druckregelung

Druckregler sind in Dampf-, Gas- und Wassernetzen zu finden. Die Druckregler sind aber auch in den Verarbeitungsprozeß eingeschaltet. Neben der atmosphärischen Destillation (s. Abschnitt D 1) gibt es Vakuumdestillationen und Druckdestillationen der verschiedensten Arten.

Bei der *Vakuumdestillation* verdampft das schwersiedende Öl in den meisten Fällen unter einem Druck von 10 Torr; die Temperatur bleibt unter der Krackgrenze. Im Falle der *Druckdestillation* muß das gasförmige Produkt bis zur Verflüssigung verdichtet werden, damit eine Destillation überhaupt möglich ist. Zu einer gewissen Siedetemperatur gehört ein bestimmter Druck; er muß in der Anlage konstant gehalten werden.

Bei Stabilisationsanlagen oder anderen Druckdestillationsanlagen wird die Druckentnahme in den weitaus meisten Fällen im Kopf oder im Sammler der Kolonne angebracht. Man muß dann folgende Fälle bei der Planung der Druckregelung für Kolonnen unterscheiden: Das Kopfprodukt ist vollständig kondensierbar, oder es liegen Inertgase, also unkondensierbare oder bei dem Arbeitsdruck im wesentlichen noch nicht kondensierbare Gase vor.

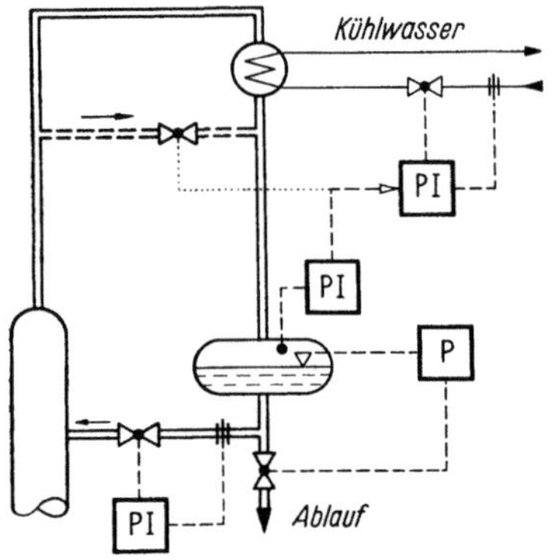

Bild 13. Druckregelung durch Kühlwasserzufluß

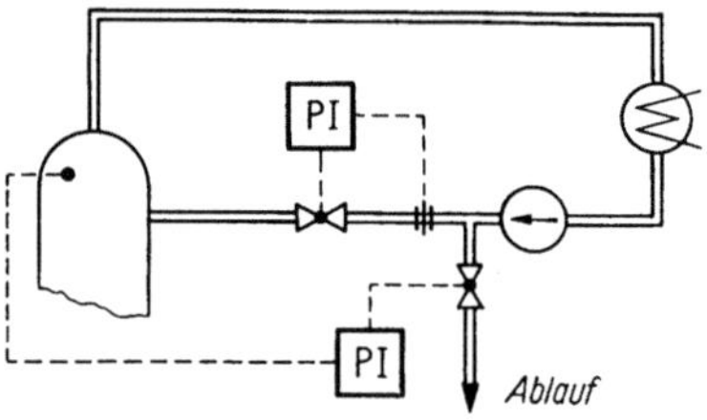

Bild 14. Druckregelung durch Überfluten des Kondensators

Diese Unterscheidung erübrigt sich, wenn das Produkt gasförmig abgezogen werden soll und nur ein Rückflußanteil kondensiert werden muß.

Kondensierbares Kopfprodukt. Im gebräuchlichsten Fall der Regelung (*Bild* 13) bestimmt der Druck über einen Druckregler den Sollwert für den Kühlwasserzuflußregler des Kondensators. Ist der Druck zu hoch, so öffnet sich das Stellglied, die Kühlung steigt und damit fällt die Temperatur, es wird mehr kondensiert, und der Druck fällt wieder. Schwankungen der Wasserzufuhr, z.B. infolge veränderlichen Vordrucks, werden mit Hilfe der Folgeregelung ausgeglichen.

Eine andere Möglichkeit besteht in einer direkten Verbindung der Kolonne mit dem Sammler durch einen Umgang zum Kondensator. Der Kühlwasserzufluß wird mit einem Durchflußregler konstant gehalten. Der Druckregler arbeitet direkt auf ein Stellglied im Umgang zum Kondensator (in *Bild* 13 punktiert gezeichnet). Der Sammler wird dann gewissermaßen von den nicht gekühlten Gasen geheizt. Diese Art der Regelung wird dort angewandt, wo, besonders im Winter, außerordentlich wenig Kühlwasser nötig ist und durch die Schwankungen der Wassertemperatur daher leicht Unterkühlung eintreten könnte.

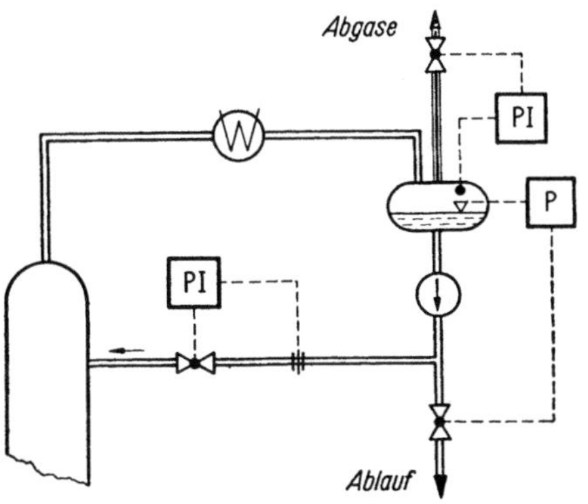

Bild 15. Druckregelung durch Abgasen der Inertgase

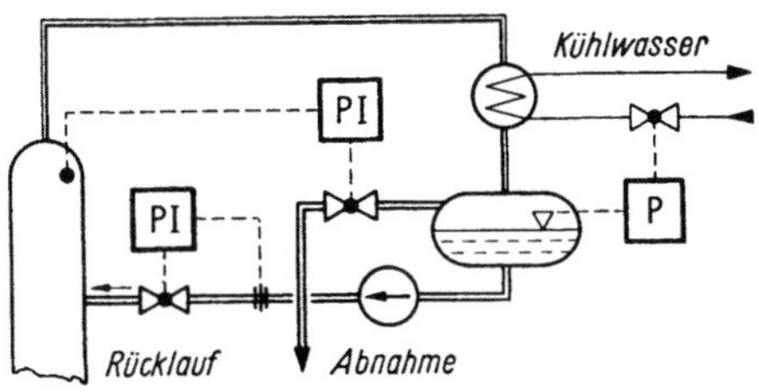

Bild 16. Druckregelung bei dampfförmiger Abnahme des Kopfproduktes

In *Bild* 14 wird mit überflutendem Kondensator gearbeitet. Der Druckregler bestimmt den Ablauf des Produktes. Ist der Druck zu niedrig, so schließt das Ventil, der Flüssigkeitsstand steigt im Kondensator und verkleinert seine wirksame Kühlfläche. Damit fällt die Kühlleistung; die Temperatur und der Druck des Kopfproduktes steigen.

Sind *unkondensierbare Bestandteile* im Kopfprodukt vorhanden, z.B. Inertgase oder solche, die beim Arbeitsdruck nicht kondensieren, so werden diese zur Druckregelung herangezogen (*Bild* 15). Der Druckregler arbeitet auf eine Entspannung des gasförmigen Kopfproduktes, so daß die Gase zur Fackel, zum Gasometer, in den meisten Fällen aber zur weiteren Trennung in eine zweite Anlage geleitet werden können.

Bild 16 zeigt die Druckregelung in Anlagen, bei denen das Kopfprodukt gasförmig abgeführt werden soll. Ein Niveauregler, dessen Ventil in die Kühlwasserleitung des Kondensators eingreift, sorgt für das nötige Kondensat für den Rückfluß. Steigt der Flüssigkeitsstand, so wird das Kühlwasser gedrosselt, wodurch Temperatur und Druck der Anlage ansteigen und weniger kondensiert wird. Der Druckregler leitet nunmehr das gasförmige Kopfprodukt aus der Anlage. Fällt der Stand, so wird die Kühlwasserzufuhr erhöht, um mehr Kopfprodukt zu kondensieren.

4. Temperaturregelung von Röhrenöfen

Die Temperaturregelung von Röhrenöfen stellt besonders hohe Anforderungen an die Regelungstechnik, da die Temperaturen sehr genau eingehalten werden müssen. Solche Öfen sind häufig schwierige Regelstrecken. In den Röhren tritt eine beachtliche Totzeit auf, während die Wärmekapazität der Öfen gering ist. Damit ist ein sehr ungünstiges Verhältnis von Totzeit zu Anlaufzeit gegeben. Derartige Regelstrecken sind bekanntlich schwer regelbar. Bei Spaltanlagen z. B. führen Abweichungen von nur einigen Grad bereits zu unerwünscht hohem Anfall von gasförmigen Kohlenwasserstoffen, die dann später wieder mit erheblichem Aufwand zu Benzin verarbeitet werden müssen. Die Spaltung kann dabei so weit gehen, daß Koksbildung in den Erhitzerröhren eintritt, die den Ofen schließlich unbrauchbar macht und mindestens zu einer Betriebsunterbrechung zum Reinigen der Röhren führt.

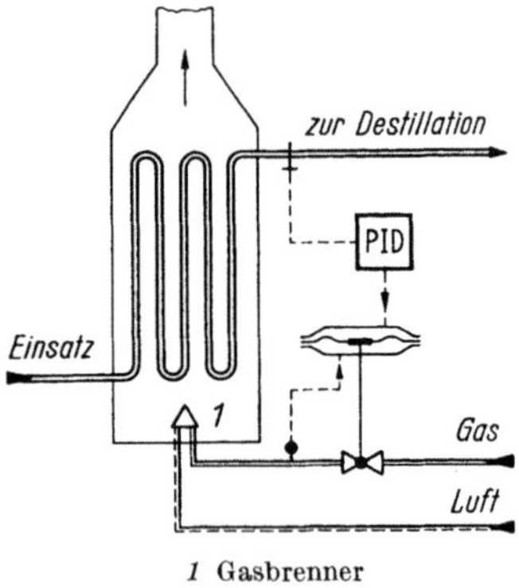

1 Gasbrenner

Bild 17. Temperaturregelung eines Röhrenofens mit Gasheizung

Für die Instrumentierung ist maßgebend, ob es sich um eine Gas- oder eine Ölfeuerung handelt.

Bei einem Röhrenofen mit *Gasfeuerung* (*Bild* 17) wird die Temperatur des Öles am Ofenaustritt gemessen. Man läßt nun nicht den Temperaturregler direkt auf ein Ventil in der Gasleitung arbeiten, sondern wendet das bewährte Prinzip der Folgeregelung an. Der Ausgangsdruck des Temperaturreglers (meist max. 1 atü) arbeitet auf die eine Seite eines doppeltwirkenden Membranantriebes. Die andere Seite wird vom Gasdruck, z. B. 0,3 atü, beaufschlagt. Der Membranantrieb des Druckreglers ist erst dann im Gleichgewicht, wenn der Gasdruck gleich dem Ausgangsdruck des Temperaturreglers ist. Solange dieses Gleichgewicht nicht vorhanden ist, wird das Ventil im richtigen Sinn verstellt. Der Temperaturregler bestimmt also den Sollwert des Gasdruckes. Wird ein höherer Druck vor dem Gasbrenner (*1*) erforderlich, z. B. 0,5 atü, so erhält der Membranantrieb zwei voneinander getrennte Membranen, deren Durchmesser nach den vorkommenden Drücken so bemessen ist, daß gleiche Verstellkräfte entstehen (wenn der max. Ausgangsdruck des Reglers 1 atü beträgt). Es soll hierdurch angestrebt werden, daß dem Temperaturregler eine mindestens zweifache Kraftreserve zur Verfügung steht. Da zur Temperaturregelung immer kleine Regelventile verwendet werden und der Gasdruck 1,0 atü fast nie übersteigt, können immer Einsitzregelventile eingesetzt werden. Mit der in *Bild* 17 gezeigten Schaltung ist

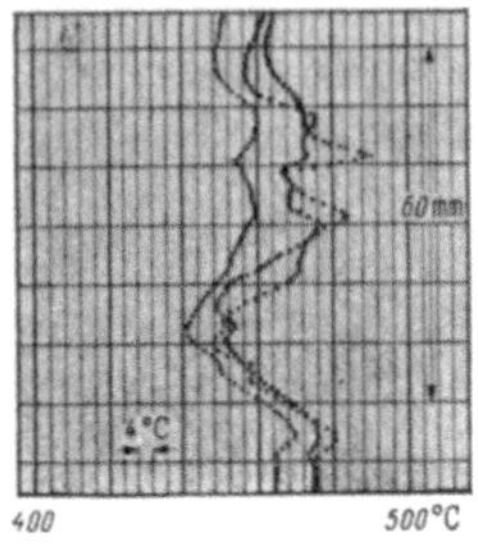

Bild 18a. Temperaturdiagramme eines ungeregelten Röhrenofens

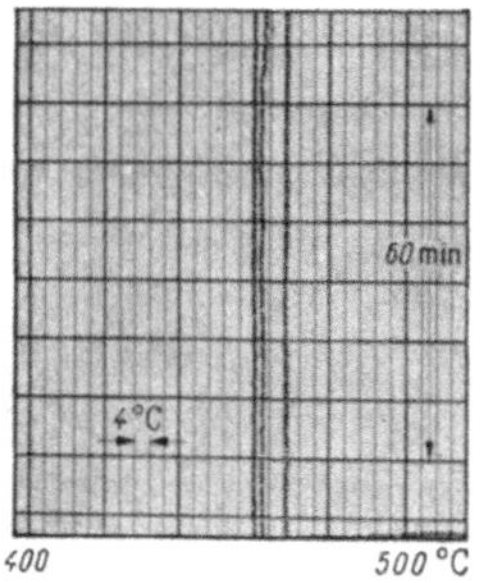

Bild 18b. Temperaturdiagramme eines geregelten Röhrenofens

es möglich, die Ausgangstemperatur auf ±0,2 °C konstant zu halten. Im Diagramm *Bild* 18b ist der Schrieb einer Temperaturregelung an einem katalytischen Reforming-Ofen zu sehen. *Bild* 18a zeigt den Temperaturverlauf der gleichen, ungeregelten Anlage.

Neben den Gasdruckänderungen treten kaum andere wesentliche Störgrößen auf. Heizwertänderungen, Luftdruckänderungen (Abzug) u. ä. sind Störgrößen, die sich verhältnismäßig langsam ändern, so daß sie mit der vorstehenden Regelung leicht ausgeregelt werden können.

Auch bei der *Heizung mit Heiz- oder Rückstandsöl* (*Bild* 19) ist es ratsam, den Temperaturregler nicht direkt auf den Brennstoff, sondern als Führungsregler auf den Sollwert eines Durchflußreglers mit Stellglied in der Heizölleitung arbeiten zu lassen. Damit befreit man sich vom Einfluß der Störungen wie Druckänderungen in der Brennstoffversorgung, die durch Pumpenstöße oder Verschmutzungen an den Brennern entstehen. Verschmutzungen sind recht häufig, da das schlechteste Produkt (Rückstandsöl) zur Heizung gut genug ist. Dem Ventil des Verbrennungsöles ist noch ein Ventil für die Zumischung von Wasserdampf parallel geschaltet. Dieses dient der Zerstäubung des Öles. Eine Regelung des Dampfes ist nicht immer erforderlich, weil die Öfen keinem schwankenden Wärmebedarf unterliegen. Die Röhrenöfen und damit alle Destillations- oder Krackanlagen arbeiten ohne Belastungsschwankungen während der ganzen Betriebsperiode, so daß eine einmalige Einstellung des Zerstäubungsdampfes oder der Verbrennungsluft genügt, um das richtige Verhältnis zwischen Brennstoff, Dampf und Luft zu erreichen.

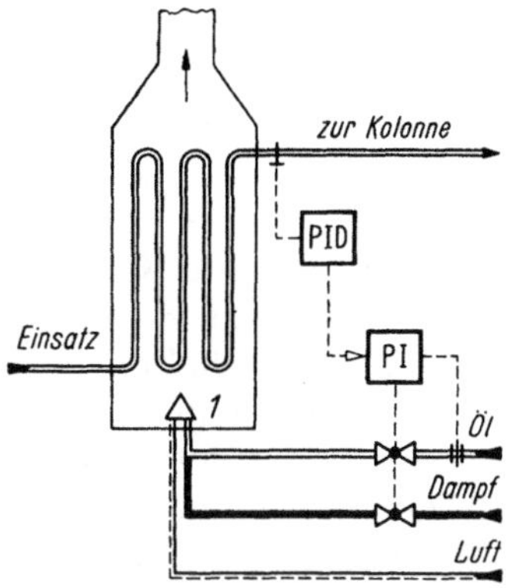

1 Brenner für Heiz- oder Rückstandsöl

Bild 19. Temperaturregelung eines Röhrenofens mit Ölheizung

Oft werden besondere Sicherungsmaßnahmen für den Fall gefordert, daß die Temperatur im Erhitzerausgang anormal ansteigt. Man hilft sich in solchen Fällen entweder mit Signalgebung oder vollautomatischer Verriegelung der Brennstoffversorgung und auch der Gesamtanlage.

C. Regelgeräte

1. Meßumformer

Die Zentralisierung der Regler in den Warten hat dazu geführt, Meßsignale aus der Anlage auf größere Abstände zu übertragen; Entfernungen von 100 m und mehr sind dabei häufig unvermeidlich. Entnahme- und Wirkdruckleitungen solcher Länge haben große Trägheit und Betriebsunsicherheit, verursacht durch Frost, Stocken, viskositätsbedingte Reibung und Verdampfung. Bei aggressiven Gasen kann es zu Vergiftungen und Korrosionen in den Pumpen- und Instrumentenräumen kommen. Brennbare Stoffe gefährden die Explosionssicherheit.

Die Meßumformer (s. Kapitel 12) umgehen diese Schwierigkeiten; sie werden in unmittelbarer Nähe der Meßblenden, der Druckentnahme oder Niveauentnahme angebracht. Die Meßsignale werden im Geber nach der Methode des Kraftvergleichs oder des Wegvergleichs in einen Luftdruck (0,2 bis 1 atü) umgewandelt und so ohne Schwierigkeit in die entfernt liegenden Warten geleitet. Wirkdruckleitungen sind dann meist kürzer als 1 m und können in kalten Jahreszeiten bequem mit Dampf oder anderen Wärmeträgern beheizt oder entsprechend geschützt werden. Mit Hilfe der Meßumformer können alle Meßgrößen, die sich auf eine Kraft oder auf einen Weg zurückführen lassen, erfaßt werden. An Stelle von Luftdruck eignen sich auch elektrische Größen als Signalträger.

Druck wird durch einen Faltenbalg oder ein Bourdonrohr in Kraft umgeformt. *Differenzdruck* erfaßt man mit einer Meßmembran, die von beiden Seiten beaufschlagt wird und eine Kraft liefert. Auch Wegmethoden sind üblich.

Niveau wird in den meisten Fällen durch Schwimmkörper oder Tauchkörper abgegriffen und in Kraft oder Weg umgewandelt.

Die Anwendung von Meßumformern führt zu schnellwirkenden Geräten. Vielfach müssen deshalb besonders vor den schreibenden Geräten Drosseln eingebaut werden, um die nicht interessierenden schnellschwankenden Störungen von den schreibenden Geräten fernzuhalten.

Für die *Wichtemessung* von Flüssigkeiten wird neben dem Auftriebsprinzip (Tauchkörper) ein hydrostatisches Verfahren (Einperlmethode) angewandt. Zwei Meßrohre tauchen verschieden tief in die Meßflüssigkeit ein. Durch die Rohre wird in die Flüssigkeit eine konstante, den Prozeß nicht störende Menge Gas gedrückt. Entsprechend der Wichte der Meßflüssigkeit stellt sich in den Rohren ein voneinander verschiedener Druck ein. Der Druckunterschied in beiden Rohren wird von einem Differenzdruck-Meßumformer erfaßt. Man erhält so ein Maß für die Wichte.

Die *Temperaturmessung* (s. Kapitel 12) wird entweder elektrisch oder nach dem Prinzip der Dampfspannung oder der Ausdehnung ausgeführt. Für Dampfspannungs- und Ausdehnungsverfahren sind wieder sehr lange, störanfällige Leitungen nötig, die leicht verletzt werden können und dadurch undicht werden. Diese Leitungen sind mit flüssigen Kohlenwasserstoffen, mit Quecksilber oder Gasen gefüllt. Die Montage der Leitungen ist umständlich. Verletzte Kapillarleitungen können nicht durch Selbsthilfe repariert werden. Man bevorzugt daher Widerstandsthermometer, besonders bei niedrigen Temperaturen, während man mit Thermoelementen, je nach Art der Thermopaare, Temperaturen bis zu 1600 °C messen kann.

Die Strahlungsmessung wird bei der Überwachung von Ofenwänden wie auch als Flammenwächter angewendet. Setzt die Flamme aus, so können über weitere Geräte die verschiedensten Sicherheitsorgane betätigt werden.

2. Regler

Kommt es darauf an, einen Sollwert bei jeder Ventilstellung genau einzuhalten, so muß der Regler (s. Kapitel 2) integrales Verhalten aufweisen. Der Aussteuerbereich des Reglers darf nicht größer sein als die zulässige bleibende Regelabweichung. Soll z. B. die Temperatur auf 0,2 °C genau geregelt werden, wie bei der Trennung von Gemischen mit eng benachbarten Siedetemperaturen, so darf auch der Aussteuerbereich nicht mehr als 0,2 °C betragen.

Weiter ist zu beachten, daß jeder geschlossene Regelkreis fähig ist, selbsttätig zu schwingen. Nun zeigt sich in der Praxis wie in der Theorie, daß Regelkreise in bezug auf ihr dynamisches Verhalten um so ungünstiger ausfallen, je mehr Verzögerungsglieder vorhanden sind und je weniger sich die Zeitkonstanten dieser Verzögerungsglieder voneinander unterscheiden [*9*]. Man kann sich in diesen Fällen nur dadurch helfen, daß man die Gesamtverstärkung des Regelkreises erniedrigt, da von ihr der Einsatz der Schwingungen abhängt. Dies kann durch die Wahl eines Reglers geschehen, der einen genügend großen P-Bereich hat. Zu erwähnen bleibt noch, daß Schwierigkeiten solcher Art besonders in der heute verwendeten pneumatischen Technik auftreten, da alle Regelkreisglieder (Geber, Verstärker wie auch Stellwerke) etwa gleich schnell geworden sind. Das betrifft natürlich nur Regelkreise, deren Regelstrecken auch dementsprechend schnell sind, wie z.B. Durchflußregelungen von Flüssigkeiten und Druckregelungen in Rohrleitungen mit kleinem Volumen.

In der Erdölindustrie werden für die verschiedenen Aufgaben überwiegend nachstehende Reglertypen eingesetzt.

Regelgröße	Reglertyp
Niveau	P
Durchfluß	PI
Druck	PI und PID
Temperatur	PID

Regelkreise lassen sich besonders dann schwierig beherrschen, wenn die Totzeit an die Größenordnung der Anlaufzeit herankommt, wie dies z.B. bei der Temperaturregelung oft eintritt. In gleicher Weise wirkt sich bei der Durchflußregelung eine sehr lange pneumatische Zuleitung zu den Warten fast immer schädlich aus. Die ersten Auswirkungen eines Druckstoßes breiten sich nämlich nur mit einem Bruchteil der Schallgeschwindigkeit aus; daher entstehen verhältnismäßig große Totzeiten. Die günstigsten Bedingungen erreicht man, wenn für die pneumatische Übertragungsleitung ein Innendurchmesser von 4 mm gewählt wird. Die heutigen Geräte sind konstruktiv auf diese Größe abgestimmt. Bei 200 m Zuleitung ergibt sich eine reine Totzeit von mehreren Sekunden, die sich allerdings nur bei schnellen Regelstrecken bemerkbar macht. Man kann die Schwierigkeiten umgehen, indem man den Regler in die Anlage setzt, also in unmittelbare Nähe von Stellglied und Meßumformer.

Werden die Anlagen angefahren oder muß bei Störungen die Regelung vorübergehend ausgeschaltet werden, so ist oft die Steuerung der Stellglieder von Hand erforderlich. Man benutzt dafür sogenannte Leitgeräte. Die Regler werden auf eine Fernsteuerung für die Stellglieder umgeschaltet, die dann von Hand bedient werden können. Befindet sich der Regler in der Anlage, so ist ein zusätzliches Relais erforderlich, das den Regler in der Anlage auf Handbetrieb umschaltet. Das Relais selbst wird von der Warte aus gesteuert (Shut-Off-Relais).

3. Regelventile

Das Regelventil (s. Kapitel 12) ist eines der wichtigsten Glieder des Regelkreises. Leider wird dies nicht immer genügend beachtet. In den folgenden Abschnitten werden Richtlinien für die Auswahl von Regelventilen nach verschiedenen Gesichtspunkten gegeben [*11*, *12*].

a) Werkstoffauswahl

Beim Gehäusematerial wählt man je nach Arbeitsdruck und -temperatur Gußeisen, Stahlguß oder Chrom-Molybdän-Stahlguß in verschiedenen Legierungen. Wegen der Korrosionsgefahr werden Messing, Bronze, Aluminium, Nickel, Nickellegierungen (letztere hauptsächlich bei Tieftemperaturen bis − 180 °C), Glas. Keramik und neuerdings auch Kunststoffe angewendet. Die inneren Teile, wie Sitz, „Kegel" und Spindel, bestehen, mit Ausnahme der Nickel-, Glas-, Keramik- und Kunststoffventile, überwiegend aus korrosionsfestem Stahl (mit einem Gehalt von 18% Chrom und 8% Nickel). Chrom-Nickel-Stähle eignen sich für Sitz und Kegel, da sie sich durch hohe Korrosions- und Erosionsbeständigkeit auszeichnen. Dann bleiben auch die Schließflächen sauber. Die Erhaltung der Kegeloberfläche gewährleistet auch gleichbleibenden Kennlinienverlauf.

b) Ventilarten

Man verwendet überwiegend folgende Kegelformen:

1. Kegel mit Schnellschlußcharakteristik
2. Zylindrische Kegel mit V-Ausschnitten
3. Parabolische Kegel

Kegel mit Schnellschlußcharakteristik sind kurzhubig und haben lineares oder gleichprozentiges Verhalten. Sie werden hauptsächlich bei Gasdruckregelungen (s. *Bild* 17) verwendet. Infolge des kurzen Hubes ist auch das Ladevolumen im Antrieb geringer und eine Ventileinstellung erfolgt schneller. Der Doppelmembranantrieb als Folgeregler ist mit einem solchen Ventil versehen. Um einen kleinen Aussteuerbereich und eine rasche Ventileinstellung zu erhalten, ist hier ein kurzer Ventilhub erforderlich.

Zylindrische Kegel finden bei einem Durchflußverhältnis (Verhältnis von größtem zu kleinstem Durchfluß) größer als 5 : 1 Verwendung. Ventile mit zylindrischem Kegel und gleichprozentiger Charakteristik beherrschen Durchflußverhältnisse bis 50 : 1. Diese Ventile können dort nicht verwendet werden, wo durch Fremdkörper, wie Koks und sonstige feste Teile, Reibung zwischen Sitz und Kegel des Zylinders entsteht.

Die *parabolische* Form wird demgegenüber überall dort verwendet, wo die Durchflußverhältnisse kleiner als 5 : 1 sind und wo die oben erwähnten Verunreinigungen für diese Konstruktion sprechen.

Bei lichten Sitzweiten bis 15 mm werden normalerweise Einsitzventile verwendet. Für größere lichte Sitzweiten sieht man entlastete, also Doppelsitzventile vor. Sollen Regelventile dicht schließen, so kommen nur Einsitzventile in Betracht. Bei diesen muß der Betriebsdruck bzw. der Druckunterschied im Ventil beachtet und der Membranantrieb diesem Druck angepaßt werden. Die Gegenkraft bei Einsitzventilen, die zur Regelung herangezogen werden, soll 20% der maximalen Membrankraft nicht überschreiten.

Je nach Konstruktion schließen oder öffnen die Ventile bei Ausfall der Steuerluft. Man wählt die Ventile so, daß sie in diesem Gefahrenmoment derjenigen Endlage zulaufen, die die größere Sicherheit bietet. Bei Röhrenöfen müssen die Ventile in der Brennstoffzuleitung schließen, hingegen in der Einsatzleitung des Ofens öffnen, um eine Beschädigung des Ofens und der Röhrenerhitzer zu vermeiden. Manche Ofenexplosion ist darauf zurückzuführen, daß dies nicht beachtet wurde.

c) Ventilkennlinie

Die Ventilkennlinie wird als Öffnungskennlinie durch die Beziehung zwischen der Stellung des Ventils und der freien offenen Querschnittsfläche im Ventil beschrieben. Bleibt der Druckabfall über dem Ventil konstant, so entspricht dieser Kennlinie auch die Beziehung zwischen Durchfluß und Ventilstellung.

Richtige Auswahl der Regelventile nach Größe und Kennlinie ist entscheidend für das einwandfreie Arbeiten der Regelung. Gebräuchlich sind zwei Arten: die lineare und die gleichprozentige Ventilkennlinie (s. Kapitel 12, *Bild* 57). Um eine in allen Bereichen der Regelgröße stabile Regelung zu bekommen, muß die Gesamtverstärkung des Regelkreises unabhängig vom Sollwert und dem Wert der Störgrößen sein.

Zur richtigen Wahl der Ventilkennlinie muß man die Strecke vom Eingriff der Störgröße bis zu deren Auswirkung in der Regelgröße verfolgen. Geht die Störgröße linear in die Regelgröße ein und sind alle weiteren Regelkreisglieder linear, so ist ein lineares Regelventil zu verwenden. Die Störgröße sei Z, deren Änderung ΔZ und die Änderung der Regelgröße ΔX, dann muß, wenn

$$\Delta X \sim \Delta Z$$

ist, ein lineares Regelventil eingesetzt werden.

Ein gleichprozentiges Regelventil wird erforderlich, wenn die Änderung der Regelgröße außerdem noch von der Störgröße wie folgt abhängt:

$$\Delta X \sim \frac{\Delta Z}{Z}$$

Die Formel besagt also: Die Änderung der Regelgröße ist der prozentualen Änderung der Störgröße proportional. In diesen Fällen muß man ein gleichprozentiges Regelventil verwenden. Das gleichprozentige Regelventil sorgt für gleichbleibenden Übertragungsfaktor längs des ganzen Stellbereichs.

An der Temperaturregelung eines Röhrenofens mit Gasheizung (s. *Bild* 17) soll der Einfluß der wichtigsten Störgrößen untersucht werden. Die Regelgröße ist die Temperatur. Es trete jeweils nur eine Störgröße auf.

1. Eine Änderung des Einsatzes ΔQ führt zu einer Änderung der Regeltemperatur ϑ_R, die jedoch von der Größe des Einsatzes Q umgekehrt proportional abhängt; d.h., bei großem Einsatz wird die gleiche Änderung des Einsatzes eine kleinere Regeltemperaturänderung mit sich bringen als bei kleinem Einsatz. Die Störgröße geht gleichprozentig ein. Es gilt:

$$\Delta \vartheta_R \sim \frac{\Delta Q}{Q}$$

2. Eine Änderung des Heizwertes ΔH des Heizgases führt zu einer Regeltemperaturänderung, die aus gleichen Gründen wie unter 1. dem Heizwert H selbst umgekehrt proportional ist. Die Störgröße geht ebenfalls gleichprozentig ein. Es gilt:

$$\Delta \vartheta_R \sim \frac{\Delta H}{H}$$

3. Eine Änderung der Eintrittstemperatur $\Delta\vartheta$ des Öles führt zu einer Änderung der Regeltemperatur, die von der Temperatur nicht abhängt. Die Störgröße geht linear ein. Es gilt:

$$\Delta\,\vartheta_R = \Delta\,\vartheta$$

Die Störgrößen 1 und 2 verlangen ein gleichprozentiges Ventil, hingegen die Störgröße 3 ein lineares. Überwiegt der Einfluß von Einsatz- und Heizwertänderungen, so zieht man ein gleichprozentiges Ventil vor.

Aus ähnlichen Überlegungen nimmt man bei Niveauregelungen lineare Ventile. Für Durchflußregelungen sind gleichprozentige Ventile zu verwenden, wenn der Druckabfall am Ventil wesentlich von der Stellgröße abhängt. In diesem Fall liegt ein großer Teil des Druckabfalles im Leitungssystem. Steht aber der gesamte Druckabfall des Systems am Ventil, so muß für die Durchflußregelung ein lineares Ventil eingesetzt werden.

Im allgemeinen hat man also zu prüfen, ob die Störgröße linear oder gleichprozentig eingeht. Sind mehrere Störgrößen vorhanden, so muß man die Einflüsse abwägen und sich nach den größeren richten. Arbeitet das Regelventil nur in engen Bereichen, entsprechend einem Verhältnis 2 : 1, so ist eine Unterscheidung kaum nötig, da auch die gleichprozentigen Ventile in diesen engen Intervallen nahezu linear sind. Dieser Fall liegt bei vielen Regelungen vor. Bei schnellen Regelkreisen ist die eingestellte Integralzeit des Reglers klein; man braucht hier der Kennlinie keine große Beachtung zu schenken, da Abweichungen vom Sollwert in kürzester Zeit wieder verschwinden. Lediglich dort, wo Regelventile mit Durchflußverhältnissen größer als 5 : 1 arbeiten müssen, ist eine ernste Untersuchung nötig.

Zur Kennzeichnung der Größe eines Ventiles dient der k_v-Wert; er gibt den Durchfluß an, der bei vollem Öffnungsquerschnitt mit Wasser bei festgelegtem Druckabfall am Ventil erzielt werden kann (s. Kapitel 5).

Der Durchfluß hängt auch vom Druckabfall am Ventil ab. Damit das Regelventil längs des ganzen Stellbereichs in der vorgesehenen Charakteristik wirksam ist, soll im Idealfall der Druckabfall am Ventil 100% des gesamten Druckabfalles an der Strecke betragen und konstant bleiben. Diese Forderung kann meist nur annähernd erfüllt werden. In der Praxis muß man vielfach mit 50 bis 60% des gesamten Druckabfalles auskommen. Ist der zur Verfügung stehende Druckabfall noch kleiner, so stimmt die betriebsmäßige Ventilkennlinie nicht mehr mit der geometrisch festgelegten Kennlinie überein. Man muß dann die Strömungswiderstände, das Ventil ausgenommen, verkleinern oder die Förderhöhe der Pumpe erhöhen, um einen ausreichend konstanten Druckabfall am Ventil zu erhalten.

4. Membranantriebe

Die Membranantriebe (s. Kapitel 12) werden den verschiedenen Ventilen angepaßt. Normalerweise arbeiten die Antriebe mit dem Ausgangsdruck des Reglers, also in einem Bereich von 0,1 bis 1 oder 0,2 bis 1 atü. Sind größere Kräfte erforderlich, so werden Stellwerke mit entsprechend höherem Druckbereich oder doppeltbeaufschlagte, federlose Antriebe benutzt. Bei normalen Antrieben arbeitet der Luftdruck gegen eine Federkraft. Die Federkraft und der Druck im Antrieb sind im Gleichgewicht. 1% Druckänderung entspricht nun 1% Stellungsänderung. Da vorher Gleichgewicht war, steht also nur 1% der maximalen Kraft des Antriebes zur Verfügung. Diese Stellkraft für 1% Hubänderung soll ausreichend groß sein, um die Reibung zu überwinden.

In der folgenden Tabelle sind für Ventile verschiedener Sitzweiten Daten über Hub, Durchmesser des Antriebes, Stellkraft und Volumina der Antriebe bei Auf- und Zu-Stellung aufgeführt.

Durchschnittliche Daten üblicher Stellantriebe und Ventile

Lichte Sitzweite mm	Hub mm	Wirksamer Membrandurchmesser mm	Stellkraft bei 1% Steuerdruck-änderung kp	Volumen minimal maximal l
bis 10	10	150	1,5	0,15 bis 0,7
bis 30	20	200	2,5	0,25 bis 1,0
bis 100	35	300	6,0	0,50 bis 2,5
bis 250	75	360	10,0	3,00 bis 8,0
bis 400*	75	360	1000,0	3,00 bis 8,0

* doppeltwirkend

Man erkennt, daß die Stellkraft mit zunehmender Ventilgröße wächst. Reicht die zur Verfügung stehende Stellkraft bei Federantrieben (Reibung u. ä.) nicht aus, so greift man zu doppeltwirkenden Membranantrieben. Die Membran arbeitet ohne Gegenfeder und wird von beiden Seiten mit Luftdruck beaufschlagt. Ein spezielles Stellwerk ordnet dem Steuerdruck des Reglers den Hub des Antriebes zu. Das Stellwerk kann bei Verstellen des Antriebes den vollen Druck auf eine Seite der Membran geben, während die andere Seite ganz entlüftet wird. Es stehen also im Gegensatz zu den Federantrieben im Bedarfsfall nicht 1%, sondern 100% der maximalen Kraft in jeder Stellung des Ventiles zur Verfügung.

In manchen Fällen ist das Betätigen der Stellglieder mechanisch von Hand erforderlich. Dafür können die Stellglieder mit Handbetätigung versehen werden. Durch eine einfache Hebelschaltung am Antrieb kann man das Regelventil vom pneumatischen Betrieb auf Handbetrieb umschalten. Besonders in kontinuierlichen Prozessen sind diese Handantriebe nötig, um während des Auswechselns von reparaturbedürftigen Regelkreisgliedern die Steuerfunktion von Hand zu übernehmen.

5. Stellwerke

Mit Hilfe der Stellwerke (s. Kapitel 12), die den Stellweg zwangsläufig dem Reglerausgangsdruck zuordnen, werden Reibungseinflüsse der Regelventile in der Stopfbuchse sowie Hysterese kompensiert. Auch Rückwirkungen auf den Ventilkegel infolge von Druckänderungen in den zu regelnden Leitungen werden durch das Stellwerk unschädlich gemacht. Reicht die Kraft für den Antrieb nicht aus, so müssen größere Luftdrücke verwendet werden. Der Regler gibt jedoch nur Ausgangsgrößen im Bereich von 0 bis 1 atü. Das Stellwerk übersetzt diesen Druckbereich in einen für den Antrieb ausreichend großen Druckbereich, z. B. 0 bis 3 atü.

Sollen je nach Belastung mehrere Ventile nacheinander in den Prozeß eingreifen, so werden die Druckbereiche der Stellwerke so eingestellt, daß die Ventile nacheinander in Funktion treten. Der Regler arbeitet dabei auf alle Stellwerke parallel.

Stellwerke dienen auch dazu, die Stellzeit zu verkürzen, indem man ihnen eine große Luftleistung gibt und sie direkt an den Membranantrieb heranführt. Der Regler braucht dann über die meist langen Leitungen nur einen kleinen Kommandobalg im Stellwerk aufzufüllen.

Hiermit kann zwar die Verzögerungszeit verkleinert werden, aber die Totzeit, bedingt durch die langen Zuleitungen, bleibt bestehen. Dies ist um so kritischer, je schneller die Regelstrecke ist, und führt bei Durchflußregelungen von Flüssigkeiten dazu, Stellwerke zu verwerfen. Bei schnellen Regelstrecken kommt man zu den besten Regelungsergebnissen, wenn man den Regler in der Nähe des Antriebes aufstellt.

Anders liegen die Verhältnisse bei langsamen Regelstrecken, wie bei Temperaturregelungen. Hier wird die Nachstellzeit groß eingestellt. Wenn Hysterese und Stopfbuchsenreibung eine richtige Ventileinstellung verhindern, würde erst bei lang anhaltender Regelabweichung das Stellventil durch den I-Anteil des Reglers richtiggestellt. Die Folge davon ist eine lang andauernde Regelabweichung. Stellwerke verhindern solche Fehlstellungen des Stellgliedes. Durch die Stellwerke können hier keine dynamischen Schwierigkeiten auftreten, da die Regelstrecke sich in ihrem Zeitverhalten wesentlich von den übrigen Regelkreisgliedern unterscheidet.

In den Endlagen des Regelventils arbeitet ein Stellwerk schlecht, wenn der Druckbereich des Antriebes etwa ebensogroß ist wie der maximale Druck der Energiequelle des Stellwerkes. Um eine genügende Druckreserve nach oben und unten zu schaffen, spannt man die Membranfeder auf etwa 0,2 atü vor und erhöht die Zuluft des Stellwerkes auf 1,3 atü. Der Antrieb arbeitet dann zwischen 0,2 und 1,0 atü. Nach unten wäre in diesem Fall eine Druckreserve von 0,2 at vorhanden, nach oben 0,3 at.

Im allgemeinen soll man das Regelventil aber so dimensionieren, daß es nicht in der Nähe der Endlagen arbeiten muß.

D. Regelung von Prozessen

1. Regelung einer atmosphärischen Rohöl-Destillationsanlage

Die atmosphärische Destillationsanlage (*Bild* 20) ist nach dem Arbeitsdruck benannt. Es werden alle Bestandteile, die bis 360 °C sieden, abdestilliert (Leichtbenzin, Schwerbenzin, Petroleum bis Dieselöl). Höhere Temperaturen können wegen der Verkokung (Spaltung) nicht mehr angewendet werden. Die Vakuumdestillation gewährleistet dann die Weiterverarbeitung auf Dieselöl, Spindelöl, Maschinenöl und Zylinderöl bei etwa 10 bis 30 Torr und etwa 400 °C. Dadurch ist eine Verdampfung bis zum Zylinderöl ohne Spaltung und Verkokung möglich. Die Arbeitsweise der atmosphärischen Destillationsanlage ist folgende (*Bild* 20):

Das Rohöl wird über einen Durchflußregler mit PI-Verhalten eingesetzt. Das Öl durchläuft mehrere Wärmeaustauscher und den Ofen (*1*) zur teilweisen Verdampfung. Die Temperatur am Ausgang des Ofens wird durch einen Temperaturregler gehalten, der die Gaszufuhr des Ofens (*1*) steuert. Dieser Regler wird mit

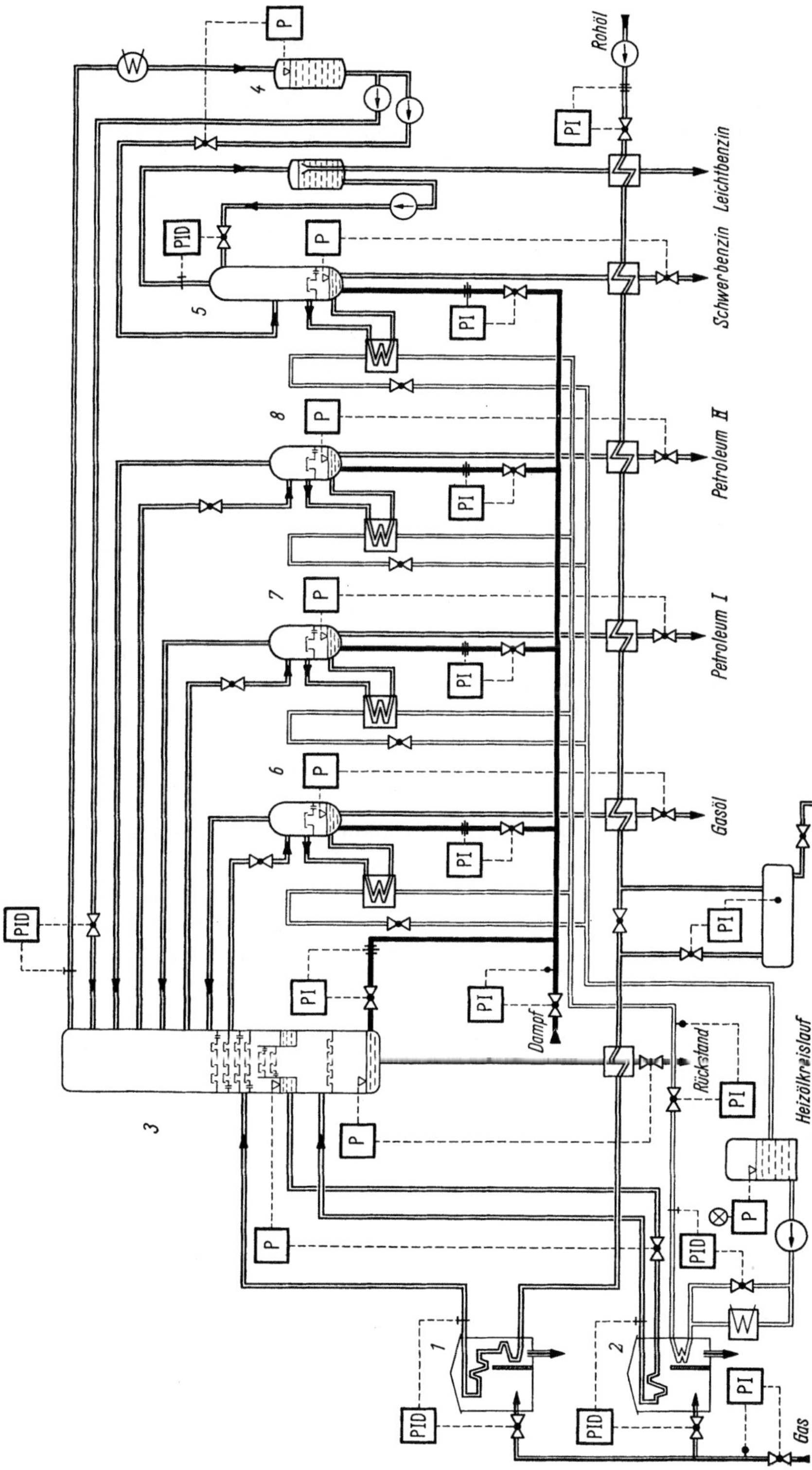

1, 2 Öfen 3 Fraktionierkolonne 4 Sammler 5 Benzinkolonne 6, 7, 8 Nebenkolonnen (Stripper)

Bild 20. Atmosphärische Destillationsanlage

PID-Verhalten ausgelegt. Der Gasdruck wird für die Öfen (*1*) und (*2*) gemeinsam durch einen Druckregler konstant gehalten, um Störungen des Gasdruckes auf die Ofentemperatur von vornherein zu vermeiden. Das erhitzte Rohöl tritt nun in das erste Drittel der Fraktionierkolonne (*3*) ein und wird rektifiziert. Die leichteren Komponenten steigen nach oben, die schwereren nach unten und sammeln sich auf dem Zwischenboden. Da über Kopf ein Produkt von ganz bestimmtem Siedepunkt abgezogen werden soll, wird die Kopftemperatur gleichfalls durch einen Temperaturregler mit PID-Verhalten, der in den Rückfluß eingreift, gehalten. Atmosphärischer Druck und die geregelte Kopftemperatur bestimmen dann eindeutig den Siedebereich des Kopfproduktes. Dieses wird in einem Sammler (*4*) aufgefangen, der einem Kondensator nachgeschaltet ist. Von hier wird der Rückfluß zum Kolonnenkopf zurückgeführt. Ein Niveauregler am Sammler leitet das anfallende Kopfprodukt der Benzinkolonne (*5*) zu. Diese trennt nochmals das Kopfprodukt der Fraktionierkolonne in Leichtbenzin und Schwerbenzin. Die Temperatur wird wie in der Fraktionierkolonne geregelt. Das Leichtbenzin wird durch einen Überlauf am Kondensator abgezogen, das Schwerbenzin mit Hilfe eines Niveaureglers am Sumpf der Benzinkolonne. In der Fraktionierkolonne (*3*) wird das Produkt des Zwischenbodens durch einen Niveauregler in den Ofen (*2*) geführt und hier nochmals auf eine höhere Temperatur erhitzt. Es gelangt dann in den Sumpfteil der Fraktionierkolonne. Man will hierdurch nochmals eine gründliche Trennung der mitgerissenen leichteren Kohlenwasserstoffe vom eigentlichen Produkt erreichen. Die Erhitzung wird in zwei getrennten Öfen durchgeführt, um eine leichtere Regelung der verschieden belasteten Heizsysteme zu gewährleisten und um eine Überhitzung und die damit verbundene Verkokungsgefahr zu vermeiden. Der Rückstand der Destillationskolonne sammelt sich im Sumpf und wird durch einen Niveauregler in Tanks oder in die Vakuumanlage geleitet.

In verschiedenen Höhen der Fraktionierkolonne werden die kondensierten Seitenströme abgezogen. Da die Temperatur in der Kolonne von unten nach oben abnimmt, entspricht auch die Zusammensetzung der Seitenströme oben leichteren Kohlenwasserstoffgemischen und unten schwereren. In den Hauptkolonnenböden, wie auch in den Strippern (*6, 7, 8*) (Nebenkolonnen), wird durch die Zufuhr von geregeltem Dampf nochmals eine feinere Trennung erzielt (Siedepunktserniedrigung), wobei die leichteren Kohlenwasserstoffdämpfe in die Kolonne (*3*) zurückgeführt werden. Während die Seitenströme der Kolonne von Hand ferneingestellt werden (eine Regelung führt nicht zu positiven Ergebnissen), wird das Produkt aus den Nebenkolonnen über Niveauregler mit großem P-Bereich abgeführt. In dem Fließschaltbild fällt noch ein Heizölkreislauf auf, der den zusätzlichen Wärmebedarf sämtlicher Nebenkolonnen sichert. Die Temperatur des Heizöles wird geregelt, indem das Heizöl vor dem Ofen in zwei Ströme geteilt wird. Der eine führt durch einen Wärmeaustauscher, der andere wird direkt in den Ofen (*2*) geleitet. Ein PID-Regler fühlt die Temperatur am Ofenausgang und stellt danach die Stromteilung ein.

Die meß- und regelungstechnische Ausrüstung der Vakuumdestillationsanlage ist praktisch die gleiche wie bei der atmosphärischen Anlage, nur daß zur Aufrechterhaltung des Vakuums noch Vakuumpumpen oder Dampfstrahlpumpen (diese mehrstufig) eingesetzt werden.

2. Regelung einer katalytischen Spaltanlage

Die katalytische Spaltung löst überwiegend die thermische Spaltung ab. Sie hat gegenüber der thermischen Spaltung wesentliche Vorteile. Die Ausbeute an klopffesten Benzinen ist qualitativ und quantitativ besser. Der Anfall an Gasen ist gering. Das Schweröl wird in dem Reaktor bei normalem Druck und bei etwa 430 °C dampfförmig mit Hilfe von Aluminiumsilikat-Katalysatoren zu Benzin gespalten.

In der Spaltanlage nach Houdry (*Bild* 21) wird das Rohöl vor Eintritt in den Wasser- und Salzabscheider (*1*) über Wärmeaustauscher geleitet und auf eine Temperatur von etwa 100 °C geregelt. Die Temperaturregelung arbeitet auf ein Regelventil im Umgang zum Wärmeaustauscher. Vom Wasserabscheider kommend, gelangt das Rohöl in einen gas- oder ölbeheizten Durchlaufofen (*2*). Die Temperatur wird am Austritt gemessen und durch Eingriff in die Brennstoffzufuhr des Ofens geregelt. Im Abscheider (*3*) erfolgt eine grobe Trennung. Der Rückstand wird in der thermischen Spaltanlage bis auf Koks gespalten. Vom Kopf des Abscheiders werden die heißen Öldämpfe in den Reaktor (*4*) geleitet. Um die Öldämpfe im Reaktor gegen die Atmosphäre und den Regenerator (*5*) abzuschließen, wird je eine Dampfsperre in dem oberen und unteren Teil des Reaktors durch Einblasen von Dampf gebildet. Während der oben eintretende Dampf durchflußgeregelt ist, hängt der unten einströmende Dampf von dem Differenzdruck ab, der zwischen Reaktor und Regenerator liegt. Die Öldämpfe spalten sich unter Einfluß der regenförmig niederfallenden Katalysatorperlen. Der Katalysator besteht aus Kugeln von Aluminiumsilikat mit Durchmessern von einigen Millimetern. Diese Perlen laufen vom Katalysatorbehälter durch den Reaktor. Leichte Koksbildung während der Reaktion vergiftet den Katalysator. Deshalb muß er in dem anschließend folgenden Regenerator durch Abbrennen des Kokses mit heißer Luft regeneriert werden. Dies geschieht in mehreren Stufen, weil der exotherme Vorgang sonst zu unerlaubt hohen Temperaturen führen würde. Der Katalysatorkreislauf wird geschlossen, indem der Katalysator durch einen Dampfstrahllift wieder in den Katalysatorbehälter zurückgeführt wird (Höhe des Turmes bis zu 100 m). Ein Druckregler in der Liftleitung sorgt für die nötige Dampfzufuhr. Die zum Regenerieren erforderliche Heißluft wird beim Anfahren in einem Lufterhitzer angewärmt und durch Einfluß auf die Gaszufuhr temperaturgeregelt. Sie durchströmt den Regenerator, und der Sauerstoff verbrennt die Koksschicht des Katalysators. Um eine homogene Verteilung der Verbrennungsluft zu erreichen, wird diese an verschiedenen Stellen zugeteilt und die Abgase durch Druckregler zum Schornstein abgelassen.

Die Spaltprodukte werden nun durch die beiden Sperrdampfströme einer Fraktionierkolonne (*6*) zugeleitet. In dieser Kolonne findet die Trennung in Leichtbenzin und Schweröl statt. Leichtbenzin wird über Kopf abgenommen, das Schweröl mit Hilfe eines Niveaureglers am Sumpf abgelassen. Die Temperatur des Kopfes wird durch eine Folgeregelung gehalten. Der Temperaturregler bestimmt den Sollwert eines Durchflußreglers, der auf den Rückfluß wirkt. Als Rückflußprodukt wird hier das gekühlte, in flüssiger Form anfallende Destillat von einem der oberen Böden benutzt. In der Mitte der Kolonne werden zwei Seitenströme abgezogen und einer Nebenkolonne (*7*) zugeführt. Zwei Niveauregler in der Nebenkolonne

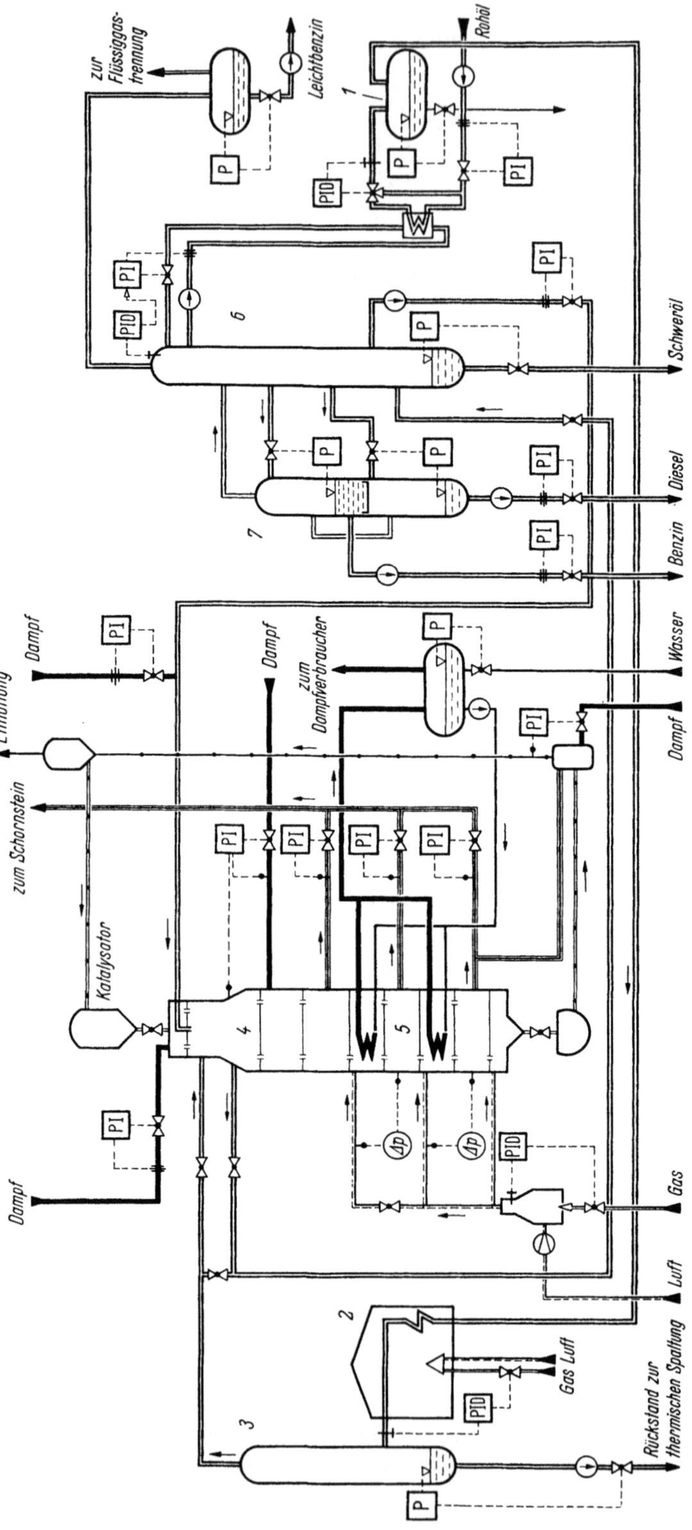

Bild 21. Katalytische Spaltanlage nach HOUDRY

1 Wasser- und Salzabscheider 2 Durchlaufofen 3 Abscheider 4 Reaktor 5 Regenerator 6 Fraktionierkolonne 7 Nebenkolonne

bestimmen die Entnahme aus der Fraktionierkolonne, der eine in Abhängigkeit vom Niveau des Sumpfes, der andere in Abhängigkeit vom Niveau eines mittleren Zwischenbodens. Das Sumpfprodukt der Nebenkolonne (Dieselöl) und das Produkt des Mittelbodens (Benzin) wird durch je einen Durchflußregler abgezogen. Die ab-

Bild 22. Meß- und Regelwarte einer katalytischen Krackanlage aus dem Jahre 1953
Fließbild in der Mitte: Krackanlage (Teil)
Fließbild rechts: Abstreicher für Boden- und Seitenprodukte

zuziehende Menge wird durch Analysen festgelegt. Von der Fraktionierkolonne wird der Teil, der noch spaltfähig ist, durch einen Durchflußregler als Seitenstrom abgezogen und dem Reaktor nochmals zugeführt. Zur intensiven Zerstäubung dieses Öles wird durchflußgeregelter Dampf dazugegeben.

Um einen Eindruck von der Zentralisierung der Regler, Meßstellen und Signale in einer Warte zu bekommen, ist die Meßwarte einer ähnlichen Krackanlage nach dem TCC-Verfahren im *Bild* 22 gezeigt. Die Anlage wurde im Jahre 1953 in Betrieb gesetzt und arbeitet mit Kreisblattschreibern und großen Temperaturschreibern. Das mittlere Fließbild unter der Uhr zeigt den Krackanlage-Teil. Hier sind sechs anzeigende Regler mit Profilinstrumenten und eingebauten Leitgeräten sichtbar. Die runden Manometer haben pneumatische Meßwerke für verschiedene Betriebszustände und Regler. Außerdem ist eine große Anzahl Fernsteuereinrichtungen vorhanden. Mit Hilfe von drei elektrischen ferngesteuerten Ventilen kann im Notfall die ganze Anlage sofort isoliert werden.

3. Regelung einer katalytischen Reforming-Anlage

Der Prozentsatz an n-Paraffinen im Rohöl und im Produkt der atmosphärischen Destillationsanlagen ist sehr hoch. Da diese Kohlenwasserstoffe bei der Verbrennung im Motor zum Klopfen neigen, wurde das Reformieren des Benzins eingeführt. Neben dem thermischen Reformieren (altes Verfahren) wird heute meist das katalytische Reformieren angewandt. Als Beispiel wird nachstehend eine mit Platinkatalysator arbeitende Reforming-Anlage (*Bild* 23) beschrieben. Der An-

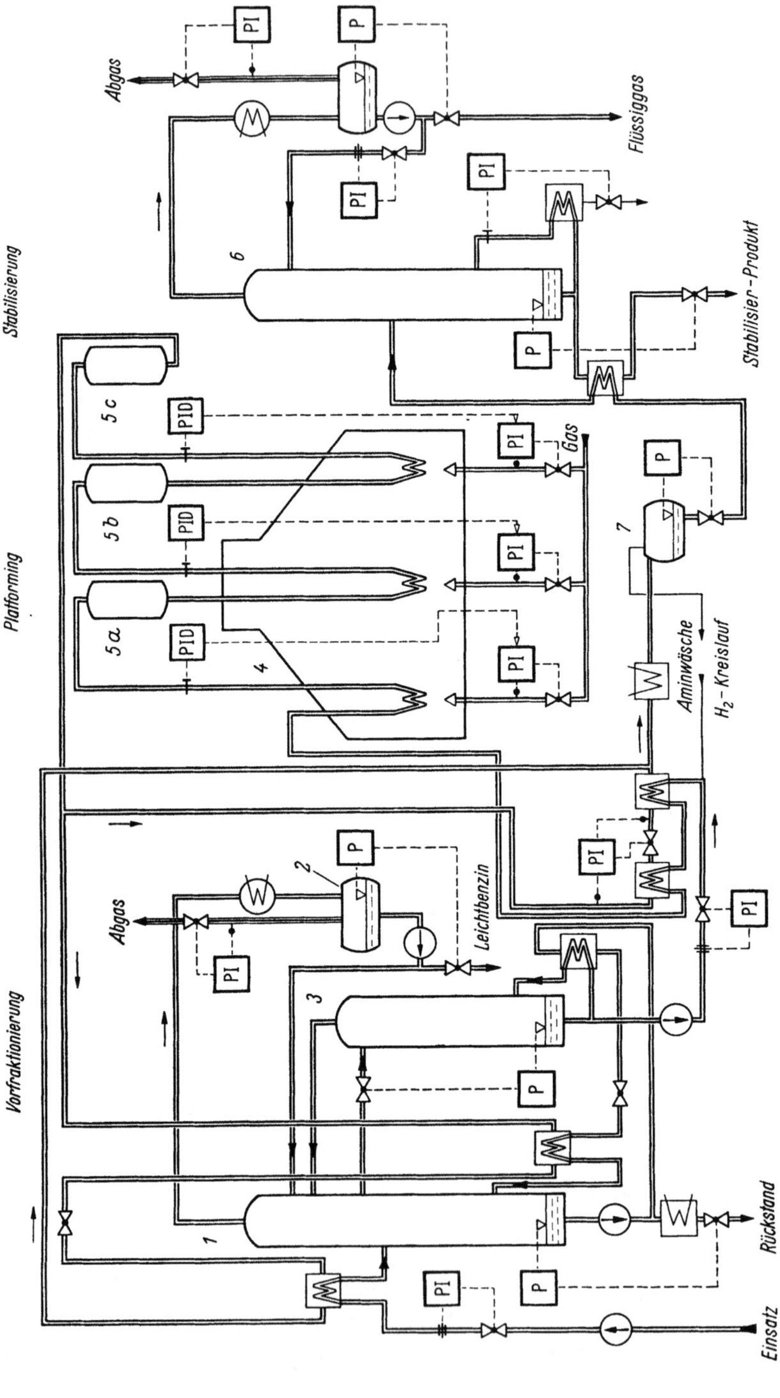

1 Fraktionierkolonne *2* Sammler *3* Nebenkolonne *4* Ofen *5* Reaktoren (*a* bis *c*) *6* Stabilisierkolonne *7* Reformatsammler

Bild 23. Katalytische Reforming-Anlage

lage fällt die Aufgabe zu, aus n-Paraffinen und anderen ungeeigneten Kraftstoffkomponenten die klopffesten Aromaten und Isoparaffine zu bilden. Der Platinkatalysator leitet bei etwa 480 °C und etwa 50 atü die im Abschnitt A 2 bereits besprochenen Umwandlungen des Einsatzproduktes ein. Nicht zu unterschätzen ist die Entschwefelungswirkung des Verfahrens, da durch die erste Reaktionsstufe schwefe haltige Stoffe in Schwefelwasserstoff umgesetzt werden. Dieser kann leicht entfernt[1] werden.

Der Einsatz wird mit Hilfe eines Durchflußreglers konstant gehalten und gelangt über einen Verdampfer zur Fraktionierkolonne (*1*). Der Ofen ist im Bild der Einfachheit halber weggelassen, er liegt zwischen dem Durchflußregler und der Fraktionierkolonne. In dieser Kolonne wird das Leichtbenzin über Kopf abgezogen und nach Kondensation im Sammler (*2*) aufgefangen. Ein Teil des Leichtbenzins dient als Rückfluß für die Kolonne. Ein Druckregler sorgt für Konstanz des Druckes durch Ablassen der gasförmigen leichten Kohlenwasserstoffe aus dem Sammler. Der Rückstand, der sich nicht zum Reformieren eignet, wird durch einen Niveauregler abgelassen. Ein Zwischenprodukt, das den eigentlichen Einsatz für die Reforming-Anlage darstellt, wird als Seitenstrom entnommen und in der Nebenkolonne (*3*) nochmals von leichteren Bestandteilen getrennt. Diese werden in die Hauptkolonne zurückgeführt. In Abhängigkeit vom Sumpf der Nebenkolonne wird der Zufluß zu der Fraktionierkolonne durch einen Niveauregler gesteuert. Das Sumpfprodukt wird durchflußgeregelt und gelangt mit dem Wasserstoff, der von der Aminwäsche kommt, in den ersten Erhitzer im Ofen (*4*). Ein Temperaturregler, der die Austrittstemperatur der Dämpfe des ersten Erhitzers konstant halten soll, verstellt in einer Folgeregelung einen Druckregler für die Gaszufuhr. Es handelt sich hier um eine ähnliche Anordnung wie in *Bild* 17. Die Dämpfe gelangen nun in den ersten Reaktor (*5a*). Die Reaktion verläuft endotherm und muß deshalb in drei Stufen geschehen. Zwischen den Stufen erfolgt jeweils eine Aufheizung mit der gleichen, schon beschriebenen Temperaturregelung. Das reformierte Benzin gelangt schließlich über zwei Wege, die beide über Wärmeaustauscher führen, zu dem Reformatsammler (*7*). Um den Strom im richtigen Verhältnis auf die beiden Wege zu verteilen, wird ein Differenzdruckregler verwendet. Im Sammler vollzieht sich die Trennung von reformiertem Benzin und Gasen sowie von dem durch die Dehydrierung angefallenen Wasserstoffgas. Der Wasserstoff wird über die Aminwäsche im Kreislauf zurückgeführt. Das reformierte Benzin wird einer Stabilisierkolonne (*6*) zugeführt, wo das Flüssiggas vom Stabilreformat getrennt wird. Das Stabilreformat wird über einen Niveauregler abgelassen. Die Temperaturregelung der Stabilisierkolonne ist ähnlich schon in *Bild* 6 beschrieben. Das Kopfprodukt wird in dem Kondensator teilweise kondensiert und als Rückfluß über einen Durchflußregler der Stabilisierkolonne zugeführt. Der Rest gelangt durch eine Druckregelung in ein Heizgassystem.

4. Regelung einer Extraktionsanlage

Bei Benzinen führen die Aromaten zur Verbesserung der Treibstoffqualität; beim Dieselöl liegen die Verhältnisse gerade umgekehrt. Man muß die Aromaten entfernen, damit der Brennstoff zündwillig wird. Verwendet man für diesen Prozeß Schwefelsäure, so werden die Aromaten zerstört. Das Edeleanu-Verfahren

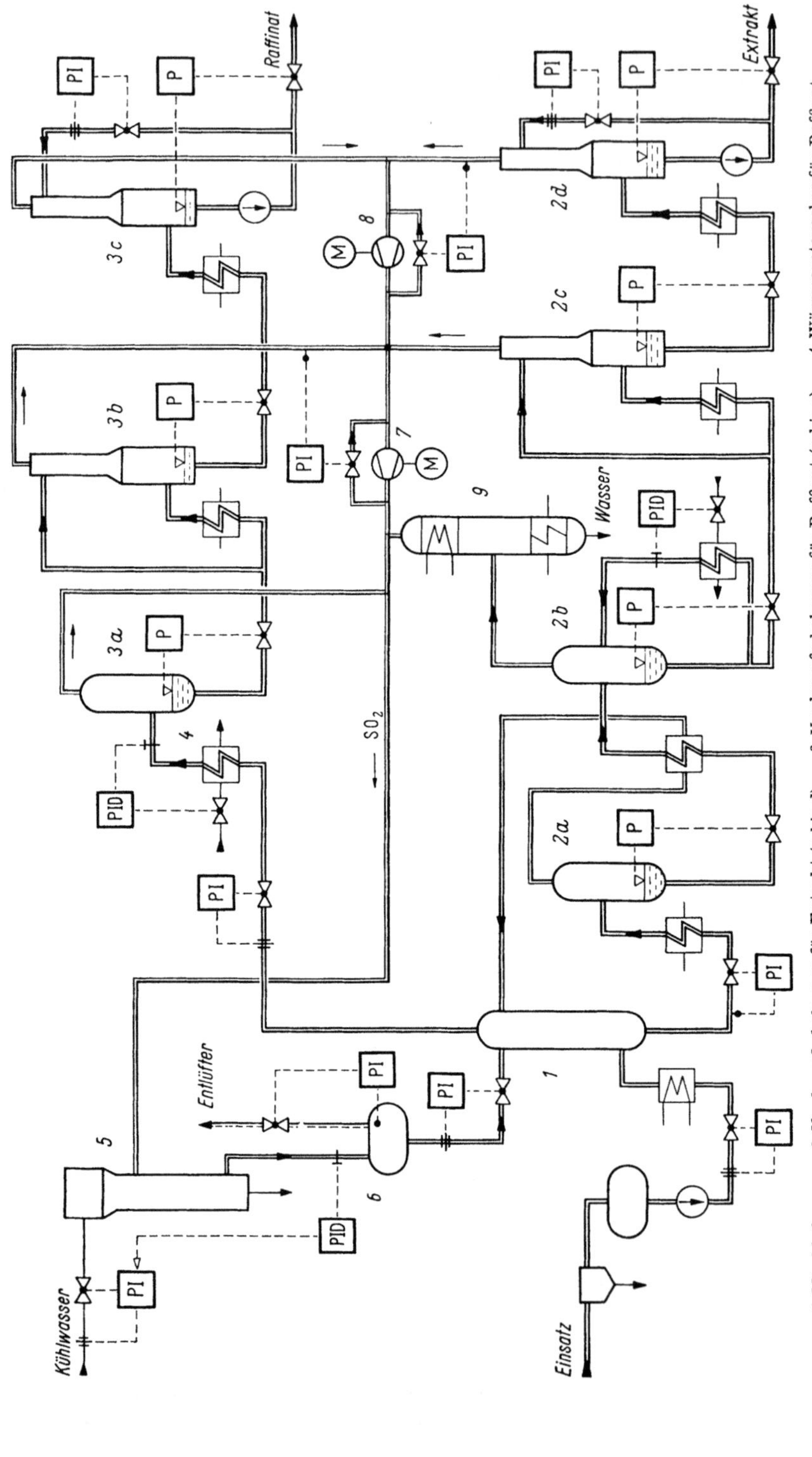

1 Mischkolonne 2 Verdampferkolonnen für Extrakt (*a* bis *d*) 3 Verdampferkolonnen für Raffinat (*a* bis *e*) 4 Wärmeaustauscher für Raffinat
5 Kondensator 6 Sammler 7, 8 Kompressoren 9 Trockenkolonne

Bild 24. Extraktionsanlage nach EDELEANU

ermöglicht jedoch die zerstörungsfreie Trennung von Raffinat und Extrakt. Das Lösungsmittel (Schwefeldioxyd) wird nachträglich über Verdampfer entfernt. In *Bild* 24 soll dieses Verfahren und seine Regelung erläutert werden.

Der Einsatz besteht aus einer Fraktion der atmosphärischen oder Vakuum-Destillation. Nachdem er filtriert, entwässert und gekühlt worden ist, gelangt er durchflußgeregelt in eine Mischkolonne (*1*). Das flüssige Schwefeldioxyd wird von oben in die Mischkolonne eingegeben. Der Einsatz und das Lösungsmittel wandern im Gegenstrom durch die mit Füllkörpern gefüllte Kolonne. Im Unterteil der Kolonne sammelt sich die aromatische Komponente (Extrakt), im Oberteil die paraffinreiche (Raffinat). Beide müssen vom Schwefeldioxyd befreit werden. Dies geschieht in je einer mehrstufigen Destillation (*2a* bis *d* und *3a* bis *c*). Der Raffinatabzug aus der Mischkolonne wird durchflußgeregelt. Der Extraktabzug erfolgt durch eine Druckregelung. Mit dieser wird der Druck in der Extraktionskolonne so gehalten, daß das Lösungsmittel flüssig bleibt. Eine Durchflußregelung des Extraktes ist nicht möglich, weil schon der Raffinatabzug und der Einsatz durchflußgeregelt sind.

Das Raffinat wird über einen Wärmeaustauscher (*4*) in die erste Verdampferkolonne (*3a*) der Raffinatseite geleitet, die unter 6 atü Druck arbeitet. Der Einsatz dieser Kolonne wird auf Temperatur geregelt. Die SO_2-Dämpfe werden direkt einem Kondensator (*5*) zugeleitet. Von hier aus gelangt das Lösungsmittel in den Sammler (*6*). Das Sumpfprodukt der Kolonne (*3a*) wird durch einen Niveauregler der zweiten Kolonne (*3b*) zugeführt, die unter einem Druck von 2 atü arbeitet. Kleinerer Druck und höhere Temperatur geben einen weiteren Teil des Lösungsmittels frei. Dieses wird mit einem Kompressor (*7*) auch dem SO_2-Kondensator zugeleitet. Das Sumpfprodukt wird einer dritten Kolonne (*3c*) zugeführt, die unter Vakuum arbeitet. Hier wird aus dem Raffinat das Schwefeldioxyd restlos ausgetrieben und wieder durch einen Kompressor (*8*) seinem Kreislauf zugeführt.

Ähnlich ist der Teil der Extraktdestillation. Ein Hochdruckverdampfer (*2a*), der unter 15 atü Druck arbeitet, ist noch davorgeschaltet. Eine Trockenkolonne (*9*), die dampfbeheizt wird und gekühlt ist, dient zum Trocknen der abgesogenen SO_2-Dämpfe für den Fall, daß sich während des Prozesses Spuren von Wasser angesammelt haben. Das Wasser kondensiert und wird am Boden der Trockenkolonne abgezogen.

Das Edeleanu-Verfahren wird auch zur Raffination von Schmieröl, Leuchtöl und Petroleum verwendet.

E. Weiterer Ausbau der Anlagen

Die im Abschnitt D beschriebenen Großanlagen stellen eine kleine Auswahl der in Wirklichkeit notwendigen Anlagen dar, um das Rohöl zu Treibstoff, Schmieröl, Paraffin, Asphalt und sämtlichen anderen für motorische Zwecke verwendbaren Produkten zu verarbeiten. Diese vielseitigen Anlagen haben der Entwicklung der Meß- und Regelungstechnik immer neue Impulse gegeben. So ermöglichen die sog. Kleininstrumente die Aufzeichnung zahlreicher Vorgänge in übersichtlichen Warten begrenzten Außmaßes (*Bild* 25).

Ein neuerer Zweig der Chemie, die Petrochemie, beschäftigt sich besonders mit der Verwertung der leichten Kohlenwasserstoffe von C_1 bis C_4. Hat man diese

Gase früher zu einem großen Teil verbrannt, so werden heute z.B. schon aus Äthylen *Kunststoffe*, wie Polyvinylchlorid, Polyvinylidenchlorid, Polyäthylen, Polystyrol, gewonnen; aus Propylen Propylalkohol und synthetisches Glyzerin; aus

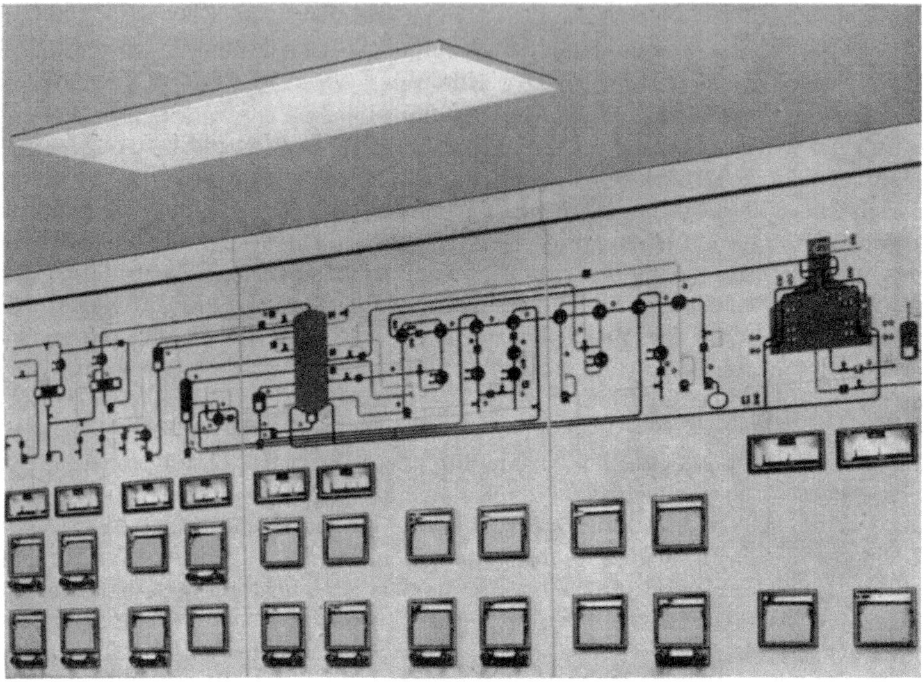

Bild 25. Ausschnitt aus einer Instrumententafel der meß- und regelungstechnischen Ausrüstung einer Raffinationsanlage mit raumsparenden Kleingeräten

Butylen Butadien für die Buna-Herstellung. Auch durch die Extraktion fallen für die Petrochemie wichtige Stoffe, wie Benzol, Toluol und Xylol, an. Nicht unerwähnt sollen die vielen *Insektenvertilgungsmittel* bleiben, die aus Kohlenwasserstoffen erzeugt werden.

Aber auch die Meß- und Regelungstechnik geht immer wieder neue Wege, um die Automatisierung eines Prozesses zu vervollständigen [*12*, *13*].

Die weiteren Bestrebungen führen dahin, den Prozeß vollautomatisch laufen zu lassen. Der Weg bis zu diesem Ziel ist weit. Man benötigt hierfür zusätzliche Meß- und Analysengeräte, um die Qualität der Produkte zu erfassen. Besonders eignen sich Ultrarotgeräte, Massenspektrometer und Chromatographen [*14*, *15*]. Außerdem müssen die einzelnen Prozesse sehr genau bekannt sein, so daß man exakt darauf antworten kann, welchen Einfluß die Änderung verschiedener Parameter mit sich bringt.

Der erste Schritt ist automatische Meßwertschreibung. Die Meßwerte werden periodisch abgetastet, entsprechend kodiert und mit einer Fernschreibmaschine gedruckt. Durch Grenzwerteinstellung erreicht man, daß eine Abweichung vom gewünschten Meßwert ein Signal auslöst. Diese Meßwerte werden dann rot gedruckt.

Wendet man Ziffernrechner als übergeordnete Zentrale an, so erhält man eine vollautomatische Anlage nach dem Blockschaltplan *Bild* 26. Der Ziffernrechner wird an Hand von zahlreichen Gleichungen, die den Prozeß wiedergeben, programmiert [*16*]. Er erhält von Analysengeräten die Angaben über die Qualität der Ein-

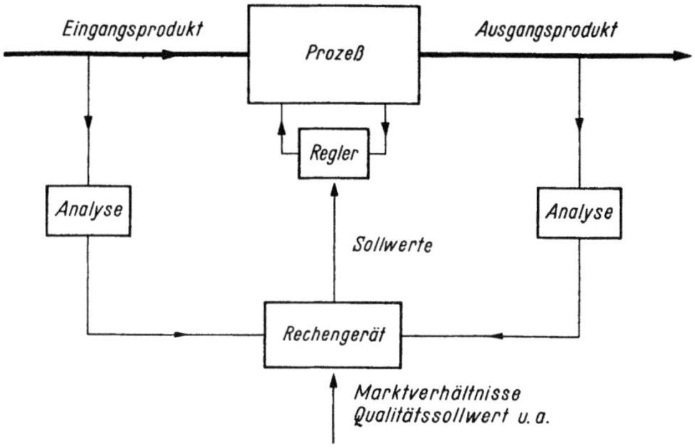

Bild 26. Vollautomatisierung eines Prozesses

gangs- und Ausgangsprodukte. Weiterhin werden Werte für Sollqualitäten oder Marktverhältnisse eingegeben. Das Rechenergebnis bestimmt dann die Sollwerte der einzelnen Regelkreise. Die Rechenmaschinen können auch zum Anfahren der Prozesse benutzt werden, wenn sie ein entsprechendes Anfahrprogramm haben. Für diese umfangreichen Rechnungen können nur schnell arbeitende elektronische Rechenmaschinen oder ähnliche Schaltsysteme verwendet werden. Der Rechenzyklus ist der Änderungsgeschwindigkeit von Eingangs- und Sollqualität anzupassen.

F. Quellenhinweise

[*1*] Jantsch, F.: Kraftstoff-Handbuch. 6. Aufl. Stuttgart: Franckh 1960.

[*2*] Walther, C.: Motortreibmittel. In: Technische Fortschrittsberichte. Bd. 41. Dresden: Steinkopf 1937.

[*3*] Orlicek, A. F. u. Pöll, H.: Hilfsbuch für Mineralöltechnik II. Wien: Springer 1955.

[*4*] Umstätter, H.: Der Petroleum-Ingenieur. Berlin/Göttingen/Heidelberg: Springer 1951.

[*5*] Maples, R. E.: Gasoline blending stocks. In: Process Handbook of the Petroleum Refiner. Houston (Texas): Gulf Publ. Co. 1954.

[*6*] Kaltenecker, A.: Die Regelungstechnik in der Erdölindustrie. Siemens-Z. 26. Jg. (1952) S. 178–187.

[*7*] Boyd, D. M.: Why electronic control? First International Instrument Congress and Exposition of the Instrument Society of America. Philadelphia, 1954. Paper No. 54-9-2 S. 4.

[*8*] Reidel, J. C.: How to instrument the fractionation section in field processing plants. Oil and Gas J. Bd. 52 (1954) Nr. 51, S. 136–151.

[*9*] Kaltenecker, H.: Stabilitätsprobleme, die bei Anwendung schneller pneumatischer Regelkreisglieder auftreten. In: Regelungstechnik. Moderne Theorien und ihre Verwendbarkeit. Hrsg. G. Müller. München: R. Oldenbourg 1957. S. 286–291.

[*10*] Hostedler, D. E.: Control valve design and use. Petroleum Refiner Bd. 31 (1952) Nr. 12, S. 116–120.

[*11*] Ziegler, J. G. u. Nichols, N. B.: Valve characteristics and process control. Instruments Bd. 22 (1949) S. 75–81.

[*12*] Gallagher, G. G. u. Robinson, R. A.: Trends in process automation. Instruments and Automation Bd. 29 (1956) S. 294–298.

[*13*] Kaltenecker, H.: Einiges über Begriffe, Aufgaben, Methoden und Hilfsmittel der Steuerungstechnik. Regelungstechnik 8. Jg. (1960) S. 73–78.

[*14*] Brügel, W.: UR-Spektralgebiet. In: Messen und Regeln in der Chemischen Technik. Hrsg. J. Hengstenberg, B. Sturm u. O. Winkler. Berlin/Göttingen/Heidelberg: Springer 1957. S. 441–462.

[*15*] Naumann, A.: Was ist Gas-Chromatographie? Arch. techn. Messen. (Juli 1959) S. R 69 bis R 72.

[*16*] Pistfr jr., M. u. Grabbe, E. M.: Fitting the digital computer into process control. Control Engg. Bd. 4 (1957) Nr. 6, S. 129 bis 136.

43. Chemische Industrie

Von **O. Winkler**

Inhaltsübersicht

A. Einleitung

Verfolgt man die Entwicklung der chemischen Industrie von ihren Anfängen her, so kann man feststellen, daß sich die in ihr angewandte Verfahrenstechnik immer mehr vom diskontinuierlichen Einzelvorgang zum kontinuierlichen Prozeß entwickelt hat. Besonders seit der Einführung der Großverfahren, wie etwa der Ammoniaksynthese oder der Kohlehydrierung, hat die Chemie einen entscheidenden Schritt nach vorn getan, und es ist immer mehr das Streben der Chemiker und Ingenieure geworden, alle chemischen Verfahren kontinuierlich zu gestalten. Diese Entwicklung liegt in der Natur der Sache, da vor allem die katalytischen Prozesse laufend unter optimalen Bedingungen gefahren werden müssen und jede

Änderung der eingestellten Zustände entweder Reaktionsgleichgewichte ungünstig verschiebt oder die Lebensdauer der Katalysatoren nachteilig beeinflußt. Auch die Großdestillationen ergeben in kontinuierlicher Fahrweise mit fest eingestellten Bedingungen den günstigsten Ausstoß, da alle Vorläufe und Nachläufe wegfallen und, neben wirtschaftlichen Vorteilen, auch die beste Qualität der Produkte gewährleistet ist.

Es ist nahezu selbstverständlich, daß mit der Entwicklung der chemischen Großverfahren die Geburtsstunde der Betriebskontrollen der Chemiewerke gekommen war, da sofort die Notwendigkeit auftrat, die eingestellten Betriebszustände zu erfassen und auch überwachen zu können. Die Forderung nach einer zuverlässigen Meßtechnik war bei den einzelnen Verfahren nicht immer leicht zu erfüllen; so mußten z.B. für die Hochdruckanlagen erst die erforderlichen Geräte entwickelt werden. Die Betriebsführung solcher Anlagen war zunächst damit zufrieden, das Verfahren meßtechnisch überhaupt in der Hand zu haben und überließ die Konstanthaltung der Betriebszustände dem eingesetzten Bedienungspersonal. Jedoch kam immer mehr der Wunsch auf, diese Tätigkeit vom Personal loszulösen, zumal vom Kraftmaschinenbau her die betriebsmäßige Zuverlässigkeit der Regelung bekannt wurde und mit der wachsenden Komplizierung der Anlagen auch die dem Bedienungspersonal zufallenden Überwachungsaufgaben immer umfangreicher und natürlich auch unwirtschaftlicher wurden. Bei den Regelungsaufgaben stellten sich gewisse Grundtypen heraus, die mit allgemein verwendbaren Reglern zu bewältigen waren. In dem Maße, wie sich die Bauelemente bewährten und auch die Betriebsführung der chemischen Anlagen das Vertrauen zu ihnen gewann, ging die Entwicklung schnell in die Breite. Die Anzahl der Apparatetypen wuchs und auch die gestellten Aufgaben wurden immer zahlreicher, so daß wieder ganz selbstverständlich die Notwendigkeit entstand, alle Meß- und Regelgeräte zur besseren Übersicht in gesonderten Räumen zusammenzufassen. Das erreichte Ziel ist bekannt: Es sind die großen Warten in den Chemieanlagen, die durchaus den Vergleich mit den großen elektrischen Schaltwarten der Stromversorgung aushalten können.

Die Entwicklung der Regelungstechnik ist in den USA führend vorangegangen, zumal die Aufgaben der Kriegstechnik sie nachdrücklich gefördert haben. Inzwischen steht aber auch in Deutschland für die chemische Industrie eine sehr breite Auswahl von Geräten zur Verfügung, mit der praktisch alle gestellten Aufgaben einwandfrei gelöst werden können. Es sind sogar oftmals mehrere Wege gangbar, und die Geräte können der besonderen Eigenart der Betriebe je nach Wunsch angepaßt werden.

Im folgenden soll der Einsatz der Regelungstechnik bei chemischen Anlagen an Einzelproblemen behandelt und in der Gesamtanordnung umrissen werden. Bei der vielseitigen Art der chemischen Technik muß sich die Darstellung von Einzelproblemen auf typische Beispiele beschränken, ohne Anspruch auf Vollständigkeit zu erheben.

B. Zweck der Regelungstechnik im chemischen Betrieb

Wenn auch in der Instrumentierung von Anlagen leichte Modetendenzen erkennbar sind, die zwar meist nur die äußere Form und die Anordnung betreffen, so erfolgt doch die Auswahl und der Umfang der Meß- und Regelungstechnik in den chemischen Betrieben in der Hauptsache nach sachlichen Gesichtspunkten. Die wesentlichsten Gründe sind folgende:

1. Die meisten Fabrikationsanlagen sind entweder im chemischen Ablauf so kompliziert oder in der räumlichen Ausdehnung so groß, daß ein Fahren von Hand überhaupt unmöglich geworden ist. Die Auswirkung irgendwelcher Störungen auf andere Anlageteile muß unbedingt vermieden werden, da selbst bei beliebig großem Personaleinsatz aus technischen und räumlichen Gründen nicht schlagartig alle Einzelhandlungen so koordiniert werden können, daß die Störung ausgeglichen wird. Die Regler aber sind, jeder für sich, auf die Erfassung solcher Störungen richtig ausgelegt und vermeiden so Fehlproduktionen im Rahmen ihrer Funktionsmöglichkeiten.

2. Das Gefahrenmoment bei chemischen Anlagen im Störungsfalle ist nicht unerheblich. Der Einsatz der Regelung vermeidet entweder durch Einhalten der Verfahrensbedingungen solche Gefahrenzustände oder aber verändert diese im Störungsfall in gewolltem Maß nach der sicheren Seite hin, wenn nicht überhaupt ganze Anlageteile im Falle der Gefahr automatisch stillgelegt werden. Gerade in solchen Fällen ist das Bedienungspersonal mit der unmittelbaren Behebung der Störung voll beschäftigt und braucht auf die übrigen Anlageteile nicht zu achten.

3. Die Qualität der Endprodukte ist oft sehr wesentlich vom genauen Einhalten der Prozeßbedingungen abhängig; selbst kurzzeitige Störungen würden die Qualität der Produkte, die in vorausgegangenen Betriebszeiten in Vorratstanks gespeichert worden sind, unbrauchbar machen; es ist sogar möglich, daß unter Umständen teure Katalysatorsubstanzen durch falsche Fahrweise ausgewechselt werden müssen. Eine richtig ausgeführte Regelanlage vermeidet durch ihre stets vorhandene Betriebsbereitschaft solche Qualitätseinbrüche und verbessert so die Wirtschaftlichkeit.

4. Durch die sichere Erfassung und Regelung der Betriebszustände kann die Anlage in ihrem Durchsatz sehr nahe an ihre Grenzlast herangefahren werden, ohne daß wegen auftretender, nicht vermeidbarer Schwankungen der Abstand von dieser Grenzlast zu hoch gehalten werden muß. Durch die erhöhte Belastung wird die Wirtschaftlichkeit der Anlage gleichfalls wesentlich verbessert.

5. Nach ähnlichen Überlegungen kann auch an die durch Druck-, Temperatur- und Korrosionsbedingungen gegebene Grenzbelastung der Anlage nahe herangefahren werden, ohne daß irgendein Anlageteil unzulässig beansprucht wird. Auch hierdurch wird der Betrieb wirtschaftlicher; ein erhöhtes Risiko ist damit aber nicht verbunden.

6. Die Aufmerksamkeit des Bedienungspersonals wird nicht zum Einhalten von Betriebszuständen beansprucht, die für die Einzelstelle zwar wichtig, für den Gesamtablauf aber unwesentlich sind. Dafür ist bei dem Einsatz von Reglern das Bedienungspersonal frei zur Kontrolle des Gesamtablaufes, es kann sein Interesse dem jeweiligen Schwerpunkt der Anlage widmen und so auch zur besseren Fahrweise erheblich beitragen. Man hat die eindeutige Erfahrung gemacht, daß eine Automatik auf die Dauer mechanische Bedienungsaufgaben besser erledigt als der an diese Stelle gefesselte Mensch.

7. Die Anzahl des Bedienungspersonals kann bei automatisch betriebenen Anlagen wesentlich vermindert werden, für den verbleibenden kleinen Teil kann ein höheres Maß an Intelligenz vorausgesetzt werden, so daß auch hierdurch die Fahr-

weise sicherer wird. Gerade in Großbetrieben ist der Gesichtspunkt der Personaleinsparung allein schon von entscheidender Bedeutung und berührt damit wesentlich die Wirtschaftlichkeit. Der Kauf, der Betrieb und die Amortisation von Reglern ist erheblich billiger als der Handbetrieb durch das Bedienungspersonal, auch wenn die Wartung der Automatik mit eingerechnet wird [*1*].

8. Bei konsequenter Anwendung der Regelungs- und Fernstelltechnik kann die Anlage in fast schematischer Einfachheit aufgebaut werden. Erfahrungsgemäß wiegt der Wegfall aller zusätzlichen Rohrleitungen, die für direkten Handbetrieb notwendig sind, allein schon die Kosten für Regelung und Fernstellung zum wesentlichen Teil auf.

Nach diesen Gesichtspunkten ist es fast selbstverständlich, daß heute, zum mindesten in Großbetrieben der chemischen Industrie, keine kontinuierliche Anlage mehr ohne die weitestgehende Automatisierung aufgebaut wird. Ja, auch diskontinuierliche Anlagen mit immer gleichem Einzelablauf, z B. Polymerisationsvorgänge, werden vorteilhaft automatisiert, wobei es ein wesentlicher Gesichtspunkt ist, die einzelnen Bedienungsvorgänge selbsttätig gegenseitig zu verriegeln, so daß Fehlchargen vermieden und Personal eingespart wird. Selbstverständlich werden in solchen Fällen nach Möglichkeit Teilvorgänge automatisiert, so daß sich schon aus diesem Grunde die Grenze zwischen kontinuierlichen und nicht kontinuierlichen Anlagen verwischt.

C. Grundregelvorgänge in der chemischen Industrie

1. Temperaturregelung

Die Aufgaben der Temperaturregelung kann man in chemischen Anlagen in untergeordnete Regelungen an Hilfsapparaten und solche Regelungen unterteilen, welche die chemischen Verfahren unmittelbar beeinflussen. Zur ersten Art gehört z. B. die Temperaturregelung an Heizkreisläufen, Vorwärmern und Zwischenkühlern; hierbei greift man sehr gern zu einfachen und robusten Geräten, wie sie z. B. die Stabausdehnungsregler darstellen und die auch entsprechend ihrer Funktionsweise unmittelbar in die Prozeßanlage eingebaut werden. Solche Regler sind aber auch in allen übrigen Industriezweigen üblich und für die chemische Industrie keine Besonderheit. Kennzeichnend sind dagegen die Temperaturregler, die, getrennt vom Meßort, in den Meßwarten eingebaut sind und der zentralen Überwachung der Anlage dienen. Hier hat sich der elektro-pneumatische Regler als der Standardtyp eingeführt und die früher üblichen Regler mit Flüssigkeitsfeder- und Dampfdruckmeßwerk weitgehend verdrängt. Der Grund lag nicht in der mangelnden Zuverlässigkeit dieser Geräte, sondern war wesentlich durch die Schwierigkeiten und Grenzen der Kapillarrohrverlegung bedingt. Erst in neuerer Zeit ist vom Ausland her das reine Gasthermometer eingeführt worden, das durch pneumatische Meßumformer den Temperaturwert direkt vom Meßort aus als zugeordneten Druckluftimpuls überträgt und sich dadurch gut in das übrige pneumatische Meß- und Regelsystem einfügt. Mit einiger Wahrscheinlichkeit wird aber dennoch der elektro-pneumatische Regler das Feld behaupten, zumal auch die vielen, nicht geregelten Temperaturmeßstellen elektrisch übertragen werden und hierdurch eine einheitliche Linie in der Temperaturmessung bzw. -regelung gewahrt bleibt.

Schwierige Regelprobleme liegen in der umfangreichen chemischen Destillationstechnik vor, deren Einzelaufgaben immer neu untersucht werden müssen [2], aber auch in der Beherrschung der katalytischen Prozesse mit ihrem starken Wärmebedarf oder ihrem großen Wärmeüberschuß, wie das z. B. beim Schwefelsäure-Kontaktofen (*Bild* 1) der Fall ist.

Der chemische Grundvorgang ist die katalytische Oxydation von SO_2 zu SO_3 durch den Luftsauerstoff. Auf den Kopf des Ofens wird ein Gemisch von SO_2 und Luft zugegeben, wobei Luft im Unterschuß vorhanden ist; die notwendige Reaktionstemperatur wird im Gegenstrom gegen das abgehende Produkt über einen Wärmeaustauscher erreicht. Als Stellglied für die Ofentemperaturregelung dient ein Bypass-Ventil zum Wärmeaustauscher. In den weiteren Ofenzonen wird der Rest der Verbrennungsluft zugegeben, der zur vollständigen Umsetzung von SO_2 zu SO_3 notwendig ist. Je nach Größe des Kontaktofens sind die notwendigen Nachstellzeiten der Regler erheblich (10 bis 30 min). Totzeiten treten in nennenswertem Betrage allein schon durch die Temperaturfühler selbst auf, da sie gegen die chemischen Produkte geschützt werden müssen und der Wärmeübergang zwischen Produkt und Thermoelement bzw. Widerstandsthermometer nicht beliebig gut ausgeführt werden kann.

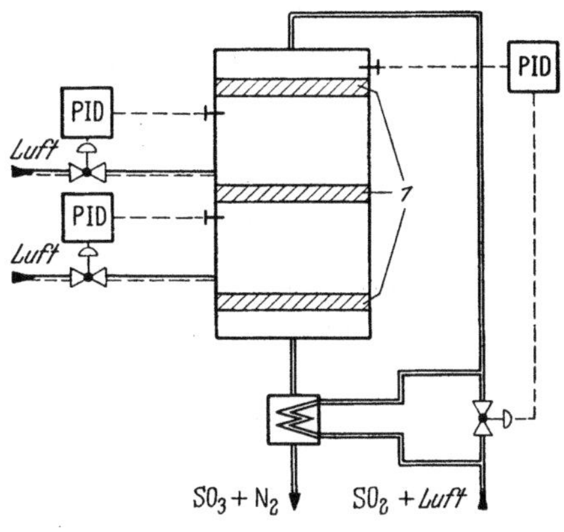

1 Kontaktmasse

Bild 1. Vereinfachtes Schema eines Schwefelsäure (SO_3)-Kontaktofens

In der praktischen Ausführung ist ein solcher Kontaktofen viel komplizierter; so wird z. B. der ganze Gasstrom in der Mitte des Ofens heraus- und wieder hineingeführt, so daß auch hier schon die entstandene Reaktionswärme über Wärmeaustauscher abgeführt werden kann. Das *Bild* 1 soll nur den grundsätzlichen Einsatz von Temperaturreglern veranschaulichen.

2. Druckregelung

Als typisches Beispiel einer Druckregelung sei die Vakuumregelung eines Kolonnenkopfdruckes mit Dampfstrahlsaugern beschrieben, wie sie z. B. in der Styroldestillation (s. Abschnitt E) eingesetzt wird. Trotz mancher energiewirtschaftlicher Nachteile gegenüber Kolbenvakuumpumpen ist der Dampfstrahlsauger ein in der Chemie gern eingesetztes Gerät, da die benötigten Energien, Kühlwasser und Dampf, in praktisch unbegrenzter Menge zur Verfügung stehen und der Dampfstrahler keinerlei bewegte Teile aufweist, ja darüber hinaus durch

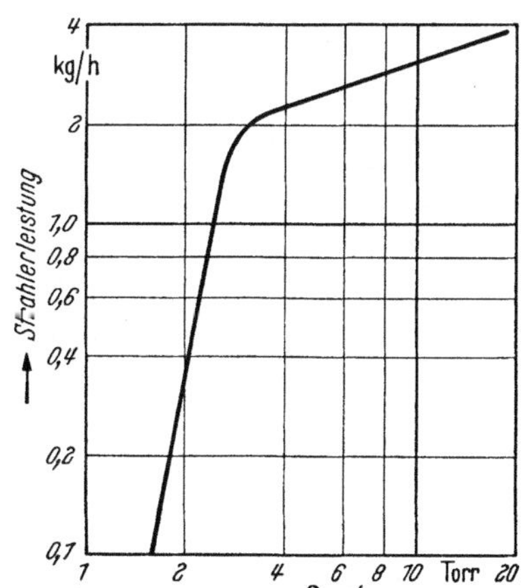

Bild 2. Kennlinie eines Dampfstrahlsaugers

geeignete Materialauswahl gegen alle abgesaugten Stoffe unempfindlich gemacht werden kann. Die Charakteristik eines solchen Strahlers zeigt *Bild* 2: Der Arbeitsbereich ist der steile Ast, in dem auch das Maximum der Sauggeschwindigkeit liegt. Innerhalb dieses Bereiches ist das erzeugte Vakuum praktisch unabhängig von der Belastung.

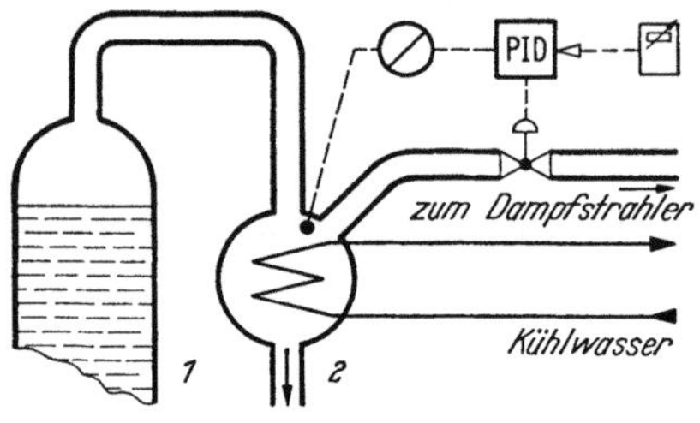

1 Kolonne *2* Kondensator

Bild 3. Vakuumregelung einer Destillationskolonne

Wenn nun ein Vakuum geregelt werden soll, das rechts vom steilen Ast liegt (z.B. 10 Torr), so könnte durch Einsaugen von Luft das Vakuum für diesen Betriebspunkt geregelt werden, der Dampfstrahler käme dadurch aber in seinen unstabilen Bereich. Hier würde bei geringen Laständerungen das Vakuum erheblich schwanken und eine stabile Anordnung wäre nicht erreichbar.

Die Vakuumregelung muß daher im Hauptstrom durch Drosselung erfolgen und läßt sich mit dem einzigen Nachteil, daß ein Stellglied großer Nennweite verwendet werden muß, ausgezeichnet regeln (*Bild* 3). Infolge des Druckabfalls am Ventil arbeitet der Dampfstrahler in seinem steilen Bereich, während in der Kolonne (*1*) ein höherer Druck gehalten wird. Das Vakuum wird über einen Meßumformer als verhältnisgleicher Druck dargestellt und beaufschlagt einen pneumatischen Einheitsregler (s. Kapitel 12). Der Regler selbst kann in der Meßwarte montiert werden; wenn er in der Anlage angebracht wird, ist zweckmäßigerweise ein Sollwertfernsteller vorzusehen.

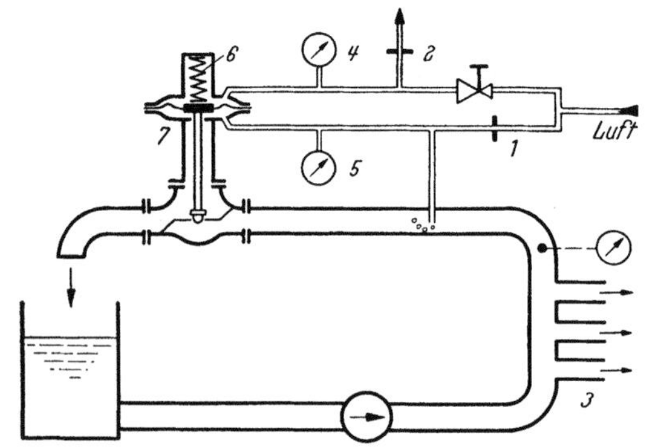

1 Vordrossel
2 Ausströmdrossel
3 Verbraucher
4 Sollwert
5 Istwert
6 Hilfsfeder
7 Differenzdruck-Membranventil

Bild 4. Regelung des Druckes einer Produktbreileitung unter erschwerten Betriebsbedingungen

Eine sehr brauchbare Anordnung eines Druckreglers für die teilweise besonders schwierigen Verhältnisse in der chemischen Industrie beschreibt E. Weis [*3*]. *Bild* 4 zeigt die Anordnung, in der der Druck in einer Produktbreileitung gehalten werden soll. Der wesentliche Bestandteil ist das Differenzdruck-Membranventil (*7*), dessen Unterkammer den zu regelnden Leitungsdruck über eine Art pneumatische Sprudelmessung erhält und auf dessen Oberkammer der Sollwert pneumatisch durch ein Reduzierventil aufgeschaltet wird. Wird der Sollwert erniedrigt, so kann sich die Membrankammer über die Ausströmdrossel (*2*) entspannen. Da im Ventilgehäuse und in der Membrankammer der gleiche Druck herrscht, spart man die Stopfbuchse. Die Hilfsfeder (*6*) verleiht der Regelung einen stabilisierenden P-Bereich von 0,2 at.

Eine hydraulisch arbeitende Anordnung für einen ähnlichen Verwendungszweck zeigt *Bild* 5. Sie hat sich z.B. in der Druckregelung von Latex-Leitungen oder auch für Phosphorsäure sehr bewährt. Der zu regelnde Leitungsdruck wird über eine Art Hosenstück in der Leitung auf eine Membran (Metall oder Gummi) gegeben, deren Gegenseite mit Öl gefüllt ist und mit der Regeleinrichtung ein geschlossenes System darstellt. Die Stellung der praktisch richtkraftfreien Membran wird durch einen Stift angezeigt. Sie kann sich beiderseits in der Endlage anlegen (im Bild nicht gezeichnet) und wird mit Hilfe der Füllventile (*2*) im Betriebszustand von der Ölpumpe her einmalig ungefähr in Mittellage gebracht. Wenn der übliche Öldruck zum Auffüllen des Ölsystems nicht ausreicht, kann die Pumpe kurzzeitig höher eingestellt werden. Die einzig mögliche Undichtigkeit ist die Nadeldurchführung zur Stellungsanzeige der Membran. Die Undichtigkeit ist so gering, daß nur etwa alle zwei Monate Öl nachgefüllt werden muß. Die auf einen besonderen Verwendungszweck zugeschnittene Anordnung ist für die oftmals auftretenden außergewöhnlichen Bedingungen in der chemischen Industrie charakteristisch.

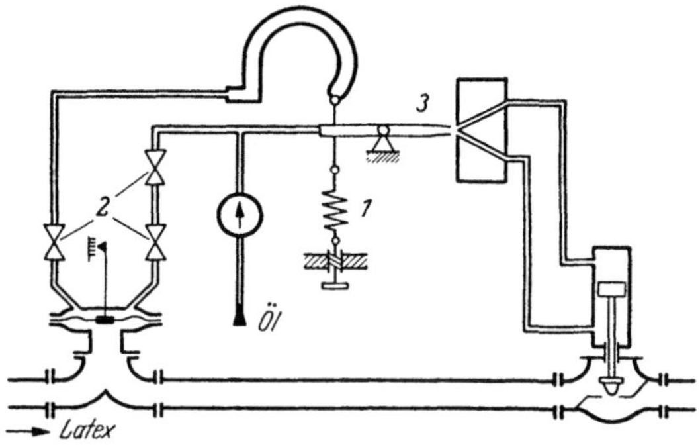

1 Sollwert *2* Füllventile *3* Strahlrohr

Bild 5. Druckregelung einer Latex-Leitung

3. Standregelung

Die Regelung der Füllstandhöhe ist für den Anwendungsbereich der chemischen Industrie wohl die älteste und wohl auch die am häufigsten gelöste Regelaufgabe. Bei ihr trat am sinnfälligsten zuerst der Wunsch auf, die Handbedienung zu verlassen. Die große Anzahl von Produktvorlagen, Zwischenbehältern, Abscheidern, Trennflaschen usw., aber auch von Destillations- und Reaktionsgefäßen verlangte selbsttätige Standregler. Sie wurden im allgemeinen mit Schwimmerkugeln ausgerüstet, die entweder direkt in die Behälter eingeführt oder aber in gesondert angebauten Behältern (Melonen) angebracht wurden. Die Bewegung der Schwimmerkugel mußte über Stopfbuchsen herausgeführt werden.

Mit der Erhöhung der Betriebsdrücke, mit den wachsenden Schwierigkeiten der Werkstoffe, aber auch mit der Forderung nach größeren Proportionalbereichen der Standregler in kontinuierlichen Anlagen kam immer mehr der Auftriebkörper in Gebrauch. Da die Auftriebskraft das Maß für die Höhe des Flüssigkeitsstandes ist, kann der Hub sehr klein gehalten werden. Als Durchführung sind daher z. B. Wellrohre, Biegerohre, Torsionsrohre brauchbar, die den Erfordernissen der besonderen Einbaustelle angepaßt werden können.

Bild 6 zeigt eine Standregelung mit Auftriebkörper. Das Gerät kann auch von oben in den Behälter eingebaut werden. Bei hohen Temperaturen sind Kühlrippen (*3*) zu empfehlen, um eine unzulässige Erwärmung des Auftriebmeßgeräts zu vermeiden. Der Proportionalbereich ist innerhalb weiter Grenzen einstellbar. An Stelle der Faltenbalgdurchführung werden besonders bei höheren Drücken auch Biegerohre verwendet. Dasselbe Gerät ist auch zur Regelung von Trennschichten zwischen Flüssigkeiten unterschiedlicher Dichte geeignet.

Mit der Einführung der „Transmitter"-Technik (Meßumformer) hat sich eine pneumatische Anordnung vorteilhaft eingeführt, die z. B. bei Abscheiderflaschen vor Ammoniakverdampfern von vorbildlicher Einfachheit ist (*Bild* 7). Der Stand im Behälter wird mit einem Differenzdruck-Meßumformer (s. Kapitel 12) gemessen, dessen Minusseite mit dem Druck im Gasraum direkt verbunden ist. Der

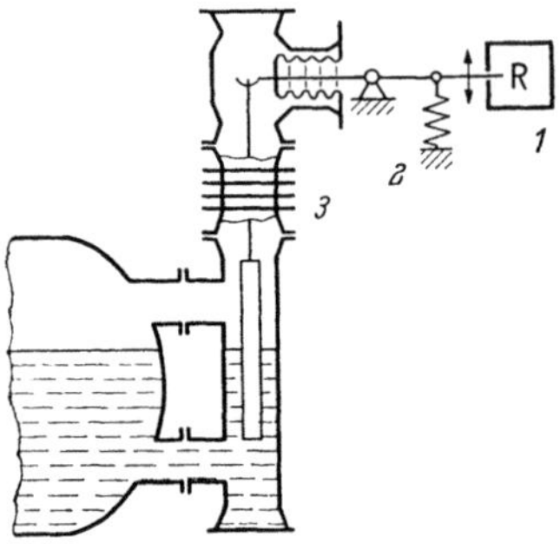

1 Regler *2* Tarierfeder *3* Kühlrippen (wahlweise)

Bild 6. Standregelung

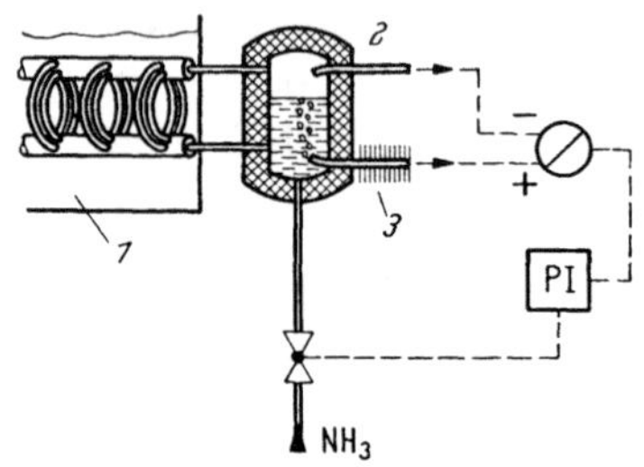

1 Verdampfer *2* Isolation *3* Wärmerippen

Bild 7. Standregelung einer NH_3-Sammelflasche

Flüssigkeitsdruck im unteren Behälterteil wird praktisch auch gasförmig gemessen, da das Ammoniak in der Meßleitung dauernd verdampft und in den Behälter zurücksprudelt (HAMPSONmeter-Prinzip). In der Plusleitung stellt sich der hydrostatische Flüssigkeitsdruck plus dem darüberliegenden Gasdruck ein. Im Differenzdruck-Meßumformer wird also nur der Flüssigkeitsdruck wirksam, der, je nach dem eingestellten Meßbereich, für eine gewünschte Flüssigkeitshöhe in den einheitlichen Ausgangsdruck von 0,2 bis 1,0 atü abgebildet wird. Über einen Einheitsregler steuert der Meßumformer dann das Membranventil aus. Kann bei der Regelung auf Stabilisierungselemente verzichtet werden und ist ein P-Bereich von 100% zulässig, so schaltet man den Ausgangsdruck des Meßumformers direkt auf das Membranventil, das für den gleichen Betätigungsdruck ausgelegt ist.

Auch für Dampfkessel ist eine ähnliche Anordnung (s. Kapitel 3) unter direkter Einwirkung der Flüssigkeitssäule möglich, nur muß hier in der Minusleitung ein Kondensgefäß angeordnet sein, das in der Höhe des obersten zu messenden Flüssigkeitsstandes liegt. Die Minusleitung ist dann immer bis zu diesem Flüssigkeitsstand gefüllt, auf der Plusseite lastet außer dem Druck im Dampfraum der jeweilige Flüssigkeitsstand. Damit geht der Ausgangsdruck des Meßumformers in umgekehrter Richtung, so daß bei vollem Behälter der Steuerdruck 0,2 atü und bei leerem Behälter der Steuerdruck 1,0 atü abgegeben wird. Im allgemeinen kann der Betätigungssinn des Membranventils ebenso eingerichtet werden, oder es wird ein Umkehrrelais verwendet, das den ausgesteuerten Druck von 1,0 bis 0,2 atü in einen Druck von 0,2 bis 1,0 atü verwandelt.

An Behältern, bei denen die oben angegebenen üblichen Methoden versagen, ist auch die radioaktive Standmessung verwendet worden [*4*]. Die elektrische Ausgangsgröße dieser Standmessung beeinflußt über einen elektrischen Regler das Stellglied und macht auch so eine einwandfreie Regelung möglich.

4. Durchfluß- und Gemischregelung

Um zu vermeiden, daß bei Durchflußregelungen der Plus- und Minusdruck einer Drosselstelle (z. B. Blende, Düse) das Meßwerk eines Reglers direkt beaufschlagen und das Meßsignal deswegen druckdicht herausgeführt werden muß, wird der Durchfluß über Meßumformer geregelt. Zwar bleibt bei den Meßumformern auch das Problem der druckdichten Durchführung bestehen, kann jedoch dort wesentlich leichter gelöst werden, da die Kompensationsmethode nur kleine Wege verlangt. Dem Differenzdruck der Drosselstelle wird vom Meßumformer der ausgesteuerte Druck von 0,2 bis 1,0 atü mit großer Genauigkeit zugeordnet. Dieser Druck beaufschlagt den Einheitsregler, der seinerseits das Membranventil im gewünschten Sinne verstellt.

Mit Einführung der Meßumformer ist eine große Zahl von Durchflußregelungen überhaupt erst ermöglicht worden, vor allem im Hinblick auf die auftretenden Korrosionsbeanspruchungen. Die Meßumformer haben keinen Volumennachlauf, werden praktisch unmittelbar an der Meßstelle angeordnet und sind auf der Produktseite leicht aus korrosionsfesten Materialien auszuführen, so daß kaum noch Materialprobleme bestehenbleiben. Der Übergang von der Messung zur Regelung ist mit genormten Bauelementen denkbar einfach.

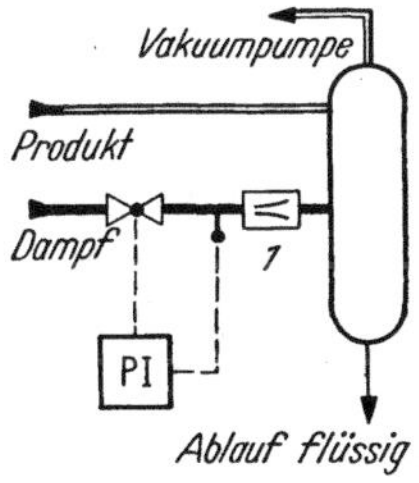

1 Überkritische Düse

Bild 8. Dampfregelung an einem Ausgaseturm

Wo eine Blenden- bzw. Düsenmessung nicht möglich ist, muß eine dem jeweiligen Problem angepaßte Lösung gefunden werden. Hierbei versucht man immer, für den Durchfluß eine Abbildungsgröße zu finden, z. B. einen Stand, einen Druck usw. Als Beispiel einer solchen Ausweichlösung kann die Dosierung der Dampfzugabe in einen Vakuumausgaseturm angesehen werden (*Bild* 8). In diesem Fall besteht die Aufgabe darin, aus einem Polymerisationsprodukt die nicht umgesetzten Mengen an Ausgangssubstanz vom Fertigprodukt abzutrennen. Die Betriebsbedingungen sind so gewählt, daß die Ausgangssubstanz gasförmig über eine Wasserringpumpe abgezogen wird. Da die je Zeiteinheit anfallende Produktmenge konstant ist, muß auch der Dampf in konstantem Durchfluß zudosiert werden. Man nutzt den Effekt der überkritischen Entspannung aus [*5*], nach der unter Einhaltung gewisser Bedingungen die durchfließende Menge nur vom Druck vor der Düse abhängig ist. Die Durchflußregelung ist somit auf eine Druckregelung zurückgeführt. Hier wäre auch eine direkte Blendenmessung des Dampfes möglich gewesen; die gewählte Anordnung ist aber vollkommen unabhängig vom Dampfdruck des Speisenetzes, während die direkte Messung auf der Zugangsseite und auf der Vakuumseite vom Druck beeinflußt wird.

Die Durchflußregelung kann zu einer Gemischregelung erweitert werden, wenn als Führungsgröße der Durchflußregelung wieder ein Durchfluß benutzt wird. Solche Anordnungen sind z. B. bei Feuerungsregelungen an Kontaktöfen üblich, bei denen der vom Temperaturregler beeinflußte Luftdurchfluß als Führungsgröße auf den Gasdurchfluß einwirkt und ihn im gewünschten Verhältnis mitnimmt.

Für chemische Betriebsprodukte, die mit Volumenzählern erfaßt werden, ist z. B. folgende Anordnung möglich (*Bild* 9): Die beiden Volumzähler (*1, 2*) treiben Drehzahlferngeber an, deren Spannung linear mit dem Durchfluß zusammenhängt. Beide Spannungen werden in einer Brückenanordnung (3) auf ihr Verhältnis hin überwacht. Die Brücke ist über den Sollwertsteller so eingestellt, daß bei Übereinstimmung des tatsächlichen mit dem gewünschten Verhältnis die Ausgangsspannung Null ist und das Stellglied in Ruhe bleibt. Bei Abweichungen folgt das Stellglied in der gewünschten Richtung. Als Meßwerk zur Feststellung des gewünschten Verhältnisses kann auch ein Quotientenmeßwerk (Kreuzspulanordnung) verwendet werden, dessen Stellung pneumatisch abgetastet wird und den Kraftschalter und das Stellglied pneumatisch betätigt.

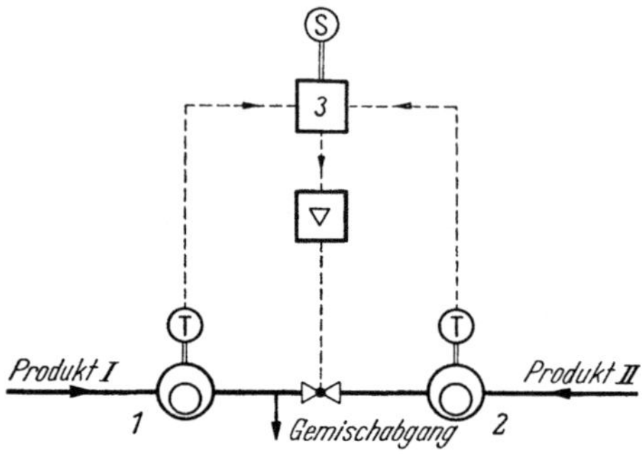

1, 2 Volumzähler 3 Brückenmeßeinrichtung

Bild 9. Gemischregelung durch Drehzahlferngeber

Die vorstehend angegebenen Beispiele von Grundregelvorgängen in der chemischen Technik, nämlich Temperatur-, Druck-, Stand- und Durchfluß- bzw. Gemischregelungen, sind die wesentlichsten Regelvorgänge, die in einfachen Regelkreisen durchgeführt werden und auch die weitaus größte Zahl der gestellten Regelaufgaben erfüllen. Die darüber hinaus anfallenden Probleme, z.B. die Regelung von Analysengeräten her, lassen sich in genügend guter Qualität meist nur durch kompliziertere Anordnungen lösen, die im Abschnitt D an einigen Beispielen besprochen werden sollen.

D. Technologische Beispiele für besondere Regleranwendungen

1. Temperatur-Kaskadenregelung an einem Polymerisationskessel

In einem kontinuierlich arbeitenden Polymerisationskessel ist die genaue Konstanthaltung der Innentemperatur von besonderer Bedeutung für die einwandfreie Produktqualität. Der Vorgang selbst ist exotherm, so daß dauernd Wärme abgeführt werden muß. Erschwerend tritt hinzu, daß bei Temperaturerhöhungen der Vorgang zum ,,Durchgehen" neigt, da die abzuführende Wärme dann mehr als linear mit der Temperatur ansteigt. Die Regelung muß auf diese Eigenart Rücksicht nehmen; größere Überschwingweiten sind zu vermeiden. Das äußerst zulässige Maß der Schwankungsbreite liegt innerhalb 1 °C.

Der Wärmetransport (*Bild* 10) erfolgt über das Kühlwasser des Kühlmantels; eine Pumpe (Förderleistung etwa 100 m^3/h) wälzt das Kühlwasser (Inhalt etwa 3 m^3) um. Das Kaltwasser wird auf der Saugseite der Pumpe zugegeben, das überschüssige Kühlwasser fließt über einen Siphon frei ab. Bei der Lösung der Regelaufgabe sind die großen Anlaufzeiten der Regelstrecke (Kesselfüllvolumen etwa 16 m^3) zu beachten, besonders störend sind aber die erheblichen Totzeiten infolge der indirekten Wärmeabfuhr über den Kesselmantel. Je nach Ausführung des Kessels (Plattierung oder Emaillierung) und nach dem Belegungsgrad der Innenwand durch Polymerisate schwanken die Ersatz-Totzeiten zwischen 12 und 60 min. Auch der Temperaturfühler ist infolge von Anwachsungen wesentlich an den Totzeiten beteiligt. Wegen des ungünstigen Verhältnisses von Totzeit zu Anlaufzeit und der immer vorhandenen Störgrößen im System wird eine Regelung im einfachen Regelkreis vom Temperaturfühler im Kessel auf das Kaltwasserventil praktisch unmöglich.

Eine Abhilfe bringt die Kaskadenregelung (*Bild* 10). Ein z. B. elektro-pneumatischer P-Regler (*1*), dessen P-Bereich etwa 6 °C beträgt, regelt mit Hilfe eines Temperaturfühlers (*2*) im Kühlwasser dieses auf die dem Regler (*1*) vorgegebene Temperatur, indem er in den Kaltwasserzugang eingreift. Dieser Regelkreis hat nur geringe Verzögerungen und bietet regelungstechnisch keine Schwierigkeiten. Ein z. B. elektro-pneumatischer PID-Regler (*3*) mit einem Fühler (*4*) im Kesselinneren beeinflußt als Führungsregler den Sollwert des Kühlwassertemperaturreglers (*1*), der dann als Folgeregler so wirkt, daß bei zu hoher Produkttemperatur die Kühlwassertemperatur gesenkt wird; er schließt damit den Regelkreis des Führungsreglers. Der PID-Regler hat einen P-Bereich von 3 °C. Zwischen den beiden Reglern ist ein pneumatisch-elektrischer Umformer eingeschaltet, der den pneumatischen Ausgang des PID-Reglers in einen elektrischen Widerstandswert zur Einschaltung in die Eingangsbrücke des P-Reglers umformt. Eine Temperaturänderung im Kessel um 3 °C verändert den Sollwert des Wasserreglers um 6 °C und überdeckt mit dieser Temperaturspanne den Stellbereich des Kaltwasserventils.

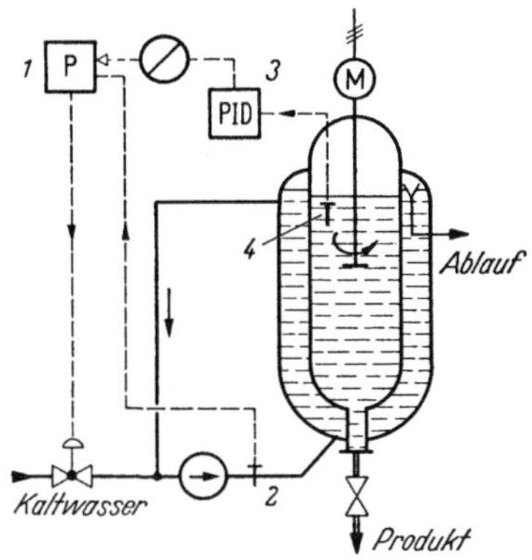

1 Regler für Kühlwassertemperatur (Folgeregler)
2 Temperaturfühler für Kühlwasser
3 Regler für Produkttemperatur (Führungsregler)
4 Fühler für Produkttemperatur

Bild 10. Temperaturkaskadenregelung an einem Polymerisationskessel mit elektro-pneumatischen Reglern

Mit dieser Anordnung gelingt es, die Temperatur im Kesselinneren einwandfrei konstant zu halten. Die angegebenen Daten gelten aber nur für ein besonderes Ausführungsbeispiel und sind in jedem einzelnen Fall neu auszuwählen. Bei kürzeren Totzeiten (unter 15 min) kann der Regler (*3*) auch als PI-Regler ausgeführt werden. Die Störgrößen des Kühlwassersystems werden bereits vom Folgeregler abgefangen, so daß mit ihnen der Führungsregler nicht belastet wird. Dies ist der besondere Vorzug der Anlage.

2. Störwertaufschaltung in einer Abwasserdestillation

In der Buna-Fabrikation tritt am Ende der Polymerisationsstufe die Notwendigkeit auf, ein Abwasser von Styrol- und Butadienbeimengungen zu befreien, wobei dieser Vorgang aus wirtschaftlichen und abwassertechnischen Gründen sehr gleichmäßig und störungsfrei laufen soll. Die Abtrennung erfolgt in einer Abtreibsäule unter Vakuum, bei dem beide Kohlenwasserstoffe über den Kopf der Säule gasförmig ausgetrieben werden (*Bild* 11). Das anfallende, verunreinigte Abwasser wird nach der Förderpumpe durch Blende und Meßumformer in seiner Durchflußstärke erfaßt, über einen Verhältnisregler wird Dampf nach Maßgabe des Abwasserzuflusses von unten in den Turm eingeblasen, der die gelösten Kohlenwasserstoffe zur Ausgasung bringt. Um nun von Temperaturschwankungen frei zu sein, wird das am Kopf zufließende Abwasser durch Dampfzugabe auf eine feste Temperatur eingeregelt, die so hoch gewählt wird, daß bei dem herrschenden Druck (Vakuum) der Siedepunkt der Kohlenwasserstoffe eindeutig überschritten wird. Da nun diese Zusatzdampfmenge das Wasser-Dampf-Verhältnis und damit die Temperaturver-

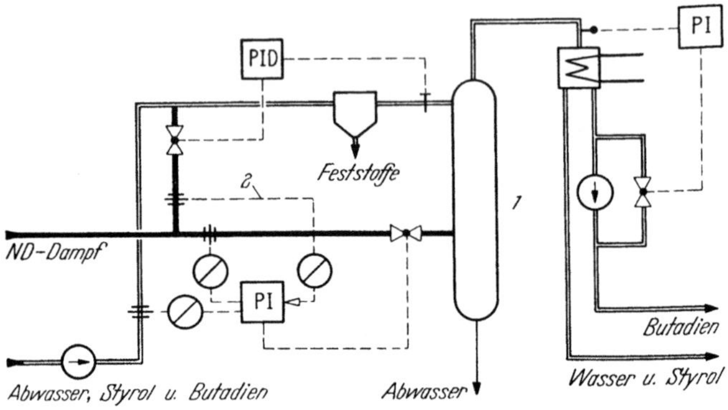

1 Trennsäule *2* Störwert

Bild 11. Störwertaufschaltung in einer Wasserdestillation

teilung im Turm stört, wird der Durchfluß des Aufheizdampfes gemessen und zur Korrektur des Mischungsverhältnisses als Störwert auf den Gemischregler aufgeschaltet. Mit dieser Anordnung werden stabile Temperaturverhältnisse im ganzen Turm erreicht. Das Styrol wird in einem Kühler niedergeschlagen und mit dem gleichfalls kondensierten Wasser einer einfachen Trennanlage zugeführt, deren Wasseranteil wieder dem Eingangsprodukt beigegeben wird, während der kohlenwasserstofffreie Ablauf des Turmes direkt dem Abwasserkanal zufließt. Beide Abläufe erfolgen über eine barometrische Abtauchung. Das Butadien wird gasförmig über eine Elmo-Pumpe [*17*] (Wasserringpumpe) abgezogen, wobei die Vakuumregelung im Umlauf durch Rückentspannung vorgenommen wird.

Regelungstechnische Schwierigkeiten, verursacht durch hohe Totzeiten und Anlaufzeiten, treten nicht auf; lediglich bei der Temperaturregelung am Kopf ist ein Mischbehälter zweckmäßig, der zugleich als Abscheider für etwa mitgerissene Feststoffe (Polymerisate) dient.

3. Mischimpulsschaltung an einem Hochdruckvorwärmer

Das in eine Hochdruckkammer (Nenndruck 325 atü) fließende Produkt soll zur Entlastung des elektrisch geheizten Verdampfers auf eine gewünschte Temperatur vorgewärmt werden. Das Aufheizen des Produktes (*Bild* 12) geschieht mit Dampf in einem Doppelmantelröhrensystem im Gegenstrom. Trotz Verwendung eines PID-Reglers mit weiten Einstellmöglichkeiten gelingt es nicht, im einfachen Regelkreis mit der Ausgangstemperatur als Meßgröße einwandfrei zu regeln. Ist beispielsweise die Endtemperatur zu niedrig, so öffnet der Regler das Dampfventil etwas. Infolge der Gegenstromanordnung steigt zwar die Temperatur in kurzer Zeit an, aber der vergrößerte Dampfdurchfluß erhöht auch die Temperatur der großen Eisenmassen des Vorwärmers. Sie teilt sich allmählich dem Produkt mit, was wegen seiner sehr geringen Durchflußgeschwindigkeit (einige cm/s) erst wesentlich später am Ausgang bemerkbar wird. Überregelungen und Pendelungen der Temperatur sind unausbleiblich.

Eine Abhilfe bringt im vorliegenden Beispiel die Mischimpulsschaltung, bei der die Produkttemperatur nach der vierten Rohrschlange bei insgesamt 15 Rohrschlangen zu Hilfe genommen und die Ausgangstemperatur schwächer aufgeschaltet wird (*Bild* 12). Um den verwendeten Temperaturregler nicht umbauen zu müssen, werden die Impulse der Widerstandsthermometer mit Beteiligung der Hilfsmeßstelle von 40% und der Ausgangsmeßstelle von 60% wie folgt gemischt: Im Versuchsbetrieb war von Hand bei einer gewünschten Endtemperatur von z. B. 148 °C an der Hilfsmeßstelle eine Temperatur von 85 °C ermittelt worden, was bei Widerstandsthermometern Pt 100 Widerstandswerten von 156,60 bzw. 132,81 Ω entspricht. Durch Hintereinanderschalten beider Widerstandsthermometer und einen Parallelwiderstand an jedem Widerstandsthermometer wird der Gesamtwiderstand der Anordnung wieder auf 156,60 Ω gebracht, gleichzeitig aber erreicht, daß sich die Endtemperatur mit 60% und die Hilfstemperatur mit 40% beteiligt. Es muß zu diesem Zweck der Gesamtwiderstand im Verhältnis 60 : 40 entsprechend 93,96 und 62,64 Ω aufgeteilt werden. Nach den Kirchhoffschen Verzweigungsregeln ergeben sich für das Hauptthermometer 234,5 und das Hilfsthermometer 118,5 Ω Parallelwiderstand.

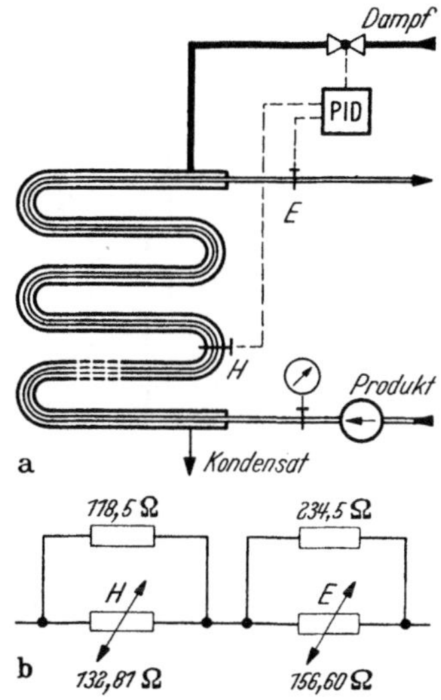

a Doppelmantelröhrensystem mit etwa 30 Schlangen
b Meßschaltung für die Widerstandsthermometer
E Hauptmeßstelle
H Hilfsmeßstelle

Bild 12. Mischimpulsschaltung an einem Hochdruckvorwärmer

Mit dieser Parallel-Serien-Kombination (*Bild* 12) ergibt sich der gewünschte Gesamtwiderstand und die gewünschte Beteiligung von 60 : 40. Die Regelung gelingt nach dieser Methode einwandfrei; ein gewisser Nachteil liegt darin, daß bei anderen Temperaturverteilungen längs des Vorwärmers und bei vorhandener stabiler Regelung die an der Sollwertmarke eingestellte Temperatur nicht der wirklichen Endtemperatur entspricht. In jahrelangem Betrieb wurde dieser Zustand nicht als nachteilig empfunden, da die richtige Endtemperatur ohnedies über ein besonderes Widerstandsthermometer gemessen wird und der gewünschte Sollwert danach eingestellt werden kann. Ein großer Vorteil liegt in der Austauschbarkeit der Regler, die in Störungsfällen ohne irgendwelche Umbauten direkt vom Lager her eingebaut werden können.

4. Regelung einer Kolonne nach der Produktqualität

Bei der Automatisierung einer Destillationsanlage ist es notwendig, von einem Qualitätstest des Endproduktes die Einstellwerte der einzelnen Regler in gewünschtem Maße zu ändern, um die richtige Endqualität zu erhalten. Neben der rein apparativen Schwierigkeit der benötigten Analysen- und Rechengeräte, welche die Verstellung besorgen sollen, ist es aber in den meisten Fällen bei den chemischen

Anlagen schwer möglich, die funktionellen Zusammenhänge anzugeben, nach denen solche Automaten arbeiten sollen. Wenn die Zusammenhänge jedoch so einfach sind, daß nach der Qualität in etwa linearer Abhängigkeit ein einziges Stellglied beeinflußt oder der Sollwert eines Reglers geführt werden kann, so sind gute Lösungen mit geringem Aufwand möglich. Ein schönes Beispiel hat

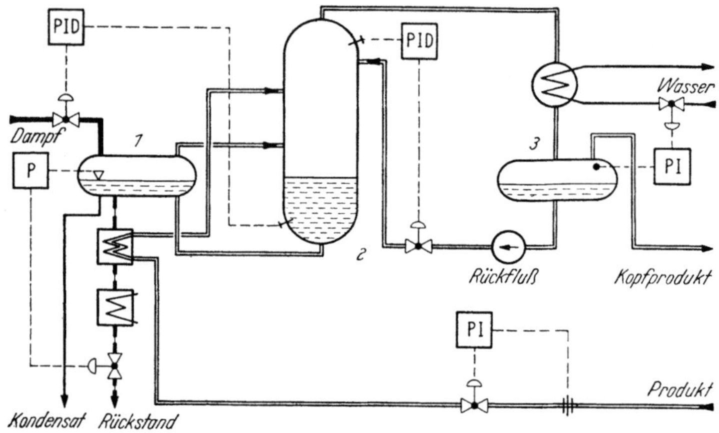

1 Rückverdampfer *2* Kolonne *3* Destillatvorlage

Bild 13. Regelung einer Benzindestillation

W. Kundt [*6*] für die Regelung einer Benzindestillationskolonne nach der Qualität des Sumpfproduktes (*Bild* 13) angegeben. Da dieses Beispiel für die chemische Technik von allgemeiner Bedeutung ist, sei es im vorliegenden Zusammenhang erwähnt.

Eine Destillationskolonne (*2*) ist mit dem üblichen Regleraufwand ausgerüstet worden; dazu gehören:

1. Regelung auf konstanten Produktzulauf,
2. Regelung der Sumpftemperatur über die Dampfzugabe zum Wiederaufkocher (*1*),
3. Regelung des Flüssigkeitsstandes im Sumpf über das Ablaufventil,
4. Regelung des Kopfdruckes über die Kühlung des Kondensators,
5. Regelung der Kopftemperatur über den Rückfluß.

Alle Regelkreise sind über die Kolonne selbst miteinander gekoppelt und beeinflussen sich gegenseitig.

Der Qualitätstest für das gewünschte Endprodukt im Sumpfablauf kann aus seinem Dampfdruck gewonnen werden. Nachdem es geglückt war, einen sicheren Dampfdruckmesser aus der Messung des Restdruckes einer Benzinstrahlpumpe zu entwickeln, konnte der Temperaturregler im Kolonnensumpf durch den Restdruckregler ersetzt werden. Es wurde wegen der hohen Totzeit von 8 bis 10 min ein einfacher P-Regler genommen, dem als Störgröße der Steuerimpuls des Sumpfstandreglers aufgeschaltet war. Durch glückliche Umstände, deren Einzelheiten der Originalliteratur [*6*] zu entnehmen sind, spricht der Standregler auf alle wichtigen Störgrößen im gewünschten Sinne an, so daß man mit der einzigen Störgrößenaufschaltung auskommt.

5. Regelung eines Mischungsverhältnisses nach der Produktqualität

Auch bei anderen Aufgaben zur Regelung der Produktqualität kann in den seltensten Fällen direkt vom Analysengerät in einem einläufigen Regelkreis eine Regelung durchgeführt werden, da die Totzeiten des Analysengerätes wegen ihres ungünstigen Verhältnisses zur Anlaufzeit der Regelstrecke die Aufgabe erheblich erschweren. Eine einfache Lösung läßt sich aber über die Kaskadenregelung erreichen.

Ein solches Problem liegt z. B. für einen Salzsäureofen vor, in dem Salzsäuregas aus den Komponenten Wasserstoff (H_2) und Chlor (Cl_2) gebildet wird. Es wird aber zusätzlich gefordert, daß das abgehende Salzsäuregas nur noch eine festgelegte, geringe Beimischung an überschüssigem Wasserstoff (z.B. 2%) enthält. Die Lösung ergibt sich durch folgende einfache Anordnung (*Bild* 14):

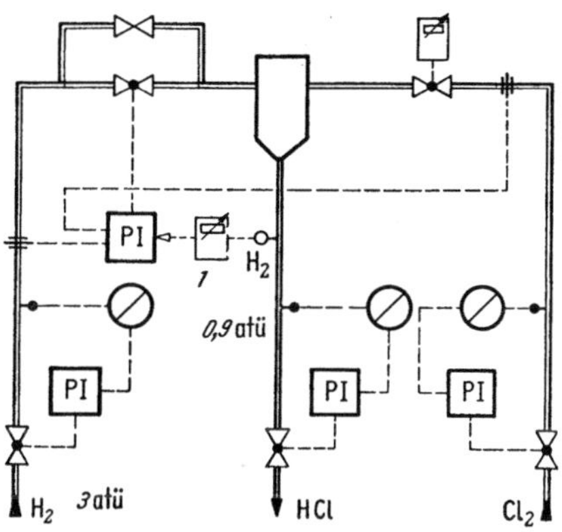

1 Analysengeber

Bild 14. Gemischregelung mit Korrektur an einem Salzsäureofen

Durch Handeinstellung eines Ventils in der Chlorleitung wird die Belastung eines Ofens konstant oder nach einem Programm eingestellt. Durch eine Regelung des Chlorvordruckes und durch Regelung des Ofengegendruckes wird dafür gesorgt, daß einer bestimmten Einstellung dieses Handventils ein definierter Chlordurchfluß entspricht. Mit Hilfe von Blende und Meßumformer werden die Durchflüsse von Chlor sowie Wasserstoff gemessen. Die beiden Meßwerte sind Eingangswerte eines Verhältnisreglers, der ein Stellglied in der Wasserstoffleitung derart betätigt, daß das Durchflußverhältnis auf dem eingestellten Sollwert bleibt. Die Regelung arbeitet praktisch verzögerungsfrei und ist regelungstechnisch leicht zu bewältigen. Der Sollwert des Verhältnisses wird am Regler so eingestellt, daß Wasserstoff im gewünschten Überschuß (z.B. 2%) vorhanden ist. Änderungen an diesem Verhältnis können nur allmählich eintreten, sei es durch schwankende Reinheitsgrade der Ausgangsgase oder z.B. durch allmählich verschmutzende Blenden in der Chlorleitung. Der Analysenapparat stellt Abweichungen des Restwasserstoffgehalts fest und verändert mit sehr großer Zeitkonstante den Sollwert des Mischungsverhältnisses. Verwendet man pneumatische Meßumformer mit einem pneumatischen Gemischregler, so muß die elektrische Ausgangsgröße des Analysenapparates über einen Wandler in einen verhältnisgleichen Luftdruck übersetzt werden, der den Sollwertversteller beeinflußt. Die Zeitkonstante kann bei einer Totzeit des Analysengerätes von z.B. 2 min ohne Schwierigkeit mit 8 bis 10 min gewählt werden.

Diese Lösung ist auch bei schwankendem Durchsatz des Ofens verwendbar (z.B. bei Wegfall der Chlorvordruck- und Salzsäurenachdruckregelung). Die sehr verzögerungsarme Gemischregelung folgt allen Lastschwankungen, ohne das Verhältnis selbst zu ändern.

Die Zeitkonstanten haben Grenzen, die bei pneumatischen Regelungen bei etwa 30 min liegen. Unter Zuhilfenahme elektrischer Zeitglieder ist eine Anlage in der Ferngasversorgung bekannt geworden, bei der ohne Schwierigkeiten eine erforderliche Zeitkonstante von 2 Stunden eingestellt werden konnte.

Durch die Kaskadenanordnung eines verzögerungsarmen Regelkreises und einen übergeordneten, langsam wirkenden zweiten Regelkreis ist eine zuverlässige und einwandfreie Lösung des Problems erreicht worden. Diese Führungs- und Folgeregelung dürfte für alle ähnlichen Fälle den besten Erfolg bringen, so z.B. bei gasbeheizten Öfen zur Korrektur eines Brennstoff-Luft-Gemisches vom Restsauerstoffgehalt her oder auch zur pH-Regelung in einer Mischstrecke.

6. Konsistenzregelung in der Zellstoffindustrie

Ein anderes Beispiel der Regelung einer Produktqualität zeigt die Konsistenzregelung einer Zellstoffaufschwemmung. Für die Güte des Endproduktes ist die gleichbleibende Konsistenz (Prozentgehalt an Zellstoff in einer Zellstoffaufschwemmung) von entscheidender Bedeutung. Es wurde festgestellt, daß bei konstanter Strömungsgeschwindigkeit die Rohrreibung der Aufschwemmung ein gutes Maß für den Zellstoffgehalt darstellt. Gelingt es nun, einmal den Durchfluß in einem geschlossenen Rohr konstant einzuregeln und gleichzeitig den Differenz-

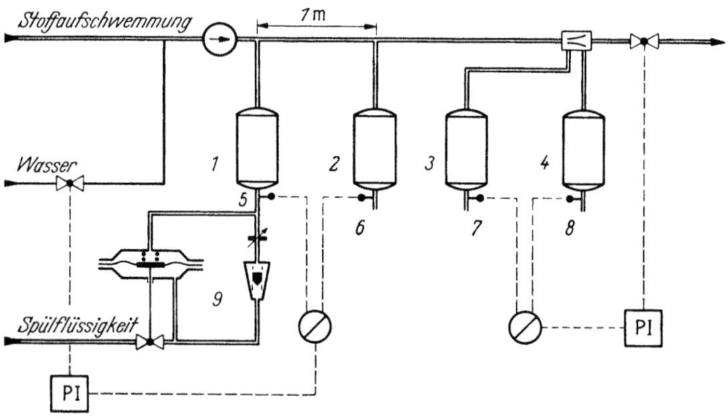

1 bis *4* Filter *5* bis *8* Ansatzstellen für die Spüleinrichtungen *9* Spüleinrichtung

Bild 15. Konsistenzregelung in einem geschlossenen Rohr

druck an einem Rohrleitungsstück konstant zu halten, so wäre das Problem der gleichmäßigen Beschickung der Aufbereitungsapparatur und der gleichbleibenden Stoffqualität (Metergewicht) gelöst. Dies gelingt mit folgender Anordnung (*Bild* 15) [7]:

In der Zellstoffleitung ist eine Venturidüse eingebaut, deren Wirkdruck über einen Meßumformer ein pneumatisches Signal als Maß für den Durchfluß bildet. Dieses Signal beaufschlagt einen Regler der üblichen Einheitsbauart, der das Regelventil im Produktstrom betätigt. Durch eine Spülflüssigkeit werden die Düsenanbohrungen freigehalten (s. Kapitel 3 *Bild* 2). Bei nunmehr festliegendem Durchfluß wird der Druckabfall an einem definierten Rohrleitungsstück (z.B. 1 m) gleichfalls über Meßumformer gemessen und das Wasserventil über den Regler so eingestellt, daß der durch die gewünschte Konsistenz festgelegte Differenzdruck und damit sie selbst eingehalten wird. Dieses Beispiel zeigt eindrucksvoll, wie die verlangte Produktqualität bei Fehlen eines unmittelbar anzeigenden Analysengerätes über eine Abbildungsgröße eingeregelt werden kann.

7. Temperaturregelung an einem Zellstoffkocher

Auch bei diskontinuierlichen Vorgängen ist der Einsatz von Reglern zur Sicherung einer gleichbleibenden Produktqualität von großer Bedeutung, wenn es sich um regelmäßig wiederkehrende Vorgänge (Chargenbetrieb) handelt. Ein interessantes Beispiel ist die Regelung an einem Zellstoffkocher (*Bild* 16) [*8*]. Der Kocherinhalt (etwa 100 bis 300 m³) wird durch eine gegen die Kochsäure beständige Pumpe umgewälzt und am Austritt eines Erhitzers in seiner Temperatur nach einem Zeitplan (Programmregelung) durch Beeinflussung der Dampfzufuhr geregelt. Da der Dampfbedarf für den Aufheizvorgang und den Kochvorgang weitgehend verschieden ist, muß die Regelcharakteristik des Dampfventils sorgfältig auf den Dampfdurchsatz in den verschiedenen Phasen des Kochvorganges abgestimmt sein. Für den Anheizvorgang benutzt man billigeren Niederdruckdampf; innerhalb des Zeitplanes wird selbsttätig auf Hochdruckdampf umgeschaltet, was getrennte Regelventile erfordert.

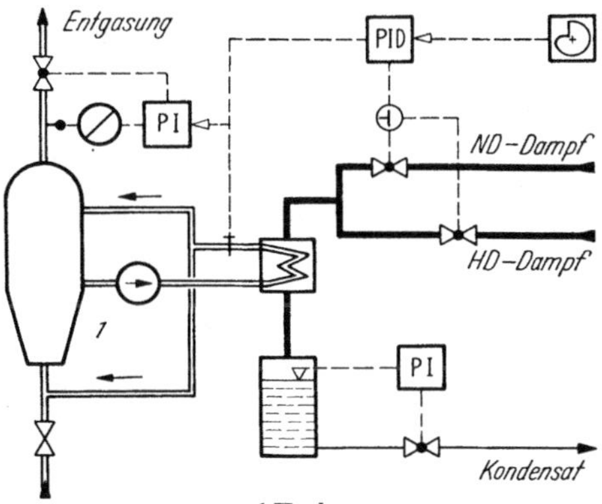

1 Kocher

Bild 16. Temperaturregelung an einem Zellstoffkocher

Der Zeitplan ist auf den Anlaufwert von etwa 100 s/°C bzw. die Anlaufzeit von 2 bis 3 Stunden abgestimmt. Nach Erreichen der Reaktionstemperatur (100 bis 130 °C) muß wegen der sonst bei weiterer Temperaturerhöhung unzulässig anwachsenden Reaktionsgeschwindigkeit der eingestellte Temperatursollwert sehr genau eingehalten werden. Ein proportional wirkender Regler wäre hier fehl am Platz, denn die sehr stark unterschiedlichen Dampfdurchsätze nehmen den Stellbereich der Ventile voll in Anspruch, d.h., die Temperaturabweichungen vom Sollwert würden den ganzen Proportionalbereich durchlaufen. Es ist also ein PI- oder PID- Regler einzusetzen. Vordruckschwankungen des Dampfes sind eine wesentliche Störgröße und müssen, damit auch vorübergehende Regelabweichungen nicht auftreten, mit Hilfe von Vordruckreglern (in *Bild* 16 nicht dargestellt) unwirksam gemacht werden.

Das zweite Problem ist die Abführung von Luft und Fremdgasen aus dem Kocher, um eine Oxydation der Kochsäure zu vermeiden. Hierzu dient eine Folgeregelung des Kocherdruckes. Das erste Meßwerk des Reglers mißt die Temperatur des Kochers am gleichen Meßort wie der Temperaturregler, das zweite Meßwerk ist an den Druck am Kocherausgang angeschlossen, formt ihn aber noch rechnerisch um. Nach den Dampfdruckgesetzen ist die Temperatur der reinen

Kochsäure (ohne Fremdgase): $T = \frac{a}{b - \ln p}$ (T Temperatur, p Druck, a und b Konstanten für das benutzte Kochmittel).

Der gemessene Druck wird in den Ausdruck $\frac{a}{b - \ln p}$ umgerechnet und dem ersten Meßwerk entgegengeschaltet, so daß erst die Differenz zwischen der theoretischen, gasfreien Temperatur und der gemessenen Temperatur als Führungsgröße das Entspannungsventil betätigt.

Ein Standregler in der Kondensatabführung vervollständigt die regelungstechnische Ausrüstung.

Auch hier ist durch eine geschickte Ausnutzung der physikalischen Zusammenhänge eine direkte, sicherlich nicht einfache Analyse des Gas-Dampf-Inhaltes in der Haube des Zellstoffkochers vermieden worden, deren Auswertung zu Regelungszwecken erheblich schwieriger gewesen wäre.

8. Temperaturregelung an einem Röhrenspaltofen mit Sicherheitsschaltung

In einem Röhrenspaltofen zur thermischen Krackung von gasförmigen Kohlenwasserstoffen wird die Temperatur durch Beeinflussung der Gas-Luft-Heizung geregelt (*Bild* 17). Der Regler betätigt ein Membranventil in der Gebläseluftleitung. Über einen Gemischregler wird die entsprechende Gasmenge im gewünschten

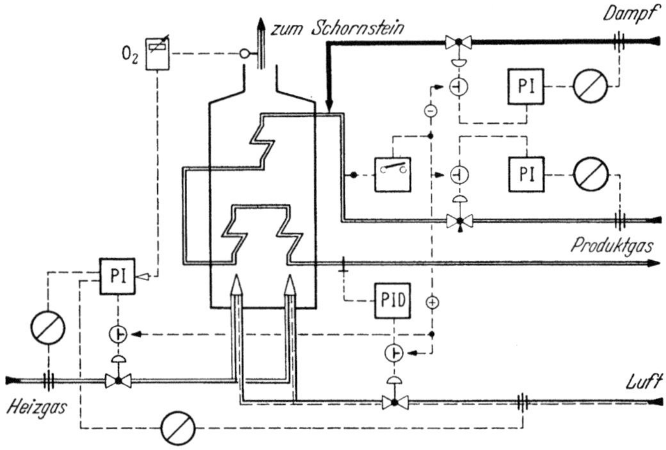

Bild 17. Sicherheitsschaltung an einem Röhrenspaltofen

Verhältnis zugegeben. Wenn mit stärkeren Heizwertschwankungen des Heizgases gerechnet werden muß, dient ein Sauerstoffanalysengerät am Ofenausgang dazu, das Mischungsverhältnis im Sinne besserer Verbrennung zu verschieben. Ein Durchflußregler in der Produktgasleitung hält den Durchfluß auf einem gewünschten Wert, desgleichen ein Durchflußregler in der Dampfleitung, über den Dampf in einer festgelegten Menge dem Gas zugemischt wird.

Nun wird zusätzlich gefordert, daß bei Ausfall des Produktgases sofort eine größere Menge Dampf eingeblasen wird, um jede Überhitzung des Röhrensystems zu verhindern. Die zusätzlich geforderte Abschaltung der Feuerung genügt allein nicht, da die thermische Trägheit des Ofens noch zur Beschädigung des Röhrenbündels führen würde. Bei der Lösung des Problems wird die Eigenschaft der Membranventile ausgenutzt, daß sie bei Ausfall der Luft durch die Federkraft in eine gewünschte Endlage laufen, die je nach der getroffenen Auswahl der Öffnungs- oder Schließstellung entspricht. Ein Kontaktmanometer in der Produktgasleitung schaltet bei einem eingestellten Minimaldruck Dreiweghähne in allen vier Druckluftleitungen zu den Membranventilen so um, daß die Membrandeckel entspannt werden und die Ventile unter Einwirkung der Federkraft in die Endlage gehen. Die Membranventile für Produktgas, Verbrennungsluft und Heizgas sind umgekehrt wirkend und schließen, während das normal wirkende Ventil in der Dampfleitung ganz öffnet. Das Relais ist mit einem Fangkontakt ausgerüstet, so daß der normale Zustand nach Herstellung der richtigen Betriebsverhältnisse erst wieder von Hand eingeschaltet werden kann. Auch bei Druckluftausfall und Ausfall der Stromversorgung für das Relais laufen die Ventile in die gewünschte Sicherheitslage.

E. Einsatz der Regelungstechnik in Großanlagen

Am Beispiel zweier Großanlagen soll gezeigt werden, welchen Umfang die Regelungstechnik im neuzeitlichen chemischen Betrieb annimmt.

1. Katalytisches Verfahren mit anschließender Destillation

Styrol wird als Ausgangsmaterial für eine Reihe von Kunststoffen (z. B. Polystyrol, Buna) in sehr großem Maße erzeugt. Die Herstellung des Styrols erfolgt durch Abspaltung von Wasserstoff aus dem Äthylbenzol, stellt also eine Dehydrierung dar, für die Wärme aufgewendet werden muß. Der Vorgang ist folgender:

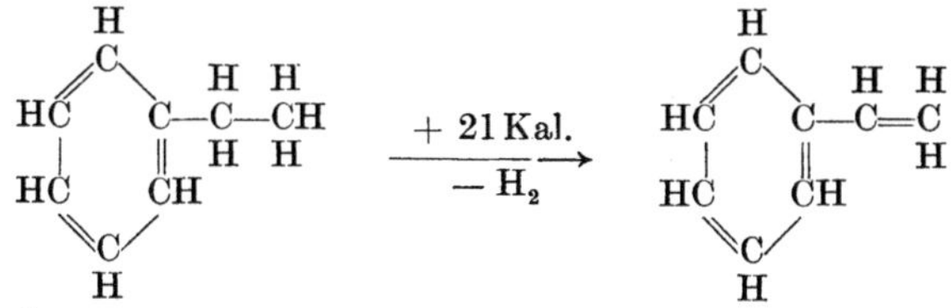

Äthylbenzol Styrol

Diese Dehydrierungsreaktion vollzieht sich in Gegenwart von Wasserdampf, der als Führungsgas und Wärmeträger in bestimmtem Verhältnis zugesetzt wird. Außerdem hat der Wasserdampf die Aufgabe, den als Nebenreaktion durch Krackung entstehenden Kohlenstoff mit der Wassergasreaktion wegzuoxydieren:

$$C + 2\,H_2O \longrightarrow CO_2 + 2\,H_2$$

Da Styrol aus Äthylbenzol nicht quantitativ erzeugt wird, muß in einer anschließenden Destillation das Styrol vom Äthylbenzol und den außerdem entstehenden Nebenprodukten abgetrennt werden.

Das Schema des katalytischen Teils ist für einen Styrolofen aus *Bild* 18 zu ersehen [*9*]. Die Lasteinstellung der ganzen Anlage erfolgt durch die Stellung des Äthylbenzol-Eingangsventils. Der sich ergebende Durchfluß wird gemessen und ihm

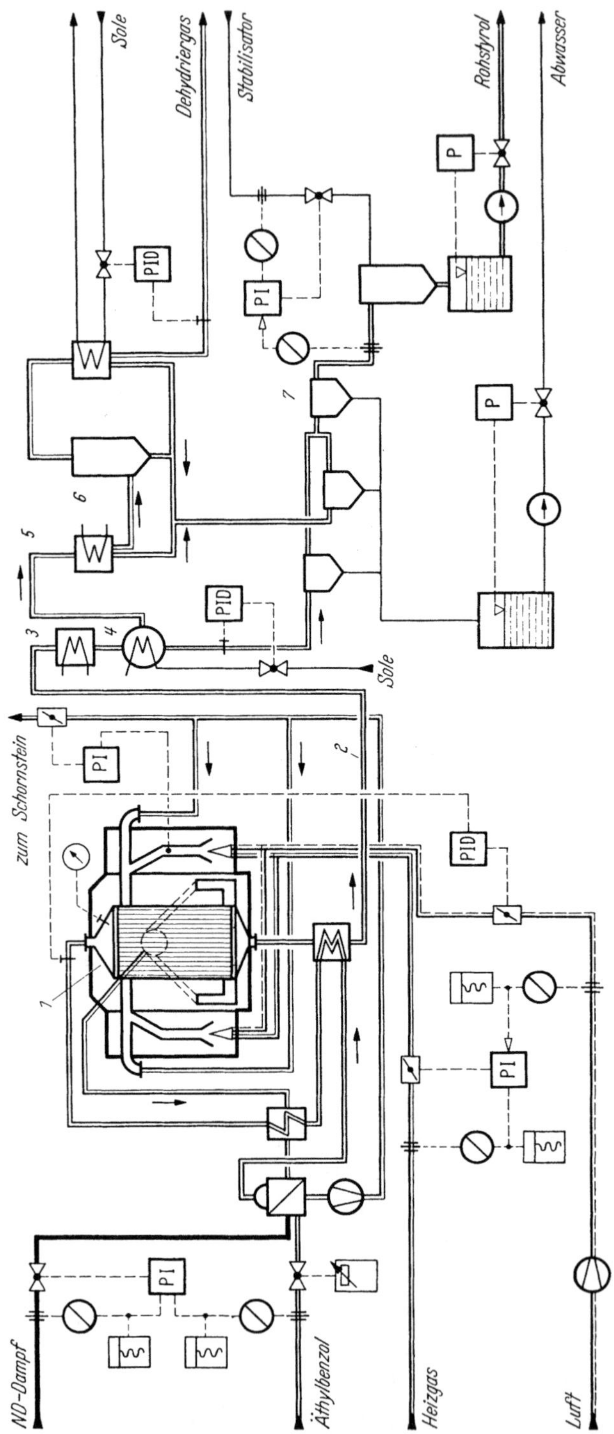

Bild 18. Schema der Styrolerzeugung (katalytischer Teil)

1 Ofen *2* Ofenöl + Dehydriergas *3* Vorkühler *4* Kondensator *5* Dehydriergas *6* Prallturm *7* Trockner wird über einen Verhältnisregler die zugehörige Dampfmenge (z.B. 1 : 1,2) zugeordnet. Die Reaktionstemperatur im Röhrenbündel des Ofens (*1*) wird über die Verbrennungsluft geregelt, die ihrerseits über einen Gemischregler die erforderliche Heizgasmenge mitnimmt. Das ablaufende Reaktionsprodukt (Ofenöl genannt) wird zur Wassereinsparung im Kondensator (*4*) über eine Temperaturregelung auf eine vorgegebene Ablauftemperatur eingeregelt; eine ähnliche Temperaturregelung kühlt das Abgas (*5*) (Dehydriergas) auf eine gewünschte Temperatur ab. Da das Styrol, vor allem in der nachgeschalteten Destillation, die Neigung hat, sich zu längeren Molekülen zusammenzufügen (Polymerisation), wird zum Vermeiden dieses Vorganges ein Stabilisator zugegeben, der über einen Verhältnisregler, nach dem ablaufenden Ofenöldurchfluß als Führungsgröße, die zugehörige Stabilisatormenge zudosiert. Zwei Standregler vervollständigen die regelungstechnische Ausrüstung. Der notwendige, rein meßtechnische Aufwand, der vor allem in der Temperaturüberwachung des katalytischen Prozesses sehr groß ist, der z.B. auch eine Reihe von automatischen Analysengeräten umfaßt (Dichte und Zusammensetzung des Dehydriergases, CO in Raumluft bei CO-haltigem Heizgas usw.) ist im *Bild* 18 nicht gezeichnet.

Bild 19 zeigt die Destillationsanlage, die zum Vermeiden unnötig hoher Temperaturen als Vakuumdestillation ausgelegt wird [*10*]. Das Vakuum wird durch Dampfstrahler erzeugt, deren Kennlinie bezüglich des erzeugten Druckes in Abhängigkeit vom abgesaugten Gasvolumen (z.B. in kg/h) sehr steil verläuft, dann aber bei Überschreitung eines kritischen Punktes stark abflacht (Einzelheiten s. Abschnitt C2). Die Regelung des gewünschten Absolutdruckes erfolgt daher nicht durch Einsaugen einer Zusatzmenge über eine vom Regler eingestellte gewollte Undichtigkeit, sondern sie muß durch Drosselung in der direkten Absaugleitung erfolgen. Nur so behält der Dampfstrahler seine volle Sauggeschwindigkeit bei allen Lastpunkten und bei frei wählbarem Absolutdruck. Die Kolonnen (*1*) und (*2*) sind Glockenbodenkolonnen, Kolonne (*3*) dagegen ist eine einfache Raschigsäule.

Die Destillation ist so angeordnet, als ob Kolonne (*1*) oben auf der Kolonne (*2*) sitzen würde. Der Zulauf zur Kolonne (*1*) ist auf konstanten Durchfluß geregelt, dessen Sollwert in Kaskadenschaltung vom Stand des Zwischentanks über einen Regler mit sehr weitem P-Bereich beeinflußt wird. Hierdurch ist eine möglichst gleichmäßige Belastung der Kolonne (*1*) und der nachgeschalteten Kolonnen sichergestellt. Da das Kopfprodukt der Kolonne (*1*) kein Styrol mehr enthalten darf, wird die Kopftemperatur zum Ausgangspunkt der Kolonnenheizung gewählt. Da aber wegen der hohen Verzögerungen nicht vom Fühler am Kopf die Dampfzugabe im Umlaufverdampfer am Sumpf beeinflußt werden kann (zu große Totzeit!), wird auch hier eine Kaskadenanordnung gewählt. Der Sollwert des Temperaturreglers am Wiederaufkocher wird über den Kopftemperatur-Regler beeinflußt. Bei der üblichen Verwendung von elektro-pneumatischen Temperaturreglern muß ein Wandler eingeschaltet werden, der den pneumatischen Ausgang des Kopftemperatur-Reglers in eine elektrische Widerstandsänderung umformt, die ihrerseits in die Brücke des unteren Reglers im gewollten Sinne eingreift. So ist erreicht, daß der Temperaturregler am Wiederaufkocher schnell reagieren kann und dennoch die Kopftemperatur auf dem gewünschten Wert stehenbleibt. Bei der Kolonne (*2*) soll das Sumpfprodukt äthylbenzolfrei sein. Hier ist eine einfache Regelung der Temperatur am Wiederaufkocher angebracht und auch ausreichend.

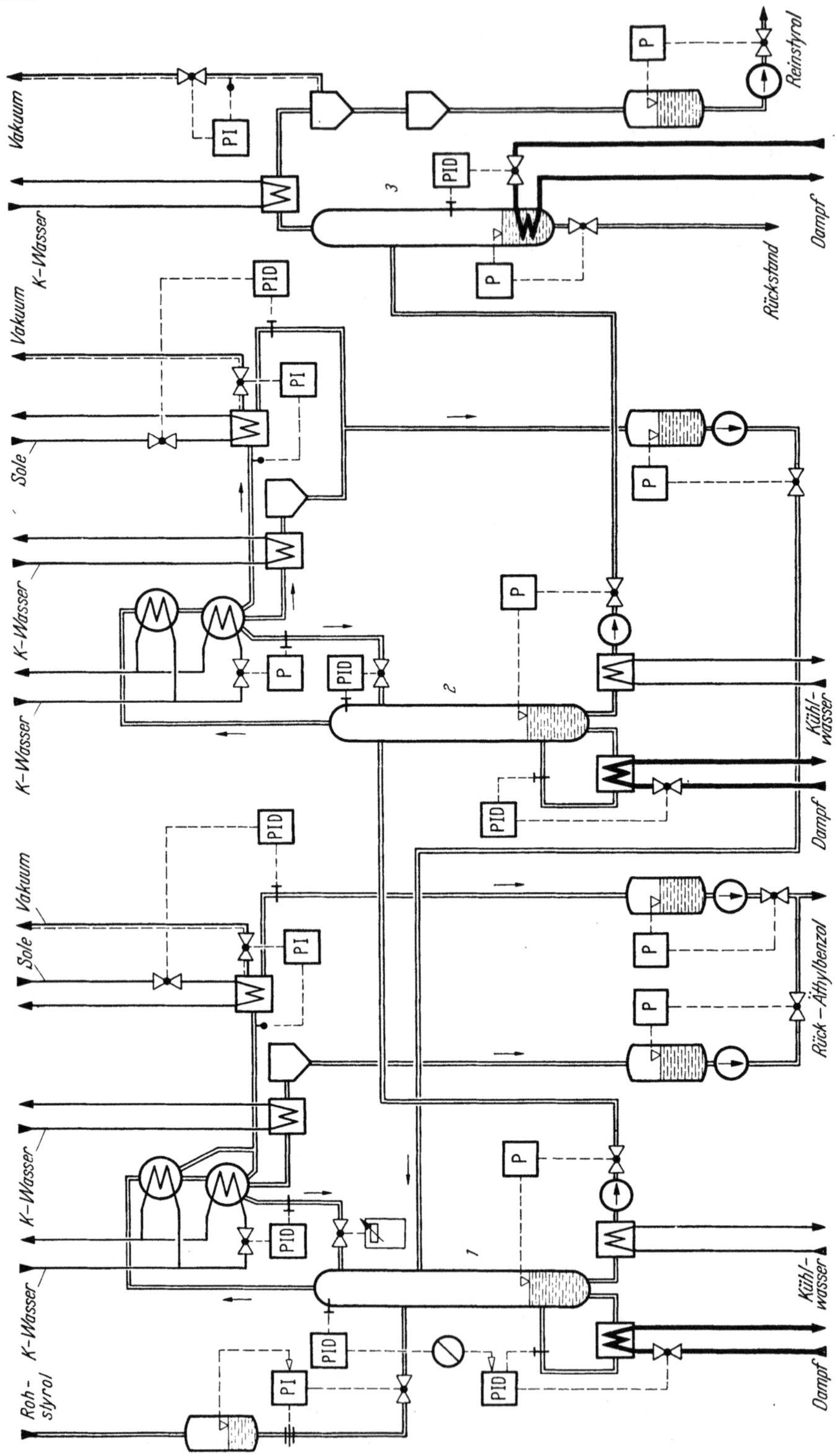

1 und *2* Glockenbodenkolonnen *3* Raschigsäule

Bild 19. Schema der Styrolerzeugung (Destillationsteil)

Die Rückläufe der Kolonnen werden auch in verschiedenem Sinne eingesetzt: An der Kolonne (*1*) besteht der Rücklauf aus dem styrolfreien Äthylbenzol, von dem so viel zugegeben wird, daß am Kolonnenkopf die der gewünschten Reinheit entsprechende richtige Temperatur herrscht. Bei gegebener Menge und konstanter Zusammensetzung des Zulaufs ist die Rücklaufmenge konstant. Da die Rücklaufdosierung ohnedies etwas nach der sicheren Seite hin vorgenommen wird und die Kolonnenbelastung noch dazu über Regler konstant gehalten wird, genügt hier eine einfache Einstellung von Hand. Zum Vermeiden von Temperaturschwankungen infolge veränderlicher Kühlbedingungen im Kondensator wird die Temperatur des Rückflusses über das Kühlwasser geregelt.

Bei der Kolonne (*2*) gelten für den Rücklauf andere Bedingungen. Hier liegt am Kopf der Kolonne im wesentlichen ein Zweistoffgemisch (Styrol/Äthylbenzol) vor, dessen Zusammensetzung von seiner Temperatur abhängt. Hier wird zur Schaffung konstanter Verhältnisse die Kopftemperatur durch veränderlichen Rücklauf auf einen konstanten Wert eingeregelt. Dabei kann die Temperatur des Rücklaufprodukts zusätzlich von einem einfachen P-Regler mit verhältnismäßig weitem P-Bereich noch über das Kühlwasser konstant gehalten werden.

Die regelungstechnische Ausrüstung wird noch vervollständigt durch die Temperaturregler an den nachgeschalteten Solekühlern in der Vakuumleitung am Kopf und durch die Standregler an den Kolonnensümpfen und Destillatvorlagen.

Die Kolonne (*3*) dient zur Reinigung des Rohstyrols von höher siedenden Beimengungen. Sie enthält eine Säule aus Raschigringen und ist als einfache Abtreibkolonne ausgelegt, bei der das gewünschte Reinstyrol über Kopf abgeht. Die Kolonne wird entweder direkt vom Standregler des Sumpfes der Kolonne (*2*) gespeist, es kann jedoch auch ein Zwischentank (im *Bild* 19 nicht gezeichnet) eingeschaltet werden. Als Reglerbestückung genügt ein Temperaturregler im Sumpf, je ein Standregler im Sumpf und in der Destillatvorlage sowie ein Vakuumregler für den Kolonnenkopfdruck.

Grundsätzlich besteht die Möglichkeit, die Reinheit des Kopfproduktes in diesem Fall über einen Brechungsindex-Schreiber zu überprüfen und ihn bei Vorliegen bekannter funktioneller Zusammenhänge zum Verstellen der Reglersollwerte zu benutzen. Eine solche Schaltung würde erst eine wirkliche Vollautomatik darstellen.

Selbstverständlich stellt das angegebene Beispiel der Reglerbestückung für die Destillationsanlage nur ein Musterbeispiel dar und kann von Fall zu Fall beliebig abgewandelt werden.

2. Erzeugung von Azetylen nach dem Sauerstoffverfahren

Ein weiteres Beispiel einer chemischen Großanlage schildert die partielle Verbrennung des Methans mit Sauerstoff zu Azetylen nach dem Verfahren der Badischen Anilin- und Sodafabrik von H. Sachsse [*11*] und E. Bartholomé [*12*]. Der Grundgedanke des Verfahrens besteht darin, daß die stark endotherme Reaktionsenthalpie zur Synthese des Azetylens durch eine gleichzeitig verlaufende Oxydation in exothermer Reaktion aufgebracht wird. Wesentliche Bedeutung für das Verfahren hat die Brennerkonstruktion, einschließlich der Mischkammer, auf deren Einzelheiten hier nicht eingegangen wird, die jedoch aus der Arbeit von

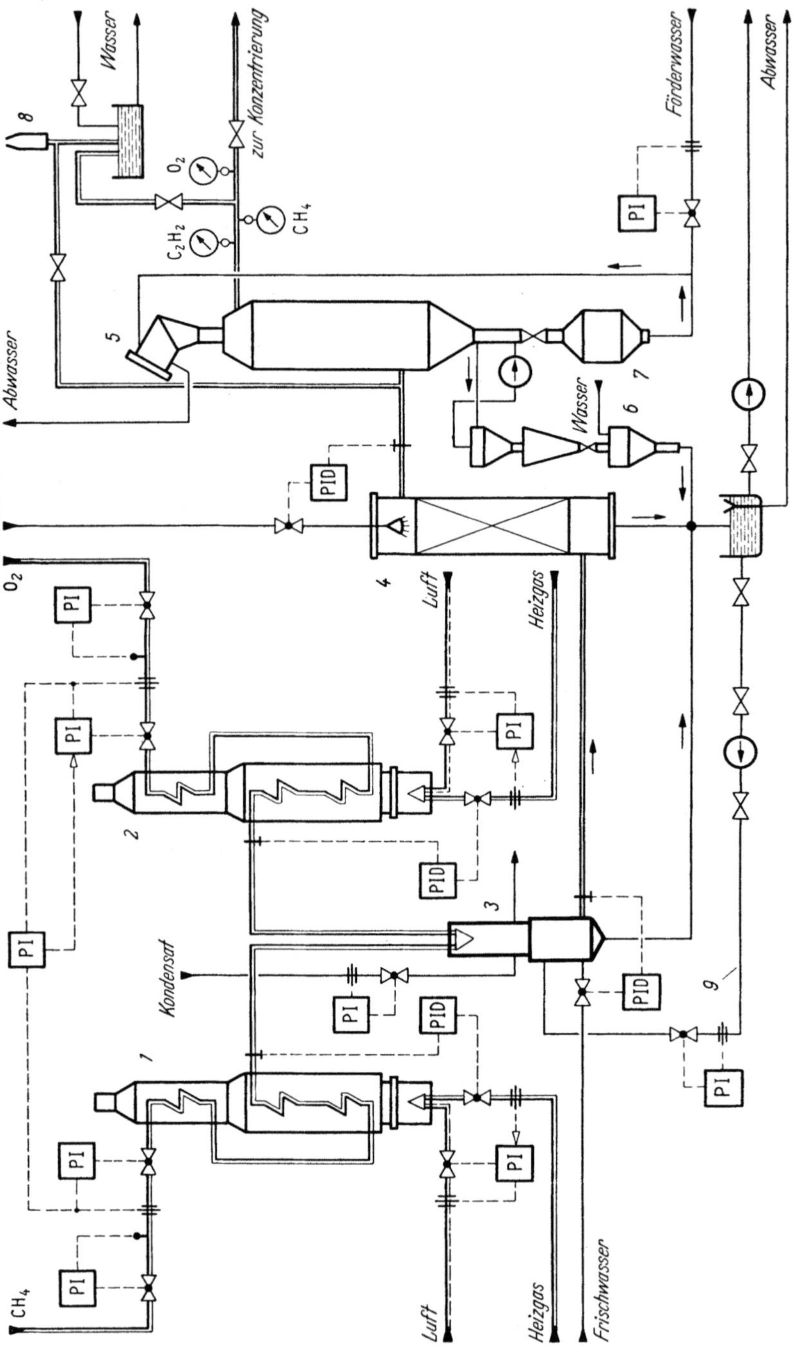

1 und *2* Vorwärmer *3* Synthesebrenner *4* Gaskühler *5* Rußfilter *6* Rußspüler *7* Koksbunker *8* Fackel *9* Rückwasser

Bild 20. Azetylengewinnung durch partielle Methanverbrennung

H. SACHSSE [*11*] zu entnehmen ist. *Bild* 20 zeigt das der Arbeit von E. BARTHOLOMÉ [*12*] entnommene Schema der Azetylensynthese. Die Instrumentierung mit Meß- und Regelgeräten wird sich sowohl nach der Sicherstellung der Verfahrensweise als auch nach den örtlichen Gegebenheiten richten müssen und ist dadurch nicht in allen Teilen grundsätzlich festgelegt.

Die im *Bild* 20 eingezeichnete Instrumentierung geht von dem Grundsatz aus, daß die Anlage nur mit der vollen Nennlast gefahren wird, daß also beim Synthesegasgemisch nicht alle Belastungsstufen durchfahren werden sollen. Die Hauptkomponenten CH_4 und O_2 werden demnach über Druckregler und Durchflußregler auf feste Durchsätze eingestellt, wodurch auch die Regelung der anschließenden Aufwärmung erleichtert ist, da für sie die Belastungsschwankungen als Störgrößen entfallen. Dennoch dürfte es zweckmäßig sein, die beiden Reaktionspartner über einen Verhältnis-(Gemisch-)Regler zu koppeln, damit auch bei ungewollten Betriebszuständen immer das stöchiometrisch richtige Verhältnis gesichert bleibt.

Der Temperaturregelung der Komponenten über die Strahlungsvorwärmer (*1*) und (*2*) mit zusätzlichem Konvektionsteil ist für das richtige Funktionieren der Mischvorrichtung entscheidend; sie greift in die Heizgasversorgung der Vorwärmer ein, die ihrerseits als Führungsgröße auf die Verbrennungsluft der Brenner einwirkt. Bei anderen Brennerkonstruktionen könnte auch nur die Verbrennungsluft geregelt werden, die ihrerseits über Nulldruckregler das Gas im gewünschten Sinne mitnimmt. *Bild* 20 zeigt die erste Möglichkeit. Die notwendigen Sicherheitsvorrichtungen sind der Übersichtlichkeit wegen nicht gezeichnet. Das Synthesegas wird unmittelbar nach dem Entstehen mit Wasser abgeschreckt, dabei wird nach *Bild* 20 das Einspritzen des Kondensats und des Rückwassers entsprechend der Annahme konstanter Belastung auf konstanten Durchfluß geregelt, während das Einspritzen des Frischwassers nach der Ausgangstemperatur des Gasstromes erfolgt. Auch der Gaskühler (*4*) wird in seiner Endtemperatur durch Dosierung des Kühlwassers geregelt. Das Rußfilter (*5*) für den im Gas verbliebenen Rußanteil arbeitet mit einem langsam bewegten Bett von körnigem Filtermaterial. Dieses wird aus der Filterkammer ausgetragen, ausgeblasen und über einen Vorratsbunker hydraulisch mit einem Wasserstrom emporgefördert, wo es nach Abtrennung des Förderwassers wieder in den Filterturm hineinfällt. Die Regelprobleme sind hier einfach; es genügt Konstanthalten des Förderwassers. Der Druck des Ausgangsgases wird über eine Sicherheitstauchung geregelt, die mit der Fackel (*8*) verbunden ist. In einfacher Weise läuft auch das in die Rußrinne einlaufende Wasser über einen Siphonablauf ab, soweit das Wasser nicht als Rückwasser (*9*) zur Einspritzkühlung verwendet und abgezogen wird.

Im ganzen liegt das Schwergewicht der Regelung des Syntheseteiles auf der Bereitstellung einwandfreier Fahrbedingungen für die Mischkammer und dem damit verbundenen Brenner. Bei falscher Fahrweise können z. B. die Gaskomponenten in Anbetracht der hohen Vorwärmtemperatur (etwa 600 °C) schon in der Mischkammer miteinander reagieren.

Die Reingewinnung des Gases erfolgt über eine Wäsche mit einem selektiven Lösungsmittel. *Bild* 21 zeigt das aus der Arbeit von BARTHOLOMÉ [*12*] entnommene Schema der Konzentrierung. Das Verfahren ist kompliziert, stellt aber keine Neuentwicklung einer neuen Baueinheit dar, wie etwa des Synthesebrenners, sondern ist eine sinnvolle Aneinanderreihung an sich bekannter Prozesse.

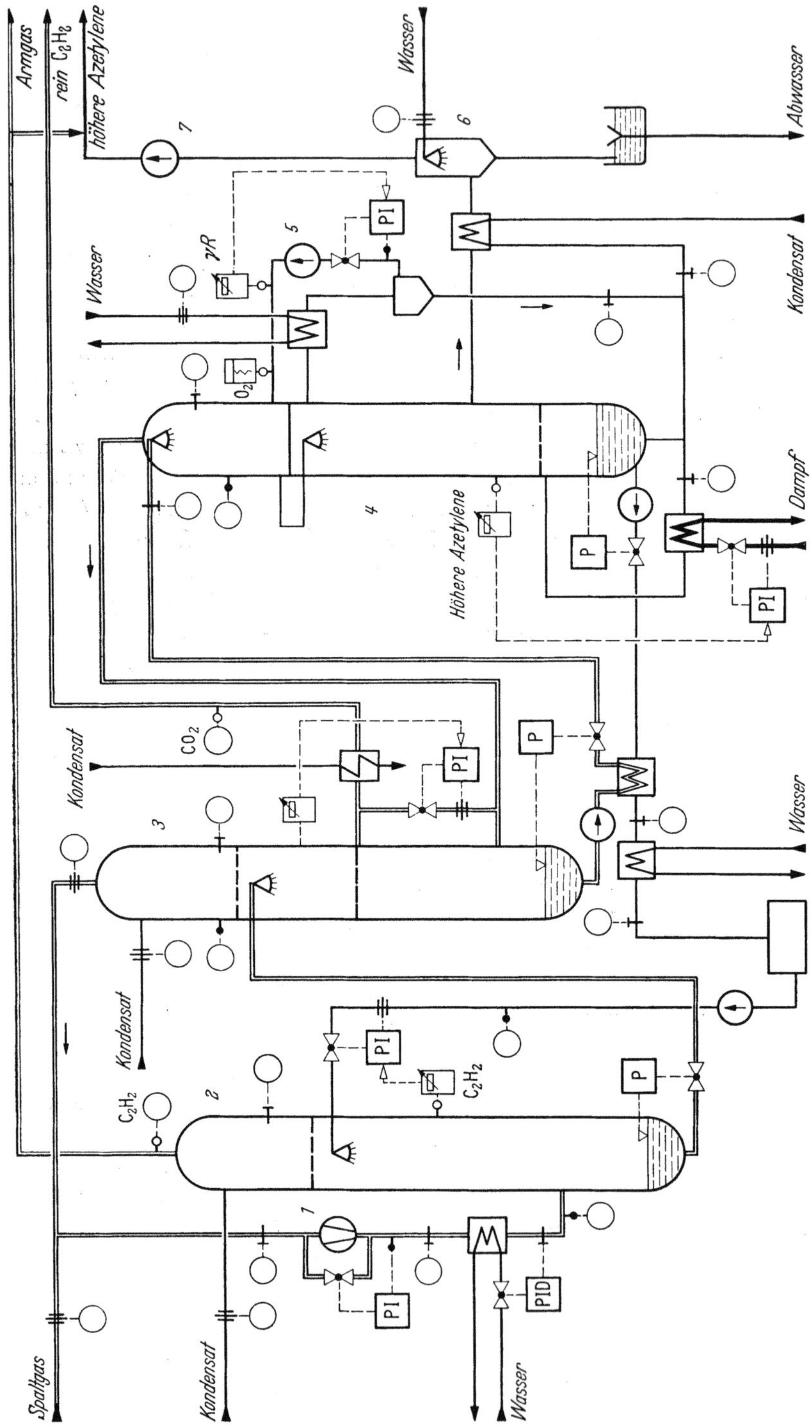

1 Kompressor 2 und 3 Absorptionstürme 4 Entgaser 5 Vakuumpumpe 6 Kühler 7 Wasserringpumpe γR Dichteschreiber

Bild 21. Abtrennung des Azetylens aus dem Spaltgas

Im ersten Teil der Extraktionsanlage wird das Spaltgas in der anfallenden Menge von unten in einen Waschturm (*2*) gedrückt, während das Lösungsmittel von oben herabfließt. Der Durchfluß an Lösungsmittel ist so hoch eingestellt, daß das über Kopf abgehende Armgas keine nennenswerten Anteile an Azetylen enthält. Die günstigste regelungstechnische Lösung ist die Regelung des Lösungsmittels auf konstanten Durchfluß, dessen Sollwert vom Analysengerät eingestellt wird. Hierbei wird zweckmäßigerweise die Probeentnahme für die Analyse an einer kontrollpunktähnlichen Stelle durchgeführt, bei der das Analysengerät noch einen nennenswerten Ausschlag zeigt, während bei diesem Wert das Kopfgas die gewünschte und technisch erreichbare Minimalkonzentration enthält. Je nach Auslegung des Spaltgaskompressors (*1*) ist eine Regelung seines Enddruckes durch Rückentspannung notwendig, damit der Enddruck einen festen Betrag hat und der aus Sicherheitsgründen gewählte Partialdruck des Azetylens 1,4 atü nicht übersteigt. Die Temperatur nach dem Kompressorkühler wird über das Kühlwasser auf einen festen Betrag geregelt, der Sumpfstand des Waschers wird mit einem Standregler über den Abfluß in den zweiten Teil der Anlage geregelt. Die Kondensateinspritzung am Kopf zum Vermeiden von Lösungsmittelverlusten wiederholt sich an allen entsprechenden Stellen der Anlage; es genügen hier ungeregelte Einstellungen über Fernstellventile.

Der zweite Teil der Anlage wird im Druckniveau vom Azetylenausgang her bestimmt und etwas über Atmosphärendruck gehalten. Im Absorptionsturm (*3*) entspannen sich alle Gase, die schwerer löslich sind als Azetylen. Sie werden mit dem gleichfalls zum Teil entspannenden Azetylen in die erste Waschstufe zurückgeleitet; hierdurch geht kein Azetylen verloren und alle leicht löslichen Gase verlassen schließlich über den ersten Turm die Anlage. Regelungstechnisch wird die Fahrweise über die Analyse des in nennenswerter Konzentration auftretenden CO_2 gelöst. Man holt das Reinazetylen aus der Endstufe zurück und benutzt es, ähnlich wie Rückläufe in Destillationskolonnen, um die Konzentration des CO_2 im Turm hier nach oben zu drücken, und regelt, wiederum von einem Kontrollpunkt aus, den Azetylen„rücklauf“ durch eine Teilstromregelung im Umgang. Wegen der Totzeit im Analysengerät wird die Umgangsmenge auf Konstanz gefahren und nur im Sollwert vom CO_2-Gerät beeinflußt. Das abgehende Azetylen ist bei richtiger Einstellung dann frei von Kohlensäure.

Der dritte Teil der Anlage dient der Austreibung der im Lösungsmittel sehr gut löslichen Gasbestandteile, z.B. der höheren Azetylene. Der Standregler des Turmes (*3*) leitet das Lösungsmittel über einen Wärmeaustauscher in den geteilten Turm (*4*). Infolge der Anwärmung im Wärmeaustauscher verläßt der größte Teil des Azetylens sofort den Turm über Kopf; soweit es noch im Lösungsmittel vorhanden ist, wird es im unteren Vakuumteil des Turmes unter erhöhter Temperatur ausgetrieben und über die Vakuumpumpe (*5*) in den oberen Teil des Turmes zurückgeschleust. Der Sumpf des Turmes wird geheizt, wobei der Wasseranteil des Lösungsmittels verdampft und die höheren Azetylene mitreißt, die schließlich über die Wasserringpumpe (*7*) ausgetragen oder über das Wasser im Einspritzkühler von dieser Pumpe abgeführt werden. Regelungstechnisch muß dafür gesorgt werden, daß über die Vakuumpumpe (*5*) keine höheren Azetylene und über die Wasserringpumpe (*7*) kein monomeres Azetylen abgezogen werden. Man kann viele Wege für die regelungstechnische Lösung des Problems gehen. In *Bild* 21 ist die Lösung so getroffen worden, daß ein Analysengerät für die höheren Azetylene nahe am geheizten Sumpf den Sollwert der Dampfzugabe ändert, damit über die Dampfaustreibung eine genügend hohe Konzentration erzielt wird. Im oberen Turmteil wird über den Dichteschreiber kontrolliert, daß keine höheren Azetylene die Vakuumpumpe (*5*) passieren. Die Regelung kann hier so ausgelegt werden, daß die Güte des Vakuums durch Drosselung in der Saugleitung von der Dichte beeinflußt wird.

Der Sauerstoffschreiber an der Druckleitung der Vakuumpumpe (*5*) dient zur Kontrolle etwaiger Undichtigkeiten der Apparatur und kann zu Sicherheitsmaßnahmen herangezogen werden.

Im ganzen läßt sich sagen, daß bei der Extraktionsanlage die Regelung darauf zugeschnitten sein muß, an allen Betriebsteilen die günstigsten Fahrbedingungen festzuhalten, die ihrerseits wieder aufeinander in ihren Sollwerten so abgestimmt sind, daß der gewünschte Zweck der Abtrennung der Gaskomponenten auch wirklich erreicht wird.

F. Zweckmäßige Reglerauswahl

Das fast nicht mehr zu überblickende Angebot an Reglertypen und Reglerbauelementen mit Unterschieden in der Funktionsweise, der Art der verwendeten Hilfsenergie, dem grundsätzlichen Aufbau usw. macht es dem Benutzer schwer, bei den sehr verschiedenartigen Bedarfsfällen in der chemischen Industrie eine richtige Entscheidung zu treffen und den günstigsten Regler herauszufinden. Es sollen daher einige Gesichtspunkte für die Auswahl erörtert werden.

1. Auswahl nach der Regelstrecke

Der oberste Gesichtspunkt bei der Auswahl eines Reglers sollte die Betrachtung der Regelstrecke selbst sein. An kennzeichnenden Beispielen aus chemischen Anlagen sei das unterschiedliche Zeitverhalten noch einmal ganz kurz aufgeführt. *Bild* 22 zeigt die Druckregelung in einer Flüssigkeitsleitung, die durch das inkompressible Verhalten der Flüssigkeit das Musterbeispiel einer *verzögerungsfreien Regelstrecke mit Ausgleich* ist. Dasselbe gilt auch für die Durchfluß-Regelstrecke.

Bild 23 stellt eine entsprechende Regelstrecke für Gase dar, bei welcher der Druck einer großen Gasleitung hinter einer Wasserringpumpe (Elmo-Pumpe) und

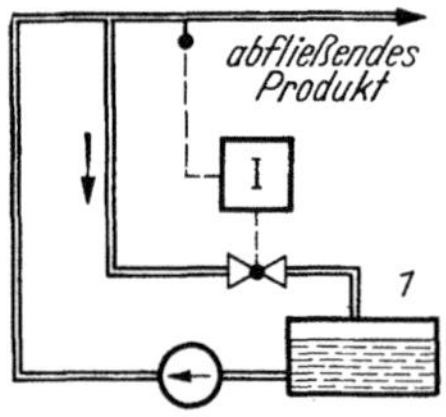

1 Vorratstank

Bild 22. Druckregelung in einer Flüssigkeitsleitung als Beispiel der verzögerungsfreien Regelstrecke mit Ausgleich

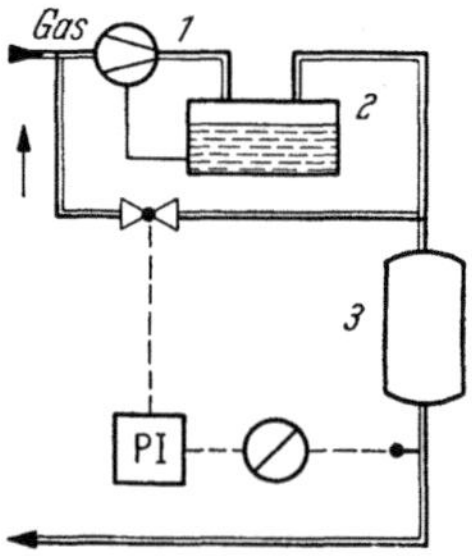

1 Elmo-Pumpe *2* Vorlage *3* Speicher

Bild 23. Druckregelung eines Gasspeichers als Beispiel der Regelstrecke mit Anlaufzeit und Ausgleich ohne Totzeit einem Speicher geregelt wird. Hier folgt die Regelgröße nur verzögert den Eingriffen der Stellgröße, es liegt eine *Regelstrecke mit Anlaufzeit und Ausgleich ohne Totzeit* vor. Auch die Stand-Regelstrecke hat eine ausgesprochene Anlaufzeit.

Bei der Temperaturregelung an einer Kolonne (*Bild* 24) von einem mittleren Boden aus verstreicht nach einer Änderung des Dampfventils eine gewisse Totzeit, bis der Temperaturfühler die Änderung zu „merken" beginnt, um dann entsprechend der Anlaufzeit der Anlage die volle Auswirkung zu erfassen. Dies ist eine *Regelstrecke mit Totzeit, Anlaufzeit und Ausgleich.*

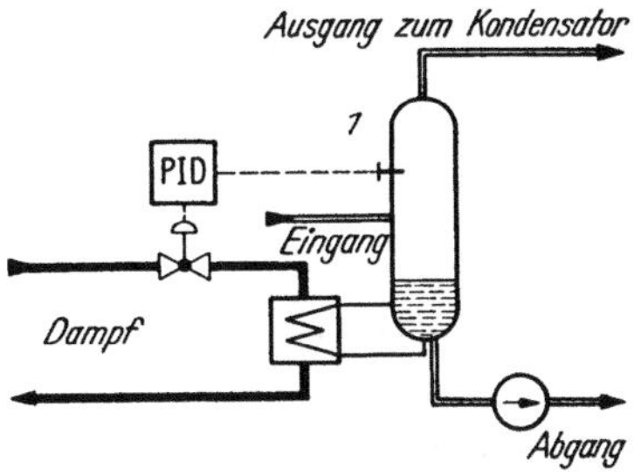

1 Kolonne

Bild 24. Regelstrecke mit Verzögerung und Totzeit

Zur allgemeinen Beurteilung solcher Regelstrecken ist folgende Tatsache wichtig: Je größer die Totzeit im Verhältnis zur Anlaufzeit ist, um so schwieriger wird die Regelung.

Die Bedeutung des Ausgleichswertes sei schließlich noch an zwei Beispielen der Standregelung erläutert:

Bild 25 zeigt eine Standregelung mit Stellglied im Zufluß. Wenn etwa der Zufluß nach einer Erhöhung des Vordruckes ansteigt, so nimmt schon infolge der steigenden Standhöhe der Abfluß zu, was der Störgröße auch ohne Reglereingriff entgegenwirkt. Die Regelstrecke hat einen Ausgleichswert.

Anders liegt der Fall bei einer Standregelung mit Stellglied (*Bild* 26) im Abfluß hinter der Pumpe. Infolge Verringerung des Gegendrukkes in der Abflußleitung sei der Abfluß plötzlich größer geworden, der Stand im Behälter fällt demnach ab. Die Förderleistung der Pumpe wird aber durch die geringfügige Änderung des Pumpenzulaufdruckes nicht beeinflußt. Hier liegt eine Regelstrecke ohne Ausgleichswert vor; die ganze Arbeit der Standregelung fällt dem Regler allein zu.

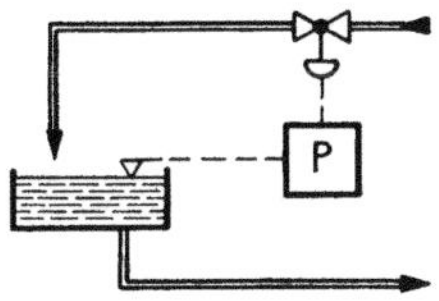

Bild 25. Standregelung im Zufluß (Ausgleichswert groß)

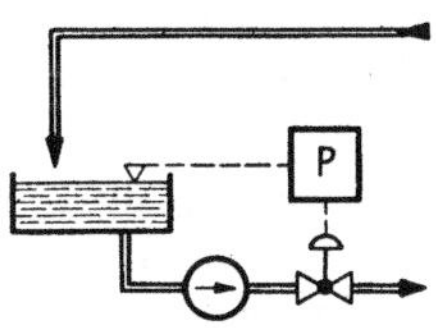

Bild 26. Standregelung durch Abfluß mit Pumpe (Ausgleichswert klein)

Für die Auswahl des Reglertyps nach dem Zeitverhalten der Regelstrecke gelten folgende Grundsätze:

Verzögerungsfreie Regelstrecken mit Ausgleich: I-Regler.
Regelstrecken mit Anlaufzeit ohne Totzeit: P- oder PI-Regler.
Regelstrecken mit Anlaufzeit und Totzeit: PID-Regler.

Mit diesen Typen lassen sich die vorkommenden Regelstrecken mit ganz wenig Ausnahmen beherrschen. In der Praxis hat sich für schwierige Fälle bei den Reglern die Störgrößenaufschaltung (Kurzbezeichnung „Z") gut bewährt. Sie wird zweckmäßigerweise dort angewendet, wo es möglich ist, unliebsame Störgrößen bereits bei ihrem Auftreten als Einflußgrößen für den Regler zu verwenden, ohne erst die Auswirkung auf die Regelgröße im Regelkreis abwarten zu müssen.

Der Proportionalbereich eines P-Reglers wird bei Störgrößenaufschaltung zur Bildung einer Stellgröße, welche die Störgröße in ihrer Wirkung kompensiert, nicht in Anspruch genommen, d.h., es verbleibt keine Regelabweichung. Bei Reglern mit I-Anteil schaltet man nur die Störgrößentendenz auf, womit die vorübergehende Regelabweichung verkleinert wird.

2. Auswahl nach der Hilfsenergie

Der zweite wesentliche Gesichtspunkt bei der Auswahl eines geeigneten Reglers in chemischen Anlagen ist die Frage, ob mit oder ohne Hilfsenergie geregelt werden soll und welche Hilfsenergie sich eignet. Die nachfolgenden Überlegungen sollen die Auswahl erleichtern.

a) Regler ohne Hilfsenergie

Es sind viele Reglerbauarten bekannt, die ohne äußere Hilfsenergie arbeiten. Sie zeichnen sich durch Einfachheit aus und werden auch in der Chemie vielfach mit Vorteil eingesetzt, so z.B. bei Überströmventilen, Reduzierstationen, Tankbelüftungen oder als Temperaturregler in Kleinanlagen. Die Frage ist berechtigt, warum solche Regler nicht allgemeiner statt der teureren Regler mit Hilfsenergie verwendet werden. Es stehen jedoch wesentliche Gründe dagegen:

Da das Meßwerk selbst die Verstellkräfte am Stellglied aufbringen muß, können Regler ohne Hilfsenergie nur dort verwendet werden, wo die Stellglieder leichtgängig sind oder wo es auf deren genaue Einstellung nicht ankommt. Auch ist die Verwendbarkeit dieser Regler eingeschränkt, da sie meist nur als P-Regler ausgeführt werden und nur einige Sonderkonstruktionen I-Wirkung haben.

Wegen der begrenzten Verstellkraft scheiden die Regler ohne Hilfsenergie überall dort aus, wo durch Korrosion und Ablagerungen die Stellglieder schwer gängig werden; dies ist in chemischen Anlagen oft nicht zu vermeiden.

Schließlich sind Regler ohne Hilfsenergie an den Einbauort gebunden und können in zentralen Regelwarten nicht eingesetzt werden. Wenn auch Regler ohne Hilfsenergie nur für untergeordnete Regelaufgaben verwendet werden, sollte man doch wegen ihrer Einfachheit und Zuverlässigkeit ihre Anwendungsmöglichkeit in ortsgebundenen Anlagen in jedem Falle prüfen.

b) Regler mit pneumatischer Hilfsenergie

Die pneumatisch arbeitenden Regler haben sich insbesondere in der chemischen Industrie hervorragend gut eingeführt und sind in den chemischen Anlagen stark vertreten. Hierfür sind die folgenden Gründe entscheidend:

Die pneumatischen Regelverstärker haben ihrer grundsätzlichen Bauart nach proportionalwirkendes Verhalten und bieten besonders gute Möglichkeiten, mit einfachen Zusatzgliedern, wie Luftbehälter und Drosseln, einen PI- oder PID-Regler zu bilden.

Die pneumatischen Regler arbeiten kontinuierlich und kommen damit der Eigenart der chemischen Prozesse besonders entgegen.

Die Versorgung mit Druckluft als Hilfsenergie ist in praktisch allen chemischen Anlagen, zum mindesten aber in größeren Betrieben, vorhanden und so weitgehend sichergestellt, daß mit ihrem Ausfall nur bei großen Katastrophen gerechnet zu werden braucht. Die Versorgung mit Druckluft ist mindestens so sicher wie die mit Elektrizität.

Durch Verwendung von Druckluft entfallen alle Vorsichtsmaßregeln im Hinblick auf Explosionsschutz.

Für pneumatische Regler sind Baukastenanordnungen bekannt, deren Einzelteile zu beliebigen Kombinationen zusammengesetzt werden können.

Der pneumatische Reglerbetrieb ist weder an den Meß- noch an den Stellort gebunden und ermöglicht eine weitgehende Zentralisierung in Regelwarten.

Die sehr weit entwickelte pneumatische Meßtechnik mit den pneumatischen Meßumformern für z. B. Stand, Druck, Wirkdruck ergibt durch die Kombination mit pneumatischen Reglern ein pneumatisches Gesamtsystem von außergewöhnlicher Klarheit und Übersichtlichkeit, so daß ganze Warten mit Meß- und Regelgeräten voll pneumatisch ausgerüstet werden können.

Durch die Normung der Ausgangsdrücke der pneumatischen Meßgeräte und pneumatischen Regler auf einheitliche Werte von 0,2 bis 1,0 atü (in England und USA 3 bis 15 psi) können beliebige Kombinationen vorgenommen werden; so kann z.B. ein Meßumformer mit seinem Ausgangsdruck direkt ein Membranventil betreiben.

Bezüglich des Preises sind die pneumatischen Regler nach den Reglern ohne Hilfsenergie die billigsten Geräte. Dieser Gesichtspunkt ist bei der großen Zahl der in chemischen Anlagen eingesetzten Regler oft von entscheidender Bedeutung.

Diesen Vorteilen stehen folgende Nachteile gegenüber:

Bei Ausbleiben des Steuermittels (Druckluft) laufen die Stellglieder in die Endlage und können eine komplizierte Anlage vollständig durcheinanderwerfen. Bekanntgewordene Fangvorrichtungen zum Festhalten der Ventile in der bei Druckausfall zuletzt eingenommenen Stellung sind eine unerwünschte Komplikation. Man muß darauf achten, Öffnungs- und Schließventile jeweils so einzusetzen, daß bei Druckausfall des Membranantriebs die für den Betrieb sichere Endlage erreicht wird.

Das Arbeitsvermögen des üblichen Membranantriebs ist begrenzt, jedoch sind betriebssichere, pneumatische Kolben- und Motoranordnungen vorhanden, die aber nicht mehr den Vorteil der wirtschaftlich günstigsten Lösung bieten.

Das Arbeitsmittel Luft ist kompressibel, so daß jeder Regelimpuls verzögert ankommt. Auf diese Verzögerung muß sehr sorgfältig Rücksicht genommen werden, wenn in der Regelstrecke, z.B. bei der Durchflußregelung von Flüssigkeiten, keine oder nur sehr geringe Verzögerungen auftreten. Die Regler werden dann in der Anlage montiert und nur die Istwertanzeige, Sollwertverstellung und Hand-Automatik-Umschaltung in die Warte geführt.

Die Grenze der überbrückbaren Entfernung liegt allgemein für pneumatische Anlagen wegen der auftretenden Verzögerung bei ungefähr 100 bis 150 m.

Das Betriebsmittel Luft muß mit Rücksicht auf die feinen Düsen- und Drosselquerschnitte sorgfältig schmutz-, öl- und wasserfrei gehalten werden.

Mit Rücksicht auf die Frostgefahr müssen in größeren Fernsteuer- und Regelanlagen zusätzliche Trocknungsgeräte, etwa mit Silicagel, eingebaut werden.

In kleineren Betriebsanlagen ist Druckluft nicht immer mit ausreichender Sicherheit vorhanden.

Wenn die Nachteile der Pneumatik sorgfältig berücksichtigt und nach Möglichkeit ausgeschaltet werden, so sind die Vorteile der Pneumatik doch so überwiegend, daß sie zu der großen Zahl von pneumatischen Reglern in den chemischen Anlagen geführt haben.

c) Regler mit hydraulischer Hilfsenergie

Die Regler mit hydraulischer Hilfsenergie stammen aus dem klassischen Gebiet der Regelungstechnik, dem Kraftmaschinenbau, wo Öl zu Kühlungs- und Schmierzwecken ohnedies in praktisch beliebiger Menge für Steuerungen und Regelungen zur Verfügung steht. Auch in der chemischen Industrie sind hydraulische Regler in beträchtlicher Zahl eingesetzt. Folgende Gesichtspunkte sind bemerkenswert:

Mit hydraulischen Reglern läßt sich vor allem der integralwirkende Regler für verzögerungsarme Regelstrecken besonders einfach und betriebssicher darstellen, so daß schon aus diesem Grund oft zum hydraulischen Regler gegriffen wird.

Das Arbeitsvermögen eines hydraulischen Antriebs ist praktisch unbegrenzt und bewältigt die schwersten Antriebsprobleme.

Nachteilig ist die Brennbarkeit des Betriebsmittels Öl. Die mögliche Anwendung von Trikresylphosphat ist wegen der Vergiftungsgefahr kaum durchgeführt worden.

Die Grenze der überbrückbaren Entfernung dürfte, wie bei der Pneumatik, rund 100 m kaum überschreiten. Außerdem besteht der Nachteil, daß stets ein geschlossener Ölumlauf vorgesehen werden muß, was bei pneumatischen Anlagen nicht notwendig ist.

d) Regler mit elektrischer Hilfsenergie

Die Regelung mit elektrischer Hilfsenergie hat einen gewaltigen Aufschwung erfahren und manche Regler mit anderer Hilfsenergie verdrängt. Vor allem durch den Einsatz von elektrischen Verstärkern ist der Anwendungsbereich stark in die Breite gegangen. Regler mit elektrischer Hilfsenergie haben auch in chemischen Anlagen festen Fuß gefaßt. Hier dürften folgende Gründe maßgebend gewesen sein [*13*, *14*]:

Für elektrische Regelungen gibt es keine Entfernungsschwierigkeiten, da alle Signale im Rahmen technischer Anlagen unverzögert ankommen.

Es gibt praktisch kein Schaltproblem, das auch bei sehr komplizierten Regleranordnungen nicht elektrisch gelöst werden könnte. Auch lassen sich Rechenoperationen aller Art elektrisch am leichtesten ausführen. Vor allem in stark vermaschten Regelkreisen oder auch bei vielseitigen Störwertaufschaltungen sind elektrische Methoden von unschätzbarem Wert.

Durch die Verstärkertechnik ist es möglich geworden, sonst nicht erfaßbare kleinste Regelabweichungen zur vollen Aussteuerung eines Stellmotors auszunutzen. Die erreichbare Empfindlichkeit einer Regelung ist gegenüber den mechanischen Reglern um mehrere Größenordnungen steigerungsfähig.

Die Antriebsmotoren zur Stellgliedbewegung, meist als Induktionsmotoren ausgeführt, sind von hervorragender Betriebssicherheit. Die Motoren können so dimensioniert werden, daß sie sich auch in festgebremstem Zustand nicht unzulässig erwärmen. Soweit von der Anlage her eine lage- oder drehmomentabhängige Endabschaltung nicht verlangt wird, kann auf diese verzichtet werden. Ihre

Erwärmung läßt es zu, sie in explosionsgefährdeten Anlagen ohne weiteres zu verwenden.

Durch die Kombination von elektrischen Reglern mit elektrisch arbeitenden Relais lassen sich auch gemischte Regel- und Steueranlagen mit allen nur denkbaren Sicherungen und Verblockungen einheitlich zusammenstellen.

Mit der Entwicklung der großen Meßwarten, die in räumlicher Trennung von den eigentlichen Betriebsanlagen aufgebaut werden, ist die bisherige Schwierigkeit des Explosionsschutzes weitgehend weggefallen. Für solche getrennte Meßwarten gelten keine einschränkenden Bedingungen mehr, so daß die Verstärkertechnik voll Anwendung finden kann; auch ist die Leitungsverlegung mit offenen Klemmen und Kontakten möglich geworden. Für die in den Anlagen befindlichen Meßfühler bzw. Meßumformer und für die Stellantriebe bleiben die Forderungen nach Explosionsschutz jedoch in vollem Umfang bestehen, doch sind hier die Schwierigkeiten, z.B. durch druckfeste Kapselung, überbrückbar.

Mit Hilfe elektrischer Stellmotoren können auch die schwersten Antriebsprobleme gelöst werden: So ist es z.B. üblich, die räumlich weit ausgedehnten neuzeitlichen Großkesselanlagen mit ihren schweren Armaturen elektrisch zu steuern bzw. zu regeln.

Durch das Aufkommen der Magnetverstärker-Regler können auch diejenigen Benutzer zu elektrischen Reglern greifen, die der Anwendung von Elektronenröhren im Betrieb ablehnend gegenüberstehen.

Nachteilig ist der höhere Preis kontinuierlich arbeitender elektrischer Regler gegenüber gleichwertigen mechanischen Geräten. Dieser z.T. entwicklungsbedingte Zustand führt dazu, daß ausgedehnte Steuer- und Regelanlagen nur dann elektrisch ausgeführt werden, wenn die erreichten Vorteile den Mehrpreis aufwiegen.

Die Auswahl der Hilfsenergie für eine neue Regelanlage wird sich weitgehend nach den geschilderten Vor- und Nachteilen richten müssen, kann aber nur auf Grund der besonderen Gegebenheiten entschieden werden. Selbstverständlich sind auch Kombinationen, so z.B. elektro-pneumatische Anordnungen, möglich, die voll elektrisch messen, aber am Schluß der Regleranordnung sich des „pneumatischen Muskels“ in Form eines Membranantriebs bedienen.

3. Auswahl nach der Art des Stellgliedes

Ein weiterer Gesichtspunkt für die Auswahl eines Reglers liegt in der Art des Stellgliedes, das besonders in der chemischen Industrie den vielseitigen Betriebszuständen angepaßt werden muß. Es müssen Klappen, Schieber, Ventile der verschiedensten Bauformen eingestellt werden, wofür eine Drehbewegung oder eine Hubbewegung gebraucht wird. Es müssen je nach den Differenzdrücken am Stellglied und den vorgesehenen Nennweiten große Stellkräfte zur Verfügung stehen. Auch im Falle erheblicher Stopfbuchsenreibungen wird eine eindeutige Zuordnung des Stellweges zum Regelsignal gefordert. Bei den sonst an Einfachheit kaum zu übertreffenden Membranantrieben müssen dann Stellwerke vorgesehen werden.

Im Störungs- oder Gefahrenfall ist es oft von großer Wichtigkeit, daß die Stellglieder in eine gewünschte Endlage gehen, um so den Betriebszustand nach der sicheren Seite hin zu verschieben und keine zusätzlichen Schäden eintreten zu lassen. Man kann die Eigenschaft auch direkt ausnutzen, indem durch Wegnahme der Hilfsenergie ganze Anlageteile abgestellt werden. Im Falle pneumatischer Hilfsenergie bieten sich diese Möglichkeiten ohne zusätzlichen Aufwand an.

Legt man aber Wert darauf, daß bei Ausfall der Hilfsenergie oder Versagen der Regelung die Stellglieder möglichst in der letzten Betriebsstellung stehenbleiben, dann sind selbsthemmende elektromotorische Antriebe zu empfehlen.

Diese Überlegungen sind für eine chemische Anlage oft von so wesentlicher Bedeutung, daß allein von den Stellgliedern her die Auswahl der Reglertypen und ihrer Hilfsenergie gegeben ist. Außerdem muß eine gewisse Grundkenntnis der Bauelemente und ihrer inneren Funktion vorausgesetzt werden, um richtig entscheiden zu können.

4. Auswahl nach der Art der Anlage

Nachdem durch die geschilderten Gesichtspunkte schon eine weitgehende Vorauswahl getroffen worden ist, ist schließlich noch die Art der Gesamtlage mitentscheidend. Für eine Kleinanlage, die man auch meist an Ort und Stelle betätigen kann, wird man zu einfacheren Reglern greifen, soweit die Regelaufgabe eine solche Auswahl ermöglicht. Für Großanlagen dagegen, bei denen eine zentrale zusammengefaßte Meß- und Regelwarte notwendig ist, müssen Regler mit einem solchen Übertragungssystem gewählt werden, das sich der gewählten Meßtechnik gut anpaßt, um eine weitgehende Einheitlichkeit der Ausführung zu erreichen.

Selbstverständlich spielen auch wirtschaftliche Gesichtspunkte insofern eine Rolle, als man sich bei jeder Regelaufgabe vorher Rechenschaft über die verlangte Genauigkeit der Regelung ablegen muß. Es gibt sehr viele Regelaufgaben, die ohne weiteres mit einfachen und daher auch billigen Reglern zu lösen sind. Hier wäre ein übertrieben genauer Regler eine unnütze Geldausgabe, ganz abgesehen davon, daß der genaue und komplizierte Regler auch störanfälliger ist.

Im allgemeinen dürften in Kleinanlagen auch die Anforderungen an die Genauigkeit geringer sein, da meist erst mit wachsender Größe sowie wachsendem Durchsatz der Anlagen die genaue Einhaltung der Fahrbedingungen der Automatik überlassen wird und da Abweichungen vom Normzustand sich um so schwerwiegender auswirken, je größer der Durchsatz ist. Es ist aber bei Kleinanlagen nicht immer leicht, zwischen den Forderungen der Betriebsführung nach Genauigkeit und dem wirtschaftlichen Aufwand einen günstigen Kompromiß zu finden.

Alle Ausführungen über die geeignete Auswahl von Reglern in diesem Kapitel entstammen dem Erfahrungsbereich der chemischen Betriebe und können wahrscheinlich in anderen Industriezweigen durch zusätzliche Gesichtspunkte ergänzt oder durch andere Erwägungen abgelöst werden; in ihrem wesentlichen Gehalt dürfte aber doch eine gewisse Allgemeingültigkeit beansprucht werden, zumal auch an anderer Stelle ähnliche Überlegungen angestellt worden sind [*15*, *16*].

G. Meßwarten in Großanlagen

Es ist selbstverständlich, daß gerade in der äußeren Anordnung von Meß- und Regelanlagen in zentralen Warten auch die allgemeinen Zeitströmungen mit ihren gleitenden ästhetischen und künstlerischen Gesichtspunkten ihren Niederschlag finden. Es kann dazu aber auch festgestellt werden, daß manchmal Meßwarten etwas den Wünschen der Firmenleitungen nach Repräsentation Rechnung tragen, so daß es nicht immer einfach ist, die direkten Notwendigkeiten und die höchste Zweckmäßigkeit in den gewählten Anordnungen zu erkennen. Überblickt man aber den Entwicklungsgang der Meßwarten, etwa über die letzten zwei Jahrzehnte, so kann man schon aus dieser Tendenz erkennen, welche Gesichtspunkte bei dem Entwurf einer Meßwarte bestimmend sein müssen.

In den Warten für Dampferzeuger und in den elektrischen Schaltzentralen ist es schon seit vielen Jahren üblich, bei komplizierten Anlagen die gleichförmig aussehenden Instrumente durch Leitlinien so zu verbinden, wie es der tatsächlichen Anordnung entspricht, und die wesentlichsten Geräte, z. B. Kessel, Turbine, Generator, Transformator, Schalter, durch sinnfällige Symbole anzudeuten. Durch diese visuelle Unterstützung wird dem Personal die Übersicht wesentlich erleichtert, vor allem noch dadurch, daß durch Lampensignale der jeweilige Schaltzustand angegeben werden kann. Diese Signallampen sind direkt an den Schaltvorrichtungen angebracht, die ihrerseits wieder durch elektrische Blockierungen Fehlschaltungen vermeiden. Diese Art der Anordnung hat sich auch bei den chemischen Anlagen als zweckmäßig eingeführt. Ihre konsequente Weiterentwicklung zu einem abbildgetreuen Fließschaltbild (in den USA graphic panel genannt) ist eine sehr geeignete Anordnung zur Überwachung chemischer Anlagen. In der ersten Zeit wurde sie vielfach noch als Spielerei angesehen. Die eingesetzten Kleingeräte genügten auch nicht den gestellten Ansprüchen an die Genauigkeit, doch ist die Entwicklung so weit fortgeschritten, daß brauchbare Schreiber und Regler im Kleinformat zur Verfügung stehen und die Instrumentierung der Fließschaltbilder allen sinnvoll gestellten Anforderungen genügt.

Eine solche Meßwarte besteht also im wesentlichen aus einer großen Tafel, auf der sämtliche Apparate im annähernd richtigen Größenverhältnis und in möglichst abbildgetreuer Anordnung aufgebracht sind. Die Meßgeräte und Stellglieder sind entsprechend ihrem tatsächlichen Meß- bzw. Stellort in diese Tafel eingefügt und zeigen so sinnfällig den Zustand der Anlage an. Sie enthalten außerdem an der richtigen Stelle die erforderlichen Hand-Automatik-Umschalter, mit denen auch von der Tafel aus ein Handbetrieb der Anlage oder einzelner Teile möglich ist. Auch die Signale werden mit geeigneten Schaulampen am Ort der wirklichen Signalgabe angezeigt.

Wenn dennoch in vielen Neuanlagen von diesem System abgewichen wird, so sind dafür wieder Gründe der Anordnung entscheidend. Es sind aus dem Erfahrungsbereich des Verfassers Anlagen bekanntgeworden, wo eine konsequente Darstellung im Fließschaltbild mit vernünftigen Instrumentgrößen Schaltwände von 50 Metern und mehr erfordern würde. Dabei dürfte bei Profilgeräten für betriebswichtige Messungen die untere Grenze etwa bei der Normgröße 72 mm × 144 mm liegen. Solche Anlagen wären nicht mehr übersichtlich. Man hilft sich durch folgende Anordnung:

Das Fließbild wird etwa im Verhältnis 1 : 2 bis 1 : 3 verkleinert und nimmt nur noch die Signale und Positionslampen auf, während der eigentliche Meß-, Schalt- und Steuerteil in einem Bedienungspult angeordnet wird, das im Raum vor der Meßwand aufgestellt wird. Das Pult nimmt zweckmäßigerweise die gleiche Länge wie das Fließschaltbild ein, so daß sich einzelne Anlagen im Pult und dem

Fließschaltbild voreinander befinden. Das Fließschaltbild wird hochgelegt, der Platz darunter kann zur Aufnahme von Schreibern, Reglern usw. genutzt werden. Die Anordnung ist dann so getroffen, daß der Schaltwart vor dem Pult steht und auf ihm alle zur Überwachung und Kontrolle notwendigen Instrumente vorfindet. Das Fließschaltbild mit den Signal- und Positionslampen ist gut zu übersehen; die Meßstellenwähler sind so angeordnet, daß mit der Auswahl der Meßstelle im Pult auch die zugeordnete Lampe im Fließschaltbild aufleuchtet. Die Schreibgeräte in der Wand stellen letztlich nur eine Wiederholung der Meßgeräte im Pult dar. Die Diagrammschriebe zur Kontrolle der Betriebsfahrweise sind auch vom Pult aus erkennbar, so daß ein Betreten des Raumes vor der Meßwand praktisch nicht notwendig ist.

Es bedarf keiner Frage, daß auch alle Zwischenlösungen möglich sind, so z. B. eine kleine Pultanordnung vor dem großen Fließschaltbild, wobei in dem Pult nur alle Temperaturmeßstellen zusammengeführt sind und angewählt werden können. Einzelheiten der Anordnungen stehen immer im freien Ermessen des Erbauers. Es kann von der Warte aus auch eine Aussicht auf die Anlage selbst geschaffen werden. Beleuchtungs- und Farbeffekte verbessern den guten Überblick über die Anlage. Im wesentlichen dürften aber die geschilderten Anordnungen die neuzeitliche Zusammenfassung der Meß- und Regelungstechnik in den chemischen Betrieben richtig darstellen.

H. Planen von Neuanlagen

Während früher im allgemeinen eine chemische Anlage im Planungsbüro rein nach den Gesichtspunkten der Verfahrenstechnik aufgebaut und die Meß- und Regelungstechnik hinterher als Zusatz ,,angehängt“ wurde, hat sich heute eine solche Planungsarbeit grundsätzlich verändert; je weiter man die Automatisierung treiben will, um so mehr muß dies bereits beim grundlegenden Aufbau der Anlage berücksichtigt werden. Regelungstechnische Gesichtspunkte bedingen oft grundsätzliche Änderungen in der Verfahrensweise, wenn es nicht gelingt, die Regelstrecken auf genügende Regelbarkeit zu bringen, indem z. B. Totzeiten vermieden werden usw. Auch wird man anstreben, die Regelstrecken so festzulegen, daß sie einen günstigen Ausgleichswert aufweisen, da hierdurch die Regelaufgabe immer einfacher wird und auch mit weniger komplizierten betriebssicheren Reglern gelöst werden kann. Man wird ferner überprüfen müssen, ob die zum richtigen Einsatz der Regler bestehenden Meßmöglichkeiten vorhanden sind, ob beispielsweise bei Messungen mit Drosselgeräten (Blenden, Düsen usw.) die notwendigen Ein- und Auslaufstrecken vorhanden sind, ob keine Feuchtigkeitsabscheidungen und Ablagerungen die Messungen stören. Ferner ist zu untersuchen, ob und wie die gegebenen Entfernungen zu überbrücken sind, auch welche Gefahrenquellen zu vermeiden sind und wie diesen begegnet werden kann. Für die mit den Regelungen auf Grund der Betriebsfahrweise zusammenhängenden Umschaltungen und Abstellungen ist zu überprüfen, ob die verbleibenden Handantriebe nicht die Muskelkraft oder die Bewegungsmöglichkeiten des Personals überfordern, so daß Hilfsantriebe von der Tafel aus vorzusehen sind.

Die entscheidende Frage zur Anwendung einer Automatik sollte aber die sein, daß dem Personal alle Arbeiten abgenommen werden, die ihr Ausdauervermögen überschreiten oder ihr Denkvermögen monoton beanspruchen. Erfahrungsgemäß ist dieser Weg viel wichtiger als der letzte Schritt zur „Vollautomatik" von der Endanalyse der Produkte her. Sind alle untergeordneten Regelaufgaben zur besten Lösung geführt, so ist es kein Mangel, daß hin und wieder Reglersollwerte etwas nachgestellt werden, da ja Personal für eine solche Tätigkeit zur Verfügung steht. Nur dann, wenn die funktionelle Zuordnung von der Endanalyse zu den einzelnen Reglersollwerten festliegt und mit deren Nachstellen ständig Menschen beansprucht werden, sollte man zur wirklichen Vollautomatik schreiten. Sofern aber Aufwand und Auswirkung sich nicht mehr entsprechen, sind solche Lösungen nicht zu vertreten.

Die chemische Technik ist gegenüber rein mechanisch arbeitenden Fabrikationsabläufen dadurch im Nachteil, daß oft kleine, nicht vermeidbare Produktbeimengungen wesentlich andere Sollwerteinstellungen der Regler bedingen; ferner werden katalytische Prozesse durch nicht immer übersehbare Veränderungen in der Kontaktsubstanz in ihrem Ablauf so stark abgewandelt, daß eine wirkliche Vollautomatik oft einen beträchtlichen Aufwand bedeuten würde, wenn überhaupt die funktionelle Zuordnung aller Betriebsgrößen übersehbar ist. In der chemischen Technik wird immer eine überwachende Betriebsführung notwendig sein, die in die Fahrweise eingreifen muß. Die wichtigste Aufgabe der Regelungstechnik in der Chemie ist die Befreiung der Betriebsführung von allen mechanisch glatt lösbaren Aufgaben, sowohl im Funktionsablauf als auch in der Überwachung; nur hierdurch ist ihr sinnvoller Einsatz sichergestellt. So wird der Mensch zum Herrn der Anlage und nicht umgekehrt.

Sind alle grundsätzlichen Erwägungen der angegebenen Art zwischen Planungsbüro, Betriebsführung und der Betriebskontrolle abgeschlossen, so liegt der anzuwendende Umfang der Regelungstechnik fest. Die Art der Ausführung kann nunmehr entschieden und die Anordnung ausgewählt werden. Hierbei sollte man zwischen den untergeordneten und den für das Verfahren wesentlichen Regelaufgaben unterscheiden. Während es bei den ersteren genügt, dem Personal der Warte den erreichten Zustand als Meßwert anzugeben, hat es sich bei den letzteren als zweckmäßig erwiesen, jedem Regler einen Hand-Automatik-Umschalter im Fließschaltbild bzw. im Meßpult zuzuordnen. Diese Anordnung hat sich bei Anfahr- sowie Abstellvorgängen und bei Störungen in der Anlage sehr bewährt. Es wird kaum eine chemische Anlage geben, bei der nicht Anlageteile dauernd Reparaturen unterzogen und Auswechselungen vorgenommen werden müssen (z.B. Katalysatorsubstanzen). Das Eingreifen von Hand über die Einstellvorrichtungen ist dann sehr bequem und beansprucht das Betriebspersonal nur kurze Zeit.

Die räumliche Ausgestaltung der Meß- und Regelwarten sollte neben ästhetischen Gesichtspunkten die gute Übersichtlichkeit der Montageführung (Rohrleitungen bzw. Kabel) sicherstellen und auch alle Apparateteile der ganzen Anlage zugänglich halten. Hier wird oft insofern ein Fehler gemacht, als in dem Bestreben nach großem freiem Raum vor der Tafel der Raum hinter der Tafel zu kurz kommt. Der hinter der Tafel dringend notwendige, aber fehlende Meter kann oft vor der Tafel leicht eingespart werden.

Die Planung einer solchen Meß- und Regelwarte gehört zu den schönsten Aufgaben in der chemischen Technik; sie kann nur dann zu einer zufriedenstellenden

Lösung geführt werden, wenn Architekt, Ingenieur, Chemiker und Physiker in vertrauensvoller und offener Zusammenarbeit ihre Probleme gemeinsam beraten, wobei jeder Beteiligte die Schwierigkeiten des anderen zu verstehen versuchen muß. Liegt eine solche gute Zusammenarbeit vor, so wird auch immer eine gute Lösung herauskommen, die nach der Fertigstellung alle Beteiligten mit Zufriedenheit erfüllt.

I. Quellenhinweise

[1] WINKLER, O.: Instandsetzungsfragen der Betriebsüberwachungsgeräte in den Vereinigten Staaten von Amerika. Rationalisierung 2. Jg. (1951) H. 11, S. 276–277.

[2] HENGST, K. u. MAIER, A.: Versuche zur automatischen Regelung von Destillationskolonnen. Regelungstechnik 3. Jg. (1955) S. 219–225 u. S. 243–248.

[3] WEIS, E.: Die Regelungstechnik in der chemischen Industrie. In: Regelungstechnik. Vorträge des VDI/VDE-Lehrganges in Bonn 1953 und Essen 1954. Düsseldorf: Deutscher Ingenieur Verlag 1954. S. 123–136.

[4] BERTHOLD, R. u. TROST, A.: Füllstand-Messung und -Steuerung mit radioaktiven Präparaten und Zählrohren. Chemiker-Ztg. 78. Jg. (1954) H. 21, S. 729–733 u. H. 22, S. 759–762.

[5] DIN 1952. VDI-Durchflußmeßregeln. 6. Ausg. Nov. 1948 S. 21–22.

[6] KUNDT, W.: Die Regelung von Destillationskolonnen nach der Produktqualität. Regelungstechnik 3. Jg. (1955) S. 194–197.

[7] KOSBAHN, TH.: Beitrag zur Konsistenzregelung in der zellstoffverarbeitenden Industrie. Regelungstechnik 4, Jg. (1956) S. 33–35.

[8] KOSBAHN, TH.: Regler in der Papierindustrie. In: Regelungstechnik. Vorträge des VDI/VDE-Lehrganges in Bonn 1953 und Essen 1954. Düsseldorf. Deutscher Ingenieur Verlag 1954. S. 155–160.

[9] OHLINGER, H.: Polystyrol. I. Teil, Herstellungsverfahren und Eigenschaften der Produkte. Berlin/Göttingen/Heidelberg: Springer 1955. S. 21–27.

[10] OHLINGER, H.: s. [9], jedoch S. 27–29.

[11] SACHSSE, H.: Herstellung von Acetylen durch unvollständige Verbrennung von Kohlenwasserstoffen mit Sauerstoff. Chemie-Ingenieur-Technik 26. Jg. (1954) S. 245–253.

[12] BARTHOLOMÉ, E.: Probleme großtechnischer Anlagen zur Erzeugung von Acetylen nach dem Sauerstoff-Verfahren. Chemie-Ingenieur-Technik 26. Jg. (1954) S. 253–258.

[13] DIN 19226. Regelungstechnik. Benennungen, Begriffe. Januar 1954.

[14] BOYD, D. M.: Warum elektronische Regelung für industrielle Prozesse? Regelungstechnik 3. Jg. (1955) S. 239–243.

[15] WALTHER, L.: Die praktische Auswahl von Regelgeräten. Regelungstechnik 3. Jg. (1955) S. 309–312.

[16] MATUSCHKA, H.: Gesichtspunkte zur Planung wärmetechnischer Regelanlagen. Regelungstechnik 4. Jg. (1956) S. 18–23.

[17] ELMO-Pumpe: Eingetragenes Warenzeichen und Erzeugnis der Siemens-Schuckertwerke AG.

44. Industrie der Steine und Erden

Von **K. Funke, A. Gnambs** und **W. Liesegang**

Inhaltsübersicht

A. Überblick

Die Industrie der Steine und Erden umfaßt vor allem die Herstellung von Glas, Zement und Keramik. Um gleichbleibende Güte der Endprodukte zu erzielen, müssen die einzelnen Teilprozesse im Verlauf des Herstellungsgangs geregelt werden. Hierbei haben Antriebsregelungen die Aufgabe, die Rohprodukte zuzuteilen und aufzubereiten. Die Wärmeprozesse erfordern eine Regelung der Feuerführung und der Temperatur.

Aus wirtschaftlichen Gründen kommt es besonders darauf an, die Produktionsanlagen gut auszunutzen, ohne die Arbeitsmaschinen zu überlasten. Um den Durchsatz gleichmäßig zu halten, ist es erforderlich, Zwischenprodukte zu speichern, da die einzelnen Teilprozesse verschiedene Zeiten benötigen. Weiter ergeben sich besondere Gesichtspunkte für die Gestaltung der Anlagen und deren Regelung aus der geographischen Lage, von der die Art der Rohprodukte und der Brennstoffe abhängt. Die Konstruktion der Regeleinrichtungen muß auf den außerordentlich starken Anfall von Schmutz und Staub Rücksicht nehmen.

B. Glasindustrie

1. Die Glaswanne

a) Aufbau und Regelaufgaben

Den verschiedenen Zwecken der Hohlglas- oder Flachglasherstellung dienen Wannenöfen grundsätzlich der gleichen Bauart [*1*]. Als Regenerativofen ist der Glasschmelzofen der Vorgänger des SIEMENS-MARTIN-Ofens (s. Kapitel 37, Abschnitt D). Die Wanne des Glasofens ist meist in den Schmelzraum, den Läuterraum und in den Arbeitsraum unterteilt. Unterschiedlich sind die Abmessungen der Wanne für die verschiedenen Zwecke und auch die Maschinen, die für die Herstellung von Hohlglas, von Fensterglas und von Spiegelglas gebraucht werden.

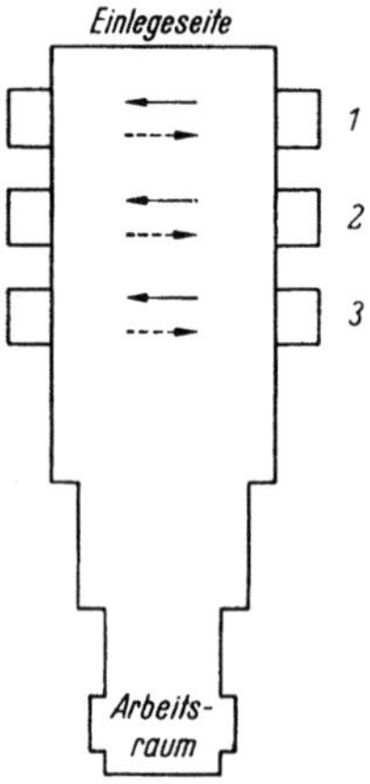

Bild 1. Tafelglaswanne mit Querbrennern (*1*, *2*, *3*)

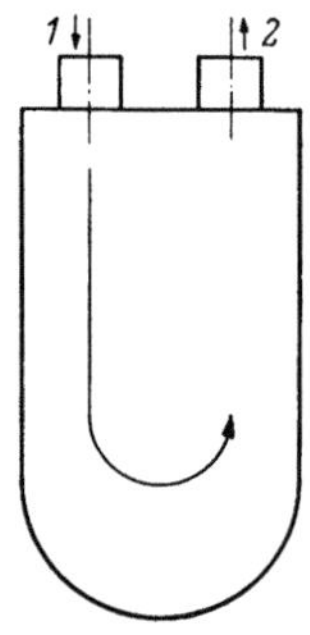

1 Brenneranschluß
2 Abgaskanal

Bild 2. Hohlglaswanne mit Längsbrennern

Neuzeitliche Flachglaswannen werden meist mit Schweröl, seltener mit Koksofengas oder Generatorgas regenerativ beheizt. Die Wannen haben eine Länge von 35 bis 50 m, eine Breite von 6 bis 9 m und werden mit bis zu 280 t Gemenge täglich beschickt. Die Feuerungen sind als Querfeuerungen (*Bild* 1) ausgebildet. Auf jeder Ofenseite sind 5 bis 7 Brenner abwechselnd in Betrieb. Kürzere Wannen, vornehmlich für Hohl- und Profilglas, werden auch mit Längsfeuerungen (*Bild* 2) und Rekuperatoren ausgestattet. Die Flamme entwickelt sich an der Rückwand, zieht nach vorn und kehrt dann hufeisenförmig um.

Die Betriebsweise des Wannenofens und die Qualität des erzeugten Glases sind vor allem von der Temperatur im Arbeitsteil der Wanne abhängig. Die Temperatur muß in sehr engen Grenzen konstant bleiben, da neben der Zusammensetzung des Gemenges nur die Temperatur für die Zähigkeit [*2*] des Glases beim Verarbeiten in der Maschine bestimmend ist (*Bild* 3). Die Höhe der Temperatur ist vom Gemenge, von dem angewandten Verarbeitungsverfahren und von der Größe des Durch-

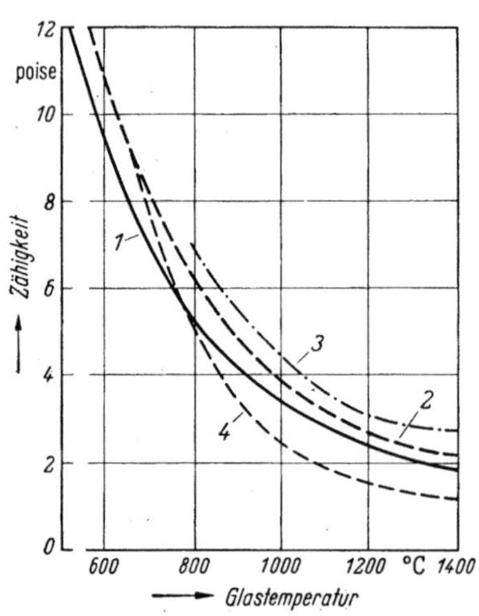

Glassorte	% SiO_2	% B_2O_2	% Al_2O_3	% CaO	% Na_2O
1	74	—	—	5	21
2	75	—	—	10	15
3	74	—	7	7	12
4	65	15	—	—	20

Bild 3. Temperaturabhängigkeit verschiedener Glassorten in flüssigem Zustand

satzes abhängig. Von der Form des Ofens ist sie unabhängig. Auch bei der regenerativ geheizten Wanne wirken sich die unvermeidbaren Temperaturunterschiede der Flamme über die Breite des Ofens nicht nachteilig aus, da die kurzen Umstellzeiten von 15 bis 30 min ausgleichend wirken.

Einer Temperaturregelung über die Brennstoffzufuhr stellen sich bei großen Wannen Schwierigkeiten entgegen [*3*]. Die Regelstrecke hat Anlauf- und Totzeiten bis zu mehreren Stunden.

Auf das Verhalten der Regelstrecke hat eine Reihe von Faktoren [*4*] Einfluß, die baulicher oder betrieblicher Art sind: der Grundriß der Wanne, die Brennerkonstruktion, die Anwendung der Regenerativ- oder Rekuperativ-Verfahren, der Brennstoff, die Glasart, die Entnahmetemperatur und das Alter des Ofens.

Aufgabe der verschiedenen Regler ist es, dem Oberofen so viel Wärme zuzuführen, daß die Temperatur, besonders im Arbeitsteil der Wanne, trotz der verschiedenen Störgrößen erhalten bleibt [*5, 6*]. Zur Temperaturüberwachung benutzt man mit gutem Erfolg Thermoelemente aus PtRh–Pt. Aber auch das Gesamtstrahlungspyrometer, z. B. in der Form des ARDOMETER [*18*], hat sich als Überwachungsgerät bewährt. Zum Einbau am Ofengewölbe (*Bild* 4) werden Formsteine mit einer kreisrunden Öffnung als „Glührohre“ vorgesehen.

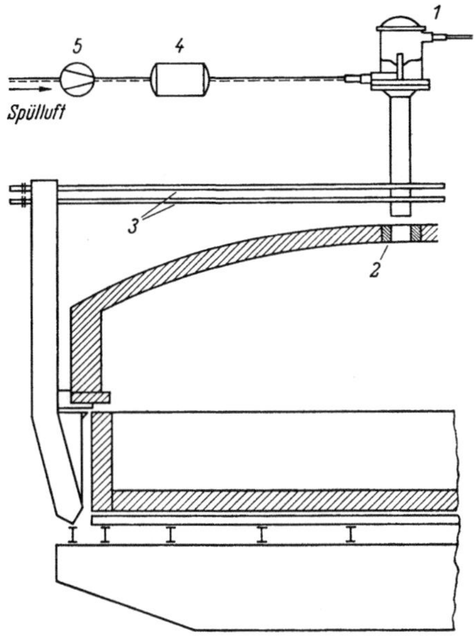

1 Strahlungspyrometer
2 Formstein
3 Anker
4 Luftfilter
5 Spülluftgebläse

Bild 4. Einbau eines Strahlungspyrometers am Gewölbe eines Glasofens

Man erhält die notwendige gleichmäßige Wannentemperatur durch eine Regelung des Brennstoffdurchsatzes, des Brennstoff-Luft-Verhältnisses und des Ofendruckes. Ein Bild vom Ablauf der verschiedenen Regelvorgänge geben die anzeigenden und schreibenden Geräte, die in neuzeitlichen Anlagen in einer Meß- und Reglerwarte (*Bild* 5) zusammengefaßt werden.

Beim Herstellen von Hohlglas läuft das Glas über Speiserrinnen (Feeder) zu den Maschinen. Die Badtemperatur wird in mehreren Zonen geregelt; die Kühlleistung des Feeders wird, häufig durch eine Kombination von Heizung und Kühlung, ebenfalls konstant gehalten. Als Brennstoff dient oft Propangas.

In den folgenden Abschnitten sind die einzelnen Regelkreise und ihr Ineinandergreifen an einem ölbeheizten Glasofen beschrieben.

b) Öldurchflußregelung

Das Heizöl – für 3 t Glas benötigt man etwa 1 t Öl – fließt zunächst (*Bild* 6) durch einen Vorwärmer (*1*). Es wird durch eine Heizschlange (*2*) erwärmt und von einer Pumpe (*3*) über Filter (*4*) in die Hauptölleitung des Ofens gepumpt. Die Regler (*5*) und (*6*) halten die Temperatur und den Druck des Öles konstant. Der

Druck der Zerstäubungsluft wird mit dem Regler (7) auf einem vorgegebenen Wert gehalten. Bei Ausfall des Zerstäubungsdruckes sperrt ein Ventil (*8*) das Heizöl.

Erfahrungsgemäß ändern sich Zähigkeit und Dichte des Heizöles. Auch Verkokungen im Brennerkopf wirken sich ungünstig aus, indem die Austrittsquerschnitte kleiner werden und die Strömungswiderstände zunehmen. Es reicht also

Bild 5. Leitstand eines geregelten Glaswannenofens

nicht aus, den Öldruck an den Brennern konstant zu halten, da der Öldurchsatz sinken und damit die Wannentemperatur fallen kann. Aus diesen Gründen verwendet man am Ofen für jedes Ölbrennerpaar einen besonderen Öldurchflußregler (9), der für beide Ofenseiten gemeinsam ist. Die Sollwerte der Durchflußregler werden fest eingestellt. Jeder Brenner erhält so viel Öl, wie nötig ist, um die in der Brennerzone erforderliche Wannentemperatur aufrechtzuerhalten.

Mit zunehmendem Alter des Ofens werden bei gleichem Bedarf an Nutzwärme die Wandverluste des Ofens größer. Die Sollwerte der Durchflußregler müssen daher von Zeit zu Zeit nach der Wannentemperatur neu eingestellt werden.

Eine Programmsteuereinrichtung schließt und öffnet beim Wechseln der Heizrichtung die Umsteuerventile (*10*) in den Brennerleitungen. Während des Umsteuervorgangs werden die Rücklaufventile (*11*) geöffnet. Das Heizöl fließt dann so lange zur Pumpe (*3*) zurück, bis die Umsteuerung beendet ist und die Ölventile der anderen Ofenseite geöffnet haben. Außerdem werden umgesteuert: die Umsteuerventile (*12*) für die Zerstäubungsluft, die Umsteuerventile (*13*) für die Verbrennungsluft und die Abgas-Umsteuerschieber (*14*).

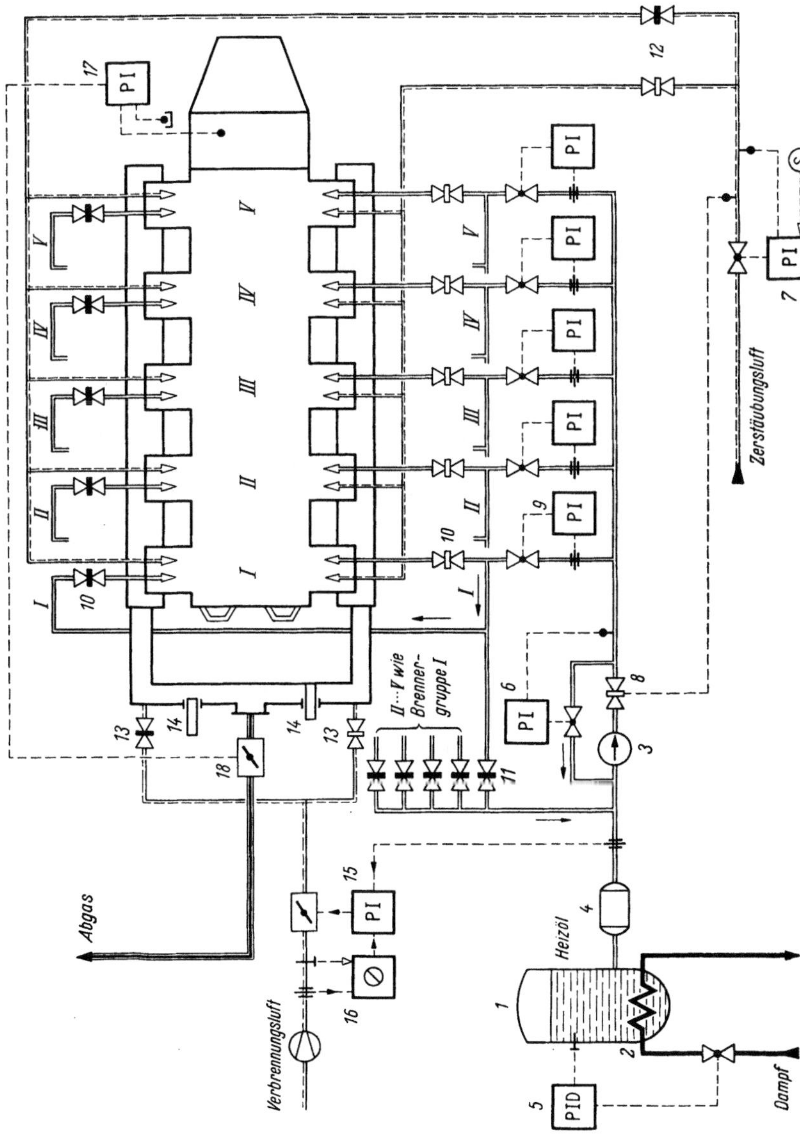

1 Heizölvorwärmer
2 Heizschlange
3 Pumpe
4 Filter
5 Heizöl-Temperaturregler
6 Heizöl-Druckregler
7 Zerstäubungsluft-Druckregler
8 Absperrventil (Öl)
9 Heizöl-Durchflußregler
10 Umsteuerventile (Öl)
11 Rücklaufventile (Öl)
12 Umsteuerventile (Zerstäubungsluft)
13 Verbrennungsluft-Umsteuerventile
14 Abgas-Umsteuerschieber
15 Öl-Luft-Verhältnisregler
16 Verbrennungsluftdurchfluß-Meßumformer mit Temperaturkorrektur
17 Ofendruckregler
18 Jalousieschieber

Bild 6. Regelplan einer Spiegelglaswanne

c) Regelung des Öl-Luft-Verhältnisses

Man kann für 1 kg Schweröl mit einem Luftbedarf von 11 Nm^3 rechnen. Den Brennern der Wanne muß daher bei einem Ölverbrauch von 3 t/h stündlich eine Luftmenge von 33000 Nm^3 zugeführt werden. Da die Temperatur an der Ansaugstelle zwischen Tag und Nacht, im Sommer und Winter schwankt, muß die Luftdurchflußmessung nach der Temperatur berichtigt werden, falls der Temperaturunterschied 30 °C übersteigt. Bei größeren Temperaturänderungen würden die Fehler in der Luftdurchflußmessung zu einer merkbaren Änderung des Öl-Luft-Verhältnisses führen und damit die Verbrennung stören.

In der Wanne soll die Flamme immer dieselbe Länge haben. Ist die Flamme zu kurz, so können Teile des Bades überhitzt werden. Bei einer zu langen Flamme erstreckt sich die Verbrennung des Öles bis zu den gegenüberliegenden Brennern, so daß die Ausmauerung leidet. Das für die Flammenführung maßgebliche Verhältnis Öl zu Luft muß daher genau eingehalten werden.

Im vorliegendem Falle (*Bild* 6) wird der Luftdurchfluß mit einem Öl-Luft-Verhältnisregler (*15*) durch Verstellen einer Drosselklappe in der Gesamtluftleitung nach der Gesamtölmenge geregelt. Der Meßumformer (*16*) für Luftdurchfluß ist mit einem Korrekturglied für die Lufttemperatur ausgestattet.

d) Regelung des Ofendruckes

Die Höhe des Druckes hängt von der Anschlußstelle der Wirkdruckleitung ab. Im allgemeinen wird über dem Glasspiegel ein Überdruck von 0,1 mm WS gehalten. Im Gewölbe stellt sich dann, je nach der Höhe des lichten Raumes, zwischen Glasspiegel und Gewölbemauerwerk ein Druck von 1,5 bis 2 mm WS ein. Bei zu hohem Ofendruck ergeben sich Ausflammverluste an den Beobachtungslöchern. Die Verbindungsfugen zwischen den Gewölbeteilen werden gefährdet. Bei zu niedrigem Ofendruck dringt kalte Luft in den Ofen. Die Wannentemperatur, die Form der Flamme und der Wärmeübergang auf das Einsatzgut werden beeinträchtigt. Es ist außerdem mit einer Rückwirkung auf die Öl-Luft-Verhältnisregelung zu rechnen.

Der Ofendruckregler [(*17*) in *Bild* 6] verstellt einen Jalousieschieber (*18*) im Abgaskanal des Ofens. Eine gute Regelung kann man auch mit ,,indirekten Saugzuganlagen“ erhalten, wobei der Druckregler eine Drosselklappe in der Treibluftleitung verstellt.

e) Glasstandsregelung

Allgemeines. In der Glashütte läßt sich Glas – Flachglas und Hohlglas – nur gleichmäßig herstellen, wenn es gelingt, den Glasstand in der Arbeitswanne und im Feeder in den vorgeschriebenen Grenzen von höchstens $\pm 0,5$ mm konstant zu halten. Es ist hierfür eine Reihe von Meß- und neuerdings auch Regelgeräten entwickelt worden.

Meßverfahren. Es gibt verschiedene Methoden, um hohe Meßgenauigkeit trotz der etwa 1400 °C betragenden Temperatur des Schmelzgutes zu erzielen [7]. Als Maß für das Niveau kann der Staudruck in einer frei gegen die Oberfläche blasenden Düse gelten (*Bild* 7a). Um das Ausweichen des als Prallplatte dienenden Schmelzgutes zu vermeiden, sieht man Keramik-Schwimmkörper vor

(*Bild* 7b). Diese verzundern aber und müssen trotz Kühlung in kurzen Abständen ausgewechselt werden, so daß eine Neujustierung notwendig wird.

Eine optische Methode (*Bild* 7c) beruht auf der Messung zwischen einer Spitze und ihrem Spiegelbild auf der Glasoberfläche; sie muß die geringe Helligkeitsdifferenz zwischen Spitzenbild und glühender Glasoberfläche unterscheiden können.

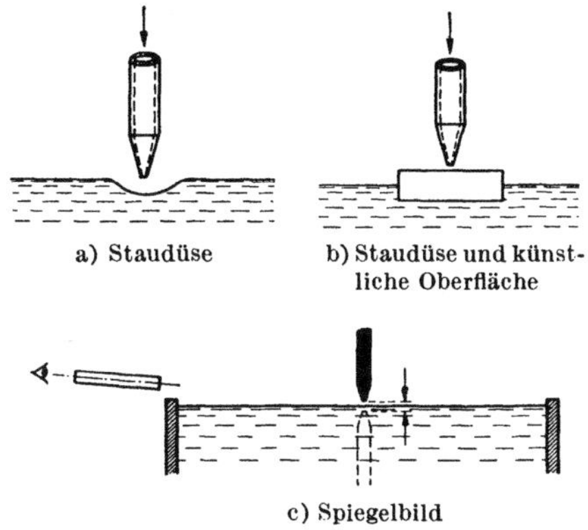

Bild 7. Meßverfahren für den Glasstand

Bei der Methode der Metallelektroden wird die Oberfläche in festliegenden Zeitabständen mit Hilfe einer beweglichen zunderfesten Elektrode abgetastet [*8*].

Brauchbare Ergebnisse erzielt man auch mit Hohlschwimmern aus feuerfestem Metall, die wegen der aggressiven Gase mit Schutzgas umspült und mit diesem gleichzeitig gekühlt werden (*Bild* 8). Mit einem solchen Schwimmer (*1*) werden ein Maximum- und ein Minimumkontakt (*2*) und (*3*) gekuppelt.

Die Regelsignale werden über einen Impulsregler (*4*) an den Stellmotor (*5*) eines Schiebetransformators gegeben. Dieser speist über Trockengleichrichter den Anker des Motors für den Antrieb der Förderschnecke (*6*) des Schmelzgutes. Sein Feld wird ebenfalls über Trockengleichrichter erregt. Durch Verändern der Impulspause und Impulsdauer des Impulsreglers läßt sich die Regeleinrichtung an die Anlage regelungstechnisch anpassen.

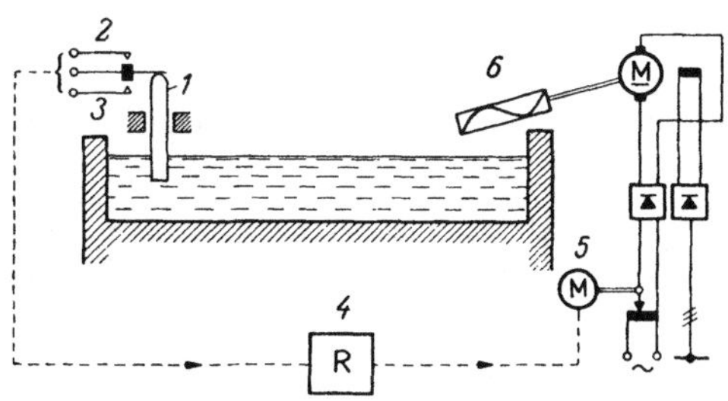

1 Hohlschwimmer
2 Maximumkontakt
3 Minimumkontakt
4 Regler
5 Stellmotor
6 Förderschnecke für Schmelzgut

Bild 8. Glasstandsregelung

2. Andere Ofenarten

Neben der kleineren Glaswanne für Hohlglas gewinnt in neuerer Zeit der von Emhart (USA) entwickelte „Unit-melter" an Bedeutung [*9*]. Der Unit-melter ist in der Anschaffung billiger als die Regenerativwanne. Er hat einen geringen Leerlaufverbrauch. Die Regelung ist einfach, da Kaskaden- und Verhältnisregelungen fortfallen [*10*]. Ein Temperaturregler regelt nach der Gewölbetemperatur den Öldurchfluß für den Schmelz- und Läuterteil des Unit-melters in zwei Gruppen von Brennern. Den verwendeten Proportionalbrennern wird die notwendige Verbrennungsluft unter Druck zugeführt. Die Brenner einer Heizgruppe werden mit einem Seilzug verbunden, so daß für eine Brennergruppe ein Stellglied ausreichend ist.

3. Glasschleif- und Poliermaschinen

Solche Maschinen haben ein über die ganze Bahnbreite des zu bearbeitenden Glases reichende Welle. Beide Wellenenden müssen von je einem Motor angetrieben werden, um die Welle mit Rücksicht auf die Verdrehungen nicht zu stark bemessen zu müssen. Es ist dafür zu sorgen, daß beide Motoren stets das gleiche Drehmoment entwickeln. Erschwerend kommt hinzu, daß die Drehzahl der Schleifmaschine aus technologischen Gründen von Hand, und zwar im Verhältnis 1:2,5 einstellbar sein muß. Bei einer Regelanordnung mit einem Antrieb beider Wellenenden durch Drehstrom-Kollektormotoren (*Bild* 9) ist die Stromaufnahme ein Maß für das abgegebene Drehmoment eines Motors. Zur Abstimmung der beiden Drehmomente aufeinander werden deshalb die Ströme beider Motoren über Wandler in einem Relais miteinander verglichen. Führungsgröße ist die Stromaufnahme des Leitmotors (*1*), Regelgröße die des Folgemotors (*2*). Abweichungen voneinander bewirken ein Verstellen des Bürstenapparates des Folgemotors. Von Hand eingestellten Drehzahlveränderungen des Leitmotors kommt der Folgemotor also nach. Zur Rückführung dient eine dritte Wicklung des Vergleichsrelais, die von dem Wandler des Folgemotors gespeist wird.

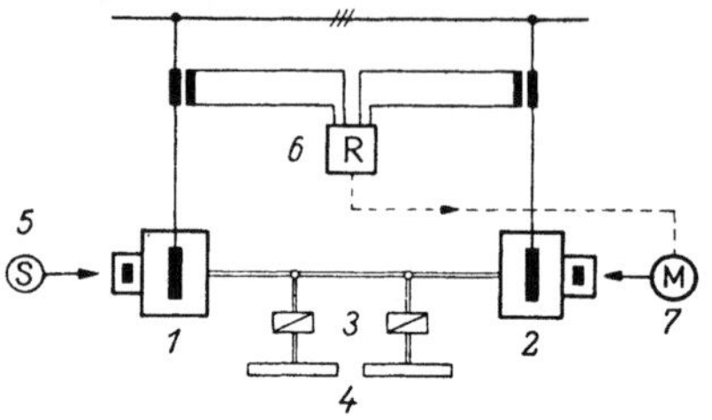

1 Leitmotor
2 Folgemotor
3 Getriebe
4 Schleifscheiben
5 Bürstenverstellung von Hand
6 Regler
7 Bürstenverstellmotor

Bild 9. Regelung zweier Antriebsmotoren für Glasschleif- und Poliermaschinen auf untereinander gleiche Belastung

C. Zementindustrie

Zemente sind überwiegend aus Kalk CaO, Tonerde Al_2O_3 und Kieselsäure SiO_2 bestehende Bindemittel. Zur Herstellung werden Kalkstein $CaCO_3$ und Ton (auch Hochofenschlacke) fein gemahlen. Je nach der Beschaffenheit der natürlichen Rohstoffe und der angestrebten Qualität des Zementes führt man das gemahlene, gleichmäßig gemischte Gut trocken, oder bis zur Bildsamkeit mit etwa 12 bis 13% Wasser angefeuchtet, dem Ofen zu (Trockenverfahren), oder man mahlt mit etwa 30 bis 40% Wasser in Naßmühlen und gibt diesen Schlamm in den Ofen (Naßverfahren). Im Ofen sintert das Produkt bei etwa 1400 °C. Vor Erreichen dieser Temperatur tritt die Kohlensäure gasförmig aus. Das Sinterprodukt, Klinker genannt, wird zu Zement fein gemahlen [*11*].

Zement wird stets im Durchlaufbetrieb hergestellt. Daher muß bereits bei der Aufbereitung des Rohmaterials gleichmäßiger und störungsloser Durchsatz eingehalten werden. Bei der Verarbeitung im Ofen kommt es darauf an, den Durchsatz, die Sintertemperaturen sowie Brennstoff und Luft innerhalb enger Grenzen zu regeln, um gleichmäßiges Gut zu erhalten.

1. Gesteinsbrechermaschinen

Das im Steinbruch gewonnene Rohmaterial gelangt in die Brecher [*12*]. Kurzzeitige Überlastungen des Brechers werden in der Regel von seinen Schwungmassen aufgefangen, wobei nur kurzzeitige Stromspitzen des antreibenden Motors auftreten. In den meisten Fällen ist dabei noch nicht unbedingt eine Minderung oder gar Abschaltung der Materialzufuhr notwendig. Eine Betriebsstörung droht erst dann, wenn die Drehzahl des Brechers unzulässig abzusinken beginnt.

Ein gleichmäßiger, störungsfreier Betrieb wird dadurch gewährleistet, daß die Drehzahl der Brecherwelle – bzw. bei Doppelbrechern beider Wellen – überwacht wird und entsprechend dieser Drehzahl die Materialzufuhr gesteuert wird. Bei einer Regelanordnung hierfür mit Zweipunktregler (*Bild* 10) ist zur Drehzahlüberwachung jede Brecherwelle, die über elastische Kupplungen angetrieben wird, mit einem Tachogenerator versehen. Die Tachogeneratorspannung wird in einem

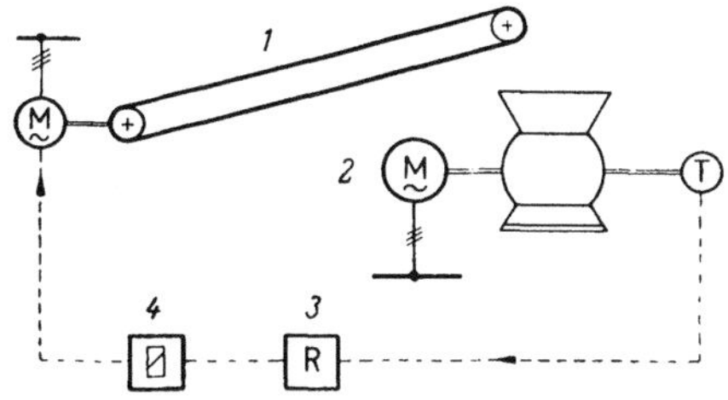

1 Förderband mit Antriebsmotor
2 Brecherantriebsmotor
3 Regler
4 Schütz des Förderbandmotors

Bild 10. Belastungsregelung eines Brechers

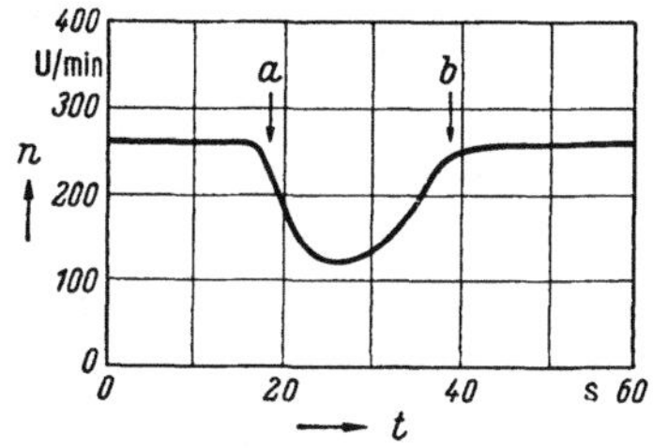

Plattenband abgeschaltet (a), Plattenband wieder zugeschaltet (b)

Bild 11. Drehzahlverlauf während einer Überlastung des Brechers

Regler (*3*) mit einer konstanten Spannung verglichen. Mit Hilfe je eines Potentiometers läßt sich der Zu- und Abschaltwert des Reglers einstellen. Sinkt die Drehzahl der Brecherwelle unter den eingestellten Wert, so wird das Schütz (*4*) des Förderbandmotors selbsttätig abgeschaltet. Der Brecher erholt sich hierauf in seiner Drehzahl, bis der obere eingestellte Sollwert wieder erreicht ist. Das Schütz des Fördermotors schaltet sich dann selbsttätig wieder zu. Wie Versuche gezeigt haben, treten starke Drehzahländerungen nur dann ein, wenn dem Brecher besonders große Gesteinsbrocken zugeführt werden (*Bild* 11).

Diese Regelung soll dazu beitragen, das Bedienungspersonal zu entlasten, das neben dem Brecher steht und streng darauf achten muß, daß sich der Brecher nicht infolge zu großer Gesteinsstücke vollsetzt. Mit einem Hand-Automatik-Umschalter kann man das Förderband mit Hilfe von Druckknöpfen im Leerlauf auch dann in Betrieb nehmen, wenn der Brecher nicht in Tätigkeit ist.

Anschließend wird das gebrochene Material trocken (erforderlichenfalls mit zusätzlicher Wärmezufuhr) oder naß gemahlen.

2. Zementschachtofen

Der Schachtofen (*Bild* 12) ist in einem Stahlblechmantel aus feuerfesten Steinen etwa 8 bis 10 m hoch mit einer lichten Weite von 2,3 bis 2,5 m aufgebaut. Vor Einbringen in den Ofen werden Steinmehl und Koksgrus gleichmäßiger Körnung in einer Mischrinne mit Wasser genetzt und zu kleinen Preßlingen geformt oder auf einem schräggestellten, rotierenden Granulierteller (*7*) mit Wasser zu Kugeln (Granalien) von etwa 2 bis 3 cm Durchmesser gerollt. Ein Gebläse (*8*) preßt von unten Luft in den vollen Schacht, die sich aufwärtssteigend an dem gebrannten

Klinker erwärmt, in der Brennzone den Koks verbrennt, als heißes Abgas die von oben kommenden Granalien entsäuert (CO_2 austreibt) und das Befeuchtungswasser verdampft. Der Klinker wird unten durch einen Dreh- oder Wenderost mit verstellbarer Geschwindigkeit über eine Schleuse ausgetragen.

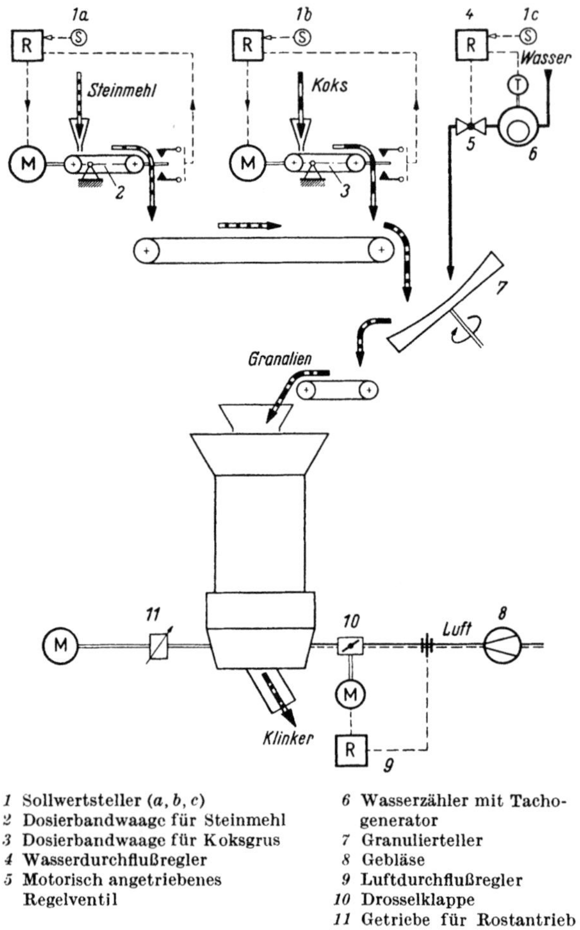

Bild 12. Zementschachtofen

Für einen gleichmäßigen Ofengang ist es wichtig, daß Koksgewicht und Koksheizwert, Steinmehlzusammensetzung und Steinmehlmenge sowie Wassermenge einerseits, Luftzufuhr und Austraggeschwindigkeit andererseits ausgewogen sind. Dann bleibt die Brennzone etwa in gleicher Höhe, und bei gleichmäßiger Granaliengröße und -festigkeit bleibt der Schacht über den ganzen Querschnitt luftdurchlässig.

Zur Erleichterung der Ofenbedienung wird die Materialaufgabe konstant gehalten. An einem Sollwertsteller wird die gewünschte Belastung eingestellt. Daraus werden einstellbare Teilsollwerte (*1a*, *b*, *c*) auf die Dosierbandwagen für Steinmehl (*2*) und Koksgrus (*3*) und für den Wasserdurchflußregler (4) gegeben. Der Wasserdurchflußregler stellt ein Regelventil (*5*) in der Wasserleitung, ein Ringkolbenwasserzähler (*6*) mit Tachogenerator quittiert den Wasserdurchfluß. Druckschwankungen im Wassernetz wirken sich nicht mehr auf die Wassermenge aus und die Dauerbesetzung des Granulierstandes ist bei der geringen Entfernung zwischen Schachtofenwarte und Granulierteller nicht mehr notwendig. In einer Anlage ging beispielsweise der Wasserzusatz von 13 auf 12% zurück, die Granalien fielen fest an, und an Verdampfungswärme konnten rund 10 kcal/kg Klinker eingespart werden.

Wird die Luft mit einem Kapselgebläse gefördert, so beschränkt man sich auf Nebenschlußeinstellung der Luft von Hand mit Durchflußaufzeichnung. Ist ein Zentrifugalgebläse vorgesehen, so verstellt ein Durchflußregler (*9*) mit Sollwerteinstellung über einen elektrischen Stellantrieb eine Drosselklappe (*10*) so, daß die Luftmenge praktisch unabhängig von Änderungen des Ofenwiderstandes konstant gehalten wird. Die Drehzahl des Rostantriebs (*11*) wird meist von Hand eingestellt.

3. Zementdrehofen

a) Allgemeines

Da beim Schachtofen der Inhalt Wärme an die Wände abgibt, ist der Klinkerbrand über den Querschnitt nicht gleichmäßig. Zur Qualitätssteigerung hat man um das Jahr 1900 den Drehofen und die Naßmahlung eingeführt. Die ersten Öfen wiesen Tagesleistungen von etwa 30 t auf. Heute ist man bei Riesenöfen mit 1200 t/Tag angelangt. Trotz Verbesserung der Wärmewirtschaft des Naßdreh-

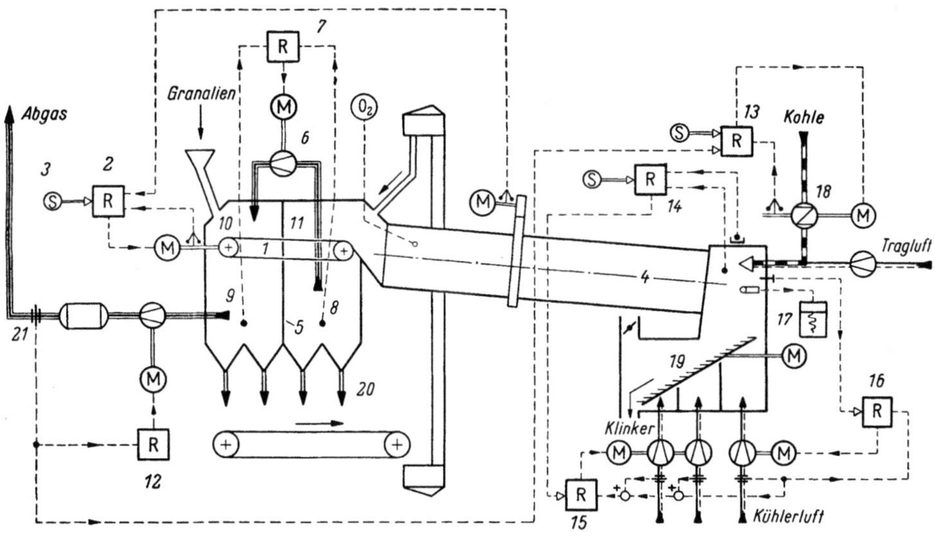

1 Lepol-Rost	*12* Abgasregler
2 Gleichlaufregler	*13* Abgas-Brennstoff-Verhältnisregler
3 Sollwertsteller für Drehzahlverhältnis	*14* Regler für Druck am Ofenkopf
4 Sinterzone des Drehofens	*15* Regler für Kühlerluftdurchfluß
5 Trennwand	*16* Regler für Luftdurchfluß durch erste Kühlerzone
6 Abgas-Umführungsexhaustor	*17* Schreiber für Sinterzonentemperatur (Strahlungspyrometer)
7 Differenzdruckregler	*18* Kohlezuteiler
8 Saugkammer I	*19* Fuller-Kühler
9 Saugkammer II	*20* Staubabscheider
10 Trockenkammer	*21* Drosselgerät
11 Heißkammer	

Bild 13. Zementdrehofen

ofens durch Sekundärluft-Vorwärmung im Klinkerkühler und extremer Länge des Ofens mit wärmespeichernden Einbauten oder Vorsätzen benötigt man für 1 kg Klinker rund 1250 bis 1350 kcal in den neuzeitlichsten Naßöfen. Wo Rohmaterial und Qualitätsansprüche es ermöglichen, arbeitet man daher heute auch im Drehofen „trocken“. Als Beispiel sei der Lepol-Ofen (*Bild* 13) behandelt, der heute hauptsächlich als Trockenofen in verschiedenen Größen für Tagesleistungen von 300 bis 1200 t mit einem Zweizug-Wanderrostteil hinter dem Drehrohrteil gebaut wird und etwa 820 bis 950 kcal für 1 kg Klinker benötigt (*Bild* 14).

Bild 14. Zementdrehofen mit Überwachungstafel

b) Gleichlaufregelung zwischen Drehofen und Materialaufgabe

Zementdrehöfen [*13*] müssen zur Anpassung an die gewünschte Belastung mit veränderbarer Drehzahl gefahren werden können. Außerdem kann Ringbildung des Materials im Drehrohr oder Korrektur der Temperatur zum Verändern der Drehzahl zwingen. Meist werden Drehstrom-Kollektormotoren zum Antrieb verwendet, die außerdem ein allmähliches Hochfahren bis zur Betriebsdrehzahl ermöglichen. Wird die Materialzufuhr beim Verringern der Ofendrehzahl nicht ebenfalls herabgesetzt, so läuft der Ofen voll. Aus brenntechnischen Gründen ist es erwünscht, die Materialaufgabe im Verhältnis zur Ofendrehzahl verstellen zu können (*Bild* 13). Das Rohmaterial wird in Form von Granalien in gleichbleibender Schichthöhe auf den Lepol-Rost (*1*) aufgegeben. Um Stauungen zu vermeiden, ist ein Gleichlauf des Lepol-Rostes mit dem Drehofen nach Erfahrungswerten notwendig, die beim Einfahren des Ofens gewonnen werden. Ein

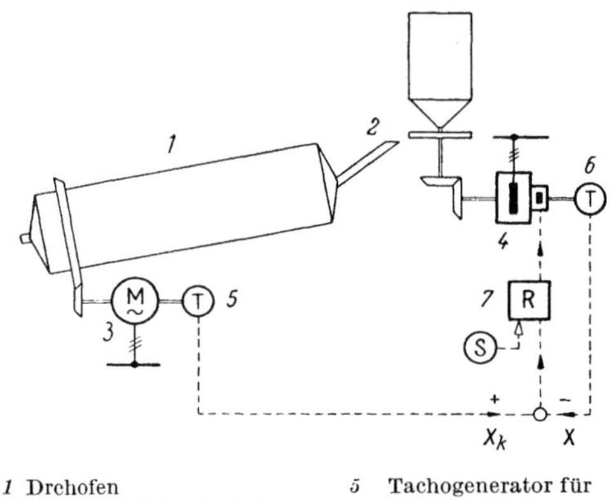

1 Drehofen
2 Materialaufgabe für Lepol-Rost
3 Drehofenantriebsmotor (Führungsmotor)
4 Zuteilermotor (Folgemotor)
5 Tachogenerator für Führungswert
6 Tachogenerator für Folgewert
7 Regler
X Regelgröße
X_k Führungsgröße

Bild 15. Relativgleichlaufregelung zwischen Drehofen und seiner Materialaufgabe zur günstigsten Ofenfüllung

Gleichlaufregler (*2*) ermöglicht das gemeinsame Heben oder Senken der Antriebsdrehzahlen und eine Veränderung des Drehzahlverhältnisses mit der Sollwertstelleinrichtung (*3*).

Die Relativgleichlaufregelung (*Bild* 15) ermöglicht das gemeinsame Heben und Senken der Antriebsdrehzahlen und eine Veränderung des Drehzahlverhältnisses. Es werden die Drehzahl des Ofens (*1*) als Führungsgröße und die Drehzahl der Materialaufgabe (*2*) als Folgegröße mit je einem Tachogenerator (*5*) und (*6*) in proportionale Spannungen umgeformt. Der für solche Gleichlaufregelungen verwendete Regler (*7*) enthält ein Meßrelais, dem die gleichgerichteten Tachometerspannungen zugeführt werden. Je nach Überwiegen der Drehzahl des Führungsmotors (*3*) oder des Folgemotors (*4*) wird über ein Zwischenrelais der Bürstenträger des Aufgabemotors (*4*) für langsameren oder schnelleren Lauf verstellt. Haltewicklungen unterbinden das Flattern des Meßrelais in Nähe des Ansprechwertes. Eine Rückführung ist in Form einer fremd gespeisten zusätzlichen Wicklung vorgesehen, die zur Anpassung an die Anlage justierbar eingerichtet ist. Das Verhältnis der Drehzahl des Folgemotors zur Drehzahl des Führungsmotors wird dadurch eingestellt, daß man an einem Potentiometer des Tachogenerators für den Folgemotor die gewünschte Teilspannung abgreift.

c) Temperaturüberwachung in der Sinterzone eines Drehofens

Um Klinker optimaler Güte zu gewinnen, ist das Einhalten einer bestimmten, dem jeweiligen Material angepaßten Temperatur in der Sinterzone [(*4*) in *Bild* 13] des Drehofens von Vorteil [*14*]. Zum Messen der Temperatur in der Sinterzone ist es wegen der Drehbewegung des Ofens nur schwer möglich, etwa Thermoelemente direkt in der Sinterzone anzuordnen, insbesondere, weil das Glühgut beim Drehen des Ofens stets wieder nach unten fällt. Diese Schwierigkeit läßt sich vermeiden, wenn man die Temperatur über die Strahlung auf optischem Wege in einem Strahlungspyrometer bestimmt. Das Strahlungspyrometer wird an der feststehenden Stirnwand des Ofens eingebaut. Die Sinterzonentemperatur ist maßgebend für die Güte des Klinkers. Die Regelung dieser Temperatur über die Wärmezufuhr gestaltet sich schwierig, da Staubschwaden aus dem Kühler und Ringbildungen im Ofen den Temperaturmeßwert fälschen. Ob das Endprodukt, d. h. der gebrannte Klinker, tatsächlich die gewünschte Güte hat, muß von Zeit zu Zeit im Laboratorium festgestellt werden. Als Maß hierfür gilt sein Litergewicht.

d) Regelungen am Lepol-Ofen [*15*]

Die Lufträume um den Lepol-Rost (s. *Bild* 13) sind durch eine Trennwand (*5*) geteilt, die eine Öffnung zur Durchführung des Rostes hat. Der Abgas-Umführungsexhaustor (*6*) wird durch Leitschaufelverstellung oder Drehzahländerung mit einem Differenzdruckregler (*7*) so geregelt, daß der Druck in der Saugkammer II (*9*) etwa 1 mm WS höher ist als der in der Saugkammer I (*8*). Dadurch vermeidet man einen Wärmeverlust von der Heißkammer (*11*) nach der Trockenkammer (*10*). Da der Differenzdruck nur 1 mm WS beträgt, strömt in umgekehrter Richtung sehr wenig kälteres Gas.

Statt die Sinterzonentemperatur zur Verbesserung der Klinkerqualität direkt zu regeln und danach die Kohlezufuhr sowie die Luftnachholung zu steuern, wendet man ein weniger schwieriges Verfahren an. Da nicht mehr Kohle verbrennt, als Luftsauerstoff zugeführt oder Abgas gebildet wird, hält man die Wärmezufuhr zum Ofen durch Regelung des Abgasstromes mit einem Abgasregler (*12*) auf einem konstanten Wert und führt die Kohle mit einem Verhältnisregler (*13*) nach, dessen Sollwert nach dem O_2-Gehalt eingestellt wird. Für die Abgasmessung ist ein Drosselgerät (*21*) in der Abgasleitung vorgesehen. Der Einfluß von Änderungen des Rostwiderstandes auf den Abgasdurchfluß läßt sich weitgehend mit der Durchflußregelung des Abgases beseitigen.

Der Kohlezuteiler (*18*), z. B. eine Dosierwaage, führt dem Ofen Kohle zu; die Zuteilung wird über den Verhältnisregler (*13*) vom Abgasdurchfluß geführt. Die Kühlerluft durchsetzt über drei voneinander abgeteilte Zonen das Klinkerbett, kühlt die Klinker und gelangt als erwärmte Verbrennungsluft (Sekundärluft) zum überwiegenden Teil in den Ofen; der Rest zieht durch den Kühlerkamin ab. Mit dem Regler (*15*) wird die Kühlerluftzufuhr unabhängig vom Strömungswiderstand des Klinkerbettes konstant gehalten.

Damit der Sekundärluftstrom dem Abgasdurchfluß folgen kann, wirkt der Druck am Ofenkopf als Regelgröße über den Führungsregler (*14*) auf den Sollwert des Kühlerluftreglers (*15*). Unabhängig vom Belastungszustand des Ofens stellt sich also stets der gewünschte Druck (z.B. −0,5 mm WS) am Ofenkopf ein.

Außer der Regelung des Sekundärluftstromes soll auch dessen Temperatur auf einem konstanten Wert gehalten werden. Hierzu beeinflußt man mit Hilfe des Reglers (*16*) den Kühlerluftdurchfluß durch die erste Kühlerzone, indem der Sollwert dieses Reglers von der Temperatur im Ofenkopf geführt wird. Das Eingreifen des Reglers (*16*) beeinträchtigt die Gesamtluftzufuhr zum Kühler nicht, da sie vom Regler (*15*) auf ihrem Sollwert gehalten wird.

Ist das Rohmaterial gleichmäßig aufbereitet und befeuchtet, so hat man nur mit geringen Schwankungen der Sinterzonentemperatur zu rechnen, wenn die zugeführte Wärmeleistung konstant ist. Besondere Aufmerksamkeit verlangt die Dosierung des Brennstoffes, den man entweder in Form von Kohlenstaub oder Öl aus Mühlen oder Bunkern zuführt (s. Kapitel 15).

4. Schwerkraftmühlen

Man hat ein wirtschaftliches Interesse daran, Schwerkraftmühlen mit optimaler Füllung zu betreiben. Die Leistungsaufnahme des Antriebsmotors wird durch das Gewicht der Mahlkugeln und nicht durch den Füllungsgrad bestimmt. Betreibt man eine Mühle mit zu geringer Füllung, so ist der Wirkungsgrad des Mahlprozesses schlecht, bei zu großer Füllung leidet die Mahlfeinheit, oder es besteht sogar die Gefahr gänzlicher Verstopfung. Es ist schwierig, während des Betriebes den Füllungsgrad einer solchen Mühle mechanisch, also etwa durch Gewichtsermittlung oder Pegelmessung, festzustellen. Dagegen kann als Ersatzmeßgröße für den Füllungsgrad z. B. die Lautstärke des Mühlengeräusches (*Bild* 16) benutzt werden, weil diese sich mit der Füllung ändert. Je leerer die Mühle ist, um so mehr dröhnt sie, da die Kugeln dann weniger durch das Füllungsmaterial gepolstert an die Mühlenwandung schlagen. Die abgestrahlte Schallenergie kann als mittelbarer Istwert für die Mühlenfüllung verwendet werden. Die Regeleinrichtung besteht aus einem Spezialmikrofon (*4*) mit Richtwirkung als Meßumformer, das die Mühle abhorcht, dem Verstärker (*5*) und dem Meßteil. Der Sollwert des Reglers (*7*) wird durch zusätzliche Signale von einem Meßgerät (*6*) für Mahlfeinheit verbessert.

Es treten Schallstärken in der Größenordnung von 110 phon auf. Um eine ausreichend genaue Regelung zu erhalten, müssen Schalldruckunterschiede von $\pm$ 0,2 phon bereits zum Regeleingriff führen. Die geringen zu berücksichtigenden

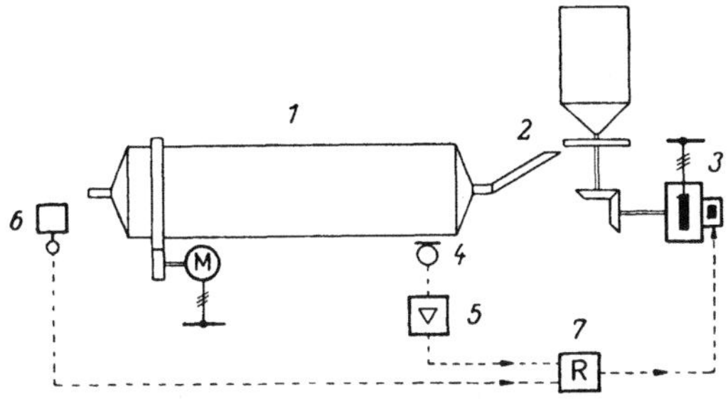

1 Schwerkraftmühle
2 Materialzuteilung
3 Zufördermotor
4 Mikrofon
5 Meßverstärker
6 Meßgerät für Mahlfeinheit
7 Regler

Bild 16. Regelung einer Schwerkraftmühle auf günstigste Füllung mit Hilfe eines Mikrofons

Spannungsschwankungen am Mikrofon erfordern einen Röhrenverstärker. Die verstärkte Istwertspannung wird von einem Drehspulsystem eines Fallbügelreglers gemessen. Bei Abweichungen bewirken Schaltsignale eine Drehzahländerung am Zufördermotor (*3*).

Der Sollwert ist betriebsmäßig zum Angleich an unterschiedliches Mahlgut verstellbar. Hartes Material erzeugt einen lauteren, nasses Material einen leiseren Schall. Die jeweils zu treffende Einstellung wird von der Mühlenbedienung ermittelt.

Ebenso wie bei den Zementmühlen läßt sich auch bei Mahltrocknungsanlagen für die Steinmehlaufbereitung (*Bild* 17) der Durchsatz mit Hilfe eines Mikrofons

1 Behälter für Aufgabegut
2 Tellerspeiser
3 Ansaugrohr
4 Hochleistungsrohrmühle
5 Schlitzwand
6 Taschenartige Hohlräume
7 Auslaufseite
8 Rohrleitung zum Sichter
9 Sichter
10 Fallrohr
11 Förderschnecke für Grießrücklauf
12 Rutsche
13 Rohrleitung zum Zyklon
14 Zyklon
15 Hochdruckventilator
16 Rohrleitung für Umluft
17 Rohrleitung für Abluft
18 Heißwinderzeuger
19 Meßstelle für Schalldruck

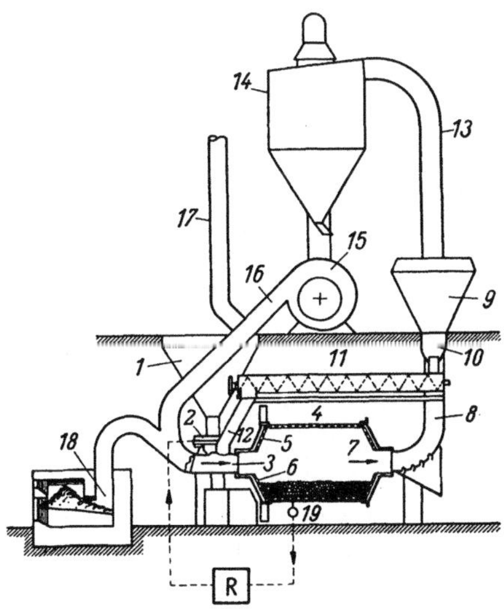

Bild 17. Mahltrocknungsanlage

regeln. Dabei ist zu beachten, daß ein hoher Prozentsatz des durchgelaufenen Gutes, weil es noch zu grobkörnig ist, wieder dem Eingang der Mühle zugeführt wird, und zwar in den meisten Fällen hinter dem motorisch betriebenen Zuteiler.

D. Keramikindustrie

1. Gleichlaufregelung einer Steinpresse

Im Gebiet der Keramik fällt eine Regelaufgabe an, bei der zwei mechanisch nicht miteinander gekuppelte Maschinenwellen winkeltreu umlaufen sollen. Es handelt sich um den Gleichlauf des Formtisches einer Keramikpresse mit ihrer Fülleinrichtung (*Bild* 18). In den Drehtisch (*2*) sind acht Formen (*4*) im Abstand von je 45° eingelassen. Bei jeder Umdrehung der vom Hauptmotor (*1*) ange-

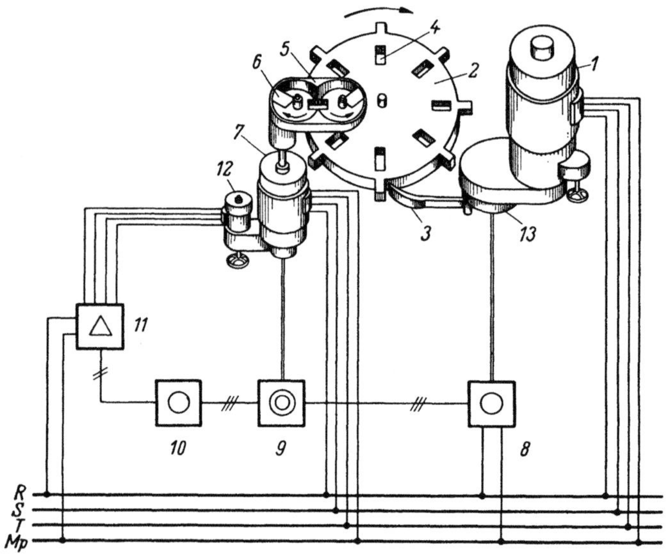

1 Drehtischantriebsmotor
2 Drehtisch
3 Ratsche
4 Form
5 Mischbehälter
6 Abstreifer
7 Zuteilerantriebsmotor
8 Geber
9 Differentialgeber
10 Empfänger
11 Verstärker
12 Bürstenstellmotor
13 Übersetzungsgetriebe

Bild 18. Winkeltreue Gleichlaufregelung für eine Schamottesteinpresse

triebenen Exzenterwelle wird der Tisch (*2*) durch eine Ratschenvorrichtung (*3*) um $^1/_8$ Umdrehung, d.h. um eine Formteilung ruckartig weitergedreht. Als Antriebsmotor dient ein Drehstrom-Nebenschlußmotor, dessen Drehzahl im Verhältnis 1:3 zur Anpassung an verschiedenartiges Füllgut und unterschiedliche Formen einstellbar ist.

Die Untersetzungen sind so bemessen, daß etwa 20 Steine in der Minute geformt und gepreßt werden können.

Über dem Tisch (*2*) ist ein Mischbehälter (*5*) angeordnet, von dem die Formen (*4*) beschickt werden. In ihm rotieren als Zuteiler gegenläufig zwei Abstreifflügel (*6*). Der Mischbehälter wird über eine Telleraufgabe und ein getrennt angetriebenes Rüttelsieb mit Rohmaterial stetig gefüllt. Ein Motor (*7*) treibt die Telleraufgabe gemeinsam mit dem Zuteiler, so daß die zur Verfügung stehenden Aufgabenmengen jeweils proportional der Zuteilerdrehzahl sind. Die Drehzahl des Zuteilermotors ist etwa im Verhältnis 1:3 veränderbar. Eine der Formen wird bei jedem Spiel unter den Mischerausschnitt gebracht; sie füllt sich unter dem Eigengewicht des Rohmaterials von selbst und wird anschließend von den beiden Abstreifflügeln je zweimal überstrichen.

Die Genauigkeit der Abmessungen der gepreßten Steine hängt vom Füllgewicht, d.h. vom Füllungsgrad der Formen, ab. Das erfordert einen praktisch absoluten, d.h. winkeltreuen Gleichlauf zwischen dem Drehtisch und den Abstreifflügeln. Die Summe etwaiger Fehler muß Null sein, wenn auch zeitliche Fehler auftreten können. Diese dürfen jedoch nicht so groß sein, daß die Forderung: zweimaliges Abstreichen für jede Füllung nicht mehr erfüllt wird. Um das zu erreichen, wird eine Wegregelung mit Hilfe von Drehmeldern angewendet.

Bei einer solchen Regelanlage (*Bild* 18) ist der Drehtischantriebsmotor (*1*) mit einem Drehmelder (*8*) als Geber, der Zuteilerantriebsmotor (*7*) mit einem Differentialdrehmelder (*9*) gekuppelt. Ferner ist der Differentialdrehmelder (*9*) mit einem Drehmelder (*10*) verbunden, der als Empfänger geschaltet ist. Winkeldifferenzen zwischen Geber und Differentialdrehmelder ergeben im Empfänger (*10*) eine Stellspannung, die über einen Verstärker (*11*) den Bürstenstellmotor (*12*) betätigt. Dieser Stellmotor ist als FERRARIS-Motor ausgebildet, der einen dem Verstärker angepaßten, geringen Energiebedarf hat. Er verdreht den Bürstenapparat des Zuteilermotors (*7*) so lange, bis der Empfänger (*10*) in spannungslosen Zustand kommt. Zum Verstellen des gesamten Drehzahlniveaus braucht nur die Drehzahl des Pressenmotors (*1*), d.h. des Leitmotors, verändert zu werden. Der Zuteilermotor (*7*) folgt dann selbsttätig.

2. Temperaturregelung eines Tunnelofens

Zum Brennen von Steinzeug für sanitäre Zwecke dienen Tunnelöfen [*16*] mit einer Länge bis zu 125 m [*17*]. Um bei gleichbleibender Durchsatzgeschwindigkeit einwandfreien Brand zu erhalten, muß in den drei Heizzonen die Temperatur innerhalb enger Grenzen gehalten werden.

Das Gas (etwa 250 Nm^3/h) besteht aus Methan, das in unregelmäßiger Menge anfällt, und Koksofengas, das zugesetzt wird. Dabei kann der H_2-Gehalt und damit die Verbrennungstemperatur erheblich schwanken. Um dies zu vermeiden, sind in den drei Heizzonen des Ofens Temperaturregler vorgesehen. Diese greifen in die Verbrennungsluft ein, die den Brennern injektorartig zugeführt wird und so das Heizgas nachsaugen (Saugbrenner).

Die Regelung bewirkt, daß bei Schwankungen des H_2-Gehaltes der Durchsatz von Heizgas ohne merkliche Abweichungen der Temperatur geändert wird (*Bild* 19).

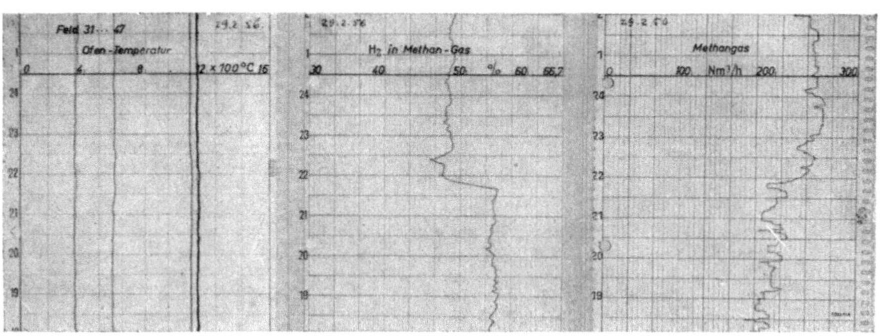

Bild 19. Betriebsdiagramm eines Tunnelofens

E. Quellenhinweise

[1] SPRINGER, L.: Lehrbuch der Glastechnik. 3. Aufl. Dresden: Verlag Die Glashütte 1944.
[2] Taschenbuch für Chemiker und Physiker. 2. Aufl. Hrsg. J. D'ANS u. E. LAX. Berlin/Göttingen/Heidelberg: Springer 1949. S. 1356.
[3] WEBER-KLEIN, P.: Die Praxis der Ofenregelung in der Glasindustrie. Glastechn. Ber. 26. Jg. (1953) S. 379–386.
[4] GÜNTHER, R.: Wärmeverbrauch von Wannenöfen. Glastechn. Ber. 20. Jg. (1942) S. 108 bis 117.
[5] PFERDEKÄMPER, W.: Die Meß- und Regelanlagen eines neuzeitlichen Glaswannenofens zur Spiegelglasherstellung. Siemens-Z. 31. Jg. (1957) S. 91–96.
[6] PASCHKE, W. u. PFERDEKÄMPER, W.: Glaswannen zur Tafelglasherstellung mit pneumatischer Heizöldurchflußregelung. Regelungstechnik 8. Jg. (1960) H. 1, S. 18–22.
[7] KIRCHNER, W.: Regelprobleme in der Industrie Steine und Erden. ETZ-A 78. Jg. (1957) S. 742–746.
[8] WEBER-KLEIN, P.: Messung und Regelung des Glasstandes in Schmelzwannen nach dem elektrischen Abtastverfahren. Regelungstechnik 8. Jg. (1960) H. 1, S. 1–5.
[9] LYLE, A. K.: The development, construction and operation of the direct-fired glass-melting furnaces known as unit-melters. J. Soc. Glass Technol. Bd. 41 (1957) S. 220-228.
[10] THIES, G.: Aufbau und Regelung der Unit-melter. Regelungstechnik 8. Jg. (1960) H. 1, S. 9–15.
[11] COSTA, H.: Stand der Automatisierung in der Zementindustrie. Silikattechnik 7. Jg. (1956) S. 436–448.
[12] KIRCHNER, W.: Selbsttätiger Schutz für Gesteinsbrecher. Siemens-Z. 30. Jg. (1956) S. 166.
[13] BAUER, W. G.: How to improve rotary kiln operating control. Pit and Quarry Bd. 47 (1955) Nr. 9, S. 136–139.
[14] LIESEGANG, W.: Messungen am Drehofen. Arch. techn. Messen V 8244-1 (Febr. 1936).
[15] GRINGMUTH, W.: Praxis der Lepolofen-Regelung. Zement, Kalk, Gips 9. Jg. (1956) S. 305 bis 319.
[16] LIESEGANG, W.: Die Brandführung von Tunnelöfen nach Meßgeräten. Ber. dt. keram. Ges. Bd. 13 (1932) S. 1–13.
[17] Tunnelofen von Villeroy & Boch, Merzig (Saar).
[18] Eingetragenes Warenzeichen und Erzeugnis der Siemens & Halske AG.

45. Nahrungs- und Genußmittelindustrie

Von K. Funke und A. Gnambs

Inhaltsübersicht

A. Überblick

In der Nahrungs- und Genußmittelindustrie wird ein beträchtlicher Teil des Volkseinkommens umgesetzt. Die jahreszeitlich bedingte Produktion und die laufende Verteilung an den Verbraucher erfordern, daß die Erzeugnisse lagerfähig konserviert werden. Der Konsument verlangt die Nahrungs- und Genußmittel in einer zum Verbrauch weitgehend vorbereiteten Form, auch müssen hygienische Forderungen erfüllt werden. Um rationell arbeiten zu können, haben die Betriebe erheblich an Umfang zugenommen, und es ist damit eine besondere Industrie entstanden, die sich des technischen Fortschritts durch die Regelung bedient.

Im vorliegenden Kapitel sind einige Gebiete, in denen die Regelungstechnik bereits weitgehend eingeführt ist, ausführlicher behandelt. Auf die in fast allen Zweigen der Nahrungs- und Genußmittelindustrie auftretenden einfachen Regelaufgaben ist nicht eingegangen, da zu ihrer Behandlung die allgemein gültigen Richtlinien (s. Kapitel 3 bis 10) ausreichen.

B. Molkereien

1. Regelaufgabe

In vielen Ländern besteht die Vorschrift, daß die Rohmilch vor dem Verkauf oder vor der Verarbeitung zu Milchprodukten pasteurisiert wird, damit Krankheitskeime abgetötet werden. Das Pasteurisieren beruht auf einer Erhitzung der Milch während einer Zeitdauer, die von der Behandlungstemperatur abhängt. Man unterscheidet:

a) Dauererhitzung während 30 Minuten auf 62 °C,
b) Kurzzeiterhitzung während 40 Sekunden auf 71 °C,
c) Hocherhitzung während ganz kurzer Zeit auf mindestens 85 °C.

Aus bakteriologischen Gründen muß die Milch während der genannten Behandlungszeiten auf der vorgeschriebenen Mindesttemperatur unbedingt gehalten werden. Damit der Geschmack und die Verarbeitungseigenschaften der Milch nicht leiden, darf aber eine obere Temperaturgrenze nicht überschritten werden. Es ist also eine zuverlässige Temperaturregelung innerhalb enger Grenzen notwendig. Um die Behandlungsdauer zu gewährleisten, muß die Milch-Durchflußstärke eines Heißhalters nach Maßgabe seines Fassungsvermögens fest eingestellt sein.

2. Kurzzeiterhitzer [*1*]

Zur Sicherung der Pasteurisierung würde an sich ein selbsttätiges Umschaltventil genügen, das, von der Milchtemperatur gesteuert, hinter dem Erhitzungs-

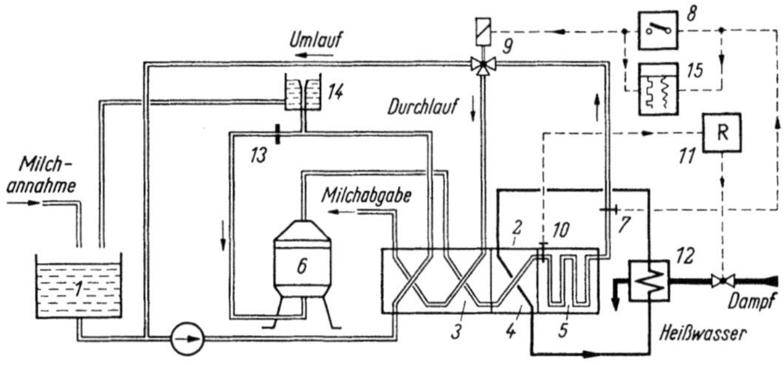

1 Milchannahmebehälter
2 Kurzzeiterhitzer
3 Gegenstrom-Wärmeaustauscher
4 Erhitzerteil
5 Heißhalter
6 Zentrifuge
7 Thermometer am Heißhalterausgang
8 Grenzwertregler
9 Magnetumschaltventil
10 Thermometer am Erhitzerteil-Ausgang
11 Temperaturregler
12 Heißwasserbereiter
13 Drosselblende
14 Überlaufgefäß
15 Fallbügelschreiber

Bild 1. Milcherhitzungsanlage

abschnitt die Milch entweder zur Abgabe freigibt, sofern die Solltemperatur erreicht ist, oder sie wieder vor den Erhitzer zurückführt, wenn die Solltemperatur unterschritten wird. Die Temperatur der Milch ist außerdem zu registrieren und die Stellung des Umschaltventils durch eine weitere Schreibfeder auf dem Temperaturdiagramm festzuhalten.

Die neuzeitlichen Milcherhitzungsanlagen enthalten darüber hinaus einen vollständigen Temperaturregler, der die Beheizung des Erhitzers so steuert, daß die vorgeschriebene Pasteurisierungstemperatur erreicht, aber nicht überschritten wird (*Bild* 1).

Eine Pumpe fördert die Milch vom Annahmebehälter (*1*) zum Kurzzeiterhitzer (*2*). Er hat drei Abteilungen:

a) den Gegenstrom-Wärmeaustauscher (*3*), in dem die kalt ankommende Milch mit Zwischenschaltung der Zentrifuge (*6*) von 10 auf 55 °C erhitzt wird;

b) den eigentlichen Erhitzer (*4*), in dem die Milch durch Heißwasser auf 71 °C erwärmt wird;

c) den Heißhalter (*5*), in dem die erhitzte Milch etwa 40 s lang auf der genannten Temperatur gehalten wird.

Am Ausgang des Heißhalters erfaßt das Thermometer (*7*) die Milchtemperatur. Wenn die Milch die vorgeschriebene Temperatur erreicht hat, schaltet der Grenzwertregler (*8*) das Magnetumschaltventil (*9*) um. Dieses Ventil leitet die Milch, die vorher im „Umlauf" vor die Pumpe geführt worden war, im „Durchlauf" über den Gegenstrom-Wärmeaustauscher (*3*) zur Milchabgabe. An das Thermometer (*7*) ist das eine Meßwerk des pneumatisch arbeitenden Fallbügelschreibers (*15*) angeschlossen. Beim Umschalten zwischen „Umlauf" und „Durchlauf" wird ein Fehler von etwa 0,3 °C nicht überschritten. Das andere Meßwerk des Schreibers (*15*) gibt die Stellung des Umschaltventils (*9*) wieder.

Das Regelsignal für die Regelung der Milchtemperatur nimmt man von einem weiteren Thermometer (*10*) am Ausgang des eigentlichen Erhitzers ab, weil hier Temperaturänderungen ohne die Totzeit erfaßt werden, die verstreicht, bis die Milch den Heißhalter durchlaufen hat. Der Temperaturregler (*11*) greift über ein Regelventil in die Dampfzufuhr für den Heißwasserbereiter (*12*) ein.

Um den Milchdurchfluß entsprechend der vorgeschriebenen Behandlungsdauer zu regeln, baut man beispielsweise vor der Zentrifuge (*6*) eine Drosselblende (*13*) ein und hält den Druck vor dieser Blende mit Hilfe des Überlaufgefäßes (*14*) konstant.

C. Zuckerindustrie

1. Verfahren [2]

Ein wesentlicher Teil des Zuckerbedarfes wird aus der in der gemäßigten Klimazone kultivierten, auf besonders hohen Zuckergehalt (12 bis 15%) gezüchteten Zuckerrübe gewonnen. In der Rübenzuckerfabrik durchläuft der Prozeß eine Reihe charakteristischer Stufen (*Bild* 2).

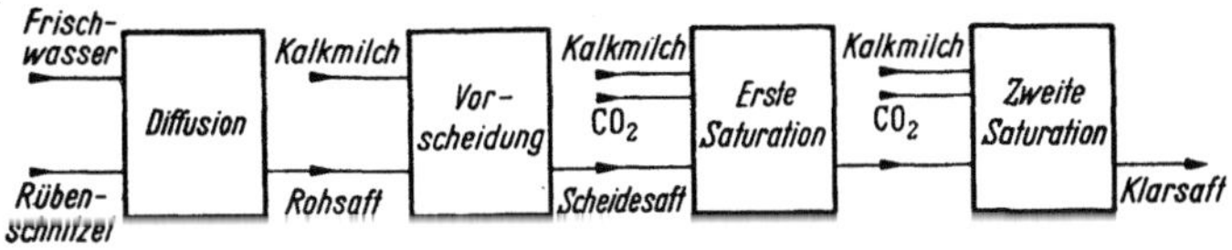

Bild 2. Fabrikationsgang bei der Zuckergewinnung

Zuerst werden die gewaschenen Rüben geschnitzelt, dann löst sich der Zucker in der *Diffusion* aus den Rüben, die Lösung (Rohsaft) wird in der folgenden *Vorscheidung* gereinigt und verläßt die anschließende *Saturation* als Klarsaft, der dann in Verdampfern bis zum Auskristallisieren eindickt. Die Ausbeute an Zucker hängt davon ab, wie gut die Prozeßbedingungen, insbesondere die pH-Werte, eingehalten werden. Die Verarbeitung muß im Herbst innerhalb etwa 3 bis 4 Monaten Betriebsdauer (Kampagne) abgeschlossen sein. Gleichmäßigen Prozeßablauf sicherzustellen ist eine weitere Regelaufgabe. Beim Verfahren und mit den Geräten für diesen Prozeß strebt man kontinuierliche Arbeitsweise an.

2. Rübenschnitzelmaschine

Die Einführung des kontinuierlichen Diffusionsverfahrens macht eine möglichst konstante Beschickung der Anlage mit Rübenschnitzeln erforderlich. Da eine Zwischenbunkerung unerwünscht ist, muß der Ausstoß der Rübenschnitzelmaschine auf einen konstanten Wert geregelt werden. Als Störgrößen wirken die Abnutzung der Schnitzelmaschinenmesser und die Unterschiedlichkeit des Rübengutes. Für einen reibungslosen Betrieb genügt es, den Ausstoß gewichtsmäßig zu erfassen (*Bild* 3). Hierfür wird das Schnitzelgewicht in t/h mit Hilfe der Bandwaage (*3*) gemessen, die aus einem konstant umlaufenden Förderband und der Druckmeßdose (*4*) besteht. Diese Druckdosen ändern ihre Induktivität mit der Belastung, die auf ihnen ruht (s. Kapitel 12). Zur Abnahme des Meßwertes schaltet man die Wicklung der Druckdose als Zweig einer Wechselstrombrücke, an der eine konstante Spannung liegt. Die Spannung der Ausgangsdiagonale wird als Maß für den Istwert mit einem einstellbaren Sollwert im Regler (*5*) verglichen, der als Schrittregler arbeitet und den Motor (*6*) steuert. Dieser Motor verstellt die Bürsten des Drehstrom-Nebenschlußmotors (*2*), der die Schnitzelmaschine (*1*) antreibt. Der Sollwertsteller des Reglers (*5*) kann unmittelbar in t/h geeicht werden.

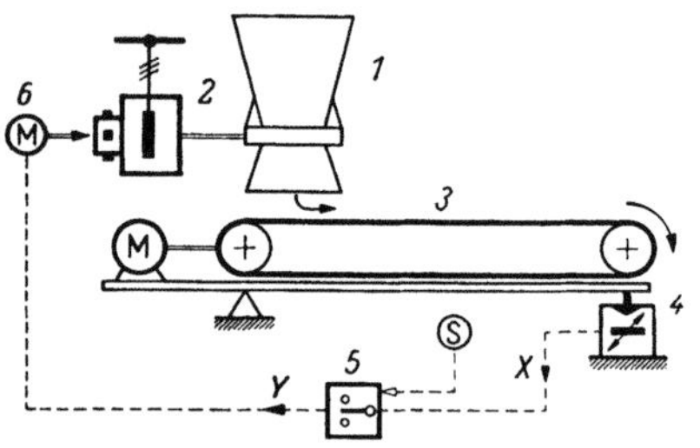

1 Schnitzelmaschine
2 Drehstrom-Nebenschlußmotor
3 Bandwaage
4 Druckmeßdose
5 Regler
6 Bürstenverstellmotor
X Regelgröße (Istwert)
Y Stellgröße

Bild 3. Ausstoßregelung einer Rübenschnitzelmaschine durch Veränderung ihrer Drehzahl

Da die Gewichtsmessung um so genauer ist, je geringer das auf den Druckmeßdosen liegende Taragewicht ist, wird der Rahmen der Bandwaage so gelagert, daß sein gesamtes Eigengewicht einschließlich des Gewichtes des Förderbandes und des Antriebsmotors vom Rahmenlager aufgenommen wird. Auf die Druckdose wirkt dann praktisch nur das Gewicht der geförderten Schnitzel. Auf diese Weise läßt sich ein gleichbleibender Ausstoß mit einer Toleranz von etwa ± 3% erreichen.

3. Diffusion

Diskontinuierliche Diffusion. Die sorgfältig gewaschenen Rüben werden in gleichmäßig dicke Stäbe zerhobelt, abgewogen und in Lösegefäße gefüllt, die meist zu einer Gruppe von etwa 10 bis 12 zusammengefaßt sind. Da in einem Gefäß jeweils nur eine Konzentratsannäherung zwischen Rübenschnitzeln und Lösewasser möglich ist, leitet man zu den frischen Schnitzeln die Lösung, welche die vorausgehenden Gefäße der Reihe nach bereits passiert hat, während frisches Wasser in voreingestellter Menge am Anfang der Kolonne zu den am stärksten ausgelaugten Schnitzeln gegeben wird. Die Verbindung zwischen den Gefäßen ist also der Reihe nach zu wechseln. Das jeweils frisch zugeführte Wasser schiebt den konzentrierten Flüssigkeitsinhalt des letzten Gefäßes als Rohsaft aus. Die Temperatur in den Lösegefäßen wird auf etwa 70 bis 80 °C geregelt.

Kontinuierliche Diffusion. Bei dem wechselnden Anfall von Rohsaft in diskontinuierlich arbeitenden Anlagen sind außer Wärmeverlusten auch Schwankungen der Betriebswerte um die optimalen Bedingungen und damit Zuckerverluste unvermeidlich. Die *kontinuierliche Gegenstromdiffusion* (*Bild* 4) hat den Betrieb wesentlich verbessert und gleichzeitig die Leistung vergrößert.

Die Rübenschnitzel kommen von der Schnitzelmaschine in den Separator (*1*) und von dort in die Schnitzelmaische (*2*). Hier werden sie mit dem Zirkulations-

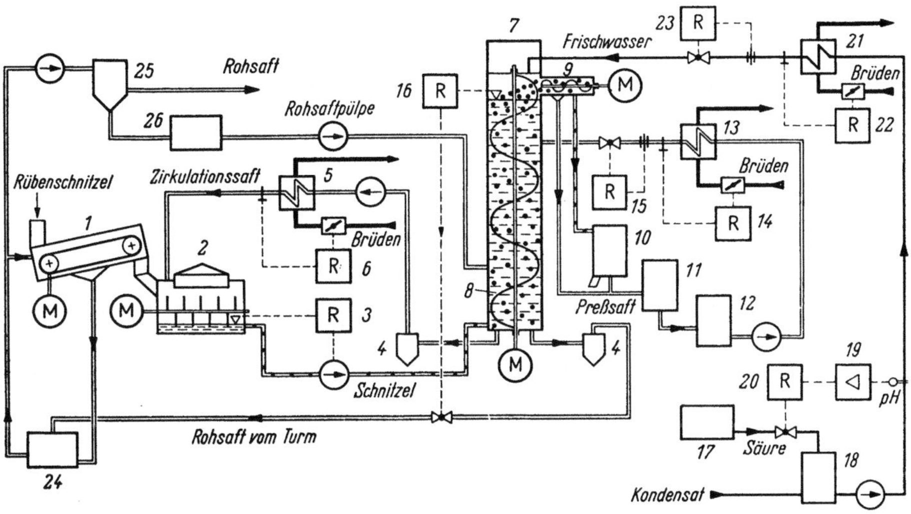

1 Separator
2 Schnitzelmaische
3 Maische-Niveauregler
4 Sandfänger
5 Zirkulationssaft-Vorwärmer
6 Zirkulationssaft-Temperaturregler
7 Diffusionsturm
8 Transportschnecke
9 Ausziehschnecke
10 Schnitzelpresse
11 Preßsaftpülpefänger
12 Preßsaft-Sammelgefäß
13 Preßsaftvorwärmer
14 Preßsaft-Temperaturregler
15 Preßsaft-Durchflußregler
16 Saftniveauregler
17 Säurevorratsbehälter
18 Frischwassermischgefäß
19 pH-Verstärker
20 pH-Regler
21 Frischwasser-Vorwärmer
22 Frischwasser-Temperaturregler
23 Frischwasser-Durchflußregler
24 Betriebssaftbehälter
25 Rohsaftpülpefänger
26 Rohsaftpülpesammler

Bild 4. Kontinuierliche Gegenstromdiffusion zur Rohsaftgewinnung

saft, der im Vorwärmer (*5*) auf 90 bis 95 °C geregelt sein muß, eingemaischt, so daß man sie von unten in den Diffusionsturm (*7*) pumpen kann. Eine Schnecke (*8*) transportiert im Turm die Schnitzel nach oben, wo sie eine weitere Schnecke (*9*) auszieht. Im Gegenstrom dazu wird aus dem Vorwärmer (*21*) Frischwasser von Kondensatbeschaffenheit aufgegeben, das auf pH = 6 und mit Hilfe des Temperaturreglers (*22*) des Vorwärmers (*21*) auf etwa 70 °C geregelt ist. Der Durchflußregler (*23*) sorgt für konstanten Durchfluß. Die ausgezogenen Schnitzel gelangen in die Schnitzelpresse (*10*). Der Rohsaft wird am Turmfuß abgenommen. Der Preßsaft aus der Schnitzelausziehschnecke (*9*) und aus der Schnitzelpresse (*10*) enthält noch Zuckerreste. Er wird hinter dem Pülpefänger (*11*), dem Sammelgefäß (*12*) mit Hilfe des Vorwärmers (*13*) vom Temperaturregler (*14*) auf 80 °C geregelt und über den Durchflußregler (*15*) etwas tiefer dem Turm wieder zugeführt. Das Flüssigkeitsniveau im Turm hält der Regler (*16*) durch Steuerung des Rohsaftabzuges konstant. Besonders hingewiesen sei auf die Wichtigkeit guter

Durchmischung der Zugabesäure aus dem Säurevorratsbehälter (*17*) mit dem Kondensat im Frischwassermischgefäß (*18*). Die Frischwasser-pH-Regelung übernimmt der Regler (*20*) mit vorgeschaltetem pH-Wert-Verstärker (*19*). Wenn man mit nur einem Ventil dosiert, dann soll der Säurezusatz so weit verdünnt sein, daß der pH-Wert etwa 2 bis 3 nicht unterschreitet. Zur Kontrolle mißt man den pH-Wert, der pH = 6 betragen soll, auf halber Turmhöhe. Bei stärkerer Säuerung wird von Hand Formaldehyd zugesetzt.

4. Vorscheidung

Der aus der Diffusion abgezogene Rohsaft (etwa 120 l auf 100 kg Rüben mit etwa 15% Zuckergehalt) enthält noch Eiweiß, Pektine, Säuren und Salze. Um sie abzuscheiden, setzt man in der Vorscheidung etwa 2% des Rübengewichtes an gebranntem Kalk CaO in Form von Kalkmilch zu, einer Mischung aus gelöstem und ungelöstem gelöschtem Kalk $Ca(OH)_2$. Da die Kalkmilch häufig nicht gleichmäßig verdünnt hergestellt wird, füllt man bei diskontinuierlicher Scheidung das Zumeßgefäß, z. B. mit Hilfe des Einperlverfahrens (s. Kapitel 12), nach der Dichte der Kalkmilch und kann so die Kalkmenge richtig dosieren.

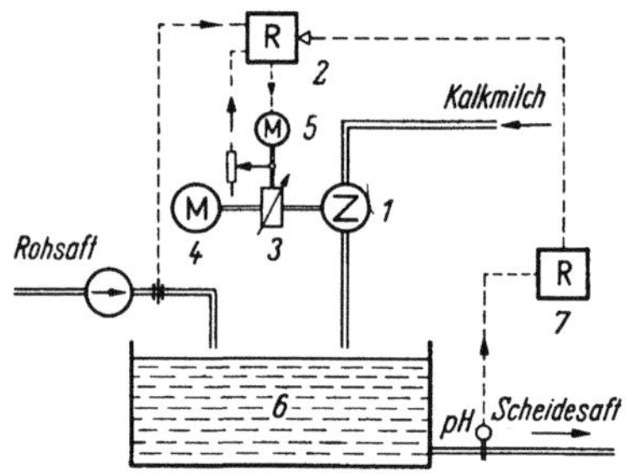

1 Schöpfradzuteiler
2 Gemischregler
3 Getriebe mit veränderbarer Übersetzung für Schöpfradzuteiler
4 Antriebsmotor
5 Übersetzungsverstellmotor
6 Mischbehälter
7 pH-Regler

Bild 5. Vorscheidung des Rohsaftes in der Kalkmilch-Dosieranlage

Die Arbeitsmethoden in der kontinuierlichen Vorscheidung weichen in den verschiedenen Fabriken im einzelnen voneinander ab; meist mischt man die Kalkmilch, deren Kalkgehalt etwa gleichbleiben soll, in festem Verhältnis zum Rohsaftzufluß zu (*Bild* 5). Hierbei haben sich Schöpfradzuteiler (*1*) gut bewährt, deren Drehgeschwindigkeit als Maß für die zugegebene Kalkmilch von einem Gemischregler (*2*) in wählbarem Verhältnis zum Rohsaftzufluß über einen in der Drehzahl veränderbaren Antrieb eingestellt wird, der aus dem Getriebe (*3*), dem Antriebsmotor (*4*) und dem Übersetzungsverstellmotor (*5*) besteht. Man beschränkt sich dabei auf eine Stellungsrückmeldung des Verstellgetriebes. Um die Schwankungen in der Qualität des Rohsaftes und der Kalkmilch auszugleichen, wird der pH-Wert des Scheidesaftes aus dem Mischbehälter (*6*) gemessen und mit dem pH-Regler (*7*), der in das Mischungsverhältnis eingreift, auf seinem Sollwert gehalten.

Infolge der Kalkzugabe flocken viele Verunreinigungen aus, die großenteils mit dem Dickschlamm aus Absetzbehältern abgezogen werden. Der Rest wird in den anschließenden Filterpressen ausgeschieden.

5. Saturation

In dem die Vorscheidung verlassenden Scheidesaft sind noch Kalksalze gelöst; diese fällt man in der anschließenden I. Saturation durch Einleiten der kohlensäurehaltigen Abgase des Kalkbrennofens aus. In der II. Saturation wird nach erneutem Kalkzusatz durch Einleiten von Kohlensäure nochmals gereinigt. Beide Saturationsstufen werden je nach pH-Wert, der etwa 10,8 betragen soll, mit dem Saturationsgas CO_2 beschickt.

Der Ablauf der Scheidesaftreinigung in der Saturation ist unter Verzicht auf die Darstellung von Pumpen und Abscheidern gezeigt (*Bild* 6). Es ist dabei vorausgesetzt, daß die Kalkmilchdichte durch eine nicht dargestellte Vorregelung

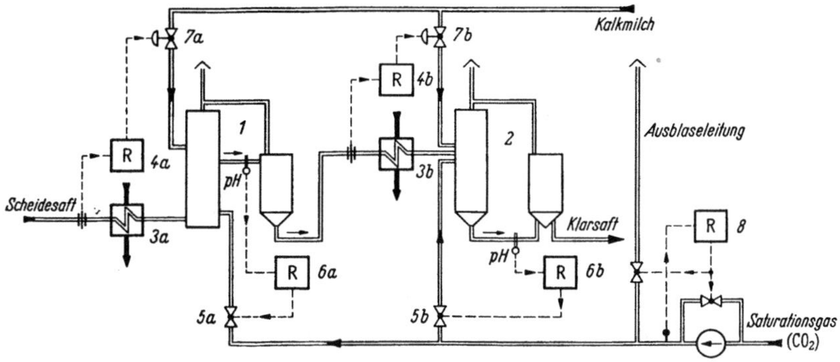

1 Erste Saturationsstufe
2 Zweite Saturationsstufe
3 Saftvorwärmer (*a* und *b*)
4 Gemischregler (*a* und *b*)
5 CO_2-Dosierventile (*a* und *b*)
6 pH-Regler (*a* und *b*)
7 Kalkmilch-Zuteilschieber (*a* und *b*)
8 CO_2-Druckregler

Bild 6. Zweistufige Saturationsanlage

konstant gehalten ist. An Stelle von drehzahlvariablen Schöpfradzuteilern sind pneumatisch verstellbare Zuteilschieber (*7a, 7b*) gewählt. Die kleineren Kalkzugaben für die vielfach zweistufig arbeitende I. Saturation (*1*) und für die II. Saturation (*2*) werden den vor den Vorwärmern (*3a, 3b*) gemessenen Saftzuflüssen über Gemischregler (*4a, 4b*) durch die Schieber (*7a, 7b*) zugeordnet. In den Gemischreglern dient der stellende Luftdruck der Membranantriebe gleichzeitig als ungefähres Maß für den Kalkmilchdurchfluß, da es schwierig ist, diesen Durchfluß mit Drosselgeräten zu messen. Das CO_2-Gas dosiert man von pH-Reglern (*6a, 6b*) aus durch Ventile (*5a, 5b*) so in die Saturationsgefäße, daß die pH-Werte auf ihrem Sollwert gehalten werden. Für die Messung der pH-Werte (etwa 10,8 bis 11,2) haben sich selbstreinigende Antimonelektroden und gebürstete Glaselektroden bewährt. Den Druck des Saturationsgases hält ein pneumatischer Druckregler (*8*) auf günstiger Höhe. Der die II. Saturation verlassende Klarsaft ist nun so weit aufbereitet, daß in den folgenden Verdampferstationen aus ihm ohne Schwierigkeiten der kristalline Zucker gewonnen werden kann.

6. Schnitzeltrocknung [*3*]

Die ausgelösten abgepreßten Rübenschnitzel sind ein wertvolles Viehfutter. Da sie naß nur begrenzt transport- und auch nicht lagerfähig sind, trocknet man sie in Drehrohrtrocknern; hierbei wird der Wassergehalt der Schnitzel von etwa 85% auf etwa 15% herabgesetzt.

An eine Schnitzeltrocknungsanlage werden im wesentlichen zwei Forderungen gestellt:

a) Die gewonnenen Trockenschnitzel sollen einen bestimmten und möglichst gleichbleibenden Wassergehalt haben;

b) dieses Ziel soll mit möglichst geringem Aufwand an Wärme erreicht werden, d. h., man muß die Trockentrommel mit ihrem jeweils besten Wirkungsgrad fahren.

Als Indikator für den Wassergehalt der Trockenschnitzel auf der Austrittsseite der Trommel kommt das die Trommel verlassende Rauchgas-Brüden-Gemisch in Betracht. Abgesehen von den meßtechnischen Schwierigkeiten, den Wassergehalt der Schnitzel sofort beim Verlassen der Trommel ausreichend genau zu erfassen, sind die Totzeiten für einen Regeleingriff bereits zu groß (20 bis 60 min), um den ganzen in Bewegung befindlichen Trommelinhalt noch rechtzeitig zu beeinflussen. Die austretenden Brüden haben als Indikator für den Wassergehalt der Trockenschnitzel den Vorzug, daß sie die Trommel in wenigen Sekunden durchströmen; es treten daher wesentlich geringere Totzeiten auf. Da von der gesamten Wärmemenge der Trommelabgase etwa 90% im Wasserdampf, nur etwa 9% im Rauchgas und etwa 1% in den Trockenschnitzeln gespeichert sind, wirken sich bereits geringfügige Änderungen der Wassermenge, die mit den Naßschnitzeln in die Trommel eingeführt wird, relativ stark auf die Abgastemperatur aus. Ordnet man einem gewünschten Wassergehalt der Trockenschnitzel eine bestimmte Austrittstemperatur der Brüden zu, so ist also bei gegebener konstanter Wärmezufuhr (Grundlast) und sonst gleichen Verhältnissen in der Trommel die Menge des Wassers und damit der Schnitzel eindeutig bestimmt, die die Trommel verarbeiten kann. Dieser Durchsatz muß dann unter der Voraussetzung konstanter Wärmezufuhr gesteuert werden. Um die noch verbleibende Totzeit zwischen Stellort und Meßort weiter zu verkleinern und damit die Regelung der Brüdenaustrittstemperatur zu verbessern, kann man bereits im Innern der Trommel eine zusätzliche Temperaturmeßstelle vorsehen und davon einen Vorimpuls für den Brüdentemperaturregler ableiten.

Die Wärme wird der Trommel im wesentlichen durch die Rauchgase zugeführt. Bei konstanter Menge je Zeiteinheit und konstanter spezifischer Wärme der Rauchgase ist ihre Temperatur ein Maß für die zugeführte Wärme. Um die vorausgesetzte konstante Wärmezufuhr sicherzustellen, regelt man die Temperatur der Rauchgase auf einen festen Wert.

Bei der Regelung einer Grundlasttrommel (*Bild* 7) hält man die Eintrittstemperatur der Rauchgase aus der Wanderrostfeuerung (*1*) in die Trommel (*10*) dadurch konstant, daß die Geschwindigkeit des Wanderrostes (*4*) vom Temperaturregler (*9*) mit Rückführung über einen in der Drehzahl veränderbaren Antrieb, bestehend aus Getriebe (*5*), Antriebsmotor (*6*) und Übersetzungsverstellmotor (*7*), gesteuert wird; hierbei haben die Rauchgase eine Temperatur zwischen 700 und 1000 °C. Abhängig vom Mischwert zwischen der Temperatur an einer ausgewählten Stelle in der Trommel mit dem Fühler (*20*) und der Brüdenaustrittstemperatur mit dem Fühler (*21*) greift ein zweiter Temperaturregler (*22*) mit Rückführung ebenfalls über einen in der Drehzahl veränderbaren Antrieb, der aus dem Getriebe (*13*), dem Antriebsmotor (*14*) und dem Übersetzungsverstellmotor (*15*) besteht, in die Naßschnitzelaufgabe ein. Die Feuchte der Trockenschnitzel, die die Ausführschnecke aus dem Ausfallgehäuse fördert, zeichnet ein über den Meßverstärker (*23*) angeschlossener Schreiber auf. Sicherheitseinrichtungen für Schnitzelausfall und Feuerleistungssenkung bei Übertemperatur vervollständigen die Anlage. Beim Ausbleiben der Naßschnitzel löst die Druckklappe (*11*) im Füllschacht der Einführschnecke (*12*) über das Zeitrelais (*24*) ein Warnsignal aus. Wird dieses Warnsignal nicht beachtet und steigt die Temperatur in der Trommel

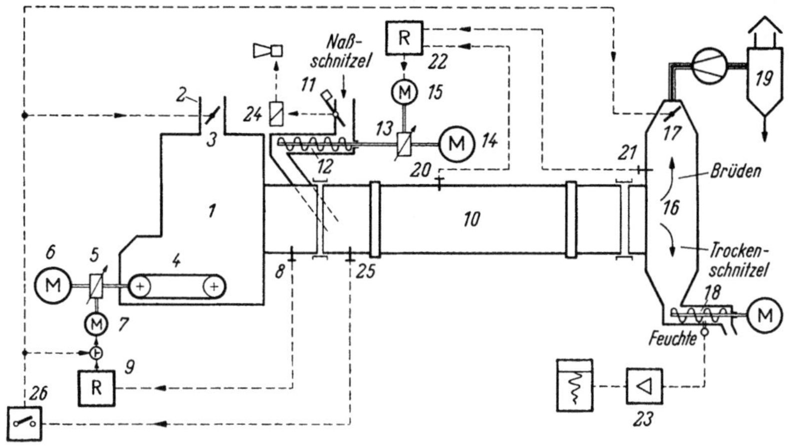

1 Feuerung
2 Notschornstein
3 Notschornsteinklappe
4 Wanderrost
5 Getriebe mit veränderbarer Übersetzung für Wanderrost
6 Antriebsmotor
7 Übersetzungsverstellmotor
8 Fühler für Trommel-Eintrittstemperatur
9 Regler für Trommel-Eintrittstemperatur
10 Trockentrommel
11 Füllschacht-Druckklappe
12 Einführschnecke
13 Getriebe mit veränderbarer Übersetzung für Einführschnecke
14 Antriebsmotor
15 Übersetzungsverstellmotor
16 Schnitzelausfall-Gehäuse
17 Saugzugklappe
18 Ausführschnecke
19 Saugzug
20 Fühler für Temperatur im Trommelinnern
21 Fühler für Brüdenaustrittstemperatur
22 Regler für Brüdenaustrittstemperatur
23 Meßverstärker für Feuchtegeber
24 Zeitrelais für Warnsignal
25 Fühler für Trommeltemperatur-Überwachung
26 Zweipunktregler für Trommeltemperatur-Überwachung

Bild 7. Regelung einer Grundlasttrommel für die Schnitzeltrocknung

weiter an, so setzt beispielsweise ein vom Temperaturfühler (*25*) gesteuerter Zweipunktregler (*26*) unter Ausschaltung des Reglers (*9*) die Kohlezufuhr herab und verstellt gleichzeitig die Luftklappen (*3*) vor dem Notschornstein (*2*) und (*17*) im Saugzug (*19*) entsprechend.

Bei Regelungen, die nicht nach Grundlast fahren, wird die Feuerleistung nach Maßgabe des Naßschnitzelanfalls verändert. Als Maß zieht man die Drehzahl der Naßschnitzelschnecke heran, die den Unterwind des Wanderrostes beeinflußt. Außerdem werden Trommeleintritts- und Trommelaustrittstemperatur in einem beim Probebetrieb festgelegten Verhältnis aufgeschaltet. Ein Kohleregler zieht die Kohle der Luft nach, ein Unterdruckregler sorgt für richtigen Feuerraumdruck.

D. Gebäckindustrie

1. Keksherstellung

Gefüllte Waffeln werden in einer aus mehreren Teilen bestehenden Backstraße (*Bild* 8) hergestellt. Dazu gehören: der Backofen (*1*), die Kremstreichmaschine (*2*), der Kühler (*3*) und die Querschneidmaschine (*4*). Als Antriebsmotoren dienen

Gleichstrom-Nebenschlußmotoren (*6a* bis *f*), deren Anker von einem LEONARD-Satz (*5*) gespeist werden. Der Streichmaschinenmotor (*6d*) ist aus technologischen Gründen als Leitmotor bestimmt.

Der Teig wird in Form von kontinuierlichen Bändern gebacken und durchläuft dabei nacheinander die Kremstreichmaschine, den Kühler und die Schneid-

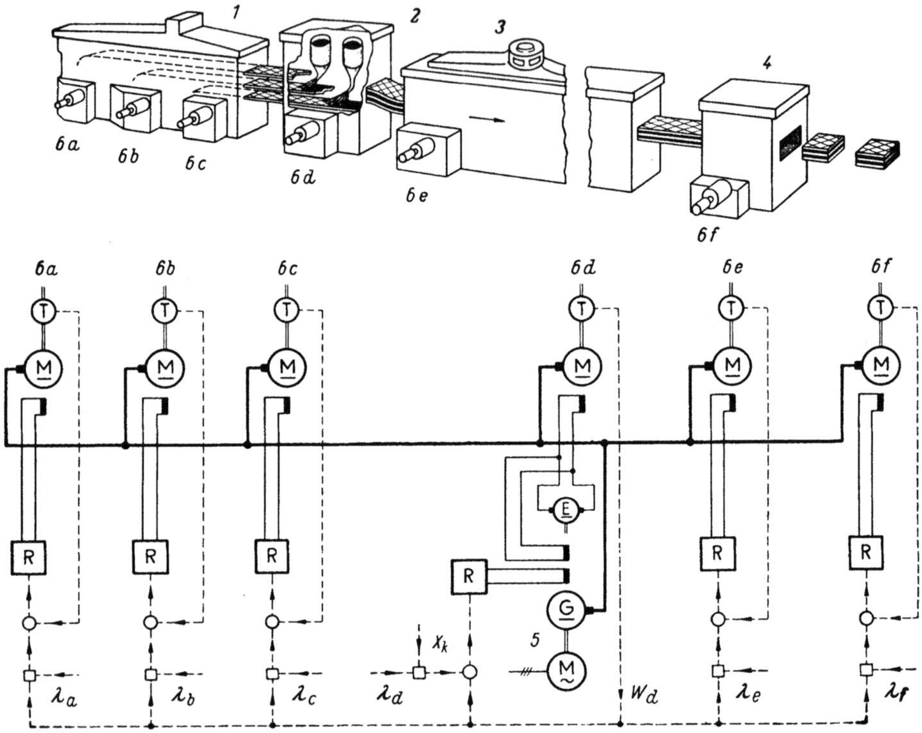

1 Backofen
2 Streichmaschine
3 Kühler
4 Schneidmaschine
5 LEONARD-Satz
6 Antriebsmotoren mit Tachogeneratoren (*a* bis *f*)
λ Sollwertfaktor (*a* bis *f*)
λ_d Leitsollwertfaktor
X_k Sollwert
W_d Führungsgröße

Bild 8. Waffelbackmaschine mit Mehrmotorantrieb

maschine. Stauungen oder Zerrungen der Waffelbänder dürfen während des ganzen Weges nicht eintreten. Für die Einzelantriebe der beschriebenen Maschinen muß deshalb Gleichlauf gewährleistet sein, der durch eine elektrische Drehzahlregelung erreicht wird. Zusätzlich wird gefordert, daß die eine oder andere Maschine in ihrer Drehzahl betrieblich von der sonst üblichen Drehzahl abweicht, damit sie sich verschiedenartigem Teiggut angleichen kann.

Der als Leitmotor dienende Streichmaschinenmotor (*6d*) wird zum Einhalten des gewünschten Drehzahlniveaus unmittelbar von der Erregermaschine des LEONARD-Umformers (*5*) erregt. Der Leitmotor (*6d*) treibt z. B. sechs Mittelfrequenz-Tachogeneratoren an (im Bild ist nur einer gezeichnet). Die gleichgerichtete Spannung des Tachogenerators wird mit der Vergleichsspannung eines Spannungsgleichhalters, z. B. in einem Röhrenregler, verglichen und bestimmt je nach Betrag des Sollwerts X_k das Drehzahlniveau des Leitmotors (*6d*). Damit kann die Drehzahl dieses Motors um etwa 50% geändert werden. Die Tachospannung des Leitmotors (*6d*) dient ferner als Leitspannung für die nachgeordneten Regelkreise der übrigen Antriebsmotoren. Zu jedem Folgemotor gehört ein Regler, in dem die Tachospannung des Leitmotors mit der des Folgemotors verglichen wird.

An den jedem Antrieb zugeordneten Sollwertstellern kann eine Änderung des Drehzahlverhältnisses, bezogen auf den Leitmotor, von ± 5% eingestellt werden. Dieser Drehzahlschlupf dient dazu, kleine Längenänderungen des Waffelbandes auszugleichen, die z. B. durch Aufnahme von Luftfeuchte oder nach dem Aufgeben der Streichmasse entstehen können.

Die größte Abweichung zwischen dem Leittachogenerator und den dazugehörigen Istwert-Tachogeneratoren beträgt etwa 1‰. Bei Auftreten von Störgrößen entsteht eine Drehzahldifferenz von etwa ± 3‰ vom Sollwert.

2. Backhefeherstellung

Beim Herstellen von Backhefe handelt es sich um das Vermehren einer Reinzuchthefe. An die Laboratoriumsreinzucht schließt sich im Betrieb die weitere Vermehrung in Behältern an. Im Endprozeß wird schließlich in Großbottichen die Versandhefe hergestellt. Hierbei läuft zu der im Gärbottich vorhandenen Würze (Anstellhefe und Brunnenwasser), die beim Backhefegärprozeß einen bestimmten pH-Wert haben muß (pH = 5), sterilisierte und verdünnte Melasse als Nährboden zu. Melasse ist eine bei der Zuckergewinnung zurückbleibende zähflüssige braune Mutterlauge mit noch 50% Zucker. Der Gärprozeß, der bei geschlossenem Bottich und Luftzufuhr aus einem Düsenrohr fortschreitet, dauert etwa 8 bis 10 Stunden. Nach abgeschlossener Gärung leitet man die Würze in Zentrifugen; sie trennen die Hefe vom Abfluß. In Waschbottichen wird sie mehrmals gewaschen, anschließend auf etwa 5 °C gekühlt und schließlich in Filterpressen getrocknet.

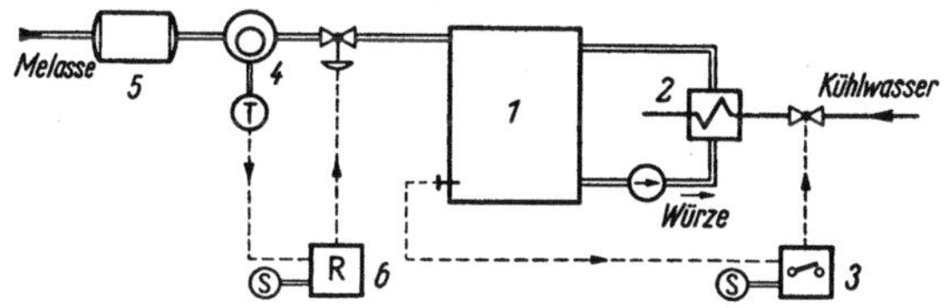

1 Gärbottich
2 Plattenkühler
3 Temperaturregler
4 Ringkolbenzähler mit Tachogenerator
5 Filter
6 Durchflußregler

Bild 9. Regelung des Backhefegärprozesses

Eine der Voraussetzungen für einen günstigen Verlauf des Gärprozesses (*Bild* 9) ist eine konstante Temperatur, die zwischen 26 und 32 °C liegen muß. Es besteht die Aufgabe, die Temperatur im Gärbottich (*1*) zu regeln, der einen Inhalt von etwa 150 m³ hat [*4*]. Während des Gärprozesses steigt die Temperatur im Bottich verursacht durch das Wachstum der Hefepilze, ständig an. Sie würde also ohne besondere Maßnahmen sehr schnell den höchstzulässigen Wert überschreiten, obwohl die dauernde Luftzufuhr eine Kühlwirkung ausübt. Deshalb wird ein Teilstrom der Würze von einer Pumpe über den Plattenkühler (*2*) gedrückt, der mit Kühlwasser von etwa 15 °C beaufschlagt wird. Die Temperaturregelung ist schwierig, da der gesamte Inhalt des Gärbottichs in etwa $1^1/_2$ Stunden nur einmal umgewälzt wird.

Als Temperaturfühler ist ein Widerstandsthermometer in den Gärbottich eingebaut. Der angeschlossene Regler (*3*), z. B. ein Fallbügelregler mit Impulskontakten, steuert ein Einsitzregelventil in der Kühlwasservorlaufleitung. Der Temperatursollwert im Bottich ist am Regler einstellbar.

Die Melasse soll dem Gärbottich in Abhängigkeit vom augenblicklichen Wachstumzustand der Hefe zulaufen. Es muß also auch der Melassezulauf geregelt werden. Da es sich um eine zähe Flüssigkeit handelt, ist eine Verschlammung des gesamten Rohrsystems und vor allem der Meßgeräte zu befürchten. Außerdem ist damit zu rechnen, daß nach jedem Gärprozeß Dampf von etwa 120 °C durch das Rohrsystem geblasen und anschließend die Anlage mit einer Desinfektionslösung durchgespült wird. Die einzubauenden Geräte müssen so ausgewählt werden, daß sie der genannten Temperatur und dem Desinfektionsmittel standhalten.

Als Durchflußmesser ist in der Melassezulaufleitung (s. *Bild* 9) ein Ringkolbenzähler (*4*) mit aufgebautem elektrischem Tachogenerator vorgesehen. Dem Ringkolbenzähler ist ein Filter (*5*) vorgeschaltet, um ein Verschlammen der Meßgeräte zu verhindern. Der Ringkolbenzähler erfaßt die in den Bottich fließende Melassemenge. Der am Zähler angebrachte Tachogenerator gibt eine von der Kolbendrehzahl des Zählers abhängige Meßspannung an den Durchflußregler (*6*) ab.

E. Quellenhinweise

[*1*] Wälzholz, G.: Die technischen Sicherungsmaßnahmen des Milcherhitzerbetriebes unter besonderer Berücksichtigung der Wirkstofferhaltung. Molkerei- u. Käserei-Ztg. Hildesheim Bd. 7 (1956).

[*2*] Heyns, K.: Die Zuckerfabrikation. In: Chemische Technologie. 4. Bd.: Organische Technologie II. Hrsg. K. Winnacker u. E. Weingaertner. München: Carl Hanser Verlag 1954. S. 959–971.

[*3*] Uhl, W.: Die Regelung einer Trocknungsanlage für Zuckerrübenschnitzel. Siemens-Z. 29. Jg. (1955) S. 538–543.

[*4*] Bruhn, C.: Regelung bei der Backhefeherstellung. Siemens-Z. 29. Jg. (1955) S. 250–251.

46. Die Gießerei

Von **W. Liesegang**

Inhaltsübersicht

A. Regelaufgaben in der Gießerei

Mit der Einführung des Heißwindkupolofens [*1*] haben die Regelaufgaben in der Gießerei an Bedeutung und Umfang gewonnen. Mit Windtemperaturen von 500 °C erzielt man bei einem Kokssatz von beispielsweise 11% eine um 120 °C höhere Eisentemperatur als beim Kaltwindbetrieb [*2*]. Temperaturen von 1500 °C werden unschwer erreicht. Das kommt besonders dünnwandigem Guß zugute; der Ausschuß bleibt geringer als bei kälterem Eisen. Mit Rücksicht auf die Gleichmäßigkeit des Betriebes und Schonung der Anlagen muß die Windtemperatur und Eintrittstemperatur am Rekuperator geregelt werden. Der um etwa 30% geringere Koksverbrauch und besonders auch der in Gießereien meist erwünschte Zubrand an Silizium haben dazu geführt, daß der Heißwindkupolofen im letzten Jahrzehnt weite Verbreitung gefunden hat. Aber auch in Stahlwerken wird der Heißwindkupolofen in zunehmendem Maße als Vorschmelzofen verwendet. Anlage- und auch Einschmelzkosten für den Heißwindkupolofen sind geringer als für einen zusätzlichen Siemens-Martin-Ofen. So erzielt man durch Aufstellen einer Vorschmelzanlage eine bemerkenswerte Ausweitung der vorhandenen Werkskapazität [*3, 4, 5*].

Das Trocknen von Formen und Kernen ist für den Gießereibetrieb von jeher eine Aufgabe, die mit großer Vorsicht und Sorgfalt und je nach der Masse des Trockengutes nach einem wohldurchdachten Programm vor sich gehen soll. Ein zu schnelles Aufheizen des Trockengutes führt zu Rissebildungen, da das im Formsand enthaltene Wasser nicht schnell genug entweichen kann und im Innern der Form verdampft. Zu langsames Trocknen bedeutet Zeitverlust. So werden vor allem an die Temperaturregelung von Trockenöfen aus qualitativen und wirtschaftlichen Gründen hohe Anforderungen gestellt.

B. Regelung des Heißwindkupolofens

Der Erwärmung des Windes (*Bild* 1) dienen Brennkammer (*1*) und Rekuperator (*2*). Das Gichtgas wird dem Ofenschacht an einer Stelle entnommen, an der es den Großteil seiner Wärme an das Beschickungsgut abgegeben hat. Es verbrennt in der Brennkammer mit der ihm zugeteilten Verbrennungsluft. Ein Heißgaskanal (*3*) führt die verbrannten Gase mit einer Temperatur von 900 bis 950 °C in den Rekuperator ein, dessen Wärmeaustauschelemente aus Speziallegierungen hergestellt sind. Ihre obere Grenze findet die Temperatur in der Hitzebeständigkeit der Rekuperatorbaustoffe und insbesondere in der Sintertemperatur

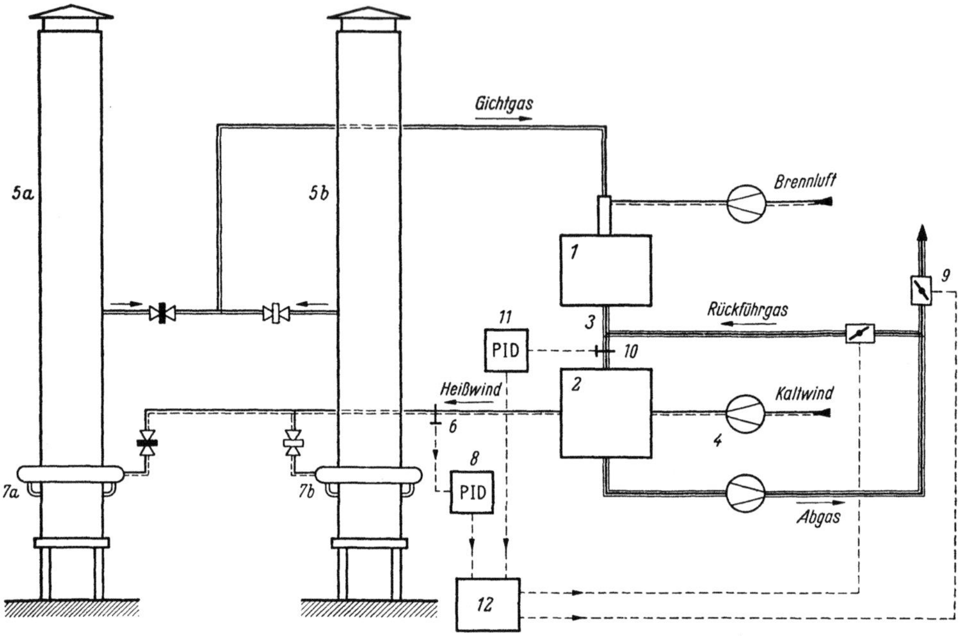

1 Brennkammer
2 Rekuperator
3 Heißgaskanal
4 Kaltwindgebläse
5 Kupolofen (a und b)
6 Meßort für Heißwindtemperatur
7 Windring (a und b)
8 Heißwindtemperaturregler
9 Abgasklappe im Kamin
10 Meßort Heißgastemperatur
11 Heißgastemperaturregler
12 Relaiskombination

Bild 1. Regelkreise für die Temperaturregelung am Heißwindkupolofen

der wenigen Staubbestandteile des Gichtgases, die auch bei sorgfältigster Leitungsführung vom Ofenschacht bis in die Brennkammer gelangen können. Flugstaub läßt sich von den Rekuperatorwandungen leicht entfernen, eine gesinterte Staubkruste aber nicht.

Den Kaltwind liefert ein Kaltwindgebläse (*4*). Man baut den Rekuperator im allgemeinen so, daß man Heißwind-Ausgangstemperaturen von 450 bis 550 °C erhält. Höhere Temperaturen sind normalerweise nicht wirtschaftlich, da außer dem viel höheren Rekuperatorpreis zusätzliche Kosten für die Heißwindleitungen und Windringe der Öfen entstehen, die schwerlich amortisiert werden können.

Die beiden Heißwindkupolöfen (*5a*) und (*5b*) werden, wie es in Gießereien üblich ist, abwechselnd betrieben. Das in der Schmelzzeit kontinuierlich fließende Eisen wird im Vorherd gesammelt und nach dem Bedarf der Gießerei an die Gießpfannen abgegeben.

Für die Temperaturregelung des Ofens sind im vorliegenden Fall zwei Regler eingesetzt. Der Meßort (*6*) des ersten Regelkreises liegt vor der Verzweigungsstelle der Heißwindleitung zu den Windringen (*7a*) und (*7b*) der beiden Öfen. Regelgröße ist die Heißwindtemperatur, Stellgröße die Öffnung der Abgasklappe (*9*). Überschreitet die Heißwindtemperatur den eingestellten Sollwert, so schließt der Temperaturregler (*8*) die Abgasklappe (*9*) im Kamin. Hiermit verringert sich die Heizgasmenge, die von der Brennkammer (*1*) an den Rekuperator (*2*) abgegeben wird. Eine Folge davon ist, daß die Heißwindtemperatur sinkt.

Dem zweiten Regelkreis fällt die Aufgabe zu, den Rekuperator unter allen Umständen vor einer Überhitzung zu sichern. Der Meßort (*10*) befindet sich in der Heißgasleitung (*3*) zwischen Brennkammer (*1*) und Rekuperator (*2*); Regelgröße ist die Temperatur, Stellgröße die Winkellage der Klappe im Rückführgas. Bei steigender Temperatur vergrößert der Regler (*11*) den Anteil an kälterem Rückführgas. Steigt die Heißgastemperatur vor dem Rekuperator trotzdem unzulässig an, so macht der Heißgastemperaturregler (*11*) über eine Relaiskombination (*12*) den Heißwindtemperaturregler (*8*) unwirksam. Wenn die Regelklappe in der Rückführgasleitung bereits gänzlich geöffnet ist, schließt der Regler mit dieser „Sicherheitsschaltung" die Abgasklappe (*9*) im Kamin. Es strömt dann zusätzlich Rückführgas in die Heißgasleitung (*3*) zum Rekuperator.

C. Regelung von Trockenöfen

Trockenöfen (*Bild* 2) werden meist mit Gas oder elektrisch geheizt. Sie lassen sich verhältnismäßig einfach regeln, da es keine Schwierigkeiten bereitet, mit dem Regler im Ofen Temperaturfelder beliebiger Temperatur zu bilden und aufrechtzuerhalten. Wird als Brennstoff Heizöl verwendet, so ist es wegen des hohen Heizwertes (Bunker-C-Öl von 9600 bis 10000 kcal/kg) und wegen der sich sonst am Brenner bildenden „scharfen" Flamme notwendig, das Öl vorher zu vergasen. Die Brenner liefern dann eine „weiche" Flamme.

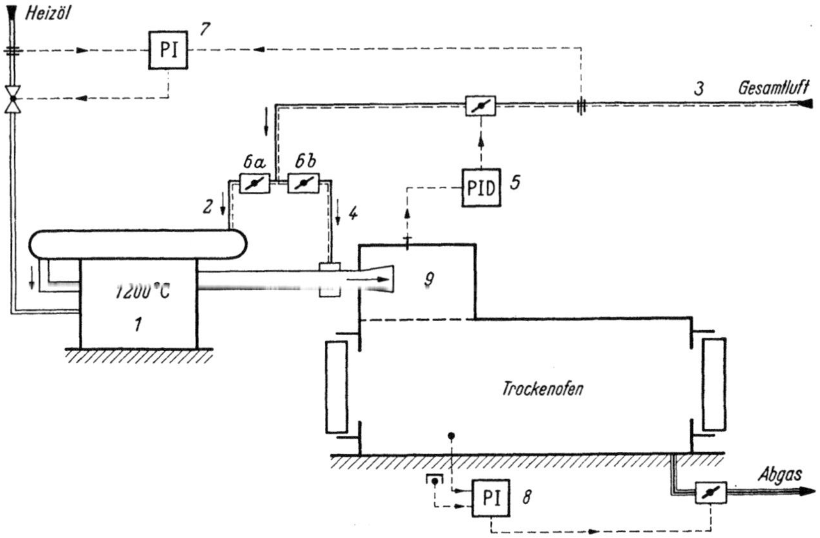

1 Ölgaserzeuger
2 Erstluft
3 Gesamtluft
4 Zweitluft
5 Brennkammertemperaturregler
6 Einstellklappe (a und b)
7 Öl-Luft-Verhältnisregler
8 Ofendruckregler
9 Brennkammer

Bild 2. Temperatur- und Ofendruckregler am Trockenofen mit Ölheizung

Nach einem dieser Verfahren [*6*] wird das Heizöl in zwei Phasen verbrannt. Zunächst wird das Öl in einen Gaserzeuger (*1*) geleitet und vergast. Der Anteil der Vergasungsluft (Erstluft) (*2*) beträgt etwa 30% der Gesamtluft (*3*), die für die vollkommene Verbrennung des Öles erforderlich ist. Danach wird in einer zweiten Phase zeitlich und örtlich unmittelbar anschließend die übrige Verbrennungsluft (Zweitluft) (*4*) zugegeben.

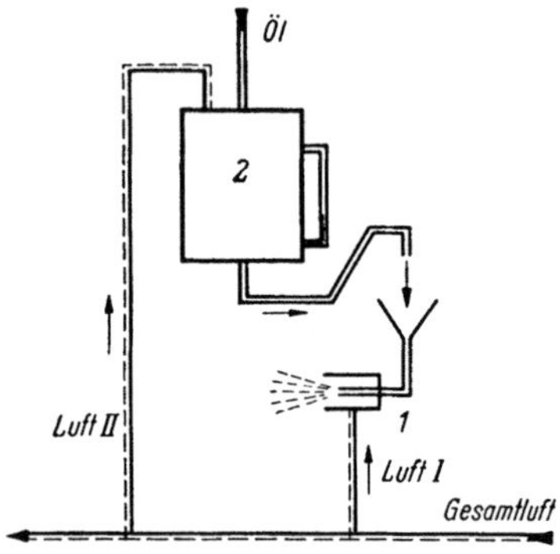

1 Düsen, *2* Zwischenbehälter

Bild 3. Selbsttätige Ölzuführungseinrichtung eines Ölgasgenerators

Der Ölgaserzeuger hat die Form eines niedrigen Schachtofens. Je kg Bunker-C-Öl erhält man im allgemeinenen 4,6 Nm³ Ölgeneratorgas mit einem Heizwert von 2000 kcal/Nm³. Inbegriffen sind die Wärmewerte der noch vorhandenen Kohlenstoffteilchen und die fühlbare Wärme des Gases bei 1200 °C.

An größeren Öfen hat sich ein Zusammenwirken der Regelkreise des Ofens mit dem Regelkreis des Ölgasgenerators als notwendig erwiesen. Die Temperatur soll an der Einsatzseite 300 °C, am Ende 900 bis 1000 °C betragen.

Von den drei Regelkreisen hat der Temperaturregler (*5*) an der Brennkammer (*9*) die Aufgabe, die Ofentemperatur über den Gesamtluftdurchfluß zu regeln. Das Verhältnis von Erstluft (für Ölgasgenerator) zu Zweitluft (für Ofenbrenner) wird mit Drosselklappen (*6a* und *6b*) von Hand fest eingestellt. Der Verhältnisregler (*7*) stellt den Öldurchfluß im fest eingestellten Verhältnis 1:3,85 zur Gesamtluft ein. Der Ofenraumdruck wird mit einem Druckregler (*8*) durch Verstellen der Abgasklappe geregelt. Auf einem Leitstand, der auch die für die Überwachung des Ofens notwendigen Meßgeräte enthält, sind die Temperaturregler und der Ofendruckregler mit den Steuerschaltern für Luftverteilungsklappen und Luftgebläse des Ofens zusammengefaßt.

Nach einem einfachen Verfahren kann man kleinere Öfen unter Zwischenschaltung eines Ölgefäßes (*Bild* 3) regeln, wenn der für den Ofen notwendige Belastungsbereich nicht größer als 1:3 ist. Der Ölzufluß zu den Düsen (*1*) des Ölgasgenerators stellt sich bei dieser Anordnung nach dem Druck der zum Ofen gelangenden Zweitluft ein, der auf die Oberfläche des Öles im Zwischenbehälter (*2*) wirkt.

D. Quellenhinweise

[*1*] Löbbecke, E. u. Schwechheimer, H. L.: Kaltwind-Kupolöfen oder Heißwind-Kupolöfen? Der Masch.-Markt 60. Jg. (1954) Nr. 21. S. 15.

[*2*] Stockkamp, K.: Der Einfluß des Heißwindes auf die chemischen Vorgänge im Kupolofen. Diss. Techn. Hochsch. Karlsruhe, 25. Mai 1955.

[*3*] Bader, M.: Betriebserfahrungen mit dem Heißwind-Kupolofen. Giesserei 30 Jg. (1943) S. 241–246.

[*4*] Roesch, K.: Entwicklung und Erfahrungen mit Heißwindkupolöfen. Giesserei 38. Jg. (1951) S. 393–397.

[*5*] Guthmann, K.: Der Heißwind-Kupolofen und seine metallurgischen Anwendungsmöglichkeiten. Stahl u. Eisen 72. Jg. (1952) S. 545–556.

[*6*] Guillon, H.: La gazéification du mazout. Flamme et Thermique (1953) Nr. 61, S. 13 bis 33.

47. Vergütung

Von **W. Weitbrecht**

Inhaltsübersicht

A. Aufgabenstellung

Härtereien und Vergütungsbetriebe haben die Aufgabe, den bereits weitgehend veredelten metallischen Werkstoffen die für ihren Verwendungszweck erforderlichen Eigenschaften, z.B. hinsichtlich Härte, Festigkeit und Zähigkeit, zu geben. Diese Eigenschaften erhalten die Werkstoffe durch Änderungen ihres Gefüges oder ihrer Oberfläche, die durch genau vorgegebene Wärmebehandlungen hervorgerufen werden.

Im Mittelpunkt des Interesses steht in jedem Härtereibetrieb die Aufgabe, die Temperatur der Wärmebehandlungen sicher in der Hand zu haben, d.h. zu regeln oder nach einem Programm zu steuern. In zunehmendem Maße wird ferner bei der Technik der Gasaufkohlung die Überwachung und Regelung der Kohlungsatmosphäre, also der das Härtegut umgebenden Gasatmosphäre, gefordert. Dazu kommen bei gas- und ölbeheizten Öfen noch zusätzliche Aufgaben (behandelt im

Kapitel 40), wie die Regelung des Brennstoff-Luft-Gemisches für wirtschaftlichsten Betrieb, bzw. für leicht reduzierende Ofenatmosphäre, oder die Konstanthaltung des Ofendruckes.

Die besondere Schwierigkeit der Temperaturregelung in Härtereien und Vergütungsbetrieben liegt darin, daß bei hohen Ansprüchen an die Genauigkeit nur eine äußerst geringe Meßleistung zur Verfügung steht. Es muß mit Instrumenten hoher Empfindlichkeit und Präzision gearbeitet werden, was mit den rauhen Betriebsverhältnissen schwer in Einklang zu bringen ist. Ein NiCr—Ni-Thermoelement liefert je °C Temperaturänderung nur eine Spannungsänderung von etwa 40 µV. Bei günstiger Anpassung kann mit einer Leistung von etwa 10^{-11} W je °C gerechnet werden. Bei einem Stabregler von 250 mm nutzbarer Länge erreicht man nur einen Ausdehnungsweg von etwa 3/1000 mm je °C. Es ist schwierig, mit einer so kleinen Meßleistung in einen Regler direkt einzugreifen.

B. Anwendung der Temperaturregelung für die Wärmebehandlung der Stähle

Die Tabelle 1 gibt einen Überblick darüber, zu welchem Zweck, bei welchen Temperaturen und mit welchen Mitteln die Wärmebehandlungen vorgenommen werden, mit welcher Genauigkeit die Temperaturen üblicherweise einzuhalten sind und welche betrieblichen Nachteile entstehen, wenn dies nicht in ausreichendem Maße der Fall ist. Um aber nach neueren Erkenntnissen einwandfrei härten und vergüten zu können, sind engere Toleranzen anzustreben. Ferner wird gezeigt, daß oft auch der zeitliche Temperaturablauf in genau vorgeschriebener Weise vor sich gehen muß. Die Erkenntnisse in der Umwandlungskinetik haben ihren Niederschlag in Zeit-Temperatur-Umwandlungsschaubildern gefunden, die es ermöglichen, den für einen vorgegebenen Endzweck gewünschten Gefügezustand durch Auswahl des bestgeeigneten Stahles und des günstigsten Temperaturprogramms auf dem kürzesten Wege zu erreichen [*1*, *17*].

C. Temperaturregelung von Standöfen

Zum Typ der Standöfen in Härtereien und Vergütungbetrieben sind zu rechnen: Kammeröfen, Herdwagenöfen, Haubenöfen, Muldenöfen, Schachtöfen (mit und ohne Umluft), Salzbäder, Ölanlaßbäder. Die Forderungen an die Regelgenauigkeit sind (s. Tabelle 1) durch die jeweils in den Öfen durchzuführende Wärmebehandlung gegeben. Allen gemeinsam ist die Forderung, daß sich bei Erreichen der Solltemperatur ein Beharrungszustand zwischen Wärmequelle und Gut einstellt, daß also kein Wärmeaustausch mehr stattfindet. Es liegt eine einfach zu behandelnde Regelstrecke erster Ordnung vor [*2*].

Als Anhaltspunkt für die Bemessung und Beurteilung von Regelanlagen mögen die Angaben der Tabelle 2 für Kammeröfen dienen.

Tabelle 2. *Größenordnung von Zeitkonstanten und Totzeiten bei Härteöfen*

Ofenart	Totzeit min	Zeitkonstante min
Industrieöfen	1 bis 5	10 bis 60
Laboröfen und kleine Öfen	0,5 bis 1	5 bis 25

Tabelle 1. *Übersicht zur Anwendung der Temperaturregelung in Härtereien*

Behandlungen		Temperaturgebiet °C	Übliche Toleranz °C	Folgen bei: Temperatur zu tief	Folgen bei: Temperatur zu hoch	Verwendete Reglerbauteile	Behandlung in
A. *Abschreckhärten und Anlassen* (Zur Erzielung einer erheblichen Härtesteigerung, z. B. bei Werkzeugstählen, Federstählen, Vergütungsstählen usw.)	1. *Anwärmen auf Härtetemperatur.* (Zur Auflösung der Karbide)	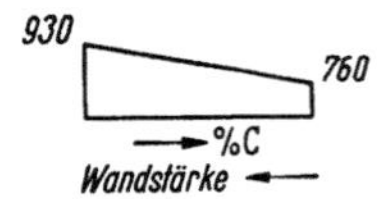	± 15	Nicht ausreichende Einhärtung; u. U. bleibt Umwandlung überhaupt unvollständig und gewünschte Härte wird nicht erreicht	Kornvergröberung tritt ein und vermindert Zähigkeit des gehärteten Stahls bzw. dessen Schneidhaltigkeit und Verschleißbeständigkeit	Thermoelement Fe–Konstantan Thermoelement NiCr–Ni Thermoelement PtRh–Pt	Öfen Bädern
		Schnellarbeitsstähle 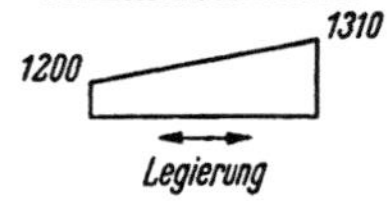	± 10			Thermoelement PtRh–Pt Strahlungspyrometer Rohrthermoelement z.B. Fe–Ni	Bädern
	2. *Abschrecken von Härtetemperatur* im Warmbad. (Im Kaltbad keine regelungstechnischen Maßnahmen)	180 bis 250 bei ölhärtenden Stählen 500 bis 580 bei Schnellarbeitsstählen (je nach Zusammensetzung und Härtetemperatur)	± 15 ± 15	Keine Warmbadhärtung, sondern Bildung von normalem (tetragonalem) Martensit mit höheren Eigenspannungen und höherem Verzug	Keine ausreichende Härtung	Quecksilber-Federthermometer Stabregler Widerstandsthermometer Thermoelement Fe–Konstantan Stabregler Widerstandsthermometer Thermoelement Fe–Konstantan	Bädern
	3. *Anlassen*	150 bis 600 (nach Stahlart und Verwendungszweck)	± 10	Zähigkeit zu gering, Sprödigkeit zu groß	Härte wird zu stark vermindert	Quecksilber-Federthermometer Stabregler Widerstandsthermometer Thermoelement Fe–Konstantan	Öfen Bädern
B. *Oberflächenhärten* (Abschreckung beschränkt sich nach kurzzeitiger Erwärmung der Oberfläche auf geringe Tiefe, bei Vergütungsstählen)	Wie bei A 1 und A 2		+ 40	Gewünschte Härte wird nicht erreicht	Nicht kritisch wegen kurzzeitiger Temperatureinwirkung	Strahlungspyrometer	Induktionsanlagen Härtebrennern
C. *Vergüten* (Erzielung höherer Festigkeit bei bestimmter Zugfestigkeit, z.B. bei Baustählen)	1. *Abschreckhärtung*	Wie bei A 1 und A 2				Thermoelement Fe–Konstantan Thermoelement NiCr–Ni Thermoelement PtRh–Pt	Öfen Bädern
	2. *Anlassen*	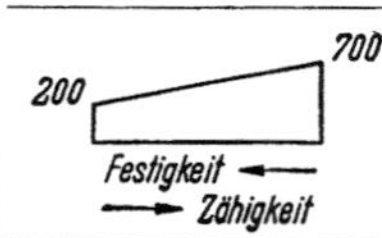	± 10	Zähigkeit und Dehnung zu gering	Festigkeit zu gering	Quecksilber-Federthermometer Stabregler Widerstandsthermometer Thermoelement Fe–Konstantan	Öfen Bädern

Tabelle 1 (erste Fortsetzung)

Behandlungen		Temperaturgebiet °C	Übliche Toleranz °C	Folgen bei: Temperatur zu tief	Folgen bei: Temperatur zu hoch	Verwendete Reglerbauteile	Behandlung in
D. *Zwischenstufenvergütung* (Härtungsvorgang mit Austenitumwandlung im mittleren Temperaturbereich für Vergütungsstähle mit dünnem Querschnitt)	1. *Anwärmen auf Härtetemperatur*	Wie bei A 1	± 5	Wie bei A 1		Thermoelement Fe–Konstantan Thermoelement NiCr–Ni Thermoelement PtRh–Pt	Öfen Bädern
	2. *Abkühlen und Halten* im Warmbad	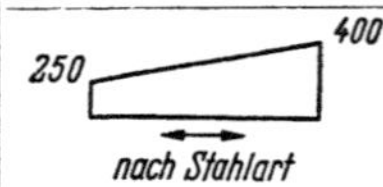	± 5	Zähigkeit zu gering	Härte zu gering	Quecksilber-Federthermometer Stabregler Widerstandsthermometer Thermoelement Fe–Konstantan	Bädern
E. *Einsatzhärtung* (Erzielen einer harten Oberfläche mit zähem Kern. Die aufeinanderfolgenden Behandlungen können gegebenenfalls teilweise zusammengezogen werden)	1. *Aufkohlung:* Anwärmen und Halten des Gutes in einem Aufkohlungsmittel auf Kohlungstemperatur		± 5	Kohlungsgeschwindigkeit und damit Einhärtetiefe zu gering, gegebenenfalls Abweichungen in der Höhe des Randkohlenstoffes	Grobkornbildung und tiefes Einhärten. Gegebenenfalls Abweichungen in der Höhe des Randkohlenstoffes	Thermoelement Fe–Konstantan Thermoelement NiCr–Ni Thermoelement PtRh–Pt	Öfen Bädern
	2. *Abschrecken* im Warmbad	Wie bei A 2				Quecksilber-Federthermometer Stabregler Widerstandsthermometer Thermoelement Fe–Konstantan	Bädern
	3. *Kernhärten:* Abschreckhärten von der dem C-Gehalt des Kernes entsprechenden Härtetemperatur	860	Wie bei A 1			Thermoelement Fe–Konstantan Thermoelement NiCr–Ni Thermoelement PtRh–Pt	Öfen Bädern
	4. *Abschrecken* im Warmbad	200	Wie bei A 2			Quecksilber-Federthermometer Stabregler Widerstandsthermometer Thermoelement Fe–Konstantan	Bädern
	5. *Zwischenglühen* (u. a. bei Chrom-Nickel-Stählen)	500	± 20	Weichhaut wegen Verbleiben von Restaustenit	Minderung der Kerneigenschaften	Stabregler Widerstandsthermometer Thermoelement Fe–Konstantan	Öfen Bädern
	6. *Randrückfeinen:* Abschreckhärten von der dem C-Gehalt der Randzone entsprechenden Härtetemperatur	820	Wie bei A 1			Thermoelement Fe–Konstantan Thermoelement NiCr–Ni Thermoelement PtRh–Pt	Öfen Bädern
	7. *Abschrecken* im Warmbad	200	Wie bei A 2			Quecksilber-Federthermometer Stabregler Widerstandsthermometer Thermoelement Fe–Konstantan	Bädern
	8. *Entspannen* (bzw. Anlassen)	200	Wie bei A 3			Quecksilber-Federthermometer Stabregler Widerstandsthermometer Thermoelement Fe–Konstantan	Öfen Bädern

Tabelle 1 (zweite Fortsetzung)

Behandlungen		Temperaturgebiet °C	Übliche Toleranz °C	Folgen bei: Temperatur zu tief	Folgen bei: Temperatur zu hoch	Verwendete Reglerbauteile	Behandlung in
F. *Nitrieren* (Aufsticken und damit Härten der Oberfläche in dünner Schicht)	*Gasnitrieren* (in NH_3-Atmosphäre bei Baustählen)	500	± 5	Ungenügender Nitriervorgang	Spröde Randzonen mit Neigung zum Ausbrechen	Widerstandsthermometer Thermoelement Fe–Konstantan	Öfen
	Badnitrieren	550	± 10	Ungenügender Nitriervorgang	Spröde Randzonen mit Neigung zum Ausbrechen	Thermoelement Fe–Konstantan	Bädern
G. *Normalglühen* (zur Vergleichmäßigung und Verfeinerung des Gefüges)	1. *Anwärmen* auf eine über dem oberen Umwandlungspunkt liegende Temperatur	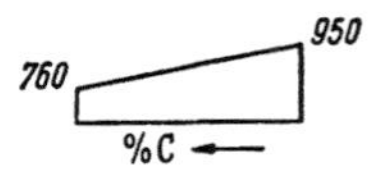	± 20	Gefüge bleibt ungleichmäßig und grobkörnig	Erneute Grobkornbildung	Thermoelement NiCr–Ni Thermoelement PtRh–Pt Strahlungspyrometer Rohrthermoelement z.B. Fe–Ni	Öfen Bädern
	2. Anschließend langsame *Abkühlung* auf: (Nachher weitere beliebige Abkühlung)	etwa 650	–	–	–	Widerstandsthermometer Thermoelement Fe–Konstantan	Öfen Bädern
H. *Grobkornglühen* (Zur Verbesserung der Zerspanbarkeit)	1. *Anwärmen* auf eine Temperatur von:	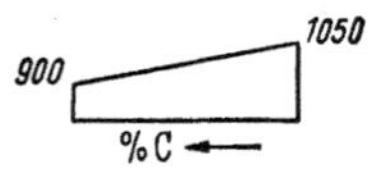	± 20	Gefügeänderung nicht ausreichend	Auftreten von Verbrennungen	Thermoelement NiCr–Ni Thermoelement PtRh–Pt Strahlungspyrometer Rohrthermoelement z.B. Fe–Ni	Öfen Bädern
	2. Anschließend verhältnismäßig schnelle *Abkühlung* und *Halten* auf:	etwa 650	–	–	–	Widerstandsthermometer Thermoelement Fe–Konstantan	Öfen Bädern
I. *Diffusionsglühen* (Zum Ausgleich örtlicher Unterschiede in der Zusammensetzung)	*Anwärmen* auf eine Temperatur von: (Nachher langzeitiges *Halten* der Temperatur und anschließend beliebige Abkühlung)	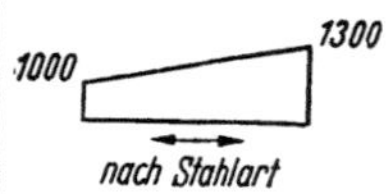	± 25	Ungleichmäßigkeiten werden nicht hinreichend ausgeglichen	Verbrennungen treten ein	Thermoelement PtRh–Pt Rohrthermoelement z.B. Fe–Ni	Öfen
K. *Patentieren von Draht* (Erzielung eines für nachfolgende Kaltverformung günstigen Gefüges und hoher Festigkeitswerte)	1. *Anwärmen* auf Härtetemperatur	Wie bei A 1				Thermoelement NiCr–Ni Thermoelement PtRh–Pt Strahlungspyrometer	Öfen Direkter Stromdurchgang
	2. *Abschrecken* in einem Warmbad auf eine Badtemperatur von:	400 bis 550 je nach Stahlart	± 10	–	–	Widerstandsthermometer Thermoelement Fe–Konstantan	Bädern

Für die Beurteilung der Regeleigenschaften von Industrieöfen [3] sind außerdem zu unterscheiden die Temperatur: 1. des Gutes, 2. des Ofeninneren (als Ofentemperatur bezeichnet), 3. der Heizflächen und 4. die vom Regler gemessene Temperatur, die derjenigen des Temperaturmeßgebers genügend genau entspricht. Um 1. mit 4. in Übereinstimmung zu bringen, wird an den Aufheizvorgang eine „Haltezeit" angeschlossen, die auch den Temperaturausgleich innerhalb des Werkstücks zum Ziele hat. Eine Haltezeit ist außerdem erforderlich, um bei der betreffenden Temperatur den Perlit, Ferrit bzw. die vorhandenen Karbide aufzulösen.

Je nach Bauart und Größe des Ofens stellen sich im Ofenraum, insbesondere in der Nähe der Ofentür, von dem Meßgeber abweichende Temperaturen ein, die durch zweckmäßige Chargierung berücksichtigt werden müssen.

Mit normalen elektrischen Zweipunktreglern mit mechanischer Abtastung können Pendelungen der Ofentemperatur praktisch auf etwa 5 °C begrenzt werden. Voraussetzung ist eine ausreichende Wärmekapazität des Ofens und eine günstige Anordnung des Temperaturmeßgebers im Ofen. Bei den Zweipunktreglern mit elektronischer oder photoelektrischer Abtastung entfällt der Zeitverzug, der bei der mechanischen Abtastung für das freie Einspielen des Zeigers zwischen zwei Abtastvorgängen erforderlich ist. Die durch das Prinzip der Zweipunktregelung bedingten Temperaturpendelungen werden dadurch etwas kleiner.

Zur Verringerung der Pendelungen wird häufig eine thermische Rückführung angewandt, bei der zu bedenken ist, daß vom Regler eine tiefere Temperatur eingeregelt wird, als dem eingestellten Sollwert entspricht. Die Abweichung wächst mit zunehmendem Rückführeinfluß. Die Regelabweichungen überlagern sich dem Meßfehler, der durch die Wahl des Temperaturmeßgebers und des Meßsystems gegeben ist.

Für höhere Ansprüche wird die Nullmethode angewandt, bei der das Thermoelement nach Erreichen des Sollwertes stromlos wird. Die bekannten Kompensationsregler beruhen auf diesem Meßprinzip. Die Nullmethode schaltet den Anzeigefehler aus, und durch ausschlagabhängige Impulskontakte kann mit Hilfe eines motorisch angetriebenen Stellgliedes der Heizstrom oder die Gaszufuhr auf jenen Wert eingestellt werden, den der Ofen zum Aufrechterhalten der Solltemperatur benötigt. Es liegt somit die Wirkung des integralen Reglers vor. Damit er stabil arbeitet, ist aber noch eine nachgiebige Rückführung erforderlich, da die Zeitkonstante der Industrieöfen relativ groß ist.

D. Regelung der Temperatur und Vorschubgeschwindigkeit bei Durchlauföfen

1. Technologische Bedingungen

(s. auch Kapitel 17)

Die bisherigen Betrachtungen bezogen sich auf Regelaufgaben, bei denen lediglich verlangt wird, daß das Werkstück die Solltemperatur nach Beendigung des Wärmeaustausches angenommen hat. In kontinuierlichen Öfen, bei denen das Gut durch den Ofenraum bewegt wird, findet aber ein dauernder Wärmeaustausch zwischen Wärmequelle und Gut statt. Dabei wirkt auch die Pendelung um den Sollwert der Temperatur störend.

Metallurgisch macht sich das Zu- und Abschalten der Heizleistung oft nachteilig bemerkbar, denn die von den Heizflächen bzw. Heizwendeln ausgehende Strahlung erwärmt nicht nur die als Puffer wirkende Ofenausmauerung, sondern wirkt auch direkt auf die Oberfläche des Gutes und kann dort bei dünnem Material zu örtlichen Überhitzungen führen. Für die Gleichmäßigkeit der Wärmebehandlung von Band oder Draht ist daher beim Durchlaufverfahren nicht nur die Gleichmäßigkeit der vom Regler gemessenen Temperatur, sondern auch eine gleichmäßige Temperatur an den Heizflächen zu fordern. Theoretisch ist diese Forderung nur mit einer kontinuierlichen Regelung zu verwirklichen, aber für praktische Verhältnisse lassen sich auch mit Zweipunktreglern brauchbare Ergebnisse erzielen, wenn man einige Kunstgriffe anwendet.

Man sollte möglichst nicht die Ofentemperatur, sondern die Temperatur am durchlaufenden Gut selbst messen und dessen Temperatur regeln, wobei der Stelleingriff den Energiestrom oder, wie später ausgeführt wird, die Durchlaufgeschwindigkeit und damit die Energiezufuhr beeinflußt. Die Änderung der Durchlaufgeschwindigkeit verändert nämlich auch die Einwirkungsdauer des Strahlers auf das Werkstück und regelt damit das Produkt von Wärmestrom mal Zeit, also die beim Durchlauf auf das Gut übertragene Wärmemenge unter Umgehung der Trägheit des Ofens.

In der Praxis wird meist ein bestimmter Temperaturverlauf in der Längsachse des Ofens verlangt, der entweder der Erwärmung des Gutes auf die Abschrecktemperatur dient, die am Ofenende erreicht sein soll, oder das Gut wird im Ofen während des Durchlaufs erwärmt und in der Endzone des Ofens wieder abgekühlt. In diesem Fall wird häufig von der Möglichkeit der Wärmerückgewinnung Gebrauch gemacht, die als zusätzliche Störgröße bei der Temperaturregelung des Ofens zu berücksichtigen ist.

Der Temperaturverlauf im Ofen ist abhängig von der Anzahl und Einstellung der im Ofenkanal verteilten, getrennt geregelten Heizgruppen, der Anordnung der dazugehörigen Temperaturmeßgeber und von dem durch das Beschickungsgut und die Verluste gegebenen Wärmeentzug an jeder Stelle des Ofenkanals. Bei großer Durchlaufgeschwindigkeit ist zu erwarten, daß das Gut an keiner Stelle die von den Temperaturmeßgebern angezeigte Temperatur erreicht. Noch weniger ist sichergestellt, daß die angezeigte Temperatur im Inneren des Gutes erreicht wurde.

2. Meß- und Regelverfahren

Durch Messungen mit einem *Schleppthermoelement*, das mit dem Gut beim Durchlauf fest verbunden ist, und einem weiteren Vergleichsthermoelement, das den Temperaturverlauf im Ofenraum mißt, kann die maximal zulässige Durchlaufgeschwindigkeit und die günstigste Anordnung der Temperaturmeßgeber für die Regelung empirisch ermittelt werden. (Der Rechnung ist die Ermittlung des Temperaturverlaufes sehr schwer zugänglich.) Störend wirken sich Unterschiede im Einsatzgewicht je Meter Ofenlänge und das unterschiedliche Strahlungsabsorptionsvermögen der Gutoberfläche aus. Um diese Störwerte zu berücksichtigen, zu deren Ausregelung die Ofentemperatur nicht mit der erforderlichen Geschwindigkeit folgen könnte, bietet sich die Regelung der Durchlaufgeschwindigkeit an. Für die Festlegung des Ortes, an dem der Temperaturmeßgeber für eine solche temperaturabhängige Geschwindigkeitsregelung anzuordnen ist, gilt die einfache Überlegung, daß der Regelvorgang nur dann seinen Zweck erreichen kann, wenn er eingeleitet wird, ehe das Gut während seines Durchlaufs durch den Ofen die Aufheizzone verlassen hat. Die Messung muß demnach vor Beendigung des Aufheizvorganges erfolgen, d. h., der Meßort muß räumlich in Richtung zum Ofeneingang vor dem Maximum der Aufheizkurve liegen.

E. Regelung von Durchlauföfen mit Wärmerückgewinnung

Durchlauföfen, in denen das Gut nach einer Wärmebehandlung wieder abgekühlt aus dem Ofen entnommen werden soll, können zur Verbesserung der Wirtschaftlichkeit mit Einrichtungen zum Wärmeaustausch zwischen dem einlaufenden und auslaufenden Gut ausgerüstet werden. Zwei Arten der Wärmerückgewinnung haben sich bewährt: 1. Gegenlauf des Gutes, wobei der Wärmeaustausch durch künstliche Umwälzung der Ofenatmosphäre intensiviert wird, 2. Schubluft im Gegenstrom zum Gut, wobei die am Ofenende eingeblasene Luft das Gut abkühlt, auf ihrem Weg durch den Ofentunnel die aufgenommene Wärme zur Eingangszone führt und dort an das einlaufende Gut abgibt.

Wenn die Schubluft zur Wärmerückgewinnung angewendet wird, sind die beiden Extremfälle zu unterscheiden: a) *Luftmenge zu groß*. In diesem Fall wirkt der Ofentunnel als Lufterhitzer; zuviel Wärme wird mit der Abluft aus dem Ofen gefördert. Die Folge ist ein verschlechterter Wirkungsgrad. b) *Luftmenge zu gering*. Durch unzureichenden Wärmeaustausch vermindert sich der Wirkungsgrad.

Die technologische Regelgröße, nämlich das Maß der Wärmerückgewinnung, das auf einem Maximum gehalten werden soll, ist dem regelungstechnischen Eingriff nicht direkt zugänglich, und es ist daher stets genau zu prüfen, wieweit eine Ersatzregelgröße dem vorliegenden Problem gerecht wird. Die Durchflußregelung der Schubluft, abhängig von ihrer Austrittstemperatur aus dem Ofentunnel, ist ein Weg, der allerdings voraussetzt, daß durch Verbrauchsmessungen in jedem praktischen Anwendungsfall die eindeutige Zuordnung zwischen technologischer Regelgröße und Ersatzregelgröße ermittelt wurde und die Grenzen bekannt sind, innerhalb deren diese Zuordnung gilt.

Nachdem der optimale Arbeitspunkt bei Solldurchsatz eingestellt wurde, bestimmt man die sich dabei einstellende Temperatur der Abluft und hält sie auch bei Schwankungen des Durchsatzes durch Regelung der Schubluft konstant. In der praktischen Ausführung wird mit einem einfachen Impulsregler die Klappenstellung am Schubluftventilator in Abhängigkeit von der Ablufttemperatur korrigiert.

F. Kontinuierliche Regelung von Durchlauföfen

1. Betriebsbedingungen

Die bisherigen Betrachtungen bezogen sich auf Ausführungsbeispiele, die mit den gebräuchlichen Zweipunktreglern beherrscht werden können. Die Zweipunktregelung erfreut sich nicht umsonst in den Härtereien und Vergütungsbetrieben besonderer Beliebtheit, denn ihre Einfachheit ist in den rauhen metallurgischen

Betrieben ein Vorzug, der bei der häufigen Umstellung auf die wechselnden Temperaturprogramme der Wärmebehandlung verschiedener Werkstoffe nicht unterschätzt werden darf.

Der Durchlaufofen stellt aber im Gegensatz zum Standofen als Regelstrecke zweiter Ordnung ungleich höhere Anforderungen an die Regler. Nur mit einigen Kunstgriffen, beispielsweise mit der beschriebenen Kombination von Temperatur- und Geschwindigkeitsregelung, gelingt es, mit Zweipunktreglern noch brauchbare Resultate zu erzielen. Im allgemeinen geht man aber zu stetigen Reglern über. Viele Aufgaben lassen sich mit diskontinuierlicher Arbeitsweise, also mit Abtastreglern (s. Kapitel 13 *Bild* 37) oder mit Kippreglern (s. Kapitel 13 *Bild* 38) sehr gut lösen. Es werden aber auch kontinuierlich arbeitende Regler mit gittergesteuerten Stromrichtern oder mit Transduktoren eingesetzt.

2. Elektronische Regler

Für Öfen mit kleineren Leistungen kann z. B. das in *Bild* 1 dargestellte Prinzip einer elektronischen Regelung mit Hochfrequenz-Schwingkreisverstärker angewendet werden. In der Kompensationsschaltung wird der Istwert mit dem Sollwert verglichen. Das Meßergebnis beeinflußt eine Hochfrequenzschwingschaltung, die als Meßverstärker arbeitet [*4*]. Das gleichgerichtete Signal von der Verstärkerstufe wirkt auf Stromtore, die innerhalb einer Halbwelle zu verschiedenen Zeitpunkten zünden (*Bild* 2). Der Anodenstrom der beiden Stromtore bewirkt dann verzögerungsfrei die Zündung der Ignitrons. Abhängig vom Zündzeitpunkt wird der Mittelwert der resultierenden Spannungskurve und damit die dem Ofen zugeführte Leistung geregelt.

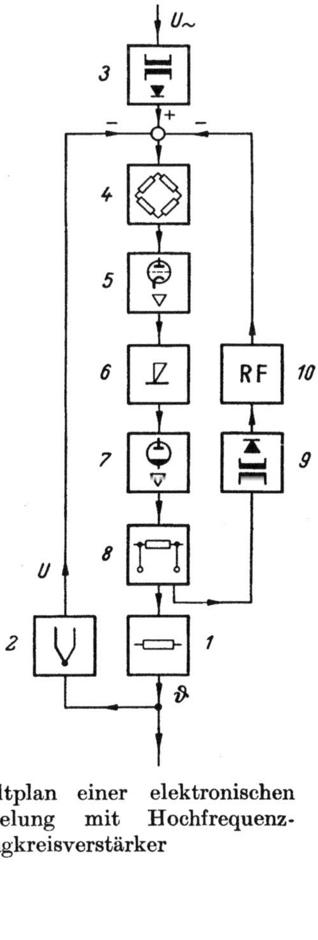

1 Heizwicklung
2 Thermoelement
3 Konstanthalter
4 Kompensationsschaltung, Sollwerteinsteller
5 HF-Verstärker
6 Modulator
7 Steuersatz (Stromtor mit Ignitron)
8 Nebenwiderstand
9 Rückführungsanpassung
10 Rückführung mit Nachgebeteil und Vorhaltteil

Bild 1. Blockschaltplan einer elektronischen Ofentemperaturregelung mit Hochfrequenzschwingkreisverstärker

3. Magnetregler und Transistorverstärker

In rauhen Betrieben sind die Magnetverstärkerschaltungen wegen ihrer robusten Bauweise vorzuziehen. Die den mehrstufigen Magnetverstärkeranordnungen eigentümlichen Zeitverzüge liegen in einer Größenordnung, die für Industrieöfen praktisch bedeutungslos sind. Sie können zudem durch Transistorverstärker in der Steuerstufe noch weiter reduziert werden. Je nach Höhe der einzuregelnden Temperatur und damit je nach Leistungsstärke des verwendbaren Fühlers ergeben sich verschiedene Lösungen.

a) Im Bereich niedriger Temperaturen (unter 750 °C) kann als Meßgeber ein Widerstandsthermometer in Brückenschaltung verwendet werden, das eine gegenüber einem Thermoelement viel höhere (z. B. die 10^4fache) Ausgangsleistung abgeben kann. Zur Steuerung der Magnetverstärkerendstufe dient eine normale Eingangsstufe mit Selbstsättigung in Gegentaktschaltung, wobei dann bei der hohen vom Meßgeber abgebbaren Steuerleistung die Nullpunktunsicherheit der Vorstufe (bedingt durch die temperaturabhängigen Gleichrichterwiderstände) nicht stört.

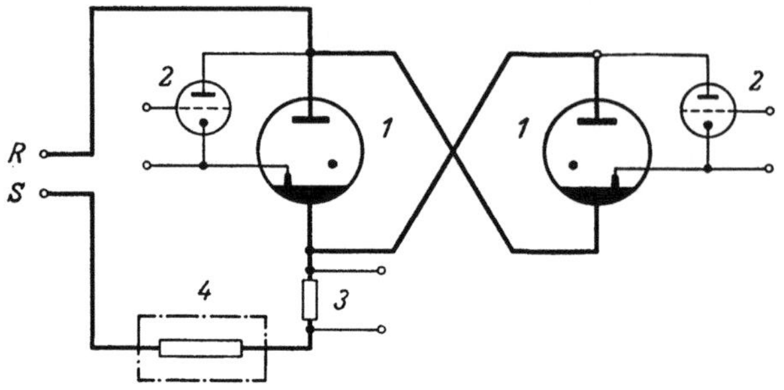

1 Ignitron *3* Nebenwiderstand
2 Stromtor *4* Heizwicklung

Bild 2. Prinzipschaltbild eines Steuersatzes mit Stromtor und Ignitron

b) Für Temperaturen über 750 °C, bei denen man auf den Einsatz der leistungsschwachen und niederohmigen Thermoelemente angewiesen ist, kann ein zweistufiger Magnetverstärker oder Transistorverstärker mit einer Eingangsleistung von 10^{-10} W verwendet werden (*Bild* 3). Der Verstärker hat bei Verwendung von NiCr–Ni-Thermoelementen eine Ansprechempfindlichkeit von ± 1 °C. Die Drosselkennlinien und Einflüsse des Netzes werden durch das Arbeiten in Nullstromschaltung unterdrückt. Unter Berücksichtigung der rauhen Betriebsverhältnisse kann mit Sicherheit eine Regelgenauigkeit von ± 0,5 % eingehalten werden.

Die Transduktor-Endstufe kann zur Steuerung der Brennstoffzufuhr des Ofens auf die Steuerphase eines reversierbaren Induktionsmotors arbeiten, dessen andere Phase an das Netz angeschlossen ist, oder im Falle elektrischer Beheizung wird die Ofenspannung von der Endstufe direkt geregelt. Die Rückführung erfolgt mit Hilfe von Integriermeßmotoren und selbstabgleichender Potentiometer, die dem Verstärker PID-Verhalten geben.

Die Aussteuerung der vollen Ofenleistung führt bei großen Öfen zu kostspieligen Transduktoren und zu einem schlechten Leistungsfaktor im Normalbetrieb. Es empfiehlt sich daher, den Verstärker nur für eine Teilleistung auszulegen, die erforderlich ist, um die Temperatur im kontinuierlichen Betrieb konstant zu halten. Die zum raschen Hochheizen des Ofens vom kalten Zustand erforderliche zusätzliche Heizleistung wird dagegen durch Schaltmittel in Abhängigkeit von der Ausgangsleistung des Transduktors zu- und abgeschaltet (*Bild* 4). Die

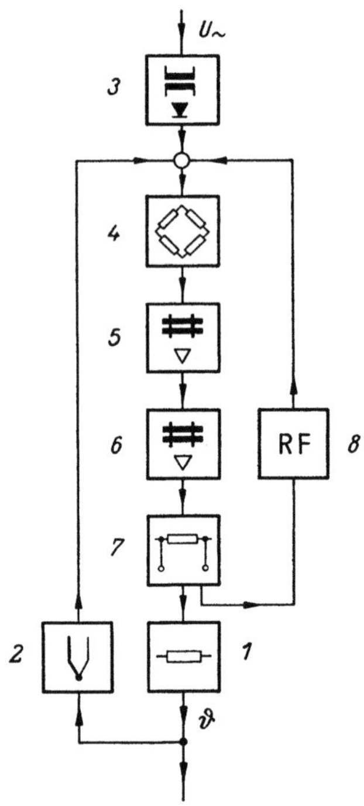

1 Heizwicklung
2 Thermoelement
3 Konstanthalter
4 Kompensationsschaltung, Sollwerteinsteller
5 Magnetischer oder Transistorvorverstärker
6 Steuersatz, Transduktor
7 Nebenwiderstand
8 Rückführung

Bild 3. Blockschaltplan einer magnetischen Ofenregelung

Zuschaltung erfolgt, sobald eine festzulegende untere Temperaturgrenze unterschritten wird. Bei Erreichen der Solltemperatur wird abgeschaltet. Um ein exakteres Schalten der Schaltmittel zu erreichen, kann mit der Ausgangsspannung des Transduktors eine von der Netzspannung abhängige Gegenspannung in Reihe geschaltet und das Schaltschütz von der Differenz dieser Spannungen erregt werden.

Statt der Anordnung von zwei getrennten Heizwicklungen, die auf Umluftöfen, besonders für die Leichtmetallvergütung, beschränkt ist, kann die Schaltung durch einen Spartransformator auch für die Regelung einer einzigen Heizwicklung ausgeführt werden. Umgekehrt führt in ähnlicher Weise die Trennung von Grundlast und Regellast zum Ziel, wobei die Grundlast um ein geringes Maß unter derjenigen Leistung eingestellt wird, die zum Halten der Solltemperatur im kontinuierlichen Betrieb erforderlich ist. Der zusätzlich benötigte Leistungsanteil für die Regellast wird von einem weniger aufwendigen Transduktor geliefert.

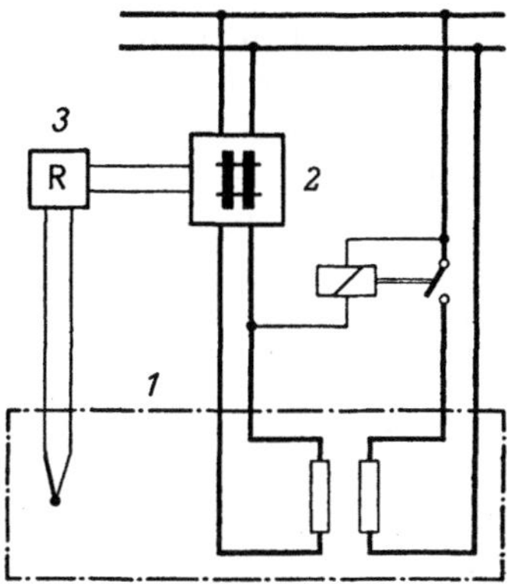

1 Ofen
2 Transduktor
3 Regler

Bild 4. Prinzipschaltbild für die Temperaturregelung eines Elektroofens (Grobregelung mit Schütz, Feinregelung mit Transduktor)

G. Spezielle Lösungen von Regelaufgaben

1. Induktive Härtung und Flammenhärtung

Bei der induktiven Härtung muß man mit Erwärmungsgeschwindigkeiten bis 3000 °C/s rechnen; es werden daher ungewöhnlich hohe Anforderungen an die Schnelligkeit der Anzeige und der Auslösung der Regelgeräte gestellt. Grundsätzlich ist den verschiedenen in der Praxis angewandten Ausführungsformen gemeinsam, daß Photozellen als Temperaturmeßgeber mit nachgeschalteten elektronischen Verstärkern verwendet werden. Die Unterschiede liegen im wesentlichen in der Wahl entweder von Gleichstrom- oder Wechselstromverstärkern.

Gleichstromverstärkung. Die aus der Photokathode austretenden Elektronenströme werden in der Röhre selbst durch Sekundärelektronen-Vervielfachung bis zum 10^6fachen verstärkt. Dieser Vorgang verläuft praktisch trägheitsfrei und die Ströme verhalten sich linear zur einfallenden Strahlungsintensität. Eine weitere Gleichstromverstärkerstufe dient zum Betätigen eines Umschaltrelais, das einen Zeitverzug von etwa 1/20 s verursacht. Die erzielbare Breite des Temperaturintervalles zwischen Anziehen und Abfallen des Relaisankers ist infolge dieser Ansprechzeit von der Geschwindigkeit der Temperaturänderung abhängig und kann bei langsam verlaufenden Vorgängen bis herunter auf $2^0/_{00}$ der Arbeitstemperatur verringert werden. Durch eine Vergleichslampe wird die Anlage auf eine bestimmte Solltemperatur eingestellt. Bemerkenswert ist, daß die Beobachtung eines Brennfleckes von nur 0,2 mm² Fläche für die einwandfreie Funktion des Gerätes ausreicht [*5*].

Eine einfache Anordnung erhält man mit Gesamtstrahlungspyrometern, bei denen als Strahlungsempfänger Fotodioden [*6, 18*] benutzt werden. Das hiermit ausgerüstete ARDOFOT [*7*] hat eine Ansprechzeit von nur $^1/_{1000}$ s und eignet sich deshalb vor allem beim Brennhärten und Induktionshärten von Stählen, wenn die Härtung über angeschlossene Gleichstromverstärker und Relais gesteuert wird [*8*].

Wechselstromverstärkung. Hier werden zwei Strahlungen miteinander verglichen. Die eine Strahlung kommt vom Werkstück, die zweite von einer Vergleichslampe. Beide treffen, von einer Lochscheibe gesteuert, abwechselnd auf eine Photozelle, in der die Wärmestrahlung in elektrische Energie umgewandelt wird. Im Augenblick der Gleichheit beider Strahlungsintensitäten, d.h. beim Erreichen des eingestellten Sollwertes, geht der Ausschlag des Anzeigeinstrumentes auf Null zurück, und es können Schalt- und Regelvorgänge ausgelöst werden [*9*].

Die *Abschreckhärtung*, z.B. von Spindeln, erfolgt meist in der Form, daß die Werkstücke mit einer bestimmten Vorschubgeschwindigkeit durch die Induktionsspule oder entlang des Brenners bewegt werden. Das nachfolgende Abschrecken geschieht durch eine Abschreckbrause, die sich unmittelbar an Induktionsspule oder Brenner anschließt. Mit Hilfe eines der oben beschriebenen Geräte ist es möglich, die Oberflächentemperatur dauernd zu beobachten und die Vorschubgeschwindigkeit oder die Energiezufuhr zu regeln.

2. Elektrodensalzbäder

Die Beheizung der Elektrodensalzbäder geschieht im direkten Stromdurchgang, wobei der Strom durch in die Salzschmelze eingetauchte Elektroden zugeführt wird und das Bad selbst als Heizwiderstand dient. Die Regelstrecke hat praktisch keine Totzeit, ihre Zeitkonstante ist sehr klein. Wegen der geringen Kosten wird fast ausschließlich die Zweipunktregelung angewandt, aber die durch das Ein- und Ausschalten der vollen Leistung und durch die Abtastzeit der normalen Druckbügelregler bedingten Temperaturpendelungen sind metallurgisch nicht tragbar. Eine Kombination der folgenden Maßnahmen führt zum Ziel:

1. Stark-Schwach-Schaltung des Stufentransformators durch geeignete Abstimmung der Transformatoranzapfungen;
2. Wahl eines weniger trägen Thermoelements (vgl. Abschnitt H);
3. Verkürzung der Abtastzeit auf 5 bis 8 s;
4. Einbau einer thermischen Rückführung.

3. Salpeterbäder

Die vergütbaren Leichtmetallegierungen werden zur Erhöhung der Festigkeit einer Wärmebehandlung unterzogen, die darin besteht, daß das Metall, je nach Legierung, auf 450 bis 565 °C erwärmt wird, und dann in Wasser abgeschreckt wird [*10*]. Häufig werden für diesen Zweck Salzbäder verwendet. Die Temperaturen müssen dabei auf ± 5 °C eingehalten werden. Die Bäder bestehen aus einer Mischung von Kali- und Natronsalpeter und es sind daher zur Vermeidung von Unfällen besondere Maßnahmen erforderlich [*11*]. Für die Ausführung von Regelanlagen sind folgende Punkte zu beachten [*12*]:

1. Salpeterbäder zur Wärmebehandlung von Leichtmetallen dürfen nur elektrisch oder mit Gas beheizt werden. Andere Feuerungsarten sind nicht gestattet.

2. Eine dauernde Temperaturregelung innerhalb der betriebsmäßig zulässigen Grenzen ist erforderlich.

3. Eine selbsttätige Abschaltung der Heizung beim Überschreiten der vom Betrieb vorzuschreibenden Höchsttemperatur muß gewährleistet sein. Es empfiehlt sich, mit dieser Einrichtung Alarmvorrichtungen zu verbinden.

4. Es müssen Einrichtungen vorhanden sein, die beim Schadhaftwerden der die Heizung regelnden Meßeinrichtungen und Geräte die Heizung der Bäder selbsttätig so weit abschalten, daß eine Überhitzung vermieden wird.

4. Gasaufkohlung

Die Regelung des C-Pegels bei Kohlungsgasen ist eine neue Anwendung der Regelungstechnik. Sie ist mit dem Bau größerer und automatisierter Gaskohlungsanlagen ein dringendes Problem geworden. Da die Entwicklung noch im Fluß ist, sollen nur die gebräuchlichsten Meßverfahren angedeutet werden, die für Regelzwecke ausgenutzt werden können [*13*, *14*].

1. Taupunkt-Meßgeräte. Der Taupunkt als Maß für den C-Pegel wird dadurch bestimmt, daß die hygroskopischen Eigenschaften von Salzen ausgenutzt werden. Beim LiCl-Geber (s. Kapitel 12) wird das hygroskopische Lithiumchlorid mit Hilfe von Elektroden auf die dem Taupunkt proportionale Umwandlungstemperatur aufgeheizt. Bei einem anderen Verfahren wird der Strom gemessen, der infolge elektrolytischer Zersetzung des von Phosphorpentoxyd aufgenommenen Wasserdampfes entsteht. Außerdem kann der Taupunkt aus der Temperatur bestimmt werden, bei der die Kondensation des im Kohlungsgas vorhandenen Wasserdampfes auftritt. Dieser Kondensationspunkt wird aus der Temperatur ermittelt, bei der sich zwischen zwei Elektroden ein Stromfluß bemerkbar macht.

2. Ultrarot-Analysatoren. Mit dem Prinzip der selektiven Absorption von Ultrarotenergie lassen sich große Meßgenauigkeiten bei der fortlaufenden Messung und Regelung des CO-, CO_2- und CH_4-Gehaltes erzielen (s. Kapitel 12). Das Verhältnis $CO : CO_2$ ist ein Maß für die aufkohlende Wirkung des Gases.

3. Heißdraht-Analysator. Bei höheren Temperaturen ändert sich der elektrische Widerstand von Eisen und Eisenlegierungen proportional mit dem C-Gehalt des Eisens. Dieses Prinzip wird angewandt, indem ein im Ofen als Meßfühler angeordnetes Widerstandselement aus Eisen der auf- bzw. entkohlenden Wirkung der Ofenatmosphäre ausgesetzt wird. Sein Widerstand ist bei einer bestimmten Temperatur ein direktes Maß für den C-Pegel des Kohlungsgases.

Wegen der beträchtlichen Tot- und Anlaufzeit des Regelkreises ist ein Regler mit PID-Verhalten erforderlich. Ebenso wichtig ist aber die zweckmäßige Gestaltung der Gasentnahme am Ofen und der Steuerung des Gasgenerators.

H. Erfahrungen mit Temperaturmeßgebern und -reglern im Betrieb

1. Temperaturmeßgeber für Salzbäder

In Salzbädern bis 960 °C wird ein Eisen-Konstantan-Thermoelement bevorzugt, obgleich nach DIN-Blatt 43710 für den Dauerbetrieb die Temperatur auf 600 °C beschränkt ist. Durch erhöhte Materialdicke des Schutzrohres, das in diesem Fall zugleich der Eisenschenkel des Thermopaares ist, kann erreicht werden, daß die Nutzungsdauer für beide Schenkel praktisch gleich lang ist (etwa 1000 Stunden).

Für höhere Temperaturen und für Vergleichsmessungen werden PtRh–Pt-Thermopaare verwendet, weil sie sich mit den engsten Toleranzen für ihre Thermospannungswerte herstellen lassen und weil sich die Thermokraft im Gebrauch sehr wenig ändert. Das dazugehörige Schutzrohr ist vollkommen nahtlos und besteht aus Spezialeisen.

Schnellstahlbäder werden bei Temperaturen von 1200 bis 1310 °C betrieben. Als Temperaturmeßgeber kommen Strahlungspyrometer in Betracht. Die Meßwerte des Pyrometers müssen wegen der geforderten engen Temperaturtoleranz der Schnellarbeitsstähle in Abständen von etwa 8 Stunden mit einem PtRh–Pt-Thermoelement überprüft werden [*15*]. Neuerdings werden wegen der Nachteile der optischen Messung Fe–Ni-Thermopaare verwendet, wobei der Eisenschenkel zugleich als Schutzrohr dient. Die sehr kurze Nutzungsdauer wird wegen des Vorteils der geringen Anzeigeträgheit bewußt in Kauf genommen.

Für alle Salzbäder ist reines Eisen (z. B. Armco-Eisen) der zweckmäßigste Schutzrohrwerkstoff. Die Haltbarkeit leidet allerdings wesentlich, wenn der Cyanidgehalt der Bäder sehr gering ist.

2. Temperaturmeßgeber für Öfen

Zunächst sei auf die Möglichkeit hingewiesen, die durch die Erweiterung des Meßbereiches der Widerstandsthermometer bis 750 °C gegeben ist. Da diese nicht wie Thermopaare eine konstante Vergleichstemperatur erfordern und außerdem ihre Toleranz kleiner ist, dürften sie sich in Zukunft für die Regelung von Anlaßöfen und -bädern durchsetzen. Noch mehr als bei den Thermoelementen muß allerdings darauf geachtet werden, daß sie zur Vermeidung von Meßfehlern durch Wärmeableitung genügend tief in den Meßraum eingeführt werden.

3. Einbau von Temperaturmeßgebern

Alle Temperaturmeßgeber müssen nach Möglichkeit senkrecht eingebaut werden, damit sich die Schutzrohre im Laufe der Zeit nicht durchbiegen. Die Eintauchtiefe darf nach längerer Nutzungszeit nicht mehr verändert werden, da anderenfalls mit einer Änderung der Thermokraft gerechnet werden muß. Die Anordnung muß so gewählt werden, daß die Temperaturmeßgeber in Gasöfen außerhalb des Bereiches von Stichflammen liegen. Bei Elektroöfen muß ein genügender Abstand von den Heizwendeln oder bei Salzbädern von den Elektroden eingehalten werden.

4. Chemische Einflüsse

Unter den chemischen Einflüssen [*16*] zählt die Wirkung des Schwefels zu den gefährlichsten. Schwefel wird bei der Gas- und Kohleheizung durch die Brennstoffe in den Ofen gebracht, aber auch durch das Einsatzgut, das Einsatzpulver oder durch Schutzgase kann Schwefel in den Ofenraum eingeschleppt werden.

Besonders gefährdet ist der Nickelschenkel bei NiCr—Ni-Thermopaaren. Auch Schutzrohre aus einer Nickellegierung sind zu vermeiden, wenn der Verdacht besteht, daß Schwefel vorhanden ist.

Reduzierende Atmosphären sowie Metalldämpfe, Schwefel und Phosphor gefährden die PtRh—Pt-Thermopaare. Der Platinschenkel wird insbesondere von Silizium in Gegenwart von reduzierenden Gasen angegriffen. Keramische Schutzrohre und Isolierperlen, die SiO_2 enthalten, sind daher unbrauchbar. In solchen Fällen ist als Schutzrohrwerkstoff am besten eine reine Aluminiumoxyd-Keramik geignet, die auch einigermaßen gasdicht ist. Neuerdings steht mit dem Thermopaar Pt 18, bei dem beide Schenkel aus verschiedenen PtRh-Legierungen bestehen, ein weniger empfindliches Thermoelement zur Verfügung.

5. Einbau von Reglern

Erschütterungen sind von den Reglern fernzuhalten. Sind am Aufstellungsort Erschütterungen durch schwere Arbeitsmaschinen zu befürchten, so müssen die Regelschränke auf getrennten Fundamenten aufgestellt werden. Um die Regler nicht unzulässig hohen Temperaturen auszusetzen, sollen sie außerhalb des Strahlungsfeldes von Öfen angeordnet werden. Die Wärmeentwicklung von Meldeleuchten in Regelschränken wird dadurch unschädlich gemacht, daß diese Leuchten stets oberhalb der Regler eingebaut werden. Befinden sich Transformatoren oder andere wärmeabgebende Apparate im Regelschrank, dann ist eine Fremdbelüftung des Schrankes zu empfehlen.

Bild 5. Elektrisch beheizter Durchlaufofen mit Hängeförderung 440 kW und acht getrennt geregelten Heizgruppen

I. Quellenhinweise

[1] Atlas zur Wärmebehandlung der Stähle. Düsseldorf: Stahleisen mbH. 1954.

[2] OETKER, R.: Verfahren der Temperaturregelung. Feinwerktechnik 56. Jg. (1952) S. 230–234.

[3] HOROWITZ, J.: Temperaturregulierung von Elektroöfen zur Wärmebehandlung. Sprechsaal Bd. 88 (1955) H. 2, S. 23–26.

[4] JOHN, S.: Fortschritte auf dem Gebiet der Fernmeßtechnik. Siemens-Z. 25. Jg. (1951) S. 41–49.

[5] Hersteller: Fa. Dr. Georg Maurer, Neuffen, Kreis Nürtingen/Württ.

[6] WIESNER, R.: Germanium-Fotodioden und -Fototransistoren. Radio Mentor Jg. 21 (1955) S. 630–635.

[7] ARDOFOT: Eingetragenes Warenzeichen der Siemens & Halske AG.

[8] Hersteller Siemens & Halske AG, Wernerwerk für Meßtechnik Karlsruhe.

[9] HUNSINGER, W., u. GRÖNEGRESS, H. W.: Trägheitslose Temperaturmessung an schnellbewegten Gegenständen, insbesondere beim Brennhärten. VDI-Z. Bd. 92 (1950) S. 285 bis 290.

[10] Aluminium-Taschenbuch. 10. Aufl. Düsseldorf: Verlag der Aluminium-Zentrale 1954. Abschn. IV B 1.

[11] Unfallverhütungsvorschriften 15.0 „Wärmebehandlung von Leichtmetallen". VBG 57 a Ausg. Dez. 1951. Hrsg. Hauptverband der gewerblichen Genossenschaften, Bonn.

[12] Durferrit-Taschenbuch. 8. Aufl., Hrsg. Fa. Degussa, Frankfurt/M. 1950, S. 177–185.

[13] FISCHER, R., u. SCHAABER, O.: Versuche zur Überwachung der Gasaufkohlung. Härtereitechn. u. Wärmebehandl. 4. Jg. (1958) Nr. 2, S. 11–13.

[14] BESSELMANN, L.: Meßinstrumente zur Überwachung von Ofenatmosphären. Härtereitechn. u. Wärmebehandl. 3. Jg. (1957) Nr. 7, S. 61–66.

[15] LIENEWEG, F.: Meßfehler von Thermometern, ihre Kontrolle, Prüfung und Beseitigung. Feinwerktechnik 56. Jg. (1952) S. 325–332.

[16] DITTERICH, K.: Thermoelemente und Widerstandsthermometer, Verhalten im Dauerbetrieb. Feinwerktechnik 56. Jg. (1952) S. 139–144.

[17] Werkstoffhandbuch Stahl und Eisen. Hrsg. K. DAEVES. Düsseldorf: Stahleisen mbH. 1953.

[18] WIESNER, R. u. NISSL, F.: Tilizium-Fotoelemente. Siemens-Z. 32. Jg. (1958) S. 128–134.

48. Die Schweißerei

Von **F. Hoch**

Inhaltsübersicht

A. Einleitung

In der Schweißtechnik macht man sich – wie auch in anderen technischen Gebieten – immer mehr die Vorteile der Regelungstechnik zunutze. Die Gründe dafür liegen in den Bestrebungen der Hersteller und Anwender, die Schweiße und das Übergangsgefüge qualitativ so zu verbessern, daß ein Optimum an Vorteilen in der Schweiße selbst, in der Festigkeit der Verbindung, in den Fertigungsverfahren und in der Wirtschaftlichkeit der Produktion erzielt wird.

Bild 1. Handschweißung

Zur Technologie. Das Lichtbogenschweißen von Hand setzt eine bestimmte manuelle Geschicklichkeit und Konzentrationsfähigkeit voraus (*Bild* 1). Der Schweißer muß den Lichtbogen über eine bestimmte Länge, die etwa dem Elektrodendurchmesser entspricht, aufrechterhalten und muß gleichzeitig die Schweißelektrode entsprechend ihrem Abbrand stetig und möglichst gleichmäßig nachschieben, was z.B. bei Zwangslagenschweißungen besonders schwierig ist. Glattes Aussehen, d.h. einheitliches Flußrelief der Nahtoberfläche sowie einwandfreie Einbrandverhältnisse, keine unzulässig großen Wärmestauungen in der Schweißnaht und deren

Übergangszone, Fernhalten von Stickstoff und Sauerstoff, magnetische Lichtbogenablenkungen hängen fast ausschließlich von der Länge des Lichtbogens und damit der Lichtbogenspannung ab. Sauerstoff und Stickstoff der Luft üben bei zu langem Lichtbogen einen nachteiligen Einfluß auf das Schmelzbad aus, was die Güte der Schweißverbindung beeinträchtigt.

Bei den betriebsmäßigen Schweißungen (Verbindungs- oder Auftragsschweißungen) spielen die Paßgenauigkeit der Werkstücke, Luftspaltunterschiede und Oberflächenbeschaffenheit der zu schweißenden Materialien eine wichtige Rolle, ebenso Längenänderungen und Ablenkungen des Lichtbogens, die innerhalb bestimmter Zeiträume ausgeglichen werden müssen, wobei der Stromquelle und ihrem dynamischen Verhalten eine entscheidende Bedeutung zukommt. Bewegungsvorgänge müssen dabei elektrisch und kinematisch sehr feinfühlig abgestimmt sein, um beispielsweise im Augenblick des Zündens das sog. Kleben (Anschweißen) der Elektrode zu verhindern.

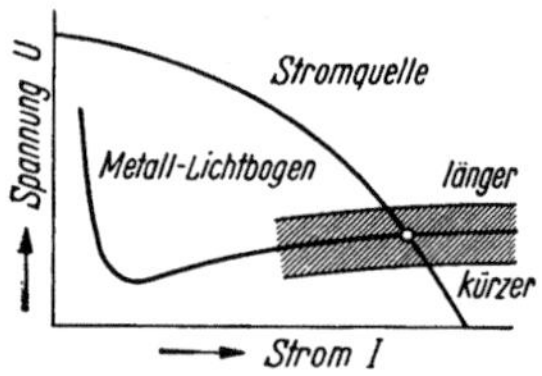

Bild 2. Natürliche Spannungskennlinien der Stromquelle und des Lichtbogens, abhängig vom Schweißstrom

Die Steilheit der natürlichen Spannungskennlinie der Stromquelle beeinflußt unmittelbar die Stabilität der Lichtbogenspannung sowie das Stromverhalten (*Bild* 2). Der steile Kennlinienverlauf führt z.B. zu sehr langen Lichtbögen bei nahezu konstantem Schweißstrom. Umgekehrt wird eine flache Strom-Spannungs-Kennlinie selbst bei kleinsten Spannungsschwankungen erhebliche Stromschwankungen mit sich bringen, was die Aufmerksamkeit des Schweißers ebensosehr in Anspruch nehmen würde wie das Bemühen, extrem lange Lichtbögen zu vermeiden.

B. Lichtbogenschweißung

1. Konstantstromregelung eines Selenschweißgleichrichters

Aufgabenstellung. Bei einer Schweißanordnung nach *Bild* 3 erwärmen sich beim Schweißen die Transformatorwicklungen und Drosseln des Vormagnetisierungskreises; dadurch erhöht sich der ohmsche Widerstand, so daß es dem Schweißer Schwierigkeiten macht, den eingestellten Schweißstrom zu halten. In demselben Sinne wirken sich Netzspannungsschwankungen nachteilig auf den Schweißstrom aus. Eine Stromregelung hat außer rein schweißtechnischen Gründen in diesem Fall noch den Vorzug, daß die Selenplatten z.B. beim Blankdrahtschweißen mit sehr niedrigen Lichtbogenspannungen nicht überlastet werden.

Beim Schweißgleichrichter löst der Kurzschluß infolge der Flußänderungen in der Vormagnetisierungswicklung auf der Gleichrichterseite einen zusätzlichen Stoßkurzschlußstrom aus, der den Vorgang des Zündens nachteilig beeinflußt. Eine im Erregerkreis vorgesehene Hilfsdrossel bzw. ein Relais, das vom Schweißstrom beeinflußt wird, bietet die Möglichkeit, den Vormagnetisierungsstrom bereits im Leerlauf so niedrig zu halten, daß die Zündspitze nur noch stark gedämpft in Erscheinung tritt und keine Kraterbildungen auftreten.

Regelschaltungen. Im Schaltplan *Bild* 3a ist für die Regelung ein Kontaktregler (*4*) vorgesehen, dessen Meßspule von einem Stromwandler (*3*) gespeist wird. Der Regler beeinflußt die Wechselstromseite des Vormagnetisierungskreises. Zu Beginn des Kurzschlusses wird der Kontaktregler geöffnet, und es fließt ein Ausgleichstrom I_v (*Bild* 4) über Hilfsgleichrichter und Gleichstromwicklung der Steuerdrossel (*2*). Beim Unterschreiten des Sollwertes schließt der Kontaktregler

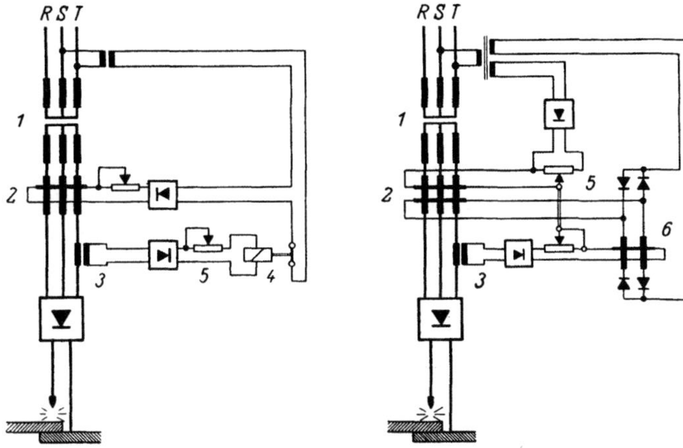

a) Mit Kontaktregler b) Mit Magnetverstärker-Regler

1 Schweißtransformator *3* Stromwandler *5* Sollwerteinsteller
2 Drossel *4* Kontaktregler *6* Magnetverstärker

Bild 3. Regelung eines Schweißgleichrichters auf konstanten Strom

und verharrt in dieser Stellung während des gesamten Anstiegs der Stromkurve. Der Neigungswinkel für Anstieg und Abfall der Stromkurve ist von der Zeitkonstante des Vormagnetisierungskreises abhängig. Die im Oszillogramm ersichtlichen Stromschwankungen zeigen, daß das Regelergebnis um so besser wäre, je

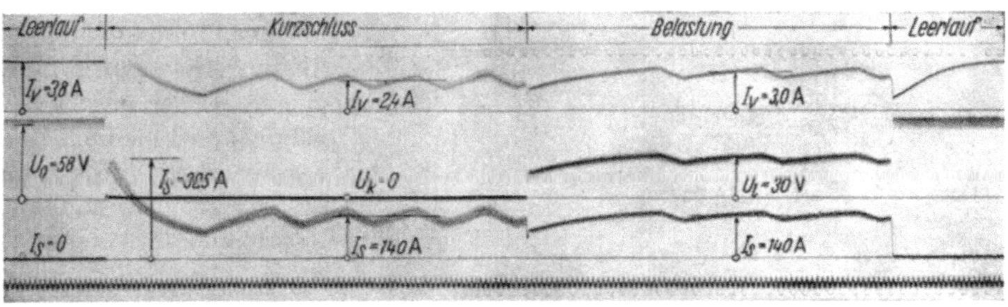

Bild 4. Regelung eines Schweißgleichrichters mit Kontaktregler

steiler die Spannungskennlinie des Stromtransformators verlaufen würde. Die Konstantstromregelung bei Laständerungen ist ebenfalls aus dem Oszillogramm ersichtlich. Die Schalthäufigkeit des Kontaktreglers hängt von den jeweiligen Laständerungen ab.

An Stelle des Kontaktreglers kann auch ein Magnetverstärker-Regler treten (*Bild* 3b). Die Drossel (*2*) hat zwei Steuerwicklungen, wobei die eine den überwiegenden und konstanten Anteil des Vormagnetisierungsstromes, die zweite den veränderlichen Steuerstrom führt. Bei Abweichungen des Stromes vom Sollwert auf der Niederspannungsseite ändert sich der vom Stromtransformator über den Hilfsgleichrichter beeinflußte Steuerstrom, wodurch der Regeleingriff des Magnetverstärkers (*6*) bewirkt wird.

2. Anordnungen zur Regelung der Lichtbogenspannung

a) Betriebsbedingungen

Statt des Schweißstromes kann auch die Lichtbogenspannung als Regelgröße benutzt werden. Die Regelspannung wird dabei mit einer einstellbaren Sollwertspannung als Vergleichsgröße verglichen, und Abweichungen davon beeinflussen den Vorschub bzw. das Zurückziehen der Schweißelektrode. Nach der im folgenden beschriebenen Weise bauen sich fast sämtliche Regelanordnungen selbsttätig arbeitender Lichtbogen-Schweißeinrichtungen auf, gleichgültig, ob es sich dabei um die Kohle-, Blank-, Mantel- oder Netzdrahtschweißung sowie das Schweißen unter Pulver handelt.

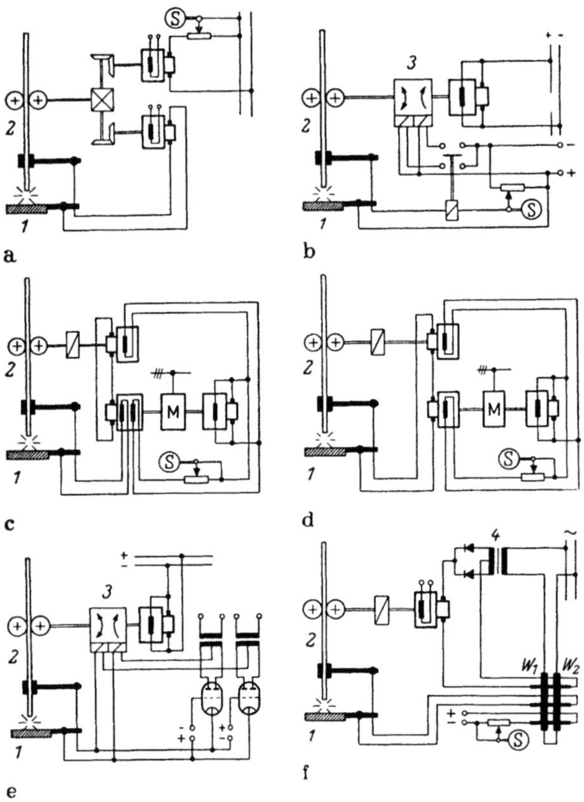

1 Werkstück
2 Schweißdraht mit Triebwellen und Spannbacken
3 Magnetische Wendekupplung
4 Hilfstransformator

Die Schweißstromquelle ist nicht eingezeichnet

Bild 5. Regelung der Lichtbogenspannung

b) Regelanordnungen

Zwei Motoren und Differentialgetriebe (*Bild* 5a). Bei dieser in der Praxis sehr häufig verwendeten Regelung wird das Differentialgetriebe von zwei Motoren gegenläufig angetrieben; der Rückzugmotor liegt an einer Hilfsspannung, die durch Widerstände auf den gewünschten Sollwert gebracht wird, während der Anker des Vorschubmotors von der Lichtbogenspannung gespeist wird. Die Drehzahldifferenz wird über das Planetenrad auf den Elektrodenantrieb übertragen, der die Schweißelektroden in Richtung auf das Werkstück (*1*) zubewegt oder davon entfernt.

Relais und Wendekupplung (*Bild* 5b). Von der magnetischen Wendekupplung (*3*) wird je nach Relaisstellung und damit Stromdurchflußrichtung der Magnetwicklung die Schweißelektrode (*2*) vorgeschoben oder zurückgeholt. Mit Hilfe eines Spannungsteilers wird die gewünschte Sollspannung eingestellt. Während des Schweißbetriebes wird das Relais laufend ein- bzw. ausgeschaltet und kuppelt die eine oder andere Seite der Magnetkupplung.

Leonard-Umformer und Drahtvorschubmotor (*Bild* 5c). Der Leonard-Generator wird mit zwei Erregerwicklungen ausgestattet, von denen eine an der Lichtbogenspannung liegt, während die zweite gegensinnig von einer Erregermaschine gespeist wird, in deren Stromkreis der Sollwerteinsteller liegt. Die Differenzerregung erzeugt im Anker des LEONARD-Generators eine Spannung, und dementsprechend schiebt der Antriebsmotor des LEONARD-Aggregates den endlosen Ringdraht über ein Vorschaltgetriebe und die zugehörigen Treibrollen vor bzw. zurück.

Hilfsgenerator und Drahtvorschubmotor (*Bild* 5d). An einem Hilfsgenerator wird über einen veränderlichen Stellwiderstand die gewünschte Sollspannung als Vergleichswert eingestellt. Beim Überwiegen der Lichtbogenspannung oder der Sollspannung des Hilfsgenerators läuft der Antriebsmotor in dem zugeordneten Drehsinn und transportiert über das Getriebe für die Treibrollen den Schweißdraht (*2*) vor oder zurück. Die Größe des Stromdurchflusses bestimmt die Dauer der Stellzeit, die sich aus der Differenz zwischen Regel- und Sollspannungswert ergibt.

Elektronische Anordnungen mit Wendekupplung (*Bild* 5e). Diese haben den Vorzug, daß die mechanischen Glieder konstruktiv durch hochtourige Antriebe auf geringste Abmessungen beschränkt und die elektronischen Regelglieder außerhalb des Automaten untergebracht werden können. Die dabei erzielten Gewichtsunterschiede für den eigentlichen Automaten liegen in der Größenordnung 3:1. Die elektronische Regeleinrichtung arbeitet wesentlich trägheitsloser und ermöglicht große Regelgeschwindigkeiten.

Das in *Bild* 5b verwendete Relais wird bei einer elektronischen Regeleinrichtung durch zwei getrennte Stromtore ersetzt. In den Gitterkreis (s. *Bild* 5e) wird eine Vergleichsspannung in Reihe mit der Lichtbogenspannung als Regelgröße eingeführt. Erhält das linke Gitter eine gegenüber der Kathode positive Spannung, dann wird das Stromtor gezündet, der Gleichstrom fließt durch die linke Wicklungsseite der elektromagnetischen Wendekupplung (*3*), der Schweißdraht (*2*) wird vorgeschoben. Im Augenblick der Werkstückberührung bricht die Lichtbogenspannung zusammen; da an dem Gitter des linken Stromtores nur eine negative Gitterspannung liegt, wird das Stromtor gesperrt, Drahtrückzug sowie Zündvorgang setzen ein.

Magnetverstärker-Anordnung (*Bild* 5f). Die Drosselwicklungen W_1 und W_2 sind mit der Primärwicklung des Hilfstransformators (*4*) in Reihe geschaltet. Auf Grund des großen Spannungsabfalles der Drosseln während des Leerlaufes ist der Sekundärstrom des Transformators nur gering und nicht in der Lage, den Drahtvorschubmotor in Bewegung zu setzen. Erst wenn die strombegrenzende Wirkung der Drosseln durch den Steuerstrom im Augenblick des Kurzschlusses bzw. Schweißens verringert wird, erniedrigt sich auch der Spannungsabfall an den Drosselwicklungen, so daß die erhöhte Transformatorspannung den Drahtvorschubmotor über einen Gleichrichter zum Anlaufen bringt. Die Motordrehzahl wird durch Variieren der Selbstinduktion beider Drosseln stufenlos zwischen Null und einem maximalen Wert gesteuert.

Ist der Drahtabbrand größer als der Nachschub durch den Motor, so wird die Lichtbogenspannung größer und mit ihr der Steuerstrom, was wiederum eine Erhöhung der Transformatorspannung und damit der Motordrehzahl zur Folge hat. Die Geschwindigkeit des Drahtvorschubes erhöht sich bei zu kleinen Lichtbogenspannungen und umgekehrt; Drahtnachschub und Drahtabbrand werden dabei fortlaufend einander angeglichen.

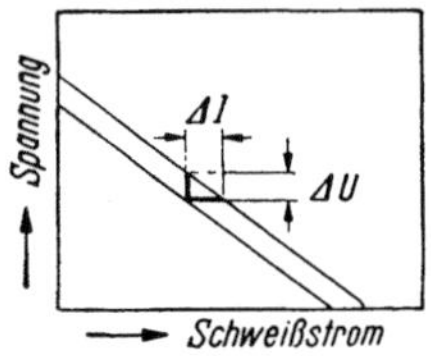

Bild 6. Einfluß von Spannungsänderungen auf den Schweißstrom

Um die den jeweiligen Elektrodensorten und Durchmessern zugeordneten Schweißströme und Lichtbogenspannungen einstellen zu können, werden den Drosseln noch Gegenwicklungen zugeordnet, die über einen Sollwerteinsteller an ein Gleichstromnetz angeschlossen sind. Mit Hilfe dieses Gegenmagnetisierungsstromes ist jeder beliebigen Lichtbogenspannung die geeignete Motordrehzahl zugeordnet.

Das Fahrwerk des Schweißautomaten wird durch einen besonderen Motor angetrieben, wobei die Fahrgeschwindigkeit in einem verhältnismäßig weiten Bereich einstellbar ist und zugleich in zwangsläufiger Abhängigkeit vom Schweißstrom steht.

3. Mehrstellenschweißanlagen

Mehrstellenschweißanlagen werden entweder mit Motorgeneratoren oder mit Schweißgleichrichtern ausgerüstet. Damit sich die einzelnen Schweißstellen nicht gegenseitig beeinflussen, muß die Spannung der Stromquelle unabhängig von der Belastung sein, denn wie *Bild* 6 zeigt, ändert sich der Schweißstrom bei Spannungsschwankungen erheblich.

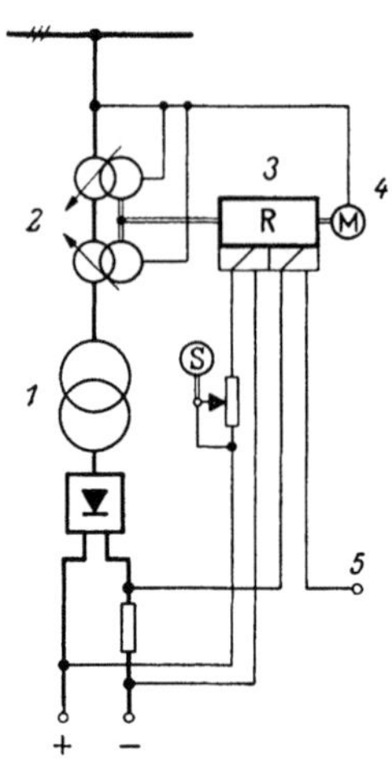

1 Haupttransformator
2 Drehtransformator
3 Öldruckregler
4 Reglermotor
5 Knotenpunkt der parallelarbeitenden Gleichrichter

Bild 7. Mehrstellenschweißgleichrichter mit Doppeldrehtransformator

Bei Generatoren kann die Spannung mit Hilfe einer Kompoundwicklung verhältnismäßig einfach ohne Regelung konstant gehalten werden; bei Schweißgleichrichtern geschieht dies durch Regelung mit Hilfe eines Schiebetransformators oder Doppeldrehtransformators, deren Verstellung über Öldruckregler vorgenommen wird (*Bild* 7).

Bei Parallelschaltung von Mehrstellenschweißanlagen ist für eine gleichmäßige Lastverteilung Sorge zu tragen. Das Meßsystem des Reglers, das das Steuerventil und damit den Öldruck steuert, erhält dann außer einer Spannungsspule noch zusätzlich eine Stromspule, die zwischen Sammelschiene und einem Ausgleichleiter gelegt wird.

C. Widerstandsschweißung

1. Allgemeines

Beim Punkt-, Naht- und Stumpfschweißen ist die vom Werkstück aufgenommene Wärmemenge angenähert proportional dem Quadrat des Schweißstromes, den Übergangs- und Werkstückswiderständen an der Schweißstelle und der Schweißzeit. Für einwandfreie Schweißungen müssen diese Einflußgrößen zwangsläufig auf die festgelegten Schweißdaten wie Elektrodenkraft, Schweißstrom und Zeit beschränkt bleiben, was auch im allgemeinen durchführbar ist: Durch Festlegen der Elektrodenkraft, und damit des spezifischen Kontaktanpreßdruckes zwischen den z.B. punktzuschweißenden Blechen, ist der Schweißwiderstand bei entsprechender Oberflächenbehandlung der Werkstücke nahezu als unveränderlich zu betrachten. Die Ignitronsteuerungen gewährleisten die immer wiederkehrende periodengenaue Einhaltung der vorgegebenen Schweißstromzeit bzw. Pause oder sonstige zeitliche Operationen, wie Vor- und Nachpressen, Vor- und Nachwärmen, gegebenenfalls in Stufen. Der Schweißstrom unterliegt dabei den Schwankungen der *Netzspannung* und den Veränderungen des ohmschen und induktiven Widerstandes infolge der Veränderlichkeit der vom Schweißstrom umflossenen *Stromschleife* sowie der *Eintauchtiefe* und der Permeabilität des zu schweißenden Werkstückes.

2. Konstantstromregelung

Allgemeine Durchführung der Regelung. Bei Schweißanordnungen, bei denen betriebsmäßig eine Veränderung der vom Schweißstrom umflossenen Stromschleife erforderlich ist, kann man eine Konstantstromregelung anwenden. Mit dem Strom als Ersatzregelgröße für die Wärmemenge lassen sich sowohl die als Störgrößen auftretenden Spannungs- und Leistungsfaktoränderungen, dagegen nicht die Widerstandsschwankungen erfassen. Als Meßgröße wird der Primär- oder der Sekundärstrom des Transformators herangezogen, wobei dieser über einen Stromwandler oder ROGOWSKI-Gürtel (magnetischer Spannungsmesser) dem Meßumformer zugeführt wird. Mit Hilfe von Stromrichtern läßt sich mit der Zündwinkelverstellung der Schweißstrom auf den gewünschten Sollwert einstellen.

Anlagenbeispiele. Bei großen *Hochleistungs-Punktschweißmaschinen* muß auf das Werkstückvolumen und die damit verbundene *Eintauchtiefe* des Werkstückes Rücksicht genommen werden, die als Ursache für die Änderung des Widerstandes der Stromschleife auftritt.

Bei *Rohrschweißstraßen*, die mit einem rotierenden, sog. Rollschweißtransformator ausgerüstet sind, kann eine Konstanthaltung der notwendigen Schweißwärme bzw. des Wärmestromes Vorteile bringen. Die einzigen veränderlichen Größen sind hier die Schweißstromstärke und die Schweißgeschwindigkeit sowie die Elektrodenkraft, die zum Zwecke gleichbleibender Erwärmung möglichst konstant gehalten werden müssen.

Ersatz der Stromregelung durch eine Steuerung. Ist die Änderung der Widerstände der vom Schweißstrom durchflossenen Stromschleife in einer Schweißanordnung vernachlässigbar, so kann die Stromregelung auf eine selbsttätige Steuerung reduziert werden. Eine grundsätzliche Schaltanordnung zeigt *Bild* 8.

Bei Netzspannungsschwankungen gibt ein Spannungskompensationsgerät mit Hilfe der Zündwinkelverstellung den Ausgleichbefehl an die Ignitronsteuerung, die den primären Schweißstrom aussteuert. Die gleichgerichtete Netzspannung U_{1g}

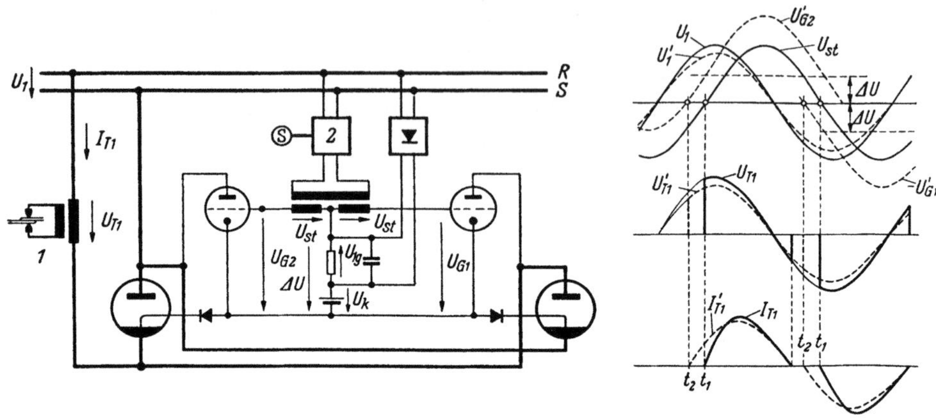

1	Schweißmaschine mit Werkstück	U_k	Konstante Gleichspannung
2	Phasenschieber mit Sollwertsteller zur Zündwinkelverstellung der Ignitrons	ΔU	Kompensationsspannung
U_1	Nennspannung (Netz)	U_{st}	Steuerwechselspannung
U_{T1}	Primärspannung am Schweißtransformator	U_G	Gitterspannung (U_{G1} und U_{G2})
I_{T1}	Primärstrom des Schweißtransformators	t_1	Zündzeitpunkt bei Nennspannung
U_{1g}	Gleichgerichtete Netzspannung	t_2	Zündzeitpunkt bei 15% Absenkung der Nennspannung

Gestrichelte Kurven: Spannungen und Ströme bei 15% Absenkung der Nennspannung

Bild 8. Schaltung und Steuerkennlinien zum Ausgleich von Netzspannungsschwankungen bei Widerstandsschweißmaschinen

wird mit einer Konstantspannung U_k verglichen und die Abweichung nach entsprechender Verstärkung an die Ignitronsteuerung weitergeleitet.

Die Steuerspannung U_{st}, die von der Leistungssteuerstufe abgegeben wird, zündet bei positivem Überschreiten der Nullinie. Eine Änderung des Zündzeitpunktes kann durch Verstellung des Phasenschiebers (*2*) erfolgen, um die Stromstärke im Schweißstromkreis beliebig einstellen zu können.

Die Gitterspannung U_G an den Stromtoren zur Zündung der Ignitrons setzt sich aus der Summe der Steuerwechselspannung U_{st} und der Kompensationsspannung ΔU zusammen. Hat ΔU einen positiven Betrag (bei Unterspannung), so verschiebt sich die Nullinie der Steuerwechselspannung um diesen Betrag ins Positive, so daß das Stromtor und damit auch das Ignitron zu einem früheren Zeitpunkt gezündet wird. Durch Einstellen des Gerätes wird erreicht, daß der Effektivwert des Stromes I'_{T1} dem ursprünglichen effektiven Sollwert I_{T1} entspricht. Bei Überspannungen werden die Kompensationsspannungen negativ, d.h. die Steuerwechselspannung U_{st} zündet das Stromtor zu einem späteren Zeitpunkt.

Der Sinn dieser Maßnahmen liegt darin, die Ausschußquote während des Schweißens auf ein Minimum herabzudrücken bzw. völlig zu eliminieren in Fällen, in denen die Netzspannung wesentlich von ihrer Nennspannung abweicht. Die früher in Betrieb befindlichen optischen und akustischen Signale zur Anzeige der angenommenen Tiefstwerte werden damit überflüssig.

Ein anderes Beispiel sind *Rohrschweißbetriebe,* wo das Rohrband unmittelbar von der Haspel kontinuierlich abgewickelt und zum Schlitzrohr verformt wird; hier ist es auch oft ausreichend, wenn die Schweißstromstärke in Abhängigkeit von der Netzspannung des Schweißtransformators durch Steuerung konstant gehalten wird. Da Rohrschweißungen in der Regel mit 150 Hz wegen des günstigeren Sticheffektes durchgeführt werden, ist ein Periodenumformer erforderlich. Über den Erregerkreis des zugehörigen Synchrongenerators (*Bild* 9) vollzieht sich die Regelung z.B. durch Magnetverstärker oder elektronische Regelglieder. Da die Änderung des Erregerfeldes einen Zeitverzug mit sich bringt, hat sich diese Art der Regelung im Erregerkreis nur beim kontinuierlichen Schweißen endloser Schlitzrohre durchgesetzt.

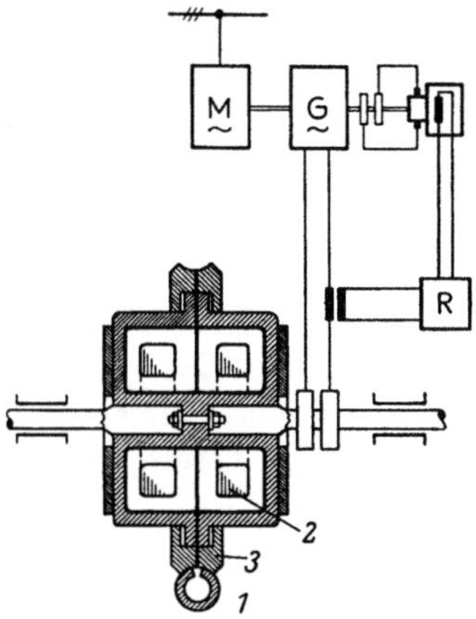

1 Werkstück
2 Primärwicklung
3 Sekundärwicklung

Bild 9. Rohrschweißstraße, Regelung der Speisespannung

3. Temperaturregelung

Das *Bild* 10 zeigt ein Beispiel für eine temperaturabhängige Regelung. Bei einem Temperaturanstieg wird hier die Stromstärke verhältnisgleich zu ihrem Quadrat herabgesetzt. Ein Pyrometer gibt den Meßwert, der proportional der Temperatur ist, an den Meßumformer weiter. Dieser liefert die Stellgröße, die über den Verstärker auf die Leistungsstufe des elektronisch arbeitenden Ignitrongerätes weitergeleitet wird. Auch in diesem Fall würde sich ein Ignitronschütz mit einer sog. Leistungsstufe, die mit Zündwinkelverstellung arbeitet, eignen.

4. Geschwindigkeitsregelung

Bei *kleineren Rohrschweißstraßen* dienen hauptsächlich Gleichstrommotoren oder Drehstrom-Nebenschlußmotoren als Antriebsmotoren, deren Drehzahl in Abhängigkeit von der gewünschten Schweißgeschwindigkeit entsprechend einem einstellbaren Sollwert geregelt wird, um homogene Schweißung zu erhalten. Als Meßgeber wirkt hier ein Tachogenerator, dessen Ausgangsgröße über einen Meßumformer und einen Verstärker den Erregerkreis des Gleichstrommotors bzw. den Bürstenversteller des Drehstrom-Nebenschlußmotors steuert.

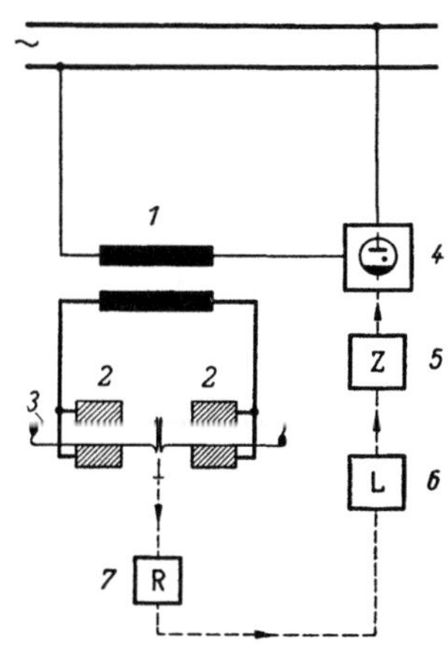

1 Schweißtransformator
2 Elektroden
3 Werkstück
4 Ignitron-Hauptstufe
5 Zündstufe
6 Leistungssteuerstufe
7 Regeleinrichtung (Milliskop)

Bild 10. Regelung des Nachglühens in einer Abbrennstumpfschweißmaschine

Bei *größeren Rohrschweißstraßen* wird jedes Walzgerüst von einem Gleichstrommotor angetrieben, wobei sämtliche Motoren von einem geregelten Gleichstromnetz gespeist werden. Die Drehzahl wird mit einem Tachogenerator gemessen, der über einen

Meßumformer und einen Magnetverstärker den Erregerkreis des Generators beeinflußt und damit die Gleichspannung für die Antriebsmotoren der Walzgerüste umgekehrt proportional mit der Schweißgeschwindigkeit ändert. Erhöht sich die Geschwindigkeit im Vergleich zum Sollwert, dann sinkt die Spannung des Gleichstromnetzes um den verhältnisgleichen Betrag, so daß sämtliche Motoren mit ihrer Drehzahl abfallen. Die normalerweise vorgesehene Magnetverstärkerschaltung kann durch eine elektronische Regelung ersetzt werden.

5. Abbrenn-Stumpfschweißung

Technologische Aufgabe. Bei der elektrischen Abbrenn-Stumpfschweißung (*Bild* 11) dient das Vorwärmen dazu, an der Stirnseite der zu schweißenden Werkstücke (*1*) eine Wärmezone aufzubauen, die hinsichtlich ihrer Oberflächentemperatur und des Temperaturgefälles erst die optimalen Voraussetzungen für den

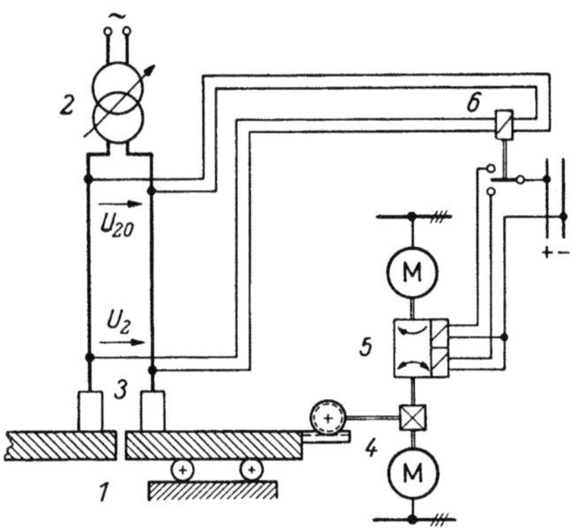

1 Werkstücke
2 Schweißtransformator
3 Elektrodenbacken
4 Stauchschlitten mit Antrieb
5 Wendekupplung
6 Differentialregelrelais
U_{20} Sekundärspannung des Transformators (Vergleichsspannung)
U_2 Spannung an den Elektrodenbacken

Bild 11. Vorwärm- und Abbrennschweißung

Abbrennvorgang vorbereitet. Das Vorwärmen geschieht durch eine Folge von getrennten Stromstößen, die durch entsprechende Hin- und Herbewegung des Stauchschlittens (*4*) der Maschine begrenzt werden.

Beim *Vorwärmvorgang* ist also die Aufgabe gestellt, die zu schweißenden Flächen der Werkstücke (*1*) kurzzeitig zur Berührung zu bringen, den Kurzschluß wieder aufzuheben und diesen Pendelvorgang so lange zu wiederholen, bis die Werkstückstirnseiten abbrennreif sind. Die Regelaufgabe besteht demnach in dem Aufrechterhalten einer bestimmten pendelnden Lage der zu schweißenden Stirnflächen gegeneinander. Erfaßt man die Schlittenendlage nicht unmittelbar, sondern durch Messen einer Spannungsdifferenz über ein Differentialrelais, so kann auch ein anderes Verfahren angewendet werden. Während des Leerlaufes der Maschine ist nämlich die Sekundärspannung U_{20} des Transformators (*2*) identisch mit der Spannung zwischen den Spannbacken (*3*). Beim Kurzschluß sind beide Spannungen infolge der induktiven und ohmschen Spannungsabfälle verschieden. In dem Differentialrelais (*6*) wird U_2 mit der einstellbaren Leerlaufspannung U_{20} verglichen: Bei Gleichheit der Spannungen bleibt der Schlittenvorschub erhalten, während bei Ungleichheit der Spannungen der Schlitten zurückgezogen wird und nach Aufheben des Kurzschlusses wieder auf Vorschub übergeht.

49. Werkzeugmaschinen

Von **P. Volk**

Inhaltsübersicht

A. Einführung

Bei der Ausrüstung von Werkzeugmaschinen kommen Regelvorgänge verhältnismäßig selten vor. Das hängt mit dem Fertigungsverfahren zusammen. Der Arbeitsprozeß bedingt einen Aussetzbetrieb, bei dem die Spanabnahme an dem zu bearbeitenden Werkstück selbst oft nur Sekunden oder Minuten dauert. Es handelt sich also um einen diskontinuierlichen Prozeß. Eine Regelung der Zerspanung würde zudem eine Messung einer Zerspanungsgröße an der Stelle erfordern, wo das Werkzeug das Werkstück berührt. An diesem Energieumwandlungspunkt lassen sich Meßgeräte für den Regelvorgang aber schwer anordnen. Sie würden von den Kräften zerstört, die hier wirken oder litten unter der hohen Temperatur. Für die zum Regeln geeigneten Vorgänge muß man demnach eine Ersatzmeßgröße suchen, die der Regelgröße möglichst genau proportional ist.

B. Drehzahlregelung

1. Technologie und Regelaufgaben

Eine der Größen, die man beherrschen möchte, ist der Werkzeugverschleiß. Als Ersatzregelgröße kann hierfür die Schnittgeschwindigkeit dienen, von der die Werkzeugstandzeit stark abhängt. Außerdem üben Schwingungen der Werkzeugmaschine einen gefährlichen Einfluß auf die Standzeit des Werkzeuges aus. Durch die Schwingung ändert sich der Abstand zwischen Werkzeug und Werkstück. Der

Spanquerschnitt schwankt im Rhythmus der Schwingungen und damit auch die Schnittkraft. Liegt der Mittelwert des Spanquerschnittes bei normalen Werten, so tritt bei jeder zweiten Halbwelle eine Überlastung auf, die von der Amplitude der Schwingungen abhängt. Da diese Schwingungen im allgemeinen durch Resonanzerscheinungen zwischen Maschineneigenschwingungen und angeregten Schwingungen von Antriebsteilen, wie z.B. Motoren und Getriebe, entstehen, kann man sie oft durch geringe Drehzahländerungen vermeiden, weil man dann aus dem Resonanzbereich herauskommt. Deshalb ist ein genaues Einhalten der Drehzahl wichtig, um nicht erneut in den Resonanzbereich hineinzulaufen. Dafür genügen aber im allgemeinen Toleranzen von etwa 5 bis 10%.

Bei Schleifmaschinen und ähnlichen Maschinen für die Erzeugung feinster, oft spiegelnder Oberflächen kommt noch der Einfluß der Materialbeschaffenheit auf die Oberflächengüte als weiteres Kriterium für das genaue Einhalten der Drehzahl hinzu. Besonders Strukturänderungen in der Schleifscheibe ergeben Änderungen im Schliffbild, die durch Drehzahländerung auszugleichen sind. Die Anforderungen an die Drehzahlkonstanz sind hier niedriger und liegen bei etwa 10 bis 15%.

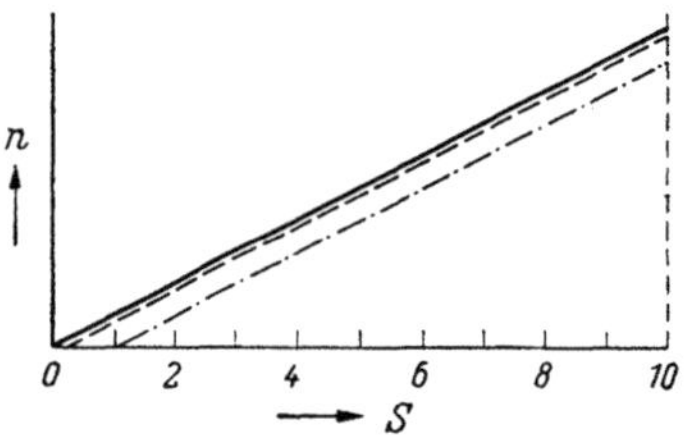

Bild 1. Abhängigkeit der Drehzahl eines LEONARD-Antriebes von der Stufung S des Drehzahlstellers

Man könnte sagen, daß diese für die Regelungstechnik recht groben Werte keine Forderungen darstellen, die feinfühlige Regelanordnungen rechtfertigen. Das ist auch für alle Antriebe mit kleinem Drehzahlbereich der Fall. Bei Antrieben mit großem Drehzahlbereich von 1:10 und mehr sind aber die Verhältnisse insofern erheblich schwieriger, als die genannten Bedingungen nicht nur für die höchste Drehzahl, sondern für den ganzen Drehzahlbereich einzuhalten sind.

Da bei elektrischen Regelantrieben die Drehzahlschwankungen von Spannungsabfällen herrühren, die der Belastungsstrom in den Wicklungswiderständen erzeugt, bleiben die im ungeregelten Fall absoluten Drehzahländerungen zwischen Leerlauf und Vollast über den ganzen Bereich konstant. Die Lastkennlinie ist dann eine Parallele zur Leerlaufkennlinie (*Bild* 1). Das bedeutet, daß bei einem Stellbereich von 1:10 im Leerlauf Drehzahländerungen von 5% bei der unteren Drehzahl eine Regeleinrichtung erfordern, die bei der oberen Drehzahl nur noch Schwankungen von 0,5% zuläßt. Bei einem Bereich von 1:100 würde der zulässige Wert bei 0,05% liegen. Diese Überlegungen zeigen, daß bei Werkzeugmaschinen nur Antriebe mit größerem Drehzahlbereich den Aufwand von Regeleinrichtungen rechtfertigen [*1*].

Für diese Fälle wird, je nach dem Leistungsbedarf der Maschinenverstärker, der Magnetverstärker oder der Röhrenverstärker zur Drehzahlregelung eingesetzt.

2. Regelanordnungen

a) Maschinenverstärker

Hobelmaschinen erfordern bei den verschiedenen Drehzahlen bzw. Schnittgeschwindigkeiten eine konstante Durchzugskraft. Der elektrische Antrieb kann also für konstantes Moment über den ganzen Drehzahlbereich von z.B. 4 bis 80 m/min ausgelegt werden. Neben dem stationären Drehzahlverhalten zur Einhaltung einer konstanten Schnittgeschwindigkeit ist das dynamische Verhalten wichtig, weil die Umsteuerung schnell erfolgen soll und Drehzahländerungen infolge der beim Eintritt in den Schnitt ganz plötzlich auftretenden Laständerungen so schnell wie möglich ausgeregelt werden müssen.

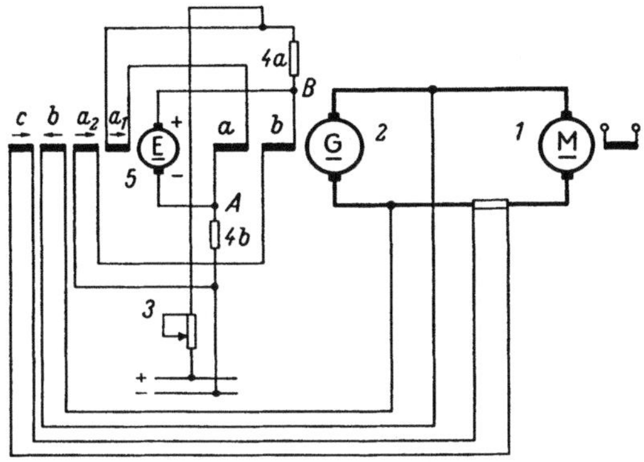

1 Hobelmotor
2 Steuergenerator
3 Drehzahlsteller
4 Brückenwiderstände (*a* und *b*)
5 Zusatzerregermaschine

Bild 2. Hobelmaschinenantrieb mit Regelung durch Zusatzerregermaschine

Für diese Verhältnisse wurde von King [*2*] die Schaltung nach *Bild* 2 angegeben. Um die Drehzahl zu beeinflussen, wird ein Drehzahlsteller (*3*) im Feldkreis des Steuergenerators (*2*), der den Hobelmotor (*1*) speist, verwendet. Die Feldspulen (*a*) und (*b*) sind in einer Brückenschaltung in Verbindung mit zwei Widerständen (*4a*) und (*4b*) angeordnet. Damit ist es möglich, in die Brückenpunkte *A* und *B* eine Zusatzspannung einzuführen. Die hierfür erforderliche Regeleinrichtung braucht also nur für die kleine Leistung bemessen zu sein, die für die Korrektur der Drehzahlabweichung nötig ist.

Die diese Steuerspannung erzeugende Zusatzerregermaschine (*5*) hat mehrere Erregerspulen, denen Flüsse verschiedener Richtungen zugeordnet sind. Der eine Erregerfluß, der mit den Wicklungen (a_1) und (a_2) verkettet ist, hängt von der Haupterregung, also der Stellung des Drehzahlstellers ab und gibt den Sollwert der Drehzahl vor. Eine Gegenerregung dazu (Wicklung *b*) hängt von der Spannung des Steuergenerators ab, die dem Istwert der Drehzahl angenähert proportional ist. Im Leerlauf sollen sich die beiden Flüsse aufheben, es wird also den Brückenpunkten keine zusätzliche Spannung zugeführt. Bei Belastung fällt die Spannung am Steuergenerator ab. Der davon abhängende Fluß wird dadurch kleiner und kompensiert den Sollfluß nicht mehr ganz. Infolge dieser Sollwert-Istwert-Differenz erzeugt die Zusatzerregermaschine eine Spannung, die für die Haupterregung eine Zusatzspannung gibt. Die so entstandene statische Regelung kann mit einer Störgrößenaufschaltung versehen werden. Dazu erhält die Zusatzerregermaschine eine dritte Erregerwicklung (*c*), die an eine dem Belastungsstrom des Hauptgenerators proportionale Spannung gelegt wird.

Bei *Querfeldmaschinen* kann auf die Brückenschaltung verzichtet werden (*Bild* 3). Die Durchflutung der Erregerwicklung (*a*) der Amplidyne (*3*) entspricht dem Sollwert der Drehzahl und erzeugt das umkehrbare Grundsteuerfeld des Generators (*2*). Es sind hierfür kleine Drehzahlsteller (*4*) erforderlich, die griffbereit am Bedienungsstand untergebracht werden können. Die von der Spannung des Generators abhängige Gegenerregung (*b*) entspricht angenähert dem Istwert der Drehzahl und bildet (wie im vorigen Beispiel) eine Differenzdurchflutung zur

Regelung der Generatorspannung. Die Wicklung (*c*) liegt transformatorisch an der Feldspannung des Steuergenerators (*2*) und verstärkt den Einfluß der Gegenerregung während des Regelvorganges, bei dem Spannungsänderungen auftreten. Eine weitere Erregung (*d*) wirkt ebenfalls in Richtung der Gegenerregung. Ihr Erregerstrom hängt von dem Strom im Ankerkreis ab. Eine Sollwertschwelle (*5*) sorgt dafür, daß die Drehzahlregelung in eine Regelung des Ankerstromes im LEONARD-Kreis überwechselt, wenn der Ankerstrom einen vorgegebenen Wert überschreitet, was besonders für den Kommutierungsvorgang des Generators wichtig ist [*3*].

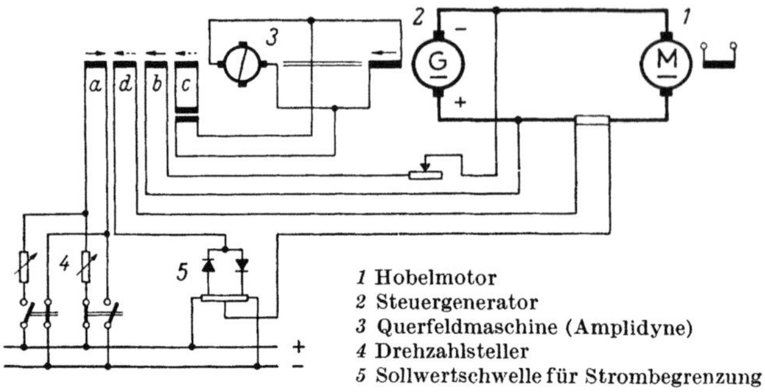

Bild 3. Hobelmaschinenantrieb mit Regelung durch Querfeldmaschine [*3*]

b) Röhrenverstärker

Man benutzt bei Drehzahlregelungen als Röhrenverstärker sowohl Hochvakuum- als auch gasgefüllte Röhren. Die gasgefüllte Röhre (Stromtor oder Quecksilberdampf-Gleichrichter) ersetzt als Gleichrichter den rotierenden LEONARD-Generator (*Bild* 4). Gegenüber diesem ist aber bei Umkehrantrieben und solchen Vorgängen, bei denen durch schnelle Drehzahlabwärtssteuerungen kinetische Energie aus dem angetriebenen Teil anfällt, eine Energieumkehr mit nur einem Stromtor nicht möglich. Das führt zu einer Einschränkung der Stellgeschwindigkeit beim Abwärtssteuern. In *Bild* 4 ist für die Impulssteuerung (*6*) des Stromrichters (*2*), der den Motor (*1*) speist, eine Hochvakuumröhre (*3*) vorgesehen. Statt als Ersatzregelgröße für die Drehzahl die Klemmenspannung des Motors zu wählen und die Drehzahlregelkennlinie durch Aufschalten des Laststromes zu verbessern, kann man den Sollwert-Istwert-Vergleich auch so auffassen, daß man als Ersatzregelgröße nicht die Spannung des LEONARD-Kreises, sondern die Gegenspannung des Motors benutzt, die der Drehzahl des Motors unmittelbar proportional ist. Da

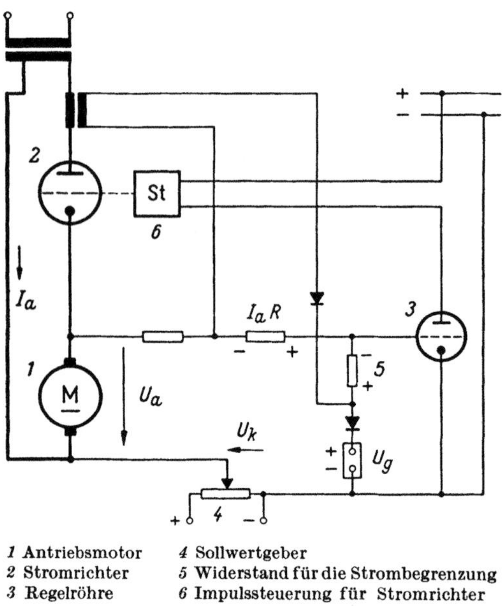

Bild 4. Stromrichtergespeister Antrieb mit elektronischer Regelung [*4*]

die Gegenspannung sich aber nicht unmittelbar messen läßt, verwendet man dafür eine besondere Schaltung. In den Meßkreis wird zusätzlich zur Ankerspannung U_a noch eine dem Laststrom I_a proportionale Spannungskomponente $I_a R$ eingefügt. Die Spannung $(U_a - I_a R)$ ist dann für eine bestimmte Drehzahl ein Abbild der Gegenspannung im Motoranker und damit eine Ersatzgröße für die Drehzahl. Sie wird mit einer an einem Potentiometer (*4*) als Sollwert eingestellten Spannung U_k verglichen. Durch Einführen von $I_a R$ wird die Spannungskennlinie angehoben, was besonders bei niedrigen Ankerspannungswerten wichtig ist, bei denen der ohmsche Spannungsabfall überwiegt. Bei dieser Meßanordnung kann dann auf Tachogeneratoren meist verzichtet werden, die bei Werkzeugmaschinen manchmal schwer unterzubringen sind.

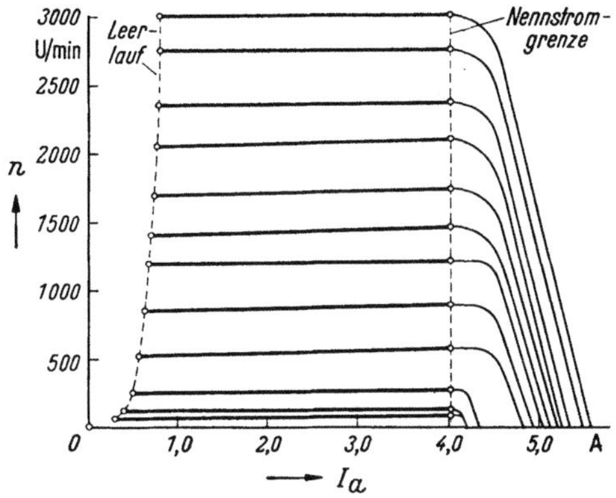

Bild 5. Regelkennlinien eines röhrengeregelten Antriebes, 0,8 kW, 3000 U/min, nach Bild 4 [*4*]

Für die Strombegrenzung erhält die Schaltung einen weiteren Stromkreis mit dem Widerstand (*5*). Durch die Grenzspannung U_g (als Sollwertgröße für die Ankerstromregelung) und die eingefügten Trockengleichrichterventile bleibt dieser Kreis gegenüber der Drehzahlregelung wirkungslos, solange der dem Ankerstrom proportionale Spannungsabfall nicht einen gewissen Wert überschreitet. Oberhalb dieser Grenze wird der Drehzahlregelkreis abgelöst durch einen Stromregelkreis, der dafür sorgt, daß der Ankerstrom nicht mehr weiter ansteigen kann. Das Kennlinienfeld einer solchen Wechselregelung für einen kleinen Antrieb mit dem Eingriff der Stromregelung an der Nennstromgrenze zeigt *Bild* 5 [*4*].

c) Magnetverstärker

Aus Sicherheitsgründen hat man bei der ersten Anwendung von Magnetverstärkern zur Drehzahlregelung von Hobelmotoren auf die Brückenschaltung der Generatorerregung (s. *Bild* 2) zurückgegriffen [*1*]. In *Bild* 6 sind die Erregerwicklungen (*a*, *b*) des Steuergenerators (*2*) in einer Brücke parallel geschaltet. Die Schaltung hat den Vorzug, daß bei Störungen am Verstärker (*3*) dieser ledig-

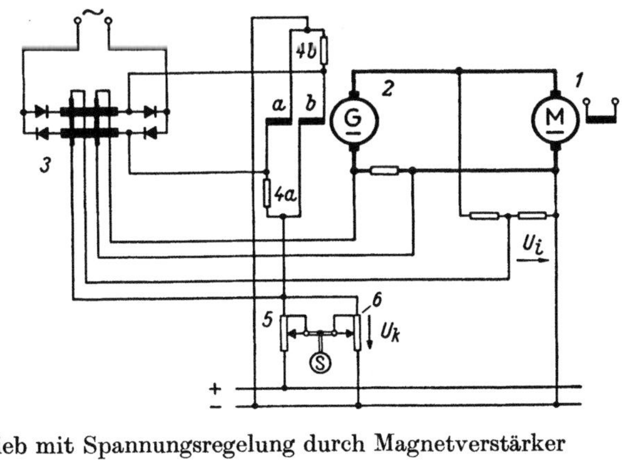

1 Hobelmotor
2 LEONARD-Generator
3 Magnetverstärker
4 Brückenwiderstände (*a* und *b*)
5 Steller für Erregung (*2*)
6 Sollwerteinsteller

Bild 6. Hobelmaschinenantrieb mit Spannungsregelung durch Magnetverstärker lich abgeklemmt zu werden braucht. Der Antrieb arbeitet dann ungeregelt weiter. Die Widerstände (*4a*) und (*4b*) in der Brücke erhöhen die Erregungsgeschwindigkeit. Mit dem Steller (*5*) für die Erregung des Generators (*2*) ist ein Sollwertsteller (*6*) für die Regelung der Drehzahl fest gekuppelt. An ihm liegt die Sollspannung U_k, die mit der (der Spannung des Steuergenerators proportionalen) Spannung U_i verglichen wird. Ihre Differenz wird als Eingangsspannung dem Verstärker zugeführt. Er erhält noch eine zweite Wicklung, welcher der Strom im LEONARD-Kreis als Störwert aufgeschaltet wird.

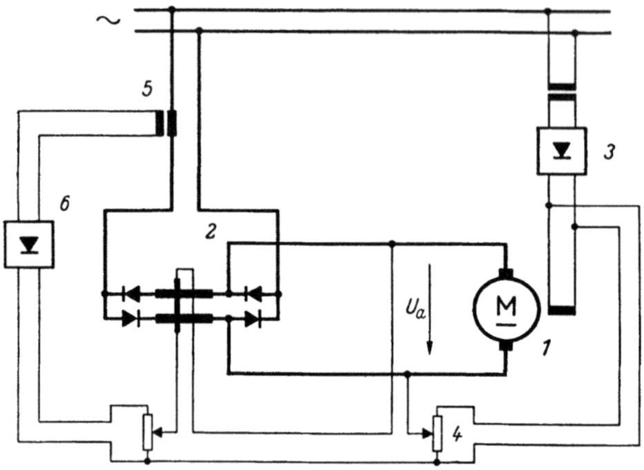

1 Antriebsmotor
2 Magnetverstärker
3 Gleichrichter für die Speisung des Motorfeldes
4 Drehzahlsteller
5 Stromtransformator
6 Gleichrichter für die Laststromaufschaltung

Bild 7. Gleichstromantrieb mit Speisung aus dem Wechselstromnetz über Magnetverstärker

Für kleine Antriebe (bis etwa 3 kW) verzichtet man in der Schaltung nach *Bild* 7 auf den Steuergenerator und schließt den Gleichstrommotor (*1*) über den Magnetverstärker (*2*) unmittelbar an das Wechselstromnetz an. Ein Gleichrichter (*3*) versorgt das Motorfeld. Für die Drehzahlregelung wird die Spannung am Drehzahlsteller (*4*) mit der Spannung am Motor verglichen. Als Störwert wird zu der Sollwertspannung eine lastabhängige Spannung in Reihe geschaltet, die über einen Stromtransformator (*5*) und den Gleichrichter (*6*) erzeugt wird [5].

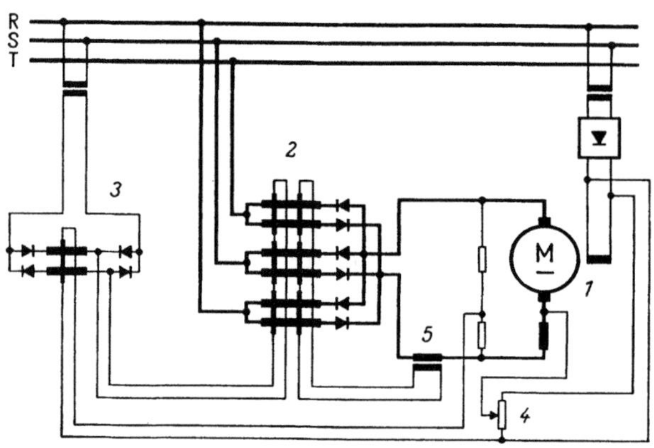

1 Antriebsmotor
2 Hauptmagnetverstärker
3 Vorverstärker
4 Drehzahlsteller
5 Rückführtransformator

Bild 8. Gleichstromantrieb mit Speisung aus dem Drehstromnetz über Magnetverstärker

Bei Antrieben für größere Leistungen ist es zweckmäßig, an Stelle der Einphasenschaltung eine dreiphasige Schaltung zu wählen (*Bild* 8). Es ist also ein Magnetverstärker (*2*) mit drei einzelnen Transduktoren mit entsprechend kleineren Abmessungen erforderlich. Ist die Verstärkung mit einer Magnetverstärkerstufe zu gering oder ist die Eingangsleistung als Last für die Regelstrecke zu groß, so verwendet man für die Drehzahlregelung einen Vorverstärker (*3*). Für das Einstellen der Drehzahl dient wieder ein Drehzahlsteller (*4*), dessen Spannung mit der Ankerspannung des Motors verglichen wird, zu der noch der Spannungsabfall in der Wendepolwicklung des Motors (*1*) hinzukommt. Zur Stabilisierung der Regelung erhält der Hauptverstärker eine Stromrückführung, die mit Hilfe eines Transformators (*5*) den ersten Differentialquotienten des Laststromes bildet.

Die Regelschaltungen mit Magnetverstärker sind im einzelnen sehr vielgestaltig. Das hängt mit den verschiedenartigen Bedingungen für die Stabilisierung des Regelkreises zusammen. Die Zeitkonstante des Verstärkers ist z. B. oft verhältnismäßig groß gegenüber der des Antriebs. Andererseits bringen die Werkzeugmaschinen nicht immer eindeutig erfaßbare Betriebsbedingungen. In die mechanische Anlaufzeitkonstante des Antriebs geht z. B. das Schwungmoment des Getriebes und des Werkstückes mit ein, das auch noch veränderlich sein kann. Die Stabilitätsbedingungen müssen sich deshalb diesen Verhältnissen anpassen, die im voraus nicht restlos bekannt sind. Von Bedeutung für die Stabilität der Regelung ist auch der Verlauf des Lastmomentes, das ebenfalls stark schwanken kann. Beim Schleifen einer Welle mit Längsnut z. B. treten diese Lastschwankungen zudem periodisch auf.

d) Relais-Zweipunktregler

Die Stabilität einer Drehzahlregelung kann günstig beeinflußt werden, wenn man einen Zweipunktregler z. B. mit einem Relaisverstärker einsetzt. In einem Leonard-Kreis (*Bild* 9) wird z. B. das Feld des Generators (*2*) über ein Relais (*4*) ein- und ausgeschaltet. Der Relaiskontakt öffnet, sobald die mit dem Drehzahlsteller (*5*) eingestellte Spannung erreicht ist. Dann fällt die Spannung U_1 wieder ab (*Bild* 10). Das Relais spricht wieder an und regelt in schnellem Rhythmus die Generatorspannung. Die Relaiseigenschaften sind so abgestimmt, daß der Regler mit über 40 Hz arbeitet, denen der Motor im allgemeinen nicht folgen kann.

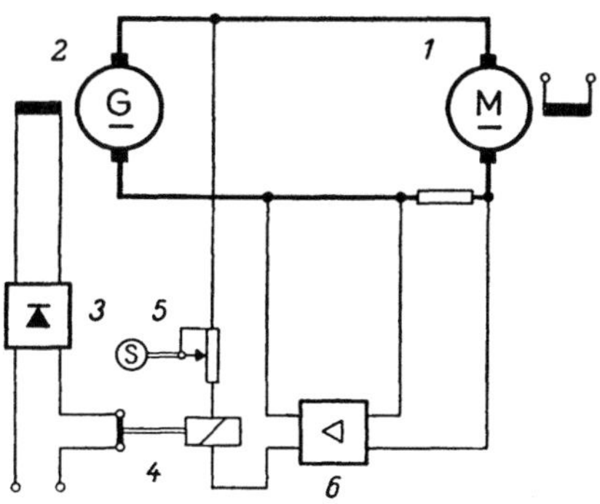

1 Antriebsmotor
2 Leonard-Generator
3 Erregergleichrichter
4 Relais
5 Drehzahlsteller
6 Magnetverstärker für Störwertaufschaltung

Bild 9. Leonard-Antrieb mit Relais-Zweipunktregler

Die Vergleichsgröße wird bei dem Relaisregler durch die Kraft einer Rückstellfeder gebildet, während sonst in elektrischen Regelkreisen dafür meistens eine Spannung benötigt wird. Man ist also in diesem Fall unabhängig von einer Hilfsenergiequelle. Der Sollwert der Ankerspannung des Generators und damit die Motordrehzahl wird an dem Drehzahlsteller (*5*) eingestellt (*Bild* 9). Eine Vergrößerung des Widerstandes bedeutet ein Ansteigen der Spannung, weil der Relaisregler auf einen konstanten Spulenstrom regelt.

Der Relaiskontakt liegt im Wechselstromkreis des Gleichrichters (*3*). Er sorgt dadurch zugleich für eine wirksame Funkenlöschung, so daß bei geeignetem Kontaktmaterial trotz der hohen Schalthäufigkeit eine lange Kontaktlebensdauer erreicht wird.

Das Zweipunktverhalten des Relais bringt außerdem eine Verkleinerung der Erregerzeit. Soll z.B. der Generator mit einer Ankerspannung U_1 betrieben werden (s. *Bild* 10), so stellt sich diese Spannung bereits nach der Zeit t_1 ein. Sie wäre erheblich länger, wenn man an die Erregerwicklung eine Spannung anlegen müßte, die erst im Beharrungszustand diesen Wert erzeugt.

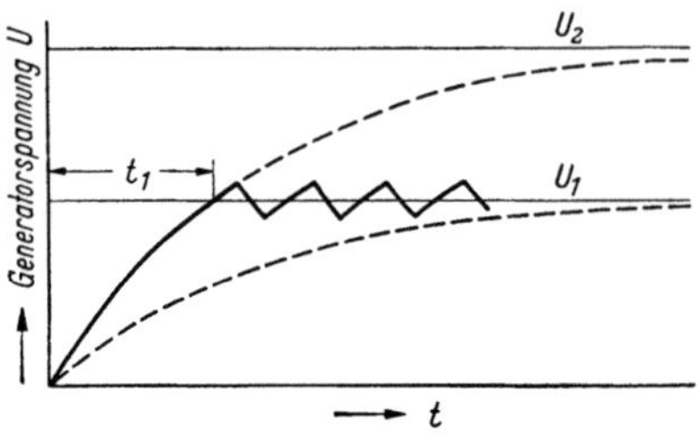

Bild 10. Zeitabhängiger Verlauf der Generatorspannung eines LEONARD-Antriebes

Nach der im *Bild* 9 gezeigten Schaltung regelt das Relais auf konstante Generatorspannung, die der Drehzahl nur angenähert proportional ist. Will man die Drehzahl genauer regeln, so benutzt man zusätzlich eine Störwertaufschaltung über einen Magnetverstärker (*6*) [*5*]. Er verstärkt die Spannung der Wendepolwicklung so, daß im Ausgang eine Spannung von etwa 10 V bei Nennbetrieb entsteht. Bei der dargestellten Schaltung liegt der Ausgang des Verstärkers in Reihe mit der Relaiswicklung. Mit zunehmender Belastung des Motors wird infolge des größeren Spannungsabfalles an der Wendepolwicklung die Vormagnetisierung des Magnetverstärkers verkleinert. Die Ausgangsspannung am Verstärker wird auch kleiner. Es muß sich dann die Generatorspannung erhöhen, damit durch die Relaisspule wieder der gleiche Strom fließt. *Bild* 11 zeigt die Regelkennlinien eines mit einem solchen Regler gebauten Gleichstromantriebs von 3 kW bei maximal 3000 U/min. Zur besseren Veranschaulichung des Drehzahlverhaltens wurde ein halblogarithmischer Maßstab gewählt. Ohne Störgrößenaufschaltung (gestrichelte Linie) blieb der Motor bereits bei 160 U/min im Leerlauf bei Nennlast stehen, während er mit Störgrößenaufschaltung (ausgezogene Linie) noch bei 40 U/min ein befriedigendes Drehzahlverhalten zeigte.

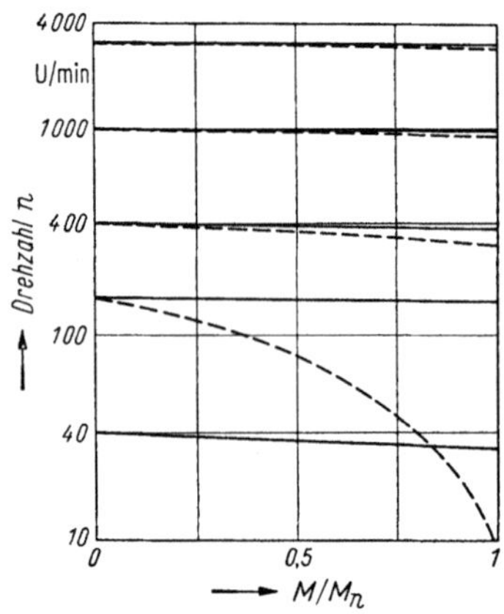

Bild 11. Regelkennlinien (Drehzahl und Drehmoment) eines 3-kW-Gleichstrommotors in LEONARD-Schaltung bei Regelung mit einem Relais-Zweipunktregler

M	Drehmoment
M_n	Nenn-Drehmoment
– – – – – –	ohne Störgrößen-Aufschaltung
————	mit Störgrößen-Aufschaltung

Solche Relaisregler darf man nicht mehr verwenden, wenn ihre Lebensdauer durch eine zu große Erregerleistung und damit durch eine zu große Schaltleistung stark heruntergesetzt wird. Für solche Fälle kann man Sonderschaltungen anwenden [*5*], bei denen der Generator mehrere Erregerwicklungen erhält, von denen nur ein Teil vom Regler geschaltet werden muß. Verwendet man statt der Relais Transistoren, die eine kontaktlose Schaltung von Zweipunktreglern ermöglichen, so tritt kein Verschleiß mehr ein.

C. Regelung des Werkzeugweges

1. Allgemeines

Neben den Drehzahlregelaufgaben, die sich aus den Zerspanungsbedingungen ergeben, kann als Regelgröße noch der Weg in Betracht kommen, den das Werkzeug bei der Bearbeitung zurücklegt. Von dem Weg hängt die Form und Genauigkeit des zu bearbeitenden Werkstückes ab. In den meisten Fällen entstehen diese Bewegungen zwangsläufig durch die Supportführung. So entsteht z.B. auf einer Drehmaschine eine zylindrische und auf einer Fräsmaschine eine ebene Fläche, wenn das Werkstück eine kreisförmige bzw. geradlinige Bewegung ausführt. Gesteuerte Bewegungen ergeben sich, wenn z.B. auf einer Fräsmaschine bei einer horizontalen Vorschubbewegung die vertikale Bewegung durch Betätigung eines Endtasters eingeleitet wird. In Sonderfällen kommen auch Regelungen vor, für die sowohl digitale als auch analoge Übertragungssysteme verwendet werden.

2. Mittel der digitalen Messung und Signalverarbeitung

Die ersten Ansätze zur Anwendung von digitalen Übertragungsgliedern in Regelanordnungen kamen von Koordinatenbohrwerken, bei denen die Stelle, an der das Loch gebohrt werden soll, durch Ziffern gekennzeichnet ist, die auf der Zeichnung angegeben sind. Die übliche Einstellung dieser Koordinaten an Maßstäben, die am Tisch der Maschinen angebaut sind, war für automatische Steuerungen nicht geeignet. Man hatte den Wunsch, die Ziffern der Maßangabe direkt als Signal in die Steuerung einzugeben, die dann selbsttätig dafür sorgt, daß sich die Maschine an die durch das Maß gekennzeichnete Stelle begibt (Positionierung).

An der Lösung dieser digitalen Positionierung war man noch aus einem anderen Grunde interessiert. Jeder beliebige Kurvenzug besteht aus einem Aneinanderreihen von Punkten. Gibt man die Koordinaten dieser Punkte beispielsweise in die Steuerung einer Fräsmaschine ein, deren Tisch in zwei zueinander senkrechten Richtungen verschoben werden kann, so kann man auf dieser Fräsmaschine auch beliebig geformte Kurven fräsen. Die gefräste Kurve besteht dann aus einer Polygonlinie, die die positionierten Punkte verbindet. Sie paßt sich also der Sollkurve um so besser an, je enger die Abstände der zu positionierenden Punkte gewählt werden. Beträgt dieser Abstand beispielsweise 0,1 mm, so benötigt man für die Impulsgabe in schneller Folge ein sehr großes Zahlenmaterial.

In einer umfangreichen Darstellung von Cooney und Ledgerwood [7] sind über dreißig auf dem Markt befindliche Maschinen mit Positionierungssystemen beschrieben worden. Gemeinsam sind allen diesen Systemen die folgenden vier Einrichtungen:

a) Der *Informationsspeicher*, der durch eine Programmiereinrichtung die aus der Zeichnung entnommenen Zahlen speichert. Je nach der Schnelligkeit, mit der die Regelung das Informationsmaterial benötigt, kann dieser Informationsspeicher ein Zählwerk, eine Lochkarte aus der Buchungstechnik, ein Lochstreifen oder ein magnetischer Speicher sein, z.B. ein Tonband.

b) Die *Rechenwerke* sorgen dafür, daß die Maschine (falls man es wünscht) nicht nach einer eckigen Polygonlinie fährt, sondern nach einer der Kurvenneigung angepaßten Krümmung. In diesem Fall interpoliert das Rechenwerk im allgemeinen nach quadratischen oder kubischen Parabeln.

c) Um zu kontrollieren, ob die Steuerung das eingegebene Signal auch wirklich ausgeführt hat, sind *Meßeinrichtungen* erforderlich, die möglichst nahe am Werkstück den tatsächlich erreichten Meßwert feststellen und so umformen, daß er mit dem Eingabewert vergleichbar ist. Dazu kann man wiederum eine digital arbeitende Einrichtung verwenden.

Bei der Analogtechnik kann beispielsweise die Leitspindel als Meßmittel dienen, deren Drehwinkel kontinuierlich gemessen wird. Sollen auch Fehler der Leitspindelmutter noch wegfallen, so mißt man besser die Tischbewegung mit elektrischen Maßstäben direkt. Da an Großwerkzeugmaschinen aber Längen von 10 bis 20 m für die Vorschubbewegungen vorkommen, führt man auch gemischte, analog-digitale Einrichtungen ein [7, S. 78], wobei die großen Schritte digital und die Zwischenräume analog gemessen werden.

d) Um die stetig veränderlichen Analogmeßwerte mit dem digitalen (diskreten) Impulsgeber vergleichen zu können, sind *Digital-Analog-Wandler* erforderlich.

Für die Bearbeitung beliebig geformter Werkstücke können die auf der Zeichnung festgelegten Koordinaten der Bahn des Werkzeuges als digitale Signale dienen. Man kann aber auch nach der Zeichnung ein Modell fertigen und dessen Oberfläche durch eine analoge Messung mit einem Fühler nachfahren [*8*].

Dann vollzieht sich diese Informationswandlung in Analogwerte außerhalb der Maschine. Die Regeleinrichtung innerhalb der Maschine kann damit eine reine Analogregelung werden, wenn als Meßeinrichtung ein analoges System verwendet wird. Zum Verständnis der grundsätzlichen Verhältnisse wird eine solche Einrichtung noch eingehender beschrieben, weil die eigentlichen regelungstechnischen Antriebsaufgaben immer in diesem Teil der Anlage zu lösen sind.

3. Analoge Wegregelung

a) Grundsätzliche Wirkungsweise

Auf einer Drehmaschine soll beispielsweise eine Kugel gedreht werden. Die Längsbewegung des Werkzeuges in Abhängigkeit von der dazu senkrechten Planbewegung soll also so geregelt werden, daß sich die Werkzeugspitze auf einem Kreis bewegt. Als Sollwertgeber dient ein Fühler, der fest mit dem Werkzeug verbunden ist und eine kreisförmige Schablone abtasten soll. Man spricht dann von einer zweidimensionalen Wegregelung. Die Schablone braucht nicht kreisförmig zu sein, sie kann grundsätzlich jede beliebige Form haben, die das Werkstück bekommen soll.

Dreidimensionale Wegregelung erfordert z. B. die Bearbeitung eines Preßwerkzeuges für ein Autodach. Dann muß sich das Werkzeug in allen drei Dimensionen bewegen lassen, damit es jeden Punkt im Raum innerhalb der durch die Maschine gegebenen Grenzen erreichen kann. Zur selbsttätigen Bearbeitung tastet man das Modell entweder „zeilenförmig“ oder nach „Höhenlinien“ ab. Beim zeilenförmigen Abtasten bewegt sich das Werkzeug zunächst in einer horizontalen Ebene dem Modell entlang. Ist diese eine Zeile bearbeitet, so verschiebt man das Werkzeug in senkrechter Richtung um einen endlichen Betrag, den Schritt, und fräst dann die zweite Zeile. Es entsteht dann eine furchenförmige Bearbeitung wie beim Pflügen. Diese Arbeitsweise heißt Zeilenfräsen.

Beim Zeilenfräsverfahren, das in der waagrechten Ebene stattfinden möge, sind also Fühler und Werkzeug einerseits, Modell und Werkstück andererseits fest miteinander verbunden. Die Führung des Fühlers geschieht in einer Vorschubrichtung parallel zur Fühlerachse, dem „Fühl"-Vorschub, und einer dazu senkrechten Richtung, dem „Leit"-Vorschub, der in diesem Beispiel bei der ersten Zeile nach rechts gewählt sein möge. Bei der zweiten Zeile ist der Leitvorschub nach links gerichtet. Aufgabe der Regelung ist es dann, den Fühlvorschub so zu regeln, daß der Fühler das Modell während der Bewegungen immer berührt.

Muldenförmige, besonders horizontal orientierte Flächen werden auch nach dem „Höhenlinienverfahren" bearbeitet. Der Fühler mit senkrecht angeordneter Achse tastet dann das Modell zunächst in einer horizontalen Ebene ab, in dem wieder die senkrechte Vorschubrichtung festgehalten und die beiden anderen dazu senkrechten Richtungen so geregelt werden, daß der Fühler das Modell berührt. Bei der Bearbeitung entsteht dann eine Höhenlinie, also ein in sich geschlossener Kurvenzug, den man Umriß nennt (Umrißfräsen). Zur dreidimensionalen Bearbeitung erfolgt, wie vorher, eine „Schritt"-Schaltung in senkrechter Richtung, sobald ein Umriß fertig bearbeitet ist.

Beim Bearbeiten eines Umrisses, der ebenfalls in der Zeichenebene liegen möge, sind, wie vorher, Modell und Werkstück einerseits und Fühler und Werkzeug andererseits fest miteinander verbunden. Die Fühlerachse steht also jetzt senkrecht zur Umrißebene. So wie beim Zeilenfräsen kann der Fühlvorschub in den Quadranten 1 bis 2 eines kreisähnlichen Umrisses nach vorwärts bzw. rückwärts gerichtet sein und der Leitvorschub nach rechts gehen. Bei der dann anschließenden Behandlung des 3. und 4. Quadranten muß der Leitvorschub, wie beim Zeilenfräsen, nach „links" umgeschaltet werden. Beim Fühlvorschub ändert sich aber jetzt auch die auf das Modell zu führende Richtung. Das ist eine Steuerungsaufgabe. Für die Regelaufgabe bleibt also, wie beim Zeilenfräsen, eine Änderung des Fühlvorschubes, so daß bei einem festen oder veränderlichen Leitvorschub der Fühler am Modell bleibt. Für die Betrachtung der Regelverhältnisse können wir uns also im folgenden auf das Zeilenfräsen beschränken.

b) Stetige Wegregelung

Grundsätzlich kommt es hier darauf an, die beiden aufeinander senkrecht wirkenden Vorschubbewegungen so zu regeln, daß ihre resultierende Richtung eine Tangente zur Kurve bildet. Dazu dienen für jede Vorschubrichtung Antriebe, deren Drehzahl (also Vorschubgeschwindigkeit) veränderlich ist. Erhöht man die Geschwindigkeit des einen Vorschubes und setzt die des anderen gleichzeitig herab, so ergibt das eine Änderung der Vorschubrichtung. Bei einer Kurvenfräsmaschine werden beispielsweise für diese Vorschubregelung Leonard-Antriebe in Verbindung mit Relaisverstärkern verwendet. Die beiden Sollwertgeber werden durch einen gemeinsamen Griff so betätigt, daß ein Erhöhen der einen Geschwindigkeit ein Erniedrigen der anderen Vorschubgeschwindigkeit bringt. Wirkt dieses Regelglied auf die Änderung der Ankerspannungen, so kann man in gewissen Grenzen mit einem getrennten Widerstand für die Änderung der Erregung der Antriebsmotoren die Größe der resultierenden Geschwindigkeit verändern.

Für eine stetige Regelung eignen sich für das Erfassen der Meßgröße z. B. induktive Fühler. Jeder Fühlerablenkung wird eine bestimmte Neigung zugeordnet. Möglichst kleine Nachfahrfehler bringen PD-Regler. Sie sind sehr empfindlich auf eine mechanische Lose in der Regelstrecke. Es entstehen dadurch leicht Unstabilitäten, die zu Pendelungen führen.

c) Regelung mit Dreipunktregler

Es ist nicht einfach, Werkzeugmaschinen zu bauen, die eine spielfreie Bettführung haben. Dazu gehören z. B. feinste Nadellager, die sich allenfalls noch bei kleinen Werkzeugmaschinen einsetzen lassen. Elektrische Regelungen werden aber hauptsächlich für größere Werkzeugmaschinen verlangt. Die Regelung einer solchen Maschine soll auch dann noch stabil arbeiten, wenn sie in den Getrieben und Bettführungen „Lose" hat. Aus diesem Grunde entstanden Aussetzregelungen, bei denen die Vorschübe nicht mehr stetig arbeiten. Dazu erhalten die Vorschubgetriebe Magnetkupplungen, die durch elektrische Signale in schnellem Rhythmus ein- und ausgeschaltet werden.

Zum Messen der Vorschubbewegung wird ein Kontaktfühler verwendet (*Bild* 12). Die Fühlspindel (*1*) ist in einem Kugelgelenk (*2*) geführt und wirkt über eine Kugelpfanne (*3*) auf den Kontakthebel (*4*). Jeder beliebig gerich-

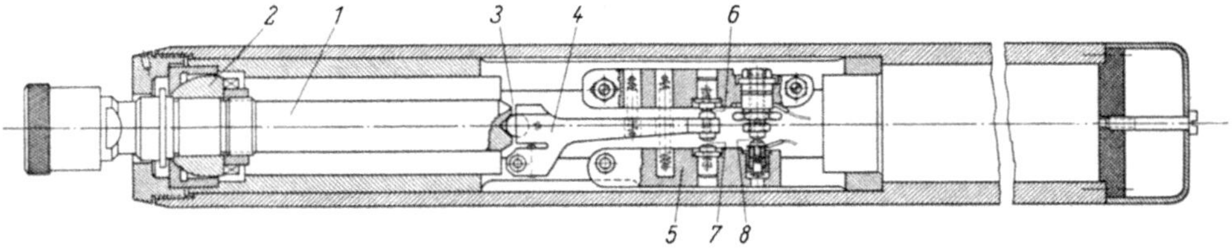

1 Fühlspindel
2 Kugelgelenk
3 Kugelpfanne
4, *5* Kontakthebel
6, *7*, *8* Kontakte

Bild 12. Fühler für Nachformfräsmaschine [*9*]

tete Druck auf die Fühlspindel bringt eine Drehung des Kontakthebels (*4*), der auf diese Weise den Kontakt (*6*) öffnet bzw. Kontakt (*7*) bei zunehmendem Druck schließt. Bei weiterem Druck dreht sich auch der Kontakthebel (*5*), der nach einem einstellbaren Weg den Kontakt (*8*) öffnet. Auf diese Weise werden die drei Kontakte abhängig vom Betätigungsdruck bzw. vom Weg der Fühlspindel der Reihe nach betätigt. Die Kontakte (*2a, b, c*) in *Bild* 13 schalten über Hilfsrelais (*3a, b, c*) die Magnetkupplungen (*7a, b, c*) für Fühl- und Leitvorschub. Unter Berücksichtigung der Kontaktwege ergibt sich bei dem geschilderten Verfahren der in *Bild* 14 gezeichnete Weg der Fühlerspitze. Die Abweichungen dieses Weges von der gewünschten Kurve zeigen den theoretischen Fehler in der Abbildungsgenauigkeit. Er ist somit durch die Art der Bearbeitung – durch die Richtungsfolge – und durch den Kontaktabstand bestimmt. Beim Kontaktfühler ist der kleinste Kontaktabstand durch die Entfernung bedingt, die zum Löschen des Lichtbogens notwendig ist. Auf Grund der Betriebserfahrungen läßt sich der Kontaktabstand (bei 12 V Gleichstrom) bis auf 0,3 mm herabsetzen. Es ergeben sich unter Berücksichtigung der mechanischen Übersetzung im Fühler Abbildungsfehler von etwa 0,1 mm. Der Wert hängt, abgesehen von den statischen Fehlern des Fühlers, von dem Nachlauf im Vorschubantrieb ab. Damit dieser klein wird, müssen unter den gegebenen Antriebsverhältnissen die zu bewegenden Schwungmassen klein sein. Die Kupplung liegt im langsam laufenden Teil

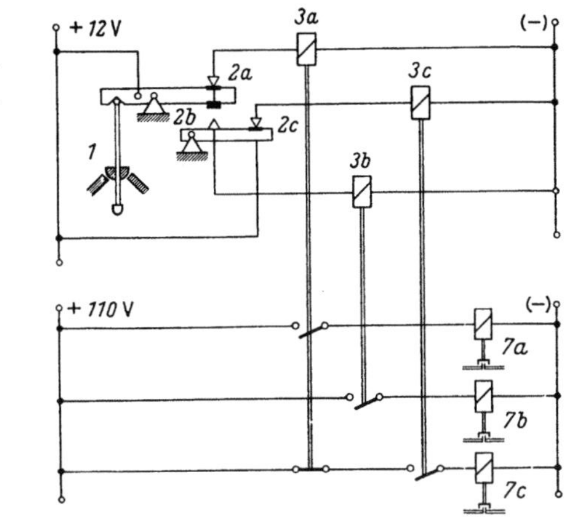

1 Fühler
2 Fühlerkontakte (*a* bis *c*)
3 Hilfsrelais (*a* bis *c*)
7 Magnetkupplungen (*a* bis *c*)

Bild 13. Meß- und Steuerschaltung zur Wegregelung mit Kontaktfühler und Magnetkupplungen

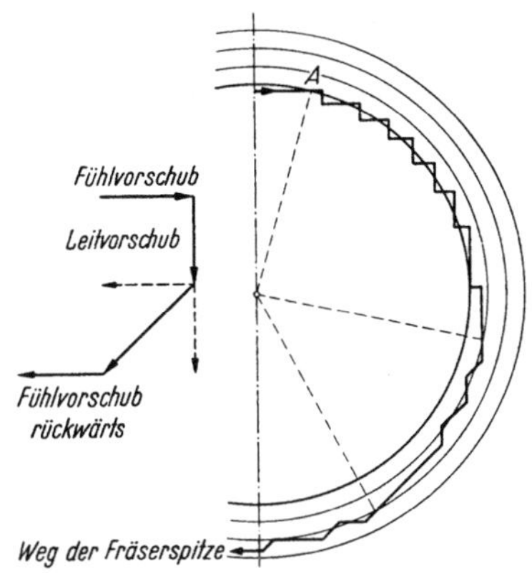

Bild 14. Mittelpunktweg des Fühlers bei den verschiedenen Vorschubrichtungen

des Getriebes und arbeitet mit den üblichen Mitteln zur Schnellerregung und -entregung. Trotz der Beanspruchung durch den intermittierenden Betrieb ist die Betriebssicherheit solcher Regelungen sehr gut.

Um die Zeitverluste zu verringern, die durch das abwechselnde Schalten der Vorschubbewegungen entstehen, soll mindestens eine der Vorschubrichtungen dauernd eingeschaltet sein. Das geht nur, wenn die resultierende Vorschubrichtung von der Kurvenneigung abhängig gemacht wird. Man benutzt dazu die aus der stetigen Regelung her bekannten Fühler- und Antriebselemente, verzichtet aber aus Gründen der Stabilität auf eine Regelung der Resultierenden und begnügt sich mit einer Steuerung.

D. Gleichlaufregelungen

Aufgaben. Aus konstruktiven Gründen ist es oft wünschenswert, mechanische Wellen durch elektrische Einrichtungen zu ersetzen. Solche Einrichtungen bestehen aus zwei Motoren, die am Anfang und Ende der bisherigen mechanischen Welle sitzen, elektrisch zusammengeschaltet sind und im Gleichlauf arbeiten müssen (elektrische Welle). Elektrische Leitungen sind leicht verlegbar, ihre Länge hat keinen Einfluß auf den Gleichlauf.

Als Gleichlaufregelmaschinen verwendet man bei Werkzeugmaschinen fast ausschließlich Asynchronmotoren mit Schleifringläufer. Wird der Motor ständerseitig an das Netz angeschlossen, so induziert das Drehfeld im Läufer eine Spannung. Wenn nun ein zweiter gleicher Motor ständerseitig parallel, läuferseitig entgegengesetzt in Reihe geschaltet wird, so fließt ein Läuferstrom, wenn die beiden Läufer nicht die gleiche mechanische Lage zum Ständer haben. Der Läuferstrom erzeugt ein Drehmoment, das der falschen Stellung entgegendreht. Ist- und Sollwert werden also in den beiden Läufern verglichen. Jede Läuferspannung ist Führungsgröße für die andere.

Elektrische Wellen müssen nun so ausgelegt werden, daß der Regelvorgang stabil abläuft. Manchmal sind die hierfür wichtigen stationären Eigenschaften der verschiedenen möglichen Schaltungen der Asynchronmaschine schwierig zu erfassen. Auch die kinetischen Verhältnisse an der Werkzeugmaschine sind oft ungünstig. So ist beispielsweise der eine Motor mit einer sehr großen Schwungmasse gekuppelt, während der andere Motor der elektrischen Welle eine ganz kleine Schwungmasse antreiben muß, die zudem noch mit wenig mechanischen Reibungen gedämpft ist.

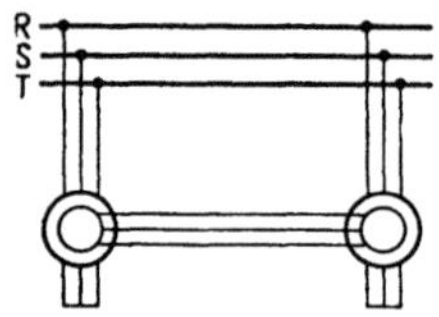

a) Drehmelderschaltung mit dreiphasigem Netzanschluß

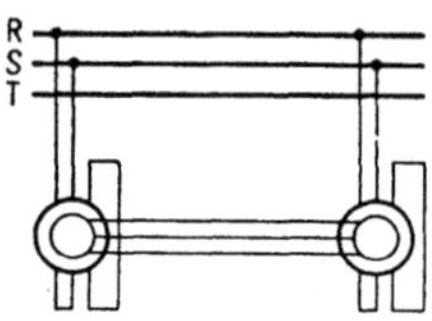

b) Drehmelderschaltung mit zweiphasigem Anschluß und einer kurzgeschlossenen Wicklung

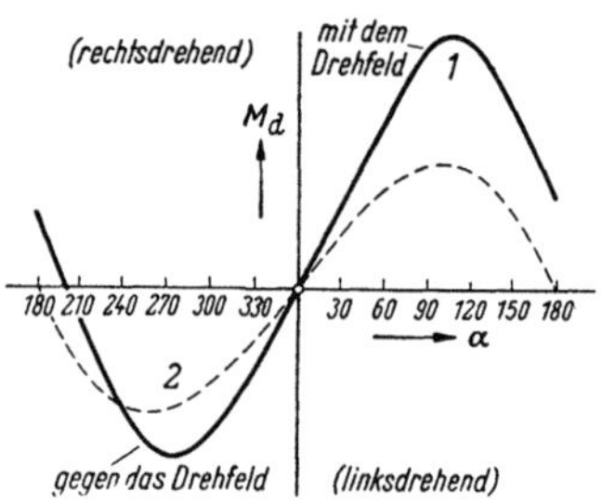

c) Drehmoment bei Stillstand der einen Maschine (Empfänger), abhängig vom Drehwinkel der anderen (Geber)

1 Kennlinie zu Schaltung *a*
2 Kennlinie zu Schaltung *b*

M_d Drehmoment
α Drehwinkel

Bild 15. Grundsätzliche Ausführungsarten von elektrischen Gleichlaufantrieben

Schaltungen für Drehwinkelübertragung. Unter den verschiedenen Anwendungsfällen sollen nur zwei Schaltungen beschrieben werden [*6*]. Bei der einen (*Bild* 15 a) fließt im Ständer und Läufer ein Drehstrom. Bei der anderen (*Bild* 15 b) ist die dritte Ständerphase der beiden Motoren kurzgeschlossen. Die Drehmoment-Drehwinkel-Kennlinie der beiden Schaltungen zeigt *Bild* 15c. Wenn es darauf ankommt, mit einem gegebenen Motortyp ein möglichst hohes Drehmoment zu übertragen, wird man die Schaltung nach *Bild* 15a wählen. Beim Drehrichtungswechsel müssen ständerseitig zwei Leiter vertauscht werden, um den vorgewählten Betrieb entgegen oder mit dem Drehfeld zu erhalten. Um mit möglichst wenig Schaltgeräten auszukommen, ist die Schaltung nach *Bild* 15b vorteilhafter.

Diese Schaltungen eignen sich für Drehmelder, die dazu dienen, ein zweites Maschinenteil um den gleichen Betrag zu drehen wie das erste. Das braucht man beispielsweise zu Befehlsübertragungen bei Stellern von Gleichstrommaschinen. Dieses Verfahren wird auch angewendet bei der Fernbedienung von Hydraulikventilen.

Kontinuierlich laufende Wellen. Hierfür haben sich hauptsächlich drei Anwendungsformen ergeben. Die Schaltung *Bild* 16 als Ausgleichswelle kommt hauptsächlich dann vor, wenn zwei etwa gleich große Antriebsmotoren (*1a* und *b*)

im Gleichlauf zu halten sind. Bei Werkzeugmaschinen kommt das nur gelegentlich beim Verschieben großer Portale von Langfräsmaschinen (*3a*) und (*3b*) vor. Die

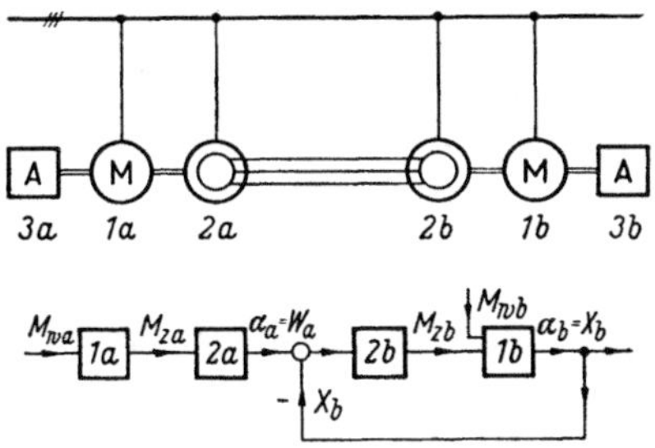

1 Antriebsmotoren (*a* und *b*)
2 Gleichlaufregelmaschinen (*a* und *b*)
3 Arbeitsmaschinen (*a* und *b*)

Bild 16. Elektrischer Gleichlaufantrieb als „Ausgleichswelle“

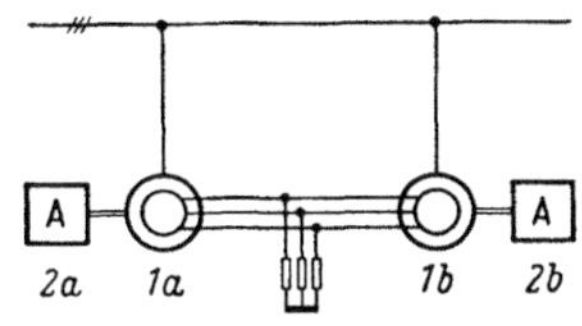

1 Antriebsmotoren und Gleichlaufregelmaschinen vereinigt (*a* und *b*)
2 Arbeitsmaschinen (*a* und *b*)

Bild 17. Elektrischer Gleichlaufantrieb über gemeinsamen Läuferwiderstand

1 Antriebsmotor
2 Gleichlaufregelmaschine
3 Antriebsmotor und Gleichlaufregelmaschine vereinigt
4 Arbeitsmaschinen (*a* und *b*)

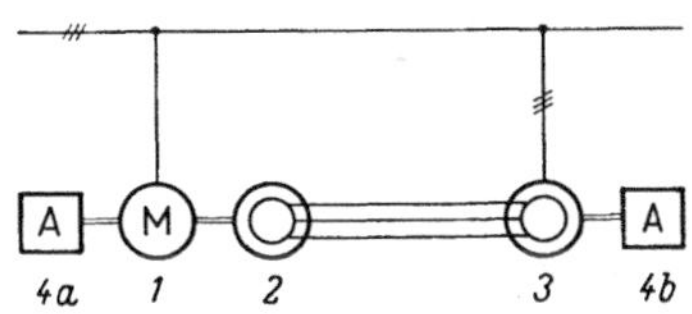

Bild 18. Elektrischer Gleichlaufantrieb als Arbeitswelle

Bild 19. Support einer Nachformfräsmaschine bei selbsttätigem Vorschruppen eines Preßwerkzeuges für den Karosseriebau nach einem Holzmodell in waagerechten und senkrechten Zeilen

Schaltung hat den Vorzug, daß man in der Drehzahl der Motoren (*1a*) und (*1b*) weitgehend unabhängig ist.

Ist man nicht an verschiedene Drehzahlen gebunden, so lassen sich Antriebsmotor und Gleichlaufregelmaschine (*1a*) und (*1b*) wie in *Bild* 17 vereinigen. Im Läuferkreis darf dann nicht nur ein Strom für den Drehzahlausgleich fließen, ein verhältnismäßig großer Anteil muß für die Erzeugung des Antriebsmomentes bereitstehen. Dieser zusätzliche Strom entsteht über einen gemeinsamen Läuferwiderstand. Deswegen ist die gemeinsame Drehzahl lastabhängig. Die Schaltung ist nur dort zu empfehlen, wo keine großen Lastschwankungen auftreten. Wenn ein Antrieb eine große, der andere aber nur eine kleine Leistung abgeben muß, dienen Schaltungen nach *Bild* 18. Das gilt z.B. bei Vorschubantrieben für Drehmaschinen, bei denen ein Gleichlauf mit dem Hauptantrieb (*1*) verlangt wird, weil z.B. beim Gewindeschneiden der Vorschub der Arbeitsmaschine (*4b*) für jede Spindelumdrehung gleich bleiben muß.

E. Quellenhinweise

[*1*] Volk, P.: Neue Wege der Elektrotechnik bei der Ausrüstung von Werkzeugmaschinen. Siemens-Z. 25. Jg. (1951) S. 227–233.

[*2*] DRP. 745280 vom 2. 12. 43, Anmelder: Siemens-Schuckertwerke AG (Erfinder: G. E. King).

[*3*] Vafiadis, G.: Die Elektrotechnik an Werkzeugmaschinen. Progressus (1952) H. 4, S. 66 bis 73.

[*4*] Mohr, O.: Mechanische, hydraulische und elektrische Steuerung und Regelung bei Werkzeugmaschinen-Antrieben. Regelungstechnik 1. Jg. (1953) S. 274–280.

[*5*] Baisch, R.: Drehzahlregelung mit Magnetverstärker und Relais-Zweipunkt-Regler bei Werkzeugmaschinen. ETZ-A 78. Jg. (1957) S. 646–649.

[*6*] Bock, L.: Elektrische Gleichlaufantriebe an Werkzeugmaschinen. ETZ-A 78. Jg. (1957) S. 632–636.

[*7*] Cooney, J. D. u. Ledgerwood, B. K. 31 numerically-controlled point-to-point positioning systems. Control Engng. Bd. 5 (1958) Jan./Febr., S. 67–122 u. März, S. 99–114.

[*8*] Gerecke, E.: Übersicht über die vollautomatischen Steuerungen von Werkzeugmaschinen. Techn. Rdsch. Bern 49. Jg. (1957) Nr. 39, S. 1–5.

[*9*] Bauart Heyligenstaedt.

50. Faserstoffindustrie

Von G. Kessler

Inhaltsübersicht

A. Überblick

1. Aufbau der Herstellungsverfahren

Die Fertigungsprozesse in der Faserstoffindustrie gliedern sich in natürlicher Folge in die Hauptgruppen

Fertigungsbetriebe:	Hilfsbetriebe:
a) Stoffaufbereitung	a) Transport
b) Verarbeitung	b) Energieversorgung
c) Wickeln und Stapeln	

Die kontinuierliche Fertigung ist vorherrschend, wenn auch abschnittsweise mit verschiedenen technologisch bedingten Geschwindigkeiten gearbeitet und unterschiedlicher Warenanfall an den Übergängen durch Speicher aufgefangen wird. Insbesondere ist die *Stoffaufbereitung* häufig in kleinere in sich geschlossene Prozesse unterteilt, deren Ausstoß gesammelt und gemischt und in geeigneter Dosierung und Form den *Hauptarbeitsmaschinen* kontinuierlich zugeführt wird. Hier durchläuft die Ware meist in Form endloser Fäden, Stränge, Bänder oder Bahnen die verschiedenen Stufen mechanischer Verformung oder chemischer Behandlung und wird am Ausgang als Halb- oder Fertigfabrikat in großen Längen aufgewickelt oder gestapelt und für weitere Verarbeitung vorbereitet. Zwischen verschiedenen Arbeitsgruppen muß der Übergang durch *Transporteinrichtungen* flüssig vermittelt werden. Die *Energieversorgung* muß die für die Fertigung benötigte Energie in der geeigneten Form und unter geeigneten Bedingungen zur Verfügung stellen.

2. Aufgaben der Regelung

Den im Zuge der Rationalisierung bei steigenden Produktionsgeschwindigkeiten wachsenden Anforderungen an Güte und Gleichmäßigkeit der Ware kann nur durch zunehmende Einführung der selbsttätigen Leitung und Kontrolle der Arbeitsvorgänge Genüge geleistet werden. Ihre Aufgabe ist die Regelung der verschiedenen Zustandsgrößen, die einmal bei den chemischen und technologischen Behandlungen des Stoffes und zum anderen bei der Zuordnung der Arbeitsvorgänge beim Warendurchlauf beteiligt sind. Diese beiden Gruppen von Regelgrößen sind sehr häufig funktionell miteinander verknüpft, wodurch eine Komplizierung der Regeleinrichtung unvermeidlich wird. Trotzdem läßt sich nach dem Grad dieser Verknüpfung und der daraus folgenden Problemstellung eine Zweiteilung der Regelaufgaben treffen in „*Regelung unabhängiger Größen*“ und „*Regelung in Gleichlaufanordnungen*“.

Regelung unabhängiger Größen. Diesen Regelkreisen obliegt im Rahmen selbständiger Teilprozesse die Konstanthaltung der dazugehörigen Betriebsgrößen (z.B. der Stoffkonsistenz am Einlauf einer Papiermaschine, der Temperatur bei der Trocknung). Die Genauigkeit dieser Regelungen ist in erster Linie durch die verlangte Gleichmäßigkeit des Arbeitsvorganges gegeben. Ein nicht minder wichtiger Auftrag kann aber auch darin liegen, die Einwirkung der in diesem Kreis geregelten Größe als Störgröße auf einen anderen Teil der Fertigung klein zu halten (z.B. den Einfluß der Trocknungstemperatur auf die Spannung beim Durchlauf der Bahn durch eine Papiermaschine). Hierzu gehört auch die Regelung der Größen der Energieversorgung (z. B. Spannung, Dampfdruck). Die Sollwerte dieser Regelkreise werden meist als Festwerte durch ein übergeordnetes Programm gegeben.

Besonders in der Stoffaufbereitung, welche die chemische und mechanische Behandlung und Vorbereitung der Grundstoffe umfaßt, ist eine große Anzahl wärme- und verfahrenstechnischer Regelanlagen vorhanden, wie z. B. bei der Aufbereitung des Zellstoffes, der als Ausgangsprodukt für die Papier- und Faserherstellung dient (s. Kapitel 43, Abschnitt D6 und 7).

Regelung in Gleichlaufanordnungen. Diese in Bedeutung und Schwierigkeitsgrad herausragende Gruppe von Regelungen erhält ihre Aufgaben aus dem *Durchlauf* des Gutes durch die Arbeitsmaschinen und die in vielen Fällen direkt damit verbundenen Prozesse, insbesondere der mechanischen Einwirkung. Bei in sich mechanisch kraftschlüssigen Arbeitsmaschinen genügt allein die Regelung der Antriebsgeschwindigkeit. Die zunehmende Größe und Leistung der Maschinen führt zur Auflösung der mechanischen Kraftübertragung und zur Bildung von unabhängig (meist elektrisch) angetriebenen Teileinheiten, wobei an Stelle der starren mechanischen Kupplung eine selbsttätige Regelung treten muß, die die funktionellen Zusammenhänge der Teilprozesse gewährleistet. (Sie bietet zugleich, insbesondere bei elektrischen Antrieben, eine wesentlich weitergehende Möglichkeit der Anpassung an die Parameter der Produktion.) Bei solchen Anordnungen wird im folgenden allgemein von „Gleichlauf" gesprochen, wenn die Drehzahlen der zugeordneten Teilantriebe stets in solchen Relationen gehalten werden, daß die Ware unter den gewünschten Bedingungen störungsfrei durchlaufen kann, gleichgültig, mit welchen Mitteln dies erreicht wird.

Die kontinuierliche Fortführung der Warenbahn wird im allgemeinen durch rotierende Walzen oder ähnliche Einrichtungen übernommen, die das Gut durch Haftung über die „Arbeitsstrecken" befördern (*Bild* 1). Sie können dabei einmal die Aufgaben des reinen Transportes haben, wenn der Arbeitsprozeß im Raum zwischen zwei Walzenpaaren stattfindet, z. B. beim Durchlauf durch Bäder. Zum anderen können beide Walzenpaare direkt am Prozeß beteiligt sein, etwa wenn eine Warenbahn auf eine größere Länge verstreckt wird oder den Raum zwischen den Walzenpaaren unter bestimmtem Zug durchlaufen muß. In allen Fällen muß der Übergang zwischen zwei Klemmstellen unter Einhaltung bestimmter Größen an der Ware („Arbeitsgrößen", „Verbindungsgrößen") stattfinden, die durch die technologischen Bedingungen des Prozesses gegeben werden. Diese Größen sind die eigentlichen Regelgrößen; die wichtigsten sind: freie Länge, Dehnung, Zugspannung. Ihre Einhaltung ist für den eigentlichen Arbeitsvorgang und zugleich für den kontinuierlichen Durchlauf maßgebend. Sie können durch verschiedene Para-

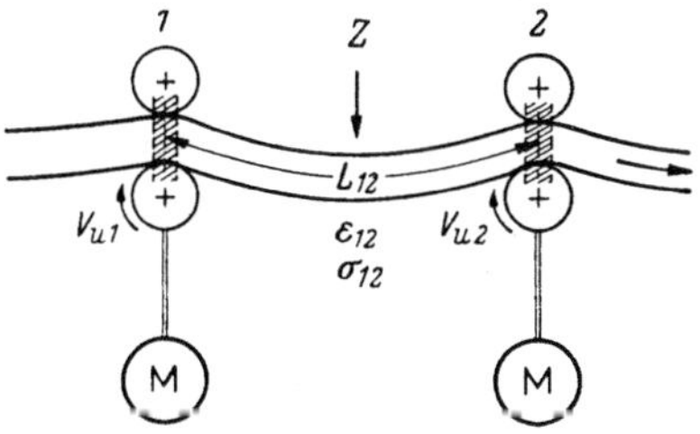

1–2 Arbeitsstrecke
V_{u1}, V_{u2} } Umfangsgeschwindigkeit der Walzen
Z Störgröße, z. B. Temperatur, Feuchte
Arbeitsgrößen:
L_{12} Länge der Warenbahn
ε_{12} Dehnung in der Warenbahn
σ_{12} Zugspannung in der Warenbahn
Schraffiert: Klemmbereiche

Bild 1. Schema einer Gleichlaufanordnung mit zwei Antrieben

meter beeinflußt werden: einmal durch die Geschwindigkeiten und Kräfte am Umfang beider Walzenpaare, sodann durch andere, gleichzeitig auf die Warenbahn einwirkende Größen (z.B. Temperatur, Feuchte).

Die direkte Messung der „Arbeitsgrößen" ist oft nicht möglich, wenn Meßgeber nicht direkt an das Arbeitsgut herangebracht werden können, ohne die Fertigung zu behindern. Man muß dann geeignete *Ersatzregelgrößen* benutzen und bestrebt sein, die aus dem Regelkreis ausgeschiedene Strecke zwischen Ersatzgröße und Arbeitsgröße funktionell möglichst eindeutig und von Störgrößen frei zu halten (Strecke S2 in *Bild* 2).

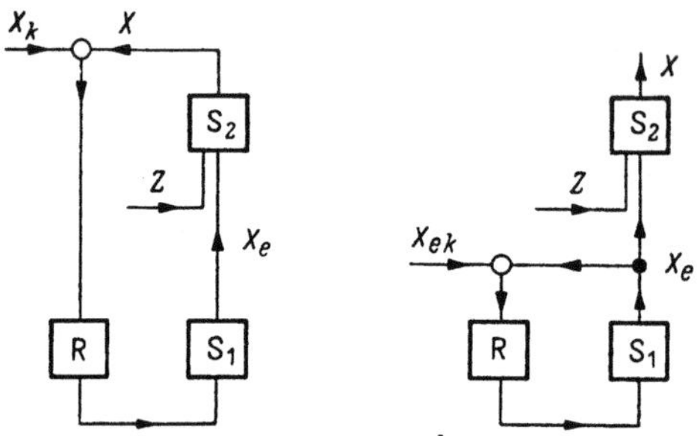

a b

S1, S2 } Teilstrecken des Regelobjektes
R Regler
Z Störgröße
X Arbeitsgröße
X_k Vergleichsgröße zur Arbeitsgröße
X_e Ersatzregelgröße
X_{ek} Vergleichsgröße zur Ersatzregelgröße

Bild 2. Regelung der Arbeitsgröße
a) direkt, b) über Ersatzregelgröße

Als Ersatzgröße bietet sich zuerst die Umfangsgeschwindigkeit bzw. die Antriebsdrehzahl der Walzen an, die auf natürliche Weise mit dem Durchlauf der Ware verbunden sind. Dadurch wird das Problem der Gleichlaufanordnung weitgehend zu einer Aufgabe der Geschwindigkeitsregelung.

Die optimale Verteilung des Aufwandes zwischen Mitteln zur Kleinhaltung der Störgrößen und solchen zur eindeutigen direkten Messung der Arbeitsgrößen muß nach technischen und wirtschaftlichen Gesichtspunkten erfolgen. Bei kleinen Störgrößen mit großen Zeitkonstanten, z.B. Änderungen der Raumtemperatur, kann noch weitgehend der Mensch eingeschaltet werden, der als Überwachungsorgan nicht entbehrlich ist.

Da das Problem der Regelung in Gleichlaufanordnungen in der Faserstoffindustrie in zahlreichen Varianten und Schwierigkeitsgraden auftritt, sollen die grundsätzlichen Eigenschaften und Anforderungen zusammenfassend erörtert werden [5].

B. Gleichlaufanordnungen mit kontinuierlicher Warenbahn

1. Schema und Arbeitsgrößen

Ein großer Teil der Anordnungen in der Faserstoffindustrie kann an Hand von *Bild* 3 erklärt werden. Eine Warenbahn von etwa gleichmäßigem Querschnitt wird durch ein von einem Motor angetriebenes Walzenpaar (*1*) mit der Umfangsgeschwindigkeit V_{u1} in die „Arbeitsstrecke" (*1*—*2*) eingeführt und auf gleiche Weise durch das Walzenpaar (*2*) mit V_{u2} abgeführt, wobei Anpreßvorrichtungen einen Transport ohne Gleitschlupf gewährleisten. In *Bild* 3a wird die Warenbahn durch die festen Umlenkwalzen (*3*, *4*) und die bewegliche Tänzerwalze (*5*) in zwei Abschnitte (*1*—*3*) und (*4*—*2*) von *fester* Länge und einen Abschnitt (*3*—*5*—*4*) von *veränderlicher* Länge aufgeteilt. Durch Festlegung der Walze (*5*) geht die Anordnung mit *freier* Länge in eine Anordnung mit *vorgegebener*

Länge über (*Bild* 3b). Durch diese Vereinfachung können die Varianten des Warenlaufes dargestellt werden.

Das Material hat meist sowohl elastischen als auch plastischen Charakter. Seine Eigenschaften, d.h. die Warengeschwindigkeit V_w, Querschnitt F, Wichte γ, Dehnung ε und Längsspannung σ, erfahren im Rahmen des Arbeitsprozesses beim Durchgang durch die Walzenspalte und innerhalb der Arbeitsstrecken *gewünschte*

1, *2* Walzenpaar mit Antrieb
3, *4* Umlenkwalzen
5 Tänzerwalze, feststellbar
G_t Gewicht der Tänzerwalze
L_{12} Länge der Warenbahn über alle Walzen, Augenblickswert
L_{120} Länge der Warenbahn über alle Walzen, Beharrungswert
V_{w01}, V_{w12} Geschwindigkeit der Warenbahn
V_{u1}, V_{u2} Umfangsgeschwindigkeit der Walzen
F_{01}, F_{12} Querschnitt der Warenbahn
γ_{01}, γ_{12} Wichte der Warenbahn
ε_{01}, ε_{12} Dehnung in der Warenbahn
σ_{01}, σ_{12} Zugspannung in der Warenbahn

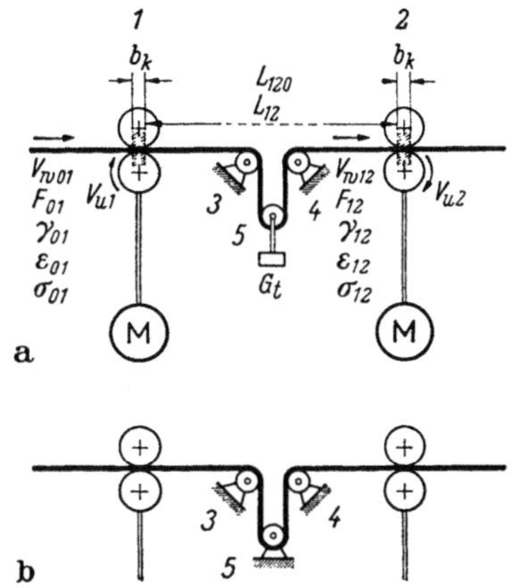

Bild 3. Arbeitsstrecke einer Gleichlaufanordnung

a) Mit freier Länge der Warenbahn
b) Mit vorgegebener Länge der Warenbahn

Veränderungen, z.B. durch Quetschen, Quellen, Schrumpfen, Dehnen. *Aufgabe der Regelung* ist es, gegenüber *ungewünschten* Schwankungen der Parameter F, γ, ε, σ, V_w, V_u die Antriebe über die *Geschwindigkeit* V_u (Drehzahl) so zu beeinflussen, daß

1. der *Durchlauf ohne Stau oder Riß* erfolgt, d.h. im *Mittel* durch Antrieb (*1*) nicht mehr zugeführt als durch (*2*) abgeführt wird, wobei die Bewegungen der in der Arbeitsstrecke gespeicherten Ware innerhalb gegebener Grenzen bleiben müssen,

2. bestimmte für das Verfahren wichtige *Arbeitsgrößen innerhalb der Arbeitsstrecke mit vorgeschriebener Genauigkeit eingehalten werden.*

Die zweite Forderung enthält drei bedeutsame Gruppen von Arbeitsstrecken:

Gruppe a: Arbeitsstrecke mit freier Bahnlänge. Die Ausdehnung der in der Strecke vorhandenen Ware in Transportrichtung ist innerhalb der gegebenen Grenzen ungehindert und ohne Einfluß auf die Eigenschaften F, γ, ε, σ. Arbeitsgrößen sind *Länge*, *Volumen* oder *Gewicht*.

Gruppe b: Arbeitsstrecke mit erzwungener Bahnlänge. Die Länge der Bahn in der Arbeitsstrecke ist vorgegeben, und Änderungen des gespeicherten Gewichtes müssen sich auf F und γ unter Entstehung von Dehnung bzw. Spannung auswirken. Arbeitsgrößen sind *Dehnung* oder *Spannung*.

Gruppe c: Arbeitsstrecke mit Markierungen. Eine der Ware am Walzenpaar (*1*) mitgeteilte Markierung soll mit einer an (*2*) auftretenden Marke zusammenfallen, wobei die Bahnlänge frei (*a*) oder gespannt (*b*) geführt sein kann. Arbeitsgröße ist die *Phasenlage* der Marken unter Berücksichtigung der Laufzeit (*1*–*2*).

2. Übergangsfunktionen

Zur Ermittlung des zeitlichen Zusammenhanges zwischen Geschwindigkeit V_u und Arbeitsgröße wird die Anordnung nach *Bild* 3 in der Weise idealisiert, daß das Material als vollkommen homogen und elastisch angenommen wird und keine äußeren Kräfte außerhalb der Klemmstellen einwirken sollen. Für diesen Fall zeigt *Bild* 4 die kennzeichnenden Größen für die gespannte Bahn. Die Warenbahn durchläuft in jedem Augenblick die Arbeitsstrecken mit gleichbleibenden Eigenschaften F_{01}, γ_{01}, ε_{01} und σ_{01} vor dem Walzenpaar (*1*) und F_{12}, γ_{12}, ε_{12} und σ_{12} vor dem Walzenpaar (*2*). Alle örtlichen Änderungen dieser Eigenschaften beim Übergang von einer Arbeitsstrecke zur nächsten spielen sich innerhalb des Klemmbereiches b_K der Walzenpaare ab und dort wieder innerhalb eines Dehnungsbereiches b_ε, in dem die gesamten resultierenden Kräfte zwischen Ware und Walzen unter Dehnungsschlupf $(V_w - V_u)$ übertragen werden und dessen Breite von diesen Kräften und von der Reibungziffer sowie vom Anpreßdruck abhängt. Die Warengeschwindigkeit V_w stimmt in *jedem Augenblick* auf der *auf*laufenden Seite der Walzen im Bereich $(b_k - b_\varepsilon)$ mit deren Umfangsgeschwindigkeit V_u überein, im *Beharrungszustand* auch längs der vorhergehenden Arbeitsstrecke [1, 70]. Dieses geschwindigkeitsorientierte Verhalten hat auch zur Folge, daß bei starr gegebenen Umfangsgeschwindigkeiten äußere Krafteinwirkungen auf die Warenbahn nur auf nachfolgende, aber nicht auf vorhergehende Arbeitsstrecken übertragen werden.

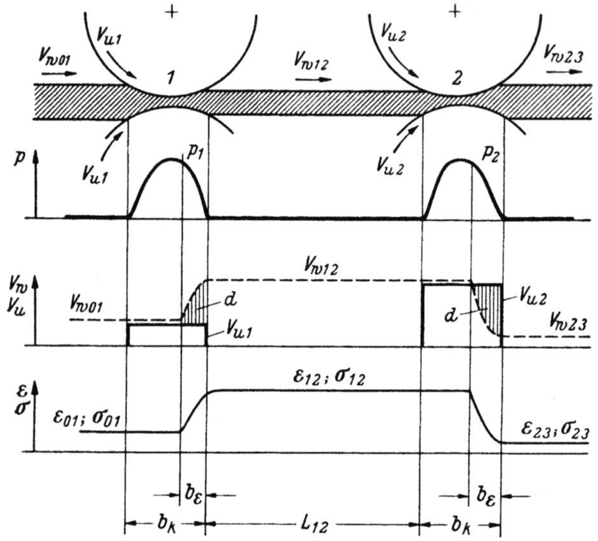

1, *2* } Walzenspalt
p Anpreßdruck auf die Ware zwischen den Walzen
V_w Warengeschwindigkeit
V_u Umfangsgeschwindigkeit der Walzen
ε Elastische Dehnung der Warenbahn
σ Zugspannung in der Warenbahn
L_{12} Länge der Warenbahn ($\gg b_k$)
b_k Klemmbereich
b_ε Dehnungsbereich
d Dehnungsschlupf

Bild 4. Verlauf von Geschwindigkeit, Dehnung und Spannung längs der Arbeitsstrecke (1 – 2) beim Durchlauf elastischer Ware durch zwei Walzenpaare im Beharrungszustand

Die *zeitliche Änderung* der Arbeitsgrößen L_{12}, ε_{12}, σ_{12} an der Warenbahn bei Änderungen der Umfangsgeschwindigkeit ergibt sich aus dem Verhalten des in der Arbeitsstrecke (*1*–*2*) gespeicherten Warengewichtes

$$G_{12} = F_{12}\,\gamma_{12}\,L_{12} \tag{1}$$

Die augenblickliche Differenz von Zufuhr und Abfuhr, die durch die Zustandsgrößen an den auflaufenden Seiten (mit $V_{w01} = V_{u1} = V_1(t)$ und $V_{w12} = V_{u2}$

$= V_2(t)$ in *Bild* 4) gegeben sind, bestimmt die zeitliche Änderung des Speichergewichtes

$$\frac{\mathrm{d}\,G_{12}}{\mathrm{d}\,t} = F_{01}\,\gamma_{01}\,V_1 - F_{12}\,\gamma_{12}\,V_2 \tag{2}$$

Aus Gl. (1) und (2) folgt somit die gesamte Beschreibung des Vorganges durch die Differentialgleichung

$$\frac{\mathrm{d}\,(F_{12}\,\gamma_{12}\,L_{12})}{\mathrm{d}\,t} = F_{01}\,\gamma_{01}\,V_1 - F_{12}\,\gamma_{12}\,V_2 \tag{3}$$

Der Zusammenhang zwischen Querschnitt F, Wichte γ und der Dehnung $\varepsilon = \Delta L/L$, wobei L die Länge in entspanntem Zustand bedeutet, ist wegen der Konstanz des Gewichtes gegeben durch

$$F_{12}\,\gamma_{12}\,(1 + \varepsilon_{12}) = F_{01}\,\gamma_{01}\,(1 + \varepsilon_{01}) \tag{4}$$

Folgt das Material dem Hookeschen Gesetz (Elastizitätsmodul E), so entsteht bei Dehnung ε eine elastische Zugspannung

$$\sigma = \varepsilon\,E \tag{5}$$

Der *Beharrungszustand* ergibt sich mit $\mathrm{d}/\mathrm{d}t = 0$ aus Gl. (3) und Gl. (4) zu

$$\nu_{21} = \frac{F_{01}\,\gamma_{01}}{F_{12}\,\gamma_{12}} = \frac{1 + \varepsilon_{12}}{1 + \varepsilon_{01}} = \frac{V_2}{V_1} \tag{6}$$

Die als „Verzug" oder „Verstreckung" bezeichnete Größe ν_{21} enthält die Änderung der Dehnung beim Durchgang durch die Klemmstelle (*1*) (vgl. *Bild* 4) und ist dem Verhältnis der Geschwindigkeiten proportional, wobei es gleichgültig ist, ob die Verformung elastisch oder bleibend ist. Der Verzug bleibt auch nach einem Stillstand $V_1 = V_2 = 0$ erhalten, wenn die in der Zeit t durchgelaufenen Längen $V_1 t$, $V_2 t$ bzw. die zugehörigen Drehwinkel φ_1, φ_2 in demselben Verhältnis bleiben. Die Dehnung ist demnach

$$\varepsilon_{12} = \left(\frac{V_2}{V_1} - 1\right) + \varepsilon_{01}\,\frac{V_2}{V_1} \tag{7}$$

In der Arbeitsstrecke (*1—2*) ist also im stationären Zustand die Dehnung ε_{12} und bei elastischer Ware die Zugspannung σ_{12} durch das Verhältnis V_2/V_1 der *benachbarten* Umfangsgeschwindigkeiten *und* durch die Dehnung ε_{01} der *vorhergehenden* Strecke bestimmt.

Die *Übergangsfunktionen* zeigen den zeitlichen Verlauf der Auswirkung von Geschwindigkeitsänderungen $\Delta\,V_1$ bzw. $\Delta\,V_2$ auf die Speichergrößen F_{12}, γ_{12}, L_{12} gegenüber dem Gleichgewichtszustand nach Gl. (6). Sie hängt davon ab, ob (in *Bild* 3) die Tänzerwalze (*5*) frei beweglich oder festgehalten ist, d.h., ob der Speicher in seiner Längenausdehnung frei (Gruppe a) oder festgelegt ist (Gruppe b). Die unterschiedliche Reaktion auf die Zu- und Abfuhr in Längsrichtung zeigt sich in der Auswertung von Gl. (3), wenn die Differentiation weitergeführt wird:

$$\frac{\mathrm{d}\,L_{12}}{\mathrm{d}\,t}\,(F_{12}\,\gamma_{12}) + \frac{\mathrm{d}\,(F_{12}\,\gamma_{12})}{\mathrm{d}\,t}\,L_{12} = F_{01}\,\gamma_{01}\,V_1 - F_{12}\,\gamma_{12}\,V_2 \tag{8}$$

Gruppe a: Arbeitsstrecke mit freier Bahnlänge (*Bild* 3a). Da die Tänzerwalze beweglich ist, erzeugt ihr Gewicht G_t eine konstante von der Länge unabhängige Spannung $\sigma_{12} = G_t/2F_{12}$ und eine Dehnung $\varepsilon_{12} = \sigma_{12}/E$, wenn das Eigengewicht der Bahn und Beschleunigungskräfte vernachlässigt werden. Bei dieser Dehnung kann eine stabile Lage nach Gl. (7) nur durch einen einzigen Wert von V_2/V_1 aufrechterhalten werden, der auch von der Dehnung ε_{01} abhängig ist. Abweichungen ΔV_1 bzw. ΔV_2 vom Gleichgewicht können nur die freie Länge beeinflussen, so daß Gl. (8) mit $\mathrm{d}(F_{12}\gamma_{12})/\mathrm{d}t = 0$ und Gl. (6) übergeht in

$$\frac{\mathrm{d}L_{12}}{\mathrm{d}t} = \frac{V_2}{V_1}\Delta V_1 - \Delta V_2 \tag{9}$$

Die *Übergangsfunktion* nimmt integralen Charakter an:

$$\Delta L_{12} = \left(\frac{V_2}{V_1}\Delta V_1 - \Delta V_2\right)t \tag{10}$$

Sie lautet normiert auf die Länge $L_{12} = L_{120}$ des Anfangszustandes und auf die Geschwindigkeit V_2

$$\frac{\Delta L_{12}}{L_{120}} = \left(\frac{\Delta V_1}{V_1} - \frac{\Delta V_2}{V_2}\right)\frac{t}{T_{12}} \quad \text{mit} \quad T_{12} = \frac{L_{120}}{V_2} \quad \text{und} \quad \varepsilon_{01} = \text{konst.} \tag{11}$$

Die charakteristische Zeit T_{12} ist die Laufzeit eines Punktes der Warenbahn zwischen (*1*) und (2) bei der Geschwindigkeit V_2.

Wird bei konstant gehaltenen Geschwindigkeiten die Dehnung ε_{12} um $\Delta\varepsilon_{12}$ (z.B. durch Änderung des Gewichtes der Tänzerwalze) oder die einlaufende Dehnung ε_{01} um $\Delta\varepsilon_{01}$ geändert, so wird die Stabilität ebenfalls gestört, und die freie Länge ändert sich nach Gl. (8) mit Gl. (6) mit einer gleichartigen Übergangsfunktion

$$\frac{\Delta L_{12}}{L_{120}} = \left(\frac{\Delta\varepsilon_{12}}{1+\varepsilon_{12}} - \frac{\Delta\varepsilon_{01}}{1+\varepsilon_{01}}\right)\frac{t}{T_{12}} \quad \text{mit} \quad T_{12} = \frac{L_{120}}{V_2} \quad \text{und} \quad V_1, V_2 = \text{konst.} \tag{12}$$

In kleinen Bereichen können die Änderungen nach Gl. (11) und (12) überlagert werden.

Der gleiche integrale Verlauf ergibt sich, wenn statt der Länge L_{12} das Volumen V_{12} oder das Gewicht G_{12} der gespeicherten Ware gemessen wird. Mit Gl. (10) ist ferner auch die Differenz der am Umfang zurückgelegten Wege bzw. der Drehwinkel $\varphi_1 - \varphi_2$ ein Maß für ΔL_{12}.

Gruppe b: Arbeitsstrecke mit erzwungener Bahnlänge (*Bild* 3b). Wenn die Tänzerwalze festgehalten wird, können Dehnung und Spannung *beliebige* nach Gl. (7) durch V_2/V_1 und ε_{01} bestimmte Gleichgewichtszustände annehmen, solange die Bahn nicht durchhängt oder reißt. Da die Bahnlänge in diesem Bereich festgelegt ist, müssen Änderungen des Speichergewichtes bei Geschwindigkeitsänderungen ΔV_1 oder ΔV_2 auf die Dimensionen F_{12}, γ_{12} ausweichen, wodurch das abgeführte Gewicht so lange geändert wird, bis ein neues Gleichgewicht entsteht. Mit $L_{12} = L_{120} = \text{konst.}$ und $\mathrm{d}L_{12}/\mathrm{d}t = 0$ geht Gl. (8) über in die Differentialgleichung

$$\frac{L_{120}}{V_2}\frac{\mathrm{d}}{\mathrm{d}t}\left(\frac{F_{12}\gamma_{12}}{F_{01}\gamma_{01}}\right) + \frac{F_{12}\gamma_{12}}{F_{01}\gamma_{01}} = \frac{V_1}{V_2} \tag{13}$$

Ihre allgemeine Lösung hat einen exponentiellen Anteil:

$$\frac{F_{12}\gamma_{12}}{F_{01}\gamma_{01}} = \frac{V_1}{V_2} + C\,\mathrm{e}^{-\frac{t}{T_{12}}} \quad \text{mit} \quad T_{12} = \frac{L_{120}}{V_2} \tag{14}$$

Änderungen von F_{12} und γ_{12} sind nach Gl. (4) nur bei Änderung der Dehnung ε_{12} möglich, und zwar in umgekehrtem Verhältnis, so daß ein nichtlineares Verhalten entsteht. Für kleine Änderungen lautet die *Übergangsfunktion* für Geschwindigkeitsänderungen

$$\frac{\Delta \varepsilon_{12}}{1+\varepsilon_{12}} \approx \left(\frac{\Delta V_2}{V_2} - \frac{\Delta V_1}{V_1}\right)\left(1 - e^{-\frac{t}{T_{12}}}\right) \quad \text{mit} \quad T_{12} = \frac{L_{120}}{V_2} \quad \text{und} \quad \varepsilon_{01} = \text{konst.} \tag{15}$$

Bei größeren Änderungen treten Abweichungen auf [2, 70].

Eine Änderung $\Delta\varepsilon_{01}$ der Dehnung der *vorgehenden* Strecke (*0—1*) wird stets auf die *folgende* Strecke (*1—2*) übertragen. Hält man dabei die Umfangsgeschwindigkeiten konstant, so lautet nach Gl. (14) mit Gl. (6) der zeitliche Verlauf

$$\left.\begin{aligned} &\frac{\Delta \varepsilon_{12}}{1+\varepsilon_{12}} \approx \frac{\Delta \varepsilon_{01}}{1+\varepsilon_{01}}\left(1 - e^{-\frac{t}{T_{12}}}\right) \\ &\text{mit} \quad T_{12} = \frac{L_{120}}{V_2} \\ &\text{und} \quad V_1, V_2 \ldots = \text{konst.} \end{aligned}\right\} \tag{16}$$

In kleinen Bereichen können die Änderungen nach Gl. (15) und (16) überlagert werden.

Die elastische Spannung σ_{12} folgt der Dehnung nach Gl. (5).

Zu beachten ist, daß bei gespannter Bahn Betrag und Zeitkonstante von der auslaufenden Geschwindigkeit V_2 abhängig sind. Das nichtlineare Verhalten bei verschiedenem Geschwindigkeitsniveau wird deutlicher, wenn alle Geschwindigkeiten auf einen festen beliebigen (z.B. maximalen) Bezugswert V_0 bezogen werden, wie dies für beide Gruppen für ein gegebenes stationäres Verhältnis V_2/V_1 in *Bild* 5 dargestellt ist.

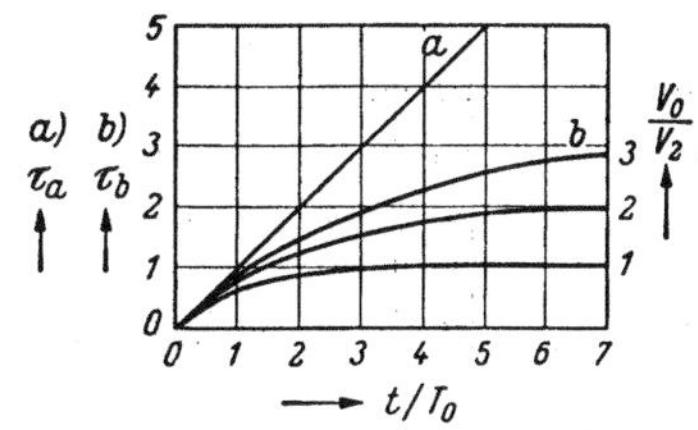

a) Bei freier Länge der Warenbahn (nach Gl. 11)

$$\tau_a = \frac{\frac{\Delta L_{12}}{L_0}}{\frac{\Delta V_1}{V_0}\frac{V_2}{V_1} - \frac{\Delta V_2}{V_0}} = \frac{t}{T_0}$$

b) Bei vorgegebener Länge der Warenbahn (nach Gl. 15)

$$\tau_b = \frac{\frac{\Delta \varepsilon_{12}}{1+\varepsilon_{12}}}{\frac{\Delta V_2}{V_0} - \frac{\Delta V_1}{V_0}\frac{V_2}{V_1}} = \frac{V_0}{V_2}\left(1 - e^{-\frac{t}{T_0}\frac{V_2}{V_0}}\right)$$

V_0 beliebige Bezugsgeschwindigkeit

$$T_0 = \frac{L_{120}}{V_0}$$

Bild 5. Übergangsfunktionen der Arbeitsgrößen in der Arbeitsstrecke (1 — 2)

Der vollständige Zusammenhang der Arbeitsgrößen L und ε ergibt sich für eine Arbeitsstrecke (*1—2*) aus der Überlagerung der Gl. (11) mit (12) und der Gl. (15) mit (16):

Gruppe a, Arbeitsgröße: freie Länge

$$\frac{\Delta L_{12}}{L_{120}} \approx \left(\frac{\Delta V_1}{V_1} - \frac{\Delta V_2}{V_2} + \frac{\Delta \varepsilon_{12}}{1+\varepsilon_{12}} - \frac{\Delta \varepsilon_{01}}{1+\varepsilon_{01}}\right)\frac{t}{T_{12}} \quad \text{mit} \quad T_{12} = \frac{L_{120}}{V_2} \tag{17}$$

Gruppe b, Arbeitsgröße: Dehnung und Spannung

$$\frac{\Delta \varepsilon_{12}}{1+\varepsilon_{12}} \approx \left(-\frac{\Delta V_1}{V_1} + \frac{\Delta V_2}{V_2} + \frac{\Delta \varepsilon_{01}}{1+\varepsilon_{01}}\right)\left(1 - e^{-\frac{t}{T_{12}}}\right) \quad \text{mit} \quad T_{12} = \frac{L_{120}}{V_2} \tag{18}$$

Die aus diesen Übergangsfunktionen resultierenden Blockschaltpläne sind in *Bild* 6 am Beispiel einer Gleichlaufanordnung mit zwei Arbeitsstrecken mit freier Länge

(*1–2, 2–3*) und drei Arbeitsstrecken mit vorgegebener Länge (*3–4, 4–5, 5–6*) dargestellt. Man erkennt, daß jede Geschwindigkeitsänderung auf die Arbeitsgrößen der vorhergehenden *und* der nachfolgenden Strecke einwirkt. Gleichzeitig werden Dehnungsänderungen unabhängig von den Geschwindigkeiten in Trans-

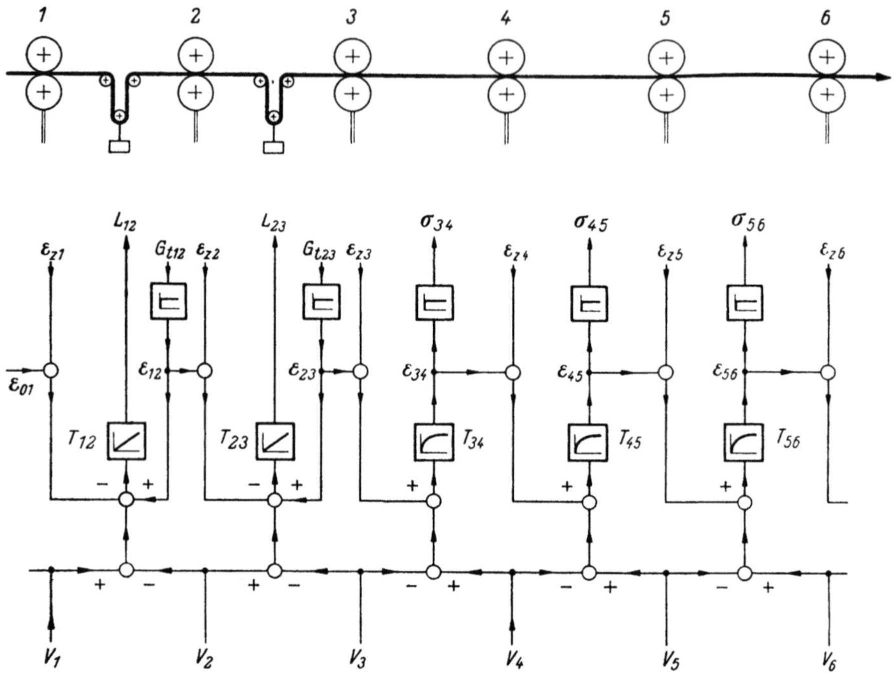

V_1 bis V_6 Umfangsgeschwindigkeit der Walzenpaare
L_{12}, L_{23} Freie Länge der Warenbahn – Arbeitsgrößen in den Strecken (*1 – 2, 2 – 3*)
G_{t12}, G_{t23} Gewicht der Tänzerwalzen
ε_{12}, ε_{23} Dehnung der Warenbahn
ε_{34}, ε_{45}, ε_{56} Dehnung der Warenbahn } Arbeitsgrößen in den Strecken
σ_{34}, σ_{45}, σ_{56} Spannung in der Warenbahn } (*3 – 4, 4 – 5, 5 – 6*)
T_{12} bis T_{56} Zeitkonstanten der Übergangsfunktionen
ε_{z1} bis ε_{z6} Störgrößen an den Walzen, auf die Dehnungen einwirkend

Bild 6. Blockschaltpläne von Arbeitsstrecken (1 – 2, 2 – 3) mit freier Länge und Arbeitsstrecken (3 – 4, 4 – 5, 5 – 6) mit vorgegebener Länge der Warenbahn auf Grund der Zusammenhänge nach Gl. (17) und (18)

portrichtung übertragen. Sie pflanzen sich bei gespannter Bahn (Gruppe b) wellenartig über die Antriebe fort, werden aber in Strecken mit freier Länge (Gruppe a) aufgehalten und in Instabilität umgesetzt. Solche Dehnungsänderungen können auch von außen, z.B. durch Erwärmung der Walzen als Störgröße ε_z oder durch Änderung des Gewichtes G_t der Tänzerwalze eintreten.

Demnach bewirkt z. B. eine Änderung $+\varDelta V_3$ über T_{23} eine Verkürzung der Länge L_{23} und zugleich über T_{34} eine Dehnungsänderung $-\varDelta \varepsilon_{34}$, die mit gleichem Betrag auf ε_{45}, ε_{56} usw. übertragen wird. Eine Änderung z. B. $+\varDelta V_4$ bewirkt über T_{45} eine Änderung $-\varDelta \varepsilon^*_{45}$ in der folgenden, über T_{34} eine Änderung $+\varDelta \varepsilon_{34}$ in der vorhergehenden Strecke. Letztere erzeugt über T_{45} ebenfalls eine Änderung $+\varDelta \overset{**}{\varepsilon}_{45}$, die sich mit $-\varDelta \varepsilon^*_{45}$ überlagert und nach einem Übergang 2. Ordnung zu einem stationären Wert $\varDelta \varepsilon_{45} = \varDelta \overset{**}{\varepsilon}_{45} - \varDelta \varepsilon^*_{45} = 0$ führt.

Bei Anordnungen mit waagerecht frei gespannter Warenbahn verursacht das Eigengewicht der Bahn eine Zugspannung bzw. Dehnung, die aus geometrischen Gründen von der Tiefe des dabei entstehenden Durchhanges abhängig ist, besonders bei kleinen Tiefen (*Bild* 7a). Diese Spannung wird nach Gl. (5, 6) von einem entsprechenden Geschwindigkeitsverhältnis aufgenommen, so daß eine Änderung der Geschwindigkeiten gleichzeitig eine Änderung der Spannung *und* der Länge

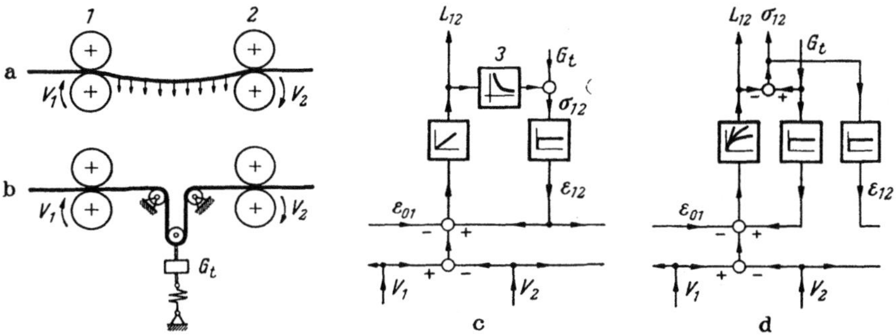

V_1, V_2 } Umfangsgeschwindigkeit
L_{12} Länge der Warenbahn
σ_{12} Spannung in der Warenbahn
ε_{01}, ε_{12} } Dehnung der Warenbahn
G_t Gewicht der Tänzerwalze
3 Zusammenhang zwischen Länge L_{12} und Spannung σ_{12}

Bild 7. Warenbahn mit Spannung durch Eigengewicht oder Federkraft

a) Anordnung mit Eigengewicht
b) Anordnung mit federgespannter Tänzerwalze
c) Blockschaltplan
d) Ersatzblockschaltplan

verursacht. Das gleiche Verhalten zeigt sich, wenn die Tänzerwalze nach *Bild* 7b mit einer Feder gespannt wird. Für diese Anordnungen ist der Blockschaltplan nach *Bild* 7c zu erweitern. Die Bahnspannung σ_{12} ist jetzt nicht allein durch das Gewicht G_t der Tänzerwalze bestimmt, sondern wird auch durch die veränderliche Länge L_{12} in der Weise beeinflußt, daß die Spannung mit zunehmender Länge linear abnimmt. Bei frei gespannte Bahn ist dieser Einfluß nichtlinear, wie durch Blockbild (*3*) in *Bild* 7c dargestellt ist. Dadurch tritt über die Dehnung ε_{12} eine Rückführung ein, die der Längenänderung entgegenwirkt und die Übergangsfunktion in ein verzögert proportionales Verhalten nach Gruppe *b* umbiegt, so daß in kleinen Bereichen ein Blockschaltplan nach *Bild* 7d als Ersatz gelten kann [*70*].

Welcher Gruppe eine Anordnung zuzuordnen ist, kann an der Auswirkung einer kleinen Änderung ΔV geprüft werden: Stellt sich ein neuer stabiler Zustand ein, so gilt das proportionale Verhalten nach Gruppe *b*; läuft die Länge ungehindert bis an die Grenzlagen, so liegt ein integrales Verhalten nach Gruppe *a* vor.

Obwohl die in der Faserstoffindustrie verarbeiteten Materialien sehr inhomogen aufgebaut sind und neben elastischen auch starke plastische Komponenten enthalten, können die abgeleiteten Beziehungen doch in weitem Maße angewandt werden.

3. Kräfte

Bild 8a zeigt die Verteilung der Kräfte an einem Walzenpaar. Die Kraft P_{12} auf die Warenbahn in der Arbeitsstrecke (*1* –*2*) resultiert in jedem Augenblick aus

$$P_{12} = \left(M_2 - \Theta_2 \frac{\mathrm{d}\Omega_2}{\mathrm{d}t}\right) \frac{1}{R_2} + P_{23} \tag{19}$$

Tabelle 1. *Anordnungen von Arbeitsstrecken mit freier Länge der Warenbahn (Gruppe a) Messung der Arbeits- und Ersatzregelgrößen*

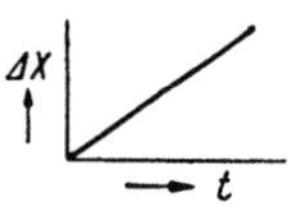

$$\Delta X_{12} = \left(\Delta V_1 \cdot \frac{V_2}{V_1} - \Delta V_2\right) t \qquad (10)$$

Nr.	Gerätebild	Arbeitsgröße	X	Ersatzregelgröße	X_e	nach Gl.	Meßverfahren
1	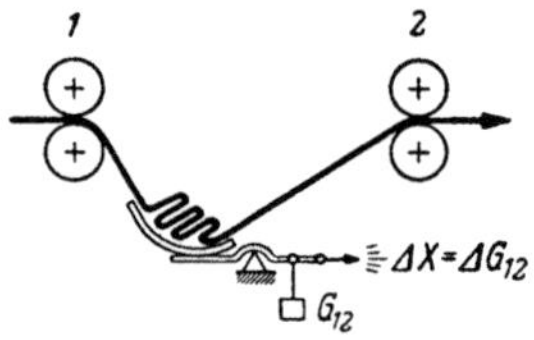	Gewicht	G_{12}	—	—	—	Waage
2	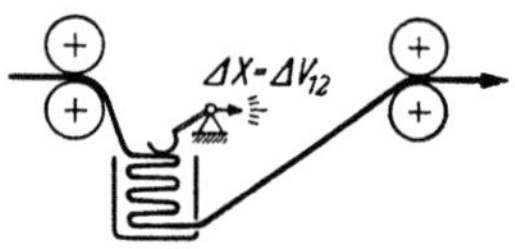	Volumen	V_{12}	—	—	—	Fühler
3	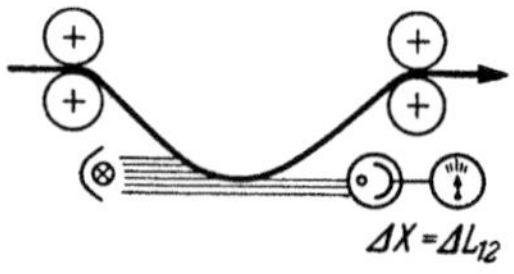	Länge	L_{12}	—	—	—	Durchhang durch Eigengewicht; Abtastung photoelektrisch
4	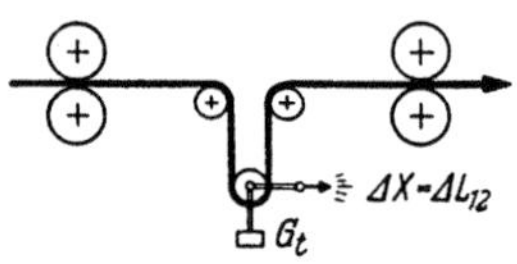	Länge	L_{12}	—	—	—	Durchhang durch Gewicht G_t einer Tänzerwalze
5	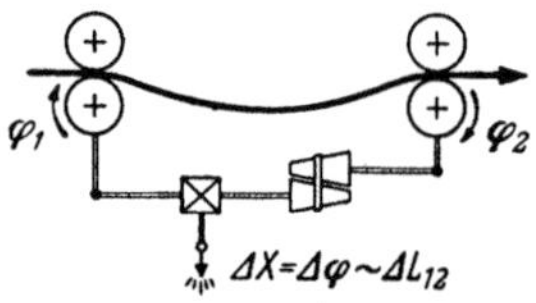	Länge	L_{12}	Drehwinkel	$\varphi_2 - \varphi_1$	—	Differential mit verstellbarer Übersetzung für stationären Wert

Tabelle 2. *Anordnung von Arbeitsstrecken mit vorgegebener Länge der Warenbahn (Gruppe b) Messung der Arbeits- und Ersatzregelgrößen. (Nr. 8 mit Markierungen, Gruppe c)*

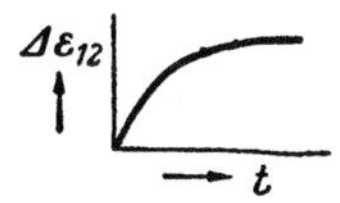

$$\frac{\Delta \varepsilon_{12}}{1+\varepsilon_{12}} \approx \left(-\frac{\Delta V_1}{V_1}+\frac{\Delta V_2}{V_2}\right)\left(1-e^{-t/T_{12}}\right); \quad T_{12}=\frac{L_{120}}{V_2} \tag{15}$$

Nr.	Gerätebild	Arbeitsgröße	X	Ersatzregelgröße	X_e	nach Gl.	Meßverfahren
1	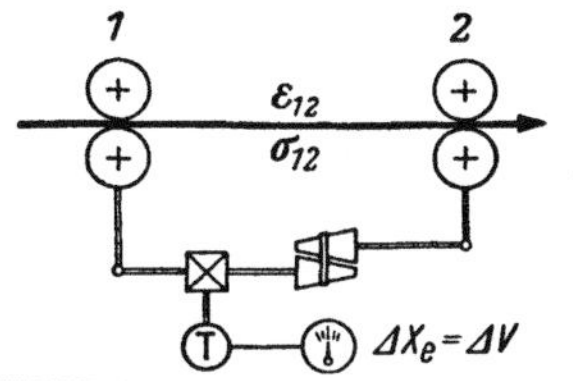	Dehnung Spannung	ε_{12} σ_{12}	Verhältnis der Geschwindigkeiten	V_2/V_1 V_2/V_1	6, 18 5, 6, 18	Differential mit Tachogenerator Verstellbare Übersetzung für stationären Wert
2	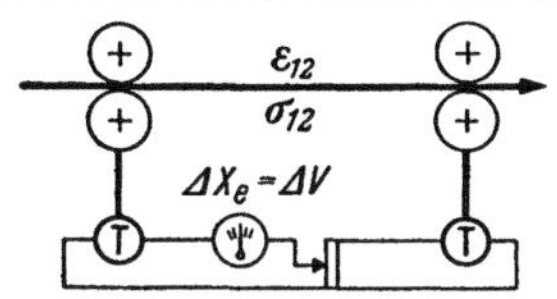	Dehnung Spannung	ε_{12} σ_{12}	Verhältnis der Geschwindigkeiten	V_2/V_1 V_2/V_1	6, 18 5, 6, 18	Tachogeneratoren Potentiometer für stationären Wert
3	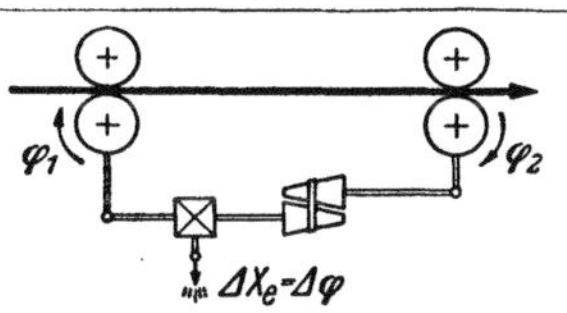	Dehnung Spannung	ε_{12} σ_{12}	Verhältnis der Wege bzw. Drehwinkel	φ_2/φ_1	6, 18 5, 6, 18	Differential, auch für $V=0$ gültig. Verstellbare Übersetzung für stationären Wert
4	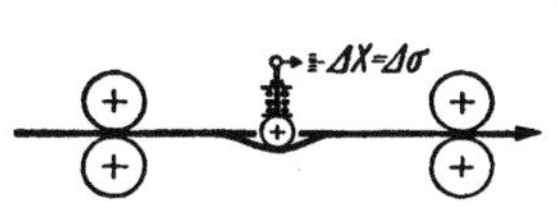	Spannung	σ_{12}	—	—	—	Membranartige Abtastung durch schmale Rolle, nur elastische Ware
5	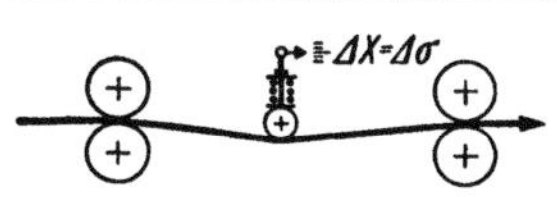	Spannung	σ_{12}	—	—	—	Abtastung durch breite Walze für elastische und unelastische Ware
6	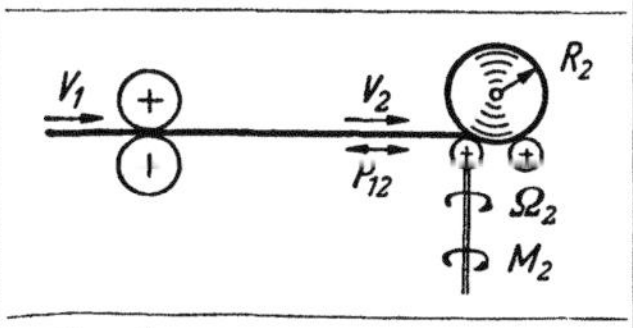	Spannung bzw.	σ_{12}	Geschw.-Verhältnis	$\sim \frac{\Omega_2}{\Omega_1}$	6, 18	Messung wie 1, 2, 3
		Zugkraft	$P_{12} \sim M_2$	—		19	mit Momentmessung, $R_2 =$ konst.
7	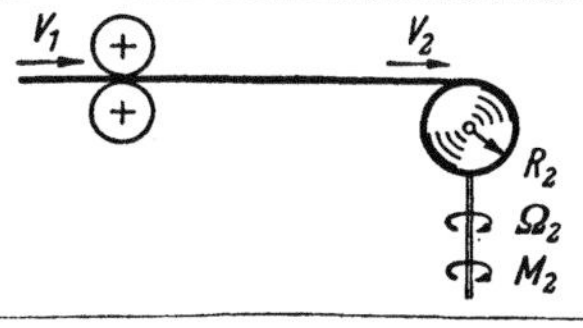	Spannung bzw.	σ_{12}	Geschw.-Verhältnis	$\frac{\Omega_2 R_2}{V_1}$	6, 17	Messung wie 1, 2, 3 R_2 veränderlich
		Zugkraft	P_{12}	Moment	$\frac{M_2}{R_2}$	19	mit Momentmessung, R_2 veränderlich
8	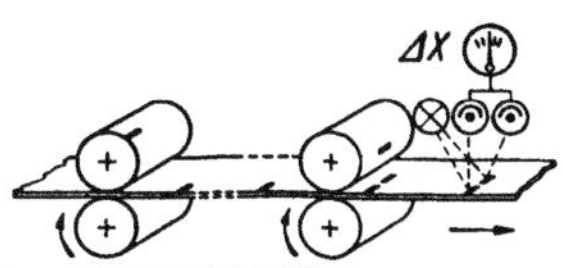	Abstand d. Marken in Längsrichtung (Register)	X	Phasenlage	—	—	Register bei Rotationsdruck Photoelektrische Kontrolle der Koinzidenz

Dieser Kraft wird nach der Gleichung

$$P_{12} = \sigma_{12} F_{12} \tag{20}$$

mit der Bahnspannung σ_{12} das Gleichgewicht gehalten, die bei freier Bahnlänge (*Gruppe* a) durch eigenes oder aufgelegtes Gewicht und bei vorgegebener Bahnlänge (*Gruppe* b) auf Grund der Gl. (5) bis (18) durch das Verhältnis der Geschwindigkeiten V_1 und $V_2 = \Omega_2 R_2$ bestimmt ist. Die zwischen Ware und Antrieb durch Reibung zu übertragende Differenzkraft $P_{12} - P_{23}$ wird im Dehnungsbereich b_ε aufgenommen (vgl. Abschnitt B2). Bei Berücksichtigung der Störgrößen und der

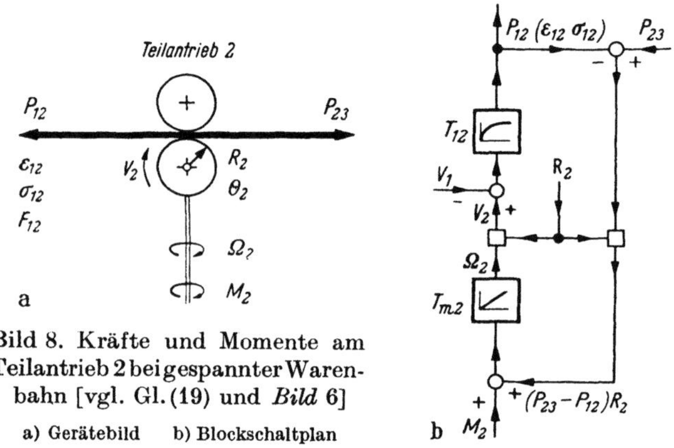

Bild 8. Kräfte und Momente am Teilantrieb 2 bei gespannter Warenbahn [vgl. Gl. (19) und *Bild* 6]

a) Gerätebild b) Blockschaltplan

P_{12}, P_{23} Kraft
F_{12} Querschnitt der Warenbahn
ε_{12} Dehnung der Warenbahn
σ_{12} Zugspannung in der Warenbahn
V_2 Umfangsgeschwindigkeit des Walzenpaares *2*
Ω_2 Drehzahl des Antriebs *2*
R_2 Radius der Walze
Θ_2 Trägheitsmoment des Antriebs *2*
M_2 Drehmoment an der Antriebsachse
T_{12} Zeitkonstante der Arbeitsstrecke *1–2*
T_{m2} Mechanische Anlaufzeitkonstante des Antriebs *2*

Spannung der vorhergehenden Strecke nach Gl. (7) kann daher für den stationären Zustand stets das Geschwindigkeitsverhältnis V_2/V_1 als *Ersatzgröße* für die elastische Zugspannung σ_{12} betrachtet werden, auch wenn die Lastverteilung zwischen M_2 und P_{23} wechselt. Bei Wicklern mit $P_{23} = 0$ kann auch das Antriebsmoment M_2 als eindeutige Ersatzgröße für den Zug dienen, wenn die Beschleunigungskomponente und der Wickelradius berücksichtigt werden. Ein nach Gl. (19) erweitertes Blockbild des Antriebes 2 bei gegebener Geschwindigkeit V_1 zeigt *Bild* 8 b.

4. Messung der Arbeits- und Ersatzgrößen

Die Tabellen 1 und 2 geben einen schematischen Überblick über die wichtigsten Anordnungen in der Faserstoffindustrie, die praktisch in vielen Varianten ausgeführt werden. Die erwünschte *direkte* Messung der Arbeitsgrößen ist oft nicht möglich, weil notwendige Meßgeber den Warenlauf behindern oder räumlich nicht unterzubringen sind. Bei einigen Größen ist aus physikalischen Gründen ein geeigneter eindeutiger Meßgeber nicht herstellbar. In diesen Fällen können *Ersatzgrößen* als Regelgrößen dienen, wenn störende Einflüsse während der Meßzeit vernachlässigbar klein gehalten werden. In diesem Sinne können z. B. die Transportgeschwindigkeiten bzw. ihr Verhältnis V_2/V_1 nach Gl. (5, 7, 17, 18) in verschiedenen Fällen als geeignete Ersatzgrößen wenigstens im Beharrungszustand gelten. Bei Wicklern dienen auch die Momente an der Wickelachse als Ersatzgrößen, wenn die Beschleunigung bzw. der veränderliche Radius berücksichtigt wird.

Ein sinnfälliges Schema zeigt die Messung der Abweichung ΔX der Arbeitsgröße X bzw. der Ersatzgröße X_e vom stationären Bezugswert. (Bezüglich der Anordnung Nr. *8* mit Markierungen vgl. Abschnitt G.)

C. Zuordnung der Regelkreise

1. Allgemeines

Die Folge der Arbeitsvorgänge bedingt eine Aneinanderreihung von *Arbeitsstrecken* nach der Art von *Bild* 1, wobei die *Arbeitsgrößen* sich als eine Funktion zweier jeweils benachbarter Geschwindigkeiten darstellen. Die zweiseitige Wirkung eines jeden Antriebs hat somit eine Verknüpfung aller Antriebe zur Folge und macht eine den Aufgaben der Produktion entsprechende Zuordnung der Arbeitsgrößen bzw. ihrer Ersatzgrößen und der für die zugehörigen Regelkreise maßgebenden Sollwerte notwendig. Dabei tritt meist die grundlegende Forderung auf, die Arbeitsgrößen unabhängig vom Niveau der Produktionsgeschwindigkeit konstant zu halten.

Bei *direkter* Abtastung der Arbeitsgrößen werden die Sollwerte der Vergleichsgrößen im allgemeinen fest eingestellt. Eine der beiden beteiligten Geschwindigkeiten ist im allgemeinen vorgegeben, wobei keine grundsätzlich bevorzugt ist; die zweite wird durch die Regelung selbsttätig auf dem richtigen Wert gehalten. Ein Leitantrieb an geeigneter Stelle des Verbandes bestimmt das Geschwindigkeitsniveau.

Dienen die Geschwindigkeiten als *Ersatzregelgrößen*, wie es meist der Fall ist, so muß für den gegebenen Sollwert der Arbeitsgröße nach Gl. (3) das Verhältnis der zugehörigen Geschwindigkeiten eingehalten werden. Die Verknüpfung erfordert, auch für die Geschwindigkeiten ein System geeigneter einstellbarer Sollwerte vorzugeben und diese bei Niveauänderungen durch eine Leitgröße zu führen (Folgeregelung). Die Verstellung des Sollwertes einer Arbeitsgröße erfolgt durch Sollwerteinstellung der Ersatzgröße, wobei eine möglichst eindeutige Zuordnung erwünscht ist.

2. Schema der Sollwertsysteme

Eine Anordnung von z.B. fünf Teilantrieben werde (s. *Bild* 9) von der Ware in *Transportrichtung* durchlaufen. Die Ersatzgrößen $X = X_n$ sollen unabhängig vom Niveau auf ein konstantes Verhältnis

$$q_{n,n-1} = \frac{X_n}{X_{n-1}}$$

geregelt werden. In den zugehörigen Regelkreisen wird die Sollgröße über den Sollwertsteller mit dem Sollwertfaktor λ eingestellt und mit dem Istwert der Regelgröße X verglichen, die entsprechend der Abweichung über Regler und Regelstrecke eingeregelt wird. Diese sind in einem einzigen Blockbild zusammengefaßt. Folgende systematische Anordnungen sind möglich (dargelegt für $n = 3$):

1. Die *Einzelverstellung* λ von n unabhängigen Vergleichsgrößen liefert (*Bild* 9.1):

$$q_{32} = \frac{\lambda_3}{\lambda_2} \quad \text{und} \quad q_{43} = \frac{\lambda_4}{\lambda_3}$$

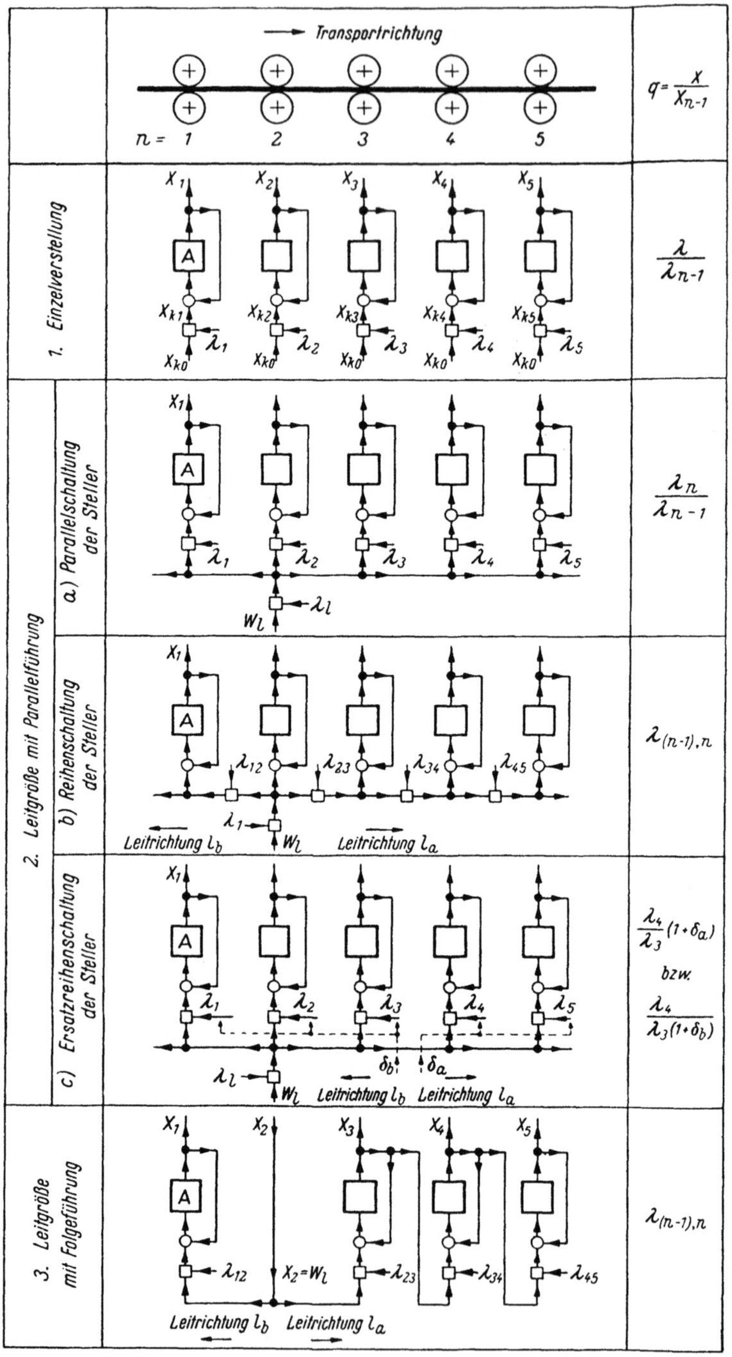

A Zusammengefaßtes Blockbild des Regelkreises
X Ersatzregelgrößen (Geschwindigkeiten bzw. Drehzahlen)
X_k Sollgrößen
W_l Leitgröße
q Verhältnis benachbarter Geschwindigkeiten
l Leitrichtung
λ Stellfaktor der Sollwertsteller
δ Kleine Änderungen des Stellfaktors

Bild 9. Hintereinanderschaltung von Arbeitsstrecken: Sollwertsysteme für die Geschwindigkeiten als Ersatzregelgrößen

Die Verstellung eines Stellers λ_3 hat also eine Änderung *beider* benachbarter Verhältniswerte zur Folge.

2. Bei *Parallelführung* der Sollgrößen können diese zusätzlich durch die Teilsteller λ_n einzeln beeinflußt werden. Je nach Anordnung und Verknüpfung der Teilsteller kann man folgende Einteilung treffen:

a) Eine *Parallelschaltung* der Teilsteller (*Bild* 9.2a) ergibt

$$q_{32} = \frac{\lambda_3}{\lambda_2} \quad \text{und} \quad q_{43} = \frac{\lambda_4}{\lambda_3}$$

b) Eine *Reihenschaltung* der Teilsteller (*Bild* 9.2b) beeinflußt *allein* den zugehörigen Verhältniswert

$$q_{32} = \lambda_{23}$$

wobei, ausgehend von der Einspeisungsstelle der Leitgröße, *Leitrichtungen* l_a und l_b zu unterscheiden sind; dabei ist l_b der Transportrichtung entgegengesetzt. Eine Änderung von λ_{23} hat zusätzlich eine Niveauänderung der in Leitrichtung nachfolgenden Gruppen zur Folge.

c) Eine *Ersatzreihenschaltung* (*Bild* 9.2 c) kann aus der Parallelschaltung gemacht werden, wenn zur Veränderung des *einen* Verhältnisses q_{43} entweder der Teilsteller λ_4 und alle jeweils in Leitrichtung l_a folgenden Steller λ_5, λ_6 . . . usw. oder der Teilsteller λ_3 und alle in Leitrichtung l_b folgenden Steller λ_2, λ_1 . . . usw. mit dem gleichen Faktor $(1 + \delta_a)$ bzw. $(1 + \delta_b)$ verstellt werden (wobei für sehr kleine Änderungen und $q \approx 1$ auch gleiche Beträge treten können).

3. Eine *Folgeführung* (*Bild* 9.3) entsteht, wenn die Vergleichsgröße eines jeden Regelkreises über den *Teilsteller* von der vorhergehenden Regelgröße geführt wird. Die Folgen einer Teilverstellung λ_{23} sind stationär die gleichen wie bei (2b), wenn man von der Regelabweichung absieht. Als Leitgröße dient ein Teilantrieb selbst.

3. Blockschaltpläne von fortlaufenden Anordnungen

Während durch das Sollwertsystem zunächst die Verknüpfung und betriebsmäßige Handhabung der stationären Werte gegeben ist, zeigt der Blockschaltplan auch die dynamischen Zusammenhänge. Dabei ist zu beachten, daß bei (praktisch stets) elastischer Ware die gegebenenfalls mit der Arbeitsgröße auftretenden *Kräfte* durch die beiden zugehörigen Geschwindigkeiten über die Übergangsfunktionen bzw. Frequenzgänge eindeutig bestimmt sind, wenn man von den äußeren Störungen absieht (vgl. *Bild* 6). Die Geschwindigkeiten ihrerseits werden aber über die Teile der Regelstrecke wieder durch die Kräfte beeinflußt, die hier als Störgrößen wirken. Die hierdurch entstehende Kopplung der Antriebe und ihre Rückwirkung auf die Regelkreise wirkt sich bei den verschiedenen Sollwertsystemen verschieden aus und ist nicht immer zu vernachlässigen. Sie ist im nachfolgenden schematisch angedeutet.

Direkte Abtastung der Arbeitsgrößen (*Bild* 10a). Zur Abtastung dienen Meßeinrichtungen nach den Tabellen 1 und 2, die jeweils Gewicht, Volumen oder freie Länge z.B. zwischen Antrieb (*1*) und (*2*) oder die Zugspannung z.B. zwischen Antrieb (*2*) und (*3*) in *Bild* 10a als Größe X_{12} bzw. X_{23} messen. In der *ersten* Gruppe (Gewicht, Volumen und freie Länge) besteht meist die Aufgabe, den störungsfreien Gleichlauf aufeinanderfolgender Einrichtungen zu sichern, wobei die ein-

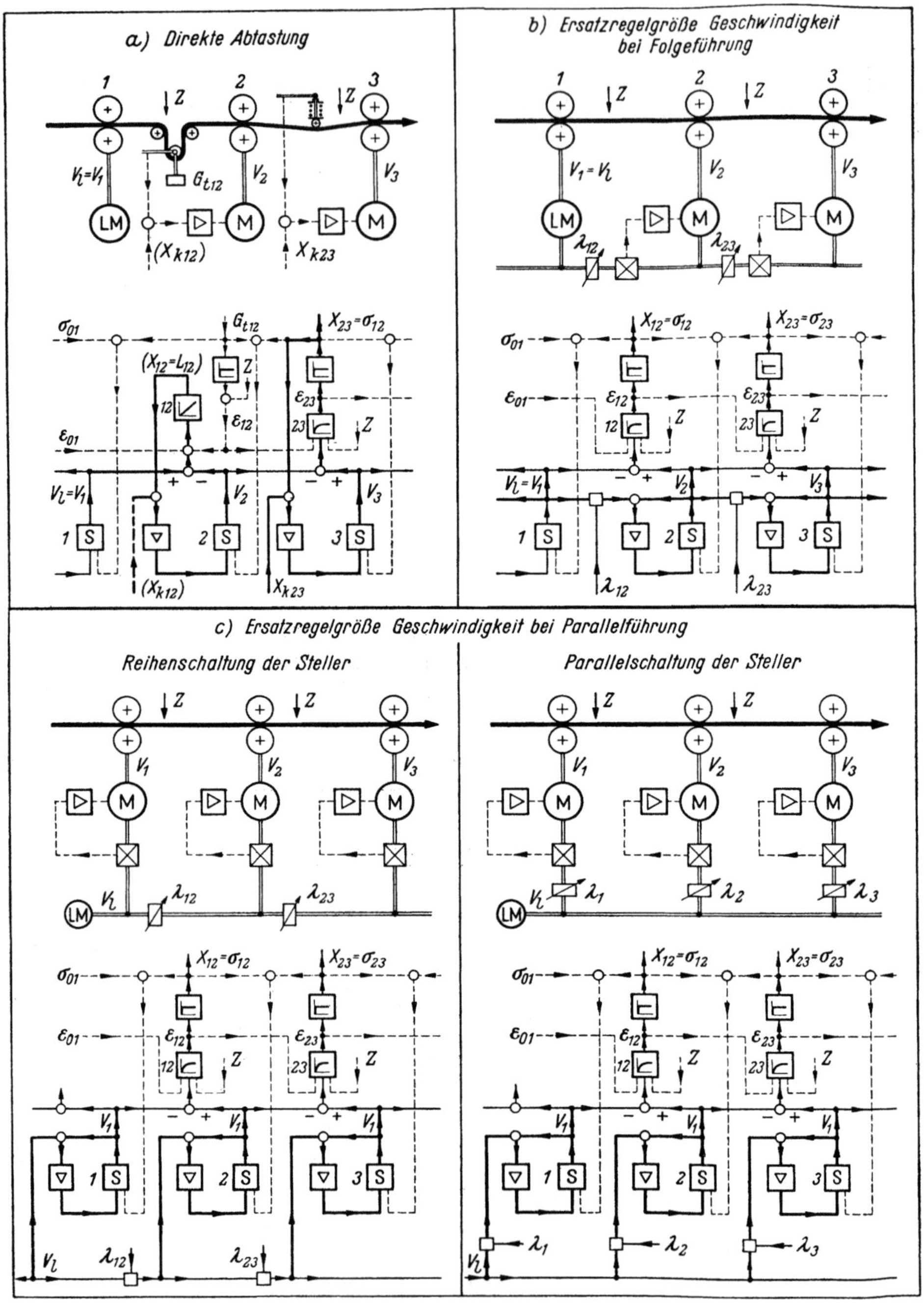

X	Arbeitsgröße	Z	Störgröße	S	Teilstrecke (Antrieb)
X_k	Sollwert der Arbeitsgröße	σ	Zugspannung	λ	Stellfaktor
V	Geschwindigkeit	ε	Dehnung	G_t	Gewicht der Tänzerwalze
V_l	Leitgeschwindigkeit	L	Freie Länge		

Bild 10. Verknüpfung von hintereinandergeschalteten Arbeitsstrecken

laufende Geschwindigkeit V_1 als Führungsgröße wirkt und Störungen Z infolge äußerer Einflüsse (z.B. Temperatur) direkt so aufgeschaltet werden, daß kein Stau oder Riß erfolgt. Die Grenzen, innerhalb deren sich X_{12} bewegen kann oder darf, bestimmen die dynamischen und stationären Eigenschaften der Regeleinrichtung; gegebenenfalls kann auch für $X_{12} = L_{12}$ ein fester Sollwert X_{k12} vorgeschrieben werden. Bei der zweiten Gruppe (Messung der Zugspannung) ist im allgemeinen ein Sollwert X_{k23} für die Zugspannung X_{23} vorgegeben, so daß auch V_2 als Störgröße betrachtet werden kann.

Da diese Störungen im allgemeinen klein bleiben, kann in beiden Fällen bezüglich der Geschwindigkeiten von einer Folgeführung gemäß *Bild* 9.3 gesprochen werden. Demgemäß durchlaufen Geschwindigkeitsänderungen als Störungen über die Einschwingvorgänge der Regelkreise wellenartig die Maschine in Leitrichtung. Änderungen der Bahnkräfte X_{23} und G_{t12} wirken zugleich mit ihrer Differenz als Störgrößen direkt auf den Antrieb (*2*) zurück (vgl *Bild* 8).

Die Arbeitsgröße „Dehnung" ist nach Tabelle 2, Nr. 1, 2, 3 nur durch die Geschwindigkeiten gegeben und bedarf keiner anderen Abtastung.

Ersatzregelgröße „Geschwindigkeit" mit Folgeführung (*Bild* 10b). Dieses Bild ist aufgebaut entsprechend den Anordnungen in Tabelle 2, Nr. 1, 2, 3. Hier wirkt jede Ersatzregelgröße z.B., $V_1 = V_l$, als Führungsgröße über den folgenden Regelkreis und *zugleich* als Störgröße direkt auf die Arbeitsgröße, wo sich beide Wirkungen über die verschiedenen Einschwingvorgänge stationär wieder kompensieren (vgl. *Bild* 9.3). Sollwertänderungen und Störungen über V durchlaufen wellenartig die Maschine. Direkte Störungen Z der Arbeitsgröße werden nicht ausgeregelt und haben Auswirkungen über die Bahnkräfte nach beiden Seiten zur Folge.

Ersatzregelgröße „Geschwindigkeit" mit Parallelführung (*Bild* 10c). Dieses Bild ist entsprechend den Anordnungen in Tabelle 2, Nr. 1, 2, 3 aufgebaut. Hier wird jede Ersatzregelgröße unabhängig auf ihren Sollwert eingeregelt. Geschwindigkeitsänderungen infolge Sollwertänderungen oder Störungen Z wirken auf die folgende Arbeitsgröße und werden nicht ausgeregelt. Sie stören aber nicht direkt die benachbarten Regelkreise, sondern erst indirekt über die Arbeitsgröße und deren Kraftrückwirkung über S. Die Parallelführung erscheint daher insbesondere bei schnell verlaufenden Störungen besonders vorteilhaft.

4. Blockschaltpläne von Wicklern

Am Wickler endet (bzw. beginnt) die Warenbahn und damit die Gleichlaufanordnung. Im allgemeinen soll mit konstantem Zug gewickelt werden. Für den Einfluß der Umfangsgeschwindigkeiten auf die Arbeitsgröße gelten nach wie vor Gl. (6) bzw. Gl. (17, 18); dagegen wird im Gleichgewicht der Kräfte nach Gl. (19) wegen $P_{23} = 0$ die Zugkraft allein durch das antreibende Moment M_2 aufgefangen, so daß auch dieses zur Regelung der Bahnspannung benutzt werden kann. Der als weitere Besonderheit *veränderliche* Wickelradius R_2 ist beim *Umfangswickler* (Tabelle 2, Nr. 6) ohne wesentlichen Einfluß, wirkt dagegen beim *Achswickler* (Tabelle 2, Nr. 7) als Hauptstörgröße durch die Beziehung

$$V_2 = \Omega_2 R_2 \qquad (21)$$

auf die Geschwindigkeiten und durch Gl. (19) auf die Kräfte. Wegen $P_{23} = 0$ ist auch die Wickelleistung N_w für die Regelung von Bedeutung:

$$N_w = P_{12} V_2 = M_2 \Omega_2 - \Theta_2 \Omega_2 \frac{\mathrm{d}\Omega_2}{\mathrm{d}t} \tag{22}$$

Sie hängt bei konstantem Wickelzug unabhängig vom Radius nur von der Zufuhr V_2 ab. Für die Dynamik ist ferner die mit R_2 veränderliche Trägheit Θ_2 zu beachten.

Die zahlreichen Varianten der geregelten Wickelanordnungen können systematisch wie folgt geordnet werden [3,4]:

1. *Direkte Abtastung* der Warenbahn durch integrale Meßgeber (Tabelle 1, Nr. 4) oder proportionale Meßgeber (Tabelle 2, Nr. 4, 5) ergibt ähnliche Verhältnisse wie bei fortgesetztem Gleichlauf (*Bild* 10a). Für den Achswickler zeigt ein erweiterter Blockschaltplan in *Bild* 11a (dargestellt für proportionale Abtastung) die störende Wirkung von R_2 auf V_2 [s. Gl. (21)] und auf das rückwirkende Moment $P_{12}R_2$, das nach Gl. (19) mit dem antreibenden Moment M_2 verglichen wird und die Differenz für die Beschleunigung übrig läßt; M_2 ist das nach Abzug aller Reibungsmomente M_R an der Wickelachse angreifende Moment. Beim Umfangswickler entfällt die Störung durch R_2.

2. Werden Ω, M oder N als *Ersatzregelgrößen* für die indirekte Regelung der Bahnspannung benutzt, so muß beim Achswickler auch die Hauptstörgröße R_2 aufgeschaltet werden, die direkt abgetastet (*Bild* 11b und c) oder indirekt gemessen wird (*Bild* 11d und 30). Dies entfällt beim Umfangswickler. Je nach der Lage der Abtaststelle der Ersatzregelgrößen im Blockschaltplan ergeben sich drei grundsätzliche Anordnungen:

Geschwindigkeitswickler (Ersatzregelgröße Ω_2, *Bild* 11b). Die Wicklerdrehzahl Ω_2 wird nach Aufschaltung von R_2 mit der Drehzahl des führenden Antriebes 1 ($\lambda_k \Omega_1 R_1 = \Omega_2 R_2$) verglichen, so daß der Zug nach Gl. (6) über den Sollwertsteller λ_k gegeben ist (vgl. Tabelle 2, Nr. 1 und 3). Der Wickelzug ist sehr empfindlich auf Ungenauigkeiten der Regelung bzw. der Störwertaufschaltung (ε_{12} meist einige Prozent):

$$\left[\frac{\frac{\mathrm{d}P_{12}}{P_{12}}}{\frac{\mathrm{d}\Omega_2}{\Omega_2}}\right]_* = \left[\frac{\frac{\mathrm{d}P_{12}}{P_{12}}}{\frac{\mathrm{d}R_2}{R_2}}\right]_{**} = \frac{1}{\varepsilon_{12}} \qquad \begin{matrix} * \text{ für } & R_2,\ \Omega_1 = \text{konst.} \\ ** \text{ für } & \Omega_2,\ \Omega_1 = \text{konst.} \end{matrix} \tag{23}$$

Störungen Z werden nicht ausgeregelt, dagegen haben Reibungsmomente keinen Einfluß auf den Wickelzug, Beschleunigungen nur nach Maßgabe der Schnelligkeit und Güte der Regelung. Entfällt der Zug durch Reißen der Bahn, so bleibt die Drehzahl erhalten. Bei Stillstand der Anordnung wird der Zug gehalten, wenn die Drehzahl integral geregelt wird (Tabelle 2, Nr. 3).

Momentwickler (Ersatzregelgröße M_2, *Bild* 11c). Das eintreibende Moment M_2 wird nach Aufschaltung von R_2 auf den Sollwert $M_k R_2$ eingeregelt, so daß für den Zug Gl. (19) maßgebend ist. Die Ungenauigkeit der Regelung bzw. der Störwertaufschaltung wirkt in gleichem Prozentsatz auf den Wickelzug:

$$\left[\frac{\frac{\mathrm{d}P_{12}}{P_{12}}}{\frac{\mathrm{d}M_2}{M_2}}\right]_* = -\left[\frac{\frac{\mathrm{d}P_{12}}{P_{12}}}{\frac{\mathrm{d}R_2}{R_2}}\right]_{**} = 1 \qquad \begin{matrix} * \text{ für } & R_2,\ \Omega_1 = \text{konst.} \\ ** \text{ für } & M_2,\ \Omega_1 = \text{konst.} \end{matrix} \tag{24}$$

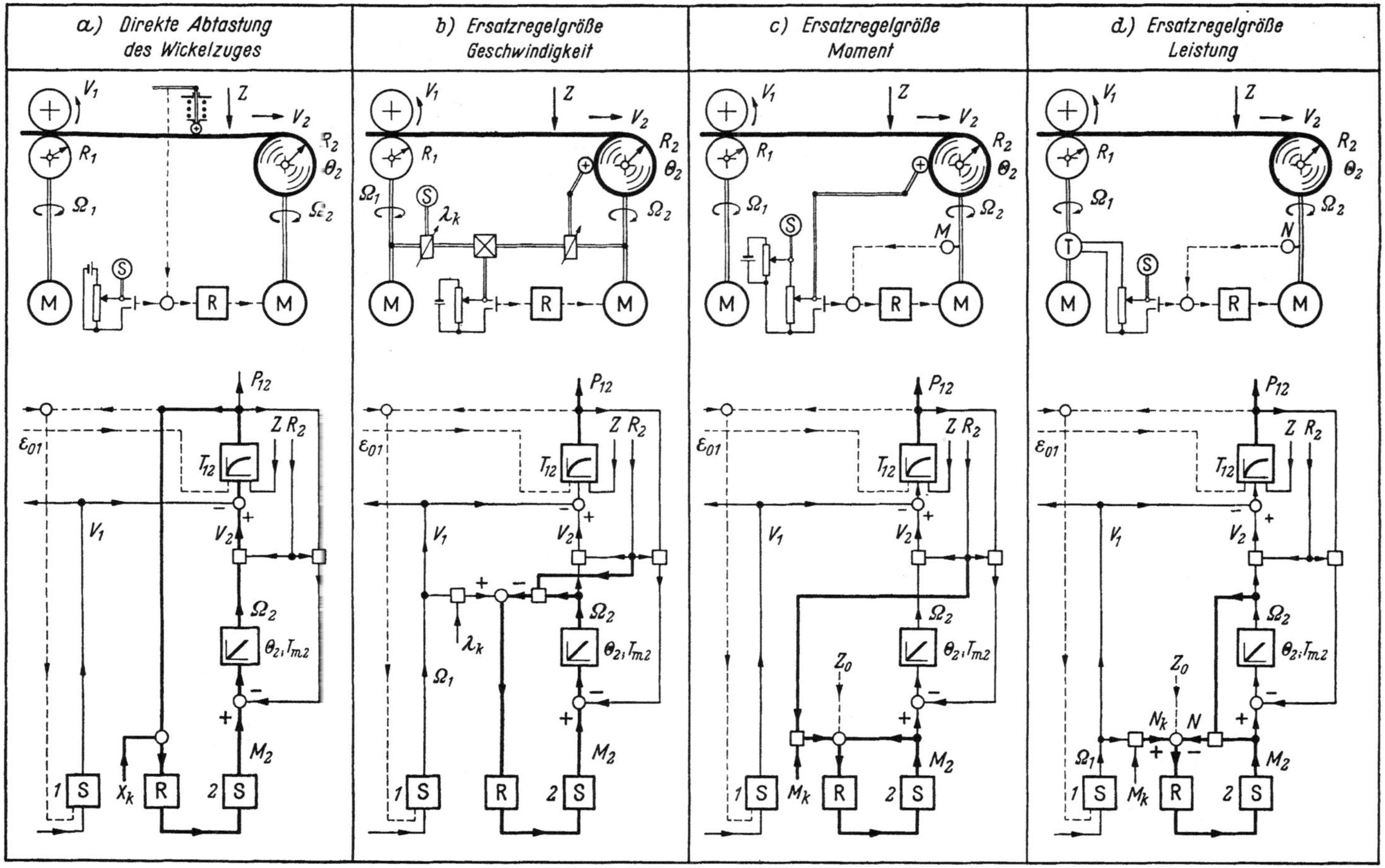

P_{12}	Warenzug	R	Radius der Walzen	T_m	Mechanische Anlaufzeitkonstante	N_2	Leistung an der Wickelachse	λ_k	Stellfaktor
ε	Dehnung der Warenbahn	Θ	Trägheitsmoment des Antriebes	T_{12}	Zeitkonstante der Arbeitsstrecke	M_k, X_k	Sollwert	Z	Störgröße
V	Umfangsgeschwindigkeit der Walzen	Ω	Drehzahl des Antriebes	M_2	Moment an der Wickelachse				

Bild 11. Wickelanordnungen (Geräteplan und Blockschaltplan)

Störungen Z werden ausgeregelt, dagegen wirkt eine Beschleunigung nach Gl. (19) immer auf den Wickelzug, ebenso ein Reibungsmoment M_R, soweit es *nach* der Momentmessung angreift. Die Führung erfolgt nur durch die angelieferte Bahn, bei Reißen der Bahn geht der Antrieb durch. Im Stillstand wird der Zug gehalten.

Leistungswickler (Ersatzregelgröße N_2, *Bild* 11 d). Als Ersatzgröße nach Gl. (22) wird die auf geeignete Weise gemessene, dem Wickler zugeführte Leistung $N_2 = M_2 \Omega_2$ auf einen von der Zufuhrgeschwindigkeit V_1 geführten Sollwert $M_k \Omega_1$ eingeregelt, wobei der Wickelzug durch den Steller für M_k gegeben wird. Bezüglich der Genauigkeit der Anordnung und des Einflusses von Beschleunigung und Reibung gelten die Eigenschaften des Momentwicklers, dagegen ist keine direkte Aufschaltung des Wickelradius notwendig. Beim Reißen der Bahn geht der Antrieb durch, im Stillstand versagt die Zugregelung ($N_w = 0$).

Der Leistungswickler ist mit dem Momentwickler verwandt, da der Wickelradius durch die Messung der Drehzahlen Ω_2 und Ω_1 indirekt aufgeschaltet wird.

Die Moment- bzw. Leistungswickler werden gegenüber dem Geschwindigkeitswickler wegen ihrer relativen Unempfindlichkeit in bezug auf die Genauigkeit der Ersatzgrößen bevorzugt, dagegen ist die richtige Abtastung von M bzw. N *nach* dem Eingriff der Reibung M_R häufig schwer durchführbar, so daß diese ebenso wie Beschleunigungen durch weitere Störwertaufschaltungen berücksichtigt werden müssen. Ungeregelte Anordnungen benutzen Antriebe, deren natürliche Kennlinien den Wickelbedingungen Gl. (19, 21, 22) entsprechen (vgl. Abschnitt D 4).

D. Papierindustrie

1. Allgemeines

Die Fasern werden als Halbstoff aus verschiedenen Rohstoffen in chemischen Verfahren (Zellstoff) oder mechanischen Verfahren (Lumpen, Holzschliff) gewonnen und nach Aufbereitung durch Mahlen, Mischen, Leimen, Färben unter Zusatz von Wasser als Ganzstoff der Papiermaschine zugeführt. Dort entsteht in kontinuierlichem Prozeß ein endloses Papierband, das nach Pressen und Trocknen aufgerollt und in weiterer Bearbeitung auf Kalandern, Umrollern, Schneidmaschinen für den Verbrauch hergerichtet wird. Sonderpapiere werden durch Aufbringen von Lösungen, Lacken, Streichmassen in der Oberfläche veredelt. Entsprechend der Konsistenz des Faserstoffes genügen bei der Stoffaufbereitung bis auf wenige Fälle ungeregelte Antriebe, dagegen erfordert die Verflechtung der Fasern bis zur Bildung des festen Papierblattes einen höchst genauen Gleichlauf der Antriebe. Im folgenden werden einige wichtige und typische Anordnungen dargestellt [*6*, *7*, *8*, *9*].

2. Stoffaufbereitung

a) Holzschleifer

Im Holzschleifer (*Bild* 12) werden die vorbereiteten Stämme (*1*) durch einen elektrisch angetriebenen Vorschub (*2*) einem rotierenden Schleifstein (3) stetig zugeführt (Stetigschleifer; Leistung bis 4000 kW). Gleichmäßige Struktur der unter Wasserzusatz geschliffenen Fasern wird durch konstanten Anpreßdruck über eine Regelung des Vorschubmotors (*6*) erreicht. Als Meßgeber dient der asynchrone Antriebsmotor (*4*), wobei als Ersatzregelgröße für den *Anpreßdruck* der dem Moment proportionale *Strom* gewählt wird. Dieser wirkt nach Gleich-

1 Holzstapel
2 Vorschubeinrichtung
3 Schleifstein
4 Hauptmotor
5 Magnetverstärker-Regler
6 Vorschubmotor
7 Strombegrenzung des Vorschubmotors
T_{m1} Mechanische Anlaufzeitkonstante der Gruppe *2* und *6*
T_{m2} Mechanische Anlaufzeitkonstante der Gruppe *3* und *4*
T_S Verzögerungen im Stapel *1*
T_t Totzeit im Stapel *1*
T_R Zeitkonstante des Magnetverstärker-Reglers
U_v Spannung des Vorschubmotors
n_v Drehzahl des Vorschubmotors
p Anpreßdruck auf Schleifstein
I Strom des Hauptmotors

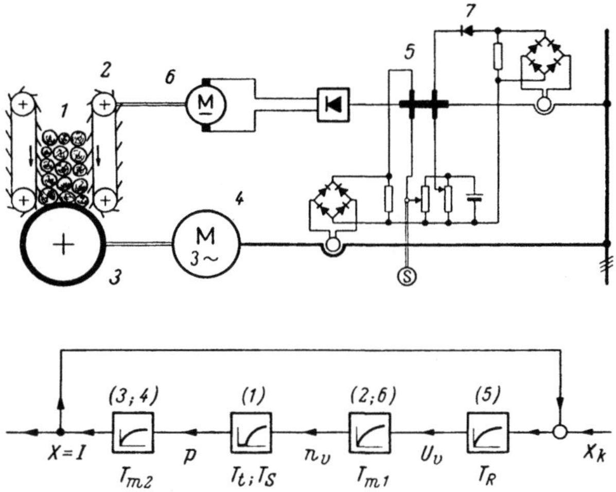

Bild 12. Holzschleifer (Geräte- und Blockschaltplan)

richtung und Vergleich mit einem Sollwert über einen Öldruckregler mit LEONARD-Schaltung oder, wie im *Bild* 12, über einen Magnetverstärker (*5*) auf den Vorschubmotor (*6*) ein.

Im vereinfachten Blockschaltplan steuert der Regler (Zeitkonstante T_R) die Ankerspannung U_v des Vorschubmotors (*6*), dessen Drehzahl n_v praktisch mit der Anlaufzeitkonstante T_{m1} folgt. Dadurch wird der teilweise elastische Holzstapel (*1*) zusammengedrückt, so daß über eine Totzeit T_t infolge Verschiebungen der Hölzer und einen Ausgleichvorgang T_S am Schleifstein der Anpreßdruck *p*

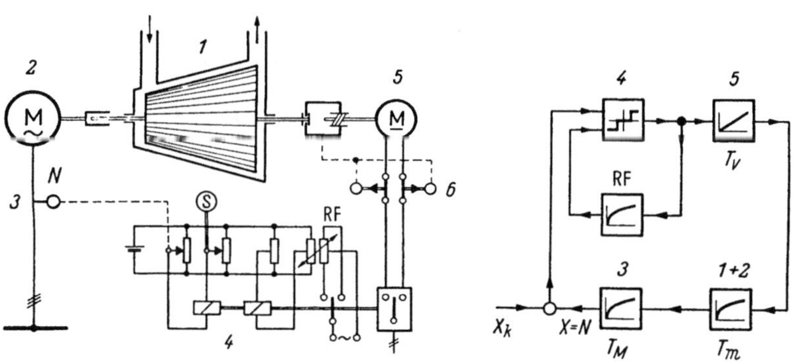

1 Mahlwerk
2 Hauptmotor
3 Meßgeber
4 Dreipunktregler
5 Stellmotor
6 Endschalter
RF Thermische Rückführung
T_m Mechanische Anlaufzeitkonstante der Gruppe *1* und *2*
T_M Zeitkonstante des Meßgebers
T_V Stellzeit des Stellmotors *5*
N Leistung des Hauptmotors *2*

Bild 13. Kegelstoffmühle (Geräte- und Blockschaltplan)

entsteht, der die Drehzahl und damit den Strom I des Hauptmotors (*4*) über die Anlaufzeitkonstante T_{m2} beeinflußt.

Die Regelung schützt zugleich den Hauptmotor bzw. das Netz und über eine Strombegrenzung (*7*) auch den Vorschubmotor vor Überlastung. Die Unstetigkeiten im Stapel erschweren eine optimale Einstellung der Regelung [*10*, *67*].

b) Kegelstoffmühle

In der Kegelstoffmühle (*Bild* 13) wird der Stoff zu weiterem Raffinieren durch ein mit Mahlmessern besetztes konusförmiges Mahlwerk (*1*) getrieben. Die Mahlleistung und damit die Leistung des Antriebsmotors sollen durch axiale Verschiebung des Mahlkonus mit Hilfe eines Stellmotors (*5*) konstant gehalten werden. Die über einen wattmetrischen Meßgeber (*3*) (Verzögerung T_M) gemessene Leistung N des Hauptmotors (*2*) arbeitet nach Sollwertvergleich auf eine Spule eines Dreipunktreglers (*4*) mit thermischer Rückführung RF, der über Vor- und Zurück-Kommando den integralen Stellmotor (*5*) beeinflußt. Seine Verstellung wirkt über das Mahlwerk auf die Leistung N des Hauptmotors mit der Anlaufzeitkonstante T_m. Endschalter (*6*) begrenzen die Verstellung, wenn der Stoff ausbleiben sollte [*11*].

3. Papiermaschine

a) Arbeitsgang

Der vorbereitete Stoff läuft als Faseraufschwemmung an dem endlos umlaufenden Sieb auf, wo ein Teil des Wassers durch Eigengewicht oder Saugwirkung entfernt wird (*Bild* 14). Von der letzten Saugwalze des Siebes wird die Papierbahn auf umlaufende Filze übernommen und im Naßteil durch Pressen, im Trockenteil auf dampfbeheizten Zylindern durch Wärme vom restlichen Wasser befreit. Das nun bereits feste Papier wird gekühlt, im Kalander geglättet und schließlich aufgerollt.

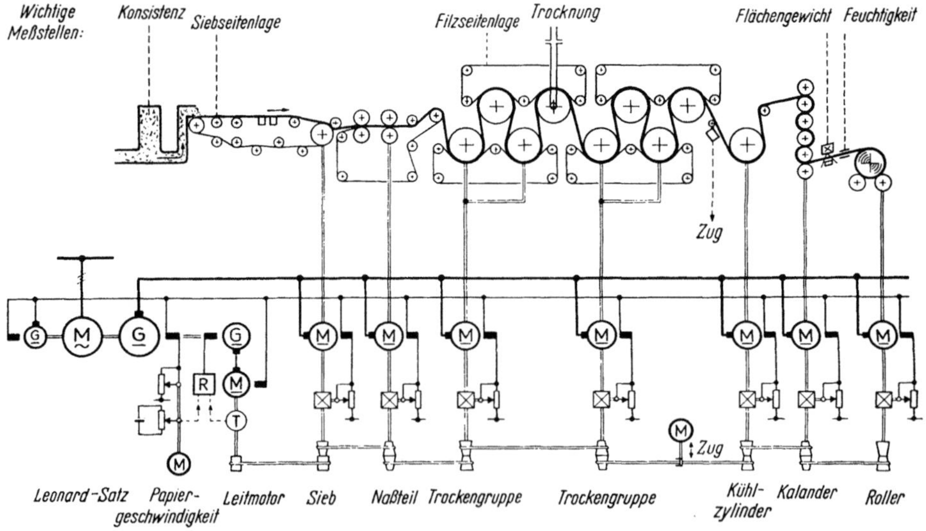

Bild 14. Warenlauf und Regelungsanordnung an einer Papiermaschine

Beim Durchlauf der Papierbahn treten an den verschiedenen Arbeitsgruppen Längungen und Schrumpfungen auf, die im stationären Zustand durch entsprechende Unterschiede der Umfangsgeschwindigkeiten der Walzen aufgenommen werden.

b) Aufgaben der Regelung

Die Qualität des erzeugten Papiers wird durch die Zusammensetzung des zugeführten Stoffes, die Güte des Durchlaufes durch die Maschine und die dabei einwirkenden Einflußgrößen bestimmt. Neben den Festigkeitseigenschaften, die erst durch Proben kontrolliert werden, müssen am Ausgang der Maschine zwei wichtige Größen konstant gehalten werden: das Flächengewicht (g/m²) und die Feuchte (% H_2O). Wegen der vielfältigen Zusammenhänge mit den Parametern Konzentration und Zuflußmenge des Stoffes, Pressen- und Saugerdrücke, Trocknung, Papiergeschwindigkeit am Ausgang und an den Teilantrieben werden zweckmäßig sämtliche Einflußgrößen unabhängig voneinander konstant gehalten. Daraus ergeben sich Aufgaben zur Kontrolle folgender wichtiger Größen:

1. Die *Konsistenz* (Mischungsverhältnis des Stoffes) wird nach verschiedenen Verfahren [*12*] gesteuert oder geregelt, meist in Verbindung mit der Überwachung der

2. *Zulaufmenge* je Zeiteinheit (vgl. Kapitel 43, Abschnitt D 6 und 7).

3. Die *Trocknung* erfolgt durch Regelung der Zylindertemperatur oder der für die Trocknung entzogenen Wärmemenge in Verbindung mit Regelung des Heizdampfdruckes [*13, 14*].

4. Der *Druck* an Saugern und Pressen wird meist von Hand gesteuert.

5. Die *Papiergeschwindigkeit* wird je nach Papiersorte und Trockenleistung eingestellt und geregelt.

6. Die *Geschwindigkeitsverhältnisse* an den *Teilantrieben* zur Aufnahme der mit zunehmender Entwässerung auftretenden Längungen, Dehnungen und Schrumpfungen werden gesteuert oder geregelt.

7. Die *Hilfsantriebe* (z.B. Seitenlage ungleichmäßig laufender Siebe oder Filze) werden ebenfalls gesteuert oder geregelt [*14*].

Eine direkte Regelung des Flächengewichtes über die Konsistenz (Punkt 1) ist möglich, aber wegen der langen Durchlauftotzeit (etwa 1 bis 2 min) schwierig [*14*].

Die Kontrolle der *Geschwindigkeiten* (Punkte 5 und 6) erfordert als Gleichlaufanordnung die höchsten Genauigkeiten und daher den größten Aufwand. Nach Abschnitt B ergeben sich für die Arbeitsgrößen an den verschiedenen Teilen der Maschine verschiedene Bedingungen:

1. Im Naßteil erfährt die Bahn durch die Presse eine plastische Dehnung ohne wesentliche Längsspannungen. *Arbeitsgröße* ist die Längung nach Gl. (6). Wichtig ist die störungsfreie Übernahme der Papierbahn vom Sieb auf den Naßfilz. Die *Meßanordnung* entspricht der Tabelle 2, Nr. 1, 2, 3.

2. Im Trockenteil schrumpft die Bahn infolge Erwärmung und wird mit zunehmender Verfestigung unter Zug bei teils plastischer, teils elastischer Dehnung faltenfrei über die Zylinder geführt (Zusammenhang nach *Bild* 15 [*15*]). *Arbeitsgröße* ist die Zugspannung, angenähert nach Gl. (5, 6) oder nach *Bild* 7a. Die *Meßanordnung* entspricht der Tabelle 2, Nr. 1 bis 5.

Bei bestimmten Papiersorten ist es zweckmäßig, in einem Teil der Trockengruppe die Bahn spannungslos hindurchzuführen. *Arbeitsgröße* ist dann die freie Länge nach Gl. (9). Die *Meßanordnung* entspricht Tabelle 1, Nr. 3.

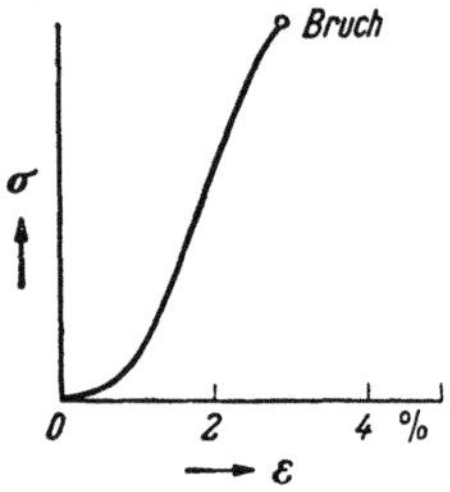

Bild 15. Zugspannung σ und Dehnung ε bei trockenem Papier (Beispiel)

3. Am *Roller* (Wickler) wird die endlos auslaufende Papierbahn aufgewickelt, wobei die Wickelhärte, d.h. der Zug konstant bleiben oder mit zunehmendem Radius abnehmen soll. *Arbeitsgröße* ist die elastische Zugspannung nach Gl. (19) mit dem Wickelradius als Störgröße.

Längs der Maschine wird gefordert, daß die am Ende herrschenden starken Züge von den Teilantrieben ohne Rückwirkung auf die vorhergehenden Züge aufgefangen werden, insbesondere bei starken Schwankungen durch Papierriß.

Die einzustellenden Dehnungen bzw. Geschwindigkeitsrelationen zwischen den Teilantrieben bewegen sich in der Größenordnung von einigen Prozent, müssen aber auf Bruchteile davon konstant gehalten werden.

c) Gleichlaufregelung

Anordnung. In vielen Fällen werden die Teilantriebe über stetig verstellbare Getriebe gekuppelt und durch den gemeinsamen Antrieb im Geschwindigkeitsniveau geregelt. In neuerer Zeit werden elektrische Einzelantriebe bevorzugt, deren Drehzahlen auf Gleichlauf geregelt werden. Eine typische Anordnung zeigt *Bild* 14.

Zum Antrieb dienen Gleichstrom-Nebenschlußmotoren, deren Geschwindigkeitsniveau durch eine gemeinsame LEONARD-Spannung bestimmt wird. Die Drehzahlen werden über die Motorfelder geregelt; als Regler dienen Differentiale nach Tabelle 2, Nr. 3, in denen die Drehzahl jedes Motors mit der Solldrehzahl einer von einem gesonderten Leitmotor angetriebenen Leitanordnung verglichen wird. Diese besteht aus in Reihe geschalteten, stetig verstellbaren Konustrieben, mit denen der Sollwert der Arbeitsgröße (Zug, Längung), gegeben durch das Drehzahlverhältnis, durch Riemenverschiebung eingestellt werden kann. Die Geschwindigkeit des Leitmotors (gemessen über Tachogenerator) und damit die Produktionsgeschwindigkeit wird durch einen gesonderten Regler geregelt. Es handelt sich hier um eine Regelung mit der Ersatzregelgröße ,,Geschwindigkeit" mit einem Sollwertsystem ,,Leitgröße mit Parallelführung und Reihenschaltung der Steller" nach *Bild* 9.2b, wodurch sich eine Struktur nach *Bild* 10c ergibt. Die Überwachung der übrigen wichtigen Größen ist angedeutet.

Regelstrecke (*Bild* 16). Für die verlangten Drehzahlgenauigkeiten und großen Niveaubereiche (bis 1:10) eignet sich der Gleichstrom-Nebenschlußmotor am besten. Bei gemeinsamer LEONARD-Spannung, die auch durch einen Gleichrichter erzeugt werden kann, wird bei kleinen Bereichen im Feld (*Bild* 16a), bei größeren über Zusatzgeneratoren (*Bild* 16b) geregelt. Einzelspeisung der Motoren kann über einen eigenen Generator (*Bild* 16c) oder über Gleichrichter (*Bild* 16d) erfolgen, wobei für Gleichrichter zu beachten ist, daß er keinen Bremsstrom führen kann, wenn nicht Wechselrichterschaltungen angewendet werden.

Die Drehzahlregelkreise der Teilantriebe enthalten also, mit Ausnahme bei Stromrichtern, stets zwei Hauptträgheiten mit der *Anlaufzeitkonstante* T_m und der *Feldzeitkonstante* T_e. Diese kann bei gekrümmten Kennlinien an verschiedenen Arbeitspunkten erheblich verschiedene Werte annehmen. Ferner ist zu beachten, daß bei Regelungen über das Motorfeld die Verstärkung vom Feld auf die Drehzahl mit dem Drehzahlniveau veränderlich ist, ebenso bei Regelung über Einzelgeneratoren infolge der gekrümmten Magnetisierungskennlinie.

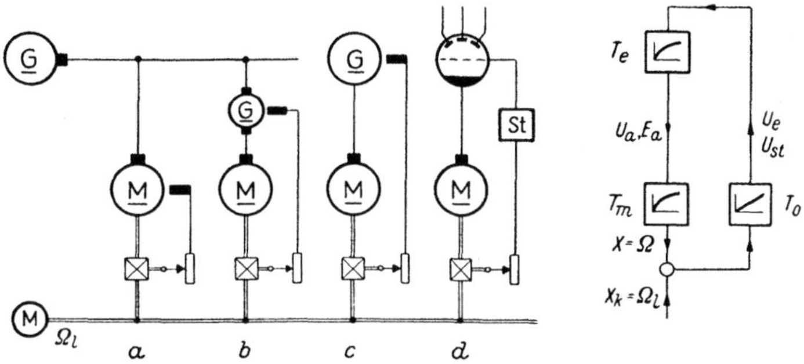

a) Steuerung im Feld
b) Steuerung im Anker über Zusatzgenerator
c) Steuerung im Anker über (LEONARD-)Einzelgenerator
d) Steuerung im Anker über Gleichrichter

T_e Zeitkonstante der Feldwicklung
T_m Mechanische Anlaufzeitkonstante
T_0 Integrationszeit des Reglers (mit I-Verhalten als Beispiel)
Ω Drehzahl
Ω_l Leitdrehzahl
U_a Ankerklemmenspannung
E_a Induzierte Ankerspannung
U_e Erregerspannung
U_{st} Steuerspannung (Gleichrichter)

Bild 16. Verschiedene Steuerglieder bei Gleichlaufregelung mit Gleichstrom-Nebenschlußmotor

Regler und Regelanordnungen. Die in *Bild* 14 dargestellten Differentiale haben, als Regler betrachtet und bezogen auf die Geschwindigkeit, integralen Charakter (Tabelle 2, Nr. 3). Die Arbeitsgrößen lassen sich in den meisten Fällen (Zug, Dehnung) im Prinzip mit proportionalen Reglern bei genügend kleinem Restfehler regeln; trotzdem haben sich die integralen Regler seit langer Zeit eingeführt und behauptet, weil erst neuerdings proportionale Meßgeber für die Geschwindigkeit (Tachogeneratoren) als Gleichspannungsgeber mit ausreichender Linearität und zeitlicher Konstanz hergestellt werden konnten und bei Frequenzgebern die elektrische Einstellbarkeit der Relationen Schwierigkeiten macht. Dagegen laufen die Konusriementriebe und Reibradgetriebe bei kleinen Stellbereichen in mechanischen Leitanordnungen mit großer Genauigkeit.

Da Lastschwankungen und Störungen verhältnismäßig klein bleiben, genügt die rein integrale Regelung in vielen Fällen den dynamischen Anforderungen. Man kann dank der betriebssicheren Gestaltung von elektrischen und magnetischen Verstärkern mit Rückführungen auch große, schnellaufende Maschinen dynamisch sicher beherrschen. Infolge der dabei verfügbaren großen stationären Verstärkung kann man in vielen Fällen auf die rein integralen Meßglieder und damit auf mechanische Leitanordnungen verzichten [*23*].

Die Regelung der Leitgeschwindigkeit mit einer bleibenden Regelabweichung < 0,5 % wird meist mit THOMA-Reglern, Wälzreglern oder elektrischen bzw. magnetischen Verstärkern vorgenommen. Das Niveau muß im Bereich bis zu 1 : 10 geregelt werden, wobei die maximalen Papiergeschwindigkeiten zwischen 300 und 800 m/min liegen können. Um Störungen jeder Art fernzuhalten, werden bei großen Maschinen auch die LEONARD-Spannung und die Versorgungsspannungen gegen Schwankungen aus dem Netz geregelt, sofern nicht die Schwungmassen der Umformer bereits für eine Abflachung sorgen.

Beispiele von Gleichlauf-Regelanordnungen [*23, 16–37, 65, 66, 68, 69*]. Im folgenden sind in systematischer Darstellung (*Bild* 19) die wichtigsten Regelanordnungen im Gleichlauf angegeben, wobei als Beispiel ein Betrieb mit LEONARD-Spannung und Motorfeldregelung zugrunde gelegt wird. (Andere Anordnungen nach *Bild* 16 sinngemäß.) Zuvor zeigt *Bild* 17 schematisch die Eigenschaften der verschiedenen Differentiale als Meßgeber mit integralem Charakter.

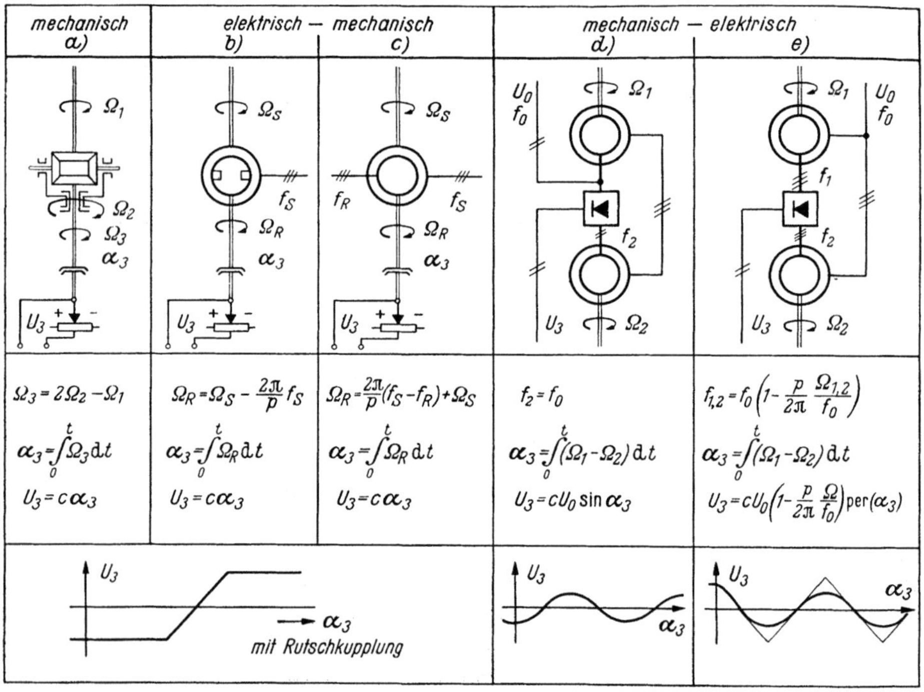

Ω Drehzahl (Ω_S Stator, Ω_R Rotor)
p Polpaarzahl
f Frequenz (f_S im Stator, f_R im Rotor, f_0 Speisefrequenz)
α_3 Differenzwinkel
U_0 Speisespannung
U_3 Ausgangsgleichspannung

Bild 17. Drehzahlmeßgeber mit integralem Verhalten (Differential)

Beim *mechanischen* Differential (*Bild* 17a) werden die zu vergleichenden Drehzahlen mechanisch eingegeben. Bei den *elektrisch-mechanischen* Differentialen (*Bild* 17b, c) werden die Drehzahlen auch elektrisch als Frequenzen f_R bzw. f_S zugeführt; der Vergleich wird dabei in elektrischen Drehfeldsystemen vorgenommen und mechanisch auf die Reglerwelle übertragen, die über eine Rutschkupplung zur Bereichsbegrenzung einen Steller betätigt (17b mit einem Reluktanzläufer, 17c mit einem Schleifringläufer). Die *mechanisch-elektrischen* Differentiale vergleichen mechanisch eingetriebene Drehzahlen und liefern direkt eine elektrische Wechselspannung mit notwendig periodischem Verlauf des Betrages über dem Differenzwinkel. *Bild* 17 d zeigt ein einphasiges Drehmeldersystem, *Bild* 17 e ein dreiphasiges Drehfeldsystem. Geeignete, gegebenenfalls phasen-

Bild 18. Zeitungspapiermaschine mit elektronischer Regelungsanlage (Siebbreite 7 m, Papiergeschwindigkeit 250 bis 750 m/min)

abhängige Gleichrichter liefern eine proportionale Gleichspannung. Zur Regelung kann nur ein monoton an- oder absteigender Ast der periodischen Funktion benutzt werden.

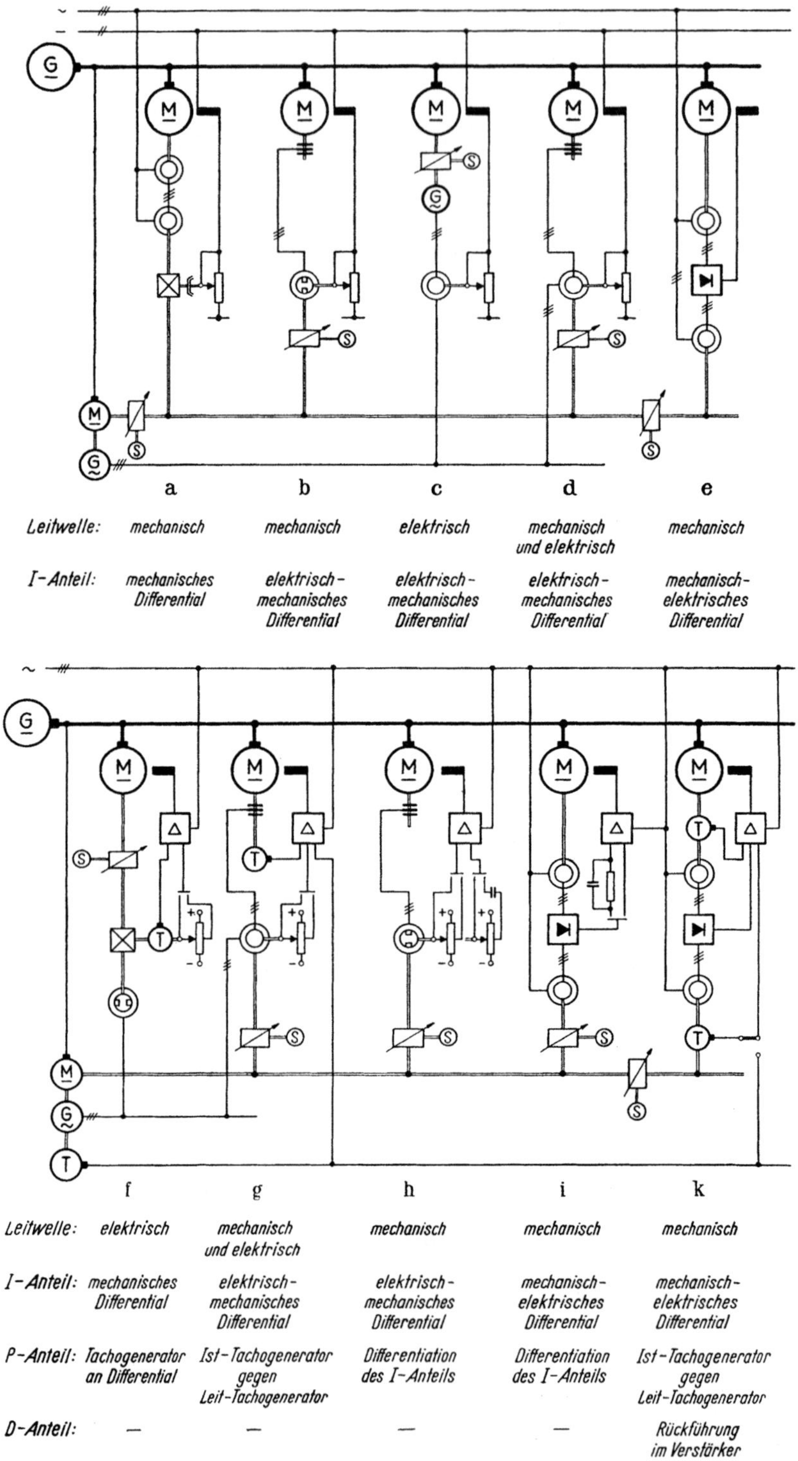

a) bis e) Regler mit I-Meßwerk } mit Leitwelle
f) bis k) Regler mit PI-Meßwerk } mit Leitwelle

Bild 19. Gleichlaufregelanordnungen für Papiermaschinen

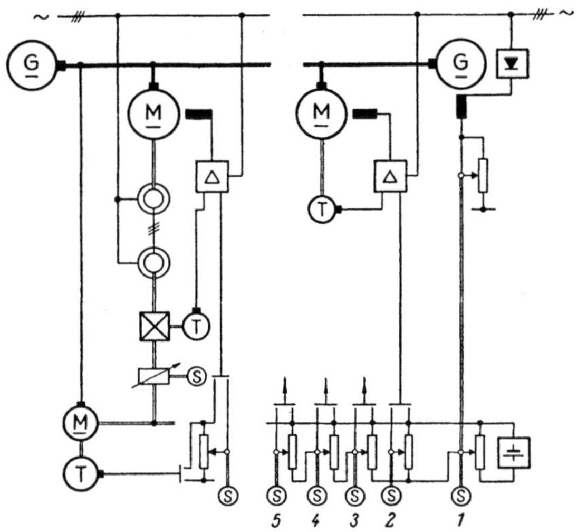

l) Regler mit P-Meßwerk mit Leitwelle
m) Regler mit P-Meßwerk mit Leitspannung

Bild 19 (Fortsetzung). Gleichlaufregelanordnungen für Papiermaschinen

Die grundsätzlichen Unterschiede der Regelanordnungen sind in *Bild* 19 angegeben. Im besonderen wird angestrebt, die Regeleinrichtung von den Antriebsmotoren entfernt aufzustellen, wozu in *Bild* 19a die Istdrehzahl durch eine „elektrische Welle" übertragen wird. Die Anordnungen mit Aufschaltung des P-Anteiles benötigen wegen der geringen Geschwindigkeitsänderungen durchweg einen Verstärker. Für die Anordnung *Bild* 19g ist bei Ankersteuerung nach *Bild* 16b, c, d eine Variante möglich, bei der die Istspannung des Tachogenerators durch die induzierte Ankerspannung (EMK) mit Hilfe von IR-Kompensation ersetzt wird [*26*]. In *Bild* 19e wird die Leitdrehzahl mechanisch und elektrisch zugeführt. Bei der Leitspannung von *Bild* 19m können die Sollwertsteller parallel (*2, 3*) oder in Reihe (*3, 4, 5*, vgl. *Bild* 9) angeordnet werden Der Steller (*1*) steuert neben der Leitgeschwindigkeit auch die Leonard-Spannung, damit die Regler im Aussteuerbereich bleiben.

Direkte Abtastung des Papierzuges. *Bild* 20 zeigt eine Kombination von direkter Abtastung (Struktur *Bild* 10a, Strecke 2–3) und Regelung der Ersatzgröße Geschwindigkeit (*Bild* 10c) mit der Aufgabe, bei gespannter Bahn äußere Störungen Z aufzunehmen und nach Papierrissen das Aufholen zu beschleunigen. Als Tastorgan dient ein Zugmeßgeber (Tabelle 2, Nr. 4); die Drehzahl wird mit Tachogeneratoren (Tabelle 2, Nr. 2) gemessen. Beide arbeiten über einen elektronischen Regler und Zusatzgenerator (*Bild* 16b) auf die Drehzahl.

Im Blockschaltplan (Bild 20b) erkennt man den Regelkreis für die Drehzahl V_2, die über die Anlaufzeitkonstante T_m und die Erregerzeitkonstante T_e durch den Regler (5) zunächst auf den Sollwert $V_1 \lambda_v$ geregelt wird. Die nach *Bild* 6 von V_1 und V_2 beeinflußte Bahnspannung σ_{12} wird im Taster (6) mit dem dort eingestellten Sollwert σ_k verglichen; Abweichungen werden in den Drehzahlregelkreis eingegeben. Bei Papierriß geht der Taster in Endstellung, so daß die Drehzahl auf einen entsprechend höheren Wert aufläuft. Der beim Aufholen wieder ansprechende Taster ermöglicht schnelles Einführen [69].

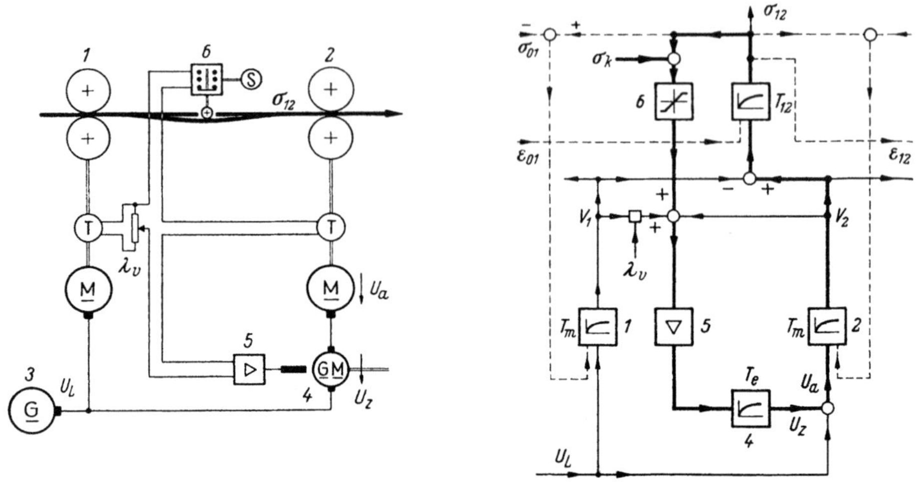

a) Geräteplan b) Blockschaltplan

1, 2 Walzenpaare mit Antriebsmotoren
3 LEONARD-Generator
4 Zusatzmaschine
5 Regelverstärker
6 Bahnspannungsfühler

V Warengeschwindigkeit
σ Spannung der Warenbahn
ε Dehnung der Warenbahn
U_a Ankerspannung
U_z Zusatzspannung

T_m Mechanische Anlaufzeitkonstante
T_e Erregerzeitkonstante des Zusatzgenerators
T_{12} Zeitkonstante der Warenbahn
λ_v Steller für Geschwindigkeitsrelation

Bild 20. Regelung der Spannung einer Papierbahn durch direktes Abtasten mit Fühlrolle

4. Wickler

a) Allgemeines

Beim *Achswickler* (Tabelle 2, Nr. 7) muß der veränderliche Wickelradius berücksichtigt werden, dagegen entfällt diese Störgröße beim *Umfangswickler* (Tabelle 2, Nr. 6). Direkte Tastorgane für den Papierzug sind bei großen Produktionsgeschwindigkeiten und großen Breiten der Bahn (bis zu 6 m) meist hinderlich, so daß der Radius indirekt aufgeschaltet werden muß. Ferner liegen häufig folgende Forderungen vor:

1. Der Wickelradius muß im Bereich bis 1:6 (leer/voll) oder mehr erfaßt werden.

2. Die Umfangsgeschwindigkeit kann sich im Bereich bis 1:10 und bei Kriechgeschwindigkeiten bis 1:50 bewegen.

3. Der Papierzug soll je nach Papiersorte im Bereich 1:10 eingestellt werden können.

4. Der Papierzug soll bei zunehmendem Radius abnehmend eingestellt werden können.

5. Bei Papierriß soll die Geschwindigkeit der Rolle genügend ansteigen, damit die Schlaufe beim Wiedereinführen schnell aufgeholt wird, aber nicht zuviel, damit das Papier beim Spannen nicht erneut reißt.

6. Bei Änderungen des Geschwindigkeitsniveaus soll der Zug nicht beeinflußt werden.

Im folgenden werden einige Lösungsbeispiele angegeben (vgl. auch die Beispiele in den anderen Abschnitten).

b) Umfangswickler

Bild 21 zeigt eine interessante Kombination von Momentwickler (*Bild* 11 c) und Geschwindigkeitsregelung, wobei die Aufschaltung des Wickelradius (R_2 = konst.) entfällt. Die Anordnung arbeitet so, daß beim Wickeln auf konstanten Strom geregelt und bei Papierriß die ansteigende Drehzahl durch eine Geschwindigkeitsregelung selbsttätig aufgefangen wird. Die Schaltung enthält zwei Meßkreise: einen

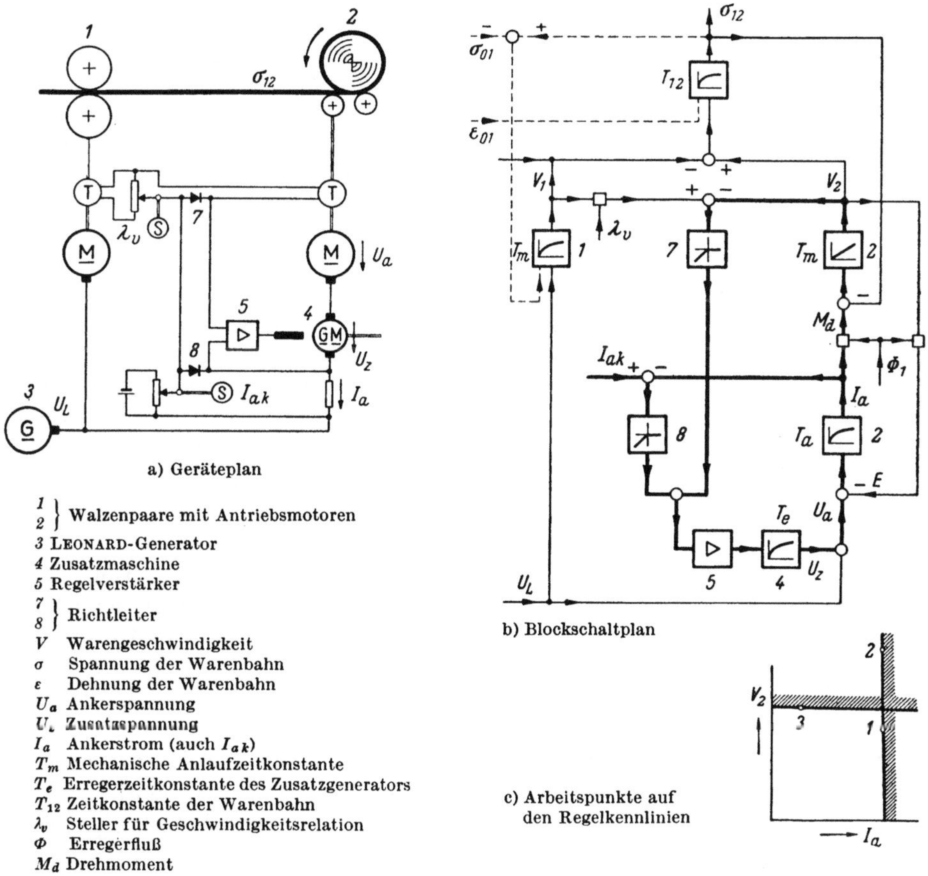

1, 2 Walzenpaare mit Antriebsmotoren
3 LEONARD-Generator
4 Zusatzmaschine
5 Regelverstärker
7, 8 Richtleiter
V Warengeschwindigkeit
σ Spannung der Warenbahn
ε Dehnung der Warenbahn
U_a Ankerspannung
U_L Zusatzspannung
I_a Ankerstrom (auch I_{ak})
T_m Mechanische Anlaufzeitkonstante
T_e Erregerzeitkonstante des Zusatzgenerators
T_{12} Zeitkonstante der Warenbahn
λ_v Steller für Geschwindigkeitsrelation
Φ Erregerfluß
M_d Drehmoment

Bild 21. Umfangswickler mit Momentregelung und Geschwindigkeitsbegrenzung

für den Strom I_a, der bei konstantem Feld Φ als Maß für den Zug an einem Widerstand abgegriffen und auf den Sollwert I_{ak} geregelt wird, und einen für die Geschwindigkeit V_2, die über Tachogeneratoren mit V_1 verglichen wird. Beide Kreise werden durch Richtleiter (*7, 8*) selbsttätig abgeschaltet, wenn an der Vergleichsstelle der Istwert kleiner als der Sollwert wird.

Im Blockschaltplan 21b sind diese Richtleiter durch nichtlineare Blockbilder dargestellt, die bei dieser Bedingung jeweils den Weg zum Regler verschließen. Bei geöffnetem Stromregelkreis bewirkt der Strom $I_a > I_{ak}$ mit dem Fluß ein Moment M_d, das im Gleichgewicht einen Zug σ_{12} bei einer Geschwindigkeit V_2 nach Gl. (19) herstellt. Mit einer Einstellung $V_2 < \lambda_v V_1$ ist der Geschwindigkeitsregelkreis gesperrt (Punkt 1 in *Bild* 21c). Bei Papierriß ($\sigma_{12} = 0$) würde das Moment M_d die Geschwindigkeit V_2 bis z.B. Punkt 2 in die Höhe treiben. Am Schnittpunkt der Kennlinien wird aber der Geschwindigkeitsregelkreis geöffnet und wegen des gleichzeitigen Verschwindens des Stromes I_a der Stromregelkreis gesperrt, so daß ein Punkt 3 mit $V_2 = \lambda_v V_1$ eingeregelt werden kann. Beim Einziehen der Bahn läuft der Vorgang umgekehrt ab. Der Regler muß so eingestellt werden, daß Stabilität und günstige Regelbedingungen für beide Regelkreise gewährleistet werden.

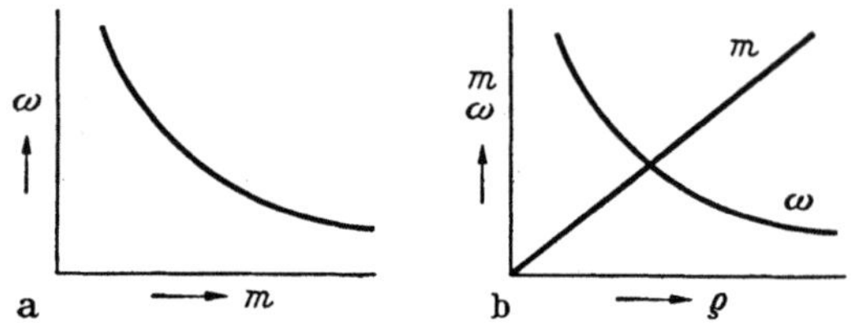

Bild 22. Zusammenhang von Drehmoment m und Drehzahl ω bei konstantem Zug und veränderlichem Wickelradius ϱ

c) Achswickler (*Bild* 23)

Nach den Wickelgesetzen Gl. (19, 21, 22) müssen die Drehzahl ω, das Moment m_w und der Radius ϱ (als normierte Größen)[1] an der Wickelachse (*2*) bei konstantem Zug p nach *Bild* 22 zusammenhängen. Dies wird durch Handsteuerung, geeigneten Kennlinienverlauf der Antriebsmotoren oder durch Regelung erreicht.

Friktionswickler. Beim Friktionsantrieb wird die Wickelachse nach *Bild* 23 durch einen Antrieb beliebiger Charakteristik über eine Friktionskupplung mit einem Moment beaufschlagt, das mit der Änderung des Radius von Hand eingestellt wird. Die Differenzleistung wird in Wärme umgesetzt.

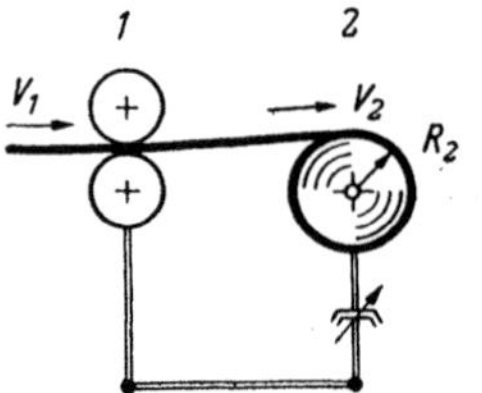

1 Walzenpaar
2 Wickelachse
R_2 Wickelradius
V Warengeschwindigkeit

Bild 23. Achswickler mit Friktionskupplung

Kennlinienwickler. Bei Kennliniensteuerung erfolgt der Antrieb durch fest gekuppelte Motoren, deren natürliche Kennlinien dem Verlauf nach *Bild* 22 angenähert sind. Dazu sind Gleichstrom-Reihenschlußmotoren oder Drehstrom-Asynchronmotoren mit großem Läuferwiderstand mehr oder weniger vollkommen geeignet.

Mechanisch geregelte Wickler. *Bild* 24a zeigt einen Achswickler mit rein mechanischer Regeleinrichtung [*13*] zum Auf- und Abwickeln unter konstantem Zug, wie er sowohl in der Papierverarbeitung als auch in anderen Zweigen der Faserstoffindustrie verwendet wird.

Das an der Wickelachse (*2*) auftretende Moment $M_w = P_{12} R_2$ wird in einer Meßmuffe (*3*) in eine axiale Kraft umgewandelt, welche über die verschiebbaren Reibscheiben (*4* und *5*) und die Kette (*6*) des Getriebes mit Übersetzung $ü$, weiter über den Hebel (*7*) und die Kurvenscheibe (*8*) auf den Hebel (*9*) übertragen wird und dem Gewicht G (*10*) das Gleichgewicht hält. Ändert sich das

[1] Vgl. Fußnote S. 1138.

Moment beim Wickeln, so wird die Übersetzung durch Verschieben der Reibscheiben so lange geändert, bis sich ein neues Gleichgewicht einstellt, das durch die Kurven der Meßmuffe (*3*), der Übertragung im Getriebe und der Scheibe (*8*) bestimmt wird.

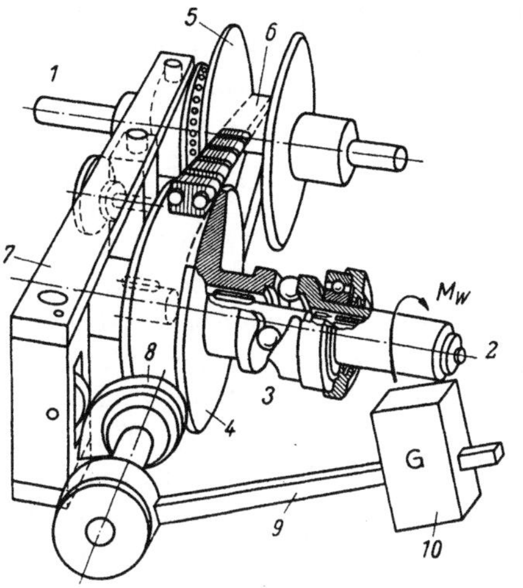

a) Gerätebild

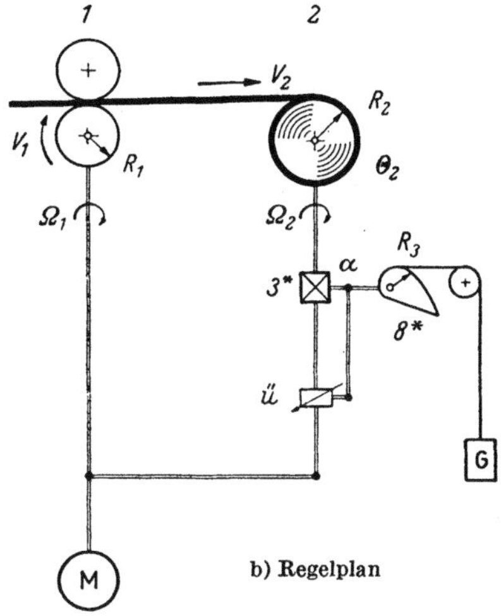

b) Regelplan

- *1* Antriebsachse
- *2* Wickelachse
- *3* Meßmuffe
- *3* Ersatzdifferential
- *4*, *5* } Reibscheibe
- *6* Triebkette
- *7* Stellhebel
- *8* Kurvenscheibe
- *8** Ersatzkurvenscheibe
- *9* Gewichtshebel
- *10* Gewicht
- *11* Kennlinie der Übertragungsglieder
- *V* Warengeschwindigkeit
- *Ω* Drehzahl
- *R* Radius
- *P* Wickelzug
- *ü* Übersetzung des Getriebes
- *G* Gewicht
- P_R Reibungskraft
- M_G Moment des Gewichtes *G*
- M_w Wickelmoment
- *σ* Spannung in der Warenbahn
- *ε* Dehnung der Warenbahn
- T_{12} Zeitkonstante der Arbeitsstrecke *1* – *2*
- Θ_2 Trägheitsmoment an der Wickelachse

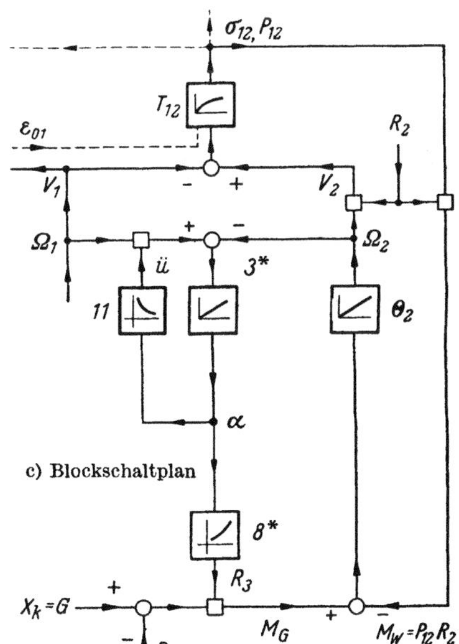

c) Blockschaltplan

Bild 24. Mechanischer Wickelregler [*64*]

Auf diese Weise wird jeder Übersetzung ein bestimmtes Drehmoment und damit ein Wickelzug zugeordnet, der durch Formgebung von (*8*) eine beliebige Funktion des Wickelradius annehmen kann.

Die Wirkungsweise der Regeleinrichtung ist in *Bild* 24 b als vereinfachter Regelplan dargestellt. Die Wirkung der Meßmuffe (*3*) entspricht der Wirkung eines Differentials (*3**), an dessen freier Achse das Gewicht *G* mit dem Radius R_3 der

Ersatzkurvenscheibe (*8**) dem Wickelmoment M_w das Gleichgewicht hält. Mit der Kurvenscheibe (*8**) ist die Verstellung der Übersetzung *ü* gekoppelt. Nach Abschnitt B 4 ist die Anordnung als Momentwickler (*Bild* 11c) zu bezeichnen. Die funktionellen Zusammenhänge der Einrichtung werden aus dem Blockschaltplan der Wickelanordnung (*Bild* 24c) ersichtlich. Der als Störwert aufzuschaltende Wickelradius wird nicht wie in *Bild* 11c durch einen Fühlhebel, sondern als $R_2 = R_1 \cdot \Omega_1/\Omega_2$ berührungslos aus dem Drehzahlverhältnis gemessen. Nimmt z.B. der Radius R_2 beim Wickeln zu, so steigt das Wickelmoment M_w und verzögert nach Vergleich mit dem Gewichtsmoment M_G die Drehzahl Ω_2 über die Schwungmasse Θ_2. Das Differential (*3**) vergleicht Ω_2 mit $\ddot{u}\,\Omega_1$; der dabei auflaufende Differenzwinkel α verstellt über die nichtlineare Kennlinie (11) die Übersetzung *ü* so lange, bis α wieder steht (s. *Bild* 24c). Dadurch ist $\alpha = f(R_2)$ das Ergebnis der indirekten Messung des Wickelradius (solange Zug vorhanden ist). Gleichzeitig wird dieses Ergebnis über die Kennlinie der Ersatz-Kurvenscheibe (*8**) durch den Radius R_3 auf das Gegenmoment M_G übertragen. Die Verstellung ist beendet, wenn mit $M_G = M_w$ ein neues Gleichgewicht eingetreten ist. Die Einrichtung hat den Vorzug, daß das Wickelmoment direkt an der Wickelachse gemessen wird, so daß die Reibung zwischen Wickelachse und Antriebsmotor nicht in die Messung eingeht. Dagegen ist die Reibung P_R in axialer Richtung auf das Gewichtsmoment M_G von Einfluß, was besonders im Stillstand von Bedeutung sein kann. Bei Riß der Bahn geht die Übersetzung in die obere Endlage.

Elektrisch geregelte Elektrowickler. Für den geregelten *Elektrowickler* eignet sich besonders der Gleichstrommotor, dessen elektrische Kenngrößen in gleichartigem physikalischem Zusammenhang stehen wie die mechanischen Wickelgrößen und daher als Regel- und Stellgrößen benutzt werden können. Der Zusammenhang der Kenngrößen am Wickler und am Motor ergibt sich aus folgenden Beziehungen[1]:

	Am Wickler:		*Am Motor:*	
Drehzahl:	$\omega = \frac{v}{\varrho}$	(25a)	$\omega = \frac{e}{\varphi}$	(25b)
Moment:	$m_w = p\,\varrho$	(26a)	$m_m = i\,\varphi$	(26b)
Leistung:	$n = p\,v$	(27a)	$n = e\,i$	(27b)
Verluste:	m_R	(28a)	$i\,r_a = u - e$	(28b)

[1] Für die folgenden Darstellungen werden die wichtigen mechanischen und elektrischen Größen auf die Bezugsgrößen V_0, R_0, P_0 bzw. U_N, I_N, Φ_N normiert (vgl. auch Abschnitt C 4, sowie Kapitel 27 und 58).

Mechanische Größen:		*Elektrische Größen:*	
Geschwindigkeit:	$v = \frac{V_2}{V_0}$	Ankerspannung:	$u = \frac{U_a}{U_N}$
Radius:	$\varrho = \frac{R_2}{R_0}$	Induzierte Spannung:	$e = \frac{E}{U_N}$
Zug:	$p = \frac{P_{12}}{P_0}$	Strom:	$i = \frac{I}{I_N}$
		Fluß:	$\varphi = \frac{\Phi}{\Phi_N}$
		Ankerwiderstand:	$r_a = \frac{R_a}{U_N/I_N}$

Die mechanischen Reibungsverluste m_R können auf die Achse bezogen werden:

$$m_w = m_m - m_R \tag{29}$$

Bei verlustloser Anordnung ($m_R = 0$) ergeben sich die Beziehungen

$$\frac{e}{v}\,\frac{i}{p} = 1 \tag{30}$$

$$\frac{e}{v}\,\frac{\varrho}{\varphi} = 1 \tag{31}$$

Sind die Werte $p(\varrho)$ und v vorgeschrieben, so müssen sich die elektrischen Größen e, i, φ in Abhängigkeit vom Radius ϱ nach Gl. (30, 31) einstellen, wobei die Beziehungen bereits durch zwei von ihnen bestimmt sind. Als Sonderfälle ergeben sich für $p =$ konst.:

I. $\varphi = 1$; $\frac{i}{p} = \varrho$, $\frac{e}{v} = \frac{1}{\varrho}$ konstantes Feld (Bild 25a)

II. $\varphi = \varrho$; $\frac{i}{p} = 1$, $\frac{e}{v} = 1$ konstanter Strom (Bild 25b)

und allgemein:

III. $\varphi = f(\varrho)$; $\frac{i}{p} = \frac{\varrho}{f(\varrho)}$, $\frac{e}{v} = \frac{f(\varrho)}{\varrho}$

Je nachdem, welche Paare zur Regelung benutzt werden, kann diese in die Grundanordnungen von *Bild* 11 eingeordnet werden:

e, φ	Geschwindigkeitswickler	(Gl. 25)
i, φ	Momentwickler	(Gl. 26)
e, i	Leistungswickler	(Gl. 27)

Da auch die elektrischen Größen hierbei nur Ersatzgrößen für den Zug darstellen, gelten die Ungenauigkeitseigenschaften nach Abschnitt C 4, d.h., auch die Verluste nach Gl. (28, 29) müssen berücksichtigt werden. Aus diesem Grunde darf

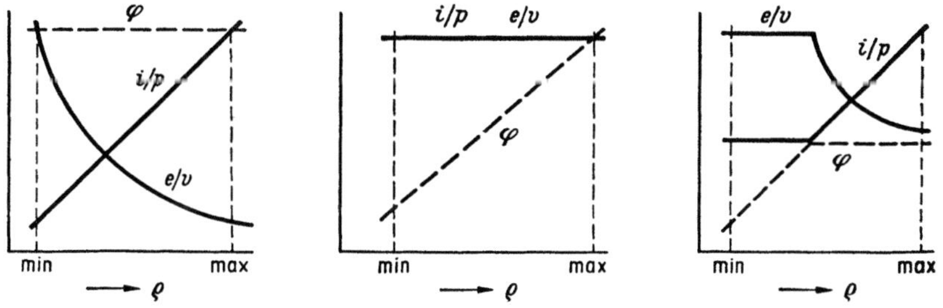

a) Betrieb mit konstantem Feld b) Betrieb mit konstantem Strom c) Absatzweise Kombination von a) und b)

φ Erregerfluß, i Ankerstrom, e Ankerspannung (induziert), p Wickelzug, v Warengeschwindigkeit, ϱ Wickelradius

Bild 25. Zusammenhang der wichtigen Größen beim Achswickler mit elektrischem Antriebsmotor wegen der praktischen Begrenzung des Bereiches und der Schnelligkeit der Regler für den Fluß eine untere Grenze nicht überschritten werden, da sonst der Motor abkippt (insbesondere bei großen Niveaubereichen). Da bei größeren Bereichen

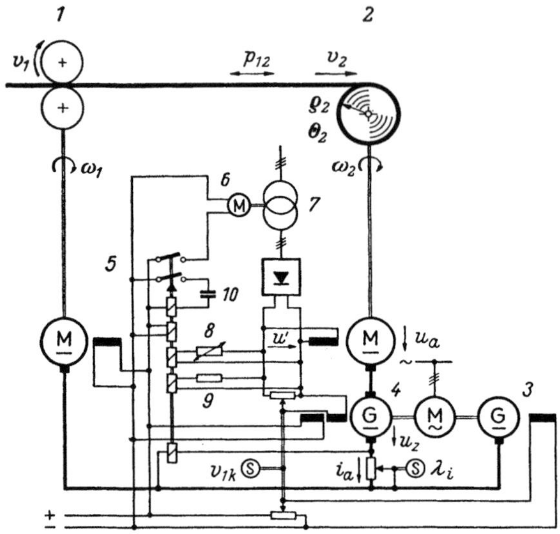

a) Gerätebild

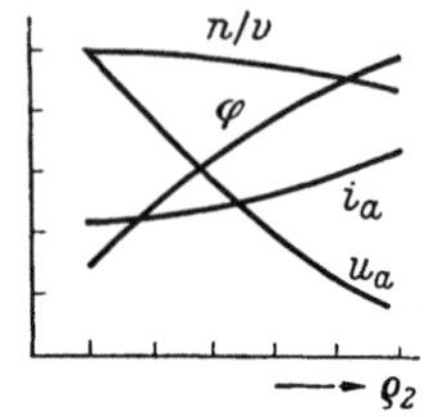

c) Die wichtigen Größen als Funktion des Wickelradius

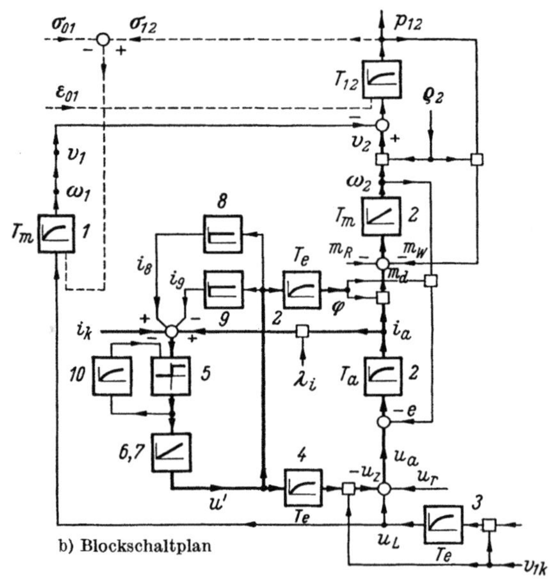

b) Blockschaltplan

1, 2 } Walzen mit Antriebsmotoren
3 LEONARD-Generator
4 Zusatzgenerator
5 Zweipunktregler
6 Stellmotor
7 Drehtransformator
8 Nichtlinearer Widerstand
9 Linearer Widerstand
10 Rückführkondensator
v Warengeschwindigkeit
p Zug in der Warenbahn
σ Spannung in der Warenbahn
ε Dehnung in der Warenbahn
T_{12} Zeitkonstante der Arbeitsstrecke
ϱ_2 Wickelradius
ω Achsdrehzahl
u_a Ankerspannung
e Induzierte Ankerspannung
u' Variable Steuerspannung
u_z Zusatzspannung
u_L Leonardspannung
u_r Spannung zum Ausgleich der elektrischen Verluste
i_a Ankerstrom
$i_{8,9}$ Ströme durch Widerstände 8, 9
φ Erregerfluß
n Wickelleistung
m_d Moment im Luftspalt des Motors
m_w Lastmoment, $m_w = p_{12}\varrho_2$
m_R Reibungsmoment
T_m Mechanische Anlaufzeitkonstante
T_e Erregerzeitkonstante
T_a Ankerzeitkonstante
λ_i Sollwertsteller für Wickelzug

Bild 26. Geregelter Elektrowickler

des Wickelradius der Betrieb mit konstantem Feld allein (I) eine zu große Typenleistung (größte Spannung mal größtem Strom) verlangen würde, kombiniert man die Betriebsarten I und II absatzweise (*Bild* 25c) oder durch gleichzeitige Änderung aller Größen nach III.

Bild 26 zeigt einen *Elektrowickler* als Leistungswickler mit Zweipunktregler (*5*), der über einen Drehtransformator (*7*) gleichzeitig das Feld φ und die Spannung e über eine Zusatzspannung u_z verstellt. Die Spannung $e \sim 1 - u_z$ wird durch den Ersatzstrom $i_9 = f(u_z)$ über den Widerstand (*9*) auf das Regelrelais gegeben, die Reibungsverluste durch den Strom i_8 über einen nichtlinearen Widerstand (*8*) als Nachbildung, der Ankerstrom i_a über den Sollwertzugsteller λ_i. Die elektrischen Verluste $u_r = i_a \cdot r_a$ werden über die Zusatzmaschine eingegeben. Unter Berücksichtigung der Vorzeichen und der Verluste wird an der Vergleichsstelle ein Ersatzwert proportional $(e + i)$ konstant gehalten, so daß die wirkliche Wickelleistung $e \cdot i$ und damit der Zug mit zunehmendem Radius abnehmen. Das Niveau wird über den Steller (v_{1k}) geändert.

Der Zweipunktregler wird durch eine kapazitive Rückführung (10) zum Schrittregler gemacht. Bei Vergrößerung des Wickelradius schaltet er aufwärts, bis ein neues Gleichgewicht hergestellt ist. Die einseitige Wirkung hat zur Folge, daß bei Papierriß die Drehzahl nur wenig ansteigt. Im Stillstand versagt die Regelung.

5. Streichmaschine mit Durchhangregelung

Das fertige Papier wird zur Veredelung der Oberfläche kontinuierlich mit einer feuchten Masse bestrichen und in einer freien Durchhangstrecke getrocknet (*Bild* 27). Arbeitsgröße ist die freie Länge, die in diesem Fall nicht nur zur Aufrechterhaltung des Gleichlaufes dient, sondern auch konstant gehalten werden muß, damit die geforderte Trockenzeit eingehalten wird. Der Durchhang wird nach Tabelle 1, Nr. 3 photoelektrisch abgetastet, so daß sich ein Blockschaltplan,

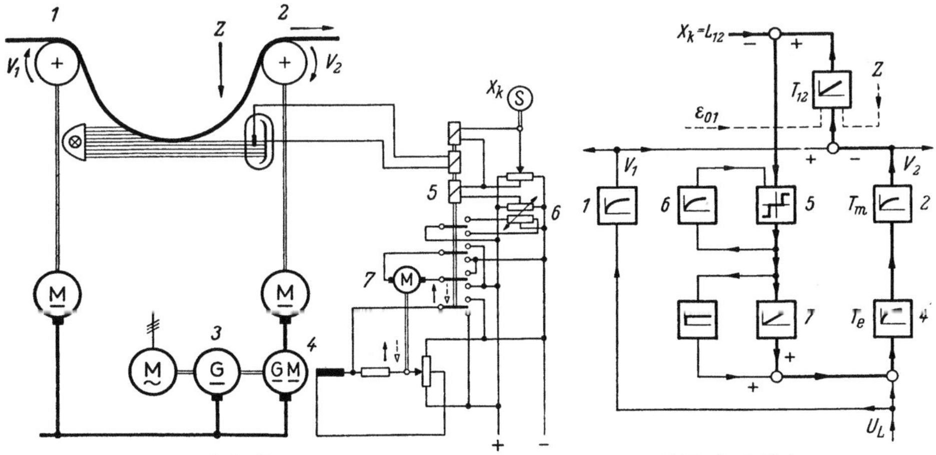

a) Geräteplan b) Blockschaltplan

1, *2* } Walzen mit Antriebsmotoren
3 LEONARD-Generator
4 Zusatzgenerator
5 Dreipunktregler
6 Thermische Rückführung
7 Stellmotor

V Warengeschwindigkeit
L_{12} Länge bzw. Tiefe des Durchhanges
ε_{01} Dehnung in der Warenbahn
T_{12} Zeitkonstante der Arbeitsstrecke
T_m Mechanische Anlaufzeitkonstante
T_e Erregerzeitkonstante des Zusatzgenerators
Z Störgröße
U_L Leonardspannung

Bild 27. Regelung des Durchhangs der Papierbahn bei einer Streichmaschine ähnlich *Bild* 10a ergibt. Ein Dreipunktregler (*5*) mit thermischer Rückführung (*6*) arbeitet über ein I-Stellglied und P-Aufschaltung auf einen Zusatzgenerator (*4*), der über seine Spannung die Drehzahl beeinflußt [39].

6. Imprägniereinrichtung

Bild 28 zeigt eine Regelung der Imprägnierung von Kraftpapier. Die Papierbahn durchläuft einen mit Imprägniermasse gefüllten Trog und wird nach Trocknung wieder aufgewickelt. Der Grad der Aufsaugung hängt von der schwankenden Absorptionsfähigkeit des Papiers und der Eintauchdauer ab, die bei kon-

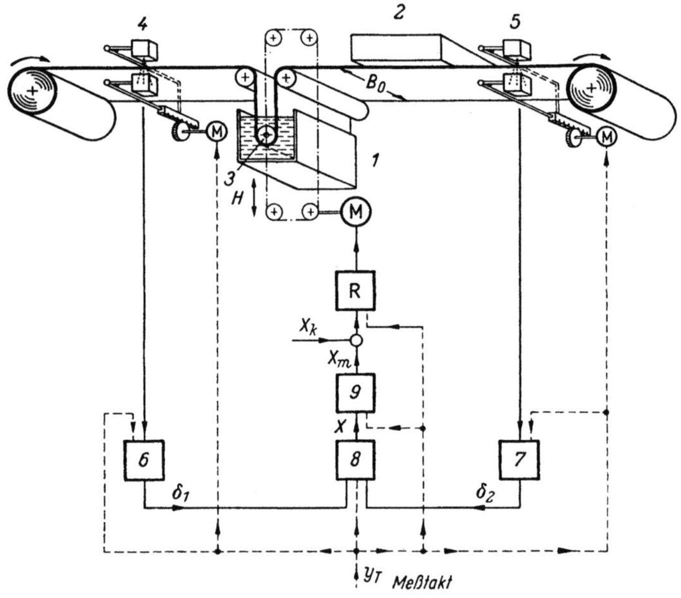

1 Imprägniertrog
2 Trockenteil
3 Walze mit verstellbarer Höhe *H* zur Änderung der Eintauchdauer
4, *5* Radioaktive Meßköpfe mit Stellmotoren zur periodischen Querverschiebung
6, *7* Meßumformer für Meßköpfe *4*, *5*
8 Rechengerät zur Bestimmung des Quotienten $X = (\delta_2 - \delta_1)/\delta_1$
9 Rechengerät zur Bestimmung des Mittelwertes X_m über die Bahnbreite B_0
$\delta_{1,2}$ Flächendichte der Papierbahn
B, B_0 Breite der Bahn

Bild 28. Imprägniereinrichtung für Papier

stanter Durchlaufgeschwindigkeit durch die Eintauchtiefe *H* beeinflußt werden kann. Zur Kontrolle des prozentualen Gehaltes an Imprägnierungsmasse wird die mittlere Flächendichte δ_1 bzw. δ_2 vor und nach Imprägnierung mit radioaktiven Strahlungsgeräten (4, 5) gemessen, und zwar auch in Querrichtung *B*, wobei die Meßköpfe senkrecht zur Kante synchron langsam hin- und schnell zurückgefahren werden. Ein Rechengerät bestimmt den prozentualen Auftrag $X = \frac{\delta_2 - \delta_1}{\delta_1}$ und ein zweites den Mittelwert X_m über die Breite B_0. Das Ergebnis wirkt nach Vergleich mit einem Sollwert auf einen Regler, der die Eintauchtiefe H verstellt. Eine Synchronisiereinrichtung steuert den Querlauf und den Takt für die Auswertung.

Voraussetzung für einwandfreies Arbeiten ist eine gegen den Abstand der Meßköpfe *große* Periodenlänge von Schwankungen der Störgröße (Absorptionsfähigkeit des Papiers) und eine gegen die Durchlaufzeit kleine Querlaufzeit der Köpfe (Genauigkeit $\pm$ 2% bei 25% Imprägniermasse [*40*]).

E. Textilindustrie

1. Technologie und Regelaufgaben

Grundelement der Textilien ist der Faden. Er wird aus Fasern verschiedener Länge gesponnen, und zwar aus kurzen Fasern natürlicher (pflanzlicher oder tierischer) Herkunft oder aus endlos erzeugten Kunstseide- und anderen synthetischen Fasern. In weiterer Verarbeitung entstehen *Gewebe* durch systematische Kreuzung von Längs- und Querfäden (Kette und Schuß) oder *gewirkte* Gebilde durch geeignete Verschlingung und Verknüpfung der Fäden. Weitere Prozesse in großer Mannigfaltigkeit dienen zur Vorbereitung der Fasern (z.B. Reinigen, Kämmen, Strecken, Bleichen, Färben, Schlichten) und zur „Ausrüstung" und Veredelung der fertigen Gewebe und Gewirke (z.B. Waschen, Bleichen, Färben, Mercerisieren, Appretieren, Bedrucken).

Die Fäden und Stoffbahnen durchlaufen diese Prozesse zum großen Teil kontinuierlich, so daß Gleichlaufanordnungen von großer Bedeutung sind. Die einfachste Aneinanderreihung der Arbeitsmaschinen erfolgt über Speicher (nach Tabelle 1, Nr. 1, 2, 4), deren integraler Charakter Regelungen nach *Bild* 10a (Antrieb *1*–*2*) ergibt. Innerhalb der Arbeitseinheiten selbst werden vielfach konstante Verstreckungen oder Zugspannungen in der Warenbahn verlangt, so daß Arbeitsgrößen mit Ausgleich entstehen, die nach Tabelle 2, Nr. 1 bis 5 direkt oder durch Ersatzgrößen gemessen und geregelt werden. Anfang und Ende einer zusammenhängenden Verarbeitung werden sehr häufig durch Wickler abgeschlossen. Im folgenden werden einige typische Anordnungen dargestellt, die sich in vielen Varianten wiederholen [*41, 42, 43, 44, 48, 49, 50, 51*].

2. Transportregelung einer Baumwollputzerei

Zur Vorbereitung für die Spinnerei wird die den Ballen entnommene Baumwolle pneumatisch durch verschiedene Arbeitsstufen hindurchgeführt, von denen vier dargestellt sind (*Bild* 29). Im Ballenbrecher (*1*) wird die Ware zuerst in grober Weise geöffnet, sodann in „Kastenspeisern" (*2, 3*) mehrfach geschlagen und gereinigt und schließlich als Vlies aufgewickelt (*4*). Um Verstopfungen der Rohrleitungen zu vermeiden, muß die Transportsaugluft ständig eingeschaltet bleiben. Ungleichmäßiger Warenfluß wird in Zwischenspeichern (*5, 6*) aufgefangen, deren Inhalt durch Klappen abgetastet wird (nach Anordnung Tabelle 1, Nr. 2). Diese steuern über die jeweils davorliegenden Transportbänder den Zufluß zum Speicher.

Der Blockschaltplan *Bild* 29b zeigt, wie der Warenfluß Q_{12} über ein System mit Laufzeit T_{12} zum Speicher gelangt und dort nach Abzug des Abflusses Q_{23} das Volumen V_2 integrierend auffüllt. Bei Erreichen der oberen Grenzlage wird Q_{12}

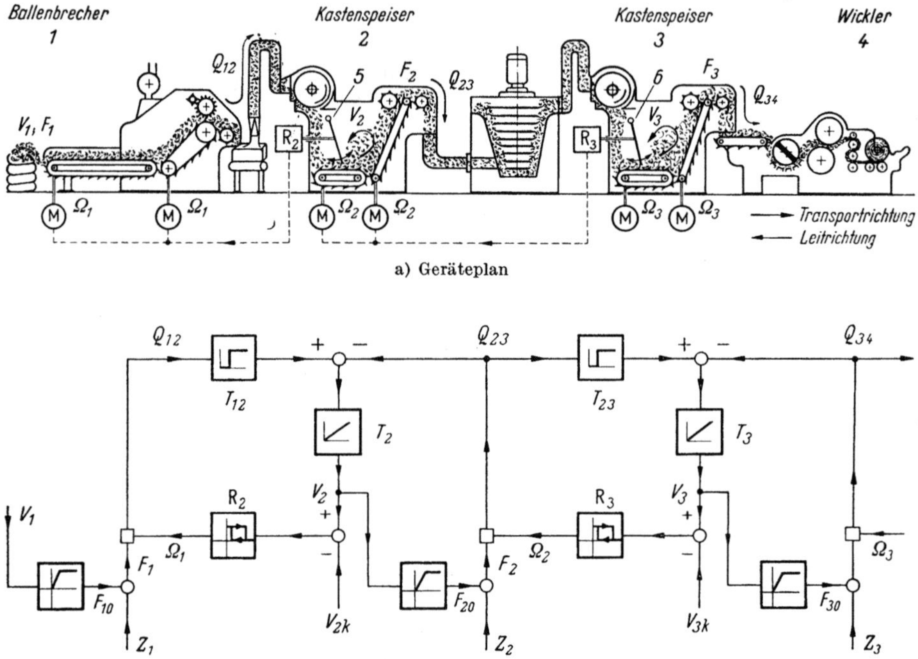

a) Geräteplan

b) Blockschaltplan

1 ⋮ 4 } Arbeitseinheiten
5, 6 } Zwischenspeicher

Q Warenfluß
V Speichervolumen
F Warenquerschnitt
Z Störschwankung durch Ballenbildung

Ω Transportgeschwindigkeit
T_{12}, T_{23} Laufzeit
T_2, T_3 Integrationszeit

Bild 29. Transportregelung einer Baumwollputzerei

durch den Regler R_2 durch Abschalten der Transportgeschwindigkeit Ω_2 so lange gesperrt, bis der Inhalt auf die untere Grenze abgesunken ist, die gleichzeitig als Vergleichswert V_{2k} festgelegt ist. Jeder Durchfluß ist zugleich Abfluß für den vorhergehenden und Zufluß für den folgenden Speicher. Er ist das Produkt aus Transportgeschwindigkeit Ω_2 und angeliefertem Querschnitt F_1, der seinerseits vom Volumen V_1 und Störschwankungen Z durch Ballenbildung beeinflußt wird. Der Wirkungsablauf entspricht einer Folgeregelung nach *Bild* 10a (Strecke *1*–*2*), wobei die Leitrichtung dem Warenfluß entgegengesetzt ist [*45*].

3. Schlichtmaschine

Die Längsfäden eines *Gewebes* (Kette) werden vor der Verarbeitung im Webstuhl geschlichtet, d.h. durch Imprägnieren mit einem Kleister verfestigt und geglättet. In der Schlichtmaschine (*Bild* 30) werden die Kettfäden in breiter Bahn

$1 \ldots 5$ Arbeitseinheiten mit Antriebsmotoren
6 Magnetverstärker (*a* bis *c*, *a* und *c* in Zusatzschaltung)
7 Differential (*a*, *b*)
8 Stetig verstellbares Getriebe (*a* bis *d*)
9 Abtrieb des Differentials mit Stellgestänge (*a*, *b*)
V Warengeschwindigkeit
Ω Drehzahl
R_1, R_5 Wickelradius
P_{12}, P_{45} Warenzug
$T_{12} \ldots T_{45}$ Zeitkonstanten der Arbeitsstrecken (*1–2*) bis (*4–5*)
α_1, α_5 Stellwinkel am Abtrieb (*9*) des Differentials (*7*)
M_R Reibungsmoment
U Ankerspannung
E Induzierte Ankerspannung
U_z Zusatzspannung
I Ankerstrom
Φ Erregerfluß
T_m Mechanische Anlaufzeitkonstante
T_e Erregerzeitkonstante
T_a Ankerstromzeitkonstante
Z Störgröße auf die Warenbahn
R_a Ankerwiderstand

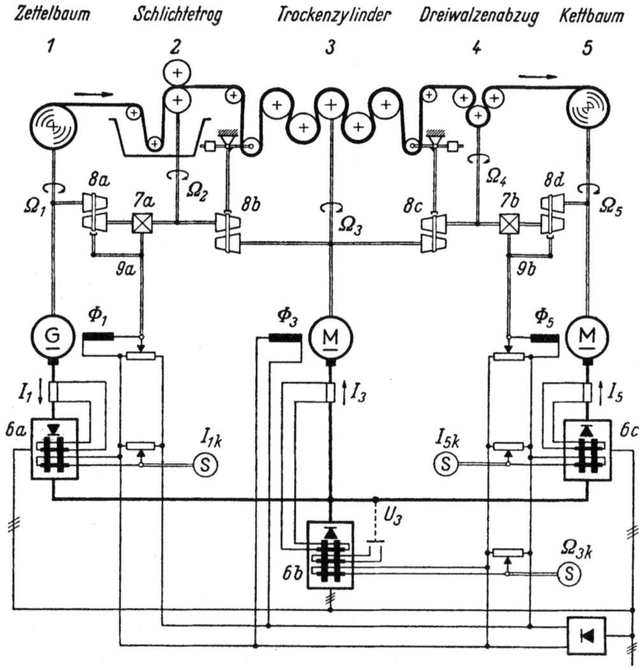

a) Geräteplan

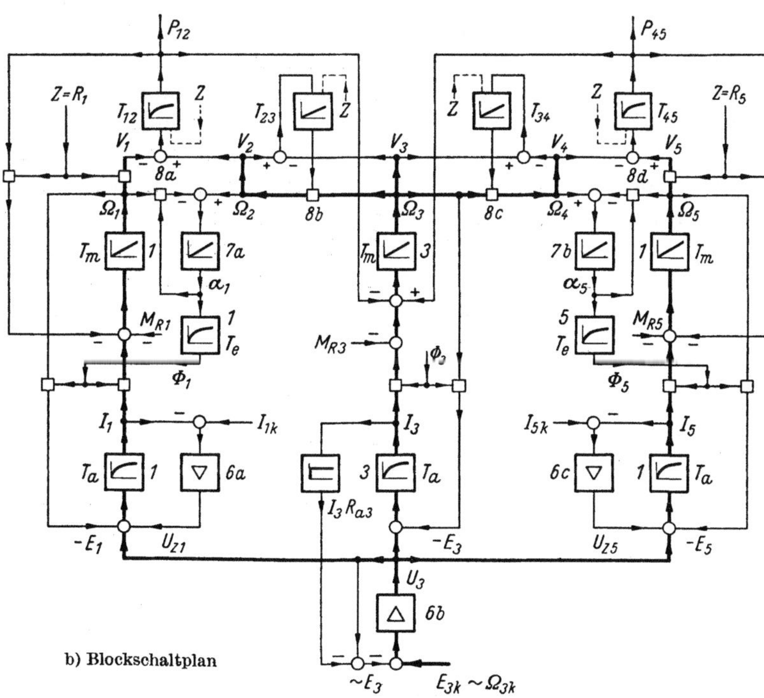

b) Blockschaltplan

Bild 30. Regelung einer Schlichtmaschine

vom Zettelbaum (*1*) abgewickelt, durch den Schlichtetrog (*2*) mit Quetschwerk hindurchgeführt, auf beheizten Zylindern (*3*) getrocknet und über einen Dreiwalzenabzug (*4*) auf den Kettbaum (*5*) aufgewickelt. Die Ware muß die Arbeitsstufen unter konstantem Zug durchlaufen und ohne äußere Berührung durch Meßfühler ab- und aufgewickelt werden. In den Abschnitten (*2*–*3*) und (*3*–*4*) wird der Zug durch das Gewicht der Tänzerwalzen gegeben, welche die Länge ihres freien Speichers messen und den Gleichlauf durch Verstellung der stetigen Getriebe regeln (vgl. hierzu Tabelle 1, Nr. 4 und *Bild* 10a, Strecke *1*–*2*). Zum Wickeln dienen elektrisch angetriebene Achswickler, für die der Zug wegen der gestreckten Bahn bei einigermaßen elastischer Ware einer Übergangsfunktion nach *Bild* 5b folgt. In der dargestellten Anlage ändert sich der Wickelradius im Verhältnis 1:5; der Zug soll im Bereich einer Geschwindigkeit von 60 bis 4 m/min und im Stillstand gehalten werden.

Der Blockschaltplan der Anlage ist in *Bild* 30b ausführlich dargestellt. Das Niveau wird durch den Antrieb (*3*) mit der Leitdrehzahl Ω_3 geführt, die ihrerseits über den Magnetverstärker (*6b*) mit der Leonardspannung U_L auf den Wert $\Omega_3 \sim E_3 = U_L - I_3 R_{a3}$ geregelt wird.

Die beiden Wickler sind als Momentwickler aufgebaut (vgl. *Bild* 11c). Der aufzuschaltende Wickelradius wird ohne direkten Meßgeber aus dem Vergleich der jeweils benachbarten Drehzahlen dadurch gewonnen, daß das Differential (*7*) das stetige Getriebe (*8*) so lange verstellt, bis jenes zum Stillstand kommt. Dessen Übersetzung ist dann eine Nachbildung des Radius, z.B. $R_1 \sim R_2(\Omega_2/\Omega_1)$, solange die Bahn bei geringer Dehnung gespannt ist; sie wird über die Stellung α des Stellhebels (*9a*) linear auf den Fluß Φ_1 des Wickelmotors übertragen, wobei die Nichtlinearitäten des Getriebes und der Magnetisierung zu berücksichtigen sind. Das Wickelmoment wird durch das Luftspaltmoment $I_1 \Phi_1$ bestimmt und erhält nach Aufschalten des Radius $R_1 \sim \Phi_1$ seinen linearen Verlauf durch Regelung auf I_1 bzw. $I_5 =$ konst. (vgl. *Bild* 25 b und Kapitel 30). Hierzu dienen in den Ankerkreisen liegende Magnetverstärker (*6a*) bzw. (*6c*), die bei Generator- (*1*) bzw. Motorbetrieb (*5*) eine entsprechende Spannung U_Z ab- bzw. zusetzen und deren Durchlaßrichtung der Stromrichtung angepaßt ist. Die Züge werden mit den Sollwertstellern I_{1k} bzw. I_{5k} eingestellt. Da das Moment im Luftspalt gemessen wird, kann damit die Reibung M_R nicht erfaßt werden. Sie muß ebenso wie die Momente zur Beschleunigung auf den Sollwert aufgeschaltet werden [*46, 47*].

4. Mercerisiermaschine

Unter Mercerisieren versteht man die Behandlung von Baumwollgarnen oder Geweben mit starker Natronlauge unter Zugspannung. Die chemische Einwirkung der Lauge bewirkt ein Quellen der Faser bei gleichzeitigem Schrumpfen. Wird dabei das Gewebe unter Spannung gehalten, so entsteht beständiger Seidenglanz und gute Griffigkeit (*Bild* 31, 32).

Die Ware wird in der *Laugierpartie* (*1*) der Lauge ausgesetzt, von dieser durch ein *Quetschwerk* (*2*) und anschließendes Spülen (*3*) mit heißem Wasser soweit befreit, daß kein Schrumpfen mehr auftritt, schließlich im *Entlauger* (*4*) und weiteren *Waschpartien* (*5*) vollkommen gewaschen und zu weiterer Verarbeitung abgelegt (*6*). Die Partien werden über Drehstrom-Nebenschlußmotoren mit Läuferspeisung angetrieben, deren Drehzahl in großem Bereich durch Verstellen des Bürstensatzes gesteuert werden kann.

Die Anordnung ist ein Beispiel dafür, wie der Gleichlauf sämtlicher Arbeitsgruppen durch direkttastende Tänzer- oder Pendelwalzen nach Tabelle 1, Nr. 4 geregelt wird. In den ersten beiden Teilen sind diese so konstruiert (*7a*, *7c*), daß eine „gebundene" Warenführung sichergestellt wird, d.h., das Gewebe wird in seiner ganzen Breite und Länge auf den Walzen gehalten und kann nicht schrumpfen. Dies geschieht durch drei Walzen (*1*, *2*, *3*), die durch Gelenke untereinander und

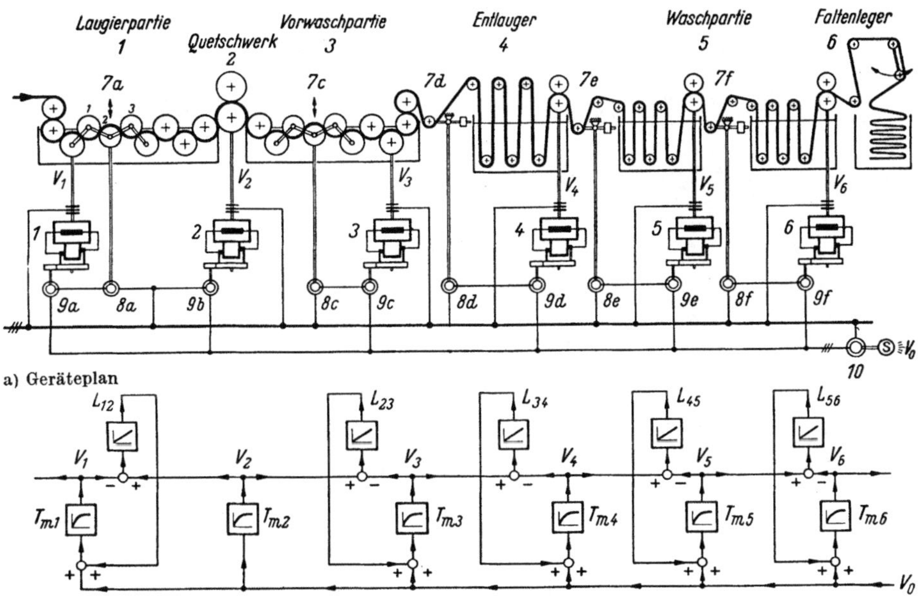

b) Blockschaltplan

7	Pendelwalzen (*a* bis *f*)	*V*	Geschwindigkeit
8	Geber (*a* bis *f*)	*L*	Freie Länge in der Arbeitsstrecke
9	Elektromechanisches Differential (*a* bis *f*)	T_m	Mechanische Zeitkonstante des Antriebes
10	Leitgeber		

Bild 31. Mercerisiermaschine

mit den festen Walzen so gekoppelt sind, daß sie unter Heben und Senken der Walze (*2*) den Bewegungen der Warenbahn folgen können, ohne daß diese sich abhebt. Der Warenzug ist ebenso wie bei den übrigen Pendelwalzen (*7d* bis *7f*) unter Berücksichtigung der Winkellage durch das Gewicht der Walzen gegeben. Ihre Bewegungen werden über die Geber (*8a* bis *f*) durch elektrische Wellen auf die Bürstenverstelleinrichtungen übertragen, und zwar über elektrisch-mechanische Differentiale (*9a* bis *f*) (vgl. auch *Bild* 17c), deren dritter Eintrieb durch die Frequenz des Leitgebers (*10*) gespeist wird. Durch ihn wird das Geschwindigkeitsniveau für alle Antriebe vorgesteuert, so daß der Verstellbereich der Pendelwalzen nur noch die Unterschiede der Teilantriebe zu erfassen braucht.

Die Regelkreise entsprechen der Anordnung *Bild* 10a, Strecke (*1*–*2*). Ihre Aneinanderreihung ergibt eine Folgeführung (*Bild* 9.3), wobei die Leitrichtung vom Leitmotor (*2*) aus nach Antrieb (*1*) *gegen*, nach Antrieb (*3* bis *6*) *mit* der Transportrichtung geht. Die Arbeitsgeschwindigkeit liegt zwischen 10 und 60 m/min, eine Kriechgeschwindigkeit von 6 m/min ermöglicht das ungestörte Einführen der Ware ohne Stillstand [*52*].

Bild 32. Mercerisiermaschine

5. Feuchteregelung am Spannrahmen

Am Ende der eingangs erwähnten Veredelungsprozesse müssen die Gewebe getrocknet werden (*Bild* 33). Zur Erzielung und Erhaltung verschiedener Eigenschaften muß jedoch eine Restfeuchte bleiben, die je nach Faserart in der Größenordnung von 4 bis 20% liegen und auf ± 1% konstant gehalten werden soll. Da die Trocknung meist mit Schrumpfungen verbunden ist, werden die Gewebe auf einem Spannrahmen gleichzeitig gespannt. Er besteht im wesentlichen aus zwei endlos umlaufenden, der Bahn parallelen Ketten, die mit Nadelkluppen versehen sind, die das Gewebe an den Kanten aufnehmen. Am Einlauf sind die Ketten seitlich schwenkbar und werden über Meßgeber auf die jeweils ankommende Kante selbsttätig eingefahren [*59*]. Am Ausgang nehmen sie jenen Abstand an, welcher der fertigen Warenbreite entsprechen soll. Beim Durchlauf wird die Bahn durch Warmluft getrocknet, die über Düsen eingeblasen wird.

Als Maß für die Feuchte F dient der elektrische Widerstand R, der zwischen Meßelektroden (*1*) quer zur Stoffbahn nach verschiedenen Verfahren gemessen wird (*Bild* 33b). Die naheliegende Beeinflussung der Feuchte durch den Wärmestrom erweist sich wegen der großen Wärmekapazitäten des Trockenraumes im Verhältnis zur Durchlaufzeit (Größenordnung 0,2 bis 1 min) als ungünstig. Geringe Verzögerung erreicht man durch Veränderung der Durchlaufgeschwindigkeit V, wobei nach *Bild* 33c zu beachten ist, daß eine wesentliche Steilheit erst oberhalb etwa $F > 4\%$ auftritt und in diesem Bereich etwa der prozentualen Geschwindigkeitsänderung proportional ist. Die Übergangsfunktion enthält naturgemäß eine Laufzeit, so daß der Endwert etwa nach der Zeit $T_L = L_0/V$ erreicht wird (*Bild* 33d).

Die Regler enthalten verschiedene Varianten, die der Beschleunigung des Regelvorganges dienen [*55, 56, 57, 58*]. Die Einwirkung auf die Geschwindigkeit erfolgt auf die Bürstenbrücke des Drehstromkommutatormotors über den integralen Stellmotor (*3*). Er wird durch Stellimpulse (*7*) gesteuert, deren Frequenz f von der Geschwindigkeit V (z.B. über einen Tachogenerator) so beaufschlagt wird, daß die oben beschriebenen Abhängigkeiten kompensiert werden. Der Regler (*2*) arbeitet mit Totzone oder stetig mit fehlerproportionalem Ausgang, wobei zusätzlich in Richtung „geringere Feuchte" schneller geregelt wird als umgekehrt, um zu feuchtes Gewebe auf jeden Fall zu vermeiden. Beschleunigung des Ansprechens wird durch Differentiation (*5*) der Regelabweichung, Dämpfung des Regelvorganges durch nachgehende Rückführung (*6*) erzielt. Die Meß- und Regeleinrichtungen arbeiten elektronisch bis zu Warengeschwindigkeiten von 150 m/min.

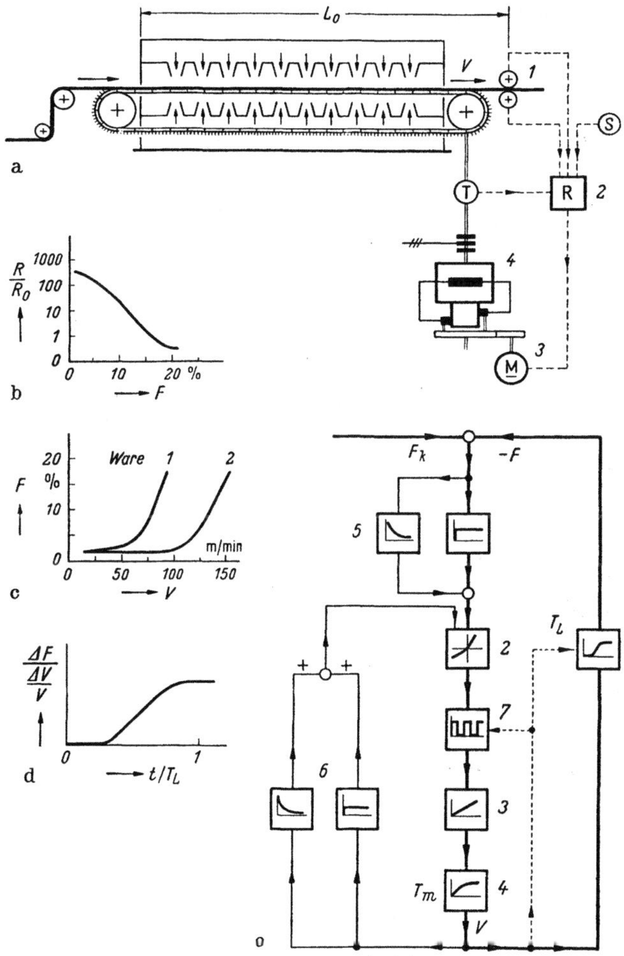

1	Meßelektroden	F	Feuchte
2	Regeleinrichtung	V	Warengeschwindigkeit
3	Bürstenverstellmotor	R	Widerstand der Stoffbahn
4	Drehstrom-Kommutatormotor	L_0	Arbeitsstrecke
5	Differenzierschaltung	T_L	Laufzeit in der Arbeitsstrecke
6	Rückführschaltung	T_m	Mechanische Anlaufzeitkonstante
7	Impulsgeber		

Bild 33. Spannrahmen zur Trocknung von Geweben mit Regelung der Feuchte

a) Gerätebild
b) Der Widerstand der Warenbahn in Abhängigkeit von der Feuchte
c) Die Feuchte in Abhängigkeit von der Geschwindigkeit bei konstanter Trocknung und verschiedenen Waren *1* und *2*
d) Übergangsfunktion der Feuchte bei plötzlicher Änderung der Geschwindigkeit
e) Blockschaltplan

Beim Verarbeiten von Nylon-Geweben oder dickeren Wollstoffen kommt es auch auf die Temperatur an, die das Gewebe im Spannrahmentrockner annimmt. Um die Temperaturgrenzen einzuhalten, die für diese Stoffart vorgeschrieben sind, mißt man die Stofftemperatur mit Strahlungspyrometern (s. Kapitel 12) und stellt den Wärmestrom so ein, daß bei der jeweiligen Durchlaufgeschwindigkeit die Toleranzen für die Stofftemperatur nicht überschritten werden.

6. Cottonmaschine

Auf der Cottonmaschine (*Bild* 34 bis 36) wird gleichzeitig eine große Anzahl (bis zu 40) von Damenstrümpfen gewirkt. Sie entstehen in flacher Form mit den Breiten entsprechend den Maßen von Bein und Fuß und erhalten durch eine Naht ihre räumliche Form. Die Wirkgeschwindigkeit beträgt bis zu 100 Maschenreihen/min und wird nach den Erfordernissen und dem Ablauf der mechanischen

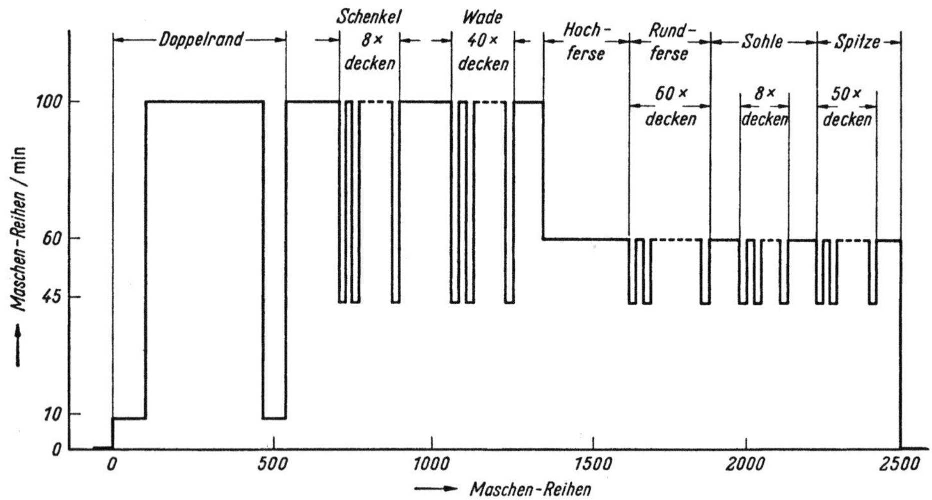

Bild 34. Arbeitsdiagramm für den Wirkvorgang bei Damenstrümpfen (Beispiel)

Operationen im Bereich 1:10 durch ein Programm nach *Bild* 34 selbsttätig gesteuert. Die Übergänge der Geschwindigkeitsstufen sollen schnell, aber ohne Überschreiten einer maximalen Beschleunigung vor sich gehen, um Beschädigungen der feinen Nadeln zu vermeiden. Die zahlreichen Exzenter der Maschine verursachen schwankende Drehmomente, die auf die eingestellten Geschwindigkeiten keinen Einfluß haben sollen.

Früher verwendete Drehstrom-Nebenschlußmotoren mit hebelgesteuerter Verstellung der Bürstenbrücke werden neuerdings durch Gleichstrommotoren abgelöst, die über Verstärker geregelt werden. Unter den verschiedenen Anordnungen werden zwei Beispiele beschrieben:

Bild 35 zeigt eine Speisung über einen eigenen *Generator*, der über einen elektronischen Verstärker so geregelt wird, daß die über einen Tachogenerator gemessene Drehzahl dem vom Programmgeber gesteuerten Sollwert entspricht. Es handelt sich hier um eine stetige Drehzahlregelung, deren Eigenschaften durch die Anlaufzeitkonstante T_m des Antriebes, die Ankerzeitkonstante T_a von Motor und Generator und die Erregerzeitkonstante T_{e2} des Generators mit geeignetem Regler R bestimmt werden.

1 Antriebsmotor
2 LEONARD-Generator
3 Sollwertprogrammgeber
U_a Ankerspannung
E Induzierte Ankerspannung des Motors
I_a Ankerstrom
Ω Drehzahl
M_d Drehmoment im Luftspalt des Motors
Φ Erregerfluß
M_w Lastmoment
U_{e2} Erregerspannung am Generator
T_{e2} Erregerzeitkonstante am Generator
T_m Mechanische Anlaufzeitkonstante
T_a Ankerzeitkonstante

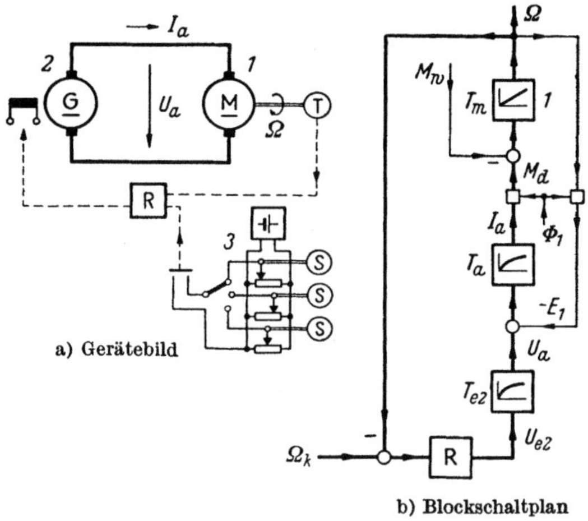

Bild 35. Regelung der Drehzahl einer Cottonmaschine in LEONARD-Schaltung mit Tachogenerator

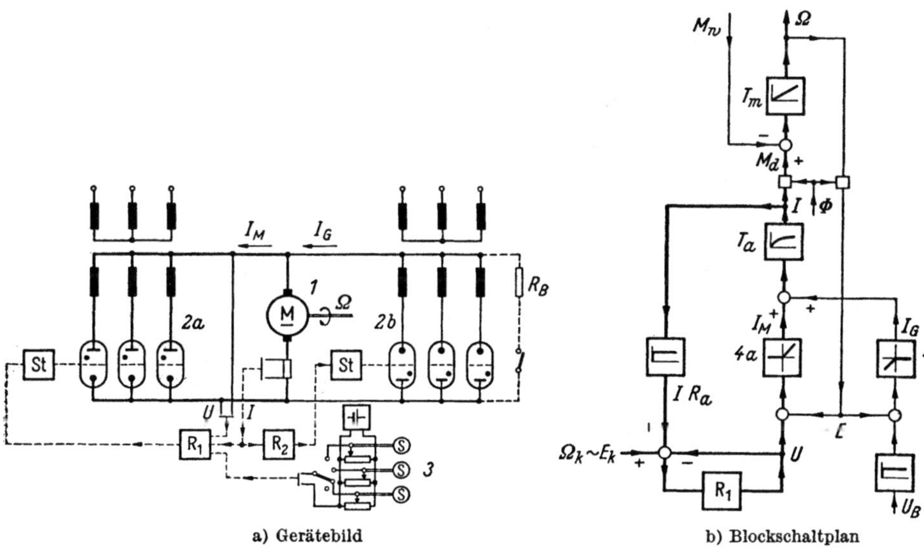

1 Antriebsmotor
2 Stromtorsätze mit Transformator (*a* und *b*)
3 Sollwertprogrammgeber
4 Nichtlineare Steuerglieder (*a* und *b*)
I_M Motorischer Ankerstrom
I_G Generatorischer Ankerstrom
U Ankerspannung
E Induzierte Ankerspannung
U_B Bremsspannung
Φ Erregerfluß
Ω Drehzahl
M_d Drehmoment
R_a Ankerwiderstand
M_w Lastmoment
T_m Mechanische Anlaufzeitkonstante
T_a Ankerzeitkonstante
R_B Bremswiderstand

Bild 36. Regelung der Drehzahl einer Cottonmaschine über Stromtorverstärker mit *IR*-Kompensation

Bild 36 zeigt eine rein elektronische Regelung über Stromtore, die den Anker direkt aus dem Netz speisen. Da diese nur in einer Richtung Strom führen können, muß ein dreiphasiger Satz den motorischen Strom, ein weiterer Satz den generatorischen Strom zum Bremsen übernehmen. Die gegenseitige Ablösung erfolgt selbsttätig bei Stromumkehr über nichtlineare Glieder (Blöcke *4a*, *4b*). Regelgröße ist die induzierte Spannung des Motors, die aus $E = U - I R_a$ gebildet wird und der Drehzahl in jedem Augenblick proportional ist. Eine Strombegrenzung und eine Rücklaufsperre bewahren die Stromtore und die Maschine vor Schaden. Die Bremsung kann auch durch Aufschalten eines Widerstandes R_B auf den Anker mit Hilfe eines Schützes erfolgen.

Der Vorzug dieser Anordnung wird im Blockschaltplan sichtbar. Der Spannungsregelkreis enthält nicht die Trägheit des Generatorfeldes. Allerdings folgt der Strom I dem Moment M_w verzögert mit der Anlaufzeitkonstante T_m; die Schnelligkeit seiner Aufschaltung in den Spannungsregelkreis ist durch die Anregelzeit des Reglers gegeben. Die Beanspruchung der Arbeitsstromtore ist infolge der geringen Induktivität des Ankers erheblich. Eine ähnliche Anordnung arbeitet mit magnetischen Verstärkern. Wegen der Bürstenabfälle und Ankerrückwirkung ist diese Art der Drehzahlmessung weniger genau als mit Tachogenerator [*53*, *54*].

F. Gummi- und Kunststoffindustrie

1. Technologie und Regelaufgaben

Die Grundstoffe erhalten ihre elastischen Festigkeitseigenschaften durch plastische Verformung, beim Gummi durch Walken, bei Kunststoffen aus der erstarrten Schmelze je nach Zusammensetzung durch Kneten oder Recken. Diese Arbeitsvorgänge werden in Walzenanordnungen ausgeführt, wobei der Grad der Verformung durch deren Umfangsgeschwindigkeit bestimmt wird. Der Verfestigung gehen während der Verformung Fließvorgänge voraus, die beendet, aber nicht überschritten werden dürfen, so daß ein genaues Einhalten des Walk- bzw. Reckgrades unabhängig von den dabei auftretenden Kräften notwendig ist. Bei Gummi werden häufig Textilien zur Festigung des Gefüges eingearbeitet. Da die Verformung bei Folien, Kabeln und Faden kontinuierlich erfolgt, ergibt sich bei den Gleichlaufanordnungen die Aufgabe, die Umfangsgeschwindigkeiten benachbarter Walzen unabhängig vom Niveau im vorgegebenen Verhältnis zu halten. Besonders wichtig sind Kalander und Streckwerke.

2. Gummi- und Kunststoffkalander

Bei *Kalandern* für Gummi und Kunststoff (*Bild* 37, 38) wird der oben eingelegte Materialballen („Puppe“) in mehreren Stufen zu einer Warenbahn gleichmäßiger Breite und Dicke ausgewalzt. Das Walken erfolgt durch Unterschied der Geschwindigkeiten, deren bezogener Wert $\varepsilon = (V_2 - V_1)/V_1$, die „Friktion“, 0 bis 0,5 betragen kann [vgl. Gl. (7)]. Im letzten Walzenspalt ist häufig die Friktion Null erforderlich, insbesondere beim Aufeinanderwalzen mehrerer Bahnen oder zur Erzielung einer glatten Oberfläche.

Die Arbeitsgröße Friktion ist hier exakte Regelgröße, gemessen durch eine Anordnung nach Tabelle 2, Nr. 2 über Tachogeneratoren, da eine Regelung im Stillstand entfällt. Der Abstand der Klemmstellen ist auf $L_{12} = 0$ zusammengeschrumpft. Zum Antrieb dienen Gleichstrommaschinen in LEONARD-Schaltung, die über elektronische Regler bei kleinen Friktionen im Feld, bei größeren Friktionen über Zusatzmaschinen gesteuert werden (vgl. *Bild* 16). Das Sollwertsystem arbeitet hier z. B. in Parallelführung mit Parallelverstellung. Der Blockschaltplan entspricht *Bild* 10c. Das Niveau wird durch gleichzeitige Änderung von Leitspannung und LEONARD-Spannung verstellt. Nachgeschaltete Antriebe z. B. für Kühlen und Wickeln, müssen ähnlich im Gleichlauf geregelt werden [*60*].

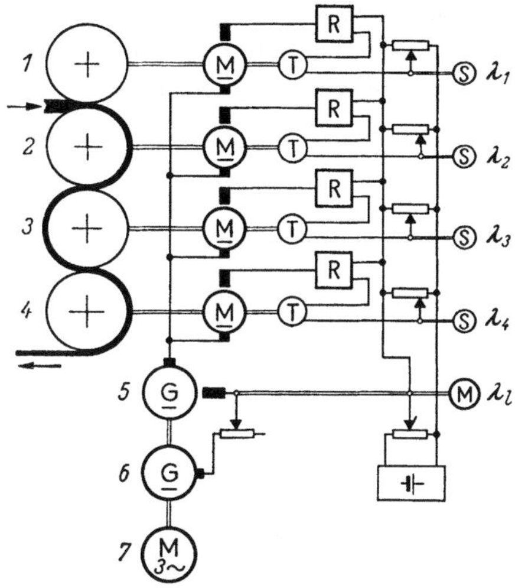

1 ⋮ 4 } Walzen mit Antriebsmotoren
5 LEONARD-Generator
6 Erregergenerator
7 Antriebsmotor für Generatoren

λ_l Leitsteller
λ_1 ⋮ λ_4 } Sollsteller

Bild 37. Vierwalzenkalander für Gummi oder Kunststoff

3. Streckwerk

In Streckwerken werden Folien, Kabel oder Fäden aus synthetischem Material in mehreren Stufen mit Duo- oder Triowalzen (*Bild* 39) bis zur sechsfachen Länge verstreckt. Die Arbeitsgröße ist als Dehnung ε exakt durch die

Bild 38. Kunststoffkalander

Geschwindigkeiten nach Gl. (6) mit der Übergangsfunktion Gl. (18) gegeben (*Bild* 5 b). Die eingestellte Verstreckung muß für einige Stoffe bei jedem Niveau bis zum Stillstand erhalten bleiben.

Als Antrieb dienen Gleichstrommaschinen, die über Einzelgeneratoren im Anker geregelt werden (vgl. *Bild* 16 c). Der elektronische Regler R muß hier in seinem Stellbereich nicht nur die Störgrößen, sondern auch den Sollwertbereich für die Verstreckung erfassen. Die Geschwindigkeiten werden durch Tachogeneratoren nach Tabelle 2, Nr. 2 gemessen und mit Sollwerten verglichen, die aus

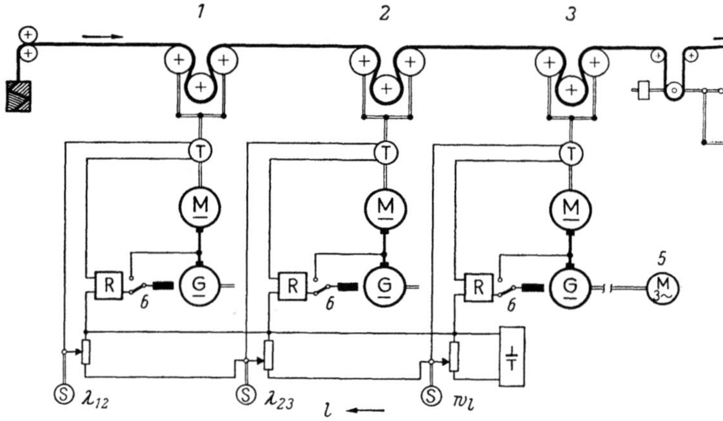

1 ⋮ *3* } Walzentrio mit Antriebsmotor
4 Wickeleinrichtung
5 Antriebsmotor für die Generatoren zu *1*, *2* und *3*
6 Schalter für Stillsetzen und Anfahren

l Leitrichtung
w_l Leitsteller
λ_{12}, λ_{23} } Sollwertfaktoren

Bild 39. Streckwerk für Kunststoffkabel

einem Leitsystem mit Parallelführung und Reihenverstellung (*Bild* 9.2 b) bereitgestellt werden. Die Abzugsgeschwindigkeit V_3 ist durch den Leitsteller w_l gegeben, so daß die Leitrichtung l der Arbeitsrichtung entgegengesetzt ist. Der Blockschaltplan entspricht demnach *Bild* 10 c. Der angeschlossene Wickler wird durch eine Tänzerwalze geregelt (vgl. Arbeitsstrecke (*1*—*2*) in *Bild* 10 a und *Bild* 11 a).

Die Forderung, die Verstreckung auch beim Stillsetzen und Anfahren zu erhalten, würde an sich eine integrale Messung nach Tabelle 2, Nr. 3 erfordern und eine Winkelregelung, ähnlich wie bei Papiermaschinen nach *Bild* 19, notwendig machen. Die geringen Schwungmassen der Streckwerke ermöglichen eine Lösung der Aufgabe mit geringerem Aufwand in der Weise, daß der *geregelte* Betriebsbereich der Antriebe möglichst weit nach unten ausgedehnt und der Restbereich bis zum Stillstand *ungeregelt* durchlaufen wird. In der Anordnung nach *Bild* 39 wird das Anfahren durch Sollwertsprung und das Stillsetzen durch „Selbstmord"-bremsung über den Schalter (*6*) bewirkt. Da dies in Bruchteilen von Sekunden geschieht und die Antriebe gleichartig sind, entsteht nur ein geringer Verstreckungsfehler.

G. Druckerei und Papierverarbeitung

1. Regelaufgaben am Beispiel des Mehrfarbentiefdruckes auf Rotationsmaschinen

a) Allgemeine Gesichtspunkte

Verschiedenartige Papiere und Folien werden nach verschiedenen Verfahren ein- oder mehrfarbig bedruckt, gefalzt, beschnitten, geheftet, geklebt und besonders für Verpackungen in großer Mannigfaltigkeit hergerichtet. Große Auflagen werden auf Rotationsmaschinen in kontinuierlichem Durchlauf verarbeitet, wobei für die Zuordnung der Arbeitsvorgänge durch Regelung oder Steuerung gesorgt werden muß. Als Beispiel werden die wichtigsten Aufgaben am *Mehrfarbentiefdruck* auf *Rotationsmaschinen* dargestellt. Beim Übereinanderdrucken der Farbkomponenten darf die gegenseitige Verschiebung, die trotz der starren Kopplung der Druckwerke infolge der zwischengeschalteten Trocknung nicht vermeidbar ist, auch bei hohen Papiergeschwindigkeiten (bis zu 300 m/min) je nach Güte des Druckes den Wert von 0,1 bis 0,2 mm nicht überschreiten. Da eine visuelle Kontrolle erst am ausgestoßenen Exemplar möglich ist, geht bis zur (geschätzten) Nachstellung der Register von Hand erhebliche Zeit verloren und es entsteht viel Makulatur. Die wirtschaftliche Durchführung eines präzisen Druckes kann durch selbsttätige Regelung verschiedener Faktoren erleichtert werden:

Längsregister,
Seitenregister,
Schnittregister,
Schön-und-Widerdruckregister,

und als Vorbedingung für guten Durchlauf der Bahn:

Bahnspannung beim Abwickeln,
Seitenlage der Bahn,
Bahnspannung beim Aufwickeln (*Rolle auf Rolle*),
Lastverteilung der Antriebsmotoren.

b) Grundsätzlicher Aufbau und Arbeitsweise

Die wichtigsten Anordnungen sind im *Bild* 40 schematisch zusammenhängend dargestellt, in der Praxis können sie zweckentsprechend auch in anderer Weise kombiniert werden.

Das von der Rolle (*1*) abgewickelte Papier wird durch eine Pendelwalze (*7*) in seiner *Umfangsgeschwindigkeit* und durch photoelektrische Abtastung (*9*) in der *Seitenlage* geregelt. In den aufeinanderfolgenden Druckwerken (*2*, *3*) werden mit jedem Farbklischee nebeneinanderliegende Paßmarken mitgedruckt, deren Koinzidenz in Längsrichtung (*Längsregister*) durch einen zweiäugigen Bahntaster (*12*) photoelektrisch kontrolliert wird. Abweichungen verursachen nach Verarbeitung in einem elektronischen Regler (*15*) eine Verstellung der Registerwalze (*17*), so daß durch Verlängerung oder Verkürzung der Bahnlänge (*2*–*3*) die Laufzeit der ersten Marke geändert und damit eine Korrektur bewirkt wird. So wird an jedem Druckwerk die Lage des eigenen und mit jener des vorhergehenden Druckes verglichen (Bahn-Bahn-Vergleich). Da die Lage des Druckwerkes wegen der Haftung des Papiers mit ausreichender Genauigkeit auch durch die Phasenlage des Druckzylinders bestimmt ist, kann es genügen, nur am ersten Druckwerk eine Marke zu drucken und diese beim Durchlauf durch die folgenden Druckwerke mit der Phasenlage des jeweiligen Druckzylinders zu vergleichen (Bahn-Zylinder-Vergleich). Dies geschieht auf der Bahn mit einem einäugigen Taster (*13*) und am Druckzylinder durch einen magnetischen Impulsgeber, den Zylindertaster (*14*). Bei einem *n*-Farbendruck müssen (*n-1*) Regler angebracht werden (häufig: Vierfarbendruck).

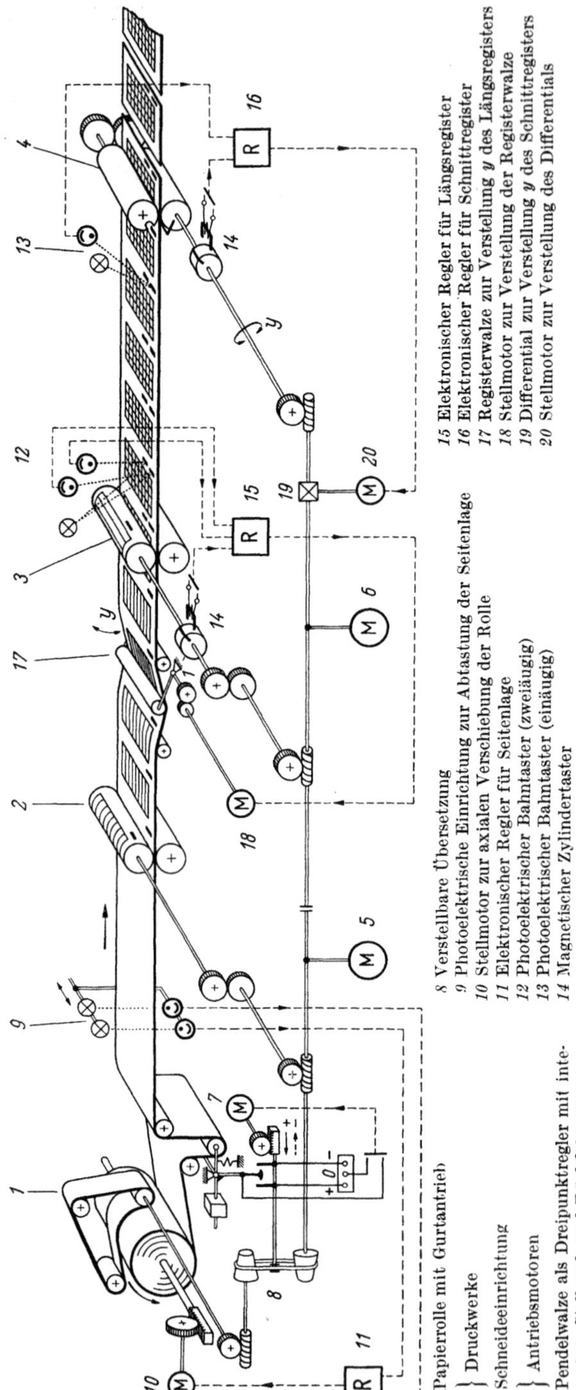

Bild 40. Mehrfarben-Rotationsdruckmaschine

Die Veränderung der Bahnlänge kann nach *Bild* 41 b, c auch durch Doppelregisterwalzen (Bahnverstellung) oder durch gleichwertige Verdrehung des Druckzylinders über Differential (Zylinderverstellung) erfolgen. Bei diesen beiden Anordnungen findet eine gegensinnige Veränderung der Bahnlängen vor und nach dem Druckwerk statt, so daß nur dessen Farbe gegenüber allen anderen verschoben wird, da die Gesamtlänge gleichbleibt.

Nach Vollendung des Druckes wird die Bahn entweder für spätere Verarbeitung aufgerollt oder in Exemplare geschnitten. Dies geschieht (vgl. *Bild* 40) durch rotierende Messerwalzen (*4*), deren Schnitt auf richtige Lage im Druck im Bahn-Zylinder-Vergleich abgetastet wird. Der Regler (*16*) verstellt das *Schnittregister* in der Phase über das Differential (*19*) (Genauigkeit ± 0,25 mm).

Auf beidseitig bedruckter Bahn kann auf gleiche Weise die gegenseitige Lage von „*Schön-*" und „*Widerdruck*" kontrolliert werden. Die im Betrieb wenig veränderliche Deckung der Teildrucke in Querrichtung (Seitenregister) wird im allgemeinen durch Verschieben der Zylinder von Hand korrigiert, kann aber durch Abtasten von Paaren von Schrägmarken im Bahn-Bahn-Vergleich nach dem gleichen Prinzip geregelt werden.

Die in einer Reihe liegenden Druckwerke, Schneid- und Falzapparate sind starr gekuppelt, solange sie auf den gleichen Druck arbeiten, können aber zum Herstellen verschiedener Gruppen durch lösbare Kupplungen getrennt werden. Größte Freiheit der Kombination wird durch Einzelantrieb der Druckwerke erreicht, deren Motoren zur Entlastung der Verbindungswellen auf gleichmäßige *Lastverteilung* geregelt werden müssen.

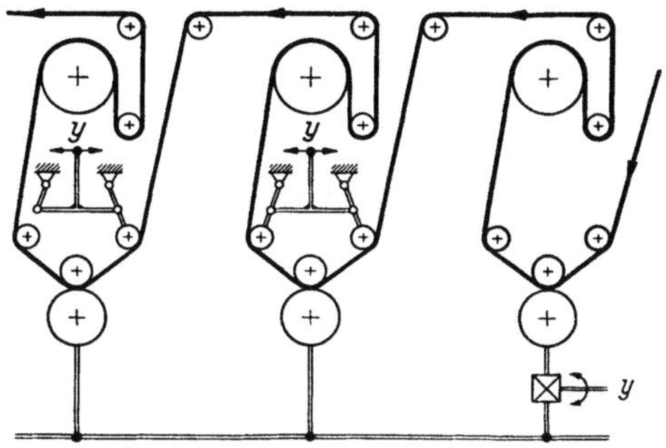

a) Einseitige Bahnverstellung b) Zweiseitige Bahnverstellung c) Zylinderverstellung

Bild 41. Verstellung des Längsregisters bei Druckmaschinen

2. Registerregelung

Arbeitsgröße Δx ist der Abstand der Paßmarken; sie fällt nach Abschnitt B 1 in die Gruppe c: Markierungsstrecken (vgl. dazu Tabelle 2, Nr. 8). Stellgröße y ist die Lage der Registerwalzen bzw. der Phase der gekoppelten Druckzylinder. Eine Änderung von y bewirkt in beiden Fällen eine Änderung der elastischen Dehnung ε bzw. der Spannung σ, die beim Durchlauf nach *Bild* 42 a verschwindet und über die Laufzeit eine Verschiebung Δx an der Meßstelle nach *Bild* 42 b zur Folge hat. Da die Vorgänge im wesentlichen nach den Gesetzen des Abschnittes B 2, Gl. (18) verlaufen, ist der Exponentialverlauf, bezogen auf die Zeit, geschwindigkeitsabhängig und, bezogen auf die durchgelaufene Bahn X, mit $t/T_L = X/L_0$ konstant.

Der Markenabstand Δx wird durch den zeitlichen Abstand Δt der Impulse gemessen, der wegen $\Delta t = \Delta x/V$ von der Geschwindigkeit abhängt. Da dieser bei $\Delta x = 0{,}1$ mm und $V = 1$ bis 5 m/s in der Größenordnung 10^{-4} bis $2 \cdot 10^{-5}$ s liegt, werden an den Frequenzbereich des elektronischen Reglers erhebliche Anforderungen gestellt, ebenso an die Empfindlichkeit der Tastköpfe, da die Farbskala von Gelb bis Schwarz erfaßt werden muß.

Die Impulse werden zunächst verstärkt, sodann wird die Zeitdifferenz Δt nach Größe und Vorzeichen

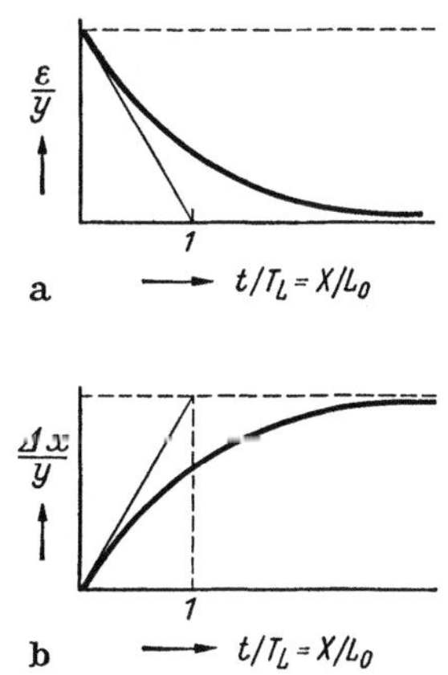

X Durchgelaufene Bahnlänge
L_0 Bahnlänge zwischen zwei Klemmstellen
T_L Laufzeit der Bahn zwischen zwei Klemmstellen

Bild 42. Übergangsfunktion von Dehnung ε und Paßmarkenlage Δx bei Verstellung y der Registerwalzen ermittelt (*12*) und in Dehner- und Leistungsstufen in Stellimpulse größerer Zeitdauer und Leistung umgesetzt, die über einen Stellmotor die Register beeinflussen (*Bild* 43 c, d).

Da die Marken in einem beliebigen freien Raum des Druckspiegels liegen, der Bahntaster aber auf jede Helligkeitsschwankung anspricht, muß der Regler für diesen Bereich durch einen einstellbaren Vorimpuls (*14*) frei geschaltet werden, so daß eine intermittierende Messung (*22*) und Regelung (*15*) entsteht, die durch

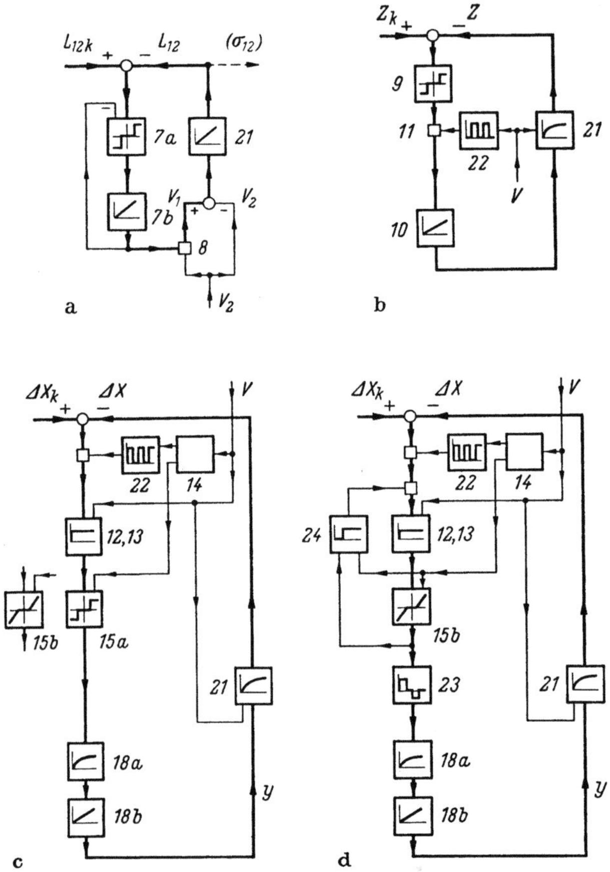

(Zu besserem Verständnis wird die gleiche Bezifferung wie in Bild 40 verwendet)

- *7* Pendelwalzenregler,
  - *a* Dreipunktverhalten
  - *b* Integrales Stellverhalten
- *8* Verstellbare Übersetzung
- *9* Abtastung der Seitenlage mit Dreipunktverhalten
- *10* Stellmotor zur Verschiebung der Rolle
- *11* Regler für Seitenlage mit Impulsgeber
- *12*, *13* Abtastung des Längsregisters mit Meßumformer von Wegdifferenz in Zeitdifferenz
- *14* Zylindertaster zur Freigabe der Messung (bzw. Abtastung des Längsregisters)
- *15* Regler mit Totzone
  - *a* Mit Dreipunktkennlinie
  - *b* Mit proportionaler Kennlinie
- *18* Stellmotor
  - *a* Mechanische Anlaufzeitkonstante
  - *b* Integrales Stellverhalten
- *21* Übergangsfunktion der Arbeitsstrecke
- *22* Impulsgeber für intermittierende Messung und Regelung
- *23* Überregeleinrichtung
- *24* Blockiereinrichtung
- *V* Geschwindigkeit der Papierbahn
- *L* Freie Länge der Papierbahn
- *σ* Spannung in der Papierbahn
- *Z* Seitenlage der Papierbahn
- *ΔX* Lage der Paßmarken
- *y* Stellung der Registerwalze

Bild 43. Blockschaltpläne zur Registerregelung an Tiefdruck-Rotationsmaschinen

a) Regelung der Bahnspannung
b) Regelung der Seitenlage der Bahn
c), d) Regelung des Längsregisters oder Schnittregisters

die Antriebsgeschwindigkeit *V* synchronisiert wird. Die eigentliche Auswertung der Messung erfordert im Regler wegen der natürlichen Schwankungen eine Totzone, die mit einem Dreipunktverhalten (*15a*) oder fehlerproportionalem Ausgang (*15b*) verbunden ist. Im Blockschaltplan *Bild* 43 c folgt die Anlaufzeit (Block *18a*) des integralen Stellmotors (Block *18b*), der nach jeder Messung schrittweise über das Stellglied auf die Bahn mit dem Zeitverhalten (*21*) einwirkt. Das natürliche geschwindigkeitsabhängige Verhalten der Blocks (*12*, *13*) und (*21*) muß durch entsprechende Steuerung am Regler (Block *15*) kompensiert werden.

Während bei dieser Anordnung jede Messung einen Stellschritt zur Folge hat, zeigt der Blockschaltplan in *Bild* 43 d ein anderes Verfahren, in dem zwar fortlaufend gemessen, aber nicht nach jeder Messung ein proportionaler Stellschritt ausgelöst wird. Dabei wird der Regler über die Multiplikationsstelle während einer Totzeit (Block *24*) von der Größenordnung der Zeitkonstante der Bahn gesperrt, so daß die Verstellung zur Auswirkung kommen kann. In einer weiteren Abwandlung wird dem Stellschritt eine Art PD-Verhalten (Block *23*) in der Weise verliehen, daß y zuerst zu groß gemacht und nach einer geeigneten Zeit auf den richtigen Wert zurückgenommen wird, damit der Stellvorgang beschleunigt abläuft [*61*, *62*, *63*].

Die *Paßmarken* sind etwa 10 mm lang und 0,5 mm breit und benötigen zu beiden Seiten einen etwa 8 mm breiten druckfreien Raum für einen einwandfreien Ablauf der Regelung. Im *Bahntaster* wird der Glühfaden einer Lampe über Linse und Spiegel auf der Papierbahn abgebildet und das diffus reflektierte Licht auf einer Fotozelle gesammelt. Die dort entstehenden elektrischen Impulse werden über einen eingebauten Vorverstärker auf die Leitung zu den entfernt aufgestellten Regeleinrichtungen übertragen. Eine optische Justiervorrichtung ermöglicht das Einrichten an der stillstehenden Papierbahn. Im *Zylindertaster* erzeugt eine mit der Achse des Druckzylinders umlaufende Eisenfahne die Impulsspannung in einem Magnettonkopf. Seine relative Lage kann in Umfangsrichtung mechanisch verstellt werden.

Die *Regeleinrichtung* enthält Schaltungen mit Röhren oder Transistoren, welche die Lage der abgetasteten Meßimpulse nach Abstand und Vorzeichen auswerten und in entsprechende Schritte an den Verstellmotoren umformen. Dabei muß die extrem kurze Zeitdifferenz auf eine solche Länge gedehnt werden, daß ein reproduzierbarer Verstellschritt ausführbar ist. Andererseits muß die Verstellung bis zur nächsten Messung, d.h. dem nächsten Exemplar, beendet sein, so daß erhebliche mechanische und elektrische Präzision gefordert wird. Da ein Fehler nicht nur durch die Vorgänge beim Drucken, sondern auch durch ungenaue Ätzung entstehen kann, muß eine elektrische Korrektur des Sollwertes vorgesehen werden.

3. Regelung der Bahnspannung am Abwickler

Der Papierzug am Abwickler (*1*) ist durch das verstellbare Gewicht der Pendelwalze (*7*) gegeben (*Bild* 40). Es ergibt sich also ein Blockschaltbild nach *Bild* 43 a, welches einer Anordnung nach den *Bildern* 6, 10 a entspricht. Der Dreipunktregler (*7a*) vergleicht die Bahnlänge L_{12} mit dem Sollwert L_{12k}. Sein integrales Stellwerk (*7b*) erhält durch die mechanische Rückführung der Kontakte ein proportionales Verhalten und wirkt über die verstellbare Übersetzung (*8*) auf die Geschwindigkeit V_1, welche die Länge integrierend beeinflußt. Ist die Pendelwalze ähnlich *Bild* 7 b durch eine zusätzliche Feder belastet, so wird die der Länge zugeordnete zusätzliche Spannung durch den Regler konstant gehalten, da sich die Walze stets auf die angenähert gleiche Lage einspielt.

4. Regelung der Seitenlage der Bahn

Die Arbeitsgröße Z, „Seitenlage", hat, wie im Blockschaltplan (*Bild* 43 b) dargestellt ist, ein Verhalten mit Ausgleich entsprechend Block (*21*). Die fotoelektrischen Meßgeber (*9*) mit Dreipunktverhalten wirken auf den Regler (*11*) und über den integralen Stellmotor (*10*) auf die axiale Verschiebung der Rolle. Ein Schrittverhalten (*22*) verbessert die Regelung und wird gegebenenfalls zur Kompensation der Zeitkonstante durch V gesteuert. Die Soll-Lage Z_k wird durch Querverschiebung des Meßkopfes eingestellt. Die Totzone (*9*) muß auf die periodischen Schwankungen der Kante bei schiefer Rolle eingestellt sein.

5. Regelung der Lastverteilung der Antriebsmotoren

Zum Antrieb der Druckmaschinen werden Gleichstrommotoren in LEONARD-Schaltung, Drehstrom-Asynchronmotoren mit Schleifringen oder Drehstrom-Nebenschlußmotoren mit Bürstenverstellung verwendet (*Bild* 44). Bei diesen Motoren sind die Wirkkomponenten der Ströme ein Maß für die abgegebenen Momente. Zu ihrer Ermittlung wird aus den Scheinströmen, die über Wandler entnommen werden, eine ihrer Differenz proportionale Spannung gebildet und in einer phasenempfindlichen Brücke (*3*) mit der Netzspannung verglichen. Der Aus-

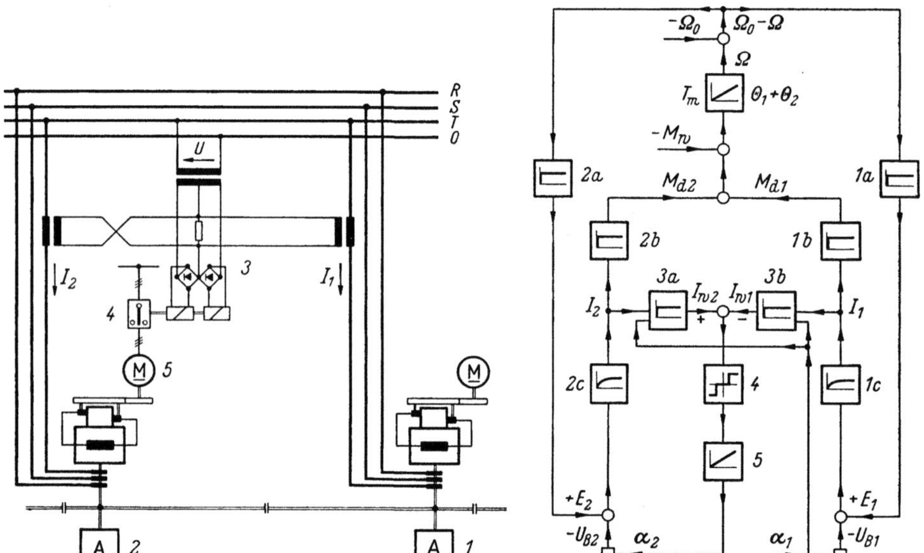

a) Geräteplan b) Blockschaltplan

1, *2* Arbeitseinheiten mit Antriebsmotoren (*a* bis *c* Funktionsblöcke)
3 Phasenempfindliche Brückenschaltung, (*a*, *b*) Funktionsblöcke
4 Dreipunktregler
5 Bürstenverstellmotor

A Arbeitsmaschine
Ω Drehzahl
Ω_0 Synchrone Drehzahl
U_B Bürstenspannung
U Netzspannung
I Scheinstrom

I_w Wirkstrom
M_d Moment im Luftspalt
M_w Lastmoment
Θ Trägheitsmoment
T_m Mechanische Anlaufzeitkonstante
α Bürstenstellwinkel

Bild 44. Regelung der Lastverteilung der Antriebsmotoren von Druckmaschinen gang liefert nach Gleichrichtung zwei Komponenten, die den Wirkanteilen entsprechen und einen Dreipunktregler (*4*) veranlassen, sie durch Verstellen der Bürstenbrücke (*5*) des Folgemotors auf gleiche Größe zu bringen.

Bild 45. Rotationsdruckmaschine

Im vereinfachten Blockschaltplan (*Bild* 44b) des läufergespeisten Drehstrom-Kommutatormotors wird die der Schlupfdrehzahl $\Omega_0 - \Omega$ proportionale Ständerspannung E mit der Spannung U_B an den Bürsten verglichen, die der Netzspannung proportional ist und durch Verstellen der Bürstenabgriffwinkel α verändert wird. Der Vergleich läßt den Strom I entstehen, der unter Berücksichtigung der nichtbeschriebenen Wechselstromeigenschaften das Drehmoment M_d im Luftspalt verursacht.

Besteht ein Unterschied der Wirkkomponenten des Folgemotors (*2*) gegenüber dem Leitmotor (*1*), z.B. $I_{w2} < I_{w1}$, so liefert der Vergleich ein Signal auf die Bürstenverstellung α_2 in Richtung einer Verkleinerung von U_{B2}, so daß die vergrößerte Differenz $E_2 - U_{B2}$ über den Strom I_2 und das Moment M_2 die gemeinsame Drehzahl Ω anhebt. Dadurch sinken die induzierten Ständerspannungen E_1 und E_2, wodurch I_1 verkleinert und der erste Anstieg von I_2 so lange zurückgenommen wird, bis das Gleichgewicht eingetreten ist. Die Summe der Momente $M_{d1} + M_{d2}$ muß stets das Lastmoment M_w aufwiegen. Bei mehr als zwei Antriebsmotoren werden die Folgemotoren in Parallelführung mit dem Leitmotor verglichen.

H. Quellenhinweise

[*1*] Die Hütte, des Ingenieurs Taschenbuch. Bd. II, 27. Aufl. 1. Abschnitt: Band- und Seiltriebe. Berlin: Ernst & Sohn 1949. S. 263–291.
[*2*] REINFELD, N.: Getriebeverzug und effektiver Verzug. Textilpraxis Bd. 4 (1949) S. 547–549.
[*3*] GRÜNBAUM, H.: Das gewickelte Band. Techn. Rdsch. 49. Jg. (1957) H. 12, S. 9–15.
[*4*] PHILIPPI, H.: Wickelantriebe in der Faserstoffindustrie. Siemens-Z. 26. Jg. (1952) S. 34–39.
[*5*] FLEISSER, H.: Gleichlaufregelung in der Faserstoffindustrie. Regelungstechnik 1. Jg. (1953) S. 246–251.
[*6*] MÜLLER, F.: Die Papierfabrikation und ihre Maschinen. Bd. I, 3. Aufl. 1940, Bd. II, 2. Aufl. 1938, Bd. III 1930. Biberach: Güntter-Staib.
[*7*] KEIM, K.: Das Papier. 2. Aufl. Stuttgart: O. Blersch 1956.
[*8*] Die Hütte, des Ingenieurs Taschenbuch. Bd. IVA, 28. Aufl. Berlin: Ernst & Sohn 1957.
[*9*] STIEL, W.: Elektrische Papiermaschinenantriebe. Leipzig: S. Hirzel 1924.
[*10*] DAHLE, O.: The torductor and the pressductor – two magnetic stress-gauges of new type. Druckschrift Nr. 7421/Reg. 5693, ASEA, Västerås (Schweden) 1954.
[*11*] Der Einsatz automatischer Regeleinrichtungen bei Aufbereitungsmaschinen vom Kegelmühlentyp. Das Papier Bd. 9 (1955) S. 448–449.
[*12*] KOSBAHN, TH.: Beitrag zur Konsistenzregelung in der zellstoffverarbeitenden Industrie. Regelungstechnik 4. Jg. (1956) S. 33–35.
[*13*] KOSBAHN, TH.: Ausgewählte Regeleinrichtungen an der Papiermaschine. Regelungstechnik 4. Jg. (1956) S. 54–58.
[*14*] CONZEN, H.: Regler für Papiertrocknung und Sieblauf bei Papiermaschinen. CEG-Berichte (1956) S. 76–82.
[*15*] BRECHT, W. u. POTHMANN, D.: Der Einfluß der beim Trocknen von Papier herrschenden Zugkräfte auf das Verhalten des Papiers. Das Papier Bd. 9 (1955) S. 304–311, u. S. 429–437.
[*16*] PHILIPPI, H.: Elektrotechnische Aufgaben in der Papier- und Zellstoffindustrie. Das Papier Bd. 4 (1950) S. 445–451.
[*17*] PHILIPPI, H.: Der Gleichlauf elektromotorischer Antriebe in der Papier- und Zellstoffindustrie. Wbl. Papierfabrikation 81. Jg. (1953) S. 372–374 u. S. 407–409.
[*18*] FLEISSER, H.: Neuzeitliche Antriebe in der Faserstoff-Industrie. VDE-Fachberichte 18. Bd. Tl. 5 (1954) S. 60–65.
[*19*] SCHILLER, F.: Der Antrieb der Papiermaschine. Siemens-Z. 19. Jg. (1939), S. 442–452.
[*20*] SCHILLER, F.: Regelung hoher Güte bei Mehrmotorenantrieben für Papiermaschinen. Siemens-Z. 31. Jg. (1957) S. 260–269.
[*21*] SCHILLER, F.: Mehrmotorenantrieb für Yankee-Maschinen. Wbl. Papierfabrikation 85. Jg. (1957) S. 467–471.
[*22*] KLATTE, G.: Gleichlaufregelung bei Papiermaschinen. ETZ-A 73. Jg. (1952) S. 241–243.
[*23*] KESSLER, G.: Die Regelung des Gleichlaufs an Papiermaschinen. In: Steuerungen und Regelungen elektrischer Antriebe. VDE-Buchreihe Bd. 4. Berlin: VDE-Verlag 1959. S. 201–218.
[*24*] GÖRK, E.: Zugschwankungen bei Papiermaschinen mit Mehrmotorenantrieben. Wbl. Papierfabrikation 82. Jg. (1954) S. 309–311.
[*25*] ELLINGER, L.: BBC-Mehrmotorenantrieb von Papiermaschinen. BBC-Nachr. (1953) S. 12 bis 20.
[*26*] ANDRES, E.: Regelprobleme bei schnellaufenden Papiermaschinen. Brown Boveri Mitt. 44. Jg. (1957) S. 510–514.
[*27*] KOCH, H.-B.: Gleichlaufregelung von Mehrmotorenantrieben an Papiermaschinen. CEG-Berichte Bd. 3 (1956) S. 83–85.
[*28*] ZUGMANN, H.: Mehrmotorenantrieb von Papiermaschinen. ELIN-Z. 6. Jg. (1954) S. 16–21.
[*29*] FISHER, M. H.: Paper mill controls-fast, precise, dependable. Westinghouse Eng. Bd. 13 (1953) S. 59–63.
[*30*] FISHER, M. H.: Speed matching systems (position versus tachometer). Control Engng. Bd. 3 (1956) S. 65–71.
[*31*] SCHAELCHLIN, W.: A new type of sectional drive for high speed paper machines. Pulp and Paper Mag. of Canada (Convention Issue) (1955) S. 229–236.

[32] UNDERWOOD, N. C. u. SHIPSTONE, B. A.: Reduction of basis weight. Variation on a newsprint machine. Pulp and Paper Mag. of Canada (1955) S. 120–126.
[33] HAWKINS, C. G. u. HEYS, E.: "Metrolock" sectional drives for paper-making machines. Metropolitan-Vickers Gaz. Bd. 27 (1956) S. 107–114.
[34] BARANY, T. E. u. FORSTER, E. W.: A multi-generator paper-machine drive. BTH-Activities Bd. 28 (1957) S. 128–138.
[35] Large-scale paper making. Electr. Rev. Bd. 159 (1956) S. 991–994.
[36] POOL, W. J.: Paper machine sectional drives. BTH-Activities Bd. 28 (1957) S. 99–102.
[37] EIICHI IMURA: Electric equipment for sectional driven paper machine. Fuji Denki Rev. Bd. 4 (1958) S. 1–8.
[38] FISHER, M. H.: Mile a minute winder is proving itself. Paper Industry (1954) S. 704–706.
[39] Elektrische Antriebe für Papierstreichmaschinen. Wbl. Papierfabrikation 85. Jg. (1957) S. 199–202.
[40] COCHRANE, J. D., STAUBITZ., L. u. VAN HORNE, W. E.: Computers team with nuclear gages to control a paper saturating process. Control Engng. Bd. 2 (1955) Dez., S. 76–77.
[41] STIEL, W.: Elektrobetrieb in der Textilindustrie. Leipzig: S. Hirzel 1930.
[42] PETER, M.: Grundlagen der Textilveredelung. 7. Aufl. Wuppertal: Dr. Spohr-Verlag 1956.
[43] PHILIPPI, H.: Gleichlaufprobleme in der Faserstoffindustrie und ihre Lösungen. Melliand-Textilber. 32. Jg. (1951) S. 695–698.
[44] HOEHL, B.: Leistungsgeregelte elektronische Antriebe. Elektronische Rdsch. 9. Jg. (1955) S. 131–133.
[45] ROCH, A.: Materialtransportregelung in Baumwollputzereianlagen. Z. ges. Textilind. Bd. 57 (1955) S. 547–548.
[46] TSCHERMAK, M. u. KAFKA, W.: Anwendungen der Magnetverstärker-Regelung in Anlagen der Starkstromtechnik. Siemens-Z. 29. Jg. (1955) S. 386–395.
[47] WIEDEMEIER, A. u. KOLB, O.: Durch Magnetverstärker gesteuerter Gleichstrom-Mehrmotorenantrieb für Textilmaschinen mit Wickelvorrichtung. Brown Boveri Mitt. 43. Jg. (1956) S. 260–265.
[48] KADEGGE, G.: Drehstromnebenschlußmotoren in der Textilindustrie. Melliand-Textilber. 36. Jg. (1955) S. 1186–1195.
[49] KADEGGE, G.: Die Gleichlaufregelung von Mehrmotorenantrieben in der Textilindustrie. Melliand-Textilber. 37. Jg. (1956) S. 702–707.
[50] KADEGGE, G.: Antriebsprobleme bei Jiggern und Umrollern. Textilpraxis 9. Jg. (1954) S. 380–384.
[51] WIEDEMEIER, A.: Gleichstrom-Gleichlaufantriebe für Textilmaschinen. Brown Boveri Mitt. 41. Jg. (1954) S. 168–176.
[52] SCHINDLER, G.: Drehstrom-Mehrmotorenantriebe für die Textilveredelungsindustrie. Melliand-Textilber. 39. Jg. (1958) S. 1272–1275.
[53] SCHINDLER, G.: Der Cottonmaschinenantrieb. Reyon, Zellwolle u. andere Chemiefasern (1956) S. 185–188.
[54] BLAUM, O. H. u. SCHOBBE, W.: Cottonmaschinenantriebe. AEG-Mitt. 45. Jg. (1955) S. 174–179.
[55] RAINER, W. u. MACK, F.: Bestimmung der Restfeuchtigkeit an Warenbahnen bei Trockenmaschinen. Melliand-Textilber. 36. Jg. (1955) S. 649–653.
[56] MAHLO, H.: Messung und Regelung des Feuchtegehaltes bei Textiltrocknern. Melliand-Textilber. 34. Jg. (1953) S. 741–742 u. S. 846–847.
[57] BURGHOLZ, R.: Abtastorgane zur Messung des Feuchtigkeitsgehaltes laufender Textilbahnen. Melliand-Textilber. 36. Jg. (1955) S. 654–657.
[58] SCHELLENBERGER, G.: Feuchtigkeitsmessung und -regelung. Textilpraxis 11. Jg. (1956) S. 480–483 u. S. 585–588.
[59] HELBIG, H.: Lageregler an Maschinen mit ablaufenden Bahnen. AEG-Mitt. 45. Jg. (1955) S. 169–173.
[60] KÜMMEL, F.: Die Antriebsregelung von Kunststoffkalandern. In: Steuerungen und Regelungen elektrischer Antriebe. VDE-Buchreihe Bd. 4. Berlin: VDE-Verlag 1959. S. 228–236.
[61] BLAUM, O. H. u. HÖLTER, R.: Die Registerregelung. AEG-Mitt. 45. Jg. (1955) S. 157–168.

[*62*] Fischer, K. u. Schaufler, H.: Siemens-Registerregelung. Siemens-Z. 29. Jg. (1955) S. 55–60.

[*63*] Anke, K.: Registerregelung. In: Steuerungen und Regelungen elektrischer Antriebe. VDE-Buchreihe Bd. 4. Berlin: VDE-Verlag 1959. S. 377–384.

[*64*] Kosbahn, Th.: Ausgewählte Regeleinrichtungen an der Papiermaschine. Regelungstechnik 4. Jg. (1956) S. 54–58, s. bes. S. 56.

[*65*] Gábor, D.: Geregelte Antriebe für Papiermaschinen. ETZ-B 11. Jg. (1959) S. 211–216.

[*66*] Steulmann, G.: Der Papiermaschinen-Mehrmotorenantrieb. AEG-Mitt. 48. Jg. (1958) S. 512–519.

[*67*] Eckart, R.: Schleifervorschubregelungen. AEG-Mitt. 48. Jg. (1958) S. 491–496.

[*68*] Hettler, P.: Das Tachotron-System, ein einfaches und vielseitiges Regelsystem für Mehrmotorenantriebe. Siemens-Z. 33. Jg. (1959) S. 208–211.

[*69*] Hettler, P.: Ein Fühlgerät zum Messen und Regeln der Zugspannung in laufenden Warenbahnen. Siemens-Z. 33. Jg. (1959) S. 400–404.

[*70*] Kessler, G.: Das zeitliche Verhalten einer kontinuierlichen elastischen Bahn zwischen aufeinanderfolgenden Walzenpaaren. Regelungstechnik 8. Jg. (1960) H. 12.

51. Hebezeuge

Von **R. Tannhäuser**

Inhaltsübersicht

A. Überblick

Unter dem Sammelbegriff *Hebezeuge* faßt man im wesentlichen Krananlagen, Verladebrücken, Seilschwebebahnen, Aufzüge und Schiffshebewerke zusammen, mit denen Personen oder Güter verschiedenster Art in aussetzendem Betrieb über

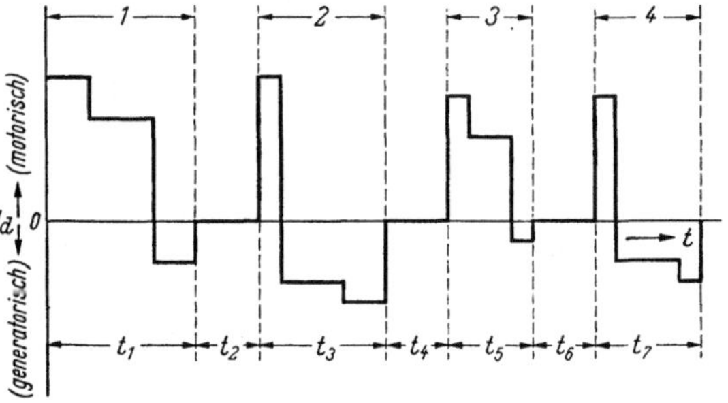

1 Heben mit Last
2 Senken mit Last
3 Heben leer
4 Senken leer
t_1, t_3, t_5, t_7 Einschaltzeiten
t_2, t_4, t_6 Pausen

Bild 1. Arbeitsdiagramm eines Hubwerkes

relativ kurze Strecken befördert werden [*1*]. Der Fördervorgang ist dabei einem dauernden Wechsel von Last, Geschwindigkeit und Förderweg unterworfen (*Bild* 1).

Gesteuert werden die Antriebe durch Handhebel. Jeder Handhebelstellung sind eine bestimmte Bewegungsrichtung und Geschwindigkeit zugeordnet. Zwischengeschwindigkeiten sind erforderlich. Anlagen, die von Laien betätigt werden, z. B. Aufzüge, werden durch Druckknopfschalter gesteuert. Der Steuervorgang läuft dann selbsttätig ab. Da schwebende Lasten bewegt werden, ist der Sicherheit besondere Beachtung zu schenken. Die Forderungen der Unfallverhütungsvorschriften und der Technischen Überwachungsvereine sind einzuhalten. Der Aufbau der Steuerungen ist so zu gestalten, daß bei Störungen alle Triebwerke stillgesetzt und die mechanischen Sicherheitsbremsen aufgelegt werden.

Zunehmende Fördergeschwindigkeiten, erhöhter Komfort, Sicherheit und Automatisierung des Betriebes, Entlastung des Personals haben neben der Anwendung besonderer Steuerungen auch auf diesem Gebiet zur Anwendung der Regelungstechnik geführt.

B. Krane

1. Arbeitsweise und Regelaufgaben

Krane haben in der einfachsten Form, als Laufkrane, drei Triebwerke (Hubwerk, Katzfahrwerk und Kranfahrwerk), um mit dem Lasthaken jeden Punkt in dem zu bestreichenden Raum erreichen zu können [*2*]. Sonderkonstruktionen, beispielsweise Wippdrehkrane für Schiffsbeladung, haben an Stelle des Katzfahrwerkes ein Wippwerk und ein Drehwerk. Die vom Lasthaken bestrichene Grundfläche ist dabei ein Kreisring im Gegensatz zum Laufkran, dessen Haken eine rechteckige Fläche überstreicht. Dienen sie dem Massengutumschlag, so tritt an Stelle des Lasthakens ein Greifer.

Krananlagen größten Ausmaßes sind die *Greifer-Verladebrücken* (Spannweiten von 100 m und mehr und Arbeitsgeschwindigkeiten von 180 m/min). Mit ihnen werden in Häfen Kohle und Erz vom Schiff zum Lande und umgekehrt umgeschlagen. Sie haben ein Greiferhubwerk, ein Greiferschließwerk, ein Katzfahrwerk, ein Drehwerk, ein Brückenfahrwerk und ein Ausleger-Einziehwerk. Für Greiferlasten von 30 t betragen die Antriebsleistungen der Hub- und Fahrwinden bis zu 500 kW. Die Anschlußleistung solcher Verladebrücken beträgt dann 2000 bis 3000 kW. Um den Betrieb einer großen Verladebrücke rationell zu gestalten, müssen sich die einzelnen Bewegungen überlagern. Gleichzeitiges Arbeiten mit den drei Triebwerken (Hubwerk, Katzfahrwerk und Drehwerk) ist notwendig. Um dabei den Bedienungsmann zu entlasten, müssen den Steuerhebelausschlägen eindeutige Bewegungen und Geschwindigkeiten unabhängig von der Last zugeordnet sein. Die Motordrehzahl und damit die Geschwindigkeit ist in einigen Stufen, meistens vier, zu steuern.

Da bei flottem Arbeiten auch der verhältnismäßig geringe Drehzahlabfall im ungeregelten, motorischen Betrieb bei Belastung stört und auf gleicher Steuerhebelstellung im generatorischen Betrieb die Drehzahl umgekehrt ansteigt, muß die Drehzahl geregelt werden. Dabei ist es zweckmäßig, auch das Höchstmoment zu begrenzen.

2. Regelanordnungen

Als Regeleinrichtung werden wegen der betriebsmäßig auftretenden Erschütterungen meist Verstärkermaschinen verwendet (s. *Bild* 2). Die Erregerwicklung des

Motors (*1*) liegt an einem konstanten Gleichstromnetz, erzeugt von einem Erregergenerator oder einem Erregergleichrichter. Die Erregerwicklung des Steuergenerators (*2*) wird von der Verstärkermaschine (*3*) gespeist, die drei Steuerwicklungen hat. Das Steuergerät (*5*) liegt an konstanter Gleichspannung und führt in Spannungsteilerschaltung der Steuerwicklung (*a*) die in Abhängigkeit vom Steuerhebel (*6*) veränderliche Führungsspannung zu. Da die Drehzahl des Hubmotors (*1*) angenähert der LEONARD-Spannung proportional ist, wird diese als Ersatzregelgröße herangezogen. Die dabei auftretende Ungenauigkeit ist bei normalen Krantriebwerken tragbar. Die Spannung wird am Abgriffwiderstand (*7*) mit einem für den Regelkreis zweckmäßigen Betrag abgegriffen und der Vergleichsspannung am Widerstand (*8*) gegengeschaltet. Richtgröße für die Motordrehzahl und damit für die Geschwindigkeit des Triebwerkes ist die Stellung des Steuerhebels (*6*). Die Drehrichtung wird durch Polwechsel im Steuergerät (*5*) umgekehrt (im *Bild* 2 nicht dargestellt).

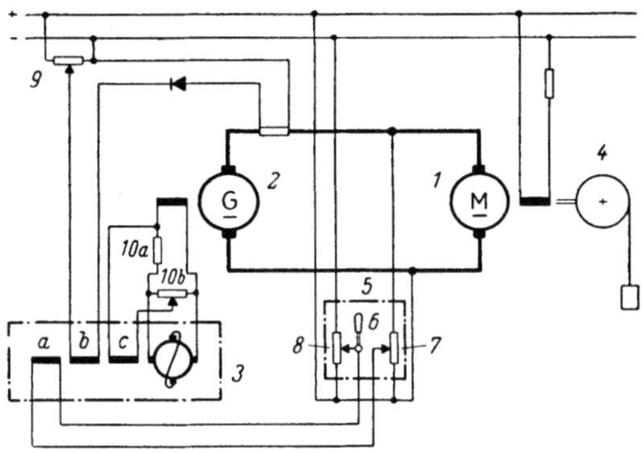

1 Hubmotor
2 Steuergenerator
3 Verstärkermaschine
4 Seiltrommel
5 Steuergerät
6 Steuerhebel
7 Abgriffwiderstand für Istwert
8 Widerstand für die Vergleichsgröße
9 Vergleichswiderstand für maximale Strombegrenzung
10 Vergleichswiderstände der Rückführung (*a* und *b*)

Bild 2. Regelung eines Hubmotors mit Verstärkermaschine

Die Durchflutung der Steuerwicklung (*b*) der Verstärkermaschine (*3*) wirkt der Durchflutung der Steuerwicklung (*a*) entgegen. Die Steuerwicklung (*b*) liegt an einer dem LEONARD-Strom proportionalen Spannung, die meist an der Wendepolwicklung des Steuergenerators (*2*) abgenommen wird (im *Bild* 2 ist ihr Abgriff an einem Shunt dargestellt). Dieser Spannung entgegengeschaltet ist eine Teilspannung am Widerstand (*9*), der an dem Netz mit konstanter Spannung liegt. Überwiegt die dem LEONARD-Strom proportionale Spannung die am Widerstand (9) abgegriffene Spannung, so fließt in der Steuerwicklung (*b*) ein Strom, der die Summendurchflutung der Wicklungen (*a*) und (*b*) schwächt. Damit wird der Höchststrom im LEONARD-Kreis begrenzt. Da der LEONARD-Strom proportional dem Drehmoment des LEONARD-Motors ist, ergibt sich damit zugleich eine Begrenzung des Höchstmomentes. Der Grenzwert dieses Höchstmomentes kann am Widerstand (*9*) eingestellt werden.

Zur Stabilisierung des Regelablaufes dient eine Rückführung vom Ausgang der Verstärkermaschine (*3*) auf die Steuerwicklung (*c*). Die Durchflutung dieser Wicklung wirkt ebenfalls der Durchflutung der Steuerwicklung (*a*) entgegen. Sie wird erzeugt durch eine dem Strom der Verstärkermaschine proportionalen Spannung, abgegriffen am Widerstand (*10a*), der die Klemmenspannung der Verstärkermaschine, abgegriffen am Widerstand (*10b*), entgegenwirkt. Justiert wird durch Verändern des Abgriffes am Widerstand (*10b*).

C. Seilbahnen

1. Arbeitsweise und Regelaufgaben

Seilbahnen dienen der Beförderung von Personen und Lasten über Strecken mit größerer Steigung, die von Schienenbahnen nicht bewältigt werden können [*5*]. Die Personenkabinen oder die Lastkörbe laufen auf einem Tragseil, das je nach Ausbildung der Trasse über zwei oder mehr Stützen geführt ist. Zur Übertragung der Kraft auf die Kabinen ist ein Zugseil vorgesehen, das mit der Antriebsmaschine über eine Koepe-Scheibe verbunden ist. Fangvorrichtungen klemmen die Kabinen am Tragseil fest, wenn das Zugseil reißt oder umgekehrt. Bei einfachen Bahnen (Schwebelifte) mit geringer Tragkraft und kleinerem Bodenabstand der Seilführung sind zur Verbilligung gelegentlich Tragseil und Zugseil zusammengefaßt. Bei Großbahnen kommt oft noch ein drittes, lediglich der Sicherheit dienendes Seil, das Fangseil, hinzu.

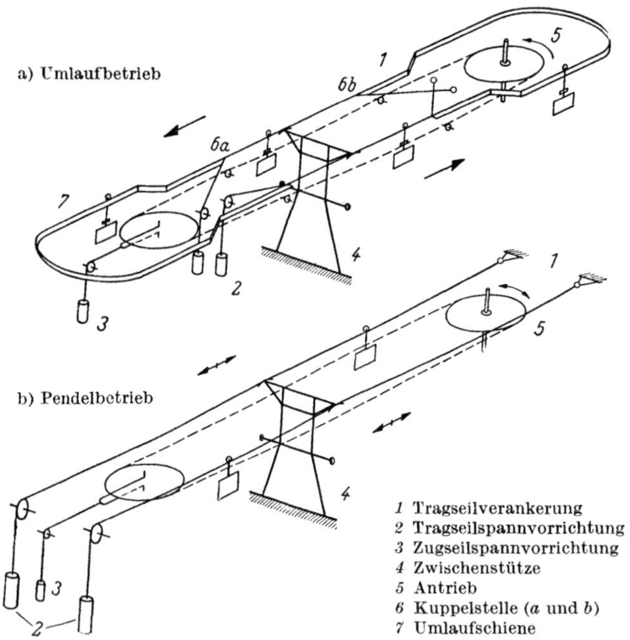

Bild 3. Seilschwebebahnen

Bei *Umlaufbahnen* (*Bild 3a*) läuft das Zugseil dauernd mit gleicher Geschwindigkeit um, der Antrieb erfolgt also kontinuierlich. Die Kabinen werden an den Endstellen vom Zugseil entkuppelt und auf Umlaufschienen geführt. Eine vereinfachte Form ist der Sessellift, bei dem die Entkupplung deshalb entfallen kann, weil seine Geschwindigkeit so klein ist, daß Personen auf die fahrenden Sessel aufsitzen können.

Bei *Pendelbahnen* (*Bild 3b*) sind die Kabinen dauernd fest mit dem Zugseil verbunden. Der Antrieb muß also bei jedem Spiel neu angefahren werden und muß dabei seine Drehrichtung ändern.

Trassenführung und Lastwechsel von Vollast aufwärts bis Vollast abwärts ergeben im Antrieb große Drehmomentunterschiede. Dadurch bedingte Unterschiede in der Drehzahl und damit der Fahrgeschwindigkeit bei ungeregeltem Antrieb verringern die Förderleistung und beeinträchtigen das Wohlbefinden der Fahrgäste beim Überfahren der Stützen, da gerade hier auf kurzer Strecke starke Zugkraftschwankungen auftreten. Bei einfachen Bahnen mit kleiner Geschwindigkeit (bis etwa 2 m/s) werden diese Nachteile noch hingenommen. Der Antrieb erfolgt dann durch einen Drehstrom-Asynchronmotor oder durch einen ungeregelten LEONARD-Motor. Großbahnen, insbesondere Pendelbahnen mit Kabinen für 20 und mehr Personen erhalten jedoch zweckmäßiger einen geregelten LEONARD-Antrieb. Mit diesen Bahnen kann dann mit Geschwindigkeiten bis 10 m/s gefahren werden. Die durch Lastschwankungen veränderliche Geschwindigkeit ist dabei durch Regelung konstant zu halten. Der Antriebsmotor muß dabei voll motorisch oder voll generatorisch und je nach Betriebszustand auch bei allen Zwischenwerten arbeiten können.

Das Höchstmoment ist zu begrenzen, um Seilschäden zu unterbinden. Beschleunigung und Verzögerung sind zu führen, um Seilrutsch zu verhindern und um Seilüberwerfungen durch Beschleunigung oder Verzögerungsstöße zu vermeiden. Dies ist besonders deshalb wichtig, weil Seilüberwerfungen zu Unfällen führen können.

2. Regelanordnungen

Als Regeleinrichtungen werden Verstärkermaschinen oder Magnetverstärker eingesetzt. In dem Beispiel *Bild* 4 wird wegen der erforderlichen Genauigkeit

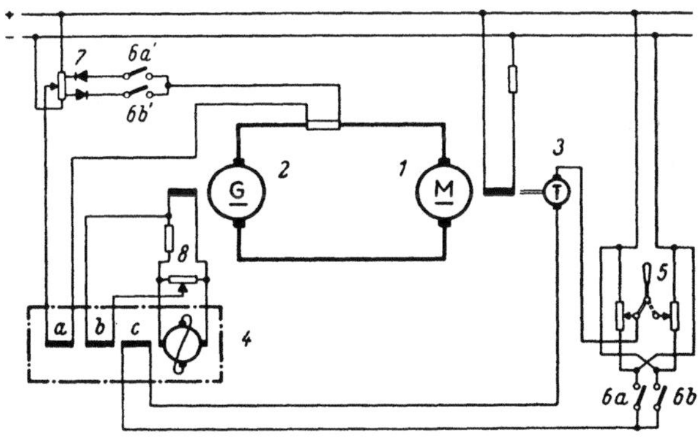

1 Seilbahnmotor
2 Steuergenerator
3 Tachogenerator
4 Verstärkermaschine
5 Steuergerät (umstellbar)
6 Fahrtrichtungs-Umschalter (*a*, *a'*, *b*, *b'*)
7 Gleichrichterschwelle für maximale Strombegrenzung
8 Vergleichswiderstände für die Rückführung

Bild 4. Regelung eines Seilbahnmotors mit Verstärkermaschine

als Vergleichsgröße für den Istwert der Drehzahl des LEONARD-Motors nicht die LEONARD-Spannung als Ersatzregelgröße eingeführt, sondern die Spannung eines Tachogenerators (*3*), die der Spannung des Steuergerätes (*5*) entgegengeschaltet ist. Die Erregerwicklung des Tachogenerators liegt an einem Gleichstromnetz konstanter Spannung. Der Tachogenerator ist schwach gesättigt, um eine lineare Abhängigkeit zwischen Drehzahl und Tachospannung auch bei kleiner Drehzahl zu erreichen. Drehrichtungswechsel erfolgt durch Potentialwechsel am Steuergerät (*5*) und an den Umschaltern (*6*). Der Höchststrom und damit das Höchstmoment werden in beiden Richtungen begrenzt durch die Gleichrichterschwelle (*7*) in Verbindung mit der Steuerwicklung (*4a*).

Die Führung von Beschleunigung und Verzögerung geschieht durch das Steuergerät (*5*), durch das die maximale Beschleunigung oder Verzögerung vor-

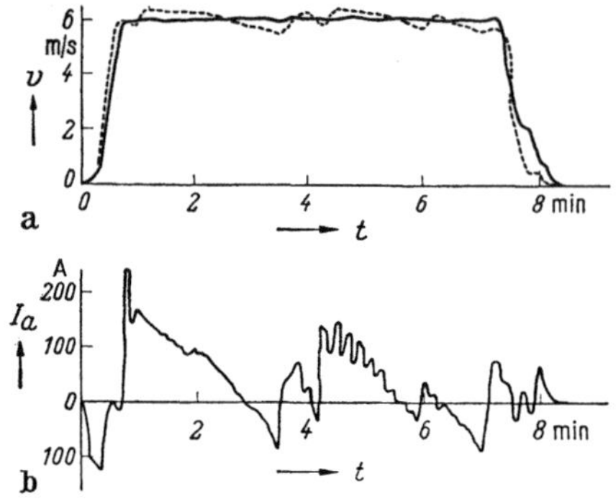

Daten der Anlage

Antriebsleistung:	100 kW
Fassungsvermögen:	30 Personen je Kabine
Geschwindigkeit:	6 m/s
Bahnlänge:	2500 m
Höhenunterschied:	600 m
Fahrzeit:	$8^1/_2$ min

Bild 5. Fahrdiagramme einer Pendelseilbahn (belastete Kabine zu Tal; leere Kabine zu Berg)
a) Geregelte und ungeregelte Bahngeschwindigkeit V
b) Strom I_a im LEONARD-Kreis ($I_a \sim M_d$)

gegeben wird. Das Unterschreiten dieses Höchstwertes durch langsames Führen des Steuerhebels von Hand ist möglich.

Den Unterschied eines geregelten und eines ungeregelten Antriebes einer Großkabinenbahn zeigt *Bild* 5. Trotz starker Lastschwankungen, besonders beim Überfahren der Stützen, wird die vorgegebene Geschwindigkeit in diesem Fall mit einer Toleranz von 3% des Endwertes gehalten.

D. Aufzüge

1. Arbeitsweise und Regelaufgaben

Für senkrechte Beförderung von Personen und Lasten in Gebäuden werden Aufzüge verwendet (*Bild* 6) [*3*]. In einem Gebäudeschacht gleitet, seitlich geführt, eine Kabine (*1*). Sie hängt je nach Tragkraft an einem oder mehreren Seilen, die im Maschinenraum über eine Treibscheibe (*2*) geführt sind. Am zweiten Seilende ist ein ebenfalls im Schacht geführtes Gegengewicht (*5*) angeschlagen. An der Treibscheibe wird der Aufzug entweder indirekt über ein mechanisches Getriebe oder direkt durch einen Elektromotor angetrieben.

Die Tragkraft eines Aufzuges schwankt je nach Verwendungszweck zwischen 50 kg (Speiseaufzug) und 5000 kg (Schwerlastenaufzug). Personenaufzüge werden im allgemeinen für Aufnahme von drei Personen (250 kg) bis 25 Personen (2000 kg) gebaut. Die Fahrgeschwindigkeit wird bestimmt von der Gebäudehöhe, der Anzahl und dem Abstand der Haltestellen sowie der Förderleistung. Sie liegt im allgemeinen bei 0,3 m/s bis 6 m/s.

Werden mehrere Aufzüge nebeneinander angeordnet, weil die Beförderungsdichte dies erfordert, so werden die Aufzüge fahrtechnisch durch eine gemeinsame Steuerung in richtiger Weise zusammengefaßt (Sammelsteuerung, Gruppensammelsteuerung).

Aufzüge müssen von jedem Benutzer ohne besondere Kenntnis der Fahrtechnik bedient werden können. Daher werden sie fast ausnahmslos mit Druckknopfbetätigung gebaut. Nachdem der Fahrbefehl durch Drücken des Druckknopfschalters gegeben ist, muß die Kabine auf die vorgesehene Fahrgeschwindigkeit beschleunigt werden und anschließend die gewünschte Haltestelle mit dieser Geschwindigkeit anfahren. Dabei soll die Drehzahl des Motors unabhängig von Drehrichtung und Belastung konstant sein.

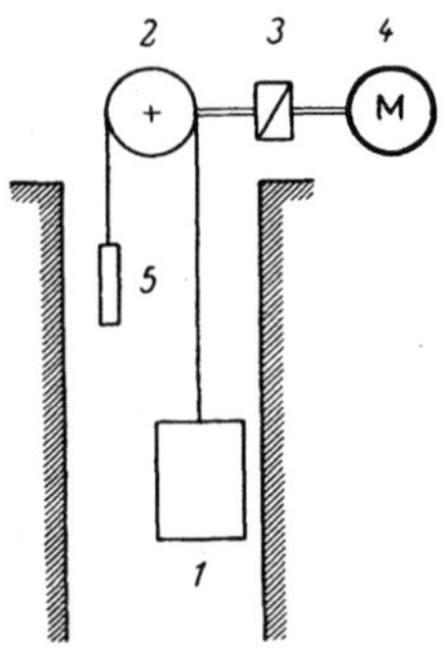

1 Fahrkorb
2 Treibscheibe
3 Getriebe
4 Antriebsmotor
5 Gegengewicht

Bild 6. Grundsätzlicher Aufbau eines Aufzugantriebes

Kurz vor Erreichen der Haltestelle muß die Fahrgeschwindigkeit und damit die Drehzahl des Motors so weit verringert werden, daß die Kabine beim Abschalten und Einfallen der Haltebremse ohne Wegtoleranz hält.

Während der Beschleunigungs- und Verzögerungsperiode muß die Drehzahl geführt werden. Es wird dabei nach einem vorgegebenen Diagramm gefahren (*Bild* 7), so daß der vorgeschriebene Verlauf der Beschleunigung und der Verzögerung unabhängig von der Last einzuhalten ist. Die Beschleunigung muß konstant gehalten werden und darf keine zu großen Werte annehmen, da sonst der Fahrkomfort der Benutzer leidet. Die Einfahrstrecke nach Beendigung der Verzögerung ist kleinzuhalten, weil damit Fahrzeit gespart wird. Anzustreben ist dabei eine Regelung, bei der bis zur Drehzahl Null verzögert und dann abgeschaltet wird. Die mechanische Bremse dient dabei lediglich als Sicherheitsbremse.

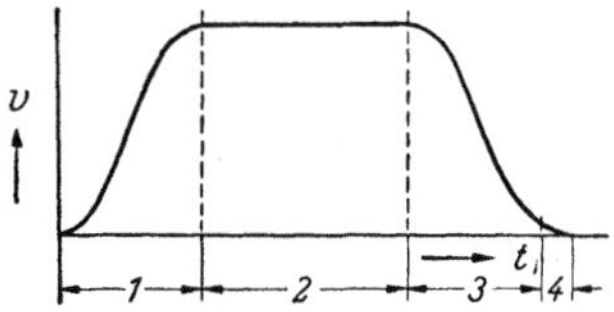

1 Beschleunigen *3* Verzögern
2 Fahren *4* Einfahren

Bild 7. Fahrdiagramm eines Aufzuges

2. Regelanordnungen

Als Regeleinrichtungen werden bei Aufzügen Verstärkermaschinen, Röhrenregler und Magnetverstärker verwendet, wobei Regelungen mit Magnetverstärkern überwiegen (*Bild* 8) [*4*]. In dem gewählten Beispiel liegt die Erregerwicklung des Motors (*1*) an einem Gleichstromnetz mit konstanter Spannung. Der Generator (*3*) hat zwei Feldwicklungen. Eine erhält vom Gleichstromnetz her eine feste Grunderregung, während die zweite von der Ausgangsspannung der Magnetverstärker-Endstufe (*8*) gespeist wird. Die Endstufe wird von einer Gegentaktvorstufe (*7*) gesteuert. Die Vergleichsgröße wird als Spannung vom Führungsgeber (*6*) gebildet. Ihr gegengeschaltet ist die der Drehzahl proportionale Istspannung, gebildet vom Tachogenerator (*5*).

Bei Aufzügen mit nur einer Fahrgeschwindigkeit wird der volle Sollwert sofort aufgeschaltet. Die Führung der Beschleunigung und der Verzögerung wird z.B. durch einen zusätzlichen gestuften Widerstand im Eingangskreis erreicht, dessen Stufen über Zeitrelais kurzgeschlossen werden. Bei Aufzügen mit mehreren Fahrgeschwindigkeiten läßt sich als Führungsgeber z.B. ein motorisch angetriebenes Potentiometer verwenden, dessen Spannungsverlauf über der Zeit den Verlauf von Beschleunigung und Verzögerung vorgibt.

Die Regelabweichung wird den beiden gegeneinander wirkenden Steuerwicklungen der Vorstufe (7) aufgeschaltet, deren Vormagnetisierungswicklungen (*a*)

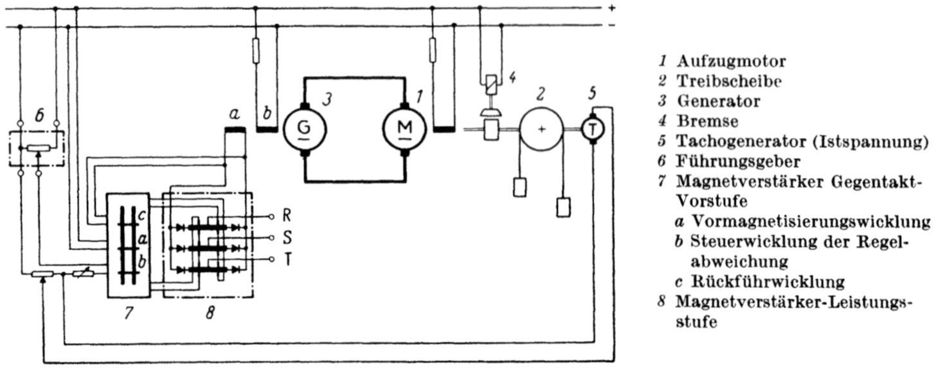

Bild 8. Regelung eines Aufzugmotors mit Magnetverstärker

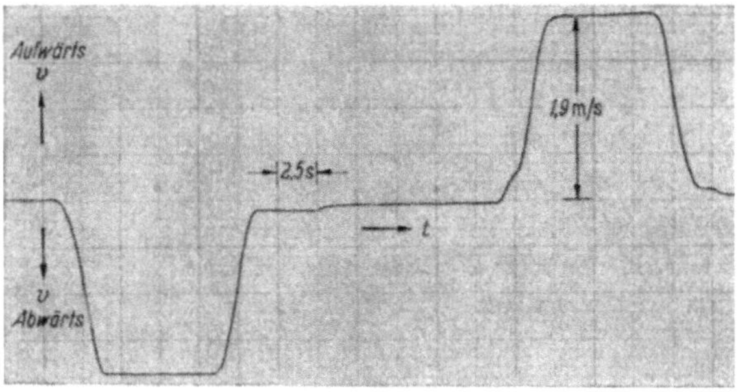

a) Fahrgeschwindigkeit v

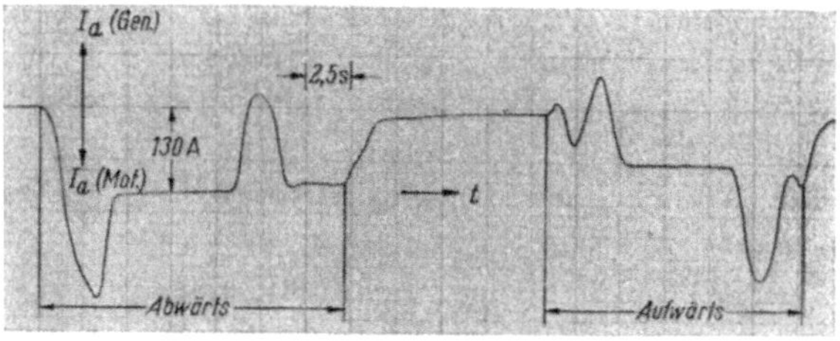

b) Strom I_a im LEONARD-Kreis

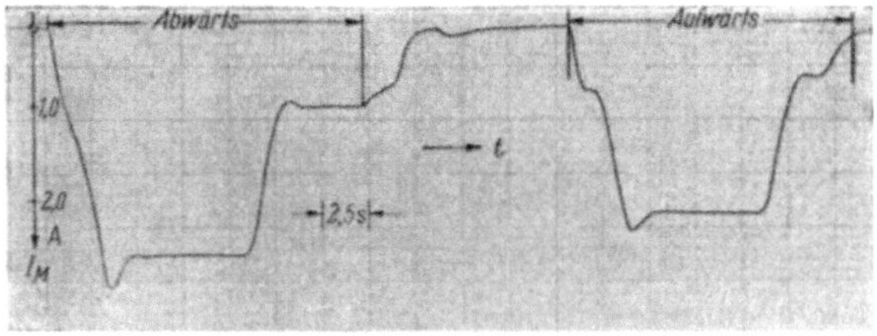

c) Ausgangsstrom I_M im Magnetverstärker

Bild 9. Gemessenes Fahrdiagramm eines Personenaufzuges für 2 m/s und 2000 kg. LEONARD-Antrieb mit Magnetverstärkerregelung am Netz liegen. Die Ausgangs-Arbeitspunkte auf den symmetrisch verlaufenden Steuerkennlinien werden durch Vorgabe des Vormagnetisierungsstromes in den Vormagnetisierungswicklungen festgelegt. Auch die Leistungsstufe (*8*) hat zwei Steuerwicklungen, die gegensinnig von der Gegentaktstufe gespeist werden. Die Summe ihrer Durchflutungen bestimmt den Arbeitspunkt auf der Kennlinie der Hauptstufe.

Während eines Arbeitsspieles muß die Drehzahl des Motors von Null bis zum Endwert und wieder zurück geregelt werden. Dies bedingt einen entsprechenden Spannungsverlauf am Ausgang der Hauptstufe, die das Hauptfeld des Generators speist.

Da die Kennlinie der Ausgangsspannung im linearen Arbeitsbereich nicht durch Null geht, steht am Ausgang der Hauptstufe (*8*) eine Restspannung an. In diesem Aussteuerzustand würde auch ım Generatorfeld eine Restdurchflutung bestehenbleiben. Sie läßt sich aber durch eine Gegenfelddurchflutung kompensieren, die so einzustellen ist, daß etwas im negativen Teil gearbeitet werden kann.

Zum Stabilisieren und Einstellen des Regelablaufes dient die Rückführung an der Wicklung (*b*) der Vorstufe (*7*), die am Ausgang der Leistungsstufe (*8*) abgegriffen wird. Bei langsam laufenden Maschinen mit großen Zeitkonstanten kann es zweckmäßig sein, durch ein RC-Glied im Steuerkreis der Vorstufe noch einen D-Einfluß einzuführen.

Geschriebene Meßwerte einer ausgeführten Anlage mit Magnetverstärkerregelung zeigt *Bild* 9. Das Diagramm zeigt, daß die Maschine den vorgegebenen Werten genau folgt und stoß- und pendelungsfrei arbeitet.

Bild 10. Steuerung einer Großaufzugsanlage mit sechs Personenaufzügen in Gruppensammelsteuerung

E. Quellenhinweise

[1] Ernst, H.: Die Hebezeuge. Bd. 1. Braunschweig: F. Vieweg & Sohn 1958.
[2] Friedrich, H. u. Fella, A.: Erzverladeanlage in Narvik. Siemens-Z. 31. Jg. (1957) S. 297–307.
[3] Tannhäuser, R.: Die elektrische Ausrüstung moderner Aufzugsanlagen. Siemens-Z. 28. Jg. (1954) S. 216–224.
[4] Sichling, G. u. Watzinger, H.: Magnetverstärker zum Regeln von Personen-Schnellaufzügen. Z. VDI Bd. 96 (1954) S. 337–340.
[5] Czitary, E.: Seilschwebebahnen. Wien: Springer 1951.

52. Kraftfahrzeuge

Von **H. Henning** und **G. Weidemann**

Inhaltsübersicht

A. Überblick und Regelaufgaben

Die Kraftfahrzeuge werden im allgemeinen von Verbrennungsmotoren angetrieben [*1*]. Elektrische Antriebe werden in beschränktem Umfang für Spezialzwecke eingesetzt (Obus, Elektrokarren, Postwagen).

Die Fahrzeuge mit Verbrennungsmotoren kann man nach der Art des Treibstoffes in Dieselfahrzeuge, Benzinfahrzeuge und Treibgasfahrzeuge unterteilen; nach der Art der Maschine in solche mit Vergasermotoren und solche mit Einspritzmotoren; nach der Art des beförderten Gutes in Personen- und Lastkraftfahrzeuge; nach der Anzahl der Räder in Zwei- und Vier-(oder Mehr-)Radfahrzeuge. Schließlich können sie nach Hubraum der Maschinen, Leistung oder Gewicht klassifiziert werden. Die Anzahl der an einem Kraftfahrzeug vorhandenen Regelanordnungen steigt im allgemeinen mit der Größe des Fahrzeuges.

Die Kraftfahrzeuge können mit Ausnahme der Regelung der Lichtmaschinenspannung und der Kraftstoff-Vorlaufhöhe im Vergaser auch ohne Regelung weiterer Größen betrieben werden. Alle erforderlichen Einstellungen sind als Steuerungen ausführbar, wie es bei den Zweiradfahrzeugen auch praktisch durchgeführt wird. Bei den Vierradfahrzeugen wird eine Anzahl von Steuerungen durch Regelungen ersetzt, um einerseits den Fahrkomfort zu erhöhen (bis zum *selbstabgleichenden* Autoradio [vgl. Kapitel 56] und andererseits die Wirtschaftlichkeit zu steigern und um bei sehr großen Fahrzeugen die erforderlichen Brems- und Lenkkräfte aufzubringen.

In Kraftfahrzeugen sind die Regeleinrichtungen eng mit den vielfältigen Steuereinrichtungen verflochten. Sie können, funktionell gesehen, im allgemeinen nicht voneinander getrennt betrachtet werden. Der Geräteplan [2] (*Bild* 1) für

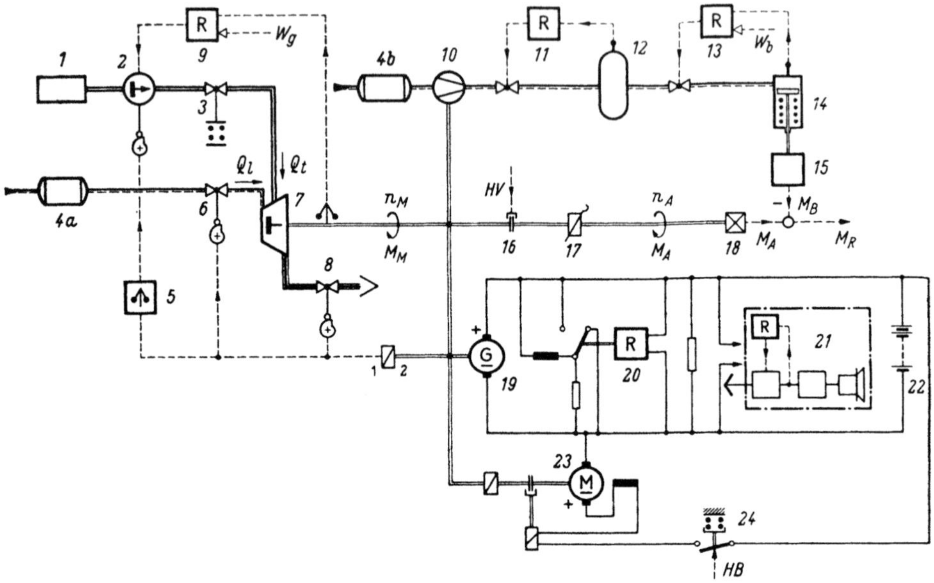

1 Tank
2 Brennstoff-Einspritzpumpe
3 Brennstoff-Einspritzventil
4 Luftfilter (*a* und *b*)
5 Fliehkraft-Spritzversteller
6 Luft-Einlaßventil
7 Maschinenzylinder und Triebwerk
8 Auslaßventil
9 Drehzahlregler
10 Luftkompressor
11 Netzdruckregler für Druckluftbremsen
12 Druckluftbehälter
13 Bremsdruckregler
14 Bremszylinder
15 Bremsbacken
16 Kupplung mit Handverstellung (HV)
17 Stufengetriebe
18 Ausgleichgetriebe
19 Lichtmaschine
20 Spannungsregler
21 Überlagerungsempfänger mit selbsttätiger Scharfabstimmung
22 Batterie
23 Anlasser
24 Anlaßschalter mit Handbetätigung (HB)
n_M Motordrehzahl
n_A Abtriebsdrehzahl
M_M Motormoment
M_A Abtriebsmoment
M_B Bremsmoment
M_R Radmoment
HV Handverstellung
W_g Führungsgröße für die Drehzahl
W_b Führungsgröße für den Bremsdruck

Bild 1. Geräteplan eines Kraftfahrzeug-Antriebs mit Viertakt-Dieselmotor und Druckluft-Bremsen

die mechanischen und elektrischen Anlagen zeigt Beispiele dafür, wo geregelt wird oder geregelt werden kann. Die Regelkreise sind durch Kästchen mit R (Regler) gekennzeichnet.

Für die folgenden Größen können Regelungen vorgesehen sein: Lichtmaschinenspannung, Kraftstoff-Vorlaufhöhe, Kühlwassertemperatur, Motordrehzahl (Fahrgeschwindigkeit), Bremsluftdrücke, Lenkwinkel, Fahrleistung, Klima (Temperatur), Radio-Empfangsabstimmung, Reifenluftdruck. Sie sind nicht alle in jedem Kraftfahrzeug vorhanden. Die meisten werden nur in schwere Fahrzeuge eingebaut, während die leichten Fahrzeuge weitestgehend mit reinen Steuerungseinrichtungen betrieben werden. Die Reihenfolge der Aufzählung entspricht ungefähr der Häufigkeit der Anwendung. Für die Regelgeräte werden je nach Anwendungsfall mechanische, elektrische, hydraulische und pneumatische Systeme oder Kombinationen aus ihnen benutzt.

B. Kraftfahrzeugantriebe

1. Allgemeines

Bei Straßenfahrzeugen kann das Lastmoment in weiten Grenzen zwischen positiven und negativen Werten schwanken (z. B. Bergauffahrt und Bergabfahrt) [*1, 3*]. Dabei hängt die Fahrgeschwindigkeit v bei konstanter Fahrleistung hyperbolisch von dem als Last (Störgröße) wirkenden Fahrwiderstand K_f ab (*Zugkrafthyperbel, Bild* 2).

Der Fahrwiderstand K_f setzt sich aus dem Luft-, Steigungs- und Rollwiderstand zusammen. Die zugehörigen Störgrößen sind der Wind (Z_1), die Steigung (Z_2) und die Fahrbahn- und Reifenbeschaffenheit (Z_3). Die Differenz zwischen der vom

v	Fahrgeschwindigkeit (m/s)
K_f	Fahrwiderstand (kp) (Störgröße Z)
N	Fahrleistung (kpm/s); $N = K_f v$
I und II	Vorwärtsfahrt (v positiv)
III und IV	Rückwärtsfahrt (v negativ)
I und III	Leistung wird zugeführt (N positiv)
II und IV	Leistung wird abgeführt (N negativ)

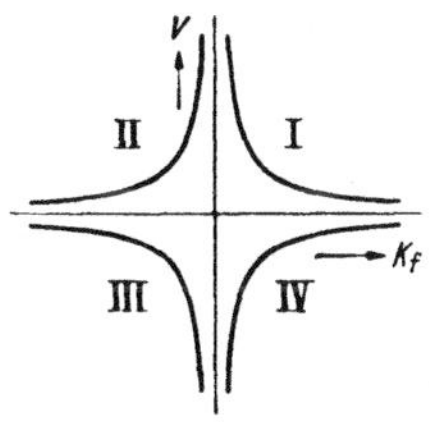

Bild 2. Geschwindigkeit-Fahrwiderstand-Kennlinie bei konstanter Leistung

Motor gelieferten Antriebskraft und dem vorhandenen Fahrwiderstand beschleunigt das Fahrzeug. Die Vorwärtsfahrt ist in *Bild* 2 in der oberen Halbebene dargestellt. Den negativen Teil (II) des Störbereiches beherrscht man mit Auspuffdrosselung und Bremsen, also durch reine Steuerungsmaßnahmen. Im positiven Teil (I) des Störbereiches wird das Fahrzeug vom Motor her angetrieben. Durch eine Änderung der Brennstoffzufuhr allein, d. h. durch eine Änderung der Fläche des pV-Diagrammes des Motors (vgl. Kapitel 22, *Bild* 1) kann der Störbereich nicht ausgeregelt werden. Verbrennungsmotoren können große Drehmomentbereiche nicht wirtschaftlich beherrschen (s. Kapitel 22 *Bild* 2b). Man muß deshalb zwischen die Motorwelle und die Antriebswelle des Fahrzeuges ein in seiner Übersetzung verstellbares Getriebe einschalten [*1, 4*].

Weiterhin benötigt man zum praktischen Betrieb des Fahrzeuges (Anfahren, Schalten) eine Kupplung zwischen Motor und Getriebe sowie ein Ausgleichsgetriebe zwischen denjenigen Rädern, die das Antriebsmoment gegen die Fahrbahn abstützen.

Für regelungstechnische Betrachtungen sind der Motor, die Kupplung und das Getriebe von wesentlicher Bedeutung. Regelungen werden hier nur in Form von Drehzahl- oder Unterdruckregelungen an den Fahrzeugmotoren angewendet. Bei den Kupplungen [*5*] und Getrieben [*6, 20, 23*], für deren neuzeitliche Ausführungen sehr gern die Zusatzbezeichnung *Automatik* benutzt und bei denen auch bei verschiedenen Geräteteilen von „Reglern" gesprochen wird, handelt es sich im allgemeinen um Steuerungseinrichtungen.

Diese Getriebe sind häufig aus einem hydraulischen Wandler und mehreren mechanischen Getriebestufen aufgebaut. Der Wandler arbeitet nach dem Prinzip des Trilok-Getriebes [5] und ersetzt die oberen Gänge. Die unteren Gangstufen sind selbstschaltend. Der Schaltimpuls wird von der Gashebelstellung *und* der Drehzahl gesteuert. Die Drehzahl wird von Fliehkraftpendeln erfaßt. Die Verstärkung geschieht häufig hydraulisch. Welcher Bereich vom Wandler überdeckt und wie viele Gänge noch vorhanden sind, ist bei den einzelnen praktischen Ausführungen unterschiedlich.

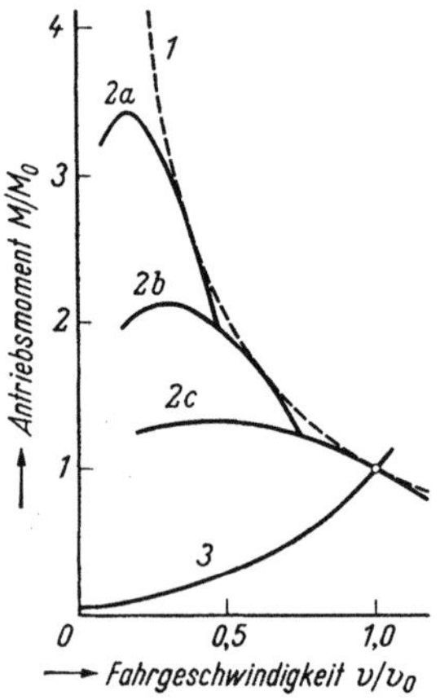

1 Zugkrafthyperbel (vgl. *Bild* 2)
2 Drehmoment
a im 1. Gang
b im 2. Gang
c im 3. Gang
3 Fahrwiderstand (in der Ebene)

Bild 3. Moment-Geschwindigkeit-Kennlinie eines Kraftfahrzeuges mit Vergasermotor und Dreiganggetriebe

Das Bestreben, den Motor bei der jeweils gewünschten Antriebsleistung N_0 stets in seinem hierfür günstigsten Arbeitspunkt $(M_M, n_M)_{opt}$ zu fahren, stellt die Aufgabe, die Getriebeübersetzung so zu steuern, daß die Zugkrafthyperbel bei konstant bleibenden Motor-Ausgangsdaten möglichst gut approximiert wird. Der Sollwert für die Motordrehzahl n_M muß dabei außerdem von der eingestellten Leistung N_0 geführt werden. Diese Aufgaben lassen sich regelungstechnisch durch die in Kapitel 22, *Bild* 4d, dargestellte Schaltung lösen. Die Stellgröße eines Drehzahlreglers beeinflußt nicht wie bei üblichen Drehzahlregelungen die Brennstoffzufuhr zum Motor, sondern die *Übersetzung* des Getriebes derart, daß das Antriebsmoment an der Motorwelle konstant bleibt. Der z.B. von Hand eingestellte Brennstoff-Förderstrom bestimmt die Sollwerte für die *Leistung* und die *Motordrehzahl.* Damit wird stets ein optimaler Wirkungsgrad erzielt. Die Regelung ist nur gegen lastseitige Störungen wirksam, nicht jedoch bei etwaigen Störungen am Motoreingang, z.B. in Form veränderten Energieinhaltes des Treibstoffes.

Bei den praktisch ausgeführten Getrieben nähert sich die Zugkraft-Fahrgeschwindigkeits-Kennlinie der gewünschten Hyperbelform nur mehr oder weniger gut an. Der erreichte „Ausnutzungsgrad" hängt sowohl von der Moment-Drehzahl-Kennlinie des Motors wie von der Getriebeart ab, bei Stufengetrieben insbesondere von der Stufenzahl. In *Bild* 3 ist der Verlauf für einen Vergasermotor mit nachgeschaltetem Dreiganggetriebe aufgezeichnet. Die Kennlinien gelten für konstante Gashebelstellung am Motor. Im praktischen Fahrbetrieb wird deshalb bei stark schwankenden Lasten im allgemeinen nicht mit konstantem „Gas" gefahren, sondern innerhalb der einzelnen Gangstufen durch mehr oder weniger starkes Gasgeben die Fahrgeschwindigkeit so gesteuert, daß der Motor in einem für den Kraftstoffverbrauch und seine thermische Belastung günstigen Drehzahlbereich arbeitet. Diese Steuerung vom Gaspedal her kann auch durch eine Drehzahlregelung ersetzt oder ergänzt sein.

2. Einspritzmotoren [22]

Bei Kraftfahrzeug-Einspritzmotoren (Dieselmotoren und Einspritz-Ottomotoren) dürfen die *Leerlaufdrehzahl*, die zulässige *Höchstdrehzahl*, je nach Fahrzeugart aber auch die *Zwischendrehzahlen*, nicht zu weit von ihren Sollwerten abweichen. Dazu muß bei wechselnder Belastung die dem Motor zugeteilte Kraftstoffmenge dem benötigten Drehmoment angepaßt werden. Dies geschieht mit der Einspritzpumpe (*Bild* 4), deren Pumpenkolben (*8*) über die verschiebbare Regelstange (*10*) verdreht werden (vgl. auch Kapitel 22). Die Kolben der Einspritzpumpe werden beim Arbeitshub durch eine umlaufende Nockenwelle angetrieben und von den Kolbenfedern (*14*) zurückgeführt. Beim Arbeitshub wird der Kraftstoff über das Druckventil (*4*) in das Druckrohr (*1*) zum Einspritzventil gefördert und hier in den Motorzylinder eingespritzt. Beim Zurückgehen des Pumpenkolbens schließt das Druckventil, und es fließt neuer Kraftstoff aus dem Saugraum (*7*) durch die Zulaufbohrung (*6*) in den Pumpenzylinder nach (Saughub).

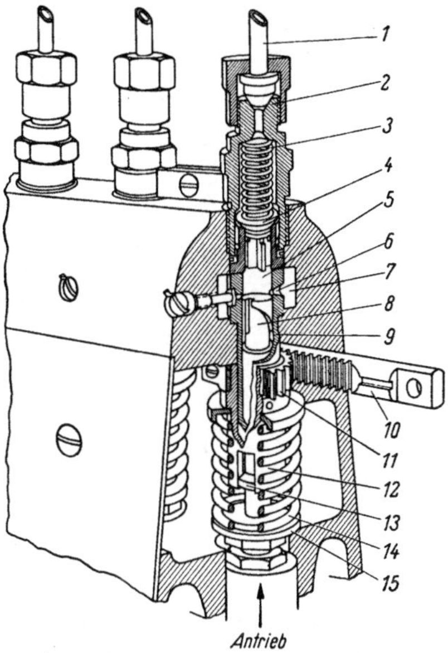

1 Druckrohr
2 Druckrohranschluß
3 Ventilfeder
4 Druckventil
5 Druckraum
6 Zulaufbohrung
7 Saugraum
8 Kolben
9 Zylinder
10 Regelstange
11 Zahnsegment
12 Regelhülse
13 Kolbenfahne
14 Kolbenfeder
15 Federteller

Bild 4. Pumpenelement einer Einspritzpumpe [7]

Den Ablauf der Steuervorgänge veranschaulicht *Bild* 5. Es zeigt den Pumpenkolben (*2*) in verschiedenen Stellungen in seinem Zylinder (*1*). Er wird von einer Zahnstange (s. *Bild* 4) entsprechend dem jeweiligen Kraftstoffbedarf des Motors (Förderstrom) verdreht. Dadurch wird seine schräge Steuerkante (*3*) in eine andere Lage relativ zu den Zulaufbohrungen (*6*) gebracht. Erreicht diese Steuerkante beim Aufwärtshub des Kolbens die Zulaufbohrung (*6*), so bricht der Druck zusammen, das Druckventil schließt und sperrt die Kraftstoffförderung zum Einspritzventil ab.

Regelung mit Fliehkraftregler. Die Regelstange, die den Nutzhub des Pumpenkolbens steuert, kann von einem Regler oder von Hand verstellt werden. Kraft-

1 Zylinder
2 Kolben
3 Schräge Steuerkante
4 Längsnut
5 Ringnut
6 Zulaufbohrungen

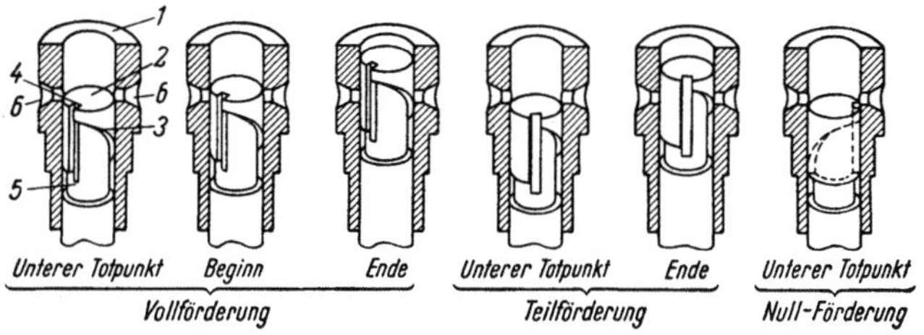

Bild 5. Pumpenzylinder einer Einspritzpumpe [7]

fahrzeuge größerer Leistung, insbesondere Dieselfahrzeuge, haben im allgemeinen einen Fliehkraftregler (*Bild* 6). Er wird gemeinsam mit der Einspritzpumpe angetrieben, arbeitet also unmittelbar drehzahlabhängig. Die Regler werden so aus-

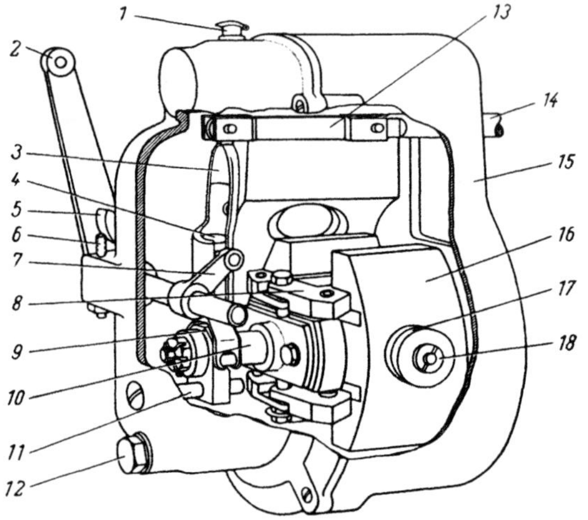

1 Öler
2 Verstellhebel
3 Regelhebel
4 Kulissenstein
5 Anschlagnase
6 Anschlagschraube
7 Lenkhebel
8 Winkelhebel
9 Gleitstein
10 Einstellbolzen
11 Führungsbolzen
12 Ölkontrollschraube
13 Gelenkgabel
14 Regelstange
15 Gehäuse
16 Fliehgewicht
17 Regelfedern
18 Einstellmutter

Bild 6. Fliehkraftregler (Leerlauf- und Endregler) [*8*]

geführt, daß sie entweder sämtliche Motordrehzahlen in einem gewissen Proportionalbereich halten oder zwischen Leerlauf- und Enddrehzahl (zulässige Höchstdrehzahl) unwirksam sind. Im ersten Fall wird der Sollwert für die Drehzahl vom Fahrer eingestellt. Bei Leerlauf- und Endregelungen sind die Sollwerte durch Federvorspannungen fest einjustiert. In dem dazwischenliegenden Arbeitsbereich des Motors wird die Regelstange vom Fahrer über ein Gestänge mit dem Fahrfußhebel direkt verstellt.

Regelung mit pneumatischen Reglern. Der Drehzahlbereich einfacher Fliehkraftregler ist etwas beschränkt, deshalb wird, insbesondere für kleinere schnellaufende Dieselmotoren (z. B. von Personenkraftwagen), häufig ein pneumatischer Regler (*Bild* 7) gewählt. Dieser wird vom Luftstrom (Unterdruck) im Saugrohr des Motors gesteuert, arbeitet also nicht unmittelbar drehzahlabhängig. Der Regler arbeitet bereits bei Erreichen einer geringen Regelkraft (Unterdruck). Der Sollwert für den Unterdruck ist durch eine Federvorspannung im Regler fest eingestellt; er arbeitet im ganzen Bereich

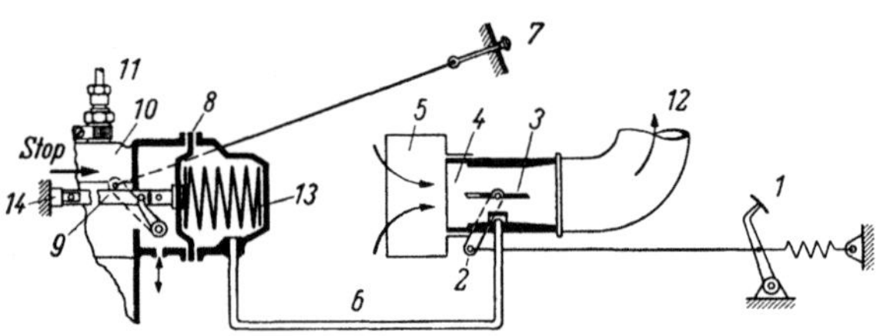

1 Fahrfußhebel (in Vollaststellung bei Nenndrehzahl)
2 Einstellhebel der Drosselklappe
3 Drosselklappe
4 Drosselorgan
5 Ansaugfilter
6 Unterdruckleitung
7 Abstell-Ziehknopf
8 Vergleichsmembran
9 Regelstange
10 Pumpenblock
11 Druckleitung zum Einspritzventil
12 Zu den Einlaßventilen der Zylinder
13 Sollwertfeder
14 Vollastanschlag für die Regelstange

Bild 7. Pneumatischer Regler für Kraftfahrzeuge mit Einspritzpumpe [*9*]

als P-Regler. Der Fahrer kann mit dem Fußhebel über ein Gestänge eine Drosselklappe (Regelklappe) im Luftstrom verstellen und damit jede zulässige Drehzahl einstellen.

Da die *Dieselmotoren* stets mit mehr oder weniger großem Luftüberschuß arbeiten, wird jede zulässige Kraftstoffmenge rauchfrei verbrannt. Anders bei Fahrzeug-*Ottomotoren* mit *Kraftstoff-Einspritzung*. Bei diesen müssen die dem Motor zugeführten Kraftstoff- und Luftmengen so abgestimmt werden, daß über den gesamten Drehzahl- und Lastbereich das günstige Verbrennungsgemisch von etwa 1:15 entsteht. Solche Motoren sind daher mit einem sog. *Gemischregler* (*Bild* 8) ausgerüstet, der nach dem gleichen Prinzip arbeitet wie der pneumatische Regler des Dieselmotors. Durch einen zusätzlichen Luftdruck- und Temperaturfühler erreicht man, daß sich die Ist-Kraft, die auf die Membran der Regler wirkt, annähernd proportional mit der Luftfüllung (Gewicht!) des Motors ändert. Damit stellt sich über den ganzen Drehzahl- und Lastbereich ziemlich genau das günstigste Mischungsverhältnis Kraftstoff zu Luft ein.

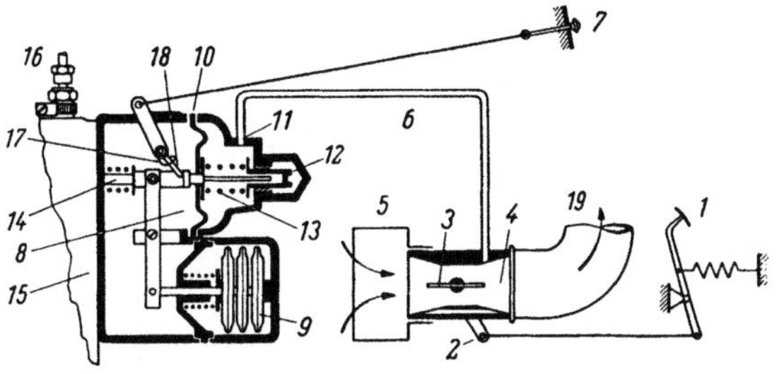

1 Fahrfußhebel (in Vollaststellung)
2 Einstellhebel der Drosselklappe
3 Drosselklappe
4 Drosselstutzen
5 Ansaugfilter
6 Unterdruckleitung
7 Anlaß-Ziehknopf
8 Pneumatischer „Gemischregler"
9 Luftdruck-Temperatur-Fühler
10 Vergleichsmembran
11 Istwerteingang
12 Sollwert-Einstellschraube
13 Sollwertfeder
14 Regelstange
15 Pumpenblock
16 Druckleitungen zu den Einspritzdüsen
17 Feder
18 Mitnehmer

Bild 8. Gemischregler [*10*] (vgl. Kapitel 22, *Bild* 7e)

Neuerdings wird bei Kraftfahrzeugmotoren auch die sog. *Saugrohreinspritzung* praktisch angewendet [*21*]. Bei ihr wird im Gegensatz zur oben beschriebenen *Direkteinspritzung* der Treibstoff in den Luftansaugkanal kurz vor dem Einlaßventil eingespritzt. Als Regler werden Fliehkraftregler benutzt. Sie sind mit einer Reihe von Korrekturgeräten ausgerüstet, welche die Luft- und Kühlwassertemperatur sowie den Luftdruck erfassen.

3. Vergasermotoren

In den Vergasermotoren wird der Kraftstoff der Verbrennungsluft stets im Ansaugkanal beigefügt. Der *Vergaser* teilt dem angesaugten Luftstrom die erforderliche Kraftstoffmenge fein zerstäubt zu. Um bei möglichst geringem Verbrauch Höchstleistungen zu erzielen, muß das Kraftstoff-Luft-Gemisch (wie bei den Einspritz-Ottomotoren) in sehr engen Grenzen konstant gehalten werden. Der Kraftstoff wird zunächst durch eine Kraftstoffpumpe zum Schwimmergehäuse des Vergasers gefördert oder er fließt bei hochliegendem Tank durch Gefälle zu. Vom Schwimmergehäuse fließt der Kraftstoff zur Düse, die in einem Venturirohr in der Ansaugleitung angebracht ist.

Niveauregelung des Kraftstoffes in einem Vergaser (*Bild* 9). Der Kraftstoffstand (*H*) muß im Schwimmergehäuse (*1*) auf einer solchen Höhe gehalten werden, daß der Kraftstoffspiegel in der Düse (*6*) einige Millimeter unter deren Austrittsöffnung steht. Zu diesem Zweck wird das Kraftstoffniveau im Schwimmergehäuse *geregelt*. Der Sollwert des Kraftstoffstandes ist außer vom Gewicht des Schwimmers (*2*) und von der Dichte des Kraftstoffes von der Länge der Nadel (*3*) abhängig.

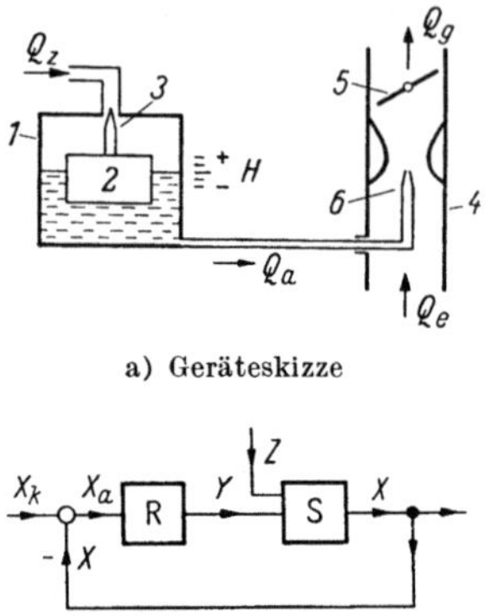

a) Geräteskizze

b) Blockschaltplan

1 Schwimmergehäuse
2 Schwimmer
3 Schwimmernadel
4 Ansaugkanal
5 Drosselklappe
6 Kraftstoffdüse
S Funktionell „gedachte" Regelstrecke
R Funktionell „gedachter" Regler
$H = X$ Ist-Standhöhe (Regelgröße)
$H_k = X_k$ Soll-Standhöhe (Vergleichsgröße)
$H_a = X_a$ Abweichung der Standhöhe (Regelabweichung)
$Q_a = Z$ Kraftstoffabfluß (Störgröße)
$Q_z = Y$ Kraftstoffzufluß (Stellgröße)
Q_e Luftstrom
Q_g Kraftstoff-Luft-Gemischstrom

Bild 9. Niveauregelung des Kraftstoffes in einem Vergaser

Die Dichteunterschiede sind bei den üblichen Kraftstoffen vernachlässigbar, so daß kein besonderer Sollwertsteller notwendig ist. Um den Sollwert richtig einzustellen, genügt es, die Länge der Nadel einmal genau festzulegen. Der Sollwert für die Drehzahl wird vom Fahrer mit einem Fußhebel verstellt, der eine Drosselklappe (*5*) im Ansaugkanal (*4*) betätigt.

Um die Forderung nach gleichbleibend günstigem Mischungsverhältnis zu erfüllen und weiterhin hohe Beschleunigungen zu ermöglichen, enthalten die Vergaser meistens noch zusätzliche Steuerungseinrichtungen.

C. Bremseinrichtungen

1. Allgemeiner Aufbau

Beim Bremsvorgang muß die resultierende Bremskraft hinter dem Schwerpunkt entgegen der Fahrtrichtung angreifen, damit die Kursstabilität des Fahrzeuges erhalten bleibt (besonders wichtig für Fahrzeuge mit Anhängern!). Das aufgebrachte Bremsmoment soll bis zu größten Werten möglichst feinfühlig einstellbar sein; auf keinen Fall dürfen die Räder blockieren [*11*].

Die praktisch ausgeführten Bremssysteme arbeiten entweder als direkt wirkende *Steuerungen* der Bremskraft, die vom Fahrer betätigt werden, oder bei schweren Fahrzeugen als *Folgeregelungen* des Bremsdruckes. Zur Übertragung des vom Fuß- oder Handhebel ausgelösten Bremsvorganges werden mechanische, hydraulische oder pneumatische Systeme benutzt (Seilzugbremsen, Öldruckbremsen, Luftdruckbremsen) [*12*]. Es gibt auch Kombinationen von pneumatischen und hydraulischen Systemen. Bei den mechanischen und hydraulischen Bremsen geht der Kraftfluß direkt vom Pedal zum Bremsbacken. Die Bremsflüssigkeit dient hier nur als Übertragungsmittel. Bei den pneumatischen Anlagen wird aus einem Druckbehälter Luft als Hilfsenergie in das Bremssystem eingespeist. Die Einspeisung wird vom Fahrer über ein sog. *Bremsventil* in Form einer Folgeregelung beeinflußt. Die Bremsventile arbeiten als kraftvergleichende P-Regler mit sehr kleinem P-Bereich. Der Bremsluftbehälter wird auf einen *konstanten* Druck geregelt.

Aufbau eines Druckluft-Bremssystems (*Bild* 10). Die Luft wird aus der Atmosphäre über das Filter (*2*) vom Kompressor (*3*) angesaugt, dort verdichtet und über die Reifenfüllflasche (*4*, *5*) dem Druckregler (*6*) zugeführt. Der Druckregler

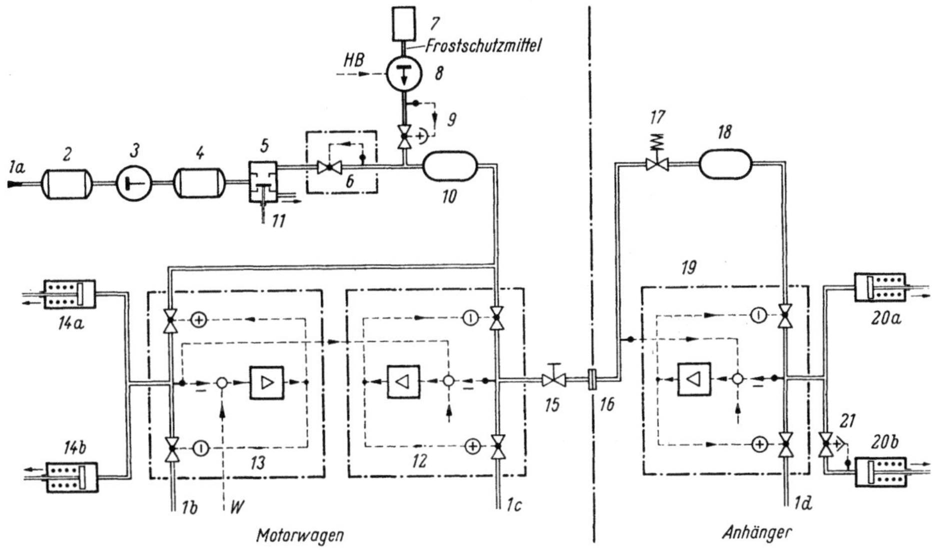

1 Atmosphäre (*a* bis *d*)
2 Ansaugfilter
3 Kompressor
4 Filter („Reifenfüllflasche")
5 Umschaltventil („Reifenfüllflasche")
6 Netzdruckregler
7 Behälter für Frostschutzmittel
8 Pumpe (handbetätigt)
9 Einspritzventil
10 Luftbehälter (Motorwagen)
11 Abgang zum Reifen
12 Druckregler („Luftgesteuertes Anhänger-Bremsventil")
13 Bremsdruckregler des Motorwagens („Trittplatten-Bremsventil")
14 Einkammerbremszylinder zu den Bremsbacken des Motorwagens (*a* und *b*)
15 Absperrhahn
16 Schlauchkupplung
17 Überströmventil
18 Luftbehälter (Anhänger)
19 Bremsdruckregler (Anhänger)
20 Einkammerbremszylinder zu den Bremsbacken des Anhängers (*a* und *b*)
21 „Bremsluftdruckbegrenzer" (*nur* für Hinterachsen des Anhängers)
HB Handbetätigung der Pumpe
W Führungsgröße für den Bremsluftdruck

Bild 10. Geräteplan einer Druckluft-Einleitungs-Bremsanlage [*13*]

regelt einen konstanten Netzdruck von etwa 5 atü im Luftbehälter (*10*) ein. Zwischen Regler und Behälter liegt eine Frostschutzpumpe (*8*), die durch Einspritzen von Frostschutzmitteln in die Bremsluft ein Einfrieren der Anlage verhindert. Der geregelte Netzdruck wird aus dem Luftbehälter dem Trittplatten-Bremsventil (*13*) und dem Anhänger-Bremsventil (*12*) zugeführt. Im Trittplatten-Bremsventil wird der vom Fußdruck des Fahrers vorgegebene Bremsluftdruck (Sekundärdruck) geregelt und einerseits den Bremszylindern (*14a* und *b*) des Motorwagens und andererseits als Führungsgröße dem Anhänger-Bremsventil

(*12*) zugeführt. Im Anhänger-Bremsventil (*12*) wird dieser Druck reversiert[1]), verstärkt und über den Absperrhahn (*15*) und die Schlauchkupplung (*16*) dem Anhänger-Bremsdruckregler (*19*) als Führungsgröße zugeleitet. (Das Anhänger-Bremsventil entfällt beim Zweileiter-Bremssystem!). Durch die Reversierung im Anhänger-Bremsventil (*12*) wird also erreicht, daß beim Bremsdruck Null im Motorwagen der volle Netzdruck und bei vollem Bremsdruck im Motorwagen der Druck Null zum Anhänger übertragen wird. Durch die Verstärkung wird erreicht, daß die Anhängerbremsung früher einsetzt als die Motorwagenbremsung.

Im Anhänger-Bremsdruckregler (*19*) ist ein Rückschlagventil eingebaut, über das die Luft dem Luftbehälter (*18*) im Anhänger zuströmen kann. Bei Fahrt wird der Behälter also stets auf den Netzdruck aufgeladen. Beim Bremsvorgang sinkt der vom Zugwagen zum Anhänger übertragene Druck. Dadurch schließt zunächst das Rückschlagventil. Die zum Bremsen des Anhängers zur Verfügung stehende Hilfsenergiequelle ist allein die im Behälter befindliche auf den Netzdruck komprimierte Luft. Die Regelung des Anhänger-Bremsdruckes durch den Anhänger-Bremsdruckregler wird auf dieselbe Weise durchgeführt wie im Trittplatten- und Anhänger-Bremsventil des Motorwagens. Der Anhänger-Bremsdruckregler reversiert den vom Anhänger-Bremsventil kommenden Eingangsdruck. Die Verstärkung kann auf zwei Werte eingestellt werden, um den maximalen Bremsdruck in den Anhänger-Bremszylindern den Zuständen *Beladen* und *Leer* anzupassen.

Die Regler, mit denen innerhalb des Bremssystems geregelt wird, sind also der Netzdruckregler, das Trittplatten-Bremsventil für den Motorwagen sowie das Anhänger-Bremsventil und der Anhänger-Bremsdruckregler für den Anhänger.

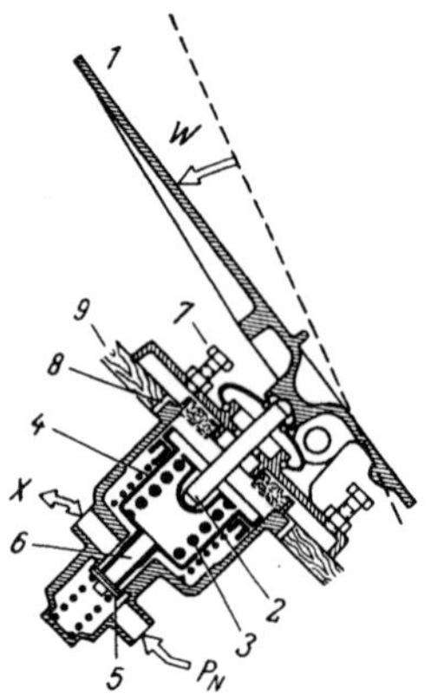

1 Bremspedal (Trittplatte)
2 Druckbolzen
3 Sollwertfeder
4 Kolben
5 Ventilteller
6 Ventilrohr
7 Anschlag
8 Entlüftung
9 Karosserie
X Regelgröße (Bremsluftdruck zum Bremszylinder und Anhänger-Bremsventil)
P_N Netzdruck (etwa 5 atü vom Luftbehälter)
W Führungsgröße für den Bremsdruck

Bild 11. Trittplatten-Bremsventil in Bremsabschlußstellung (Gleichgewichtsstellung bei Teilbremsung) [*14*]

2. Regelung des Bremsluftdruckes im Zugwagen

Der Bremsluftdruck wird durch das Trittplatten-Bremsventil geregelt (*Bild* 11). Das ist ein proportional wirkender Druckregler mit extrem kleinem P-Bereich und mechanischer Sollwert-Einstellung. Er arbeitet mit Kraftvergleich, wobei die Sollkraft nicht im Gerät abgestützt, sondern nach außen herausgeführt wird, so daß sie vom Fahrer selbst während des Bremsens dauernd aufgebracht werden muß. Damit bleibt die gleiche Feinfühligkeit wie bei den direkt wirkenden Bremsen erhalten.

---

[1]) In der pneumatischen Regelungstechnik wird der Begriff „reversieren" häufig für das Umkehren des Wirkungs-Vorzeichens der Ausgangsgröße eines Gerätes benutzt. „Direkte" Arbeitsweise liegt vor, wenn die Ausgangsgröße bei steigender Eingangsgröße ebenfalls steigt. „Reversierte" Arbeitsweise liegt vor, wenn die Ausgangsgröße bei steigender Eingangsgröße fällt.

Der Regler in *Bild* 11 ist in einer mittleren Arbeitsstellung dargestellt. Der Fahrer betätigt mit dem Fuß über das Bremspedal (*1*) und den Druckbolzen (*2*) die Sollwertfeder (*3*). Die Feder stützt sich auf das Kraftvergleichselement, den Kolben (*4*), ab. Der Kolben wird außen von der Regelgröße, dem Bremsluftdruck, beaufschlagt. Gleichgewicht herrscht nur dann, wenn die vom Druck (Istwert) erzeugte Gegenkopplungskraft der vom Fahrer über das Bremspedal vorgegebenen Federkraft (Sollwert) gleich ist. Als Stellglied dient ein Doppelsitzventil mit Flachsitz-Ventilteller (*5*), das den Regeldruckraum wahlweise mit dem Netzdruck P_N *oder* der Atmosphäre (*8*) verbinden kann. Der äußere Sitz ist im festen Gehäuse angeordnet und verbindet den Druckraum mit dem Netz; der innere Sitz ist in Gestalt des Ventilrohres (*6*) mit dem beweglichen Kolben (*4*) verbunden und ermöglicht es, den Druckraum durch den Kolben zu entlüften.

3. Regelung des Bremsluftdruckes im Anhänger

Diese Regelung arbeitet als Folgeregelung mit dem Bremsluftdruck im Zugwagen als Führungsgröße. Die Geräte können, je nachdem, ob es sich um eine Einleitungs- oder Zweileitungs-Bremsanlage handelt, reversiert oder direkt wirkend sein. Bei der in *Bild* 10 dargestellten Einleitungs-Bremsanlage beaufschlagt der vom Trittplatten-Bremsventil kommende Zugwagen-Bremsdruck als Führungsgröße *W* im Anhänger-Bremsventil (*Bild* 12) die Membran (*1 b*), die sich auf den linken Membranteller (*2 a*) des Ventilrohres (*3*) abstützt. Das Ventilrohr mit Feder dient als Kraftvergleichselement. Auf den rechten Membranteller (*2 b*) wirkt auf *kleinerer* wirksamer Fläche in entgegengesetzter Richtung die Differenz zwischen dem Netzdruck P_N und dem Steuerdruck (Regelgröße *X*) für den Anhänger-Bremsdruckregler. Stellglied ist wieder ein Doppelsitzventil in gleicher Ausführung wie beim Trittplatten-Bremsventil. Der Unterschied gegenüber dem Zugwagen-Bremsventil ist, daß die Führungsgröße als Druck vorliegt, daß die Verstärkung größer als 1 ist und daß reversiert wird (*Bild* 13). Der reversierte Druck wird dem Anhänger-Bremsdruckregler zugeführt (*Bild* 14). Die Zuleitung (*W*) steht, solange Netzdruck herrscht (Fahren!), über das Rückschlagventil (*1*) mit

1 Membran (*a* und *b*)
2 Membranteller (*a* und *b*)
3 Ventilrohr
4 Ventilteller
5 Karosserie
6 Entlüftung
7 Handbremshebel
X Regelgröße (Steuerluftdruck zum Anhänger-Bremsdruckregler
W Führungsgröße
P_N Netzdruck (etwa 5 atü vom Luftbehälter)

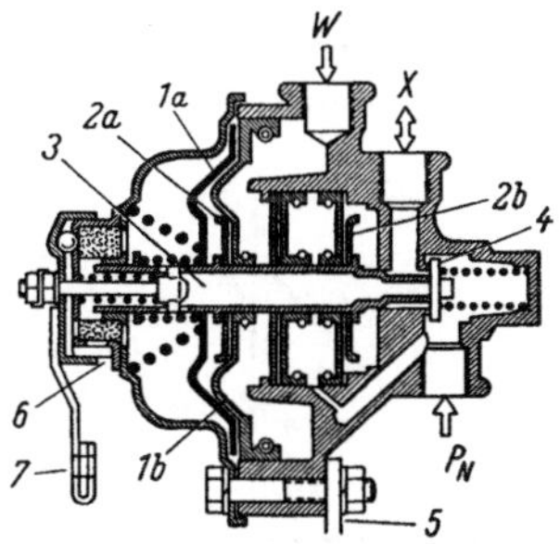

Bild 12. Luftgesteuertes Anhänger-Bremsventil in Bremsabschlußstellung (Gleichgewichtsstellung bei Teilbremsung) [*14*]

P_e Eingangsdruck (Führungsgröße *W*)
P_a Ausgangsdruck (Regelgröße *X*)
P_{e0} Eingangsdrucknullpunkt
P_N Netzdruck
P_{eB} Eingangsdruckbereich

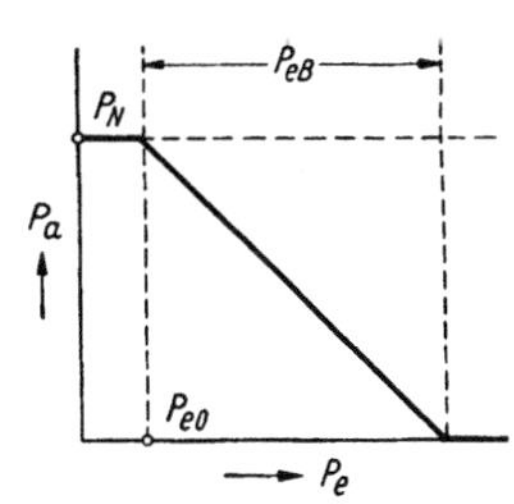

Bild 13. Verlauf des Ausgangsdruckes des Anhänger-Bremsventils

dem Anhänger-Luftbehälter (*2*) in Verbindung. Sinkt der Druck in der Zuleitung, so schließt das Rückschlagventil. Am Kolben (*3*) entsteht eine nach unten gerichtete Kraft. Nach Überwinden der Vorspannung der Feder (*4*) erreicht das

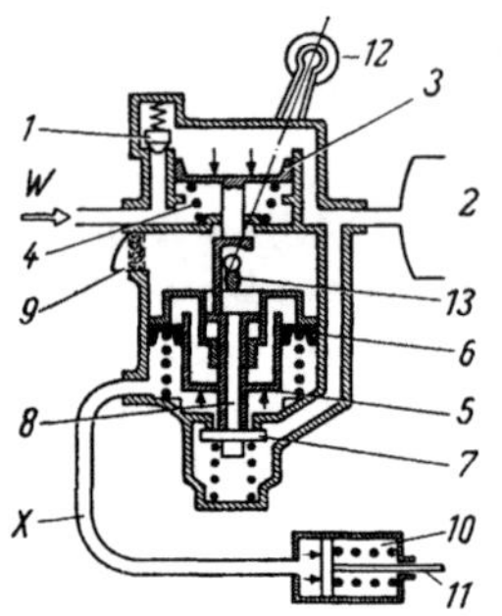

1 Rückschlagventil
2 Anhänger-Luftbehälter
3 Kolben
4 Kolbenfeder
5 Untere Kolbenfläche
6 Manschette
7 Ventilteller
8 Ventilrohr
9 Entlüftung
10 Anhänger-Bremszylinder
11 Zum Bremsbacken
12 Umschalthebel (in Stellung ,,Beladen'')
13 Anschlag für Manschette *6* (in Stellung ,,Beladen'')
X Regelgröße (Anhänger-Bremsdruck)
W Führungsgröße (vom Anhänger-Bremsventil)

Bild 14. Anhänger-Bremsdruckregler in Bremsabschlußstellung bei Stellung ,,Beladen" (Gleichgewichtsstellung bei Teilbremsung) [*14*]

Ventil seinen Arbeitsbereich. Der Ausgangsdruck (Regelgröße X) wirkt auf die untere Kolbenfläche (*5*) und erzeugt eine Gegenkopplungskraft. Die Arbeitsweise ist die gleiche wie die des Anhänger-Bremsventils. Das System zeigt also grundsätzlich das gleiche Verhalten, wie es in *Bild* 13 dargestellt ist. Durch das zweimalige Reversieren steigt also mit anwachsendem Bremsdruck P_e im Zugwagen auch der Bremsdruck P_a^* im Anhänger (*Bild* 15). Eine Besonderheit ist, daß der Bereich des Ausgangsdruckes von dem Ladungsgewicht des Anhängers auf zwei Werte selbsttätig eingestellt wird. Er beträgt bei beladenem Zustand etwa 4,8 atü und bei entladenem Anhänger 2 atü. Umgeschaltet wird (s. *Bild* 14) durch Zuschalten der Fläche der Manschette (*6*)

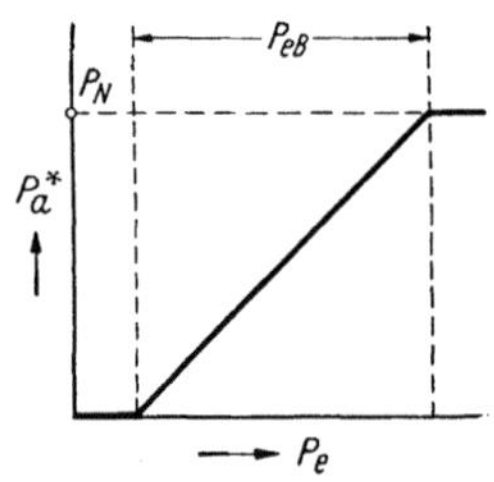

P_e Eingangsdruck des Anhänger-Bremsventils
P_a^* Ausgangsdruck des Anhänger-Bremsdruckreglers (Regelgröße X)
P_N Netzdruck (im Anhänger)
P_{eB} Eingangsdruckbereich

Bild 15. Verlauf des Ausgangsdruckes des Anhänger-Bremsdruckreglers

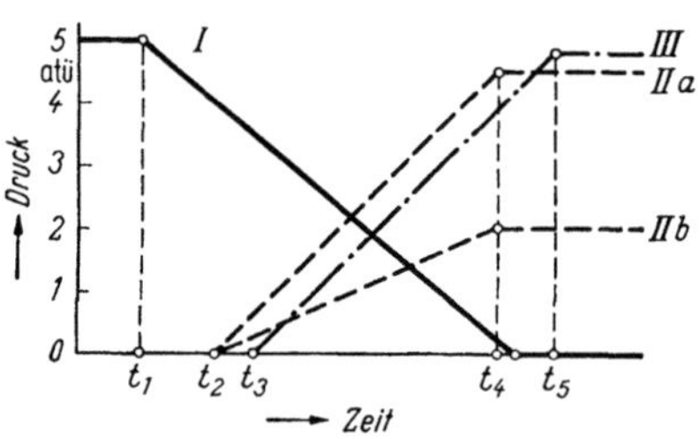

I Druck in der Steuerleitung vom Zugwagen zum Anhänger
IIa Druck in den Anhänger-Bremszylindern (Stellung ,,Beladen'')
IIb Druck in den Anhänger-Bremszylindern (Stellung ,,Leer'')
III Druck in den Zugwagen-Bremszylindern
t_1 Einleitung des Bremsvorganges
t_2 Beginn der Bremsung des Anhängers
t_3 Beginn der Bremsung des Zugwagens
t_4 Vollbremsung des Anhängers erreicht
t_5 Vollbremsung des Zugwagens erreicht

Bild 16. Verlauf der Bremsdrücke [*14*]

zur wirksamen Kolbenfläche (*5*). Unter Berücksichtigung der einzelnen Nullpunkte ergeben sich für den Verlauf der Bremsdrücke im Zugwagen und im Anhänger die in *Bild* 16 dargestellten Verläufe.

Besonderer Einrichtungen bedarf es, um bei Lastzügen *mit Anhänger* die Kursstabilität des Zuges während des Bremsvorganges aufrechtzuerhalten. Hier muß die Bremsung, zeitlich gesehen, am hintersten Radpaar zuerst einsetzen und am stärksten sein. Auf keinen Fall darf der Anhänger schieben, d.h., eine Druckkraft auf den Motorwagen ausüben. Man benutzt hier als *Sicherheits*vorkehrung (oder bei kleinen Anhängern auch ausschließlich) sog. *Auflaufbremsen*, die im Prinzip die Eigenschaft einer *Regeleinrichtung* haben. Es handelt sich dabei um eine Regelung der Schubkraft zwischen Anhänger und Motorwagen. Die von einer Feder erfaßte Schubkraft wird über ein Hebelsystem direkt in eine Bremskraft als Stellgröße umgesetzt. Mit einer gewissen Unsicherheit behaftet ist das Übertragungsverhalten der Regelstrecke (Anhänger), da die Rückwirkung auf den Istwert von der Beschaffenheit der Bremsbeläge, der Bereifung, der Fahrbahn und von dem Bremsbackenspiel abhängt.

Die Regeleinrichtung wirkt nur in einer Richtung (bei auflaufendem Anhänger). Bei schwereren Lastzügen wird, wie bereits erläutert, auch der Anhänger an das Druckluftsystem angeschlossen (s. *Bild* 10). Dabei wird die Phasenlage so eingestellt, daß die Bremsung am Anhänger früher einsetzt als am Motorwagen (*Bild* 16).

4. Regelung des Netzdruckes

Wird der Luftpresser von einem besonderen Elektromotor angetrieben, so setzt man diesen nach Erreichen der gewünschten Druckhöhe durch einen pneumatisch gesteuerten Schalter außer Betrieb. Dieser Schalter setzt den Motor nach Erreichen der unteren Druckgrenze wieder ebenso automatisch in Gang (*Zweipunktregelung*).

Bei durch Verbrennungsmotoren angetriebenen Fahrzeugen wird der Luftpresser im allgemeinen direkt mit dem Motor gekuppelt. Hier regelt man den Druck durch zeitweiliges Offenhalten der Einlaßventile im Luftpresser oder man verwendet besondere pneumatische Druckregler, die zwischen Luftpresser und Druckluft-Vorratsbehälter eingebaut werden. Sie verbinden den Luftpresser nach Erreichen der oberen Druckhöhe (höchstens 5,6 atü) mit der Außenluft und lassen ihn bei Erreichen der Mindestdruckhöhe (mindestens 4,8 atü) wieder in den Vorratsbehälter fördern. Für die Druckregler gilt die besondere Vorschrift, daß die Abschaltdauer zwischen 1 und 5 min liegen muß, wenn während dieser Zeit die Bremse nicht betätigt wird.

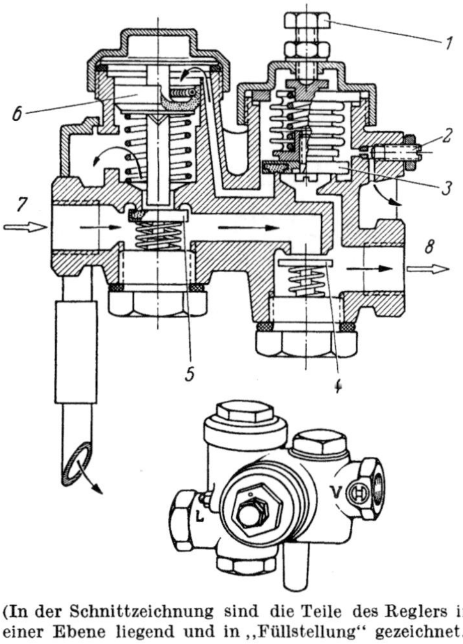

(In der Schnittzeichnung sind die Teile des Reglers in einer Ebene liegend und in „Füllstellung" gezeichnet.)

1 Einstellschraube
2 Düsenschraube
3 Steuerventil
4 Rückschlagventil
5 Leerlaufventil
6 Kolben
7 vom Luftpresser
8 zum Luftbehälter

Bild 17. Druckregler [*14*]

Der Regler (*Bild* 17) besteht aus einem Steuerventil (*3*), einem Leerlaufventil (*5*), das durch einen Kolben (*6*) bewegt wird, und einem Rückschlagventil (*4*). Leerlaufventil und Rückschlagventil stehen in Wechselwirkung miteinander. Solange Luft in den Behälter strömt, ist das Leerlaufventil geschlossen und das Rückschlagventil geöffnet. Ist der durch eine Schraube (*1*) einstellbare Höchstdruck erreicht, so wird das Steuerventil (*3*) geöffnet. Die Luft kann nun zum Kolben gelangen, den Kolben nach unten drücken und dadurch das Leerlaufventil öffnen. Damit wird der vom Luftpresser kommenden Luft der Weg ins Freie geöffnet, während das Rückschlagventil das Zurückströmen von Luft aus den Luftbehältern verhindert. Ist der Druck in den Luftbehältern hinreichend weit gesunken, so schließt das Steuerventil wieder. Es strömt keine Luft in den Kolbenraum nach, und die vorhandene Restluft im Kolbenraum entweicht durch die Düsenschraube (*2*) ins Freie. Der Kolben wird von der Feder in seine Anfangslage zurückgedrängt.

Der Metallfaltenbalg über dem Steuerventil (*3*) hat die Aufgabe, das Ventil über einen bestimmten Druckunterschied hinweg offen zu halten. Er hat deshalb einen etwas größeren wirksamen Durchmesser als der Ventilteller.

D. Lenkeinrichtungen

Lenkeinrichtungen werden meist als direkt wirkende mechanische oder (seltener) als hydraulische Systeme ausgeführt. Die Hydraulik dient in diesem Fall (wie bei den üblichen Öldruckbremsen) nur zur Kraftübertragung und -verteilung.

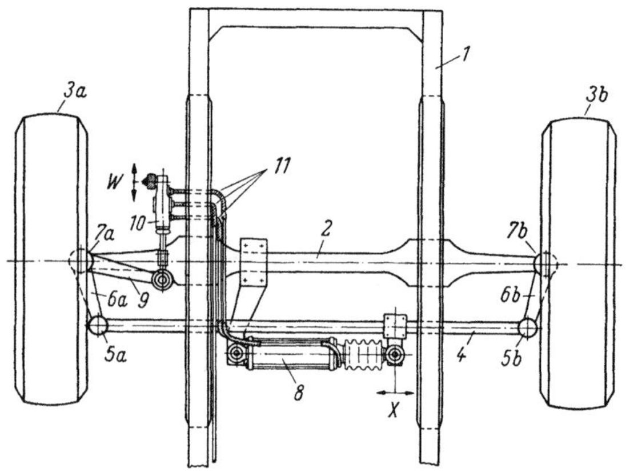

1 Fahrgestell (Rahmen)
2 Achse
3 Räder (*a* und *b*)
4 Spurstange
5 Spurstangenköpfe (*a* und *b*)
6 Lenkhebel (*a* und *b*)
7 Achsschenkelbolzen (*a* und *b*)
8 Stellzylinder (Servomotor)
9 Rückführhebel
10 Steuerschieber
11 Luftleitungen
X Regelgröße
W Führungsgröße (vom Lenkrad her eingeleitet)

Bild 18. Einbaubeispiel für eine pneumatische Servolenkung [*15*]

Bei schweren Fahrzeugen werden jedoch die erforderlichen Lenkkräfte so groß, daß sie einerseits dem Fahrer im Dauerbetrieb nicht mehr zugemutet werden können und andererseits die Lenksicherheit beeinträchtigen. Eine weitere Kraftuntersetzung zugunsten einer Wegübersetzung ist nicht mehr möglich, weil dadurch die Reaktionsgeschwindigkeit zu stark absinken würde. In diesem Fall kann man sog. *Servolenkungen* anwenden (*Bild* 18), die als Folgeregelung arbeiten. Die Führungsgröße für die Winkelstellung des Rades wird vom Fahrer über das Lenkrad vorgegeben.

Nach Art der benutzten Hilfsenergie kann man bei den Servolenkungen *ölhydraulische* und *pneumatische* Anlagen unterscheiden. In beiden Fällen dienen als Regeleinrichtung wegvergleichende, integral wirkende Geräte ohne Rückführung

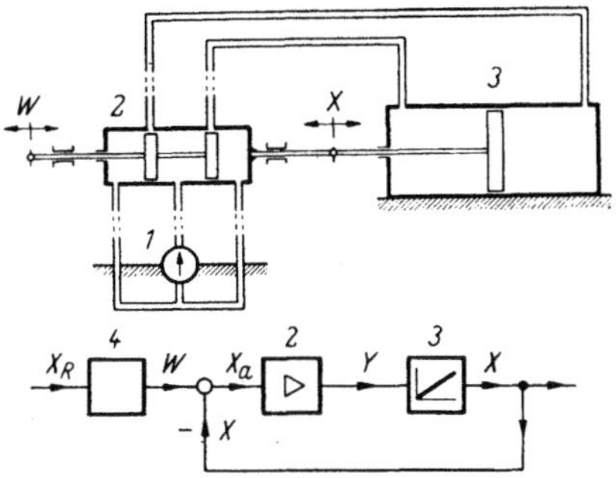

1 Ölpumpe
2 Steuerschieber
3 Stellmotor
4 Lenkgetriebe
X Regelgröße
X_R Richtgröße durch Handverstellung
W Führungsgröße
X_a Regelabweichung
Y Stellgröße

Bild 19. Geräte- und Blockschaltplan einer Stellungsregelung

(*Bild* 19). Die Regeleinrichtung besteht aus der Ölpumpe (*1*), dem Steuerventil (*2*) und dem Stellmotor (*3*). Im Steuerventil (s. auch *Bild* 20) wird der *Sollweg* mit

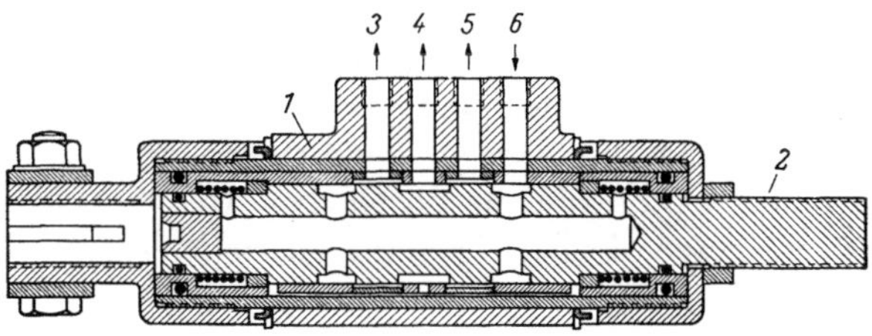

1 Hülse
2 Schieber
3 Anschluß für Verbindungsleitung zum Stellzylinder
4 Anschluß für Ölrücklaufleitung
5 wie bei *3*
6 Anschluß für Druckleitung

Bild 20. Steuerventil einer hydraulischen Servolenkung (in Gleichgewichtslage) [*16*]

dem *Istweg* verglichen. Der Differenzweg gibt entsprechende Steuerquerschnitte in den Ölleitungen zum Stellmotor frei. Dadurch entsteht eine Druckdifferenz am Stellmotorkolben, die diesen in Bewegung setzt.

Als *Endregler* für den Druck sind Sicherheitsventile in Bypass-Schaltung eingebaut.

E. Lichtmaschine

1. Aufgaben und Eigenschaften

Die Lichtmaschinen für Kraftfahrzeuge [*17*] werden im allgemeinen als selbsterregte Gleichstrom-Nebenschlußgeneratoren ausgeführt. Sie sind mit der Welle des Kraftfahrzeugmotors gekuppelt und arbeiten daher mit in weiten Grenzen wechselnder Drehzahl. Das hat zur Folge, daß die Spannungskennlinien der Lichtmaschine ebenfalls in einem sehr weiten Kennlinienbereich liegen (vgl. Kapitel 8, *Bild* 3 und 4). Mit Rücksicht auf die zum Teil sehr spannungsempfindlichen Stromverbraucher im Kraftfahrzeug (z.B. Leuchten, Hörner) muß die Spannung der

Lichtmaschine bei schwankender Drehzahl des antreibenden Verbrennungsmotors durch Regelung in engen Grenzen konstant gehalten werden.

Die Lichtmaschine soll innerhalb eines bestimmten Drehzahlbereiches und innerhalb eines bestimmten Spannungsbereiches der Batterie zugeschaltet werden. Das ist besonders für die Batterie wichtig. Für diese wird die Forderung gestellt, daß sie von der Lichtmaschine dauernd auf einem hohen Ladezustand gehalten wird, um besonders das einwandfreie Arbeiten des Anlassers sicherzustellen. Die Batterie darf aber auch nicht zu hoch geladen werden (das gilt besonders im Sommer), weil sonst durch zu hohen Verbrauch an Flüssigkeit ihre Lebensdauer verkürzt wird.

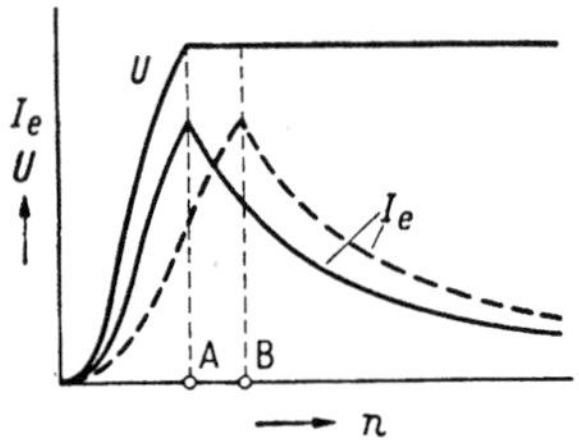

—— Leerlauf
– – – Belastung
A Reglereinsatz bei Leerlauf
B Reglereinsatz bei Belastung

Bild 21. Verlauf von Klemmenspannung U und Erregerstrom I_e bei steigender Drehzahl n

Der Spannungsverlauf der geregelten Lichtmaschine in Abhängigkeit vom Belastungsstrom wird Regelkennlinie genannt. Wegen der Parallelarbeit der Lichtmaschine mit der Batterie muß ihre Regelkennlinie eine Statik haben (vgl. Kapitel 8). Wird außerdem, mit Rücksicht auf die maximale Erwärmung und die Kommutierung, der höchstzulässige Laststrom erreicht, so muß die Spannungsregelung durch eine Stromregelung abgelöst werden.

Im Bereich der Spannungsregelung muß bei Steigerung der Drehzahl der den Erregerfluß erzeugende Erregerstrom verkleinert werden (*Bild* 21). Bei Steigerung der Belastung muß dagegen der Erregerstrom vergrößert werden, um den Ankerspannungsabfall und die durch den Ankerstrom infolge der Ankerrückwirkung hervorgerufene Feldschwächung auszugleichen.

2. Grundsätzlicher Aufbau einer Spannungsregelung (*Bild* 22)

Die Änderung des Erregerstromes bewirkt im einfachsten Fall ein elektromagnetischer Kontaktregler (*2*), dessen Kontakte einen im Erregerkreis liegenden Regelwiderstand (*4*) in rascher, unterbrochener Folge kurzschließen. Die Kontaktbewegung wird durch eine an die Lichtmaschinen-Spannung angeschlossene Meßspule (*3*) gesteuert. Wird die Spannung zu hoch, so überwindet die magnetische Kraft der Spannungsspule die auf einen bestimmten Sollwert eingestellte entgegenwirkende Federkraft: Der Anker wird angezogen und die Kontakte öffnen. Der Erregerstrom der Lichtmaschine fließt jetzt durch den Regelwiderstand und wird dadurch verringert; damit nimmt auch der Erregerfluß ab und die erzeugte Spannung sinkt. Wird die Spannung zu gering, so wird die magnetische Anziehungskraft der Spannungsspule kleiner als die Federkraft; der Anker wird durch die Feder zurückgedrängt und die Kontakte schließen wieder, wodurch der Regel-

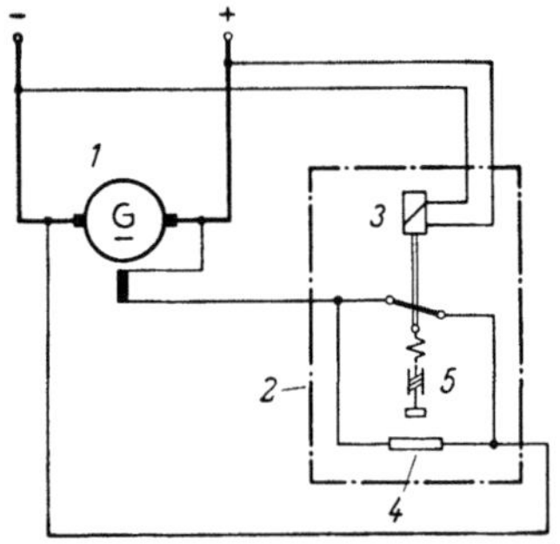

1 Lichtmaschine *4* Regelwiderstand
2 Regler *5* Sollwerteinsteller
3 Meßspule

Bild 22. Grundsätzlicher Aufbau der Spannungsregelung einer Lichtmaschine widerstand kurzgeschlossen wird. Der Erregerstrom wird dadurch erhöht und verstärkt den Erregerfluß; infolgedessen steigt die erzeugte Spannung wieder an.

Die Induktivität der Erregerwicklung bewirkt, daß der Erregerstrom im Rhythmus des Kontaktspiels (s. *Bild* 23) nach einer Kurve (*1*) steigt und nach einer Kurve (*2*) fällt; die Kurven verlaufen bei geradliniger Magnetisierungskennlinie nach einer e-Funktion. Das Kontaktspiel des Reglers wiederholt sich etwa 50- bis 200mal in der Sekunde; man sagt, die Regelfrequenz beträgt 50 bis 200. Dieser Wechsel findet so oft statt, daß sich jeweils ein *mittlerer* Spannungswert einstellt und kein Einfluß auf das Licht im Fahrzeug bemerkbar wird.

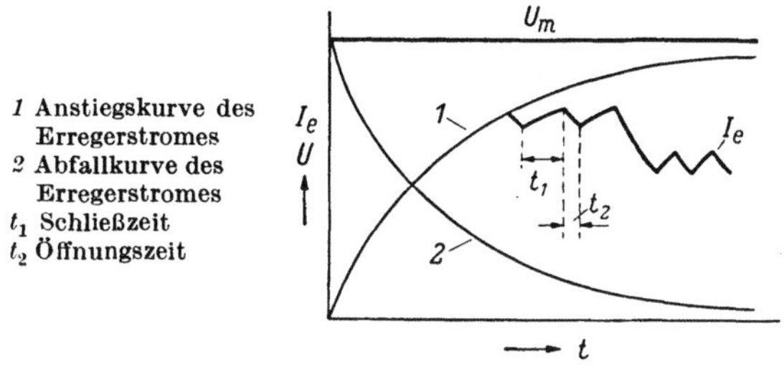

Bild 23. Verlauf des Erregerstromes I_e bei Regelung mit einem Kontaktregler auf die mittlere Klemmenspannung U_m bei verschiedener Belastung

3. Ausführungsbeispiele von Regelanordnungen (*Bild* 24) [*18, 19*]

In der praktischen Ausführung werden die Spannungsregler konstruktiv mit einem Selbstschalter (dem Reglerschalter) vereinigt. Dieser hat die Aufgabe, die Maschine nach Erreichen einer bestimmten Drehzahl (Einschaltdrehzahl) ans Netz zu legen und sie beim Unterschreiten einer fast gleichen Drehzahl (der Ausschaltdrehzahl) wieder abzuschalten.

Einkontaktregler. Bei Anlagen mit höheren Batteriespannungen (12 V und 24 V) und verhältnismäßig kleinem Erregerstrom kann man vorzugsweise eine einfache Schaltung mit einem Einkontaktregler (*Bild* 24a) anwenden. Hier wird der Regelwiderstand (*2*) durch ein einziges Kontaktpaar wechselweise kurzgeschlossen. Bei offenem Kontakt liegt die Erregerwicklung mit dem Regelwiderstand in Reihe an der Ankerspannung. Bei geschlossenem Kontakt liegt die Erregerwicklung direkt an der Ankerspannung.

Für die Beanspruchung der Kontakte ist es günstig, den Regelwiderstand möglichst klein zu wählen. Bei höchster Lichtmaschinendrehzahl und geöffnetem Kontakt kann man diesen Widerstand aber nicht beliebig klein machen, damit sich der für diesen Betriebsfall erforderliche minimale Erregerstrom einstellen kann. Dadurch ist diese Schaltung nur für kleinere Drehzahlbereiche anwendbar.

Zweikontaktregler. Die Bedingung für einen möglichst kleinen Regelwiderstand ist besonders bei Kraftfahrzeugen, bei denen ein Verhältnis der Einschaltdrehzahl n_e zur Höchstdrehzahl n_m von 1 : 5 bis 1 : 6 verlangt wird, nicht leicht zu erfüllen, so daß man dann auf eine Anordnung z. B. mit Zweikontaktreglern (*Bild* 24b) übergeht. Bei solchen Reglern, die man vorzugsweise für Anlagen mit kleineren Spannungen (von 6 bis 12 V) anwendet, ist man freier in der Wahl der Erregerströme und im Drehzahlbereich der Lichtmaschine. Ist der Kontakt *a* des Reglers geschlossen, so ist die Erregerwicklung kurzgeschlossen. Ist der Kontakt *b* geschlossen, so ist der Regelwiderstand kurzgeschlossen und die Erregerwicklung liegt an der vollen Ankerspannung. Ist keiner der Kontakte geschlossen, so liegt die Erregerwicklung über den Regelwiderstand an der Ankerspannung. Bei niedriger

Drehzahl verlaufen die Vorgänge also wie beim Einkontaktregler: Der Regelwiderstand wird periodisch kurzgeschlossen. Bei hoher Drehzahl dagegen wird die Erregerwicklung durch den Regler periodisch kurzgeschlossen. Der Regelwiderstand

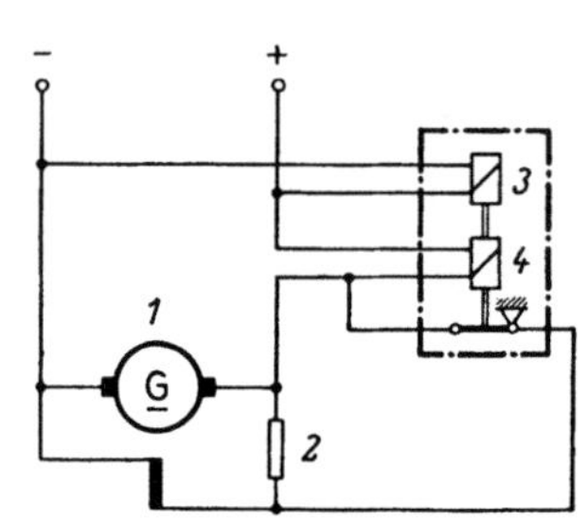

a) Einkontaktregler mit zusätzlicher Laststrombeeinflussung für statische Regelkennlinie

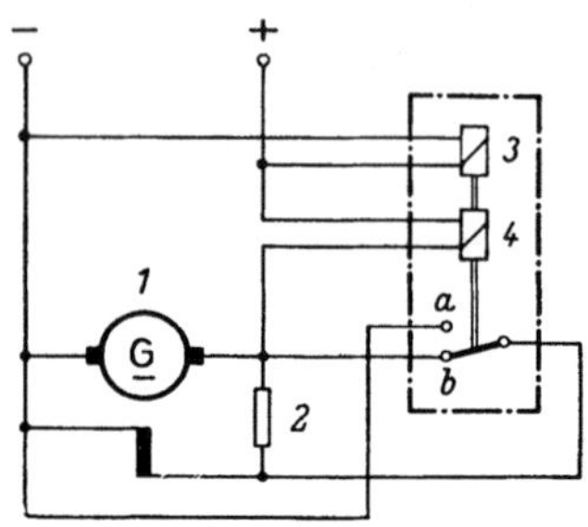

b) Zweikontaktregler mit zusätzlicher Laststrombeeinflussung für statische Regelkennlinie

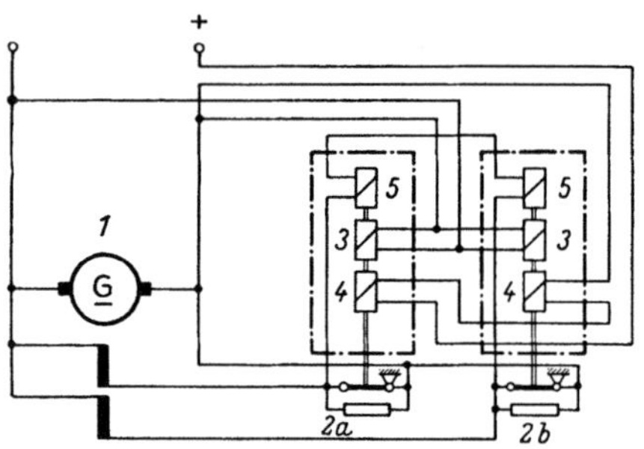

c) Einkontaktregler für Zweifelderregung mit Laststrombeeinflussung für statische Regelkennlinie

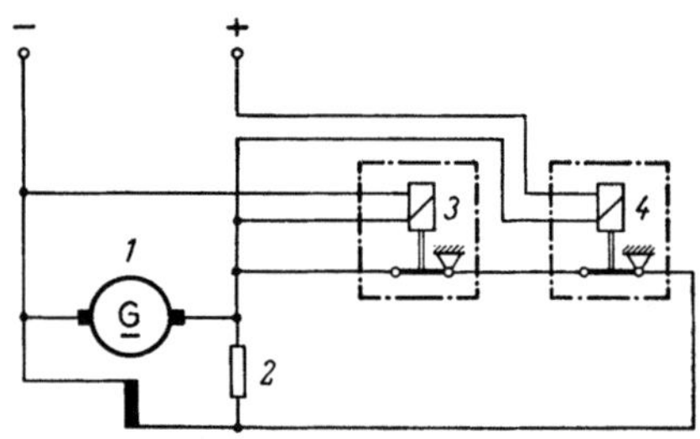

d) Zwei Einkontaktregler (Spannung und Strom) für Knickkennlinie

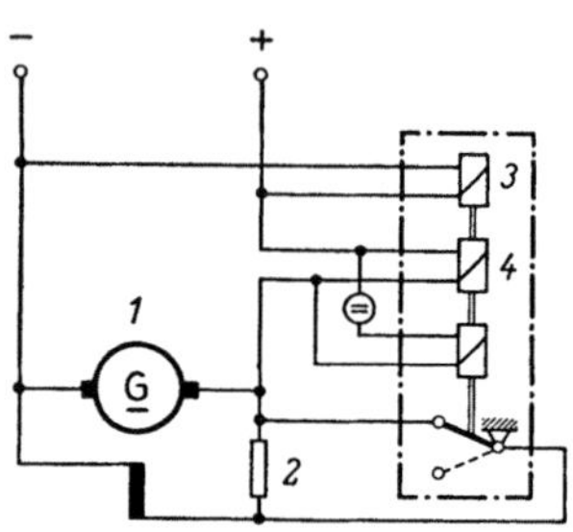

e) Zweikontaktregler mit Halbleiterschwelle für Knickkennlinie

1 Lichtmaschine
2 Regelwiderstand
3 Spannungsspule
4 Stromspule
5 Feldausgleichwicklung

Bild 24. Beispiele von grundsätzlichen Schaltungen für die Regelung von Lichtmaschinen

im Erregerkreis kann jetzt kleiner bemessen werden, was für die Kontakt-Lebensdauer günstig ist und größere Erregerströme ermöglicht.

Zweifeldregler. Sind die Erregerströme verhältnismäßig groß (z. B. bei größeren Maschinen), so kann man die Erregerwicklung in zwei Zweige aufteilen (*Bild* 24c).

Dadurch läßt sich der Erregerstrom jeder Wicklung über je einen Einkontaktregler führen. Um die Erregerströme in beiden Wicklungen auf gleiche Beträge zu steuern, erhalten die Regler noch eine zusätzliche Feldausgleichwicklung (*5*). Dadurch wird bei ungleichen Erregerströmen der zu hohe Strom verringert und der zu niedrige Strom erhöht.

4. Regelkennlinien

Die Spannungs-Regelkennlinie der Lichtmaschine muß so ausgelegt sein, daß bei eingeschalteten Verbrauchern und leerer Batterie der Strom nicht zu hoch wird, damit die Lichtmaschine nicht überlastet und bei Fahrt ohne Stromverbrauch (z. B. bei Tag) die Batterie gut und rasch aufgeladen, dabei aber nicht überladen wird.

I Laststrom
U Klemmenspannung
1 Laststromabhängig geneigte Kennlinie
2 Knickkennlinie mit Kontaktregler
3 Knickkennlinie mit Kontaktregler und Halbleiterschwelle

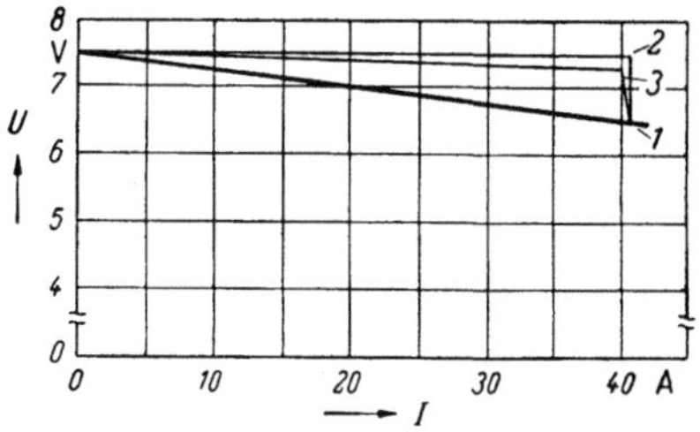

Bild 25. Regelkennlinien von Lichtmaschinen (Beispiel für 160 W, 6 V, Höchststromstärke 40 A)

Regelung mit statischer Regelkennlinie. Durch eine auf der Spannungsspule zusätzlich angebrachte Stromspule, die vom Belastungsstrom des Generators durchflossen wird (*Bild* 24a, b und c), erreicht man ein Absinken der Spannung mit steigender Belastung (Kennlinie *1* in *Bild* 25). Der durch die Stromspule fließende Belastungsstrom unterstützt das von der Spannungsspule herrührende Feld in der Meßspule. Der Anteil der Spannungsspule wird dadurch mit zunehmendem Laststrom geringer als bei unbelasteter Maschine, so daß mit steigender Belastung die Spannung abnehmen kann. Eine solche Regelung mit statischer Kennlinie ist im Aufbau verhältnismäßig einfach und ermöglicht bei geringerem Aufwand in vielen Fällen eine ausreichende Anpassung der Ladebedingungen der Batterie an die Belastung der Lichtmaschine.

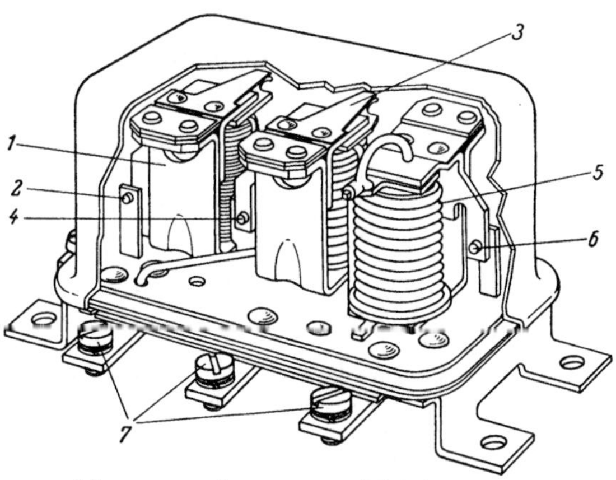

1 Spannungsregler
2 Spannungsreglerkontakt
3 Stromregler
4 Stromreglerkontakt
5 Schalter
6 Schalterkontakt
7 Anschlußklemmen

Bild 26. Einfeld-Zweikontakt-Knickregler [*18*]

Wechselregelung mit Knickkennlinie. Gegenüber der geneigten Regelkennlinie ohne Knick bietet die Regelung mit Knickkennlinie bei höherem Aufwand einen sicheren Schutz gegen Überlastung, lädt die Batterie schneller auf und ermöglicht über den ganzen Belastungsbereich eine konstante Spannung. Um die Überlastung der Lichtmaschine zu vermeiden, ist die Spannung als Regelgröße nur so lange konstant (Kennlinie *2* in *Bild* 25), bis der maximale zulässige Maschinenstrom erreicht ist. Dann wird dieser zur Regelgröße und die Spannung ist frei veränderlich und sinkt steil ab. Erreichen kann man eine solche Wechselregelung z. B. mit Hilfe eines zusätzlichen Kontakt-Stromreglers (s. *Bild* 26), der abhängig vom Maschinenstrom arbeitet und dessen Kontakte mit den Spannungsregler-Kontakten im Feldkreis in Reihe liegen (*Bild* 24d). Bis zum Erreichen des Höchststromes arbeitet der Spannungsregler allein und der Kontakt des Stromreglers bleibt geschlossen. Beim Überschreiten des Höchststromes jedoch öffnet der Stromregler seine Kontakte und beginnt zu arbeiten, während der Spannungsregler infolge der stark gesunkenen Spannung außer Tätigkeit gesetzt wird und seine Kontakte geschlossen bleiben.

F. Quellenhinweise

[*1*] Kamm, W.: Das Kraftfahrzeug. Berlin: Springer 1936.

[*2*] Henning, H.: Schaltpläne für Verbrennungskraftmaschinen. Motortechn. Z. Jg. 20 (1959) S. 81–83.

[*3*] Bekker, M. G.: Theory of land locomotion. The mechanics of vehicle mobility. Ann Arbor: The University of Michigan Press 1956.

[*4*] Commercial Trades Institute, Instructional Staff: Automatic power transmission. New York: McGraw-Hill 1955.

[*5*] Förster, H.-J.: Automatische Fahrzeugkupplungen. Automobiltechn. Z. 61. Jg. (1959) S. 57–67 u.S. 91–102.

[*6*] Kugel, F.: Hydrodynamische Kraftübertragung. Ölhydraulik u. Pneumatik 3. Jg. (1959) S. 70ff., S. 169–173, S. 201ff. u. S. 251–255.

[*7*] Nach Bosch: Ausrüstung für Dieselmotoren mit Einspritzpumpe PE. Fa. Robert Bosch GmbH., Stuttgart, Druckschrift VDT–UBP 001/5 (4.56).

[*8*] Nach Bosch: Kulissenregler RQ. Fa. Robert Bosch GmbH., Stuttgart. Druckschrift VDT-UBP 211/3 (8.54).

[*9*] Fa. Robert Bosch GmbH., Stuttgart. Druckschrift VDT-UBP 212/1 (4.55).

[*10*] Fa. Robert Bosch GmbH., Stuttgart. Druckschrift VDT-UBP 001/11 (8.56).

[*11*] Buschmann, H. u. Koessler, P.: Berechnung von Innenbacken-Bremsen für Kraftfahrzeuge. In: Taschenbuch für den Auto-Ingenieur. 7. Aufl. Stuttgart: Franckh 1959.

[*12*] Ate-Bremsen Handbuch. Fa. Alfred Teves, Maschinen- und Armaturenfabrik KG., Frankfurt/Main.

[*13*] Z.B. Fa. Robert Bosch GmbH., Stuttgart. Druckschrift VDT-UBP 110/5 (3.57) u. Bosch Lehrmittel VDT-UTB.

[*14*] Nach Bosch: Druckluftbremse – Einleitungsbremse. Fa. Robert Bosch GmbH., Stuttgart. Druckschrift VDT-UBP 110/1 (9.57).

[*15*] Fa. Westinghouse, Hannover 1957. Nach Zeichnung 80026000000. Lenkhilfe, Einbau und Schaltung.

[*16*] Nach Ate-Ross: Hydraulische Servolenkungen. Broschüre der Fa. Alfred Teves, Maschinen- und Armaturenfabrik KG., Frankfurt/Main 1957.

[*17*] Bosch: Elektrische Ausrüstung für Kraftwagen. Fa. Robert Bosch GmbH., Stuttgart, Druckschrift VDT-UBE 001/2 (3.58.)

[*18*] Bosch: Reglerschalter. Druckschrift VDT-F-RS/3 Bl. 1 (1. 8. 1958).

[*19*] Mittag, H.: Der Varioden-Regler. Automobiltechn. Z. 61. Jg. (1959) S. 107–112.

[*20*] Arnold, R.: Die selbsttätige Regelung von Kraftfahrzeugen. Automobiltechn. Z. 50. Jg. (1948) S. 69–71.

[*21*] Eberle, O.: Bosch-Einspritzausrüstung für Viertakt-Ottomotoren mit Mengenteiler-Saugrohreinspritzung. Motortechn. Z. 20. Jg. (1959) S. 331–334.

[*22*] Meyer, W. E.: Grundsätzliche Gedanken bezüglich der Regelung von Einspritz-Viertakt-Ottomotoren. Motortechn. Z. 20. Jg. (1959) S. 454–456.

[*23*] Maier, A.: Hydromechanische Antriebe für Kraftfahrzeuge. Automobiltechn. Z. 62. Jg. (1960) S. 62–70.

53. Bahnfahrzeuge

Von **Chr. Rusam**

Inhaltsübersicht

A. Überblick

Die in Bahnfahrzeugen hauptsächlich vorkommenden Regelaufgaben stehen in engem Zusammenhang mit der Steuerung des Fahrzeuges. Diese dient dazu, das Fahrzeug in Gang zu setzen, auf bestimmte Geschwindigkeiten zu bringen und wieder stillzusetzen. Hierbei wird vielfach, insbesondere wenn es sich um Elektrofahrzeuge (Fahrleitungsfahrzeuge und Akkumulatorfahrzeuge) und Dieselfahrzeuge (s. Kapitel 22) mit hydraulischer oder elektrischer Leistungsübertragung handelt, eine Regelung des *Anfahrvorganges* und gegebenenfalls auch des *Bremsvorganges* angewandt. In diesen Fällen wird im allgemeinen bei den Elektrofahrzeugen eine gleichbleibende Anfahrzugkraft bzw. Bremskraft, bei den Dieselfahrzeugen hingegen eine gleichbleibende Drehzahl des Dieselmotors und bei elektrischer Leistungsübertragung mit Rücksicht auf die geringe Überlastbarkeit des Dieselmotors eine zusätzliche gleichbleibende Leistungsaufnahme des Generators eingeregelt. In manchen Fällen, vorwiegend bei Fahrleitungslokomotiven, sieht man eine *Folgeregelung* vor, bei welcher der Fahrschalter des Fahrzeuges auf eine bestimmte Fahrstufe eingestellt und das Schaltwerk für die Einstellung des Motorstromes bzw. der Zugkraft durch einen Stellmotor so lange weiterbewegt wird, bis es die durch den Fahrschalter vorgegebene Stufe einnimmt.

Eine Reihe von weiteren Regelaufgaben, die nicht mit der Steuerung des Fahrzeuges unmittelbar zusammenhängen, ist bei den *Hilfsbetrieben* der Fahrzeuge gegeben. Die für diese Gruppe benötigten Regeleinrichtungen sind die Spannungsregler für die Lichtgeneratoren und Lichtanlagen, ferner die Temperaturregler für die Heiz- und Klimaanlagen (s. Kapitel 18) der Reisezug-, Schlaf- und Speisewagen, die Wasserstandsregler für die Heizkessel in Diesellokomotiven und schließlich die Druckregler der Druckluftanlagen in den Triebfahrzeugen.

B. Elektrofahrzeuge

1. Anfahrregelung

a) Aufbau und Wirkungsweise

Bei der Anfahrregelung von Elektrofahrzeugen (Fahrleitungs- und Akkumulatorfahrzeugen) beschränkt man sich auf eine Stromregelung der Fahrmotoren. Dabei dient der *Strom* als Ersatzregelgröße für die *Zugkraft* und damit auch angenähert für die *Beschleunigung* des Fahrzeuges. Der Stelleingriff erfolgt bei Wechselstromfahrzeugen durch Ändern der Stufenspannung des Transformators, bei Gleichstromfahrzeugen durch Verstellen des Anfahrwiderstandes in einer mehr oder weniger großen Anzahl von Stufen. Die Abhängigkeit des Motorstromes, d. h. der Regelgröße, von der Transformatorspannung bzw. dem Anfahrwiderstand ist durch das Kennlinienfeld für die Anfahrregelung des Fahrmotors gegeben, das auf *Bild* 1 für einen Wechselstrommotor, auf *Bild* 2 für einen Gleichstrommotor dargestellt ist.

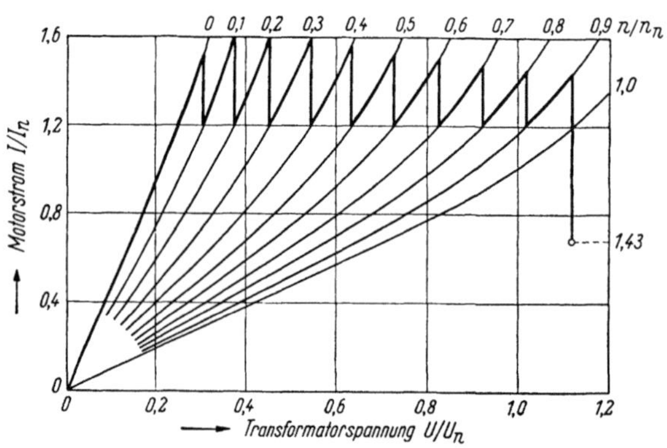

Bild 1. Kennlinienfeld für die Anfahrregelung eines Wechselstrommotors mit Drehzahl als Störgröße

Die in Bahnfahrzeugen verwendeten Fahrmotoren sind üblicherweise Reihenschlußmotoren, deren Drehzahl von der Stromlast bzw. dem Drehmoment und von der Spannung abhängig ist. Wie aus dem Kennlinienfeld ersichtlich ist, tritt die Drehzahl des Fahrmotors im Regelkreis als Störgröße auf, da der Motorstrom mit zunehmender Drehzahl des Motors bzw. steigender Fahrgeschwindigkeit des Fahrzeuges abnimmt. Die zeitliche Änderung der Drehzahl ist verhältnisgleich der von Strom und Drehmoment des Motors bewirkten Beschleunigung des Fahrzeuges. Die Drehzahl löst einen Regelvorgang aus, wenn der Motorstrom den Sollwert bei zunehmender Motordrehzahl bzw. Fahrgeschwindigkeit unterschreitet.

Bild 3 zeigt z.B. die Stromregelung für die Anfahrt des Fahrmotors eines Wechselstromtriebwagens, *Bild* 4 diejenige eines Gleichstromtriebwagens. Ein Fortschaltrelais (*5*), dessen Stromspule vom Motorstrom oder von einem dem Motorstrom verhältnisgleichen Strom durchflossen wird, schaltet während des durch die Fahrzeugsteuerung eingeleiteten Anfahrvorganges bei Unterschreitung des Sollwertes des Motorstromes den Stellmotor des Schaltwerkes ein, das den Fahrmotor mit der nächsthöheren Spannungsstufe des Stufentransformators bzw. der nächstniedrigeren Widerstandsstufe des Anfahrwiderstandes verbindet. In den *Bildern* 3 und 4 sind jeweils nur sechs Fahrstufen dargestellt. Die übliche Fahrstufenzahl schwankt etwa zwischen zwölf und sechzig Stufen, je nach Fahrzeugart.

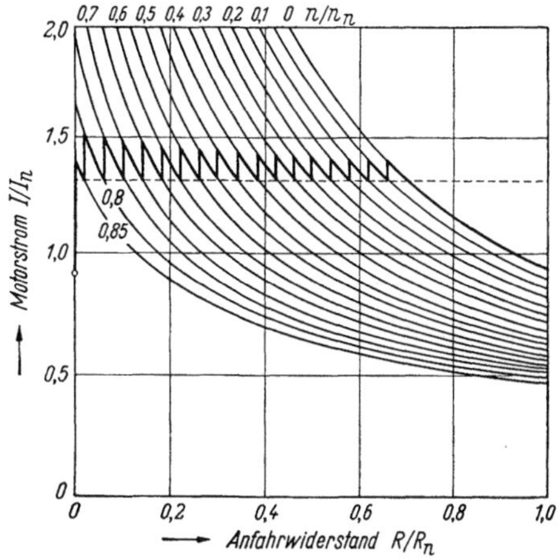

Bild 2. Kennlinienfeld für die Anfahrregelung eines Gleichstrommotors mit Drehzahl als Störgröße

Eine Eigenart dieser Regelung ist, daß die als Störgröße auftretende Motordrehzahl sich während des Anfahrvorganges stets nur in steigendem Sinne ändert, somit lediglich einseitige Abweichungen des Stromes vom Sollwert nach unten bewirkt, und daß infolgedessen zum Ausgleich nur eine einseitige Änderung der Stufenspannung in steigendem Sinne bzw. des Anfahrwiderstandes im Sinne einer Verringerung benötigt wird.

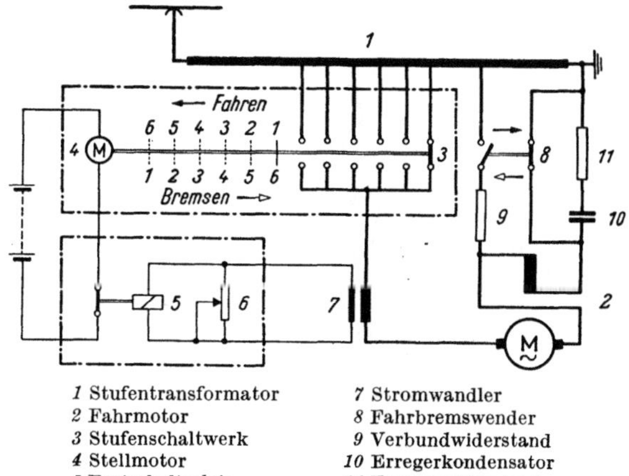

1 Stufentransformator
2 Fahrmotor
3 Stufenschaltwerk
4 Stellmotor
5 Fortschaltrelais
6 Nebenwiderstand
7 Stromwandler
8 Fahrbremswender
9 Verbundwiderstand
10 Erregerkondensator
11 Erregerwiderstand

Bild 3. Stromregelung für die Anfahrt und Nutzbremsung des Fahrmotors eines Wechselstromtriebwagens

b) Bemessungsfragen

Die Stromänderungen während des Regelvorganges lassen sich durch entsprechende Verkleinerung der *Stufensprünge* bzw. Vermehrung der Spannungsstufen oder Widerstandsstufen hinreichend vermindern. Faßt man den in Reihenschlußschaltung betriebenen Fahrmotor als einen drehzahlabhängigen Scheinwiderstand der Größe $Cn + \mathfrak{Z}$ auf, wobei C eine vom Verhältnis des magnetischen Flusses zum Erregerstrom abhängige Motorgröße, n die Motordrehzahl und $\mathfrak{Z}$ den Scheinwiderstand des Motorstromkreises darstellt, so ergibt sich der Ausgleichswert der Stromregelung im Wechselstromfahrzeug zu $q = \Delta U/\Delta I = |Cn + \mathfrak{Z}|$. Beim Gleichstromfahrzeug erhält man, wenn der Widerstand des Motorstromkreises einschließlich des gesamten Anfahrwiderstandes mit R bezeichnet wird, den Ausgleichswert der Stromregelung zu $q = \Delta R/\Delta I = -(Cn + R)/I$. Da man anstrebt, möglichst gleich große Stromänderungen während der Anfahrregelung zu erhalten, muß man wegen der Veränderlichkeit des Motorwiderstandes mit der Drehzahl die Spannungs- bzw. Widerstandsänderungen, d.h. die Stufensprünge, verhältnisgleich mit dem Motorwiderstand, also im unteren Drehzahlbereich des Fahrmotors kleiner als im oberen Drehzahlbereich wählen. Dies ist auch aus den *Bildern* 1 und 2 der Kennlinienfelder zu sehen, in denen diese Forderung nicht ganz erfüllt ist, sondern der einfacheren Darstellung wegen die Spannungs- bzw. Widerstandsstufen entsprechend gleich großen Drehzahlstufen angenommen sind.

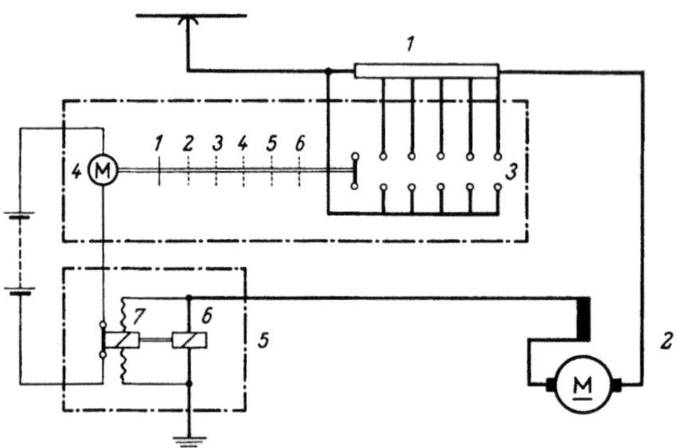

1 Anfahrwiderstand
2 Fahrmotor
3 Stufenschaltwerk
4 Stellmotor
5 Fortschaltrelais
6 Stromspule
7 Schwingspule

Bild 4. Stromregelung für die Anfahrt des Fahrmotors eines Gleichstromtriebwagens

Die *Stufenstellzeit*, d.h. die Zeit, in welcher der vom Fortschaltrelais in Gang gesetzte Stellmotor das Schaltwerk um eine Stufe weitergedreht hat, beträgt normalerweise 0,4 bis 1 s. Gegenüber dieser Zeit kann die Zeitkonstante der Übergangsfunktion des Motorstromes vernachlässigt werden, da sie kleiner als 0,1 s ist. Die Gesamtstellzeit, in der der gesamte Spannungsbereich bei größtmöglicher Stellgeschwindigkeit des Stellmotors durchlaufen wird, ergibt sich als das Produkt aus Stufenzahl und Stufenstellzeit.

Bild 5. Wechselstrom-Fortschaltrelais [*17*]

c) Bauarten von Fortschaltrelais

Das in *Bild* 5 gezeigte *Fortschaltrelais* [*17*] stellt eine Bauart dar, die für Wechselstrom von $16^2/_3$, 25 und 50 Hz sowie auch für Gleichstrom geeignet ist. Bei Wechselstrom wird es in der Regel über einen Stromwandler an den Motorstromkreis angeschlossen. Das Relais besteht aus der Stromspule und dem Drehmagneten, der mit seinem rüsselförmigen, lamellierten Ankerende in das Spuleninnere eintaucht. Diese Anordnung ergibt ein elektrisches Moment, das sich mit einer Potenz des Stromes von etwa 4/3 ändert. Bei Rückgang des Stromes auf den Sollwert wird der Drehmagnetanker durch die Rückzugfeder aus der Spule herausgezogen. Das über die Mitnehmerfeder mit dem Magnetanker gekoppelte, auf der Ankerachse frei drehbare Schwingungsausgleichgewicht betätigt den Steuerkontakt für die Weiterschaltung des Stufenschaltwerkes. Bewegt sich der Magnetanker aus der Spule heraus, so steigt mit der Ankerdrehung das Moment der Rückzugfeder an, das von der Spule ausgeübte elektrische Moment nimmt jedoch ab, so daß eine Kippwirkung im Sinne der Kontaktschließung eintritt. Hat das Stufenschaltwerk auf die nächste Stufe weitergeschaltet, so steigt der Spulenstrom an, der Magnetanker bewegt sich in die Spule hinein und der Steuerkontakt öffnet.

Das Schwingungsausgleichgewicht mit dem Steuerkontakt kann, da es an einem Anschlag zum Anliegen kommt, nur eine geringe Drehbewegung ausführen; der Magnetanker wird hingegen unter gleichzeitiger Spannung der Mitnehmerfeder tiefer in die Spule hineingezogen, wobei die Mitnehmerfeder dem elektrischen Moment ein vielfach größeres Moment als die Rückzugfeder entgegensetzt. Die Schaltgenauigkeit des Fortschaltrelais beträgt unabhängig von der Stromart und der Frequenz 1% vom Sollwert; das Rückfallverhältnis, d.h. das Verhältnis von Rückfallstrom zu Ansprechstrom, ist von 0,97 bis 0,95 einstellbar. Durch Verstellen des Nebenwiderstandes zum Fortschaltrelais kann ferner der Sollwert des Stromes verändert werden, wobei dieser auch in Abhängigkeit von den Fahrstufen verstellt werden kann.

Bild 6. Gleichstrom-Fortschaltrelais [17]

Das auf *Bild* 6 gezeigte Fortschaltrelais [*17*] ist eine Bauart, die nur bei Gleichstrom verwendbar ist. Es besteht aus dem zylinderförmigen Magnetkern, der diesen Kern umfassenden Stromspule und dem Magnetgehäuse, das die Stromspule umschließt. Vor der Stromspule ist die Schwingspule drehbar in der Weise angeordnet, daß sie in den Ringraum zwischen Magnetkern und Magnetgehäuse eintauchen kann. Die Schwingspule ist der Stromspule des Relais parallel geschaltet, wobei letztere als Nebenwiderstand zur Schwingspule wirkt. Die Zugkraft, mit der die Schwingspule in den Ringraum hineingezogen wird, ist verhältnisgleich dem von der Stromspule im Ringraum erzeugten magnetischen Fluß und verhältnisgleich dem Strom der Schwingspule, der wiederum verhältnisgleich dem Strom in der Stromspule ist. Bei Rückgang des Stromes auf den Sollwert wird die Schwingspule durch die Rückzugfeder aus dem Ringraum herausgezogen und hierbei der Steuerkontakt für die Weiterschaltung des Stufenschaltwerkes geschlossen. Die Schaltgenauigkeit des Fortschaltrelais beträgt 1% des Sollwertes. Erhält die Schwingspule eine Zusatzspule, so kann der Sollwert des Stromes verändert werden, wobei dieser auch in Abhängigkeit von den Fahrstufen verstellt werden kann.

2. Bremsregelung

Sind die Elektrofahrzeuge mit elektrischer Bremse ausgerüstet, so wird meist während des Bremsvorganges, ähnlich wie während des Anfahrvorganges und auch mit den gleichen Regeleinrichtungen, eine Regelung des von den Fahrmotoren erzeugten *Bremsstromes* durchgeführt (*Bild* 3). Die Regelbedingungen unterscheiden sich jedoch im Kennlinienfeld für die Bremsregelung. So ist z.B. im *Bild* 7 das Kennlinienfeld bei Anwendung der Wechselstromnutzbremse, im *Bild* 8 das Kennlinienfeld bei Anwendung der selbsterregten Gleichstromwiderstandsbremse dargestellt. Der Strom des als Generator laufenden Motors und die verhältnisgleiche Bremskraft nehmen mit sinkender Motordrehzahl bzw. Fahrgeschwindigkeit ab; die Stufenspannung muß daher durch Verstellen des Stufentransformators bzw. des als Bremswiderstand benutzten Anfahrwiderstandes ebenfalls abwärts gesteuert werden, damit durch eine Vergrößerung des Spannungsunterschiedes zwischen der Drehungsspannung des Motors und der Spannung am Stufentransformator bzw. Anfahrwiderstand der durch den Einfluß der Fahrgeschwindigkeit abgesunkene Motorstrom wieder ansteigt. Der Bremsstrom wird ebenso wie bei der Anfahrt nur einseitig und auch durch das gleiche Fortschaltrelais wie der Anfahrstrom geregelt. Der Sollwert des Bremsstromes kann wie der des Anfahrstromes oder auch niedriger eingestellt sein.

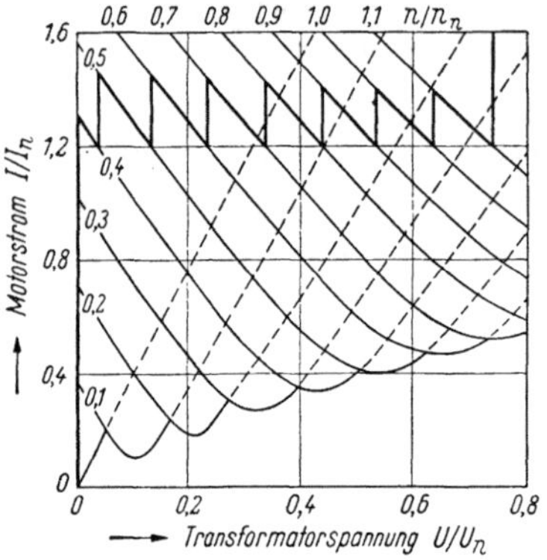

Bild 7. Kennlinienfeld für die Bremsregelung eines Wechselstrommotors mit Drehzahl als Störgröße

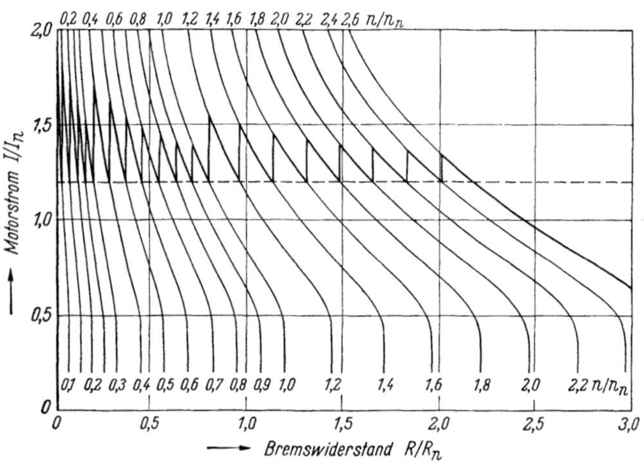

Bild 8. Kennlinienfeld für die Bremsregelung eines Gleichstrommotors mit Drehzahl als Störgröße

3. Fahren mit Folgeregelung

In manchen Fällen wird, insbesondere bei Fahrleitungslokomotiven, eine *Folgeregelung* für die Einstellung einer bestimmten Spannungsstufe des Stufentransformators, der die Fahrmotoren speist, angewandt. Hierbei wird die gewünschte Stufe des Stufenschaltwerkes mit dem Fahrschalter vorgegeben. Wie aus *Bild* 9 des Folgeregelkreises für die Steuerung einer Fahrleitungslokomotive ersichtlich ist, wird an einem an die Batterie angeschlossenen Spannungsteiler eine Spannung abgegriffen, die der jeweiligen mit dem Fahrschalter eingestellten Stufe entspricht. Auch vom Stufenschaltwerk wird eine der Stufenstellung entsprechende Spannung am gleichen Spannungsteiler abgenommen. Beide Spannungen werden durch zwischengeschaltete polarisierte Steuerrelais verglichen.

Je nachdem die Fahrschalterstufe gegenüber der Schaltwerksstufe höher oder tiefer eingestellt ist, schalt t entweder das eine Steuerrelais den Stellmotor des Schaltwerkes im Aufwärtssinn oder das andere Steuerrelais im Abwärtssinn so lange ein, bis Spannungsgleichheit vorhanden ist und das Stufenschaltwerk die am Fahrschalter vorgegebene Stufenstellung erreicht hat. Bei dieser Folgeregelung ist die Stufenstellung des Schaltwerkes als Regelgröße, die Fahrschalterstufe als Führungsgröße, die den Sollwert der Regelgröße vorgibt und von der Regelung nicht beeinflußt wird, zu betrachten. Die Regelabweichung ist durch den jeweiligen Spannungsunterschied der am Spannungsteiler abgegriffenen Spannungen gegeben und kann positiv oder negativ sein.

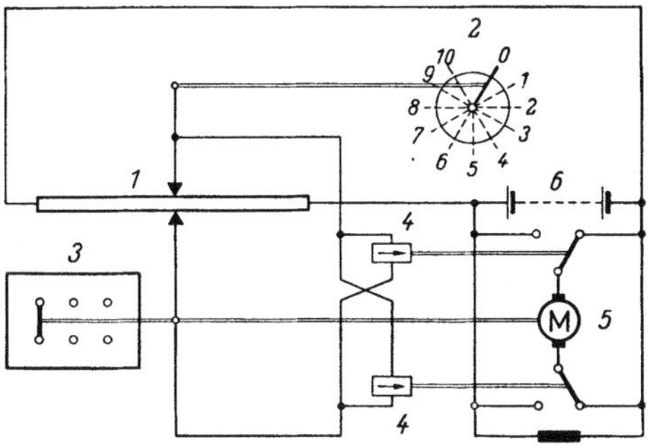

1 Spannungsteiler
2 Fahrschalter
3 Stufenschaltwerk
4 Steuerrelais
5 Stellmotor
6 Batterie

Bild 9. Folgeregelung einer Fahrleitungslokomotive

C. Dieselfahrzeuge

1. Drehzahlregelung des Dieselmotors

a) Aufbau und Wirkungsweise

Der Dieselmotor kann sein Drehmoment nur im oberen Drehzahlbereich abgeben, da die niedrigste Drehzahl, die im Betrieb zulässig ist, oberhalb der Zünddrehzahl und der kritischen Drehzahlen liegen muß und bei größeren Leistungen den 0,6fachen Wert der Höchstdrehzahl nicht unterschreiten soll. Deshalb kann in Dieselfahrzeugen die Leistung vom Dieselmotor zu den Treibrädern nicht unmittelbar übertragen werden, sondern nur über Zwischenglieder, und zwar bei kleineren Leistungen mechanisch durch Mehrgangschaltgetriebe und Kupplung, bei größeren Leistungen vielfach hydraulisch, entweder durch mehrere hydraulische Drehmomentwandler oder einen einzigen Drehmomentwandler mit nachgeschaltetem Mehrganggetriebe, oder in den meisten Fällen elektrisch durch Generatoren und Fahrmotoren. Des weiteren hat der Dieselmotor die Eigenart, daß sein Drehmoment bei gleichbleibender Füllung, d. h. bei unveränderter Brennstoffzufuhr durch die Brennstoffpumpen, mit zunehmender Drehzahl nur sehr wenig abnimmt. Geringe Änderungen des Widerstandsmomentes an der Motorwelle würden daher von sehr großen Drehzahländerungen begleitet sein, wenn z.B. der hydraulische Drehmomentwandler gefüllt oder entleert wird oder wenn der elektrische Generator bei Geschwindigkeitsänderungen des Fahrzeuges ein veränderliches Drehmoment aufnimmt. Aus diesen Gründen werden die Brennstoffpumpen des Dieselmotors mit einem *Drehzahlregler* ausgerüstet. Die Wirkungsweise der Regeleinrichtung ist aus *Bild* 10 ersichtlich. Wird durch eine Belastungsänderung eine vorübergehende Drehzahlabweichung des Dieselmotors hervorgerufen, so wirkt die Reglermuffe (*4*) des Fliehkraftreglers, da das Gleichgewicht zwischen Reglerfederdruck und Fliehkraftpendeldruck gestört ist, auf die Brennstoffpumpen (*2*) ein und ändert das abgegebene Drehmoment entsprechend dem als Störgröße auftretenden Widerstandsmoment. Die Statik der Regelkenn-

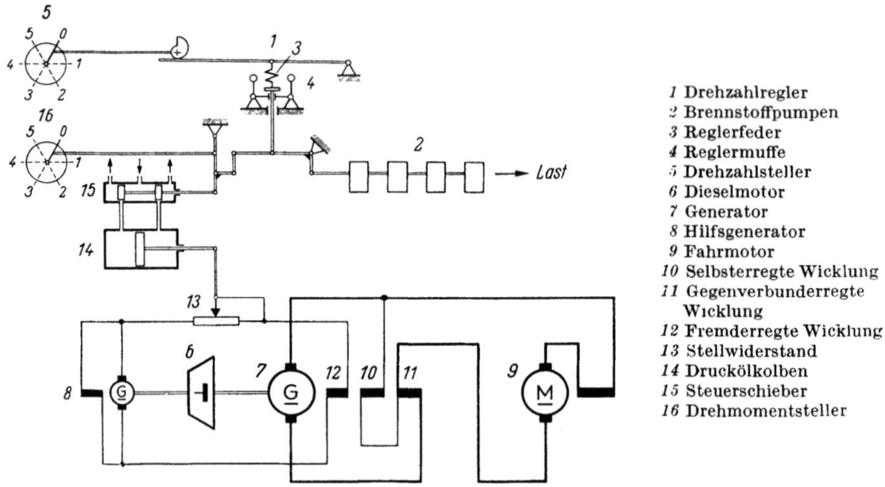

Bild 10. Drehzahl- und Leistungsregelkreis des Dieselmotors und Generators eines Diesel-Elektrotriebwagens

linie beträgt 5 bis 10%, d.h., die Leerlaufdrehzahl des Dieselmotors bei Drehmoment Null sinkt bis zum vollen Moment um 5 bis 10% ab. *Bild* 11 zeigt eine solche Regelkennlinie.

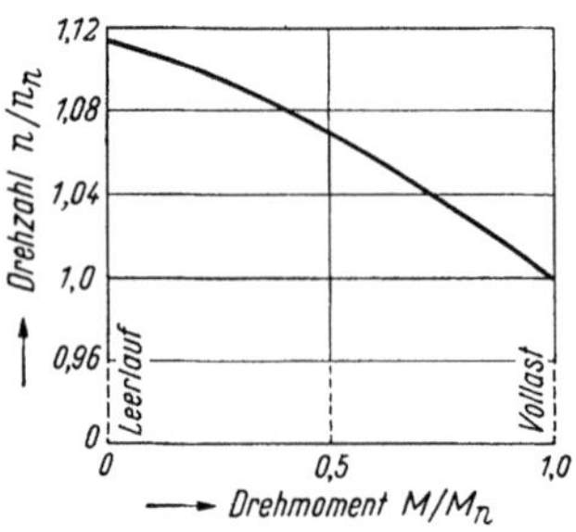

Bild 11. Kennlinie für die Drehzahlregelung des Dieselgeneratorsatzes eines Diesel-Elektrotriebwagens

b) Drehzahlverstellung im Fahrbetrieb

Für die Anfahrt des Fahrzeuges nutzt man im allgemeinen die volle Nennleistung des Dieselmotors bei Höchstdrehzahl aus. Für Beharrungsfahrten mit bestimmten Fahrgeschwindigkeiten oder für Rangierfahrten genügen meist niedrigere Leistungen, wozu man in der Regel nicht die Füllung, sondern zur Erreichung günstigerer Wirkungsgrade und einer wirksamen Schonung des Dieselmotors die Drehzahl verstellt. Der Sollwert der Dieseldrehzahl ist üblicherweise in mehreren Stufen, die zwischen der zulässigen niedrigsten Drehzahl und der mit der Nenndrehzahl übereinstimmenden Höchstdrehzahl liegen, mit Hilfe eines als Sollwerteinsteller (*Bild* 10) dienenden, entweder unmittelbar wirkenden oder meist ferngesteuerten *Drehzahlstellers* (*5*) verstellbar, wobei dieser die Spannung der Reglerfeder (*3*) verändert. Der Drehzahlregler regelt dann den eingestellten Sollwert der Dieseldrehzahl innerhalb der durch die Statik der Regelkennlinie gegebenen Grenzen ein. Die niedrigste Drehzahlstufe wird meist als Leerlaufstufe bezeichnet, da auf dieser Stufe die Zwischenglieder der Leistungsübertragung abgeschaltet sind und der Dieselmotor mit Leerlaufdrehzahl läuft.

Bild 12 zeigt einen solchen durch einen Stellmotor angetriebenen Drehzahlsteller [*17*] für die Einstellung des Drehzahlreglers des Dieselmotors.

Bei der ***hydraulischen Leistungsübertragung*** bedeutet die Drehzahlverstellung, da sich das Widerstandsmoment des Pumpenrades des Drehmomentwandlers quadratisch mit der Antriebsdrehzahl ändert, gleichzeitig eine Leistungsverstellung nach der Propellerkennlinie, d.h. eine Änderung der Dieselleistung des Fahrzeuges mit der dritten Potenz der Dieseldrehzahl. Damit der Dieselmotor seine volle Leistung abgeben kann, die er z.B. bei der Anfahrt des Fahrzeuges oder bei der Beharrungsfahrt auf größeren Steigungen benötigt, muß das Widerstandsmoment des Pumpenrades bei Nenndrehzahl des Dieselmotors auf dessen Nennmoment abgestimmt sein.

Bild 12. Drehzahlsteller [*17*]

Bei der *elektrischen Leistungsübertragung* verändert sich mit der Drehzahlverstellung, wie aus *Bild* 10 zu erkennen ist, das Widerstandsmoment des Generators nur in dem Maße, wie dessen Selbsterregung (*10*) mit der Drehzahl zu- bzw. abnimmt oder, was vielfach angewandt wird, wie gleichzeitig mit der Betätigung des Drehzahlstellers der Vorwiderstand der fremderregten Wicklung des Generators verringert bzw. vergrößert wird. Auch kann das Widerstandsmoment des Generators unabhängig von der Drehzahlverstellung durch einen besonderen Drehmomentsteller (*16*), der auf die Fremderregung einwirkt, geändert und jeweils der günstigste Arbeitspunkt des Dieselmotors erreicht werden.

2. Leistungsregelung des Generators bei elektrischer Leistungsübertragung

a) Wirkungsweise der Anordnung

Während die hydraulische Leistungsübertragung durch eine Drehmomentwandlung gekennzeichnet ist, bei der das Widerstandsmoment der Pumpenwelle des Wandlers eine quadratische Abhängigkeit zur Dieseldrehzahl hat, ist bei der elektrischen Leistungsübertragung der Diesel-Elektrofahrzeuge das Widerstandsmoment des Generators ausschließlich eine Funktion des von den Fahrmotoren aufgenommenen Stromes und des magnetischen Erregerflusses des Generators, nicht aber von der Dieseldrehzahl abhängig, soweit diese nicht mittelbar die Selbsterregung beeinflußt. Auf den unteren Stufen des Drehzahlstellers ist zwar gleichzeitig mit der Dieseldrehzahl auch das Widerstandsmoment des Generators durch entsprechende Verstellung der Erregung mehr oder weniger weit, meist ungefähr verhältnisgleich oder quadratisch mit der Drehzahl zurückgesetzt; dadurch wird eine Überlastung des Dieselmotors verhütet. Während der Anfahrt des Fahrzeuges oder auch während der Beharrungsfahrt auf größeren Steigungen will man jedoch in der Regel die volle Nennleistung des Dieselmotors möglichst weitgehend ausnutzen. In diesen Fällen, in denen das Widerstandsmoment des

Generators in gewissen Bereichen höher als das Nennmoment des Dieselmotors werden kann, muß auch der Generator in die Regelaufgabe einbezogen und dessen gleichbleibende *Leistungsaufnahme* eingeregelt werden, da der Dieselmotor ein größeres Drehmoment als sein Nennmoment bei voller Füllung nicht abgeben kann und somit nicht überlastbar ist. Während der Dieselmotor mit Generator im Verlauf der Anfahrt des Fahrzeuges mit gleichbleibender Höchstdrehzahl läuft, müssen die vom Generator gespeisten Fahrmotoren vom Stillstand aus mit veränderlicher Drehzahl hochlaufen. Hierbei nehmen sie im unteren Drehzahlbereich hohe Ströme bei niedrigen Spannungen und im oberen Drehzahlbereich niedrige Ströme bei hohen Spannungen auf und verhalten sich daher wie ein mit steigender Drehzahl zunehmender Belastungswiderstand. Die Leistungsaufnahme des Generators ergibt sich damit zu $U_g I/\eta = U_g^2/(Cn + R)\eta = U_g^2/R'\eta$; ($U_g$ Generatorspannung, I Generator- und Motorstrom, η Generatorwirkungsgrad C eine vom Verhältnis des magnetischen Flusses zum Erregerstrom abhängige Motorgröße, n Motordrehzahl, R Widerstand des Motorstromkreises R' Ersatzmotorwiderstand). Soll der Dieselmotor durch den Generator während des Anfahrvorganges mit der gleichbleibenden Nennleistung belastet werden, so müßte sich die Generatorspannung bei zunehmendem Ersatzmotorwiderstand verhältnisgleich mit $\sqrt{R'}$, der Generatorstrom jedoch verhältnisgleich mit dem Kehrwert dieser Größe ändern und die ideelle Strom-Spannungs-Kennlinie des Generators für gleichbleibende Vollastleistung des Dieselmotors einen hyperbelförmigen Verlauf haben (Kennlinie c in *Bild* 13).

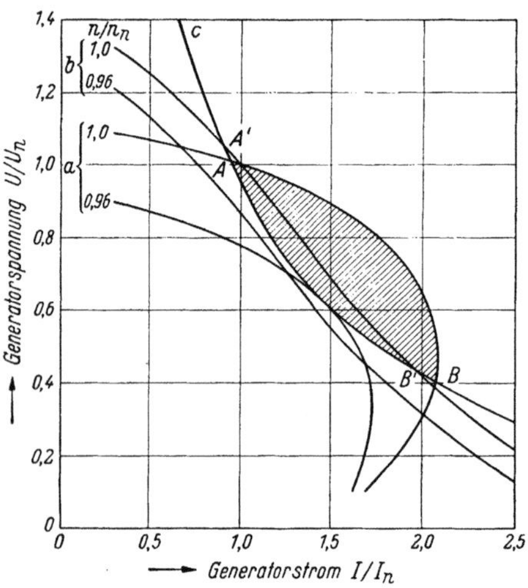

Bild 13. Strom-Spannungs-Kennlinien der Generatoren von Diesel-Elektrotriebwagen

a Kennlinien für Generator mit Selbsterregung, *b* Kennlinien für Generator mit Selbsterregung, Gegenverbunderregung und Fremderregung, *c* Ideelle Vollastkennlinie

Gibt man nun dem Generator (s. *Bild* 10) eine Selbsterregung (*10*) und betreibt ihn als Nebenschlußmaschine, so erhält man eine mit der Strombelastung stark abfallende *Spannungs-Kennlinie* (Kennlinien a in *Bild* 13). Durch eine zusätzliche Gegenverbunderregung (*11*) und eine Fremderregung (*12*) aus einer mit dem Generator gekuppelten Erregermaschine (*8*) erzielt man eine flacher verlaufende Kennlinie (Kennlinien b in *Bild* 13). Beide Generatorkennlinien sind aber mehr oder weniger nur Spiegelbilder zur ideellen Vollastkennlinie (Kennlinie c in *Bild* 13) und schneiden diese je in zwei Punkten A und B bzw. A' und B'. In diesen Schnittpunkten entspricht die Leistungsaufnahme des Generators der vollen Leistungsabgabe des Dieselmotors; außerhalb der Schnittpunkte ist sie kleiner als die Nennleistung des Dieselmotors und liegt im Stellbereich des Dieselreglers. In dem schraffierten Bereich zwischen den Schnittpunkten der Generatorkennline mit der ideellen Vollastkennlinie muß nun von der Drehzahlregelung des Dieselmotors auf die *Leistungsregelung* des Generators übergegangen werden, damit nicht der Dieselmotor über seine Nennleistung hinaus belastet wird. Auf eine Überlastung antwortet der Dieselmotor mit einer Drehzahlabsenkung. Da (s. *Bild* 10) das Brennstoffpumpengestänge (*2*) bereits seine Endlage für volle Füllung und damit größtes und gleichbleibendes Drehmoment einnimmt, kann die Drehzahl als Ersatzregelgröße für die aufgenommene Leistung des Generators dienen.

b) Regelung durch Eingriff in die Fremderregung

In vielen Fällen benutzt man die bei Überlastung des Dieselmotors auftretende Drehzahlabsenkung zur Leistungsregelung des Generators in der Weise, daß man (s. *Bild* 10) an das von der Reglermuffe (*4*) des Dieselreglers bewegte Gestänge einen Steuerschieber (*15*) anschließt. Dieser betätigt über einen Druckölkolben (*14*) den Stellwiderstand (*13*) im Erregerkreis für die *Fremderregung* des Generators. Die Fremderregung wird dabei so lange geschwächt, bis die Reglermuffe ihre ursprüngliche, der Vollastleistung bzw. dem vollen Drehmoment entsprechende Lage und der Steuerschieber die Abschlußstellung einnimmt, die Überlastung des Dieselmotors also zurückgegangen und die Drehzahlabweichung wieder aufgehoben ist. Die Feldschwächung bewirkt eine annähernde Parallelverschiebung der Strom-Spannungs-Kennlinie zur Spannungsordinate. Der Generator läuft daher, dem Verlauf der ideellen Vollastkennlinie folgend, mit einer Spannung, die durch den Regelvorgang jeweils so weit zurückgesetzt ist, daß sie nur in demselben Maße zunimmt, wie der Strom mit steigender Drehzahl der Fahrmotoren abnimmt. Wird während des Anfahrvorganges und der gleichzeitig ablaufenden Regelung der Bereich erreicht, in dem die Belastung durch den Generator wieder absinkt, so spielt sich der beschriebene Regelvorgang im umgekehrten Sinne ab, also mit einer Verstärkung der Fremderregung und einer Spannungserhöhung, bis der Generatorsatz mit voller Leistung läuft [*6, 9, 12*].

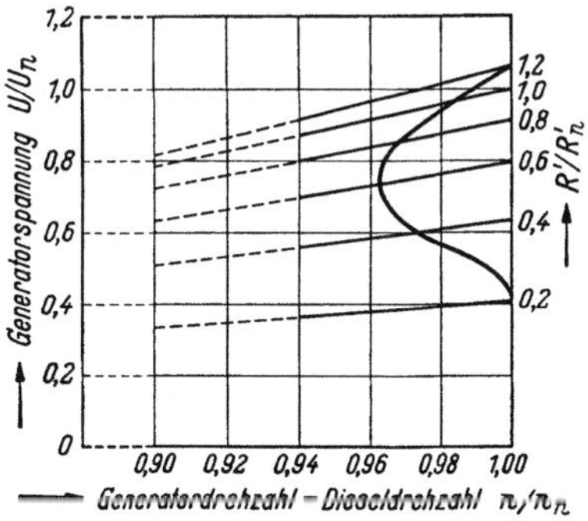

Bild 14. Drehzahl-Spannungs-Kennlinien bei der Leistungsregelung des Generators eines Diesel-Elektrotriebwagens mit Motorwiderstand als Störgröße

c) Regelung durch Eingriff in die Selbsterregung

Hat man einen schwach gesättigten Nebenschlußgenerator, dessen von der *selbsterregten* Wicklung erzeugter magnetischer Fluß sich ungefähr verhältnisgleich bis quadratisch mit der Drehzahl ändert, so bewirkt die bei Überlastung des Dieselmotors auftretende Drehzahlabsenkung eine unmittelbare Verstellung der Generatorspannung mit ungefähr der zweiten bis dritten Potenz der Drehzahl. Jedem Wert der Drehzahlabweichung, die als *Drehzahldrükkung* bezeichnet wird, entspricht nach *Bild* 14 ein bestimmter Spannungswert des Generators. Um ein Abkippen des Dieselmotors zu verhindern und eine Leistungsregelung des Generators zu ermöglichen, muß das Verhältnis der normierten Spannungsänderung zur normierten Drehzahländerung größer als eins sein. Die Generatorspannung stellt sich entsprechend der jeweiligen Belastung des Generators durch den mit der Motordrehzahl veränderlichen Ersatzmotorwiderstand, der als Störgröße auftritt, auf einen solchen Wert ein, daß die Leistungsaufnahme des Generators die Leistung des Dieselmotors bei voller Füllung nicht überschreitet, sondern gegenüber dieser Leistung entsprechend der bleibenden Regelabweichung der Drehzahl etwas verringert ist. Die Regelung der Leistung des selbsterregten Nebenschlußgenerators mit Hilfe der Drehzahldrückung wird häufig angewendet, weil keine besonderen zusätzlichen Regeleinrichtungen und oft auch keine Erregermaschine erforderlich sind [*4, 5, 6, 7, 8, 9, 11*]. Meist genügt für die Leistungsverstellung die Drehzahlverstellung des Dieselreglers allein, weil das Generatordrehmoment ungefähr verhältnisgleich bis quadratisch mit der Drehzahl abnimmt.

D. Lichtanlagen

1. Aufbau und Wirkungsweise der Spannungsregelung

Lichtanlagen in Fahrzeugen werden meist mit einer Nennspannung von 24 V, teilweise auch mit einer Nennspannung von 110 V betrieben. Der von der Fahrzeugachse oder von einem besonderen Motor angetriebene *Lichtgenerator* ist in der Regel mit einer *Akkumulatorbatterie* in Pufferschaltung zusammengeschaltet. Damit wird erreicht, daß bei Stillstand des von der Fahrzeugachse angetriebenen Lichtgenerators oder bei Ausfall der Fahrleitungsspannung und des aus der Fahrleitung gespeisten Lichtumformers die Lichtstromkreise weiter gespeist werden. Auch sind dann mindestens die Signalbeleuchtung und die Notbeleuchtung sichergestellt. Der Lichtgenerator hat die Aufgabe, sowohl den Strom für die Lichtanlagen zu liefern als auch die Akkumulatorbatterie aufzuladen. Oft werden von dem Lichtgenerator außer den Lichtanlagen auch noch Hilfsbetriebe gespeist.

Als Störgröße tritt im Regelkreis bei dem von der Fahrzeugachse angetriebenen Lichtgenerator, der als Nebenschlußmaschine arbeitet, in erster Linie die *Drehzahl* bzw. die Fahrgeschwindigkeit auf. Der Störbereich der Drehzahl liegt etwa zwischen 20% der Höchstdrehzahl, bei der Generator und Batterie zusammengeschaltet werden sollen, und 100% der Höchstdrehzahl. Hinzu kommt als weitere Störgröße der *Generatorstrom*, der zwischen 6 und 100% des Nennstromes schwanken kann. Innerhalb dieser Störbereiche muß der Regler die Generatorspannung auf den Sollwert regeln können. Diese Besonderheit des Zuglichtbetriebes bringt es mit sich, daß bei der Mehrzahl der Reisezug-, Schlaf- und Speisewagen zwei Reglerarten eingebaut sind: ein *Feld*regler für den Lichtgenerator zur Regelung der *Generatorspannung* für Lade- und Lichtbetrieb und ein *Lampen*regler zur unmittelbaren Regelung der *Lampenspannung*. Die Leerlaufspannung des Lichtgenerators wird z. B. durch den Feldregler auf 28,5 V bei Ladebetrieb während der Tagfahrt und auf 30 bis 30,5 V bei Lichtbetrieb eingeregelt, während der Lampenregler unabhängig von der Ladespannung auf eine Lichtspannung von 25,5 bis 25,8 V herabregeln soll.

Beim Feldregler beeinflußt die an der Generatorspannung liegende Spannungsspule (*Bild* 15a) den Erregerkreis des Generators in der Weise, daß die durch Drehzahländerungen bewirkten Spannungsänderungen ausgeglichen werden. Die Regelkennlinie des Generators wird ferner bei den meistgebrauchten Reglerarten von zwei Störgrößen, nämlich dem Ladestrom und dem Lichtstrom, über eine oder zwei zusätzliche Stromspulen des Reglers gesteuert, wobei die von der Spannungsspule erzeugte Stellkraft des Reglermagneten durch die Ladestromspule verstärkt, durch die Lichtstromspule aber geschwächt wird. Steigt der Ladestrom an, so verursacht die Ladestromspule eine Regelung im Sinne einer Spannungsabsenkung, bis die Abnahme der elektrischen Durchflutung der Spannungsspule der Zusatzdurchflutung der Stromspule entspricht, und bewirkt damit eine Begrenzung des Ladestromes. In ähnlicher Weise, jedoch im entgegengesetzten Sinne einer zusätzlichen Erhöhung der Generatorspannung und des Generatorstromes, wirkt die Lichtstromspule. Die Ladestromspule bezweckt die Einregelung einer solchen Spannungskennlinie des Generators, daß die Spannung mit zunehmendem Ladestrom linear bis quadratisch abnimmt und dadurch eine Begrenzung des Anfangsladestromes erreicht wird. Bei Lichtbetrieb soll die Lichtstromspule die Wirkung der Ladestromspule teilweise wieder aufheben und den Generatorstrom während der Nachtfahrt gegenüber der Tagfahrt vermehren. Die Windungszahlen der Ladestrom- und Lichtstromspule sind in einem den Betriebsverhältnissen angepaßten festen Verhältnis einstellbar.

Beim Lampenregler genügt eine Spannungsspule, die an die Lichtspannung angeschlossen ist. Der Magnet des Reglers verstellt einen Vorwiderstand, der den Spannungsunterschied zwischen der Energiequelle und dem Sollwert der Lichtspannung übernimmt.

2. Verschiedene Reglerschaltungen

Bild 15a zeigt die Schaltung eines *Kohledruckreglers* zur Spannungsregelung einer Lichtanlage [*1, 10*]. Die Ausführung eines Reglergerätes mit einem Feld- und Lampenregler zeigt *Bild* 16a [*13*]. Das Gerät enthält außer dem Feld- und dem Lampenregler einen Selbstschalter für das Zusammenschalten von Generator und Batterie. Beide Regler sind als Kohledruckregler ausgeführt und haben einen in Säulenform aufgebauten Kohledruckwiderstand (*5*); sein Widerstandswert wird in weiten Grenzen durch die von einem Drehmagneten bewirkten Druckschwankungen verändert, wobei der Drehmagnet unter dem Einfluß der Spannungs(*3a*)- und Stromspulen (*4a*) einerseits und der Gegenfeder (*7*) andererseits steht, deren Drehmoment von der Magnetstellung annähernd unabhängig ist. Der Kohlelampenregler ist ähnlich wie der Kohlefeldregler aufgebaut, hat aber nur eine Spannungsspule, die an der zu regelnden Lichtspannung liegt, und regelt unabhängig von der Feldregelung des Generators die Ladespannung durch Verändern des vorgeschalteten Kohlesäulenwiderstandes auf die Nennspannung der Lampen herab, indem der Spannungsunterschied zwischen Ladespannung und Lichtspannung in der Kohlesäule abgedrosselt wird.

Eine andere Art von *Kohledruckregler* [*14*] wird statt mit einem von der Spannungs- und der Stromspule gleichzeitig beeinflußten Magnetsystem auch mit zwei getrennten Magnetsystemen ausgeführt, von denen das eine nur eine Stromspule, das andere nur eine Spannungsspule hat. Die Kohlesäulen der beiden Systeme werden hierbei in Reihe geschaltet. Der Stromspulenregler regelt auf gleichbleibenden Generatorstrom, wobei als Störgröße die mit zunehmender Batterieladung steigende Batteriegegenspannung auftritt und eine allmähliche Erhöhung der Generatorspannung bis zur Gasungsspannung notwendig macht. Von da an übernimmt das Spannungsspulensystem die Regelung und hält die Generatorspannung auf einem gleichbleibenden Wert, wodurch bei weiterer Batterieladung der Ladestrom auf einen unschädlichen Dauerwert zurückgeht [*1*].

Der *Segmentregler* [*1, 10*], dessen Schaltung im *Bild* 15b dargestellt ist, zeigt ein ähnliches Verhalten wie der Kohledruckregler; er bewirkt die Veränderung des Erregerwiderstandes (*5*) des Lichtgenerators (*1*) dadurch, daß sein Drehmagnet Kon-

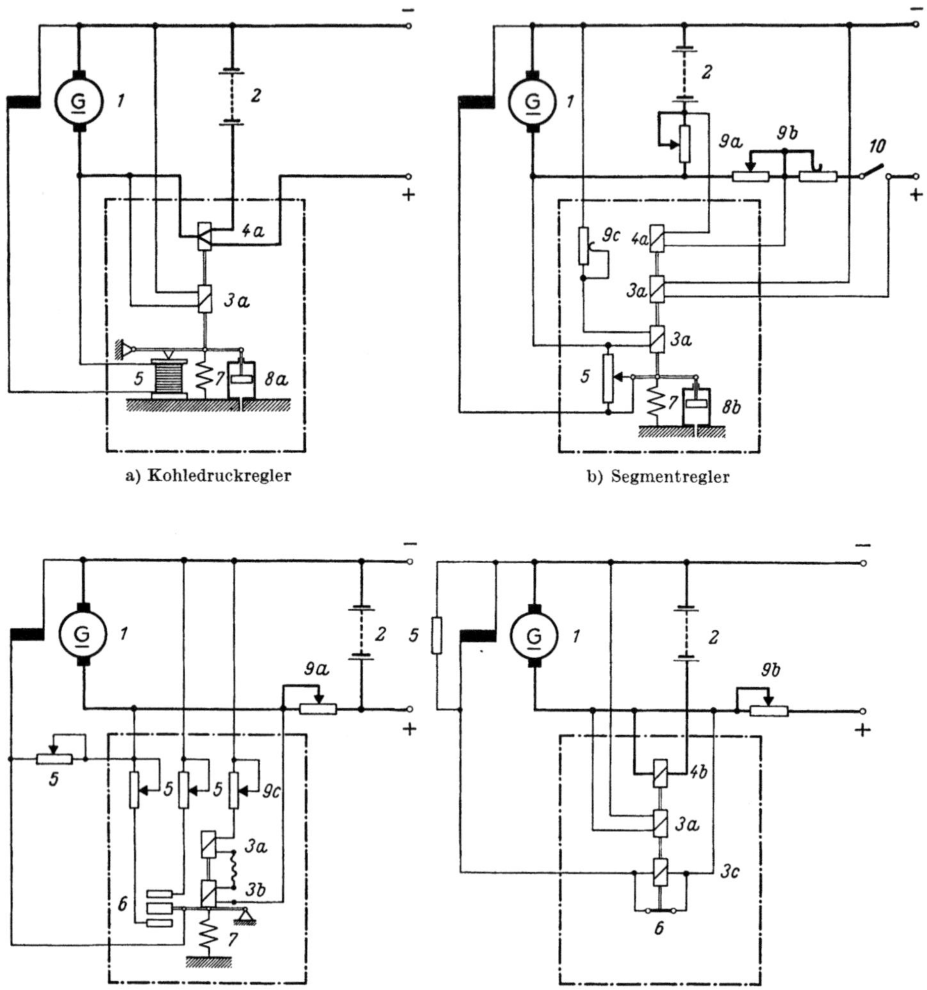

a) Kohledruckregler

b) Segmentregler

c) Schwingspulenregler

d) Schwingkontaktregler

1 Lichtgenerator
2 Batterie
3 Spannungsmeßspule:
a feste Spule
b bewegliche Spule
c „Zitter"spule
4 Strommeßspule:
a für Licht- und Ladestrom
b für Ladestrom
5 Stellwiderstand im Feldkreis
6 Stellkontakt
7 Reglerfeder
8 Dämpfungskolben:
a mit Luft
b mit Öl
9 Stellwiderstand:
a für Ladestrom
b für Lichtstrom
c für Spannungsspule
10 Lichthauptschalter

Bild 15. Schaltungsbeispiele zur Spannungsregelung von Lichtanlagen mit verschiedenen Reglerarten taktsegmente, an die einzelne Widerstandsstufen angeschlossen sind, mit einem Silberband öffnet oder kurzschließt. Die Lichtspannung wird ferner nicht durch einen besonderen, unabhängigen Lampenregler geregelt, sondern es wird die Leerlaufspannung des Generators durch eine zusätzliche Hilfsspannungsspule auf 26,5 V herabgesetzt. Die Zuschaltung der Hilfsspannungspule bei Lichtlast leitet einen Regelvorgang im Sinne einer Verminderung der Generatorspannung und damit auch der elektrischen Durchflutung der Hauptspannungsspule des Drehmagneten ein, bis die Summe der Durchflutungen von Haupt- und Hilfsspannungsspule den ursprünglichen Wert erreicht, der für das Gleichgewicht von Magnetkraft und Federkraft notwendig ist. Bei Belastung wird die Generatorspannung einerseits durch die Stromspule (*4a*) des Reglers vermindert oder erhöht, je nachdem der in der Stromspule fließende Differenzstrom positiv oder negativ ist, andererseits aber auch die Lichtspannung durch einen im Lichtkreis vorgeschalteten Widerstand wieder herabgesetzt. Die Ausführung eines Reglergerätes [*15*], das außer dem Segmentregler für die Spannungsregelung den Selbstschalter für das Zusammenschalten und Trennen von Lichtgenerator und Batterie enthält, zeigt *Bild* 16b.

Für Anlagen mit niedriger Spannung und kleiner Generatorleistung kommt man mit dem auch in Kraftfahrzeugen angewendeten *Schwingkontaktregler* [*16*] aus, dessen Schaltung aus *Bild* 15d ersichtlich ist [*1, 10*]. Er ist ein Zweipunktregler, bei dem nur zwei Stellwerte des Erregerstromes des Lichtgenerators möglich sind. Der Regler hat eine Spannungsspule (*3a*), eine Stromspule (*4b*) und eine sogenannte Zitterspule (*3c*), die von den Kontakten des schwingend gelagerten Ankers (*6*) überbrückt wird. Hat die Generatorspannung ihren Nennwert erreicht, so öffnen die Kontakte des Reglers und legen die Zitterspule als Tastwiderstand vor die Erregerwicklung, so daß deren Erregerstrom vermindert wird. Sinkt infolgedessen die Generatorspannung, so schließen sich die Kontakte wieder. Das Öffnen und Schließen der Kontakte erfolgt nun in einem schnellen periodischen Wechsel. Die Zitterspule wirkt mit ihrer Magnetkraft der Spannungsspule entgegen, während die Stromspule die Spannungsspule unterstützt und eine Senkung der Generatorspannung mit steigendem Strom, ähnlich wie beim Kohledruckregler, einsteuert.

Der in der Schaltung im *Bild* 15c dargestellte *Schwingspulenregler* läßt sich in solchen Fällen vorteilhaft verwenden, in denen der Störbereich der Drehzahl verhältnismäßig gering ist. Dies ist z.B. der Fall, wenn der Lichtgenerator durch einen aus dem Fahrleitungsnetz gespeisten Motor angetrieben wird. Es genügt dann zur Regelung der Generatorspannung ein Zweipunktregler, z.B. der Schwingspulenregler, der größere Erregerleistungen als der Schwingkontaktregler zu steuern vermag. Dieser Regler hat keine Stromspule, sondern nur zwei Spannungsspulen, eine feste (*3a*) und eine bewegliche (*3b*) Spule, die in Reihe geschaltet sind und über einen Vorwiderstand (*9c*) an der Generatorspannung liegen. Bei mittlerer Belastung und Nennspannung des Generators halten die Spulenkräfte des Reglers der Gegenfeder (*7*) das Gleichgewicht, so daß der an der beweglichen Spule sitzende Kontakt (*6*) zwischen den feststehenden Schaltstücken spielt. Sinkt infolge Belastung die Spannung des Generators, so werden die Spulenkräfte kleiner, und die unveränderte Federkraft bringt das bewegliche Kontaktstück mit dem einen der festen Schaltstücke zur Berührung, wodurch ein Widerstand dem Vorwiderstand der Erregerwicklung parallel geschaltet wird. Der Erregerstrom, die Generatorspannung und die Zugkräfte der Spulen werden größer, die Schaltstücke trennen sich wieder. Im umgekehrten Fall wird kurzzeitig ein Widerstand der Erregerwicklung selbst parallel geschaltet und damit der Erregerstrom vermindert. Diese Vorgänge wiederholen sich in einem schnellen periodischen Wechsel. Der jeweils erforderliche Erregerstrom wird also durch wechselndes mehr oder weniger langes Hinzuschalten oder Freigeben von Widerständen eingeregelt. Eingestellt wird der Sollwert der Generatorspannung durch Verstellen des Vorwiderstandes der Reglerspulen. Der Stellbereich des Erregerstromes läßt sich durch Verstellen des Nebenwiderstandes und des Reihenwiderstandes für die Feldregelung ändern. Eine Vergrößerung des Stellbereiches nach der Lastseite erfolgt durch Verkleinern des Reihenwiderstandes, eine Vergrößerung des Stellbereiches nach der Leerlaufseite durch Verkleinern des Nebenwiderstandes für die Feldregelung. Die Ausführung des Schwingspulenreglers [*17*] ist in *Bild* 16c zu sehen.

a) Reglergerät mit Kohlefeldregler, Kohlelampenregler und Selbstschalter [*13*]

b) Reglergerät mit Segmentfeldregler und Selbstschalter [*15*]

c) Schwingspulenfeldregler [*17*]

Bild 16. Ausführungsformen von Reglern für Lichtanlagen

E. Heiz- und Klimaanlagen

1. Raumtemperaturregelung

Bei den Heizanlagen der Reisezug-, Schlaf- und Speisewagen wird häufig eine Temperaturregelung angewendet, um in den Fahrgasträumen eine mittlere Temperatur von 20 bis 22 °C möglichst gleichmäßig aufrecht zu erhalten. Für die einfacheren Fälle genügen *Raumtemperaturregler*, die in den Abteilräumen angeordnet sind und einzelne Gruppen elektrischer Öfen der elektrischen Heizung oder Rohrschlangen der Dampfheizung über Schütze bzw. Dampfventile abhängig von der Raumtemperatur zu- und abschalten. Um die Heizregelung von der Betätigung der Lüftungsvorrichtungen durch die Fahrgäste unabhängig zu machen und die Gewähr für eine ständige, ausreichende Frischluftzufuhr zu haben, wendet man zweckmäßig eine zusätzliche, ebenfalls geregelte Luftheizung an, von der ein Drittel bis ein Viertel der gesamten Heizleistung geliefert wird.

2. Klimaregelung

Bei Fernzügen, insbesondere in warmen Ländern, werden vielfach Klimaanlagen eingebaut, die einen gleichbleibenden Zustand der Raumluft nicht nur bei kühler, sondern auch bei heißer Außenluft ermöglichen [*2*, *3*]. Das Gebläse der Klimaanlage saugt teils Außenluft, teils Umluft in einem fest eingestellten Verhältnis von 1 : 3 bis 1 : 2 an und drückt diese Zuluft über den Lufterhitzer und den Luftkühler in die Fahrgasträume. Die *Temperaturregler* sind im Umluftstrom vor dem Lufterhitzer und dem Luftkühler angeordnet und steuern im Heizbetrieb in mehreren Stufen sowohl die Strahlungsheizkörper als auch das Heizregister des Lufterhitzers, im Kühlbetrieb eine Umluftklappe in dem Sinne, daß bei sinkendem Kältebedarf ein Teil der Umluft nicht über den Luftkühler geleitet wird.

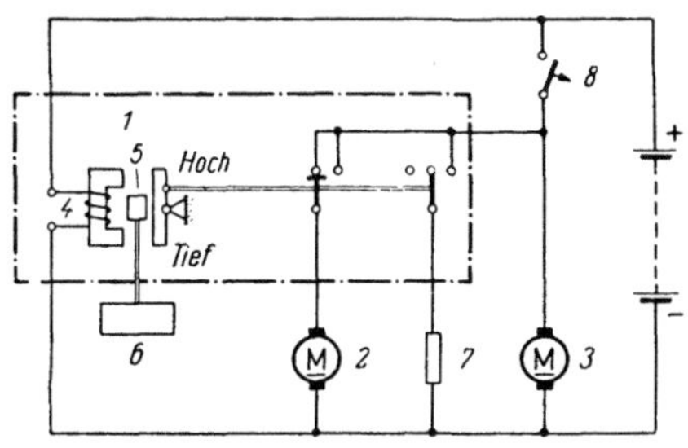

1 Wasserstandsregler, *2* Speisepumpenmotor, *3* Brennermotor, *4* Drehmagnet, *5* Anker, *6* Schwimmer, *7* Kurzschließwiderstand, *8* Selbstschalter

Bild 17. Wasserstandsregelung einer Kesselanlage

3. Wasserstandsregelung bei der Zugheizanlage

Diesellokomotiven erhalten für die Zugheizung meist einen ölgefeuerten Dampfkessel mit selbsttätigem *Wasserstandsregler* [*8*]. Wie aus *Bild* 17 des Regelkreises für die Wasserstandsregelung einer Kesselanlage ersichtlich ist, schaltet der Regler (*1*), abhängig von der Stellung des im Kessel befindlichen Schwimmers (*6*), die Kesselspeisepumpe zu und ab und setzt außerdem bei tiefstem Wasserstand die Ölfeuerungsanlage still.

Der Aufbau dieses Wasserstandsreglers [*17*] ist aus *Bild* 18 zu erkennen. Unter Vermeidung von Stopfbuchsen-Durchführungen wird die Bewegung des die Schaltkontakte tragenden Drehmagneten (*4*) durch magnetische Kopplung mit dem vom

Schwimmer gesteuerten Eisenanker (*5*) bewirkt. Über diesen im Kesselinnern befindlichen Eisenanker schließt sich der magnetische Fluß, der von der Magnetspule des an der Außenwand des Kessels angebrachten Drehmagneten erzeugt wird. Der Bronzesockel des Reglers, der in die Kesselwand eingeschraubt wird, hat auf der Außenseite eine zylinderförmig gewölbte Oberfläche, über der mit einem gewissen Luftspalt die polschuhförmig ausgebildeten Seiten des Drehmagneten sitzen. Auf der Innenseite des Sockels, also im Inneren des Kessels, befindet sich der drehbar gelagerte Anker, der über einen Hebel durch den Schwimmer auf und ab bewegt wird. Der Anker bildet den magnetischen Rückschluß für die von der Magnetspule erregten Polschuhe des Drehmagneten. In den Endstellungen des Ankers, die dem höchsten und niedrigsten Wasserstand entsprechen, entsteht jeweils ein magnetischer Zug auf die Polschuhenden, wodurch der Drehmagnet im Sinne einer Verringerung des Luftspaltes zwischen oberen oder unteren Polschuhenden und der Sockeloberfläche aus seiner durch Federn festgehaltenen Mittellage herauskippt und hierbei die Steuerkontakte schließt oder öffnet. In der Mittellage des Drehmagneten wird der Speisepumpenmotor eingeschaltet, in der dem höchsten Wasserstand entsprechenden Stellung ausgeschaltet. In der dem niedrigsten Wasserstand zugeordneten Stellung wird die Ölfeuerungsanlage außer Betrieb gesetzt. Dieser Wasserstandsregler ist in die Gruppe der Zweipunktregler einzureihen; er stellt durch Zu- und Abschalten der Speisewasserpumpe in dauerndem Wechsel die Wassereinspeisung in den Kessel an und ab und regelt dadurch den Sollwert eines mittleren Wasserstandes im Kessel ein.

Bild 18. Wasserstandsregler

F. Druckluftanlagen

Die Druckluftgeräte in Elektro- und Dieselfahrzeugen, zu denen hauptsächlich die Geräte der Druckluftbremse und die mit Druckluft betätigten elektrischen Schaltgeräte zählen, erhalten die benötigte Druckluft aus dem Hauptluftbehälter, dessen Druck durch einen *Druckregler* auf einen annähernd gleichbleibenden Wert eingeregelt wird. Wie *Bild* 19 des Regelkreises für die Druckregelung der Druckluftanlagen eines Gleichstromfahrzeuges zeigt, schaltet der Druckregler (*5*) den Luftpressersatz (*1, 2*) ein, sobald infolge des Luftverbrauches in den Druckluftanlagen der Druck im Hauptluftbehälter (*4*) auf einen bestimmten unteren Wert abgesunken ist. Mit Rücksicht auf den bei der Druckluftbremse notwendigen Leitungsdruck bzw.

den bei den Druckluftschaltgeräten erforderlichen Arbeitsdruck von 5 atü wird der Mindestdruck des Hauptluftbehälters meist mit 6,5 atü festgelegt. Hat der

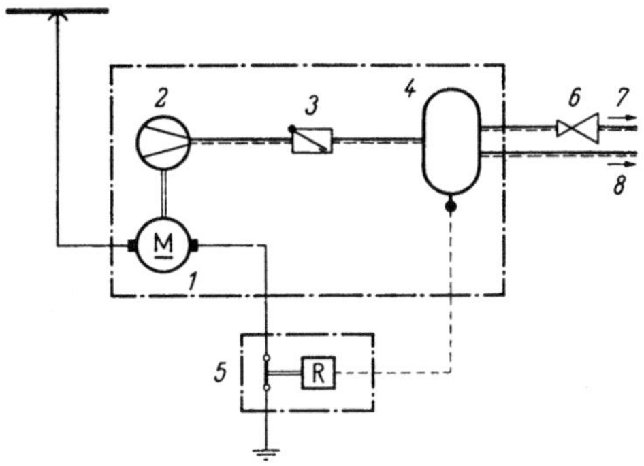

1 Luftpressermotor
2 Luftpresser
3 Rückschlagventil
4 Hauptluftbehälter
5 Druckregler
6 Druckminderventil
7 Zu den elektrischen Druckluftgeräten
8 Zu den Geräten der Druckluftbremse

Bild 19. Druckregelung der Druckluftanlagen eines Gleichstromfahrzeuges

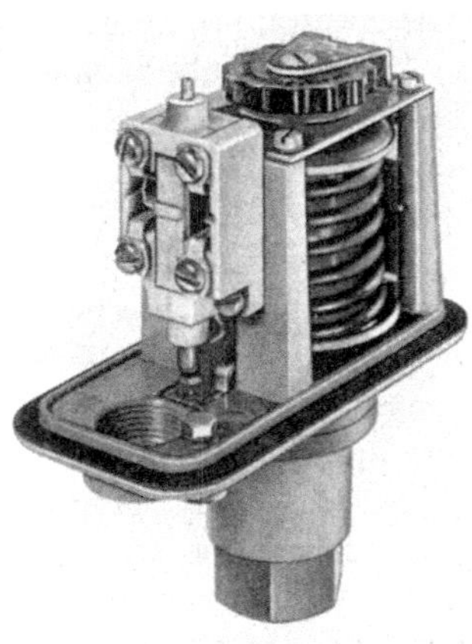

Bild 20. Druckregler [*17*]

Bild 21. Gleichstromtriebwagen mit Anfahrregelung und Bremsregelung

Luftpresser den Hauptluftbehälter auf den Druck von 8 bis 10 atü aufgepumpt, so schaltet der Druckregler den Luftpressermotor wieder ab. Dieses Spiel wiederholt sich in mehr oder weniger kurzen Zeitabständen. Der Druckregler arbeitet also als Zweipunktregler, wobei der Luftverbrauch in den Druckluftanlagen als Störgröße im Regelkreis auftritt.

Die auf *Bild* 20 dargestellte Bauart eines Druckreglers [*17*] enthält die Druckkammer mit dem außenbeaufschlagten Wellrohr; dessen innerer Druckbolzen wirkt auf den unteren Federteller der beiden konzentrisch angeordneten Schraubenfedern sowie ferner über den Hebelarm am unteren Federteller auf den mit Sprungbetätigung versehenen Schalter. Die Gegendrücke der Federn können jeweils getrennt durch Verstellen des zugehörigen oberen Federtellers mit Hilfe von Stellschrauben verändert werden. Hierbei ist der untere Schaltdruck des Reglers von der Spannung der Außenfeder, der Unterschied zwischen oberem und unterem Schaltdruck von der Spannung der Innenfeder abhängig. Da die Innenfeder gegenüber der Außenfeder eine vielfach größere Federsteife hat, übernimmt sie fast ausschließlich den Druckunterschied zwischen unterem und oberem Schaltdruck, während die Außenfeder mit dem Schaltweg ihren eingestellten Schaltdruck nur geringfügig ändert.

G. Quellenhinweise

[*1*] Aumüller, E.: Die elektrische Beleuchtung von Eisenbahnfahrzeugen. Berlin/Göttingen/Heidelberg: Springer 1955.

[*2*] Baur, H.: Das englische Versuchs- und Vorführungsmodell eines klimatisierten Eisenbahn-Reisezugwagens. Glasers Ann. 77. Jg. (1953) S. 102–107.

[*3*] Baur, H.: Die Klimaanlagen der Leichtmetall-Gliedertriebzüge. Glasers Ann. 77. Jg. (1953) S. 196–206.

[*4*] Kraut, H.-G.: Der Schnelltriebwagen der Deutschen Reichsbahn-Gesellschaft. Siemens-Z. 13. Jg. (1933) S. 57–64.

[*5*] Max, P.: Regelverfahren dieselelektrischer Fahrzeuge. Siemens-Z. 14. Jg. (1934) S. 168 bis 172

[*6*] McGowan, G. F.: Diesel-electric lokomotive handbook, New York: Simmons-Boardman Publishing Corp. 1951.

[*7*] Die elektrische Kraftübertragung für die neuen dieselelektrischen Triebwagen der Deutschen Reichsbahn. Mitteilungen der Reichsbahn-Zentralämter in Berlin. Elektr. Bahnen Bd. 10 (1934) S. 239–247.

[*8*] Neusser, P.: Dieselelektrische Schmalspurlokomotiven der Österreichischen Bundesbahnen. Siemens-Z. 17. Jg. (1937) S. 488–496.

[*9*] Sachs, K.: Elektrische Triebfahrzeuge. Frauenfeld: Huber & Co. AG 1953.

[*10*] Schlee, H.: Die neuere Entwicklung der elektrischen Einzelwagenbeleuchtung im Bundesgebiet. ETZ-B 6. Jg. (1954) S. 397–403.

[*11*] Wallner, J.: Die elektrische Einrichtung der neueren dieselelektrischen Triebwagen der Österreichischen Bundesbahnen. Elektrotechn. u. Masch.-Bau 53. Jg. (1935) S. 1–4 u. S. 15–20.

[*12*] Whitwell, C. A.: Der Brown Boveri Servofeldregler. Brown Boveri Mitt. Bd. 41 (1954) S 112–120.

[*13*] Bauart Pintsch (Pintsch Bamag A. G., Butzbach/Hessen).

[*14*] Bauart Stone (J. Stone & Company Ltd., London).

[*15*] Bauart GEZ (Gesellschaft für elektrische Zugbeleuchtung m. b. H., Frankfurt/Main).

[*16*] Bauart Bosch (Robert Bosch G. m. b. H., Stuttgart).

[*17*] Bauart Siemens (Siemens-Schuckertwerke A.G., Erlangen).

54. Schiffsbetrieb

Von **H.-J. Kosack**

Inhaltsübersicht

A. Überblick und besondere Betriebsbedingungen

Auf Schiffen verwendete Maschinen, Geräte und auch deren Regeleinrichtungen unterliegen in technologischer und mechanischer Hinsicht anderen Betriebsbedingungen als an Land. Zu erhöhter Luftfeuchte tritt der Salzgehalt der Seeluft, oft im Tropenklima. Geräte an Deck eines Schiffes sind der mechanischen und chemischen Einwirkung überkommender Seen ebenso ausgesetzt wie dem Wechsel zwischen Vereisung und Sonneneinstrahlung. Im Maschinenraum ist mit hohen Temperaturen und häufig mit merklichem Öldunst zu rechnen. Im Verlauf der meist periodischen Eigenschwingungen des Schiffes können vorübergehend Schräglagen um seine Längsachse bis zu etwa 30° nach beiden Seiten (Schlingern, Rollen) und um seine Querachse bis zu 10° (Stampfen) auftreten. Hierbei können die Beschleunigungen am Bug oder Heck den Wert der Erdbeschleunigung erreichen. Durch die Antriebsmaschinen für den Propeller bzw. für die Generatoren, ferner durch den Propeller selbst und vor allem durch Seegang können Erschütterungen und Stöße hervorgerufen werden. Die gedrängten Raumverhältnisse erhöhen die Berührungsgefahr in elektrischen Anlagen, wobei die Eisenkonstruktion des Schiffes und die Feuchtigkeitseinflüsse die Gefahr schädlicher Wirkungen noch heraufsetzen[1].

An Bord verwendete Regelungen sollen nicht nur die Sicherheit, sondern auch die Wirtschaftlichkeit des Schiffsbetriebes erhöhen. Die an Land geltenden Erfahrungen können nicht ohne weiteres auf den Bordbetrieb übertragen werden.

B. Anlagen für die Schiffsführung

1. Kursregelung [*3*]

Kursänderungen werden im allgemeinen durch Bewegen des Ruderblattes mit Hilfe der Rudermaschine vom Ruderstand auf der Kommandobrücke von Hand über elektrische oder hydraulische Steuerungssysteme bewirkt [*1*]. Daneben erhalten viele Schiffe heute Regeleinrichtungen, sog. Selbststeuergeräte, die auf freier See den Kurs auf einem eingestellten Sollwert halten. Mit diesen wird der Ablenkung vom Kurs durch die Störgrößen, wie Wind, Seegang, Strömung, begegnet und die Wirtschaftlichkeit des Fahrbetriebes durch Vermeidung eines „Zickzack"-Kurses erhöht. Diese Regeleinrichtungen benutzen als Vergleichsgerät den Schiffskompaß. Meist werden Kreiselkompasse verwendet, wobei zur Übertragung der Kursabweichung Ferndrehsysteme (*Bild* 1 und 2) oder Potentiometer in Brückenschaltung zusammen mit Magnetverstärkern dienen. In letzterem Fall wird außer der Winkelabweichung auch deren erster Differentialquotient, die Winkelgeschwindigkeit, erfaßt. Die Einstellung der Rückführung kann an die augenblicklichen Betriebsbedingungen, z.B. Seegang und Wind, angepaßt werden. Dabei wird der Rückführwert mit den gleichen Bauelementen übertragen, wie sie zur Übertragung der Kursabweichung dienen. Während bei diesen Systemen die Größe des Ruderanstellwinkels bei ansprechender Kursregelung entweder von der Größe

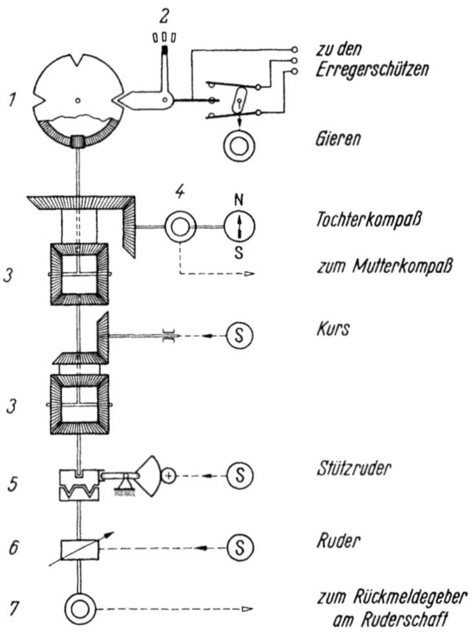

1 Zahnscheibe
2 Gleichsteller
3 Differentialgetriebe
4 Kompaßempfänger
5 Kupplung mit verstellbarem Spiel
6 Fünfstufig veränderbares Getriebe
7 Rückgeberempfänger

Bild 1. Aufbau des „Selbststeuers" [*2*]

[1] Um ein größtmögliches Maß an Sicherheit zu gewährleisten, haben staatliche Überwachungsstellen sowie national und übernational arbeitende Klassifikationsgesellschaften, z.B. der Germanische Lloyd, Lloyd's Register of Shipping, American Bureau of Shipping und andere, Vorschriften ausgearbeitet, deren Einhaltung zum Teil schon während des Bauens auf den Werften und bei den Herstellerwerken überwacht wird.

oder von der Zeit bzw. von Größe *und* Zeit der Kursabweichung abhängig ist, wird bei der Programmsteuerung [*4*] beim Ansprechen der Kursregelung ein fest vorgegebener Ruderanstellwinkel eingestellt, dessen Größe in Anpassung an die jeweiligen Betriebsbedingungen, z. B. des Seeganges und der Schiffsbeladung, wahlweise verändert werden kann.

Magnetkompasse werden verhältnismäßig selten zur Kursregelung herangezogen, da diese nur mit einem sehr kleinen Stellmoment belastet werden können. Das System Arkas arbeitet z. B. nach dem Prinzip einer Meßbrücke, wobei die

a) Frontplatte b) Geräteanordnung

Bild 2. Selbststeuergerät [*2*]

Kompaßflüssigkeit als Elektrolytwiderstand benutzt wird. Ein Röhrenverstärker greift — gesteuert von der Meßbrücke — mit seinem Ausgang über Relaisanordnungen in die Steuerung der Ruderanlage ein.

Die selbsttätige Kursregelung hat neben dem großen Anwendungsgebiet der allgemeinen Schiffahrt besondere Bedeutung für ferngelenkte Schiffe.

2. Stabilisierung der Schiffslage

Um den Auswirkungen des Seeganges auf das Ladegut, auf Geräte, Anlagen und deren Funktion sowie auf das Wohlbehagen der Menschen zu begegnen, wird vielfach eine Stabilisierung der Schiffslage angestrebt. Dabei werden die Schlingerbewegungen, nicht die Stampfbewegungen, gemindert oder ausgeschaltet. Dies kann durch Kreisel, durch ortsveränderliche feste oder flüssige Massen, durch Flossen, die aus dem Schiffsrumpf ragen, oder durch Verstellpropeller mit Vertikalkomponente erreicht werden. In neuerer Zeit werden ausschließlich sogenannte „aktivierte" Anlagen [*5*, *17*] verwendet. Die Bewegung der Massen bzw. die Anstellung der Flossen wird bei diesen so gesteuert, daß die Lage des Schiffes gegenüber einem gewählten Bezugssystem gleichbleibt. Die Abweichungen der Schiffslage vom Lot des gewählten Bezugssystems und die zeitlichen Veränderungen der Schiffslage werden nach *Bild* 3 durch Kreisel erfaßt, die in einem Regelgerät zusammengebaut sind. Das Kreiselpendel mißt die Schiffslage im Bezugssystem, d.h. den Schlingerwinkel φ. Die im Kreiselträgheitsrahmen gegeneinander drehbar gelagerten zwei Kreisel erfassen durch ihre gegenseitige Neigung die Schlinger-Winkelgeschwindigkeit. Die Schlinger-Winkelbeschleunigung wird durch die Drehung des Kreiselträgheitsrahmens gegen eine Federkraft gemessen. Um auch statische Schräglagen auszugleichen, wird mit Hilfe eines Integrationsmotors das Zeitintegral des Schlingerwinkels φ gebildet. Die einzelnen Meßgrößen werden mit Hilfe von Ferndrehsystemen zu einer resultierenden Stellgröße zusammengesetzt. Damit werden z.B. die querverschiebbaren Tankwassermassen oder die Stabilisierungsflossen so beeinflußt, daß die Schiffslage gegenüber dem Bezugssystem gleichbleibt. In der Praxis werden nach *Bild* 4 zwei Bezugssysteme verwendet:

a) der natürliche Horizont, gegeben durch die Richtung der Erdbeschleunigung — als Vergleichsnormal dargestellt durch ein Kreiselpendel („Artillerie"-Stabilisierung);

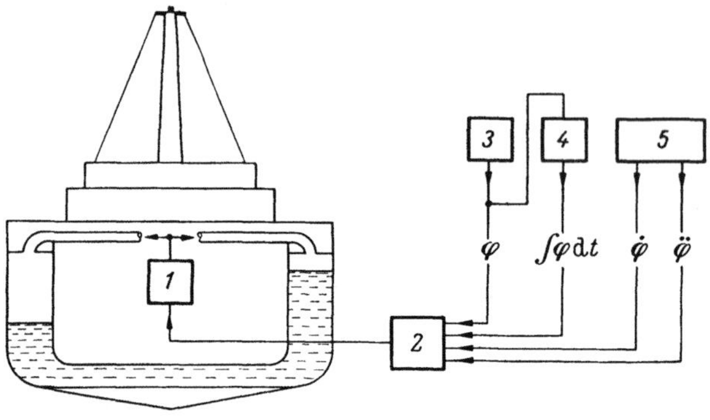

1 Stellglied
2 Regler
3 Kreiselpendel
4 Integrationsmotor
5 Kreiselträgheitsrahmen
φ Schlingerwinkel

Bild 3. Schiffsstabilisierung

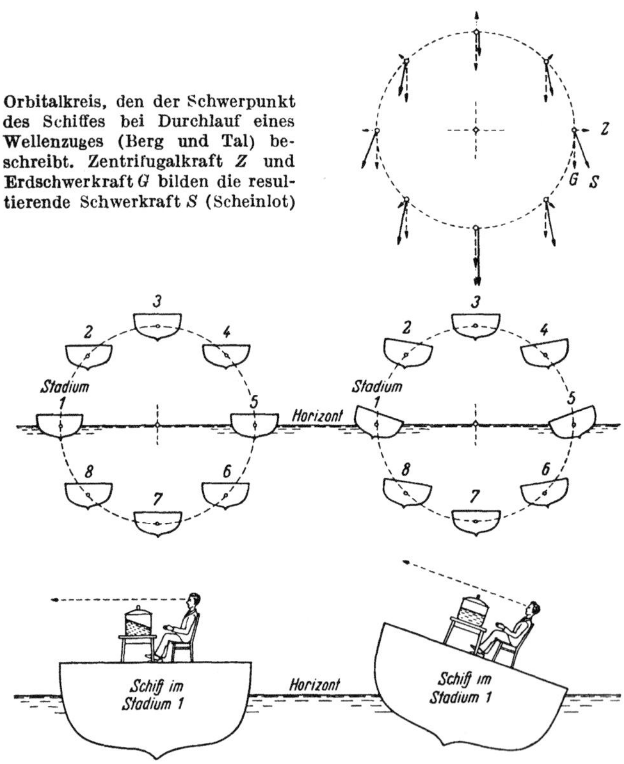

Orbitalkreis, den der Schwerpunkt des Schiffes bei Durchlauf eines Wellenzuges (Berg und Tal) beschreibt. Zentrifugalkraft Z und Erdschwerkraft G bilden die resultierende Schwerkraft S (Scheinlot)

a) *Horizontierung*
Regelsystem stellt Schiffshorizontale stets in Horizontrichtung

b) *Scheinlotstabilisierung*
Regelungssys.em stellt Schiffslot stets in Richtung des Scheinlots

Bild 4. Bezugssysteme bei einer Schiffsstabilisierung

b) das Scheinlot, gegeben durch die Resultierende der durch die Bewegung des Schiffes im Wellengang (Orbitalbewegung) hervorgerufenen Zentrifugalbeschleunigung und der Erdbeschleunigung – als Vergleichsnormal dargestellt durch ein Scheinlotgerät, das die Richtung dieser Resultierenden zeigt („Kellner"-Stabilisierung).

Je nachdem, in welcher Zuordnung die oben erwähnten Regelgrößen über den Regler auf das Stellglied, z. B. den Steuerschieber eines Druckluftgebläses, einwirken und mit welchem Normal sie verglichen werden, wird Horizontierung oder Scheinlotstabilisierung erreicht [*5*, *6*, *7*].

3. Stabilisierung von Leuchtfeuern auf Schiffen

Eine ähnliche Aufgabenstellung liegt bei der Stabilisierung von Leuchtfeuern auf Feuerschiffen vor. Anfangs war die kardanische Lagerung des Systems als physikalisches Pendel üblich. Später wurde zur Verminderung der dynamischen Fehler das Gegengewicht der Leuchte durch ein Kreiselpendel ersetzt. Die weitere Entwicklung führt hier zur aktivierten Stabilisierung. Eine derartige Anordnung zeigt *Bild* 5. Der Schwerpunkt des aus Leuchte und Stabilisierungskreisel bestehenden Systems liegt hierbei im Schnittpunkt der in einer Ebene angeordneten Kardanachsen. Infolgedessen versucht das System seine Lage im Raum so lange beizubehalten, wie keine Störkräfte wirksam werden. Treten statische Störmomente auf, z. B. Reibungsmomente, so müssen entsprechende Kompensationsmomente aufgebracht werden. Das geschieht mit Hilfe von zwei in der Nähe des Schiffsschwerpunktes aufgestellten Überwachungspendeln für Schlinger- und Stampfbewegungen [(A)-Achse, (B)-Achse], zwei Potentiometerpaaren und zwei Reglern. Über die in Brückenschaltung liegenden Sollwert- bzw. Istwertpotentio-

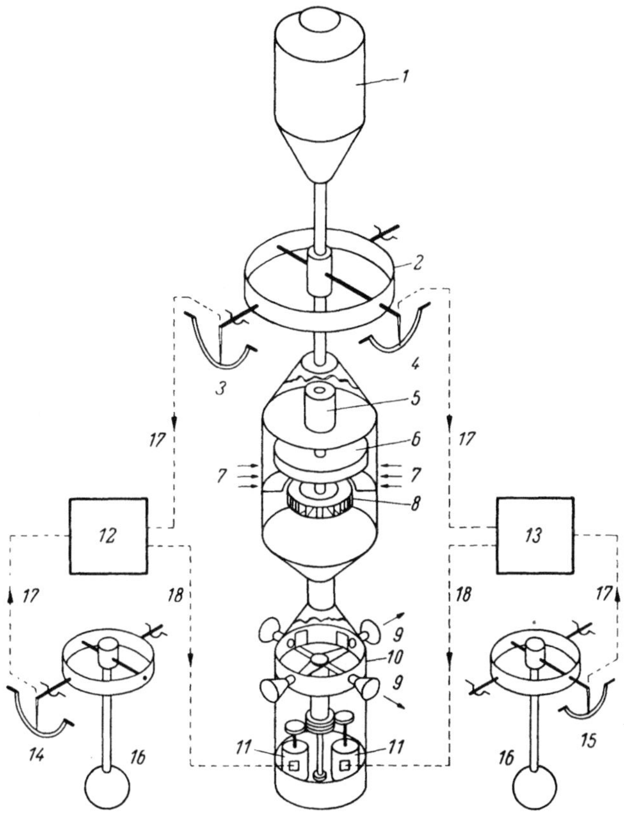

1 Leuchtfeuer
2 Kardan-Aufhängung
3 Istwertpotentiometer (A)
4 Istwertpotentiometer (B)
5 Elektromotor
6 Kreiselrad
7 Luft-Einlaß
8 Luftverdichter
9 Luftdüsen
10 Luftsteuerkopf
11 Stellantriebe
12 Regler (A)
13 Regler (B)
14 Sollwertpotentiometer (A)
15 Sollwertpotentiometer (B)
16 Meßpendel im Schiffsschwerpunkt
17 Meßsignale
18 Stellsignale

Bild 5. Stabilisierung eines Leuchtfeuers [(A) Schlingern, (B) Stampfen] meter wird die Lage jeder Kardanachse mit der entsprechenden Achse des Überwachungspendels verglichen. Stimmen die Werte nicht überein, so wird über die Regler ein Korrekturmoment veranlaßt, das die Einstellung der Leuchtenachse in die Richtung der Erdbeschleunigung bewirkt. Als Stellglieder dienen die motorisch bewegten Luftdüsen im Luftsteuerkopf.

4. Magnetische Eigenschutzanlagen

Gegen Minengefahr werden Schiffe oft mit Schutzanlagen ausgerüstet. Diese sollen verhindern, daß magnetisch gesteuerte Minenzünder durch Verzerrungen des magnetischen Erdfeldes ansprechen, welche beim Darüberfahren eines Schiffes entstehen. Hierzu müssen die magnetischen Schiffsfelder, die diese Erdfeldverzerrung hervorrufen, durch entsprechende Kompensationsfelder aufgehoben werden. Da das Erdfeld und die verursachte Feldverzerrung in allen drei Komponenten des Raumes auftritt, wird das Kompensationsfeld durch von Gleichstrom durchflossene Kabelschleifen erzeugt, die nach den drei Raumkoordinaten verteilt im Schiffskörper eingebaut bzw. um ihn herumgelegt sind. Das Magnetfeld ändert sich mit dem Kurs und dem geographischen Standort (kursabhängige Störgrößen) mit den Eigenbewegungen des Schiffes (Stampfen, Schlingern). Die Störung des Magnetfeldes durch kursabhängige Störgrößen wird durch eine Kompensation, die von der Stellung des Schiffskompasses gesteuert wird, ausgeglichen. Damit verbunden ist eine Regelung, die den einem bestimmten Kurs jeweils zugeordneten Kompensationsstrom gegen andere Störgrößeneinflüsse, wie z. B. Temperaturänderung der Schleifen, auf dem vorgeschriebenen Wert hält. Die Magnetfeldänderung durch den Einfluß der Schiffsbewegungen kann durch eine Regelung mit magnetischen Meßsonden beseitigt werden, die an Stelle des Schiffskompasses ebenso auch für die Kompensation der kurs-, lage- und ortsabhängigen Feldverzerrungen angewendet werden können. *Bild* 6 zeigt das Schema einer sogenannten MES-Anlage (nur Vertikalschleife eingezeichnet). Der Sollwert des Reglers wird durch Messung des Erdfeldes geführt. Durch Messung am Schiff wird die Abweichung vom Sollwert erfaßt und durch den Regler die Erregung des Generators so verstellt, daß der magnetische Zustand des Schiffes neutral bleibt [8].

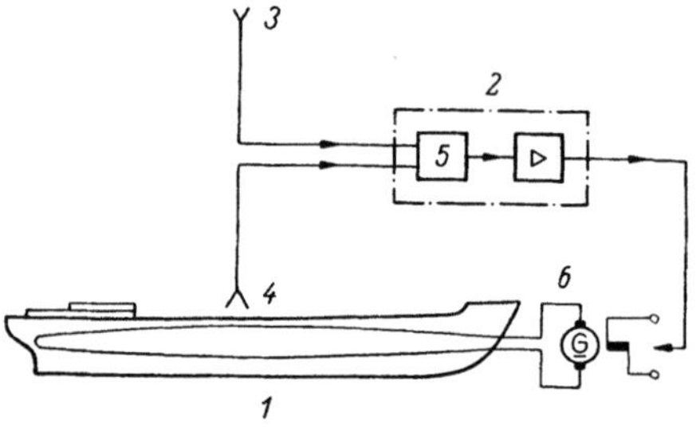

1 Schiff mit Vertikalschleife
2 Regler
3 Erdfeldmessung (Führungsgröße)
4 Schiffsfeldmessung (Regelgröße)
5 Magnetische Meßgeber
6 Gleichstromgenerator

Bild 6. Magnetische Eigenschutzanlagen; Stromregelung, dargestellt für die Vertikalschleife

C. Propellerantriebe

1. Allgemeines

Als Kraftmaschinen zum Antrieb der Propeller kommen bei Seeschiffen Kolbendampfmaschinen, Dampfturbinen, Dieselmotoren und in neuerer Zeit auch Gasturbinen in Betracht. Mittelbare elektrische Propellerantriebe werden mit

Dampfturbinen, Gasturbinen oder Dieselmotoren ausgeführt, und zwar in Verbindung mit Gleichstrom- oder Drehstrommaschinen.

Bis zu einer Antriebsleistung von 15000 bis 20000 PS wird im heutigen Schiffbau der Einschraubenantrieb bevorzugt. Zwei- oder Mehrschraubenantriebe finden sich im allgemeinen daher nur noch bei Neubauten von großen Fahrgastschiffen, die mit wesentlich höheren Leistungen betrieben werden.

Die Drehzahl des Propellers und sein Leistungsbedarf sind durch eine annähernd kubische Funktion verbunden, die sich durch Änderung der Widerstandswerte des Schiffskörpers mit der Geschwindigkeit ergibt. Propellerdrehzahl und Schiffsgeschwindigkeit hängen in Beharrungszuständen jeweils etwa linear zusammen.

2. Unmittelbare Kraftmaschinenantriebe

a) Dampfantriebe

Bei Dampfturbinenantrieb des Propellers werden Drehzahlregler zum Einhalten einer einmal eingestellten Drehzahl im allgemeinen nicht verwendet. Es wird lediglich ein Begrenzungsregler vorgesehen, der beim Austauchen des Propellers vor Erreichen der Schnellschlußdrehzahl wirksam wird.

Kolbendampfmaschinen, die in der Schiffahrt zum Antrieb kleiner Schiffe auch heute noch weit verbreitet sind, werden ebenfalls nur in ihrer maximalen Drehzahl begrenzt, im Betriebsbereich selbst aber nicht geregelt.

Die einzelnen Regelaufgaben einer Schiffskesselregelung, wie die Zuordnung von Brennstoff- und Luftmenge zur Kesselbelastung, unterscheiden sich nicht grundsätzlich von denen einer Kesselregelung an Land (s. Kapitel 15). Im allgemeinen werden nur Schiffe mit hoher Kesselleistung und häufigem Fahrtstufenwechsel mit Kesselregelanlagen ausgerüstet. Diese haben dann durchweg Ölfeuerung, so daß eine Regelung der Brennstoffmenge gut möglich ist. Gegenüber Landanlagen sind Unterschiede hauptsächlich in der Gerätetechnik zu erkennen. Mit Quecksilber arbeitende Meß-, Übertragungs- und Schaltgeräte können z. B. im allgemeinen wegen ihrer Schräglagenempfindlichkeit nicht benutzt werden. Die mit den üblichen Meßgebern ermittelten Regelgrößen, wie der Druck, werden deswegen z.B. mit Widerstandsfernsendern oder elektrischen Ferndrehsystemen (Drehmeldern) erfaßt und fortgeleitet.

b) Brennkraftantriebe

Gasturbinen werden entweder zusammen mit einem Verstellpropeller oder in Verbindung mit einem elektrischen Übertragungssystem betrieben, weil die Drehrichtungsumkehr des Propellers mit Hilfe einer Rückwärtsgasturbine auf Schwierigkeiten stößt. Der Verstellpropeller und die elektrische Übertragung erfordern Drehzahlregler an der Turbine zum Einhalten bestimmter Betriebsdrehzahlen bei wechselndem Drehmoment. Diese beeinflussen den Brennstoff- und Luftstrom.

Beim Dieselmotorantrieb wird wie bei der Dampfturbine und Kolbendampfmaschine die Drehzahl im allgemeinen nicht geregelt. Die Einstellung verschiedener Drehzahlen wird durch Verändern der Brennstoffüllung unmittelbar an den Brennstoffpumpen vorgenommen, wobei die Drehzahl nach oben durch Endregler begrenzt wird. Seltener wird die Drehzahl durch Sollwertänderung an einem

Drehzahlregler festgelegt, was dann eine Regelung jeder am Sollwertsteller eingestellten Drehzahl erfordert.

Ein bei Verwendung von Dieselmotoren häufig vorkommender Fall ist der Mehrmaschinenantrieb, bei dem *zwei* Dieselmotoren über ein gemeinsames Untersetzungsgetriebe auf *einen* Propeller arbeiten. Hier ist die gleiche Drehzahl der Motoren zwangsläufig gegeben. Für gleiche Leistungsaufnahme wird durch gleiche Brennstoffüllung der Maschinen gesorgt, dadurch daß ein zentraler Drehzahlregler die Stellglieder beider Maschinen gleichmäßig betätigt. Es kann aber auch die Drehzahl jeder einzelnen Maschine geregelt werden, wobei dann die P-Abweichung jedes Reglers etwa 5% betragen soll. Zusätzlich zu der zur Bildung dieses P-Verhaltens benutzten starren Rückführung kann dabei noch eine parallelgeschaltete PI-Rückführung vorgesehen werden, um ein günstiges Zeitverhalten zu erzielen.

Bei einem Zweischraubenschiff wird im allgemeinen jeder Propeller durch einen eigenen Dieselmotor angetrieben. Hier kann es zweckmäßig sein, Drehzahl und Lage der Kurbelwellen zueinander dieser nicht mechanisch gekuppelten Maschinen durch eine Folgeregelung zu beeinflussen. Dazu werden die Drehzahlen und die Kurbelwinkel miteinander verglichen und aus deren Abweichung die Stellgröße gebildet, die eine Veränderung der Brennstoffüllung bewirkt.

3. Elektrische Propellerantriebe

a) Drehstromübertragung

Bei Turboantrieb wird in Zweischraubenschiffen jedem Propellermotor ein eigener Turbogenerator zugeordnet und die Schaltung so ausgeführt, daß bei kleinen Fahrtstufen *ein* Turbogenerator zwei Propellermotoren speist. Parallelbetrieb der Generatoren ist im allgemeinen nicht üblich. Da der Drehrichtungswechsel durch Tausch der Zuleitungen am Propellermotor bewirkt wird, entfällt die Notwendigkeit einer Rückwärtsturbine. Beim Umsteuern tritt eine vorübergehende Trennung von Motor und Generator auf; die Turbine wird also plötzlich ent- bzw. belastet. Die Drehzahl muß bei diesen Umsteuervorgängen bis auf etwa 25% Nenndrehzahl herabgesetzt werden können. Im Gegensatz zum direkten Antrieb wird deswegen eine Drehzahlregelung der Turbine in der maximalen und minimalen Drehzahl notwendig.

Bei der Anwendung von Dieselsätzen werden mehrere parallelarbeitende Dieselgeneratoren aufgestellt. Der Parallelbetrieb erfordert die Verwendung von (statischen) Drehzahlreglern, um eine gleichmäßige Wirklastverteilung auf alle Aggregate sicherzustellen. Dem Regler fällt außerdem die Aufgabe zu, Be- und Entlastungen während eines Umsteuermanövers im gesamten Drehzahlbereich auszuregeln, wobei die prozentuale P-Abweichung mit fallender Drehzahl zunehmen muß. Auch bei dieselelektrischem Antrieb liegt der Drehzahlbereich etwa zwischen 100 und 25% des Nennwertes.

Die U/f-Regelung. Bei Propellerantrieben mit Drehstromübertragung muß im gesamten Drehzahlbereich auf ein gleichbleibendes Verhältnis Spannung/Frequenz (U/f) geregelt werden, um ein Außertrittfallen der Drehstrommaschinen zu verhindern. Besonders bei dieselelektrischen Propellerantrieben mit Drehstromübertragung wird gern im Bereich der oberen Fahrtstufen – zwischen 100 und 80%

des Nennwertes – eine elektrische Kupplung des Fahrantriebes mit dem allgemeinen Bordnetz zur Schiffsversorgung vorgenommen. Auch hier ist ein gleichbleibendes Verhältnis U/f für den sicheren Betrieb der mit Drehstrom-Asynchronmotoren ausgerüsteten Hilfsantriebe erforderlich. Die U/f-Regelung bildet also die Voraussetzung zur Kupplung beider Netze.

Ein Ausführungsbeispiel zeigt *Bild* 7. Die Erregung für Fahrgenerator (*2*) und Propellermotor (*1*) wird hier einer gemeinsamen Erregermaschine (*3*) entnommen. Diese wird wiederum von einer Regelmaschine (*4*) erregt, die drei Erregerwicklungen hat. Wicklung *a* liegt an einer festen Spannung (Grundanteil der Erregung); Wicklung *b* ist über einen Spannungswandler, eine Drosselspule und einen Gleichrichter an das Drehstromsystem angeschlossen; ihre Durchflutung wirkt der aus Wicklung *a* entgegen. Verändern sich Spannung und Frequenz um verhältnisgleiche Beträge und in gleichem Sinne, bleibt also das Verhältnis U/f konstant, so ändert sich der Strom in Wicklung *b* infolge des praktisch der Frequenz proportionalen induktiven Widerstandes der Drosselspule nicht. Steigt die Spannung bei gleichbleibender Frequenz, so steigt der Erregerstrom in Wicklung *b*. Dies bedeutet erhöhte Gegenerregung und damit ein Herabsetzen der Spannung am Generator. Bei mehr als verhältnisgleich zur Frequenz absinkender Netzspannung tritt eine entsprechend gegensinnige Wirkung auf. Um bei schnellen Belastungsänderungen einen Spannungseinbruch zu verhindern, wird eine Erregerwicklung *c* in Abhängigkeit vom Belastungsstrom so erregt, daß mit ansteigendem Strom die Erregung der Drehstrommaschinen und damit die Stabilität erhöht wird.

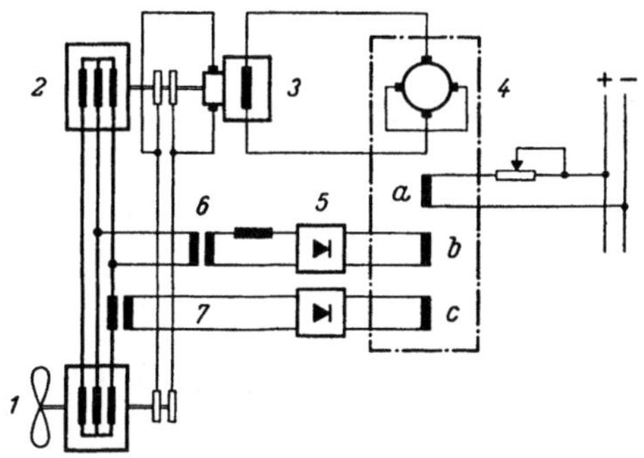

1 Propellermotor
2 Generator
3 Erregermaschine
4 Regelmaschine
5 Gleichrichter
6 U/f-Meßkreis
7 Störgrößenaufschaltung

Bild 7. Propellerantrieb mit Drehstromübertragung; U/f-Regelung

Bei Antrieb eines Schiffes durch Verstellpropeller wird die Drehzahl der Dieselmotoren zur Fahrtstufeneinstellung zwar auch in gewissen Grenzen nicht verändert. Wegen der möglichen Belastungs- und Entlastungsvorgänge bei plötzlicher Verstellung der Flügel für Fahrtstufenänderungen und Umsteuermanöver muß aber die Drehzahl der Dieselmotoren – auch bei Verwendung elektrischer Übertragungssysteme – geregelt werden. Außerdem wird die Spannung der Fahrgeneratoren auf einen gleichbleibenden Wert eingestellt [*9*].

b) Gleichstromübertragung

Sehr häufig wird der elektrische Propellerantrieb für kleine und mittlere Leistungen mit Gleichstromübertragung ausgeführt – fast stets in Verbindung mit Dieselmotoren. Alle Änderungen der Fahrtstufen und die Umsteuermanöver werden durch elektrische Schalt- und Steuervorgänge innerhalb des elektrischen Übertragungssystemes bewirkt. Die Drehzahl der Dieselmotoren wird hierbei nicht geändert. Wegen der möglichen schnellen Belastungsänderungen werden, im Gegensatz zum diesel-direkten Antrieb, Drehzahlregler für die Dieselmotoren vorgesehen. Von seiten des Propellerantriebs werden an diese Drehzahlregler zwar keine besonders hohen Anforderungen hinsichtlich eines möglichst geringen P-Bereiches gestellt, da die Fahrgeneratoren meist in Reihe geschaltet sind. Mit den Generatoren des Fahrbetriebs werden aber oft die Bordnetzgeneratoren gekuppelt, die unter sich oder mit anderen Aggregaten parallel arbeiten müssen. Infolgedessen werden P-Bereiche an den Drehzahlreglern von höchstens 5% benötigt.

Stromregelung bei Leonardantrieb der Propeller (*Bild* 8). In einigen Fällen wird der Strom als maßgebende Größe für die Belastung der Maschinen geregelt. Aufgabe einer derartigen Regelung ist es, jeder Stellung des Fahrtstufenstellers einen ganz bestimmten Strom im LEONARD-Kreis (Fahrkreis genannt) zuzuordnen, der unabhängig vom Beladungszustand des Schiffes, von Wind und Wasserverhältnissen, von der Anzahl der eingesetzten Steuergeneratoren und von der Drehzahl der Dieselmotoren den eingestellten Sollwert annimmt. Der Strom im Fahrkreis wird als Regelgröße einem Sollwertsteller zugeführt, dessen Einstellung mit den Fahrtstufenstellern gekuppelt ist. Die Differenz zwischen ihm und dem Sollwert wirkt über eine Verstärkeranordnung (z.B. Magnetverstärker oder Verstärkermaschine) auf den Erregerkreis eines Zusatzgenerators (*3*), dessen Ausgangsspannung im Erregerkreis der Propellermotoren (*2*) zu- oder abgesetzt wird. Die Spannung des Zusatzgenerators ist bei Nennbetrieb mit allen Steuergeneratoren und bei Geradeausfahrt des Schiffes Null. Bei Abweichungen von diesem Nennbetrieb wird der Zusatzgenerator, je nach Abweichung in der einen oder anderen Richtung, mehr oder weniger erregt, so daß stets der eingestellte Stromsollwert erhalten bleibt.

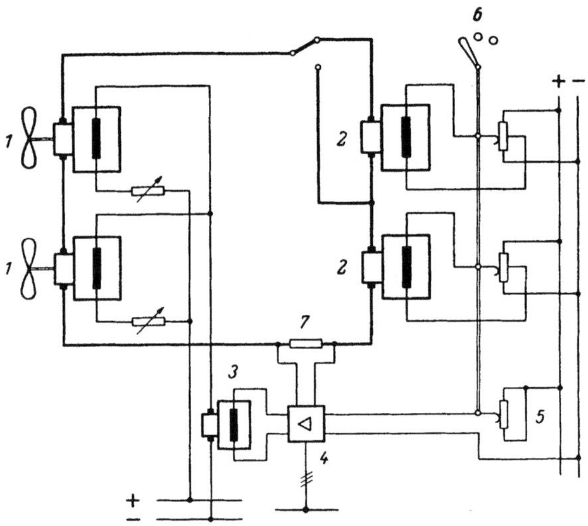

1 Propellermotoren *5* Verstellbarer Sollwert
2 Generatoren *6* Fahrtstufensteller
3 Erregermaschine *7* Meßort der Regelgröße
4 Verstärker

Bild 8. Propellerantrieb mit Gleichstromübertragung in LEONARD-Schaltung; Stromregelung

Speisung verschiedenartiger Antriebe. Für die Steuerung der Drehzahl mehrerer verschiedenartiger Arbeitsmaschinen, z.B. beim Antrieb der Propeller *und* der Pumpe eines Saugbaggers aus *einem* Stromkreis, kann die Konstantstromschaltung nach *Bild* 9 angewendet werden. Generatoren und Motoren sind dabei in Reihe geschaltet. Die Drehzahl der Antriebsmotoren wird über ihr Feld verändert, wobei der Strom im Hauptstromkreis auf gleichbleibenden Wert geregelt wird. Dies geschieht durch Regler, z.B. Kohledruck- oder Öldruckregler, auch durch besondere Regelmaschinen („Amplidyne", „Metadyne"). Das Drehmoment der Motoren ist dabei durch den Strom im Ankerkreis und den jeweils eingestellten Erregerstrom festgelegt. Bei Überlastung kann die Drehzahl unter Umständen bis zum Stillstand des Motors absinken. Um dies zu verhindern, kann eine Regelung der Drehzahl vorgesehen werden, wie es ebenfalls aus *Bild* 9 hervorgeht. Mit den Feldstellern der Motoren wird ein auf die Belastungskennlinie des Antriebs abgestimmter Sollwertgeber gekuppelt. Mit diesem ist eine Zusatz-Erregerwicklung (direkt oder über Verstärker) und ein Drehzahlgeber in Reihe geschaltet. Beim Absinken der Drehzahl infolge Überlastung fließt ein Differenzstrom derart, daß das Motorfeld verstärkt wird. Es wird also die Drehzahl gemessen, mit dem vorgegebenen Sollwert verglichen und auf diesen eingeregelt. Bei dieser Anordnung ist besonders zu beachten, daß die Zeitkonstanten der einzelnen Regelkreise aufeinander abgestimmt werden, damit Schwingungen vermieden werden [*10*].

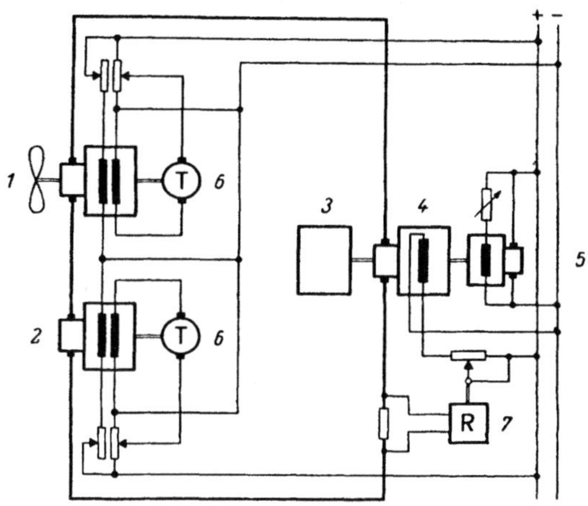

1 Propellermotor
2 Pumpenmotor
3 Dieselmotor
4 Generator
5 Erregermaschine
6 Drehzahlgeber
7 Öldruckregler

Bild 9. Propellerantrieb mit Gleichstromübertragung in Konstantstromschaltung; Stromregelung mit zusätzlicher Drehzahlregelung

D. Stromerzeugung im allgemeinen Bordnetz

1. Gleichstrom

Als Stromart des Bordnetzes für die allgemeine Stromversorgung des Schiffes wird Gleich- oder Drehstrom benutzt. In sehr vielen Bordnetzen sind Verbraucher vorhanden, deren Leistungsbedarf sich von der Leistung der Generatoren nur wenig unterscheidet. Bei ihrem Einschalten entstehen Spannungsabsenkungen, die sehr schnell wieder ausgeregelt werden müssen.

In Gleichstromanlagen werden vorwiegend Doppelschlußgeneratoren verwendet, deren Kompoundierung bei richtiger Bemessung eine ausreichende Spannungskonstanz ohne Verwendung von Reglern gewährleistet. Die den Generator antreibende Kraftmaschine muß hierbei mit einem Drehzahlregler versehen sein, dessen P-Bereich im Hinblick auf den fast stets erforderlichen Parallelbetrieb mit anderen Aggregaten in bestimmten Grenzen bleiben muß.

Wellengeneratoren, die von der Propellerwelle angetrieben werden, müssen in einem Drehzahlbereich von 100 bis 70% der Nenndrehzahl eine gleichbleibende Spannung abgeben (Lichtnetz). Bei Gleichstromanlagen kommen hierfür nur Nebenschlußmaschinen in Betracht, da eine Kompoundierung über diesen Drehzahlbereich nicht möglich ist. Die Regelung der Spannung wird daher im Nebenschlußfeld der Generatoren oder ihrer Erregermaschinen durch Kohledruckregler, Öldruckregler oder auch durch Regelmaschinen vorgenommen [*11*].

2. Drehstrom

In Drehstromanlagen machen die Einschaltströme der direkt eingeschalteten Drehstrom-Asynchronmotoren mit Käfigläufer mit Rücksicht auf die erwähnten Leistungsverhältnisse besonders weitgehende Maßnahmen bei der Spannungsregelung notwendig. Andererseits ist gerade an Bord die Verwendung des in seinem Aufbau so einfachen Käfigläufers besonders zweckmäßig. Werden insbesondere für die Windenantriebe an Deck Drehstrommotoren mit Käfigläufer benutzt, was wegen ihrer hohen Betriebssicherheit besonders erwünscht ist, so müssen schnellwirkende Verfahren zum Konstanthalten der Spannung benutzt werden. Hierzu werden in zunehmendem Maße Synchrongeneratoren mit lastabhängiger Selbsterregung verwendet (sog. Konstantspannungs-Generatoren). Um eine genaue Konstanz der Spannung zu erreichen, kann die Kompoundierung durch eine Regelung ergänzt werden. Im allgemeinen ist dies jedoch im Bordbetrieb nicht erforderlich und kompliziert die Anlagen in unerwünschter Weise [*12*].

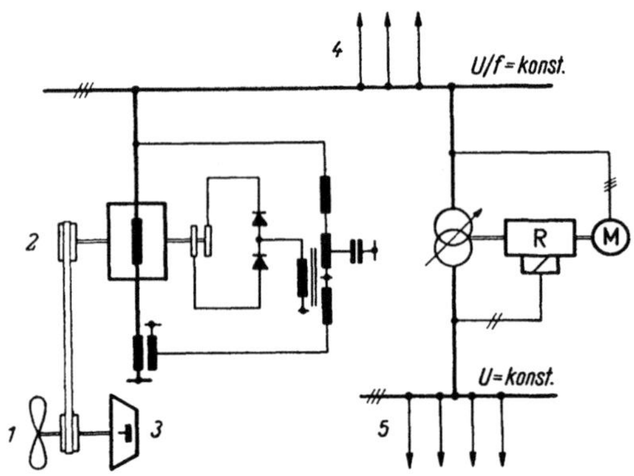

1 Propeller
2 Generator
3 Dieselmotor
4 Motorische Verbraucher
5 Spannungsempfindliche Verbraucher (Lichtnetz)
R Öldruckregler

Bild 10. Drehstromwellengenerator mit frequenzunabhängiger Spannungsregelung für das Lichtnetz

Bei Wellengeneratoren in Drehstromanlagen ändert sich außer der Spannung auch die Frequenz mit der Drehzahl der Propellerwelle. – Zum Betrieb der Asynchronmotoren ist ein gleichbleibendes Verhältnis U/f erwünscht, was in einem gewissen Bereich bei Verwendung von Konstantspannungs-Generatoren durch die Eigenart dieser Maschinen von selbst erzielt wird. Bei Benutzung nicht kompoundierter Maschinen muß eine besondere U/f-Regelung eingebaut werden (vgl. Abschnitt C 3 a). Das Lichtnetz wird meist über einen Drehtransformator auf gleichbleibender Spannung gehalten, wobei dieser dann in Abhängigkeit von der Netzspannung über einen Öldruckregler verstellt wird (*Bild* 10). Der Meßzweig für die Spannung muß dabei frequenzunabhängig sein. Die Induktivität der Meßspulen wird daher entweder durch Blindwiderstände kompensiert oder durch vergleichsweise sehr große Wirkwiderstände auf einen vernachlässigbaren Wert gebracht.

E. Verschiedenes

1. Winden

Bei Decksmaschinen (z.B. Winden, Krane, Spille und Rudermaschinen) ist es lediglich für einige Spezialwinden notwendig, Regelungen anzuwenden. So wird z.B. bei der „mooring-winch“ der Zug der Trosse, mit der das Schiff an einer Boje oder einem Poller vertäut liegt, durch eine mechanische Lastwaage auf einem einstellbaren Sollwert gehalten. Die Regelung kann auch auf elektrischem Wege durchgeführt werden. Bei steigendem Zug läßt die Winde Seil aus, bei abnehmendem Zug holt sie Seil ein. Bei Schleppwinden kommt als zusätzliche Aufgabe hinzu, die Schleppseillänge zwischen schleppendem und geschlepptem Fahrzeug auf einem gleichbleibenden Wert zu halten. Das Einhalten der zulässigen Abstandgrenzen wird durch Endschalter überwacht.

2. Klimaanlagen

Auf Schiffen spielt die Klimatisierung der Räume (s. Kapitel 18) für das Wohlergehen von Fahrgästen und Besatzung ebenso wie für das Frischhalten der Ladung eine wichtige Rolle. Im Gegensatz zu Landanlagen *wechseln* die Klimazustände vom subtropischen Fahrtbereich bis zur Nordatlantikfahrt. Durch reichliche Auslegung der Klimaanlagen muß den hierbei möglichen extremen Verhältnissen Rechnung getragen werden. In allen Fällen wird das Unter- bzw. Überschreiten bestimmter Temperaturen und Feuchtigkeitsgrade durch Thermo- und Hygrostate überwacht (Regelgrößen: Temperatur bzw. Feuchte). Bei hohen Außentemperaturen ist es notwendig, den Unterschied zwischen Außen- und Raumtemperatur nicht größer als 3 bis 7 °C zu machen, da sonst gesundheitliche Schäden auftreten können. Die bei den einzelnen Menschen vorhandenen physiologischen Unterschiede in der Wirkung von Temperaturunterschieden werden gerade auf Schiffen zweckmäßig z. B. durch Einzelklimatisierung der Kabinen berücksichtigt. Der Temperaturunterschied darf jedoch allgemein nur im Zusammenhang mit der Luftfeuchte betrachtet werden. Für eine Einzelklimatisierung spricht auch, daß die Unterbringung der Luftschächte infolge der gedrängten Platzverhältnisse an Bord oft schwierig ist. Dieser Gesichtspunkt führt auch dazu, daß Anlagen mit hohem Druck der Vorzug gegeben wird.

3. Schiffbau-Versuchsanstalten

In Versuchsanstalten für den Schiffbau steht der Modellversuch im Mittelpunkt der Arbeit. Im *Schlepptank* wird das Schiffsmodell, das mit einer Meßvorrichtung verbunden ist, entweder durch eine von außen wirkende Fremdkraft (Schleppversuch) oder durch einen eingebauten Eigenantrieb (Propulsionsversuch) in stillstehendem oder auch strömendem Wasser bewegt. Im *Umlauftank* wird dagegen das Modell in einer Meßvorrichtung festgehalten und von bewegtem Wasser angeströmt, wie es ähnlich bei Versuchsanstalten für die Luftfahrt im Windkanal geschieht. Daneben werden im geschlossenen Umlauftank (Kavitationstank) die Propeller selbst untersucht. Dabei muß meist ein in weiten Grenzen veränderlicher Parameter, z. B. Geschwindigkeit des bewegten Modells, Strömungsgeschwindigkeit des Wassers oder Drehzahl des Propellers, genau eingestellt und auf konstantem Wert gehalten werden können.

Bei Schlepp- und Propulsionsversuchen wird das Schiffsmodell häufig von einem auf Schienen laufenden Wagen – Schleppwagen – geschleppt oder von ihm begleitet (*Bild* 11). Die Geschwindigkeit des – elektrisch angetriebenen – Wagens soll während einer Meßfahrt genau eingehalten werden. Hierbei sollen nicht nur die vorübergehenden und bleibenden Abweichungen von einem Mittelwert (Reproduzierbarkeit!), sondern auch der erste Differentialquotient in einer vorgeschriebenen Grenze bleiben; denn bereits Beschleunigungen von etwa 10^{-4} g können infolge

Bild 11. Schleppwagen einer Schiffbau-Versuchsanstalt [*13*]

der verhältnismäßig großen Masse des geschleppten Modells an der Modellmeßeinrichtung Kräfte hervorrufen, die in der Größenordnung der interessierenden Meßgröße (Schleppwiderstand) liegen und daher die Messung erheblich stören können. – Mitunter werden für Modellversuche im Schleppkanal an Stelle der Schleppwagen auch Seilwinden benutzt, die z. B. auf konstanten Zug oder konstante Seilgeschwindigkeit geregelt werden (s. Abschnitt E1).

In neuerer Zeit wird fast stets ein elektronisch geregelter Gleichstromantrieb für den Schleppwagen, z. B. unter Anwendung der LEONARD-Schaltung, benutzt. Der

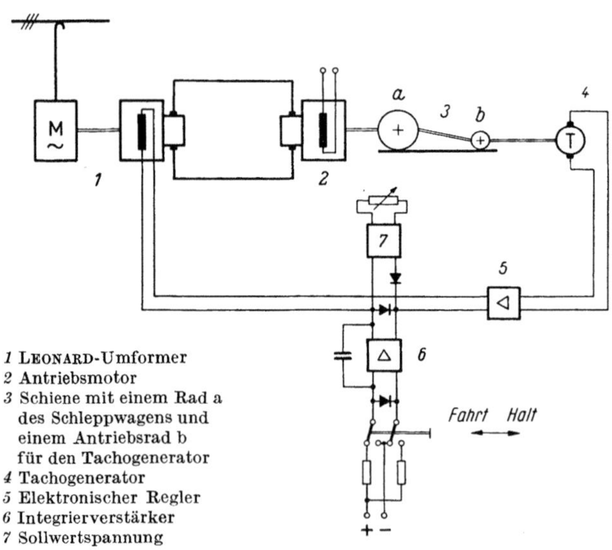

Bild 12. Fahrantrieb für Schleppwagen. Regelung der Geschwindigkeit, Steuerung der Beschleunigung

LEONARD-Umformer für die Speisung der Motoren, zumindest jedoch der vollständige Regler, wird auf dem Wagen aufgestellt. Statt des LEONARD-Umformers kann auch ein gittergesteuerter Stromrichter verwendet werden. Zur Stromzuführung dienen Fahrdrähte und Stromabnehmer. Aus *Bild* 12 geht die Anordnung eines derartigen Antriebs für einen Schleppwagen mittlerer Größe hervor.

Es ist wichtig, bei gegebener beschränkter Tanklänge einen ausreichend langen Meßabschnitt mit konstanter Geschwindigkeit zu durchfahren. Das bedeutet die Erzielung möglichst kurzer Anfahr- und Bremswege – besonders bei hohen Meßgeschwindigkeiten. Dazu müssen die kurzzeitig zulässigen Maximalwerte des Stromes bei Generatoren und Motoren während des Anfahrens und Bremsens bis zur Grenze voll ausgefahren werden. Auch hierzu wird eine selbsttätige Steuer- oder Regeleinrichtung benutzt. Im gezeigten Beispiel (*Bild* 12) ist eine gleitende Sollwertvorgabe angewendet, bei der im Ruhezustand die jeweils eingestellte Sollwertspannung (Vergleichsspannung) durch eine Gegenspannung am Ausgang eines Integrierverstärkers blockiert ist. Durch Zuschalten einer festen Eingangsspannung am Integrierverstärker wird die Gegenspannung stetig so abgebaut, daß der Antrieb mit gleichbleibender Beschleunigung hochfährt und nach völligem Abbau der Gegenspannung eine Regelung auf den eingestellten Sollwert der Geschwindigkeit einsetzt. Das Abbremsen des Wagens spielt sich entsprechend in entgegengesetzter Reihenfolge ab: Umschalten der Eingangsspannung des Integrierverstärkers, stetiger Aufbau der Gegenspannung und damit stetige Verzögerung des Wagens bis zum Stillstand. Zum Messen bzw. Regeln der Geschwindigkeit werden Tachogeneratoren verwendet, und zwar sowohl Mittelfrequenzmaschinen in Verbindung mit Meßumformern als auch hochwertige Gleichstrommaschinen. Es ist oft zweckmäßig, die Tachomaschine nicht mit den Fahrmotoren zu kuppeln, sondern, wie aus *Bild* 12 hervorgeht, mit einem eigenen Schienenrad anzutreiben.

Bild 13. Maschinenraum eines Diesel-Elektroschiffes [*15*]

Bei den Antrieben für Pumpen- und Modellpropeller von Umlauftanks wird deren Drehzahl meist unmittelbar als Regelgröße verwendet. Es ist selten notwendig, die Strömung selbst als Regelgröße zu benutzen [*14*].

Bild 14. Schiffsbrücke mit Ruderstand [*16*]

F. Quellenhinweise

[*1*] Schirmer, E.: Elektrische Regel- und Steuerungsaufgaben bei Schiffshilfsanlagen. Hansa Jg. 88 (1951) S. 865–869.

[*2*] Hersteller Fa. Anschütz & Co., GmbH., Kiel-Wik.

[*3*] Richter, J.: Über die Kursregelung von Schiffen. Vortrag auf d. Jahresversamml. d. Schiffbautechn. Ges. am 18. 11. 1960 in Berlin. In: Jb. schiffbautechn. Ges. 54. Bd. Berlin/Göttingen/Heidelberg: Springer 1960.

[*4*] Allgemeine Elektricitätsgesellschaft (AEG), Berlin und Frankfurt.

[*5*] Hort, H.: Beschreibung und Versuchsergebnisse ausgeführter Schiffsstabilisierungsanlagen. Jb. schiffsbautechn. Ges. Bd. 35 (1934) S. 292–317.

[*6*] von den Steinen, C.: Kritische Betrachtungen über Stabilisatoren und Stabilisator-Steuerungen. Schiff und Hafen Jg. 7 (1955) S. 132–137 u. S. 235–239.

[*7*] von den Steinen, C.: Die Schiffsstabilisierung als meßtechnisches Problem. Schiffstechnik. Forsch.-H. Schiffbau u. Schiffsmasch.-Bau Bd. 3 (1955/56) H. 14/15, S. 143–147.

[*8*] Kosack, H.-J. u. Wangerin, A.: Elektrotechnik auf Handelsschiffen. Berlin/Göttingen/Heidelberg: Springer 1956, s. bes. S. 255–257.

[*9*] Kosack, H.-J.: Schaltungen elektrischer Schiffspropellerantriebe mit Drehstromübertragung. Schiff und Hafen Jg. 3 (1951) S. 323–327.

[*10*] Lange, H.: Elektrische Propeller-Antriebsanlagen unter besonderer Berücksichtigung der Gleichstromübertragung. Siemens-Z. 30. Jg. (1956) S. 425–437.

[*11*] Schirmer, E. u. Seiffert, G.: Elektrische Maschinen auf Handelsschiffen. VDI-Z. 96. Bd. (1954) S. 355–363.

[*12*] Kosack, H.-J.: Neue Wege bei der Anwendung des Drehstroms auf Trockenfrachtern. Schiff und Hafen Jg. 8 (1956) S. 53–59.

[*13*] Hamburgische Schiffbau-Versuchsanstalt.

[*14*] Grosshans, H. u. Wild, H.: Regelaufgaben bei elektrischen Antrieben für Schiffbauversuchsanstalten. Schiff und Hafen Jg. 6 (1954) S. 541–546.

[*15*] Diesel-Elektroschiff „Archsum". Nordfriesische Reederei GmbH, Rendsburg.

[*16*] MS „Cap Blanco". Hamburg-Südamerikanische Dampfschiffahrts-Gesellschaft.

[*17*] Hort, H.: Die Entwicklung und der heutige Stand der aktivierten Schiffsstabilisierung. Jb. schiffbautechn. Ges. Bd. 38 (1937) S. 274–288.

55. Luftfahrt

Von G. Klein

Inhaltsübersicht[1]

A. Einführung

1. Allgemeiner Überblick

Während früher neben dem Flugzeug das Luftschiff noch eine gewisse Rolle spielte, wird heute das Gebiet der Luftfahrt eindeutig vom Flugzeug beherrscht. Die wichtigsten Regelprobleme treten beim Betrieb von Flugzeugen

[1] Das vorliegende Kapitel ist beschränkt auf Flugzeuge mit Propellerantrieb.

auf. Hier kann man zwei große Gebiete unterscheiden: den Bodenbetrieb und den Flugbetrieb.

Die Regelaufgaben des Bodenbetriebs liegen vorwiegend auf den Gebieten der stationären und mobilen Energieversorgung, Klimaregelung u. dgl.; sie werden mit den von ähnlichen Industriezweigen her bekannten Mitteln beherrscht. Daneben enthalten die Meß- und Registriergeräte des Wetterdienstes „eingekapselte" Regelungen, für die die in der Meßtechnik üblichen Mittel angewandt werden.

Bei den Regelproblemen des Flugbetriebs, und zwar an Bord eines Flugzeuges, zwingen die Besonderheit der Aufgaben (Gewichts- und Raumverhältnisse) sowie die Betriebssicherheitsbedingungen dazu, diese Probleme mit für andere Industriezweige ungewöhnlichen Prinzipien und Mitteln zu lösen. Dies gilt besonders für die Gruppe der Regelprobleme, die sich auf den Bewegungszustand eines Flugzeuges beziehen und hier hauptsächlich behandelt werden sollen.

Im Gegensatz zu allen landgebundenen Fahrzeugen hat bei einem Flugzeug die Regelung seines Bewegungszustandes eine besondere Bedeutung [*1*]. Gründe hierfür sind: seine Bewegungsmöglichkeit in allen drei Raumachsen, das Nichtvorhandensein eng vorgeschriebener Wege (abgesehen vom Start- und Landevorgang), die unbedingte Notwendigkeit der Bewegung zum Aufrechterhalten seines Flugzustandes und die Grenzen der menschlichen Reaktionsfähigkeit, insbesondere bei Hochgeschwindigkeits-Flugzeugen. Auch das „Auf-der-Stelle-Treten" von Hubschraubern ist kein stationärer, sondern ein dynamischer Vorgang, der einer besonderen Regelung bedarf [*13*].

2. Regelungsarten bei einem Flugzeug

Die Regelungen der Bewegung eines Flugzeuges (s. *Bild* 1) kann man einteilen in *Dämpfungsregelungen*, *Kursregelungen* und *Lageregelungen*. Dazu kommt wahlweise zusätzlich die *Geschwindigkeitsregelung* über das Triebwerk, ferner für Flugzeuge mit hohen Steuerkräften die „Hilfskraftsteuerung" (im Englischen mit *booster* bezeichnet), die hochwertige, nicht unbedingt nach außen in Erscheinung tretende „eingekapselte" Regelkreise enthält.

Dämpfungsregelungen sind einerseits Sicherheitsregelungen für kleinere Flugzeuge, insbesondere Reiseflugzeuge zur Unterstützung weniger geübter Flugzeugführer; andererseits dienen sie zum Erzeugen einer künstlichen Dämpfung, vor allem bei Hochgeschwindigkeits-Flugzeugen, da es bei diesen schwierig, in vielen Fällen sogar unmöglich ist, mit aerodynamischen Mitteln genügende Dämpfung zu erzielen.

Kursregelungen sind einachsige Regelungen über das Seitenruder. Kursregelungen über das Querruder sind grundsätzlich möglich, aber bisher als einachsige Regelungen nicht bekannt. Die Kursregelung über das Seitenruder ist gleichzeitig bei kleineren und mittleren Flugzeugen eine Sicherheitsregelung, da durch die richtige Betätigung des Seitenruders der gefährliche Flugzustand des Spiralsturzes vermieden werden kann.

Lageregelungen sind mehrachsige Regelungen, die entweder auf Seiten- und Querruder oder auf Seiten- und Höhenruder (wenn gute Querstabilität vorhanden) oder bei Flugzeugen, bei denen Kursänderungen besser mit dem Querruder statt mit dem Seitenruder vorgenommen werden, auf Quer- und Höhenruder wirken. In der zuletzt genannten Form kommt eine derartige Zweiachsenregelung sehr weitgehend einer *Dreiachsenregelung* gleich, bei der alle drei Ruder (Höhen-, Seiten- und Querruder) automatisch betätigt werden.

Die Regelung der *Geschwindigkeit* als der vierten Bewegungsgröße wird über die Steuerung des Triebwerks vorgenommen. Frühere Versuche, die Geschwindigkeitsregelung über die Betätigung des Höhenruders zu erreichen, müssen als Fehlwege bezeichnet werden, da mit jeder Betätigung des Höhenruders eine Veränderung der Längslage verbunden ist. Wenn man also sowohl die Längslage wie die Geschwindigkeit regeln will, muß man die Geschwindigkeit über das Triebwerk regeln.

In einigen Fällen geht man neuerdings sogar so weit, auch die statische Stabilität nicht mit natürlichen aerodynamischen Mitteln, sondern mit den künstlichen Mitteln einer Regelung zu erzeugen.

3. Grundsätzlicher Aufbau und Wirkungsweise der Flugregelungen

Eine dreiachsige Regelung mit zusätzlicher Geschwindigkeitsregelung zeigt die Anordnung in *Bild* 1. Obgleich es sich hier um vier gerätemäßig völlig getrennte

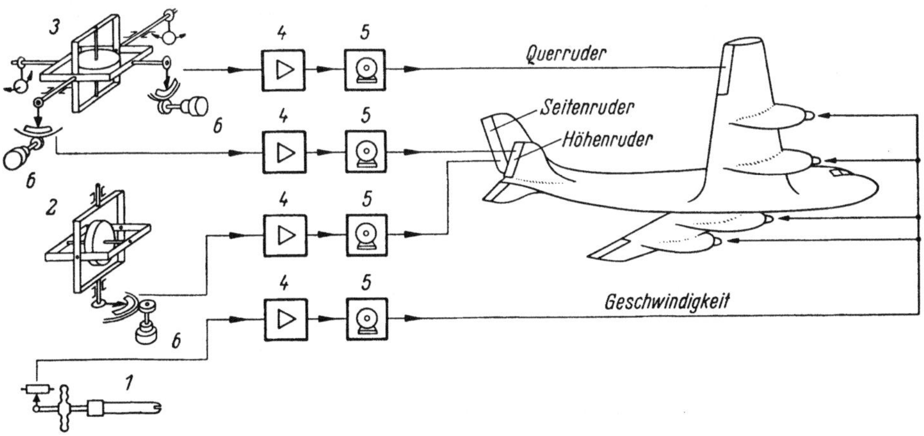

1 Pitotrohr *2* Kurskreisel *3* Horizontkreisel *4* Verstärker *5* Rudermaschinen *6* Sollwerteinsteller

Bild 1. Regelanordnung der Flugzeugbewegungsregelung

Regelkreise handelt, ist es zweckmäßig, alle vier gemeinsam zu betrachten, da sie alle miteinander gekoppelt sind. Ihre Kopplung liegt in drei Bedingungen begründet:

(a) Die Kopplung Seiten- mit Querruder. Jeder Seitenruderausschlag ruft außer der Drehung des Flugzeuges um die Hochachse auch eine Querlagenänderung um die Längsachse hervor (Wenderollmoment) und umgekehrt.

(b) Die Kopplung Höhenruder mit Fluggeschwindigkeit. Jeder Höhenruderausschlag verursacht außer der Änderung der Längslage auch eine Änderung der Fluggeschwindigkeit.

(c) Die Kopplung Fluggeschwindigkeit mit den Rudern. Jede Fluggeschwindigkeitsänderung bedingt umgekehrt nicht nur eine Änderung der Wirkung des Höhenruders, sondern auch des Seiten- und Querruders.

Die *Meßgeber,* im linken Teil des Bildes, sind: das *Pitotrohr* für die Geschwindigkeitsmessung zur Triebwerkregelung, der *Horizontkreisel* für die Messung der Längs- und Querlage und die Betätigung des Höhen- und Querruders und der *Kurskreisel* für die Messung des Kurswinkels und die Betätigung des Seitenruders. Bei dieser grundsätzlichen Betrachtung soll zunächst diese saubere Trennung beibehalten werden. Bei neuen größeren Flugzeugen wird der Kurswert des Kompaßkreisels auf das Querruder gegeben, da auch durch jeden Querruderausschlag eine Kurskorrektur erreicht werden kann. In diesem Fall wird das Seitenruder durch einen „Schiebewinkelmesser" beaufschlagt.

Die Regelabweichungen werden in den Mischverstärkern mit den Drehgeschwindigkeitswerten (d. h. den ersten Differentialquotienten der Winkelabweichungen) und notfalls auch mit der Drehbeschleunigung (d.h. dem zweiten Differentialquotienten der Winkelabweichungen) sowie mit den Rückführwerten addiert; das Ergebnis wird auf einen Wert verstärkt, der geeignet ist, die jeweiligen Rudermaschinen auszusteuern. Im allgemeinen liegt ein beachtenswerter Teil der Verstärkung in den Rudermaschinen selber. Die Größe dieser Verstärkung hängt von der Art der Rudermaschine ab, deren verschiedene Ausführungsformen in Abschnitt C2 behandelt werden.

B. Meßgeber

1. Einteilung der Meßgeber

Die bei der Flugregelung verwendeten Meßgeber lassen sich in zwei Gruppen einteilen: *Meßgeber erster Ordnung,* die die Regelung unmittelbar beeinflussen. Zu ihnen gehören alle Kreiselgeräte und sonstigen Geber, die mit Abgriffen für die Messung der Lagewinkel, der Drehgeschwindigkeit und der Drehbeschleunigung um eine oder mehrere Flugzeugachsen versehen sind. *Meßgeber zweiter Ordnung,* die die Überwachung der freien Kreisel oder die Aufschaltung von Meßgrößen anderer Bezugssysteme zur Aufgabe haben. Beispielsweise ist der Fernkompaß *vor* den Kurskreisel geschaltet, um die Kreiselachse in die (magnetische) Nordrichtung zu lenken und dort zu halten. Pendel, die im Horizontkreisel eingebaut sind, bringen die Achse dieses Kreisels in die Lotrichtung. Im Gegensatz dazu gibt es Meßgrößen, die *parallel* zu den Kreiselgeräten auf die Flugregelung einwirken, also in einem Mischgerät mit den Kreiselmeßwerten vereinigt werden, ohne die Kreisel zu beeinflussen. Hiervon sind die wichtigsten:

Flughöhe, als barometrischer Druck oder UKW-Echolot (Funkhöhenmesser), Peilkurs von einem Sender oder Landeschneisenkurs und -gleitweg im ILS-Verfahren (instrument landing system). Diese elektrischen Meßgeber erfordern die Zwischenschaltung von besonderen Aufschaltverstärkern.

Einteilung der Kreiselgeräte (Meßgeber 1. Ordnung[1])

					Kombinierte Kreisel	
1	Kreiselarten	Freie Kreisel		Gefesselte Kreisel	Kombinierte freie Kreisel	Kombinierte freie und gefesselte Kreisel
2	Achsen (Freiheitsgrade)	Mit 3 freien Achsen (einschl. der Drallachse)		Mit 2 Freiheitsgraden, von denen einer gefesselt ist (in Einzelfällen auch 3 Freiheitsgrade)	Mit 3 freien Achsen (einschl. der Drallachse)	Mit 2 Freiheitsgraden, von denen einer elektrisch gefesselt ist
3	Meßgrößen	Kurswinkel	Längslagenwinkel Querlagenwinkel [Horizont(winkel)]	Drehgeschwindigkeit um eine Raumachse	Kurs-, Längs- und Querlagenwinkel	Drehgeschwindigkeit plus Lagenwinkel
4	Benennung der Kreisel nach der Meßgröße	Kurskreisel	a) Lagenkreisel b) Horizontkreisel	Drehgeschwindigkeitskreisel	Dreiachsen-Meßherz	Dämpfungs-Lagenkreisel
5	Sonstige Benennungen der Kreisel (z. B. nach: Funktion, Baumerkmalen, Erfinder)	Kompaßkreisel[2]	Lotkreisel[3] Vertikant[4]	a) Wendekreisel b) Dämpfungskreisel[5] c) Wendezeiger[6]	a) Raumkreuz (Kurs- plus Horizontkreisel) b) Dreikreiselplattform	a) PI-Wendekreisel b) Integrationskreisel c) Marggrafkreisel[7]
6	Sinnbilder	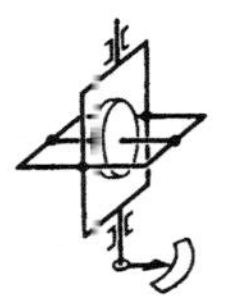	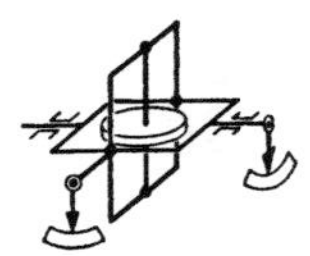	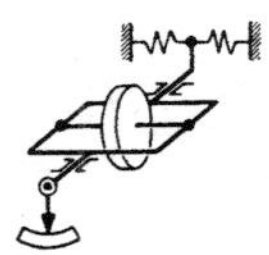	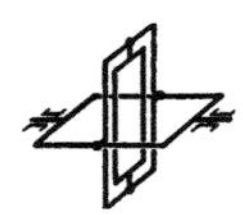	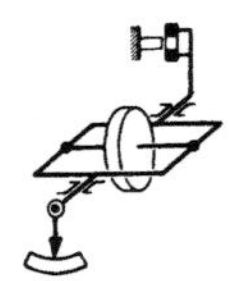

[1] Die Kreisel werden von Überwachungsgeräten (Meßgeber 2. Ordnung) überwacht: Kurskreisel von einem Magnetkompaß, Lagenkreisel von einem Längs- und Querpendel für jede Achse einzeln bzw. von einem „Libellen"pendel gleichzeitig für beide Achsen.

[2] Weil von einem Magnetkompaß überwacht.

[3] Weil von Lotpendeln überwacht.

[4] Wenn eine vertikale Bezugsebene vorliegt.

[5] Wegen seiner dämpfenden Wirkung beim Regelvorgang.

[6] Nur wenn als „Sicht"kreisel ausgeführt.

[7] Nach dem Erfinder Kurt Marggraf.

Einteilung, Funktionen und Benennungen der Kreiselgeräte (Meßgeber erster Ordnung) können der Tabelle entnommen werden. Auch Hinweise für Meßgeber zweiter Ordnung sind in dieser Tabelle enthalten.

2. Grundsätzliche Wirkungsweise der Kreiselgeräte

Die Bedeutung der Kreisel beruht auf der *Kreiselwirkung*, die an jedem rotierenden Körper beobachtet werden kann. Diese verleiht einem rotierenden Körper eine sehr viel größere Standfestigkeit gegen äußere Kräfte, als sie ein gleicher, aber nicht rotierender Körper hat. Durch die Kreiselwirkung reagiert ein Kreisel auf ein Störmoment mit einer verhältnismäßig langsamen Präzessionsbewegung.

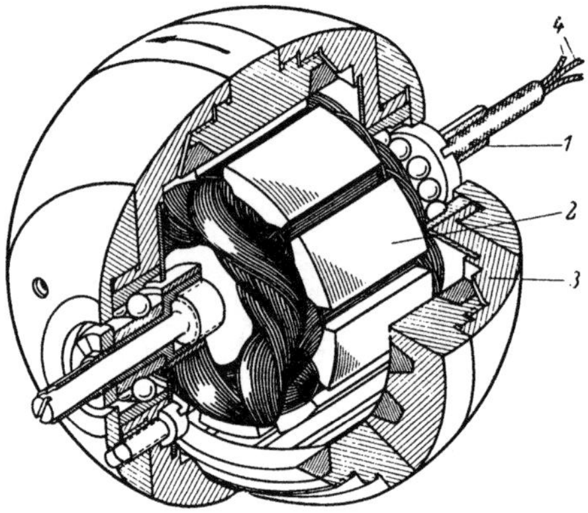

1 Feststehende Achse
2 Stator mit Wicklung
3 Rotierender Schwungkörper
4 Stromzuführungen

Bild 2. Asynchronkreisel in symmetrischer Bauweise

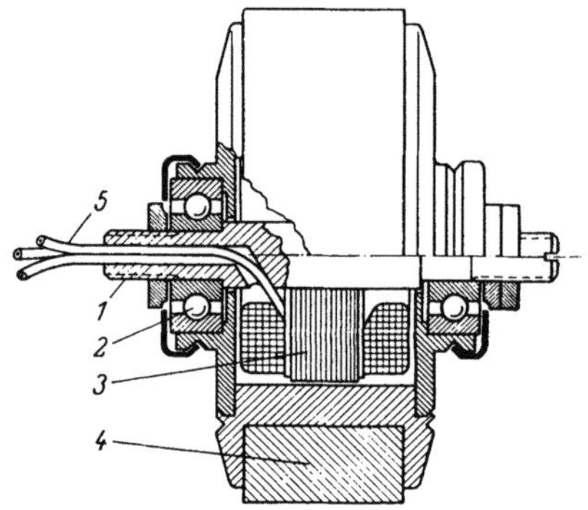

1 Feststehende Achse
2 Kugellager
3 Stator mit Wicklung
4 Rotierender Schwungkörper
5 Stromzuführung

Bild 3. Symmetrischer Drehstromkreisel

Außerdem weicht der Kreisel „seitlich“ aus, d.h., er gibt einem Störmoment um dessen Achse so lange nicht nach, wie er um eine hierzu senkrecht stehende Achse präzedieren kann. Ein langsames Präzedieren des Kreisels erhält man, wenn der Drall, d.h. das Produkt aus Trägheitsmoment und Rotationsgeschwindigkeit, groß ist.

Um Betriebssicherheit und Genauigkeit zu erreichen, verwendet man heute elektrische Kreiselläufer mit Drehzahlen bis zu 30000 U/min. Die Kreiselrotoren sind bei den Geräten der Flugregelung als Drehstrommotoren ausgebildet (Käfig- und Hysteresisläufer, *Bild* 2 und 3). Durch eine geeignete Kapselung werden sowohl die erforderliche Antriebsleistung klein gehalten als auch Störmomente durch Luftbewegungen vermieden. Bei hochwertigen Kreiseln sind die Kreiselgehäuse mit Wasserstoff gefüllt, um die Antriebsleistungen herabzusetzen und die Wärmeabfuhr zu verbessern.

3. Freie Kreiselgeräte

a) Aufbau

Bei diesen Geräten wird der Kreiselrotor „kardanisch", d.h. nach allen Richtungen schwenkbar gelagert. Um den Einfluß äußerer Beschleunigungen fernzuhalten, wird der Schwerpunkt in den Schnittpunkt der Lagerachsen gelegt. Von der Reibung in den Lagern abgesehen, kann sich ein solcher Kreisel kräftefrei bewegen. Er behält seine Achsrichtung im Raum bei, so daß die Bewegungen des Flugzeuges gegenüber diesem Kreisel gemessen werden können. Unter dem Einfluß von äußeren Momenten wandert der Kreisel aus: er präzediert. Um diese Präzessionsbewegung gering zu halten, müssen neben einem möglichst großen Drall alle Störkräfte so klein wie möglich gehalten werden. Zur Verringerung der Reibung ver-

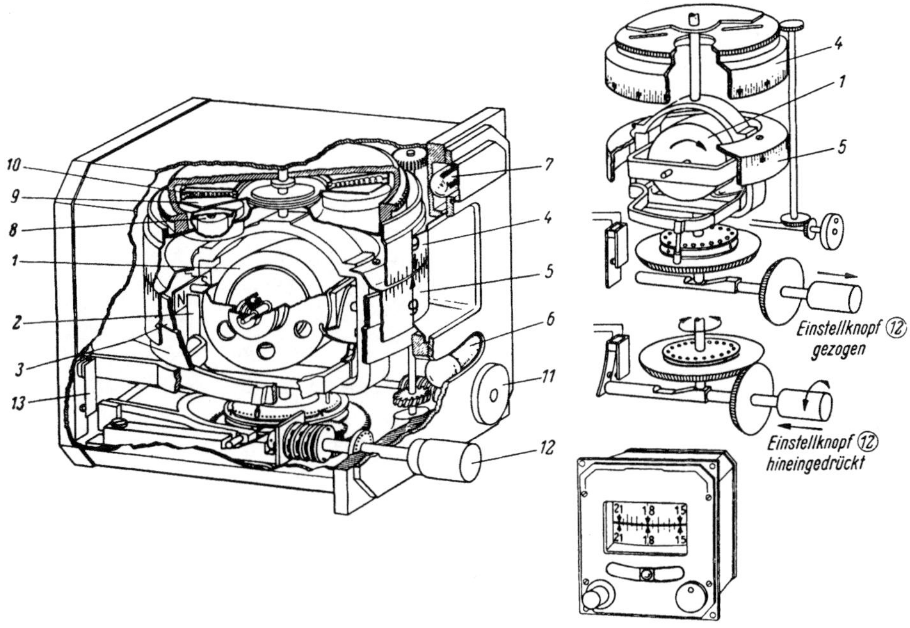

1 Kreisel im Kardanrahmen
2 Magnet für Kreisellenkung
3 Überwachungsspulen für Kreisellenkung
4 Kursgeberrose (flugzeugfest)
5 Kursrose (raumfest)
6 Kugellibelle
7 Skalenbeleuchtung
8 Membranpuste des Bolometerabgriffs
9 Blende des Bolometers
10 Heizwendel des Bolometers
11 Drehschauscheibe der Einstellmechanik für Kursgeberrose und Bolometer
12 Einstellknopf für Kursrose und Kreisel
13 Federkontakt für Kuppelventil

Bild 4. Kompaßkreisel (auch Kurskreisel genannt) mit Handbedienung und Direktablesung für Instrumentenbretteinbau [*17*]

wendet man Kugellager mit kleinem Reibradius, auftriebentlastete Kleinlager (Zapfen), Schwimmkreisel ohne mechanische Lagerung sowie Luftfilmlagerungen. Der Schwerpunktverschiebung durch Wärmewirkung wird durch richtige Werkstoffauswahl und konstruktive Maßnahmen vorgebeugt.

Trotz aller Bemühungen gelingt es nicht, das Auswandern eines freien Kreisels ganz zu verhindern. Man braucht daher zum Halten (Überwachen) der Kreiselstellung beim *Kurskreisel* einen Magnetkompaß, beim *Horizontkreisel* ein Pendel. Diese Überwachungsmeßgeräte weisen zwar vorübergehend beträchtliche Fehler auf, liefern aber im Zeitmittel sehr genaue Anzeigen.

Die Wirkung des freien Kreisels beruht auf der freien Beweglichkeit um drei Achsen. Wenn durch Achsendeckung einer der Freiheitsgrade entfällt, ändert der Kreisel sein Verhalten völlig; man sagt dann, er fällt um. Bei kunstflugtauglichen Kreiselgeräten muß man durch besondere Maßnahmen, z.B. Zusatzkardanrahmen mit automatischer Nachführung, dafür sorgen, daß diese Achsendeckung vermieden wird.

b) Kurskreisel

Hier liegt die Drallachse in einer horizontalen Ebene, meist in Nordsüdrichtung. Die Stellung der senkrechtstehenden äußeren Kardanachse liefert die Kursanzeige. Der gewünschte Kurs wird an einer ,,Basis" von Hand oder motorisch eingestellt. Diese Basis steht der kreiselfesten Kursrose gegenüber und dreht gleichzeitig die Gehäuseseite des Kursabgriffes. Beim Verstellen der Basis (s. *Bild* 5) gibt der Abgriff ein Regelsignal über einen Verstärker an die Rudermaschine weiter, die eine Flugzeugdrehung verursacht. Die Drehung wird so lange aufrechterhalten, bis das Flugzeug den gleichen Winkel zurückgelegt hat, um den die Basis verstellt wurde. Störmomente um die äußere Kardanachse,

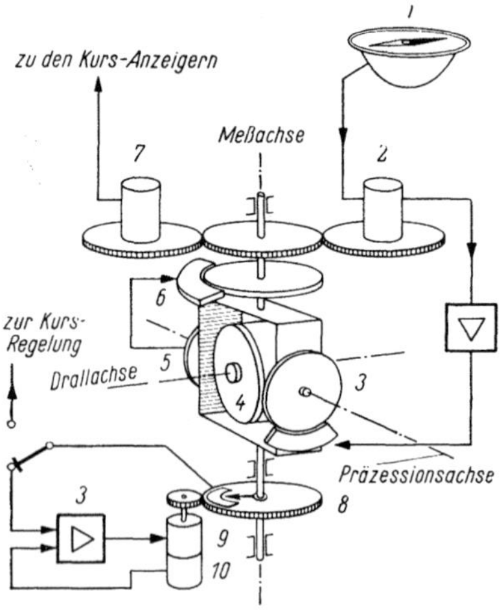

1 Induktiver Fernkompaß
2 Kompaßtochter für Vergleich mit der Kreiselstellung
3 Drehmomenterzeuger (Lenkmotor)
4 Kreisel
5 Elektrolytpendel (Libelle)
6 Drehmomenterzeuger
7 Kursgeber (Drehmelder)
8 Einstellbare Abgriffsbasis
9 Motor für Selbstnachlauf
10 Tachogenerator für Dämpfung

Bild 5. Prinzip eines Kompaßkreisels mit Fernbedienung (auch Kurskreisel genannt)

1 Kreisel in Kreiselgehäuse
2 Kreiselrahmen
3 Drehmomenterzeuger um die Präzessionsachse
4 Drehmomenterzeuger um die Meßachse
5 Drehmelder für Kursanzeige
6 Fernkompaßtochter
7 Motorgenerator für Basisverstellung
8 Gasdichte Anschlüsse
9 Pumpstutzen

Bild 6. Kompaßkreisel mit Fernbedienung in gasdichter Kapselung (geöffnet und geschlossen) [9]

wie Lagerreibung oder Abgriffsrückwirkung, bewirken ein Auswandern des Kreisels um die innere Kardanachse, wodurch sich die Drallachse nach oben oder unten neigt. Kleinere Neigungen der Drallachse in dieser Richtung stören zwar die Funktion des Kurskreisels nicht, aber ihr übermäßiges Anwachsen muß durch sogenannte „Stützung“ verhindert werden, um ein Umfallen des Kreisels zu vermeiden. Diese Stützung kann entweder von der Stellung des inneren zum äußeren Rahmen gesteuert werden oder durch ein Pendel auf der inneren Kardanachse (*Bilder* 5 und 6). Störmomente um die innere Kardanachse bewirken einen Auslauf um die äußere Kardanachse und damit eine Kursfehlanzeige. Die Beseitigung dieser Fehler ist die Aufgabe der sogenannten „Überwachung“. Zur Überwachung wird ein Drehmoment um die innere Kardanachse (Präzessionsachse, *Bild* 5 und 6) erzeugt, das dem Störmoment entgegenwirkt und vom Kursfehler, d.h. von der Anzeigedifferenz zwischen Magnetkompaß und Kurskreisel gesteuert wird.

Wie aus *Bild* 5 ersichtlich, hat der Kurskreisel nur eine Meßachse und eine *Stützung*, deren Momente um die Meßachse wirksam werden. Dieser Kreisel mit drei Freiheitsgraden gehört somit zur Gruppe der „*gestützten Kreisel*“, die unter Abschnitt B 5a behandelt werden.

c) Horizontkreisel

Zum Messen der Längs- und Querlage, also der Abweichung des Flugzeuges von der Horizontalebene, dient der Horizontkreisel (*Bild* 7). Hier ist der Kreisel mit senkrechter Drallachse eingebaut, so daß Kursänderungen ohne Einfluß auf ihn bleiben. Zum Unterschied vom Kurskreisel werden beim Horizontkreisel beide Kardanachsen zur Messung herangezogen, und zwar für die Rollbewegungen und Längsneigungen des Flugzeuges. Wie beim Kurskreisel ist auch hierbei eine Überwachung erforderlich, um das Ansammeln von Auslauffehlern zu verhindern. Hierfür werden beim Horizontkreisel Pendel oder gleichwertige Anordnungen benutzt. Jedes der beiden Pendel verursacht über einen Momentengeber so lange eine konstante Präzessionsbewegung, bis der Pendelausschlag zu Null geworden ist. Das Pendel und der zugehörige Momentengeber befinden sich dabei auf zwei Achsen, die in der Kreiselebene um 90° versetzt sind. Da während einer Kurve das Querpendel in Richtung des Scheinlotes zeigt, entstehen Überwachungsfehler, die bei lang andauernden Kurven beträchtliche

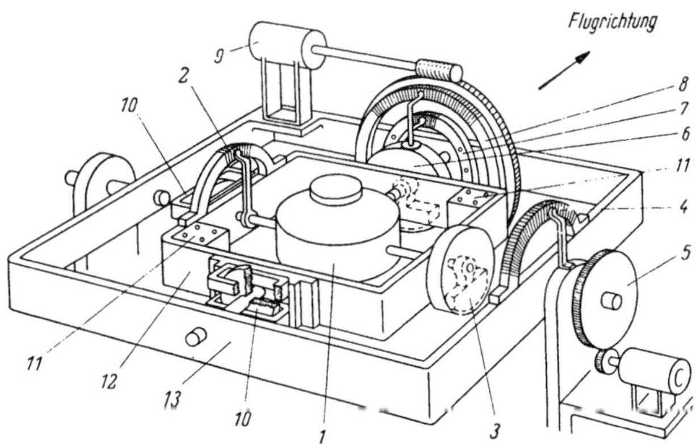

1 Kreisel
2 Längsabgriff für Regelung
3 Längspendel
4 Längsabgriff für Anzeige
5 Längsbasisverstellung
6 Querpendel
7 Querabgriff für Regelung
8 Querabgriff für Anzeige
9 Querbasis mit Stellmotor
10 Drehmagnete für längs und quer
11 Relais für die Überwachung
12 Innerer Kardanrahmen
13 Äußerer Kardanrahmen

Bild 7. Horizontkreisel

Werte annehmen können. Man verhindert diese Fehler z.B. durch Abschalten der Überwachung in der Kurve.

4. Gefesselte Kreiselgeräte

(Wendekreisel, *Bild* 8)

Diese Kreiselart liefert um die federgefesselte Achse einen Ausschlag, der von der Drehgeschwindigkeit um die Meßachse abhängt. Diese Eigenschaft macht ihn als sogenannten Wendezeiger- oder Wendekreisel zu einem der wichtigsten Geräte im Flugzeug. Er ist im Aufbau wesentlich einfacher als die freien Kreisel, da er keine kardanische Lagerung benötigt. Der Name „Wendekreisel" stammt von seiner Verwendung bei der Kurs- und Lageregelung. Er ermöglicht es, die Drehgeschwindigkeit, d.h. die erste Ableitung des Winkelfehlers, für die Regelung zu verwenden. Hierdurch kann die Dämpfung derartiger Regelvorgänge beträchtlich erhöht werden.

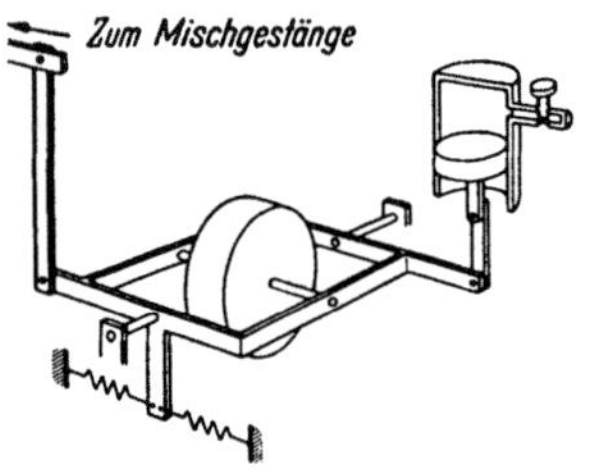

a) Mit Luftdämpfung und mechanischem Abgriff

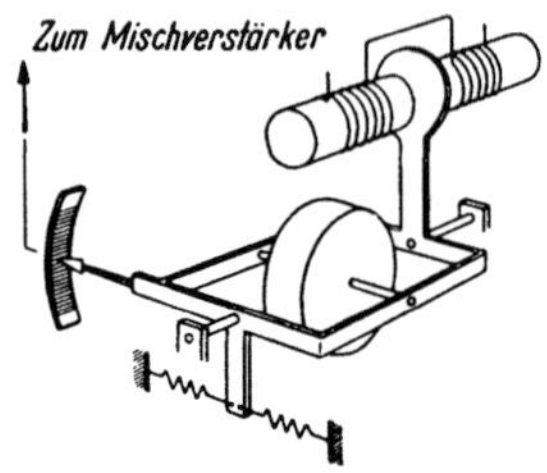

b) Mit Wirbelstromdämpfung und elektrischem Abgriff

Bild 8. Wendekreisel

Zum Unterdrücken der Eigenschwingung des Wendekreisels wird dieser meist mit einer Dämpfung (pneumatisch, hydraulisch oder elektrisch) versehen.

5. Kombinierte Kreiselgeräte

Unter kombinierten Kreiselgeräten sollen solche verstanden werden, bei denen entweder mehrere Kreisel zusammenarbeiten oder bei denen mit einem Kreiselgerät eine kombinierte Messung von mehreren Größen durchgeführt wird.

a) Kombinierte freie Kreisel

Bei Hochgeschwindigkeits-Flugzeugen, bei denen große Schräglagen in der Kurve vorkommen, macht sich der sogenannte „Kardanfehler" bei den freien Kreiselgeräten sehr unangenehm bemerkbar. Dieser Kardanfehler hat z.B. beim Kurskreisel seinen Grund darin, daß die Meßachse in der Kurve mit dem Flugzeug mitgeschwenkt wird und daher die Relativdrehung der Drallachse in einem falschen Koordinatensystem bestimmt wird. Diese Fehler lassen sich beseitigen, wenn zwei unabhängige Kreisel, z.B. Horizont- und Kurskreisel, zu einer „stabilisierten" Plattform vereinigt werden. Diese Gerätekombination muß abermals, diesmal aber dreiachsig kardanisch gelagert werden. Im Handflug, d.h., wenn die Lageregelung nicht in Betrieb ist, werden die drei Winkelabgriffe durch Nachlaufsysteme so nachgedreht, daß sie immer auf Null gehalten werden. Im dreiachsig geregelten Flug erfolgt diese Nachstellung über das Flugzeug. Gewollte Lagenänderungen werden dann durch Verdrehen der stabilisierten Plattform gegenüber dem Flugzeug erzeugt oder, wie beim Kurskreisel und Horizont, durch Verstellen der jeweiligen Basis des Winkelabgriffs. Wegen der mehrfachen kardanischen Lagerung ist diese Lösung außerordentlich aufwendig. Mit sehr viel geringerem Aufwand erfüllt das sogenannte Raumkreuz die gleiche Aufgabe.

Raumkreuz. Dieses besteht aus einer dreiachsig kardanisch gelagerten Plattform, auf die drei gestützte Kreisel so aufgesetzt sind, daß ihre Meßachsen

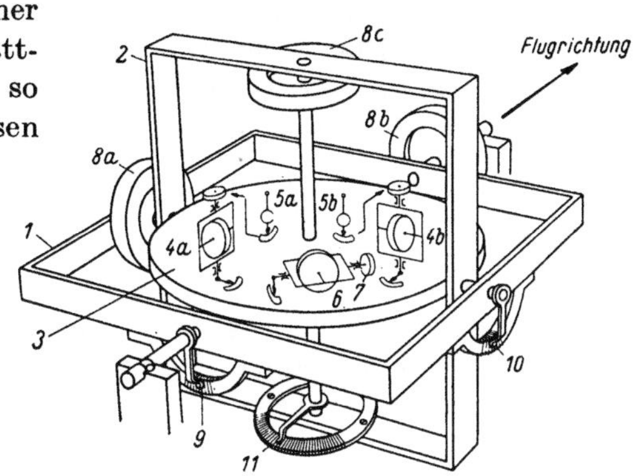

1 ußerer Kardanrahmen
2 Innerer Kardanrahmen
3 Plattform
4 Horizontierende Kreisel (*a* und *b*)
5 Überwachungspendel (*a* und *b*)
6 Kurskreisel
7 Kompaßüberwachung
8 Stützmotoren für Störmomentenausgleich (*a*, *b* und *c*)
9 Querabgriff
10 Längsabgriff
11 Kursabgriff

Bild 9. Prinzip eines Raumkreuz-Dreikreiselgerätes

ein rechtwinkliges Koordinatensystem bilden. Der gestützte Kreisel hat die Eigenschaft, daß er jede Bewegung um seine Meßachse durch Entgegensetzen eines großen Widerstandes so lange verhindert, wie er um seine Ausschlagachse präzedieren kann. Die Präzessionsgeschwindigkeit ist dem aufgebrachten Moment

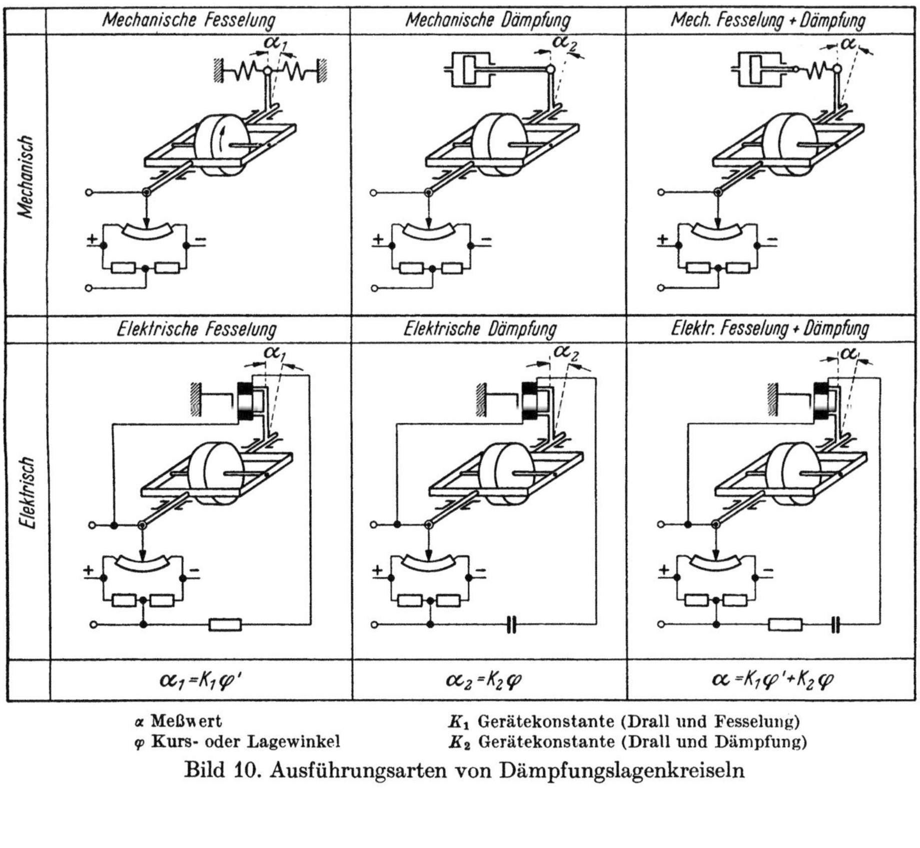

α Meßwert
φ Kurs- oder Lagewinkel
K_1 Gerätekonstante (Drall und Fesselung)
K_2 Gerätekonstante (Drall und Dämpfung)

Bild 10. Ausführungsarten von Dämpfungslagenkreiseln

proportional. Durch diese Eigenschaft der freien Kreisel wird die Plattform im Raum festgehalten. Damit der gestützte Kreisel jederzeit seiner Aufgabe gerecht werden kann, ist es notwendig, durch drei Stützmotoren so viel äußere Korrekturmomente zu erzeugen, daß die Ausschläge der drei Kreisel in ihrer Ausschlagachse klein gehalten werden. Diese Stützmotoren werden durch eigene Abgriffe an den Ausschlagachsen der Kreisel gesteuert. Die Abgriffe für die Lageregelung befinden sich an den drei Kardanachsen (s. *Bild* 9).

b) Gefesselte Kreisel zur kombinierten Messung

Während die soeben besprochenen kombinierten Kreiselgeräte Kombinationen von mehreren Kreiseln zu einem einheitlichen Gerät darstellen, erfüllt der Dämpfungslagenkreisel gleichzeitig zwei Aufgaben, und zwar dadurch, daß er *gleichzeitig* die Messung des Winkels und der Winkelgeschwindigkeit ermöglicht. Direkt gemessen wird dabei nur die Winkelgeschwindigkeit. Der Winkel wird hieraus durch Integration gebildet. Die Besonderheit des Dämpfungslagenkreisels liegt also darin, daß die Winkelgeschwindigkeitsmessung und die Integration in einem einzigen Gerät erfolgt (*Bild* 10 und 11). Zum Unterschied vom Dämpfungskreisel wird hierbei die mechanische Fesselfeder durch eine elektrische Fesselung ersetzt. Beim Auftreten einer Drehgeschwindigkeit um die Meßachse schlägt der Kreisel um seine Ausschlagachse so weit aus, bis das Drehmoment der Tauchspule dem entstehenden Kreiselmoment das Gleichgewicht hält. Der Strom in der Tauchspule ist daher immer der gemessenen Drehgeschwindigkeit proportional. Fügt man in diesen Fesselungsstromkreis einen Kondensator ein, so muß der Abgriff bei einer konstanten Drehgeschwindigkeit langsam auswandern, um trotz der zunehmenden Kondensatorladung den Tauchspulstrom aufrechterhalten zu können. Die Abgriffspannung entspricht daher der Summe von Winkel und Drehgeschwindigkeit. Der Winkelanteil erscheint als Spannung am Kondensator, der Winkelgeschwindigkeitsanteil als Spannung am ohmschen Widerstand dieses Kreises. Das Verhältnis der beiden Anteile kann durch Wahl des Kapazitätswertes beeinflußt werden.

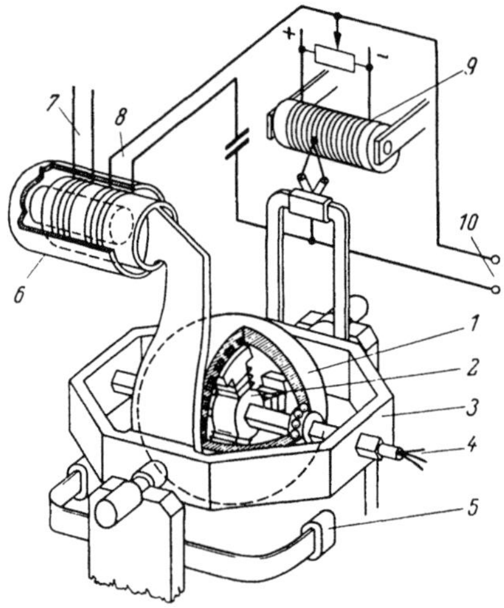

1 Elektrischer Kreisel (Rotor)
2 Stator
3 Kreiselrahmen
4 Drehstromzuführung
5 Anschlag
6 Tauchspulsystem
7 Kommandospule
8 Fesselspule
9 Potentiometer
10 Über Verstärker zum Stellmotor

Bild 11. Dämpfungslagenkreisel [*12*]

6. Andere Meßgeber

Drehbeschleunigungsmesser. Die Drehbeschleunigung kann über die Lagerreaktion eines Drehgeschwindigkeitskreisels oder die Ausschlaggeschwindigkeit der Präzessionsachse gemessen werden. Heute wird die Drehbeschleunigung fast ausschließlich durch einfache elektrische Differentiation der Drehgeschwindigkeit oder zweifache elektrische Differentiation des Winkels ermittelt. Außer dieser von Kreiseln ausgehenden Messung ist es möglich, die Drehbeschleunigung für jede Raumachse durch zwei möglichst weit voneinander entfernte lineare Beschleunigungsgeber zu messen. Mit diesen Meßgebern kann man eine Dämpfungsregelung schaffen, die ohne Kreisel arbeitet. Hierbei wird die Drehbeschleunigung elektrisch integriert, um die Drehgeschwindigkeit als Hauptmeßwert zu erhalten. *Bild* 12 zeigt den Aufbau eines solchen linearen Beschleunigungsmessers und *Bild* 13 die Anordnung im Flugzeug.

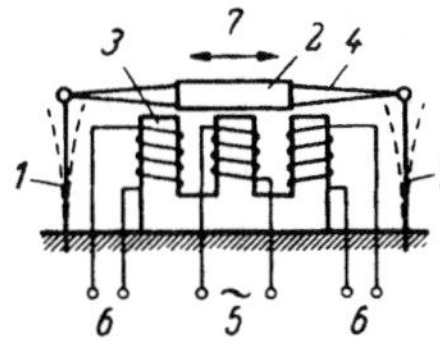

1 Blattfedern
2 Eisenanker (beweglich)
3 Feststehender lamellierter E-Eisenkern (Dreifingereisen)
4 Nichtmagnetische Federbefestigung
5 Erregung
6 Abgriffspulen
7 Meßrichtung

Bild 12. Linearer Beschleunigungsmesser

Der in *Bild* 12 gezeigte Beschleunigungsmesser ist ganz in Öl gekapselt; dadurch wird eine gute Dämpfung erreicht. Da eine derartige Anordnung auch auf lineare Beschleunigungen anspricht, während man nur Drehbeschleunigungen messen will, sind die zugehörigen Verstärker so geschaltet, daß lineare Beschleunigungen sich als für die einzelnen Beschleunigungsmesserpaare gleichgerichtete Beschleunigungen aufheben, während die durch eine Drehung bedingten entgegengesetzten Beschleunigungen addiert und verstärkt werden.

Da eine derartige Anordnung besonders für große Flugzeuge geeignet erscheint, bei denen die einzelnen Beschleunigungsmesserpaare möglichst weit voneinander entfernt eingebaut werden können, andererseits aber gerade große Flugzeuge auch große Deformationen, z.B. ihres Rumpfes, im Fluge aufweisen, muß man beim Einbau diese Tatsache berücksichtigen und nicht nur die Lage zum Gesamtschwerpunkt, wie in *Bild* 13 gezeigt, sondern auch zu dem jeweiligen Schwingungsknotenpunkt beachten.

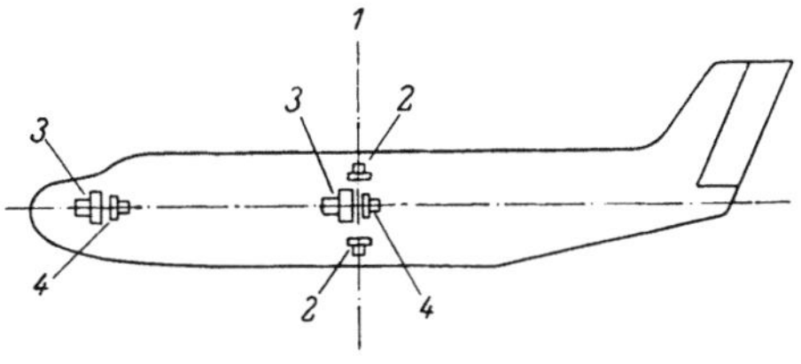

1 Schwerpunktsebene
2 Beschleunigungsmesser um Längsachse
3 Beschleunigungsmesser um Querachse
4 Beschleunigungsmesser um Hochachse

Bild 13. Anordnung der linearen gegeneinander geschalteten Beschleunigungsmesserpaare zur Messung der Drehbeschleunigung um alle 3 Raumachsen [*11*, *15*]

Von den Meßgebern zweiter Ordnung sollen hier nur der Magnetkompaß und die Pendel betrachtet werden.

Magnetkompaß. Für die Feststellung der Nordsüdrichtung steht ein einfaches, altbewährtes Gerät, der *Magnetkompaß*, zur Verfügung. Bei der Verwendung eines Kompasses im Flugzeug entsteht eine Reihe von Fehlern, die seine Meßgenauigkeit verringern. Diese Fehler rühren von Neigungen der Meßebene und von magnetischen Feldstörungen her. An Beschleunigungen schließt sich meist eine schwach gedämpfte Nadelschwingung an, die die Verwendung des Kompasses als direkten Richtgeber für Flugzeugregelungen unmöglich macht, wobei auch der Norddrehfehler des Kompasses eine besondere Rolle spielt [*3*]. Bei den neueren Konstruktionen (Permalloykompaß flux-gate [*8*]) können zwar die Nadelschwingungen und durch besondere zusätzliche Maßnahmen auch die Neigungsfehler vermieden werden, ohne daß sich dadurch der Kompaß als Hauptrichtgeber hätte durchsetzen können [2].

Pendel messen die Richtung des Schwerefeldes der Erde. Die Lotrichtung wird aber verfälscht, sobald neben der Erdbeschleunigung noch andere Beschleunigungen auf das Flugzeug einwirken. Dies ist beim Verändern der Fahrt, beim Kurven und beim Schieben der Fall.

Auf Grund der beschriebenen Fehler, die bei Kompaß und Pendel auftreten, sind diese Geräte in der Flugregelung nur für „Überwachungsaufgaben" brauchbar. Die laufende genaue Winkelmessung wird dagegen den verschiedenen

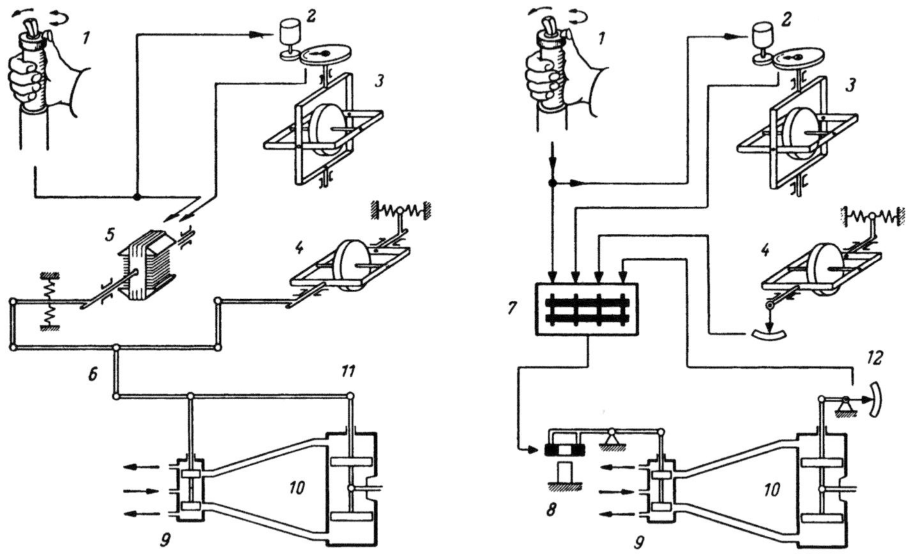

a) Mechanische Mischung b) Elektrische Mischung

1 Richtungsgeber
2 Kursmotor
3 Kurskreisel
4 Dämpfungskreisel
5 Drehmagnet
6 Mischeinrichtung (Gestänge)
7 Mischeinrichtung (Magnetverstärker)
8 Tauchspule
9 Steuerventil
10 Arbeitszylinder
11 Mechanische Rückführung
12 Elektrische Rückführung

Bild 14. Mechanische und elektrische Signalmischeinrichtungen [12]

Kreiselgeräten übertragen. Für die erwähnten Überwachungsaufgaben sind der Magnetkompaß und das Pendel allerdings unentbehrlich, da sie zum Unterschied von den Kreiselgeräten keine Fehler aufweisen, die sich mit der Zeit ansammeln würden.

C. Verstärker und Stellglieder

1. Mischverstärker

Die verschiedenen Meßgrößen einer Flugregelung, wie Winkel, Winkelgeschwindigkeit und -beschleunigung, Rückführwert und sonstige Meßgrößen, müssen summiert und verstärkt werden, ehe man sie dem Stellmotor (Rudermaschine) zuführen kann. Bei den älteren Stellmotoren erfolgte die Summierung mit einem Hebelgestänge am Stellmotor selbst (*Bild* 14). Bei neueren Geräten dieser Art geschieht dies meist elektrisch, z.B. mit einem Magnetverstärker (*Bild* 15). Wenn keine Gleichstrom-, sondern Wechselstromabgriffe verwendet werden, so werden Sum-

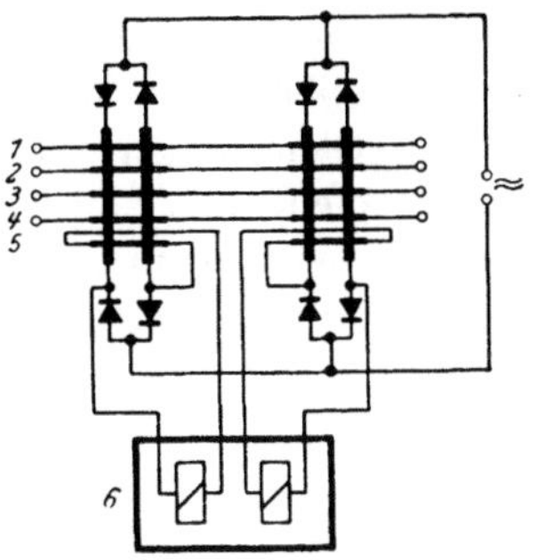

1 Lage
2 Drehgeschwindigkeit
3 Rückführung
4 Vorgabe (z.B. für Kurs)
5 Rückkopplung
6 Steuerwicklungen in elektrisch-hydraulischem Ventil, Relais oder LEONARD-Generator

Bild 15. Prinzipschaltung eines magnetischen Mischverstärkers (Beispiel für Steuerwicklungen)

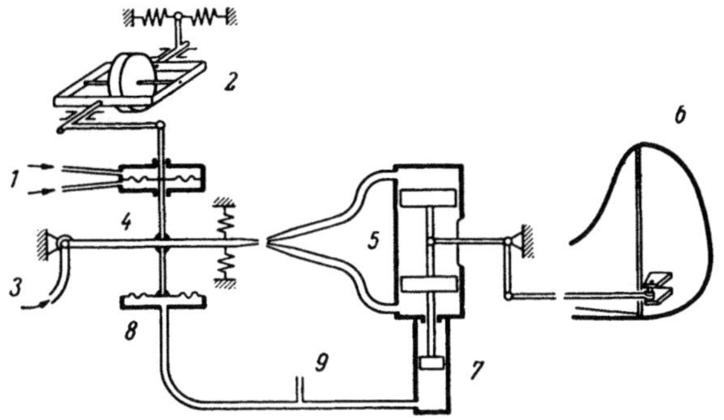

1 Vom Kurskreisel
2 Dämpfungskreisel
3 Druckluft
4 Strahlrohr
5 Pneumatischer Arbeitszylinder
6 Ruder
7 Rückführkolben
8 Rückführmembran
9 Kapillare

Bild 16. Prinzip einer pneumatischen Rudermaschine mit Kraftrückführung [*16*]

mierung und Verstärkung auch mit Röhren- oder Transistorverstärkern vorgenommen. Besondere Bedeutung haben hier die *RC*-Netzwerke zur Bildung der zeitlichen Ableitung eines Winkels bzw. einer Winkelgeschwindigkeit oder zu ihrer Integration.

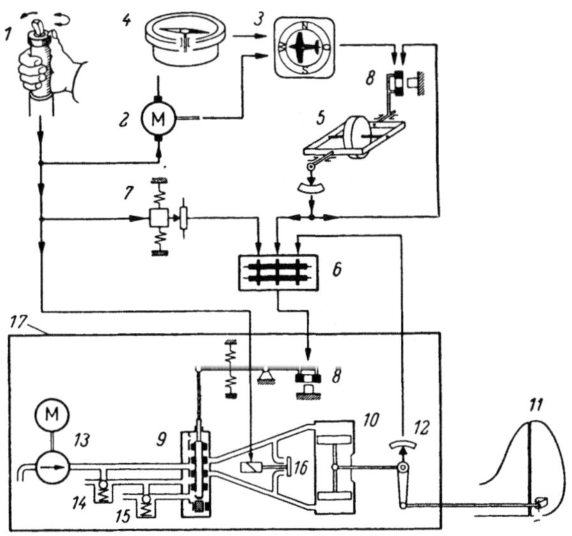

1 Richtungsgeber und Ausschalter
2 Kursmotor
3 Kompaßtochter
4 Mutterkompaß
5 Dämpfungskreisel mit elektrischer Fesselung
6 Mischmagnetverstärker
7 Normalkraftmesser
8 Tauchspule
9 Vorsteuernadel und Steuerventil
10 Arbeitszylinder
11 Seitenruder
12 Rückführungspotentiometer
13 Ölpumpe
14 Hauptüberdruckventil
15 Überdruckventil für Vorsteuerdruck
16 Kuppelventil, betätigt vom Ausschalter
17 Ölbehälter mit Volumenausgleich

Bild 17. Übersichtsbild einer Regelung mit elektro-hydraulischer Rudermaschine [*17*]

2. Rudermaschinen

Die als Rudermaschinen bezeichneten Stellmotoren einer Flugzeugregelung verstellen die Steuerflächen (Stellglieder) und verursachen so eine Bewegung des Flugzeuges um die betreffende Raumachse. Die Rudermaschine ist ihrem Wesen nach ein kräftiger Endverstärker der Regelanlage, der eine mechanische Ausgangsgröße liefert. Zum Betätigen des mechanischen Ausganges der Rudermaschine werden pneumatische, hydraulische und elektrische Verfahren angewendet. Bei den elektrischen Anordnungen unterscheidet man solche mit umgesteuertem Motor (Gleichstrom oder Wechselstrom) und solche mit dauernd laufendem Motor sowie Kupplungen (Schwarz-Weiß-Kupplung oder stetig veränderliche Kupplung).

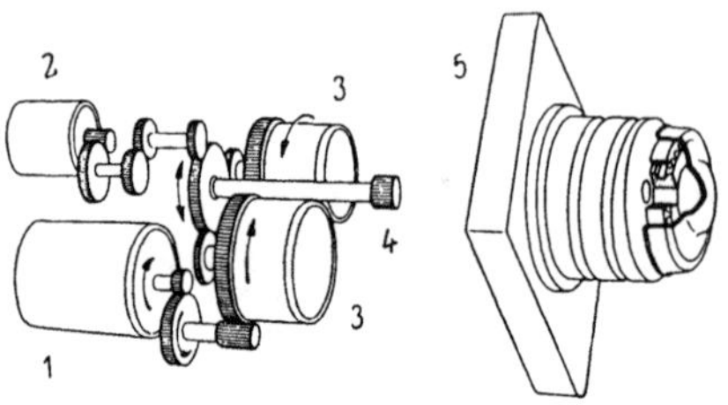

1 Dauernd laufender Antriebsmotor
2 Tachogenerator zur Drehzahlrückmeldung
3 Magnetpulverkupplungen
4 Abtriebsritzel
5 Abtriebsseilscheibe mit Rutschkupplung (abgezogen vom Ritzel)

Bild 18. Elektrische Rudermaschine mit Magnetpulverkupplungen [*9*]

Wegen des Gewichtes hielt man früher die pneumatische Rudermaschine für die geeignetste, erkannte aber bald, daß das Luftpolster im Stellkolben wie eine Feder wirkte und so zu unliebsamen, ja gefährlichen Schwingungen führte. Die hydraulische Rudermaschine hat zweifellos die größte Leistungsfähigkeit sowohl hinsichtlich der Reaktionsgeschwindigkeit als auch der erzielbaren Ausgangsgeschwindigkeit und der erreichbaren Ausgangsleistung. Die elektrischen Verfahren zeichnen sich meist durch größere Einfachheit im mechanischen Aufbau aus. In den *Bildern* 16, 17, 18 und 19 sind drei charakteristische Beispiele gezeigt.

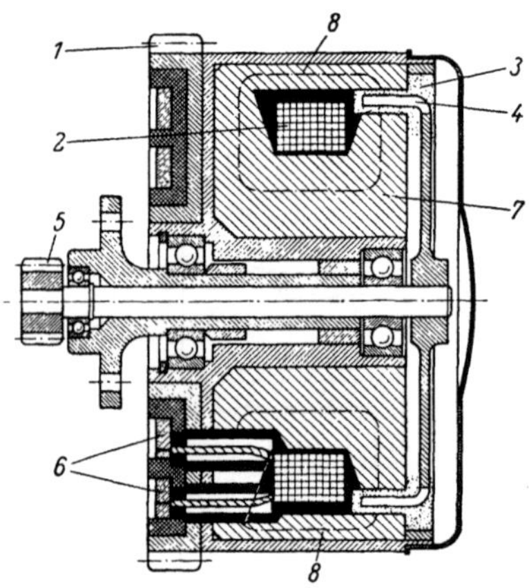

1 Antrieb
2 Erregerspule
3 Polspalt mit Eisenpulver gefüllt
4 Mitnehmer
5 Abtriebsritzel
6 Stromzuführung, Schleifringe

Bild 19. Magnetpulverkupplung, Schnitt von (3) in *Bild* 18

Während die pneumatischen und hydraulischen Rudermaschinen entsprechend ihrer Kolbenanordnung eine Längsbewegung bzw. eine beschränkte Winkelbewegung zur Ruderbetätigung haben, ist es bei der elektromotorischen Rudermaschine möglich, den Abtrieb durchdrehend auszubilden. Diese Art ist heute die gebräuchlichste, da derartige Rudermaschinen mit einem Seilscheibenabtrieb sehr bequem in die bei fast allen Flugzeugen vorhandenen Seilzüge zur Betätigung der Ruder eingebaut werden können.

Bei Hochgeschwindigkeits-Flugzeugen und großen Transport- und Verkehrsflugzeugen müssen meist Ruderkraftverstärker (englisch: booster) eingebaut werden, weil die Hand- bzw. Fußkraft des Piloten zum Steuern nicht genügt. Man ist bestrebt, diese Ruderkraftverstärker mit den Rudermaschinen der Flugregelung zu vereinigen oder beide Aufgaben einem Stellmotor zu übertragen.

Diese Booster sind heute ausnahmslos als hydraulische Längskolbenanordnungen ausgeführt. Obgleich der Booster eine hochwertige Rudermaschine darstellt, ist er in seiner heute gebräuchlichsten Form mit mechanisch betätigtem Ventil nicht unmittelbar als Rudermaschine für die Regelung brauchbar. Es werden daher die Rudermaschinen der Regelung, die im allgemeinen heute eine Leistung zwischen 50 und 100 W haben, in Reihe mit dem Booster geschaltet. Erst durch die Entwicklung von Boostern mit elektrischem Eingang (*Bild* 20) wird es praktisch möglich sein, diese Rudermaschinen auch für die Regelung einzusetzen, indem sie direkt von dem Ausgangssignal des jeweiligen Mischverstärkers der Regelung beaufschlagt werden.

Bei Flugzeugen mit noch größeren Ruderkräften, die ein menschlicher Pilot auch nicht kurzzeitig mit besonderer Anstrengung bewältigen kann, erübrigt sich eine mechanische Verbindung zwischen Steuerknüppel und Ruderflächen. Die Rudermaschinen sind in diesem Fall mit elektrischen Eingängen versehen und können direkt für die Regelung benutzt werden. Wegen der geforderten Betriebssicherheit sind die elektrischen Übertragungskanäle mehrfach ausgeführt (z. B. dreifach). Da eine derartige

1 Steuerzunge
2 Drosselvorsteuerung
3 Nullpunktjustierung
4 Druckölzulauf
5 Zum Arbeitskolben
6 Ölablauf
7 Federfesselung des Steuerventils
8 Federfesselung der Steuerzunge
9 Nullpunktjustierung
10 Elektrische Steuerwicklung
11 Drehpunkt
12 Lagerung der Steuerzunge (elastisch und druckdicht)

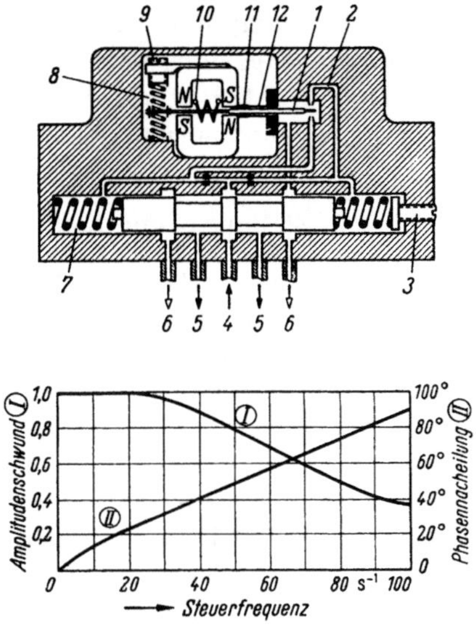

Bild 20. Prinzip und Frequenzgang eines elektro-hydraulischen Ventils mit Drosselvorsteuerung

1 Steuerknüppel
2 MACH-Rechner
3 Staudruck
4 Barometerhöhe
5 Temperatur
6 Pneumatischer Verstärker
7 Kolben für Rudererersatzkraft
8 Trimmung
9 Dämpfungskreisel
10 Horizontkreisel
11 Mischverstärker (*a* bis *c*)
12 Signalbahnumschaltung
 I Knüppelsteuerung allein
 II Knüppelsteuerung, mit Dämpfungsregelung kombiniert
 III Dämpfungsregelung plus Lageregelung
13 Steuerventil
14 Stellmotor
15 Ruderstellungs-Rückführung
16 Rudergeschwindigkeits-Rückführung

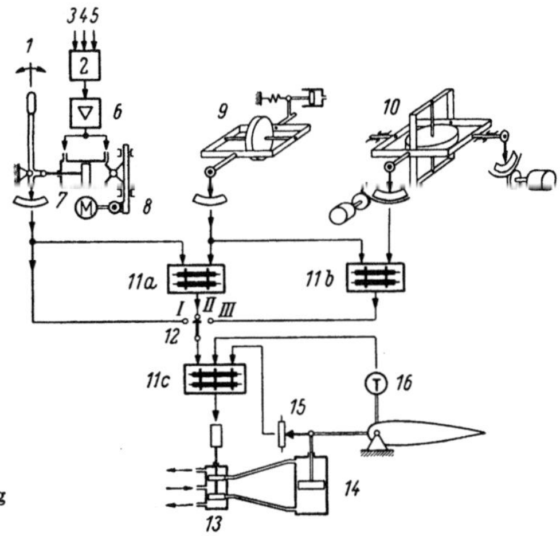

Bild 21. Elektro-hydraulische Höhenruderfernbetätigung ohne mechanische Verbindung zwischen Knüppel und Ruder (verbunden mit Dämpfungs- und Lageregelung)

Steuerung dem Piloten kein Gefühl für die Größe der Ruderkraft vermittelt, wird am Knüppel eine künstliche Ruderkraft durch eine pneumatische Feder angebracht, bei der der Druck in Abhängigkeit von der MACH-Zahl verändert wird. Derartige Flugzeuge haben im allgemeinen keine ausreichende natürliche aerodynamische Dämpfung. Es wird daher die Knüppelstellung als Steuerwert in die Dämpfungsregelung eingeführt, so daß der Pilot bei der entsprechenden Stellung eines Wahlschalters (*Bild* 21) bei eingeschalteter Dämpfungsregelung die Steuerorgane ganz normal betätigen kann [*19*].

3. Stellungs- und Laufgeschwindigkeitszuordnung des Ruders

Jede Regelung verlangt, daß einer Störung eine Verstellung des Stellgliedes zugeordnet wird. Bei Flugregelungen hat es, historisch gesehen, zunächst nur die *Ruderstellungszuordnung* gegeben, wobei im einfachsten Fall, z.B. bei einer Kursregelung, einer Kursabweichung ein bestimmter Seitenruderwinkel entspricht. Solche Ausführungen hat es im Ausland gegeben, während in Deutschland durch Hinzunahme der Winkelgeschwindigkeit ein Mischwert mit Voreilung entstand. Diese Maßnahme diente dazu, die im Regelkreis vorhandenen Verzögerungen auszugleichen, so daß die Theorie der Ruderstellungszuordnung besser erfüllt werden konnte. In allen diesen Fällen wird die Ruderstellung zurückgemeldet und im Mischgerät mit den übrigen Meßwerten verglichen.

Da jeder Stellmotor von Natur aus jedes Kommando mit einer *Laufgeschwindigkeit* beantwortet, kann man auch diese Größe statt der Stellung in der Regelung verarbeiten. Hierfür gibt es zwei Wege: Entweder man koppelt den Stellmotor mit einem Tachogenerator, wie es heute nicht nur bei hochwertigen Flugregelungen üblich ist, und verwendet dessen Meßwert für die Rückmeldung der Ruderlaufgeschwindigkeit. Im Mischgerät wird diese dann wieder mit den übrigen Meßwerten verglichen. Eine solche Regelung erzwingt die erforderliche Laufgeschwindigkeit ohne Rücksicht auf die Ruderstellung und die jeweils auftretenden Lastmomente.

Die andere Möglichkeit besteht darin, an Stelle der durch den Tachogenerator gemessenen Ruderlaufgeschwindigkeit den Drehbeschleunigungsmeßwert in die Regelung einzuführen. Da hiermit die Ruderwirkung erfaßt wird, hat dieser Meßwert die Eigenschaft einer Rückführung. Ruderstellungs- oder Laufgeschwindigkeitsrückmeldungen sind deshalb in diesem Fall nicht erforderlich. Es läßt sich zeigen, daß auch diese Regelungsart Laufgeschwindigkeitszuordnung hat.

Zusammenfassend kann man folgendes sagen: Beide Regelungsarten unterscheiden sich grundsätzlich nach Art der Rückführung, die in dem einen Fall als *Ruderstellung*, in dem anderen als *Ruderlaufgeschwindigkeit* ausgebildet ist. Bei der Laufgeschwindigkeitszuordnung kann aber auch eine saubere Drehbeschleunigungsmessung als Wirkung der Ruderlaufgeschwindigkeit an Stelle einer Rückführung verwendet werden. Die in manchen Fällen anzutreffende Aufschaltung der Ruderlaufgeschwindigkeit und der Drehbeschleunigung bei einer Flugregelung mit Stellungszuordnung dient zum Erzielen einer besseren Dämpfung. Bei der Stellungszuordnung ist die Rudermaschine ein proportional wirkendes und bei der Laufgeschwindigkeitszuordnung ein integral wirkendes Regelkreisglied.

D. Kursregelung

1. Aufgabe der Kursregelung

Für einen Flugzeugführer ist es zum Aufrechterhalten eines sicheren Flugzustandes vor allem wichtig, das Flugzeug im Geradeausflug zu halten und nach gewollten oder nicht gewollten Richtungsänderungen (Böen) immer wieder in den Geradeausflug zurückkehren zu lassen. Bei jeder Blindflugausbildung ist die *erste Aufgabe* für den Blindflugschüler die *Richtungshaltung* nach der Wendezeigeranzeige mit Hilfe des Wendekreisels. Die Richtungshaltung ist aus Flugsicherheitsgründen notwendig zum Vermeiden gefährlicher Flugzustände und Drehbewegungen um die Hochachse, die zum Spiralsturz führen können.

Als *zweite Aufgabe* folgt dann das Einhalten eines bestimmten *Navigationskurses* nach der Kompaß- oder Kurskreiselanzeige, um auf der kürzesten Verbindungslinie von einem Flughafen zum anderen zu gelangen.

Es liegt auf der Hand, daß die Kursregelung auch die erste Aufgabe, nämlich eine einfache Richtungsregelung zum Erzielen einer höheren Flugsicherheit mit einschließt. So kam es, daß in Deutschland zunächst nur die Kursregelung geschaffen wurde (um 1930) und erst etwa 1942 neben dieser Kursregelung auch die Richtungsregelung Bedeutung erlangt hat: zunächst als Dämpfungsregelung bei Hochgeschwindigkeits-Flugzeugen, bei denen es nicht möglich ist, mit aerodynamischen Mitteln eine genügende Dämpfung zu erreichen, und später als Hilfe für den im Blindflug ungeübten Flugzeugführer kleinerer Reiseflugzeuge.

2. Aufbau der Kursregelung

Zur Erläuterung einer Kursregelung wird das Beispiel nach *Bild* 22 betrachtet. Hauptmeßgeber ist ein freier Kreisel, in diesem Fall ein Kurskreisel (*1*), der bestrebt ist, seine Lage im Raum beizubehalten. Lagerreibung, besonders in der *Präzessionsachse*, bewirkt ein langsames Auswandern des Kurskreisels um die

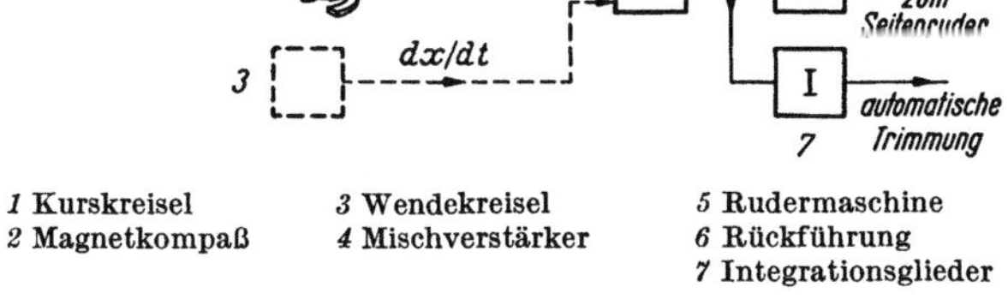

1 Kurskreisel
2 Magnetkompaß
3 Wendekreisel
4 Mischverstärker
5 Rudermaschine
6 Rückführung
7 Integrationsglieder

Bild 22. Prinzip einer Einachsregelung (Kursregelung)

Meßachse. Um dies zu verhindern, wird er von einem Magnetkompaß (*2*) überwacht. Eine direkte Benutzung des Magnetkompasses als Meßgeber ist nicht möglich, da dieser ein schwingungsfähiges Meßinstrument darstellt; er zeigt zwar im Mittel über lange Zeiten richtig an (abgesehen von der örtlichen Mißweisung), ist aber für die kurzzeitigen Regelvorgänge eines Flugzeuges ungeeignet. Während einige ältere Regelungen nur mit freien Kreiseln als Meßgeber arbeiteten, wird heute praktisch bei sämtlichen Regelungen auch der Differentialwert des Kurswinkels eingeführt, der entweder von einem Drehgeschwindigkeitskreisel (*3*) – auch Wendekreisel genannt – oder durch elektrische Differentiation im Mischverstärkergerät (*4*) erzeugt wird. Bei hochwertigen Regelungen wird häufig auch noch der zweite Differentialquotient, die Drehbeschleunigung, als dritter Meßwert hinzugenommen. Alle diese Meßwerte werden in dem Mischverstärker, der entweder als Magnetverstärker, Röhren- oder Transistorverstärker ausgebildet sein kann, addiert und auf einen Wert verstärkt, der geeignet ist, eine Rudermaschine auszusteuern. Durch eine Ruderstellungsrückführung (*6*) wird jeder Kursabweichung eine ganz bestimmte Ruderstellung zugeordnet.

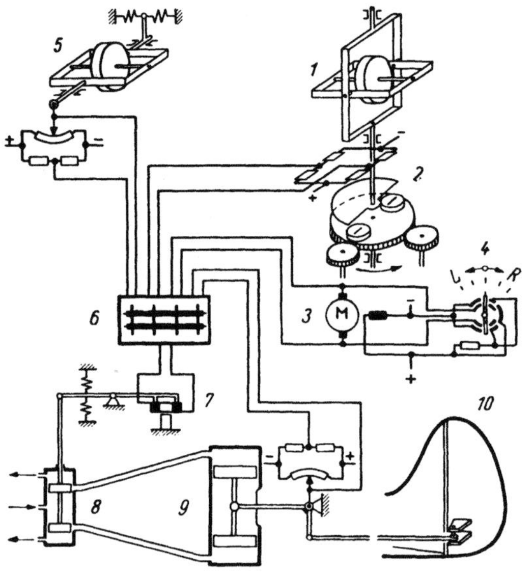

1 Kurskreisel
2 Bolometerabgriff
3 Kursmotor
4 Richtungsgeber
5 Wendekreisel
6 Magnetverstärker
7 Tauchspule
8 Steuerkolben
9 Arbeitskolben
10 Seitenruder

Bild 23. Prinzip einer Kursregelung mit elektrohydraulischer Rudermaschine [*17*]

Die im *Bild* 22 dargestellte Kursregelung wird für langanhaltende Kursfehler (wie sie z.B. durch Ausfall eines Seiten-Triebwerks bei mehrmotorigen Flugzeugen entstehen können) durch Hinzunahme eines Integrationsgliedes (*7*) erweitert. Der Integrationswert kann einerseits als weiterer Meßwert in den Mischverstärker eingeführt werden, wodurch die Rudermaschine das Ruder so weit auslenkt, bis der Kursfehler auf Null geht; andererseits (und das ist bei neuen Regelungen fast ausnahmslos der Fall) betätigt dieser Integralwert die automatische Trimmung um die Hochachse so lange, bis der einseitige Kursfehler verschwunden ist. Diese automatische Trimmung kommt einem einseitigen Ruderausschlag gleich, entlastet aber die Rudermaschine von einem dauernden einseitigen Moment. Ein weiterer Vorteil der automatischen Trimmung ist, daß das Flugzeug jederzeit ausgetrimmt ist, so daß also beim Übergang vom automatischen Flug zum Handflug, also beim Ausschalten der Regelung, keine ruckartige, ungewollte Steuerbewegung eintritt, die besonders in Bodennähe gefährlich sein kann (vgl. Abschnitt E3).

Kursregelungen sind dann eine besonders große Hilfe, wenn das Flugzeug ein gutes Wenderollverhältnis hat, d. h., wenn durch Betätigen des Seitenruders gleichzeitig die Querlage im richtigen Sinne mitbeeinflußt wird. In diesem Fall kann sich der Flugzeugführer auf die Beobachtung und Betätigung des Höhenruders beschränken und braucht nur gelegentlich das Querruder zu betätigen (*Bild* 23).

Flugvermessung einer Kursregelung. Die großen Verbesserungen, die durch eine Kursregelung im Streckenflug und besonders im Blindflug erreicht werden können, sind aus den Flugvermessungsschrieben auf *Bild* 24 zu erkennen. Eine Kursregelung kann den Kurs innerhalb eines Winkelgrades halten, dagegen gelingt es einem menschlichen Piloten im besten Falle $\pm 1^1/_2{}^\circ$ zu halten; dieser Wert verschlechtert sich während eines längeren Blindfluges auf etwa $\pm 5^\circ$.

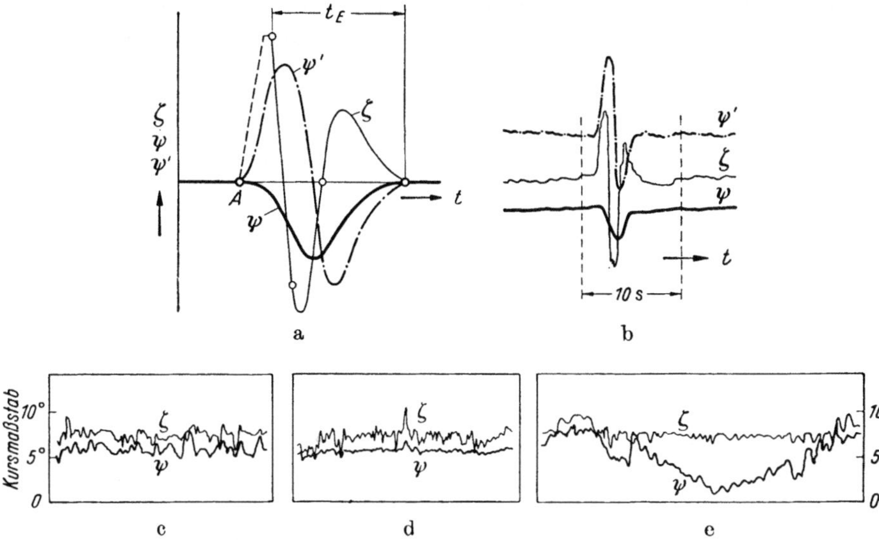

a) Theoretischer Verlauf nach einer Störung
A Beginn der Störung durch kurzes Überdrücken der Rudermaschine
t_E Dauer des Einschwingvorganges

b) Praktischer Verlauf (nach Flugoszillogramm aufgezeichnet)
c) Handflug bei Sicht (angestrengt)
d) Kursregelung bei mittlerem, böigem Wetter
e) Manueller Blindflug (ermüdet)

ψ' Kurs, ψ' Drehgeschwindigkeit, ζ Ruderwinkel

Bild 24. Flugvermessung einer Kursregelung

3. Dämpfungsregelung

Die Dämpfungsregelung, die zunächst nur für die Hochachse eingesetzt wurde, weil dort die Dämpfung aerodynamisch am schwierigsten zu beherrschen ist, wird inzwischen bei Hochgeschwindigkeits-Fugzeugen für alle drei Achsen eingebaut (*Bild* 25). In vereinfachter Form werden derartige Dämpfungsregelungen

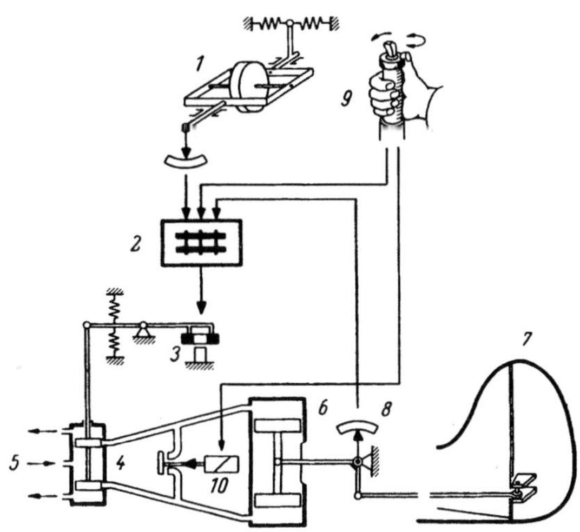

1 Wendekreisel
2 Magnetverstärker
3 Tauchspule
4 Steuerventil
5 Druckölzufluß
6 Arbeitszylinder
7 Seitenruder mit Gestänge
8 Rückführungspotentiometer
9 Kuppelschalter
10 Kuppelventil

Bild 25. Wirkbild einer Dämpfungsregelung

auch zur Unterstützung des im Blindflug ungeübten Piloten eingesetzt. Sie stellen die einfachste Art einer Flugregelung dar. Die Bauelemente sind für alle drei Achsen gleich, nur muß man bei Einbau der Wendekreisel darauf achten, daß die Meßachse mit der zugehörigen Flugzeugachse übereinstimmt. Es ist auch möglich, alle drei Wendekreisel in einer Einheit zusammenzufassen.

Um dem Flugzeugführer jederzeit parallel zur Dämpfungsregelung eine normale Ruderbetätigung zu geben, kann man zwei Wege gehen: Entweder ordnet man die Rudermaschine parallel zur Pedalbetätigung über ein mechanisches Differentialgestänge an oder man mißt die Kraft im Gestänge und gibt sie als (zum Wendekreisel) parallelen Meßwert über den Mischverstärker auf die Rudermaschine. In diesem Fall kann man hierdurch gleichzeitig eine Ruderkraftverstärkung erreichen und so die Ruderkräfte für den Piloten auf das gewünschte Maß verkleinern.

E. Lageregelung

1. Aufbau und Wirkungsweise

Obgleich eine Kursregelung beim Streckenflug dem Flugzeugführer die schwierigste Arbeit abnimmt (also fast eine dreiachsige Regelung bedeutet), braucht man für den automatischen Start und noch mehr für die automatische Landung eine Regelung für alle drei Achsen (Lageregelung oder dreiachsige Regelung) und möglichst noch die zusätzliche Regelung der Geschwindigkeit über das Triebwerk. Die Aufgaben einer *Lageregelung* im Streckenflug sind:

(1) Kurshalten; (2) Einhalten einer bestimmten Längsneigung; (3) Querlagennullhaltung im Geradeausflug; (4) Kurvenflug; (5) Einhalten einer bestimmten Flughöhe; (6) Möglichkeit der Aufschaltung verschiedener Funkwerte, wie z.B. automatische Peilwerte, ILS-Bakenwerte und Gleitwegwerte.

Grundlage jeder Lageregelung ist also zunächst das unter Punkt (1) bis (3) genannte Einhalten der drei Raumwinkel. Hierbei haben die meisten Regelungen als Hauptmeßgeber freie Kreisel. *Bild* 26 zeigt eine Ausführungsart einer derartigen Regelung. Sie kann erweitert werden durch die Regelung der Fluggeschwindigkeit über das Triebwerk, wie sie *Bild* 27 zeigt. Meßgröße für diese

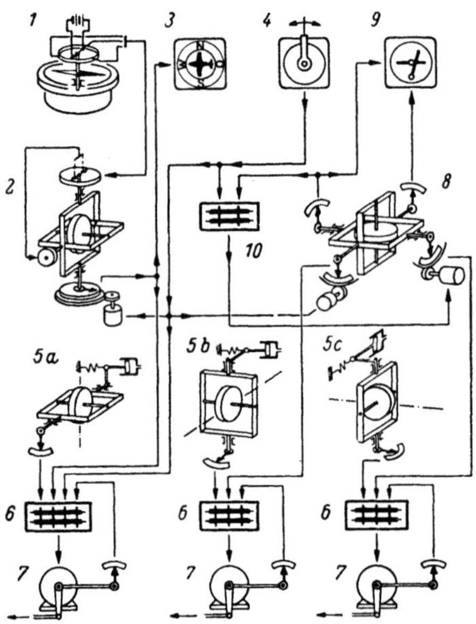

1 Fernkompaß
2 Kurskreisel
3 Kurstochter
4 Richtungsgeber
5 Wendekreisel
a) Kurs
b) Querneigung
c) Längsneigung
6 Mischverstärker
7 Stellmotoren
8 Horizontkreisel
9 Horizonttochter
10 Mischgerät zur Querlageneinstellung

Bild 26. Prinzip einer Fluglageregelung

Regelung ist der Staudruck. Der Staudruckmeßgeber wird über einen Magnet mit dem induktiven Abgriff gekuppelt. Es ist also keine besondere Sollwerteinstellung vorhanden, sondern es wird durch das Einschalten des Kuppelmagneten die jeweils anliegende Fluggeschwindigkeit gehalten. Gleichzeitig werden die Gasgestänge zu den Triebwerken durch einen zweiten Kuppelmagneten mit dem Stellmotor verbunden. Der Staudruckmeßgeber ist durch eine Tauchspulmagnetanordnung in sich gedämpft. Durch die Hinzunahme der elektrisch gebildeten ersten Ableitung des Staudruckwertes bekommt die Regeleinrichtung PD-Verhalten.

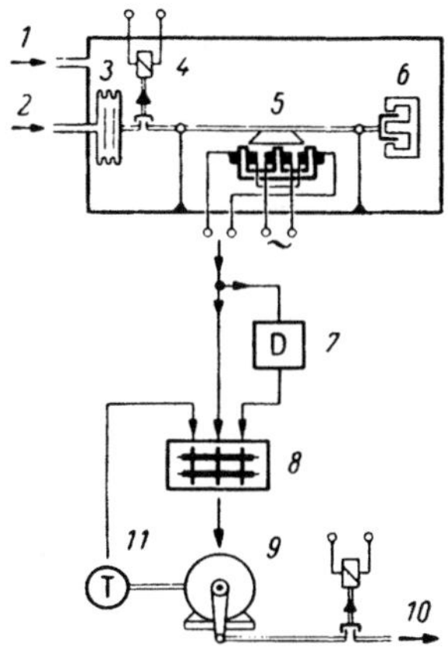

1 Statischer Druck
2 Staudruck
3 Meßdose
4 Kuppelmagnet
5 Dreifingerabgriff
6 Dämpfung
7 Differenziergerät
8 Magnetverstärker
9 Stellmotor
10 Kuppelmagnet zum Gashebel
11 Stellgeschwindigkeitsrückführung

Bild 27. Prinzip einer Fluggeschwindigkeitsregelung

2. Ein- und Ausschalten der Regelung

Für das Ein- und ebenfalls für das Ausschalten – beim Übergang vom Handflug zum geregelten Flug und umgekehrt – ist es wichtig, daß dieser Übergang zügig, ohne ruckartige Ruderbewegungen vor sich geht; beim Einschalten muß der kommandierte Sollwert mit dem jeweiligen Istwert übereinstimmen. Das kann durch den sogenannten *Selbstnachlauf der Abgriffe* erreicht werden. Die in *Bild* 5 gezeichnete Schalterstellung für Handflug sorgt dafür, daß der Abgriff immer in seiner Nullstellung bleibt. Wenn also jetzt die Regelung über den sogenannten Kuppelschalter eingeschaltet wird, so wird die dann gerade vorhandene Lage gehalten. Das gilt im allgemeinen nur für die Quer- und Hochachse (Höhen- und Seitenruder), während das Querruder, also die Längsachse, keinen Selbstnachlauf hat, da im allgemeinen nicht gerade während des Kurvenfluges die Regelung eingeschaltet werden soll. Nach dem Einkuppeln kann der Flugzeugführer nun über Schaltbefehle auf dieselben Nachlaufmotoren der Abgriffe die Flugzeuglage ändern.

3. Automatische Trimmung

Anders verhält es sich beim Ausschalten der Regelung, besonders also beim Übergang vom geregelten auf den manuellen Flug, z.B. bei der Landung. Es ist unvermeidlich, daß sich im Verlauf des Fluges durch Brennstoffverbrauch und sonstige Lastenverschiebungen oder Momentenveränderungen die Trimmung des Flugzeuges ändert. Im manuellen Flug hätte der Pilot dies durch ansteigende Höhenruderkräfte in Richtung Ziehen oder Drücken bemerkt und durch Betätigen der Trimmung diese einseitigen dauernden Höhenruderkräfte wieder auf Null gebracht. Im geregelten Flug werden diese Kräfte von den Rudermaschinen aufgebracht, ohne daß der Flugzeugführer etwas davon merkt. Daher kann es in solchen Fällen, wenn der Pilot nicht auf Kopflastigkeit oder Schwanzlastigkeit gefaßt ist, beim Ausschalten der Regelung heftige Rucke in der Steuerung geben, was gerade kurz vor dem Aufsetzen bei der Landung gefährlich sein kann. Um dies zu vermeiden, ist die *automatische Trimmung* eingeführt worden, die dafür sorgt, daß das Flugzeug stets ausgetrimmt ist und nach dem Ausschalten der Regelung vom Piloten im manuellen Flug zügig ohne ruckartigen Übergang übernommen werden kann. Einen weiteren Vorteil bringt die automatische Trimmung: Sie entlastet die Rudermaschinen von einseitigen Dauermomenten und macht dadurch die Verwendung von Rudermaschinenprinzipien möglich, die ohne Trimmung überhaupt nicht brauchbar wären, z.B. Rudermaschinen mit Magnetpulverkupplungen (*Bild* 19).

Die automatische Trimmung kann, wie in *Bild* 22 angedeutet, von einem Integrationsglied (7) gesteuert werden. Sie kann aber auch als Seitentrimmung an einen Querbeschleunigungsmesser angeschlossen werden oder als Höhentrimmung parallel zur normalen Rudermaschine mit sehr geringer Stellgeschwindigkeit arbeiten (s. *Bild* 28).

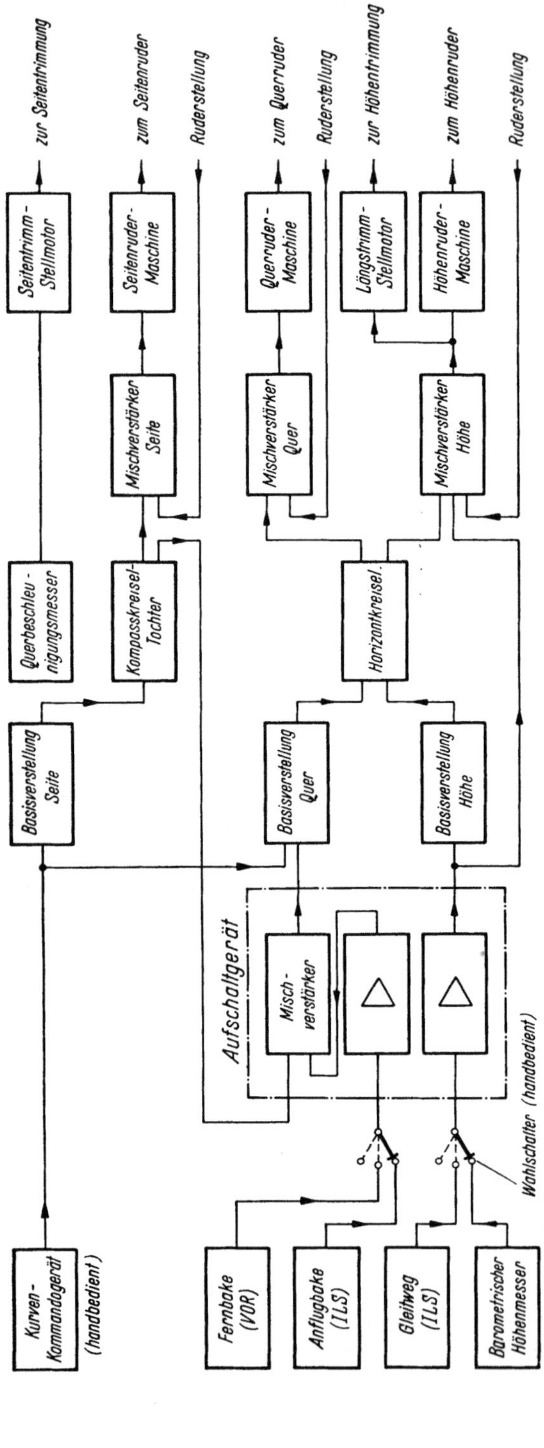

Bild 28. Blockschaltplan einer Kurs- und Lageregelung mit Aufschaltgerät für Strecken- und Anflugnavigation

Die Empfangsgeräte für drahtlose Peilung VOR (very high frequency omnidirectional radiator, kurz „omnirange", d.h. UKW-Rundstrahler, im Gegensatz zu anderen Sendern) und ILS (Instrument Landing System) und der Höhenmesser sind Meßgeber 2. Ordnung

Die automatische Trimmung ist am wichtigsten für die Querachse, also das Höhenruder; gewisse Bedeutung hat sie ferner für die Hochachse, da bei einseitigem Triebwerkausfall oder Änderung der Triebwerkleistung Dauermomente um die Hochachse entstehen. Dagegen hat die automatische Trimmung für die Längsachse, die Quersteuerung, weniger Bedeutung; hier hat man im allgemeinen die manuelle Trimmung beibehalten.

F. Kombinierte Regelungen

1. Streckennavigation

Eine Kursregelung und besonders eine dreiachsige Lageregelung ist dafür geeignet, die Funknavigationswerte direkt auf die Steuerung zu übertragen, ohne daß durch Mitwirken des Menschen die Meßwerte abgelesen und von Hand eingegeben werden müssen. Das gilt sowohl für die Streckennavigation als auch ganz besonders für die Anflug- und Landenavigation [*7*]. Die Aufgaben, die ein Blindanflug und eine Blindlandung an den menschlichen Piloten stellen, gehen an die Grenzen des menschlichen Könnens. Untersuchungen und Flugversuche haben gezeigt, daß es möglich ist, diese schwierigste aller Flugsituationen durch Erweitern der Kurs- und Lageregelung zu beherrschen und dadurch den Menschen von der rein mechanischen Relaisarbeit zu befreien; er wird so zu dem übergeordneten Kommandanten, der an Hand der Bordkontrollgeräte und der telefonischen Übertragung der Bodenradarüberwachung den Vorgang des automatischen Anfluges und der anschließenden Landung so kontrollieren kann, wie es die Sicherheit des neuzeitlichen Verkehrsfluges erfordert [*4*].

Zwischen dem Ausgang der Funknavigationsgeräte und der Kurs- und Lageregelung sind *Aufschaltgeräte* notwendig, die aus Zwischenverstärkern und Rechnern bestehen. Sie wandeln die Funknavigationswerte in Werte um, die für die Kurs- und Lageregelung geeignet sind. In *Bild* 28 sind in einem vereinfachten Blockschaltplan diese Zusammenhänge dargestellt [*10*]. Neben dem Kompaßkreiselwert sind als Funknavigationswerte der Fernbakenempfänger für die Streckennavigation und der Anflugbakenwert mit dem Gleitwegmeßwert für die Anflug- und Landenavigation vorhanden. Daneben ist es ferner möglich, den barometrischen Höhenmeßwert auf die Höhensteuerung aufzuschalten.

Zwei Wahlschalter geben die Möglichkeit, für den Kurs zu wählen zwischen Kompaßkreisel oder Fernbake oder Anflugbake und für das Höhenruder zwischen Horizontkreisel allein oder barometrischer Höhenhaltung oder Gleitwegaufschaltung. In beiden Fällen bleiben der Kurskreisel bzw. der Horizontkreisel die Hauptrichtgeber für die Regelung; diese Navigationswerte werden entweder parallel zu den Gebern oder über deren Sollwertsteller aufgeschaltet. Dadurch können auch Unsauberkeiten bzw. Störungen der Funksignale abgeschwächt werden.

2. Start und Landung

Besonders hohe Anforderungen werden an die Regelungen während des letzten Teiles des Anfluges vor der Landung gestellt [*5*]. *Bild* 29 zeigt die Vermessung einer automatischen Landung. Abgesehen von der Notwendigkeit, gerade in diesem

Zustand eine sehr hohe Betriebssicherheit und Genauigkeit zu haben, sind hier die Regelungsverhältnisse besonders schwierig, da sich die Regelungskonstanten dauernd ändern: Die Funknavigationswerte haben mit Annäherung an den Flughafen den sogenannten Tüteneffekt, d.h., ihre Charakteristik wird immer steiler und steiler, so daß sie sogar kurz vor dem Aufsetzen für die Regelung unbrauchbar werden kann; man muß also dann wieder auf die Kreiselwerte allein zurückgehen. Daraus erklärt sich z.B. bei dem *Bild* 29 die plötzliche Schwingung im Kurs, die sich aus der Umschaltung von der Anflugbake auf den Kompaßkreisel ergibt.

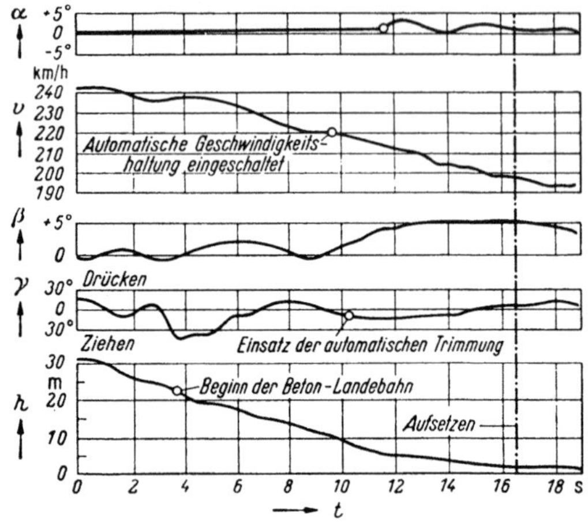

α Kursfehler
v Fluggeschwindigkeit
β Längslagenwinkel
γ Abfangbefehl (Eingang Höhenrudermaschine)
h Flughöhe

Bild 29. Vermessung einer automatischen Landung

Neben diesem Tüteneffekt muß berücksichtigt werden, daß die Fluggeschwindigkeit dauernd abnimmt und dementsprechend auch die Wirksamkeit der Ruder. Die Regelgenauigkeit muß aber gerade beim Aufsetzen am größten sein. Bei Flugzeugen mit nicht allzu großer Geschwindigkeitsspanne zwischen dem Streckenflug und Anflug zur Landung kann man einen Kompromiß schließen und einen mittleren Aufschaltwert justieren. Zweckmäßiger und bei den heutigen hohen Fluggeschwindigkeiten notwendig ist eine kontinuierliche Veränderung dieser Werte durch ein *Fahrtanpassungsgerät*, das in Abhängigkeit von der Fluggeschwindigkeit dauernd alle Regelwerte so verstellt, daß die Ruder stets optimal betätigt werden [*14*].

Eine Regelung, die die automatische Landung beherrscht, beherrscht erst recht den automatischen Start, da hier die geschilderten Schwierigkeiten umgekehrt verlaufen und so regelungstechnisch einfacher zu beherrschen sind.

G. Fernlenkung

Durch das regelungstechnische Beherrschen von Start und Landung sind die Vorbedingungen gegeben für einen völlig ferngelenkten Flug, bei dem entweder überhaupt kein Mensch oder nur noch ein beaufsichtigender Kommandant an Bord ist. Das unbemannte Flugzeug ist bereits seit Jahren bei den ferngelenkten Militärflugzeugen und Raketen verwirklicht. Bereits 1941 ließ P. E. Köster ein dreimotoriges unbemanntes Verkehrsflugzeug vom Typ Junkers Ju 52 mehrere ferngelenkte Starts und Landungen ausführen, und 1947 flog J. Anast ferngelenkt von den USA nach England, ohne daß jemand von der Besatzung die Steuerung berührte [*6*].

Die starke Zunahme des Luftverkehrs macht es aus Gründen der Flugsicherheit notwendig, die heutige Flugsicherung über Sprechfunk in Zukunft mehr und

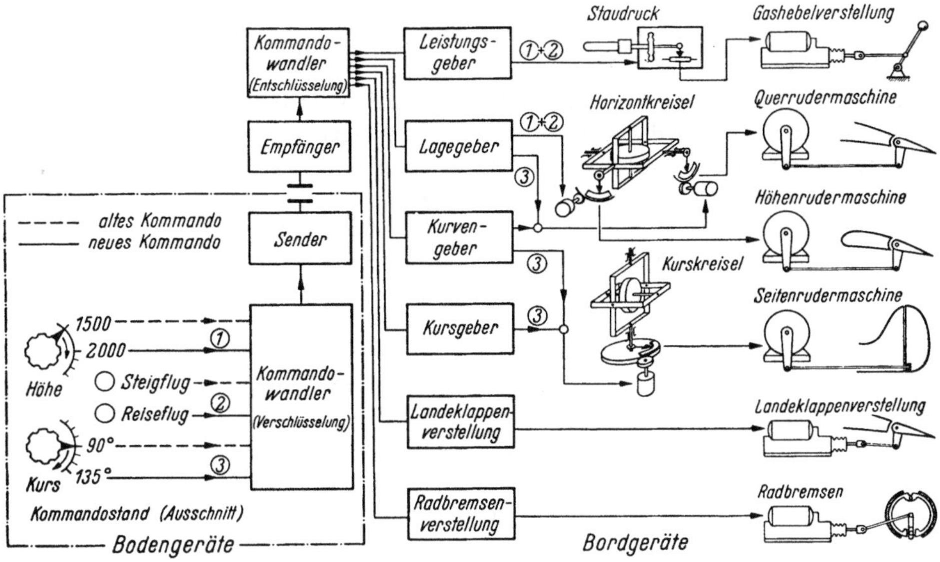

Bild 30. Flugzeugfernlenkung mit Kommandoübertragung

Links Steuersäule des Kommandanten, rechts des ,,Co-Piloten", in der Mitte Bedienpult für Triebwerk- und Luftschraubeneinstellung, Trimmung, Landeklappen und Radbremsen sowie Bedienungsgerät für dreiachsige Flugregelung (schwarzes Gerät Mitte rechts).

Bild 31. Führer-Raum eines viermotorigen Verkehrsflugzeuges Lockheed Super Star Constellation der Deutschen Lufthansa.

mehr zur reinen Fernlenkung zu verschieben. Dies geht nur bei Vorhandensein von Kurs-, Lage- und Fluggeschwindigkeitsregelungen. Es läuft in den USA ein groß angelegtes Projekt, das zum Ziel hat, auf den Flugstrecken, die am dichtesten beflogen werden, den Luftverkehr völlig vom Boden aus fernzulenken und über ein sich überlappendes Radarnetz jedes einzelne Flugzeug genau zu verfolgen. Die Fernlenkkommandos werden als verschlüsselte Funksignale übertragen; durch sie werden die Sollwerte für Kurs-, Lage- und Geschwindigkeitsregelung verstellt. Die Regelungen halten dann das Flugzeug in dem befohlenen Flugzustand bis zum Eintreffen eines neuen Fernlenkkommandos. Bei kombinierten Kommandos, z. B. bei Steigflug oder Gleitflug mit einer bestimmten Steig- oder Sinkgeschwindigkeit, wird gleichzeitig die Höhenruderregelung über den Horizontkreisel sowie die Triebwerkleistung über die Geschwindigkeitsregelung verstellt (*Bild* 30).

Die Piloten und die übrigen Besatzungsmitglieder werden bei den Verkehrsflugzeugen stets ihre übergeordnete überwachende Aufgabe behalten und müssen stets bereit und fähig sein, bei irgendwelchen Ausnahmezuständen die manuelle Führung zu übernehmen. Es steht außer allem Zweifel, daß hier die Regelung für die Sicherheit der Verkehrsluftfahrt einen ausschlaggebenden Beitrag leisten kann und wird.

H. Quellenhinweise

[*1*] Coulthard, W. H.: Aircraft instrument design. London: Isaac Pitman & Sons Ltd. 1952.
[*2*] Klein, G.: Bedeutung automatischer Flugzeugsteuerungen für den Flugzeugbau. In: Jb. Deutsche Luftfahrtforschung 1938. Ergänzungsband. S. 237.
[*3*] Koppe, H.: Einige Probleme der Luftfahrzeugführung. Z. Flugwiss. Bd. 3 (1955) S. 80–87.
[*4*] Klein, G.: Bedeutung automatischer Steuerungen für die Blindlandung. In: Jb. wiss. Ges. Luftfahrt e. V. Braunschweig: Friedrich Vieweg & Sohn 1955.
[*5*] Zetzmann, H. J.: Über Probleme der Blindlandung. In: Bücherei d. Funkortung, Bd. 5. Flug-, Wetter- und Astro-Funkortung, Tl. III: Strecken-, Anflug- und Landfunkortung, Stand 1955. Dortmund: Verkehrs- und Wirtschaftsverlag 1955.
[*6*] Anast, J.: The automatic flight from Newfoundland to England in 1947 and later developments on automatic flight control in the USA. In: Bücherei d. Funkortung Bd. 2, Funkortung in der Luftfahrt, Tl. IV: Funkortungserfahrungen deutscher und ausländischer Flieger. Dortmund: Verkehrs- und Wirtschaftsverlag 1953. S. 49–55.
[*7*] Integrated flight control systems, Elliott Brothers Ltd. London.
[*8*] Bendix International, Division of Bendix Aviation Corp., New York 17, N.Y.
[*9*] Lear Incorporated, 3171 South Bundy Drive, Santa Monica, Calif. USA.
[*10*] Smiths Aircraft Instruments Ltd., London-Cricklewood.
[*11*] Sperry Rand Corporation, 30 Rockefeller Plaza, New York 20, N. Y.
[*12*] Luftfahrtgerätewerk Hakenfelde GmbH, Berlin-Spandau.
[*13*] Collomosse, H. u. Curties, M. C.: Automatic pilots for helicopters (Louis Newmark Ltd., London-Croydon).
[*14*] Klein, G.: Entwicklungsstand der Flugregelungen. Luftfahrttechnik Bd. 2 (1956) Nr. 4 S. 62–70.
[*15*] DeBiasi, V.: Flight control for jet transports uses inertial sensors. Aviation Age Bd. 26 (Dez. 1956) Nr. 6, S. 40–45.
[*16*] Hersteller: Askania-Werke AG, Berlin-Friedenau.
[*17*] Hersteller: Luftfahrtgerätewerk Hakenfelde GmbH, Berlin-Spandau.
[*18*] Bauart Moog: Hersteller Dowty Equipment Ltd. Cheltenham Glos. (England).
[*19*] H. M. Hobson Ltd. Wolverhampton (England).

56. Nachrichtentechnik

Von G. Kraus und K. Scherer

Inhaltsübersicht

A. Überblick

Bei den Regelungen der Nachrichtentechnik spielt nur selten das Zeitverhalten der Regelstrecke die entscheidende Rolle. Im allgemeinen hat man nicht nur bei der Auswahl des Reglers, sondern auch beim Aufbau der Regelstrecke weitgehend freie Hand.

In der Nachrichtentechnik soll die Regelung einerseits den Einfluß der Störgrößen auf die Signale weitgehend unschädlich machen, andererseits darf sie aber die Signale selbst nicht verformen. Diese Bedingung läßt sich, da die Störungen im Verhältnis zu den Signalen meist nur langsam veränderlich sind, dadurch erfüllen, daß man die Regelung über eine absichtlich groß gewählte Zeitkonstante arbeiten läßt. Für das dynamische Verhalten des Regelkreises ist also meist nur eine einzige Zeitkonstante maßgebend, die in ihrem Wert die anderen Zeitkonstanten des Regelkreises weit überragt. In diesen Fällen stellt die Wahrung der Stabilität kein besonderes Problem dar.

Die Kombination von Regelung und Handsteuerung ist oft anzutreffen: Man bringt die Regelgröße von Hand auf einen ungefähr richtigen Wert und überläßt die genaue Einstellung einer Regelung. Ferner seien Regler erwähnt, die plötzlichen groben Abweichungen der Regelgröße nicht entsprechend stark entgegenwirken, sondern in der Stellung verharren, die sie zuletzt eingenommen haben. In diesem Sinne zieht man häufig motorisch angetriebene, oder gelegentlich auch mit Schrittschaltwerken betätigte Stellorgane, elektronischen oder anderen Stellorganen vor, die eine vom normalen Betriebszustand weit abseits liegende Ruhelage haben.

Die in der Nachrichtentechnik üblichen Regelungen lassen sich im wesentlichen in zwei Gruppen zusammenfassen: Die eine Gruppe wird von den verschiedenen Arten der Pegelregelung gebildet, der anderen Gruppe gehören die Frequenz- und Gleichlaufregelungen an. Dieser Einteilung folgt die Gliederung des vorliegenden Kapitels; die Besprechung einiger spezieller Regelungen aus dem Bereich der Nachrichtenmeßtechnik schließt es ab.

Regelungen allgemeiner Art bleiben als Hilfstechnik von der Betrachtung ausgeschlossen, z. B. die Temperaturregelung eines Oszillators sowie die verschiedenartigen Regelungen bei der Stromversorgung nachrichtentechnischer Geräte.

B. Pegelregelung

1. Aufgaben der Pegelregelung

Es kommt bei der Nachrichtenübertragung nicht so sehr auf den absoluten Betrag der Änderung der Signalamplitude an, als vielmehr auf die relative Zu- oder Abnahme. Darum wählt man ein logarithmisches Maß für die Stärke eines Signals, nämlich den Pegel.

Bei der Nachrichtenübertragung über große Entfernungen treten ungewollte zeitliche Schwankungen des Pegels des Empfangssignals auf, die ihre Ursache in der Inkonstanz der elektrischen Eigenschaften des Übertragungssystems haben. Temperaturänderungen von Leitungen und Verstärkern, Röhrenalterung, Schwunderscheinungen beim Funkempfang usw. ändern die Übertragungseigenschaften der Anlage und sollen durch eine Regelung unschädlich gemacht werden.

Wenn das Signal am Eingang des Übertragungssystems eine von der Modulation unabhängige Amplitude hat, beispielsweise bei der Frequenzmodulation, so können nach der Übertragung die Schwankungen durch einen Regelverstärker ausgeglichen werden, der die *Amplitude* des Signals auf einen *konstanten* Wert regelt. Sonst verwendet man Signalteile oder absichtlich zugesetzte Signale, die zugleich mit dem Nutzsignal als Bezugsgrößen übertragen werden, und man hält deren *Pegel* als Regelgröße *konstant*. Die Stellglieder beeinflussen gleichzeitig das Nutzsignal und gleichen so Änderungen der Systemeigenschaften weitgehend aus. Voraussetzung dafür ist allerdings, daß man den Charakter der zu erwartenden störenden Einflüsse und die Zusammenhänge ihrer Wirkungen auf Nutzsignal und Regelgröße ungefähr kennt. Eine solche Pegelregelung hält das Übertragungsmaß der Anlage konstant.

Wohl zu unterscheiden davon ist die *Dynamikregelung*, die eine echte Pegelregelung des Nutzsignals ist. Bei der Übertragung von Sprache oder Musik kann man der Gefahr, daß schwache Signale durch unterwegs eindringende Geräusche verdeckt werden, durch eine Regelung begegnen. Diese verändert im Sender die Verstärkung des Signals abhängig von seiner Stärke, wobei die Verstärkung für schwache Signale größer ist als für starke. Diese „Pressung“ kann am Empfangsort durch „Dehnung“ mit Hilfe einer zweiten Regelung oder einer Steuerung wieder rückgängig gemacht werden.

Eine Festwertregelung des Signalpegels wird oft bei der Trägererzeugung oder in Meßgeräten der Nachrichtentechnik vorgesehen.

2. Pegelregelung in Funkübertragungssystemen (Schwundregelung)

Beim Funkempfang schwankt die Stärke des empfangenen Signals oft in sehr weiten Grenzen. Einerseits muß der Empfänger imstande sein, wahlweise schwach einfallende Signale von fernen Sendern oder starke Signale von Ortssendern zu verarbeiten. Andererseits können sich die Empfangsfeldstärken der gleichen Sendung zu verschiedenen Zeiten infolge von Schwunderscheinungen (Fading) um mehrere Zehnerpotenzen unterscheiden. Im allgemeinen wird darum in Funkempfängern eine Schwundregelung (Fadingregelung) vorgesehen. Sie dient beim Empfang amplitudenmodulierter Schwingungen nicht nur dazu, daß gleich stark modulierte Sender trotz verschiedener Empfangsfeldstärke stets gleich laut empfangen werden, sondern sie ist auch notwendig, um einen empfindlichen Empfänger bei starken Signalen vor Übersteuerung zu schützen.

Bild 1 zeigt eine vereinfachte Schaltung eines Rundfunkempfängers für den Empfang amplitudenmodulierter Schwingungen. Die Schwundregelung ist durch dicke Linien hervorgehoben.

Das empfangene Signal wird nach grober Vorselektion in der Vorstufe $Rö_1$ verstärkt, durch die Mischröhre $Rö_2$ in Zwischenfrequenzlage gebracht (vgl. Abschnitt C2) und nach abermaliger Verstärkung durch die Röhre $Rö_3$ an der

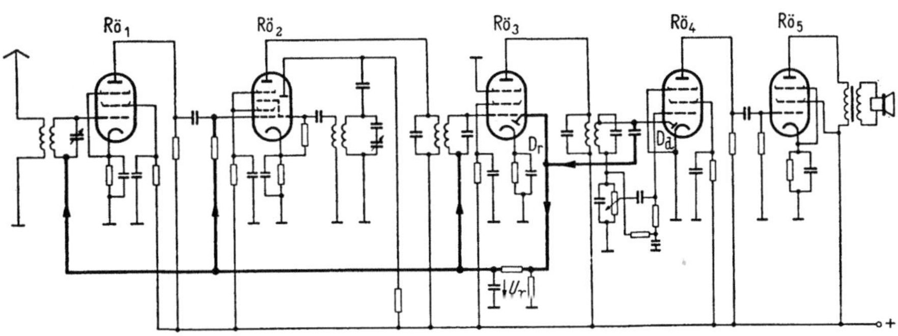

$Rö_1$ Verstärkerstufe
$Rö_2$ Mischstufe
$Rö_3$ Zwischenfrequenz-Verstärkerstufe
$Rö_4$ Demodulationsstufe
$Rö_5$ Niederfrequenz-Verstärkerstufe
D_r Regeldiode
D_d Demodulationsdiode
U_x Gleichspannung (Regelgröße)

Bild 1. Vereinfachtes Schaltbild eines Rundfunkempfängers. Die Schwundregelung ist durch dicke Linien hervorgehoben

Diodenstrecke D_d der Röhre $Rö_4$ demoduliert. Dort soll die Trägeramplitude bereits auf einen konstanten Wert geregelt sein. Zu diesem Zweck wird durch Gleichrichtung an der Regeldiode D_r und durch Glättung eine negative, der Trägeramplitude proportionale Gleichspannung U_x gewonnen und den Steuergittern der Röhren $Rö_1$, $Rö_2$ und $Rö_3$ zugeführt. Der Arbeitspunkt auf den für diesen Zweck besonders bemessenen Kennlinien dieser Röhren wird bei einer Zunahme von U_x in den Bereich kleinerer Steilheit verschoben; diese Verschiebung wirkt als Stellgröße, indem sie die Verstärkung entsprechend verringert.

Die bei dem vorliegenden P-Regler übrigbleibenden Abweichungen werden noch durch Steuerung der Verstärkung der nachfolgenden Röhre $Rö_4$ zum großen Teil beseitigt.

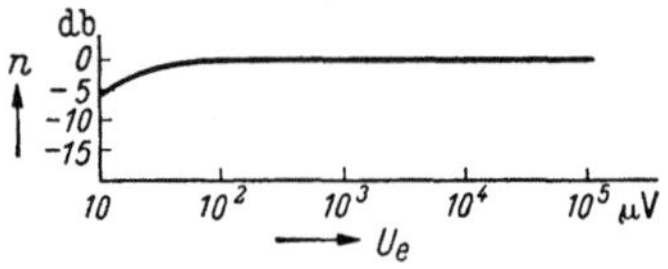

Bild 2. Abhängigkeit des Ausgangspegels n von der Eingangsspannung U_e eines Empfängers mit Schwundregelung

Bild 2 stellt die Abhängigkeit des Pegels der demodulierten Spannung von der Hochfrequenz-Eingangsspannung dar.

In vielen Fällen empfiehlt es sich, die Schwundregelung erst dann einsetzen zu lassen, wenn das Eingangssignal eine gewisse Mindestgröße erreicht hat. Dadurch wird bei größeren Eingangssignalen die Regelung wirksamer. Vor allem wird das Signal-Geräusch-Verhältnis verbessert, wenn die Regelung in die ersten Stufen erst bei größeren Signalen eingreift und dort die Verstärkung erst dann reduziert, wenn sich das Signal in seiner Leistung genügend stark vom Eigenrauschen der Eingangsstufen des Empfängers abgehoben hat.

Die Regelung muß so langsam verlaufen, daß eine Nutzmodulation der tiefsten zu übertragenden Modulationsfrequenz nicht ausgeregelt wird.

Mit einer Schwundregelung werden auch *Fernsehempfänger* versehen. Bei ihnen ist zu beachten, daß die mittlere Hochfrequenzamplitude schon beim Sender mit der mittleren Bildhelligkeit schwankt und daher als Regelgröße im Empfänger untauglich ist. Hier können die Synchronisierimpulse oder andere Teile des Fernsehsignals (z.B. die Normalwerte für den Schwarzpegel), die vom Sender mit konstanter Amplitude ausgestrahlt werden, zur Pegelregelung beim Empfänger benutzt werden. Bei Negativmodulation, bei der die Hochfrequenzamplitude während der Synchronisierimpulse am größten ist, wird die Stellgröße mit Hilfe der Spitzengleichrichtung des Zwischenfrequenzsignals gewonnen, wobei z. B. die Zeitkonstante groß genug gemacht werden muß, um den Regelvorgang über die Periodendauer der Bildsynchronisierimpulse hin zu glätten.

Als Schnellregelung verwendet man sogenannte getastete Regelungen, bei denen die Messung der Regelgröße nur kurzzeitig im Rhythmus der Zeilensynchronisierimpulse durch Tastung mit Impulsen freigegeben wird. Hier haben Störungen, die nicht in die Tastzeiten fallen, keinen Einfluß auf die Regelung. Die Regelgröße kann vor oder nach der Demodulation gemessen werden [*1*].

Die Pegelregelung wird kombiniert mit Einrichtungen, die eine Nachstellung von Grundhelligkeit und Kontrast des Schirmbildes von Hand aus ermöglichen.

Auch Empfänger für pulsmodulierte Schwingungen werden mit einer Schwundregelung ausgestattet. Die zur Regelung benötigte Gleichspannung gewinnt man aus der Hochfrequenz- bzw. Zwischenfrequenzspannung im allgemeinen durch Gleichrichtung einfacher Art und Glättung mit einer im Verhältnis zur Periodendauer der Modulationsfrequenz langen Zeitkonstante.

Frequenzmodulierte Schwingungen werden zur Störungsminderung vor der Demodulation im Empfänger von etwaigen Amplitudenschwankungen befreit. Dazu dient ein Amplitudenbegrenzer; das ist ein nichtlineares Glied, das die positiven und die negativen Halbwellen der Schwingung bis auf einen kleinen Rest abschneidet. Es ist aber schwierig, den Amplitudenbegrenzer so zu bemessen, daß er allein große Pegelschwankungen mit der nötigen Genauigkeit ausgleicht. Darum versieht man den Empfänger im allgemeinen zusätzlich mit einer Schwundregelung, die die Pegelschwankungen schon vor der Amplitudenbegrenzung zum großen Teil ausregelt.

Bei Funkstrecken mit sehr starken Schwunderscheinungen hilft ganz allgemein der sogenannte Diversity-Empfang, d. i. der Empfang über mehrere Empfänger. Beim Diversity-Empfang nach dem Kombinationsprinzip werden die Ausgangsspannungen der Empfänger addiert; eine Regelschaltung sorgt dafür, daß immer der Empfänger mit der besten Empfangsfeldstärke den Hauptanteil liefert.

3. Pegelregelung in der Trägerfrequenztechnik

a) Allgemeines

Ein immer wiederkehrendes Teilproblem in der Nachrichten-Übertragungstechnik ergibt sich aus der zeitlichen Inkonstanz des Übertragungsfaktors (Verhältnis Eingangsspannung zu Ausgangsspannung) der Übertragungsleitungen und der Notwendigkeit, für die Übertragungskanäle dieses Verhältnis oder das ihm entsprechende Dämpfungsmaß

$$a = \ln \frac{U_1}{U_2}\,, \text{ Einheit: 1 Neper, abgekürzt 1 Np,}$$

einigermaßen konstant zu halten. So muß z. B. bei der Übertragung von Telegraphiezeichen der Empfangsstrom in einem gewissen Toleranzbereich liegen, damit die Empfangsrelais sicher und genügend verzerrungsfrei arbeiten. Bei der Übertragung von Sprache und Musik soll die Empfangslautstärke der Sendelautstärke entsprechen und nicht Schwankungen unterworfen sein, die im Übertragungsweg verursacht werden. Auch Stabilitätsgründe erfordern eine Konstanthaltung des Übertragungsmaßes von Fernsprechkanälen: Beim Fernsprechfernverkehr werden jeweils zwei entgegengesetzt gerichtete (in der Regel mit Verstärkern ausgerüstete) Übertragungskanäle über Brückenschaltungen (Gabelschaltungen) miteinander zu einem sogenannten Vierdraht-Sprechkreis verbunden. Diese Brückenschaltungen entkoppeln die beiden Kanäle jedoch nur unvollkommen, so daß ein Rückkopplungsweg besteht, der zu Eigenschwingungen neigt und zu dem gefürchteten „Pfeifen" führt, wenn die Summe der Dämpfungen der beiden Übertragungsrichtungen und mithin der Pfeifpunktabstand zu gering werden. Es wird deshalb verlangt, daß die zeitliche Inkonstanz geringer als $\pm 0{,}2$ Np ist (d. h. für das Spannungsverhältnis etwa $\pm 20\,\%$). Diese Toleranz ist außerordentlich klein, wenn man sie vergleicht mit den jährlichen, temperaturbedingten Dämpfungsänderungen einer 1000 km langen Koaxialkabelleitung von etwa ± 11 Np bei 4 MHz. Eine Änderung von 11 Np entspricht einem Amplitudenverhältnis von 60000:1. Es genügt jedoch meistens nicht, die Gesamtdämpfung der Übertragungswege durch Regelung an den Endstellen konstant zu halten; auch an den Zwischenverstärkerpunkten muß oft geregelt werden, wenn vermieden werden soll, daß die Nachricht im unvermeidbaren Leitungsgeräusch untergeht oder die Verstärker übersteuert werden.

Zum Messen des Übertragungsfaktors ist es üblich, auf den Eingang des Übertragungsweges eine Meßschwingung mit konstanter Amplitude zu geben und am Ende des Regelabschnittes ihre Amplitude zu messen. Die Nachrichtenströme selbst (z.B. die Sprechströme) sind hierfür meist nicht geeignet, da sie keine konstante Amplitude haben. Bei Zweiseitenband-Amplitudenmodulation hat jedoch die Trägerkomponente des Nachrichtenstromes eine konstante Amplitude. Sie kann daher zur Regelung benutzt werden. Bei linearer Gleichrichtung der modulierten Schwingung erhält man einen von der Modulation unabhängigen Gleichstrom, der zur Regelung geeignet ist. Meist jedoch müssen die Regelgrößen mit Hilfe besonderer *Pilotkanäle* künstlich geschaffen werden. Hierzu werden den in Frequenzgruppen übertragenen, mit schmalen Lücken aneinandergereihten Kanälen einzelne oder auch mehrere Meßschwingungen, sogenannte Pilote, sendeseitig mit konstantem Pegel zugefügt. In den Zwischenverstärkern und an den Endgeräten sind Pilotempfänger mit hoher Eingangsselektivität vorgesehen, in denen die ausgesiebte Pilotspannung mit hoher Konstanz verstärkt und gleichgerichtet wird. Der Gleichstrom ist ein Maß für den Übertragungspegel. Er wird mit der Normalgröße verglichen und liefert, meist mittelbar, die Stellgröße.

b) Einzelkanalregelung

Ein Beispiel für Einzelkanalregelung mit dem übertragenen Träger ist die Regelung in den Endstellen des amerikanischen *Kurzstrecken-Trägersystems* N 1 [*8*] für Kabelleitungen. Dieses Zwölfkanal-Fernsprechsystem mit Zweiseitenband- und Trägerübertragung hat in den einzelnen Empfangsschaltungen vor den Demodulatoren eine Regelröhre, deren Steilheit im Gitterkreis von der Demodulationsgleichspannung gesteuert wird, die der Empfangsträgeramplitude proportional ist und der eine konstante Vergleichsspannung entgegengeschaltet ist. Die Regelwirkung ist wohl für die einzelnen Kanäle frequenzunabhängig, jedoch individuell in den verschiedenen Kanälen. Auch bei den *Trägerfrequenzsystemen für Hochspannungsleitungen*, deren Übertragungskanäle für Fernsprechen oder zur Mehrfachübertragung von Meßwerten benutzt werden, ist es üblich, die einzelnen 2,5 bis 4 kHz breiten Kanäle zu regeln. Hierbei sind nicht nur die witterungsbedingten Dämpfungsänderungen auszugleichen, sondern auch diejenigen, die durch Änderungen im Schaltzustand der Energieleitungen verursacht werden. Als Regelgröße dient bei den Systemen mit Zweiseitenband-Übertragung der Pegel des Trägers oder bei den Einseitenband-Systemen entweder die Amplitude des Trägers eines Fernmeßkanals oder bei Sprachübertragung der Träger des dann für die Wahlzeichen vorgesehenen besonderen Fernwahlkanals. Dieser Pilotkanal wird dann zugleich auch zur Übertragung der Impulszeichen benutzt. Um die Regelung nicht zu stören, sind die Zeitkonstanten des Ausgangskreises des Impulsempfängers so gewählt, daß die Tastlücken des Pilotstromes überbrückt werden und der Pilotgleichstrom unmoduliert bleibt. Als Stellorgan wird eine Brücke mit vier reellen Widerständen verwendet. Einem dieser Widerstände ist die Anoden-Kathoden-Strecke einer Elektronenröhre parallel geschaltet, deren Gitter durch die Differenz der gleichgerichteten Pilotspannung und einer ihr gegengeschalteten konstanten Vergleichsspannung gesteuert wird. Eine solche Brücke hat einen großen Stellbereich mit einem Verhältnis der Grenzwerte von z. B. 400:1, und es verbleibt eine Regelabweichung von nur 10%.

c) Frequenzabhängige Regelung von Gruppen von Kanälen

Während bei den Systemen mit Einzelkanalregelung die Stellglieder frequenzunabhängig wirken, sind bei Systemen, bei denen Gruppen von Kanälen (z.B. drei oder zwölf Kanäle) geregelt werden, frequenzabhängige Stellorgane erforderlich. Bei einer Freileitung ist die Dämpfung eine witterungsabhängige Funktion der Frequenz (*Bild* 3). Um diese Unterschiede auszugleichen, braucht man ebenfalls frequenzabhängige Stellorgane, die mit der Frequenz ansteigende Dämpfungsänderungen bewirken.

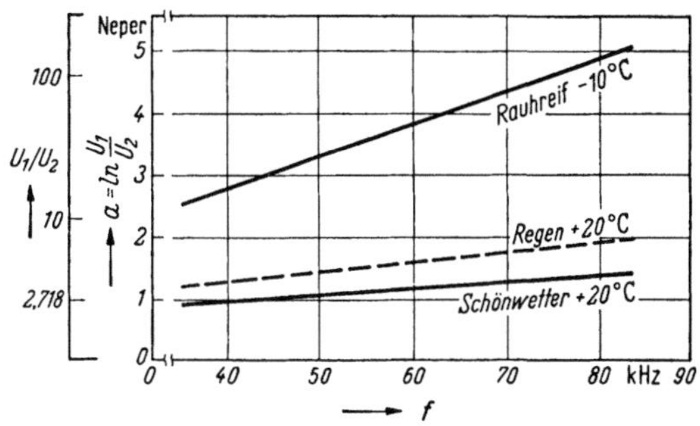

a Dämpfungsmaß U_1 Eingangsspannung
f Frequenz U_2 Ausgangsspannung

Bild 3. Frequenzgang der Dämpfung einer Freileitung für eine Länge von 80 km

Das *Dreikanal-Fernsprechsystem* Z3F für Freileitungen [2] benutzt für die beiden Übertragungsrichtungen verschiedene Frequenzgruppen. In jede dieser Gruppen wird eine Pilotschwingung eingefügt. Mit ihr wird in den Zwischenverstärkern und im Gruppenteil der Endgeräte-Empfangsschaltung ein frequenzabhängiges Stellorgan gesteuert. Dieses enthält ein mehrgliedriges Dämpfungsnetzwerk als grobstufigen, frequenzabhängigen Spannungsteiler. Seine Abgriffe sind mit den fünf Statorpaketen eines Drehkondensators verbunden, dessen kleiner Rotor in die verschiedenen Statorpakete eintaucht. Die Spannung kann dadurch stetig gleitend kapazitiv abgegriffen werden. Die Stetigkeit der Regelung ist besonders wichtig bei der Übertragung von Wechselstromtelegraphie über die Fernsprechkanäle, bei der eine grobstufige Regelung Zeichenverzerrungen verursachen würde.

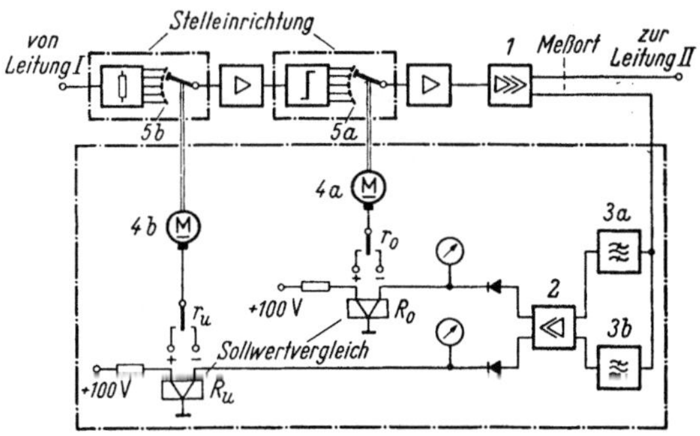

1 Hauptverstärker
2 Pegelempfänger
3 Pilotfilter (*a*, *b*)
4 Gleichstrommotoren (*a*, *b*)
5 Drehkondensatoren (*a*, *b*)
R_0, R_u Relais mit den Kontakten r_0, r_u

Bild 4. Regelkreis für den Leitungsverstärker eines Zwölfkanal-Fernsprechsystems Z 12 F für Freileitungen

Die Regelung des Übertragungsmaßes eines breiteren Frequenzbandes mit *einer* Pilotschwingung hat wegen der nur angenäherten Übereinstimmung des Dämpfungsfrequenzganges der Regelnetzwerke mit den Dämpfungsänderungen der Leitungen nur eine begrenzte Genauigkeit. Sie ist in der Nähe der Pilotfrequenz am größten und nimmt meistens mit zunehmendem Frequenzabstand ab. Für das Dreikanalsystem kann mit einem Pilotkanal je Dreikanalgruppe noch eine genügende Genauigkeit erreicht werden.

Beim *Zwölfkanal-Freileitungssystem* Z 12 F für Weitverkehr [*3*] werden jedoch die breiteren Zwölfkanalgruppen mit je zwei Piloten geregelt. Die Pilotfrequenzen liegen z. B. für die obere Frequenzgruppe bei den Randfrequenzen 92 und 143 kHz. *Bild* 4 zeigt die grundsätzliche Schaltung des Regelkreises des Z12F-Leitungsverstärkers. Von der Leitung kommend, durchlaufen die zu verstärkenden Signalströme die beiden Stelleinrichtungen. Die erste dient der frequenzunabhängigen Niveauregelung, die zweite der frequenzabhängigen Neigungsregelung. Beide Stelleinrichtungen haben mehrere Grobstufen mit stetig veränderbarem, kapazitivem Abgriff. Am Ausgang des Hauptverstärkers (*1*) ist der Pegelempfänger (*2*) mit seinen beiden Pilotfiltern (*3 a, b*) angeschlossen. Es sind dies sehr selektive Kristallfilter mit geringer Bandbreite. Im Ausgangskreis des Empfängers werden die beiden Pilote getrennt und gleichgerichtet. Mit Relais (R_o, R_u) wird bei positiven oder negativen Pegelabweichungen von mehr als 0,1 Np ein kleiner Gleichstrommotor (*4a*) bzw. (*4b*) in Vorwärts- bzw. Rückwärtslauf eingeschaltet, der den Drehkondensator (*5a*) bzw. (*5b*) der Stelleinrichtung langsam verstellt. Die Stellgeschwindigkeit ist klein. Sie ist jedoch mit 5 mNp/s groß genug, um den relativ raschen Dämpfungsänderungen einer bereiften Leitung während des Abtauens folgen zu können. Um zu vermeiden, daß bei vorübergehenden Leitungsunterbrechungen unerwünschte Überverstärkung eingesteuert wird, die bei Wiederherstellung der Verbindung zum „Pfeifen" der Kanäle führen würde, sind in den Ausgangskreisen des Pegelempfängers noch weitere Relais angeordnet, die bei plötzlichen negativen Pegelsprüngen von mehr als 1 Np die Regelung stillsetzen und Alarm geben. Die Regelgeschwindigkeit an den Endgeräten kann auf 50 mNp/s eingestellt werden, um bei außergewöhnlichen Betriebsverhältnissen Dämpfungsschwankungen möglichst schnell auszuregeln. *Bild* 5 zeigt das Verhalten einer Strecke (etwa 600 km) mit sechs regelnden Verstärkern bei einem plötzlichen Pegelsprung am Anfang. Dargestellt sind die Pegel-Zeit-Funktionen an den Verstärkerämtern VA1, VA3 und VA6.

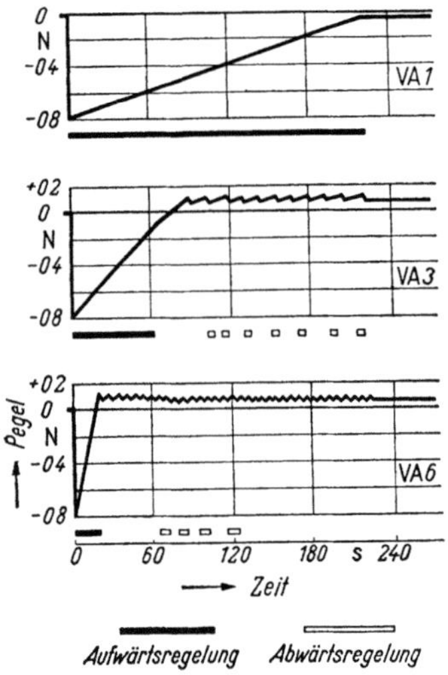

Bild 5. Ausregelung eines Dämpfungssprungs. Pegelverlauf an den Verstärkerausgängen der Ämter VA 1, VA 3 und VA 6 (VA 1 am Anfang, VA 6 am Ende der 600 km langen Strecke)

Eine Regelung mit mehreren Pilotkanälen hat auch das Fernsprechsystem V960 für Koaxialkabelleitungen [*4, 5, 6*] mit 960 Kanälen im Bereich 60 kHz bis 4 MHz. Wegen der relativ großen Kabeldämpfung betragen die Verstärkerabstände nur etwa 9 km. Jeder zweite Leitungsverstärker wird geregelt. Die Dämpfungsänderungen sind nur bedingt durch die Temperaturabhängigkeit des Leiterwiderstandes; ihr Frequenzgang ist deshalb wohl definiert, besser als bei Freileitungen, so daß bei der Regelung mit nur einer Pilotschwingung (4092 kHz) relativ geringe frequenzabhängige Fehler verbleiben. Sie sind jedoch immer noch so groß, daß man in größeren Abständen von etwa 100 km die Neigung durch eine Regelung mit einem 60-kHz-Pilotkanal korrigieren muß. Das Stellorgan der Leitungsverstärker besteht aus einem Heißleiter, einem stark temperaturabhängigen Widerstand, der so in den Gegenkopplungsweg des Verstärkers eingefügt ist, daß seine Widerstandsänderungen frequenzabhängige Verstärkungsänderungen bewirken, die den Dämpfungsänderungen des Kabels entsprechen. Würde man den Heißleiter in einfacher Weise direkt durch den Pilotstrom steuern, so würden die Regler in der Leitung bei Ausfall des Pilotempfangs sich auf maximale Verstärkung einstellen. Um dies zu vermeiden, schaltet man einen Ortsstromkreis dazwischen. Die Pilotschwingung 4092 kHz wird am Verstärkerausgang durch einen selektiven Pilotempfänger entnommen. Der verstärkte und gleichgerichtete Pilotstrom wird zusammen mit einem als Vergleichsgröße dienenden konstanten Gegenstrom direkt einem kleinen Gleichstrom-Stellmotor mit Permanentfeld zugeführt. Sein Anker ist in Ruhe, wenn bei Normalpegel der Pilotgleichstrom ebenso groß ist wie der Gegenstrom. Er dreht sich vorwärts oder rückwärts, wenn bei Pegelabweichungen einer der Ströme überwiegt. Der Stellmotor verstellt einen Drehtransformator, der den Heizwechselstrom des Heißleiters so lange verändert, bis der Pegel wieder normal ist. Bei großen negativen Pegelsprüngen wird der Motor stillgesetzt. Der Regler für die Neigungskorrekturregelung (60-kHz-Pilot) ist ebenso aufgebaut.

d) Regelung mit Umrechnung der Meßgrößen

Bei einer Zweifrequenzregelung werden nur Niveau und Neigung der Frequenz-Dämpfungscharakteristik korrigiert. Sollen jedoch auch Krümmungen oder Wellen ausgeglichen werden, so benötigt man noch mehr Meßgrößen und mehr Stelleinrichtungen mit entsprechenden Frequenzgängen der Dämpfung. Der Wirkungsbereich der einzelnen Glieder erstreckt sich über mehrere Pilotfrequenzen. Die Pilotgleichströme wirken deshalb nicht mehr direkt auf die Stelleinrichtungen. Sie werden in einem *Umrechner* oder Umwerter erst umgesetzt in die Steuerströme der Stelleinrichtungen, in dem sie nach Maßgabe der beabsichtigten Wirksamkeit verteilt und entsprechend zusammengefaßt werden [*10*]. Die Anzahl der Stelleinrichtungen kann von der Anzahl der Meßgrößen (Pilotschwingungen) abweichen. Beispiele für eine solche Regelung sind das Fernseh-Übertragungssystem für Koaxialkabelleitungen und das N1-System.

Das *Fernseh-Übertragungssystem* für Koaxialkabel (500 kHz bis 6 MHz) [*11*] hat in den unbemannten Zwischenverstärkern eine ähnliche Regelung wie das Vielkanal-Fernsprechsystem V 960. Zur Korrektur der Restfehler, verursacht durch Röhrenalterung und Temperatureinfluß auf die Geräte, sind etwa nach je 100 km in den bemannten Zwischenverstärkern (*Bild* 6) außer dem Regler mit Kabeltemperatur-Dämpfungsgang noch zwei weitere pilotgesteuerte Regler vorgesehen. Die Heißleiter der drei Regler werden von den drei Pilotfrequenzen 308 kHz, 4092,45 kHz und 6200 kHz über einen zwischengeschalteten Umrechner gesteuert. Dies ist ein Widerstandsnetzwerk, das die Regelströme der einzelnen Pilotkreise auf die drei Regler so verteilt, daß gegenseitige Beeinflussungen der Regelvorgänge vermieden werden. Beim Ausfall eines Pilotes bleiben alle Regler stehen.

Ein regelungstechnisch interessantes Beispiel ist auch die *Gruppenregelung des Kurzstreckenträgersystems* N1 [*8*]. Neben der bereits erwähnten Einzelkanalregelung in den Endgeräten mit Hilfe der übertragenen Trägerschwingungen hat das System in den Zwischenverstärkern eine für die Zwölfkanalgruppe gemeinsame Niveauregelung durch einen Heißleiter im Gegenkopplungsweg des Gruppenverstärkers. Es wird auf konstante Gesamtleistung geregelt. Diese ist im wesentlichen durch die Trägerströme bestimmt. Durch die Einführung eines Korrekturreglers [9] der in Abständen von 100 bis 200 Meilen eingeschaltet wird, konnte die

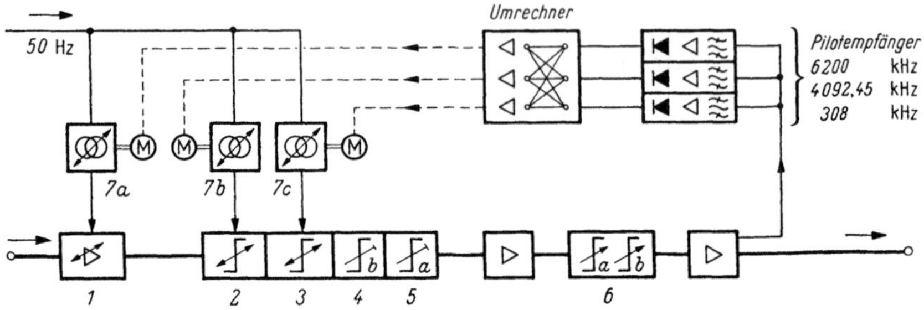

1 Leitungsverstärker, pilotgeregelt, entzerrend
2 Entzerrer, pilotgeregelt zum Ausgleich der Röhrenalterung
3 Entzerrer, pilotgeregelt zum Ausgleich der Temperatureinflüsse
4 Laufzeitentzerrer
5 Dämpfungsentzerrer
6 Leitungsentzerrer (Echoentzerrer)
7 Drehtransformatoren (50 Hz) mit Stellmotoren (*a*, *b*, *c*)

Bild 6. Zwischenverstärker für die bemannten Ämter einer Anlage zur Fernsehübertragung über Koaxialkabel

Reichweite des Systems vervielfacht werden. Er korrigiert die Neigung, die Krümmung und die Wellungen „dritter und vierter Ordnung" in vier Regelnetzwerken, die als Stellorgan je einen Heißleiter enthalten. Die Heizströme (Steuergröße) der vier Heißleiter werden durch die Amplituden der zwölf Trägerfrequenzen (Meßgröße) bestimmt. In einem Umrechner werden die zwölf Meßgrößen in die vier Steuergrößen umgewandelt.

e) Hintereinanderschaltung vieler Regelsysteme

Ein besonderes Problem der Regelungstechnik in Nachrichten-Übertragungssystemen entsteht durch die Hintereinanderschaltung vieler Regelsysteme im Zuge einer Übertragungsleitung. Bei sprunghaften Dämpfungsänderungen entstehen Pegelsprünge an allen hinter der Störungsstelle liegenden Reglern. Bei Systemen mit geringer Verstärkerzahl kann man durch eine Staffelung der Ansprechverzögerungszeiten erreichen, daß möglichst nur der richtige, d.h. der der Fehlerstelle nächstliegende Regler arbeitet.

Bei Systemen mit sehr vielen Verstärkern jedoch ist eine wirksame Staffelung der Ansprechverzögerungszeiten nicht mehr möglich. Die Regler arbeiten praktisch unverzögert. Bei einem Pegelsprung regeln also auch alle folgenden Regler gleichzeitig mit und müssen nachher wieder zurückregeln. Hierdurch kann am Ende der Strecke, ausgelöst durch einen Dämpfungssprung, ein periodisches Überregeln entstehen, das mehr oder weniger schnell abklingt. Die Pegelabweichungen können dabei in ihren Maxima größer sein als der auslösende Dämpfungssprung. Nach J. P. Kinzer [7] läßt sich die Amplitudenüberhöhung eines Sprunges bestimmen, wenn das Verhalten des Frequenzganges eines einzelnen Reglers bei sinusförmiger Änderung der Eingangsgröße bekannt ist. Durch den Einsatz von besonderen

Beruhigungsreglern in größeren Abständen, die den Frequenzgang im kritischen Frequenzbereich verbessern, kann das Überregeln auch bei langen Strecken klein gehalten werden.

f) Zusatzregler zur Korrektur des Regelrestes

Obwohl durch die verschiedenen Regelkreise der einzelnen Übertragungssysteme die enormen Dämpfungsschwankungen der Leitungen bis auf vergleichsweise sehr kleine Reste ausgeregelt werden, so können sich doch diese Reste bei der Durchschaltung von Kanälen oder Kanalbündeln über mehrere in sich geregelte Systeme hinweg wieder zu unzulässigen Beträgen summieren. Für die *Zwölfkanal-Grundgruppen*, aus denen die neuzeitlichen Vielkanalsysteme aufgebaut sind und die an Netzknotenpunkten von System zu System (ohne Vermittlung) fest durchgeschaltet werden, hat man deshalb eine *Korrekturregelung* eingeführt. Hierbei wird jeder Grundgruppe (60 bis 108 kHz) eine Pilotschwingung ($f = 84{,}08$ kHz) in einer der Frequenzlücken zwischen den Kanälen mitgegeben. An den Systemendstellen, an denen wieder in die Grundgruppe demoduliert wird, werden frequenzunabhängige Niveauregler eingeschaltet. Ein in fortlaufendem Zyklus weitergeschalteter Pilotempfänger prüft nacheinander bis zu 40 Gruppen. Bei Überschreitung der Toleranzgrenzen wird der betreffende Regler jeweils um einen kleinen Betrag nachgestellt.

Auch für einzelne Fernsprechkanäle, die für Wechselstromtelegraphie-Übertragung (WT) benutzt werden, können *zusätzliche* WT-*Regelverstärker* vorgesehen werden, um zu erreichen, daß auch bei an sich ungenügender Restdämpfungskonstanz die Telegraphieempfänger im Bereich kleinster Zeichenverzerrungen arbeiten. Als Regelpilot wird einer der 24 WT-Träger benutzt, der dann ungetastet bleibt. Die Stelleinrichtung, eine röhrengesteuerte Widerstandsbrücke (vgl. Abschnitt B 3b), wirkt frequenzunabhängig.

4. Von der Nachricht gesteuerte Regelsysteme

a) Volumenregelung beim Übersee-Funkfernsprechen [*12*, *13*, *14*, *18*]

Neben den Regelsystemen, welche die Dämpfungsschwankungen der Übertragungsleitungen ausgleichen, gibt es ein Anwendungsgebiet der Regelungstechnik, bei dem die Nachrichtenströme durch Amplitudenregelung mit Steuerung durch die Nachrichtenströme selbst so umgeformt werden, daß sie für die Übertragung besser geeignet sind.

Zur Überbrückung der großen interkontinentalen Entfernungen werden Kurzwellenverbindungen mit erheblichen Sendeleistungen (z.B. 20 kW) benutzt. Sie arbeiten mit Einseitenband-Modulation und werden mit den Mitteln der Trägerfrequenztechnik mehrfach ausgenutzt, z.B. mit drei oder vier Fernsprechkanälen. Da diese Funkkanäle mit den kontinentalen öffentlichen Fernsprechnetzen verbunden werden, muß man vor der Funkübertragung die großen Schwankungen der Sprechströme ausgleichen, um zu vermeiden, daß die Sender entweder in ihrer Leistung sehr schlecht ausgenutzt oder übersteuert sind. Hierzu werden sendeseitig in die einzelnen Kanäle „Volumenregler“ eingeschaltet. Unter Volumen versteht man die Anzeige des Volumenmessers, eines Spannungsgerätes mit genormter Ein- und Ausschwingzeit. Sie folgt nicht dem zeitlich stark schwankenden

Verlauf der Hüllkurve der Sprechspannung, sondern entspricht einem durch die Integrationszeit bestimmten Mittelwert. Die großen Volumenunterschiede der Sprechströme, bedingt durch Sprechweise und die Eigenschaften der Mikrophone sowie der Verbindungsleitungen, soll der Volumenregler ausgleichen. Darüber hinaus soll er hohe Spitzen begrenzen und die Dynamik pressen. Die Schaltung (*Bild* 7) enthält insgesamt fünf sprachgesteuerte Stelleinrichtungen. Diese bestehen aus nichtlinearen Spannungsteilern in Gegentaktschaltung (Vierpol $a_1 b_1 a_2 b_2$ im *Bild* 7 b). Die Stelleinrichtungen (*1a* bis *c*) werden durch den Anodenstrom I_{st} des

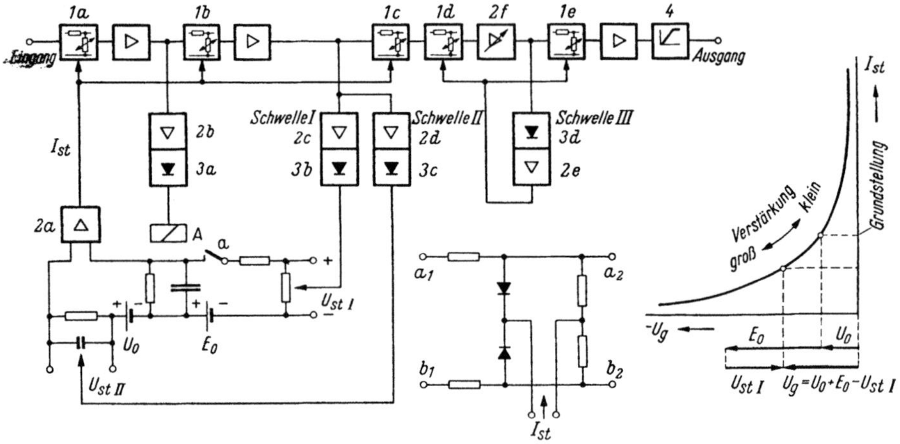

a) Schaltplan b) Stelleinrichtung (Vierpol a_1, b_1, a_2, b_2) c) Kennlinie

1 Stelleinrichtung (*a* bis *e*)
2 Verstärker (*a* bis *f*)
3 Gleichrichter (*a* bis *d*)
4 Amplitudenbegrenzer
A Relais mit Kontakt *a*

Bild 7. Sendevolumenregler

Gleichstromverstärkers (*2a*) gesteuert. Seine Gitterspannung U_g ist in der Grundstellung durch die negative Vorspannung U_0 gegeben (vgl. *Bild* 7c); damit ist eine mittlere Verstärkung, z.B. $s = 2{,}5$ Np eingestellt. Wenn Sprechströme eintreffen, wird das Relais A über den Verstärker (*2b*) und den Gleichrichter (*3a*) erregt, und Kontakt a schließt den Hauptregelkreis über den Verstärker (*2c*) und den Gleichrichter (*3b*). Es wird durch die zusätzliche Vorspannung E_0 zunächst die Verstärkung stark erhöht. Gleichzeitig tritt die Gegenwirkung des Hauptregelkreises mit Verstärker (*2c*) und Gleichrichter (*3b*) ein, wenn die Signalspannung im Verstärker (*2c*) die Schwelle I überschreitet. Die Spannung $U_{st\,I}$ steuert die Verstärkung mit relativ großen Zeitkonstanten ($+\Delta s$ mit 2 s und $-\Delta s$ mit 0,2 s), so daß die Verstärkung so langsam den Schwankungen der Sprechströme folgt, daß zwar die Volumenänderungen ausgeregelt werden, aber die durch die Silbenfrequenz gegebene Hüllkurvenform unbeeinflußt bleibt. Ein zweiter, schnellwirkender Regelkreis mit dem Verstärker (*2d*) und dem Gleichrichter (*3c*) verhindert, daß zusätzliche Spitzen, die im Verstärker (*2d*) eine etwas höher liegende Schwelle II überschreiten und die von dem trägen Hauptregelkreis während seiner Ansprechzeit nicht ausgeregelt werden, den Sender übersteuern.

Der sehr schnell wirkende dritte Regelkreis mit den Stelleinrichtungen (*1d*) und (*1e*), dem Gleichrichter (*3d*) (mit Schwelle III) und dem Gleichstromverstärker (*2e*) ermöglicht eine einstellbare Dynamikpressung zur zusätzlichen Verbesserung des Signal-Geräusch-Abstandes und unterstützt außerdem die Wirkung des Regelkreises (Schwelle II). Die Stelleinrichtungen (*1d*) und (*1e*) haben normalerweise eine kleine Dämpfung. Erst wenn die Gleichspannung vom Gleichrichter (*3d*) bei Spitzen den Schwellwert III überschreitet, entsteht eine Regelspannung, die in (*1d*) und (*1e*) die Dämpfung erhöht. Der Schwellwert III kann durch Verstärkungsänderung am Verstärker (*2f*) eingestellt werden. Große Verstärkung entspricht starker Pressung. Ein im Ausgangskreis eingeschalteter momentan wirkender Begrenzer (*4*) unterdrückt kurzzeitige Spitzen, die wegen der längeren Ansprechzeiten von den Reglern nicht ausgeregelt werden. Der Regelbereich des ganzen Gerätes beträgt — 5,3 Np bis + 1,2 Np.

Die Volumenregelung hat zur Folge, daß die Restdämpfung der Kanäle (Dämpfung zwischen den beiderseitigen Vermittlungsstellen) in weiten Grenzen verändert wird. Durch die unvermeidbaren Unvollkommenheiten der Gabelschaltungen der Vierdrahtwege, zu denen je zwei entgegengesetzt gerichtete Kanäle zusammengeschaltet werden, entsteht ein unerwünschter Rückkopplungsweg. Dieser muß durch sprachgesteuerte Rückkopplungssperren in der jeweils unbenutzten Übertragungsrichtung unterbrochen werden, weil die sich einstellende schwankende Verstärkung im Vierdrahtkreis oft weit über dem „Pfeifpunkt" liegt.

Auch auf der Empfangsseite werden sprachgesteuerte Regler, Empfangsvolumenregler, verwendet, welche die Aufgabe haben, die durch selektive Fadings verursachten Restfehler der Schwundregelung zu vermindern. Ihre Bedeutung ist jedoch geringer und ihr Regelbereich ist wesentlich kleiner als der des Sendevolumenreglers.

b) Dynamikpressung und -dehnung (Kompander)

Eine ähnliche Aufgabe wie der Volumenregler erfüllt in wesentlicher Vereinfachung der „Kompander" (Kompressor + Expander) für Fernsprechkanäle [*8, 15*]. Bei ihm wird der Einfluß der Leitungsgeräusche dadurch vermindert, daß die Sendeverstärkung durch die Signalspannungen selbst derart geregelt wird, daß sie für kleine Signalspannungen wesentlich größer ist als für große Spannungen. Sie werden dadurch in ihrem Pegel gegenüber dem Leitungsstörpegel angehoben (*Bild 8*). Auf der Empfangsseite wird eine Steuer- oder Regelschaltung eingeschaltet, die gegenläufig arbeitet, bei der also die kleinen Spannungen weniger verstärkt werden als die großen. Die Leitungsstörspannungen (Geräusch und Nebensprechen) werden so bei der Übertragung kleiner Signalspannungen und insbesondere in den Sprechpausen nur wenig verstärkt und dadurch fast unhörbar. Bei der Übertragung größerer Signalspannungen werden zwar auch die Geräusche mehr verstärkt; dies stört aber nicht, weil sie dann durch die größeren Nutzspannungen verdeckt werden. Die Dynamik, d. h. das Verhältnis der kleinsten Signalspannung zur größten Signalspannung, wird also sendeseitig gepreßt und empfangsseitig gedehnt. Für den Gesamtübertragungsweg bleibt die Dynamik unverändert, wenn man Dehnungs- und Pressungsgrad für alle Amplituden einander gleichmacht. Das bedeutet zugleich, daß die Restdämpfung des Kanals unabhängig von der Größe der Signalspannung ist. Die Stelleinrichtungen in Presser und Dehner bestehen aus Spannungsteilern mit nichtlinearen Widerständen (s. *Bild* 7b). Der Presser ist im allgemeinen als Regler ausgebildet. Regelgröße sind die Signalströme. Diese werden hinter der Stelleinrichtung dem Signalstromkreis entnommen und nach Gleichrichtung direkt als Steuerstrom für die Stelleinrich-

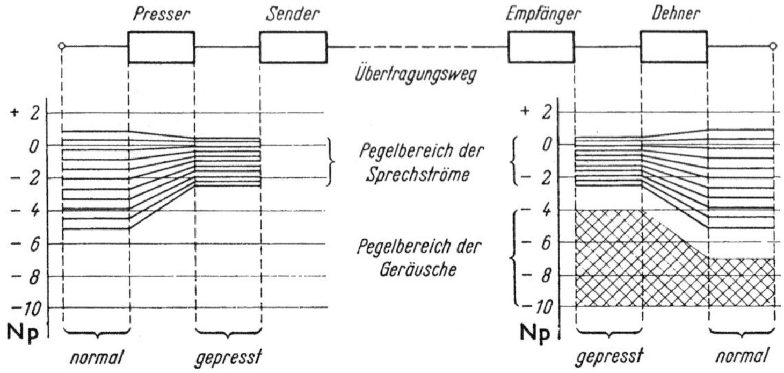

Bild 8. Prinzip der Geräuschpegelsenkung durch Pressung und Dehnung der Dynamik

tung verwendet. Der sprachgesteuerte Dehner wird dagegen in Vorwärtsrichtung gesteuert. Als Steuerströme werden die gleichgerichteten Signalströme verwendet. Sie werden wie beim Presser von den gepreßten Signalströmen, also vor der Stelleinrichtung des Dehners, abgezweigt. Das ist insofern günstig, als sich bei widerstandsreziprokem Aufbau der Netzwerke der Stelleinrichtungen die Kennlinien von Presser und Dehner einander von selbst entsprechen. Die Zeitkonstanten sind so gewählt, daß einerseits die Regelung dem Spannungsanstieg bei Silbenbeginn folgen kann (Reaktionszeitkonstante etwa 2 bis 5 ms), damit Übersteuerungen vermieden werden, und andererseits die Nachwirkzeitkonstante groß genug ist (10 bis 50 ms), um das Hervortreten von Leitungsgeräusch kurz nach Silbenende zu vermeiden.

Ein Nachteil des sprachgesteuerten Dehners ist es, daß er Restdämpfungsfehler der Kanäle vergrößert, wodurch die Stabilität der Vierdrahtverbindungen gefährdet werden kann. Derartige Kompander werden deshalb in der Regel bei Systemen mit automatischer Einzelkanal-Pegelregelung angewendet, z. B. bei dem amerikanischen N 1-System und dem deutschen Netzgruppensystem Z6NC [*8*, *16*].

Der Gewinn an Signalgeräuschabstand beträgt bei der üblichen Bemessung etwa 2,5 Np, d. h., die Geräuschspannung wird um den Faktor 12 vermindert. Dies bezieht sich auf Geräusche aller Art, die in den zwischen Presser und Dehner liegenden Teil des Übertragungsweges eindringen, wie Rauschen, Leitungsgeräusche, Funkstörungen, Leitungsnebensprechen, Filternebensprechen, Klirrnebensprechen und Stromversorgungsgeräusche (s. auch *Bild* 23 u. [*28*]).

C. Frequenz- und Gleichlaufregelung

1. Allgemeines

Bei der Regelung des zeitlichen Ablaufes eines periodischen Vorganges ist zu unterscheiden, ob nur dessen Frequenz mehr oder weniger genau auf ihren Sollwert zu regeln ist (Frequenzregelung), oder ob ein phasenrichtiger Gleichlauf mit einem anderen, führenden Vorgang erzielt werden soll (Phasen- oder Gleichlaufregelung).

In der Nachrichtentechnik hat die Regelung der Frequenz im allgemeinen die Aufgabe der Konstanthaltung im Sinne einer Festwertregelung zu erfüllen. Beispielsweise wendet man die Frequenzregelung bei der Erzeugung sinusförmiger Schwingungen genauer Frequenz an. Frequenznormal ist ein Schwingungskreis hoher Güte, der aus elektrischen oder elektromechanischen Schaltelementen (Quarz) besteht und oft einer Temperaturregelung bedarf. Anstatt das Frequenznormal in den Rückkopplungskreis des Oszillators einzufügen, ist es besser, das Normal zum Überwachen der Oszillatorfrequenz zu benutzen und damit allen störenden Einflüssen im Kreis der Schwingungserzeugung zu entziehen. Mit Hilfe eines Diskriminators wird aus der Frequenzdifferenz des Normals und des Oszillators eine Gleichspannung gewonnen, die als Stellgröße für die Oszillatorfrequenz dient.

Bei Gleichlaufregelung ist der Phasenvergleich zwischen dem geregelten und dem führenden Vorgang notwendig. Hierzu eignet sich bei sinusförmigen Schwingungen ein nichtlineares Element, das bei Aussteuerung mit zwei Spannungen von gleicher Frequenz einen von der Phasendifferenz abhängigen Gleichstrom liefert, der als Stellgröße benutzt werden kann. In der Praxis ist das nichtlineare Glied ein Phasendiskriminator, der in seiner Schaltung einem Gegentaktmodulator ähnlich ist. Sehr oft bedient man sich einer Koinzidenzschaltung zum Messen des Gleichlaufes.

Als Stellorgane werden vorwiegend, sowohl bei der Frequenz- als auch bei der Gleichlaufregelung, veränderbare Reaktanzen im Schwingungskreis des Oszillators verwendet, z.B. eine von einem Motor gesteuerte Kapazität oder eine Reaktanzröhre. Diese ist eine rückgekoppelte Röhre, die als Zweipol einen Blindwiderstand hat, den man durch Verlagerung des Arbeitspunktes mit Hilfe einer Gleichspannung ändern kann. Es kann auch die Reaktanz einer Spule mit ferromagnetischem Kern oder eines Kondensators mit ferroelektrischem Dielektrikum durch Gleichstrom bzw. Gleichspannung gesteuert werden. Ferner läßt sich die wirksame Kapazität mit einer Gleichspannung steuern, wenn ein Kondensator über einen mehr oder weniger vorgespannten Gleichrichter in den Schwingungskreis eingefügt ist. Gleichspannungen wirken bei Kippgeneratoren auch unmittelbar stark auf die Frequenz ein. Zur Gleichlaufregelung werden manchmal Netzwerke mit veränderbarem Phasenmaß benutzt. Mechanische Stellorgane sind in den Antrieben der Telegraphenapparate gebräuchlich.

2. Zwischenfrequenzregelung zur automatischen Scharfabstimmung von Empfängern

Die Aufgabe des Funkempfangs, bei hohen Frequenzen ein relativ sehr schmales Band auszuwählen und mit hoher zeitlicher Konstanz selektiv zu verstärken, wird im allgemeinen durch den Einsatz von Superheterodyne-Empfängern (Überlagerungs-Empfänger) gelöst (*Bild* 9).

Die ankommenden modulierten Hochfrequenzschwingungen (Frequenz f_h) werden nach Vorselektion in der Mischstufe (*1*) durch Mischung mit der Schwingung eines Oszillators (*4*) (Frequenz f_0) in die viel niedrigere Zwischenfrequenzlage $f_z = f_h - f_0$ oder $f_z = f_0 - f_h$ umgesetzt, im mehrstufigen Verstärker (*2*) selektiv verstärkt und im Demodulator (*3*) demoduliert. Die Zwischenfrequenzfilter des Verstärkers (*2*) sind fest, die gewünschten Hochfrequenzbänder werden durch Verändern der Oszillatorfrequenz f_0 ausgewählt.

In der Zwischenfrequenzlage ist das Modulationsband relativ zur Trägerfrequenz viel breiter als ursprünglich, die Anforderungen an Güte und zeitliche Konstanz der Filter sind entsprechend geringer, jedoch bleibt die Forderung nach Konstanz hinsichtlich der hohen Oszillatorfrequenz in voller Schärfe bestehen. Um ein Abwandern der erwünschten Signalfrequenzen aus dem Filterband zu verhindern, wird daher oft, insbesondere beim Empfang frequenzmodulierter Schwingungen, eine Regelung zum Nachstellen der Oszillatorfrequenz und damit auch der Zwischenfrequenz vorgesehen. Auch Schwankungen der Trägerfrequenz des Senders können mit der empfangsseitigen Regelung abgefangen werden.

1 Mischstufe
2 Zwischenfrequenzverstärker
3 Demodulator, Diskriminator
4 Oszillator
U_y Gleichspannung (Stellgröße)
f_h Hochfrequenzschwingung
f_0 Oszillatorfrequenz
f_z Zwischenfrequenz
f_n Signalfrequenz

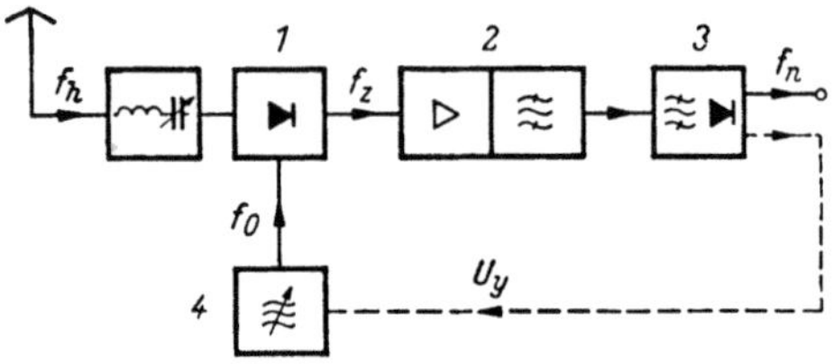

Bild 9. Blockschema eines Superheterodyne-Empfängers mit automatischer Scharfabstimmung

Wie in *Bild* 9 gestrichelt gezeichnet, wird bei der Demodulation der frequenzmodulierten Schwingungen mit Hilfe eines Diskriminators (*3*) neben dem demodulierten Signal f_n auch noch eine Gleichspannung U_y gewonnen, die innerhalb gewisser Grenzen proportional dem Abstand der Trägerzwischenfrequenz von der Bandmitte der Filter ist und als Stellgröße die Oszillatorfrequenz beeinflußt.

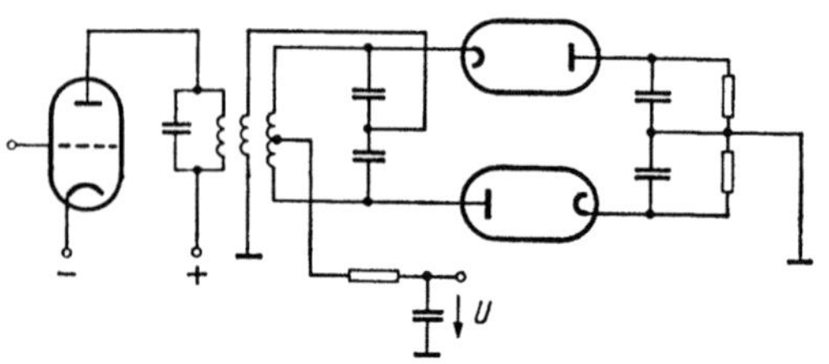

Bild 10. Beispiel einer Diskriminatorschaltung (ratio detector)

Bild 10 zeigt als Beispiel eine Diskriminatorschaltung, die unter dem Namen „ratio detector" bekannt ist [*17*]. Die Spannung U ist, wie es sein soll, in einem gewissen Bereich proportional der Abweichung Δf der Augenblicksfrequenz der Eingangsspannung von der Filtermittenfrequenz, wie *Bild* 11 schematisch zeigt. Empfängt man eine frequenzmodulierte Schwingung mit ungenau abgestimmtem Empfänger, so schwankt die Spannung U im Rhythmus der Modulation um einen Mittelwert U_y, dessen Größe ein Maß für die Verstimmung ist. Dieser Gleichspannungsanteil U_y kann von den niederfrequenten Schwankungen, die das demodulierte Signal darstellen, durch einfache Filter leicht getrennt werden; die Gleichspannung U_y wird nach *Bild* 9 als Stellgröße benutzt, um die Schwingkreiskapazität (oder -induktivität) des Oszillators mit Hilfe einer Reaktanzröhre oder eines Motors nachzustimmen.

Bild 12 erläutert die Wirkung der Regelung beim Abstimmen des Empfängers. Die Abszisse bedeutet Skalenteile α des Abstimmdrehknopfes des Empfängers, auf der Ordinate ist die wirkliche Verstimmung Δf aufgetragen.

Die Regelung bewirkt, daß in einem weiten Bereich trotz schlechter Abstimmung von Hand oder — was auf dasselbe hinauskommt — trotz Davonwanderns

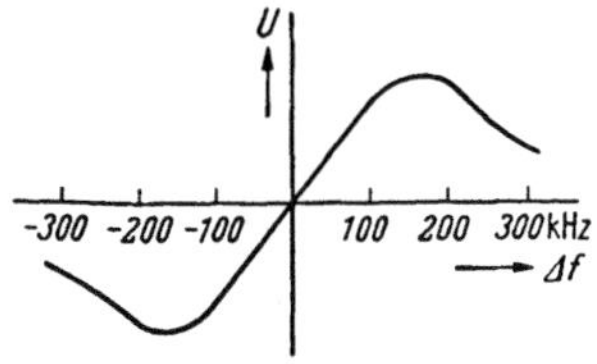

Bild 11. Abhängigkeit der Ausgangsspannung U des Demodulators von der Verstimmung Δf

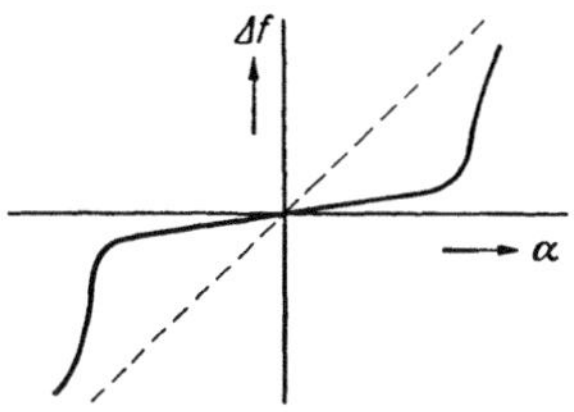

α Skalenteile des Drehknopfes
Gestrichelt: Verlauf ohne Regelung

Bild 12. Verlauf der Verstimmung Δf beim Durchdrehen des Abstimmknopfes

der Oszillatorfrequenz die Verstimmung Δf klein bleibt, so daß die Sendung klar und ohne Verzerrung zu hören ist. Zum Vergleich zeigt die gestrichelte Linie in *Bild* 12 das Verhalten ohne Regelung.

3. Frequenz- und Phasenregelung des Demodulationsträgers bei Einseitenband- oder Restseitenband-Übertragungen

Bei Amplitudenmodulation tragen beide Seitenbänder die gleiche Nachricht; eines davon ist daher entbehrlich und kann vor der Übertragung durch Filter unterdrückt werden, um Frequenzbandbreite zu sparen (Einseitenband-Modulation). Zur besseren Ausnutzung des amplitudenmäßigen Aussteuerungsbereiches wird im allgemeinen zugleich auch der Träger teilweise oder ganz unterdrückt; er muß aber dann am Empfangsort bei der Demodulation wieder hinzugesetzt werden.

Bei der Trägerfrequenz-Übertragung von Sprache über Leitungen ist Einseitenband-Modulation mit sehr stark unterdrücktem Träger gebräuchlich. Ohne Schaden für die Wiedergabe darf hier die Frequenz des Demodulationsträgers sogar um einige wenige Hertz vom Sollwert abweichen. Hingegen muß der Demodulationsträger beim Fernsehen und allen anderen Übertragungen, bei denen es auf die richtige Wiedergabe der Kurvenform des zeitlichen Signalverlaufs ankommt, in Frequenz und Phase genau zum Empfangssignal passen.

Das Einseitenband-Verfahren stellt bei Funkübertragungen besonders hohe Anforderungen hinsichtlich der Frequenzkonstanz. Eine höchstzulässige Frequenzabweichung des Demodulationsträgers von 3 Hz bedeutet z.B. bei einer Trägerfrequenz von 30 MHz eine relative Abweichung von 10^{-7}. Diese Bedingung wird bei stetig durchstimmbaren Empfängern mit Hilfe einer Regelung erfüllt, wobei vom Sender ein Trägerrest als Führungsgröße für die Regelung mit ausgestrahlt wird. Die Amplitude des Trägerrestes beträgt nur noch etwa 10 bis 30% der ausgestrahlten Spitzenamplitude.

Bild 13 zeigt das vereinfachte Blockschema eines Einseitenband-Empfängers für den Fernsprechweitverkehr im Frequenzbereich von 4 bis 28 MHz. Der Empfänger wird auf Sender abgestimmt, die je ein Seitenband von 100 bis 6000 Hz oberhalb und unterhalb der Trägerfrequenz aussenden. Die beiden Seitenbänder tragen verschiedene Nachrichten [*18*].

Das Empfangssignal wird mit Hilfe der Oszillatoren (*1 a*, *b*, *c*) in mehreren Stufen in immer tiefere Zwischenfrequenzlage gebracht und schließlich mit der Schwingung

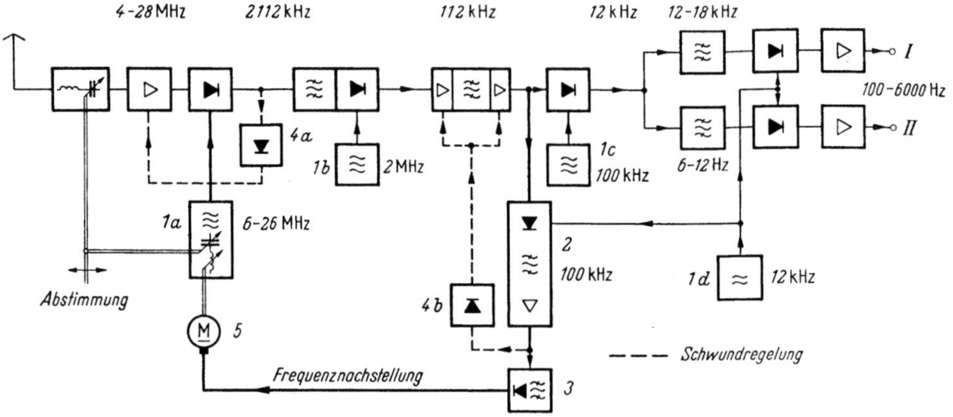

1 Oszillatoren (*a* bis *d*)
2 Frequenzumsetzer 112 kHz/100 kHz mit Quarzfilter
3 Diskriminator
4 Gleichrichter (*a*, *b*)
5 Stellmotor
Dick ausgezogene Linien: Frequenzregelung
Gestrichelte Linien: Schwundregelungen

Bild 13. Vereinfachtes Blockschema eines Einseitenband-Empfängers für den Fernsprech-Weitverkehr

des Oszillators (*1d*) demoduliert. Die Frequenz des Oszillators (*1a*) ist zur Abstimmung des Empfängers in Übereinstimmung mit dem Eingangsfilter veränderbar, die Frequenzen der Oszillatoren (*1b*, *c*, *d*) sind hochkonstant.

Der Empfänger wird von Hand durch Einpfeifen ungefähr auf den gewünschten Sender abgestimmt, die genaue Frequenzeinstellung besorgt dann die Regelung. Der Fangbereich der Regelung ist etwa ± 50 Hz breit, der Haltebereich einige 10 kHz. Der Restträger im 112-kHz-Zwischenfrequenzband wird nach Frequenzumsetzung auf 100 kHz im Quarzfilter (*2*) von den Seitenbändern befreit und nach Verstärkung zu einem Diskriminator (*3*) geführt. Hier wird eine Gleichspannung gewonnen, die der Abweichung der Frequenz vom Sollwert 100 kHz proportional ist. Diese Gleichspannung setzt bei Verstimmung einen Stellmotor (*5*) in Bewegung, der den Schwingkreis des Oszillators (*1a*) nachstimmt. Die Regelgeschwindigkeit ist abhängig von der Frequenzabweichung und beträgt höchstens 40 Hz je Sekunde; damit ist die Regelung unempfindlich gegen kurzzeitige Störungen.

Im Empfänger nach *Bild* 13 sind neben der integral wirkenden Frequenzregelung auch zwei proportional wirkende Regelungen des Pegels vorgesehen. Die erste davon, die zur Verbesserung des Signal-Geräusch-Verhältnisses erst bei größeren Eingangssignalen wirksam wird, betrifft nur die Vorstufen. Die zweite

Schwundregelung, im 112-kHz-Bereich, unterdrückt die übriggebliebenen Pegelschwankungen des Restträgers.

In *Bild* 14 ist ein Schema der Frequenzumsetzungen angegeben, die bei der *Fernsehübertragung* über Koaxialkabel angewendet werden [*11*]. Es ist hier zweckmäßig, das Übertragungsband erst bei etwa 500 kHz beginnen zu lassen.

Das Videoband *a* wird einem Träger von 14 MHz aufmoduliert und der größte Teil des oberen Seitenbandes bis auf die halbe Breite der Nyquist-Flanke von 500 kHz unterdrückt. Eine weitere Modulation mit einem Träger 15,056 MHz bringt das Signal in die Frequenzlage *b* von 0,556 bis 6,056 MHz, in der es vom Kabel übertragen wird. Die Trägerfrequenz ist 1,056 MHz. Bei der Demodulation werden diese Umsetzungen mit Hilfe zweier örtlich erzeugter Träger von 15,056 MHz und 14 MHz wieder rückgängig gemacht. Die Empfangsseite ist im vereinfachten Blockschaltplan (*Bild* 15) veranschaulicht.

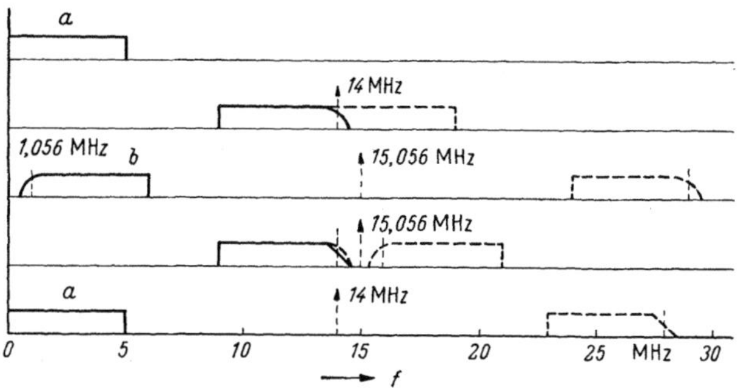

a Video-Frequenzband *b* Übertragungsfrequenzlage

Bild 14. Schema der Frequenzumsetzungen bei der Fernsehübertragung über Koaxialkabel

Der zur verzerrungsfreien Demodulation notwendige Zusatzträger wird in einer besonderen Einrichtung (*1*) aus dem Empfangssignal selbst gewonnen und durch eine Regelung in die richtige Phasenlage gebracht. Der Regelkreis erstreckt

1 Einrichtung zur Rückgewinnung des Trägers
2 Oszillator
3 Phasendiskriminator
4 Phasendreher mit Motor
f_0 Nullfrequenz des jeweiligen Bandes

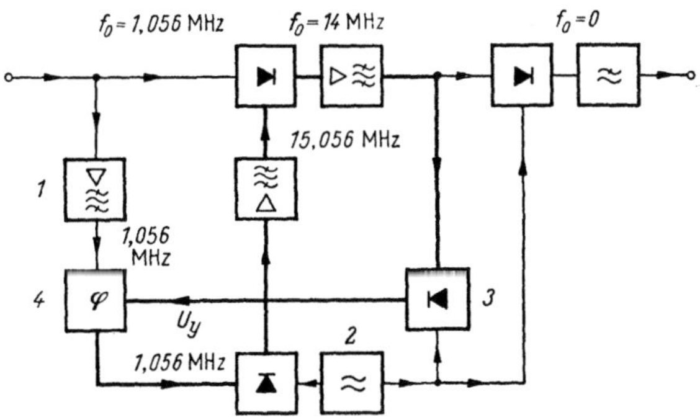

Bild 15. Fernsehübertragung über Koaxialkabel; Blockschaltplan der Umsetzereinrichtung auf der Empfangsseite

sich über mehrere Frequenzbereiche. Stellorgan ist ein von einem Motor angetriebener Phasendreher (*4*) für den rückgewonnenen Träger 1,056 MHz. Dieser Träger wird mit der 14-MHz-Schwingung eines Oszillators (*2*) auf 15,056 MHz gebracht und dann zur Frequenzumsetzung des Empfangssignals benutzt, so daß der Träger des Fernsehbandes auf 14 MHz zu liegen kommt (vgl. *Bild* 14). Bei allen diesen Modulationen addieren sich die Nullphasenwinkel der erzeugenden Schwingungen, eine Phasenabweichung pflanzt sich daher über alle Modulationen hin fort. Die Trägerphase des Fernsehbandes wird bei 14 MHz im Phasendiskriminator (*3*) gemessen, der sie mit der Phase der zur endgültigen Demodulation benutzten Schwingung des Oszillators (*2*) vergleicht und bei Abweichung eine Gleichspannung U_y liefert, die den Motor des Phasendrehers (*4*) in Bewegung setzt.

4. Gleichlaufregelung bei Pulsübertragung

Bei Übertragungsverfahren, die genauen Synchronismus zwischen einander entsprechenden Vorgängen im Sender und im Empfänger erfordern, schützen Gleichlaufregelungen den Empfänger davor, durch kurzzeitige Störungen außer Tritt zu fallen.

Beim *Fernsehen*, bei dem Bild um Bild zeilenweise abgetastet und im Empfänger synchron wieder aufgebaut wird, werden in das Videosignal Impulse eingefügt, die die Zeitpunkte von Zeilen- und Bildwechsel kennzeichnen. Würde man im Empfänger diese Impulse, die infolge ihrer verschiedenen Amplituden leicht vom Videosignal zu trennen sind, unmittelbar zur Umsteuerung des Elektronenstrahls benutzen, so könnte dieser Vorgang auch zu einem falschen Zeitpunkt durch eine gleichsinnige Störung gleicher oder größerer Amplitude ausgelöst werden. Die Anfälligkeit gegen einzelne Störungen wird durch eine künstliche Trägheit in Form der sogenannten „Schwungrad"-Synchronisierung [*19*] wesentlich verringert.

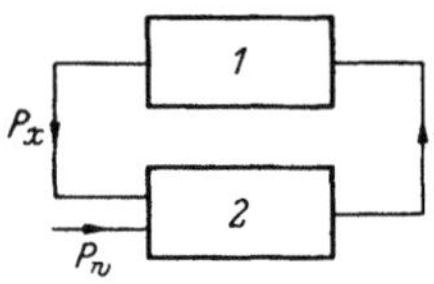

1 Pulsgenerator
2 Koinzidenzschaltung
P_w Empfangene Zeilen-Synchronisierimpulse
P_x Im Pulsgenerator erzeugte Zeilen-Synchronisierimpulse
U_y Stellspannung

Bild 16. Regelkreis der Schwungrad-Synchronisierung in Fernsehempfängern

Die Zeilen-Synchronisierimpulse P_x (*Bild* 16) für die Bildröhre werden im Empfänger von einem Pulsgenerator (*1*) erzeugt und hinsichtlich ihrer zeitlichen Lage mit den empfangenen Synchronisierimpulsen P_w verglichen, die hier nur die Rolle der Führungsgröße spielen. Zum Regeln dient z.B. eine Koinzidenzschaltung (*2*), die nur während der Überlappungszeiten der Impulse P_x und P_w eine Ausgangsspannung liefert. Die Dauer der so entstandenen Impulse P_k ist um so kürzer, je mehr die Impulse P_x gegenüber den führenden Impulsen P_w nacheilen (*Bild* 17); um so kleiner ist auch die Gleichspannung U_y, die durch Glättung aus den Impulsen P_k gewonnen wird. Die Gleichspannung U_y beeinflußt nach *Bild* 16 als Stellgröße die Pulsfrequenz des Pulsgenerators (*1*) und wirkt so einer Störung

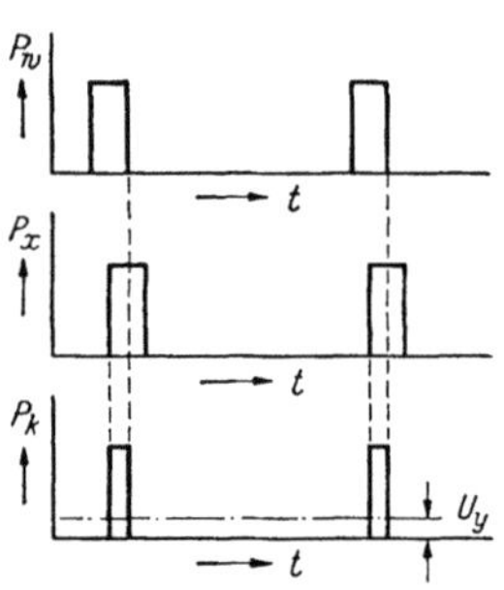

P_w Führungsimpuls
P_x Zeilen-Synchronisierimpuls
P_k Impuls zum Erzeugen der Stellspannung
U_y Stellspannung

Bild 17. Wirkungsweise der Koinzidenzschaltung

des Gleichlaufs entgegen. Bei entsprechend großer Zeitkonstante der Glättung ist der Gleichlauf zwischen den empfangenen und den im Empfänger erzeugten Synchronisierimpulsen unempfindlich gegen einzelne Störungen.

Eine Gleichlaufregelung wird auch bei *Zeitmultiplex-Systemen* vorgesehen. Unter „*Zeitmultiplex*" versteht man ein Verfahren zur Übertragung mehrerer Signale über einen gemeinsamen Weg, bei dem für die einzelnen Signale verschiedene, aufeinanderfolgende Zeitintervalle benutzt werden. Man wählt dieses Prinzip oft in der Telegraphie und in Verbindung mit Pulsmodulation bei der Übertragung von Sprache.

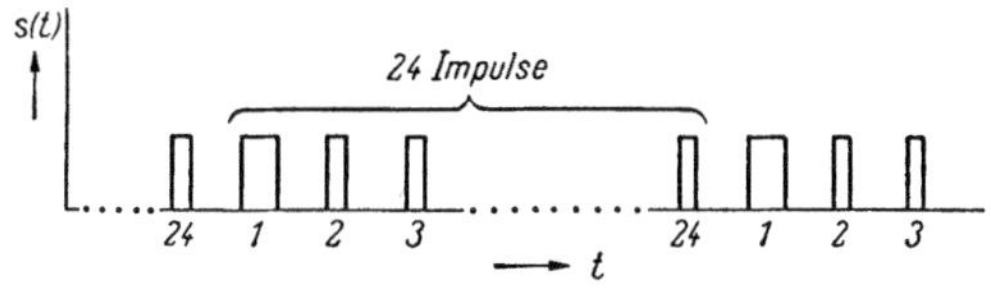

Bild 18. Schema der Impulsfolge bei der Zeitmultiplex-Übertragung von 24 Ferngesprächen mit Pulsmodulation

Bild 18 zeigt periodisch wiederkehrende Impulse, die zur Übertragung von 24 Ferngesprächen mit Hilfe von Pulsmodulation dienen. Der Puls 1 ist mit dem ersten Signal moduliert, d.h. die mit 1 bezeichneten Impulse tragen die Nachricht des Sprechers 1; die mit 2 bezeichneten Impulse sind dem Sprecher 2 zugeordnet usw. Alle Impulse von *Bild* 18 werden gemeinsam übertragen und müssen am Empfangsort auf die Verbindungen zu den einzelnen Fernsprechteilnehmern im phasenrichtigen Gleichlauf verteilt werden. Damit die Pulse identifiziert werden können, erhält einer von ihnen eine besondere Markierung, z.B. durch Modulation mit einem Kennton oder durch Vergrößerung der Impulsdauer, wie es in *Bild* 18 für den Puls 1 angedeutet ist.

$s(t)$ Empfangssignal
$r(t)$ Rechteckspannung
1 Verteiler
2 Oszillator
3 Steuereinrichtung
4, *4a* } Schalter
D Demodulatoren (1 bis 24)
K Übertragungskanäle (1 bis 24)
U_y Stellspannung
Schalter (*4a*) ist bei Impulsdauer-Markierung ständig geschlossen

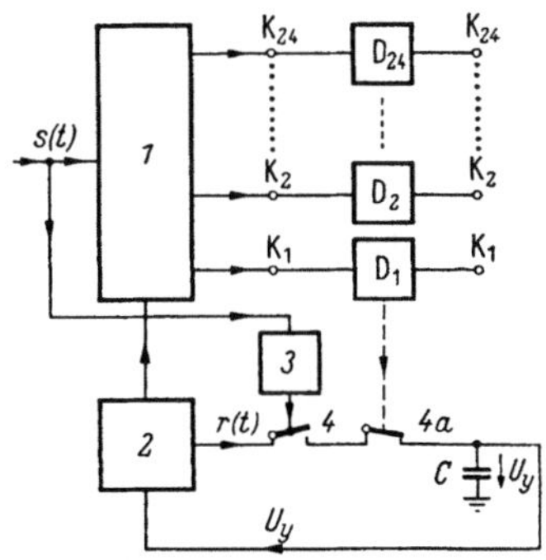

Bild 19. Zeitmultiplex-Übertragung; Blockschema der Gleichlaufregelung auf der Empfangsseite

Das ankommende Signal $s(t)$ wird gemäß *Bild* 19 vom Verteiler (*1*) zeitlich nacheinander den Demodulatoren D_1 bis D_{24} der 24 Kanäle zugeführt. Der den Verteiler steuernde Oszillator (*2*), der außerdem mit gleicher Frequenz eine in *Bild* 20 dargestellte Rechteckspannung $r(t)$ liefert, läuft z.B. etwas zu rasch, so daß die Impulse zunächst falsch verteilt werden. Das empfangene Signal wird nach *Bild* 19 auch einer Steuereinrichtung (*3*) zugeführt. Ist der markierte Puls beispielsweise durch Vergrößerung der *Impulsdauer* oder als Doppelimpuls gekennzeichnet (er bleibt in diesen Fällen unmoduliert), so kann die Steuereinrichtung die markierten Impulse leicht von den anderen unterscheiden und betätigt jeweils bei ihrem Eintreffen einen elektronischen Schalter (*4*), der kurzzeitig die Rechteckspannung $r(t)$ an den Kondensator C legt. Die Spannung U_y des sich nun aufladenden Kondensators dient als Stellgröße zur Nachstellung der Oszillatorfrequenz. Je nach der augenblicklichen Größe der Rechteckspannung in diesen

Zeitpunkten (A oder B in *Bild* 20) wird die Verteilung beschleunigt oder gebremst, bis sich der phasenrichtig synchrone Zustand im Punkt C von *Bild* 20 einstellt.

Bei Markierung mit einem *Kennton* ist die Steuereinrichtung (*3*) allerdings nicht ohne weiteres imstande, die markierten Impulse zu identifizieren; diese Aufgabe wird hier dem zugehörigen Demodulator überlassen. Im Schema von *Bild* 19 ist dann die vom Oszillator (*2*) gelieferte Spannung r (t) eine Wechselspannung, deren Frequenz nunmehr gleich der Folgefrequenz der Impulse aller Kanäle oder einem Vielfachen davon ist. Der elektronische Schalter (*4*) wird dabei bei jedem ankommenden Impuls geschlossen.

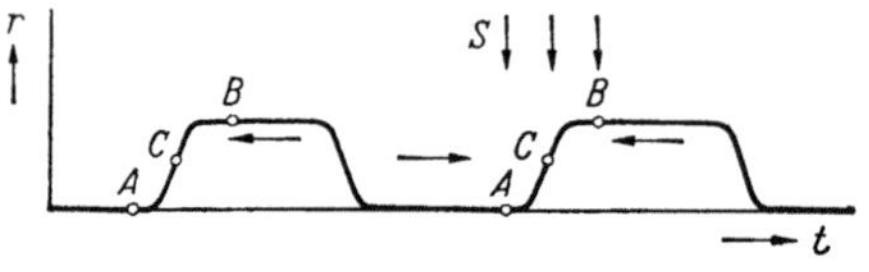

Bild 20. Zur Wirkungsweise des Gleichlaufreglers. Die „Rechteckspannung" $r(t)$ hat im Zeitpunkt des Schließens des elektronischen Schalters [(*4*) im *Bild* 19] je nach der Phasenabweichung verschiedene Werte (Punkte A, B und C)

Ein weiterer Schalter (*4a*) ist zunächst geöffnet, wenn zu Beginn der Verteiler mit etwas abweichender Frequenz läuft. Erst dann, wenn die markierte Impulsfolge gerade dem richtigen Demodulator D_1 zugeteilt wird, veranlaßt dieser die Schließung des Schalters (*4a*), und die Regelung erhält den Gleichlauf aufrecht. Der Schalter (*4a*) ist im allgemeinen ein Relaiskontakt; er wird nur ein einziges Mal nach jeder Inbetriebnahme betätigt und bleibt weiterhin geschlossen.

5. Gleichlaufregelung bei Telegraphie

In Telegraphiesystemen wird von Frequenz- und Gleichlaufregelungen um so mehr Gebrauch gemacht, je höhere Anforderungen an den Synchronismus zwischen Sender und Empfänger gestellt werden [*20*, *21*, *22*].

Man kann Telegraphen, bei denen keine Phasenbeziehungen zwischen Sender und Empfänger bestehen, von solchen unterscheiden, bei denen Phasenbedingungen einzuhalten sind, und zwar entweder nur für die Dauer eines Zeichens (Start-Stop-Prinzip) oder dauernd (Synchrontelegraphen).

Bei den Telegraphen der ersten Kategorie, den Ablaufgeräten, zu denen z. B. der Morseapparat und der Siemens-Hell-Schreiber mit doppelter Aufzeichnung gehören, erübrigt sich eine Gleichlaufregelung.

Bei der nach dem Start-Stop-Prinzip arbeitenden Fernschreibmaschine muß der Gleichlauf zwischen Sender und Empfänger nur für die Zeit jedes einzelnen, aus sieben Schritten bestehenden Zeichens aufrechterhalten werden. Der als Zweipunktregler arbeitende Kontakt-Drehzahlregler für die Antriebsmotoren im Sender und Empfänger reicht hier aus [*23*].

Beim Synchrontelegraphen rotiert je eine Welle im Sender und Empfänger im phasenrichtigen Gleichlauf, der fortlaufend durch die ankommenden Stromimpulse korrigiert werden muß. Die Drehgeschwindigkeiten werden nach Möglichkeit von vornherein recht genau eingehalten. In neuzeitlichen Synchrontelegraphen dienen Oszillatoren als Taktgeber. Frequenzbestimmendes Schaltelement ist eine Stimmgabel oder ein Quarz im Rückkopplungsweg des Oszillators. Die relativen Frequenzabweichungen liegen bei Temperaturausgleich von vornherein unter 10^{-5} bei Verwendung einer Stimmgabel bzw. unter 10^{-7} beim Quarz. Für die Aufgabe der Gleichlaufregelung sind verschiedene technische Lösungen bekanntgeworden, bei denen entweder die Frequenz des taktgebenden Oszillators nachgestellt oder eine Phasenkorrektur auf dem Weg vom Taktgeber zur rotierenden Welle vorgenommen wird. Die Phase wird beispielsweise in der elektrischen Verbindung zwischen Taktgeber und Antriebsmotor geändert. Zur mechanischen Phasendrehung eignet sich ein in den Antrieb eingefügtes Differentialgetriebe. Auch eine elektromechanische Phasenkorrektur durch Drehen des Stators des Antriebsmotors ist gebräuchlich. Der Gleichlaufregler integriert die Abweichungen über viele Schritte hin und ist damit unempfindlich gegen einzelne Störimpulse.

Auf strengen Gleichlauf zwischen Sender und Empfänger sind alle Zeitmultiplex-Systeme der Telegraphie in den Fällen angewiesen, in denen die zu verschiedenen Nachrichten gehörenden Telegraphieimpulse zeitlich ineinander verschachtelt über einen Weg übertragen werden und, gekennzeichnet durch den Zeitpunkt ihres Auftretens, am Empfangsort auf die verschiedenen Kanäle zu verteilen sind.

D. Spezielle Regelungen in der Nachrichtenmeßtechnik

In der Nachrichtenmeßtechnik wird z. T. von Regelungen Gebrauch gemacht, die den bisher beschriebenen eng verwandt sind. Hierher gehören z. B. Stromquellen, deren Frequenz oder Amplitude durch selbsttätige Regelung mit ausreichender Konstanz auf dem gewünschten Wert gehalten wird und nicht erst gemessen und nachgestellt werden muß.

Meßgeneratoren für hohe Frequenzen werden oft mit einer eigenen Spannungsregelung versehen, die nicht in den Rückkopplungsweg eingreift, um nicht die Frequenz zu beeinflussen. Nach dem Blockschema eines Meßsenders nach *Bild* 21

1 Oszillator
2 Verstärker
3 Potentiometer
4 Eichleitung
5 Regler mit Gleichrichter
6 Stellmotor
U_x Konstantzuhaltende Hochfrequenzspannung
U_w Stabilisierte Vergleichs-Gleichspannung
U_y Antriebsspannung

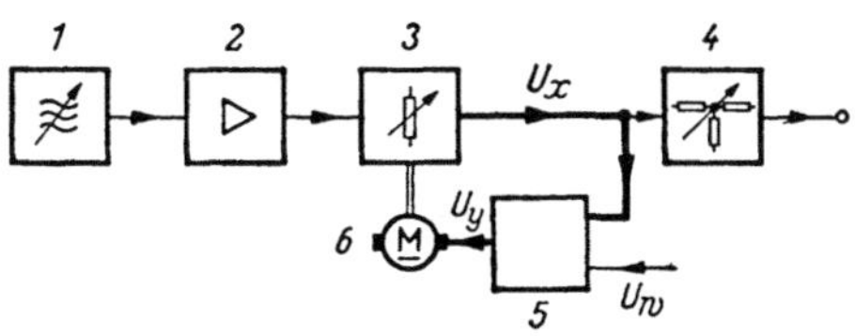

Bild 21. Blockschema eines spannungsgeregelten Meßsenders

wird die Hochfrequenzspannung U_x, unabhängig von der Einstellung der Frequenz, dadurch konstant gehalten, daß ein von einem Motor (*6*) angetriebenes Potentiometer (*3*) die Amplitude der vom Oszillator (*1*) erzeugten und mit dem Verstärker (*2*) verstärkten Schwingung korrigiert. Die gerichtete Antriebsspannung U_y für den Motor liefert der Regler (*5*), der die Spannung U_x nach Gleichrichtung mit einer stabilisierten Gleichspannung U_w vergleicht. Die geregelte Hochfrequenzspannung wird mit Hilfe der Eichleitung (*4*) auf den gewünschten Wert gebracht.

Eine interessante Anwendung der Pegelregelung zeigt der Neumann-Schreiber [*24*, *25*], ein schnellschreibendes *Registriergerät*. Die zu registrierende Spannung wirkt als Störgröße auf einen Regelkreis, und das Stellglied wird zur Registrierung benutzt.

Die *Funkmeßtechnik* stellt z. T. besonders hohe Anforderungen an Regelungen. Als Beispiel sei das Funknavigationsverfahren LORAN [*26*] genannt. Dabei wird der Gleichlauf von je zwei weit entfernten Sendern, die in regelmäßiger Folge Hochfrequenzimpulse ausstrahlen, so genau geregelt, daß die zeitlichen Abweichungen kleiner als 1% der Impulsdauer bleiben. Damit durch die Gleichlaufregelung diese Genauigkeit erreicht wird, werden die Oszillatoren der beiden Sender von vornherein auf höchste Frequenzkonstanz bemessen; ohne Gleichlaufregelung weichen die Frequenzen der beiden Oszillatoren um nicht mehr als $5 \cdot 10^{-9}$ von ihrem Sollwert ab.

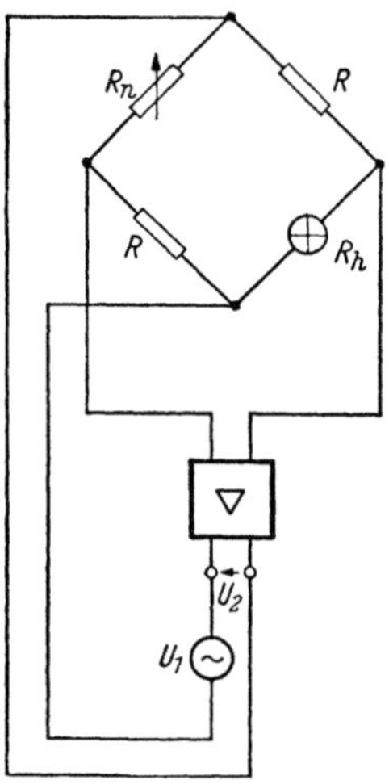

R Konstante Brückenzweig-Widerstände
R_h Glühlampe als temperaturgesteuerter Hochfrequenzwiderstand
R_n Normalwiderstand
U_1 Niederfrequenz-Speisespannung
U_2 Zusatzspannung

Bild 22. Niederfrequenzteil der Hochfrequenz-Widerstandsmeßbrücke nach A. JAUMANN

Bei der von A. JAUMANN angegebenen Widerstandsmeßbrücke für sehr hohe Frequenzen [*27*] dient zum Abgleichen eine Hilfsregelung. Dadurch werden die sonst beim Abgleichen im Hochfrequenzkreis entstehenden Schwierigkeiten durch umschaltbare Normalwiderstände infolge der komplizierten, veränderbaren Leitungsführung vermieden. Als Vergleichswiderstand im Hochfrequenzmeßkreis dient eine Glühlampe oder ein Heißleiter, der ohne Schalter und ohne komplizierte Leitungsführung veränderbar ist, indem man einen Niederfrequenzheizstrom durch ihn leitet. Durch Verändern des Niederfrequenzstromes kann der Wert des Vergleichswiderstands stetig verändert und die Hochfrequenzbrücke abgeglichen werden.

Durch die Hilfsregelung nach *Bild* 22 wird eine eindeutige Zuordnung des Vergleichswiderstands (Glühlampe oder Heißleiter) zum Normalwiderstand sichergestellt. Der Vergleichswiderstand R_h der Hochfrequenzbrücke bildet dabei gleichzeitig den einen Zweig einer zweiten Brücke, die in *Bild* 22 dargestellt ist und die mit der Niederfrequenzspannung U_1 betrieben wird. Ist die Brücke unabgeglichen, so gelangt an sie nicht nur die Spannung U_1, sondern auch noch eine Zusatzspannung U_2, die durch Verstärkung aus der Spannung im Nullzweig der Brücke gewonnen wird. Die Zusatzspannung bewirkt eine Temperaturänderung des Widerstands R_h. Dieser ändert dadurch seinen Widerstandswert so lange, bis das Brückengleichgewicht praktisch wiederhergestellt ist. Dann ist der Vergleichswiderstand R_h dem Normalwiderstand R_n durch die Beziehung $R_n/R = R/R_h$ eindeutig zugeordnet.

Die Hochfrequenzbrücke kann so durch Verändern des Normalwiderstands R_n in auswertbarer Weise abgeglichen werden. Eine Vergrößerung von R_n bringt dann eine proportionale Verkleinerung von R_h mit sich, so daß der Normalwiderstand R_n, der nur für die niedrige Frequenz geeignet zu sein braucht, unmittelbar in Hochfrequenzleitwerten geeicht werden kann; dabei beträgt die Meßunsicherheit nur 1‰.

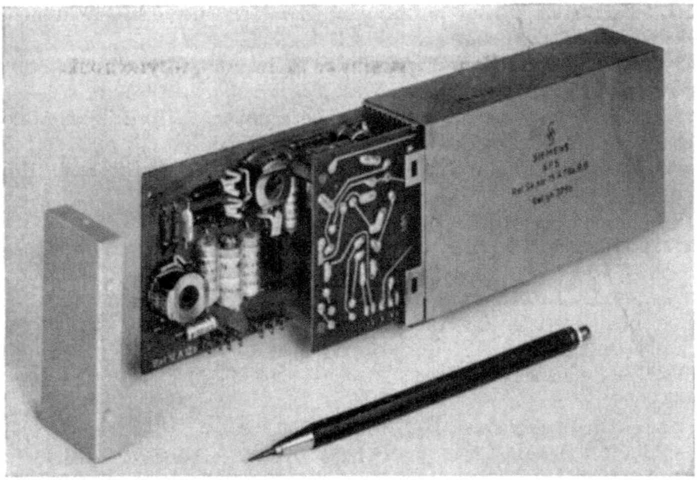

Bild 23. Baugruppe eines nachrichtentechnischen Regelsystems. Fernsprechkompander mit Transistoren

E. Quellenhinweise

[1] GRIESE, H. J.: Die Pegelhaltung der Fernsehübertragung in Empfänger und Sender. Radio Mentor 21. Jg. (1955) S. 690–693.

[2] VOLLNHALS, F. u. SEIBT, F.: Das Dreifach-Trägerfrequenz-Fernsprechsystem Z3F für Freileitungen. Frequenz Bd. 11 (1957) S. 279–287.

[3] ARENDS, M. u. WITT, G.: Neue Trägerfrequenz-Übertragungssysteme Z 3 F und Z 12 F. Siemens-Z. 30. Jg. (1956) S. 437–443.

[4] THIERBACH, D.: Die Trägerfrequenzsysteme im Fernsprechnetz. VDE-Fachber. 15. Bd. (1951) S. 189–194.

[5] v. WERTHER, W. u. SCHMITT, O.: Ein Trägerfrequenz-Fernsprechsystem für 960 Kanäle. Siemens-Z. 28. Jg. (1954) S. 183–188.

[6] SCHNIEDERMANN, J.: Neue Fernsprech-Weitverkehrssysteme. Frequenz Bd. 5 (1951) S. 125–137.

[7] KINZER, J. P.: Stability of tandem regulators in the L-1 carrier system. Trans. Amer. Inst. electr. Eng. P. II Bd. 68 (1949) S. 1179–1186.

[8] CARUTHERS, R. S.: The type N-1 carrier telephone system: Objectives and transmission features. Bell Syst. techn. J. Bd. 30 (1951) S. 1–32.

[9] PERKINS, E. H. u. MAHONEY, J. J.: Type N carrier telephone deviation regulator. Trans. Amer. Inst. electr. Eng. P. I Bd. 72 (1953) S. 757–762.

[10] KRAUS, G.: Ein Beitrag zur Bemessung von automatischen Pilotreglern. Arch. elektr. Übertrag. Bd. 10 (1956) S. 175–187.

[11] BARTHEL, K.: Fernsehübertragung auf Kabelstrecken. Arch. elektr. Übertrag. Bd. 9 (1955) S. 341–349.

[12] STRECKER, F. u. HÖLZLER, E.: Funksprechkreise als Glieder des Weitfernsprechnetzes. Telefunken-Hausmitt. 20. Jg. (1939) Nr. 80, S. 63–79.

[13] GRUSCHKE, G. u. MANGELSDORF, S.: Das Überseeamt Hamburg. ETZ-A 75 Jg. (1954) S. 580–583.

[14] WILKEN, J.: Technischer Stand der Endeinrichtungen für Überseetelephonie. VDE-Fachber. 18. Bd. (1954) S. 11/IV–15/IV.

[15] JÄNKE, M., PRENZEL, E. u. SPEER, W.: Dynamikpresser und -dehner für Fernsprechverbindungen. Fernmeldetechn. Z. Jg. 6 (1953) S. 459–468.

[16] CHRISTIANSEN, L., BUCHHOLTZ, F. u. ZAISER, W.: Das Sechskanal-Kompandersystem Z6NC für Fernsprechnahverkehr. Fernmeldetechn. Z. Jg. 8 (1955) S. 502–511.

[17] GÜTTINGER, P.: Frequenzmodulation. Zürich: Leemann 1947.

[18] SCHULZ, E., LEYPOLD, D. u. SCHREIBER, H.: Der Siemens-Einseitenbandempfänger KW 2/6. Frequenz Bd. 8 (1954) S. 306–313.
[19] NEETESON, P. A.: Fernseh-Empfangstechnik. Schwungrad-Synchronisierung von Sägezahngeneratoren. Eindhoven: Philips Techn. Bibl. Bd. 8 b. 1953.
[20] GOETSCH, H. W.: Taschenbuch für Fernmeldetechniker. 3. Teil: Telegrafen- und Fernsprechtechnik. 11. Aufl. München: R. Oldenbourg 1953.
[21] SCHIWECK, F.: Fernschreibtechnik. Lehrbücher der Feinwerktechnik Bd. 9, 2. Aufl. Leipzig: Winter 1944.
[22] JIPP, A.: Moderne Telegraphie. Berlin: Springer 1934.
[23] REINECKE, F.: Drehzahl-Kontaktregler für hohe Anforderungen. Feinwerktechnik 60. Jg. (1956) S. 371–376.
[24] v. BRAUNMÜHL, H.-J. u. WEBER, W.: Ein vielseitiges registrierendes Meß- und Steuergerät für elektroakustische Zwecke. Elektr. Nachr.-Techn. Bd. 12 (1935) S. 223–231.
[25] VOGEL, FR. O. u. RICHTER, P.: Der Dämpfungsschreiber nach Neumann und seine vielseitigen Anwendungsmöglichkeiten. Siemens Veröff. Gebiet Nachr.-Techn. 7. Jg. (1937) S. 647–654.
[26] LORAN. Long range navigation. Hrsg. v. J. A. PIERCE, A. A. MCKENZIE u. R. H. WOODWARD. In: Radiation Laboratory Series, hrsg. v. L. N. RIDENOUR. Massachusetts Institute of Technology Bd. 4. New York, Toronto, London: McGraw-Hill 1948.
[27] JAUMANN, A.: Widerstandsmeßverfahren im Frequenzgebiet bis 10000 MHz. Fernmeldetechn. Z. Jg. 7 (1954) S. 410–418.
[28] BUCHMANN, K.: Ein Fernsprechkompander mit Transistoren. Siemens-Z. 33. Jg. (1959) S. 640–644.

VI. Theorie der Regelungstechnik

57. Übertragungsverhalten linearer Systeme

Von H. Sartorius

Inhaltsübersicht

A. Einleitung

Das wesentliche Merkmal einer Regelung ist der in sich geschlossene Signalfluß, der in der Gerätekette des Regelkreises übertragen wird. Die Signale vermitteln durch ihren zeitlichen Verlauf die für die Regelung notwendigen Nachrichten. Dies können sowohl zeitlich begrenzte oder diskontinuierliche Signale als auch zeitlich unbegrenzte oder kontinuierliche Signale bewirken. Als Signale können in der Darstellungsweise des Funktionsschemas die verschiedensten physikalischen Größen (Wege, Kräfte, Drücke, elektrische Spannungen, Ströme usw.) dienen.

Bei der theoretischen Behandlung von Regelungsaufgaben ist nur das Signalübertragungsverhalten der Regelkreisglieder von Bedeutung, während gerätetechnische Ausführungen außer Betracht bleiben können. Diese Erkenntnis führt zu einer symbolischen Darstellung von Regelsystemen durch den sogenannten Blockschaltplan (s. Kapitel 2 Abschnitt C). Die mit Pfeilen versehenen Linien deuten dabei den Signalfluß an. Die als Kästchen dargestellten Regelkreisglieder versinnbildlichen physikalische Systeme, durch welche die Signale nach gewissen Gesetzmäßigkeiten verarbeitet und verformt werden. Die Übertragungseigenschaften lassen sich durch mathematische Operationen, wie Addieren, Subtrahieren, Multiplizieren, Differenzieren, Integrieren usw., darstellen. Auf Grund dieser Rechenoperationen wird aus dem Eingangssignal das Ausgangssignal gebildet.

B. Das allgemeine Übertragungsglied

1. Definitionen

Bei einem linearen Übertragungsglied steht das Ausgangssignal in einem eindeutigen und linearen Zusammenhang zum Eingangssignal. Unter *Eindeutigkeit* sei verstanden, daß Eingangssignal und Ausgangssignal stets gleich zugeordnet, also Hysterese, Reibung oder Lose zu vernachlässigen sind. Die *Linearität* besagt, daß der Zusammenhang zwischen Ausgangs- und Eingangssignal durch eine lineare Gleichung, zumindest in einem kleinen betrachteten Bereich, beschrieben werden kann.

Es ist keineswegs notwendig, daß Ausgangs- und Eingangsgröße die gleiche Energieform haben. Da es dem Sinne einer abstrakten Betrachtung widerspricht, in den Gleichungen dimensionsbehaftete Größen zu verwenden, wird festgelegt, daß alle Größen auf ihre Endwerte bezogen seien. Sie werden dadurch dimensionslos und ändern sich in den Grenzen zwischen Null und Eins.

Aktive und passive Übertragungsglieder. Man unterscheidet zwischen aktiven und passiven Übertragungsgliedern. Den *aktiven* Gliedern wird eine Hilfsenergie zugeführt. Das vom Eingangssignal gesteuerte Ausgangssignal bezieht seine Leistung aus der Hilfsenergie. Aktive Glieder sind als Verstärkereinrichtungen in Regelanlagen sehr häufig. Sei es, daß es sich um gittergesteuerte Vakuumröhren, Stromrichter, Magnetverstärker oder pneumatische und hydraulische Verstärkereinrichtungen handelt, in jedem Fall bleibt das Eingangssignal beim Steuern praktisch unbelastet. Im Gegensatz hierzu bezieht bei einem *passiven* Übertragungsglied das Ausgangssignal seine Leistung allein vom Eingangssignal.

Beispiele hierfür sind etwa Hebelübertragungen, Federsysteme zur Umwandlung von Wegen in Kräfte oder Kombinationen von ohmschen Widerständen mit Spulen und Kondensatoren.

Die Übertragungseigenschaften der Glieder werden wesentlich von den in ihnen vorhandenen Widerstands- und Speicherelementen geprägt. In Widerstandselementen tritt ein Verlust an Signalenergie auf, in Speicherelementen wird Signalenergie gespeichert. Man unterscheidet zwei Arten Speicherelemente:

Potentielle Speicherelemente, die vom Signal auf einen begrenzten Energieinhalt aufgeladen werden, z.B. elektrische Gleichspannung am Kondensator (Kapazität), Kraft an Feder.

Kinetische Speicherelemente, deren Energieinhalt beim Anliegen des Signals unbegrenzt anwächst, z.B. elektrische Gleichspannung an Spule (Induktivität), Kraft an Masse.

Enthält das Übertragungsglied sowohl potentielle als auch kinetische Speicherelemente, so ist es schwingungsfähig, aber als passives Glied von sich aus stabil. Verlustelemente dämpfen die Schwingungen.

Ein aus passiven Gliedern gebildetes Netzwerk kann nur durch das Hinzukommen eines aktiven Gliedes instabil werden.

2. Darstellung durch die Differentialgleichung

Die Übertragungseigenschaften eines Gliedes (*Bild* 1) sind im allgemeinen von Verzögerungen begleitet, so daß bei einer Änderung des Eingangssignals (x) ein Beharrungszustand des Ausgangssignals (y) erst nach einer gewissen Zeit, nach Abklingen eines Überganges, erreicht wird. Zur mathematischen Beschreibung des Übertragungsgliedes wird deshalb eine Differentialgleichung notwendig sein, die außer den Systemgrößen x und y auch noch deren zeitliche Änderungen berücksichtigt. Da außerdem vorausgesetzt wurde, daß die Übertragungsverhältnisse linear seien, so ist die Beschreibung durch eine lineare Differentialgleichung mit konstanten Koeffizienten zulässig:

Bild 1. Das allgemeine Übertragungsglied

$$\left.\begin{aligned} &a_n y^{(n)} + a_{n-1} y^{(n-1)} + \cdots + a_1 \dot{y} + a_0 y \\ &= b_m x^{(m)} + b_{m-1} x^{(m-1)} + \cdots + b_1 \dot{x} + b_0 x + b_{-1} \int x \, \mathrm{d}t + \cdots \end{aligned}\right\} \tag{1}$$

Sie genügt zur Kennzeichnung sämtlicher Übertragungsglieder mit endlicher Speicherzahl, die in der *linearen* Regelungstheorie vorkommen können. Dabei beschreiben die Ableitungsterme der linken Seite die Eigenverzögerungen, die Terme der rechten Seite das in bezug auf das Eingangssignal charakteristische Verhalten des Übertragungsgliedes. Im Beharrungszustand verschwinden die Ableitungen von y bis auf den Term der niedersten Ordnung:

$$a_0 y = b_m x^{(m)} + b_{m-1} x^{(m-1)} + \cdots + b_1 \dot{x} + b_0 x + b_{-1} \int x \, \mathrm{d}t \tag{2}$$

Bei den Übertragungsgliedern brauchen nicht alle Terme der Gl. (1) vorhanden zu sein. Die Gleichungen sind aber grundsätzlich so anzuschreiben, daß auf der linken Seite $a_0 y$ als niederster Term erscheint. So haben z.B. Verzögerungsglieder mit reinem Proportionalverhalten im Beharrungszustand folgende Form:

Gleichung	Verzögerung	Kurzzeichen
$a_1 \dot{y} + a_0 y = b_0 x$	1. Ordnung	R
$a_2 \ddot{y} + a_1 \dot{y} + a_0 y = b_0 x$	2. Ordnung	R_2
$a_n y^{(n)} + \cdots + a_1 \dot{y} + a_0 y = b_0 x$	n. Ordnung	R_n

(3)

Verzögerungsfreie Glieder, wie sie z. B. als idealisierte Regler vorkommen, lauten:

Gleichung	Kurzzeichen
$a_0 y = b_0 x$	P
$a_0 y = b_1 \dot{x} + b_0 x$	PD
$a_0 y = b_2 \ddot{x} + b_1 \dot{x} + b_0 x$	PD_2
$a_0 y = b_{-1} \int x \, \mathrm{d}t$	I
$a_0 y = b_0 x + b_{-1} \int x \, \mathrm{d}t$	PI
$a_0 y = b_1 \dot{x} + b_0 x + b_{-1} \int x \, \mathrm{d}t$	PID

(4)

Leider sind derartige ideale Glieder physikalisch nicht oder nicht in allen Frequenzbereichen zu realisieren. Praktisch haben sie auch noch zusätzlich Verzögerungen, die sich in der Gleichung dann durch die entsprechenden Ableitungsterme auf der linken Seite darstellen. Selbst Totzeitsysteme sind in der Gl. (1) zumindest theoretisch mit enthalten, wenn man die Ordnungszahl n gegen unendlich gehen läßt. Für die praktische Durchrechnung allerdings ist das Arbeiten mit unendlichen Reihen unbequem, und man schreibt dann Gl. (1) besser in transzendenter Form (s. Abschnitt C).

Mit der Aufstellung der Differentialgleichung ist die Aufgabe gelöst, das Übertragungsglied vollständig zu beschreiben. Dem Regelungstechniker genügt dies allein nicht; er ist gewohnt, in realen Zeitfunktionen zu denken. Um diese zu erhalten, muß er die Differentialgleichung lösen. Abgesehen davon, daß diese Lösung schon rein rechnerisch nicht immer ganz elementar durchzuführen ist, erhält er erst dann eine eindeutige Lösung, wenn ihm außer dem Eingangssignal auch noch der augenblickliche Ausgangszustand des Systems – mathematisch gesprochen: dessen Anfangsbedingungen – bekannt ist. Dies bedeutet aber, daß für den Techniker die Differentialgleichung eine nicht immer brauchbare Kennzeichnung des Übertragungsverhaltens darstellt.

3. Darstellung durch den Frequenzgang

In der Praxis hat sich das der Nachrichtentechnik entnommene Darstellungsverfahren des sogenannten Frequenzgangs der Übertragung eingebürgert. Es ermöglicht ebenfalls eine vollständige Kennzeichnung des Übertragungsverhaltens, erfordert wenig mathematischen Aufwand und kann experimentell leicht überprüft werden. Die Frequenzgangdarstellung entspricht den praktischen Erfordernissen gut, denn sie hat den Vorzug, daß sie ohne besondere Schwierigkeiten auch die Behandlung von Systemen erlaubt, die aus mehreren Übertragungsgliedern aufgebaut sind.

Der Frequenzgangmethode liegt folgende Tatsache zugrunde: Wird die Eingangsgröße des Übertragungsgliedes sinusförmig erregt, so wird nach hinreichend langer Zeit, also nach Abklingen des Einschwingvorganges, auch die Ausgangsgröße Sinusschwingungen der gleichen Frequenz ausführen (*Bild* 2). Die beiden Schwingungen unterscheiden sich in ihrer Amplitude und in ihrer Phasenlage. Kennt man den Amplituden- und Phasenzusammenhang für alle Frequenzen, d.h. den Frequenzgang, so ist damit das Übertragungsverhalten vollständig festgelegt. Eine Definition des Frequenzganges ist aber (wie bei der Differentialgleichung) nur dann sinnvoll, wenn das System als linear angesehen werden kann.

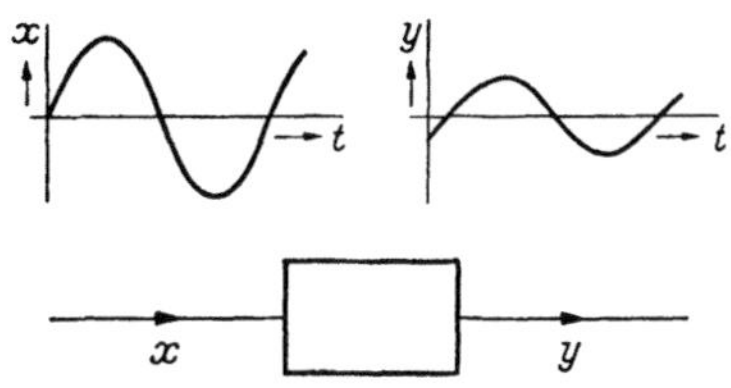

Bild 2. Das Übertragungsglied mit sinusförmig erregtem Eingang

Zur Erklärung des Frequenzganges des allgemeinen Übertragungsgliedes geht man von seiner Differentialgleichung (1) aus. Die Eingangsgröße x sei eine harmonische Schwingung der Form:

$$x = X \sin \omega t = X \operatorname{Im} (e^{j \omega t}) \tag{5}$$

Man schreibt dafür kürzer:

$$x = X e^{j \omega t} \tag{6}$$

setzt dabei aber fest, daß die reelle Lösung dann wieder nur der Imaginärteil der komplexen Lösung ist. Wenn nach genügend langer Zeit auch die Ausgangsgröße eine harmonische Schwingung ausführt, kann für sie geschrieben werden:

$$y = Y e^{j(\omega t + \varphi)} \tag{7}$$

wobei Y die Amplitude und φ die Phasendifferenz der Ausgangsgröße bedeuten. Die Größen x und y, nach Gl. (6) und (7) in Gl. (1) eingesetzt, müssen dieser genügen. Es ergibt sich so:

$$\begin{aligned} &Y e^{j\omega t} e^{j\varphi} [a_n (j\omega)^n + a_{n-1} (j\omega)^{n-1} + \cdots + a_1 (j\omega) + a_0] \\ &= X e^{j\omega t} [b_m (j\omega)^m + b_{m-1} (j\omega)^{m-1} + \cdots + b_1 (j\omega) + b_0 + b_{-1} (j\omega)^{-1} + \cdots] \end{aligned}$$

Das Verschwinden der Zeitfunktion $e^{j\omega t}$ beweist, daß der Lösungsansatz richtig war. Aus der verbleibenden algebraischen Gleichung kann die Unbekannte $Y e^{j\varphi}$ berechnet werden.

$$\frac{Y}{X} e^{j\varphi} = F(j\omega) = \frac{b_m (j\omega)^m + b_{m-1} (j\omega)^{m-1} + \cdots + b_1 (j\omega) + b_0 + b_{-1} (j\omega)^{-1} \ldots}{a_n (j\omega)^n + a_{n-1} (j\omega)^{n-1} + \cdots + a_1 (j\omega) + a_0} \tag{8}$$

Die komplexe Größe $F(j\omega) = Y e^{j\varphi}/X$ ist eine Funktion der Systemkonstanten a_ν und b_μ sowie der erregenden Kreisfrequenz ω; sie wird (komplexer) Frequenzgang des Übertragungsgliedes genannt. Ihr Betrag ist ein Maß für die Amplitudenänderung und ihr Argument ein Maß für die Phasenverschiebung, die eine Schwingung der Frequenz ω beim Durchlaufen des Übertragungsgliedes erfährt. Nach Abklingen des Einschwingvorganges führt also die Ausgangsgröße nach Gl. (8)

$$Y e^{j\varphi} = X F(j\omega)$$

gemäß Gl. (7) die Schwingung

$$y = X e^{j\omega t} \cdot F(j\omega)$$

aus, wobei für die reelle Lösung wieder der Imaginärteil zu nehmen ist. Aus Gl. (8) folgt außerdem:

$$Y = X\,|F(j\omega)| \tag{9}$$

$$\varphi = \operatorname{arc\,tan} \frac{\operatorname{Im} F(j\omega)}{\operatorname{Re} F(j\omega)}$$

Der komplexe Frequenzgang Gl. (8) ist immer eine gebrochene rationale Funktion. Bei physikalisch sinnvollen Systemen muß der Nenner mindestens um einen Grad höher sein als der Zähler, da mit ständig wachsender Frequenz die Amplitude der übertragenen Schwingung schließlich verschwindet.

Der Nenner des Frequenzganges ist für die Verzögerung des Systems maßgebend. Sein Grad bestimmt die Ordnungszahl der Verzögerung des Übertragungsgliedes. Der Zähler drückt das unverzögerte Zeitverhalten des Übertragungsgliedes aus. Leider muß bei technischen Geräten jeder zusätzlich gewünschte Term im Zähler durch einen entsprechenden unerwünschten Verzögerungsterm im Nenner erkauft werden. Dieser Tatsache muß bei Regelungen besondere Aufmerksamkeit geschenkt werden. Unzulässige Idealisierungen führen hier sehr leicht zu Fehlschlüssen, besonders dann, wenn durch den Versuch, die Regelgeräte anzupassen, ein zunächst festgelegter Frequenzbereich überschritten wird.

4. Ortskurve des Frequenzganges

Die Frequenzganggleichung ist zunächst (wie auch die Differentialgleichung) wenig anschaulich. Sie ist ein Maß für die Übertragung, und zwar gibt ihr Betrag das Amplitudenverhältnis und ihr Argument die Phasendifferenz der Ausgangs- zur Eingangsschwingung an. Trägt man in rechtwinkligen Koordinaten Real- und Imaginärteile des komplexen Frequenzganges $F(j\omega)$ für verschiedene Frequenzen von $\omega = 0$ bis $\omega = \infty$ auf, so erhält man die Frequenzgangkurve (Ortskurve des Frequenzganges, *Bild* 3). Die Länge der Zeiger vom Nullpunkt aus geben den Betrag des Frequenzganges wieder und sind damit ein Maß für das Amplitudenverhältnis. Ist die Länge des Zeigers kleiner als 1, so bedeutet dies, daß die Amplitude der Schwingung beim Durchlaufen des Übertragungsgliedes verkleinert wird. Der Winkel, den der Zeiger mit der positiven reellen Achse einschließt, ist gleich der Phasendifferenz der beiden Schwingungen. Im mathematisch negativen Sinne aufgetragene Winkel (im Sinne des Uhrzeigers von der positiv reellen Achse aus gerechnet) bedeuten Phasennacheilung der Ausgangsschwingung. Häufig wird die Ortskurve auch noch durch den konjugiert komplexen Zweig ergänzt, also durch den Teil, den man erhält, wenn man den

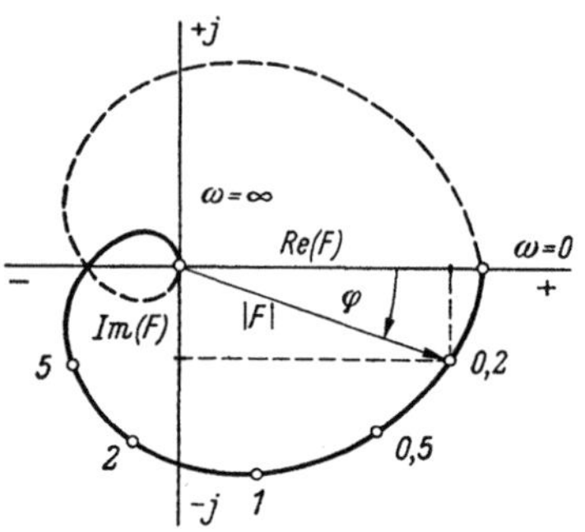

Bild 3. Beispiel für die Ortskurve eines Übertragungsgliedes

Frequenzgang auch für negative Frequenzen durchläuft (in *Bild* 3 gestrichelt gezeichnet). Negative Frequenzen haben zwar keinen physikalischen Sinn, doch kann mit dieser Ergänzung der Ortskurve durch den konjugierten Ast die Abschätzung schwieriger Stabilitätsprobleme oft sehr erleichtert werden.

Zur experimentellen Ermittlung der Ortskurve wurden Ortskurvenanalysatoren entwickelt [*1*, *2*]. Sie bestehen aus einem Frequenzgenerator, der Sinusschwingungen erzeugt, deren Frequenz in einem interessierenden Bereich veränderbar ist. Auf einem Registriergerät werden Eingangs- und Ausgangsschwingung nebeneinander aufgeschrieben, so daß eine Feststellung des Amplitudenverhältnisses und der Phasendifferenz leicht möglich ist. Andere Konstruktionen sehen sogar ein unmittelbares Aufschreiben der Ortskurve vor [*3*].

Schlußfolgerungen aus der Ortskurve. Verzögerungen bewirken eine Verkleinerung der Ausgangsamplitude und eine Phasennacheilung, die um so größer wird, je größer die Ordnungszahl der Verzögerung ist. Vorhaltglieder bewirken eine Phasenvordrehung und unter Umständen eine Amplitudenerhöhung. Da Phasennacheilung eine Regelung stets nachteilig beeinflußt, gibt also, zunächst zwar nur qualitativ, die Ortskurve manchen Hinweis. Ihr Hauptwert liegt in der Möglichkeit von vergleichenden Abschätzungen an Übertragungsgliedern hinsichtlich ihrer regeldynamischen Brauchbarkeit. Darüber hinaus ist an Hand der Ortskurve die Feststellung möglich, ob ein Übertragungsglied als Element eines Regelkreises oder ein ganzes Übertragungssystem zu einer stabilen Regelung führt oder nicht. Zwar ist dies beim einzelnen Übertragungsglied vielleicht noch uninteressant. Es können aber auch mehrere Einzelglieder zu *Übertragungssystemen* zusammengefaßt werden. Für die hier durchgeführten Überlegungen ist es aber gleichgültig, ob ein Einzelglied oder ein System betrachtet wird. Deshalb hat das Stabilitätskriterium nach NYQUIST [*4*] nicht nur für Regelanordnungen, sondern auch für die Beurteilung einzelner Übertragungssysteme große Bedeutung erlangt.

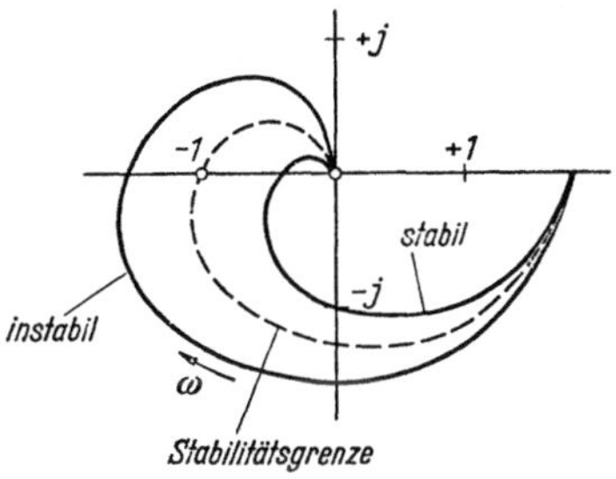

Bild 4. Verschiedene Ortskurven von Übertragungssystemen (NYQUIST-Diagramme)

Bei einer Regelung sind Eingang und Ausgang des Übertragungssystems im Sinne einer Gegenkopplung miteinander verbunden. Nach NYQUIST gibt die Ortskurve $F(j\omega)$ des offenen Übertragungssystems an, ob der geschlossene Kreis stabil arbeitet oder nicht. Wird nämlich die Ortskurve im Sinne wachsender Frequenzen durchlaufen, so ist der Vorgang stabil, wenn der Punkt -1 immer links zu liegen kommt. Trifft die Ortskurve den Punkt -1, so liegt der Grenzfall der Stabilität vor (*Bild* 4). Für den aufgeschnittenen Kreis ist der Punkt $+1$ kritisch.

Dieser Sachverhalt ist nicht nur mathematisch beweisbar, wie dies NYQUIST getan hat, sondern er ist auch sehr leicht physikalisch einzusehen: Kommt die Ausgangsgröße des Übertragungssystems mit der gleichen Amplitude wie die Eingangsgröße und mit einer Phasenverschiebung von 180° an, so erhält sich die Schwingung gerade von selbst aufrecht, da die gegengekoppelte Regelschaltung eine Phasenumkehr bedingt und beide Schwingungen dann nicht nur in der Amplitude, sondern auch in ihrer Phase gleich sind. Dies ist aber dann der Fall, wenn $F(j\omega)$ des Übertragungssystems gleich -1 ist, da dann $|F(j\omega)| = 1$ und $\varphi = \arc\tan 0 = \pi$.

Diese Überlegungen haben praktische Bedeutung, wenn das betrachtete Übertragungssystem bereits der gesamte offene Regelkreis ist. Sie sind aber auch dann nicht wertlos, wenn es sich nur um Teile eines Regelkreises, also vielleicht sogar nur um einzelne Übertragungsglieder handelt. Denn wenn schon ein Teil des Regelkreises eine Ortskurve aufweist, die für sich zur Instabilität führen würde, so kann für die gesamte Regelung nur Stabilität erreicht werden, wenn entweder Phasendrehung durch Vorhaltglieder oder Amplitudenverkleinerung durch zusätzliche Verzögerungsglieder erzielt wird.

5. Das Bode-Diagramm

Statt der Ortskurve wird in neuerer Zeit, namentlich im angelsächsischen Schrifttum, die von H. W. Bode [*5*, *6*] eingeführte Darstellung durch die sogenannten Bode-Diagramme bevorzugt. Hier werden Amplitude und Phase des Frequenzganges in zwei getrennten Bildern, abhängig von der Frequenz, aufgetragen. Trägt man dabei die Frequenz und die Amplitude im logarithmischen Maßstab, die Phase aber linear auf, so ergeben sich Kurvenzüge, die man mit sehr guter Näherung durch Geradenstücke ersetzen kann (*Bild* 5). Außerdem hat diese Darstellung noch Vorteile für die Ermittlung des Frequenzganges von Systemen, die aus mehreren hintereinandergeschalteten Übertragungsgliedern aufgebaut sind.

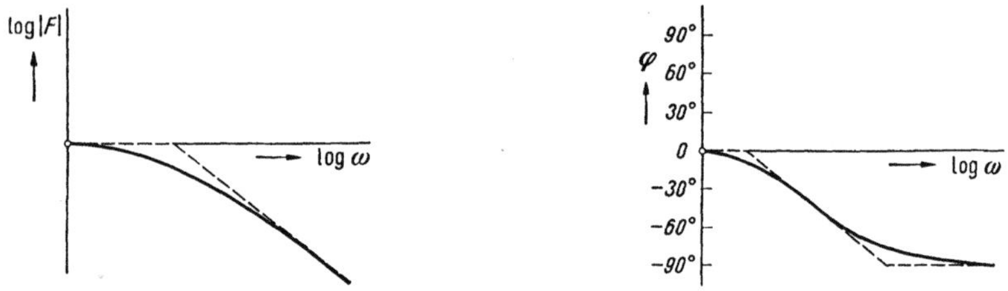

a) Amplitudendiagramm b) Phasendiagramm

Bild 5. Darstellung des Frequenzganges durch Diagramme

In der Praxis werden zur Beurteilung häufig nur die Amplitudendiagramme aufgezeichnet, und tatsächlich gelang es Bode, nachzuweisen, daß für viele Fälle (sogenannte Phasen-Minimum-Systeme) [*6*] hierdurch das ganze Übertragungsverhalten eindeutig festgelegt ist. Der Phasenverlauf ist durch den Amplitudenverlauf vollständig bestimmt und kann in diesen Fällen ohne weiteres errechnet werden.

C. Die wichtigsten Übertragungsglieder

1. Einfache Verzögerungsglieder

Übertragungsglieder, die aus Widerstandselementen und nur *einer* Art von Speicherelementen aufgebaut sind, heißen *einfache* Verzögerungsglieder. Viele Regelstrecken der Verfahrenstechnik sowie Regelkreisglieder sind mit guter Annäherung als solche einfachen Systeme auch dann aufzufassen, wenn die andere Speicherart zwar vorhanden, aber in ihrer Wirkung praktisch vernachlässigbar ist. Einfache Verzögerungsglieder sind nicht schwingungsfähig (*Bild* 6).

Besteht das Übertragungsglied nur aus einem Widerstandselement und einem Speicherelement (etwa ohmscher Widerstand und Kapazität, ohmscher Widerstand und Induktivität, Wärmewiderstand und Wärmekapazität, Strömungswiderstand und Volumen), so liegt ein *einfaches* Verzögerungsglied *erster* Ordnung vor. Seine Differentialgleichung ist von erster Ordnung. Sind *zwei* oder n derartige Widerstandsspeicherelemente vorhanden, so spricht man von Verzögerungsgliedern *zweiter* oder n-ter Ordnung. Ihre Frequenzgänge lauten:

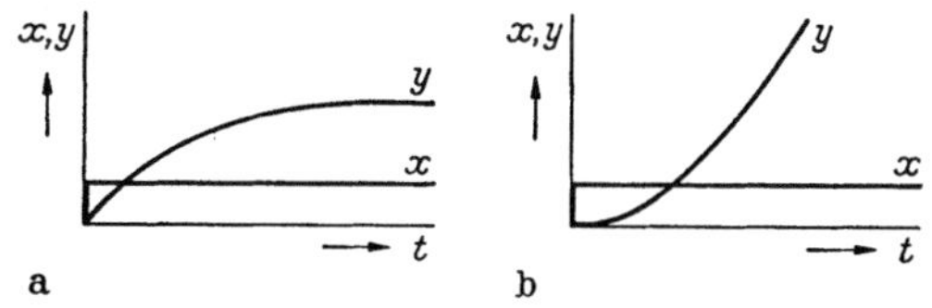

a) PR-Glied: $a_1 \dot{y} + a_0 y = b_0 x$

b) IR-Glied: $a_1 \dot{y} + a_0 y = b_{-1} \int x \, dt$

Bild 6. Übertragungsverhalten einfacher Verzögerungsglieder

$$\left.\begin{aligned} &\text{1. Ordnung} && F_1(\mathrm{j}\,\omega) = \frac{1}{a_1(\mathrm{j}\,\omega) + a_0} \\ &\text{2. Ordnung} && F_2(\mathrm{j}\,\omega) = \frac{1}{a_2(\mathrm{j}\,\omega)^2 + a_1(\mathrm{j}\,\omega) + a_0} \\ &n\text{-te Ordnung} && F_n(\mathrm{j}\,\omega) = \frac{1}{a_n(\mathrm{j}\,\omega)^n + a_{n-1}(\mathrm{j}\,\omega)^{n-1} + \cdots + a_1(\mathrm{j}\,\omega) + a_0} \end{aligned}\right\} \qquad (10)$$

Die verschiedenen in Reihe geschalteten Widerstandsspeicherelemente bilden im allgemeinen eine untrennbare Einheit. Nur wenn in Sonderfällen die einzelnen Widerstandsspeicherelemente rückwirkungsfrei miteinander kombiniert sind, kann das Glied höherer Ordnung in einzelne Glieder entsprechend niedrigerer Ordnung aufgespalten werden. Diese gelten dann in einfachster Weise als hintereinandergeschaltete, rückwirkungsfreie Übertragungsglieder; sie sollen weiter unten behandelt werden.

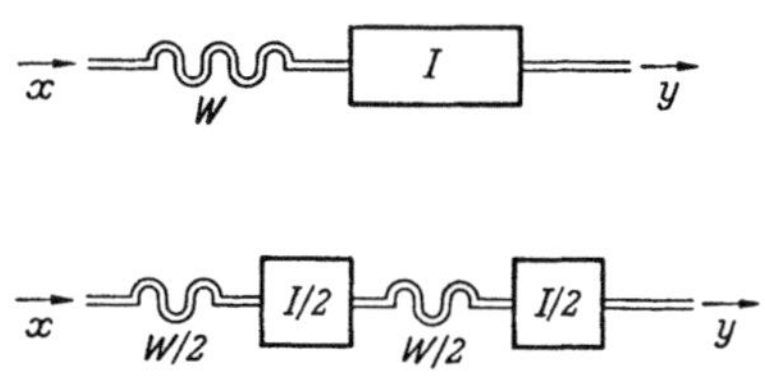

Bild 7. Aufbau einfacher Verzögerungsglieder

Zunächst sei hier ein Übertragungsglied angenommen, das einen Gesamtströmungswiderstand W und ein Gesamtspeichervermögen I hat. Denkt man sich den Widerstand und den Speicher jeweils an einem Punkt konzentriert (*Bild* 7), so ist das Übertragungsglied von erster Ordnung, und seine Differentialgleichung lautet:

$$I\,W\,\dot{y} + y = x \qquad (11)$$

Der Ausdruck $I\,W = T_1$ hat die Dimension einer Zeit und heißt Zeitkonstante (Bedeutung s. Kapitel 2 Abschnitt B1). Denkt man sich nun den Widerstand und den Speicher in zwei oder mehrere gleiche Teile aufgespalten, so entsteht ein Übertragungsglied zweiter oder höherer Ordnung. Die Zeitkonstanten sind dann bei zwei gleichen Gliedteilen:

$$T_2 = \frac{I}{2}\,\frac{W}{2} = \frac{T_1}{4} \qquad (12)$$

Wird die Rückwirkung der Gliedteile untereinander beachtet, so findet man die Differentialgleichung des Gesamtgliedes:

$$\left(\frac{T_1}{4}\right)^2 \ddot{y} + 3\left(\frac{T_1}{4}\right)\dot{y} + y = x \tag{13}$$

oder allgemein für n Gliedteile:

$$T_n = \frac{I}{n}\frac{W}{n} = \frac{T_1}{n^2} \tag{14}$$

$$\sum_{\nu=0}^{n} \binom{2n-\nu}{\nu} (T_1/n^2)^{n-\nu} y^{(n-\nu)} = x$$

Damit ergeben sich die folgenden Frequenzgänge:

$$\left.\begin{aligned} n = 1 \quad & F_1(\mathrm{j}\,\omega) = \frac{1}{T_1\,\mathrm{j}\,\omega + 1} \\ n = 2 \quad & F_2(\mathrm{j}\,\omega) = \frac{1}{\left(\frac{T_1}{4}\,\mathrm{j}\,\omega\right)^2 + 3\left(\frac{T_1}{4}\,\mathrm{j}\,\omega\right) + 1} \\ n = 3 \quad & F_3(\mathrm{j}\,\omega) = \frac{1}{\left(\frac{T_1}{9}\,\mathrm{j}\,\omega\right)^3 + 5\left(\frac{T_1}{9}\,\mathrm{j}\,\omega\right)^2 + 6\left(\frac{T_1}{9}\,\mathrm{j}\,\omega\right) + 1} \end{aligned}\right\} \tag{15}$$

oder mit $\mu = n - \nu$ allgemein für n Gliedteile:

$$F_n(\mathrm{j}\,\omega) = \frac{1}{\sum\limits_{\mu=0}^{n} \binom{n+\mu}{n-\mu} \frac{1}{n^{2\mu}} (T_1\,\mathrm{j}\,\omega)^{\mu}}$$

Wird schließlich das Widerstands- und Speicherglied so fein unterteilt, daß die Ordnungszahl des Übertragungsgliedes gegen unendlich strebt, so spricht man von einem Kontinuum. Solche Verzögerungsglieder sind in der Praxis ziemlich häufig (z.B. jede Druckluftleitung oder elektrische Fernleitung mit unendlich fein unterteilten Speicher- und Widerstandsanteilen). Der Frequenzgang des Kontinuums ergibt sich aus dem Frequenzgang Gl. (15) durch einen einfachen Grenzübergang:

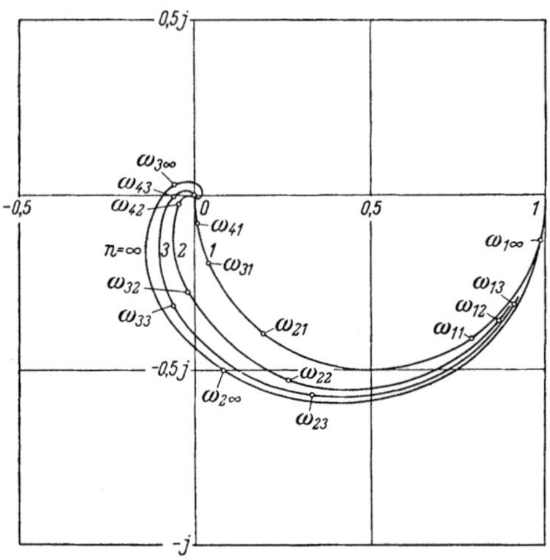

Bild 8. Ortskurve für einfache Verzögerungssysteme 1., 2., 3. Ordnung sowie des Kontinuums

ω_{23} bedeutet: Frequenz ω_2 auf Kurve $n = 3$

$$F_\infty(\mathrm{j}\,\omega) = \lim_{n\to\infty} F_n(\mathrm{j}\,\omega)$$

$$= \lim_{n\to\infty} \frac{1}{\sum\limits_{\mu=0}^{n} \binom{n+\mu}{n-\mu} \frac{1}{n^{2\mu}} (T_1\,\mathrm{j}\,\omega)^{\mu}}$$

Der Koeffizient $\binom{n+\mu}{n-\mu}\frac{1}{n^{2\mu}}$ strebt mit $n \to \infty$ gegen $\frac{1}{(2\mu)!}$, und es wird also:

$$F_\infty(\mathrm{j}\,\omega) = \lim_{n\to\infty} \frac{1}{\sum\limits_{\mu=0}^{n} \frac{(T_1\,\mathrm{j}\,\omega)^\mu}{(2\,\mu)!}} = \frac{1}{\cosh\sqrt{T_1\,\mathrm{j}\,\omega}} \tag{16}$$

Die in *Bild* 8 dargestellten Ortskurven der Übertragungsglieder 1., 2., 3. Ordnung sowie des Kontinuums zeigen sehr anschaulich, wie durch die Erhöhung der Ordnung die Phase für die hohen Frequenzen zurückgedreht wird. Von der Ortskurve werden ebensoviel Quadranten der Zahlenebene durchlaufen, wie der Ordnungszahl entspricht. Beim Kontinuum wird der Nullpunkt in einer Spirale unendlich oft umschlungen. Allerdings ist die Abnahme der Amplitude so groß, daß das Kontinuum praktisch schon durch ein Verzögerungsglied etwa dritter Ordnung mit hinreichender Genauigkeit angenähert wird. Dieselben Systeme sind in *Bild* 9 durch die BODE-Diagramme veranschaulicht. Auch hier ist ohne weiteres einzusehen, daß mit steigender Ordnung das Verzögerungsglied immer schlechtere regeldynamische Eigenschaften annimmt.

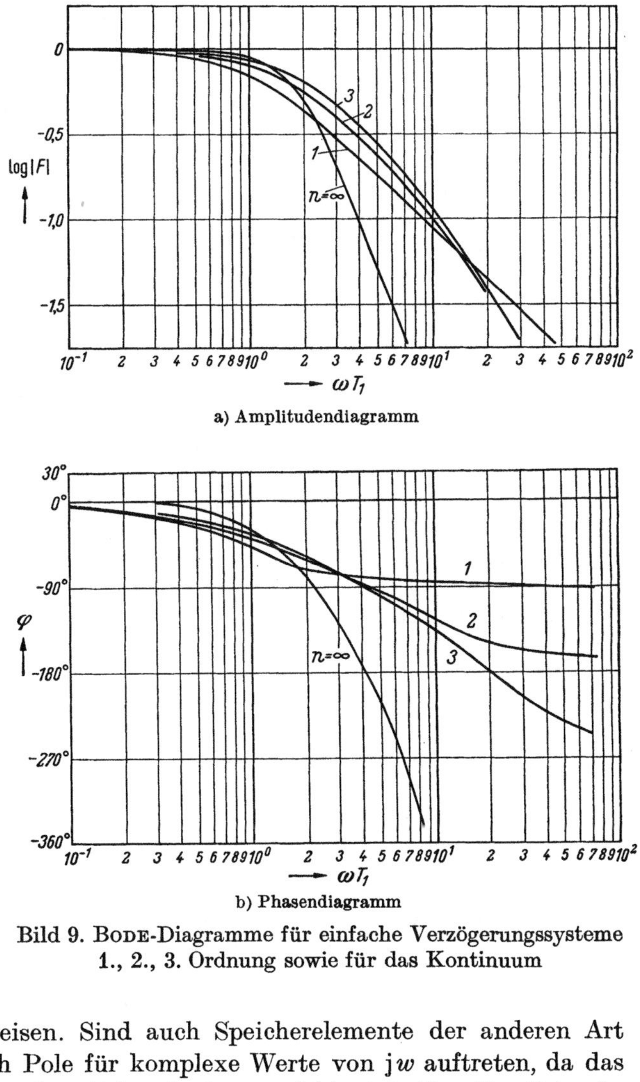

Bild 9. BODE-Diagramme für einfache Verzögerungssysteme 1., 2., 3. Ordnung sowie für das Kontinuum

2. Schwingungsfähige Verzögerungsglieder

Die bisher betrachteten Verzögerungsglieder bestanden nur aus einer Speicherart und Widerstandselementen. Ihre Frequenzgänge konnten deshalb nur Pole für reelle Werte von jω aufweisen. Sind auch Speicherelemente der anderen Art vorhanden, so können auch Pole für komplexe Werte von jw auftreten, da das Übertragungsglied nun grundsätzlich schwingungsfähig ist. Da die Betrachtungen immer noch auf passive Übertragungsglieder beschränkt bleiben, sind Pole für rein imaginäre Werte von jω oder komplexe Werte mit positivem Realteil ausgeschlossen.

Das einfachste Verzögerungsglied mit potentiellem und kinetischem Speicher ist von zweiter Ordnung mit dem Frequenzgang:

$$F_2 = \frac{1}{a_2 (\mathrm{j}\,\omega)^2 + a_1 (\mathrm{j}\,\omega) + a_0} \tag{17}$$

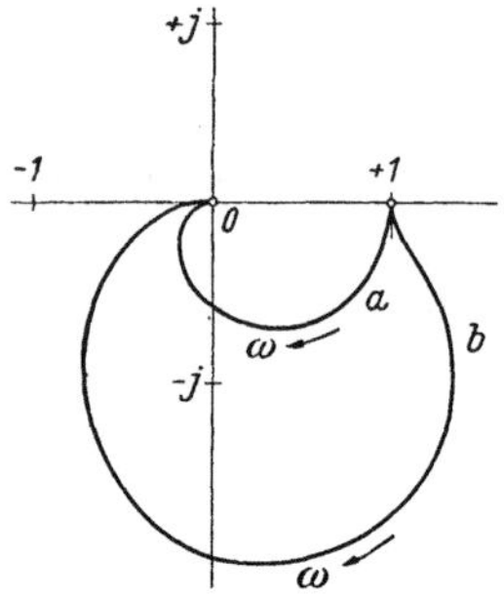

Bild 10. Ortskurven von Übertragungsgliedern: *a*) monoton abnehmende Amplitude (ohne Schwingneigung), *b*) zunehmende Amplitude (mit Eigenfrequenz)

Derartige Systeme sind in der Regelungstechnik außerordentlich häufig. So stellt z.B. praktisch jedes Meßgerät ein Gebilde dar, das Feder, Masse und eine gewisse Dämpfung hat. Aber auch elektrische Netzwerke, in denen Kondensatoren und Drosselspulen und ohmsche Widerstände vorkommen, stellen solche Systeme zweiter Ordnung dar. Die Ortskurve sowie das Bode-Diagramm zeigen die *Bilder* 10 und 11. Im Gegensatz zu den einfachen Verzögerungsgliedern nimmt nun die Amplitude nicht mehr mit wachsender Frequenz monoton gegen Null hin ab. Das System zeigt bei einer bestimmten Frequenz eine Vergrößerung der Amplitude, was auf Resonanzerscheinung bei der Eigenfrequenz zurückzuführen ist. Bei Systemen höherer Ordnung mit potentiellen und kinetischen Speichern können entsprechend mehr Resonanzpunkte auftreten. Grundsätzlich sind Resonanzüberhöhungen für Regelanordnungen sehr gefährlich und müssen im allgemeinen durch zusätzliche

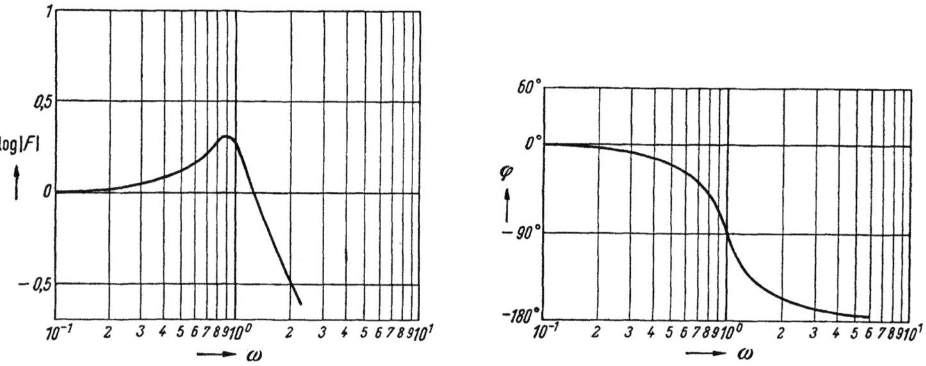

a) Amplitudendiagramm b) Phasendiagramm

Bild 11. Bode-Diagramme eines schwingungsfähigen Übertragungsgliedes

Verzögerungsterme (z. B. durch Dämpfungseinrichtungen) beseitigt werden, damit ausreichende Stabilität des Regelvorganges erreicht wird.

3. Laufzeitglieder

Die Entstehung einer Laufzeit ist häufig an das Vorhandensein strömender Stoffe geknüpft, die als Träger der geregelten Zustandsgröße eine endliche Fortpflanzungsgeschwindigkeit haben (z.B. Gemischregelstrecken, Warmwasserheizungen, Kesselanlagen mit Mühlenfeuerung, Destillationskolonnen). Beträchtliche Laufzeiten können durch die Signal- und Steuerleitung entstehen.

In der Regelungstechnik ist der Begriff „Totzeit" gebräuchlich. Unter der Totzeit eines Übertragungsgliedes versteht man die Zeit, nach der sich ein Eingangs-

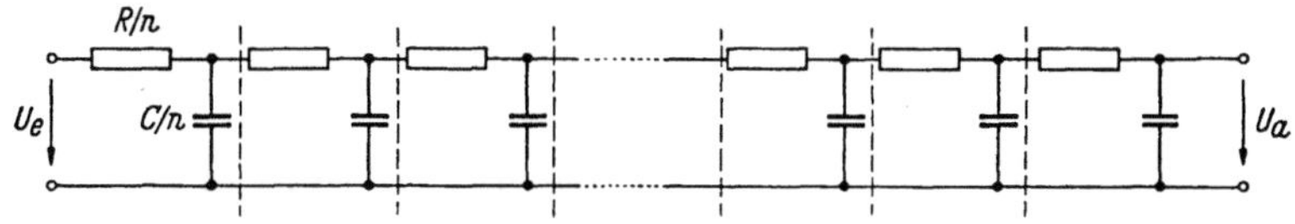

Bild 12. Der unendliche rückwirkungsfreie Kettenleiter als Beispiel eines Laufzeitsystems
Die punktierten Linien deuten die Rückwirkungsfreiheit, z.B. mit Hilfe von Verstärkern, an.

signal durch Änderung der Ausgangsgröße bemerkbar macht. Laufzeiten verursachen stets Totzeiten. Eine Totzeit kann aber auch dadurch zustande kommen, daß das nachgeschaltete Glied eine endliche Ansprechschwelle aufweist. Diese letzte Art der Totzeit ist in der Praxis häufig, da die Ansprechgrenzen technischer Meß- und Regelgeräte nur selten beliebig klein gemacht werden können. Die durch Schwellwerte bedingte Totzeit ist eine nichtlineare Erscheinung, auf die hier nicht eingegangen werden soll.

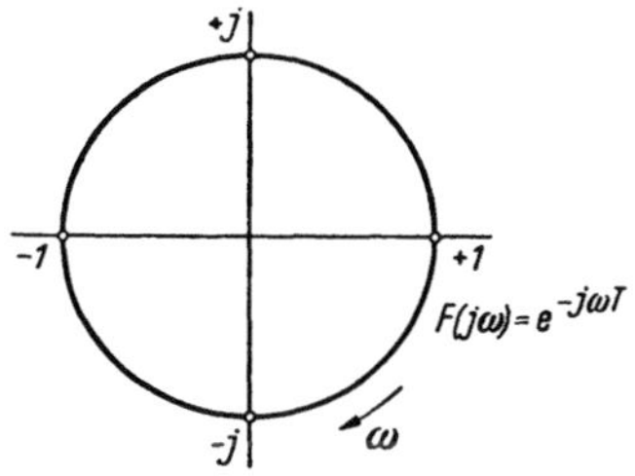

Bild 13. Ortskurve eines Laufzeitgliedes

Das klassische Beispiel eines reinen Laufzeitsystems ist die lange elektrische Leitung, bei der die Laufzeit durch die endliche Fortpflanzungsgeschwindigkeit des elektromagnetischen Feldes entsteht. Ein weiteres Beispiel ist eine unendliche Kette *rückwirkungsfrei* hintereinandergeschalteter einfacher Verzögerungsglieder erster Ordnung (*Bild* 12). Dabei soll vorausgesetzt werden, daß die Summe aller Zeitkonstanten konstant gleich T sei. Die Differentialgleichung eines derartigen n-gliedrigen Kettenleiters lautet:

$$\left(\frac{T}{n}\right)^n y^{(n)} + \binom{n}{1}\left(\frac{T}{n}\right)^{n-1} y^{(n-1)} + \cdots + \binom{n}{n-1}\frac{T}{n}\,\dot{y} + \binom{n}{n} y = x \tag{18}$$

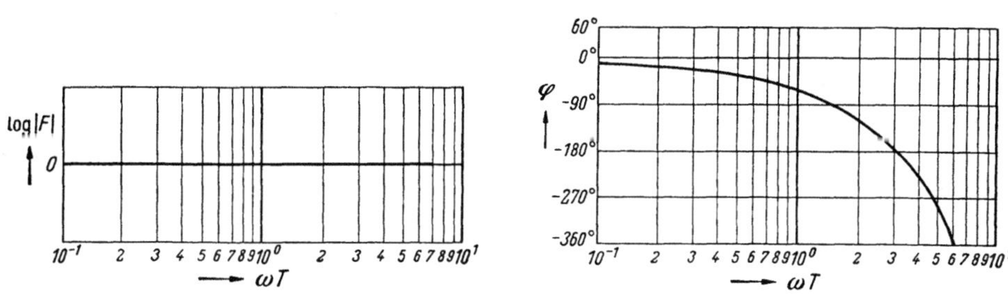

a) Amplitudendiagramm b) Phasendiagramm

Bild 14. Bode-Diagramme eines Laufzeitgliedes

Läßt man hierin die Gliederzahl $n \to \infty$ gehen, so entsteht die Differentialgleichung eines reinen Laufzeitsystems:

$$y + \dot{y}\frac{T}{1!} + \ddot{y}\frac{T^2}{2!} + \cdots + y^{(n)}\frac{T^n}{n!} + \cdots = x \tag{19}$$

Hieraus findet man dann als Frequenzgang des Laufzeitsystems, wobei nun T die Laufzeit bedeutet:

$$F(\mathrm{j}\,\omega) = \frac{1}{1 + \frac{\mathrm{j}\,\omega\,T}{1!} + \frac{(\mathrm{j}\,\omega)^2\,T^2}{2!} + \cdots + \frac{(\mathrm{j}\,\omega)^n\,T^n}{n!} + \cdots} = \mathrm{e}^{-\mathrm{j}\,\omega\,T} \tag{20}$$

Die Ortskurve und das BODE-Diagramm sind in *Bild* 13 und 14 aufgezeichnet. Es ist ohne weiteres einzusehen, daß ein Verzögerungsglied, das lediglich die Phase zurückdreht, ohne dabei die Amplitude zu reduzieren, eine Regelung in hohem Maße gefährden muß. Nur in Zusammenarbeit mit stark dämpfenden Gliedern (starke Amplitudenverkleinerung mit wachsender Frequenz) ist hier überhaupt Stabilität zu erreichen.

4. Regelglieder

Der Regler hat die Aufgabe, abhängig von der Regelabweichung die Stellgröße zu bilden, wobei die Abweichung möglichst vollständig verschwinden soll. Er hat weiterhin dafür zu sorgen, daß die Regelabweichung auch möglichst rasch verschwindet und daß der Regelvorgang trotzdem stabil verläuft.

Der Regler muß also Verstärkereigenschaften haben, um aus der meist kleinen Meßleistung die oft beträchtlichen Stelleistungen zu bilden. Die notwendige große Verstärkung würde aber sehr leicht zur Instabilität führen. Um dies zu verhindern, muß der Regler auch noch ein bestimmtes Zeitverhalten haben, das im Meßzweig oder im Rückführzweig des Verstärkers erzeugt werden kann.

Allgemein stellt der Regler ein Übertragungsglied dar, dessen Eingangsgröße die Regelabweichung x und dessen Ausgangsgröße die Stellgröße y ist. Die als Regler dienenden Übertragungsglieder werden im folgenden als „Regelglieder" behandelt.

Wie in den Grundlagen (s. Kapitel 2) bereits auseinandergesetzt ist, unterscheidet man, je nach ihrem Zeitverhalten, P-, I-, PI-, PD-, PID-Regler, deren Differentialgleichungen in Gln. (4) angegeben wurden. In Tabelle 1 sind die Frequenzgänge, Ortskurven, BODE-Diagramme und Übergangsfunktionen für die wichtigsten Regelglieder zusammengestellt. Die in dieser Tabelle jeweils zuerst angegebenen Regelglieder sind praktisch nie erreichbare Idealglieder. Technische Regelglieder enthalten in jedem Fall auch noch Verzögerungen, so daß ihr Frequenzgang also durch eine gebrochene rationale Funktion dargestellt wird. Der Nenner muß dabei sogar mindestens um einen Grad höher als der Zähler sein, da jedes physikalisch reale Netzwerk die Frequenz ∞ nicht mehr übertragen kann. Die Ortskurven, Amplitudenphasendiagramme und Übergangsfunktionen idealer und technischer Regelglieder sind in Tabelle 1 ausgezogen bzw. gestrichelt eingetragen.

Obwohl in der Praxis Regelglieder nie ohne zusätzliche Verzögerungen auftreten, ist es in der Regelungstechnik doch möglich, mit idealisierten Regelgliedern zu rechnen, wenn die Verzögerungen der Regelglieder sehr klein gegenüber den übrigen Verzögerungen, namentlich der Regelstrecke, sind. In diesen Fällen entstehen vernachlässigbare kleine Fehler. Allerdings muß darauf geachtet werden, daß der Frequenzgang des gesamten Regelkreises der Forderung entspricht, daß der Nenner von höherem Grad ist als der Zähler. Andernfalls entstehen

Tabelle 1. *Übertragungsfunktionen verschiedener Regelglieder*

	Bezeichnung	Frequenzgang ($p = j\omega$)	Ortskurve	BODE-Diagramm	Übergangsfunktion
1	P-Glied	$F(p) = \frac{b_0}{a_0}$	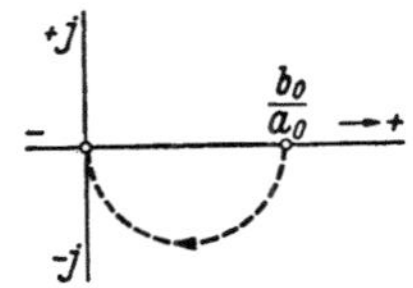	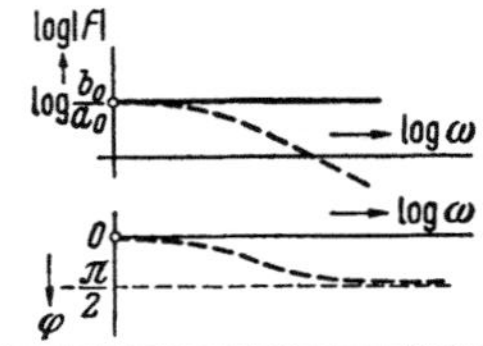	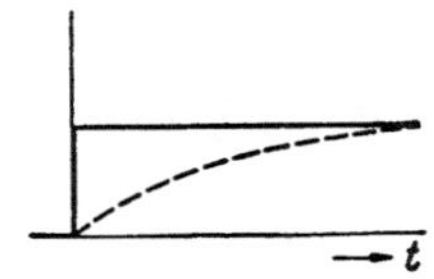
	PR-Glied	$F(p) = \frac{b_0}{a_1 p + a_0}$			
2	I-Glied	$F(p) = \frac{b_{-1}}{a_0 p}$	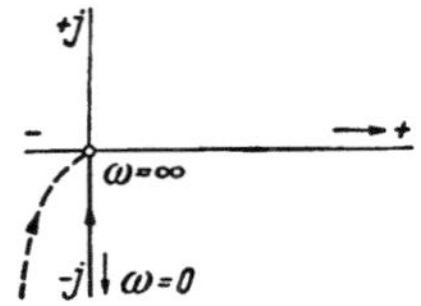	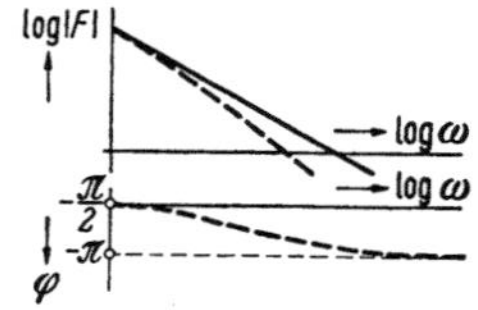	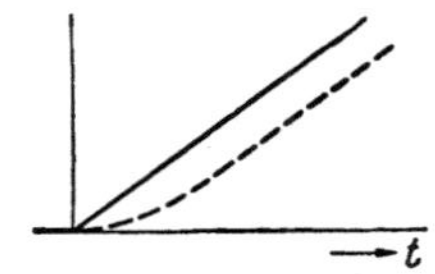
	IR-Glied	$F(p) = \frac{b_{-1}}{p(a_1 p + a_0)}$			
3	PI-Glied	$F(p) = \frac{b_0}{a_0} + \frac{b_{-1}}{a_0 p}$	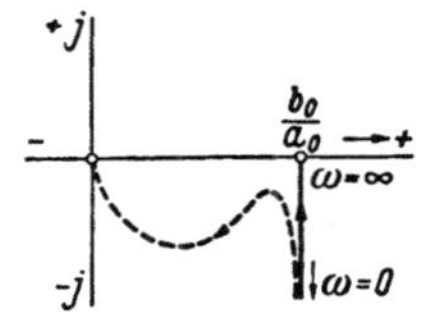	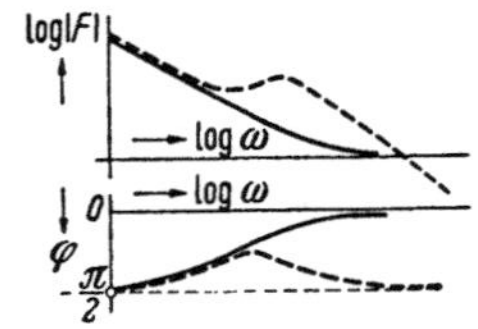	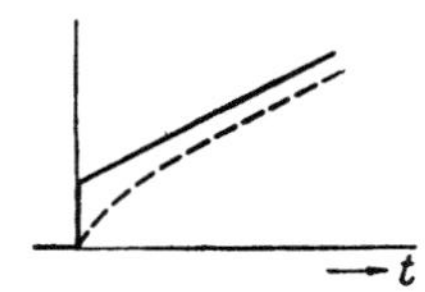
	PIR-Glied	$F(p) = \frac{b_0 p + b_{-1}}{p(a_1 p + a_0)}$			
4	PD-Glied	$F(p) = \frac{b_0}{a_0} + \frac{b_1 p}{a_0}$	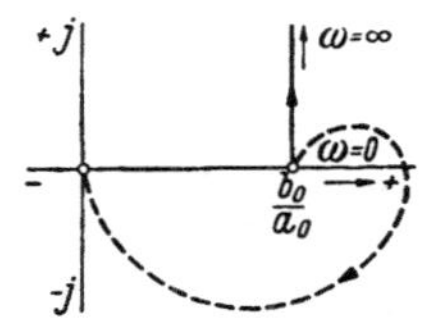	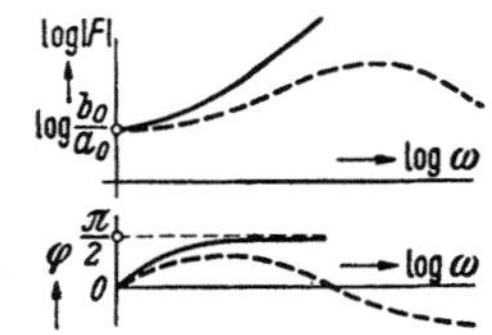	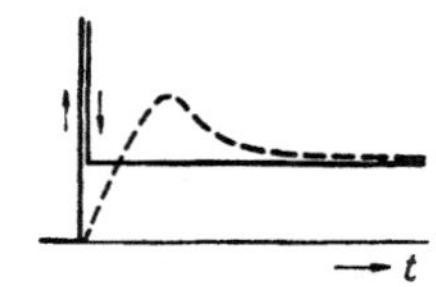
	PDR$_2$-Glied	$F(p) = \frac{b_1 p + b_0}{a_2 p^2 + a_1 p + a_0}$			
5	PID-Glied	$F(p) = \frac{b_0}{a_0} + \frac{b_{-1}}{a_0 p} + \frac{b_1 p}{a_0}$	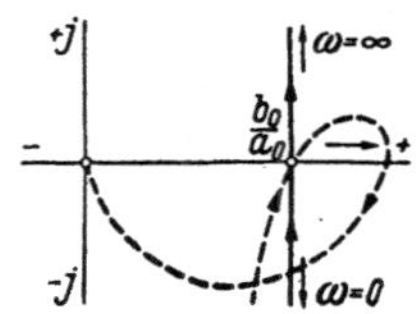	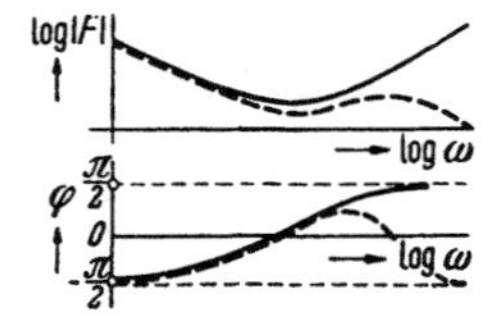	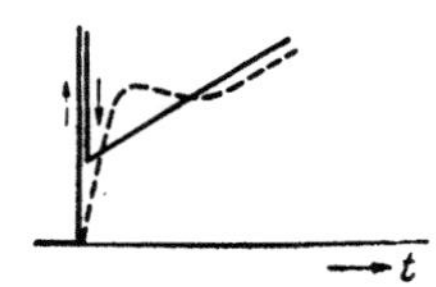
	PIDR$_2$-Glied	$F(p) = \frac{b_1 p^2 + b_0 p + b_{-1}}{p(a_2 p^2 + a_1 p + a_0)}$			

namentlich bei Optimierungsproblemen Fehlschlüsse, die oftmals die ganze Rechnung in Frage stellen.

Regelglieder der geschilderten Art sind nicht immer einzelne Übertragungsglieder im strengen Sinne. Sie können auch entstehen durch das Zusammenfügen mehrerer Übertragungsglieder zu einem Übertragungssystem. Hinsichtlich ihrer mathematischen Behandlung besteht aber kein Unterschied zum einzelnen Übertragungsglied.

D. Kombinationen von Übertragungsgliedern

1. Allgemeines

Durch das Zusammenfügen und Zusammenwirken einzelner Übertragungsglieder entstehen sogenannte Übertragungssysteme (Gliedergefüge, Gliederkombinationen). Sie sind ebenfalls Gebilde mit einem Eingang und einem Ausgang, deren Übertragungsverhalten linear vorausgesetzt werden kann, wenn sie aus linearen Einzelgliedern aufgebaut sind.

Für Übertragungssysteme gelten also genau die gleichen Überlegungen wie für die Einzelglieder. Es besteht also zunächst kein Grund für eine Unterscheidung zwischen einem Gliedergefüge und einem Einzelglied. Dies geschieht nur deswegen, weil die meist einfach aufgebauten Einzelglieder mathematisch leichter zu erfassen sind als komplizierte Systemnetzwerke. Andererseits ist aber das Übertragungsverhalten von Gliedergefügen sehr einfach aus dem der Einzelglieder zu berechnen, wenn vorausgesetzt wird, daß diese rückwirkungsfrei sind. „Rückwirkungsfrei" bedeutet, daß bei der Kombination von Übertragungsgliedern die Ausgangsgröße des vorhergehenden Gliedes nicht merklich durch das nachgeschaltete beeinflußt wird. Ist diese Rückwirkungsfreiheit nicht gegeben, so ist es unzulässig, das System in Einzelglieder aufzuteilen, und es muß insgesamt als Übertragungsglied behandelt werden.

Für das Zusammenfügen von Übertragungsgliedern zu Gliedergefügen gibt es drei grundsätzliche Möglichkeiten: Reihenschaltung, Parallelschaltung und Rückkopplungsschaltung.

Im mathematischen Sinne handelt es sich um gekoppelte Systeme, die durch ein System simultaner linearer Differentialgleichungen beschrieben werden. Derartige Gleichungssysteme können durch Elimination aller nicht interessierenden Zwischengrößen zu der Systemdifferentialgleichung zusammengefaßt werden.

Sehr viel einfacher wird diese Arbeit in der „Frequenzebene" erledigt, indem man nicht von den Differentialgleichungen der Einzelglieder, sondern von deren Frequenzgang ausgeht. Das Denken in der Frequenzebene ist deshalb in der Regelungstechnik Allgemeingut geworden, so daß in diesem Zusammenhang nur hierauf näher eingegangen werden soll.

2. Die Reihenschaltung

Werden zwei Übertragungsglieder rückwirkungsfrei hintereinander geschaltet (*Bild* 15), so muß die Eingangsgröße x_2 des zweiten Gliedes gleich der Ausgangsgröße y_1 des vorgeschalteten sein:

$$x_2 = y_1 \tag{21}$$

Die Einzelfrequenzgänge sind aber:

$$F_1 = \frac{y_1}{x_1} \quad \text{und} \quad F_2 = \frac{y_2}{x_2} \tag{22}$$

Daraus folgt für den Frequenzgang der Reihenschaltung:

$$F = \frac{y_2}{x_1} = F_1 F_2 \tag{23}$$

Bei der Reihenschaltung sind also die Einzelfrequenzgänge zu multiplizieren. Liegen die einzelnen Frequenzgänge in Form von Gleichungen vor, so ist die Ermittlung des Gesamtfrequenzganges leicht zu errechnen. Auch wenn das Übertragungsverhalten der einzelnen Glieder durch die Ortskurve gegeben ist, kann der Gesamtfrequenzgang einfach ermittelt werden. Die Zeiger der einzelnen Ortskurven sind:

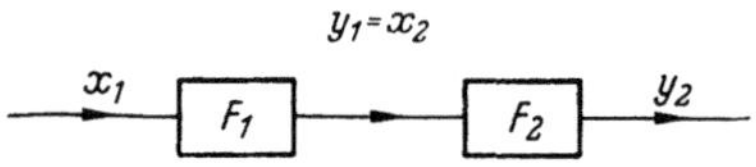

Bild 15. Reihenschaltung von rückwirkungsfreien Übertragungsgliedern

$$F_1 = |F_1|\, e^{j\varphi_1} \quad \text{und} \quad F_2 = |F_2|\, e^{j\varphi_2} \tag{24}$$

wobei

$$\left.\begin{aligned} \varphi_1 &= \arctan\frac{\operatorname{Im} F_1}{\operatorname{Re} F_1} \\ \text{und} \quad \varphi_2 &= \arctan\frac{\operatorname{Im} F_2}{\operatorname{Re} F_2} \end{aligned}\right\} \tag{25}$$

Der Zeiger des Systemfrequenzganges wird also:

$$F = F_1 F_2 = |F_1|\, |F_2|\, e^{j(\varphi_1 + \varphi_2)} \tag{26}$$

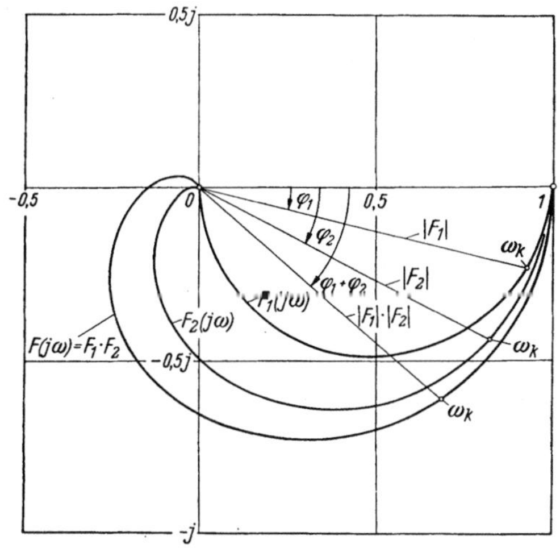

Bild 16. Ermittlung der Systemortskurve bei Reihenschaltung von Übertragungsgliedern

Man erhält demnach die neue Systemortskurve, indem man die Absolutbeträge der einzelnen Zeiger multipliziert, die Argumente aber addiert (*Bild* 16).

Besonders einfach ist die Multiplikation der Frequenzgänge im BODE-Diagramm. Durch einfache Addition der Ordinaten im Amplituden- wie Phasendiagramm erhält man hier die entsprechenden Kurvenzüge für das System (*Bild* 17).

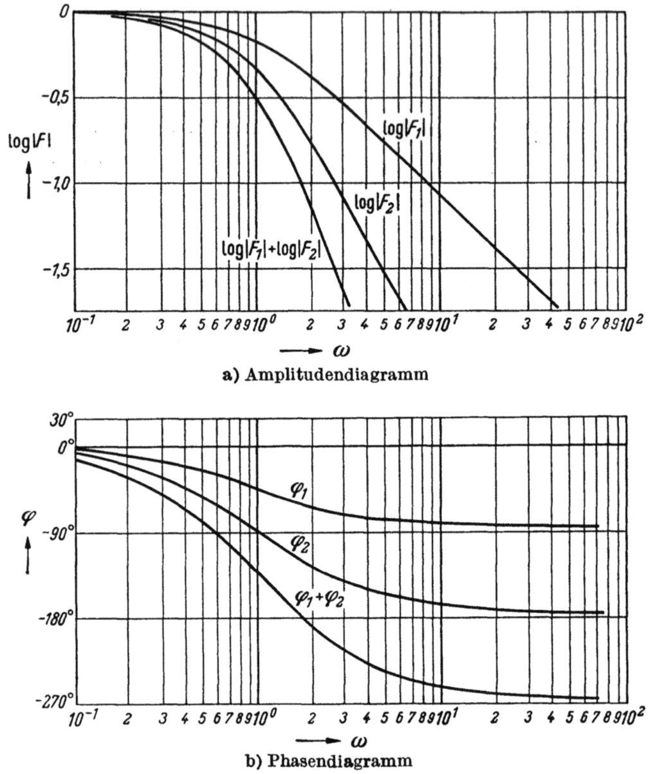

Bild 17. Ermittlung der BODE-Diagramme für ein System reihengeschalteter Übertragungsglieder

3. Die Parallelschaltung

Bei der Parallelschaltung erhält jedes Glied dieselbe Eingangsgröße; die Ausgangsgrößen werden zur Systemausgangsgröße rückwirkungsfrei addiert (*Bild* 18). Es ist also:

$$F_1 = \frac{y_1}{x_1} \qquad F_2 = \frac{y_2}{x_2} \tag{27}$$

$$x_1 = x_2 = x \qquad y_1 + y_2 = y$$

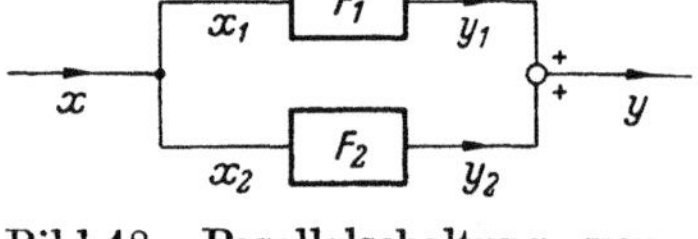

Bild 18. Parallelschaltung von Übertragungsgliedern

Aus diesen Beziehungen folgt der Systemfrequenzgang durch Addition der Einzelfrequenzgänge:

$$F = \frac{y}{x} = F_1 + F_2 \tag{28}$$

Die Ortskurve des Systems wird durch geometrische Addition der Zeiger der Einzelortskurven erhalten (*Bild* 19).

Im BODE-Diagramm muß zuerst durch eine Zwischenrechnung aus Amplitude und Argument der Real- und Imaginäranteil der Frequenzgänge festgestellt werden.

$$F_1 = a_1 + \mathrm{j}\, b_1 \qquad F_2 = a_2 + \mathrm{j}\, b_2 \tag{29}$$

Erst durch Addition der Real- und Imaginäranteile ergibt sich dann der entsprechende Systemzeiger

$$F = (a_1 + a_2) + \mathrm{j}\,(b_1 + b_2) \tag{30}$$

der dann, wieder in Amplitude und Argument zerlegt, in das BODE-Diagramm eingetragen werden kann:

$$|F| = \sqrt{(a_1 + a_2)^2 + (b_1 + b_2)^2}$$

$$\varphi = \arctan \frac{b_1 + b_2}{a_1 + a_2}$$

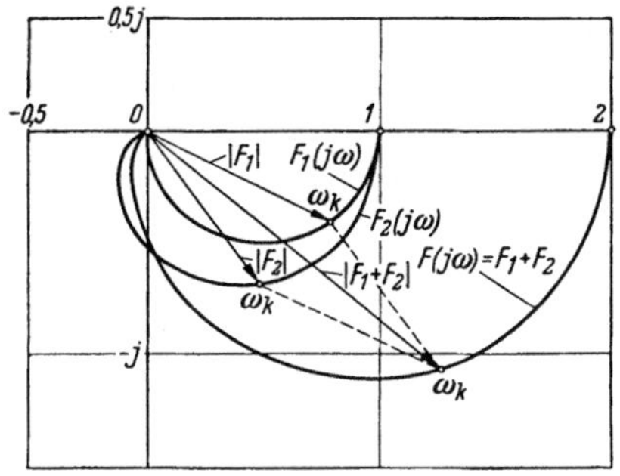

Bild 19. Ermittlung der Systemortskurve bei Parallelschaltung von Übertragungsgliedern

4. Die Rückkopplungsschaltung

Hier wird die Ausgangsgröße eines Übertragungsgliedes (*Bild* 20) über ein zweites auf den Eingang so zurückgeführt, daß dieses als Eingangsgröße entweder die Summe oder die Differenz zweier Systemgrößen erhält:

$$x_1 = x \pm y_2 \tag{32}$$

Außerdem ist:

$$x_2 = y_1 = y \tag{32 a}$$

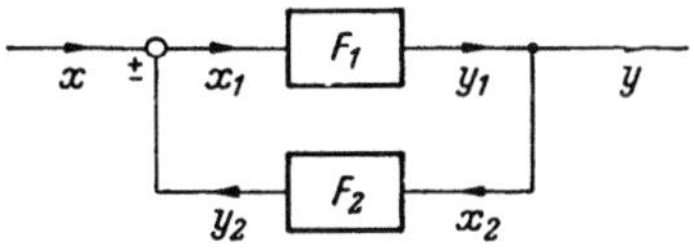

Bild 20. Rückkopplung von Übertragungssystemen

Bei positivem Vorzeichen wird durch die Rückkopplung die Wirkung der Größe x unterstützt (Mitkopplung), bei negativem Vorzeichen dagegen ist die Rückkopplungsgröße der Eingangsgröße entgegengerichtet (Gegenkopplung). Die Rückkopplung ist, namentlich als Gegenkopplung in der elektrischen Verstärkertechnik überaus bedeutungsvoll geworden. Ebenso sind alle Kompensationsverfahren, die in der neuzeitlichen Regelungstechnik sehr zahlreich angewendet werden, ihrem Wesen nach nichts anderes als Gegenkopplungsschaltungen. Auch der Regelkreis kann als Gegenkopplung aufgefaßt werden.

Schreibt man wieder die Frequenzgänge der beiden Einzelglieder:

$$F_1 = \frac{y_1}{x_1} \qquad F_2 = \frac{y_2}{x_2} \tag{33}$$

so findet man mit den Beziehungen der Gln. (32) und (32a) den Frequenzgang des neuen Übertragungssystems:

$$F = \frac{y}{x} = \frac{F_1}{1 \mp F_1 F_2} \tag{34}$$

Er wird durch eine gebrochene Funktion dargestellt, in deren Zähler der Frequenzgang des Vorwärtsgliedes steht und dessen Nenner den Frequenzgang der Reihenschaltung beider Glieder enthält. Negatives Vorzeichen bedeutet Mitkopplung, positives Vorzeichen Gegenkopplung.

Der Frequenzgang von Rückkopplungssystemen wird am besten rechnerisch aus den Einzelfrequenzgängen ermittelt. Zur Abschätzung der Stabilität bei Gegenkopplung genügt aber bereits die Ortskurve für $F_1 F_2$. Sie wird häufig Ortskurve des „aufgetrennten Kreises" genannt, und es wurde bereits gezeigt, daß mit Hilfe des NYQUIST-Kriteriums sofort auf die Stabilität geschlossen werden kann (s. Abschnitt B4).

E. Die Zeitfunktion

In den bisherigen Abschnitten wurde gezeigt, daß der Frequenzgang ein sehr brauchbares Mittel ist, um die Übertragungseigenschaften von Gliedern oder Gliedergefügen eindeutig zu beschreiben. Der Frequenzgang gibt an, wie eine harmonische Schwingung bei Durchlaufen des Übertragungssystems in ihrer Amplitude und ihrer Phasenlage verändert wird, und zwar für alle Frequenzen von 0 bis ∞.

Der praktisch tätige Regelungstechniker hat aber nun nicht immer harmonische Schwingungen, deren Verformung ihn interessiert. Im Gegenteil, ein Regelsystem, das harmonische Schwingungen ausführt, ist im allgemeinen unbrauchbar. Auch eine rein sinusförmige Störfunktion ist in der Praxis ziemlich selten. Im allgemeinen interessiert vielmehr, wie das Übertragungssystem auf irgendwelche Zeitfunktionen reagiert, wie beispielsweise die zeitliche Regelabweichung verläuft, wenn das Regelsystem durch eine plötzliche, nicht periodische Störfunktion aus dem Gleichgewicht gebracht wird. Mit anderen Worten lautet die Aufgabe, die noch zu lösen sein wird: Wie kann aus dem Frequenzverhalten eines Übertragungssystems auf dessen Zeitverhalten geschlossen werden?

Hierfür gibt die Mathematik bereits die vollständige Lösung, denn nach FOURIER ist es möglich, jede eindeutig definierte und stückweise stetige Zeitfunktion, bei der die Ausdrücke, zu denen man gelangt, endlich bleiben, in eine Summe von harmonischen Schwingungen zu zerlegen. Für jede einzelne dieser Schwingungen ist durch den Frequenzgang bekannt, welche Veränderungen beim Durchlaufen des Systems eintreten. Damit ist es aber nicht mehr schwierig, die Wirkung des Übertragungsgliedes auf eine beliebige Zeitfunktion durch Summierung aller Wirkungen auf die einzelnen Schwingungen zu ermitteln. Dieses einfache Verfahren ist zulässig, da die Voraussetzung der Linearität die Gültigkeit des Superpositionsprinzips in sich schließt.

1. Die Fourier-Reihe

Für eine periodische Zeitfunktion lautet bekanntlich die FOURIER-Reihe:

$$x(t) = A_0 + \sum_{n=1}^{\infty} A_n \cos\left(n \frac{2\pi}{T_0} t\right) + \sum_{n=1}^{\infty} B_n \sin\left(n \frac{2\pi}{T_0} t\right) \tag{35}$$

Darin bedeuten $2\pi/T_0 = \omega_0$ Kreisfrequenz der Grundwelle T_0 Periodendauer der Grundwelle n Ordnungszahl der Oberwellen, A_n, B_n FOURIER-Koeffizienten.

Die FOURIER-Koeffizienten sind durch folgende Integrale festgelegt:

$$A_0 = \frac{1}{T_0} \int_{-\frac{T_0}{2}}^{+\frac{T_0}{2}} x(t)\,\mathrm{d}t$$

$$A_n = \frac{2}{T_0} \int_{-\frac{T_0}{2}}^{+\frac{T_0}{2}} x(t) \cos(n\,\omega_0 t)\,\mathrm{d}t \tag{36}$$

$$B_n = \frac{2}{T_0} \int_{-\frac{T_0}{2}}^{+\frac{T_0}{2}} x(t) \sin(n\,\omega_0 t)\,\mathrm{d}t$$

Häufig faßt man die Sinus- und Cosinusglieder der FOURIER-Reihe zusammen und erhält damit die Reihe in komplexer Form:

$$x(t) = \sum_{n=-\infty}^{+\infty} x^*(\mathrm{j}\,n\,\omega_0)\,\mathrm{e}^{\mathrm{j}\,n\,\omega_0 t} \tag{37}$$

wobei:

$$x^*(\mathrm{j}\,n\,\omega_0) = \frac{1}{T_0} \int_{-\frac{T_0}{2}}^{+\frac{T_0}{2}} x(t)\,\mathrm{e}^{-\mathrm{j}\,n\,\omega_0 t}\,\mathrm{d}t$$

Die FOURIER-Koeffizienten treten hier natürlich auch in komplexer Form auf. Ihr Betrag ist ein Maß für die Amplitude und ihr Argument für die Phasenlage der einzelnen Harmonischen, aus denen die periodische Zeitfunktion $x(t)$ aufgebaut ist. Man nennt deshalb die FOURIER-Koeffizienten für den gesamten Frequenzbereich das komplexe Frequenzspektrum der Zeitfunktion.

2. Das Fourier-Integral

Mit Hilfe der FOURIER-Theorie gelingt es, nicht nur periodische Funktionen, sondern beliebige nichtperiodische Zeitfunktionen in harmonische Schwingungen aufzulösen. Zu diesem Übergang gelangt man durch einen einfachen Grenzübergang, wenn man die Periodendauer über alle Grenzen anwachsen läßt. Bezeichnet man mit $\omega = n\,\omega_0$ die Kreisfrequenz der Oberwellen, so wird mit $T_0 \to \infty$

$$\omega_0 \to \mathrm{d}\omega; \quad \frac{1}{T_0} \to \frac{\mathrm{d}\omega}{2\pi}; \quad n\,\omega_0 \to \omega \tag{38}$$

Hiermit erhält man aus Gl. (37) die Integraldarstellung der beliebigen, nichtperiodischen Zeitfunktion:

$$x(t) = \frac{1}{2\pi} \int_{-\infty}^{+\infty} \mathrm{e}^{\mathrm{j}\,\omega t} \int_{-\infty}^{+\infty} x(t)\,\mathrm{e}^{-\mathrm{j}\,\omega t}\,\mathrm{d}t\,\mathrm{d}\omega \tag{39}$$

Das Integral

$$\int_{-\infty}^{+\infty} x(t)\, e^{-j\omega t}\, dt = x^*(j\omega) \tag{40}$$

ist wieder ein komplexes Frequenzspektrum, da es die Amplitude und Phasenlage der einzelnen Harmonischen beschreibt. Vom Frequenzspektrum einer periodischen Funktion unterscheidet es sich darin, daß es ein kontinuierliches Spektrum ist, während jenes nur für ganzzahliges n, d. h. für diskrete Frequenzen, definiert ist.

3. Die Verformung der Zeitfunktion durch das Übertragungsglied

Nachdem es gelungen ist, eine beliebige Zeitfunktion durch eine unendliche Summe von harmonischen Schwingungen darzustellen, bedeutet es keine Schwierigkeit mehr, die Verformung der Zeitfunktion zu ermitteln, die diese beim Durchlaufen eines Übertragungsgliedes erfährt. Da man sich sämtliche Schwingungen als zu allen Zeiten vorhanden denken muß, genügt die Betrachtung des eingeschwungenen Zustandes, der ja für jede einzelne Schwingung durch den komplexen Frequenzgang bereits gegeben ist. Die Zeitfunktion möge lauten:

$$x(t) = \frac{1}{2\pi} \int_{-\infty}^{+\infty} x^*(j\omega)\, e^{j\omega t}\, d\omega \tag{41}$$

wobei $x^*(j\omega)$ das komplexe Frequenzspektrum bedeutet. Eine Teilschwingung ist:

$$d[x(t)] = \frac{1}{2\pi}\, x^*(j\omega)\, e^{j\omega t}\, d\omega \tag{42}$$

Sie wirkt auf den Eingang des Übertragungssystems, dessen Frequenzgang $F(j\omega)$ sei. Damit wird die entsprechende Teilschwingung der Ausgangsgröße:

$$d[y(t)] = \frac{1}{2\pi}\, x^*(j\omega)\, F(j\omega)\, e^{j\omega t}\, d\omega \tag{43}$$

Infolge Linearität des Systems ist es erlaubt, die Teillösungen durch Integration über alle Frequenzen von $-\infty$ bis $+\infty$ zur Gesamtlösung zusammenzufassen:

$$y(t) = \frac{1}{2\pi} \int_{-\infty}^{+\infty} x^*(j\omega)\, F(j\omega)\, e^{j\omega t}\, d\omega \tag{44}$$

Damit ist aber die Aufgabe grundsätzlich gelöst: Das Frequenzspektrum der Eingangsfunktion ist mit dem Frequenzgang des Übertragungssystems zu multiplizieren. Dadurch ergibt sich das Frequenzspektrum der Ausgangsgröße des Systems. Durch Integration nach der FOURIERschen Umkehrformel (44) folgt hieraus unmittelbar der zeitliche Verlauf der Ausgangsgröße.

4. Die Laplace-Transformation

In den vorhergehenden Abschnitten wurde gezeigt, daß die Aufgaben der Regelungstechnik durch Frequenzbetrachtungen einfach zu lösen sind: die Kennzeichnung von Übertragungssystemen durch den Frequenzgang und die Darstellung von Zeitfunktionen durch das Frequenzspektrum. Allerdings sind hier funktionentheoretische Kenntnisse, namentlich für die Auswertung der FOURIER-Integrale, unerläßlich. Die Erweiterung der FOURIERschen Integraldarstellung einer Funktion auf eine solche für Funktionen mit komplexem Argument führt auf das LAPLACE-Integral. Der Übergang von der physikalisch realen Frequenzdarstellung zum LAPLACE-Integral wird veranschaulicht, indem man in den Gln. (39) und (40) eine neue Integrationsvariable p einführt:

$$p = \delta + \mathrm{j}\,\omega$$

Damit werden die Grenzen des ersten Integrals

$$\text{bei} \quad \omega = -\infty \quad \text{zu} \quad p = \delta - \mathrm{j}\,\infty$$
$$\text{bei} \quad \omega = +\infty \quad \text{zu} \quad p = \delta + \mathrm{j}\,\infty$$

Für die Gln. (39) und (40) kann man dann schreiben:

$$x(t) = \frac{1}{2\pi\mathrm{j}} \int_{\delta-\mathrm{j}\infty}^{\delta+\mathrm{j}\infty} \mathrm{e}^{pt} \int_{-\infty}^{+\infty} x(t)\,\mathrm{e}^{-pt}\,\mathrm{d}t\,\mathrm{d}p \tag{45}$$

mit

$$\int_{-\infty}^{+\infty} x(t)\,\mathrm{e}^{-pt}\,\mathrm{d}t = x(p) \tag{46}$$

Bei der LAPLACEschen Integraldarstellung hat man nach den Gln. (45) und (46) zwei Umwandlungsprozesse (Transformationen) zu unterscheiden:

1. Die Transformation einer Zeitfunktion in den Bild- oder Frequenzbereich

$$\mathfrak{L}_{\mathrm{II}}[x(t)] = x(p) = \int_{-\infty}^{+\infty} x(t)\,\mathrm{e}^{-pt}\,\mathrm{d}t \tag{47}$$

2. Die Rücktransformation der Bildfunktion in den Original- oder Zeitbereich:

$$\mathfrak{L}^{-1}[x(p)] = x(t) = \frac{1}{2\pi\mathrm{j}} \int_{\delta-\mathrm{j}\infty}^{\delta+\mathrm{j}\infty} x(p)\,\mathrm{e}^{pt}\,\mathrm{d}p \tag{48}$$

Aus der Umformung

$$\mathfrak{L}_{\mathrm{II}}[x(t)] = \int_{-\infty}^{+\infty} x(t)\,\mathrm{e}^{-pt}\,\mathrm{d}t = \int_{-\infty}^{+\infty} [x(t)\,\mathrm{e}^{-\delta t}]\,\mathrm{e}^{-\mathrm{j}\omega t}\,\mathrm{d}t = x^*(\mathrm{j}\,\omega) \tag{49}$$

des Integralausdrucks (47) erkennt man, daß die LAPLACE-Transformierte der Funktion $x(t)$, betrachtet auf der vertikalen Geraden $\delta = \text{konst.}$, nach Gl. (40), nichts anderes darstellt als das komplexe Frequenzspektrum $x^*(\mathrm{j}\,\omega)$ der Funktion $x(t)\,\mathrm{e}^{-\delta t}$.

Berücksichtigt man noch, daß bei Einschaltproblemen der Regelungstechnik für alle Zeiten $t < 0$ die Funktion $x(t)$ identisch 0 ist, so geht die zweiseitige LAPLACE-Transformation (47) über in die einseitige LAPLACE-Transformation

$$\mathfrak{L}[x(t)] = x(p) = \int_{0}^{\infty} x(t)\,\mathrm{e}^{-pt}\,\mathrm{d}t \tag{50}$$

Der Vorteil der LAPLACE-Transformation liegt darin, daß mit den Bildfunktionen sehr bequem zu rechnen ist. So entspricht z.B. dem Prozeß des Differenzierens oder Integrierens der Zeitfunktion im Bildbereich eine einfache Multiplikation bzw. Division mit dem Parameter p. In Kapitel 58 sind die wichtigsten Regeln der LAPLACE-Transformation zusammengestellt.

Wenn man die LAPLACE-Transformation auf die lineare Differentialgleichung eines Übertragungsgliedes anwendet, wenn man also die Zeitgleichung in den Bildbereich transformiert, so erhält man den komplexen Frequenzgang als Quotienten aus der LAPLACE-Transformierten der Ausgangsgröße und der LAPLACE-Transformierten der Eingangsgröße. Er ist mit den oben abgeleiteten Frequenzgängen identisch, wenn man den komplexen Parameter p durch die imaginäre Kreisfrequenz $\mathrm{j}\omega$ ersetzt. Dabei ist aus Konvergenzgründen zu beachten, daß der Übergang von p nach $\mathrm{j}\omega$ nur vorgenommen werden darf, wenn in der rechten Frequenzhalbebene und auf der imaginären Achse keine Pole des Frequenzganges liegen, wenn also das Übertragungsglied stabil ist.

5. Die Frequenzspektren einiger einfacher Zeitfunktionen

Die Transformation von Zeitfunktionen in den Frequenzbereich erfolgt durch das LAPLACE-Integral der Gl.(50). Es ist für einfache Funktionen meist mit elementaren Mitteln auswertbar. Außerdem gibt es eine Reihe Tabellen, in denen zusammengehörige Paare von Zeit- und Bildfunktionen zusammengestellt sind.

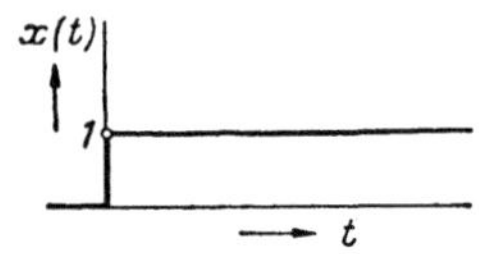

Bild 21. Zeitlicher Verlauf der Sprungfunktion

a) Die Sprungfunktion

Diese springt im Zeitpunkt $t = 0$ plötzlich vom Wert Null auf den Wert 1 und bleibt dann konstant (*Bild* 21). Nach den Gln.(49) und (50) ist das Frequenzspektrum der Funktion

$$x(t) = \begin{Bmatrix} 0 & \text{für} & t < 0 \\ 1 \cdot \mathrm{e}^{-\delta t} & \text{für} & t > 0 \end{Bmatrix} \quad \text{mit} \quad \delta > 0 \tag{51}$$

gleich der LAPLACE-Transformierten

$$\mathfrak{L}[1] = \int_0^\infty 1\, \mathrm{e}^{-pt} \mathrm{d}t = \frac{1}{p} \quad \text{mit} \quad p = \delta + \mathrm{j}\omega \tag{52}$$

der Sprungfunktion.

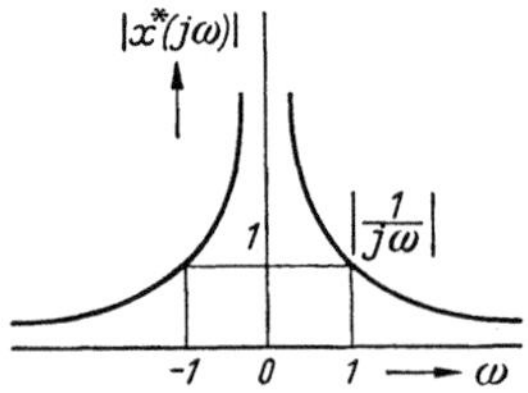

Bild 22. Frequenzspektrum der Sprungfunktion

Läßt man in der Funktion (51) die Größe δ beliebig klein werden, geht jedoch zur Konvergenz des Integrals in (52) nicht zur Grenze $\delta = 0$ über, so nähert sich die Funktion (51) der Sprungfunktion mit beliebig großer Genauigkeit. Das Frequenzspektrum dieser Näherung der Sprungfunktion strebt also nach Gl. (52) gegen

$$x^*(\mathrm{j}\omega) = \frac{1}{\mathrm{j}\omega} \tag{52a}$$

Die Sprungfunktion hat demnach näherungsweise das in *Bild* 22 aufgezeichnete hyperbolische Amplitudenspektrum, wobei in diesem Falle sämtliche Teilschwingungen in Phase sind.

b) Weitere einfache Zeitfunktionen

Aus der Einheitssprungfunktion können bereits einige weitere Bildfunktionen einfacher Zeitfunktionen abgeleitet werden. Durch Differenzieren entsteht aus der Sprungfunktion die sogenannte Nadelfunktion, die im Zeitpunkt $t = 0$ von 0 bis ∞ und dann sofort wieder nach 0 springt, wobei die Fläche der Einheitsnadelfunktion gleich der Einheit ist. Im Bildbereich entspricht der Differentiation im Originalbereich eine Multiplikation mit p. Damit ist die Bildfunktion der Nadelfunktion gefunden mit

$$x(p) = 1 \tag{53}$$

was den Schluß zuläßt, daß ihr komplexes Frequenzspektrum

$$x^*(\mathrm{j}\,\omega) = 1$$

eine Konstante ist.

Umgekehrt wird durch Integration der Sprungfunktion eine geradlinig ansteigende Zeitfunktion und damit durch Division mit p ihre Bildfunktion

$$x(p) = \frac{1}{p^2} \tag{54}$$

d.h. ihr komplexes Frequenzgangspektrum

$$x^*(\mathrm{j}\,\omega) = \frac{1}{(\mathrm{j}\,\omega)^2} \tag{54 a}$$

Die angegebenen Frequenzspektren sind wie das Frequenzspektrum der Sprungfunktion angenäherte Grenzfälle.

In Tabelle 2 sind einige häufig vorkommende Zeit- und Bildfunktionen zusammengestellt.

6. Die Rücktransformation in den Originalbereich

Wird das Frequenzspektrum einer Zeitfunktion, die als Eingangsgröße auf ein Übertragungssystem wirkt, mit dessen Frequenzgang multipliziert, so erhält man das Frequenzspektrum der Ausgangsgröße. Um hieraus den tatsächlichen zeitlichen Verlauf der Ausgangsgröße zu erhalten, muß man die Bildfunktion in den Originalbereich rücktransformieren. Das geschieht mit dem Umkehrintegral Gl. (48).

Auch hierfür kann eine der erwähnten Tabellen verwendet werden. Für die meisten in der Regelungstechnik vorkommenden Bildfunktionen ist aber auch eine direkte Auswertung des Umkehrintegrals möglich. Man benutzt dafür den Residuensatz der Funktionentheorie, der besagt, daß der Wert eines Umlaufintegrals gleich $2\pi\mathrm{j}$ mal der Summe der Residuen ist. Die Voraussetzungen für die Gültigkeit dieses Satzes sind für die in diesem Zusammenhang auftretenden Aufgaben bestimmt dann gegeben, wenn alle singulären Stellen der Bildfunktion in der linken Halbebene der komplexen Ebene liegen. Dies bedeutet aber, daß der Vorgang stabil sein muß.

Um die Residuen zu ermitteln, müssen zunächst die singulären Stellen, das sind die Pole der Bildfunktion, bekannt sein. Die Pole werden durch Nullstellen des Nenners gebildet, so daß also durch die Wurzeln der Nennerfunktion die

Tabelle 2. *Verschiedene Bild- und Zeitfunktionen*

	Bezeichnung	Gleichung der Bildfunktion	Gleichung der Zeitfunktion	Amplitudenspektrum x^* der Bildfunktion[1])	Zeitfunktion
1	Sprungfunktion	$x(p) = \frac{1}{p}$	$x(t) = \begin{cases} 0 & \text{für } t < 0 \\ 1 & \text{für } t > 0 \end{cases}$	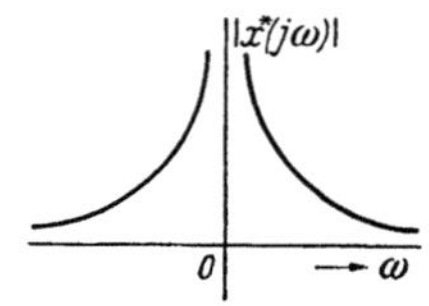	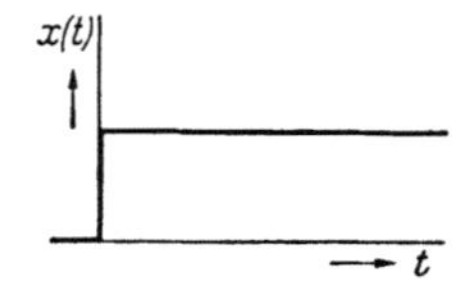
2	Nadelfunktion	$x(p) = 1$	$x(t) = \begin{cases} 0 & \text{für } t < 0 \\ \infty & \text{für } t = 0 \\ 0 & \text{für } t > 0 \end{cases}$	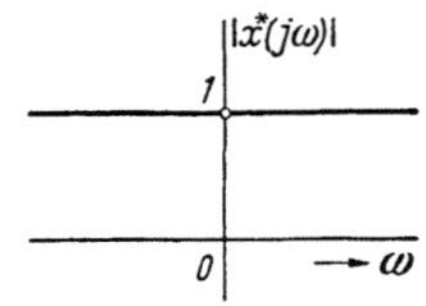	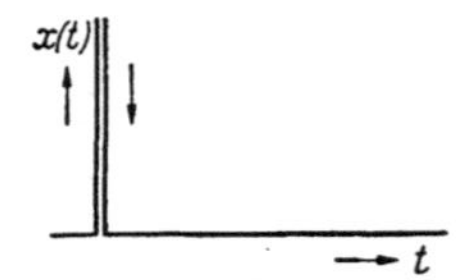
3	Verzögerungsfunktion 1. Ordnung	$x(p) = \frac{1}{p(Tp+1)}$	$x(t) = \begin{cases} 0 & \text{für } t < 0 \\ 1 - e^{-t/T} & \text{für } t > 0 \end{cases}$	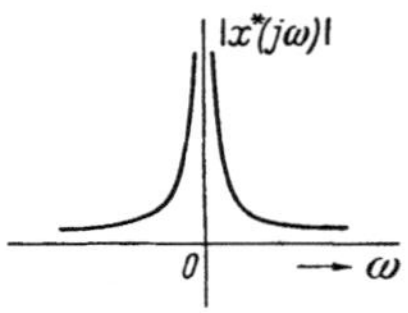	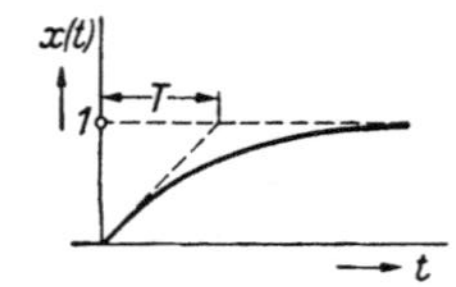
4	Rückführfunktion	$x(p) = \frac{T}{Tp+1}$	$x(t) = \begin{cases} 0 & \text{für } t < 0 \\ e^{-t/T} & \text{für } t > 0 \end{cases}$	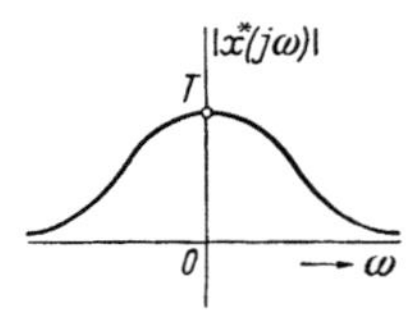	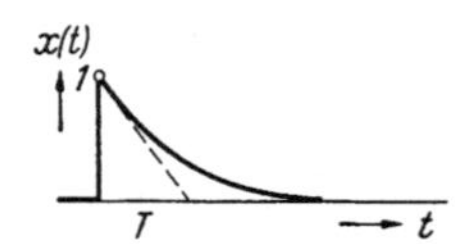

[1]) Die angegebenen Amplitudenspektren gehören mit Ausnahme des letzten zu Näherungen der entsprechenden Zeitfunktionen.

Singularitäten der Bildfunktion bestimmt sind. Hat die Nennerfunktion eine Wurzel n-ter Ordnung, so beträgt das Residuum der Funktion $x(p)$ an dieser Stelle:

$$\operatorname{Res}(p_0^n) = \lim_{p \to p_0} \frac{\dfrac{d^{n-1}}{d\,p^{n-1}}[x(p)(p-p_0)^n]}{(n-1)!} \tag{55}$$

Für einen Pol erster Ordnung wird dann aus Gl. (55)

$$\operatorname{Res}(p_0) = \lim_{p \to p_0} [x(p)(p-p_0)] \tag{56}$$

F. Kennzeichnung von Übertragungsgliedern durch die Übergangsfunktion

Neben der Kennzeichnung von Übertragungssystemen durch den Frequenzgang hat ihre Beschreibung durch die sogenannte Übergangsfunktion große praktische Bedeutung erlangt. Dabei wird als Übergangsfunktion der Verlauf der Ausgangsgröße eines Systems verstanden, der durch eine Sprungfunktion der Eingangsgröße mit dem Wert 1 verursacht wird. Es ist verständlich, daß der Praktiker, soweit er nicht als Elektroingenieur das Denken in Frequenzen gewöhnt ist, eine Übergangsfunktion anschaulicher findet als eine Ortskurve des Frequenzganges. Außerdem erfordert die experimentelle Aufnahme einer Übergangsfunktion stets erheblich geringeren Aufwand als die Bestimmung des Frequenzganges. Der Grund, warum trotzdem viele Regelungstechniker dem Frequenzgang den Vorzug geben, liegt vor allem darin, daß hierbei die Genauigkeit erheblich größer ist als bei praktischer Ermittlung der Übergangsfunktion. Diese Argumentation ist besonders dann zwingend, wenn das Übertragungssystem, wie z. B. viele technische Regelstrecken, dauernd einen erheblichen Störpegel aufweist. Aus diesen Gründen werden wohl beide Kennzeichnungsverfahren nebeneinander bestehenbleiben und sich gegenseitig ergänzen.

1. Zusammenhang zwischen Frequenzgang und Übergangsfunktion

Ist der Frequenzgang eines Übertragungssystems gegeben, so kann auch die Übergangsfunktion geschrieben werden. Es ist nur die Bildfunktion der Eingangsgröße für den Einheitssprung

$$x(p) = \frac{1}{p} \tag{57}$$

mit dem Frequenzgang $F(p)$ zu multiplizieren, um die Bildfunktion der Ausgangsgröße zu erhalten:

$$y(p) = \frac{1}{p} F(p) \tag{58}$$

Der zeitliche Verlauf der Übergangsfunktion ist dann:

$$y(t) = \frac{1}{2\pi j} \int_{-j\infty}^{+j\infty} \frac{1}{p} F(p)\, e^{pt}\, d\,p \tag{59}$$

Durch die Übergangsfunktion wird das Übertragungssystem ebenso vollständig beschrieben wie durch den Frequenzgang oder die Differentialgleichung. Es ist auch immer möglich, von der Übergangsfunktion auf den zugehörigen Frequenzgang zu schließen. Man bestimmt hierzu die Bildfunktion mit Gl. (58):

$$F(p) = \frac{y(p)}{1/p} \tag{59 a}$$

Wird also im Bildbereich die Wirkung (Ausgangsgröße) durch die Ursache (Eingangsgröße) dividiert, so erhält man als Ergebnis den komplexen Frequenzgang des Systems. Im Fall der Übergangsfunktion ist also nur ihre Bildfunktion mit p zu multiplizieren, um sofort den Frequenzgang zu erhalten.

2. Übergangsfunktion von Verzögerungsgliedern

Für das Glied erster Ordnung lautet der Frequenzgang:

$$F_1(p) = \frac{1}{T_1 p + 1} = \frac{1/T_1}{p + 1/T_1} \tag{60}$$

Die Übergangsfunktion lautet demnach:

$$y_1(t) = \frac{1}{2\pi \mathrm{j}} \int_{-\mathrm{j}\infty}^{+\mathrm{j}\infty} \frac{1/T_1}{p(p + 1/T_1)} \mathrm{e}^{pt}\,\mathrm{d}p = \sum \mathrm{Res\ (des\ Integranden)} \tag{61}$$

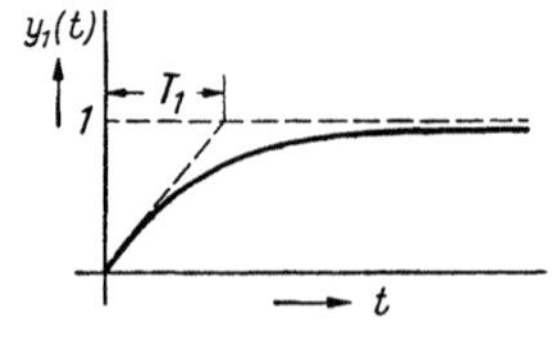

Bild 23. Übergangsfunktion eines einfachen Verzögerungsgliedes erster Ordnung

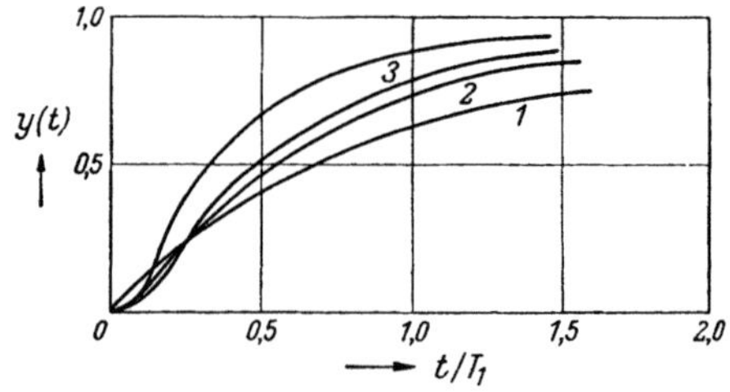

Bild 24. Übergangsfunktionen einfacher Verzögerungssysteme 1., 2., 3. Ordnung sowie des Kontinuums

Die Nennerfunktion hat zwei einfache Nullstellen, nämlich $p_1 = 0$ und $p_2 = -1/T_1$. Es ergibt sich also mit Gl. (56)

$$y_1(t) = \lim_{p \to 0} \frac{1/T_1}{p + 1/T_1} \mathrm{e}^{pt} + \lim_{p \to -1/T_1} \frac{1/T_1}{p} \mathrm{e}^{pt} \tag{62}$$

$$y_1(t) = 1 - \mathrm{e}^{-t/T_1}$$

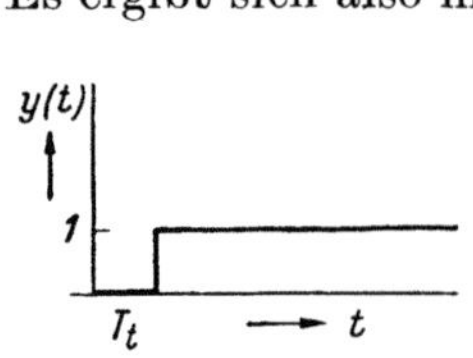

Bild 25. Übergangsfunktion eines Laufzeitgliedes

Der Verlauf der Übergangsfunktion eines Verzögerungsgliedes erster Ordnung ist also eine einfache e-Funktion (*Bild* 23). Der Zeitwert T_1 heißt Zeitkonstante.

Aus den Übergangsfunktionen (*Bild* 24) der Verzögerungsglieder 1., 2. und 3. Ordnung sowie des Kontinuums der Gl. (16) ist zu ersehen, daß mit steigender Ordnungszahl sich die Übergangsfunktion mit steigender Ordnung der eines Laufzeitgliedes nähert (*Bild* 25).

3. Übergangsfunktionen von Regelgliedern

Übergangsfunktionen weiterer Übertragungsglieder und Übertragungssysteme sind in der Tabelle 3 zusammengestellt. Die Regelglieder werden im allgemeinen

Tabelle 3. *Übergangsfunktion verschiedener Übertragungsglieder*

	Bezeichnung	Frequenzgang	Übergangsfunktion
1	Schwingungsfähiges Glied proportional wirkend	$F(p) = \frac{b_0}{a_2 p^2 + a_1 p + a_0}$	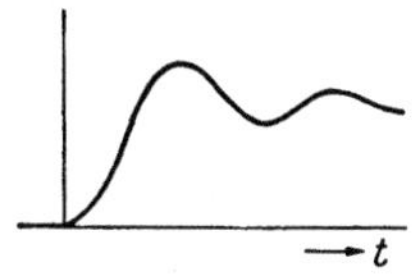
2	Schwingungsfähiges Glied integral wirkend	$F(p) = \frac{b_{-1}}{p(a_2 p^2 + a_1 p + a_0)}$	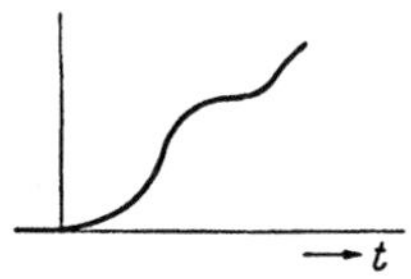
3	Reines Laufzeitglied	$F(p) = b\,e^{-T_t p}$	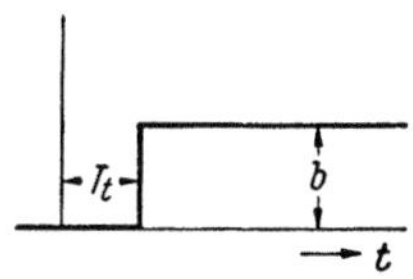
4	Verzögerungsglied 1. Ordnung mit Laufzeit	$F(p) = \frac{b\,e^{-T_t p}}{T_1 p + 1}$	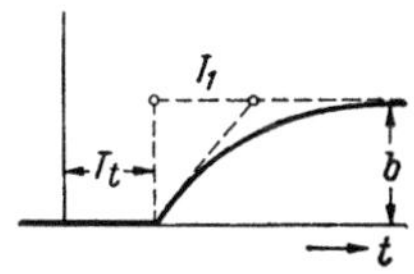

mit Hilfe von Rückkopplungsschaltungen verwirklicht. Als Beispiele seien die wichtigsten Reglerschaltungen betrachtet:

a) Regler mit nachgebender Rückführung

Das Schaltbild zeigt *Bild* 26. Der Regler besteht aus einem Verstärker, der ideal, ohne Zeitverzug, angenommen sei. Das Rückführungsglied ist so ausgebildet,

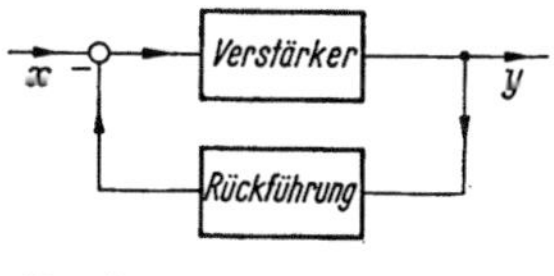

Bild 26. Regler mit nachgebender Rückführung

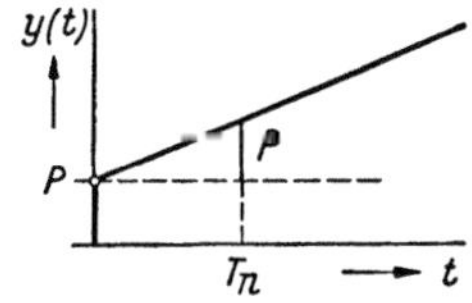

Bild 27. Übergangsfunktion des idealen Reglers mit nachgebender Rückführung

daß es bei einer Änderung seiner Eingangsgröße zunächst in voller Stärke als Gegenkopplung wirksam ist, seine Wirksamkeit aber nach einer gewissen Zeit T_n wieder verschwindet. Die Frequenzgänge sind:

für den Verstärker $F_1(p) = V$

$$\text{für die Rückführung} \quad F_2(p) = \frac{1}{P}\,\frac{p T_n}{p T_n + 1} \qquad (63)$$

Damit ergibt sich als Frequenzgang des Regelsystems nach Gl. (34):

$$F(p) = \frac{V}{1 + V\frac{1}{P}\,\frac{p T_n}{p T_n + 1}} = \frac{V(p T_n + 1)}{p T_n\left(V\frac{1}{P} + 1\right) + 1} \tag{64}$$

Wird nun V als sehr groß angenommen, so ergibt sich der Frequenzgang:

$$F(p) = P\left(1 + \frac{1}{p T_n}\right) \tag{65}$$

Durch die nachgebende Rückführung erhält das System ein PI-Verhalten. Seine Übergangsfunktion (*Bild* 27) lautet:

$$y(t) = P\left(1 + \frac{t}{T_n}\right) \tag{66}$$

b) Regler mit verzögerter nachgebender Rückführung

Wird die nachgebende Rückführung durch ein zusätzliches Verzögerungsglied erster Ordnung im Gegenkopplungszweig noch verzögert, so entsteht ein PID-Regler, dessen Verhalten dem Idealbild beliebig anzunähern ist, wenn es nur gelingt, die Verstärkung hinreichend groß zu machen.

G. Dynamik des geschlossenen Regelkreises

1. Allgemeines

Nachdem nun die Grundlagen gegeben sind, kann die eigentliche Aufgabe, nämlich die mathematische Beschreibung des Regelkreises, begonnen werden. Im weiteren Verlauf der theoretischen Durchdringung des Problems wird ersichtlich, daß die Anwendung der LAPLACE-Transformation auch hierbei gute Dienste leistet. Infolge ihres asymptotischen Verhaltens wird es möglich sein, schon aus dem Bildbereich weitgehende Schlüsse zu ziehen, ohne daß es nötig wäre, den zeitlichen Verlauf der Regelgröße während eines Regelvorganges zu bestimmen. So gelingt es z. B. bereits im Bildbereich das Stabilitätsverhalten, die Regelfläche oder die maximale Abweichung, Anfangs- und Endwerte der Regelgröße, ja sogar die optimale Abstimmung der Regelparameter zu berechnen [7].

Trotzdem muß es natürlich möglich sein, auch den tatsächlichen zeitlichen Verlauf irgendwelcher interessierender Systemgrößen zu bestimmen, der durch eine Störgröße verursacht wird. Nach den bisherigen Überlegungen ist dies aber sofort möglich, da ja auch der Regelkreis ein ganz normales Übertragungssystem ist, das sich aus einzelnen Übertragungsgliedern zusammensetzt. Auch die verschiedenen Möglichkeiten, die für deren Schaltung innerhalb des Regelkreises bestehen, wurden bereits erwähnt. Grundsätzlich aber ist jeder Regelkreis ein rückgekoppeltes System. Da die Rückkopplung, entsprechend der Aufgabe einer Regelung, die Wirkung einer Störgröße zu beseitigen sucht, muß also hier eine Gegenkopplung angenommen werden.

2. Frequenzgang des offenen Kreises

Der allgemeine Blockschaltplan eines Regelkreises (*Bild* 28) stellt im wesentlichen eine Gegenkopplung dar. Dabei können natürlich die einzelnen Elemente, für sich gesehen, komplizierte Übertragungssysteme sein. Wenn man diesen Kreis an einer beliebigen Stelle aufgeschnitten denkt, so entsteht dadurch ein Übertragungssystem, dessen Eingang und Ausgang von den beiden Seiten der Schnitt-

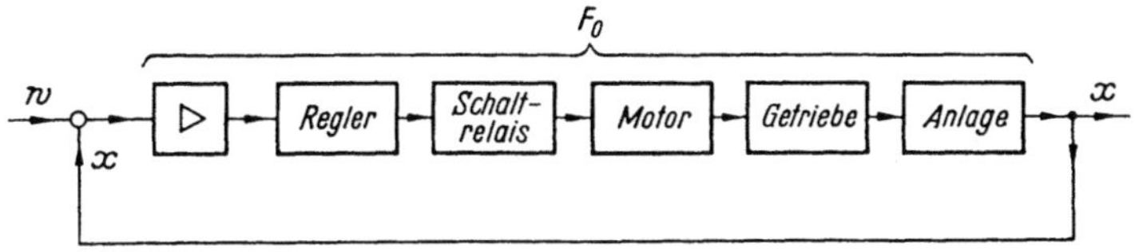

Bild 28. Die Folgeregelung als Übertragungssystem

stelle gebildet werden. Sein Frequenzgang, den man sehr leicht durch die Frequenzgänge der rückwirkungsfrei hintereinandergeschalteten Glieder berechnen kann, sei $F_0(p)$.

Aus diesem Frequenzgang des offenen Kreises sind bereits eindeutige Aussagen über die Stabilität oder den Dämpfungszustand des Regelvorganges möglich (s. Abschnitt B 4), jedoch ist hier der Punkt $+1$ kritisch.

3. Führungs- und Störfrequenzgang

Wenn der aufgetrennte Regelkreis wieder zusammengefügt wird, entsteht ein neues Übertragungssystem, das durch die Gegenkopplung bestimmt wird. Allerdings ist zunächst noch nicht festgelegt, was als Eingangs- und als Ausgangsgröße anzusehen ist. Am übersichtlichsten sind die Verhältnisse bei einer Folgeregelung (*Bild* 28), bei denen ein Eingangssignal w in eine Ausgangsgröße x abgebildet werden soll. Dabei muß die Abweichung der Folgegröße x von ihrer Führungsgröße w möglichst klein gehalten werden. Bei der Annahme, daß es sich bei der Führungs- und Folgegröße um Größen gleicher physikalischer Art handelt, die

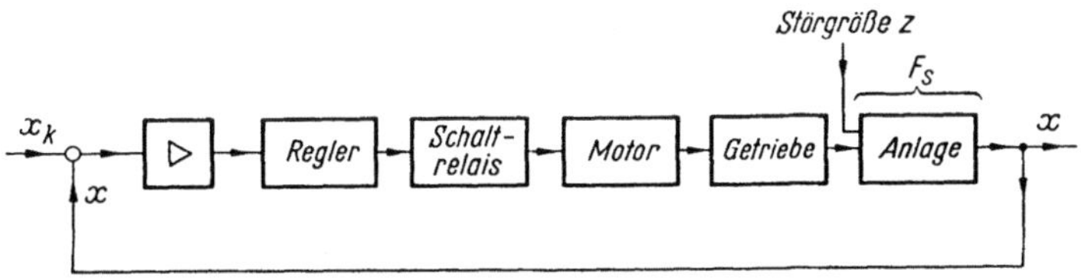

Bild 29. Die Festwertregelung als Übertragungssystem

ohne weitere Übertragungsglieder verzögerungsfrei miteinander verglichen werden können, hat also der Gegenkopplungszweig den Frequenzgang 1. Demnach lautet also nach Gl. (34) der Führungsfrequenzgang dieses Übertragungssystems:

$$F_x(p) = \frac{F_0(p)}{1 + F_0(p)} \tag{67}$$

Grundsätzlich anders liegen die Verhältnisse, wenn der Wert der Ausgangsgröße im allgemeinen konstant gehalten werden soll und man sich für die Regelabweichung, also die Abweichung der Regelgröße x vom Sollwert x_k, interessiert. Diese soll bei irgendwelchen Störwirkungen so klein wie möglich werden, was bei der Festwertregelung (*Bild* 29) besonders wichtig ist. In diesem Fall ist nicht mehr der gesamte Regelkreis im Vorwärtszweig, sondern nur der Teil, der zwischen der Störstelle und der Meßstelle liegt. Der Frequenzgang dieses Teiles wird mit F_s bezeichnet: Damit erhält man den Störfrequenzgang des geschlossenen Regelkreises zu

$$F_z(p) = \frac{F_s(p)}{1 + F_0(p)} \tag{68}$$

Je nach der besonderen Störung, deren Einfluß auf die Regelung man zu untersuchen wünscht, ergibt sich also nunmehr ein anderes Übertragungssystem. Hinsichtlich ihrer Stabilität verhalten sich natürlich alle diese Systeme völlig gleich, da diese nur durch den Nenner des Frequenzganges, der ja tatsächlich in allen Fällen gleich ist, bestimmt wird.

4. Der Regelvorgang als Übergangsfunktion

Zur Ermittlung des Regelvorganges ist das Frequenzspektrum, d.h. die Bildfunktion $z(p)$ der Störgröße, lediglich mit dem Frequenzgang $F_z(p)$ des vom Störort aus betrachteten Regelsystems zu multiplizieren, um daraus die Zeitfunktion des Regelvorganges zu erhalten:

$$x(t) = \frac{1}{2\pi j} \int_{-j\infty}^{+j\infty} z(p) F_z(p) e^{pt} \, dp \tag{69}$$

Sehr häufig wird als Störgröße eine Einheitssprungfunktion zugrunde gelegt, da diese schlimmste Art der Störung ein besonders charakteristisches Bild der Regelung vermittelt. Die Zeitfunktion des hierbei entstehenden Regelvorganges wird auch als Störübergangsfunktion des geschlossenen Regelsystems definiert und lautet:

$$x(t) = \frac{1}{2\pi j} \int_{-j\infty}^{+j\infty} \frac{1}{p} F_z(p) e^{pt} \, dp \tag{70}$$

H. Quellenhinweise

[1] Aikman, A. R.: Die praktische Untersuchung von Regelungen mit Hilfe der Frequenzgangmethode. Regelungstechnik 1. Jg. (1953) S. 4–8.

[2] A portable instrument for process control analysis. Instrum. Pract. Bd. 5 (1951) S. 393–398.

[3] Schäfer, O. u. Eberhardt, H.: Ein Ortskurvenschreiber für den Tonfrequenzbereich. Arch. elektr. Übertrag. Bd. 5 (1951) S. 377–382.

[4] Nyquist, H.: Regeneration theory. Bell System techn. J. Bd. 11 (1932) S. 126–147.

[5] Bode, H. W.: Relations between attenuation and phase in feedback amplifier design. Bell System techn. J. Bd. 19 (1940) S. 421–454.

[6] Bode, H. W.: Network analysis and feedback amplifier design. 10. Aufl. New York: van Nostrand 1955.

[7] Oldenbourg, R. C. u. Sartorius, H.: Dynamik selbsttätiger Regelungen. 2. Aufl. München: R. Oldenbourg 1951.

58. Methoden für lineare Regelungen

Von E. Grünwald

Inhaltsübersicht

A. Grundlegende Betrachtungen

1. Ziele der mathematischen Methoden

Das zunächst primitiv anmutende, aber oft besonders schwierig zu erreichende Ziel ist die *Nachrechnung* der Eigenschaften einer in allen Einzelheiten festliegenden Regelung, beginnend mit der Ermittlung der Stabilitätseigenschaften bis zur Bestimmung des Ablaufes der Regelgröße bzw. weiterer Regelkreisgrößen bei einer Änderung der Vergleichsgröße oder der Störgröße. Das vornehmere Ziel ist der *Entwurf* einer Regelung für einen vorgeschriebenen Regelungsablauf. Dabei gilt es, zu einer zu regelnden Anlage den Aufbau (Struktur) des Reglers bzw. des Regelverstärkers mit den verschiedenen Rückführungen (z. B. auch mit Abgriffen aus der Regelstrecke) aufzufinden und weiter die Einstellung der frei verfügbaren Parameter anzugeben. Die Freiheit in der Wahl des Aufbaues der Reglerelemente bzw. der Rückführungen kann dazu führen, daß das letztgenannte Ziel, der Entwurf leichter zu erreichen ist als das erstgenannte Ziel, die Nachrechnung einer vorgegebenen Regelung.

2. Schreibweise und Formelzeichen

Physikalische Größen werden entsprechend DIN 1304 im allgemeinen mit großen lateinischen schrägen Buchstaben bezeichnet. Sie können auch mit einem Index zur näheren Kennzeichnung versehen werden (vgl. *Bild* 1); M_d ist z. B. das vom Motor abgegebene Drehmoment, M_w das dem Antrieb einen Widerstand entgegensetzende Bremsmoment. Auch die normalerweise betrachteten *Abweichungen* der Regelkreisgrößen von ihren einander zugeordneten Ausgangs-Beharrungszuständen oder stationären Zuständen können auf die gleiche Art geschrieben werden, wenn man nicht eine ausführliche Schreibweise vorzieht. In einem solchen Falle kennzeichnet man die Werte im Ausgangs-Beharrungszustand mit einem zusätzlichen Index s oder, wenn es sich um einen Nennwert handelt, mit dem Index n und schreibt die Abweichungen beispielsweise $Y - Y_s$, $M_w - M_{ws}$ oder $X - X_n$. Gerechnet wird meistens mit *normierten Abweichungen*, die mit kleinen lateinischen schrägen Buchstaben bezeichnet werden, z. B. die Abweichung des Stromes mit i, und zwar verwendet man für die normierte Abweichung einer bestimmten Größe den gleichen Buchstaben sowohl für den Zeitbereich als auch für den Bildbereich der LAPLACE-Transformation und fügt nur dann, wenn eine besondere Hervorhebung zum Beseitigen von Mißverständnissen angezeigt erscheint, die Abhängigkeit von der Zeit t oder vom Transformationsparameter p (komplexe Kreisfrequenz) hinzu, z. B. $i(t)$ bzw. $i(p)$. Als *Bezugswerte* wählt man Festwerte, z. B. einander zugeordnete Nennwerte oder Differenzen von Festwerten (Bereiche). Die Regel, als Bezugswerte einander zugeordnete Nennwerte zu nehmen, wird mindestens an einer Stelle des geschlossenen Regelkreises (z. B. bei der Stellgröße) und mindestens an einer Stelle jedes geschlossenen Rückführkreises (z. B. bei der Einspeisung des Rückführeinflusses) nicht angewendet, um die sonst neben der Verstärkung des aufgeschnittenen Regelkreises auftretenden weiteren unnötigen Konstanten zu vermeiden. Die Schreibweise für die bezogenen Abweichungen ist dann z. B. $i_a = (I_a - I_{as})/I_{ak}$, wobei I_{ak} den Kurzschlußstrom bedeutet.

Beispiel (*Bild* 1a). Die Spannung U_a liegt an den Ankerklemmen eines konstant erregten Gleichstrommotors mit dem Ankerwiderstand R_a und der Ankerinduktivität L_a. Die Drehzahl Ω des Motors wird durch einen konstant erregten Tachogenerator (T) gemessen, welche die drehzahlproportionale Spannung X abgibt. Zur

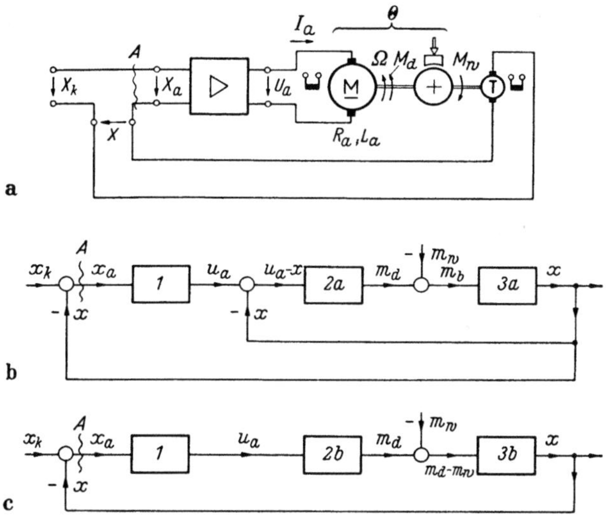

Formelzeichen:		*Blockbild:*	*Systemgleichung:*
X	Tachospannung (Regelgröße)	1	$\frac{u_a}{x_a} = V$
X_k	Sollwert der Regelgröße		
X_a	Negative Regelabweichung $X_a = X_k - X$	2a	$u_a - x = m_d + T_{ak} \frac{d\, m_d}{d\, t}$
U_a	Ankerspannung	2b	$u_a = m_d + T_{ak} \frac{d\, m_d}{d\, t}$
I_a	Ankerstrom		
M_d	Motordrehmoment	3a	$m_d - m_w = T_{mk} \frac{d\, x}{d\, t}$
M_w	Widerstandsmoment		
M_b	Beschleunigungsmoment, $M_b = M_d - M_w$	3b	$m_d - m_w = x + T_{mk} \frac{d\, x}{d\, t}$

Bild 1. Drehzahlregelung eines konstant erregten Gleichstrommotors. a) Geräteschaltplan, b) Blockschaltplan, c) Vereinfachter Blockschaltplan

Leerlaufnenndrehzahl Ω_{0n} gehört die Tachospannung X_{0n} und die Leerlauf-Gegenspannung E_{0n}, die im Leerlauf gleich der angelegten Nenn-Ankerspannung U_{an} gesetzt werden kann; I_a ist der Ankerstrom; M_d ist das vom Motor abgegebene Drehmoment, M_n sein Nennmoment, zugehörig zum Nennstrom I_{an}; das Moment M_w bedeutet das Lastbremsmoment. Die drehzahlproportionale Gegenspannung des rotierenden Ankers ist U_{an} (X/X_{0n}). Die Motorwelle hat insgesamt das Trägheitsmoment Θ. Die Eingangsspannung eines Verstärkers ist X_a und X_k ist der Sollwert.

In der Tabelle 1 sind entsprechend *Bild* 1a die Ausgangsgleichungen für einen konstant erregten Gleichstrommotor, den Verstärker und die Bedingung für das Schließen des Regelkreises zusammengestellt.

Bei der normierten Schreibweise, entsprechend den in Tabelle 2 zusammengefaßten Gleichungen, ist zu bemerken, daß beim Schließen des Regelkreises die

Tabelle 1. *Ausgangsgleichungen zu der Anordnung nach Bild 1*

	Konstant erregter Gleichstrommotor mit Tachogenerator				
1	Momentanzustand	$U_a = U_{an} \frac{X}{X_{0n}} + I_a R_a + L_a \frac{\mathrm{d} I_a}{\mathrm{d} t}$	$\Theta \frac{\mathrm{d}\Omega}{\mathrm{d}t} = M_d - M_w$	$I_a \sim M_d$	$\Omega \sim X$
2	Ausgangs-Beharrungszustand	$U_{as} = U_{an} \frac{X_s}{X_{0n}} + I_{as} R_a + 0$	$0 = M_{ds} - M_{ws}$	$I_{as} \sim M_{ds}$	$\Omega_s \sim X_s$
3	Einführen von Abweichungen (s. Tabelle 2)	$U_a - U_{as} = U_{an} \frac{X - X_s}{X_{Cn}} + (I_a - I_{as}) R_a + L_a \frac{\mathrm{d}}{\mathrm{d}t}(I_a - I_{as})$	$\Theta \frac{\mathrm{d}}{\mathrm{d}t}(\Omega - \Omega_{0s}) = (M_d - M_{ds}) - (M_w - M_{ws})$	$(I_a - I_{as}) \sim \sim (M_d - M_{ds})$	$(\Omega - \Omega_s) \sim \sim (X - X_s)$
4	Einführen von Bezugsgrößen (s. Tabelle 2)	$\frac{U_a - U_{as}}{U_{an}} = \frac{X - X_s}{X_{Cn}} + \frac{I_a - I_{as}}{I_{ak}} + \frac{L_a}{R_a} \frac{\mathrm{d}}{\mathrm{d}t} \frac{I_a - I_{as}}{I_{ak}}$	$\frac{\Theta \Omega_0}{M_k} \frac{\mathrm{d}}{\mathrm{d}t} \frac{\Omega - \Omega_{0s}}{\Omega_{0n}} = \frac{M_d - M_{ds}}{M_k} - \frac{M_w - M_{ws}}{M_k}$	$(I_a - I_{as})/I_{ak} = (M_d - M_{ds})/M_k$	$(\Omega - \Omega_s)/\Omega_{0n} = (X - X_s)/X_{Cn}$

		Verstärker	Schließen des Regelkreises
1	Momentanzustand	$X_a V_v = U_a$	$X_a = X_k - X$
2	Ausgangs-Beharrungszustand	$X_{as} V_v = U_{as}$	$X_{as} = X_{ks} - X_s$
3	Einführen von Abweichungen	$X_a V_v - X_{as} V_v = U_a - U_{as}$	$X_a - X_{as} = (X_k - X_{ks}) - (X - X_s)$
4	Einführen von Bezugsgrößen	$\frac{X_a - X_{as}}{X_{0n}} V_v \frac{X_{0n}}{U_{an}} = \frac{U_a - U_{as}}{U_{an}}$	$\frac{X_a - X_{as}}{X_{0n}} = \frac{X_k - X_{ks}}{X_{0n}} - \frac{X - X_s}{X_{0n}}$

Tabelle 2. *Normierte Schreibweise. Konstanten und Bezugsgrößen zu den Gleichungen in Tabelle 1*

$u_a = \dfrac{U_a - U_{as}}{U_{an}}$	(1)	$m_w = \dfrac{M_w - M_{ws}}{M_k}$	(5)
$x = \dfrac{X - X_s}{X_{0n}}$	(2)	$\omega = \dfrac{\Omega - \Omega_s}{\Omega_{0n}}$	(6)
$x_a = \dfrac{X_a - X_{as}}{X_{0n}}$		$\varepsilon_{an} = \dfrac{I_{an}}{I_{ak}} = \dfrac{I_{an} R_a}{U_{an}} = \dfrac{M_n}{M_k}$	(7)
$x_k = \dfrac{X_k - X_{ks}}{X_{0n}}$		$T_{ak} = \dfrac{L_a}{R_a}$	(8)
$i_a = \dfrac{I_a - I_{as}}{I_{ak}}$	(3)	$T_{mk} = \dfrac{\Theta \Omega_{0n}}{M_n} \varepsilon_{an} = \dfrac{\Theta \Omega_{0n}}{M_k}$	(9)
$m_d = \dfrac{M_d - M_{ds}}{M_k}$	(4)	$I_{ak} = U_{an}/R_a$	(10)

Regel, einander zugeordnete Nennwerte als Bezugswerte zu wählen, zweckmäßigerweise nicht angewendet wird. Als Bezugswert wird für X_a und X_k der Wert X_{0n} (wie bei X) und nicht U_{an}/V_v (zugeordneter Nennwert am Verstärkereingang) gewählt. Mit der Verstärkung des aufgeschnittenen Regelkreises $V = V_v X_{0n}/U_{an}$ erhält man die folgenden normierten Gleichungen, die den späteren Betrachtungen zugrunde gelegt werden:

$$u_a = x + i_a + T_{ak} \frac{\mathrm{d} i_a}{\mathrm{d} t} \qquad (11) \qquad\qquad \omega = x \qquad (14)$$

$$i_a = m_d \qquad (12) \qquad\qquad x_a V = u_a \qquad (15)$$

$$T_{mk} \frac{\mathrm{d}\omega}{\mathrm{d} t} = m_d - m_w \qquad (13) \qquad\qquad x_a = x_k - x \qquad (16)$$

3. Verhalten im Beharrungszustand

Ist im Beharrungszustand (stationären Zustand, Gleichgewichtszustand) einer bestimmten (normierten) negativen Regelabweichung x_a am Eingang des aufgeschnittenen Regelkreises (z.B. in *Bild* 1 durch den Schnitt A, der den Vergleichspunkt für den Sollwert-Istwert-Vergleich abtrennt) beim Fehlen jeglicher Störgröße, eine bestimmte (normierte) Regelgrößenabweichung x an ihrem Ausgang zugeordnet, so ist das Verhältnis $x/x_a = V$ die Kreisverstärkung, d.h. die Verstärkung des aufgeschnittenen Regelkreises. Für den aufgeschnittenen Regelkreis im Beharrungszustand gilt beim Vorhandensein einer Störgröße m_w gemäß den Gln. (11, 12, 13 und 15)

$$V x_a = x + m_w \quad \text{oder} \quad x = x_a V - m_w \qquad (17)$$

Für den *geschlossenen* Regelkreis kommt nach Gl. (16) die Beziehung $x_a = x_k - x$ hinzu mit dem Sollwert x_k. Es gilt also

$$x_k - x = \frac{1}{V}(x + m_w) \quad \text{oder} \quad x = x_k \frac{V}{1+V} - m_w \frac{1}{1+V} \qquad (18)$$

Ohne Störung ($m_w = 0$) gehört bei wirksamer Regelung zum Sollwert x_k nach Gl. (18) die Proportionalabweichung (P-Abweichung) der Regelgröße.

$$x_{b0} = x_k \frac{V}{1+V}$$

d.h. die Regelgröße erreicht den Sollwert bis auf den Faktor $V/(1+V)$. Bei zusätzlicher *Belastung*, gekennzeichnet durch die von ihr ohne Regelung nach Gl. (18) hervorgerufene Regelgrößenänderung m_w, ist die P-Abweichung

$$x_{bl} = x_k \frac{V}{1+V} - m_w \frac{1}{1+V}$$

d.h. die Folge der Laststörung m_w wird durch die Regelung auf den $1/(1+V)$-ten Teil herabgesetzt. Die relative Regelgrößenänderung bei Belastung ist

$$\frac{x_{b0} - x_{bl}}{x_k} = \frac{m_w}{x_k} \frac{1}{1+V} \tag{19}$$

Der Ausdruck $(1+V)$ heißt Regelfaktor. Ruft z.B. eine Belastung ohne Regelung eine P-Abweichung von $0{,}3 = 30\%$ hervor, so wird sie bei eingeschalteter Regelung mit der Verstärkung $V = 100$ durch Division mit dem Regelfaktor $1 + V = 101$ auf

$$\frac{x_{b0} - x_{bl}}{x_k} = 0{,}3 \frac{1}{101} \approx 0{,}003 = 3‰$$

ausgeregelt.

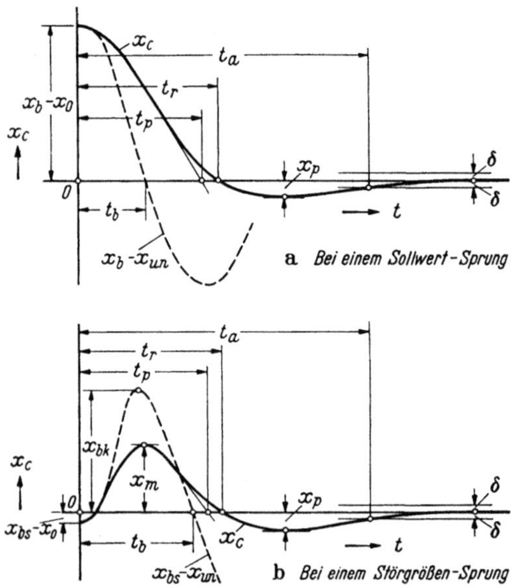

x_0 x zur Zeit $t = 0$
x_e Regelabweichung vom stationären Zustand ($x_e = x_b - x$)
x_p Pendelweite
t_p Anpeilzeit
t_r Anregelzeit
t_a Ausregelzeit (dazu Toleranz δ angeben),
t_b Bezugszeit, zugehörig zum ungedämpften Regelablauf
δ Toleranz zu t_a
x_{un} Unstabilisierter Regelablauf
x_m Überschwingweite
x_{bk} Unstabilisierte Überschwingweite

Bild 2. Daten der Übergangsfunktion der Regelabweichung vom Beharrungsendzustand

4. Kennzeichnung des Regelablaufes

Die Kennzeichnung der *dynamischen* Eigenschaften einer Regelung soll an Hand des Regelablaufes bei einer sprunghaften Änderung des Sollwertes bzw. der Störgröße erfolgen, wobei man sich bewußt auf brauchbar eingestellte Regelungen beschränkt. In den *Bildern* 2a u. b sind zur Regelabweichung $x_e = x_b - x$ die Kenngrößen eingetragen. Neben der Anpeilzeit t_p (wichtig für aperiodisches Ausregeln), der Anregelzeit t_r (für Vorgänge mit einer Pendelweite x_p) und der Ausregelzeit t_a, für die die Toleranz δ anzugeben ist, innerhalb deren der Regelvorgang nach Ablauf der Ausregelzeit verbleibt, ist noch die Angabe der Ansprechzeit t_s üblich, bei der die maximale Regelabweichung $x_b - x_0$ durch die Regelung um 63% vermindert wurde. Die Bezugszeit t_b, die zum unstabilisierten Regelablauf (d.h. ohne Rückführungen) gehört, kann als Maß für die Verlangsamung der Regelung durch die Stabilisierungsmittel benutzt werden.

B. Nachrechnung des Regelablaufes

1. Klassisches Ansatzverfahren

a) Allgemeines

Den Ausgangspunkt bildet die Aufstellung des Systems gekoppelter Differentialgleichungen mit Sollwert und Störgröße als Störfunktionen, welches das Arbeiten der Regelung beschreibt. Die klassische Methode des Ansatzverfahrens zur Lösung linearer gewöhnlicher Differentialgleichungen mit konstanten Koeffizienten geht von Lösungsansätzen für die einzelnen Regelkreisgrößen aus, die sich zusammensetzen aus Teillösungen, nämlich den partikulären Lösungen, angepaßt an die Störfunktionen, und den Lösungen für die freien Teilschwingungen, angepaßt an die homogenen Differentialgleichungen in Form einer Summe mit Konstanten multiplizierter e-Potenzen. Der Ansatz für die freien Teilschwingungen führt zur charakteristischen Gleichung, deren Wurzeln das zeitliche Verhalten der Teilschwingungen bestimmen. Nachteilig ist das mühsame nachträgliche Anpassen der Konstanten des Ansatzes an die Anfangsbedingungen, die auch dann kompliziert bleibt, wenn es sich um die Störung eines Ausgangs-Beharrungszustandes handelt und weiter die Notwendigkeit, sämtliche Wurzeln der charakteristischen Gleichung bestimmen zu müssen, selbst wenn man nur z. B. die interessierende dominierende Teilschwingung bestimmen will [7].

b) Beispiel mit Sollwertsprung

Die Drehzahlregelung eines konstant erregten Gleichstrommotors, gesteuert durch Ankerspannungsänderung, wird bei Sollwertänderung und Laststörung nach *Bild* 1 durch die Gln. (11 bis 16) beschrieben (s. hierzu auch den danach aufgebauten Blockschaltplan *Bild* 1b).

Die den Motor mit dem Tachogenerator beschreibende resultierende Differentialgleichung lautet:

$$u_a = x + T_{mk}\frac{\mathrm{d}x}{\mathrm{d}t} + T_{mk}T_{ak}\frac{\mathrm{d}^2x}{\mathrm{d}t^2} + m_w + T_{ak}\frac{\mathrm{d}m_w}{\mathrm{d}t} \tag{20}$$

Diese Gleichung läßt noch eine vereinfachende Umformung zu, wenn – was meist der Fall ist – die Ankerzeitkonstante T_{ak} klein gegen die mechanische Zeitkonstante T_{mk} ist. Man fügt in einem solchen Fall auf der rechten Seite der Gl. (20) zu $T_{mk}\cdot \mathrm{d}x/\mathrm{d}t$ noch $T_{ak}\cdot \mathrm{d}x/\mathrm{d}t$ hinzu und erhält die folgende erweiterte Differentialgleichung zweiter Ordnung:

$$u_a = x + (T_{mk} + T_{ak})\frac{\mathrm{d}x}{\mathrm{d}t} + T_{mk}T_{ak}\frac{\mathrm{d}^2x}{\mathrm{d}t^2} + m_w + T_{ak}\frac{\mathrm{d}m_w}{\mathrm{d}t} \tag{21}$$

Die Gl. (21) läßt sich nun in zwei Differentialgleichungen erster Ordnung aufspalten

$$u_a = m_d + T_{ak}\frac{\mathrm{d}m_d}{\mathrm{d}t} \quad \text{und} \quad m_d - m_w = x + T_{mk}\frac{\mathrm{d}x}{\mathrm{d}t} \tag{22}$$

Der zugehörige vereinfachte Blockschaltplan für Motor und Tachogenerator ist im Blockschaltplan der Regelung nach *Bild* 1c als Teil zwischen u_a und x zu sehen. Physikalisch besagen die Gln. (22), daß das vom Motor abgegebene Drehmoment der Ankerspannung mit einer Trägheit entsprechend der Ankerzeitkonstante folgt und die Drehzahl dem beschleunigenden Drehmoment mit einer Trägheit entsprechend den mechanischen Zeitkonstanten. Diese Umformung der Gl. (20) in (21) bzw. (22) hat besondere Vorteile bei der Auslegung von Rückführungen; für die nachstehende weitere Behandlung ist sie belanglos. Aus der Differentialgleichung (21) und den beiden Gleichungen $x_a V = u_a$ und $x_a = x_k - x$ ergibt sich die gesuchte Differentialgleichung für die Regelgröße:

$$x_k = x\left(1 + \frac{1}{V}\right) + \frac{1}{V}(T_{mk} + T_{ak})\frac{\mathrm{d}x}{\mathrm{d}t} + \frac{1}{V}T_{mk}T_{ak}\frac{\mathrm{d}^2x}{\mathrm{d}t^2} + \frac{1}{V}m_w + \frac{1}{V}T_{ak}\frac{\mathrm{d}m_w}{\mathrm{d}t} \tag{23}$$

Betriebsfall $m_w = 0$. Betrachtet wird der Fall $m_w = 0$ und eine auf den Ausgangs-Beharrungszustand folgende sprunghafte Änderung von x_k von Null auf x_{ks} zur Zeit $t = 0$. Mit den Abkürzungen

$$T = \sqrt{\frac{T_{mk}T_{ak}}{1+V}}; \quad \zeta = \frac{1}{2}\frac{T_{mk} + T_{ak}}{\sqrt{T_{mk}T_{ak}(1+V)}}; \quad \tau = \frac{t}{T} \tag{24}$$

folgt die zu lösende *Differentialgleichung*

$$\frac{\mathrm{d}^2x}{\mathrm{d}\tau^2} + 2\zeta\frac{\mathrm{d}x}{\mathrm{d}\tau} + x = x_{ks}\frac{1}{1 + \frac{1}{V}} \tag{25}$$

Anfangsbedingungen. Die zugehörigen Anfangsbedingungen findet man auf Grund des Konstantbleibens der in den Trägheiten gespeicherten Energien im ersten Moment des Schaltvorganges, die den Zeitkonstanten T_{mk} und T_{ak} entsprechen, d.h. $\omega = x_{(\tau=0)} = 0$ und $i = m_{d(\tau=0)} = 0$ bzw. nach der Gl. (22)

$$x_{(\tau=0)} = 0 \quad \text{und} \quad \left(\frac{\mathrm{d}x}{\mathrm{d}\tau}\right)_{\tau=0} = 0 \tag{26}$$

Lösungsansatz und allgemeine Lösung. Der Ansatz zur Lösung der Gl. (25) lautet

$$x = x_{ks}\frac{1}{1 + \frac{1}{V}} + \sum C\,\mathrm{e}^{q\tau} \tag{27}$$

wobei die Lösung $C\mathrm{e}^{q\tau}$ der homogenen Gleichung, also der Gl. (25) mit $x_{ks} = 0$ genügen muß. Aus ihr folgt mit diesem Ansatz die sogenannte *charakteristische Gleichung*

$$q^2 + 2\zeta q + 1 = 0 \tag{28}$$

Ihre *Wurzeln* sind

$$q_{1,2} = -\zeta \pm \sqrt{\zeta^2 - 1} \tag{29}$$

Die Lösung hat somit die Form

$$x = x_{ks}\frac{1}{1 + 1/V} + C_1\mathrm{e}^{q_1\tau} + C_2\mathrm{e}^{q_2\tau} \tag{30}$$

Die *Konstanten* C_1 und C_2 sind noch den Anfangsbedingungen Gl. (26) *anzupassen*. Es folgt so

$$C_1 = x_{ks}\frac{1}{1 + (1/V)}\frac{q_2}{q_1 - q_2} \quad \text{und} \quad C_2 = -x_{ks}\frac{1}{1 + (1/V)}\frac{q_1}{q_1 - q_2} \tag{31}$$

Damit ergeben sich die Gleichungen für den gesuchten *Regelablauf*:

$$\frac{x}{x_{ks}\dfrac{1}{1+\dfrac{1}{V}}} = 1 - \frac{\zeta + \sqrt{\zeta^2-1}}{2\sqrt{\zeta^2-1}}\, e^{-(\zeta - \sqrt{\zeta^2-1})\tau} + \frac{\zeta - \sqrt{\zeta^2-1}}{2\sqrt{\zeta^2-1}}\, e^{-(\zeta + \sqrt{\zeta^2-1})\tau} \tag{32a}$$

zu benutzen für $\zeta > 1$,

$$\frac{x}{x_{ks}\dfrac{1}{1+\dfrac{1}{V}}} = 1 - e^{-\zeta\tau}\left(\cos\sqrt{1-\zeta^2}\,\tau + \frac{\zeta}{\sqrt{1-\zeta^2}}\sin\sqrt{1-\zeta^2}\,\tau\right) \tag{32b}$$

zu benutzen für $\zeta < 1$,

$$\frac{x}{x_{ks}\dfrac{1}{1+\dfrac{1}{V}}} = 1 - e^{-\tau}(1+\tau) \tag{32c}$$

zu benutzen für $\zeta = 1$.

Die Lösungsformen können durch passende Substitutionen und Grenzübergänge aus Gl. (31) oder durch Änderung des Ansatzes Gl. (27) gewonnen werden. Der Regelablauf ist in *Bild* 3 dargestellt.

Mit den Zahlenwerten $T_{mk} = 2$ s, $T_{ak} = 0{,}04$ s und einem gewünschten Ablauf entsprechend $\zeta = 0{,}7$ ist die *einzustellende Verstärkung* V des aufgeschnittenen Regelkreises [s. die mittlere der Gl. (24)]:

$$V = \frac{(T_{mk} + T_{ak})^2}{4\zeta^2 T_{mk} T_{ak}} - 1 = 25{,}6$$

Die *Bezugszeit* T, mit deren Hilfe man die Zeit t in Sekunden ausdrücken kann [Gl. (24)], ist

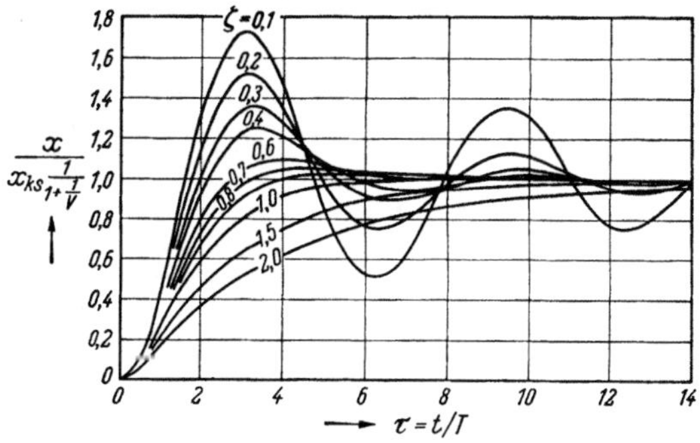

Bild 3. Regelablauf zum Sollwertsprung der Regelung nach *Bild* 1 mit zwei Trägheiten [Gl. (25 und 32)]

$$T = \sqrt{T_{mk}\, T_{ak}/(1+V)} = 0{,}0548\ \text{s}$$

Die Kennzeichnung des Regelablaufes $\zeta = 0{,}7$ (*Bild* 3) nach den Daten des *Bildes* 2 ist dann:

Anpeilzeit $t_p = 2{,}36\ T = 0{,}129$ s
Anregelzeit $t_r = 3{,}15\ T = 0{,}172$ s
Pendelweite $x_p = 5\,\%$.

Eine Laststörung, die ohne Regelung 25% Regelabweichung ergeben würde, wird nach Gl. (19) durch die Regelung auf $25\% \cdot 1/(1+V) = 0{,}94\%$ ausgeregelt.

c) Beispiel mit Sollwertgeschwindigkeitssprung

Tritt an Stelle des Sollwertsprunges ein plötzlich zur Zeit $t = 0$ einsetzender linearer Anstieg der Sollwertes $x_k = t/T_s$, so erhält man für den Regelablauf die folgenden Gleichungen mit dem zugehörigen Kurvenverlauf in *Bild* 4.

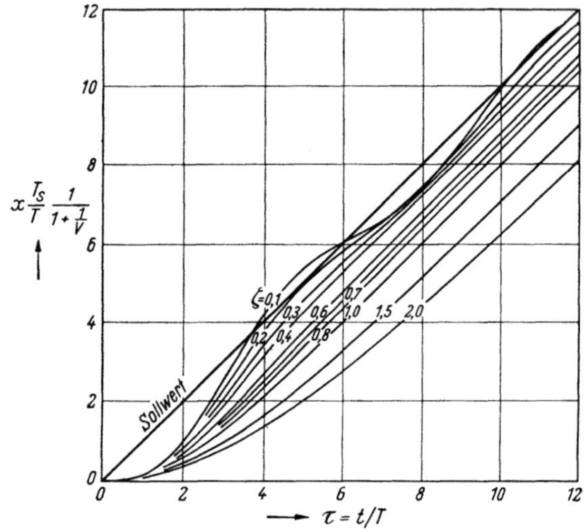

Bild 4. Regelablauf zum Sprung der Sollwertgeschwindigkeit bei der Regelung nach *Bild* 1 mit zwei Trägheiten [Gl. (25 und 33)]

$$x\frac{T_s}{T}\frac{1}{1+\frac{1}{V}} = \tau - 2\zeta + \frac{2\zeta^2 - 1 + 2\zeta\sqrt{\zeta^2-1}}{2\sqrt{\zeta^2-1}}\,e^{-(\zeta-\sqrt{\zeta^2-1})\tau} - \frac{2\zeta^2 - 1 - 2\zeta\sqrt{\zeta^2-1}}{2\sqrt{\zeta^2-1}}\,e^{-(\zeta+\sqrt{\zeta^2-1})\tau} \tag{33 a}$$

zu benutzen für $\zeta > 1$,

$$x\frac{T_s}{T}\frac{1}{1+\frac{1}{V}} = \tau - 2\zeta + e^{-\zeta\tau}\left(2\zeta\cos\sqrt{1-\zeta^2}\,\tau + \frac{2\zeta^2-1}{\sqrt{1-\zeta^2}}\sin\sqrt{1-\zeta^2}\,\tau\right) \tag{33 b}$$

zu benutzen für $\zeta < 1$,

$$x\frac{T_s}{T}\frac{1}{1+\frac{1}{V}} = \tau - 2 + e^{-\tau}(2+\tau) \tag{33 c}$$

zu benutzen für $\zeta = 1$.

d) Elimination einer Zeitkonstante

Bei der Drehzahlregelung eines LEONARD-Satzes nach dem Geräteschaltplan *Bild* 5a und dem zugehörigen Blockschaltplan *Bild* 5b gelten die Gln. (21) und (22) für Motor und Tachogenerator.

$$u_a = x + (T_{mk} + T_{ak}) \frac{\mathrm{d}x}{\mathrm{d}t} + T_{mk} T_{ak} \frac{\mathrm{d}^2 x}{\mathrm{d}t^2} + m_w + T_{ak} \frac{\mathrm{d}m_w}{\mathrm{d}t} \tag{34}$$

Die Gleichung für den Steuergenerator mit der Erregerzeitkonstanten T_e lautet:

$$y_e = u_a + T_e \frac{\mathrm{d}u_a}{\mathrm{d}t} \tag{35}$$

Die Regelstrecke enthält somit – im Gegensatz zu den beiden Trägheiten des in Abschnitt B 1 b gebrachten Beispieles – *drei Trägheiten* entsprechend den Zeitkonstanten T_{mk}, T_{ak} und T_e.

Zu der noch näher zu erklärenden *Elimination* der größten *Zeitkonstante* [s. Text hinter Gl. (37)], beispielsweise T_e, und zur Beseitigung der bleibenden

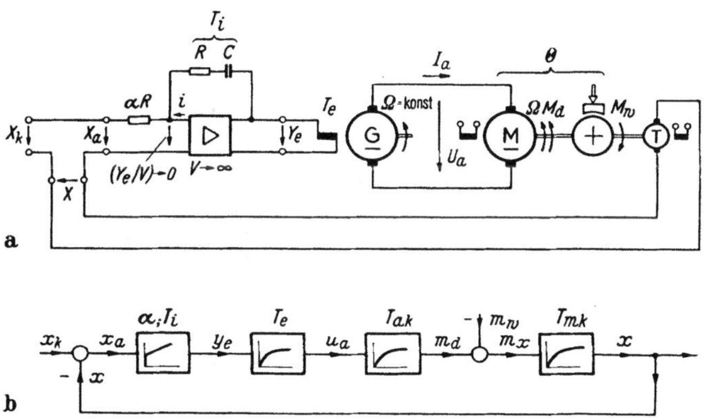

Differentialgleichungen:

$$x_a + T_n \frac{\mathrm{d}x_a}{\mathrm{d}t} = \alpha T_n \frac{\mathrm{d}y_e}{\mathrm{d}t};$$

$$y_e = u_a + T_e \frac{\mathrm{d}u_a}{\mathrm{d}t};$$

$$u_a = m_d + T_{ak} \frac{\mathrm{d}m_d}{\mathrm{d}t};$$

$$m_x = m_d - m_w = x + T_{mk} \frac{\mathrm{d}x}{\mathrm{d}t};$$

Frequenzganggleichungen:

$$F_R = \frac{1 + p T_n}{p \alpha T_n};$$

$$F_e = \frac{1}{1 + p T_e};$$

$$F_a = \frac{1}{1 + p T_{ak}};$$

$$F_{mk} = \frac{1}{1 + p T_{mk}}$$

X Tachospannung, X_k Sollwert, X_a Regelabweichung, U_a Ankerspannung, I_a Ankerstrom, Ω Winkelgeschwindigkeit, Drehzahl, M_d Motordrehmoment, M_w Lastbremsmoment, Θ Trägheitsmoment

Bild 5. Drehzahlregelung eines LEONARD-Satzes. a) Geräteschaltplan, b) Blockschaltplan mit Übergangsfunktionen

Regelabweichung wird ein als gegengekoppelter Verstärker mit praktisch unendlich hoher Verstärkung realisierter PI-Regler der Regelstrecke vorgeschaltet. Dieser proportional-integral wirkende Regler arbeitet nach der Gleichung

$$y_e = \frac{1}{\alpha T_n} \int_0^t x_a \,\mathrm{d}t + \frac{1}{\alpha} x_a \tag{36}$$

($1/\alpha$ Proportionalanteil; $T_n = RC$ Nachstellzeit.) Die Differentialgleichung des Reglers ist somit:

$$x_a + T_n \frac{\mathrm{d}\,x_a}{\mathrm{d}\,t} = \alpha\, T_n \frac{\mathrm{d}\,y_e}{\mathrm{d}\,t} \tag{37}$$

Dimensioniert man RC des Reglers so, daß $T_n = T_e$ wird, dann lautet die Zusammenfassung der Differentialgleichungen für den Steuergenerator Gl. (35) und den Regler Gl. (37) zu einer Differentialgleichung zweiter Ordnung:

$$x_a + T_e \frac{\mathrm{d}\,x_a}{\mathrm{d}\,t} = \alpha T_e \frac{\mathrm{d}}{\mathrm{d}\,t}\left(u_a + T_e \frac{\mathrm{d}\,u_a}{\mathrm{d}\,t}\right) \tag{38}$$

Im Falle der Untersuchung von Störungen durch die Eingangsgröße x_a, die von einem Anfangs-Beharrungszustand ausgehen, kann die Differentialgleichung (38) zweiter Ordnung durch eine Differentialgleichung erster Ordnung (Elimination einer Zeitkonstante) ersetzt werden. Das läßt sich durch Einsetzen der Gl. (39) in Gl. (38) zeigen. Das Ergebnis lautet:

$$x_a = \alpha\, T_e \frac{\mathrm{d}\,u_a}{\mathrm{d}\,t} \tag{39}$$

Durch Zusammenfassen der Differentialgleichungen (34) und (39) und $x_a = x_k - x$ erhält man die Differentialgleichung des Regelablaufes

$$x_k = x + \alpha\, T_e \frac{\mathrm{d}\,x}{\mathrm{d}\,t} + \alpha\, T_e (T_{mk} + T_{ak}) \frac{\mathrm{d}^2\,x}{\mathrm{d}\,t^2} + \alpha\, T_e\, T_{mk}\, T_{ak} \frac{\mathrm{d}^3\,x}{\mathrm{d}\,t^3}$$
$$+ \alpha\, T_e \frac{\mathrm{d}\,m_w}{\mathrm{d}\,t} + \alpha\, T_e\, T_{ak} \frac{\mathrm{d}^2 m_w}{\mathrm{d}\,t^2} \tag{40}$$

Untersucht wird wieder der *Regelablauf* zum Sollwertsprung ohne Laststörung ($m_w = 0$). Da infolge der Kleinheit der Ankerzeitkonstante $T_{ak} \ll T_e$, T_{mk} ist, wird der Vorgang im wesentlichen durch die drei ersten Summanden der rechten Seite der Gl. (40) beschrieben. Das Einstellen des Wertes α kann dann nach *Bild* 3 für $\zeta = 0{,}707$ erfolgen, d.h., daß entsprechend dem Vergleich mit Gl. (25), linke Seite, der Koeffizient bei $\mathrm{d}\,x/\mathrm{d}\,\tau$ zum Quadrat erhoben, gleich dem doppelten Wert des Koeffizienten bei $\mathrm{d}^2\,x/\mathrm{d}\,\tau^2$ zu machen ist. Es ist also einzustellen:

$$\alpha = 2\,\frac{T_{mk} + T_{ak}}{T_e} \tag{41}$$

Somit ist die Differentialgleichung für den Regelablauf x beispielsweise zum Sollwertsprung von Null auf x_k:

$$x_k = x + 2\,(T_{mk} + T_{ak}) \frac{\mathrm{d}\,x}{\mathrm{d}\,t} + 2\,(T_{mk} + T_{ak})^2 \frac{\mathrm{d}^2\,x}{\mathrm{d}\,t^2} + 2\,(T_{mk} + T_{ak})\, T_{mk}\, T_{ak} \frac{\mathrm{d}^3\,x}{\mathrm{d}\,t^3} \tag{42}$$

Es sei $T_{ak} = 0{,}04$ s, $T_{mk} = 2$ s; [$T_e = 2{,}5$ s ist durch die Wirkung des Reglers eliminiert und tritt nur noch in Gl. (41) auf]. Mit der Bezugszeit $T = \sqrt[3]{2\,(T_{mk} + T_{ak})\, T_{mk}\, T_{ak}} = 0{,}6885$ s, also der bezogenen Zeit $\tau = t/0{,}6885$ s lautet die homogene Differentialgleichung nach Gl. (42)

$$0 = x + 5{,}9258 \frac{\mathrm{d}\,x}{\mathrm{d}\,\tau} + 17{,}557 \frac{\mathrm{d}^2\,x}{\mathrm{d}\,\tau^2} + \frac{\mathrm{d}^3\,x}{\mathrm{d}\,\tau^3}$$

Der Ansatz $C\,\mathrm{e}^{q\,\tau}$ liefert für die Wurzeln der charakteristischen Gleichung

$$q_{1,2} = -0{,}1704 \pm \mathrm{j}\,0{,}1717; \quad q_3 = -17{,}22$$

Die Anfangsbedingungen für $t = \tau = 0$

$$x = \mathrm{d}x/\mathrm{d}t = \mathrm{d}^2x/\mathrm{d}t^2 = 0$$

bestimmen die Konstanten der vollständigen Lösung

$$x = x_{ks} + C_1\,e^{q_1\tau} + C_2\,e^{q_2\tau} + C_3\,e^{q_3\tau}$$

nämlich:

$$C_1 = x_{ks}\frac{-q_2q_3}{(q_1-q_2)(q_1-q_3)}; \quad C_2 = x_{ks}\frac{-q_1q_3}{(q_2-q_1)(q_2-q_3)};$$

$$C_3 = x_{ks}\frac{-q_1q_2}{(q_1-q_3)(q_2-q_3)}$$

Die Lösung lautet dann:

$$\frac{x}{x_{ks}} = 1 - e^{-0{,}1704\,\tau}(0{,}9998\cos 0{,}1717\,\tau + \sin 0{,}1717\,\tau) - 0{,}0002\,e^{-17{,}22\,\tau}$$

2. Laplace-Transformation

a) Allgemeines

Der große Pionier der Fernmeldetechnik, HEAVISIDE, hat seine berühmte nach ihm benannte Formel für die Berechnung von Ausgleichvorgängen in linearen Netzen bereits 1899 in seinem Werk „Electromagnetic Theory“ aufgestellt. Dieses Rechenverfahren hat in der heutigen erweiterten und mathematisch wohlfundierten Form den Namen „LAPLACE-Transformation“ [*8*, *9*, *10*, *11*, *32*, *33*].

Es handelt sich um eine Methode, die besonders zur Lösung von Systemen linearer gewöhnlicher und partieller Differentialgleichungen geeignet ist und die sich deshalb besonders für Anwendung in der Regelungstechnik eignet [*34*]. Sie ermöglicht es z. B., die gewöhnlichen Differentialgleichungen dadurch zu „algebraisieren“, daß sie die *Zeitfunktionen* (das sind die Funktionen im *Originalbereich* $y_i(t)$) in algebraische Funktionen $y_i(p)$ einer komplexen Kreisfrequenz $p = \delta + \mathrm{j}\omega$ (das sind die *Frequenzfunktionen im Bildbereich*) umwandelt, die somit ein Abbild der Zeitfunktionen darstellen. Auf diese Weise entsteht aus dem System der den Regelvorgang beschreibenden linearen gewöhnlichen Differentialgleichungen ein System algebraischer Gleichungen, das zunächst nach der gesuchten Frequenzfunktion $y_x(p)$ mit Hilfe der Regeln der Algebra aufgelöst wird. Anschließend kann durch die LAPLACE-Rücktransformation die gesuchte Zeitfunktion $y_x(t)$ gewonnen werden.

Forderungen an die Zeitfunktion im Originalbereich lassen sich in bestimmten Grenzen in Forderungen an die Frequenzfunktion im Bildbereich übersetzen, so daß in gewissen Fällen die Rücktransformation erspart wird. Interessiert im Falle der Rücktransformation nur eine bestimmte Teilschwingung des Regelablaufes, so genügt es – im Gegensatz zur klassischen Ansatzmethode, Abschnitt B1 –, allein die zugehörige Wurzel bzw. das Wurzelpaar zu kennen. Außerdem kann man bei der LAPLACE-Transformation bei der Ermittlung der Zeitfunktion die Wurzelbestimmung umgehen (s. Abschnitt B2e). Wesentlich ist, daß die durch LAPLACE-Transformation der Differentialgleichung entstandenen algebraischen Gleichungen die Anfangsbedingungen mit enthalten und somit – im Gegensatz zur Ansatzmethode – keine nachträgliche Anpassung an die Anfangsbedingungen erforderlich wird. Betrachtet man Regelvorgänge, die von einem Anfangs-Beharrungszustand ausgehen, so können bei Definition der Variablen als Abweichungen von diesem Beharrungszustand alle Anfangsbedingungen zu Null gemacht werden, was weitgehend ausgenutzt wird. Die algebraischen Gleichungen decken sich dann formell mit den algebraischen Gleichungen der komplexen Wechselstromrechnung, nur hat man die bei der komplexen Wechselstromrechnung auftretende rein imaginäre Kreisfrequenz $j\omega$ durch die komplexe Kreisfrequenz p (Transformationsparameter) zu ersetzen. Somit können die algebraischen Gleichungen der LAPLACE-Transformation formell nach den Regeln der komplexen Wechselstromrechnung für zeitlich sinusförmig sich ändernde Variable aufgestellt werden.

b) Anwendungsbeispiel

Die LAPLACE-Transformation (s. Abschnitt F2) wird angewendet zur Berechnung der Drehzahlregelung des Motors in einem LEONARD-Satz nach dem Geräteschaltplan *Bild* 5a und dem zugehörigen Blockschaltplan *Bild* 5b. Benutzt wird die durch die Gleichungen in Tabelle 2 definierte normierte Schreibweise. Untersucht werden Störungen aus dem Anfangs-Beharrungszustand. In den für die einzelnen Regelkreisglieder gültigen Differentialgleichungen sind nach Tabelle 13 des Abschnitts F2 die Operationen (im Originalbereich) durch die ihnen entsprechenden Operationen (im Bildbereich) zu ersetzen, und zwar unter Ausnutzung der Vereinfachung infolge der speziellen Anfangsbedingungen. Danach ist z.B. d/dt durch p zu ersetzen, wobei dann die Zeitfunktionen (von t) der verschiedenen Regelkreisgrößen die Bedeutung von Frequenzfunktionen (von p) erhalten, also rechnerisch formell genau so zu handhaben sind wie Wechselstromgrößen der komplexen Wechselstromrechnung, nur daß p an Stelle von $j\omega$ zu schreiben ist.

Die Differentialgleichung (37) des PI-Reglers im Originalbereich

$$x_a(t) + T_n \frac{d x_a(t)}{d t} = \alpha T_n \frac{d y_e(t)}{d t}$$

geht über in die algebraische Gleichung der *Frequenzfunktionen* $x_a(p)$ und $y_e(p)$ im Bildbereich

$$x_a(p)(1 + p T_n) = y_e(p)\, p \alpha T_n$$

Das ist formell dieselbe Gleichung, die der Ansatz von Wechselstromgrößen $x_a(p)$ (Stellwechselspannung) und $y_e(p)$ (Erregerwechselspannung) in Gl. (37) ergibt. Man kann diese Gleichung also auch nach den Regeln der Wechselstromrechnung ableiten (*Bild* 5a). Wegen der hohen Verstärkung des Regelverstärkers ($V \to \infty$) ist $y_e/V = 0$, $i = 0$ also mit den Wechselstromwiderständen αR und $R + 1/pC$

$$\frac{x_a}{\alpha R} = \frac{y_e}{R + \frac{1}{pC}}$$

Es folgt daraus mit $RC = T_n$ das obige Ergebnis $x_a(1 + pT_n) = y_e p \alpha T_n$. Das Verhältnis der Wechselausgangsgröße eines Gliedes zu seiner Wechseleingangsgröße heißt der *Frequenzgang* des Gliedes. Der Frequenzgang des Reglers ist somit

$$F_R = \frac{y_e}{x_a} = \frac{1 + p T_n}{p \alpha T_n} \qquad (43)$$

Die Differentialgleichung (35) für den Steuergenerator mit der Erregerzeitkonstanten T_e

$$y_e = u_a + T_e \frac{\mathrm{d}\,u_a}{\mathrm{d}\,t}$$

geht über in

$$y_e = u_a(1 + p\,T_e)$$

Der Frequenzgang des Steuergenerators ist also

$$F_e = \frac{u_a}{y_e} = \frac{1}{1 + p\,T_e} \tag{44}$$

Die den Antriebsmotor mit Tachogenerator beschreibenden Differentialgleichungen (22) *Bild* 5b (mit $m_d - m = m_x$)

$$u_a = m_d + T_{ak}\frac{\mathrm{d}\,m_d}{\mathrm{d}\,t} \quad \text{und} \quad m_x = x + T_{mk}\frac{\mathrm{d}\,x}{\mathrm{d}\,t}$$

gehen über in

$$u_a = m_d(1 + p\,T_{ak}) \quad \text{und} \quad m_x = x(1 + p\,T_{mk})$$

Die Frequenzgänge des Antriebsmotors mit Tachogenerator sind

$$F_a = \frac{m_d}{u_a} = \frac{1}{1 + p\,T_{ak}} \quad \text{und} \quad F_{mk} = \frac{x}{m_x} = \frac{1}{1 + p\,T_{mk}} \tag{45}$$

Im Blockschaltplan (*Bild* 5b) kann man zur Beschreibung der einzelnen Regelkreisglieder auch Differentialgleichungen oder die entsprechenden Frequenzgänge anschreiben.

Zur Beschreibung der vollständigen Regelung sind zu den Frequenzganggleichungen (43 bis 45) noch die Gl. (46) für die Laststörstelle und die Gl. (47) für das Schließen der Regelung hinzuzufügen.

$$m_d = m_w - m_x \tag{46}$$

$$x_k - x = x_a \tag{47}$$

Die Gleichung des geschlossenen Regelkreises erhält man aus den Gln. (43 bis 47) durch Elimination von x_a, y_e, u_a und m_d. Praktisch tut man das an Hand des Blockschaltplanes (*Bild* 5b). Zu $x \cdot 1/F_{mk}$ $(= m_x = m_d - m_w)$ ist m_w hinzuzufügen, wodurch man m_d erhält. Durch Multiplikation mit $(1/F_a) \cdot (1/F_e) \cdot (1/F_R)$ erhält man $x_a = x_k - x$:

$$\left(\frac{1}{F_{mk}}x + m_w\right)\frac{1}{F_a F_e F_R} = x_k - x$$

oder

$$x = x_k \frac{1}{1 + \dfrac{1}{F_R F_e F_a F_{mk}}} - m_w \frac{\dfrac{1}{F_R F_e F_a}}{1 + \dfrac{1}{F_R F_e F_a F_{mk}}} \tag{48}$$

Der Ausdruck $F_R F_e F_a F_{mk} = (x/x_a)_{(m_w = 0)}$ heißt der Frequenzgang des aufgeschnittenen Regelkreises. Untersucht man nur eine *Sollwertstörung* $(m_w = 0)$, so ist der Frequenzgang des geschlossenen Regelkreises für Sollwertstörungen

$$\frac{x}{x_k} = \frac{1}{1 + \dfrac{1}{F_R F_e F_a F_{mk}}} \tag{49}$$

oder

$$\frac{x}{x_k} = \frac{1}{1 + \frac{p\alpha T_n}{(1+pT_n)}(1+pT_e)(1+pT_{ak})(1+pT_{mk})}\,. \tag{50}$$

Mit *Einstellung* der Rückführung (Zeitkonstanten-Elimination, s. auch den Text hinter Gl. (37 bis 38) $T_n = T_e$ (zweckmäßig, wenn die Erregerzeitkonstante T_e die größte Regelstreckenzeitkonstante ist) folgt

$$\frac{x}{x_k} = \frac{1}{1 + p\alpha T_n(1+pT_{mk})(1+pT_{ak})} \tag{51}$$

Dabei sei die mechanische Zeitkonstante T_{mk} groß gegen die Ankerzeitkonstante T_{ak}. Mit der weiteren *Einstellung* [s. Text vor Gl. (41)]

$$(\alpha T_n)^2 = 2\alpha T_n(T_{mk} + T_{ak})$$

also

$$\alpha = 2\,\frac{T_{mk} + T_{ak}}{T_n} \tag{52}$$

folgt

$$\frac{x}{x_k} = \frac{1}{1 + p\,2(T_{mk}+T_{ak})(1+pT_{mk})(1+pT_{ak})}$$

Mit den Zahlenwerten $T_{mk} = 2$ s, $T_{ak} = 0{,}04$ s ist dann, wenn $q = p\sqrt[3]{0{,}326} = p\,0{,}688$ zugehörig zur bezogenen Zeit $\tau = t/0{,}668$ gesetzt wird:

$$\frac{x}{x_k} = \frac{1}{1 + 4{,}08\,p + 8{,}33\,p^2 + 0{,}326\,p^3} = \frac{1}{1 + 5{,}93\,q + 17{,}6\,q^2 + q^3}$$

Mit Hilfe der Wurzeln $q_{1,2} = -0{,}1704 \pm \mathrm{j}\,0{,}1717$ und $q_3 = -17{,}22$ des charakteristischen Nennerpolynoms erhält man zum Sollwertsprung um den Betrag x_k

$$x_k = \frac{x_{ks}}{q} \tag{53}$$

die *Übergangsfunktion* der Regelgröße zum Sollwertsprung, die man kurz Sprungübergang nennt:

$$\frac{x}{x_{ks}} = \frac{1}{q(q-q_1)(q-q_2)(q-q_3)}$$

Nach der Partialbruchzerlegung (s. Abschnitt F2d) ergibt sich:

$$\frac{x}{x_{ks}} = \frac{1}{q}\left|\frac{1}{(q-q_1)(q-q_2)(q-q_3)}\right|_{q=0} + \frac{1}{q-q_1}\left|\frac{1}{q(q-q_2)(q-q_3)}\right|_{q=q_1} +$$
$$+ \frac{1}{q-q_2}\left|\frac{1}{q(q-q_1)(q-q_3)}\right|_{q=q_2} + \frac{1}{q-q_3}\left|\frac{1}{q(q-q_1)(q-q_2)}\right|_{q=q_3}$$

Die Rücktransformation (s. Abschnitt F2b) vom vorliegenden Bildbereich zum Originalbereich liefert nach Einsetzen der Zahlenwerte für die Wurzeln q den gesuchten Regelablauf

$$\frac{x}{x_{ks}} = 1 - \mathrm{e}^{-0{,}1704\,\tau}(0{,}9998\cos 0{,}1717\,\tau + \sin 0{,}1717\,\tau) - 0{,}0002\,\mathrm{e}^{-17{,}22\,\tau}$$

Diese Rücktransformation braucht man beim Entwurf von Regelungen *nicht durchzuführen*, wenn man bereits Standardfrequenzgänge kennt, die zu gewünschten Standardzeitfunktionen gehören (s. Abschnitt D4).

c) Reihenentwicklung in Laufzeitschritten

Enthält der Frequenzgang F_A des aufgeschnittenen Regelkreises eine Laufzeit T_L

$$F_A = F(p) e^{-p T_L} \tag{54}$$

so lautet der Frequenzgang des geschlossenen Regelkreises für Sollwertstörungen

$$\frac{x}{x_k} = \frac{1}{1 + \frac{1}{F(p)\, e^{-p T_L}}} \tag{55}$$

Die Frequenzfunktion der Regelgröße x für den Sollwertsprung um den Betrag x_{ks} mit $x_k = (1/p)\, x_{ks}$ ist:

$$\frac{x}{x_{ks}} = \frac{1}{p\left(1 + \frac{1}{F(p)\, e^{-p T_L}}\right)} = \frac{F(p)\, e^{-p T_L}}{p} \frac{1}{1 + F(p)\, e^{-p T_L}}$$

Diese Funktion läßt sich in eine Reihe nach Potenzen von $F(p)\, e^{-p T_L}$ entwickeln, wenn sie mit wachsendem $|p|$ gleichmäßig gegen Null konvergiert:

$$\frac{x}{x_{ks}} = \frac{1}{p} F(p)\, e^{-p T_L} - \frac{1}{p} F^2(p)\, e^{-p 2 T_L} + \frac{1}{p} F^3(p)\, e^{-p 3 T_L} - \cdots \tag{56}$$

Diese Reihe wird nun gliedweise in den Originalbereich zurücktransformiert. Der Regelvorgang ergibt sich als eine Summe von Teilvorgängen, die jeweils um den Schritt der Laufzeit später beginnen. Die Durchrechnung einfacher Anwendungsbeispiele findet sich im Abschnitt D3 Gl. (88).

d) Numerische Integration des offenen Impulsüberganges

Bekannt sei das Zeitverhalten der Ausgangsgröße $x(t)$ zum Eingangsimpuls $x_a(p) = \Theta$ (Impulsübergangsfunktion oder kurz Impulsübergang) des aufgeschnittenen Regelkreises (kurz bezeichnet als offener Impulsübergang)

$$x(t)\big|_{x_a(p) = \Theta} = h(t) \tag{57}$$

Der Frequenzgang ist $\frac{x(p)}{x_a(p)} = \frac{1}{\Theta} h(p)$. Daraus folgt mit $x_a = x_k - x$ die Gleichung $x(p) = \frac{1}{\Theta} h(p)\, [x_k(p) - x(p)]$, also nach dem Faltungssatz der LAPLACE-Transformation

$$x(t) = \frac{1}{\Theta} \int_0^t h(t - \tau)\, [x_k(\tau) - x(\tau)]\, d\tau \tag{58}$$

Da für $t < \tau$ definitionsgemäß $h(t - \tau)$ Null ist, kann die obere Integrationsgrenze auch ∞ gesetzt werden. Wird für die numerische Auswertung das Intervall $(0, t)$ in n Zeitintervalle der Ausdehnung t_i zerlegt, so gilt mit $t = n t_i$ und $\tau = k t_i$ (wobei k entsprechend den Grenzen der Integration von 0 bis n läuft):

$$x(n t_i) = \frac{t_i}{\Theta} \sum_{k=0}^{n} h(n t_i - k t_i)\, [x_k(k t_i) - x(k t_i)] \tag{59}$$

bzw. die Rekursionsformel zur Berechnung von $x(nt_i)$

$$x(nt_i) = \frac{1}{1+\frac{t_i}{\Theta}h(0)}\,\frac{t_i}{\Theta}\left\{h(0)\,x_k(nt_i) + \sum_{k=0}^{n-1} h(nt_i - kt_i)\,[x_k(kt_i) - x(kt_i)]\right\} \tag{60}$$

Gl. (57 bis 59) werden auch bei der Durchrechnung von Schrittregelungen verwendet.

e) Numerische Integration des Realteiles der Frequenzfunktion

Gesucht sei die Zeitfunktion $x(t)$ im Originalbereich zu der zugehörigen gegebenen Frequenzfunktion $x(p)$ im Bildbereich, die Rücktransformation durch beispielsweise Partialbruchzerlegung sei zu umgehen, da sie – selbst wenn sie anwendbar ist – doch bei komplizierterem Aufbau von $x(p)$ zu zeitraubend werden kann. Wir gehen aus von der Umkehrformel (s. Abschnitt F 2a)

$$x(t) = \frac{1}{2\pi j}\int_{-j\infty}^{+j\infty} x(p)\,e^{pt}\,d\,p \tag{61}$$

Unter der Voraussetzung, daß $x(p)$ in der positiven p-Halbebene einschließlich der imaginären Achse frei von Polen ist, gilt mit $p = j\omega$ und mit Gl. (62) die Gl. (63):

$$x(j\omega) = \mathrm{Re}(\omega) + j\,\mathrm{Im}(\omega) \tag{62}$$

$$x(t) = \frac{2}{\pi}\int_0^\infty \mathrm{Re}(\omega)\cos(\omega t)\,d(\omega) \tag{63}$$

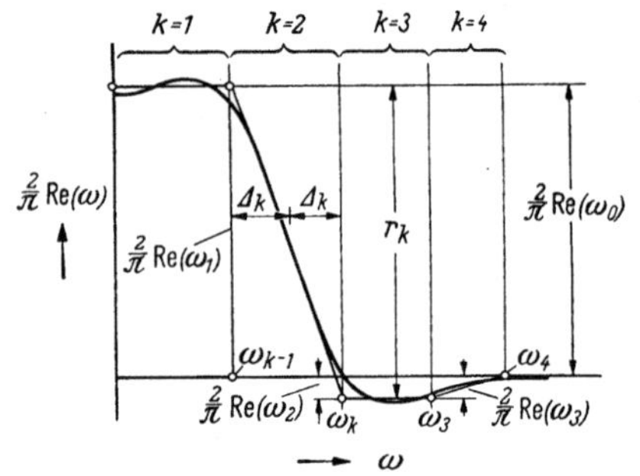

Bild 6. Realteil $\mathrm{Re}(\omega)$ der zur Zeitfunktion $x(t)$ zugehörigen Frequenzfunktion $x(j\omega)$

Mit Hilfe eines harmonischen Analysators könnte man bereits nach Gl. (63) die Funktion $x(t)$ finden [*34*]. Zur numerischen Integration wird $\mathrm{Re}(\omega)$ *durch einen Polygonzug approximiert* (*Bild* 6). Jede Teilstrecke k wird gekennzeichnet durch die zur Abszisse ω_{k-1} gehörige Ordinate $\mathrm{Re}(\omega_{k-1})$ und die zu ω_k gehörige Ordinate $\mathrm{Re}(\omega_k)$. Es ist dann

$$x(t) = \sum_{k=1}^{n} r_k\,\Omega_k\,\frac{\sin\Omega_k t}{\Omega_k t}\,\frac{\sin\Delta_k t}{\Delta_k t} \tag{64a}$$

mit

$$\left.\begin{aligned} r_k &= \frac{2}{\pi}\mathrm{Re}(\omega_{k-1}) - \frac{2}{\pi}\mathrm{Re}(\omega_k) \\ \Omega_k &= \frac{1}{2}(\omega_k + \omega_{k-1}); \qquad \Delta_k = \frac{1}{2}(\omega_k - \omega_{k-1}) \end{aligned}\right\} \tag{64b}$$

Tabellen für $(\sin\alpha)/\alpha$ findet man bei [*20*]. Die Summendarstellung in Gl. (64) bedeutet eine rechnerische Vereinfachung gegenüber [*20*].

Will man beispielsweise den stabilen Regelablauf $x(t)$ zum Sprung des Sollwertes $x_{ks} = 1$ (den Sprungübergang) auf Grund des Frequenzganges $F(p) = 1/H(p)$ des aufgeschnittenen Regelkreises finden, so schreibt man zunächst den Frequenzgang der geschlossenen Regelung an

$$\frac{x}{x_k} = \frac{1}{1+H(p)}$$

Mit $x_k = 1/p$ ist dann die Frequenzfunktion der Regelgröße

$$x(p) = (1/p) \cdot 1/[1 + H(p)]$$

Zur Umgehung des Poles für $p = 0$ wird an Stelle der Regelgröße $x(t)$ die folgende Regelabweichung $x_c(t)$ bestimmt:

$$x_c(t) = x - x_{(t=\infty)} = x - x_b \tag{65}$$

(Bei „astatischen" Regelungen ist $x_b = 1$.) Mit Gl. (65) ist dann die folgende Gleichung frei von Polen ($p = 0$):

$$x_c(p) = \frac{1}{p}\,\frac{1}{1 + H(p)} - \frac{1}{p}\left|\frac{1}{1 + H(p)}\right|_{p \to 0}$$

Da der zweite Summand für $p = j\omega$ keinen Realteil bringt, ist der Realteil $x_c(p)$ der gesuchten Regelabweichung $x_c(t)$ gleichfalls

$$\operatorname{Re} x_c(p) = \operatorname{Re}\frac{1}{p}\,\frac{1}{1 + H(p)} = \operatorname{Re}(\omega) + j\operatorname{Im}(\omega) \tag{66}$$

Der Nenner $[1 + H(p)]_{(p=j\omega)}$ (nach dem Hornerschen Schema bestimmt) liegt meist, z.B. von der Auftragung des reziproken Nyquist-Diagrammes (s. Abschnitt E4c) her, vor in der Form

$$[1 + H(p)]_{(p=j\omega)} = \mathrm{R} + j\,\mathrm{I} \tag{67}$$

(R = Realteil; I = Imaginärteil). Es ist dann der für Gl. (64) benötigte Wert

$$\frac{2}{\pi}\operatorname{Re}(\omega) = \frac{2}{\pi}\,\frac{\mathrm{I}/\omega}{\mathrm{R}^2 + \mathrm{I}^2} \tag{68}$$

Der nach dieser Gleichung errechnete Wert $(2/\pi) \cdot \operatorname{Re}(\omega)$ wird in Abhängigkeit von ω aufgetragen und durch einen Polygonzug aus k Strecken angenähert [*20*]. Dabei ist zur Abkürzung die Tatsache auszunutzen, daß horizontale Strecken ($r_k = 0$) keinen Beitrag zur Summe der Gl. (64a) liefern. Die Festlegung des letzten $\omega_k = \omega_n$ ist so zu treffen, daß $x_c(t = 0) = \sum_{k=1}^{n} r_k \Omega_k = x_0 - x_b$ wird.

Beispiel. Eine Regelung sei mit drei Rückführungen aus der Regelstrecke (s. Abschnitt E4c) gewählt:

$$x(p) = \frac{1}{p}\,\frac{1}{1 + H_0(p) + H_1(p) + H_2(p) + H_3(p)}$$

mit

$$H_0(p) = H_{00}(p)\,e^{j\,0{,}02}$$

$$H_{00}(p) = \frac{1}{50}(1 + p \cdot 1)(1 + p \cdot 0{,}5)(1 + p \cdot 0{,}1)(1 + p \cdot 0{,}06)(1 + p \cdot 0{,}06) \approx$$

$$\approx p \cdot 10^{-1} \cdot 0{,}344 + p^2 \cdot 10^{-2} \cdot 1{,}6912 + p^3 \cdot 10^{-3} \cdot 2{,}67\,52 +$$

$$+ p^4 \cdot 10^{-4} \cdot 1{,}668 + p^5 \cdot 10^{-5} \cdot 0{,}36$$

$$H_1(p) = p \cdot 10^{-1} \cdot 0{,}35 + p^2 \cdot 10^{-2} \cdot 2{,}1 + p^3 \cdot 10^{-3} \cdot 1{,}75$$

$$H_2(p) = p \cdot 10^{-1} \cdot 1{,}24 + p^2 \cdot 10^{-2} \cdot 1{,}24$$

$$H_3(p) = p \cdot 10^{-1} \cdot 1{,}262$$

Bei der Auswertung von Realteil und Imaginärteil von $H_{00}(p), H_1(p), H_2(p)$ und $H_3(p)$ wird das *Hornersche Schema* vorteilhaft angewendet. Zum Beispiel schreibt man bei $H_{00}(p)$ für $p = \mathrm{j}\omega$ und $\omega = 5$; $\omega\, 10^{-1} = 0{,}5$; $\omega^2 10^{-2} = 0{,}25$

1,668	−1,6912	0
0	0,417	−0,3185
1,668 · 0,25	−1,274 · 0,25	−0,3185

0,36	−2,675	0,344
0	0,09	−0,646
0,36 · 0,25	−2,585 · 0,25	−0,302 · j 0,5 = −j 0,151

$$\text{Damit erhält man } H_{00}(\mathrm{j}\,\omega)\,\big|_{(\omega = 0{,}5)} = -0{,}3185 - \mathrm{j}\, 0{,}151$$

Auf diese Art findet man $H(\mathrm{j}\omega) = H_0(\mathrm{j}\omega) + H_1(\mathrm{j}\omega) + H_2(\mathrm{j}\omega) + H_3(\mathrm{j}\omega) = \mathrm{R} + \mathrm{I}$ für verschiedene ω und erhält dann nach Gl. (68) die Ordinaten $(2/\pi)$ Re (ω) in Abhängigkeit von ω. Dann werden die zu den Knickpunkten des diese Kurve annähernden Streckenzuges (mit n Strecken) abgelesenen Ordinaten, bei $\omega = 0$ mit $(2/\pi) \cdot \mathrm{Re}(0)$ beginnend, in einer Kolonne $k = 0, 1, 2, \ldots n$ eingetragen und in den Nachbarkolonnen die zugehörigen Werte für r_k und Ω_k nach Gl. (64b) ausgerechnet. Beginnend mit $k = 1$, werden dann für jedes k (bis n) die Summanden in Gl. (64a) in Abhängigkeit von der Zeit t berechnet und dabei zu den Ergebnissen für ein k die Ergebnisse des vorangegangenen k algebraisch addiert, so daß zuletzt $x_c(t) = x_b - x$ in Abhängigkeit von t resultiert.

Bei der Berechnung angefachter Zeitfunktionen, wie z.B. zur Bestimmung des Regelablaufes $x_c(t)$ beim Fehlen jeglicher Rückführung, wird zur Umgehung der Pole in der rechten Halbebene nicht $x_c(t)$, sondern $x_c(t)\mathrm{e}^{-\alpha t}$ berechnet, wobei $\alpha > 0$ passend zu wählen ist, was auf Grund des zugehörigen reziproken Nyquist-Diagrammes leicht abgeschätzt werden kann [*40*]. Anschließend ist $x_c(t)\mathrm{e}^{-\alpha t}$ mit $\mathrm{e}^{\alpha t}$ zu multiplizieren, um den angefachten Ablauf $x_c(t)$ zu erhalten.

Diese Methode zur Bestimmung des Zeitablaufes auf Grund des Realteiles der zugehörigen Frequenzfunktion für $p = \mathrm{j}\omega$ hat sich als besonders geeignet erwiesen. In Spezialfällen, in denen die Wirkungsdauer des Zeitvorganges und ein gut gedämpftes Verhalten vorauszusehen ist, kann man die Zeitfunktion aus orthogonalen Teilfunktionen aufbauen [*40*].

C. Kriterien der Stabilität und Stabilitätsgüte

1. Allgemeines

Mit wachsender Ordnung der Differentialgleichung für den Regelvorgang und demgemäß mit steigendem Grad der zugehörigen charakteristischen Gleichung wird die Nachrechnung immer schwieriger oder undurchführbar. In solchen Fällen kann man gezwungen werden, sich mit Kriterien der Stabilität bzw. der Stabilitätsgüte zu begnügen. Die Koeffizienten der Differentialgleichung, die gleichzeitig die Koeffizienten der charakteristischen Gleichung

$$a_n p^n + a_{n-1} p^{n-1} + \cdots a_3 p^3 + a_2 p^2 + a_1 p + a_0 = 0 \tag{69}$$

sind, lassen bereits ohne Kenntnis der Lösung einen eindeutigen Schluß auf die Stabilität des Vorganges zu. Ein Vorgang ist stabil, wenn die Wurzeln p der charakteristischen Gl. (69) negative Realteile haben (abklingende Teilschwingungen).

2. Hurwitz-Kriterium [*18*, *28*]

Die Stabilitätsbedingungen nach Hurwitz lauten: Alle Koeffizienten a_i und die Werte der nachfolgend angeführten Determinanten Δ_{n-1} bis Δ_2 müssen sämtlich positiv sein. Beim Anschreiben der Determinanten gehe man von der in der linken oberen Ecke beginnenden Diagonale aus. Koeffizienten mit einem Index, der sich nach dem Schema negativ ergeben würde oder größer als n ausfallen würde, sind Null zu setzen.

$$\Delta_2 = \begin{vmatrix} a_{n-1} & a_{n-3} \\ a_n & a_{n-2} \end{vmatrix}; \quad \Delta_3 = \begin{vmatrix} a_{n-1} & a_{n-3} & a_{n-5} \\ a_n & a_{n-2} & a_{n-4} \\ a_{n+1} & a_{n-1} & a_{n-3} \end{vmatrix}$$

$$\Delta_4 = \begin{vmatrix} a_{n-1} & a_{n-3} & a_{n-5} & a_{n-7} \\ a_n & a_{n-2} & a_{n-4} & a_{n-6} \\ a_{n+1} & a_{n-1} & a_{n-3} & a_{n-5} \\ a_{n+2} & a_n & a_{n-2} & a_{n-4} \end{vmatrix}; \quad \Delta_{n-1} = \cdots \tag{70}$$

Beispiel. Zu einer charakteristischen Gleichung 4-ten Grades ($n = 4$) lauten die Determinanten Δ_2 bis $\Delta_{4-1} = \Delta_3$:

$$\Delta_2 = \begin{vmatrix} a_3 & a_1 \\ a_4 & a_2 \end{vmatrix} = a_3 a_2 - a_4 a_1 > 0$$

$$\Delta_3 = \begin{vmatrix} a_3 & a_1 & 0 \\ a_4 & a_2 & a_0 \\ 0 & a_3 & a_1 \end{vmatrix} = a_1 (a_3 a_2 - a_4 a_1) - a_3^2 a_0 > 0$$

Die Bedingung $\Delta_2 > 0$ ist bereits in der Bedingung $\Delta_3 > 0$ enthalten. Der Rechenaufwand steigt mit n sehr stark an, außerdem können bei diesem Verfahren die Ergebnisse, die bei Δ mit niedrigem Index gewonnen wurden, nicht zur Vereinfachung der Auswertung eines Δ mit höherem Index ausgenutzt werden.

3. Routh-Kriterium [*16*, *22*]

Das Stabilitätskriterium nach Routh ist vielleicht infolge des einfachen Rechnungsganges das zweckmäßigste. Es ermöglicht eine physikalische Interpretation, nach der es auch abgeleitet werden kann. In den beiden ersten Zeilen eines Schemas werden die Koeffizienten der charakteristischen Gl. (69), die zu geraden und ungeraden Exponenten n gehören, angeschrieben; das Schema wird nach untenstehender Vorschrift ergänzt, z. B. für $n = 8$:

Schema:

$$\begin{array}{lllll} a_8 & a_6 & a_4 & a_2 & a_0 \\ a_7 & a_5 & a_3 & a_1 & \\ b_6 & b_4 & b_2 & b_0 & \\ c_5 & c_3 & c_1 & & \\ d_4 & d_2 & d_0 & & \\ e_3 & e_1 & & & \\ f_2 & f_0 & & & \\ g_1 & & & & \\ h_0 & & & & \end{array}$$

Vorschrift:

$$\left.\begin{aligned} b_6 &= \frac{1}{a_7}(a_7 a_6 - a_8 a_5) \\ b_4 &= \frac{1}{a_7}(a_7 a_4 - a_8 a_3) \\ b_2 &= \frac{1}{a_7}(a_7 a_2 - a_8 a_1) \\ b_0 &= \frac{1}{a_7} a_7 a_0 \\ c_5 &= \frac{1}{b_6}(b_6 a_5 - a_7 b_4) \\ c_3 &= \frac{1}{b_6}(b_6 a_3 - a_7 b_2) \\ c_1 &= \frac{1}{b_6}(b_6 a_1 - a_7 b_0) \\ d_4 &= \frac{1}{c_5}(c_5 b_4 - b_6 c_3) \\ &\text{usw.} \end{aligned}\right\} \quad (71)$$

Wird in der 1. Kolonne ($b_6, c_5, d_4 \ldots$) das Vorzeichen nicht gewechselt, dann ist das System stabil. Die Anzahl der Vorzeichenwechsel der 1. Kolonne ist gleich der Zahl der Wurzeln mit positivem Realteil.

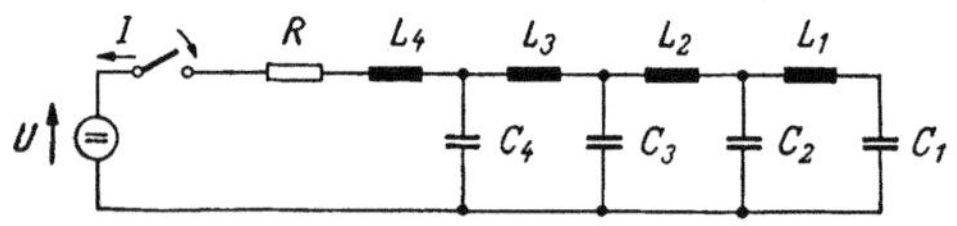

Bild 7. Zweipol zur physikalischen Interpretation des ROUTHschen Stabilitätskriteriums

Der Entstehung des charakteristischen Polynoms kann die Aufgabe zugrunde gelegt werden, für den Zweipol des *Bildes* 7 den Eingangsstrom i zu einer plötzlich angelegten konstanten Spannung u zu suchen. Die Elemente der Schaltung sind Widerstand $R = 1$, die Induktivitäten L und Kapazitäten C:

$$L_4 = \frac{a_8}{a_7}\,; \quad C_4 = \frac{a_7}{b_6}\,; \quad L_3 = \frac{b_6}{c_5}\,; \quad C_3 = \frac{c_5}{d_4}\,; \quad L_2 = \frac{d_4}{e_3}\,;$$

$$C_2 = \frac{e_3}{f_2}\,; \quad L_1 = \frac{f_2}{g_1}\,; \quad C_1 = \frac{g_1}{h_0} \qquad (72)$$

4. Stabilitätsgüte nach Cremer-Leonhard

Über die *Güte* der Stabilität (Verhältnis des negativen Realteils zum Imaginärteil der Wurzel) sagen beide Kriterien nach Gl. (70) und (71) zunächst noch nichts aus. Durch verschiedenartige Substitutionen von p kann man jedoch (soweit sich die Mühe lohnt) zu Aussagen über die Güte kommen. Man kann z.B. durch die Substitution $p = q - r$ mit reellem r und Anwendung der Kriterien auf das neue Polynom in q feststellen, ob die negativen Realteile der Wurzeln von p größer als r sind. Andere Substitutionen, die die Aussagen ermöglichen, ob die Wurzeln innerhalb bestimmter Ausschnitte der p-Ebene liegen, finden sich bei CREMER [*31*] und LEONHARD [*30*].

5. Nyquist-Kriterium [*29, 35, 36, 37, 17*]

Da die Stabilität einer Regelung unabhängig ist von der Art der Auslösung des Vorganges, genügt die Betrachtung von Sollwertänderungen allein. Mit dem Frequenzgang $F_0 = x/x_a$ des aufgeschnittenen Regelkreises (also dem Zeigerverhältnis der Regelabweichung x zur Sollwert-Istwert-Differenz $x_a = x_k - x$) ist der Frequenzgang des geschlossenen Regelkreises

$$\frac{x}{x_k} = \frac{1}{1 + \frac{1}{F_0}} = \frac{1}{\frac{1}{F_0}(1 + F_0)} = \frac{F_0}{1 + F_0} \tag{73}$$

Bei Instabilität (bzw. im Stabilitätsgrenzfall) muß mindestens eine Nullstelle $p_i = \delta_i + j\omega_i$ des Nenners in Gl. (73) mit positivem Realteil δ_i (bzw. $\delta_i =$ Null bei $\omega_i \neq 0$) vorhanden sein, also mindestens ein p_i, in der positiven p-Halbebene (bzw. auf der imaginären Achse außerhalb des Nullpunktes) liegen.

Es interessieren somit die Nullstellen von $(1 + 1/F_0)$ bzw. $1/F_0(1 + F_0)$ bzw. von $(1 + F_0)$ allein, wenn F_0 in Gl. (73) nicht Nennernullstellen mit positivem Realteil bringt. Die Betrachtung von $1 + F_0$ ist zwar üblich, nämlich beim NYQUIST-*Diagramm*, aber häufig nicht zweckmäßig, da $1 + F_0$ z.B. bei „astatischen" Regelungen einen Pol im Nullpunkt der p-Ebene hat, was bei $1 + 1/F_0$ nicht der Fall ist, weshalb dann die Betrachtung von $1 + 1/F_0$, nämlich beim *reziproken* NYQUIST-*Diagramm*, günstiger ist. Die jeweils betrachtete Funktion $1 + 1/F_0$ bzw. $1 + F_0$ soll im folgenden als *Funktion* $R \cdot e^{j\psi}$ abgekürzt werden.

NYQUIST-*Diagramm und reziprokes* NYQUSIT-*Diagramm.* Ausgangspunkt für Stabilitätskriterien ist der auf die Funktionen $R \cdot e^{j\psi} = 1 + 1/F_0$ bzw. $1 + F_0$ angewandte CAUCHYsche Satz [*1, 2, 3*] über die Anzahl der Nullstellen und Pole einer analytischen Funktion $R \cdot e^{j\psi}$, die im Inneren eines Bereiches – definiert durch eine Randkurve C in der p-Ebene – bis auf endlich viele Pole regulär ist:

$$(\text{Zahl der Nullstellen minus Zahl der Pole}) \times 2\pi = \oint d\psi \tag{74}$$

Die Randkurve C in der p-Ebene hat im Hinblick auf die gesuchten Nullstellen die positive Halbebene einschließlich der imaginären Achse zu umschließen (*Bilder* 8a und b links); C setzt sich zusammen aus einem Halbkreis $r e^{j\varphi}$ (mit $r \to \infty$; $-\pi/2 \leqq \psi \leqq \pi/2$ und der imaginären Achse $p = j\omega$ (mit $+ j\infty \geqq p \geqq - j\infty$), wobei Singulärstellen von $R e^{j\psi}$ so zu umgehen sind, daß sie von C umschlossen werden. So ist z.B. ein Pol $p = 0$ von $R e^{j\psi}$ in *Bild* 8a links durch den kleinen Kreis $r e^{j\varphi}$ (mit $r \to 0$; φ von $\pi/2$ bis $3\pi/2$) zu umgehen, so daß C diesen Pol umschließt. Wird $1 + F_0$ betrachtet, beispielsweise

$$1 + F_0 = 1 + 12{,}5\,\{1/[p(1 + p\,0{,}2)(1 + p\,0{,}05)]\} = R\,e^{j\psi}$$

so gehört zur Randkurve C in der p-Ebene (die den Pol $p = 0$ umschließt) (s. *Bild* 8a links) die entsprechende Kurve $R\,\mathrm{e}^{\mathrm{j}\psi}$ in der $(1 + F_0)$-Ebene (s. *Bild* 8a rechts). Aus Gl. (74) folgt:

(Zahl der Nullstellen minus eins) $\cdot\, 2\pi = -(\pi/2) - \pi - (\pi/2) = -2\pi$ (entsprechend den Winkeln ψ zu N, N_0 und N^*).

Die Zahl der Nullstellen ist also null. Die Randkurve C umschließt keine Nullstellen in der positiven Halbebene, die Regelung ist stabil.

Bei der anderen Betrachtungsweise, nämlich von $1 + 1/F_0$ beim gleichen Beispiel, also $1 + 1/F_0 = 1 + (1/12{,}5) \cdot p(1 + p\,0{,}2) \cdot (1 + p\,0{,}05) = R\,\mathrm{e}^{\mathrm{j}\psi}$ ist zur Randkurve C in der p-Ebene (*Bild* 8b links) die zugehörige Kurve $R\,\mathrm{e}^{\mathrm{j}\psi}$ in der $1 + (1/F_0)$-Ebene (*Bild* 8b rechts) zu zeichnen. Aus Gl. (74) folgt: (Zahl der Nullstellen minus Null) $\cdot\, 2\pi = -3(\pi/2) - 3(\pi/2) + 6(\pi/2) = 0$, (entsprechend den Winkeln zu N, N^*, N_∞): Die Zahl der Nullstellen ist also auch null. Die Randkurve C umschließt keine Nullstellen in der positiven Halbebene; die Regelung ist stabil, wie schon die erste Betrachtung zeigte. Die wesentliche numerische Arbeit besteht im Skizzieren der Kurven N in *Bild* 8a und b für $p = \mathrm{j}\,\omega$. Die Kurve $N - 1$ in *Bild* 8a ist das NYQUIST-*Diagramm* = Frequenzgang F_0 für $p = \mathrm{j}\,\omega$, die Kurve $N - 1$ in *Bild* 8b ist das *reziproke* NYQUIST-*Diagramm* = reziproker Frequenzgang $1/F_0$ für $p = \mathrm{j}\,\omega$.

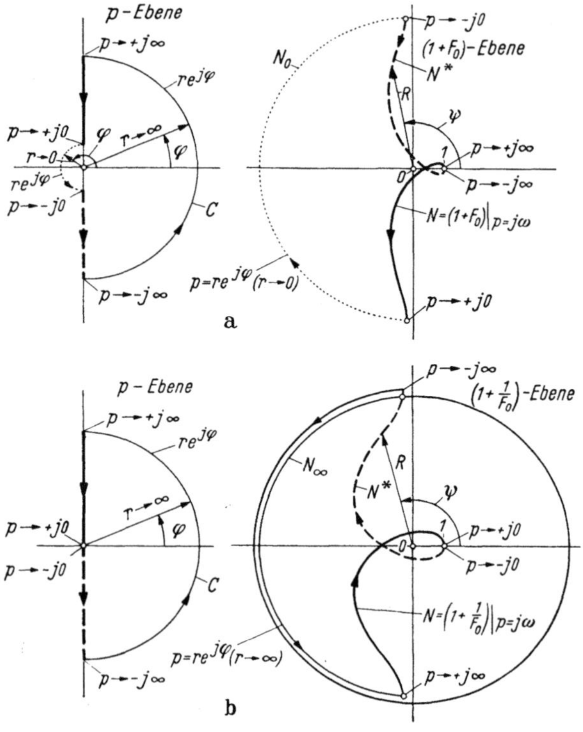

Bild 8. Ermittlung der Stabilität nach zwei Betrachtungsweisen an Hand des Frequenzganges F_0 der aufgeschnittenen Regelung für $p = \mathrm{j}\,\omega$. a) $N - 1$ = NYQUIST-Diagramm F_0. b) Reziprokes NYQUIST-Diagramm $1/F_0$

Eine Erhöhung der Verstärkung des aufgeschnittenen Regelkreises (Multiplikation von F_0 mit einer positiven Zahl $v > 1$, d.h. Multiplikation der Radiusvektoren vom Punkt $1 + \mathrm{j}\,0$ nach einem Kurvenpunkt von N, mit einem Faktor $v > 1$ in *Bild* 8a rechts bzw. mit dem Faktor $1/v$ in *Bild* 8b kann dazu führen, daß der Nullpunkt auf N zu liegen kommt [*Stabilitätsgrenzfall* $F_0 = -1$ bzw. $1/F_0 = -1$; vgl. Gl. (73)] und sogar dazu, daß der Nullpunkt auf die andere Seite von N zu liegen kommt (Schwingungsanfachung). Normalerweise wird nur die relative Lage des Nullpunktes zu N (oder des Punktes -1 zu F_0 bzw. $1/F_0$ ür $p = \mathrm{j}\,\omega$) zur Bestimmung der Stabilität herangezogen. Auch LEONHARD [*29*] beschreibt das Stabilitätskriterium durch die Reihenfolge der Quadranten, die N durchläuft. Eine eindeutige Auskunft ist aber nur an Hand der Gl. (74) zu erhalten.

6. Stabilitätsgüte nach den Nyquist-Diagrammen

Auf Grund der durch $1 + F_0$ (oder F_0) bzw. $1 + 1/F_0$ (oder $1/F_0$) vermittelten konformen Abbildung der p-Ebene ($p = \delta + j\omega$) ist einer kleinen Änderung $\Delta p = \Delta + j\Delta$ die Änderung $\Delta F_0 + j\Delta F_0$ bzw. $\Delta(1/F_0) + j\Delta(1/F_0)$ zugeordnet. Je näher N am kritischen Ursprung 0 (*Bilder* 8 rechts) vorbeigeht, um so genauer mißt die Länge a des Lotes von 0 auf N die Dämpfung der zugehörigen Eigenschwingungen, und zwar als Frequenzunterschied, der zu einem Kurvenstück von N der gleichen Länge a in der Umgebung des Auftreffpunktes des Lotes gehört. Auf diese Weise kann man aus dem Nyquist-Diagramm bzw. dem reziproken Nyquist-Diagramm die *Dämpfung* der dominierenden Eigenschwingung als Maß für die *Stabilitätsgüte* ablesen.

7. Stabilitätsgüte, analytisch bestimmt

Hierher gehören die üblichen Methoden zur *Wurzelbestimmung* algebraischer Gleichungen (der charakteristischen Gleichungen), die aber im allgemeinen höchstens auf Gleichungen fünften, gegebenenfalls siebenten Grades angewendet werden können. Nicht außer acht zu lassen sind die Methoden der Matrizenrechnung, die zur Bestimmung der Eigenwerte (latenten Wurzeln, englisch: latent roots) einer zur charakteristischen Gleichung zugehörigen Matrix zur Verfügung stehen [*4*].

Zur Lösung der charakteristischen Gl. (69)

$$a_n p^n + a_{n-1} p^{n-1} + \cdots a_3 p^3 + a_2 p^2 + a_0 = 0$$

sind die Eigenwerte der Matrix

$$u = \begin{vmatrix} 0 & 1 & 0 & ,\ldots, & 0 & 0 \\ 0 & 0 & 1 & ,\ldots, & 0 & 0 \\ \cdot & \cdot & \cdot & \cdot\;\cdot\;\cdot\;\cdot & \cdot & \cdot \\ 0 & 0 & 0 & ,\ldots, & 0 & 1 \\ \frac{-a_0}{a_n} & \frac{-a_1}{a_n} & \frac{-a_2}{a_n} & ,\ldots, & \frac{-a_{n-2}}{a_n} & \frac{-a_{n-1}}{a_n} \end{vmatrix}$$

zu bestimmen, die die Wurzeln der charakteristischen Gl. (69) sind. (Sie wird erhalten, wenn man die Determinante von $pE - u$ Null setzt, worin E die Einheitsmatrix ist.)

An Hand der Gl. (73) kann man auch auf analytischem Wege für einfache Regelung Stabilitätsgrenze und *Dämpfung* der dominierenden Schwingung ermitteln, indem man p als komplexe Frequenz mit Realteil und Imaginärteil ansetzt [*12*].

Kann man beispielsweise den Sprungübergang des aufgeschnittenen Regelkreises zum Eingangssprung $(x_k - x) = \Delta/p$ annähern durch eine Laufzeit T_L und eine anschließende (1 — e)-Funktion mit der Zeitkonstanten T und der Verstärkung des aufgeschnittenen Regelkreises V (Zeitfunktion in *Bild* 9 unten rechts), kann man also schreiben $x = \frac{\Delta}{p} V \frac{1}{1+pT} e^{-pT_L}$, so folgt daraus der Frequenzgang des aufgeschnittenen Regelkreises $F_0 = \frac{x}{x_k - x} = V \frac{1}{1+pT} e^{-pT_L}$. Damit ist nach Gl. (73) der Frequenzgang x/x_k gefunden. Mit der komplexen Frequenz

$$p = -\delta + j\omega = \omega(-\alpha + j)$$

läßt sich aus der charakteristischen Gleichung $1 + 1/F_0 = 0$ für eine gewählte relative Dämpfung α (Verhältnis von Dämpfung δ zu Kreisfrequenz ω) als Parameter die zu T_L/T zugehörige Verstärkung V und die zugehörige bezogene Kreisfrequenz ωT_L angeben. Das Ergebnis sind die voll ausgezogenen Kurven in *Bild* 9. Die gestrichelt gezeichneten Kurven zeigen das Verhalten der Regelung beim Ersatz der Übergangsfunktion durch einen gebrochenen Streckenzug [*38*] mit einer Laufzeit T_L und einem anschließenden linearen Anstieg bis zum konstanten Endwert bei einer Verstärkung V des aufgeschnittenen Regelkreises (Zeitfunktion in *Bild* 9 unten links). Der Vergleich der Ergebnisse zu beiden Ersatzübergangsfunktionen zeigt, wie stark sich insbesondere eine solche willkürliche Verformung des Überganges zum Endwert auswirkt.

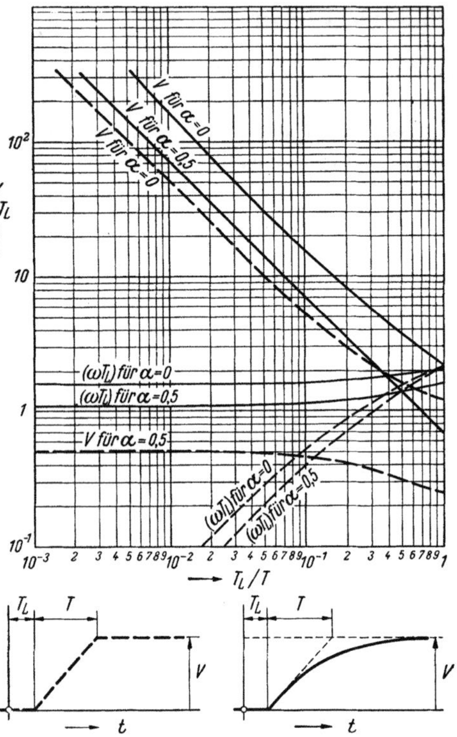

Bild 9. Verstärkung V und bezogene Frequenz ωT_L als Funktion von T_L/T bei der relativen Dämpfung $\alpha = 0$ und $\alpha = 0{,}5$ der Grundwelle zu den oben gezeichneten Sprungübergängen des aufgeschnittenen Regelkreises

8. Evans-Methode[1] [*39, 22, 25*]

Wurzelortskurven mit z. B. der Verstärkung V des aufgeschnittenen Regelkreises als Parameter können bei einfachen Regelungen das Auffinden der Wurzeln der charakteristischen Gleichung $1 + 1/F_0 = 0$ bzw. $1 + F_0 = 0$ [s. Gl. (73)] erleichtern, wenn der Frequenzgang des aufgeschnittenen Regelkreises F_0 als gebrochene rationale Funktion gegeben ist, deren Zähler und Nenner in Linearfaktoren aufgespalten sind. Man kann danach schreiben (p_i = Nullstellen = Senkstellen; q_i = Pole = Quellen von F_0; $n \geqq m$):

$$F_0 = V \frac{(p-p_1)(p-p_2)\ldots(p-p_m)}{(p-q_1)(p-q_2)\ldots(p-q_n)} \cdot \frac{(-q_1)(-q_2)\ldots(-q_n)}{(-p_1)(-p_2)\ldots(-p_m)} =$$

$$= V \frac{P_1 e^{j\varphi_1} P_2 e^{j\varphi_2} \ldots P_m e^{j\varphi_m}}{Q_1 e^{j\vartheta_1} Q_2 e^{j\vartheta_2} \ldots Q_n e^{j\vartheta_n}} A = V R e^{j\psi} \tag{75}$$

[1] Englisch: root locus method

Es ist dabei also:

$$P_1 = |p - p_1|, \ldots Q_1 = |p - q_1|, \ldots; \quad R = \frac{P_1 P_2 \ldots P_m}{Q_1 Q_2 \ldots Q_n} A$$

$$A = \frac{(-q_1)(-q_2)\ldots(-q_n)}{(-p_1)(-p_2)\ldots(-p_m)},$$

$$\psi = (\varphi_1 + \varphi_2 + \cdots \varphi_m) - (\vartheta_1 + \vartheta_2 + \cdots \vartheta_n)$$

$$F_{0\,(p=o)} = V$$

Damit lautet die charakteristische Gleichung $F_0 = -1$, getrennt für Winkel und Betrag,

$$\psi = \pi + 2k\pi \quad (k = 0, \pm 1, \pm 2, \pm 3, \ldots) \tag{76a}$$

und

$$VR = 1 \tag{76b}$$

Nach Eintragen aller p_i, q_i kann leicht durch systematisches Probieren mit p-Werten (da die zugehörigen P_i, Q_i, A, also auch R und die Winkel φ_i, ϑ_i der Zeichnung rasch zu entnehmen sind), die Gl. (76a) befriedigt werden, etwa mit Hilfe eines Gerätes, Spirale [*22*], zur Addition von Winkeln und der darauf zurückgeführten Multiplikation von Beträgen. Der zu der gefundenen Wurzel p gehörige Parameter V folgt aus Gl. (76b). Das Auffinden der vollständigen Wurzelortskurve wird durch eine Reihe von Sätzen erleichtert:

1. Für $V \to 0$ und $(1/V)F_0 \to \infty$: Die Wurzeln der charakteristischen Gleichung liegen in den Polen q_i von F_0, dort beginnen die Wurzelortskurven.

2. Die Wurzelortskurve entlang der reellen Achse erstreckt sich über abwechselnde Strecken, welche Pole von $(1/V)F_0$ mit ihren Nullstellen verbinden, beginnend mit dem am weitesten rechts gelegenen Pol.

3. Für $V \to \infty$, $(1/V)F_0 \to 0$ $(p \to \infty)$, $F_0 = \dfrac{AV}{p^{n-m}}$; $p^{n-m} \approx -AV$

$\psi_k(n-m) = \pi(1+2k)$ mit $(k = 0, 1, 2, 3 \ldots)$. Die Asymptoten der Wurzelortskurven haben somit die Winkel

$$\psi_k = \frac{\pi}{n-m} + \frac{\pi 2k}{n-m}$$

4. Die Verzweigungspunkte der Wurzelortskurven auf der reellen Achse $p = \lambda + \mathrm{j}\Delta\omega\,(\Delta\omega \to 0)$ sind (beispielsweise) bei nur negativen reellen Polen und Nullstellen zu bestimmen aus der Gleichung

$$\frac{1}{\lambda + q_1} + \frac{1}{\lambda + q_2} + \frac{1}{\lambda + q_3} + \cdots = 0$$

5. Aufzusuchen sind die Schnittpunkte der Wurzelortskurven mit der imaginären Achse.

6. Aufsuchen der Richtung der Tangenten der Wurzelortskurven in den Polen bzw. Nullstellen.

7. Elektrostatische Analogie. Sind q_i bzw. p_i Pole bzw. Nullstellen der Ergiebigkeit 1, so ist ihr komplexes Potential $W(p) = \Phi(\delta, \omega) + \mathrm{j}\Psi(\delta, \omega)$ mit Φ = Potentialfunktion und Ψ = Strömungsfunktion

$$W(p) = \frac{1}{2\pi}\sum_{i=1}^{n} \ln(p - q_i) - \frac{1}{2\pi}\sum_{i=1}^{m} \ln(p - p_i)$$

Nach Gl. (75) und der charakteristischen Gleichung $F_0 = -1$ ist

$$W(p) = \frac{1}{2\pi} \ln VA + \mathrm{j}\left(\frac{1}{2} + k\right)$$

Somit können die Wurzelortskurven aufgefaßt werden als die Strömungslinien $\Psi = (1/2 + k)$ mit der Potentialverteilung $(1/2\pi) \ln VA$.

8. Auf Grund der elektrostatischen Analogie können durch paarweise Hinzunahme von Nullstellen und Polen die Wurzelortskurven günstig modifiziert werden, was zur Verbesserung des Aufbaues einer Regelung ausgenützt werden kann.

9. Bode-Diagramm[1] [*19, 20, 21, 27, 41*]

Das Prinzip beruht auf der graphischen Darstellung der Amplitude und Phase des Frequenzganges (bzw. des reziproken Frequenzganges) des aufgeschnittenen Regelkreises (für $p = \mathrm{j}\omega$), die in doppelt- bzw. halblogarithmischer Darstellung eine Annäherung durch geknickte Streckenzüge (englisch: straight line approximation) ermöglicht (graphisches Frequenzkennlinienverfahren). Es liefert einen schnell aufzeichenbaren Überblick über den zahlenmäßigen Verlauf des Frequenzganges für $p = \mathrm{j}\,\omega$.

Diese Methode eignet sich besonders für in Kette hintereinander geschaltete Regelkreisglieder (Regelstrecke mit vorgeschaltetem Seriennetzwerk oder mit vorgeschaltetem Regler, series compensation). Bei Parallelschaltung von Regelkreisgliedern (Regelstrecke mit Rückführgliedern, die Teilen der Regelstrecke parallel geschaltet sind, parallel compensation) sind bis auf wenige Ausnahmen zusätzlich relativ umständliche Rechenoperationen gegebenenfalls unter Zuhilfenahme von besonderen Kurvenscharenblättern erforderlich.

Die Frequenz ω wird in logarithmischem Maßstab als Abszisse aufgetragen und dazu der Betrag des Frequenzganges für $p = \mathrm{j}\,\omega$ (Amplitudengang A) gleichfalls in logarithmischem Maßstab (üblicherweise $20 \lg A$, mit Dezibel, abgekürzt db bezeichnet s. Kapitel 65 Tabelle 4), dagegen der Phasenwinkel (Phasengang φ) in linearem Maßstab. Die Multiplikation und Division komplexer Größen wird so auf die einfache algebraische Addition übergeführt. Änderungen der Verstärkung des aufgeschnittenen Regelkreises bedeuten einfach eine Parallelverschiebung des Amplitudenganges. Frequenzgang und reziproker Frequenzgang sind Spiegelbilder, so daß es genügt, beispielsweise nur den üblichen Frequenzgang F_0 darzustellen. Entsprechend dem Stabilitätsgrenzfall im Nyquist-Diagramm $F_0(\mathrm{j}\omega) = -1$ spielt bei der Darstellung durch geknickte Streckenzüge der Punkt $-1 + \mathrm{j}\,0$ (d.h. $A = 1$; $20 \lg A = 0$; $\varphi = -180°$) eine wesentliche Rolle. Der Winkel φ, der zum Betrag $A = 1$ gehört, und die Änderung von $20 \lg A$ mit der Frequenz (Neigung der Strecke) in der Umgebung $A = 1$ dienen als Kriterien für die Stabilitätsgüte des Regelablaufes. Betrags- bzw. Winkelabweichungen $20 \lg A - 0$ bzw. $\varphi - (-180°)$ werden als Amplitudenabstand (englisch: gain margin) bzw. Phasenabstand (englisch: phase margin) besonders gekennzeichnet. Es soll z. B. für $A = 1$ der Phasenabstand mindestens 30° und für $\varphi = -180°$ der Amplitudenabstand mindestens $20 \lg 1/2{,}5 = -8$ betragen. Insbesondere in der amerikanischen Literatur wird diese Methode bevorzugt; dabei werden in das Bode-D.agramm auch

[1] Englisch: Frequency response method.

Kurvenscharen beispielsweise für den Betrag des Frequenzganges mit $p = j\omega$ für den geschlossenen Regelkreis aufgenommen, um z.B. die passende Verstärkung des aufgeschnittenen Regelkreises leicht angeben zu können.

Logarithmiert man die Gleichung des Frequenzganges des aufgeschnittenen Regelkreises:

$$F(j\omega) = V \frac{(1 + j\omega T_1')(1 + j\omega T_2')\ldots}{(1 + j\omega T_1)(1 + j\omega T_2)\ldots} \tag{77}$$

und spaltet man die Faktoren in Betrag und Phase auf, so erhält man die beiden Gleichungen

$$\left.\begin{aligned} A = 20\lg|F| = 20\lg V + 20\lg|1 + j\omega T_1'| + 20\lg|1 + j\omega T_2'| + \cdots \\ - 20\lg|1 + j\omega T_1| - 20\lg|1 + j\omega T_2| + \cdots, \end{aligned}\right\} \tag{78}$$

$$\varphi = \operatorname{arc} F = \operatorname{arc\,tan} \omega T_1' + \operatorname{arc\,tan} \omega T_2' + \cdots - \operatorname{arc\,tan} \omega T_1 - \operatorname{arc\,tan} \omega T_2 - \cdots \tag{79}$$

(Zum Zahlenwert von A wird beim Schreiben db, hinzugefügt.)

Eine Verstärkung $V = v$ db bedeutet $V = 10^{v/20}$ ($v = 40$ db entspricht $V = 10^{40/20} = 100$). Der Bereich von zwei Frequenzen, die sich wie 1 : 10 verhalten, wird Dekade genannt.

Von Bedeutung ist es, daß man den Amplitudengang (gegebenenfalls auch den Phasengang) von $F(j\omega)$ durch geknickte Streckenzüge angenähert darstellen kann, wobei Korrekturen nach einer einfachen, bei gleichem Frequenzmaßstab gleichbleibenden Schablonenskala leicht vorgenommen werden können. Bei dieser Annäherung wird an Stelle $\lg|1 + j\omega T|$ für $\omega < 1/T$ einfach $\lg 1 = 0$ gesetzt, für $\omega > 1/T$ dagegen $|\lg j\omega T|$. Für Terme $1 + 2\zeta j\omega T + (j\omega T)^2$ tritt lg 1 bzw. $\lg|(j\omega T)^2|$, wobei aber die von ζ abhängigen Korrekturen auch erheblich werden können und dann berücksichtigt werden müssen. Bei der angenäherten Darstellung des Phasenganges [$\sphericalangle\ \varphi$ von $F(j\omega)$] durch geknickte Streckenzüge wird z.B. der $\operatorname{arc\,tan} \omega T$ in Abhängigkeit von $\lg\omega$ durch eine Strecke der Neigung $-90°$ über zwei Dekaden mit dem Mittelpunkt in $\omega = 1/T$ und den anschließenden Strecken $\varphi = 0$ und $\varphi = -90°$ wiedergegeben; $F(j\omega) = V/(1 + pT) = 100/(1 + p\,2{,}5\,\text{s})$ ist in *Bild* 10a dargestellt. Dabei gilt folgendes: Für $\omega < 1/T = 1/2{,}5 = 0{,}4$ ist $20\lg|F| \approx 40$ db. Für $\omega > (1/T)$ ist $20 \cdot \lg|F| \approx 20 \cdot \lg\left|\frac{100}{j\omega 2{,}5}\right|$; z.B. ist $20 \cdot \lg |F(j\,0{,}4)| = 40$ db und $20 \cdot \lg|F(j\,40)| = 0$.

Der Streckenzug beginnt mit der Horizontalen 40 db, knickt bei $\omega = 1/T = 0{,}4$ ab und fällt entsprechend der 1. Potenz von p mit 20 db je Dekade ab. Der Winkel φ ändert sich von 0 auf $-90°$ innerhalb etwa zwei Frequenzdekaden. Da nur eine einzige Zeitkonstante T vorhanden ist, kann der Winkel φ nicht unter $-90°$ absinken; die Regelung ist stabil bei beliebig hoher Verstärkung, die nur eine Parallelverschiebung des Amplitudenganges in Ordinatenrichtung bedeutet. Zu den geknickten Streckenzügen sind die zugehörigen genauen Kurven auch im Bild eingezeichnet. Der maximale Amplitudenfehler ist (entsprechend p^1) -3 db und φ für $\omega = 1/T$ ist $-45°$.

Die folgende Funktion ist in *Bild* 10b dargestellt:

$$F(j\omega) = \frac{\frac{1}{\alpha}}{p\frac{\alpha T_1}{K_1 K_2}(1 + pT_2)(1 + pT_3)} = \frac{1}{p\,4\,(1 + p\,2)(1 + p\,0{,}4)}$$

Die erste Strecke des Amplitudenganges führt durch den Punkt, lg Betrag = 0, $\omega = 1/4 = 0{,}25$ mit der Neigung 20 db/Dekade; der 1. Knickpunkt liegt bei $\omega = 1/2 = 0{,}5$, darauf folgt die Neigung 40 db/Dekade; der 2. Knickpunkt ist bei

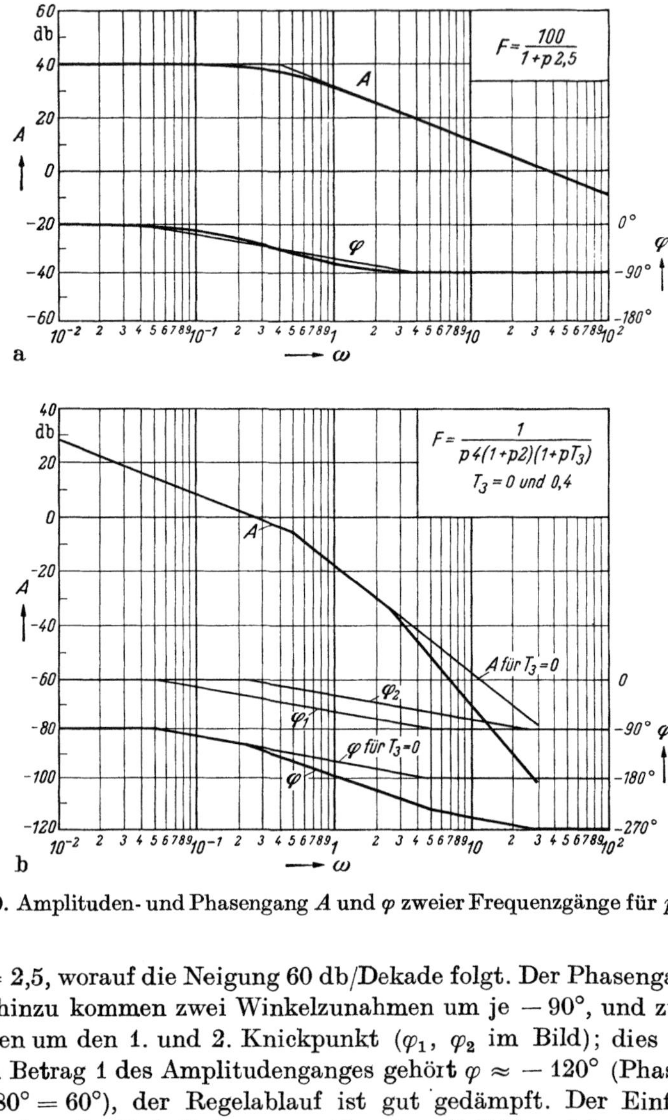

Bild 10. Amplituden- und Phasengang A und φ zweier Frequenzgänge für $p = \mathrm{j}\,\omega$

$\omega = 1/0{,}4 = 2{,}5$, worauf die Neigung 60 db/Dekade folgt. Der Phasengang beginnt mit $-90°$, hinzu kommen zwei Winkelzunahmen um je $-90°$, und zwar je über zwei Dekaden um den 1. und 2. Knickpunkt (φ_1, φ_2 im Bild); dies addiert ergibt φ. Zum Betrag 1 des Amplitudenganges gehört $\varphi \approx -120°$ (Phasenabstand, $-120° + 180° = 60°$), der Regelablauf ist gut gedämpft. Der Einfluß von T_3 (2. Knick) ändert die Verhältnisse gegenüber dem Fall $T_3 = 0$ kaum, da $T_3 \ll T_2$ ist. Ausdrücke mit der Zeitkonstanten T im Zähler von Gl. (77) ergeben ebenfalls Knickpunkte bei $\omega = 1/T$; die Neigung geht beim Amplitudengang von $20\,n$ db/Dekade auf $20\,(n-1)$ db/Dekade zurück, beim Phasengang dreht sich das Vorzeichen der Winkeländerung (über zwei Dekaden) um.

Bei der Parallelschaltung, beispielsweise einer Regelstrecke plus Regelverstärker mit einem Rückführglied, abgegriffen von der Regelgröße und einspeisend vor dem der Regelstrecke vorgeschalteten Regelverstärker, sind sowohl für die Regelstrecke plus Regelverstärker $F_S = x/y_e$ (Blockschaltplan in *Bild* 11) wie für den auf x umgerechneten Rückführeinfluß $1/F_B = x/y_r$ je eine A-Kurve und je eine φ-Kurve zu zeichnen. Die Parallelschaltung muß im allgemeinen mühsam punkt-

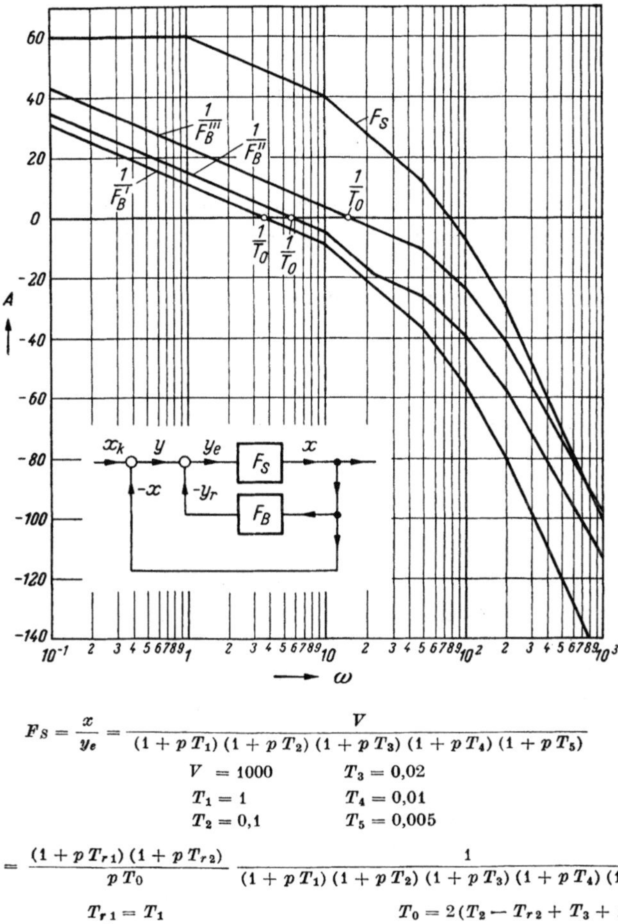

1) $$F_S = \frac{x}{y_e} = \frac{V}{(1+pT_1)(1+pT_2)(1+pT_3)(1+pT_4)(1+pT_5)}$$

$V = 1000$ $\quad T_3 = 0{,}02$

$T_1 = 1$ $\quad T_4 = 0{,}01$

$T_2 = 0{,}1$ $\quad T_5 = 0{,}005$

2) $$\frac{1}{F_B} = \frac{x}{y_r} = \frac{(1+pT_{r1})(1+pT_{r2})}{pT_0} \cdot \frac{1}{(1+pT_1)(1+pT_2)(1+pT_3)(1+pT_4)(1+pT_5)}$$

$T_{r1} = T_1$ $\quad T_0 = 2(T_2 - T_{r2} + T_3 + T_4 + T_5)$

$F'_B = F_B$ mit $T_{r2} = 0$ und $T_0 = 0{,}27$

$F''_B = F_B$ mit $T_{r2} = 0{,}045$ und $T_0 = 0{,}18$

$F'''_B = F_B$ mit $T_{r2} = 0{,}1$ und $T_0 = 0{,}07$

Bild 11. Amplitudengänge 1) und 2) für die im Blockschaltplan dargestellte Regelung $x/x_k = 1/(1 + 1/F_0) = 1/[1 + (1/F_S) + F_B] \approx 1/(1 + F_B)$

weise für die einzelnen Frequenzen gesondert erfolgen, in Ausnahmefällen ist es zulässig, bei der Bildung $1/F_0 = 1/F_S + F_B$ abschnittweise $1/F_0 \approx 1/F_S$ bzw. $1/F_0 \approx 1/F_B$ zu setzen, also bei zwei sich etwa mehrfach überschneidenden Amplitudengängen $1/F_S, F_B$ immer die tiefer liegenden Teilstrecken als Ergebnis der Parallelschaltung zu nehmen, wobei die Zulässigkeit dieses Vorgehens unbedingt überprüft werden muß. In *Bild* 11 ist F_S der Streckenzug einer Regelstrecke plus Regelverstärker mit fünf Zeitkonstanten und einer hohen Verstärkung. $1/F'_B$, $1/F''_B$, $1/F'''_B$ sind Streckenzüge einer parallelen Rückführung (und zwar einer vom Charakter PI bzw. zwei vom Charakter PID), die entsprechend ihrer Lage im Bild (alle praktisch unterhalb F_S) jeweils allein den Regelablauf bestimmen. (Das Bild zeigt auch das schnellere Arbeiten der Regelung mit einem PID-Regler gegenüber einem PI-Regler.)

D. Optimierungsverfahren für den Entwurf

1. Allgemeines

Die Wahl der Struktur von Reglern bzw. Rückführungen und die Einstellung der freien Parameter hat zum Ziel, eine Regelung mit optimalem Regelablauf zu erhalten. Das für die Optimierung maßgebende Kriterium muß der Regelaufgabe angepaßt sein und ist besonders anzugeben.

2. Regelfläche

Die *lineare* Regelfläche ist das zeitliche Integral der Regelabweichung über den ganzen Regelablauf

$$I_0 = \int_0^\infty x_c \,\mathrm{d}t \tag{80}$$

mit $x_c = x_b - x$. (Dabei ist x_b der Wert von x für $t \to \infty$.) Die Optimierungsforderung $I_0 \to$ Minimum ist allein nicht brauchbar, denn z.B. ergibt ein extrem schwach gedämpfter Regelablauf nahe dem Stabilitätsgrenzfall $I_0 \to 0$. Es ist somit zusätzlich eine Forderung z.B. über die Stabilitätsgüte erforderlich.

Die lineare Regelfläche der Regelabweichung $x_c = x_b - x$ kann man z. B. aus der *Differentialgleichung* nach Tabelle 3 berechnen. Aus der Frequenzfunktion $x_c(p)$ dagegen

$$x_c = \frac{a_1 b_0 + a_2 b_1 + a_3 b_2 + p(a_2 b_0 + a_3 b_1) + p^2 a_3 b_0}{a_0 + p a_1 + p^2 a_2 + p^3 a_3} \tag{81}$$

gewinnt man I_0, indem man Gl. (81) durch p (entsprechend der Integration) dividiert. Den Wert des Integrales I_0 für $t = \infty$ erhält man (Abschnitt F2c, Verhalten für $t = \infty$) durch Multiplikation mit p und Grenzübergang $p \to 0$ in Übereinstimmung mit Tabelle 3

$$I_0 = \frac{1}{a_0}(a_1 b_0 + a_2 b_1 + a_3 b_2) \tag{82}$$

Die Zusatzforderung, daß alle Wurzeln der charakteristischen Gleichung *negativ reell* sein sollen, liefert mit der Forderung $I_0 \to$ Minimum als Optimierungsbedingungen, daß alle Wurzeln *gleich* zu wählen sind. Wird zur Kennzeichnung eines Regelablaufes x entsprechend

$$x = \frac{1}{p} \frac{1}{(1 + p T_1)(1 + p T_2) \cdots (1 + p T_{(n)})}$$

Tabelle 3. *Beispiel zur Berechnung der linearen Regelfläche*

Differentialgleichung		$a_3 \frac{\mathrm{d}^3 x_c}{\mathrm{d}t^3} + a_2 \frac{\mathrm{d}^2 x_c}{\mathrm{d}t^2} + a_1 \frac{\mathrm{d}x_c}{\mathrm{d}t} + a_0 x_c = 0$
Die Differentialgleichung wird von $t = 0$ bis $t = \infty$ integriert, wobei die nebenstehenden Anfangsbedingungen zu beachten sind		$x_c\|_{t=0} = b_0$; $\frac{\mathrm{d}x_c}{\mathrm{d}t}\Big\|_{t=0} = b_1$; $\frac{\mathrm{d}^2 x_c}{\mathrm{d}t^2}\Big\|_{t=0} = b_2$
Ergebnis ist das Integral (I) und restliche Integrale, die sich mit Hilfe der partiellen Integration unter Auswertung der Aussagen über den Endzustand (II) durch die Anfangswerte b ausdrücken lassen	I	$I_0 = \int_0^\infty x_c \,\mathrm{d}t$
	II	$\lim_{t=\infty} \frac{\mathrm{d}^n x_c}{\mathrm{d}t^n} = 0 \quad (n = 1, 2, 3)$
Es folgt		$I_0 = \int_0^\infty x_c \,\mathrm{d}t = \frac{1}{a_0}(a_1 b_0 + a_2 b_1 + a_3 b_2)$

(dessen lineare Regelfläche, entsprechend der Regelabweichung $x_c = x_b - x$ gleich $T_1 + T_2 + \cdots T_{(n)}$ ist) die Summe der Zeitkonstanten $T = T_1 + T_2 + \cdots T_n$ als *Ansprechzeit* definiert, so werden nach Ablauf dieser Ansprechzeit bei $n > 1$ nicht genau 63%, sondern nur $63\% - \varepsilon\%$ des Endwertes von x erreicht; $\varepsilon_{\max}$ für $T_1 = T_2 = \cdots T_n$ ist abhängig von n:

$n = 1$	2	4	6	8	10
$\varepsilon_{\max} = 0$	3,6	6,5	7,8	9	8,9%

Für $T = T_1 + T_2 + \cdots T_n$ ist die Fläche $\int_0^T x \,\mathrm{d}t = \int_T^\infty (x_b - x)\,\mathrm{d}t$.

Quadratische Regelfläche. Bei der quadratischen Regelfläche $I_0/2$ mit

$$I_0 = 2\int_0^\infty x_c^2 \,\mathrm{d}t \tag{83}$$

wird der mit dem Vorzeichenwechsel der Regelabweichung $x_b - x = x_c$ verbundene, bei der Betrachtung der linearen Regelfläche festgestellte Nachteil vermieden. Die Optimierungsforderung $I_0 \to$ Minimum ist jedoch auch kein treffendes Gütekriterium für den dynamischen Regelablauf. Beispielsweise bei einer Differentialgleichung zweiter Ordnung

$$\frac{\mathrm{d}^2 x_c}{\mathrm{d}t^2} + a_1 \frac{\mathrm{d}x_c}{\mathrm{d}t} + x_c = 0$$

($a_2 = a_0 = 1$ bedeutet keine zusätzliche Einschränkung) ergibt die Forderung eines Minimums der quadratischen Regelfläche die Vorschrift $a_1 = 1$. Das heißt, von den in *Bild* 3 dargestellten Regelabläufen wäre danach $\zeta = 0{,}5$ die optimale Einstellung. Ein Schema für die Durchrechnung am Beispiel der Differentialgleichung aus Tabelle 3 zeigt die Tabelle 4 [*42*]. Man kann die quadratische Regelfläche unter Benutzung der LAPLACE-Transformation ermitteln [*43*, *44*, *53*, *54*, *55*] und zwar über den komplexen Faltungssatz bzw. einen Algorithmus.

Tabelle 4. *Beispiel zur Berechnung der quadratischen Regelfläche*

Die Differentialgleichung des Regelablaufes wird nacheinander multipliziert mit	x_e	$\frac{\mathrm{d}\,x_e}{\mathrm{d}\,t}$	$\frac{\mathrm{d}^2\,x_e}{\mathrm{d}\,t}$
Die neuen Gleichungen werden von $t=0$ bis $t=\infty$ integriert, wobei die nebenstehenden Anfangsbedingungen und das Verhalten für $t=\infty$ zu beachten sind	$x_e\vert_{t=0}=q_0$	$\left.\frac{\mathrm{d}\,x_e}{\mathrm{d}\,t}\right\vert_{t=0}=q_1$	$\left.\frac{\mathrm{d}^2\,x_e}{\mathrm{d}\,t^2}\right\vert_{t=0}=q_2$
Aus dem linearen Gleichungssystem für 3 unbekannte Integrale kann das gesuchte Integral I_0 berechnet werden	$I_0=2\int_0^\infty x_e^2\,\mathrm{d}\,t$	$I_1=-2\int_0^\infty\left(\frac{\mathrm{d}\,x_e}{\mathrm{d}\,t}\right)^2\mathrm{d}\,t$	$I_2=\int_0^\infty\left(\frac{\mathrm{d}^2\,x_e}{\mathrm{d}\,t^2}\right)^2\mathrm{d}\,t$
Ergebnis	$I_0=2\int_0^\infty x_e^2\,d\,t=\frac{Q_0}{a_0}+\frac{a_2(a_2\,Q_1+a_3\,Q_2)}{a_0(a_1\,a_2-a_0\,a_3)}$		
In dem Integral bedeuten	$Q_0=a_1\,q_0^2+a_2\,2\,q_0\,q_1+a_3(2\,q_0\,q_2-q_1^2)$ $Q_1=a_2\,q_1^2+a_3\,2\,q_1\,q_2$ $Q_2=a_3\,q_2^2$		

3. Betragsanschmiegung und Phasenanschmiegung

Man fordert, daß sich die Regelgröße x bei einem *Sprung des Sollwertes* von $x_{k0}=0$ auf x_{k1}, also um $x_k=x_{k1}-x_{k0}$, d.h. also bei $x_k(p)=x_k/p$ in gleicher Weise sprunghaft um x_k ändert. Dabei sei mit Rücksicht auf die Trägheiten der Regelstrecke eine (möglichst klein zu haltende) Laufzeit T_L zugelassen; es sei also $x=(x_k/p)\cdot\mathrm{e}^{-pT_L}$. Daraus ergibt sich die Forderung an den *Frequenzgang* x/x_k *des geschlossenen Regelkreises*

$$x/x_k=\mathrm{e}^{-p\,T_L}\qquad(T_L\to\text{Minimum})\tag{84}$$

Das bedeutet auch, daß z.B. der *Betrag* von x/x_k für $p=\mathrm{j}\omega$ gleich 1 sein soll, bei einer möglichst gegen den Punkt $\omega=0$ zusammengedrängten Frequenzskala. Als realisierbare Annäherung kann man danach anstreben, daß diese Forderung von $\omega=0$ *bis zu möglichst hohen Frequenzen* erfüllt werde. Dieses gewünschte tiefpaßähnliche Verhalten bei höchstmöglicher Grenzfrequenz kann auch geschrieben werden mit dem Amplitudengang

$$A=\left|\frac{x(\mathrm{j}\,\omega)}{x_k(\mathrm{j}\,\omega)}\right|$$

in der Form [*46*, *47*, *48*]:

$$\left.\frac{\mathrm{d}A}{\mathrm{d}\,\omega}\right|_{\omega=0}=0\,,\quad\left.\frac{\mathrm{d}^2A}{\mathrm{d}\,\omega^2}\right|_{\omega=0}=0\,,\ \ldots\ \text{usw.}\tag{85}$$

und zwar bis zu möglichst hohen Ableitungen.

Benutzt man das reziproke Nyquist-Diagramm $H(p)=1/F_0(p)$, wobei $F_0(p)$ gleich dem Frequenzgang des aufgeschnittenen Regelkreises $F_0(p)=x/(x_k-x)$ mit

$p = \mathrm{j}\omega$ ist, so lautet die Forderung der Gl. (84) gemäß $x/x_k = 1/[1 + H(\mathrm{j}\omega)]$:

$$H(p) = \mathrm{e}^{p T_L} - 1 \qquad (T_L \to \text{Minimum}) \tag{86}$$

Das bedeutet, daß das reziproke NYQUIST-Diagramm sich an den Kreis $\mathrm{e}^{pT_L} - 1$ bis zu möglichst hohen Frequenzen anschmiegen soll. Was die *Erweiterung* der Forderung Gl. (86), nämlich

$$H(p) = \varrho(\mathrm{e}^{p T_L} - 1) \qquad T_L \to \text{Minimum} \tag{87}$$

bedeutet, zeigt *Bild* 12 und 13 entsprechend den Gleichungen mit $q = p T_L$:

$$\frac{x}{x_k} = \frac{1}{1 + H(p)} = \frac{1}{1 + \varrho(\mathrm{e}^{q} - 1)} = \frac{\mathrm{e}^{-q}}{\varrho} \frac{1}{1 + \dfrac{1-\varrho}{\varrho}\mathrm{e}^{-q}}$$

Für $x_k = 1/q$ (Sollwertsprung) und nach Reihenentwicklung mit gliedweiser Rücktransformation ist weiterhin:

$$x(t)\Big|_{x_k(p) = \frac{1}{q}} = \frac{1}{\varrho}\frac{\mathrm{e}^{-q}}{q} - \frac{1-\varrho}{\varrho^2}\frac{\mathrm{e}^{-2q}}{q} + \frac{(1-\varrho)^2}{\varrho^3}\frac{\mathrm{e}^{-3q}}{q} - \frac{(1-\varrho)^3}{\varrho^4}\frac{\mathrm{e}^{-4q}}{q} + \cdots \tag{88}$$

Die Regelabweichungen $x_c = x_b - x = 1 - x$ sind in den aufeinanderfolgenden Zeitintervallen

$$1; \quad -\left(\frac{1-\varrho}{\varrho}\right)^1; \quad \left(\frac{1-\varrho}{\varrho}\right)^2; \quad -\left(\frac{1-\varrho}{\varrho}\right)^3 \ldots \tag{89}$$

Merksätze für die Verknüpfung von Übergangsfunktion und reziprokem Nyquist-Diagramm. Untersucht man zusätzlich zu diesen Betrachtungen das Verhalten des reziproken NYQUIST-Diagramms für eine Reihe von Übergangsfunktionen, so kann man folgende *Sätze* aufstellen, nach denen das *reziproke* NYQUIST-*Diagramm* an den ($\varrho = 1$)-Kreis $\mathrm{e}^{-pT_L} - 1$ anzuschmiegen ist.

1. Beurteilung des Überschwingens. Ein Eindringen des Diagramms in den ($\varrho = 1$)-Kreis läßt auf ein mit gesteigertem Eindringen stärkeres Überschwingen schließen. Führt im Sonderfall das Diagramm durch den Mittelpunkt des ($\varrho = 1$)-Kreises (entsprechend $\varrho = 0{,}5$ in Gl. (87 bis 89), also durch den kritischen Punkt $-1 + \mathrm{j}0$, so liegt der Stabilitätsgrenzfall vor; die Regelabweichungen pendeln ständig zwischen 1 und -1 [Gl. (89), $\varrho = 0{,}5$]. Je mehr dagegen das Diagramm außen um den ($\varrho = 1$)-Kreis $\mathrm{e}^{-pT_L} - 1$ herumführt, ein um so stärker aperiodisches Verhalten ist zu erwarten.

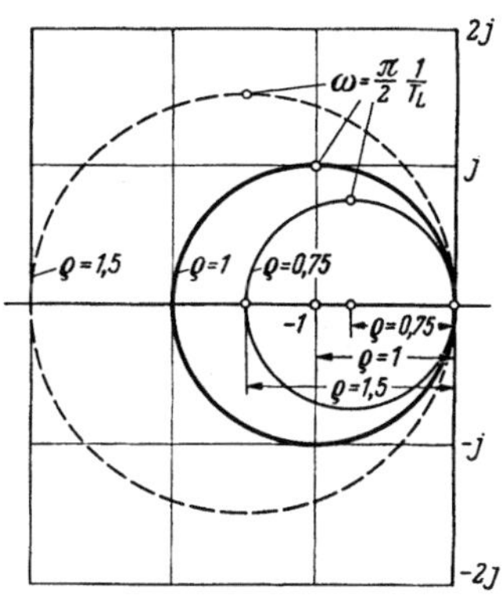

Bild 12. Reziproke NYQUIST-Diagramme $\varrho(\mathrm{e}^{pT_L} - 1)$ für $\varrho = 0{,}75$, 1 und 1,5

2. Beurteilung der Schnelligkeit. Je mehr die Frequenzskala gegen den Punkt $\omega = 0$ zusammengedrängt ist, um so schneller geht der Regelablauf vor sich.

3. Beurteilung einer kurzen aperiodischen Ausregelzeit. Günstig für ein – nach dem etwaigen ersten leichten Überschwingen – aperiodisches Erreichen einer kurzen Ausregelzeit ist ein Diagramm, das sich zunächst an den ($\varrho = 1$)-Kreis von außen anschmiegt und sich später mit wachsendem ω, monoton ansteigend, vom ($\varrho = 1$)-Kreis stark entfernt. Die Bedingungen, die sich für das Anschmiegen des Betrages von $x(\mathrm{j}\omega)/x_k(\mathrm{j}\omega)$ an den ϱ-Kreis für eine gebrochene rationale Funktion ergeben, sind in Tabelle 5 kurz dargelegt.

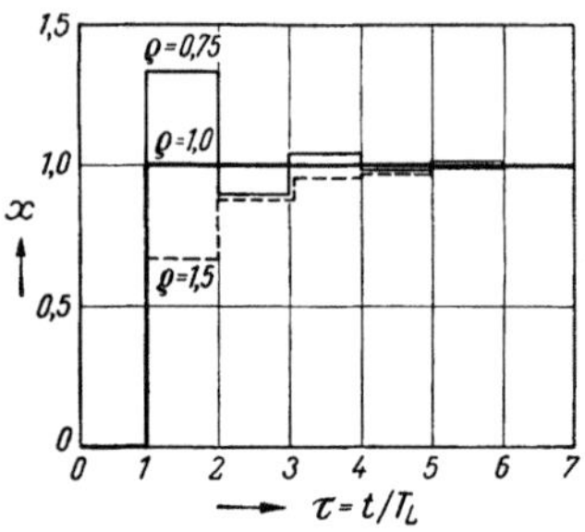

Bild 13. Übergangsfunktionen x beim Sollwertsprung zu
$$\frac{x}{x_k} = \frac{1}{1 + \varrho\,(e^{pT_L} - 1)}\,; \quad \left(x_k = \frac{1}{p}\right)$$

Formulierung der Betragsanschmiegung für gebrochene rationale Funktionen. Der Frequenzgang des geschlossenen Regelkreises $x/x_k = 1/[1 + H(p)]$, wobei $H(p)$ gleich dem reziproken Frequenzgang des aufgeschnittenen Regelkreises ist, sei durch die in Tabelle 5 oben angeschriebene gebrochene rationale Funktion dargestellt. Unten in der Tabelle sind die *Kriterien der Betragsanschmiegung* zusammengestellt.

Formulierung der Phasenanschmiegung für gebrochene rationale Funktionen. Als alternative realisierbare Annäherung an die Forderung Gl. (84) kann man verlangen, daß die *Phase* von x/x_k bis zu möglichst hohen Frequenzen ω linear mit ω

Tabelle 5. *Formulierung der Betragsanschmiegung für gebrochene rationale Funktionen*

Frequenzgang $\frac{x}{x_k} = \frac{1}{1+H(p)}$, dargestellt durch eine gebrochene rationale Funktion	$\frac{x}{x_k} = \frac{b_0 + b_1 p + b_2 p^2 + \cdots b_m p^m}{a_0 + a_1 p + a_2 p^2 + \cdots a_n p^n}$ $n \geqq m$			
Umformen der Gleichung mit $a_0 = b_0 = 1$	$\frac{x}{x_k} = \frac{1}{1 + \frac{p A_1 + p^2 A_2 + p^3 A_3 + \cdots}{1 + p B_1 + p^2 B_2 + p^3 B_3 + \cdots}}$			
Zusammenhang der Koeffizienten	$B_1 = \frac{b_1}{b_0}$; $(B_0 = 1)$	$B_2 = \frac{b_2}{b_0}$	$B_3 = \frac{b_3}{b_0}$	usw.
	$A_1 = \frac{a_1}{a_0} - \frac{b_1}{b_0}$; $(A_0 = 0)$	$A_2 = \frac{a_2}{a_0} - \frac{b_2}{b_0}$	$A_3 = \frac{a_3}{a_0} - \frac{b_3}{b_0}$	usw.
Bedingungen für das Anschmiegen des Betrages von $x(\mathrm{j}\omega)/x_k(\mathrm{j}\omega)$ an den ϱ-Kreis. (Zur Einstellung sind soviel Gleichungen zu erfüllen wie freie Parameter vorliegen)	$A_1^2 + 2\varrho(A_1 B_1 - A_2 B_0) = 0$ $A_2^2 - 2A_1 B_3 + 2\varrho(-A_1 B_3 + A_2 B_2 - A_3 B_1 + A_4 B_0) = 0$ $A_3^2 - 2A_2 B_4 - 2A_1 B_5 + 2\varrho(A_1 B_5 - A_2 B_4 + A_3 B_3 - A_4 B_2 + A_5 B_1 - A_6 B_0) = 0$			
Für $\varrho = 1$ gelten andererseits auch die Bedingungen	$a_0^2 = b_0^2 = 1$			
	$a_1^2 - 2a_0 a_2 = b_1^2 - 2b_0 b_2$			
	$a_2^2 - 2a_1 a_3 + 2a_0 a_4 = b_2^2 - 2b_1 b_3 + 2b_0 b_4$			
	$a_3^2 - 2a_2 a_4 + 2a_1 a_5 - 2a_0 a_6 = b_3^2 - 2b_2 b_4 + 2b_1 b_5 - 2b_0 b_6$			

verläuft. Es lassen sich, ähnlich wie bei der Betragsanschmiegung, *Kriterien der Phasenanschmiegung* angeben, die man benutzt, wenn man besonderen Wert legt auf die Vermeidung des Überschwingens der zugehörigen Übergangsfunktion zum Sollwertsprung.

Anschmiegen der Frequenzfunktion für Störwertänderungen, praktische Optimierung [*53, 54*]. Erscheint die Aufstellung der Kriterien der Betragsanschmiegung für einen Sollwertsprung unangebracht, so kann man analoge Kriterien für einen *Störgrößensprung* aufstellen. Betrachtet wird die, für $t \to \infty$ verschwindende, zur Regelabweichung $(x_b - x)$ gehörige Frequenzfunktion $F(p)$ für $p = \mathrm{j}\omega$ beim Störgrößensprung von $z(t)$, also bei $z(p) = 1/p$

$$F(p) = \left(x \Big|_{z=\frac{1}{p}} p \right)_{p \to 0} \frac{1}{p} - x \Big|_{z=\frac{1}{p}} \tag{90}$$

Der erste Summand von Gl. (90) ist bei „astatischen" Regelungen Null. Im nicht realisierbaren Extremfall $F(p) = 0$ käme überhaupt keine Regelabweichung zustande. Läßt man einen etwas (um eine kleine Laufzeit T_L) verspäteten Impuls der Regelabweichung von möglichst kleiner Fläche k zu, so bedeutet das die Forderung

$$F(p) = k\,\mathrm{e}^{-pT_L} \qquad (k \to \text{Minimum},\ T_L \to \text{Minimum}). \tag{91}$$

Als realisierbare Annäherung kann man somit fordern, daß die Frequenzfunktion $F(p)/k$ das gleiche Frequenzverhalten für $p = \mathrm{j}\omega$ zeigt wie der Frequenzgang x/x_k in Gl. (84). Man kann somit die gleichen Kriterien, die für x/x_k gelten, auch auf $F(p)/k$ anwenden.

4. Standardformen für Frequenzgänge und Wurzelvorschriften

Eine besonders für den praktischen Gebrauch zweckmäßige Form der Optimierung sind vorgeschriebene Standardfrequenzgänge für die Frequenzgänge x/x_k des geschlossenen Regelkreises, die nach bestimmten Optimierungskriterien (z. B. der Betrags- oder Phasenanschmiegung, Wurzelvorschriften) in einmaliger Vorarbeit samt den zugehörigen Standardübergangsfunktionen berechnet wurden. Man erspart auf diese Weise auch die Rücktransformation des Regelvorganges aus dem Frequenzbereich in den Zeitbereich. In Tabelle 6 sind einige wichtige Typen von Standardfunktionen mit den entsprechenden Schaubildern zusammengestellt.

Standardfunktionen vom Typ Nr. 1 in Tabelle 6. Da man durch besonderen Entwurf von Reglern und Rückführungen bzw. Seriennetzwerken in der Lage ist, die Ordnung des Zählers in Nr. 5 der Tabelle 6 herabzusetzen und dabei hochwertige Regelungen zu entwerfen, wird insbesondere der Frequenzgang nach Nr. 1 der Tabelle 6 betrachtet (obwohl die Optimierungskriterien sich auch im allgemeinen Fall der gebrochenen rationalen Funktion anwenden lassen).

In Tabelle 7 sind die Verhältnisse der *Betragsanschmiegung* für zwei zweckmäßige *Normierungen der Frequenz* zusammengestellt. Zu $\varrho = 1$ und für die zweite Art der Normierung der Frequenz sind in *Bild* 15 die Lagen der am Einheitskreis symmetrisch angeordneten Wurzeln gezeigt und in *Bild* 16 sind die reziproken Nyquist-Diagramme zu sehen. Weiter sind für $\varrho = 1$ und die erste Art

Tabelle 6. *Einige Typen von Standardfrequenzgängen*

Nr.	Gleichungen	
1	$\frac{x}{x_k} = \frac{1}{1 + a_1 p + a_2 p^2 + \cdots a_n p^n}$	x_1 H_1
2	$\frac{x}{x_k} = \frac{1 + a_1 p}{1 + a_1 p + a_2 p^2 + \cdots a_n p^n}$	x_2 H_2
3	$\frac{x}{x_k} = \frac{1 + a_1 p + a_2 p^2}{1 + a_1 p + a_2 p^2 + \cdots a_n p^n}$	x_3 H_3
4	$\frac{x}{x_k} = \frac{1 + b_1 p}{1 + a_1 p + a_2 p^2 + \cdots a_n p^n}$	x_4 H_4
5	$\frac{x}{x_k} = \frac{1 + b_1 p + b_2 p^2}{1 + a_1 p + a_2 p^2 + \cdots a_n p^n}$	x_5 H_5

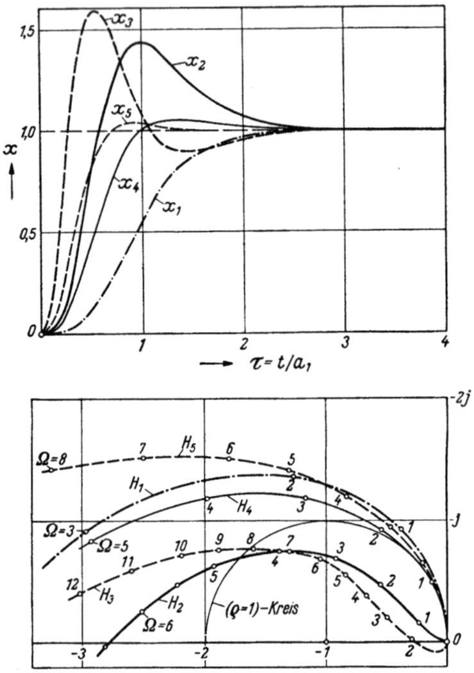

der Normierung die Übergangsfunktion in *Bild* 14 gezeichnet und für $\varrho \geqq 1$ und die zweite Art der Normierung die Übergangsfunktionen in *Bild* 17 a aufgetragen. Die Wahl von $\varrho > 1$ (*Bild* 17b bis d) dient dazu, bei höherer Ordnung n das Überschwingen zu mindern. Übergangsfunktionen $\varrho = 1$ sind in der Literatur zu finden [*46, 47, 48, 49*].

Die Ansprech- (63%), Anpeil-, Anregel- und Ausregel-($\pm$ 2%)-Zeiten τ/a_1' sind für $\varrho = 1$ in der Mitte der Tabelle 7 angegeben. Ist z.B. $x/x_k = 1/(1 + pT + p^2 T^2/2)$, so ist nach der ersten Art der Normierung $\tau = t/T$. Damit wird $\tau_r = 2{,}36\ a_1'$ $= 2{,}36 \cdot 1$; also $t_r = \tau_r T = 2{,}36\ T$.

Nach der zweiten Art der Normierung ist $\tau = t/(T/\sqrt{2})$. Damit wird $\tau_r = 2{,}36\ a_1'$ $= 2{,}36 \cdot 1{,}414$; also $t_r = \tau_r T/\sqrt{2} = 2{,}36 \cdot 1{,}414\ T/\sqrt{2} = 2{,}36\ T$.

In Tabelle 8 sind die Verhältnisse der *Phasenanschmiegung* wieder für zwei Normierungen der Frequenz zusammengestellt.

Während bei der Betragsanschmiegung die Fortsetzung des Koeffizientenschemas für beliebig hohes n nach der zweiten Art der Normierung mit der symmetrischen Wurzelverteilung am Einheitskreis (*Bild* 15) möglich ist, kann bei der Phasenanschmiegung die Fortsetzung des Koeffizientenschemas für beliebig hohes n nach der ersten Art der Normierung erfolgen. Die Wurzeln sind Nullstellen der LAGUERREschen Polynome

$$\frac{(-1)^n}{\binom{2n}{n}} L_n^{(-2n-1)}(2p)$$

Für die erste Art der Normierung sind in *Bild* 18 die Übergangsfunktionen und in *Bild* 19 die reziproken NYQUIST-Diagramme für die zweite Art der Normierung dargestellt. Auf die mögliche Vielfältigkeit der Bildung weiterer Standardfunktionen beispielsweise durch andere Näherungsentwicklungen von e^{pT_L} und andere *Wurzelvorschriften* wird auf die Literatur verwiesen [*40, 50, 51, 52*].

Standardfunktionen vom Typ Nr. 2 und 3 in Tabelle 6, gebildet aus einer Standardfunktion vom Typ Nr. 1 in Tabelle 6, sind beispielsweise von Interesse, wenn die Regelabweichung $x - x_k$ nicht nur für den Sollwertsprung verschwinden soll, wie das bei einer Regelung nach Nr. 1 in Tabelle 6, der Fall ist (englisch: zero displacement-error system), sondern zusätzlich auch für einen Sprung der Geschwindigkeit der Sollwertänderung, was bei der Regelung nach Nr. 2 in Tabelle 6, der Fall ist (englisch: zero velocity-error system) bzw. außerdem noch für einen Sprung der Beschleunigung der Sollwertänderung, was bei der Regelung nach Nr. 3 in Tabelle 6, der Fall ist (englisch: zero acceleration-error system).

Die Bilder in Tabelle 6 zeigen die zu den Gleichungen $x/x_k = 1/[1 + H(p)]$ gehörigen reziproken NYQUIST-Diagramme $H = [1/(x/x_k)] - 1$ und Übergangsfunktionen x zum Einheitssollwertsprung (der Index weist auf die Nummer der Gleichung hin), und zwar für Koeffizienten a_1 bis a_n entsprechend der Gleichung

$$1 + a_1 p + a_2 p^2 + \cdots a_n p^n = (1 + p/n)^n \tag{92}$$

mit $n = 5$, also $a_1 = 1$; $a_2 = 0{,}4$; $a_3 = 0{,}08$; $a_4 = 0{,}008$; $a_5 = 0{,}00032$. Die Nr. 1 in Tabelle 6, ist somit optimiert nach der linearen Regelfläche bei lauter negativen reellen Wurzeln, hat also nach Abschnitt D2 lauter gleiche Wurzeln (Bildkurven x_1, H_1).

Die Übergangsfunktion zu Nr. 2, das ist x_2, schwingt so über, daß das Integral der Regelabweichung Null ist. Das reziproke NYQUIST-Diagramm H_2 tangiert im Ursprung die negative Abszissenachse. Die Übergangsfunktion x_3 zeigt ein Über- und ein anschließendes Unterschwingen, und zwar derart, daß nicht nur das einfache Integral der Regelabweichung, sondern auch das über dieses Integral erstreckte Integral (also das Integral zweiter Ordnung) verschwindet. Das reziproke NYQUIST-Diagramm H_3 tangiert im Ursprung die negative Ordinatenachse. Die Ausregelzeiten der Übergangsfunktion x_1, x_2, x_3 bleiben die gleichen.

Standardfunktionen des Typs Nr. 4 und 5 in Tabelle 6. Solche Funktionen sind für geringes Überschwingen auf mannigfaltige Art zu gewinnen. Die Übergangsfunktionen x_4 und x_5 gehören zum Nennerpolynom nach Gl. (92), und zwar gilt bei x_4 der Ausdruck $b_1 = 1/\sqrt{n}$, und bei x_5 ist $b_2 = 1/2n\sqrt{2(n-1)/n}$, $b_1 = \sqrt{(1/n) + 2b_2}$, bestimmt nach den Bedingungen der Betragsanschmiegung. Die Bilder in der Tabelle 6 sind für $n = 5$ gezeichnet, x_4, x_5 sind die Übergangsfunktionen; H_4, H_5 die reziproken NYQUIST-Diagramme.

Tabelle 7. *Beispiel für Standardfrequenzgänge der Betragsanschmiegung*

Typ der Standardfunktion: $\frac{x}{x_k} = \frac{1}{1 + a_1 p + a_2 p^2 + \cdots a_n p^n}$

Erste Art der Normierung der Frequenz: $q = a_1 p = \mathrm{j}\, a_1 \omega = \mathrm{j}\, \Omega \quad \left(\tau = \frac{t}{a_1}\right)$

Mit dieser Frequenz-Normierung und dem Kriterium der *Betrags*anschmiegung aus Tabelle 5 ergibt sich das Koeffizientenschema des neuen Polynoms in q

n	a_0'	a_1'	a_2	a_3'	a_4	a_5'	a_6'
2	1	1	$0{,}5\ \varrho^{-1}$				
3	1	1	$0{,}5\ \varrho^{-1}$	$0{,}125\ \varrho^{-2}$			
4	1	1	$0{,}5\ \varrho^{-1}$	$0{,}1465\ \varrho^{-2}$	$0{,}02145\ \varrho^{-3}$		
5	1	1	$0{,}5\ \varrho^{-1}$	$0{,}1545\ \varrho^{-2}$	$0{,}02951\ \varrho^{-3}$	$0{,}002818\ \varrho^{-4}$	
6	1	1	$0{,}5\ \varrho^{-1}$	$0{,}1558\ \varrho^{-2}$	$0{,}03349\ \varrho^{-3}$	$0{,}004487\ \varrho^{-4}$	$0{,}0003005\ \varrho^{-5}$
∞	1	1	$\frac{1}{2!}\varrho^{-1}$	$\frac{1}{3!}\varrho^{-2}$	$\frac{1}{4!}\varrho^{-3}$	$\frac{1}{5!}\varrho^{-4}$	$\frac{1}{6!}\varrho^{-5}$

Bezogene Kenn-Zeiten τ/a_1' für $\varrho = 1$

n	$\tau_{ps\,(63\%)}/a_1$	τ_p/a_1	τ_r/a_1'	$\tau_{a\,(\pm 2\%)}/a_1'$
2	1,23	1,8	2,36	4,17
3	1,225	1,71	1,89	3,3
4	1,22	1,60	1,69	3,8
5	1,20	1,50	1,57	3,4
6	1,17	1,44	1,49	3,04

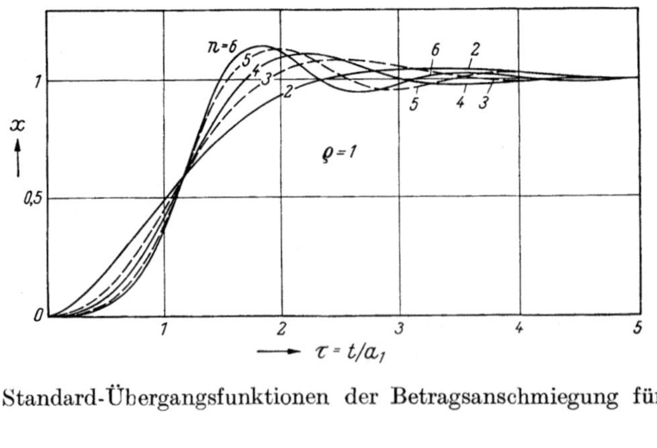

Bild 14. Standard-Übergangsfunktionen der Betragsanschmiegung für $\varrho = 1$

Tabelle 7 *(Fortsetzung)*

Zweite Art der Normierung der Frequenz: $q = a_n^{1/n}\,p = \mathrm{j}\,a_n^{1/n}\,\omega = \mathrm{j}\,\Omega \quad \left(\tau = \frac{t}{a_n^{1/n}}\right)$

Mit dieser Frequenz-Normierung und dem Kriterium der *Betrags*anschmiegung aus Tabelle 5 ergibt sich das Koeffizientenschema des neuen Polynoms in q

n	a'_0	a'_1	a'_2	a'_3	a'_4	a'_5	a'_6
2	1	1,414 $\varrho^{1/2}$	1				
3	1	2 $\varrho^{2/3}$	2 $\varrho^{1/3}$	1			
4	1	2,613 $\varrho^{3/4}$	3,414 $\varrho^{2/4}$	2,613 $\varrho^{1/4}$	1		
5	1	3,236 $\varrho^{4/5}$	5,236 $\varrho^{3/5}$	5,236 $\varrho^{2/5}$	3,236 $\varrho^{1/5}$	1	
6	1	3,864 $\varrho^{5/6}$	7,464 $\varrho^{4/6}$	9,142 $\varrho^{3/6}$	7,464 $\varrho^{2/6}$	3,864 $\varrho^{1/6}$	1

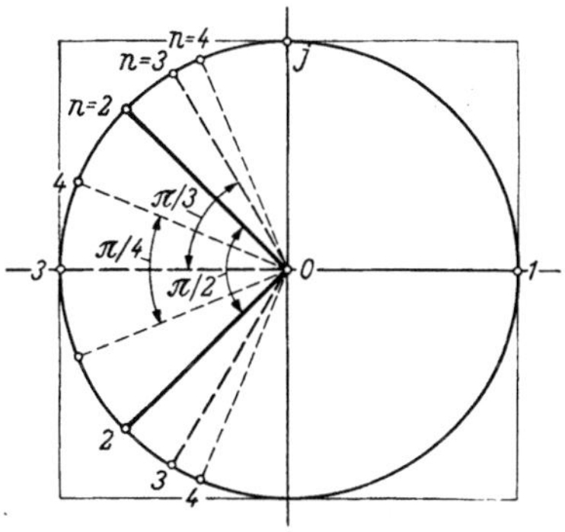

Bild 15. Wurzelverteilung

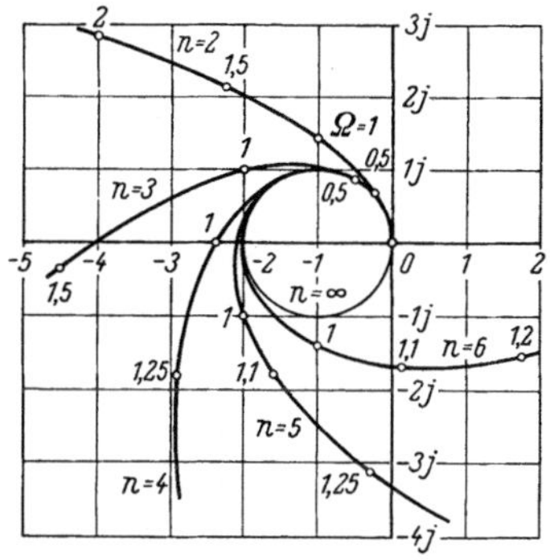

Bild 16. Reziprokes Nyquist-Diagramm

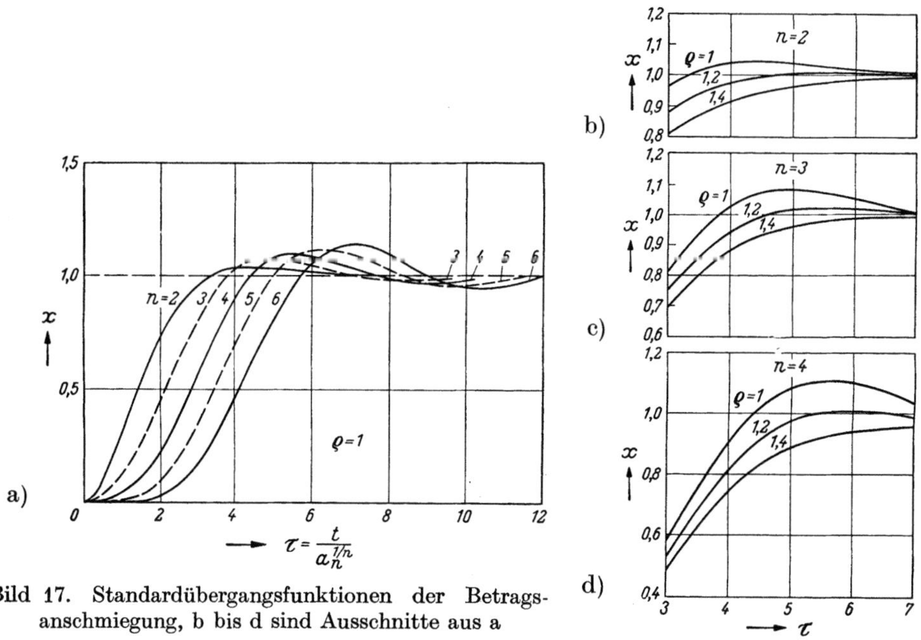

Bild 17. Standardübergangsfunktionen der Betragsanschmiegung, b bis d sind Ausschnitte aus a

Tabelle 8. *Beispiel für Standardfrequenzgänge der Phasenanschmiegung*

Typ der Standardfunktion: $\frac{x}{x_k} = \frac{1}{1 + a_1 p + a_2 p^2 + \cdots a_n p^n}$

Erste Art der Normierung der Frequenz: $q = a_1 p = \mathrm{j}\, a_1 \omega = \mathrm{j}\, \Omega \quad \left(\tau = \frac{t}{a_1}\right)$

Mit dieser Frequenz-Normierung und dem Kriterium der *Phasen*anschmiegung ergibt sich das Koeffizientenschema des neuen Polynoms in q

n	a_0'	a_1'	a_2'	a_3'	a_4'	a_5'	a_6'
2	1	1	0,333				
3	1	1	0,4	0,0667			
4	1	1	0,4286	0,09524	0,009524		
5	1	1	0,4444	0,1111	0,015873	0,001058	
6	1	1	0,45455	0,121212	0,020202	0,0020202	0,00009620
n	1	1	$\frac{2}{2}\,\frac{n-1}{2n-1}$	$\frac{2\cdot 2}{2\cdot 3}\,\frac{n-1}{2n-1}\,\frac{n-2}{2n-2}$	$\frac{2\cdot 2\cdot 2}{2\cdot 3\cdot 4}\,\frac{n-1}{2n-1}\,\frac{n-2}{2n-2}\,\frac{n-3}{2n-3}$	....	$a_k' = \frac{2^k}{k!}\,\frac{\binom{n}{k}}{\binom{2n}{k}}$

Bezogene Kenn-Zeiten τ/a_1'

n	$\tau_{ps(63\%)}/a_1$	τ_p/a_1'	$\tau_{a(\pm 2\%)}/a_1'$
2	1,125	1,63	2,48
3	1,125	1,57	2,02
4	1,125	1,5	1,81
5	1,11	1,46	1,74
6	1,1	1,4	1,64

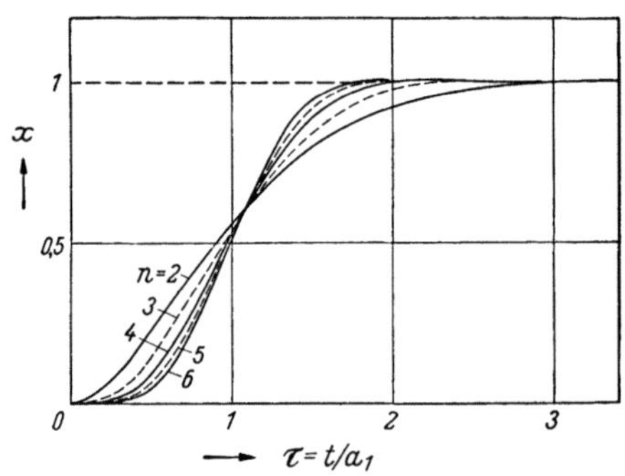

Bild 18. Standard-Übergangsfunktion der Phasenanschmiegung (erste Art der Frequenznormierung)

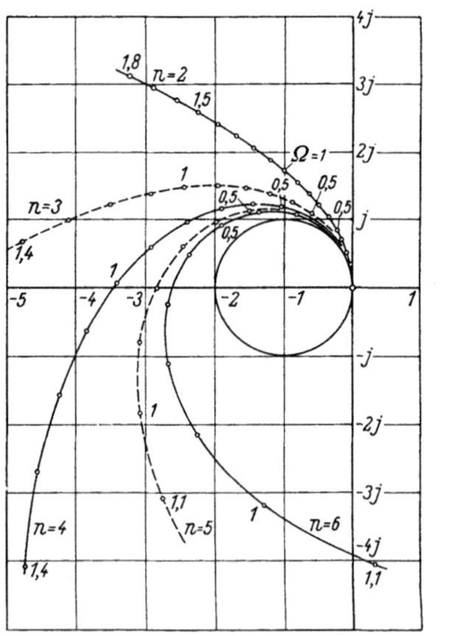

Bild 19. Reziprokes Nyquist-Diagramm zu *Bild* 18 (zweite Art der Frequenznormierung)

Tabelle 8 *(Fortsetzung)*

Zweite Art der Normierung der Frequenz: $q = a_n^{1/n} p = \mathrm{j}\, a_n^{1/n} \omega = \mathrm{j}\, \Omega \quad \left(\tau = \frac{t}{a_n^{1/n}}\right)$

Mit dieser Frequenz-Normierung und dem Kriterium der *Phasen*anschmiegung ergibt sich das Koeffizientenschema des neuen Polynoms in q

n	a_0'	a_1'	a_2'	a_3'	a_4'	a_5	a_6
2	1	1,7321	1				
3	1	2,466	2,433	1			
4	1	3,201	4,392	3,1124	1		
5	1	3,936	6,886	6,777	3,811	1	
6	1	4,672	9,920	12,359	9,623	4,495	1

E. Entwurf optimaler Regelungen

Im Gegensatz zur Nachrechnung vorgegebener Regelungen ist beim Entwurf optimaler Regelungen die Struktur des Reglers bzw. der Rückführungen und die Einstellung der frei verfügbaren Parameter anzugeben, und zwar auf Grund von Optimierungsverfahren (s. Abschnitt D), die einen vorgeschriebenen gewünschten Regelablauf gewährleisten.

Beim Versuch, allgemeine Gesichtspunkte für die optimale Auslegung von Regelungen aufzustellen, kann man von den Kenndaten des zeitlichen Ablaufes der Regelabweichung nach *Bild* 2 ausgehen, und zwar je nach Aufgabenstellung entweder von den zum Sollwertsprung oder zum Störgrößensprung zugehörigen Kenndaten. Das Beeinflussen der Übergangsfunktion ist auf verschiedene Arten möglich:

I. Wahl der Struktur von Regler bzw. Rückführungen (z.B. Wahl der zu eliminierenden Zeitkonstante)

II. Wahl der Kreisverstärkung, das ist die Verstärkung des aufgeschnittenen Regelkreises, welche die Abweichung der Regelgröße im Beharrungszustand von ihrem Sollwert festlegt

III. Einstellung der dann noch freien Parameter des Reglers bzw. der Rückführungen.

Was optimale Auslegung bedeutet, hängt wesentlich von der Aufgabenstellung ab. Forderungen an die Anregelzeit können durch die Möglichkeit I der Wahl der Struktur erfüllt werden, Forderungen an die Genauigkeit durch die Möglichkeit II und Forderungen an die Form der Übergangsfunktion (z. B. an die Pendelweite und das Überschwingen und an die Dämpfung der dominierenden Ausgleichsschwingung) durch die Möglichkeit III, wofür sich zu erfüllende Optimierungskriterien aufstellen lassen. Beispielsweise wird bei bestimmten Temperaturregelungen in erster Linie eine hohe Genauigkeit der Regelung, die sich durch die Möglichkeit II erfüllen läßt, ohne Überpendeln gefordert, wobei es auf die Ausregelzeit weniger ankommt. Man kann dann vorteilhaft das in Abschnitt D2 beschriebene Kriterium der minimalen Regelfläche mit der Zusatzforderung nach aperiodischem Verlauf anwenden. Ein anderes Beispiel ist die Begrenzungsregelung z. B. für einen Strom, wobei die geforderte Anregelzeit durch die Möglichkeit I erfüllt wird, die nur ein geringes Überschwingen zuläßt, während aber keine hohen Anforderungen an die Dämpfung der Ausgleichsschwingen gestellt sind. Es kann dann das in Abschnitt D 2 eingeführte Kriterium der quadratischen Regelfläche zweckmäßig eingesetzt werden. Ein weiteres Beispiel ist eine möglichst schnelle Drehzahlregelung, bei der eine kürzeste An- und Ausregelzeit verlangt wird und nur eine ganz geringe Pendelweite zugelassen werden kann. Nach Wahl einer entsprechend hochwertigen Struktur (z. B. mit PID-Verhalten) wird dann das Verfahren der Betragsanschmiegung nach Abschnitt D 3 gute Dienste leisten. Es kann dabei u. U. vorkommen, daß die Anregelzeit zu kurz ausfällt, so daß ein Glied im Regelkreis überbeansprucht wird; dann kann das allgemeine Kriterium der Standardformen für Frequenzgänge nach Abschnitt D4 durch passende Wahl der Standardfunktion Abhilfe schaffen, indem z. B. ein Zwischenverhalten zwischen extremem PID- und PI-Charakter der Regeleinrichtung bei noch verminderter Pendelweite einstellbar ist. Bei vermaschten, z. B. mit unterlagerten Regelungen arbeitenden Regelkreisen läßt sich eine systematische Folge von Kriterien aufstellen.

Die für die Optimierung maßgebenden Kriterien müssen also der Regelaufgabe angepaßt sein und sind besonders anzugeben. Im folgenden werden typische Beispiele behandelt.

1. Regler mit positiver Vorkopplung

Bei einem solchen Regler wird eine (nicht leicht realisierbare) die Regelung stabilisierende Einflußgröße y_v von der Regelabweichung $x_k - x$ mit Hilfe eines Vorkoppelungsgliedes $F_V = y_v/(x_k - x)$ gebildet, das mitkoppelnd wirkt. Für den Regler F_R in *Bild* 20, in dem die einfachste Form gezeichnet ist, gilt die Gleichung

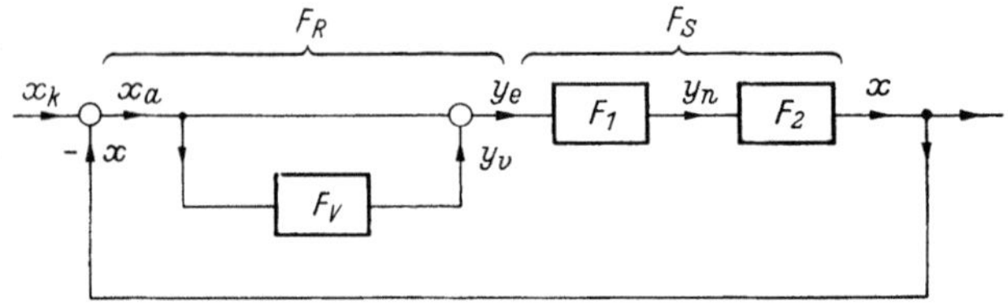

Bild 20. Regler mit Vorkopplung

$$x_k - x + y_v = x_k - x + (x_k - x) F_V = y_e$$

Der Frequenzgang des Reglers ist somit

$$F_R = \frac{y_e}{x_k - x} = 1 + F_V \tag{93}$$

Mit dem Frequenzgang der Regelstrecke $F_1 F_2 = F_S$ lautet die Gleichung der Regelung für Sollwertänderungen

$$\frac{x}{x_k} = \frac{1}{1 + \dfrac{1}{F_R F_S}} = \frac{1}{1 + \dfrac{1}{F_S}\dfrac{1}{1 + F_V}} \tag{94}$$

Es ist eine Regelstrecke mit der Verstärkung V_S und den Zeitkonstanten T_1 bis T_3 angenommen:

$$\frac{1}{F_S} = \frac{1}{V_S}(1 + pT_1)(1 + pT_2)(1 + pT_3) = \frac{1}{V_S} + p\frac{C_1}{V_S} + p^2\frac{C_2}{V_S} + p^3\frac{C_3}{V_S} \tag{95}$$

Hierfür wird gesucht der Regelablauf

$$\frac{x}{x_k} = \frac{1}{1 + p\,\frac{C_1}{V_S}}$$

Um diesen Regelablauf zu erhalten, ist F_V nach der folgenden Gleichung aufzubauen:

$$F_V = \frac{1}{p\,C_1} + p\,\frac{C_2}{C_1} + p^2\,\frac{C_3}{C_1} = \frac{y_v}{x_k - x} \tag{96}$$

Mit dem Verkopplungsglied sind $\int\limits_0^t (x_k - x)\,\mathrm{d}t$ und die erste und zweite zeitliche Ableitung von $(x_k - x)$ zu bilden.

Um die Bildung der zweiten Ableitung von $(x_k - x)$ zu ersparen, kann man die gleiche Regelstrecke aus Gl. (95) etwas anders schreiben:

$$\frac{1}{F_S} = \frac{1}{V_S}(1 + p\,T_1)(1 + p\,T_2)(1 + p\,T_3) = (1 + p\,T_3)\left(\frac{1}{V_S} + p\,\frac{C_1'}{V_S} + p^2\,\frac{C_2'}{V_S}\right) \tag{97}$$

Für die Regelung läßt sich nun auch der folgende Regelablauf entsprechend der betragsangeschmiegten Standardfunktion zweiter Ordnung, Tabelle 5, mit $n = 2$ und $\varrho = 1$, $b_1 = 0$ bis $b_m = 0$ vorschreiben:

$$\frac{x}{x_k} = \frac{1}{1 + p\,2\,T_3\,(1 + p\,T_3)} \tag{98}$$

Dazu muß man V_S entsprechend einstellen:

$$V_S = \frac{C_1'}{2\,T_3} \tag{99}$$

Es ist dann F_V nach der folgenden Gleichung zu bauen, d.h. es ist also nur das $\int\limits_0^t (x_k - x)\,\mathrm{d}t$ und die erste zeitliche Ableitung von $(x_k - x)$ zu bilden:

$$F_V = \frac{1}{p\,C_1'} + p\,\frac{C_2'}{C_1'} = \frac{y_v}{x_k - x} \tag{100}$$

Wegen der erforderlichen Konstanz der Verstärkung und der Zeitkonstanten der Regelstrecke ist – abgesehen von den Realisierungsschwierigkeiten – der Regler mit Vorkopplung sehr bedingt anwendbar.

2. Regler mit konzentrierter Rückführung

(Rückkopplung in Form einer Gegenkopplung)

Mit Rückführnetzwerken beschaltete Verstärker hoher Verstärkungsziffer V_e, die als trägheitslos – im Vergleich zu der, mit der Regelung erreichbaren, Anregelzeit – angesehen werden können und die als Regler der Regelstrecke vorgeschaltet werden, eignen sich sehr gut zur Stabilisierung von Regelungen (z.B. Röhrenverstärker, Transistorverstärker und mitunter Magnetverstärker). Für den Regler F_R in *Bild* 21 gilt die Gleichung

$$x_k - x = y_1\,F_B + \frac{y_1}{V_e}$$

Der Frequenzgang des Reglers ist somit

$$F_R = \frac{y_1}{x_k - x} = \frac{1}{F_B + \frac{1}{V_e}} \tag{101}$$

Mit dem Frequenzgang der Regelstrecke $F_1 F_2 = F_S$ lautet die Gleichung der Regelung für Sollwertänderungen

$$\frac{x}{x_k} = \frac{1}{1 + \frac{1}{F_R F_S}} = \frac{1}{1 + \left(F_B + \frac{1}{V_e}\right)\frac{1}{F_S}} = \frac{1}{1 + \frac{F_B}{F_S} + \frac{1}{V_e F_S}} \tag{102}$$

Durch Wahl einer möglichst hohen Verstärkungsziffer V_e des Regelverstärkers ($V_e \to \infty$) kann man erreichen, daß der zweite Summand im Nenner der Gl. (101) bzw. der dritte Summand im Nenner der Gl. (102) ($1/V_e$ bzw. $1/V_e F_S$) nur eine untergeordnete Rolle spielt, so daß man angenähert schreiben kann

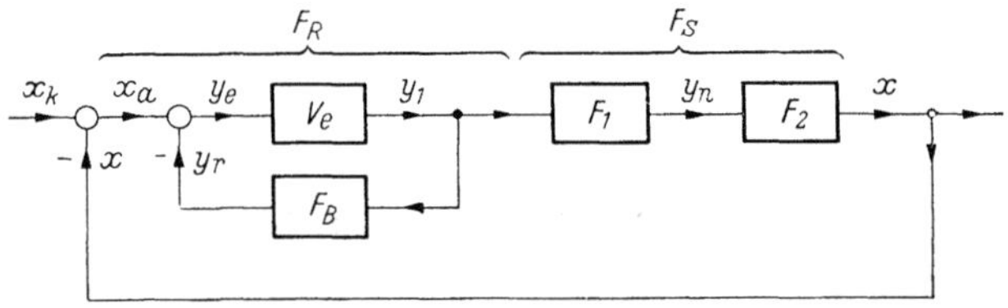

Bild 21. Regler, realisiert durch einen gegengekoppelten Rechenverstärker

$$F_R \approx \frac{1}{F_B} \tag{103}$$

$$\frac{x}{x_k} \approx \frac{1}{1 + F_B \frac{1}{F_S}} \tag{104}$$

Charakter der Regelstrecke. Es sollen in den weiteren Betrachtungen die folgenden beiden Grundtypen von Regelstrecken zugrunde gelegt werden.

(1) Regelstrecken mit Zeitkonstanten $T_1, T_2, \ldots T_n$, einer relativ kleinen Laufzeit T_L, die sich aus Teillaufzeiten zusammensetzen kann, und einer Gesamtverstärkung V_S (meist in der Größenordnung 1), also von der Form:

$$\frac{1}{F_S} = \frac{1}{V_S}(1 + pT_1)(1 + pT_2)\ldots(1 + pT_n)\,e^{pT_L} \tag{105}$$

(2) Regelstrecken, die ein integrierendes Element (z.B. Stellmotor) enthalten (Integrierzeit der Regelstrecke T_0)

$$\frac{1}{F_S} = pT_0(1 + pT_1)\ldots(1 + pT_n)\,e^{pT_L} \tag{106}$$

Reglertyp (Reglerstruktur). Für die betrachteten Regler sollen mit $V_e \to \infty$ folgende Formen in Betracht gezogen werden:

P-Regler: $$F_R = \frac{y_1}{x_k - x} \approx \frac{1}{F_B} = K \tag{107}$$

PI-Regler: $$F_R = \frac{y_1}{x_k - x} \approx \frac{1}{F_B} = \frac{1 + pT_n}{p\alpha T_n} = \frac{1 + pT_{r1}}{pT_i} \tag{108}$$

PID-Regler: $$F_R = \frac{y_1}{x_k - x} \approx \frac{1}{F_B} = \frac{1 + pT_n + p^2 T_n T_v}{p\alpha T_n} = \frac{(1 + pT_{r1})(1 + pT_{r2})}{pT_i} \tag{109}$$

I-Regler: $$F_R = \frac{y_1}{x_k - x} \approx \frac{1}{F_B} = \frac{1}{p\alpha T_n} = \frac{1}{pT_i} \tag{110}$$

PD-Regler: $$F_R = \frac{y_1}{x_k - x} \approx \frac{1}{F_B} = K(1 + pT_v) \tag{111}$$

Strenge Betragsoptimierung. In der Tabelle 9 ist die Gleichung einer Regelstrecke und eines zu ihr passenden Reglers vorgegeben [Gl. (112a und b)]. Daraus wird der Regelvorgang mit seinen Konstanten geschrieben [Gl. (112c und d)]. Die Werte der drei Rückführzeitkonstanten T_i, T_{r1}, T_{r2} werden nach den drei Bedingungen Gl. (113) der Betragsanschmiegung für gebrochene rationale Funktionen, Tabelle 5, berechnet, wodurch die Einstellung des Reglers festgelegt ist.

Tabelle 9. *Strenge Betragsoptimierung*

Vorgegebene Gleichung der Regelstrecke, gewählt entsprechend Gl. (105)	$\frac{1}{F_S} = \frac{1}{V_S}(1+pT_1)(1+pT_2)(1+pT_3)$	(112a)
Vorgegebene Gleichung des PID-Reglers entsprechend Gl. (109)	$\frac{1}{F_R} \approx F_B = \frac{pT_i}{(1+pT_{r1})(1+pT_{r2})}$	(112b)
Regelvorgang nach Gl. (104), x/x_k ermittelt aus Gl. (112a und b)	$\frac{x}{x_k} \approx \frac{1}{1+F_B\frac{1}{F_S}} = \frac{1}{1+\frac{pT_i}{(1+pT_{r1})(1+pT_{r2})}\frac{1}{F_S}} = \frac{1}{1+\frac{pA_1+p^2A_2+p^3A_3+p^4A_4}{1+pB_1+p^2B_2}}$	(112c)
Bedeutung der Konstanten A und B in Gl. (112c)	$A_1 = \frac{T_i}{V_S}$; $A_2 = \frac{T_i(T_1+T_2+T_3)}{V_S}$; $A_3 = \frac{T_i(T_1T_2+T_1T_3+T_2T_3)}{V_S}$; $A_4 = \frac{T_iT_1T_2T_3}{V_S}$; $B_1 = T_{r1}+T_{r2}$; $B_2 = T_{r1}T_{r2}$	(112d)
Bedingung der Betragsanschmiegung für gebrochene rationale Funktionen (Tab. 5) für $\varrho = 1$ [*56*]	$A_1^2 + 2(A_1B_1 - A_2) = 0$ $A_2^2 + 2(A_2B_2 - A_3B_1 + A_4) = 0$ $A_3^2 + 2(-A_4B_2) = 0$	(113)

Angenäherte Betragsoptimierung mit Elimination von Zeitkonstanten [nach Tabelle 6, Nr. 1]. Nach Wahl der Struktur des Reglers nach Gl. (109) bzw. Gl. (112b) wird die Einstellung der Rückführzeitkonstanten T_{r1} und T_{r2} entsprechend Gl. (114) der Tabelle 10 gewählt, so daß Gl. (112c) im Nenner durch Kürzen zweier linearer Polynome $(1+pT_1)$ und $(1+pT_2)$, also durch Elimination der Zeitkonstanten für den Regelablauf die Form der Nr. 1 in Tabelle 6 erhält, die in Tabelle 10 als Gl. (115) geschrieben ist. Die zugehörige Anregelzeit zur Beurteilung des Regelablaufes gibt Gl. (118).

Tabelle 10
Angenäherte Betragsoptimierung mit Elimination von Zeitkonstanten nach Tab. 6, Nr. 1

Wahl der Einstellung der Rückführzeitkonstanten T_{r1} und T_{r2} zur Elimination der Zeitkonstanten T_1 und T_2	$T_{r1} = T_1$ $T_{r2} = T_2$	(114)
Mit der Bedingung Gl. (114) nimmt Gl. (112 c) die nebenstehende Form nach Tab. 6, Nr. 1 an	$\frac{x}{x_k} = \frac{1}{1 + p\frac{T_i}{V_S}(1 + pT_3)} = \frac{1}{1 + p\frac{T_i}{V_S} + p^2\frac{T_i T_3}{V_S}}$	(115)
Bedingungen der Betragsanschmiegung zur Einstellung von T_i nach Tab. 5 für $a_0 = b_0 = 1 \quad b_1 = b_2 = b_3 = \cdots 0$ für $\varrho = 1$	$a_1 = T/V_S \quad a_2 = T_i T_3/V_S$ $a_1^2 = 2a_2$	(116)
	$T_i = 2V_S T_3$	(117)
Anregelzeit nach Tab. 7; ($n = 2$)	$\frac{t_r}{T_i/V_S} = 2{,}36$ also $t_a = 4{,}72\, T_3$	(118)

Dominieren der Rückführung. Die Gl. (102), ohne die Vernachlässigung nach Gl. (103), lautet für das gewählte Beispiel mit Einstellung nach der angenäherten Betragsoptimierung Gl. (E 114, 117):

$$\frac{x}{x_k} = \frac{1}{1 + \frac{F_B}{F_S} + \frac{1}{V_e F_S}} = \frac{1}{1 + p2T_3 + p^2 2T_3^2 + \frac{1}{V_e V_S}(1 + pT_1)(1 + pT_2)(1 + pT_3)} \tag{119}$$

Die Vernachlässigung nach Gl. (103) ist dann zulässig, wenn die Verstärkung $V_e V_S$ so hoch und der Grad in p der Polynome $1/V_e F_S = 1 + p2T_3 + p^2 2T_3^2$ bzw. $1 + (F_B/F_S)$ so wenig unterschiedlich ist, daß das Polynom $1 + (F_B/F_S)$ über das Polynom $1/V_e F_S$ bis zu genügend hohen Frequenzen $p = j\omega$ dominiert, was sich an Hand des reziproken NYQUIST-Diagrammes $(F_B/F_S) + (1/V_e F_S)$ beurteilen läßt.

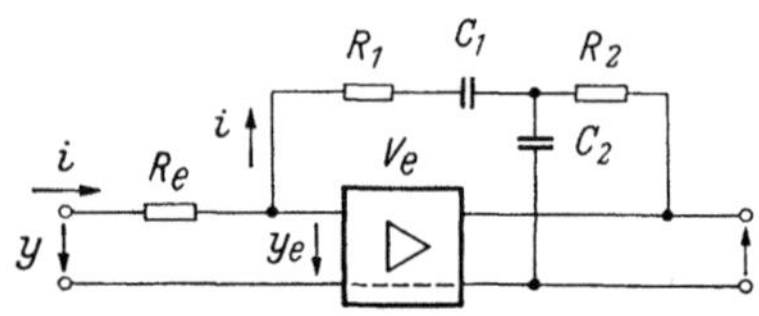

Bild 22. Realisierung eines PID-Reglers

Beispiele für die Wahl der Struktur des Reglers (Reglertyp), passend zum Charakter der Regelstrecke. Die angenäherte betragsoptimale Einstellung des Reglers (Angabe der freien Parameter) und die erreichten Anregelzeiten sind in Tabelle 11 zusammengestellt. *Bild* 22 zeigt die *Realisierung* eines PID-Reglers, wenn $(R_2/R_1) \ll [1 + (T_{r1}/T_{r2})]$ gewählt wird (vgl. dazu Tabelle 11),

$$\left.\begin{aligned} F_R &= \frac{1}{F_B} = \frac{y_1}{y} = \frac{1}{\frac{y}{i}}\frac{y_1}{i} = \frac{1}{R_e}\,\frac{1 + p[(R_1 + R_2)C_1 + R_2C_2] + p^2 R_1 R_2 C_1 C_2}{pC_1} \approx \\ &\approx \frac{[1 + p(R_1 + R_2)C_1]\left(1 + p\frac{R_1R_2}{R_1 + R_2}C_2\right)}{pR_eC_1} = (1 + pT_{r1})(1 + pT_{r2})\frac{1}{pT_i} \end{aligned}\right\} \tag{120}$$

Der Übergang vom PI- zum PID- oder vom P- zum PD-Regler bedeutet einen durch die Anregelzeit kennzeichenbaren *Qualitätssprung* (s. Tabelle 11, Nr. 3, 4 bzw. 5, 6), der durch zusätzliche Elimination einer weiteren Zeitkonstante erreicht wird. Es ist aber auch möglich, an Stelle dieser sprunghaften Qualitätsänderung eine *kontinuierliche* herbeizuführen. Dazu ein *Beispiel.* Die Regelstrecke habe eine Zeitkonstante T_1, eine Laufzeit T_L und die Verstärkung V_S, der reziproke Frequenzgang der Regelstrecke sei also:

$$\frac{1}{F_S} = \frac{1}{V_S}(1 + pT_1)\,e^{pT_L}$$

Der reziproke Frequenzgang des Reglers sei

$$\frac{1}{F_R} = \frac{pT_0V_S}{(1 + pT_{r1})(1 + pT_{r2})}$$

mit $T_{r1} = T_1$ (Elimination der großen Zeitkonstante); T_{r2} sei wählbar. Es wird dann

$$\left.\begin{aligned}\frac{x}{x_k} &= \frac{1}{1 + \dfrac{1}{F_R}\dfrac{1}{F_S}} = \frac{1}{1 + \dfrac{pT_0e^{pT_L}}{1 + pT_{r2}}}\\ &= \frac{1 + pT_{r2}}{1 + p(T_0 + T_{r2}) + p^2T_0T_L + p^3\dfrac{1}{2!}T_0T_L^2 + \cdots} = \frac{1 + pb_1}{1 + pa_1 + p^2a_2 + \cdots}\end{aligned}\right\} \quad (121)$$

Die betragsoptimale Einstellung des freien Parameter T_0 erfolgt nach Tabelle 5 nach der Vorschrift

$$a_1^2 - 2a_2 = b_1^2 \qquad (122)$$

Mit $a_1 = T_0 + T_{r2}$ und $a_2 = T_0T_L$ und $b_1 = T_{r2}$ also mit

$$\frac{T_0}{T_L} = 1 - \frac{T_{r2}}{T_L} + \sqrt{\left(1 - \frac{T_{r2}}{T_L}\right)^2 + \left(\frac{T_{r2}}{T_L}\right)^2}$$

findet man für $T_{r2}/T_L < 0{,}3$

$$\frac{T_0}{T_L} \approx 2\left(1 - \frac{T_{r2}}{T_L}\right) \qquad (123)$$

Bild 23 zeigt die Übergangsfunktion x zum Einheitssollwertsprung (dargestellt in Laufzeitschritten gemäß Abschnitt B2c). Die Wahl $T_{r2}/T_L = 0$ entspricht der Qualität des PI-Reglers, die Entstellungen $T_{r2}/T_L = 0{,}1$; $0{,}2$; $0{,}3$ einem PID-Regler mit immer kürzer werdender Anregelzeit.

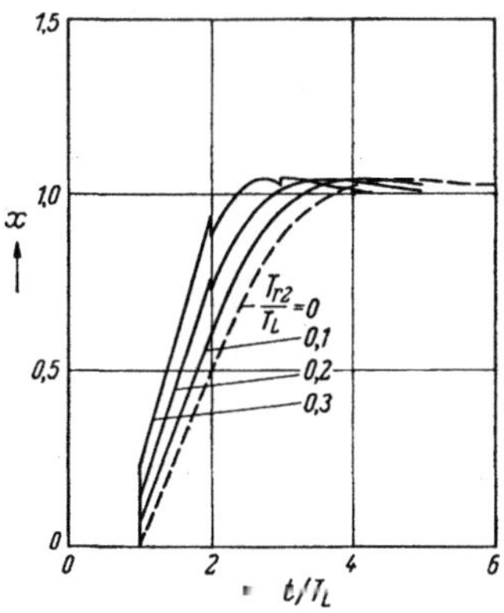

Bild 23. Übergangsfunktion einer Regelstrecke mit einer Trägheit T_1 und einer Laufzeit T_L und PID-Regler mit $T_{r1} = T_1$, $T_{r2}/T_L = 0; 0{,}1; 0{,}2; 0{,}3$ und T_0 nach Gl. (121 bis 123)

3. Seriennetzwerke

Der der Regelstrecke zur Stabilisierung der Regelung vorgeschaltete Regler (*Bild* 21, Reglerverstärker V_e, beschaltet mit einem Rückführnetzwerk F_B) soll in seiner Wirkung durch ein passives Seriennetzwerk F_R (ohne Ver-

Tabelle 11. *Wahl des Reglertyps und seiner Einstellung zu verschiedenen Regelstrecken. Charakterisierung der Regelstrecke: T Zeitkonstanten, T_L Summenlaufzeit, V_S Verstärkung ($\gg$ bedeutet Abstufung um den Faktor $\geqq 5$). Die Beziehungen zwischen den Kennzeiten des Reglers (T_n, T_d, T_v) und den Einstellzeiten der Rückführungen (T_i, T_{r1}, T_{r2}) siehe Gl. 107 bis 111.*

Nr.	Charakter der Regelstrecke	Regler: Typ	Regler: Reziproker Rückführ-Frequenzgang $1/F_R \approx F_B$	Optimale Einstell-Vorschrift für 5% Überpendeln	Anregelzeit (4,72 ersetzt durch 5)
1	$T_1;\ T_2;\ V_S$	P	$\frac{1}{K}$ bleibende Regelabweichung $= 2T_1T_2/(T_1+T_2)^2$	$K = \frac{1}{2V_S}\left(\frac{T_1}{T_2}+\frac{T_2}{T_1}\right)$	$5\,T_1T_2/(T_1+T_2)$
2	$T_1, T_2 \ldots T_{(n)};\ T_L;\ V_S$	I	$p\,T_i$	$T_i = 2V_S[(\Sigma_{\nu=1}^n T_\nu) + T_L]$	$5[(\Sigma_{\nu=1}^n T_\nu) + T_L]$
3	$T_1, T_2 \ldots T_{(n)};\ T_L;\ V_S$ $T_1 \gg (\Sigma_{\nu=2}^n T_\nu) + T_L$	PI	$\frac{p\,\alpha\,T_n}{1+p\,T_n}$	$T_{r1} = T_1$ $T_i = 2V_S[(\Sigma_{\nu=2}^n T_\nu) + T_L]$	$5[(\Sigma_{\nu=2}^n T_\nu) + T_L]$
4	$T_1, T_2 \ldots T_{(n)};\ T_L;\ V_S$ $T_1 \geqq T_2 \gg (\Sigma_{\nu=3}^n T_\nu) + T_L$	PID	$\frac{p\,T_i}{(1+p\,T_{r1})(1+p\,T_{r2})}$	$T_{r1} = T_1;\ T_{r2} = T_2$ $T_i = 2V_S[(\Sigma_{\nu=3}^n T_\nu) + T_L]$	$5[(\Sigma_{\nu=3}^n T_\nu) + T_L]$
5	$T_0;\ T_1;\ T_2 \ldots T_{(n)};\ T_L$	P	$\frac{1}{K}$	$K = \frac{T_0}{2[(\Sigma_{\nu=1}^n T_\nu) + T_L]}$	$5[(\Sigma_{\nu=1}^n T_\nu) + T_L]$
6	$T_0;\ T_1;\ T_2 \ldots T_{(n)};\ T_L$ $T_1 \gg (\Sigma_{\nu=2}^n T_\nu) + T_L$	PD	$\frac{1}{K(1+p\,T_v)}$	$T_v = T_1$ $K = \frac{T_0}{2[(\Sigma_{\nu=2}^n T_\nu) + T_L]}$	$5[(\Sigma_{\nu=2}^n T_\nu) + T_L]$

stärker) und einen mit ihm in Reihe liegenden Verstärker mit der Verstärkung V_S ersetzt werden (*Bild* 24). Für Sollwertänderungen gilt:

$$\frac{x}{x_k} = \frac{1}{1 + \frac{1}{F_R}\,\frac{1}{V_S}\,\frac{1}{F_S}} \tag{124}$$

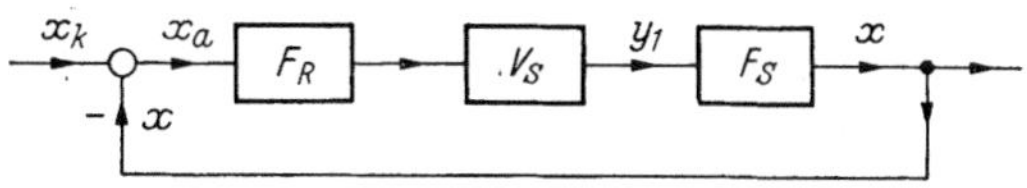

Bild 24. Seriennetzwerk F_R zur Stabilisierung der Regelung

Bild 25 zeigt links einen Regler und rechts ein Seriennetzwerk, die beide unter Verwendung der gleichen Widerstände $\mathfrak{R}$ und $\mathfrak{W}$ aufgebaut sind. Für das Seriennetzwerk nach *Bild* 25 rechts gilt:

$$\frac{y}{y_1} V_S = \frac{1}{F_R} = 1 + \frac{\mathfrak{R}}{\mathfrak{W}} \tag{125}$$

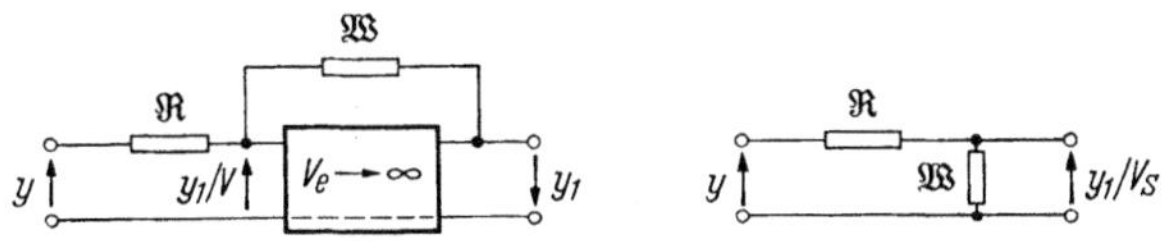

Bild 25. Regler und Seriennetzwerk mit zwei Widerständen

Dagegen gilt beim Regler nach *Bild* 25 links:

$$\frac{y}{y_1} = \frac{1}{F_R} = \frac{1}{V_e} + \frac{\mathfrak{R}}{\mathfrak{W}}\left(1 + \frac{1}{V_e}\right) \approx \frac{1}{V_e} + \frac{\mathfrak{R}}{\mathfrak{W}} \approx \frac{\mathfrak{R}}{\mathfrak{W}} \tag{126}$$

Das zeigt deutlich, wie stark das Seriennetzwerk dem Regler unterlegen ist bezüglich der Möglichkeit, den Frequenzgang der Regelstrecke $1/F_S$ zur Stabilisierung der Regelung umzuformen.

Regler-Typ	$\mathfrak{R}$	$\mathfrak{W}$	Reziproker Frequenzgang des Reglers $\mathfrak{R}/\mathfrak{W}$	Reziproker Frequenzgang des Seriennetzwerkes $(1 + \mathfrak{R}/\mathfrak{W})$	Netzwerk-Typ
PD	$\frac{1}{\frac{1}{R} + pC}$	W	$\frac{R}{W}\,\frac{1}{1 + pRC}$	$\frac{R+W}{W}\,\frac{1 + p\frac{RW}{R+W}C}{1 + pRC}$	lead
PI	R	$W + \frac{1}{pK}$	$\frac{pRK}{1 + pWK}$	$\frac{1 + p(R+W)K}{1 + pWK}$	lag
PID	$\frac{1}{\frac{1}{R} + pC}$	$W + \frac{1}{pK}$	$\frac{pRK}{(1 + pWK)(1 + pRC)}$	$\frac{pRK + (1+pWK)(1+pRC)}{(1 + pWK)(1 + pRC)}$	lead-lag

4. Über die Regelstrecke verteilte Rückführungen

a) Allgemeines

Der einer Regelstrecke vorgeschaltete Regler in der einfachen (in Abschnitt E 2 beschriebenen) Art ist sehr gut geeignet zur Regelung von Regelstrecken mit ein bis zwei dominierenden Zeitkonstanten und einer Anzahl kleiner Zeitkonstanten, deren Summe klein ist gegen jede der dominierenden Zeitkonstanten. Zur Erfassung der kleinen Zeitkonstanten kann man dabei eine einzige kleine Zeitkonstante in die Rechnung einführen, die gleich ist der Summe der kleinen Zeitkonstanten [*56*]. Bildet man dagegen Rückführeinflüsse aus der Regelstrecke, so lassen sich damit auch kompliziertere Regelungen beherrschen [*40*] unter Verwendung von

Rückführbauteilen, die sich leicht herstellen lassen. Ein leicht zu bauendes Rückführglied ist z. B. ein RC-Glied (Widerstand R in Reihe mit einem Kondensator C an der Abgriffstelle y_i in der Regelstrecke, wobei ein dem Strom des RC-Gliedes proportionaler Rückführeinfluß y_b abgegeben wird). Sein Frequenzgang ist mit $T = RC$

$$F_B = \frac{y_r}{y_i} = \frac{p\,\alpha\,T_{r1}}{1 + p\,T_{r1}} \tag{127}$$

Aber auch die Reihenschaltung von Kondensator, Widerstand und Drossel können gut realisiert werden, wobei der Strom dieses Gliedes das Rückführsignal abgibt. Die Gleichung dafür lautet:

$$F_B = \frac{y_r}{y_i} = \frac{p\,\beta\,T_{r1}}{(1 + p\,T_{r1})\,(1 + p\,T_{r2})} \tag{128}$$

Ebenfalls gut realisierbar ist ein Transformator mit Luftspalt. Die Gleichung dafür heißt:

$$F_B = \frac{y_r}{y_i} = p\,\gamma\,T_{r1} \tag{129}$$

Bei zu schwachen Signalen wird in den beiden letzten Fällen zusätzlich ein Rückführverstärker eingesetzt. Mit Rückführungen aus der Regelstrecke läßt sich auch der von einer Laststörung ausgelöste Regelvorgang günstig beeinflussen.

b) Einfluß des Abgriffortes der Rückführung

Nach *Bild* 21 kann man die Wirkungsweise der Stabilisierung durch einen der Regelstrecke vorgeschalteten Regler auch auf folgende Weise beschreiben: Die Regelstrecke $F_1 F_2 = F_S$ wird durch einen Regelverstärker V_e ergänzt, der Rückführeinfluß y_r wird durch ein Rückführglied F_B gebildet, welches das Signal y_1 zwischen Regelverstärker und Regelstrecke abgreift. Die Gleichung der Regelung für Sollwertänderungen lautet nach *Bild* 21 in Übereinstimmung mit Gl. (102) $y_e/x = 1/V_e F_S$; $y_r/x = F_B/F_S$:

$$x_k - x = y_e + y_r = x\left(\frac{y_e}{x} + \frac{y_r}{x}\right) \tag{130}$$

oder

$$\frac{x}{x_k} = \frac{1}{1 + \dfrac{y_e}{y_1}\dfrac{y_1}{x} + \dfrac{y_r}{y_1}\dfrac{y_1}{x}} \tag{131}$$

Zum reziproken Frequenzgang des aufgeschnittenen Regelkreises ohne Rückführung z. B. mit

$$\frac{1}{F_S} = \frac{y_1}{x} = \frac{1}{V_S}(1 + p\,T_1)\,(1 + p\,T_2)\,(1 + p\,T_3)$$

$$\frac{y_e}{x} = \frac{1}{V_e F_S} = \frac{1}{V_e V_S}(1 + p\,T_1)\,(1 + p\,T_2)\,(1 + p\,T_3) \tag{132}$$

wird durch die Rückführung $F_B = y_r/y_1$ (abgegriffen an y_1) zur Stabilisierung der folgende Frequenzgang hinzugefügt [Gl. (131 u. 132)]:

$$\frac{y_r}{y_1}\frac{y_1}{x} = \frac{y_r}{y_1}\frac{1}{V_s}(1 + p\,T_1)\,(1 + p\,T_2)\,(1 + p\,T_3) \tag{133}$$

Der zu wählende Rückführfrequenzgang zur Elimination der Zeitkonstanten T_1 und T_2 ist dann vom Typ

$$F_B = \frac{y_r}{y_1} = \frac{p\,T_0}{(1 + p\,T_{r1})\,(1 + p\,T_{r2})} \tag{134}$$

mit $T_{r1} = T_1$; $T_{r2} = T_2$ und $T_0 = 2\,V_s T_3$ (s. die angenäherten Optimierungsbedingungen Abschnitt E2):

$$F_B = \frac{y_r}{y_1} = \frac{p\,2\,V_s\,T_3}{(1 + p\,T_1)\,(1 + p\,T_2)} \tag{135}$$

$$\frac{y_r}{x} = \frac{y_r}{y_1}\,\frac{y_1}{x} = p\,2\,T_3\,(1 + p\,T_3) \tag{136}$$

Den gleichen Rückführeffekt kann man erreichen, wenn man nicht $y_r/x = (y_r/y_1) \cdot (y_1/x) = F_r\,y_1/x$, also nicht einen *Abgriff* bei y_1 (*Bild* 21) vorsieht, sondern bei y_n. Es ist dann $y_r/x = (y_r/y_n)\,(y_n/x) = F'_B\,y_n/x$.

Das an y_n hinter dem Glied F_1 abgegriffene Rückführglied F'_B für den gleichen Rückführeinfluß y_r/x muß dann aufgebaut werden gemäß $F'_B\,y_n/x = F_B\,y_1/x$, also

$$F'_B = F_B\,\frac{y_1}{y_n} = \frac{2\,p\,V_S\,T_3}{(1 + p\,T_1)\,(1 + p\,T_2)}\;\frac{y_1}{y_n} \tag{137}$$

Ist $1/F_1 = y_1/y_n = (1 + pT_1)$ bzw. $(1 + pT_1)\,(1 + pT_2)$, so ist zum Erzielen des gleichen Rückführeffektes die folgende Rückführung zu bauen:

$$F'_B = \frac{p\,2\,V_S\,T_3}{(1 + p\,T_1)} \quad \text{bzw.} \quad p\,2\,V_S\,T_3$$

Rückt man mit dem Abgriff der Rückführung um eine bestimmte Anzahl von Trägheitsgliedern in Wirkungsrichtung gegen die Regelgröße vor, so erspart man die Nachbildung dieser übersprungenen Trägheitsglieder im Aufbau der Rückführung. Bei komplizierten Regelungen kommt man mit einem einzigen aus der Regelstrecke abgegriffenen Rückführglied meist nicht aus.

c) Entwurf von Rückführungen [*40*]

Ansatz der Aufgabe. Bild 26a zeigt eine etwas *komplizierte Regelstrecke* mit den in der Legende angegebenen Zeitkonstanten und Verstärkungen. Die Verstärkung des aufgeschnittenen Regelkreises ohne Rückführungen sei $V = \prod K_i = 50$. Für den Regelkreis ohne Störgröße ($z_a = 0$) gilt für Sollwertänderungen nach *Bild* 26a

$$\frac{x}{x_k} = \frac{1}{\frac{x_k}{x}} = \frac{1}{\frac{x + x_a}{x}} = \frac{1}{1 + \frac{x_a}{x}} = \frac{1}{1 + \frac{y_e}{x} + \frac{y_r}{x}} = \frac{1}{1 + \frac{y_e}{x} + \left(\frac{y_{r2}}{x} + \frac{y_{r6}}{x} + \frac{y_{rx}}{x}\right)} \tag{138}$$

Dabei ist der reziproke Frequenzgang des aufgeschnittenen Regelkreises ohne Rückführung

$$\frac{y_e}{x} = \frac{1}{50}\,(1 + p\,1)\,(1 + p\,0{,}5)\,(1 + p\,0{,}1)\,(1 + p\,0{,}006)\,(1 + p\,0{,}006)\,e^{p\,0{,}02} \tag{139}$$

In *Bild* 26b bis d ist dieser Frequenzgang (reziprokes Nyquist-Diagramm) als Kurve I aufgetragen. Die Auswertung für diskrete gewählte ω erfolgt nach dem Hornerschen Schema (Beispiel zu Abschnitt B2e) und anschließender Multi-

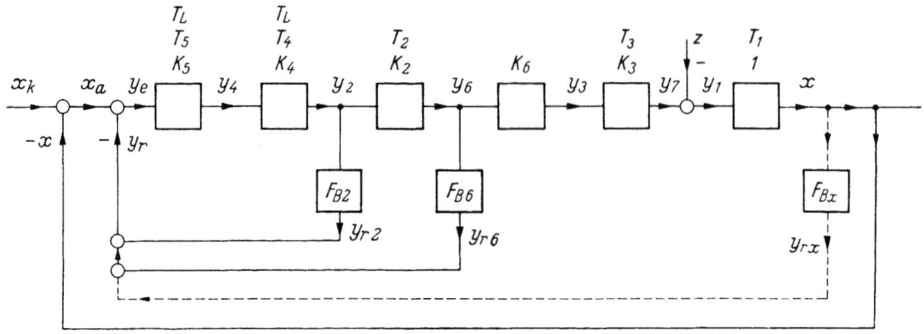

a) Blockschaltplan

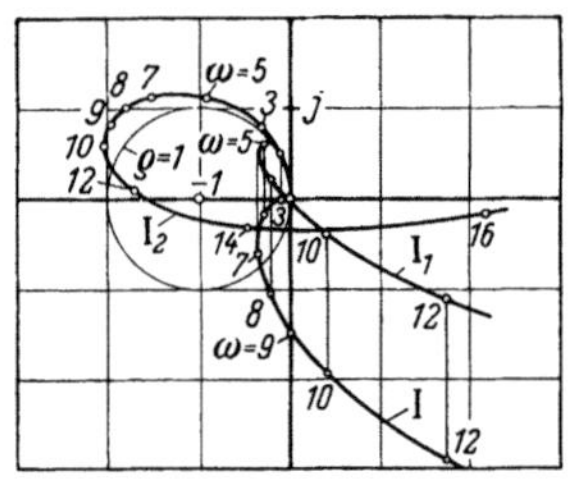

b) Kurve I ohne Rückführung; Kurven I_1, I_2 mit unzulänglichen Rückführungen

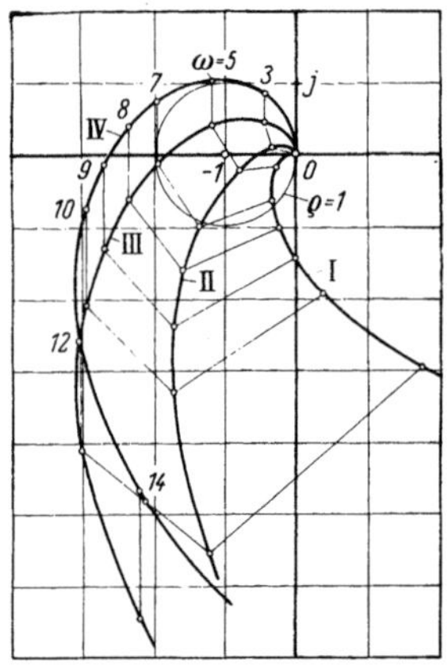

c)

Kurve:	I	II	III	IV
Rückführung:	ohne	F_{B2}	$F_{B2}F_{B6}$	$F_{B2}F_{B6}F_{Bx}$

b—d) Reziproke NYQUIST-Diagramme

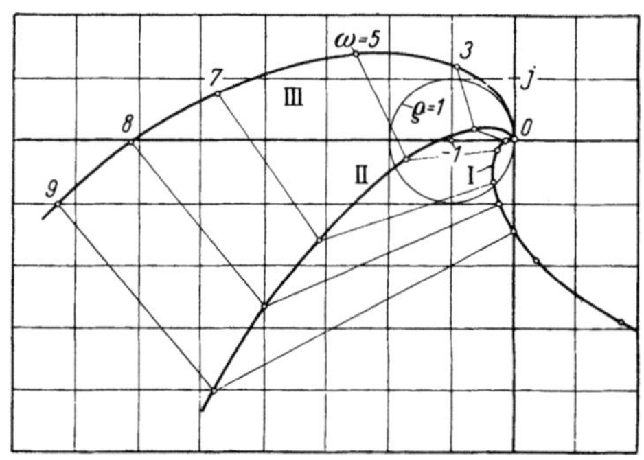

d)

Kurve:	I	II	III
Rückführung:	ohne	F_{B2}	$F_{B2}F_{B6}$

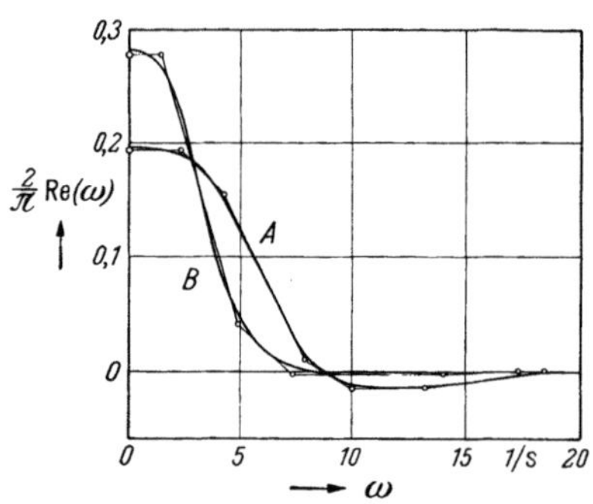

e) Realteile zu den Regelabweichungen

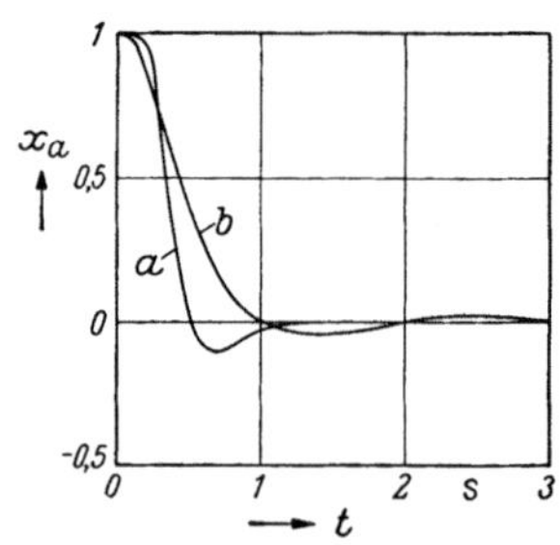

f) Übergangsfunktionen der Regelabweichungen

Bild 26. Regelung mit 5 Zeitkonstanten und Summenlaufzeit $2T_L$, stabilisiert durch Rückführungen, abgegriffen aus der Regelstrecke

$T_1 = 1$ s (mechanische Zeitkonstante) $T_3 = 0{,}1$ s (Ankerzeitkonstante) $T_2 = 0{,}5$ s (Feldzeitkonstante) $T_4 = T_5 = 0{,}06$ s (Zeitkonstanten zweier Magnetverstärker) $2T_L = 0{,}02$ s (Summenlaufzeit der beiden Magnetverstärker) $T_6 = 0$, $K_1 = 1$, $K_2 = K_6$, $V = \prod K_i = 50$

plikation mit $e^{j\omega c,02} = \cos 0{,}02 + j \sin 0{,}02$. Außerdem wird für den späteren Entwurf der Rückführungen $e^{p\,0{,}02}$ in einer Potenzreihe, abgebrochen bei p^4 und für Gl. (139), angenähert geschrieben

$$\left.\begin{aligned}\frac{y_e}{x} &\approx (p\cdot 10^{-1}\cdot 0{,}344 + p^2\cdot 10^{-2}\cdot 1{,}6912 + p^{-3}\cdot 10^{-3}\cdot 2{,}6752 + p^4\cdot 10^{-4}\cdot 1{,}668 + \cdots)\times\\ &\times(1 + p\cdot 10^{-1}\cdot 0{,}2 + p^2\cdot 10^{-2}\cdot 0{,}02 + p^3\cdot 10^{-3}\cdot 0{,}00133 + p^4\cdot 10^{-4}\cdot 0{,}0000667 + \cdots)\\ &= p\cdot 10^{-1}\cdot 0{,}344 + p^2\cdot 10^{-2}\cdot 1{,}76 + p^3\cdot 10^{-3}\cdot 3{,}02 + p^4\cdot 10^{-4}\cdot 2{,}2373 + \cdots\end{aligned}\right\} \quad (140)$$

Wie aus der Lage des Punktes $-1 + j0$ in *Bild* 26b bis d zur Kurve I hervorgeht (s. Abschnitt C5) wäre die Regelung ohne Rückführung stark instabil. Es gilt nun y_r/x in Gl. (138) so zu wählen, daß das reziproke NYQUIST-Diagramm $(y_e/x) + (y_r/x)$ dem $(\varrho = 1)$-Kreis günstig angeglichen wird bei möglichst niedriger Ordnung von y_r/x in p, um die *Rückführung* möglichst einfach zu gestalten. Mit $y_{rx}/x = p\gamma T_1$ Gl. (129), $y_{rx}/x = p\cdot 10^{-1}\cdot 1{,}52$, gewählt für eine Anschmiegung von $(y_e/x + y_r/x)$ an den ϱ-Kreis für $\omega\to 0$, würde sich für $(y_e/x) + (y_r/x)$ die Kurve I_1 in *Bild* 26b ergeben. Auch die Bildung eines Termes für y_r/x in p und p^2, nämlich $(y_r/x) + (y_{r6}/x)$ mit $I_2 = (y_e/x) + (y_r/x) = p\,10^{-1}\cdot 2{,}54 + p^2\,10^{-2}\cdot 2{,}42\cdots$, das nach der Forderung der Betragsanschmiegung gebildet würde, führt zu einer unbrauchbaren Übergangsfunktion, wie die Kurve I_2 in *Bild* 26b zeigt. Es muß vielmehr für y_r/x ein Term in p, p^2 und p^3 gebildet werden.

Auslegung mit drei Rückführabgriffen. Ein *RC*-Glied F_{B2} nach Gl. (127), abgegriffen an der Spannung y_2 (*Bild* E6a), gibt:

$$\frac{y_{r2}}{x} = \frac{y_{r2}}{y_2}\,\frac{y_2}{x} = \frac{p\,\alpha_1 T_1}{1 + p\,T_1}\,\frac{1}{K_2 K_3 K_6}(1 + p\,T_1)(1 + p\,T_2)(1 + p\,T_3)$$

Mit $\alpha = \alpha_1/K_2 K_3 K_6$ bekommt man:

$$\left.\begin{aligned}\frac{y_{r2}}{x} &= p\alpha T_1(1 + p\,T_2)(1 + p\,T_3) = p\alpha T_1 + p^2\alpha T_1(T_2 + T_3) +\\ &+ p^3\alpha T_1 T_2 T_3 = p\alpha + p^2\alpha\cdot 0{,}6 + p^3\alpha\cdot 0{,}05\end{aligned}\right\} \quad (141)$$

Ein weiteres *RC*-Glied F_{B6} nach Gl. (127), abgegriffen an der Spannung x_6, liefert:

$$\frac{y_{r6}}{x} = \frac{y_{r6}}{y_3}\,\frac{y_3}{x} = \frac{p\,\beta_1 T_1}{1 + p\,T_1}\,\frac{1}{K_3 K_6}(1 + p\,T_1)(1 + p\,T_3)$$

Mit $\beta = \beta_1/K_3 K_6$ ergibt sich:

$$\frac{y_{r6}}{x} = p\beta T_1(1 + p\,T_3) = p\beta T_1 + p^2\beta T_1 T_3 = p\beta + p^2\beta\cdot 0{,}1 \quad (142)$$

Zunächst werde noch ein drittes Rückführglied vorgesehen. Das sei aber kein *RC*-Glied an y_1, da y_1 als nicht zugänglich angenommen ist (s. $y_1 = m_d - m_n$ im Geräte- und Blockschaltplan der betrachteten Regelstrecke nach *Bild* 5). Dieses dritte Rückführglied sei nach Gl. (129):

$$\frac{y_{rx}}{x} = p\gamma T_1 = p\gamma \quad (143)$$

Der nun folgende Vergleich des Nennerpolynoms in Gl. (138 bis 143) mit der anzunähernden betragsangeschmiegten Standardfunktion $n = 4$ (des Typs Tabelle 7 mit $\varrho = 1$) und die Rechnungsfolge für die Bemessung der Rückführung ist aus der Tabelle 12 zu ersehen. *Bild* 26c zeigt die Wirkung der Rückführungen Kurve I,

Tabelle 12. *Gleichungen zur Auslegung einer Regelung mit drei Rückführabgriffen*

Nennerpolynom in den Gln. (138 bis 143). Zu vergleichen mit der Gl. (144c)	$1 + \frac{y_e}{x} + \left(\frac{y_{r2}}{x} + \frac{y_{r6}}{x} + \frac{y_{rx}}{x}\right) =$ $1 + p d_1 + p^2 d_2 + p^3 d_3 + p^4 d_4 +$ $+ p \alpha T_1 + p^2 \alpha T_1 (T_2 + T_3) +$ $+ p^3 \alpha T_1 T_2 T_3 + p \beta T_1 +$ $+ p^2 \beta T_1 T_3 + p \gamma T_1$	(144a)
Zahlenwerte zu dem Nennerpolynom 144a der Gln. (138 bis 143)	$d_1 = 10^{-1} \cdot 0{,}344$ $d_2 = 10^{-2} \cdot 1{,}76$ $T_1 = 1$ $d_3 = 10^{-3} \cdot 3{,}02$ $T_2 = 0{,}5$ $d_4 = 10^{-4} \cdot 2{,}2373$ $T_3 = 0{,}1$	(144b)
Anzunähernde betragsangeschmiegte Standardfunktion für $n = 4$ des Types aus Tab. 7 mit $\varrho = 1$	$1 + q\,2{,}613 + q^2\,3{,}414 + q^3\,2{,}613 + q^4$	(144c)
Ergebnis des Vergleiches von Gl. (144a und 144c)	$q = p\sqrt[4]{d_4}$ $\alpha T_1 T_2 T_3 = 2{,}613\sqrt[4]{d_4^3} - d_3$ $\beta T_1 T_3 = 3{,}414\sqrt[4]{d_4^2} - d_2 -$ $- \alpha T_1 (T_2 + T_3)$ $\gamma T_1 = 2{,}613\sqrt[4]{d_4} - d_1 - T_1 - \beta T_1$	(144d)
Zahlenwerte in dem Ergebnis Gl. (144d). Sie bestimmen die Bemessung der Rückführungen	$\alpha = 10^{-1} \cdot 0{,}35$ $\beta = 10^{-1} \cdot 1{,}24$ $\gamma = 10^{-1} \cdot 1{,}26$	(144e)
Zahlenergebnis für die Gln. (144a) bzw. (141 bis 143), wenn die Gl. (144b und e) und die Daten der Legende zu *Bild* 26 eingesetzt werden	$\frac{y_{r2}}{x} = p\,10^{-1} \cdot 0{,}35 + p^2\,10^{-2}\,2{,}1 +$ $+ p^3\,10^{-3} \cdot 1{,}75$ $\frac{y_{r6}}{x} = p\,10^{-1} \cdot 1{,}24 + p^2\,10^{-2}\,1{,}24$ $\frac{y_{rx}}{x} = p\,10^{-1} \cdot 1{,}26$	(144f)

II und III und den reziproken Frequenzgang des endgültig stabilisierten aufgeschnittenen Regelkreises (Kurve IV).

Die zugehörige *Übergangsfunktion* der Regelabweichung zum Einheitssollwertsprung ist nach der in Abschnitt B2e angegebenen Methode mit Hilfe des Diagramms *Bild* 26e, Kurve A, bestimmt und in *Bild* 26f als Kurve a eingezeichnet.

Auslegung mit zwei Rückführabgriffen. Unter Inkaufnahme einer größeren Anregelzeit kann man mit entsprechend *anders dimensionierten Rückführungen* F_{B2} und

F_{B6} (Bild 26a) allein auskommen [$\gamma = 0$, α, β um den gleichen Faktor erhöht, der aus Forderung der Parabelanschmiegung an den ($\varrho = 1$)-Kreis mit 2,68 zu finden ist]

$$\frac{y_{r2}}{x} = p\,10^{-1}\cdot 0{,}94 + p^2\,10^{-2}\cdot 5{,}63 + p^3\,10^{-3}\cdot 4{,}70 \tag{145}$$

$$\frac{y_{r6}}{x} = p\,10^{-1}\cdot 3{,}33 + p^2\,10^{-2}\cdot 3{,}33 \tag{146}$$

Bild 26d zeigt das reziproke NYQUIST-Diagramm (Kurven I bis III). Die mit dem Hilfsdiagramm (*Bild* 26e, Kurve B) berechnete Übergangsfunktion der Regelabweichung zum Einheitssollwertsprung ist in das *Bild* 26f als Kurve b aufgenommen.

Verhalten des mit Rückführungen beschalteten aufgeschnittenen Regelkreises. Beim Abgreifen von Rückführungen aus der Regelstrecke und auch am Ausgang des (insbesondere mit Trägheiten behafteten) Regelverstärkers ist noch zu prüfen, ob auch der *aufgeschnittene Regelkreis* trotz der Rückschleifen genügend *stabil* geblieben ist. Es wird untersucht, wie y_e (*Bild* 26a) bei einem Sprung von x_a (bei dem aufgeschnittenen Regelkreis, also ohne Schließen durch den Soll-Istwert-Vergleicher) verläuft

$$\frac{y_e}{x_a} = \frac{y_e}{x}\,\frac{1}{\frac{x_a}{x}} = \frac{1}{\frac{x}{y_e}}\,\frac{1}{\frac{y_e}{x} + \left(\frac{y_{r2}}{x} + \frac{y_{r6}}{x} + \frac{y_x}{x}\right)} \tag{147}$$

Das Stabilitätskriterium lautet danach entsprechend dem Nenner von Gl. (147)

$$\frac{y_e}{x} + \left(\frac{y_{r2}}{x} + \frac{y_{r6}}{x} + \frac{y_x}{x}\right) = 0 \tag{148}$$

wogegen beim Stabilitätskriterium des geschlossenen Regelkreises auf der rechten Seite der Gl. (148) nicht Null, sondern -1 steht. Es ist also für die Stabilität kein neues NYQUIST-Diagramm maßgebend. Es tritt an Stelle des kritischen Punktes $-1 + \mathrm{j}0$ der neue kritische Punkt $0 + \mathrm{j}0$. Zur Beurteilung genügend hoher Stabilitätsgüte ist die linke Seite der Gl. (147) mit dem Frequenzgang des aufgeschnittenen Regelkreises ohne Rückführung x/y_e zu multiplizieren.

d) Laststörungen

Der Regelablauf beim Einwirken von Laststörungen ist, außer von Art und Ort der Störung, abhängig davon, ob die Rückführung – in Wirkungsrichtung gezählt – vor oder hinter dem Störort abgegriffen ist und welche Trägheiten zwischen Störort und Rückführabgriff liegen. Dazu ein Beispiel an Hand zweier Regelungen der gleichen Regelstrecke F_1, F_2 (*Bild* 27a bzw. b), mit den Zeitkonstanten T_m, T_n, T_0, wobei $T_0 \ll T_n$ sei, und der Störgröße z, wobei beide Regelungen für den gleichen Regelablauf beim Einwirken von Sollwertänderungen eingestellt sind. Die Regelung *Bild* 27a ist durch einen der Regelstrecke vorgeschalteten Regler stabilisiert, der Rückführabgriff des Reglers liegt vor dem Laststörort, die Regelung *Bild* 27b ist dagegen durch eine Rückführung stabilisiert, die gleich hinter dem Störort aus der Regelstrecke abgegriffen ist (und zwar realisiert durch einen Transformator mit Luftspalt und ein *RC*-Glied). Die Regelung *Bild* 27a bzw. b wird durch die Gl. (1a) bzw. (1b) der Tabelle 13 beschrieben. Wie aus diesen beiden Gleichungen zu erkennen ist, zeigen beide Regelungen für Sollwertänderungen ($z = 0$) das gleiche Verhalten. Bei Laststörungen ($x_k = 0$ verhalten sich die beiden Regelungen völlig verschieden. Für den *Vergleich* soll V_e so groß gewählt sein, daß

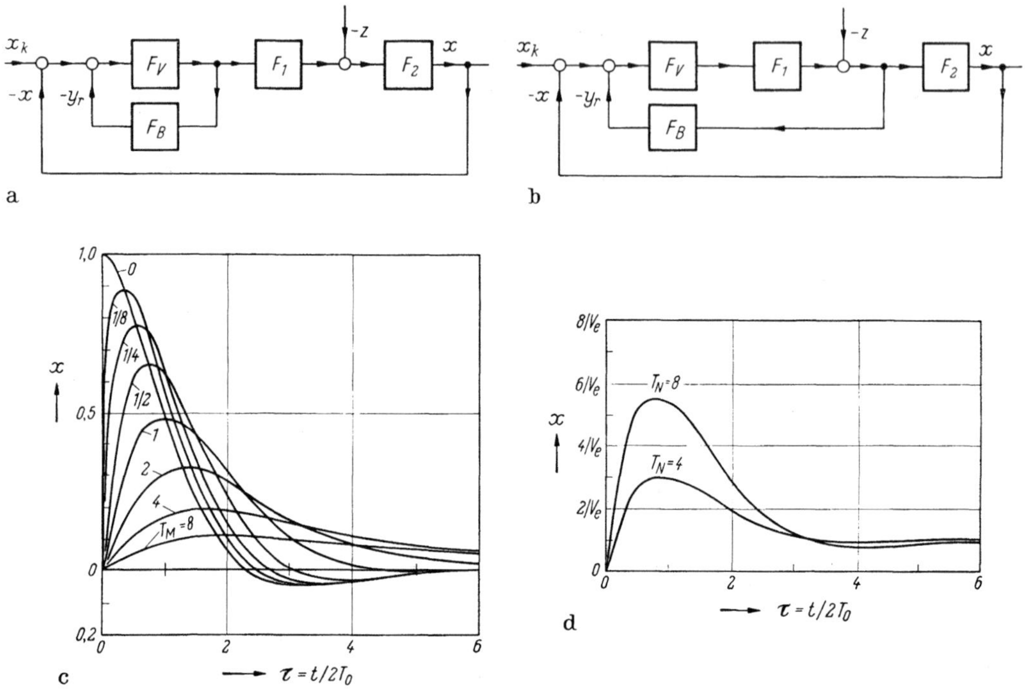

Rückführung F_B:

$$F_B = \frac{p\,2\,T_0}{(1 + p\,T_m)\,(1 + p\,T_{(n)})}$$

$$T_M = T_m/2\,T_0$$

$$F_V = V_e$$

Rückführung F'_B:

$$F'_B = \frac{p\,2\,T_0\,(1 + p\,T_0)}{1 + p\,T_n}$$

$$T_N = \frac{T_{(n)}}{2\,T_0}$$

$$F_1 = \frac{1}{(1 + p\,T_{(m)})\,(1 + p\,T_0)}$$

$$F_2 = \frac{1}{1 + p\,T_m}$$

Bild 27. Laststörverhalten einer Regelung bei verschiedenen Rückführabgriffen (Blockschaltpläne und Sprungübergänge) bei sonst gleichen Regelstrecken und gleichen Sprungübergängen zum Sollwertsprung

Summanden mit $1/V_e$ gegen Summanden ohne $1/V_e$ vernachlässigt werden können. Eingeführt werden die Abkürzungen unter Gl. (3) der Tabelle 13. Die Laststörung sei $z = -1/q$. Dann läßt sich der zugehörige Ablauf des Regelvorganges der Regelung nach *Bild* 27a bzw. b nach den Gl. (4a) bzw. (4b) der Tabelle 13 ermitteln. Die *Bilder* 27c und d zeigen das zugehörige zeitliche Störverhalten der beiden Regelungen. Während in *Bild* 27a und c die Regelabweichungen groß gegen die durch V_e gegebene Statik der Regelung sinn, sind sie in *Bild* 27b und d mit der Statik vergleichbar, also wesentlich geringer. Außerdem kann es zweckmäßig sein, die Regler bzw. Rückführungen zu Laststörungen nicht nach dem Standardfrequenzgang Nr. 1 in Tabelle 6 mit dem Amplitudengang (*Bild* 11, Kurven $1/F'_B$, $1/F'''_B$) auszulegen, sondern nach den Standardfrequenzgängen Nr. 2 bis 5 der Tabelle 6 mit Amplitudengängen nach [*21*] Bd. 1, S. 413, Fig. 14.3 bis 4.

F. Anhang

1. Zum Heaviside-Kalkül

Im Spezialfall, daß alle Anfangswerte der zu lösenden Differentialgleichung verschwinden, wird $y(t)$ durch $y(p)$ ersetzt und jede Differentiation $\mathrm{d}/\mathrm{d}t$ wird ersetzt durch eine Multiplikation mit einem Operator p. Es gehen dann die folgenden Zeitfunkfionen

$$y(t);\quad \frac{\mathrm{d}}{\mathrm{d}t}\,y(t);\quad \frac{\mathrm{d}^2}{\mathrm{d}t^2}\,y(t)$$

in entsprechende Funktionen von p über:

$$y(p);\quad p\,y(p);\quad p^2\,y(p)$$

Umgekehrt wird $(1/p)\cdot y(p)$ als zugehörig zu $\int_0^t y(t)\,\mathrm{d}t$ erklärt[1]. Zu $\frac{1}{p^n}$ gehört dann $\frac{t^n}{n!}$. So ist z. B.:

$$\frac{\mathrm{d}}{\mathrm{d}t}\,y(t) + a\,y(t) = b$$

$$p\,y(p) + a\,y(p) = b$$

$$y(p) = \frac{b}{p+a} = \frac{b}{p}\,\frac{1}{1+\frac{a}{p}} = \frac{1}{p}\,b - \frac{1}{p^2}\,a\,b + \frac{1}{p^3}\,a^2 b - \cdots$$

$$y(t) = b\,t - b\,a\,\frac{t^2}{2!} + b\,a^2\,\frac{t^3}{3!} - \cdots = \frac{b}{a}\,(1 - \mathrm{e}^{-a t})$$

O. Heaviside hat 1899 eine Reihe bequemer Formeln zur Berechnung bestimmter Ausgleichvorgänge angegeben. Sein Ausgleich-Theorem ist heute untergebracht im Rahmen der (auf Grund der Funktionstheorie mathematisch fundierten) Laplace-Transformation.

2. Regeln der Laplace-Transformation

Definitionen. Die Laplace-*Transformation* der Zeitfunktion $y(t)$ (im Originalbereich) in die Frequenzfunktion $y(p)$ (im Bildbereich) ist definiert [*8, 9, 10, 11, 32, 33*] durch

$$y(p) = \int_0^\infty y(t)\,\mathrm{e}^{-p t}\,\mathrm{d}t \tag{149}$$

[1] Der Heaviside-Operator p ist nicht identisch mit dem Transformationsparameter p der Laplace-Transformation.

Tabelle 13. *Gleichungen für das Laststörverhalten nach Bild 27a und b*

		Regelung nach Bild 27 a		Regelung nach Bild 27 b
Allgemeiner Frequenzgang der Regelung	1a	$x_k - x = \left(x \frac{1}{F_2} + z\right) \frac{1}{F_1} F_B + \left(x \frac{1}{F_2} + z\right) \frac{1}{F_1} \frac{1}{F_V}$	1b	$x_k - x = x \frac{1}{F_2} F'_B + \left(x \frac{1}{F_2} + z\right) \frac{1}{F_1} \frac{1}{F_V}$
Einführung der Einzelfrequenzgänge nach *Bild* 27a bzw. 27b	2a	$x_k = x \left[1 + p\,2\,T_0(1 + p\,T_0) + \frac{1}{V_e}(1 + p\,T_m) \cdot \cdot (1 + p\,T_{(n)})(1 + p\,T_0)\right] + z \left[\frac{p\,2\,T_0(1 + p\,T_0)}{1 + p\,T_m} + \frac{1}{V_e}(1 + p\,T_{(n)}) \cdot \cdot (1 + p\,T_0)\right]$	2b	$x_k = x \left[1 + p\,2\,T_0(1 + p\,T_0) + \frac{1}{V_e}(1 + p\,T_n) \cdot \cdot (1 + p\,T_{(n)})(1 + p\,T_0)\right] + z \frac{1}{V_e} \cdot \cdot (1 + p\,T_{(n)})(1 + p\,T_0)$
Einführen von Abkürzungen	3	$q = p\,2\,T_0 \qquad \tau = \frac{t}{2\,T_0}$		$T_M = \frac{T_m}{2\,T_0} \qquad T_N = \frac{T_{(n)}}{2\,T_0}$
Regelablauf im Frequenzbereich	4a	$x = \frac{\left(q + \frac{1}{2} q^2\right)}{q\left(1 + p\,T_M)(1 + q + \frac{1}{2} q^2\right)} = \frac{1}{q(1 + p\,T_{(n)})} - \frac{1}{q(1 + p\,T_m)\left(1 + q + \frac{1}{2} q^2\right)}$	4b	$x = \frac{1}{V_e} \frac{1}{q} \frac{1 + p T_N}{1 + q + \frac{1}{2} q^2}$
Zeitliches Störverhalten	5a	$x_a = -\frac{\left(\frac{1}{T_M} - 1\right)^2 - 1}{\left(\frac{1}{T_M} - 1\right)^2 + 1} e^{-\frac{\tau}{T_M}} + \frac{\left(\frac{1}{T_M} - 1\right)^2 - 1}{\left(\frac{1}{T_M} - 1\right)^2 + 1} e^{-\tau} \cos\tau + \frac{\left(\frac{1}{T_M}\right)^2}{\left(\frac{1}{T_M} - 1\right)^2 + 1} e^{-\tau} \sin\tau$	5b	$x \approx \frac{1}{V_e}(1 - e^{-\tau}\cos\tau - e^{-\tau}\sin\tau + T_N\,2\,e^{-\tau}\sin\tau)$

Für die *Rücktransformation* vom Bild- in den Originalbereich gilt (unter gewissen einschränkenden Voraussetzungen, die hier im allgemeinen erfüllt sind) die Umkehrformel

$$y(t) = \frac{1}{2\pi j} \int_{-j\infty}^{+j\infty} y(p)\, e^{pt}\, dp \tag{150}$$

Korrespondenzen. Beispiele für Korrespondenzen für den Übergang vom Original- zum Bildbereich und umgekehrt.

$f(p)$	$f(t)$	$f(p)$	$f(t)$	$f(p)$	$f(t)$	$f(p)$	$f(t)$
$\frac{1}{p}$	1	$\frac{1}{p+\alpha}$	$e^{-\alpha t}$	$\frac{1}{p^2}$	t	$\frac{1}{p^n}$	$\frac{t^{n-1}}{(n-1)!}$

(151)

Operationen. Beispiele für das Entsprechen von Operationen im Originalbereich einerseits und im Bildbereich andererseits.

$f(p)$	$f(t)$
$p\,f(p) - f_{t=0}$	$\frac{d\,f(t)}{d\,t}$
$p^2 f(p) - p\,f_{t=0} - f'_{t=0}$	$\frac{d^2 f(t)}{d\,t^2}$
$p^n f(p) - \sum_{k=0}^{n-1} p^{n-k-1} f^{(k)}_{t=0}$	$\frac{d^n f(t)}{d\,t^n}$
$\frac{1}{p} f(p)$	$\int_0^t f(t)\,dt$
$f(a\,p)$	$\frac{1}{a} f\left(\frac{t}{a}\right) \quad a > 0$
$f(p+a)$	$e^{-at} f(t)$
$e^{-ap} f(p)$	$\begin{cases} f(t-a) & \text{für } t > a \quad a > 0 \\ 0 & \text{für } t < a \end{cases}$
$\frac{d^n f(p)}{d\,p^n}$	$(-t)^n f(t)$
$f_1(p)\, f_2(p)$	$\int_0^t f_1(\tau)\, f_2(t-\tau)\, d\tau$

(152)

Verhalten für $t = 0$ und $t = \infty$. Das Verhalten einer Zeitfunktion $f(t)$ im Schaltzeitpunkt $t = 0$ und im Beharrungszustand $t = \infty$ kann aus der zugehörigen Frequenzfunktion $f(p)$ ohne Rücktransformation bestimmt werden.

$$\lim_{t\to\infty} f(t) = \lim_{p\to 0} p\,f(p) \tag{153}$$

und

$$\lim_{t\to 0} f(t) = \lim_{p\to\infty} p\,f(p) \tag{154}$$

Partialbruchzerlegung [*2, 3*]. Zur Rücktransformation einer gebrochenen rationalen Funktion mit einem Zählerpolynom $Z(p)$ und einem in lineare Faktoren zerlegten Nennerpolynom $N(p) = \prod_{i=1}^{n} (p + p_i)$ eignet sich die Partialbruchzerlegung, deren Partialbrüche den Frequenzfunktionen der zeitlichen Teilvorgänge entsprechen. Sind sämtliche Wurzeln $(-p_i)$ verschieden, dann ist die Durchführung der Zerlegung besonders einfach; z.B.

$$\left.\begin{aligned}\frac{Z(p)}{p(p+p_1)(p+p_2)(p+p_3)} &= \frac{1}{p}\left|\frac{Z(p)}{(p+p_1)(p+p_2)(p+p_3)}\right|_{p=0} + \\ &+ \frac{1}{p+p_1}\left|\frac{Z(p)}{p(p+p_2)(p+p_3)}\right|_{p=-p_1} + \frac{1}{p+p_2}\left|\frac{Z(p)}{p(p+p_1)(p+p_3)}\right|_{p=-p_2} + \\ &+ \frac{1}{p+p_3}\left|\frac{Z(p)}{p(p+p_1)(p+p_2)}\right|_{p=-p_3}\end{aligned}\right\} \quad (155)$$

(woraus auch die Möglichkeit der Schreibweise mit Ableitung vom $N(p)$ nach p entsprechend zu erkennen ist). Sind gewisse Wurzeln gleich (Mehrfachwurzeln), so ist beim erforderlichen Ansetzen der Partialbruchsumme zu beachten, daß zur n-fachen Wurzel auch n Partialbrüche gehören, z.B.

$$\frac{1}{f(p)} = \frac{1}{p(p+p_1)(p+p_2)^3} = \frac{A}{p} + \frac{B}{(p+p_1)} + \frac{C_1}{(p+p_2)} + \frac{C_2}{(p+p_2)^2} + \frac{C_3}{(p+p_2)^3} \quad (156)$$

Die Multiplikation mit $p(p+p_1)(p+p_2)^3$ liefert

$$\left.\begin{aligned}A(p+p_1)(p+p_2)^3 + Bp(p+p_2)^3 + C_1 p(p+p_1)(p+p_2)^2 + \\ + C_2 p(p+p_1)(p+p_2) + C_3 p(p+p_1) = 1\end{aligned}\right\} \quad (157)$$

$p \to 0$ liefert A; $p \to -p_1$ liefert B; $p \to -p_2$ liefert C_3. Die A, B, C_3 sind also genau so zu erhalten wie im Falle, daß sämtliche Wurzeln verschieden sind. Um C_1 und C_2 zu erhalten, kann man

$$\frac{1}{p(p+p_1)(p+p_2)^3} - \frac{C_3}{(p+p_2)^3}$$

mit dem ermittelten Wert für C_3 bilden, wobei sich $(p+p_2)$ in Zähler und Nenner weghebt. Die Gl. (156) geht dann über in

$$\frac{p+p_1-p_2}{p(p+p_1)(p+p_2)^2 p_2(p_1-p_2)} = \frac{A}{p} + \frac{B}{(p+p_1)} + \frac{C_1}{(p+p_2)} + \frac{C_2}{(p+p_2)^2} \quad (158)$$

Analog wie aus Gl. (156) der Wert C_3 ermittelt wurde, folgt aus Gl. (158) nach Multiplikation mit $p(p+p_1)(p+p_2)^2$ der Wert C_2 usf.

Residuensatz. Auf Grund der Umkehrformel (150) kann man mit der Abkürzung $f(p) = y(p)e^{pt}$ nach dem Residuensatz für die Zeitfunktion $y(t)$ schreiben

$$y(t) = \sum{}' \mathrm{Res} \quad (159)$$

Das Residuum eines n-fachen Poles p_ν ist

$$\mathrm{Res} = \lim_{p \to p_\nu} \frac{1}{(n-1)!} \frac{\mathrm{d}^{n-1}}{\mathrm{d}p^{n-1}} [f(p)(p-p_\nu)^n] \quad (160)$$

Erscheint $y(p)$ in der speziellen Form $Z(p)/N(p)$, so gilt für eine *einfache* Nullstelle p_ν von $N(p)$

$$\left(\text{mit} \quad N'(p) = \frac{\mathrm{d}N(p)}{\mathrm{d}p}\right) \qquad \mathrm{Res} = e^{p_\nu t} \frac{Z(p_\nu)}{N'(p_\nu)} \quad (161)$$

und für eine *zweifache* Nullstelle

$$\mathrm{Res} = e^{p_\nu t}\left(2t\frac{Z(p_\nu)}{N''(p_\nu)} + 2\frac{Z'(p_\nu)}{N''(p_\nu)} - \frac{2}{3}\frac{Z(p_\nu)}{[N''(p_\nu)]^2} N'''(p_\nu)\right) \quad (162)$$

G. Quellenhinweise

[1] BIEBERBACH, L.: Einführung in die konforme Abbildung. Samml. Göschen Bd. 768. Berlin u. Leipzig: W. de Gruyter & Co. 1927.

[2] BIEBERBACH, L.: Lehrbuch der Funktionentheorie. Leipzig u. Berlin: Teubner 1930.

[3] KNOPP, K.: Funktionentheorie. 7. Aufl. Samml. Göschen. Berlin: W. de Gruyter & Co. 1949.

[4] FRAZER, R. A., DUNCAN, W. H. u. COLLAR, A. R.: Elementary matrices and some applications to dynamics and differential equations. Cambridge: University Press 1938.

[5] HAYASHI, K.: Fünfstellige Tafeln der Kreis- und Hyperbelfunktionen sowie der Funktionen e^x und e^{-x} mit den natürlichen Zahlen als Argument. Berlin: W. de Gruyter & Co. 1938.

[6] LÖSCH, F.: Siebenstellige Tafeln der elementaren transzendenten Funktionen. Berlin/Göttingen/Heidelberg: Springer 1954.

[7] TOLLE, M.: Regelung der Kraftmaschinen. 3. Aufl. Berlin: Springer 1921.

[8] DOETSCH, G.: Handbuch der Laplace-Transformation. Bd. 1, 1950; Bd. 2, 1955; Bd. 3, 1956. (Lehrbücher und Monographien aus dem Gebiet der exakten Wissenschaften. Mathematische Reihe Bd. 14). Basel: Birkhäuser.

[9] DOETSCH, G.: Theorie und Anwendung der Laplace-Transformation. Berlin: Springer 1937.

[10] DOETSCH, G.: Tabellen zur Laplace-Transformation und Anleitung zum Gebrauch. (Die Grundlehren der Mathematischen Wissenschaften Bd. 54). Berlin/Göttingen/Heidelberg: Springer 1947.

[11] WAGNER, K. W.: Operatorenrechnung nebst Anwendungen in Physik und Technik. Leipzig: Barth 1940.

[12] OLDENBOURG, R. C. u. SARTORIUS, H.: Dynamik selbsttätiger Regelungen. Bd. 1, 2. Aufl. München: Oldenbourg 1951. S. 101–102.

[13] LEONHARD, A.: Die selbsttätige Regelung. Berlin/Göttingen/Heidelberg: Springer 1949.

[14] OPPELT, W.: Kleines Handbuch technischer Regelvorgänge. 3. Aufl. Weinheim/Bergstraße: Verlag Chemie 1960.

[15] ZUR MEGEDE, W.: Einführung in die Technik selbsttätiger Regelungen. Samml. Göschen, Bd. 714/714a. Berlin: W. de Gruyter & Co., 1956.

[16] ROUTH, E. J. (Deutsch von A. SCHEPP): Die Dynamik der Systeme starrer Körper. Leipzig: Teubner 1898.

[17] BODE, H. W.: Network analysis and feedback amplifier design. 10. Aufl. New York: van Nostrand 1955.

[18] GUILLEMIN, E. A.: The mathematics of circuit analysis. (Principles of electrical engineering series). New York: J. Wiley & Sons 1951.

[19] JAMES, H. M., NICHOLS, N. B. u. PHILLIPS, R. S.: Theory of servomechanisms. New York: McGraw-Hill 1947.

[20] BROWN, G. S. u. CAMPBELL, D. P.: Principles of servomechanisms. New York: J. Wiley & Sons, 1948.

[21] CHESTNUT, H. u. MAYER, R. W.: Servomechanisms and regulating system design. Bd. 1, 1951; Bd. 2, 1955. New York: J. Wiley & Sons.

[22] EVANS, W. R.: Control system dynamics. New York: McGraw Hill 1954.

[23] TRUXAL, J. G.: Automatic feedback control system synthesis. New York: McGraw-Hill 1955.

[24] MAC COLL, L. A.: Fundamental theory of servomechanisms. New York: van Nostrand 1947.

[25] TSIEN, H. S.: Engineering cybernetics. New York: McGraw-Hill 1954.

[26] TUSTIN, A.: Automatic and manual control. Papers contributed to the Conference at Cranfield 1951. London: Butterworths Scientific Publications 1952.

[27] OLDENBURGER, R.: Frequency response. New York: MacMillan 1956.

[28] HURWITZ, A.: Über die Bedingungen, unter welchen eine Gleichung nur Wurzeln mit negativen reellen Teilen besitzt. Math. Ann. 46. Bd. (1895) S. 272–284.

[29] LEONHARD, A.: Neues Verfahren zur Stabilitätsuntersuchung. Arch. Elektrotechn. 38. Bd. (1944) S. 17–28.

[30] LEONHARD, A.: Stabilitätskriterium, insbesondere von Regelkreisen bei vorgeschriebener Stabilitätsgüte. Arch. Elektrotechn. 39. Bd. (1948) S. 100–107.

[31] CREMER, L.: Ein neues Verfahren zur Beurteilung der Stabilität linearer Regelungs-Systeme. Z. angew. Math. Mech. Bd. 25/27 (1947) S. 161–163.

[32] SCHULZ, H.: Über Wesen, Sinn und Zweck der Laplace-Transformation. Telegraphen-, Fernsprech-, Funk- u. Fernsehtechnik Bd. 29 (1940) S. 95–100, S. 137–147 u. S. 235–245 u. Bd. 30 (1941) S. 95–108 u. S. 137–141.

[33] DROSTE, W. H.: Die Lösung angewandter Differentialgleichungen mittels Laplacescher Transformation. Neuere Rechenverfahren der Technik. Berlin: Mittler & Sohn 1939.

[34] GRÜNWALD, E.: Lösungsverfahren der Laplace-Transformation für Ausgleichvorgänge in linearen Netzen, angewandt auf selbsttätige Regelungen. Arch. Elektrotechn. 35. Bd. (1941) S. 379–400.

[35] STRECKER, F.: Die elektrische Selbsterregung. Stuttgart: Hirzel 1947.

[36] NYQUIST, H.: The regeneration theory. Bell Syst. techn. J. Bd. 11 (1932) S. 126–147.

[37] GÖRK, E.: Stabilitätskriterien. Arch. elektr. Übertrag. Bd. 4 (1950) S. 89–96.

[38] KÜPFMÜLLER, K.: Über die Dynamik der selbsttätigen Verstärkungsregler. Elektr. Nachr.-Technik Bd. 5 (1928) S. 459–467.

[39] EVANS, W. R.: Control system synthesis by root locus method. Trans. Amer. Inst. electr. Eng. P. I Bd. 69 (1950) S. 66–69.

[40] GRÜNWALD, E.: Entwurf von Reglern und Rückführungen. Regelungstechnik 3. Jg. (1955) S. 147–152 u. S. 172–180.

[41] Frequency-response symposium. Trans. Amer. Soc. mech. Eng. Bd. 76 (1954) S. 42–45.

[42] ANKE, K.: Eine neue Berechnungsmethode der quadratischen Regelfläche. Z. angew. Math. u. Phys. Bd. 6 (1955) S. 327–331.

[43] SARTORIUS, H.: Das Optimierungsproblem in der Regelungstechnik. Regelungstechnik 1. Jg. (1953) S. 74–78.

[44] SARTORIUS, H.: Zweckmäßige Feststellung frei wählbarer Regelungskonstanten. Dissertation Techn. Hochsch. Stuttgart 1945.

[45] BÜCKNER, H.: A formula for an integral occurring in the theory of linear servomechanisms and control systems. Quart. appl. Math. Bd. 10 (1952) Nr. 3, S. 205–213.

[46] BUTTERWORTH, S.: On the theory of filter amplifiers. Experimental Wireless Bd. 7 (1930) Nr. 85, S. 536–541.

[47] WHITELEY, A. L.: Theory of servo systems with particular reference to stabilisation. J. Inst. electr. Eng. Bd. 93/II (1946) S. 353–372.

[48] WHITELEY, A. L.: Abstracts of papers read at the convention on automatic regulators and fundamental principles of automatic regulators and servomechanisms. J. Instn. electr. Eng. Bd. 94/I (1947) S. 527–528.

[49] GRAHAM, D. u. LATHROP, R. C.: Synthesis of „optimum" transient response: Criteria and standard forms. Trans. Amer. Inst. electr. Eng. P. II. Bd. 72 (1953) S. 273–288.

[50] OETKER, R.: Zur Synthese von Regelkreisen mit vorgeschriebener Stabilitätsgüte. Regelungstechnik 1. Jg. (1953) S. 138–141.

[51] GLITSCHER, K.: Die Dämpfung der Schwingungen des Anschützschen Kreiskompasses durch kommunizierende Gefäße. Festschrift zum 60. Geburtstag von A. Sommerfeld. Leipzig: Hirzel, 1928.

[52] HOFFMANN, H.: Aufbau und Wirkungsweise neuzeitlicher Integrieranlagen. ETZ-A 77. Jg. (1956) S. 41–52 u. S. 77–83.

[53] OLDENBOURG, R. C. u. SARTORIUS, H.: a uniform approach to the optimum adjustment of control loops. Trans. Amer. Soc. mech. Eng. Bd. 76 (1954) S. 1265–1279.

[54] SARTORIUS, H.: Angepaßte Regelsysteme. Regelungstechnik 2. Jg. (1954) S. 165–169.

[55] HÄNNY, J.: Bedingungen des praktischen Optimums für eine Regelstrecke zweiter Ordnung mit Totzeit. Regelungstechnik 2. Jg. (1954) S. 191–197.

[56] KESSLER, C.: Über die Vorausberechnung optimal abgestimmter Regelkreise. Regelungstechnik 2. Jg. (1954) S. 274–281 u. 3. Jg. (1955) S. 16–22 u. S. 40–49.

59. Methoden für Regelungen mit Nichtlinearitäten

Von E. Grünwald

Inhaltsübersicht

A. Einleitung

1. Kennzeichen für Nichtlinearitäten

Betrachtet werden Regelanordnungen, die ein oder mehrere Glieder mit nichtlinearem Verhalten (Nichtlinearitäten) enthalten. Beispiele für Glieder mit Nichtlinearitäten sind:

Glieder, bei denen der Zusammenhang zwischen Ausgangs- und Eingangsgröße durch nichtlineare Differentialgleichungen beschrieben wird (beispielsweise Differentialgleichungen mit Koeffizienten, die eine Funktion der abhängigen Veränderlichen sind);

Glieder, die durch nur abschnittweise lineare Differentialgleichungen beschrieben werden;

Glieder mit strukturellen Nichtlinearitäten, bei denen beispielsweise die Ausgangsgröße y_a einer Potenz der Eingangsgröße y_e (z.B. $y_a = y_e^2$) oder der zeitlichen Ableitung der Eingangsgröße [z.B. $y_a = (\mathrm{d}y_e/\mathrm{d}t)^2$, dynamische Nichtlinearität] verhältlich ist;

Glieder, bei denen z.B. die Ausgangsgröße y_a proportional ist dem Produkt zweier Eingangsgrößen y_1 und y_2, also $y_a = y_1 y_2$.

Entscheidend ist, daß für den Zusammenhang zwischen Eingangs- und Ausgangsgröße des Gliedes das Superpositionsgesetz nicht mehr gilt; die Wirkungen sind nicht proportional zu ihren Ursachen. Das diesen Zusammenhang beschreibende Gesetz ist also abhängig von der Abweichung vom Ausgangs-Gleichgewichtszustand; die Übergangsfunktionen für kleine und große Amplituden der Abweichungen stimmen nicht mehr überein. Das System kann je nach Anfangsbedingungen und Vorgeschichte Lösungen von grundsätzlich verschiedener Form haben.

Die Kennzeichnung von Nichtlinearitäten ist für eine größere Gruppe durch Angabe einer *zeitunabhängigen* stationären *Kennlinie* möglich, die den Zusammenhang zweier einander zugeordneter oder im Regelkreis in Wirkungsrichtung direkt aufeinanderfolgender Größen beschreibt. Diese Kennlinie kann in Form einer analytischen, einer nur stückweise analytischen oder einer unstetigen Funktion gegeben sein. Beispiele dazu zeigt *Bild* 1. Eine weitere wichtige Gruppe von

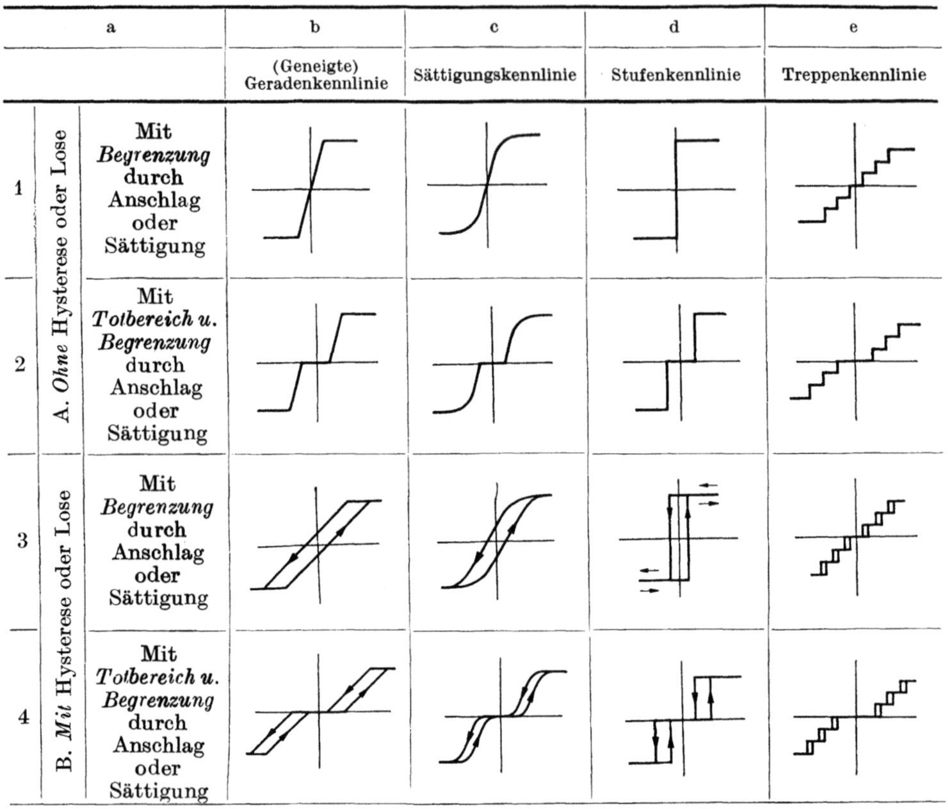

Bild 1. Kennlinien für den Zusammenhang zwischen Ausgangs- und Eingangsgröße eines Gliedes

Nichtlinearitäten ist durch Unstetigkeiten durch *zeitliches periodisches Tasten* gekennzeichnet. Oft ist nur eine der genannten Nichtlinearitäten in einem sonst linearen Regelkreis vorhanden.

Die Anwendung nichtlinearer Regelungen ermöglicht es, in vielen Fällen mit einfachen und billigeren Baugliedern auszukommen. Oft läßt sich die hohe Qualität der Glieder linearer Regelungen gar nicht realisieren. Weiter kann man sogar durch Nichtlinearitäten die Regelgüte verbessern, was zum bewußten Einsatz von Nichtlinearitäten geführt hat [*10*]. Im Rahmen dieser kurzen Übersicht soll nur auf einige wesentliche Kennzeichen der nichtlinearen Rechenverfahren (mit Bezug auf die entsprechende Fachliteratur) hingewiesen werden.

2. Einteilung nichtlinearer Regelungen

Beim Versuch, eine Einteilung nichtlinearer Regelungen zu schaffen, sollen hier unter den Standardmethoden nur solche verstanden und betrachtet werden, die nicht an einen speziellen Fall gebunden sind, die also allgemeinere Gültigkeit haben. Sie lassen sich ungefähr in folgende Gruppen unterteilen:

a) Methode der kleinen Schwingungen, bei der nichtlineare Verhältnisse durch Beschränkung der Untersuchung auf kleine Änderungen linear behandelt werden können.

b) Klassische Verfahren, worunter alle Methoden verstanden sein sollen, die gewisse Verbesserungen der Methode der kleinen Schwingungen bringen, aber allgemein noch keine großen Amplituden zulassen und alle noch sehr mühevoll sind. Es werden dabei einzelne, in kleinem Rahmen geltende Nichtlinearitäten fallweise in den Lösungsweg einbezogen, aber die Lösung gilt immer nur „im kleinen".

c) Methoden, die auch große Amplituden erfassen, also auf Vorgänge „im großen" übergehen. Dazu gehören die Frequenzgangmethode der gleichwertigen Linearisierung, die Methode der Phasenebene und die speziellen Methoden der Synthese optimaler nichtlinearer Regelungen.

B. Behandlungsmethoden

1. Methode der kleinen Schwingungen

Beschränkt man die Betrachtung auf kleine Amplituden der Störung oder – wie man auch sagt – auf eine Betrachtung „im kleinen", so ist in vielen Fällen *für kleine Amplitudenbereiche eine Linearisierung zulässig.* Dadurch kann man die gleichen Methoden anwenden wie bei linearen Regelungen. Dieses Verfahren wird *Methode der kleinen Schwingungen* genannt. Diese ist beim Untersuchen einer Regelung meist mehrfach, nämlich für extreme Lagen des Arbeitspunktes auf der Kennlinie des nichtlinearen Gliedes anzuwenden, da sich die in den kleinen Bereichen um den Arbeitspunkt gültigen Konstanten mit der Lage des Arbeitspunktes auf der Kennlinie ändern (*Bild* 2). Trotzdem gelingt es in vielen Fällen mit nur einer Einstellung der Regelung auszukommen, da sie meist nicht kritisch ist.

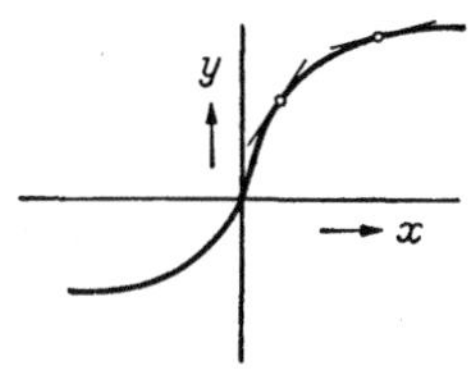

Bild 2. Beispiel zur Linearisierung an einer nichtlinearen Kennlinie

Das Differential eines Produkts $\mathrm{d}(x\,y)$ kann z.B. durch Einführung von $x\,\mathrm{d}y + y\,\mathrm{d}x$ in eine lineare Form gebracht werden. Eine ursprünglich nichtlineare Regelungsgleichung kann so im Bereich kleiner Änderungen linear behandelt werden.

Mit steigender Amplitude der Störungen wird die Methode der kleinen Schwingungen immer unbefriedigender bzw. unzulässig.

2. Klassische Verfahren

Die klassischen Verfahren lassen sich etwa auf folgende Art unterteilen:

Die *numerischen schrittweisen Lösungsmethoden* [*1, 11, 12*] sind möglichst mit digitalen Rechnern durchzuführen. Dabei wendet sich die Entwicklung dem Einsatz von Anlagen mit genügend vielen simultan arbeitenden digitalen Integratoren zu (englisch: digital differential analyzer), da bei diesen, ähnlich wie bei den mechanischen Integrieranlagen, fast keine Programmierungsschwierigkeiten auftreten.

Weitere Verfahren sind die *graphischen, schrittweisen Verfahren*, darunter die allgemeiner gültigen [*13, 14*], die *Reihenumkehr-* [*15*] und die *Iterationsverfahren* [*3, 8*].

Bei der *Störungsrechnung* [*4, 16, 17*] geht man zunächst durch Wegstreichen gewisser Störungsglieder zu einem idealisierten lösbaren Problem über. Die Lösung des tatsächlichen Problems wird dann als Potenzreihe im Störungsparameter angesetzt, und die Koeffizientenfunktionen werden rekursiv berechnet. Die Erweiterung dieser Methode von Bautin und später von Lurje (siehe die Literaturangaben in [*18*]) durch nähere Untersuchung des ,,Liapunow-Koeffizienten" ermöglicht zwar beim Überschreiten der linear ausgerechneten Stabilitätsgrenze die Abgrenzung von ungefährlichem Verhalten (Auftreten kleiner Schwingungen, die bei Verminderung der Störamplitude wieder verschwinden) und gefährlichem Verhalten, doch bleiben alle diese Betrachtungen noch ,,im kleinen", können außerdem nicht auf unstetige Funktionen angewendet werden und sind auf niedrige Ordnung der Reihenentwicklung beschränkt.

3. Frequenzgangmethode der gleichwertigen Linearisierung

Die Störungsrechnung ist durch die kraftvollere, von der Variation der Parameter Gebrauch machende *Frequenzgangmethode der gleichwertigen Linearisierung* verdrängt, die auch als Methode des äquivalenten harmonischen Gleichgewichts, Methode der Beschreibungsfunktion, (englisch: describing-function analysis) bekannt ist. Dieses Verfahren geht auf D. W. Cauer in Deutschland und Michailow und Krylow sowie Bogoljubow in der Sowjetunion in den dreißiger Jahren zurück [*5*].

Bei einem nichtlinearen System, dessen Eingangssignal sinusförmig geändert wird, berücksichtigt man nur die Grundharmonische des Ausgangssignals von gleicher Periodendauer in der Erwartung, daß die übrigen Glieder die Effekte der Oberwellen unterdrücken. Dies geschieht für verschieden große Amplituden des Eingangssignals. Die nichtlineare Gleichung des Systems läßt sich dann durch eine lineare Gleichung ersetzen. Tatsächliche Schwingung und lineare Ersatzschwingung haben den gleichen Energieinhalt. Die physikalisch einleuchtenden Gedankengänge des Verfahrens entbehren allerdings einer strengen mathematischen Fundierung und damit der Möglichkeit einer allgemein gültigen Fehlerabschätzung für diese Methode. Das Verfahren hat aber den Vorzug, auch auf Untersuchungen ,,im großen", also für große Werte der Veränderlichen anwendbar zu sein und liefert bei der Untersuchung ,,im kleinen" die gleichen Ergebnisse wie die eingangs erwähnte erweiterte Störungsrechnung (Bautin, Lurje). Die Methode versagt auch nicht beim Auftreten nichtanalytischer Funktionen und ist nicht beschränkt auf Systeme niedriger Ordnung.

Ein solches analytisches Verfahren, das sich auf der Auswertung der Koeffizienten der gleichwertigen linearen Gleichung aufbaut, ist von K. Magnus [*18*] beschrieben worden; in dieser Abhandlung sind auch häufig vorkommende Funktionen und ihre K-Transformierten (Beschreibungsfunktionen) zusammengestellt. Weitere Verfahren, die sich auch an die graphische Darstellung der gleichwertigen amplitudenabhängigen Frequenzgänge anlehnen, stammen von DANIEL, TUSTIN [*11*], GOLDFARB [*19*], OPPELT [*20*], DUTILH [*21*], MINORSKY [*22*], KOCHENBURGER [*23*], JOHNSON [*24*].

Mit dem Frequenzgang $F(\mathrm{j}\,\omega)\,f(\alpha,\omega)$ des aufgeschnittenen Regelkreises, wobei $F(\mathrm{j}\,\omega)$ der Frequenzgang des linearen Gliedes und $f(\alpha,\omega)$ der gleichwertige Frequenzgang des vorgeschalteten nichtlinearen Teiles der Anordnung für ein Signal der Amplitude α und der Frequenz ω ist, lautet der gleichwertige Frequenzgang des geschlossenen Regelkreises $F(\mathrm{j}\,\omega)\,f(\alpha,\omega)/[1+F(\mathrm{j}\,\omega)f(\alpha,\omega)]$. Beispielsweise lautet dann das Stabilitätskriterium in Analogie zum NYQUIST-Kriterium $F(\mathrm{j}\,\omega) = -1/f(\alpha,\omega)$. Es lassen sich aber auch alle anderen Frequenzgangbetrachtungen der linearen Theorie übertragen.

Das von KLOTTER [*25, 26*] erweiterte RITZ-GALERKINsche Verfahren [*2*], das von der Variationsrechnung Gebrauch macht, eignet sich für einen Regelkreis mit einem durch eine nichtlineare Differentialgleichung beschriebenen nichtlinearen Glied.

4. Methode der Phasenebene (Phasenraum)

Diese Methode gehört zu den topologischen Verfahren. Ausgenutzt wird die Möglichkeit der Kennzeichnung des Zustandes eines Systems n-ter Ordnung durch $n-1$ aus der Differentialgleichung ableitbarer Beziehungen zwischen der abhängigen Veränderlichen und ihren Ableitungen. Bei einem System zweiter Ordnung, auf das man sich meist wegen des dann tragbaren Aufwandes zu beschränken sucht, wird ein Zustand durch den Zusammenhang zwischen der abhängigen Variablen x und ihrer ersten zeitlichen Ableitung $\dot{x}$ beschrieben (oder zwischen x und $\ddot{x}$ oder zwischen $\dot{x}$ und $\ddot{x}$). Die graphische Darstellung des Zusammenhanges von x und $\dot{x}$, die meistens verwendet wird, erfolgt in der sogenannten *Phasenebene* oder $x, \dot{x}$-Ebene und heißt *Phasendiagramm* oder $x, \dot{x}$-Diagramm (s. *Bild* 4). Die Kurven des Phasendiagramms für verschiedene Anfangswerte werden im betrachteten Fall durch Integration einer Differentialgleichung erster Ordnung gewonnen. Bei dieser geometrischen Darstellung werden periodische Vorgänge durch geschlossene Kurven wiedergegeben. Der zeitliche Ablauf des gesuchten Vorganges ist dabei nicht direkt abzulesen, sondern ist durch eine weitere Integration zu ermitteln:

$$t - t_0 = \int_a^b \frac{\mathrm{d}\,x}{\dot{x}}$$

Sie ergibt die Zeit, die verstreicht, während der der Vorgang in der Phasenebene vom Punkt a (zur Zeit t_0) bis zum Punkt b vorgedrungen ist. Beim Anwenden dieser Methode zur Lösung einer vorliegenden Differentialgleichung vom Typ $\mathrm{d}(\dot{x})/\mathrm{d}\,x = P(x,\dot{x})/Q(x,\dot{x})$ stehen reichhaltige geometrische und topologische Hilfsmittel zur Verfügung [*6, 7, 8, 22*]. Bei Systemen höherer als zweiter Ordnung sind mehr als zwei Größen (x und $\dot{x}$ genügen nicht mehr) zur Kennzeichnung des Zustandes eines Systems nötig, es muß deshalb ein mehrdimensionaler Phasenraum verwendet werden.

Beispiel. Um die Methode der $x, \dot{x}$-Ebene (Phasenebene) zu veranschaulichen, soll ein Beispiel einer Dreipunktregelung herangezogen werden (*Bild* 3). Die

Regelstrecke habe ein integrierendes Glied (mit der Eingangsgröße y und der Ausgangsgröße y_a)

$$y_a = \frac{1}{T_i} \int y \, \mathrm{d}t \tag{1}$$

und ein Verzögerungsglied (mit der Eingangsgröße y_a und der Regelgröße x am Ausgang). Für dieses Glied gilt:

$$x + T_1 \frac{\mathrm{d}x}{\mathrm{d}t} = y_a \tag{2}$$

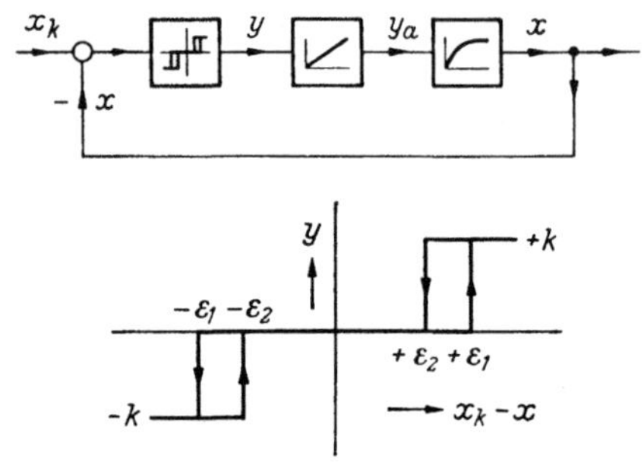

Bild 3. Blockschaltplan einer Dreipunkt-regelanordnung

Der Dreipunktregler hat eine Kennlinie nach *Bild* 3 (s. auch *Bild* 1, 4d) mit der Sollwert-Istwert-Differenz $x_k - x$ als Ordinate (Ansprechgrenze $|\varepsilon_1|$, Abfallgrenze $|\varepsilon_2|$) und der Ausgangsgröße y als Abszisse, wobei y die Werte $\pm k$ bzw. 0 annehmen kann. Man schreibt symbolisch

$$y = \begin{cases} \pm k \\ 0 \end{cases} \tag{3}$$

Die Differentialgleichung des geschlossenen Regelkreises erhält man durch Bilden der zeitlichen Ableitung der Gl. (2) und Ersatz von $\mathrm{d}x_a/\mathrm{d}t$ nach Gl. (1) und durch Einführen der Relation für den nichtlinearen Regler in der folgenden Form

$$T_i T_1 \frac{\mathrm{d}^2 x}{\mathrm{d}t^2} + T_i \frac{\mathrm{d}x}{\mathrm{d}t} = \begin{cases} \pm k \\ 0 \end{cases} \tag{4}$$

Mit der neuen Bezeichnung

$$\boxed{\frac{\mathrm{d}x}{\mathrm{d}t} = x' = s} \tag{5}$$

folgt

$$\frac{\mathrm{d}^2 x}{\mathrm{d}t^2} = x'' = \frac{\mathrm{d}s}{\mathrm{d}t} = \frac{\mathrm{d}x}{\mathrm{d}t} \frac{\mathrm{d}s}{\mathrm{d}x} = s \frac{\mathrm{d}s}{\mathrm{d}x}$$

Eingeführt in Gl. (4), erhält man die Differentialgleichung

$$\boxed{\left(s \frac{T_i}{k}\right) \frac{\mathrm{d}\left(s \frac{T_i}{k}\right)}{\mathrm{d}\left(x \frac{T_i}{k T_1}\right)} + \left(s \frac{T_i}{k}\right) = \begin{cases} \pm 1 \\ 0 \end{cases}} \tag{6}$$

Damit erscheint der Zustand der Regelung durch x und $s = \mathrm{d}x/\mathrm{d}t$ gekennzeichnet. Ist der Regler in einer der beiden Endlagen, also die Störungsfunktion $\pm k$, so ist

$$\mathrm{d}\left(x \frac{T_i}{k T_1}\right) = \left(-1 \pm \frac{1}{\pm 1 - \left(s \frac{T_i}{k}\right)}\right) \mathrm{d}\left(s \frac{T_i}{k}\right) \tag{7}$$

Die Integration dieser Differentialgleichung (wobei die Integrationskonstante so bestimmt ist, daß zu $s = 0$, $x = 0$ gehört) liefert das Phasendiagramm ($x - x_k$

zu s) für den auf den Ausgangsbeharrungszustand folgenden Sollwertsprung:

$$(x + x_k)\,\frac{T_i}{k\,T_1} = -\,x_k\,\frac{T_i}{k\,T_1} + \begin{Bmatrix} f(s) \\ -f(-s) \end{Bmatrix} \tag{8}$$

mit

$$f(s) = -\left(s\,\frac{T_i}{k}\right) - \ln\left|1 - \left(s\,\frac{T_i}{k}\right)\right| \tag{9}$$

Ist der Regler in der Ruhelage, also die Störungsfunktion in Gl. (5) gleich Null, so ist

$$\frac{\mathrm{d}\left(s\,\dfrac{T_i}{k}\right)}{\mathrm{d}\left(x\,\dfrac{T_i}{k\,T_1}\right)} = -1$$

Die Gleichung für das Phasendiagramm heißt dann:

$$\left(x\,\frac{T_i}{k\,T_1}\right) = -\left(s\,\frac{T_i}{k}\right) + \text{Konstante} \tag{10}$$

In *Bild* 4 sind in der $(x - x_k)$, $(x - x_k)'$-Ebene die Diagrammkurven zu Gl. (8) und (9) und zu Gl. (10) eingetragen sowie die Ansprech- und Abfallgrenze $\pm\,\varepsilon_1$, $\pm\,\varepsilon_2$. Erfolgt auf den Ausgangs-Gleichgewichtszustand $\dot{x} = s = 0$ ein Sollwertsprung um den Betrag x_k (z. B. $x_k\,T_v/k\,T_1 = 1{,}6$), so beginnt der Vorgang im Punkt a ($s\,T_i/k = 0$ und $x\,T_i/k\,T_1 = -1{,}6$); er bewegt sich sodann auf der zugehörigen Diagrammkurve bis zum Punkt b, der durch die Abfallgrenze ($-\,\varepsilon_2$) gegeben ist, folgt dann der Diagrammgeraden (für Störfunktion $= 0$) bis zum Punkt c, gegeben durch Ansprechgrenze ε_1, und so weiter, bis er im Punkt g innerhalb der Ansprechgrenzen zur Ruhe kommt. Bei unendlich großem Sollwertsprung beginnt der Vorgang entlang der Asymptote A, aus dem Unendlichen kommend, zu verlaufen.

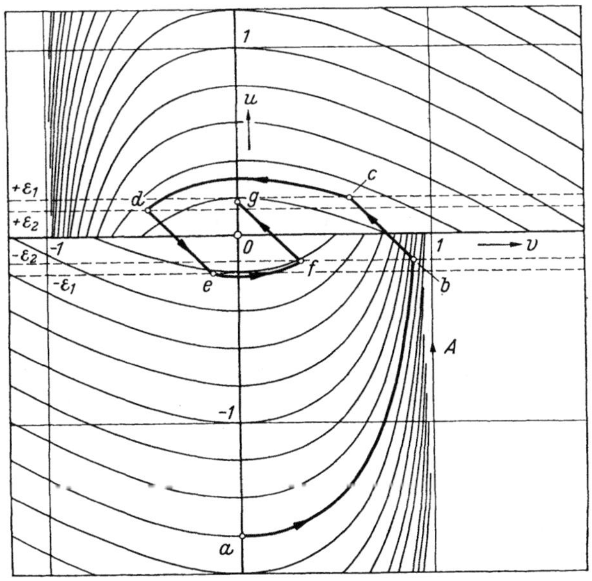

$$u = (x - x_k)\,\frac{Z_i}{k\,T_1}$$

$$v = s\,\frac{T_i}{k} = \frac{\mathrm{d}x}{\mathrm{d}t}\,\frac{T_i}{k} = \frac{\mathrm{d}(x - x_k)}{\mathrm{d}t}\,\frac{T_i}{k} = (x - x_k)'\,\frac{T_a}{k}$$

Bild 4. $(x - x_k)$, $(x - x_k)'$-Ebene (Phasenebene)

An Stelle der den Regelvorgang darstellenden kontinuierlichen Kurven der Phasenebene verwenden I. Flügge-Lotz und K. Klotter [9, 27] für Zweipunktregelungen auch eine diskrete Folge von ausgezeichneten Punkten, den sog. Schaltpunkten. Diese Ebene der Schaltpunkte bezeichnet später Minorsky als „*stroboskopisches Bild*“.

C. Methoden der Synthese optimaler nichtlinearer Regelungen

Mit der Methode der Phasenebene bzw. des Phasenraumes und sich daran anlehnenden Verfahren ist viele Mühe auf eine *Synthese optimaler nichtlinearer Regelungen* angewandt worden [*28*]. Das gilt insbesondere auch für Regelungen mit nichtlinearen Begrenzungen, aber sonst linearen Gliedern, wobei diese Regelungen, ähnlich wie Zweipunktregelungen, ohne Hysterese oder wie Dreipunktregelungen ohne Ansprechgrenzen arbeiten, jedoch in der Nähe verschwindender Regelabweichung einen engen linear arbeitenden Bereich haben. Große Regelabweichungen sollen mit einem Minimum an Schalthäufigkeit in den schmalen linearen Ruhebereich gebracht werden [*29*]; oder man sucht z. B. eine minimale Zahl der Schaltpunkte [*30*]. Auch die Anwendung von Rechengeräten zum Erzielen einer minimalen Schaltzahl bei Differentialgleichungen zweiter Ordnung wird gezeigt [*9, 31*].

In der Literatur (s. bei [*32*]) sind weitere zutreffende Maßnahmen beschrieben, mit denen eine *kürzeste* Anregelzeit ohne Überschwingen erzielt werden kann. Dazu ist ein Rechengerät notwendig, das die Regelabweichung mit ihren n Ableitungen nach einer nichtlinearen Kennfläche (im Sonderfall einer Kennlinie) vergleicht und auf Grund dieses Vergleiches die nötigen Schaltbefehle gibt.

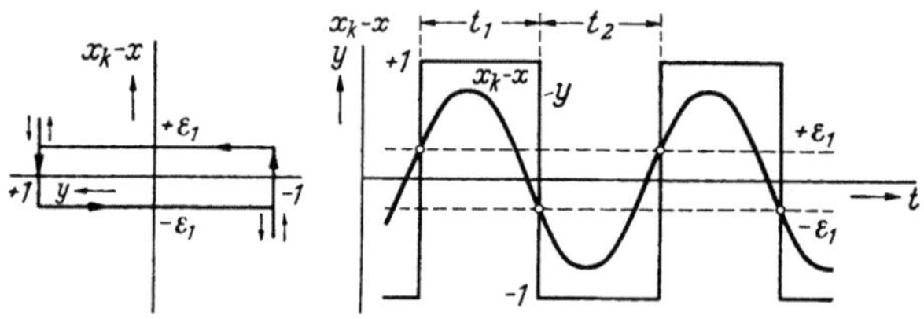

Bild 5. Kennlinie und Ansprechverhältnisse eines Zweipunktreglers

Eine neue, einfache und wendige *Methode der Angleichung an minimale Regelzeit bei ständiger Übersteuerung* (unter Verwendung der Elimination von Zeitkonstanten) beschreibt Anke [*32*]. Die Methode ist geeignet für die Synthese von Dreipunktregelungen. Es wird eine Entwurfsvorschrift für Rückführungen angegeben und die erzielte Anregelzeit mit der kürzesten, mit Hilfe von zugehörigen Rechengeräten erreichbaren Ausregelzeit verglichen. Der Vergleich ergibt, daß der durch ein solches Rechengerät – falls dieses überhaupt realisierbar ist – bedingte hohe Aufwand im allgemeinen nicht gerechtfertigt ist.

Bei Zweipunktregelungen (s. auch Kapitel 63), arbeitet der Regler z. B. entsprechend der Reglerkennlinie nach *Bild* 1 (*3d*). Dabei bedeutet die Abszisse der Kennlinie das Reglereingangssignal und die Ordinate das abgegebene Ausgangssignal des Reglers. Das Ausgangssignal kann ständig nur von einer zur anderen der beiden Arbeitsstellungen (Endlagen) umschlagen, und der Regler kann nur konstante, abwechselnd positive und negative Signale abgeben. Die nötige Änderung des Ausgangssignals wird dabei durch Ändern des Tastverhältnisses t_1/t_2 erreicht (*Bild* 5). Bei solchen Zweipunktregelungen gelingt es, durch die *Methode der dynamischen Mittelwertbildung* [*33*], die gleiche *optimale Entwurfssynthese* von Regelkreisen und die gleichen *Bemessungsvorschriften* für die Stabilisierungseinrichtungen anzuwenden, wie sie auch bei linearen Regelungen möglich sind. Das Verfahren ist auf den zeitveränderlichen Tastperioden t_1 und t_2 aufgebaut und setzt voraus, daß der Aufbau des Regelkreises bis auf den Regler linear oder linearisierbar ist. Bei solchen Regelungen kann insbesondere der Vorzug des mit geringer Verlustleistung als Schalter arbeitenden Transistorverstärkers ausgenutzt werden.

D. Quellenhinweise

[1] COLLATZ, L.: Numerische Behandlung von Differentialgleichungen. Berlin/Göttingen Heidelberg: Springer 1955.

[2] COLLATZ, L.: Eigenwertaufgaben. Leipzig: Akademische Verlagsgesellschaft 1949.

[3] KAMKE, E.: Differentialgleichungen. Lösungen und Lösungsmethoden. Leipzig: Becker & Erler 1943, s. bes. S. 4 u. 38.

[4] POINCARÉ, H.: Les méthodes nouvelles de la mécanique céleste. Bd. 1. Paris: Gauthier-Villars 1892.

[5] KRYLOFF, N. u. BOGOLJUBOW, N.: Einführung in die nichtlineare Mechanik. (Orig. russ., Kiew 1937). Auszugsweise Übersetzung: Introduction to non-linear mechanics. Ed. S. Lefschetz. Princeton/N. J.: Princeton University Press 1949.

[6] BIEBERBACH, L.: Differentialgleichungen. Grundlehren. Bd. 6, Berlin: Springer 1930.

[7] ANDRONOW, A. A. u. CHAIKIN, C. G.: Theory of oscillations. (Orig. russ., Moskau 1937). Ed. S. Lefschetz. Princeton/N. J.: Princeton University Press 1949.

[8] STOKER, J. J.: Nonlinear vibrations. New York: Interscience Publ. Co. 1950, s. bes. S. 83 u. 98.

[9] FLÜGGE-LOTZ, I.: Discontinuous automatic control. Princeton/N. J.: Princeton University Press 1953.

[10] MATUSCHKA, H.: Nichtlinearitäten im Regler zur Verbesserung der Regelgüte. In: Regelungstechnik. Moderne Theorien und ihre Verwendbarkeit. München: R. Oldenbourg 1957. S. 172–177.

[11] TUSTIN, A.: A method of analyzing the effect of certain kinds of nonlinearity in closed cycle control systems. J. Inst. electr. Eng. P. II Bd. 94 (1947) S. 143–151.

[12] MADWED, A.: Numerical analysis by the number series transformation method. Proceedings of the symposium on nonlinear circuit analysis. Polytechnic Institute of Brooklyn, Bd. 2. 1953 S. 320–368.

[13] MEISSNER, E.: Graphische Analysis vermittels des Linienbildes einer Funktion. Schweiz. Bau-Ztg. Bd. 98 (1932) S. 287–333.

[14] GRAMMEL, R.: Ein Gegenstück zum MEISSNERschen Verfahren der graphischen Analysis. Ing. Arch. Bd. 10 (1939) S. 395–411.

[15] COHN, G. I. u. SALTZBERG, B.: Solution of nonlinear differential equations by the inversion method. J. appl. Phys. Bd. 24 Tl. 1 (1953) S. 180–186 u. Bd. 25 Tl. I (1954) S. 252–254.

[16] LINSTEDT, A.: Differentialgleichungen der Störungstheorie. Mem. Acad. Sci. St. Petersbourg Bd. 31 (1883) Nr. 4, S. 1–20.

[17] LIAPUNOW, A. M.: Die allgemeine Aufgabe über die Stabilität von Bewegungen. (Orig. russ. Charkow 1892). Nachdruck einer Übersetz. ins Franz. Ann. of Math. Studies Nr. 17 Princeton/N. J.: Princeton Univ. Press 1949.

[18] MAGNUS, K.: Über ein Verfahren zur Untersuchung nichtlinearer Schwingungs- und Regelungs-Systeme. VDI-Forsch.-H. 451, Ausg. B, Bd. 21 (1955) S. 1–32.

[19] GOLDFARB, L. S.: Über einige Nichtlinearitäten in Regelkreisen (Russ.). Awtomatika i Telemechanika Bd. 8 (1947) S. 349–383. On some nonlinear phenomena in regulatory systems. Übersetzt vom National Bureau of Standards USA. Report Nr. 1691. Abgedruckt in: Frequency response. Hrsg. R. Oldenburger. New York: McMillan 1956. S. 239–259.

[20] OPPELT, W.: Über Ortskurvenverfahren bei Regelvorgängen mit Reibung. VDI-Z. Bd. 90 (1948) S. 179–183.

[21] DUTILH, J. R.: Théorie des servo-mechanismes non linéaires. Radio française Paris Nr. 5 (1950) S. 1–7.

[22] MINORSKI, N.: Introduction to nonlinear mechanics. Ann Arbor: Verlag Edwards Bros. Inc. 1947.

[23] KOCHENBURGER, R. J.: Frequency response methods for analyzing and synthesizing contactor servomechanisms. Trans. Amer. Inst. electr. Eng. P. I Bd. 69 (1950) S. 270–284.

[24] JOHNSON, E. C.: Sinusoidal analysis of feedback control systems containing nonlinear elements. Trans. Amer. Inst. electr. Eng. P. I Bd. 71 (1952) S. 169–181.

[25] KLOTTER, K.: Neuere Methoden und Ergebnisse auf dem Gebiet der nichtlinearen Schwingungen. VDI-Berichte Bd. 4 (1955) S. 35–46.

[26] KLOTTER, K.: How to obtain describing functions for nonlinear feedback systems. Trans. Amer. Soc. mech. Eng. Bd. 79 (1957) S. 509–512.

[27] FLÜGGE-LOTZ, I. u. KLOTTER, K.: Über Bewegungen eines Schwingers unter dem Einfluß von Schwarz-Weiß-Regelungen. Z. angew. Math. u. Mech. Bd. 28 (1948) S. 317–337.

[28] OLDENBURGER, R.: Optimum nonlinear control. Trans. Amer. Soc. mech. Eng. Bd. 79 (1957) S. 527–546.

[29] McDONALD, D. C.: Intentional nonlinearisation of servomechanisms. Beiträge der Tagungen über nichtlineare Netzwerkanalyse (1953) S. 402–411 (Polytechnic Inst. Brooklyn).

[30] HOPKIN, A. M.: A phase-plane approach to the compensation of saturating servomechanisms. Trans. Amer. Inst. electr. Eng. P. II Bd. 70 (1951) S. 631–639.

[31] SILVA, L. M.: Predictor control optimalizes control-system performance. Trans. Amer. Soc. mech. Eng. Bd. 77 (1955) S. 1317–1323.

[32] ANKE, K.: Dreipunktregelungen. Regelungstechnik 5. Jg. (1957) S. 262–264.

[33] KESSLER, C.: Ein Beitrag zur Theorie des Zweipunktreglers. Regelungstechnik 5. Jg. (1957) S. 339–342.

60. Statistische Methoden

Von **E. Grünwald**

Inhaltsübersicht

A. Einleitung

Die statistischen Methoden [*1* bis *5*] sind nur bedingt für die rückgekoppelten Systeme der Regelungstechnik brauchbar. Unbefriedigend ist z.B. der Umstand, daß diese Methoden auf dem Kriterium des Minimums des Mittelwertes der Quadrate eines Fehlers beruhen, das mehr wegen seiner mathematischen Brauchbarkeit als wegen seiner Zweckmäßigkeit zur Kennzeichnung regelungstechnischer Probleme gewählt ist. In den Augen des Regelungstechnikers läßt dieses Kriterium ein zu großes Überschwingen bei zu geringer Dämpfung als optimal erscheinen. Hingegen erweisen sich die statistischen Methoden für die Regelungstechnik als recht nützlich, um die dynamischen Eigenschaften einer Regelanlage ohne Änderungen ihres Betriebszustandes meßtechnisch zu ermitteln.

Unter den Störgrößen, denen eine Regelung ausgesetzt ist, gibt es zwei besondere Gruppen: Eine Gruppe umfaßt *normale* Störungen, d.h. „ideale" plötzliche Änderungen, z.B. im Sollwertsprung, für den meistens die optimale Entwurfssynthese der Regelung erfolgt, und Laststörungen, welche die Regelung zu meistern hat. Daneben gibt es stets auch eine andere Gruppe von Störungen, nämlich Schwankungen, die in ihrem zeitlichen Ablauf nicht oder nur unbestimmt voraussehbare Einflüsse der Umwelt darstellen. Sie kommen um so stärker zum Ausdruck, je weitläufiger die Anlage ist, je mehr Einflußgrößen und Energiequellen vorhanden sind. Sie werden *regellose* oder aleatorische, d.h. vom Zufall abhängige (lateinisch: *alea* bedeutet *Würfel*) auch stochastische Störungen (englisch: random-signals oder noise) genannt. Wie sich herausstellen wird, ist der Begriff „regellos" nicht ganz wörtlich zu nehmen. Wegen solcher Störungen kann es notwendig werden, die optimale Einstellung von Regelungen z.B. für den Sollwertsprung zu verlassen und sie unter Inkaufnahme einer gewissen Qualitätsminderung den regellosen Störungen anzupassen. Diese Störungen können sich auch nachteilig auf die übliche meßtechnische Untersuchung von Regelungen auswirken und Änderungen der Meßmethoden erforderlich machen, wobei man dann sogar diese regellosen Störungen selbst zur Untersuchung der unverändert gelassenen Regelanordnung heranziehen kann.

Eine Regelanlage von regellosen Störungen unabhängig zu machen, setzt die Lösung der Aufgabe voraus, die beiden gleichzeitig ablaufenden Gruppen von Störsignalen (normale und regellose) voneinander unterscheiden und trennen zu können. Zwar ist der Zeitablauf der regellosen Störungen nicht voraussehbar, aber sie können durch die in ihnen enthaltenen Frequenzanteile unterschieden werden. Diese Unterschiede in der Struktur lassen sich durch statistische Beschreibung mit den Wahrscheinlichkeitsfunktionen, und zwar aufgrund der Korrelations-(Verwandtschafts-)Analyse erfassen und ausnutzen. In der Praxis wurden solche statistischen Verfahren mit Erfolg in der Radarfeuerleit- und Radarnavigations-Technik angewendet, während die Anwendungen in der Industrie, die als vielversprechend anzusehen sind, sich erst anbahnen.

B. Kenngrößen regelloser Vorgänge

1. Typische regellose Vorgänge

Die statistische Theorie ist am weitesten ausgebaut für den besonders wichtigen Typ der *stationären* regellosen Vorgänge, d.h. solcher, deren wesentliche Eigenschaften unabhängig davon sind, zu welchem Zeitpunkt mit der (genügend lang zu wählenden) Zeitspanne der Beobachtung begonnen wird. Mit der Statistik lassen sich weiter insbesondere leicht die sog. *ergodischen* stationären Vorgänge erfassen, die aus einer Großzahl gleichartiger, voneinander *unabhängiger* Elementarereignisse entstanden sind. Jeder Teilvorgang hat ein bestimmtes Fourier-spektrum, das dann auch im Spektrum des Gesamtvorganges hervortritt. Da das zeitliche Eintreffen nur vom Zufall bestimmt sein kann, ist für den Vorgang die Amplitudenverteilung über der Frequenz, nicht aber die gegenseitige Phasenlage kennzeichnend. Infolge der Unterdrückung der Phasenlage kann man dann auch nur angeben, wie sich eine regellose Eingangsgröße eines Systems am Ausgang im Mittel über eine längere Beobachtungsdauer auswirkt, nicht aber den zeitlichen Ablauf der Ausgangsgröße beschreiben.

2. Korrelationsfunktionen

a) Funktionsarten

Das Wesen der Theorie der statistischen Beschreibung fußt auf dem Kriterium des Mittelwertes $\overline{e^2}$ der Quadrate eines Fehlers e, beispielsweise der Differenz zwischen dem tatsächlichen Ausgangssignal $f_a(t)$ und dem gewünschten Ausgangssignal $f_g(t)$

$$\overline{e^2} = \lim_{T \to \infty} \frac{1}{2T} \int_{-T}^{T} [f_a(t) - f_g(t)]^2 \, dt \tag{1}$$

Ein System habe als Impulsübergang, also als Antwortkurve zum Eingangseinheitsimpuls (d.h. zum DIRAC-Impuls) die sog. Gewichtsfunktion $g(t)$, auch GREENsche Funktion genannt (*Bild* 1).

Das tatsächliche Ausgangssignal $f_a(t)$, hervorgerufen durch ein Eingangssignal $f_e(t)$ eines solchen Systems, läßt sich durch die „Faltung“ von $g(t)$ mit $f_e(t)$ darstellen (*Bild* 2).

$$f_a(t) = \int_{-\infty}^{\infty} g(\tau)\, f_e(t-\tau)\,\mathrm{d}\tau \qquad (2)$$

a) Eingangsimpuls, $i = \lim_{\Delta t \to 0} h \cdot \Delta t$.
(Der Eingangsimpuls für $i = 1$ heißt Einheitsimpuls oder DIRAC-Impuls)

b) Gewichtsfunktion (d. h. Ausgangsgröße zum Eingangseinheitsimpuls)

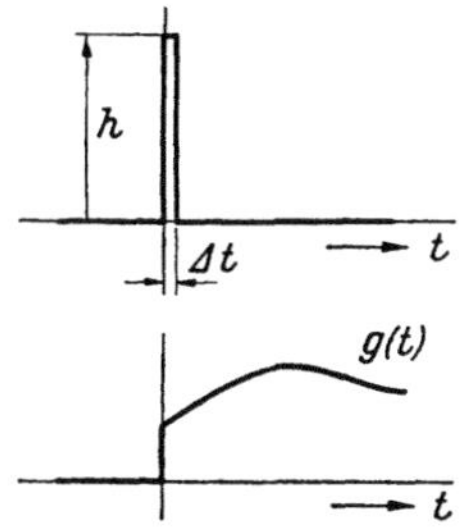

Bild 1. Erklärung der Gewichtsfunktion

Setzt man Gl. (2) in Gl. (1) ein, quadriert, führt eine neue Integrationsvariable ein und vertauscht die Reihenfolge von Integrationen, so läßt sich zeigen, daß man dann zur weiteren Beschreibung mit der Einführung von neuen zweckmäßig zu definierenden Wahrscheinlichkeitsfunktionen auskommt, die den inneren Zusammenhang (die Verwandtschaft) zweier Signale $f_1(t)$ und $f_2(t)$ kennzeichnen. Auf diese Weise kommt man zur Definition der *Kreuzkorrelationsfunktion* von $f_1(t)$ mit $f_2(t)$

$$\Phi_{12}(\tau) = \lim_{T\to\infty} \frac{1}{2T} \int_{-T}^{T} f_1(t)\, f_2(t-\tau)\,\mathrm{d}t \qquad (3)$$

wobei $f_1(t)$ und $f_2(t)$ vertauschbar sind (*Bild* 3). Sie ist einer *Messung* gut zugänglich [*6*]. Die Korrelationsgeräte führen den Namen Korrelatoren bzw. Korrelo-

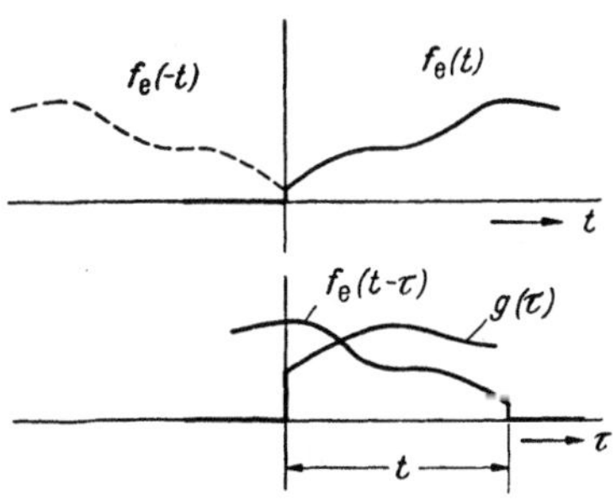

Bild 2. Zur Faltung der Funktion $g(t)$ mit der Funktion $f_e(t)$

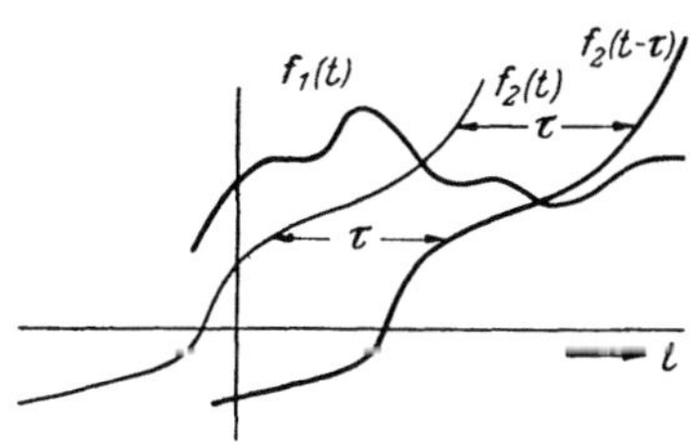

Bild 3. Zur Bildung der Kreuzkorrelation von $f_1(t)$ mit $f_2(t)$

graphen (sie arbeiten auf digitaler sowie insbesondere auf analoger Basis). Ist $f_2(t) = f_1(t)$, so erhält man, zur Kennzeichnung eines Signals allein, die *Autokorrelationsfunktion* von $f_1(t)$

$$\Phi_{11}(\tau) = \lim_{T\to\infty} \frac{1}{2T} \int_{-T}^{T} f_1(t)\, f_1(t-\tau)\,\mathrm{d}t \qquad (4)$$

Aus den Gl. (1) und (2) folgt mit den Definitionen Gl. (3) und (4), wobei $f_1 = f_e$ und $f_2 = f_g$ gesetzt wird, für den Mittelwert der Quadrate des Fehlers

$$\overline{e^2} = \int_{-\infty}^{\infty} g(\tau)\,\mathrm{d}\tau \int_{-\infty}^{\infty} g(\sigma)\,\mathrm{d}\sigma \cdot \Phi_{ee}(\tau - \sigma) - 2\int_{-\infty}^{+\infty} g(\tau)\,\mathrm{d}\tau \cdot \Phi_{eg}(\tau) + \Phi_{gg}(0) \qquad (5)$$

Setzt sich ein Signal f_1 aus der Summe zweier Signale f_2 und f_3 zusammen, $f_1 = f_2 + f_3$, so ist die Kreuzkorrelationsfunktion von f_1 mit f_2

$$\Phi_{12}(\tau) = \Phi_{22} + \Phi_{23} \qquad (6)$$

und die Autokorrelationsfunktion von f_1 ist

$$\Phi_{11}(\tau) = \Phi_{22}(\tau) + \Phi_{23}(\tau) + \Phi_{32}(\tau) + \Phi_{33}(\tau) \qquad (7)$$

Zwei Signale f_1 und f_2 sind nicht verwandt, sie korrelieren nicht, d. h. sie sind ihrem Wesen nach völlig verschieden, wenn ihre Kreuzkorrelationsfunktion Φ_{12} Null ist.

b) Eigenschaften der Autokorrelation

Die Autokorrelationsfunktion $\Phi_{11}(\tau)$ ist zum Nullpunkt der τ-Skala symmetrisch (gerade Funktion)

$$\Phi_{11}(\tau) = \Phi_{11}(-\tau) \qquad (8)$$

Die Autokorrelationsfunktion $\Phi_{11}(\tau)$ für $\tau = 0$ liefert den Mittelwert der Quadrate der Zeitfunktion $f_1(t)$, nämlich das Quadrat des Effektivwertes $\overline{f_1^2(t)}$, wie das aus Gl. (4) hervorgeht.

$$\boxed{\Phi_{11}(\tau)\big|_{\tau=0} = \lim_{T\to\infty} \frac{1}{2T} \int_{-T}^{T} f_1^2(t)\,\mathrm{d}t = \overline{f_1^2(t)}} \qquad (9)$$

Sie dient als Maß für die mittlere Signalstärke von f_1 und wird kurz $\Phi_{11}(0)$ geschrieben. Die Autokorrelationsfunktion hat bei allen *regellosen* Vorgängen für $\tau = 0$ ihr Maximum und fällt mit wachsendem τ mehr oder weniger rasch ab.

Enthält das Signal *periodische* Komponenten (oder auch eine Gleichstromkomponente), so enthält auch die Autokorrelationsfunktion Komponenten der gleichen Frequenz (bzw. auch eine Gleichstromkomponente). Die Autokorrelationsfunktion eines Signals ist dann gleich der Summe der Autokorrelationsfunktionen individueller Frequenzkomponenten des Signals, da die Multiplikation von Komponenten verschiedener Frequenz zur Mittelwertbildung nicht beitragen (ähnlich wie der Effektivwert einer aus verschiedenfrequenten Teilspannungen zusammengesetzten Spannung gleich ist der Summe der Effektivwerte aus den verschiedenfrequenten Teilspannungen).

Eine gegebene Autokorrelationsfunktion gehört nicht zu einer, sondern zu einer Großzahl verschiedener Zeitfunktionen. So haben z. B. Vorgänge gleicher Amplitude und Frequenz für alle verschiedenen Phasenlagen ein und dieselbe Autokorrelationsfunktion.

Beispiele. Bei der Zielverfolgung durch Radar wird das vom Ziel reflektierte Signal f_1 beim Empfang von einem dieses weit übertreffenden Störpegel f_2 übertönt. Die Kreuzkorrelation nach Gl. (3) vom ausgesandten Signal (mit der gleichen statistischen Verteilung wie f_1) mit dem Empfangssignal $f_1 + f_2$ ergibt analog zu Gl. (6) die Funktion $\Phi_{11} + \Phi_{12}$. Das reflektierte Signal f_1 läßt sich, da $\Phi_{11} \neq 0$ und $\Phi_{12} = 0$ ist (d.h. da f_1 und f_2 nicht korrelieren), aus den Empfangsstörungen klar herausschälen, um damit die nach dem Ziel weisende Richtung einzuhalten.

Die Autokorrelationsfunktion eines perodischen Signals $f_1 = E \sin(\omega_0 t \pm \psi)$ fester Frequenz ergibt entsprechend der Definitionsgleichung (4) die Funktion $\Phi_{11}(\tau) = (E^2/2) \cos(\omega_0 \tau)$, unabhängig von ψ.

Periodische Signale f_1 unbekannter Frequenz kann man aus einem störenden Rauschuntergrund f_2 dadurch herauslösen, daß man das ankommende Signal $f = f_1 + f_2$ mit sich selbst korreliert gemäß Gl. (7). Die Autokorrelation Φ_{11} des periodischen Signals, die auch periodisch ist, hebt sich dann deutlich von den restlichen auto- und kreuzkorrelierten Signalen ab, die sich auf einem engen Bereich um $\tau = 0$ zusammendrängen.

c) Berechnung der Autokorrelationsfunktion

Die Autokorrelation, die nach Gl. (4) auf Grund des zeitlichen Ablaufes des Signals berechnet oder gemessen werden kann, läßt sich auch auf Grund der sog. „zweiten Wahrscheinlichkeits-Verteilungsfunktion" berechnen. Die Wahrscheinlichkeit, daß die Signalamplitude f_e in einem um den Zeitpunkt t liegenden Zeitintervall einen Wert zwischen x und $x + \mathrm{d}x$ hat, wird durch die erste Wahrscheinlichkeitsfunktion $p(x)$ beschrieben und ist $p(x)\,\mathrm{d}x$. Dabei ist $p(x) \geqq 0$ und $\int_{-\infty}^{+\infty} p(x)\,\mathrm{d}x = 1$, d.h., die Wahrscheinlichkeit, daß die Signalamplitude zum Zeitpunkt t irgendeinen Wert hat, ist 1. Ein Beispiel ist die GAUSSsche Verteilung (*Bild* 4):

$$p(x) = \frac{1}{\sqrt{2\pi}\,\sigma}\, e^{-\frac{1}{2}(x-\mu)^2/\sigma^2}$$

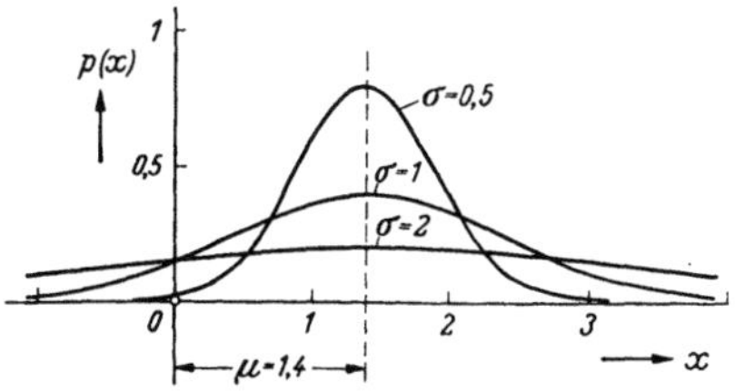

Bild 4. GAUSSsche Wahrscheinlichkeitsverteilungsfunktion

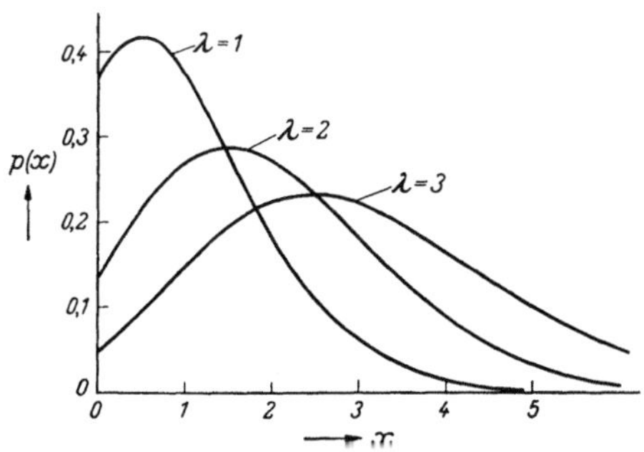

Bild 5. POISSONsche Wahrscheinlichkeitsverteilungsfunktion

(σ Streuung, μ erwarteter Signalwert; $\mu = 0$ gilt für Signale ohne Gleichstromkomponente). Diese Funktion gilt beispielsweise für die Amplituden des thermischen Rauschens eines Widerstandes bei fester Temperatur. Eine solche Verteilung bleibt im Passieren eines Signals durch ein lineares Netzwerk erhalten.

Ein weiteres Beispiel (*Bild* 5) ist die POISSONsche Verteilung $p(x) = \frac{\lambda^x}{x!} e^{-\lambda}$ (λ erwarteter Signalwert).

Mit der „zweiten" Wahrscheinlichkeits-Verteilungsfunktion $p(x_1, x_2)$ ist $d_\tau(x_1, x_2)\,\mathrm{d}x_1\,\mathrm{d}x_2$ die Wahrscheinlichkeit, daß in einem um t_1 liegenden Zeitintervall das Signal einen Wert zwischen x_1 und $x_1 + \mathrm{d}\,x_1$ hat und daß es *außerdem* in einem Zeitintervall um $t_1 + \tau$ einen Wert zwischen x_2 und $x_2 + \mathrm{d}\,x_2$ hat. Es gilt danach für die Berechnung der Autokorrelation des Signals $f_e(t)$

$$\Phi_{11}(\tau) = \iint_{-\infty}^{\infty} x_1\, x_2\, p_\tau(x_1, x_2)\, \mathrm{d}\, x_1\, \mathrm{d}\, x_2 \tag{10}$$

Beispiel. Es wird angenommen, daß die betrachtete Signalamplitude $f_1(t)$ in einer kontinuierichen Folge gleich langer Zeitintervalle gegeben ist und innerhalb jedes Zeitintervalles eine Konstante sei. Die Länge des Zeitintervalles werde als Zeiteinheit gewählt, so daß sie gleich 1 zu setzen ist. Die Konstanten der einzelnen Intervalle seien voneinander unabhängig. Das Vorzeichen dieser Konstanten sei mit gleicher Wahrscheinlichkeit positiv oder negativ. Die absoluten Beträge der Konstanten mögen der Poissonschen Wahrscheinlichkeits-Verteilungsfunktion gehorchen. Die Autokorrelationsfunktion des Signals f_1 ist nach Gl. (10) zu berechnen, um an Hand dieses Beispiels einen anderen Weg zur Berechnung von Φ_{11} zu zeigen als den, welcher der normalerweise durchgeführten Messung der Autokorrelationsfunktion mit Geräten entspricht.

Die speziellen, für den Zeitverlauf des Signals f_1 dieses Beispiels gemachten Annahmen, ermöglichen das Aufspalten des Integranden der Gl. (10) in zwei Teile. Für beide Teile liegen t und $t + \tau$ (τ ist die Zeitverschiebung, die der Definition der zweiten Wahrscheinlichkeits-Verteilungsfunktion zugrunde liegt) im gleichen Zeitintervall (Fall 1) oder in verschiedenen (Fall 2) der gleich lang angesetzten Zeitintervalle. Da die Signalamplituden von f_1 in den einzelnen Zeitintervallen voneinander unabhängig angenommen sind, verschwindet das zu Fall 2 der Aufspaltung des Integranden gehörige Teilintegral, so daß man nur das zu Fall 1 zugehörige Integral zu berücksichtigen hat, für das $x_1 = x_2 = x$ gilt:

$$\Phi_{11}(\tau) = \iint_{-\infty}^{\infty} x\, x\, p(x, x)\, \mathrm{d}\, x\, \mathrm{d}\, x$$

Die Wahrscheinlichkeits-Verteilungsfunktion dafür, daß $f_1(t_1)$ zur Zeit t_1 zwischen x und $x + \mathrm{d}\,x$ liegt, ist

$$p(x) = \frac{\lambda^x}{x!}\, \mathrm{e}^{-\lambda}$$

Die Wahrscheinlichkeits-Verteilungsfunktion dafür, daß $f_1(t + \tau)$ außerdem zur Zeit $(t_1 + \tau)$ gleichfalls zwischen x und $x + \mathrm{d}\,x$ liegt, ist für $0 < |\tau| < 1$ gleich $\frac{\lambda^x}{x!}\, \mathrm{e}^{-\lambda}(1 - |\tau|)$ und für $1 < |\tau|$ gleich 0, da die Wahrscheinlichkeit, daß t und $t + \tau$ im gleichen Zeitintervall liegen, $1 - |\tau|$ beträgt, wenn $0 < |\tau| < 1$ ist, und daß sie Null beträgt, wenn $1 < |\tau|$ ist. Berücksichtigt man noch, daß die Poissonsche Verteilung nur den Betrag und nicht das Vorzeichen erfaßt, so ist $\Phi_{11}(\tau) = \int_0^\infty x^2 \frac{\lambda_x}{x!}\, \mathrm{e}^{-\lambda}(1 - |\tau|)\, \mathrm{d}\, x$ für $|\tau| < 1$ und $\Phi_{11}(\tau) = 0$ für $|\tau| > 1$. Damit wird:

$$\left.\begin{aligned} \Phi_{11}(\tau) &= \lambda(1 - |\tau|) \qquad &&\text{für} \quad |\tau| < 1 \\ \Phi_{11}(\tau) &= 0 &&\text{für} \quad |\tau| > 1 \end{aligned}\right\} \tag{11}$$

3. Die spektrale Dichte

a) Beschreibung im Bildbereich

Für viele, insbesondere *rechnerische* Zwecke ist es angebracht, von der Kennzeichnung der Signale im Zeitbereich durch die Korrelationsfunktionen überzugehen auf die *Kennzeichnung im Bildbereich der Laplace-Transformation* (Frequenzbereich) durch das Frequenzspektrum der Dichte der Amplitudenquadrate oder kurz die spektrale Dichte $\Phi_{11}(p)$. Sie ergibt sich durch Anwendung der beidseitigen LAPLACE-Transformationen auf die Autokorrelationsfunktion mit $\Phi_{11}(\tau)$ nach Gl. (4):

$$\boxed{\Phi_{11}(p) = \int_{-\infty}^{\infty} \Phi_{11}(\tau)\, \mathrm{e}^{-p\tau}\, \mathrm{d}\tau} \tag{12}$$

Nach längerer Umformung findet man

$$\Phi_{11}(p) = \lim_{T\to\infty} \frac{1}{2T} \left| \int_{-T}^{T} f_1(t)\, \mathrm{e}^{-pt}\, \mathrm{d}t \right|^2 \tag{13}$$

Umgekehrt gilt (entsprechend der LAPLACE-Rücktransformation)

$$\boxed{\Phi_{11}(\tau) = \frac{1}{2\pi \mathrm{j}} \int_{c-\mathrm{j}\infty}^{c+\mathrm{j}\infty} \Phi_{11}(p)\, \mathrm{e}^{p\tau}\, \mathrm{d}p} \tag{14}$$

Die Gl. (14) gilt unter gewissen einschränkenden Voraussetzungen, die bei technischen Aufgabenstellungen meist erfüllt sind. So darf z. B. $\Phi_{11}(p)$ nur Pole in der linken p-Halbebene haben. Bei der Beurteilung der Zulässigkeit leistet oft die Prüfung der Grenzübergänge, die von der FOURIER-Transformation zur LAPLACE-Transformation überleiten, gute Dienste. Unter *spektraler Dichte* schlechthin wird $\Phi_{11}(p)_{p=\mathrm{j}\omega} = \Phi_{11}(\mathrm{j}\omega)$ verstanden:

$$\Phi_{11}(\mathrm{j}\omega) = \int_{-\infty}^{\infty} \Phi_{11}(\tau)\, \mathrm{e}^{-\mathrm{j}\omega\tau}\, \mathrm{d}\tau \tag{15}$$

Gemäß Gl. (14) gilt umgekehrt $$\Phi_{11}(\tau) = \frac{1}{2\pi} \int_{-\infty}^{\infty} \Phi_{11}(\mathrm{j}\omega)\, \mathrm{e}^{\mathrm{j}\omega\tau}\, \mathrm{d}\omega \tag{16}$$

$\Phi_{11}(\tau)$ für $\tau = 0$ liefert mit Gl. 9 $$\boxed{\Phi_{11}(\tau = 0) = \frac{1}{2\pi} \int_{-\infty}^{\infty} \Phi_{11}(\mathrm{j}\omega)\, \mathrm{d}\omega = \overline{f_1^2(t)}} \tag{17}$$

b) Eigenschaften der spektralen Dichte

Eine gefundene spektrale Dichte entspricht einer Großzahl verschiedener Zeitfunktionen. Für die spektrale Dichte gilt auch

$$\Phi_{11}(\mathrm{j}\omega) = \Phi_{11}(-\mathrm{j}\omega) \tag{18}$$

Durch den Übergang auf trigonometrische Funktionen in Gl. (15) erhält man

$$\Phi_{11}(\mathrm{j}\,\omega) = \int_{-\infty}^{\infty} \Phi_{11}(\tau)\cos\omega\,\tau\,\mathrm{d}\,\tau - \mathrm{j}\int_{-\infty}^{\infty} \Phi_{11}(\tau)\sin\omega\,\tau\,\mathrm{d}\,\tau$$

Da der zweite Summand wegen $\sin(-\,\omega\tau) = -\sin\omega\tau$ Null ist, gelten die beiden Gleichungen:

$$\boxed{\Phi_{11}(\mathrm{j}\,\omega) = \int_{-\infty}^{\infty} \Phi_{11}(\tau)\cos\omega\,\tau\,\mathrm{d}\,\tau} \tag{19}$$

$$\boxed{\Phi_{11}(\tau) = \frac{1}{2\,\pi}\int_{-\infty}^{\infty} \Phi_{11}(\mathrm{j}\,\omega)\cos\omega\,\tau\,\mathrm{d}\,\omega} \tag{20}$$

Die spektrale Dichte einer *periodischen* Signalkomponente $a_1 \cdot \cos(\omega_1\tau)$ ist $\Phi_{11}(\mathrm{j}\omega) = a_1 \int_{-\infty}^{\infty} \cos(\omega_1\tau)\cdot\cos(\omega\tau)\mathrm{d}\tau$ für alle ω gleich Null, außer $\omega = \pm\,\omega_1$ · $\Phi_{11}(\mathrm{j}\omega)$ stellt also Impulse mit unendlicher Amplitude und endlicher Fläche bei $\omega = +\,\omega_1$ und $\omega = -\,\omega_1$ dar. Die spektrale Dichte zu $\Phi_{11}(\tau)$ nach Gl. (11) errechnet sich nach Gl. (19) zu $\Phi_{11}(\mathrm{j}\omega) = \lambda\left(\frac{\sin\omega/2}{\omega/2}\right)^2$.

Die spektrale Dichte Φ_{00} eines Signals am Ausgang eines Systems mit dem Frequenzgang $F(\mathrm{j}\omega)$ errechnet sich aus der spektralen Dichte des Eingangssignals Φ_{11} nach der Gleichung $\Phi_{00}(\mathrm{j}\,\omega) = |F(\mathrm{j}\,\omega)|^2\,\Phi_{11}(\mathrm{j}\,\omega)$.
Der Mittelwert der Quadrate des Signals am Ausgang ist dann nach Gl. (17)

$$\boxed{\overline{f_0^2(t)} = \frac{1}{2\,\pi}\int_{-\infty}^{\infty} \Phi_{00}(\mathrm{j}\,\omega)\,\mathrm{d}\,\omega = \frac{1}{2\,\pi}\int_{-\infty}^{\infty} |F(\mathrm{j}\,\omega)|^2\,\Phi_{11}(\mathrm{j}\,\omega)\,\mathrm{d}\,\omega} \tag{21}$$

c) Weißes Rauschen

Ein regelloses Signal wird weißes Rauschen genannt, wenn seine Autokorrelationsfunktion ein Impuls endlicher Fläche i bei $\tau = 0$ ist. Die Höhe des Impulses ist unendlich groß, die Breite unendlich klein, die Fläche gleich i. Seine spektrale Dichte ist die Konstante i. Meist wird sich diese Konstante nur über ein endliches Frequenzband erstrecken, das als groß angesetzt wird im Vergleich zu dem übertragbaren Frequenzband eines zu untersuchenden Systems. Wird der Impuls (mit der Fläche i) der Autokorrelationsfunktion mit endlicher Amplitude und endlicher Dauer gebildet, so muß seine Dauer kurz sein im Vergleich mit allen Zeitkonstanten des betrachteten Systems.

C. Ermittlung des Impulsübergangs eines Systems

Mit regellosen Vorgängen läßt sich in bestimmten Fällen mit Vorteil der Impulsübergang eines Systems ermitteln. Diese Methode ist gerade in den Fällen vorteilhaft, in denen die herkömmlichen Meßmethoden durch ein Übermaß an

Unruhe in allen Teilen der Anlage erschwert oder unmöglich gemacht werden. Die Versuche müssen außerdem nicht am Prüfstand, sondern können im Betrieb vorgenommen werden.

Wird am Eingang eines Systems dem normalen Eingangssignal f_{e1} ein zusätzliches regelloses Eingangssignal f_{e2} überlagert, so setzt sich das Signal am Ausgang des Systems zusammen aus einem Ausgangssignal f_{a1} (entsprechend f_{e1}) und einem Ausgangssignal f_{a2} (entsprechend f_{e2}). Korreliert f_{e2} mit f_{e1} nicht, so ist zu beachten, daß wohl f_{e2} mit f_{a2}, nicht aber mit f_{a1} korreliert, und zwar unabhängig vom Signal f_{e1} und f_{a1}, also z.B. so, als wäre nur das regellose zusätzliche Signal f_{e2} und f_{a2} vorhanden. Das Ergebnis der Kreuzkorrelation des zusätzlichen regellosen Eingangssignals f_{e2} mit dem totalen Ausgangssignal $f_{a2} + f_{a1} = f_a$ ist dann

$$\Phi_{a,a} = \Phi_{e2,a2} + \Phi_{e2,a1} = \Phi_{e2,a2}$$

Um das Ergebnis der beschriebenen Untersuchung zu finden, genügt es also, das Ergebnis der Kreuzkorrelation eines am Eingang des Systems allein vorhandenen Signals f_e, und zwar ohne f_{e1} ($f_e = f_{e2}$), mit dem zu f_e zugehörigen Ausgangssignal $f_a = \int_{-\infty}^{\infty} g(x) f_e(t-x)\,\mathrm{d}x$ [s. Gl. (2)] anzugeben. Nach Gl. (3) ist, wenn man anschließend f_a einsetzt und umformt

$$\Phi_{ea}(\tau) = \lim_{T\to\infty} \frac{1}{2T} \int_{-T}^{T} f_e(t-\tau)\, f_a(t)\,\mathrm{d}t$$

$$\Phi_{ea}(\tau) = \int_{-\infty}^{\infty} g(x)\, \Phi_{ee}(\tau - x)\,\mathrm{d}x \tag{22}$$

Der Vergleich mit Gl. (2) läßt erkennen, daß $\Phi_{ea}(\tau)$ die allgemeine Übergangsfunktion des Systems zur Eingangsgröße $\Phi_{ee}(\tau)$ ist. Verwendet man als regelloses Meßsignal f_e weißes Rauschen mit der Impulsfläche i nach Abschnitt B3c, dessen Autokorrelationsfunktion definitionsgemäß die Konstante i ist, so ist $\Phi_{ea}(\tau)$ der Impulsübergang, also die Übergangsfunktion zum Eingangsimpuls i gleich $i \cdot g(\tau)$ des untersuchten Systems.

Zur Messung der dynamischen Eigenschaften eines Systems [Messung von $g(\tau)$] ist dem Eingang des in Betrieb befindlichen Systems ein weißes Rauschen zu überlagern. Der Kreuzkorrelator zur Bildung der Kreuzkorrelation von weißem Rauschen mit dem totalen Ausgangssignal des Systems gibt $g(\tau)$.

D. Statistische Optimierung einer Regelung

Der Frequenzgang des geschlossenen Regelkreises einer zu regelnden Anlage sei zunächst ohne Rücksicht auf regellose Vorgänge optimiert worden und werde als gewünschter bekannter Frequenzgang mit $F_g(\mathrm{j}\omega)$ bezeichnet, der zugehörige Impulsübergang mit $g_g(t)$. Ein am Eingang auftretendes normales (von regellosen Vorgängen freies) Signal f_{e1} bewirke das gewünschte Ausgangssignal f_{a1g}.

Der gesuchte, beim Vorhandensein regelloser Vorgänge statistisch zu optimierende (also unbekannte) Frequenzgang der geschlossenen abgewandelten Regelung sei $F(\mathrm{j}\omega)$, der zugehörige Impulsübergang $g(t)$. Am Eingang dieser statistisch zu optimierenden geschlossenen Regelung möge ein regelloses Eingangssignal f_{e2}, das den Ausgangssignalanteil f_{a2} bewirkt, zusätzlich zu dem normalen Eingangssignal f_{e1} hinzutreten, das den Ausgangssignalanteil f_{a1} bewirkt.

Die Regelung soll nun auf Grund des Minimums des Mittelwertes eines Fehlers statistisch optimiert werden. Als Fehler wird die Summe zweier Fehleranteile bezeichnet. Der eine Fehleranteil ist f_{a2} (mit der spektralen Dichte $\Phi_{a2,a2}$), verschuldet durch das regellose Störsignal f_{e2} (mit der spektralen Dichte $\Phi_{e2,e2}$). Der zweite Fehleranteil ist $f_{a1g}-f_{a1}$ (mit der spektralen Dichte $\Phi_{a,a}=\Phi_{a1g,a1g}-\Phi_{a1,a1}$). Er ist dadurch bedingt, daß bei Einwirken des normalen Eingangssignals f_{e1} (mit der spektralen Dichte $\Phi_{e1,e1}$) an Stelle des gewünschten Frequenzganges $F_g(\mathrm{j}\omega)$ der noch unbekannte Frequenzgang $F(\mathrm{j}\omega)$ wirksam ist.

Es gibt dann im allgemeinen einen bestimmten realisierbaren Frequenzgang $F(\mathrm{j}\omega)$, der F_{opt}, (d.h. statistisch optimierter Frequenzgang) genannt wird. Dieser macht den Mittelwert der Quadrate des für das Vorhandensein regelloser Vorgänge definierten Fehlers zu einem Minimum. Der zugehörige Impulsübergang sei mit g_{opt} bezeichnet. Dabei soll hier die Realisierbarkeit im Zeitbereich gemeint sein, d.h., der zu F_{opt} gehörende Impulsübergang soll vor dem Einsetzen des Impulses Null sein.

Nach Gl. (21), angewandt auf beide Fehleranteile f_{a2} und $f_{a1g}-f_{a1}$, ist der Mittelwert der Quadrate des Fehlers

$$\left.\begin{aligned}\overline{e^2} &= \frac{1}{2\pi}\int_{-\infty}^{\infty}[\Phi_{a2,a2}(\mathrm{j}\omega)\,\mathrm{d}\omega+\Phi_{a,a}(\mathrm{j}\omega)\,\mathrm{d}\omega]\\ &= \frac{1}{2\pi}\int_{-\infty}^{\infty}[|F(\mathrm{j}\omega)|^2\,\Phi_{e2,e2}(\mathrm{j}\omega)+|F_g(\mathrm{j}\omega)-F(\mathrm{j}\omega)|^2\,\Phi_{e1,e1}]\,\mathrm{d}\omega\end{aligned}\right\} \tag{23}$$

Im vorliegenden Beispiel soll die Minimumaufgabe im Frequenzbereich [Gl. (17)] durchgeführt werden. Wiener hat dieses Problem zuerst, ausgehend vom Zeitbereich Gln. (1) und (5), mit Hilfe der Korrelationsfunktionen Gln. (3) und (4) gelöst. Seine Minimalbedingung führt auf eine Integralgleichung, die er auch gelöst hat. Der folgende, im Frequenzbereich eingeschlagene Weg stützt sich auf die Arbeiten von H. W. Bode und C. E. Shannon [7] und führt zu den gleichen Ergebnissen wie bei Wiener. Mit der Umbezeichnung $F(\mathrm{j}\omega)=A\,\mathrm{e}^{\mathrm{j}\Theta}$ und

$$F_g(\mathrm{j}\omega)=A_g\,\mathrm{e}^{\mathrm{j}\Theta_g} \tag{24}$$

ist (wobei Index $e2$ durch 2 und $e1$ durch 1 ersetzt wird)

$$\overline{e^2}=\frac{1}{2\pi}\int_{-\infty}^{\infty}\{A^2\Phi_{22}+[A_g^2+A^2-2\,A\,A_g\cos(\Theta-\Theta_g)]\,\Phi_{11}\}\,\mathrm{d}\omega \tag{25}$$

Die erste Optimierungsforderung ($\delta\overline{e^2}/\delta\Theta=0$) (für das Fehlerminimum) ist

$$\boxed{\Theta=\Theta_g} \tag{26}$$

Damit wird

$$\overline{e^2}=\frac{1}{2\pi}\int_{-\infty}^{\infty}\left[\left(A\sqrt{\Phi_{11}+\Phi_{22}}-\frac{A_g\Phi_{11}}{\sqrt{\Phi_{11}+\Phi_{22}}}\right)^2+A_g^2\,\frac{\Phi_{11}\,\Phi_{22}}{\Phi_{11}+\Phi_{22}}\right]\mathrm{d}\omega \tag{27}$$

Die zweite Optimierungsforderung $(d\overline{e^2}/dA = 0)$ ist

$$\boxed{A = A_g \frac{\Phi_{11}}{\Phi_{11} + \Phi_{22}}}$$

Somit folgt aus beiden Forderungen zunächst ohne Rücksicht auf die Realisierbarkeit nach Gl. (24)

$$\boxed{F_{\text{opt}}(\mathrm{j}\,\omega) = F_g(\mathrm{j}\,\omega) \frac{\Phi_{11}(\mathrm{j}\,\omega)}{\Phi_{11}(\mathrm{j}\,\omega) + \Phi_{22}(\mathrm{j}\,\omega)}} \tag{28}$$

und der optimale Wert für $\overline{e^2}$ nach Gl. (27)

$$\overline{e^2_{\text{opt}}} = \frac{1}{2\pi} \int_{-\infty}^{\infty} A_g^2 \frac{\Phi_{11}(\mathrm{j}\,\omega)\,\Phi_{22}(\mathrm{j}\,\omega)}{\Phi_{11}(\mathrm{j}\,\omega) + \Phi_{22}(\mathrm{j}\,\omega)}\, d\,\omega \tag{29}$$

Der typische behandelte Aufbau von $\Phi_{11}(\mathrm{j}\omega)$ bzw. von $\Phi_{11}(\mathrm{j}\omega) + \Phi_{22}(\mathrm{j}\omega)$ ist eine gebrochene rationale Funktion von ω^2, die in Nenner und Zähler in Faktoren $(\omega^2 + \omega_0^2)$ zerlegt sind. Beim Übergang zu $\Phi_{11}(p) + \Phi_{22}(p)$ lauten mit $p = \mathrm{j}\omega$ die Faktoren $(p^2 - \omega_0^2)$, die dann auch im Nenner von $F_{\text{opt}}(p)$ erscheinen und zu Polen $p = -\omega_0$, aber gleichzeitig auch zu Polen $p = +\omega_0$ führen, die eine strenge Realisierbarkeit von $F_{\text{opt}}(p)$ ausschließen. Nach BODE und SHANNON wird für

$$F_{\text{opt}}(p) = F_g(p) \frac{\Phi_{11}(p)}{\Phi_{11}(p) + \Phi_{22}(p)} = F_g(p) \frac{\Phi_{11}(p)}{\Phi_{33}(p)} = F_1(p)\,F_2(p) \tag{30}$$

ein gedachtes Teilsystem $F_1(p)$ bestimmt, bei dem ein Eingangssignal, gekennzeichnet durch $\Phi_{11} + \Phi_{22} = \Phi_{33}$ am Ausgang (Ausgangssignal gekennzeichnet durch Φ_{mm}), weißes Rauschen ergibt $(\Phi_{\text{mm}} = 1)$

$$\Phi_{\text{mm}} = \Phi_{33}\,|F_1(\mathrm{j}\,\omega)|^2 = \Phi_{33}\,[F_1(p)\,F_1(-p)]_{p=\mathrm{j}\,\omega} \tag{31}$$

mit

$$\Phi_{33} = \Phi_{11} + \Phi_{22} \tag{32}$$

Um $F_1(p)$ zu bestimmen, ist also auch $\Phi_{33}(p)$ mit Rücksicht auf $F_1(p)\,F_1(-p)$ [Gl. (31)] in zwei konjugiert komplexe Faktoren aufzuspalten:

$$\Phi_{33}(\mathrm{j}\,\omega) = \Phi_{33}(p)\,|_{p=\mathrm{j}\omega} = |\,\Phi_{33}^{(+)}(p)\,\Phi_{33}^{(-)}(p)\,|_{p=\mathrm{j}\,\omega} \tag{33}$$

Diese Faktoren gehen durch Vertauschen von $+\mathrm{j}\omega$ mit $-\mathrm{j}\omega$ ineinander über. Mit

$$\boxed{F_1(p) = \frac{1}{\Phi_{33}^{(+)}(p)}} \tag{34}$$

und nach Gl. (30)

$$\boxed{F_2(p) = F_g(p) \frac{\Phi_{11}(p)}{\Phi_{33}^{(-)}(p)}} \tag{35}$$

wird, da $F_2(p)$ nicht streng realisierbar ist, nur der auf Grund der Residuen von $F_2(p)$ realisierbare Teil $F_{2r}(p)$ verwendet. Es ist

$$\boxed{F_{\text{opt}}(p) = F_1(p)\,F_{2r}(p)} \tag{36}$$

Beispiel. Eine ideale Regelung $F_g(p) = 1$ soll den regellosen (entsprechend Φ_{22}) Störungen optimal angepaßt werden. Es sei $\Phi_{11} = \frac{1}{\frac{\omega^2}{36} + 1}$, $\Phi_{22} = 0{,}5$ (weißes Rauschen). Es ist dann

$$\Phi_{33} = \Phi_{11} + \Phi_{22} = \frac{1}{2}\,\frac{p^2 - 108}{p^2 - 36} = \Phi_{11}^{(+)}\,\Phi_{11}^{(-)} = \frac{1}{\sqrt{2}}\,\frac{p + 10{,}4}{p + 6}\,\frac{1}{\sqrt{2}}\,\frac{p - 10{,}4}{p - 6}$$

Nach Gl. (34) ist
$$F_1(p) = \sqrt{2}\,\frac{p + 6}{p + 10{,}4}$$

und nach Gl. (35)
$$F_2(p) = 1\,\frac{-36}{(p + 6)(p - 6)}\,\sqrt{2}\,\frac{p - 6}{p - 10{,}4} = \frac{-36 \cdot \sqrt{2}}{(p + 6)(p - 10{,}4)}$$

mit dem zugehörigen Impulsübergang $g_2(t)$, wobei $F_2(p)$ einen Pol in der linken Halbebene $p = -6$ und einen in der rechten Halbebene $p = +10{,}4$ hat. Es ist somit $g_2(t)$ auch für $t < 0$ von Null verschieden. Realisierbar ist nur der Impulsübergang g_{2r} zugehörig zum Residuum für $p = -6$, mit $g_{2r} = 0$ für $t < 0$:

$$g_{2r} = \frac{-36 \cdot \sqrt{2}}{-6 - 10{,}4}\,e^{-6t} = \frac{36 \cdot \sqrt{2}}{16{,}4}\,e^{-6t}$$

also

$$F_{2r}(p) = \frac{36 \cdot \sqrt{2}}{16{,}4}\,\frac{1}{p + 6}$$

Damit wird nach Gl. (36)
$$F_{\text{opt}}(p) = \sqrt{2}\,\frac{p + 6}{p + 10{,}4} \cdot \frac{36\sqrt{2}}{16{,}4} \cdot \frac{1}{p + 6} = \frac{4{,}390}{p + 10{,}4}$$

Die Regelung ist nicht ideal $[F_g(p) = 1]$, sondern mit einer Anregelzeit von $1/10{,}4 \approx 0{,}1$ s auszulegen, damit die Regelgröße dem von den Störungen überlagerten Sollwert optimal folgt.

E. Quellenhinweise

[1] Wiener, N.: Extrapolation, interpolation and smoothing of stationary time series with engineering applications. New York: John Wiley & Sons 1949.

[2] Truxal, J. G.: Automatic feedback control system synthesis. New York: McGraw-Hill 1955. S. 410–499.

[3] Tsien, H. S.: Engineering cybernetics. New York: McGraw-Hill 1954. S. 111–135 u. S. 230–252.

[4] James, H. M., Nichols, N. B. u. Phillips, R. S.: Theory of servomechanisms. New York: McGraw-Hill 1947.

[5] Laning, I. H. u. Battin, R. H.: Random processes in automatic controll. New York: McGraw-Hill 1956.

[6] Goodman, T. P. u. Reswick, I. B.: Determination of system characteristics from normal operating records. Trans. Amer. Soc. mech. Eng. Bd. 78 (1956) S. 259–271.

[7] Bode, H. W. u. Shannon, C. E.: Simplified derivation of linear least square smoothing and prediction theory. Proc. Inst. Radio Eng. Bd. 38 (1950) S. 417–425.

61. Periodische Taster

Von **E. Grünwald**

Inhaltsübersicht

A. Einführung

Der periodische Taster (z.B. der mechanische Fallbügelregler oder die Tastung bei der Registerregelung) stellt (s. *Bild* 1) den Wert der Eingangsgröße (Sollwert-Istwert-Differenz, gegebenenfalls plus Rückführgröße) in diskreten Zeitpunkten

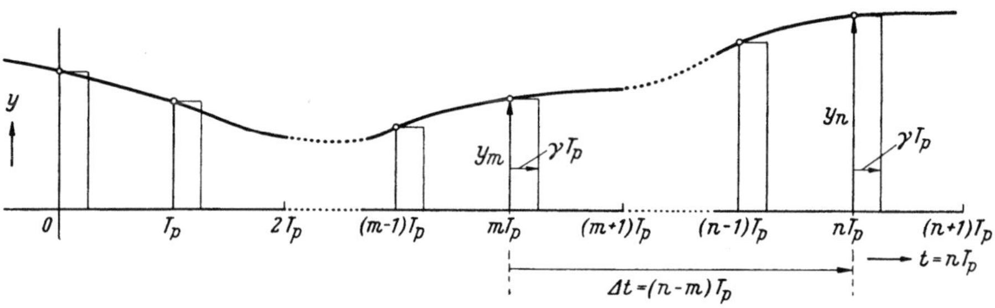

Bild 1. Periodischer Taster (γ = konst.)

$t = n \cdot T_p$ fest (T_p Tastperiodendauer, $n = 1, 2, 3 \ldots$) und gibt als Ausgangsgröße einen mehr oder weniger ausgeprägten Impuls $h \cdot \gamma T_p$ ab (h Höhe des Impulses, γT_p Impulsdauer), dessen Größe (Impulsfläche) der Eingangsgröße verhältlich ist.

Bei einer wichtigen Klasse solcher Regelungen ist die Impulsdauer γT_p ein konstanter Bruchteil der Tastperiode T_p und die Impulshöhe verhältlich der Eingangsgröße y zu Beginn der Impulsdauer. Periodische Taster sind wegen ihrer schaltenden Arbeitsweise unstetige Glieder. Sie lassen sich im Fall γT_p = konst. mit linearen Methoden behandeln, wobei eine den schaltenden Verhältnissen angepaßte Darstellung gelingt.

In Analogie zur klassischen Methode des Ansatzverfahrens zur Lösung eines Systems linearer Differentialgleichungen kann man auch die *Methode der Differenzenrechnung* [*1*] zur Lösung der Differenzengleichungen dieser Regelungen anwenden, wenn $\gamma \ll 1$. Diese Methode ist in Kapitel 62 eingehend dargestellt. Schlagkräftiger ist die LAPLACE-Transformation, die in der Literatur für diesen Fall auch Methode der „diskreten" LAPLACE-Transformation (Methode der z-Transformation) genannt wird. Sie läßt auch $\gamma \leqq 1$ zu [*2*, *3*, *4*].

B. Taster und lineares Glied

Betrachtet wird die Zusammenarbeit eines Tasters mit einem linearen Glied, dessen Eingangsgröße u und dessen Ausgangsgröße x ist, und das den Frequenzgang

$$\frac{x(q)}{u(q)} = \frac{P(q)}{Q(q)} e^{-q\frac{T_L}{T_p}} \tag{1}$$

hat, wobei die folgende Abkürzung benutzt wird:

$$p\,T_p = q \tag{2}$$

Alle vorkommenden Laufzeiten sind durch die Summenlaufzeit T_L erfaßt; die gebrochene rationale Funktion $P(q)/Q(q)$ erfaßt dagegen alle Trägheiten.

Dem betrachteten Glied ist ein periodischer Taster mit der Tastperiode T_p vorgeschaltet. Dieser tastet die Eingangsgröße y in den Zeitmomenten $t/T_p = n$ (mit $n = 0, 1, 2 \ldots$) ab und gibt an seinem Ausgang Impulse an den Eingang des betrachteten Gliedes ab (*Bild* 1). Die Impulse haben die Impulsdauer γT_p (bei $\gamma =$ konst., $\gamma \leqq 1$) und die Impulshöhe y, die verhältlich der jeweiligen Eingangsgröße zu Beginn der Impulsdauer ist.

Die Laplace-Transformation des Impulsüberganges (der Übergangsfunktion zum *Einheits*impuls, s. Kapitel 60), also die Gewichtsfunktion des Gliedes wird mit $\nabla R(q)$ bezeichnet. Ohne Laufzeit ($T_L = 0$) schreibt man $\nabla R(q)_{(T_L=0)}$. Hierfür gilt:

$$\boxed{\nabla R(q)_{(T_L=0)} = \frac{P(q)}{Q(q)}\,\frac{1-e^{-\gamma q}}{q} = \frac{Z(q)}{N(q)}} \tag{3}$$

Der Impulsübergang des Gliedes ohne Laufzeit ($T_L = 0$) lautet:

$$\boxed{\nabla x\left(\frac{t}{T_p}\right)_{(T_L=0)} = \sum_{\nu=l_{1,1}}^{l_{\nu,z}} \left(\mathrm{Resk}_\nu \frac{Z}{N}\right) e^{q_\nu \frac{t}{T_p}}} \tag{4}$$

(Resk bedeutet Residuumkonstante.) Es sind also $[\mathrm{Resk}_\nu(Z/N)]e^{q_\nu \frac{t}{T_p}}$ die Residuen zugehörig zu Z/N. Bei der Summierung sind alle Pole (einfache $\nu = l_{1,1}$ bis $l_{\nu,1}$, zweifache $l_{1,2}$ bis $l_{\nu,2}$ usw.) zu berücksichtigen. Für den Impulsübergang des Gliedes mit der Summenlaufzeit T_L erhält man

$$\boxed{\nabla x\left(\frac{t}{T_p}\right) = \nabla\left[x\left(\frac{t}{T_p}\right)_{(T_L=0)} e^{-q_\nu\frac{T_L}{T_p}}\right]} \tag{5}$$

Dabei ist für alle einfachen Nullstellen des Nenners

$$\mathrm{Resk}_\nu \frac{Z}{N} = \frac{Z(q_\nu)}{N'(q_\nu)} \tag{6}$$

Für alle zweifachen Nullstellen gilt die folgende Gleichung

$$\mathrm{Resk}_\nu \frac{Z}{N} = \frac{2\frac{t}{T_p} Z(q_\nu)}{N''(q_\nu)} + \frac{2Z'(q_\nu)}{N''(q_\nu)} - \frac{2}{3}\,\frac{Z(q_\nu)N'''(q_\nu)}{[N''(q_\nu)]^2} \tag{7}$$

Die Zeichen ′, ″, ‴ bedeuten die erste, zweite und dritte Ableitung nach q, die Klammer (q_ν) verlangt, daß $q = q_\nu$ zu setzen ist.

Ein Impuls der Höhe y_m (zur Zeit $t/T_p = m$) hat nach den Gl. (3, 4, 5) zur Zeit $t/(T_p n)$ eine anteilige Auswirkung auf die Ausgangsgröße x_n

$$y_m \sum_{\nu=l_{1,1}}^{l_{\nu,z}} \left(\mathrm{Resk}_\nu \frac{Z}{N}\right) \mathrm{e}^{-q_\nu \frac{T_L}{T_p}} \mathrm{e}^{q_\nu (n-m)}$$

Summiert man die anteiligen Auswirkungen über alle vorangegangenen Impulse ($m = 0$ bis n), so erhält man die Ausgangsgröße $x_{\left(n+\frac{T_L}{T_p}\right)}$

$$x_{\left(n+\frac{T_L}{T_p}\right)} = \sum_{m=0}^{n} \left[y_m \sum_{\nu=l_{1,1}}^{l_{\nu,z}} \left(\mathrm{Resk}_\nu \frac{Z}{N}\right) \mathrm{e}^{-q_\nu \frac{T_L}{T_p}} \mathrm{e}^{q_\nu (n-m)} \right] \tag{8}$$

Die Anwendung der LAPLACE-Transformation, d.h. die Multiplikation mit e^{-qn} und Summation über n (von $n = 0$ bis $n = \infty$) auf beiden Seiten der Gl. (8) ergibt:

$$\sum_{n=0}^{\infty} x_{\left(n+\frac{T_L}{T_p}\right)} \cdot \mathrm{e}^{-qn} = \sum_{n=0}^{\infty} \left\{ \sum_{m=0}^{n} \left[\left(\sum_{\nu=l_{1,1}}^{l_{\nu,z}} \left(\mathrm{Resk}_\nu \frac{Z}{N}\right) \mathrm{e}^{-q_\nu \frac{T_L}{T_p}} \mathrm{e}^{q_\nu (n-m)} \right) y_m \right] \right\} \mathrm{e}^{-qn}$$

Mit Hilfe des Faltungssatzes der diskreten LAPLACE-Transformation

$$\sum_{n=0}^{\infty} \left(\sum_{m=0}^{n} f_1(n-m) f_2(m) \right) \mathrm{e}^{-qn} = \left(\sum_{n=0}^{\infty} f_1(n)\, \mathrm{e}^{-qn} \right) \left(\sum_{n=0}^{\infty} f_2(n)\, \mathrm{e}^{-qn} \right)$$

erhält man dann, solange $0 < T_L/T_p < 1$ gilt, die transformierte Gl. (8)

$$\begin{aligned} \sum_{n=0}^{\infty} x_{\left(n+\frac{T_L}{T_p}\right)} \cdot \mathrm{e}^{-qn} &= \left\{ \sum_{n=0}^{\infty} \left[\sum_{\nu=l_{1,1}}^{l_{\nu,z}} \left(\mathrm{Resk}_\nu \frac{Z}{N}\right) \mathrm{e}^{-q_\nu \frac{T_L}{T_p}} \cdot \mathrm{e}^{q_\nu n} \right] \mathrm{e}^{-q_\nu n} \right\} \left(\sum_{n=0}^{\infty} y_n \mathrm{e}^{-qn} \right) \\ &= \left[\sum_{\nu=l_{1,1}}^{l_{\nu,z}} \left(\mathrm{Resk}_\nu \frac{Z}{N}\right) \mathrm{e}^{-q_\nu \frac{T_L}{T_p}} \right] \left(\sum_{n=0}^{\infty} \mathrm{e}^{-(q-q_\nu)n} \right) \left(\sum_{n=0}^{\infty} y_n \mathrm{e}^{-qn} \right) \end{aligned}$$

Liegt dagegen T_L/T_p in den Grenzen

$$\boxed{K - 1 < \frac{T_L}{T_p} < K} \tag{9}$$

wobei K eine ganze Zahl ist, so wird in Gl. (5)

$$\nabla(x_n)_{(T_L=0)} \equiv 0 \quad \text{für} \quad n = 0, 1, 2 \text{ bis } K-1 \tag{10}$$

Man erhält dann mit der Abkürzung

$$\varDelta T_L = T_L - (K-1)\, T_p \tag{11}$$

$$\sum_{n=0}^{\infty} x_{\left(n+\frac{\varDelta T_L}{T_p}\right)} \cdot \mathrm{e}^{-qn} = \sum_{\nu=l_{1,1}}^{l_{\nu,z}} \left(\mathrm{Resk}_\nu \frac{Z}{N}\right) \mathrm{e}^{-q_\nu \frac{T_L}{T_p}} \sum_{n=K}^{\infty} \mathrm{e}^{-(q-q_\nu)n} \sum_{n=0}^{\infty} y_n \mathrm{e}^{-qn} \tag{12}$$

und mit

$$\sum_{n=K}^{\infty} \mathrm{e}^{-(q-q_\nu)n} = \frac{\mathrm{e}^{-(q-q_\nu)K}}{1 - \mathrm{e}^{-(q-q_\nu)}} = \frac{\mathrm{e}^{(K-1)q_\nu}}{\mathrm{e}^{(K-1)q}} \, \frac{\mathrm{e}^{q_\nu}}{\mathrm{e}^{q} - \mathrm{e}^{q_\nu}} \tag{13}$$

die transformierte Gl. (8) in der gebrauchsfertigen Form:

$$\boxed{x^* = W^* y^*} \tag{14}$$

Dabei ist x^* die Transformierte der Ausgangsgröße x und y^* die Transformierte der Eingangsgröße y, die über den periodischen Taster und die Trägheiten und Laufzeiten des folgenden Gliedes die Ausgangsgröße x steuert:

$$\boxed{x^* = \sum_{n=0}^{\infty} x_{\left(n + \frac{\Delta T_L}{T_p}\right)} \cdot e^{-qn}} \tag{15}$$

$$\boxed{y^* = \sum_{n=0}^{\infty} y_n \, e^{-qn}} \tag{16}$$

Gemäß Gl. (14) ist dann W^* als *Tastfrequenzgang* für periodisches Tasten zu bezeichnen und auf Grund des Vergleiches der Gl. (11, 12 und 13) mit (14) definiert durch

$$W^* = \sum_{\nu = l_{1,1}}^{l_{\nu,z}} \left(\operatorname{Resk}_\nu \frac{Z}{N}\right) \frac{e^{-\left(\frac{T_L}{T_p} - (K-1)\right) q_\nu}}{e^{(K-1)q}} \frac{e^{q_\nu}}{e^q - e^{q_\nu}} \tag{17}$$

C. Geschlossener Regelkreis

Bei der Durchrechnung einer Regelung kommen noch die transformierten Gleichungen für das Schließen des Regelkreises hinzu, und man erhält als Ergebnis zunächst die Transformierte x^* der gesuchten Größe, z. B. der Regelgröße x oder, anders ausgedrückt, die *Tastfrequenzfunktion* x^* in der Form

$$\boxed{x^* = \frac{H^*(q)}{Q^*(q)}} \tag{18}$$

Die dann durchzuführende *Rücktransformation*, also der Übergang von x^* auf $x_{\left(n + \frac{\Delta T_L}{T_p}\right)}$ erfolgt entweder mit Hilfe von Tabellen [2] oder indem man durch Reihenentwicklung das Ergebnis auf die Form der Gl. (15) bringt; schließlich noch durch Anwenden der im folgenden benutzten Partialbruchzerlegung, z. B. für einfache von Null verschiedenen Pole, wobei $\dot{G}^* = dG^*/de^q$ ist und der Index ν bedeutet, daß $q = q_\nu$ zu setzen ist.

$$\boxed{x_{\left(n + \frac{\Delta T_L}{T_p}\right)} = \sum_{\nu=1}^{l} \frac{H^*(q_\nu)}{e^{q_\nu} \dot{G}^*(q_\nu)} e^{q_\nu n}} \tag{19}$$

Ist die rückzutransformierende Frequenzfunktion von der Form

$$\boxed{x^* = \frac{H^*(q)}{Q^*(q)} \frac{e^q}{e^q - e^{j\tau}}} \tag{20}$$

einschließlich $\tau = 0$ (einfacher Pol = 0), so gilt

$$x_{\left(n+\frac{\Delta T_L}{T_p}\right)} = \frac{H^*(\mathrm{j}\,\tau)}{G^*(\mathrm{j}\,\tau)}\,\mathrm{e}^{\mathrm{j}\,\tau n} - \sum_{\nu=1}^{l} \frac{H^*(q\,)}{(\mathrm{e}^{\mathrm{j}\,\tau} - \mathrm{e}^{q_\nu})\,\dot{G}^*(q_\nu)}\,\mathrm{e}^{q_\nu n} \tag{21}$$

Schließlich kann man insbesondere bei mehrfachen Polen die Umkehrformel

$$x_n = \frac{1}{2\pi\mathrm{j}} \int\limits_{c-\mathrm{j}\pi}^{c+\mathrm{j}\pi} x^*\,\mathrm{e}^{nq}\,\mathrm{d}q \tag{22}$$

heranziehen, mit der die Gl. (18) und (20) als Spezialfälle zu erhalten sind. Oft wird e^q gleich z gesetzt und der Transformation der Name z-Transformation gegeben. Bei dieser diskreten LAPLACE-Transformation und Rücktransformation wird Gebrauch gemacht von einer Reihe hierfür zugeschnittener Sätze der LAPLACE-Transformation, wie Additions-, Verschiebungs-Faltungssatz usw.

Nach dem Residuensatz kann man die Gl. (22) unter gewissen im allgemeinen erfüllten Voraussetzungen umformen in

$$x_n = \sum_{\nu} \operatorname{Res}\,(x^*_{(q)}\,\mathrm{e}^{q(n-1)})$$

Ist q_ν ein einfacher Pol, so gilt

$$\operatorname{Res}\,(x^*_{(q)}\,\mathrm{e}^{q(n-1)}) = \lim_{q \to q_\nu} [x\,(q)\,(\mathrm{e}^q - \mathrm{e}^{q_\nu})\,\mathrm{e}^{q(n-1)}] \tag{23}$$

Ist dagegen q_ν ein r-facher Pol, so wird

$$\operatorname{Res}\,(x^*_{(q)}\,\mathrm{e}^{q(n-1)}) = \lim_{q \to q_\nu} \frac{1}{(r-1)!}\,\frac{\mathrm{d}^{r-1}}{\mathrm{d}(\mathrm{e}^q)^{r-1}}\,[x^*_{(q)}\,(\mathrm{e}^q - \mathrm{e}^{q_\nu})^r\,\mathrm{e}^{q(n-1)}] \tag{24}$$

D. Anwendungsbeispiel

Da Regelungen mit periodischen Tastern gerade bei Regelungen mit Laufzeiten beachtliche Vorzüge haben, soll ein solches Beispiel gebracht werden. Die Regelstrecke einer Regelung nach *Bild* 2 bestehe aus einem Verstärker mit der Verstärkung k, einem integrierenden Glied mit dem Frequenzgang $1/pT_c = 1/(q\,T_c/T_p)$ und einem Laufzeitglied mit dem Frequenzgang $1/\mathrm{e}^{p\,T_L} = 1/\mathrm{e}^{q\,T_L/T_p}$.

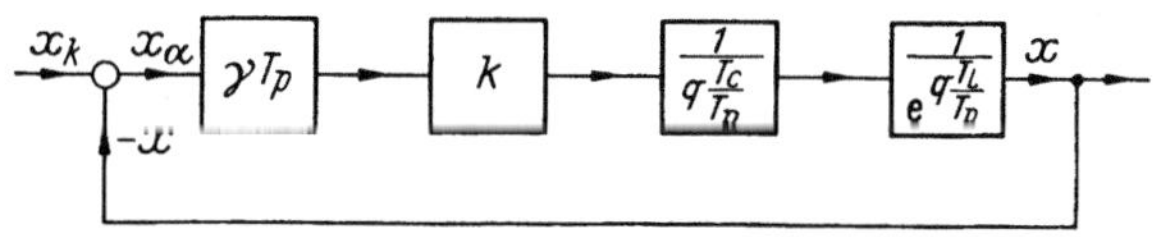

Bild 2. Regelkreis mit periodischem Taster

Der periodische Taster (γT_p) gibt der Regelabweichung ($x_k - x$) verhältliche Impulse an den Verstärkereingang. Nach den Gl. (1) und (3) ist

$$\frac{P(q)}{Q(q)} = \frac{k}{T_c/T_p}\,\frac{1}{q}\,; \qquad \frac{Z\,(q)}{N\,(q)} = \frac{P\,(q)}{Q\,(q)}\,\frac{1-\mathrm{e}^{-\gamma q}}{q}$$

mit

$$Z = \frac{k}{T_c/T_p}\,(1 - \mathrm{e}^{-\gamma q}) \quad \text{und} \quad N = q^2$$

Der Ausdruck Z/N hat einen zweifachen Pol $q = 0$. Gemäß Gl. (7) wird zunächst notiert

$$Z = \frac{k}{T_e/T_p}(1 - e^{-\gamma q}); \quad Z' = \frac{k\gamma}{T_e/T_p} e^{-\gamma q}; \quad N = q^2; \quad N' = 2q; \quad N'' = 2; \quad N''' = 0$$

und dann $\mathrm{Resk}_\nu\,(Z/N) = 2\,\frac{k\gamma}{T_e/T_p}\,\frac{1}{2}$. Nach Gl. (14) und (17) ist

$$\frac{x^*}{x_a{}^*} = W^* = \frac{k\gamma}{T_e/T_p}\,\frac{1}{e^{(K-1)q}}\,\frac{1}{e^q - 1}$$

Aus $x_k = x + x_a$ folgt

$$x_k^* = x^* + x_a{}^* = x^*\left(1 + \frac{1}{W^*}\right) = x_a{}^*\,(1 + W^*)$$

Für den Einheitsstoß von x_k ist

$$x_k^* = \sum_0^\infty 1\,e^{-qn} = \frac{1}{1 - e^{-q}} = \frac{e^q}{e^q - 1}$$

Für die Regelabweichung x_a folgt aus den beiden letzten Gleichungen

$$x_a^* = \frac{x_k^*}{1 + W^*} = \frac{e^q}{e^q - 1}\,\frac{1}{1 + \dfrac{k\gamma}{T_e/T_p}\,\dfrac{1}{e^{(K-1)q}}\,\dfrac{1}{e^q - 1}}$$

oder

$$(x_a^*)_{n + \frac{\Delta T_L}{T_p}} = \frac{e^{Kq}}{e^{Kq} - e^{(K-1)q} + \dfrac{k\gamma}{T_e/T_p}} \tag{25}$$

In Gl. (9) sei $T_L/T_p = K$, so daß $n + (\Delta T_L/T_p) = n + 1$ wird. Die auf Gl. (25) anzuwendende Rücktransformation liefert die Werte $(x_a)_{n+1}$ für die diskreten Zeitpunkte $(n + 1)\,T_p = T_L \cdot (n + 1)/K = \overline{n}\,T_L$, wobei nach Gl. (10) alle x_a für $n = 0, 1, 2 \ldots K - 1$, also bis zur Zeit T_L Null sind. Interessieren nur die Zeitpunkte $\overline{n} = 1, 2, 3 \ldots$, so ist $n = \overline{n}K - 1$ zu setzen. Im Fall $K = 1$ wird

$$(x_a^*)_{n+1} = \frac{1}{1 - \left(1 - \dfrac{k\gamma}{T_e/T_p}\right)e^{-q}} = \sum_{n=0}^{\infty}\left(1 - \frac{k\gamma}{T_e/T_p}\right)^n e^{-qn}$$

und

$$(x_a)_{n+1} = \left(1 - \frac{k\gamma}{T_e/T_p}\right)^n$$

für die Zeitpunkte $(n + 1)\,T_p$. Das gleiche Ergebnis kann man z. B. auch nach den Gl. (18) und (19) erhalten:

$$(x_a^*)_{n+1} = \frac{e^q}{e^q - \left(1 - \dfrac{k\gamma}{T_e/T_p}\right)} = \frac{H^*}{G^*}$$

mit $H^* = e^q$, $G^* = e^q - \left(1 - \dfrac{k\gamma}{T_e/T_p}\right)$. Der einfache Pol von H^*/G^* ist $e^{q_\nu} = 1 - [k\gamma/(T_e/T_p)]$. Damit ist also $H^*_{(q_\nu)} = e^{q_\nu}$ und $\dot{G}^*_{(q_\nu)} = \left.\dfrac{d\,G^*(q)}{d\,e^q}\right|_{q=q_\nu} = 1$, so daß nach Gl. (19) $(x_a)_{n+1} = e^{q_\nu n} = \left(1 - \dfrac{k\gamma}{T_e/T_p}\right)^n$ wird, in Übereinstimmung mit dem obigen Ergebnis.

Im Fall, daß K nicht auf $K = 1$ beschränkt ist, kann man z.B.

$$(x_a^*)_{n+1} = \frac{1}{1 - \left(e^{-q} - \frac{k\gamma}{T_c/T_p}\, e^{-Kq}\right)}$$

als unendliche Reihe in Potenzen des Klammerausdruckes im Nenner schreiben und erhält die einzelnen Werte von $(x_a)_{n+1}$ als Koeffizienten von e^{-qn}. Mit der Abkürzung

$$\alpha = \frac{T_c/T_p}{k\gamma}$$

erhält man

$\bar{n} = 1$	$n = K-1$	$(x_a)_K = \binom{K-1}{0}$
2	$2K-1$	$(x_a)_{2K} = \binom{2K-1}{0} + \binom{K}{1}\left(\frac{-1}{x}\right)$
3	$3K-1$	$(x_a)_{3K} = \binom{3K-1}{0} + \binom{2K}{1}\left(\frac{-1}{x}\right) + \binom{K+1}{2}\left(\frac{-1}{x}\right)^2$
4	$4K-1$	$(x_a)_{4K} = \binom{4K-1}{0} + \binom{3K}{1}\left(\frac{-1}{x}\right) + \binom{2K+1}{2}\left(\frac{-1}{x}\right)^2 + \binom{K+2}{3}\left(\frac{-1}{x}\right)^3$
5	$5K-1$	$(x_a)_{5K} = \binom{5K-1}{0} + \binom{4K}{1}\left(\frac{-1}{x}\right) + \binom{3K+1}{2}\left(\frac{-1}{x}\right)^2 + \binom{2K+2}{3}\left(\frac{-1}{x}\right)^3 + \binom{K+3}{4}\left(\frac{-1}{x}\right)^4$
6	$6K-1$	$(x_a)_{6K} = \binom{6K-1}{0} + \binom{5K}{1}\left(\frac{-1}{x}\right) + \binom{4K+1}{2}\left(\frac{-1}{x}\right)^2 + \binom{3K+2}{3}\left(\frac{-1}{x}\right)^3 + \binom{2K+3}{4}\left(\frac{-1}{x}\right)^4 + \binom{K+4}{5}\left(\frac{-1}{x}\right)^5$

Die *Bild* 2 entsprechende lineare Regelung ohne periodischen Taster wird im Frequenzbereich durch $x_a = x_k - x = \frac{1}{p} - \frac{1}{p\left(1 + \frac{T_c}{k} e^{pT_L}\right)}$ beschrieben mit der optimalen Einstellvorschrift $T_c/k = 2\,T_L$. Überträgt man diese Einstellvorschrift auf die Regelung mit periodischem Taster, indem man anstelle T_c den Wert T_c/γ einführt, so hätte man einzustellen $T_c/\gamma\, k = 2\,T_L$ bzw. $\alpha = (T_c/T_p)/k = 2\,T_L/T_p = \underline{2K}$. In *Bild* 3 ist der optimale lineare Regelablauf 0_2 der tasterlosen Regelung eingezeichnet. Die Regelabläufe der Tasterregelung, die nur durch eine *Punktfolge* für die Zeitpunkte $\bar{n}L$ unabhängig von γ angebbar sind, und zwar mit der Einstellung $\alpha = 2K$, sind für $K = T_L/T_p = 1$, 2 und 10 symbolisch als Kurven 1_2, 2_2, 10_2 gezeichnet, die sich mit größeren K, d.h. mit immer schnellerem Tasten immer stärker dem Regelablauf 0_2 nähern. Man erkennt, daß die Einstellung, die bei linearer tasterloser Regelung zu einem leichten Überschwingen der Kurve 0_2 führt, bei Regelung mit periodischem Taster mit Tastperiode gleich Laufzeit den noch stark aperiodischen Ablauf 1_2 ergibt, daß also eine Einstellung für schnelle Anregelzeit $\alpha < 2$ möglich ist. Für reine Sollwertstörungen ist bei $K = T_L/T_p = 1$ eine Einstellung $\alpha < 2$ (z.B. 1,3) bis $\alpha = 1$ (schnellste Anregelzeit) zulässig, wie das die symbolischen Kurven $1_{1,3}$ und 1_1 andeuten. Die Ergebnisse der Regelung mit periodischem Taster und einer Regelstrecke, die ein integrierendes Glied und eine Trägheit hat, sind in dem Beispiel der Arbeit von ANKE [3] zu finden.

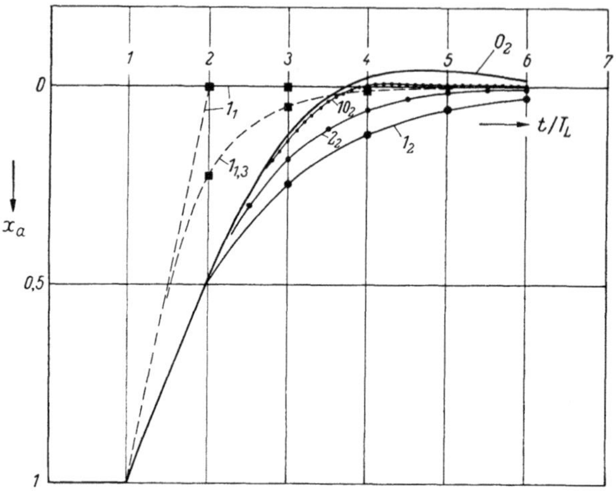

Bild 3. Regelablauf zur Regelung nach *Bild* 2

Ist bei Regelungen mit periodischen Tastern die Impulshöhe h während der Impulsdauer verhältlich der Eingangsgröße (im Gegensatz zur vorstehend behandelten Regelung somit nicht verhältlich dem Wert der Eingangsgröße im Moment des Beginns der Impulsdauer), so kann man nach der Arbeit von FARMANFARMA [5] vorgehen.

Im Fall einer konstanten Impulshöhe h, dafür aber mit einer Impulsdauer γT_p, der Eingangsgröße verhältlich, ist selbst mit den Mitteln der LAPLACE-Transformation eine geschlossene Darstellung nur für $\gamma \ll 1$ möglich. Für $\gamma \leq 1$ gibt ZYPKIN [2] eine numerische Methode an.

E. Quellenhinweise

Bücher:

[1] OLDENBOURG, R. C. u. SARTORIUS, H.: Dynamik selbsttätiger Regelungen. 2. Aufl. München: R. Oldenbourg 1951.

[2] ZYPKIN, J. S.: Differentialgleichungen der Impuls- und Regeltechnik und ihre Lösung mit Hilfe der LAPLACE-Transformation. Berlin: Verlag Technik 1956 (Übersetzung aus dem Russischen).

Zeitschriften:

[3] ANKE, K.: Zur mathematischen Beschreibung von Regelkreisen mit periodischen Tastern Regelungstechnik 4. Jg. (1956) S. 147–150.

[4] ZYPKIN, J. S.: Die Theorie der unstetigen Regelungen. (Orig. russ.) Awtomatika i Telemechanika 10. Jg. (1949) S. 181–224 u. S. 342–361.

[5] FARMANFARMA, G.: Analysis of linear sampled-data systems with finite pulse width: Open loop. Trans. Amer. Inst. electr. Eng. P. I Bd. 75 (1957) S. 808–819.

62. Ausschlagabhängige Schrittregelung

Von **R. C. Oldenbourg**

Inhaltsübersicht

A. Anwendungstechnische Merkmale

Gerätetechnik. Die für den Regler zur Verfügung stehende Eingangsenergie ist in gewissen Fällen, z.B. bei der Temperaturmessung mit Thermoelement und Galvanometer, so außerordentlich klein, daß eine kontinuierliche Steuerung der Stellgröße nur mit erheblichem Aufwand möglich wäre. Es wurden deswegen schon frühzeitig Abtastregler entwickelt, deren periodisch arbeitender Mechanismus (s. Kapitel 13) die Steuerung großer Energien ohne die geringste Belastung des Galvanometers ermöglicht. Wird die periodische Arbeitsweise und die mit ihr verbundene schrittweise Veränderung der Stellgröße an der Regelgröße nicht erkennbar, was immer dann der Fall ist, wenn die Tastintervalle gegenüber dem Zeitverhalten der Regelstrecke sehr kurz sind, so lassen sich die Abtastsysteme wie stetige Regelungen behandeln. Für den Einsatz von Schrittreglern gelten dann nur gerätetechnische Gesichtspunkte. Mit der Abtastvorrichtung kann man den Stellantrieb schaltend steuern; er braucht daher dem Regler nicht angepaßt zu sein, und die Steuerrichtungen lassen sich durch getrennte Leitungen unterscheiden, was häufig von Vorteil ist.

Regeldynamik. Daneben gibt es aber noch regeldynamische Gesichtspunkte für die Verwendung von Schrittreglern, besonders bei Regelstrecken mit Totzeit. Ein Vergleich mit der Arbeitsweise eines Menschen in diesem Fall soll das verdeutlichen: Seine Tätigkeit als Regler paßt sich nach kurzer Übung dem Verhalten der Regelstrecke an, indem er bei Auftreten einer Regelabweichung die Stellgröße von Hand um einen verhältnisgleichen Betrag verändert und den Erfolg dieser Maßnahme abwartet, bis er einen neuen Eingriff vornimmt. Die abwartende Haltung des Menschen ist eine wesentliche Voraussetzung dafür, daß es ihm gelingt, innerhalb der kürzestmöglichen Zeit den Regelvorgang stabil zu bewirken. Dabei muß er seine Handlungsweise auf eine ganz bestimmte Ausschlagsabhängigkeit des Stelleingriffs und auf eine ganz bestimmte Wartezeit einrichten.

Ein äquivalent arbeitender Schrittregler ist an der Regelstrecke mit Totzeit in seiner erzielbaren Regelgüte einem kontinuierlichen Regler wesentlich überlegen. Dies setzt aber voraus, daß das Tastintervall in der Größenordnung der Streckentotzeit liegt und daß die Totzeit gegenüber den sonstigen Verzögerungen der Regelstrecke merklich groß ist. Nur unter solchen Voraussetzungen hat die folgende Darstellung des Schrittreglers Sinn, während in allen anderen Fällen die bei kontinuierlichen Reglern angewandten Methoden (s. Kapitel 58) schneller und bequemer zum Ziel führen.

B. Technik der Schrittregler

1. Ausschlagabhängigkeit

Grundsätzlich wird bei Schrittreglern die Stellgröße nicht kontinuierlich, sondern in einzelnen, zeitlich getrennten Schritten verändert. Bei *ausschlagunabhängigen* Schrittreglern ist die Schrittgröße unabhängig von der den Schritt auslösenden Regelabweichung. Wegen ihrer einfachen Bauart haben derartige Regler ein gewisses Anwendungsgebiet gefunden; die mit ihnen erzielbare Arbeitsweise wird aber höheren Anforderungen nur gerecht, wenn die Regelstrecke bestimmte Voraussetzungen erfüllt.

Die folgenden Untersuchungen beschränken sich auf *ausschlagabhängige* Schrittregler; bei ihnen steht die Schrittgröße in einem linearen Verhältnis zur Regelabweichung. Häufig ist die Schrittgröße nur in einer begrenzten Anzahl von Stufen veränderbar. Andere Konstruktionen ermöglichen dagegen eine stetige Veränderung der Schrittgröße [*1*]. Diese Art soll den folgenden Überlegungen zugrunde gelegt werden.

2. Aufbau und Wirkungsweise

Abtastvorrichtung. Durch einen Schaltmechanismus (s. Kapitel 13, *Bild* 26) wird in gleichbleibenden Zeitabständen die Stellung des Meßorgans, z.B. der Ausschlag eines die Regelabweichung anzeigenden Galvanometers, abgetastet. Unter Heranziehung einer Hilfskraft steuert die abgetastete Zeigerstellung weitere Glieder des Reglers, die dann die Stellgröße um einen der Regelabweichung verhältnisgleichen Schritt ändern. Der Regelvorgang wird durch die Abtastvorrichtung in einzelne Zeitintervalle, die sogenannten *Tastintervalle*, zerlegt. Ihre Dauer ist durch die Konstruktion der Schaltvorrichtung fest gegeben und deshalb für die Rechnung als konstant anzusehen.

Zeitabschnitte des Tastintervalls. Während des Abtastens, also vom Beginn des Tastintervalls an, wird der Zeiger des Meßorgans festgehalten und ein seinem Ausschlag entsprechender Stellschritt gebildet. Innerhalb dieser sogenannten *Arbeitszeit* ist der Regelkreis zwischen Regelstrecke und Meßorgan unterbrochen, da der Meßwerkzeiger arretiert ist und den Änderungen der Regelgröße nicht zu folgen vermag. Nach Ablauf der Arbeitszeit gibt die Abtastvorrichtung den Meßwerkzeiger frei. Er kann während dieser *Freizeit* der Regelgröße folgen, doch findet keine Übertragung auf die Stellgröße statt.

Es handelt sich also um einen insofern bemerkenswerten Regelkreis, als dieser fast während des gesamten Regelvorgangs unterbrochen ist. Lediglich in den äquidistanten Zeitpunkten, nämlich den Tastaugenblicken, wird für ganz kurze Zeit der Regelkreis geschlossen, was aber genügt, um das angestrebte Ziel zu erreichen.

3. Arten und Ausführungen

Schrittform. Je nach der Art, wie die abgetastete Zeigerstellung zu einem Stellschritt verarbeitet wird, kann man im wesentlichen zwei Typen der Schrittregler unterscheiden. Bei der ersten Art wird jeder Schritt mit derselben Stellgeschwindigkeit ausgeführt. Ausschlagabhängig ist die Arbeitszeit, und zwar wird sie um so länger, je größer die Regelabweichung ist. Die während der Arbeitszeit erzielte Verstellung, also der Schritt, kommt so in eine lineare Abhängigkeit von der Regelabweichung (*Bild* 1a). Die zweite Schrittform kennzeichnet ein konstantes Verhältnis von Arbeits- und Freizeit. Ausschlagabhängig ist die Stellgeschwindigkeit, so daß auch hier wieder der Schritt proportional der Regelabweichung wird (*Bild* 1b).

Während die genaue Berücksichtigung der erstgenannten Schrittform mathematisch erhebliche Schwierigkeiten bereitet, ermöglicht die Schrittform mit ausschlagabhängiger Stellgeschwindigkeit eine geschlossene rechnerische Behandlung. Noch einfacher und übersichtlicher wird die Berechnung, wenn man im letzten Fall die Arbeitszeit zu einem Arbeitsaugenblick degenerieren läßt. Damit wird zwar eine idealisierte Schrittform eingeführt, indem man sich die Verstellung stoßförmig im Abtastaugenblick konzentriert denkt, wobei aber die Schrittgröße wieder proportional der Regelabweichung (*Bild* 1c) wird. Die grundsätzlichen Erscheinungen lassen sich so besonders einfach und durchaus zutreffend darstellen. Untersuchungen mit den Schrittformen nach *Bild* 1a und 1b würden einen erheblich größeren Rechenaufwand bedingen, ohne wesentlich andere Ergebnisse zu liefern.

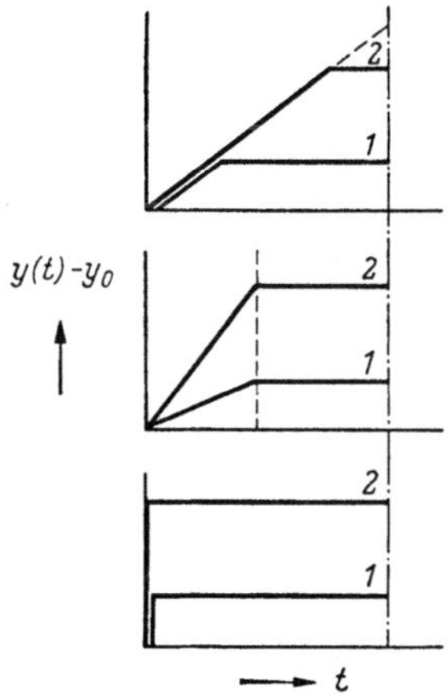

a) Konstante Stellgeschwindigkeit, Arbeitszeit ~ Regelabweichung

b) Konstante Arbeitszeit, Stellgeschwindigkeit ~ Regelabweichung

c) Stoßförmige Verstellung

$y(t)$ Stellgröße zur Zeit t
$y(0)$ Stellgröße im Abtastzeitpunkt $t = 0$
1 Kleine Regelabweichung
2 Große Regelabweichung

Bild 1. Verschiedene Schrittformen jeweils für zwei Tastwerte

Ausführung von Schrittreglern. In ihrem Aufbau unterscheiden sich Schrittregler von kontinuierlichen Reglern durch die Abtastvorrichtung. Bei beiden Reglerarten können zur Bildung der Stellgröße noch verstärkende Stufen vorgesehen sein. Stabilisierungsmittel, wie Rückführungen, bringen auch beim Schrittregler Vorteile. Eigenverzögerungen, die bei guten Konstruktionen klein gegenüber der Tastzeit sind, können praktisch ganz vernachlässigt werden.

C. Mathematische Behandlung von Schrittregelungen[1]

1. Allgemeine Voraussetzungen

Wie im Abschnitt B bereits erwähnt, kann der Regelkreis bei einer Schrittregelung nur in den diskreten Tastaugenblicken als geschlossen betrachtet werden. Demnach ist auch nicht zu erwarten, daß der Regelvorgang durch ein System simultaner Gleichungen für alle Zeiten kontinuierlich beschrieben wird. Es fehlt das wesentliche Merkmal kontinuierlicher Regelungen, daß nämlich *in jedem Zeitpunkt* die Aus- und Eingangsgrößen *aller* aufeinanderfolgenden Glieder des Regelkreises einander gleichgesetzt werden können. In den äquidistanten Tastzeitpunkten, und nur in diesen, trifft dies bei Schrittregelungen zu, und nur für diese kann also ein geschlossenes simultanes Gleichungssystem aufgestellt werden. Faßt man das Gleichungssystem durch Elimination aller nichtinteressierenden Größen zu einer Gesamtgleichung zusammen, so ist diese zunächst ebenfalls nur für die Tastzeitpunkte definiert. Es wird sich aber zeigen, daß diese Gleichung, die nun allerdings keine Differentialgleichung mehr ist, unter bestimmten Voraussetzungen den Regelvorgang ebenso vollständig beschreibt wie die entsprechende Gleichung der kontinuierlichen Regelung.

2. Gleichung des ausschlagabhängigen Schrittreglers

a) Integral wirkende Schrittregler

Die in Abschnitt B beschriebenen Schrittregler führen in jedem Tastintervall einen Stellschritt aus, welcher der im Tastaugenblick angetroffenen Regelabweichung verhältnisgleich ist. Da sich die Stellschritte wiederholen, solange eine Regelabweichung ansteht, ergibt sich eine mittlere, der Regelabweichung verhältnisgleiche Stellgeschwindigkeit; der in dieser Art arbeitende Schrittregler hat also integrale Wirkung. In der Praxis werden fast ausschließlich Schrittregler mit integralem Verhalten angewandt; die folgende Behandlung beschränkt sich daher auf ausschlagabhängige Integral-Schrittregler.

Das Zeitverhalten eines solchen Reglers innerhalb eines Tastintervalls läßt sich auf Grund der in Abschnitt B bereits besprochenen Wirkungsweise mathematisch

[1] Aus Gründen der Anschaulichkeit stützt sich die hier gebrachte theoretische Behandlung auf die Verwendung von Differenzengleichungen. Die Ableitung bewegt sich auf diese Weise im wesentlichen im Zeitbereich und verwendet die LAPLACE-Transformation nur zur expliziten Darstellung der innerhalb der Tastintervalle auftretenden Differentialgleichungen.

Eleganter und konziser lassen sich die Berechnungen unter durchgehender Verwendung der LAPLACE-Transformation bzw. der aus ihr hervorgehenden sog. z-Transformation durchführen. Dabei ist jedoch ein spezielles mathematisches Rüstzeug Voraussetzung. Einige Literaturhinweise hierzu sind im Abschnitt D, Kapitel 63, [*30*] bis [*45*] zusammengestellt.

wie folgt formulieren:

$$y(t) = y(0) + C\,\varphi(t) \tag{1}$$

Nach Transformation in dem Bildbereich ergibt sich:

$$y(p) = \frac{1}{p}\,y(0) + C\,\varphi(p) \tag{1a}$$

Dem jeweiligen Wert der Stellgröße zu Beginn des Tastintervalls $y(0)$ ist also eine schrittförmige Bewegung überlagert, deren Form durch eine der betreffenden Konstruktion eigentümliche Schrittfunktion $\varphi(t)$ dargestellt wird. Der Regler soll einer Abweichung der Regelgröße von ihrem Sollwert entgegenwirken und Korrekturschritte durchführen, die dem abgetasteten Wert der Regelabweichung zu Beginn des Tastintervalls $x(0)$ proportional sind. Um den Regelsinn zu kennzeichnen, setzen wir $C = -S\,x(0)$ und bezeichnen mit S das Schrittmaß oder den spezifischen Schritt. In S sind die Proportionalitätsfaktoren aller Stufen des Reglers zusammengefaßt. Die Funktion $\varphi(t)$ hat den Charakter einer Übergangsfunktion. Damit erhält man:

$$y(t) = y(0) - S\,\varphi(t)\,x(0) \tag{2}$$

bzw.

$$y(p) = \frac{1}{p}\,y(0) - S\,\varphi(p)\,x(0) \tag{2a}$$

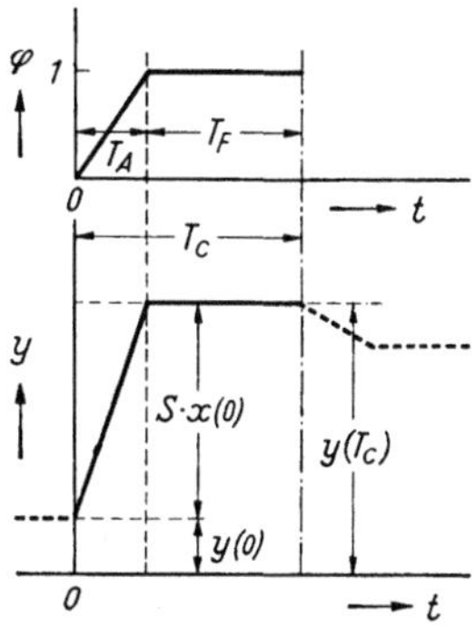

φ Schrittfunktion
y Stellgröße
$y(0)$ Stellgröße zur Zeit $t = 0$
$y(T_C)$ Stellgröße zur Zeit $t = T_C$
T_A Arbeitszeit
T_F Freizeit
T_C Tastintervall
$x(0)$ Regelabweichung zu Beginn des Tastintervalls
S Schrittmaß

Bild 2. Zum Bewegungsgesetz des integralen Schrittreglers

Die Aussage dieser Beziehungen ist in *Bild* 2 für das Beispiel eines Reglers mit konstantem Verhältnis Arbeitszeit T_A zu Freizeit T_F und ausschlagabhängiger Stellgeschwindigkeit dargestellt. Sie gelten mit ein und denselben Anfangswerten $x(0)$ und $y(0)$ jeweils nur für das anschließende Tastintervall, dessen Dauer wir mit T_C bezeichnen wollen. Setzt man $t = T_C$, so erhält man die Stellgröße am Ende des betrachteten Tastintervalls:

$$y(T_C) = y(0) - S\,\varphi(T_C)\,x(0) \tag{3}$$

Da das Tastintervall ein ganz beliebiges sein kann, darf bei den Variablen an Stelle des Arguments 0 auch $\nu\,T_C$ und an Stelle des Arguments T_C auch $(\nu + 1)\,T_C$ gesetzt werden:

$$y[(\nu + 1)\,T_C] = y(\nu\,T_C) - S\,\varphi(T_C)\,x(\nu\,T_C) \tag{4}$$

Man erhält so die für zwei beliebige aufeinanderfolgende Tastzeitpunkte $\nu\,T_C$ und $(\nu + 1)\,T_C$ gültige Gleichung des Schrittreglers:

$$y_{\nu+1} - y_\nu = -S\,\varphi(T_C)\,x_\nu \tag{5}$$

als Differenzengleichung zweiter Form, wobei zur Abkürzung gesetzt worden ist:

$$\left.\begin{aligned} y[(\nu+1)T_C] &= y_{\nu+1} \\ y(\nu T_C) &= y_\nu \\ x(\nu T_C) &= x_\nu \end{aligned}\right\} \quad (6)$$

Die Bewegungsgleichung des kontinuierlichen Integralreglers lautet:

$$\frac{\mathrm{d}y}{\mathrm{d}t} = -\frac{1}{T_y}\,x$$

Die Analogie wird besonders deutlich, wenn man Gl. (5) mit $y_{\nu+1} - y_\nu = \Delta y_\nu$ und $\Delta t = T_C$ in eine Differenzengleichung erster Form umwandelt:

$$\frac{\Delta y_\nu}{\Delta t} = -\frac{S\,\varphi(T_C)}{T_C}\,x_\nu$$

b) Integral-Schrittregler mit nachgebender Rückführung

Sind im Regler weitere Glieder vorhanden, so muß deren Wirkungsweise ebenfalls in einer dem schrittförmigen Verhalten der Tastvorrichtung angepaßten Form dargestellt werden. Als Beispiel wird eine nachgebende Rückführung angenommen, die von der Stellgröße betätigt wird und auf den Eingang des Reglers einwirkt. Die Differentialgleichung der nachgebenden Rückführung lautet (s. Kapitel 2, Abschnitt E 3 c)

$$\dot{r} + \frac{1}{T_n}\,r = \varrho\,\dot{y} \quad (7)$$

wobei r die Rückführgröße, T_n die Nachstellzeit und ϱ den Einflußgrad der Rückführung bedeuten. Nach Transformation in den Bildbereich erhält man hieraus:

$$r(p) = \frac{1}{p+\frac{1}{T_n}}\,r(0) + \varrho\,\frac{p}{p+\frac{1}{T_n}}\,y(p) - \varrho\,\frac{1}{p+\frac{1}{T_n}}\,y(0) \quad (7\,\mathrm{a})$$

Aus dieser Gleichung läßt sich der Verlauf der Rückführgröße innerhalb eines Tastintervalls berechnen, wenn die spezielle Schrittform und damit $y(p)$ vorliegt [s. Gl. (2a)]. Beim Zusammenwirken der Rückführung mit einem Regler ist nun darauf zu achten, daß sich die Rückführgröße zur Eingangsgröße des Reglers, meist der Regelgröße, addiert. So treten bei einem Regler nach Absatz 2a) an die Stelle der Gl. (2) und (2a) folgende Beziehungen:

$$y(t) = y(0) - S\,\varphi(t)\,[x(0) + r(0)] \quad (8)$$

$$y(p) = \frac{1}{p}\,y(0) - S\,\varphi(p)\,[x(0) + r(0)] \quad (8\,\mathrm{a})$$

Ist die spezielle Schrittform gegeben, dann lassen sich aus den Gl. (7) und (8) mit $t = T_C$ zunächst die Differenzengleichungen von Rückführung und Regler bestimmen. Ihre Zusammenfassung ergibt dann nach Elimination der nicht interessierenden Rückführgröße die beschreibende Differenzengleichung des Schrittreglers mit nachgebender Rückführung.

Um hierfür ein möglichst klares Beispiel zu erhalten, wird angenommen, daß bei der in Absatz 2a) angedeuteten Schrittfunktion die Arbeitszeit T_A verschwindend klein gegenüber der Freizeit T_F sein möge (s. *Bild* 1c). Die Schrittfunktion vereinfacht sich dann mathematisch zu einem Einheitssprung, und man erhält mit $t = T_C$ und, da $\varphi(T_C) = 1$, zunächst für Gl. (8):

$$y(T_C) = y(0) - S[x(0) + r(0)] \tag{9}$$

Man kann Gl. (9) als Differenzengleichung schreiben:

$$y_{\nu+1} - y_\nu = -S(x_\nu + r_\nu) \tag{10}$$

Die Stellgröße springt nach den getroffenen Voraussetzungen unmittelbar nach dem Tastzeitpunkt $\nu\, T_C$ vom Wert y_ν auf den neuen Wert $y_{\nu+1}$, den sie während des betrachteten Intervalls konstant beibehält. Zur Berechnung der Rückführgröße läßt sich daher in den Gln. (7) und (7a) für y eine Sprungfunktion vom Betrag $y_{\nu+1}$ mit der Bildfunktion $y(p) = (1/p)\, y_{\nu+1}$ einsetzen. Damit erhält man:

$$r(t) = \mathrm{e}^{-t/T_n} r(0) + \varrho\, \mathrm{e}^{-t/T_n}(y_{\nu+1} - y_\nu) \tag{11}$$

Setzt man hier $t = T_C$, so ergibt sich mit der Abkürzung

$$R = \mathrm{e}^{-T_C/T_n} \tag{12}$$

die Differenzengleichung der nachgebenden Rückführung:

$$r_{\nu+1} - R\, r_\nu = \varrho R(y_{\nu+1} - y_\nu) \tag{13}$$

Faßt man schließlich die Gl. (10) des Reglers und die Gl. (13) der Rückführung zusammen, so erhält man als beschreibende Differenzengleichung für den angenommenen Schrittregler mit nachgebender Rückführung:

$$y_{\nu+2} - (1 + R - \varrho R S)\, y_{\nu+1} + (R - \varrho R S)\, y_\nu = -S(x_{\nu+1} - R\, x_\nu) \tag{14}$$

Sie ist, wie zu erwarten war, von zweiter Ordnung, d. h., die Werte der Veränderlichen treten an den Intervallgrenzen *zweier* aufeinanderfolgenden Tastintervalle auf. Entsprechend ist ja auch die Differentialgleichung eines kontinuierlichen Integralreglers mit nachgebender Rückführung von zweiter Ordnung.

3. Gleichung der Regelstrecke

a) Regelstrecke n-ter Ordnung

Der Schrittregler erfaßt die Regelgröße nur in bestimmten äquidistanten Zeitpunkten und läßt in dem anschließenden Tastintervall die Stellgröße einen entsprechenden, seiner Konstruktion eigentümlichen Korrekturschritt ausführen. Für den Schrittregler wie für die mathematische Beschreibung des Regelvorgangs sind daher nur die Werte der Regelgröße in den Tastzeitpunkten von Bedeutung. Um den Wert der Regelgröße in äquidistanten, um die Tastzeit T_C verschobenen Zeitpunkten für einen schrittförmigen Verlauf der Stellgröße zu bestimmen, geht man von der Differentialgleichung der Regelstrecke als Verzögerungsglied n-ter Ordnung in ihrer allgemeinen Form aus:

$$\overset{(n)}{x} + c_{n-1} \overset{(n-1)}{x} + \cdots + c_1 \dot{x} + c_0 x = y(t) \tag{15}$$

Mit Hilfe der LAPLACE-Transformation erhält man für Gl. (15) als Lösung im Bildbereich

$$x(p) = y(p) f(p) + x(0) f_0(p) + \dot{x}(0) f_1(p) + \cdots + \overset{(n-2)}{x}(0) f_{n-2}(p) + \overset{(n-1)}{x}(0) f_{n-1}(p) \tag{16}$$

Die spezielle Art der Funktionen $f(p)$, $f_0(p) \ldots f_{n-1}(p)$ interessiert zunächst nicht. Es sei nur festgestellt, daß den einzelnen Bildfunktionen ganz bestimmte Originalfunktionen entsprechen:

Bildfunktion	Originalfunktion
$y(p) f(p) = Y(p)$	$y(t)$ gefaltet mit $f(t)$ ergibt $Y(t)$
$f_0(p)$	$f_0(t)$
$f_1(p)$	$f_1(t)$
....	....
$f_{n-2}(p)$	$f_{n-2}(t)$
$f_{n-1}(p)$	$f_{n-1}(t)$

(17)

Berücksichtigt man die Zuordnungen Gl. (17), so lautet die Lösung der Gl. (15) im Originalbereich:

$$x(t) = Y(t) + x(0) f_0(t) + \dot{x}(0) f_1(t) + \cdots + \overset{(n-2)}{x}(0) f_{n-2}(t) + \overset{(n-1)}{x}(0) f_{n-1}(t) \tag{18}$$

Setzt man hier $t = T_C$, so läßt sich für eine zunächst noch beliebige Schrittform der Wert der Regelgröße am Ende eines Tastintervalls $x(T_C)$ durch die Werte von x und von seinen Ableitungen am Anfang des Intervalls $x(0)$, $\dot{x}(0) \ldots \overset{(n-1)}{x}(0)$ bestimmen:

$$x(T_C) = Y(T_C) + x(0) f_0(T_C) + \dot{x}(0) f_1(T_C) + \cdots + \overset{(n-2)}{x}(0) f_{n-2}(T_C) + \overset{(n-1)}{x}(0) f_{n-1}(T_C) \tag{19}$$

Da ein ganz beliebiges Tastintervall betrachtet wurde, kann man für die Argumente von x und von seinen Ableitungen auch beliebige Tastzeitpunkte einsetzen, sofern nur darauf geachtet wird, daß sie folgerichtig am Anfang und am Ende ein und desselben Tastintervalls liegen. So lassen sich beispielsweise wieder $x(0)$ durch $x(\nu T_C) = x_\nu$ und $x(T_C)$ durch $x[(\nu + 1) T_C)] = x_{\nu+1}$ ersetzen. Man erhält damit Gl. (19) in folgender Form:

$$x_{\nu+1} = Y(T_C) + x_\nu f_0(T_C) + \dot{x}_\nu f_1(T_C) + \cdots + \overset{(n-2)}{x_\nu} f_{n-2}(T_C) + \overset{(n-1)}{x_\nu} f_{n-1}(T_C) \tag{20}$$

Für die weitere Betrachtung eignen sich die Anfangswerte der Ableitungen von x nicht. Man muß daher, um diese eliminieren zu können, zu Gl. (20) ebensoviele Gleichungen hinzufügen, wie Ableitungswerte in ihr vorkommen. Diese zusätzlichen Gleichungen erhält man, wenn man Gl. (18) $(n-1)$-mal nach t differenziert und dann mit $t = T_C$ wiederum den jeweiligen Intervall-Endwert ermittelt.

Es entsteht so das Gleichungssystem:

$$x_{\nu+1} = Y(T_C) + x_\nu f_0(T_C) + \dot{x}_\nu f_1(T_C) + \cdots + \overset{(n-2)}{x}_\nu f_{n-2}(T_C) + \overset{(n-1)}{x}_\nu f_{n-1}(T_C)$$

$$\dot{x}_{\nu+1} = \dot{Y}(T_C) + x_\nu \dot{f}_0(T_C) + \dot{x}_\nu \dot{f}_1(T_C) + \cdots + \overset{(n-2)}{x}_\nu \dot{f}_{n-2}(T_C) + \overset{(n-1)}{x}_\nu \dot{f}_{n-1}(T_C)$$

. . . .

$$\overset{(n-2)}{x}_{\nu+1} = \overset{(n-2)}{Y}(T_C) + x_\nu \overset{(n-2)}{f_0}(T_C) + \dot{x}_\nu \overset{(n-2)}{f_1}(T_C) + \cdots + \overset{(n-2)}{x}_\nu \overset{(n-2)}{f}_{n-2}(T_C) + \overset{(n-1)}{x}_\nu \overset{(n-2)}{f}_{n-1}(T_C)$$

$$\overset{(n-1)}{x}_{\nu+1} = \overset{(n-1)}{Y}(T_C) + x_\nu \overset{(n-1)}{f_0}(T_C) + \dot{x}_\nu \overset{(n-1)}{f_1}(T_C) + \cdots + \overset{(n-2)}{x}_\nu \overset{(n-1)}{f}_{n-2}(T_C) + \overset{(n-1)}{x}_\nu \overset{(n-1)}{f}_{n-1}(T_C) \tag{21}$$

Aus den Gl. (21) können die nicht interessierenden Ableitungswerte eliminiert werden. In einfachen Fällen hat man nur die folgenden Gleichungen zu behandeln, wobei das Funktionsargument T_C nicht mehr mit angeschrieben wird:

Regelstrecke erster Ordnung:

$$x_{\nu+1} = Y + x_\nu f_0$$

Regelstrecke zweiter Ordnung:

$$x_{\nu+1} = Y + x_\nu f_0 + \dot{x}_\nu f_1$$

$$\dot{x}_{\nu+1} = \dot{Y} + x_\nu \dot{f}_0 + \dot{x}_\nu \dot{f}_1 \tag{22}$$

Aus diesen ergibt sich:

$$x_{\nu+2} - \left(f_0 + \dot{f}_1\right) x_{\nu+1} + \left(f_0 \dot{f}_1 - f_1 \dot{f}_0\right) x_\nu = f_1 \dot{Y} + \left(1 - \dot{f}_1\right) Y \tag{23}$$

Als Ergebnis verbleibt für eine Regelstrecke n-ter Ordnung eine Differenzengleichung ebenfalls n-ter Ordnung, in der ausschließlich die Regelgröße mit den äquidistanten Werten $x_\nu \ldots x_{\nu+n}$ auftritt. Die Faktoren $f_0, \dot{f}_0 \ldots \overset{(n-1)}{f_0}, f_1, \dot{f}_1 \ldots \overset{(n-1)}{f_1}$ usw. enthalten die Parameter der Regelstrecke, während die Funktionen $Y, \dot{Y} \ldots \overset{(n-1)}{Y}$ die Stellgröße mit den spezifischen Kennzeichen der Schrittform einführen.

b) Berücksichtigung von Totzeit in der Regelstrecke

Beobachtungen aus der Praxis lassen darauf schließen, daß sich bei Vorhandensein einer Totzeit in der Regelstrecke eine gegenüber kontinuierlichen Reglern auffallend günstige Wirkungsweise des Schrittreglers ergibt, wenn die Totzeit nicht wesentlich größer als das Tastintervall ist. Um diese Tatsache auch theoretisch nachprüfen zu können, sollen die Regelvorgänge bei Totzeit näher untersucht werden. Für eine Regelstrecke, die wiederum von n-ter Ordnung angenommen wird, kann man dabei von der aus dem Gleichungssystem (21) hervorgehenden Differenzengleichung ausgehen. Die Regelgröße zeigt auch bei Vorhandensein von Totzeit einen Verlauf von genau der dort berechneten Form, der jedoch gegenüber der Stellgröße um die Totzeit T_t im Sinne einer zeitlichen Nacheilung verschoben ist. In *Bild* 3 ist dies für einen typischen Verlauf der Stellgröße und für ein beliebig angenommenes Zeitverhalten der Regelstrecke für einige aufeinanderfolgende Tastintervalle angedeutet.

Da der Schrittregler die Regelgröße nur in den diskreten Tastzeitpunkten erfaßt, braucht man also die Gleichung der Regelstrecke nicht erneut zu berechnen. Zum Unterschied gegenüber den bisherigen Annahmen fallen aber nun die Abtastpunkte des Reglers nicht mehr mit den Intervallgrenzen der Regelgröße zusammen. Im Zeitpunkt νT_C zum Beispiel findet der Regler als Abtastwert nicht wie bisher x_ν vor, sondern:

$$\left.\begin{aligned} x_{T\nu} &= x(\nu T_C - T_t) \\ &= x[(\nu - \tau) T_C] = x_{\nu-\tau} \end{aligned}\right\} \qquad (24)$$

Dabei ist gesetzt:

$$\tau = T_t / T_C \qquad (25)$$

Dieser Tatsache müssen wir bei der Aufstellung der Differenzengleichung des Reglers Gl. (5) bzw. (8) Rechnung tragen, die nun wie folgt lautet:

$$y_{\nu+1} - y_\nu = -S\,\varphi(T_C)\,x_{\nu-\tau} \qquad (26)$$

bzw.

$$y_{\nu+1} - y_\nu = -S\,\varphi(T_C)(x_{\nu-\tau} + r_\nu) \qquad (27)$$

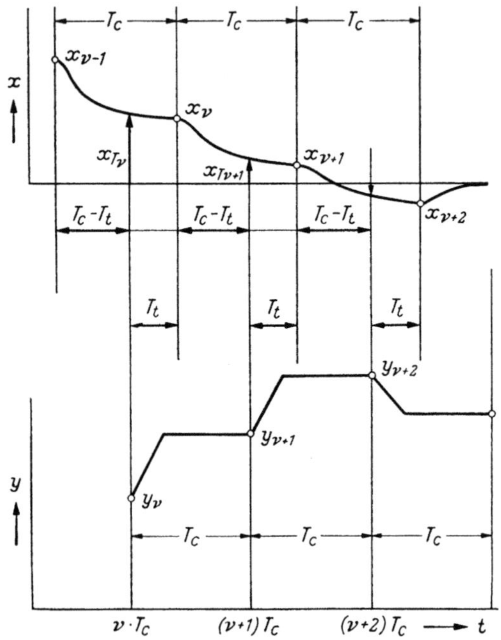

x Regelgröße } zu verschiedenen Zeitpunkten
y Stellgröße } $\nu - 1, \nu, \nu + 1, \ldots$
T_C Tastintervall
T_t Totzeit

Bild 3. Typischer Verlauf von Stellgröße und Regelgröße bei Totzeit in der Regelstrecke

Zur Bestimmung der Abtastwerte benötigt man jetzt noch eine weitere Gleichung, die den Zusammenhang zwischen den Werten der Regelgröße an deren Intervallgrenzen und den Abtastwerten herstellt. Dazu kann man wiederum von Gl. (18) ausgehen, die ja den Verlauf der Regelgröße zwischen ihren Intervallgrenzen beschreibt. Um den Wert der Regelgröße $x_{T\nu}$ im Tastzeitpunkt νT_C zu erhalten, ist hier nach *Bild* 3 für $t = T_C - T_t$ einzusetzen und zu beachten, daß die Regelgröße der Stellgröße um die Totzeit nacheilt. Als Anfangswerte für x und seine Ableitungen sind also die dem entsprechenden Intervallanfang der Regelgröße zugeordneten zu verwenden. Diese sind:

$$x_{\nu-1},\ \dot{x}_{\nu-1} \cdots, \quad \text{wenn} \quad 0 < T_t \leqq T_C$$

$$x_{\nu-2},\ \dot{x}_{\nu-2} \cdots, \quad \text{wenn} \quad T_C < T_t \leqq 2\,T_C$$

usw.

Für $T_t < T_C$ z.B. erhält man in dieser Weise an Stelle der ersten Gleichung des Systems (21)

$$\left.\begin{aligned} x_{\nu-\tau} = {} & Y(T_C - T_t) + x_{\nu-1} f_0(T_C - T_t) + \dot{x}_{\nu-1} f_1(T_C - T_t) + \cdots \\ & + \overset{(n-2)}{x_{\nu-1}} f_{n-2}(T_C - T_t) + \overset{(n-1)}{x_{\nu-1}} f_{n-1}(T_C - T_t) \end{aligned}\right\} \qquad (28)$$

Die übrigen Gleichungen des Systems (21) bleiben dieselben und dienen zur Elimination der Ableitungswerte $\dot{x}_{\nu-1} \ldots \overset{(n-1)}{x}_{\nu-1}$.

4. Gleichung des Regelvorgangs

Im vorhergehenden wurden die Gleichungen der typischen Einzelglieder des Regelkreises abgeleitet. Treten andersgeartete oder noch weitere Glieder im Regelkreis auf, so lassen sich deren Einzelgleichungen in der in den vorangegangenen Abschnitten abgeleiteten Art bestimmen. Es bedeutet dann keine Schwierigkeit, aus der Gesamtheit von Einzelgleichungen eines bestimmten Regelproblems alle nicht interessierenden Größen zu eliminieren. Man bekommt so die Gleichung des Gesamt-Regelvorgangs in einer der Variablen, die dann nur Funktionswerte in den Tastzeitpunkten bzw. an den Intervallgrenzen der betreffenden Variablen enthält.

Als Beispiel werden ein ausschlagabhängiger Schrittregler mit nachgebender Rückführung und eine Regelstrecke erster Ordnung mit Totzeit vorausgesetzt, wobei die Totzeit T_t kleiner als das Tastintervall T_C des Reglers sein soll. Wenn man der Übersichtlichkeit halber wieder annimmt, daß die Arbeitszeit des Reglers vernachlässigbar klein gegenüber der Freizeit ist, dann erhält man für die Schrittform $\varphi(t)$ einen Einheitssprung mit der Bildfunktion $\varphi(p) = 1/p$, für Gl. (1a) also:

$$y(p) = \frac{1}{p}\, y(0) + C\frac{1}{p} = [y(0) + C]\frac{1}{p}$$

Für das von $t = \nu T_C$ bis $t = (\nu + 1)\, T_C$ sich erstreckende Tastintervall hat $y(t)$ also den konstanten Wert $y_\nu + C = y_{\nu+1}$, so daß man in diesem Intervall auch schreiben kann:

$$y(p) = \frac{1}{p}\, y_{\nu+1}$$

Um die Differenzengleichung des Reglers zu finden, wird gesetzt

$$C = -S[x(\nu T_C - T_t) + r(\nu T_C)]$$

d.h., der Regler findet als Abtastgröße im Zeitpunkt $t = \nu T_C$ die Summe der Regelgröße im fiktiven Zeitpunkt $t = \nu T_C - T_t$ und der Rückführgröße im Tastzeitpunkt $t = \nu T_C$ vor. In der vereinfachten Schreibweise bedeutet dies

$$C = -S(x_{\nu-\tau} + r_\nu)$$

Damit erhält man dann als Differenzengleichung des Reglers gemäß Gl. (27)

$$y_{\nu+1} - y_\nu = -S(x_{\nu-\tau} + r_\nu) \tag{29}$$

Für die Rückführgröße läßt sich unverändert Gl. (13) übernehmen

$$r_{\nu+1} - R\, r_\nu = \varrho R(y_{\nu+1} - y_\nu) \tag{30}$$

Ebenso für die Regelgröße Gl. (22)

$$x_{\nu+1} - x_\nu f_0(T_C) = Y(T_C)$$

Wenn man dabei die Differentialgleichung der Regelstrecke [Gl. (15)] als:

$$\dot{x} + \frac{1}{T}\,x = y$$

und ihre konstanten Koeffizienten also als $c_1 = 1$ und $c_0 = 1/T$ ansetzt, so erhält man für die Hilfsfunktionen

$$f_0(p) = f(p) = \frac{1}{p + \frac{1}{T}}$$

Damit wird:

$$f_0(T_C) = \mathrm{e}^{-T_C/T} = D$$

und

$$Y(p) = y(p)\,f(p) = \frac{1}{p\left(p + \frac{1}{T}\right)}\,y_{\nu+1}$$

so daß

$$Y(T_C) = (1 - \mathrm{e}^{-T_C/T})\,y_{\nu+1} = (1 - D)\,y_{\nu+1}$$

Die Differenzengleichung der Regelstrecke lautet somit

$$x_{\nu+1} - D\,x_\nu = (1 - D)\,y_{\nu+1} \tag{31}$$

Für die Gl. (28) der Regelgröße in den Tastzeitpunkten findet man

$$\left.\begin{aligned} f_0(T_C - T_t) &= \mathrm{e}^{-(T_C - T_t)/T} = D_t \\ Y(T_C - T_t) &= (1 - \mathrm{e}^{-(T_C + T_t)/T})\,y_\nu = (1 - D_t)\,y_\nu \end{aligned}\right\} \tag{32}$$

und damit

$$x_{\nu-\tau} = D_t\,x_{\nu-1} + (1 - D_t)\,y_\nu \tag{33}$$

Aus dem System der simultanen Gln. (29), (30), (31) und (33) lassen sich die Größen y, r und $x_{\nu-\tau}$ eliminieren, und man erhält schließlich als Gleichung des Gesamtvorganges

$$A_3\,x_{\nu+3} + A_2\,x_{\nu+2} + A_1\,x_{\nu+1} + A_0\,x_\nu = 0 \tag{34}$$

mit den speziellen Konstanten

$$\left.\begin{aligned} A_3 &= 1 \\ A_2 &= S(1 - D_t + \varrho R) - (1 + D + R) \\ A_1 &= S[D_t(1 + R) - \varrho R(1 + D) - D - R] - D + DR + R \\ A_0 &= R[S(D + D\varrho - D_t) - D] \end{aligned}\right\} \tag{35}$$

Allgemein ergibt sich die Gleichung des Gesamtvorgangs in folgender Form:

$$A_n\,x_{\nu+n} + A_{n-1}\,x_{\nu+n-1} + \cdots + A_1\,x_{\nu+1} + A_0\,x_\nu = 0 \tag{36}$$

Dabei sind die Koeffizienten $A_0 \ldots A_n$ durch die charakteristischen Werte von Regler und Regelstrecke gegeben. Man kann diese Gleichung als Rekursionsformel auffassen, mit deren Hilfe beispielsweise die Regelgröße an einer bestimmten Intervallgrenze berechnet werden kann, wenn sie in n vorhergehenden Intervallen bekannt ist. Die Gl. (36) stellt aber andererseits eine homogene lineare Differenzengleichung n-ter Ordnung (zweiter Form) mit konstanten Koeffizienten dar. Ihre allgemeine Lösung lautet

$$x_\nu = C_1\,w_1^\nu + C_2\,w_2^\nu + \cdots + C_{n-1}\,w_{n-1}^\nu + C_n\,w_n^\nu \tag{37}$$

wobei $C_1 \ldots C_n$ die n Summationskonstanten und $w_1 \ldots w_n$ die durchweg verschieden angenommenen n Wurzeln der charakteristischen Gleichung

$$A_n w^n + A_{n-1} w^{n-1} + \cdots + A_1 w + A_0 = 0 \tag{38}$$

darstellen. Die allgemeine Lösung (37) gilt für alle äquidistanten Zeitpunkte, sofern die Summationskonstanten – meist aus den n ersten Intervallen – passend bestimmt werden.

Wie im Falle kontinuierlicher Regelungen interessiert man sich jedoch auch bei Schrittregelungen im allgemeinen nicht für die explizite Berechnung eines Ausgleichvorgangs; man ist vielmehr bestrebt, aus den Wurzeln der charakteristischen Gl. (38) und aus den mit ihnen festgelegten Eigenwerten möglichst allgemeine Schlüsse auf das Verhalten einer Schrittregelung zu ziehen. Dies soll in den nächsten Abschnitten geschehen.

5. Eigenwerte, Normalfunktionen und Teilvorgänge

Im vorhergehenden Abschnitt war zunächst nur der Fall angenommen, daß sämtliche Wurzeln der charakteristischen Gl. (38), d.h. also sämtliche Eigenwerte des betreffenden Problems voneinander verschieden sind. Die einem einzelnen reellen Eigenwert zugehörige Normalfunktion lautet

$$\mathfrak{N}\{x_\nu\} = C w^\nu \tag{39}$$

Es können natürlich auch mehrere reelle Eigenwerte zusammenfallen. Im Falle einer solchen k-fachen Wurzel der charakteristischen Gleichung wird der entsprechende Teilvorgang

$$\mathfrak{T}\{x_\nu\} = (C_0 + C_1 \nu + \cdots C_{k-1} \nu^{k-1}) w^\nu \tag{40}$$

Mit dem zeitlichen Ablauf des Regelvorgangs durchläuft ν der Reihe nach alle Werte von $0 \ldots \infty$. Ist eine reelle Einfachwurzel also positiv, so wird die entsprechende Normalfunktion stets monoton verlaufen. Ist sie dagegen negativ, so oszilliert das Vorzeichen aufeinanderfolgender Funktionswerte. Bei Teilvorgängen, die mehrfachen reellen Eigenwerten entsprechen, gilt prinzipiell Ähnliches, jedoch mit der Einschränkung, daß je nach dem Ausfall der k Summationskonstanten eine $(k-1)$-fache Vorzeichenumkehr des Teilvorganges auftreten kann, auch wenn der k-fache Eigenwert positiv ist.

Etwaige komplexe Eigenwerte treten grundsätzlich paarweise konjugiert auf, da die Koeffizienten $A_0 \ldots A_n$ der charakteristischen Gleichung aus physikalischen Gründen stets reell ausfallen. Ein solches Paar von Eigenwerten liefert einen Teilvorgang der Form

$$\mathfrak{T}\{x_\nu\} = C w^\nu + \bar{C} \bar{w}^\nu \tag{41}$$

Da der Teilvorgang reell sein muß, müssen die Konstanten C und $\bar{C}$ ebenfalls konjugiert komplex sein. Bezeichnet man mit χ und ψ die Argumente von w bzw. C, so läßt sich der Teilvorgang auf folgende Form bringen

$$\mathfrak{T}\{x_\nu\} = 2\,|C| \cdot |w|^\nu \cos(\nu\chi + \psi) \tag{42}$$

Aus dieser trigonometrischen Darstellung erkennt man, daß komplexe Eigenwerte grundsätzlich periodische Teilvorgänge ergeben.

6. Stabilitätsbedingungen

Die Überlegungen des vorigen Abschnittes zeigen, daß die Stabilität einer Normalfunktion oder eines Teilvorganges entscheidend vom Betrag der entsprechenden Eigenwerte abhängt. Ist dieser >1, so wächst die Potenz w^ν mit zunehmendem ν, also mit fortschreitender Zeit, monoton, oszillierend oder periodisch über alle Grenzen. Wenn man sich die Eigenwerte der charakteristischen Gleichung in der GAUSSschen Zahlenebene aufgetragen denkt, so läßt sich demnach die allgemeine Stabilitätsbedingung so formulieren:

Der durch die Differenzengleichung dargestellte Regelvorgang ist dann stabil, wenn sämtliche Eigenwerte innerhalb des Einheitskreises liegen. Der Grenzfall der Stabilität ist dann gegeben, wenn sich ein oder auch mehrere Eigenwerte auf dem Rand, die übrigen aber im Inneren des Einheitskreises befinden.

Es kommt also darauf an, diejenigen Bedingungen für die Koeffizienten der charakteristischen Gl. (38) zu kennen, die ihre Wurzeln auf das Innere des Einheitskreises beschränken. Diese Bedingungen liegen ausgewertet vor [*2*] oder können mit Hilfe einer linearen Transformation leicht aus den HURWITZ-Bedingungen abgeleitet werden [*1*] (s. dazu Tabelle 1 für die einfachsten Fälle).

Tabelle 1. *Einfachste charakteristische Gleichungen und Bedingungen, die deren Wurzeln auf das Innere des Einheitskreises beschränken*

$A_1 w + A_0 = 0$	$A_2 w^2 + A_1 w + A_0 = 0$	$A_3 w^3 + A_2 w^2 + A_1 w + A_0 = 0$
$A_1 + A_0 > 0$	$A_2 + A_1 + A_0 > 0$	$A_3 + A_2 + A_1 + A_0 > 0$
$A_1 - A_0 > 0$	$A_2 - A_1 + A_0 > 0$	$A_3 - A_2 + A_1 - A_0 > 0$
	$A_2 - A_0 > 0$	$3(A_3 - A_0) + A_2 - A_1 > 0$
		$3(A_3 - A_0) - A_2 - A_1 > 0$
		$A_3^2 - A_0^2 + A_2 A_0 - A_3 A_1 > 0$
(43)	(44)	(45)

Die jeweils erste Bedingung in Tabelle 1 kann erforderlichenfalls dadurch erzwungen werden, daß die charakteristische Gleichung mit -1 multipliziert wird. Die Stabilitätsbedingungen werden also durch eine Anzahl von Ungleichungen dargestellt, die alle gleichzeitig erfüllt sein müssen. Diese Ungleichungen erlegen den Koeffizienten der charakteristischen Gleichung stärkere Beschränkungen auf, als dies bei den HURWITZ-Bedingungen der Fall ist. Die Bedingungen dafür, daß die Wurzeln einer Gleichung innerhalb des Einheitskreises liegen, müssen offensichtlich strenger sein, als wenn für sie das weitaus größere Gebiet der linken Halbebene zugelassen ist.

Sollen die Bedingungen für den Stabilitätsgrenzfall ermittelt werden, so sind in den Ungleichungen der Tabelle 1 die $>$-Zeichen durch $=$-Zeichen zu ersetzen. Da diese Gleichungen dann aber nicht gleichzeitig erfüllt sein können, ist von den sich ergebenden Möglichkeiten immer diejenige auszuwählen, welche die strengste Bedingung ergibt.

7. Günstigste stabile Regelvorgänge

a) Allgemeine Voraussetzungen

In der Praxis muß die Forderung nach Stabilität zwar grundsätzlich immer erfüllt sein, sie läßt jedoch noch keine eindeutigen Schlüsse bei der Beurteilung oder gar für die Bemessung von Reglern zu. Vielmehr sind unter den verschiedenen Formen stabiler Ausgleichsvorgänge geeignete auszuwählen und schließlich die Kennwerte des Problems so zu bestimmen, daß sich möglichst günstige Verhältnisse ergeben.

Über eine einzelne Normalfunktion oder einen Teilvorgang läßt sich nach Abschnitt 5 zwar aussagen, daß sie um so rascher abklingen, je kleiner der Betrag $|w|$ der zugehörigen Eigenwerte ist. Da aber die einzelnen Eigenwerte über die charakteristische Gleichung miteinander verknüpft sind, kann man erst nach Einführen eines besonderen Kriteriums darüber entscheiden, unter welchen Voraussetzungen der Gesamtvorgang am günstigsten abläuft.

Als Maßstab für die Güte einer Schrittregelung läßt sich, wie bei kontinuierlichen Regelungen, beispielsweise die lineare [*1*] oder die quadratische [*3*] Regelfläche benutzen, je nachdem, ob man bei der Bemessung das Schwergewicht auf einen aperiodischen Ausgleichsvorgang oder auf möglichst kleine Amplituden des Ausgleichsvorgangs legt. Es sind dazu besondere, ziemlich umfangreiche Überlegungen erforderlich.

Im vorliegenden Rahmen soll nur noch auf einige typische Erscheinungen hingewiesen werden, auf die man bei der Untersuchung der günstigsten Bemessung von Schrittreglern geführt wird. Bekanntlich lassen sich Schrittregler regelungsdynamisch besonders dann erfolgreich einsetzen, wenn die zu beherrschende Regelstrecke eine nicht zu vernachlässigende Totzeit hat. Der Schrittregler neigt um so weniger zu ungünstigen Korrekturschritten, je genauer sein Tastintervall mit der Totzeit der Regelstrecke übereinstimmt. Dies bestätigt sich aus der Theorie, indem bei der mathematischen Untersuchung der Fall $T_C = T_t$ besonders günstige Ergebnisse liefert.

Nach Abschnitt C 5 muß man, um einen stabilen, nichtoszillierenden und aperiodischen Ausgleichsvorgang zu erzielen, die Festlegung der frei wählbaren Kenngrößen so vornehmen, daß sämtliche Eigenwerte kleiner als eins, nicht negativ und reell ausfallen. Da die Potenz w^ν mit wachsendem ν um so rascher gegen Null konvergiert, je näher unter diesen Voraussetzungen w an Null heranrückt, klingt auch der Ausgleichsvorgang um so rascher ab, je kleiner der größte der Eigenwerte eines Regelproblems ist. Es liegt also nahe, den Sonderfall zu untersuchen, daß sämtliche Eigenwerte Null werden. Die charakteristische Gleichung hat dann eine verschwindende n-fach-Wurzel.

Zu diesem Zweck wird die allgemeine Lösung der Differenzengleichung in Form von Gl. (40) angesetzt, wobei zunächst noch eine endliche n-fach-Wurzel angenommen wird:

$$x_\nu = (C_0 + C_1 \nu + \cdots + C_{n-1} \nu^{n-1}) w^\nu \tag{46}$$

Wenn man hier die n Summationskonstanten $C_0 \ldots C_{n-1}$ durch die n aufeinanderfolgenden Anfangswerte $x_0 \ldots x_{n-1}$ ausdrückt, so erhält man nach entsprechender Zusammenfassung:

$$x_\nu = \left(P_0 x_0 + P_1 \frac{x_1}{w} + \cdots + P_{n-1} \frac{x_{n-1}}{w^{n-1}}\right) w_\nu \tag{47}$$

Die Koeffizienten $P_0 \ldots P_{n-1}$ sind dabei Polynome $(n-1)$-ten Grades in ν. Sie haben die Eigenschaft, daß sie für alle ganzzahligen $0 \leqq \nu \leqq n-1$ verschwinden, mit Ausnahme des einen Wertes von ν, der durch den jeweiligen Index angezeigt wird, und für den das betreffende P den Wert 1 annimmt. So durchläuft also mit wachsendem ν (wie dies auch der Fall sein muß) bei beliebigem w die Regelgröße x_ν zunächst die frei wählbaren Anfangswerte $x_0 \ldots x_{n-1}$, um dann für $\nu > n-1$ einen durch die Wahl der Anfangswerte und durch w eindeutig festgelegten weiteren Verlauf zu nehmen. Dieser weitere Verlauf wird aber $\equiv 0$, wenn man $w \to 0$ streben läßt. Man hat also bei einer verschwindenden n-fach-Wurzel den eigenartigen Fall, daß der Ausgleichsvorgang nach Ablauf von n Tastintervallen vollkommen abgeschlossen ist. Ein solcher, zeitlich begrenzter Ausgleichsvorgang — der bei kontinuierlichen Regelungen mit physikalisch sinnvollen Parametern grundsätzlich nicht möglich ist — kann mit einem Schrittregler erzielt werden, wie sich im folgenden zeigt.

b) Regelstrecke erster Ordnung mit Totzeit

Bei dem in Abschnitt C 4 abgeleiteten Beispiel ist ein ausschlagabhängiger Schrittregler mit vernachlässigbar kleiner Arbeitszeit und mit nachgebender Rückführung an einer Regelstrecke erster Ordnung mit Totzeit eingesetzt. Das Tastintervall T_C soll gleich der Totzeit T_t der Regelstrecke sein, womit $D_t = 1$ [Gl. (32)] wird.

Den Ausgleichsvorgang beschreibt Gl. (34). Ihre allgemeine Lösung für den Fall einer reellen Dreifachwurzel der charakteristischen Gl. (38) nimmt gemäß Gln. (46) und (47) die Form an:

$$x_\nu = \left[\left(\nu \frac{\nu-3}{2} + 1\right) x_0 - \nu(\nu-2) \frac{x_1}{w} + \nu \frac{\nu-1}{2} \frac{x_2}{w^2}\right] w^\nu \tag{48}$$

Für $w \to 0$ wird hier der oben beschriebene zeitlich begrenzte Ausgleichsvorgang besonders deutlich. Für die Stellgröße y und die Rückführgröße r gilt dieselbe Gleichung, jedoch mit entsprechend abgewandelten Anfangswerten. Ein Blick auf die allgemeine charakteristische Gl. (38) zeigt, daß eine verschwindende n-fach-Wurzel nur dann vorliegen kann, wenn die Koeffizienten $A_0 \ldots A_{n-1}$, im vorliegenden Fall also die Koeffizienten A_0, A_1, und A_2, des Gleichungssystems (35) verschwinden. Das ist mit den Parameterwerten

$$S = \frac{1-D^3}{(1-D)^2} \qquad \varrho = \frac{(1-D^2)^2}{D(1-D^3)} \qquad R = \frac{D(1-D^2)}{1-D^3} \tag{49}$$

der Fall, die sich als physikalisch sinnvoll erweisen. Läßt die Konstruktion der Regeleinrichtung die angestrebte Abstimmung nicht zu, so muß sie entsprechend modifiziert werden.

Als spezielles Beispiel soll nun der sonst schwierige, aber für eine Schrittregelung nicht problematische Fall herausgegriffen werden, bei dem die Totzeit — und damit auch das Tastintervall — gleich der Hälfte der Zeitkonstante der Regelstrecke sein soll, also:

$$\left.\begin{aligned} T_t = T_C = \frac{1}{2} T; \qquad & D = e^{-\frac{T_C}{T}} = 0{,}607 \\ S = 5{,}02 \qquad \varrho = 0{,}847 \qquad & R = 0{,}493 \end{aligned}\right\} \tag{50}$$

Um einen definierten Ausgleichsvorgang einzuleiten, wird angenommen, daß das zunächst in Ruhe befindliche System von außen im Zeitpunkt $t = 0$ durch eine sprungförmige Änderung der Stellgröße y vom Betrag 1 gestört werde (s. ausgezogene Linienzüge in *Bild* 4). Um die Totzeit verspätet beginnt die Regelgröße x von ihrer Gleichgewichtslage abzuweichen, und zwar nach einer Exponentialfunktion mit der Zeitkonstanten T (s. hierzu Abschnitt C 3a). Erst nach Ablauf eines weiteren Tastintervalls findet der Regler also den endlichen Abtastwert x_1 vor; die Rückführgröße befindet sich dabei mit dem Wert r_2 zunächst noch in Ruhe. Der Abtastwert x_1 veranlaßt nun einen Korrekturschritt des Reglers für die Stellgröße gemäß Gl. (29) und letzterer seinerseits eine Auslenkung der Rückführgröße [s. Gl. (7a)] von solchem Betrag, daß am Ende dieses Tastintervalls die Summe aus der Regelgröße x_2 und der Rückführgröße r_3 [s. Gl. (30)] die unmittelbar vorher noch bestehende Auslenkung y_3 der Stellgröße mit dem nächsten Schritt des Reglers gerade beseitigt. Die Auswirkung der Reglerschritte auf die Regelgröße erfolgt jeweils um die Totzeit, also um ein Tastintervall, verspätet; entsprechend Abschnitt C3b wird diese Tatsache durch eine um 1 verringerte Ordnungszahl der äquidistanten Werte der Regelgröße ausgedrückt.

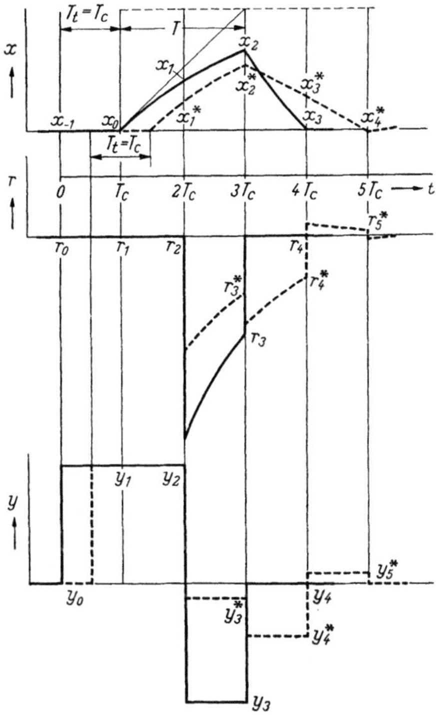

x Regelgröße
y Stellgröße
r Rückführgröße
T_C Tastintervall
T Zeitkonstante
Gestrichelte Linien: Stellgrößensprung in der Mitte } des Tastintervalls
Ausgezogene Linien: Stellgrößensprung am Anfang } des Tastintervalls

Bild 4. Integral-Schrittregler mit nachgebender Rückführung an einer Regelstrecke erster Ordnung mit Totzeit; Ausgleichsvorgang bei verschwindenden Eigenwerten

Der Regler führt demnach als Gegenwirkung zur Störung nur einen Korrekturschritt aus, der größer ist, als es dem Betrag der Störung entspricht. Durch diese „Überregelung" wird erreicht, daß die Regelgröße bereits am Ende des vierten Tastintervalls den Wert Null annimmt und weiterhin beibehält, daß also der Regelvorgang nach einer endlichen Zeit vollkommen abgeschlossen ist. Der Sinn der mit den Gln. (49) und (50) durchgeführten Berechnung der speziellen Kennwerte ist dabei:

1. das Schrittmaß S so zu bestimmen, daß die am Ende des dritten Tastintervalls vom Regler noch unbeeinflußte Regelgröße x_2 am Ende des vierten Intervalls gerade verschwindet ($x_3 = 0$),

2. die Kennwerte ϱ und T_n der nachgebenden Rückführung so abzugleichen, daß die Rückführgröße r_3 am Ende des dritten Tastintervalls eine Auslenkung hat,

die zusammen mit x_2 die noch bestehende Auslenkung y_3 der Stellgröße und mithin auch den Rückführwert r_3 gerade beseitigt.

Bisher war angenommen, daß die Störung des Gleichgewichts in einem Tastaugenblick erfolgt. Diese Annahme ist allgemein nicht gerechtfertigt, denn in der Praxis hat man ja die Wahl der Störzeitpunktes in keiner Weise in der Hand. Man muß sich also noch Klarheit darüber verschaffen, welche grundsätzlichen Folgen ein anders gelagerter Störzeitpunkt hat. Zu diesem Zweck ist in *Bild* 4 gestrichelt der Verlauf von Regelgröße, Rückführgröße und Stellgröße für den Fall eingezeichnet, daß bei den speziellen Kenngrößen nach Gl. (50) die Störung in der Mitte eines Tastintervalls eintritt. Da der erste Abtastwert x_1^* jetzt wesentlich kleiner als im vorigen Fall ist, fällt naturgemäß auch der erste Korrekturschritt des Reglers (y_3^*) zu klein aus, um allein die Auswirkung der Störung beseitigen zu können. Es wird also noch ein weiterer Korrekturschritt (y_4^*) erforderlich, und der Ausgleichsvorgang klingt auch danach erst allmählich aus. Mathematisch ist dies darin begründet, daß der geknickte Verlauf der Regelgröße innerhalb des zweiten Tastintervalls gegen die Gesetzmäßigkeit unseres Gleichungssystems verstößt, so daß die Differenzengleichung (34) hier nicht ohne weiteres angewendet werden kann. Aus *Bild* 4 ist aber zu entnehmen, daß sich trotzdem ein sehr guter, wenn auch nicht optimaler, Ausgleichsvorgang einstellt, so daß die Bemessung des Reglers nach Gl. (50) auch unter diesen Voraussetzungen als durchaus günstig anzusprechen ist. Ähnliches läßt sich auch für den Fall nachweisen, daß das Tastintervall nur näherungsweise mit der Totzeit der Regelstrecke übereinstimmt.

Zusammenfassend läßt sich also sagen, daß der ausschlagabhängige Schrittregler bei günstiger Konstruktion und Abstimmung ein erstaunlich gutes dynamisches Verhalten aufweist. Sofern sein Einsatz nicht vorwiegend aus Gründen der apparativen Vereinfachung erfolgt, wird dieser Vorteil allerdings erst tragfähig und ausnutzbar, wenn Regelstrecken mit beträchtlicher Totzeit (oder Ersatz-Totzeit) beherrscht werden sollen und wenn das Tastintervall der Totzeit einigermaßen angepaßt werden kann. Dann aber wird die erzielte Regelgüte durchaus mit derjenigen von kontinuierlichen Reglern vergleichbar oder ist diesen sogar überlegen.

Für die mathematische Untersuchung ist es bemerkenswert, daß die charakteristischen Gleichungen auch bei Vorhandensein von Totzeiten algebraisch und damit leicht auswertbar bleiben. Für die optimale Anpassung schließlich bietet der spezielle Betriebsfall verschwindender Eigenwerte erhebliche Erleichterungen in der rechnerischen Behandlung.

D. Quellenhinweise

[*1*] Oldenbourg, R. C. u. Sartorius, H.: Dynamik selbsttätiger Regelungen. 2. Aufl. München: R. Oldenbourg 1951.

[*2*] Marden, M.: The geometry of the zeros of a polynomial in a complex variable. Math. Surveys Nr. 3. New York: American Mathematical Society 1949.

[*3*] Automatic and manual control. Papers contributed to the conference at Cranfield 1951. Hrsg. A. Tustin. London: Butterworths Scientific Publications 1952.

[*4*] Bleich, F. u. Melan, E.: Die gewöhnlichen und partiellen Differenzengleichungen der Baustatik. Berlin: Springer 1927.

Ergänzende Quellenhinweise s. Kapitel 63 Abschnitt D [*30*] bis [*45*].

63. Zweipunktregelung

Von **R. C. Oldenbourg**

Inhaltsübersicht

A. Grundsätzliches über Regler mit Zweipunktverhalten

Bei Zweipunktregelungen sind nur zwei Werte für die Stellgröße Y möglich. Der eine Wert (Punkt) der Stellgröße wird vom Regler dann eingestellt, wenn die Regelgröße X einen bestimmten Wert unterschreitet, der andere Wert (Punkt) dann, wenn die Regelgröße einen bestimmten anderen – häufig auch denselben – Wert überschreitet.

Es gibt auch Regler dieser Art, die mehr als zwei Werte der Stellgröße einstellen können; sie arbeiten aber zwischen je zwei dieser Werte (Punkte) wie ein einfacher Zweipunktregler.

Die Funktion des Zweipunktreglers [*1* bis *6*] beruht also auf gewöhnlichen Schaltvorgängen, hierin ist seine besonders bei elektrischer Stellgröße einfache Konstruktion begründet.

Zweipunktregler werden seit vielen Jahren in großem Ausmaß auf den verschiedensten Gebieten der Technik angewandt. Selbst da, wo vorzügliche stetige Regler zur Verfügung stehen, gibt man häufig Zweipunktreglern den Vorzug.

Für diese Tatsache lassen sich nur wenige Einschränkungen finden: das Vorhandensein eines Mindestspeichervermögens der Regelstrecke und die Unempfindlichkeit der vorhandenen Energiequellen gegenüber stoßartigen Belastungsschwankungen. Diese Voraussetzungen sind bei sehr vielen Regelproblemen in allen Zweigen der Industrie gegeben. Infolge seiner besonders einfachen Konstruktion und Arbeitsweise sowie des damit verbundenen niedrigen Preises wird daher der Zweipunktregler stets erhebliche Bedeutung behalten.

Im stationären Betrieb bewirkt der Schaltvorgang des Zweipunktreglers, daß die Stellgröße periodisch zwischen dem einen und dem anderen Punkt oszilliert. Als Folge dieses unstetigen Verlaufes der Stellgröße muß auch die Regelgröße ständig zwischen zwei Extremwerten pendeln (*Bild* 1). Diese liegen, wie noch gezeigt werden wird, um so näher beieinander, je benachbarter die Schaltpunkte des Reglers, je kleiner die Totzeit und je größer das Speichervermögen der Regelstrecke sind.

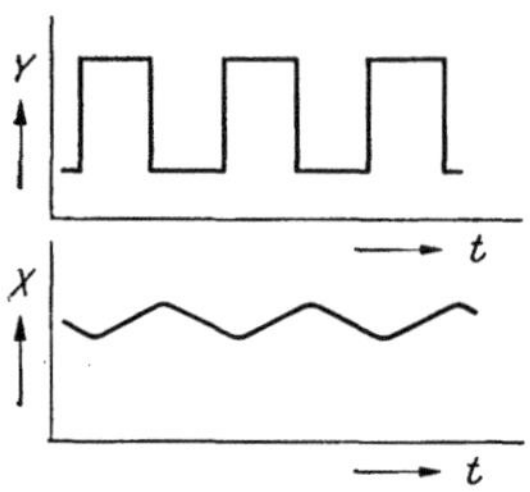

Y Stellgröße X Regelgröße

Bild 1. Grundsätzliches Verhalten der Zweipunktregelung

Während bei der Untersuchung und Einstellung stetiger Regler das Hauptaugenmerk auf die Stabilität der Ausgleichsvorgänge gelenkt wird, spielt dieser Gesichtspunkt bei Zweipunktregelungen keine Rolle. Das stationäre Verhalten eines Zweipunktreglers hat grundsätzlich oszillierenden Charakter, ist aber seiner Natur nach insofern stabil, als sich die Stellgröße stets nur auf einem ihrer beiden Werte befindet und daher gar nicht vermag, das System weiter aufzuschaukeln. Die Regelgröße führt bei Zweipunktregelungen zwar ungedämpfte Schwingungen aus; da deren Amplitude aber nicht anwächst, liegt ein stabiler Regelverlauf vor. Eine stetige Regelung zeigt bei Übersteuerung das gleiche Verhalten.

Von entscheidendem Interesse sind bei Zweipunktregelungen *Amplitude* und *Periodendauer* der stationären Schwingung der Regelgröße. Die mathematische Behandlung befaßt sich mit ihrer Abhängigkeit von den Eigenschaften der Regelstrecke, von den Schaltgrenzen des Reglers und den ihnen zugeordneten Beharrungswerten der Regelgröße.

B. Mathematische Behandlung von Zweipunktregelungen

1. Der Zweipunktregler an einer Regelstrecke ohne Totzeit

a) Beharrungsspanne und Arbeitsbewegung der Regelgröße

Regelkreise, die an keiner Stelle Totzeit enthalten, sind in der Praxis selten. Trotzdem soll zunächst die Arbeitsweise eines verzögerungslosen Zweipunktreglers an einer einfachen Regelstrecke erster Ordnung untersucht werden. Man gewinnt auf diese Weise eine übersichtliche Einführung in die Methodik der mathematischen Behandlung, wie sie den auftretenden, stückweise verschieden definierten Zeitfunktionen angepaßt ist.

Nach diesen Voraussetzungen wird das Verhalten der Regelstrecke mit der Regelgröße X durch die Differentialgleichung

$$T_x \frac{\mathrm{d}X}{\mathrm{d}t} + X = \frac{Y}{q} \tag{1}$$

beschrieben (T_x Zeitkonstante, q Ausgleichswert). Für die Stellgröße Y hat man ausschließlich mit sprungförmigen Änderungen zu rechnen. Springt zur Zeit $t = 0$ die als Störfunktion auftretende Stellgröße Y auf den Wert $Y_{(0)}$, so lautet die Lösung von Gl. (1):

$$X_{(t)} = X_{(0)}\,\mathrm{e}^{-t/T_x} + \frac{Y_{(0)}}{q}\left(1 - \mathrm{e}^{-t/T_x}\right) \tag{2}$$

wobei angenommen ist, daß die Regelgröße X zur Zeit $t = 0$ den Wert $X_{(0)}$ hatte. Für die Zeitrechnung ist in dieser Schreibweise zu beachten, daß t jeweils mit der sprungförmigen Änderung der Stellgröße zu laufen beginnt, und daß $X_{(t)}$ den Wert der Regelgröße im Zeitpunkt t bedeutet.

Entsprechend der Definition einer Zweipunktregelung kann die Stellgröße nur zwei verschiedene Werte (Punkte) annehmen. Wir bezeichnen diese mit Y_{I} und Y_{II} und ordnen dem eingeschalteten Zustand des Reglers den Wert Y_{I} und dem ausgeschalteten Zustand des Reglers den Wert Y_{II} zu. Mit Y_{II} ist die Grundlast der Regelstrecke vorgegeben, die natürlich auch gleich Null sein kann; Y_{I} muß so groß gewählt werden, daß mit Sicherheit die Spitzenlast der Regelstrecke auch beim höchstmöglichen Sollwert gedeckt werden kann.

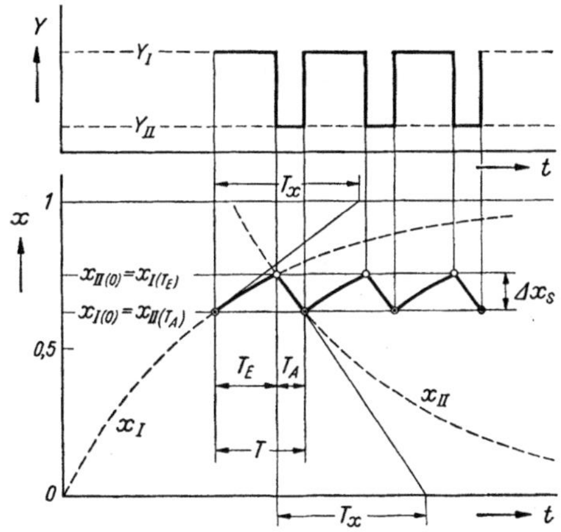

T_x Zeitkonstante — Y Stellgröße
x Regelgröße (bezogen) — Δx_S Schwingspanne (bezogen)
T_E Einschaltdauer — T_A Ausschaltdauer

Bild 2. Zweipunktregler an Regelstrecke I. Ordnung

Im Beharrungszustand ($t \to \infty$) würde bei dauernder Einschaltung die Regelgröße entsprechend Gl. (2) den Wert $X_{\max} = Y_{\mathrm{I}}/q$ und bei dauernder Ausschaltung den Wert $X_{\min} = Y_{\mathrm{II}}/q$ annehmen. Die Differenz $X_{\max} - X_{\min}$ beider Werte soll Beharrungsspanne genannt werden. Zur Erleichterung der Rechnung kann man in Gl. (2) den Maßstab der Regelgröße um $X_{\min}$ verschieben und die verschobenen Werte auf die Beharrungsspanne beziehen:

$$x = \frac{X - X_{\min}}{X_{\max} - X_{\min}} \tag{3}$$

Dann ergeben sich die bezogenen Beharrungswerte

$$\left.\begin{aligned} x_{\max} &= 1 \\ x_{\min} &= 0 \end{aligned}\right\} \tag{4}$$

und Gl. (2) wird während des Einschaltzustandes des Reglers

$$x_{\mathrm{I}(t)} = x_{\mathrm{I}(0)}\,\mathrm{e}^{-t/T_x} + (1 - \mathrm{e}^{-t/T_x}) \tag{5 a}$$

während des Ausschaltzustandes des Reglers

$$x_{\mathrm{II}(t)} = x_{\mathrm{II}(0)}\,\mathrm{e}^{-t/T_x} \tag{5 b}$$

Aus dem von diesen beiden Gleichungen beschriebenen zeitlichen Verlauf der Regelgröße läßt sich für einen beliebigen Betriebsfall die Arbeitsweise der Zweipunktregelung graphisch darstellen (*Bild* 2).

b) Schwingspanne und Schwingungsdauer

Bezeichnet man mit T_E die Einschaltdauer und mit T_A die Ausschaltdauer, so wird die Dauer T einer vollen Schwingung

$$T = T_E + T_A \tag{6}$$

Es ist zweckmäßig, Einschalt- und Ausschaltdauer in Teilen der Schwingungsdauer zu messen

$$T_E = \alpha T \tag{7a}$$

$$T_A = (1 - \alpha) T \tag{7b}$$

Setzt man Gl. (7a) in Gl. (5a) ein, dann ergibt die obere Ausschlaggrenze der Regelgröße am Ende des Einschaltbereiches

$$x_{\mathrm{I}(T_E)} = x_{\mathrm{I}(0)}\, \mathrm{e}^{-\alpha \frac{T}{T_x}} + \left(1 - \mathrm{e}^{-\alpha \frac{T}{T_x}}\right) \tag{8a}$$

Ebenso findet man durch Einsetzen von Gl. (7b) in Gl. (5b) die untere Ausschlaggrenze der Regelgröße am Ende des Ausschaltbereiches

$$x_{\mathrm{II}(T_A)} = x_{\mathrm{II}(0)}\, \mathrm{e}^{-(1-\alpha) \frac{T}{T_x}} \tag{8b}$$

Da die Regelgröße sich nicht sprunghaft ändern kann, müssen die beiden Bereiche I und II aneinander anschließen. Aus dieser Überlegung erhält man die beiden Periodizitätsbedingungen

$$\left.\begin{aligned} x_{\mathrm{II}(0)} &= x_{\mathrm{I}(T_E)} \\ x_{\mathrm{I}(0)} &= x_{\mathrm{II}(T_A)} \end{aligned}\right\} \tag{9}$$

und mit ihrer Hilfe aus den Gln. (8a) und (8b) die beiden Ausschlaggrenzen der Arbeitsbewegung

$$x_{\mathrm{I}(T_E)} = \frac{1 - \mathrm{e}^{-\alpha \frac{T}{T_x}}}{1 - \mathrm{e}^{-\frac{T}{T_x}}} = x_{\mathrm{II}(0)} \tag{10a}$$

$$x_{\mathrm{II}(T_A)} = \frac{1 - \mathrm{e}^{-\alpha \frac{T}{T_x}}}{1 - \mathrm{e}^{-\frac{T}{T_x}}}\, \mathrm{e}^{-(1-\alpha) \frac{T}{T_x}} = x_{\mathrm{I}(0)} \tag{10b}$$

Die Differenz dieser beiden Extremwerte der Regelgröße ist die Schwingspanne $\varDelta x_S$:

$$x_{\mathrm{I}(T_E)} - x_{\mathrm{II}(T_A)} = \varDelta x_S = \frac{\left(1 - \mathrm{e}^{-\alpha \frac{T}{T_x}}\right)\left(1 - \mathrm{e}^{-(1-\alpha) \frac{T}{T_x}}\right)}{1 - \mathrm{e}^{-\frac{T}{T_x}}} \tag{11}$$

Das Verhältnis T/T_x der Schwingungsdauer zur Zeitkonstante der Regelstrecke hat im allgemeinen kleine Werte. Unter dieser Voraussetzung läßt sich eine bessere Übersicht gewinnen, wenn man Gl. (11) mit Entwicklung der Exponentialglieder durch die Näherungsgleichung

$$\varDelta x_S \approx \alpha (1 - \alpha) \frac{T}{T_x} \tag{12}$$

ersetzt, die sich elementar umkehren läßt, so daß sich die Schwingungsdauer als Funktion der Schwingspanne ergibt:

$$\frac{T}{T_x} \approx f_S \Delta x_S \quad \text{mit dem Schaltfaktor} \quad f_S = \frac{1}{\alpha(1-\alpha)} \tag{13}$$

Diese Näherungsgleichung ist auf Grund ihrer Herleitung natürlich nur sinnvoll, solange sich mit ihr kleine Werte für die bezogene Schwingungsdauer ergeben (etwa $T/T_x \leqq 0{,}1$). Da man aber meist an einer kleinen Amplitude der Arbeitsbewegung, also an einer engen Schwingspanne interessiert ist, bedeutet diese Bedingung keine wesentliche Einschränkung.

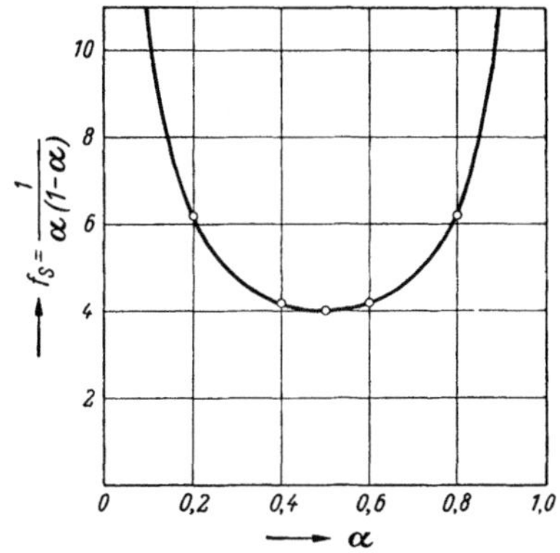

Bild 3. Schaltfaktor f_S als Funktion der anteiligen Einschaltdauer α

Die Gl. (13) besagt, daß die Schwingungsdauer etwa proportional der Schwingspanne ist. Insbesondere wird die Schwingungsdauer gleich Null bei verschwindender Schwingspanne. Der Regler müßte also mit unendlich hoher Frequenz schalten, wenn die Arbeitsbewegung der Regelgröße verschwindend klein werden soll. Dieser natürlich praktisch nicht erreichbare, wegen der Abnutzung der Schaltorgane auch keineswegs erwünschte Betriebsfall ist eine Folge der zu weitgehend vereinfachten Annahme, daß der Regelkreis keine Totzeit enthalten soll. Es ist zwar ohne weiteres möglich, die Differenz zwischen Einschalt- und Ausschaltgrenze des Reglers (Schaltspanne) gegen Null gehen zu lassen. Die Schwingspanne muß aber aus physikalischen Gründen immer endlich und größer als die Schaltspanne bleiben.

Außer von der Schwingspanne hängt die Schwingungsdauer nach Gl. (13) noch von dem Verhältnis von Einschalt- zu Ausschaltdauer ab, was in dem Schaltfaktor f_S zum Ausdruck kommt. Dieser Faktor (*Bild* 3) stellt eine zu ihrem Minimalwert 4 für $\alpha = 0{,}5$ symmetrische Funktion dar, die für $\alpha \to 0$ und $\alpha \to 1$ sehr große Werte annimmt. Bei vorgegebener Schwingspanne Δx_S erhält also die Schwingungsdauer T/T_x ihren Kleinstwert, wenn Einschalt- und Ausschaltdauer einander gleich sind. Die Schwingungsdauer wird um so länger, je weiter man sich von diesem Betriebszustand ($\alpha = 0{,}5$) nach oben oder unten entfernt. Für $\alpha = 0{,}1$ bzw. $\alpha = 0{,}9$ beispielsweise, also wenn sich die Einschaltdauer zur Ausschaltdauer wie 1:9 bzw. wie 9:1 verhält, nimmt die Schwingungsdauer bereits nahezu den dreifachen Wert an. Man könnte also daran denken, mit Rücksicht auf eine geringere Abnutzung der Schaltorgane dafür zu sorgen, daß die Schwingspanne einem der Beharrungswerte $X_{\max}$ oder $X_{\min}$ möglichst benachbart ist. Dann würde man wohl eine wesentlich vergrößerte Schwingungsdauer mit sehr ungleicher Einschalt- und Ausschaltdauer erhalten, hätte aber keine Gewähr, daß bei stark schwankenden Betriebsbedingungen der Regelstrecke die Arbeitsbewegung noch aufrechterhalten werden kann. Sowohl eine Belastungssteigerung der Regelstrecke als auch eine Erhöhung des Sollwertes verlangen nämlich eine Vergrößerung der Einschaltdauer gegenüber der Ausschaltdauer, also eine Vergrößerung von α. Damit wird die Arbeitsbewegung in beiden Fällen innerhalb der Beharrungsspanne nach oben verschoben und umgekehrt. Außerdem vollziehen sich dann Ausgleichsvorgänge bei Last- oder Sollwertänderungen jeweils in einer Richtung unverhältnismäßig langsam. Es ist also im allgemeinen sicher richtig, die Beharrungswerte X_{max} und X_{min} so einzurichten, daß die Schwingspanne etwa in deren Mitte liegt.

2. Zweipunktregelungen mit Totzeit im Regelkreis

Die bisher abgeleiteten Gesetzmäßigkeiten des Zweipunktreglers an einer Regelstrecke erster Ordnung haben zwar bereits einige wichtige Grundregeln und eine gewisse Übersicht ergeben. Weitere sehr wesentliche Eigentümlichkeiten im Verhalten des Zweipunktreglers treten aber erst an Regelstrecken höherer Ordnung in Erscheinung, wie sie in der Praxis fast immer vorliegen. Es war bisher außerdem angenommen, daß der Regler selbst völlig verzögerungslos arbeitet. Tatsächlich treten aber auch im Regler mehr oder weniger vernachlässigbare Schaltverzögerungen auf. Solche Schaltverzögerungen und die wesentliche zusätzliche Eigenschaft von Regelstrecken höherer Ordnung, nämlich das Vorhandensein einer Totzeit (bzw. Ersatztotzeit), sollen in einer zusammenfassenden Totzeit T_t konzentriert sein, die an beliebiger Stelle des Regelkreises wirksam sein kann.

a) Schaltspanne und Schwingspanne

Erreichte bisher die Regelgröße eine der Schaltgrenzen, so wurde verzögerungslos die Umschaltung des Reglers und die Umkehr der Regelgröße veranlaßt. Die Schwingungen der Regelgröße konnten daher auch nur genau innerhalb der Schaltgrenzen verlaufen; Schwingspanne und Schaltspanne waren also identisch.

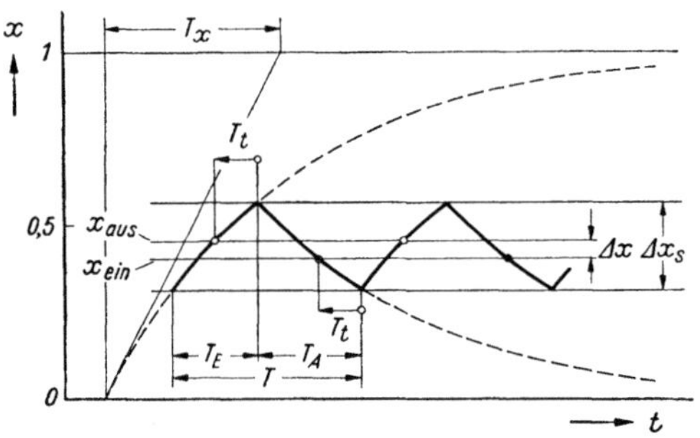

T_x Zeitkonstante
T_E Einschaltdauer
T_A Ausschaltdauer
Δx Schaltspanne (bezogen)
Δx_S Schwingspanne (bezogen)
T_t Totzeit
x_{aus} Ausschaltwert (bezogen)
x_{ein} Einschaltwert (bezogen)

Bild 4. Zweipunktregler an Regelstrecke I. Ordnung mit Totzeit

Bei Vorhandensein von Totzeit behält nun aber die Regelgröße ihre jeweils in den Schaltaugenblicken bestehende Tendenz bei und spricht erst nach Ablauf der Totzeit auf die Umschaltung der Stellgröße mit Umkehr ihres Änderungssinnes an (s. *Bild* 4). Dieser Sachverhalt läßt sich auch so ausdrücken, daß die Schaltgrenzen um die Totzeit vor den Umkehraugenblicken der Regelgröße erreicht werden. Die Regelgröße überschreitet also nun die Schaltgrenzen in beiden Richtungen, d.h., die Schwingspanne Δx_S muß jetzt größer als die Schaltspanne Δx ausfallen.

Die Verzögerungen höherer Ordnung, die mit der Totzeit nur näherungsweise erfaßt werden, bewirken, daß die Regelgröße in Wirklichkeit nicht die scharf ausgeprägten, in den *Bildern* 2 und 4 gezeichneten, Ecken aufweist. Die Ecken erscheinen bei praktischen Regelstrecken stets mehr oder weniger abgerundet (s. *Bild* 1).

Von dieser Tatsache abgesehen, beschreibt aber die Totzeit die wesentlichen Eigenschaften von Regelstrecken höherer Ordnung besonders gut.

Um die Arbeitsweise mathematisch zu formulieren, kann man wieder von den im Abschnitt B1 abgeleiteten Verhältnissen ausgehen. Die Schwingung der Regelgröße wird natürlich wieder in der dort beschriebenen Form verlaufen, d.h., die allgemeinen Gln. (5a) und (5b) sind nach wie vor gültig, und durch die Gln. (8a) und (8b) werden auch jetzt die Extremwerte der Regelgröße in ihren Umkehraugenblicken wiedergegeben. Damit bleibt auch der durch Gl. (11) beschriebene Zusammenhang zwischen Schwingungsdauer, Schwingspanne und Schaltfaktor erhalten.

Um die Schaltspanne Δx zu finden, läßt sich von obiger Überlegung Gebrauch machen, nach der die Schaltaugenblicke um die Totzeit T_t gegenüber den Umkehraugenblicken der Regelgröße verfrüht liegen (s. *Bild* 4). Für den Ausschaltwert x_{aus} ergibt sich danach aus Gl. (5a)

$$x_{\text{aus}} = x_{\text{I}(0)}\, \mathrm{e}^{-(T_E - T_t)/T_x} + (1 - \mathrm{e}^{-(T_E - T_t)/T_x}) \tag{14a}$$

analog für den Einschaltwert x_{ein} aus Gl. (5b):

$$x_{\text{ein}} = x_{\text{II}(0)}\, \mathrm{e}^{-(T_A - T_t)/T_x} \tag{14b}$$

Die Differenz dieser beiden Gleichungen liefert die Schaltspanne

$$\Delta x = x_{\text{aus}} - x_{\text{ein}} \tag{15}$$

Verwendet man noch dazu die Gln. (8), (9) und (11), so geht Gl. (15) über in

$$\Delta x = 1 - (1 - \Delta x_S)\, \mathrm{e}^{T_t/T_x} \tag{16}$$

Meistens sind Schaltspanne Δx und relative Totzeit T_t vorgegeben und man möchte aus ihnen die sich einstellende Schwingspanne Δx_S berechnen. Dazu ist Gl. (16) wie folgt umzuformen:

$$\Delta x_S = 1 - (1 - \Delta x)\, \mathrm{e}^{-T_t/T_x} \tag{17}$$

Bei verschwindender Schaltspanne ($\Delta x = 0$), also wenn sich Ausschalt- und Einschaltwert des Reglers decken, ist die Schwingspanne

$$\Delta x_{S_0} = 1 - \mathrm{e}^{-T_t/T_x} \tag{18}$$

Für den häufig vorliegenden Fall, daß die Totzeit T_t klein gegenüber der Zeitkonstante T_x der Regelstrecke ist, läßt sich Gl. (18) mit guter Näherung zu

$$\Delta x_{S_0} \approx T_t/T_x \tag{19}$$

vereinfachen, d.h., bei verschwindender Schaltspanne $\Delta x = 0$ wird die Schwingspanne praktisch gleich dem Quotienten Totzeit durch Zeitkonstante. Mit Gl. (13) läßt sich hieraus weiter abschätzen, daß für $\alpha = 1/2$ die zugehörige Schwingungsdauer

$$T_0 \approx 4\, T_t \tag{20}$$

also etwa das Vierfache der Totzeit beträgt. Einschalt- und Ausschaltdauer sind für $\alpha = 1/2$ einander gleich; die Schwingspanne liegt dann in der Mitte der Beharrungsspanne.

Diese einfache und wichtige Eigenschaft von Zweipunktregelungen läßt sich sehr gut ausnutzen, wenn die sonst oft nicht genügend genau meßbare Totzeit (bzw. Ersatztotzeit) einer Regelstrecke oder eines beliebigen Verzögerungssystems zu bestimmen ist. Man läßt die Regelstrecke von einem möglichst verzögerungslosen Zweipunktregler mit verschwindend kleiner Schaltspanne so regeln, daß Einschalt- und Ausschaltdauer möglichst gleich ausfallen. Dann beträgt die zu bestimmende Totzeit den vierten Teil der Schwingungsdauer.

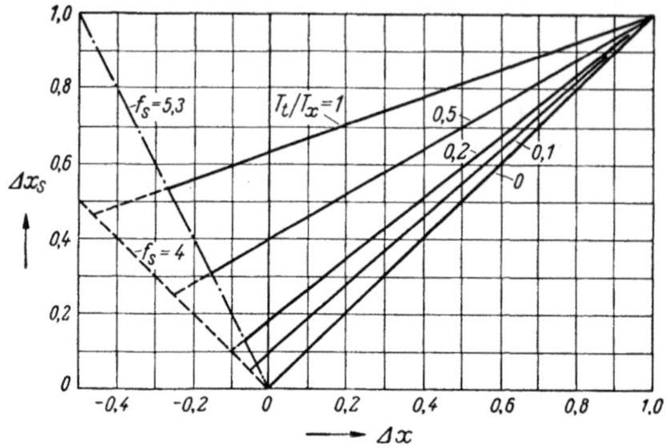

Parameter: bezogene Totzeit T_t/T_x

Bild 5. Schwingspanne Δx_S als Funktion der Schaltspanne Δx

Ein genaueres Studium des nach Gl. (17) berechneten Zusammenhanges (*Bild* 5) zeigt eine wichtige Eigenschaft des Zweipunktreglers: Schwingspanne Δx_S und Schaltspanne Δx sind bei vernachlässigbarer Totzeit ($T_t/T_x = 0$) identisch. Mit wachsender Totzeit wird die Schwingspanne größer, gleichzeitig aber in geringerem Maße von der Schaltspanne abhängig. Doch haben stets zunehmende Werte der Schaltspanne auch zunehmende Werte der Schwingspanne zur Folge. Es gelingt also in jedem Falle, auch bei Vorhandensein einer Totzeit, die Schwingspanne zu verkleinern, wenn eine Verkleinerung der Schaltspanne möglich ist.

b) Maßnahmen zur Verringerung der Schwingspanne

Eine Verringerung der Schaltspanne läßt sich konstruktiv auf verschiedene Art erreichen:

Bei Meßeinrichtungen mit ausreichendem Arbeitsvermögen können beispielsweise Schlepphebel verwendet werden, mit denen man sogar eine negative Schaltspanne erzielt (*Bild* 5). Einfacher und allgemeiner läßt sich eine Verkleinerung der wirksamen Schaltspanne mit einer (starren) Rückführung erreichen. Ihre Wirkung beruht darauf, daß der Meßeinrichtung zusätzlich zur Regelgröße ein Anteil der Stellgröße aufgeschaltet wird, und zwar in dem Sinn, daß die im Schaltzyklus nächstfolgende Schaltgrenze früher erreicht wird. Dem Regler wird damit gleichsam eine vorzeitige Auswirkung der Stellgrößenumschaltungen auf die Regelgröße vorgetäuscht. Wichtig ist dabei, daß die Rückführung selbst mit vernachlässigbarer Totzeit und mit kleiner Zeitkonstante arbeitet.

Bei Vorhandensein einer Totzeit in der Regelstrecke ($T_t/T_x > 0$) bleibt die Schwingspanne auch dann positiv (*Bild* 5), wenn die Schaltspanne in gewissem Ausmaß negativ wird. Negative Schaltspanne bedeutet, daß — gemessen an der Regelgröße — der Ausschaltwert niedriger als der Einschaltwert liegt. Mit Schlepphebel oder vor allem durch Anwendung einer Rückführung ist man durchaus in der Lage, diese Eigenschaft bei einem Zweipunktregler zu realisieren. Man hat damit ein Mittel in der Hand, um die unter Umständen noch beträchtliche Schwingspanne und Schwingungsdauer zu verkleinern, die bei Vorhandensein einer Totzeit auch bei Reglern mit verschwindend kleiner Schaltspanne auftreten.

Freilich ist bei Anwendung dieser Maßnahme Vorsicht geboten, denn die Schwingspanne muß stets eine gewisse Mindestgröße beibehalten, damit die jeweils kleinere der Schaltphasen eben noch größer als die Totzeit bleibt (*Bild* 6). Wird diese Bedingung nicht eingehalten, dann kann die Regelgröße eine der wirksamen Schaltgrenzen nicht mehr erreichen, so daß das Stellglied ständig in einer seiner Grenzlagen bleibt. Diese Mindestgröße für die Schaltspanne hängt von der Totzeit sowie von dem Verhältnis von Einschalt- zu Ausschaltdauer ab und läßt sich mit Hilfe von Gl. (11) bestimmen. In *Bild* 5 ist sie gestrichelt bzw. strichpunktiert für $f_S = 4\,(\alpha = 1/2)$ bzw. $f_S = 5{,}3$ ($\alpha = 1/4$ oder $3/4$) eingetragen. Man sieht, daß mit zunehmender Totzeit auch größere negative Schaltspannen zulässig sind, die zur Verkleinerung der Schwingspanne beitragen. Bei stark wechselndem Schaltfaktor ist darauf zu achten, daß die negative Schaltspanne mit Rücksicht auf die Betriebssicherheit nicht zu groß wird.

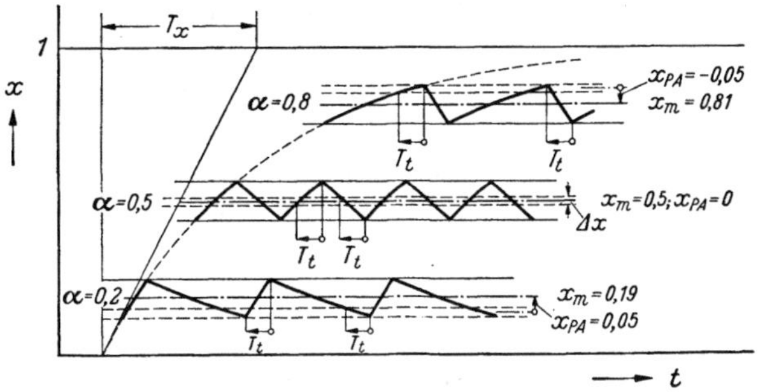

Anteilige Einschaltdauer $\alpha = 0{,}2;\ 0{,}5;\ 0{,}8$
Bezogene Totzeit $T_t/T_x = 0{,}16$
Schaltspanne $\Delta x = -0{,}025$ (bezogen)
Schwingspanne $\Delta x_S = 0{,}125$ (bezogen)
x_{PA} Proportionalabweichung (bezogen)
x_m Mittelwert der Regelgröße (bezogen)

Bild 6. Zweipunktregler an Regelstrecke I. Ordnung mit Totzeit für verschiedene Betriebszustände

c) Sollwert und Proportionalabweichung

Die Unterscheidung von Schaltspanne und Schwingspanne, die bei Vorhandensein einer Totzeit im Regelkreis notwendig geworden ist, macht nun auch eine Unterscheidung zwischen Sollwert und Schwingungsmittelwert erforderlich. Als Sollwert x_k ist das Mittel von Ausschalt- und Einschaltwert definiert

$$x_k = \frac{x_{\text{aus}} + x_{\text{ein}}}{2} \tag{21}$$

Dieser Sollwert stimmt nicht in allen Betriebsfällen mit dem Mittelwert x_m der Schwingung

$$x_m = \frac{x_{\text{I}(T_E)} + x_{\text{II}(T_A)}}{2} \tag{22}$$

überein. Es entsteht eine Proportionalabweichung

$$x_{PA} = x_m - x_k \tag{23}$$

für die sich mit den Gln. (8), (9), (12) und (14) ergibt

$$x_{PA} \approx \left(\frac{1}{2} - \alpha\right)\left(\mathrm{e}^{T_t/T_x} - 1\right) \tag{24}$$

Bei kleinen Werten der relativen Totzeit ($T_t/T_x \ll 1$) wird mit guter Näherung

$$x_{PA} \approx \left(\frac{1}{2} - \alpha\right) \frac{T_t}{T_x} \tag{25}$$

α stellt den Anteil der Einschaltdauer T_E an der Schwingungsdauer T dar, hängt also wesentlich von der Belastung der Regelstrecke ab. Bei x_{PA} handelt es sich demnach um eine Proportionalabweichung, die bei gleicher Einschalt- und Ausschaltdauer ($\alpha = 1/2$) verschwindet, für $\alpha > 1/2$ negativ wird und deren Betrag mit der der Totzeit zunimmt. Ihr Zustandekommen wird aus den drei in *Bild* 6 aufgezeichneten Betriebszuständen ersichtlich. Auch diese Erscheinung spricht deutlich dafür, den Sollwert einer Zweipunktregelung nahe der Mitte der Beharrungsspanne zu legen.

3. Der Zweipunktregler an einer Regelstrecke mit verschwindendem Ausgleichswert

Bei den bisherigen Betrachtungen (Abschnitt B1 und 2) wurde von Regelstrecken mit endlichem Ausgleichswert q ausgegangen. Hierbei hat die Regelgröße die endlichen Beharrungswerte X_{max} und X_{min}.

Bei verschwindendem Ausgleichswert ($q \to 0$) nimmt nun die Regelstrecke, wie aus Gl. (1) hervorgeht, ein integrales Verhalten an. Beide Beharrungswerte rücken also nach unendlich, und zwar einerseits $X_{max} \to +\infty$, andererseits $X_{min} \to -\infty$. Man kann daher die Regelgröße nicht mehr nach Gl. (3) normieren, sondern muß jetzt einen anderen Bezugspunkt X_0 verwenden. Ferner sind nun bei sprungförmig geänderter Stellgröße für den Verlauf der Regelgröße nicht mehr Exponentialfunktionen, sondern einfache lineare Funktionen mit Anlaufzeit als Zeitmaßstab bestimmend. Bei Beachtung dieser Modifikationen ändert sich an den bisherigen Ergebnissen jedoch nur wenig.

Je nach den betrieblichen Gegebenheiten können auch bei verschwindendem Ausgleichswert Einschalt- und Ausschaltdauer verschieden voneinander sein, wenn den beiden Werten (Punkten) der Stellgröße unterschiedliche Anstiegs- und die Abfallgeschwindigkeit der Regelgröße zugeordnet ist. Im Unterschied zu den Verhältnissen bei Regelstrecken mit Ausgleichsvermögen ist aber das Verhältnis von Einschalt- zu Ausschaltdauer, also auch α, im stationären Zustand einer Anlage ein für allemal konstant. Nur beim Übergang von einem Sollwert zum anderen, oder von einer Belastung der Regelstrecke zu einer anderen, treten vorübergehend Veränderungen von α auf.

Der Nachweis für diese Feststellungen ist sehr einfach. Es sollen daher nur die wichtigsten Daten der Arbeitsbewegung von Zweipunktregelungen mit Regelstrecken ohne Ausgleichsvermögen zusammengestellt werden. Dabei sind lediglich die beiden folgenden Änderungen in der Schreibweise zu beachten: Die Werte der Regelgröße und deren Spannen sind auf einen Festwert X_0 bezogen,

$$x = \frac{X}{X_0} \tag{26}$$

für den man zweckmäßig den Sollwert X_k verwendet. Ferner ist als Zeitbezugsgröße an Stelle der Zeitkonstante T_x der Regelstrecke nun deren Anlaufzeit T_a

eingesetzt, die im allgemeinen für den Einschaltbereich (T_{aI}) und den Ausschaltbereich (T_{aII}) verschieden ist.

$$T_a = \frac{X_0}{(\mathrm{d}X/\mathrm{d}t)_{\max}} \tag{27}$$

Dann ergibt sich für die Schwingspanne Δx_S als Funktion von Schaltspanne Δx und Totzeit T_t

$$\Delta x_S = \Delta x + \left(\frac{1}{T_{aI}} + \frac{1}{T_{aII}}\right) T_t \tag{28}$$

Für verschwindende Schaltspanne und für gleiche Anstiegs- und Abstiegsgeschwindigkeit ($T_{aI} = T_{aII} = T_a$) erhält man hieraus

$$\Delta x_{S_0} = 2\,\frac{T_t}{T_a} \tag{29}$$

Für die Schwingungsdauer T ergibt sich

$$\frac{T}{T_t} = f_S \frac{1}{1 - (\Delta x/\Delta x_S)} \tag{30}$$

und mit $\Delta x = 0$

$$T_0 = f_S T_t \tag{31}$$

Wie oben schon erwähnt, liegt α bei Regelstrecken ohne Ausgleichsvermögen im stationären Betrieb unabhängig von Sollwert und Belastung ein für allemal fest. Daher ist insbesondere die Proportionalabweichung keinen Veränderungen unterworfen; die hier konstante Differenz zwischen dem Mittelwert der Arbeitsbewegung und dem Sollwert ist deshalb nicht störend, sie läßt sich auf der Sollwertskala eineichen.

C. Übergang vom Zweipunktregler auf Relaisregler

1. Relaisregler mit Zweipunktverhalten und endlicher Stellgeschwindigkeit

Das wesentliche Merkmal der bisher behandelten Zweipunktregler war die Tatsache, daß die Stellgröße nur auf zwei (oder mehrere, jedenfalls aber nur einzelne) stabile Werte gebracht werden kann, von denen jedoch keiner mit dem für den Sollwert der Regelgröße richtigen übereinstimmt; es muß vielmehr stets einer dieser Punkte der Stellgröße zu hoch, der andere zu niedrig liegen. Ein betriebsmäßiger Gleichgewichtszustand kann nur dadurch erreicht werden, daß die Regelgröße periodisch um ihren Sollwert schwankt. Unter diese Definition fallen aber nicht nur solche Regler, welche die Stellgröße ruckartig, also unstetig zwischen einzelnen diskreten Punkten verstellen. Das Zweipunktverhalten kann auch in einem Relais konzentriert sein, das bei Erreichen des Schaltpunktes anspricht und einen Stellmotor für das Stellglied im einen oder anderen Sinn mit konstanter Geschwindigkeit betätigt. Die Stellgröße ändert sich nun zwischen ihren Grenzen nach einem trapezförmigen zeitlichen Verlauf, an Stelle des rechteckförmigen Verlaufes bei

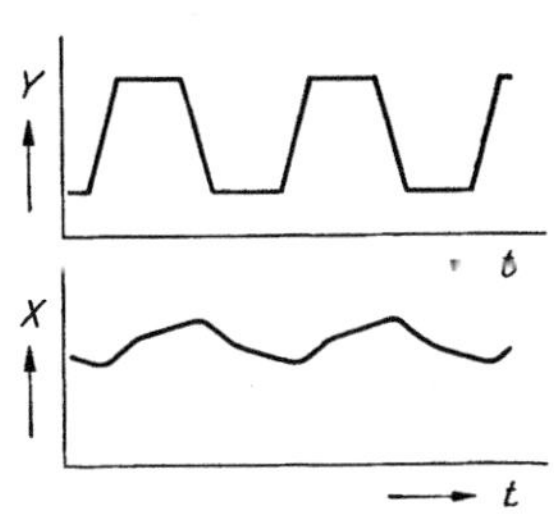

Y Stellgröße X Regelgröße

Bild 7. Relaisregelung mit zwei Schaltstellungen bei konstanter endlicher Stellgeschwindigkeit

Zweipunktregelungen (s. *Bild* 7). Für die mathematische Behandlung bedeutet dies jedoch keinen grundsätzlichen Unterschied. In Abschnitt B konzentrierte sich daher die Untersuchung auf Zweipunktregelungen mit rechteckförmigem Verlauf der Stellgröße, deren Behandlung insofern übersichtlicher und einfacher ist, als ein Parameter, nämlich die Stellgeschwindigkeit, außer acht gelassen werden kann.

2. Integral wirkende Relaisregler

a) Konstante Stellgeschwindigkeit

In der Praxis werden sehr häufig Regler verwendet, bei denen das in Abschnitt 1 erwähnte Schaltglied über drei stabile Schaltstellungen verfügt, nämlich „Regelgröße zu tief", „Regelgröße richtig" und „Regelgröße zu hoch". Ein solches Schaltglied läßt sich z. B. durch ein polarisiertes Relais oder durch einen Kippverstärker verwirklichen. Läßt man von einem solchen Relais einen Stellmotor so betätigen, daß er bei Minuskontakt im einen Sinn mit konstanter Geschwindigkeit läuft, in der Ruhelage des Relais stillsteht und bei Pluskontakt im anderen Sinn, aber wiederum mit konstanter Geschwindigkeit läuft, so sind die Merkmale eines stetigen Reglers gegeben, bei dem die Stellgröße innerhalb des Stellbereiches jeden beliebigen Wert, also auch den zur Einhaltung des Sollwertes richtigen annehmen kann. Es handelt sich also hier um eine Integralregelung mit konstanter Stellgeschwindigkeit.

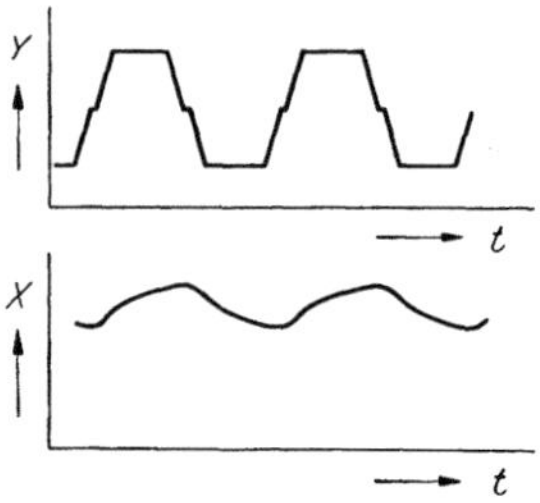

Bild 8. Relaisregelung mit drei Schaltstellungen bei konstanter endlicher Stellgeschwindigkeit

Bei kleinem Ausgleichswert und bei relativ großer Totzeit der Regelstrecke ist diese Regelungsart jedoch grundsätzlich instabil. Eine Stabilisierung kommt nur dadurch zustande, daß das Stellglied seine Endlagen erreicht, jedenfalls immer dann, wenn der neutrale Bereich des Relais nicht allzu breit ist, was im Interesse einer einigermaßen ausreichenden Regelgenauigkeit ja gefordert werden muß. Die Stellgröße wird also wieder etwa den im vorigen Abschnitt bereits besprochenen trapezförmigen Verlauf nehmen (*Bild* 8). Im Prinzip liegt dann bei Integralregelungen mit nur unstetig veränderbarer Stellgeschwindigkeit eine Zweipunktregelung vor.

b) Ausschlagabhängige Stellgeschwindigkeit (Pulsregler)

Es gelingt jedoch mit verhältnismäßig einfachen Mitteln, einen integral wirkenden Relaisregler mit konstanter Stellgeschwindigkeit zu einem solchen mit ausschlagabhängiger mittlerer Stellgeschwindigkeit umzugestalten [*7*, *8*]. Das läßt sich beispielsweise durch eine verzögerte starre Gegenkopplung der Schaltgröße auf den Eingang des Reglers erreichen. Durch die Verzögerung dieser „internen Rückführung" kommt eine periodische, ausschlagabhängige Unterbrechung der Stellbefehle zustande. Man nennt daher derartige Regler auch Pulsregler. Als „Relais" eignen sich hier vorzugsweise mit Verstärkerdrosseln oder Transistoren aufgebaute bistabile Kippverstärker, die ohne Kontakte arbeiten (s. Kapitel 12). Die Stellimpulse werden mit zunehmender Abweichung des Istwertes der Regelgröße von ihrem Sollwert häufiger und länger. Die so erzielte Ausschlagabhängigkeit der mittleren Stellgeschwindigkeit wird in ihrem Verlauf von dem sogenannten Impulsschema bestimmt (s. Kapitel 13 Abschnitt C 4 b).

Die Verzögerung der Gegenkopplung erzeugt eine Proportionalwirkung, die sich mit dem integralen Verhalten des Reglers verknüpft und ihm PI-Charakter verleiht. In besonderen Fällen, etwa zur Anpassung eines Pulsreglers an eine Regelstrecke mit großen Verzögerungen, verwendet man eine zusätzliche nachgebende Rückführung, die, wie üblich, von der Stellgröße beaufschlagt wird und zusammen mit der Regelgröße auf den Eingang wirkt.

Geräte dieser Art weisen die wesentlichen Merkmale stetiger Regler auf. Das Impulsschema muß nur so dimensioniert sein, daß die absatzweise Verstellung des Stellgliedes in der Regelgröße sich nicht wesentlich auswirkt. Derartige Regelungen können nach den Methoden für stetiges Verhalten der Stellgröße behandelt werden.

D. Quellenhinweise

[*1*] ENGEL, F. V. A.: Mittelbare Regler und Regelanlagen. Berlin: VDI-Verlag 1944.

[*2*] OLDENBOURG, R. C. u. SARTORIUS, H.: Dynamik selbsttätiger Regelungen. 2. Aufl. München: R. Oldenbourg 1951.

[*3*] OPPELT, W.: Kleines Handbuch technischer Regelvorgänge. 3. Aufl. Weinheim/Bergstraße: Verlag Chemie 1960.

[*4*] KAMPE-NEMM, A. A.: Dynamik der Zweipositionsregelung. Moskau 1955.

[*5*] ZYPKIN, J. S.: Theorie der Relaissysteme der automatischen Regelung. Moskau 1955. Deutsche Ausgabe: München: R. Oldenbourg 1958.

[*6*] ZUR MEGEDE, W.: Einführung in die Technik selbsttätiger Regelungen. Berlin: W. de Gruyter 1956. S. 103–115.

[*7*] MATUSCHKA, H.: Neue elektrische Regelmethoden für die Wärme- und Verfahrenstechnik. ETZ-A 78. Jg. (1957) S. 801–803.

[*8*] SCHLICK, K.: Ein neuer elektrischer Regler. Siemens-Z. 31. Jg. (1957) S. 482–486.

Ergänzende Quellenhinweise zu Kapitel 63:

[*9*] KAHN, D. A.: Analysis of relay servomechanisms. Trans. Amer. Inst. electr. Eng. P. I Bd. 68 (1949) S. 1079–1087.

[*10*] KOCHENBURGER, R. J.: Frequency response methods for analyzing and synthesizing contactor servomechanisms. Electr. Engng. Bd. 69 (1950) S. 687–692.

[*11*] BANE, W. T.: Design charts for an on/off control system. Trans. Soc. Instrum. Technol. Bd. 5 (1953) S. 52–71.

[*12*] FLÜGGE-LOTZ, I.: Discontinuous automatic control. Princeton: Princeton University Press 1953.

[*13*] LEONHARD, A.: Ausschlagabhängigkeit relaisgesteuerter Stellmotore. Regelungstechnik 1. Jg. (1953) S. 13–17.

[*14*] SCHÄFER, O.: Grundlagen der selbsttätigen Regelung. 2. Aufl. München: Franzis-Verlag 1957.

[*15*] ECKMAN, D. P.: Phase-plane analysis – a general method of solution for two-position process-control. Trans. Amer. Soc. mech. Eng. Bd. 76 (1954) S. 109–116.

[*16*] Regelungstechnik. Vorträge des VDI/VDE-Lehrganges in Bonn 1953 und Essen 1954. Hrsg. vom Fachausschuß für Regelungstechnik des VDI u. VDE. Düsseldorf u. Berlin: Deutscher Ingenieur-Verlag GmbH u. VDE-Verlag GmbH 1954.

[*17*] PAUL, S.: Die thermische Rückführung als Ergänzung zum Zweipunktregler. Regelungstechnik 3. Jg. (1955) S. 296–302.

[*18*] HAHN, W.: Nichtlineare Regelungsvorgänge. Bericht über die Tagung in Darmstadt 1955. München: R. Oldenbourg 1956.

[*19*] MAGNUS, K.: Stationäre Schwingungen in nichtlinearen dynamischen Systemen mit Totzeit. Ing. Arch. 24. Bd. (1956) S. 341–350.

[20] ANKE, K.: Dreipunktregelung. Regelungstechnik 5. Jg. (1957) S. 262–264.

[21] KESSLER, C.: Ein Beitrag zur Theorie des Zweipunktreglers. Regelungstechnik 5. Jg. (1957) S. 339–342.

[22] MACMILLAN, R. H.: A graphical method for the analysis of piecewise linear control systems, with particular application to relay controls. Trans. Amer. Soc. mech. Eng. Bd. 79 (1957) S. 841–852.

[23] Regelungstechnik. Moderne Theorien und ihre Verwendbarkeit. Bericht über die Tagung in Heidelberg 1956. München: R. Oldenbourg 1957.

[24] VELTMAN, B. P. TH.: Der derzeitige Stand der Analyse und Synthese von Nichtlinearitäten in Regelungssystemen. Regelungstechnik 5. Jg. (1957) S. 77–86.

[25] KOTELNIKOW, W. A.: Die Verbesserung der Stabilisierung von Regelsystemen mit begrenzter Stellgeschwindigkeit durch einen Speicher. Awtomatika i Telemechanika Bd. 18 (1957) S. 289–303. Dt. Übersetz.: Regelungstechnik 6. Jg. (1958) S. 287–294.

[26] SCHÄFER, O.: Der programmierte Dreipunkt-I-Regler. Regelungstechnik 6. Jg. (1958) S. 174–177.

[27] SCHNEEWEISS, W.: Nichtlineare Regler an Strecken mit Verzögerung höherer Ordnung. Regelungstechnik 6. Jg. (1958) S. 437–422.

[28] SOLODOWNIKOW, W. W.: Grundlagen der selbsttätigen Regelung. Bd. 2. Moskau 1954. Dt. Ausg.: München: R. Oldenbourg u. Berlin: Verlag Technik 1959.

[29] GILLE, J. C., PELEGRIN, M. u. DECAULNE, P.: Lehrgang der Regelungstechnik. München: R. Oldenbourg u. Berlin: Verlag Technik 1960.

Ergänzende Hinweise zu Kapitel 62:

[30] Anwendung der LAPLACE-Transformation in der Regelungstechnik. Hrsg. R. HERSCHEL. München: R. Oldenbourg 1955.

[31] DOETSCH, G.: Anleitung zum praktischen Gebrauch der LAPLACE-Transformation. München: R. Oldenbourg 1956.

[32] DOETSCH, G.: Handbuch der LAPLACE-Transformation, Band 3. Basel: Birkhäuser 1956.

[33] DOETSCH, G.: Der Zusammenhang zwischen den LAPLACE-Transformierten einer Funktion und der dazugehörigen Treppenfunktion. Regelungstechnik 5. Jg. (1957) S. 86–88.

[34] DOETSCH, G.: Einführung in Theorie und Anwendung der LAPLACE-Transformation. Basel: Birkhäuser 1958.

[35] ZYPKIN, J. S.: Differenzengleichungen der Impuls- und Regeltechnik und ihre Lösung mit Hilfe der LAPLACE-Transformation. (Orig. russ.) Moskau. Deutsche Ausgabe: Berlin: Verlag Technik 1956.

[36] ZYPKIN, J. S.: Theorie der Relaissysteme der automatischen Regelung. (Orig. russ.). Moskau 1955. Deutsche Ausgabe: München: R. Oldenbourg 1958.

[37] ZYPKIN, J. S.: Über die Beseitigung des Einflusses von Totzeit auf die dynamischen Eigenschaften von nichtlinearen Impulsregelsystemen. Regelungstechnik, 7. Jg. (1959) S. 196–198.

[38] ZYPKIN, J. S.: Theorie der Impulssysteme. (Orig. russ.). Moskau 1958.

[39] ANKE, K.: Zur mathematischen Beschreibung von Regelkreisen mit periodischen Tastern. Regelungstechnik 4. Jg. (1956) S. 147–150.

[40] LEHNIGK, S.: Das zeitliche Verhalten eines linearen Regelkreises mit periodischem Taster. Regelungstechnik, 5. Jg. (1957) S. 271–273.

[41] KAUFMANN, H.: Dynamische Vorgänge in linearen Systemen der Nachrichten- und Regelungstechnik. München: R. Oldenbourg 1959.

[42] TSCHAUNER, J.: Die Stabilität eines besonderen Regelsystems. Regelungstechnik 7. Jg. (1959) S. 247–248.

[43] TSCHAUNER, J.: Die Stabilität von Impulssystemen. Regelungstechnik 8. Jg. (1960) H. 2, S. 42–46.

[44] TSCHAUNER, J.: Die Berechnung von Impulssystemen bei verschiedenen Einwirkungen. Nachr.-techn. Z. 13. Jg. (1960) H. 6, S. 271–274.

[45] TSCHAUNER, J.: Einführung in die Theorie der Abtastsysteme. München: R. Oldenbourg 1960.

64. Behandlung von Regelaufgaben mit Rechengeräten

Von D. Ernst und H. Henning

Inhaltsübersicht

A. Überblick

Als Rechenhilfsmittel für regelungstechnische Aufgaben werden vorwiegend elektronische *Analogrechner* verwendet (s. Tabelle 1), die zur großen Gruppe der analogen Rechenhilfsmittel gehören. Sie sind dadurch besonders gekennzeichnet, daß die Veränderlichen und ihre Verknüpfungen durch analoge Größen oder analoge Zusammenhänge dargestellt werden. Die aufgebaute Rechenschaltung ist eine elektrische oder mechanische Nachbildung der untersuchten Anordnung.

Analoge Rechenhilfsmittel arbeiten stetig und erfüllen zu jedem Zeitpunkt den mathematischen bzw. physikalischen Zusammenhang der untersuchten Aufgabe. Die Genauigkeit eines analog arbeitenden Gerätes ist begrenzt durch die Genauigkeit, mit der die untersuchten Größen nachgebildet werden können bzw. mit der die dargestellten Ergebnisse reproduzierbar und ablesbar sind.

Digitale Rechenhilfsmittel arbeiten in diskreten Schritten nach einem Ziffernsystem (z.B. dezimal 0 bis 9 oder binär 0 oder 1). Um eine gegebene Zahl darzustellen, braucht man, wenn die Stellenzahl festliegt, eine bestimmte Anzahl von Schritten, z.B. für 127 sieben Stellen im Binärsystem, drei Stellen im Dezimalsystem. Die zu lösenden Aufgaben werden so vorbereitet, daß ihre Lösung mit den vier Grundrechenarten durchgeführt werden kann [*26*]. Die höchste Entwicklungsstufe der digitalen Rechenhilfsmittel ist durch die programmgesteuerten Rechen-

Tabelle 1. *Analoge und digitale Rechenhilfsmittel*

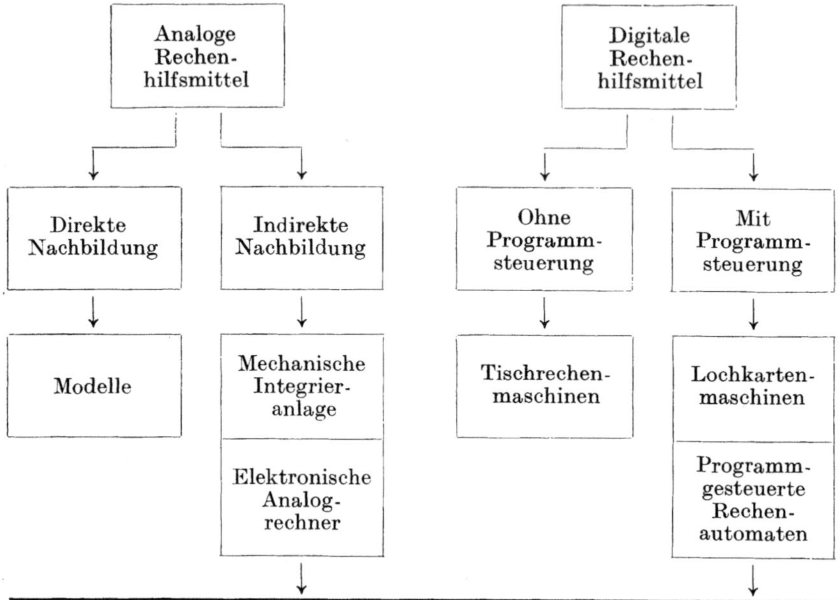

	Elektronische Analogrechner	Programmgesteuerte Rechenautomaten
Arbeitsweise	Stetig, Lösung von Aufgaben durch Darstellung der Veränderlichen und ihrer Verknüpfungen durch analoge Größen und Gesetze	Nichtstetig in Schritten, Lösung von Aufgaben über ein geeignetes Verfahren durch die vier Grundrechenarten
Programmierung	Schaltung der Rechenelemente zur analogen Rechenschaltung. Umsetzung der Aufgabengrößen durch Maßstabsfaktoren in die Größen des Analogrechners (Rechenspannung und Zeit)	Bestimmung des Lösungsverfahrens. Festlegung der dazu auszuführenden Operationen nach Art und Reihenfolge. Verschlüsselung der Befehle und des Datenmaterials im Maschinencode
Lösungsablauf	Gleichzeitig. Analoge Nachbildung erfüllt zu jedem Zeitpunkt die zu lösende Aufgabe. Abnahme der Lösungsgrößen an den verschiedenen Punkten der Rechenschaltung. Darstellung vorwiegend grafisch	Durchführung der Operationen nacheinander. Speicherung von Zwischenergebnissen. Ausgabe des Endergebnisses im Maschinencode. Umsetzung in eine übliche numerische Form
Genauigkeit	Im wesentlichen gegeben durch die Genauigkeit der verwendeten Rechenelemente	Wird durch das verwendete Verfahren und die vorhandene Stellenzahl gegeben

automaten gekennzeichnet. Das für die Lösung von Aufgaben aufzustellende Programm enthält die zur Durchführung des Lösungsverfahrens erforderlichen Operationsbefehle nach Art und zeitlicher Reihenfolge sowie das zu verarbeitende Datenmaterial.

Elektronische Analogrechner sind vorwiegend für die Lösung gewöhnlicher linearer und nichtlinearer Differentialgleichungen (Regelungsaufgaben) geeignet.

Durch die modellmäßige Arbeits- und Darstellungsweise sind sie äußerst anschauliche Hilfsmittel, deren Betätigung ohne große Schwierigkeiten in kurzer Zeit erlernt werden kann. In konstruktiver Hinsicht gibt es verschiedene Ausführungsformen. Bei den Komponentengeräten werden die wichtigsten Elementaroperationen (Integration, Addition) als selbständige Komponenten gebaut und nach Bedarf zur Rechenschaltung zusammengestellt. Andere Anordnungen sind als Schrank- oder Tischgeräte konstruiert; die Schaltung der Rechenelemente geschieht an zentraler Stelle auf dem sog. Steckbrett. Hinsichtlich des Umfanges werden heute Analogrechner von kleinen Tischgeräten mit 10 bis 12 Rechenverstärkern bis zu großen Anlagen mit mehreren hundert Verstärkern gebaut und betrieben. Die Ergebnisse der Rechnung werden auf Schreibern oder Kathodenstrahl-Oszillographen dargestellt.

Die Gliederung und die wichtigsten Eigenschaften der analogen und digitalen Rechenhilfsmittel können der Tabelle 1 entnommen werden. Der vorliegende Beitrag soll sich auf diejenigen Rechenanlagen beschränken, die sich besonders für regelungstechnische Aufgaben eignen, also auf die elektronischen Analogrechner. Mechanische Analogrechner, die vorwiegend für andere Anwendungsgebiete Verwendung finden, werden dabei nur kurz gestreift.

B. Aufbau und Arbeitsweise elektronischer Analogrechner

1. Allgemeines

Auf den grundsätzlichen Aufbau von Analogrechnern soll an Hand einer Differentialgleichung 3. Ordnung hingewiesen werden, von der Form

$$a_3 \dddot{y} + a_2 \ddot{y} + a_1 \dot{y} + a_0 y = f(t) \tag{1}$$

Die Lösung der Gleichung soll das zeitliche Verhalten irgendeiner physikalischen Anordnung mit der Variablen y darstellen, wenn die Störung $f(t)$ darauf einwirkt.

Zur Nachbildung dieser physikalischen Anordnung benötigt man bei elektronischen Analogrechnern *Rechenverstärker*, *Koeffizienten-Potentiometer* und *Zeitglieder*, die auf Grund der Programmierung der Aufgabe zur Rechenschaltung zusammengestellt werden.

Zum Aufschalten der Störfunktion und der Anfangsbedingungen werden zentrale *Steuergeräte* benutzt, die außerdem noch andere Funktionen übernehmen, z.B. Überprüfen der Rechenschaltung oder Takten des Gerätes bei Repetierbetrieb (s. Abschnitt B5). Die Lösungsgrößen werden fast immer graphisch durch *Darstellungsgeräte* geliefert (meist Oszillographen oder Schreiber).

Zu den genannten Bausteinen kommen noch verschiedenartige Hilfseinrichtungen, z.B. geregelte Stromversorgungen für die Verstärker und Programmierungshilfsmittel.

2. Rechenverstärker

Der Rechenverstärker besteht in den meisten Fällen aus einem ein- oder mehrstufigen Gleichstromverstärker (*Bild* 1), der als Röhrenverstärker oder auch als Transistorverstärker ausgeführt werden kann. Der Verstärker hat den Frequenzgang $K(p)$ und ist mit den Impedanzen Z_e und Z_k im Eingangs- und Gegenkopplungszweig beschaltet.

Da z.B. bei Röhren der Gitterstrom I_g in der Größenordnung von 10^{-10} bis 10^{-11} A liegt, kann er für diese grundsätzliche Betrachtung vernachlässigt werden,

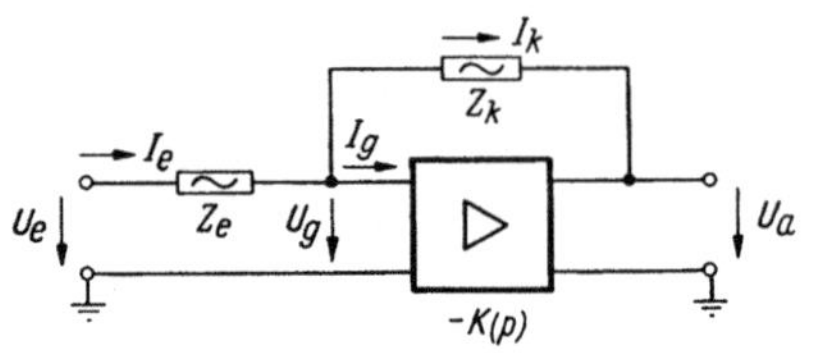

U_e Eingangsspannung
U_a Ausgangsspannung
U_g Gitterspannung
I_e Eingangsstrom
I_g Gitterstrom
I_k Strom im Gegenkopplungsnetzwerk
Z_k Gegenkopplungsimpedanz
Z_e Eingangsimpedanz

Bild 1. Grundschaltung eines elektronischen Rechenverstärkers

es wird also $I_e \approx I_k = I$. Die Ausgangsimpedanz des Verstärkers wird außerdem zu Null angenommen. Man erhält damit nach der Maschenregel

$$U_e - I Z_e - U_g = 0 \tag{2}$$

$$U_g - I Z_k - U_a = 0 \tag{3}$$

Ferner gilt

$$U_a = -K(p)\, U_g \tag{4}$$

Nach Auflösen und Substitution erhält man

$$\frac{U_a}{U_e} = -\frac{Z_k}{Z_e}\left(\frac{1}{1 + \frac{1}{K(p)}\left(1 + \frac{Z_k}{Z_e}\right)}\right) \tag{5}$$

Da die Spannungsverstärkung der verwendeten Verstärker in dem interessierenden Frequenzbereich zwischen 10^3 bis 10^7 liegt, kann der in der Klammer stehende Ausdruck mit guter Näherung gleich 1 gesetzt werden, und man erhält

$$\boxed{\frac{U_a}{U_e} = -\frac{Z_k}{Z_e}} \tag{6}$$

Diese Grundgleichung des beschalteten Rechenverstärkers besagt, daß seine Ausgangsspannung gleich der mit dem negativen Verhältnis der Impedanzen $-Z_k/Z_e$ multiplizierten Eingangsspannung ist, wobei diese Impedanzen reelle oder komplexe Zwei- oder Vierpole sein können.

In den Rechenverstärkern macht sich eine Reihe von Fehlern bemerkbar, die durch besondere Maßnahmen so klein wie möglich zu halten sind. So treten z.B. Nullpunktfehler auf (Drift), verursacht dadurch, daß im Gegensatz zum Wechselstromverstärker die einzelnen Schaltungsstufen galvanisch miteinander gekoppelt sind. Abweichungen von den stationären Arbeitspunkten in den Stufen erscheinen daher als Fehler am Ausgang, und zwar vergrößert um die dazwischenliegende Verstärkung. Hauptsächliche Ursachen für diese Fehler sind Änderungen der Parameter und Kennlinien, der Arbeitspunkte der Bauelemente und Schwankungen der Versorgungsspannungen. Gut geregelte Stromversorgungen sind daher für den Betrieb von Rechenverstärkern unerläßlich. Besondere schaltungstechnische Maßnahmen, wie der Differenzverstärker [*11*], können die Fehlereinflüsse teilweise kompensieren.

Eine wesentliche Verbesserung bringt die künstliche Stabilisierung durch Zerhackerverstärker [*10*].

Der im Verstärkereingang fließende geringe Gitterstrom verursacht einen weiteren Fehler durch die am Eingangswiderstand erzeugte Spannungsänderung, die wie ein Rechensignal wirkt. Der Fehler kann durch eine feste Nullpunktjustierung und ebenfalls durch besondere Schaltungen gering gehalten werden.

Aus Gl. (6) geht auch hervor, daß Fehler in den Bauelementen der Eingangs- und Gegenkopplungsimpedanzen das Ergebnis ebenfalls fälschen. Es werden deshalb nur Bauelemente mit engen Toleranzen (0,1 bis 0,5%) und möglichst kleinem Temperaturkoeffizienten eingesetzt. Teilweise werden die Elemente auch in Thermostaten untergebracht.

Mit all diesen Maßnahmen lassen sich sehr genaue Rechenverstärker mit Toleranzen von einigen Promille und sehr guter Nullpunktkonstanz bauen.

3. Lineare Rechenoperationen

Aus der Grundgleichung Gl. (6) des beschalteten Rechenverstärkers lassen sich die linearen Rechenoperationen ableiten (Tabelle 2). Gleichzeitig kann man mit Hilfe der exakten Gl. (5) eine Beurteilung der bei den einzelnen Operationen entstehenden Fehler herleiten.

Multiplikation (Tabelle 2, Nr. 1). Für die Multiplikation mit einer Konstanten können Einzelheiten der Tabelle 2 direkt entnommen werden. Wird das Widerstandsverhältnis R_k/R_e gleich 1 gemacht, so erhält man den einfachen Umkehrverstärker (Inverter), der in den Rechenschaltungen oft zur Vorzeichenumkehr benötigt wird.

Man kann zur Multiplikation mit Konstanten auch nur Potentiometer verwenden. Dabei ist die Belastung durch den nachfolgenden Verstärker beim Einstellen zu berücksichtigen, so daß in der Praxis dafür Korrekturtabellen mitgeliefertwerden. Außerdem lassen sich nur Koeffizienten $\leqq 1$ einstellen, während bei Verstärkern solche mit Betrag > 1 verarbeitet werden können.

Addition (Tabelle 2, Nr. 2). Bei der Addition ist die Ausgangsspannung gleich der Summe der mit dem jeweiligen Verhältnis R_k/R_e multiplizierten Eingangsspannungen.

Integration (Tabelle 2, Nr. 3). Die Anfangsbedingungen für die Integration werden als konstante Gleichspannungen zum Zeitpunkt Null auf den Gegenkopplungskondensator oder auf einen dem Integrator nachgeschalteten Additionsverstärker aufgeschaltet.

Differenzierschaltungen (Tabelle 2, Nr. 4). Diese arbeiten ohne zusätzliche Dämpfung im Eingangskreis nicht stabil, so daß im Eingangskreis noch zusätzlich ein Widerstand eingefügt werden muß; dadurch kann nur angenähert differenziert werden. Durch die Differentiation wird jedes Eingangsrauschen (englisch: noise) sehr wirksam verstärkt, so daß diese Operation nur ungenau durchführbar ist. Da sich eine Differentiation fast immer auf eine Integration zurückführen läßt, ist ihre Verwendung nur selten erforderlich.

Kombinierte lineare Operationen (Tabelle 2, Nr. 5 und 7). Hier wird die voneinander unabhängige Einstellbarkeit der Parameter sehr erschwert. Außerdem wird die universelle Auslegung eines Analogrechners durch derartige Spezialisie-

Tabelle 2. *Beispiele für wichtige lineare Rechenoperationen* (vgl. auch Kapitel 2)[1]

Nr.	Rechenschaltung	Gleichungen		Benennung
1	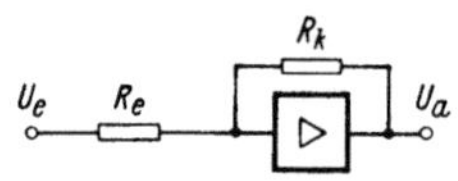	$U_a = -\frac{R_k}{R_e} U_e$	$F = -K_v$	P-Glied (Multiplikation mit einer Konstanten)
2	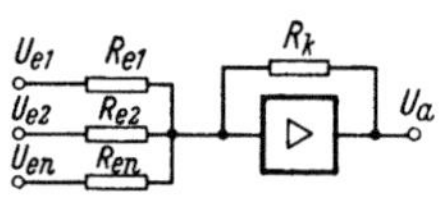	$U_a = -\left(\sum_{i=1}^{n} \frac{R_k}{R_{ei}}\right) U_e$	$F = -\sum_{i=1}^{n} K_{v(i)}$	Summierendes P-Glied (Addition)
3	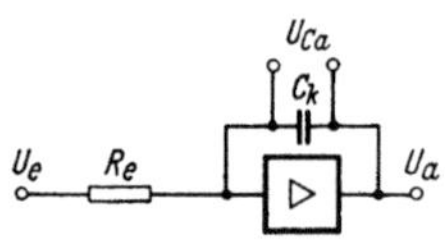	$U_a = -\frac{1}{p R_e C_k} U_e + U_{Ca}$ U_{Ca} Anfangsbedingung	$F = -\frac{1}{p T_i}$	I-Glied (Integration)
4	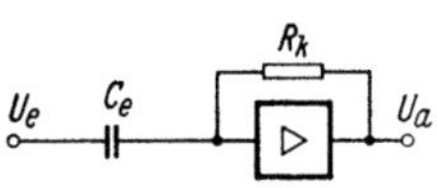	$U_a = -p R_k C_e U_e$	$F = -p T_d$	D-Glied (Differentiation)
5	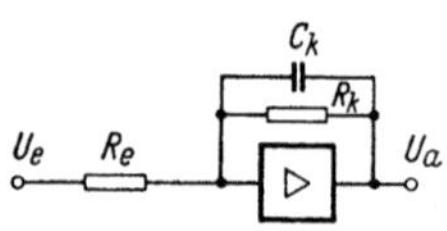	$U_a = -\frac{R_k}{R_e} \frac{1}{1 + p R_k C_k} U_e$	$F = -K_v \frac{1}{1 + p T}$	PR-Glied
6	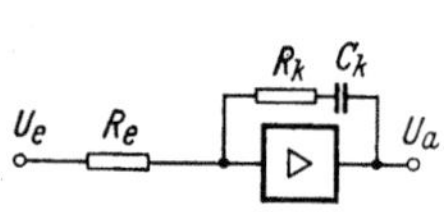	$U_a = -\frac{1 + p R_k C_k}{p R_e C_k} U_e$	$F = -K_v \frac{1 + p T_n}{p T_n}$ $= -K_v \left(1 + \frac{1}{p T_n}\right)$	PI-Glied
7	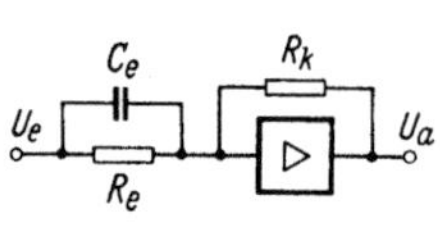	$U_a = -\frac{R_k}{R_e} (1 + p R_e C_e) U_e$	$F = -K_v (1 + p T_v)$	PD-Glied

[1] U_e, U_a Spannungen gegen (die nicht gezeichnete) Masse; U_e und U_a sind auf Normwerte U_{e0} bzw. U_{a0} bezogen zu denken. F Frequenzgang, $p = \mathrm{j}\,\omega$.

rungen sehr beeinträchtigt, so daß man solche Lösungen in der Praxis nur bei speziellen Geräten und Simulatoren findet.

Totzeiten. In der Technik tritt die Totzeit in reiner Form (Transportverzögerungen, Laufzeitprobleme) oder in Kombination mit einer Anlaufzeit auf (Wärmeübergänge, Systeme höherer Ordnungszahl). Die Nachbildung der reinen Totzeit ist schwierig, weil die Eingangsgröße über einen möglichst großen einstellbaren Bereich ohne Amplituden- und Phasenfehler verzögert werden muß.

Eine exakte Nachbildung ist bisher nur mit verhältnismäßig aufwendigen Magnetbandgeräten möglich. Begnügt man sich mit der Nachbildung der Kombination der Totzeit plus Anlaufzeit, so kann man mit relativ einfachen Anordnungen

$$F = \frac{1}{(1 + p\,T_1)\,(1 + p\,T_2 + p^2\,T_2^2)}$$

U_e Eingangsspannung
U_a Ausgangsspannung
T_t Totzeit
T_a Anlaufzeit
T_1, T_2 } Zeitparameter des Netzwerkes in der Verstärkerbeschaltung

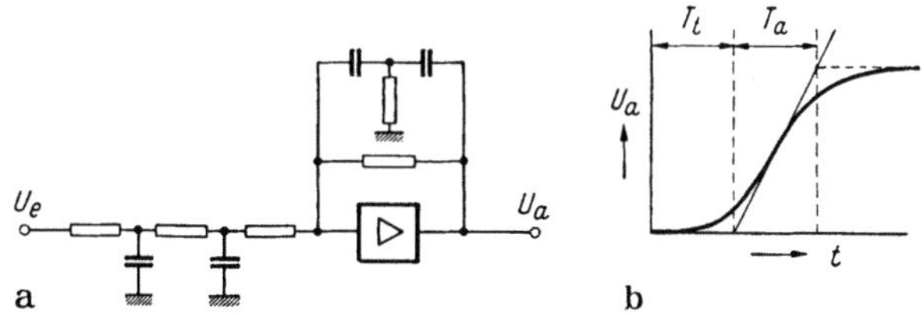

Bild 2. Schaltung (a) und Übergangsfunktion (b) zur Nachbildung von Totzeiten

gute Näherungslösungen erzielen (Beispiel *Bild* 2a). Für $T_1 = 0{,}6$ und $T_2 = 0{,}4$ erhält man eine Übergangsfunktion (*Bild* 2b), bei der das Verhältnis Anlaufzeit T_a zu Totzeit T_t etwa gleich 1 ist. Für Kaskadenschaltung derartiger Verstärker [5] gilt $T_{tn} = \sum_{i=1}^{n} T_{ti}$ und $T_{an} = \sqrt{T_{a1}^2 + T_{a2}^2 + \cdots T_{an}^2}$. Der Betrag der Totzeit wird damit gegenüber der Anlaufzeit immer größer, die Näherung dadurch immer besser.

Ein anderes Prinzip wird im sog. „delayline synthesizer" angewendet (*Bild* 3). Das Gerät besteht im Prinzip aus einer Kettenanordnung von Verstärkern mit

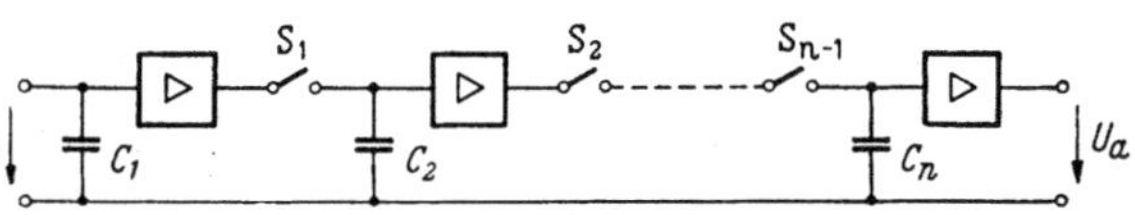

Bild 3. Schaltungsprinzip des Totzeitgerätes (delay line synthesizers)

dazwischengeschalteten Kondensatoren und Schaltelementen. Eine Eingangsspannung U_e liegt am Kondensator C_1, wird durch schrittweise Betätigung der Schalter S_1 bis S_{n-1} durch die Kette weitergeschaltet und erscheint, um die Summe der Schrittzeiten verzögert, am Ausgang der Anordnung. Eine bessere Betriebsweise ergibt sich, wenn alle geradzahligen und alle ungeradzahligen Schalter jeweils gleichzeitig geschaltet werden (stehende Welle von Schaltimpulsen). Bezeichnet man mit T die Periodendauer der Schaltwelle und ist n die Zahl der Glieder in der Kette, so erhält man als resultierende Totzeit $T_t = (T/2)\,n$. Die Totzeit ist also durch Änderung der Schaltfrequenz verstellbar. Natürlich wird der Verlauf der Eingangsspannung $U_e(t)$ nicht stetig übertragen, sondern nur punktweise mit einem Intervall von T Sekunden (englisch: sampling). Die auftretenden Fehler in der Totzeitnachbildung liegen also hier vor allem in der Übertragung der richtigen Kurvenform.

4. Nichtlineare Rechenoperationen

Allgemeines. Während die Behandlung nichtlinearer Aufgaben mit klassischen Methoden in der Praxis kaum oder nur sehr mühevoll durchführbar ist, bietet ihre Berücksichtigung mit dem Analogierechner keine zusätzlichen Schwierigkeiten, wenn man vom größeren Schaltungsaufwand für die dazu benötigten Rechenelemente absieht. Entsprechend den verfügbaren Rechenelementen lassen sich die nichtlinearen Operationen nach folgenden Gruppen einteilen:

a) Multiplikation und Division von Veränderlichen.

b) Einfache nichtlineare Kennlinien mit Knickstellen, also z.B. Begrenzung, Reibung, Totbereich, Hysterese.

c) Beliebige Kennlinienzusammenhänge.

Multiplikation und Division von Veränderlichen. *Servomultiplikatoren* (*Bild* 4). Bei diesen sind auf der Welle eines Hilfsmotors (*1*) zwei oder mehr Potentiometer angebracht. Dem Rückführpotentiometer (*2*) wird eine konstante Spannung U aufgeschaltet. Es bildet mit dem Hilfsmotor einen geschlossenen Kreis und macht die Drehung δ seiner Welle proportional zur einen Veränderlichen x; für $x = 0$ steht der Abgriff z.B. genau in der Mitte. Die zweite Veränderliche y wird an das Potentiometer (*3*) in der dargestellten Weise aufgeschaltet (Vorzeichendrehung über Umkehrverstärker). Der Schleifer an (*3*), der entsprechend der Größe x vom Hilfsmotor mitverstellt wird, greift nun die Spannung $U_a = (xy)/U$ ab, die das gesuchte Produkt enthält. Durch Anbau weiterer Potentiometer lassen sich entsprechend auch Produkte mehrerer Veränderlicher bilden. Die Division geschieht durch Lösung der impliziten Gleichung

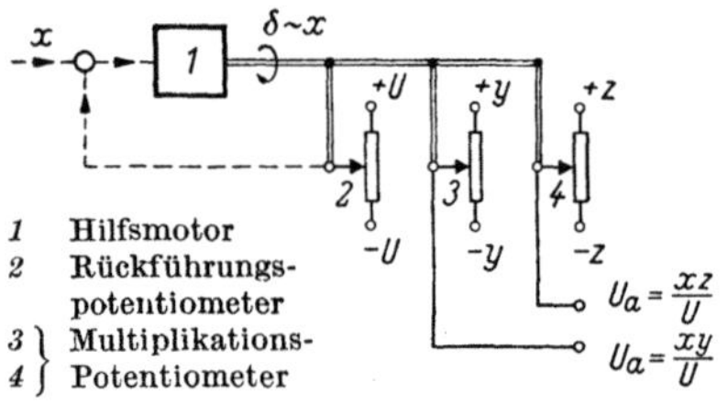

Bild 4. Prinzip des Servomultiplikators

$$z + K(yz + x) = 0$$

(Multiplikator im Gegenkopplungskreis eines Verstärkers).

Durch mechanische Bauelemente ist der brauchbare Frequenzbereich der Anordnung stark eingeengt, so daß Servomultiplikatoren nur für langsam arbeitende Rechner eingesetzt werden können. Das führte zur Entwicklung von rein *elektronischen Multiplikatoren*, von denen nur die wichtigsten kurz besprochen werden sollen.

Quadratischer Multiplikator (englisch: quarter square). Dieser beruht auf der Nachbildung der mathematischen Beziehung $xy = [(x + y)^2 - (x - y)^2]/4$. Es sind also Schaltungen zur Bildung der Quadrate der Summe und der Differenz der Veränderlichen sowie Additionsverstärker und Koeffizientenglieder erforderlich. Die Quadratbildung geschieht dabei z.B. über spezielle Funktionserzeuger oder Bauelemente mit quadratischen Kennlinien [*4, 5*]. Die Genauigkeit des Multiplikators ist von der Güte und der zeitlichen Konstanz dieser Quadratbildung entscheidend abhängig.

Modulations-Multiplikator (englisch: time division) [*4, 5*]. Hier werden Rechteckimpulse konstanter Frequenz durch die beiden Veränderlichen nach dem

Schema in *Bild* 5 moduliert. Die eine Veränderliche x tastet die Impulsbreite, die andere Veränderliche y die Amplitude. Der arithmetische Mittelwert der Impulsspannung ist dann dem Produkt der Veränderlichen proportional.

In diesem Gerät werden die zu multiplizierenden Veränderlichen mit einer Hochfrequenz-Sägezahnspannung überlagert und in einer Diodenselektionsschaltung so verarbeitet, daß die jeweils größere Veränderliche die Breite der Sägezahnspannung und die kleinere die Begrenzung zum Trapez steuert (konstanter Flankensteilheit vorausgesetzt). *Bild* 6 gibt eine vereinfachte Vorstellung dieses Modulationsverfahrens. Es wird damit erreicht, daß die Fläche des resultierenden Trapezes proportional dem Produkt der Veränderlichen wird.

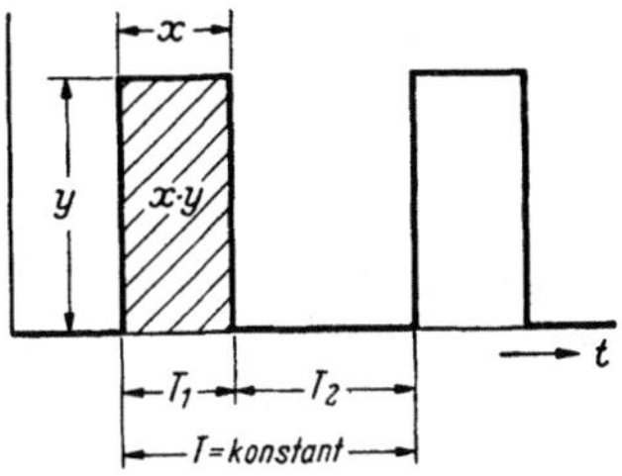

Bild 5. Modulationsprinzip des Rechteck-Multiplikators

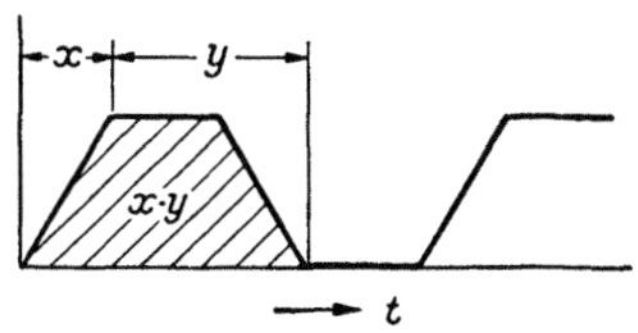

Bild 6. Modulationsprinzip des Amplituden-Selektionsmultiplikators

Einfache nichtlineare Kennlinien. Um einfache, nichtlineare Kennlinien mit Knickstellen zu erzeugen, werden übliche Rechenverstärker im Zusammenwirken mit Diodenstrecken benutzt (*Bild* 7). Die Ausgangsspannung U_a des Verstärkers entspricht der Gl. (6), solange die beiden gegengekoppelten Diodenstrecken sperren,

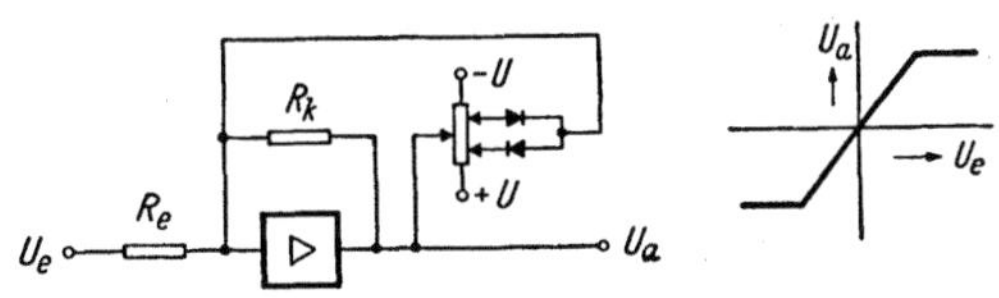

Bild 7. Schaltungsprinzip und Kennlinie des Begrenzers

die über Spannungsteiler an den festen Spannungen $\pm U$ liegen. Erreicht die Ausgangsspannung U_a einen bestimmten, durch den Abgriff am Spannungsteiler gekennzeichneten Wert,dann öffnet die Diode und stellt eine starke Gegenkopplung dar, die die Ausgangsspannung auf diesem Wert konstant hält und damit eine Begrenzung erzielt (*Bild* 7).

Mit Hilfe derartiger Diodenschaltungen lassen sich auch die anderen einfachen Nichtlinearitäten, wie Totbereich, Hysterese und Reibung, nachbilden.

Beliebige nichtlineare Kennlinien. Zur Nachbildung beliebiger nichtlinearer Kennlinien, z.B. Magnetisierungskennlinien elektrischer Maschinen, Ventilkennlinien, Drehzahl-Drehmoment-Kennlinien von Motoren, benutzt man Funktionsgeneratoren in elektromechanischer, meist aber in elektronischer Ausführung. Mit *Diodenschaltungen* [5] werden, ähnlich wie bei den einfachen Nichtlinearitäten,

Geradenstücke gebildet, die dann durch Einstellvorrichtungen in ihrer Steigung und ihren Koordinaten verändert werden können. Die nachzubildenden Kennlinien werden also durch Polygonzüge angenähert, wobei die Genauigkeit durch die Anzahl der Segmente, also den gerätemäßigen Aufwand gegeben ist. Zur Verbesserung der Nachbildung lassen sich bei manchen Geräten die Knickpunkte zwischen den Segmenten durch eine zusätzliche Hochfrequenzspannung abrunden. Dadurch ist auch schon bei einer kleinen Anzahl von Segmenten eine gute Nachbildung möglich.

Bei Funktionsgeneratoren mit *photoelektrischer Abtastung* wird z.B. eine Maske der nachzubildenden Funktion vor den Bildschirm einer Kathodenstrahlröhre gesetzt; der Lichtpunkt des Elektronenstrahls wird durch eine Photozellensteuerung entlang dieser Maske geführt. Die Ausgangsspannung des Gerätes ist dann proportional zur Amplitude des Lichtpunktes und damit der abzubildenden Funktion.

Bei *Funktionspotentiometern* entspricht z.B. die Art der Bewicklung der nachzubildenden Funktion. Bei einer anderen Ausführung hat das Potentiometer viele Abgriffe, an die dann der Funktion entsprechende Spannungen angelegt werden. Bei *Funktionstrommeln* ist ein Widerstandsdraht in Form der nachzubildenden Funktion aufgelegt, der als variabler Abgriff an einem Spannungsteiler abgerollt wird.

5. Störfunktionsgeber

Die häufigste Form der Störung ist die Sprungfunktion: $y = 0$ für $t < 0$ und $y = k$ für $t \geqq 0$. Sie wird bei den elektronischen Analogrechnern durch Aufschalten einer konstanten Gleichspannung auf die Angriffsstelle der Störung realisiert. Im einfachsten Fall besteht der Funktionsgeber dabei aus einem Schalter, der nach Kommandogabe die Störspannung anlegt und nach weiterer Kommandogabe wieder entfernt. Dieses Verfahren ist nur bei langsam arbeitenden Analogrechnern anwendbar (s. Abschnitt B 8b). Bei schnellen repetierenden Rechnern muß dieser Vorgang selbsttätig ablaufen, und man verwendet dann Rechteckgeneratoren, vorzugsweise solche mit verstellbarer Tastfolge.

Zur Bildung weiterer Störfunktionen kann man dann auch wieder Rechenelemente heranziehen. Schaltet man z.B. hinter den Geber für die Rechteckspannung einen Integrator, so läßt sich die sog. Anstiegsfunktion $y = kt$ erzeugen.

Andere Kombinationen, wie etwa für eine Verzögerung 1. Ordnung, sind mit den jeweils in Betracht kommenden Rechenschaltungen möglich. Beliebige Störfunktionen lassen sich mit dem Rechteckgeber, dem Integrator und einem Funktionsgenerator erzeugen. Über den Integrator wird dabei zunächst die Anstiegsfunktion gebildet und auf den Funktionsgenerator geschaltet, der die gewünschte Störfunktion enthält. Allerdings muß man darauf achten, daß sich ein richtiger zeitlicher Ablauf der Störfunktion ergibt, denn der Funktionsgenerator enthält ja nur einen stationären Kennlinienzusammenhang $y = f(x)$ und nicht etwa eine Zeitfunktion.

Für periodische Störfunktionen kann entweder der Funktionsgenerator in der eben beschriebenen Weise, ein Sinusgenerator oder die Rechenschaltung für die Gleichung der ungedämpften harmonischen Schwingung $a_1 \ddot{y} + a_2 y = 0$ verwendet werden. Die Anfangsbedingungen für die abhängigen Veränderlichen und ihre Ableitungen werden als konstante Gleichspannungen zum Zeitpunkt $t = 0$

auf die Gegenkopplungskondensatoren der Integratoren oder auf den Ausgang der Integratoren über nachgeschaltete Additionsverstärker aufgeschaltet. Die Gleichspannungen entnimmt man einer geregelten Quelle; sie sind über Potentiometer einstellbar.

Bei repetierenden Rechnern werden auch die Anfangsbedingungen selbsttätig aufgeschaltet. Außerdem müssen in der kurzen Pause zwischen zwei Lösungsdurchgängen selbsttätig die richtigen Bedingungen zum Zeitpunkt $t = 0$ hergestellt werden. Dies betrifft vor allem die Integratoren, die zum Ende des Lösungsintervalls in den Kondensatoren noch ein Integral gespeichert haben, das gelöscht werden muß. Verwendet werden dazu Relaisschaltungen (langsameres Repetieren) oder Glimmlampenstrecken (schnelleres Repetieren), welche die Kondensatoren entladen.

6. Darstellen der Lösungen

Als Geräte kommen Tintenschreiber, Lichtpunktschreiber, Schleifenoszillographen und Kathodenstrahl-Oszillographen in Betracht.

Der Frequenzgang des Darstellungsgerätes muß der Rechengeschwindigkeit des Analogrechners angepaßt sein, so daß auch die hohen Frequenzanteile in der Lösungskurve ohne Phasenverschiebung und Dämpfung registriert werden. Tintenschreiber eignen sich daher nur für langsam arbeitende Rechner. Für Repetierrechner werden daher praktisch nur Kathodenstrahl-Oszillographen benutzt.

Die Eingangswiderstände der Darstellungsgeräte müssen den Ausgängen der Rechenverstärker entsprechen, damit nicht durch Überlastung der Verstärkerausgänge ebenfalls die Ergebnisse gefälscht werden.

Rechengerät und Darstellungsgerät verbindet man in vielen Fällen einfach dadurch, daß man an der betreffenden Stelle der Rechenschaltung die gesuchte Lösungsgröße abgreift und auf das Darstellungsgerät schaltet, gegebenenfalls mit entsprechender Anpassung. Sind mehrere Schreibsysteme vorhanden, so können auch mehrere Größen gleichzeitig geschrieben werden.

7. Hilfseinrichtungen

Der Aufbau der Rechenschaltung und das Überprüfen der Aufgabe erfordert wesentlich mehr Zeit, als für die Lösung im Gerät selbst benötigt wird. Durch Bedienungshilfsmittel kann dieses ungünstige Verhältnis verbessert und darüber hinaus auch die Sicherheit gegen Fehler erhöht werden.

Steckbretter. Durch diese Vorrichtung soll das Rechengerät vom Verdrahten der Rechenschaltung befreit werden. Zu diesem Zweck sind alle Anschlüsse der Rechenelemente zu einer zentralen Stelle des Rechengerätes an ein übersichtlich angeordnetes Buchsenfeld geführt. Auf einer Steckplatte, die sich in das Buchsenfeld einstecken läßt, sind alle Anschlüsse nochmals wiederholt. Die Schaltung wird dann auf der Steckplatte vom Rechengerät getrennt verdrahtet, so daß auf diesem in der Zwischenzeit andere Probleme bearbeitet werden können. Die auf dem Steckbrett verdrahtete Rechenschaltung wird dann lediglich auf das Gerät aufgesteckt, auf dem anschließend nur noch die Koeffizientenpotentiometer eingestellt werden müssen. Verdrahtete Rechenschaltungen können auch aufbewahrt werden, und das Rechengerät kann inzwischen an anderen Aufgaben arbeiten.

Übersteuerungsanzeige. Die Rechenverstärker arbeiten in einem bestimmten Spannungsbereich linear, der bei den meisten Röhrengeräten z. B. bei ± 50 bis 100 V, bei Transistorgeräten etwas tiefer liegt. Übersteuert man die Verstärker über diesen Bereich hinaus, so entstehen sehr schnell große Fehler. Deshalb wird meistens bei den Verstärkern eine Übersteuerungsanzeige in Form einer Glimmlampe verwendet, die beim Überschreiten des Spannungsbereiches aufleuchtet. Häufig wird zusätzlich noch ein akustischer Alarm ausgelöst. Bei manchen Geräten ist noch eine Speicherung vorgesehen, so daß bei kurzen Überschreitungen des Spannungsbereiches, die sonst nicht wahrgenommen würden, ein Dauersignal stehenbleibt.

Prüfung der Programme. Beim Aufschalten der Programme auf das Rechengerät und beim Einstellen der Parameter können leicht Bedienungsfehler auftreten. Diese lassen sich (unter anderem) durch eine statische und dynamische Programmüberprüfung auffinden. Bei der statischen Prüfung werden die Ausgänge aller Integratoren aufgetrennt und an die nachfolgenden Eingänge konstante Prüfspannungen aufgeschaltet. Die Integrator-Kondensatoren werden dabei durch Widerstände überbrückt. An den einzelnen Stellen der Rechenschaltung können jetzt die stationären Parameter gemessen und damit deren Einstellungen überprüft werden. Die Rechenschaltung ist dabei in einfache und offene Teilabschnitte aufgetrennt, die leicht zu übersehen sind.

Bei der dynamischen Überprüfung wird das richtige Arbeiten der Integratoren kontrolliert. Man schaltet eine bekannte und konstante Spannung auf die Eingänge der Integratoren und läßt diese für eine genau ermittelte Zeit integrieren. Aus dem Integral (Ausgangsspannung) läßt sich dann die richtige Integrationskonstante ermitteln.

8. Ausführungsformen von Analogrechnern

a) Konstruktiver Aufbau

Die Bauelemente eines Analogrechners (Rechenverstärker mit Rechennetzwerken, Koeffizientenpotentiometer, Steuergeräte, Darstellungsgeräte, Stromversorgungen und Hilfseinrichtungen) lassen sich in fester Anordnung übersichtlich in einen Schrank einbauen und alle Schalt- und Steuerorgane an einem Steuerfeld zusammenfassen (Schrankrechner). Eine solche Anordnung enthält in den meisten Fällen die bereits beschriebenen Steckbretter für eine zentrale Programmierung. Erweiterungen sind durch Zusatzschränke möglich, die dann meistens auch von der zentralen Stelle aus gesteuert werden können.

Bei manchen Geräten werden die Widerstände und Kondensatoren für die Beschaltung der Rechenverstärker nicht eingebaut, sondern erst auf dem Steckbrett entsprechend dem Programm aufgesteckt. Bei den Präzisionsrechnern hoher Güte sind diese Elemente in Thermostaten eingebaut und werden mit den Verstärkern über das Steckbrett verbunden.

Eine kleinere Variante der Schrankbauform ist der Pultrechner, der bis zu einer Kapazität von 10 bis 20 Verstärkern gebaut wird.

Bei anderen Konstruktionen sind z. B. die Rechenverstärker mit den Rechennetzwerken zu einzelnen kompletten Bausteinen zusammengebaut, die dann lediglich noch an eine zentrale Stromversorgung angeschlossen werden müssen (Komponentenrechner). Es gibt dabei auch Varianten, in denen nur fertige Verstärker geliefert werden, während die Rechennetzwerke in Form von Steckern je nach Bedarf auf die Verstärker aufgesteckt werden.

b) Betriebsweise der Analogrechner

Die Zeit, in der der Rechner eine Lösung ablaufen läßt, richtet sich nach gerätetechnischen (Frequenzgang der Verstärker) und praktischen Gesichtspunkten (Art der Darstellung, Zeitaufwand für Aufgaben). Es haben sich vorwiegend zwei Verfahren herausgebildet, die meist mit „langsam" und „schnell" oder „repetierend" bezeichnet werden.

Langsame Rechner führen eine Lösung in Zeiten von mehreren Sekunden bis einigen Minuten durch. Jeder Lösungsvorgang wird dabei durch ein von Hand gegebenes Kommando neu ausgelöst. Für die Darstellung kommen nur langsame Schreiber (Tintenschreiber) in Betracht. Da keine besonderen Anforderungen an den Frequenzgang der Verstärker gestellt werden, lassen sich bei sehr hohen Verstärkungen auch hohe Genauigkeiten erreichen.

Schnelle (repetierende) Rechner wiederholen die Lösung automatisch so oft, daß sie auf dem Kathodenstrahl-Oszillographen als stehendes Bild erscheint (Repetierfrequenz etwa 1 bis 50 Hz). Bei den niedrigen Repetierfrequenzen muß man Bildröhren mit ausreichender Nachleuchtdauer verwenden, ab 15 bis 20 Hz genügen jedoch normale Röhren. Die Lösungswiederholung wird automatisch vom Steuergerät geführt. Repetierrechner liefern die Lösung mit großer Anschaulichkeit. Die Parameter der zu lösenden Aufgabe können an den Potentiometern verstellt werden, und man erkennt dann unmittelbar die Auswirkung auf den Lösungsverlauf. Dadurch kann ein breiter Lösungsbereich schnell überprüft und ein gesuchtes Optimum leicht gefunden werden. Dem Bearbeiter wird auch das Einfühlen in seine Aufgabe wesentlich erleichtert, was gerade bei der Projektierung von Regelaufgaben von großer Bedeutung ist.

Viele Geräte haben eine solche Rechengeschwindigkeit, daß die obere Grenze bei einem langsamen Repetierbetrieb und der normale Bereich bei einigen Sekunden liegt. Man arbeitet dann gern so, daß die Aufgabe zunächst im Repetierbetrieb „durchleuchtet" wird und die interessanten Lösungsfälle dann langsam wiederholt werden.

C. Arbeitsweise mit Analogrechnern

1. Allgemeines

Wenn eine Aufgabe auf dem Analogrechner gelöst werden soll, muß sie zunächst so dargestellt werden, daß sie dem Rechengerät aufgeschaltet werden kann. Dazu ist die Umsetzung der in der Aufgabe vorkommenden Veränderlichen und ihrer Ableitungen unter Anwendung passend gewählter Maßstäbe in Maschinenveränderliche erforderlich. Bei der Bearbeitung der Aufgaben verwendet man zur Darstellung der Rechenschaltungen Sinnbilder, wie sie z. B. in Tabelle 3 gezeigt sind.

Alle abhängigen Veränderlichen und ihre Ableitungen werden durch die für alle gemeinsame Rechenspannung u abgebildet und mit dieser durch Amplitudenmaßstäbe $a, b, c \ldots$ verknüpft. Man legt fest: $u = a\,x$; (x abhängige Veränderliche). Also ist

$$a = \frac{\text{Rechenspannung [V]}}{\text{Physikalische Größe [Dimension]}}$$

Die Rechenverstärker arbeiten nur bis zu der durch die Rechenspannung gegebenen Spannungsgrenze (meistens ± 100 V) richtig. Darüber hinaus tritt Übersteuerung ein, die das Ergebnis unbrauchbar macht. Die *Amplitudenmaßstäbe*

Tabelle 3. *Beispiele für Sinnbilder bei Analogiegeräten*

	Sinnbilder	Gleichungen	Benennung
1		$U_a = -K\,U_e$	Koeffizientenelement (Multiplikation mit konstantem Faktor)
2	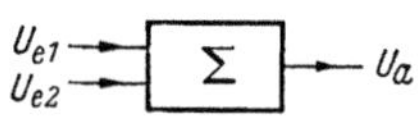	$U_a = -(K_1 U_{e1} + K_2 U_{e2})$	Summator
3	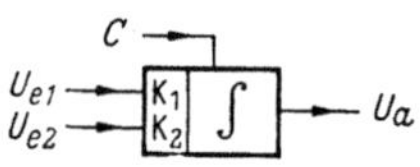	$U_a = -\int_0^t (K_1 U_{e1} + K_2 U_{e2}) + C$ (C Anfangsbedingung)	Integrator
4	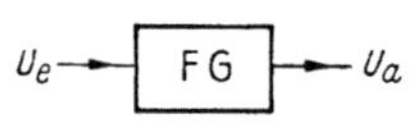	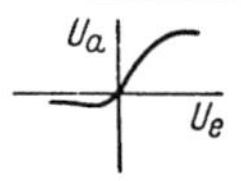	Funktionsgenerator

müssen so festgelegt werden, daß der Spannungsbereich der Verstärker an keiner Stelle der Rechenschaltung überschritten wird. Der Fehler der Rechenverstärker bezieht sich auf den Endausschlag. Somit wird der prozentuale Fehler mit kleineren Spannungen immer größer. Man ist daher bestrebt, den Spannungsbereich der Verstärker möglichst weitgehend auszunutzen, was ebenfalls bei der Festlegung der Amplitudenmaßstäbe zu berücksichtigen ist. Zur zweckmäßigen Festlegung dieser Maßstäbe müssen auch die bei der Lösung auftretenden maximalen Werte der abhängigen Veränderlichen und ihrer Ableitungen näherungsweise bekannt sein.

Als unabhängige Veränderliche tritt auf dem Gebiet der Regelungstechnik vorwiegend die Zeit auf, die beim Analogrechner ebenfalls durch die Zeit (Rechenzeit) abgebildet wird. Die Verknüpfung der Echtzeit t mit der Rechenzeit τ geschieht durch den *Zeitmaßstabfaktor* α; ($\tau = \alpha t$).

Die Bereiche für die Rechenzeit liegen bei den Repetierrechnern etwa zwischen 20 ms und 1 s und bei den langsamen Rechnern zwischen einigen Sekunden und mehreren Minuten. Die Grenze der kurzen Zeiten ist einmal durch den Frequenzgang der Verstärker und der Darstellungsgeräte gegeben, d. h. durch die noch tragbaren Werte für Phasenverschiebung und Dämpfung. Lange Rechenzeiten sind vor allem deswegen ungünstig, da sich die Fehler in den Integratoren (Drift, endliche Verstärkung) aufsummieren, so daß auch dafür eine Grenze gegeben ist. Bei Repetierrechnern liegt diese Grenze durch das Repetierintervall fest.

Die zur Lösung vorgesehenen Aufgaben können in verschiedener Fassung vorliegen, wobei in der Hauptsache die mathematische Beschreibung (in Form einer oder eines Systems von gewöhnlichen Differentialgleichungen) oder der Blockschaltplan mit Übergangsfunktionen oder Frequenzgängen in Betracht kommen. Beide Formulierungen eignen sich für die Übertragung auf den Analogrechner, wobei sich aber gewisse Unterschiede in der Durchführung der Programmierung ergeben.

2. Programmieren nach der mathematischen Beschreibung

Am Beispiel eines Reihenschwingkreises (*Bild* 8) soll der Verlauf des Stromes i als Funktion der angelegten Wechselspannung $u(t)$ gesucht werden. Die Spannungsgleichung in komplexer Schreibweise lautet:

$$p L i + R i + \frac{1}{pC} i = u(t) \tag{7}$$

oder

$$p^2 L i + p R i + \frac{1}{C} i = p u(t) \tag{8}$$

In der Schreibweise als Differentialgleichung ergibt sich:

$$L \frac{d^2 i}{dt^2} + R \frac{di}{dt} + \frac{1}{C} i = \frac{d}{dt} u(t) \tag{8a}$$

Die Anfangsbedingungen für Gl. (8) lauten für $t = 0$:

$$i = 0; \qquad u = \hat{u}; \qquad p i = \frac{\hat{u}}{L} \tag{9}$$

Für den Entwurf der Rechenschaltung wird die Gl. (8) so umgeschrieben, daß die höchste vorkommende Ableitung isoliert auf der linken Seite steht, also

$$p^2 L i = p u(t) - p R i - \frac{1}{C} i \tag{10}$$

oder

$$p^2 i = p \frac{u(t)}{L} - p \frac{R}{L} i - \frac{1}{LC} i \tag{11}$$

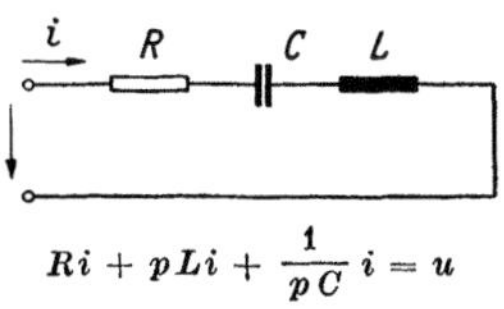

Bild 8. Reihenschwingkreis

Man macht zunächst die Annahme, daß $p^2 i$ bekannt sei und beginnt die Rechenschaltung (*Bild* 9) mit einem kleinen Kreis für diesen Ausdruck links oben. Von dort ausgehend wird schrittweise die rechte Seite der Gleichung gebildet, im Integrator (*1*) zunächst $-pi$ und daraus im Integrator (*2*) die Größe i (Berücksichtigung der Vorzeichenumkehr durch die Verstärker).

Am Ausgang des ersten Integrators wird $-pi$ abgenommen und über das Koeffizientenelement (*3*) zur Erzeugung von $+(R/L)\,pi$ geführt. Genauso wird aus i am Ausgang des Integrators (*2*) im Koeffizientenelement (*4*) die Größe $-1/(LC) i$ gebildet. Zur Richtigstellung der Vorzeichen wird $-(1/LC) i$ im Inverter (*5*) in $+(1/LC)\, i$ verwandelt. Beide Anteile werden dem Summator (*6*) aufgeschaltet, außerdem noch die Störung $-pu(t)/L$, so daß an dessen Ausgang

$+pu(t)/L - (R/L)pi - (1/LC)i$ erscheint, also die rechte Seite der Gleichung. Da diese gleich $p^2 i$ ist, wird der Ausgang des Summators auf den Anfangspunkt geführt; die Schaltung ist geschlossen.

Die Anfangsbedingung für pi wird als $\hat{u}/L$ auf den Integrator (*1*) aufgeschaltet. Der Rechenvorgang wird ausgelöst durch Aufschalten der Störfunktion $pu(t)/L$ und der Anfangsbedingung zum Zeitpunkt $t = 0$.

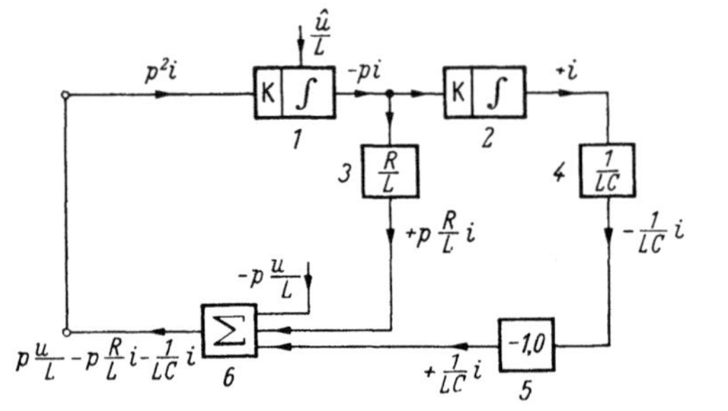

1, *2* Integratoren; *3*, *4* Koeffizientenelemente; *5* Inverter; *6* Summator

Bild 9. Rechenschaltung für die Anordnung in *Bild* 8

Quantitative Programmierung. Dazu muß die Gl. (8a) in die Maschinenvariablen u und τ umgeschrieben werden (s. Tabelle 4). Zur Berechnung der Maßstabskoeffizienten der Rechenschaltung muß nun etwas über die maximalen Werte der abhängigen Veränderlichen und ihrer Ableitungen bekannt sein. Der

Tabelle 4

Einführung der Maschinenvariablen u und τ	$u = a\,i \qquad \tau = \alpha t$ $\mathrm{d}u = a\,\mathrm{d}i \qquad \mathrm{d}\tau = \alpha\,\mathrm{d}t$ $\mathrm{d}^2 u = a\,\mathrm{d}^2 i \qquad \mathrm{d}\tau^2 = \alpha^2\,\mathrm{d}t^2$
Einsetzen der Maschinenvariablen in Gl. (11)	$\frac{\alpha^2}{a}\cdot\frac{\mathrm{d}^2 u}{\mathrm{d}\tau^2} = \alpha\frac{1}{L}\cdot\frac{\mathrm{d}u(\tau)}{\mathrm{d}\tau} - \frac{\alpha}{a}\cdot\frac{R}{L}\cdot\frac{\mathrm{d}u}{\mathrm{d}\tau} - \frac{1}{a}\cdot\frac{1}{LC}u$ $\frac{\mathrm{d}^2 u}{\mathrm{d}\tau^2} = \frac{a}{\alpha}\cdot\frac{1}{L}\cdot\frac{\mathrm{d}u(\tau)}{d\tau} - \frac{1}{\alpha}\cdot\frac{R}{L}\cdot\frac{\mathrm{d}u}{\mathrm{d}\tau} - \frac{1}{\alpha^2}\cdot\frac{1}{LC}u$
Anfangsbedingungen	$u = \hat{u} \qquad \frac{\mathrm{d}u}{\mathrm{d}\tau} = \frac{a}{\alpha}\cdot\frac{\hat{u}}{L}$

maximale Strom des Schwingkreises tritt bei Resonanz auf und beträgt dort $\hat{u}/R$. Liegt die Frequenz der aufgeschalteten Wechselspannung in Nähe der Eigenfrequenz der Schaltung $1/LC$, so wird man diesen Ansatz wählen. Die maximalen Werte für die Ableitungen sind bei Lösungen, die ihrer Art nach sinusförmig sind, ebenfalls leicht zu ermitteln. Die Ableitung der Funktion $a \sin \omega t$ lautet $\omega a \cos \omega t$, die maximale Amplitude der ersten Ableitung ist also ω mal dem Maximalwert der

Größe selbst. Entsprechend gilt für die 2. Ableitung $-\omega^2 a \sin \omega t$, der Maximalwert ist also ω^2 mal größer. Man erhält damit:

Tabelle 5

Für die ursprüngliche Variable:	Für die Maschinenvariablen:
$i_{\max} = \frac{\hat{u}}{R}$	$u_{\max} = a \frac{\hat{u}}{R}$
$\left(\frac{\mathrm{d}i}{\mathrm{d}t}\right)_{\max} = \omega \frac{\hat{u}}{R}$	$\left(\frac{\mathrm{d}u}{\mathrm{d}\tau}\right)_{\max} = \frac{a}{\alpha} \omega \frac{\hat{u}}{R}$
$\left(\frac{\mathrm{d}^2 i}{\mathrm{d}t^2}\right)_{\max} = -\omega^2 \frac{\hat{u}}{R}$	$\left(\frac{\mathrm{d}^2 u}{\mathrm{d}\tau^2}\right)_{\max} = -\frac{a}{\alpha^2} \omega^2 \frac{\hat{u}}{R}$

Für die Bestimmung der Einstellwerte der Koeffizienten gelten zwei Bedingungen:

1. Die Rechenspannung u darf an keiner Stelle der Rechenschaltung den Aussteuerungsbereich der Rechenverstärker überschreiten (meistens ± 100 oder ± 50 V). Diese Spannungsgrenze wird z. B. gleich 100% gesetzt (s. Tabelle 5).

2. Das Produkt der Koeffizienten in einer Masche der Rechenschaltung muß stets gleich den *Koeffizienten* des in dieser Masche erzeugten Teiles der Gleichung sein (s. Tabelle 4).

Es ergeben sich daraus folgende Bestimmungsgleichungen:

Bedingung 1		Bedingung 2
$\left(\frac{\mathrm{d}^2 u}{\mathrm{d}\tau^2}\right)_{\max} = \frac{a}{\alpha^2} \omega^2 \frac{\hat{u}}{R}$	Diese Ausdrücke sollen jeweils gleich oder kleiner als 100% der Rechenspannung sein	$K_1 K_3 = \frac{1}{\alpha} \cdot \frac{R}{L}$
$K_1 \left(\frac{\mathrm{d}u}{\mathrm{d}\tau}\right)_{\max} = K_1 \frac{a}{\alpha} \omega \frac{\hat{u}}{R}$		$K_1 K_2 K_4 = \frac{1}{\alpha^2} \cdot \frac{1}{LC}$
$K_1 K_2 u_{\max} = K_1 K_2 a \frac{\hat{u}}{R}$		
Nach Auflösung erhält man:		
$a \leqq \frac{\alpha^2 R}{\omega^2 \hat{u}} \cdot 100\%$		$K_3 = \frac{R}{\omega L}$
$K_1 \leqq \frac{\omega}{\alpha}$		$K_4 = \frac{1}{LC\omega^2}$
$K_2 \leqq \frac{\omega}{\alpha}$		

Damit liegen jetzt allgemeine Beziehungen für die Koeffizientenvariation vor. Die Festlegung des Zeitmaßstabes α richtet sich nach der Rechenzeit und der für den gewünschten Lösungsausschnitt benötigten Zeit. Hat die Störfunktion z. B. eine Frequenz von 100 Hz und will man 10 Perioden der Lösung sehen, so würde das 10 ms · 10 = 100 ms dauern. Es soll ein langsamer Rechner benutzt werden, der die 10 Perioden der Lösung in $\tau = 50$ s schreibt. Damit wird der Zeitmaßstabsfaktor $\alpha = \tau/t = 50/0{,}1 = 500$. Die Lösung läuft also auf dem Rechengerät 500mal langsamer ab als in Wirklichkeit.

3. Programmieren nach dem Blockschaltplan

a) Beispiel ohne Nichtlinearitäten

Das Programmieren nach einem Blockschaltplan ermöglicht ein anschauliches Vorgehen und in vielen Fällen eine einfachere Maßstabsrechnung. Gegeben sei z. B. der Blockschaltplan einer einfachen Regelanordnung (*Bild* 10a).

Gesucht sei das zeitliche Verhalten der Größe x für sprungartige Änderungen von x_k (Sollwertsprung). Aus dem Blockschaltplan läßt sich der qualitative Rechenschaltplan (*Bild* 10b) ableiten. Man beginnt dazu z. B. mit Block (*1*), dessen proportionales Verhalten durch ein Koeffizientenelement (*1'*) mit dem Faktor $K_1 = x_k/x_p$ dargestellt wird. In der Praxis ist der Faktor K_1 bei einer reinen Proportionalregelung größer als 1 (kleine bleibende Regelabweichung), so daß er über einen Koeffizientenverstärker darzustellen ist. Für die Nachbildung der beiden Verzögerungsglieder 1. Ordnung (*2*) und (*3*) wird der entsprechend Tabelle 2, Nr. 5, beschaltete Verstärker oder ein über einen Verstärker gegengekoppelter Integrator (Differentialgleichung 1. Ordnung) verwendet.

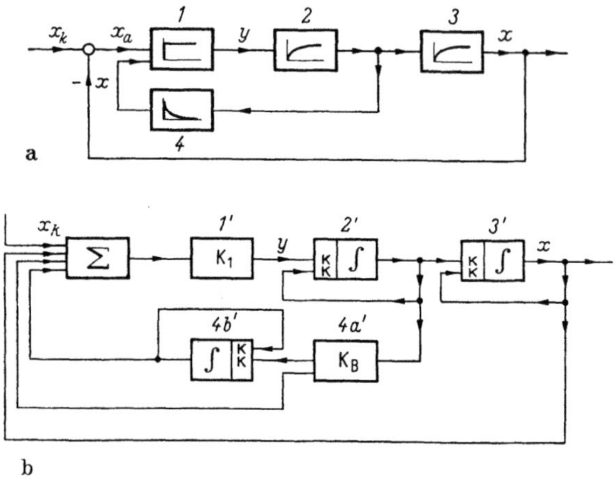

1 Regler
2, *3* Regelstrecke
4 Nachgebende Rückführung (*a* und *b*)
x Regelgröße
x_k Vergleichsgröße
x_a Regelabweichung
y Stellgröße
x_p Proportionalbereich des Reglers
T_2 Zeitkonstante des Verzögerungsgliedes *2*
T_3 Zeitkonstante des Verzögerungsgliedes *3*
K_B Anfangsverstärkung des Rückführgliedes *4*
T_B Zeitkonstante des Rückführgliedes *4*
Die Größen x, x_k, y bedeuten Abweichungen von stationären Anfangswerten.

Bild 10. Blockschaltplan (a) und Rechenschaltung (b) einer Regelanordnung

Bei den meisten Rechnern wird die zweite Möglichkeit gewählt werden müssen. Die Verzögerung 1. Ordnung hat den Frequenzgang $F = K\,[1/(1+pT)]$, oder umgeschrieben:

$$F = \frac{1}{\frac{1}{K} + p\frac{T}{K}}$$

(T Zeitkonstante, K Verstärkung). Im Gegenkopplungszweig ist also $1/K$ und am Integrator T/K einzustellen.

Das Übergangsverhalten der Rückführung (*4*) wird durch die Differenz eines konstanten Faktors und einer Verzögerung 1. Ordnung mit den Verstärkern (*4a'*) und (*4b'*) dargestellt. Der Summationspunkt am Eingang des Regelkreises für x_a wird schließlich noch durch einen Additionsverstärker abgebildet, dem gleichzeitig auch der Ausgang der Rückführungsanordnung aufgeschaltet wird. Der Regelkreis ist damit geschlossen.

Für die Bildung der Amplitudenmaßstäbe ist zunächst nur die Verstärkung des Reglers maßgebend. Der Reglerausgang (Stellgröße y) darf bei den Rechenverstärkern nicht zur Übersteuerung führen. Normiert man die Rechenspannung so, daß ihr Betrag gleich 1 wird, so gilt für die maximal zulässige Regelabweichung x_a, ausgedrückt als Rechenspannung $u = 1/(1/x_p) = x_p \cdot 1$.

Für die Normierung der Rechenspannung legt man dabei zweckmäßig nicht den vollen Wert des Spannungsbereiches (100%), sondern, um noch eine Reserve bis zur Übersteuerung oder einen Variationsbereich für x_p zu bekommen, einen tieferen Wert (z. B. 50%) fest.

Die Verzögerungsglieder sind beim Ansatz bereits so auf ihre zueinander gehörigen Ein- und Ausgangsgrößen normiert, daß sie die Verstärkung 1 haben. Der Verstärkungsfaktor (Anfangssprung) der Rückführung K_B wird ebenfalls aus stationären Betrachtungen abgeleitet, und zwar ergibt er sich aus der prozentualen Reduzierung des ersten Sprunges der Stellgröße, verursacht durch den Anfangssprung der Rückführung. Ist dieser Faktor beispielsweise gleich 0,5, so gilt für $K_B = 0{,}5\, x_p$.

Da alle Größen als Abweichungen von ihren stationären Ausgangswerten betrachtet werden, erübrigt sich jede weitere Festlegung der Amplitudenmaßstäbe. Die Festlegung des Zeitmaßstabes richtet sich nach der auf dem Rechengerät verfügbaren Zeit für den Lösungsablauf (Rechenzeit τ) und der für den Ablauf des wirklichen Vorganges geschätzten Zeit (Echtzeit t). Es gilt $\alpha = \tau/t$. Mit dem Faktor α werden alle Zeitkonstanten umgerechnet

$$\tau_1 = \alpha\, T_2$$

$$\tau_2 = \alpha\, T_3$$

$$\tau_B = \alpha\, T_B$$

Damit ist die Programmierung bereits beendet. Die Sollwertstörung wird nun als Gleichspannung zum Zeitpunkt $t = 0$ auf den Additionsverstärker aufgeschaltet. Die interessierenden Lösungsgrößen (Regelgröße x, Regelabweichung x_a, Stellgröße y) werden an den entsprechenden Punkten der Rechenschaltung entnommen und dem Darstellungsgerät zugeführt.

Für den Fall, daß zur Nachbildung des Reglers nur Koeffizientenpotentiometer verwendet werden, kann die Verstärkung in das erste Verzögerungsglied einbezogen werden. Im Gegenkopplungszweig des Integrators ist dann der Faktor x_p einzuführen (Koeffizientenpotentiometer gleich 1). Der Darstellungsmaßstab für die Stellgröße y ändert sich dabei entsprechend dem Verhältnis der Verstärkungsänderung in diesem Glied.

b) Berücksichtigung von Nichtlinearitäten

Das Beispiel (*Bild* 10) war bisher als linear angenommen worden. Bei den meisten praktischen Aufgaben werden jedoch Nichtlinearitäten (z. B. Begrenzungen, Sättigungen, Totbereiche) vorhanden sein, die bei der analogen Nachbildung zu berücksichtigen sind. Bei der Programmierung wird davon im wesentlichen die Festlegung des Amplitudenmaßstabes betroffen: Bei Nichtlinearitäten werden die für das dynamische Verhalten einer Anordnung maßgebenden Parameter abhängig vom Betrag der Eingangsgröße. Für die Festlegung der Kennlinien auf dem Analogrechner ist daher jetzt auch eine feste Zuordnung der stationären Anfangswerte sowie der Änderungsbereiche der Größen erforderlich.

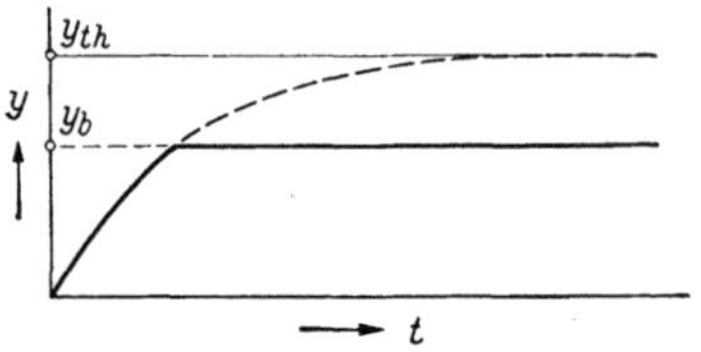

y_{th} Theoretischer Endwert
y_b Endwert der Begrenzung
$a = \frac{y_b}{y_{th}}$ (Begrenzungsfaktor)

Bild 11. Erläuterung des Begrenzungsfaktors a

Nimmt man in dem Beispiel (*Bild* 10) an, daß die Stellgröße im Betrag begrenzt sein soll, so muß zur Festlegung der Einstellgrenzen des Rechenelementes bekannt sein, welchen Anfangswert die Stellgröße innerhalb des Stellbereiches hat und welche Änderungsbereiche der Stellgröße durch die Einheit der Rechenspannung dargestellt werden. In Weiterführung des Beispiels wird dazu festgelegt, daß vor Beginn der Störung die Stellgröße in der Mitte des Stellbereiches liegen soll. Die Amplitude der Störung soll so groß sein, daß die Stellgröße y um den Faktor $a = y_b/y_{th}$ übersteuert wird (s. *Bild* 11). Um ein Übersteuern der Verstärker zu vermeiden, wird dieser Wert der Störung wie im linearen Beispiel wieder gleich $x_p \cdot 1$ gesetzt (1 ist wieder Einheit der Rechenspannung) so daß als maximaler Wert der Stellgröße (ohne Begrenzung) die Einheit der Rechenspannung auftritt. Die Einstellung der Grenze des Begrenzerelementes ergibt sich somit zu $1/a$, wiederum bezogen auf die Einheit der Rechenspannung. Die Einstellung der positiven und negativen Grenze ist dabei entsprechend der Anfangsbedingung der Stellgröße symmetrisch.

Andere nichtlineare Einflüsse, wie Totbereiche oder beliebige Kennlinien der Verzögerungsglieder, werden im nächsten Abschnitt behandelt.

c) Programmieren nach einem Blockschaltplan mit Nichtlinearitäten

Das hier behandelte Beispiel knüpft an den Blockschaltplan an, der im Kapitel 23, *Bild* 36, für die Spannungsregelung von Synchrongeneratoren mit Magnetverstärkern zugrunde gelegt ist. Für diesen Blockschaltplan (*Bild* 12a) wird zunächst die qualitative Rechenschaltung (*Bild* 12b) abgeleitet.

Qualitative Rechenschaltung. Der Magnetverstärker-Regler besteht aus dem Vergleicher, dargestellt durch den Block (*1*), dem Gegentakt-Vorverstärker, dargestellt durch die Blocks (*2*) und (*3*), und dem Endverstärker mit unsymmetrischem Gegentakt, dargestellt durch die Blocks (*4*) und (*5*). Beim Aufstellen der Rechenschaltung beginnt man z. B. mit dem Summationspunkt für den Sollwert-Istwert-Vergleich, der durch den Additionsverstärker (*A1*) dargestellt wird. Der Spannungsvergleicher, Block (*1*), wird als P-Glied bei der Kreisverstärkung berücksichtigt. Die analoge Darstellung der Magnetverstärker geschieht in beiden Fällen durch je einen gegengekoppelten Integrator (*I2*) und (*I5*) zur Berücksichtigung der Zeitkonstanten, durch die Begrenzer (*B3*) und (*B6*) zur Nachbildung der Sättigungskennlinien und durch die Koeffizientenelemente (*K4*) und (*K7*) zur Einstellung der Verstärkungen der beiden Stufen.

Die Erregermaschine ist durch ihre Übergangsfunktion im Block (*6*) und ihre Magnetisierungskennlinie im Block (7) wiedergegeben (und zwar die zur 45°-Achse gespiegelte Kennlinie, da der Block (7) im Gegenkopplungszweig liegt). Die Kennlinie, die Verstärkung und die wirksame Zeitkonstante werden dabei von der Amplitude der Eingangsgröße abhängig gemacht. Die Analogie-Nachbildung besteht aus dem Integrator (*I 8*) mit Gegenkopplung über den Funktionsgenerator (*FG 9*), in dem die Magnetisierungskennlinie eingestellt wird.

Die Übergangsfunktion des Synchrongenerators für Erregungsänderungen zeigt der Block (*8*), bei Blindlaständerungen gilt dagegen die in Block (*9*) eingetragene

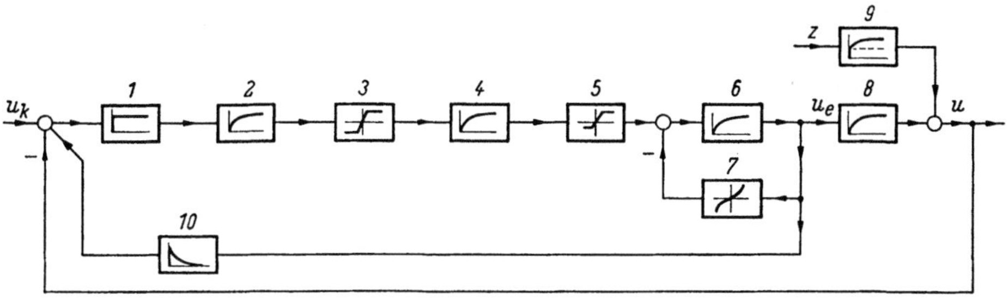

a) Blockschaltplan

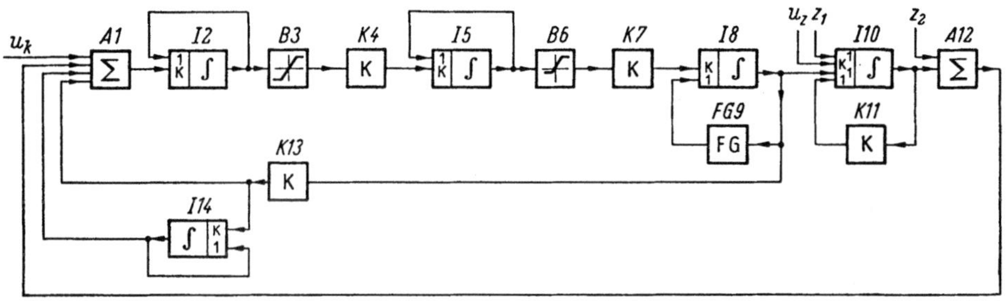

b) Rechenschaltung

Bild 12. Programmieren einer Spannungsregelung für Synchrongeneratoren mit nichtlinearen Gliedern

Funktion. Die Sättigungskennlinie des Generators soll in diesem Beispiel unberücksichtigt bleiben, da nur Abweichungen vom Arbeitspunkt in kleineren Bereichen untersucht werden.

Das Übergangsverhalten der Synchronmaschine ist gekennzeichnet durch die Zeitkonstante, die Verstärkung, den transienten Spannungssprung und die Spannungsänderung im stationären Endzustand. Alle diese Größen sind abhängig vom jeweiligen Belastungsfall, der durch die Scheinleistung und den Leistungsfaktor erfaßbar ist. Neben diesen beiden eine Laststörung kennzeichnenden Größen muß noch die Vorbelastung der Maschine bekannt sein. Für die Spannungsregelung interessieren vor allem reine Blindleistungsänderungen, so daß der Leistungsfaktor als konstant mit $\cos\varphi = 0$ angesetzt werden kann.

Die Analogienachbildung der Synchronmaschine besteht aus dem Integrator (*I 10*), der über ein Koeffizientenelement (*K 11*) mit einem variablen Faktor gegengekoppelt ist. Mit den Frequenzgängen $F_{I\,10} = 1/pT_i$ (vgl. Tabelle 2) und $F_{K\,11} = K$ erhält man als Frequenzgang für die Schaltung

$$F = \frac{1}{K} \cdot \frac{1}{1 + p\,\dfrac{T_i}{K}}$$

Die Verstärkung der Nachbildung ist also $1/K$, die Zeitkonstante T_i/K.

Die Erregerspannung und der verzögerte Anteil Z_1 der Laststörung werden auf den Integrator (*I 10*) aufgeschaltet. Hinter dem Integrator wird noch der Summator (*A 12*) vorgesehen, auf den der Sprunganteil Z_2 der Laststörung geschaltet wird. Die Bestimmung der Einstelldaten für die Elemente der Synchronmaschinen-Nachbildung wird bei der quantitativen Programmierung noch besprochen.

Die nachgebende Rückführung, dargestellt durch den Block (*10*), wird durch das Koeffizientenelement (*K 13*) und den gegengekoppelten Integrator (*I 14*) nachgebildet. Beide Anteile werden auf den Eingang des Regelkreises geschaltet und im Summator (*A 1*) addiert.

Quantitative Programmierung. Die quantitative Programmierung geschieht am besten schrittweise unter Berücksichtigung der Kennlinienzuordnungen der einzelnen Elemente. Wegen der Nichtlinearitäten muß von vornherein eine Annahme über die maximal erwarteten Änderungen der Regelgröße festgelegt werden. Dazu wird ein Bereich von $\pm 25\%$ angenommen, so daß sich festsetzen läßt:

$$\pm 25\% \text{ Regelabweichung} \mathrel{\widehat{=}} \pm 100\% \text{ Rechenspannung}$$

Der Vorverstärker des Magnetreglers soll bereits bei einer Regelabweichung von $\pm 10\%$ bis zur Sättigung ausgesteuert sein. Dadurch wird also bei voller Regelabweichung von $\pm 25\%$ um das Zweieinhalbfache übersteuert. Dies ist bei der Analognachbildung zu berücksichtigen, da wegen der Steuerkennlinie des Magnetreglers die wirksame Übergangszeit vom Übersteuerungsgrad abhängig wird (*Bild* 11). Dies gelingt durch richtige Einstellkombination an (*B 3*) und (*K 4*), und zwar gilt für das Einstellen der Grenzen von (*B 3*):

$$B_3 = \frac{10\%}{25\%} = 0{,}4 \text{ des Bereiches von } 100\% \text{ Rechenspannung}$$

Außerdem ist der Koeffizient von (*K 4*) gleich: $K_4 = 2{,}5$. Bei diesen Einstelldaten entspricht einer Eingangsgröße von 100% an (*B 3*) auch eine Ausgangsgröße von 100% an (*K 4*). Trotzdem ist der Übersteuerungseinfluß berücksichtigt.

Beim Endverstärker wird ebenso vorgegangen; dabei ist noch zu beachten, daß die Einstellungen des Begrenzers wegen des unsymmetrischen Gegentakts verschieden werden. Die Zeitkonstanten beider Stufen werden an den Integratoren (*I 2*) und (*I 5*) nach Umrechnung mit dem Zeitmaßstab eingestellt.

Am Ausgang der Erregermaschine soll die Stoßerregungsspannung durch 100% Rechenspannung abgebildet werden, ebenso wird die dazugehörende Eingangsgröße durch 100% Rechenspannung dargestellt. Mit diesen Festlegungen läßt sich der Funktionsgenerator einstellen; die Zeitkonstante T_e wird für den linearen Bereich der Kennlinie ermittelt und an *I 8* eingestellt, wobei gilt

$$K_{I8} = \frac{V_{FG}}{T_e}$$

(V_{FG} Verstärkung des Funktionsgenerators in der Gegenkopplung im linearen Bereich). Bis zu dieser Stelle der Schaltung wurde der Amplitudenmaßstab auf die Absolutwerte der betrachteten Größen bezogen. Für die Nachbildung der Synchronmaschine wird jetzt auf Abweichungen vom Nennpunkt (Generatornennspannung) übergegangen. Die Angleichung geschieht durch Aufschalten entsprechender Zusatzspannungen auf (*I 10*) in Höhe der für den Vorbelastungsfall anstehenden Erregerspannung U_e (Differenz Null). Für die Nachbildung der Synchronmaschine gilt also jetzt der zu Anfang festgelegte Maßstab $\pm 25\% \,\Delta U_G \mathrel{\widehat{=}} \pm 100\%$ Rechenspannung. Für diesen Maßstab werden die Rechenspannungen für Z_1 und Z_2 und die in (*K 11*) einzustellende Verstärkung ermittelt. Für den zu untersuchenden Betriebsfall (Laststörung) werden für den Vorlastzustand (z.B. Leerlauf) und den neuen Lastfall die Kennlinien des Generators konstruiert (s. Kapitel 23). Daraus lassen sich die Werte für Verstärkung (und damit der Zeitkonstante) und Spannungsänderung entnehmen. Die Höhe des transienten Sprunges bestimmt man z.B. aus dem dynamischen Zeigerdiagramm (s. Kapitel 32) oder durch Rechnung (s. Kapitel 23).

Es sei:

a die Verstärkung im Nennspannungspunkt für den neuen Lastfall (Spannungsänderung ΔU_G bei Änderung der Erregerspannung von Null auf maximale Übererregung) in %,

b die Spannungsänderung beim Übergang auf den neuen Lastfall in %,

c der Betrag des transienten Spannungssprunges bei der Laststörung in %.

Dann gilt:

$$K_{11} = \frac{25\%}{a\%}$$

$$Z_1 = \frac{100\%}{a\%}\, b\% \quad \text{(in \% Rechenspannung)}$$

$$Z_2 = \frac{100\%}{25\%}\, c\,\% \quad \text{(in \% Rechenspannung)}$$

Die Einstellung der Zeitkonstante T_G an (*I 10*) geschieht gleichfalls für den neuen Lastpunkt.

$$\text{Mit } K_{I\,10} = \frac{1}{T_G K_{11}} \quad \text{wird} \quad K_{I\,10} = \frac{a\%}{T_G\, 25\%}$$

Auch bei der Zeitkonstante wird der für den neuen Lastpunkt gültige Wert berechnet.

Der Amplitudenmaßstab für den Rückführkreis errechnet sich aus den beiden Amplitudenmaßstäben für die Erregerspannung und die Regelabweichung. Am Eingang wird die volle Erregerspannung U_e durch 100% Rechenspannung abgebildet. Dem entspricht über den P-Anteil der Rückführung ein bestimmter Steuerstrom, also eine bestimmte Aussteuerung $a\%$ der Vorstufe des Magnetreglers. Die Aussteuerung dieser Stufe erfolgt nach Festlegung bei 10% Regelabweichung. Somit ist

$$K_{13} = \frac{a\%}{10\%}$$

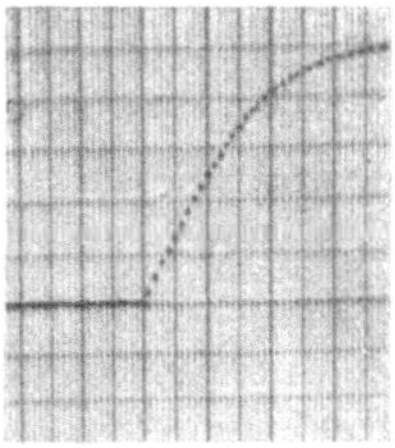

Bild 13. Darstellung der Magnetisierungskennlinie der Erregermaschine mit dem Funktionsgenerator

Die Rückführzeitkonstante wird an (*I 14*) nach Umrechnung mit dem Zeitmaßstab eingestellt.

Bild 13 zeigt die auf dem Analogrechner für einen praktischen Fall eingestellte Magnetisierungskennlinie der Erregermaschine und in *Bild* 14 sieht man eine Reihe von Lösungsoszillogrammen, die mit der beschriebenen Rechenschaltung aufgenommen wurden (vgl. auch *Bild* 18 in Kapitel 14).

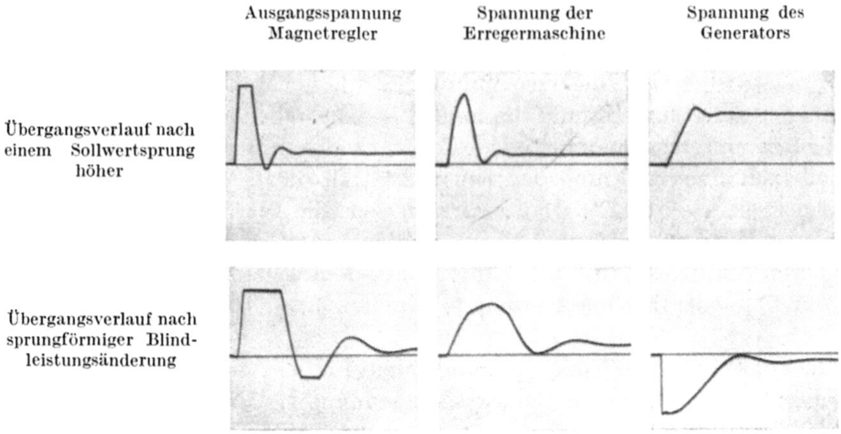

Bild 14. Lösungsbeispiele für die Analogieuntersuchung der Spannungsregelung eines Turbogenerators ($N_n = 69\,\mathrm{MVA}$, $U_n = 10{,}5\,\mathrm{kV}$, $T_{d0} = 14\,\mathrm{s}$, $X'_d = 0{,}18$)

D. Programmgesteuerte digitale Rechengeräte

Programmgesteuerte digitale Rechenautomaten, auch Digital- oder Ziffernrechner genannt, können ebenfalls für die Bearbeitung von Regelaufgaben eingesetzt werden [*25, 26, 27, 28*].

Ein wesentliches Kennzeichen dieser numerisch, also in diskreten Schritten, arbeitenden Rechenmaschinen ist, daß sie die ihnen vorgelegten Aufgaben nur mit den vier Grundrechenarten (streng genommen nur mit Additionen) verarbeiten können. Höhere Rechenoperationen, z. B. Wurzelziehen, müssen dabei stets durch ein mathematisches Verfahren, z. B. Iteration, auf die Grundrechenarten reduziert werden. Die Wahl solcher Verfahren ist damit ein wesentlicher Bestandteil der Vorbereitung einer Aufgabe für das Rechengerät, also des Programmierens.

Die einzelnen Rechenoperationen zur Lösung einer Aufgabe werden bei den programmgesteuerten digitalen Rechenautomaten zeitlich nacheinander durchgeführt (im Gegensatz zu den parallel oder simultan arbeitenden Analogrechnern). Die Reihenfolge der vielen Einzeloperationen für die Lösung einer Aufgabe wird daher im Programm in Form der sog. Operationsbefehle festgelegt. Ein Rechenprogramm setzt sich also im wesentlichen aus den erforderlichen Operationsbefehlen (Art und Reihenfolge) und dem zu verarbeitenden Datenmaterial zusammen.

Zu Beginn der Rechnung wird das Programm über das Eingabewerk der Rechenmaschine in das Speicherwerk eingegeben. Als Informationsträger werden dabei Lochkarten, Lochstreifen oder Magnetbänder verwendet; die Information ist dabei in einem Zahlencode verschlüsselt. Da die Rechenmaschine intern stets binär (0 oder 1) arbeitet, muß die Information entweder in dieser Form bereits vorliegen oder das Eingabewerk enthält einen entsprechenden Umsetzer, um die z. B. in der gewohnten Dezimalform vorliegende Information in einen binären Code zu verschlüsseln.

Während des Rechenablaufs übernimmt das Kommandowerk die Steuerung der Rechenmaschine. Es entnimmt die im Speicherwerk enthaltenden Operationsbefehle mit dem dazugehörigen Zahlenmaterial, steuert das Rechenwerk zu ihrer Ausführung und schreibt die Resultate als Zwischenergebnisse in das Speicherwerk. Sind alle Operationen ausgeführt, so wird das Endergebnis über das Ausgabewerk ausgeliefert, und zwar wieder in Form von Lochkarten, Lochstreifen, Schnelldruckern oder Magnetbändern.

Neben dem schematischen Befehlsablauf ist das Kommandowerk auch in der Lage, während des Rechenablaufs die Befehlsauswahl nach vorgegebenen Kriterien selbst zu treffen (Befehlssprung); es kann also in gewissem Umfang Entscheidungen treffen. Dazu gehörten z.B. das Abbrechen wiederholter Rechenoperationen bei Näherungsverfahren oder der selbsttätige Übergang auf sog. Unterprogramme für immer wiederkehrende Rechenoperationen.

Das Speicherwerk bestimmt mit seiner Kapazität wesentlich das Volumen der noch lösbaren Aufgaben. Eine wesentliche Kenngröße der Speicher ist auch die Zugriffszeit, die angibt, welche Zeit für das Entnehmen einer Information und ihrer Bereitstellung in einem Register benötigt wird. Praktische Ausführungsformen neuzeitlicher Speicher sind der Magnettrommelspeicher, der Magnetkernspeicher und der Magnetbandspeicher.

Das Rechenwerk ist aus logischen Schaltungen (Gattern) aufgebaut, die aus Kombinationen von Ja-Nein(0 oder 1)-Eingangsgrößen eine Ja-Nein-Entscheidung als Ausgangsgröße liefern. Eingangs- und Ausgangsgrößen erscheinen in den vor- und nachgeschalteten Registern, von wo aus die Entnahme vom bzw. Eingabe in das Speicherwerk geschieht.

Die Genauigkeit programmgesteuerter Digitalrechner ist im wesentlichen durch die in der Maschine verfügbare Stellenzahl gegeben. Dies betrifft jedoch nur die Genauigkeit, mit der die Maschine die ihr vorgeschriebenen Operationen durchführt. Die Genauigkeit, mit der die Aufgabenstellung gelöst wird, ist jedoch abhängig von den zur Lösung der Aufgabe angesetzten Verfahren. Da vor allem für schwierige mathematische Aufgaben hierfür Näherungsverfahren angesetzt werden müssen, ist dieser Gesichtspunkt für die Beurteilung der Genauigkeitsfrage sehr wichtig.

Bei der Behandlung von Regelaufgaben mit Digitalrechnern handelt es sich praktisch darum, Differentialgleichungen zu lösen, also Integrationen auszuführen, die das Rechengerät durch schrittweise Behandlung (Iteration) verarbeitet. Für diesen speziellen Aufgabentyp wurde auch die Sonderform der programmgesteuerten Integrieranlage (digital differential analyzer) entwickelt. Sie enthält eine Anzahl digitaler Integratoren, welche die benötigten Integrationen durch schrittweise Summation mit einem zentralen Rechenwerk zeitlich nacheinander ausführen. Die Verkopplung der Integratoren geschieht ähnlich wie beim Analogrechner, wird jedoch in einem Code verschlüsselt und bei ausgeführten Maschinen auf einem Programmierungsfeld eingetastet.

E. Quellenhinweise

[1] Soroka, W. W.: Analog methods in computation and simulation. New York: McGraw-Hill Book Co. 1954.

[2] Paynter, H. M.: A Palimpsest on the electronic analogue art. Boston: Philbrick Researches Inc. 1955.

[3] Johnson, C. L.: Analog computer techniques. New York: McGraw-Hill Book Co. 1956.

[4] Korn, G. A. u. Korn, T. M.: Electronic analog computers. 2. Ed. New York: McGraw Hill Book Co. 1956.

[5] Ernst, D.: Elektronische Analogrechner. Wirkungsweise und Anwendung. München: R. Oldenbourg 1960.

[6] Hoffmann, H.: Aufbau und Wirkungsweise neuzeitlicher Integrieranlagen. ETZ-A 77. Jg. (1956) S. 41–52 u. S. 77–83.

[7] Anke, K., Kessler, C. u. Ströle, D.: Das Regelmodell. Siemens-Z. 31. Jg. (1957) S. 512 bis 516.

[8] Dhen, W.: Schaltungsprinzipien und Eigenschaften eines repetierenden elektronischen Analogrechners. ETZ-A 78. Jg. (1957) S. 490–494.

[9] Ernst, D.: Aufbau und Wirkungsweise elektronischer Analogie-Rechengeräte. Regelungstechnik. 6. Jg. (1958) S. 125–128 u. S. 162–167.

[10] Goldberg, E. A.: Stabilization of wide band d-c amplifiers for zero and gain. RCA Rev. Bd. 11 (1950) Juni, S. 296–300.

[11] Kley, A.: Die Fehlerwirkung des Operationsverstärkers im Analogrechner. Telefunken-Ztg. 30. Jg. (1957) Juni, S. 136–141.

[12] Kley, A.: Einfluß des Nullpunktfehlers und des Gitterstromes von Gleichstromverstärkern bei der Lösung linearer Differentialgleichungen mit konstanten Koeffizienten auf dem elektronischen Analogrechner. Elektronische Rdsch. 12. Jg. (1958) S. 305–307.

[13] Edwards, C. M.: Survey of analog multiplication schemes. J. Assoc. comput. Mach. Bd. 1 (1954) S. 27–35.

[14] Schneider, W.: Ein Multiplikator nach dem Zwei-Parabel-Verfahren. Telefunken-Ztg. 30. Jg. (1957) Juni, S. 141–145.

[15] Korn, G. A.: Design and construction of universal function generating potentiometers. Rev. sci. Instrum. Bd. 21 (1950) S. 77–81.

[16] Ernst, D.: Das Arbeiten mit Analogie-Rechengeräten. Regelungstechnik 6. Jg. (1958) S. 206–209.

[17] Herschel, R. u. Kettel, E.: Das Problem der Normierung bei der Anwendung von Analog-Rechenmaschinen zur Behandlung regeltechnischer Aufgaben. Regelungstechnik. 6. Jg. (1958) S. 400–405.

[18] Crumb jr., C. B.: Engineering uses of analog computing machines. Mech. Engng. Bd. 74 (1952) S. 635–639.

[19] Walther, A.: Moderne Rechenanlagen – Hilfe und Vorbild für den Konstrukteur. VDI-Z. Bd. 100 (1958) S. 1143–1157.

[20] Riaz, M.: Analogue computer representation of synchronous generators in voltage regulation studies. Trans. Amer. Inst. electr. Eng. P. III Bd. 27 (1956) S. 1178–1184.

[21] Anwendung elektrischer Rechenanlagen in der Starkstromtechnik. (VDE-Fachtagung in Stuttgart v. 12. 11. – 14. 11. 1957). VDE-Buchreihe Bd. 3. Berlin: VDE-Verlag 1958.

[22] Kourim, G.: Ein elektrisches Analogiegerät für Überhitzer. Regelungstechnik. 5. Jg. (1957) S. 302–307.

[23] Zwetz, H. u. Ernst, D.: Untersuchung der Frischdampftemperatur-Regelung bei Dampferzeugern mit einem Analogrechner. Brennstoff Wärme Kraft 10. Jg. (1958) S. 353–361.

[24] Oppelt, W.: Anwendung von Rechenmaschinen bei der Berechnung von Regelvorgängen. (Tagung des Fachausschusses Regelungsmathematik d. Ges. f. angew. Math. u. Mech. in Düsseldorf v. 8. 11. 1957). München: R. Oldenbourg Verlag 1958.

[25] Kaufmann, H.: Der Siemens-Digital-Rechner 2002. Siemens-Z. 32. Jg. (1958) S. 142–147.

[26] Kaufmann, H.: Nachrichtenverarbeitungs-Systeme, ihre Sprache und ihre Funktion. Regelungstechnik. 6. Jg. (1958) S. 219–223.

[27] Gumin, H.: Prinzipien und Grundbausteine für digitales Rechnen. Regelungstechnik. 7. Jg. (1959) S. 41–43.

[28] Savastano, G.: Die digitalen Integrieranlagen. (Orig. ital.). L'Elettrotecnica. Bd. 45 (1958) Nr. 4, S. 202–212.

VII. Anhang

65. Formelzeichen und Sinnbilder

Von **H. Henning** und **R. Oetker**

In einem Handbuch der Regelungstechnik, das fast alle technischen Gebiete berührt, ist es mit den zur Verfügung stehenden Buchstaben praktisch nicht möglich, ein für alle Beiträge einheitliches System der Formelzeichen starr einzuhalten. Dafür wurde möglichst einfache Schreibweise der Formelzeichen angestrebt und der Gefahr von Verwechslungen dadurch begegnet, daß in jedem Kapitel alle Größenbezeichnungen besonders erläutert sind. Im grundsätzlichen konnte jedoch auch in Anlehnung an bekannte Normen (vgl. Tabelle 1) eine gewisse Einheitlichkeit erreicht werden. Die wichtigsten Formelzeichen sind in Tabelle 2 zusammengestellt.

Physikalische Größen, auch deren Abweichungen, sind weitgehend mit großen lateinischen Buchstaben bezeichnet. Auf die besondere Schreibweise von *Zeigern* wurde immer dann verzichtet, wenn es der Zusammenhang und die Verständlichkeit zuließ. *Normierte Größen* sind vorzugsweise mit kleinen Buchstaben bezeichnet.

Bei den *Indexen* beziehen sich große Buchstaben im allgemeinen auf ein Gerät oder einen Anlageteil, z.B. I_G Generatorstrom, F_R Frequenzgang des Reglers. Kleine Buchstaben geben den Hinweis auf einen bestimmten Zustand oder Vorgang, z.B. I_n Nennstrom, T_a Anlaufzeit. Beide Gesichtspunkte kombiniert führen z.B. auf U_{Nn} Nennwert der Netzspannung, I_{Gg} Grenzwert des Generatorstromes.

Für die Schaltpläne und Wirkungsbilder sowie für die *Blockschaltpläne* sind einheitliche Sinnbilder verwendet worden (Einteilung s. S. 1471). Sie sind zum großen Teil verschiedenen Normenwerken entnommen (vgl. Tabelle 1), teilweise jedoch abgewandelt und ergänzt, um sie auch nebeneinander in den Bildern einsetzen zu können. Die wichtigsten Sinnbilder sind in der Tabelle 3 zusammengefaßt.

Es ist eine Eigentümlichkeit vieler Regelanlagen, daß in ihnen z.B. wärme- und verfahrenstechnische Apparate mit elektrischen Maschinen und Geräten zu einer betrieblichen Einheit zusammengefaßt sind. Die Klarheit und Verständlichkeit der Darstellung wird durch die Gleichartigkeit der immer wiederkehrenden Sinnbilder besonders gefördert. Vor allem wurde damit angestrebt, den regelungstechnischen Zusammenhang im Rahmen des technologischen und betrieblichen Geschehens klar herauszuarbeiten. Auf verschiedenen Gebieten, z.B. dem der Kolbenkraftmaschinen, wurden dabei völlig neue Wege beschritten.

Auf den Unterschied zwischen Geräteschaltplan und Blockschaltplan sei noch besonders hingewiesen. Der Geräteschaltplan versinnbildlicht die schaltungsmäßige Zuordnung der Geräte, Maschinen und anderer Bauteile durch Leitungen mit Hilfe von sinnfälligen und möglichst einprägsamen Zeichen. Dagegen wird im Blockschaltplan nur der rein funktionelle Zusammenhang der in einer Anordnung wirkenden physikalischen Größen mit Hilfe von Blockbildern und Wirkungslinien dargestellt. Es wurde angestrebt, dort, wo die beiden Darstellungsarten im selben Bild gleichzeitig vorkommen, sie durch unterschiedliche Sinnbildsysteme kenntlich zu machen.

Tabelle 1. DIN-Normen für Formelzeichen, Abkürzungen und Sinnbilder

DIN 29 Zeichnungen. Sinnbilder für Schrauben-, Kegel-, Blatt- und Spiralfedern. Oktober 1923.

DIN 2481 Wärmekraftanlagen. Sinnbilder, Schaltpläne. Dezember 1954.

DIN 40121 Formelzeichen für den Elektromaschinenbau. November 1958.

DIN 40700 Starkstrom- und Fernmeldetechnik. Schaltzeichen
Blatt 1: Wähler, Nummernschalter, Unterbrecher. April 1955.
Blatt 2: Vakuumtechnik, Röhren, Röhren der Fernsehtechnik. Oktober 1958.
Blatt 3: Antennen. September 1955.
Blatt 4: Impuls- und Modulations-Kennzeichen. September 1955.
Blatt 5: Besondere Schaltzeichen für Gefahr- und Zeitmeldewesen. August 1956.
Blatt 6: Schalter. Beispiele und Zusatzschaltzeichen. Juni 1957.
Blatt 7: Magnetköpfe. September 1957.
Blatt 8: Halbleiterbauelemente. Juni 1959.
Blatt 9: Elektroakustische Übertragungsgeräte. Mai 1957.

DIN 40710 Starkstrom- und Fernmeldetechnik. Schaltzeichen. Spannung. Strom. Schaltarten. Wechselspannungssysteme. November 1957.

DIN 40711 Starkstrom- und Fernmeldetechnik. Schaltzeichen. Leitungen und Leitungsverbindungen. Februar 1952.

DIN 40712 Starkstrom- und Fernmeldetechnik. Schaltzeichen. Allgemeine Schaltungsglieder. September 1958.

DIN 40713 Starkstrom- und Fernmeldetechnik. Schaltzeichen. Schaltgeräte. Januar 1953.
Beiblatt 1: Schaltgerätebeispiele aus der Starkstromtechnik. Juli 1954.
Beiblatt 2: Schaltgeräte. Beispiele für elektrische Bahnen, Nahverkehrs- und Kraftfahrzeuge und Hinweise für deren Anwendung. August 1956.
Beiblatt 3: Beispiele der Schutztechnik. Juni 1958.

DIN 40714 Starkstrom- und Fernmeldetechnik. Schaltzeichen.
Blatt 1: Transformatoren und Drosselspulen. April 1959.
Blatt 2: Meßwandler. Mai 1958.
Blatt 3: Transduktoren. März 1958.

DIN 40715 Schaltzeichen für Starkstromanlagen.
Blatt 1: Maschinen. Februar 1940.

DIN 40716 Schaltzeichen für Starkstromanlagen.
Blatt 1: Meßgeräte, Relais und Auslöser. Februar 1940.

DIN 1338 Buchstaben, Ziffern und Zeichen im Formelsatz. Form und Anordnung. Entwurf April 1957.

DIN 1502 Bibliothekswesen. Zeitschriftentitel. Juni 1931
Beiblatt 1: Zeitschriftenkurztitel. Internationale Regeln für die Kürzung der Zeitschriftentitel. Februar 1955.

DIN 1505 Titelangaben von Schrifttum. Richtlinien. Entwurf April 1958.

DIN 1344 Formelzeichen der elektrischen Nachrichtentechnik. Juni 1959.

DIN 19226 Regelungstechnik. Benennungen, Begriffe. Januar 1954.

Tabelle 2. Häufig vorkommende Formelzeichen

A	Anlaufwert
δ	Dämpfung zu p; $p = \delta + \mathrm{j}\omega$
η	Wirkungsgrad
F	Frequenzgang
F_S	Frequenzgang der Regelstrecke
F_R	Frequenzgang des Reglers
F_z	Störfrequenzgang
F_y	Stellfrequenzgang
F_K	Frequenzgang des geschlossenen Regelkreises
F_{Kw}	Führungsfrequenzgang des geschlossenen Regelkreises
F_{Kz}	Störfrequenzgang des geschlossenen Regelkreises
F_0	Frequenzgang des aufgeschnittenen Regelkreises
f	Frequenz in Perioden je Sekunde
φ	Phasenwinkel
I	Elektrischer Strom
K	Verknüpfungsfaktor
K_i	Integrationsfaktor
K_d	Differentiationsfaktor
K_p	Proportionalitätsfaktor
M	Drehmoment
N	Leistung
n	Drehzahl
Ω, ω	Kreisfrequenz, Winkelgeschwindigkeit
P	Kraft
P, p	Druck
p	Komplexe Frequenz; Parameter der LAPLACE-Transformation $p = \delta + \mathrm{j}\,\omega$
Q	Durchfluß
q	Ausgleichswert
R	Ohmscher Widerstand
S, s	Weg
T	Feste Zeit, Zeitkonstante, Zeit-Kennwert
T_d	Differenzierzeit
T_i	Integrierzeit
T_n	Nachstellzeit
T_v	Vorhaltzeit
T_a	Anlaufzeit
T_t	Totzeit
T_y	Stellzeit
t	Laufende Zeit
ϑ	Temperatur
U	Elektrische Spannung
V	Verstärkungsfaktor
W	Führungsgröße
X	Regelgröße
X_k	Sollwert
X_w	Regelabweichung $X_w = X - X_k$
X_a	Negative Regelabweichung hinter der Vergleichsstelle $X_a = X_k - X$
X_b	Bleibende Regelabweichung
X_m	Überschwingweite
X_p	Proportionalbereich
Y	Stellgröße
Y_h	Stellbereich
Z	Störgröße

Tabelle 3. Sinnbilder

Einteilung der Tabellen 3a bis d (S. 1472 u. ff.)

a) Mechanische Anordnungen

b) Wärme- und Verfahrenstechnik
- Leitungen
- Behälter, Apparate, Maschinen
- Organe zur Beeinflussung von Durchflüssen

c) Elektrotechnik
- Leitungen
- Maschinen
- Geräte

d) Meßtechnik, Regelungs- und Steuerungstechnik
- Meßgeräte
- Meßgeber für Signalabgänge in Geräteschaltplänen
- Vereinfacht dargestellte Regel- und Steuergeräte
- Blockschaltplan-Symbole
- Funktionssymbole in Geräteschaltplänen

Tabelle 3a

	Sinnbild	Erläuterung		Sinnbild	Erläuterung
a.	*Mechanische Anordnungen*		13	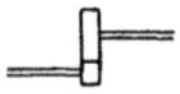	Stirnrad-Getriebe
1	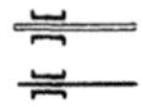	Welle und Gestänge mit Lager [1]	14	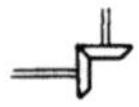	Kegelrad-Getriebe
2	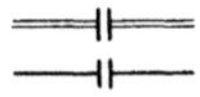	Welle mit mechanischer Kupplung [1]	15	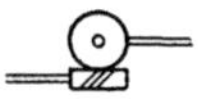	Schneckenrad-Getriebe
3	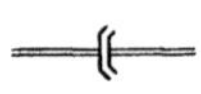	Rutschkupplung	16	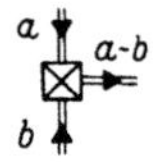	Differentialgetriebe
4		Rutschkupplung mit verstellbarer Friktion	17	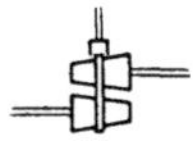	Verstellbare Riemenkupplung
5	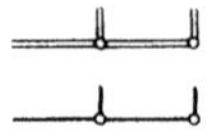	Welle oder Gestänge mit mechanischem Gelenk	18	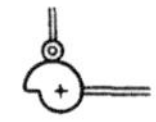	Kurven- oder Nockenscheibe
6	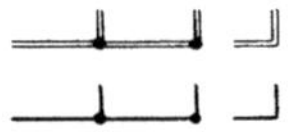	Abgezweigte und umgeleitete Welle (oder Gestänge)	19		Stellschraube
7	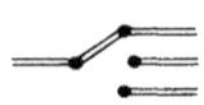	Welle mit mechanischer Umschaltung	20		Zugfeder (DIN 29)
8		Gestänge fest abgewinkelt	21	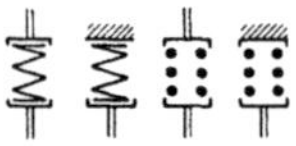	Druckfedern
9		Lagerbock	22	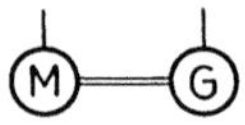	Kupplung von zwei Maschinen
10	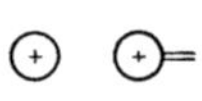	Maschinenwalze, Drehscheibe	23	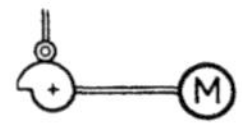	Nockenscheibe mit Motorantrieb
11	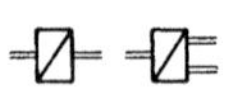	Getriebe allgemein	24	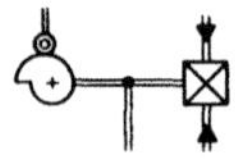	Beispiel für Nockenscheibe mit Differentialgetriebe und Wellenabzweig
12		Stufenlos verstellbares Getriebe	25	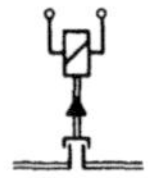	Mechanische Kupplung mit elektromagnetischer Schließung und Rückstellfeder (DIN 40713)

[1] Für Wellen und Gestänge werden auch einfache Linien verwendet, wenn keine Verwechslung mit elektrischen Leitungen möglich ist.

Tabelle 3b

	Sinnbild	Erläuterung		Sinnbild	Erläuterung
b.	Wärme- und Verfahrenstechnik		13		Kreuzung ohne Verbindung
	Leitungen		14		Kreuzung mit Verbindung
1		Dampf (DIN 2481)		Behälter, Apparate, Maschinen	
2		Wasser, Kondensat, Speisewasser, Kühlwasser (DIN 2481)	15	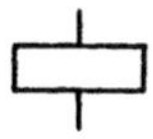	Druckloser Behälter geschlossen (DIN 2481)
3		Brennbare Gase (DIN 2481) Gase allgemein	16		Druckloser Behälter offen (DIN 2481)
4		Luft (DIN 2481) Verbrennungsluft (nicht Steuerluft)	17	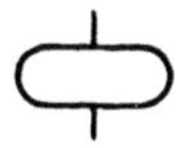	Überdruckbehälter (DIN 2481)
5		Kohle (DIN 2481)	18		Kolonne
6		Produkte, z.B. Heizöl, Benzin, chemische Flüssigkeiten	19		Speicher (DIN 2481)
7	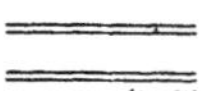 (Luft)	Steueröl; Steuerluft (Luft dazuschreiben, wenn Verwechslung möglich)	20		Reaktionsbehälter (DIN 2481)
8		Feste Stoffe, z.B. Schlacke, Asche, Schüttgüter (DIN 2481)	21		Wasserspeicher mit Mischvorwärmer (DIN 2481)
9		Rauchgas (DIN 2481) Abgas	22		Gefällespeicher (DIN 2481)
10	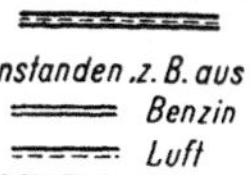 enstanden, z.B. aus Benzin Luft	Gemischleitung Luft mit flüssigem Brennstoff (z.B. Benzin)	23		Überlauf in einem Behälter (DIN 2481)
11	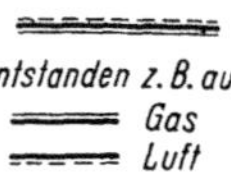 entstanden z.B. aus Gas Luft	Gemischleitung Luft mit Gas	24		Filter (DIN 2481)
12	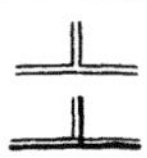	Abzweigstelle	25	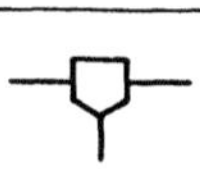	Abscheider (DIN 2481)

Tabelle 3b (Fortsetzung)

	Sinnbild	Erläuterung		Sinnbild	Erläuterung
b.	*Wärme- und Verfahrenstechnik Behälter, Apparate, Maschinen*	*(Fortsetzung)*	39		*Zuteiler (DIN 2481)*
26		*Dampfkessel mit Überhitzer (DIN 2481)*	40		*Beispiel für indirekte Heizung durch Verbrennung von Kohle*
27	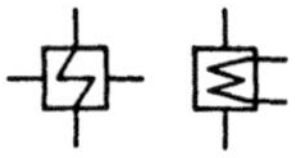	*Wärmeaustauscher. Durch den gezackten Linienzug fließt der wärmeaufnehmende Stoff (DIN 2481)*	41	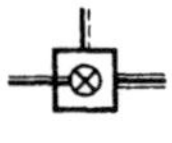	*Brennkammer (z. B. zur Verbrennung von Gas mit Luft) (DIN 2481)*
28	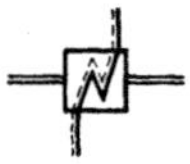	*Beispiel für Wärmeaustauscher*	42	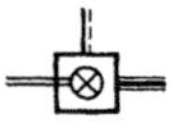	*Beispiel für Brennkammer, Öl verbrennt direkt mit Luft (DIN 2481)*
29	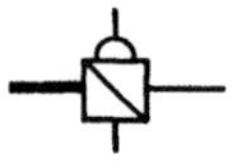	*Verdampfer mit Heizfläche (DIN 2481)*	43	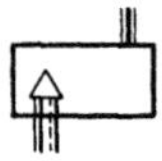	*Brenner in einem Ofen*
30		*Dampfkühler (DIN 2481)*	44		*Vergaser*
31		*Kondensator (DIN 2481)*	45		*Turbine (DIN 2481)*
32		*Oberflächenkondensator für Rückkühlung (DIN 2481)*	46		*Kolbenmaschine allgemein (DIN 2481)*
33	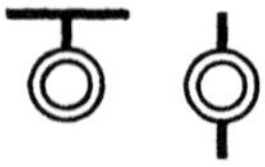	*Wärmeverbraucher allgemein (DIN 2481)*	47		*Auspuff (DIN 2481)*
34	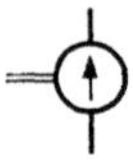	*Flüssigkeitspumpe allgemein*	48	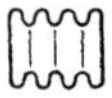	*Balg*
35	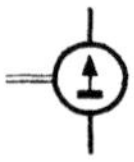	*Flüssigkeitspumpe als Kolbenpumpe*		*Organe zur Beeinflussung von Durchflüssen*	
36		*Verdichter (DIN 2481)*	49	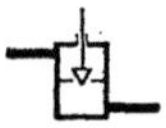	*Steuerventil z. B. für Dampf (einsitzig gezeichnet)*
37		*Staubschleuse*	50	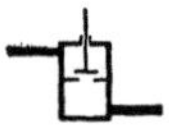	*Schließventil (z. B. für Dampf)*
38		*Kohlemühle (DIN 2481)*	51	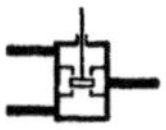	*Umschaltventil (z. B. für Dampf)*

Tabelle 3 b (2. Fortsetzung)

	Sinnbild	Erläuterung		Sinnbild	Erläuterung
b.	*Wärme- und Verfahrenstechnik Organe zur Beeinflussung von Durchflüssen*	*(Fortsetzung)*	65		*Brennstoff-Einspritz-Ventil*
52	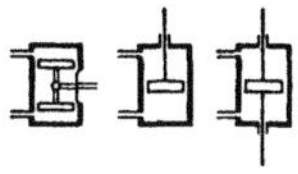	*Arbeitszylinder*	66		*Nockengesteuertes Ventil*
53	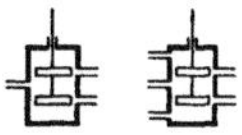	*Steuerventile (falls als Kolbenschieber ausgeführt)*	67		*Druckminderventil (DIN 2481)*
54	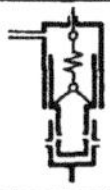	*Folge-Steuerventil*	68	a b 	*Absperrschieber* *a Geschlossen* *b Geöffnet*
55		*Ventil allgemein*	69		*Dreiwegventil*
56		*Ventil von Hand einstellbar*	70		*Dampfumformventil*
57		*Ventil mit Fremdkraft gesteuert*	71		*Sicherheitsventil (DIN 2481)*
58		*Federbelastetes Sicherheitsventil (DIN 2481 und 2429)*	72		*Drosselklappe (DIN 2481)*
59		*Drehzahlgesteuertes Ventil*	73	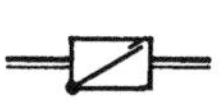	*Rückschlagklappe (DIN 2481)*
60		*Ventil, pneumatisch betätigt*	74		*Drosselstelle allgemein*
61		*Ventil schließt bei Ausfall der Hilfsenergie*	75		*Drosselstelle verstellbar*
62		*Ventil öffnet bei Ausfall der Hilfsenergie*	76		*Düse*
63		*Ventil mit Membranantrieb (öffnet bei Steuerdruck)*	77		*Venturidüse*
64		*Ventil mit Membransteuerung (schließt bei Steuerdruck)*	78	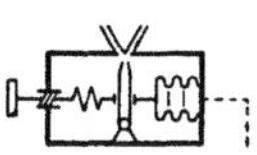	*Strahlrohr mit Balg und Sollwertfeder*

Tabelle 3 c

	Sinnbild	Erläuterung		Sinnbild	Erläuterung
c. Elektrotechnik			12	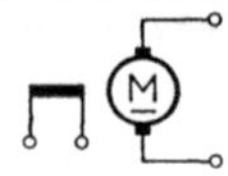	Gleichstrom-Motor bzw. Generator (G) mit einer Erregerwicklung (DIN 40715)
Leitungen			13	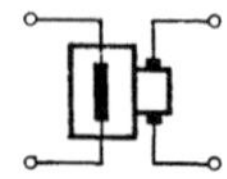	Gleichstrommaschine Variante zu Pos. 12
1		Elektrische Leitung (DIN 40711)	14	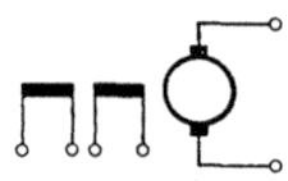	Gleichstrommaschine mit zwei Erregerwicklungen
2	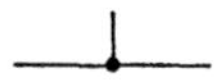	Abzweigstelle (DIN 40711)	15	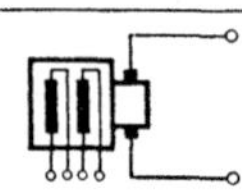	Gleichstrommaschine Variante zu Pos. 14
3	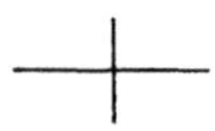	Kreuzung zweier Leitungen ohne Verbindungsstelle (DIN 40711)	Geräte		
4		Kreuzung zweier Leitungen mit Verbindungsstelle (DIN 40711)	16	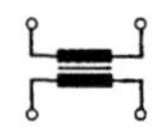	Transformator, Übertrager, Wandler mit Eisenkern (DIN 40712)
5		Zweileiter-Stromführung (DIN 40711)	17		Transformator mit zwei getrennten Wicklungen (DIN 40714)
6		Dreileiter-Stromführung (DIN 40711)	18		Stelltransformator (DIN 40714)
7		Elektrisches Netz (-Gebiet)	19		Quecksilberdampf-Gleichrichter
Maschinen			20		Elektrisches Ventil; Trockengleichrichter, Spitze des Dreiecks gibt Stromdurchlaßrichtung an (DIN 40712)
8	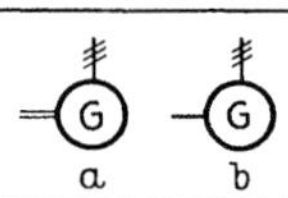	Stromerzeuger allgemein Beispiel b aus DIN 2481	21	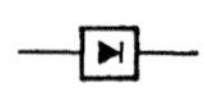	Trockengleichrichterschaltung allgemein
9	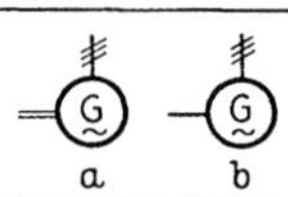	Drehstromgenerator Beispiel a aus DIN 40715	22		Trockengleichrichterschaltung z.B. mit dreiphasiger Wechselstromspeisung
10	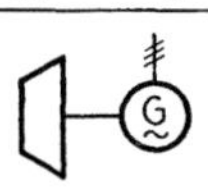	Drehstromgenerator mit Turbinenantrieb (DIN 2481)	23		Trockengleichrichter Graetzschaltung 1-polig
11	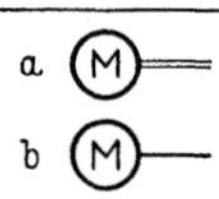	Motorantrieb a DIN 40713, b DIN 2481	24		Transistor (DIN 40700)

Tabelle 3c (Fortsetzung)

	Sinnbild	Erläuterung		Sinnbild	Erläuterung
c. Elektrotechnik Geräte		(Fortsetzung)	38	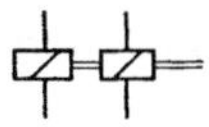	Elektromagnetisches Triebsystem, Variante zu Pos. 37
25		Ohmscher Widerstand allgemein (DIN 40712)	39	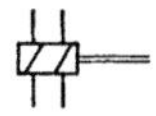	Relais mit zwei Wicklungen
26	a, b 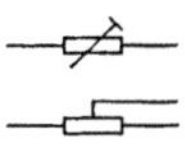	Ohmscher Widerstand a Einstellbar b Mit Anzapfung (DIN 40712)	40	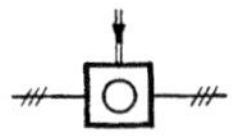	Drehmelder allgemein
27	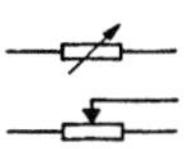	Ohmscher Widerstand, stetig verstellbar (DIN 40712)	41	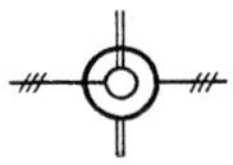	Drehmelder (Beispiel mit Schaltungshinweisen)
28	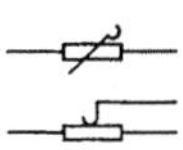	Ohmscher Widerstand, stufig verstellbar (DIN 40712)	42	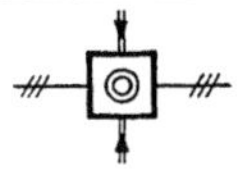	Differential-Drehmelder (Beispiel ohne Schaltungshinweise)
29		Ohmscher Widerstand, stetig verstellbar, für perspektivische Darstellungen	43		Erdung (DIN 40712)
30	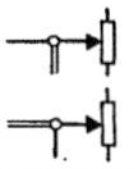	Elektrischer Anschluß an mechanisches Gestänge oder Welle	44		Masseanschluß (DIN 40712)
31		Selbsttätig (stetig) veränderlicher Widerstand (DIN 40712)	45		Antenne (DIN 40700)
32	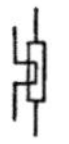	Widerstand mit Fremdheizung (DIN 40700)	46		Glühlampe (DIN 40717)
33		Induktiver Widerstand allgemein (Drosselspule) (DIN 40712)	47		Lichtelektrische Zelle (Fotozelle) (DIN 40712)
34	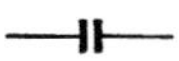	Kapazitiver Widerstand allgemein (Kondensator) (DIN 40712)	48		Zündkerze
35		Kapazität, stetig verstellbar (DIN 40712)	49	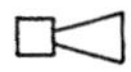	Akustisches Signalgerät (DIN 40717)
36	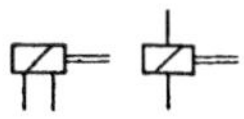	Elektromechanisches Triebsystem mit einer wirksamen Wicklung (DIN 40713)	50		Stromabnehmer, Schleifkontakt (DIN 40713)
37	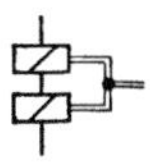	Elektromagnetisches Triebsystem mit zwei getrennten Wicklungen auf ein mechanisches System wirkend	51	a 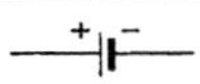 b 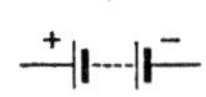	a Galvanische Stromquelle allgemein (DIN 40712) b Batterie mit mehreren Zellen

Tabelle 8 d

	Sinnbild	Erläuterung		Sinnbild	Erläuterung
d. Meßtechnik, Regelungs- und Steuerungstechnik			13		Stromwandler mit einem Kern (DIN 40714)
Meßgeräte			14		Spannungswandler (DIN 40714)
1		Spannungsmesser (DIN 40 716)	Meßgeber für Signalabgänge in Geräteschaltplänen		
2	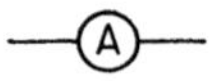	Strommesser (DIN 40 716)	15	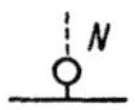	Meßgeber allgemein (Physikalische Größe daneben schreiben, z. B. N Leistung)
3	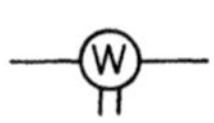	Leistungsmesser (DIN 40 716)	16	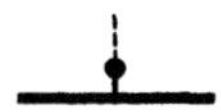	Meßgeber für Druck
4		Meßwertanzeiger allgemein	17		Meßgeber für Bezugsdruck
5		Meßwerk zur Produkt- oder Quotientenbildung mit zwei Spannungspfaden (DIN 40 716)	18		Meßgeber für Temperatur
6		Meßwerk zur Produkt- oder Quotientenbildung mit zwei Strompfaden (DIN 40 716)	19		Meßgeber für Durchfluß
7		Meßwerk zur Produkt- und Quotientenbildung mit Spannungs- und Strompfad (DIN 40 716)	20	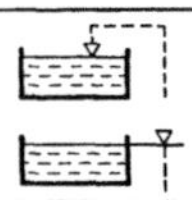	Meßgeber für Niveau
8		Schreiber	21	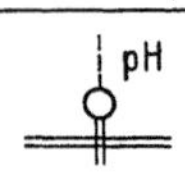	Meßgeber mit Elektroden, z. B. pH-Wert-Geber
9	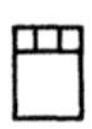	Zähler	22	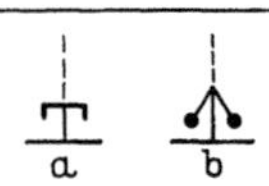	Meßgeber für Drehzahl a Allgemein b Fliehkraft
10	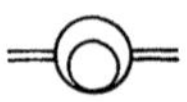	Volumenzähler z. B. Ringkolbenzähler	23		Tachogenerator
11		Kraftmeßdose mit Dehnungsmeßstreifen	24		Meßgeber für Wechselstrom
12		Uhr	25		Meßgeber für Gleichstrom

Tabelle 3 d (Fortsetzung)

	Sinnbild	Erläuterung		Sinnbild	Erläuterung
d. *Meßtechnik, Regelungs- und Steuerungstechnik Meßgeber für Signalabgänge (Fortsetzung)*			37	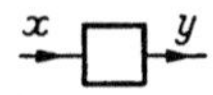	Blockbild
26		Schnellschluß (Sicherheitsmeßgeber)	38	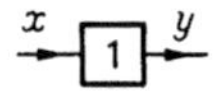	Blockbild gekennzeichnet durch Ziffer, z. B. für Legende
27		Meßgeber mit Anzeiger Beispiel: Temperatur	39	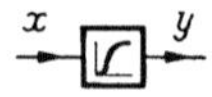	Blockbild gekennzeichnet durch Sprungübergang; $y = f(t)$
28	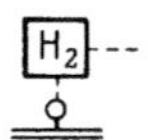	Gasanalytisches Meßgerät z. B. H_2-Messer	40	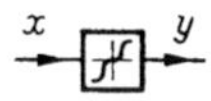	Blockbild mit Kennlinienzusammenhang zwischen x und y; $y = f(x)$
Vereinfacht dargestellte Regel- und Steuergeräte			41	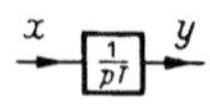	Blockbild gekennzeichnet durch Frequenzgang-Gleichung
29		Regler allgemein	42	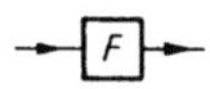	Blockbild gekennzeichnet durch Formelzeichen für Frequenzgang
30	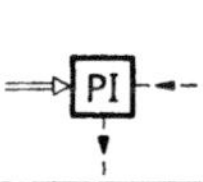	Regler mit Hinweis auf Übertragungsverhalten und Führungsgröße ⟹▷	43	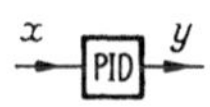	Blockbild gekennzeichnet durch die Kurzsymbole für das Übertragungsverhalten
31		Verstärker allgemein	44	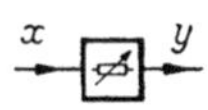	Blockbild gekennzeichnet durch Gerätehinweis
32		Größenumformer allgemein Meßumformer	45	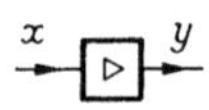	Blockbild gekennzeichnet durch Verstärkersymbol
33	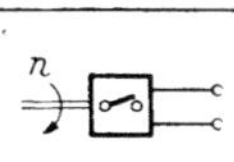	Zweipunktregler Beispiel: Drehzahlregler mit Anschlußhinweisen	46	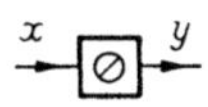	Blockbild gekennzeichnet durch Meßumformersymbol
34	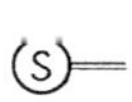	Sollwertsteller	47	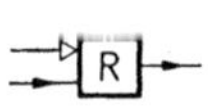	Regler mit Beeinflußung durch eine Führungsgröße —▷
35	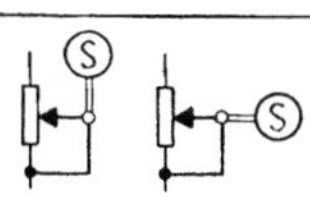	Beispiel: Sollwertsteller mit ohmschem Stellwiderstand	48	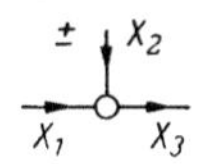	Additionsstelle $x_1 \pm x_2 = x_3$
Blockschaltplansymbole			49	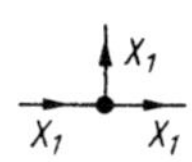	Verzweigungsstelle
36		Wirkungslinie (Signal)	50	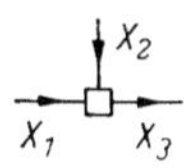	Multiplikationsstelle $x_1\ x_2 = x_3$

Tabelle 3d (2. Fortsetzung)

	Sinnbild	Erläuterung		Sinnbild	Erläuterung
d.	*Meßtechnik, Regelungs- und Steuerungstechnik Blockschaltplansymbole* (Fortsetzung)		55	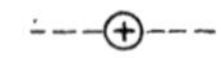	Öffnet bei Zunahme der Steuergröße [1]
51	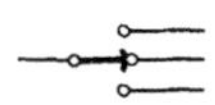	Unterbrechungs- oder Umschaltstelle eines Wirkungsweges	56	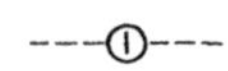	Öffnet bei Abnahme der Steuergröße [1]
52	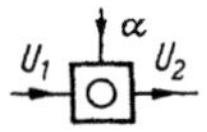	Drehmelder	57	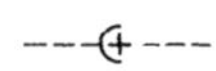	Öffnet bei steigender Steuergröße über.... [1]
53	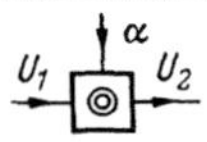	Differential-Drehmelder	58	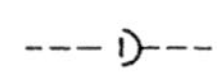	Öffnet bei sinkender Steuergröße unter.... [1]
	Funktionssymbole in Geräteschaltplänen		59	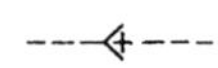	Schließt bei steigender Steuergröße über.... [1]
54		Meß-, Steuer- und Regelsignal	60	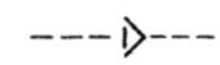	Schließt bei sinkender Steuergröße unter.... [1]

[1] Diese Zeichen sind nur anzuwenden, wenn der Vorgang nicht hinreichend eindeutig ist.

Tabelle 4. Dämpfungs- und Verstärkungsmaße

	Neper	Bel	Dezibel
Abkürzung	Np (N) *)	B	dB (db) *)
Definitionsgröße	Spannung oder Strom	Leistung	Leistung
Definition	$e^x = \frac{A_1}{A_2}$	$\frac{N_1}{N_2} = 10^x = \left(\frac{A_1}{A_2}\right)^2$	$\frac{N_1}{N_2} = 10^{\frac{x}{10}}$
	$x = \ln \frac{A_1}{A_2}$ Np	$x = \lg \frac{N_1}{N_2}$ B	$x = 10 \lg \frac{N_1}{N_2}$ dB
Abgeleitete Größe	Leistung	Spannung, Strom	
	$\frac{N_1}{N_2} \sim \left(\frac{A_1}{A_2}\right)^2 = e^{2x}$	$10^{\frac{x}{2}} = \frac{A_1}{A_2}$	$10^{\frac{x}{2 \cdot 10}} = \frac{A_1}{A_2}$
	$x = \frac{1}{2} \ln \frac{N_1}{N_2}$ Np	$x = 2 \lg \frac{A_1}{A_2}$ B	$x = 20 \lg \frac{A_1}{A_2}$ dB

Bezugspegel: 1 mW in 600 Ω, daher 0,775 V an 600 Ω

*) Die Zeichen N und db waren bisher üblich; Np und dB sind in DIN 1344, Ausg. Juni 1959, festgelegt.

66. Namenverzeichnis

Tritt ein Name auf der angegebenen Seite nicht auf, so findet man ihn mit Hilfe der hinter der Seitenzahl in eckigen Klammern stehenden Zahl am Schluß des betreffenden Kapitels im Abschnitt Quellenhinweise. Die im Druck hervorgehobenen Seitenzahlen geben den Beginn eines Kapitels an.

67. Sachverzeichnis

GPSR Compliance

The European Union's (EU) General Product Safety Regulation (GPSR) is a set of rules that requires consumer products to be safe and our obligations to ensure this.

If you have any concerns about our products, you can contact us on ProductSafety@springernature.com

In case Publisher is established outside the EU, the EU authorized representative is:

Springer Nature Customer Service Center GmbH
Europaplatz 3
69115 Heidelberg, Germany

Batch number: 10683448

Printed by Printforce, the Netherlands